农业重大科学研究成果专著

中国旱区农业高效用水技术研究与实践

吴普特 等 编著

科学出版社

北京

内 容 简 介

本书系统地总结了我国“十一五”国家科技支撑计划重点项目“节水农业综合技术研究与示范（2007BAD88B00）”的研究成果，主要内容包括：主要农作物水分适应性与水分响应尺度转化、降雨径流调控利用潜力与高效利用技术、农田高效灌溉技术与丰产灌溉模式、节水型农业种植结构优化、旱区粮食作物高效用水技术、旱区经济作物高效用水技术、城市绿地高效用水技术、区域农业节水潜力、农业高效用水健康性评价、农业高效用水管理体制、旱区农业高效用水技术发展方向等。全书详细论述了旱区农业高效用水的若干重要科学问题，粮食作物、经济作物以及城市绿地高效用水技术的集成与示范，既有应用基础研究和实际应用效果分析，又有宏观战略研究，具有较强的实用性和借鉴价值。

本书体系完整、内容丰富、数据准确、可操作性强，具有技术研究与实地示范应用相结合的显著特点，可供从事旱区节水农业技术研究和推广应用的科技人员、管理人员及大专院校相关专业的师生参考。

图书在版编目(CIP)数据

中国旱区农业高效用水技术研究与实践/吴普特等编著. —北京：科学出版社，2011

（农业重大科学研究成果专著）

ISBN 978-7-03-029996-3

Ⅰ. ①中… Ⅱ. ①吴… Ⅲ. ①干旱区-农业工程-节约用水-研究-中国 Ⅳ. ①S27

中国版本图书馆 CIP 数据核字（2011）第 019363 号

责任编辑：李秀伟 李晶晶/责任校对：郭瑞芝

责任印制：钱玉芬/封面设计：美光制版

科学出版社 出版

北京东黄城根北街 16 号

邮政编码：100717

http://www.sciencep.com

双青印刷厂 印刷

科学出版社发行 各地新华书店经销

*

2011 年 3 月第 一 版 开本：787×1092 1/16

2011 年 3 月第一次印刷 印张：65 3/4 插页：10

印数：1—1 000 字数：1 550 000

定价：208.00 元

（如有印装质量问题，我社负责调换）

编著者名单

第一章　吴普特

第二章　曹红霞　张富仓

第三章　贾志宽　吴普特　赵西宁

第四章　蔡焕杰　陈新明　王　健

第五章　王玉宝　吴普特　赵西宁

第六章　张忠学　司振江　李芳花

第七章　高传昌　孙景生　张灿军

第八章　池宝亮　张冬梅　刘恩科

第九章　史海滨　郭克贞　于　健

第十章　汪有科　辛小桂　杨荣慧

第十一章　张源沛　郭文忠　孙　权

第十二章　张仁陟　陈佰鸿　张　军

第十三章　李跃建　刘永红　李　卓

第十四章　刘洪禄　吴文勇　郝仲勇

第十五章　吴普特　赵西宁　曹连海

第十六章　吴普特　王玉宝　赵西宁

第十七章　胡笑涛　蔡焕杰　李志军

第十八章　吴普特

序

干旱缺水是制约农业生产的瓶颈性障碍因子，民间自古就有“有收无收在于水，收多收少在于肥”之说。在充分利用有限自然降水的基础上，尽量减少灌溉用水，提高农业用水效率，实施综合节水战略是解决这一问题的有效途径。为此，《国家中长期科学和技术发展规划纲要（2006～2020 年）》已将开发灌溉节水、旱作节水与生物节水综合配套技术列入“水和矿产资源”领域“综合节水”优先主题中的重要内容。

“十一五”国家科技支撑计划重点项目“节水农业综合技术研究与示范”，在旱区主要农作物水分适应性、降雨径流调控利用潜力与高效利用技术、区域农业高效用水健康性评价，以及农业高效用水管理体制与运行机制等方面进行了有益的探索；依据旱区农业优势产业布局，粮食作物、经济作物、城市绿地统筹考虑，以降低农业用水综合成本和提高农业用水综合效益为目标，在黑龙江、河南、山西、内蒙古、陕西、宁夏、甘肃、四川、北京等省（直辖市、自治区）建立了 9 个具有区域特色的农业高效用水技术综合示范区，使一大批先进节水技术在生产实践中广泛应用。《中国旱区农业高效用水技术研究与实践》一书既是对该项目相关研究成果及实践经验的系统总结，同时又是对我国近中期旱区节水农业技术发展方向的进一步思考和探索，具有重要的参考应用价值。我相信该书的出版将能使更多的人重视和关注旱区节水农业技术的发展，进一步推动旱区节水农业技术的研究与实践。

山仑

2010 年 12 月

前　　言

中国旱区分布范围宽广，农业生产潜力巨大，在我国粮食生产中占有重要地位。旱区具有光、热、温、土地资源丰富的优势，干旱缺水是限制其进一步发展的关键因子。大力发展农业高效用水技术即旱区现代节水农业技术，降低农业用水综合成本，提高农业用水综合效益，不断提升现代科学技术对旱区农业生产的贡献率，已经成为我国旱区农业可持续发展的必然战略选择。

“十一五”期间，国家启动实施了国家科技支撑计划重点项目“节水农业综合技术研究与示范（2007BAD88B00）”。该项目以降低农业用水综合成本为突破口，以提高农业用水综合效益和效率为核心，依据我国旱区农业优势产业布局，以粮食作物、经济作物为重点，农业生产、生态建设与城市绿地用水统筹考虑，重点研究旱区高效、低能耗农业用水综合技术，形成具有区域特色的农业节水综合技术体系，并建立相应的示范区，探讨农业节水综合技术应用的新机制与新模式，为我国旱区大面积应用农业节水技术提供技术支撑，以期推动我国现代农业的建设与发展。

为系统总结“节水农业综合技术研究与示范”项目的最新研究成果与生产实践经验，探索近中期我国旱区农业高效用水技术的发展前景和方向，我们组织参加本项目的相关科技工作者编写了《中国旱区农业高效用水技术研究与实践》一书，力求较全面、较系统地反映该项目实施的最新研究进展和生产实践经验，推动旱区节水农业技术的进一步发展。本书主要包括三部分内容：第一部分是旱区农业高效用水技术的重要科学问题。其主要在对旱区农业的概念及其内涵分析基础上，提出了我国旱区农业高效用水实施的重点区域，探讨了主要农作物的水分适应性与水分响应尺度转化、降雨径流调控利用潜力与高效利用技术、农田高效灌溉技术与丰产灌溉模式，以及基于水资源高效利用的作物种植结构调整优化技术。第二部分是旱区农业高效用水技术的实践与示范。重点分析了项目实施示范的黑龙江、河南、山西、内蒙古、陕西、宁夏、甘肃、四川、北京9个节水农业技术试验示范区在主要粮食作物、特色经济作物、城市绿地高效用水技术方面的最新研究成果及生产实践经验。第三部分是旱区农业高效用水技术评价与展望。重点对区域农业节水潜力和农业高效用水健康性进行了分析和评价，探讨了区域农业高效用水管理体制与节水灌溉水价形成机制，提出了旱区农业高效用水技术发展方向和未来研发重点。

项目在实施过程中得到科技部，项目实施所在省（直辖市、自治区）科技厅和有关地方政府及有关专家、领导的大力支持与协助，在这里一并表示感谢。

由于编著者水平、时间有限，对有些问题的认识和判断有待进一步深化，书中不足之处在所难免，恳请读者批评指正。

编著者

2010年11月

目　录

第一章　概　　论

第一节　旱区农业的概念与内涵

水是生命之源，是人类赖以生存和发展的重要物质条件，水资源可持续利用是人类永恒的话题。根据联合国教科文组织 2006 年公布的《世界水资源开发报告》统计，20 世纪全球用水量增加了 6 倍，其增长速度是人口增长速度的 2 倍。目前全球约有 90% 的自然灾害都与干旱缺水有关，农业用水量已占全球淡水消耗量的近 70%，但因管道和沟渠泄漏，有 30%～40%甚至更多的水被白白浪费。如何缓解日益严重的全球性淡水资源危机，已成为 21 世纪世界各国普遍关注的重大战略性问题。中国不仅是一个人均水资源十分短缺的国家，而且是一个水资源时空分布极为不均的国家。从水资源地域分布来分析，中国南方水资源相对丰富，而北方水资源则极为缺乏，南北差异悬殊。北方旱区耕地占全国的 60% 左右，人口占全国的 49.2%，而水资源总量只占全国的 14.4%，南方的人均水量和耕地平均水量分别为北方的 4.4 倍和 9.1 倍，我国耕地、人口分布与水资源分布不相匹配的矛盾十分突出（王立祥和王龙昌，2009）。旱区是一个地域范围的概念，从气候干旱角度理解，旱区一般包括北方干旱区、半干旱区和半湿润易旱区，但从农业高效用水角度理解，南方部分湿润地区也常受季节性干旱威胁而造成作物产量低而不稳定的现象。根据《中国旱区农业》（王立祥和王龙昌，2009）一书介绍，旱区不仅涵盖了我国北方的干旱区、半干旱偏旱区、半干旱区、半湿润易旱区和半湿润区，而且也涵盖了南方的部分季节性干旱区，共涉及 1401 个具有相当规模的县（市、旗、自治县），占全国相关的县（市）总数（不含市辖区）的 69%。其中，北方旱区 948 个，覆盖“昆仑—秦岭—淮河”一线以北全部的省（市、区），南方旱区 453 个县（市）集中分布在广西、四川、重庆、贵州、云南、西藏 6 个省（直辖市、自治区），少量的县散布在江苏、浙江、安徽、广东、海南、福建、台湾、湖南、湖北等省。基于上述认识，从农业高效用水角度考虑，本书所指旱区与《中国旱区农业》一书中所指旱区的地域范围相同。旱区农业在我国农业生产中具有至关重要的地位，但由于水资源短缺限制，现阶段我国旱区农业整体水平仍相对低下，致使旱区应予实现的潜在生产力远未能转化为现实生产力（王立祥和王龙昌，2009）。充分利用现代科学技术，大幅度提高旱区有限水资源的利用率和利用效率已成为我国旱区农业可持续发展的关键所在。

一、与旱区农业相关的几个概念

旱区一般是与某地区的区域范围联系在一起。与“干旱”相关联的农业词汇，过去人们多提“旱作农业”、“旱地农业”或者说“旱区农业”等。

旱作农业（dry farming）泛指无灌溉条件的雨养农业（rain-fed agriculture）生产，

一般指半干旱和半湿润地区主要依赖降水的农业生产活动。《大英百科全书》指出，旱农是在有限降水，典型的是在年降水量少于 500 mm 的地区，不采用灌溉而种植作物的农业。《美国百科全书》指出，旱农是在有限降水的半干旱气候区或其他地区从事无灌溉的作物生产，实际上是指雨养农业（集雨补灌），它是相对于灌溉农业而言的。借助现代农业科学技术的进步，提高自然降水的高效利用，挖掘雨水资源化的潜力，实现农业经济的合理用水，是促进旱作农业地区粮食安全综合发展的重要途径之一。旱农（dry farming）的含义与旱作农业基本相同，是指在特定条件下的一种雨养农业。国际上一般是指在有限降水的半干旱区从事的无灌溉的作物生产，国内许多学者将旱农视为旱作农业的同义词（王立祥和王龙昌，2009）。

旱地农业指的是降水量偏少，有水分胁迫而无充分灌溉条件或有限灌溉条件的半干旱和半湿润偏旱地区的耕地上所从事的农业生产或是在半干旱和半湿润偏旱地区基本没有灌溉条件的土地上进行的综合性的农林牧生产活动。这一定义界定了旱地农业的地域范围（半干旱和半湿润地区），指出了旱地农业的生产特点（无灌溉条件），肯定了旱地农业生产的问题所在（依靠降水进行生产）。由于旱地农业区生态条件脆弱，农业系统生产力水平的提高比较困难，所以旱地农业所采取农业综合措施，不仅包括旱地上进行种植业生产，还包括在旱地上所进行的林业和畜牧业生产。半干旱和半湿润区域降水较少，主要靠降水资源进行农业生产，局部地区虽可灌溉，但无灌溉是其主要特征。我国农业科技工作者，从旱地农业生产实践出发，提出了一些新的见解，主要是：①旱地农业区的范围由半干旱地区扩大到半湿润偏旱地区，因为这个地区是我国主要的农业粮食生产地区之一；②主要依靠天然降水，在特殊干旱条件下采用补墒灌溉；③除了作物之外，还包括牧业、林业，以形成完整的旱地农业经济体系。旱地农业实际上更多地关注了土地或者土壤条件，从土壤资源是否受到干旱胁迫的角度来考察的，相对于“湿地农业”而言的。显然旱地农业要比旱作农业的范围更广泛，旱作农业只是旱地农业的一部分。

雨养农业是单纯依靠天然降水所从事的农业生产，是与灌溉农业相对而言的，其同义词就是非灌溉农业（吴普特，2006）。雨养农业与旱地农业不同，因为旱地农业也可能在有条件时进行补充灌溉（有限灌溉）；同时，雨养农业的地域范围比旱地农业更宽，它既包括降水量较少的半干旱和半湿润易旱区，也包括雨量充沛而无灌溉条件的湿润地区。因此雨养农业又进一步分为干旱地区的雨养农业和湿润地区的雨养农业（吴普特和高建恩，2008；赵西宁等，2007）。湿润地区的雨养农业存在季节性干旱。旱地农业和雨养农业是有区别的。严格地说，两者都是单纯依靠天然降水从事的农业生产。不进行灌溉的雨养农业体系既包括降水适宜地区的农业生产体系，也包括有水分胁迫的农业生产体系，还包括降水丰沛的农业生产体系。而旱地农业仅是在降水量少的半干旱和半湿润偏旱地区内没有灌溉条件或有限灌溉的土地上进行的农业生产。

干旱半干旱地区农业是一个区域农业的概念，也可以说是一个相对概念。它是指在干旱半干旱地区从事的农业生产活动，也可认为是相对于半湿润、湿润地区而言的农业生产方式。

二、旱区农业概念及内涵

随着生产实践的不断积累，在上述概念基础上，又产生了一个新的概念，即旱区农业。关于旱区农业所指区域目前还没有统一的说法，众多科学家对其理解也不同。旱区农业实际上首次由西北农林科技大学的科学家提出，起初仅仅是对于干旱半干旱地区农业的简称。因为国家对杨凌示范区的定位是为我国干旱半干旱地区农业的可持续发展提供示范。同时，对1999年院校所七大单位合并组建的西北农林科技大学的定位则是为干旱半干旱地区农业的可持续发展提供技术与人才支撑，至此，干旱半干旱农业也是学校的学科建设和发展的特色。首次启用旱区农业这一概念，是在2004年西北农林科技大学申请国家“985”工程二期建设项目时所用的，当时为了突出干旱半干旱地区这一区域农业特色，在设计科技创新平台时启用了旱区农业这一概念，并设计了“旱区农业与生态修复”一类科技创新平台。但“旱区”所指区域到底是什么一直没有明确说法，或者说大家看法不是十分统一。一种观点认为，旱区就是干旱地区与半干旱地区；另一种观点认为，旱区就是干旱地区、半干旱地区，以及半湿润易旱地区的统称；还有一种观点认为，旱区就是干旱地区、半干旱地区、半湿润易旱地区以及湿润地区的旱作农业区（雨养农业）的统称。

王立祥在《中国旱区农业》一书中把我国旱区农业定义为：在北方气候干旱区以及在南方水利设施难以到位、实施多熟种植且季节性干旱频繁的湿润气候区从事的农业生产。旱区农业所涵盖的内容比旱地农业、旱作农业、雨养农业和旱农都要广，涉及的地域范围也更加宽广，它不仅包含了半干旱和半湿润偏旱区的旱地农业，也包含了干旱区的绿洲农业，还包含了湿润地区的雨养农业。显然，干旱是影响旱区农业生产水平的主要环境因素之一。在半干旱和半湿润偏旱区，年降水量及其分布状况一般波动较大，农业干旱频率高，对旱地作物、林木和牧草的水分供需平衡有直接的影响；干旱区属于典型的常年气候干旱区，虽然绿洲农业具备比较良好的灌溉条件，但干旱等气候因素造成灌溉水源的减少，制约农田的生产力水平；在湿润地区的雨养农业，降水量总体上比较充沛，但当季节性干旱出现时，农业生产也常常会遭受危害而减产。

其实干旱是相对于湿润而言的，其核心是旱，包括气候干旱和土壤干旱，而描述旱的主要参数是水，甚至确切地说是降水；从农业生产过程的角度考虑，干旱与不干旱主要是针对农业生产过程中的降水是否能满足作物需求而言的，不仅指总量是否满足，还指时间与空间上的量是否满足。区是一个空间概念，也可以称之为区域。从这个角度来理解，旱区则是指降水资源难以在时间、空间上满足其农业生产所需水量的区域，并将在这一区域从事的农业生产活动称为旱区农业。

第二节　旱区农业在我国农业生产中的地位及瓶颈性因素

一、旱区农业在保障粮食安全中具有重要作用

我国旱区面积在耕地资源构成中占有主导地位（表1-1）。在现有的13 003.92万hm^2耕地资源中，水田面积为3294.64万hm^2，仅占耕地总面积的25.34%；而旱地

面积为9559万hm^2，占耕地总面积的73.51%。其中，旱地占耕地面积比例较高的地区主要分布在北方的15个省（直辖市、自治区），其中，河北、山西、内蒙古、黑龙江、山东、陕西、甘肃、青海、宁夏和新疆的旱地面积比例达到90%以上，北方其他地区旱地比例也均在75%以上。在其他各省（直辖市、自治区）中，西藏的旱地面积所占比例较高，达到96.9%，旱地比例超过50%的还有云南、贵州、四川、重庆和安徽。在全国旱地中，拥有灌溉条件的水浇地面积为2167.02万hm^2，仅占耕地总面积的16.66%；而旱作农田面积为7391.98万hm^2，占耕地总面积的56.84%。其中，北方地区以山西、内蒙古、辽宁、吉林、黑龙江、陕西、甘肃、宁夏、青海、河南为主要旱作农业区，旱作农田比例达到50%～90%；南方以云南、贵州、四川、重庆、安徽为主要旱作农业区，旱作农田比例在50%以上（王立祥和王龙昌，2009）。

表1-1 全国各省（直辖市、自治区）旱地面积及其比例

省（直辖市、自治区）	耕地总面积/万hm^2	水田		旱地					
		水田面积/万hm^2	水田占耕地/%	水浇地/万hm^2	水浇地占耕地/%	旱作农田/万hm^2	旱作占耕地/%	旱地合计/万hm^2	旱地占耕地/%
北京	34.39	3.1	9.01	22.36	65.02	5.84	16.98	28.2	82.00
天津	48.56	7.01	14.44	19.97	41.12	16.91	34.82	36.88	75.95
河北	688.33	16.66	2.42	336.02	48.82	327.15	47.53	663.17	96.34
山西	458.86	1.3	0.28	90.68	19.76	364.68	79.48	455.36	99.24
内蒙古	820.1	8.02	0.98	160.17	19.53	647.15	78.91	807.32	98.44
山东	768.93	13.55	1.76	444.78	57.84	292.86	38.09	737.64	95.93
河南	811.03	75.04	9.25	314.4	38.77	412.98	50.92	727.38	89.69
辽宁	417.48	68.06	16.30	6.75	1.62	335.02	80.25	341.77	81.86
吉林	557.84	68.52	12.28	2.72	0.49	481.46	86.31	484.18	86.80
黑龙江	1 177.3	93.46	7.94	2.29	0.19	1 070.55	90.93	1 072.84	91.13
陕西	514.05	20.65	4.02	89.01	17.32	402.59	78.32	491.6	95.63
甘肃	502.47	1.48	0.29	96.82	19.27	403.43	80.29	500.25	99.56
青海	68.8	0	0.00	20.89	30.36	47.13	68.50	68.02	98.87
宁夏	126.88	4.61	3.63	32.86	25.90	89.05	70.18	121.91	96.08
新疆	398.57	7.89	1.98	365.4	91.68	22.35	5.61	387.75	97.29
上海	31.51	28.41	90.16	2.5	7.93	0	0.00	2.5	7.93
江苏	506.17	307.45	60.74	78.2	15.45	111.01	21.93	189.21	37.38
浙江	212.53	162.05	76.25	9.91	4.66	39.12	18.41	49.03	23.07
安徽	597.17	272.79	45.68	13.25	2.22	303.17	50.77	316.42	52.99
福建	143.47	114.95	80.12	4.09	2.85	23.08	16.09	27.17	18.94
江西	299.34	245.82	82.12	2.62	0.88	41.26	13.78	43.88	14.66
湖北	494.95	261.48	52.83	7.09	1.43	206.92	41.81	214.01	43.24
湖南	395.3	298.39	75.48	0.16	0.04	90.02	22.77	90.18	22.81
广东	327.22	227.92	69.65	10.25	3.13	85.34	26.08	95.59	29.21
广西	440.79	225.22	51.09	0.09	0.02	213.59	48.46	213.68	48.48

续表

省（直辖市、自治区）	耕地总面积/万 hm²	水田				旱地			
		水田面积/万 hm²	水田占耕地/%	水浇地/万 hm²	水浇地占耕地/%	旱作农田/万 hm²	旱作占耕地/%	旱地合计/万 hm²	旱地占耕地/%
海南	76.21	39.23	51.48	0.62	0.81	35.75	46.91	36.37	47.72
重庆	254.5	114.48	44.98	0.01	0.00	138.63	54.47	138.64	54.48
四川	662.41	300.45	45.36	2.71	0.41	357.13	53.91	359.84	54.32
贵州	490.35	146.85	29.95	0.01	0.00	340.95	69.53	340.96	69.53
云南	642.16	158.64	24.70	4.57	0.71	475.57	74.06	480.14	74.77
西藏	36.26	1.11	3.06	25.81	71.18	9.26	25.54	35.07	96.72
全国	13 003.92	3 294.64	25.34	2 167.02	16.66	7 391.98	56.84	9 559	73.51

资料来源：王立祥和王龙昌，2009。

旱作农区粮食产量占全国粮食总产量的一半以上，在保障我国粮食安全方面发挥着非常重要的作用。以 2004 年为例，全国粮食作物总播种面积为 10 160.62 万 hm²，其中旱粮播种面积为 7322.75 万 hm²，占 72.07%；粮食总产量为 46 947 万 t，其中旱粮总产量为 29 038 万 t，占 61.85%（表 1-2）。北方的 15 个省（直辖市、自治区）均属我国旱粮主产区，旱粮播种面积占有比例达 81%～100%，旱粮产量占有比例达 62%～100%；其他各省（直辖市、自治区）中，西藏的旱粮播种面积和产量占有比例均达 99%左右。此外，云南、贵州、四川、重庆和安徽的旱粮生产也居较高地位，其旱粮播种面积比例为 66%～76%，旱粮产量占有比例为 52%～59%。在我国粮食生产中，大约 85%的小麦和 90%以上的玉米、大豆、薯类是在旱地种植的；谷子、糜子、荞麦等耐旱作物全部在旱地生产，主要集中在北方的黄土高原、内蒙古高原等旱作农业区（王立祥和王龙昌，2009）。

表 1-2 全国各省（直辖市、自治区）旱地粮食面积、产量及其比例

省（直辖市、自治区）	播种面积			单产		总产量		
	粮食总面积/万 hm²	旱粮面积/万 hm²	旱粮比例/%	粮食平均/(kg/hm²)	旱粮平均/(kg/hm²)	粮食总产量/万 t	旱粮总产量/万 t	旱粮比例/%
北京	15.45	15.37	99.48	4 544	4 489	70	69	98.57
天津	26.35	24.98	94.80	4 660	4 484	123	112	91.06
河北	600.34	591.99	98.61	4 130	4 110	2 480	2 433	98.10
山西	292.54	292.28	99.91	3 630	3 630	1 062	1 061	99.91
内蒙古	418.11	401.02	95.91	3 600	3 616	1 505	1 450	96.35
山东	617.63	605.19	97.99	5 694	5 661	3 517	3 426	97.41
河南	897.01	846.16	94.33	4 749	4 611	4 260	3 902	91.60
辽宁	290.67	236.25	81.28	5 917	5 579	1 720	1 318	76.63
吉林	431.21	371.2	86.08	5 821	5 582	2 510	2 072	82.55
黑龙江	845.8	687.02	81.23	3 548	2 723	3 001	1 871	62.35
陕西	313.41	298.83	95.35	3 318	3 189	1 040	953	91.63

续表

省（直辖市、自治区）	播种面积			单产		总产量		
	粮食总面积/万 hm^2	旱粮面积/万 hm^2	旱粮比例/%	粮食平均/(kg/hm^2)	旱粮平均/(kg/hm^2)	粮食总产量/万 t	旱粮总产量/万 t	旱粮比例/%
甘肃	253.46	252.97	99.81	3 179	3 170	806	802	99.50
青海	24.47	24.47	100.00	3 617	3 637	89	89	100.00
宁夏	79.17	72.73	91.87	3 669	3 272	291	238	81.79
新疆	141.39	134.71	95.28	5 633	5 627	797	758	95.11
上海	15.47	4.29	27.73	4 871	3 730	106	16	15.09
江苏	477.46	266.17	55.75	5 925	4 343	2 829	1 156	40.86
浙江	145.45	42.64	29.32	5 740	3 471	835	148	17.72
安徽	631.22	418.25	66.26	4 346	3 469	2 743	1 451	52.90
福建	148.24	49.73	33.55	4 968	3 841	737	191	25.92
江西	335.01	32.04	9.56	4 964	2 622	1 663	84	5.05
湖北	371.24	172.28	46.41	5 657	3 471	2 100	598	28.48
湖南	475.41	103.73	21.82	5 553	3 413	2 640	354	13.41
广东	278.97	65.07	23.33	4 983	4 103	1 390	267	19.21
广西	351.12	115.52	32.90	3 983	2 389	1 399	276	19.73
海南	47.18	13.71	29.06	4 029	3 136	190	43	22.63
重庆	251.64	176.71	70.22	4 548	3 593	1 145	635	55.46
四川	647.65	441.27	68.13	4 859	3 687	3 147	1 627	51.70
贵州	303.72	232.07	76.41	3 785	2 900	1 150	673	58.52
云南	415.85	307.23	73.88	3 630	2 835	1 510	871	57.68
西藏	17.89	17.87	99.89	5 339	5 316	96	95	98.96
全国	10 160.62	7 322.75	72.07	4 621	3 965	46 947	29 038	61.85

资料来源：王立祥和王龙昌，2009。

旱作农区也是我国其他种植业产品的重要生产场所。油料作物中，油菜70%是在旱地生产的，主要集中在四川盆地、关中平原、长江中下游平原、黄淮海平原等地；葵花籽、胡麻90%来自旱地，主要集中在西北干旱内陆区、黄土高原、内蒙古河套和东北地区；花生95%来自旱地，主要集中在黄淮海平原、长江中下游平原和东南沿海地区。糖料作物中，南方的甘蔗80%在旱地生产，主要集中在云南、广东、广西、海南等南亚热带和热带地区；北方的甜菜全部在旱地生产，主要集中在新疆、内蒙古、宁夏等的绿洲农田和东北北部地区。棉花、烟草也是典型的旱地作物，其中，棉花主产区集中在黄淮海平原的河北、山东、河南三省，新疆为优质棉花生产基地；烟草则以云南、贵州、河南三省为主要生产基地。可见，我国旱作农区不仅是小麦、玉米、油料、大豆、棉花等农产品的主产区，而且还是其他多种农副产品的重要生产基地，在粮食安全保障、农产品加工原料和纺织品加工原料的供给方面发挥着十分重要的作用。

二、农业水资源短缺已成为限制旱区农业发展的瓶颈

(一)旱区降水与作物需水时空分布错位，利用效率低下，浪费严重，潜力有待进一步挖掘

我国旱区，尤其是北方旱区降水量少，大部分地区降水量为 300～500 mm。400 mm降水量等值线以西的东北三省西部、内蒙古、宁夏、甘肃、青海的大部分地区，以及新疆西部和北部的降水量为 300 mm 左右，折合耕地平均水量为 2010～4005 m^3/hm^2。河北、天津、山东西部、安徽、河南西部以及辽宁、吉林、黑龙江三省西部地区，山西、陕西大部分地区等年降水量平均为 400～600 mm，折合水量为 4000～6000 m^3/hm^2。最干旱的内蒙古、新疆、青海、宁夏、甘肃等省（自治区）荒漠区年降水量少于 250 mm，折合水量不足 2500 m^3/hm^2，难以满足作物生长正常需水量，属于无灌溉就无农业地区（温晓霞等，2000）。半干旱地区作为旱区农业中一个特定的生态类型和重要的农业区域，其特点可归纳为：生态环境极为脆弱，严重的土壤侵蚀和频繁的干旱在同一区域每年之中交替发生；天然植被、人工草地和旱作农业并存是该区土地利用的一般特征。林业受到地域降水的限制，只能局部发展，因此其成功的经营往往采取农牧相结合的方式，以增强生产的稳定性和抗御自然灾害的能力；同时由于降水量尚处在允许农业生产的范围之内以及土地利用的多方向性等因素，往往在人口压力较大的情况下盲目开垦土地，造成土地利用不合理，引发人为的水土流失和土地贫瘠化现象，使得本来就很脆弱的农业生产环境持续恶化（山仑等，2004a；Zhu et al.，2004）。

年降水量为 300～550 mm 的黄河中游的黄土高原地区是我国主要的旱作农业区。其典型地带——黄土高原水土流失区，耕地约占半干旱地区的 1/3，坡耕地占耕地面积的 75%。但由于严重干旱缺水，平均单位面积产量低于 150 kg/亩①，不少地方还低于 100 kg/亩（山仑等，2004a；Zheng，2006；Zhao et al.，2004）。实际上，该地区农业生产主要依靠 300～500 mm 的雨水资源，仅从数量上来分析，该地区年平均降水量不算太少，发展雨养农业是可以实现的，但是由于该区域降雨相对集中，6～9 月降雨占到全年降雨量的 60%～80%，与作物生长需水关键季节错位，而且多为大到暴雨，导致季节性干旱缺水严重，作物产量低下。陕北黄土高原丘陵沟壑区的特色果品——红枣闻名遐迩，这里的果品品质有优势。目前仅陕西榆林黄土高原半干旱区，红枣种植面积已经达到 160 万亩，但由于严重干旱缺水，生产效益并不高。红枣多年平均亩产量仅为 150 kg 左右，只有其生产潜力的 15%，优势一直没有得到充分发挥，更难以形成规模化经营，未得到较高的经济收益（赵西宁等，2009b；Zhao et al.，2009b）。目前黄土高原半干旱地区自然降水生产潜力开发程度较低，现实生产力产量只有旱作农田水分生产潜力理论值的 45.9%，该地区降水资源还有 1 倍以上的潜力可以开发。从降水利用效率来看，不同种类作物理论平均值为 17.27 kg/(mm · hm^2)，而现实降水利用效率为 7.72 kg/(mm · hm^2)，为理论值的 44.7%，潜力巨大（冷石林，1998；冯浩等，

① 1 亩≈666.67m^2，下同。

2007)。上述分析可以看出，旱区天然降水与作物需水时空分布错位，其利用效率低下已成为限制旱区农业发展的重要因素。

(二) 旱区农业水资源短缺与农业用水浪费严重并存

我国北方大部分地区水资源开发已接近极限，淮河以北占全国3/5的辽阔国土上，人均水资源量只有501 m^3，是全国平均水平的1/5，仅为世界平均水平的1/16，与极度缺水的索马里人均980 m^3 和以色列人均461 m^3 几乎相当，是我国缺水最严重的地区。我国西北地区穷就穷在水资源匮乏上，经济发展难也难在干旱少雨和水资源的不足上。由于缺水，很多原来牧草茂盛的景象已经不复存在。目前西北五省（自治区）草地总面积为11 975万 hm^2，因干旱缺水造成的退化草地总面积为6960万 hm^2，占草地总面积的58%。其中，轻度退化面积为3020.9万 hm^2，占退化总面积的43.4%；中度退化面积为2650.7万 hm^2，占退化总面积的38%；重度退化面积为1289万 hm^2，占退化总面积的18.5%。与20世纪八九十年代的调查结果比较，草地退化有加剧的趋势。北京作为我国的首都，人均水资源量不足300 m^3，官厅和密云两大水库总库容量达到65亿 m^3，但1999年密云水库自然降水补水量仅为0.8亿 m^3，官厅水库仅为2.56亿 m^3，不到80年代自然补水量的1/10，2002年以来北京已连续出现缺水危机，2003年密云水库可利用水量仅为3.8亿 m^3，官厅水库仅为1.2亿 m^3，2005年北京密云水库可利用水量仅能提供一年的城市供水。

在我国干旱缺水形势日益严峻的同时，农业用水中的浪费现象仍相当严重，主要表现为：一是灌溉水的利用率较低，渠灌区仅为40%～50%，井灌区也仅有60%，与国外节水先进国家70%～80%的高利用率差距仍很明显。例如，内蒙古河套平原的毛灌溉定额为11 364 m^3/hm^2，宁夏引黄灌区的毛灌溉定额为10 980 m^3/hm^2，青海万亩以上灌区的灌溉定额为11 337 m^3/hm^2，新疆全区平均灌溉定额达14 550 m^3/hm^2，平均每次的灌水定额高达2700 m^3/hm^2，仍有133.33多万公顷农田采用落后的大水漫灌，南疆有些地州一次灌水定额高达3750 m^3/hm^2。水资源的浪费，导致了灌溉水有效利用率的低下，一般灌溉水的有效利用系数在0.5以下，有的甚至只有0.3。例如，新疆全区平均渠系水利用系数为0.41；内蒙古河套灌区渠系水利用系数为0.394，田间水利用系数为0.71；陕西关中各大灌区比较重视渠道衬砌、防渗工作，但平均渠系水利用系数也只有0.5左右。甘肃民勤湖区灌溉水利用系数只有0.28，湖区入渗水直接进入地下水系统后与苦水层混合，失去了重复利用价值。灌溉水的大量浪费致使农业用水占各项总用水量的比值过大。例如，西北内陆地区高达95%，黄土高原地区高达87.3%，而一些发达国家仅占50%左右。根据山西省调查资料，大型灌区灌溉水利用系数仅为0.389，中型灌区为0.618，小型灌区为0.672。二是自然降水的利用率较低，8000万 hm^2 旱作农业区的70%分布在年降水量只有250～600 mm的北方地区。由于经营管理粗放，在有限的降水中，因降雨径流损失的水分可占总降水的20%，而休闲期无效水分蒸发则占总降水的24%，可被农业生产利用的降水只有总量的56%，就是在仅有的56%中，也有26%由于田间蒸发而散失，作物真正利用的降水只有总量的30%左右。三是农业用水效率低，“十五”期末进行农业灌溉的作物水分生产效率仅为1.25

kg/m³ 左右，旱作的水分生产效率仅为 0.7～0.8 kg/m³，全国平均的作物水分生产效率约为 1.0 kg/m³，这些农业用水指标远远低于发达国家 2.0 kg/m³ 的水平。这也显示出我国在严重缺水的背后蕴藏着巨大的节水潜力。

（三）结构性高耗水导致旱区缺水程度加剧，农业用水效率和效益低下

目前我国旱区农业布局与水资源分布错位，导致区域性缺水矛盾加剧。长期以来，由于我国农业数量性生产目标占统治地位，已经成功地解决了我国基本的粮食安全问题。但从农业用水效益的角度与国外比较分析后发现，存在水分利用效益低下这样一个基本事实。研究资料显示，我国主要粮食作物以产量计算的水分利用效率平均值为 0.8 kg/m³，而单方农业用水的综合经济产出仅为 2 元左右（第一性生产），与节水发达的美国、以色列等国家相比较，前者偏低 10%～25%，后者相差近 7～10 倍。以上情况表明，现阶段我国农业水资源整体利用效率低，水资源利用效益更低，说明产业结构缺陷导致的结构性高耗水（效益方面）问题突出，致使节水农业投入的经济基础薄弱，严重制约了农业的可持续发展。

（四）旱区生态环境用水与农业用水争水的矛盾突出

我国旱区主要的生态环境问题，诸如水土流失、森林破坏、草场退化、河流断流及湖泊干涸等，均直接或间接地与水资源配置过程中仅重视生产和生活用水，而忽视生态环境保护与建设对水资源的需求、未考虑生态环境用水有关。最主要的表现是河川径流量大量减少或干涸、众多湖泊萎缩或消亡。海河是我国五大水系之一，对华北水资源供应曾起过举足轻重的作用，但至 2000 年海河已经有 300 余条支流全部干涸；新疆塔里木河年径流量原来为 46 亿 m³，现在流到下游的仅剩 2 亿 m³，96%的水在流动过程中耗失；就连天府之国的岷江支流也经常处于断流状态。新中国成立后湖北省千亩以上湖泊数量减少 36.7%，5000 亩以上湖泊减少了 61.1%，湖泊面积由 8528 km² 减少到 2984 km²，净减 65%，号称“百湖之市”的武汉市现在也只剩下湖泊 27 座。20 世纪 50 年代洞庭湖的面积为 4350 km²，现缩小至 2690 km²，净减 38%。近年来长江中下游水域面积已从 2.23 万 km² 锐减到 1.2 万 km²，减水量超过 1000 亿 m³，这与三个三峡水库的水量几乎相当。同时我国又有 80%的河流受到工业和生活污水的严重污染，长江、黄河、辽河、海河、太湖、巢湖 63.1%的河段水质为四类或者五类，甚至更差，82%的人饮用水都受到污染，细菌超标 75%。有些沿海城市地下水过度采集引起海水倒灌，造成地下水盐碱化；不少城市大量开采地下水，造成地下水位下降，引起地面大面积下沉。在甘肃河西走廊的石羊河流域，最近 20 年时间内，地下水位下降了 2～7m，在绿洲内部形成了 986 km² 的三个地下水漏斗区。处于流域下游的民勤地区地下水矿化度急剧上升，导致 7.6 万人和 12.4 万头牲畜饮水困难，37 万亩良田弃耕，迫使人口逐渐外迁，成为区域性生态环境恶化的典型。

第三节 旱区农业高效用水技术现状及面临的挑战

一、旱区农业高效用水技术现状

针对旱区水资源供需矛盾日益尖锐、农业用水浪费严重且节水潜力巨大的现状，我国自20世纪50年代就开始大力开发水资源，发展农田灌溉，取得了举世瞩目的成就。尤其是90年代以来，农业高效用水技术研究进入了一个新时期。“九五”期间，节水农业技术研究与示范等一系列相关项目被列为国家重大科技攻关项目，从节水灌溉新技术、水资源合理利用、主要农作物节水灌溉制度与节水灌溉设备等方面分别进行了深入的研究；“十五”期间，经国家科技教育领导小组批准，科技部、水利部、农业部于2002年联合启动实施了“现代节水农业技术体系及新产品研究与开发”重大科技专项，并将其列入“863”高技术研究发展计划，其重点是突破制约我国农业用水技术发展的“瓶颈”问题；“十一五”期间，国家继续加大科研经费支持力度，先后在该领域内设立了一系列国家级科研项目，主要用于开展旱区农业高效用水技术的研究与示范。上述项目的开展和完成对于提高我国旱区农业高效用水应用基础理论研究水平、开发相应新产品与新材料并实现产业化起到了重要作用，推动了农业高效用水技术领域的科技进步，促进了国家节水公益目标与农民增收目标的有机融合，为创建具有自主知识产权的现代节水农业技术体系和解决我国水资源短缺问题作出了巨大贡献（吴普特和赵西宁，2007；彭世彰和李远华，2006；吴普特，2006；吴普特和冯浩，2005；康绍忠等，2004a，2004b；山仑，2004b；茆智，2003；徐迪等，2003；梅旭荣和王锁庆，2001；孙景生和康绍忠，2000；冯广志，1999）。

（一）农业高效用水应用基础及前沿与关键技术创新取得突破性进展，部分领域已跻身国际先进水平，缩小了我国农业高效用水技术水平与国外的差距

在节水农业应用基础及前沿与关键技术创新方面，较为系统地揭示了土壤-植物-大气连续体水分、养分迁移规律和调控理论以及作物非充分灌溉理论与模式，特别在农田水分转化规律、根冠信息传递与信号振荡、水分养分传输动态模拟、作物需水规律与计算模型及抗旱节水机理等方面取得了重大突破，为我国节水农业技术发展提供了强有力的技术储备与支撑；取得的非传统水资源开发与高效利用技术、非充分灌溉与精细地面灌溉技术、节水产品激光快速成型技术等一系列成果，产生了明显的节水增产效益。通过大量室内外试验提出了节水灌溉条件下不同区域主要农作物调亏灌溉指标、作物缺水敏感指数、节水灌溉条件下作物系数、节水灌溉条件下作物需水指标等作物非充分灌溉指标体系；开发了非充分灌溉决策技术、小定额均匀高效灌水新技术、作物生理节水调控新技术等作物生理节水调控与非充分灌溉的关键技术；首次在国际上建立的节水产品激光快速研发平台，使微灌产品单循环周期由90～150天缩短为3～5天，成本由3万～5万元降低为0～2万元，工效提高了30倍，成本约为原来的1/20；筛选出的抗旱节水新品种在中等干旱条件下较对照产量提高10%，作物水分利用效率提高20%～

40%；建立的激光控制平地自动作业技术，使土地平整精度达到 2～3 cm，灌溉水利用率提高 20%～30%；提出的基于作物生命需水信号的控制性分根交替灌溉技术，作物水分利用效率达 2 kg/m^3；研制的新型土壤固化剂集雨新材料比水泥土强度高出 68%，集流效率达 85%～91%，投资仅 3～4 元/m^2；研制的植物生长营养调理剂可使生物集雨面郁蔽时间由 3 年缩短为 30 天，0.5 cm 厚水层停留 6 h 不渗漏，径流量较对照提高 30%；精细地面灌水技术与非充分灌溉技术跻身世界先进行列，建立了以非充分灌溉理论为指导、基于三维 GPS 信息采集激光控制平地自动化作业应用技术为支撑的现代精细地面灌水技术与非充分灌溉技术体系，灌溉水利用率提高 15%～30%，作物水分生产效率达 2 kg/m^3；在微咸水开发利用方面，构建了沿海半干旱地区小流域尺度微咸水高效利用、多种水资源合理配置的循环利用的新模式，创制了以小流域为尺度的微咸水、咸水农业利用为中心、两水拦蓄调水调盐为关键、沿海渔农复合为目标的水资源、土地资源、生物资源循环高效利用模式及其技术和工程体系。微咸水灌溉安全指标上限由传统的 0.3%提高到 0.5%，用大于 0.3%矿化度地下苦咸水灌溉，粮食产量比不灌溉增加 30%～60%。

（二）研制了一批适合国情、具有自主知识产权与国际竞争力的节水新产品，推动了我国农业高效用水技术的产业化

在节水农业关键设备与重大产品研发及产业化方面成果显著，开发出温室微灌系统设备、行走式多功能蓄水保墒耕作设备、新型管材管件与量配水设备、自走式喷灌机组、新型多功能保水剂和可降解保水农膜等，初步形成了具有中国特色且具有自主知识产权的节水系列产品与成套设备，并带动新疆天业、福建亚通等一批节水龙头企业的快速发展。采用多点定量补充方法使激光快速成型精度由原来的±0.1 mm 提高到±0.01 mm，以激光快速成型技术为核心，以参数化设计软件和灌水器注塑模具高效快速设计技术与软件为支撑构建的微灌灌水器的快速设计、快速制造、快速试验、快速修改、快速定型的快速开发平台，省去了传统灌水器开发过程中的模具设计、加工和产品的注塑等工艺过程，从而大大简化产品开发的工艺过程，显著缩短了产品的开发周期，降低了费用，减小了风险，每开发一件微灌产品单循环时间为 3～5 天，成本低于 0.2 万元；建立的滴灌管生产线，使滴灌管由 1.2 元/m 降低到 0.25 元/m，滴灌带由 0.15～0.2 元/m降低到 0.08 元/m；成功研制了内镶圆柱压力补偿式滴灌管、具有压力补偿功能的滴灌带、一次性薄壁滴灌带，其价格是国外同类产品的 1/3 以下，比国内原有的产品价格下降 20%左右，其中内镶圆柱压力补偿式滴灌管的流态指数为 0 左右，补偿性能非常良好，一次性薄壁滴灌带和具有压力补偿功能的滴灌带流态指数分别为 0.5 和 0.47；成功研制了大射程旋转式微喷头、压力调节器、精量控制阀、微压灌水器、超薄壁滴灌带、全自动过滤器、精量供肥水动施肥泵、水动阀和智能灌溉控制器等微灌灌水器及其配套关键产品，全自动过滤器价格从进口设备 15 000 元/个（单个过滤器）以上降低到 5000 元/个左右；精量供肥水动施肥泵价格为 1000 元/个，远低于国外同类产品 6000 元/个，超薄壁滴灌带的壁厚达到 0.1 mm，精量控制阀量测精度达到 4%，水动阀压力损失比国外同类产品下降 30%，大射程旋转式微喷头射程达到 7 m 以上，形成了我国系列化、

标准化产品，并创新集成研究出 12 套适合我国不同用途的大田和温室微灌集成系统，基本满足我国不同条件、不同作物的灌溉要求；成功开发竹-塑复合管材及其生产线，年生产能力为 4000 t，折合成 ϕ300 mm 低压（0.4 MPa）灌溉输水用管材约 61.2 万 m。大口径尼龙复合管材生产线，年生产能力 60 万 m。加筋 PE 塑料管材产业化生产线，系列产品年生产能力 305 万 m；研制了新型土壤固化剂、新型填缝止水材料、特殊土渠专用防渗材料、渠系混凝土抗硫酸盐侵蚀专用外加剂、环保型混凝土及其防渗补强新材料、有机硅材料、改性沥青材料、环保型高性能水泥基修补材料等渠道防渗抗冻胀新材料以及新型复合土工膜材料和新型保温复合材料；研制了适合我国主要作物的多功能蓄水保墒耕整联合、种植联合、耕播（耕整种植）联合作业机具，以“地表覆盖、少耕免耕、联合作业、蓄（施）水保墒、培肥地力”关键技术为核心，以“节约资源、保护环境、增产增收”为目标，将现代农艺与工程技术紧密结合，把先进的蓄水、施水、节水、保水技术融为一体，形成了适合北方旱作农业的节约环保型地表覆盖联合少（免）耕高效机械化技术体系；用层状硅酸盐矿物质与高分子复合物共聚工艺技术，创制出高吸水保水复合系列保水剂，具有吸液倍率高、保水能力强、抗盐性好的特点，价格由 20 000 元/t 左右降低到 9000 元/t；使用磁振荡吹膜技术，研制出的厚度为 20 μm 左右的全降解保水农膜，可在一年内实现全降解，且技术性能能够替代现有农膜。

（三）在我国重点缺水地区建立了一系列现代节水农业技术集成示范区，自创的大田棉花膜下滴灌、旱作雨水集蓄高效利用和行走式蓄水保墒抗旱灌溉等综合节水技术的应用面积达到世界之最

在我国农业重点缺水地区建立了干旱内陆河灌区、井渠灌溉区、抗旱灌溉区、集雨补灌旱作区等不同类型区，以节水农业高新技术和产品应用为载体，将节水灌溉技术、农艺节水技术、生物节水技术、管理节水技术和旱地农业技术组装配套，建立各具特色的、移植性和可操作性强的现代节水农业技术体系与模式，主要包括干旱内陆河区大田膜下滴灌改进技术集成模式、井渠灌溉区农业和谐高效用水技术集成与发展模式、半干旱黄土丘陵区小流域雨水资源高效综合利用模式、东北半干旱抗旱灌溉区“蓄、保、补”抗旱技术体系、半干旱生态植被建设节水综合技术体系、西南丘陵季节性缺水山区作物高效用水技术体系，其中自创的大田棉花膜下滴灌、旱作雨水集蓄高效利用和行走式蓄水保墒抗旱灌溉等综合节水技术的应用面积达到世界之最，取得了巨大的经济、社会和生态效益。

二、旱区农业高效用水技术所面临的挑战

我国旱区农业高效用水技术已取得了较大进展，但与农业和国民经济持续快速发展的要求还有较大差距，仍存在许多重大技术瓶颈，在科技、政策与机制以及平台建设等方面都面临诸多挑战（科学技术部农村科技司，2006；陈明忠等，2005；吴普特和冯浩，2003），尚不能为建设旱区现代节水高效农业提供强有力支撑，主要表现为以下几方面。

（一）旱区农业高效用水技术研究所面临的挑战

1. 旱区农业高效用水应用基础和高技术研究相对薄弱，新技术储备少

旱区农业用水高新技术研究相对薄弱，缺乏根据我国旱区农业主导产业的生产特点和区域特征，对经济合理的农业用水量、作物生命健康需水量、单株—群体—农田水分迁移转化与水分利用效率转换的尺度理论、降水—土壤水—作物水—干物质量之间的转化过程及其转化效率、农业用水所引起的水土环境效应等基础与应用基础研究；对抗旱节水作物品种筛选、旱区作物生命健康需水过程与调控、作物需水信息实时采集、旱区降水资源高效利用技术、作物的水分生理调节功能、作物精量控制灌溉技术与装备、喷微灌技术与设备和化学保水制剂等一系列前沿技术的战略考虑，影响我国旱区农业高效用水技术体系的建立。

2. 农业用水管理信息技术应用水平低，用水信息采集、传输可靠性差

由于作物种植、耕作栽培、灌溉施肥管理措施、气候因子、土壤性质等诸多因素存在空间变异性，土壤水分亦存在很强的空间变异性；同时，由于基于土壤特性的传感器技术测量土壤水分只能采用离散点的方式实施土壤水分状况监测，所以，土壤水分的空间变异规律研究，从点到面（点尺度—田间尺度—区域尺度）的尺度转换理论与方法是实现土壤水分监测信息化的重要基础。遥感技术的发展为区域作物水分状况监测、区域作物耗水量监测提供了重要的技术支持。如何利用遥感技术和农田生态系统模型技术相结合的方法来实现区域作物耗水量预测、区域农田土壤水分状况预测仍然存在许多需要解决的理论和技术问题。无论是在点尺度上还是在区域尺度上，监测数据与模型的融合是实现实时监测与预报有机结合的重要技术环节，也是最终实现农田土壤水分监测与预报信息化的基础。如何实现监测数据、预报模型、尺度扩展理论、GIS技术、遥感信息的有机结合，理论和方法上存在系列的问题。这些问题的研究是最终实现农田土壤水分监测与预报信息化的基础。

3. 旱区农业高效用水技术的有机集成度低，整体效益难以发挥

农业高效用水技术是一项复杂的系统工程，需要水利、农艺、工程和管理技术的整体融合与合理配套。但目前我国旱区各单项技术之间缺乏有机的连接和集成，缺乏适宜于不同区域水土环境条件下的农业高效用水技术集成体系和应用模式，导致多项技术的节水增收效果并不比单项技术显著的局面。我国农业用水中的技术有机集成度较低、整体配套性能较差的问题由来已久，使得农业用水技术体系的整体效益难以发挥。我国在农艺节水技术领域取得的很多成果在研发阶段表现出显著的节水增产增收效果，但在农业生产实际应用中，却由于缺乏相应的技术产品、配套的应用设施和规范化的技术（产品）标准，而难以大面积推广应用。我国农业还属于劳动密集型的产业，缺乏了农业机械等配套设备的农艺节水技术，不仅实际应用操作复杂，难以掌握，且技术成本的增加使得其规模效益难以发挥。为此，有必要加速发展现代农业高效用水技术集成体系，建立针对不同类型区的综合技术应用模式，以提高农业用水的效率和农业单方用水的产出。

4. 技术产品产业化和社会化程度低，无法满足旱区现代农业发展需求

目前我国已基本能生产节水农业所需要的各类产品，但由于生产规模小，仍然没有从小生产方式中脱离出来，故技术研发的部分成果难以实现产品产业化。与节水农业相关的产品和设备，在生产和销售方面很大程度上要依赖国家和地方项目的实施与开展，导致企业行为不足，无法真正走向农村这一广阔市场。由于汇入农业和农村经济发展主流的综合型节水农业的企业还很少，节水农业社会化服务体系很难形成，与农业节水相关的各个环节之间存在着相互脱节的现象。节水农业需要在形成综合性、社会化高科技企业集团上有所作为，才能通过科技进步与创新，加快整个行业的技术进步，促进产品设备的更新换代。

（二）旱区农业高效用水政策与机制所面临的挑战

我国节水农业发展政策和法规还不健全，服务保障体系不完善。政府关注社会效益与农民关心的直接经济效益尚未有机地结合，未能形成良性发展的机制。受投入资金限制，现有节水设施建设标准较低，管理水平落后，对节水措施的效果仍缺乏科学的监测和评价。一方面，节水农业建设需要较高的初期投入，而农户的经济实力无法承受；另一方面，农业特别是种植业属于弱势产业，难以获得商业贷款，导致节水农业投入力度不够，资金短缺已成为许多地区发展节水农业的瓶颈。农业节水的外部经济、社会和生态效益巨大，惠及各个产业、整个地区乃至全国，具有明显公益性。因此，对农业节水的基本建设投入不应完全由农业和个体农户来承担，而应由整个社会分担。由于缺乏刺激投入的经济激励机制，尤其是缺乏产业间和地区间的转移支付形式，资金不足的问题难以解决。依据国民经济发展对农业的总体需求，制定出适合我国节水农业发展的政策法规体系及相应的投入激励机制，建立起有利于发挥节水管理者和用水户双方积极性的节水管理体制，完善有关节约用水的法规，实施依法用水和管水是确保节水农业健康发展的前提和保障条件。

根据我国实际状况，有关节水农业的政策法律制定应着重强调以下内容：一是采用法律手段，确立中国发展节水农业的法律地位与法律意义；二是从法规条例上，制定出法规实施的具体条款，使其具有实施的可操作性；三是从政策层面上，制定出发展节水农业的诸多优惠政策与有关规定，包括节水农业的布局、种植结构、农业水价政策、区域水的生态补偿政策、节水农业建设的多元投资政策等，从政策角度上保证农业高效、合理利用水资源，促进节水农业的健康发展。

（三）旱区农业高效用水技术平台建设方面所面临的挑战

我国农业用水技术领域研究的基础条件还比较落后，旱区农业用水技术研究的试验网络还未形成，对不同区域不同作物的农业用水量、灌溉水利用率、渠系水利用率、田间水利用率、降水有效利用率、作物水分利用效率等参数还缺少准确的确定方法和多年基础数据的积累，同时由于共享数据平台的缺乏，多数数据难以共享；作为农业节水发展重要基础之一的节水灌溉试验与监测工作并未引起足够重视。由于缺乏灌溉试验成果的指导，没有适合不同地区特点的节水灌溉技术参数、技术体系和应用模式可采用，加之对不同区域的灌溉用水和节水效果缺乏监测与评估，严重制约了旱区农业高效用水技术健康稳定的发展。

第四节 旱区农业高效用水的重点区域

我国旱区面积宽广，自然地理特征、农业种植情况、灌溉发展条件以及社会经济发展状况不尽相同。因地制宜地确定各地农业高效用水技术的发展方向，建立适宜的农业高效用水技术体系是十分必要的。我国旱区农业高效用水技术的发展以北方干旱地区、半干旱地区、半湿润易旱地区为重点，同时兼顾南方季节性干旱地区旱作农业的发展（吴普特和冯浩，2010；王立祥和王龙昌，2009；科学技术部农村科技司，2006）。

一、干旱地区

西北内陆干旱区除约20%面积在雪线高度的山区外，年降水量多不足250 mm，连同山区在内的新疆平均降水量仅145 mm，柴达木盆地约为100 mm，甘肃河西走廊不足80 mm。年降水量不足100 mm范围约为西北内陆旱区面积的60%，不足50 mm的面积占50%之多。由于降水量少、蒸发强烈，整个绿洲区域的干燥度居高不下，全区干燥度的底限为3.5，一般为6～8，高的可超出10。绿洲区农田灌溉主要依托于冰川融水的补给，干旱区冰川主要分布在高山区，共存现代冰川22 820条，覆盖面积23 306 km^2，储冰量14 938亿m^3，年融水量达到188亿m^3。20世纪末较1949年水资源开发利用率增长了4倍，已经超过了国际公认的内陆河流区40%的限额，除柴达木盆地绿洲区开发利用率不足20%外，西北内陆绿洲区的大部分地区水资源已超标开发利用，有些地区几乎呈现竭泽而渔式的超越可能的开发利用，动用了历史沉积的储存水量。

干旱区绿洲节水灌溉的关键技术包括抑制棵间蒸发，膜下滴灌为先导的覆盖微灌。滴灌作为工程节水技术，嫁接农艺节水覆膜技术，进一步还可嫁接生理节水-调亏灌溉技术，还能把奢侈蒸腾水量节约下来，进一步降低耗水量，提高水分生产率。应对绿洲土壤沙化、盐碱化等形成动因，皆与用水不当、灌溉超量密切相关，农业绿洲规模与结构层次要依水而定，将不断地提升有限水资源的利用效率。膜下滴灌技术应用，为提高光能利用率奠定了基础，调整水肥供给可按作物各生长阶段最大光能利用率的需求进行优化耦合，使得作物向最大光能利用率理想优化耦合方向逼近，发挥现代节水灌溉农业可控型技术潜力。

二、半干旱地区

（一）黄土高原地区

黄土高原半干旱地区主要包括山西、陕西北部、宁夏和甘肃大部。黄土高原地区降水稀少，蒸发量大，水面蒸发量为降水量的2倍多，在特别干旱地区达到10倍以上，水资源十分匮乏。黄土高原地表水资源为654.63亿m^3，地下水资源为335.98亿m^3，重复水资源量224.03亿m^3，水资源总量为766.58亿m^3。全区河川径流量为443亿m^3，人均用水量为541 m^3，仅为全国人均用水量2700 m^3的20%，相当于世界人均用水量的5%；平均每公顷耕地用水量仅为3420 m^3，相当于世界平均每公顷耕地水量的7.4%。随着经济发展，水源污染日益严重，水资源供需矛盾日益尖锐。

目前旱地作物的实际产量仅为降水生产潜力的40%左右，旱作农田大部分依然属于中低产田。应依靠科技进步，推行水土保持措施，防治水土流失，高效利用水土资源；采取农田覆盖节水技术，抑制地面的无效蒸发和推广使用化学抗旱保水技术提高用水效率。为了抵御干旱，增加作物产量，必须对有限的河川径流和地下水资源加以高效利用，采取节水灌溉技术，推行节水灌溉制度，并借以各种集水设施，发展旱地补充灌溉，充分提高水的利用效率。黄土高原地区是我国旱地农业的主要分布区域，自然降水是农业生产的唯一水源，集成推广雨水收集技术、雨水蓄集技术和雨水利用技术，以提高雨水的利用效率。

（二）内蒙古高原地区

内蒙古高原地区不仅降水量少，而且年内分配不均，年际变率也很大。根据1961～2000年的气象资料统计，年降水量为35～500 mm，年降水蒸散差为－1700～－430 mm。夏半年4～9月，降水量为30～400 mm，占年降水量的85%～95%，降水蒸散差为－1300～－360 mm。春夏之交的4～6月，降水量为10～140 mm，只占4～9月降水量的22%～35%，降水蒸发差为－660～－260 mm，此时正是作物需水大时期，最容易发生干旱。内蒙古几乎每年都有不同程度的干旱发生，往往是春旱、夏旱、秋旱交替出现。内蒙古水资源总蓄量为545.95亿m^3，其中地表水为406.60亿m^3。流域面积在1000 km^2以上的河流有107条；水面面积大于100 km^2的湖泊有8个。此外，全自治区还有不少具有保健治疗功能的矿泉水和温泉。全自治区共有水面98.43万hm^2，其中可利用淡水面积65.5万hm^2，占全国可利用淡水水源的10.68%。

发展集约、高效旱作农业，积极推行横坡耕作、垄作深松耕、秸秆覆盖等耕作技术，提高有限降水的就地入渗量，减少农田水分损失，改良土壤结构，增强抗旱节水能力。针对内蒙古水资源利用现状，必须发展农业节水技术，通过发展径流工程技术，控制天然降水的径流损失，采取沟灌技术、膜上灌技术、喷灌集水等节水灌溉技术，同时推行农田覆盖技术、作物需水关键补灌技术和化学调控技术在内的节水农作管理技术。

三、半湿润易旱地区

（一）东北地区

东北地区年平均降水量为400～900 mm，年降水蒸散差为－700～0 mm，夏半年4～9月是东北地区植被生长主要的季节，其降水量占年降水量的82%～92%，4～9月降水蒸散差为－460～100 mm。4～6月是一年中年降水量相对较少的季节，却是农业需水较多的时期，其降水量仅占 4～9 月降水量的 22%～33%，是东北地区干旱最严重的季节，4～6 月降水蒸散差为－350～－50 mm。东北地区，以春旱最为突出，有时干旱从春播作物开始播种的 4 月持续到 5 月或 6 月。夏季干旱一般出现在 7 月、8 月，个别年份夏旱接着春旱，加上水土流失较严重和灌溉条件差则影响更为严重。东北地区水资源总量为 1528 亿 m^3，地表水资源量为 1108 亿 m^3，地下水资源量为 451 亿 m^3，地表与地下水资源重复计算量为 24.1 亿 m^3。单位耕地水资源量为 6331.5～6883.5 m^3/hm^2，农田灌溉指数为 9.8～20，而且河流水质污染严重，东北地区农业水资源更为不足，且分布不均。

依据旱区的自然特点，正确处理种植业、林业、牧业、渔业的多层次农业资源综合利用水平，提高农业资源的利用率和利用效率；在种植生产中，要发挥区域资源优势，通过引进高新技术，逐步由传统粮食作物向特色农作物转变，实现特色农业的独立化、区域化、专业化生产，提高种植业生产效率。在农业发展现阶段必须坚持“保护生态环境就是保护生产力，改善生态环境就是发展生产力”的认识，实行山水路田草林综合治理，最大限度地提高自然降水利用率。根据东北地区旱作耕地现状，加强高标准旱作基本农田建设；依据旱区不同作物品种，全面普及非工程性抗旱节水技术，提高降水利用率；快速发展高效节水灌溉技术，大幅度提高灌溉水的产出效益。

（二）黄淮海地区

黄淮海地区是典型的东南季风气候区，降水量的地理分布差异悬殊，季节分布不均，年际变率大，降水集中在夏季，而春季旱情严重，大多数地区夏收作物严重缺水。冬小麦是华北地区种植面积最大的作物，其产量占全国总产量的 70%以上。根据冬小麦的水分供需状况，华北大部分地区 4～6 月水分亏缺 50～300 mm，特别是河北中东部以及鲁西北的冬小麦在春季缺水严重。黄淮海地区年降水量为 380～1000 mm，年降水蒸散差为－800～0 mm；4～9 月降水量为 340～700 mm，占年降水量的 80%～92%，4～9 月降水蒸散差为－500～0 mm。4～6 月降水量为 100～220 mm，只占 4～9 月降水量的 23%～35%，4～6 月降水蒸散差为－360～－50 mm。依据华北地区降水量的季节分配以及作物耕作制度的特点，春季的干旱最突出，尤其是黄河以北和冀北高原地区，夏季干旱频率明显降低，中部地区秋季干旱频率较高。黄淮海平原水资源总量为 1528 亿 m^3，人均水量约为全国平均值的 29%，是中国水资源承载能力与经济社会发展最不适宜的地区，人口快速增长，人们生活水平不断提高，城市的快速扩张，非农用水量日益增长；气候环境变化及作物熟制改变，农业用水量加大，水资源供需矛盾越来越尖锐，成为农业发展的最大障碍。据计算，2000 年黄淮海平原三大农作物的耗水量为 819.1 亿 m^3，占总需水量的 82.2%，缺水率达 17.8%。

针对黄淮海平原自然与水资源的特征，应重点抓好农业结构调整，实现农业节水高效利用。种植业结构调整的重点是调整品种结构，改良产品品质，优化区域布局，增加市场竞争力，提高种植业整体效益。粮食生产要稳定面积，主攻单产，改善品质，尽快淘汰耗水量大及不适销品种，提高专用粮食比例，扩大优质专用小麦，稳定玉米和红薯种植面积。棉花要调减面积，控制总量；以城市为中心的都市农业结构调整，在北京、天津、郑州等地，发展城郊的生产、生活、生态、教育、示范、创新等功能的现代农业，以高效利用水土资源。调整优化地下水开采布局和用水结构；合理利用经处理的城市生活污水，加快开发利用微咸水、中水等劣质水；严格控制深层地下水开采量，同时采取有效措施引蓄雨季洪水回补地下水，实现地表水与地下水优化配置和高效利用；全面提高井灌区灌溉水利用率。根据水源条件，以供定需，发展节水高效农业、特色农业，采取综合节水措施，大幅度提升水的利用效率和效益，力争在"南水北调"工程受益后，进行科学的、分阶段的组织实施。农业用水约占总用水量的80%，目前灌溉水的有效利用率仅为55%，节水潜力巨大，运用节水灌溉技术、农艺节水技术和优化施肥技术，创新节水灌溉制度和水资源管理；利用该区域的经济，快速发展精准农业(3S)、现代农业、循环农业和设施农业。

四、南方季节性干旱地区

(一) 长江中下流域地区

长江中下流域地区3～11月均会出现干旱，但主要集中在夏季和秋季。该区一般6月中旬至7月上旬为梅雨季节。随着雨带北移，降水集中区域从江淮地区到黄河下游、东北和内蒙古河套一带，而江南地区由于受西太平洋副热带控制，7～8月往往出现一段高温少雨时期，即伏旱期。若温度极端高，降水特别少，则形成严重的伏旱天气。由于正值江南棉花、一季稻、经济林果等作物需水关键期，以及双季晚稻栽插时期，所以降水不足危险很大，常导致中稻瘪粒减产、晚稻旱死。长江中游从湖北宜昌至江西湖口段，大支流较多，水系发达，湖泊众多，是我国水资源丰富的地区之一，降水与径流资源丰富，平均年径流深663 mm，为全国平均年径流深值的2.3倍，具有巨大的开发利用潜力。中游水资源受上游降水波动性影响也有明显的波动性。下游降水资源非常丰沛，对发展区域旱作农业十分有利。

克服"重水轻旱"思想，切实重视旱作农业。因地制宜作好旱作的区划与规划，引进价值高、效益好、优质、高产、高效的新品种、新作物，逐步向区域化方向发展，走规模经营集约化、产业化之路，探索各种优高套种模式，提高农业产业效益。大力加强农田基本建设，以解决长期困扰和制约旱作农业开发的干旱问题。必须建立抗旱技术的工程措施、生物措施、耕作措施等多途径、多方法综合解决的技术体系。

(二) 岭南地区

岭南南邻大海，年降水量为1000～3000 mm，是我国降水丰富的区域之一。但降水具有两个明显特征：第一是季节性明显。每年3～9月为丰沛降雨时期，10月至翌年2月多处于干旱时期，常出现冬春连旱现象。第二是受地理位置和地形的影响，区域降水差异大。东南沿海地区降水量一般为1600～2000 mm，而西部地区仅1000～1250 mm。岭南属于我国水资源丰富的地区之一，区域内河流广布，年径流量大。据统计，流域面积大于1000 km^2的河流达910条以上，年径流量为3990亿m^3，平均径流深887 mm，产水量为8.887×10^5 m^3/km^2，为全国单位面积平均产水量的3.2倍。地下水资源也十分丰富，总量为 1919 亿 m^3，约占全国地下水资源总量的 21.7%。

针对岭南地区自然特点，局部地区间歇性出现春旱或秋旱，在频繁干旱地区应积极调整种植业结构，压缩耗水量大、易受旱灾危险的水稻面积，降低效益低的作物种植比例，积极发展具有本地特色、生产效益较高的作物。必须增加水利设施的投入，通过续建、扩建，增加蓄水量，提高供水效率。分期对大中小型灌区输水渠道进行整修，减少灌水的渗漏损失，提高渠系水分利用系数。通过工程措施和覆盖措施提高田间土壤水分的利用效率。在经济发达的区域，积极发展节水灌溉技术的推广应用。

（三）西南地区

西南地区的干旱包括春旱、夏旱和伏旱。其中，云南春旱连旱发生频率较高；贵州西部春旱较多；四川则多冬春连旱。其中 7～8 月的伏旱虽然发生频率低于春旱，但由于受副热带高压控制，多连晴高温天气，水分蒸发强烈，又正值玉米、水稻等农作物需水关键时期，加之水利设施较差，田高水低，农业灌溉有一定困难，因而对农业生产影响非常严重。川东丘陵区（包括四川成都以东、以南，陕南以及重庆全部广大区域）水资源丰富，2004 年四川省人均占有水量 2846 m^3，全省地表水资源量 2432.57 亿 m^3，折合径流深 502.3 mm。重庆接四川长江、嘉陵江两大水系，水资源也较为丰富，境内流域面积大于 100 km^2 的河流有 207 条，其中流域面积大于 1000 km^2 的河流有 40 条。丰富的水资源为进一步发展灌溉农业提供了有利的条件。而西南岩溶（喀斯特）旱区水资源由于特殊的岩溶地貌，地表水易渗漏，地下水易污染，地面水流缺乏，影响农业灌溉用水。

季节性干旱是该区主要灾害，在旱作农业生产中除了运用工程措施、调整农林牧结构等间接手段外，旱作种植技术开发应用对于提高旱地作物抗旱性能具有非常重要的作用。可通过农田覆盖、垄作栽培、节水灌溉、抗旱品种选育与播期调节、抗旱保水剂等技术的运用提高水分利用效率，达到抗旱增产的目的。立足西南岩溶旱区特殊的地形地貌和脆弱的农业生态环境，运用覆盖耕作技术，对于抗旱保墒、提高水分利用效率有显著的作用。在高海拔地区也有增温抗寒、延长作物生长季节、增加复种指数的功能。充分发挥水库、山塘和森林的蓄水调水作用，改进灌溉技术，提高灌溉效率，使有限的水资源发挥更大的经济效益。径流农业较好地解决了干旱缺水季节的灌溉用水问题，并以节水农业带动农业产业的发展。

第五节　研究目的与本书结构

近 20 年以来，在农业高效用水技术领域内已有一系列科技专著问世（王立祥和王龙昌，2009；吴普特和冯浩，2009；康绍忠，2007；梅旭荣，2007；科学技术部农村科技司，2006；山仑等，2004b；钱蕴壁等，2002），该系列专著对农业高效用水基础理论与应用基础研究、农业高效用水新技术与新设备等从不同角度进行了较为系统的阐明，但对于农业高效用水的共性技术以及具有区域特色的技术集成与示范研究仍相对薄弱。

“十一五”国家科技支撑计划项目“节水农业综合技术研究与示范”以降低农业用水综合成本为突破口，以提高农业用水综合效益为核心，依据区域农业优势产业布局，以粮食作物、经济作物为重点，农业生产用水、生态建设用水与城市绿地用水统筹考虑，重点研究高效低能耗农业用水综合技术，形成具有区域特色的农业节水综合技术体系，建立具有明显区域特色的农业节水综合技术试验示范区，探讨农业节水综合技术应用的新机制与新模式，研究解决区域农业节水发展的共性关键技术，为我国大面积应用农业节水技术提供支撑。为了总结该项目技术进展与取得的重要成果，支撑我国旱区农业高效用水技术的发展，特组织项目组成员编写《中国旱区农业高效用水技术研究与实践》一书。

本书包括三部分内容，一是旱区农业高效用水共性技术，主要阐明实现农业高效用水的共性问题与共性技术，包括主要农作物水分适应性与水分响应尺度转化（第二章）、降雨径流调控利用潜力与高效利用技术（第三章）、农田高效灌溉技术与丰产灌溉模式（第四章）、节水型农业种植结构优化（第五章）；二是区域农业高效用水技术的实践，以在干旱地区、半干旱地区、半湿润易旱地区以及季节性干旱地区，依据农业产业布局（粮食作物、经济作物和城市绿地）所设立的 9 个农业高效用水技术示范区研究成果为主，突出区域性、应用性，更加突出综合性，主要包括黑龙江粮食作物高效用水技术（第六章）、河南粮食作物高效用水技术（第七章）、山西粮经作物高效用水技术（第八章）、内蒙古粮食作物高效用水技术（第九章）、陕西山地特色果品高效用水技术（第十章）、宁夏设施蔬菜高效用水技术（第十一章）、甘肃特色经济作物高效用水技术（第十二章）、四川季节性干旱区粮食作物高效用水技术（第十三章）、北京绿地高效用水技术（第十四章）；三是旱区农业高效用水技术评价与思考，重点探索实现旱区农业高效用水技术的重大宏观战略问题，包括对过去的总结与分析，也包括对未来的思考与展望，主要有区域农业节水潜力评价（第十五章）、农业高效用水健康性评价（第十六章）、旱区农业高效用水管理体制与节水灌溉水价形成机制探索（第十七章）、旱区农业高效用水技术发展方向与探索（第十八章）。

参考文献

陈明忠，赵竞成，王晓玲. 2005. 农业高效用水科技产业示范工程研究. 郑州：黄河水利出版社

冯广志. 1999. 我国节水灌溉发展的总体思路. 见：科学技术部农村与社会发展司，水利部国际合作与科技司. 中国节水农业问题论文集. 北京：中国水利水电出版社：11-29

冯浩，赵西宁，吴普特. 2007. 黄土区农田作物降水利用效率影响因素及提高途径分析. 中国农业科技导报，9（5）：30-35

康绍忠，蔡焕杰，冯绍元. 2004a. 现代农业与生态节水的技术创新与未来研究重点. 农业工程学报，20（1）：1-6

康绍忠，胡笑涛，蔡焕杰. 2004b. 现代农业与生态节水的理论创新及研究重点. 水利学报，（12）：1-7

康绍忠. 2007. 农业水土工程专论. 北京：中国农业出版社

科学技术部农村科技司. 2006. 中国现代节水高效农业技术发展战略. 北京：中国农业科学技术出版社

冷石林. 1998. 北方旱农地区自然降水生产潜力研究. 中国农业科学，31（6）：1-5

茆智. 2003. 发展节水灌溉应注意的几个原则性技术问题. 中国农村水利水电，（3）：19-22

梅旭荣，王锁庆. 2001. 论我国西部地区生态农业的发展战略. 中国农业科技导报，3（5）：29-32

梅旭荣. 2007. 节水农业技术. 北京：中国农业科学技术出版社

彭世彰，李远华. 2006. 我国节水农业理论创新与发展趋势. 见：贾敬敦，余健. 中国节水农业发展战略研究与实践（2004年中国节水农业科技论坛论文集）. 北京：中国农业科学技术出版社

钱蕴壁，李英能，杨刚. 2002. 节水农业新技术. 郑州：黄河水利出版社

山仑，邓西平，康绍忠. 2004a. 我国半干旱地区农业用水现状及发展方向. 水利学报，(9)：27-31

山仑，康绍忠，吴普特. 2004b. 中国节水农业. 北京：中国农业出版社

孙景生，康绍忠. 2000. 我国水资源利用现状与节水灌溉发展对策. 农业工程学报，16（2）：1-5

王立祥，王龙昌. 2009. 中国旱区农业. 南京：江苏科学技术出版社

温晓霞，王立祥，廖允成. 2000. 论我国北方旱区水资源的高效利用. 中国农学通报，16（1）：59-60

吴普特，冯浩，牛文全. 2006a. 中国节水农业战略思考与研发重点. 科技导报，24（5）：86-88

吴普特，冯浩，赵西宁. 2006b. 现代节水农业理念与技术探索. 灌溉排水学报，25（4）：1-6

吴普特，冯浩. 2003. 中国用水结构发展态势与节水对策分析. 农业工程学报，19（1）：1-5

吴普特，冯浩. 2005. 中国节水农业发展战略初探. 农业工程学报，21（6）：152-157

吴普特，冯浩. 2009. 中国雨水利用. 郑州：黄河水利出版社

吴普特，高建恩. 2008. 黄土高原水土保持与雨水资源化. 中国水土保持科学，6（1）：107-111

吴普特，赵西宁. 2007. 农业经济用水量与我国农业战略节水潜力. 中国农业科技导报，9（6）：13-17

吴普特. 2006. 中国节水农业科技战略与区域发展模式. 见：贾敬敦，余健. 中国节水农业发展战略研究与实践（2004年中国节水农业科技论坛论文集）. 北京：中国农业科学技术出版社

许迪，吴普特，梅旭荣. 2003. 我国节水农业科技创新成效与进展. 农业工程学报，19（3）：5-9

赵西宁，冯浩，吴普特. 2009a. 现代雨水利用技术研究进展与研发重点. 灌溉排水学报，28（4）：1-5

赵西宁，吴普特，冯浩. 2009b. 浅论黄土高原集雨补灌农业的地位与作用. 武汉大学学报（工学版），42（5）：649-652

赵西宁，吴普特，冯浩，等. 2007. 基于GIS的区域雨水资源化潜力评价模型研究. 农业工程学报，23（23）：6-10

Zhao C Y，Nan Z R，Feng Z D. 2004. GIS-assisted spatially distributed modeling of the potential evapotranspiration in semi-arid climate of the Chinese Loess Plateau. Journal of Arid Environments，58：387-403

Zhao X N，Wu P T，Feng H. 2009a. Constructing ecological-protecting barrier：Basic research of rainfall runoff regulation and application in the Loess Plateau of China and its implications for global arid areas. African Journal of Biotechnology. 8（19）：4717-4723

Zhao X N，Wu P T，Feng H. 2009b. Towards development of eco-agriculture of rainwater-harvesting for supplemental irrigation in the semi-arid Loess Plateau of China. Journal Agronomy & Crop Science. 195：399-407

Zheng F L. 2006. Effect of vegetation changes on soil erosion on the Loess Plateau. Pedosphere，16（4）：420-427

Zhu K，Zhang L，Hart W. 2004. Quality issues in harvested rainwater in arid and semi-arid Loess Plateau of northern China. Journal of Arid Environment，57：487-505

第二章　主要农作物水分适应性与水分响应尺度转化

陕西关中地区位于陕西中部，包括西安、宝鸡、咸阳、渭南、铜川 5 个行政市区，是陕西省粮棉油的主要产区。

第一节　陕西关中地区主要气象要素变化趋势

根据关中地区 30 个气象站点（图 2-1）1961～2001 年 41 年的月平均气温、月平均最高气温、月平均最低气温、月平均风速、月平均日照时数、月平均水汽压、月平均相对湿度、年降水量和年蒸发量（15 个站为 1978～2001 年，15 个站为 1980～2001 年）等气象资料，计算了各气象要素的多年均值，并对关中地区主要气象因子的多年变化趋势进行了分析。气象资料来自陕西省气象局。

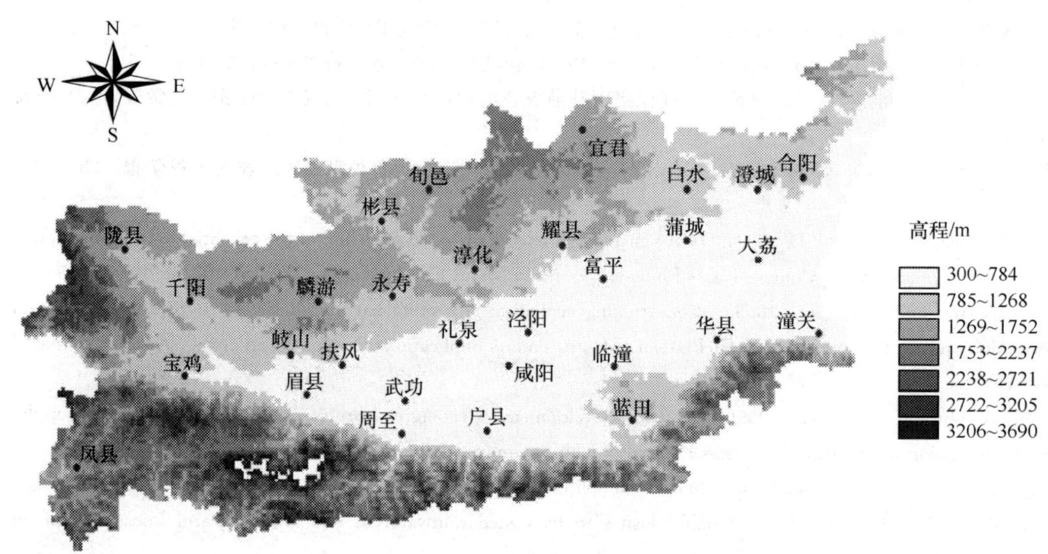

图 2-1　关中地区 30 个气象站分布图

表 2-1 为关中地区各气象站主要气象要素均值及多年变化趋势情况。

表 2-1　关中地区各气象站主要气象要素均值及多年变化趋势

站名	气象要素	年数	多年平均	趋势线方程	趋势	R^2	R	显著性
陇县	平均气温/℃	41	10.8	$T_{mean}=0.0102t-9.4245$	上升	0.0756	0.275	不显著
	最高气温/℃	41	17.0	$T_{max}=0.0126t-8.0381$	上升	0.0397	0.199	不显著
	最低气温/℃	41	6.0	$T_{min}=0.0148t-23.325$	上升	0.1884	0.434	极显著
	风速/(m/s)	41	1.4	$U=-0.0104t+22.012$	减小	0.2718	0.521	极显著
	日照时数/h	41	163.3	$N=-0.3938t+943.4$	减少	0.1012	0.318	显　著
	水汽压/mb	41	10.8	$e_a=-0.0119t+34.279$	减小	0.0922	0.304	不显著

续表

站名	气象要素	年数	多年平均	趋势线方程	趋势	R^2	R	显著性
	相对湿度/%	41	0.67	$RH=-0.0016t+3.7905$	降低	0.2527	0.503	极显著
	降水量/mm	41	571.3	$P=-2.7232t+5965.8$	减少	0.0659	0.257	不显著
	蒸发量/mm	22	1264.0	$E=18.165t-34894$	增加	0.4483	0.670	极显著
户县	平均气温/℃	41	13.7	$T_{mean}=0.0277t-41.179$	上升	0.3046	0.552	极显著
	最高气温/℃	41	19.1	$T_{max}=0.0205t-21.452$	上升	0.1099	0.332	显　著
	最低气温/℃	41	9.1	$T_{min}=0.05t-89.942$	上升	0.6139	0.784	极显著
	风速/(m/s)	41	1.1	$U=-0.0288t+58.087$	减小	0.839	0.916	极显著
	日照时数/h	41	152.3	$N=-1.0086t+2150.3$	减少	0.2477	0.498	极显著
	水汽压/mb	41	13.0	$e_a=-0.0097t+32.178$	减小	0.0946	0.308	显　著
	相对湿度/%	41	0.70	$RH=-0.0021t+4.7769$	降低	0.4937	0.703	极显著
	降水量/mm	41	629.8	$P=-2.6478t+5875.1$	减少	0.0427	0.207	不显著
	蒸发量/mm	22	1093.9	$E=2.2473t-3379.3$	增加	0.0176	0.133	不显著
凤县	平均气温/℃	41	11.4	$T_{mean}=0.0099t-8.2078$	上升	0.0623	0.250	不显著
	最高气温/℃	41	18.2	$T_{max}=0.0248t-30.977$	上升	0.1329	0.365	显　著
	最低气温/℃	41	6.2	$T_{min}=0.0229t-39.213$	上升	0.2721	0.522	极显著
	风速/(m/s)	41	1.5	$U=-0.0291t+59.216$	减小	0.631	0.794	极显著
	日照时数/h	41	145.1	$N=-0.7584t+1647.5$	减少	0.3383	0.582	极显著
	水汽压/mb	41	10.7	$e_a=-0.0056t+21.787$	减小	0.0185	0.136	不显著
	相对湿度/%	41	0.64	$RH=-0.0012t+3.0901$	降低	0.2148	0.463	极显著
	降水量/mm	41	618.0	$P=-0.5736t+1754.2$	减少	0.003	0.055	不显著
	蒸发量/mm	22	1306.1	$E=-7.8136t+16859$	减少	0.1886	0.434	显　著
周至	平均气温/℃	41	13.50	$T_{mean}=0.0394t-64.616$	上升	0.4918	0.701	极显著
	最高气温/℃	41	18.99	$T_{max}=0.0277t-35.983$	上升	0.1763	0.420	极显著
	最低气温/℃	41	9.13	$T_{min}=0.0595t-108.74$	上升	0.6803	0.825	极显著
	风速/(m/s)	41	1.13	$U=-0.0199t+40.486$	减小	0.7654	0.875	极显著
	日照时数/h	41	153.5	$N=-0.8028t+1743.9$	减少	0.1825	0.427	极显著
	水汽压/mb	41	12.70	$e_a=-0.0047t+21.963$	减小	0.0204	0.143	不显著
	相对湿度/%	41	0.69	$RH=-0.0024t+5.3438$	降低	0.5102	0.714	极显著
	降水量/mm	41	624.8	$P=-4.4161t+9373.1$	减少	0.1207	0.347	显　著
	蒸发量/mm	22	1140.9	$E=0.3539t+436.39$	增加	0.0004	0.020	不显著
麟游	平均气温/℃	41	9.1	$T_{mean}=-0.0012t+11.49$	下降	0.0011	0.033	不显著
	最高气温/℃	41	15.9	$T_{max}=0.0453t-73.864$	上升	0.3547	0.596	极显著
	最低气温/℃	41	3.7	$T_{min}=-0.0051t+13.771$	下降	0.0186	0.136	不显著
	风速/(m/s)	41	2.0	$U=5\times10^{-6}t+1.9622$	增大	4.00×10^{-8}	0.000	不显著
	日照时数/h	41	183.4	$N=0.2232t-258.86$	增大	0.0254	0.159	不显著
	水汽压/mb	41	9.8	$e_a=-0.0069t+23.323$	减小	0.0364	0.191	不显著
	相对湿度/%	41	0.67	$RH=-0.0018t+4.2127$	降低	0.2756	0.525	极显著
	降水量/mm	41	624.1	$P=-2.7112t+5999.4$	减少	0.0553	0.235	不显著
	蒸发量/mm	22	1401.3	$E=0.1896t+1024$	增加	1.00×10^{-4}	0.010	不显著

续表

站名	气象要素	年数	多年平均	趋势线方程	趋势	R^2	R	显著性
彬县	平均气温/℃	41	11.2	$T_{mean}=0.0185t-25.361$	上升	0.1997	0.447	极显著
	最高气温/℃	41	17.7	$T_{max}=0.0198t-21.583$	上升	0.0872	0.295	不显著
	最低气温/℃	41	6.1	$T_{min}=0.0146t-22.772$	上升	0.144	0.379	显　著
	风速/(m/s)	41	1.3	$U=-0.005t+11.192$	减小	0.0941	0.307	不显著
	日照时数/h	41	175.2	$N=-0.5336t+1232.3$	减少	0.0883	0.297	不显著
	水汽压/mb	41	10.6	$e_a=-0.0162t+42.632$	减小	0.1547	0.393	显　著
	相对湿度/%	41	0.64	$RH=-0.0017t+4.0602$	降低	0.2968	0.545	极显著
	降水量/mm	41	541.8	$P=-2.3795t+5255.5$	减少	0.058	0.241	不显著
	蒸发量/mm	24	1326.5	$E=1.3903t-1439.5$	增加	0.005	0.071	不显著
宝鸡市	平均气温/℃	41	13.07	$T_{mean}=0.027t-40.341$	上升	0.3496	0.591	极显著
	最高气温/℃	41	18.59	$T_{max}=0.0513t-83.082$	上升	0.1608	0.401	极显著
	最低气温/℃	41	8.72	$T_{min}=0.0205t-31.799$	上升	0.0919	0.303	不显著
	风速/(m/s)	41	1.21	$U=0.0075t-13.637$	增大	0.3401	0.583	极显著
	日照时数/h	41	153.6	$N=-0.6399t+1421.2$	减少	0.1926	0.439	极显著
	水汽压/mb	41	11.56	$e_a=0.0048t+2.0013$	增加	0.0178	0.133	不显著
	相对湿度/%	41	0.64	$RH=-0.0012t+2.9791$	降低	0.1556	0.394	显　著
	降水量/mm	41	663.8	$P=-3.3309t+7262.3$	减少	0.0789	0.281	不显著
	蒸发量/mm	24	1343.8	$E=12.073t-22676$	增加	0.2536	0.504	极显著
扶风	平均气温/℃	41	12.44	$T_{mean}=0.0158t-18.829$	上升	0.1325	0.364	显　著
	最高气温/℃	41	18.29	$T_{max}=0.0125t-6.4511$	上升	0.0366	0.191	不显著
	最低气温/℃	41	7.52	$T_{min}=0.0252t-42.31$	上升	0.2975	0.545	极显著
	风速/(m/s)	41	1.53	$U=-0.0324t+65.675$	减小	0.7119	0.844	极显著
	日照时数/h	41	170.5	$N=-0.4736t+1108.7$	减少	0.1358	0.369	显　著
	水汽压/mb	41	12.16	$e_a=0.0056t+1.0223$	增加	0.0193	0.139	不显著
	相对湿度/%	41	0.69	$RH=-0.0006t+1.8983$	降低	0.0426	0.206	不显著
	降水量/mm	41	578.3	$P=-3.0977t+6714.9$	减少	0.0649	0.255	不显著
	蒸发量/mm	22	1250.4	$E=12.098t-22830$	增加	0.2405	0.490	极显著
千阳	平均气温/℃	41	11.1	$T_{mean}=0.0318t-51.84$	上升	0.3054	0.553	极显著
	最高气温/℃	41	17.1	$T_{max}=0.0508t-83.639$	上升	0.2849	0.534	极显著
	最低气温/℃	41	6.2	$T_{min}=0.0386t-70.286$	上升	0.519	0.720	极显著
	风速/(m/s)	41	1.8	$U=-0.0192t+39.764$	减小	0.4929	0.702	极显著
	日照时数/h	41	171.0	$N=-0.3524t+869.15$	减少	0.0834	0.289	不显著
	水汽压/mb	41	10.8	$e_a=0.0125t-13.963$	增加	0.0801	0.283	不显著
	相对湿度/%	41	0.66	$RH=-0.0013t+3.2655$	降低	0.152	0.390	显　著
	降水量/mm	41	627.7	$P=-3.6317t+7822.2$	减少	0.1095	0.331	不显著
	蒸发量/mm	22	1315.2	$E=1.1987t-1070.8$	增加	0.0023	0.048	不显著
旬邑	平均气温/℃	41	8.9	$T_{mean}=0.027t-44.601$	上升	0.1446	0.380	显　著
	最高气温/℃	41	14.9	$T_{max}=-0.0052t+25.143$	下降	0.0032	0.057	不显著
	最低气温/℃	41	3.8	$T_{min}=0.0471t-89.4$	上升	0.1702	0.413	极显著

续表

站名	气象要素	年数	多年平均	趋势线方程	趋势	R^2	R	显著性
	风速/(m/s)	41	2.1	$U=-0.0018t+5.7498$	减小	0.002	0.045	不显著
	日照时数/h	41	192.3	$N=0.0265t+139.69$	增大	0.0003	0.017	不显著
	水汽压/mb	41	9.1	$e_a=-0.0039t+16.822$	减小	0.0077	0.088	不显著
	相对湿度/%	41	0.64	$RH=-0.0013t+3.1318$	降低	0.1046	0.323	显　著
	降水量/mm	41	597.8	$P=-2.1538t+4864.5$	减少	0.0509	0.226	不显著
	蒸发量/mm	22	1483.0	$E=1.9119t-2322.7$	增加	0.0057	0.075	不显著
眉县	平均气温/℃	41	12.71	$T_{mean}=-0.0014t+15.43$	下降	0.0013	0.036	不显著
	最高气温/℃	41	18.43	$T_{max}=0.0095t-0.3233$	上升	0.0253	0.159	不显著
	最低气温/℃	41	8.24	$T_{min}=-0.0112t+30.487$	下降	0.0981	0.313	显　著
	风速/(m/s)	41	1.80	$U=-0.0224t+46.172$	减小	0.6372	0.798	极显著
	日照时数/h	41	162.8	$N=-0.6678t+1485.7$	减少	0.1552	0.394	显　著
	水汽压/mb	41	12.49	$e_a=0.0006t+11.352$	增加	0.0002	0.014	不显著
	相对湿度/%	41	0.70	$RH=-0.0002t+1.0263$	降低	0.0045	0.067	不显著
	降水量/mm	41	583.4	$P=-2.8038t+6137.7$	减少	0.0619	0.249	不显著
	蒸发量/mm	22	1306.9	$E=4.8386t-8324.4$	增加	0.0978	0.313	显　著
永寿	平均气温/℃	41	10.9	$T_{mean}=0.0217t-32.025$	上升	0.2189	0.468	极显著
	最高气温/℃	41	16.0	$T_{max}=0.0242t-31.957$	上升	0.1309	0.362	显　著
	最低气温/℃	41	6.7	$T_{min}=0.02t-32.967$	上升	0.3054	0.553	极显著
	风速/(m/s)	41	2.0	$U=-0.0317t+64.663$	减小	0.8392	0.916	极显著
	日照时数/h	41	180.5	$N=0.0249t+131.24$	增大	0.0003	0.017	不显著
	水汽压/mb	41	10.2	$e_a=-0.0024t+14.979$	减小	0.0042	0.065	不显著
	相对湿度/%	41	0.64	$RH=-0.0011t+2.754$	降低	0.1007	0.317	显　著
	降水量/mm	41	574.1	$P=-2.9204t+6359.5$	减少	0.0751	0.274	不显著
	蒸发量/mm	22	1349.0	$E=3.8173t-6249.5$	增加	0.0251	0.158	不显著
武功	平均气温/℃	41	13.14	$T_{mean}=0.0275t-41.365$	上升	0.3181	0.564	极显著
	最高气温/℃	41	18.76	$T_{max}=0.0288t-38.211$	上升	0.1923	0.439	极显著
	最低气温/℃	41	8.63	$T_{min}=0.0353t-61.36$	上升	0.4982	0.706	极显著
	风速/(m/s)	41	1.71	$U=-0.029t+59.213$	减小	0.6737	0.821	极显著
	日照时数/h	41	164.6	$N=-1.2623t+2665.2$	减少	0.4965	0.705	极显著
	水汽压/mb	41	12.61	$e_a=0.0094t-6.0333$	增加	0.0613	0.248	不显著
	相对湿度/%	41	0.69	$RH=-0.0008t+2.2992$	降低	0.1041	0.323	显　著
	降水量/mm	41	586.0	$P=-4.4271t+9356.1$	减少	0.1203	0.347	显　著
	蒸发量/mm	24	1307.1	$E=-2.1183t+5521.5$	减少	0.0137	0.117	不显著
蓝田	平均气温/℃	41	13.1	$T_{mean}=0.0009t+11.21$	上升	0.0004	0.020	不显著
	最高气温/℃	41	19.0	$T_{max}=0.0108t-2.3436$	上升	0.033	0.182	不显著
	最低气温/℃	41	8.1	$T_{min}=-0.0095t+27.017$	下降	0.0565	0.238	不显著
	风速/(m/s)	41	1.4	$U=-0.0076t+16.578$	减小	0.1098	0.331	显　著
	日照时数/h	41	171.4	$N=-0.5314t+1224.2$	减少	0.1136	0.337	显　著
	水汽压/mb	41	12.2	$e_a=-0.0184t+48.611$	减小	0.182	0.427	极显著

续表

站名	气象要素	年数	多年平均	趋势线方程	趋势	R^2	R	显著性
	相对湿度/%	41	0.67	RH=−0.0011t+2.7835	降低	0.1574	0.397	显　著
	降水量/mm	41	721.8	P=−2.3074t+5292.8	减少	0.0305	0.175	不显著
	蒸发量/mm	24	1448.0	E=13.849t−26104	增加	0.2435	0.493	显　著
岐山	平均气温/℃	41	11.99	T_{mean}=0.0094t−6.550	上升	0.0636	0.252	不显著
	最高气温/℃	41	17.76	T_{max}=0.0126t−7.264	上升	0.0406	0.201	不显著
	最低气温/℃	41	7.07	T_{min}=0.02t−32.597	上升	0.2736	0.523	极显著
	风速/(m/s)	41	2.19	U=−0.0167t+35.191	减小	0.5069	0.712	极显著
	日照时数/h	41	171.0	N=−0.5672t+1294.7	减少	0.1879	0.433	极显著
	水汽压/mb	41	11.61	e_a=0.0034t+4.7995	增加	0.0082	0.091	不显著
	相对湿度/%	41	0.68	RH=−0.0008t+2.215	降低	0.0789	0.281	不显著
	降水量/mm	41	608.6	P=−3.266t+7078.5	减少	0.0653	0.256	不显著
	蒸发量/mm	22	1467.5	E=15.045t−28480	增加	0.2422	0.492	极显著
淳化	平均气温/℃	41	10.2	T_{mean}=0.0389t−66.761	上升	0.514	0.717	极显著
	最高气温/℃	41	15.9	T_{max}=0.0418t−66.913	上升	0.302	0.550	极显著
	最低气温/℃	41	5.5	T_{min}=0.0475t−88.666	上升	0.5561	0.746	极显著
	风速/(m/s)	41	2.5	U=−0.0241t+50.19	减小	0.6075	0.779	极显著
	日照时数/h	41	184.8	N=−0.687t+1545.8	减少	0.2143	0.463	极显著
	水汽压/mb	41	10.0	e_a=0.0034t+3.3042	增加	0.0085	0.092	不显著
	相对湿度/%	41	0.65	RH=−0.0017t+3.9785	降低	0.2212	0.470	极显著
	降水量/mm	41	605.4	P=−2.785t+6107.3	减少	0.0683	0.261	不显著
	蒸发量/mm	22	1549.6	E=15.352t−29008	增加	0.2608	0.511	显　著
礼泉	平均气温/℃	41	12.60	T_{mean}=0.0015t+9.7526	上升	0.0016	0.040	不显著
	最高气温/℃	41	18.48	T_{max}=0.0062t+6.3293	上升	0.0098	0.099	不显著
	最低气温/℃	41	7.76	T_{min}=0.0032t+1.4535	上升	0.0085	0.092	不显著
	风速/(m/s)	41	2.05	U=−0.028t+57.47	减小	0.6084	0.780	极显著
	日照时数/h	41	174.8	N=−0.7239t+1608.8	减少	0.2459	0.496	极显著
	水汽压/mb	41	12.15	e_a=0.0097t−7.1544	增加	0.0715	0.267	不显著
	相对湿度/%	41	0.68	RH=3×10^{-5}t+0.6264	上升	0.0001	0.010	不显著
	降水量/mm	41	532.8	P=−2.1574t+4806.5	减少	0.0385	0.196	不显著
	蒸发量/mm	22	1415.5	E=2.0854t−2735.6	增加	0.0102	0.101	不显著
泾阳	平均气温/℃	41	13.14	T_{mean}=0.0111t−8.8741	上升	0.0922	0.304	不显著
	最高气温/℃	41	19.06	T_{max}=0.0059t+7.3525	上升	0.0108	0.104	不显著
	最低气温/℃	41	8.12	T_{min}=0.0178t−27.143	上升	0.2427	0.493	极显著
	风速/(m/s)	41	1.92	U=−0.0186t+38.84	减小	0.4961	0.704	极显著
	日照时数/h	41	171.8	N=−0.6808t+1520.5	减少	0.1418	0.377	显　著
	水汽压/mb	41	12.52	e_a=0.0031t+6.3068	增加	0.0086	0.093	不显著
	相对湿度/%	41	0.68	RH=−0.0003t+1.3087	降低	0.0198	0.141	不显著
	降水量/mm	41	508.1	P=−2.5778t+5614.7	减少	0.0706	0.266	不显著
	蒸发量/mm	22	1362.1	E=3.0957t−4799.8	增加	0.0236	0.154	不显著

续表

站名	气象要素	年数	多年平均	趋势线方程	趋势	R^2	R	显著性
宜君	平均气温/℃	41	9.2	$T_{mean}=0.0271t-44.543$	上升	0.2663	0.516	极显著
	最高气温/℃	41	13.7	$T_{max}=0.0253t-36.326$	上升	0.1531	0.391	显　著
	最低气温/℃	41	5.8	$T_{min}=0.025t-43.828$	上升	0.2653	0.515	极显著
	风速/(m/s)	41	3.2	$U=-0.0102t+23.51$	减小	0.1935	0.440	极显著
	日照时数/h	41	199.8	$N=0.1055t-9.318$	增大	0.0045	0.067	不显著
	水汽压/mb	41	8.3	$e_a=-0.0058t+19.702$	减小	0.0261	0.162	不显著
	相对湿度/%	41	0.56	$RH=-0.0013t+3.1915$	降低	0.172	0.415	极显著
	降水量/mm	41	686.8	$P=-2.6848t+6005.4$	减少	0.06	0.245	不显著
	蒸发量/mm	22	1704.6	$E=-7.0704t+15778$	减少	0.1037	0.322	不显著
咸阳	平均气温/℃	41	12.99	$T_{mean}=0.0027t+7.7353$	上升	0.0049	0.070	不显著
	最高气温/℃	41	18.72	$T_{max}=0.0101t-1.246$	上升	0.0311	0.176	不显著
	最低气温/℃	41	8.24	$T_{min}=0.0006t+7.1461$	上升	0.0002	0.014	不显著
	风速/(m/s)	41	2.54	$U=-0.02t+42.16$	减小	0.6035	0.777	极显著
	日照时数/h	41	175.6	$N=-0.4077t+983.3$	减少	0.0916	0.303	不显著
	水汽压/mb	41	12.31	$e_a=-0.0101t+32.261$	减小	0.0716	0.268	不显著
	相对湿度/%	41	0.68	$RH=-0.0008t+2.2485$	降低	0.0944	0.307	不显著
	降水量/mm	41	508.5	$P=-2.0406t+4550.9$	减少	0.042	0.205	不显著
	蒸发量/mm	24	1503.7	$E=-0.9304t+3354.7$	减少	0.0016	0.040	不显著
临潼	平均气温/℃	41	13.5	$T_{mean}=0.0082t-2.6763$	上升	0.0475	0.218	不显著
	最高气温/℃	41	19.3	$T_{max}=0.0025t+14.337$	上升	0.0021	0.046	不显著
	最低气温/℃	41	8.5	$T_{min}=0.0029t+2.6824$	上升	0.0083	0.091	不显著
	风速/(m/s)	41	2.4	$U=-0.0201t+42.138$	减小	0.3036	0.551	极显著
	日照时数/h	41	172.9	$N=-0.5053t+1173.9$	减少	0.1074	0.328	显　著
	水汽压/mb	41	12.4	$e_a=-0.0235t+59.019$	减小	0.1993	0.446	极显著
	相对湿度/%	41	0.67	$RH=-0.0015t+3.6319$	降低	0.2228	0.472	极显著
	降水量/mm	41	580.9	$P=0.1546t+274.73$	增加	0.0002	0.014	不显著
	蒸发量/mm	24	1672.2	$E=1.107t-530.2$	增加	0.0019	0.044	不显著
华县	平均气温/℃	41	13.30	$T_{mean}=-0.0012t+15.686$	下降	0.0013	0.036	不显著
	最高气温/℃	41	23.28	$T_{max}=0.2816t-534.53$	上升	0.7885	0.888	极显著
	最低气温/℃	41	5.10	$T_{min}=-0.2201t+441.16$	下降	0.7307	0.855	极显著
	风速/(m/s)	41	1.63	$U=-0.0191t+39.448$	减小	0.7144	0.845	极显著
	日照时数/h	41	166.3	$N=-1.3895t+2919$	减少	0.4787	0.692	极显著
	水汽压/mb	41	12.77	$e_a=0.0183t-23.422$	增加	0.2227	0.472	极显著
	相对湿度/%	41	0.67	$RH=-0.0003t+1.2038$	降低	0.0147	0.121	不显著
	降水量/mm	41	587.6	$P=-3.162t+6851.6$	减少	0.0822	0.287	不显著
	蒸发量/mm	24	1346.5	$E=-2.8998t+7115.7$	减少	0.0153	0.124	不显著
大荔	平均气温/℃	41	13.4	$T_{mean}=0.0083t-3.0914$	上升	0.0589	0.243	不显著
	最高气温/℃	41	19.7	$T_{max}=0.0033t+13.169$	上升	0.0034	0.058	不显著
	最低气温/℃	41	8.2	$T_{min}=0.0068t-5.2884$	上升	0.0419	0.205	不显著

续表

站名	气象要素	年数	多年平均	趋势线方程	趋势	R^2	R	显著性
	风速/(m/s)	41	2.3	$U=-0.0086t+19.248$	减小	0.0861	0.293	不显著
	日照时数/h	41	192.0	$N=-0.1724t+533.55$	减少	0.0144	0.120	不显著
	水汽压/mb	41	12.3	$e_a=-0.0126t+37.301$	减小	0.0827	0.288	不显著
	相对湿度/%	41	0.65	$RH=-0.001t+2.537$	降低	0.126	0.355	显　著
	降水量/mm	41	499.3	$P=-2.7701t+5986.8$	减少	0.076	0.276	不显著
	蒸发量/mm	24	1681.8	$E=18.838t-35796$	增加	0.3581	0.598	极显著
白水	平均气温/℃	40	11.5	$T_{mean}=0.0182t-24.616$	上升	0.1777	0.422	极显著
	最高气温/℃	40	17.3	$T_{max}=0.0274t-36.903$	上升	0.1543	0.393	显　著
	最低气温/℃	40	6.7	$T_{min}=0.0172t-27.43$	上升	0.2965	0.545	极显著
	风速/(m/s)	40	2.9	$U=-0.0354t+73.111$	减小	0.614	0.784	极显著
	日照时数/h	40	193.3	$N=-0.3105t+808.58$	减少	0.0702	0.265	不显著
	水汽压/mb	40	10.2	$e_a=-0.0012t+12.572$	减小	0.0008	0.028	不显著
	相对湿度/%	40	0.60	$RH=-0.0009t+2.4115$	降低	0.0874	0.296	不显著
	降水量/mm	40	568.7	$P=-2.1844t+4892.2$	减少	0.0443	0.210	不显著
	蒸发量/mm	24	1640.0	$E=5.7616t-9822.6$	增加	0.0529	0.230	不显著
富平	平均气温/℃	41	13.21	$T_{mean}=0.015t-16.456$	上升	0.1333	0.365	显　著
	最高气温/℃	41	18.88	$T_{max}=0.0201t-21.036$	上升	0.1057	0.325	显　著
	最低气温/℃	41	8.41	$T_{min}=0.0048t-1.1432$	上升	0.0233	0.153	不显著
	风速/(m/s)	41	2.42	$U=-0.0217t+45.35$	减小	0.4713	0.687	极显著
	日照时数/h	41	197.8	$N=-0.5281t+1243.8$	减少	0.1805	0.425	极显著
	水汽压/mb	41	11.77	$e_a=0.0104t-8.7326$	增加	0.0604	0.246	不显著
	相对湿度/%	41	0.64	$RH=8\times10^{-5}t+0.4779$	上升	0.0009	0.030	不显著
	降水量/mm	41	518.2	$P=-2.251t+4977.3$	减少	0.0548	0.234	不显著
	蒸发量/mm	24	1788.6	$E=-9.903t+21491$	减少	0.1093	0.331	显　著
合阳	平均气温/℃	40	11.67	$T_{mean}=0.0259t-39.661$	上升	0.3164	0.562	极显著
	最高气温/℃	40	17.66	$T_{max}=0.0207t-23.329$	上升	0.1055	0.325	显　著
	最低气温/℃	40	6.59	$T_{min}=0.0377t-68.013$	上升	0.5691	0.754	极显著
	风速/(m/s)	40	3.01	$U=-0.0325t+67.376$	减小	0.6936	0.833	极显著
	日照时数/h	40	205.4	$N=-0.0409t+286.36$	减少	0.001	0.032	不显著
	水汽压/mb	40	10.59	$e_a=0.0098t-8.9229$	增加	0.0465	0.216	不显著
	相对湿度/%	40	0.62	$RH=-0.0006t+1.7599$	降低	0.0341	0.185	不显著
	降水量/mm	40	542.1	$P=-2.2819t+5059$	减少	0.0637	0.252	不显著
	蒸发量/mm	24	1783.5	$E=10.977t-20055$	增加	0.1346	0.367	显　著
蒲城	平均气温/℃	41	13.35	$T_{mean}=0.0137t-13.816$	上升	0.0882	0.297	不显著
	最高气温/℃	41	22.57	$T_{max}=0.2557t-484.02$	上升	0.7531	0.868	极显著
	最低气温/℃	41	5.52	$T_{min}=-0.1749t+352.06$	下降	0.5999	0.775	极显著
	风速/(3m/s)	41	2.56	$U=-0.0158t+33.957$	减小	0.276	0.525	极显著
	日照时数/h	41	189.6	$N=-0.3986t+979.25$	减少	0.11	0.332	显　著
	水汽压/mb	41	11.36	$e_a=0.0346t-57.15$	增加	0.4011	0.633	极显著

续表

站名	气象要素	年数	多年平均	趋势线方程	趋势	R^2	R	显著性
	相对湿度/%	41	0.59	RH=0.0002t+0.265	上升	0.0037	0.061	不显著
	降水量/mm	41	523.1	P=−1.9533t+4392.6	减少	0.0397	0.199	不显著
	蒸发量/mm	24	1656.8	E=1.9378t−2198.6	增加	0.0055	0.074	不显著
潼关	平均气温/℃	41	13.2	T_{mean}=0.029t−44.211	上升	0.2491	0.499	极显著
	最高气温/℃	41	18.2	T_{max}=0.0217t−24.767	上升	0.1068	0.327	显　著
	最低气温/℃	41	9.0	T_{min}=0.0384t−67.046	上升	0.4349	0.659	极显著
	风速/(m/s)	41	3.0	U=−0.0258t+54.008	减小	0.3584	0.599	极显著
	日照时数/h	41	179.4	N=−0.6247t+1416.9	减少	0.144	0.379	显　著
	水汽压/mb	41	11.3	e_a=−0.0066t+24.37	减小	0.0249	0.158	不显著
	相对湿度/%	41	0.61	RH=−0.0014t+3.3601	降低	0.2115	0.460	极显著
	降水量/mm	41	598.5	P=−3.1915t+6920.8	减少	0.0803	0.283	不显著
	蒸发量/mm	24	1836.1	E=6.2433t−10585	增加	0.0376	0.194	不显著
耀县	平均气温/℃	40	12.4	T_{mean}=0.0189t−24.919	上升	0.1756	0.419	极显著
	最高气温/℃	40	17.9	T_{max}=0.0221t−25.898	上升	0.1192	0.345	显　著
	最低气温/℃	40	7.9	T_{min}=0.0259t−43.37	上升	0.4071	0.638	极显著
	风速/(m/s)	40	3.0	U=0.0087t−14.192	增大	0.064	0.253	不显著
	日照时数/h	40	189.8	N=−0.3395t+862.49	减少	0.0661	0.257	不显著
	水汽压/mb	40	10.5	e_a=0.0034t+3.874	增加	0.0068	0.082	不显著
	相对湿度/%	40	0.59	RH=−0.0006t+1.6839	降低	0.0326	0.181	不显著
	降水量/mm	40	541.3	P=−2.1035t+4709.4	减少	0.042	0.205	不显著
	蒸发量/mm	24	1968.7	E=5.1933t−8363.4	增加	0.0193	0.139	不显著
澄城	平均气温/℃	41	12.3	T_{mean}=0.0178t−23.093	上升	0.1758	0.419	极显著
	最高气温/℃	41	18.1	T_{max}=0.0218t−25.091	上升	0.0957	0.309	显　著
	最低气温/℃	41	7.4	T_{min}=0.0166t−25.576	上升	0.2444	0.494	极显著
	风速/(m/s)	41	2.5	U=−0.02t+42.092	减小	0.5571	0.746	极显著
	日照时数/h	41	209.6	N=3×$10^{-5}t$+209.48	增大	0.000	0.000	不显著
	水汽压/mb	41	10.5	e_a=0.0011t+8.2091	增加	0.0008	0.028	不显著
	相对湿度/%	41	0.59	RH=−0.0005t+1.6579	降低	0.034	0.184	不显著
	降水量/mm	41	531.8	P=−3.5248t+7514.4	减少	0.1316	0.363	显　著
	蒸发量/mm	24	1801.2	E=12t−22073	增加	0.1851	0.430	显　著

平均气温 T_{mean}（℃）：除麟游、眉县和华县表现为随时间变化不显著下降趋势外，其他各站均表现为随时间变化上升的趋势，其中有52%为极显著上升，63%显著（含极显著）上升。

最高气温 T_{max}（℃）：除旬邑表现为随时间变化不显著下降的趋势外，其他各站均表现为随时间变化上升的趋势，其中有28%为极显著上升，62%显著（含极显著）上升。

最低气温 T_{min}（℃）：随时间的变化，除麟游和蓝田表现为不显著的下降趋势，眉县显著下降，蒲城、华县极显著下降外，其他各站均表现为随时间变化上升的趋势，其中有72%为极显著上升，76%显著（含极显著）上升。

风速 U（m/s）：除麟游和耀县表现为随时间变化不显著增大、宝鸡极显著增大外，其他各站均表现为降低趋势，除彬县、旬邑和大荔为不显著降低、蓝田显著降低外，其余均为极显著（85%）降低。

日照时数 N（h）：除麟游、旬邑、永寿、宜君和澄城表现为随时间变化不显著增加外，其他各站均表现为随时间变化减小的趋势，其中 72%显著（含极显著）减少，40%极显著减少。

水汽压 e_a（mb）：除华县和蒲城表现为随时间变化极显著上升，蓝田和临潼表现为随时间变化极显著下降，户县、彬县表现为随时间变化显著下降外，其他各站中表现为随时间变化不显著上升或下降的站几乎各占一半。

相对湿度 RH（%）：除礼泉、富平、蒲城表现为随时间变化不显著增加外，其他各站均表现为随时间变化降低的趋势。其中，63%显著（含极显著）减少，37%极显著减少。

年降水量 P（mm）：随时间变化除周至、武功、澄城表现为显著减少，临潼不显著增加外，其他各站均表现为随时间变化不显著减少。

年蒸发量 E（mm）：随时间变化除凤县和富平表现为显著减少，武功、宜君、咸阳和华县不显著减少外，其他各站均表现为随时间变化增加的趋势，其中，44%显著（含极显著）增加，20%极显著增加。

综上所述，关中地区气象因子总体变化趋势为：平均气温、最高气温、最低气温和年蒸发量随时间变化表现为增加趋势，风速、日照时数、相对湿度、年降水量随时间变化表现为减少趋势，而年蒸发量和年降水量的总体变化趋势不太显著，水汽压无一致变化趋势。这表明关中地区气候在向暖干发展，这与施雅风（2003）提出的中国西北气候由暖干向暖湿转型并不吻合。原因可能在于关中地区位于我国西北地区东部边缘，紧邻中原，从而造成其气候变化和西北地区变化的总趋势有所不同。

第二节　陕西关中地区参考作物蒸发蒸腾量时空分布规律

根据气象资料，采用联合国粮农组织推荐的 Penman-Monteith 公式计算历年各月参考作物蒸发蒸腾量（ET_0）。20 世纪 80 年代末期我国经济进入了发展的快车道，人类各种活动造成的气候变化，也必将引起 ET_0 的变化，因此本节以 1980 年为分界，既探讨长时期内 ET_0 的时空变化趋势，也力图阐述 1980 年前后 ET_0 的时空变化情况。

一、ET_0 空间分布

表 2-2 中站名的顺序是按各站 1961～2001 年多年平均 ET_0 由小到大的顺序排列，由此可知关中地区 41 年年均 ET_0 的空间分布规律大致为：由西北和西南两个方向交叉着分别朝东南和东北两个方向逐渐增加，最低值出现在陇县，为 706 mm；最高值出现在蒲城，为 1043 mm。且关中地区不同气象站间 41 年年均 ET_0 值变化幅度较大，最大达到近 50%。

表 2-2　不同时期各站多年平均 ET_0

序号	站名	不同时期多年平均 ET_0/(mm/a)			序号	站名	不同时期多年平均 ET_0/(mm/a)		
		1961～2001 年	1961～1980 年	1981～2001 年			1961～2001 年	1961～1980 年	1981～2001 年
1	陇县	706	718	695	16	淳化	791	807	775
2	户县	722	759	688	17	礼泉	808	851	768
3	凤县	730	767	695	18	泾阳	809	840	780
4	周至	732	757	707	19	宜君	851	850	852
5	麟游	735	720	748	20	咸阳	857	876	839
6	彬县	741	754	729	21	临潼	864	889	841
7	宝鸡	742	733	751	22	华县	876	838	913
8	扶风	748	789	709	23	大荔	890	907	874
9	千阳	748	762	735	24	白水	898	933	867
10	旬邑	753	765	743	25	富平	901	940	863
11	眉县	764	804	726	26	合阳	916	949	885
12	永寿	766	794	739	27	澄城	921	947	897
13	武功	775	814	739	28	潼关	932	957	908
14	蓝田	782	798	767	29	耀县	938	945	931
15	岐山	786	808	765	30	蒲城	1043	976	1109

关中地区各气象站 1980 年之前和之后的多年平均 ET_0 由小到大的排列顺序与 41 年平均 ET_0 的顺序大致相同，只有个别站的顺序略有变动，并不影响关中地区 ET_0 总的分布趋势。由表 2-2 还可知，除麟游、宝鸡、宜君、华县、蒲城 5 站外，其余各站 1980 年前后 ET_0 比较，1980 年后各站多年平均 ET_0 均降低。

二、ET_0 年际变化

30 个站不同时期 ET_0 年际变化趋势见表 2-3。由表 2-3 可知，除麟游、宝鸡、旬邑、宜君、华县、耀县和蒲城 7 个站 41 年 ET_0 表现为增加趋势外，其他各站 ET_0 均表现为减少趋势，所占比例为 77%，其中显著（包括极显著）减少占 52%。

1980 年以前 ET_0 变化趋势为：除户县、扶风、武功、蓝田、礼泉、泾阳、咸阳和华县 8 个站表现为不显著减少，其他站均表现为增加，所占比例为 73%，其中 32%表现为显著（包括极显著）增加。

1980 年以后 ET_0 变化趋势为：除凤县站为显著减少，蒲城站为不显著减少外，其他各站均表现为增加趋势，比例为 93%，其中 29%为显著（包括极显著）增加。

将 1980 年前后 ET_0 变化趋势进行比较可知，1980 年前表现为减少趋势的站全部转变为增加趋势；且除凤县和蒲城由 1980 年前 ET_0 变化的增加趋势转变为减少外，其余各站均保持增加趋势。1980 年后增加趋势增强的占 57%。总之，关中地区 1980 年之前和之后的 ET_0 主要表现为增加趋势，从长时期（41 年）来看，关中地区 ET_0 总趋势表现为减少。

表 2-3 各气象站不同时期 ET_0 年值变化趋势及显著性

序号	站名	ET_0 趋势线斜率和显著性			序号	站名	ET_0 趋势线斜率和显著性		
		1961～2001 年	1961～1980 年	1981～2001 年			1961～2001 年	1961～1980 年	1981～2001 年
1	陇县	−0.37	0.11	3.53*	16	淳化	−2.50**	6.04*	3.42
2	户县	−2.44**	−0.48	1.57	17	礼泉	−2.97**	−2.70	5.12**
3	凤县	−2.58**	4.16*	−3.39*	18	泾阳	−1.87**	−0.45	2.59
4	周至	−1.47*	0.21	2.48	19	宜君	0.95	4.31	2.84
5	麟游	1.66**	3.60	1.72	20	咸阳	−1.04	−0.03	2.33
6	彬县	−0.05	4.18*	3.04	21	临潼	−0.9	6.88**	0.51
7	宝鸡	1.62*	2.81	4.64*	22	华县	2.64**	−1.57	0.82
8	扶风	−2.50**	−0.35	3.53*	23	大荔	−2.50**	0.57	6.36*
9	千阳	−0.10	3.48	3.50*	24	白水	−1.88*	4.48	0.78
10	旬邑	0.56	10.88**	0.78	25	富平	−2.00*	5.49*	1.49
11	眉县	−2.47**	0.58	2.57	26	合阳	−1.54	3.50	2.87
12	永寿	−1.48	1.61	2.72	27	澄城	−0.97	4.76	2.43
13	武功	−2.33**	−0.46	3.42	28	潼关	−1.05	5.08*	1.21
14	蓝田	−0.61	−0.57	4.50	29	耀县	1.27	6.25	7.82**
15	岐山	−0.97	0.93	3.91*	30	蒲城	4.97**	2.13	−0.91

* 为显著，$\alpha=0.05$；** 为极显著，$\alpha=0.01$。

由 30 个气象站各站 ET_0 逐年变化、5 年滑动平均和线性趋势线图可知（图 2-2，图中只给出 6 个有代表性站点），除麟游、宝鸡、宜君、华县和蒲城 5 站不具有明显周期性变化规律，主要表现为上升趋势外，其余各站均表现出明显的周期性。大致表现为 1960～1970 年 ET_0 处于上升阶段，1970～1990 年 ET_0 处于下降阶段，1990～2001 年 ET_0 又处于上升阶段。

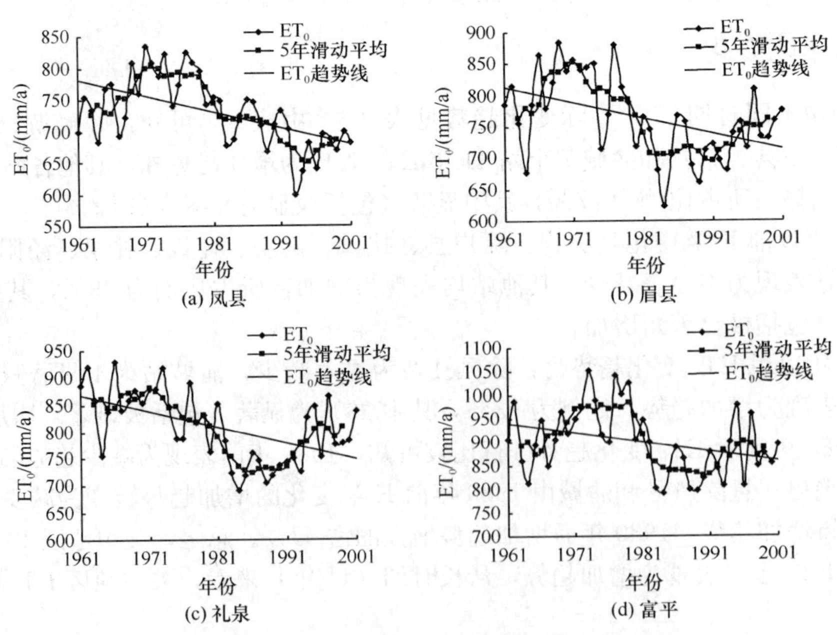

图 2-2 ET_0 逐年变化、5 年滑动平均和线性趋势线

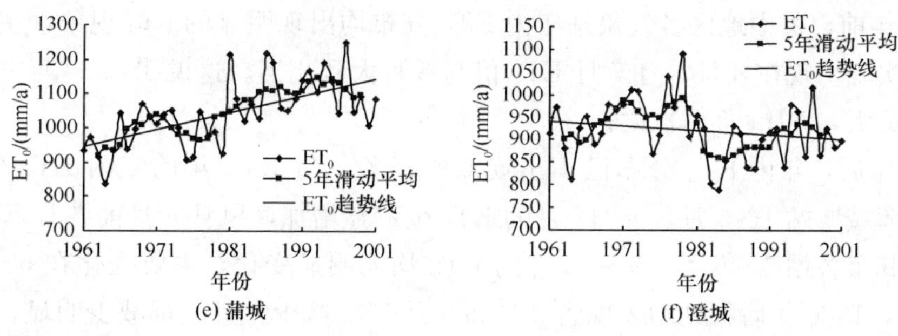

图 2-2（续）　ET_0 逐年变化、5 年滑动平均和线性趋势线

三、ET_0 年内变化

由 30 个气象站各站不同时期多年月平均 ET_0 在年内的变化可知（图 2-3，图中只给出 6 个有代表性站点），关中地区各气象站年内 ET_0 变化较大，基本上从 1 月的 0.5～1.1 mm/d 逐渐上升到 6～7 月的 3.1～5.0 mm/d，然后又逐渐下降到 12 月的 0.6～1.1 mm/d，且各站之间峰值相差较大。

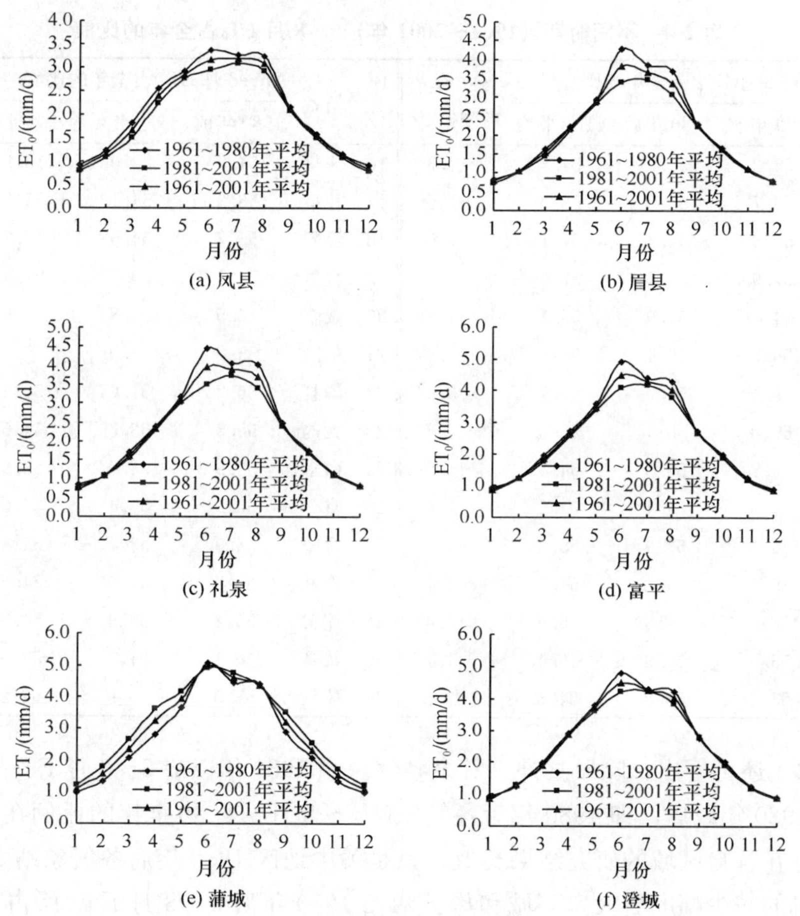

图 2-3　不同时期多年月平均 ET_0 的年内变化

1980年前，关中地区各气象站年内ET_0分布均出现明显的双峰现象，主峰均出现在6月，次峰出现在8月，且7月ET_0值与8月大致相当。这说明1980年前关中地区6月ET_0最大，7月、8月次之。

1980年后，年内ET_0分布已不出现双峰现象。与1980年前年内ET_0分布比较，除华县和蒲城2站1～5月、9～12月的ET_0值明显增加，凤县8月前各月ET_0值明显减少外，其余各站1～5月、9～12月的ET_0均无明显变化，主要变化在6～7月。在6～7月中，1980年后各站均表现为6月和8月ET_0减少，且大都减少明显。而7月的ET_0除有约1/3气象站明显减少，麟游、宝鸡、宜君和蒲城4站增加外，大多数气象站（2/3）7月的ET_0无明显变化。且6月和8月ET_0值的降幅均比7月大，结果造成1980年后年内ET_0的最大值主要出现在6月和7月，且2/3以上出现在7月，而不像1980年以前最大值出现在6月。

由不同时期（1961～1980年、1981～2001年、1961～2001年）5～8月ET_0占全年的比值（表2-4）可知，关中地区各时期5～8月的ET_0占全年ET_0的比例几乎均在50%以上，即关中地区的ET_0有一半以上发生在5～8月。

表2-4　不同时期（1961～2001年）5～8月ET_0占全年的比值

序号	站名	5～8月ET_0占全年的比值/%			1980年前后变幅/%	序号	站名	5～8月ET_0占全年的比值/%			1980年前后变幅/%
		1980年前	1980年后	41年平均				1980年前	1980年后	41年平均	
1	陇县	55.2	53.9	54.5	−2.3	16	淳化	54.9	53.0	53.9	−3.6
2	户县	56.7	55.9	56.3	−1.5	17	礼泉	56.3	54.1	55.2	−4.0
3	凤县	50.9	51.4	51.1	1.0	18	泾阳	55.7	54.6	55.2	−2.0
4	周至	57.9	56.1	57.0	−3.3	19	宜君	52.1	50.7	51.4	−2.8
5	麟游	54.4	51.9	53.1	−4.8	20	咸阳	56.5	54.8	55.6	−3.1
6	彬县	56.5	55.1	55.8	−2.5	21	临潼	55.8	54.9	55.4	−1.7
7	宝鸡	56.5	54.9	55.7	−3.0	22	华县	56.2	51.0	53.4	−9.2
8	扶风	56.0	55.1	55.6	−1.7	23	大荔	55.5	53.5	54.5	−3.7
9	千阳	55.1	54.0	54.5	−1.9	24	白水	53.9	52.0	52.9	−3.6
10	旬邑	54.9	54.1	54.5	−1.5	25	富平	55.6	54.4	55.0	−2.1
11	眉县	56.1	53.9	55.0	−4.0	26	合阳	55.0	53.7	54.4	−2.3
12	永寿	55.1	54.2	54.7	−1.7	27	澄城	55.2	54.0	54.6	−2.2
13	武功	56.5	54.6	55.6	−3.4	28	潼关	55.2	53.3	54.3	−3.6
14	蓝田	56.9	55.9	56.4	−1.7	29	耀县	54.1	51.7	52.9	−4.5
15	岐山	55.7	53.8	54.8	−3.6	30	蒲城	55.0	49.9	52.2	−9.2

由表2-4还可看出，除凤县外，其余各气象站1980年以前5～8月ET_0占全年的比例均大于1980年以后，即1980年后各气象站5～8月ET_0占全年的比例在减少。这与佟玲和孙静在各自区域的研究结果类似，只是关中地区1980年后各气象站5～8月ET_0占全年比例的减少幅度更大。蒲城和华县两站1980年后5～8月ET_0所占比值减少较多，达9.2%，其他各站减少较少，不超过5%。

四、关中地区气象因子对 ET_0 的影响

由关中地区各气象站 ET_0 年值与各气象因子的偏相关系数和显著性（表 2-5）可知：除宜君和旬邑 ET_0 与平均气温（T_{mean}）表现为不显著负相关外，其他各站均表现为正相关，相关水平显著占所有站数的 6.7%，极显著占 16.7%，表明关中地区平均气温对 ET_0 影响不大。

表 2-5　各气象站 ET_0 与各气象因子的偏相关系数和显著性

序号	站名	ET_0 与各气象因子的偏相关系数和显著性								
		平均气温 T_{mean}	最高气温 T_{max}	最低气温 T_{min}	风速 U	日照时数 N	水汽压 e_a	相对湿度 RH	年降水量 P	年蒸发量 E
1	眉县	0.3158	0.238	0.1599	0.7821**	0.5841**	−0.5122**	0.1464	−0.2925	0.8748**
2	岐山	0.382*	−0.1156	0.1048	0.7331**	0.6067**	−0.623**	−0.0938	−0.3822*	0.6774**
3	扶风	0.1715	0.143	0.3433*	0.9215**	0.5988**	−0.6106**	0.1901	−0.2712	0.5303
4	周至	0.2681	−0.1163	0.0295	0.6949**	0.7739**	−0.5125**	0.2879	−0.4255*	0.5622*
5	礼泉	0.125	0.1355	0.0762	0.8745**	0.6222**	−0.3309	−0.2878	−0.3818*	0.1048
6	泾阳	0.2804	0.019	−0.0418	0.8238**	0.8101**	−0.4973**	−0.1245	−0.2634	0.3744
7	富平	0.1075	0.2245	0.311	0.8612**	0.4532**	−0.6676**	−0.0347	−0.1067	0.1927
8	合阳	0.4991**	−0.2458	0.0629	0.9182**	0.6393**	−0.6114**	−0.2767	−0.1645	0.5196*
9	蒲城	0.0817	0.6143**	0.1039	0.7933**	0.426*	−0.3665*	−0.1868	0.0075	0.7998**
10	咸阳	0.1036	0.2613	0.542**	0.8046**	0.5946**	−0.7391**	0.1243	−0.2785	0.2214
11	华县	0.2565	0.6166**	0.0701	0.7791**	0.7308**	−0.4897**	−0.1403	0.0784	0.267
12	武功	0.5216**	0.3223	0.0542	0.9125**	0.4688**	−0.5725**	0.3314	−0.5511**	0.3974
13	宝鸡	0.2482	0.3917*	−0.0136	0.7617**	0.6488**	−0.5119**	0.2019	−0.202	0.4471
14	户县	0.1801	0.0798	0.1917	0.8063**	0.8281**	−0.5672**	0.2818	−0.1294	0.4748
15	澄城	0.0497	0.3496*	0.3985*	0.8944**	0.6692**	−0.6072**	−0.063	−0.1493	0.3253
16	大荔	0.162	0.3027	0.257	0.9182**	0.7202**	−0.6402**	0.2261	−0.1438	0.6437**
17	白水	0.1346	0.2142	0.2856	0.8947**	0.5725**	−0.4251*	−0.1174	−0.2204	0.6693**
18	潼关	0.2027	0.0088	0.3175	0.9149**	0.8293**	−0.6578**	0.0398	−0.1479	0.5534*
19	临潼	0.5512**	−0.2	−0.2712	0.9068**	0.7489**	−0.4993**	0.0101	−0.4473**	0.7**
20	蓝田	0.2218	0.4349**	0.5121**	0.8026**	0.7548**	−0.6556**	0.2595	−0.2132	0.4228
21	耀县	0.469**	−0.2937	0.2528	0.9057**	0.6914**	−0.6468**	−0.0759	−0.173	−0.024
22	宜君	−0.0628	0.5807**	0.113	0.6624**	0.5675**	−0.6838**	0.2222	−0.2186	0.3164
23	永寿	0.2051	0.0638	0.1786	0.9383**	0.6446**	−0.588**	0.035	−0.2401	0.5438*
24	淳化	0.1766	0.2439	0.3414*	0.7871**	0.4691**	−0.608**	−0.0599	−0.1823	0.7321**
25	彬县	0.2079	0.1997	0.2233	0.8481**	0.8103**	−0.5241**	0.2601	−0.12	0.3926
26	旬邑	−0.1122	0.6264**	0.5261**	0.6948**	0.7102**	−0.5676**	0.0929	0.0347	0.8413**
27	凤县	0.3762*	0.0273	0.3413*	0.8748**	0.7589**	−0.4228*	−0.23	−0.1862	0.3816
28	麟游	0.2818	0.5148**	0.1686	0.7924**	0.6337**	−0.4942**	−0.0748	−0.0873	0.5237
29	千阳	0.2669	0.1336	0.0966	0.8062**	0.3622*	−0.4544**	0.0976	−0.442**	0.5122
30	陇县	0.4554**	−0.2398	0.0676	0.7603**	0.6752**	−0.6063**	0.0902	−0.2014	0.7347**
地区均值		0.2455	0.1703	0.1824	0.8185	0.6408	−0.5551	0.0309	−0.222	0.500

* 为显著，$\alpha=0.05$；** 为极显著，$\alpha=0.01$。

除 6 个站 ET_0 与最高气温（T_{max}）表现为不显著负相关外，其他各站均表现为正相

关，相关水平显著占 6.7%，极显著占 20%，表明关中地区最高气温对 ET_0 影响不大。

除泾阳、宝鸡和临潼 3 站的 ET_0 与最低气温（T_{min}）表现为不显著负相关外，其他各站均表现为正相关，相关水平显著占 13.3%，极显著占 10.0%，表明关中地区最低气温对 ET_0 影响不大。

各站 ET_0 与风速（U）均表现为极显著正相关，相关系数为 0.6624～0.9383，均值为 0.8185，表明关中地区风速对 ET_0 影响非常大。

除蒲城和千阳 ET_0 与日照时数（N）表现为显著正相关外，其他各站均表现为极显著正相关，相关系数为 0.3622～0.8293，均值为 0.6408，相关水平显著占 6.7%，极显著占 93.3%，表明关中地区日照时数对 ET_0 影响很大。

除礼泉 ET_0 与水汽压（e_a）表现为不显著负相关，蒲城、白水和凤县 3 站表现为显著负相关（占 10%）外，其他各站均表现为极显著负相关（占 86.7%），相关系数为 −0.7391～−0.3309，均值为 −0.5551，表明关中地区水汽压对 ET_0 影响较大。

13 个站的 ET_0 与相对湿度（RH）表现为不显著负相关，17 个站的 ET_0 与相对湿度（RH）表现为不显著正相关，表明关中地区相对湿度对 ET_0 影响极小，且影响趋势不确定。

除蒲城、华县和旬邑 3 站 ET_0 与年降水量（P）均表现为不显著正相关外，其他各站均表现为负相关，相关水平显著占 10%，极显著占 10%，表明关中地区年降水量对 ET_0 影响不大。

除耀县 ET_0 与年蒸发量（E）表现为不显著负相关外，其他各站均表现为正相关，相关系数为 −0.024～0.8748，均值为 0.50，相关水平显著占 13.3%，极显著占 30%，表明关中地区蒸发量对 ET_0 有一定影响。

总体而言，关中地区 ET_0 与平均气温、最高气温和最低气温表现为不显著正相关，与风速和日照时数表现为显著正相关，与水汽压表现为显著负相关，与年降水量表现为不显著负相关，近一半地区的 ET_0 与年蒸发量显著正相关。对关中地区 ET_0 影响显著的气象因子的顺序为：风速＞日照时数＞水汽压＞年蒸发量。

用各站的 ET_0 和影响显著的气象因子［由于蒸发资料系列较短（21 年或 23 年），所以未用蒸发资料］建立多元线性回归方程，结果见表 2-6。

表 2-6　各站的 ET_0 和影响显著的气象因子建立的多元线性回归方程

序号	站名	多元线性回归方程	R
1	眉县	$ET_0=59.61U+2.07N-26.47e_a+650.29$	0.893
2	岐山	$ET_0=65.71U+0.85N-51.56e_a+59.31T_{mean}-0.045P+410.93$	0.950
3	扶风	$ET_0=74.30U+1.95N-43.19e_a+41.18T_{min}+517.81$	0.922
4	周至	$ET_0=54.74U+1.40N-11.22e_a-0.112P+666.96$	0.846
5	礼泉	$ET_0=89.44U+1.65N-0.14e_a+411.99$	0.836
6	泾阳	$ET_0=35.81U+1.79N-38.22e_a+911.96$	0.821
7	富平	$ET_0=72.92U+2.01N-40.90e_a+808.55$	0.798
8	合阳	$ET_0=81.41U+1.21N-57.81e_a+63.90T_{mean}+287.06$	0.965
9	蒲城	$ET_0=105.29U+1.79N-38.30e_a+33.66T_{max}+110.85$	0.917

续表

序号	站名	多元线性回归方程	R
10	咸阳	$ET_0=53.34U+2.17N-75.43e_a+63.01T_{min}+750.12$	0.906
11	华县	$ET_0=107.61U+1.15N-35.59e_a+24.28T_{max}+400.18$	0.923
12	武功	$ET_0=99.28U+0.76N-26.29e_a+48.15T_{mean}-0.098P+236.93$	0.965
13	宝鸡	$ET_0=133.49U+0.85N-30.05e_a+23.07T_{max}+368.84$	0.927
14	户县	$ET_0=41.61U+1.79N-30.99e_a+804.43$	0.865
15	澄城	$ET_0=103.75U+1.21N-60.58e_a+24.32T_{max}+47.67T_{min}+248.54$	0.954
16	大荔	$ET_0=93.82U+2.05N-43.66e_a+818.50$	0.835
17	白水	$ET_0=40.96U+2.75N-45.78e_a+715.18$	0.816
18	潼关	$ET_0=39.46U+1.98N-68.30e_a+1233.63$	0.746
19	临潼	$ET_0=76.11U+1.33N-38.30e_a+56.32T_{mean}-0.067P+209.65$	0.965
20	蓝田	$ET_0=74.27U+1.12N-48.67e_a+20.35T_{max}+36.89T_{min}+389.92$	0.930
21	耀县	$ET_0=86.12U+1.17N-62.72e_a+61.37T_{mean}+355.21$	0.959
22	宜君	$ET_0=42.46U+0.68N-55.29e_a+48.03T_{max}+379.26$	0.951
23	永寿	$ET_0=60.36U+1.77N-47.50e_a+814.53$	0.828
24	淳化	$ET_0=38.60U+2.02N-72.38e_a+51.25T_{min}+761.69$	0.936
25	彬县	$ET_0=103.65U+1.34N-31.40e_a+704.44$	0.756
26	旬邑	$ET_0=50.96U+1.10N-40.60e_a+29.75T_{max}+20.96T_{min}+277.50$	0.968
27	凤县	$ET_0=79.21U+1.50N-39.30e_a+33.49T_{mean}+11.92T_{min}+358.46$	0.977
28	麟游	$ET_0=44.14U+0.92N-36.40e_a+28.01T_{max}+388.55$	0.950
29	千阳	$ET_0=53.03U+1.32N+6.32e_a-0.25P+515.17$	0.787
30	陇县	$ET_0=72.26U+1.03N-36.54e_a+42.95T_{mean}+366.15$	0.948

五、关中地区作物蒸发蒸腾量分布式模型的建立

（一）地理要素与 ET_0 的关系

由表 2-7 可知，关中地区海拔与 ET_0 的关系不显著，北纬与 ET_0 的关系极显著，东经与 ET_0 的关系也为极显著，但东经与 ET_0 线性相关的相关系数要比北纬与 ET_0 线性相关的相关系数大许多。这说明东经和北纬对关中地区的 ET_0 影响较大，且东经对关中地区 ET_0 的影响比北纬的影响还要大。此外，海拔对关中地区 ET_0 的影响几乎可以忽略。

表 2-7　地理要素与 ET_0 的线性关系

地理要素	线性趋势线方程	R^2	R	显著性
海拔/m	$ET_0=-0.0742H_{海拔}+869.05$	0.0569	0.239	不显著
北纬/(°)	$ET_0=106.32D_{北纬}-2\,864.2$	0.2333	0.483	极显著
东经/(°)	$ET_0=67.404D_{东经}-6\,498.3$	0.6458	0.804	极显著
海拔/m*	$ET_0=-0.0611H_{海拔}+835.73$	0.1663	0.408	显著

注：标有 * 的为去掉蒲城、户县、耀县、宜君 4 站后，由剩下的 26 个站的海拔和 ET_0 建立的线性相关关系。

建立关中地区东经、北纬、海拔 3 个变量（表 2-8）与 ET_0 的线性关系，关系式如下：

$$ET_0 = 26.1682\, D_{东经} + 139.3808\, D_{北纬} - 0.1396\, H_{海拔} - 6760.33$$

表 2-8　各站地理要素和多年平均 ET_0

序号	站名	海拔/m	北纬/(°)	东经/(°)	41 年平均 ET_0/mm
1	陇县	924.2	34.9	106.83	706
2	户县	414.8	34.12	108.62	722
3	凤县	985.9	33.95	106.6	730
4	周至	433.1	34.1	108.2	732
5	麟游	1026.3	34.68	107.78	735
6	彬县	840.7	35.03	108.1	741
7	宝鸡	612.4	34.35	107.13	742
8	扶风	582.7	34.4	107.9	748
9	千阳	751.6	34.68	107.15	748
10	旬邑	1277	35.17	108.33	753
11	眉县	518.5	34.27	107.73	764
12	永寿	994.6	34.7	108.15	766
13	武功	447.8	34.25	108.22	775
14	蓝田	540.2	34.17	109.32	782
15	岐山	669.6	34.45	107.65	786
16	淳化	1012.7	34.82	108.55	791
17	礼泉	543.2	34.5	108.48	808
18	泾阳	427.4	34.55	108.82	809
19	宜君	1395.2	35.43	109.07	851
20	咸阳	442.8	34.4	108.72	857
21	临潼	425.2	34.4	109.23	864
22	华县	341.5	34.52	109.73	876
23	大荔	351.4	34.87	109.93	890
24	白水	804.4	35.18	109.58	898
25	富平	470.9	34.78	109.18	901
26	合阳	708.8	35.23	110.15	916
27	澄城	679.1	35.18	109.92	921
28	潼关	556.3	34.55	110.23	932
29	耀县	710	34.93	108.98	938
30	蒲城	499.2	34.95	109.58	1043

（二）基于数字高程模型 DEM 生成关中地区的坡向、坡度图

利用 ARCVIEW 3.1 软件表面分析功能中 aspect 和 slope 函数分别生成关中地区的坡度、坡向分布图（图 2-4，图 2-5）。坡向以正北为 0°，正南为 180°，顺时针增加，坡度图的单位为度。该流域范围较大（106.53°～110.23°E，33.90°～35.43°N），在图上很直观地能看到地形十分复杂。地形对温度的影响是很复杂的，在不同纬度、季节、天气和不同植被条件下都有所差异。在山区，起伏地面接收到的实际辐射包括太阳辐射、大气散射辐射和逆辐射以及其下垫面的短波反射和长波辐射，由于地形不同，其下垫面上的辐射收支各分量相差很大，其计算十分复杂，目前暂未对辐射及温度进行校正。

图 2-4　由 DEM 生成的关中地区坡度分布图

图 2-5　由 DEM 生成的关中地区坡向分布图

(三) 参考作物蒸发蒸腾量分布式模型的建立

1. 回归法

采用地理信息系统软件表面分析和空间插值的方法建立了关中地区内参考作物蒸发蒸腾量的空间分布式模型，虽然关中地区海拔对 ET_0 的影响不显著，但因建立的蒸发蒸腾量分布式模型尺度较大，目前对地理信息系统软件操作的掌握还有待于进一步摸索，因此在地形方面只考虑了海拔变化的影响。鉴于 30 个站的海拔和 ET_0 的线性关系不显著，于是把蒲城、户县、耀县、宜君 4 站去掉，由剩下的 26 个站的海拔和 ET_0 建立线性相关关系，此时为显著负相关（表 2-8）。

回归方程为 $ET_0 = -0.0611H_{海拔} + 835.73$，相关系数为 $R = 0.408$，为显著负相关。

把 DEM 数据以 *. asc 文件格式输入 VB 里，用回归方程对参考作物蒸发蒸腾量在空间上进行内插，然后把计算结果仍以 *. asc 文件格式返回到 ARCVIEW 3.1 或 MapGIS 6.5 中，得到关中地区参考作物蒸发蒸腾量的空间分布图（图 2-6），实现点面资料转化。

图 2-6　由 ET_0 和海拔的线性关系生成的关中地区 ET_0 空间分布图

2. IDW 反距离加权插值法

利用 ARCVIEW 3.1 软件的 analysis 和 surface 功能，把各站的多年平均及 1980 年之前和之后的多年平均参考作物蒸发蒸腾量的计算结果在关中地区按 IDW（inverse distance weighted）插值法内插，分别得到图 2-7、图 2-8、图 2-9 所示的关中地区参考作物蒸发蒸腾量的空间分布图。

图 2-7　关中地区 1961～2001 年多年平均 ET_0 空间分布图

图 2-8　关中地区 1961～1980 年多年平均 ET_0 空间分布图

图 2-9　关中地区 1981～2001 年多年平均 ET_0 空间分布图

六、结论

根据关中地区30个气象站41年的气象资料，采用FAO推荐的Penman-Monteith公式计算ET_0，分析了陕西关中地区ET_0的时空分布规律，结果如下。

关中地区ET_0的空间分布为由西北和西南两个方向交叉着分别朝东南和东北两个方向逐渐增加，且关中地区ET_0变化幅度较大，最大接近50%。

从长期来看，关中地区ET_0在减少趋势的基础上表现出周期性变化，即1960～1970年处于上升阶段，1970～1990年处于下降阶段，1990～2001年又处于上升阶段。从阶段性来看，1980年之前和之后则主要表现为增加趋势。

关中地区1980年后6月和8月ET_0普遍降低，其他月份变化不大；年内ET_0的最大值在1980年前主要出现在6月，1980年以后则主要出现在6月和7月，且以7月为多；1980年后5～8月ET_0所占比值在减少，但仍在全年中占50%以上。

关中地区平均气温、最高气温、最低气温和年蒸发量表现为增加趋势，风速、日照时数、相对湿度和年降水量表现为减少趋势，但年蒸发量和年降水量的总体变化趋势不太显著，水汽压无一致变化趋势。

用各站的ET_0和影响显著的气象因子建立了多元线性回归方程。关中地区ET_0与平均气温、最高气温和最低气温表现为不显著正相关，与风速和日照时数表现为显著正相关，与水汽压表现为显著负相关，与年降水量表现为不显著负相关，近一半地区的ET_0与年蒸发量呈显著正相关。对关中地区ET_0影响显著的气象因子的顺序为：风速＞日照时数＞水汽压＞年蒸发量。即风速和日照时数的减少趋势是引起关中地区ET_0降低趋势的主要原因。

用回归法和IDW反距离加权插值法建立了关中地区作物蒸发蒸腾量的分布式模型。

第三节　陕西关中地区主要作物需水量、净灌溉需水量时空分布

一、陕西关中地区气候变化对主要作物需水量的影响

（一）计算方法

本节用关中地区30个气象站1961～2001年的气象资料，计算了关中地区主要作物冬小麦和夏玉米的需水量（ET_c）。$ET_c = k_c \cdot ET_0$，其中，k_c是作物系数，ET_0是参考作物蒸发蒸腾量，由Penman-Monteith公式计算获得。作物系数采用《陕西省作物需水量及分区灌溉模式》（陕西省水利水土保持厅和西北农业大学，1992）一书中推荐的数值。

根据Penman-Monteith公式计算ET_0时，将用到平均气温、最高气温、最低气温、风速、日照时数和相对湿度等气象因子资料。气象因子变化分析采用的是相对应于冬小麦和夏玉米生育期内的气象因子资料。冬小麦生育期为：关中西部10月1日至翌年6月5日，关中东部10月1日至翌年5月31日；夏玉米生育期为：关中西部6月6日～9月30日，关中东部6月1日～9月30日。即冬小麦生育期主要在秋冬春季，夏玉米生育期主要在夏季。

（二）关中地区主要作物需水量变化规律

通过对冬小麦和夏玉米需水量变化趋势分析（表 2-9），40 年来关中地区冬小麦需水量变化趋势为：17 个站呈增加趋势，13 个站呈减少趋势，其中凤县、户县和泾阳为显著减少，麟游、宝鸡、宜君、耀县、华县和蒲城 6 站为显著增加，其他差异不显著。即关中地区部分区域冬小麦需水量显著增加或减少，但无一致变化趋势。

表 2-9　主要作物需水量与净灌溉需水量变化趋势的相关系数和显著性水平

序号	站名	需水量		净灌溉需水量		序号	站名	需水量		净灌溉需水量	
		冬小麦	夏玉米	冬小麦	夏玉米			冬小麦	夏玉米	冬小麦	夏玉米
1	陇县	0.097	−0.126	0.227	0.04	16	户县	−0.351*	−0.413**	0.237	−0.115
2	凤县	−0.600**	−0.398**	−0.269	−0.166	17	周至	−0.006	−0.330*	0.446**	−0.035
3	麟游	0.541**	0.085	0.524**	0.057	18	蓝田	0.048	−0.089	0.361*	−0.022
4	彬县	0.16	−0.117	0.217	0.074	19	礼泉	−0.244	−0.494**	0.221	−0.191
5	宝鸡	0.567**	0.095	0.509**	0.118	20	泾阳	−0.369*	−0.247	0.057	−0.01
6	扶风	−0.253	−0.464**	0.213	−0.128	21	咸阳	0.032	−0.176	0.317*	−0.061
7	千阳	0.157	−0.104	0.339*	0.052	22	临潼	−0.014	−0.152	0.103	−0.122
8	旬邑	0.136	0.045	0.187	0.114	23	华县	0.745**	−0.061	0.687**	0.143
9	眉县	−0.119	−0.527**	0.25	−0.184	24	大荔	0.222	−0.146	0.323*	0.075
10	永寿	−0.07	−0.341*	0.271	−0.076	25	白水	0.032	−0.368*	0.218	−0.136
11	武功	−0.265	−0.406**	0.236	−0.017	26	富平	−0.171	−0.249	0.102	−0.03
12	岐山	0.136	−0.352*	0.383*	−0.084	27	合阳	−0.144	−0.137	0.071	0.041
13	淳化	0.238	−0.179	0.377*	−0.001	28	蒲城	0.726**	0.333*	0.656**	0.242
14	宜君	0.332*	0.048	0.281	0.15	29	潼关	0.058	−0.167	0.267	0.028
15	耀县	0.436**	−0.085	0.465**	−0.002	30	澄城	−0.037	−0.13	0.193	0.132

* 为显著，** 为极显著。

注：资料年限 n=41a，$r_{0.05}$=0.308，$r_{0.01}$=0.398；资料年限 n=40a，$r_{0.05}$=0.312，$r_{0.01}$=0.403。

41 年来关中地区夏玉米需水量变化趋势为：5 个站有增加趋势，25 个站为减少趋势，其中蒲城呈显著增加、10 个站呈显著减少趋势外，其他均不显著。总体而言，关中地区夏玉米需水量随时间变化表现为不显著减少的趋势。

净灌溉需水量等于作物需水量减去同时期的有效降水量。有效降水量等于降水有效利用系数乘以同时期降水量。净灌溉需水量反映的是作物在理想条件下达到高产需要灌溉的水量。本节采用《陕西省作物需水量及分区灌溉模式》推荐的降水有效利用系数。由计算分析可知（表 2-9），40 年来关中地区冬小麦净灌溉需水量变化趋势为：除凤县为不显著减少趋势外，其余均为增加趋势，其中有 12 个站为显著增加，关中地区冬小麦每 10 年平均增加净灌溉需水量 21.8 mm。夏玉米净灌溉需水量无一致变化趋势，其中，13 个站为不显著增加，17 个站为不显著减少趋势。

（三）作物生育期内气象因子的变化

分别对 30 个站 41 年冬小麦和夏玉米生育期内各气象因子的变化趋势进行计算分

析，结果见表 2-10 和表 2-11。

表 2-10　冬小麦和夏玉米生育期内气象因子变化趋势的斜率和相关水平

气象因子	变化趋势	冬小麦生育期			夏玉米生育期		
		最大值	最小值	均值	最大值	最小值	均值
平均气温	斜率	0.055	0.003	0.027	0.022	－0.024	0.001
	相关系数	0.780	0.073	0.465	0.313	－0.391	0.012
最高气温	斜率	0.063	0.003	0.033	0.037	－0.019	0.004
	相关系数	0.882	0.028	0.427	0.891	－0.219	0.099
最低气温	斜率	0.069	－0.013	0.025	0.045	－0.013	0.014
	相关系数	0.840	－0.869	0.321	0.646	－0.811	0.181
风速	斜率	0.013	－0.037	－0.019	0.010	－0.041	－0.017
	相关系数	0.414	－0.904	－0.577	0.586	－0.883	－0.471
日照时数	斜率	0.350	－1.238	－0.329	－0.002	－1.711	－0.734
	相关系数	0.269	－0.666	－0.210	－0.001	－0.610	－0.318
相对湿度	斜率	－0.02	－0.33	－0.16	0.120	－0.100	－0.013
	相关系数	0.744	0.045	0.383	0.350	－0.303	－0.037
降水	斜率	－0.676	－3.323	－1.921	0.959	－1.980	－0.767
	相关系数	0.547	0.165	0.367	0.113	－0.248	－0.093

注：资料年限 n＝41a，$r_{0.05}$＝0.308，$r_{0.01}$＝0.398；资料年限 n＝40a，$r_{0.05}$＝0.312，$r_{0.01}$＝0.403。

表 2-11　冬小麦和夏玉米生育期内气象因子变化趋势站数和显著水平的站数

生育期	趋势	变化趋势的站数/显著水平的站数						
		平均气温	最高气温	最低气温	风速	日照时数	相对湿度	降水
冬小麦	降低	0/0	0/0	5/2	27/25	22/11	30/21	30/21
	升高	30/24	30/23	25/19	3/2	8/0	0/0	0/0
夏玉米	降低	14/1	9/0	8/3	27/22	30/16	20/0	26/0
	升高	16/1	21/3	22/13	3/1	0/0	10/2	4/0

由表可知，冬小麦生育期内关中地区平均气温、最高气温和最低气温主要表现为显著升高趋势，每 10 年变化范围分别为 0.03～0.55℃、0.03～0.63℃和－0.13～0.69℃，平均变化水平分别为 0.27℃、0.33℃和 0.25℃；风速、日照时数、相对湿度和降水主要表现为降低趋势，每 10 年变化范围分别为－0.37～0.13 m/s、－12.4～3.5 h、－3.3%～－0.2%和－33.2～－6.8 mm，平均变化水平分别为－0.19 m/s、－3.3 h、－1.6%和－19.2 mm，且风速、相对湿度和降水的降低趋势多数为显著水平，日照时数降低表现为显著水平的站数不多。

在夏玉米生育期内，关中地区平均气温无一致变化趋势，每 10 年变化范围为－0.24～0.22℃，平均 0.01℃；最高气温和最低气温主要表现为不显著升高趋势，每 10 年变化范围分别为－0.19～0.37℃和－0.13～0.45℃，平均变化水平分别为 0.04℃和 0.14℃；风速主要表现为显著降低，每 10 年变化范围为－0.41～0.10 m/s，平均－0.17 m/s；日照时数为降低趋势，其中 16 个站为显著水平，每 10 年变化范围为

－0.02～－17.1 h，平均－7.3 h；相对湿度和降水主要为不显著降低趋势，每 10 年变化范围分别为－1.0%～1.2%和－19.8～9.6 mm，平均为－0.13%和－7.7 mm。

由以上结果可知，1961～2001 年关中地区冬小麦生育期内（秋冬春季）平均气温、最高气温和最低气温在显著升高，每 10 年升幅最大不超过 0.7℃，平均（算术平均）水平不超过 0.35℃；风速、相对湿度和降水显著降低，日照时数为不显著降低。因此关中地区秋冬春季在朝暖干方向发展。这与施雅风（2003）提出的中国西北气候由暖干向暖湿转型并不吻合。原因可能是关中地区位于我国西北地区东部边缘，紧邻中原，从而造成其气候变化和西北地区变化的总趋势有所不同。夏玉米生育期内（夏季），关中地区平均气温无一致变化趋势，平均（算术平均）升高 0.008℃；最高气温和最低气温不显著升高，平均（算术平均）升高 0.04℃和 0.14℃。即关中地区夏季（夏玉米生育期）气温变化很小，风速显著降低，相对湿度和降水不显著降低，日照时数有 16 个站点为显著降低。因此关中地区夏季（夏玉米生育期）除风速普遍降低，一半区域日照时数减少外，其他气象因子变化不大。

（四）作物需水量和气象因子的关系

1. 冬小麦

分析 30 个气象站 41 年冬小麦和夏玉米需水量与其相应生育期内气象因子的相关关系，并计算相关系数，经统计分析，可得表 2-12。由表 2-12 可知，关中地区冬小麦需水量与平均气温、最高气温、风速和日照时数主要表现为显著正相关，平均相关系数分别为 0.431、0.632、0.396 和 0.603；与相对湿度和降水主要表现为显著负相关，平均相关系数分别为－0.716 和－0.487；与最低气温不显著正相关。气象因子对冬小麦需水量的影响顺序为：相对湿度＞最高气温＞日照时数＞降水量＞平均气温＞风速。

表 2-12　作物需水量与相应生育期内气象因子相关系数

作物	统计值	气象因子						
		平均气温	最高气温	最低气温	风速	日照时数	相对湿度	降水
冬小麦	最大值	0.735	0.907	0.613	0.831	0.833	－0.314	－0.156
	最小值	－0.140	－0.054	－0.815	－0.531	－0.316	－0.899	－0.677
	均值	0.431	0.632	0.015	0.396	0.603	－0.716	－0.487
	相关站数/显著站数	正相关 29/23	正相关 29/28	正相关 20/4	正相关 27/23	正相关 29/27	负相关 30/30	负相关 30/26
夏玉米	最大值	0.895	0.914	0.658	0.784	0.949	－0.503	－0.472
	最小值	0.505	0.112	－0.372	0.157	0.387	－0.906	－0.732
	均值	0.728	0.779	0.158	0.527	0.830	－0.798	－0.602
	相关站数/显著站数	正相关 30/30	正相关 30/29	正相关 22/9	正相关 30/27	正相关 30/30	负相关 30/30	负相关 30/30

注：资料年限 n=41a，$r_{0.05}$=0.308，$r_{0.01}$=0.398；资料年限 n=40a，$r_{0.05}$=0.312，$r_{0.01}$=0.403。

关中地区冬小麦生育期相对湿度的显著减少与最高气温、平均气温的显著增加将引起冬小麦需水量增加，而日照时数和风速的降低将造成冬小麦需水量减少。虽然相对湿度和最高气温对冬小麦需水量影响最大，但并未出现关中地区冬小麦需水量显著增加的趋势。原因可能在于相对湿度、最高气温和平均气温自身变幅不大，造成需水量增幅不大；而日照时数和风速较大的变化幅度或者说较低的变化幅度就会引起需水量大幅降低，从而在很大程度上抵消了需水量的增加趋势，最终造成关中地区冬小麦需水量无一致的变化趋势，虽有 17 个站表现为增加趋势，但大多不显著。此外，关中地区冬小麦生育期降水的显著减少趋势，是造成冬小麦净灌溉需水量增加的主要原因。

2. 夏玉米

关中地区夏玉米需水量与平均气温、最高气温、风速和日照时数主要表现为显著正相关，平均相关系数分别为 0.728、0.779、0.527 和 0.830；与相对湿度、降水显著负相关，平均相关系数分别为－0.798、－0.602；与最低气温不显著正相关。气象因子对夏玉米需水量的影响顺序为：日照时数＞相对湿度＞最高气温＞平均气温＞降水量＞风速。

关中地区夏玉米生育期内只有风速显著减弱，16 个站日照时数显著降低，其他气象因子均为不显著升高或降低。因此，风速和日照时数的降低趋势是导致夏玉米需水量不显著减少的主要原因，再加上夏玉米生育期内降水的不显著减少趋势，最终造成关中地区夏玉米净灌溉需水量无一致变化趋势。

（五）结论和讨论

总体而言，关中地区冬小麦需水量无一致变化趋势，净灌溉需水量为增加趋势；夏玉米需水量表现为不显著减少趋势，净灌溉需水量无一致变化趋势。

关中地区冬小麦和夏玉米需水量均与平均气温、最高气温、风速和日照时数主要表现为显著正相关，与相对湿度、降水主要表现为显著负相关，与最低气温主要表现为不显著正相关；影响顺序为，冬小麦：相对湿度＞最高气温＞日照时数＞降水量＞平均气温＞风速，夏玉米：日照时数＞相对湿度＞最高气温＞平均气温＞降水量＞风速。

日照时数和风速引起冬小麦需水量的降低在很大程度上抵消了相对湿度和最高气温引起的冬小麦需水量的升高趋势，而冬小麦生育期降水的减少是造成冬小麦净灌溉需水量增加的主要原因；风速和日照时数的降低是导致夏玉米需水量减少的主要原因。

关中地区冬小麦生育期内（秋冬春季）气温显著升高，风速、相对湿度和降水显著降低，日照时数不显著降低，关中地区秋冬春季向暖干发展；夏玉米生育期内（夏季）气温变化很小，风速显著降低，相对湿度和降水不显著降低，16 个站点日照时数显著降低。

作物需水量受众多气象因子的制约，某一气象因子的升高或降低不能完全解释作物需水量的变化趋势，因此，当讨论气候变化对作物需水量的影响时，要综合考虑。此外，如果各气象因子引起作物需水量的变化相互抵消，会出现气候变化未必导致作物需水量变化的局面。

由该研究可知，在作物需水量与气象因子的相关关系、气象因子以及作物需水量的变化趋势分析中，总会出现一些站点，其趋势和大部分站点表现出的趋势不同的情形。即如果站点数量较少，会出现选用站点的资料无法代表区域整体状况的情形。因此，在考察区域气候变化对区域作物需水量的影响时，站点的数量和合理分布很重要。

二、陕西关中地区主要作物生育期降水分布特征

（一）陕西关中地区年降水频率分析

用30个气象站1961～2001年的降水资料进行降水频率分析，获得降水频率为90%、75%、50%、25%和10%的典型年，每个降水频率选取1个典型年，选取结果见表2-13。由表2-13可知，关中地区不同站点在同一降水频率下的典型年有较大差异，在同一个年份整个关中地区不同地点会出现不同水文年型的情况，如降水频率75%（中等干旱年）下潼关和蒲城的典型年分别是1992年和1994年，而1992年对于彬县是平水年（降水频率50%），对于陇县、千阳和咸阳是丰水年（降水频率25%），1994年对于陇县、周至和千阳是特旱年（降水频率90%），对于蓝田是平水年（降水频率50%）。以上结果说明降水频率或水文年型在关中地区具有一定的差异性。

表2-13　各气象站不同降水频率下的典型年

降水频率P	年份									
	陇县	户县	凤县	周至	麟游	彬县	宝鸡	扶风	千阳	旬邑
90%	1994	1969	1979	1994	1981	1995	1965	1986	1994	1998
75%	2000	1971	1967	1985	1990	1993	1979	1987	1982	1992
50%	1972	1966	2001	1996	1965	1992	1973	1985	1974	1982
25%	1992	1988	1996	1962	1969	1988	1964	1973	1992	1972
10%	1970	1968	1961	1975	1979	1990	1990	1984	1981	1964
降水频率P	年份									
	眉县	永寿	武功	蓝田	岐山	淳化	礼泉	泾阳	宜君	咸阳
90%	1969	1977	2001	1972	1986	1964	1995	2000	1989	1986
75%	1976	1987	1966	1971	1987	1974	1987	1972	1971	1976
50%	1989	1985	1972	1994	1998	1966	1966	1968	1981	1987
25%	1967	1988	1967	1982	1963	1989	1998	1967	1988	1992
10%	1988	1996	1975	1981	1975	1986	1964	1981	1996	1981
降水频率P	年份									
	临潼	华县	大荔	白水	富平	合阳	澄城	潼关	耀县	蒲城
90%	1986	1991	1977	2001	1979	2001	1969	1997	1995	1977
75%	1980	1967	1971	1992	1987	1994	1993	1992	1991	1994
50%	1973	1973	1999	1963	1999	1980	1980	1963	1971	1968
25%	1988	1982	1996	1996	1961	1985	1987	1996	1970	1978
10%	1998	1961	1975	1988	1975	1984	1975	1988	1975	1981

(二) 陕西关中地区主要作物生育期降水

用30个气象站1961～2001年的降水资料，分别对陕西关中地区冬小麦和夏玉米生育期内的降水进行频率分析，得到冬小麦和夏玉米生育期内降水频率为90%、75%、50%、25%和10%的典型年。根据冬小麦和夏玉米各典型年内的降水，采用《陕西省作物需水量及分区灌溉模式》推荐的降水有效利用系数，可得冬小麦和夏玉米各典型年的有效降水（表2-14，表2-15）。冬小麦和夏玉米生育期划分同前所述，即冬小麦生育期为：关中西部10月1日至翌年6月5日，关中东部10月1日至翌年5月31日；夏玉米生育期为：关中西部6月6日～9月30日，关中东部6月1日～9月30日。

表2-14 各站点不同降水频率的典型年和冬小麦生育期有效降水

序号	站名	P=10%		P=25%		P=50%		P=75%		P=90%	
		典型年	有效降水/mm	典型年	有效降水/mm	典型年	有效降水/mm	典型年	有效降水/mm	典型年	有效降水/mm
1	陇县	1975～1976	256.5	1990～1991	237.0	1969～1970	192.3	1984～1985	158.9	1991～1992	113.3
2	户县	1971～1972	328.1	1968～1969	290.5	1970～1971	244.4	1985～1986	208.2	1979～1980	186.5
3	凤县	1988～1989	216.9	1992～1993	197.3	1971～1972	162.6	1993～1994	136.8	1985～1988	113.9
4	周至	1973～1974	316.7	1987～1988	281.1	1989～1990	243.5	1978～1979	187.8	1981～1982	162.9
5	麟游	1975～1976	334.7	1983～1984	296.1	1990～1991	242.7	1980～1981	191.9	1999～2000	157.0
6	彬县	1990～1991	289.3	1982～1983	244.5	1971～1972	193.9	1985～1986	154.2	1981～1982	143.2
7	宝鸡	1964～1965	321.8	1983～1984	265.5	1992～1993	228.1	1999～2000	174.4	1991～1992	145.7
8	扶风	1964～1965	340.9	1988～1989	270.0	1992～1993	229.3	1978～1979	191.2	1995～1996	157.7
9	千阳	1975～1976	301.3	1969～1970	259.7	1986～1987	227.1	1980～1981	160.7	1981～1982	143.0
10	旬邑	1982～1983	297.5	1973～1974	266.6	1999～2000	208.6	1972～1973	179.7	1985～1986	159.9
11	眉县	1974～1975	338.9	1966～1967	288.8	1967～1968	233.9	1978～1979	190.6	1991～1992	159.0
12	永寿	1974～1975	297.5	1966～1967	255.9	1997～1998	222.2	1994～1995	186.5	1999～2000	157.8
13	武功	1971～1972	352.1	1966～1967	288.8	1970～1971	246.6	1978～1979	191.2	1995～1996	167.1
14	蓝田	1975～1976	343.7	1963～1964	327.3	1967～1968	267.0	1970～1971	235.1	1995～1996	200.5
15	岐山	1975～1976	336.3	1973～1974	278.4	1996～1997	238.1	1994～1995	185.1	1979～1980	151.9
16	淳化	1983～1984	308.5	1982～1983	262.8	1978～1979	207.2	1985～1986	184.3	1999～2000	154.7
17	礼泉	1971～1972	294.8	1973～1974	259.7	1967～1968	216.8	1965～1966	179.5	1995～1996	154.7
18	泾阳	1983～1984	273.4	1975～1976	240.5	1986～1987	206.3	1991～1992	167.4	1999～2000	144.2
19	宜君	1975～1976	324.8	1987～1988	269.7	1969～1970	244.3	1985～1986	188.0	1981～1982	157.7
20	咸阳	1983～1984	312.7	1996～1997	248.5	1973～1974	213.9	1980～1981	184.8	1979～1980	152.1
21	临潼	1978～1979	322.5	1987～1988	297.3	1988～1989	247.6	1991～1992	198.4	1965～1966	185.0
22	华县	1997～1998	315.2	1973～1974	278.0	1988～1989	242.2	1979～1980	210.9	1999～2000	180.1
23	大荔	1968～1969	272.8	1989～1990	226.3	1993～1994	193.8	1995～1996	148.2	1980～1981	128.7
24	白水	1968～1969	278.4	1987～1988	241.4	1988～1989	202.8	1972～1973	153.9	1992～1993	128.3
25	富平	1968～1969	294.0	1961～1962	247.1	1990～1991	206.0	1992～1993	169.5	2000～2001	139.1
26	合阳	1983～1984	271.1	1987～1988	244.6	1986～1987	191.4	1967～1968	156.2	1991～1992	127.5
27	澄城	1964～1965	280.7	1974～1975	242.9	1977～1978	177.5	1992～1993	152.0	1991～1992	123.1
28	潼关	1983～1984	343.3	1971～1972	275.1	1973～1974	234.7	1982～1983	206.3	1995～1996	177.1
29	耀县	1968～1969	299.6	1971～1972	233.7	1977～1978	201.4	1992～1993	164.1	1995～1996	142.5
30	蒲城	1983～1984	255.0	1969～1970	222.4	1990～1991	185.5	1978～1979	151.7	1976～1977	131.5

表 2-15 各站点不同降水频率的典型年和夏玉米生育期有效降水

序号	站名	P=10%		P=25%		P=50%		P=75%		P=90%	
		典型年	有效降水/mm	典型年	有效降水/mm	典型年	有效降水/mm	典型年	有效降水/mm	典型年	有效降水/mm
1	陇县	1979	407.0	1983	425.5	1989	349.3	1969	278.8	1995	231.2
2	户县	1991	388.9	1998	323.9	1974	307.5	1966	235.1	1969	191.2
3	凤县	1990	522.0	1984	444.3	1967	386.9	1972	315.1	1969	264.2
4	周至	1975	362.5	1962	318.4	1989	314.5	1969	277.2	1994	196.0
5	麟游	1984	405.0	1990	398.0	1993	359.5	1971	297.4	1972	242.6
6	彬县	1990	426.8	1992	369.6	1961	320.9	1995	257.8	1971	223.3
7	宝鸡	1968	444.5	1988	413.6	1963	354.5	1985	303.6	1969	246.8
8	扶风	1988	400.3	1976	358.4	1989	300.0	1998	271.7	1995	202.3
9	千阳	1983	403.5	1988	423.5	1982	378.2	1987	322.3	1995	252.9
10	旬邑	1988	430.8	1970	377.9	1993	339.6	1968	294.9	1986	246.9
11	眉县	1975	395.8	1961	373.8	1994	303.8	1986	258.2	1977	224.8
12	永寿	1984	422.4	1964	377.4	1969	317.7	1978	280.4	1967	222.1
13	武功	1975	389.6	1980	337.2	1972	298.6	1987	267.0	1994	179.8
14	蓝田	1982	399.4	1978	353.7	1970	330.3	1994	271.0	1977	225.7
15	岐山	1975	417.5	1978	387.5	1998	320.7	1986	263.7	1977	237.0
16	淳化	1975	409.5	1992	368.9	1979	334.3	1987	290.3	1967	230.9
17	礼泉	1975	380.9	1992	330.8	1989	287.8	1987	241.1	1997	153.6
18	泾阳	1976	351.2	1964	307.6	1978	247.0	1961	220.8	1999	191.4
19	宜君	1964	359.4	1978	330.4	1969	360.0	1998	322.8	1977	282.3
20	咸阳	1975	357.3	1965	294.1	2001	260.3	1962	216.0	1971	170.5
21	临潼	1983	384.8	2000	345.1	1970	275.0	1963	257.2	1972	220.8
22	华县	1996	389.9	1994	333.3	1972	265.2	1993	240.8	1980	218.8
23	大荔	1975	353.8	1980	312.9	1961	251.6	1993	225.8	1990	197.4
24	白水	1988	387.6	1987	340.9	1965	308.4	1962	269.8	1977	220.7
25	富平	1988	355.5	1974	315.6	1972	278.6	2000	222.5	1986	198.8
26	合阳	1984	360.7	1998	318.9	1973	297.7	1999	271.3	1990	196.0
27	澄城	1981	362.7	1976	319.2	1985	300.5	1990	268.1	1977	219.4
28	潼关	1996	345.3	1965	304.9	2000	289.3	1980	256.2	1962	238.6
29	耀县	1996	379.5	1970	315.2	1963	284.2	1990	255.0	1991	203.8
30	蒲城	1965	375.7	1974	344.4	1964	269.0	1973	249.0	1985	199.6

由表 2-13 至表 2-15 可知，冬小麦、夏玉米生育期降水频率对应的典型年与年降水频率对应的典型年大都不一致，这反映出关中地区的降水在年内分布的不均匀性，即在同一年中经常会出现某一时段表现为丰水年，另一时段为干旱年。对于这种现象表现突出的地区，在制订不同水文年型的灌溉制度时应采用作物生育期的降水进行频率分析，否则较难得出合理的某一水文年型的灌溉制度。

由表2-14和表2-15可知，随着降水频率由10%变化到90%，冬小麦和夏玉米生育期内降水均显著减少；降水频率为10%～90%，冬小麦有效降水变化幅度为1.71～2.26，夏玉米有效降水变化幅度为1.45～2.17。

利用ARCVIEW 3.1软件的analysis和surface功能，把各站不同降水频率下冬小麦和夏玉米生育期有效降水在关中地区按IDW（inverse distance weighted）插值法内插，可得到关中地区不同降水频率下冬小麦和夏玉米生育期有效降水的空间分布图。以下只给出丰水年（降水频率25%）和中等干旱年（降水频率75%）冬小麦和夏玉米生育期有效降水的空间分布图，如图2-10～图2-13所示。

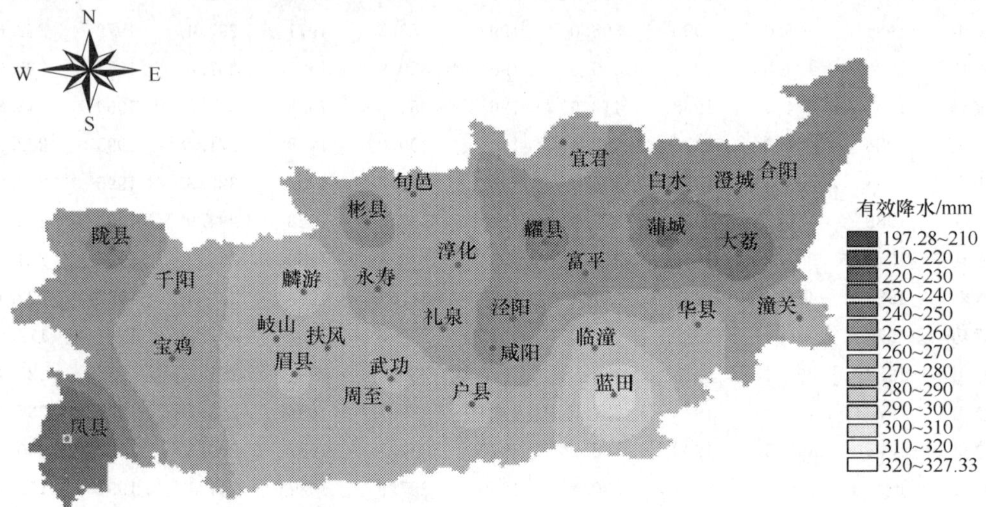

图2-10　丰水年（P=25%）冬小麦生育期有效降水空间分布

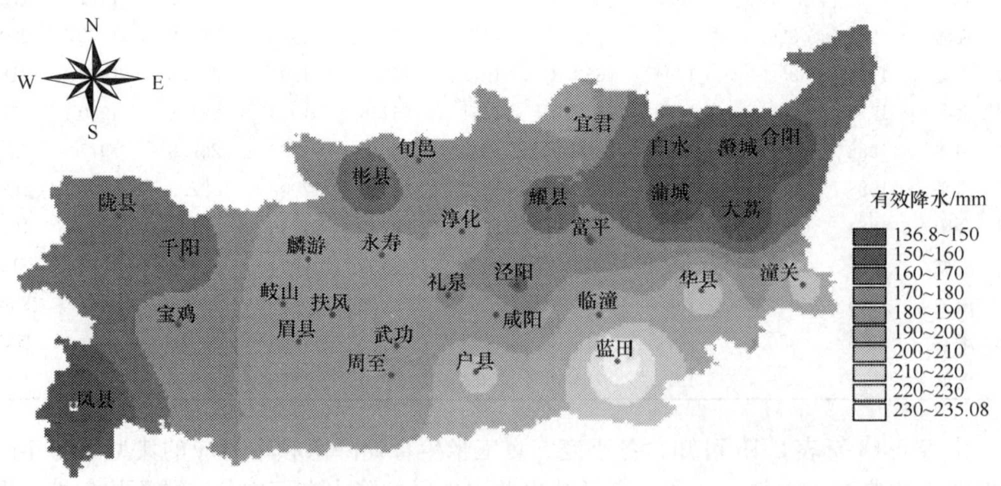

图2-11　中等干旱年（P=75%）冬小麦生育期有效降水空间分布

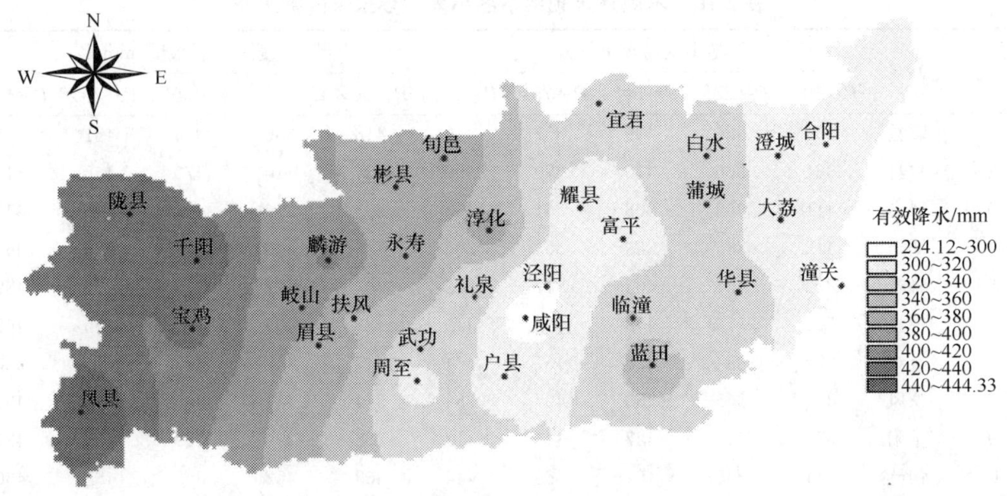

图 2-12　丰水年（$P=25\%$）夏玉米生育期有效降水空间分布

图 2-13　中等干旱年（$P=75\%$）夏玉米生育期有效降水空间分布

三、主要作物生育期不同降水频率下的需水量

根据冬小麦和夏玉米生育期降水频率分析获得的降水频率为 90%、75%、50%、25%和 10%典型年的气象资料，可计算出各典型年参考作物蒸发蒸腾量 ET_0。作物系数采用《陕西省作物需水量及分区灌溉模式》一书中推荐的数值，可得不同降水频率下冬小麦和夏玉米的需水量，见表 2-16。由表 2-16 可知，冬小麦和夏玉米的需水量并不随着水文年型由丰水年向干旱年转变而表现出增加的趋势，即水文年型由丰水向干旱转变时，陕西关中地区冬小麦和夏玉米的需水量没有稳定的变化规律。

表 2-16　不同降水频率下冬小麦和夏玉米的需水量

序号	站名	冬小麦需水量/mm					夏玉米需水量/mm				
		$P=10\%$	$P=25\%$	$P=50\%$	$P=75\%$	$P=90\%$	$P=10\%$	$P=25\%$	$P=50\%$	$P=75\%$	$P=90\%$
1	陇县	363	366	409	357	417	418	366	356	481	449
2	户县	381	366	410	370	409	424	410	470	468	519
3	凤县	411	362	508	361	463	393	370	401	442	442
4	周至	412	385	369	384	396	439	500	391	526	469
5	麟游	372	421	403	517	512	363	427	379	427	439
6	彬县	371	416	418	410	419	429	409	392	495	468
7	宝鸡	359	384	388	457	404	447	417	427	414	520
8	扶风	379	355	353	407	384	374	441	385	413	494
9	千阳	378	424	427	444	412	386	399	429	439	485
10	旬邑	444	475	461	466	444	369	452	382	481	460
11	眉县	387	410	431	419	411	439	472	428	458	518
12	永寿	390	421	407	448	435	361	429	516	443	469
13	武功	422	415	446	415	415	452	416	510	450	491
14	蓝田	391	376	392	413	415	434	505	503	545	509
15	岐山	407	448	418	464	466	451	462	433	474	514
16	淳化	410	458	464	469	503	461	424	497	451	458
17	礼泉	465	487	474	538	436	417	370	374	373	472
18	泾阳	441	467	439	466	484	408	419	425	407	401
19	宜君	482	551	534	566	559	353	382	429	394	409
20	咸阳	464	476	494	519	520	422	444	421	493	497
21	临潼	440	487	429	477	508	365	377	459	439	474
22	华县	548	491	620	480	602	442	443	469	411	369
23	大荔	483	468	565	506	568	451	382	450	431	444
24	白水	467	514	475	575	489	361	408	466	479	498
25	富平	463	568	473	447	501	407	523	508	410	460
26	合阳	483	494	497	529	562	381	405	511	446	480
27	澄城	491	475	620	660	592	447	458	446	470	518
28	潼关	491	546	594	543	495	402	473	420	435	496
29	耀县	509	546	641	517	585	407	491	453	455	482
30	蒲城	702	591	681	680	718	476	528	461	534	512

利用 ARCVIEW 3.1 软件的 analysis 和 surface 功能，把各站不同降水频率下冬小麦和夏玉米的需水量在关中地区按 IDW 插值法内插，可得到关中地区不同降水频率下冬小麦和夏玉米需水量的空间分布图，如图 2-14～图2-23所示。

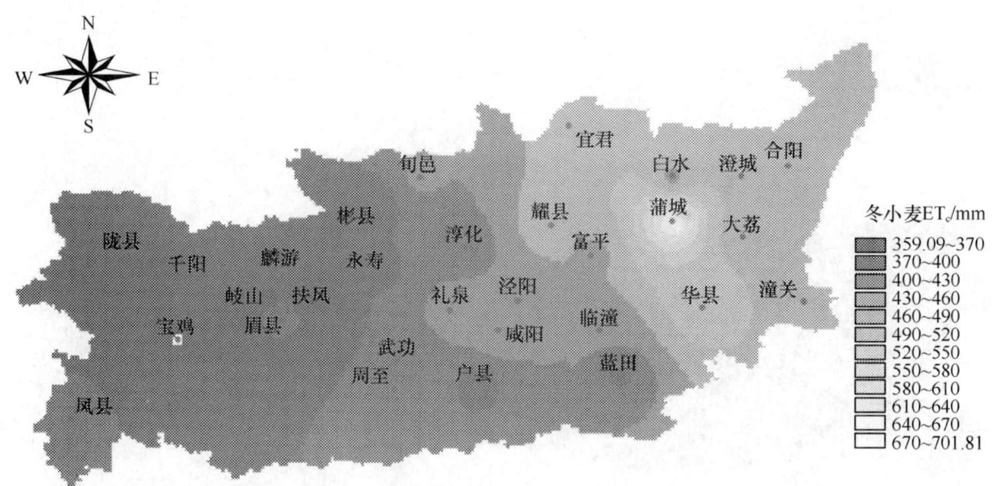

图 2-14　特丰年（P=10%）冬小麦需水量的空间分布

图 2-15　丰水年（P=25%）冬小麦需水量的空间分布

图 2-16　平水年（P=50%）冬小麦需水量的空间分布

图 2-17　中等干旱年（P=75%）冬小麦需水量的空间分布

图 2-18　特旱年（P=90%）冬小麦需水量的空间分布

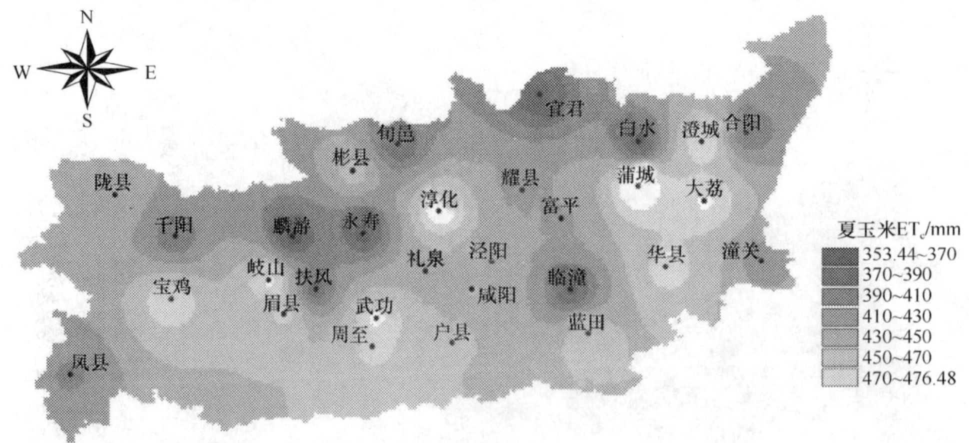

图 2-19　特丰年（P=10%）夏玉米需水量的空间分布

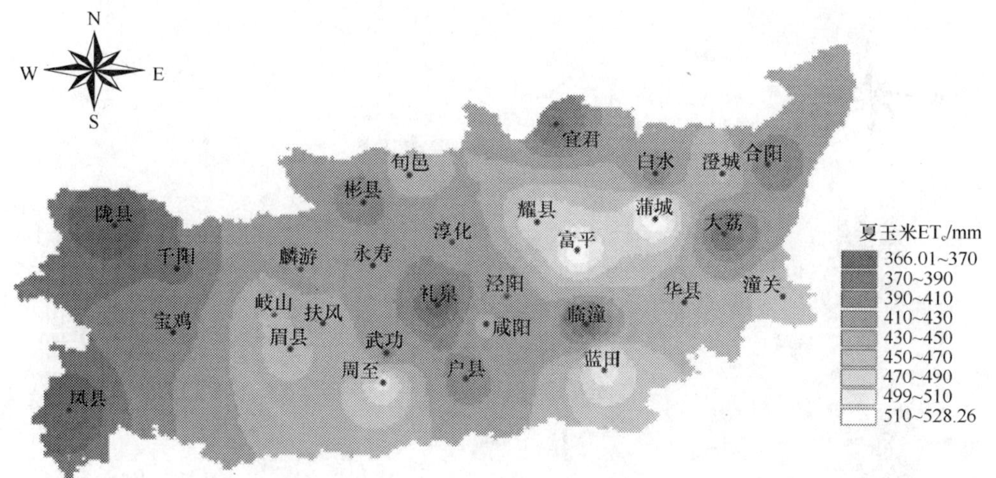

图 2-20　丰水年（P=25%）夏玉米需水量的空间分布

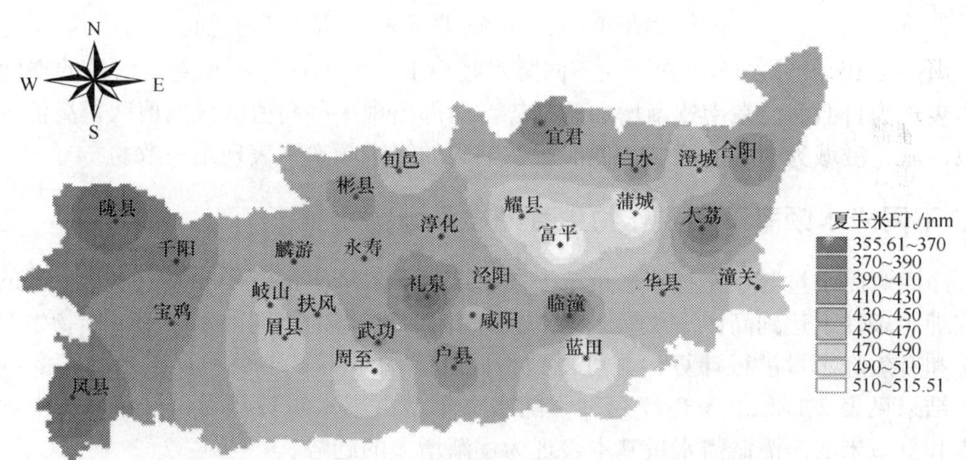

图 2-21　平水年（P=50%）夏玉米需水量的空间分布

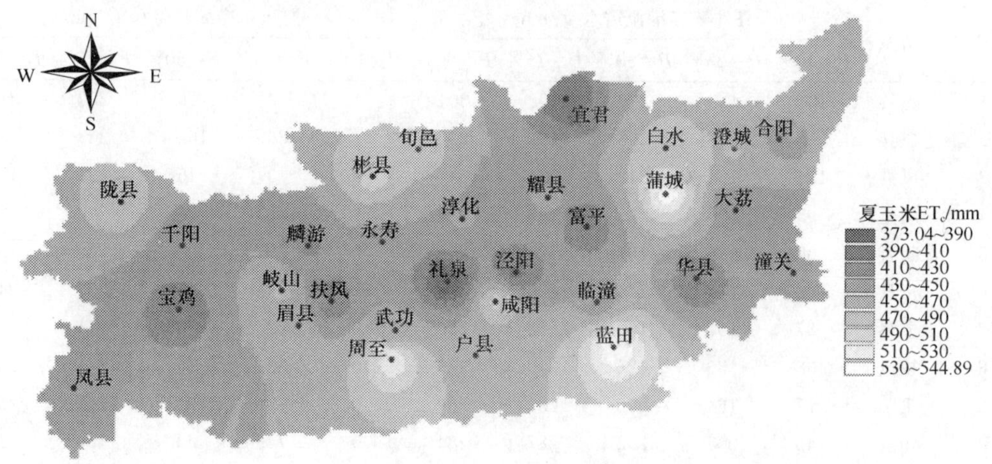

图 2-22　中等干旱年（P=75%）夏玉米需水量的空间分布

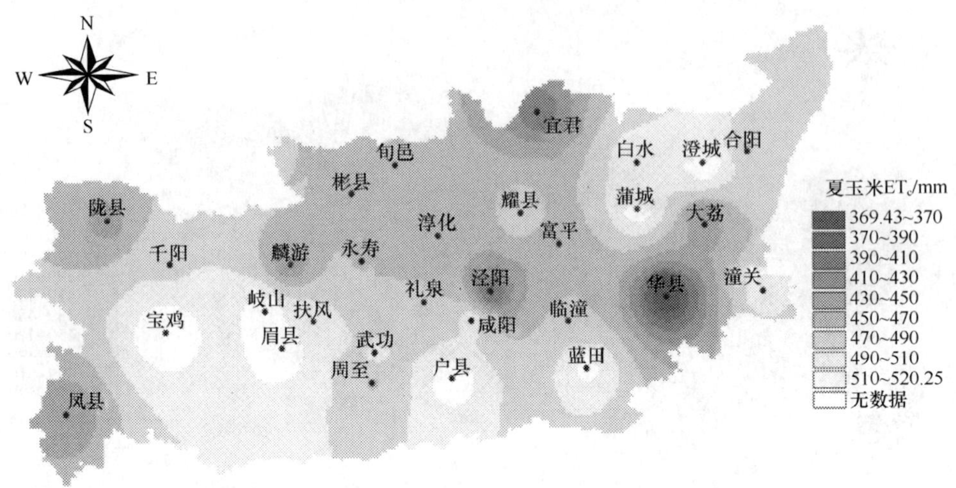

图 2-23　特旱年（P=90%）夏玉米需水量的空间分布

由图 2-14 和图 2-18 可知，在不同降水频率下，关中地区冬小麦需水量的空间分布基本表现为自西北向东南逐渐增加的趋势，局部出现一些高值区或低值区，高值区主要是以蒲城、澄城为中心的区域，低值区在不同的降水频率下表现不一致。

四、不同降水频率下主要作物生育期净灌溉需水量

净灌溉需水量等于作物需水量减去同时期的有效降水量。净灌溉需水量反映的是作物在理想条件下达到高产需要灌溉的水量。由前面获得的不同降水频率下作物生育期需水量和有效降水量进行计算，就可得到不同降水频率下冬小麦和夏玉米的净灌溉需水量，结果见表 2-17。由表 2-17 可知，随水文年型由丰水年转变为干旱年，关中地区冬小麦和夏玉米的净灌溉需水量基本表现为逐渐增大的趋势。

表 2-17　不同降水频率下冬小麦和夏玉米的净灌溉需水量

序号	站名	冬小麦净灌溉需水量/mm					夏玉米净灌溉需水量/mm				
		P=10%	P=25%	P=50%	P=75%	P=90%	P=10%	P=25%	P=50%	P=75%	P=90%
1	陇县	107	129	216	199	304	11	0	6	202	218
2	户县	53	75	165	162	222	35	86	162	233	328
3	凤县	194	165	345	224	317	0	0	15	127	178
4	周至	95	104	126	196	233	76	182	76	248	273
5	麟游	37	125	161	325	355	0	29	20	129	196
6	彬县	82	171	225	256	276	2	39	71	237	245
7	宝鸡	37	107	160	282	259	3	3	72	111	273
8	扶风	38	85	124	216	226	0	83	85	141	291
9	千阳	77	164	200	283	269	0	0	51	117	232
10	旬邑	146	208	252	287	284	0	74	43	186	213
11	眉县	49	121	197	229	252	43	98	124	200	293

续表

序号	站名	冬小麦净灌溉需水量/mm					夏玉米净灌溉需水量/mm				
		$P=10\%$	$P=25\%$	$P=50\%$	$P=75\%$	$P=90\%$	$P=10\%$	$P=25\%$	$P=50\%$	$P=75\%$	$P=90\%$
12	永寿	92	165	184	262	277	0	52	198	163	247
13	武功	85	141	215	238	263	0	22	142	122	244
14	蓝田	47	62	139	193	230	0	82	103	199	213
15	岐山	70	185	195	295	330	0	11	53	145	207
16	淳化	102	212	274	301	366	0	0	95	99	164
17	礼泉	170	227	257	358	282	36	39	86	132	318
18	泾阳	168	226	232	299	340	57	112	178	186	209
19	宜君	157	281	290	378	401	0	51	69	71	126
20	咸阳	151	227	280	334	368	65	150	161	277	326
21	临潼	117	190	182	279	323	0	32	184	182	253
22	华县	233	213	377	269	422	52	110	204	170	151
23	大荔	211	242	371	358	439	97	70	198	205	246
24	白水	189	273	272	421	361	0	67	157	209	277
25	富平	169	321	267	277	362	52	208	229	188	261
26	合阳	212	250	305	372	435	20	86	213	175	284
27	澄城	236	252	434	508	460	84	139	145	202	298
28	潼关	148	271	359	337	318	57	168	130	179	257
29	耀县	209	313	440	353	443	27	176	169	200	278
30	蒲城	421	348	504	528	595	101	184	192	286	313

利用 ARCVIEW 3.1 软件的 analysis 和 surface 功能，把各站不同降水频率下冬小麦和夏玉米的净灌溉需水量在关中地区按 IDW 插值法内插，可得到关中地区不同降水频率下冬小麦和夏玉米净灌溉需水量的空间分布图，如图 2-24～图 2-33 所示。

图 2-24　特丰年（$P=10\%$）冬小麦净灌溉需水量的空间分布

图 2-25　丰水年（$P=25\%$）冬小麦净灌溉需水量的空间分布

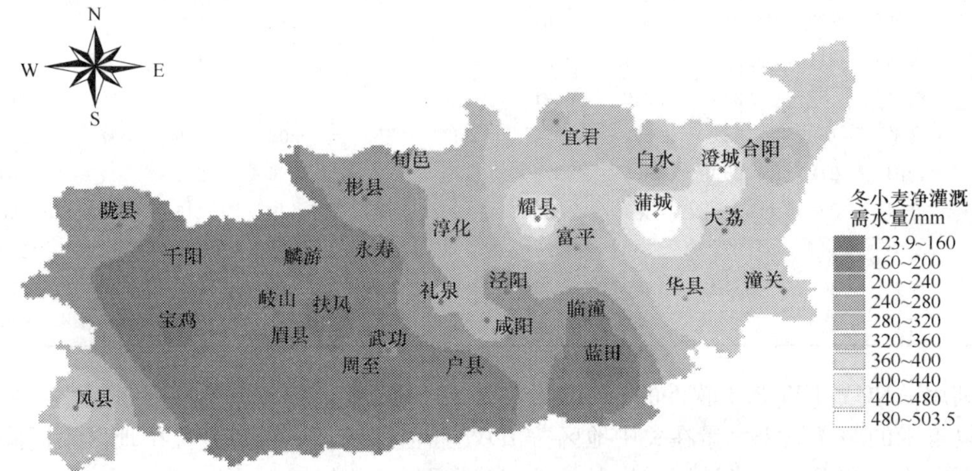

图 2-26　平水年（$P=50\%$）冬小麦净灌溉需水量的空间分布

图 2-27　丰水年（$P=75\%$）冬小麦净灌溉需水量的空间分布

图 2-28　特丰年（P=90%）冬小麦净灌溉需水量的空间分布

图 2-29　特丰年（P=10%）夏玉米净灌溉需水量的空间分布

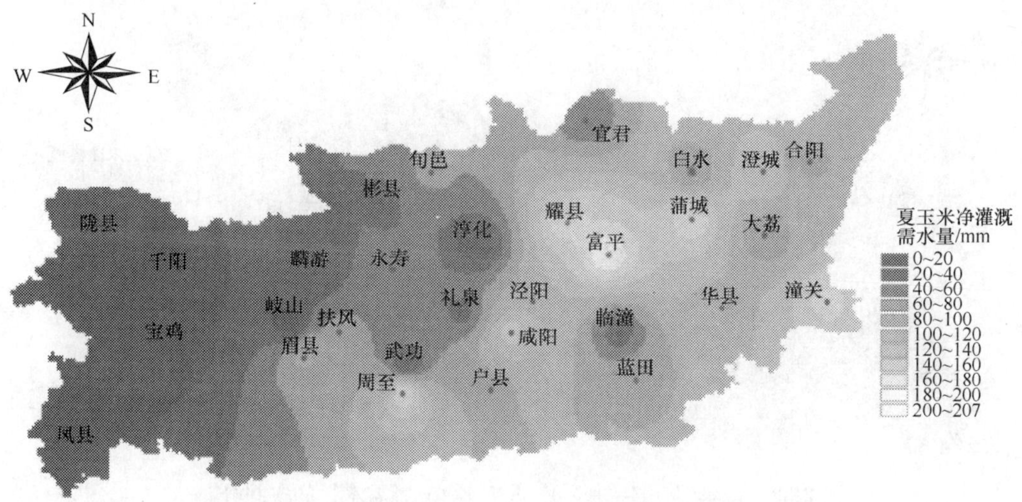

图 2-30　丰水年（P=25%）夏玉米净灌溉需水量的空间分布

图 2-31　平水年（$P=50\%$）夏玉米净灌溉需水量的空间分布

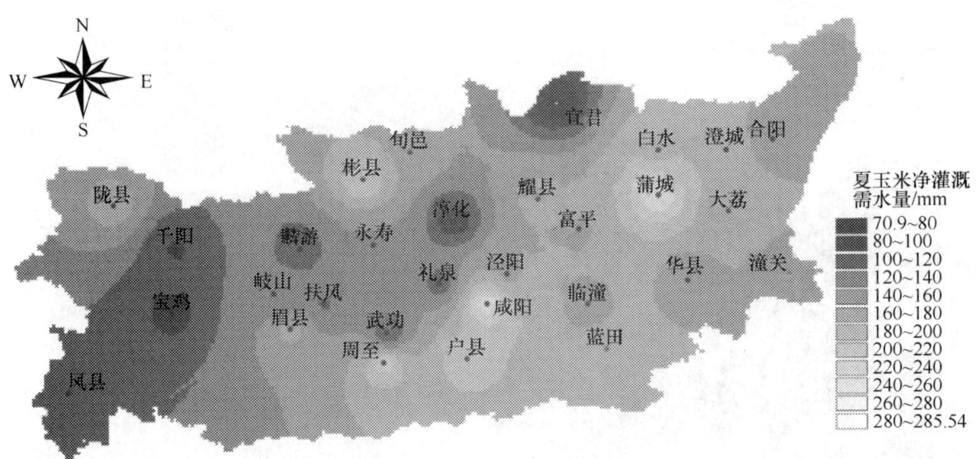

图 2-32　中等干旱年（$P=75\%$）夏玉米净灌溉需水量的空间分布

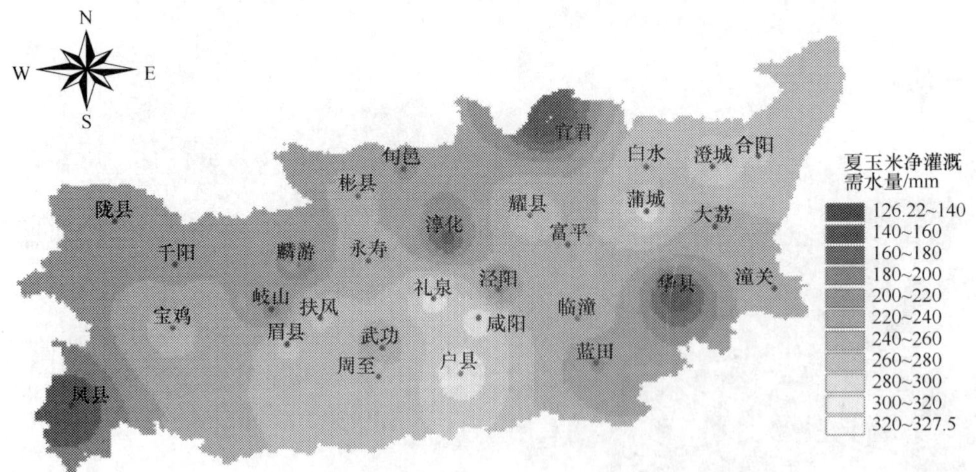

图 2-33　特旱年（$P=90\%$）夏玉米净灌溉需水量的空间分布

第四节　宝鸡峡灌区主要作物土壤水分亏缺现状

近年来，一方面随着工农业生产的迅速发展，各部门需水量急剧增长，水资源供需矛盾十分突出，水资源短缺日益凸显。另一方面，由于受灌溉经济利益的驱动，灌溉管理部门鼓励农户多用水，而受灌溉经济效益的影响，农户在作物灌溉上存在多灌、少灌或不灌等不合理灌溉问题。即在灌区实际灌溉条件下，由于受灌溉水源水量、灌溉管理、灌溉效益等多种因素的影响，在生产实践中存在灌水量过多和灌水量不足两大突出问题，从而形成了一方面是水资源的不足，另一方面是水资源的不合理利用的局面，因此，有必要开展灌区主要作物耗水状况研究。

本节针对陕西目前最大的灌区——宝鸡峡灌区，进行了主要作物耗水现状研究，以期了解和掌握该灌区在生产实际中主要作物的实际耗水现状，以便为灌区进行合理的水量配置与调度以及政府决策提供参考。其对实现宝鸡峡灌区农业的可持续发展和水资源的可持续利用具有重要的现实意义。

一、资料来源

宝鸡峡灌区灌溉资料来自陕西省关中灌区斗渠改制 2000～2005 年农户灌溉调查资料。宝鸡峡灌区定点监测斗渠 30 条，定点农户 240 户，为期 6 年。调查资料主要包括作物种类、种植面积、灌溉面积、灌溉时间、灌溉次数、灌溉支付水费和灌溉用水单价等。

气象资料为西部数据中心提供的宝鸡、武功、西安 3 个气象站 1961～2005 年的逐月气象资料，包括平均温度、平均最高温度、平均最低温度、平均风速、日照时数、平均相对湿度、降雨量。

二、降水频率

根据宝鸡、武功、西安 3 个气象站 1961～2005 年降水量资料进行降水频率分析，可得 2000～2005 年各年的降水频率，见表 2-18。由表 2-18 可知，2000～2005 年年降水量由大到小依次为 2003 年、2005 年、2004 年、2002 年、2000 年、2001 年。2003 年降水最丰富，且为特丰水年，2001 年降水量最少，为特旱年。

表 2-18　降水频率分析结果

项目	2000 年	2001 年	2002 年	2003 年	2004 年	2005 年
年降水量/mm	419.1	398.7	435.7	944.0	571.0	666.1
降水频率/%	86	92	82	5	44	27

三、作物耗水量

作物耗水量根据水量平衡法确定。水量平衡方程如下：

$$ET_a = P_0 + I + G - R - D + W_2 - W_1 \tag{2-1}$$

式中，ET_a为作物耗水量（mm）；P_0为生育期内有效降雨量（mm）；I为灌溉水量（mm）；G为地下水补给量（mm）；R为径流损失量（mm）；D为深层渗漏量（mm）；W_1、W_2分别为计算时段初末的土壤储水量（mm）。

为便于根据水量平衡方程获得宝鸡峡灌区主要作物的耗水量，作以下简化处理：①R与D忽略不计；②宝鸡峡灌区主要作物为旱作物，且地下水埋深大多在3 m以下，因此不考虑地下水补给，即$G \approx 0$；③因是连续6年的监测资料，近似认为每种作物播种前和收获时的初始含水量相等，即$W_1 = W_2$。

于是，作物全生育期耗水量公式可简化为

$$ET_a = P_0 + I \tag{2-2}$$

作物全生育期内有效降水量采用$P_0 = \sum \sigma P$计算。其中，P为日降水量（mm）；σ为日降水量有效利用系数，根据《陕西省作物需水量及分区灌溉模式》进行取值。2000～2005年宝鸡峡灌区主要作物全生育期有效降水量见表2-19。

对宝鸡峡灌区农户调查资料进行分析，可得2000～2005年冬小麦、夏玉米、苹果和油菜的灌水量（表2-19）。根据式（2-2），可得宝鸡峡灌区主要作物耗水量（表2-20）。

表2-19 2000～2005年宝鸡峡灌区主要作物全生育期有效降水量、灌水量和耗水量

项目	年份	降水频率/%	冬小麦/mm	夏玉米/mm	苹果/mm
有效降水量	2000	86	130.8	251.5	383.28
	2001	92	123.7	228.7	303.75
	2002	82	125.2	205.4	312.28
	2003	5	122.2	397.7	685.52
	2004	44	202.4	264.2	335.22
	2005	27	123.9	291.8	446.00
灌水量	2000	86	175.4	126.7	—
	2001	92	162.5	177.1	159.9
	2002	82	197.8	164.5	261.9
	2003	5	172.9	84.0	194.6
	2004	44	171.9	158.8	230.9
	2005	27	157.5	133.0	158.0
耗水量	2000	86	306.2	378.1	—
	2001	92	286.2	405.8	463.6
	2002	82	323.0	370.0	574.2
	2003	5	295.2	481.7	880.1
	2004	44	374.2	423.0	566.2
	2005	27	281.4	424.9	604.0

表 2-20　2000～2005 年宝鸡峡灌区主要作物需水量

年份	降水频率/%	冬小麦/mm	夏玉米/mm	苹果/mm
2000	86	490.21	325.88	606.39
2001	92	468.22	352.88	612.12
2002	82	473.57	372.67	631.12
2003	5	467.12	319.35	585.22
2004	44	530.67	360.76	663.56
2005	27	489.44	344.51	626.54

由表 2-19 的有效降水量结果可知，2000～2005 年宝鸡峡灌区作物生育期有效降水量最多的年份，冬小麦是 2004 年（降水频率 44%），夏玉米和苹果是 2003 年（降水频率 5%）。除 2004 年（降水频率 44%）冬小麦生育期有效降水量较多外，其他年份差别不大。这说明降水多的年份作物生育期内有效降水并不一定多，主要取决于降水时期和作物生育期是否协调一致。夏玉米生育期有效降水量的多少与降水频率基本一致，即丰水年夏玉米生育期有效降水量多，干旱年夏玉米生育期有效降水量少。这说明宝鸡峡灌区夏玉米生育期与降水较一致，降水主要集中在夏玉米生育期（7～10 月）。

四、作物需水量

采用宝鸡、武功、西安 3 个气象站 2000～2005 年的逐月气象资料，利用 Penman-Monteith 公式计算各站点参考作物蒸发蒸腾量 ET_0，利用公式 $ET_c = K_c \cdot ET_0$ 获得宝鸡峡灌区主要作物需水量 ET_c，见表 2-20。冬小麦和夏玉米的作物系数 K_c 根据《陕西省作物需水量及分区灌溉模式》进行取值。苹果作物系数参考西北农林科技大学灌溉试验站的结果取值。

五、土壤水分胁迫状况

生产实践中常用相对蒸发蒸腾量的减少来表示作物水分胁迫状况，即用土壤水分胁迫指数 C_{WSI} 表示作物水分胁迫状况，公式如下：

$$C_{WSI} = 1 - \frac{ET_a}{ET_c} \tag{2-3}$$

2000～2005 年宝鸡峡灌区主要作物土壤水分胁迫指数见表 2-21。

表 2-21　宝鸡峡灌区主要作物土壤水分胁迫指数

年份	降水频率/%	冬小麦	夏玉米	苹果
2000	86	0.375	−0.160	
2001	92	0.389	−0.150	0.243
2002	82	0.318	0.007	0.090
2003	5	0.368	−0.508	−0.504
2004	44	0.295	−0.172	0.147
2005	27	0.425	−0.233	0.036
均值		0.362	−0.203	0.002

由表 2-21 可知，2000～2005 年宝鸡峡灌区冬小麦生育期均处在水分亏缺状态，土壤水分胁迫指数 C_{WSI} 为 0.295～0.425，均值为 0.362。2004 年冬小麦土壤水分胁迫指数最小，与该年冬小麦生育期有效降水量最多相一致；2005 年冬小麦土壤水分胁迫指数最大，达到 0.425，该年冬小麦生育期有效降水量与 2000～2003 年相当，主要区别在于 2005 年冬小麦的灌水量最少（157.5 mm，表 2-19）。以上结果表明，宝鸡峡灌区冬小麦在所有水文年型都存在水分亏缺状况，且主要是由灌溉水量不足造成的。

2000～2005 年宝鸡峡灌区夏玉米土壤水分胁迫指数 C_{WSI} 为 −0.508～0.007，均值为 −0.203。除在 2002 年（降水频率 82%）水分稍有亏缺外，其他年份均水分盈余，即夏玉米田间耗水量超过了需水量。2003 年（降水频率 5%）水分盈余状况最严重。2002 年夏玉米出现水分亏缺的主要原因在于该年玉米生育期内有效降水最少，而需水量最大。夏玉米生育期土壤水分盈余现象的出现，反映出一方面玉米生育期降水与夏玉米需水不一致，另一方面也存在灌水不合理的问题。

2000～2005 年宝鸡峡灌区苹果土壤水分胁迫指数 C_{WSI} 为 −0.504～0.243，均值为 −0.002。除 2003 年苹果土壤水分盈余，其他年份均表现为不同程度的水分亏缺。2003 年（降水频率 5%）苹果土壤水分胁迫指数最低，为 −0.504，表现为土壤水分盈余，主要是由降水过多造成。2001 年（降水频率 92%）苹果土壤水分胁迫指数最高，为 0.243，主要是由于该年降水过少，且灌溉水量不足造成。

六、结论

通过对宝鸡峡灌区冬小麦、夏玉米、苹果土壤水分胁迫指数 C_{WSI} 的计算和分析，得出以下结果：①降水多的年份作物生育期内有效降水并不一定多，主要取决于降水时期和作物生育期是否协调一致。宝鸡峡灌区夏玉米生育期与降水较一致。②冬小麦在所有水文年型均处于水分亏缺状态，原因在于冬小麦生育期有效降水均较少，且灌溉水量不足。③夏玉米生育期土壤水分主要处在盈余状态，原因在于夏玉米生育期内较多降水和夏玉米需水不一致，且灌区灌水不合理。④除特丰年苹果生育期土壤水分处于盈余状态外，其他年份均处在水分亏缺状态。

参考文献

曹红霞，粟晓玲，康绍忠. 2007. 陕西关中地区参考作物蒸发蒸腾量变化及原因. 农业工程学报，23（11）：8-16

曹红霞，粟晓玲，康绍忠. 2008. 关中地区气候变化对主要作物需水量影响的研究. 灌溉排水学报，27（4）：6-9

陈亚新. 1995. 非充分灌溉原理. 北京：中国水利电力出版社

龚道枝. 2005. 苹果园土壤-植物-大气系统水分传输动力学机制与模拟. 杨凌：西北农林科技大学博士学位论文

李海涛，于贵瑞，袁嘉祖. 2003. 中国现代气候变化的规律及未来情景预测. 中国农业气象，24（4）：1-4

刘晓英，林而达. 2004. 气候变化对华北地区主要作物需水量的影响. 水利学报，35（2）：77-82

刘晓英，李玉中，郝卫平. 2005. 华北主要作物需水量近 50 年变化趋势及原因. 农业工程学报，21（10）：155-159

马鹏里，杨兴国，陈端生，等. 2006. 农作物需水量随气候变化的响应研究. 西北植物学报，26（2）：348-353

陕西省水利水土保持厅，西北农业大学. 1992. 陕西省作物需水量及分区灌溉模式. 北京：中国水利电力出版社

施雅风. 2003. 中国西北气候由暖干向暖湿转型问题评估. 北京：气象出版社：1-3

孙静，阮本清，蒋任飞. 2006. 宁夏引黄灌区参考作物蒸发蒸腾量及其气候影响因子的研究. 灌溉排水学报，25（1）：54-57

佟玲，康绍忠，粟晓玲．2004．石羊河流域气候变化对参考作物蒸发蒸腾量的影响．农业工程学报，20（2）：15-18

汪志农．2006．灌区管理体制改革与监测评价．北京：中国农业出版社

Allen R G，Luis S P，Dirk R，et al．1998．Crop evapotranspiration—Guidelines for computing crop water requirements．FAO Irrigation and Drainage Paper，Rome：56

Beven K．1979．A sensitivity analysis of the Penman-Monteith actual evapotranspiration estimates．Journal of Hydrology，44：169-190

Coleman G，DeCoursey D G．1976．Sensitivity and model variance analysis applied to some evaporation and evapotranspiration models．Water Resource Research，12（5），873-879

Droogers P，Allen R G．2002．Estimating reference evapotranspiration under inaccurate data conditions．Irrigation and Drainage Systems，16：33-45

Gong L B，Xu C Y，Chen D L，et al．2006．Sensitivity of the Penman-Monteith reference evapotranspiration to key climatic variables in the Changjiang（Yangtze River）basin．Journal of Hydrology，329：620-629

Goyal R K．2004．Sensitivity of evapotranspiration to global warming：a case study of arid zone of Rajasthan（India）．Agricultural Water Management，69：1-11

McCuen R H．1974．A sensitivity and error analysis of procedures used for estimating evaporation．Water Resource Bulletin，10（3）：486-498

McKenney M S，Rosenberg N J．1993．Sensitivity of some potential evapotranspiration estimation methods to climate change．Agricultural and Forest Meteorology，64：81-110

第三章 降雨径流调控利用潜力与高效利用技术

第一节 小流域降雨径流调控利用潜力计算模型及参数确定

水土流失与干旱缺水并存，是造成黄土高原地区土地生产力低下、经济发展缓慢、群众生活困难、生态环境脆弱且修复难度大的客观原因。降雨径流不但是产生黄土高原水土流失的主要动力之一，而且径流本身也是流失的主要资源。同时，水土流失的结果也加剧了区域干旱缺水。对于该地区如果能够通过降雨-地表径流调控的方法，削弱水土流失的冲刷作用力，同时采取一定的技术措施对降雨、径流加以综合利用，不仅可以防止水土流失，缓解区域干旱缺水的矛盾，又有利于生态的恢复。因此，如何调控降雨径流，使雨水资源化，同步实现水土资源的高效、安全与持续利用，达到保育水土资源与环境和谐的目的，是黄土高原水土保持应当解决的基本问题（吴普特和高建恩，2008）。

降雨径流调控利用能够同步解决黄土高原水土流失与干旱缺水问题（吴普特和高建恩，2006；吴普特等，2003）。近年来，这种水土流失治理途径越来越受到人们的关注与重视，而且已经在实际应用中产生了明显的经济、社会和生态效益。

一、黄土高原小流域降雨径流调控利用的特征及内涵

（一）黄土高原小流域水文循环特征

雨水自天空降落到地面后，经下垫面再分配、转化，一部分以地表径流的形式存在，其余部分则经过地面组成物质的拦截、蓄渗，以土壤水和地下水的形式存在。降雨、地表径流、土壤水与地下水间的相互转化，构成了复杂的陆地水文小循环过程（图3-1）。在整个陆地水文小循环系统中，对于开发利用水资源解决生产、生活、生态用水来说，蒸发损失的部分是没有意义的，可被开发利用的雨水资源存储形式为地表及河川径流、土壤水和地下水。

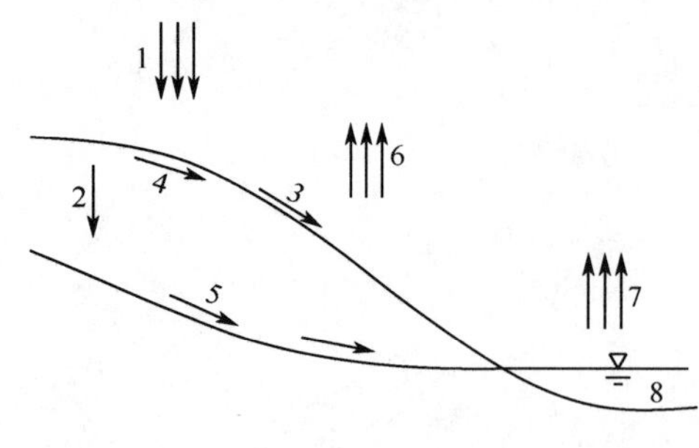

图 3-1 陆地水文小循环示意图

1. 降雨；2. 下渗水；3. 地表径流；4. 壤中流；5. 地下潜流；6. 蒸散发；7. 水面蒸发；8. 河川径流

雨水资源具有地域性特征（冯浩，2001），这决定了上述这种区域意义上的水文循环过程在应用于黄土高原小流域时，并不能完全匹配于研究区的具体情况，而应在应用前先对其进行地域化处理。

黄土高原地区土层深厚，地下水埋藏很深，大部为 50～100 m（李玉山，1983）。黄

土区多年土壤水分入渗深度统计数据显示，黄土高原绝大部分地区年土壤水渗深小于 3 m，只有少数地区在丰水年渗深可以达到 5 m 以下（李玉山，1983），远远小于该地区地下水埋深 50～100 m 的深度，所以，该地区降水对地下水的补给非常有限。另外，由于浅层土壤水分相对不足，黄土区植被根系扎根较深，据调查，该区根系耗水层可达地表以下 2 m 或更深处（李玉山，1983）。综上所述，黄土区液态水的主要循环方式是“土壤↔大气”，而不是“大气↔土壤↔地下水”（李玉山，1983）。

（二）黄土高原小流域降雨径流调控利用的内涵

由上述分析可知，黄土区小流域范围内的水文循环过程可忽略地下水部分，小流域雨水资源开发利用的内容可简化为地表径流和土壤水两部分。

根据黄土高原雨水开发利用的模式及其地域性特征，可将该区雨水资源开发利用分为广义和狭义两个层次，广义的雨水利用包括两部分：一部分指经过一定的人为措施，对自然界中的降雨及其径流进行干预，使其就地入渗或汇集蓄存并加以利用的部分（刘小勇和吴普特，2000）；另一部分指不经过人为干预的坡面土壤和植被拦蓄降雨径流，转化为土壤水，供给植物吸收利用的部分。狭义的雨水利用则指将集流面上汇集的降雨径流蓄存于储水设施中再进行利用。在广义的雨水利用概念上，可用图 3-2 表示黄土高原地区雨水资源开发利用的内容：地面接纳的降雨转化为土壤水或被收集、存蓄于储水设施中，供应生活、生产、生态之用。

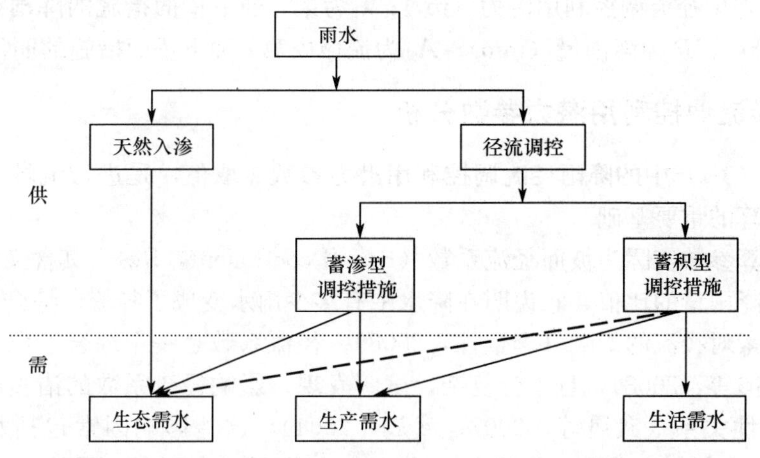

图 3-2　基于雨水利用的黄土高原小流域水资源供需结构简图

降雨径流调控属于人工调控，即通过一定的人工措施（工程措施、林草措施和农艺措施等）对自然界中的降雨径流进行干预，使其渗入土壤或汇集蓄存并加以利用，包括蓄渗型调控（如植树种草与鱼鳞坑等相结合、农业种植与梯田及等高耕作相结合、强化入渗等）和蓄积型调控（水窖、涝池、水库等）。

降雨径流调控又分为主动调控和被动调控。被动调控一般指没有结合工程措施的林草和作物种植，此种调控只是植物被动地利用雨水资源，将部分雨水就地拦截、存蓄于土壤中，调控效率相对较低。主动调控指通过各种措施将降雨及其径流以土壤水和地表水的形式收集、蓄存，在对雨水资源的调配与利用上具有高度灵活性，从而有利于实现有限的水资源按需合理分配，产生更大的效益。其中，蓄积型人工调控措施不仅可以实现雨水资源在空间尺度上的调配，而且可以通过雨水的蓄积、储存、利用过程在时间序列上的不同步实现雨水资源在时间尺度上的调配，实现跨越时间段调水，是一种积极而灵活的雨水利用措施。

降雨径流调控利用指通过人工调控措施，将降雨产生的地表径流拦截、收集、存储于土壤或储水设施中，通过一定的利用手段，实现其效益的过程。

二、黄土高原小流域降雨径流调控利用潜力的概念及计算模型

潜力是指潜在成为现实的能力或可能性，代表了某种资源可能被开发利用的最大值（冯浩，2001）。降雨径流调控利用潜力即是降雨径流调控利用的对象——降雨产生的地表径流资源可能被开发利用的最大值，其取值与流域内现有下垫面措施面积相关，且随各个时期流域内下垫面措施面积的变化而发生变化。根据上述特点，可将小流域降雨径流调控利用潜力定义为：在一定时期内，小流域各种下垫面调控措施面积、数量维持不变的情况下，每年由降雨所产生径流量的最大值。由上述定义可提出现状条件下的小流域降雨径流调控利用潜力计算公式为

$$W = \sum_{i=1}^{m} \lambda_i \cdot P \cdot A_i \times 10^{-3} \tag{3-1}$$

式中，W 为降雨径流调控利用潜力（m^3）；λ_i 为第 i 种下垫面措施的降雨径流调控利用潜力参数（%）；P 为降雨量（mm）；A_i 为流域内第 i 种下垫面措施的面积（m^2）。

三、降雨径流调控利用潜力参数分析

确定式（3-1）中的降雨径流调控利用潜力参数 λ 取值，是进行流域降雨径流调控利用潜力计算的重要基础。

上述计算参数实际为坡面径流系数（runoff coefficient，Re），其含义为一定汇水面积径流量与降雨量的比值，它说明在降水中有多少雨水变成了径流，综合反映了流域内自然地理要素对径流的影响（李金柱，2008）。径流系数是一个综合参数，其影响因素众多（吴景霞等，2008），且十分复杂。试验发现，影响径流系数的诸多因素多与径流系数呈非线性关系（武晟等，2007；武晟，2004），这些影响因素包括水文气象特性（Hm）、集流面材料（Cm）、前期含水量（Mc）、地形地貌特征（Tg）等。径流系数与这些影响因素间可建立如下关系式：

$$\mathrm{Re} = f(\mathrm{Hm}, \mathrm{Cm}, \mathrm{Mc}, \mathrm{Tg}, \cdots)$$

降雨量、降雨历时、降雨强度、集流面处理材料的渗透性、集流面的坡度、前期含水量等对集流效率都会产生影响。另外，雨型、当地的平均蒸发量、风向、风速等对集流效率都有影响（冯浩，2001）。由此可见，径流系数的确定是一个复杂的巨系统处理过程，目前，关于径流系数的预测方法，大多是基于有大量数据支持的数理统计模型和半经验半物理模型，其预测结果并未能真正理清径流系数与各影响因素间的物理关系。

本研究所涉及的降雨径流调控利用潜力参数 λ 通过坡面径流系数 Re 的定义式计算

获得，径流系数定义式为

$$\lambda = \frac{R}{P} \tag{3-2}$$

式中，λ 为坡面径流系数（%）；R 为径流量（mm）；P 为降雨量（mm）。

（一）具体下垫面类型降雨径流调控利用潜力参数的确定

按照上述定义式，在野外试验基础上，参考前人相关研究成果，选择目标小流域典型土地利用类型，对不同下垫面条件、降雨条件下的径流系数数值通过统计方法获得其近似值，从而确定其计算参数。

本节以榆林市清涧县园则沟小流域（0.6 km^2）为目标小流域。该小流域下垫面类型可分为农地（坡耕地）、林地、草地和道路四类，因此，需确定上述四种地类降雨径流调控利用潜力参数。一般地，降雨径流调控利用潜力参数的计算公式由式（3-3）转化而来：

$$\varphi = \frac{P-R}{P} \tag{3-3}$$

上式可转化为如下形式：

$$\varphi = 1-\frac{R}{P} \tag{3-4}$$

式中，$\frac{R}{P}$为径流系数λ。

故有如下关系成立：

$$\lambda = 1-\varphi \tag{3-5}$$

1. 坡耕地降雨径流调控利用潜力参数

坡耕地降雨径流调控利用潜力参数的计算直接采用式（3-5）。由于缺乏目标小流域径流调控参数数据，为了尽量降低计算误差，选取地域位置上与研究区较近的延安和绥德的径流小区计算结果，求其均值，作为目标流域坡耕地降雨径流调控利用潜力参数，经计算得其值为 6.25%（表 3-1）。

表 3-1　黄土区典型小流域坡耕地径流系数

地点	径流调控参数 φ	潜力计算参数/%
延安大砭沟小区	0.9178	8.22
离石王家沟小区	0.9572	4.28
西峰南小河沟小区	0.9507	4.93

2. 天然草地降雨径流调控利用潜力参数

天然草地降雨径流调控利用潜力参数根据本研究所做的天然草地产流规律模拟降雨试验结果确定。

依据草地模拟降雨试验结果，将草地径流系数动态变化过程以图 3-3 表示，图中

(a)、(b)、(c) 分别代表大坡度、中坡度和小坡度。

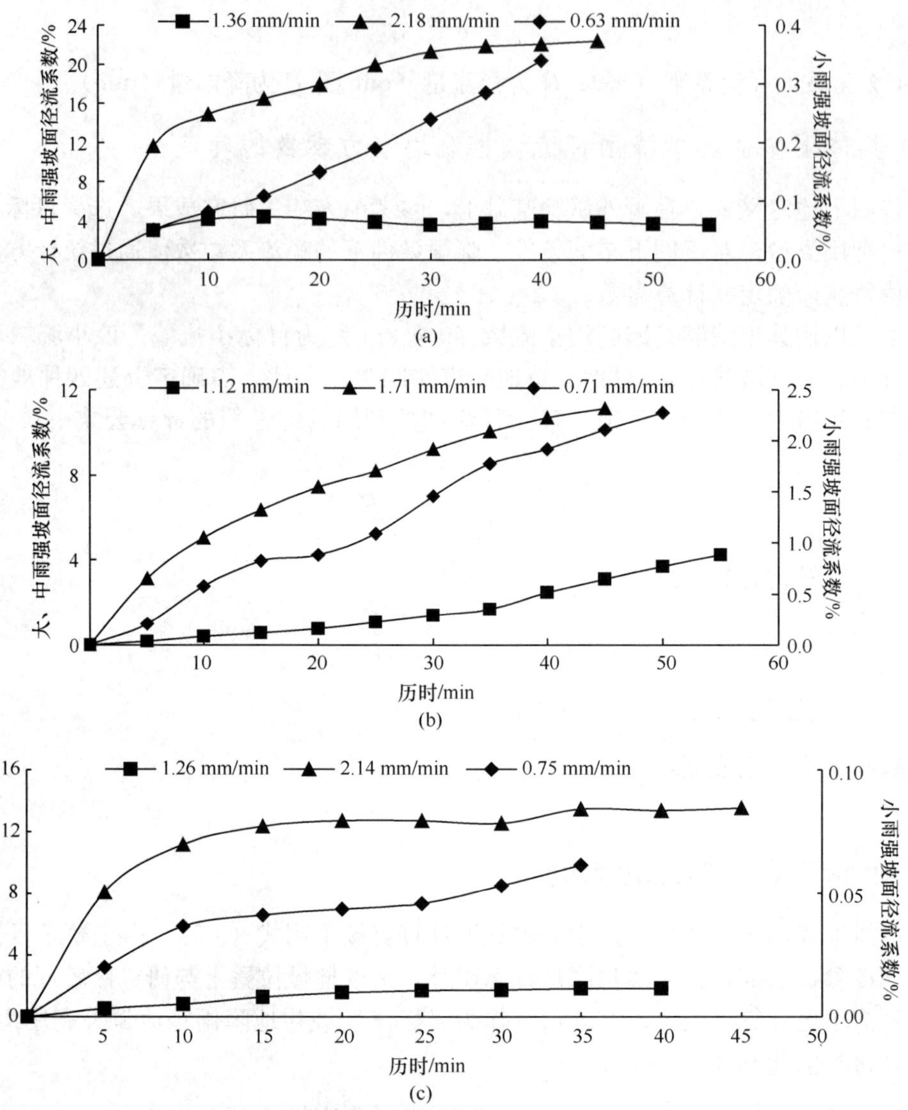

图 3-3　径流系数-降雨历时关系图

从图 3-3 中可以看出，径流系数是随降雨过程而变动的，产流开始后，径流系数迅速增大，随降雨过程的推进，径流系数的增长趋势逐渐变缓，最后趋于稳定，但也有个别场次降雨径流系数随降雨过程的增长一直维持在较稳定的水平，降雨结束时并未达到稳定值，在对径流系数取值时应考虑这种情况。从图 3-3 中可以看出，在小雨强时，径流系数的增长表现出上述特征，而大、中雨强下的径流系数在降雨末均基本趋于稳定。

王占礼等（2008）对黄河水利委员会黄河流域子洲径流试验站的降雨资料进行分析得出：该区局部地区雷暴雨历时在 80 min 以内的发生次数最多，占统计总次数的 61.90%，降雨量主要集中在 40 mm 以内，占统计总次数的 90.48%。依据该统计资料，分别以累计降雨历时和累计降雨量为评判标准，将模拟降雨试验结果中累计降雨历时 80 min 和累计降雨量 40 mm 以内的降雨、径流相关参数列于表 3-2、表 3-3 中。

表 3-2　累计降雨历时 80 min 内的降雨、产流相关参数

坡度等级	雨强/（mm/min）	降雨历时/min	累计降雨量/mm	统计时段末径流系数/%
大（a）	2.18	47.90*	104.42	22.35
	1.36	71.95*	97.85	3.53
	0.63	113.72**	71.64	0.05
中（b）	1.71	47.9*	81.81	11.12
	1.12	81.33	123.62	1.69
	0.71	139.5**	99.05	0.21
小（c）	2.14	48.13*	103	13.51
	1.26	90.33**	113.82	0.52
	0.75	159.33**	119.5	0.02

* 表示未达到统计降雨历时时降雨已结束；** 表示达到统计雨量时仍未产流。

表 3-3　累计降雨量 40 mm 内的降雨、产流相关参数

坡度等级	雨强/（mm/min）	降雨历时/min	累计降雨量/mm	统计时段末径流系数/%
大（a）	2.18	39.02	17.90	16.44
	1.36	36.65	26.95	4.12
	0.63	71.64*	113.72	0.05
中（b）	1.71	39.11	22.9	7.43
	1.12	78.02*	51.33	0.17
	0.71	99.05*	139.5	0.21
小（c）	2.14	38.80	18.13	12.34
	1.26	113.82*	90.33	0.52
	0.75	119.5*	159.33	0.02

* 表示累计降雨量达到统计量时仍未产流。

从表 3-2 中的试验数据可以看出，降雨历时达到 80 min 时，小雨强下各场次降雨均未产流，而在大、中雨强下，由于初始产流时间很短，一般在 10 min 以内，按照试验设计要求，产流开始后 50 min 左右结束降雨，因而在未达统计降雨历时前降雨即结束。考察上述统计降雨时段内累计降雨量数据，除大坡度雨强为 0.63 mm/min 的降雨试验累计降雨量小于 80 mm（71.64 mm）外，其余各场次统计时段内累计雨量均大于 80 mm，这显然与上述黄土区次降雨量主要集中在 40 mm 以内的结论相悖。

表 3-3 记录了以累计降雨量为评判标准的降雨试验相关参数，从试验结果看出，雨强较大时，各场次降雨试验在统计雨量内发生产流事件的概率较高，与以累计降雨历时作为评判标准得出的结果比较，以累计降雨量作为降雨评判标准更为合理。因此，本节将各场次降雨试验相关数据以累计降雨量 40 mm 为标准，计算草地降雨径流调控利用潜力参数。结果表明，草地潜力计算参数变化范围为 4.12%～16.44%，对各场次降雨试验得出的计算参数取平均值，最终得到草地降雨径流调控利用潜力参数为 10.08%。

3. 林地降雨径流调控利用潜力参数

关于林地降雨径流调控利用潜力参数，也可参考前人相关研究成果，通过数值计算得到。

林地的水文功能主要表现在树冠的截留、树干滞流，林下植被及枯枝落叶层滞流和增加土壤入渗。一般降雨条件下，树冠截留可达降雨量的20%左右，但随着降雨强度和历时增加，截留量减少；枯枝落叶层的滞流作用也十分明显，一般地区也可达到20%左右（冯浩，2001）。

根据水量平衡原理，有下式成立：

$$P = E + R + I_c + I_l + I_s + f \tag{3-6}$$

式中，P 为次降水量；E 为蒸散量；R 为地表径流量；I_c 为冠层截留量；I_l 为枯枝落叶层截留量；I_s 为树干截留量；f 为入渗量。

从上式可以看出，林地降水的分配有 3 个方向，分别为：地表径流、入渗及截留部分。相对于冠层和枯落物而言，树干截留量 I_s 一般很小，可忽略不计。另外，对于次降雨而言，蒸散量（E）很小，也可忽略不计（潘成忠和上官周平，2005）。因此，上式可改写为

$$P = R + I_c + I_l + f \tag{3-7}$$

令 $I = I_c + I_l$，则上式可进一步改写为

$$P = R + I + f \tag{3-8}$$

等式两边同除以 P，得

$$1 = \frac{R}{P} + \frac{I}{P} + \frac{f}{P} \tag{3-9}$$

式中，$\frac{R}{P}$ 即为所求降雨径流调控利用潜力参数，因而，林地计算参数可以用下式计算：

$$\lambda = 1 - \frac{I}{P} - \frac{f}{P} \tag{3-10}$$

式中其余两项含义表述如下：$\frac{I}{P}$ 为林地对降雨的截留率，该项说明了降雨被截留的部分占总降雨量的百分比，包括林冠截留率和枯枝落叶截留率两部分。潘成忠和上官周平（2005）对宜川县郁闭度为0.7～0.8的油松林和次生山杨林地截留率进行了观测。因该研究所选取的目标流域内分布的林分为阔叶树种，故该研究参考阔叶树种次生山杨林观测结果（表 3-4）。

表 3-4 次生山杨林地降雨截留率

降雨量级/mm	林冠截留率/%	枯枝落叶层截留率/%	总截留率/%
5.0～10.0	21.31	26.5	47.81
10.1～20.0	14.47	11.3	25.77
20.1～30.0	12	11.73	23.73
30.1～40.0	12.78	9.8	22.58
40.1～50.0	12.0	8.56	20.56

$\frac{f}{P}$为降雨转化率，此项表明了渗入土壤的水量占总降雨量的百分比。不同次降雨 P 值和 f 值均可通过实测得到，故$\frac{f}{P}$也为已知量。根据已有资料（郭忠升和邵明安，2007；李裕元和邵明安，2004）计算得到$\frac{f}{P}$取值范围为 0.51～1.00，对$\frac{f}{P}$取均值，结果为$\frac{f}{P}= 0.75$。

根据上式及上述$\frac{I}{P}$、$\frac{f}{P}$取值，即可计算得到林地降雨径流调控利用潜力参数，计算结果见表 3-5。

表 3-5　林地径流系数

降雨量级/mm	I/P	f/P	λ
5.0～10.0	0.48		−0.23*
10.1～20.0	0.26		−0.01*
20.1～30.0	0.24	0.75	0.01
30.1～40.0	0.23		0.02
40.1～50.0	0.21		0.04

* 负值代表无径流产生。

从表 3-5 中可以看出，当累计降雨量达到 40 mm 时的径流系数取值为 2%，故取 2%作为林地降雨径流调控利用潜力参数。

4. 硬地面/道路降雨径流调控利用潜力参数

硬地面/道路经人畜活动或机械压紧、夯实，其容重增大，孔隙相对减少，供水下渗的通道数量也相应减少，因而降雨时易形成超渗产流（甘枝茂等，2004）。

师谦友等（2007）分别在位于陕北黄土高原地区的榆林市榆阳区鱼河镇王庄村、绥德县名州镇雕山村、延安市宝塔区碾庄村建立乡村聚落径流、泥沙定点观测区，对上述三个村庄的户间空地、庭院和户间道路土壤水蚀状况进行了长期定位观测，其观测结果可为本研究提供借鉴。本研究选取的目标流域内的硬地面只有道路一种类型，为方便参考，将户间道路径流系数观测数据列于表 3-6。

表 3-6　黄土区户间道路径流系数

观测地点	面积/m^2	坡度/(°)	观测时段	降雨量/mm	径流系数/%
王庄村	87.5	10～15	2005.6.26～2005.9.20	142.5	31.4
雕山村	17.0	10～15	2005.7.21～2005.9.21	143.4	29.0
碾庄村	36.0	8～15	2005.6.29～2005.9.29	430.8	44.6

选取距研究区较近的榆阳区王庄村和绥德县雕山村观测结果近似作为研究流域硬地面/道路径流系数，并取其均值，得到道路降雨径流调控利用潜力参数为 30.2%。

（二）降雨径流调控利用潜力参数的影响因素分析

1. 坡度对降雨径流调控利用潜力参数的影响

将坡面水流概化为水质点，在假设坡面平整的情况下，其在坡面上的受力如图 3-4 所示。

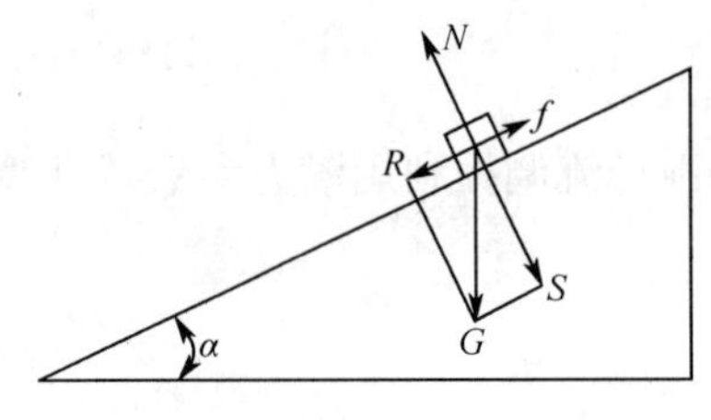

图 3-4　坡面水质点受力分析图

坡面水质点共受 3 个力的作用，分别为重力 G、坡面对其的支持力 N 以及边界层黏滞力 f。重力 G 可以分解为垂直坡面指向土壤内部的力 S 和平行坡面指向坡下的力 R。在顺坡作用力 R 的作用下，水质点沿坡面向下的运动就产生坡面水流的流动。R 与 G 的关系为

$$R = G \cdot \sin\alpha \tag{3-11}$$

令上式中 $x=\sin\alpha$，即可得到以坡度 α 的正弦值为自变量的函数：

$$R = G \cdot x \tag{3-12}$$

从上式可以看出，R 与坡度正弦值呈直线相关关系。

地面坡度越大，R 值就越大，水流沿坡面向坡下流动的趋势也越明显，次降雨过程中就越容易形成地表径流。根据以上分析，即可根据 R 的大小对地面坡度进行分级。由于式（3-12）中 G 为常数，依据 R 与坡度 α 的关系，按 $\sin\alpha$ 取值对坡度进行聚类（卢文岱，2006；袁志发和周静芋，2002），将地面坡度分级。本研究目标流域极限坡度为 58.8°，按 0°～60°对 $\sin\alpha$ 聚类，将坡度分为 5 个等级，结果见表 3-7。

表 3-7　目标流域下垫面坡度分级表

坡度等级	$\sin\alpha$ 聚类结果	坡度分级标准
1	0～0.09	$0° < \alpha \leqslant 5°$
2	0.09～0.21	$5° < \alpha \leqslant 12°$
3	0.21～0.39	$12° < \alpha \leqslant 23°$
4	0.39～0.63	$23° < \alpha \leqslant 39°$
5	>0.63	$\alpha > 39°$

各坡度等级下降雨径流调控利用潜力参数的变化亦可依据坡面受力情况来处理。假定影响坡面产流的其他因素均一致，只有坡度变化的情况下，水质点所受的沿坡面向下的力 R 与坡面产流量成同比变化，即在其他条件一致的情况下，产流量增加或减少倍数与 R 增大或减小倍数一致。据此，可根据不同坡度等级 $\sin\alpha$ 取值计算其相应的径流系数权值。前人所统计的径流系数多是对 10°～20°坡面降雨-径流量统计得出的结果，因而，以上述坡度分级中的 3 级坡（12°～23°）正弦值均值作为起算值，推算其他各等级坡度降雨径流调控利用潜力参数权值，计算结果见表 3-8。

表 3-8　各坡度等级降雨径流调控利用潜力参数权值

坡度等级	分级标准	权值
1	$0°<\alpha\leqslant 5°$	0.17
2	$5°<\alpha\leqslant 12°$	0.51
3	$12°<\alpha\leqslant 23°$	1.00
4	$23°<\alpha\leqslant 39°$	1.69
5	$\alpha>39°$	2.47

2. 郁闭度/盖度对径流系数的影响

山西省水土保持科学研究所研究表明，郁闭度 85%的沙棘林可减少暴雨（45 min 降雨 73.5 mm）径流 85.2%；绥德水土保持科学试验站研究结果显示，林地盖度 30%、50%、70%的情况下，分别减少地表径流 53%、86%、94%。而草地同样盖度 30%、50%、70%情况下，分别减少地表径流 45%、75%、89%（冯浩，2001）。

根据覆盖度将林地和草地分为三类（冯浩，2001）：覆盖度为 70%以上为第一类，覆盖度为 45%～70%为第二类，覆盖度小于 45%为第三类。根据上述研究结果，将各类林地、草地的减流率列于表 3-9。

表 3-9　各类别林地、草地减流率

地类	减流率/%		
	第一类	第二类	第三类
林地	94	86	53
草地	89	75	45

3. 耕作/整地措施对降雨径流调控利用潜力参数的影响

1）耕作措施对坡耕地降雨径流调控利用潜力参数的影响

坡耕地是黄土区地表径流与侵蚀产沙的主要来源地之一。黄土高原耕地面积有 $1.57\times10^7 hm^2$（吴发启等，2001），其中大于 3°的坡耕地占总耕地面积的 43%，坡耕地土壤侵蚀量占流域侵蚀总量的 50%～60%（中国科学院黄土高原考察队，1990；Tang et al.，1989）。

坡耕地耕作措施对坡面产流有明显的影响与作用，表 3-10 给出了黄土区代表径流试验场多年降雨产流相关数据（吴发启等，2000，2001）。

表 3-10　耕作措施对降雨产流的影响

耕作措施	作物种类	坡度/(°)	坡长/m	产流降雨量/mm	径流量/mm	径流系数/%
套犁沟播	玉米大豆	20	30	111.2	18.60	16.7
平作	玉米大豆	20	30	111.2	21.07	18.9
等高垄作	玉米	20	25	410.2	64.64	15.8
等高带状间作	玉米大豆	20	25	410.2	88.53	21.6

续表

耕作措施	作物种类	坡度/(°)	坡长/m	产流降雨量/mm	径流量/mm	径流系数/%
平作	玉米	20	25	410.2	126.90	30.9
间作	玉米大豆	20	27	340.2	24.57	7.2
平作	玉米	20	27	340.2	34.21	10.1
中耕培垄	玉米大豆	20	30	124.2	10.97	8.8
平作	玉米大豆	20	30	124.2	12.81	10.3
等高垄作	玉米	20	25	14	0.51	3.6
等高带状间作	玉米大豆	20	30	14	0.83	5.9
平作	玉米大豆	20	25	14	0.57	4.1

采用不同的耕作方法，由于对微地形的改变效果不同，可对地表径流进行不同程度的调节，从而影响坡面产流量和径流系数。从表 3-10 中可以看出，坡耕地耕作措施对坡面产流影响明显，在坡长、所种植作物和降雨量相同的情况下（111.2 mm），套犁沟播措施下的径流量比平作时减少 12%，在丰水年（生育期降雨量 410.2 mm），等高垄作和等高带状间作的径流量分别是平作的 50.9%和 69.8%；在枯水年（生育期降水量 14.0 mm），等高垄作的径流量比平作减少 10.5%。综合分析可以得出以下结论：与平作相比，等高耕作可减小坡面径流系数 10.53%～49.06%，取其平均值得到等高耕作减小坡面径流系数 29.94%。

2）造林整地措施对林地降雨径流调控利用潜力参数的影响

坡地植树造林时往往人工修筑一些坡面集水措施，汇集坡面来水，促其渗入土壤后集中供给植物吸收利用，以确保造林成活率。这些集水措施包括鱼鳞坑、水平阶等。实践证明，这类措施具有明显的集流效果，在干旱缺水的黄土高原地区，通过这种集水措施处理后，可大大增加树盘内土壤含水量，给植物提供更充足的水分，有效提高造林成活率（黄高宝和张恩和，2002；周立军和于明，2003；王文太等，2004；段喜明等，2005；胡兵辉，2006）。表 3-11（石生新，1996）是黄土区水平阶整地和鱼鳞坑整地措施下的减流率。

表 3-11　不同整地措施的减流率

雨强/(mm/min)	降雨历时/min	荒草地产流量/mm	水平阶		鱼鳞坑	
			产流量/mm	减流率/%	产流量/mm	减流率/%
1.03	20	13.7	4.4	67.9	1.5	89.1
	30	22.1	11.6	47.5	4.9	77.8
	40	33.5	20.8	37.9	8.7	74.0
	50	42.3	29.2	31.0	12.3	70.9
	60	50.7	36.7	27.6	15.7	69.0
	70	62.3	48.6	22.0	24.3	61.0
	80	71.5	57.2	20.0	30.0	58.0
	90	79.8	64.2	19.5	33.6	57.9

续表

雨强/(mm/min)	降雨历时/min	荒草地产流量/mm	水平阶		鱼鳞坑	
			产流量/mm	减流率/%	产流量/mm	减流率/%
0.7	20	4.3	1.3	69.8	1.1	74.4
	30	6.7	2.7	59.7	2.5	62.7
	40	13.5	6.5	51.9	5.0	63.0
	50	18.4	10.5	42.9	7.0	62.0
	60	21.8	13.7	37.2	8.9	59.2
	70	29.6	18.9	36.1	11.5	61.1
	80	34.3	22.3	35.0	13.7	60.1
	90	37.8	24.4	35.4	14.6	61.4

从表 3-11 中可以看出，随降雨历时和降雨量的增加，两种整地措施的减流效果均呈减弱趋势，水平阶的减弱趋势更明显。在降雨历时和雨量一致的情况下，鱼鳞坑的减流效果优于水平阶。对于水平阶整地措施而言，在降雨历时相同的情况下，雨强越大，减流效果越明显，鱼鳞坑则在降雨历时小于 70 min 时表现出上述规律，降雨历时超过 70 min 时，随雨强的增大，其减流效果减弱，这是由于单个鱼鳞坑容蓄容积大，在历时较短，雨量较少时，能将大部分坡面径流容纳而鱼鳞坑不致被水冲毁，当鱼鳞坑内蓄积了一定水量，接近或达到其容蓄上限时，多余的水量便可溢出，导致部分鱼鳞坑被水冲毁而减弱其减流效果（石生新，1996）。

当累计降雨量达到 40 mm 时，水平阶和鱼鳞坑相对于荒草地的减流率分别为 37.5%和 66.6%。

（三）降雨径流调控利用潜力参数取值

综合考虑上述降雨径流调控利用潜力参数算法、取值及各影响因素，将各典型下垫面类型的降雨径流调控利用潜力参数统计值列于表 3-12 和表 3-13。至此，本研究所选取目标流域内各下垫面径流系数取值已全部获得。

表 3-12　农地、草地和道路计算参数

坡度等级	坡度权值	计算参数/%					
		农地		草地			道路
		平作	等高耕作	第一类	第二类	第三类	
1	0.17	1.06	0.74	0.03	0.57	1.71	5.13
2	0.51	3.19	2.23	0.10	1.71	5.14	15.40
3	1.00	6.25	4.38	0.20	3.36	10.08	30.20
4	1.69	10.56	7.40	0.34	5.67	17.04	51.04
5	2.47	15.44	10.82	0.50	8.29	24.90	74.59

表 3-13　林地计算参数

坡度等级	坡度权值	计算参数/%								
		人工林						天然林		
		鱼鳞坑整地			水平阶整地					
		第一类	第二类	第三类	第一类	第二类	第三类	第一类	第二类	第三类
1	0.17	0.13	0.22	0.57	0.24	0.41	1.07	0.34	0.37	0.49
2	0.51	0.38	0.65	1.72	0.71	1.22	3.21	1.02	1.11	1.46
3	1.00	0.74	1.28	3.37	1.39	2.39	6.30	2.00	2.17	2.87
4	1.69	1.25	2.16	5.69	2.34	4.05	10.65	3.38	3.67	4.85
5	2.47	1.83	3.16	8.32	3.42	5.91	15.56	4.94	5.36	7.09

四、小结

本节阐述了黄土高原地区陆地水文循环特征，分析了该地区降雨径流调控利用的特征及内涵，在此基础上，结合降雨径流调控利用潜力与下垫面关系的特点，总结、提出了小流域降雨径流调控利用潜力的概念及计算模型，指出模型中潜力计算参数的确定，是进行小流域降雨径流调控利用潜力计算的重要基础。紧接上述内容，又阐明降雨径流调控利用潜力参数即为径流系数，同时描述了径流系数与其影响因素间相互关系的复杂性，并确定以径流系数定义式计算坡面径流系数值。

依据模拟降雨试验结果，同时参考前人相关研究成果，考虑影响坡面径流系数取值的坡度、用地类型及整地、耕作方式 3 个因素，通过数值计算，得到了坡耕地、林地、草地及道路的降雨径流调控利用潜力参数。

第二节　基于 GIS 的小流域降雨径流调控利用潜力计算与评价

随着现代计算机科学技术的发展进步，“3S”技术（遥感技术，RS；地理信息系统，GIS；全球定位系统，GPS）已经成为一种先进的技术手段，越来越广泛地应用于多个领域，其在农、林业领域的应用也呈现出突飞猛进的发展趋势。本研究借助 GIS 空间分析功能，建立基于 GIS 的小流域降雨径流调控利用潜力计算方法，并就目标流域降雨径流调控利用潜力进行计算与评价。本节以榆林市清涧县园则沟小流域（0.6 km^2）为例计算小流域降雨径流调控利用潜力。

一、基于 GIS 的小流域降雨径流调控利用潜力计算方法

本章第一节探讨了小流域降雨径流调控利用潜力的概念，并按其概念提出了潜力计算模型。根据 GIS 原理，可将小流域划分为若干个栅格单元（cell），每个栅格单元的降雨径流调控利用潜力参数可按其所在的下垫面类型确定，具体参数已在前面章节中得出。由此，即可建立基于 GIS 的小流域降雨径流调控利用潜力计算模型，模型形式如下：

$$W = \sum_{i=1}^{m}\sum_{j=1}^{n}\lambda_{ij} \cdot P \cdot A_{ij} \times 10^{-3} \tag{3-13}$$

式中，W 为降雨径流调控利用潜力（m^3）；λ_{ij} 为第 i 行 j 列个栅格单元的降雨径流调控利用潜力参数（%）；P 为降雨量（mm）；A_{ij} 为第 i 行 j 列个栅格单元的面积（m^2）。

为了简化计算过程，用 ArcGIS 9.0 软件统计流域内各下垫面类型所对应的栅格数，再以单个栅格单元面积乘以栅格数目，即可得到每种下垫面类型所对应的面积。相应地，降雨径流调控利用潜力计算公式即可变换为如下形式：

$$W = \sum_{i=1}^{m} \lambda_i \cdot P \cdot A \cdot N_i \times 10^{-3} \tag{3-14}$$

式中，λ_i 为第 i 种下垫面类型的降雨径流调控利用潜力参数（%）；A 为栅格单元的面积（m^2）；N_i 为第 i 种下垫面类型所对应的栅格单元数量。

二、下垫面分级分类

由上述模型可知，计算小流域降雨径流调控利用潜力所需确定的参数包括潜力计算参数 λ、降雨量 P 及流域内各种下垫面类型所对应的栅格数量 N。其中，潜力计算参数 λ 已在前文中进行了讨论，并已确定了各种下垫面类型的具体取值，降雨量 P 通过流域多年降雨量资料即可进行推求，而栅格单元数 N 和栅格单元的大小 A，则需借助 GIS 系统进行地物属性提取与分析获得。

（一）下垫面坡度分级

在小流域数字高程模型（DEM）（图 3-5）的基础上，运行 ArcGIS 9.0 软件的空间分析模块（spatial analyst），生成流域坡度分级图，在坡度分级图成图过程中，根据本章第一节（表 3-7）所述的坡度分级标准，对坡度等级进行重新划分，经过重新划分的坡度如图 3-6 所示。

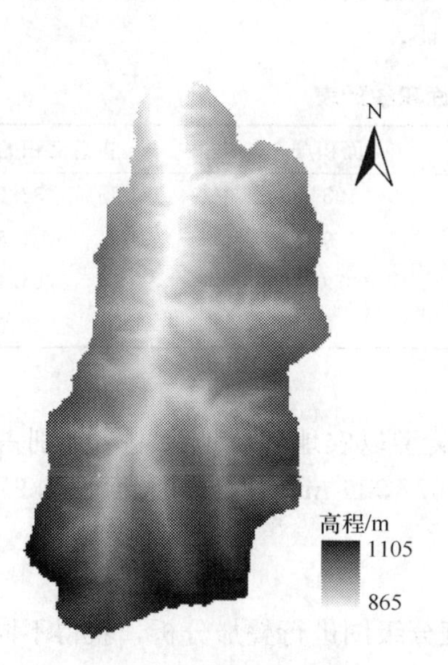

图 3-5 园则沟流域数字高程模型（DEM）

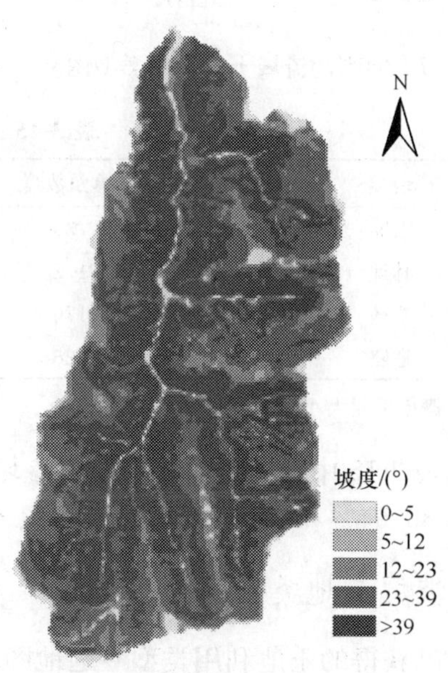

图 3-6 园则沟流域坡度分级图

统计各坡度等级所对应的栅格单元个数，并计算相应的面积，列于表 3-14。

表 3-14 坡度-面积统计表

坡度/（°）	栅格单元数	面积/m²	占总面积的比例/%
0～5	14 151	14 151	2.4
5～12	38 967	38 967	6.6
12～23	184 956	184 956	31.31
23～39	236 062	236 062	39.96
>39	116 668	116 668	19.75

注：栅格单元大小为 1 m²。

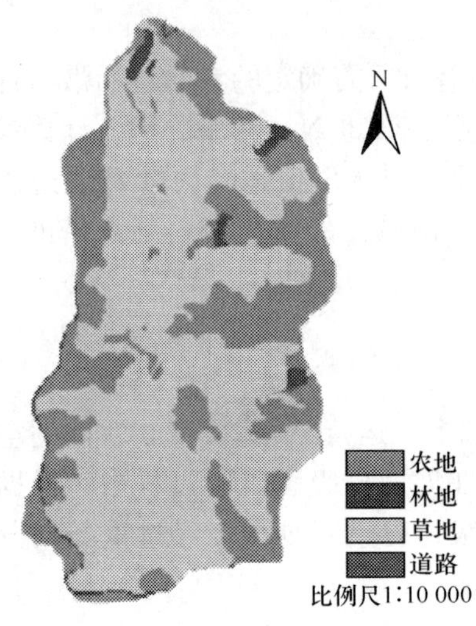

图 3-7 园则沟流域土地利用类型图

从表 3-14 中数据可以看出，该流域内 12°～23°和 23°～39°两个坡度等级所对应的面积占流域总面积比例较大，分别为 31.31%和 39.96%，两者总和达 421 018 m²，占流域总面积的 71.26%，说明该流域坡度主要集中在 12°～39°。

（二）下垫面分类

下垫面分类是以土地利用现状图为基础，按用地类型将流域下垫面分为若干个单元。将野外实地测量数据中代表地类边界的所有数据点提取出来，连接后经过拓扑处理，即得到流域土地利用类型专题地图（图 3-7），统计各地类面积，列于表 3-15。

表 3-15 地类-面积统计表

地类	栅格单元数量	面积/m²	占总面积的比例/%
农地	198 730	198 730	33.64
林地	9 172	9 172	1.55
草地	379 176	379 176	64.18
道路	3 726	3 726	0.63

注：栅格单元大小为 1 m²。

从表 3-15 中数据可以看出，该流域用地类型以农地和草地为主，分别占到流域总面积的 33.64%和 64.18%，两者面积之和为 577 906 m²，占流域总面积的 97.82%。

（三）坡度与地类叠加分析

对已获得的土地利用类型专题地图和坡度分级图进行叠加分析，获得不同坡度等级上各地类所对应的面积。

1. 空间叠加分析的算法

空间叠加分析，是将带有不同属性信息的专题地图进行叠加后，通过空间属性提取与分析，以获得满足某种需求所需信息的处理过程。

对各专题地图进行叠加分析，首先要对地物属性进行提取，图 3-8 为以地物坡度属性为例进行地理属性提取过程示意图。坡度属性提取的结果形成了坡度属性的编码，编码值为 1 表明该等级的坡度属性被提取。

坡度等级1
坡度等级2
坡度等级3
坡度等级4
坡度属性提取
0 or 1
0 or 1
0 or 1
0 or 1

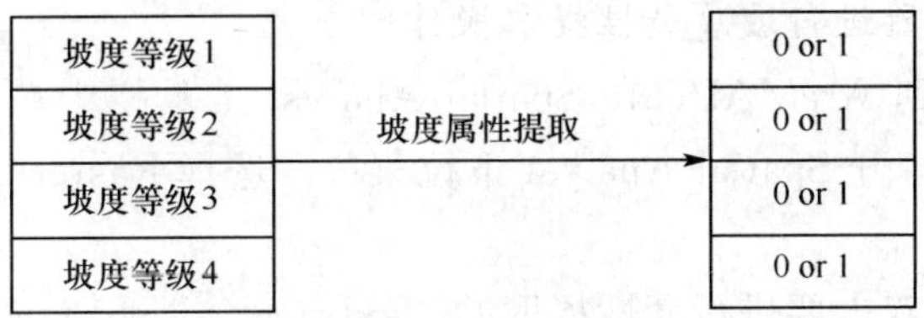

图 3-8　坡度属性提取示意图

空间叠加分析为乘法运算，为保证乘法运算有意义，坡度属性提取的结果必须为非空数据集，且转换结果具有唯一性时才能进行后续乘法运算，也就是说每次有且只有一个坡度等级被提取后作为乘法算子参与乘法运算，编码结果如图 3-9 所示。

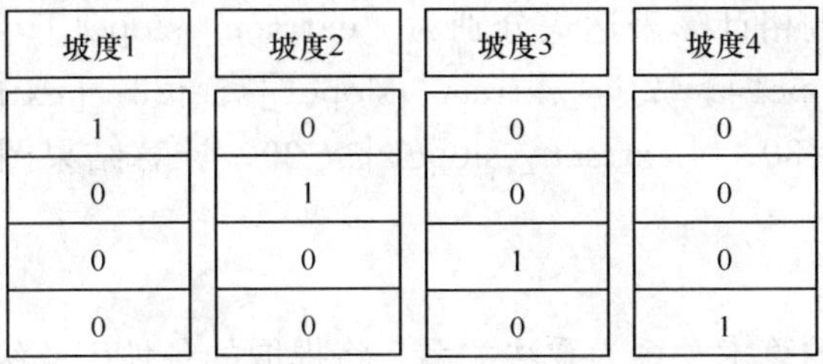

坡度1
1
0
0
0
坡度2
0
1
0
0
坡度3
0
0
1
0
坡度4
0
0
0
1

图 3-9　坡度属性提取结果

坡度属性提取完成后，即可进行乘法运算（图 3-10），获得计算结果。

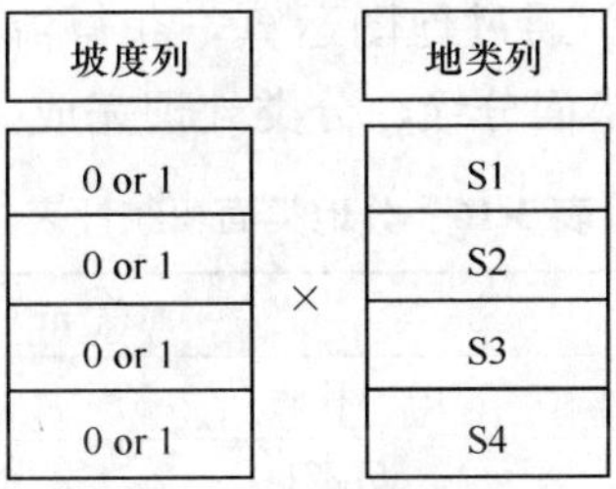

坡度列
0 or 1
0 or 1
0 or 1
0 or 1
×
地类列
S1
S2
S3
S4

图 3-10　乘法运算示意图

2. 空间叠加分析的 GIS 实现

ArcGIS 的空间分析模块提供了地图代数和栅格计算器（raster calculater）功能，

这为空间分析提供了强有力的工具（吴秀芹等，2007）。在栅格计算器中应用包含操作符和函数的地图表达式，可以完成数学运算、设置选择查询、条件处理等众多功能。其输入数据可以是栅格数据集、shape文件、常数、数字等。

栅格计算器和地图代数使用的操作有算数、关系、逻辑、布尔、组合及位运算符，也包含许多具有特定功能的函数，这些运算符和函数只对输入与输出数据集中对应的栅格单元进行求值，空间分析模块中的地图代数表达式通过栅格计算器来实现（吴秀芹等，2007）。

1）运用栅格计算器进行坡度属性提取操作

加载坡度分级图到ArcMAP，在Spatial Analyst工具栏中单击Spatial Analyst右下角下拉三角按钮，打开Spatial Analyst下拉菜单，选择Raster Calculater命令，打开栅格计算器。

在Layers窗口中双击要进行属性提取的“extract _ slope1”图层，将其添加到下方的表达式图框中，单击右侧运算符栏中的“<=”运算符，然后输入“5”，表示坡度≤5°的地物将被提取。

点击Evaluate按钮，执行运算，流域内所有≤5°的坡度被提取，显示为1，其余坡度等级均为0。将新生成的计算结果图层名称改为1。

重复上述操作步骤，将5个坡度等级全部提取。坡度等级为5°～12°、12°～23°、23°～39°、>39°时的栅格计算表达式分别为［extract _ slope1］>5&［extract _ slope1］<=12；［extract _ slope1］>12 &［extract _ slope1］<=23；［extract _ slope1］> 23 &［extract _ slope1］<=39；［extract _ slope1］> 39；计算结果图层名称分别为2、3、4、5。

2）叠加分析

叠加分析所运用的算术关系为乘法关系，将提取的各坡度等级分别与地类栅格图层（本节中地类图层名为［dilei］）执行相乘运算，此操作的栅格计算器运算式图框内的运算表达式格式分别为：［dilei］×［1］（坡度等级1）、［dilei］×［2］（坡度等级2）、［dilei］×［3］（坡度等级3）、［dilei］×［4］（坡度等级4）和［dilei］×［5］（坡度等级5），点击Evaluate按钮，完成运算。通过地图运算，获得流域内不同坡度下各地类所占面积见表3-16。至此，流域内下垫面分级、分类处理完成。

表3-16 分地类面积统计表

坡度/(°)	面积/m²			
	农地	林地	草地	道路
0～5	3 626	271	9 844	410
5～12	4 889	1 707	30 971	1 653
12～23	64 514	3 838	115 151	1 200
23～39	119 086	2 887	113 626	463
>39	6 615	469	109 584	—

三、小流域降雨径流调控利用潜力计算及评价

（一）小流域降雨径流调控利用潜力计算

以现有下垫面措施下的年降雨径流量为其降雨径流调控利用潜力值。根据本章前面一节所述计算方法、所选因子和参数等，即可计算流域降雨径流调控利用潜力。

根据已有降雨系列资料，通过 P-Ⅲ型曲线拟合，得到该地区不同保证率的降雨量，列于表 3-17。

表 3-17　研究区不同保证率降雨量

降水保证率/%	50	75	95
降雨量/mm	404.27	345.24	273.96

1. 农地降雨径流调控利用潜力

目标流域内坡耕地的耕作方式主要为平作，故选用平作方式所对应的径流系数，将其代入降雨径流调控利用潜力计算模型进行计算，将计算结果列于表 3-18。

表 3-18　农地降雨径流调控利用潜力

保证率/%	降雨量/mm	坡度等级	径流系数/%	面积/m^2	径流量/m^3	合计/m^3
50	404.27	1	1.06	3 626	15.58	7 206.58
		2	3.19	4 889	63.00	
		3	6.25	64 514	1 630.07	
		4	10.56	119 086	5 085.09	
		5	15.44	6 615	412.84	
75	345.24	1	1.06	3 626	13.78	6 376.05
		2	3.19	4 889	55.74	
		3	6.25	64 514	1 442.21	
		4	10.56	119 086	4 499.06	
		5	15.44	6 615	365.26	
95	273.96	1	1.06	3 626	11.51	5 327.16
		2	3.19	4 889	46.57	
		3	6.25	64 514	1 204.96	
		4	10.56	119 086	3 758.95	
		5	15.44	6 615	305.17	

2. 林地年降雨径流调控利用潜力

目标流域内分布的林地为天然林，平均郁闭度为 60%～70%，属于Ⅱ类林地，选用与之相对应的径流系数对降雨径流调控利用潜力进行计算，将计算结果列于表 3-19。

表 3-19 林地降雨径流调控利用潜力

保证率/%	降雨量/mm	坡度等级	径流系数/%	面积/m²	径流量/m³	合计/m³
50	404.27	1	0.37	271	0.40	94.67
		2	1.11	1707	7.64	
		3	2.17	3838	33.67	
		4	3.67	2887	42.80	
		5	5.36	469	10.16	
75	357.68	1	0.37	271	0.36	83.77
		2	1.11	1707	6.76	
		3	2.17	3838	29.79	
		4	3.67	2887	37.87	
		5	5.36	469	8.99	
95	298.84	1	0.37	271	0.30	69.63
		2	1.11	1707	5.65	
		3	2.17	3838	24.89	
		4	3.67	2887	31.64	
		5	5.36	469	7.51	

3. 草地年降雨径流调控利用潜力

目标流域内草地主要分布于沟坡，覆盖度为 40%左右，按草地分类标准，属于Ⅲ类草地，选取相应的径流系数进行计算，将结果列于表 3-20。

表 3-20 草地降雨径流调控利用潜力

保证率/%	降雨量/mm	坡度等级	径流系数/%	面积/m²	径流量/m³	合计/m³
50	404.27	1	1.71	9 844	68.20	24 259.55
		2	5.14	30 971	643.66	
		3	10.08	115 151	4 692.45	
		4	17.04	113 626	7 825.22	
		5	24.90	109 584	11 030.02	
75	357.68	1	1.71	9 844	60.34	21 463.75
		2	5.14	30 971	569.48	
		3	10.08	115 151	4 151.67	
		4	17.04	113 626	6 923.40	
		5	24.90	109 584	9 758.86	
95	298.84	1	1.71	9 844	50.41	17 932.87
		2	5.14	30 971	475.80	
		3	10.08	115 151	3 468.70	
		4	17.04	113 626	5 784.47	
		5	24.90	109 584	8 153.49	

4. 道路年降雨径流调控利用潜力

选取不同坡度等级所对应的径流系数，对道路径流调控利用潜力进行计算，计算结果见表 3-21。

表 3-21　道路降雨径流调控利用潜力

保证率/%	降雨量/mm	坡度等级	径流系数/%	面积/m²	径流量/m³	合计/m³
50	404.27	1	5.13	410	8.51	353.48
		2	15.40	1653	102.93	
		3	30.20	1200	146.51	
		4	51.04	463	95.53	
		5	74.59	0	0.00	
75	357.68	1	5.13	410	7.53	312.73
		2	15.40	1653	91.06	
		3	30.20	1200	129.62	
		4	51.04	463	84.52	
		5	74.59	0	0.00	
95	298.84	1	5.13	410	6.29	261.29
		2	15.40	1653	76.08	
		3	30.20	1200	108.30	
		4	51.04	463	70.62	
		5	74.59	0	0.00	

5. 流域年降雨径流调控利用潜力

将通过上述计算所获得的 4 种地类降雨径流调控利用潜力进行加和，得到流域降雨径流调控利用潜力值，计算结果见表 3-22。

表 3-22　流域降雨径流调控利用潜力

保证率/%	潜力/m³				
	农地	林地	草地	道路	总计
50	7 206.57	94.68	24 259.54	353.47	31 914.26
75	6 154.30	80.85	20 717.25	301.86	27 254.26
95	4 883.65	64.16	16 439.86	239.54	21 627.21

由计算结果可知，现有下垫面措施条件下，该流域降雨保证率为 50%、75%、95%的降雨径流调控利用潜力分别为：31 914 m³、27 254 m³和 21 627 m³。

（二）小流域降雨径流调控利用评价

现状条件下的降雨径流资源开发利用量是多少，开发利用规模是否超出流域内径流所能供给的最大量，即降雨径流调控利用潜力，如何按径流资源总量对未来开发利用规模及模式进行合理规划。回答上述问题对于小流域雨水资源的合理利用及社会、经济、生态环境的可持续发展具有重要意义。在对小流域降雨径流调控利用潜力进行计算的基础上，考察现状条件下流域内降雨径流开发利用规模，将两者进行比对，以评判降雨径流开发利用规模是否处于合理范围。结合流域土地的整体规划和未来利用方向，假定土地利用类型按照既定利用方向变化后，计算降雨径流调控利用潜力和流域径流资源开发利用量，评判未来降雨径流开发利用规模是否合理。

现状条件下流域内的降雨径流调控利用潜力值已经通过计算得到。

流域内的径流资源开发利用规模可通过调查得到。通过实地调查发现，该流域内径流资源开发利用方向只有一个：仅用于农田灌溉，且只有分布于沟底、取水相对容易的农田才能被浇灌，这样的农田面积只有不到 3 亩地，年产玉米总量以 2000 kg 计，玉米生产需水定额为 1.0 m^3/kg（冯浩，2001），这部分农田年灌溉需水量仅 2000 m^3，远小于流域降雨径流调控利用潜力值，对径流资源的开发利用极不充分，造成了浪费，从雨水资源开发利用效益来看，对径流资源开发利用不合理。

根据未来规划方案，该流域将由当地农民企业家整体承包后用于建设山地微灌枣园。计划将流域内现有坡耕地全部替换为新品种枣树，考虑到劳力及投入资金的限制，采用鱼鳞坑整地措施。经过鱼鳞坑整地措施处理后，相应地降雨径流调控利用潜力参数将发生变化，按前述降雨径流调控利用潜力计算方法，选用合适的降雨径流调控利用潜力参数，计算潜力值，将结果列于表 3-23。

表 3-23 坡耕地改为枣园后降雨径流调控利用潜力

保证率/%	降雨径流调控利用潜力/m^3				
	农地	林地	草地	道路	总计
50	—	3 976.68	24 259.54	353.47	28 589.69
75	—	3 518.38	21 463.76	312.74	25 294.88
95	—	2 939.59	17 932.87	261.29	21 133.75

山地微灌枣园建成后，沟道内汇集的地表径流将全部用于枣园补充灌溉，根据米脂山地红枣微灌示范园观测数据（吴普特和高建恩，2008），用彭曼公式计算得出清涧枣树生育期内理论耗水量为 450.69 mm。那么，该地区不同降水保证率下所需补灌水量分别为：50%保证率 46.42 mm；75%保证率 105.45 mm；95%保证率 176.73 mm。

统计将被改为枣园的坡耕地坡面面积为 175 146.4 m^2，将所需灌溉用水量转化到坡面上，计算各降水保证率条件下山地枣园所需补充灌溉量，并与上述径流调控利用潜力数值相比较，结果见表 3-24。

表 3-24 坡耕地改为枣园后水资源供需状况

保证率/%	降雨径流调控利用潜力/m^3	补灌量/m^3	盈亏量/m^3	亏缺度/%
50	28 589.69	8 130.296	20 459.39	—
75	25 175.43	18 469.19	6 706.24	—
95	20 894.84	30 953.62	−10 058.80*	32.50

*负值代表亏缺。

从表中数据可以看出，降水保证率为50%和75%条件下，沟道汇集水量均能满足枣园补充灌溉需水，且有部分水量盈余，其中，50%保证率条件下盈余水量高达20 459.39 m³，而95%保证率下坡面来水量不能满足枣园补灌需水，亏缺量为10 058.80 m³。

米脂红枣示范园观测结果表明，矮化密植枣树在栽植第二年郁闭度可达40%，第三年达50%，第五年后达75%以上，之后通过修剪可使枣园郁闭度基本保持在80%的水平（吴普特等，2008a，2008b）。按照前述林地分类标准，三年后，枣林属于Ⅱ类林地，五年后达到Ⅰ类林地标准。选取相应的降雨径流调控利用参数对降雨径流调控利用潜力进行计算，结果见表3-25。

表3-25　坡耕地改为枣园后的降雨径流调控利用潜力

栽植年限	保证率/%	降雨径流调控利用潜力/m³				
		农地	林地	草地	道路	总计
3年	50	—	1 569.84	24 259.54	353.47	26 182.85
	75	—	1 343.52	21 463.76	312.74	23 120.02
	95	—	1 069.65	17 932.87	261.29	19 263.81
5年	50	—	948.72	24 259.54	353.47	25 561.73
	75	—	813.10	21 463.76	312.74	22 589.60
	95	—	648.73	17 932.87	261.29	18 842.89

将上述坡耕地改为枣园3年及5年后的降雨径流调控利用潜力与枣园补灌需水量进行比较，结果见表3-26。

表3-26　坡耕地改为枣园后的水资源供需状况

栽植年限	保证率/%	降雨径流调控利用潜力/m³	补灌量/m³	盈亏量/m³	亏缺度/%
3年	50	26 182.85	8 130.296	18 052.554	—
	75	23 120.02	18 469.19	4 650.83	—
	95	19 263.81	30 953.62	−11 689.81*	37.77
5年	50	25 561.73	8 130.296	17 431.434*	—
	75	22 589.60	18 469.19	4 120.41	—
	95	18 842.89	30 953.62	−12 110.73*	39.12

*负值代表亏缺。

从表3-26中数据可以看出，与坡耕地改为枣园初期的情形相似，栽植枣树3年及5年以后，50%、75%降水保证率下水资源供给量大于补灌需水量，其中，50%保证率条件下盈余水量较多，95%保证率时则出现水资源短缺现象，栽植枣树3年、5年之后的水资源亏缺量分别为11 689.81 m³、12 110.73 m³。

四、小结

本节引入GIS技术，建立了基于GIS的小流域降雨径流调控利用潜力计算模型。应用ArcGIS 9.0软件提供的空间信息提取与分析模块，制成小流域下垫面坡度分级和土地利用类型专题地图。在此基础上，统计流域各典型下垫面类型的面积，将降雨径流调控利用潜力参数和相应的下垫面面积输入计算模型，获得了现状条件下的降雨径流调控利用潜力值。将目前小流域径流开发利用规模与上述潜力值进行对比，结果表明，现状条件下的径流资源开发利用规模远小于其潜力值，水资源浪费严重。此外，对小流域内坡耕地按未来规划全部栽植枣树后的情况进行了预测，预测结果表明，下垫面特征改变后，降雨径流调控利用潜力相应地发生变化，枣树栽植初期、3 年、5 年后的下垫面情况下，50%降水保证率下的降雨径流调控利用潜力分别为 28 589.69 m^3、26 182.85 m^3、25 561.73 m^3，75%保证率时为 25 175.43 m^3、23 120.02 m^3、22 589.60 m^3，95%保证率下为20 894.84 m^3、19 263.81 m^3、18 842.89 m^3。50%和 75%保证率流域内地表径流调控利用潜力完全满足枣园补充灌溉量，且有部分水量盈余，95%保证率降雨径流调控利用潜力不能满足枣园补充灌溉量，发生水资源亏缺，栽植枣树初期、3 年、5 年后的亏缺量分别为10 058.80 m^3、11 689.81 m^3、12 110.73 m^3，分别占山地枣园补充灌溉量的 32.50%、37.77%、39.12%。针对 95%降水保证率年份水资源亏缺的问题，可以考虑在沟道内修筑储水设施，在雨量充足的时候拦截降雨地表径流，用于雨量不足时对枣园进行补充灌溉，这样，既可以最大限度地开发径流资源进行农业生产，又可以避免或减轻流域内雨季洪水造成的水土流失问题。

第三节 旱作农田秸秆覆盖技术

秸秆覆盖栽培是针对旱地土壤蒸发量大、地力贫瘠、耕作粗放等问题而采用的一种旱地农业技术。充分利用秸秆覆盖保墒，减少秸秆焚烧，是提高农作物产量的一项重要措施。秸秆覆盖因其能有效减少土壤棵间蒸发，增加土壤养分的含量及非侵蚀性团粒，改进降水入渗能力，明显减少水土侵蚀，是节水保墒、提高作物水分利用效率的有效措施。

一、试验地概况

试验于 2007 年 9 月至 2009 年 10 月在宁夏回族自治区彭阳县旱地农业试验区进行。试验区位于宁夏回族自治区南部边缘、六盘山东麓，位于东经 106°32′～106°58′，北纬 35°41′～36°17′，海拔 1800 m 左右，年蒸发量达 1000～1100 mm，干燥系数 1.8，降水量 350～550 mm，≥80%保证率的年降水量仅 250～350 mm，年均气温 6.8℃，年日照时数 2518 h，≥10℃年积温 2690.4℃，全年无霜期 145 天，年内降水分布极不平衡，降水主要集中在 7 月、8 月、9 月 3 个月，占年总降水量的 58%～63%，同时，降雨的年际变化很大。多年降雨量资料分析表明，当地降雨为丰水年型的概率为 14%，平水年型的概率为 23%，枯水年型的概率为 63%。自然降雨满足作物生育期需水的缺口较大，仅依赖自然降水很难实现作物高产稳产。主要栽培作物为冬小麦、马铃薯、谷子等。试验田土壤质地为黄绵土，土壤 pH 为 8.1，肥力较低；0～200 cm 土壤平均容重为 1.27 g/cm^3，土壤饱和含水量为 35.17%，田间持水量为 33.31%。

二、试验材料

试验种植作物为冬小麦，供试小麦品种为抗旱、耐贫瘠品种西峰 26 号。小麦栽培试验采用玉米秸秆覆盖，人工播种出苗后覆盖。播种量 150 kg/hm^2，行距 20 cm，播种方式为耧播，播种密度 250 万株/hm^2，2008 年 6 月 24 日收获，生育期降水量为 205.4 mm。以鲁西化工生产的磷酸二铵（N≥17%，P_2O_5≥45%）为基肥，播种时一并施入，施用量 225 kg/hm^2。2007 年冬小麦于 9 月 16 日播种，翌年 6 月 23 日收获，2008 年冬小麦于 9 月 16 日播种，2009 年 6 月 22 日收获。

三、试验设计

小麦栽培试验采用玉米秸秆覆盖，设 4 种不同覆盖量处理，即 0 kg/hm^2（CK）、3000 kg/hm^2（S1）、6000 kg/hm^2（S2）、9000 kg/hm^2（S3），采用随机区组排列，3 次重复，小区面积 24 m^2（4 m×6 m）。

四、测定项目与方法

（一）土壤物理性状测定

土壤容重、饱和含水量、最大田间持水量和土壤孔隙度测定：在播种期和收获期分两次利用环刀法测定 0～60 cm 土壤容重、饱和含水量和最大田间持水量，利用土壤容重计算土壤孔隙度。

土壤水分：在冬小麦（出苗、苗期、返青、拔节、抽穗、灌浆、成熟）主要生育阶段每 20 cm 为一层测定土壤含水量，测定方法为烘干法，重复 3 次。

（二）土壤养分测定

于小麦的收获期分 0～20 cm 和 20～40 cm 两层用土钻（直径 3.0 cm）按多点取样的方法采集土样，各小区取 5 点制成混合样品，将采集好的土样去除石块等杂物，然后通过混合、风干、研磨、过筛、浸提、消解等步骤后测定有机质及六大养分。

（三）作物生育进程及农艺性状的观测和测产

（1）生育进程观测：观察小麦（出苗、苗期、返青、拔节、抽穗、灌浆、成熟）主要生育期出现的时间。

（2）农艺性状测定：从出苗开始，在小麦的主要生育期（出苗、苗期、返青、拔节、抽穗、灌浆、成熟）分别测定株高、生物量等。测定方法：在每一个小区中随机抽取 10 个样本测定，取其平均值。

（3）收获考种：在冬小麦收获期，在各小区抽样考种；取每小区中间 10 m^2测定产量，折算大田实际产量。

五、数据处理及计算方法

（一）统计方法

采用 Excel 2003、DPS 6.05 软件对数据进行分析，Duncan 新复极差法进行多重比较。

（二）计算公式

土壤孔隙度的计算公式为

$$土壤孔隙度(\%) = [1-(容重 / 比重)] \times 100$$

土壤总孔隙度一般以 50%～60%为宜。土壤比重是指单位体积土粒的烘干重与同体积水重之比。土壤比重主要取决于土壤矿物质，通常取 2.65 g/cm^3 作为土壤比重的近似值。

土壤储水量计算公式：

$$W = \sum_{i=1}^{10} V_i H_i$$

式中，W 为土壤储水量（mm）；V_i 为土壤体积含水量（%）；H_i 为土层厚度（mm）。

农田蒸散量 ET 根据下面公式计算：

$$\mathrm{ET} = I + P - R - D - \mathrm{SW}$$

式中，I 为灌溉量（%）；P 为降雨量（%）；R 为径流量（%）；D 为深层渗漏量（%）；SW 为土壤剖面的含水量变化（%）。本试验中 R 和 D 可以忽略不计，$I=0$，农田蒸散量可简化为

$$\mathrm{ET} = P - \mathrm{SW}$$

将水分利用效率划分为群体、产量和叶片三个水平（王天铎，1988）。

（1）群体水平水分利用效率（群体水分利用效率）

$$\mathrm{WUE_B}[\mathrm{g/(mm \cdot m^2)}] = \mathrm{DW/ET}(古世禄等,2001)$$

式中，$\mathrm{WUE_B}$表示群体生物量（biomass）水平的 WUE；DW 表示某一阶段或生育期内干物质积累量（g/m^2）；ET 表示某一生育期阶段内群体耗水量（mm）。

（2）产量水平水分利用产效率（作物水分利用效率）

$$\mathrm{WUE_Y}[\mathrm{kg/(mm \cdot hm^2)}] = \mathrm{Y/ET}(陶毓汾，1993)$$

式中，$\mathrm{WUE_Y}$表示产量（yield）水平 WUE；Y 表示经济产量（kg/hm^2）；ET 表示全生育期内群体耗水量，ET（mm）$=P-\Delta S$，其中，P 为作物生长期间的降水量（mm）；ΔS 是收获期与播种期剖面土壤含水量之差（mm）。

（3）作物叶片的瞬时水分利用效率（光合水分利用效率）

$$\mathrm{WUE_P}(\mu\mathrm{mol/mmol}) = \mathrm{Pn}/E(廖建雄和王根轩,1999)$$

式中，$\mathrm{WUE_P}$为关键生育阶段光合（Pn）水平，Pn 为作物平均光合速率[μmol/(m^2 · s)]；E 为作物平均蒸腾速率[mmol/(m^2 · s)]。

六、秸秆覆盖对旱作小麦生长、水分利用及土壤理化性状的影响

(一) 秸秆覆盖对小麦生育进程和农艺性状的影响

如表 3-27 所示，小麦出苗后按照高、中、低三种覆盖量用玉米秸秆进行覆盖。2007 年冬小麦于 9 月 16 日播种，翌年 6 月 23 日收获，2008 年冬小麦于 9 月 16 日播种，翌年 6 月 22 日收获。从播种到成熟，各处理之间生育进程基本一致。

表 3-27 不同处理小麦生育进程

年份	处理	播种（月-日）	主要生育阶段（月-日）					
			出苗	返青	拔节	抽穗	灌浆	成熟
2007～2008	CK	9-16	9-23	4-1	4-21	5-10	5-28	6-23
	S1	9-16	9-23	4-1	4-21	5-10	5-28	6-23
	S2	9-16	9-23	4-2	4-22	5-10	5-28	6-23
	S3	9-16	9-23	4-2	4-22	5-10	5-28	6-23
2008～2009	CK	9-16	9-23	3-31	4-21	5-10	5-28	6-22
	S1	9-16	9-23	4-1	4-21	5-10	5-28	6-22
	S2	9-16	9-23	4-2	4-22	5-10	5-28	6-22
	S3	9-16	9-23	4-2	4-22	5-10	5-28	6-22

从表 3-28 中可以看出，拔节期、抽穗期、灌浆期、成熟期不同处理小麦株高在拔节期没有明显的差异，拔节期以后，各个处理之间逐渐出现差异。2008 年冬小麦抽穗期后各处理株高顺序为 S3＞S1＞S2＞CK，灌浆期为 S3＞S1＞S2＞CK，S1、S2、S3 的株高较对照分别增加 15.6%、10.5%、19.2%（$P<0.01$），成熟期株高为 S3＞S1＞S2＞CK，S1、S2、S3 的株高较对照分别提高 17.2%、12.8%、18.5%（$P<0.01$）；2009 年冬小麦拔节期小麦株高也没有明显差异，抽穗期、灌浆期株高顺序分别为 S1＞S3＞S2＞CK、S3＞S1＞S2＞CK，S1、S2、S3 的株高较同期对照分别增加 14.5%、4.8%、10.9%（$P<0.01$）和 3.7%、1.4%、5.3%（$P<0.01$）。可以看出，覆盖处理小麦株高大于对照。

表 3-28 不同秸秆覆盖量处理下的小麦株高

年份	处理	主要生育期/cm			
		拔节	抽穗	灌浆	成熟
2007～2008	CK	24.12B	59.54B	62.85C	61.71C
	S1	26.54A	68.97A	72.65A	72.35A
	S2	25.35A	66.24A	69.48B	69.63B
	S3	27.13A	68.60A	74.89A	73.11A
2008～2009	CK	30.75A	57.75C	68.92B	68.10C
	S1	33.62A	66.13A	71.48A	76.72A
	S2	29.35A	60.52B	69.90B	68.92C
	S3	32.28A	64.06A	72.56A	71.70B

注：同列大写字母不同表示两者差异（$P<0.01$）极显著，全书同。

在 2008 年、2009 年冬小麦拔节期，各处理生物量分别为 S1＞S3＞CK＞S2、S1＞S2＞S3＞CK，表明抽穗期之前覆盖量较低的处理积累生物量较高（图 3-11）。

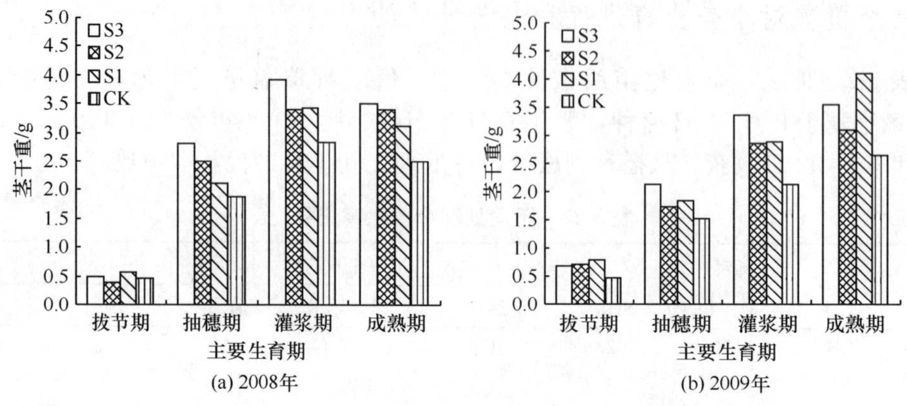

图 3-11　不同秸秆覆盖量处理下的小麦单株干物质积累量

冬小麦抽穗期各处理生物量顺序 2008 年为 S3＞S2＞S1＞CK，2009 年为 S3＞S1＞S2＞CK；灌浆期冬小麦各处理生物量 2008 年和 2009 年顺序相同，为 S3＞S1＞S2＞CK；成熟期，2008 年冬小麦各处理生物量顺序为 S3＞S2＞S1＞CK，S1、S2、S3 的生物量较对照分别提高 25.3%、36.1%、41%（$P<0.01$），2009 年冬小麦各处理生物量比较，表现为 S1＞S3＞S2＞CK，S1、S2、S3 较对照分别提高了 54.7%、17.7%、34.3%（$P<0.01$）（图 3-11）。两年平均，处理 S1、S2、S3 的生物量较对照分别提高了 40%、26.9%、37.7%（$P<0.01$），可以看出，覆盖处理有利于小麦生物量的积累。

（二）秸秆覆盖对小麦田土壤物理性质的影响

容重是土壤重要的物理性质，影响土壤的孔隙度与孔隙大小、分布以及土壤的穿透阻力，容重的变化反映了作物根系对土壤的扰动情况。如表 3-29 所示，收获后 0～20 cm耕层土壤容重 S3、S2、S1 较 CK 分别降低了 5.2%、2.2%、0.7%，20～40 cm 耕层土壤容重 S3、S2、S1 较 CK 分别降低了 2.9%、0.7%、0%，40～60 cm 耕层土壤容重 S3、S2、S1 较 CK 分别降低了 3.7%、0.7%、0.7%。可以看出，处理 S3 对降低土壤容重的作用比较明显。S2、S1 的作用不是很明显。覆盖后由于促进了土壤团粒结构的形成，相应地降低了土壤容重。由于覆盖的年限较短，对土壤容重的影响还不是很大，所以秸秆覆盖对容重的影响还需进一步研究。覆盖对田间持水量的影响不大。

表 3-29　收获后土壤容重和田间持水量

土层/cm	处理	饱和含水量/%	田间持水量/%	容重/(g/cm³)
0～20	CK	37.46	35.07	1.34
	S1	35.47	31.24	1.33
	S2	36.58	34.06	1.31
	S3	39.60	36.93	1.27

续表

土层/cm	处理	饱和含水量/%	田间持水量/%	容重/(g/cm³)
20～40	CK	33.49	33.62	1.36
	S1	38.19	31.46	1.36
	S2	35.56	33.35	1.35
	S3	32.03	32.80	1.32
40～60	CK	34.64	31.89	1.35
	S1	32.98	30.27	1.34
	S2	34.72	32.11	1.34
	S3	37.46	34.89	1.30

（三）秸秆覆盖对小麦田水分利用状况的影响

从表 3-30 中可以看出，冬小麦两年耗水特性表现出的规律一致：在各个生长阶段，随覆盖量增加，耗水量逐渐减小。2007～2008 年冬小麦从 S3 到 CK，耗水量由 247.35 mm增加到 337.05 mm，三种处理 S1、S2、S3 的耗水量较 CK 分别减少了 12.0%、20.7%、26.6%（$P<0.01$），2008～2009 年冬小麦从 S3 到 CK，耗水量由 232.01 mm 增加到 324.35 mm，三种处理 S1、S2、S3 的耗水量较 CK 分别减少了 13.4%、22.5%、28.5%（$P<0.01$）。可见，覆盖明显减少棵间无效蒸发，土壤墒情明显好转，生育前期小麦叶面积较小，裸露地表较大，棵间蒸发为主要的土壤水分消耗形式；覆盖能够起到较好的保水作用，减少作物生长过程的前期耗水，为作物的旺盛生长阶段提供充足的水分，且随着覆盖量的增加保墒效果更明显。

表 3-30　不同秸秆覆盖量处理下小麦不同生育阶段耗水量　（单位：mm）

年份	处理	生育阶段（月-日）						
		播种—出苗（9-16～10-22）	出苗—返青（10-23 至翌年 4-2）	返青—拔节（4-3～4-21）	拔节—抽穗（4-22～5-10）	抽穗—灌浆（5-11～5-28）	平均/mm	总量/mm
2007～2008	CK	46.12	108.67	53.69	44.35	40.19	44.03	337.05A
	S1	38.31	99.37	45.63	40.26	33.68	39.32	296.57B
	S2	33.59	90.26	40.16	35.62	31.24	36.31	267.18C
	S3	29.65	85.69	36.73	32.16	28.97	34.15	247.35D
2008～2009	CK	51.24	95.15	49.15	41.10	38.15	49.56	324.35A
	S1	43.29	86.05	39.85	36.17	33.26	42.14	280.76B
	S2	36.75	78.37	32.81	33.46	32.51	37.52	251.42C
	S3	33.69	74.99	29.12	29.36	30.66	34.19	232.01D

图 3-12 是小麦主要生育阶段 0～200 cm 的土壤含水量。从图 3-12 中可以看出：不同时间、不同土层各处理土壤含水量存在差异。各处理 0～60 cm 土层土壤含水量在整个生育期的变幅为 4%～18%，高覆盖量和中覆盖量覆盖处理的土壤含水量较高，且差

异不大。2007 年冬小麦苗期 0～60 cm 土层含水量 S2＞CK＞S3＞S1，2008 年冬小麦苗期 0～60 cm 土层含水量 S2＞S1＞S3＞CK，0～60 cm 土层含水量相对较高，各个处理之间差异不大。

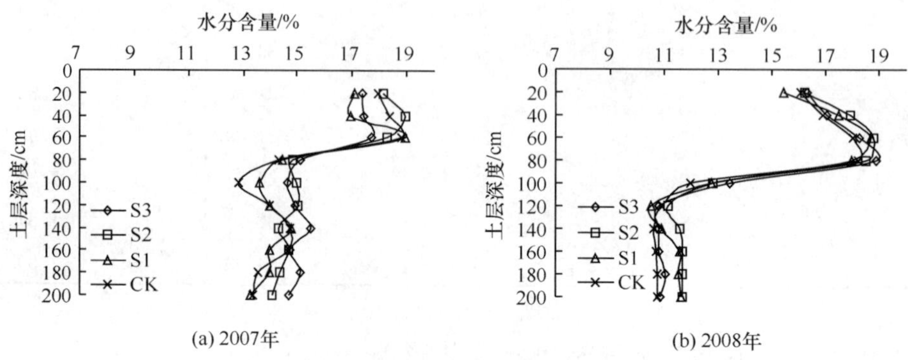

图 3-12　不同秸秆覆盖量对小麦苗期土壤含水量的影响

从苗期到拔节期历经时间较长且降雨很少，土壤水分消耗较多，到拔节期，土壤 0～60 cm 土层含水量有所降低，且各覆盖处理之间差异不大。2007～2008 年冬小麦拔节期 0～60 cm 土壤含水量处理 S3 略低于对照，S2、S1 的含水量分别较对照增加 0.37%、0.1%。2008～2009 年冬小麦拔节期 0～60 cm 土壤含水量 S1 略高于对照，S2、S3 均低于对照，覆盖处理与对照之间的差异不大。

在生长后期，0～60 cm 土层土壤含水量以 S2 和 CK 的含水量较高。从图 3-13 中可以看出：2009 年春比 2008 年春干旱，所以在灌浆期以后，2009 年 0～60 cm 土层含水量明显低于 2008 年。2008 年冬小麦收获期 0～60 cm 土层含水量 S2＞S3＞S1＞CK，各个处理的 0～60 cm 土层的平均含水量为 7.72%、8.01%、6.71%、6.91%，处理 S2、S3 含水量较对照分别高 1.1%、0.81%。2009 年冬小麦收获期 0～60 cm 土层含水量 S3＞CK＞S2＞S1，各处理 0～60 cm 土层含水量为 6.29%、5.51%、5.1%、5.69%，处理 S3 的含水量较对照分别高 0.6%。在两年的收获期，取得最高产量的处理 S1 的 0～60 cm 土壤含水量均最低，主要是因为在生长后期，S1 的小麦长势较好，耗水强度大，消耗水分较多。60～100 cm 土层土壤含水量基本是随着秸秆覆盖量的增高而升高，100～200 cm 土壤含水量处理之间无明显规律（图 3-14，图 3-15）。

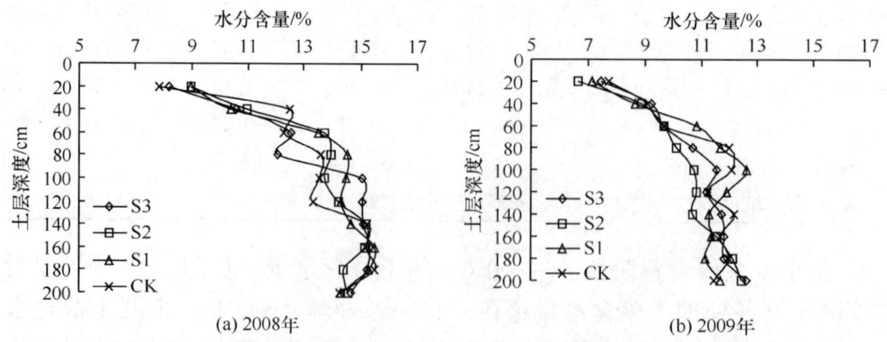

图 3-13　不同秸秆覆盖量对小麦拔节期土壤含水量的影响

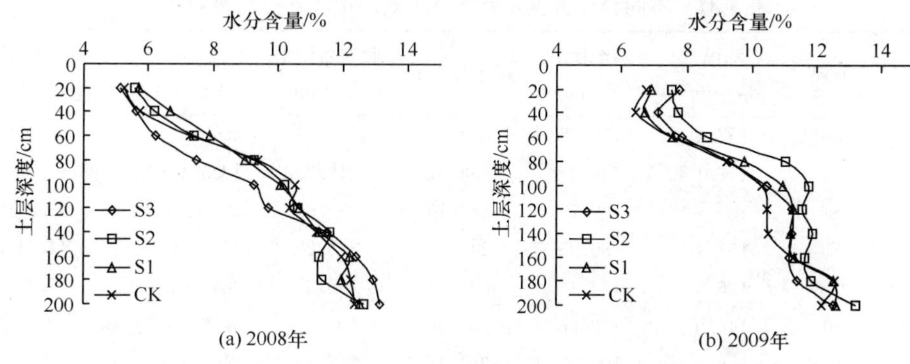

图 3-14　不同秸秆覆盖量对小麦灌浆期土壤含水量的影响

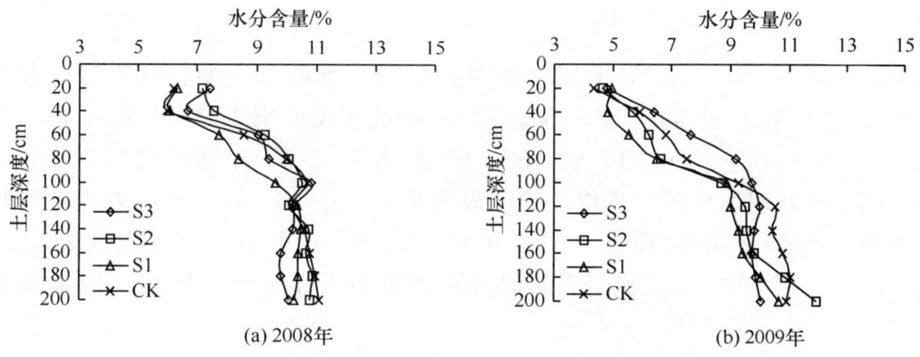

图 3-15　不同秸秆覆盖量对小麦成熟期土壤含水量的影响

（四）秸秆覆盖对小麦产量和产量构成的影响

由表 3-31 可以看出，随着覆盖量的增加，对土壤储水的利用量逐渐减少，2007～2008 年冬小麦四种处理从 CK 到 S3，储水利用量由 179.65 mm 逐渐减少到 89.95 mm，2008～2009 年冬小麦四种处理从 CK 到 S3，储水利用量由 177.45 mm 逐渐减少到 85.11 mm。对各个处理收获后 0～200 cm 土层土壤储水量进行测定，两年的结果表现出一致的规律，0～200 cm 土层储水量 S3＞S2＞S1＞CK。2008 年冬小麦处理 S1、S2、S3 的收获后土壤储水量比对照分别增加 13.8%、23.8%、29.2%，2009 年冬小麦收获后 S1、S2、S3 的土壤储水量比对照分别增加 12.3%、15.6%、23.0%。可见覆盖显著降低了土壤水分蒸发。2008 年冬小麦产量 S1＞S2＞S3＞CK，仅处理 S1 较 CK 达到极显著水平（$P<0.01$），增产达到 12.9%。2009 年冬小麦产量 S1＞S2＞S3＞CK，处理 S1、S2 和 S3 较 CK 均达到极显著水平（$P<0.01$），S1、S2、S3 较 CK 分别增产 20.5%、11.2%、4.8%。随着覆盖量的增加，小麦的水分利用效率也逐渐提高，2007～2008 年从 CK 到 S1 水分利用效率由 8.51 增加到 11.71，2008～2009 年从 CK 到 S1 水分利用效率由 8.76 增加到 12.89，相对于对照，处理 S3 的水分利用效率提高幅度最大，两年分别较对照提高 37.6%和 47.1%。

表 3-31 不同秸秆覆盖量处理下小麦产量和水分利用效率

年份	处理	降雨量/mm	储水利用量/mm	耗水量/mm	收获后储水量/mm	产量/(kg/hm²)	水分利用效率/[kg/(hm²·mm)]
2008	CK	157.4	179.65	337.05	192.17	2868.63cB	8.51D
	S1	157.4	139.17	296.57	218.72	3239.49aA	10.92C
	S2	157.4	109.78	267.18	237.99	2958.43bB	11.07B
	S3	157.4	89.95	247.35	248.23	2896.36cB	11.71A
2009	CK	146.9	177.45	324.35	186.49	2840.01dD	8.76D
	S1	146.9	133.86	280.76	209.36	3423.35aA	12.19C
	S2	146.9	104.52	251.42	215.57	3156.75bB	12.56B
	S3	146.9	85.11	232.01	229.29	2976.68cC	12.89A

注：同列小写字母不同表示两者差异显著（$P<0.05$），同列大写字母不同表示两者差异极显著（$P<0.01$），全书同。

试验结果表明（表 3-32），不同秸秆覆盖量处理下的小麦穗长较对照均有明显提高，2008 年冬小麦三种处理 S1、S2、S3 的穗长较 CK 分别提高 31.4%、21.6%、9.8%，2009 年冬小麦三种处理 S1、S2、S3 的穗长较 CK 分别提高 25.9%、8.6%、12.1%，两年各处理穗长较对照均达到极显著水平（$P<0.01$）。不同处理下的每穗小穗数仅处理 S1 较 CK 增幅较大，2008 年和 2009 年 S1 每穗小穗数较 CK 分别增加 5.5%、7.8%（$P<0.01$），S2、S3 的每穗小穗数较 CK 也略有增加，但未达到显著水平。

表 3-32 不同秸秆覆盖量处理下的小麦穗部性状及产量构成

年份	处理	穗长/cm	每穗小穗数	成穗数/(10^4穗/hm²)	穗粒数/粒	千粒重/g
2008	CK	5.1dD	12.8bB	361.17cC	26.95dD	29.91aA
	S1	6.7aA	13.5aA	370.39aA	33.75aA	27.62dB
	S2	6.2bB	13.1bB	363.41bB	30.71bB	28.15cB
	S3	5.6cC	13.0bB	352.86dD	27.81cC	29.62bA
2009	CK	5.8dD	12.9cB	346.29cC	27.29dD	29.81aA
	S1	7.3aA	13.9aA	353.65aA	35.47aA	28.39cC
	S2	6.3cC	13.1bcB	351.72bB	31.33bB	29.65bB
	S3	6.5bB	13.3bB	341.63dD	29.47cC	29.85aA

不同秸秆覆盖量对小麦产量构成因素的影响表明，对小麦田进行覆盖以后，可以明显提高小麦的成穗数和穗粒数，但覆盖量过大（S3）也会引起成穗数减少，S1、S2 和 S3 2008 年成穗数较 CK 分别提高 2.6%、0.6%、−2.3%，2009 年较 CK 分别提高 2.1%、1.6%、−1.3%，由此可以看出，覆盖量过大会影响小麦的成穗数。S1、S2、S3 的穗粒数 2008 年较 CK 分别提高了 25.2%、14.0%、3.2%，2009 年较 CK 分别提高了 30.0%、14.8%、8.0%。随着成穗数和穗粒数的增加，在灌浆期会造成穗粒数较多的麦穗籽粒灌浆不足，最终生成的籽粒较小，千粒重下降。两年中产量表现最好的处理 S1 的千粒重最小，仅为 27.62 g 和 28.39 g，除 2009 年处理 S3 的千粒重略高于对照

外，其他处理的千粒重均低于对照。

（五）秸秆覆盖对小麦田土壤肥力的影响

土壤有机质是土壤重要的组成部分，是农业生态系统中极其重要的生态因子，其含量显著影响着农业生态系统的生产力，进行秸秆覆盖以后可以显著提高土壤有机质的含量，对于农业生产力的提高具有重要意义。土壤腐殖质是土壤有机质的核心，也是土壤肥力的重要物质基础，随着小麦的生长，秸秆逐渐腐烂，分解产生了大量的腐殖质，提高了有机质的含量。进行覆盖以后，土壤微生物明显增加，土壤微生物的生物固氮作用使秸秆中的木质素在缓慢的降解过程中产生植物生长激素，相当于有机生态肥料，不仅提高了土壤有机质，还改善了土壤环境，提高了土壤肥力。从表 3-33 中可以看出，2008 年收获后不同处理 0～20 cm 土壤有机质顺序为 S2＞CK＞S3＞S1。2009 年收获后不同处理 0～20 cm 土壤有机质顺序为 S2＞S1＞S3＞CK，处理 S1、S2、S3 较 CK 分别提高了 7.8%、8.7%、2.9%。2008 年收获后 20～40 cm 结果为：仅 S2 显著高于其他处理，而其他三个处理之间差异不明显，2009 年收获后 20～40 cm 土壤有机质含量的大小顺序为 S1＞S2＞S3＞CK。

表 3-33　不同秸秆覆盖量对土壤有机质和全效养分的影响

土层/cm	处理	有机质/(g/kg)	全氮/(g/kg)	全钾/(g/kg)	全磷/(g/kg)
播前	基础样	7.3	0.56	6.5	0.69
0～20 cm	CK	8.82	0.55	7.35	0.74
(2008 年)	S1	7.71	0.50	7.07	0.75
	S2	9.09	0.57	6.80	0.76
	S3	8.16	0.57	6.32	0.80
0～20 cm	CK	10.3	0.65	7.36	0.68
(2009 年)	S1	11.1	0.73	8.25	0.74
	S2	11.2	0.71	7.49	0.73
	S3	10.6	0.66	7.36	0.69
20～40 cm	基础样	8.9	0.59	6.21	0.67
(2008 年)	CK	6.96	0.45	6.39	0.72
	S1	7.86	0.53	6.87	0.69
	S2	10.29	0.57	6.61	0.75
	S3	7.14	0.55	6.69	0.82
20～40 cm	CK	10.5	0.52	7.41	0.67
(2009 年)	S1	11.3	0.58	8.26	0.74
	S2	10.9	0.65	7.63	0.71
	S3	10.6	0.58	7.59	0.68

2008 年收获后不同处理 0～20 cm 不同处理全氮的变化为：S2 和 S3 的含量相同，都高于 S1 和 CK；2009 年收获后不同处理 0～20 cm 全氮的变化为 S1＞S2＞S3＞CK，S1、S2、S3 较 CK 分别提高了 12.3%、9.2%、1.5%。2008 年收获后 20～40 cm 结果

为：仅 S2 高于其他两个处理和 CK，S1、S2、S3 较 CK 分别提高了 17.8%、26.7%、22.2%。2009 年收获后 20～40 cm 结果为：仅 S2 显著高于其他处理，而其他三个处理之间差异不大。

0～20 cm 不同处理全钾的变化为：各个处理的全钾含量缓慢增加，增加的速度很慢。2008 年收获后各处理之间没有明显差异。2009 年收获后仅处理 S2 明显高于其他处理外，其他处理之间没有明显差异。

秸秆覆盖明显影响了土壤全磷含量。2009 年收获后 0～20 cm 土壤全磷含量 S1＞S2＞S3＞CK，S1、S2、S3 较 CK 分别提高了 8.8%、7.4%、1.5%；20～40 cm 土壤全磷含量 S1＞S2＞S3＞CK，S1、S2、S3 较 CK 分别提高了 10.4%、6.0%、1.5%。部分无覆盖的土壤养分还略有下降。连续多年覆盖秸秆可以增加土壤养分，其主要原因在于两个方面：一是因为秸秆本身含有丰富的有机质和营养元素，腐烂分解后归还给土壤，从而增加土壤养分的含量；二是秸秆覆盖通过减少地面径流而减少了土壤养分的流失。

从表 3-34 中可以看出，覆盖对土壤碱解氮、速效钾含量影响比较大，且随着覆盖量增加其影响增大。2009 年收获后，0～20 cm 土壤碱解氮含量 S2＞S3＞S1＞CK，处理 S1、S2、S3 较 CK 分别提高了 0.24%、8.66%、3.62%，20～40 cm 土壤碱解氮含量 S3＞S2＞S1＞CK。2009 年收获后 0～20 cm 土壤速效钾含量 S2＞S3＞S1＞CK，处理 S1、S2、S3 的速效钾含量较 CK 分别提高了 3.5%、6.22%、4.78%，20～40 cm 土壤速效钾含量 S3＞S1＞S2＞CK。20～40 cm 土层养分增加非常缓慢，增加的幅度很小。

表 3-34　不同秸秆覆盖量对土壤速效养分的影响

土层/cm	处理	碱解氮/(mg/kg)	速效钾/(mg/kg)	速效磷/(mg/kg)
播前	基础样	51.10	110.91	11.78
0～20 cm (2008 年)	CK	51.55	101.26	12.83
	S1	55.21	136.70	14.89
	S2	52.19	121.63	11.96
	S3	51.36	124.06	11.71
0～20 cm (2009 年)	CK	75.39	114.26	9.74
	S1	75.57	118.26	10.17
	S2	81.92	121.37	9.92
	S3	78.12	119.72	10.42
20～40 cm (2008 年)	基础样	48.30	107.01	13.18
	CK	52.11	128.84	10.55
	S1	52.18	104.70	9.06
	S2	53.59	125.18	7.88
	S3	54.28	104.49	11.11

续表

土层/cm	处理	碱解氮/（mg/kg）	速效钾/（mg/kg）	速效磷/（mg/kg）
20～40 cm（2009 年）	CK	79.62	116.49	8.92
	S1	79.87	121.96	9.81
	S2	81.37	121.29	10.28
	S3	84.42	122.85	9.51

覆盖以后对速效磷的影响相对较小，至 2009 年收获以后，速效磷的含量有所降低，这说明进行覆盖以后，增加了土壤表层中磷的有效性，使磷素更容易被植物吸收，磷随着植物移走。

第四节 旱作农田集雨种植技术

农田集雨种植技术可有效利用膜垄的集水和沟覆盖的蓄水保墒功能，改变降雨的时空分布，显著地提高降水利用率，改善种植沟内的水分状况，同时使有限的化肥相对集中施用，促进了作物根系的生长和对养分的吸收，并提高了降水的入渗率和降水在土壤中的保蓄率。

一、试验区概况

试验于 2007 年 9 月至 2009 年 6 月在陕西省合阳县甘井镇西北农林科技大学旱作试验站（35°14′N，110°09′E）进行。该区属于半湿润易旱区，海拔 910 m，光热资源较为充足，年平均温度为 10.5℃，年太阳辐射量 $5.4894\times10^5 J/cm^2$；年日照时数2528.3 h，极端高温 40.1℃，极端低温－20.1℃；无霜期 160～200 天，年均降雨量 534.6 mm，降雨量季节分配不均（表 3-35），主要集中在 7 月、8 月、9 月三个月，气候干旱，年蒸发量 1832.8 mm，土壤为垆土，基础土壤养分为：耕层有机质含量 14.037 g/kg，全氮 0.686 g/kg，全磷 0.656 g/kg，全钾 9.342 g/kg，速效氮 54.106 mg/kg，速效磷 23.187 mg/kg，速效钾 135.832 mg/kg，土壤中性偏碱（pH 8.4）。

表 3-35 2007～2009 年冬小麦生育期降雨量 （单位：mm）

年份	9 月	10 月	11 月	12 月	1 月	2 月	3 月	4 月	5 月	6 月	总计
2007～2008	28.7	48.3	1.6	9.5	29.1	8.3	13	31.7	23.5	11.9	205.6
2008～2009	55.7	15	0	0	0	25.2	18.6	14.9	145.7	0	275.1

二、试验设计

试验地中低肥力，夏闲期采用传统耕作法，播前整地兼施肥（纯氮 150 kg/hm^2；P_2O_5 120 kg/hm^2；K_2O 90 kg/hm^2；尿素为中石化产，含氮≥46.4%；二铵为陕西化肥厂生产，含氮≥46%；P_2O_5≥46%；硫酸钾为青上化工有限公司生产，含 K_2O≥46%），播前起垄（垄宽 50 cm，沟宽 50 cm，垄高 15 cm），垄上覆膜，垄沟种植，每沟种植三行小麦，行距25cm。每个小区设三垄三沟，小区面积12 m^2（长4.0 m、宽3.0 m），试验共设7个处理，采用随机区组排列，重复3次。处理1：垄覆地膜＋沟内不覆盖（DM＋BU），处理2：垄覆地膜＋沟覆秸秆（DM＋JG），处理3：垄覆地膜＋沟覆液膜（DM＋YM），处理4：垄覆液膜＋沟不覆（YM＋BU），处理5：垄覆液膜＋沟覆秸秆（YM＋JG），处理6：垄覆液膜＋沟覆液膜（YM＋YM），处理7：条播不覆盖（CK）。供试品种为晋麦47，按当地常规播种量播种。

试验所用普通地膜为山西运城塑料厂生产，秸秆为当地小麦秸秆，按6000 kg/hm^2整秆均匀覆于沟内，秸秆上适量覆土，以免秸秆被风吹走，液体地膜为浙江艾可泰投资有限公司生产，按公司推荐用量1∶9的比例兑水稀释用喷雾器均匀喷洒。2007年9月20日播种，2008年6月15日收获，2008年9月12日播种，2009年6月12日收获。

三、测定项目与方法

（一）土壤含水量的测定

在小麦播种前、收获后及主要生育阶段（2008年测定时期为3月24日、4月24日、5月21日，2009年测定的时期为3月26日、4月26日、5月19日）采用烘干称重法测定，在每个小区的微集水种植区沟中间取样，土壤水分测定深度为200 cm，每20 cm取一个土样。

（二）小麦生物学及农艺性状调查指标

地上部生物量的测定：分别于分蘖期、拔节期、孕穗期、灌浆期、成熟期在各区中间取5株小麦，150℃杀青30 min、80℃烘48 h，测其干重。

株高测定：分别于分蘖期、返青期、拔节期、孕穗期、灌浆期、成熟期随机取样5株测定株高，取其平均值。

产量及其构成因素的测定：收获时，在各小区中间种植沟内取生长势一致的一行小麦测定单位面积穗数，另取20株小麦测定穗粒数、千粒重。

人工收获，人工脱粒，收获时在各小区中间种植沟内只采收生长势一致的两行小麦测定并计算小麦的籽粒产量（kg/hm^2）。

（三）水分利用效率

土壤储水量：$v=\rho \cdot h \cdot \omega \times 10$，式中，$v$为土壤储水量（mm）；$\rho$为地段实测土壤容重（g/$cm^3$）；$h$为土层厚度（cm）；$\omega$为土壤水分重量百分数（%）。

作物耗水量：根据当地降水规律及试验地特征，不考虑降水地表径流以及地下水补给和深层渗漏，可用简化水分平衡方程式：$ET_a = EP - \Delta w$，式中，ET_a为作物耗水量；EP为降水量；Δw时段末与时段初土壤储水量之差，式中各分量均以mm为单位。

水分利用效率：作物水分利用效率为作物消耗单位水量生产出的经济产量或生物产量，其表达式为：$WUE = Y_a/ET_a$，式中，Y_a为单位面积的经济产量（kg/hm^2）；WUE为作物水分利用效率[kg/(mm·hm^2)]。

四、数据统计分析

采用 Excel 进行数据处理、绘制图表，用 DPSv 7.55 软件专业版进行数据分析，对测定结果进行 F 检验，并用 Duncan 法进行多重比较。

五、集雨种植技术对土壤水分的影响

(一) 不同处理 0～200 cm 土壤水分动态变化

不同处理 0～200 cm 土壤水分动态变化如图 3-16 所示。小麦分蘖期（2007 年 11 月 20 日、2008 年 11 月 27 日），各处理土壤水分均高于对照，垄覆地膜沟覆不同材料处理含水量高于垄覆液膜沟覆不同材料处理的含水量，处理 DM＋BU、DM＋JG、DM＋YM 在 0～200 cm土层土壤两年平均含水量分别较对照高 2.11%（$P<0.05$）、3.41%（$P<0.05$）、1.93%；处理 YM＋BU、YM＋JG、YM＋YM 含水量分别较对照高 1.03%、2.30%（$P<0.05$）、1.06%。返青期后气温回升，小麦生长速度加快，消耗水分较多，表层水分变化幅度较大，集水种植处理土壤含水量到拔节期以后 40～60 cm、60～80 cm 土层含水量随着生育进程的推进出现下降趋势，垄覆地膜沟覆不同材料处理 DM＋BU、DM＋JG、DM＋YM 在 0～200 cm 土层两年平均含水量分别较对照增加了 6.50%、12.62%（$P<0.01$）和 8.42%（$P<0.05$）；垄覆液膜沟覆不同材料处理 YM＋BU、YM＋JG、YM＋YM 含水量分别较对照增加了 3.70%、8.37%（$P<0.05$）、4.13%。抽穗期，垄覆地膜沟覆不同材料处理 0～200 cm 平均含水量较对照高了 6.42%，垄覆液膜沟覆不同材料处理 0～200 cm 平均含水量较对照高 3.46%，垄覆地膜沟覆不同材料处理平均含水量较垄覆液膜沟覆不同材料处理 0～200 cm 平均含水量高了 2.63%。

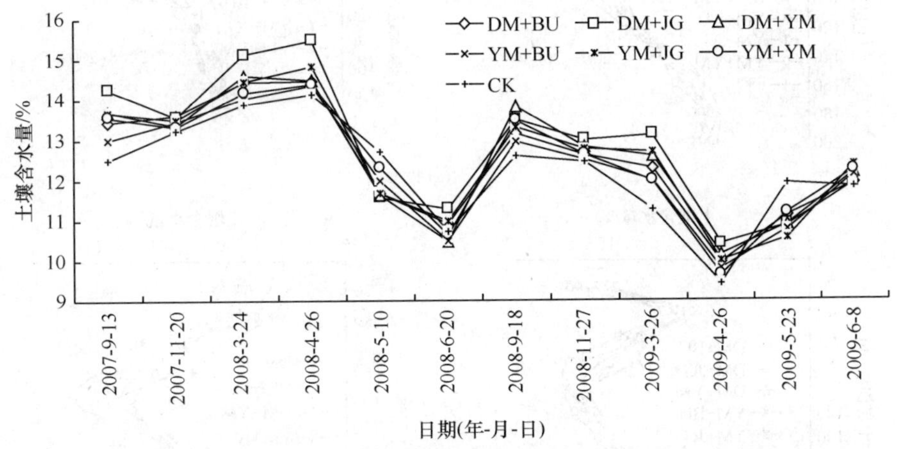

图 3-16　小麦生长期在 0～200 cm 土层平均土壤水分含量

在灌浆期由于小麦生长耗水严重，各处理土壤含水量略低于对照，处理 DM＋BU、DM＋JG、DM＋YM、YM＋BU、YM＋JG 和 YM＋YM 两年平均含水量分别较对照低 7.43%（$P<0.05$）、8.86%（$P<0.05$）、8.53%（$P<0.05$）、7.68%（$P<0.05$）、

9.76％（P<0.05）和4.62％。收获期由于降水对土壤上层水分的补充作用，各处理含水量略高于对照，处理DM+BU、DM+JG、DM+YM、YM+BU、YM+JG、YM+YM两年平均含水量分别较对照高了1.25％、2.95％（P<0.05）、0.28％、0.13％、3.49％（P<0.05）、1.30％。

（二）不同生育时期0～200 cm土层土壤含水量垂直变化

不同土层深度土壤含水量在各生育阶段表现不同，由图3-17（a）可知：2007～2008年度小麦拔节期各处理土壤含水量在0～100 cm土层变化较大，DM+JG土壤含水量最高，较对照高13.95％（P<0.05），DM+YM次之，较对照高8.28％（P<0.05），YM+BU较对照提高最少（0.67％），DM+JG在0～20 cm土层土壤含水量较对照高20.35％（P<0.05），DM+YM较对照高11.97％（P<0.05），DM+BU较对照高5.24％，垄覆液膜沟覆不同材料处理在拔节期0～20 cm平均含水量与垄覆地膜沟覆不同材料处理相比含水量较低，低了7.53％。2008～2009年度拔节期0～100 cm含水量DM+BU、DM+JG、DM+YM、YM+BU、YM+JG、YM+YM分别较对照高14.71％（P<0.05）、26.04％（P<0.05）、17.89％（P<0.05）、9.65％（P<0.05）、16.77％（P<0.05）、11.06％（P<0.05）。100～200 cm含水量YM+JG最高，为11.75％，较对照高8.35％（P<0.05），DM+JG次之，为11.49％，较对照高5.95％，YM+YM最低，较对照高1.07％；100～200 cm土层土壤含水量各处理之间变化差异较小。

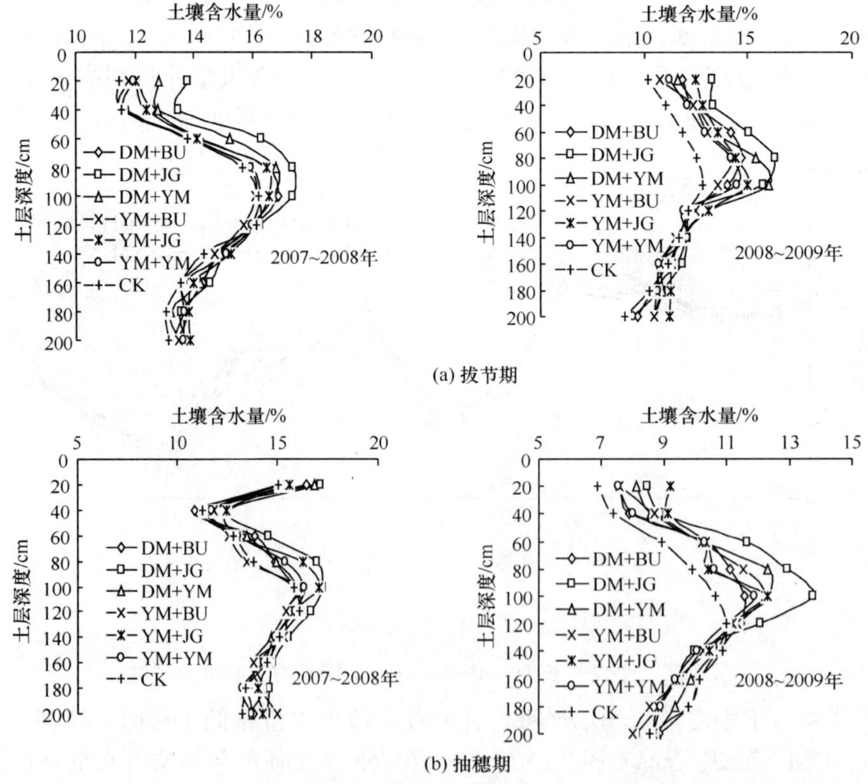

图3-17 2007～2009年不同处理不同生育时期0～200 cm土壤含水量的动态变化

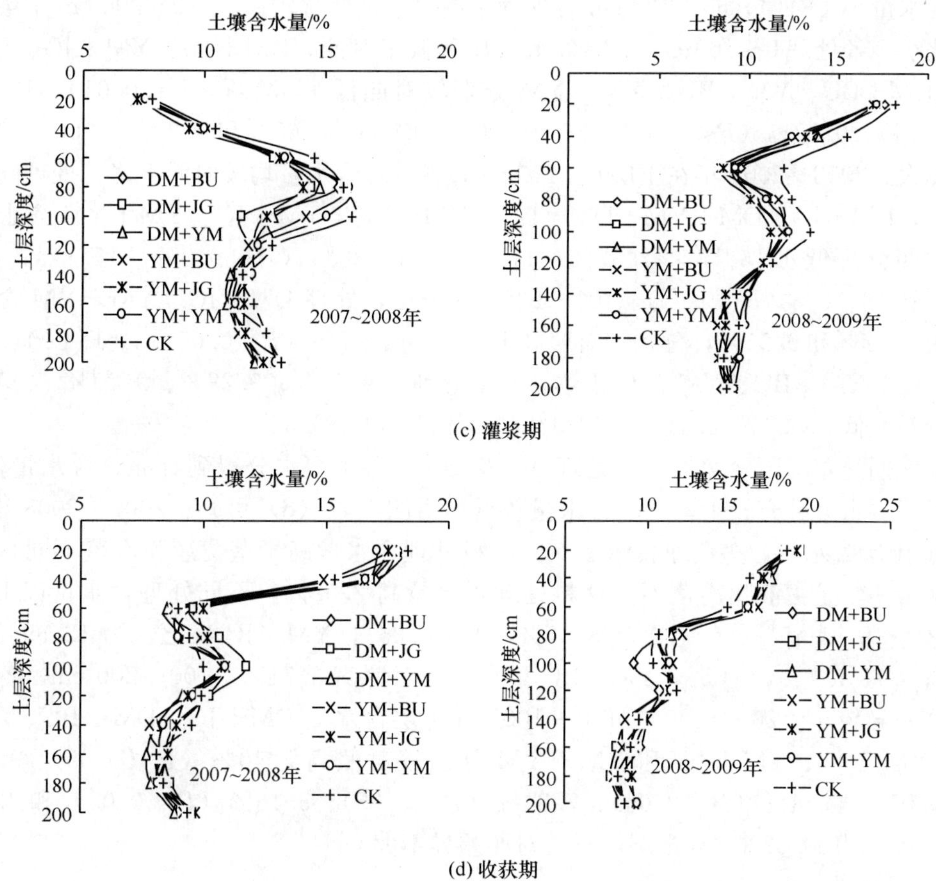

图 3-17（续）　2007～2009 年不同处理不同生育时期 0～200 cm 土壤含水量的动态变化

相对于拔节期，各处理在抽穗期不同土层深度含水量均表现为下降的趋势。各处理 0～40 cm 土层水分变化较小，40～120 cm 土层水分差异较大，120～200 cm 变化又变小。2007～2008 年 0～200 cm 水分变化如图 3-17（b）所示，0～100 cm 土层 DM+JG 水分含量最高，较对照高 13.89%（$P<0.05$），YM+JG 次之，较对照高 8.19%（$P<0.05$），YM+BU 最小，较对照高 1.09%，与对照差异不显著。随着土层的加深，各处理变化趋势趋于一致，100 cm 以下处理之间的差异很小。2008～2009 年抽穗期土壤含水量变化见图 3-17（b），从图中可以看出：0～100 cm，DM+JG 含水量最高，为 11.14%，较对照高 27.32%（$P<0.05$），DM+YM 含水量为 10.32%，较对照高 17.90%（$P<0.05$），YM+JG 含水量与之相近，为 10.28%，较对照高 17.51%（$P<0.05$），YM+BU 含水量为 10.05%，较对照高 14.87%，YM+YM 含水量为 9.66%，较对照高 10.42%，DM+BU 含水量与对照相近，为 9.69%。100～200 cm 各处理含水量略低于对照。

进入灌浆期，小麦由营养生长阶段进入生殖阶段，生长量和生长速度较大，水分消耗多。从图 3-17（c）可以看出：2007～2008 年 0～60 cm 土层水分差异较小，各处理土壤含水量小于对照，60～120 cm 各处理土壤含水量变化较大，120～200 cm 土壤含水量变化小。各处理 0～100 cm 土层含水量显著低于对照，DM+JG、YM+JG、DM+YM、DM+BU、YM+BU、YM+YM 分别较对照低 13.31%（$P<0.01$）、13.08%（$P<0.01$）、9.92%（$P<0.05$）、8.99%（$P<0.05$）、5.65%和 4.29%，100～200 cm 变化不大。2008～2009 年在土层 0～100 cm，各处理含水量均较对照下降，处理间差异不显著，DM+JG、DM+YM、DM+BU、YM+BU、YM+JG、YM+YM 含水量相对于对照分别低 12.62%、12.67%、11.84%、13.86%（$P<0.05$）、16.11%（$P<0.05$）和 13.16%（$P<0.05$），100～200 cm 土层，处理 DM+JG、YM+YM 含水量分别为 9.62%和 9.95%，分别较对照高 1.02%和 4.47%（$P<0.05$），处理 DM+YM、DM+BU、YM+BU、YM+JG 土壤含水量分别为 9.25%、9.28%、9.20%、9.10%，分别较对照低 2.88%、2.51%、3.33%和 4.41%（$P<0.05$）。

成熟期随着降雨量增加，各处理 0～80 cm 土层土壤水分得到补充，含水量较高，降雨对下层水分补充较少，下层含水量较低。由图 3-17（d）可知：2007～2008 年 0～100 cm 土层含水量，垄覆地膜沟覆不同材料处理含水量高于垄覆液膜沟覆不同材料处理含水量，较垄覆液膜沟覆不同材料处理含水量高 2.52%，不同处理含水量以 DM+JG 最高，为 13.45%，较对照高 8.45%（$P<0.05$），YM+JG 次之，为 12.99%，较对照高 4.76%（$P<0.05$），YM+BU 最小，较对照高 3.71%。100～200 cm，各处理间水分差异较小。2008～2009 年 0～100 cm 土层含水量 DM+JG、DM+BU、DM+YM、YM+BU、YM+JG 和 YM+YM 分别较对照高 5.40%（$P<0.05$）、1.06%（$P<0.05$）、5.74%（$P<0.05$）、7.34%（$P<0.05$）、5.16%（$P<0.05$）和 4.12%（$P<0.05$）。100～200 cm 土层以下与对照差异不大。

六、微集水种植技术对小麦生长发育的影响

（一）沟垄不同覆盖方式对小麦生育进程的影响

不同处理由于水、热状况的不同，对小麦的生育进程产生一定影响。从两年不同生育时期观测的结果来看（表 3-36），DM+JG、YM+JG 因有少量麦草覆盖，与对照相比，各生育时期推后 3～6 天；处理 DM+BU、DM+YM，垄覆地膜，地温较高，出苗较对照早 1～3 天，分蘖期较对照早 3～5 天，拔节期早 1～3 天，抽穗期提前 1～3 天。2007～2008 年，沟覆秸秆处理较沟覆液膜和不覆处理生育期推迟 3～4 天，垄覆膜沟不覆和沟覆液膜处理的生育期较对照提前了 2～3 天。2008～2009 年，处理 DM+BU、DM+YM 出苗期较早，处理 DM+JG、YM+JG 出苗较其他处理晚，DM+BU、DM+YM 提前进入分蘖期，沟覆秸秆处理较不覆和覆液膜处理拔节期推迟 2～3 天，垄覆地膜处理较垄覆液膜提早 1～2 天，沟覆液膜较沟覆秸秆开花期提前 2～3 天，对照较各处理成熟期提前 3～6 天，这可能与小麦越冬期到拔节期连续 3 个月干旱导致小麦早衰有关。

表 3-36　不同处理小麦的生育时期

年份	处理	播种期（年-月-日）	出苗期（年-月-日）	分蘖期（年-月-日）	拔节期（年-月-日）	抽穗期（年-月-日）	开花期（年-月-日）	成熟期（年-月-日）	生育期/天
2007～2008	DM+BU	2007-9-20	2007-10-2	2007-10-16	2008-3-22	2008-4-18	2008-5-2	2008-6-10	265
	DM+JG	2007-9-20	2007-10-6	2007-10-22	2008-3-24	2008-4-21	2008-5-3	2008-6-13	268
	DM+YM	2007-9-20	2007-10-2	2007-10-17	2008-3-22	2008-4-17	2008-5-1	2008-6-10	265
	YM+BU	2007-9-20	2007-10-4	2007-10-18	2008-3-23	2008-4-19	2008-5-2	2008-6-10	265
	YM+JG	2007-9-20	2007-10-6	2007-10-22	2008-3-25	2008-4-21	2008-5-3	2008-6-14	269
	YM+YM	2007-9-20	2007-10-3	2007-10-18	2008-3-23	2008-4-19	2008-5-2	2008-6-10	265
	CK	2007-9-20	2007-10-5	2007-10-20	2008-3-25	2008-4-20	2008-5-3	2008-6-10	265
2008～2009	DM+BU	2008-9-12	2008-9-25	2008-10-11	2009-3-14	2009-4-13	2009-4-23	2009-6-8	269
	DM+JG	2008-9-12	2008-9-28	2008-10-14	2009-3-16	2009-4-16	2009-4-27	2009-6-10	271
	DM+YM	2008-9-12	2008-9-26	2008-10-12	2009-3-13	2009-4-12	2009-4-24	2009-6-8	269
	YM+BU	2008-9-12	2008-9-24	2008-10-13	2009-3-15	2009-4-14	2009-4-25	2009-6-7	268
	YM+JG	2008-9-12	2008-9-29	2008-10-14	2009-3-17	2009-4-20	2009-4-28	2009-6-10	271
	YM+YM	2008-9-12	2008-9-27	2008-10-12	2009-3-15	2009-4-15	2009-4-26	2009-6-7	268
	CK	2008-9-12	2008-9-27	2008-10-16	2009-3-15	2009-4-13	2009-4-24	2009-6-4	265

（二）不同处理对不同小麦生育期株高的影响

由于不同处理对生长环境的影响不同，小麦的植株性状也表现出差异性。定期测定结果（表 3-37）显示，2007～2008 年分蘖期（2007-11-27），垄覆地膜沟覆秸秆处理株高低于沟不覆和覆液膜处理，这与覆盖秸秆后造成土壤温度降低，影响小麦生长有关。处理 DM+JG、DM+BU、DM+YM、YM+BU、YM+JG、YM+YM 株高分别较对照高 4.07 cm、5.00 cm、6.00 cm、3.33 cm、1.59 cm、4.12 cm，各处理与对照差异达显著水平。拔节期、抽穗期，随着气温的逐渐回升，秸秆覆盖的保水和稳温作用促进了苗期小麦的生长并超过了对照，拔节期，处理 DM＋BU、DM＋JG、DM＋YM、YM+BU、YM+YM 株高分别较对照高 21.77%（$P<0.05$）、5.41%（$P<0.05$）、57.91%（$P<0.05$）、18.83%（$P<0.05$）、15.43%（$P<0.05$），处理 YM+JG 株高较对照低 6.92%（$P<0.05$）。抽穗期，处理 DM＋YM 株高最高，较对照高 9.99%（$P<0.05$）。灌浆期后，小麦进入生殖生长阶段，株高增长变缓，各处理株高与对照间差异显著。成熟期，各处理与对照差异达显著水平，处理 DM+BU、DM+JG、DM+YM、YM+JG、YM＋YM 株高分别较对照高了 3.25%（$P<0.05$）、6.85%（$P<0.05$）、4.21%（$P<0.05$）、4.21%（$P<0.05$）、1.84%（$P<0.05$），处理 YM+BU 株高较对照低 1.82%（$P<0.05$）。

表 3-37 不同处理在不同时期的株高 （单位：cm）

年份	处理	分蘖期	拔节期	抽穗期	灌浆期	成熟期
		2007-11-27	2008-3-22	2008-4-26	2008-5-17	2008-6-8
2007～2008	DM+BU	28.56bAB	52.63bB	86.86fE	102.01dD	103.06cC
	DM+JG	27.63cdBC	45.56eE	101.50bB	105.23aA	106.66aA
	DM+YM	29.56aA	68.25aA	102.80aA	103.12cC	104.02bB
	YM+BU	26.89dC	51.36cC	91.44eD	97.11gF	98.00fF
	YM+JG	25.15eD	40.23gG	100.60bcB	103.56bB	104.02bB
	YM+YM	27.68cBC	49.89dD	100.60cB	100.65eD	101.66dD
	CK	23.56fE	43.22fF	93.46dC	98.78fE	99.82eE
		2008-11-23	2009-3-26	2009-4-26	2009-5-17	2009-6-8
2008～2009	DM+BU	28.46abcAB	31.58aA	69.44bB	72.02bB	73.80bB
	DM+JG	28.10cB	31.02bB	71.40aA	74.76aA	77.38aA
	DM+YM	28.80aA	29.80dD	69.00cC	71.28cC	73.20cC
	YM+BU	28.56abAB	31.02bB	65.16eE	66.92eE	70.34eE
	YM+JG	24.62dC	27.38eE	67.80dD	68.84dD	71.10dD
	YM+YM	28.40bcAB	30.18cC	62.46fF	63.26fF	65.08fF
	CK	20.82eD	21.88fF	59.40gG	59.58gG	63.16gG

2008～2009 年与 2007～2008 年相比，越冬前，长势一致，由于冬季连续 3 个月的干旱，拔节期株高明显低于 2007～2008 年株高，各处理平均较 2007～2008 年低 21.18 cm，由于土壤水分欠缺，拔节期后，小麦株高增长速度低于 2007～2008 年，抽穗期，2008～2009 年各处理小麦的平均株高较 2007～2008 年低 30.37 cm，处理 DM+JG 的株高最高，较对照高 20.20%（$P<0.05$），DM+BU 次之，较对照高 16.90%（$P<0.05$），处理 YM+YM 最低，较对照高 5.15%（$P<0.05$）。灌浆期，各处理与对照间差异显著，处理 DM+JG、DM+BU、DM+YM、YM+BU、YM+JG 和 YM+YM 株高分别较对照增加了 15.18 cm、12.44 cm、11.7 cm、7.34 cm、9.26 cm 和 3.68 cm。在成熟期，由于沟覆秸秆的保水效应，株高高于沟不覆和沟覆液膜处理，垄覆液膜沟覆不同材料处理株高低于垄覆地膜沟覆不同材料处理，各处理与对照间差异显著，DM+BU、DM+JG、DM+YM、YM+BU、YM+JG、YM+YM 较对照高 10.64 cm、14.22 cm、10.04 cm、7.18 cm、7.94 cm、1.92 cm。

（三）不同处理小麦生育期干物质积累动态

不同覆盖方式处理由于改变了土壤的水分、肥力状况，不仅导致了小麦的生长发育进程不同，而且影响着小麦在各个生育阶段的生长状况。生育期干物质积累情况反映了小麦的生长发育状况。从小麦分蘖、拔节、抽穗、灌浆、成熟 5 个不同时期不同处理间小麦干物质的差异来看（图 3-18），小麦返青前干物质积累较为缓慢，返青后干物质积累量急剧增加，拔节期到灌浆期是小麦干物质增长速度最快的阶段，灌浆期后，干物质积累量增长速度变缓，不同处理达到高峰值的时间相近，干物质积累达到最大值的时间均出现在灌浆期。

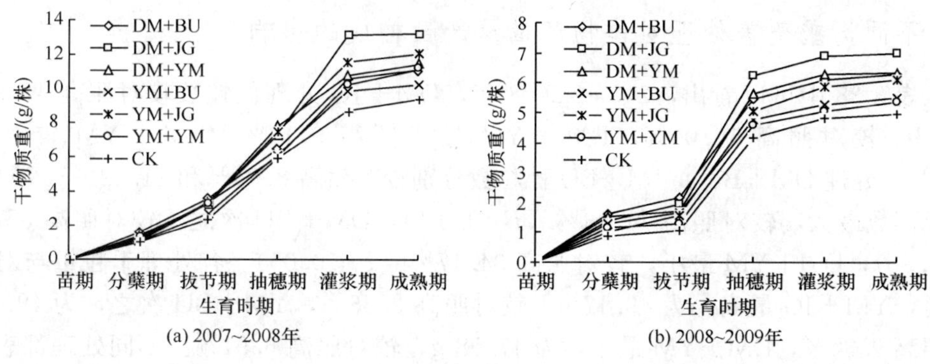

图 3-18　2007～2009 年总干物质积累动态

2007～2008 年，垄覆地膜沟覆不同材料处理在小麦分蘖期的干物质积累量较垄覆液膜沟覆不同材料处理的干物质积累量增加了 31.13%，处理 DM＋BU、DM＋JG、DM＋YM、YM＋BU、YM＋JG、YM＋YM 在拔节期干物质积累量分别较对照高了 50.84%（$P<0.05$）、38.13%（$P<0.05$）、40.68%（$P<0.05$）、13.56%、41.94%（$P<0.05$）、41.94%。抽穗期，各处理干物质积累速度变快，处理 DM＋BU、DM＋JG、DM＋YM、YM＋BU、YM＋JG、YM＋YM 干物质积累量分别较对照高了 25.76%（$P<0.05$）、22.73%（$P<0.05$）、30.86%（$P<0.05$）、3.34%、8.93%、1.45%，垄覆地膜沟覆不同材料处理的干物质积累量较垄覆液膜沟覆不同材料处理的干物质积累量高了 20.80%。灌浆期，处理 DM＋JG 干物质积累量最高，较对照高 50.97%（$P<0.01$），处理 YM＋BU 干物质积累量最低，较对照高 13.46%。成熟期，处理 DM＋BU、DM＋JG、DM＋YM、YM＋BU、YM＋JG、YM＋YM 干物质积累量分别较对照高了 28.50%（$P<0.05$）、41.02%（$P<0.01$）、17.86%（$P<0.05$）、9.29%（$P>0.05$）、19.29%（$P<0.05$）、17.86%（$P<0.05$）。

2008～2009 年，不同处理干物质积累量在不同生育阶段变化较大，苗期—拔节期各处理的生物量积累量变化上升幅度较缓，其中分蘖期—拔节期各处理干物质积累量与 2007～2008 年度相比，生物量增长量较低，这与越冬期连续三个月的干旱有关。拔节期—抽穗期变化幅度较大，抽穗期—灌浆期—成熟期变化幅度变平缓。垄覆地膜沟覆不同材料处理在分蘖期干物质积累量较垄覆液膜沟覆不同材料处理的干物质积累量高了 29.99%。拔节期，处理 DM＋BU 干物质积累量最高，较对照高 96.36%（$P<0.01$）、DM＋JG 次之，较对照高 74.54%（$P<0.01$），YM＋YM 最低，较对照高 19.09%。抽穗期 DM＋JG 干物质积累量最高，较对照高 48.40%（$P<0.05$），DM＋YM 次之，较对照高 34.91%（$P<0.05$），YM＋YM 最小，较对照高 9.38%。灌浆期 DM＋BU、DM＋JG、DM＋YM、YM＋BU、YM＋JG、YM＋YM 分别较对照高 27.48%（$P<0.05$）、43.79%（$P<0.01$）、31.23%（$P<0.05$）、10.23%、22.14%（$P<0.05$）、4.79%。成熟期 DM＋JG 干物质积累量最高，较对照高了 39.40%（$P<0.05$），DM＋YM 次之，较对照高 26.50%（$P<0.05$），YM＋YM 最小，较对照高 7.21%。

（四）不同沟垄覆盖处理对作物产量及产量构成的影响

从表3-38中可以看出，2007～2008年，DM+JG处理穗粒数较对照高12.93%，YM+JG较对照高16.00%，DM+YM较对照高9.18%，YM+YM较对照高14.63%，处理DM+BU、YM+BU穗粒数分别较对照高8.84%和11.22%。DM+JG处理成穗数最大，较对照高74.33%（$P<0.01$），DM+BU次之，较对照高55.36%（$P<0.05$），DM+YM最小，较对照高34.17%（$P<0.05$）。各处理千粒重与对照差异显著，YM+JG最高，为49.17 g，较对照高9.56%，YM+BU次之，为49.07 g，较对照高9.34%，DM+YM最小，为47.98 g，较对照高6.91%。不同处理都表现出了相应的增产效应，DM+JG产量最高，较对照高40.65%（$P<0.01$），YM+JG处理的产量为5422.38 kg/hm^2，较对照高34.45%（$P<0.01$），DM+BU、DM+YM、YM+BU、YM+YM产量分别为5164.95 kg/hm^2、5268.45 kg/hm^2、5086.73 kg/hm^2、5167.80 kg/hm^2，分别较对照高28.07%（$P<0.01$）、30.63%（$P<0.01$）、26.13%（$P<0.01$）、28.14%（$P<0.01$）。

表3-38 不同处理下小麦的产量及其构成因素

年份	处理	穗粒数/(粒/株)	成穗数/(10^4/hm^2)	千粒重/g	籽粒产量/(kg/hm^2)
2007～2008	DM+BU	32.0eD	896.3abAB	48.56abAB	5164.95abA
	DM+JG	33.2bcBC	1005.7aA	48.46abAB	5672.48aA
	DM+YM	32.1deD	774.0aAB	47.98bB	5268.45abA
	YM+BU	32.7cdCD	819.3abAB	49.07aA	5086.73bA
	YM+JG	34.1aA	889.3aAB	49.17aA	5422.38aA
	YM+YM	33.7abAB	781.7abAB	48.44abAB	5167.80abA
	条播CK	29.4fE	576.9bB	44.88cC	4033.00cB
2008～2009	DM+BU	25.7abAB	562.3aAB	43.02abcAB	3539.67aA
	DM+JG	28.3aA	597.0aA	43.26aAB	3675.14aA
	DM+YM	25.0abcAB	537.0abAB	43.13abAB	3570.10aA
	YM+BU	25.0abcAB	469.3bcBC	41.76bcB	3223.96aAB
	YM+JG	28.2aA	538.0abAB	43.49aAB	3350.57aAB
	YM+YM	23.9bcAB	468.0bcBC	42.81abcAB	3126.95abAB
	条播CK	21.5cB	388.0cC	41.59cB	2617.37bB
两年平均	DM+BU	28.9	729.3	45.79	4352.31
	DM+JG	30.8	801.4	45.86	4481.8
	DM+YM	28.6	655.5	45.56	4419.28
	YM+BU	28.9	644.3	45.42	4155.35
	YM+JG	31.2	713.7	46.33	4229.74
	YM+YM	28.8	624.9	45.63	4147.38
	条播CK	25.5	482.5	43.24	3325.19

2008～2009年，不同处理下籽粒产量及其构成因素（穗粒数、成穗数、千粒重）较对照均显著增加。DM+BU、DM+JG、DM+YM、YM+BU、YM+JG和YM+YM穗粒数分别较对照高19.53%（$P<0.05$）、31.63%（$P<0.01$），16.28%、16.28%、31.16%（$P<0.01$）和11.16%。DM+BU、DM+JG、DM+YM、YM+BU、YM+JG、YM+YM成穗数分别较对照增加了44.92%（$P<0.01$）、53.87%（$P<0.01$）、38.40%、20.95%（$P<0.01$）、38.66%和20.62%。YM+JG千粒重最大，为43.49 g，较对照高4.57%，处理DM+JG次之，千粒重为43.26 g，较对照高4.02%，YM+BU千粒重最小，较对照高0.41%。总体看来，垄覆地膜和液膜沟覆秸秆两个处理的千粒重高于其他处理。处理DM+JG较其他处理产量增加幅度最大，增幅为40.41%（$P<0.01$）、产量达到3675.14 kg/hm^2，其次为DM+YM，产量为3570.10 kg/hm^2，较对照高36.40%、与对照差异达到极显著水平，YM+YM产量为3126.95 kg/hm^2，较对照增加了19.47%。

两年试验结果表明，处理YM+JG的穗粒数最高，较对照高22.35%，处理DM+JG次之，较对照高20.78%，处理DM+YM最低，较对照高12.16%，垄覆液膜沟覆不同材料平均处理穗粒数较垄覆地膜沟覆不同材料处理高0.75%。垄覆地膜与液膜沟覆秸秆两个处理的成穗数高于其他处理，处理DM+BU、DM+JG、DM+YM、YM+BU、YM+JG和YM+YM的成穗数分别较对照高51.15%、66.08%、35.85%、33.53%、47.91%和29.50%。垄覆液膜沟覆不同材料处理平均千粒重为45.79 g，较垄覆地膜沟覆不同材料处理高0.13%。两年各处理较对照增产显著，处理DM+JG产量最高，较对照高34.78%，处理DM+YM次之，较对照高32.90%，处理YM+YM产量最低，较对照高24.73%，处理DM+BU、YM+JG和YM+BU的增产率分别为30.89%、27.20%和24.97%，垄覆地膜沟覆不同材料处理的产量较垄覆液膜沟覆不同材料处理的产量增加了5.96%。

（五）不同覆盖方式对冬小麦水分利用效率的影响

作物水分利用效率就是作物消耗单位水量生产出的同化产物的数量。农田微集水种植技术能够充分利用当季降雨，提高水分利用效率，显著提高作物产量。从表3-39中可以看出，2007～2008年度，水分利用效率以DM+JG最高，达16.96 kg/（hm^2·mm），较对照增加35.46%（$P<0.01$），DM+YM次之，达16.17 kg/（hm^2·mm），较对照增加了29.15%（$P<0.01$），YM+BU最小，为15.35 kg/（hm^2·mm），较对照高22.60%（$P<0.01$），各处理与对照差异达极显著水平（$P<0.01$）。耗水量以YM+JG最大，为337.00 mm，相对于对照高了14.77 mm，DM+YM的最小，达325.79 mm。

2008～2009年各处理中的水分利用效率以DM+JG最高，较对照增加28.16%（$P<0.01$），DM+YM次之，YM+YM最小，较对照高8.35%，各处理与对照间差异极显著（$P<0.01$），处理DM+BU耗水量最高，为316.49 mm，DM+YM耗水量最低，为305.84 mm。

表 3-39 冬小麦生长期内不同处理的籽粒产量及降雨水分利用效率

年份	处理	产量/(kg/hm²)	土壤储水		耗水量/mm	水分利用率/[kg/(hm²·mm)]
			播前/mm	收获后/mm		
2007～2008	DM+BU	5164.95abA	353.20	225.18	333.62	15.48cBC
	DM+JG	5672.48aA	353.20	224.53	334.27	16.96aA
	DM+YM	5268.45abA	353.20	233.01	325.79	16.17bAB
	YM+BU	5086.73bA	353.20	227.42	331.38	15.35cC
	YM+JG	5422.38aA	353.20	209.29	337.00	16.09bAB
	YM+YM	5167.80abA	353.20	228.59	330.21	15.65cBC
	条播 CK	4033.00cB	353.20	236.57	322.23	12.52dD
2008～2009	DM+BU	3539.67aA	291.65	250.26	316.49	11.18cB
	DM+JG	3675.14aA	281.60	249.78	306.92	11.97aA
	DM+YM	3570.10aA	282.97	252.23	305.84	11.67abAB
	YM+BU	3223.96aAB	280.26	244.47	311.19	10.36dC
	YM+JG	3350.57aAB	289.45	265.69	299.16	11.20bcB
	YM+YM	3126.95abAB	279.23	245.64	308.99	10.12dC
	条播 CK	2617.37bB	281.98	276.82	280.26	9.34eD
两年平均	DM+BU	4352.31	322.43	237.72	325.06	13.33
	DM+JG	4673.81	317.40	237.16	320.60	14.47
	DM+YM	4419.28	318.09	242.62	315.82	13.92
	YM+BU	4155.35	316.73	235.95	321.29	12.86
	YM+JG	4386.48	321.33	237.49	318.08	13.65
	YM+YM	4147.38	316.22	237.12	319.60	12.89
	条播 CK	3325.19	317.59	256.70	301.25	10.93

不同处理两年平均水分利用效率以 DM+JG 最高，较对照高 32.38%，处理 DM+YM 次之，较对照高 27.36%，处理 YM+BU 最小，较对照高 17.66%，处理 DM+BU、YM+JG、YM+YM 的水分利用效率分别较对照高 21.96%、24.89%、17.93%，垄覆地膜沟覆不同材料处理的水分利用效率较垄覆液膜沟覆不同材料处理高 5.94%，处理 DM+BU、DM+JG、DM+YM、YM+BU、YM+JG、YM+YM 的耗水量分别较对照高 7.90%、6.42%、4.84%、6.65%、5.59%和 6.09%。总体而言，垄覆地膜沟覆不同材料处理的水分利用效率高于垄覆液膜沟覆不同材料处理，这与地膜保水效果好于液膜，以及液膜在生育后期受外界冲刷，保水效果下降有关，沟覆秸秆起到了很好的抑蒸保墒的作用，改善了土壤的水分状况，提高了水分利用率，提高了产量，沟覆液膜处理也提高了水分利用效率，但效果不如沟覆秸秆明显。

第五节　旱作农田有机培肥技术

秸秆还田与增施有机肥是在水资源日益紧张的情况下，为了缓解农业用水供需矛盾，充分利用降水和土壤水而采取的农田节水技术。已有研究表明，施用有机肥可提高水分有效利用率，有利于吸纳雨水，防止水分渗漏和径流。此外，秸秆还田与增施有机肥还具有培肥改土作用，为土壤微生物提供良好的环境条件，有利于土壤结构的改良和土壤有机质的增加，对提高土壤的蓄水保墒能力，更好地发挥土壤水库的调蓄作用具有重要意义。

一、试验区概况

试验于 2007 年 9 月至 2009 年 7 月在陕西省合阳县甘井镇西北农林科技大学旱作试验站进行。试验期间冬小麦生育期降雨量见表 3-40，2007 年和 2008 年休闲期（7～9 月）降雨量分别为 335.2 mm 和 243.1 mm。试验地土壤类型为塿土，试验地土壤、厩肥及小麦秸秆的养分含量见表 3-41。

表 3-40　2007～2009 年冬小麦生育期降雨量　（单位：mm）

年份	9 月	10 月	11 月	12 月	1 月	2 月	3 月	4 月	5 月	6 月	总计
2007～2008	28.7	48.3	1.6	9.5	29.1	8.3	13	31.7	23.5	11.9	205.6
2008～2009	55.7	15	0	0	0	25.2	18.6	14.9	145.7	16.3	291.4

表 3-41　供试土壤、厩肥及小麦秸秆的养分含量

养分	试验地基础养分含量			培肥物质	
	0～20 cm	20～40 cm	40～60 cm	小麦秸秆	厩肥
有机质/(g/kg)	14.037	14.598	8.253	669.146	579.582
全氮/(g/kg)	0.686	0.550	0.440	9.830	17.264
全磷/(g/kg)	0.656	0.540	0.371	0.371	7.688
全钾/(g/kg)	9.342	10.173	10.808	37.807	25.171
碱解氮/(mg/kg)	54.106	36.632	27.879	—	—
速效磷/(g/kg)	—	—	—	0.120	1.831
速效钾/(g/kg)	—	—	—	14.958	0.963

二、试验设计

试验采用随机区组设计，秸秆还田量设 2 个水平，分别为 9000 kg/hm^2（S_{90}）和 6000 kg/hm^2（S_{60}）；厩肥施用量设 2 个水平，分别为 22 500 kg/hm^2（M_{225}）和 11 250 kg/hm^2（M_{112}），不施肥（CK）作为对照，共有 5 个处理，3 次重复。在每年冬小麦收获后秸秆粉碎翻耕施入。供试小麦品种为晋麦 47，每年 9 月下旬播种，各处理基施化肥纯氮 150 kg/hm^2、P_2O_5 120 kg/hm^2、K_2O 90 kg/hm^2，第二年 6 月中旬收获。

三、测定项目与方法

土壤水分动态：测定作物主要生育期 0～200 cm 土层土壤含水量（每 20 cm 土层测定一个样品），3 个重复，土钻取样，土样在 105℃条件下烘 12 h，即烘干法测定土壤含水量。

土壤养分：测定作物播前与收获后 0～60 cm 土壤养分含量的变化，主要按照土壤农化分析方法进行测定。

土壤容重：收获后采用环刀法测量土壤容重，此方法原理为利用一定体积的环刀切割未搅动的自然状态的土样，使土样充满其中，称量后计算单位体积的烘干土重，取 0～60 cm 的土层，每 20 cm 土层取一个样。试验有 3 个重复、每个处理中各取 3 个样，环刀的体积为 100 cm^3，结果公式：

$$d = g \cdot 100/[V\ (100 + W)]$$

式中，d 为土壤容重（g/cm^3）；g 为环刀内湿土重（g）；V 为环刀容积（cm^3）；W 为样品含水量（%）。

干物质积累量：通过烘干法测定作物主要生育期地上部分干物质量，分析研究各处理之间差异性变化。

产量及水分利用效率：通过测定产量与水分利用效率，判定有机培肥、水分、产量三者之间的关系。每次测产都是以供试作物收获时各处理实收计产（kg/hm^2）。

土壤储水量：

$$W = h \cdot a \cdot b \times 10/100$$

式中，W 为土壤储水量（mm）；h 为土层深度（cm）；a 为土壤容重（g/cm^3）；b 为土壤质量含水量（%）。

水分利用效率：

$$\mathrm{WUE} = Y/\mathrm{ET}_0$$

式中，WUE 为水分利用效率［$kg/(mm \cdot hm^2)$］；Y 为作物籽粒产量（kg/hm^2）；ET_0 为参照腾发量（mm）。

四、数据处理

本试验所有数据均用 Excel 进行数据处理、绘制图表。统计方法均采用 SAS 8.1 软件专业版进行数据分析，对测定结果进行 F 检验，并用 Duncan 法进行多重比较。

五、有机培肥对土壤水分空间动态变化的影响

图 3-19 为 2007～2008 年、2008～2009 年两年重复试验冬小麦主要生育阶段土壤水分剖面图，由图可见，不同时期土壤剖面含水量变化趋势不同，各处理 0～200 cm 土层土壤剖面含水量均在 140 cm 处有一个峰值。

2007～2008 年从小麦拔节到收获后，降水量仅为 58.4 mm，土壤中的水分得不到降水补充，作物不断利用土壤水分，导致土壤含水量不断下降。0～200 cm 土层土壤含水量平均值由拔节期的 13%～14%，降低到灌浆期的 10%～11%，再到成熟期的6%～7%。2008～2009 年拔节期 0～120 cm 土层土壤含水量平均值为 11%～13%，灌浆期降低到 7%～9%。

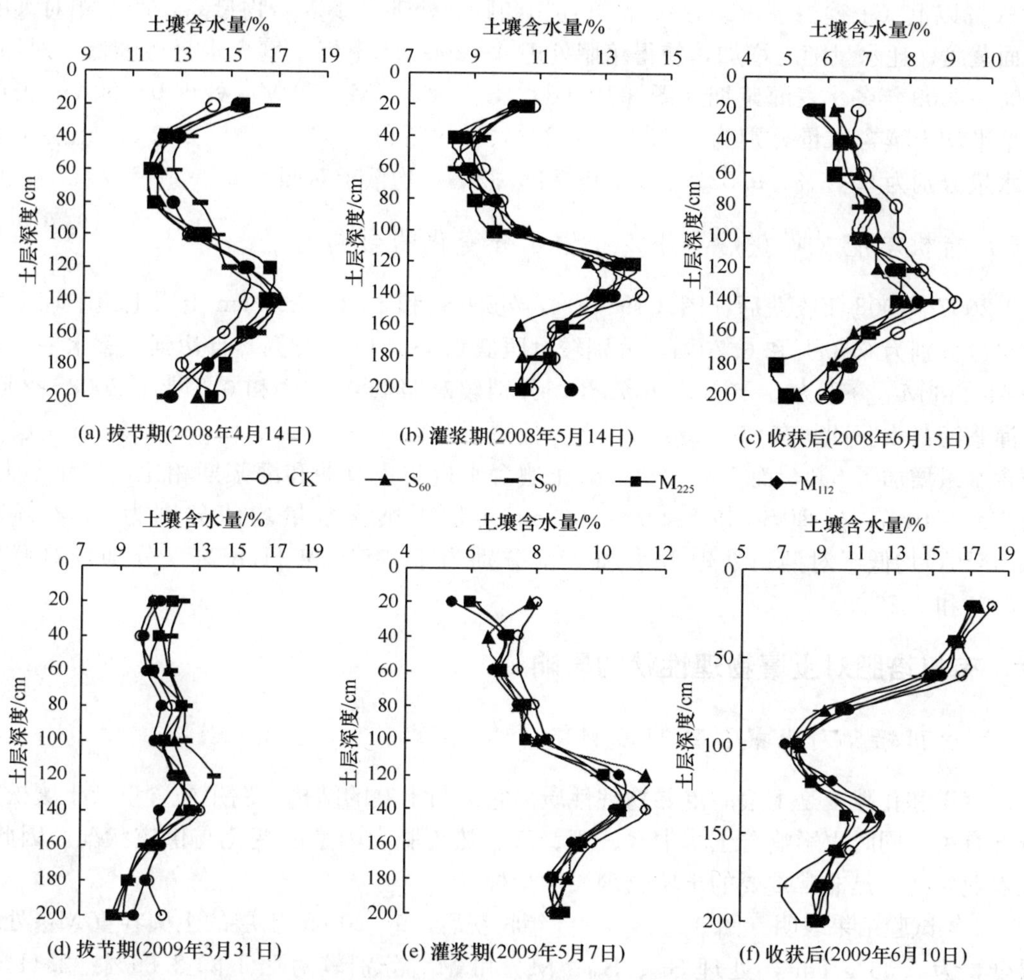

图 3-19 有机培肥对冬小麦主要生育阶段 0～200 cm 土壤水分动态变化的影响

(一) 有机培肥对拔节期冬小麦土壤水分变化的影响

图 3-19 (a) 和 3-19 (c) 为 2 年拔节期不同处理 0～200 cm 土层土壤含水量。由图中可以看出，拔节期各有机培肥处理 0～120 cm 土层土壤含水量均高于对照。处理 S_{90} 0～120 cm 土层 2 年土壤含水量平均值分别较对照高 1.17%和 1.29%，2007～2008 年处理 S_{60} 与对照差异不明显，2008～2009 年处理 S_{60} 较对照高 0.50%，处理 M_{225} 和 M_{112} 0～120 cm 土层土壤含水量较对照分别高 0.54%和 0.52%。

(二) 有机培肥对灌浆期冬小麦土壤水分变化的影响

2007～2008 年拔节到灌浆期降雨量达 46.5 mm，土壤水分得到降雨入渗的补充，使得灌浆期［图 3-19 (b)］各处理间差异不明显。随着生育进程的推进，冬小麦进入生殖生长阶段，耗水量急剧增加，农田蒸散转变为以作物蒸腾为主，植株蒸腾占耗水量的 90%以上（王德梅等，2009）。秸秆还田和厩肥处理冬小麦生物量高，产生相对大的叶面蒸腾，耗水量随之增加，使得培肥处理 0～200 cm 土层土壤含水量逐渐低于对照。2008～2009 年冬小麦灌浆期［图 3-19（d）］S_{90}、S_{60}、M_{225}和 M_{112}处理 0～80 cm 土层土壤平均土壤含水量分别为 6.93%、7.22%、6.9%和 6.99%，80～200 cm 土层土壤含水量分别为 9.16%、9.53%、9.30%和 9.32%，均低于对照。

（三）有机培肥对收获后冬小麦土壤水分变化的影响

2007～2008 年收获后［图 3-19（c）］，处理 S_{90}和 S_{60} 0～200 cm 土层土壤平均土壤含水量分别为 6.83%和 6.70%，分别较对照低 0.48%和 0.68%，且达到显著水平；处理 M_{225}和 M_{112}分别为 6.40%和 6.75%，分别较对照低 0.92%和 0.57%。2008～2009 年灌浆期与收获期间有 162 mm 的降水，使得收获后［图 3-19（f）］0～100 cm 土层土壤含水量增加了 6%，而 100～200 cm 土壤含水量与拔节期和灌浆期相比，变化不大，为 9%～10%，处理 S_{90} 和 S_{60} 0～200 cm 土层土壤含水量均值分别为 11.20%和 11.44%，均低于对照；处理 M_{225} 和 M_{112} 分别为 11.45%和 11.85%，分别较对照低 0.69%和 0.29%。

六、有机培肥对土壤物理性状的影响

（一）有机培肥对土壤容重的影响

容重和孔隙度是土壤的重要物理性质。它们与土壤的结构、腐殖质含量及土壤松紧状况有关，同时也影响着土壤中水、肥、气、热等肥力因素的变化与供应状况。因此，在农业生产上是非常重要的土壤物理属性指标。

2 年试验结果表明（图 3-20），2008 年收获后，0～20 cm 土层的土壤容重 M_{225}处理最低，为 1.36 g/cm^3，处理 S_{90}、S_{60}、M_{225} 和 M_{112} 分别较对照下降 2.89%、2.41%、3.87%和 2.43%，M_{225}处理较 M_{112}低 0.83%，S_{90}处理较 S_{60}低 0.78%，厩肥处理的容重较秸秆还田处理的低；20～40 cm 土层土壤容重 S_{90}处理最低，为 1.41 g/cm^3，各培肥处理分别较对照下降 11.68%、8.64%、10.44%和 9.14%；40～60 cm 土层的土壤容重各处理分别比对照下降 0.27%～2.46%，M_{225}处理最低，为 1.47 g/cm^3，厩肥处理的容重较秸秆还田处理的低。2009 年收获后，处理 S_{90}、M_{225}和 M_{112} 0～20 cm 土层土壤容重较对照分别降低 1.58%、3.40%和 2.20%，20～40 cm 土层土壤容重较对照分别降低 1.04%、1.39%和 2.87%，S_{60}处理作用不明显，厩肥处理的容重较秸秆还田处理低；40～60 cm 土层处理 S_{90}、S_{60}、M_{225}和 M_{112}较对照下降 0.47%～2.60%，S_{90}处理最低，为 1.42 g/cm^3。

（二）有机培肥对土壤机械稳定性团聚体组成状况的影响

机械稳定性团聚体是指能够抵抗外力破坏的团聚体，常用干筛后团聚体的组成含量来反映。土壤学中将当量粒径为 0.25～10 mm 的团聚体称为大团聚体，其含量越高，说明土壤团聚性越好，而小于 0.25 mm 的团聚体，是机械稳定性较差的团聚体，这一

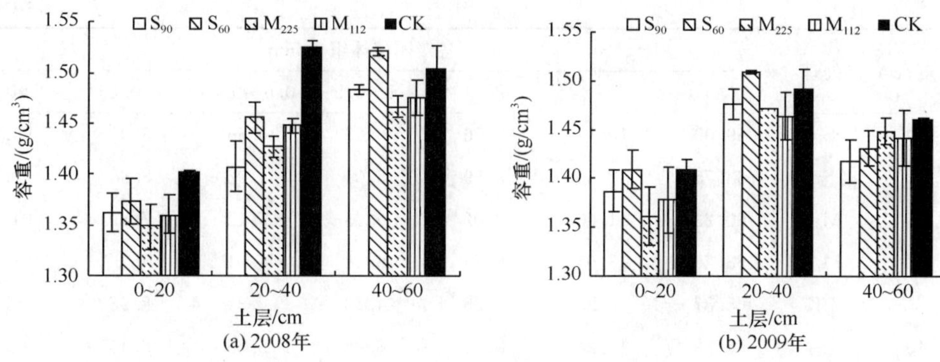

图 3-20　有机培肥对土壤容重的影响

级别团聚体所占比例越高，表明土壤越分散，它不仅在降雨和灌溉期间会堵塞孔隙，影响水分入渗，易产生地面径流，增加土壤的侵蚀，还容易形成沙尘天气。

表 3-42、表 3-43 为有机培肥处理对不同土层机械稳定性团聚体组成的影响情况。各处理机械稳定性团聚体均以大团聚体（>0.25 mm）为主。这说明各级风干团聚体分布不均匀，大团聚体（>0.25 mm）含量较高，团聚性较好。各处理 4 个层次土壤经过干筛后，>0.25 mm 的土壤团聚体含量均在 75%以上。各粒级含量的大小在0~40 cm土层的变化趋势不同，但均为>5 mm 的最多，0.25~0.5 mm 的最少，其他粒级含量在不同土层不同年际间均不同。试验结果显示，秸秆还田和厩肥处理 0~20 cm土层除 M_{112} 处理外，2~5 mm 的土壤团聚体含量均高于对照，且 2008 年表现出施用厩肥的处理含量高于秸秆还田处理。培肥各处理 10~40 cm 土层>0.25 mm 的各粒级团聚体含量均较 0~10 cm 土层有所增加，且差异较大；但 5~0.25 mm 团聚体含量却有所降低。

表 3-42　2008 年有机培肥处理下土壤机械团聚体组成状况　　（单位：%）

土层深度/cm	处理	各级团聚体组成/mm						
		>5	5~2	2~1	1~0.5	0.5~0.25	<0.25	>0.25
0~10	S_{90}	34.49	13.99	12.96	12.94	12.06	14.02	86.44
	S_{60}	35.38	16.21	11.80	10.07	10.11	16.21	83.56
	M_{225}	29.79	15.65	14.58	13.75	11.12	14.91	84.90
	M_{112}	30.68	13.23	14.22	12.02	14.48	15.21	84.63
	CK	34.73	13.78	10.07	11.67	11.94	17.47	82.19
10~20	S_{90}	47.52	14.82	11.99	8.29	8.99	8.30	91.61
	S_{60}	50.07	15.01	9.63	7.76	7.36	9.89	89.82
	M_{225}	46.85	13.75	11.21	9.78	8.63	9.62	90.21
	M_{112}	48.34	11.99	11.62	8.71	8.91	10.26	89.58
	CK	49.12	14.34	9.38	7.56	5.96	12.82	86.37

续表

土层深度/cm	处理	各级团聚体组成/mm						
		>5	5～2	2～1	1～0.5	0.5～0.25	<0.25	>0.25
20～30	S_{90}	59.09	10.13	8.96	6.23	6.56	8.97	90.96
	S_{60}	63.75	11.50	5.59	5.01	4.93	8.95	90.78
	M_{225}	60.23	11.60	8.02	6.23	5.12	7.89	91.21
	M_{112}	58.20	13.65	6.74	6.31	4.01	10.68	88.91
	CK	65.87	9.29	6.33	4.69	4.35	8.98	90.52
30～40	S_{90}	56.33	13.24	9.47	6.86	5.38	8.40	91.27
	S_{60}	65.24	8.75	7.74	4.85	5.36	7.95	91.95
	M_{225}	58.67	10.49	9.83	5.82	6.37	8.62	91.18
	M_{112}	59.01	13.61	7.37	5.59	4.38	9.92	89.96
	CK	59.48	11.69	7.97	5.60	5.55	9.52	90.28

表 3-43　2009 年不同有机培肥处理下土壤机械团聚体组成状况　（单位:%）

土层深度/cm	处理	各级团聚体组成/mm						
		>5	5～2	2～1	1～0.5	0.5～0.25	<0.25	>0.25
0～10	S_{90}	31.48	13.81	13.55	16.44	10.62	14.41	85.91
	S_{60}	37.40	12.96	11.71	14.90	10.57	13.19	87.53
	M_{225}	28.82	13.10	12.23	19.38	13.85	12.75	87.38
	M_{112}	29.28	13.18	11.75	17.74	11.82	15.74	83.76
	CK	28.15	11.02	10.48	18.51	11.97	19.69	80.12
10～20	S_{90}	55.92	13.85	7.65	10.06	5.24	7.26	92.72
	S_{60}	56.94	11.33	6.40	11.85	5.31	9.17	91.82
	M_{225}	44.85	14.92	8.43	13.40	8.41	10.01	90.03
	M_{112}	54.73	10.39	7.92	10.43	6.63	9.87	90.11
	CK	51.68	11.61	6.31	10.38	5.77	14.32	85.74
20～30	S_{90}	58.68	10.70	8.42	9.24	4.88	8.47	91.92
	S_{60}	64.33	10.22	5.02	6.80	4.32	9.84	90.68
	M_{225}	58.75	10.58	8.19	9.10	5.64	7.87	92.25
	M_{112}	60.53	10.37	6.01	7.83	5.59	10.45	90.32
	CK	56.51	10.46	8.45	8.44	4.61	12.02	88.47
30～40	S_{90}	61.07	12.18	6.83	8.66	5.25	8.66	93.98
	S_{60}	53.44	12.43	9.39	10.10	5.91	8.54	91.27
	M_{225}	62.80	11.25	6.91	7.95	4.59	6.67	93.51
	M_{112}	55.33	11.07	8.94	9.00	5.74	9.99	90.07
	CK	59.65	10.46	7.54	8.07	4.15	10.84	89.87

两年结果表明，0～10 cm 和 10～20 cm 土层各有机培肥处理＞0.25 mm 的土壤团聚体含量高于对照，说明施用有机肥能增加土壤中的大团聚体，显著改善土壤团聚体的结构。其中，0～10 cm 土层 2008 年 S_{90}、S_{60}、M_{225} 和 M_{112} 处理＞0.25 mm 的土壤团聚体含量较对照增幅分别为 5.17%、1.67%、3.30%和 2.97%，2009 年各处理分别较对照增幅为 7.23%、9.25%、9.06%和 4.54%；10～20 cm 土层 2008 年各处理分别较对照增幅为 6.07%、4.00%、4.44%和 3.72%，2009 年各处理分别较对照增幅为 8.14%、7.10%、5.00%和 5.10%。2008 年 20～40 cm 土层有机培肥处理与对照间差异不明显。2009 年 20～30 cm 土层，处理 S_{90}、S_{60}、M_{225} 和 M_{112}＞0.25 mm 的土壤团聚体含量较对照增幅分别为 3.90%、2.50%、4.27%和 2.09%，30～40 cm 土层各处理分别较对照增幅为 4.57%、1.56%、4.05%和 2.09%，表现出随秸秆还田和有机肥施用量的增加，＞0.25 mm 的土壤团聚体含量增加。

土壤机械稳定性团聚体含量随着不同有机肥的种类及施肥量的变化而发生变化。从表 3-42 和图 3-21 中可见，0～20 cm 土层，S_{90}、S_{60} 和 M_{225} 处理的＞1 mm、＞0.5 mm 和＞0.25 mm 团聚体的含量均高于对照，S_{90} 处理的最高，初步认为有机物质有促进大团聚体形成的作用，而单施化肥对大团聚体的形成不利。从表 3-43 和图 3-22 中可以看

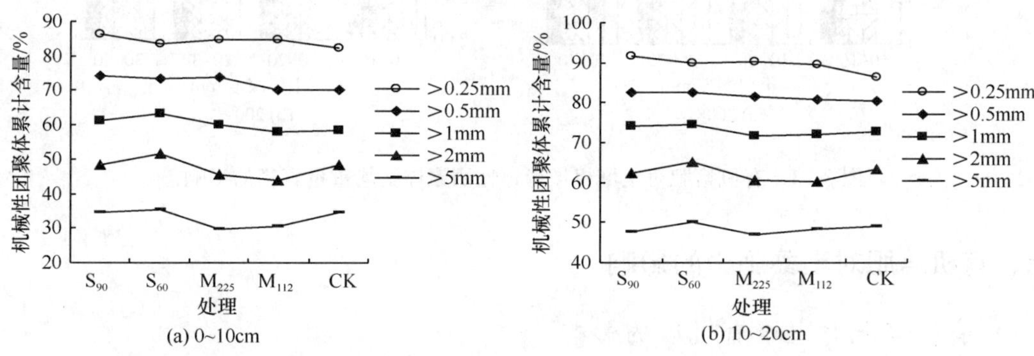

图 3-21　2008 年不同有机培肥处理各粒级土壤机械性团聚体累积曲线

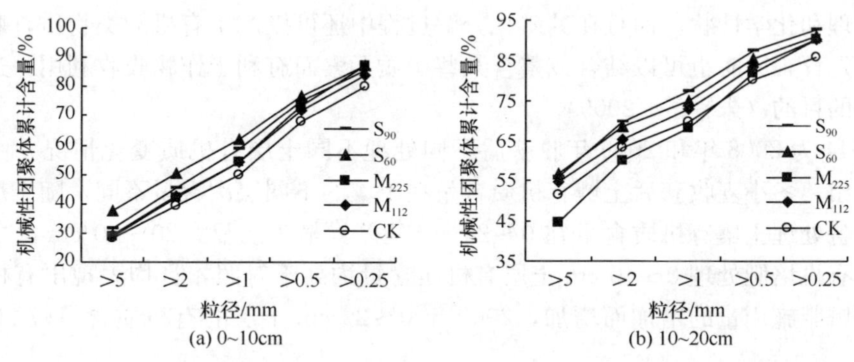

图 3-22　2009 年不同有机培肥处理各粒级土壤机械性团聚体累积曲线

出，在 0～20 cm 土层 S_{90}、S_{60}、M_{225} 和 M_{112} 处理＞5 mm、＞2 mm、＞1 mm、＞0.5 mm、＞0.25 mm 的团聚体含量均高于对照，总体而言，秸秆还田处理高于厩肥处理，说明施用有机肥是增加土壤团聚体含量的有效途径。

图 3-23 结果显示：随土层加深，土壤机械团聚体平均重量直径有增高的趋势，2008 年 0～10 cm 土层秸秆还田处理的平均重量直径高于厩肥和对照处理，0～40 cm 土层平均重量直径均为 S_{60} 最高，施用厩肥处理平均重量直径均低于对照。2009 年有机肥处理的机械稳定性团聚体平均重量直径在 0～30 cm 土层都大于单施化肥对照，并且秸秆还田处理均高于厩肥处理。0～10 cm 土层 S_{90}、S_{60}、M_{225} 和 M_{112} 处理平均重量直径分别较对照高 12.84%、23.09%、6.06%和 6.33%；10～20 cm 土层 S_{90}、S_{60} 和 M_{112} 处理分别较对照高 8.97%、7.57%和 3.95%。

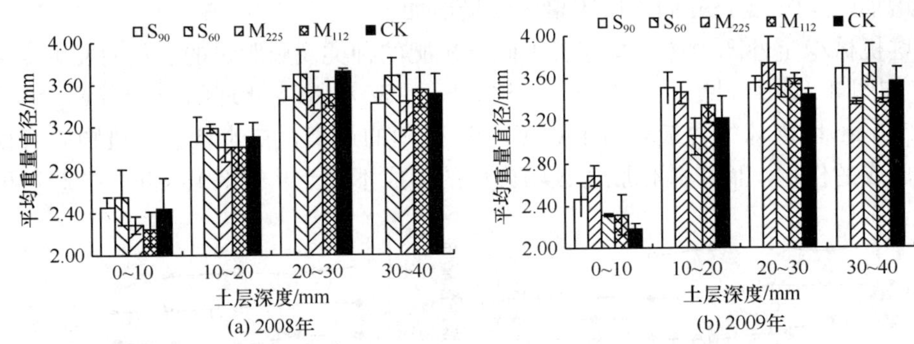

图 3-23 有机培肥对土壤机械稳定性团聚体平均重量直径的影响

七、有机培肥对土壤肥力的影响

（一）有机培肥对土壤有机质的影响

土壤有机质是土壤中最活跃的成分，对肥力因素、水肥气热影响最大。它是土壤养分的源与库，也是评价土壤肥力高低的重要指标之一。有机质含量的增加，不仅能改善土壤的物理和化学性状，而且在其矿化分解过程中还可以产生有机酸类物质，刺激植物根系生长发育，同时也可以结合或螯合某些矿质元素而有利于作物吸收利用，达到作物高产稳产的目的（朱平等，2009）。

表 3-44 为 2008 年和 2009 年收获后不同处理不同土层有机质变化情况。由表中数据可以看出，冬小麦收获后土壤有机质含量在土壤的不同层次含量不同，随土层加深明显降低，各处理土壤有机质含量在 0～20 cm 处差异最为明显，20～40 cm 次之。两年收获后各有机培肥处理 0～40 cm 土层有机质含量均高于对照，且均表现出有机质含量随秸秆和厩肥施用量的增加而增加，2009 年 0～20 cm 土层的有机质含量较 2008 年有所增加。

表 3-44　有机培肥对土壤有机质含量的影响　（单位：g/kg）

年份	处理	土层	
		0～20 cm	20～40 cm
2008	S_{90}	16.91±0.66a	11.11±0.58a
	S_{60}	15.50±0.24ab	11.02±0.83a
	M_{225}	16.86±0.52a	11.32±1.04a
	M_{112}	16.77±0.20a	10.76±0.68a
	CK	14.73±0.89b	8.48±0.32b
2009	S_{90}	17.27±0.32a	11.65±1.14a
	S_{60}	16.67±0.60ab	11.68±0.43a
	M_{225}	16.25±0.37ab	10.43±0.30a
	M_{112}	15.82±0.53bc	10.29±0.72ab
	CK	15.11±0.38c	8.62±0.44b

注：表中数值为平均数±标准误，下表同。

2008 年处理 S_{90}、S_{60}、M_{225} 和 M_{112} 0～20 cm 土层有机质较对照增幅分别达到 14.80%（$P<0.05$）、5.23%、14.46%（$P<0.05$）和 13.85%（$P<0.05$）；20～40 cm土层各处理有机质含量与对照间差异均达到显著水平，增幅分别为 31.01%、29.95%、33.49%和 26.89%。2009 年 0～40 cm 土层处理 S_{90}、S_{60} 和 M_{225} 与对照间差异均达到显著水平，秸秆还田处理有机质含量高于厩肥处理，0～20 cm 土层下各培肥处理较对照增幅分别为 14.30%、10.32%和 7.54%，20～40 cm 土层增幅分别为 35.15%、35.50%和 21.00%，M_{112} 处理与对照间差异不显著。

（二）土壤全氮、碱解氮含量变化

表 3-45 为 2008 年和 2009 年收获后不同处理不同土层全氮含量变化情况。可以看出，在土壤的不同层次，各处理的土壤全氮含量均表现出不同程度的差异性；2009 年 0～20 cm 土层的全氮含量高于 2008 年；2009 年秸秆还田处理全氮含量高于厩肥处理，但差异未达到显著水平。2008 年收获后有机培肥处理各土层全氮含量均高于对照，不同肥料梯度间及肥料种类间差异也不显著。2009 年收获后处理 S_{90} 和 S_{60} 0～20 cm 土层全氮含量与对照间差异达到显著水平，增幅分别为 10.87%和 17.39%，处理 M_{225} 和 M_{112} 与对照间差异不显著；20～40 cm 土层，有机培肥对土壤全氮含量的影响并不大，各处理全氮含量与对照相比较有所提高，但差异未达到显著水平，高量有机肥与常量有机肥处理土壤全氮含量基本在同一水平，无明显差异。

氮是土壤中最为活跃的大量营养元素之一，碱解氮含量在一定程度上可以反映出土壤氮素的供应强度。表 3-45 结果表明，两年收获后 0～40 cm 土层各有机培肥处理碱解氮含量均高于对照，差异达到显著水平，且均表现出随秸秆和厩肥施用量的增加，碱解氮含量增加；2009 年 0～40 cm 土层的碱解氮含量显著高于 2008 年；秸秆还田处理与

表 3-45 有机培肥对土壤全氮、碱解氮含量的影响

年份	处理	全氮/(g/kg)		碱解氮/(mg/kg)	
		0～20 cm	20～40 cm	0～20 cm	20～40 cm
2008	S_{90}	0.85±0.017a	0.62±0.048ab	58.12±0.61ab	41.95±1.81a
	S_{60}	0.83±0.01a	0.60±0.03ab	58.11±0.84bc	41.86±1.83a
	M_{225}	0.86±0.03a	0.64±0.03ab	58.30±3.07a	45.22±2.48a
	M_{112}	0.84±0.012a	0.65±0.02a	58.23±1.83ab	41.52±0.85b
	CK	0.82±0.036a	0.57±0.01b	56.93±2.68c	36.58±2.80c
2009	S_{90}	1.02±0.03a	0.76±0.06a	91.27±2.73b	64.12±2.61a
	S_{60}	1.08±0.04a	0.73±0.02a	89.52±2.05bc	54.81±3.80a
	M_{225}	1.03±0.03ab	0.72±0.07a	97.30±2.07a	57.12±2.44a
	M_{112}	0.93±0.11ab	0.63±0.07a	85.82±1.00c	54.58±4.97a
	CK	0.92±0.02b	0.59±0.02a	77.24±1.73d	43.45±1.35b

厩肥处理间差异不显著。2008 年 0～20 cm 土层 S_{90}、S_{60}、M_{225}和 M_{112}处理与对照相比，增幅分别为 2.09%、2.07%、2.41%和 2.28%；20～40 cm 土层各处理增幅分别为 14.68%、14.43%、23.62%和 13.50%。2009 年 0～20 cm 土层各处理较对照高 11.11%～25.97%，M_{225}处理较 M_{112}高 11.48 mg/kg，差异达显著水平；20～40 cm 土层各处理增幅为 25.62%～47.57%，各有机肥处理间差异不显著。

（三）土壤全磷、速效磷含量变化

表 3-46 为 2008 年和 2009 年收获后不同处理不同土层全磷、速效磷变化情况。2008 年收获后 0～40 cm 各土层中，有机培肥处理对土壤全磷含量的影响并不大，各处理与对照差异不显著。2009 年收获后处理 S_{90}、S_{60}和 M_{225} 0～20 cm 土层全磷含量与对照差异达到显著水平，增幅分别为 19.35%、19.35%和 16.13%，M_{112}处理与对照间差异不显著；20～40 cm 土层，有机培肥对土壤全磷含量的影响并不大，各处理与对照差异不显著。

表 3-46 有机培肥对土壤全磷、速效磷含量的影响

年份	处理	全磷/(g/kg)		速效磷/(mg/kg)	
		0～20 cm	20～40 cm	0～20 cm	20～40 cm
2008	S_{90}	0.67±0.01a	0.62±0.02a	20.79±0.64ab	9.06±0.81a
	S_{60}	0.67±0.01a	0.53±0.02a	18.13±1.62b	8.46±1.29a
	M_{225}	0.69±0.01a	0.57±0.03a	23.89±1.97a	9.45±1.72a
	M_{112}	0.68±0.02a	0.59±0.02a	21.13±1.15ab	4.46±0.79b
	CK	0.67±0.03a	0.54±0.04a	14.39±0.23c	4.83±0.55b

续表

年份	处理	全磷/(g/kg)		速效磷/(mg/kg)	
		0～20 cm	20～40 cm	0～20 cm	20～40 cm
2009	S_{90}	0.74±0.02a	0.56±0.02a	21.78±0.55a	9.55±0.58a
	S_{60}	0.74±0.02a	0.59±0.03a	18.93±1.69b	8.49±0.89b
	M_{225}	0.72±0.02a	0.55±0.02a	26.87±0.74ab	7.02±0.51bc
	M_{112}	0.65±0.04b	0.54±0.02a	19.73±1.04ab	5.60±0.93cd
	CK	0.62±0.02b	0.52±0.05a	14.83±1.03c	5.15±0.74d

2 年收获后土壤速效磷含量均随土层加深明显降低，各有机培肥处理 0～40 cm 土层速效磷含量均高于对照，且均表现出随秸秆和厩肥施用量的增加，速效磷含量增加。2008 年 0～20 cm 土层 S_{90}、S_{60}、M_{225}和 M_{112}处理与对照差异均达到显著水平，增幅分别为 44.48%、25.99%、66.02%和 46.84%；20～40 cm 土层处理 S_{90}、S_{60}和 M_{225}与对照差异达到显著水平，增幅分别为 87.58%、75.16%和 95.65%，M_{112}处理与对照差异不显著；2009 年 0～40 cm 土层 S_{90}和 S_{60}处理间差异均达到显著水平。0～20 cm 土层处理 S_{90}、S_{60}、M_{225}和 M_{112}与对照差异均达到显著水平，增幅分别为 46.86%、27.65%、81.19%和 33.04%；20～40 cm 土层处理 S_{90}、S_{60}、M_{225}和 M_{112}较对照增幅分别为 85.44%（$P<0.05$）、64.85%（$P<0.05$）、36.31%（$P<0.05$）和 8.74%。

（四）土壤全钾、速效钾含量变化

钾在土壤中的移动性较强，作物对钾的需要量也较大。从表 3-47 中可以看出，2008 年收获后 0～40 cm 各土层中，不同土壤层次的速效钾含量差异较小，处理间在不同土壤层次以 S_{90}处理的全钾含量为最高；有机培肥处理对土壤全钾含量的影响不大，各处理与对照差异不显著。2009 年收获后不同层次的全钾含量以处理 S_{90}和 M_{225}为最高，对照和处理 S_{60}、M_{112}最低，S_{90}、S_{60}、M_{225}和 M_{112}处理 0～40 cm 土层全钾含量与对照间差异达到显著水平，但不同有机肥种类间及施肥量间差异不显著，0～20 cm 土层各处理全钾含量增幅分别为 22.75%、20.60%、22.00%和 7.51%，20～40 cm 土层增幅分别为 18.09%、5.55%、16.65%和 13.34%。

表 3-47　有机培肥对土壤全钾、速效钾含量的影响

年份	处理	全钾/(g/kg)		速效钾/(mg/kg)	
		0～20 cm	20～40 cm	0～20 cm	20～40 cm
2008	S_{90}	9.08±0.43a	9.31±0.29a	163.22±9.08a	109.45±2.30a
	S_{60}	8.74±0.33a	8.37±0.49a	170.49±9.77a	102.68±5.86a
	M_{225}	8.69±0.40a	8.48±0.41a	162.85±7.78a	101.50±3.28a
	M_{112}	8.49±0.47a	8.64±0.27a	142.42±2.73b	100.67±3.52a
	CK	8.77±0.48a	8.58±0.60a	135.74±8.93b	100.68±3.37a

续表

年份	处理	全钾/(g/kg)		速效钾/(mg/kg)	
		0～20 cm	20～40 cm	0～20 cm	20～40 cm
2009	S_{90}	11.44±0.45a	11.49±0.76a	164.41±9.88ab	108.97±4.73ab
	S_{60}	11.24±0.83a	10.27±0.65a	176.55±11.08a	104.66±6.59ab
	M_{225}	11.37±0.16a	11.35±0.30a	167.25±6.79ab	102.40±3.77b
	M_{112}	10.02±0.63a	11.03±0.14a	151.87±9.08b	112.76±2.38a
	CK	9.32±1.7b	9.73±0.22b	129.96±4.58c	91.97±3.56c

不同处理不同土壤层次的速效钾含量差异较大，以 0～20 cm 土层的速效钾含量较高。2008 年处理 S_{90}、S_{60} 和 M_{225} 0～20 cm 土层速效钾与对照差异达到显著水平，增幅分别为 20.24%、25.60%和 19.97%，M_{112} 处理与对照差异不显著；20～40 cm 土层各处理与对照差异不显著。2009 年各处理 0～40 cm 土层速效钾含量与对照差异均达到显著水平。0～20 cm 土层各处理较对照增加 16.86%～35.85%；20～40 cm 土层各处理与对照相比，增幅为 11.34%～22.61%，M_{225} 和 M_{112} 处理间差异达显著水平。

八、有机培肥对冬小麦生长发育状况及产量的影响

（一）有机培肥对冬小麦株高的影响

从冬小麦不同时期不同处理间株高的差异（图 3-24）来看，2008 年不同时期各处理间差异不显著。2009 年越冬期（2008-11-21）S_{90}、S_{60}、M_{225} 和 M_{112} 处理株高均高于对照，分别增加 3.29 cm、1.55 cm、0.69 cm 和 0.03 cm，未达到显著水平；抽穗期（2009-4-24）各处理较对照分别增加 10.16 cm、5.54 cm、4.52 cm 和 2.97 cm，S_{90} 处理与对照间差异达显著水平；灌浆期（2009-5-7）各处理与对照差异不显著，处理间差异也未达到显著水平；成熟期（2009-6-6）S_{90} 处理与对照差异达显著水平，较对照高 4.74 cm，其他处理与对照间差异不显著。

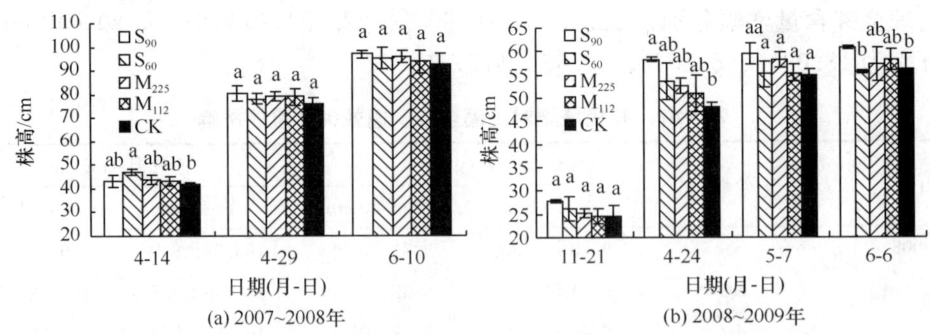

图 3-24　有机培肥对冬小麦株高的影响

图中不同小写字母表示 Duncan 检验在 0.05 水平上的差异显著，下同

（二）有机培肥对冬小麦单株次生根条数的影响

由图 3-25 可以看出，冬小麦 2 年单株次生根条数差异较大，2008～2009 年整个生育期缺水严重影响小麦生长发育，次生根条数较 2007～2008 年少。2008 年孕穗期（2008-4-14）处理 S_{90} 和 S_{60} 次生根条数与 M_{112} 及对照差异达显著水平，分别较对照增加 11.01%和 17.10%，较 M_{112} 处理增加 16.06%和 22.42%，M_{225} 处理与对照差异不显著；抽穗期（2008-4-29）各培肥处理之间及其与对照间差异均不显著；成熟期（2008-6-10）除 M_{112} 处理与对照间差异达显著水平外，其他处理与对照间差异不显著，处理之间差异也未达到显著水平。2008～2009 年整个生育期单株次生根条数呈现先增加后减少的趋势，次生根条数在抽穗期（2009-4-24）达到最大。越冬期（2008-11-21）处理 S_{90}、S_{60}、M_{225} 和 M_{112} 次生根均高于对照，分别较对照增加 25.54%（$P<0.05$）、5.13%、5.64%和 5.13%；拔节期（2009-3-31）处理 S_{90}、S_{60} 和 M_{112} 与对照间差异均达到显著水平，分别较对照增加 15.10%、13.02%和 12.50%，M_{225} 处理与对照差异不显著；抽穗期（2009-4-24）和成熟期（2009-6-6）各培肥处理次生根条数均高于对照，不同施肥种类及施肥量间的差异没有表现出明显的规律性；灌浆期（2009-5-7）仅 S_{90} 处理与 S_{60}、M_{225}、M_{112} 处理以及对照间差异达显著水平，其他处理与对照差异不显著。

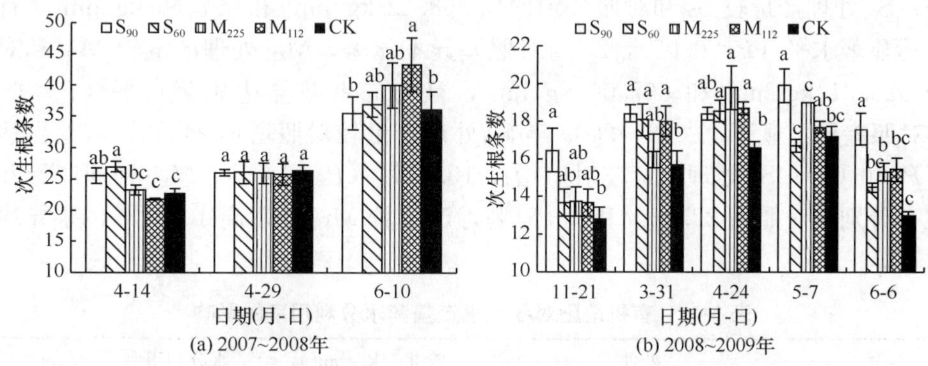

图 3-25　有机培肥对冬小麦单株次生根条数的影响

（三）有机培肥对冬小麦生物量的影响

图 3-26 为冬小麦不同时期不同处理生物量的变化，结果表明，不同时期各有机培肥处理生物量均高于对照，且随秸秆及有机肥施用量的增加而增加。2008 年孕穗期（2008-4-14）S_{90}、S_{60} 和 M_{225} 处理生物量与 M_{112} 及对照间差异达显著水平；抽穗（2008-4-29）及成熟期（2008-6-10）各处理与对照间差异不显著。2009 年越冬期 S_{90} 处理较对照高 71.4%，差异达显著水平，其他处理与对照差异不显著；抽穗期处理 M_{225} 和 M_{112} 与对照差异达显著水平，增幅分别为 39.28%和 50.36%；灌浆期 S_{60} 处理与对照差异显著，增幅为 11.39%，其他处理与对照差异未达到显著水平；拔节期与成熟期各处理间及其与对照间差异均不显著。

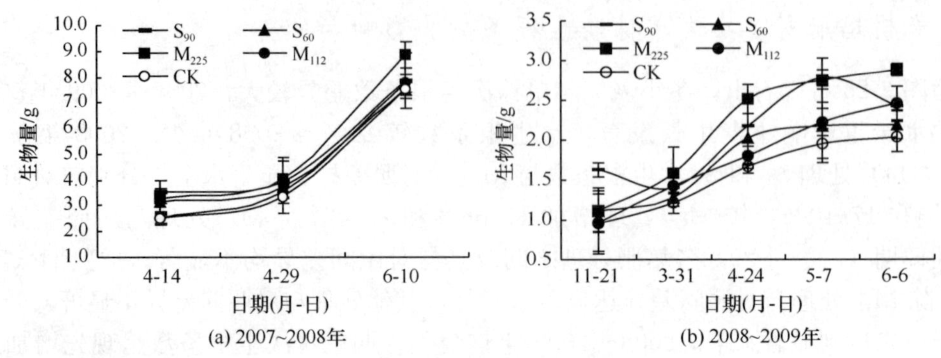

图 3-26　有机培肥对冬小麦单株生物量的影响

（四）有机培肥对冬小麦产量及水分利用效率的影响

结果表明（表 3-48），2007～2008 年 S_{90}、S_{60}和 M_{225}水分利用效率分别为11.17 kg/（hm^2·mm）、10.51 kg/（hm^2·mm）和 11.71 kg/（hm^2·mm），分别较对照增加13.86%、7.14%和 19.37%，差异均达到显著水平（$P<0.05$），M_{112}处理与对照差异不显著；S_{90}处理产量较 S_{60}和对照分别增加 368.22 kg/hm^2 和 557.60 kg/hm^2，且与二者差异达显著水平（$P<0.05$），S_{60}与对照差异不显著，M_{225}处理产量较 M_{112}和对照分别增加 620.31 kg/hm^2 和 667.00 kg/hm^2，且与二者差异达显著水平（$P<0.05$），M_{112}与对照差异不显著；2008～2009 年 S_{90}处理产量较对照增加 24.43%，差异达显著水平（$P<0.05$）；S_{60}处理产量较对照增加 10.84%（$P<0.05$）；M_{225}处理产量及水分利用效率分别较对照高 22.22%和 19.61%，产量较 M_{112}处理高 10.82%，差异均达到显著水平。

表 3-48　有机培肥对冬小麦产量和水分利用率的影响

年份	处理	产量/(kg/hm²)	水分利用率/[kg/(hm²·mm)]
2007～2008	S_{90}	5619.36a	11.17b
	S_{60}	5251.14b	10.51c
	M_{225}	5728.76a	11.71a
	M_{112}	5108.45b	9.87d
	CK	5061.76b	9.81d
2008～2009	S_{90}	3380.02a	9.52b
	S_{60}	3010.75b	9.15b
	M_{225}	3320.03a	10.98a
	M_{112}	2996.00b	10.22ab
	CK	2716.37c	9.18b

续表

年份	处理	产量/(kg/hm²)	水分利用率/[kg/(hm²·mm)]
2年平均值	S_{90}	4499.69a	10.35b
	S_{60}	4130.95b	9.83bc
	M_{225}	4524.40a	11.35a
	M_{112}	4052.22b	10.05bc
	CK	3889.07b	9.50c

注：同列数据后不同小写字母表示 Duncan 检验在 0.05 水平上的差异显著。

两年平均结果显示，S_{90}处理产量和水分利用效率分别较对照增加 15.70%和 8.95%，差异均达到显著水平（$P<0.05$）；S_{60}处理产量较对照增加 6.22%，但较S_{90}处理减少 8.20%，差异均达到显著水平（$P<0.05$），水分利用效率与对照差异不显著；M_{225}处理产量及水分利用效率分别较对照高 16.34%和 19.43%，较M_{112}处理高 11.65%和 12.94%，差异均达到显著水平；M_{112}处理产量及水分利用效率与对照间差异均未达到显著水平。

参考文献

段喜明，刘晋联，冯浩，等. 2005. 黄土高原地区雨水集蓄利用. 中国水土保持，11：41-43

冯浩. 2001. 小流域雨水资源化潜力及网络化利用模式研究. 杨凌：西北农林科技大学硕士学位论文

甘枝茂，岳大鹏，甘锐，等. 2004. 陕北黄土丘陵沟壑区乡村聚落分布及用地特征. 陕西师范大学学报（自然科学版），32（3）：101-103

古世禄，马建萍，刘子坚，等. 2001. 谷子（粟）的水分利用及节水技术研究. 干旱地区农业研究，19（1）：40-47

郭忠升，邵明安. 2007. 人工柠条林地土壤水分补给和消耗动态变化规律. 水土保持学报，21（2）：119-123

胡兵辉. 2006. 黄土高原降水资源化研究. 杨凌：西北农林科技大学硕士学位论文

黄高宝，张恩和. 2002. 甘肃黄土高原生态环境建设与农业可持续发展战略研究. 水土保持学报，16（1）：16-19

黄河水利委员会黄河上中游管理局. 1998. 河龙水土保持措施减水减沙效益分析报告

李金柱. 2008. 径流试验场模拟降雨的地面径流计算方法探讨. 水文，28（6）：38-41

李玉山. 1983. 黄土区土壤水分循环特征及其对陆地水分循环的影响. 生态学报，3（2）：91-101

李裕元，邵明安. 2004. 降雨条件下坡地水分转化特征实验研究. 水利学报，（4）：48-53

廖建雄，王根轩. 1999. 谷子叶片光合速率日变化及水分利用效率. 植物生理学报，25（4）：362-368

刘小勇，吴普特. 2000. 雨水资源集蓄利用研究综述. 自然资源学报，15（2）：189-193

卢文岱. 2006. SPSS for Windows 统计分析. 北京：电子工业出版社

潘成忠，上官周平. 2005. 黄土区次降雨条件下林地径流和侵蚀产沙形成机制. 应用生态学报，16（9）：1597-1602

师谦友，王敏，甘枝茂. 2007. 黄土丘陵区乡村聚落土壤水蚀观测研究. 陕西师范大学学报（自然科学版），35（2）：103-107

石生新. 1996. 整地造林措施对强化降雨入渗和减沙的影响. 土壤侵蚀与水土保持学报，2（4）：54-59，94

陶毓汾. 1993. 在农业区域治理与开发中农业气象研究的地位和前景. 中国农业气象，14（1）：13-15

王德梅，于振文，许振柱. 2009. 高产条件下不同小麦品种耗水特性和水分利用效率的差异. 生态学报，29（12）：6552-6560

王天铎. 1988. 光合作用与作物产量. 植物生理学通讯，（1）：52-54

王文太，韩丽侠，赵志刚. 2004. 陕西西部抗旱造林技术试验研究. 陕西林业科技，4：20-21，44
王占礼，靳雪艳，马春艳，等. 2008. 黄土坡面降雨产流产沙过程及其响应关系研究. 水土保持学报，22（2）：24-28
吴发启，赵晓光，刘秉正. 2000. 缓坡耕地降雨、入渗对产流的影响分析. 水土保持研究，7（1）：12-17
吴发启，赵晓光，刘秉正. 2001. 缓坡耕地侵蚀环境及动力机制分析. 陕西：陕西科学技术出版社
吴景霞，刘超，郑晓龙. 2008. 模拟降雨条件下径流系数预测模型的构建. 水利水运工程学报，3：35-39
吴普特，高建恩. 2006. 黄土高原水土保持新论——基于降雨地表径流调控利用的水土保持学. 郑州：黄河水利出版社：1-23
吴普特，高建恩. 2008. 黄土高原水土保持与雨水资源化. 中国水土保持科学，6（1）：107-111
吴普特，汪有科，冯浩，等. 2003. 21世纪中国水土保持科学的创新与发展. 中国水土保持科学，1（2）：84-87
吴普特，汪有科，韩宇平，等. 2008b. 孟岔生态型现代农业发展模式创建与启示. 中国发展观察，11：53-55
吴普特，汪有科，辛小桂，等. 2008a. 陕北山地红枣集雨微灌技术集成与示范. 干旱地区农业研究，26（4）：1-6，12
吴秀芹，张洪岩，李瑞改，等. 2007. ArcGIS 9 地理信息系统应用与实践. 北京：清华大学出版社
武晟，解建仓，汪志荣，等. 2007. 典型下垫面径流系数预测的神经网络方法研究. 环境科学与技术，30（5）：1-6
武晟. 2004. 西安市降雨特性分析和城市下垫面产汇流特性实验研究. 西安：西安理工大学：21-22
袁志发，周静芋. 2002. 多元统计分析. 北京：科学出版社
中国科学院黄土高原综合科学考察队. 1990. 中国黄土高原地区坡度分级数据集. 北京：海洋出版社
周立军，于明. 2003. 鱼鳞坑整地效益分析. 水利天地，(6)：42
朱平，彭畅，高洪军，等. 2009. 长期培肥对土壤肥力及玉米产量的影响. 玉米科学，17（6）：105-108，111
Tang K L，Zheng F L，Cao X. 1989. Soil erosion on the sloping farmland in the loess plateau of China. Processing of the Fourth International Symposium on River Sedimentation. Beijing：China Ocean Press

第四章　农田高效灌溉技术与丰产灌溉模式

全球性水资源紧缺使得农田高效灌溉技术研究成为当前的研究热点。土壤-植物-大气连续体水分运移规律及最优调控和非充分灌溉是农田高效灌溉技术研究的理论基础。近年来该领域的研究不断扩大、研究内容不断深入，已由单纯的土壤水分调控研究转向土壤-植物-大气连续体水分运移规律的研究，并把水分运移规律与养分、热量、化学物运移结合起来进行研究，为提高水分养分利用效率提供了理论基础（康绍忠等，2004a，2004b）。

随着非充分灌溉理论研究的不断深入，水分胁迫对作物影响及其提高水分利用效率的机理已成为当前农田高效灌溉技术的研究重点。目前的研究已由单点作物水分生产函数转向研究区域范围内的作物水分生产函数及其分布特征；从传统的研究小麦、玉米等大田作物的水分生产函数转向研究经济作物水分生产函数，特别是把作物不同阶段水分敏感性与根系生长、叶面气孔效应、蒸腾速率、光合速率、光合产物的分配联系起来进行研究，并探索作物的适度缺水效应。在此基础上，通过调亏灌溉技术的开发，可适度缓解水分亏缺，使作物根系深扎，抑制地上部分旺长，减少其干物质的积累，促进作物从营养生长向生殖生长的转化，达到提高作物水分利用效率、产量与品质的目标（蔡焕杰等，2002）。近年来日益重视通过调节水分供应来调动作物的生理机能，以提高水分利用效率的理论与技术研究。例如，开发的作物分根区交替灌溉技术，通过部分根系干燥，产生 ABA 信号，控制作物叶片的气孔开度，减少作物的蒸腾，通过另一部分根区的湿润，满足作物的基本需水要求，保证作物正常生长，达到节水增产的目的。

第一节　农田高效灌溉理论

大量的室内室外试验研究提供了我国北方地区基于生命需水信号与环境信息的作物高效用水调控理论，该理论体系包括作物生长盈余调控理论、作物缺水补偿效应理论、作物控水调质理论和作物有限水最优配置理论，这些理论体系为开拓新的作物节水有效途径提供了理论依据。

一、作物生长盈余调控理论

合理灌溉能够调控作物根系生长发育，防止根、茎、叶各部过量生长，控制作物各部分的最优生长量，维持根冠间协调平衡的比例，实现提高经济产量和水分利用效率的目的。适时适度的亏水不仅可以有效控制营养生长，促使更多的光合同化产物输送到生殖器官，而且节省了大量工时，便于田间栽培管理及密植度的增加。

（一）水分亏缺对作物根冠关系的调控作用

作物光合产物的积累和产量的形成是由根系进行分配和传递的。根系的生长和发育与土壤水分密切相关，对地上部分的生长和最终产量的影响相当大，地上部分所需的水分和矿质元素绝大部分由根系来提供。根系的生长环境、功能和数量直接影响作物产量形成。因此，可以通过对土壤水分的管理来实现对地上部分的调控，即通过合理的灌溉方式与灌水量调控作物根系生长发育，调控养分和水分的合理分配，使作物生育期内干物质积累重新分配并得到最大限度发挥，最终提高作物水分利用效率，达到增产或不减产的目的。

根据根冠功能平衡生长理论，在一定的环境条件下，作物的根冠比例有一个相对稳定的数值，缺水时根与冠处于竞争地位，同化物将更多地向根系转移，冠的生长受到抑制，地上部分营养生长较慢，表现出叶片生长速度下降、叶面积和其他营养器官减少等。叶面积的减少意味着即使在同样的蒸腾速率下，作物的蒸腾耗水也较少，营养器官减少，必然引起耗水量的下降。

不同处理的根、冠生长量及根冠比体现了光合产物的积累与分配模式的变化，它既受遗传特性决定，具有明显的种间和品种间差异，也受环境的影响。水分状况是影响根冠比的主要因素之一，供水充足时光合产物主要积累在地上部，冠部生长旺盛，根冠比降低。水分亏缺时，冠部生长受阻，根系在与冠部竞争水分的过程中表现出相对较强的优势，根冠比增大。根冠比增大有利于植物抗旱，但过分强大的根系却影响地上部的生长量和经济产量。因此，创造最适宜的水分状况，培育理想的根冠比是植物健壮生长的重要因素。

在西北农林科技大学教育部旱区农业水土工程重点实验室进行的棉花盆栽试验结果（表 4-1，表 4-2）表明，与其他各处理相比，处理 1 和处理 3 的根量和冠部生长量最小，而根冠比最大，显然水分亏缺对冠部生长的限制大于对根系生长的限制，这是由严重且历时较长的亏水导致的根量明显减小和根系吸收功能减弱所决定的。与此相反，对照处理的根量和冠部生长量是各处理中最大的，而根冠比却最小，表明灌水量充足有利于地上部营养器官的旺盛生长，说明这两种灌水方式不可取。与对照相比，处理 2、处理 4 和处理 5 的根量和冠部生长量均减少，而根系干物质生长量与对照的差异小于冠部生长量与对照的差异，且以处理 5 表现更为突出。这是由于苗期缺水在一定程度上刺激了根系生长，对过于旺盛的营养生长则有明显的抑制作用，这与对照相反。从经济的角度分析，这种处理效果可行，其根冠比也较为理想。在花期，调亏处理 7、处理 8 和处理 9 的根量与对照不存在显著差异，但冠部生长量分别比对照降低 34.3%、20.7%和 13.2% ，说明花期进行调亏处理不可取（蔡焕杰等，2002）。

表 4-1　不同处理棉花的调亏阶段及调亏程度

处理	含水量占田间持水量（θ_f）的比例/%								
	1	2	3	4	5	6	7	8	9
苗期(6-12～6-26)	35～45	35～45	45～55	45～55	55～80	80～90	80～90	80～90	80～90
花期(6-27～7-7)	35～45	80～90	45～55	80～90	55～80	80～90	35～45	35～45	45～55

注：处理 6 为对照。

表 4-2 不同处理棉花的根冠比情况

处理	1	2	3	4	5	6	7	8	9
根干重/g	6.88	7.42	7.25	7.10	8.35	8.76	7.55	8.30	8.65
冠干重/g	16.79	20.08	18.13	22.93	25.33	30.23	19.87	23.98	26.24
根冠比	0.41	0.37	0.40	0.31	0.33	0.29	0.38	0.35	0.33

2004 年，在西北农林科技大学对夏玉米不同生育期进行不同水分处理的试验研究（表 4-3）进一步表明，玉米苗期重度调亏、中度调亏、轻度调亏处理的株高、叶面积较对照有所降低，而根冠比分别增大了 25.30%、57.14%、85.71%；拔节期重度调亏、中度调亏、中轻度调亏和轻度调亏处理的根冠比分别增大了 6.25%、24.20%、40.29%和 43.00%。而苗期中轻度亏水、拔节期轻度亏水处理的产量均高出充分灌溉处理，这说明在玉米苗期中度亏水，拔节期轻度亏水能够调控养分和水分的合理分配，控制玉米地下部分根过盛生长，使作物生育期内干物质积累重新分配并得到最大限度发挥，而且并不影响玉米最终生物产量，达到提高作物水分利用效率，实现增产或不减产的目的。

表 4-3 夏玉米苗期不同亏水干物质累积量

处理	根干重平均值/g	冠干重平均值/g	根冠比	总生物量/g
CK	0.58	0.92	0.63	1.50
重度调亏	0.59	0.745	0.79	1.33
中度调亏	0.33	0.335	0.99	0.67
轻度调亏	0.34	0.29	1.17	0.63

采用先进的灌水技术，在节水的同时控制了植物的过度生长，也可起到节水增产的效果。从表 4-4 中可以看出，无压灌溉番茄的根须数量远远小于传统沟灌番茄的根须数，2004 年无压灌溉番茄根须数仅为沟灌的 86.1%；2005 年无压灌溉番茄根须数为沟灌的 66.1%，两年的试验产量不存在显著差异，无压灌溉略有增加。根系分布深度（图 4-1）表明，沟灌的根系层分布比无压灌溉深，其根系主要分布在 3～30 cm，主根向下伸展生长，无压灌溉作物根系主要分布在 6～20 cm，主根在 18～25 cm处开始向水平方向生长，同时主根长度明显长于沟灌。以上分析说明，在作物根区进行水分调控，采用小定额多频次灌溉能减少作物无效水分消耗，控制作物无效根系的生长，使根系发育良好，能够保持植株地上部适宜的生长量和光合面积，使同化产物在根冠之间合理分配。在提高水分利用率的同时，不降低作物产量（陈新明等，2005a，2005b，2004，2003）（表 4-4）。

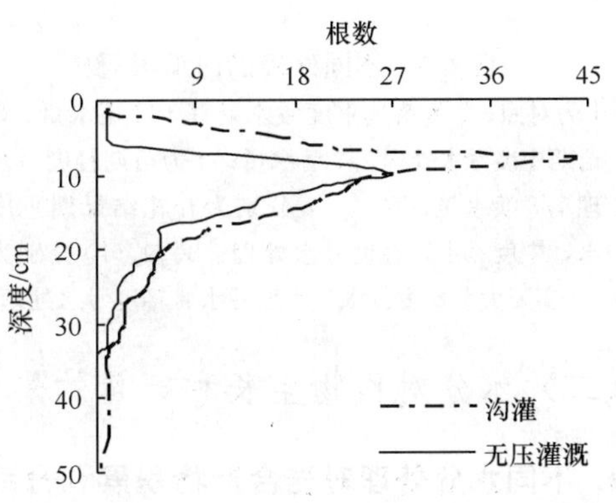

图 4-1 不同灌溉根系分布状况

表 4-4　2004～2005 年无压灌溉番茄根系分布和产量

年份	灌溉方式	主根长/cm	根须数/个	总根长/cm	根干重/kg	蔓干重/kg	根冠比	单棚产量/kg
2004	无压灌	37.2	230	242.0	10.34	87.60	0.1180	5094.0
	沟灌	31.4	267	228.5	11.86	98.20	0.1208	4648.5
2005	无压灌	35.3	222	259.0	11.85	102.2	0.1159	7098.6
	沟灌	29.7	336	232.0	12.31	98.50	0.1250	6079.8

注：表中处理同表 4-1。

2004 年在甘肃民勤对西瓜进行的不同水分处理条件下地上和地下部分生长量的研究显示（图 4-2，图 4-3），经过 2/3 的标准水量的亏水后再复水，西瓜的主蔓、根、叶片和花等器官存在着补偿生长效应；亏水处理 8 的根量和冠部生长量均小于处理 1，根系干物质量与对照间的差异小于冠部生长量与对照间的差异，其根冠比较为理想。亏水处理 8 的产量比对照增加了 5.01%，而耗水减少了 12.92%。因此，适度的亏水能够提高作物的水分利用效率。

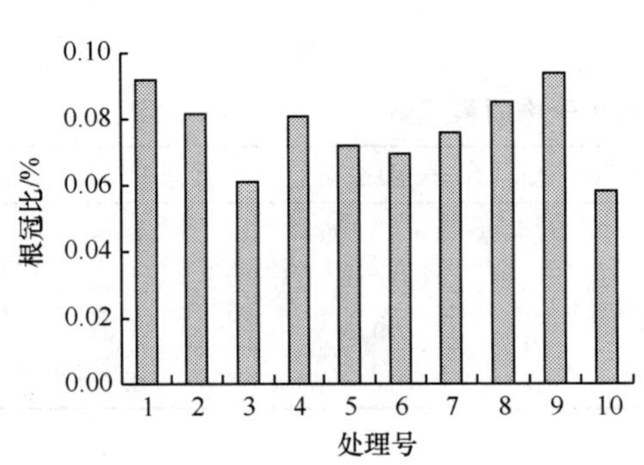

图 4-2　不同处理的西瓜根冠比

1 为对照；2 为苗期重度亏水处理 1/2 灌水量；3 为苗期中度亏水处理 2/3 灌水量；4 为苗期轻度亏水处理 1/3 灌水量；5、6、7 分别为开花结果期重度亏水，中度亏水，轻度亏水处理；8、9、10 分别为果实膨大期重度亏水、中度亏水、轻度亏水处理

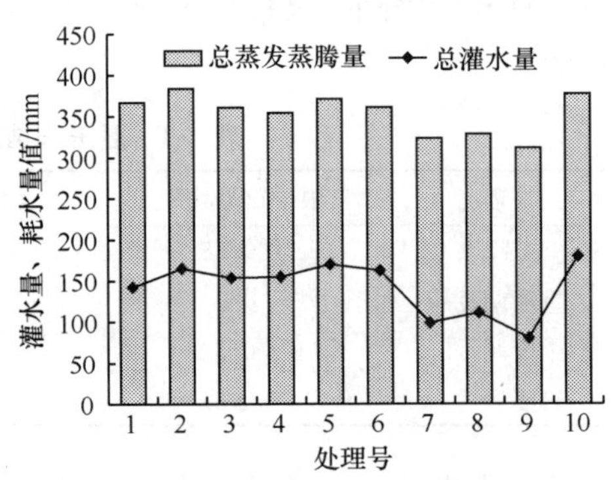

图 4-3　西瓜不同灌溉处理的耗水量与灌水量

1 为对照；2 为苗期重度亏水处理 1/2 灌水量；3 为苗期中度亏水处理 2/3 灌水量；4 为苗期轻度亏水处理 1/3 灌水量；5、6、7 分别为开花结果期重度亏水，中度亏水，轻度亏水处理；8、9、10 分别为果实膨大期重度亏水、中度亏水、轻度亏水处理

（二）水分对作物生长和产量的影响

1. 不同水分处理对光合产物积累和分配的影响

研究结果表明（表 4-5），在不同时期、不同程度亏水下，棉花的生物产量和收获产量都表现为下降，但总生物量和产量的下降比例不同。苗期和花期重度亏水条件下，处理 1 和处理 3 的总生物量和产量下降幅度最大，与对照相比，生物量分别下降为对照的 61.7%和 66.0%，籽棉产量分别下降为对照的 63.4%和 67.5%。表明产量下降的比例大于生物量下降的比例，生物量下降的主要原因在于该时期是作物营养生长的主要阶段，水分胁迫抑制了营养体的生长，同时历时长的严重水分胁迫使作物的渗透调节能力丧失，从而影响了苗期和花期的正常生长，最终影响产量。在拔节期和现铃期分别对处

理 5 进行轻度水分胁迫，其总生物量比对照低 11.4%，产量与对照间不存在显著差异；处理 2 和处理 4 进行苗期历时短的亏水发现，尽管其调亏期长势明显不如对照，但最终的生物量分别仅比对照下降 25.5%和 19.6%，经济产量分别比对照降低 19.1%和 14.2%。处理 7、处理 8 和处理 9 进行花期调亏，各处理总生物量变化不明显，但经济产量明显下降。

表 4-5　不同处理棉花的总干物重和经济产量及剪修量

处理	1	2	3	4	5	6	7	8	9
总生物量(干重)/g	39.24	47.37	41.95	51.10	56.30	63.55	44.21	50.64	57.20
籽棉产量/g	15.57	19.86	16.57	21.06	22.61	24.55	16.79	18.27	22.30
剪修量(鲜重)/g	11.50	15.20	12.60	13.30	16.70	20.40	15.90	19.80	18.60

从修剪量的情况可以看出，苗期开始的调亏处理其剪修量都小于对照处理，花期开始的调亏处理与对照相比，除处理 7 外其他各处理均无明显变化。这一结果表明，适时适度亏水不仅可有效控制营养生长，促使更多的光合同化产物向生殖器官输送，还节省了工时，同时便于田间栽培管理和密植度的进一步增加（蔡焕杰等，2002）。

从以上结果可以看出，适时适度亏水后再复水，不仅使光合产物具有补偿和超补偿现象，而且更有利于光合产物向棉桃的运转和分配，效果最明显的是从苗期至花期为期 14 天的短历时重度亏水、中度亏水和苗期至现蕾期的长历时中轻度亏水处理。然而，严重或不适宜的亏水处理会使经济产量明显降低。

在西北农林科技大学节水灌溉试验站对玉米收获后的生态特性、相对产量和相对耗水量的测定结果（表 4-6）表明，苗期适度亏水处理显著影响节水效益但对产量影响不大。研究发现，苗期经受 40%田间持水量缺水水平的处理其相对产量为 0.95，耗水量为充分供水处理的 86%；经受 50%田间持水量缺水水平的处理其相对产量与处理 1 相同，而其耗水量为充分供水处理的 89%；在相同产量水平下，处理 1 比处理 2 节水 3%，与对照相比，产量下降 5%，而耗水量下降 14%。与苗期亏水处理不同，拔节期不适宜的亏水处理会使玉米产量大幅度降低。由表 4-6 还可以看出，较大的干物质重和株高与高产并不对应，而与较高的用水量相对应（孙景生等，2005）。

表 4-6　不同处理的玉米生态特性、相对产量和相对耗水量

处理	株高/cm	干物重/g	根系重/g	根冠比	相对产量	相对耗水量
1	117.5	102.4	18.5	0.181	0.95	0.86
2	122.3	103.7	19.9	0.192	0.95	0.89
3	126.0	107.8	22.8	0.212	0.97	0.93
4	115.0	100.1	23.9	0.239	0.82	0.88
5	117.2	108.7	21.6	0.199	0.91	0.94
6	116.8	119.1	23.9	0.201	0.97	0.96
7	120.1	123.5	28.3	0.229	0.99	0.97
8	121.4	131.2	26.0	0.198	0.94	0.98
9	127.3	117.2	25.5	0.218	0.82	0.97

续表

处理	株高/cm	干物重/g	根系重/g	根冠比	相对产量	相对耗水量
10	119.3	126.5	28.6	0.226	0.91	0.98
CK	122.5	123.8	27.5	0.222	1.00	1.00

注：表中数据为收获时取样实测值。处理 1、2、3 分别为苗期重度、中度、轻度亏水处理；处理 4、5、6、7 分别为拔节期重度、中度、中轻度、轻度亏水处理；处理 8、9、10、CK 分别为抽雄-成熟期重度、中度、轻度亏水处理及对照。

2. 水分处理对产量形成的影响

表 4-7 表明，苗期开始的亏水处理，在始花期（6-27）和现铃期（7-7）棉蕾数都不同程度地减小，以处理 1 和处理 3 表现最为明显，但总的累积落花落果数也降低。处理 6（对照）和花期开始的亏水处理 7、处理 8 和处理 9 在始花期花铃数明显增加，累积落花落果数也相应增多。从不同时期测定的花蕾数量来看，处理 7、处理 8 和处理 9 在亏水处理阶段（6-27～7-7）落花落果现象最严重。对照的落花落果现象主要发生在现铃期，比处理 7、处理 8 和处理 9 晚，除处理 1、处理 3 和处理 7 外，其余各处理收获时的单株棉桃数与对照不存在显著差异。观察发现，较严重的落花落果现象总伴随着不同程度的叶片枯黄、脱落和茎秆的萎缩。这说明过于旺盛的营养生长已使生殖生长期所需的有机养料、矿质营养和水分严重不足，同时，过于繁茂的营养生长导致植株的通风通气条件变差，光合作用受到限制，落花落果现象相应发生。不同处理的棉桃大小和单铃重情况调查显示，水分亏缺不仅影响收获时的棉桃数量，而且使形成产量的单铃重及其直径发生变化。其中，处理 1 和处理 3 的棉桃直径仅为对照的 44.3%和 61.4%。处理 2 的棉桃直径为对照的 86.9%，但单铃重与对照不存在显著差异。处理 4 和处理 5 的果形大小与对照不存在显著差异，单铃重略高于或接近对照。对花期亏水的处理 7、处理 8 和处理 9，除处理 9 的果形大小降低的比例减小外，处理 7 和处理 8 的果形大小降低的比例基本相同。这表明理想的调亏处理使作物的最终产量出现了明显的补偿生长，主要体现在单果重的增加上。棉桃直径的减小和单果重的增加使果实内含溶质的密度相应增加，与千粒重可代表籽粒类作物的品质类似，果实内含溶质的增加也可能意味着果实品质的改善，对于棉花而言，代表着棉纤维质量的提高，这在调亏处理后的果树上已得到证实。

表 4-7　不同处理的单株产量形成情况

处理	籽棉产量/g	棉桃直径/cm	单铃重/g	不同时期的蕾铃数				累积落花落果数
				8月6日	8月26日	9月16日	10月8日	
1	23.67	1.86	3.89	3	4	5	3	4
2	27.51	3.65	4.96	4	4	7	5	3
3	25.38	2.58	4.14	3	4	5	6	5
4	30.04	3.95	4.21	4	4	6	6	2
5	33.69	3.80	4.52	5	4	6	6	2
6	39.00	4.20	4.09	8	7	7	4	6

续表

处理	籽棉产量/g	棉桃直径/cm	单铃重/g	不同时期的蕾铃数				累积落花落果数
				8月6日	8月26日	9月16日	10月8日	
7	27.42	3.20	2.80	7	6	5	4	7
8	32.37	3.48	3.65	6	5	7	5	6
9	34.90	4.06	3.55	7	5	6	8	5

注：表中处理同表 4-1。

3. 水分处理对作物营养生长和生殖生长的调控作用

在新疆石河子进行的棉花试验结果（图 4-4）表明，处理 7、处理 8 和处理 9 在灌 2 水前土壤含水量基本一致。处理 7 的 2 水推迟了 8 天，其相对土壤含水量降至 51%；处理 8 没灌 2 水，处理 9 正常灌 2 水。到灌 3 水前，处理 7 的相对土壤含水量较高，达 74%，处理 8 和处理 9 为正常灌水。处理 8 和处理 9 在灌 3 水前（7 月 18 日）的相对土壤含水量分别为 45%和 68%。7 月 12 日取样发现，2 水前 3 个处理的株高和单株干物重相差不大。但 8 月 3 日取样表明，处理 9 的株高和单株茎叶干重已明显高于处理 7 和处理 8 的，而处理 9 的单株干物重（包括茎、叶和铃）与处理 8 不存在显著差异，且低于处理 7。这说明在以生殖生长为主的花铃后期，较高的土壤含水量虽能使处理 9 的植株茎叶旺长，但其生长量仍低于铃的发育生长量。未灌 2 水的处理 8 在这一阶段的营养生长量很小，该阶段的生长主要以铃的发育为主。处理 9 与处理 8 相反，其生长量几乎全为茎叶的生长量（图 4-4）。

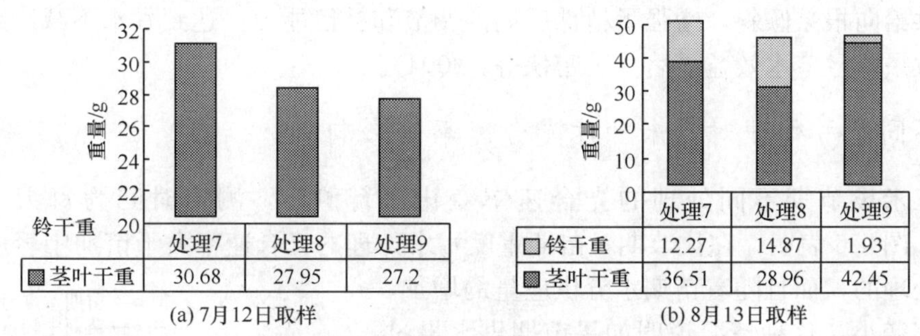

图 4-4　棉株茎叶干重和铃干重的比较

棉花 8 月 4 日打顶整枝，8 月 3 日取样反映了棉株自然生长状态下的情况。图 4-5（8 月 3 日取样）表明，花铃盛期，随茎叶干物重的增加，单株铃干重下降。其原因可能是过快的营养生长抑制了生殖生长，另外可能是水分亏缺在抑制营养生长的同时，又加速了棉株的生育进程，使其较早转入了以生殖生长为中心的阶段，发育形成了较多的棉铃。最终产量结果表明，较快的营养生长不一定获得高产，但却造成了水肥的浪费，这就要求前期通过控水控肥来调控棉株的生长。

二、作物缺水补偿效应理论

在作物生长的某些阶段实施亏水处理，亏水结束重新复水后，作物的光合速率、株

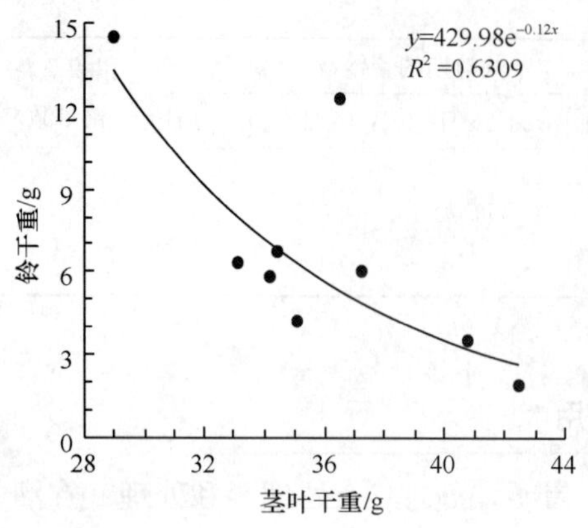

图 4-5　茎叶干重与铃干重的关系

高和叶面积等都会产生明显的补偿生长效应。由于水分胁迫后的补偿生长效应和水分胁迫对光和产物向不同组织器官的分配的影响，在作物早期生长阶段的适度水分胁迫一般不会引起作物产量的下降。

作物自身具有一系列对水分亏缺的适应机制，适度缺水不会使产量显著降低，反而能使作物水分利用率明显提高。作物在受到水分胁迫时具有自我保护作用，而在水分胁迫解除后，作物对以前在水分胁迫时生长发育所造成的损失具有“补偿”作用。许多研究已表明，同一植株不同的组织和器官、不同的生理过程对水分亏缺的敏感性不同。细胞膨大（依靠膨压维持）和蒸腾速率对水分亏缺最敏感，而光合作用和有机物由叶片向果实的运输过程敏感性次之。因而在营养生长受抑制时，果实可以积累有机物以维持自身的膨大，使其在调亏期的生长降低不明显。在果实快速膨大期，即亏水结束重新复水期，由于亏水期细胞的扩张和因亏水而受抑制时积累的代谢产物，在水分供应量恢复后可用于细胞壁的合成及其他与果实生长相关的过程，起到补偿生长的效应，以致不会因适度胁迫而引起产量的下降。然而，如果胁迫程度过大或历时过长，细胞壁可能变得太坚固以致当供水增加时不能再恢复扩张，引起产量下降。通过调亏灌溉和局部控水无压灌溉等研究表明，大多数作物适时适量的水分亏缺可促使水分和营养供给向根系倾斜，增强了植株后期的调节和补偿能力，达到亏水不减产或减产不明显的效果，且节水效益显著（王密侠等，2004）。

（一）不同调亏处理对玉米叶片光合速率的影响

对玉米拔节期不同处理的光合速率变化进行测定，测定时间为每天 9：00～10：30。图 4-6 表明，在拔节期，苗期重度亏水处理的光合速率大于苗期中轻度处理的和丰水处理的，而且随着苗期水分供应量的增加，光合速率变小，这种情况说明如果苗期供水量过大，而拔节期又进行重度亏水处理时，不利于后期植株的生长。相反，苗期经过水分胁迫，拔节期再给予中度亏水处理，则较有利于植株的后期生长。此外，拔节期（7 月 19 日）亏水处理结束后，不同处理的光合速率差异减小，即苗期中轻度亏水处理和苗期丰水处理的光合速率在复水后均有所恢复，但仍低于苗期重度亏水处理。

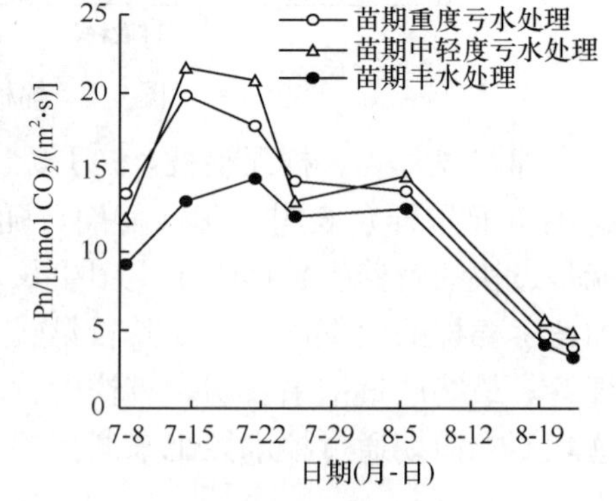

图 4-6　拔节期重度亏水处理的光合速率变化（西北农林科技大学试验站资料）

（二）亏水对作物株高的补偿生长效应

陕西长武试验结果表明（表 4-8），玉米苗期经受重度亏水的处理 3、处理 6 和处理 8，苗期平均株高依次低于经受中轻度亏水的处理 1、处理 5 和处理 7，以及丰水的处理 2、处理 4 和处理 9，这说明水分亏缺对其营养生长有一定的抑制作用。但从拔节期的平均株高来看，苗期受一定程度的水分胁迫，而拔节期恢复充分供水的处理（如处理 7 和处理 8），其植株生长速度最大（除对照外），即补偿生长最强，但该期的补偿生长主要是促进其营养器官的生长。成熟期的株高，除了拔节期未进行亏水的 3 个处理外，处理 5 和处理 6 的株高恢复能力较强，该时期的补偿生长也有利于最终收获产量的形成。

表 4-8　不同调亏处理对玉米株高的影响（陕西长武试验站）　（单位：cm）

测定日期（月-日）	处理编号								
	1	2	3	4	5	6	7	8	9
5-26	27	28	26	30	28	26	27	26	29
5-30	30	31	30	32	32	31	33	30	31
6-6	43	47	38	45	39	38	42	39	47
苗期平均	33	35	31	36	33	32	34	32	36
6-15	52	56	51	50	54	54	54	53	57
6-23	68	72	64	67	74	72	77	77	80
拔节期平均	60	64	58	59	64	63	66	65	69
成熟期（9-6）	170	175	162	168	180	176	183	185	198

注：1. 苗期中度亏水、拔节期重度亏水（苗中拔低）；2. 苗丰拔中；3. 苗低拔低；4. 苗丰拔低；5. 苗中拔中；6. 苗低拔中；7. 苗中拔丰；8. 苗低拔丰；9. 苗丰拔丰（对照）。

表 4-9 是陕西杨凌棉花盆栽试验结果，研究表明不同程度的亏水处理会使株高发生明显变化。总的趋势是随亏水度的加重，株高逐渐下降，但考虑到不同的亏水历时和亏水阶段，各处理表现的情况不同，仅苗期调亏的处理 2 和处理 4 与相同亏水度下的花期调亏处理 7 和处理 8 比较，处理 2 和处理 4 在亏水阶段（6-12～6-27）的株高明显下降，尽管复水后的补偿作用较为明显，但在收获时仍与处理 7 和处理 8 存在差异，而其茎秆横截面积却大于或等于处理 7 和处理 8 的对应指标。可见，苗期历时短的亏水处理，可使植株的长势呈现矮、粗、壮的特点。苗期、花期进行的重度亏水处理（处理 1 和处理 3），其株高和茎秆横截面积在亏水期和亏水后都明显降低，说明这种缺水程度不可取；而苗期、花期进行中轻度亏水的处理 5，尽管亏水期株高、茎秆横截面积都有所下降，但在收获时或调亏结束一段时间后，株高接近对照，茎秆横截面积比对照高 18.8%。说明亏水后植株生长更为健壮，这对于后期产量的形成极为有利。此外，处理 5 与相同亏水度且历时更短的处理 9 相比，作物长势明显改善，这一方面说明花期不是调亏的理想时期，另一方面也说明，即使在相同的调亏历时和亏水度条件下，亏水阶段的不同也会对补偿效应产生重大影响（张寄阳等，2005a，2005b，2005c）。

表 4-9 不同处理的棉花株高和茎秆横截面积情况

处理	株高/cm					茎秆横截面积/cm²	
	6-12	6-27	6-30	7-7	7-16	调亏前	调亏后
1	31.0	36.0	42.3	45.8	49.0	0.126	0.138
2	32.0	38.0	44.5	48.8	52.3	0.132	0.192
3	31.5	40.0	50.0	48.8	55.0	0.129	0.129
4	30.0	38.8	47.5	52.3	57.5	0.143	0.172
5	32.6	45.0	51.8	54.7	61.0	0.160	0.228
6	31.0	52.0	55.0	58.0	65.0	0.199	0.207
7	30.5	52.5	49.5	54.0	58.0	0.144	0.140
8	32.0	50.0	49.7	55.7	61.0	0.138	0.177
9	29.8	49.8	52.0	56.0	62.5	0.179	0.192

注：表中处理同表 4-1。

（三）水分亏缺对叶面积的补偿生长效应

水分胁迫对作物生长的明显作用表现在叶面积的变化上。由表 4-10 的结果可知，随着苗期亏水度的加重，叶面积显著减少。在亏水期（6-12～6-27），处理 2 和处理 4 的叶面积仅为对照的 62%和 65%，但调亏结束 3 天后，叶面积分别为对照的 72%和 79%。这说明苗期一定程度的水分亏缺在复水后叶面积发生了明显的补偿生长。在相同的亏水度条件下，当亏水历时由原来的 14 天增加到 24 天，即苗期和花期都进行亏水处理且亏水度较为严重时（处理 1 和处理 3），叶面积减小幅度增加，复水后的补偿作用明显降低；而历时 24 天、土壤含水量为 55%～80%田间持水量的处理 5，其叶面积在亏水期降低幅度较小，与对照相比，仅下降了 18.2%，且复水后的补偿生长较为明显，复水后 1 周（6-30～7-7），比对照增加 82.1%，收获时其叶面积与对照不存在显著差异，这可能与适度的水分胁迫对作物的渗透调节能力较强有关。从表 4-10 中还可看出，苗期短历时较为严重的亏水处理 2 与苗期和花期都进行长历时中轻度亏水的处理 3 相比，作物的长势得到明显改善。可见，亏水度和亏水历时密切相关，亏水历时愈长，满足作物正常生理需求所要求的水分条件就越高，亏水历时短，则可以适当降低水分条件的要求（Kang et al.，2002a，2002b）。

表 4-10 不同处理的棉花叶面积和绿叶片数

处理	叶面积/cm²					绿叶片数			
	6-12	6-27	6-30	7-10	7-16	6-27	6-30	7-7	7-16
1	497	650	680	713	939	11	11.5	12	10
2	568	649	864	1020	1275	11	10.5	16	16
3	542	676	756	842	967	10	10.5	12	12
4	549	682	946	1096	1321	10	10	14	15
5	563	865	986	1234	1418	14	13	16	18
6	552	1045	1205	1504	1858	15	15	17	15
7	569	987	921	1059	1314	13	15	12	14
8	588	998	904	1045	1408	16	14	15	15
9	543	1023	935	1199	1608	14	13	16	16

注：表中处理同表 4-1。

（四）早期缺水对作物产量的补偿效应

冬小麦不同生育时期对水分亏缺的敏感程度差异显著，表4-11是冬小麦返青后不同生育时期水分亏缺对其产量的影响。在返青—起身期间和灌浆后期控制水分供应，冬小麦产量比无水分亏缺处理分别增产8.5%和1.1%，而拔节—孕穗期间控制水分供应，产量降低幅度最大，表明不同生育时期对水分亏缺的反应不同。冬小麦调亏时期蒸发蒸腾量的降低幅度与因其减少引起的产量降低幅度相比，后者要小得多（表4-12），表明冬小麦对水分亏缺有一定的补偿效应。如返青—起身期缺水的冬小麦在处理结束后复水，其连续3天新叶生长速度平均增加9%，灌浆前各生育时期的中度和轻度水分亏缺千粒重均比无水分亏缺的对照处理高（朱成立等，2003）。

表4-11　冬小麦返青后不同时期控水对产量的影响

调亏时期	返青—起身期	拔节期	孕穗期	抽穗—灌浆期	灌浆后期	无水分亏缺(对照)
产量/(kg/hm^2)	7059	6196.5	6237	6378.8	6575.25	6503.3
与对照差异/%	+8.5	−4.7	−4.1	−1.9	+1.1	—

表4-12　冬小麦各生育期不同调亏程度的阶段蒸发蒸腾量（ET）与充分供水的蒸发蒸腾量（ET$_p$）比值及相对应的产量比值（Y/Y_m）　（单位：%）

生育时期	返青—起身期		拔节期		孕穗期		抽穗开花		灌浆期	
亏水程度	ET/ET$_p$	Y/Y_m	ET/ET$_p$	Y/Y_m	ET/ET$_p$	Y/Y_m	ET/ET$_p$	Y/Y_m	ET/ET$_p$	Y/Y_m
重度	75.0	100	29.3	83.9	33.6	83.4	34.5	84.4	26.8	76.3
中度	85.2	100	53.6	6.1	89.1	62.7	86.3	55.4	55.4	89.9
轻度	95.0	100	97.6	90.1	92.6	89.7	91.7	90.3	90.3	98.4

表4-13为新疆呼图壁进行的棉花试验结果。由表可以看出，在蕾期中等程度缺水的处理3的产量比充分供水处理1高22.8%，水分利用效率（WUE）从0.475 kg/m^{3}降低到0.341 kg/m^3。而在蕾期严重缺水的处理4其产量低于充分供水处理，但水分利用率明显提高。在甘肃民勤县的春小麦试验也表明（表4-14），小麦拔节前轻度水分亏缺不会对作物产量造成不利影响，适当推迟头水灌溉时间可起到增产效果（刘祖贵等，2002）。

表4-13　新疆乌兰乌苏棉花灌溉试验结果

序号	处理	生育期耗水量/mm	皮棉产量/(kg/hm^2)	WUE/(kg/m^3)
1	对照处理	404.8	1380	0.341
2	蕾期轻旱	373.5	1545	0.4136
3	蕾期中旱	356.8	1695	0.475
4	蕾期重旱	291.3	1260	0.4325

注：表中数据为3个重复的平均值。

表 4-14 甘肃省民勤县春小麦头水灌溉试验结果

灌头水时间（月-日）	播种后天数	灌水定额/mm	产量/（kg/hm^2）
4-27	40	75	9 208.5
5-5	48	75	10 000.5
5-13	56	75	9 501.0

三、作物控水调质理论

作物品质与品种、施肥、气候、水分生长环境等多种因素有关，而水分是实现对作物品质改善的媒体和介质。通过对玉米、西瓜、黄瓜、番茄、梨枣等作物的试验表明，在作物某些生育阶段通过控制水分供应可以改善产品品质，在不影响作物产量的条件下达到提高产品品质的目的。

（一）调亏水平对玉米品质的影响

在西北农林科技大学进行的玉米调亏灌溉试验，对玉米籽粒中 23 种元素（包括 17 种氨基酸、维生素、蛋白质、脂肪、淀粉及总糖含量）进行了测定（表 4-15），结果显示调亏灌溉增加了玉米籽粒中的淀粉及总糖含量，对玉米的品质产生了一定的影响作用（王密侠等，2004）。

表 4-15 调亏灌溉条件下玉米品质分析结果

样品名称	苗期中度亏水/(mg/100 g)	苗期中度、拔节期轻度亏水/(mg/100 g)	不缺水对照/(mg/100 g)	样品名称	苗期中度亏水/(mg/100 g)	苗期中度、拔节期轻度亏水/(mg/100 g)	不缺水对照/(mg/100 g)
天冬氨酸	0.251	0.533	0.550	组氨酸	0.247	0.257	0.239
苏氨酸	0.258	0.254	0.293	精氨酸	0.430	0.463	0.454
丝氨酸	0.320	0.324	0.362	淀粉	63.54	63.53	62.41
谷氨酸	1.660	1.669	1.789	总糖	66.78	66.02	63.92
脯氨酸	0.764	0.798	0.846	粗蛋白	7.83	8.33	8.15
甘氨酸	0.296	0.299	0.322	粗脂肪	4.477	4.385	4.481
丙氨酸	0.601	0.631	0.638	维生素 B_1	4.15	4.18	4.16
胱氨酸	0.075	0.080	0.084	维生素 B_2	0.778	0.738	0.756
缬氨酸	0.546	0.558	0.600	赖氨酸	0.258	0.260	0.254
甲硫氨酸	0.093	0.117	0.120	苯丙氨酸	0.423	0.440	0.461
异亮氨酸	0.411	0.430	0..424	酪氨酸	0.251	0.251	0.283
亮氨酸	1.093	1.109	1.149				

（二）水分亏缺对于梨枣品质的影响

对不同处理梨枣品质指标的测定结果表明（图 4-7），水分亏缺对果实品质的部分指标能起到提高和改善作用，但果实成熟期重度亏水在对平均单果重、梨枣维生素 C

含量和梨枣可溶性蛋白质含量产生负面影响很小的情况下（姚立民等，2004），提高了梨枣的有机酸含量和可溶性固形物含量，梨枣的口感更甜，总体上改善了枣的品质。

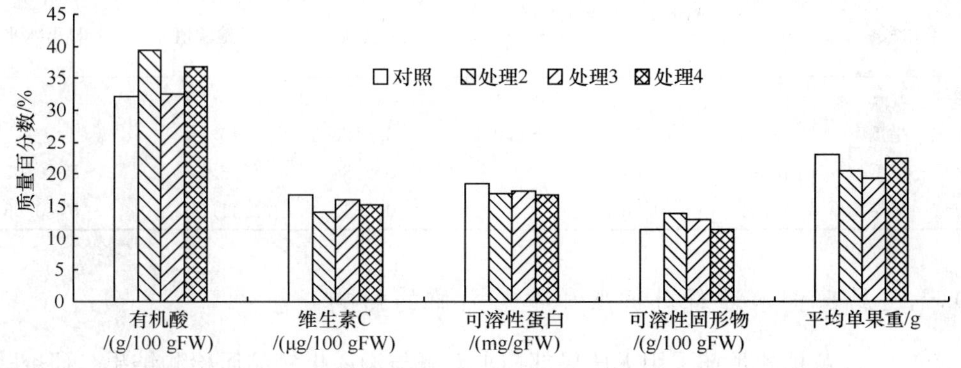

图 4-7　梨枣调亏灌溉对品质的影响

处理 2 为土壤下限 45%；处理 3 为土壤下限 50%；处理 4 为土壤下限 55%

（三）水分亏缺对于西瓜品质的影响

适时、适度的水分亏缺可改善西瓜品质。试验结果表明（表 4-16），亏水处理能提高果肉硬度，单阶段亏水处理的可溶性固形物 1/2 灌水量的处理均略高于 2/3 灌水量的处理，说明亏水有利于提高可溶性固形物。通过对西瓜瓜皮厚度、果肉硬度、坐瓜数、可溶性固形物、有机酸和维生素 C 等方面的测定表明，亏水处理 8 的品质较优。

表 4-16　不同水分处理对西瓜品质的影响

处理号	瓜皮硬度	果肉硬度	果皮厚度/cm	可溶性固形物/(mg/100 g)	果酸/(mg/100 g)	坐瓜数/个	维生素 C/(mg/100 g)
2	12.64	2.42	0.78	7.28	0.10	235	4.69
3	10.63	2.58	0.80	7.82	0.07	216	2.81
4	10.48	2.22	0.84	8.08	0.08	284	3.59
5	10.84	2.28	0.80	6.48	0.10	256	4.34
6	10.49	2.34	0.99	7.33	0.15	172	4.38
7	10.95	2.00	0.76	7.58	0.08	247	2.81
8	10.44	2.23	0.83	7.48	0.12	295	2.50
9	10.40	2.09	0.79	8.69	0.14	137	4.06
10	9.13	2.59	0.92	7.79	0.10	178	3.44

注：各处理同图 4-2。

（四）不同水分处理对白兰瓜品质的影响

白兰瓜品质对其商品价值有重要意义，衡量白兰瓜品质的主要指标是其含糖量。表 4-17 为甘肃民勤白兰瓜的含糖量与生育期各阶段耗水量的关系。在足墒播种的情况下，播种—开花阶段不需要灌水，白兰瓜的含糖量与该生育阶段的耗水量间不存在显著差异。而在其他各阶段，白兰瓜的含糖量均随耗水量的增加而降低。因此，为满足白兰瓜高产优质的要求，最优灌水的确定必须考虑含糖量与生育阶段耗水量间的关系。

表 4-17 甘肃民勤白兰瓜含糖量与阶段耗水量之间的关系

生育阶段	$Y=A_0+A_1ET_i+A_2ET_i^2$			相关系数 R	F 检验值	显著水平
	A_0	A_1	A_2			
播种—开花						
开花—坐瓜	14.488	0.0889	−0.0051	0.6156	15.25	
坐瓜—成型	18.82	−0.04		0.7684	36.04	$P\leqslant 0.05$
成型—成熟	17.11	−0.0661		0.5641	11.67	$P\leqslant 0.05$

(五) 无压局部控水灌溉对黄瓜和番茄品质的影响

表 4-18 是黄瓜和番茄采用无压局部控水灌溉与沟灌果实品质检测结果。研究表明，与沟灌相比，无压灌溉黄瓜的维生素含量、可溶性糖含量和无机磷含量分别提高了 75.11%、11.21%和 24.46%。番茄的维生素含量和可溶性糖含量分别比沟灌处理的对应指标提高 77.22%和 3.33%，无机磷含量与沟灌的相同。根据 2005 年番茄品质跟踪检测结果（图 4-8）看，整个生育期内番茄果实的可溶性糖表现为前期小，后期大，呈递增趋势。总含糖量在 3 月 19 日前，呈递增趋势；3 月 19 日以后由于番茄生长到后期植株体内营养成分被大量消耗，开始下降。在番茄整个生育期内，无压灌溉条件下的番茄果实品质明显优于沟灌的果实品质，维生素 C、可溶性糖含量和总糖含量分别比对照平均高出 19.48%、29.48%和 34.65%（陈新明等，2005a，2005b，2004）。

表 4-18 2004 年无压灌溉对作物品质的影响

灌溉方式	维生素 C/(mg/100 g)	可溶性糖/(g/100 g)	无机磷/(mg/100 g)
无压灌溉黄瓜	11.47	2.58	26.92
沟灌黄瓜	6.55	2.32	21.63
无压灌溉番茄	14.16	6.82	13.20
沟灌番茄	7.99	6.60	13.20

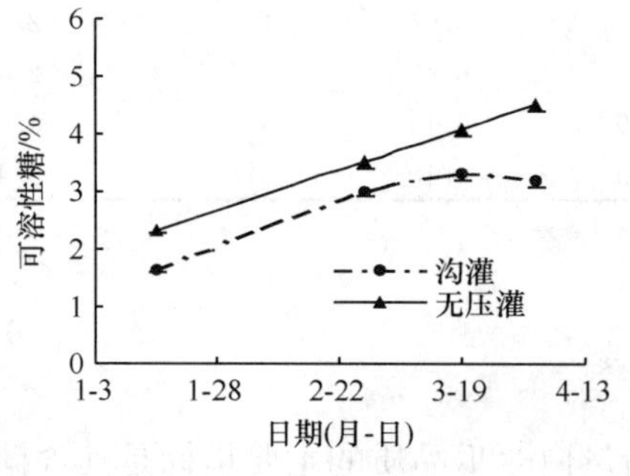

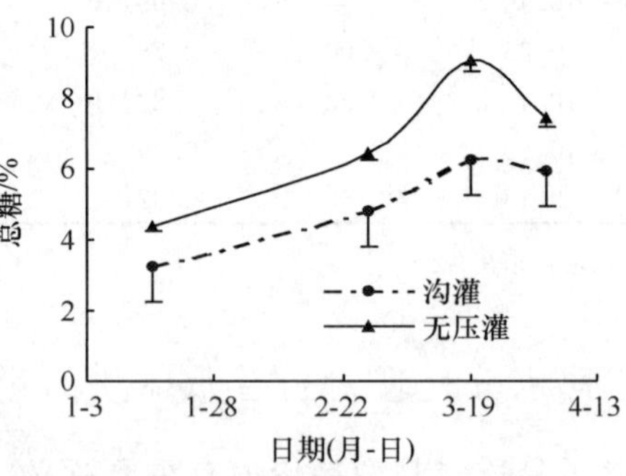

图 4-8 无压灌溉对番茄生育期品质影响检测曲线

四、作物有限水最优配置理论

水分供应在不同阶段对作物产量的贡献不同。在供水不足的条件下，允许作物在某一时段经受一定程度的水分亏缺，采用优化配置原理可把有限的灌溉水量灌溉到对作物产量贡献最大的生育阶段，以获得最大的总产量和效益，尽可能减少作物产量在最敏感的生育阶段内缺水，使减产降低到最低限度。同时对相同时段生长的作物，减产系数最高的要优先供水，允许牺牲局部，确保全区获得总产量和纯收益最佳。

（一）水量优化配置的理论依据

大量的研究结果表明，作物耗水量与产量的关系并非是一个简单的直线关系，图 4-9 中的冬小麦试验结果说明了该问题。图 4-9 表明，冬小麦产量先是随耗水量的增加而增加，当耗水量达到一定程度时产量达到最大，此后随着耗水量的继续增加，产量开始呈现出递减趋势。这说明作物生长期间并不是灌水量越多产量越高（张振华等，2002）。

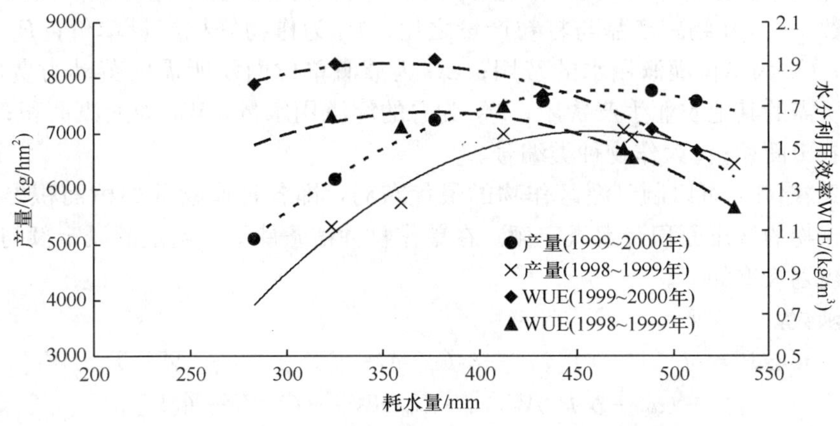

图 4-9　冬小麦耗水量、产量和水分利用效率关系

图 4-9 还表明，作物水分生产效率随耗水量的变化也呈现出二次抛物线形变化，但水分利用效率的最高点对应的耗水量却并非是产量最高时的耗水量，而是要小得多。以作物水分利用效率最高为目标进行灌溉用水控制，可节水 20%以上，而产量仅减少 10%～15%。由于作物在耗水量较小时，随着耗水量的增加，增产幅度较大。因此，开展非充分灌溉，利用从充分灌溉中节下来的水分去扩大灌溉面积，可使灌区作物总产量达最大。

作物产量不仅与灌水量有关，更与它在作物生育期内的分配有密切关系。对同样灌水次数的冬小麦，由于灌水时间的不同，同样的耗水量可能会产生不同的产量和水分生产效率（WUE），如表 4-19 所示。返青后同样灌两次水，总耗水量 470 mm 的水平下，由于灌水时间的不同，最高和最低产量相差 15.3%，WUE 相差 16.79%。这进一步说明冬小麦在生育期内总耗水量虽相同，但由于各生育阶段水分分配不均导致产量出现差异，在同一产量下，总耗水量也不同，产生不同的水分利用效率。这种产量的波动和耗水量、水分生产效率的差异表明冬小麦存在最优供水方式以及各生育时期对水分状况具有反应差异。

表 4-19 返青后同样灌两水的冬小麦产量、水分利用效率差异比较

灌水日期（月-日）	总耗水量/mm	产量/(kg/hm²)	WUE/(kg/m³)
3-27、4-29	475.9	6308.6	1.33
3-27、5-7	460.0	6503.3	1.41
3-27、5-14	476.1	6219.8	1.31
4-18、5-14	470.1	7170.0	1.53

（二）用数学规划法确定作物灌溉定额和灌溉面积

灌区农业生产经济效益最大的原则可用下式表达：

$$\max P=\sum_{i=1}^{n}P_{yi}y_i+\sum_{i=1}^{n}\alpha_iP_{fi}y_i-C_mM_s-C_wW_1-C_aW_0 \tag{4-1}$$

式中，P 为灌区农业生产总的经济效益；y 为作物总籽粒产量；n 为灌区内同时种植的作物种类数；α 为作物副产品与籽粒产量之比；P_y 为作物籽粒产量单价；P_f 为作物副产品单价；C_m 为单位灌溉用水的费用；C_W 为灌溉单位面积所需的劳动力费用；C_a 为单位面积所需的其他农业生产费用；M_S 为总的灌溉用水量；W_1 为灌溉面积；W_0 为灌区内总的农田面积；i 为作物种类编号。

根据式（4-1）可以制订灌区作物的最优布局，即各种作物的种植面积。还可以制订出每种作物的灌溉面积及灌溉定额。在单作物种植条件下，确定灌溉定额与灌溉面积的非线性规划模型如下。

目标函数：

$$\begin{aligned}\max P=&(P_y+\alpha P_f)[(a_1+b_1(\eta_{田}M+P_e)+c_1(\eta_{田}M+P_e)^2W_1\\&+(a_0+b_0P_e)W_2)]-C_mMW_1-C_wW_1-C_aW_0\end{aligned} \tag{4-2}$$

式中，a_1、b_1、c_1、a_0、b_0 为经验系数；$\eta_{田}$ 为田间水利用系数。

约束条件：

$$\left.\begin{aligned}&\eta_{田}M+P_e\leqslant ET_M\\&W_1+W_2=W\\&MW_1\leqslant\eta_{渠}M_s\\&M,W_1,W_2\geqslant 0\end{aligned}\right\} \tag{4-3}$$

式中，W_2 为计划不灌溉面积；$\eta_{渠}$ 为渠系水利用系数；P_e 为有效降雨量；ET_M 为耗水量；其余符号意义同前。

式（4-2）与式（4-3）构成一个不等式约束条件下的非线性规划问题。对于某一具体灌区而言，就可以求出该灌区的最优灌溉定额和最优计划灌溉面积。

（三）作物生育期内有限水量的优化分配

采用 Jensen 相乘动态模型，将某种作物的整个生育期划分为若干个生育阶段，用动态规划法可建立农作物生育期有限灌溉水量优化分配动态规划模型。

采用 Jensen 模型的模式，目标函数为单位面积的产量最大：

$$F = \max\left(\frac{Y}{Y_{\mathrm{m}}}\right) = \max\prod_{i=1}^{N}\left(\frac{\mathrm{ET}_i}{\mathrm{ET}_{mi}}\right)^{\lambda_i} \tag{4-4}$$

引入约束条件和初始条件，即可将有限的水量在作物生育期内进行优化分配。

第二节　农田高效灌溉技术

一、陕西关中地区调亏灌溉技术

（一）冬小麦高效用水调亏灌溉技术

1. 不同生育时期调亏及调亏水平对冬小麦生理指标的影响

表 4-20 为调亏灌溉对小麦光合速率和蒸腾速率的影响结果。图 4-10 为调亏灌溉土壤水分和光合速率关系，图 4-11 为水分调亏对小麦光合产物的影响结果。由表 4 20 和图 4-10 可知，不同生育时期水分亏缺及其亏缺程度对作物生理生态和产量均存在显著影响。对冬小麦进行不同阶段的调亏灌溉发现，相同土壤含水量条件下小麦光合速率和蒸腾速率低于正常灌溉的，对产量的影响也不尽相同，以三叶—越冬和返青—拔节阶段的重度调亏的产量和 WUE 最高（罗遵兰等，2005）。

表 4-20　调亏灌溉对小麦光合速率（Pn）和蒸腾速率（Tr）的影响

调亏阶段	Pn/[mg/(dm² · h)]				Tr/[g/（m² · h)]			
	CK	60%～65%	50%～55%	40%～45%	CK	60%～65%	50%～55%	40%～45%
三叶—越冬胁迫	8.62	8.20	7.43	6.38	46.34	33.48	29.12	23.00
复水后	9.23	11.11	11.45	12.60	49.12	48.34	50.22	51.56
越冬—返青胁迫	9.81	8.61	8.00	5.59	38.42	34.73	14.55	10.45
复水后	10.93	10.15	11.50	11.95	46.32	47.13	53.63	50.73
返青—拔节胁迫	11.63	10.21	9.51	7.63	53.31	46.43	24.62	16.37
复水后	12.46	12.16	11.74	12.49	56.71	55.96	59.24	60.70
拔节—抽穗胁迫	12.65	6.91	5.86	4.92	65.97	57.65	23.26	18.24
复水后	13.13	10.33	9.61	7.75	66.62	65.35	68.11	28.70
抽穗—成熟胁迫	13.14	7.56	6.49	5.82	67.69	45.53	23.55	19.51

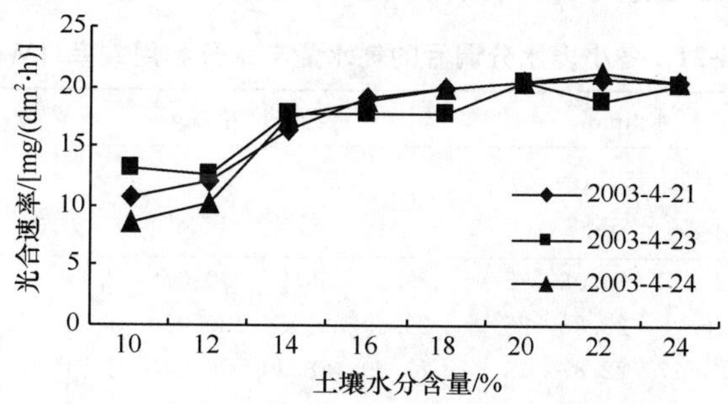

图 4-10　冬小麦叶片光合速率与土壤水分含量的关系

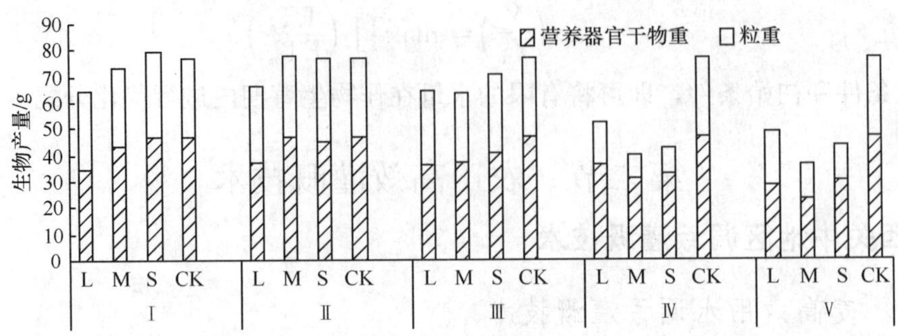

图 4-11　水分调控下冬小麦光合产物积累与分配

Ⅰ为三叶—越冬期；Ⅱ为越冬—返青期；Ⅲ为返青—拔节期；Ⅳ为拔节—抽穗期；Ⅴ为抽穗—成熟期；L—轻度调亏；M—中度调亏；S—重度调亏

2. 不同生育时期调亏及调亏水平对冬小麦产量的影响

表 4-21 为冬小麦调亏灌溉的耗水量与水分利用效率。试验结果表明，各生育阶段进行的水分调亏，随土壤含水量控制下限降低，耗水量依次递减，水分利用效率在三叶—越冬、越冬—返青和返青—拔节 3 个阶段随调亏度加重而提高。拔节—抽穗阶段随调亏度加重而明显降低；抽穗—成熟阶段轻度调亏对提高水分利用效率有利，中、重度调亏水分利用效率有所降低，但下降不明显。当轻度调亏时，WUE 以返青—拔节阶段为最高（1.17 kg/m^3），其次为越冬—返青（1.10 kg/m^3）和三叶—越冬调亏（1.09 kg/m^3）。当中度调亏时，WUE 以越冬—返青调亏为最高（1.18 kg/m^3）；其次为返青—拔节（1.17 kg/m^3）和三叶—越冬（1.15 kg/m^3）。在各处理中，以三叶—越冬和返青—拔节阶段的重度调亏 WUE 为最高（1.25 kg/m^3）。在各处理中，以三叶—越冬阶段重度调亏（40%）经济产量最高（32.14 kg），比对照（29.69 kg）提高 8.25%，节水 18.55%；其次是越冬—返青的重度调亏（31.50 kg）和中度调亏（30.43 kg），分别比对照增产 6.10%和 2.49%，分别节水 17.69%和 17.85%；返青—拔节重度调亏比对照略有增产，但节水 24.27%。此阶段的轻度、中度调亏与对照相比减产不明显。同时，不同时期和不同程度的水分调亏下，三叶—越冬阶段的重度调亏生物产量高于对照，越冬—返青阶段的中度、重度调亏生物产量与对照不存在显著差异。这说明适度水分亏缺后再复水，小麦光合产物具有补偿或超补偿积累（朱成立等，2003）。

表 4-21　冬小麦水分调亏的耗水量与水分利用效率（WUE）

胁迫阶段	耗水/mm				经济产量/kg				WUE/(kg/m^3)			
	CK	60%～65%	50%～55%	40%～45%	CK	60%～65%	50%～55%	40%～45%	CK	60%～65%	50%～55%	40%～45%
三叶—越冬	31.48	27.45	26.08	25.64	29.69	29.95	30.07	32.14	0.94	1.09	1.15	1.25
越冬—返青	31.48	26.78	25.86	25.91	29.69	29.54	30.43	31.50	0.94	1.10	1.18	1.22
返青—拔节	31.48	24.17	22.87	23.84	29.69	28.30	26.84	29.74	0.94	1.17	1.17	1.25
拔节—抽穗	31.48	26.60	22.22	21.74	29.69	16.21	8.91	9.07	0.94	0.61	0.40	0.42
抽穗—成熟	31.48	21.58	17.76	16.84	29.69	20.83	13.46	12.92	0.94	0.97	0.76	0.77

盆栽试验结果显示（图 4-12），冬小麦不同生育时期水分亏缺和亏缺程度对冬小麦的最终产量和产量构成有显著影响，冬小麦从孕穗到扬花期，轻度水分亏缺对产量产生明显影响；在拔节期间，中度和重度水分亏缺对产量有明显影响，而轻度水分亏缺对产量有促进作用；在返青起身期和灌浆期，只有重度水分亏缺对产量有明显影响，特别是在返青期，中度水分亏缺对产量有促进作用。近几年的研究结果显示，冬小麦对水分亏缺最敏感的时期是拔节到扬花期，而返青起身期和灌浆后期是可以控制水分供应的时期，是进行调亏灌溉最理想的时期，这些时期控制水分供应反而对产量有促进作用。

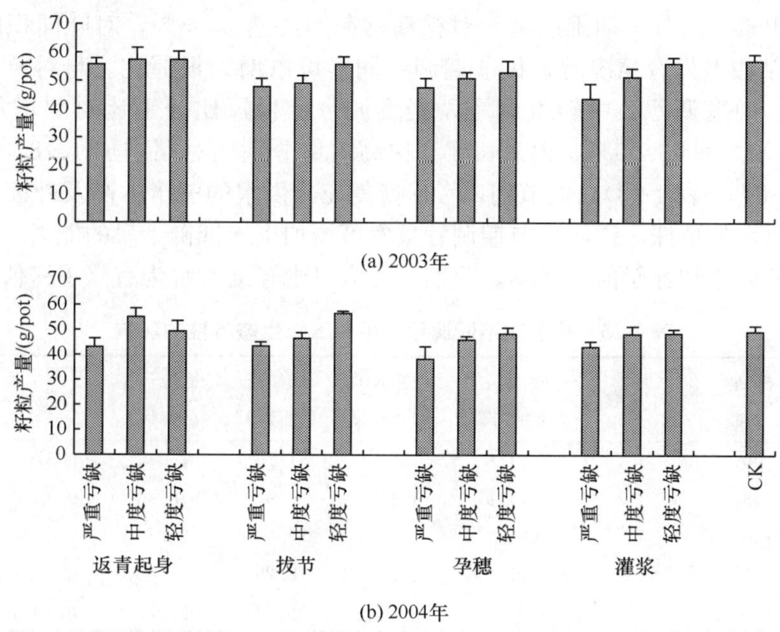

图 4-12　冬小麦不同生育时期水分亏缺和亏缺程度对产量的影响

（a）和（b）是同样试验设计 2 年的数据

（二）陕西关中地区夏玉米高效用水调亏灌溉技术

1. 不同阶段调亏灌溉对玉米生长和生理指标的影响

玉米苗期耐旱性较强，适度干旱能促进其根系发育、增加根冠比。苗期调亏时玉米株高的降低幅度小于叶面积的降低幅度，而根冠比与根系长和株高比值则呈规律性增加，表明对玉米在苗期适度调亏，可通过降低叶面积而减少植株蒸腾量。复水后玉米根系和地上部分的生长速度加快，根系活力和光合速率提高。适度的水分亏缺可提高根系中某些激素的含量，增加根中形成层的活力，从而有利于促进根系的生长，而且调亏程度越大，其补偿作用越明显。由表 4-22 可以看出，在苗期对玉米进行调亏，无论轻度还是重度亏水，其根系活力都比对照小，但相比而言，中轻度调亏水平的根系活力大于其他 3 种调亏处理的根系活力，表明在苗期对玉米进行调亏灌溉，以控制在中轻度亏缺水平为佳（王密侠等，2004）。

表 4-22 不同调亏水平对玉米根系活力的影响

处理方案	1	2	3	4	5
控制下限/%	45	60	70	55	50
根系活力/[μgTTc/(gFw·h)]	4.83	4.64	6.69	5.50	4.53

注：表中数据是苗期—拔节期的取样实测数值。处理1、2、3、4、5分别为苗期重度调亏、苗期轻度调亏、对照、苗期中轻度调亏、苗期中度调亏，表中土壤含水率均以占田间持水量的百分比计。

拔节—抽雄期调亏可抑制玉米株高生长和叶片扩展，同时也影响到玉米根系的伸长及其干物质积累。拔节—抽雄期调亏对株高抑制幅度达35.6%，对叶面积的抑制幅度达31.5%。从根系发育情况看，拔节期调亏同样可以增大根冠比。与对照相比，拔节期重度调亏、中度调亏、中轻度调亏及轻度调亏的根冠比分别比对照增加24.28%、6.25%、39.76%和43.00%，根系长度和株高比值分别比对照增加1.18%、47.54%、6.36%和4.38%（表4-23）。拔节期调亏后恢复充分供水的玉米株高及叶面积在后期小于长期充分供水的植株，说明拔节期调亏虽然可增加玉米抵御干旱的能力，但此阶段调亏后玉米后期调节和补偿能力减弱，此期调亏应以中轻度亏水为宜（王密侠等，2004）。

表 4-23 拔节期不同调亏水平对玉米生态特性的影响

处理	株高/cm	叶片数	叶面积/(cm^2/株)	根系长/cm	干物重/(g/株)	根系干重/(g/株)	根冠比	根系长/植株高
4	96	13	4281.6	88	51.75	19.44	0.3757	0.9167
5	98	13	4421.9	131	56.97	18.30	0.3212	1.3367
6	110	13	5098.9	106	70.03	29.70	0.4225	0.9636
7	129	13	5187.2	122	78.25	33.83	0.4323	0.9457
CK	149	13	6249.0	135	98.44	29.76	0.3023	0.9060

注：处理4、5、6、7及CK分别为拔节期重度调亏、中度调亏、中轻度调亏、轻度调亏及对照。

对玉米生理指标的测定结果（表4-24）表明，适度的水分亏缺可以增加根系活力，有利于根系生长，提高脯氨酸含量，增强作物渗透调节能力，最大限度地减少作物所受伤害。适当的水分胁迫还可提高SOD活性、CAT活性与MDA含量，减小膜伤害，增加玉米抵御干旱的能力，增加可溶性糖类物质含量，改善作物产品品质。由表4-24可以看出，拔节前轻度、中度、重度亏水和拔节—抽穗阶段的轻度亏水，光合速率（Pn）降低均不明显，蒸腾速率（Tr）显著降低，而且复水后Pn有超补偿效应。显然，拔节前的水分调亏具有节水、高产、提高水分利用效率的生理效应。

表 4-24 调亏灌溉对玉米 Pn 和 Tr 的影响

处理	Pn/[mg/(dm^2·h)]				Tr/[g/(m^2·h)]			
	CK	65%	55%	45%	CK	65%	55%	45%
三叶—拔节胁迫	12.23	11.64	10.55	9.05	52.60	37.87	33.51	25.90
复水后	11.91	14.33	14.56	15.60	112.83	110.51	130.95	114.56
拔节—抽穗胁迫	12.03	10.86	9.81	6.86	76.67	69.30	29.39	24.71
复水后	13.15	12.37	13.71	14.22	62.56	73.66	71.63	60.73

续表

处理	Pn/[mg/(dm² · h)]				Tr/[g/(m² · h)]			
	CK	65%	55%	45%	CK	65%	55%	45%
抽穗—灌浆胁迫	12.55	6.86	5.81	3.22	64.00	58.65	24.26	19.73
复水后	13.45	12.45	9.87	7.78	63.03	62.56	69.24	54.70
灌浆—成熟胁迫	14.43	6.24	5.56	1.33	73.34	49.34	25.52	18.97

2. 不同生育时期调亏及调亏水平对夏玉米产量及水分利用效率的影响

表 4-25 表明，在玉米各生育阶段，随土壤含量控制下限降低，耗水量依次递减；经济产量变化趋势与 WUE 相似。在各处理中，以拔节前重度调亏最高(95.6 g)，比对照（62.0 g）提高 54.19%，节水 14.75%；其次是拔节前的中度调亏（86.6 g）、拔节—抽穗轻度调亏（72.8 g）和拔节前的轻度调亏（69.4 g），分别比对照增产 39.68%、17.42%和 11.94%，且节水 6.71%～16.07%；与对照相比，拔节—抽穗中度调亏、抽穗—灌浆轻度调亏和灌浆—成熟的轻度调亏减产不明显（－6.29%～－9.19%），节水 11.87%～25.80%（王密侠等，2004）。

表 4-25 玉米水分调控的耗水量与水分利用效率（WUE）

胁迫阶段	耗水/kg				经济产量/g				WUE/(g/kg)			
	CK	65%	55%	45%	CK	65%	55%	45%	CK	65%	55%	45%
三叶—拔节	43.99	41.04	39.55	37.50	62.0	69.4	86.6	95.6	1.41	1.69	2.19	2.55
拔节—抽穗	43.99	36.92	32.64	29.99	62.0	72.8	56.3	47.3	1.41	1.97	1.72	1.58
抽穗—灌浆	43.99	38.77	37.45	36.21	62.0	56.3	50.4	50.9	1.41	1.45	1.35	1.41
灌浆—成熟	43.99	37.37	34.23	30.47	62.0	58.1	54.9	42.9	1.41	1.55	1.60	1.41

（三）陕西关中东部棉花高效用水调亏灌溉技术

1. 不同时期调亏灌溉对棉花生长和生理指标的影响

表 4-26 和表 4-27 分别为不同调亏灌溉对棉花株高和光合速率（Pn）、蒸腾（Tr）的影响。结果表明，随亏水度加重，光合速率和蒸腾速率均下降，蒸腾速率降低更明显。但不同生育阶段对水分调亏的敏感性存在显著差异。复水后光合补偿效应明显，轻度、中度调亏光合速率与对照接近，重度调亏比对照低；蒸腾速率接近或高于对照。这说明在苗期或吐絮期实施调亏灌溉较为适宜。

表 4-26 不同水分处理棉花株高的影响（2002 年） （单位：cm）

日期（月-日）	处理1	处理2	处理3	处理4	处理5	处理6	处理7	处理8	处理9	处理10	处理11	处理12	CK
7-1	29.00	25.50	25.77	29.83	27.00	28.33	29.83	26.00	28.33	26.80	23.50	24.00	27.83
7-6	31.00	31.67	34.00	39.17	36.67	35.00	37.67	35.67	36.33	36.50	29.50	27.67	38.17

续表

日期（月-日）	处理1	处理2	处理3	处理4	处理5	处理6	处理7	处理8	处理9	处理10	处理11	处理12	CK
7-11	39.00	39.00	41.00	46.33	45.00	44.33	42.00	43.17	39.17	41.67	30.00	32.67	44.50
7-16	44.50	43.67	48.33	53.00	51.60	52.33	44.33	48.67	42.60	46.17	32.00	34.50	51.33
7-22	53.50	50.17	54.50	57.33	57.83	58.60	49.00	53.33	55.83	52.17	38.00	40.17	58.50
7-27	61.33	58.67	64.00	64.17	66.50	66.67	53.33	56.00	62.00	65.83	44.50	47.33	64.75
8-8	71.33	66.83	74.17	71.83	76.67	76.00	55.00	57.33	67.17	70.67	50.67	53.50	73.50

注：处理1苗期轻度调亏，处理2苗期中度调亏，处理3苗期重度调亏，处理4花蕾期轻度调亏，处理5花蕾期中度调亏，处理6花蕾期重度调亏，处理7花铃期轻度调亏，处理8花铃期中度调亏，处理9花铃期重度调亏，处理10吐絮期轻度调亏，处理11吐絮期中度调亏，处理12吐絮期重度调亏，对照，不调亏。

表 4-27　调亏灌溉对棉花光合速率 Pn 和蒸腾速率 Tr 的影响

调亏阶段	Pn/[μmol/(m²·s)]				Tr/[μmol/(m²·s)]			
	CK	60%～65%	50%～55%	40%～45%	CK	60%～65%	50%～55%	40%～45%
苗期调亏	3.26	3.00	2.81	2.52	1.99	1.41	1.23	0.96
复水后	3.93	4.89	4.96	4.13	2.20	2.16	2.33	2.61
蕾期调亏	4.83	4.22	3.84	2.83	2.56	1.69	1.32	1.01
复水后	5.66	5.61	5.81	5.49	2.65	2.71	3.03	2.96
花铃期调亏	6.65	4.76	3.93	2.89	3.19	2.22	1.82	1.82
复水后	6.89	5.66	4.24	4.88	3.02	2.78	2.96	2.14
吐絮期调亏	6.15	5.84	5.35	4.75	2.82	2.22	2.32	1.82
复水后	6.09	5.99	6.03	4.76	2.13	2.64	2.29	2.03

2. 不同生育时期调亏及调亏水平对棉花产量及产量构成的影响

研究发现，如果棉花整个生育时期土壤湿度维持在较高土壤含水量水平，产量反而减少。不同生育期轻度水分亏缺与不存在水分亏缺的对照相比，产量均有所提高。苗期、现蕾期和吐絮期的中度水分亏缺未导致产量的降低，特别是吐絮期，在重度水分亏缺下，产量高于对照，而花铃期的中度和重度水分亏缺均导致产量显著降低（表4-28）。测坑和大田试验结果也表明，在棉花苗期和吐絮期控制水分供应，棉花产量可显著提高，而花铃期发生水分亏缺，棉花产量降低（表 4-29，表 4-30）。这说明棉花的水分敏感期在花铃期和蕾期（蔡焕杰等，2002）。

表 4-28　不同时期水分亏缺及亏缺程度对棉花产量的影响（盆栽试验）

项目	对照	苗期调亏			现蕾调亏			花铃期调亏			吐絮期调亏		
	CK	轻度	中度	重度	轻度	中度	重度	轻度	中度	重度	轻度	中度	重度
占田间持水量的/%	95.0	73.9	60.9	47.8	73.9	60.9	47.8	73.9	60.9	47.8	73.9	60.9	47.8
蒸散量比 CK 减少/%		11.5	44.6	69.4	10.0	45.0	72.7	17.0	45.4	73.0	14.0	46.0	72.0
产量/(g/盆)	18.9	24.3	20.5	15.0	19.3	19.7	18.0	20.6	11.4	7.3	30.5	28.3	28.9
产量比 CK 增减/%		28.4	8.8	−20.8	1.95	4.1	−4.81	8.8	−39.8	−56.2	51.1	49.5	53.0

注：非调亏时期土壤含水量维持在对照水平。

表 4-29　不同时期调亏对棉花产量的影响（测坑试验）

调亏时期	苗期—现蕾	苗期、花铃期	花铃期	蕾期	花铃—吐絮	苗期—吐絮期	CK
产量/(kg/hm²)	3201.0	2376.2	1913.4	3064.5	2275.5	3451.7	2889.0

表 4-30　不同时期水分亏缺对棉花产量和水分利用效率的影响（大田试验）

处理	皮棉产量/(kg/hm²)	总耗水量/mm	水分利用效率/(kg/m³)
无水分亏缺	2105	509.4	0.413
苗期水分亏缺	2156	496.7	0.434
蕾期水分亏缺	1884	524.7	0.359

（四）陕西关中地区梨枣调亏灌溉

1. 梨枣树调亏灌溉对植物生理指标的影响

陕西大荔县梨枣树调亏灌溉试验研究表明：随着气孔导度的增加，光合速率的增长趋势明显缓于蒸腾速率，叶片水分利用效率随气孔导度的增大而减小，各生育阶段叶片水分利用效率最高值均在气孔导度最小值附近取得。各亏水处理均降低了亏水阶段内梨枣树的叶片蒸腾速率和光合速率，开花—坐果期轻度亏水处理和果实成熟期重度亏水处理提高了相应亏水阶段的叶片水分利用效率，而果实膨大期中度亏水处理降低了亏水阶段的叶片水分利用效率，如图 4-13 和图 4-14 所示。图 4-15 为梨枣果实成熟期重度水分亏缺对梨枣树叶片蒸腾速率、光合速率和水分利用效率的影响。由图可知，亏水对梨枣树叶片蒸腾速率降低的影响程度高于对光合速率降低的影响程度，即叶片蒸腾速率对土壤水分胁迫的反应比光合速率更敏感。图 4-16 表明了梨枣开花—坐果期水分亏缺对茎液流量的后效性影响。

2. 梨枣调亏灌溉的产量和水分利用效率

表 4-31 为不同处理下梨枣调亏灌溉水量、产量和水分利用效率表。研究结果表明，对照产量最高为 17 484 kg/hm²，其他各处理均造成了不同程度的减产，但开花—坐果期中度亏水，果实膨大期轻度亏水处理 3 降低幅度最大，为 27.6%。开花—坐果期充分供水，膨大期经受轻度亏水的处理 5 减产幅度最小，为 6.3%。除处理 3 外，其他各处理均提高了产量水平的水分利用效率，开花—坐果期中度亏水，果实膨大期轻度亏水的处理 2 效果最明显。处理 2 和处理 3 灌水总量相同，但处理 2 于开花—坐果期经受中度亏水处理，果实膨大期经受轻度亏水处理。因此，与处理 3 相反，处理 2 的产量高于处理 3，说明梨枣树在果实膨大期对水分的敏感程度高于开花—坐果期（丁日升等，2004）。

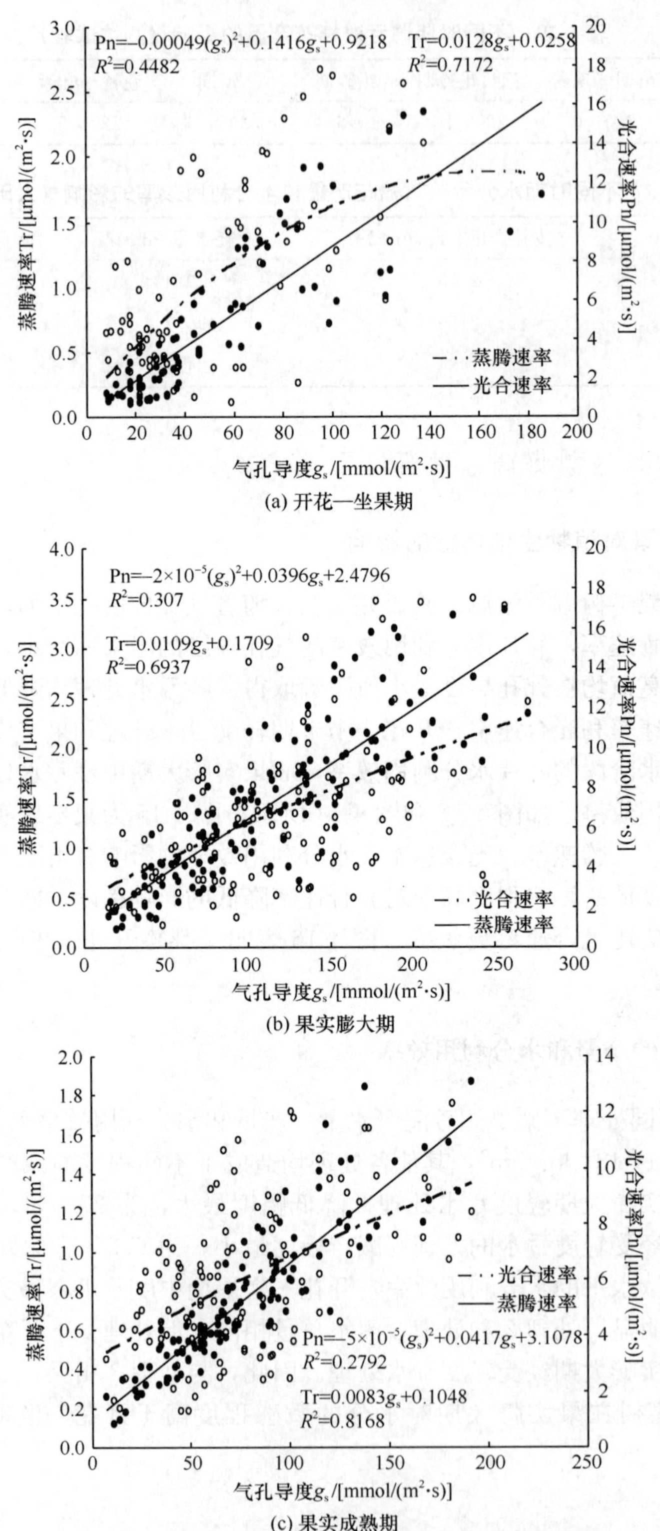

图 4-13　梨枣树不同生育阶段叶片气孔导度、光合速率和蒸腾速率的关系

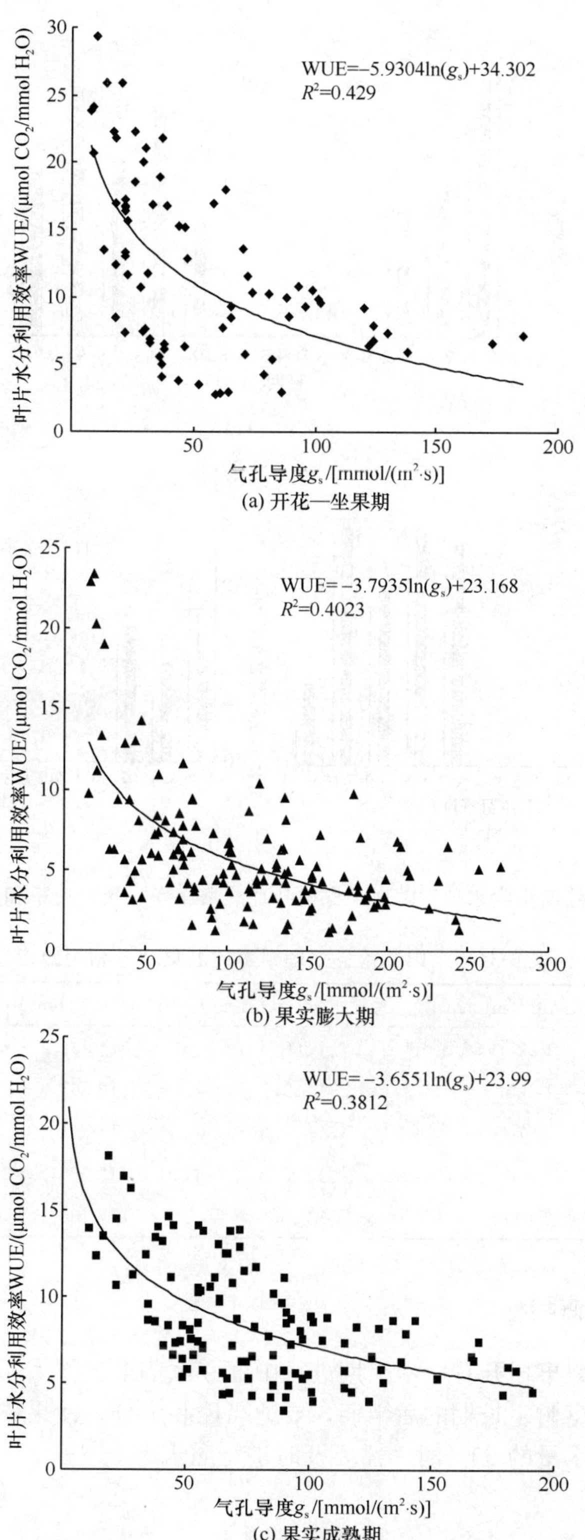

(a) 开花—坐果期

(b) 果实膨大期

(c) 果实成熟期

图 4-14　梨枣树不同生育阶段叶片气孔导度和水分利用效率的关系

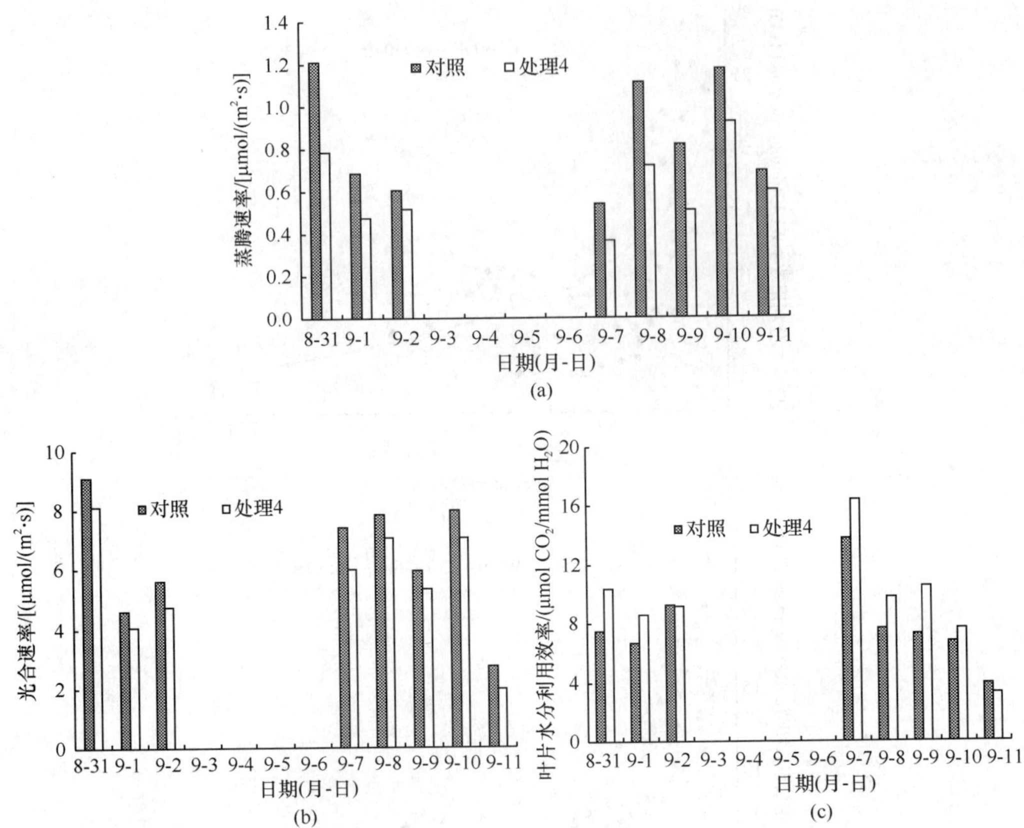

图 4-15 果实成熟期重度水分亏缺对梨枣树叶片蒸腾速率、光合速率和水分利用效率影响

表 4-31 大田试验各处理梨枣树灌溉水分利用效率

处理	灌溉水总量/(m^3/hm^2)	总耗水量/(m^3/hm^2)	产量/(kg/hm^2)	产量水平 WUE/(kg/m^3)
处理 2	1 225	4 260.5	14 584	3.42
处理 3	1 225	4 250.5	12 667	2.98
处理 4	1 575	4 520.3	15 851	3.51
处理 5	1 750	4 695.3	16 384	3.49
对照	2 100	5 245.3	17 484	3.33

3. 梨枣树的调亏灌溉指标

试验表明，在梨枣树开花—坐果期进行中度亏水，果实膨大期轻度亏水，有利于生长发育和结果，在枣树生长期的后半期，要适当控制水分，使果树停止生长，当土壤含水量降低到田间持水量的 50%时，需要及时进行灌水。

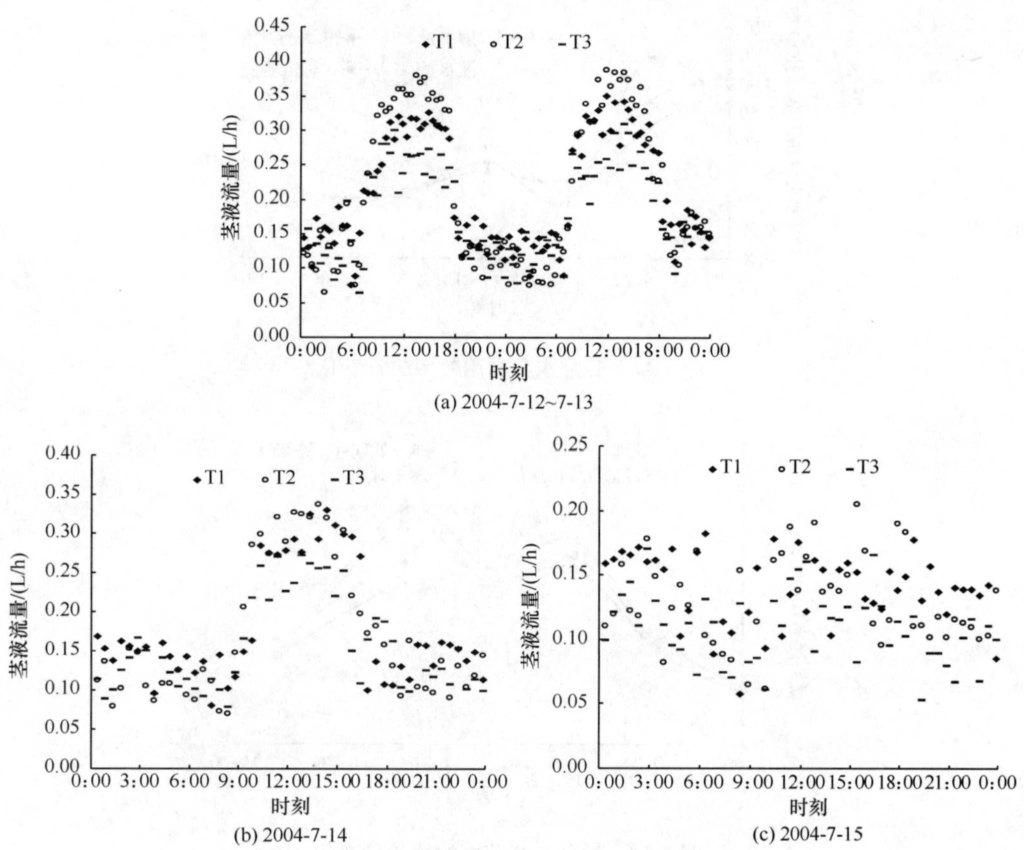

图 4-16　开花—坐果期轻度水分亏缺对梨枣后效性影响

二、甘肃河西走廊调亏灌溉技术

（一）调亏灌溉对西瓜生理指标的影响

甘肃民勤荒漠绿洲区覆膜条件下西瓜调亏灌溉研究表明：在播种—开花期内，充分供水的叶片气孔导度和蒸腾速率的日变化大于水分亏缺条件下的叶片气孔导度和蒸腾速率的日变化；2/3 亏水处理 4 的光合速率和叶片水分利用效率分别大于对照（图 4-17）。在坐果—膨大期亏水阶段内，2/3 亏水处理 4 的叶片光合速率、气孔导度和水分利用效率均大于 1/2 亏水的处理 1 的对应值，对照的蒸腾速率高于水分亏缺各处理的蒸腾速率（图 4-18）。通过对西瓜地上和地下部分生长量的研究表明，经过 2/3 标准水量调亏后再复水，西瓜的主蔓、根、叶片和花等器官存在着补偿生长效应，处理 8 的根量和冠部生长量均小于对照，但根系干物质生长量与对照间的差异小于冠部生长量和对照的差异，其根冠比较为理想。

（二）调亏灌溉对西瓜产量的影响

西瓜的蒸发蒸腾量随灌溉水量的增加而增加，坐果—膨大期是西瓜需水敏感期。经

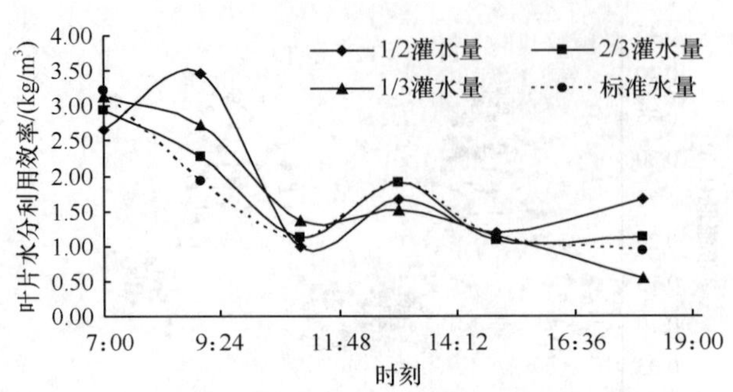

图 4-17　叶片水分利用效率的日变化

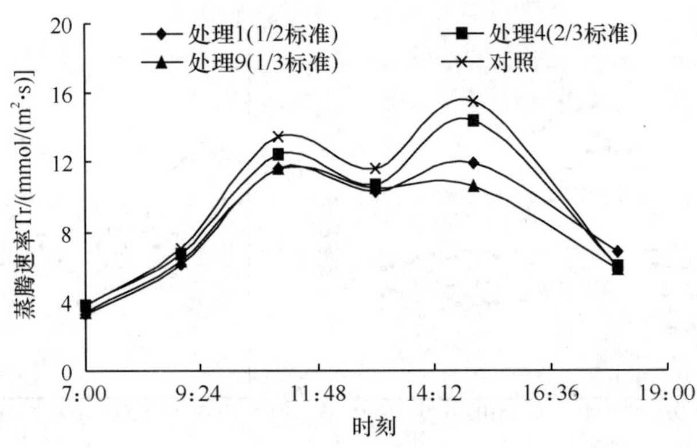

图 4-18　播种—开花期的蒸腾日变化

过一定亏水处理的西瓜，其产量在不同亏水阶段和不同亏水度条件下可能高于对照，如产量最高的是处理 6，是在坐果—膨大期进行调亏，调亏度为 2/3 的标准水量，产量不但没减少，反而比对照增加 3.81%。然而，大多情况下亏水处理的产量低于对照，但其减产百分率与节水效率相比要小得多，如处理 8 在减产 5.01%的基础上，耗水却减少了 12.92%。因此，在适度亏水条件下，能够提高其水分利用效率，与其他各处理相比，全生育期进行亏水的处理 8 在产量水平上的水分利用效率和灌溉水利用效率明显高于其他各处理。

图 4-19 为西瓜水分调亏灌溉产量和灌水量、耗水量的关系，可以看出，当耗水量为 364 mm 时，所对应的产量最高；当耗水量小于 364 mm 时，产量随着耗水量的增加而增加。当耗水量大于 364 mm 时，产量反而随着耗水量的增加而减少；当灌溉水量为 161 mm 时对应的产量达最大值。这说明，虽然西瓜是一种高耗水性作物，但当灌水量或耗水量增加到一定数值时，此时再增加供水不但不能增加作物产量，反而会使产量下降。

三、作物生理节水营养与化学调控技术

利用营养与化学调控技术是挖掘作物自身潜力，是提高灌水及降水利用效率的有效

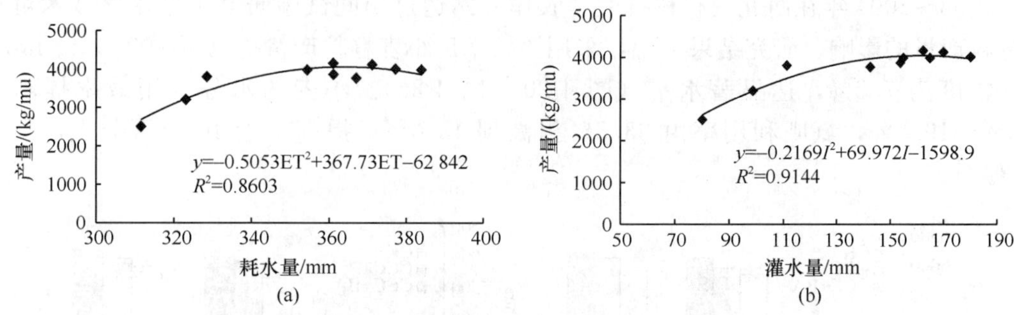

图 4-19　甘肃民勤西瓜产量和耗水量、灌溉水量的关系

途径之一。营养与化学调控技术可增强作物自身的抗旱能力，进而提高作物水分利用效率。除将矮壮素（CCC）、多效唑（PP_{333}）等一些常见的植物生长调节剂应用于提高作物抗旱性外，还研制了其他一些可以提高作物抗旱性的产品，如旱地龙、钙与赤霉素合剂等。这些产品在增强作物抗逆性、提高作物水分利用效率方面发挥了一定的功效。

根据不同作物生长发育特点，在其生长的不同阶段采取不同的生理及营养调控措施，控制作物代谢和生长发育，协调作物根系与地上部分生长的关系、作物生长与环境的关系等，达到了减少水分无效损耗，提高作物水分利用效率的目的。该技术的创新性表现在：一是在作物生长发育的不同阶段采取不同的调控措施，将“促”与“控”有效地结合在一起；二是将化学调控与营养调控有效地结合起来（汤海军等，2004）。

（一）陕西关中地区小麦营养与化学调控技术及效果

在小麦播种前，利用 CCC 或 PP_{333} 及硫酸锰混合液浸种，在小麦返青时，喷施 CCC 或 PP_{333}，在小麦灌浆初期，喷施尿素、锰及 6-苄基腺嘌呤（6-BA）混合液的方法综合调控小麦生长发育进程。这种在小麦生长发育的不同阶段采取不同的调控措施，将“促”与“控”有效地结合在一起的技术，协调了作物生长，具有明显提高作物对水分及养分利用效率的效果。

2002～2004 年在西北农林科技大学农作一站进行的小麦生长期间根外喷施不同营养元素及植物生长调节剂的试验结果表明，叶面喷施锰和植物生长调节剂的小麦籽粒产量的增产幅度达 10％（表 4-32）。

表 4-32　小麦植株营养器官氮、磷、钾向籽粒的转运量及转运效率

养分转运	CK	I	N	M	IN	IM	NM	INM
转运量/(kg N/hm²)	59.2	94.9	155.5	80.3	176.4	77.7	126.3	174.8
转运率/%	55.9	64.6	70.6	66.4	74.0	61.2	64.6	70.7
转运量/(kg P/hm²)	8.3	11.4	14.9	9.4	21.4	11.3	14.8	23.1
转运率/%	55.2	61.1	64.4	57.9	71.0	61.5	66.3	73.1
转运量/(kg K/hm²)	49.5	57.4	96.8	59.5	150.7	70.7	105.3	158.1
转运率/%	48.7	51.3	60.2	52.3	69.3	55.7	62.1	66.4

注：I＝补灌；N＝氮肥；M＝秸秆覆盖。

2003～2004 年在西北农林科技大学农作一站通过田间试验研究了应用该技术对小麦籽粒产量的影响。研究结果发现，采用该技术后小麦籽粒产量提高了 409.8 kg/hm^2，增产幅度为 7.8%，达显著水平（图 4-20～图 4-22）。小麦的水分利用效率提高了 1.6%～19.3%，氮肥利用率由 33.8%提高到 43.0%，提高了近 10 个百分点，见表 4-33。

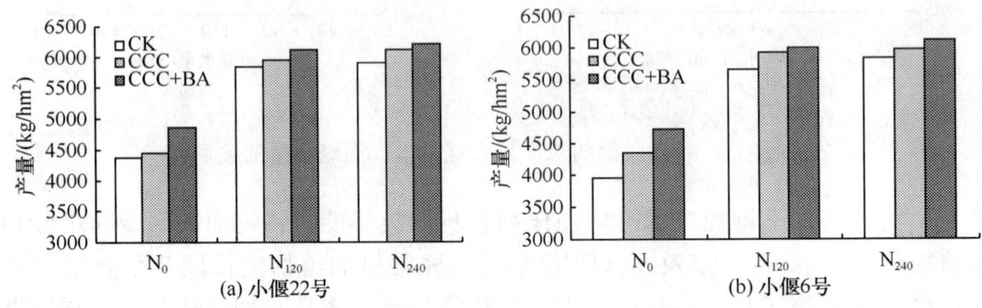

图 4-20　不同生长调节物质（CCC 及 6-BA）配合对不同小麦品种产量的影响（2003～2004 年）

N_0 代表不施氮肥；N_{120}代表施氮 120 kg/hm^2；N_{240}代表施氮 240 kg/hm^2

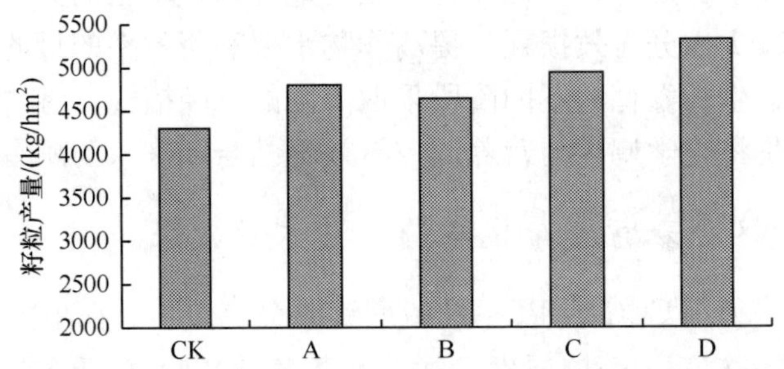

图 4-21　不同生长调节物质及营养元素配合对小麦籽粒产量的影响（2004～2005 年）

CK. 清水；A. PP_{333}；B. Mn；C. PP_{333}＋Mn；D. PP_{333}＋Mn＋甜菜碱

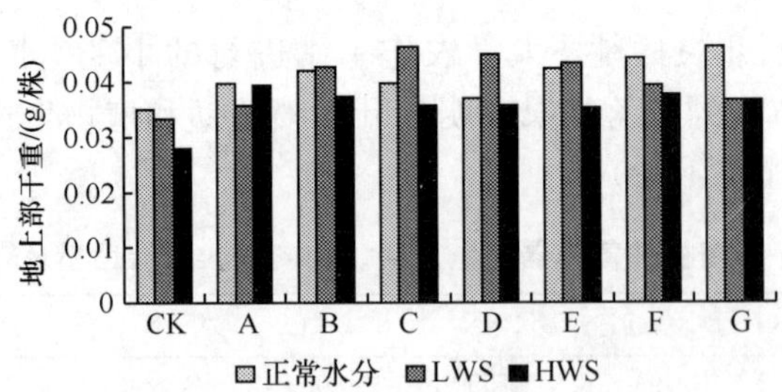

图 4-22　不同水分胁迫条件下不同生长调节剂处理对玉米生物学产量的影响

LWS. 轻度胁迫；HWS. 中度胁迫；CK. 清水；A. GA（赤霉素）；B. CCC；C. $ZnSO_4$；D. GA＋CCC；E. GA＋$ZnSO_4$；F. CCC＋$ZnSO_4$；G. GA＋CCC＋$ZnSO_4$

表 4-33　不同处理小麦籽粒产量及水分、氮肥利用效率

处理	0～200 cm 土层储水量/mm		降水量/mm	灌水量/mm	籽粒产量/(kg/hm²)	WUE/(kg/m³)	氮肥利用率/%
	播前	收后					
CK	500.64	261.86	128.02	0	4834.9c	1.32	—
I	500.64	298.16	128.02	40	4843.9c	1.31	—
N	500.64	271.46	128.02	0	5085.0bc	1.42	29.17
M	500.64	262.21	128.02	0	4810.8c	1.31	—
IN	500.64	261.92	128.02	40	5563.8ab	1.37	41.86
IM	500.64	302.93	128.02	40	4655.1c	1.27	—
NM	500.64	281.41	128.02	0	5156.4abc	1.49	32.07
INM	500.64	276.54	128.02	40	5756.0a	1.47	48.05

注：I＝补灌；N＝氮肥；M＝秸秆覆盖。

（二）陕西关中地区玉米营养与化学调控技术及效果

室内培养试验发现，单独利用赤霉素浸种增加了玉米幼苗的高度，而利用硫酸锌和CCC增加了玉米幼苗的茎粗。利用该技术，农大108和陕单902玉米品种的幼苗干物质重分别提高了5.02%～40.83%和0.15%～33.14%。土培试验研究结果表明，利用该技术后农大108玉米品种地上部分生物量增加了3.99%～19.66%，水分利用效率提高幅度为3.68%～19.47%，陕单902的提高幅度最高达17.12%。

采用分段浸种技术处理玉米种子，将对玉米种子萌发的“促”和“控”技术有机结合在一起。具体措施包括：首先利用赤霉素与硫酸锌混合溶液浸种玉米种子3～4 h，然后再利用CCC或PP_{333}与硫酸锌的混合液浸种6～8 h。这种处理措施促进了玉米种子萌发和壮苗的形成，表现出了提高玉米对水分和养分利用率的效果（汤海军等，2004）。

2004年的室内培养试验表明（图4-23），水分胁迫下使用该技术对玉米种子的发芽率和发芽势无显著影响，但却不同程度地提高了玉米幼苗的株高和壮苗系数。玉米幼苗的根长、根系干重均有明显增加，其中，轻度水分胁迫时的增加幅度为0.32%～23.38%，中度水分胁迫根长的增加幅度为5.01%～50.83%，这说明该技术具有培育玉米壮苗的突出作用。

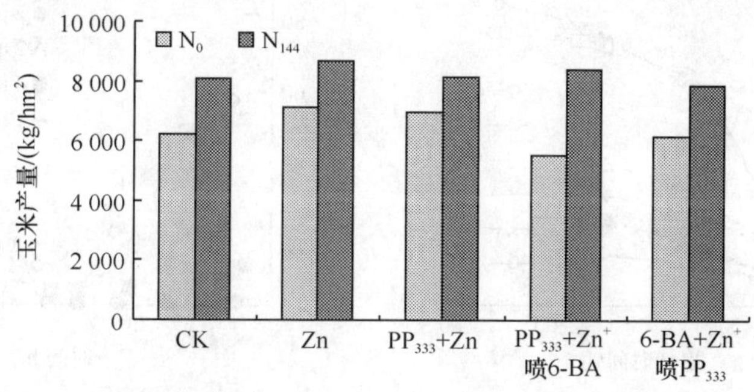

图 4-23　锌肥及其与多效唑配合对玉米籽粒产量的影响

N_0 代表不施氮肥；N_{144}代表施氮 144 kg/hm²

四、小定额均匀高效灌水新技术

通过大量的室内试验和田间试验分析，研究提出了小定额均匀高效灌水新技术，该技术包括作物根区局部控水无压地下灌溉技术、覆膜侧渗沟灌技术和垄膜沟种涌泉灌溉技术，适合于非充分灌溉条件下，沟长 50 m，灌水定额为 17 m³/亩时，灌水均匀度可达 0.85 以上。

（一）作物根区局部控水无压地下灌溉技术

根区局部控水无压地下灌溉技术又简称无压灌溉，是从空间湿润方式上调控局部根区土壤水分，以土壤吸力和作物蒸腾力为系统动力，湿润出水孔口周围作物根系层，满足作物需水要求，并随着作物不同生育期耗水量不同，自动调节进入作物根系层的水量。它是以作物为本的“主动灌溉”方式，无需外来动力作为输水动力。它与传统精耕细作相结合，既具有滴灌和地下渗灌技术的特点，又具有自己独特的创新优势，使水、肥、气、热和植物之间得到良好的统一与协调。

1. 作物根区局部控水无压地下灌溉技术参数研究

非饱和土壤具有基质势或吸力，这个基质势或吸力能产生一种驱动力将水从较低位置的水源“吸入”较高的位置。随着土壤变干，土壤势能减小，吸力增加。传统灌溉水源的高程高于出水口的高程，或者灌溉系统由水泵加压。然而，非饱和土的水势较低，小于输水毛管出水口内的水势，也就是说在毛管出水口内和非饱和土壤的界面存在着水势梯度，因此，水势梯度就是无压灌溉水分运动的驱动力。

1）灌水器的出水过程

图 4-24 为不同压力处理的累计入渗量 Q 随时间 t 的动态变化过程。图 4-25 为不同孔径灌水器单位时间出水量变化过程。由图可以看出累计入渗量 Q 随时间 t 增加而增加，用幂函数拟合 Q 与 t 之间的关系表明二者具有很好的相关性，相关系数达 0.98 以上（陈新明等，2005a，2005b）。

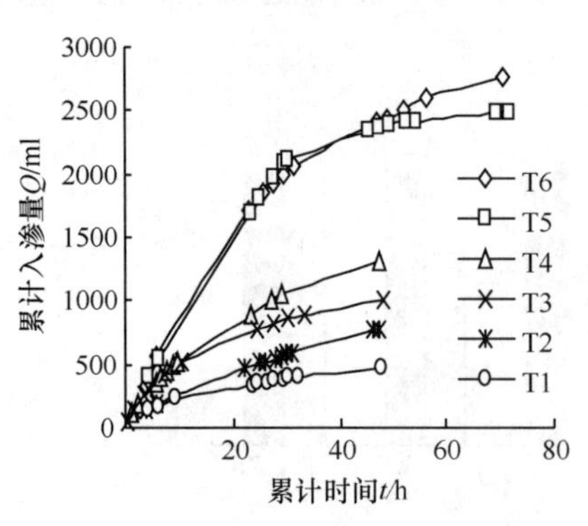

图 4-24 累计入渗量变化

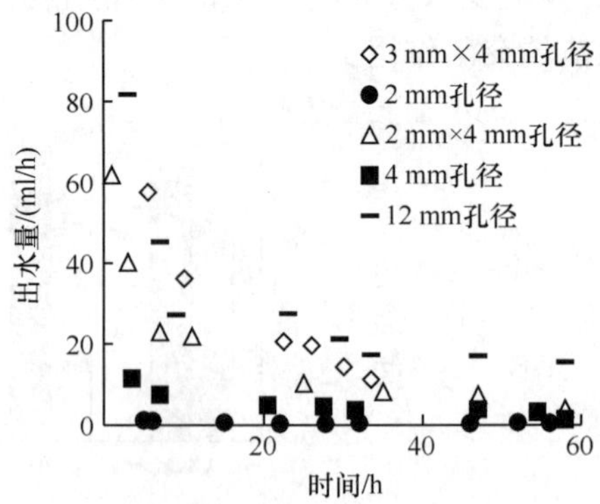

图 4-25 出水量变化过程

2）灌水器的土壤入渗变化规律

由入渗率 $i(t)=\mathrm{d}Q(t)/\mathrm{d}t$ 可知，在无压灌溉的入渗过程中入渗率 $i(t)=abt^{b-1}$，其中幂指数 b 小于 1，说明当时间 t 趋于无穷时，入渗率 $i(t)$ 趋于零，即累计入渗量 Q 随着时间的推移将趋于稳定。由图 4-24 和图 4-25 可以看出，当累计入渗时间一定时，累计入渗量随压力和孔径的增加而增大。无压灌溉过程中不同技术参数对入渗率影响的试验结果（表 4-34）表明，当入渗率趋于零时，总入渗时间随压力的增大而增大，随孔径的增大而减小；累计入渗量和平均入渗率与压力、孔径呈正比，即随着压力和孔径的增大，平均入渗率也增大。由总入渗时间可知，与常规灌溉方式相比，因为无压灌溉改变了传统的主动灌水方式。因此，利用土壤吸力和作物蒸腾拉力共同作用来进行灌水的过程将花费很长时间。这一结论为根据具体的种植作物类型对水分需求量的大小来选择管路铺设时的技术参数，根据不同的作物对水分亏缺的敏感程度来确定具体的灌水时间提供了重要的参考依据。

表 4-34　累计入渗量与时间关系的参数拟合结果

处理	$Q=a\times t^b$			处理	$Q=a\times t^b$		
	a	b	R^2		a	b	R^2
T1	50.654	0.6035	0.993	T4	111.91	0.6611	0.9992
T2	47.619	0.7338	0.9951	T5	119.86	0.7796	0.9874
T3	105.05	0.6242	0.9853	T6	97.439	0.8699	0.9884

3）湿润距离与入渗时间的关系

径向湿润距离 $x(t)$（灌水器所在平面的水平方向湿润距离）、垂向湿润距离 $h(t)$（垂直灌水器所在的平面向下方向湿润距离）、向上湿润距离 $r(t)$（垂直灌水器所在的平面向上方向湿润距离或灌水器到土壤表层湿润锋的直线距离）是表征无压地下灌溉湿润体的三个重要特征值。将不同供水压力下的 $x(t)$、$h(t)$、$r(t)$ 与入渗时间 t 的曲线关系用幂函数进行拟合，结果如表 4-35 所示。结果表明，湿润距离 $x(t)$、$h(t)$、$r(t)$ 与入渗时间 t 的幂函数曲线均具有较高的相关系数。拟合方程中指数 b 小于 1，表明当时间 t 趋于无穷大时，$h(t)$、$x(t)$、$r(t)$ 对 t 的导数将趋近于零，即 $h(t)$、$x(t)$、$r(t)$ 值随着时间的推移将逐渐趋于稳定并达到某一相对稳定值。这是随着时间的延长，湿润锋进一步远离灌水器附近的蓄水区，使张力梯度的驱动力降低，从而导致入渗率降低的原因（张振华等，2004a，2004b，2004c，2004d，2004e）。

表 4-35　不同压力特征值拟合方程及相关系数

特征值 \ 供水压力	−6 cm			−3 cm			0 cm			3 cm			6 cm		
	a	b	R^2	a	b	R^2	a	b	R^2	a	b	R^2	a	b	R^2
$h(t)=at^b$	0.819	0.368	0.9879	1.711	0.313	0.9945	1.195	0.456	0.9398	0.984	0.411	0.9971	1.918	0.325	0.9896
$x(t)=at^b$	0.662	0.384	0.9931	1.555	0.332	0.9932	1.165	0.460	0.9433	1.002	0.409	0.9964	2.703	0.290	0.9952
$r(t)=at^b$	1.934	0.263	0.9772	1.975	0.284	0.9941	0.972	0.464	0.9419	1.585	0.336	0.9960	1.624	0.327	0.9979

4）灌水器的湿润体形状

a. 湿润体形状

在无压地下灌溉过程中，供试土壤为均匀且各方向同性的多孔介质，灌水器出水完全是靠灌水器内外水势梯度的作用，水分运移过程近似为非饱和土壤的吸渗运动，因此，灌水器出水量很小，且灌水器周围的土壤含水率低于饱和含水量，相对于土壤吸力而言，重力作用较小，完全可以忽略。因此，从理论上讲，无压地下灌溉的湿润体形状应为球体。从数学的角度讲，球体是球冠的特殊形式，即当球冠的高等于截成它的球体直径时，湿润体形状就是球体。因此，为将无压灌溉时湿润土体的特征值表达式统一化，湿润体形状统一为球冠。图 4-26 为不同供水压力下不同时间湿润体的实测形状。坐标原点表示灌水器的埋设位置，外部曲线表示 $h(t)$、$x(t)$、$r(t)$推进速度趋于零时的湿润锋位置，从图中可以看出湿润体近似于球体，但与球体有一定差异。

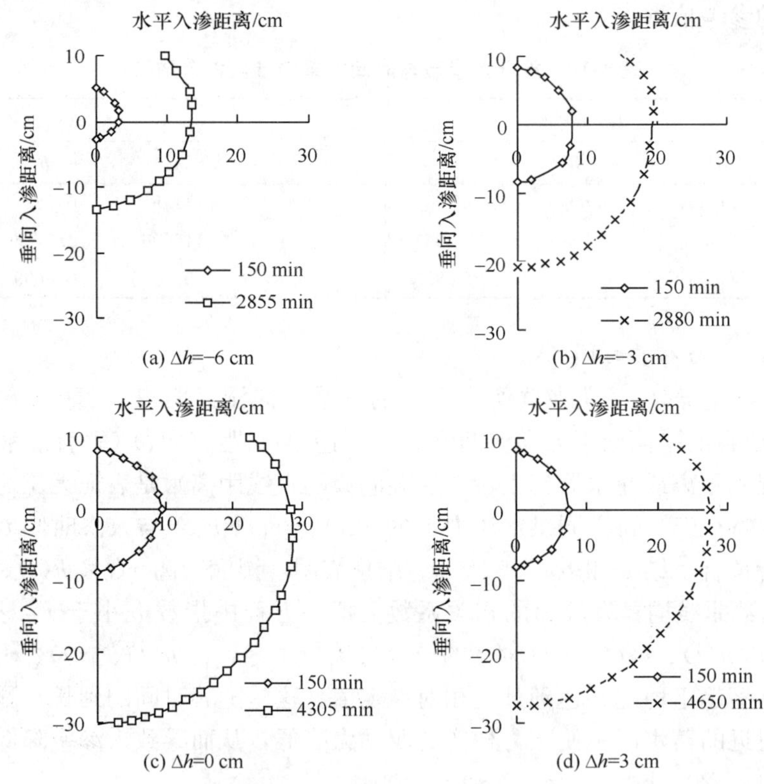

图 4-26　不同压力下土壤湿润体形状

b. 湿润体特征值

湿润体的径向最大湿润距离 x（在无压灌溉中指灌水器所在平面的水平方向湿润距离）和垂向最大湿润距离 h 是湿润体的两个重要特征值，它是确定灌溉水量、实现湿润体与根系匹配的重要指标，也是管路设计和布置的理论依据。根据已往研究分析和试验表明，若供试土壤为均质土、水分运移过程中水的重力作用近似为零，水分的运移主要在基质势的作用下实现，则由土壤的各向同性可知，湿润体形状是以灌水器为中心的球体。

若将湿润体的最大径向湿润距离、最大垂向湿润距离、向上最大湿润距离（灌水器到土表湿润锋的距离）分别记做 $x_{\max}$、$h_{\max}$、$r_{\max}$，则 $x_{\max}=h_{\max}=r_{\max}$。由表 4-36 中的试验结果与分析可以看出：

（1）$x_{\max}$约等于 $h_{\max}$，这与张思聪等（2004）对渗灌的非饱和土壤水二维流动湿润锋轮廓线的结论相同；

（2）试验的标准差都比较小，说明将湿润体形状表示为球体的假设是可行的；

（3）由变异系数可知，孔径、压力的变化都会对精度产生影响，而压力是最主要的影响因素之一；

（4）随着压力的增大，湿润土体的径向距离减小，垂向距离增加，主要是因为随着供水压力的增大，灌水器出水量增大，重力作用越来越大；

（5）随着压力和孔径的增大，湿润球体半径也逐渐增大，且无压（负压）灌溉时，湿润体半径都在 30 cm 以内，这为无压灌溉技术下作物种植间距的确定提供了参考，为应用土壤水动力学预测土壤水分变化的模型选取提供了依据，也为土壤水分监测仪器的埋设位置提供了指导。

表 4-36　最大湿润距离的统计分析

处理	$x_{\max}$/cm	$h_{\max}$/cm	$r_{\max}$/cm	平均值	标准差	变异系数
T1	14.1	13.4	14.3	13.9	0.47	3.39
T2	16.8	16.8	17.2	16.9	0.23	1.36
T3	20.1	20.8	18.5	19.8	1.18	5.95
T4	23.4	23.2	20.2	22.3	1.79	8.05
T5	28.0	29.9	24.0	27.3	2.99	10.96
T6	30.0	30.4	24.8	28.4	3.11	10.95

根据以上结果，湿润体的等效半径 $R(t)$ 可由下式表示：

$$R(t)=\sqrt[3]{x(t)^2h(t)} \tag{4-5}$$

将试验资料按照式（4-5）进行整理，可得湿润体半径随时间的动态变化过程，如图 4-27 所示，经分析可知，湿润体大小随时间的动态变化过程与灌溉水量随时间的动

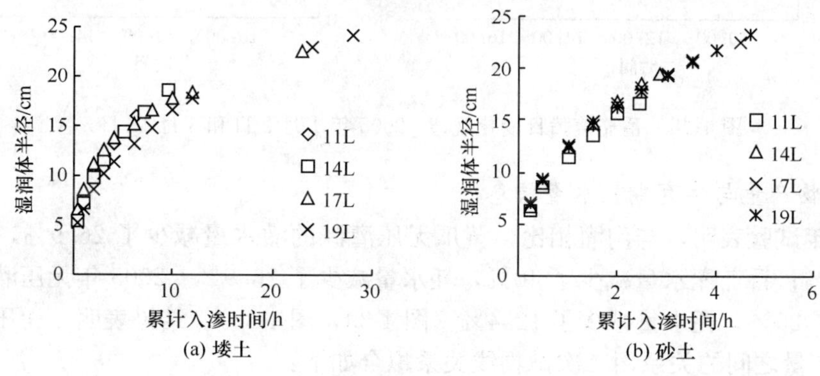

(a) 塿土　　(b) 砂土

图 4-27　湿润体大小的动态变化

态变化过程相似，不仅表现为湿润体大小随时间的延长具有趋于稳定的趋势，而且与砂土相比塿土因为入渗历时较长，当湿润体大小一定时，累计入渗时间差异较大。

由图 4-27 和前文分析可知，湿润体半径与累计入渗量之间呈显著的幂函数关系，二者的拟合方程为

$$R(t) = 18.467w^{0.5037} \tag{4-6}$$

作为估算湿润体半径的经验方程时，预测值与实测值之间有较高的相关性，计算结果见表 4-37，经验方程中的系数和指数与压力大小无关。

表 4-37　不同供水压力下湿润体特征值和剖面面积

供水压力/cm	$x(t)$/cm	$h(t)$/cm	r_0/cm	计算值	实测值	相对误差/%
6	23.4	25.5	24.45	707.01	707.00	0.002
3	27.5	27.6	27.55	865.44	841.00	2.82
0	28.3	30.0	29.15	953.05	947.80	0.55
−3	19.4	20.8	20.10	509.68	497.75	2.34
−6	13.5	13.5	13.50	264.50	259.88	1.75

注：$x(t)$ 为 x 方向湿润距离；$h(t)$ 为 y 方向湿润距离；r_0 为湿润半径方向湿润距离。

2. 作物根区局部控水无压地下灌溉技术大田应用效果分析

1）无压灌溉对作物蒸腾、气孔导度和光合速率的影响

试验表明，无压灌溉能降低作物蒸腾量、减小作物气孔导度、减少作物的水分消耗，但并不降低作物的光合速率，致使作物产量不降低或略有增大。研究还表明无压灌溉降低了棚内湿度，提高了棚内温度。同期棚内湿度比沟灌降低 4.1%，温度提高 1.08℃（图 4-28）。

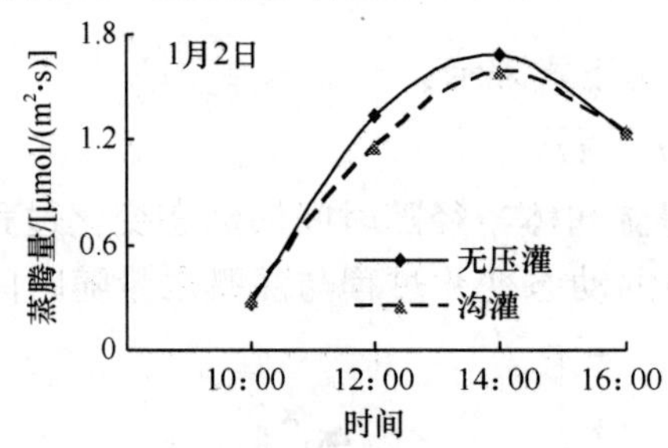

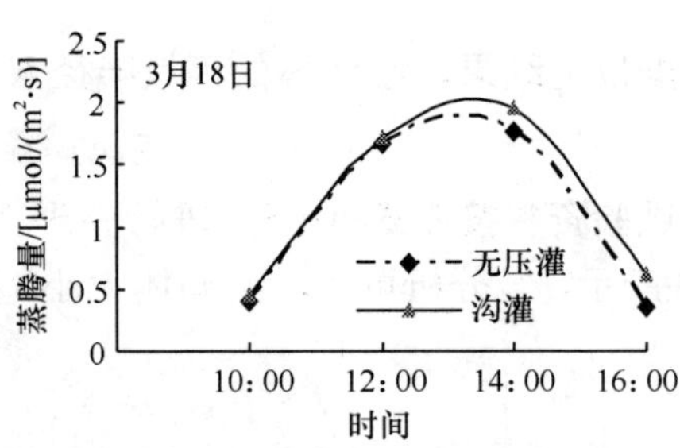

图 4-28　番茄蒸腾日变化规律（2005 年 1 月 2 日和 3 月 18 日）

2）作物产量与生育期耗水量信息

2004 年试验表明，与沟灌相比，黄瓜无压灌溉的灌水量减少了 26.9%，耗水量减少了 16.4%；番茄灌水量减少了 40%，耗水量减少了 26.9%。2005 年无压灌溉番茄灌水量减少了 20%，耗水量减少了 12.4%（图 4-29，图 4-30）。结果表明，无压灌溉番茄耗水量和产量之间的关系用二次抛物线关系拟合如下：

$$Y = -0.0513\mathrm{ET}^2 + 437.38\mathrm{ET} - 818\,845 \tag{4-7}$$

式中，ET 为番茄生育期耗水量（m^3/hm^2）；Y 为番茄产量（kg/hm^2）。

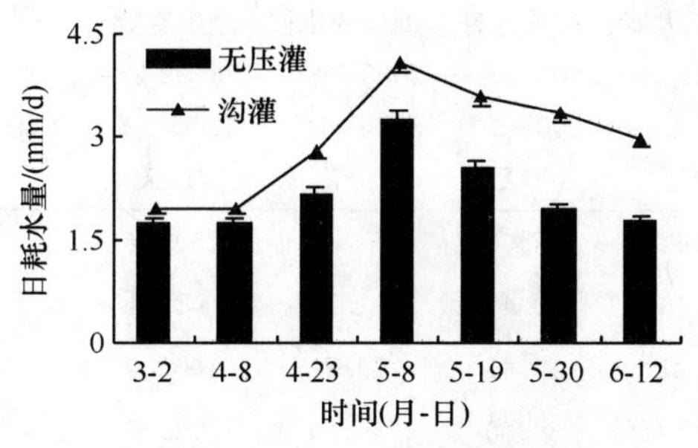

图 4-29　黄瓜生育期日耗水量

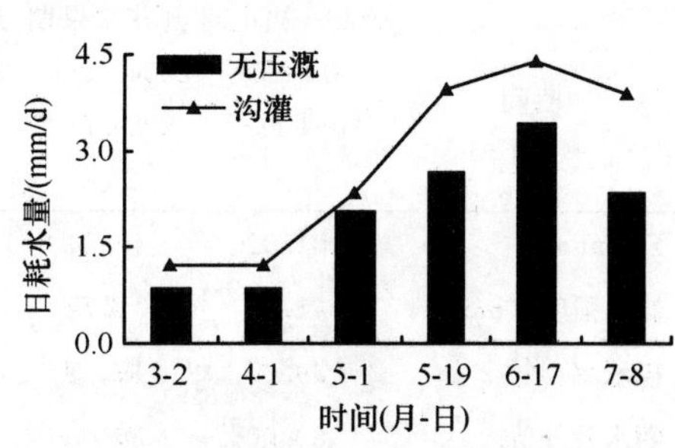

图 4-30　番茄生育期日耗水量

3）作物产量和水分生产率

作物产量和水分生产率是进行合理灌溉的基础。表 4-38 和表 4-39 分别是不同灌溉方式下的作物产量和水分生产率。与沟灌相比，无压灌溉黄瓜和番茄的产量都有所提高，黄瓜产量比对照提高 3.6%，番茄提高了 9.6%，但二者间不存在显著差异。与沟灌相比，采用无压灌溉黄瓜的水分生产率提高了 19.3%，番茄的水分生产率提高了 27.8%，二者之间呈极显著差异，这说明无压灌溉不仅不降低作物产量，还能明显提高作物的水分生产率。

表 4-38　2005 年番茄无压灌溉生育期耗水量及产量

处理	时间	苗期—初花期 2004-9-2～2004-11-7 68天	开花结果期 2004-11-8～2004-12-6 28天	果实肥大期 2004-12-7～2005-1-4 28天	成熟前期 2005-1-5～2005-3-7 60天	成熟后期 2005-3-8～2005-4-6 30天	全生育期 2004-9-2～2005-4-6 214天	产量/(kg/hm^2)
沟灌	ET/mm	95.88	63.00	40.32	57.91	65.36	303.02	
	耗水强度/(mm/d)	1.41	2.08	1.44	0.63	2.35	1.62	
	耗水率/%	29.73	19.54	12.50	17.96	20.27	100.0	
	灌水量/mm	69.00	67.00	0	69.00	71.00	274.00	112 248.6
无压灌处理 1	ET/mm	93.84	46.48	28.10	19.06	46.50	233.98	
	耗水强度/(mm/d)	1.38	1.66	1.00	0.32	1.55	1.09	
	耗水率/%	40.11	19.86	12.01	8.15	19.87	100.00	
	灌水量/mm	69.00	30.00	30.00	30.00	30.00	189.00	84 944.9
无压灌处理 2	ET/mm	98.60	48.72	28.79	20.36	50.40	246.86	
	耗水强度/(mm/d)	1.45	1.74	1.03	0.34	1.68	1.15	
	耗水率/%	39.94	19.74	11.66	8.25	20.42	100.00	
	灌水量/mm	69.00	33.00	33.00	33.00	33.00	201.00	95 913.1

续表

处理	时间	苗期—初花期 2004-9-2～ 2004-11-7 68天	开花结果期 2004-11-8～ 2004-12-6 28天	果实肥大期 2004-12-7～ 2005-1-4 28天	成熟前期 2005-1-5～ 2005-3-7 60天	成熟后期 2005-3-8～ 2005-4-6 30天	全生育期 2004-9-2～ 2005-4-6 214天	产量 /(kg/hm²)
无压灌处理3	ET/mm	101.32	49.84	29.68	27.00	51.60	259.44	
	耗水强度/(mm/d)	1.49	1.78	1.06	0.45	1.72	1.21	
	耗水率/%	39.05	19.21	11.44	10.41	19.89	100.00	
	灌水量/mm	69.00	36.00	36.00	36.00	36.00	213.00	109 954.3
无压灌处理4	ET/mm	103.36	52.92	29.68	27.60	55.80	273.00	
	耗水强度/(mm/d)	1.52	1.89	1.19	0.46	1.86	1.28	
	耗水率/%	37.86	19.38	12.21	10.11	20.44	100.00	
	灌水量/mm	69.00	39.00	39.00	39.00	39.00	225.00	115 563.9
无压灌处理5	ET/mm	98.60	57.96	34.16	31.20	63.00	284.92	
	耗水强度/(mm/d)	1.45	2.07	1.22	0.52	2.10	1.33	
	耗水率/%	34.61	20.34	11.99	10.95	22.11	100.00	
	灌水量/mm	69.00	42.00	42.00	42.00	42.00	237.00	109 098.2
无压灌处理6	ET/mm	97.92	59.08	38.64	34.80	64.50	294.94	
	耗水强度/(mm/d)	1.44	2.11	1.38	0.58	2.15	1.38	
	耗水率/%	33.2	20.03	13.10	11.80	21.87	100.00	
	灌水量/mm	69.00	45.00	45.00	45.00	45.00	249.00	112 598.7

表 4-39　不同灌溉方式番茄和黄瓜产量与水分生产率

作物	灌溉方式	产量/(kg/hm²)	灌水量/mm	水分生产率/(kg/m³)
黄瓜	无压灌溉	79 411a	5 375.8a	22.3A
	沟　灌	76 644a	6 185.6b	18.7B
番茄	无压灌溉	97 077a	5 783.6a	25.3A
	沟　灌	88 587a	6 731.1b	19.8B

4）*无压灌溉对作物品质的影响*

品质检测结果（表 4-40）表明，与沟灌相比，黄瓜无压灌溉的维生素 C 含量、可溶性总糖含量和无机磷含量分别提高了 75.11%、11.2%和 24.5%；与沟灌相比，番茄无压灌溉的维生素 C 含量和可溶性糖含量分别比沟灌提高了 77.22%和 3.33%，二者的无机磷含量差异不明显。图 4-31 为无压灌溉和沟灌温室大棚番茄全生育期内果实的品质变化曲线。由图可以看出，全生育期无压灌溉和沟灌的品质变化规律基本一致，在整个生育期内，无压灌溉条件下的番茄果实品质明显优于沟灌的果实品质，与沟灌相比，维生素 C 平均提高了 19.48%，可溶性糖含量平均提高了 29.48%，总糖含量提高了 34.65%，该结果与 2004 年春季黄瓜和番茄的品质检测结果一致。

表 4-40　2004 作物品质分析

灌溉方式	维生素 C/(mg/100 g)	可溶性总糖/(g/100 g)	无机磷/(mg/100 g)
无压灌溉黄瓜	11.47	2.58	26.92
沟灌黄瓜	6.55	2.32	21.63
无压灌溉番茄	14.16	6.82	13.02
沟灌番茄	7.99	6.60	13.20

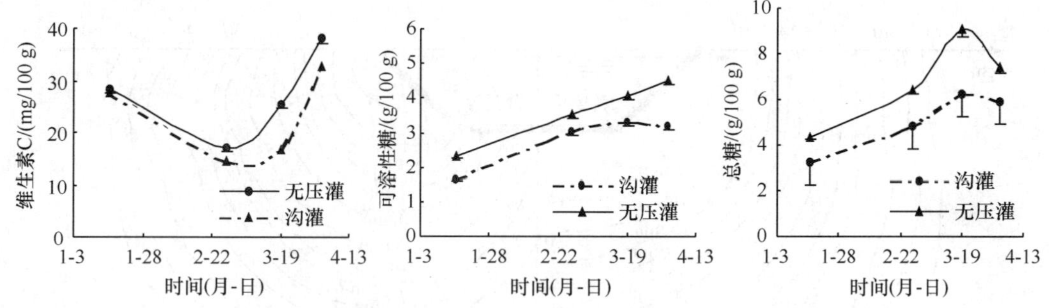

图 4-31　番茄生育期内维生素 C、还原糖和总糖变化曲线

3. 作物根区局部控水无压地下灌溉技术参数

通过室内、室外试验和大田试验研究，无压灌溉技术的主要技术参数为，适宜压力 −4～8 cm，孔径 3～8 mm，毛管埋深 10～30 cm，孔口间距 20～40 cm，根据作物行距，可单行单管或双行单管布置。

（二）覆膜侧渗沟灌技术

覆膜侧渗沟灌技术是通过在灌水沟底部全部或部分覆上不透水膜或具有一定程度透水性的防渗材料，以减小沟底的垂向入渗和沟的表面粗糙率，增大侧向入渗，加快水流在沟中的推进速度，提高灌水均匀度，实现小定额灌溉，达到节约用水的目的。覆膜侧渗沟灌技术可解决沟底垂向渗漏大、水流推进慢的缺点，在满足作物水量需求的前提下，减少深层渗漏损失，改变沟灌入渗湿润体的纺锤体形式为低平抛物体形式，灌水定额减小，灌水效率和灌水均匀度提高。

1. 覆膜侧渗沟灌技术特性

1）*覆膜侧渗沟灌技术的入渗特性*

试验研究表明，覆膜侧渗沟灌灌水沟边坡系数及湿周对覆膜侧渗沟灌的入渗特性有明显影响。边坡系数越大，水平入渗速率大于垂向入渗速率；不论水平入渗距离还是垂向入渗距离均随湿周的增大而增大。而灌水沟中水深对覆膜侧渗沟灌入渗影响不显著；在相同计划灌水定额（45 mm）的情况下，覆膜侧渗沟灌入渗历时明显长于一般不覆膜传统沟灌，入渗速率相应减小；在相同计划灌水定额条件下，一般传统无覆膜沟灌的垂向入渗深度大于覆膜侧渗沟灌，而水平入渗深度小于覆膜侧渗沟灌，且入渗历时短，入渗速率大。如图 4-32 所示，入渗体形状由椭球体形基本上改善成了低平抛物体形状，相应减小了土壤深层渗漏，提高灌溉效率和水分利用率；土壤含水率分布与湿润锋运移趋势一致，如图 4-33 所示，随着沟的水平向距离及垂向深度的增加，土壤含水量减小。在土层深度为 37 cm 时的土壤含水率为 28%，然后土壤含水率逐渐减小，土壤含水量分布优于一般沟灌情况，含水量分布比较均匀；根据覆膜侧渗沟灌的入渗特性，利用修正 Richards 方程对覆膜侧渗沟灌水分二维入渗过程进行数值模拟研究，并采用迦辽金（Galerkin）有限元方法对定解方程进行了数值计算，模拟结果如图 4-34 所示（张新燕等，2005）。

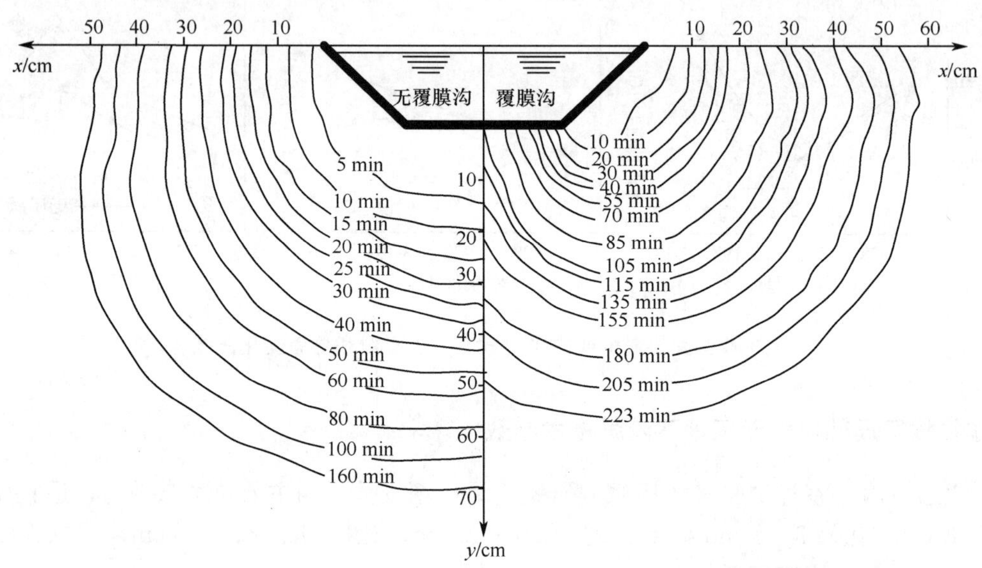

图 4-32　无覆膜沟（T2 实验）与覆膜沟（M4 实验）湿润锋运移过程对比图

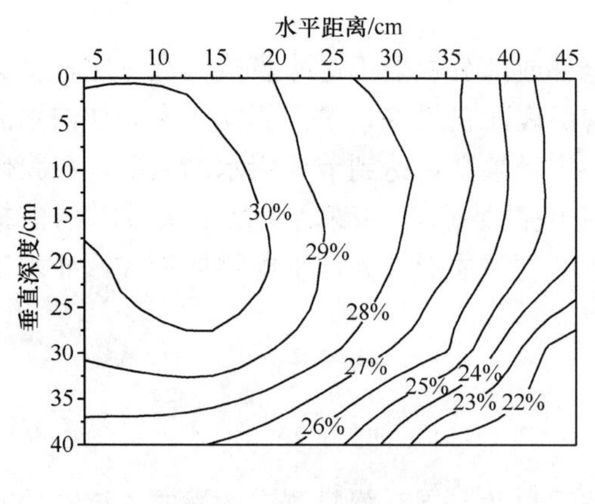

图 4-33　灌水结束后处理 M5 的土壤含水量分布等值线图

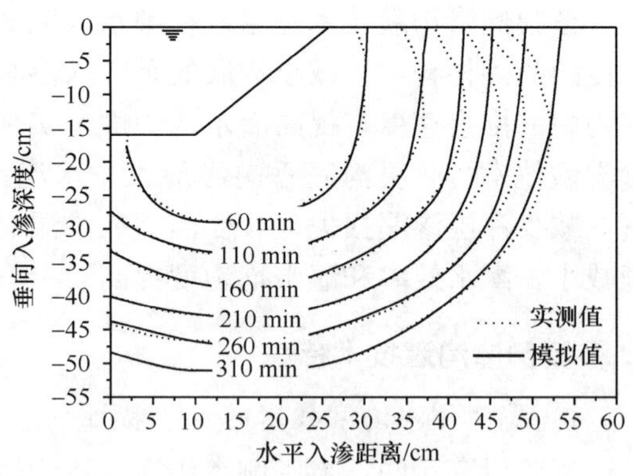

图 4-34　土壤入渗模拟结果

2）*覆膜侧渗沟灌技术地表水流运动特性*

通过大田试验研究表明，一般沟灌和覆膜侧渗沟灌的水流推进过程和消退过程具有相同的变化特征，即入沟流量和灌水时间越大，其推进长度和推进速度越大，反之亦然。但在条件相同的情况下，覆膜侧渗沟灌比一般沟灌的推进长度大50%左右，如图4-35所示，推进速度可达一般沟灌的3倍，且沟中水深很快达到稳定，消退过程明显加长，约是一般沟灌的2倍（图4-36），使得沿沟长方向的积水入渗时间分布更趋均匀。图4-37为一般沟灌和覆膜侧渗沟灌积水入渗时间分布图，图中虚线代表覆膜侧渗沟灌，实线代表一般沟灌，E3和W3、E10和W10、E20和W20的灌水技术条件相同。通过实测资料计算，覆膜侧渗沟灌灌水均匀度较一般沟灌有所提高，一般沟灌为70%左右，而覆膜侧渗沟灌在80%以上。通过对灌后48 h土壤含水率分布测定发现，在地表下10～40 cm深度覆膜侧渗沟灌的侧向入渗明显大于一般沟灌，含水率高，入渗距离大，并且垂向入渗减小，土壤含水量分布具有小于一般沟灌的趋势。通过建立的运动波模型对覆膜侧渗沟灌进行了地表水流的数值模拟，模型采用迦辽金有限元方法进行求解，模拟了地表水流的推进过程和消退过程。模拟进水、退水过程与实测值如图4-38、图4-39和表4-41所示。根据建立的运动波模型对灌水沟的粗糙系数和土壤导水率进行了模拟分析，如图4-40、图4-41所示。结果得出，当灌水沟粗糙系数和土壤导水率减小时，推进时间均相应减小，而覆膜侧渗沟灌通过灌水沟底覆膜既减小了灌水沟的粗糙系数，同时也减小了入渗参数，使水沟中水流推进速度加快，提高了灌水均匀度（张新燕等，2005）。

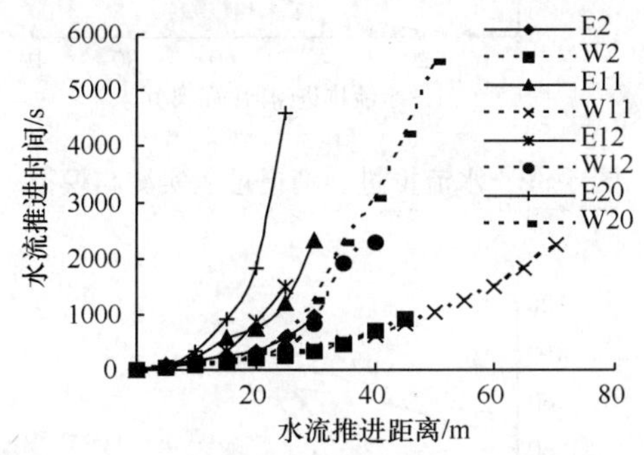

图4-35　沟灌和覆膜侧渗沟灌水流推进距离

E为一般沟灌；W为覆膜侧渗沟灌；字母右侧数字代表沟的编号

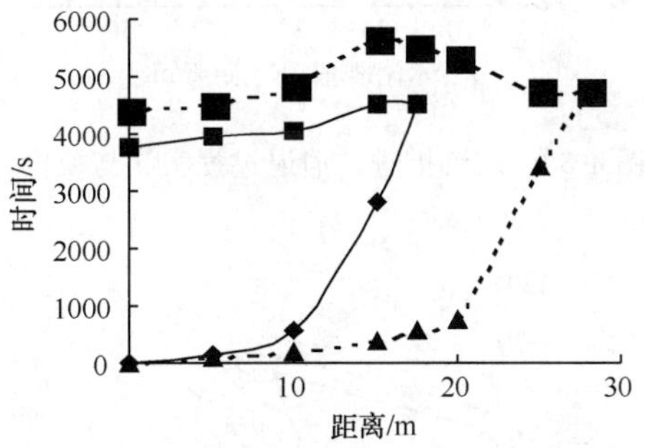

图4-36　沟灌水流的进、退水过程

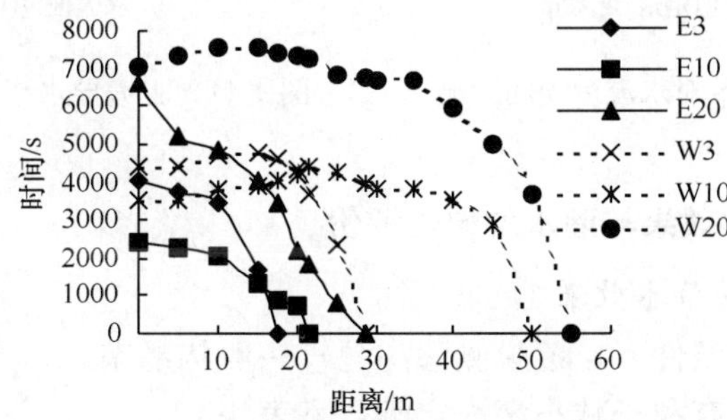

图4-37　一般沟灌和覆膜侧渗沟灌积水入渗时间分布对比图

E为一般沟灌；W为覆膜侧渗沟灌；字母右侧数字代表沟的编号

表 4-41 沟灌水流消退过程的实测数据对比表

灌水沟编号	沟长/m	入沟流量/(L/s)	推进长度/m		消退时间/min		灌水均匀度	
			一般沟灌	覆膜侧渗沟灌	一般沟灌	覆膜侧渗沟灌	一般沟灌	覆膜侧渗沟灌
6～8	40.0	0.22	13.5	34.6	17.0	24.1	0.7552	0.8727
6～5	48.8	0.84	34.0	48.8	17.0	28.3	0.7942	0.8918
6～3	48.8	0.23	17.5	28.0	11.0	19.1	0.7625	0.8878
12～5	48.8	0.84	40.0	48.8	13.3	18.8	0.7548	0.8607
12～3	48.8	0.17	22.0	36.4	12.0	18.4	0.7203	0.8695

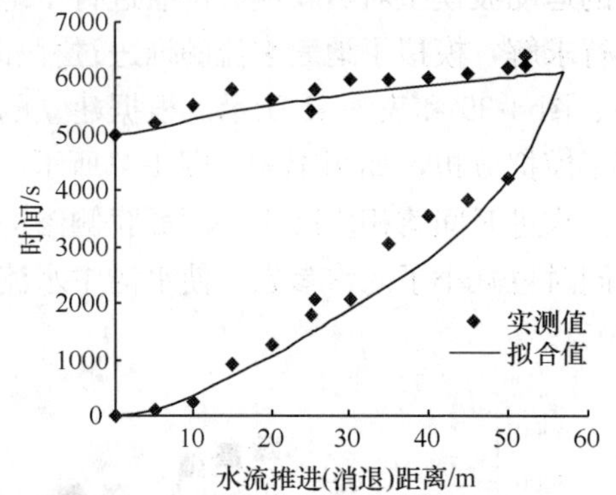

图 4-38 水流推进、消退过程实测与模拟

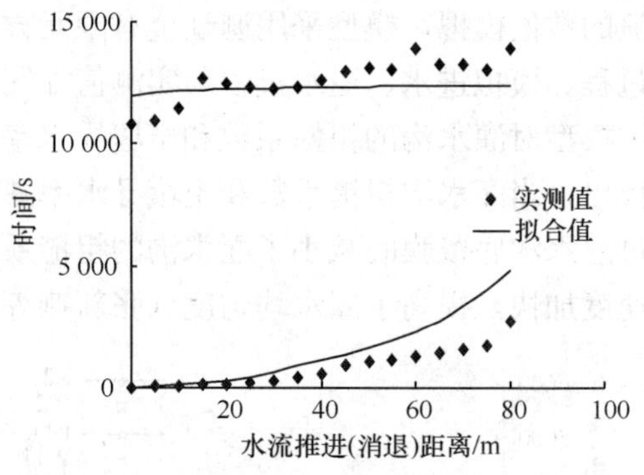

图 4-39 水流推进、消退过程实测与模拟

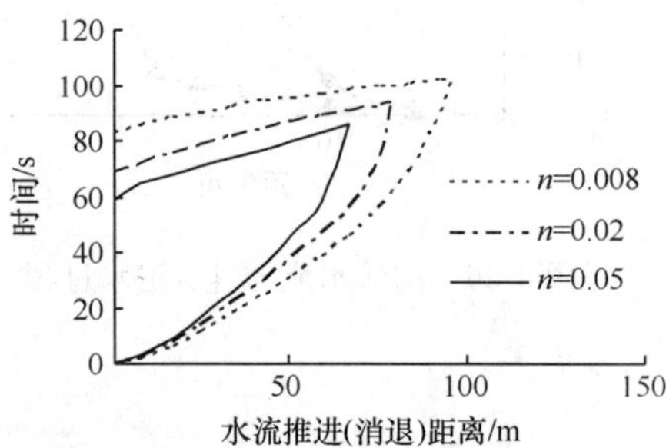

图 4-40 粗糙系数对水流运动的影响

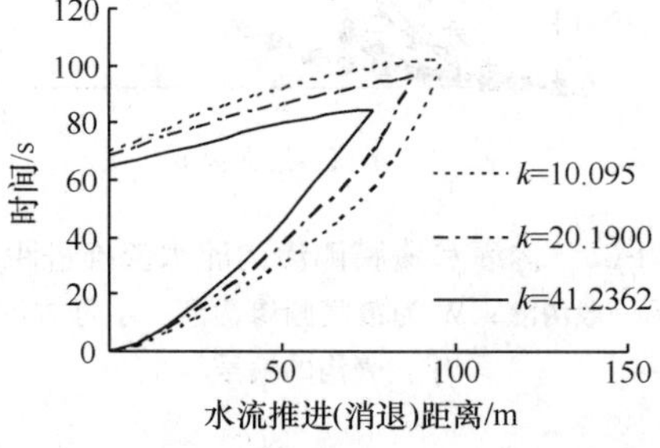

图 4-41 土壤导水率对水流运动的影响

2. 覆膜侧渗沟灌的节水效果与灌水均匀性评价

1）覆膜侧渗沟灌的节水效果

研究表明，在相同条件下，覆膜侧渗沟灌较一般沟灌节水，节水效率达35％以上，并且灌水沟沟距增大，有利于减小灌水定额，见表 4-42。

表 4-42　覆膜侧渗沟灌的节水效果

灌水沟编号	灌水沟类型	沟距/m	最大推进长度/m	入沟流量/(L/s)	灌水时间/min	实际灌水定额/(m^3/hm^2)	节水效率/%
6～3	一般沟灌	0.6	17.5	0.23	75	985.65	37.50
	覆膜侧渗沟灌		28.0			616.05	
6～1	一般沟灌	0.6	33.2	0.44	70	927.75	38.52
	覆膜侧渗沟灌		54.0			570.30	
12～1	一般沟灌	1.2	38.0	0.41	87	469.34	37.70
	覆膜侧渗沟灌		61.0			292.38	

2）*覆膜侧渗沟灌的灌水均匀性*

通过测定灌水后土壤含水量分布状况计算出灌水均匀度，如表 4-43 所示。覆膜侧渗沟灌的均匀度 E_d 均大于 0.85，而一般沟灌在相同灌水条件下灌水均匀度都不足 0.80，这表明覆膜侧渗沟灌具有较高的灌水均匀度。

表 4-43　覆膜侧渗沟灌灌水均匀度

灌水沟编号	入沟流量/(L/s)	一般沟灌	覆膜侧渗沟灌
6～10	0.12	0.7122	0.8558
12～3	0.17	0.7203	0.8695
6～8	0.22	0.7352	0.8727
12～11	0.25	0.7411	0.8724
6～2	0.29	0.7495	0.8734
6～11	0.38	0.7637	0.8785
12～2	0.45	0.7717	0.8815
12～4	0.60	0.7784	0.8843
6～6	0.70	0.7828	0.8866
12～6	0.78	0.7885	0.8892
6～5	0.84	0.7942	0.8918
12～9	1.10	0.7986	0.9054

3）*覆膜侧渗沟灌的田间应用*

通过大田玉米覆膜侧渗沟灌技术研究表明，在灌水前，两种灌水方式下垄上土壤含水量的变化基本相同，而覆膜侧渗沟灌略高于常规沟灌，这是由于在灌水沟中覆膜起到了集雨的作用，垄上土壤含水量增加较大。

夏玉米覆膜侧渗沟灌耗水规律及水分生产率如表 4-44 所示。由表可以看出，覆膜侧渗沟灌在沟长 70 m、沟距 120 cm、入沟流量 0.6 L/s、灌水定额 450 m^3/hm^2（处理覆膜侧渗沟灌 F-1）时，其水分生产率最高，达 1.6796 kg/m^3，其余覆膜侧渗沟灌处理条件下的水分生产率均在 1.5 kg/m^3 以上（大于常规沟灌水分生产率 1.3272 kg/m^3）。因此，覆膜侧渗沟灌可有效提高作物水分生产率，为进行小定额地面灌溉提供了一条有效途径（张新燕等，2005）。

表 4-44　夏玉米覆膜侧渗沟灌耗水规律及水分生产率

处理	天数	生育期(天数)					产量/(kg/hm²)	水分生产率/(kg/m³)
		苗期	拔节孕穗期	抽雄吐丝期	灌浆成熟期	全生育期		
		6-24～7-7 (14)	7-8～8-11 (35)	8-12～9-10 (30)	9-11～10-4 (24)	6-24～10-4 (103)		
一般沟灌	耗水量/mm	80.2	133.1	118.4	89	420.7		
	耗水强度/(mm/d)	5.73	3.80	3.95	3.71	4.30	5583.5	1.3272
	模系数/%	19.06	31.64	28.14	21.16	100.00		
覆膜侧渗沟灌 F-1	耗水量/mm	66.9	100.9	103.4	86.2	357.4		
	耗水强度/(mm/d)	4.78	2.88	3.45	3.59	3.67	6002.8	1.6796
	模系数/%	18.72	28.23	28.93	24.12	100.00		
覆膜侧渗沟灌 F-2	耗水量/mm	75.7	113.4	99.4	80.8	369.3		
	耗水强度/(mm/d)	5.41	3.24	3.31	3.37	3.59	5769.3	1.5622
	模系数/%	20.50	30.71	26.92	21.88	100.00		
覆膜侧渗沟灌 F-3	耗水量/mm	77.6	101	100.8	84.9	364.3		
	耗水强度/(mm/d)	5.54	2.89	3.36	3.54	3.54	5465.2	1.5002
	模系数/%	21.30	27.72	27.67	23.30	100.00		

注：表中资料取自陕西杨凌西北农林科技大学作物试验区 2004 年夏玉米试验资料。

3. 垄膜沟种涌泉灌溉技术

通过研究提出了垄膜沟种涌泉灌溉技术，提高了小定额灌水条件下的灌水均匀度，并可起到集雨保墒的效果，有利于垄间边行优势效应的发挥，显著提高水分生产效率。大田实施垄膜沟种涌泉灌溉技术，采用沟垄宽 40 cm、沟底宽 30 cm，毛管布设间距 70 cm、灌水器间距 2.5 m 双向布设方式，用出流量 60 L/h 的灌水器，单位面积投资最省，灌水均匀度可达到 90%以上，冬小麦水分生产率可达 2.1 kg/m³ 以上，春玉米水分生产率高达 2.44 kg/m³，具有显著的节水增产效应。

第三节　作物丰产灌溉制度和模式

我国灌区灌溉用水历史久远，各灌区管理单位和灌区群众都有着极其丰富而宝贵的灌溉用水经验。特别是从 1950 年开始，各主要灌区都先后建立了灌溉试验站，几十年来积累了大量而系统的灌溉用水资料，已形成有较为精确的有关作物丰产需水量、灌溉制度和灌水技术等成套资料，而且有的已在灌溉生产实践中推广应用，或进行验证、修正并付诸实施，取得了良好的灌溉用水效果。

一、陕西关中地区作物非充分灌溉制度和模式

（一）冬小麦非充分灌溉制度和模式

1. 冬小麦调亏高效灌溉指标体系

冬小麦大田调亏灌溉结果（表 4-45）表明，与其他作物一样，水分亏缺对冬小麦的影响有利有弊，适当的水分亏缺有利于冬小麦的生长。冬小麦在生长前期供水不宜过量，在水分适度亏缺条件下，有利于小麦蹲苗，控制其群体密度，抑制地上部分的生长；增强小麦第一、第二茎节的机械性能，促进地下部分的根系伸长，从而获得合理的群体结构；防止倒伏，促进小穗分化，为夺取高产创造了有利条件。此外，通过限制后期灌水量，麦田适度缺水，会促进灌浆的进程，使灌浆初期速率加快，提高小麦的经济产量和水分利用效率。

表 4-45　冬小麦高效用水调亏灌溉指标体系

生育期	越冬前	返青起身	拔节	孕穗开花	灌浆前期	成熟期
敏感指数	0.0712	−0.1213	0.3145	0.2721	0.1016	−0.087
水分指标	60%	55%	65%	60%	60%	50%
T_c-T_{air}	0	0.1～0.2	−0.1～−0.2	0	0	0.2～0.3
$L_{wpf}-L_{wpm}$	0.3～0.45	0.5～0.6	0.2～0.3	0.3～0.4	0.3～45	0.5～0.65

注：水分指标是用占土壤田间持水量的百分比表示；T_c-T_{air}代表冠层温度与百叶箱观测的气温的差值；$L_{wpf}-L_{wpm}$代表实际测定的叶片水势的绝对值与用观测的气象资料模拟的充分供水条件下的叶片水势绝对值的差值。

冬小麦不同生育时期适宜调亏的下限指标为：越冬前 0～50 cm 土壤含水量不低于田间持水量的 60%；返青—起身期 0～50 cm 土壤体积含水量不低于 55%，但高于 80%～85%时，随着土壤含水量的增加，产量会降低；拔节期间 0～50 cm 土壤含水量应高于田间持水量的 65%；孕穗期间 0～80 cm 土壤含水量应不低于田间持水量的 60%；抽穗—灌浆前期应维持 0～100 cm 土壤含水量高于 60%，而灌浆后期低于 55%～50%不会造成冬小麦明显减产（张振华等，2002）。结合生理调控结果的研究，综合分析得到冬小麦高效用水调亏灌溉指标体系见表 4-45。

2. 冬小麦非充分灌溉模式

按关中灌区降水量分布规律，冬小麦生育期一般需进行冬灌和春灌，在实行冬小麦与夏玉米连作种植的地区，为保证玉米全苗、壮苗还需进行麦黄期灌水，见表 4-46。

表 4-46　冬小麦非充分灌溉模式

分区	水文年份	各生育阶段灌水定额/(m³/亩)						灌水次数	灌溉定额/(m³/亩)
		分蘖(冬灌)	返青	拔节	穗花	灌浆	乳熟		
北 1	湿润年	40		40				2	80
	一般年	40		30		40		3	110
	干旱年	40		30	30	30		4	130

续表

分区	水文年份	各生育阶段灌水定额/(m^3/亩)						灌水次数	灌溉定额/(m^3/亩)
		分蘖(冬灌)	返青	拔节	穗花	灌浆	乳熟		
中1	湿润年	50						1	50
中2	一般年	50		40				2	90
	干旱年	50		40		40		3	130
北2	湿润年	50						1	50
中3	一般年	50		40				2	90
	干旱年	50		40				2	90
南1	湿润年	50						1	50
南2	一般年	50						1	50
	干旱年	50		40				2	90

(二) 夏玉米非充分灌溉制度和模式

1. 夏玉米高效用水调亏灌溉指标体系

大量研究结果表明，关中地区夏玉米调亏灌溉模式为：玉米调亏适宜时期为苗期和拔节期；苗期中轻度亏水和拔节期轻度亏水或苗期重度亏水和拔节期中轻度亏水处理既有利于提高产量，又是提高水分利用效率的调亏灌溉方案。三叶—拔节期为高产节水调亏的关键阶段，当含水量大于田间持水量的45%时，若此期降水充足，无法实施调亏时，可在拔节—抽穗期实施中度调亏。当土壤含水量大于田间持水量的50%时，除实施调亏时段内控制适宜亏水度外，其他各生育阶段均保持正常供水条件（75%～80%）(王密侠等，2004)。

玉米调亏灌溉模式在陕西杨凌大面积试验表明，与传统灌溉相比，在不降低作物产量的条件下，夏玉米减少1次灌水，可节水75 mm，水分利用效率提高25.84%，年均增收119.32元/亩。

2. 夏玉米非充分灌溉最佳灌溉制度模式

夏玉米是关中灌区的主要粮食作物之一。玉米全生育期为100～120天，需要灌水2或3次。虽然玉米生育期降雨量较多，但因其分配不均，且多以暴雨形式出现，有效利用率低，同时玉米植株高大，叶片茂盛，生长期多处于高温季节，所以植株蒸腾和棵间蒸发都很大。在玉米的生育期中，播种期缺墒及伏旱对玉米生长威胁较大，玉米出苗期和苗期日需水量少，拔节期以后需水量大大增加，抽穗开花期达最高峰，抽雄前10天和后20天左右的时期是玉米的需水临界期，到灌浆期仍需较多的水分，蜡熟期以后需水量才显著减少。因此，玉米除播种期灌溉外，一般应进行拔节期灌水、孕穗至灌浆期灌水。各地试验资料表明玉米全生育期需水量为200～300 m^3/亩，夏玉米各次灌水定额与时间见表4-47。

表 4-47　夏玉米非充分灌溉最佳灌溉制度模式

分区	水文年份	各生育阶段灌水定额/(m^3/亩)					灌水次数	灌溉定额/(m^3/亩)
		播种	拔节	孕穗	穗花	乳熟		
北1	湿润年				40		1	40
北2	一般年			40	40		2	80
中1	干旱年		40	40	40		3	120
南1	湿润年				40		1	40
中2	一般年				40		1	40
	干旱年			40	40		2	80
中3	湿润年				40		1	40
南2	一般年				40		1	40
	干旱年				40		1	40

(三) 关中地区棉花非充分灌溉制度和模式

1. 棉花高效用水调亏灌溉指标体系

综合比较本试验各生育时期不同水分亏缺程度的测定结果，棉花高效用水调亏灌溉指标体系是：苗期 0～50 cm 土壤含水量应维持在田间持水量的 55%～60%；蕾期 0～80 cm 土层的土壤含水量应维持在田间持水量的 65%～70%；花铃期是棉花生长的关键期，应保证水分供应，0～100 cm 土层土壤含水量维持在 75%左右；吐絮期控制水分供应，吐絮期 0～80 cm 土壤含水量可降至田间持水量的 45%～50%。

2. 棉花的调亏灌溉模式

试验结果表明，关中地区棉花的调亏灌溉模式为：苗期适当控水，蕾期水分供应适当，花铃期供水充足，吐絮期不灌水。新疆覆膜棉花从保证高产稳产考虑，可选择采用的调亏灌溉模式是：头水时间在蕾期，但灌水量适当减小到 525～600 m^3/hm^2，花铃前灌 2 水，灌水量 750 m^3/hm^2；灌 3 水的时间在花铃期，灌水定额为 750 m^3/hm^2。

二、甘肃河西走廊地区作物非充分灌溉制度和模式

(一) 西瓜的调亏灌溉模式

西瓜生育期亏水度应控制在适度缺水的范围内，不同地区、不同生育阶段其亏水度的标准也应不同。民勤西瓜的缺水敏感顺序为：坐果—膨大期＞膨大—成熟期＞开花—坐果期＞播种—坐果期，调亏灌溉模式见表 4-48。由表可以看出，甘肃民勤西瓜在 75%干旱年和 50%平水年灌水 4 次，灌溉定额分别为 220 mm、160 mm。25%丰水年灌水 2 次，灌溉定额为 100 mm 时西瓜的产量最高，经济效益最大。

表 4-48 西瓜调亏灌溉模式

年型	灌溉定额/mm	灌水时间及灌溉定额			
		播种—开花	开花—坐果	坐果—膨大	膨大—成熟
75%干旱年	220	60	30	100	30
50%水平年	160	30	40	70	20
25%丰水年	100	50	—	50	—

（二）籽瓜膜下滴灌灌溉制度和模式

1. 滴灌条件下的适宜耗水量

依据 1992～1993 年试验资料，根据 60 cm 深度土壤含水率变化计算作物耗水量，采用回归分析方法得出滴灌相对产量与不同阶段及全生育期耗水量之间呈抛物线关系，见图 4-42 及表 4-49。

表 4-49 膜下滴灌条件下籽瓜相对产量与耗水量之间的关系

项目名称	方程类型	F 值	相关系数 R^2	显著性检验
全生育期	$Y=35.593+0.4183ET-0.00071ET^2$	25.86	0.7955	极显著
苗期	$Y=-18.908+3.8707ET-0.0327ET^2$	20.86	0.7736	极显著
坐瓜期	$Y=70.58+2.1820ET-0.0420ET^2$	9.41	0.6341	极显著
膨瓜期	$Y=64.986+0.5170ET-0.0020ET^2$	64.42	0.9064	极显著
成熟期	$Y=-0.1462+2.084ET-0.0116ET^2$	10.54	0.6554	极显著

注：Y 为产量，ET 为耗水量。

从图 4-42 中 Y 与 ET 关系曲线可知，当滴灌条件下的耗水量接近沟灌耗水量时，籽瓜产量较低，随着耗水量的减少，产量逐渐增加，当耗水量为 285～300 mm 时产量最高，随着耗水量进一步减少，产量也迅速减少。滴灌条件下籽瓜适宜的耗水量是在获

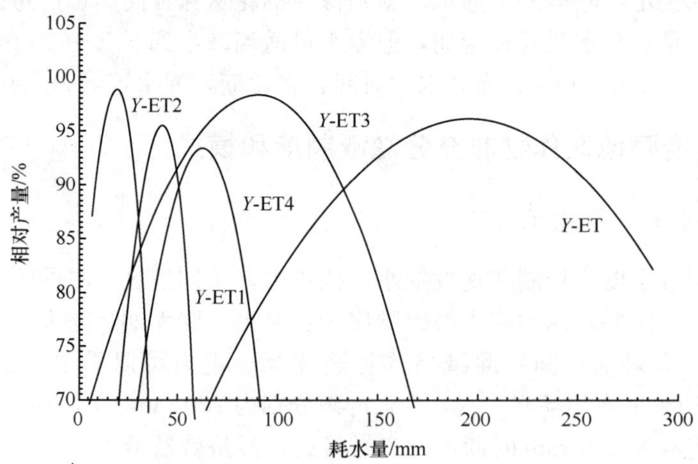

图 4-42 滴灌籽瓜层耗水量与产量关系

得最高产量时的耗水量，根据表 4-49 中产量与耗水量的二次抛物线关系，籽瓜全生育期适宜耗水量为 294 mm，比沟灌减少 31%，所对应的最高产量是沟灌的 1.2 倍（孙景生等，2002）。各阶段适宜耗水量见表 4-50。

表 4-50　膜下滴灌籽瓜适宜耗水量

生育期	适宜耗水量/mm	极值相对产量/%	实测高产耗水量/mm
播种—开花	59.16	95.59	52.635
开花—瓜定型	155.205	98.40	156.39
瓜定型—成熟期	89.835	93.45	94.635
全生育期	304.20	97.10	303.66

2. 膜下滴灌籽瓜需水量及需水规律

滴灌籽瓜由于各阶段生长发育的特异性，对各个时期耗水表现出不同的反应。苗期—开花期耗水小，坐瓜期和膨瓜期耗水大，瓜定型后耗水又减小，呈典型的中间大、两头小的规律（表 4-51，图 4-43）。

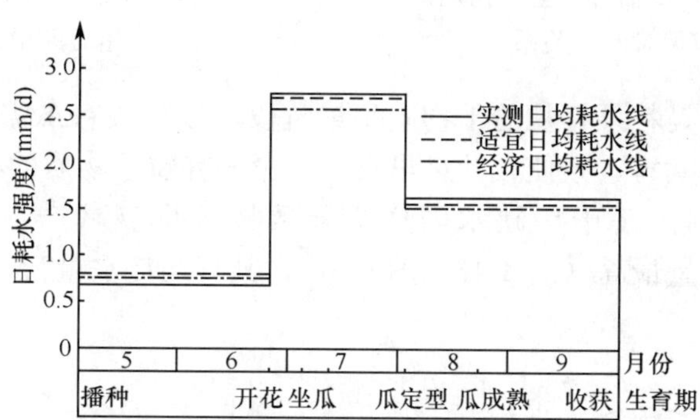

图 4-43　滴灌籽瓜日均耗水量（mm）

在播种—坐瓜期初，籽瓜主要以枝叶生长为主，水分过多会导致营养体生长过旺，从而推迟坐瓜时间，影响瓜的产量。水分过少则导致营养体瘦弱，虽能提前坐瓜，但因没有足够的营养体进行光合作用，同样也会影响瓜的产量（图 4-44）。研究表明，该阶段的适宜耗水量为 59.2 mm，实测耗水量为 52.6 mm，二者之间不存在显著差异，占全生育期的 17%～22%，日均耗水强度不足 1.5 mm。

表 4-51　滴灌籽瓜需水量及需水规律

生育期	播种—开花期		坐瓜、膨瓜期		成熟期		合计	
	51天		38天		39天		128天	
实测高产耗水量/mm	52.64	17.33%	156.39	51.5%	94.64	31.16%	303.67	100%
日均实测耗水量/mm	1.03		4.12		2.43		2.52	
适宜耗水量/mm	59.16	20.12%	155.21	52.77%	89.84	30.55%	304.21	100%
日均适宜耗水量/mm	1.16		4.08		2.30		2.51	
经济耗水量/mm	58.61	21.81%	145.73	54.23%	88.28	32.85%	292.62	100%
日均经济耗水量/mm	1.15		3.84		2.26		2.42	

坐瓜—瓜定型（膨瓜）期为瓜和籽的主要生长阶段，是籽瓜需水的高峰期，水分需求量大，若此时期缺水将导致瓜小、籽粒少，籽瓜产量下降，但也不能供给过多的水分，否则会导致秕粒增多，同样会影响籽瓜产量。进一步分析表明，当该阶段需水量达155.2 mm时（坐瓜期与膨瓜期之和）籽瓜的产量最高（图 4-44，图 4-45），其日均耗水量为 4.08 mm。

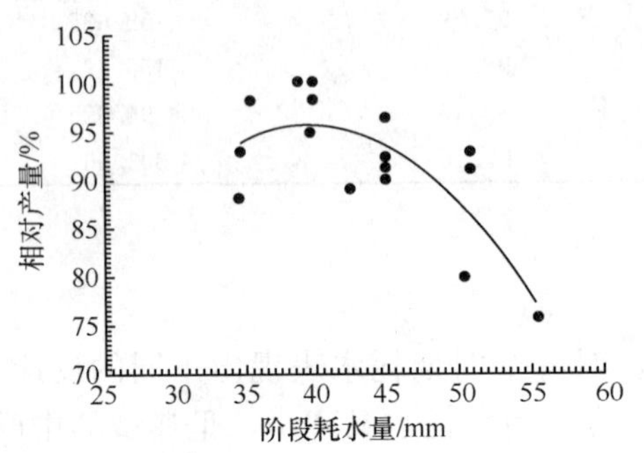

图 4-44　滴灌籽瓜播种—坐瓜初期耗水量和相对产量关系

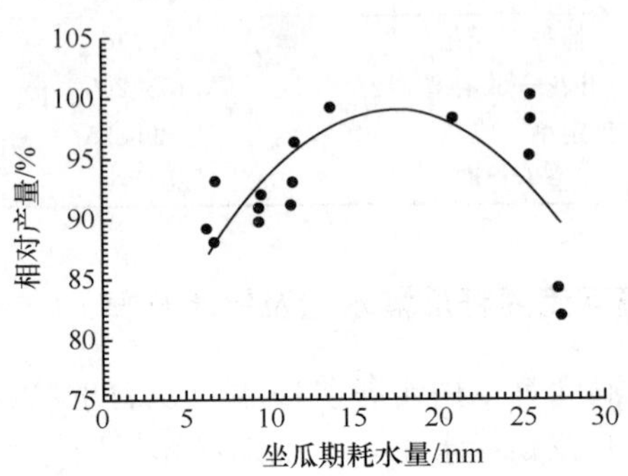

图 4-45　滴灌籽瓜坐瓜期耗水量与相对产量关系

瓜定型—成熟期是籽瓜籽粒的干物质积累阶段，该阶段籽瓜需要的水分逐渐减少，若供水过多则易引起病害，致使枝叶过早衰亡，影响籽粒干物质的积累，导致减产。相反，若供水不足，则由于干旱缺水同样会导致枝叶早衰减产。当该阶段耗水量达89.8 mm时，籽瓜产量最高（图 4-46，图 4-47），其日均耗水量为 2.3 mm。

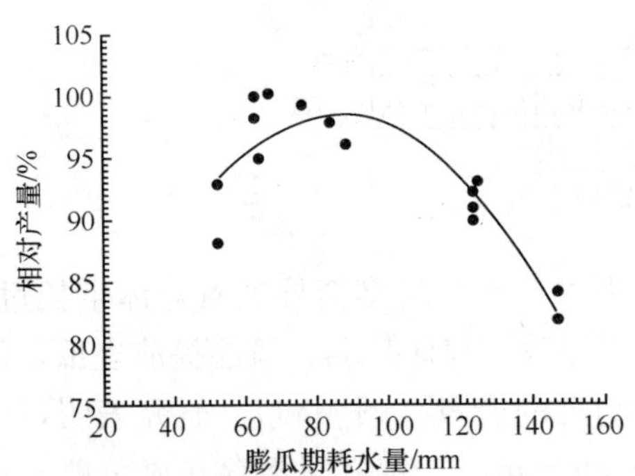

图 4-46　滴灌籽瓜膨瓜期耗水量与相对产量关系

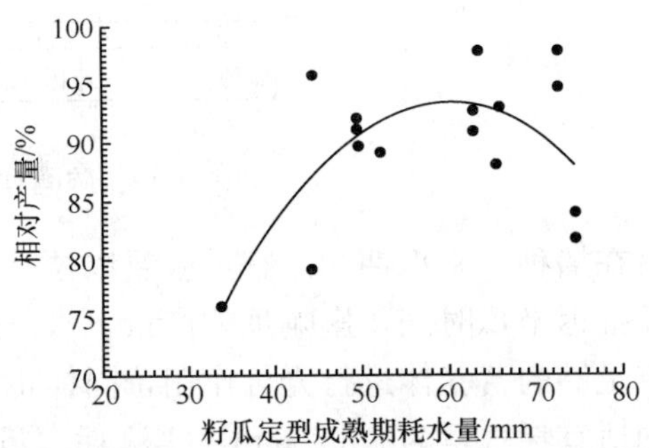

图 4-47　滴灌籽瓜瓜定型—成熟期耗水量与相对产量关系

（三）膜下滴灌条件下籽瓜灌溉制度

1. 灌水量与耗水量间的关系

民勤干旱少雨，土壤水分主要靠灌溉来补给。因此，灌水对作物的耗水量影响很大。根据试验资料进行回归分析，当灌水量为 60～270 mm 时，灌水与耗水量间的关系接近于直线，即灌溉定额越大，耗水量越大（图 4-48）。

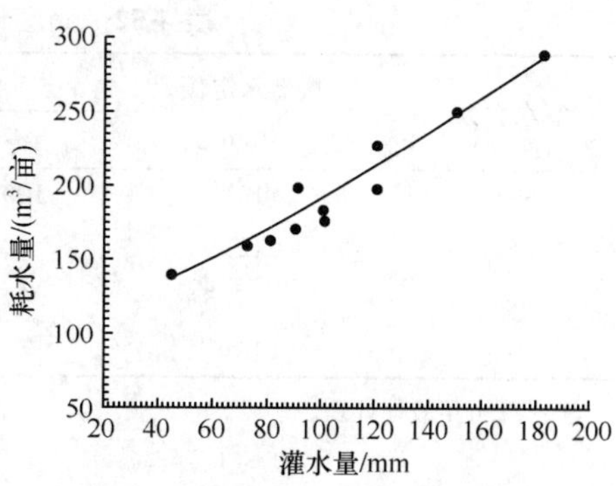

图 4-48　滴灌籽瓜灌溉定额与 60 cm 土层耗水量关系

2. 灌溉定额与产量间的关系

当灌溉定额为 60～270 mm 时，灌溉定额与产量呈二次抛物线关系：

$$y = 80.579 + 0.02236I - 0.0008I^2 \tag{4-8}$$

$$(R^2 = 0.8467, F = 32.91, \text{极显著})$$

由回归关系式（4-8）及图 4-48 可以发现，当灌溉定额为 135 mm 左右时，产量达最大，这比合理沟灌灌溉定额减少 50%，而产量增加 20%左右。

3. 灌水次数与产量间的关系

分析表明，灌水次数为 4～17 次与产量呈二次抛物线关系：

$$y = 90.296 + 1.524I - 0.1119I^2 \tag{4-9}$$

$$(R^2 = 0.7196, F = 10.542, \text{极显著})$$

由回归关系式（4-9）及图 4-49 和图 4-50 可以发现，膜下滴灌籽瓜全生育期灌水为 7 或 8 次，产量达最大。

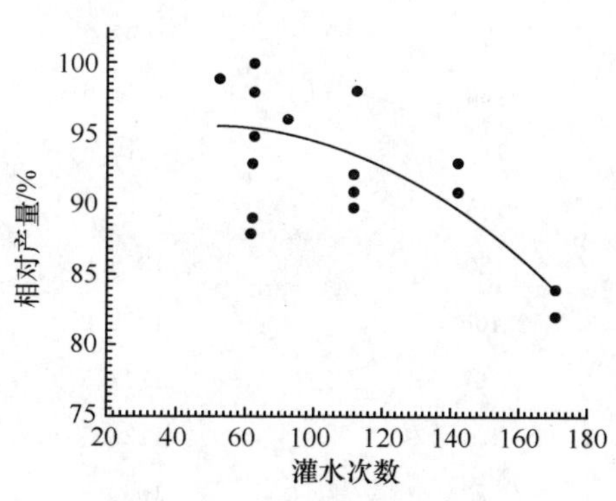

图 4-49　滴灌籽瓜灌水次数与相对产量关系

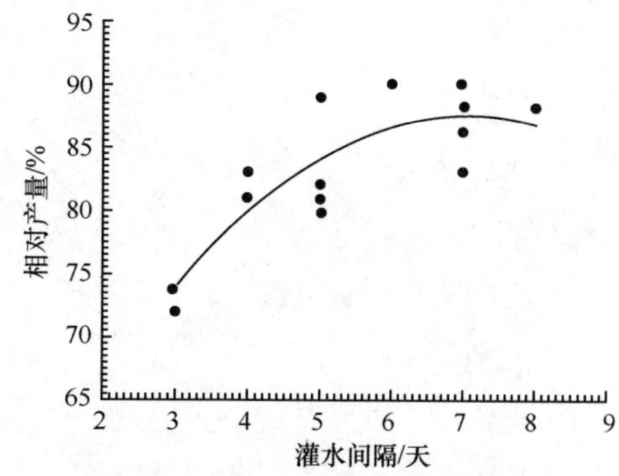

图 4-50　滴灌籽瓜膨瓜期灌水间隔天数与相对产量关系

4. 灌水定额与产量的关系

对 1992～1994 年膜下滴灌籽瓜的试验资料进行系统分析，结果表明在全生育期灌 8 次水，且灌水定额为 15 mm/次时，籽瓜 1992～1994 年相对产量最高。灌水次数相同，随着灌水定额减少，滴灌籽瓜的相对产量减少（表 4-52）。

表 4-52　滴灌籽瓜的灌水定额与产量分析

灌水次数	次灌水定额/mm	相对产量(100%)			
		1994年		1993年	1992年
※8	15	100.00	100.00	100.00	100.00
8	12	83.02	83.68	89.88	
8	7.5	77.24	75.27	88.48	
7	15			98.55	

注：※历年最佳处理。

5. 膜下滴灌条件下籽瓜灌溉制度

膜下滴灌可根据作物生长需要适时适量地进行灌溉，既可有效避免深层渗漏，防止养分流失，起到保肥作用，又可为作物生长提供适宜的土壤水分条件，防止前期徒长发育的失调现象，从而达到节水、增产、优质的效果。1992～1994 年的试验结果表明（表 4-53），膜下滴灌籽瓜的灌溉定额可从合理沟灌的 270 mm 降至 135～105 mm，增产 21.6%，节水 50%左右。

表 4-53　滴灌籽瓜试验成果

年份	处理	灌溉定额/mm	瓜子产量/(kg/hm²)
1992	1	270	1677.8
	2	225	1708.1
	3	180	1765.7
	4	135	1897.2
1993	1	180	1341.6
	2	150	1319.4
	3	135	1375.1
	4	120	1355.6
	5	106.5	1338.9
	6	67.5	1247.3
	对照(沟灌)	270	1123.5
1994	1	75	1060.7
	2	75	1172.7
	3	106.5	1263.8
	4	106.5	1260.6
	5	135	1409.1
	6	135	1518.3
	对照(沟灌)	270	1050.0

注：1993 年全县籽瓜发生大面积严重枯萎病，产量比历年水平降低 450 kg/hm² 以上。

由表 4-53 可以看出，膜下滴灌条件下籽瓜生育期间灌溉定额为 135 mm 的处理最优，其中1992年较灌水17次，灌溉定额270 mm的处理增产13.1%，较灌水14次，灌溉定额225 mm的处理增产11.1%，较灌水11次，灌溉定额180 mm的处理增产7.4%。

根据以上分析，滴灌籽瓜全生育期灌8次水，开花期灌水15 mm；膨瓜开始后间隔6～7天灌水1次，每次灌水量为15 mm；瓜定型期灌水15 mm，当总灌水量为135 mm时，能够取得较高产量，依此拟定的膜下滴灌条件下的籽瓜灌溉制度见表4-54。

表4-54　膜下滴灌籽瓜灌溉制度

项目	头水	2水	膨瓜期灌水间隔	末水	灌水次数	灌溉定额
生育期	开花初	膨瓜初	6～7天	瓜定型	全生育期	全生育期
灌水时间(月-日)	6-20	7-1	7-7～7-13～7-19～7-25～8-2	8-14	6-20～8-14	6-20～8-14
灌水定额/mm	30	15	15	15	12	135

参考文献

蔡焕杰，邵光成，张振华. 2002. 不同水分处理对膜下滴灌棉花生理指标及产量的影响. 西北农林科技大学学报，20 (4)：29-32

陈新明，蔡焕杰，单志杰. 2005a. 作物根区无压地下灌溉技术指标研究. 灌溉排水学报，24 (2)：5-9

陈新明，蔡焕杰，王燕. 2005b. 根区局部控水无压地下灌溉技术在温室大棚中试验研究. 农业工程学报，21 (7)：30-33

陈新明，蔡焕杰，王占兵. 2003. 无压地下灌溉新技术试验. 中国农村水利水电，(11)：16-18

陈新明，蔡焕杰，王占兵. 2004. 无压根区地下灌溉技术试验研究. 农业水土工程学报，20 (1)：76-79

陈新明，蔡焕杰. 2004. 作物根区局部控水无压地下灌溉技术大田试验研究. 沈阳农业大学学报，35 (5-6)：393-395

丁日升，康绍忠，龚道枝. 2004. 苹果树液流变化规律研究. 灌溉排水学报，23 (2)：21-25

郭大应，孙景生，周新国. 2003. 农用真空井改进的几项措施. 节水灌溉，(4)：34-35

康绍忠，蔡焕杰，冯绍元. 2004a. 现代农业与生态节水的技术创新与未来研究重点. 农业工程学报，20 (1)：1-6

康绍忠，胡笑涛，蔡焕杰. 2004b. 现代农业与生态节水的理论创新及研究重点. 水利学报，35 (12)：1-7

刘祖贵，孙景生，张寄阳. 2002. 亏缺灌溉对风沙区春小麦生长发育及水分生产效率的影响. 灌溉排水，21 (3)：28-31

罗遵兰，冯绍元，左海萍. 2005. 山西省冬小麦水分生产函数模型初步分析. 灌溉排水学报，24 (1)：16-19，27

齐学斌，樊向阳，王景雷. 2004. 井渠结合灌区水资源高效利用调控模式. 水利学报，35 (10)：119-124

孙景生，康绍忠，王景雷. 2005. 沟灌夏玉米棵间土壤蒸发规律的试验研究. 农业工程学报，21 (11)：20-24

孙景生，康绍忠. 2004. 沟灌夏玉米棵间土壤蒸发规律研究. 沈阳农业大学学报，35 (5-6)：399-401

孙景生，刘祖贵，张寄阳. 2002. 风沙区参考作物需水量的计算. 灌溉排水，21 (3)：17-20，24

汤海军，周建斌，郑险峰. 2004. 不同化控调节剂浸种对玉米种子萌发生长及水分利用效率的影响. 西北农林科技大学学报，32 (12)：8-12，22

王健，蔡焕杰，陈凤. 2004. 夏玉米田蒸发蒸腾量与棵间蒸发的试验研究. 水利学报，35 (11)：108-113

王景雷，齐学斌，吴景社. 2002. 基于NNARMAX模型的地下水位预报研究. 灌溉排水，21 (4)：49-52

王景雷，孙景生，刘祖贵. 2005. 作物需水量观测站点的优化设计. 水利学报，36 (2)：225-230

王景雷，孙景生，吴景社. 2004a. 节水农业综合评价几个问题的探讨. 海河水利，125 (2)：43-45，47

王景雷，孙景生，张寄阳. 2004b. 基于GIS和地统计学的作物需水量等值线图. 农业工程学报，20（5）：51-54
王景雷，吴景社，孙景生. 2003. 支持向量机在地下水位预报中的应用研究. 水利学报，34（5）：122-128
王密侠，康绍忠，蔡焕杰. 2004. 玉米调亏灌溉节水调控机理研究. 西北农林科技大学学报，32（12）：87-90
姚立民，康绍忠，龚道枝. 2004. 苹果树根系吸水研究方法的讨论. 水资源与水工程学报，15（1）：13-18
张寄阳，段爱旺，孟兆江. 2005a. 不同水分状况下棉花茎直径变化规律研究. 农业工程学报，21（5）：7-11
张寄阳，孟兆江，段爱旺. 2005b. 茎直径变化诊断棉花水分亏缺程度的试验研究. 灌溉排水学报，24（2）：35-38
张寄阳，孙景生，段爱旺. 2005c. 风沙区参考作物需水量计算模式的研究. 干旱地区农业研究，23（2）：25-30
张思聪，唐莉华，段淑怀，等. 2004. 北京市水土保持生态环境管理信息系统设计. 中国水土保持SWCC，（3）：35-37
张西平，蔡焕杰，王健. 2005. 日光温室膜下滴灌黄瓜需水量与灌溉制度的试验研究. 灌溉排水学报，24（1）：41-44
张新燕，蔡焕杰，付玉娟. 2004. 沟灌二维入渗特性试验研究. 灌溉排水学报，23（4）：19-22
张新燕，蔡焕杰，王健. 2005. 沟灌二维入渗影响因素实验研究. 农业工程学报，21（9）：38-41
张新燕，蔡焕杰. 2005. 地面灌溉理论研究进展. 中国农村水利水电，（8）：6-9
张振华，蔡焕杰，柴红敏. 2002. 不同生育时期对作物缺水指标的影响. 干旱地区农业研究，20（1）：77-80
张振华，蔡焕杰，王健. 2004a. 间歇供水条件下点源入渗规律研究. 干旱地区农业研究，22（4）：50-53
张振华，蔡焕杰，杨润亚. 2004b. 滴灌入渗土壤水分分布的数值研究. 水土保持研究，11（3）：91-94
张振华，蔡焕杰，杨润亚. 2004c. 间歇供水对点源入渗土壤湿润体及水分分布的影响. 灌溉排水学报，23（4）：29-31
张振华，蔡焕杰，杨润亚. 2004d. 点源入渗等效半球模型的推导和实验验证. 灌溉排水学报，23（3）：9-13
赵永，蔡焕杰，张朝勇. 2004. 非充分灌溉研究现状及存在问题. 中国农村水利水电，262（4）：1-4
朱成立，彭世彰，孙景生. 2003. 冬小麦节水高效优化灌溉制度模型应用研究. 灌溉排水学报，22（5）：77-80
Kang S Z，Hu X T，Ian G，et al. 2002a. Soil water distribution，water use，and yield response to partial root zone drying under a shallow groundwater table condition in a pear orchard. Scientia Horticulturae，94（3-5）：277-291
Kang S Z，Zhang L，Liang Y L，et al. 2002b. Effects of limited irrigation on yield and water use efficiency of winter wheat in the Loess Plateau of China. Agric Water Management，55：203-216
Martin P，Wang J，Rupert K. 2004. Peak crop coefficient values for Shaanxi，North-West China. Agric. Water Management，73：149-168

第五章　节水型农业种植结构优化

第一节　节水型农业种植结构的概念与科学内涵

一、我国种植业结构调整历程

新中国成立以来，种植业结构调整可分为两个历史阶段（中华人民共和国水利部，2007)：改革开放前（1949～1978年）和改革开放后（1979年至今)。改革开放前，因粮食严重短缺而强调“以粮为纲”，1949年与1978年粮食作物播种面积占总播种面积的比例分别为88.47％和80.34％（吴普特等，2003)，农业产业结构单一，农业资源无法得到有效配置。改革开放后，随着粮食单产的提高，粮食实现自给，确立了“在确保粮食安全的基础上，以提高种植业效益为目标，因地制宜调整作物类型和品种，突出特色、优势、规模、市场和效益，提高高附加值的经济作物与饲料作物的种植面积，最终建立科学合理的粮经饲三元种植结构”的发展方略。这期间，经济作物尤其是蔬菜瓜果的种植面积增长较快，粮食作物播种面积比例下降到2006年的67.11％（吴普特等，2003)。

以往的种植结构调整多注重粮食产量和经济效益，而忽略了生态效益；重视单位面积的产量与产值，而忽视了单位用水量的产量与产值。在水资源成为种植业发展瓶颈因子的缺水地区，发展现代节水农业，优化农业水资源配置并提高利用率，是区域以有限农业水资源实现种植业综合效益最大化及可持续发展的重要保证。随着水资源开发利用程度的不断提高，以单纯改善灌溉工程设施及提高灌区管理水平等措施来提高水资源利用效率的方法，其节约单方水量的成本已越来越高，而通过调整农业种植结构，减少高耗水作物种植比例，发展节水的、优质的、高效的作物以缩减农业总用水量，调整春播、秋播作物种植比例以协调作物需水与河流来水、有效降水、可开采地下水等可利用水资源的吻合程度来提高水分利用效率，达到灌期不缺水、汛期不弃水、非灌期多蓄水的形势，建立区域节水型农业种植结构，从种植业内部挖掘节水潜力，可在几乎不增加任何投入的情况下优化水资源的配置，使有限的农业水资源得到充分的利用，提高水资源的利用效率和利用效益，用最少的水资源消耗量取得最大的综合效益，无疑是现阶段干旱缺水地区以有限的水资源促进农业可持续发展的有效途径之一。

二、节水型农业种植结构的概念及科学内涵

节水型农业种植结构是指在一定技术经济条件下，以作物适水性调整为核心，优化作物品种结构及时空布局，合理配置当地自然资源、市场资源、人力资源及资金投入，提高作物水分利用效率及利用效益，使区域以有限水资源实现种植业经济、社会及生态环境等综合效益最大化的种植业结构（Wang et al.，2010)。

节水型农业种植结构的内涵可理解为以下三点：①时间变异性。适宜的节水型农业种植结构会随着技术经济条件的改变而发生变化，技术水平、经济背景、市场需求等外界环境条件的动态变化必然要求相应的种植结构与之相对应，如新的优良抗旱作物品种出现、农业基础设施的改变、农产品价格的变动均将引起种植业结构的新一轮变革。②空间变异性。种植业具有很强的自然属性，必须适合当地的气候、土壤、水资源等自然环境条件。不同区域的自然环境不同，也就要求不同的作物空间分布格局与之相适应。另外，农户的科学技术水平、资金投入能力等也对种植业结构的空间分布格局具有一定的影响。③效益综合性。种植业同时具有经济、社会及生态环境属性，这就要求节水型农业种植结构优化要满足经济、社会及生态环境等综合效益的最大化。

综合效益最大化的具体要求是：①经济高效性。适宜的节水型农业种植结构要求立足区域自然条件、社会经济背景，合理配置有效的自然资源，选种优势作物，根据市场供求、按照市场规律进行作物种植结构、品种结构和品质结构的调整，发展适销对路、市场前景广阔的和经济效益高的作物，达到经济效益高效性（Sethi et al.，2006）。②社会公平性。节水型农业种植结构的优化调整必须考虑区域或流域之间、流域上下游之间的用水矛盾，协调其利益冲突，使他们之间的种植业收益均有所提高。③生态可持续性。农业生态系统是植物、动物、微生物及农业环境四个基本要素构成的物质循环和能量转化系统，具备生产力、稳定性和持续性三大特性。其作为一种特殊的人工生态系统，经过长期发展而与天然生态系统共同构成区域的生态系统，并达到和谐的平衡。因此，在进行节水型农业种植结构调整时，既要保持农业生态系统的延续性，又要协调种植业用水与天然生态用水，以免破坏生态系统平衡而威胁区域可持续发展。④环境可承载性。种植业环境是种植业生态系统中的非生物因素，即农作物赖以生存、发育、繁殖的农田土壤、农业用水、空气、日光和温度等自然环境。节水型农业种植结构调整要防止土地荒漠化及盐碱化、水土流失等农业环境的恶化，并尽可能减少农业面源污染及由此导致的土壤污染与水污染。

三、节水型农业种植结构优化研究的内容

节水型农业种植结构优化主要研究的内容包括：节水型农业种植结构优化原理及方法体系，节水型农业种植结构分区，节水型农业种植结构优化模型及应用，节水型农业种植结构优化方案评价。

本章将在区域水资源承载力和生态环境容量基础上，考虑国内外的市场需求，从构建节水型农业种植结构优化原理及方法体系入手，以黑河流域为例，对其进行节水型农业种植结构分区，选择流域最具代表性的分区——黑河干流中游地区，建立节水型农业种植结构优化模型，并以基于混沌粒子群算法的多目标优化为技术手段对之进行求解，其后利用基于实码加速遗传算法的投影寻踪模型对设置的不同优化方案进行评价与优选。

第二节　节水型农业种植结构的优化原理与方法体系

一、节水型农业种植结构优化相关理论研究

（一）节水型农业种植结构优化相关理论研究进展

节水型农业种植结构优化是一个复杂的大系统，涉及农业、水利、土壤、气候、生态、耕作、经济、市场以及系统工程等学科，与其相关的理论主要有以下几个。

可持续发展理论：通过种植结构调整，达到区域自然资源、人力资源和经济资源的合理配置，促进种植业的永续发展，其本质在于维持生产和经济系统的恢复性，即寻求经济与环境之间的动态平衡，实现经济、人口、资源、环境的协调发展（Smith and McDonald，1998）。可持续农业应是一种不以资源和环境退化为代价的农业发展模式，注重种植业对土壤质量等方面的影响，以保证耕地等自然资源的永续利用（Scherr，1999）；可持续农业必须满足在时间维上的持续性、在空间维上的公平性及在效率维上的高效性（罗其友，1999）。

系统工程理论：种植业系统是一个复杂的大系统，各子系统相互交织、相互作用，在种植结构调整中，需把种植业系统各生产要素（包括人、物、资金、信息和技术等）及其在农业生产过程中各阶段的动态变化作为一个整体，并将“生产-市场-技术”作为有机的统一体，运用系统工程理论分析探索各生产要素动态合理配置方案，以促进整个种植业系统的协同发展，使系统整体达到综合效益最大（Sethi et al.，2006）。

区位理论：区位是自然地理区位、经济地理区位和交通地理区位在空间地域上有机结合的具体表现（Sethi et al.，2006）。农业区位理论是指：按照因地制宜原则，对种植业生产进行合理分区布局，安排种植业生产，充分发挥区位资源、技术和资金等优势。农业区位理论对于合理安排以城市为中心的种植业布局有重要意义，这种面向集中的城市消费市场而进行的农业生产和因距离而引起的运费空间差异，决定了城市近郊区以高效的蔬菜、花卉为主，远郊区以高产的经济作物为主，农区以耐储运的农作物为主。

比较优势理论：发挥比较优势，形成竞争优势，是国际间进行贸易、合理配置资源的基础，同时也是区域间的农产品生产、贸易应遵循的原则。比较优势是区域分工的基本原则，只要彼此两个区域存在差异、发生贸易，比较优势就具有实用性（高明杰，2005）。在市场经济中，各国、同一国家的不同区域，乃至每一个生产者，都力图做出能充分发挥自身比较优势的决策，反映到作物生产中，如果某一区域某种作物生产具备比较优势，农户种植这种作物的积极性就高，该区域这种作物的生产就能得到稳定增长。

生态适应性理论：种植业受作物的生长发育规律和自然条件的制约，具有强烈的季节性和地域性。生态适应性是作物适应区域自然条件的能力，如果区域的气候和土壤特点与某种作物的生长发育要求相吻合，则可以发挥作物的生产潜力，而且这种吻合程度越高作物产量就越高，果实的品质也越具优势。种植结构的优化调整虽然主要根据市场需求，以追求效益最大化，但调整必须以作物生态适应性为基础，合理地进行作物布

局。而就缺水地区而言，生态适应性中起最关键作用的因素是农作物对水分的生态适应性，具有较强的水分生态适应性的作物有着与其他作物相比更为广泛的发展空间（张勃和李吉均，2001）。

市场机制理论：市场机制就是通过市场价格的波动、市场主体对利益的追求、市场供求的变化，调节经济运行的机制，是市场经济机体内的供求、竞争、价格等要素之间的有机联系及其功能。市场机制是一个由市场价格机制、供求机制、竞争机制和风险机制构成的有机整体。在种植结构优化调整时，应将市场作为资源配置的主要方式，以充分利用市场机制在信息传递、利益刺激和竞争激励、促进技术进步等方面的优势，根据市场供求，调整作物的种植结构、品种结构和品质结构，发展适销对路、市场前景广阔和效益高的作物，达到效益最大化。

耕作制度理论：耕作制度是一个地区或生产单位的农作物种植制度及与之相适应的养地制度的综合技术体系。它既包括作物组成、配置、熟制与种植方式，也涵盖了提高土地生产力的系列技术措施。因地制宜采用科学合理的耕作制度，可有效利用土地资源，保持良好的农业生态环境，并获得较高的经济效益（Sethi et al.，2006）。

此外，节水型农业种植结构优化调整还要遵循粮食安全原则及Chenery农业发展观等理论，这些理论在实际应用时需彼此协同、共同作用（高明杰，2005）。合理的种植结构调整是在依据市场的供需，根据作物的生态适应性原理，通过区位理论和比较优势理论进行分析，在确保区域粮食安全的前提下，坚持Chenery农业发展观，强调区域经济的持续协调发展，根据耕作制度理论，按照系统工程进行种植结构的优化，进而对作物布局、作物种类和品种结构进行调整，达到系统升级、资源优化的目的。

（二）节水型农业种植结构优化相关理论研究现状分析

以上理论均是借用其他相关学科的理论，并非专有理论。借用理论繁杂，彼此存在交叉，且未形成一个系统的体系，也未能对节水型农业种植结构进行数学表达，在实际应用中仅能做一些宏观的、定性的指导，总体来说发挥的作用小，优化照顾不到区域种植业的系统性、整体性和综合性，使得区域种植业往往只能满足经济效益最优，而无法兼顾社会效益、生态效益和节水效益，也就无法达到社会公平、生态环境改善以及农业的可持续发展。

二、节水型农业种植结构优化原理及方法体系构建

建立节水型农业种植结构优化原理体系的任务就是要在确保粮食安全及可持续发展的前提条件下，以数学方法回答“种什么？种多少？何时种？种哪里?”最节水而种植业综合效益不降低的问题，本节建立的原理体系包括作物优选原理、农产品需求及资源限制原理和作物时空布局原理3个，分别对“种什么?”、“种多少?”及“何时种？种哪里?”进行回答。

（一）作物优选原理

作物优选原理，指导区域应该“种什么”的问题。作物的分布是由作物的生态适应性和人类活动两方面的因素决定的。生态适应性是决定作物分布的基础，而社会经济条

件又起着重要的调节作用。这里以作物适宜性综合指数（I_m）作为某种作物在某地区可否种植的判断依据；用生态环境适应性指数（I_e）来反映某一作物对某地区的生态环境适应程度（同时反映生态环境效益），而以经济适宜性指数（I_b）、社会公平性指数（I_s）及水分高效性指数（I_w）来分别表示作物的经济效益、社会效益和水分利用率。其中 I_m 为其他 4 个指数的加权和。

由于区域待选择作物可能很多，通过计算每一种作物的 I_m 来确定该作物可否种植显得不太现实，因此，这里引入热力学阈值（Q_l）作为作物能否大面积种植的判断指标，使区域可供选择的作物类型大为减少，实现区域对待选择作物的初步筛选；其后再计算 I_m 进行最终选择，见式（5-1）。

$$I_m = \begin{cases} 0 & Q_l \notin R \\ I_e W_1 + I_b W_2 + I_s W_3 + I_w W_4 & \end{cases} \tag{5-1}$$

式中，$I_m \in [0, 1]$；Q_l 为某作物热力学阈值；R 为某作物在某地区可生存的热力学范围，当 $Q_l \notin R$ 表示作物不满足热力学阈值，即不可种植；W_i，$i=1, 2, 3, 4$ 为权重。

1. 主要作物热力学阈值

世界上大范围内主要农作物的分布是由作物生态适应性决定的，因光、温、水及土壤等地带性分区而具有地带性的分布规律。在各生态因子中，热量是最为重要的因子之一，且人力较难控制。因此，一种作物能否在某个区域大面积种植，往往取决于该作物对区域温度的适应能力，目前学者对各种作物能否种植的判断基本都是以热量作为指标（彭汉良，2003）。表 5-1 列出中国主要农作物的热力学阈值。

表 5-1　主要农作物热力学阈值

编号	农作物	数学描述	可种植条件
1	水稻	$R = \begin{cases} Y & D_{10} > 110 \ \& \ D_{18} > 30 \\ N & \text{else} \end{cases}$	日平均气温稳定地超过10℃的天数在110天以上且日平均气温稳定地在18℃以上的天数在30天以上
2	小麦	$W = \begin{cases} Y & T_1 \leqslant 20 \ \& \ T_7 \leqslant 30 \ \& \ \text{AT}_0 > 1400 \\ N & \text{else} \end{cases}$	1月平均气温不大于20℃和7月的平均温度不大于30℃，且年大于0℃的积温大于1400℃
3	玉米	$C = \begin{cases} Y & 20 \leqslant T_7 \leqslant 29 \\ N & \text{else} \end{cases}$	7月平均气温大于等于20℃且小于等于29℃
4	棉花	$\text{CT} = \begin{cases} Y & \text{AT}_{10} > 3100 \text{ or } \text{AT}_{15} > 2500 \ \& \ D_n > 150 \ \& \ T_7 > 23 \\ N & \text{else} \end{cases}$	年大于10℃积温高于3100℃或大于15℃积温高于2500℃，且无霜期大于150天、7月平均气温高于23℃
5	大豆	$S = \begin{cases} Y & \text{AT}_{15} > 100 \ \& \ D > 60 \\ N & \text{else} \end{cases}$	年大于15℃的积温高于1000℃且持续日数大于60天
6	油菜	$\text{CT} = \begin{cases} Y & T_1 \leqslant 15 \ \& \ T_j < 22 \\ N & \text{else} \end{cases}$	1月平均气温小于等于15℃且开花结荚期平均气温小于22℃

2. 作物适宜性综合指数

1）生态环境适应性指数（I_e）

作物生态环境适应性指数反映作物生育及产量品质形成过程的节律与环境节律相吻合的程度（彭汉良，2003）。吻合度高即适应性强，作物生长发育就好，距离高产、稳产、优质、低耗、高效的目标就越近。作物生态环境适应性包括作物对气候、土壤、地形和环境的适应性等。

借鉴生态位适宜度模型（张磊，2006；欧阳志云等，1996），种植业发展对资源环境的要求可分为3类，第Ⅰ类是越丰富越好，见式（5-2）；第Ⅱ类是存在一个适宜区间，过少及过多均将成为限制因素，见式（5-3）；第Ⅲ类是愈低愈好，见式（5-4）。显然当区域现状资源条件完全满足发展要求时，生态位适宜度为1，而完全不能满足时，生态位适宜度为0。由于有些因子在最不利情况下，作物仍有可能生存，因此这里将原生态位适宜度模型中的最低适应值由0换为 a，$a \in (0,1)$。

$$X_i = \begin{cases} a & S_i < D_{i\min} \\ a + \dfrac{S_i}{D_{i\,\mathrm{opt}}} \cdot R_i & D_{i\min} < S_i < D_{i\,\mathrm{opt}} \\ R_i & D_{i\,\mathrm{opt}} < S_i \end{cases} \tag{5-2}$$

$$X_i = \begin{cases} a & S_i \leqslant D_{i\min} \ \& \ S_i \geqslant D_{i\max} \\ a + \dfrac{S_i - D_{i\min}}{D_{i\,\mathrm{opt}} - D_{i\min}} \cdot R_i & D_{i\min} < S_i \leqslant D_{i\,\mathrm{opt}} \\ a + \dfrac{D_{i\max} - S_i}{D_{i\max} - D_{i\,\mathrm{opt}}} \cdot R_i & D_{i\,\mathrm{opt}} < S_i < D_{i\max} \end{cases} \tag{5-3}$$

$$X_i = \begin{cases} 1 & S_i \leqslant D_{i\min} \\ a + \left(1 - \dfrac{S_i - D_{i\max}}{D_{i\min} - D_{i\max}}\right) \cdot R_i & D_{i\min} < S_i \leqslant D_{i\max} \\ a & S_i > D_{i\max} \end{cases} \tag{5-4}$$

式中，X_i 为 i 种资源的生态位适宜度指数；S_i 为 i 资源现状的测度；D_i 为对 i 资源要求的测度；$D_{i\min}$为 i 资源要求的低限；$D_{i\max}$为 i 资源要求的上限；$D_{i\,\mathrm{opt}}$为 i 资源要求的理想值；R_i 为 i 资源的风险性测定，常用保证率来测度。

（1）作物气候生态适应性。作物气候生态适应性是指作物的要求与气候因子（光、温、降水、风等）的吻合程度（单志杰，2007）。本研究选择了温、光生态因子中的日平均气温、日辐射量、日照百分率3个指标来进行作物的气候生态适应性评价，而将降水放到水分高效性中来考虑。各指标适宜的计算公式见表5-2，下同。

（2）作物土壤生态适应性。作物土壤生态适应性是指作物的要求与土壤因子（土壤物理性质：机械构成、容重、有效厚度等；土壤化学性质：土壤有机质、养分、酸碱度、盐分含量等）的吻合程度（单志杰，2007；张军连和林培，1994）。本研究选择了土壤质地、有机质、酸碱度、盐分、土层厚度5个因子来进行作物的土壤生态适应性评价。

表 5-2　不同指标适应情形类别

编号	类别	因子	考核指标适应类别			最低适应值
			第Ⅰ类	第Ⅱ类	第Ⅲ类	
1	气候	温度		日平均气温		0
2		光照	日辐射量			0
3			日照百分率			0
4	土壤	质地		土壤物理性黏粒含量		0.2～0.4
5		有机质	土壤有机质含量			0.2～0.3
6		酸碱度		土壤 pH		0
7		盐分			土壤含盐量	0
8		土层厚度	土层厚度			0
9	地形	地势		海拔		0.1～0.3
10		地貌		坡度		0
11				坡向		0.2～0.8
12	环境	农药			农药施用度	0
13		化肥			化肥施用度	0
14	水分	降水	降水利用率			0.2～0.8
15		地下水	地下水利用率			0.2～0.8
16		水库蓄水			水库弃水率	0.2～0.8

（3）作物地形生态适应性。作物地形生态适应性是指作物的要求与地形因子（地面沿水平方向的起伏状况，包括山脉、河流、海洋、平原等，和由它们所形成的丘陵、山地、河谷、溪流、河岸、海岸，以及各种地貌类型）的吻合程度。地形因子并不是作物生活所必需的，而是通过对水、热条件的再分配而影响作物，因而被认为是一种起间接作用的因子。地形因子起重要作用的有海拔、坡度和坡向（刘巽浩，1994）。

（4）作物环境适应性。作物环境适应性是指作物的要求与环境因子的吻合程度。因不同作物在某一环境条件下对养分的依赖及抵御病虫害的能力是不同的，因此施用的化肥、农药在数量及种类有很大差异，而施用的农药化肥常常造成不同程度的面源污染。

（5）生态环境适应性指数（I_e）计算模型。区域发展的资源需求生态位是一个多种资源构成的多维空间。根据李比希最小因子定律（Liebig law of limiting factor）“低于某种生物需要的最少量的任何特定因子，是决定该种生物生存和分布的根本因素”，因此，在多维资源需求的生态空间中，当某个因子的隶属度函数值小于或等于 0，则与其他因子综合作用的结果也为 0。据此建立生态环境适应性指数计算模型如下（彭汉艮，2003）：

$$I_e = \begin{cases} 0 & (\forall K_i \leqslant 0, \quad i = 1,2,\cdots,n) \\ \sum_{i=1}^{n} K_i W_i & (\forall K_i > 0, \sum_{i=1}^{n} W_i = 1, \ i = 1,2,\cdots,n) \end{cases} \tag{5-5}$$

式中，K_i 为第 i 个评价指标的适应性指数；W_i 为第 i 个评价指标的权重。

2）经济适宜性指数（I_b）

以有限的水资源、耕地资源，获得最大的经济效益，是种植结构调整的主要目标之一，因此，一个地区种植某种作物的经济效益是选择该作物的重要指标之一。作物经济适宜性指数与净经济效益（B_p）、产投比（R_{pt}）、资金投入能力（A_f）及劳动净产值率（Y_v）有关，即

$$I_b = f(B_p, R_{pt}, A_f, Y_v) \tag{5-6}$$

3）社会公平性指数（I_s）

种植业的公平性事关“三农”问题，如粮食安全问题、脱贫致富问题、就业问题等，这些问题均对社会安定团结具有重要影响。对于种植业的社会公平性问题，一般视为粮食产量（Y_f）、劳动力容纳量的函数（C_l），即

$$I_s = f(Y_f, C_l) \tag{5-7}$$

4）水分高效性指数（I_w）

水分高效性指数是一个水分利用效率（E_w）及水分利用效益（B_w）的函数，即

$$I_w = f(E_w, B_w) \tag{5-8}$$

在缺水地区，要提高 E_w，必须提高降水利用率（P_e）和地下水利用率（GW_e），同时减少水库的弃水率（R_e），即

$$E_w = f(P_e, GW_e, R_e) \tag{5-9}$$

水分利用效益常以单方水净经济效益（B_{pw}）表示，即

$$B_w = f(B_{pw}) \tag{5-10}$$

（二）农产品需求与资源限制原理

农产品需求与资源限制原理解决的是确定一个地区某种作物“种多少”的问题。“种多少”的确定是一个范围，即需要确定上限值、下限值。种植作物的目的是为了满足人类的需求，人类对种植业的基本需求可分为植物性食物、动物饲料（畜牧业及渔业需要）、种子、工业生产原料、燃料、药用及特殊嗜好六类。人类的需求便是“种多少”的下限依据，某地区种植作物的下限值应是人口、人均需求定额及保证最小自给率的乘积。区域资源的有限性又决定了“种多少”的上限值，如受到耕地面积、可利用农业水资源量等自然资源以及劳动力数量、资金投入能力、科学技术水平等社会资源的限制。

1. 作物种植上限值

1）耕地资源约束

不同作物年播种总面积应不大于复种指数与总耕地面积的乘积，见式（5-11）。

$$\sum_{j=1}^{n} x_j \leqslant kb_1 \tag{5-11}$$

式中，k 为复种指数；b_1 为总耕地面积（hm^2）；x_j 为第 j 种作物年最优种植面积（hm^2）。

2）可利用农业水资源约束

所种植作物的农业灌溉用水量不能超过该年度所能提供给种植业灌溉用水的总量，

见式（5-12）。

$$\sum_{1}^{n} m_j x_j \leqslant Q \tag{5-12}$$

式中，m_j 为第 j 种作物的毛灌溉定额（m^3/hm^2）；Q 为全年种植业灌溉可利用水资源量（m^3）；其他意义同上。

为实现作物需水与可利用农业水资源（包括雨水资源、土壤水资源、地表水资源及地下水资源）的有机协调，可将式（5-12）按逐月或逐旬来加以优化计算。

3）其他资源约束

$$\sum_{1}^{n} r_j x_j \leqslant Q_r \tag{5-13}$$

式中，r_j 为第 j 种作物单位面积所需某类资源定额；Q_r 为全年种植业某类资源可利用量；其他意义同上。

4）种植制度约束

为维持种植业生产的稳定性及可持续性，应使轮作的作物满足式（5-14）的要求。

$$x_j \leqslant \frac{T_1}{T_1 + T_2} b_1 \tag{5-14}$$

式中，T_1，T_2 分别为轮作作物一个轮作周期内适宜种植年限和不适宜种植年限；其他意义同上。

2. 作物种植下限值

（1）人类的基本生活需求（粮油、果蔬）及药用（中药材）、嗜好类（如茶、咖啡、烟叶等）的需求，见式（5-15）。

$$\sum_{1}^{n_2} y_j x_j \geqslant K\,P\,Y_f \tag{5-15}$$

式中，y_j 为第 j 种作物的单产（kg/hm^2）；Y_f 为人均某类农产品需求量（kg）；P 为人口数量；K 为需求系数，与国家对该区域的定位有关，若无需向其他区域提供产品，则 K 值取自给率值；若尚需担负国家内其他区域或国际上其他国家的需求任务，则 K 值应为一个大于 1 的值，n_2 为可互相替代产品的类数。

（2）工业原料需求以及副业、渔业等其他产业需求。为保证纺织业及其他加工业的原料要求，为支持渔业、副业等养殖业发展的饲料需求，对饲料作物、经济作物种植面积的下限亦有一定的要求，见式（5-16）。

$$\sum_{1}^{n_3} y_j x_j \geqslant R \tag{5-16}$$

式中，R 为区域某类农产品需求量（kg）；n_3 为可互相替代产品的类数。

（3）可持续地力约束，为维持土壤的可持续地力，必须保证土壤的有机质含量及农田养分的平衡。要达到这一要求，除需必要的水肥措施外，必要时需种植一定面积的绿肥作物。

$$\sum_{1}^{n_4} x_j \geqslant b_2 \tag{5-17}$$

式中，b_2 为需要种植的最小绿肥作物面积（hm^2）；n_4 为绿肥作物种类数。

（4）非负约束。各类作物种植面积非负。

$$x_j \geqslant 0 \quad j = 1,2,\cdots,n \tag{5-18}$$

（三）作物时空布局原理

作物时空布局是一个地区或生产单位在一定历史时期内为适应当地自然条件和社会经济条件与科学技术水平而形成的作物结构与配置的技术体系。它决定区域或田间内的作物种植安排、一年中种植的次数和先后顺序，并包括轮作、连作、间作、套作、混作和单作等种植方式。合理的作物时空布局应该有利于土地、劳力等资源的最有效利用和取得当地当时条件下农作物生产的最佳综合效益，有利于协调种植业内部各种作物，如粮食作物、经济作物与饲料作物之间，自给性作物与商品性作物之间，夏收作物与秋收作物之间，用地作物与养地作物之间等的关系，促进种植业以及畜牧业、林业、渔业、农村工副业等的全面发展。

在中国，提高土地利用率的主要途径不是开垦荒地，而是提高已有耕地的年单位面积产量，也就是提高土地的年光能利用率。提高年光能利用率方式有：提高作物光合强度，主要采用育种和改良栽培途径；增加有效光合面积，采取间作、混作、套作等技术来增加有效光合面积；增加光合时间，主要措施是复种、套作、育苗移栽、地膜覆盖等。

中国以占世界 10%的耕地养活了世界 22%的人口，其中发展多熟制起了关键作用。复种可提高对光、热、水、土、气资源的利用率。中国土地利用率高，复种指数约为 155%，是世界上复种面积最多的国家。提高复种指数是未来我国满足粮食安全的重要途径之一。王宏广（1990）、史俊通等（1998）、范锦龙和吴炳方（2004）通过计算，分别得出中国复种指数潜力为 198.0%、191.0%、198.5%，因此，复种潜力仍有一定的提升空间。复种综合潜力指数（P_{HW}）一般取复种的水分潜力指数（P_W）和复种的热量潜力指数（P_H）中的较小值，即

$$P_{HW} = \min(P_H, P_W) \tag{5-19}$$

在缺水地区，P_{HW}的提高一般受限于 P_W，因此通过建立节水型农业种植结构，可提高区域 P_{HW}。

1. 作物时间布局

作物在时间维上的年际布局要考虑作物的撂荒、休耕、连作、轮作等种植方式，根据中国人多地少的实际情况，一般不考虑撂荒，而采用轮作倒茬或种植养地作物来维持地力；年内布局安排必须使作物的需水规律与各时期可利用农业水资源量保持一致，即进行作物的适水性调整，减少作物受旱概率并提高复种水分潜力指数而提升复种指数。

1）作物年际布局

耕作制度的形成和发展主要取决于一定的社会经济发展水平，并与当时的科学技术和生产经营水平密切相关，其发展主要经历了撂荒耕作（shifting cultivation）、休闲耕作（fallow）、连作耕作（continuous cropping）和轮作耕作（crop rotation）4 种耕作

制度。撂荒耕作制是一种原始的游耕制度，在耕作土地的自然肥力用尽后即行抛弃，另辟耕地。随着社会的进步和生产力的提高，逐步进入休闲耕作制，即耕作土地休闲一、两年，靠自然恢复地力后，再行耕作。此后，发展了连作耕作制，即在同一块田地上连年种植同一种作物，强化对土地的利用。由于连作耕作制不能均衡利用土壤中的养分，长期连作会引起土壤肥力衰竭，于是出现轮作耕作制，即在同一块田地上按不同时间依次轮种不同的作物（或同一作物依次轮作于不同田块）。随着集约化水平的提高，又发展为一年多熟的轮作，即复种轮作制。

2）作物年内布局

缺水地区作物的需水规律需与各时期可利用农业水资源量及调蓄能力保持一致，才能保证种植业的高产稳产，见式（5-20）。

$$Q_P + Q_S + Q_R + Q_{GW} - \Delta Q_W \leqslant Q_C \leqslant Q_P + Q_S + Q_R + Q_{GW} + \Delta Q_W \tag{5-20}$$

式中，Q_P 为有效降水量；Q_S 为农田土壤水资源量；Q_R 为可利用地表水资源量；Q_{GW} 为可利用地下水资源量；ΔQ_W 为某时间段水资源可储存变化量，含地表水库、地下水库及土壤水库的调蓄容积；Q_C 为作物需水量。一般可对作物需水与可利用农业水资源量进行逐月或逐旬匹配计算，做到作物的需水规律与各时期可利用农业水资源量保持一致，以期充分利用降水资源与土壤水资源，并实现地表水与地下水的联合调度。另外，为提高作物的复种指数，必要时需进行套作（relay cropping）。

2. 作物空间布局

作物的空间布局可从“微观”及“宏观”两个层面加以考虑，“微观”层面是指对具体某个田块如何优化组合不同种类、不同品种的作物，利用作物间的形态差异从空间方面提高作物对光、热、水、土、气资源的利用率；“宏观”层面是一个流域或区域依据自然资源、社会资源、科学技术水平等条件差异进行区划，再分别对不同分区合理安排作物布局，以充分发挥不同区位的资源优势、比较优势并产生规模效益。

1）作物“微观”空间布局

土地资源的稀缺性决定了提高单产的意义，对具体田块而言，采用单作（sole cropping）、混作（mixed cropping）、间作（intercropping）、立体种植（multistorey cropping）和立体种养（multistorey cropping and raising）等不同种植、种养方式将产生不同的产量。单作便于管理与机械化，为世界上多数地区所采用，但单作形成的单一群体由于漏光损失和光饱和浪费现象的存在，使作物一生中对自然界形成的可以自然更新的光、热资源不能充分利用，从而也直接影响了作物对人工投入的水、肥等社会资源的经济合理的利用。而合理的作物搭配，进行间、混、套作，通过形成复合群体，利用作物间的高度、叶面积、根系深度等形态差异从空间方面互为补充地利用环境资源光、热、水、养、气等生态因子，且能利用复合群体内作物的不同特性，增强对旱、涝、风及病虫害等自然灾害的抗逆能力。任何一种植方式要取得较高的产量，必须采用合适的种植密度。种植密度因植地条件、作物种类、品种特性、收获期、栽培制度以及栽培水平等不同而异。合理密植可以充分利用土地和光能，从而增加单位面积产量。一般矮型品种、土壤肥力较差条件下可适当增加种植密度，土层深厚、土壤肥沃、高型品种等种植密度不宜过大。

2）作物“宏观”空间布局

a. 流域或区域分区

较大尺度的流域或区域的不同地区在水文气象、地形地貌、土壤等自然资源环境以及市场销售、劳动力数量、土地数量、政策法规、交通条件、农户文化素养及资金投入能力等社会经济条件等方面存在较大差别，会对作物布局造成较大影响，因此应首先对

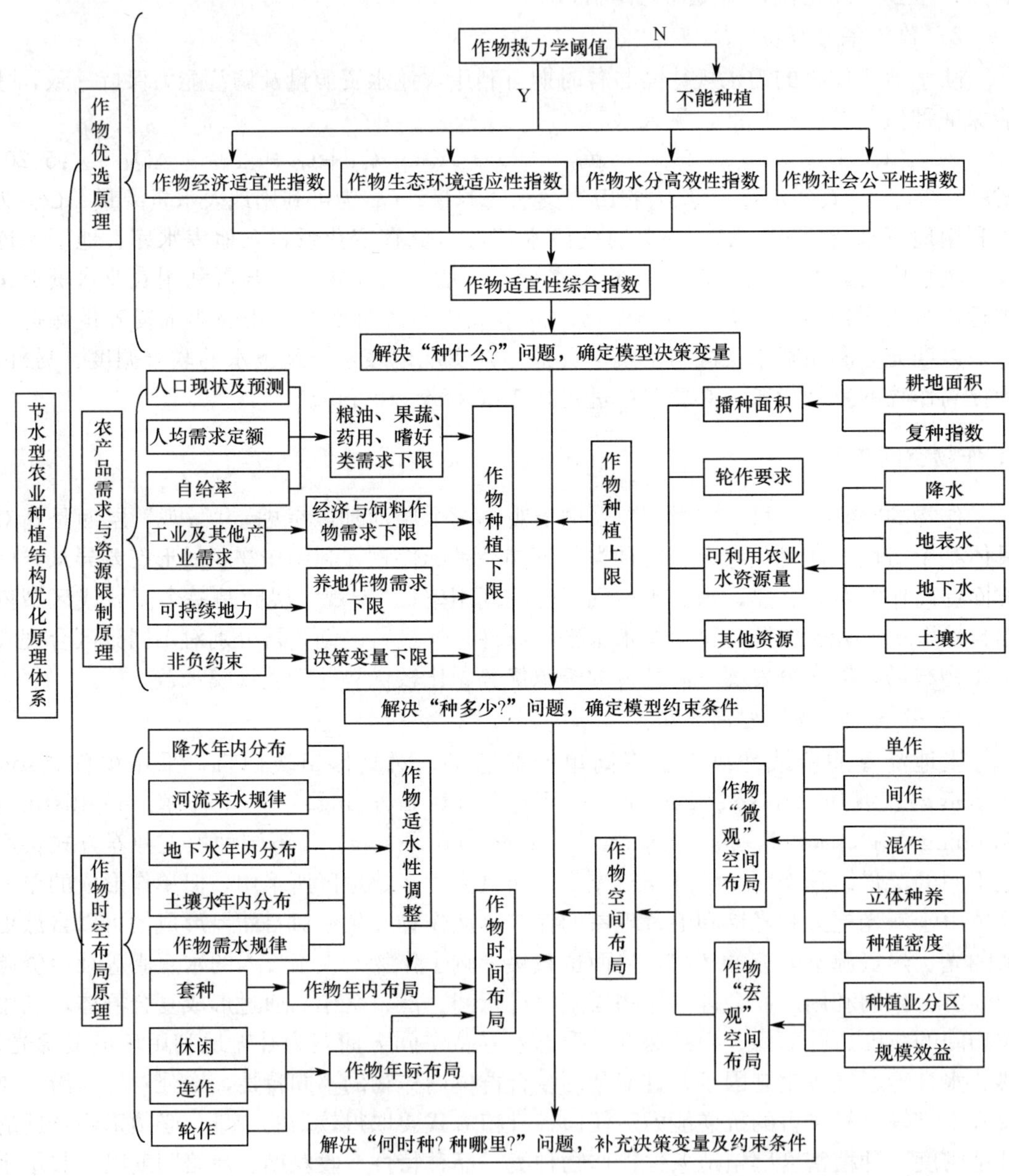

图 5-1　节水型农业种植结构优化方法体系

较大尺度的区域或流域进行种植结构分区，再对每个分区分别进行作物的布局安排，以使不同分区的作物同该区的资源状况、自然条件和社会经济条件相吻合，做到因地制宜、趋利避害、合理布局。如对于一个干旱缺水的内陆河流域而言，在流域上游一般为山区，生态环境条件好，牧业发达，主要种植饲料作物；流域中游为平原区，也是经济中心区，人口众多，主要种植粮食作物；流域下游为天然荒漠区，自然环境相对恶劣，以种植棉花、瓜果等经济作物为主。进行流域或区域分区时，应参照流域或区域水资源分区、农业分区、土地利用分区及气候分区，结合流域行政分区，选取合理的资源环境及社会经济指标，利用信息熵理论、模糊聚类等分析方法，并可借助 GIS 平台，完成流域或区域的作物布局分区。

b. 规模效益

较大尺度的流域或区域在作物布局分区后，各分区内部的作物布局并非均匀分布，各乡村仍需结合自身特点，发挥地方优势，创造特色品牌，形成与市场经济相连接的规模经济。当前，在家庭承包经营基础上，实现生产要素合理流转，促进资源优化配置，加强农业与其他关联产业协调发展，是在实践上需要探索、在理论上需要创新的课题。目前，广大农村实践较好的是推行一村一品，并进一步推动农业产业化。

三、节水型农业种植结构优化方法体系

作物优选原理明确了节水型农业种植结构优化应以经济、社会、生态环境等综合效益最大化以及提高水分利用效率和效益为目标函数，而以被选择的作物种类为决策变量。

农产品需求及资源限制原理以对作物的需求为下限，以资源限制为上限，确定了“种多少”的范围，即给出了优化模型的约束条件。

作物时空布局原理解决“何时种？种哪里?”的问题，进一步优化区域资源配置，是对生产实践的直接指导，优化组合的作物因耗水量的减少及产出的提高，与单种作物不同而形成新的模型决策变量，进一步完善模型约束条件并修正模型的参数取值。

以上 3 个原理共同构成了节水型农业种植结构优化方法体系，如图 5-1 所示。

第三节　节水型农业种植结构区划

黑河流域是我国西北地区第二大内陆河流域，位于河西走廊中部，位于 37°44′～42°40′N，97°37′～102°06′E。黑河从发源地祁连山到尾闾居延海全长 821 km，流域面积约 14.3 万 km^2，分属三省（自治区），上游属青海省祁连县及甘肃省肃南裕固族自治县，中游属甘肃省山丹、民乐、甘州、临泽、高台、嘉峪关、肃州等县（市、区），下游属甘肃省金塔县和内蒙古自治区额济纳旗。根据近代地表水、地下水的水力联系，黑河流域可划分为东、中、西三个子水系（中华人民共和国水利部，2002）。其中西部水系为洪水河、讨赖河等，归宿于金塔盆地，总面积 2.1 万 km^2；中部为马营河、丰乐河等，归宿于高台盐池—明花盆地，总面积 0.6 万 km^2；东部子水系包括黑河干流、梨园河及 20 多条沿山小支流，总面积 11.6 万 km^2。流域地表径流总量为 37.28 亿 m^3，地

下水不重复计算量为 4.31 亿 m^3，水资源总量为 41.59 亿 m^3。

黑河流域由于位居欧亚大陆中心部位，远离海洋，气候干燥，降水稀少而集中，多大风，日照充足，蒸发强烈，水资源极度匮乏（中华人民共和国水利部，2002）。长期以来，由于该流域尤其是其中游地区持续的人口增长压力和过度的经济开发活动，迫使水资源开发利用程度不断提高，2006 年水资源开发利用率达到 95%（参照水利统计数据），远远超过国际公认的 40%的合理开发界限，社会经济用水（生产及生活用水）挤占生态用水问题突出，已造成流域脆弱的生态环境持续恶化，严重威胁到流域社会经济的可持续发展。流域农业用水量约占社会经济用水总量的 94%，且使用效率和效益极低，因此，农业节水将是扭转流域水资源日益紧张和生态环境日趋恶化的关键所在，而建立区域节水型农业种植结构，从内部挖掘节水潜力，无疑是现阶段该流域以有限水资源促进农业可持续发展的切实可行的办法。

但是，黑河流域横跨山地、盆地和沙漠三大地貌类型区，流域内不同区域的气候、地形地貌、土壤、水资源等自然资源环境存在较大的差别，市场销售、劳动力数量、土地数量、政策法规、农户文化素养、资金投入能力及种植习惯等社会经济条件也存在很大的差异，如降水量从上游祁连县的 406.7 mm 下降到下游额济纳旗的 37.0 mm，蒸发量从祁连县的 1191.9 mm 上升到额济纳旗的 3841.5 mm，城镇化水平民乐县为 12.86%，而嘉峪关市达到 76.71%（甘肃年鉴编委会，2007），这些自然与人文条件均对当地种植结构造成较大影响，因此进行种植结构优化调整时，首先必须对流域进行种植结构分区，然后再对每个分区分别进行种植结构的优化，才能达到预期效果。

一、分区方法

专门针对种植结构分区方法的研究较少，已有的相关研究成果多是针对农业经济结构、土地利用模式分区方法的研究，如马冬梅等（2000）、Hall 和 Arnberg（2002）、Liu 和 Samal（2002）利用模糊聚类分析的方法，选择对区域农业经济发展起主导作用的因子：年平均降水量、年平均温度、人均粮食及人均纯收入等作为聚类指标，对区域不同行政区农业经济类型进行划分。Yule 等（1996）、姚华荣等（2004）通过分析不同土地类型利用模式下的区域生态环境建设和资源利用效益来确定水土资源优化利用方案，并借助 GIS 平台将方案与空间地块单元相对应。Tratnik 等（2009）以粮食安全为原则，以土地的不同租金为指标对小麦种植进行了区划。

目前常用的分区方法有决策树方法、统计学方法、最近邻方法、经验定性法、指标法、类型法、重叠法、逐步判别分析法、聚类法和模糊聚类法等多种方法（Dinpashoh et al.，2004；Qiao and Wang，2002）。本次研究在分析节水型农业种植结构分区影响因子系统的基础上，全面拟订分区影响因子；利用各县（区、旗）现有水文气象、社会经济、农业水利等数据，结合黑河流域实际情况，从影响因子系统中选取适宜黑河流域的分区指标；应用 SPSS 软件，采用因子分析对选取的指标进行处理，从大量的彼此可能存在相关关系的变量提取出较少的、彼此不相关的且能反映原变量绝大部分信息的主成分，并根据提取的主成分运用快速聚类分析对黑河流域各县（区、旗）进行聚类；依据聚类结果，对流域进行节水型农业种植结构分区，并拟定各分区的发展规划方案。该分区方法便于指标的选取及信息的收集，摒弃了存在着相关关系变量的重叠信息，降低了处理难度；SPSS 软件的应用，使计算方便、准确、快捷。

二、黑河流域节水型农业种植结构分区

（一）分区影响因子系统

分区因子的选取是节水型农业种植结构分区的前提和基础。分区因子选择的正确与否，直接关系到分区结果的科学合理性。节水型农业种植结构分区因子系统应能科学地揭示种植业生产条件、特征、发展趋势、生产潜力和发展途径的共同性和区间差异性，适应区域的缺水形势，并应将种植业的发展融入到整个区域生态、经济、社会可持续发展之中。节水型农业种植结构分区受自然与人文因素的双重影响，参见表 5-3。

表 5-3　节水型农业种植结构分区影响因子系统

类别	控制层	影响因子
自然	热量	积温，年平均温度、最高气温、最低气温和无霜期等
	光照	全年和各月辐射量，年日照时数等
	地形地貌	大地形（山、丘陵、河谷、盆地、平原、高原），小地形（平地、洼地、岗坡地），海拔、坡度坡向等
	土壤	土壤类型、土层厚度、质地、pH、有机质含量、养分含量、土壤水分状况、水土流失状况等
	水分	年降水量及其变率、月降水量、干燥度、空气相对湿度、资源量、水源、水质等
	灾害	旱、涝、病害、虫害等
人文	水资源利用	地表水资源开发利用率、地下水资源开发利用率、用水结构等
	土地	土地利用状况（农田、林草地、荒地等），耕地面积，水田、水浇地及旱地面积，人地比等
	作物栽培	种类、面积、产量、生产力、品种、栽培技术、现有种植制度等
	灌溉水平	灌溉设施、农艺措施等
	肥料	肥料的种类、数量、单位面积施肥水平和养分平衡等
	农药	种类、数量、单位面积施用水平等
	机械	拖拉机、排灌机具等
	植被	乔木、灌木、草等
	畜牧业	种类、数量等
	产值收入	人均年纯收入、农林牧渔各业产值与收入、粮食与多种经营收入等
	市场	国家收购、自由市场、外贸市场距离、交通等
	价格	各种农产品的收购价格与市场价格，各种生产资料的价格等
	政策体制	收购政策、奖励政策、商品流通政策和外贸政策等，不同运行机制等
	科技水平	技术人员科技水平、节水灌溉面积、设施农业等
	文化水平	农户文化水平等
	资金投入	投入倾向性、投入能力、资金生产率等
	劳动力	人口、劳动力等

（1）自然因素。自然条件对作物的正常生长和分布起决定性作用，主要包括气候、地形地貌、土壤、水文、自然灾害等，是不能或难以为人类力量所改造的天然性质，它们对于节水型农业种植结构分区起着决定性作用。

（2）人文因素。包括区域人口、文化教育水平、科技水平、种植业经营管理技术水平、政府组织能力、国家方针政策等，并关系到经济发展对种植业的要求以及经济发展为种植业提供人力、财力、物力的能力。

（二）黑河流域分区指标选择及提取

根据表 5-3 以及黑河流域实际情况，选取以下 21 项指标构成黑河流域节水型农业种植结构分区指标，指标体系见表 5-4，指标数据见表 5-5。为保证聚类结果的合理性，加入了灌区类型及行政区域两个定性变量，采用分级法对之进行定量。

表 5-4　黑河流域节水型农业种植结构分区指标体系

类别	控制层	指标层	指标功能
自然	热量	最高气温	反映分区热量状况
	光照	年日照时数	反映分区太阳辐射状况
	地形地貌	海拔	反映分区平均高程
		灌区类型	反映分区灌区主要地形地貌类型
	水分	年降水量	反映分区多年平均降水状况
		人均水资源量	反映分区人均水资源量的多寡
		单位耕地面积水资源量	反映分区单位耕地面积水资源量的多寡
人文	水资源利用	地表水开发利用率	反映分区地表水资源开发利用程度
		农业用水比例	反映分区用水结构
	产值收入	农村人均年纯收入	反映分区种植户资金投入能力
		农业产值比例	反映分区资金投入意愿
		农牧产值比率	反映分区农户对作物种植的积极性
	产量	人均粮食产量	反映分区粮食安全
	城镇化水平	城镇化率	反映分区经济发展水平
	行政边界	行政区域	考虑分区的实际可操作性
	土地规模	农村人口人均耕地面积	反映分区土地规模
	劳动力	单位耕地面积劳动力数	反映分区可投入劳动力
		单位耕地面积农业机械总动力	反映分区机械化水平
	科技水平	单位耕地面积化肥使用量(折纯量)	反映分区施肥水平
		节水灌溉面积比率	反映分区灌溉工程投入
	种植习惯	粮食作物播种面积比例	反映分区种植习惯

表 5-5　黑河流域节水型农业种植结构分区指标数据

指标	上游		中游							下游	
	青海祁连县	甘肃肃南裕固族自治县	甘肃山丹县	甘肃民乐县	甘肃甘州区	甘肃临泽县	甘肃高台县	甘肃嘉峪关市	甘肃肃州区	甘肃金塔县	内蒙古额济纳旗
最高气温/℃	30.5	32.4	37.8	32.5	38.6	39.1	38.7	38.7	38.4	39.3	41.6
年日照时数/h	2 600.0	2 800.0	2 993.0	2 810.0	3 085.0	3 052.9	2 980.0	3 000.0	3 033.4	3 193.2	3 400.0
海拔/m	3 169	3 200	2 997	3 308	1 482	1 785	2 200	1 600	1 765	1 270	1 000
灌区类型	0.2	0.2	0.4	0.4	0.6	0.6	0.6	0.6	0.8	1.0	1.0
年降水量/mm	406.7	257.0	177.0	295.6	114.9	112.3	103.0	80.0	85.3	47.2	37.0
人均水资源量/m^3	33 272.3	46 398.9	940.0	1 676.4	1 600.4	2 647.7	2 204.0	851.8	2 687.4	3 455.0	8 811.6
单位耕地面积水资源量/(m^3/hm^2)	7 082.2	7 981.4	2 981.3	4 770.8	15 836.0	22 534.0	16 937.4	26 056.3	15 888.9	16 649.1	25 261.0
地表水开发利用率/%	0.4	1.0	89.3	91.6	110.7	139.3	120.1	85.8	103.3	84.8	21.3
农业用水比例/%	88.79	96.16	92.59	97.17	92.69	90.11	97.66	42.77	87.83	96.46	89.48
农村人均年纯收入/元	2 928.00	4 754.10	3 839.10	3 534.32	4 132.07	4 006.29	3 964.63	5 315.00	4 692.77	4 792.81	5 315.00
农业产值比率/%	27.24	24.51	22.69	38.95	25.50	34.19	46.27	1.38	34.60	46.88	5.89
农牧产值比率/%	0.12	0.54	4.37	3.74	1.84	2.60	4.85	3.68	2.76	3.47	0.13
人均粮食产量/kg	72.96	218.09	711.59	889.51	615.18	944.55	549.33	34.98	464.64	263.88	164.48
城镇化率/%	21.28	30.19	24.88	12.86	37.01	15.00	15.43	76.71	35.80	20.87	75.60
行政区域	0.2	0.4	0.4	0.4	0.4	0.4	0.4	0.6	0.8	0.8	1.0
农村人口人均耕地面积/hm^2	0.07	0.19	0.31	0.34	0.17	0.17	0.18	0.06	0.18	0.23	1.43
单位耕地面积劳动力/(人/hm^2)	7.21	2.57	1.89	1.85	3.07	3.16	3.10	9.33	2.88	2.26	0.51
单位耕地面积农业机械总动力/(kW/hm^2)	13.05	7.75	5.96	5.20	10.45	13.88	10.48	21.85	12.73	12.01	4.33
单位耕地面积化肥使用量/(kg/hm^2)	135.68	170.73	119.32	248.25	730.90	765.75	727.74	594.37	471.32	564.46	229.03
节水灌溉面积比率/%	0.40	67.11	33.50	62.67	81.31	79.90	77.48	94.13	60.34	57.06	44.91
粮食作物播种面积比率/%	50.44	35.83	57.71	57.44	65.36	80.83	59.94	21.63	40.73	14.48	10.79

表 5-5 中经过筛选的分区指标数据仍较多，选择众多的指标是为了使研究过程趋于完整，但反过来说，为使研究结果清晰明了而一味增加观察指标又让人陷入混乱不清而不易洞察事物的内在规律性。因此，需应用因子分析等方法来减少数据的分析量并剔除变量之间可能存在的重叠信息。因子分析法可对已选取的指标进行降维处理，筛选出独立的、彼此不相关的指标，作为下一步聚类分析的基础变量。因子分析的基本目的就是用少数几个因子去描述许多指标或因素之间的联系，即将相关性较密切的几个变量归在同一类中，每一类变量就成为一个因子，以较少的几个因子反映原资料的大部分信息（刘耳和尹海洁，2008）。

SPSS 因子分析可输出变量相关系数矩阵（correlation matrix，指出变量间相关性及因子分析的重要性）；公因子方差比（communalities，意为按照所选标准提取相应数量主成分后，各变量中信息分别被提出的比例）；总方差解释（total variance explained，列出所有变量特征值及所解释总变异的百分数）；碎石图（scree plot，直观显示所有变量特征值及所解释总变异的百分数）；因子负荷矩阵（component matrix，反映各个变量的变异主要由哪些因子可以解释，亦即给出了在因子分析中需要的因子表达式）；旋转后的因子负荷矩阵（rotated component matrix，经过旋转后各变量对主成分的贡献率发生了改变，使各主成分主要贡献变量更加明显）；因子得分系数矩阵（component score coefficient matrix，它是主成分分析得到的最终结果，通过该系数矩阵可以将所有主成分表示为各个变量的线性组合）。

表 5-6 为总方差解释，是整个输出中最重要的部分。表中列出了所有的主成分，按照特征值从大到小的次序排列。第一个主成分的特征值为 8.565，它解释了总变异的 40.787%；第二个主成分的特征值为 5.058，它解释了总变异的 24.085%；第三个主成分的特征值为 3.789，它解释了总变异的 18.044%；第四个主成分的特征值为 1.169，它解释了总变异的 5.566%；第五个主成分的特征值为 1.003，它解释了总变异的 4.776%；第六个主成分虽然解释了总变异的 3.835%，但它的特征根为 0.805，小于 1，说明该主成分的解释力度还不如直接引入该变量大。因此，这 21 个变量仅需要提出 5 个主成分，它们累计解释了总变异的 93.258%，亦即 5 个主成分涵盖了原 21 个变量 93.258%的信息。

表 5-6　总方差解释

主成分	初始特征值			提取方差总和			旋转后方差总和		
	实际值	单值百分数	累计百分数	实际值	单值百分数	累计百分数	实际值	单值百分数	累计百分数
1	8.565	40.787	40.787	8.565	40.787	40.787	8.341	39.720	39.720
2	5.058	24.085	64.872	5.058	24.085	64.872	4.471	21.288	61.009
3	3.789	18.044	82.916	3.789	18.044	82.916	3.724	17.735	78.743
4	1.169	5.566	88.482	1.169	5.566	88.482	1.993	9.490	88.233
5	1.003	4.776	93.258	1.003	4.776	93.258	1.055	5.026	93.258
6	0.805	3.835	97.093						
7	0.247	1.177	98.270						

续表

主成分	初始特征值			提取方差总和			旋转后方差总和		
	实际值	单值百分数	累计百分数	实际值	单值百分数	累计百分数	实际值	单值百分数	累计百分数
8	0.194	0.923	99.193						
9	0.124	0.592	99.785						
10	0.045	0.215	100.000						
11	4.4×10^{-16}	2.1×10^{-15}	100.000						
12	2.9×10^{-16}	1.4×10^{-15}	100.000						
13	2.2×10^{-16}	1.1×10^{-15}	100.000						
14	7.1×10^{-17}	3.4×10^{-16}	100.000						
15	1.61×10^{-17}	7.8×10^{-17}	100.000						
16	-6.3×10^{-17}	-3.0×10^{-16}	100.000						
17	-7.7×10^{-17}	-3.6×10^{-16}	100.000						
18	-1.3×10^{-16}	-6.0×10^{-16}	100.000						
19	-2.4×10^{-16}	-1.2×10^{-15}	100.000						
20	-3.8×10^{-16}	-1.8×10^{-15}	100.000						
21	-8.5×10^{-16}	-4.0×10^{-15}	100.000						

图 5-2 为碎石图，它是按照特征值大小排列的主成分散点图，可见从第六个主成分开始特征值都非常低（小于 1），该图从另一个侧面说明了只需提取 5 个主成分即可。

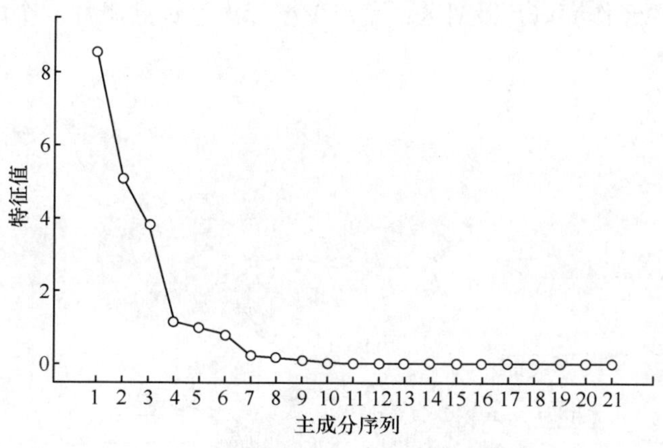

图 5-2　碎石图

（三）分区指标空间聚类

根据因子分析提出的 5 个主成分，通过设置聚类分析参数，SPSS 可输出的结果有：初始聚类中心（initial cluster center，给出各个类中心的初始位置）；聚类成员（cluster membership，给出各组的成员并给出距离）；最终聚类中心（final cluster center，给出各个类中心的最终位置）；最终聚类中心距离（distances between final cluster center，给出各个类中心之间的彼此距离)；各类成员数（number of cases in each cluster，给出各个类中成员的数目)。

表 5-7 为聚类成员，给出了各组的成员及距离。

表 5-7 聚类成员

序列	聚类	距离
1	1	0.000
2	1	1.277
3	4	1.023
4	4	0.000
5	6	0.709
6	6	0.000
7	6	1.870
8	3	0.000
9	2	1.627
10	2	0.000
11	5	0.000

三、黑河流域节水型农业种植结构分区结果与分析

根据表 5-7 的聚类结果，黑河流域节水型农业种植结构可分为Ⅰ区：山地饲草旱作片，Ⅱ区：山前粮经雨养灌溉片，Ⅲ区：东部平原粮经灌溉片，Ⅳ区：西部平原果蔬灌溉片，Ⅴ区：中部平原经作灌溉片及Ⅵ区：荒漠戈壁绿洲经饲灌溉片 6 个区，如图 5-3 所示。

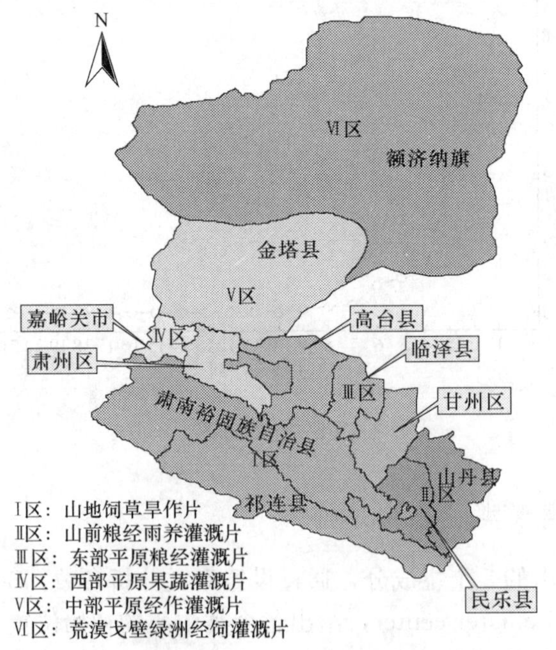

图 5-3 黑河流域节水型农业种植结构分区

（一）Ⅰ区：山地饲草旱作片

该区包括青海省海北藏族自治州祁连县和甘肃省张掖市肃南裕固族自治县，位于青藏高原北缘的祁连山地，是黑河流域的上游地区。该分区属青藏高原的祁连山-青海湖气候区，海拔高、地形复杂、气候高寒阴湿，是整个流域内降雨量最大、蒸发量最小、气温最低的地区，是流域地表水资源的发源地和产流区。区内河流纵横、水资源丰富且年际变差较小，但用水量因经济发展水平较低而利用很少。该分区矿藏资源丰富，植被生长良好，森林茂密、草原广袤，草场类型多、草质好、产草量高，畜产品资源丰富，区域农业经济以草原畜牧业为主，种植业产值仅为牧业产值的20%～30%。除以草原畜牧业为主外，在河谷滩地兼有小块农业区，可种植小麦、青稞、油菜、大麦及饲草等作物，粮经饲种植结构表现为饲料作物种植比例较高，一般占到50%以上，人均粮食产量较低，不足200 kg。

该区发展种植业时应注重祁连山水土保持、水源涵养林保护和建设，严禁毁林、毁草开垦，维持黑河流域水源的稳定；利用山地资源种类多的特点，发展多种经营；种植业要服从畜牧业的发展，稳步增加饲料草的种植，注意人工草场的基本建设，减轻天然草场的压力，加强少数民族农户的农业技能培训，改变粗放的耕种与灌溉方式。

（二）Ⅱ区：山前粮经雨养灌溉片

该区包括甘肃省张掖市的山丹县和民乐县，处于祁连山与河西走廊平原的过渡地带，位于山前洪积扇上，南部为山地，中北部为平地。耕地多分布在海拔2000 m以上，有旱作农业和灌溉农业，其中，灌溉耕地约占60%，旱作（雨养）耕地约占40%。主要种植小麦、玉米、马铃薯、豌豆及油菜、亚麻等粮经作物，其中粮食作物播种面积接近60%，人均粮食产量约达到800 kg，是甘肃省重要的商品粮油产区。但由于粮食作物种植比例较高，区内水资源又十分匮乏，2006年人均水资源量为1387.9 m^3，单位耕地面积水资源量仅为4070.0 m^3/hm^2，近年来常常造成粮食作物因夏灌缺水而减产，并造成了地下水位的下降，土地沙漠化严重，产业结构尚需进一步优化。

（三）Ⅲ区：东部平原粮经灌溉片

该区地处黑河干流中游地区，包括甘肃省张掖市的甘州区、临泽县和高台县。区内地势平坦，交通发达、运输方便；光热丰富，土质肥沃，耕地集中连片，农业生产基础好，耕作水平较高；灌溉农业发达，是黑河干流的主要用水区，主要种植小麦、玉米、薯类、豆类、油菜、麻类等作物，粮食作物种植比例较高，达到70%左右，是甘肃省重要的粮食生产基地。但长期以来，该区因不合理地过度开发水资源，导致黑河干流下游断流、区域性地下水位下降和泉水资源衰减。2000年黑河流域开始实施国家定量分水方案后，该区可使用的水资源量减少，致使区域种植业缺水严重，尤其是春末夏初作物需水量较大，而此时黑河来水量相对不足，作物受旱尤为严重。

该区种植业发展应依据可利用农业水资源的时空分布特征，适当调整作物种类与播期，使来水、用水过程相匹配，减少作物季节性受旱；在稳定粮食生产的前提下，调整产业和种植业结构，适当压缩农田灌溉面积，发展水分利用效率和利用效益高的作物种类和品种，限制高耗水粮食作物种植，重点保护绿洲及其外围的草地和乔、灌木林，防治沙质荒漠化和土壤盐渍化，重新对水资源进行优化分配，在保证还水条件下进行退耕还林还草，并在此基础上建立新的生态平衡；采用适合的间套作耕种模式，并配套适合的灌溉方式和管理形式，大力推广高新节水技术，发展现代节水农业；以农为主，大力种植绿肥，搞好轮作倒茬，建设高产稳产农田，并在重点发展粮经作物的同时，努力提高畜牧业在农业中的比例，积极发展畜牧业。

（四）Ⅳ区：西部平原果蔬灌溉片

该区包括甘肃省嘉峪关市，流域西部子水系最大河流——讨赖河贯穿全境。嘉峪关市城镇化水平较高，2006 年城镇化率达到 77%，农业产值在国民经济中所占比例低，人均耕地面积仅为 0.06 hm^2。种植业以经济作物为主，接近总播种面积的 50%，其中蔬菜瓜果约占总播种面积的 50%；粮食作物主要有小麦及玉米，但种植面积较小，人均粮食产量不足 40 kg（2006 年），此外油料作物尚有少量的种植。

该分区种植业应以发展精品、珍品、旅游观光“两品一游”的城郊型特色农业为重点，通过信息引导、技术服务、联系订单等措施，积极引导群众调整产业结构，继续稳步推进精细蔬菜、优质西瓜和甜瓜、优质林果等优势产业和特色产品；利用区域经济优势及人力资源优势，积极发展设施农业；稳步推进制种产业的发展，并由制种玉米向花卉、蔬菜等特色制种转变，逐年提高效益。

（五）Ⅴ区：中部平原经作灌溉片

该区包括甘肃省酒泉市肃州区和金塔县。该区除金塔县鼎新灌区的灌溉水源为黑河干流外，其他灌区主要水源为讨赖河水系。该区以种植业为主，林牧渔业基础薄弱，土壤盐渍化严重、干热风危害大。区内经济作物播种面积占总播种面积的 65%左右，主要包括棉花、蔬菜、瓜果等作物，为全国第二大制种基地和全国最大的对外制种基地；粮食作物主要种植小麦和玉米，人均粮食产量约为 400 kg（2006 年）。

该分区种植业发展应以实现粮食自给为目标，重点发展温室大棚等设施农业及以网式制种为主的高效经作制种产业，适度发展蔬菜、瓜果、啤酒花、棉花等产业；按照集中连片、突出规模、彰显特色的原则，逐步建立一乡一业、一村一品的产业发展格局；降低高耗水、低收益作物的播种面积，发展水资源利用效率高的作物。

（六）Ⅵ区：荒漠戈壁绿洲经饲灌溉片

该区为内蒙古自治区的额济纳旗，位于黑河干流下游，是自然条件最为恶劣的地区，降水极少，蒸发强烈，生态系统极其脆弱，以荒漠牧业为主。1949 年以来，人口增长较快，生产方式粗放，植被大面积被破坏，加之中游地区大量用水使下游来水量逐年减少，进而全面引发下游区河道断流，尾闾湖（西、东居延海）分别于 1961 年和 1992 年干涸，地下水位下降，水质恶化，绿洲萎缩，草场退化，生物多样性锐减，土地荒漠化和盐碱化面积迅速扩大，沙尘暴危害加剧。在 2000 年黑河流域开始实施国家定量分水方案后，这一状况才有所扭转，尾间湖水面得到一定的恢复。区内主要农作物为棉花、蜜瓜及饲料草等作物，粮食作物播种面积仅约占总播种面积的 10%，人均粮食产量约为 160 kg，农牧产值比率约为 1∶8。

该分区种植业发展必须高度重视天然绿洲保护区生态环境的建设，做好现有灌区节水改造，严禁扩大灌区规模，发展生态型高效农业，实施防护林体系建设，改造盐碱地，防治土地沙漠化；在湖盆三角洲沙漠化地区重点恢复与保护天然植被和尾间湿地，走人工抚育的天然绿洲建设之路，不宜过分强调较大规模的人工绿洲建设，要严格按照生态环境的承载阈值控制人口数量，最终目标是使尾间湖有水，建立国家级生态环境保护示范区，严禁超载放牧和垦荒，禁止滥采滥挖，搞好该区生态环境保护与建设；稳步发展人工饲料草的种植，减轻区内天然草场压力，并进一步增加畜牧业产值。

第四节　节水型农业种植结构的优化模型及应用

一、多目标节水型农业种植结构优化模型

区域节水型农业种植结构优化应以保障粮食安全、生态安全和战略安全为出发点，以市场需求为导向，以提高水资源利用率、利用效益和节水增产增效为核心，根据水资源时空分布特点和区域经济发展水平，因地制宜地发展适合区域特点的现代节水高效的农业种植结构。具体优化时，应根据种植结构优化理论体系，在充分考虑粮食安全、生态效益、社会公平性等因子的前提下，选择耗水量低的作物种类或品种，减少种植业需水总量；适当调整夏秋作物比例，使作物水分需求在时间上与河流来水量的季节性变化相协调；选择适当的种植制度，使得在整个作物生长季节中，依靠区域可用的水资源，能够获取更多的农产品；选择高收益作物或具有延伸产业链可能的作物，使农户可以在不需要更多灌溉水的条件下，获取更高的收入，并进而使农户可以接受成本较高的节水灌溉技术。

（一）目标函数

种植业具有经济的、社会的、生态的价值，而节水型种植业又赋予了其节水使命，节水型农业种植结构优化调整需以提高经济效益、社会效益和生态环境效益，以及节约水资源 4 个方面为目标。不同作物产生的经济、社会及生态环境效益以及需求的灌溉水量是不同的，因此，4 个目标之间存在相互矛盾、相互竞争的关系，其矛盾与竞争的焦点是区域发展的限制性因子——水资源。为此，选取总净产值最大、粮食作物总产量最大、生态效益最大以及水分生产效益最大 4 个指标，来分别反映经济效益、社会效益、生态效益最大及水资源的高效利用 4 个目标。

（1）总净产值目标：

$$f_1 = \sum_{1}^{n} (v_j y_j - c_j) \cdot x_j \tag{5-21}$$

式中，f_1 为农作物总净产值（元）；v_j 为第 j 种作物单位重量价格（元/kg）；y_j 为第 j 种作物单位面积产量（kg/hm^2）；c_j 为第 j 种作物单位面积成本（元/hm^2）；x_j 为第 j

种作物最优种植面积（hm^2）；n 为决策变量个数，即作物种类数。

（2）粮食作物总产量目标：

$$f_2 = \sum_{1}^{n_1} y_j x_j \tag{5-22}$$

式中，f_2 为粮食总产量（kg）；n_1 为粮食作物种类数；其他意义同上。

（3）生态效益目标：

$$f_3 = \sum_{1}^{n} e_j x_j \tag{5-23}$$

式中，f_3 为总生态效益（元）；e_j 为第 j 种单位面积农作物对生态的贡献率（元/hm^2）；其他意义同上。

（4）水分生产效益目标：

$$f_4 = \sum_{1}^{n} [(v_j y_j - c_j)/\mathrm{ET}_j] x_j / x \tag{5-24}$$

式中，f_4 为农作物单位面积单位耗水量的净收益（元/hm^2 · mm）；ET_j 为第 j 种作物单位面积全生育期耗水量；x 为农作物总播种面积（hm^2）；其他意义同上。

以上 4 个函数共同构成农业种植结构多目标优化模型的目标函数体系，参见式（5-25）。这些目标函数既能反映该地区农业生产水平、节水农业发展状况以及地区粮食安全的公平性，也能体现该地区环境保护、生态意识和生态农业建设的水平。

$$\max y = F(x) = [f_1(x), f_2(x), f_3(x), f_4(x)] \tag{5-25}$$

（二）约束条件

节水型农业种植结构优化受耕地、水资源、气候条件等自然资源，劳动力、资金、科学技术等社会资源约束，资源条件决定不同作物播种面积及总播种面积的上限值，同时，种植业需要满足人类的生活需求及工业原料等需求，这些需求又决定了不同作物或其总体种植面积的下限值。此外，为保证种植业的可持续发展，对需轮作的作物种植面积有一定的限制，并需保证一定的绿肥作物播种面积来满足可持续地力的要求，详见式（5-15）～式（5-18）。

二、基于混沌粒子群算法的多目标优化

多目标优化问题的求解在 20 世纪 90 年代以前多采用加权和方法、目标规划法、ε-约束法、字典排序法及交互规划法等十余种传统方法。传统算法多是采用一组固定的权重系数将多目标优化问题转化为单目标优化问题进行求解。传统方法比较简单，一般能收敛到 Pareto 最优解集。但存在多数情况下只能得到一个 Pareto 最优解；需要根据问题的先验知识来选取合适的参数；一些算法对 Pareto 最优前端的形状很敏感等问题，而使得实际应用时存在较多困难（张勇德，2005）。

20 世纪 90 年代以后，随着信息技术的快速发展，进化算法（evolutionary algorithm）与群智能（swarm intelligence）优化方法的兴起，使多目标优化技术得到了迅猛发展。多目标进化算法是以种群进化为基础，其进化的结果是一群解，利用它可在一

次运行中求出问题的多个解甚至全部解，同时，进化算法因其具有隐并行性、智能性及表现的自适应性和自组织性等特点，为多目标优化问题的求解提供了新的思路和新的契机。目前进化算法包括遗传算法（genetics algorithm，GA）、进化策略（evolutionary strategy，ES），进化规划（evolutionary programming，EP）及遗传程序设计（genetics programming，GP）四大类，其中 GA 应用范围最广。

群智能是一种新兴的进化计算技术，是以生物社会系统（biology system）为依托，模拟由简单个体组成的群落与环境以及个体之间的互动行为。目前，群智能理论研究领域主要有蚁群算法（ant colony optimization，ACO）和粒子群算法（particle swarm optimization，PSO）两种。ACO 是对蚂蚁群落觅食过程的模拟，在求解离散优化问题方面具有显著优势；PSO 是模拟鸟群飞行的过程，主要用于处理连续空间中的函数优化问题。PSO 具有并行性高、鲁棒性强、扩展性好等优点，而且对问题定义的连续性也无特殊要求，它比 GA 规则更为简单，无需“交叉”和“变异”操作，在整个搜索更新过程中，粒子可记忆特点使其能够通过追随当前搜索到的最优值来寻找全局最优，这样，所有的粒子可能更快地收敛于最优解，在算法中，其需要调整的参数也较少。因此，与 GA 相比，编程实现相对容易、计算精度高、需要调整的参数少、收敛速度较快，目前已在数据分类、数据聚类、模式识别、生物系统建模以及仿真和系统辨识等领域得到了广泛应用（Eberhart and Shi，2001）。

（一）多目标粒子群优化（multiple objective particle swarm optimization，MOPSO）

PSO 最早由 Eberhart 和 Kenney（1995）提出，这种群智能算法通过模拟鸟群的觅食行为来求解问题。它随机产生一组粒子，每个粒子就是解空间中的一个解，根据自己飞行经验和同伴飞行经验来调整自己的飞行，多个粒子共存、协同寻优，每个粒子在飞行过程所经历过的最好位置，就是粒子本身找到的最优解。

设 D 维搜索空间第 i 个粒子的位置和速度分别为 $X_i=(x_{i1},x_{i2},\cdots,x_{iD})$ 和 $V_i=(v_{i1},v_{i2},\cdots,v_{iD})$。在时间 t，每个粒子的最好位置（称作 pbest）记为 $P_{id}(t)$；全局最佳粒子（称作 gbest）记 $P_{gd}(t)$，表示该种群所有粒子中的最好粒子的位置。在搜索过程中，每个粒子按照式（5-26）、式（5-27）来更新速度和位置：

$$v_{id}(t+1)=w\cdot v_{id}(t)+c_1\cdot r_1[P_{id}(t)-x_{id}(t)]+c_2\cdot r_2[P_{gd}(t)-x_{id}(t)] \tag{5-26}$$

$$x_{id}(t+1)=x_{id}(t)+v_{id}(t+1)\quad 1\leqslant i\leqslant N,\quad 1\leqslant d\leqslant D \tag{5-27}$$

式中，w 为惯性因子；c_1、c_2 为加速因子；r_1、r_2 为 [0，1] 中随机数；N 为粒子数。速度公式由 3 部分组成，它们共同决定粒子的空间搜索能力。第 1 部分是粒子先前的速度，描述粒子当前的运动状态，该部分起平衡全局和局部搜索能力的作用；第 2 部分是认知部分，表示粒子本身的思考，该部分使粒子有足够强的全局搜索能力，可避免局部极小；第 3 部分为社会部分，表示粒子间的搜索经验交流，该部分体现粒子间的信息共享。

（二）多目标混沌粒子群优化（multiple objective chaos particle swarm optimization，MOCPSO）

基本 PSO 存在很多缺陷，如对环境的变化不敏感，常常受 pbest 和 gbest 的影响而陷入局部最优。式（5-26）中若 $x_{id}(t)=P_{id}(t)=P_{gd}(t)$，粒子的轨迹将仅仅依赖于 $w \cdot v_{id}(t)$。如果 $v_{id}(t)\neq 0$ 且 $w(t)\neq 0$，则 $X_i(t+1)\neq X_i(t)$，粒子将会偏离原来的位置飞行；如果 $v_{id}(t)=0$，则 $v_{id}(t+1)=0$，这表示一旦所有这样的粒子到达 $P_{gd}(t)$，它们将停止飞行，搜索将收敛于一个局部极优解。在有些情况下，PSO 甚至不能保证收敛于一个局部极值，所以应适当选择参数来改善算法的收敛性能（Van den Bergh，2002）。

混沌是一种具有遍历性、伪随机性和对初始解敏感的优化技术，它能够逃离局部极值而最终找到全局极优解，提高解的精度，但它不能利用已获得的经验，从而导致搜索的盲目性。

为达到优势互补、各尽所长的目的，将混沌引入 PSO 构建混沌粒子群优化算法，可以改善 PSO 的全局寻优能力。由于 PSO 的性能对参数的依赖很强，所以对与粒子速度更新相关的参数进行自适应调整。此外，为避免算法陷入局部最优解，以较大的概率找到全局最优解，应对 PSO 得到的 gbest 再进行混沌优化。

1. 速度参数的混沌优化

w、r_1 和 r_2 是影响 PSO 性能的关键因素（Naka et al.，2003）。r_1 和 r_2 在基本 PSO 中被设置为随机数，这不能保证整个问题空间被完全遍历，因而需对 r_1 和 r_2 采用 Logistic 混沌映射公式进行混沌优化（贾兆红等，2008）：

$$r_i(t+1)=\mu \cdot r_i(t) \cdot [1-r_i(t)] \quad \mu \in [0,4],\ r_i(t)\in(0,1),\ i\in 1,2 \tag{5-28}$$

式中，μ 为控制参数，当 $\mu=4$ 且 $r_i(t)\notin\{0,0.25,0.5,0.75,1\}$ 时，上述系统完全处于混沌状态，产生的一系列混沌序列表现出很好的随机性，并通过载波的方法将混沌运动的遍历范围“放大”到优化变量的取值范围，混沌变量的轨迹按其自身的规律不重复地遍历整个搜索空间。

w 对 PSO 的收敛性能也有重要影响：若 $w>1$，粒子将加速飞行而会引起发散行为，粒子将很难改变飞行方向回到有希望找到最优解的搜索区域；若 $w<0$，粒子将减速飞行直到速度变为零。一般认为较大的 w 有利于搜索较大的空间，但搜索会因粗略而降低搜索精度；较小的 w 能够提高搜索精度，但算法容易陷入局部极值（Maurice and Kennedy，2002）。选择合适的 w 不仅能够合理平衡算法的全局搜索和局部搜索能力，而且可以加快收敛速度。采用线性函数式（5-29）可动态改变 w，在搜索初期 w 取较大值，粒子在较大的搜索空间高速飞行而具有较好的全局搜索能力，从而较快地大致确定最优解所在的区域；随着代数的增加，w 逐渐减小，在局部区域，粒子的速度逐渐放慢以提高算法的搜索精度，从而越来越准确地找到最优解（贾兆红等，2008）。

$$w(t)=w_{max}-(w_{max}-w_{min}) \cdot t/t_{max} \tag{5-29}$$

式中，w_{max}和w_{min}分别表示w的最大值和最小值；t为当前代数；t_{max}为最大迭代次数。

2. gbest 混沌局部优化

为了保持种群的持续进化能力，避免新旧种群同时陷入相同的局部极值，对 PSO 找到的 gbest 进行如下步骤的混沌局部优化以更新每一代的 gbest，防止早熟的发生（贾兆红等，2008）：

（1）对 PSO 找到的 gbest 按式（5-30）产生初始混沌变量$\lambda_i^{(0)}$

$$\lambda_i^{(s)} = [x_i^{(s)} - a_i]/d_i \quad i = 1,2,\cdots,n \tag{5-30}$$

式中，$s=0$，a_i 和 d_i 是常量，$a_i = \min X_i$，$d_i = \max X_i - \min X_i$；$x_i^{(s)} \in (\min X_i, \max X_i)$。

（2）采用式（5-28）计算下一代的混沌变量$\lambda_i^{(s+1)}$。

（3）采用式（5-31）将混沌变量$\lambda_i^{(s+1)}$转换为$x_i^{(s+1)}$

$$x_i^{(s+1)} = a_i + d_i \cdot \lambda_i^{(s+1)} \quad i = 1,2,\cdots,n \tag{5-31}$$

（4）计算新解$x_i^{(s+1)}$的适应度值。如果$x_i^{(s+1)}$优于 gbest 或者达到最大迭代次数，输出$x_i^{(s+1)}$；否则转步骤（2）。

（三）适应度函数设计

一个最大化多目标优化问题通常可以表示为

$$\max y = F(x) = [f_1(x), f_2(x), \cdots, f_n(x)] \tag{5-32}$$

其中决策向量$x \in R^m$，目标向量$y \in R^n$。若给定一权向量$\omega(\omega \in R^n, \sum_{i=1}^{n}\omega = 1, \omega \geqslant 0)$，形成如下单目标优化问题：

$$\max \sum_{i=1}^{n} \omega f_i(x) \tag{5-33}$$

则问题式（5-33）的最优解一定是问题式（5-32）的非劣解，当权向量的值取遍空间 Ω 时，就得到问题式（5-32）的所有非劣解。

1. 目标函数归一化处理

多目标问题的各子目标函数通常属于不同的量纲，其函数值往往相差很大而产生一些目标函数总是处于支配地位的现象，为此可以对各目标函数进行归一化处理来避免这一现象的发生。由于模糊集理论适合于描述不确定性、不同量纲处理的多目标优化问题，故采用一个基于模糊逻辑的方法来处理本节目标函数的归一化问题（贾兆红等，2008）：首先计算出各目标函数的下界f_1^l，f_2^l，…，f_q^l；对任一可行解x，定义向量$f(x) = [f_1(x), f_2(x), \cdots f_q(x)]^{\mathrm{T}}$，则$f(x) \in \prod_{p=1}^{q}[f_p^l, +\infty]$；选择混沌优化作为启发式，$f_p^c$为第$p$个目标经启发式后得到的最优值；对$f(x)$的每个分量，根据其在区间$[f_p^l, f_p^c + \alpha_p]$（当$f_p^l = f_p^c$时，$\alpha_p = 0.01 f_p^l$，否则$\alpha_p = 0$）的位置通过模糊逻辑进行归一化处理，按式（5-34）计算各目标函数的隶属函数（贾兆红等，2008）：

$$u_p[f_p(x)] = \begin{cases} 1 & f_p(x) = f_p^l \\ \dfrac{f_p^c - f_p(x) + \alpha_p}{f_p^c - f_p^l + \alpha_p} & f_p(x) \in [f_p^l, f_p^c + \alpha_p] \\ 0 & f_p(x) \geqslant f_p^c + \alpha_p \end{cases} \tag{5-34}$$

这样由 $f(x)$可生成 $g(x)=[u_1(f_1(x)), u_2(f_2(x)), \cdots, u_q(f_q(x))]^{\mathrm{T}}$。由于向量 $g(x)$的每个分量都是经过归一化后属于区间［0，1］中的值，因而可以用 $g(x)$来表示解 x 的质量。

2. 适应度函数的确定

对于问题式（5-33）解空间中某一点 x^*，权系数不同，其适应值就不同，以 x^* 为出发点的搜索方向也会不同，所以将多目标问题转换为单目标问题求解时，权系数的取值对搜索方向起重要的指导作用，影响搜索结果的好坏。权值固定时，一般最终只能找到一个非劣解，这必然限制了种群的多样性，而且权值一般也很难确定。因此，本节随机产生权系数，使同一代种群的不同粒子使用不同的权系数来计算各自的适应度值。这使得有的非劣解虽然采用某组权系数得到较小的适应值而可能被淘汰，却在另一组权系数下因得到的值较大而被保存下来。当权系数取不同的值时，各非劣解都有机会被选中，使种群在搜索空间会朝着不同的方向飞行，从而保证算法有能力搜索到问题解空间的更多区域。多目标优化问题可约简为最大化如下形式适应度函数的问题（贾兆红等，2008）：

$$\mathrm{Fit}(x_i) = \sum_{p=1}^{q} \omega_p \cdot u_p[f_p(x_i)] \tag{5-35}$$

式中，x_i 表示第 i 个粒子；ω_p 为第 p 个目标的权重；q 为目标函数个数。为使权向量的值尽量取遍空间 Ω，在每一代都应重新生成随机数并按照式（5-36）来重新计算权系数（贾兆红等，2008）：

$$\omega_p^t = r_p^t \Big/ \sum_{p=1}^{q} r_p^t \tag{5-36}$$

式中，r_p^t 是第 t 代产生的一个随机数。

（四）MOCPSO 算法流程（贾兆红等，2008）

（1）设 $t=0$，初始化集合 SP＝Φ，初始化粒子群及所有的参数。对每个粒子 x_i，$i=1$，2，…，N：①随机初始化 $X_i(0)$和 $V_i(0)$；②分别计算各子目标函数值 $f_p(x_i)$，$p=1$，2，…，q；③随机生成随机数 r_p，计算权系数 ω_p；④计算适应度值 $\mathrm{Fit_i}$；⑤初始化 X_i^* 为 X_i，即 $X_i^*(0) = X_i(0)$；$\mathrm{Fit_i^*} = \mathrm{Fit_i}$；⑥初始化 X_g^* 为当前种群适应度值最大粒子，即 X_g^* 是适应度为 $\mathrm{Fit}_g^* = \max(\mathrm{Fit_1^*}, \mathrm{Fit_2^*}, \cdots, \mathrm{Fit_q^*})$ 的粒子。

（2）将整个种群中满足非劣性条件的粒子（设有 Q 个）存入 SP 中，且其对应的权系数保持不变。

（3）更新粒子的速度和位置，对每个粒子 i：①根据全局最优解和个体最优解，按照式（5-26）至式（5-29）更新速度 $V_i(t)$ 和位置 $X_i(t)$；②根据更新后的速度和位置，重新计算各子目标函数值 $f_p(x_i)$；③随机生成随机数 r_p，计算权系数 ω_p 及适应度值 Fit_i；④若 $\mathrm{Fit}_i > \mathrm{Fit}_i^*$，则 $\mathrm{Fit}_i^* = \mathrm{Fit}_i$，$X_i^*(t) = X_i(t)$；⑤若 $\mathrm{Fit}_i > \mathrm{Fit}_g^*$，则 $\mathrm{Fit}_g^* = \mathrm{Fit}_i$，$X_g^*(t) = X_i(t)$。

（4）对 $X_g^*(t)$ 执行局部混沌优化操作。

（5）对群中的粒子按照适应度值降序排列，保留种群前 $S-Q$ 个粒子，与集合 SP 中的 Q 个粒子组成新的群体。

（6）若满足终止条件，输出 SP 中所有粒子，结束，否则 $t=t+1$，转步骤（2）。

三、实例分析

以黑河干流中游地区（包括张掖地区的甘州区、临泽县及高台县 3 个区县）为例，应用已建立的节水型农业种植结构多目标优化模型，采用多目标混沌粒子群算法进行优化。干流中游地区是黑河流域最重要的种植业区，也是黑河干流最主要的用水区和耗水区，2006 年该区人口占黑河流域的 39.5%，耕地面积占 33.1%，有效灌溉面积占 43.0%，总用水量占 45.3%，其中农田灌溉用水量占 51.4%，粮食产量占 46.4%，种植业总产值占 46.6%。根据水利部《黑河水量分配方案》，该区多年平均地表水可利用量为 12.07 亿 m^3，地下水可利用量为 1.76 亿 m^3，水资源可利用总量为 13.83 亿 m^3，而 2006 年实际用水量为 16.10 亿 m^3，其中仅农田灌溉用水量为 14.00 亿 m^3，不仅占用了下游水资源量，且严重挤占了生态环境用水，并造成地下水的超采和区域生态环境的持续恶化。

2003 年该区有关部门按照经济效益最大化对种植业进行了规划，但由于农业水资源短缺问题难以实施，因此本节根据已建立的节水型农业种植结构优化模型，采用多目标混沌粒子群算法对模型求解。种群规模 $N=100$，$c_1=c_2=2.0$，$w_{\max}=1.2$，$w_{\min}=0.2$，初始解随机产生，混沌搜索最大代数取 $t_{\max}/2$，$t_{\max}=200$。在非劣解中选取各目标均有所提高且水分生产效益有较大提高的方案，规划方案及优化结果参见表 5-8。

表 5-8　优化前后对照

作物类型		现状(2006年)		近期(2020年)		远期(2030年)	
		优化前	优化后	优化前	优化后	优化前	优化后
粮食作物播种面积/$10^3 hm^2$	小麦	9.11	6.67	9.00	5.93	9.00	5.43
	夏杂	2.04	1.21	1.00	0.92	0.50	0.91
	带田	3.00	15.51	0.00	15.22	0.00	18.32
	玉米	47.80	20.55	50.00	18.52	52.00	16.96
	秋杂	2.71	9.47	1.50	8.36	1.00	7.45
	小计	64.66	53.41	61.50	48.95	62.50	49.07

续表

作物类型		现状(2006年)		近期(2020年)		远期(2030年)	
		优化前	优化后	优化前	优化后	优化前	优化后
经济作物播种面积/10^3hm^2	棉花	2.75	1.64	2.00	1.11	1.50	1.01
	油料	1.27	1.59	1.00	1.61	0.80	1.13
	蔬菜	15.60	18.08	17.00	20.90	17.00	22.02
	瓜类	0.53	0.84	1.00	0.98	1.20	1.23
	果树	25.10	25.26	28.00	28.31	30.00	28.52
	其他经济作物	3.06	3.77	4.00	3.82	3.00	4.06
	小计	48.31	51.18	53.00	56.73	53.50	57.97
饲料作物播种面积/10^3hm^2	牧草	4.55	4.90	5.50	5.70	6.00	6.80
	小计	4.55	4.90	5.50	5.70	6.00	6.80
粮经饲播种面积比例		55∶41∶4	49∶47∶4	51∶44∶5	44∶51∶5	51∶44∶5	43∶51∶6
总播种面积/10^3hm^2		117.52	109.48	120.00	111.37	122.00	113.82
总播种面积缩减率/%			6.84		7.20		6.70
总净产值/亿元		15.22	15.40	17.50	17.95	19.03	19.73
总净产值增幅/%			1.17		2.58		3.67
粮食作物总产量/亿 kg		6.14	6.16	6.08	6.09	6.43	6.48
粮食作物总产量增幅/%			0.30		0.24		0.76
生态效益/亿元		2.01	2.03	2.30	2.35	2.52	2.59
生态效益增幅/%			1.01		2.08		2.58
水分生产效益/[元/(hm^2·mm)]		10.67	11.72	14.26	15.84	16.82	18.69
水分生产效益增幅/%			9.84		11.03		11.11
种植业灌溉水量/亿 m^3		14.00	12.91	12.06	11.13	11.14	10.37
种植业灌溉水量缩减率/%			7.80		7.69		6.88

优化结果表明：通过种植结构的优化，2006 年、2020 年及 2030 年 3 个水平年在播种面积分别缩减 6.84%、7.20%和 6.70%的情况下，不仅 4 个目标函数均可得到一定程度的提高，且种植业总净产值可分别提高 1.17%、2.58%和 3.67%，粮食作物总产量可分别提高 0.30%、0.24%和 0.76%，生态效益可分别提高 1.01%、2.08%和 2.58%，水分生产效益可分别提高 9.84%、11.03%和 11.11%；同时，通过种植结构的优化，3 个水平年可分别减少种植业灌溉用水量 1.09 亿 m^3、0.93 亿 m^3 和 0.77 亿 m^3，分别减少了 7.80%、7.69%和 6.88%。优化调整后，粮经饲种植面积比例更趋合理：由 2006 年实际的 55∶41∶4 调整到 49∶47∶4，由 2020 年规划的 51∶44∶5 调整到 44∶51∶5，由 2030 年规划的 51∶44∶5 调整到 43∶51∶6。该情况说明在人多地少的干流中游地区，应该提高劳动力投入较多的经济作物种植面积及套种面积。根据对该区的实地调查结果，2006 年区域农业用水量过大（超过优化模型中的种植业可利用水资源量的参数取值），已对生态环境造成了较大的负面影响，而种植结构的优化，可

使种植业灌溉用水量限定到允许的范围之内。

第五节　节水型农业种植结构优化方案评价

区域自然环境及社会经济条件的差异性和复杂性，以及人类对区域种植业需求的多变性，常常要求在种植结构规划调整时提供多个优化方案。如何在众多的方案中选择具体的方案加以实施，这就依靠对优化方案的评价结果来进行优选。此外，通过对优化方案和后效性的综合性评价这类有效的反馈试验，来调整已经建立的优化方案，可使其更趋于合理。但是，种植结构规划及调整方案优选涉及社会-经济-生态-环境复杂巨系统的不同子系统和不同层面的多维协调关系，是复杂的非线性决策问题（Sethi et al.，2006），如何在综合考虑经济效益、社会效益和生态效益，以及水分利用效率等各项指标下，对多种规划调整方案作出评价和优选就成为研究者亟待解决的问题之一。多元分析方法是解决这类高维数据问题的有效工具，但传统的多元分析是建立在总体服从正态分布假定基础上的，而实际上各评价方案总体分布是不确定的（邵光成等，2007）。目前国内外学者提出的一系列方案优选理论对优化方案评价确实起到了积极作用，如综合指数法、层次分析法、Delphi 法、灰色关联度法、物元分析法、模糊综合评判法、人工神经网络法等（Chen and Aihara，1995；Costanza et al.，1997；刘恒等，2003；周维博和李佩成，2003；Lee and Chang，2005；Sharma and Jana，2009），但这些方法多是把各评价指标赋权后得到一个综合数值，而权重的赋予多带有人为主观因素，容易偏离评价目标，并缺乏各指标对总体目标贡献大小和方向的结构性评价（封志明等，2005）。20 世纪 70 年代中期发展起来的投影寻踪技术，是用来分析和处理高维数据，尤其是非正态非线性高维数据的一种新兴统计方法，它具有稳健性、抗干扰性和准确度高等优点（吴开亚和陈晓剑，2002）。为此，本节利用具有全局收敛性能的实码加速遗传算法优化投影寻踪模型，构成实码加速遗传投影寻踪评价模型（real coding based accelerating genetic algorithm-projection pursuit evaluation model，RAGA-PPE），获取最佳投影方向，完成高维数据向低维空间的转换，实现将样本的多个评价指标转化成一个综合指标，然后通过与标准样本的计算结果对照，计算并识别各投影值对应等级，从而实现对各种结构优化方案的评价。

一、基于实码加速遗传算法的投影寻踪分类模型的建模步骤

（1）样本评价指标集及归一化处理。设 $y(i)$ 为某个特定优化方案的评价等级，设各评价指标值的样本集为 $\{x^*(x,j) \mid i=1,2,\cdots,n; j=1,2,\cdots,p\}$，其中 $x^*(i,j)$ 为第 i 个样本的第 j 个指标值，n 和 p 分别为样本容量和指标数量。归一化处理可消除各指标值的量纲并统一各指标值的变化范围（封志明等，2005；邵光成等，2007）。

对于越大越优的指标：

$$x(i,j)=\frac{x^*(i,j)-x_{\min}(j)}{x_{\max}(j)-x_{\min}(j)} \tag{5-37}$$

对于越小越优的指标：

$$x(i,j)=\frac{x_{\max}(j)-x^{*}(i,j)}{x_{\max}(j)-x_{\min}(j)} \tag{5-38}$$

式中，$x_{\max}(j)$和$x_{\min}(j)$，分别为第j个评价指标值的最大值和最小值；$x(i,j)$为指标特征值归一化后的序列。

（2）构造投影指标函数$Q(a)$。PPE就是把p维数据$\{x(x,j)\mid i=1,2,\cdots,n;j=1,2,\cdots,p\}$变成以$a=\{a(1),a(2),\cdots,a(p)\}$为投影方向的一维投影值$z(i)$。

$$z(i)=\sum_{j=1}^{p}a(j)\cdot x(i,j) \tag{5-39}$$

式中，a为单位长度向量。

其后，根据散点图即可建立$z(i)$与$y(i)$的关系函数。投影指标值时，要求投影值$z(i)$的散布特征应为，在整体上投影点团之间尽可能散开，而局部投影点尽可能密集，最好凝聚成若干个点团。基于此，投影指标函数可表达为（吴开亚和陈晓剑，2002；付强和赵小勇，2006；Malpica et al.，2008；姚奕和倪勤，2009）

$$Q(a)=S_z\cdot D_z \tag{5-40}$$

式中，S_z为n个投影值$z(i)$的标准差；D_z为投影值$z(i)$的局部密度。即

$$S_z=\frac{\sqrt{\sum_{i=1}^{n}[z(i)-E(z)]^2}}{n-1} \tag{5-41}$$

$$D_z=\sum_{i=1}^{n}\sum_{j=1}^{n}[R-r(i,j)]\cdot u[R-r(i,j)] \tag{5-42}$$

式中，$E(z)$为序列$\{z(i)\mid i=1,2,\cdots,n\}$的平均值；$R$为局部密度的窗口半径，它的选取既要使包含在窗口内的投影点的平均个数不能太少，以避免滑动平均偏差太大，又不能使它随着n值的增大而增加太大，R可以根据试验来确定，在实际运算中可取$0.1S_z$；$r(i,j)=|z(i)-z(j)|$表示样本之间的距离；$u(t)$为一单位阶跃函数，当$t\geqslant 0$时，其函数值为1，当$t<0$时，其值为0。

（3）优化投影指标函数，确定最佳投影方向。当各指标值的样本集给定时，投影指标函数$Q(a)$只随着投影方向的变化而改变。可通过求解投影指标函数最大化来估计最佳投影方向，即

$$\begin{gathered}\max[Q(a)]=S_z\cdot D_z\\ \text{s.t.}\ \sum_{j=1}^{p}a^2(j)=1\quad 0\leqslant a(j)\leqslant 1\end{gathered} \tag{5-43}$$

这是一个以p维变量$a(j)$为优化变量的非线性优化问题，根据u函数与$r(i,j)$的定义，目标函数$Q(a)$在某些点是不连续的或不可微的，采用常规优化方法难以处理，而模拟生物优胜劣汰规则与群体内部染色体信息交换机制的实码加速遗传算法是一种通用的全局优化方法，用它来求解上述问题十分简便和有效。

（4）等级评价。把最佳投影方向a^*代入式（5-39）得到各样本的投影值$z^*(i)$，按等级评价标准，确定待评样本所属类别。

二、应用实例

针对黑河干流中游地区 2006 年实际情况拟定了 4 个种植结构调整方案：经济效益型方案（P_1）、粮食安全型方案（P_2）、生态效益型方案（P_3）和节水型方案（P_4）。并根据预测，对 2020 年和 2030 年也各自拟定了 4 个方案，分别是 $P_5 \sim P_8$，$P_9 \sim P_{12}$。

（一）评价指标体系

合理的种植结构应当在经济合理性、社会公平性、生态安全性和资源利用高效性之间进行权衡，以实现种植业的最大经济效益、社会效益与生态效益，以及农业资源尤其是水资源的持续高效利用。因此，本节以种植结构合理度为目标层，以资源利用高效性、社会公平性、经济合理性及生态安全性为 4 个准则层，共选取了 19 项基础指标共同构成种植结构评价体系，详见表 5-9。

表 5-9　种植结构优化方案评价体系

目标层	准则层	指标层	
种植结构优化合理度	资源利用高效性	水资源重复利用率 I_1/%	种植业总用水量/水资源取用量(不含回归水)
		水分利用效率 I_2/(kg/m^3)	种植业总产量/农田灌溉用水总量
		月最大缺水率 I_3/%	(月农田需水总量－月可灌水量)/月农田需水总量
		年降水利用率 I_4/%	年降水利用量/年降水总量
		复种指数 I_5/%	农作物播种面积/总耕地面积
	经济合理性	农村人均种植业纯收入 I_6/元	种植业纯收入/农业人口
		单方水种植业净产值 I_7/(元/m^3)	种植业总净产值/农田灌溉用水总量
		单位面积种植业净产值 I_8/(元/hm^2)	种植业总净产值/总耕地面积
		产投比 I_9	种植业净产值/总成本
	社会公平性	人均粮食产量 I_{10}/kg	粮食总产量/地区总人口
		耕地有效灌溉率 I_{11}	有效灌溉面积/耕地总面积
		农业用水比例 I_{12}	农业用水量/总用水量
	生态安全性	农作物郁闭度 I_{13}/%	农作物全生育期加权平均
		农作物生长期 I_{14}/天	农作物全生育期天数
		盐碱化耕地比率 I_{15}/%	盐碱化耕地面积/总耕地面积
		地下水超采率 I_{16}/%	(地下水开采量－可开采量)/可开采量
		耕地土壤侵蚀模数 I_{17}/(10^3 kg/km^2)	土壤侵蚀总量/总耕地面积
		单位面积化肥施用量 I_{18}/(kg/hm^2)	总化肥施用量/总耕地面积
		单位面积农药施用量 I_{19}/(kg/hm^2)	总农药施用量/总耕地面积

（二）评价指标值及归一化处理

表 5-10、表 5-11 分别列出 2006 年、2020 年和 2030 年各评价指标的原始值和归一

化值。其中，2006 年 P_1 方案粮经饲种植比例为 55∶41∶4，P_2 方案为 60∶36∶4，P_3 方案为 53∶39∶8，P_4 方案为 49∶47∶4；2020 年 P_5 方案粮经饲种植比例为 51∶44∶5，P_6 方案为 56∶39∶5，P_7 方案为 49∶42∶9，P_8 方案为 44∶51∶5；2030 年 P_9 方案粮经饲种植比例为 50∶45∶5，P_{10} 方案为 55∶39∶6，P_{11} 方案为 48∶42∶10，P_{12} 方案为 43∶51∶6。

表 5-10　2006 年、2020 年及 2030 年农业种植结构优化效果评价指标原始值

指标	2006年				2020年				2030年			
	P_1	P_2	P_3	P_4	P_5	P_6	P_7	P_8	P_9	P_{10}	P_{11}	P_{12}
I_1	126	124	127	128	140	137	140	143	147	144	146	150
I_2	1.05	1.00	1.00	1.15	1.7	1.5	1.5	1.8	2.2	2	2	2.3
I_3	23	24	21	20	15	17	13	12	9	11	7	6
I_4	29	27	31	32	36	34	38	39	40	38	42	43
I_5	105	106	105	106	110	111	110	111	115	116	115	116
I_6	2 655	2 439	2 444	2 686	4 050	3 711	3 748	4 154	6 257	5 837	5 886	6 487
I_7	1.09	1.04	1.05	1.19	1.65	1.37	1.38	1.61	1.71	1.61	1.62	1.9
I_8	12 951	11 896	11 921	14 064	14 580	13 358	13 492	16 115	15 597	14 549	14 672	17 332
I_9	1.5	1.3	1.3	1.5	1.9	1.6	1.6	1.9	2.2	2	2	2.2
I_{10}	763	980	690	765	756	966	681	758	799	1 053	736	806
I_{11}	87	86	88	90	92	91	93	95	95	95	97	98
I_{12}	94	95	92	87	86	87	84	79	80	81	78	74
I_{13}	29	28	33	31	32	31	38	35	34	33	40	37
I_{14}	193	188	218	196	197	192	222	201	200	194	228	204
I_{15}	7	8	5	7	5	6	3	5	3	4	1	2
I_{16}	11	12	10	8	7	8	6	5	3	4	2	1
I_{17}	7	7	5	6	4	4	3	3	3	3	1	1
I_{18}	1 725	2 025	1 425	1 650	1 275	1 575	1 050	1 125	825	1 125	675	750
I_{19}	22.5	21	12	16.5	16.5	15	7.5	10.5	12	9	4.5	6

表 5-11　2006 年、2020 年及 2030 年节水型农业种植结构优化效果评价指标归一化值

指标	2006年				2020年				2030年			
	P_1	P_2	P_3	P_4	P_5	P_6	P_7	P_8	P_9	P_{10}	P_{11}	P_{12}
I_1	0.52	0.48	0.54	0.56	0.80	0.74	0.80	0.86	0.94	0.88	0.92	1.00
I_2	0.33	0.30	0.30	0.38	0.65	0.55	0.55	0.70	0.90	0.80	0.80	0.95
I_3	0.43	0.40	0.48	0.50	0.63	0.58	0.68	0.70	0.78	0.73	0.83	0.85
I_4	0.38	0.34	0.42	0.44	0.52	0.48	0.56	0.58	0.60	0.56	0.64	0.66
I_5	0.45	0.50	0.45	0.50	0.70	0.75	0.70	0.75	0.95	1.00	0.95	1.00
I_6	0.33	0.30	0.30	0.34	0.55	0.49	0.50	0.56	0.89	0.82	0.83	0.92
I_7	0.35	0.32	0.33	0.40	0.63	0.49	0.49	0.61	0.66	0.61	0.61	0.75
I_8	0.60	0.54	0.54	0.67	0.70	0.63	0.64	0.79	0.76	0.70	0.71	0.87

续表

指标	2006年				2020年				2030年			
	P_1	P_2	P_3	P_4	P_5	P_6	P_7	P_8	P_9	P_{10}	P_{11}	P_{12}
I_9	0.39	0.28	0.28	0.39	0.61	0.44	0.44	0.61	0.78	0.67	0.67	0.78
I_{10}	0.64	0.82	0.58	0.64	0.63	0.81	0.57	0.63	0.67	0.88	0.61	0.67
I_{11}	0.74	0.72	0.76	0.80	0.84	0.82	0.86	0.90	0.90	0.90	0.94	0.96
I_{12}	0.08	0.06	0.13	0.23	0.25	0.23	0.29	0.40	0.38	0.35	0.42	0.50
I_{13}	0.48	0.45	0.58	0.53	0.55	0.53	0.70	0.63	0.60	0.58	0.75	0.68
I_{14}	0.73	0.68	0.98	0.76	0.77	0.72	1.02	0.81	0.80	0.74	1.08	0.84
I_{15}	0.30	0.20	0.50	0.30	0.50	0.40	0.70	0.50	0.70	0.60	0.90	0.80
I_{16}	0.45	0.40	0.50	0.60	0.65	0.60	0.70	0.75	0.85	0.80	0.90	0.95
I_{17}	0.53	0.53	0.67	0.60	0.73	0.73	0.80	0.80	0.80	0.80	0.93	0.93
I_{18}	0.23	0.10	0.37	0.27	0.43	0.30	0.53	0.50	0.63	0.50	0.70	0.67
I_{19}	0.12	0.18	0.53	0.35	0.35	0.41	0.71	0.59	0.53	0.65	0.82	0.76

（三）指标评价标准

在确定评价指标体系及指标值后，应进一步明确各项指标的评价标准才能对种植结构优化方案的优劣进行评价。不同的指标，其评价标准的确定原则是不同的。对于正向指标，根据指标本身和客观物质条件的限制，取其极限值或目前现实状况所能达到的最高值为很合理的级别标准；对于负向指标，取理论和现实的最低值作为很合理的标准(姚奕和倪勤，2009)；以该区及类似地区最低值为很不合理的限定值，在很合理和很不合理之间平均划分 3 个等级，作为较合理、一般、不合理的标准，指标具体的分级标准和各标准的区间范围详见表 5-12。

表 5-12　种植结构优化方案各项指标评价标准

指标	S_1	S_2	S_3	S_4	S_5
I_1	<110	110～120	120～130	130～140	>140
I_2	<0.8	0.8～1.2	1.2～1.6	1.6～2.0	>2.0
I_3	>30	30～20	20～10	10～5	<5
I_4	<20	20～30	30～40	40～50	>50
I_5	<100	100～104	104～108	108～112	>112
I_6	<1 000	1 000～2 500	2 500～4 000	4 000～5 500	>5 500
I_7	<0.8	0.8～1.2	1.2～1.6	1.6～2.0	>2.0
I_8	<7 500	7 500～10 500	10 500～13 500	13 500～16 500	>16 500
I_9	<1.0	1.0～1.4	1.4～1.8	1.8～2.2	>2.2
I_{10}	<100	100～200	200～300	300～400	>400
I_{11}	<80	80～85	85～90	90～95	>95
I_{12}	>90	90～80	80～70	70～60	<60
I_{13}	<25	25～30	30～35	35～40	>40

续表

指标	S_1	S_2	S_3	S_4	S_5
I_{14}	<180	180～190	190～200	200～210	>210
I_{15}	>8	8～6	6～4	4～2	<2
I_{16}	>12	12～9	9～6	6～3	<3
I_{17}	>10	10～7	7～4	4～1	<1
I_{18}	>1 875	1 875～1 500	1 500～1 125	1 125～750	<750
I_{19}	>21.0	21.0～16.5	16.5～12.0	12.0～7.5	<7.5

其后，通过对各项评价指标的各级评价标准区间取右端点值，生成5个评价标准样本，同时为保证计算精度，在表5-12中各等级取值范围内均匀随机地产生100个指标样本，共构成105个指标样本 $x^*(i,j)$，进行归一化处理为 $x(i,j)$，$i=1, 2, \cdots, 105$；$j=1, 2, \cdots, 19$。建立RAGA-PPE模型，采用Matlab语言，编制相应的目标函数和约束条件函数，分5个等级对此维数为19的105个样本进行评价。RAGA过程中选定父代初始种群规模为400，交叉概率 $p_c=0.80$，变异概率 $p_m=0.80$，优秀个体数目选定为25个，加速次数为20次。经过优化计算，得出最佳向量 $a=$[0.2396，0.2405，0.224，0.2411，0.2424，0.2743，0.2394，0.2177，0.2664，0.2466，0.1201，0.2486，0.1790，0.1196，0.2405，0.2303，0.2404，0.2405，0.2386]；对应的投影值 $z(i)=$[0.9155，1.7289，2.5422，3.3160，4.2896]。将很不合理、不合理、一般、较合理和很合理5个状态分别对应1级、2级、3级、4级和5级，则得到标准样本的投影值散点图，如图5-4所示。根据各状态划分值及其对应的投影值 $z(i)$ 建立投影寻踪等级评价模型 $y=f(z)$。

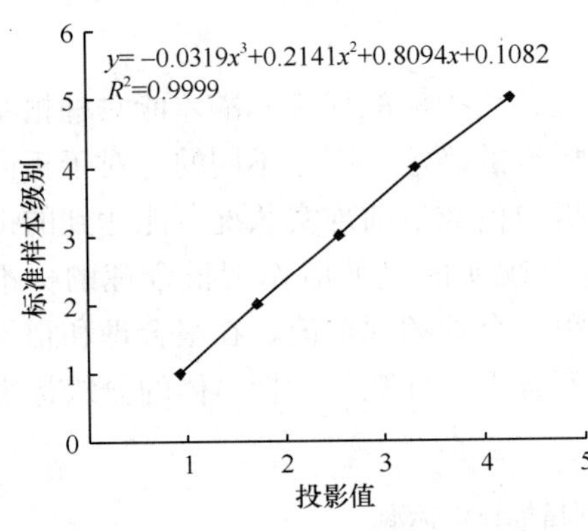

图5-4　投影值与等级关系图

（四）评价结果分析

采用同样的方法，对12个方案进行综合评价，计算得出 $a=$[0.2669，0.3320，0.2438，0.1513，0.3171，0.3333，0.1949，0.1106，0.2342，0.0290，0.1099，0.1970，0.0995，0.0926，0.2983，0.2716，0.1966，0.2603，0.2831]；对应的投影值 $z(i)=$[1.5277，1.3937，1.7878，1.7892，2.3754，2.1621，2.5312，2.6337，3.0577，2.8909，3.2294，3.3765]；投影值对应的等级值 $y=$[1.7306，1.5658，2.0573，2.0591，2.8113，2.5366，3.0114，3.1422，3.6728，3.4667，3.8805，4.0540]。依据综合评价结果，可判断各方案所属等级，如图5-5所示。

最佳投影方向反映了各指标的权重大小，农村人均种植业纯收入为权重最大的指标，表明种植业作为农村居民的重要收入来源，种植业规划始终应把提高农民收入放在第一位；水分利用效率为权重第二位的指标，表明在干旱缺水地区种植业规划必须考虑水资源的限制因素，应优先发展水资源利用效率高的作物；复种指数处在第三位，说明优化作物时空布局，提高单位面积耕地的利用率与产出率，也是种植业规划重点考虑的因素。

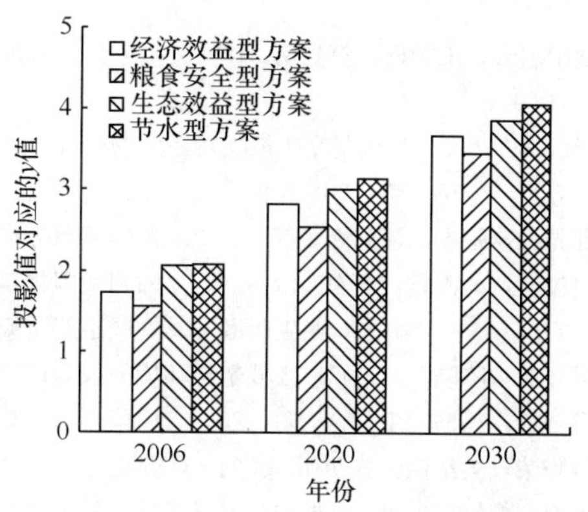

图 5-5 不同水平年各方案所属等级

图 5-5 显示 3 个水平年内各方案优劣排序均为节水型＞生态效益型＞经济效益型＞粮食安全型，反映了在西北干旱内陆河流域，水资源匮乏与生态环境脆弱始终是区域种植业发展的瓶颈因子，只有节约农业水资源才能保证区域可持续发展，故而成为适合区域种植业发展的首选方案；生态效益型是次优方案，表明区域应适度退耕还林还草，并根据畜牧业发展需求，适当增加饲料作物的种植面积；经济效益型这种以简单追求经济效益最大为目标的种植业发展模式不适合当地的实际，会阻碍当地的可持续发展；粮食安全型是最不适合的方案，表明以满足粮食需求为目的的单一种植业发展模式是不适合的。

2006 年 P_1 方案与 P_2 方案属于不合理等级，P_3 方案与 P_4 方案属于一般等级，但 y 值接近不合理等级与一般等级的边界，表明近年来该区在种植结构调整方面取得了一定成效，配套节水措施亦有较大进步。但总体来说，区域种植业与节水水平仍然不高，尚有较大提升空间。2020 年 P_5 方案与 P_6 方案属于一般等级，P_7 方案与 P_8 方案属于较合理等级，表明到 2020 年种植业结构总体趋于合理，粮经饲“三元”种植结构比例基本协调，配套节水措施获得较大的发展。2030 年除 P_{12} 方案属于很合理等级外，其他几种方案均属于较合理等级，表明到 2030 年种植业结构总体趋于完善，粮经饲“三元”种植结构比例协调，配套节水措施得到高度发展。

根据以上分析，可以看出模型所确定的评价指标权重及评价结果，与区域事实相符，比较客观，检验了模型的准确性。

参 考 文 献

范锦龙，吴炳方．2004．基于 GIS 的复种指数潜力研究．遥感学报，8（6）：637-644

封志明，郑海霞，刘宝勤．2005．基于遗传投影寻踪模型的农业水资源利用效率综合评价．农业工程学报，（3）：66-67

付强，赵小勇．2006．投影寻踪模型原理及其应用．北京：科学出版社

甘肃年鉴编委会．2007．甘肃年鉴 2007．北京：中国统计出版社

高明杰．2005．区域节水型农业种植结构优化研究．北京：中国农业科学院

贾兆红，陈华平，孙耀晖．2008．多目标粒子群优化算法在柔性车间调度中的应用．小型微型计算机系统，29（5）：885-889

刘耳，尹海洁．2008．社会统计软件 SPSS FOR WINDOWS 简明教程．北京：社会科学文献出版社

刘巽浩．1994．耕作学．北京：中国农业出版社

刘恒，耿雷华，陈晓燕．2003．区域水资源可持续利用评价指标体系的建立．水科学进展，14（3），265-270

罗其友．1999．北方旱区农业资源可持续配置模型研究．干旱地区农业研究，17（1）：95-99

马冬梅，梁勇，马平．2000．模糊聚类分析方法在宁夏农业经济类型划分中的应用．宁夏农学院学报，21（4）：

52-55

欧阳志云，王如松，符贵南. 1996. 生态位适宜度模型及其在土地利用适宜性评价中的应用. 生态学报，16 (2)：113-120

彭汉艮. 2003. 种植制度决策支持系统的研究. 南京：南京农业大学硕士学位论文

单志杰. 2007. 基于GIS和模型的种植设计系统研究. 南京：南京农业大学硕士学位论文

邵光成，张展羽，刘娜，等. 2007. 投影寻踪分类模型在膜下滴灌模式评价中的应用. 水利学报，38 (8)：944-947

史俊通，刘孟君，李军. 1998. 论复种和我国粮食生产的可持续发展. 干旱地区农业研究，16 (1)：52-57

王宏广. 1990. 中国农业生产潜力及发展道路研究. 北京：中国农业大学博士学位论文：32-36

吴开亚，陈晓剑. 2002. 区域生态环境的投影评价方法及应用. 运筹与管理，11 (6)：83-88

吴普特，冯浩，牛文全，等. 2003. 中国用水结构发展态势与节水对策分析. 农业工程学报，19 (1)：1-6

姚华荣，吴绍洪，曹明明. 2004. GIS支持下的区域水土资源优化配置研究. 农业工程学报，20 (2)：31-35

姚奕，倪勤. 2009. 改进的投影寻踪分类模型及其在区域经济评价中的应用. 统计与信息论坛，24 (2)：29-32

张勃，李吉均. 2001. 黑河绿洲农业自然资源空间组合与资源潜力研究. 兰州大学学报（自然科学版），37 (4)：101-109

张军连，林培. 1994. 土地生产潜力评价中土壤修正系数模型的研究——以河北省涿鹿县为例. 自然资源学报，9 (3)：261-270

张磊. 2006. 基于GIS的江门市主要作物生态适宜性评价研究. 广州：华南农业大学硕士学位论文

张勇德. 2005. 智能多目标优化方法及其应用研究. 沈阳：中国科学院沈阳自动化研究所

中华人民共和国水利部. 2002. 黑河流域近期治理规划. 北京：中国水利水电出版社

中华人民共和国水利部. 2007. 2006年全国水利发展统计公报. 北京：中国水利水电出版社

周维博，李佩成. 2003. 干旱半干旱地域灌区水资源综合效益评价体系研究. 自然资源学报，18 (2)：289-293

Chen L N, Aihara K. 1995. Chaotic simulated annealing by a neural network model with transient chaos. Neural Networks, 8：915-930

Costanza R, d'Arge R, de Groot R, et al. 1997. The value of the world's ecosystem services and natural capital. Nature, 387：253-260

Dinpashoh Y, Fakheri-Fard A, Moghaddam M, et al. 2004. Selection of variables for the purpose of regionalization of Iran's precipitation climate using multivariate methods. Journal of Hydrology, 297 (1-4)：109-123

Eberhart R C, Kennedy J. 1995. A new optimizer using particle swarm theory. Nagoya Japan：Proceedings of the Sixth Intenrational Symposium on Micro Machine and Human Science：39-43

Eberhart R C, Shi Y. 2001. Particle swarm optimization：developments, applications and resources. *In*：Proceedings of Congress on Evolutionary Computation. NJ：IEEE Service Center, Piscataway, Seoul, 81-86

Hall O, Arnberg W. 2002. A method for landscape regionalization based on fuzzy membership signatures. Landscape and Urban Planning, 59：227-240

Lee C S, Chang S P. 2005. Interactive fuzzy optimization for an economic and environmental balance in a river system. Water Research, 39 (1)：221-231

Liu M Q, Samal A. 2002. A fuzzy clustering approach to delineate agroecozones. Ecological Modelling, 149 (3)：215-228

Malpica J A, Rejas J G, Alonso M C. 2008. A projection pursuit algorithm for anomaly detection in hyperspectral imagery. Pattern Recognition, 41：3313-3327

Maurice C, Kennedy J. 2002. The particle swarm-explosion stability and convergence in a multidimensional complex space. IEEE Transactions on Evolutionary Computation, 6 (1)：58-73

Naka S, Genji T, Yura T, et al. 2003. A hybrid particle swarm optimization for distribution state estimation. IEEE Transaction on Power Systems, 18 (1)：60-68

Qiao Y L, Wang Y, Liu J C. 2002. Divisional compound hierarchical classification method for regionalization of high, medium and low yield croplands of China. Advances in Space Research, 29 (1)：89-96

Scherr S J. 1999. Soil degradation: a threat to developing-country food security by 2020? Food, Agriculture, and the Environment Discussion Paper, 27 (2). IFPRI, Washington D C

Sethi L N, Panda S N, Nayak M K. 2006. Optimal crop planning and water resources allocation in a coastal groundwater basin, Orissa, India. Agricultural Water Management, 83 (6): 209-220

Sharma D K, Jana R K. 2009. Fuzzy goal programming based genetic algorithm approach to nutrient management for rice crop planning. International Journal of Production Economics, 12: 224-232

Smith C S, McDonald G T. 1998. Assessing the sustainability of agriculture at the planning stage. Journal of Environmental Management, 52: 15-37

Tratnik M, Franic R, Svrznjak K, et al. 2009. Land rents as a criterion for regionalization—The case of wheat growing in Croatia. Land Use Policy, 26 (1): 104-111

Van den Bergh F. 2002. An analysis of particle swarm optimizers. Department of Computer Science, University of Pretoria, South Africa

Wang Y B, Wu P T, Zhao X N, et al. 2010. The optimization for crop planning and some advances for water-saving crop planning in the semiarid Loess Plateau of China. Journal of Agronomy and Crop Science, 196 (1): 55-65

Yule I J, Cain P J, Evans E J, et al. 1996. A spatial inventory approach to farm planning. Computers and Electronics in Agriculture, 14: 151-161

第六章　黑龙江粮食作物高效用水技术

第一节　区域农业用水现状

一、黑龙江省区域水资源分析

（一）黑龙江省水资源现状

黑龙江省位于我国东北部，其北部和东北部隔黑龙江、乌苏里江主航道及兴凯湖与俄罗斯相望，西部以大兴安岭山区为界与内蒙古自治区毗邻，南部和西南部与吉林省接壤。地形地貌总体上分为两大平原（松嫩平原、三江平原）、四大水系（黑龙江、松花江、乌苏里江、绥芬河）、五大湖泊（大兴凯湖、小兴凯湖、镜泊湖、连环湖、五大连池）、五大山脉（大兴安岭、小兴安岭、张广才岭、老爷岭、完达山）。总的地势是西北部、北部和东南部高，东北部和西南部低。西北部、北部为大、小兴安岭，东南部为完达山脉、老爷岭和张广才岭，东部为三江平原，西部为松嫩平原。流域面积在 50 km^2 以上的河流有 1918 条，其中流域面积超过 10 000 km^2 的河流有 18 条，大小湖泊 640 个。依据地形地势、气候、农业种植等综合条件，将黑龙江省分成东部、中部、西部 3 个综合分区，东部地区为三江平原区，中部为大小兴安岭、张广才岭山地丘陵区，西部为松嫩平原区。

1. 水资源总量

黑龙江省多年平均水资源总量为 810 亿 m^3。其中，地表水资源量 686 亿 m^3，地下水资源量为 294 亿 m^3（重复量 170 亿 m^3）。另外，黑龙江省还有界江、界湖水资源量 2710 亿 m^3。省内水域面积为 242.23 万 hm^2，占全省土地面积的 5.1%。其中，河流水面 48.39 万 hm^2，占水域面积的 20.0%；湖泊水面 20.29 万 hm^2，占 8.4%；水库塘坝水面 40.29 万 hm^2，占 16.6%；苇地 25.95 万 hm^2，占 10.7%；滩涂 73.29 万 hm^2，占 30.3%；沟渠及水工建筑物用地 34.02 万 hm^2，占 14.0%。

东部地区土地总面积 10.57 万 km^2，水资源总量为 181.43 亿 m^3。其中，地表水资源量 137.42 亿 m^3，地下水资源量为 82.94 亿 m^3；耕地面积 371.4 万 hm^2。西部地区土地总面积 16.56 万 km^2，水资源总量为 225.60 亿 m^3。其中，地表水资源量 156.81 亿 m^3，地下水资源量为 113.06 亿 m^3；耕地面积 677.47 万 hm^2。中部地区土地总面积 18.35 万 km^2，水资源总量为 403.03 亿 m^3。其中，地表水资源量 391.86 亿 m^3，地下水资源量为 98.20 亿 m^3；耕地面积 13.8 万 hm^2。

与我国华北地区和西北地区的省份相比，水资源是比较丰沛的，但水资源的时空分布极不均匀，黑龙江省地域辽阔，各地区自然禀赋差异较大，降水时空分布不均，水土资源呈现的特点是东、西两大平原土地资源十分丰富，耕地面积占全省 89.3%，而水资源总量却仅占全省的50.2%，大量农田需要灌溉来解决干旱问题；中部耕地面积少，而水资源量多。另外，水资源还有过境多、境内少，汛期多、非汛期少，山丘区多、平原区少的特点。各区情况见表6-1。

表6-1 黑龙江省水资源总量表

地区	计算面积/万 km^2	径流深/mm	水资源总量/亿 m^3	地表水资源量/亿 m^3	地下水资源量/亿 m^3	平原区地下水可开采量/亿 m^3
东部	10.57	130	181.43	137.42	82.94	65.26
中部	18.35	216	403.03	391.86	98.20	10.49
西部	16.56	93	225.60	156.81	113.06	82.78
全省	45.48	439	810.06	686.09	294.2	158.53

2. 地表水资源分布

按流域二级区来划分，地表水资源量最多的是松花江干流区，为314.07亿 m^3，占全省地表水资源量的45.8%；黑龙江干流次之，为211.87亿 m^3，占全省地表水资源量的30.9%；乌苏里江和嫩江地表水资源量分别为78.61亿 m^3 和69.83亿 m^3，分别占全省地表水资源量的11.5%和10.2%；绥芬河占全省地表水资源量比例较小，仅占1.7%。

全省径流深地区间分布不均，高低区变化趋势较大。松花江干流和黑龙江干流流域平均径流深分别是187.7 mm和181.0 mm，是全省平均水平的1.2倍左右；绥芬河径流深接近全省平均水平，为153.8 mm；低于全省平均的有乌苏里江、嫩江，径流深均在150.8 mm以下，其中嫩江是黑龙江省径流深的低值区，径流深仅为67.8 mm，只有全省平均的44.9%。

3. 地下水资源及平原区水文地质条件

黑龙江省平原区多年平均地下水总补给量为184.23亿 m^3，总补给模数为9.5万 m^3/km^2。平原区多年平均地下水可开采量为158.52亿 m^3，地下水可开采量模数为8.21万 m^3/km^2。详见表6-2。

表6-2 黑龙江省二级区多年平均平原区补给地下水资源量

二级区	计算面积/万 km^2	补给量/(亿 m^3/a)				地下水资源量/(亿 m^3/a)	可开采量/(亿 m^3/a)
		降水入渗	山前侧向	地表水体补给量			
				补给量	其中:河川基流		
嫩江	7.63	42.63	0.53	13.82	3.08	57.44	49.18
松花江	6.72	46.23	1.22	19.00	4.04	66.45	61.85
黑龙江	1.70	11.68	0.34	5.40	1.26	17.41	16.44
乌苏里江	3.34	22.05	0.61	9.19	2.13	31.85	31.05
合计	19.39	122.59	2.70	47.41	10.51	173.15	158.52

黑龙江省平原区广泛分布埋藏第四系砂、砂砾石孔隙潜水，松嫩平原及哈尔滨、绥化等地区分布埋藏第四系砂砾石孔隙承压水，三江低平原东部分布埋藏第四系砂、砂砾石孔隙弱承压水，松嫩平原及三江平原底部广泛分布埋藏碎屑岩孔隙裂隙承压水。

（1）松散岩孔隙潜水：主要分布于松嫩平原以及三江低平原西部及穆棱—兴凯低平原区，松花江干流河谷以及呼兰河、乌裕尔河、讷漠尔河、蚂蚁河、倭肯河等河谷地带也有分布，单井涌水量一般为1000～3000 m^3/d。另外，逊河、黑龙江及牡丹江河谷或山间盆地也广泛分布埋藏，单井涌水量多为500 m^3/d左右。

（2）松散岩孔隙承压水：松散岩孔隙承压水分布于松嫩平原中西部广大低平原，在东部高平原也有断续分布。中更新统孔隙承压水，分布于松嫩低平原中西部地区和东部高平原。在呈北东方向断续分布于海伦、绥化、肇东、双城等地区，构成小型承压水盆地，单井涌水量多为1000～3000 m^3/d。下更新统孔隙承压水，分布于松嫩平原中西部地区，即大同—安达—依安以西、乌裕尔河以南、甘南—龙江—泰来以东的广大地区，单井涌水量多为1000～3000 m^3/d或100～1000 m^3/d。

（3）松散岩孔隙弱承压水：分布埋藏于三江平原东部地区，单井涌水量为3000 m^3/d左右。

（4）碎屑岩类孔隙裂隙承压水：松嫩低平原普遍分布埋藏第三系孔隙裂隙承压水，上覆第四系孔隙承压水，两者水力联系比较密切。第三系大安组孔隙裂隙承压水，沿嫩江近南北向呈条带状分布，单井涌水量多为1000～3000 m^3/d。第三系依安组孔隙裂隙承压水，分布于富裕—齐齐哈尔以东，克山—明水—安达以西，北抵讷谟尔河，南至滨州铁路，单井涌水量一般为100～1000 m^3/d。松嫩高平原及低平原的边部普遍分布埋藏白垩系孔隙裂隙承压水，水位埋深变化较大，富水性程度不一。三江低平原及穆棱兴凯低平原第四系含水层之下，分布埋藏第三系孔隙裂隙承压水，单井涌水量100～1000 m^3/d，局部可达1000～3000 m^3/d。

4. 水质状况

据2008年水资源公报，黑龙江省29条主要江河51个断面的监测资料，按照GB3838—2002《地表水环境质量标准》评价，总监测河长6819 km。全年综合评价结果：没有Ⅰ类水质的河段；Ⅱ类水质的河段长635 km，占评价河长的9.3%；Ⅲ类水质的河段长2506 km，占评价河长的36.8%；Ⅳ类水质的河段长1897.5 km，占评价河长的27.8%；Ⅴ类水质的河段长510.5 km，占评价河长的7.5%；劣Ⅴ类水质的河段长1270 km，占评价河长的18.6%；与2007年相比较，全年期达标河段比例由37.9%增加到46.1%，Ⅳ类水质河段由34.9%减少到27.8%，Ⅴ类、劣Ⅴ类水质河段变化不大。

2008年黑龙江省松嫩平原、三江平原地区进行了枯水期地下水水质监测。共选取139眼长期观测井的水质资料，其中，松嫩平原73眼，三江平原66眼。按照国家GB/T14848—93《地下水质量标准》对23项指标按综合指数法进行评价，评价结果为：地下水水质良好66眼、较好46眼、较差21眼、极差6眼，所占比例分别为47.5%、33.1%、15.1%、4.3%。主要污染物为氨氮、硝态氮、氯化物、铁等，受污染的地下水主要分布在大中城市周边地区。总硬度大部分小于 450 mg/L，总体上水质较软。松嫩平原的部分地区，气候干旱，地下水位高，土壤多为黑钙土质，因而地下水中钙镁含量高，总硬度高，但对农田灌溉没有影响。

（二）黑龙江省土地资源状况

根据黑龙江省土地利用现状调查，全省土地总面积 45.477 万 km^2，占全国土地总面积的 4.7%，居全国第 5 位。全省土地类型中各类土地占土地总面积的比例为：山地占全省土地总面积的 21.7%，丘陵漫岗占 37.2%，平原占 36.0%，水域占 5.1%（图 6-1）。

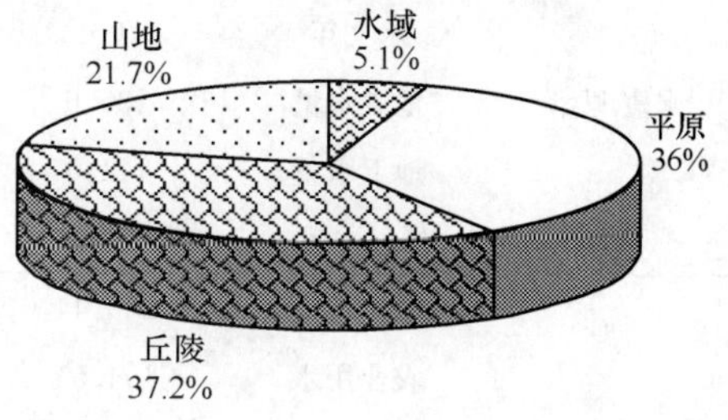

图 6-1　黑龙江省土地类型分布图

根据近期土地利用调查结果，全省耕地面积为 1177.3 万 hm^2，占全省土地总面积的 25.8%。其中，旱田 927.4 万 hm^2，占耕地面积的 78.9%；水田 234.6 万 hm^2，占 19.9%；菜田 11.3 万 hm^2，占 1.0%；水浇地 2.29 万 hm^2，占 0.2%。全省人均耕地面积 0.3 hm^2，是全国人均水平的 3.25 倍，但有效灌溉面积仅占耕地面积的 18.1%。全省耕地中，扣除沿江河坝外耕地、低洼处耕地、超坡耕地、沙化耕地等不稳定耕地，有效耕地面积为 1108.98 万 hm^2。全省未利用土地面积为 476.6 万 hm^2，以荒草地、沼泽地为主，占全省土地面积的 10.5%。

黑龙江省粮食总产居全国第三位，商品粮居第一位，是全国最大的粳稻种植区。目前已形成了近 400 亿 kg 的粮食综合生产能力，根据国家粮食产能增长的规划要求，黑龙江省于 2008 年提出了《黑龙江省千亿斤粮食生产能力建设规划》，计划到 2015 年，全省粮食实现 500 亿 kg 产能水平，得到国家发展和改革委员会的批准，2009 年开始启动，对保障国家粮食安全起到了重要作用。

（三）黑龙江省用水状况

2008 年黑龙江省总用水量为 297.01 亿 m^3，用水构成有农田用水、林牧渔畜用水、工业用水、城镇公共设施用水、城镇居民生活用水及生态环境用水等，见表 6-3。

表 6-3　2008 年全省流域分区用水量表　（单位：亿 m^3）

流域分区	农田灌溉	林牧渔畜	工业	城镇公共	居民生活	生态环境	总用水量
嫩江	29.74	2.81	24.26	0.43	3.17	2.23	62.65
松花江干流	91.53	5.69	24.22	1.58	6.56	0.22	129.80
黑龙江干流	19.72	0.47	1.46	0.15	0.73	0.01	22.53
乌苏里江	70.06	1.27	6.92	0.34	1.40	0.03	80.03
绥芬河	1.03	0.09	0.68	0.03	0.16	0.01	2.00
全省	212.08	10.33	57.54	2.53	12.02	2.50	297.01

2004～2008 年的农业（包括农田用水、林牧畜渔用水）、工业、城镇（包括城镇公

共用水和居民生活用水）、生态用水状况见表 6-4。年度水资源量与用水量分析表明，黑龙江省目前枯水年份的水资源利用率接近 60%，偏枯水文年的水资源利用率为 40%左右。对于偏枯水文年以上的年份，除农业用水以外的其他社会用水量不超过年度水资源总量的 10%（黑龙江省水文总站，1991）。

表 6-4 黑龙江省水资源及用水状况表 （单位：亿 m^3）

项目		2004年	2005年	2006年	2007年	2008年
水资源量	总量	652.1	755.5	727.9	491.8	461.95
	水文年	70%	60%	63%	88%	90%
	地表水量	530.6	612	612.0	374.1	341.92
	地下水量	121.5	143.6	116.0	117.8	120.03
	外引水量*	1.24	1.82	2.67	2.67	2.67
用水量	总用水量	259.44	271.51	286.20	291.37	297.01
	农业用水	194.51	201.19	217.19	218.55	222.40
	工业用水	52.96	55.45	57.49	57.54	57.55
	城镇用水	10.93	11.16	11.09	14.81	14.56
	生态用水	1.04	3.71	0.43	0.47	2.50
水资源利用率/%		39.79	35.94	39.32	59.25	64.29
农业用水率/%		29.83	26.63	29.84	44.44	48.14

* 为两江一湖及尼尔基水库的引水、泄水量。

二、灌溉农业用水现状及发展趋势

（一）黑龙江省灌溉农业现状

黑龙江省现有耕地 1173.3 万 hm^2，其中，工程灌溉面积为 366.7 万 hm^2，占总耕地面积的 31%。主要灌溉生产类型区有三种：一是稻作灌溉区，灌溉面积为 266.7 万 hm^2，是黑龙江省水利灌溉工程及田间配套工程重点建设的区域，灌溉保证率在 75%以上。二是旱作灌溉区，灌溉面积约为 100 万 hm^2。三是旱作抗旱灌溉区，主要分布在黑龙江省中西部松嫩平原地区，以及东部部分具备了抗旱灌溉的水源与配套设施的雨养农业区，每年的抗旱灌溉面积随着干旱发生范围和程度而变化，年度平均约为 333.3 万 hm^2。全省其他 473.3 万 hm^2 耕地基本为雨养农业耕作区，占全省耕地面积的 40%左右，是黑龙江省水热条件匹配较好的区域，一般年份年内降水能满足田间作物用水需求，主要以合理的深松、覆盖、选种以及抗旱剂等农艺、生化节水保墒措施为主，有效利用天然降水，实现粮食增产与农民增收。

1. 稻作灌溉区

黑龙江省是农业大省，作为主要商品粮之一的水稻灌溉面积占灌溉工程面积的 71%。目前，稻作灌溉区主要类型有江湖引水灌区、江湖提水灌区、水库塘坝灌区、井灌区。至2007年，灌区完成总投资30亿元，已修建大中型水库98座、小型水库535座，蓄水能力达到152亿m^3，占地表水资源总量的22%。万亩以上灌区319处，其中，大型灌区（2万hm^2以上）20处，中型灌区（0.33万～2万hm^2）24处；打抗旱水源井46.6万眼，建蓄水塘坝6626座，有效灌溉面积达到265万hm^2，水田实灌面积达到234.6万hm^2。灌区固定渠道长度近3万km，防渗长度1400 km。但仍存在着水库灌区农田水利设施薄弱，主要江河缺乏控制性工程，水资源调控能力低下等问题。全省各类水库总蓄水能力只有85亿m^3，地表水截留能力不足20%，调控能力只有7%，远低于相邻的吉林、辽宁两省的建设水平，在全国处于非常低的位置。

黑龙江省农田灌溉用水占社会用水总量的70%，水稻向来是农业用水大户，水稻灌溉的年均用水量为160亿～170亿m^3，占全省农业用水总量的93%，而灌区水资源利用效率低，农田灌溉水利用系数仅为0.47，一方面表明了黑龙江省用水浪费比较严重，另一方面也表明了全省的节水潜力很大。现有各类水利工程供水量仅为271亿m^3，现有水库调控能力只有7%，已建的各类水库中，大中型病险水库有57座，占60%，小型水库大部分存在病险隐患。农田有效灌溉面积只占18%，大大低于全国40%的水平。

水稻灌溉区高效灌溉节水方面制约因素有以下几点：①灌区输配水工程的配套程度低，节水灌溉技术难以大面积推广应用。由于灌区输配水工程长期运行造成冻胀破坏和管护投入不足，灌区工程设施运行状况较差，使得渠道输配水环节渗漏损失严重，而且降低了灌溉供水保证率，阻碍了具有精细灌溉特色的节水高效灌溉制度应用。因此，提高灌区改造与配套的投资力度和灌区管理能力，是工程节水与节水高效灌溉制度推广的保证因素。②高效灌溉节水技术应用成本增加与增产收益相抵或存在倒挂现象，使得节水技术难以大面积推广应用。采用节水高效灌溉制度需要增加劳动力管理与灌溉投入的成本，而增产收益受粮食市场价格波动影响，往往存在着增产不增收的现象，尤其在西部旱田井灌地区，灌溉成本随着油料、工时等的增长和水资源的日益短缺，节水高效灌溉制度管理方式偏向于向抗旱保产型灌溉管理转化。③农户习惯的传统灌溉管理方式难以改变，需要加大示范与宣传力度。西部干旱地区旱田种植的大部分农户习惯于注（坐）水播种保苗后的旱作管理方式，而在水田灌溉区，少水风险的存在使得农户选择有水就漫灌的方式，增加田间灌水的安全性。因此，需要加大示范与宣传力度，切实保证灌溉供水管理能够满足节水高效灌溉制度的生产要求，带动农户改变传统的灌溉方式。④节水体制与水价机制还没有形成对农户的激励作用。大量节约灌溉用水是实施节水农业的主要目标，在保持农业生产以正常速度增长的同时如何做到充分利用当地降水和大幅度减少灌溉用水，是维持整个水资源的可持续利用与区域平衡的重要任务，而在目前农业生产条件下，农户还得不到节水利益的激励和促动，不利于稳定、有效地实行节水高效灌溉制度的推广。

2. 旱作灌溉区

黑龙江省旱作灌溉的发展，经历了几十年的反复历程。1996年开始至今，全省完成国家旱田节水增效灌溉示范项目建设78项，分布在11个地市。甘南县作为黑龙江省西部干旱易发、局部地下水资源比较丰富的典型地区，成为全国节水典型示范县。十几年来节水增效灌溉示范项目的持续开展，促进了喷灌等工程节水技术在黑龙江省大面积推广应用，对全省旱田节水灌溉的发展起到了积极的示范和带动作用，对旱作灌溉区农村种植结构的调整以及农业稳产、高产发挥了重要保障作用。至2009年，旱田灌溉保障面积已达到100万hm^2，并以每年6万～7万hm^2的速度发展。目前的旱作区灌溉模式是以利用地下水的喷灌、滴灌、管路灌溉等工程节水技术为主体，辅以保护性耕作调墒、蓄雨技术，地膜、秸秆覆盖保墒技术，抗旱作物品种选育、作物种植结构调整、生物增肥保水剂选用等生物技术。

旱作灌溉区运行中，高效灌溉节水的积极作用有以下几点：①节约了水资源。据调查，全省中西部干旱地区耕地地面沟畦灌的单次灌水量为900～1200 m^3/hm^2，用“小白龙”管输水灌溉为600 m^3/hm^2，而喷灌则仅用水300 m^3/hm^2，减少了灌溉用水量，极大地缓解了当地水资源短缺危机，节水效益十分突出。②通过建设节水增效示范区，灌溉保证率为80%以上，稳定了粮食产量，抗旱减灾增效十分明显。③发展高效灌溉节水使得有旱保粮、无旱增收，增加了农民收入。据调查，2000年和2001年依安县连续受旱，2001年降水量只有300 mm，农作物大面积减产，甚至绝产。但在灌溉保证区内通过调整种植结构，并严格按照节水型灌溉制度实施了喷灌、滴灌等先进的节水措施，使受益区的农户实现了大灾之年获得丰收的目标。④减轻了农民负担。与传统的灌溉方式相比，喷灌不仅节水，而且还节能、节地、省工、省肥。⑤加快了农业产业化、现代化发展步伐。农业现代化的主要标志之一就是实现对农作物用水的节约与控制，发展高效灌溉节水是实现农业现代化的基本要求。同时，通过发展喷灌、微灌工程系统，加强了规模化、规范化的发展，推动了土地适度集约经营，促进了农业先进适用技术的推广。⑥改善了生态环境。发展高效灌溉节水可以防止传统灌溉方式造成的土壤次生盐碱化，改善土壤理化性状，减少地下水开采量，有利于资源与环境的保护和可持续发展。

3. 抗旱灌溉区

主要包括西部半干旱平原区及中东部水资源开发利用程度较低的地区。由于这一区域地处温带大陆性季风气候区，水资源极度匮乏，尤其是黑龙江省松嫩平原中西部哈尔滨、绥化、大庆、齐齐哈尔四地市的533.3万hm^2旱作耕地，干旱多灾、生态脆弱、自然条件严酷，农业水资源匮乏，是黑龙江省农业抗旱节水建设的重点区域，且该区对全省粮食总产量浮动的影响最大。

该区域具有以下特点：①具有一定的资源优势。该区为大小兴安岭山前平原和嫩江、松花江阶地平原，土地面积广阔，2007年农业人口人均播种面积0.57 hm^2，而且大部分耕地土层较厚；光照、热量充足，年平均气温2.4～4.7℃，年日照时数2500～2800 h，发展旱作农业的潜力较大；此外，劳动力资源丰富，全区农业人口达1080万人，绝大多数劳动力身体良好，文化素质较高，吃苦耐劳。但是，由于各方面的原因，资源优势还没有完全转化为发展优势，制约农业发展的问题依然突出，旱作农业发展缓慢。②自然条件严酷。旱作农业区由于缺水和干旱给农业生产带来了巨大影响，近年来，发展为东西区都干旱，干旱面积逐年在扩大。特别是西部旱作农业区天然降水较贫乏、工程上可利用的农业有效水资源奇缺，干旱、沙尘、盐碱、霜冻等自然灾害频繁，已成为农业生产的最大障碍。干旱发生的特点是“十年九旱”、“十年九灾”，春旱和初夏旱发生率约为80%，连发率为40%；气候变暖、降水偏少和蒸发量增大的趋势日渐明显。一般年景，因干旱减产15%～20%；干旱年份，西部减产40%～60%甚至绝收，中部减产20%左右。干旱不仅造成粮食大幅度减产，还造成草场退化和水土流失加剧，致使生态环境进一步恶化。③农田基础设施薄弱。旱作区工程灌溉农业和设施农业极少，主要以地下水井灌为抗旱水源，以播种期坐滤水种、苗期行走式灌溉补水为主，年平均作业面积达到200万hm^2，局部地区采用喷灌、沟灌、膜下滴灌等，不足耕地面积的3%。大部分农田还得不到灌溉，完全是靠天吃饭。农村分户经营以后，大中型农机具数量减少，机具的完好率下降，基本以小型机具耕作为主，造成犁底层上移，耕层变浅，土壤板结。④耕地退化严重。由于水蚀（江河沿岸的沟蚀）、风蚀（面蚀）导致耕地面积减少，黑土层变薄，养分大量流失。全省水土流失耕地面积达460万hm^2，占耕地的1/3。有机肥投入量降低，不科学施用化肥，加之不合理的耕作，特别是严重的水土流失，导致土壤理化性状恶化，土地生产能力也随之降低。据黑龙江省农业科学院提供的数据，全省“六五”期间，耕地有机养分转化率为12.9%，“九五”期间降低到5.1%，原来肥沃的良田退化成中低产田。由于耕地土壤、作物结构、管理水平等诸因素不同，形成了大量中低产农田，土地相对贫瘠，土壤退化、盐碱化明显，有机质含量减少，粮食产量不稳。533.3万hm^2旱作耕地中低产田占333.3万hm^2，全省粮食平均单产为3.15 t/hm^2左右，中低产田单产水平为1.95～2.84 t/hm^2。耕地退化更重要的一方面是缺乏对耕地的养护和有机培肥投入，肥料养分的投入和粮食产出失衡。⑤农业综合效益低。沿用小农经济发展模式，仍是广种薄收、耕作粗放的传统农业，主要表现在播种方式不科学，抗旱引墒镇压措施不得当，大量使用除草剂而忽视铲趟作业，造成土壤板结，涵蓄自然降水能力逐年下降，最终导致粮食总产量波动较大。此外，农业生产的集约化、规模化、市场化、组织化程度低，综合效益不高。如大宗农作物玉米，在不计劳动力的情况下，正常年景亩收益在200元左右。

这一区域的节水技术以抗旱灌溉播种保苗、农艺节水、生物节水技术应用为主，通过“九五”、“十五”、“十一五”期间国家、省（部）农业节水研究项目的持续开展与经费投入，形成了针对耕地不同地形环境、水资源条件的特色抗旱节水工程技术与田间耕作、农艺、生物等技术综合集成的分类节水模式，在示范、推广与应用中，发挥了农业节水技术对抗旱增产的支撑作用。

（二）农业用水现状及发展趋势

从用水比例分配来看（表6-5），黑龙江省2008年农业用水总量为222.4亿m^3，占总用水量的74.9%，较2007年有微幅增长。其中，农田用水量为212.07亿m^3，林牧渔畜用水量10.33亿m^3。农田用水中，水田灌溉用水量最大，为203.81亿m^3，占农田用水量的96.1%，占社会总用水量的68.6%。水浇地、菜田仅占农田用水的3.9%，灌溉用水量为450～1350 m^3/hm^2。

表 6-5 黑龙江省农业用水状况 （单位：亿 m^3）

用水项	2007年			2008年		
	总量	地表水	地下水	总量	地表水	地下水
农业用水	218.55	119.13	99.42	222.4	118.95	103.45
农田用水	208.78	114.35	94.43	212.07	114.27	97.80
林牧渔畜用水量	9.77	4.78	4.99	10.33	4.68	5.65

随着黑龙江省经济社会的发展，工业和人民生活用水会有所增长，在总供水量增幅微小的条件下，农业用水的份额必须逐步压缩。农田灌溉要发展，只能通过高效节水灌溉来解决。根据中长期发展规划（图 6-2），黑龙江省至 2020 年水田灌溉面积要达到 300 万 hm^2。当全省水稻灌溉面积达到 300 万 hm^2时，按照目前的灌溉水平，仅水田用水就高达 315 亿 m^3左右，扣除“两江一湖”过境水引入量，水稻用水将增加 87 亿 m^3，达到 290 亿 m^3左右，占全省水资源总量的 35％以上，这样的用水增长趋势与水资源循环的平衡状态相比较是不可持续的，从经济发展全局来看也是不现实的。只有通过节约用水、开发并发展农业灌溉的节水灌溉面积，提高全社会对水资源危机的认识和节水意识，加强节水型社会的建设，才能支撑黑龙江省经济可持续发展。

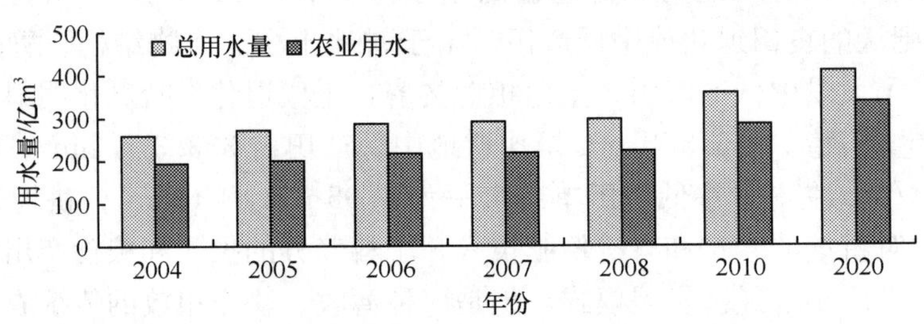

图 6-2 黑龙江省农业用水量变化趋势图

三江平原旱作区的灌溉发展具有水土资源优势和可操作性。黑龙江、乌苏里江、兴凯湖的年过境水资源量为 2720 亿 m^3左右，目前实际利用水量仅 16 亿 m^3，开发潜力巨大，可以作为三江平原新增灌区的主要水源。按照 4％引水量进行三江平原区水资源平衡分析，增加外引水资源量 108.8 亿 m^3，能够满足水田灌溉面积和旱田灌溉面积的优化配置要求；张广才岭、老爷岭区可以通过新建、消险一批大中型水库和小型蓄水工程，主要是新建一些大中型水库，消险加固病险水库，因地制宜地建设小型微型蓄水工程，达到拦洪、蓄洪的目的；在松嫩平原区，加强尼尔基灌区配套渠首引水、提水工程建设，提高区域灌区拦河引水能力，扩大有效灌溉面积，提高农业稳定的粮食生产能力。

因此，根据黑龙江省多年平均水资源及规划水利工程的建设规模、引水量，黑龙江省应适度规划水田面积的发展，把既节水又高产的旱田灌溉发展纳入中长期发展规划中，同时在水田灌区挖掘节水潜力，充分发挥水稻灌区节水对黑龙江省水资源的合理开发利用及对现代农业发展的重要作用，保证黑龙江省水资源的可持续利用和综合粮食产能的稳步提升。

三、节水高效技术发展存在问题的综合分析

（一）水资源开发利用程度低，区域供需失衡加剧

黑龙江省人均水资源占有量 2185 m^3，低于全国 2200 m^3 的人均水平；耕地平均水资源占有量 6900 m^3/hm^2，低于全国 19 500 m^3/hm^2 的平均水平，人均水资源占有量和耕地平均水资源均处于较低水平。山丘区的耕地面积占全省的 20%，水资源占总量的 74.5%；平原区耕地面积占全省的 80%，水资源仅占总量的 25.5%。年降水时空分配十分不均，西部地区为 380～500 mm，东部地区为 450～650 mm，山丘区大于 650 mm。全省多年平均降水量为 530 mm，6～9 月集中降水占全年降水量的 60%～80%，3～5 月降水仅占全年降水量的 5%～10%。季节性干旱和水资源时空分布不均是影响粮食生产重要因素之一。

目前，黑龙江省水资源开发利用率较低，且由于开发相对集中，在一些地区已出现了较为严重的供需矛盾。在水田开发上，由于比较集中地分布于松嫩平原沿岸和拉林河、呼兰河、蚂蚁河、穆棱河流域，而且在发展水稻种植面积时较少考虑这些河流的水资源约束条件，盲目扩大种植面积的结果为超过了河流水资源量的极限，因而使一些中小河流发生了断流。如果这一现象任其发展，不仅会使位于中小河流下游地区的工农业生产遭受严重影响，而且还将使这些地区的生态环境遭到严重破坏，后果不堪设想。

（二）缺少与资源区域配置相适应的灌溉发展量化依据

黑龙江省旱作农业区水源工程仅限于地下水、塘坝泡沼水，工程性水源主要供给工业用水、城市用水及水稻灌区的生产用水；灌区输配水渠道及建筑物的配套建设基本不考虑旱作区的灌溉用水，因此，旱作区缺乏灌溉工程保证；全省有大型、中型、小型水库 605 座，万亩以上灌区近 300 处，有 70%水库淤积严重，库容量减少，工程灌溉保证能力逐年下降，水田灌溉区与井灌面积基本相同。由于地下水超采严重，地下水位下降趋势明显，一般干旱年份井灌区灌溉水源更加短缺。另外黑龙江省部分农业灌排工程老化失修严重，水利基础设施较薄弱，水利工程产权制度和供用水管理体制改革相对滞后，合理水价产权机制没有形成，缺少节水意识，用水浪费严重，这些都是灌溉保证的制约因素。另外，社会经济和工农业的发展，用水量增加，加之浪费现象严重和水污染加剧、水土流失，导致可利用资源减少。随着近些年气候变暖、降水量减少，生态与农业用水日趋紧张。

集中发展灌溉农业发展区使得水资源局部超载现象突出，需要坚持量水而行、以水定供、以供定需的原则，并在开发区域大力推行农业节水技术。对确无水源保证的灌区以旱作农业、抗旱农业为主，积极研究并实施灌区开发向水资源丰富地区的战略转移。依据科学论证积极采取措施，开展跨流域调水。从长远来看，要从根本上解决黑龙江省水资源分布与生产力布局不相适应的问题，还必须及早开展大规模跨流域调水方案的研究。

（三）难以改变传统耕作习惯，高效灌溉节水技术不普及

黑龙江省水资源短缺与粗放低效利用的状况并存，而水资源的粗放低效利用，又加剧了水资源短缺程度。农业灌溉用水约占全社会用水量的70%，但由于输水方式、灌溉方式、农田水利基础设施、耕作制度、栽培方式等方面的问题，农业用水的利用率很低，渠道灌溉区只有30%～40%，机井灌溉区也只有60%，和国内南方省份及一些发达国家（80%）相比有很大差距。在旱作农业区，春季播种缺乏抗旱意识，“有旱就抗，来雨就忘，等雨种地”的传统习惯造成抗旱短视；不注重深松耕地，黑龙江省农村一直使用仅有18马力①的小四轮拖拉机整地，整地深度只有10～15 cm，土地耕层逐年上移，使耕地形成一层又厚又硬的犁底层，导致地力逐年下降。部分地区仍停留在原始状态，用土渠、土壕并采取大水漫灌导致水资源利用较低。

目前，抗旱节水农业综合技术的研究已取得了重大的突破，已取得了适应于不同环境与作物的多项节水型农业技术和高效的农业节水综合技术模式，由于价格因素的影响及农民习惯的传统耕作方式很难改变，因此，新技术推广应用的覆盖面积相对有限。

（四）节水农业创新水平不高，缺乏高新技术支撑

从整体上看，黑龙江省节水农业技术引进的多，自主开发的少，产业化程度低，整体配套性差，如微喷灌设备、节水作业农机具难以满足市场需求。拥有自主知识产权的节水高新技术还很少，推广国外产品，成为一些技术推广部门经营的主要项目，提高农业节水创新水平，满足农业节水的需求，是摆在黑龙江省节水面前的重大课题。旱作农业区的光热资源配置优势明显。日照时数多，辐射强度大，光合有效辐射充足，昼夜温差大，有利于优质农产品生产。但是，半干旱的大陆性季风气候，使得降水主要集中在6～9月4个月，降水与作物需水的吻合程度只有60%～80%，加上缺少综合节水配套技术，加大了粮食生产的不稳定性。

高新技术的应用将全面提升农业节水技术的现代化水平，促进节水农业技术向着定量化、规范化、模式化、集成化和高效持续方向发展。从黑龙江省现状来看，节水农业高新技术应用的整体水平与发达国家有较大差距，尚处于发展的初期阶段，农田节水技术有机集成度低，整体配套性能差，尚不能为建设节水高效农业提供强有力的支撑。

（五）注重单项技术，缺乏深入的节水技术综合集成

目前在黑龙江省节水农业发展过程中，往往只注意单项的工程技术如渠道防渗、低压管道输水、“小白龙”灌、畦灌、喷灌和微灌等的推广，非工程技术如控制灌溉、水肥耦合、深松蓄水、垄上区田保水、注水灌溉、抗旱保水剂等的应用，还有覆盖保墒、深松耕作等多种农艺节水技术的推广，但是，缺乏将这些技术紧密结合的综合集成技术，形成适合大面积节水高产应用的规范化、体系化的技术模式，节水高产抗旱减灾的保证率降低，导致单一节水技术的推广出现困难，功效低，甚至夭折。一段时期以来，

---

① 1马力=735.498 78W。

工程节水技术与非工程节水技术相结合，多项灌溉节水优势技术有机融合，形成高度集成的综合节水技术体系，是当前节水农业技术发展的方向，也是国家重点科研发展规划的研究重点和热点，因此，逐步完善集成技术研究与推广应用体系，高效利用水资源，提高耕地的粮食生产能力，是提高灌溉用水效率，保障粮食优质、稳产、高产，实现灌溉农业可持续发展的重要手段。

第二节　总体发展思路、目标和主要技术内容

一、总体发展思路

黑龙江省是我国重要的商品粮生产基地，耕地总面积和人均耕地面积均位列全国第一位，是我国 21 世纪粮食增产和粮食供给能力潜力最大的地区，而单产水平却低于全国平均水平。2008 年黑龙江省委、省政府提出了《黑龙江省千亿斤①粮食生产能力建设规划》，规划提出至 2015 年实现全省千亿斤粮食产能的战略目标，得到了国家的高度重视，并在 2009 年初步启动。

水利工程保障与节水灌溉技术配套是粮食生产的基础，随着经济社会的发展，农业用水将面临更加严峻的挑战。一是工业、生活和环境用水将会不断增加，挤占农业用水；二是为保障粮食安全，灌溉用水需求必然随着有效灌溉面积的增加而增长。根据黑龙江省水资源条件和经济社会发展对水资源的需求，今后相当长时间内灌溉用水总量应该大体维持在现有水平上。为此，要保持在灌溉用水量不增加的情况下，保障农业的可持续发展，必须内部挖潜，大力发展节水农业，加大投资力度开展灌溉高效节水综合技术集成模式的研究，在主要农业生产区推广。

通过农田灌溉高效节水技术集成研究，能稳定提高灌溉农业的生产水平和粮食产量，并为水土资源优化利用提供科学依据，实现工程投资的最优性价比，使得自然资源与社会资源得到高效利用，进而推动资源节约、环境友好、优质高效农业的发展。为此，加速节水灌溉关键技术的集成，发展适合黑龙江省干旱、寒冷等地方农业的现代高效节水应用模式，重点在灌溉与农艺技术相结合，补水与保墒技术相结合，工程与耕作、生化技术相结合等方面取得突破，加强因地灌溉施肥的综合集成技术研究，坚持集成创新与应用创新相结合，构建黑龙江省特色的粮食作物高效用水技术体系。

二、研究目标

以黑龙江省农业水土资源特点为基础，从提高农业灌溉科技水平，建设资源节约型、环境友好型生态农业出发，解决高效节水灌溉与蓄水保墒的关键技术难题，实现提高水资源利用率与灌溉水利用效率的目标。通过黑龙江省农田灌溉高效节水集成研究，稳定提高技术应用区的粮食产量，为水资源优化配置与区域水利工程规划提出灌溉需求技术与指标依据，为现代灌溉农业提供技术支撑模式，为黑龙江省千亿斤粮食产能工程的稳步实施与目标实现提供水利科技支撑，为现代水利发展、农业强省建设和保障国家

① 1 斤＝500g，后同。

粮食安全发挥应有的作用。

三、主要技术内容

针对黑龙江省半干旱区发展旱作农业存在的春季干旱严重、低温冷害频发、降水利用效率低、耕地水肥失调等主要问题，以大豆和玉米等主要作物为对象，重点攻克蓄水保墒、抗御低温、水肥耦合、构建高效土壤水库等关键技术，集成提出区域综合节水配套技术模式，并进行大面积试验、示范，取得显著的经济、社会和生态效益。

(1) 开展机械化注水播种、机械化苗期补灌、振动式全方位深松、中耕局部深松、垄向区田筑挡、秸秆覆盖、行间覆膜、免耕播种、水肥耦合调控、覆膜喷滴灌等技术的机理研究，以及不同耕地条件、种植作物、土壤类型、耕作制度等条件下的各项技术应用效果研究。

(2) 研制注（坐）水灌溉播种、振动深松联合作业、垄向区田、免耕播种等机械，开发专利型产品，并以机械化作业手段，实现各项关键技术的大面积推广应用，提高水分利用率和生产效率，为黑龙江省旱作区粮食作物产量提高提供高效的现代化耕作设备。

(3) 研究适合区域不同水文年份、水资源条件及种植作物的综合节水技术集成模式，开展机械化注水播种与苗期补灌集成模式、坡耕地机械化振动式深松与垄向区田筑挡技术集成模式、作物秸秆覆盖与机械化免耕播种技术集成模式、行间覆膜播种与喷灌技术集成模式、膜下滴灌与水肥耦合技术集成模式的应用。

(4) 利用“3S”技术和地面长期定位观测资料，建立区域土壤墒情预测预报模型和区域节水技术数据库与开发灌溉管理决策支持软件系统，为区域农业节水抗旱提供技术支持。将土壤墒情预测预报模型用于区域节水技术决策，为节水灌溉的宏观管理提供现代化技术平台，提高灌溉管理的科学性和实效性。

(5) 开展管理体制和运行机制研究，建立不同的节水技术推广管理体制，保证综合节水技术应用区的农民利益，把农民增收作为节水技术应用的着眼点和落脚点，同时本着“有偿、自愿”的原则，合理解决节水技术推广中的土地流转、规模经营、利益分配问题，依合同的形式固定合作方式，实施市场化运作，因地制宜确定组织经营形式和分配方式。

(6) 建立农田高效节水灌溉单项关键技术与集成模式的应用规程，发挥各项技术规程对稳定和提高粮食产量、提高区域农业综合抗旱能力、改善生态环境、促进农业现代化建设的重要作用，使综合节水高效技术在实施中逐步规范化、科学化。

(7) 建设集成模式试验示范区，通过试验示范区建设带动集成技术应用与大面积推广，作物水分利用率提高 20%以上，作物单产提高 15%以上。

第三节　农业高效用水技术体系与模式

一、区域农业高效用水核心技术

注水灌溉、振动深松、垄向区田等技术是针对黑龙江省旱作区气候特点、水资源特点及农业生产水平开发和发展的比较有区域特色的高效用水技术。黑龙江省自 20 世纪

90年代开始对注（坐）水种进行不同程度的研究，近几年黑龙江省水利科学研究院对注水灌溉系列机具的研究有力地推动了该项技术的推广与应用。振动深松技术是由黑龙江省水利科学研究院引进开发的国际先进蓄水保墒改土技术，并在“十五”期间对振动深松技术进行了大规模研究，开展了与振动深松有关的国家级、省（部）级五个重大项目，该技术成为水利部、黑龙江省重点推广的新技术之一。东北农业大学从1988年开始探索垄向区田蓄雨集水技术，成为“十五”国家“863”计划项目“东北半干旱抗旱灌溉区节水农业综合技术体系集成与示范”应用核心技术之一。

（一）机械化注水灌溉技术

注水灌溉起源于田园之中，是农民经过自身生产实践总结出的行之有效的抗旱措施，并一直被广泛应用。暗式注水灌溉属于一种机械化局部灌溉技术，是通过专用机械将水直接注入表土层以下，满足种子萌发和作物生长需水要求。目前，黑龙江省水利科学研究院研制的2BF-1型暗式注（坐）水点播机已在黑龙江省西部干旱的17个市（县）广泛应用，应用面积达24.3万hm^2，节水4755万m^3。机械化注水灌溉解决了旱地作物关键生长期缺水和提高生产效益的难题，适用于播期干旱和水资源缺乏地区的玉米、大豆、高粱、甜菜等大田垄作栽培作物。

1. 技术原理及要点

注水灌溉是通过活动水源的运水车，利用注水器具将水直接注入土中，达到补水抗旱保苗的目的。注水灌溉技术主要用于播种期及苗期的抗旱保苗，促进苗齐、苗全和苗壮。

技术要点：注水灌溉应有可靠水源和取水、运水设备，注水灌溉设备和供水量应满足作物在最佳时期内播种和苗期灌水的要求，且灌水均匀；水源的控制灌溉面积应按每季用水量不少于75 m^3/hm^2计算；水源至田间的运水距离，采用畜力运水，不宜大于200 m；采用机械运水，不宜大于500 m。

2. 注水种抗旱机理的研究

1）基本理论

蒸发条件下的土壤水分运动有两种学说占主要地位，一为非饱和土壤水运动的达西定律；二是前苏联阿·依·布达戈夫斯基提出的土壤水汽在干燥土层下面的水热平衡理论，其平衡式为

$$E - Q = \rho(W_H - W_0)\mathrm{d}Z_d/\mathrm{d}t \tag{6-1}$$

式中，ρ为水密度（g/cm^3）；W_H为按接近地面所形成的干燥土层的初期含水率（%）；W_0为干燥土层的含水率（%）；Z_d为干燥土层厚度（cm）；E为干燥土层下面的水汽蒸发强度（mm/d）；Q为水向干燥土层供给的速度（mm/d）；t为水汽蒸发消耗时间（天）。

土壤表面蒸发及蒸发强度的大小主要取决于两个方面的因素，一是大气蒸发能力，即受辐射、气温、温度和风速等气象因素影响的蒸发外界条件；二是土壤供水能力，即受土壤中含水率的大小和分布的影响，这是土壤水分向上输送的条件。根据两者的相互作用，土面蒸发呈现出一定的规律和特点，其蒸发过程可分为表土蒸发强度保持稳定阶

段、随土壤含水率变化而变化阶段和水汽扩散阶段。在水汽扩散阶段，蒸发面不是在地表，而是在土壤内部，蒸发强度的大小主要由干土层内的水汽扩散能力控制，并取决于干土层的厚度。一般来说，其变化率是十分缓慢而且稳定的。

在试验研究中以水汽扩散作为理论依据，以此推导出

$$E = \frac{E_0}{1 + \beta Z_d D} \tag{6-2}$$

式中，β 为饱和比，即显热传导量 H 与潜热传导量 LE 之比，亦即 $\beta = H/\mathrm{LE}$；E_0 为土壤在充分湿润时的最大蒸发强度（mm/d）；D 为水汽扩散速度（mm/d）。

2）试验设计

试验在黑龙江省肇州县旱田灌溉试验站进行，用桶测法测定不同干土层厚度情况下的土壤表面蒸发量，干土层从 1～10 cm 各 1 个测桶，充分湿润 1 个测桶，计 11 个处理，3 次重复。

观测内容：气温、降水、干湿球温度、大气压、饱和差、水面蒸发等。

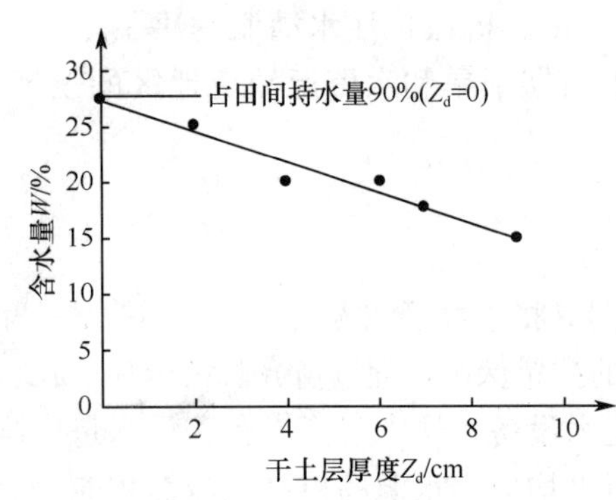

图 6-3　土壤含水率与干土层关系图

方式方法：每天 19 时观测，用称重法计重，并用直尺测其干土层厚度。

3）试验结果分析

a. 干土层厚度与其底部土壤含水率之间的关系

所谓干土层厚度指地表面至干土与湿土有明显的界面的厚度。通过观测，当土壤含水率占田间持水率的 90%以上时，表土是不存在干土层的，当下降到 90%以下时随着含水率的降低干土层才逐渐地加深，如图 6-3 所示。

由图 6-3 可见，含水率与干土层厚度具有相当好的直线相关关系，但这只限于耕作层内。这就说明，在耕作层内，土壤含水率变化是非常大的。根据图中数据得出在测试范围内的 W-Z_d（干土层厚度）之间的关系式为

$$W = (0.275 - 0.0147 \times Z_d) \times 100\% \tag{6-3}$$

当 $W > 0.275$ 时，其 Z_d 值可视为 0。

b. 干土层加深速率

在连续干旱的情况下，随着土壤水分不断地被蒸发掉，干土层也逐渐加深。通过实际观测可知，不同干土层厚度的试验处理，其干土层每天平均增加的厚度是不同的。干土层薄时，其增加速率大，干土层厚时，增加速率很小。或者说，随着干土层加厚，其增加速率也就越来越慢，如图 6-4 所示。

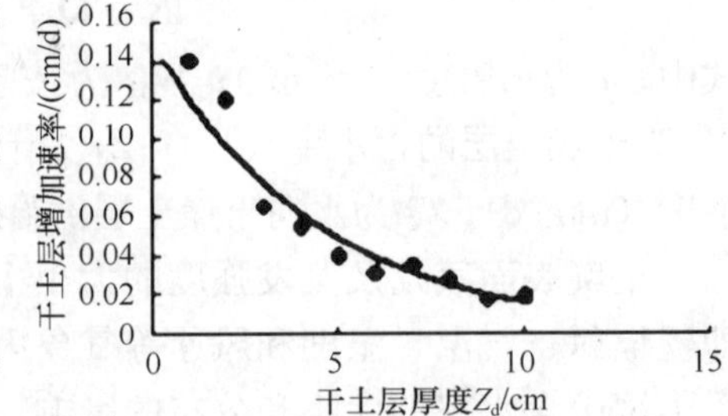

图 6-4　干土层厚度与增加速率关系

根据实测数据分析，其变化速率 Δh 与干土层厚度 Z_d 呈以下关系：

$$\Delta h = 0.15\mathrm{e}^{-0.235 Z_d} \tag{6-4}$$

相关系数 r 为 0.941；$r_{0.01}=0.823$，$r>r_{0.01}$，二者回归关系达到极显著水平。

c. 不同干土层厚度其蒸发量测定与分析

根据实测值，将式（6-2）改成下式，建立 E 与 E_0 及 Z_d 的数学关系：

$$E=\frac{E_0}{e^{bZ_d}} \tag{6-5}$$

E_0 是土壤含水率达到饱和状态下的实测值。为了计算方便起见，首先依据实测值建立 E_0 与水面蒸发值 E_s 的经验模型：

$$E_s=2.5+0.760E_0^{1.24} \tag{6-6}$$

即

$$E_0=[(E_s-2.5)/0.760]^{\frac{1}{1.24}}=1.25(E_s-2.5)^{0.806}$$

式中，E_s 为 ϕ200（mm）蒸发皿的蒸发值。当 E_s 小于 2.5 时，E_0 为 0，因空气湿度大，土壤含水率有增加的趋势。

然后再按照试验处理，在不同的 E_0 及 Z_d 条件下分别测出不同的 E 值，建立 E-E_0 的相关关系：

$$E=E_0e^{-0.67Z_d} \tag{6-7}$$

再将公式中的 E_0 用 E_s 代替，则

$$E=1.25(E_s-2.5)^{0.806}\cdot e^{-0.67Z_d} \tag{6-8}$$

d. 抗旱保墒分析

从上述分析可知，当 E_0 为一定值时，E 随 Z_d 的加深而减小。注水灌溉是将水直接注入在干土层以下某个深度，从经验上看，一般取决于播种种位深度。大田作物一般在 3～5 cm 以下，上面仍覆盖着一定的干土层厚度。在这种条件下，其土壤水分均以水汽扩散形式消耗掉。因此，水分消耗速度是很慢的。例如，黑龙江省肇州县 4 月、5 月、6 月日平均水面蒸发量分别为 8.21 mm、11.76 mm、9.61 mm，而在干土层厚度 1～5 cm的情况下，其平均 E 值见表 6-6。

表 6-6　不同干土层厚度的各月 E 值　（单位：mm/d）

月份	干土层厚度				
	1 cm	2 cm	3 cm	4 cm	5 cm
4	2.6	1.26	0.68	0.35	0.18
5	3.85	1.97	1.01	0.52	0.26
6	3.11	1.59	0.81	0.42	0.21

从表中可以看出，当注水深度在 3 cm 以下时，其 E 值是很小的。因此，可以说干土层具有一定的保墒作用，使其有限的注灌水量可以满足种子发芽、出苗的需要，提高了抗旱能力。

e. 抗旱天数与注水量、干土层厚度的关系

根据黑龙江西部松嫩平原干旱地区历年春旱情况，注（坐）水种的注水量应以抗旱能力在 40 天为宜。不同干土层其干旱分级、底墒、注水量、抗旱天数见表 6-7。

表 6-7　不同干土层其干旱分级、底墒、注水量、抗旱天数

测得干土层厚度/cm	干旱分级	不灌抗旱天数	底墒(占田间持水量的比例)/%	注水量/(m^3/hm^2)	灌后要求达到抗旱天数
0	不旱	47	89.9		
1	不旱	39	85.1		
2	不旱	26	80.2		
3	轻旱	18	75.4	15.0	25
4	轻旱	14	70.1	30.0	25
5	旱	9	65.9	52.5	30
6	旱	6	61.0	64.5	30
7	重旱	3	56.2	82.5	35
8	重旱	0	51.4	90.0	35
9	严重干旱	0	46.6	105.0	40

注：注（坐）水种的注水量要求，以黑龙江省西部松嫩平原干旱地区为例，折合局部灌水水深（mm）可参考表 6-8。

表 6-8　注（坐）水种水量折合局部灌水水深表

干旱分级	单位	轻干旱	中干旱	重干旱
穴播水量	kg/穴	0.5	1.0	1.5
	水深/mm	20	40	60
条播水量	t/hm^2	22.5	45	67.5
	水深/mm	10.4	20.8	31.25

3. 行走暗式注（坐）水技术的研究

1）暗式注水出现的理论依据

根据土壤入渗基本公式，分析水向土壤中入渗的时间，如下所示：

$$I = Ct^n \tag{6-9}$$

式中，I 为入渗量（mm）；t 为入渗时间（min）；C、n 为入渗常数，与土壤类别、性质有关。

现以最小灌水量为例，计算其所需时间。穴播（埯种）最少需要灌水 20 mm，取砂质土壤：$C=7.2$，$n=0.87$，则 $t=3.24$ min；条播时最小灌水水深为 10.4 mm，同理得出 $t=1.562$ min。

由此可见，穴播条件下，灌水后需 3 min 后方可点籽、施肥等；条播条件下，考虑到小型拖拉机的平均速率 1.7 km/h，折合每分钟 28.33 m，说明灌水出口与播种人的距离至少需要 43 m 以上。由此可见，在整机条件下，开沟灌水与播种施肥同步进行，可达到水、种分离，不和泥的效果，明式灌水是做不到的。因此确定暗式注水方式，将水注在种子位置的下面，水和种子之间有一隔水层（土层厚度可根据实际需要确定），达到在水没有完全入渗情况下使水、种分离，且不和泥的作业效果。要求注水灌溉播种机具能够达到松土、注水、开沟、播种、施肥、覆土等作业一次顺利完成。

2）暗式注水点播机的系列化研究

1995年黑龙江省水利科学研究院研制成功了2BFS-1型暗式注（坐）水点播机，该机型是一种单垄作业的拖带式机具，在其注水灌溉保墒机理研究方面填补了国内空白，核心部件松土灌水器属国内首创，达到国内领先水平。1996年，为了适应广大农村农用小四轮拖拉机使用的迅速发展，又开发研制了系列新机型，即2BFS-A型暗式注水点播机、2BFS-2A型和2BFS-2B型暗式注水点播机（图6-5，图6-6）。该系列机型保留了2BFS-1型的结构参数和运动参数，既能常规播种也能灌水播种；有单行作业，也有双行作业；有畜力机配套机型，也有小型拖拉机悬挂式机型。2BFS-1A型暗式注水点播机作业组合为小型拖拉机（或畜力水车）牵引水车单垄作业，水车后牵引播种机，由一人牵扶播种机并控制放水阀；2BFS-2A型为双垄作业，整机硬联结在小型拖拉机后轴上，行走地轮带动播种轮，拖拉机拉杆稍加长，水车牵引在其后，水车的输水管在播种机上分叉，分别从两个松土灌水器暗式注水；2BFS-2B型也是双垄作业，整机悬挂在小型拖拉机的后悬挂装置上，其他结构同2BFS-2A型。后两种机型在卸去播种部件和松土灌水器后，可加装其他农机部件，作自动犁或中耕机使用。

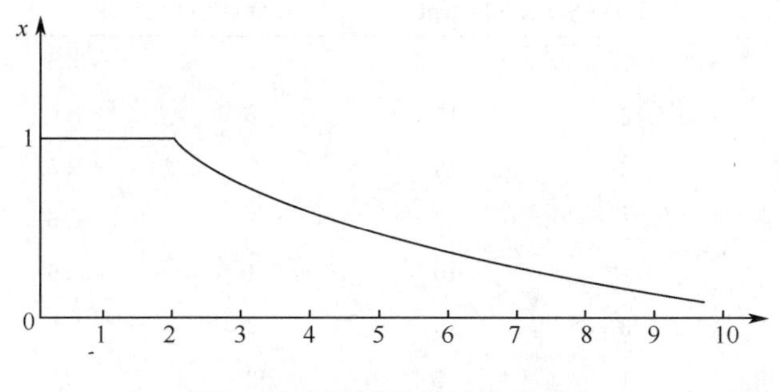

图6-5　隶属函数的戒上型分布

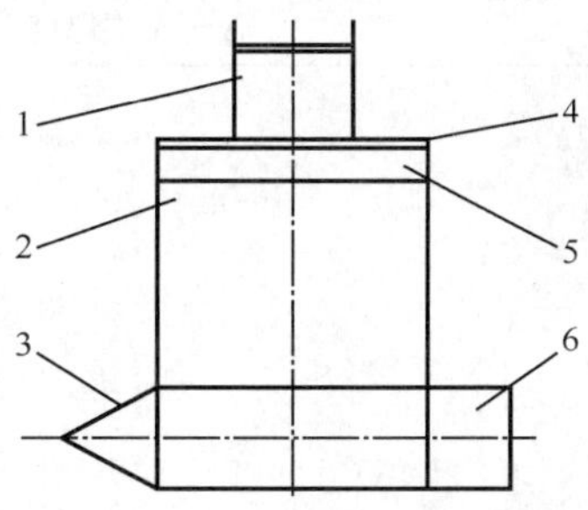

图6-6　注水器整体结构图

1. 犁头；2. 水盒；3. 进水管；4. 连接板；5. 渐变盒；6. 暗水管

4. 注水灌溉播种技术参数确定

1）试验地基本情况

试验地位于肇州县肇州镇西1 km处，属松嫩平原低平原区，土壤类型为碳酸盐黑钙土，0～30 cm土层腐殖质为2.34%，pH 8.5，含全氮0.13%、P_2O_5 0.09%，代换量为23.96 mL/100 g，0～60 cm土层土壤水分物理性质见表6-9。

表6-9　肇州试验区土壤水分物理性质

比重	容重 /(g/cm^3)	总孔隙率/%	孔隙比	饱和含水量/%（重量分数）	田间持水量/%（重量分数）
2.68	1.21	54.9	1.21	45.3	29.21

试验区为季节性冻土区，冻土层深1.7 m，多年平均降水量458.9 mm，且四季降水量分布不均衡，≥10℃积温2780℃，无霜期143天，热力资源比较充足，是黑龙江

省第一积温带县份之一，合理的灌溉对提高单产具有明显的优势，测桶播种日期为 4 月 30 日。

2）试验设计

以玉米播种期干土层厚度、不同注（坐）水深度及注（坐）水量为 3 个因素 A、B、C，以干土层 3 cm、6 cm、9 cm，注（坐）水深度 5 cm、10 cm、15 cm，注（坐）水量每穴 0.5 kg、1.0 kg、1.5 kg 为各因素的 3 个水平，采用正交法优化设计。以正交表 $L_9(3)^4$ 9 个不同处理设 3 次重复做试验研究见表 6-10。

以 30 cm×30 cm×40 cm 测桶为单个处理，桶内土层以设计干土层及以下田间自然状态层为基准装入，测桶设置在测坑内，依南北垄向顺序排列，周围埋入防护板，测桶表面及防护板顶部基本与周围地表面持平。试验阶段如遇降水，采用人工棚、膜遮水，每 5 天称重一次，观测目标为各处理的出苗期及时段内测桶的土壤水分消耗。进行试验期间，不附加任何其他农业技术措施，保证各处理在设定条件下进行试验观测。

表 6-10　土层厚度、不同注（坐）水深度及注（坐）水量试验设计表

处理	因素、水平					
	A 干土层厚度/cm		B 注(坐)水深度/cm		C 注(坐)水量/(kg/穴)	
1	1	3	1	5	1	0.5
2	1	3	2	10	2	1.0
3	1	3	3	15	3	1.5
4	2	6	1	5	3	1.5
5	2	6	2	10	1	0.5
6	2	6	3	15	2	1.0
7	3	9	1	5	2	1.0
8	3	9	2	10	3	1.5
9	3	9	3	15	1	1.5

3）试验结果分析

a. 观测指标的模糊分布确定

各处理的平均出苗日期及观测结果见表 6-11（5 月 8 日为出苗第一天）。

表 6-11　正交试验观测指标记录表

处理	1	2	3	4	5	6	7	8	9
出苗日期(5月)	13	11.33	9	10.67	11.33	9.67	12.33	11	9.67
出苗日序(x^*)	6	4.33	2	3.67	4.33	2.67	5.33	4	2.67
萎蔫日期(月-日)	6-12	6-8	6-11	6-11	6-11	6-11	6-11	6-11	6-11
叶龄	6.5	7.0	9.0	8.0	7.0	8.0	7.0	8.0	7.0
阶段耗水量/mm	15.1	19.9	26.6	19.4	12.0	15.8	14.4	17.6	11.0

* 距 5 月 8 日出苗日的时间。

在这一试验中暂不考虑出苗后采取灌水、耕作措施等对弱苗的补救作用，单以出苗的早晚作为确定“好苗”的依据，建立各处理反映“好苗”这一特征所具有的隶属度函数。也就是说，各处理在不同因素水平的综合作用下，出苗愈早，愈能保证较高作物产量；出苗愈晚，愈减少高产目标实现的可能性。本着既客观又符合情理，并结合以往经验确定，“好苗”采用隶属度函数的戒上型统计分布（图 6-5），即

$$\mu(x)=\begin{cases}\dfrac{1}{1+[0.333(x-2)]\times 1.636} & x>2\\ 1 & x\leqslant 2\end{cases} \tag{6-10}$$

把各处理的出苗日序代入 $\mu(x)$，得其“好苗”的隶属度见表 6-12。

表 6-12 “好苗”的隶属度数据表

处理	1	2	3	4	5	6	7	8	9
$\mu(x)$	0.385	0.602	1	0.723	0.602	0.921	0.458	0.66	0.921

b. 正交试验直观分析

计算各种水平条件下的总平均值及各因素水平的总和 k、平均值 k'，不同水平 k' 值的极差 R 及下级极差 R'，见表 6-13。

表 6-13　正交试验直观分析表

处理	因素/水平			指标	次序
	A	B	C		
1	1	1	1	0.385	9
2	1	2	2	0.62	7
3	1	3	3	1	1
4	2	1	3	0.723	4
5	2	2	1	0.602	6
6	2	3	2	0.921	3
7	3	1	2	0.458	8
8	3	2	3	0.660	5
9	3	3	1	0.921	2
k_1	1.987	1.566	1.908	$\sum 6.272$	
k_2	2.325	1.864	1.981	$c_p=0.697$	
k_3	2.039	2.842	2.383	$5\%c_p=0.035$	
k_1'	0.662	0.522	0.636		
k_2'	0.775	0.621	0.660		
k_3'	0.680	0.947	0.794		
R	0.113	0.425	0.158		
R'	0.095	0.326	0.134		

从表 6-13 各处理指标的次序列中得出以下处理为最优处理和接近最优处理的候选处理：第 3 号处理 $A_1B_3C_3$；第 9 号处理 $A_3B_3C_1$；第 6 号处理 $A_2B_3C_2$；第 4 号处理 $A_2B_1C_3$；以上因素的极差 R 确定各因素的主次顺序 $R_B>R_C>R_A$，即注水试验中，注

水深度对出苗早晚影响最明显，其次是注水量，干土层厚度对出苗影响最小。由下级极差 R' 确定的各因素的主次顺序与上述一致。从各因素水平的指标平均值 k' 的变化来看，注水深度大于 10 cm、注（坐）水量变化超过 1.0 kg 时，对试验指标变化的影响很大，因而一般干旱年要保证注水的质量，其注水深度不能小于 10 cm，注水量不少于 1.0 kg/穴。

根据因素 A、B、C 各级极差的大小，直观理论最优组合确定分别为 A_2、B_3、C_3，与实际最优组合相比，可控制因素 B、C 完全相同，只在干土层厚度项上稍有不同，下面通过方差分析进一步确定。

根据方差分析结果，因素 A（干土层厚度）对试验指标影响微小，因而只要满足主要因素 B、稍次因素 C，就能达到最大指标值。经试验结果分析，理论最优组合为 $A_1B_3C_3$，与实际发生的最优组合完全一致。

综上所述，注水深度是影响苗情的最重要的因素，注水量的多少也是不可轻视的主要因素。在春播期严重干旱情况下，以注水量达到 1.5 kg/穴、注水深度达到 15 cm 为基本实施指标，才能保证苗壮，其抗旱天数也长。注水时，保证一定的注水深度和注水量，既能增加种子位置土壤含水量，减少表层土壤水分消耗，又能与底层湿土搭接，达到引墒目的，提高抗时能力，增加抗旱天数，为增产增收打下良好的基础。

5. 8ZS-2 型中耕作物注水机的设计

1）中耕补水设计的依据

明式给水易使土壤板结，并发生和泥现象，浪费水。若采用喷灌等灌溉技术，常常造成增产不增收。因此，将中耕作物注水机设计为暗式给水，边拉鼠洞边注水，这样可加快水的渗透，省水、省力、省时，不影响其他各项作业。

2）注水器的设计

整体结构如图 6-6 所示。水进入水管 3 后经暗水管 6 直接埋入土中，达到暗式给水的目的。

暗水管选材为 1.5 英寸[①]钢管，中间水盒为2 mm钢板焊接而成。为了达到与暗水管具有相同的通水能力，水盒的横截面积不小于两圆管的横截面积，即水盒横截面积 $I \cdot b = \pi r^2$，式中，r 为圆管半径（mm）；I 为水盒宽度（mm）；b 为水盒厚度（mm）。现设计 I 为 110 mm，则 $b \geqslant 15.5$ mm。水盒与连接板采用渐变型连接。

3）圆盘开沟器的设计

以往的圆盘开沟器安装麻烦，其结构形状比较复杂，且重量较大，耕地时主要靠机具本身重量切土，沟底不平，深耕稳定性与覆盖质量较差。因中耕作物补水机在补水过程中，靠机具本身重量、补水器犁头及其内的水重量和手压杆力入土，故中耕作物注水机上圆盘开沟器可设计成结构简单、重量轻、便于安装的单平板犁与机体旋转部件（轴承座）螺钉连接。因补水器与圆盘开沟器的相对位置可调，故圆盘开沟器可相对小一些，考虑到节省材料，采用外直径 $\phi 330$ mm，由于外径较小，厚度取 3 mm；兼顾到圆

① 1英寸＝2.54 cm，下同。

盘刃口长、耐磨性好，选用材质65锰钢，刃口硬化宽度为20～45 mm，硬度HRC52～62。为了减少工作阻力，增强入土性能，提高覆盖质量，取偏角$\gamma=8°$，倾角$\alpha=0°$，如图6-7所示。

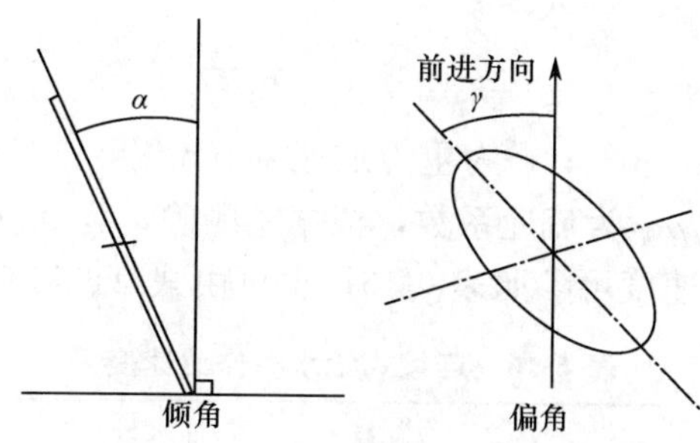

图6-7　圆盘开沟器的偏角与倾角

4）中耕注水量的确定

水量表示方法为t/hm²，根据注水灌溉试验资料和抗旱要求确定，见表6-14和表6-15。

表6-14　土壤墒情分级（重量含水量）　（单位:%）

分级	土类			
	砂壤土	壤土	黏壤土	黏土
重旱	<6	<10	<15	<18
中等干旱	6～10	10～14	15～17	18～22
轻旱	10～14	14～18	18～20	22～25
适宜	14～19	18～24	20～30	25～35
田间持水量/%	14	20～24	24～30	30～35

表6-15　土壤含水量手测法

土类	干湿度									
	干		稍润		润		潮		湿	
	含水率/%	手测感觉	含水率/%	手测感觉	含水率/%	手测感觉	含水率/%	手测感觉	含水率/%	手测感觉
砂性土	3	无湿的感觉，干时成粒	10	稍有湿感，干多湿少，触块即碎	15	有湿感，成块滚动不散	20	手中留有湿的痕迹，可形成坚固的团块	25	黏手，手心有渍水，可呈球条状
壤性土	5	无湿的感觉	15	稍有湿的感觉	20	有湿感并可捏成片	25	可塑，能搓成球条	30	同糨糊样黏手，可勉强呈团块状
黏性土	10	土块干硬无湿的感觉	15	稍有湿感用力可以捏成土块	25	无湿感可压成薄片状	30	可塑，可成球条，粗条有裂纹，细条易断	35	黏手，能搓成很好的球和细条，无裂纹

5）中耕注水的水力计算

中耕注水大水桶的入水口出流计算，原则上符合水力学中管嘴出流。当L/d（管长与管径之比）等于3～4时为短管。而大小桶放水口往往连接较长的胶管，以利灌水，因此应按长管计算处理，其计算公式如下：

$$Q = \mu_{嘴} \cdot W\sqrt{2gH_0} \tag{6-11}$$

式中，W为出流断面面积（m^2）；g为重力加速度（m^2/s）；H_0为水面至管嘴中心距离（m）；Q为流量（m^3/s）；$\mu_{嘴}$为流速系数，根据实测确定为0.6。

连续给水时，其作业速度可参照表6-16，也可由式（6-11）计算。

表6-16　连续式给水时作业速度（单位：km/h）

管径/英寸	灌水量		
	22.5 t/hm²	45 t/hm²	67.5 t/hm²
2	>6.8	4.4	2.9
1.5	6.8	2.8	1.9

综上所述，可以得出如下结论：注水器的给水管径以1.5～2.0英寸为宜。为保证作业质量可以用球阀调节放水流量，田间作业时速不宜过快。

6）仿形机构选型设计

仿形机构是注水机（A型）的圆盘开沟器能随地形变化而始终保持一定的工作深度，并开出深浅一致的沟，以保持灌水深度一致。因此，仿形机构的要求是：

（1）能满足所要求仿形范围，并要有一定的限位机构；

（2）工作可靠，仿形性能稳定，开沟深浅一致；

（3）杆件紧凑，有足够的强度和刚度。

本机采用单组平等四连杆仿形机构，其结构原理和工作特点是：用齿舌、齿轮锁紧，由手压杆驱动起仿形限深作用。由于平等四连杆运动特点，圆盘开沟器在上下仿形过程中，始终做平等运动，因而入土角不变。

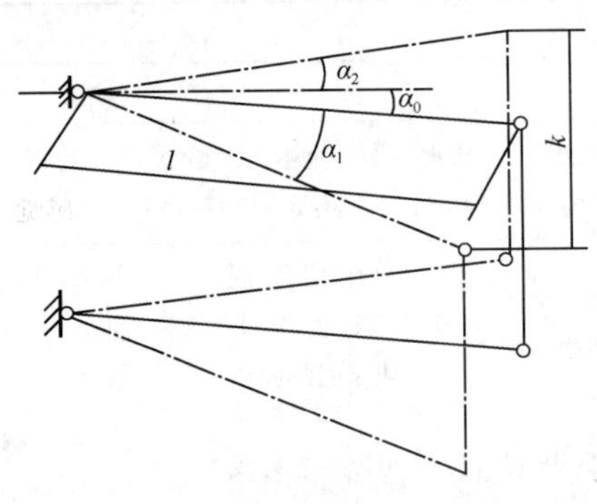

图6-8　平等四连杆机构参数

α_0、α_1和α_2分别表示不同的角度；k和l表示长度

仿形机构主要参数如图：影响平等四连杆仿形机构工作性能的因素很多，主要是四连杆尺寸、强度和刚度，牵引角α及横向宽度b等，如图6-8所示。

根据地形和灌水深度确定仿形量的大小。通常上、下仿形量都是8～12 cm。为使圆盘开沟器工作稳定，牵引角α变化范围越小越好。因此，上下拉杆长一些有利。但拉杆过长，使结构不紧凑，机具重心后移。

横向宽度b值大些好，否则，工作中易引起横向摆动，使走行直线性变差，这给机械中耕带来困难。

7）整体结构设计

将圆盘开沟器用悬臂轴和滚动轴承等固定在 V 形架上，V 形架用螺栓固定在仿形机构上（A 型），且上下左右均可调整，注水器用螺栓固定在 V 形架上，并可上下左右调整。B 型机组将仿形机去掉，在横梁上加 1 个连接耳环，地形变化由拖拉机三点悬挂调节。

8）主要技术参数及机械性能指标

（1）主要技术参数。

外形尺寸：长 1024～1160 mm（A 型）、380 mm（B 型）
宽 880 mm（A 型）、800 mm（B 型）
高 604～1474 mm（A 型）、570～690 mm（B 型）

作业行数：2 行

适应行距：500～750 cm

机器重量：30～40 kg（2 行式）

开沟型式：单平板圆盘犁

作业速度：2～5 km/h

生产率：2～3.4 hm^2/d

（2）机械性能指标，见表 6-17。

表 6-17　中耕作物注水机机械性能检测表

序号	项目	标准要求	检测结果
1	开沟深度/cm	4～7	7.0
2	注水终渗深度（注水3 min后）/cm		10.2
3	注水沟与苗间水平距离/cm		4.55
4	作业速度/(km/h)	1～6	3.26
5	伤苗率/%	≤0.5	0.4
6	班次生产率/(hm^2/h)	0.25～0.42	0.26
7	纯工作生产率/(hm^2/h)		0.34
8	单位作业耗油量/(kg/hm^2)		10.00

（二）振动深松蓄水保墒技术

1. 发展概况

深松改土技术是日本改良土壤的重要技术措施之一。其发展经历了由低级向高级的过程。1968 年日本北海道农业试验场进行了振动深松改土试验，试验结果是振动深松要比不振动的松土效果好，牵引阻力要比不振动小 60%～70%。经过 20 多年的研究，1989 年日本川边农机株式会社开发了一套新型振动式深松犁。1997 年在水利部“948”项目支持下，黑龙江省水利科学研究院从日本引进振动深松犁技术，经过消化、吸收和创新，自行研制开发了 4 种型号的振动式深松犁，形成了适合我国国情的土壤改良深松蓄水保墒技术体系。

振动深松蓄水保墒技术是用振动式深松机对板结土壤进行全面的或间隔的深度位置耕作，疏松土层而不翻转土层，耕作深度可达 30 cm 以上。振动深松技术将振动原理运用于农业耕整地机械中，以独特的耕作方式替代了传统方法。该技术在不破坏土壤耕作层、达到改良土壤目的的同时，实现了农业水资源的高效利用。在旱作农业上发挥了重要作用，特别是以全新的创新技术理念在改良退化、盐碱化草原上产生了十分显著的效果，解决了农牧业发展中的难点和关键问题，其在节水农业、保护性耕作、生态恢复与建设等领域有着广泛的应用前景。

2. 技术特点及性能指标

1）技术特点

（1）采用特殊的自激往复式振动方式，使整机只产生上下振动，振幅小、振动力大；采用传动轴进行动力传递，充分发挥牵引动力的机械性能；独特的减振系统使振动力不传向驾驶室，驾驶员不易感到疲劳。

（2）三维旋转 125°的特型深松铲，碎土效果好；深松耕作深度 350～500 mm，作业幅宽 1400～2800 mm。

（3）主梁采用复式框架结构，强度大，稳定性好；深松铲选用高强耐磨的材料和特殊工艺制作，使用寿命长。

（4）可以完成深松耕作、深松耙地、深松起垄等复式作业；功能多样，更换不同深度的松铲可深松断根，起收块茎类作物和根茎类中药材。

2）技术性能指标

（1）主要技术指标。振动深松不破坏土壤的上下层位，运用振动原理使通过断面的碎土率超过 70%，同时，与无振动的深松耕作机械相比，拖拉机的牵引阻力减少 25%～30%，每公顷节省燃油约 5.1 L；作业速度 3～5 km/h；深松的土壤可以有效地涵蓄天然降水，较传统的耕整地方法每年多蓄 60～80 mm 降水；熟化生土层，地温平均提高 2～3℃，可使粮食增产 30%以上。

（2）机械性能指标见表 6-18。

表 6-18 振动深松机械性能检测表

项目		技术标准	检测结果	
			振动深松作业	无振动深松作业
作业速度/(km/h)		3～5	5.62	5.65
深松深度平均值/cm		50～70	51.4	50.4
深松深度稳定性/%		≥80	98.0	98.0
平均工作宽度/m		1.8～2.2	2.1	2.1
拖拉机驱动轮打滑率/%			13.8	17.4
碎土率/%			76.1	60.5
45 cm 耕层土壤坚实度/kPa	作业前		743.04	773.24
	作业后		246.16	402.3

续表

项目	技术标准	检测结果	
		振动深松作业	无振动深松作业
土壤膨松度/%		14.3	10.8
牵引阻力/kN		17.8	25.0
牵引功率消耗/kW		27.8	39.2
功率消耗/kW		33.8	39.2
纯工作小时生产率/(hm^2/h)		1.18	1.19

3. 振动深松蓄水保墒机理研究及技术应用

随着农村经济的发展，机械化作业程度越来越高，从播种、收获到整地，基本上都实现了机械化作业。现场调查表明，机械化作业存在着明显的土壤压实问题。为此，笔者在黑龙江省旱作区具有代表性的黑土、黑钙土、白浆土、草甸土、暗棕壤5种土壤上进行了振动深松耕作，并对土壤水分物理特性进行试验研究。

1）振动深松对土壤水分特性的影响

a. 深松前后土壤的物理特性变化

(1) 土壤的三相结构。据试验测定，甘南县核心试验区内15 cm以下犁底层的土壤容重为1.30～1.50 g/cm^3，超过其土壤比重的一半。试验证明，应用振动深松蓄水保墒技术可以明显改善土壤的三相结构，特别是30 cm以内耕作层变化明显。深松前，20 cm以下土层土壤容重均大于比重的一半，深松后0～30 cm土层容重明显减小，具体结果见表6-19。

表6-19　深松前后土壤三相对比表　(单位:%)

处理	三相	土层深度				
		0～10 cm	10～20 cm	20～30 cm	30～40 cm	40～50 cm
深松前	固相	40.8	42.0	55.8	55.7	56.5
	液相	13.5	28.1	35.0	31.0	33.3
	气相	45.7	29.9	9.20	13.3	10.3
深松后(未过生产期)	固相	37.1	43.7	48.6	53.5	58.1
	液相	31.7	34.4	35.6	41.0	36.9
	气相	31.2	21.9	15.8	5.5	5.0
深松后(经过两个生产期)	固相	32.8	41.6	40.3	46.5	50.0
	液相	20.8	24.1	23.2	26.2	28.0
	气相	46.4	34.3	36.5	26.9	22.0

(2) 土壤的力学性质。在甘南试验示范区的现场测试结果见表6-20。

表 6-20　土壤贯入阻力、含水量、容重测试结果表

处理	测试日期（年-月-日）	项目	深度				
			0～10 cm	10～20 cm	20～30 cm	30～40 cm	40～50 cm
2003年春深松	2003-09-28	贯入阻力/(kg/cm²)	4.6	7.6	9.7	17.7	23.0
		含水量/%	39.1	34.6	31.7	32.6	31.5
		容重/(g/cm³)	1.21	1.21	1.16	1.23	1.25
未深松	2003-09-28	贯入阻力/(kg/cm²)	8.4	13.3	14.8	17.0	18.0
		含水量/%	35.3	35.8	36.2	34.9	34.0
		容重/(g/cm³)	1.24	1.33	1.25	1.22	1.34
2003年春深松	2004-09-20	贯入阻力/(kg/cm²)	4.9	21.5	22.9	24.3	26
		含水量/%	24.06	21.9	21.67	21.72	21.22
		容重/(g/cm³)	0.87	1.1	1.07	1.23	1.33
2003年秋深松	2004-09-20	贯入阻力/(kg/cm²)	4.9	19.2	23.4	26	26
		含水量/%	25.39	22.62	22.32	20.68	20.21
		容重/(g/cm³)	0.95	1.21	1.31	1.41	1.42
未深松	2004-09-20	贯入阻力/(kg/cm²)	5.5	20.7	26	26	26
		含水量/%	24.39	21.49	22.36	22.57	22.7
		容重/(g/cm³)	0.96	1.29	1.2	1.29	1.34

从表中测试结果可以看出，第一年深松层硬度和阻力变小，犁底层下移，移到深松层以下。主根系土层变得有利于作物生长，生育环境得到改善。第二年的数据表明，贯入阻力不仅与土壤容重有关，而且与土壤水分、测试深度有关。土壤容重越大、深度越深则贯入阻力越大，而与土壤水分的关系恰恰相反。在试验数据的基础上，经过统计分析，可以得出如下数学关系式［式（6-12)］及相关关系如图 6-9 所示。

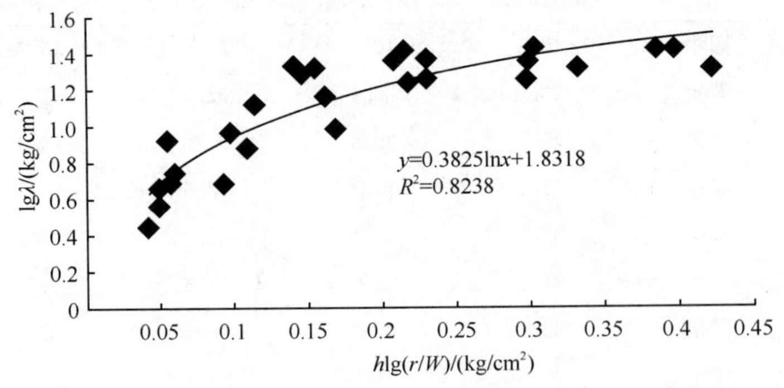

图 6-9　λ-γ、h、W 相关关系

如果

$$y = \lg\lambda$$

$$x = h\lg(r/W)$$

则

$$y = 0.3825\ln x + 1.8318 \tag{6-12}$$

式中，λ 为贯入阻力（kg/cm^2）；r 为土壤容重（g/cm^3）；h 为测试深度（cm）；W 为土壤含水比，即水重与干土重之比。

根据式（6-12）可以估算出当土壤水分达到田间持水量的 60%以上、土壤容重不大于其比重的 1/2 时，其土壤贯入度应小于 13.6 kg/cm^2。土壤贯入阻力是个相对值，其大小可以反映作物根系生长的难易程度，其值小则作物根系易于生长，但不能太小，特别是根系密集层内，土壤贯入阻力太小对作物生长是不利的，将造成作物倒伏。

b. 振动深松耕作对土壤入渗的影响

水向土壤中入渗强度是衡量土壤接纳雨水能力的一个很重要指标。在肇州县分别在未深松、深松后未耕作、深松后种植耕作 1 年的田块上进行了现场入渗对比试验。试验结果表明：深松后较深松前不仅入渗速率加大，而且入渗量也加大，见表 6-21。但是，经过一个耕作生育期的田块，其入渗率和入渗量均小于深松后未耕作区的数值，见表 6-22 及图 6-10。

表 6-21　水向土中入渗试验（双环法）

采点号	累积曲线		速率曲线		相关系数 r	显著度	试验处理
	a	b	α	β			
1	38.0	0.61	23.18	−0.39	0.999	$F<0.001$	深松未耕作
2	58.9	0.48	28.27	−0.52	0.998	$F<0.001$	深松未耕作
3	72.4	0.54	39.10	−0.46	0.996	$F<0.001$	深松未耕作
4	45.7	0.55	25.14	−0.45	0.984	$F<0.001$	深松未耕作
5	28.8	0.51	14.71	−0.49	0.991	$F<0.001$	未深松
6	25.1	0.43	10.79	−0.57	0.996	$F<0.001$	未深松
7	20.4	0.38	7.75	−0.62	0.99	$F<0.001$	未深松

表 6-22　深松区土壤入渗曲线参数表

日期(年-月-日)	前期土壤	累积曲线				备注
		a	b	R^2		
2003-05-16	29.7	53.75	0.5425	0.9940	系列1	前期土壤含水量(%)取10 cm 土层含水量的平均值
2003-09-27	35.3	9.145	0.482		系列2	
2004-09-20	20.6	31.96	0.5022	0.9962	系列3	

综上所述，深松耕作可以有效改善土壤的结构，增大土壤孔隙度，改善土壤的通透性能，增加蓄纳天然降水的能力，增大土壤水库库容。

2）振动深松条件下的蓄水保墒机理

长期以来，东北半干旱区抗御干旱的主要耕作措施就是镇压引墒，这方面，甘南县试验示范区代表性非常强。该耕作措施的长期应用造成了土壤板结，犁底层坚硬而密实，团粒结构被破坏，孔隙率减少，涵养水分能力弱。这样既不利于涵蓄和充分利用天

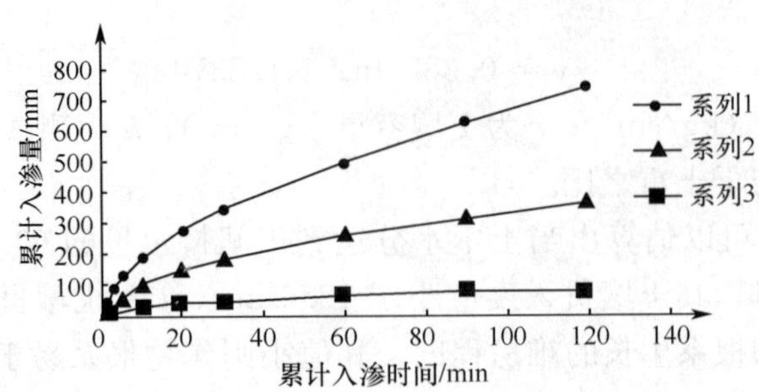

图 6-10　累计入渗量与时间关系图

系列 1 为深松后未耕作区；系列 2 为深松后经历一个耕作期；

系列 3 为深松后经历两个耕作期

然降水，又增大了作物根系生长的阻力，对作物的生长发育具有抑制作用，作物的产出潜能也得不到充分发挥。

a. 蓄水机理

深松后的土壤蓄水量增加可体现在两个方面。一是土体三相结构发生改变，气相、液相比增加，说明内部孔隙率增加，从而增加了土体内的蓄水空间。二是土壤孔隙率增大，水分入渗速度增加，使土体接纳雨水的能力得到提高。

(1) 根系层蓄水量的计算。根系层内蓄水量可由下式计算：

$$W = \sum 10H_i \cdot (\theta_t - \theta_d) \tag{6-13}$$

式中，W 为根系层内蓄水量（mm）；H_i为根系层内各层的厚度（cm）；θ_t为根系层内各层的田间持水量（%）；θ_d为根系层内各层的凋萎含水量（%）。

从表 6-23 中可以看出，尽管深松后土壤疏松，田间持水量增加，但深松前后其田间持水量变化不大，因此作物可以直接利用的有效水分相对增加较小。

(2) 犁底层以下蓄水量计算。深松前后对比试验数据表明，当耕作层为黑土时，可以使土壤湿容重下降 0.02 ～0.15 g/cm^3，当耕作层为白浆土和盐碱土时，其值分别下降了 0.04 ～0.18 g/cm^{3}和 0.10 ～0.19 g/cm^3。同时还可以使土壤中固相、液相、气相得到改变。土壤孔隙率增加 5%～10%。从表 6-19 中来看，固相率减少 2.2%～7.2%，也就是说，孔隙率增加 2.2%～7.2%。以平均值 7.5%进行计算，其结果为

$$W = 10 \times H_i \times \theta = 10 \times 50 \times 0.075 = 37.5 \text{ mm}$$

另外，深松前，由于犁底层的存在，耕作层内多余的土壤水分很难向下渗透，因此，原有的蓄水空间没有得到充分利用。以甘南县核心试验示范区 6 月 30 日至 7 月 10 日的降水资料及实测土壤水分值（表 6-23）为例，计算深松前后土壤蓄水增量。

表 6-23　土壤蓄水量计算表

层次/cm	雨前(6月30日)/mm	未深松/mm	深松/mm	备注
0～5	8.2	31.1	34.0	1.作物品种：玉
5～10	14.1	31.4	34.6	米；2.期间降雨
10～20	27.2	26.5	30.0	量为104.6 mm

续表

层次/cm	雨前(6月30日)/mm	未深松/mm	深松/mm	备注
20～30	27.7	26.4	32.0	
30～40	22.8	26.9	31.9	
40～50	21.3	27.6	31.4	
0～50	121.3	169.9	193.9	

由表 6-23 得出，同样降水条件下，深松比不深松多蓄水 24 mm。将此水量与上述计算水量相加即得出蓄水库容为 61.6 mm，甚至还可以多一点。

(3) 容纳雨水的能力。水向土壤中入渗是衡量土壤接纳雨水能力的一个重要指标，是喷灌和沟灌设计的重要依据。在甘南县试验示范区，对土壤深松前后水分入渗进行了试验。试验结果表明，深松后较深松前不仅入渗速率 I 加大，而且入渗量 W 也加大，能够容纳雨强较大的降雨而不至于产生地表径流，见表 6-24。

$$I = \alpha t^{\beta} \tag{6-14}$$

$$W = at^{b} \tag{6-15}$$

表 6-24　水向土中入渗试验（双环法）

试验处理	累积曲线		速率曲线		相关系数 r	显著度
	a	b	α	β		
振动深松	53.75	0.545	28.923	−0.455	0.994	$F<0.001$
未深松	24.77	0.440	11.083	−0.560	0.992	$F<0.001$

另外，从土壤水分的垂直渗透系数测定（表 6-25）结果来看，深松后渗透系数比不深松渗透系数大得多，尤其是 30～40 cm 土层渗透系数要比不深松的大一个数量级。深松不仅会使天然降水很快入渗到深层土壤并储存在大孔隙中，而且还有助于淋溶土壤中的有害离子，有利于作物生长。

表 6-25　土壤水垂直渗透系数 K

试验处理	土层/cm	含水量/%	土粒比重	干容重/(g/cm³)	渗透系数 K/(cm/s)
未深松	0～10	36.1	2.71	1.25	1.90×10^{-5}
	10～20	37.8	2.72	1.27	1.22×10^{-4}
	20～30	37.6	2.76	1.35	3.83×10^{-4}
	30～40	34.1	2.74	1.35	1.88×10^{-5}
	40～50	34.6	2.73	1.43	1.57×10^{-4}
深松	0～10	34.9	2.63	1.01	3.85×10^{-5}
	10～20	—	2.64	1.01	2.51×10^{-4}
	20～30	36.7	2.64	1.16	4.85×10^{-4}
	30～40	34.4	2.74	1.37	1.60×10^{-4}
	40～50	33.7	2.74	1.42	3.73×10^{-4}

b. 保墒机理

(1) 理论依据。在同一田块上，土壤的机械组成基本相同，而深松之后可增加土壤空隙，并切断土壤毛细管，从而降低毛管水上升速率。也就是说，土壤水分向上迁移速度减缓，数量减少，为蒸发提供的水分也减少，从而减少蒸发损失量。另外，土壤表面蒸发强度主要取决于大气的蒸发能力，而土壤水分向上运移速度大小不仅仅取决于土壤水分的多少，还取决于同一土质条件下的土壤容重大小，容重越大土壤中的孔隙越小，土壤中毛细管越细，土壤水分向上运移的速度越快，反之亦反。振动深松起到了将坚硬的犁底层松动打破而使土壤变得暄松，从而起到保墒的作用。

(2) 蒸发条件下土壤水分向上运移模式。在干旱的情况下，土壤表面蒸发强度 E 大于土壤水分向上运移的速度 V，一般来说，土壤表层会存在干土层，这时其土壤水分蒸发处于水汽扩散阶段。干土层以下的土壤水分向上运移，在干土层底部蒸发以水汽的方式穿过干土层而进入大气层，此阶段的蒸发面不是在土壤表面，而是在土壤内部。蒸发强度主要由干土层内水汽扩散的能力所决定，并取决于干土层的厚度。解决这个问题的理论基础是非饱和土壤水分运动方程。

蒸发强度的计算以土壤水分垂直向上浸润试验资料为例，$\overline{D}$ 值可取干土层的扩散系数加权平均值。2003 年实测数据是作物种植位以上的干土层土壤水分和 D 的计算值及利用，见表 6-26。

表 6-26　干土层内扩散系数计算表

干土层/cm	含水量/%	θ_s/%	θ/θ_s	D/(cm²/min)	备注
0～2	0.0546		0.0849	2.38×10^{-7}	风干含水量0.0291%
2～4	0.0861	0.643	0.1339	2.34×10^{-6}	$D=0.0561(\theta/\theta_s)^b$
4～6	0.1197		0.1862	1.22×10^{-5}	$b=5.0155$

θ_i 设为 0.3，依据式 $E=\dfrac{E_0}{e^{bZ_d}}$ 计算出的加权平均值 $\overline{D}=6.05\times10^{-5}$，将此值代入式 $W=(0.275-0.0147\times Z_d)\times100\%$ 即得到表土蒸发强度 $E=6.71\times10^{-4}$

再利用式 $\Delta Z_d=0.15^{-0.235Z_d}$ 就可以计算出所需时段的累积蒸发量。

输水能力的计算公式如下：

$$V_q=V\theta/10 \tag{6-16}$$

式中，V 为土壤水垂直向上浸润速度 (mm/min)；θ 为土壤孔隙率。

依据关系式即 $V=a\left(\dfrac{\theta}{\theta_s}\right)^B$ 及其参数和式 (6-16) 很容易得出不同含水量所对应的 V_q 值，见表 6-27。从表 6-27 中可以看出，深松后，输送水分能力急剧减小，5～25 cm 层的平均值仅为深松前的 15%。尤其是 20～25 cm 土层，其输送水分能力较深松前降低 85.59%。由此可见，因振动深松土壤空隙增加，毛细管孔隙减少，从而使其毛细管力减弱，向上输送水分速率减少而起到了蓄水保墒作用。另外，尽管 20～25 cm 土层向上输送水分能力虽然较 5～25 cm 土层向表层输送水分能力要大，但供给的水分量小于蒸发量，干土层将加厚，干旱加重。随着干旱的加重，干土层还会加深，种位处土壤水分减少，种子发芽发育将受到威胁。

表 6-27　种位下层土壤输水能力 V_q

土层/cm	含水量/%	深松前			深松后		
		干容重/(g/cm³)	θ/θ_s	V_q/(m/min)	干容重/(g/cm³)	θ/θ_s	V_q/(m/min)
5～10	0.142	1.05	0.2208	6.05×10^{-8}	0.94	0.1977	2.24×10^{-8}
10～20	0.281	1.00	0.4370	5.45×10^{-5}	1.01	0.4461	6.55×10^{-5}
20～25	0.487	1.39	0.7573	1.95×10^{-2}	1.16	0.6394	2.81×10^{-3}
平均	—	—	—	4.90×10^{-3}	—	—	7.35×10^{-4}

3）振动深松技术对作物生产的作用

振动深松耕作对改善作物生长状况起着重要作用。深松耕作有利于作物的根系生长，为作物的高产提供基础。以往大量采用机械耕作使得土壤被压实且形成了坚硬的犁底层，严重影响作物根系发育及其对水分和养分的吸收利用，导致作物减产。

a. 振动深松耕作对玉米出苗的影响

在松嫩平原区，玉米的播种及出苗多在 5 月中下旬，此时甘南县、肇州县两地 5 月的多年平均降水量分别为 30 mm、40 mm。土壤因少雨、多风和大风加之气温的剧增而蒸发量加大，往往导致玉米播种期土壤底墒不足和苗期的干旱。针对播后等雨和不进行注（坐）水种的耕作习惯，进行了深松对出苗影响的田间试验。试验结果表明，深松耕作对玉米出苗有一定的影响。在甘南县深松及深松后没有进行耙耱合墒试验区，由于疏松跑墒使表土层变干，出苗率稍低于对照区。在深松及深松后合墒试验区，出苗率较对照区提高 10%，在肇州试验区同样条件下出苗率提高 5%以上。

b. 深松耕作对作物生长的影响

作物的根系生长受犁底层影响严重，通过采用振动深松可以打破犁底层，为作物根系生长创造了疏松、养分充足、水肥气热条件良好的环境。试验表明，深松耕作对作物生长的影响可体现在两个方面，一是对作物根系的影响，二是对作物株高、叶长、叶宽的影响。试验结果见表 6-28。

表 6-28　植株生态调查表

作物	处理	平均株高/cm	单株平均			
			叶长/cm	叶宽/cm	根数	根长/cm
玉米	对照	17.31	10.74	1.31	7.80	20.34
	深松耕作	33.70	19.30	2.27	9.40	23.81
	对比增加/%	95	80	73	21	17

c. 深松耕作对作物产量的影响

深松耕作将影响作物产量是被普遍认同的结论，而且多数认为有增产作用，但其增产效果会受到土壤类型及作物生长季节和干旱程度的影响。深松耕作使作物增产的主要原因是：深松后作物赖以生存的土壤环境得到了改善，水、肥、气、热基本条件趋于良性化，促进作物根量及根长的增加，进而吸收更多的水分及养分。国内外试验表明，与传统耕作相比，深松耕作下玉米可多吸收约 30 mm 的土壤水分。本试验的结果表明（表 6-29），深松耕作比对照区具有明显的增产效果，深松耕作区的总鲜物质重和籽实产量比对照区分别增加了 19.9%和 18.9%。

表 6-29 考种测产表

作物	处理	鲜重/(kg/hm²)	籽实产量/(kg/hm²)
玉米	对照	10 800	7 227
	深松耕作	12 951	8 595
	比对照增加	19.9%	18.9%

4. 振动深松实施技术要点

1）技术应用条件

多功能振动式深松机最小的可与农用小四轮配套，最大的超过 100 马力，适合与我国现有不同马力拖拉机相配套使用，具有 5 种型号的系列化机械（1SZ-140W、140X、140、210、280 型机和收获中药材机械）。在该技术模式中，振动深松技术不仅在干旱地区可以起到蓄水保墒的作用，在改良盐碱土中可以起到增加土壤空隙、淋洗土壤盐分的作用，在土壤黏重的低洼易涝地区实施该技术后还可以促进壤中水的排除，达到改良土壤的目的（张忠学和曾赛星，2005）。

2）技术适用条件

该技术模式适用于：土壤板结和犁底层危害严重的干旱和半干旱农业区；水资源匮乏或比较匮乏地区；水资源开发利用比较困难的地区；平地或易产生水土流失的丘陵漫岗坡耕地，除了黏重的土壤外，其他土壤均可应用该技术模式。

（三）垄向区田蓄雨保墒技术

垄向区田是一种坡耕地水土保持耕作措施。它是在坡耕地的垄沟中按一定距离修筑土垱，把垄沟分成许多小区段，形成许多小浅穴，用以拦蓄雨水而不产生径流。一方面由于小土垱分隔了落下的雨水，每株作物能获得较充分的同量水分，能够有效地改善坡耕地上坡易旱、下坡易涝的状况。另一方面由于土垱的拦蓄径流作用，可延长降雨入渗时间，提高土壤含水量，达到保水、保土、保肥，提高作物产量的目的。

目前的垄作有横坡垄和顺坡垄之分。一般认为横坡垄有垄台和垄沟可拦蓄降雨，因此可以保持水土。但是，无论是横坡垄还是顺坡垄都存在着水土的流失。对于横坡垄，由于它不可能是绝对的等高垄，垄台虽有拦截降雨的作用，而垄沟中往往在急雨时，因其横向的高低不平而产生径流，向较低处汇集而冲断垄台。一旦一个垄台被冲断，上下坡和横向坡的径流便会向此处加速汇集，形成冲刷力更大的径流，农田自上而下冲出连续垄断。年复一年就形成了冲刷沟，破坏了耕地，割裂了地块。因此，横坡垄也需要在垄沟中筑垱，分散径流，减少和控制水土流失。

在坡耕地上虽然是大力提倡采取等高耕作等保护性耕作措施，但由于上述原因，很多农民往往在开荒时不愿开横坡垄而开成顺坡垄；如果受地形狭窄限制或黑土层较薄，改垄破坏肥力时，顺坡垄不易改成横坡垄；有时由于受地形限制，而不得不顺坡耕作。因此，常常在坡耕地上要进行顺坡耕作。众所周知，顺坡耕作的水土流失比横坡耕作来得更直接，更需要在垄沟中筑挡，形成垄向区田，将降雨量最大限度地拦蓄在田间，有效地提高土壤含水量，从而达到保水、保土、保肥、增产增收的目的。

1. 垄向区田的最佳挡距研究及筑挡时间的确定

1）最佳挡距研究

相邻两个土挡之间的距离称为挡距；单个浅穴储水量最大时的挡距称为最大挡距；而单位面积上的浅穴储水总量最大时的挡距则称为最佳挡距。

垄向区田技术应用的关键是最佳挡距的确定。在坡度较大的耕地上，每个浅穴的上挡和下挡不在一个水平上，显然每个浅穴的储水量受到下挡高度的限制。从浅穴的储水能力来看，随着垄向坡度的增加，挡距应逐渐减小。因此，针对不同的垄向坡度研究确定经济合理的挡距是十分必要的。

a. 确定最佳挡距的原则

（1）垄形几何参数采用黑龙江省传统垄作垄体结构参数；

（2）单位面积上的浅穴总储水量最大。

b. 研究方法

（1）垄向区田浅穴容积数学模型的建立；

（2）计算机模拟计算不同坡度和挡距条件下单位面积的最大浅穴储水总量，建立坡度和挡距的关系；

（3）利用人工模拟降雨和自然降雨检验最佳挡距模型。

c. 垄向区田浅穴储水容积计算

根据黑龙江省垄体的几何图形和20世纪80年代后期的垄作区田试验研究，已确定垄沟中的土挡高度为14 cm（低于垄高2 cm），土挡顶部宽度14 cm。将垄沟曲线趋势取直，其横断面呈倒梯形（图6-11）。而在坡耕地上一个完整的浅穴形状如图6-12所示。推导出的浅穴储水容积的计算式如下：

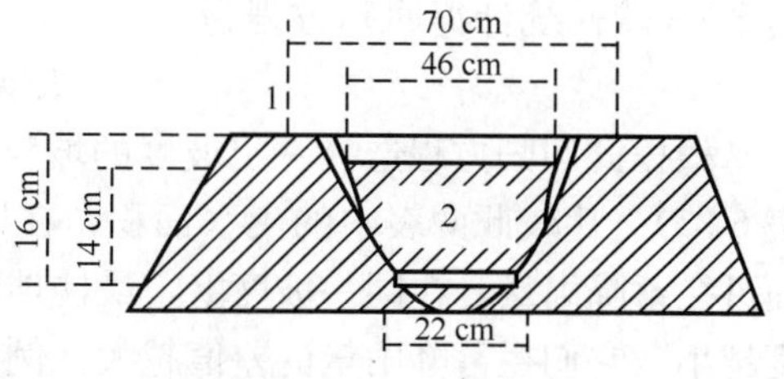

图6-11　垄沟横断面

1. 垄；2. 沟

$$V=\frac{11H^2}{\tan\theta}-11\tan\theta\left(\frac{H}{\tan\theta}-L+W\right)^2+\frac{0.285H^3}{\tan\theta}-0.285\tan^2\theta\left(\frac{H}{\tan\theta}-L+W\right)^3-(11\times H^2\times 0.472\times H^3) \tag{6-17}$$

式中，V 为浅穴储水容积（cm^3）；θ 为垄向坡度（°）；L 为两个土挡之间的距离（cm）；H 为土挡高度（cm）；W 为土挡顶部厚度（cm）。

当 $L=H/\tan\theta$ 时，每个浅穴的土壤表面均有储水层，每个浅穴的下端水层深，上端水层极浅，这时的土挡距离称为最大挡距，当 $L>H/\tan\theta$ 时，浅穴的上端不能储水，因此浅穴的储水容积不会再增多。$L<H/\tan\theta$ 时，浅穴缩短，每个浅穴的储水容积相对增大，储水增多。

d. 最佳挡距计算

最佳挡距（图 6-13）应与单位面积垄长（单位面积）的最大储水穴容积相对应。当土挡高 $H=14$ cm，土挡厚 14 cm 时：

$$V_{\max}=\frac{VL_0}{L}=\Big[\frac{2938}{\tan\theta}-11\tan\theta+\Big(\frac{14}{\tan\theta}-L+14\Big)^2 -0.285\tan^2\theta\Big(\frac{14}{\tan\theta}-L+14\Big)^3-3451\Big]\times 10\,000/L \tag{6-18}$$

式中，L_0 为垄长，100 m；$V_{\max}$ 为 100 m 垄长的最大储水容积。

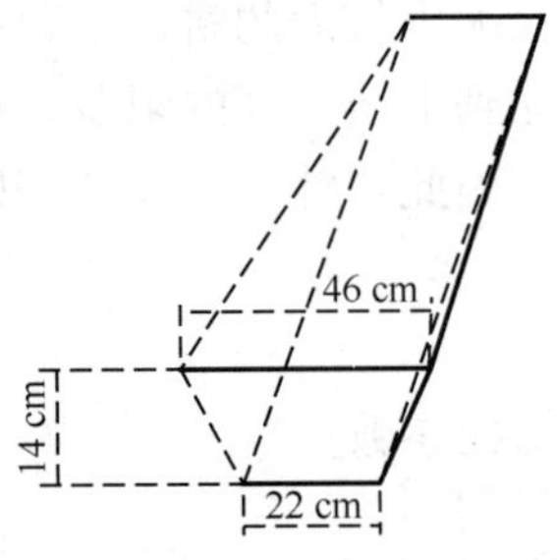

图 6-12 浅穴立体图

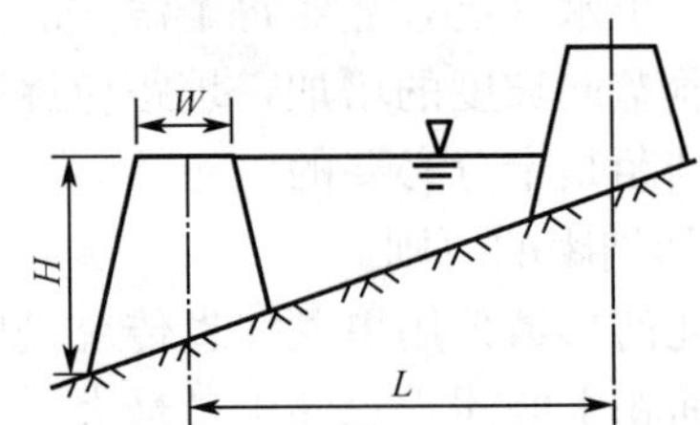

图 6-13 最佳挡距模式图

根据式（6-18）可知，在每一坡度 θ 值的不同挡距时均有一个 V 值的峰值，此容积峰值的相应挡距 L 即为最佳挡距。经计算，得出 0.5°～25°不同坡度的最佳挡距 L 值，用 SAS 软件统计得回归方程为

$$L=168\theta^{-0.5} \tag{6-19}$$

根据此回归方程选择一定坡度的坡耕地，可计算出它们拦蓄降雨的效果（表 6-30 和表 6-31）。比较此两表中的集水面积，在同一坡度上，最大挡距比最佳挡距大 1～10 倍。而可拦蓄降雨量，在同一坡度上，最佳挡距拦蓄降雨量比最大挡距拦蓄降雨量多。垄向坡度越小，它们拦蓄降雨量的差值越大。例如，同在 4°坡时，最佳挡距比最大挡距可多拦蓄 10.6 mm（38.1－27.5），而同在 0.5°坡时，最佳挡距比最大挡距可多拦蓄 26.2 mm 降雨。

表 6-30 各垄向坡度的最佳挡距的承雨能力

垄向坡度/(°)	最佳挡距/cm	单穴容积/cm³	100 m 垄长穴容积/cm³	集水面积/cm²	可拦蓄降雨量/mm	承受最大雨量时间/min
0.5	225	88 000	3 918 874	15 750	55.9	19.28
1.0	161	58 071	3 606 891	11 270	51.5	17.76
2.0	115	36 898	3 196 505	8 050	45.8	15.79
3.0	95	27 594	2 904 078	6 650	41.5	14.31
4.0	83	22 110	2 671 421	5 810	38.1	13.14
5.0	74	18 412	2 676 178	5 180	35.5	12.24

续表

垄向坡度/(°)	最佳挡距/cm	单穴容积/cm³	100 m 垄长穴容积/cm³	集水面积/cm²	可拦蓄降雨量/mm	承受最大雨量时间/min
6.0	68	15 717	2 306 793	4 760	33.0	11.38
7.0	63	13 647	2 157 106	4 410	30.9	10.66
8.0	59	12 000	2 022 244	4 130	29.1	10.03
9.0	56	10 651	1 899 404	3 920	27.2	9.30

表 6-31　各垄向坡度的最大垱距的承雨能力

垄向坡度/(°)	最大垱距/cm	单穴容积/cm³	100 m 垄长穴容积/cm³	集水面积/cm²	可拦蓄降雨量/mm	承受最大雨量时间/min
0.5	1 604	333 421	2 078 292	112 680	29.7	10.24
1.0	802	164 944	2 056 194	56 140	29.4	10.14
2.0	401	80 665	2 010 856	28 070	28.7	9.90
3.0	267	52 538	1 964 028	18 690	28.1	9.69
4.0	200	38 448	1 916 769	14 000	27.5	9.48
5.0	160	29 976	1 866 093	11 200	26.7	9.21
6.0	133	24 310	1 815 079	9 310	26.1	9.00
8.0	100	17 198	1 709 130	7 000	24.5	8.45

影响水土流失的主要因素之一是降雨强度。垄向区田的浅穴在一定时间内能承受多大降雨强度下的降雨量而不产生径流，则是运用垄向区田技术的坡限。以宾县 20 年一遇的 10 min、29 mm 大暴雨为例，如土挡所形成的浅穴在 10 min 内可承受 29 mm 降雨则不会产生径流。如果某一垄向坡度的计算承受时间小于 10 min 则要产生径流。所以能承受 10 min 降雨的坡度就是运用垄作区田的临界坡度，即

$$M = V/V_{\mathrm{d}} \tag{6-20}$$

$$V_{\mathrm{d}} = KS \tag{6-21}$$

式中，M 为承受最大降雨的时间（min）；V 为单个浅穴的容水体积（cm³）；V_{d}为单位时间最大集水量（cm³/min）；S 为集水面积（cm²），K 为 20 年一遇 10 min 降雨量。

经计算，将其列于表 6-30 和表 6-31 中最后一项。从表 6-31 中可以看出最大垱距的临界坡度为<1°，而从表 6-30 中可以看出最佳垱距的临界坡度为<8°。说明采用最佳垱距时的承雨能力远大于最大垱距。但在>6°垄向坡度时修筑最佳垱距在 70 cm 以下，在百米长的垄沟中就要筑出 100 多个土垱，机械化筑垱尚可，而人工筑垱显然较费工、费时，并且土垱占垄沟面积大，同时也会缺乏足够的筑垱的浮土。为了安全起见，以承雨时间为 11 min 34 s 的 6°垄向坡度为运用垄作区田临界坡度。但在坡耕地的倾头地或局部塌腰地>6°坡地段，因其面积小，仍可采用<70 cm 的土垱。

综上所述，用最佳垱距模型模拟出的浅穴比最大垱距的浅穴可拦蓄的降雨量多，承受暴雨的时间长，而且它的临界坡度大。这说明最佳垱距模型在理论上成立。

e. 最佳埝距模型检验

为了缩短研究时间，采用人工模拟降雨进行模型检验。试验地点在黑龙江省水土保持科学研究所试验场。试验设备采用 PS3-15 型移动式人工模拟降雨机，模拟宾县 5 年一遇（P=20%）20 min、23.1 mm 降雨并换算为人工降雨雨强 3.6 mm/min，以最佳埝距降雨开始产流时停机。检验坡度选择了松嫩平原中度侵蚀等距整数值 2°、4°和 6°坡，种植了大豆和玉米。按最佳埝距模型计算的埝距筑埝，以最大埝距和不设土埝的开放垄为对照。现将大豆坡耕地两次人工模拟降雨检验平均结果列于表 6-32。

表 6-32 大豆坡耕地最佳埝距模拟降雨检验结果

坡度/(°)	模拟降雨量/mm	埝距处理	模拟降雨历时/min	拦蓄降雨量/mm	径流量/(m^3/s)	现场积量/mm
2	60.25	最大360/cm	13.8	49.8	171.0	6.2
		最佳115/cm	16.7	60.25	0	0
		不设埝	1.5	5.4	501.6	10.2
4	67.7	最大180/cm	9.1	32.8	239.1	5.0
		最佳80/cm	18.8	67.7	0	0
		不设埝	1.6	5.8	422.1	15.9
6	54.8	最大120/cm	10.3	36.7	240.4	11.3
		最佳70/cm	15.4	54.8	0	0
		不设埝	0.6	2.10	356.6	38.5

从表 6-32 中看出，最佳埝距区承受暴雨时间远超过 10 min，比不设土埝的对照区延长了 9～15 倍，坡度越大，延长倍数越大。最大埝距区承受暴雨时间为最佳埝距区的 50%～80%。由于在最佳埝距区刚开始产流时立即停机，所以最佳埝距区拦蓄暴雨量即模拟降雨量，而不设土埝的对照区 2°、4°和 6°坡只分别拦蓄 5.4 mm、5.8 mm 和 2.1 mm降雨。最大埝距区拦蓄降雨量在 3 个坡度耕地上，分别是最佳埝距区的 82.6%，48.4%和 66.9%。从最佳和最大埝距计算的理论值（表 6-30，表 6-31）与人工模拟降雨实测值差值（表 6-33）可以看出，实测值都大于理论值。这是因为实测值中包括大豆冠层的拦截和大豆土壤入渗的降雨在内。表 6-33 差值的不规律，可能是各区大豆冠层状况和土壤入渗不同所致。玉米坡耕地的最佳埝距模型检验与大豆坡耕地的趋势一致。

表 6-33 拦蓄降雨的理论值和实测值的差值

坡度/(°)	最佳埝距区/mm			最大埝距区/mm		
	理论值	实测值	差值	理论值	实测值	差值
2	45.8	60.3	14.5	28.7	49.8	21.1
4	38.1	67.7	29.6	27.5	32.8	5.30
6	33.0	54.8	21.8	26.1	36.7	10.6

此外，1993 年在自然降雨条件下还进行了最佳埝距模型的生产检验。地点选在拜泉县联合村 6°坡的大漫岗上。该坡耕地为黑土，种植了大豆。最佳埝距 70 cm，以最大

挡距 120 cm 和不设土挡为对照。共 3 个处理，3 次重复。筑土挡后有 5 次大雨（未采用气象站降雨资料，因距气象站 20 km）未冲毁土挡，地头也无冲刷痕迹。最佳挡距区较最大挡距区增产 22.3%，净增值 780 元/hm^2。

垄向区田是简便易行、易掌握、工省效宏的一项水土保持措施。提高其拦蓄暴雨量和承受暴雨能力的研究更有生产意义。本研究建立了 L-θ 函数的最佳挡距能模型 $L=168\theta^{-0.5}$。根据人工模拟降雨及自然降雨的检验，证明各种坡度上的最佳挡距能有效减少径流和冲刷量，同时还增产和增加净生产值。这说明垄向区田最佳挡距模型是可行的和可靠的。此外，在地形条件允许下，改顺坡垄为横坡垄，可降低垄向坡度，从而可采取表 6-30 中较长的挡距，以节约用工。本研究的数学模型是按黑龙江省垄体结构建立的，其他地区也可根据区域垄体结构的各项参数代入式（6-21），可获得当地的最佳挡距模型。

2）筑挡时间的确定

土挡存在于中耕作物全生育期，不便于田间管理和去除杂草，从而导致平产或减产；中耕结束后筑挡不利于中耕前期拦蓄降雨；干旱地区过早筑挡会使土层移动造成土壤失墒。那么，何时筑挡，应综合考虑降雨的分布和作物的播种期等因素。

我国北方地区的雨季多在 6～8 月，较大的雨强多集中在 7 月。因此筑挡时期最好在 6 月中下旬，结合最后一次中耕（趟地）进行，最迟不超过 7 月上旬，在雨季来临之前筑好土挡，并留在田间。这样，可把其后的降雨留在土壤中。秋季在田间保留土挡或秋翻起垄筑挡，也可拦蓄翌年春季融化的雪水。

2. 垄向区田筑挡机具研究

随着垄向区田技术的不断成熟和进步，该项技术得到了广泛推广应用。但是由于人工筑挡效率低、劳动强度大，给大面积推广带来了较大困难。为此，1999 年东北农业大学开始进行了垄向区田筑挡机具的研究，几经完善，实现了垄向区田技术的机械化。

1）设计要求

（1）耕地垄向坡度工作范围为 0°～6°；

（2）垄距 60～70 cm；挡距 70～600 cm；挡高 16～20 cm；挡顶厚度 0～15 cm；

（3）能够随时根据坡度变化调节挡距，保证按最佳挡距筑挡；

（4）筑挡后垄沟中要有坐犁土，土挡应紧实；

（5）相邻垄沟中土挡位置要错开；

（6）作业过程中不伤苗，不刮垄肩；

（7）结构与性能应与当地中耕机械相匹配。

2）IQD 型垄向区田筑挡机的结构组成及工作原理

IQD 型垄向区田筑挡机按照与之配套的 3 铧犁、7 铧犁、10 铧犁，可分成 IQD-3 型、IQD-7 型和 IQD-10 型。这里仅以 IQD-3 型为例介绍其结构组成和工作原理。

a. 结构组成

垄向区田筑挡机由机械部分和电控部分组成。机械部分每个单体通过连接器安装在三铧犁的悬挂架上，犁铧安装在连接器上。电控部分由控制器、电磁开关等组成。筑挡机的机械部分是在其控制下完成筑埨作业的。

(1) 筑埨机机架（图 6-14.1）由扁钢等焊制而成，由挂接销与连接器（图 6-14.2）铰接，连接器与三铧犁的悬挂架相连，连接器长方形孔中安装犁铧。

(2) 四叶板翻转铲（图 6-14.3）由 4 个铲板焊装在一起，其上装有尼龙轴套，与机架上的销轴相连，其可在销轴上旋转，尼龙轴套使用中不用润滑。

(3) 加压装置由吊杆（图 6-14.4）和加压弹簧（图 6-14.5）等组成，其前端与连接器相连，后端与机架上的吊杆拉板相连。给铲板施加压力，使铲板压实土埨和对地面仿形，在机器升起时吊杆把筑埨机吊起。

(4) 控制装置由挡臂（图 6-14.7）、支臂（图 6-14.8）、前支臂（图 6-14.9）、吊板（图 6-14.10）、拉簧（图 6-14.11）、电磁开关（图 6-14.6）、控制器（图 6-15）组成。控制器由电子元件组装成一体（盒），由拖拉机上负极搭铁的直流 12V 电源供电，其上有 3 个输出接线柱、12V 电源接线柱、电源开关、埨距调节旋钮、保险丝座。

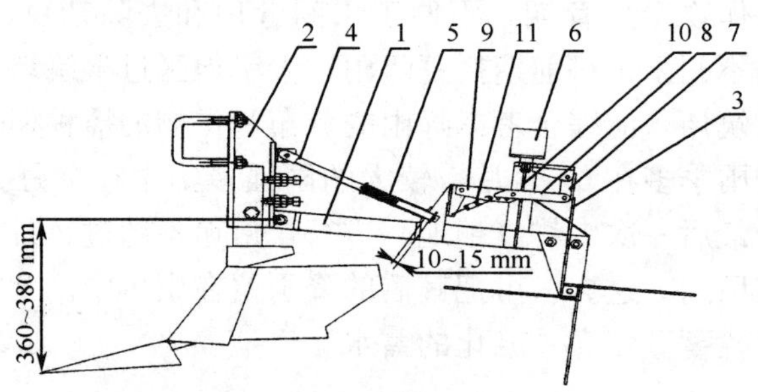

图 6-14　IQD-3 型垄向区田筑埨机（单体）

1. 机架；2. 连接器；3. 四叶板翻转铲；4. 吊杆；5. 加压弹簧；6. 电磁开关；7. 挡臂；8. 支臂；9. 前支臂；10. 吊板；11. 拉簧

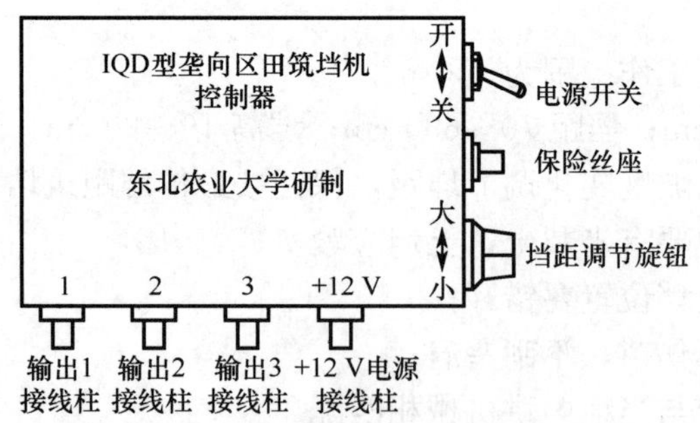

图 6-15　IQD 型垄向区田筑埨机控制器

b. 工作原理

中耕机作业时，犁铧耠起垄沟中的松土（分土板开度减小或不分土），筑埨机四叶板翻转铲被挡臂挡住不能翻转，随着机器的前进，下铲板搂起垄沟中的松土，随走随挤实，吊杆上的加压弹簧通过机架和铲板从上部对松土压实。拉动松土的距离越长，对松土的挤实效果越好。

挡臂、支臂和前支臂及机架构成一四杆机构。支臂和前支臂成一直线时，支承挡臂挡住上铲板，翻转铲不能翻转。当控制器产生的脉冲电流通过电磁开关的线圈时，先拉动电磁开关的铁芯，继而拉动吊板和支臂，使支臂和前支臂弯折，挡臂失去支撑，释放铲板。铲板在土壤的推动下而翻转，在其下部形成一土挡。

脉冲电流消失后，由拉簧拉动，支臂和前支臂又成一直线，使挡臂复位，挡住下一个铲板（翻转铲翻转 90°）。周而复始在垄沟中形成一个个土挡。脉冲电流的时间间隔根据机器的前进速度和挡距要求，由控制器来完成，控制器的开关和挡距的调节，驾驶员可在拖拉机行进中完成，转动控制器上的旋钮即可调节挡距的大小。

3）配套动力

垄向区田筑挡装置可通过连接器安装在垄作三铧犁的梁架上而组成一机——IQD-3 型垄向区田筑垱机，在中耕作业的同时完成筑挡作业。其配套动力为 18 kW 拖拉机（带有液压悬挂装置和负极搭铁的直流 12V 电源）。

4）作业效率

机械筑垱与人工筑垱相比，其优越性在于：第一，筑出的土垱高度、厚度一致，垱距准确规范；第二，一块地中有多种坡度时，驾驶员可随时调整垱距；第三，可放宽适合运用垄向区田措施的坡度范围，如在耕地地头处多为陡坡，俗称倾头地，最佳垱距只有 50 cm 时，机械也可顺利作业；第四，机械化作业速度比人工筑垱快（表 6-34），可以争取农时。

表 6-34 IQD 型垄向区田筑垱机的作业效率

挂接农具	耕幅/m	作业速度/(km/h)	生产率/(hm^2/h)	增效/%
3犁铧	2.1	3～5	0.6～1.0	75～125
7犁铧	4.2	5～7	1.4～2.4	175～350
10犁铧	7.0	5～7	3.5～4.9	437～612
12犁铧	8.0	5～7	4.0～5.6	500～700
人工(对照)	0.7	1～1.2	0.008	1

3. 垄向区田技术应用效果

垄向区田措施比其他任何水土保持措施动土量都少，具有显著的生态效益。经调查，在宾县和巴彦县实施垄向区田的坡耕地无径流产生，而在对照区（未筑垱者），两个县分别流失土层厚度 5.4 mm 和 2.5 mm，平均土壤有机质流失量分别为 128 kg/hm^2 和 72.9 kg/hm^2。

垄向区田拦蓄了土壤水分和养分，具有较好的增产作用。表 6-35 中数据表明，大豆平均增产 28.72%，玉米平均增产 17.9%。

表 6-35　不同土类和坡度的垄向区田大豆和玉米产量

调查地点	垄向坡度/(°)	作物	土类	产量/(kg/hm²)		增产/%
				垄向区田	对照	
宾县英杰乡	4	大豆	白浆土	1 410.0	1 068.5	32.0
宾县英杰乡	4	大豆	白浆土	1 329.0	912.0	45.7
宾县英杰乡	4	玉米	白浆土	7 576.0	6 697.5	13.1
宾县英杰乡	4	玉米	白浆土	7 575.0	6 319.5	19.9
巴彦县风乐乡	4	大豆	黑土	2 046.0	1 575.0	29.9
巴彦县风乐乡	4	大豆	黑土	2 125.5	1 828.5	16.2
巴彦县风乐乡	4	玉米	黑土	6 263.5	6 238.6	24.9
巴彦县风乐乡	4	玉米	黑土	7 636.5	6 636.0	15.1
宾县新立乡	4	玉米	黑土	9 961.5	9 055.5	10.0
宾县鸟河乡	4	玉米	黑土	11 775.0	9 450.0	24.6
东北农业大学	0.1～0.2	大豆	淋溶黑土	3 079.5	2 571.0	19.8

运用垄向区田最大的效益是社会效益，体现在减轻了洪涝灾害、减少了河流泥沙淤积、保护了水质、节省了国家在水资源工程方面的投资、保护了我国的耕地面积和耕地质量。例如，黑龙江省占耕地总面积60%的缓坡坡耕地运用垄向区田措施，保持了水、土、肥，就是保护了世界上少有的和经过上亿年形成的黑土地；坡耕地的保护稳定了农产品数量和质量，增加了农民的收入。

4. 适用范围

以小于6°坡的横坡垄、顺坡垄、横顺兼有的坡耕地，平翻后起垄的坡耕地皆适合运用垄向区田措施，干旱、半干旱地区或有雨旱分明的湿润地区，尤其适合运用垄向区田措施。也可在小于6°的坡式梯田，或是在水平梯田的排水沟中修筑土挡以防止水土流失和增加储水；在已修筑地埂的坡耕地的农田或地埂沟中运用垄向区田措施。在陡坡退耕还林的幼林地、还草的草地行间可修筑永久性的小土挡，也可在山区茶园的茶树行间修筑土挡，以保持水土。

（四）主要旱作物节水高产灌溉制度

1. 黑龙江省大豆节水高效灌溉制度

大豆节水高效灌溉制度的制定，应从提高水的利用效益出发，测定不同灌水处理对产量构成因素的影响，根据各地在节水条件下不同时期（及其组合）灌水的增产效益，分区确定大豆的关键灌水时期及节水高效灌溉制度（表 6-36，表 6-37）。

表 6-36 黑龙江省灌溉大豆节水高效灌溉制度

灌溉方式	分区	水文年份	灌水定额/(m³/亩)			灌溉定额/(m³/亩)
			播种期	分枝开花	鼓粒	
地面灌溉	Ⅰ1区.松嫩低平原干旱区	湿润年	30～40	28～35	20～25	78～100
		一般年	40～55	28～45	28～38	96～138
		干旱年	48～65	40～55	30～40	118～160
	Ⅰ2区.松嫩高平原半干旱区	湿润年	28～35	25～30	18～25	71～90
		一般年	30～48	28～40	20～30	78～118
		干旱年	45～60	40～55	30～40	115～155
	Ⅱ区.三江平原半湿润区	湿润年	24～30	20～28	15～20	59～78
		一般年	30～40	25～38	20～28	75～106
		干旱年	45～60	38～50	28～38	111～148
	Ⅲ区.东南部丘陵半湿润区	湿润年	20～30	20～25	15～20	55～75
		一般年	30～42	25～38	20～28	75～108
		干旱年	40～55	35～48	25～35	100～138
	Ⅳ区.北部大、小兴安岭山地湿润区	湿润年	20～30	18～25	15～20	53～75
		一般年	28～38	25～35	18～25	71～98
		干旱年	38～45	32～45	24～35	94～125

表 6-37 黑龙江省管灌及喷灌大豆节水高效灌溉制度

灌溉方式	分区	水文年份	灌水定额/(m³/亩)			灌溉定额/(m³/亩)
			播种期	分枝开花	鼓粒	
管路灌溉	Ⅰ1区.松嫩低平原干旱区	湿润年	22～28	20～25	15～18	57～71
		一般年	30～48	25～40	20～30	75～118
		干旱年	35～55	30～45	22～35	87～135
	Ⅰ2区.松嫩高平原半干旱区	湿润年	20～24	15～20	15～20	50～64
		一般年	22～35	20～30	15～25	57～90
		干旱年	30～50	28～45	20～30	78～125
	Ⅱ区.三江平原半湿润区	湿润年	18～22	15～20	15～20	48～62
		一般年	20～35	18～30	15～25	53～90
		干旱年	30～48	25～40	20～30	75～118
	Ⅲ区.东南部丘陵半湿润区	湿润年	15～20	15～20	15～20	45～60
		一般年	20～35	18～30	15～22	53～87
		干旱年	30～42	25～38	20～28	75～108
	Ⅳ区.北部大、小兴安岭山地湿润区	湿润年	15～20	15～20	15～20	45～60
		一般年	20～30	15～25	12～20	47～75
		干旱年	25～40	25～35	18～25	68～100

续表

灌溉方式	分区	水文年份	灌水定额/(m³/亩)			灌溉定额/(m³/亩)
			播种期	分枝开花	鼓粒	
喷灌	Ⅰ1区.松嫩低平原干旱区	湿润年	15～20	15～20	10～15	40～55
		一般年	20～35	20～30	15～22	55～87
		干旱年	24～38	20～32	15～24	59～94
	Ⅰ2区.松嫩高平原半干旱区	湿润年	12～18	10～15	10～15	32～48
		一般年	15～28	15～25	10～18	40～71
		干旱年	20～35	20～30	15～25	55～90
	Ⅱ区.三江平原半湿润区	湿润年	12～18	10～15	10～15	32～48
		一般年	15～25	12～20	10～15	37～60
		干旱年	20～35	10～30	15～25	45～90
	Ⅲ区.东南部丘陵半湿润区	湿润年	10～15	10～15	10～15	30～45
		一般年	15～24	15～22	10～15	40～61
		干旱年	20～30	18～28	15～20	53～78
	Ⅳ区.北部大、小兴安岭山地湿润区	湿润年	10～15	10～12	10～12	30～39
		一般年	15～20	10～20	10～15	35～55
		干旱年	20～30	15～25	15～20	50～75

2. 黑龙江省春小麦节水高效灌溉制度

在黑龙江地区春小麦生长期尽管有一定降水补给，但与需水量比较差额较大，尤其是5～6月，正是春小麦拔节、抽穗期，需水量大于降水量1倍以上，应进行灌溉弥补降水的不足。春小麦全生育期灌水，应抓住三叶期、拔节期、孕穗期和灌浆期。采用“早灌、勤灌、轻灌”的原则，即早灌头水，赶趟二水，增加灌水次数，减少灌水用量，适当延迟停水（表6-38，表6-39）。

表6-38　黑龙江省地面灌溉春小麦节水高效灌溉制度

灌溉形式	分区	水文年份	灌水定额/(m³/亩)			灌溉定额/(m³/亩)
			播种—苗期	拔节	抽穗—开花	
地面灌溉	Ⅰ1区.松嫩低平原干旱区	湿润年	18～25	18～25	18～25	54～75
		一般年	25～35	25～30	25～30	75～95
		干旱年	30～45	30～40	30～40	90～125
	Ⅰ2区.松嫩高平原半干旱区	湿润年	15～20	15～20	15～20	45～60
		一般年	22～28	22～25	22～25	66～78
		干旱年	28～40	28～35	28～35	84～110
	Ⅱ区.三江平原半湿润区	湿润年	15～20	15～20	15～20	45～60
		一般年	20～27	20～25	20～25	60～77
		干旱年	28～38	28～35	28～35	84～108
	Ⅲ区.东南部丘陵半湿润区	湿润年	15～18	13～18	13～18	40～54
		一般年	20～25	20～22	20～22	60～69
		干旱年	28～38	28～35	28～35	84～108
	Ⅳ区.北部大、小兴安岭山地湿润区	湿润年	12～18	12～18	12～18	36～54
		一般年	20～25	20～25	20～25	60～75
		干旱年	25～35	25～30	25～30	75～95

表 6-39　黑龙江省管灌及喷灌春小麦节水高效灌溉制度

灌溉形式	分区	水文年份	灌水定额/(m³/亩)			灌溉定额/(m³/亩)
			播种—苗期	拔节	抽穗—开花	
管路灌溉	Ⅰ1区.松嫩低平原干旱区	湿润年	12～18	12～18	12～18	36～54
		一般年	18～25	18～20	18～20	54～65
		干旱年	20～30	20～25	20～25	60～80
	Ⅰ2区.松嫩高平原半干旱区	湿润年	12～18	12～18	12～18	36～54
		一般年	18～25	18～22	18～22	54～69
		干旱年	20～28	20～25	20～25	60～78
	Ⅱ区.三江平原半湿润区	湿润年	10～15	10～15	11～15	30～45
		一般年	15～20	15～20	15～20	45～60
		干旱年	20～25	20～25	20～25	60～75
	Ⅲ区.东南部丘陵半湿润区	湿润年	10～15	10～15	10～15	30～45
		一般年	15～20	15～20	15～20	45～60
		干旱年	18～24	20～22	20～22	56～68
	Ⅳ区.北部大、小兴安岭山地湿润区	湿润年	10～15	10～15	10～15	30～45
		一般年	15～20	15～18	15～20	45～58
		干旱年	18～22	18～22	18～25	54～69
喷灌	Ⅰ1区.松嫩低平原干旱区	湿润年	12～18	12～18	12～18	36～54
		一般年	18～25	18～20	18～20	54～65
		干旱年	20～30	20～25	20～25	60～80
	Ⅰ2区.松嫩高平原半干旱区	湿润年	12～18	12～18	12～18	36～54
		一般年	18～25	18～22	18～22	54～69
		干旱年	20～28	20～25	20～25	60～78
	Ⅱ区.三江平原半湿润区	湿润年	10～15	10～15	11～15	30～45
		一般年	15～20	15～20	15～20	45～60
		干旱年	20～25	20～25	20～25	60～75
	Ⅲ区.东南部丘陵半湿润区	湿润年	10～15	10～15	10～15	30～45
		一般年	15～20	15～20	15～20	45～60
		干旱年	18～24	20～22	20～22	56～68
	Ⅳ区.北部大、小兴安岭山地湿润区	湿润年	10～15	10～15	10～15	30～45
		一般年	15～20	15～18	15～20	45～58
		干旱年	18～22	18～22	18～25	54～69

3. 黑龙江省玉米节水高效灌溉制度

由表 6-40 和表 6-41 可见，玉米播种期进行灌水是保持适宜的土壤水分，保证适时播种、苗全苗壮的关键。玉米苗期湿润年份降水能够满足该时期需水要求，一般年份及干旱年份需要进行一次灌水。玉米拔节期雌雄穗开始分化，茎叶生长迅速，要求充足的水分和养分，此时应结合追肥进行灌水。玉米受精后进入乳熟期和蜡熟期，茎叶的养分向籽粒输送为灌浆，此时期是籽粒形成的主要时期，需要足够的水分。

表 6-40　黑龙江省管灌及喷灌春玉米节水高效灌溉制度

灌溉形式	分区	水文年份	灌水定额/(m^3/亩)		灌溉定额/(m^3/亩)
			播种—出苗	拔节—孕穗	
管路灌溉	Ⅰ1区.松嫩低平原干旱区	湿润年	20～25	40～50	60～75
		一般年	25～33	45～60	70～93
		干旱年	30～38	50～70	80～108
	Ⅰ2区.松嫩高平原半干旱区	湿润年	20～25	30～45	50～70
		一般年	25～30	40～50	65～80
		干旱年	30～50	60～80	90～130
	Ⅱ区.三江平原半湿润区	湿润年	15～18	30～35	45～53
		一般年	18～20	35～50	53～70
		干旱年	25～30	50～60	75～90
	Ⅲ区.东南部丘陵半湿润区	湿润年	15～18	25～35	40～53
		一般年	18～20	35～40	53～60
		干旱年	25～30	50～60	75～90
	Ⅳ区.北部大、小兴安岭山地湿润区	湿润年	15～18	25～34	40～52
		一般年	15～20	30～38	45～58
		干旱年	22～30	45～60	67～90
喷灌	Ⅰ1区.松嫩低平原干旱区	湿润年	15～18	25～35	40～53
		一般年	18～25	30～40	38～65
		干旱年	22～28	35～45	57～73
	Ⅰ2区.松嫩高平原半干旱区	湿润年	15～18	25～30	40～48
		一般年	18～20	30～35	53～55
		干旱年	20～25	40～50	60～75
	Ⅱ区.三江平原半湿润区	湿润年	10～12	20～25	30～37
		一般年	12～15	25～30	37～45
		干旱年	18～22	35～40	53～62
	Ⅲ区.东南部丘陵半湿润区	湿润年	10～12	20～25	27～37
		一般年	12～15	25～30	37～45
		干旱年	18～22	35～40	53～67
	Ⅳ区.北部大、小兴安岭山地湿润区	湿润年	10～15	20～25	27～37
		一般年	12～15	25～30	33～43
		干旱年	15～20	30～40	45～60

表 6-41 黑龙江省地面灌溉春玉米节水高效灌溉制度

灌溉形式	分区	水文年份	灌水定额/(m^3/亩)		灌溉定额/(m^3/亩)
			播种—出苗	拔节—孕穗	
地面灌溉	Ⅰ1区.松嫩低平原干旱区	湿润年	30～35	40～50	70～85
		一般年	35～40	50～70	85～110
		干旱年	40～50	60～80	100～130
	Ⅰ2区.松嫩高平原半干旱区	湿润年	28～35	30～40	78～95
		一般年	35～40	40～60	100～120
		干旱年	40～50	60～80	100～130
	Ⅱ区.三江平原半湿润区	湿润年	20～25	40～50	60～75
		一般年	25～30	50～60	75～90
		干旱年	35～45	65～80	100～125
	Ⅲ区.东南部丘陵半湿润区	湿润年	20～25	35～50	55～75
		一般年	25～30	50～60	75～90
		干旱年	35～45	65～75	100～120
	Ⅳ区.北部大、小兴安岭山地湿润区	湿润年	18～25	35～50	53～75
		一般年	22～28	45～55	67～83
		干旱年	30～40	60～70	90～110

（五）“3S”土壤墒情监测与旱情信息管理技术

1. 技术内容与特点

黑龙江省“3S”土壤墒情监测与信息管理技术模式是结合国家防汛抗旱数字化、现代化工程建设要求，形成的以“3S”技术、计算机技术及现代通信技术为主体的节水灌溉管理集成模式。由地面信息采集系统、遥感数据接收系统、计算机网络系统、旱情遥感监测信息管理系统组成，以网络、数据库、GIS 等技术为基础，建立基于 Web-GIS 的黑龙江省旱情数据处理和旱情监测管理系统。该系统由监测预报、信息管理、数据库维护、网络发布 4 个子系统组成，综合考虑了热惯量及植被覆盖对土壤墒情判断与监测的影响，采用基于温度（温度日较差）和植被指数（NDVI）的温差植被热惯量经验模型。同时，在农作物生育期，采用基于地表温度与植被指数的地表温度植被指数特征空间模型进行旱情监测。利用极轨气象卫星的遥感数字图像、气象数据和黑龙江省 40 个墒情站的数据对所建立的模型进行计算和验证，并在 GIS 的支持下给出土壤含水量和旱情等级的空间分布图。通过遥感信息、地面墒情、气象等基本数据采集、存储、分析和应用，实现全省耕地的旱情实时在线分析、短期旱情发展趋势的预测预报和抗旱技术指导及抗旱信息管理，为黑龙江省各级政府、企业及相关单位提供实时土壤旱情信息，为抗旱决策与节水灌溉技术的应用发展提供科学依据。

2. 技术要点

为了满足10天一次旱情报告的业务化需求，克服遥感图像受云量的影响，保证在10天内提供晴天的昼夜温差图像，需要对10天内的遥感图像进行预处理。经预处理得到的10天合成遥感图像应达到以下要求：①合成图像昼夜温差为当日温差；②通过10天数据合成尽量保证每个合成的图像像元为有效值；③合成采用的遥感图像获取日期尽量等于或接近地面墒情观测日期；④每个像元的植被指数获取日期与该像元的温差日期一致。

遥感数据应用要求的前提是天空没有云层覆盖，这样的情况很少，因此要进行除云处理。根据反射率、温度和植被指数的阈值进行判别，将图像的每个像元进行有云或无云的标记。然后将经过云标记的植被指数和温度图像进行处理，生成10天的合成图像，得到每月上旬、中旬和下旬每天的温度和植被指数合成图像和夜间的温度合成图像。

3. 综合效果

黑龙江省拥有松嫩、三江两大平原，土壤集中连片，地形变化平缓，土壤质地比较均一，尤其4～7月干旱少雨，是我国最适合应用遥感技术监测其旱情变化的区域之一。应用该技术模式，在作物生长期的4～10月，每10天发布一期旱情通报，在旱情严峻时期可按需要5天发布，土壤墒情监测精度达到了80%以上。

根据不同作物旱情状况、生育阶段、水资源条件、灌溉设备配套、抗旱资金等多方面条件，利用节水抗旱技术应用知识库筛选适宜的节水灌溉措施，指导抗旱决策与灌溉措施的应用。

4. 适用范围

适用于大范围半干旱半湿润地区，用于干旱期作物生长多频次土壤墒情变化的监测。

（六）行间覆膜技术

1. 模式特点

行间覆膜是用专门的覆膜播种机具进行作业，行距可采用85 cm/45 cm、75 cm/65 cm、65 cm/65 cm的等行距或不等行距，在较宽的行间覆上地膜，以便提高地温、减少土壤蒸发和更好地汇集自然降水。在覆膜的同时将种子播到膜外露出的土壤里，种子距离膜边2～3 cm，再由覆土器、镇压器完成覆土、镇压等工序。覆膜的垄形近乎是平垄，但为了提高覆膜的质量，应该用专门的整形板将膜下部分进行整形，除去大的土块及根茬，做到垄形均匀一致，覆地膜中间比两边高3～4 cm，以便降落在膜面上的雨水均匀地流到两侧膜边的苗带，集中浇灌在作物的根部。

2. 技术成果分析

1）行间覆膜技术的整体增温效果

研究行间覆膜播种大豆在不同时刻、不同土层深度及不同生长时期的增温效果。

通过对试验所得数据进行分析，可以得到行间覆膜技术不同时刻、不同土层深度处的增温数值及整个生育期的日均增温数值。各土层的具体增温数值见表 6-42。

表 6-42　不同时刻、土层深度增温数据表　（单位：℃）

时刻	土层深度					
	0 cm	5 cm	10 cm	15 cm	20 cm	深度平均
08:00	0.9540	1.1640	0.5010	0.3312	0.2674	0.6435
14:00	1.9200	1.0000	0.6900	0.4768	0.4054	0.8984
20:00	0.7326	1.4950	0.7520	0.5390	0.4660	0.7969
平均	1.2022	1.2197	0.6477	0.4490	0.3796	0.7796

从各土层来看，0 cm 平均增温 1.2022℃，其中 14：00 增温效果最好，增温值达到 1.92℃，且增温效果由时刻 14：00、08：00、20：00 依次递减；5 cm 平均增温 1.2197℃，其中 20：00 增温效果最好，增温值达到 1.4950℃，且增温效果由时刻 20：00、08：00、14：00 依次递减；10 cm 平均增温 0.6477℃，其中20：00增温效果最好，增温值达到 0.7520℃，且增温效果由时刻 20：00、14：00、08：00 依次递减；15 cm平均增温 0.4490℃，其中 20：00 增温效果最好，增温值达到 0.5390℃，且增温效果由时刻20：00、14：00、08：00 依次递减；20 cm 平均增温 0.3796℃，其中20：00增温效果最好，增温值达到 0.4660℃，且增温效果由时刻 20：00、14：00、08：00 依次递减。

从各时刻来看，8：00 时刻土壤平均增温 0.6435℃，其中土层深度 5 cm 处增温效果最好，增温值达到 1.1640℃，且增温效果由土层 5 cm、0 cm、10 cm、15 cm、20 cm 依次递减；14：00 时刻平均增温 0.8984℃，其中土层深度 0 cm 处增温效果最好，增温值达到 1.9200℃，且增温效果由土层 0 cm、5 cm、10 cm、15 cm、20 cm 依次递减；20：00 时刻土壤平均增温 0.7969℃，其中土层深度 5 cm 处增温效果最好，增温值达到 1.4950℃，且增温效果由土层 5 cm、10 cm、0 cm、15 cm、20 cm 依次递减；在整个观测期内，行间覆膜技术平均增温 0.7796℃。

2）行间覆膜技术各时期的日均增温情况

行间覆膜技术在各时期的增温效果不尽相同，一般说来前期增温效果要好于后期，根据试验所得数据进行分析整理，各时期增温值如下所示。

由表 6-43 可知，增温的峰值 0.908 出现在 6 月中旬，此后开始不断下降。这符合地膜覆盖增温的一般规律，即在作物生长的前期增温效果较明显，而进入作物生长旺盛期，由于地膜覆盖的作物枝叶更加繁茂，阳光更不易进入地面，降低了地膜覆盖的增温效果。不过，在作物生长前期的增温效应是最重要的，这可以保证早春气温较低时作物正常发芽出苗。

表 6-43　各时期、土层深度的增温数据表　　(单位:℃)

时期	土层深度					
	0 cm	5 cm	10 cm	15 cm	20 cm	土层平均
5月下旬	0.754	1.285	0.631	0.462	0.516	0.729
6月上旬	1.323	1.233	0.854	0.349	0.228	0.798
6月中旬	1.661	1.257	0.757	0.475	0.389	0.908
6月下旬	1.363	1.428	0.500	0.470	0.391	0.830
7月上旬	0.976	0.729	0.439	0.502	0.312	0.592

3）行间覆膜的集雨作用

以甘南县为例，如果采用行间覆膜，按作物苗期 4～6 月的多年平均降雨量计算，行间覆膜宽度为 60 cm 时，5 mm 的自然降雨苗带实际接纳的降雨为 10.4 mm，10 mm 的自然降雨苗带实际接纳的降雨为 24.8 mm，15 mm 的自然降雨苗带实际接纳的降雨为 39.2 mm，苗带接纳的降雨相当于自然降雨的 2.1～2.6 倍。如果在 4 月末 5 月初播种时采用了行间覆膜播种技术，则 5 月、6 月的降雨相应的苗带实际接纳的降雨量的平均值将不少于 84 mm（5 月）和 148 mm（6 月），多年平均来看，5 月、6 月两个月的行间覆膜可使苗带多接纳降雨 129 mm，对防止该地区的苗期干旱将起到非常重要的作用（张忠学等，2005）。

（七）秸秆覆盖技术

1. 模式特点

1）留茬覆盖免耕播种技术模式

该模式通过留茬覆盖越冬控制农田土壤风蚀，并增加农作物秸秆还田量，提高土壤蓄水保墒能力。其技术要点：采用免耕施肥播种机进行茬地播种；苗期进行水肥管理及病虫草害防治；作物收获后，留高茬覆盖越冬，留茬高度 30 cm 左右。

2）旱地免耕注（坐）水种技术模式

该模式应用免耕措施减少秋季和早春季节动土，有效控制冬春季节农田土壤风蚀，保障播前土壤水分良好，并通过人工增水播种，提高作物出苗率。其技术要点：采用免耕施肥注（坐）水播种机进行破茬带水播种；苗期进行中耕追肥培垄，以及病虫草害防治；作物收获后，秸秆覆盖以留高茬形式为主，留茬高度 30 cm 左右。

3）留高茬原垄浅旋灭茬播种技术模式

该模式通过农田留高茬覆盖越冬，既有效减少冬春季节农田土壤侵蚀，又可以增加秸秆还田量，提高土壤有机质含量。其技术要点：玉米、大豆秋收后农田留 30 cm 左右的高茬越冬；翌年春播时浅旋灭茬，并尽量减少灭茬作业的动土量，采用旋耕施肥播种机进行原垄精量播种；保持垄形，苗期进行深松培垄、追肥及植保作业。

2. 试验设计

试验自 2003 年起，在东北农业大学香坊农场试验地进行，前茬为豆茬，秋翻起垄。

设置 CK（秸秆覆盖量 0 kg/hm^2）、A_1（秸秆覆盖量 4000 kg/hm^2）、A_2（秸秆覆盖量 8000 kg/hm^2）3 种模式定位试验区，采用 6 行区，行长 9 m，重复 3 次，随机区组排列，秸秆覆盖处理在玉米 5 或 6 叶期中耕培土 1 次。

3. 技术成果分析

1）秸秆覆盖与土壤水蚀的关系

课题研究中，在 3.5°的坡耕地上，分别测定不同年份的土壤径流量（表 6-44，表 6-45）。玉米秸秆覆盖可以明显降低径流量和土壤流失量，配合横坡起垄效果更明显。半量秸秆覆盖时两年平均径流量减少 54.9%、土壤流失减少 48.9%；全量秸秆覆盖时两年平均径流量减少 71.9%、土壤流失减少 76.6%；横坡起垄配合全量秸秆覆盖时两年平均径流量减少 86.5%、土壤流失减少 85.1%。

表 6-44　2007 年 3.5°坡地径流量

项目	日期(月-日)								径流量合计	土壤流失量
	7-2	7-4	7-9	7-15	7-23	7-27	8-7	8-14		
降水量/mm	4.0	6.5	20.7	12.4	10.5	22.3	10.8	12.1		
顺坡垄无覆盖/(t/hm^2)	1.9	4.5	10.6	4.1	4.4	22.7	5.3	2.3	55.8	6.8
顺坡垄半量秸秆覆盖/(t/hm^2)	0.6	2.2	5.9	2.1	2.4	10.7	2.5	1.1	27.5	3.2
顺坡垄全量秸秆覆盖/(t/hm^2)	0.2	1.3	2.9	1.1	0.4	3.7	1.6	0.2	11.4	1.2
横坡起垄全量秸秆覆盖/(t/hm^2)	0	0	2.0	0.7	0	2.1	0.4	0	5.2	0.8

表 6-45　2006 年 3.5°坡地径流量

项目	日期(月-日)							径流量合计	土壤流失量
	7-9	7-14	7-18	7-23	7-28	7-31	8-12		
降水量/mm	27.4	10.8	19.4	19.4	7.6	21.7	9.9		
顺坡垄无覆盖/(t/hm^2)	14.3	0.9	17.0	8.9	0.5	14.5	1.2	57.3	7.3
顺坡垄半量秸秆覆盖/(t/hm^2)	9.3	0.2	3.9	5.8	0.2	4.0	0.2	23.6	4.0
顺坡垄全量秸秆覆盖/(t/hm^2)	8.2	0.2	2.5	4.8	0.1	3.8	0.3	19.9	2.1
横坡起垄全量秸秆覆盖/(t/hm^2)	4.1	0	1.5	2.6	0	1.6	0	9.8	1.3

2）不同土层的土壤水分含量

根据不同土层的全程土壤水分的平均数进行比较可见，土壤水分总的变化表现为：随土壤层次的加深，土壤水分呈增加趋势，秸秆覆盖处理 20 cm 以下土层土壤水分略低于上层，可能是由于秸秆覆盖降低了上层土壤水分的蒸发速度而造成，尤其是 0～10 cm 秸秆覆盖增加土壤水分效果显著。

3）不同秸秆覆盖层的土壤水分动态变化

表土层（0～10 cm）经常受气候和耕作栽培措施的影响，变化较大。秸秆覆盖可以增加土壤水分含量，在 7 月以前秸秆覆盖处理增加土壤水分的效应明显，尤其是 A_1 处理，A_2 处理的土壤水分含量在后期略高于其他处理。

根际层（10～20 cm）为根系活动层次，依耕层深度而变。该层受机具、人、畜及气温影响较小，土壤容重也较表土层小，其理化、生物性状都比较稳定，是根系集中的地区，对作物发育有决定作用。该层土壤对作物抗旱、水分利用效率有很大的影响。研究表明：该土层秸秆覆盖处理土壤水分略高于CK，但A_1、A_2处理间差别不大，仅在7月之前可看出这种影响。

20～30 cm 土层各处理的土壤水分含量无大的差别，几乎处于同一水平，仅在个别时期略有差别，说明秸秆覆盖处理对于20 cm以下土层水分的影响不大。

研究表明：秸秆覆盖量越多，土壤温度降低越多；A_2处理土壤温度一直是最低水平，A_1处理在0～10 cm 土层温度有所升高。本试验中秸秆覆盖处理可以增加土壤水分，以0～20 cm内效果明显，而且秸秆覆盖对土壤温度和土壤水分的影响主要表现在作物生育前期（7月以前），这时较高的土壤温度和较多的土壤水分有利于玉米种子发芽及苗期生长。从试验结果来看，A_1处理可增加土壤水分，虽然土壤温度（10 cm以下）略有降低，但表层为增温均势，十分有利于种子发芽。土壤温度不但影响根系的生理生化活性，也影响土壤水的移动性。因此，在一定的温度范围内，随土壤温度提高，根系中水分运输加快；反之则减弱，温度过高或过低，均对根系吸水不利（马春梅等，2006）。

（八）化学保水剂应用技术

1. 保水剂应用品种

（1）唐山“博亚”高能抗旱保水剂。

（2）合肥“新峰”多功能抗旱保水剂。

（3）浙江建德“绿洲”超强保水剂。

（4）保定“科翰98”高效抗旱保水剂。

（5）辽宁海礁“海礁王”植物抗旱保水剂。

（6）改良型“海礁王”。

（7）“旱地龙”抗旱剂。

2. 试验设计

（1）玉米：在黑龙江省西部半干旱区甘南县，采用盆栽试验。设6个处理，处理1，不施保水剂；处理2、3、4、5、6分别施（1）～（5）号保水剂2 g。

（2）大豆：在黑龙江省西部半干旱区甘南县，采用大田试验。设6个处理，处理1，常规播种，无保水剂；处理2，每垄施用4号保水剂8 g；处理3，每垄施用5号保水剂8 g；处理4，每垄施用6号保水剂8 g；处理5，用“旱地龙”抗旱剂拌种；处理6，用“旱地龙”抗旱剂进行叶面喷施。

3. 保水剂应用效果分析

在黑龙江省西部半干旱区甘南县的试验表明，玉米经保水剂处理后，其后期生长明显优于对照，穗长均高于对照，穗粒重也有所提高。同时，保水剂处理的玉米穗粒数提高了 12～96 粒，秃尖率明显降低，增产率为 3.42%～16.37%（表 6-46）。

表 6-46　保水剂对玉米产量构成因素的影响（2004 年）

处理	株高/cm	穗长/cm	穗粒数/个	百粒重/g	穗粒重/g	秃尖/cm
1	207.2	21.1	588	28.51	168.02	1.4
2	206.3	20.6	623	25.50	157.96	1.0
3	199.9	21.4	648	26.73	173.77	1.1
4	206.8	22.7	684	28.51	195.52	0.2
5	202.0	21.6	627	26.23	163.99	0.7
6	206.8	22.3	600	29.50	177.01	0.4

由表 6-47 可以看出，在 6 个处理中，产量最高的为处理 4，比对照增产 16.37%，亩产最低的是处理 2，比 CK 减产 6.00%，处理 3 和处理 6 产量稍有增加。

表 6-47　保水剂对玉米产量的影响（2004 年）　（单位：kg/小区）

处理	小区产量			均值	增产/%
	Ⅰ	Ⅱ	Ⅲ		
4	24.86	25.17	20.36	23.46a	16.37
6	21.35	21.76	20.61	21.24ab	5.36
3	22.65	17.03	22.87	20.85ab	3.42
1	17.28	21.28	21.92	20.16ab	—
5	22.14	21.10	15.8	19.68ab	−2.38
2	20.3	20.06	16.5	18.95b	−6.00

大豆经保水剂处理后，株高明显高于对照。使用保水剂的处理出苗较早，平均比对照早 1～2 天，收获期提前 1～2 天，这说明使用保水剂有利于大豆出苗和提前成熟，对于积温较低的甘南县具有重要意义。

单位面积内的株数、每株荚数、荚粒数和百粒重是构成大豆产量的 4 个因素。从表 6-48 中可以看出，与对照相比，其他处理的产量构成因子都有一定的提高，其中处理 4 的各项指标最高，说明保水剂的施用有利于提高产量构成因素，进而提高大豆产量。

表 6-48　不同保水剂处理对大豆株高和产量构成因素的影响（2004 年）

处理	株高/cm	荚/株	粒/荚	株粒数/个	百粒重/g	株粒重/g
1	71.7	30.1	2.1	63.7	12.6	8.07
2	72.7	40	2.1	83.7	12.3	10.28
3	67.3	41	1.9	79.6	12.6	10.30
4	68.0	47.1	2.2	101.7	12.6	12.92
5	75.3	43.6	2.2	93.7	12.1	11.36
6	65.3	42.4	2.1	87.8	11.8	10.46

从表 6-49 中可以看出，处理 2、3、4 和 5 都较对照增产，其中处理 5 产量最高，为 182 kg/亩，比对照增产 33.82%，较低的是处理 6，为 136.14 kg/亩，比 CK 减产

0.19%。这说明保水剂对提高大豆产量有一定作用，但是，不同保水剂效果不同，而且使用方法对保水剂的效果也有很大影响，拌种效果最好，叶面喷施效果不明显（刘学生等，2006；陆海燕等，2006）。

表 6-49 不同保水剂处理对大豆产量的影响（2004 年）

处理	小区产量			平均	亩产	增产/%	显著性	
	Ⅰ	Ⅱ	Ⅲ	/kg	/(kg/亩)		0.05	0.01
5	6.54	6.77	6.39	6.57	182	33.82	a	A
4	6.26	5.89	5.98	6.04	167	23.07	ab	AB
2	6.37	5.96	5.39	5.91	164	20.36	ab	AB
3	5.61	6.81	4.5	5.64	156	14.91	b	AB
1	5.10	4.83	4.79	4.91	136	—	b	B
6	4.94	5.45	4.31	4.90	136	−0.19	b	B

（九）甘南县旱田工程节水移动式喷灌技术

截至 2009 年 6 月底，黑龙江省旱田节水灌溉工程面积达到 106.8 万 hm^2，约占全省旱田耕地面积的 11%。其中，喷灌面积 100.3 万 hm^2，占节水灌溉的 93.91%。

黑龙江省甘南县曾是国家级贫困县，少雨干旱和土地贫瘠是该县农业发展的两大瓶颈。甘南县干旱年份降雨量只有 250 mm 左右，而这里土地表层 20 cm 以下就是沙子，吃水跑水很严重。长期以来，该县在兴修水利上下足了力气，虽然人挑车拉、大水漫灌和“小白龙”管灌等措施在一定程度上缓解了旱情，但又产生投入大、效益低，以及土地板结、肥料流失、水资源浪费等生态保护方面的新弊端。

从 1995 年开始，甘南县在国家和省市的大力支持下，充分利用当地地下水资源相对丰富的条件，带领全县人民在这片干旱的土地上掀起了一场由传统大水漫灌向现代农业节水喷灌转变的历史性变革。甘南县结合现行农村生产体制和落实土地延包政策，以井为体系，以户为单元，联户安装，单户管理，或利用农民原有的小机器、地头井，单户安装、管理，并引进适合一家一户建设管理的喷灌带，经过几年的不懈努力，2007 年年底发展喷灌面积达 10 万 hm^2，占旱田总面积的 54%，有 6 个乡镇 56 个村的旱田实现了遇旱能灌溉、灾年保稳产，到 2009 年已有 2.9 万眼机电井、1.9 万套喷灌设施，被誉为“大兴安岭脚下灌溉王国”，成为国家级节水灌溉示范县。

1. 技术特点

针对地形复杂、风沙严重的现状，将节水灌溉与生态治理结合起来，总结出分类旱田工程节水移动式喷灌模式。在山地、山脚打井，山腰建池，提水上山搞喷灌；在漫坡漫岗地，以小流域治理为重点，建蓄水工程搞喷灌；在平原区，合理布局井群，连片搞喷灌；在沿江沿河区，搞蓄水、引水、提水、灌水、排水同步进行；在城郊区，开展保护区等集约化经营，推广更高水平的喷灌、微灌。

针对分散的土地经营现状、较浅的地下水埋藏水位和地方经济比较贫困地区，形成了使用方便、移动灵活、价格低廉、灌溉效果好的中小型移动式喷灌模式，达到经济、实用的目的。一家一户分散经营地区，采用打井灌溉水源，根据农户经济实力和拥有的农田面积，使用小型喷灌设备。

移动式喷灌工程由灌溉水源井、潜水泵、管网系统、喷头等组成。

2. 技术应用要点

注意灌溉水源井的合理布置，根据地下水资源量打井、选泵、定机，使井的机泵、管带、喷头扬程和控制面积达到较理想的组合配套。制定合理的灌溉制度，改变“等雨不灌地，不旱不浇苗”，以及只浇“救命水”的旧习惯，要适当浇“丰产水”以取得较好的喷灌效益。

工程建设应严格执行《节水灌溉工程技术规范》、《喷灌工程技术规范》等。

3. 节水、增产（增效）综合效果

采用喷灌与传统大水漫灌相比亩节水 90 m^3，节水达 50%，比“小白龙”管灌亩节水 20 m^3，比地面灌溉节水 40%，增产 25%，农民亩纯收入增加 280 元，从而达到节水、增产、优质高效的目的。中小型移动式喷灌具有使用方便、移动灵活、价格低廉、灌溉效果好等优越性，由于是移动式，避免了地埋式管路排水不畅、发生冻害、导致工程报废的情况，又解决了大水漫灌造成灌溉效率低、工程控制面积小、灌溉不均匀，冲刷表土，浪费水资源等一系列问题。发展节水灌溉可以防止传统灌溉方式造成的土壤次生盐碱化，改善土壤理化性状；减少地下水开采量，有利于保护环境。有效地改善了农业生产条件，增强了农业的抗灾能力；提高了水的利用率，缓解了农业用水的供需矛盾；促进了农业结构调整，增加了农民收入；改善了生态环境，推动了水资源的优化配置，不但解决了重旱区农民的生存问题，还为农业的产业结构调整、种植经济作物创造了条件，加快了贫困县脱贫致富的步伐。

4. 适用范围

平原浅井区、山区丘陵塘坝水源的大田或经济作物。

（十）大庆膜下滴灌补水保墒技术

大庆市粮食生产每年都因旱灾而减产，减产幅度与旱灾程度相关，玉米膜下滴灌技术的发展和应用，从根本上解除了干旱对农作物的影响；应用区通过膜下滴灌，实现灌溉及时、增加种植密度、提高光能利用率、提高肥效、增加积温、促进早熟等优势，比常规栽培模式增产 50%以上。在第一积温带区域，膜下滴灌玉米亩产可达 1 t 以上，较常规种植平均亩增产 400 kg，建成的 1.53 万 hm^2 高产玉米膜下滴灌年增产粮食 0.92 亿 kg。在水利部门的管理和推动下，经过多次与设备厂商谈判，最终确定大系统每亩 250 元，小系统每亩 220 元。按照玉米膜下滴灌设备不同使用年限分摊成本，每年每亩平均工程投入在 92 元左右。而每亩最低增产 300 kg，可增收 360 元，与建设成本相抵后，每亩可净增收 200 元以上，当年即可收回成本。

大庆市大同区林源镇新村一路以东，沿途大约有 153.3 hm^2 连片玉米膜下滴灌项目区。这片由新村的 106 户村民连片种植而成的玉米地，是目前大庆市最大的玉米膜下滴灌种植区。初步估计，153.3 hm^2 玉米膜下滴灌项目区可帮农民增收 70 余万元。

1. 模式特点

（1）小垄改大垄：将习惯栽培的 65 cm 或 70 cm 小垄，在整地时改变成为 130 cm 或 140 cm 的大垄，也就是将原来的两条小垄变为一条大垄，经旋耕整地后形成一条大垄。

（2）大垄上播双行：在已打好的大垄上种植两行玉米。

（3）垄上两行玉米之间的距离（小行距）：大垄上两行玉米之间的距离为 40～50 cm，则两垄之间相邻两行之间的距离（大行距）为 90 cm 左右，达到通透的目的。

（4）选择生育期比当地常规品种长 5～7 天，适宜当地主栽的高产、优质、抗病、抗倒伏、抗逆性强的收敛型品种。

（5）合理密植，增加种植密度：一般较常规栽培亩数 500 株以上。

（6）施肥标准：与常规种植比，由于膜下滴灌是高投入高产出栽培模式，一般选择的玉米品种都是喜肥、喜水的高产品种，在膜下滴灌水分有保证的前提下，要求相应增加施肥量，一般亩投入优质农肥 2000 kg 以上；化肥：二铵 15～23 kg，尿素 10～20 kg，硫酸钾 5～10 kg，硫酸锌 0.5～2 kg；或者用复合肥 30～40 kg，尿素 5～10 kg，锌肥 0.5～2 kg。其中做底肥的尿素要选择缓释长效尿素。

（7）精细管理：及时查找薄膜破损处，压严实，防止跑风漏气；及时放苗、用湿土压实放苗口，及时补苗。

2. 技术要点

（1）选地选茬。玉米适应性很强，对土壤的要求不太严格，但要达到丰产丰收首先还是应该选择耕层深厚、土壤肥力较高、保水保肥、排水良好的地块，地势要平坦，防止产生积水。其次，在选茬上虽然玉米较耐连作，但最好不选用连作三年以上的玉米茬。另外，高粱、甜菜、向日葵等茬口，由于消耗地力较大，需大量施肥，否则将会导致减产。

（2）品种选择。根据生态条件，选用审定推广的高产、优质、适应性及抗病性强、生育期比常规栽培品种长 5～7 天的优良品种。种子纯度不低于 98%，净度不低于 98%，发芽率不低于 90%，含水量不高于 16%。种子用种衣剂包衣，药种比 1∶70；主要防治地下害虫和玉米丝黑穗病。

（3）精细整地。精细整地是玉米大垄双行膜下滴灌栽培的关键，直接影响播种质量、覆膜质量和玉米生长发育。要搞好根茬粉碎还田，必要时人工除净根茬残体。在宜耕期适时整地，及时镇压，避免过干、过湿整地。整地最好用大马力旋耕机，这样整地能达到耕层深厚、土壤细碎的要求。起垄：把 65～70 cm 的小垄起成 130～140 cm 的大垄，达到垄台平整、垄向直、宽窄一致。

（4）平衡施肥。根据平衡施肥原理，实施测土配方施肥，在确定目标产量的基础上，通过测土化验，掌握土壤有效养分含量。做到氮、磷、钾及微量元素合理搭配，肥料按照测土配方提出的数量、种类施入。一般比常规栽培在保证亩施农家肥 2000 kg 的基础上，增施化肥 10～15 kg。

（5）播种。播期：地温稳定通过 7℃时抢墒播种。播法：垄上机械豁沟注（坐）水精量点播，小行距 40～50 cm，株距 25～27 cm，播种深浅一致，覆土均匀，播深3 cm。种植密度：亩保苗 3750～4000 株。

（6）铺滴灌管、打除草剂、覆膜。铺管：滴灌管铺设要与覆膜同步进行，滴灌带放于大垄中间。覆膜：播种后，每亩用 86%乙草胺 50 mL 加 72% 2,4-D 丁酯 20 mL 处理土壤，喷雾要均匀，避免重喷、漏喷。然后用 130 cm 宽的地膜机械覆膜。

（7）及时放苗。播种后随时检查出苗情况，发生缺苗及时扎眼补种；当玉米幼苗够大时及时放苗，放出颜色正常、大小一致、没有病虫害的苗，用湿土压实培好放苗口，检查地膜两侧是否被风刮起，若被风刮起及时压好。

（8）及时灌溉。玉米在整个生育期都需要充足的水分供应，在孕穗期（需水关键期）尤其不能缺水，如果这时候缺水，将影响玉米全年的产量形成。所以在玉米大喇叭口期到乳熟期应保证充分的水分供应，及时滴灌。尤其是在抽雄前、后 15 天的一个月内，不能缺水。大庆地区黏砂土的绝对含水量为 16%～22%，壤土为 22%～28%。每次灌水达到相对含水量的 70%最为适宜（苗期每亩灌水 5～6 t，拔节及灌浆期每亩灌水 10～12 t）。

（9）防治灾害。虫害：主要害虫为蛴螬、地老虎、金针虫、枯心夜蛾、蚜虫、红蜘蛛、二星叶甲等。可采用轮作减轻地下害虫的危害，另外施用农家肥一定要腐熟。发生害虫时，每亩用 5%辛硫磷颗粒剂 2～2.5 kg 处理土壤。玉米螟；用赤眼蜂 1 万～3 万头/亩或 50%辛硫磷 0.5 kg 加煤渣 250 kg 制成颗粒，每株 1 g 放玉米芯里。病害：病害主要有大斑病、小斑病。可选用抗病品种或用 50%多菌灵、40%克瘟散等 500 倍液每 10 天一次，共喷 2 或 3 次。

（10）扒皮晾晒、适时晚收。玉米在蜡熟后期扒开玉米果穗苞叶，促进籽粒水分散发。在枯霜后玉米完全冻死再收获。

（11）及时回收滴灌管。

（12）结合根茬还田清除地膜。

3. 增产原因及技术进步点

以肇州为例，推广玉米大垄双行膜下滴灌栽培技术，一般亩产可达 900 kg 左右，比小垄亩增产 400 kg 以上，亩纯增收在 300 元以上。玉米大垄双行膜下滴灌栽培技术之所以增产、增收，其主要原因及技术进步点是：抓住了阻碍玉米生产中的限制因子（水），满足了玉米生育期对生长因子的需求，找到了解决“玉米海”问题的突破点。

1）有效地解决了“玉米海”问题

由于玉米播种面积大，间作作物少，往往连片、成带大面积种植，形成通风透光不良的“玉米海”，造成植株生长细弱，空秆率和秃尖率增加，病虫害加剧，遇大风则大面积倒伏，造成损失。

采用玉米大垄双行栽培技术改变了传统的小垄单行栽培方式，增加了玉米的垄间距离，改变了玉米植株的田间分布方式，增加了田间通风透光性，解决了主产区玉米大面积、连片种植产生的“玉米海”问题。

采取玉米大垄双行栽培，由于田间通风透光好，有利于植株光合作用，加上10～20 cm土壤温度较小垄单行高，因此植株生长旺盛、气生根多、根系发达，倒伏率下降5.2个百分点，抗倒伏效果明显。

大垄双行栽培使两行玉米植株之间距离有宽有窄，增加了田间通风透光性。风速比小垄单行高出5.0%～200%，透光最高的增加2150 lx，最低的增加70 lx。这说明大垄双行栽培通风透光性能好，有利于植株进行光合作用和生长发育，提高了光能利用率和干物质积累速度，充分发挥了边际效应，减少了玉米秃尖，降低了玉米籽粒含水量，提高了玉米质量。

2）*大垄覆膜滴灌，利于保墒*

春季发生春旱是直接影响玉米一次播种保全苗和前期玉米生长发育的主要因素。实行大垄双行膜下滴灌栽培技术，由于滴灌能够满足玉米不同生育期对水分的需要，土壤含水量增加。同时由于地膜的增温作用，可以提早播种，比正常栽培方式提早5～7天，增加有效积温200℃余，这就为玉米营养生长和生殖生长创造了良好的条件，能够满足玉米高产品种对温度和水分的要求，为高产打下基础。

3）*增加种植密度，发挥群体的增产潜力*

玉米大垄双行膜下滴灌栽培技术由于田间通风、透光条件的改善和土壤含水量的增加，为提高种植密度提供了可能。一般比小垄单行栽培亩株数多500株以上。

4）*解决了玉米生长的水分限制*

玉米大垄双行膜下滴灌栽培技术的最大好处是能够满足玉米不同生育期对水分的需求，适宜的水分条件为玉米根系生长创造了良好的根际条件，使根的吸收能力大大增强，茎秆粗壮，这是玉米高产的生物基础，并实现了节水灌溉。

总之，玉米应用这项技术在正常年份，特别是灾害年份，在增产方面能够达到极显著差异，显示出巨大的生命力，能够缓解大庆市十年九春旱，玉米大面积“清种”存在的通风透光差、密度不够、群体不足，难于提高玉米产量等生产中的主要矛盾。

4. 增产增收效果

通过发展高效节水农业，其增产增收的效果明显。以玉米膜下滴灌为例，广大农民在实践中总结出了8个方面的作用。①增产。膜下滴灌玉米保苗4200～4500株/亩，平均单产1000 kg/亩，比常规玉米增产500～550 kg/亩。②节水。单眼机井控制面积，滴灌可达33.3 hm^2，喷灌为16.67 hm^2，漫灌为70亩；滴灌的亩用水量是喷灌的1/2，是漫灌的1/7。③增温。年可增加有效积温240℃，延长生育期10～14天。④保墒。覆膜土壤0～14 cm耕层含水量，比常规地块高出14%以上。⑤节肥。追肥期间可提高肥效利用率20%以上，同时可防止土壤盐渍化。⑥省工。膜下滴灌实现了免铲免耕，管理定额由25亩/人提高到200亩/人。⑦提质。收获期膜下滴灌玉米的成熟度好，平均含水量比常规玉米低 8%以上（2009 年常规玉米 34 m^3/亩、滴灌玉米 16～23 m^3/亩），籽实质量普遍高出常规玉米一个等级以上。⑧增效。每亩膜下滴灌的水源、设备、地膜及常规栽培管理等全部成本为 570 元左右。按亩产 1000 kg，每千克 1.2 元计算，亩收入 1200 元，纯收入 630 元；与常规玉米亩均纯收入 210 元比，增加 400 元以上。

（十一）依安土地流转、集中经营的大型喷灌技术

依安县流转土地 11.33 多万公顷，百亩以上种植大户达 1.2 万户。50 个村实现了四区轮作整村推进，占全县行政村总数的 33.8%。共有 2.3 万农户参与了四区轮作，占农户总数的 23%。到 2012 年，全县力争建成 200 万亩现代农业产业基地。最终达到土地经营规模化、农业生产标准化、生产全程机械化、抗灾保产水利化、农村经济产业化的目标。

土地连片经营后，许多富余劳动力从土地中释放出来，从事养殖业、加工业以及第三产业。依龙镇丰林村实行四区轮作整村推进，过去几百户种的地现在几十户就够用了。不种地的人养牛，2010 年全村奶牛养殖量由两年前的零猛增至 1000 头，仅此一项农民一年可增收 500 万元。

按照《黑龙江省千亿斤粮食生产能力建设规划》总体部署，全省在西部地区的 4 市 5 个县区建设 5 个项目区，规划玉米喷灌面积 10.1 万亩。依安新兴项目区就是这 5 个项目区中的一个，项目总投资 3497.24 万元，规划面积为 0.17 万 hm^2，总控制面积为 0.213 万 hm^2。依安新兴项目区主要建设内容包括水源取水泵站工程、供水骨干管道及渠道工程、田间喂水渠工程、喷灌机工程和机电工程 5 个工程。新建取水泵站 2 处，新建输水管道 10.63 km，布置大型喷灌机 11 台，年可供水 278.15 万 m^3。其中，平移式喷灌机 6 台，单台设备长 890 m，最大行走长度 3400 m，控制面积 253.3 hm^2；圆形喷灌机 5 台，单台设备长 450 m，控制面积 63.47 hm^2。该项目实施后，可增产粮食 733.7 万 kg，增加效益 1027.18 万元。

1. 模式特点

实现了“土地经营规模化、田间作业大型农机化、农业生产标准化、种植作物品牌化”的 4 个新型现代化，改变了“种植小规模、整地小农机、标准小生产、销售小产品”的农户分散经营传统模式，配套建立了大型喷灌管理模式。该模式区农业用地在土地承包期限内，通过转包、转让、入股、合作、租赁、互换等方式出让承包权，农民将承包的土地向专业大户、合作农场和农业园区流转，发展农业规模经营，灌溉集中管理，四区轮作。

大型喷灌机技术已日趋成熟，具有自动化程度高，单机控制面积大，综合利用率高，能浇灌各类高矮作物，能在平原、丘陵地里运行，省水、增产、省工、节能等优点，能满足规模农业用户的使用要求。

集中经营的大型喷灌模式对开发改造中低产田、发展现代农业、推动农业生产力的发展起到巨大作用。

2. 技术要点

目前我国大型喷灌机正处于快速发展时期，农业适度规模经营已成为我国现代农业建设的战略方向，农业规模化、集约化、规范化生产为大型农机具发展创造了广阔的市场空间。

土地流转方面：要统一思想，明确目标；积极引导，加大扶持；坚持原则，积极推进；健全组织，强化服务；加强管理，规范行为。

大型喷灌方面：要科学合理地规划设计；强化农业生产综合配套技术；加强技术培训，发挥设备效益；完善农机购置补贴政策，支持国内大型喷灌机的产业化。

3. 节水、增产（增效）综合效果

有效改善了土地资源配置效率，进一步激活了农业剩余劳动力的转移，构建和规范了农村集体生产用地的流转机制，使农民更充分地参与分享城市化、工业化的成果，具有的农业规模化、集约化、规范化生产为大型喷灌设备的应用奠定基础，常用的喷灌有全自动 360°旋转喷灌机、平移式、中心支轴式等型式，最大一次性可覆盖面积 66.7 hm^2。节水效果显著，水的利用率可达 85%以上；作物增产幅度大，一般可达 20%～40%；灌水均匀，土壤不板结；大大减少了田间渠系建设及管理维护和平整土地等工作量；有利于加快实现农业机械化、产业化、现代化。

4. 适用范围

土地流转、集中经营的大型喷灌模式适用于规模生产的耕地，并且区域内水资源充足；各种旱作种植作物均适用，如谷物、蔬菜、香菇、木耳、药材等；从地形上看，适用于平原也适用于小于 8°的坡耕地区；从土质上看，既适用于透水性大的土壤，也适用于渗透率较低的土壤。

（十二）农垦大型桁架式喷灌技术

克山农场隶属于黑龙江省农垦总局齐齐哈尔分局，耕地面积 2.72 万 hm^2；地下水位 35～55 m，克山农场地处小兴安岭西麓，松嫩平原东北部，地势属于丘陵漫岗，土质肥沃，适宜喷灌。克山农场在建立喷灌模式前，可以说是十年九春旱，作物出苗困难或者出苗后由于土壤水分不足严重影响了作物生长。克山农场自 1980 年开始引进喷灌机，采用国有农场大型喷灌模式，经过近 30 年的摸索，总结出井壁管采用钢管，喷灌机选桁架式喷灌机。桁架式喷灌机行走车使用方便，通过喷头平衡器，控制喷头保证喷头作业质量。利用一台喷灌机控制 80 hm^2，喷灌井出水量 160 m^3/h，地块宽度一般为 300～400 m，长度为 1200 m 左右。目前克山农场共有喷灌井 177 眼，喷灌机 139 台，其中，滚轮式喷灌机 18 台，绞盘式喷灌机 121 台。喷灌井控制喷灌面积为 1.33 万 hm^2。

1. 模式特点

大型桁架式喷灌机包括时针式和桁架移动式。

时针式：灌溉轨迹呈圆形。需要把水和电（需要用电）以地埋方式引到中心点，灌溉效率高，管理方便，一人可控制多台设备。市场用量大，国际上占90%。

桁架移动式：灌溉轨迹呈矩形。需要修筑水渠或铺设供水管道供水。平移机自带发电机（需要柴油）和汲水泵。土建成本高，单台设备成本高，管理维修复杂，一人只能管理一台。地况要求平整，市场用量不大。

2. 技术要点

技术指标及参数：①幅宽：时针式半径400 m，带地角开启尾枪，尾枪射程30 m，尾枪带增压泵。选择拖移式，可以增大单台设备的灌溉面积，提高利用率，降低设备投入成本。②行走速度：小于17 h/圈；喷灌强度：8～10 mm/圈。③作业效率：以农场一次灌溉深度为30 mm计算，那么需要51 h/次。

应用条件：时针式喷灌机需要电压380 V，三相电，50 Hz。水量100～200 t/h，喷灌圈内不能有超过3 m的障碍物，灌溉圈内的坡度不能超过0.25°。

机组配套：柴油发电机1台，75 kW，380 V电压；水泵1台或多台，水泵总供水量要求100～200 t，到喷灌机中心点的扬程要15 m或25 m。

喷灌时期：在作物需要灌水时进行喷灌，作物生长到超过3 m就不能喷灌。

注意事项：设备初次运行之前要空转一周，进行轮胎轨迹预压。

3. 节水增产效果

（1）高度自动化。一个500亩喷灌机能在24 h内浇灌相当于8 mm的降水。

（2）省工省时。大量节省了人工和时间，一个人能管理上千亩地的灌溉。

（3）灌溉成本大大降低。每亩能耗只有4.5元人民币，而大水漫灌需要每亩21元。

（4）灌溉均匀度高达95%以上，产品品质大大提高。

（5）水利用效率高达90%以上，减少资源浪费。

（6）可通过喷灌机施肥打药，节省大量农机和人工费用。

（7）大量节省用水。喷灌机用水量比漫灌减少70%以上。

小麦和玉米在喷灌机喷灌种植条件下与无灌溉种植相比产量与收入对比见表6-50。

表6-50　小麦和玉米在不同灌溉方式下产量与收入对比表

项目	小麦		玉米	
	喷灌机喷灌	无灌溉	喷灌机喷灌	无灌溉
单位面积产量/(kg/亩)	504	280	630	350
500亩总收入/10^4元	40.3	22.4	44.1	24.5

4. 适用范围

适用地域：旱作田。

地形要求：时针式喷灌机适合坡度不超过25%的土地，土地内没有障碍物。移动式喷灌机要求平整的矩形土地。

水源条件：时针式喷灌机水源地需要有地下水井或地面蓄水池，移动式喷灌机附近要有明渠。

作物种类：喷灌机通过高度为 3 m，所以适合高度低于 3 m 的作物生长。

二、区域主要粮食作物高效用水技术体系

（一）玉米机械化注水播种与苗期补灌集成模式

针对黑龙江省西部地区春旱严重、春播期土壤水分满足不了大田作物播种出苗对水分的要求，以及苗期干旱缺水，采用机械化注水播种和苗期补灌技术集成模式，减少无效蒸发损失，起到蓄水保墒和引墒、补充灌溉和高效用水的作用，确保粮食高产稳产（张忠学和曾赛星，2005）。

1. 关键技术

机械化注水播种技术、机械化苗期补灌技术。

利用自主研发的注水播种机械可以一次完成开沟、暗式注水、施肥、播种、覆土、镇压作业。该项技术解决了播种期和苗期水分不足和明式滤水的成泥问题，根据土壤墒情注水播种和苗期补灌水量为 2～6 m^3/亩。

2. 集成方式

春播阶段：采用暗式注（坐）水点播机，一次完成松土、灌水、开沟、点种、施肥、覆土、镇压七项作业。在春播之前测土壤墒情，具体测法是拨开土壤表面的干土层（见到土壤湿印为止）测其厚度，当干土层厚度大于等于 20 cm 时，按表 6-51 选用注（坐）水量。

表 6-51 注水灌溉技术参数

干土层厚/cm	干旱等级	注水量/(m^3/hm^2)	抗旱天数/天	注水深度/cm
4～6	中旱	70.5(47)	15	10
6～8	重旱	96.0(64)	17	10
＞8	严重干旱	112.5(75)	19	10

注：括号内数值为折合的局部灌溉水深，单位为 mm。

中耕阶段：采用暗式给水方式，一次完成开沟、施肥、注水、覆土四项作业。当作物进入苗期也就开始进入中耕阶段，此时期最容易发生“卡脖子”旱，要时刻注意土壤墒情变化。当土壤表面干土层大于等于 4 cm 时，需要采取注水技术措施，其注水量按表 6-51 选用。干土层的标准较春播阶段高，这样有利于作物蹲苗，有利于作物根系发育以及后期抗旱。

3. 试验设计

玉米机械化注水播种与苗期补灌集成模式田间试验共 6 个处理（表 6-52）。

表 6-52　试验设计

处理	坐水量/(m^3/hm^2)	补水量/(m^3/hm^2)
1	0	0
2	120	0
3	0	120
4	52.05	52.05
5	120	83.70
6	83.70	120

4. 技术模式效果

针对东北半干旱区主要大田作物玉米，研究“机械化注（坐）水播种技术＋苗期补灌技术”的集成效果，并进行大田示范。

1）不同处理对玉米叶面积的影响

玉米主要的光合器官是叶片，即叶面积越大，吸收光能越多，产量也就越高。因此，研究各处理的叶面积的变化，对研究不同技术措施下的产量并分析叶面积的变化与产量的关系是十分必要的。

由于两个试验年甘南地区遭遇了比较罕见的干旱，导致玉米叶片提前脱落，所以在乳熟期玉米植株上已经没有可供光合作用的叶片，但从图 6-16 中可以看出，供水多的处理叶面积也相应较大，同时供水总量相同的处理比较，注（坐）水多的处理叶面积较补水多的处理差，这说明在这两个试验年，补水的作用较注（坐）水显著。

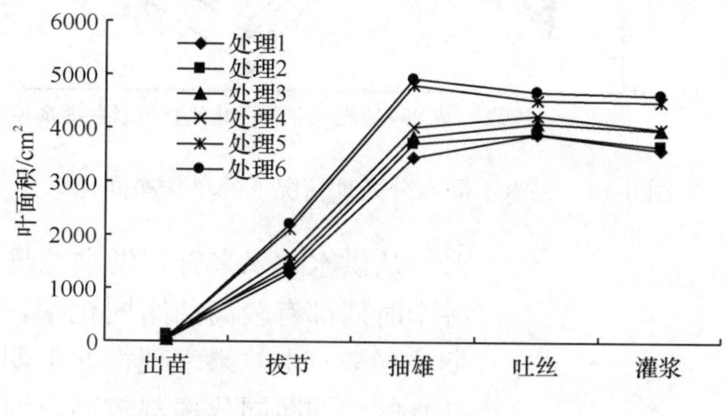

图 6-16　不同水分处理的玉米叶面积

2）不同处理对玉米株高变化的影响

试验结果表明（图 6-17），不同供水条件下的各生育期株高表现出明显的差异。由于注（坐）水播种，注（坐）水不补水和注（坐）水多补水的处理在苗期的株高表现出明显优势。从供水总量上来看，供水越多的处理植株越高，比较注（坐）水和补水的效果，可以看出，在供水总量相同的条件下，补水比注（坐）水能起到更明显的作用。

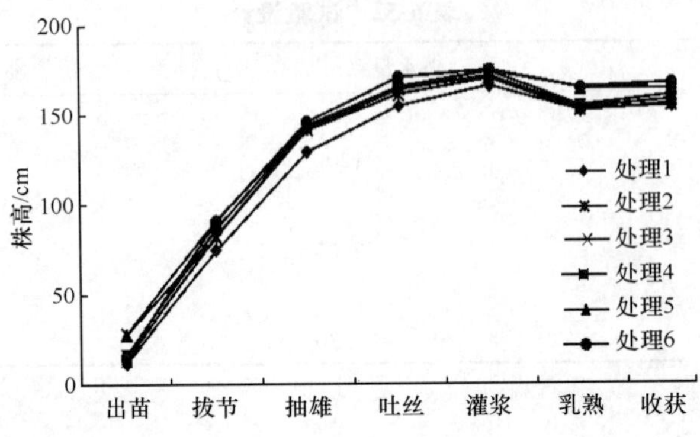

图 6-17 玉米不同水分处理情况下的株高变化

3）不同处理对玉米净同化率的影响

图 6-18 反映了玉米在不同水分处理的净同化率变化情况。从总的趋势来看，玉米植株生育期内净同化率的变动可分为 3 个时期：上升期、下降期和回升期，这与山东省农业科学院的试验研究结果是一致的。

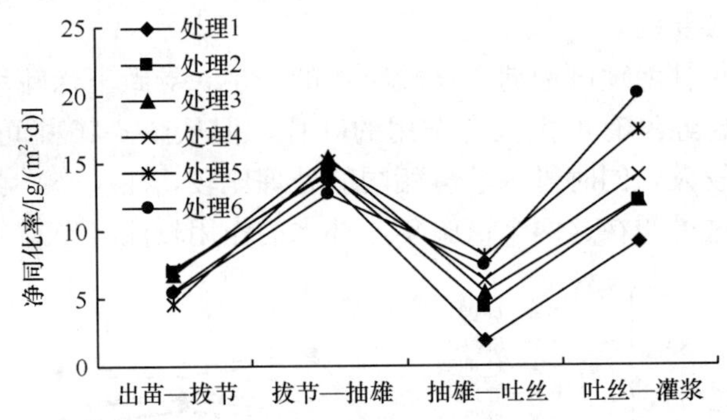

图 6-18 玉米不同水分处理情况下的单株净同化率

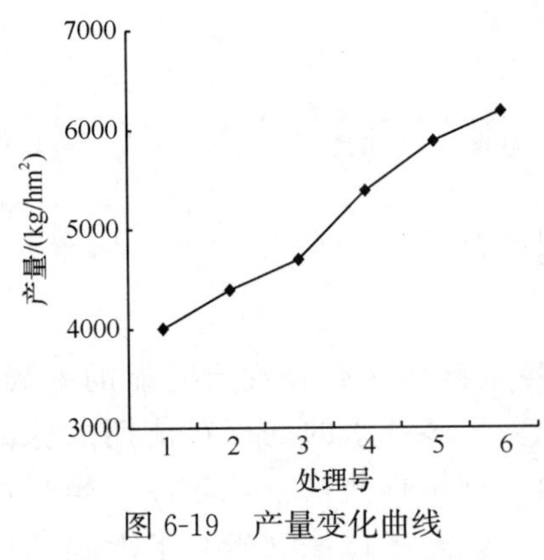

图 6-19 产量变化曲线

从供水效果来看，供水总量多的处理基本上在各个时期都有较高的净同化率，并且可以看出，前期注（坐）水效果表现得非常明显，注（坐）水不补水的前期净同化率都较高，综合来看，补水的效果表现得更明显一些。

4）集成技术的增产效应

本次试验主要研究产量变量 y 与有限供水的两个试验因子［注（坐）水量 x_1，补水量 x_2］之间的定量关系，这里采用二元回归模型来描述。玉米产量的回归方程为

$$\hat{y} = 4006.00 + 13.939x_1 + 14.871x_2 + 0.834x_1x_2 - 0.090x_1^2 - 0.073x_2^2 \quad (6\text{-}22)$$

经检验，所求得的回归方程能反映实际情况，回归系数除个别项外均差异显著或极

显著。产量拟合如图 6-19 所示。

采用求偏导数的方法对上述回归模型式（6-22）进行优化分析，得到式（6-23）：

$$\begin{cases} \dfrac{\partial y \hat{y}}{\partial x_1} = b_1 + b_{12}x_2 + 2b_{11}x_1 = 0 \\ \dfrac{\partial y \hat{y}}{\partial x_2} = b_2 + b_{12}x_1 + 2b_{22}x_2 = 0 \end{cases} \tag{6-23}$$

式（6-23）所示的方程组，解此方程组则会得到一组驻点（x_{1i}，x_{2i}），对驻点和模型的端点求函数值，其中函数值最大的点对应的 y 值即为最高产量。经过优化分析上述模型产量的最高点都不在驻点，其中玉米在注（坐）水 120 m^3/hm^2 且补水 120 m^3/hm^2时产量最高。

对产量回归方程进行降维因素分析，降维分析就是把一个多变量的问题转化为一系列较少变量的问题的方法，采用此方法可将较复杂的多元问题转化为一元或二元问题，经过这样的转化便于分析单因素或双因素与指标的效应关系。对产量回归方程中的变量在有限供水的区间范围内取不同的值，其对应的玉米产量如图 6-20 所示。当固定一种供水因子时，即可对另外一种供水因子效应进行分析。

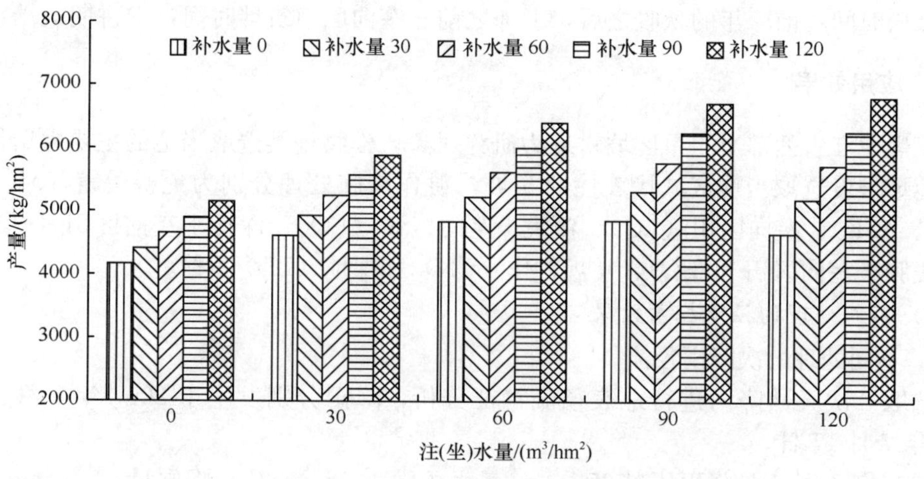

图 6-20　注（坐）水量与补水量（m^3/hm^2）对应玉米产量

由图 6-20 明显看出：①当把一种供水因子固定在某一水平时，玉米的产量基本上都随着另一种供水因子量的增加而增加，最高的理论值出现在注（坐）水 120 m^3/hm^2 并补水 120 m^3/hm^2时，这和优化分析的结果相一致；②在同样的补水条件下，注（坐）水量为 120 m^3/hm^2 的玉米产量有时反而会比注（坐）水量为 90 m^3/hm^2 的低，分析原因可能是注（坐）水播种时水量过大对玉米的“蹲苗”不利，进而导致秋后产量的下降。

5. 推广应用效果

注水播种有效地解决了春季抗旱播种问题，苗期补灌实现了夏季的抗旱保苗，取得了良好的增产效果。2008年、2009年两年共完成示范面积1220 hm^2，增产率33.1%，粮食总增产1788.1 t，增加效益288.7万元。2008年、2009年两年示范区作物水分利用效率平均提高0.4 kg/m^3。

（二）坡耕地大豆玉米机械化振动深松与垄向区田筑埆技术集成模式

针对东北半干旱区干旱缺水和水土流失等自然环境条件、社会经济状况、农业生产特点和技术水平等，因地制宜建立适合当地条件的机械化振动深松蓄水保墒技术和机械化垄向区田保水技术集成模式，以节水、增产、增收、创造良好生态环境为目标，对集成模式的效果进行试验研究，以求为东北半干旱地区玉米的节水栽培提供最优的抗旱节水技术集成模式，进而指导该区农业生产。

1. 关键技术

机械化深松蓄水技术、机械化垄向区田保水技术。

2. 集成方式

深松时间：前一年的秋收之后，上冻之前；垄向区田筑埆时间：中耕期筑埆。

3. 推广应用效果

以黑龙江省西部半干旱区坡耕地为研究对象，作物种类选取当地的主要大田作物大豆，地形坡度选取当地区域代表性的5°坡，耕作措施处理分别为免耕覆盖（MG）、少耕深松（CK）、垄向区田（LQ）、覆膜＋垄向区田（FQ）、深松＋垄向区田（SQ）、深松＋覆膜＋垄向区田（FSQ）、常规耕作（CK）和裸地（LD）8种。

1）不同处理的径流拦蓄效果

a. 不同处理的次降雨径流

选取2次天然降雨进行地表径流特征分析，降雨分别发生于2007年6月1日和2008年7月17日。

2007年6月1日降雨历时95 min，最大雨强为58 mm/h，降雨量41.5 mm，降雨前一个星期内几乎没有降雨，土壤含水量较低，土壤前期含水量为19%。本次降雨发生在垄向区田修筑之前，所有包含垄向区田耕作措施的小区垄向区田尚未修筑。各小区地表径流过程如图6-21所示。在降雨过程前10 min，降雨强度很小，仅为4 mm/h，10～20 min增至25 mm/h，但仍没有产生径流，而是在第20 min之后雨强陡增至58 mm/h时，7种处理陆续开始产流。裸地、常规耕作、垄向区田和覆膜＋垄向区田处理产流均发生在降雨20 min左右，其中裸地稍早；深松＋垄向区田处理的产流时间较晚，大约在雨后30 min产流；其他处理均在降雨25 min后开始产生径流。不同处理的产流过程均具有一定的滞后性，这主要是降雨初期土壤潜在入渗率较大，随着累积入渗量的增加入渗率逐渐下降，当入渗速率小于降雨强度时则开始产生径流。从径流过程变化曲线来看，随着降雨强度的加大，径流强度增加较快，之后由于降雨强度的下降，径流强度过程增加速率减小，随着降雨强度的第二个峰值的到来，此时，土壤含水量已较大，径流强度过程增加迅速。

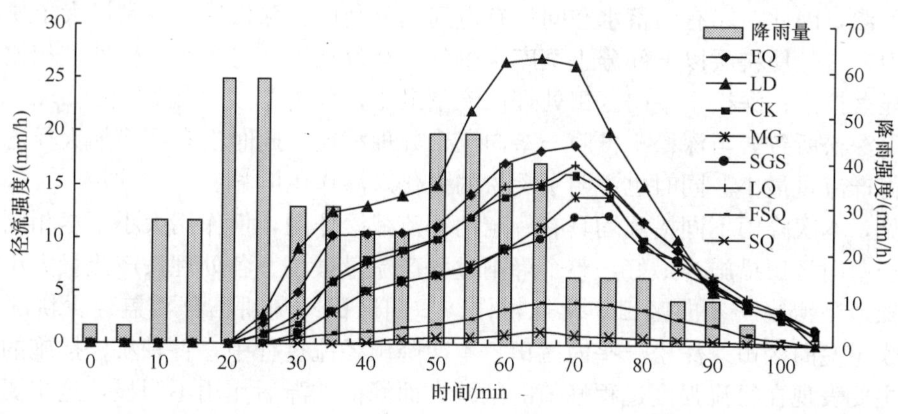

图 6-21　不同耕作措施的地表径流过程（2007 年 6 月 1 日）

从产流量来看，裸地处理的产流量最大，是常规耕作处理的 150.9%。分析其原因主要有：常规耕作的植物截留作用使得降雨在形成径流过程中损失了一部分雨量；植被加大了地表的粗糙程度，减缓了径流，加大了本次降雨的入渗量；植物根系的疏松土壤作用，由于作物根部土壤孔隙度的增加，增大了土壤入渗率，使得地表径流减小。降雨时，由于雨滴对地面产生直接的打击与溅蚀，破坏了土壤结构，造成土壤表层空隙减少或堵塞，形成“板结”，即表面结壳，从而造成了土壤入渗率的降低，使得产流量最大；常规耕作处理的产流量为 11.7 mm，占降雨量的 28.2%；覆膜＋垄向区田处理的产流量较常规耕作有所增加，为常规耕作的 112.8%，这是由于此时垄向区田尚未修筑，其拦蓄径流的作用尚未发挥，与常规耕作相比，覆膜使得入渗面积减少，从而增加了地表径流量，但增加的并不是太多，这主要是雨前土壤比较干燥，垄间覆膜所接纳的雨水汇集于作物根部，使得很大一部分雨水从膜间渗入土壤；垄向区田处理的地表径流与常规处理基本相同，产流量为常规处理的 99.8%，这是因为本次降雨之前垄向区田尚未修筑，两处理的下垫面条件基本相同的缘故；免耕秸秆覆盖处理的径流过程明显低于常规耕作，径流量为常规的 74.8%。其原因为：免耕不同程度地避免了机械对土壤的压实作用和耕作对土壤结构破坏的不利影响。同时，秸秆覆盖增加了地表粗糙率，可有效减少径流及雨水的冲击，可调节、分散径流，减缓流速，削弱径流侵蚀力，增加降水的就地入渗；少耕深松处理的地表径流过程略低于免耕秸秆覆盖处理，产流量为常规耕作的 70.5%。分析其原因：与常规耕作相比，少耕减小了机械的压实作用和耕作对土壤结构的破坏，保持了土壤毛管的上下联通，有利于降雨入渗，苗期的垄沟深松局部打破了犁底层，起到了强化雨水入渗的作用；覆膜＋深松＋垄向区田处理的地表径流过程较低，径流量显著小于常规耕作，仅为常规耕作处理的 20.7%。此时，由于垄向区田尚未修筑，覆膜对径流稍有促进作用，因此，该处理之所以能够减少径流，主要是深松的作用。深松是一种只疏松土层而不翻转土壤的抗旱耕作方法，其深度超过犁底层或土壤自然形成的黏盘层分布深度，使耕层由翻地的 20 cm 左右加深到 40 cm 左右。深松的作用在于疏松土壤、加厚活土层、增加土壤通透性。深松后由于土壤孔隙率增加，土壤库容加大，可接纳更多的降水，并且深松前，由于有犁底层的存在，耕作层内的多余土壤水分难以下渗，因此，原有的蓄水空间没有得到充分利用。深松后，一是增大了耕层土壤蓄水能力，二是使耕层以下部分土壤库容得到了有效利用。与少耕深松处理相比，水分入渗量显著提高；深松＋垄向区田处理产流量最小，仅为常规耕作处理的 9.8%。原因主要也是深松所致，与深松＋覆膜＋垄向区田处理相比，此时没有覆膜加大径流的负作用，使得产流量最小。同时也说明了深松的强化入渗作用明显。

可见，本次降雨不同措施均具有一定的径流减缓作用，但作用大小不尽相同，其中以深松＋垄向区田措施为最好，整个降雨过程产流量最小。各处理按产流量大小排列依次为：裸地＞覆膜＋垄向区田＞常规耕作＞垄向区田＞免耕秸秆覆盖＞少耕深松＞深松＋覆膜＋垄向区田＞深松＋垄向区田。本次降雨径流过程中，各种耕作措施的径流拦蓄作用主要表现在径流强度过程峰值的削减，而峰值的滞后作用不明显，这主要是径流小区长度较短所致。

2008 年 7 月 17 日降雨历时 135 min，最大雨强为 56 mm/h，降雨量 62.6 mm。此时，有覆膜措施的处理中膜已揭除，含有垄向区田的处理已进行了垄向区田筑埂，本次降雨各处理地表径流过程如图 6-22 所示。

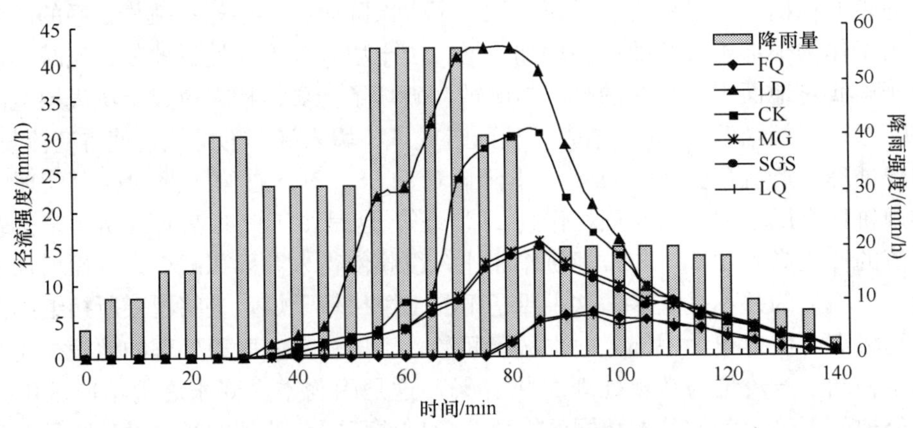

图 6-22　不同耕作措施的地表径流过程（2008 年 7 月 17 日）

由图 6-22 可以看出：虽然本次降雨量大、历时较长，但在降雨初期雨强低于 15 mm/h 时没有产生径流。当雨强增至 40 mm/h 之后各处理相继开始产流，这说明只有在雨强较大情况下才会有地表径流产生。各处理产流时间为：裸地和常规耕作雨后 20 min，免耕秸秆覆盖和少耕深松处理为雨后 25 min，垄向区田和覆膜＋垄向区田处理为雨后 75 min；深松＋垄向区田和深松＋垄向区田＋覆膜处理一直没有产生径流。

从本次降雨产流量来看，深松＋垄向区田和深松＋垄向区田＋覆膜处理产流量为零，说明深松起到了很好的强化入渗作用，垄向区田拦截的雨水在深松的作用下，很快渗入到土壤中，没有发生像在垄向区田和覆膜＋垄向区田两个处理中出现因垄向区田的破坏而造成的非正常产流现象；裸地处理产流最大，为常规耕作处理的 147.8%；常规耕作产流量为 20.7 mm，占降雨量的 33.1%。该处理与裸地相比，产流过程有轻微的滞后现象，其他措施亦可看出，但滞后效果极不明显，主要是汇流面积较小所致；免耕秸秆覆盖处理径流过程明显低于常规耕作，径流量为常规耕作的75.8%；少耕深松处理的产流过程略低于免耕秸秆覆盖处理，产流量为常规耕作处理的71.8%；垄向区田和覆膜＋垄向区田处理的产流过程与其他处理有明显的不同，产流开始时间较晚，这是由于垄向区田对地表径流产生了很好的拦蓄作用，降雨初期的75 min径流全部蓄于垄向区田形成的浅穴中，之后当径流量超过了垄向区田的蓄水能力或由于雨强较大(56 mm/h)，部分垄向区田破坏而开始产生径流，此时，为非正常产流。从降雨过程和产流过程也可以看出，这两种处理的产流发生在降雨强度最大时，此时降雨来不及入渗而造成垄向区田的个别土挡被破坏而产流。这两种处理的产流量几乎相同，分别占常规耕作处理的19.3%和18.8%

各种耕作措施均表现出不同程度的地表径流减缓作用，各处理按产流量从大到小排序为：裸地＞常规＞免耕秸秆覆盖＞少耕深松＞垄向区田＞覆膜＋垄向区田＞深松＋垄向区田（未产流）＝深松＋垄向区田＋覆膜（未产流）。

与2007年6月1日降雨各处理结果相比：2008年7月17日降雨产流情况为有垄向区田措施的处理产流量均排在了后面，其中以深松和垄向区田的技术集成处理为最好，均未产生径流，说明该区在降雨较大的情况下（雨强约为60 mm/h或以上时），垄向区田必须与深松措施相结合才会收到较好的效果。本次降雨如果剔除垄向区田的处理后，各处理排序与2006年6月1日降雨产流情况相同。一是说明了两次数据较为可靠；二是再次说明了垄向区田拦截径流的效果显著。

b. 不同处理的年径流量

2007年、2008年降雨量分别为260 mm和308.2 mm，两年各种耕作措施条件下的年径流深如表6-53所示。可以看出，裸地的年径流量及年径流系数位居8种处理之首，各种保护性耕作措施均有不同程度的拦蓄径流作用。从2007年和2008年两年的情况来看，与常规耕作相比，深松＋垄向区田措施可减少径流量95.1%，效果最好；深松＋覆膜＋垄向区田为91.3%，居第二位；垄向区田为76.3%，居第三位；覆膜＋垄向区田为71.4%，居第四位；少耕深松为19%，居第五位；免耕秸秆覆盖为18.1%，位居最后。

表6-53　各耕作措施年径流深 R 与径流系数 α

处理	2007年		2008年		2009年	
	R/mm	α/%	R/mm	α/%	R/mm	α/%
CK	50.8	19.54	59.5	19.31	55.2	19.43
SQ	1.9	0.73	3.5	1.14	2.7	0.94
FSQ	4.5	1.73	5.1	1.65	4.8	1.67
MG	41.5	15.96	48.9	15.87	45.2	15.92
FQ	14.2	5.46	17.3	5.61	15.8	5.54
LQ	11.9	4.58	14.3	4.64	13.1	4.61
SGS	41.1	15.81	48.2	15.64	44.7	15.73
LD	79.2	30.46	95.4	30.95	87.3	30.71

从两年平均情况来看，深松和垄向区田技术的结合具有最好的径流拦蓄作用，依次为覆膜＋深松＋垄向区田、垄向区田、覆膜＋垄向区田、少耕深松、免耕秸秆覆盖和裸地处理，其原因同前，不再赘述。

2）不同处理的土壤流失控制效果

a. 土壤侵蚀量及其时程分布

对 2006 年、2007 年、2008 年不同耕作措施下的泥沙量进行了统计分析，结果表明：随着耕作措施的不同，年均土壤侵蚀量差异明显（表 6-54）。表中数据表明，研究区裸地和常规耕作处理处于中度土壤侵蚀状态。通过采用不同的耕作措施，土壤侵蚀状况得到了不同程度的改善。其中深松＋覆膜＋垄向区田、深松＋垄向区田、覆膜＋垄向区田处理已远远低于允许值。

表 6-54　各处理年均土壤侵蚀量　　［单位：t/(hm² · a)］

处理	CK	SQ	FSQ	MG	FQ	SGS	LQ	LD
土壤侵蚀量	7.43	0.1	0.06	3.08	0.83	4.50	3.13	20.99

按照年土壤侵蚀量由大到小排序，各处理的顺序依次为，裸地、常规耕作、少耕深松、垄向区田、免耕秸秆覆盖、覆膜＋垄向区田、深松＋垄向区田和深松＋覆膜＋垄向区田。从各月的土壤侵蚀量（表 6-55，图 6-23）来看，5～6 月和 7～8 月在排序方面存在一定差异，这主要是这两个时期的耕作措施处理以及降雨特性、下垫面条件等有较大差异所致。

表 6-55　各处理 5～8 月平均土壤侵蚀量　　［单位：t/(hm² · a)］

处理	CK	SQ	FSQ	MG	FQ	SGS	LQ	LD
5月	0.24	0	0	0.08	0.01	0.14	0.25	0.45
6月	2.49	0.1	0.01	0.73	0.02	1.48	2.56	6.29
7月	3.90	0	0.05	1.89	0.72	2.39	0.25	11.80
8月	0.80	0	0	0.38	0.08	0.49	0.07	2.45

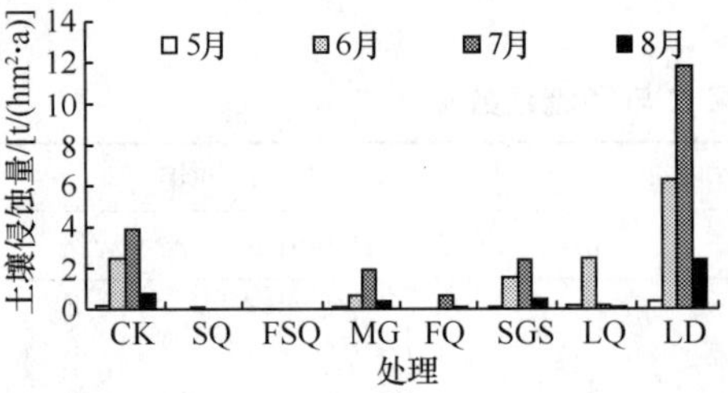

图 6-23　不同耕作措施处理的土壤侵蚀量

5 月土壤侵蚀量由大到小排序为裸地、垄向区田、常规耕作、少耕深松、免耕秸秆覆盖、覆膜＋垄向区田、深松＋垄向区田和深松＋覆膜＋垄向区田，其中后两个处理未产流，常规耕作和垄向区田处理土壤侵蚀量基本相同；6 月排序为：裸地、垄向区田、常规耕作、少耕深松、免耕秸秆覆盖、深松＋垄向区田、覆膜＋垄向区田、深松＋覆膜＋垄向区田；7 月排序为：裸地、常规耕作、少耕深松、免耕秸秆覆盖、覆膜＋垄向区田、垄向区田、深松＋覆膜＋垄向区田和深松＋垄向区田，其中后者未产流；8 月排序为：裸地、常规耕作、少耕深松、免耕秸秆覆盖、覆膜＋垄向区田、垄向区田、深松＋垄向区田和深松＋覆膜＋垄向区田，其中后两者未产流。

可见，深松、前期的覆膜和后期的垄向区田保土效果明显，但在 7、8 月，与深松＋垄向区田和深松＋覆膜＋垄向区田相比，垄向区田和覆膜＋垄向区田的效果相对较差，位于中间位置，说明了垄向区田必须结合强化入渗的深松措施才能取得良好效果，否则会导致区田土埳损坏而产生水土流失，这与前面有关章节的研究结果相同。

图 6-23 反映了不同处理的土壤侵蚀量随季节的变化情况。结果表明，土壤侵蚀量的年内变化表现出极不均匀的特点。同时可以看出，不同耕作措施下土壤侵蚀的季节分布基本一致，均集中在 5～8 月，其中 6 月、7 月两个月较为严重。这与降水量的年内分配具有较好的一致性（图 6-24）。土壤侵蚀主要发生在 6 月、7 月两个月，8 个处理的平均土壤侵蚀量分别占到了全年的 34.1％和 52.3％。

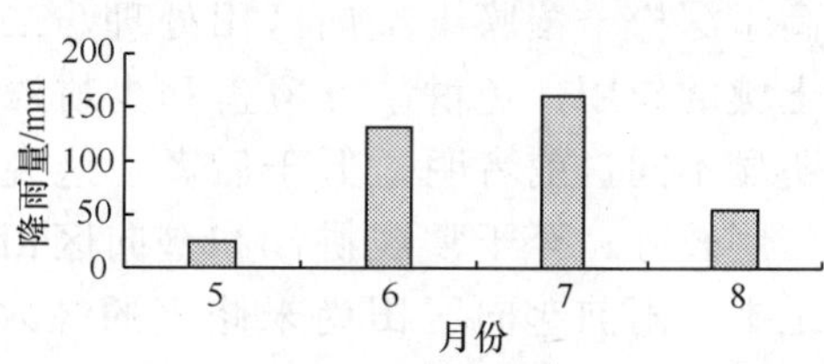

图 6-24　降雨量时程分布

b. 次降雨条件下的土壤侵蚀特征

选择两次天然降雨过程分析不同耕作措施条件下的土壤侵蚀特征。两次降雨分别发生于 2007 年 6 月 1 日和 2008 年 7 月 17 日。2007 年 6 月 1 日各处理产沙过程如图 6-25 所示，产沙量见表 6-56。

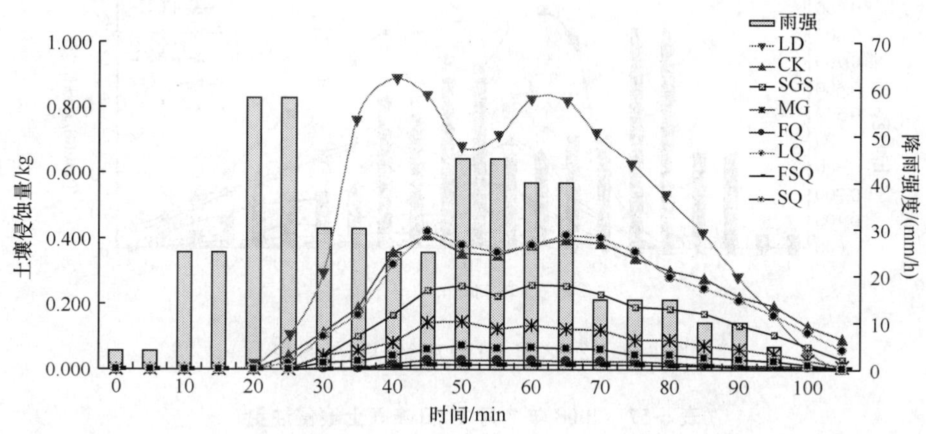

图 6-25　2007 年 6 月 1 日降雨产沙过程

表 6-56　2007 年 6 月 1 日降雨土壤侵蚀量

处理	LD	CK	SGS	MG	FQ	LQ	SQ	FSQ
土壤侵蚀量/kg	8.719	4.527	2.656	1.371	0.277	4.394	0.678	0.149
占常规耕作的比例/％	192.6	100.0	58.7	30.3	6.1	97.1	15.0	3.3

表 6-56 及图 6-25 表明了不同耕作措施条件下坡耕地的产流特征。产沙量受降雨强度的影响明显，产沙过程与降雨强度过程具有明显的相对应性，均为双峰曲线。不同耕作措施的次降雨产沙过程也具有双峰特征，其中以裸地的影响最为明显，这是因为裸地没有植被覆盖，降雨动能的大小直接决定了产沙量的大小，而其他耕作措施有植被覆

盖，植被以及免耕的秸秆覆盖都会削减一部分降雨动能，从而减小雨强对产沙过程的影响。

对比产流过程可以看出（图 6-25），除裸地处理均最高外，其他处理的产流与产沙过程并不相对应。产流过程覆膜＋垄向区田处理较高，但其产沙过程却非常低，仅高于深松＋覆膜＋垄向区田处理，二者无明显差异，这主要是覆膜起到了保护地表土壤的作用；免耕秸秆覆盖和少耕深松处理的径流过程基本相同，但其产沙过程却明显不同，前者明显低于后者，这说明了秸秆覆盖降低降雨动能、保护地表土壤的作用较好；至于常规耕作和垄向区田处理，产流过程和产沙过程均基本相同，主要是本次雨前垄向区田尚未修筑的缘故。可见，由于耕作措施的不同，土壤侵蚀量大小各异。其中以裸地最大，深松＋覆膜＋垄向区田处理最小；各种保护性耕作措施均能不同程度地降低土壤侵蚀量。

2008 年 7 月 17 日降雨各处理产沙过程及产沙量见图 6-26 和表 6-57。本次降雨雨量较大为 62.6 mm，历时 135 min，最大雨强持续时间较长。同时，降雨前垄向区田已经修筑（覆膜已揭除），因降雨特性和下垫面条件的变化，不同耕作措施的土壤侵蚀情况与 2007 年 6 月 1 日降雨存在较大的差别。

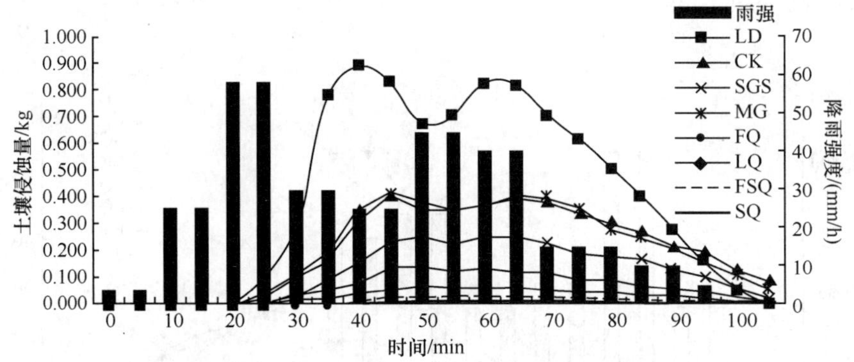

图 6-26　2008 年 7 月 17 日降雨产沙过程

表 6-57　2008 年 7 月 17 日降雨土壤侵蚀量

处理	LD	CK	SGS	MG	LQ	FQ
土壤侵蚀量/kg	36.21	9.64	6.19	4.68	3.57	1.9
占常规耕作的比例/%	375.6	100.0	64.2	48.5	37.0	19.7

从土壤侵蚀量来看，常规耕作与裸地的土壤流失量之比由 0.519 减小到 0.266，这主要是本次降雨处于大豆生长发育旺盛时期，植被覆盖度较大的缘故；垄向区田处理由原来与常规耕作基本相同，减小到常规耕作的 37.0%，这主要是垄向区田修筑前后的差异；深松＋垄向区田和深松＋覆膜＋垄向区田处理本次降雨未产生径流，即无土壤的流失，但是未结合深松的垄向区田和覆膜＋垄向区田处理均有不同程度的土壤流失；各处理土壤侵蚀量由大到小排序为：裸地、常规耕作、少耕深松、免耕覆盖、垄向区田和覆膜＋垄向区田。以深松＋垄向区田和深松＋覆膜＋垄向区田

两个处理效果为最好。

本次降雨强度对产沙过程的影响与 2007 年 6 月 1 日降雨基本相同，裸地、常规耕作处理的产沙过程亦随着降雨强度过程的变化呈双峰特征，其中以裸地的影响最为明显，原因不再赘述。而免耕由于秸秆对雨水的调蓄作用，使得其对降雨的再分配作用明显，线形几乎不受降雨变化过程影响。垄向区田及覆膜＋垄向区田在雨强变化较大的时段尚处于填洼阶段，故也未受影响。

3）不同技术模式的大豆产量

从图 6-27 可以看出，各水土保持模式处理的产量均高于常规耕作处理，且 2008 年各处理产量均高于 2007 年。与常规耕作处理相比较，2007 年深松＋垄向区田、深松＋覆膜＋垄向区田、覆膜＋垄向区田、免耕秸秆覆盖、少耕深松、垄向区田处理分别增产 35％、44％、36％、32％、26％和 34％。2008 年增产率分别为 37％、46％、43％、6％、7％和 18％。从两年的数据分析得出：深松＋覆膜＋垄向区田处理的增产效果最为明显，两年平均增产 45％。原因在于振动深松技术可以提高土壤保水性，在大豆播种后提供充足的水分。从播种到花期，行间覆膜技术起到减少水分蒸发和提高雨水利用效率的作用。从花期开始，修筑垄向区田可以有效拦蓄天然降雨，减少径流，提高土壤含水量，为大豆提供充足水分。

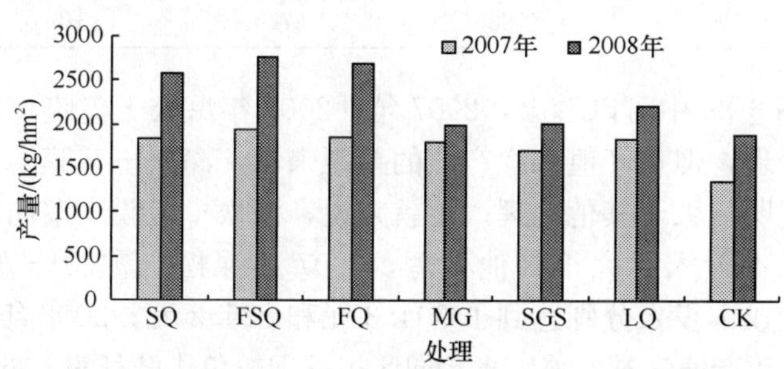

图 6-27　2007 年、2008 年大豆各处理平均产量

4）不同技术模式下的大豆净产值

通过对每个处理的投入产出计算，分析不同的水土保持耕作技术模式对大豆产值的影响。根据机械作业效率、作业天数、维修以及燃料消耗、人工费用，计算不同水土保持耕作技术模式条件下的每公顷实施成本（成本＝机械折旧费＋燃料费＋人工＋车工，其中机械折旧费按照机械成本的 10％计算）。

从表 6-58 中可以得出，2007 年、2008 年各水土保持耕作技术模式处理的产值和净产值均高于常规耕作。其中 2007 年深松＋覆膜＋垄向区田处理产值最高为 9695 元/hm^2，净产值为 8790.7 元/hm^2，分别为常规耕作处理的 1.44 倍和 1.34 倍。从产值和净产值上看，2007 年与 2008 年产值和净产值相差不多，但产量却低于 2008 年。原因在于：2008 年产量的增长幅度不大，而大豆价格降幅很大。2007 年大豆价格很高，达到 5 元/kg。而 2008 年只有 3.6 元/kg，2008 年的生产资料价格、人工费用也高于 2007 年。

表 6-58 水土保持耕作技术模式下的大豆产值

年份	处理	产量/kg	产值/(元/hm^2)	成本/(元/hm^2)	净产值/(元/hm^2)
2007	SQ	1828	9140	293.1	8846.9
	FSQ	1939	9695	904.3	8790.7
	FQ	1841	9205	825.2	8379.8
	MG	1779	8895	140.0	8755.0
	SGS	1705	8525	210.0	8315.0
	LQ	1810	9050	214.0	8836.0
	CK	1350	6750	210.0	6540.0
2008	SQ	2567	9241	378.1	8863.1
	FSQ	2740	9864	984.3	8879.7
	FQ	2692	9691	880.2	8811.0
	MG	2001	7204	150.0	7053.6
	SGS	2013	7247	240.0	7006.8
	LQ	2212	7963	274.0	7689.2
	CK	1880	6748	270.0	6498.0

从图 6-28、图 6-29 中可以看出，2007 年、2008 年深松＋覆膜＋垄向区田处理的产值明显高于其他处理，但从产值和净产值的差距来看，深松＋覆膜＋垄向区田处理、覆膜＋垄向区田处理明显大于其他处理。也就是说，深松＋覆膜＋垄向区田处理、覆膜＋垄向区田处理的成本投入远大于其他处理，2007 年深松＋覆膜＋垄向区田处理和覆膜＋垄向区田处理成本投入分别达到了 904.3 元和 825.2 元，2008 年却达到 984.3 元和 880.2 元。从 2008 年产值来看，覆膜＋垄向区田处理较免耕秸秆覆盖处理高2487 元/hm^2，但从净产值来看，覆膜＋垄向区田处理仅高于免耕秸秆覆盖处理1757.4 元/hm^2。从净产值这一点可以看出，免耕秸秆覆盖技术的优势在于能够减少机械作业次数，动力消耗少，省工，因而表现出节省投入成本。

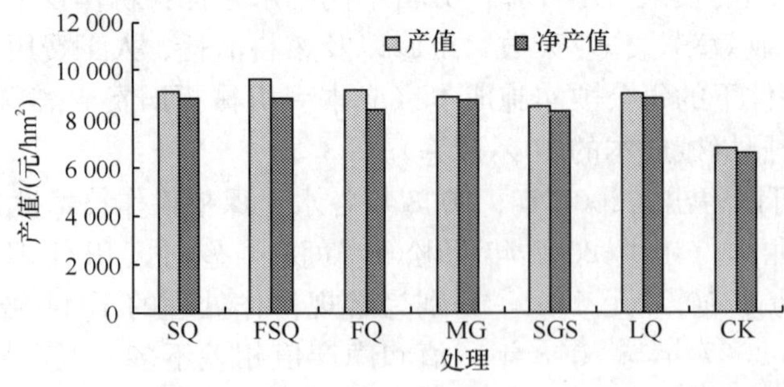

图 6-28 2007 年大豆各处理产值

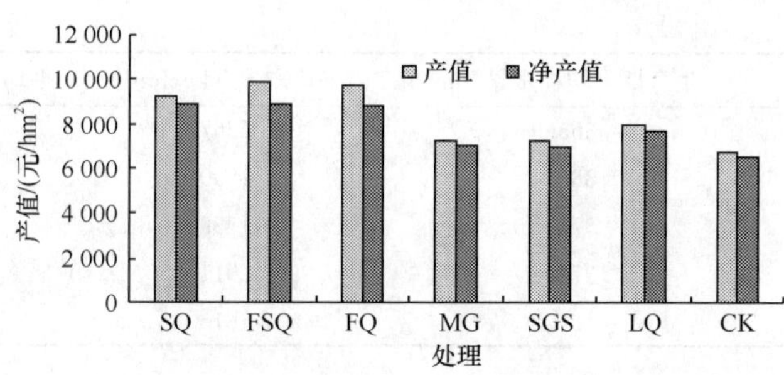

图 6-29　2008 年大豆各处理产值

5）不同技术模式的大豆水分利用效率

作物水分利用效率（WUE）指作物消耗单位水分所生产的同化物质的量，反映的是作物的物质生产和水分之间的关系，是评价作物生长适宜程度的综合指标。产量水分利用效率为消耗单位水量所生产的干物质或籽粒产量，用 WUE 表示。

$$WUE = Y/ET \tag{6-24}$$

式中，Y 为作物产量（kg/hm^2）；ET 为作物全生育期耗水量（mm）。

作物产量采用两年平均产量，见表 6-59，作物全生育期耗水量采用两年平均值，表 6-60，表 6-61 给出了两年平均的大豆水分利用效率。

表 6-59　2007 年、2008 年不同处理的大豆产量　（单位：kg/hm^2）

处理	SQ	FSQ	FQ	MG	SGS	LQ	CK
2007年	1828	1939	1841	1779	1705	1810	1350
2008年	2567	2740	2692	2001	2013	2212	1880
平均值	2198	2340	2267	1890	1859	2011	1615

表 6-60　不同处理下的大豆全生育期耗水量

处理	生育期平均降雨量/mm	补充灌水量/mm	播种期0～100 cm 土层平均蓄水量/mm	收获期0～100 cm 土层平均蓄水量/mm	生育期平均径流量/mm	生育期平均耗水量/mm
SQ	284.0	130	245.6	293.7	2.7	363.2
FSQ	284.0	130	248.3	298.2	4.8	359.3
FQ	284.0	130	247.9	290.2	15.8	355.9
MG	284.0	130	239.2	239.6	45.2	368.4
SGS	284.0	130	239.9	238.8	44.7	370.4
LQ	284.0	130	238.4	267.1	13.1	372.2
CK	284.0	130	243.6	200.5	55.2	401.9

表 6-61　大豆水分利用效率

处理	生育期平均耗水量/mm	平均产量/(kg/hm^2)	平均水分利用效率/(kg/m^3)
SQ	363.2	2198	0.605
FSQ	359.3	2340	0.651

续表

处理	生育期平均耗水量/mm	平均产量/(kg/hm²)	平均水分利用效率/(kg/m³)
FQ	355.9	2267	0.637
MG	368.4	1890	0.513
SGS	370.4	1859	0.502
LQ	372.2	2011	0.540
CK	401.9	1615	0.402

从表6-60中可以看出，在水土保持耕作技术模式条件下大豆水分利用效率均高于常规耕作条件下的水分利用效率。分析可知：深松＋垄向区田处理比常规耕作处理水分利用效率增加50%；深松＋覆膜＋垄向区田处理比常规耕作处理水分利用效率增加62%；覆膜＋垄向区田处理比常规耕作处理水分利用效率增加58%；免耕秸秆覆盖处理比常规耕作处理水分利用效率增加28%；少耕深松处理比常规耕作处理水分利用效率增加25%；垄向区田处理比常规耕作处理水分利用效率增加34%。这说明采用水土保持耕作措施减少了水分流失，有效地利用了天然降雨，提高了水分利用效率。

6）不同技术模式下的降雨利用率

降雨利用率是指有效降雨量与实测降雨量的比值。有效降雨量即指被作物所吸收利用的那部分降雨量。计算式如下：

$$\mathrm{ET} = P - (R + E + \mathrm{DP}) \tag{6-25}$$

式中，P 为降雨量（mm）；R 为径流量（mm）；E 为蒸发量（mm）；DP 为深层渗透量（mm）。

式（6-25）中，忽略蒸发的影响。该试验区 1 m 以下水分动态变化不明显，因此，在计算有效降雨量时不考虑深层渗透量。

从表6-62中可以看出，不同的水土保持耕作技术模式的降雨利用率均高于常规耕作。其中，以深松＋垄向区田处理降雨利用率最高，为99.05%，较常规耕作提高22.95%。其后依次为深松＋覆膜＋垄向区田、垄向区田、覆膜＋垄向区田、少耕深松和免耕秸秆覆盖处理。

表6-62　不同耕作措施下的降雨利用率

处理	全生育期降雨量/mm	径流量/mm	有效降雨量/mm	降雨利用率/%	较CK提高/%
SQ	284.0	2.7	281.3	99.05	22.95
FSQ	284.0	4.8	279.2	98.31	22.03
FQ	284.0	15.8	268.2	94.44	17.23
MG	284.0	45.2	238.8	84.08	4.37
SGS	284.0	44.7	239.3	84.26	4.59
LQ	284.0	13.1	270.9	95.39	18.40
CK	284.0	55.2	228.8	80.56	0

7）技术模式优化

以7种水土保持耕作技术模式的成本 C_1（元）、产量 C_2（kg）、水分利用效率 C_3（kg/m^3）、生育期内径流量 C_4（mm）、年土壤侵蚀量 C_5（t/hm^2）为评价指标，采用熵权系数法进行技术模式的综合评价，各指标实测数据取2007年、2008年两年平均值，结果见表6-63。

表6-63 评价指标表

指标	处理						
	SQ	FSQ	FQ	MG	SGS	LQ	CK
C_1	335.6	944.3	852.7	145	225	244	240
C_2	2198	2340	2267	1890	1859	2011	1615
C_3	0.605	0.651	0.637	0.513	0.502	0.540	0.402
C_4	2.7	4.8	15.8	45.2	44.7	13.1	55.2
C_5	0.1	0.06	0.82	2.99	4.62	3.09	7.49

评价结果为：深松＋垄向区田处理的评价值最高为最好，以下依次为深松＋覆膜＋垄向区田处理、免耕秸秆覆盖处理、垄向区田处理、覆膜＋垄向区田处理、少耕深松处理、常规耕作处理。

故深松＋垄向区田技术模式为该区坡耕地蓄水保土、抗旱节水最佳技术集成模式。该模式与常规耕作相比，土壤流失量减少98.7%；降雨利用率提高22.95%；作物水分利用效率提高50%（提高0.203 kg/m^3）；产量提高28.0%。

8）技术模式示范效果

共完成核心区面积20.67 hm^2，平均增产率32.0%；示范区面积72 hm^2，平均增产率28.0%；粮食总增产量126 451 kg，增加效益23.76万元。

9）技术模式适用范围

（1）适用于黑龙江西部半干旱区≤5°的垄作坡耕地，可推广应用于东北半干旱区等干旱缺水与水土流失并存的同类地区。

（2）上述区域内耕层小于25 cm的地区，尤其是当降雨强度大于40 mm/h时。

（三）玉米秸秆覆盖免（少）耕播种技术集成模式

1. 建立的技术模式

针对黑龙江省西部半干旱区，从解决该区域农业面临的严峻干旱问题的实际需要出发，以农业抗旱节本增效为核心，以机械化生产为载体，建立了原垄留茬免耕播种机械化抗旱少耕技术模式，配套了免耕播种机、中耕深松机，实现了机械化作业。有以下3种作业方式。

1）留茬覆盖技术模式

农艺程序：作物收获留高茬越冬→春季原垄少耕浅松施肥播种→苗期垄沟深松→化学除草与机械除草结合→中耕培土。

2）秸秆覆盖技术模式

农艺程序：秋季机械收获→机械粉碎秸秆抛撒→垄台上留高茬→春季灭茬少耕浅松施肥播种→苗期垄沟深松→化学除草与机械除草结合→中耕培土。

3）原垄注（坐）水播种技术模式

农艺程序：作物人工收获（或机收粉碎秸秆抛撒）并留高茬越冬→春季原垄少耕浅松施肥播种（去掉覆土器，直接用单轮镇压器镇压）→苗带补水、覆土、镇压→苗期垄沟深松→化学除草与机械除草结合→中耕培土。

2. 技术应用效果

1）秸秆覆盖具有明显的保水效果

从表 6-64 中可以看出，大豆播种至收获期间土壤剖面 0～30 cm 土壤水分平均含量大小顺序是：覆盖少耕、留茬少耕、传统耕作；留茬少耕与传统耕作相比，土壤水分差异不明显。0～10 cm 土层土壤含水量，覆盖少耕比留茬少耕和传统耕作分别提高 12.3%和 10.6%；10～20 cm 层次各处理土壤水分差别不大；20～30 cm 层次覆盖少耕比留茬少耕和传统耕作相对均高 3.6%。相对传统耕作方式，覆盖少耕由于动土次数减少和秸秆覆盖抑制土壤蒸发，保水能力强，尤其是对 0～10 cm 土层保水作用更加明显；传统耕作表层没有秸秆覆盖而且土壤疏松，导致表层水分蒸发量大，土壤含水量小。

表 6-64 不同耕作措施土壤含水量 （单位：%）

处理	层次	日期（月-日）									平均
		5-1	5-26	6-6	6-13	7-7	7-27	8-20	9-24	10-19	
覆盖少耕	0～10cm	21.10	20.23	23.71	22.51	20.92	15.05	10.58	24.88	16.34	19.48
	10～20cm	21.26	21.11	22.87	22.05	19.66	15.54	12.18	22.76	19.50	19.66
	20～30cm	20.38	21.21	23.08	21.95	19.08	15.91	11.55	23.16	19.29	19.51
留茬少耕	0～10cm	20.93	18.66	22.40	15.71	19.23	15.46	5.21	22.98	15.60	17.35
	10～20cm	21.22	20.74	23.11	21.60	18.11	15.58	11.82	23.00	19.32	19.39
	20～30cm	20.47	20.46	22.44	20.86	17.33	15.40	10.27	22.39	19.83	18.83
传统耕作	0～10cm	21.41	18.55	21.89	14.73	19.43	16.89	6.38	22.50	16.79	17.62
	10～20cm	20.46	19.91	22.31	21.23	18.91	16.51	11.41	22.98	18.80	19.17
	20～30cm	20.08	20.68	22.22	20.76	18.01	15.78	10.67	21.68	19.58	18.83

旱作农业土壤水分的补给主要来自降水，土壤含水量的升高与降低是降水量与土壤水分蒸发、作物蒸腾交互作用的结果。马春梅等（2006）研究表明：传统耕作地面没有秸秆保护，在雨水直接拍击下，表面很容易结壳而产生径流。秸秆覆盖明显地减轻了阳光直射地面，减少地表空气气流流动，蒸发量减少。本试验结合实测数据及 2008 年4～9 月降水量分析表明：5 月 1 日各处理间土壤含水量差异不大，主要是由于 4 月 22～29 日累计有 20.2 mm 降水且作物蒸腾和土壤蒸发量小，也说明如果播种前有充足的降水，秸秆覆盖增加播种期土壤水分的效果并不明显；6 月 13 日深松后，整个 0～30 cm 土层土壤含水量都表现为：覆盖少耕＞留茬少耕＞传统耕作，0～10 cm 层次差异最明显，

主要是由于6月1～3日降水14.6 mm，以后连续10天没有降水，这也说明覆盖少耕保持表层水分的效果很明显；7月7日作物进入快速生长期，加上7月6日降水26.6 mm，表现出0～10 cm土壤层次水分含量大于下面的层次；7月27日作物生长速度进一步加快，即使7月18日降水量达23.7 mm，但由于之后持续没有降水，加之作物需水量和土壤蒸发量大，导致覆盖少耕表层含水量也只有15.05%；8月20日虽然覆盖少耕表层含水量大于留茬少耕和传统耕作，但由于8月1～12日降水只有16.5 mm，而且其后连续10天没有降水，土壤水分含量也很低，说明覆盖少耕有一定的抗旱作用，但难以抵御持续干旱；9月18～22日降水32.2 mm，9月24日土壤水分含量很高，进一步说明降水对土壤水分影响的重要作用；10月19日作物收获后，秋季风大、降水少，秸秆已腐解，处理间差异不显著。

2）增产、增收效果

该技术成果的特点是：春季原垄上一次完成垄体浅松、播种、侧深施肥作业，抗春旱能力强；农田有根茬、秸秆覆盖，增强了农田抗风蚀、水蚀能力，培肥土壤，土壤减少水分蒸发，保墒抗旱；苗期垄沟深松利于接纳夏季雨水，蓄墒能力强，可以有效调节土壤水分平衡，提高农业综合抗旱能力；配套研制的免耕播种机（专利产品），采用立式圆盘刀与深松铲组成开沟施肥装置，圆盘刀开沟刃线与深松铲的纵向中心线重合，机具牵引阻力小，在有根茬和秸秆覆盖条件下，一次作业可完成垄体浅松、施肥、播种、覆土、镇压多项技术措施，节约生产成本。增产幅度为10.2%～13.1%，节约成本15%以上。

3）应用区域及示范情况

(1) 示范情况：建设核心示范区20.67 hm^2，其中，甘南县20 hm^2、杜尔伯特蒙古族自治县0.67 hm^2；示范区面积100 hm^2，辐射推广400 hm^2。为黑龙江省乃至全国农艺抗旱保墒技术的推广示范提供了实体样板。

(2) 适宜区域：专题研究中，为适应不同区域建立了三种技术模式。其中，① 留茬覆盖技术模式，适应于黑龙江省中东部地区。② 秸秆覆盖技术模式，适应于机械化水平较强的国有农场。③ 原垄注（坐）水播种技术模式，适应于黑龙江西部春季播种期严重干旱地区。

（四）玉米大豆行间覆膜播种与喷灌技术集成模式

机械化行间覆膜喷灌栽培技术是针对黑龙江省西部春旱、低温气候特点，以地膜为载体，以机械化覆膜为核心，用喷灌进行补水灌溉，良种良法配套，农机农艺相结合的综合节水抗旱栽培模式。该技术具有明显的抗旱、增温、保墒、集雨、增产、增效作用。在“十五”国家“863”计划和“十一五”国家科技支撑计划——“黑龙江半干旱区粮食作物综合节水技术研究与示范”项目中，将该技术作为主要技术之一，通过几年的试验示范，取得了比较好的效果。

1. 关键技术

机械化行间覆膜技术、喷灌技术。

2. 农艺程序

覆膜：播种时同时覆膜，一次完成松土、灌水、开沟、点种、施肥、覆土、镇压7项作业。

喷灌：当土壤水分低于田间持水量的65%即灌水。

3. 技术实施效果

1）行间覆膜喷灌技术节水效果

a. 行间覆膜喷灌技术的集雨效果

在黑龙江省西部半干旱区行间覆膜实践中，经过田间调查测算，覆膜行间每1000 m延长两侧压膜土约为2.5 m^3，按壤土和黏土的平均田间持水量的30%（水分占土壤体积的比例）计算，则2.5 m^3压膜土达到持水量时的截留雨量为0.75 m^3；为防止地膜被风刮坏，每隔2.5 m膜中间压一铁锹土，每1000m压膜土为400锹，按每锹压膜土压膜0.1 m^2计算，则膜上压膜土面积为40 m^2，在降雨不是很大的情况下，相应的降雨截留量为压膜土面积与降水量的乘积；考虑到地膜本身的截留作用，膜上截留雨量可以按1 mm计。60 cm覆膜宽度在不同自然降水情况下行间覆膜的截雨量、有效降雨系数及作物苗带容纳的降雨量见表6-65、表6-66。

表6-65　60 cm覆膜宽度在不同自然降水情况下行间覆膜的截雨量及有效降雨系数

降雨量/mm	截雨量 p_a/mm	有效降雨系数 α
$P=5$	2.3	0.54
$P=10$	2.6	0.74
$P=15$	2.9	0.80

表6-66　60 cm覆膜宽度在不同自然降水情况下行间覆膜的作物苗带容纳的降雨量

降雨量/mm	5	10	15
膜侧苗带接纳的降雨量/mm	10.4	24.8	39.2

由表6-65中的数据可以看出，覆膜宽度为60 cm情况下，自然降雨为5～15 mm时，行间覆膜的有效降雨系数 α 值由0.54增加到0.80，表明了行间覆膜集雨的有效性。

表6-66中行间覆膜宽度是按膜外侧2.5 cm播种计算的，苗带宽度取15 cm。从表6-66中可以看出，覆膜宽度为60 cm的情况下，自然降雨为5～15 mm时，15 cm宽的苗带上实际得到的雨量是原降雨量的2.1～2.6倍，覆膜的集雨作用非常明显。

以甘南县为例，如果在4月末5月初种地时采用了行间覆膜播种技术，则与5月多年平均自然降雨量31.1 mm相对应的作物苗带实际接纳的降雨量达到84 mm，与6月多年平均自然降雨量70.8 mm相对应的苗带实际接纳的降雨量达到148 mm，多年平均来看，5月、6月两个月的行间覆膜可使苗带多接纳降雨129 mm。由此可见，行间覆膜的集雨效果对解决该地区的苗期抗旱可起到非常重要的作用。

b. 行间覆膜对土壤含水量的影响

不同处理土壤含水量对比分析，通过对试验实测数据的计算，得到了行间覆膜播种以及对照的土壤含水量的具体数值。

表 6-67 数据显示出，在观测的 108 h 内，行间覆膜播种的土壤含水量均高于对照，行间覆膜技术集雨效果明显。

表 6-67　不同处理方式下苗带 0～20 cm 土层含水量

时间/h	行间覆膜/%	对照/%	增加值/%	增加率/%
12	29.63	27.52	2.11	7.67
24	29.37	27.18	2.19	8.06
36	29.02	26.62	2.4	9.02
48	28.63	26.12	2.51	9.61
60	31.47	27.88	3.59	12.88
72	31.23	27.49	3.74	13.60
84	31.01	27.08	3.93	14.51
96	30.76	26.72	4.04	15.12
108	30.49	26.34	4.15	15.76

注：测定时间为 2004 年 5 月 13 日至 2004 年 5 月 17 日。

2）行间覆膜喷灌与喷灌不覆膜的水分利用效率及产量比较

（1）水分利用效率明显提高。“十五”期间在甘南县进行玉米覆膜试验，行间覆膜喷灌与喷灌不覆膜比较，行间覆膜喷灌玉米总耗水量 4101.1 m^3/hm^2，产量 10 289.67 kg/hm^2，水分利用效率 2.51 kg/m^3；喷灌不覆膜玉米总耗水量 4282.5 m^3/hm^2，产量 7906.02 kg/hm^2，水分利用效率 1.85 kg/m^3。行间覆膜喷灌比喷灌不覆膜水分利用效率提高 35.7%。

（2）增产效果明显。“十五”期间在甘南县进行玉米覆膜试验，玉米植株性状及穗部性状的改善为其产量的提高打下了良好的基础，行间覆膜玉米单株产量为 234.09 g，百粒重为 37.20 g；单株产量比对照增加 54.23 g，增加率为 23.17%，百粒重比对照增加 6.23 g，增加率为 20.10%；结合试验设计，可计算出行间覆膜玉米产量为10 289.67 kg/hm^2，而对照产量为 7906.02 kg/hm^2。行间覆膜玉米产量得到了提高，增产效果明显。

4. 技术示范效果

2008 年、2009 年两年总示范面积 900 hm^2，总增产 2148.17 t，增加效益 498.86 万元，全生育期增加积温（≥0℃）100℃余，减少土面无效蒸发 30%以上。

（五）玉米膜下滴灌与水肥耦合技术集成模式

针对黑龙江省西部半干旱区玉米生产中水肥管理盲目性大，以及滴灌系统在关键需水期，滴水量不足、滴水间隔时间过长等问题，提出玉米膜下滴灌水肥耦合技术集成模式，以充分发挥膜下滴灌技术的优势，实现氮肥的高效利用。

1. 关键技术

膜下滴灌技术、水肥耦合技术。

2. 农艺程序

玉米田间试验采用两因素二次饱和 D——最优设计（206），共 6 个处理（表 6-69），宽膜种植，膜宽 150 cm。供试作物玉米（富友 9 号），于 2008 年 5 月 1 日播种，灌水日期分别为 5 月 12 日、6 月 14 日、7 月 16 日和 8 月 19 日。玉米氮肥（尿素）1/3 作为基肥，2/3 量的追肥尿素分别在第二次灌水和第三次灌水时随滴灌流入田间，各处理灌溉定额，氮肥的施用量见表 6-68。

表 6-68　试验因子水平及编码值

处理	氮水平(X_1)	水分水平(X_2)	氮用量/(kg/hm²)	灌水量/(m³/hm²)
1	−1	−1	75	225
2	1	−1	375	225
3	−1	1	75	675
4	−0.1315	−0.1315	205.5	420.4
5	1	0.3944	375	538.7
6	0.3944	1	283.5	675

3. 膜下滴灌水氮耦合技术效果分析

施肥的增产作用与土壤水分状况密切相关。水分缺乏，导致作物对养分的吸收、质流受到抑制；养分缺乏，导致作物生长发育减缓，有限的水分也得不到充分利用，灌水的产量效应降低。在某一水分水平下，可以找到一供肥水平与之相配合，使产量达到最大值，低于该水平，产量达不到最大值，高于此水平，增加了投入量却没能得到相应的产出，某一肥料水平下，亦然。制定合理的农田水、肥管理制度，可以最大限度地实现作物的高产稳产，增加水分和肥料的利用率，对节约水资源，防止水体污染有非常重要的意义。

1）水肥耦合对玉米产量的影响

a. 回归模型的建立

玉米田间试验采用灌溉量和施氮量的两因素二次饱和 D——最优设计（206）。试验结果列于表 6-69。

表 6-69　各处理玉米的产量　　（单位：kg/hm²）

处理	1	2	3	4	5	6
产量	8 693.33	10 693.33	7 741.333	11 210.67	12 333.33	11 413.33

为了揭示不同数量氮肥与水相互作用对玉米产量的影响，将试验所获得的玉米产量进行统计分析，建立产量（Y）与氮（X_1）、水（X_2）两因子的回归模型。

$$Y = 11\,448.3 + 1569.9X_1 + 93.9X_2 - 815.0X_1^2 - 846.1X_2^2 + 569.9X_1X_2 (R^2 = 0.984) \tag{6-26}$$

式（6-26）其理论产量与实际产量之间的复相关系数 $R^2=0.984$，大于其临界值（$R_{0.05}^2=0.864$，$R_{0.01}^2=0.9531$）。这说明水分、肥料水平与产量间回归的相关关系已达极显著水平，拟合度良好，可以用此方程进行产量的预测。

b. 试验因子的产量效应分析

主因子效应分析：因试验中各因素编码都为无量纲线性编码，且各一次项、平方项、交互项的回归系数间不相关，偏回归系数已标准化。因此模型中回归系数绝对值的大小可直接反映因子对产量的影响程度。分析该模型，主效应表现如下。

一次项 X_1、X_2 的系数都为正值，说明在本次试验中，氮、水单因子都有增产效应，水、氮对产量影响的顺序为水>氮。

交互项 X_1X_2 系数为正值，说明两因子对产量的增加有相互促进的作用。

二次项 X_1^2、X_2^2 系数为负值，表明产量随施氮量、灌溉量增加均呈开口向下的抛物线趋势变化。

c. 灌溉量和施氮量与玉米产量的关系

将施氮量（X_1）与灌溉量（X_2）分别取（−1，−0.5，0，0.5，1）和（−1，−0.5，0，0.5，1）代入回归方程式（6-26）中可得表 6-70，根据表 6-70 画出三维曲面图 6-30，曲面图上各点的高度代表两因子一定配比时的玉米产量。高度越高，说明玉米的产量越高。从图 6-30 中还可以看出，当一个因子设定在某一水平时，膜下滴灌条件下玉米产量随另一因子水平变化的规律。

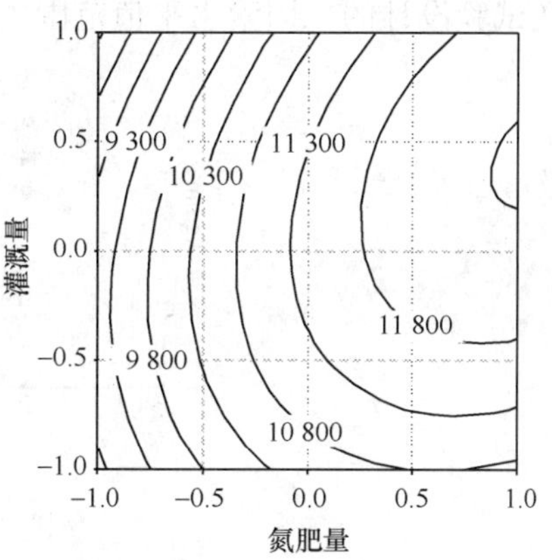

图 6-30　施氮量与灌水量对玉米产量的关系

表 6-70　施氮量（X_1）与灌溉量（X_2）与对玉米产量的关系　（单位：kg/hm²）

X_1	X_2				
	−1	−0.5	0	0.5	1
−1	8 693.326	9 804.591	10 508.35	10 804.59	10 693.33
−0.5	9 089.865	10 343.60	11 189.83	11 628.55	11 659.76
0	9 063.378	10 459.59	11 448.29	12 029.48	12 203.16
0.5	8 613.864	10 152.55	11 283.72	12 007.39	12 323.54
1	7 741.324	9 422.481	10 696.13	11 562.26	12 020.89

从图 6-30 中可见，当施氮量一定时，灌溉量在−1～0 水平的范围内，玉米产量随着灌溉量的增加而增加；当灌溉量在 0～1 水平的高灌溉量范围内时，玉米产量随灌溉量的增加而降低，这说明在施氮量水平一定的情况下，灌溉量太多或者过少，氮肥作用效果都得不到最大限度发挥，产量都不能达到最大值。与此同时，灌溉量处在−0.5～1 水平时，玉米的产量随着施氮量增加有所提高，但是灌溉量处于−1 水平时，玉米产量

随着施氮量的增加呈现先增高后降低的趋势。这说明在中、高灌溉量水平下施加氮肥具有明显的增产效应；但当灌溉量水平较低时，随着施氮量的大量增加可能会造成减产，这种效应符合报酬递减函数。此时，如果加大施用氮肥量，则肥料利用率降低。从图上也可以得出玉米产量的最高值时并不产生在灌溉量和施氮量最大时，施氮量的高产临界值在1水平左右，灌溉量在0.5水平左右。造成这种现象的原因是：大量的施用氮肥降低了玉米根系对土壤水分的吸取，增加了蒸发，降低了水分利用率，从而造成减产。

为了进一步讨论各个因素的单独作用对产量的效应，现对回归模型式（6-26）进行降维处理，将两因素中一个因素设定为0水平，可得其中一因素对产量的一元二次子模型为

$$\text{施氮量}: Y = 11\,448.29 + 1569.89X_1 - 815.02X_1^2 \tag{6-27}$$

$$\text{灌水量}: Y = 11\,448.29 + 93.89X_2 - 846.05X_2^2 \tag{6-28}$$

在试验设计的二因素水平值范围内，单因子的产量效应如图6-31所示。

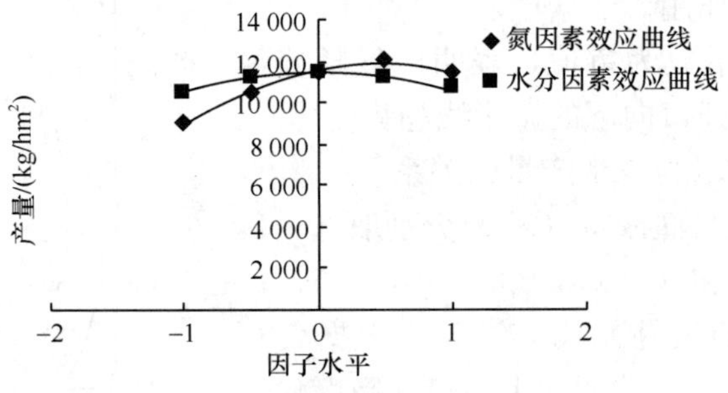

图 6-31　试验因子的产量效应

从图6-31中看出，产量随施氮量、灌溉量的增加均呈开口向下的抛物线趋势变化，存在产量最高点，符合报酬递减定律。在本试验中，氮的最佳投入量为0.963（码值），实际用量则为219.45 kg/hm^2，此时产量可达12 204.356 kg/hm^2，最适灌水量为0.055（码值），即灌水量为462.375 m^3/hm^2，此时产量可达11 450.89 kg/hm^2。到达最适投入量时，产量最高，投入量继续加大，产量则随之减小。由图中还可以看出，在较低投入量时，氮肥的增产效果略高于水。

边际产量可反映各因素的最适投入量和单位水平投入量变化对产量增加或减少速率的影响，各因素在不同水平时的边际产量可通过对回归子模型式（6-27）、式（6-28）求一阶偏导数，得到施氮量、灌水量的边际效应方程式：

$$dY/dX_1 = 1569.89 - 1630.04X_1 \tag{6-29}$$

$$dY/dX_2 = 93.89 - 1692.11X_2 \tag{6-30}$$

氮肥与水单因子边际效应值见表6-72。

水肥单因子效应如表6-71所示：当其中一因素取编码值为0时，随着另一因子投入量的增加，其单位因子投入量的增产效果为下降趋势，说明两因素边际效益都呈递减趋势；表6-72和图6-32所示，水的边际效益递减率比氮的略大。单位水平氮的施入量引起边际产量的减少量小。

表 6-71　氮肥与水单因子效应

X	−1	−0.5	0	0.5	1
Y_N	9 063.378	10 459.59	11 448.29	12 029.48	11 418.22
$Y_{水}$	10 508.35	11 189.83	11 448.29	11 283.72	10 696.13

表 6-72　氮肥与水单因子边际效应值

X	−1	−0.5	0	0.5	1
dY/dX_1	3 199.932	2 384.912	1 569.892	754.872	−60.148
dY/dX_2	1 536.626	1 656.822	1 725.045	1 741.296	1 705.574

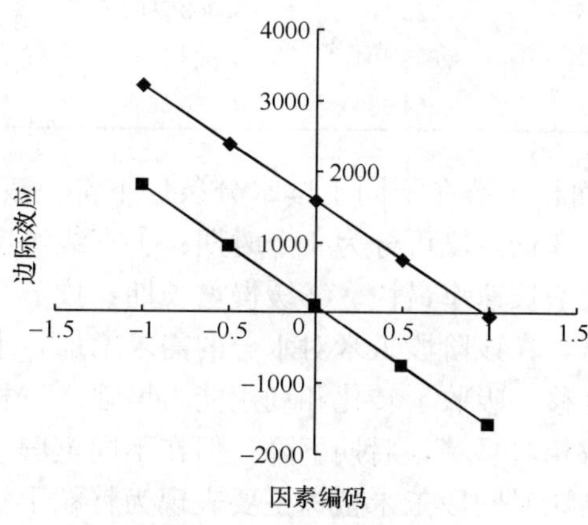

图 6-32　因素边际效益

在本试验条件下获得的最高产量对玉米大面积生产来说并不一定能代表实际的最佳水平，为了验证两因素在大面积生产中应用的可靠性，采用频数法进一步解析，在−1～1 约束区间，取步长 0.5 进行模拟，所得 25 套方案中，有 8 套方案玉米产量大于等于 11 500 kg/hm^2。其优化组合的置信区间见表 6-73。

表 6-73　玉米产量大于等于 11 500 kg/hm^2 的优化组合

变量	X	SX	95%置信区间	措施范围
X_1	0.75	0.0944	0.683～0.817	327.45～347.5 kg/hm^2
X_2	0.25	0.5971	0.1～0.4	495～630 m^3/hm^2

通过模拟寻优分析，杜蒙地区玉米要获得 11 500 kg/hm^2 的产量，在固定的钾肥用量 128.2 kg/hm^2、固定磷肥用量 130.8 kg/hm^2 时，氮肥与灌水量配合最优组合取值范围为：氮肥 327.45～347.5 kg/hm^2，灌水量 495～630 m^3/hm^2。

2）膜下滴灌水肥耦合效应对玉米叶面积指数（LAI）的影响

玉米叶面积指数结果列于表 6-74。从表 6-74 中可以看出，玉米叶面积指数在苗期有显著差异。进入拔节期处理 1 和 3 的玉米叶面积指数较低，表明在拔节期缺肥会明显抑制叶面积的增长。处理 5 的玉米叶面积指数最高，说明在中肥和高水情况下可以促进叶面积的增长。从抽穗期的叶面积指数可看出连续缺水，缺肥的处理 1 叶面积指数最小，其次是低氮处理 2。由此可见，从拔节到抽穗期施氮量的缺失对玉米叶面积增长有显著影响。在低水处理下 LAI 后期下降较慢，说明膜下滴灌玉米在缺水情况下增施氮肥可以起到以肥调水的作用。

表 6-74　各处理水平玉米的叶面积指数

处理	苗期	拔节	抽穗	灌浆	乳熟
1	0.463 789	1.966 121	2.441 745	2.714 170	2.087 507 0
2	0.685 382	3.343 979	3.466 165	3.544 565	3.058 220 9
3	0.573 490	2.387 825	2.975 341	2.324 839	1.864 148 3
4	0.703 196	3.123 074	3.303 766	3.224 140	2.431 984 8
5	0.555 303	3.648 404	3.863 496	3.819 763	2.970 701 4
6	0.589 063	3.334 539	3.360 566	3.444 298	3.249 366 4

图 6-33 所示玉米叶面积指数在不同土壤水分条件下都呈现先增大后减小的动态变化趋势，玉米叶面积指数变化阶段可分为 4 个时期：①直线快速增长期：出苗后至拔节时期这一阶段叶面积指数增长速率最快。②缓慢增长期：拔节至抽穗期，叶面积指数增长至全生育期中的最大值，在该阶段玉米对水分的需求增加，水分利用率达到最高，土壤中营养成分、水分的运移、吸收、转化和利用能力增强。③相对平稳期：抽穗至灌浆期。这一阶段叶面积指数相对平稳，后期下降，但在不同土壤水分条件下玉米的叶面积指数却差异很小，原因是该时间段玉米植株主要表现为籽粒干物质的积累，根系对水分的吸收开始逐渐减少，玉米叶片由于失水而引起叶片脱落，叶面积指数迅速降低。④衰退期：灌浆至乳熟期，叶面积指数下降。

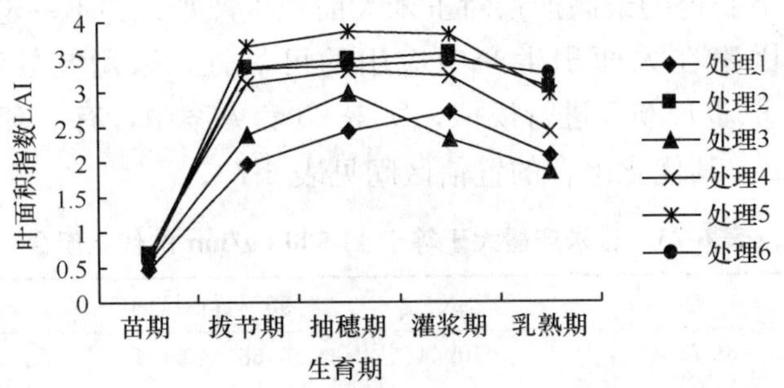

图 6-33　玉米叶面积指数的动态变化

根据表 6-75 的结果，可以得到玉米叶面积指数（Y）与施氮量（X_1）、灌水量（X_2）之间的回归效应模型如下：

$$Y = 2.52 + 0.64X_1 + 0.04X_2 - 0.33X_1^2 + 0.43X_2^2 - 0.15X_1X_2 \quad (R^2 = 0.92) \tag{6-31}$$

模型的回归关系显著，能反映两因素与玉米叶面积指数的关系。由回归效应模型可知：玉米的叶面积指数都随着灌水量和施氮量的增加而增加，这说明玉米叶面积指数与灌水量和施肥量之间存在正相关关系。两因子对玉米的叶面积指数的影响顺序是：施氮量 X_1＞灌水量 X_2。

3）膜下滴灌水氮耦合对玉米干物质量的影响

a. 各处理干物质累积量

对玉米全生育期采样称重，玉米干物质累积量与出苗后天数的数据见表 6-75。

表 6-75 各处理干物质累积量结果

处理	30天	56天	92天	113天	133天
1	6.56	33.24	160.00	200.00	205.00
2	10.80	64.04	231.00	313.14	320.00
3	7.82	38.59	150.00	186.52	210.00
4	10.94	42.52	220.00	240.26	320.00
5	5.98	49.81	235.00	275.08	300.00
6	7.45	39.65	250.00	295.12	350.00

干物质累积与时间关系的曲线可以用指数方程 $Y=ae^{-b/X}$ 拟合。式中，Y 为干物质累积量；X 为出苗后的时间（天）；a，b 为待定参数；a，b 用 DPS 统计软件求得。所得的回归方程经 F 检验均达显著水平。所得方程结果见表 6-76。

表 6-76 作物生育期间干物质累积与时间关系的回归方程

处理	回归方程	R^2
1	$Y=625.7041\ \exp(-138.8523/X)$	0.9642
2	$Y=1106.6571\ \exp(-152.2417/X)$	0.9792
3	$Y=659.4803\ \exp(-138.2310/X)$	0.9761
4	$Y=915.8100\ \exp(-139.1054/X)$	0.9341
5	$Y=816.7134\ \exp(-129.6980/X)$	0.9623
6	$Y=1089.1400\ \exp(-141.7860/X)$	0.9701

由表 6-76 可以看出，b 对 Y 影响有限，而 a 却有明显差别，说明不同水肥配比对玉米干物质累积动态变化有较显著影响。不同处理的干物质累积曲线变化趋势如图 6-34 所示。

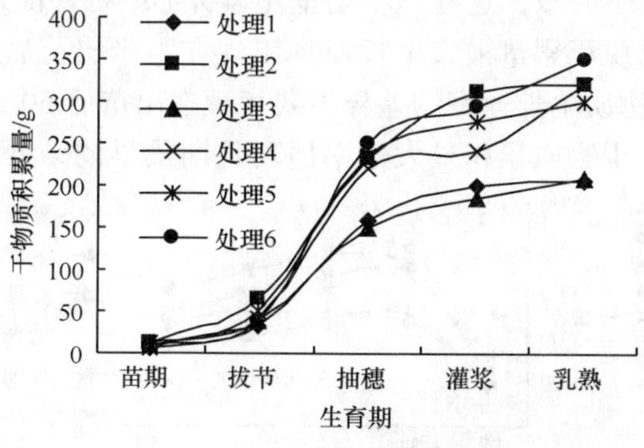

图 6-34 各处理的干物质累积量与时间的关系

从图 6-34 可以看出玉米在苗期的干物质积累量差异不显著，表明本试验中玉米的出苗整齐度大体一致，这是因为底肥在起作用，这一时期对氮肥的需求尚小。从拔节期曲线可以看到处理 2、4、5、6 干物质积累速度大大超过处理 1、3（低氮水平处理）。这说明在此时期氮肥的增加可以显著提高玉米干物质积累量。在抽穗期和灌浆期各处理的干物质积累速度逐渐平缓，干物质积累速度几乎为 0。这段时期处理 2 干物质积累量比处理 5 大，表明此时的水分胁迫已不是影响玉米干物质积累的主要原因。

b. 水肥耦合对玉米干物质累积最大速率和出现最大速率时间的动态分析

将表 6-74 中的指数方程对时间求一阶导数，可求出干物质累积速率方程：

$$\mathrm{d}Y/\mathrm{d}X = ab\exp(-b/X)/X^2 \tag{6-32}$$

式中，$\mathrm{d}Y/\mathrm{d}X$ 是干物质累积速率；X 为出苗后天数。

对上式求二阶导数：

$$\mathrm{d}^2Y/\mathrm{d}X^2 = ab(-2+b/X)\exp(-b/X)/X^3 \tag{6-33}$$

由式（6-32）、式（6-33）可看出干物质累积的最大速率和出现最大速率的时间，当 $\mathrm{d}^2Y/\mathrm{d}X^2=0$，是干物质最大累积速率时刻，当 $X = b/2$ 时，为玉米出现最大累积速率的时间，此时干物质累积的最大速率为 $4aX\exp(-2)/b$，根据表 6-76 中 a、b 的数据，可得到各处理干物质累积的最大速率和出现最大速率的时间见表 6-77。

表 6-77　各处理的干物质累积的最大速率和出现最大速率的时间

处理	出现最大速率时间/天	最大速率/[g/(d·株)]
1	69.426 15	2.454 355
2	76.120 85	3.959 14
3	69.115 50	2.598 469
4	69.552 70	3.585 773
5	64.84900	3.429 713
6	70.89300	4.083 808

由图 6-35 结果显示：随施氮量的变化玉米干物质积累量最大生长速率出现的时间略有差异，但总趋势基本一致。这些速率均呈左偏钟形结构，前期陡然上升，达到高峰后缓慢下降。玉米干物质积累量最大生长速率出现在玉米出苗后的 64.8～76.1 天，平均为 70.4 天。玉米干物质生长速率的差异主要表现在出苗后 60 天后，达最大生长速率后生长速率显著下降。干物质累积最大速率出现日期最早的为处理 5（64.849 天），且

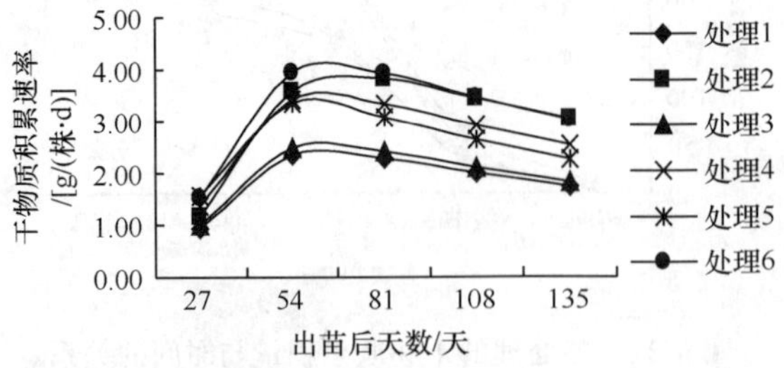

图 6-35　干物质累积速率

降幅最大；出现最晚的为处理 2（76.12 天），这说明施肥量的供应不足严重限制了玉米的生长。随施氮量的增加，在出现最大速率后，高氮水平处理的干物质积累速率仍高于低氮处理的干物质积累速率。这表明氮肥的施加能够延缓玉米后期衰老，增加后期光合产物的积累。

4）膜下滴灌条件下土壤温度的日变化过程

在本试验中，处理 1 与处理 3，处理 2 与处理 4，处理 5 与处理 6 两两之间所测得的地温数值经比较无显著差异，选取处理 3、处理 5、处理 2 作为代表进行详细讨论。每组处理各设一组对照 CK，所得 CK_3、CK_5、CK_2 差异甚微，甚至一致，故选施氮水平和灌水水平都为 1 的不覆膜处理为代表作为对照研究。在所测得各日的不同深度的地温数值中，在苗期、拔节期、抽穗期地温变化基本一致，但覆膜 40 天（处于拔节期）时，土壤温度在时间上和空间上变化更为显著，因此以覆盖后 40 天的土壤温度变化为例进行分析，其不同处理 5 cm、10 cm、15 cm、20 cm 和 25 cm 土壤温度日变化规律如图 6-36 所示。

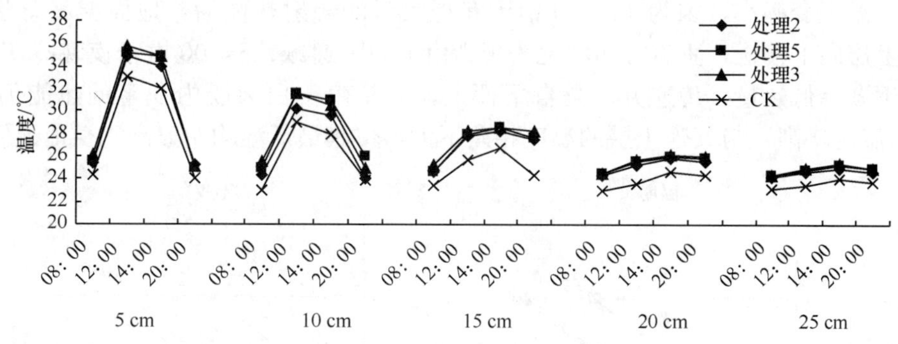

图 6-36　覆盖后 40 天的不同土层土壤温度日变化

从图 6-36 中可以看出，地膜覆盖对处理 5 与处理 3 比处理 2 在 5 cm 和 10 cm 这两个土层增温效果略显著。增温效果为：处理 3>处理 5>处理 2>CK。因受枝叶覆盖率的影响，一日内地表面获得和释放热量的过程有所不同，各处理在这一时期叶面积指数不同，地表裸露面积不同，地表裸露面积大的处理太阳光直射地面，大大提高了作物附近土层的温度，同时也增加了植株蒸腾，浪费水分，使水分利用率降低。地表裸露面积小的处理反之。各处理在 5～25 cm 土壤温度变化趋势均为先升高后降低，8：00 和 20：00温度最低，12：00 和 14：00 温度较高，略呈抛物线状，但是在降温阶段各处理在 15 cm、20 cm、25 cm 处降温幅度比在 5 cm 和 10 cm 处的降温幅度大，图形上可以看到 15 cm、20 cm、25 cm 这三层降温曲线比较平缓。这是由于土壤深层温度受大气及膜内温度影响较小的原因。5 cm 处和 10 cm 处各处理的温度最大值都出现在 12：00；而在 15 cm、20 cm 和 25 cm 时峰值逐渐向后推移，峰值出现时间大约在 14：00，温度向下传导使峰值出现时间延迟。

不覆膜处理 CK 地温在任意土层任意时间上都比覆膜低。5 cm 耕层处，覆膜处理比 CK 平均最高温度高 2.8℃，10 cm 处覆膜处理比 CK 平均最高温度高 2.5℃，深层土层中温差相对较小。日气温最高时 12：00，5 cm 耕层处覆膜处理的地温值比 CK 高 1.9～2.8℃，10 cm 耕层处覆膜处理的地温值比 CK 高 1.2～2.5℃，日气温最高时 14：00 15 cm 耕层处覆膜处理的地温值比 CK 高 1.6～1.8℃，20 cm 耕层处覆膜处理的地温值比 CK 高 1.6～1.4℃，25 cm 处覆膜处理的地温值比 CK 高 1～1.4℃。随着土层加深，不同处理在地温出现最高点的差值由 2.8℃减小到 1℃，说明地膜的覆盖对地温的影响随土层加深而逐渐减小。

5）地下 5～25 cm 地温垂直分布和变化

地温有日内和年内变化规律，在深度剖面上也具有特定规律且与日、年、观测时刻等时间特征和深度有关，有无地膜覆盖对地温也有影响。本节以 2008 年 6 月 15 日这一天为代表在 8：00、14：00，对 5～25 cm 剖面内各处理地温的日变化趋势进行了研究。

由图 6-37 可见在不同时刻各处理的土壤温度随土壤深度的增加而降低。各处理在不同时刻的最低温变幅均很小，其最大值小于 10.5℃。两时刻在 5～10 cm 范围内温度变化剧烈，而在 10～25 cm 温度变幅很小。14：00 与 8：00 作图比较，14：00 各处理每一土层温度变幅小，因为 14：00 白天获得大量的辐射热能后，地面温度急骤上升，热能由上层向下输送，垂直分布状况表现为由上向下递减；8：00 由于夜晚冷却而使土壤温度逐渐降低热量，传递方向是自下而上，但是由于白天膜内积蓄的热能仍能使 5 cm 处的温度略高，与其他土层的温度相差不大，覆膜最低温均明显高于裸地最低温。

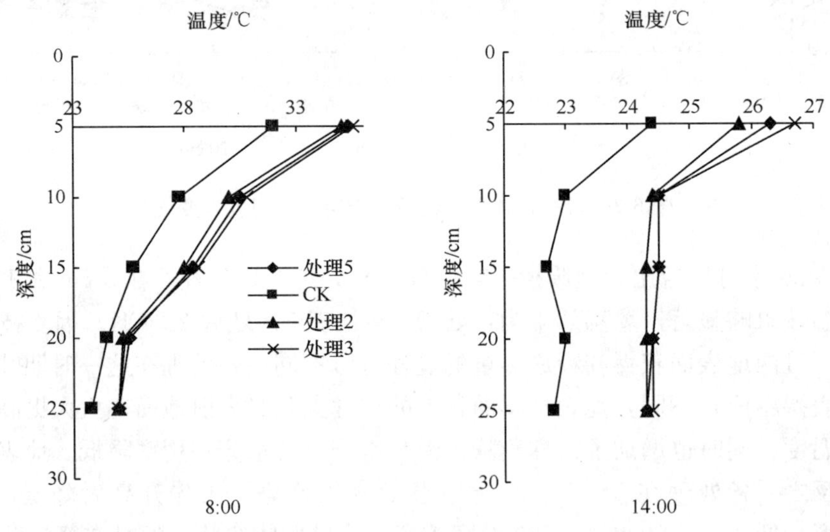

图 6-37　各处理地温的垂直变化

6）各处理增温效应分析

增温效应不仅使土壤的温度升高，更主要的是它能改善植株生长的近地面环境，使根系在一个较为适宜的环境中生长，根系的良好生长发育，又健壮了枝、叶以此提高光合生产率，加快了玉米植株的生长发育进程。据 2009 年 9 月 29 日观测，地膜玉米以处理 5 为例，株高和茎粗（直径）分别较裸地玉米多 11.7 cm 和 20.1 mm。不同处理对土壤耕作层（5～25 cm）的地温均有不同程度的增温效应，见表 6-78。

表 6-78　不同土层下不同处理增温日平均值　（单位：℃）

土层	处理3	处理5	处理2
5 cm	2.05	2.02	2.00
10 cm	1.87	1.81	1.81
15 cm	1.73	1.70	1.70
20 cm	1.25	1.24	1.22
25 cm	1.17	1.16	1.14

由表 6-78 可以看出 5 cm 土壤的增温效果最为明显，处理 3 地膜日均增温为 1.61℃，处理 5 和处理 2 分别高 0.14 和 0.22℃。5 个层次 3 种处理的增温规律与 5 cm 处一致，且随着深度的增加，增幅越小。表 6-79 所示，地膜覆盖下处理 3 整个土壤耕作层增温变幅为 1.28～2.14℃，处理 5 增温变幅为 1.28～2.10℃，处理 2 增温变幅为 1.26～2.10℃，处理 3 的增温效果较好。一天内各时刻都增温，且增温是均衡的，这种均衡增温不会对根系生长造成不利影响，避免了地温日变化剧烈对根系的伤害。

表 6-79　各处理各时刻耕层平均增温情况　（单位：℃）

处理	8:00	12:00	14:00	20:00
处理3	1.28	2.03	2.14	1.48
处理5	1.28	2.05	2.10	1.50
处理2	1.26	2.00	2.10	1.44

第四节　农业高效用水技术模式应用与评价

一、示范区概况

（一）甘南县示范区基本情况

“黑龙江西部半干旱区现代节水农业综合技术研究与示范”项目基地——甘南试验区位于黑龙江省西部，地处大兴安岭东南麓丘陵与嫩江平原的过渡地带，居嫩江中游的右岸，地理坐标为 132°54′16″～124°28′12″E，47°35′7″～48°32′5″N。四周毗邻呼伦贝尔盟、齐齐哈尔市、龙江县、讷河市和富裕县。平均海拔 200 m，地势总的趋势为西北高，东南低，自西北向东南倾斜，坡度为 1∶1000；西北部丘陵漫岗区占辖区面积的 47.6%，东南部开阔的冲积平原占辖区面积的 52.4%。

甘南县位于黑龙江省西部风沙干旱区，属中温带大陆性季风气候，四季冷暖分明。春季多风少雨，夏季高温多雨，秋季凉爽湿润，冬季寒冷干燥。特点是气温变化大，日照时间长，降雨时空分布不均，春季风多风大频率高。全县多年平均降水量 450 mm，降水年内分配不均，春季降水占全年降水的 10.8%，夏季降水占 71.3%，秋季降水占 15.3%，冬季降水占 2.6%。全县多年平均蒸发量 1499.8 mm，由于受气温、风速、植被等影响，5～6 月蒸发量最大，蒸发量由东北向西南递增。甘南县多年平均气温为

3℃，年最高气温40.1℃，年最低气温为－35.4℃，年最大温差为75.5℃。全县多年平均积温2400℃，由西南向东北递减，项目区位于第二积温带，平均积温2450℃。当地日照较充分，全年光照2791.7 h，与我国华中一带相似。全县常年多为西北风，平均风速3.5 m/s，春季4月风力较大，5～6级风力较为常见，无霜期130天左右，最大冻土深度2.0 m。

甘南县属黑土、黑钙土和草甸土区，草甸土面积占55.3%，各类土壤的分布规律是：北部和西部丘陵地带以黑土、黑钙土和暗棕壤土为主，南部平原区以草甸土为主，河流沿岸以沼泽土和泛滥土为主。全县土壤按节水灌溉五级分类法划分为：沙土占全县土壤总面积的5%，沙壤土占25%，壤土占48%，壤黏土占16.4%，黏土占5.6%。

甘南县有一江三河，其中边界河流有嫩江和诺敏河，过境河流有音河和阿伦河，县域内有大型水库1座，中型水库1座，小型水库12座，塘坝21座，总蓄水能力可达1.8亿m^3。全县水资源总量为41亿m^3，其中，地表水资源量36亿m^3，地下水资源量5.0亿m^3，地下水可开采量4.0亿m^3。水资源存在方式和储存量根据不同地形而各不相同，低山丘陵区水资源以地表水和地下水相结合的方式存在，以地表水为主，以地下水为辅。地下水埋藏相对较深，30～180 m，单井涌水量为10～50 m^3。平原区水资源以地下水为主要的储存方式，地下水埋藏较浅，埋深为8～20 m，单井涌水量为80～180 m^3（张忠学和曾赛星，2005）。

（二）杜尔伯特蒙古族自治县示范区基本概况

杜尔伯特蒙古族自治县（后简称为杜尔伯特）试验区位于黑龙江省西南部。东与大庆市、林甸县为邻，西与泰来县、吉林省镇赉县隔江相望，南同肇源县毗连，北与齐齐哈尔市接壤。东西最宽处72 km，南北最长处137 km，总面积6176 km^2。地理位置位于45°53′～47°8′N和123°45′～124°42′E。

杜尔伯特地处松嫩平原中部的最低平部分，平均海拔135～145 m，从北向南略倾斜，最高处是马场大山，海拔198.8 m；最低处是乌尔塔泡子，海拔127.4 m。嫩江沿县境西侧流过，流经146.7 km。江底海拔，北部为137～138 m，南部为131 m，自然坡降为1/20 000。因此，江水流速缓慢。乌裕尔河自县境北部流入后，呈无尾河漫流，使低洼地形成较大汇水区和一些季节性积水区。其中一部分渗入地下，提高地下水位；一部分汇集在地表，形成了一些湖泡群；一部分被蒸发，逐渐增加了湖泊水可溶性盐类的浓度，或在低平地上形成大面积渍积土和面积不等的碱地。草原上与江湖畔还有一些沙岗、沙丘。所以，起伏的沙岗、荡漾的湖泡、盐碱低地及纵贯的嫩江河滩构成了主要地貌。

杜尔伯特属于温带大陆性季风气候，其基本特点是冬长雪少，天气寒冷；夏短湿热，降水集中；春季风大，气候干燥。年平均气温3.6～4.4℃，南北相差1℃；1月最冷，平均气温－19.5℃；7月最热，平均气温23.4℃；极端最高气温39.3℃，极端最低气温－35.9℃，年平均≥10℃的积温2681.9℃。日平均气温稳定在0℃以上的日数为209天，平均无霜期151天，最少133天，最多166天，霜冻初日9月29日至10月3日，霜冻终日4月30日至5月3日。年平均刮大风17.3天，多集中于4～5月。由于日照时间长，日温差大，有利于牧草和农作物生长及积蓄养分。

全县总土地面积为61.7万hm^2，大体由四种类型构成。一是起伏沙岗地，分布广，面积30万hm^2，以沙质土壤为共同特征。二是盐碱低平地，分布在雨后临时积水地和湖泡外围低地，面积10万hm^2。土壤为碱化草甸和碳酸盐化草甸土及部分草甸黑钙土。三是江湾河滩地，分布在嫩江流域或季节性洪泛冲积地段，面积7.3万hm^2。土壤较黏重，为暗色草甸和沼泽化草甸土。四是湖泡沼泽地，面积14.4万hm^2，以沼泽土、碱化草甸土壤为主。土壤共分为7个土类，79个土种。

多年年平均降水量350 mm，降水多集中于6～8月；降水季节分布表现出明显的大陆性季风气候的特点，季节差异大，春季干旱低温；夏季受东南季风的影响，降水较多，且多为阵雨，秋季天气晴朗，降水明显减少，但仍多于春季。冬季在蒙古高压控制下，降水量少，但是冰雪资源极其丰富。该县境内湿地资源丰富，有大小湖泡201个，水域面积13.6万hm^2；有苇地5.8万hm^2，占全省的近1/3（杜尔伯特蒙古族自治县概况编写组，1987）。

二、高效用水技术集成模式应用效果

（一）玉米机械化注水播种与苗期补灌集成模式

2008年、2009年在节水抗旱示范区进行玉米机械化注水播种与苗期补灌集成模式推广，两年共完成示范面积0.12万hm^2，注水播种有效地解决了春季抗旱播种问题，苗期补灌实现了夏季的抗旱保苗，取得了良好的示范效果。

1. 改善土壤墒情，保证出苗率

改善土壤墒情，保证出苗率是保证增产的首要环节。暗式坐（注）水技术应用于干旱、半干旱地区大田作物播种期的抗春旱、保全苗及在苗期使其苗齐、苗全和苗壮。这很好地解决了传统作业中灌水、播种、施肥不同步的技术难题。据调查，黑龙江省西部地区春旱严重，春播期土壤水分大多数在田间持水量的60%以下，相当大比例的地区在40%以下，干土层达10 cm，满足不了对水分的要求。而暗式坐（注）水可使局部水分达到田间持水量的80%～90%，出苗率达98%以上，较无坐水的出苗率高30%左右。

2. 提高作物的抗旱能力

机械化暗式坐（注）水是将水直接灌在干土层以下某个深度，从经验上看，一般取决于播种种位的深度，大田作物一般在3～5 cm以下，上面仍覆盖着一定厚度的干土层。在此前提下，其水分消耗均以水汽扩散形式为主，速度很慢，无效蒸发损失少，具有蓄水保墒和引墒作用。

3. 增加积温，有利于抗御低温早霜

采用催芽坐水种可提前7～10天出苗，增加积温70～100℃，促进早熟，抗御低温。

4. 有利于提高肥效

由于坐水能充分溶解养分，提高肥效 20%～30%；使种芽发育快、根系壮、苗势旺盛。根据在黑龙江省内调查分析，播种后 9 天，坐水比不坐水的种子发芽长度平均长 0.6 cm，根系长度平均长 1.0 cm。

5. 节水、节能、省投资

与沟灌相比，节水 70%～80%，节能幅度为 20.5%，节约工程投资幅度为 71.4%。

6. 增产效益

2008 年、2009 年两年共完成示范面积 0.12 万 hm^2，增产率 33.1%，粮食总增产 1788.1 t，增加效益 288.7 万元。2008 年、2009 年两年示范区作物水分利用效率平均提高 0.4 kg/m^3。

（二）坡耕地大豆玉米机械化振动式深松与垄向区田筑垱技术集成模式

2008 年、2009 年在节水抗旱示范区进行坡耕地大豆玉米机械化振动式深松与垄向区田筑垱技术集成模式推广应用，两年共完成示范面积 0.104 万 hm^2。与常规耕作相比，该模式可减少坡耕地径流量 94.1%。坡耕地土壤侵蚀量减小为 1.7 t（/hm^2 · a），只相当于常规耕作的 22.8%，水分利用效率提高了 0.47 kg/m^3，为常规耕作的 1.55 倍；天然降雨利用率较常规耕作提高 22.1%。

1. 对作物生长的影响

作物的根系生长受到犁底层的严重影响，通过采用振动深松可打破犁底层，为作物根系生长创造了疏松、养分充足、水肥气热条件良好的环境，而促进其生长。试验表明，深松耕作对作物生长的影响可体现在两个方面，一是促进作物根系的发育，二是增加作物株高、叶面积。

2. 对作物产量的影响

深松耕作使作物增产的主要原因是：深松后作物赖以生存的土壤环境得到了改善，水、肥、气、热基本条件趋于良性化，促进作物根量及根长的增加，进而吸收更多的水分及养分。深松耕作比传统耕作具有明显的增产效果，深松耕作的鲜物质总重和籽粒产量比对照区分别增加了 19.9%和 18.9%。

3. 垄向区田降低水土流失量

运用垄向区田措施主要目的是使“三跑田”变成“三保田”。垄向区田水保措施动土方较少，只将原垄沟中的松土壅叠成土挡，只有极少量土壤的位移，生土与熟土不混合，保持了土壤原有肥沃土层位置，降低坡耕地的径流量，减少水土流失，保护了耕地的面积和耕地质量。

4. 增产效果显著

坡耕地大豆玉米机械化振动式深松与垄向区田筑挡技术集成模式拦蓄了土壤水分和养分，具有较好的增产作用。试验表明，玉米平均增产 17.9%，大豆平均增产 27.7%。坡耕地的保护稳定了农产品数量和质量，增加了农民的收入，提高了农民的生产积极性。

（三）玉米作物秸秆覆盖免耕播种技术集成模式

2008 年、2009 年建设核心示范区 26.7 hm^2，其中，甘南县 20 hm^2、杜尔伯特蒙古族自治县 6.7hm^2；示范区面积 100 hm^2，辐射推广 400 hm^2，为黑龙江省乃至全国农艺抗旱保墒技术的推广示范提供了实体样板。

1. 秸秆覆盖具有明显的保水效果

秸秆覆盖与传统耕作相比可以看出，0～10 cm 土层土壤含水量，覆盖少耕比传统耕作分别相对提高 10.6%；10～20 cm 层次土壤水分差别不大；20～30 cm 土壤层次覆盖少耕比传统耕作相对高 3.6%。

2. 秸秆覆盖与土壤水蚀的关系

秸秆覆盖能显著减少坡耕地土壤流失量，据测定，2008 年半量秸秆覆盖土壤流失量为 3.2hm^2，全量秸秆覆盖土壤流失量为 1.2hm^2。2009 年半量秸秆覆盖土壤流失量为 4.0hm^2，全量秸秆覆盖土壤流失量为 2.1hm^2。

3. 增产、增收效果

在有根茬和秸秆覆盖条件下，一次作业可完成垄体浅松、施肥、播种、覆土、镇压等多项技术措施，节约生产成本，增产幅度为 10.2%～13.1%，节约成本 15%以上。

（四）玉米大豆行间覆膜播种与喷灌技术集成模式

1. 行间覆膜喷灌技术的增温效果

通过研究行间覆膜播种大豆在不同时刻、不同土层深度及不同生长时期的地温表明该技术有明显的增温效果。

2. 行间覆膜技术各时期的日均增温情况

行间覆膜技术在各时期的增温效果不尽相同，一般说来前期增温效果要好于后期，根据试验所得数据进行分析整理，0～20cm 土层 5 月下旬平均增温 0.73℃，6 月平均增温 0.85℃，7 月上旬平均增温 0.59℃。

3. 提高水分利用效率及产量

由玉米覆膜试验结果可见，玉米植株性状及穗部性状的改善为其产量的提高打下了良好的基础，行间覆膜玉米单株产量为 234.09 g，百粒重为 37.20 g；单株产量比对照增加 54.23 g，增加率为 23.17%，百粒重比对照增加 6.23 g，增加率为 20.10%；结合试验设计，可计算出行间覆膜玉米产量为 10 289.67 kg/hm^2，而对照产量为 7906.02 kg/hm^2。行间覆膜玉米产量得到了提高，增产效果明显。

（五）玉米膜下滴灌与水肥耦合技术集成模式

1. 保湿增温

其以水滴形式滴入土中，匀速渗透，定时定量补给土壤水分，克服了地面灌溉导致土温急剧下降的弊病，地表温度增加 6℃以上，10 cm 与 20 cm 土温相差只有 2℃左右。

2. 保持良好的土壤结构

滴灌时水的动能、势能较小，土壤不移位，且含水量适中，土壤三相比协调，通气性好，不板结。同时，又可抑制土壤次生盐渍化。

3. 灌溉适时

大系统滴灌一次开阀 5 或 6 个，同时灌溉 1 hm^2 左右，相对缩短作物在旱期的渴水时间。小系统滴灌一次 0.067～0.133 hm^2，每车水（2.5 t）只需 10 min 左右即可滴入农田。

4. 促进养分有效化，提高肥料利用率

由于土壤三相比协调，通气性好，温度适宜，利于土壤微生物分解释放养分。同时，液化肥料可通过渗透直接输送到作物根区，可直接被作物吸收利用。

5. 调节作物生长

膜下滴灌根据不同作物、不同生育期的需水要求，定时、定量补充水分，保证作物在适宜的温度、适宜的水分条件下生长发育，作物根、茎、叶生长协调、健壮，与其他灌溉方式均有明显的不同。

6. 提高作物抗病能力

膜下滴灌补水适量，加之覆膜作用，农田湿度小，可抑制植物病菌的发生与繁衍，作物抗病能力相对增强。

7. 省工省时

膜下滴灌在减少体力劳动的同时，较地面灌溉用工减少 0.7 个，省工率达 70%左右。每小时滴灌 0.20～0.33 hm^2，比地面灌溉效率提高 2～4 倍。

8. 节水增效

膜下滴灌节水率达 40%～80%，节水因素：一是根据作物及不同生育期需水规律，定时、定量补给水分，灌溉水不损失；二是供水匀速，不径流；三是减少地表蒸发，降低作物生态需水。

9. 增产增收效果明显

按每亩膜下滴灌工程当年投资为 250 元，其中首部及干支管投资 160 元；每亩用滴灌带 500 m 计，投资金额为 90 元。如果滴灌带按一年使用期，第二年以后，每亩滴灌带投入为 60 元（每米以旧换新折价 0.06 元）。其他首部工程、干支管设备投资 166 元，使用按 5 年计算，每亩年折旧 32 元。综合计算，每亩滴灌工程年投资 92 元（如果滴灌带管理好，可使用两年，每亩年投资 59 元），而覆膜滴灌比直播每亩增加生产及管理投入 67 元。综合计算，玉米膜下滴灌比玉米直播生产每亩增加投入 159 元。按常规生产 10 年计算，玉米直播亩产量为 500 kg，而玉米膜下滴灌亩产量可达到 900 kg，亩增产 400 kg，每千克玉米按 1.2 元计，亩增产值 480 元，扣除每亩增加投入 157 元，玉米膜下滴灌比玉米直播生产每亩纯增加收入 323 元。

2008 年、2009 年两年总示范面积 186.67 hm^2，总增产 1.314 万 t，增加效益 2159.08 万元。地表温度增加 6℃以上，10 cm 与 20 cm 土温相差只有 2℃左右，提高肥料利用率 10%左右。

五大关键技术集成模式已经成为黑龙江省西部半干旱区节水农业持续发展的主导技术模式，在推进节水农业的发展中起着重要作用。

“十一五”期间，黑龙江省承担的“节水农业综合技术研究与示范”国家科技支撑计划课题所研发的注水播种机、苗期补灌设备、坡耕地中耕开沟筑埚联合作业机、振动式深松中耕联合作业机、免耕播种机、行间覆膜播种机等专利产品，都进行了产业化开发并实施了一定规模的示范推广。

参 考 文 献

杜尔伯特蒙古族自治县概况编写组．1987．杜尔伯特蒙古族自治县概况．哈尔滨：黑龙江朝鲜民族出版社

黑龙江省水文总站．1991．黑龙江省水资源研究．哈尔滨：黑龙江科学技术出版社

刘学生，高凤文，赵凤民，等．2006．保水剂对玉米产量性状和产量的影响．东北农业大学学报，37（4）：151-154

陆海燕，刘元英，高凤文，等．2006．保水剂在大豆上的应用效果．东北农业大学学报，37（3）：299-303

马春梅，纪春武，唐远征，等．2006．保护性耕作土壤肥力动态变化的研究——秸秆覆盖对土壤温度的影响．农机化研究，（5）：53-55

张忠学，魏永霞，王贵作，等．2005．氮磷钾配施对黑龙江西部半干旱地区大豆产量及效益的影响研究．农业系统科学与综合研究，21（2）：146-153

张忠学，曾赛星．2005．东北半干旱抗旱灌溉区节水农业理论与实践．北京：中国农业出版社

Hatfield J L．1996．Evapotranspiration estimates under deficient water supplies．Journal of Irrigation and Drainage Engineerting，（10）：301-308

第七章　河南粮食作物高效用水技术

第一节　区域农业用水现状

一、研究区概况

(一) 河南省基本情况

河南省位于黄河中下游地区，华北平原的南部，秦岭余脉的东端，地处 110°21′～116°39′E，31°23′～36°23′N，全省地势西高东低，北有太行山，西有伏牛山，南有桐柏山和大别山，中东部是广阔的黄淮冲积平原。全省总面积约 16.7 万 km^2，占全国总土地面积的 1.74%，其中，山地面积约 4.4 万 km^2，占 26.6%，丘陵面积约 3 万 km^2，占 17.7%，平原面积约 9.3 万 km^2，占 55.7%，山地丘陵共占河南省土地总面积的 44.3%。全省年平均气温一般为 12～16℃，1 月 −3～3℃，7 月 24～29℃，地势东高西低，南高北低，山地与平原间差异比较明显。气温年较差、日较差均较大，极端最低气温 −21.7℃（1951 年 1 月 12 日，安阳）；极端最高气温 44.2℃（1966 年 6 月 20 日，洛阳）。全年无霜期从北往南为 180～240 天。年平均降水量为 500～900 mm，南部及西部山地较多，大别山区可达 1100 mm 以上。全年降水的 50%集中在夏季，且常以暴雨形式出现。

河南省是北方地区严重缺水省份之一，全省多年平均水资源总量 405 亿 m^3，仅占全国水资源总量的 1.4%，人均水资源占用量 420 m^3。河南省水资源一方面供需矛盾突出；另一方面约占总用水量 70%的农业用水效率很低，浪费严重，全省灌区灌溉水利用系数平均不足 0.40，水分生产率平均 1.0 kg/m^3 左右，不及发达国家的 1/2。20 世纪 90 年代以来，国家和河南省加大了节水灌溉投入力度，加快了节水农业发展步伐。节水灌溉工作在快速发展的同时，也存在着很多亟待解决的问题，如一些地方节水灌溉技术选型不合理、节水形式单一、水资源缺乏优化配置、灌溉制度不科学、灌溉水利用系数和水分生产率低、投入产出效果差、节水农业管理体制和运行组织形式落后等，制约了节水农业的进一步发展。河南省作为我国的粮食主产区，粮食总产量连续多年居全国第一位，为国家粮食安全作出了重要贡献。但必须认识到，河南省粮食连年丰收是在水资源短缺条件下获得的。水资源的严重短缺以及水分利用效率不高，严重制约了粮食产量的持续增长。如何优化水资源配置，改进农业用水管理水平、提高水分利用效率，使有限的水资源发挥更大的经济和社会效益，是当前农业生产中亟待解决的重大问题，也是促进河南粮食生产核心区建设、提高粮食综合生产能力、保障国家粮食安全和水安全的重要措施之一。

(二) 河南半干旱区概况

河南半干旱区主要分布在西北部地区，包括郑州西部、洛阳、三门峡、焦作、济源、安阳等地市，该区地型多以丘陵、浅山为主，土壤类型以褐土、黄土为主，土壤肥力低下（有机质含量为1%左右），年降水量为600 mm左右，降水分布不均，季节性干旱明显。自然降水与作物需水严重错位与缺位，且干旱程度正在加剧，1992～2002年年平均降水量534.4 mm，较前30年平均降水量减少了16.5%。≥80%保证年降水450～520 mm，表现为一季有余，两季不足，加之降水季节分配不均，干旱发生频率较高，平均在40%以上。无霜期190天，≥10℃的活动积温4400～4600℃。河南半干旱区总耕地面积130.8万hm^2，总人口1630万，分别占全省的13.1%和16.5%。

河南半干旱区地表水和地下水资源缺乏，农业生产用水大部分地区必须依赖有限的自然降水，属典型的雨养农业地区。年降水量与作物生长之间的关系是一季有余，两季不足，在实际生产存在一年一熟、一年两熟和两年三熟3种种植制度。一年一熟种植作物主要是冬小麦、春甘薯，一年两熟种植模式主要为小麦-玉米及小麦-秋杂粮，两年三熟种植模式主要有小麦＋玉米＋小麦、小麦＋玉米＋春甘薯（春花生）、小麦＋（大豆等杂粮）＋小麦。近几年来随着生产条件改善、生产力水平的不断提高及种植效益的增加，一年两熟种植面积逐年增加，成为该地区主要种植模式（王育红，2007）。限制该区农业持续发展的根本原因有3个：第一，季节干旱明显，降水时空分布严重不均，干旱缺水是限制农田生产力的瓶颈，自然降水的大量流失和无效蒸散造成作物产量低而不稳。第二，土壤瘠薄，保水保肥能力差，养分要素按分级标准多为缺或极缺。第三，耕作粗放，集约化程度低，土地生产力中技术贡献率不高。

二、农业高效用水存在的主要问题

（一）节水灌溉发展现状

近几年，以井灌区低压管道输水灌溉和自流灌区节水改造技术为代表的节水灌溉技术有了较大面积的普及，但也存在一些问题。主要表现在以下几个方面：一是发展不平衡，各节水技术之间的发展有较大差异，井灌区以低压管道输水灌溉技术为主得到了较好发展，但丘陵区的节水灌溉技术发展严重滞后。二是节水面积所占比例较小，只占有效灌溉面积的38.6%，急需大力发展。三是节水工程质量不高，达标率较低。四是节水推广中各种技术的配套、组装较差，如节水灌溉制度、输水节水技术、田间灌水新技术、节水管理、农业节水技术等还没形成配套技术，综合节水技术还需进一步研究完善。

“十五”期间，河南省洛阳市在加强灌区建设和修复配套的同时，以节水灌溉示范项目区建设为重点，因地制宜地采取渠道硬化、管道输水、喷灌、滴灌等形式，大力发展节水灌溉，新增有效灌溉面积12 000.0 hm^2，到2005年年底，有效灌溉面积稳定在133 333.3 hm^2左右，占到总耕地面积的37.2%。5年来，洛阳市共发展节水灌溉21 333.3 hm^2，其中，渠道防渗8666.7 hm^2，管道灌溉11 333.3 hm^2，喷灌、滴灌、微灌等1333.3 hm^2，节水灌溉水平得到了提高，但总体仍然表现为灌溉面积小、节水技术应用水平低，截至2005年年底，全市有效灌溉面积为133 333.3 hm^2左右，仅占总耕地面积的37.2%，节水灌溉面积65 333.3 hm^2，不到有效灌溉面积的50%。

（二）农业用水现状及存在问题

1. 农业水资源紧缺，供需矛盾突出

首先，降水量少且季节分配不均。孟津年平均降水量650.2 mm，6～9月降水量约占年降水量的62%，冬季雨雪很少，仅占年总量的6.8%，春雨只占15%，这种分配与多数农作物对水分的需求规律不一致，作物的水分供需矛盾较大，再加上土壤蒸发量远远大于降水量，年均蒸发量为1820.6 mm，是年降水量的2.8倍，特别是春季蒸发旺盛，造成春旱频繁。夏季降水量虽比较大，但变率也大。因此，夏秋季节常有旱涝发生，尤以干旱对农业稳产影响最大，干旱发生范围广、频率高，几乎年年都有，且持续时间长，甚者可达数月，农业水资源严重不足，供需矛盾较大，制约着农业生产的发展。其次，水资源空间分配不均，供需矛盾突出。孟津县是一个水资源贫乏的地区，全县人均占有水资源仅171.1 m^3，每公顷耕地水资源2044.5 m^3，远远低于全国、省、市水平。同时，地下水分布极不均匀，特别是黄土丘陵和黄土塬区，地表径流缺乏，地下水埋藏深，开采利用不便，开采成本高，农业生产主要依靠降水。

2. 农业水资源利用率和利用效率低

灌溉水利用率和利用效率不高，示范区平均渠系利用系数0.7，田间水利用系数0.6，灌溉水利用系数0.4左右（表7-1），作物水分利用效率平均为1.30 kg/m^3，与国内其他地区及国外相比，水分利用效率还相当低，河南半干旱区的节水还有很大潜力。

表7-1 孟津县水资源和耕地现状（2005年）

项目	全国	河南省	洛阳市	孟津县
人口/人	13亿	9 700万	638万	45.2万
耕地总面积/hm^2	1.22亿	733.33万	35.63万	37 780
人均耕地/(hm^2/人)	0.093	0.075 3	0.06	0.083
水资源总量/亿 m^3	28 000	405	28.09	0.75
人均水资源量/(m^3/人)	2 300.0	420.0	456.9	171.1
单位水资源量/(m^3/hm^2)	30 793.5	4 950.0	7 452.0	2 044.5
灌溉水利用率	约45%	约40%	约40%	约40%
粮食总产/亿 kg	4 840.0	48.2	20.8	1.93
粮食单产/(kg/hm^2)	4 650.0	5 005.5	4 356.0	3 150.0

3. 污废水排放量不断增加，水环境恶化

有限的水资源不仅时空分布不均，且大小河流均受到不同程度的污染，给水资源的开发利用和合理调配带来了很多困难。随着社会经济的发展，对水资源质和量的需求越来越高，污水排放将对水资源短缺的局面造成更为不利的影响。由于近年来水资源的不

合理开发利用，随着水量的减少和排污量增加，农村用水普遍存在水质不达标、供水保证率低等问题。河南半干旱区农业用水水源主要是开采地下水，地表水的污染已波及地下水，严重影响了人民群众的生活和身体健康。水污染的加剧，进一步减少了可供水量，加剧了水资源短缺与需水量增加的矛盾。

4. 旱区坡耕地面积大，水土流失严重

旱区坡耕地面积大，水土流失严重，耕地中有60%左右为旱耕地，主要分布在黄土丘陵区，地形变化大，植被覆盖度低，土壤抗蚀能力弱，加上年降雨量较大，局部地带暴雨较频繁，常常发生严重的水土流失。水土流失导致土壤瘠薄，农田土壤有机质含量低于1%，肥力水平低。土壤侵蚀模数一般为4000～6000 t/km^2，陡坡地土壤侵蚀量达10 000 t/km^{2}以上（武雪萍，2006），区内侵蚀沟深度可达30～70 m，坡度达40°～70°，断面呈“U”形，沟沿往往有陡崖、土柱、陷穴等地貌形态。随着沟谷的扩展，耕地面积日益减少，新中国成立以来，水土流失造成的弃耕地面积占原有耕地面积的12%，严重地区耕地面积减少15%以上。研究表明，土壤有机质和无机矿物质养分随土壤侵蚀而损失严重，每流失1 t土壤，损失有机质2.1～9.6 kg，全氮0.14～0.61 kg，碱解氮0.018～0.051 kg，速效磷0.001 58～0.005 3 kg，速效钾0.04～0.09 kg。

三、示范区情况及其代表性

（一）自然条件

1. 地理位置

孟津县位于河南省西部偏北，居黄河中下游交界处，属洛阳市辖县。县城距省会郑州134 km，距洛阳市区10 km。县域东连偃师市、巩义市；南依洛阳市市区；西临新安县；北与济源市、洛阳市吉利区、孟县相接（图7-1）。全县跨112°12′～112°49′E，34°43′～34°57′N。东西长55.5 km，南北宽26.9 km，面积758.7 km^2。

2. 地形地貌

孟津地形西高东低，中部高，南北低，形如鱼脊，东部南北两侧为洛河黄河阶地，较为平坦。西部山区最高海拔481 m，东部黄河滩地最低海拔120 m，全县平均海拔262 m。县境中西部为邙山所覆盖，属于黄土高原的一部分。邙山南邻洛阳盆地，北至黄河谷地，由西而东贯穿全境，全长约55 km，宽17 km，总面积约568 km^2，占全县总面积的74.8%。邙山为黄土地貌类型，丘陵起伏，呈丘岗形态，冲沟发育，北侧沟谷为南北向与黄河谷地连通，南侧沟谷为西北—东南向，通向洛河谷地，沟谷一般深30～70 m，多呈“U”形。

3. 土壤状况

孟津县土地资源类型复杂多样，土壤分为2个土类，6个亚类，17个土属，50个

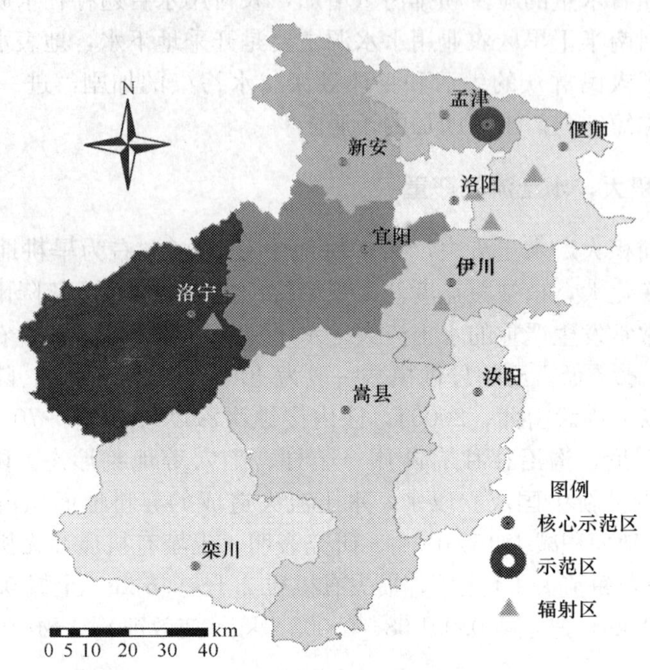

图 7-1　河南粮食作物综合节水技术示范区位置图

土种，其中褐土占 93%，为全县面积最大、分布最广的土壤。褐土多分布在境内的黄土丘陵和黄土塬区，成土母质为第四纪黄土。潮土类占 7%，分布在黄河漫滩和一、二级阶地。

4. 土地概况

孟津县土地总面积 758.7 km^2，其中，耕地 37 780.0 hm^2（表 7-1），占 51.98%；林地 2906.7 hm^2，占 3.96%；园地 1208.0 hm^2，占 1.65%；其他农用地 8726.7 hm^2，占 11.90%；居民点工矿用地 9906.7 hm^2，占 13.5%；交通用地 860.0 hm^2，占 1.17%；水利设施用地 993.3 hm^2，占 1.35%；未利用地 506.0 hm^2，占 6.90%；其他土地 5553.3 hm^2，占 7.57%。

（二）气候资源

孟津地处豫西丘陵地区，属亚热带和温带的过渡地带，季风环流影响明显，春季多风常干旱，夏季炎热雨充沛，秋高气爽日照长，冬季寒冷雨雪稀。全县地形复杂，光、热、水等资源差异明显。

1. 降水

全县年平均降水量 650.2 mm，保证率≥80%的降水量为 600 mm。降水的时间分配很不均匀，3～5 月降水量占全年降水量的 20.2%～33.7%，6～8 月占 41.2%～

47.6%，9～11 月占 6.3%～31.6%，冬季占 3.1%～5.3%。其中，雨季 6～9 月占 57.5%～61.1%，旱季 10 月至翌年的 5 月占 38.9%～42.5%，自然降水与作物需水严重错位与缺位，干旱程度严峻。

2. 光温

该区年日照时数为 2270.1 h，日照率 51%，一年中以 5～8 月最多，6 月日照时数最长，为 247.6 h；1～3 月日照少，2 月日照时数最短，为 147.5 h。太阳年总辐射量 5283.96 MJ/m^2。从季节来看，夏季最高，为 1590～1800 MJ/m^2；冬季最低，为 710～1250 MJ/m^2；春秋居中，分别为 1300～1460 MJ/m^2 和 1000～1090 MJ/m^2。

3. 热量

全县年平均气温 13.7℃，1 月最冷，平均气温为－0.5℃，7 月最热，平均气温为 26.2℃，在作物生长的 4～10 月，日较差 5 月最大，为 12.7℃，8 月最小，为 8.6℃，年平均积温为 5046.4℃，春温和秋温相当。平均无霜期为 235 天，初霜期一般为 10 月下旬到 11 月上旬，终霜期一般在 3 月下旬到 4 月初。境内≥0℃日温的持续日数为 319 天，积温为 5289℃；≥10℃日温的持续日数 218 天，活动积温 4673℃；≥20℃日温的持续日数 117 天，活动积温为 2927℃。

（三）水资源开发利用现状

1. 河流水系

孟津属黄河水系，主要河流有黄河、金水河及缠河等。黄河为孟津县的最大河流，黄河自新安县从西进境，向东流入巩义市，蜿蜒于县境北部，经黄鹿山、小浪底、王良、白鹤、会盟 5 个乡镇，流程 59 km。小浪底水利枢纽工程能够人为有效控制其流量。位于其下游的西霞院水利工程正在施工中，建成后将提高对黄河流量的人为控制。金水河经麻屯镇入洛阳涧河，县境内长 6.5 km，流域面积 62.7 km^2。缠河、横水、图河为季节性河流，近年流量减少或干涸。

2. 水资源概况

孟津县地处丘陵区，水资源贫乏，且分布不均，地下水埋深较深。近年来，地下水位又普遍下降，埋深多为 80～250 m，开采难度大，代价高。全县水资源总量为 41.6 亿 m^3，其中，黄河一级阶地区为 4.3 亿 m^3，洛河阶地区为 1.15 亿 m^3，黄土台塬区为 36.15 亿 m^3。总储量为年平均补给量的 54 倍，地表水 1 亿 m^3，过境水为 0.77 亿 m^3。水资源可利用量丰水年 1.57 亿 m^3，中旱年 1.4 亿 m^3。全县人均占有水资源仅 171.1 m^3，每公顷耕地水资源量 2040.0 m^3，远低于全国平均水平。

3. 水资源特点

受降雨时空分布不均、年际变化的影响，地表水资源的地区分布和年内年际丰枯变化较大，70%集中在汛期6～9月，各流域丰水年和枯水年径流量相差6～10倍，连续丰水和连续枯水现象时有发生。干旱缺水、水资源短缺已成为洛阳市社会经济发展的制约因素，属严重缺水地区。地表水多年径流量及径流系数呈递减趋势，地下水资源量主要分布在伊河·洛河等主要河谷盆地及部分黄土台塬区，地理分布极不均匀。同时，水质污染、水环境恶化，已严重影响到饮水安全。

（四）农业生产与社会经济状况

孟津县耕地面积37 780.0 hm^2，其中灌溉面积14 670.0 hm^2，农业人均耕地面积0.095 hm^2。孟津县为全省粮食生产核心区，其中高产田13 946.0 hm^2。多年平均降水量650.2 mm，光热资源充裕，可满足多种农作物生长的需要，夏季高温多雨，对农作物生长极为有利，但全年降水量不多，加上降水时空分布不均，常有干旱发生，十年九旱是限制种植业发展的最大障碍。2005年全县农作物总播种面积60 653.3 hm^2，粮食作物48 920.0 hm^2，产量20.85万t。其中，夏粮25 400.0 hm^2，产量11.13万t；秋粮23 520.0 hm^2，产量9.72万t；蔬菜4333.3 hm^2，产量13.5万t；油料4266.7 hm^2。农业总产值18.8亿元，农民人均纯收入2990元。农业生产区位优势明显，农业产业化格局已初步形成。

孟津县辖10个镇（乡）226个行政村。2005年末总人口为45.2万人，其中，农业人口39.6万人，非农业人口5.6万人。人口自然增长率为4.65‰。2005年全县实现生产总值45.96亿元，全年实现农林牧渔业总产值14.24亿元，全年实现工业总产值56.66亿元，完成工业增加值17.95亿元，完成工业固定资产投资8.95亿元，完成全社会固定资产投资19.08亿元。城镇居民可支配收入6867元，城镇居民人均消费支出4901元，农民人均纯收入2565元，农民人均消费支出2211元。

（五）示范区所在地的代表性

示范区所在地的孟津县地处河南省西部黄土丘陵区，其气候特点、水资源条件、土壤及农业生产状况与河南省半干旱区类似，差异不大，因此，示范区所在地能反映河南省半干旱区的基本情况，具有很好的代表性。

第二节　总体发展思路、目标和主要技术内容

一、总体发展思路

河南半干旱区节水农业的总体发展思路是：以优质小麦、玉米等主要粮食作物为研究对象，以降低粮食生产用水综合成本、提高综合用水效益为目标，以提高自然降水利用率和水分利用效率为中心，根据水、土、光、热等资源条件，合理配置水资源，种植结构调整与产业化发展整体配套，提高节水农业水平。为解决河南半干旱区的农业水资源紧缺问题，采取节流与开源相结合、工程措施与管理措施相结合、渠系节水措施与田间节水措施相结合、水利工程措施与农艺措施相结合的综合节水措施体系，进一步深化

研究小麦、玉米等主要粮食作物的生物节水技术、高效节水灌溉技术、农艺节水技术、用水管理技术等综合农业节水技术，并进行优化组装、集成与配套，提出适合河南半干旱区主要粮食作物的优质高效综合节水技术体系，建立相应的技术模式与规程，并进行示范与推广。

二、研究目标

针对河南半干旱区的主要粮食作物农业节水中存在的问题，重点研究小麦、玉米、大豆的节水高效灌溉制度，高效节水型种植制度与种植模式，小麦-玉米连作适宜灌溉方式与配套实施技术；在鉴定筛选与应用抗旱节水小麦、玉米新品种的基础上，集成水肥耦合高效利用技术、非充分灌溉技术以及高效管理节水技术等，探索作物高效生产大面积应用农业节水技术的水价政策、产权制度改革等管理体制与运行机制，形成具有明显区域特色的粮食作物高效生产综合节水技术体系，建立相应的技术模式与规程。通过研究和示范，建立小麦、玉米等主要粮食作物高效生产综合节水技术集中连片示范区5000亩，核心示范区1000亩，核心示范区农业用水综合成本降低10%以上，灌溉水利用率提高15%，作物水分利用效率提高0.3 kg/m^3；技术辐射面积5万亩，灌溉水利用率提高10%，作物水分利用效率提高0.2 kg/m^3；提出河南半干旱区小麦-玉米（大豆）连作综合节水技术体系，制定出高效用水技术模式集成与操作规程，建立技术模式与规程2或3套，并通过大面积的示范推广应用实现不同节水灌溉方式与种植结构模式、农艺技术措施的有机结合，促进旱区水资源的高效利用与粮食生产的持续性发展。

三、主要技术内容

（1）小麦、玉米节水高效灌溉制度研究。重点研究不同种植模式及不同灌溉方式下小麦、玉米的耗水量与耗水规律，水分亏缺的诊断指标，不同生育期干旱对作物生长发育、产量和品质的影响，建立作物水分生产函数模型，确定节水高效优质适宜的灌溉控制指标与灌溉制度。

（2）高效节水型种植模式研究。在选用节水优质小麦、玉米等品种的基础上，探索不同灌溉方式下小麦、玉米和大豆等粮食作物的种植方式，以及光热资源、降雨、灌溉水的利用效率，提出适宜于研究区域的高效节水型种植制度与种植模式。

（3）小麦-玉米连作适宜灌溉方式与配套实施技术研究。在小麦-玉米（大豆）连作一体化种植的基础上，主要研究不同种植模式的适宜灌溉方式，探索不同灌溉方式的灌水量、灌水时间以及实施办法，提出适宜的灌溉方式与配套技术。

（4）农艺节水关键技术研究。研究不同灌溉方式下与种植制度、灌溉制度、覆盖技术等相匹配的农艺技术措施，建立与灌溉方式、农艺技术相结合的高效技术集成模式，并提出技术标准与操作规程。

（5）区域作物高效用水管理体制与运行机制研究。研制河南半干旱区节水增产高效灌溉专家系统，探索促进农业节水技术进步的水价政策、农业高效用水管理模式及技术服务体系，提出高效用水管理体制与运行机制。

（6）小麦、玉米综合节水技术集成与示范。将上述研究提出的各项节水技术在示范基地进行组装配套，在洛阳孟津建立集中连片示范区5000亩，核心示范基地1000亩。通过集成，提出河南半干旱区小麦-玉米（大豆）连作综合节水技术体系，建立技术模式与规程3套，培训农民2000人次以上，在洛阳、新乡、焦作辐射推广5万亩。

第三节　农业高效用水技术研究

一、节水高效灌溉制度与精量灌溉指标体系

（一）主要农作物的耗水量与耗水规律

1. 冬小麦的耗水量与耗水规律

表7-2给出了不同生育期干旱处理条件下冬小麦各生育期的耗水量。冬小麦的耗水量和耗水规律受干旱时期的影响较大，任何生育阶段受旱都会造成该阶段耗水量的减少，受旱越严重，耗水量越少，并对以后阶段产生一定的后效影响，从而造成全生长期耗水量的降低，抽穗—灌浆期重旱的耗水量最低，拔节—抽穗期干旱与抽穗—灌浆期干旱处理的耗水量差异不大，适宜水分处理的阶段耗水量和全期耗水量最高。

表7-2　不同生育期干旱处理下的冬小麦耗水量

处理	阶段耗水量/mm						全生育期/mm
	播种—越冬	越冬—返青	返青—拔节	拔节—抽穗	抽穗—灌浆	灌浆—成熟	
适宜水分	89.40	25.24	33.84	135.07	57.68	119.20	460.43
播种—拔节期轻旱	83.33	22.05	28.68	127.08	55.73	112.17	429.03
播种—拔节期重旱	82.51	19.31	26.39	113.52	54.26	121.20	417.19
拔节—抽穗期轻旱	86.01	20.87	30.20	105.43	52.10	60.70	355.31
拔节—抽穗期重旱	90.31	20.47	31.95	97.14	50.37	58.21	348.45
抽穗—灌浆期轻旱	80.13	21.68	29.33	124.11	43.28	71.33	369.86
抽穗—灌浆期重旱	87.06	21.70	30.46	128.53	35.17	39.60	342.52
灌浆—成熟期轻旱	76.32	24.20	32.56	132.06	54.34	51.92	371.40
灌浆—成熟期重旱	84.36	22.81	33.94	133.83	52.41	33.05	360.40

从日耗水量变化过程线（图7-2）来看，冬小麦播种出苗以后，其日耗水量呈逐渐增加的过程，然后随着气温的降低其日耗水量逐渐减少，到越冬—返青期达到最低值，返青以后，随着气温的升高、植株的快速生长，日耗水量逐渐增加，到抽穗—灌浆期达到最大值，此后，随着叶面积的下降，日耗水量逐渐降低；不同生育时期的干旱同样造成该阶段日耗水量的降低，受旱程度越重，日耗水量越少；在冬小麦生长的前期（拔节以前），各处理的日耗水量差异不大，拔节期以后，各处理间的差异逐渐变大，到抽穗—灌浆期差异达到最大。

表7-3给出了不同灌水次数下冬小麦各生育期的耗水量。冬小麦的阶段耗水量和全期耗水量随着灌水次数的减少均呈现减少的趋势。灌3水的耗水量最高，为

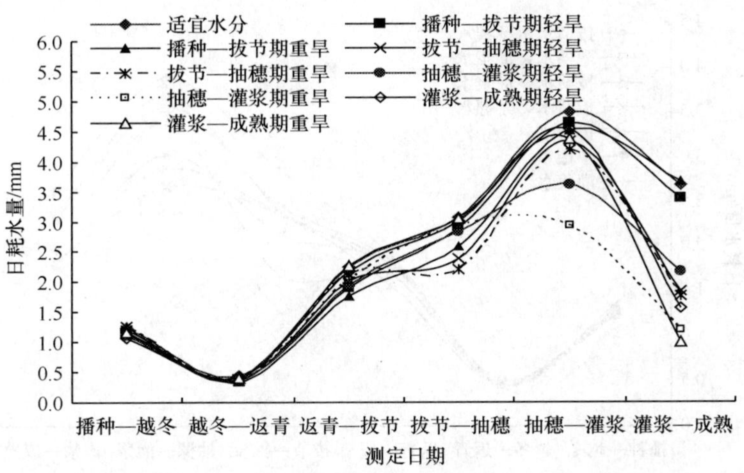

图 7-2　不同生育期干旱处理下冬小麦的日耗水量变化过程线

394.67 mm；在灌 1 水的处理中，其耗水量依次为：拔节水>孕穗水>灌浆水；在灌 2 水的处理中，灌水时期早的耗水量高，其耗水量由大到小的顺序为：拔节、孕穗水>拔节、灌浆水>孕穗、灌浆水。不同灌水次数处理的日耗水量变化规律与不同生育期干旱处理的相似，任何一个生育阶段不灌水均会导致该阶段冬小麦日耗水量的降低，并对以后阶段的日耗水量产生一定的后效影响（图 7-3）。

表 7-3　不同灌水次数处理下的冬小麦耗水量

处理	阶段耗水量/mm						全生育期/mm
	播种—越冬	越冬—返青	返青—拔节	拔节—抽穗	抽穗—灌浆	灌浆—成熟	
拔节水、孕穗水、灌浆水	78.51	33.31	30.49	114.74	58.32	79.30	394.67
孕穗水、灌浆水	77.52	33.10	28.81	96.21	55.32	70.54	361.50
拔节水、灌浆水	75.21	30.42	29.54	98.21	53.45	69.43	356.26
拔节水、孕穗水	81.20	28.93	27.51	95.21	43.21	58.43	334.49
拔节水	76.65	29.32	25.12	94.11	40.21	55.43	320.84
孕穗水	73.61	30.32	28.81	85.32	45.32	53.45	316.83
灌浆水	77.59	29.44	27.11	67.34	50.32	60.56	312.36

2. 夏玉米的耗水量与耗水规律

夏玉米耗水量多少亦受干旱时期和干旱程度的影响，适宜水分处理的最高，为 384.08 mm，全生育期连续轻旱的最低，256.11 mm，从不同生育期干旱来看，拔节期重旱处理的耗水量最低，为 258.09 mm；任一生育阶段，干旱越重，其阶段耗水量和全期耗水量越少（表 7-4）。不同处理日耗水量的变化趋势均为播种出苗后逐渐增加，到抽雄一灌浆期达到高峰，随后逐渐降低；任何生育阶段受旱，其日耗水量均随干旱程度的加重而降低（图 7-4）。

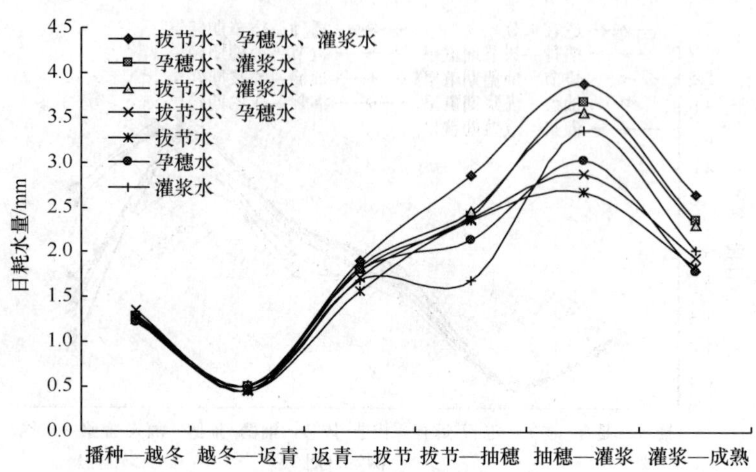

图 7-3　不同灌水次数处理下冬小麦的日耗水量变化过程线

表 7-4　不同生育期干旱处理下夏玉米的耗水量

处理	阶段耗水量/mm				全生长期/mm
	播种—拔节	拔节—抽雄	抽雄—灌浆	灌浆—成熟	
适宜水分	112.34	92.13	65.28	114.33	384.08
苗期轻旱	96.40	80.39	53.14	89.87	319.80
苗期重旱	60.81	72.65	50.62	74.01	258.09
拔节期轻旱	113.86	71.40	45.09	61.92	292.27
拔节期重旱	111.82	62.46	44.33	61.19	279.80
抽雄期轻旱	110.05	88.36	46.54	84.05	329.00
抽雄期重旱	109.69	84.43	33.59	64.10	291.81
灌浆期轻旱	107.60	88.03	60.70	64.55	320.88
灌浆期重旱	110.74	87.83	56.75	54.65	309.97
全生育期轻旱	93.91	64.83	45.59	51.78	256.11

表 7-5 给出了不同灌水次数下夏玉米各生育期的耗水量。夏玉米的阶段耗水量和全期耗水量随着灌水次数的减少亦呈减少的趋势，灌 4 水的耗水量最高，为 378.93 mm，苗期、灌浆 2 水处理的最低，为 239.34 mm；灌 3 水处理的耗水量为 278.62～315.66 mm，同样是灌 3 水，灌水定额相同、灌水时期组合不同都会造成耗水量出现较大的差异，凡是在 3 个连续生育阶段灌水的处理（拔节、抽雄、灌浆 3 水，苗期、拔节、抽雄 3 水）耗水量均最高，中间出现哪个生育阶段不灌水，就会造成耗水量的降低，如苗期、抽雄、灌浆 3 水和苗期、拔节、灌浆 3 水处理，其中灌水时期早的耗水量就大些。在灌 2 水的处理中，只要两个连续的生育阶段不灌水，就会造成其耗水量降低，如苗期、灌浆 2 水的处理。不同灌水次数处理的日耗水量变化规律与不同生育期干

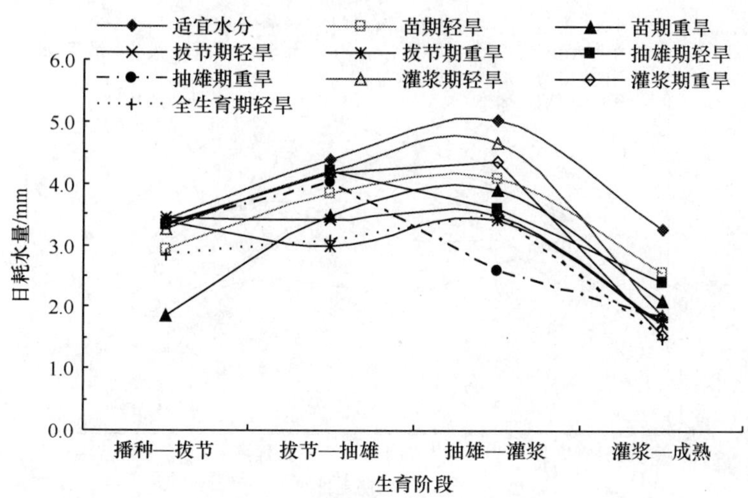

图 7-4　不同生育期干旱处理下夏玉米的日耗水变化过程线

旱处理的相似，任何一个生育阶段不灌水均会导致该阶段日耗水量的降低，并对以后阶段的日耗水产生一定的后效影响，苗期、灌浆 2 水处理的日耗水量最低，灌 4 水处理的最高（图 7-5）。

表 7-5　不同灌水次数处理下夏玉米的耗水量

处理	阶段耗水量/mm				全生长期/mm
	播种—拔节	拔节—抽雄	抽雄—灌浆	灌浆—成熟	
苗期、拔节、抽雄、灌浆 4 水	113.01	93.92	64.01	107.99	378.93
拔节、抽雄、灌浆 3 水	84.89	85.56	58.65	86.56	315.66
苗期、抽雄、灌浆 3 水	100.65	60.48	45.07	72.42	278.62
苗期、拔节、灌浆 3 水	106.55	87.76	43.81	61.74	299.86
苗期、拔节、抽雄 3 水	108.35	86.59	60.36	59.08	314.38
苗期、拔节 2 水	106.64	94.82	36.83	46.40	284.69
苗期、抽雄 2 水	104.76	63.38	46.83	77.62	292.59
苗期、灌浆 2 水	107.70	46.73	31.13	53.79	239.35

（二）冬小麦和夏玉米作物需水量的计算

目前已有多种方法可用于估算作物需水量，概括起来有两类：一是直接计算法，如 Jensen-Haise 法、A 类蒸发皿法、Blaney-Criddle 法、Hargreares 法等；另一类是通过参考作物需水量 ET_0与作物系数 K_c计算的方法。直接计算作物需水量的方法均为经验公式，采用气象因子与作物需水量的经验关系进行计算。由于经验公式有较强的区域局限性，其应用范围受到很大的限制。目前，国际上较通用的是利用参考作物需水量计算作物各阶段需水量的方法。

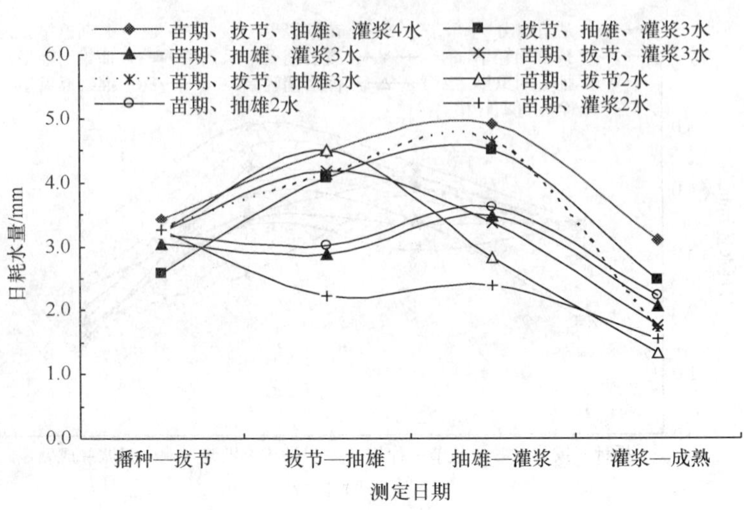

图 7-5　不同灌水次数处理下夏玉米的日耗水量变化过程线

1. 参考作物需水量

目前有许多种方法可用于计算参考作物的蒸散量，如 Penman 法、辐射法、温度法、蒸发皿法、Penman-Monteith 法、Blaney-Criddle 法等。选用哪种方法主要取决于可利用的气象资料的种类、精度、时期长度和一年内蒸散的自然模式以及蒸散估算值的用途。相关研究表明，采用 FAO 最新修正并推荐的 Penman-Monteith 公式估算 ET_0 可取得较为理想的结果。

孟津县属于北亚热带向暖温带过渡的气候带，处于半干旱半湿润地区，近十年平均降水量 647 mm，平均气温 14.5℃，平均日照时数 5.6 h。根据多年气象资料计算得出孟津县多年平均 ET_0 为 3.24 mm/d，逐旬 ET_0 值见表 7-6。

表 7-6　2000～2009 年孟津县逐旬 ET_0 值　　(单位：mm)

月	旬	2000 年	2001 年	2002 年	2003 年	2004 年	2005 年	2006 年	2007 年	2008 年	2009 年
1 月	上旬	11.9	11.2	25.2	13.1	18.7	11.5	9.5	11.2	17.5	14.6
	中旬	7.0	7.3	12.7	18.8	12.6	13.7	14.1	14.2	8.5	17.6
	下旬	9.7	7.3	17.9	18.9	19.4	14.4	8.4	24.5	7.5	25.8
2 月	上旬	14.7	11.3	24.3	18.1	26.6	16.2	10.3	25.3	13.0	11.7
	中旬	17.4	13.9	25.7	13.1	36.5	8.5	20.6	21.1	18.6	18.5
	下旬	20.7	12.1	18.0	10.8	24.4	16.5	20.7	17.8	21.6	12.9
3 月	上旬	30.6	31.9	22.4	18.6	33.1	31.4	23.0	16.1	35.6	16.1
	中旬	32.9	33.9	32.6	18.1	36.7	32.4	33.7	19.9	37.9	37.8
	下旬	58.9	48.4	38.9	37.9	25.8	34.7	48.3	42.2	45.7	36.0

续表

月	旬	2000年	2001年	2002年	2003年	2004年	2005年	2006年	2007年	2008年	2009年
4月	上旬	38.0	32.2	44.7	31.6	47.8	42.2	41.3	45.3	31.4	35.4
	中旬	50.7	43.1	50.5	46.2	53.4	44.7	37.6	42.4	30.3	38.3
	下旬	63.8	38.1	33.6	34.9	51.8	57.6	46.5	58.6	41.4	40.4
5月	上旬	65.4	50.0	24.8	46.3	49.2	58.2	49.7	64.4	50.9	53.3
	中旬	65.8	61.7	33.7	37.3	57.1	38.5	48.7	73.7	48.2	32.9
	下旬	72.1	76.4	56.0	56.3	66.6	51.8	54.6	69.3	55.6	46.4
6月	上旬	57.6	62.2	70.9	57.1	49.5	55.1	65.6	48.9	60.4	58.8
	中旬	64.7	50.3	67.8	64.9	52.4	62.1	76.8	48.8	37.0	59.7
	下旬	46.4	55.9	39.5	49.4	59.1	61.7	53.1	44.9	42.0	67.7
7月	上旬	39.3	55.9	41.1	36.5	64.0	33.2	40.8	43.0	40.9	57.0
	中旬	39.5	63.2	66.1	33.6	39.2	42.5	40.8	39.3	36.1	32.8
	下旬	52.2	31.4	45.2	49.6	43.0	37.4	38.9	32.3	38.5	39.1
8月	上旬	30.6	40.5	48.2	34.5	37.7	41.9	41.1	30.2	38.2	29.3
	中旬	42.2	38.9	36.4	25.5	28.6	44.9	46.3	44.8	36.1	47.2
	下旬	47.5	45.2	46.8	32.9	35.1	37.2	34.2	40.1	49.5	35.4
9月	上旬	33.5	37.7	51.5	23.5	36.4	41.5	31.5	30.4	39.8	25.3
	中旬	38.2	38.2	32.8	33.2	37.9	36.2	35.9	39.1	32.3	21.0
	下旬	22.0	28.0	38.1	31.1	29.0	20.9	29.4	36.7	19.9	26.2
10月	上旬	23.3	30.0	51.6	13.9	31.1	20.1	29.9	14.7	24.0	29.8
	中旬	17.9	22.3	42.2	24.1	28.9	30.2	31.9	22.0	29.7	27.2
	下旬	13.3	24.5	17.8	38.3	26.6	24.7	27.8	29.7	28.2	33.8
11月	上旬	22.4	21.2	26.7	27.9	27.3	24.5	37.0	24.9	27.1	27.0
	中旬	9.9	20.7	22.6	12.7	16.8	20.5	24.6	17.4	14.6	10.0
	下旬	12.4	20.4	13.5	9.8	18.2	24.5	10.6	24.0	23.0	13.4
12月	上旬	12.9	9.9	11.9	8.2	17.3	22.1	11.2	14.3	26.0	13.8
	中旬	11.0	8.2	7.0	10.8	12.0	18.1	19.0	12.1	19.5	10.7
	下旬	17.7	14.4	7.1	21.4	6.8	22.8	13.8	11.1	20.8	18.6

2. 作物系数

作物系数受土壤、气候、作物生长状况和管理措施等诸多因素影响，因此确定作物系数的主要方法是通过当地的田间试验，在能够控制或监测进出水量的试验小区内实测某种作物在水分适宜条件下的腾发量，从而反求作物系数。选用平水年条件下的 ET_0 值，根据在适宜水分条件下的实测需水量资料计算得到的冬小麦和夏玉米的作物系数见表 7-7 和表 7-8。如果没有实测需水量资料，可根据表 7-7 和表 7-8 中的作物系数以及 ET_0 计算作物需水量。

表 7-7　冬小麦各生育阶段的作物系数

生育阶段	播种—越冬	越冬—返青	返青—拔节	拔节—抽穗	抽穗—灌浆	灌浆—成熟	全生育期
ET_0/mm	194.35	76.48	36.10	111.63	50.16	132.44	601.16
ET_c/mm	89.40	25.24	33.84	135.07	57.68	119.20	460.43
K_c	0.46	0.33	0.94	1.21	1.15	0.90	0.77

表 7-8　夏玉米各生育阶段的作物系数

项目	生育阶段				全生育期
	播种—拔节	拔节—抽雄	抽雄—灌浆	灌浆—成熟	
ET_0/mm	234.04	88.59	45.02	108.89	476.54
ET_c/mm	112.34	92.13	65.28	114.33	384.08
K_c	0.48	1.04	1.45	1.05	0.81

（三）作物水分生产函数

作物水分生产函数是农田水分管理研究中的重要内容之一，用以描述农田水分供应量与作物产量间的关系或者水分消耗量与作物产量间的关系。它是确定非充分灌溉定额最重要的依据。根据防雨棚下的测坑试验建立了不同作物产量与全生育期耗水量之间的关系以及作物产量与分生育期耗水量之间的关系。

1. 作物产量与全生育期耗水量之间的关系

冬小麦的产量（Y）与耗水量（ET）有着良好的二次曲线关系（图 7-6），其关系式为

$$Y = -0.0565\mathrm{ET}^2 + 48.594\mathrm{ET} - 3002.9 \quad (R = 0.9563) \tag{7-1}$$

式中，Y 为产量（kg/hm^2）；ET 为耗水量（mm）。

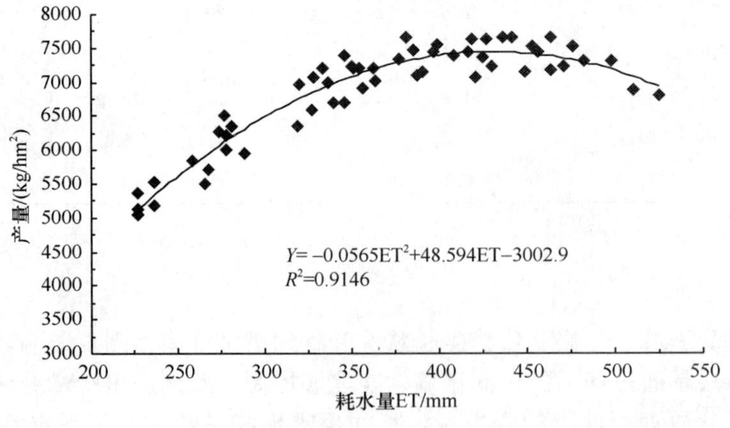

图 7-6　冬小麦产量与耗水量的关系

冬小麦的产量均随着耗水量的增大逐渐增加，当耗水量达到 430.0 mm 时，产量达

到最大值，此后耗水量再增加，产量呈现降低的趋势；由式（7-1）计算出的经济耗水量为 230.54 mm。

夏玉米产量与耗水量（ET）亦有着良好的二次曲线关系（图 7-7），其关系式为

$$Y = -0.1026\mathrm{ET}^2 + 86.308\mathrm{ET} - 9937.8 \quad (R = 0.8531) \tag{7-2}$$

式中，Y 为产量（kg/hm²）；ET 为耗水量（mm）。

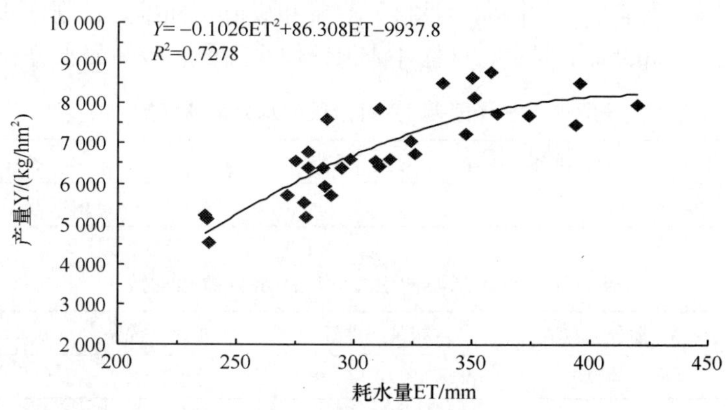

图 7-7　夏玉米产量与耗水量的关系

夏玉米的产量随着耗水量的增大逐渐增加，当耗水量达到 420.6 mm 时，产量达到最大值，此后耗水量再增加，产量出现降低的趋势。由式（7-2）计算出的经济耗水量为 311.2 mm，此后耗水量再增加，水分利用效率出现逐渐降低的趋势。因此，夏玉米节水高产的非充分灌溉耗水量应为 311.2～420.6 mm。

2. 分生育阶段水分生产函数与缺水敏感指数

反映产量与阶段耗水量关系的方法有两种：一种是在确保作物其他阶段需水量基本得到满足的条件下，仅就产量与某一阶段耗水量的关系进行分析，用产量系数 K_y 反映相对产量下降数（$1-Y_i/Y_m$）与相对耗水量亏缺（$1-\mathrm{ET}_i/\mathrm{ET}_m$）之间的关系。第二种方法是建立作物相对产量与生育期各阶段相对耗水量之间的某种函数关系。在这方面，国内外已有较多的研究，模型的形式也很多。归纳起来，大致可分为相加模型和相乘模型两类。从两类模型的形式上来看，相加模型考虑了各生育阶段耗水量对产量的影响，比用单一阶段模型分析更进了一步，但它孤立了各生育阶段出现的水分亏缺对产量的影响，认为它们是相互独立的，所以一旦出现某一阶段因缺水而致作物死亡、产量为零的极端情况，相加模型的结果就会与此产生矛盾。而相乘模型，不仅可表示出不同阶段缺水时对产量影响的不同，而且可表示出各阶段缺水不是孤立的，而是互相联系地影响最终产量这一客观现象，尤其是能利用非严格控制条件下的灌溉试验资料，用一般的回归分析统计法求出模型参数，故有求解与应用方便的双重优点。在相乘模型中，最为著名是 1968 年由 Jensen 提出的模型，其模型形式如下：

$$\frac{Y_k}{Y_m} = \prod_{i=1}^{n}\left(\frac{\mathrm{ET}_{ci}}{\mathrm{ET}_{cmi}}\right)^{\lambda_i} \tag{7-3}$$

式中，Y_k 和 Y_m 分别为非充分供水和充分供水条件下的作物产量（kg/hm²）；ET_i 和

ET_{mi}分别为与Y_k和Y_m相对应的阶段耗水量（mm），$i=1$，2，…，n；n为划分的作物生育阶段数；λ_i为作物第i阶段的缺水敏感指数。

λ_i反映了作物第i阶段因缺水而影响产量的敏感程度。λ_i愈大，表示该阶段缺水对作物的影响愈大，产量降低的也就愈多，反之亦然。根据试验资料，分析得出冬小麦和夏玉米不同生育阶段的敏感指数见表7-9和表7-10。由此可见，冬小麦的需水关键期为抽穗—灌浆和拔节—抽穗，夏玉米的关键期为抽雄—灌浆和拔节—抽雄，在制订非充分灌溉制度时，一定要考虑关键期的需水要求，这样才能保证作物高产和较高的水分利用效率。

表7-9　冬小麦不同生育阶段的水分敏感指数

生育阶段	播种—越冬	越冬—返青	返青—拔节	拔节—抽穗	抽穗—灌浆	灌浆—成熟
λ_i	0.1092	0.0492	0.1235	0.2471	0.2637	0.1807

表7-10　夏玉米不同生育阶段的水分敏感指数

生育阶段	播种—拔节	拔节—抽雄	抽雄—灌浆	灌浆—成熟
λ_i	0.1207	0.2705	0.3082	0.2518

3. 作物的水分利用效率

不同生育时期的干旱对冬小麦水分利用效率的影响程度也不一样（表7-11），以拔节—抽穗期轻旱的WUE最高，为1.860 kg/m³，比适宜水分处理提高21.25%，抽穗—灌浆期干旱的次之，灌浆成熟期重旱的最低，为1.495 kg/m³，拔节期开始后干旱的耗水量都会减少19.32%～25.61%，差异不大，但由于不同时期干旱的产量差异大，因而其WUE有着较大差异（−2.3%～21.25%）；拔节—灌浆期干旱的WUE很高，这是牺牲产量获得的，在生产中不能采用此种水分管理方式，从获得较高产量和提高一定的WUE而言，应采用前期适当控水的方式，即在拔节期以前采取轻旱的农田水分管理方式。

表7-11　不同生育期干旱处理下冬小麦的水分利用效率

处理	产量/(kg/hm²)	耗水量/(m³/hm²)	耗水减少/%	WUE/(kg/m³)	ΔWUE/%
适宜水分	7062.50	4603.6	0	1.534	0
播种—拔节期轻旱	6794.17	4290.3	6.81	1.584	3.30
播种—拔节期重旱	6554.17	4172.0	9.37	1.571	2.41
拔节—抽穗期轻旱	6607.50	3552.6	22.83	1.860	21.25
拔节—抽穗期重旱	6187.50	3484.5	24.31	1.776	15.78
抽穗—灌浆期轻旱	6381.25	3698.6	19.66	1.725	12.45
抽穗—灌浆期重旱	6050.00	3424.7	25.61	1.767	15.19
灌浆—成熟期轻旱	6231.25	3714.3	19.32	1.678	9.39
灌浆—成熟期重旱	5387.50	3604.2	21.71	1.495	−2.54

随着灌水次数的减少，耗水量呈减少趋势，WUE呈增加趋势；以灌3水的WUE最低，为1.66 kg/m³，灌1水的最高，为1.918 kg/m³，比灌3水的提高15.54%；在

灌水次数相同时，因灌水时期分布的差异，也造成 WUE 的差异，灌 2 水处理的以孕穗水、灌浆水的 WUE 最高，拔节水、孕穗水的次之，拔节水、灌浆水的最低。从产量、节水和提高 WUE 的效果来看，采用拔节水、孕穗水的组合最好，减产 6.44%，节水 14.28%，WUE 提高 9.16%（表 7-12）。

表 7-12　冬小麦不同灌水次数处理下的水分利用效率

灌水时期	产量/(kg/hm^2)	耗水量/(m^3/hm^2)	耗水减少/%	WUE/(kg/m^3)	ΔWUE/%
拔节水、孕穗水、灌浆水	6700.00	4035.6	0	1.660	0
孕穗水、灌浆水	6012.50	3232.5	−19.90	1.860	12.05
拔节水、灌浆水	5696.88	3426.9	−15.08	1.662	0.12
拔节水、孕穗水	6268.75	3459.5	−14.28	1.812	9.16
孕穗水	5402.50	2816.2	−30.22	1.918	15.54

由表 7-13 可知，夏玉米拔节期轻旱处理的 WUE 最高，比适宜水分处理提高 11.44%，其次是苗期重旱的处理，抽雄期重旱的处理 WUE 最低，适宜水分处理的居中。可见在夏玉米的苗期适当地进行水分胁迫可以提高水分利用效率（8.25%），产量减少 9.88%，节水 16.73%。从灌水次数对夏玉米水分利用效率（表 7-14）的影响可知，随着灌水次数的减少，WUE 有由增加到减少的趋势，而产量和耗水量呈降低趋势，灌 4 水的产量最高，WUE 居中，为 2.143 kg/m^3，苗期、抽雄、灌浆 3 水处理的 WUE 最高，为 2.695 kg/m^3，比灌 4 水的提高 25.76%；灌 4 水的 WUE 与苗期、拔节、灌浆 3 水的相当；在灌 3 水的处理中，耗水量的减少率为 16.7%～26.47%，WUE 的增加率为 1.45%～25.76%，其中以灌抽雄水的 WUE 高，不灌抽雄水的最低，WUE 的变化率是耗水量的 2 倍多，可见产量变化大是影响 WUE 变化的主要原因；灌 2 水处理中以苗期、拔节 2 水的 WUE 最低，为 1.769 kg/m^3，比灌 4 水的减少 17.45%，以苗期、抽雄 2 水的最高，为 2.222 kg/m^3，比灌 4 水的增加 3.69%。不论从产量还是从 WUE 来看，灌抽雄水比拔节水和灌浆水重要。

表 7-13　不同生育期干旱处理下夏玉米的水分利用效率

处理	适宜水分	苗期轻旱	苗期重旱	拔节期轻旱	拔节期重旱	抽雄期轻旱	抽雄期重旱	灌浆期轻旱	灌浆期重旱	全生育期轻旱
产量/(kg/hm^2)	7590.0	6840.0	5535.0	6435.0	5360.0	6350.0	5110.0	6455.0	5885.8	5460.0
耗水量/(m^3/hm^2)	3840.6	3198.0	2580.9	2922.7	2798.0	3290.0	2918.1	3208.7	3099.6	2561.1
耗水减少/%	0	16.73	32.80	23.90	27.15	14.34	24.02	16.45	19.29	33.32
WUE/(kg/m^3)	1.976	2.139	2.145	2.202	1.916	1.930	1.751	2.012	1.899	2.132
ΔWUE/%	0	8.25	8.56	11.44	−3.04	−2.33	−11.39	1.82	−3.90	7.89

表 7-14　不同灌水次数处理下夏玉米的水分利用效率

灌水时期	产量/(kg/hm²)	耗水量/(m³/hm²)	耗水减少/%	WUE/(kg/m³)	ΔWUE/%
苗期、拔节、抽雄、灌浆 4 水	8120.0	3789.27	0	2.143	0.00
拔节、抽雄、灌浆 3 水	7480.0	3156.65	16.70	2.370	10.59
苗期、抽雄、灌浆 3 水	7510.0	2786.13	26.47	2.695	25.76
苗期、拔节、灌浆 3 水	6520.0	2998.63	20.87	2.174	1.45
苗期、拔节、抽雄 3 水	7565.0	3143.85	17.03	2.406	12.27
苗期、拔节 2 水	5035.0	2846.82	24.87	1.769	−17.45
苗期、抽雄 2 水	6500.0	2925.90	22.78	2.222	3.69
苗期、灌浆 2 水	4435.0	2393.44	36.84	1.853	−13.53

（四）非充分灌溉条件下作物需水指标

作物的产量在一定的范围内随着耗水量的增加而增加，当达到一定程度时，再增加耗水会导致产量的降低；在作物的生长前期适当的控制供水不会造成产量的显著下降，反而有利于水分利用效率的提高。综合分析作物生长性状和产量与作物生长过程中需水量、生理特性的关系，提出了节水灌溉条件下作物需水指标（表 7-15，表 7-16）。作物的需水指标并不是一个固定值，它随种植年份的气象条件、作物品种以及栽培管理水平的变化而存在一定的差异。

表 7-15　冬小麦节水灌溉条件下的需水指标

控制指标	苗期	出苗—越冬	返青—拔节	拔节—抽穗	抽穗—灌浆	灌浆—成熟	全生长期
需水量/mm	83.4	22.1	31.7	127.1	55.7	112.2	432.2
需水模系数/%	19.30	5.11	7.33	29.41	12.89	25.96	
土壤水分下限/%（占田间持水量的比例）	60～70	55～60	60～65	60～65	65～70	55～60	
计划层深度/cm	40	40	40	60	80	80	

表 7-16　夏玉米节水灌溉条件下的需水指标

控制指标	播种—出苗	出苗—拔节	拔节—抽雄	抽雄—灌浆	灌浆—成熟	全生长期
需水量/mm	34.2	68.1	92.1	65.4	104.3	364.1
需水模系数/%	9.39	18.70	25.30	17.96	28.65	
土壤水分下限/%（占田间持水量的比例）	70～75	60～65	65～70	70～75	60～65	
计划层深度/cm	40	40	60	80	80	

（五）非充分灌溉制度

根据前面的分析确定了不同冬小麦和夏玉米产量最高时的耗水量以及水分利用效率最高时的耗水量。作物需要灌溉的水量为非充分灌溉时的耗水量与生育期内有效降水量的差值。要获得高产，就要充分满足作物的需水要求，但这在水资源相对充足的条件下才能满足，如果遇到连年干旱，或者当地的水资源量有限，可供调用的水量就可能满足不了农业灌溉水量的需求。这种情况下，不可能按作物的需求供水，而只能根据当地各个时期可供水量和需要灌溉的作物面积分配水量进行灌溉，即实施非充分灌溉。在非充分灌溉条件下，作物的减产程度随着不同作物及作物不同生育阶段的缺水程度而异，水分亏缺历时越长，程度越严重，对作物产量的影响就越大。因此，研究限额供水的灌溉制度问题，就是要根据作物产量与各阶段耗水量的关系，在弄清作物在不同生长时期缺水减产程度的基础上，对可供水量进行最合理的分配，最终达到单位水量产值最大或区域总产量最大的目标。在这种情况下，遵循的一条主要原则就是要灌好作物增产的关键水。

由于采用动态规划方法，可按时间顺序将某种作物的整个生育期划分为若干个阶段，把作物灌溉制度的优化设计过程看作是一个多阶段决策过程，认为各阶段决策所组成的最优策略可使整个过程的整体效果达到最优。因此，研究时根据前述产量与阶段耗水量的关系（Jenson 模型），利用动态规划法对冬小麦和夏玉米的最优灌溉制度进行了分析，结果见表 7-17 和表 7-18。根据表 7-17 和表 7-18 把灌溉定额分配到不同生育时期，具体的灌水时间应根据当时的土壤水分状况而定，当某一生育阶段的土壤水分达到下限指标时，就应对其进行灌水。

表 7-17　不同典型水文年型的冬小麦优化灌溉制度

水文年型	灌溉可用水量/mm	生育阶段与灌水时期灌水量/mm						Y/Y_m
		播种—越冬	越冬—返青	返青—拔节	拔节—抽穗	抽穗—灌浆	灌浆—成熟	
25%	0	0	0	0	0	0	0	0.9103
	60	0	0	0	60	0	0	0.9764
50%	60	0	0	0	60	0	0	0.8245
	120	0	0	60	0	60	0	0.9037
	180	0	60	60	0	60	0	0.9725
75%	60	0	0	0	60	0	0	0.7542
	120	0	0	60	0	60	0	0.8729
	180	0	60	0	60	0	60	0.9571
95%	120	0	0	60	0	60	0	0.7825
	180	0	60	0	60	0	60	0.8756
	240	60	0	60	60	0	60	0.9480

表 7-18　不同典型水文年型的夏玉米优化灌溉制度

水文年型	灌溉可用水量/mm	生育阶段与灌水时期灌水量/mm				
		播种—拔节	拔节—抽雄	抽雄—灌浆	灌浆—成熟	Y/Y_m
	0	0	0	0	0	0.8215
25%	60	0	60	0	0	0.9316
	120	60	60	0	0	0.9582

续表

水文年型	灌溉可用水量/mm	生育阶段与灌水时期灌水量/mm				
		播种—拔节	拔节—抽雄	抽雄—灌浆	灌浆—成熟	Y/Y_m
55%	60	60	0	0	0	0.8938
	120	60	0	60	0	0.9282
	180	60	60	60	0	0.9824
75%	60	60	0	0	0	0.8476
	120	60	0	60	0	0.8803
	180	60	60	60	0	0.9454
95%	60	60	0	0	0	0.8105
	120	60	60	0	0	0.8553
	180	60	60	60	0	0.8702

二、高效节水型种植模式及适宜灌溉方式

(一) 河南半干旱区的高效节水型种植模式

种植模式是指一个地区在特定的自然、社会经济条件下，在同一块土地上，在一季或一年内种植作物的种类及配置的规范化方式。以提高农田周年水分利用效率为目标，选择符合当地气候和土壤条件的节水型、高效型农作物，综合区域粮食安全、农作物增收及产业协调发展等需求，确定区域主导种植模式，既要最大限度地提高作物生长与自然降水的吻合程度，提高自然降水的利用效率，减少灌溉用水量；又要兼顾最大限度地提高有限水资源的生产效率和经济效益，建立高效节水型种植模式。

小麦、玉米是河南省农作物播种面积中分别占第一位和第二位的作物。暖温带冬小麦区以一年二熟为主，麦后复种作物面积最大的是玉米，其次为大豆等，组成了多种复种形式。本研究旨在选用节水优质小麦、玉米、大豆品种，通过对比试验，研究小麦、玉米、大豆等主要粮食作物的光热资源、降雨、灌溉水的利用效率，提出适宜于河南半干旱区的高效节水型种植模式。

1. 小麦-玉米连作

小麦-玉米连作是一种高产、互补效益好的复种形式。黄淮海地区既是小麦高产带，又是玉米适宜的气候带，两种作物都有较好的气候生态适应性。在播期上有较好的互补效应。小麦对播期要求不严格，而夏玉米对播期要求严格，早播增产显著，尤其是生育期长的品种较生育期短的品种增产显著。小麦-玉米组合成两熟形式，能较好地利用全年的热量，水分不足可灌溉补充。种植技术上也有互补性，小麦要求精细播种；施足底肥有利于壮苗，玉米播种要求不那么细，可免耕播种，追肥增产作用大，与麦收季节紧，种麦季节较松相适应。

适宜该区的小麦复种玉米节水高产种植模式：小麦 10 月上旬 20 cm 等行距播种，

小麦选用节水性能好、中早熟、矮秆、抗病、抗寒、优质的高产品种，基本苗 210 万～270 万株/hm^2。小麦收获后 2～3 天内采用等行距或宽窄行（80 cm+40 cm）及时人工或机播玉米，一般必须在 6 月 10 日前播种完毕，玉米选用紧凑型品种，基本苗 52 500～67 500 株/hm^2。田间管理要点：小麦越冬前根据土壤墒情灌好冬水；春季根据麦苗进行分类管理，如底肥充足、麦苗长势良好，可不施肥，不浇水，只进行中耕保墒，到拔节后再灌水追肥。对越冬未形成壮苗的麦田，应适当追肥、浇水，并及时中耕保墒，提高地温，巩固冬前分蘖；早浇灌浆水。麦收后及时条播或穴播玉米，若小麦秸秆全部还田，则在小麦秸秆腐烂过程中，微生物会吸收土壤中的氮，从而与玉米产生争氮现象，因此玉米苗期需补充氮肥，施尿素 75～150 kg/hm^2，培育壮苗。根据天气状况及时浇水。大喇叭口时期，及时追肥，施用尿素 450～600 kg/hm^2。该种植模式可节水 450～600 m^3/hm^2，水分利用效率比传统种植法提高 15%～20%。

2. 小麦大豆连作

大豆的种植方式和密度对大豆高产、稳产影响极大。从表 7-19 中可以看出：不同种植方式、不同密度之间籽粒产量有一定的差异。不同种植方式间产量顺序：宽行＞宽窄行＞窄行。方差分析表明：宽行、宽窄行与窄行之间产量差异显著；18 万～27 万株/hm^2 处理间产量差异未达显著水平，而 12 万株/hm^2、15 万株/hm^2 和 30 万株/hm^2 处理的产量低于 24 万株/hm^2 和 21 万株/hm^2 处理的产量。这说明适宜密度为 18 万～27 万株/hm^2。进一步分析表明：大豆籽粒产量（Y）随密度（X）的增加呈二次抛物线变化趋势，达显著或极显著水平，最佳密度为 22.5 万株/hm^2 左右，对应的产量约为 2996 kg/hm^2。

表 7-19　种植方式和种植密度对大豆产量的影响

种植方式	密度/(万株/hm^2)	籽粒产量/(kg/hm^2)	回归方程	F	最佳密度/(万株/hm^2)
宽行种植(行距 40 cm)	12	2015.2	$Y=-1912.93+423.17X-9.11X^2$ $R^2=0.8653$	24.3588**	23.2
	15	2187.5			
	18	2625.0			
	21	2983.0			
	24	3248.2			
	27	2823.9			
	30	2519.0			
宽窄行(40 cm+20 cm)	12	2015.2	$Y=-1528.29+399.33X-8.96X^2$ $R^2=0.8989$	17.8525*	22.3
	15	2386.4			
	18	2651.6			
	21	3128.8			
	24	2828.3			
	27	2651.6			
	30	2421.8			

续表

种植方式	密度 /(万株/hm²)	籽粒产量 /(kg/hm²)	回归方程	F	最佳密度 /(万株/hm²)
窄行 (20 cm)	12	1969.5			
	15	2326.5			
	18	2344.5			
	21	2464.5	$Y=308.89+191.96X-4.22X^2$ $R^2=0.9241$	24.3588**	22.8
	24	2524.5			
	27	2386.5			
	30	2286.0			

* 在 $P<0.05$ 水平上差异显著；** 在 $P<0.01$ 水平上差异显著。

从表 7-19 中还可看出，对田间配置方式而言，在各种种植密度下，窄行模式的籽粒产量都低于其他两种模式。最佳种植密度以下，宽行模式和宽窄行模式二者无明显差异，而在最佳种植密度以上，宽行模式的产量要稍高于宽窄行。因此，最佳田间配置方式为行距 40 cm，株距 11 cm；或 40 cm＋20 cm 宽窄行种植，株距 14.8 cm。

综上所述，该区生态条件下获得夏大豆最高产量的理论组合为：密度 22.5 万株/hm²，种植方式为 40 cm（行距）×11 cm（株距），其次为（40 cm＋20 cm）（宽窄行）×14.8 cm（株距）。

3. 小麦-玉米大豆间作

玉米与大豆间作组成的复合群体具有较大的生产潜力，有明显的间作优势（表 7-20）。

表 7-20　玉米大豆间作模式

种植方式	种植模式说明
玉米单作	80 cm＋40 cm 宽窄行种植，株距 25 cm，密度为 66 660 株/hm²
大豆单作	行距 0.30 cm，穴距 0.30 cm，每穴 2 株，折合密度 166 665 株/hm²
玉米/大豆 2∶2 间作	玉米大行距为 110 cm，小行距 35 cm，株距 22 cm，折合密度 62 700 株/hm²，在玉米的大行距间种植大豆，玉米与大豆的行距为 40 cm，大豆穴距 30 cm，每穴 2 株，折合密度为 91 950 株/hm²
玉米/大豆 2∶4 间作	玉米大行距为 170 cm，小行距 35 cm，株距 20 cm，折合密度 48 780 株/hm²，在玉米的大行距间种植大豆，玉米与大豆的行距为 40 cm，大豆穴距 30 cm，每穴 2 株，折合密度为 130 080 株/hm²

1）玉米产量

从表 7-21 中可看出，玉米单作时产量最高，达 9573 kg/hm²。随着玉米行距的增加，玉米的实播面积减少，播种密度降低，玉米的产量随之下降。当玉米与大豆的间作比例为 2∶2 和 2∶4 时，玉米产量分别占玉米净种时的 90.8%和 73.0%。在玉米大行距增大时，虽然玉米小行距和株距缩小，相应地增加了玉米的密度，但由于实播面积减少，边际效应带来的增产效果和增加的株数仍不足以弥补大豆占用面积所造成的产量损失。

表 7-21　不同种植方式下玉米和大豆的产量　（单位：kg/hm²）

种植方式	Ⅰ		Ⅱ		Ⅲ		平均		总产量
	玉米	大豆	玉米	大豆	玉米	大豆	玉米	大豆	
玉米单作	9 330	—	9 810	—	9 580	—	9 573	—	9 573
大豆单作	—	2 530	—	2 440	—	2 340	—	2 437	2 437
玉米/大豆 2∶2 间作	8 469	1 483	8 901	1 368	8 701	1 434	8 690	1 428	10 118
玉米/大豆 2∶4 间作	6 936	1 899	7 120	1 828	6 913	1 980	6 990	1 902	8 892

2）大豆产量

大豆产量的变化趋势与玉米相同。从表 7-21 中可知，大豆净种时其产量是最高的，达 2437 kg/hm²。当玉米与大豆的间作比例为 2∶2 和 2∶4 时，大豆产量分别占大豆净种时的 58.6%和 78.0%。这说明小比例间作和混作高秆作物过多，对大豆生产不利。当大豆与高秆作物玉米间作，由于高秆作物的遮阴作用，减弱了光照度，使大豆产量下降。

3）玉米大豆复合产量

由表 7-21 看出，总产量最高的为玉米大豆 2∶2 间作，其次是玉米净种，再次是玉米大豆 2∶4 间作，大豆净种的总产量最低。当玉米与大豆 2∶2 间作时，玉米大豆复合产量比玉米净种时增产 5.7%，2∶4 间作时，玉米大豆复合产量比玉米净种时减产 7.1%。这说明在玉米大豆间作复合体系中，通过复合群体结构的合理布局与调整，实施适宜的间作比例和种植密度可以提高复合群体的总产量。玉米与大豆间作时的复合产量的高低主要受玉米产量的影响。当玉米与大豆的间作比例分别为 2∶2 和 2∶4 时，玉米占复合产量的比例分别为 85.9%和 78.6%。这说明在这个间作体系中，玉米是优势作物，大豆在与玉米共处期间处于不利地位。

4. 小麦、玉米垄作一体化

小麦、玉米一体化栽培是指在一个栽培周期内，把小麦、玉米两熟生产作为一个有机整体，统筹安排，以缓解上茬、下茬的矛盾，确保两茬都能高产、稳产。在单一作物单一生长季节中垄作栽培的研究比较普遍，但全年一体化垄作的研究尚处于萌芽状态，要实现可持续农业的发展，不仅要实现某单一作物的发展，从全年一体化的角度来研究更具有比较现实的意义。

1）一体化垄作对冬小麦、夏玉米灌水量的影响

垄作灌水在垄沟内进行，灌水速度大大提高，且灌水量减小。由表 7-22 和表 7-23 可以看出，两年间，小麦生育季节每次灌水量平作都大于垄作，平作比垄作多灌水 45.86%～55.01%；在玉米生育的整个季节，平作比垄作多灌水 46.74%～64.73%，年总灌水量平作比垄作多 51.51%～52.74%（表 7-24）。可见冬小麦夏玉米一体化垄作

具有明显的节水效应。

表 7-22　冬小麦生育期灌水量

年份	栽培方式	第一次/mm	第二次/mm	第三次/mm	总灌水量/mm	平作比垄作多/%
2008	平作	86.67	63.59	73.13	223.39	45.86
	垄作	59.33	45.81	48.01	153.15	—
2009	平作	65.29	72.28	70.9	208.47	55.01
	垄作	36.66	43.19	54.64	134.49	—

表 7-23　夏玉米生育期灌水量

年份	栽培方式	第一次/mm	第二次/mm	总灌水量/mm	平作比垄作多/%
2008	平作	71.97	72.55	144.52	64.73
	垄作	52.28	35.45	87.73	—
2009	平作	68.65	76.08	144.73	46.74
	垄作	55.8	42.83	98.63	—

表 7-24　垄作和平作年总灌水量比较

年份	栽培方式	年总灌水量/mm	平作比垄作多/%
2008	平作	367.91	52.74
	垄作	240.88	—
2009	平作	353.20	51.51
	垄作	233.12	—

2）全年耗水量、产量和水分利用效率比较

冬小麦生育季节，垄作平均耗水量为 375.67 mm，平作为 424.96 mm，垄作冬小麦耗水量比平作减少 49.29 mm，产量平均增加 376.37 kg/hm^2，水分利用效率提高 12.99%～23.44%；夏玉米生育季节，垄作平均耗水量为 381.90 mm，平作为 444.83 mm，产量增加 863.63 kg/hm^2，水分利用效率提高 10.02%～24.64%。实行冬小麦、夏玉米一体化垄作与平作相比，全年耗水量减少 112.22 mm，产量增加 8.47%～14.03%，全年水分利用效率提高 11.50%～24.04%。

（二）适宜灌溉方式

常用的灌溉方式包括：田间地面灌水（沟灌、畦灌）、喷灌、间歇灌。选择不同灌溉方式会影响作物生育期内的灌溉定额。针对该区井灌的特点，采用低压管道输水加畦灌和沟灌，以及喷灌三种方式。根据所采用的灌水方式，又可结合适宜灌水时期和灌水定额实施非充分灌溉。低压管灌投资少、节水、省工、节地和节能，与土渠输水灌溉相比可省水 30%～50%。与地面灌溉相比，喷灌更能节水，但能耗高。经在该区进行试验并示范后，河南半干旱区适宜的灌水技术参数如下。

1. 畦灌

只要地形及水源条件许可，小麦、玉米等大田作物都适宜采用畦灌方式，影响畦灌的主要因素取值如下。

（1）畦田规格：畦宽一般视水源条件和田间耕作机械特性而定，但畦田过宽直接影响灌水量和灌水质量，应考虑各种因素通过试验确定。畦宽和畦长直接关系到灌水定额和灌水质量，畦宽一般为 2～3 m，畦长为 30～60 m。

（2）单宽流量：3～5 L/(s・m)。

（3）畦田比降及改水成数：比降宜为 1/1000，8 成改水。

2. 沟灌

沟灌适于玉米宽行作物，影响沟灌的主要因素取值如下。

（1）沟规格：沟宽一般为 0.2～0.4 m；沟间距根据耕作要求确定；沟长直接关系到灌水定额和灌水质量，一般取 50～100 m。

（2）入沟流量：一般为 0.6 L/(s・m)。

（3）沟比降及改水成数：比降宜为 1/1000，8 成改水。

对于宽行稀植作物，采用沟灌和隔沟灌能减少灌水定额，其灌水定额 30～45 mm，比一般的畦灌减少 1/3～1/2。冬小麦采用垄作和垄膜沟种方式，沟灌供水，可比小畦灌减少 1/3 的灌水定额，而产量与平作持平或略有减产，但明显提高了水分利用效率。小定额灌溉模式与灌关键水模式结合更能合理地分配水资源，减少灌水量，提高灌水的有效利用率。

3. 喷灌

冬小麦、夏玉米可采用喷灌方式，与地面输水灌溉相比，喷灌能节水 50%～60%。但喷灌投资和能耗较大，成本较高，适宜在高效经济作物或经济条件好、生产水平较高的地区应用。经生产实践证明，该模式具有“两省两增一提高”的特点，即节水、省工、省时、增产、增效、提高耕地利用率等优点，是一种比较先进的节水灌溉技术。

4. 非充分灌溉

非充分灌溉技术的主要内容包括确定灌水的时期，以及根据所采用的灌水方式和农艺措施确定灌水定额。非充分灌溉技术模式的选择需要考虑当地的水资源条件、灌水方式、作物种类以及种植模式等。

1）关键水灌溉

根据作物不同生育期对水分亏缺的敏感性以及复水的补偿生长特性，在作物对水分不太敏感的阶段适当控水，而在需水关键期进行灌溉，灌水定额的多少根据灌溉方式确定。在华北地区，冬小麦生长处于干旱季节，往往需要补充灌溉才能获得高产，其关键需水期为拔节—抽穗阶段，一般需要灌 2 或 3 次水，其灌水日期可以根据土壤水分控制下限指标确定，根据多年的试验，一般在拔节初期灌第 1 水，在孕穗期或抽穗期灌第 2 水。在其他地区，如果后期无降水，可在开花期灌第 3 水。最后 1 水不能灌得太晚，否则易造成倒伏，且品质大幅度下降。在灌第 1、第 2 水时，可以结合追肥进行。而夏玉米生长期间与雨水同步，一般只需要灌 1 或 2 水即可，其容易受旱的时期是苗期，此期降水少，需要进行一次灌溉，其他时期一般不需要灌水，若遇到秋旱或者在抽雄的关键需水期缺水则需要再灌一次水。

2）*小定额灌溉*

小定额灌溉模式就是灌水定额小，一般在 60 mm 以下。该模式的实施往往需要灌溉方式的配合。大田作物，如冬小麦、夏玉米、大豆也可采用喷灌方式，灌水定额为 35～55 mm。通过改变畦田规格，采用短畦和窄畦灌溉方式，其灌水定额可以控制在 50～60 mm。

3）*农艺节水灌溉*

通过在农田采用覆盖方式（地膜、秸秆）减少土壤棵间蒸发、调控作物蒸腾与棵间蒸发的比例关系以达到节约用水的目的。对于中低产田可以施入土壤改良剂以及专用肥改善土壤结构，增加蓄水保墒能力。地膜覆盖的作物可以采用滴灌、喷灌、沟灌和畦灌的灌水方式，秸秆覆盖的作物采用喷灌和滴灌的方式最佳，若用地面灌易造成壅水和秸秆随水漂移的问题。把农艺节水灌溉模式与前两种模式结合运用，更能发挥非充分灌溉技术的优势，大大节约灌溉用水，提高作物的水分利用效率。

5. 不同灌溉方式结合运用

小定额灌溉模式的实施往往需要灌溉方式的配合。小定额灌溉与关键水灌溉结合更能合理地分配水资源，减少灌水量，提高灌水的有效利用率。畦灌、沟灌是小麦、玉米等旱作作物的主要田间灌水方式，具有投资省、技术简单、易操作、节能等优点。推广宽畦改窄畦，长畦改短畦，长沟改短沟，控制田间灌水量，提高灌水的有效利用率，是节水灌溉的有效措施。相比之下，采用沟灌方式，不用额外投资，在畦田里结合中耕在作物宽行中开沟灌水即可，每次的灌水定额仅 450 m^3/hm^2 左右，是投资少、节水效益显著、便于实施的节水灌溉方式。对于具备喷灌条件、收效较高的作物，采用喷灌方式，有较好的省水效果。由表 7-25 可知：从节水上来看，喷灌和沟灌相当，且都优于节水畦灌；示范区采用井灌，地下水位埋深 90 m 以下，每次灌溉成本很高，从年运行费来看，除了喷灌比正常畦灌多 1800～2025 元/hm^2 外，节水畦灌和沟灌均比正常畦灌少 675～900 元/hm^2。此外，沟灌与畦灌相比能显著提高水分利用效率：沟灌为 2.56 kg/m^3，畦灌为 2.19 kg/m^3，沟灌水分利用效率较高（表 7-26）。

表 7-25　小麦、玉米周年内不同灌溉方式比较

灌水方式	周年灌水次数	灌水定额/mm	年用水量/(m^3/hm^2)	年运行费/(元/hm^2)	年节水/(m^3/hm^2)
正常畦灌	4～5	80～90	3 400～4 250	2 700～3 375	—
节水畦灌	3～4	70～75	2 175～2 900	2 025～2 700	1 225～1 350

续表

灌水方式	周年灌水次数	灌水定额/mm	年用水量/(m^3/hm^2)	年运行费/(元/hm^2)	年节水/(m^3/hm^2)
喷灌	5～6	38～50	2 200～2 640	4 500～5 400	1 200～1 610
沟灌	5～6	45	2 250～2 700	1 4800～2 550	1 150～1 550

表 7-26　夏玉米沟、畦灌产量及水分利用效率

灌水方式	产量/(kg/hm^2)	增产率/%	耗水量/mm	水分利用效率/(kg/m^3)
畦灌	9 373.5	0.0	427.8	2.19
沟灌	9 616.5	2.6	376.2	2.56

农艺节水措施的应用也应该与灌溉方式结合，采用地膜覆盖的作物可以根据当地的生产条件与喷灌、沟灌和畦灌等灌水方式结合，对于秸秆覆盖的作物宜采用喷灌或滴灌的方式，若采用地面畦灌方式易造成壅水和秸秆随水漂移的问题。

在畦灌或沟灌的基础上若采用间歇灌更能节水。采用简易间歇灌技术，利用设置两个人工控制水流进出的简易阀门，来回转动以控制供水的间歇时间和向两组沟（畦）分别供水。这种方法具有水流推进速度快、节约水量、灌水均匀度高等特点。对小麦采用间歇畦灌，玉米采用间歇沟灌，一般比连续沟（畦）灌节水 38%。

三、农艺节水关键技术研究

（一）抗旱节水品种筛选与利用

1. 抗旱节水品种的筛选与鉴定

为了在河南半干旱区顺利开展抗旱节水品种的研究，结合当地的实际状况，初步选择了黄淮流域正在推广和将要推广的小麦、玉米新品种各 15 个（表 7-27，表 7-28），同时采用水旱对照鉴定法，并以抗旱指数为主要鉴定指标，进行品种筛选与鉴定。结果表明：洛旱 2 号、河东 TX-006、洛旱 3 号和长旱 58 等是适宜丘陵旱区种植的小麦品种，它们均属半冬性、分蘖力强、根系发达的中早熟品种，并具有抗旱、抗寒、抗病、抗倒、抗干热风的“五抗”特性；开麦 18、周麦 18 等均是适宜平原旱区种植的小麦品种，它们是半冬性、分蘖成穗率高、丰产潜力大的中早熟品种；农大 108、沈单 10 号等玉米品种适宜于丘陵旱区种植，它们具有抗旱节水、耐瘠薄、叶片夹角大等特性；而洛玉 1 号、浚单 20 等玉米品种适宜于平原旱区种植，它们具有节水高产、耐密植、叶片夹角较小等特性。

2. 不同小麦品种的水分利用效率

研究结果进一步表明，不同种类的小麦品种对水分的敏感程度反映不一。当水分胁迫发生时，各小麦品种水分利用效率的高低顺序为，洛旱 2 号＞洛旱 7 号＞洛旱 6 号＞豫麦 49＞周麦 18＞豫麦 18＞晋麦 47（表 7-29）。

表 7-27　抗旱高产小麦品种筛选鉴定试验产量结果(2007～2008 年)

品种名称	水分胁迫区					水分非胁迫区					抗旱指数
	产量/(kg/hm²)			位次	比 CK±/%	产量/(kg/hm²)			位次	比 CK±/%	
	Ⅰ	Ⅱ	平均			Ⅰ	Ⅱ	平均			
TX-006	5869.5	5913.0	5891.3	1	4.0	6540.0	6330.0	6435.0	6	−1.4	1.08
长武 58	5749.5	5580.0	5664.8	3	0.0	5926.5	6060.0	5993.3	10	−8.2	1.07
烟农 21	5667.0	5401.5	5534.3	5	−2.3	5514.0	5934.0	5724.0	12	−12.3	1.07
洛旱 6 号	5626.5	5544.0	5585.3	4	−1.4	6240.0	6160.5	6200.3	9	−5.0	1.00
洛旱 2 号	5673.0	5659.5	5666.3	2	0.0	6739.5	6316.5	6528.0	4	0.0	0.98
洛旱 3 号	5320.5	5320.5	5320.5	9	−6.1	6133.5	5427.0	5780.3	11	−11.5	0.98
新麦 18	5800.5	5200.5	5500.5	7	−2.9	6513.0	6139.5	6326.3	7	−3.1	0.95
豫麦 49	5433.0	5539.5	5486.3	8	−3.2	6640.5	6469.5	6555.0	3	0.4	0.92
郑麦 9023	3640.5	3826.5	3733.5	13	−34.1	3273.0	3714.0	3493.5	15	−46.5	0.80
开麦 18	5526.0	5539.5	5532.8	6	−2.4	7483.5	7930.5	7707.0	1	18.1	0.79
济麦 20	4933.5	5080.5	5007.0	11	−11.7	6627.0	6426.0	6526.5	5	0.0	0.77
周麦 18	5140.5	5233.5	5187.0	10	−8.5	7194.0	7446.0	7320.0	2	12.1	0.73
洛麦 1 号	4360.5	4546.5	4453.5	12	−21.4	5880.0	5560.5	5720.3	13	−12.4	0.69
豫麦 18	3280.5	3546.0	3413.3	14	−39.8	4933.5	4974.0	4953.8	14	−24.1	0.47
偃展 4110	3306.0	3213.0	3259.5	15	−42.5	6253.5	6267.0	6260.3	8	−4.1	0.34

表 7-28 抗旱高产玉米品种抗旱鉴定试验产量结果(2008 年)

品种名称	水分胁迫区						水分非胁迫区						抗旱指数	抗旱级别
	产量/(kg/hm²)				位次	比 CK±/%	产量/(kg/hm²)				位次	比 CK±/%		
	Ⅰ	Ⅱ	Ⅲ	平均			Ⅰ	Ⅱ	Ⅲ	平均				
鲁单 9006	6 262.5	6 583.5	6 417.0	6 421.0	13	−8.12	7 984.5	8 352.0	7 336.5	7 891.0	15	−18.87	0.77	3
浚单 18	7 201.5	7 584.0	7 804.5	7 530.0	1	7.75	9 495.0	10 998.0	10 861.5	10 451.5	4	7.45	0.80	3
浚单 20	7 597.5	6 081.0	7 287.0	6 988.5	5	0.00	11 202.0	11 260.5	10 128.0	10 863.5	2	11.69	0.66	4
掖单 2 号	5 511.0	5 635.5	6 891.0	6 012.5	15	−13.97	8 121.0	9 564.0	7 410.0	8 365.0	14	−14.00	0.63	4
鲁单 981	6 388.5	6 129.0	6 880.5	6 466.0	12	−7.48	8 995.5	9 067.5	9 892.5	9 318.5	11	−4.19	0.66	4
秀清 731	6 538.5	6 969.0	7 476.0	6 994.5	4	0.09	10 549.5	11 850.0	11 089.5	11 163.0	1	14.77	0.64	4
洛玉 1 号	7 368.0	7 150.5	6 622.5	7 047.0	3	0.84	9 954.0	10 635.0	10 479.0	10 356.0	7	6.47	0.70	3
洛玉 2 号	6 583.5	6 730.5	7 294.5	6 869.5	8	−1.70	10 674.0	10 530.0	9 915.0	10 373.0	6	6.65	0.67	3
邢抗 6 号	6 754.5	6 462.0	7 183.5	6 800.0	10	−2.70	11 344.5	9 591.0	10 486.5	10 474.0	3	7.69	0.65	4
金裕 968	6 753.0	7 974.0	6 208.5	6 978.5	7	−0.14	10 164.0	9 621.0	10 678.5	10 154.5	8	4.40	0.70	3
农大 108	6 907.5	6 502.5	7 555.5	6 988.5	5	0.00	9 583.5	9 345.0	10 251.0	9 726.5	10	0.00	0.74	3
沈单 10	7 377.0	5 776.5	7 252.5	6 802.0	9	−2.67	8 829.0	9 151.5	8 553.0	8 844.5	12	−9.07	0.77	3
沈单 16	7 629.0	6 144.0	6 214.5	6 662.5	11	−4.66	9 793.5	10 687.5	9 973.5	10 151.5	9	4.37	0.64	4
豫玉 27	6 087.0	6 378.0	6 103.5	6 189.5	14	−11.43	9 121.5	8 049.0	8 641.5	8 604.0	13	−11.54	0.65	4
洛玉 3 号	7 569.0	7 261.5	7 669.5	7 500.0	2	7.32	9 498.0	10 305.0	11 385.0	10 396.0	5	6.88	0.79	3

表 7-29　不同小麦品种间的水分利用效率差异（2007～2008 年）

品种	产量/(kg/hm²)	耗水量/mm	水分利用效率/(kg/m³)
洛旱 2 号	6121.5	337.14	1.82
豫麦 49	6153.0	369.04	1.67
晋麦 47	4980.0	338.13	1.47
豫麦 18	4870.5	319.05	1.53
洛旱 6 号	5383.5	318.20	1.69
周麦 18	5830.5	352.35	1.65
洛旱 7 号	5953.5	335.63	1.77
平均值	5613.2	338.51	1.66

注：小麦生育期内降水：142.9 mm。

通过分析不同小麦品种的耗水量和产量数据发现，不同小麦品种间产量的变化幅度大于对应品种的耗水量，表明在耗水量一定的前提下，产量相对较高的小麦，对应的水分利用效率也较大。尤以洛旱 2 号最为突出，其耗水量略低于平均耗水量，但其产量却高于平均产量，由此得到的作物水分利用效率为 1.82 kg/m³，属所选 15 种小麦品种之首，对豫西地区而言，属于水分生产效率较高的抗旱节水品种（表 7-29）。

3. 不同玉米品种的水分利用效率

不同的玉米品种对水分的敏感程度不同：当水分胁迫发生时，各玉米品种水分利用效率的高低顺序为洛玉 4 号>郑单 958>洛玉 3 号>浚单 20>洛 06-1>洛 06-2>农大 108>洛玉 5 号>洛 402>鲁单 981。

表 7-30　不同玉米品种间的水分利用效率间差异（2008 年）

品种	旱区产量/(kg/hm²)	水区产量/(kg/hm²)	抗旱系数	旱区耗水量/mm	旱区玉米水分利用/(kg/m³)
郑单 958	7126.5	7837.5	0.91	352.45	2.02
洛玉 4 号	6897.0	7885.5	0.87	338.75	2.04
浚单 20	6474.0	7857.0	0.82	369.45	1.75
洛玉 3 号	6456.0	8796.0	0.73	337.35	1.91
洛 06-2	6126.0	7947.0	0.77	366.25	1.67
洛玉 5 号	5985.0	8122.5	0.74	380.65	1.57
洛 06-1	5910.0	9112.5	0.65	346.45	1.71
洛 402	5386.5	8737.5	0.62	367.95	1.46
农大 108	5262.0	6709.5	0.78	329.25	1.60
鲁单 981	5010.0	6451.5	0.78	346.15	1.45
平均值	6063.3	7945.7	0.77	353.47	1.72

通过对各玉米品种的耗水量和产量资料的对比分析发现，不同玉米品种间产量的变

化幅度大于对应品种耗水量的变化幅度，即在耗水量一定的前提下，产量相对较高的玉米，对应的水分利用效率有可能较大。尤以洛玉 4 号最为突出，其耗水量低于平均耗水量，而其产量却高于平均产量，由此得到的作物水分利用效率为 2.04 kg/m^3，属所选 15 种玉米品种之首，对豫西地区而言，亦属于水分生产效率较高的抗旱节水品种（表 7-30）。

（二）深耕及少免耕技术

1. 深耕技术及其节水效果

孟津地区的农业主要依靠降水满足作物正常生长所需的水分，考虑到降水分布的时空不均性及不同旱作物对应生育期需水量的要求（主要是冬小麦），一般在 10 月初实施深耕，耕翻深度 22～25 cm。

结合孟津地区实施深耕技术的田间资料，通过一次性深耕和传统耕作方式的对比，结果发现，与传统耕作相比，对于 0～200 cm 土层的平均含水率与平均降水储蓄率，一次性深耕使土壤含水率和降水利用率分别提高了 3.2%和 0.5%（表 7-31）。

表 7-31　深耕与传统耕作条件下土壤含水率与降水储蓄率的变化

土层深度/cm	深耕土壤含水率/%	传统耕作土壤含水率/%	降水储蓄率提高/%	深耕土层储水量/mm	传统耕作土层储水量/mm	储水量增加/mm
0～10	17.9	16.9	1.0	21.6	20.4	1.2
10～20	15.0	16.4	−1.4	19.4	21.3	−1.9
20～30	17.6	15.5	2.1	24.2	21.3	2.9
30～40	17.9	16.4	1.5	25.7	23.5	2.2
40～50	17.9	16.2	1.7	27.5	24.9	2.6
50～100	15.6	16.1	−0.5	119.4	123.3	−3.9
100～200	14.5	13.7	0.8	232.9	219.6	13.3
0～200	15.9	15.4	0.5	470.7	454.3	16.4

2. 深耕、免耕覆盖保护性耕作技术节水效果

研究不同耕作方式对一年两熟种植模式中作物产量及作物水分利用效率的影响，可使孟津地区实现节水高效农业多元化。研究表明，冬小麦生育期内降水偏少，不能满足其正常需水量，此时需吸收大量的土壤水分；与传统耕作相比，不同耕作模式的保护性耕作技术能为冬小麦正常生长提供相对较多的土壤水，进而提高降水利用率。当实施夏免耕秋免耕和夏深松秋免耕技术时，作物水分利用效率均高于传统耕作。在夏玉米生育期间，苗期实施深松和免耕覆盖等保护性耕作措施不仅能提高降水的利用率，且能明显提高玉米产量和水分利用效率，亦能降低其耗水量，并为下茬冬小麦的生长储备一定的土壤水分。

（三）水肥高效利用技术

以一年两熟模式的小麦-玉米为研究对象，采用传统耕作方式，设置了7种配方施肥方式，即①CK：不施肥；②单施化肥：NP；③单施化肥：NPK；④化肥NP＋作物秸秆还田（全部）；⑤化肥NP＋有机肥；⑥化肥NP＋有机肥＋作物秸秆还田；⑦2/3 NPK＋有机肥＋作物秸秆还田。

1. 不同施肥技术对小麦产量及水分利用效率的影响

7种配方施肥方案中，第6种即“化肥NP＋有机肥＋作物秸秆还田”技术可得到最高的产量和水分利用效率；其次为第2、第3种方案；未施肥处理的小麦产量和耗水量最低。第6种处理产生的亩产量最高，冬小麦耗水量低于平均水平，是值得在河南半干旱区推广的一种配方施肥方式（表7-32）。

表7-32　不同施肥技术对冬小麦水分利用效率的影响（2007～2008年）

处理	播种时土壤储水量/mm	收获时土壤储水量/mm	生育期内降水量/mm	耗水量/mm	产量/(kg/hm²)	水分利用效率/(kg/m³)
7	609.3	454.7	142.9	427.5	6300.0	1.47
6	594.8	462.0	142.9	405.7	6426.0	1.58
5	608.8	473.8	142.9	407.9	6273.0	1.54
4	599.3	434.1	142.9	438.1	6202.5	1.42
3	614.5	472.0	142.9	415.4	6258.0	1.51
2	594.0	459.9	142.9	407.0	6186.0	1.52
1	600.1	473.5	142.9	399.5	5866.5	1.47
平均值	603.0	461.4	142.9	414.4	6216.0	1.50

注：土壤水分测定深度为0～200 cm，下同。

2. 不同施肥技术对玉米产量及水分利用效率的影响

研究表明，第4种配方施肥处理“化肥NP＋作物秸秆还田（全部）”产生的产量最高，消耗水量最低，最终得到的水分利用效率也是7种处理中最高的，为2.62 kg/m³。这说明，即使消耗水量最低，一旦实施作物秸秆还田技术，就能更大程度地抑制田间作物的无效蒸发，并使有限的水分尽可能多地储存在土壤中，进而使NP肥料更好地被玉米根系吸收（表7-33）。

表7-33　不同施肥技术对玉米产量及水分利用效率影响（2008年）

处理	播种时土壤储水量/mm	收获时土壤储水量/mm	生育期内降水量/mm	千粒重/g	耗水量/mm	产量/(kg/hm²)	水分利用效率/(kg/m³)
7	454.7	494.5	404.8	318.14	365.0	8157.0	2.23
6	462.0	498.3	404.8	337.07	368.5	8041.5	2.18

续表

处理	播种时土壤储水量/mm	收获时土壤储水量/mm	生育期内降水量/mm	千粒重/g	耗水量/mm	产量/(kg/hm²)	水分利用效率/(kg/m³)
5	473.8	521.5	404.8	307.38	357.1	7668.0	2.15
4	434.1	524.4	404.8	326.00	314.5	8238.0	2.62
3	472.0	511.2	404.8	306.60	365.6	7906.5	2.16
2	459.9	533.6	404.8	308.03	331.1	7809.0	2.36
1	473.5	506.1	404.8	312.00	372.2	7618.5	2.05
平均值	461.4	512.8	404.8	316.5	353.4	7919.8	2.25

未施肥的处理 1，耗水量最高，产量、水分利用效率最低；其他处理的耗水量、产量、水分利用效率均介于处理 1 和处理 4 之间。总体而言，在夏玉米生长发育期间，建议使用第 4 种配方施肥处理，以使孟津地区作物产量和水分利用效率最大。

（四）秸秆还田与覆盖保墒技术

1. 秸秆还田技术

小麦、玉米一年两熟种植模式下，不同的秸秆还田方式均提高了小麦、玉米的产量与水分利用效率，增产分别为 3.41%～10.05%、6.56%～22.42%，水分利用效率分别提高 0.06～0.16 kg/m³、0.13～0.28 kg/m³（表 7-34）。至于水分利用效率，小麦以深松覆盖、垄作覆盖、免耕覆盖与秸秆覆盖较高，玉米以深松覆盖与垄作覆盖较高。经对比分析，在旱作雨养条件下秸秆还田的小麦、玉米产量和水分利用效率仅比对照处理略高，即秸秆还田是这几种节水技术中增产效果最弱的。

表 7-34　不同秸秆还田方式对小麦和玉米的产量和水分利用效率的影响

处理	小麦			玉米		
	平均产量/(kg/hm²)	较传统增产/%	水分利用效率/(kg/m³)	平均产量/(kg/hm²)	较传统增产/%	水分利用效率/(kg/m³)
深松覆盖	6 415.3	7.82	1.58	7 533.8	18.40	2.13
免耕覆盖	6 238.0	4.84	1.54	7 380.4	15.99	2.10
垄作覆盖	6 548.0	10.05	1.61	7 789.6	22.42	2.18
秸秆覆盖	6 186.8	3.98	1.52	7 426.9	16.72	2.11
秸秆还田	6 152.9	3.41	1.51	6 780.4	6.56	2.03
对照	5 950.0	—	1.45	6 363.0	—	1.90

2. 覆盖保墒技术

覆盖技术的实施在一定程度上隔断了蒸发面与下层土壤的毛管联系，减弱了土壤空气与大气之间的乱流交换强度，有效抑制了土壤蒸发（张清涛等，2006）。按照覆盖材料的不同，可将地表覆盖分为作物秸秆覆盖、塑料地膜覆盖以及新型液态地膜覆盖等。其中，秸秆覆盖技术就是利用农业副产物（茎秆、落叶、糠皮等）或绿肥为材料进行农田覆盖的技术。结合孟津地区的实际，分别在作物不同的生育阶段进行秸秆覆盖，进而研究作物最终耗水量、产量及水分利用效率的变化规律。

1）不同生育期覆盖对土壤含水量的影响

在小麦返青期实施秸秆覆盖，随土层深度的加大，土壤含水量呈下降趋势，而对照处理的农田呈缓慢上升的趋势（表 7-35），总体而言，秸秆覆盖条件下的土壤含水量较高，而对照处理的较低。在小麦抽穗期实施秸秆覆盖，随土层深度的加大，土壤含水量缓慢上升，对照处理呈类似变化，但还是秸秆覆盖土壤含水量较高。出现上述情况的原因有可能是，小麦苗期—返青期水分以棵间蒸发为主，覆盖可有效防止土壤水分的无效蒸发，同时，秸秆覆盖产生低温效应，小麦发育较弱，消耗的水分相对较少。而抽穗期，根茎叶生长基本停止，生长重心转向籽粒发育，属大穗、重粒形成的关键时期。旱地小麦要保证当季增产和持续丰收，应提倡采取适当的保墒措施以满足小麦生长后期对水分的需求。

表 7-35　覆盖条件下麦田返青期和抽穗期的土壤水分状况

土层/cm	容重/(g/cm³)	返青期土壤含水量/%		抽穗期土壤含水量/%	
		对照	秸秆覆盖	对照	秸秆覆盖
0～20	1.53	19.27	23.67	10.97	12.11
20～40	1.56	21.18	22.99	12.17	12.49
40～60	1.58	20.64	21.56	13.23	13.45
60～80	1.58	21.35	20.60	13.01	13.83
80～100	1.52	21.60	20.12	12.66	13.30
平均	1.55	20.81	21.79	12.41	13.04
储水量/mm		323.40	338.60	192.90	202.70

2）覆盖技术对作物产量和水分利用效率的影响

经对比分析，实施秸秆覆盖后，小麦产量、收获期储水量较对照处理分别提高 214.5 kg/hm^2 和 10.7 mm，耗水量较对照处理减少 10.7 mm。由此得到的水分利用效率，秸秆覆盖为 1.43 kg/m^3，对照为 1.34 kg/m^3（表 7-36）。这说明，实施秸秆覆盖可有效地阻止无效蒸发，提高土壤中水分的储存量，同时也有利于增强作物根系吸收肥料的能力，最终增加了作物总产量和水分利用效率。进一步表明，秸秆覆盖技术很适合在豫西地区展开推广。

表 7-36　覆盖条件下冬小麦的水分利用效率

处理	产量/(kg/hm²)	播前土壤储水量/mm	生育期降雨量/mm	收获时土壤储水量/mm	耗水量/mm	水分利用率/(kg/m³)
对照	5578.5	671.8	125.1	380.3	416.6	1.34
秸秆覆盖	5793.0	671.8	125.1	391.0	405.9	1.43

四、区域作物用水管理体制与运行机制

（一）农业水资源开发利用方案

河南半干旱区水资源严重紧缺，对区域内的农业及社会经济发展有着严重的制约作用。水资源的过度开发，致使许多河流水量大幅度减少甚至干枯；地下水的过量开采，造成许多地方地下水位的下降，形成区域性地下水降落漏斗，部分地区浅层地下水含水层已经疏干，造成水资源危机，导致生态环境进一步恶化，同时也将威胁区域粮食安全。为缓解干旱、半干旱地区的水资源供需矛盾，促进农业及社会经济的可持续发展，必须从可持续发展角度出发，制订科学的开发利用方案。

1. 井灌区地下水资源开发利用方案

地下水资源量的计算方法可分为水量均衡法和水动力学法两大类。水量均衡法是依据水量平衡的原理进行分析和计算的，其概念清晰，计算简便，便于进行较大区域的地下水资源量计算。水动力学法是建立在地下水动力学的基础上，根据计算区域的水文地质条件，求解地下水运动方程的一种方法。条件比较简单时采用此方法，一般情况下多应用有限差分、有限单元法和边界元等数值法求解。具体采用何种方法，应根据地下水资源评价的目的和任务等要求进行选择。但无论采用哪种方法，都必须有足够的地下水勘探、试验和观测资料。正确测定和选择水文地质参数，是保证地下水资源计算结果具有较高精度的关键。

2. 农业水资源的科学管理与保护

农业水资源的管理与保护是一项复杂的系统工程，涉及的问题较多，有技术经济上的问题，也有社会、政策、体制及观念问题，是自然、社会与管理学科的交叉。广义而言，农业水资源的管理与保护可分为技术管理、经济管理和行政管理三大块（图 7-8）。就灌溉管理而言，可分为组织管理，用水管理，土地、种植与环境管理，经营和财务管理。

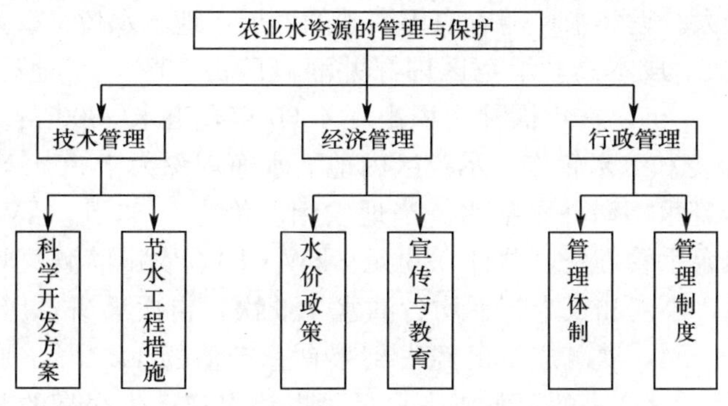

图 7-8　农业水资源管理与保护框架

(二) 半干旱区农业灌溉水价的制定

1. 半干旱地区农业水价的形成机制

1) 政策机制

随着时间的推移，我国农业水价政策不断进行调整。2004 年 1 月 1 日，国家发展和改革委员会和水利部联合颁布了《水利工程供水价格管理办法》，这是我国农业水价政策的重要规章，也是农业水价制定的政策机制。2008 年开始，我国开展农业水价综合改革，改革的总目标是构建农田水利良性运行机制，保障粮食安全，保证工程良性运行，促进农业节水，减轻农民负担。

2) 社会机制

农业灌溉水价的高低，直接影响到粮食的生产。如果按全成本法定价，显然是不现实的。如果对灌溉用水进行全成本核算，那么可能会导致两种结果，一是农民种粮不灌溉，靠天收；二是粮食价格大幅度提高。而这两种情况，显然都是不现实的。如果农民不灌溉，将会导致粮食产量大幅度下降甚至绝收，这样我国将会处于一个十分危险的状况。如果将粮食价格进行大幅度调整，那将会引起整个社会消费结构的大调整，这显然是不现实和不可能的。因此，在制订农业水价时，必须考虑水的社会属性。

2. 半干旱地区农业水价分析

1) 制定农业水价应考虑的因素

由于农业是微利产业甚至是负利产业，因而水价只能采用政府定价法确定，在制定我国农业水价时应综合考虑以下原则：公平性原则、高效优化配置原则、可持续利用原则以及农民的承受能力。

2) 半干旱地区农业水价的制定

根据“河南半干旱区粮食作物综合节水技术研究与示范”项目河南省示范区的灌溉调查情况，可以分析出半干旱地区农业灌溉用水水价的制订方案。

示范区位于河南省孟津县送庄镇送庄村，该村地处丘陵区，水资源贫乏，且分布不匀，地下水埋深较大。近年来，随着农田灌溉的发展，地下水位又普遍下降，多为90～110 m，开采难度大，成本高。示范区内深井灌溉区占 70%，旱地区占 30%，总人口 3382，耕地面积 5010 亩，常年播种面积小麦 4500 亩，玉米 3800 亩。核心示范区规划 1000 亩，全部为小麦和玉米轮作。示范区内地下水净埋深大于 90 m，灌溉时动水埋深在 110 m 以下，全部采用深井泵抽水。当地农用电价为 0.56 元/(kW · h)，另加 0.04 元/(kW · h) 的机泵手管理费，共计 0.6 元/(kW · h)，农田灌溉只收取电费。经农户调查，在示范区内，小麦和玉米年平均各灌水 1.5 次，亩次灌溉费用平均为 45 元，年灌溉总费用达到 135 元，灌溉成本已经占到粮食总产值的 11.4%，是河南省引黄灌区灌溉成本的 3～4 倍。这样高的灌溉成本，足可以让农户产生很高的节水意识，不会出现浪费水资源的现象。所以，在示范区内，按照长年的习惯，农田灌溉是只收电费和机泵手的管理费，不再收取其他费用。这种方法在我国半干旱地区有着很强的代表性。因此，对于我国半干旱地区，特别是深井灌区而言，农田灌溉应只收电费和机泵手的管理费，对于其他的费用，都不应再行收取，否则会使农民的负担过于沉重，进而影响农民灌溉及种粮的积极性。

（三）农业高效用水的管理体制与运行机制

良好的管理体制与运行机制，能够有效地调动农户积极参与灌区管理和自觉落实灌区的各项规章制度；能科学合理高效地开发利用灌区水资源，充分发挥灌区效益；能有效地保护灌区的节水灌溉工程设施；能有效地降低灌溉成本，减轻农民负担。在我国半干旱地区，建立农业高效用水的管理体制与运行机制，应从以下几个方面着手。

1. 改革传统的管理体制

我国传统的灌溉管理体制可分为两个层次，一是行政管理，二是民主管理。行政管理是由各级水行政主管部门组成的垂直管理体系。我国大中型灌区多采用“分级管理，专业管理与群众管理相结合”的管理模式，各级管理机构有着各自的管理权限和管理职责。由于传统的管理体制存在着明显的缺陷，如产权不清、管理责任不明确、管理效率低下；政府管理成本高、财政负担重；管理体制僵化、中间组织及民间资本参与困难；灌溉水资源利用效率低、水资源浪费严重等。因此，传统的管理体制已经不能适应当前的灌区需求，必须进行改革，建立适合当前农村实际情况的灌区管理体制与运行机制。在我国半干旱地区灌区管理的体制与运行机制上必须充分考虑国家的政策精神。从有利于灌区水资源的合理开发和保护，有利于灌溉效益的发挥，有利于灌溉设施的维护和正常运行，有利于降低灌溉成本、减轻农民负担这四个方面着手来制订灌区的管理体制与运行机制。

2. 田间及小型灌溉工程的管理体制与运行机制

1）田间灌溉工程的管理体制

对于斗渠的灌溉范围在一个行政村之内的，应由该行政村负责，跨行政村的，应由乡（镇）政府负责协调或统一管理；而对行政村或村民组负责管理的灌溉工程，应利用行政村或村民组行使管理与服务职能，指派专人进行管理。

2）小型灌溉工程的管理体制

所谓小型灌溉工程是指灌溉渠道控制的面积小，涉及的农户少，不便于行政村或村民组统一管理的灌区；由部分村民集资修建的机井、坑塘、集雨水窖等灌溉工程，可成立“农民用水者协会”，由村民集体商议后推举出“农民用水者协会”的人员，对其灌溉工程进行管理。而对于农户个人出资修建的机井、坑塘、集雨水窖等则由农户自己负责管理。

3）其他灌溉工程的管理体制

政府和农户应该欢迎其他企业与单位参与小型灌溉工程的修建、管理和经营。对其他企业和单位出资修建的小型灌溉工程，应在服务农户、服务社会的前提下，进行自主管理和经营。

4）田间及小型灌溉工程的运行机制

（1）切实做到水资源管理中的政企分开。在小型灌溉工程的管理与运行中，政府的主要职能就是根据《中国人民共和国水法》向灌区（或农户）分配用水定额，实行总量控制，并协调各用水户之间的关系。而灌区的管理机构或管理者，则负责对灌区的工程进行管理和维修，为灌区的农户提供优质的服务，且应对农户的种植、工程管护及灌溉方法进行技术指导，以提高灌区的节水效益和种植效益。

（2）提高管理人员素质。优化管理人员结构、提高管理人员素质，是降低灌溉成本的重要措施。目前我国农民的收入水平还较低，对农田灌溉的支出能力也很有限，因此应采取相应的措施降低灌溉成本。各级水管部门都应积极调整发展目标，优化管理人员结构，提高管理人员素质。只有这样，才能有效降低灌溉成本，减轻农民负担，提高灌区的经济和社会效益。

（3）增加水费收支的透明度，接受农民的监督。合理制订水价，该由农户支付的则由农户支付，避免搭车收费和不合理加价。对水费的使用应公开透明，接受群众的监督，最大限度地避免和减少不合理开支。

5）井灌区灌溉工程的管理与运行机制

对于井灌区的地下水资源，应进行统一管理。由当地的水利部门制订地下水的年开采计划，由村民组具体执行。而对具体农户，则应由村民组根据所种植作物、面积确定其年灌溉用水量，实行定量供水，在定量范围内，由村民自主使用。各农户必须严格按灌溉用水计划进行灌溉，不得超计划用水。有条件的地方，可采用 IC 卡控制系统，一井一表、一户一卡，用时刷卡，开泵灌溉，达到计划供水量时，自动断电，停止灌溉。在计划用水定额内，农户只需交纳基本费用，即能耗、维修和管理费用。如需要超计划用水时，则需另行购置，此时水费除了基本费用外，还包括超计划的加价费用。具体加价费用的标准，由当地水利部门根据具体情况确定。

（四）示范区节水灌溉决策与专家系统

将近几年来节水灌溉决策与作物栽培管理方面的最新研究成果进行筛选和集成，应用专家系统技术加以归并，以一定的知识表现形式建立知识库。通过推理，在灌溉高效用水和作物栽培管理方面作出专家级的智能判断与决策。系统从节水灌溉的基本原理入手，分析了灌溉预报中的各个参量，通过人机对话输入基本参数，计算机即可运用模型库中的灌溉预报和灌水决策模型作出一定条件下作物的灌溉预报和灌水决策。系统首先根据灌区基本资料建立各种作物的水分生产函数关系模型，并采用动态规划法对可利用灌溉水资源进行作物间的优化分配，建立的数学模型主要包括 5 个部分：①阶段变量；②状态变量和决策变量；③系统方程；④目标函数；⑤约束条件，并采用逆序递推的方法求解得到分配给各作物的总灌水量。然后依据水量平衡原理建立单一作物最优灌溉制度模型，作出各种作物的最优灌水决策。以上模型通过高级编程语言 delphi7.0 编译而成，并装入系统模型库。节水灌溉智能决策与管理专家系统，一方面可以为灌区管理者以及农户提供作物全生育期节水灌溉的辅助决策；另一方面可将先进的节水灌溉技术向信息闭塞、技术落后的农村地区推广。结合示范区、辐射区建设及各项技术的实施，推动农业高效用水产业的发展并提供示范技术。

第四节　农业高效用水技术集成与示范

一、旱地保护性耕作技术集成与示范

河南省旱作区涉及 12 个地（市），48 个县（区），670 个乡镇，总面积达 3.52 万 km^2，占全省总土地面积的 45.9%，耕地面积占全省的 36.7%，人口占全省的 38.9%，因此河南省农业生产的难点在旱作区，潜力在旱作区，希望也在旱作区。旱作区大部分耕地没有灌溉条件，基本处于旱作雨养状态，特别是丘陵区、山区的坡岗地，土壤贫瘠、耕层浅，蓄水保水能力弱，抵御旱灾能力差，产量低且不稳。针对河南旱区一年两熟种植过程中存在的水分亏缺、肥力低下、产量低且不稳等问题，以优质小麦、玉米、大豆为主要作物，基于间作方式（小麦-玉米、小麦-大豆、小麦-玉米+大豆）充分利用光热及水土资源，采用机械化少免耕覆盖技术改善土壤结构、保蓄雨水，秸秆粉碎直接还田或麦秸覆盖作物行间地表，利用高产抗旱品种、测土配方施肥技术、病虫草害综合防治技术等提高作物的生产力和水分利用效率。

（一）旱地保护性耕作技术体系集成

1. 集成体系

在旱作区小麦、玉米一年两熟种植制度下，从主攻方向、技术路线到关键措施，都要紧紧围绕小麦、玉米一体化这条主线，即要主攻小麦，兼顾玉米，以提高降水利用率为核心，以深松覆盖和免耕播种为关键技术，通过深松蓄水、免耕保水，确保一播全苗，做到伏雨春用，协调水分供应。由此，以小麦、玉米整体产量的提高和耕作管理成本的降低为目标，以少免耕播种技术和深松覆盖技术为核心技术，以相应配套品种选择、肥料缓释控释、播量调控匀播为配套技术，形成小麦、玉米一体化保护性耕作“两免一松”轮耕模式，解决了少免耕播种与周年秸秆难以全量还田或导致播种质量低下的难题，实现了节水保墒、培肥地力、增产增效的目标，为粮食生产能力的持续提高提供技术支撑（图 7-9）。

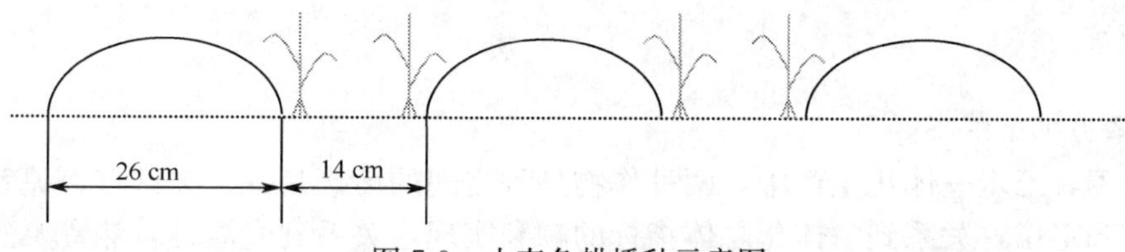

图 7-9　小麦免耕播种示意图

2. 核心技术

1）少免耕保护性耕作技术

保护性耕作技术与传统耕作的主要差别在于不翻动土壤，在作物秸秆还田的基础上

进行少免耕播种，减少作业成本，实现节本增效。少免耕播种是实现保护性耕作的有效途径和关键技术之一，实施中应把握好以下要点。

(1) 播种深度：免耕条件下土壤流动性差，播种深度控制困难，要把握一定的覆土厚度，并注意镇压效果，保证播种质量。

(2) 播种量：秸秆粉碎后，盖在地表，对播种出苗有一定影响，应适当加大播量，一般情况下可加大10%～20%。

(3) 地下害虫防治：秸秆还田后，地下害虫发生较重，要搞好拌种或种子包衣，确保一播全苗。

(4) 施肥：播种施肥一次完成，要求用颗粒肥料，最好是专用的三元素复合肥。

(5) 防止种子化肥堵塞：秸秆还田后容易造成种子或化肥堵塞现象。要培训拖拉机手熟练掌握技术要领，把握好行走速度与播种机升降时机。

(6) 机具配套：免耕条件下，土壤容重大，要求有足够的动力机械配套。一般情况下，条带免耕施肥播种机和旋耕播种机采用50马力以上拖拉机较好。

2) 秸秆覆盖还田技术

合理利用秸秆是我国传统农业的精华经验之一，作物秸秆含有大量的有机质和微量元素，是无机化肥所不具备的。但是，由于农业生产发展、农民生活水平提高而秸秆综合利用技术发展滞后等原因，出现了焚烧秸秆的现象，造成了严重的环境污染和生物资源浪费，实施秸秆还田可以实现保水、保土、保肥。

(1) 在作物秸秆还田方式上，最好是秋季玉米秸秆粉碎还田，免耕播种小麦或深耕整地后沟播小麦。夏季采用玉米机械化免耕播种，小麦秸秆覆盖到玉米行间，可以蓄水保墒，抑制杂草生长，培肥土壤地力，减少水土流失，减少土壤表面水分蒸散。

(2) 在秸秆还田的数量上，小麦秸秆可以全部还田，玉米秸秆最好实行部分还田，玉米收获后，可将新鲜度较好的上半部割下运走，用于青贮、秸秆沼气等，只保留剩余部分还田，若秸秆还田量过大，对于免耕播种出苗质量有一定影响。美国的标准是覆盖率达到30%。如果玉米秸秆全量还田，最好采用深耕整地后再播种小麦。

(3) 在实施过程中，最好选用专用的秸秆还田机，秸秆粉碎的质量与免耕播种机的通过能力有关。一般情况下，要求秸秆粉碎后的秸秆长度不大于10 cm，且抛撒均匀，对秸秆堆积较多或杂草生长严重的地区还应重点粉碎。

3. 配套技术

1) 选用抗旱节水品种

在小麦、玉米一体化生产中，两种作物品种之间的衔接是一个关键点，关系到主攻方向的准确定位，关系到一体化总体指标的顺利实现，关系到光温等自然资源的合理配置与效益最大化。在豫西丘陵旱作区，应选择半冬性、抗旱耐冻的早熟小麦品种与抗旱、高产的早熟玉米品种相搭配，抢赶时令，以避免或减轻小麦播种时的口墒不足和玉米的卡脖旱，挖掘全年增产潜力，实现节水丰产的目的。

2) 配套机具

性能完善、质量可靠的配套机具是把技术措施落到实处、充分发挥技术措施增产增效作用的关键环节。免耕播种机主要选用河北正定生产的农哈哈牌免耕施肥播种机（10行型、12行型）、河南许昌生产的豪丰牌免耕施肥播种机（10行型），深松机选用甘肃正宁生产的全方位深松机，垄作播种机选用河南省农业科学院及中国农业大学研制的专用垄作机均可，秸秆还田机型号较多，大部分质量过关，操作上注意动力配套即可。

3）整地播种

整地播种是旱作区小麦生产夺取高产最关键的一个环节，其核心是达到一播全苗，培育冬前壮苗，促进根系下扎，实现高效用水。在操作上应做到：统一秸秆破碎还田（免耕覆盖或深耕翻）、统一药剂拌种（或种子包衣）防治地下虫害、统一播种方式（免耕或沟播），同时应根据选用的品种类型和采用的播种方式确定适宜的播种时期和播种量。另外，播种机具与操作机手应及时到位，做好播前准备，确保播种质量，达到行直、苗匀、深浅一致，实现苗齐苗壮。

4）优化施肥

培肥地力，优化施肥技术，是旱地小麦高产优质栽培的关键环节，应在秸秆还田覆盖的基础上，实施全方位平衡施肥，采用肥料缓释和肥料增效剂技术，做到有机肥的施用方法与使用量合理、化肥配比合理和微肥的施用方法合理。

5）深松覆盖

蓄水保墒是提高小麦产量的基础。与传统耕作相比，深松覆盖可以提高降水利用率16.2%，降水储蓄率提高13.7%，6～9月降雨平均以400 mm计算，每公顷可多蓄水548 m^3，大于节水灌溉定额为30 m^3/亩的一次灌水量。深松覆盖的操作规程是小麦收获后进行间隔深松，深松带为120 cm，深松深度为40 cm，玉米种植在深松带内，小麦秸秆覆盖到玉米行间，这样既能蓄水保墒，又能抑制杂草生长，不仅夏玉米增产，而且为下季小麦的播种蓄存了底墒。

6）田间管理

旱地小麦生产的传统是望天收，重种轻管甚至不管，必须更新观念，加强田间管理。应根据土壤墒情和苗情动态曲线，瞄准光温和降水情况，采用看墒追肥、中耕保墒、镇压控旺、防治病虫和化学调控等措施，达到合理的群体动态和协调的产量结构，最终实现节水培肥、高产稳产、抗灾增效的目标。

（二）示范技术要点

1. 技术流程

旱地保护性耕作模式以3年为1个轮耕周期，小麦2年免耕1年翻耕，玉米2免耕1年深松。在品种选择上应与保护性耕作技术相适应，小麦品种应具有抗旱性强、分蘖成穗率高、边行优势强、丰产潜力大等特性，玉米品种应具有节水高产、耐密植、叶片夹角小等特性。播量应加大20%～30%，播深应控制在4～5 cm为宜。该技术模式的特点是：作业次数少，机具成本低，抢时效果明显。其主要工艺流程如下。

小麦联合收割机收割→秸秆粉碎或人工捡拾成宽窄行→2～3年深松1次→玉米免耕播种→玉米出苗前喷施除草剂→玉米田间管理（病虫害防治、中耕、追肥、除草）→

玉米收割→秸秆粉碎（秸秆还田机）→2～3 年深翻一次或表土作业→小麦免耕播种机施肥播种或旋耕播种机施肥播种→小麦田间管理（病虫害防治、中耕、追肥、除草）→小麦生长后期化学调控。

2. 操作规程

1）保护性耕作机具的选择

目前应用较多的保护性耕作机具主要有秸秆还田机、全方位深松机、夏玉米（大豆）免耕播种机、免耕施肥播种机。除夏玉米免耕播种机可与小四轮拖拉机配套外，其他均需与 50 马力以上拖拉机配套使用。

2）免耕播种机的调试

机器的调试主要包括播种深度、打滑率、种子与化肥的用量调整等。调试前先放入少量种子与化肥，首先根据空转计算出相应的面积，进而得出化肥与种子的理论用量；其次在小面积的地块上进行试播（用量应从大到小进行调节），得出种子与化肥的实际用量，同时测试种子与化肥播种深度；其三，依据实际播量与理论播量计算出打滑率；其四，更换地块时，如遇到田中秸秆量大小、土壤湿度、坡度等明显影响播种质量的情况时要重新测试化肥与种子的实际用量，计算打滑率。

3）注意应用地区与地块的选择

机械化免耕覆盖作业所用的机型较大，不宜在面积较小或较短的地块进行，也不宜在地表不平整或坡度不一致的地块进行，以防播种质量不好。

4）注意适宜的土壤耕作时期

免耕施肥播种机在墒性适宜或土壤较旱情况下播种效果较好，土壤含水量较高时一方面影响出苗，一方面对土壤破坏较严重。

5）选择抗旱性优良的品种

粮食要高产，种子是关键，根据本地区气候条件，优良的品种应采用抗旱性强、适播期长、丰产潜力大的品种，如洛旱 2 号、洛旱 6 号、洛旱 7 号小麦，洛玉 4 号、郑单 958、洛玉 3 号等。

6）应用种子包衣与配方施肥技术

在免耕条件下对地下虫的防治较为困难，因此种子应用农药进行拌种或选用包衣种子，由于施肥与播种是同时进行的，所需肥料应采用颗粒状复合肥。

7）秸秆覆盖要均匀

小麦收获后播种前要将收获时田间的麦秸堆散开，以减少播种过程中的堵塞，玉米收获后应立即用秸秆还田机将玉米秆打碎且均匀抛散、覆盖于地表，减少土壤水分散失，同时也减轻了对小麦出苗的影响。

8）播种

首先把握好播种深度，播深以 4～5 cm 为宜；其次把握好播种量，免耕条件下田间存在大量作物秸秆与残茬，对出苗有一定的影响，播量应加大 20%～30%；再次是播种过程中行进速度不能太快，以免因打滑率增加造成播种量下降，播量的确定应以实际用量为准，同时要注意化肥与种子的堵塞。

9）田间管理

免耕下的小麦田间虫害与草害的发生时期较早，应注意及早防治，小麦返青后，打除草剂和防治红蜘蛛，拔节后至灌浆期要注意防蚜虫以及白粉病和锈病；夏玉米要注意防治玉米螟。

（三）经济效益分析

1. 节水增产效果分析

该成果属于技术应用型，其创新性在于把种植模式、机械化少免耕覆盖技术以及田间的科学管理进行了有机的集成，起到了培肥土壤、优化各种资源、降低生产成本、综合提高旱地农业生产力和农田水分利用效率的作用。旱地保护性耕作技术的应用效益主要表现在三个方面，一是社会生态效益，一定程度上减少了秸秆焚烧所引发的环境污染；二是提高了耕层土壤有机质含量，培肥了地力；三是提高了旱作农田的水分利用效率与作物产量，减少了生产投入，起到节本增效的作用。在 2008 年冬天和 2009 年春天小麦生育期内遭受 1951 年以来特大干旱，在播种后持续 80 多天无有效降雨的情况下，核心示范区旱地小麦亩产达到 426.2 kg，较示范区外区域增产 21.36%。该成果已在孟津县、偃师市、伊川县、洛宁县等豫西黄土丘陵区得到了推广应用，作物产量提高 7.0%，雨水利用效率提高 10.2%，作物水分利用效率提高 16.7%。

2. 经济效益分析

据调查，核心示范区建设前三年旱地冬小麦与夏玉米平均单产分别为 5800 kg/hm^2 和 6250 kg/hm^2，试区建成后据 2008 年和 2009 年冬小麦与夏玉米综合试验示范结果显示，其平均单产分别为 6025 kg/hm^2 和 6775 kg/hm^2。示范区建成后冬小麦机耕费减少 450 元/hm^2，种子和农药费用均增加 150 元/hm^2，人力劳工费降低 150 元/hm^2，总计节省成本 300 元/hm^2；夏玉米机耕、种子、农药和人工费用均没有变化。根据以上数据，试区作物增产效果及经济效益分析见表 7-37。旱地保护性耕作技术在核心示范区应用后，取得了显著的节支增收效益，平均每公顷节约成本 300 元，增收 1500 元，合计节本增效 1800 元。

表 7-37　旱地保护性耕作技术应用效益分析

作物	增产 /(kg/hm^2)	单价 /(元/kg)	增产值 /(元/hm^2)	机耕费 /(元/hm^2)	种子费 /(元/hm^2)	农药费 /(元/hm^2)	人工费 /(元/hm^2)	节省成本 /(元/hm^2)	节支增收效益/(元/hm^2)
冬小麦	225	2.00	450	−450	+150	+150	−150	300	750
夏玉米	525	2.00	1 050	—	—	—	—	—	1 050
合计	750		1 500	−450	+150	+150	−150	300	1 800

由表 7-37 可知，示范区实施旱地保护性耕作技术后，冬小麦与夏玉米两季作物单位面积平均增产 750 kg/hm^2，增产率 6.22%，单位面积平均净节支增收效益 1800

元/hm²，节水增产效果显著。

3. 推广应用情况

我国还有部分耕地没有灌溉条件，基本上处于旱作雨养状态，特别是丘陵区、山区的坡岗地，土壤贫瘠、耕层浅，保蓄水分能力弱，抵御旱灾能力不强，产量低而不稳。河南省的此类耕地面积占总耕地面积的30%左右，该技术成果对于改善地力、保蓄雨水、提高产量、减少旱灾损失具有显著效果，在条件相似的地区具有广阔的推广应用前景。同时，该成果的推广应用必然带来保护性耕作机具的研发创新以及相关产业的快速发展。目前，该成果已在孟津县、偃师市、伊川县、洛宁县等豫西黄土丘陵区推广应用，主要采用高产抗旱品种（国审旱地小麦品种洛旱2号、洛旱6号等）、测土配方施肥技术和病虫草害综合防治技术提高作物的生产力和水分利用效率。9月中下旬玉米收获后用秸秆还田机将玉米秸秆打碎还田，播种时用“豪丰”小麦免耕施肥播种机一次完成耕作、施肥与播种作业。

二、小麦、玉米精量灌溉技术集成模式

河南半干旱区地下水位低，灌水成本较高，目前大部分地区基本没有实现节水灌溉，实施灌水的大部分地区也以地面畦灌技术为主，基本上采用大水漫灌方式，水量浪费较大，节水灌溉发展潜力巨大。本模式依托于河南半干旱区粮食作物综合节水研究平台，基于不同作物节水高效的适宜灌溉控制指标，通过土壤墒情监测、实时灌溉预报确定灌水时间及灌水量，采用非充分灌溉模式以及改进地面畦灌技术减少灌水定额，利用节水高产品种、秸秆还田技术、水肥耦合技术等提高作物品种的生物节水潜力以及水分和肥料的利用效率。

（一）小麦、玉米精量灌溉技术体系集成

1. 集成体系

河南半干旱区内地面灌溉面积占有效灌溉面积95%以上。由于农田土地平整程度差，田间灌溉工程规格不合理、地面灌溉技术落后、灌溉管理粗放等问题，地面灌溉的田间水利用率不高。通过应用精量灌溉技术，可以大幅度减少灌溉过程中的水量损失浪费。这对改变区域灌溉的落后状况、从整体上缓解农业水资源短缺的矛盾、促进传统农业向现代农业转变、促进灌溉农业的可持续发展具有重要的现实意义。该技术主要依据作物需水规律，以及作物不同生育期对水分需求程度与作物根系吸水特点，通过土壤墒情监测、实时灌溉预报、制定出节水高效灌溉制度；配合高产节水品种、配方施肥等技术实现水分高效利用。应用的核心技术有土壤墒情监测、实时灌溉预报、节水高效灌溉制度；配套技术主要有节水高产品种筛选利用、秸秆还田技术和水肥耦合技术。

紧密结合河南半干旱区的生产实际，组装配套集成的小麦、玉米精量灌溉技术集成体系如图7-10所示。本研究优选集成的节水技术包括水资源的合理开发利用、输配水系统节水、田间灌溉过程节水、用水管理节水以及农艺节水等方面，构成一个完整的小

麦、玉米精量灌溉技术体系，其目标是实现水资源的持续利用和节水增产，有效地提高水分生产率。该项技术适用于平原灌区及深井灌区的小麦、玉米一年两熟种植模式。

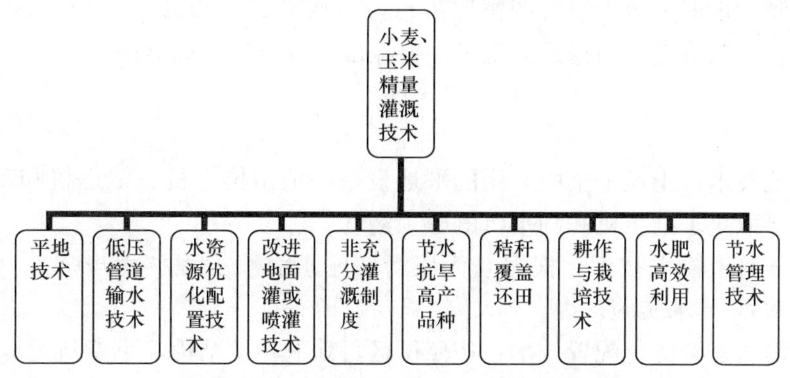

图 7-10　小麦、玉米精量灌溉技术集成体系

2. 技术模式

该成果属于技术应用型，主要内容是：采用非充分灌溉模式以及适宜的田间灌水技术（喷灌、小畦灌）减少灌水定额，选用节水高产品种、秸秆还田技术、水肥耦合技术等提高作物品种的生物节水潜力以及水分和肥料的利用效率。其成果的主要特点：通过设备研发，选择适宜的测定方法和数据处理技术，准确获取土壤水分以及作物水分信息，开发精量控制用水决策支持系统，控制适时适量的供水，把农艺节水技术、节水灌溉技术与灌溉管理软件有机结合实现作物的精量用水。该成果的创新性在于把田间灌水技术、土壤墒情监测、实时灌溉预报、节水高效灌溉制度、秸秆还田、水肥耦合技术进行有机的集成，形成小麦-玉米精量灌溉技术集成模式，有效地提高了作物品种的生物节水潜力以及水分和肥料的利用效率。

根据上述精量灌溉技术特征，提出如下区域小麦、玉米精量灌溉技术模式：利用平地技术实现较高精度的土地平整，扩大田块规格，提高农机作业效率；通过精量播种技术，减少播种量；采用水平畦田灌溉、沟灌及喷灌等高效节水灌溉技术，提高田间水的利用率；采用精准施肥技术，提高化肥利用率；采用联合收割机技术，实现收割机械化。将上述技术配套组合，集成小麦、玉米等大田作物的农业节水技术体系：高精度土地平整＋精量播种＋高效节水灌溉技术＋精准施肥技术＋机械化收割。

（二）示范技术要点

1. 技术流程

（1）品种选用：选用节水性与丰产性优良的小麦、玉米品种。

（2）播种：玉米收获后用秸秆还田机将玉米秸秆粉碎后均匀覆盖于地表，深翻还田，整地后于 10 月中旬播种；小麦收获后秸秆覆盖地表，玉米采用铁茬播种方式于 6 月上旬播种。

（3）施肥：小麦采用氮、磷、钾配方施肥方式，30%氮肥于拔节期追施；玉米所用肥料均采用追施方式，拔节期60%+孕穗期40%。

（4）灌溉：根据土壤墒情监测情况进行，每次灌溉定额为40～50 m^3/亩，小麦灌水主要在返青—拔节期与抽穗期，玉米主要在苗期或拔节—抽雄期。

2. 操作规程

（1）平地技术：土地平整中采用的平地设备一般由推土机、铲运机和刮平机组成，平地精度主要取决于推土机和刮平机的施工精度。

（2）低压管道输水技术：根据《低压管道输水灌溉工程技术规范》（灌区部分）（SL/T153—95）要求实施。

（3）灌溉水资源优化配置技术：按照试区目前的种植结构，小麦与玉米优化配水比例为1∶（0.7～0.8）。

（4）改进地面灌或喷灌技术。小麦畦灌或喷灌：畦宽2～3 m，畦长30～60 m，入畦流量3～5 L/s，8成改水；喷灌灌水定额为35～55 mm。玉米沟灌或喷灌：入沟流量0.6 L/s左右，沟长50～100 m，8成改水；喷灌灌水定额同样为35～55 mm。

（5）非充分灌溉制度：一般年份冬小麦与夏玉米在需水关键期各灌水一次。中旱年冬小麦采用较大的灌水定额并与化学节水技术相结合，在拔节期配合施肥进行一次灌水，玉米在播种或苗期灌水一次，若抽雄期遇干旱可补灌一次。特旱年冬小麦与夏玉米各灌水2次和3次，并使用化学节水技术。冬小麦与夏玉米适宜灌水定额分别为600～750 m^3/hm^2和450～600 m^3/hm^2。

（6）节水高产品种筛选。小麦：豫麦34、49-198系及洛麦21号；玉米：郑单958、豫玉26及洛玉4号。

（7）秸秆覆盖与还田。小麦机收后秸秆就地覆盖在玉米行间，而玉米秸秆机械粉碎后应深耕还田，否则会影响小麦的播种质量。

（8）耕作与栽培技术。麦播前深耕（22～25 cm）耙磨，适播期为10月8～15号，宜播量为105～120 kg/hm^2；玉米于5月底～6月上旬免耕复种，在玉米播种前可进行条带深松（深度30～40 cm），2～3年深松一次，玉米种植株行距20 cm×65 cm左右，播量30～45 kg/hm^2，留苗密度6.0万～6.5万株/hm^2。

（9）水肥高效利用。小麦畦灌灌水定额675～900 m^3/hm^2，氮肥（折纯氮）适宜用量为150～225 kg/hm^2，氮、磷、钾肥适宜配比1∶0.6∶0.4，其中70%作为底肥于整地时一次施入，余量可在分蘖—拔节期追入田中。玉米沟灌适宜灌水定额450～600 m^3/hm^2，氮（纯氮）、磷（P_2O_5）、钾（K_2O）肥适宜量分别为240 kg/hm^2、150 kg/hm^2和120 kg/hm^2。

（10）节水管理技术。在小麦-玉米一年两熟连作条件下，基于不同作物节水高效的适宜灌溉控制指标，通过土壤墒情监测、实时灌溉预报确定不同灌溉方式下（喷灌、地面畦灌）的灌水时间及灌水量。同时，灌水实行两级管理模式，即行政村对本行政区地下水资源实行统一管理、有序开采，农户负责节水灌溉技术实施。

（三）经济效益分析

1. 节水增产效果分析

河南省大部分地区冬小麦生育期灌 2 或 3 次水，亩产 450 kg 左右；夏玉米生育期灌 1 或 2 次水，亩产 500 kg 左右；两种作物亩次净灌水定额均为 60～80 m^3，灌水定额和灌溉定额均较大，水量浪费严重。核心示范区应用结果表明：针对当地普遍采用大畦漫灌的方法，在土地平整与畦田规格调整方面做了大量的工作。示范区冬小麦生育期灌 1 或 2 次水，灌水定额 40～50 m^3/亩，产量达 500 kg/亩左右，与对照区相比减少灌水 1 或 2 次；夏玉米生育期灌 1 水，40～50 m^3/亩，在产量、品质没有降低的前提下，较传统灌溉节水 32.3%，灌水次数减少 2 次，农业用水综合成本减少 11.7%，水分生产效率提高 20.4%，节水节能效果显著。

2. 经济效益分析

据调查，核心示范区建设前三年灌溉地冬小麦与夏玉米平均单产分别为 6750 kg/hm^2和 7200 kg/hm^2，试区建成后据 2008 年和 2009 年冬小麦与夏玉米综合试验与示范结果显示，其平均单产分别为 7200 kg/hm^2和 8100 kg/hm^2。冬小麦机耕费增加 150 元/hm^2，种子降低 150 元/hm^2，农药费用增加 150 元/hm^2，人工费增加 150 元/hm^2；夏玉米机耕、种子和农药费用均没有变化，人工费增加 150 元/hm^2，累计成本增加 450 元/hm^2。根据以上数据，试区作物增产效果及经济效益分析见表 7-38。小麦、玉米精量灌溉技术集成模式在核心示范区应用后，取得了显著的增收效益，合计增效 2250 元/hm^2。

表 7-38　小麦、玉米精量灌溉技术应用效益分析

作物	增产 /(kg/hm^2)	单价 /(元/kg)	增产值 /(元/hm^2)	机耕费 /(元/hm^2)	种子费 /(元/hm^2)	农药费 /(元/hm^2)	人工费 /(元/hm^2)	节省成本 /(元/hm^2)	增收效益 /(元/hm^2)
冬小麦	450	2.00	900	+150	−150	+150	+150	−300	600
夏玉米	900	2.00	1 800	—	—	—	+150	−150	1 650
合计	1350	4.00	2 700	+150	−150	+150	+300	−450	2 250

由表 7-38 可知，示范区实施小麦、玉米精量灌溉技术集成模式后，冬小麦与夏玉米两季作物单位面积平均增产 1350 kg/hm^2，增产率 9.68%，单位面积平均净增收效益 2250 元/hm^2，节水增产效益显著。

3. 推广应用情况

河南省灌溉面积占总耕地面积的 70%左右，大多仍以地面灌水技术为主，在渠灌区基本上采用大水漫灌方式，水量浪费较大；在井灌区，同样存在这种现象，由于畦块大、畦长，灌水定额仍然较大，灌水过程中存在的渗漏损失亦很大，因此灌溉水的利用效率较低。由于水资源日益紧缺，干旱灾害发生频繁，缺水对农业生产的威胁越来越

重。急需采取综合农业节水技术来减少农业用水，将节约的水用以扩大灌溉面积或者增加工业用水和生活用水。综上所述，该成果具有广阔的应用前景。该成果的推广会带来显著的社会效益与环境效益：一是节省了灌溉水量，可有效地缓解当地水资源紧张的矛盾，为推广区的工农业乃至国民经济的持续发展作出重要贡献；二是为扩大灌溉面积、促进粮食产量稳步发展创造了条件；三是减少了灌区更新改造的投资，通过采用节水措施（如改进地面灌溉、沟畦灌溉、喷灌、非充分灌溉制度、灌溉预报、农艺节水技术等），现有工程均可得到很好的利用；四是避免了地下水的过度开采，确保了地下水环境的生态良性循环。

该成果的应用需要一些监测设备（如土壤墒情监测、作物灌溉预警装置、作物水分信号监测仪等）以及灌溉设施（如喷灌、地面管道灌溉以及关键设备等），其大面积的推广应用可为相关仪器设备以及灌溉设备的开发及产业化带来广阔的市场，促进相关学科以及产业的进一步发展。该成果已在人民胜利渠灌区等引黄灌区和偃师市、温县、沁阳等豫北、豫西伊洛河灌区及豫中井灌区推广应用了 3 万亩，作物产量提高 5.1%，作物水分利用效率提高了 11.3%，农业用水综合成本下降 6.8%。

三、小麦、玉米垄作一体化节水高效技术集成与示范

小麦、玉米垄作一体化节水高效技术主要应用局部灌溉原理，充分发挥作物边际优势，通过减少灌溉用水量实现节水增产的目标，其核心技术是垄作沟灌技术、土壤墒情监测、实时灌溉预报、节水高效灌溉制度。配套技术主要是节水高产品种筛选利用、秸秆还田技术、水肥耦合技术，垄作模式可节约灌溉用水 30%以上。

（一）小麦、玉米垄作一体化节水高效技术体系集成

1. 集成体系

河南省冬小麦、夏玉米一体化生产中小麦群体质量较差、玉米穗重潜力不能充分发挥、水肥利用率和生产效率低、两熟作物产量年际间变化大、生产成本偏高等问题突出。以提高小麦、玉米周年光、热、水、肥等资源高效利用为基本出发点，将两茬作物品种优化配置技术，合理耕作技术，两熟秸秆机械全量还田培肥、肥水优化统筹利用技术，创建优质群体质量等技术进行集成，采用冬小麦、夏玉米全年一体化垄作栽培体系，组装集成冬小麦、夏玉米一体化节水高效技术体系，为超高产的研究打下良好的基础。

该技术是在麦田起垄时，将小麦种植在垄顶上。小麦垄作栽培与传统平作相比有如下优点：改变耕作和种植方式，有利于改良土壤结构；改变地面灌水方式，提高水分利用效率；创新施肥方式，提高肥料利用率；改变种植方式，增加光能截获量，提高光能利用率。此外，垄作栽培更有利于优化小麦群体与个体的关系，发挥小麦的边行优势，达到群体适宜、个体健壮、穗足、穗大、粒重之目的，一般增产 3.0%～10.0%。垄作种植模式主要的适宜区域是河南省平原灌区及深井灌溉地区，主要种植作物为小麦、玉米。

2. 技术模式

品种选用：选用节水性与丰产性优良的小麦、玉米品种。

播种：玉米收获后用秸秆还田机将玉米秸秆粉碎后均匀覆盖于地表，深翻还田，整地后于10月中旬用垄作播种机播种，垄上播种4行小麦；小麦收获后秸秆覆盖地表，玉米采用铁茬播种方式于6月上旬播种，垄上播种2行玉米，小麦秸秆覆盖于垄沟内。

施肥：小麦采用氮、磷、钾配方施肥方式，30%氮肥于拔节期追施；玉米所用肥料均采用追施方式，拔节期60%+孕穗期40%。

灌溉：根据土壤墒情监测情况和灌溉预报结果进行，每次灌溉定额为30 m^3/亩，小麦主要在拔节期与抽穗开花期灌溉，玉米主要在苗期或拔节—抽雄期灌溉。

（二）示范技术要点

1. 技术流程

（1）选择适宜地区。小麦垄作栽培适宜于水浇条件及地力基础较好的地块，应选择耕层深厚、肥力较高、保水保肥及排水良好的地块进行。

（2）精细整地。播前要有适宜的土壤墒情，墒情不足时应先造墒再起垄。如农时紧，也可播种以后再顺垄沟浇水。起垄前深翻土壤20～30 cm，耙平后再起垄。

（3）合理确定垄幅。对于中等肥力的地块，垄宽以75 cm为宜，垄高10～15 cm，垄上种4行小麦（图7-11），这样便于下茬夏玉米直接在垄沟进行复种。

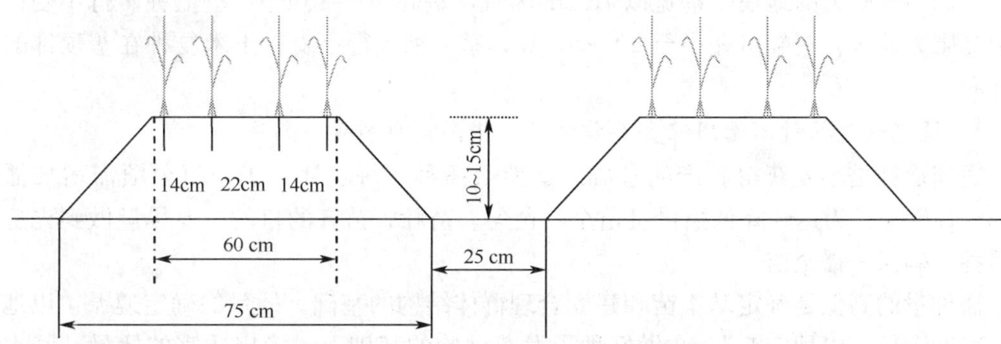

图7-11　小麦-玉米沟垄种植方式示意图

（4）选用配套垄作机械，提高播种质量。用小麦专用起垄、播种一体化机械，起垄与播种作业一次完成，可提高起垄质量和播种质量。

（5）合理选择良种，充分发挥垄作栽培的优势。用精播机播种，在品种的选择上应以分蘖成穗率高的多穗型品种为宜。

（6）加强冬前及春季肥水管理。垄作小麦要适时浇好冬水，干旱年份要注意垄作小麦苗期和春季及时浇水，以防受旱和冻害。

（7）及时防治病虫草害。小麦垄作栽培可有效控制杂草，且由于生活环境的改善，植株发病率和病虫害均较传统平作轻，但仍应注意病虫害的预测预报，做到早发现，早防治。

（8）适时收获，秸秆还田。垄作小麦收获同传统平作一样均可用联合收割机收割，但复种玉米的地块应注意保护玉米幼苗。

（9）垄作与深耕覆盖相结合。

2. 操作规程

小麦垄作高效节水技术适用于水浇地高肥水地块，技术规程如下。

1）合理选择品种，充分发挥垄作栽培的优势

选用分蘖力强，成穗率高的多穗型品种有利于充分发挥垄作栽培条件下的小麦边行优势，提高光能利用率，增加产量。

2）平衡施肥，精细整地，合理确定垄幅

多年的试验结果表明，土壤有机质含量1.2%以上，碱解氮65 mg/kg以上，速效磷25 mg/kg以上，速效钾100 mg/kg以上的地力基础条件有利于充分发挥品种的高产优质特性。在此基础上，基肥要保证每亩施优质农家肥2500 kg左右，磷酸二铵25 kg左右，硫酸钾10～15 kg，并施用少量锌肥和锰肥。玉米秸秆还田条件下还要配施适量氮肥（10～15 kg/亩标准）。

播前要有适宜的土壤墒情，墒情不足时应先造墒再起垄。如农时紧，也可播种以后再顺垄沟浇水。起垄前深翻土壤20～30 cm，耙平除去土坷垃、杂草后再起垄，以免播种时堵塞播种耧影响播种质量。

对于中等肥力的地块，垄宽以75 cm为宜，垄高10～15 cm，垄上种4行小麦；而对于高肥力地块，垄幅可缩小至60～70 cm，垄上种3行小麦，玉米复种在垄顶部的小麦行间。

3）适期精量播种，选用配套垄作机械，提高播种质量

适期播种是小麦获得高产的基础。适期后播种，每晚播一天，每公顷需增加播量3.75～7.5 kg。为达到降低播量且苗全、苗匀、苗壮、苗齐的目的，要尽量做到先造墒再播种，确保一播全苗。

播种量的高低是确定基本苗和建立合理群体结构的基础。播量的确定遵循“以地定产，以产定穗，以穗定苗”，在做好种子发芽试验的基础上，确定适宜的播量，基本苗以10万～12万/亩为宜，一般不可超过15万/亩。播深严格掌握在3～4 cm，出苗后及时补种，消灭疙瘩苗和10 cm以上的缺苗断垄现象。

用小麦专用起垄播种一体化机械，起垄播种一次完成，可提高起垄质量和播种质量，尤其是能充分利用起垄时的良好土壤墒情，利于小麦出苗，为苗全、齐、匀、壮打下良好基础。

4）合理运筹肥水，提高水、肥利用效率，创建理想高效群体

合理运筹肥水，创建高效群体是实现小麦优质高产的关键。高产栽培条件下，提倡氮肥后移技术，不仅有利于创建高效群体，实现高产目标，而且可大大改善小麦籽粒品质。此外，孕穗期补施少量氮肥，不仅可延长叶片功能期，延缓根系衰老，提高群体的后期光合能力，而且可提高籽粒蛋白质含量。

垄作小麦要适时浇好冬水，干旱年份要注意垄作小麦苗期尤其是早春要及时浇水，以防受旱。小麦拔节期追肥（一般亩追5～10 kg尿素），肥料直接撒入沟内，可起到深

施肥的目的。然后再沿垄沟小水渗灌，这样可防止小麦根际土壤板结。小麦孕穗灌浆期应视土壤墒情加强肥水管理，根据苗情和地力条件，脱肥地块可结合浇水亩追施尿素 2.5～5 kg，有利于延缓植株衰老，延长籽粒灌浆时间，提高产量，同时为玉米复种提供良好的土壤墒情和肥力基础。

5）适时收获，秸秆还田

垄作小麦收获同传统平作一样均可用联合收割机收割，但复种玉米的地块应注意玉米幼苗的保护。垄作栽培将土壤表面由平面形变为波浪形，粉碎的作物秸秆大多积累在垄沟底部，不会影响下季作物播种和出苗，因此要求垄作栽培的作物尽量做到秸秆还田，以提高土壤有机质含量，从而达到培肥地力，实现可持续发展的目的。

（三）经济效益分析

1. 节水增产效果分析

（1）革新地面灌水方式，提高水分利用效率。由传统平作的大水漫灌改为小水沟内渗灌，不仅可使灌溉水用量减少 30%～50%，水分利用效率由传统平作的 1.2 kg/m³左右提高到 1.8 kg/m³左右，而且消除了根际土壤的板结现象，有利于小麦根系的生长和土壤微生物的活动。

（2）革新施肥方式，提高肥料利用率。垄作栽培为沟内集中施肥，与传统平作相比，施肥深度相对增加 10～15 cm，肥料利用率提高 10%～15%。

（3）与传统平作相比，小麦垄作栽培的地表特征及种植方式有利于田间的通风透光，从而降低了田间湿度，改善了小麦冠层的小气候条件，不仅明显抑制了小麦纹枯病和小麦白粉病等常见病害的发生，而且促进了小麦茎秆的健康生长。株高降低 5～7 cm，基部节间缩短 3～5 cm，小麦的抗倒伏能力得到显著增强。

（4）该技术不仅有利于充分发挥小麦的边行优势，使小麦的穗粒数增加、千粒重提高，增产达 3.0%～10.0%，而且优化了复种作物的生活环境，有利于全年均衡增产。

（5）该技术实现了农机农艺配套，为大面积推广创造了良好条件。

2. 经济效益分析

据调查，核心示范区建设前三年灌溉地冬小麦与夏玉米平均单产分别为 6700 kg/hm²和 7200 kg/hm²，试区建成后据 2008 年和 2009 年冬小麦与夏玉米综合试验与示范结果显示，其平均单产分别为 7250 kg/hm²和 7880 kg/hm²。示范区建成后冬小麦机耕和人工费用均增加 150 元/hm²，种子费用不变，农药费用减小 150 元/hm²；夏玉米机耕、种子和农药费用均没有变化，人工费增加 150 元/hm²，累计成本增加 300 元/hm²。根据以上数据，试区作物增产效果及经济效益分析见表 7-39。旱地保护性耕作技术在核心示范区应用后，取得了显著的增收效益，合计增收 2400 元。

由表 7-39 可知，示范区实施小麦、玉米垄作一体化节水高效技术后，冬小麦与夏玉米两季作物单位面积平均增产 1430 kg/hm²，增产率 10.29%，单位面积平均净增收效益 2860 元/hm²，节水增产效果显著。

表 7-39　小麦、玉米垄作一体化技术应用效益分析

作物	增产 /(kg/hm²)	单价 /(元/kg)	增产值 /(元/hm²)	机耕费 /(元/hm²)	种子费 /(元/hm²)	农药费 /(元/hm²)	人工费 /(元/hm²)	节省成本 /(元/hm²)	增收效益 /(元/hm²)
冬小麦	750	2.00	1500	+150	—	−150	+150	−150	750
夏玉米	680	2.00	1360	—	—	—	+150	−150	1650
合计	1430	2.00	2860	+150	—	−150	+300	−300	2400

3. 推广应用情况

河南是一个农业大省，对水资源的需求较大。目前农业用水占总供水量的50%以上，由于水资源紧缺，干旱灾害发生频繁，缺水对农业生产的威胁日益严重。该模式在小麦-玉米一年两熟连作条件下，采用垄作方式加深耕作层，充分利用作物的边行优势提高光热及作物的生产效率，应用沟灌技术减少灌水定额，利用垄作方式提高降雨利用率，同时配套节水高产品种、秸秆还田技术和水肥耦合技术，在作物产量维持不变的条件下，最大限度地提高灌溉水的利用效率和作物水分利用效率。在垄作栽培的基础上配套沟灌或隔沟灌能大大减少灌水定额，与畦灌相比，其灌水定额可减少 30%～50%，产量提高了 10%～15%。该成果宜在水资源比较紧缺的井灌区应用。目前，已在豫西、豫北等黄土丘陵井灌区和卫辉市、浚县等豫北灌区推广应用，节水效益明显，有效地缓解了半干旱区农业水资源紧缺的问题。

在近几年的生产实践中，可以看出这套技术有三个显著优点：一是通过最佳的品种搭配接茬，充分利用光热资源和生长季节，避免前后茬相互影响，实现上下茬高产、稳产，是创高产的有效措施；二是通过各种优化配套的栽培措施，可保证在高产前提下，不断提高土壤肥力，避免因玉米长期依靠化肥，导致地力下降；三是避免肥料、水资源及用工的浪费，提高效益，增加收入。小麦、玉米一体化垄作种植，意味着玉米、小麦栽培从单一的栽培格局中摆脱出来，着眼于土地全年的投入与产出，标志着粮食生产新技术趋向综合和配套，有着广阔的发展前景。

四、课题成果

三年来，课题组坚持理论研究与工程实践相结合，及时将科研成果进行示范应用，取得了大量成果，获得大禹水利科学技术奖二等奖 1 项，取得国家专利 4 项，取得计算机软件著作权 1 项；发表相关学术论文 30 余篇；培养中青年骨干 20 余人；培养博士 3 人，硕士 25 人，举办技术培训班 5 期，参与培训农民 2000 余人次，为技术的大面积推广应用奠定了坚实的基础。不同的综合节水技术集成模式在河南半干旱区大面积推广应用后，取得了显著的社会经济效益和生态环保效益：减少了秸秆焚烧所引发的环境污染，提高了耕层土壤有机质含量，培肥了地力，充分利用了降雨且大幅提高了水分利用效率，累计建立示范区 5 万亩，推广应用 50 万亩，净增经济效益 2 亿多元。

参考文献

陈阜，逄焕成．2000．冬小麦/春玉米/夏玉米间套作复合群体的高产机理探索．中国农业大学学报，(5)：12-16

陈万金，信乃诠．1994．中国北方旱地农业综合发展与对策．北京：中国农业科学技术出版社

陈亚新，康绍忠．1995．非充分灌溉原理．北京：水利电力出版社：3-10

陈玉民，郭国双．1995．中国主要作物需水量与灌溉．北京：水利水电出版社

陈玉民，郭国双，王广兴，等．1995．中国主要作物需水量与灌溉．北京：水利水电出版社：45-69

陈玉民，肖俊夫，王宪杰．2001．非充分灌溉研究进展及展望．灌溉排水，(6)：73-75

房稳静．2006．河南省冬小麦干旱灾害风险评估和区划研究．南京：南京信息工程大学硕士学位论文

冯跃志，高传昌．2001．灌溉与排水．北京：中央广播电视大学出版社

高传昌，吴平．2005．灌溉工程节水理论与技术．郑州：黄河水利出版社

龚振平．2009．土壤学与农作学．北京：中国水利水电出版社

郭元裕．2004．农田水利学．北京：中国水利水电出版社：29-30

河南省小麦高稳优低协作组．1986．小麦生态与生产技术．郑州：河南科学技术出版社

黄明．2005．豫西旱坡地小麦保护性耕作的效应分析．洛阳：河南科技大学硕士学位论文

冷石林，韩仕峰．1996．中国北方旱地作物节水增产理论与技术．北京：中国农业科学技术出版社

李成秀．1991．国外农业节水的途径．世界农业，(2)：50-52

李友军，付国占，张灿军，等．2008．保护性耕作理论与技术．北京：中国农业出版社

李远华，罗金耀．2003．节水灌溉理论与技术．武汉：武汉大学出版社

李远华，赵金河，张思菊，等．2001．水分生产率计算方法及其应用．中国水利，(8)：65-66

梁宗锁，康绍忠，石培泽，等．2000．隔沟交替灌溉对玉米根系分布和产量的影响及其节水效益．中国农业科学，6 (33)：26-32

刘继艳，陈长富，户朝旺．2009．浅析我国水资源现状及节水的必要性和途径．农村经济与科技，(4)：56-57

马丽．2008．冬小麦、夏玉米一体化垄作生态生理效应研究．石家庄：河北农业大学硕士学位论文

梅旭荣．2006．节水农业在中国．北京：中国农业科学技术出版社

梅旭荣，蔡典雄，逄焕成，等．2004．节水高效农业理论与技术．北京：中国农业科学技术出版社

逄焕成，李玉义，王婧．2008．中国北方地区节水种植模式．北京：中国农业科学技术出版社

钱蕴壁，李英能，杨刚，等．2002．节水农业新技术研究．郑州：黄河水利出版社

任广鑫，杨改河，聂俊锋．2002．旱地起垄覆膜沟播小麦氮磷钾施肥模型研究．甘肃农业大学学报，3 (37)：316-322

石玉林，卢良恕．2001．中国农业需水与节水高效农业建设．北京：中国水利水电出版社：286-287

唐华俊，逄焕成，任天志，等．2008．节水农作制度理论与技术．北京：中国农业科学技术出版社

王殿武，迟道才，张玉龙．2009．北方农业节水理论技术研究．北京：中国水利水电出版社：3-4

王龙昌．2001．宁南旱区应变型种植制度的机理与技术体系构建．杨凌：西北农林科技大学博士学位论文

王旭清，王法宏，李升东，等．2003．垄作栽培对小麦产量和品质的影响．山东农业科学，(6)：15-17

王育红．2007．豫西旱地保护性耕作对土壤水肥特性及作物产量的影响．北京：中国农业科学院硕士学位论文

吴葱葱，郭洪巍．2000．我国水资源现状与可持续利用问题．海河水利，(3)：1-3

武雪萍．2006．洛阳节水型种植制度研究与综合评价．北京：中国农业科学院博士后研究工作报告

肖世和，蔡典雄．2001．旱地小麦的引进技术．北京：中国农业科学技术出版社

许迪，龚时宏，李益农，等．2007．农业高效用水技术研究与创新．北京：中国农业出版社

杨景兰．2001．浅谈农艺节水措施．农村科技开发，(1)：9-10

张莉华．2008．关于河南水资源现状调查与开发利用的建议．水资源研究，(3)：13-16

张清涛，邱国玉，李莉，等．2006．抑制土壤蒸发的研究进展．中国生态农业学报，14 (1)：87-89

中国自然资源丛书编撰委员会．1995．中国自然资源丛书．水资源卷．北京：中国环境科学出版社

第八章　山西粮经作物高效用水技术

第一节　区域农业用水现状

一、区域水资源现状

（一）自然地理概况

1. 地理位置

山西省位于黄土高原东部，华北大平原西侧，因居太行山以西而得名。地理坐标为110°14′6″～114°33′4″E，34°34′8″～40°43′4″N。南北长约550 km，东西宽约290 km，呈南北狭长的平行四边形。省境四周几乎都被山河所环绕，东依太行山与河北、河南两省为邻，西、南隔黄河与陕西、河南两省相望，北跨外长城与内蒙古自治区毗连。全省总土地面积为15.63万km^2，约占全国总面积的1.63%。全境分属海河流域上游和黄河流域中游，其中，海河流域面积为5.91万km^2，占全省总面积的37.84%；黄河流域面积为9.72万km^2，占全省总面积的62.16%。

2. 地形地貌

山西全境重峦叠嶂，丘陵起伏，沟壑纵横，地形破碎，高差悬殊。大部分地区海拔在1000 m以上。按地形起伏特点，可将全省分为东部山地区、西部高原区和中部盆地区三大部分。

东部山地区以晋冀、晋豫交界的太行山为主干，由太行山、恒山、五台山、系舟山、太岳山、中条山以及晋东南高原和从北至南的一系列山间小盆地组成。区内五台山叶斗峰海拔3058 m，为华北地区最高点，全省最低点位于东部山地区的西南部垣曲县黄河谷地，海拔245 m。

西部高原区是以吕梁山脉为骨干的山地型高原，由芦芽山、云中山、吕梁山等山系和晋西黄土高原组成。最高峰为海拔2831 m的关帝山。黄土高原按地貌分类，自北向南可分为黄土丘陵、黄土沟壑和残垣沟壑三种类型。

中部盆地区呈东北-西南走向纵贯全省，由大同、忻定、太原、临汾和运城等一系列燕行式平行排列的地嵌型断裂盆地组成。高程自北向南梯级下降，大同盆地为1050 m，太原盆地为750 m，运城盆地为400 m。各盆地广泛分布着黄土和冲洪积物，地势平坦、土壤肥沃、经济繁荣、人口集中。

山西地貌为黄土广泛分布的山地型高原，全省山地、丘陵和平原面积的比例，大体为4∶4∶2，其中山地面积6.25万km^2，占全省面积的40.0%；丘陵面积6.29万km^2，占全省面积的40.3%；平原面积3.08万km^2，占全省面积的19.7%。

3. 水文地质

山西省在大地构造上属中朝准地台上的隆起区，总的轮廓是一个大致呈南北向的穹窿地块，地势由西南向东北逐渐昂起，统称山西陆台。

山西陆台位于阴山、秦岭两个东西向皱褶带及河东和石家庄至安阳两个南北向构造带之间，是一个比较活跃的地块。地质时期多次构造运动生成的构造行迹，历经复合、改造和建造，形成现有的各类构造体系和型式。中生代时期的燕山运动，奠定了山西地貌的基本轮廓；古近纪和新近纪以来的喜马拉雅差异性升降运动，该区内表现为隆起区继续上升，凹陷区继续下降的趋势，中部出现彼此相隔的断陷盆地和东部的一些小型山间盆地；第四纪以来的黄土堆积，在地表径流侵蚀作用下，形成谷岭交错、沟壑纵横的黄土高原地貌。

特定的地质构造和在此基础上形成的地貌特征，控制了河流水系的发育，使山西省的河流呈辐射状向省境四周发散；同时，对决定降雨径流关系的水文下垫面、对水文地质条件和地下水动态特征，也是起决定作用的影响因素。

山西省水文地质条件，按含水岩类特性和地下水赋存条件，主要有三大类，即松散岩类孔隙水、碳酸盐岩类溶裂隙水和变质岩及碎屑岩裂隙水。松散岩类孔隙水主要分布在中部盆地区的五大断陷盆地，含水岩组以第四系各种河湖相松散沉积物和冲积洪积地层为主。该类地下水补给来源以大气降水垂直入渗为主，约占补给总量的70%；其次是边山侧向补给和碳酸盐岩类岩溶水。

4. 气候

山西省地处中纬度，属于温带大陆性季风气候。按照全国气候区划，可分为两个气候亚带：恒山以北属中温带，以南属暖温带。按干湿程度分类，可划分为半湿润和半干旱两类气候大区：全省大部分地区为半干旱气候，仅晋东南区域和中高山区为半湿润气候。全省气候基本特征为：四季分明，冬长夏短；春季干燥多风，蒸发量大，素有“十年九春旱”之称；夏季炎热多雨，降雨集中；秋季温和凉爽，阴雨稍多；冬季雨雪稀少，干燥寒冷。省内光温资源丰富，水热组合较好，但旱涝、冰雹、霜冻和大风等灾害性天气经常发生，旱灾是发生频率最高、对农业生产危害最大的自然灾害。

山西省地处黄土高原，气候干燥，日照充足。大部分地区年日照时数为2000～3000 h，年日照率为51%～67%，由北向南递减。全年日照时数各地均以夏季最多，为625～875 h，春季575～800 h，秋季525～725 h，冬季450～650 h。

全省年总辐射量为117～143 kcal①/cm^2，由南向北递增。全省年平均气温4～14℃，分布规律为南暖北凉，受复杂地形影响，又形成许多区域性小气候，使气温分布复杂多样，垂直变化十分明显。最低气温在北部高寒山区，低达－40～－30℃，南部运城地区的最高气温可达40℃以上。各地气温日较差普遍超过20℃。

全省≥0℃年总积温为2700～5100℃，≥10℃年总积温2200～4500℃；无霜期一般

① 1 kcal＝4184 J，后同。

为120～220天，高寒山区不足100天，分布特征为南部长于北部，河谷长于山地。

全省年降水量为380～650 mm，1956～2000年多年平均降水量为508.8 mm。从总量看，基本可满足作物生长所需。但因季节分配不均，地域分布差异明显，年际变化大，加之水土流失严重，天然降水未能充分利用，为严重缺水省份之一。降水的地域分布为：东部多于西部，南部多于北部，山区多于盆地，迎风坡多于背风坡，山地易形成多雨中心。降水的季节分配为：春季占10%～20%，夏季占50%～60%，秋季占20%～30%，冬季占2%～5%。年降水相对变率一般为20%～25%，季节降水相对变率较大，冬季为40%～60%，春秋为25%～45%，夏季降水变率较小，为25%～30%。

全省多年平均水面年蒸发量大致为900～1300 mm。南部运城盆地和中条山以南地区蒸发量大于1300 mm，晋西北及黄河沿岸和大同盆地也大于1200 mm，晋东南及五台山区域蒸发量小于900 mm。蒸发量的季节分配为：冬季蒸发量占年蒸发量的8%～15%，春季为35%左右，夏季为45%，秋季为10%左右。

5. 植被土壤

山西植被群落受气候、地形和土壤等因素影响，从东南向西北依次更替为暖温带半湿润落叶阔叶林与森林草原—暖温带半干旱森林草原与干草原—温带半干旱干草原。

暖温带半湿润落叶阔叶林与森林草原分布在恒山及其以南、吕梁山及其以东的山西各地，较高山地植被茂密，以针叶阔叶混交林为主，较低山地植被稀疏，以草原植物、灌木为主。该区北部农作物可二年三熟，以冬小麦、玉米、谷子、高粱为主；南部农作物可一年两熟，以棉花、小麦为主。暖温带半干旱森林草原与干草原分布在吕梁山以西的黄土高原，该地带原始植被已破坏，次生着较稀疏矮小的草、灌木，农作物中小麦、玉米、谷子、大豆、高粱占较大比例；温带半干旱干草原分布在恒山以北的山间盆地，由旱生多年生草本植物组成，灌木、半灌木占一定比例，随海拔增高，有山杨和落叶松林出现。农作物一年一熟，主要是春小麦、燕麦、胡麻和甜菜等。

受复杂的气候、地形、母质和生物等自然因素和人类生产活动影响，省内土壤类型繁多，存在着一定的水平地带性分布规律：由南向北，气温逐渐降低，降水逐渐减少，风力逐渐增强，干燥度增大；自然植被由森林草原变为干草原；土壤类型也由半干旱型半淋溶土纲的褐土、石灰性褐土，渐变为干旱型钙层土纲的栗褐土和栗钙土；山地土壤类型呈现明显的垂直分布规律，海拔2000 m以上的缓坡区为亚高山草甸土，2000 m以下依次为棕壤、淋溶褐土和山地褐土。

全省土壤肥力状况的总趋势为南高北低，东高西低。耕地土壤有机质平均含量为1.07%，有机质含量<0.8%的耕地占总耕地面积的42.41%；土壤全氮平均含量为0.068%，全氮含量<0.065%的耕地占总耕地面积的59.47%；全省耕地土壤基本属碱性，碳酸钙含量较高，有效磷平均含量为6.76 mg/kg，全省耕地缺磷（<5 mg/kg）面积占总耕地面积的51.15%；速效钾平均含量为131.90 mg/kg，处于中上水平。

（二）水资源概况

1. 水资源量

1）降水量

山西省水资源的主要补给来源是当地大气降水。水汽主要来源于太平洋和印度洋，但山西省地处内陆，距海洋较远，且有太行山屏障，南北狭长，纬度相差6°之多，地跨温带和暖温带，加之地形多变、高差悬殊，山脉多呈北东向或北北东向排列，水汽自南和东南方向入境后，受到层层阻隔，降水自东南向北和西北方向锐减。同时，受地形因素的强烈影响，降水量随高程增加而增大，高山区形成降水量高值中心，山脉背风面和盆地区降水量明显偏少。

全省1956～2000年系列多年平均降水量为795亿m^3，折合雨深508.8 mm，较1956～1979年系列平均值减少22.4 mm，减幅4.2%。1980～2000年全省平均降水量为755亿m^3，折合雨深483.2 mm，较1956～2000年长系列平均值减少25.6 mm，减幅5.03%。时序变化分析表明，20世纪五六十年代是全省降水量丰水期，自70年代开始，全省大部分地区降水量偏枯。1956～2006年降水量过程线如图8-1所示。

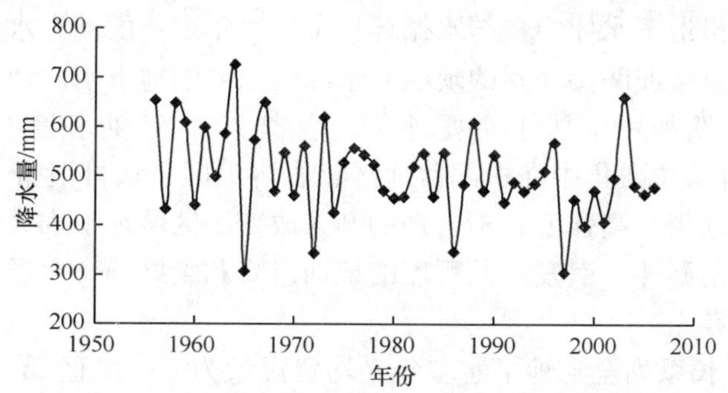

图8-1　山西省1956～2006年降水量过程线图

2）地表水资源

地表水资源量又称为河川径流量。受东亚季风环流支配，山西省地表水的年内分配表现为典型的夏雨型，即地表径流量的丰枯特征与降水量相对应，径流集中程度取决于雨季持续时间和降水量集中程度，同时，由于下垫面的多样性和复杂性，在变化幅度上较降水更为强烈，小面积河流，特别是山溪性河流或季节性河流，流域调蓄能力差，河道常处于干涸状态。一般情况下，多年平均连续最大4个月径流量占年径流量的比例，省内大部分地区为50%～80%，出现月份为7～10月或6～9月。

如图8-2所示，1956～2000年长系列全省地表水量均值为86.77亿m^3，较1956～1979年系列均值相比，全省地表水平均减少幅度为24.2%，1980～2000年地表水量多年平均值为72.89亿m^3，较1956～2000年系列平均值减少13.91亿m^3，减幅16.0%。尤其是1980～2000年系列与1956～1979年系列比较，降水量偏枯9.4%，而地表水量偏枯36.3%。地表水减少的原因：一是降水量减少对径流量的非线性影响，使径流量减少幅度远大于降水量减幅；二是人类活动逐渐加强，通过改变下垫面条件影响了流域的产流机制，从而使得径流减少。研究结果表明，全省大部分河流地表水减少量的60%左右是人类活动影响所造成的，在多种影响活动中，煤炭开采、地下水超采和水土保持对地表水的影响程度最为严重。

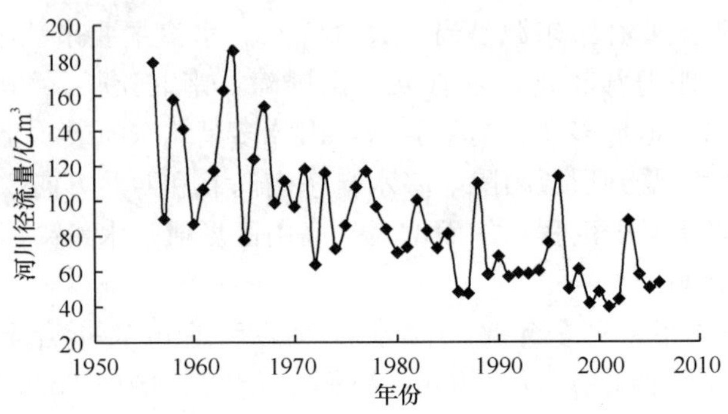

图 8-2 山西省 1956～2006 年河川径流量过程线图

3）地下水资源

地下水资源是指地下水体中参与水循环且可以逐年更新的动态水量，主要是指与大气降水和地表水有直接或间接联系的现状开采深度以内的地下水。地下水资源的开发利用在山西水资源开发利用中居于主要地位，全省 2000 年供水量中地下水供水量占62.78%。地下水开采主要集中在中部盆地区、岩溶山区泉域排泄带，其次为一般山丘区山间盆地及河谷地带。高强度、不合理的开采改变了区域地下水天然流场，形成了多处大面积地下水降落漏斗，引发不同程度的地面沉降和裂缝、含水层疏干、水质恶化等一系列环境地质问题。

1956～2000 年长系列全省地下水多年平均资源量为 86.35 亿 m^3，其中降水入渗补给量为 84.04 亿 m^3。全省平均降水入渗补给模数为 5.38 万 $m^3/(km^2 \cdot a)$；1980～2000 年短系列地下水多年平均资源量为 81.74 亿 m^3，其中降水入渗补给量为 79.43 亿 m^3。1980 年以后降水量减少是短系列资源量减少的主要原因。

4）水资源总量

水资源总量是指当地降水形成的地表和地下产水量（区域产水量），即地表径流量与降水入渗补给量之和。1956～2000 年长系列全省多年平均水资源总量为 123.8 亿 m^3，其中，地表水资源量为 86.77 亿 m^3，地下水资源量为 84.04 亿 m^3，河川基流量（重复量）为 47.01 亿 m^3。1980～2000 年短系列全省多年平均水资源总量为 109.3 亿 m^3，其中，地表水资源量为 72.9 亿 m^3，地下水资源量为 79.5 亿 m^3，河川基流量（重复量）为 43.13 亿 m^3。与第一次（1956～1979 年系列）水资源评价结果比较，长系列降水量减幅 4.7%，水资源总量减幅 12.9%；短系列降水量减幅 9.5%，水资源总量减幅 23.0%（表 8-1）。近年来，山西水资源出现了大幅度衰减趋势（图 8-3），1990 年以来的年平均水资源量只有 96.3 亿 m^3，人均水资源占有量已经下降到不足 300 m^3。根据中国科学院 2000 年可持续发展研究报告，山西在全国 31 个省、市区水资源指数

（依据人均、单位面积平均水资源量）排序 29 位，水资源形势十分严峻。1998～2000 年全省水资源的开发利用率高达 68%，早已超出了国际公认的用水高度紧张标准（20%～40%）。

表 8-1　山西省历次水资源评价采用不同系列的水资源情况

水文系列	年降水量 /mm	河川径流量 /亿 m^3	地下水资源量 /亿 m^3	水资源总量 /亿 m^3
1956～1979 年	534	114	93.3	142
1956～2000 年	508.8	86.8	84.0	123.8
1980～2000 年	483.2	72.9	79.5	109.3
1956～2000 年比 1956～1979 年系列减少/%	4.72	23.9	9.9	12.9
1980～2000 年比 1956～1979 年系列减少/%	9.5	36.1	14.8	23.0

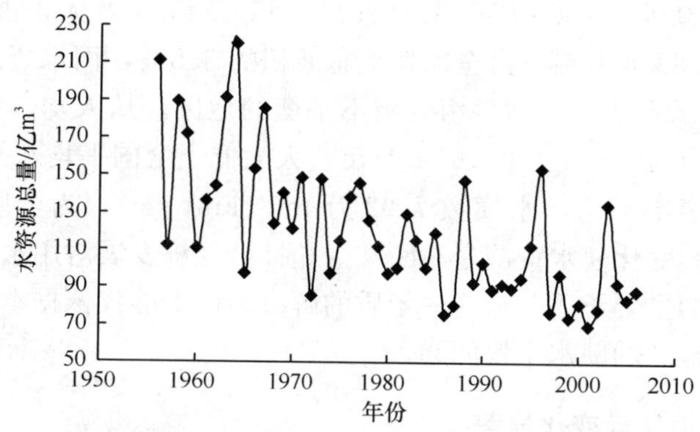

图 8-3　山西省 1956～2006 年水资源总量过程线图

2. 水资源开发利用状况

2005 年全省国民经济各部门总用水量为 63.59 亿 m^3，其中工业用水量为 15.56 亿 m^3，农业灌溉及林牧渔业用水量为 38.24 亿 m^3，城镇生活用水量为 6.19 亿 m^3，农村生活用水量为 3.6 亿 m^3，分别占用水总量的 24.5%、60.1%、9.7%、5.7%。农业灌溉及林牧渔业是山西省用水大户，工业用水次之。用水量组成如图 8-4 所示。

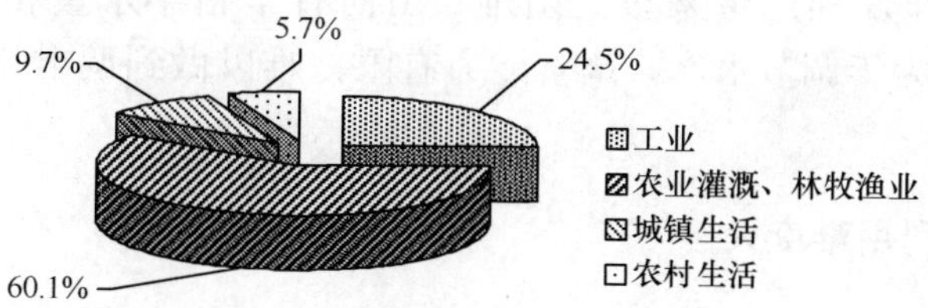

图 8-4　山西省各部门用水量组成图

1990～2005年全省年用水总量变化为60.21亿～67.74亿m^3，20世纪90年代以来，随着产业结构调整、供水不足、节水和科技水平的提高，山西省在社会经济发展的同时，总用水量呈缓慢增长趋势，生活用水上升较快，工业用水缓慢增长，农业灌溉用水保持平稳。

全省水资源开发利用率为46.5%（按全国评价标准，水资源开发利用率超过40%为高开发利用区）。全省多年平均水资源可利用量为83.77亿m^3，占多年平均水资源总量的67.7%。据1990～2005年实际资料显示，山西省水资源开发利用程度为74.8%，其中，地表水开发利用程度为51.58%，地下水开发利用程度达到了77.4%。今后的水资源开发利用重点是地表水资源和非传统水源。

（三）水资源主要特征

1. 总量不足，供需矛盾突出

干旱少雨的气候背景和沟壑纵横的地形地貌条件决定了山西省水资源的天然不足，为整体性的资源型缺水。2000年，山西省总人口3245.8万人，占全国人口总数的2.6%，耕地面积6883.4万亩，占全国耕地总面积的3.5%，而水资源总量仅占全国的0.5%，是我国水资源与人口、耕地组合极不平衡的地区。从人均、亩均占有水资源量来看，山西省分别为381 m^3/人和180 m^3/亩，大大低于全国平均水平的2200 m^3/人和1700 m^3/亩。全省多年平均产水模数7.92万m^3/(km^2·a)，为全国平均产水模数的28.1%。特别是气候变化使水资源量不断减少和社会经济发展对用水量的日益增长，是山西省水资源面临的主要矛盾。且这一矛盾的解决，已不能仅依据本地水资源，需从外流域调水来解决该地区的缺水干旱问题。

2. 丰枯悬殊，年（内）际变化显著

山西省水资源的主要补给来源为当地降水，河流属于自产外流型，降水和径流具有同丰、同枯的特点，自然降水的变化对水资源，特别是对地表径流有直接影响。首先，降水的季节性分配极不平衡。受季风气候影响，降水主要集中在夏季的6～9月，降水量约占全年降水的60%～80%。雨热同季虽然具有较高的气候生产潜力，但过度集中的降水径流极易形成季节性旱涝，降水与作物生长需水错位；其次，降水资源的年际变化剧烈。山西省多雨年与少雨年降水量可相差2～3倍，年平均变率为15%～26%。不稳定的季风气候特征造成年际间降水量的巨大差异，是洪、涝、旱灾频繁的根本原因，也给地表水资源的开发利用带来很大困难。山西省丰枯年水量相差悬殊，极值比为2.9～21.0，水库均为年调节水库，调蓄能力有限，难以做到调丰补枯，丰水年弃水不可避免。

3. 地高水低，开发利用难度大

山西省地处黄土高原，山区丘陵面积占全省总面积的80%，是我国严重的水土流失区。特定的自然地理条件，使得有限水资源的开发利用难度大。蓄、引、提水工程的

缺乏、不配套和老化失修等问题，形成了部分区域的工程型缺水。自然因素加上长期不合理的人为活动破坏，加剧了水土流失，河流泥沙含量高，造成水库、渠道、河床的淤积，进一步增大了水资源的开发利用难度，全省已修建的水库泥沙淤积量为13.2亿m^3，占总库容的30%。尤其是晋西沿黄河各支流，是黄河泥沙的主要产区。尽管多年坚持连续的水土保持治理，输沙模数仍高达5910 t/(km^2·a)，为全省平均输沙模数的3倍之多。

4. 污染超采，水资源环境恶化

随着社会经济的发展，不仅水资源短缺的问题越来越严重，而且水质污染、水环境恶化等生态问题也伴随而生。从水质看，1990年水质较1982年有明显恶化趋势；2000年与1990年比较，污染程度有所下降，水质恶化趋势有所遏制，但污染范围仍在扩大。全省大中型水库水质均已受到不同程度污染，部分地区浅层地下水受到不同程度污染。从地下水超采看，全省大同、忻定、太原、临汾、运城和长治六大盆地中，只有长治盆地地下水处于采补均衡状态，尤其以太原、运城两大盆地超采严重。现状盆地超采区面积达6561 km^2，占五大盆地区面积的25.21%，其中严重超采区面积达3141 km^2，占超采区面积的47.87%。超采区主要分布在几大城市及工农业集中开发带，已出现不同程度的地面沉降和裂缝，使浅层地下水遭到不同程度污染，并有高氟（砷）水中毒发病现象。此外，煤炭开采对山西省水资源量的减少和水质污染也有重要影响。据测算，现状生产条件下，煤矿坑排水量每年约3.0亿m^3，吨煤破坏的地下水动（静）储量为2.54 m^3，对水资源的破坏价值为13.32～13.72元/t。

5. 效益不高，水资源浪费严重

山西省水资源开发利用率为46.5%，水资源开发利用程度为77.4%，为高度开发利用区，这意味着全省的水资源开发利用潜力有限。但其用水效益则不高，2000年，山西省工业万元产值用水量指标为67.2m^3，是天津市的3.95倍，山东省的1.98倍。用水指标存在的差距说明：山西省的工业结构总体上仍属于高耗水型，水资源浪费严重。农田灌溉用水是山西省用水的第一大户，占全省各行业总用水量的64% 。但目前全省平均灌溉水利用系数仅为0.46左右（其中渠系水利用系数约为0.66，田间水利用系数约为0.70），和节水规范要求0.68相比有很大差距，即约有54%左右的农业灌溉用水被浪费。

二、农业用水现状

（一）作物种植与产量水平

2003年全省年末总耕地面积6251.13万亩，其中，水浇地1642.86万亩，占总耕地面积的26.3%，纯旱地4197.95万亩，占总耕地面积的67.2%。全省农作物总播种面积为5561.93万亩，其中，粮食作物种植面积为4250.46万亩，占农作物总面积的76.42%，油料种植面积484.55万亩，占农作物总面积的8.71%，棉花137.18万亩，占农作物总面积的2.46%，蔬菜477.58万亩，占农作物总面积的8.56%，药材55.38万亩，占农作物总面积的1.00%。在粮食作物中，按作物类型分，谷物3170.95万亩，其中，小麦1080.83万亩，玉米1373.18万亩，稻谷4.66万亩，谷子351.23万亩，高粱89.34万亩，其他谷物271.71万亩；豆类作物种植面积532.5万亩，其中，大豆310.89万亩，杂豆221.61万亩；薯类547.07万亩，其中，马铃薯469.07万亩，红薯78万亩。

山西由于受自然气候与水资源的限制，农业生产总体水平不高。全省2003年粮食总产量为958.87万t，居全国第20位，占全国粮食总产量的2.23%，其中，小麦总产量为255.98万t，玉米476.95万t，稻谷1.24万t，大豆29.8万t，马铃薯79.26万t；单位面积产量225.6 kg/亩，居全国第26位，其中，小麦236.9 kg/亩，玉米347 kg/亩，稻谷265.5 kg/亩，大豆96 kg/亩，马铃薯169 kg/亩；人均粮食占有量为293.4 kg，居全国第21位；全省农林牧渔业总产值为403.5887亿元（按2003年现行价格计算），其中，种植业产值249.4512亿元，占农业总产值的61.81%；全年农民人均纯收入2299.4元，位居全国第17位。

新中国成立以来，山西农业种植业结构发生很大变化，特别是粮食、蔬菜、果树等作物在种植面积、比例上都有较大变化。一是粮食作物比例逐年减少，由1950年的92%下降为2003年的76%，但粮食总产量保持稳定增长（图8-5，图8-6）；二是需水量较大的蔬菜、果树等面积逐年扩大，比例稳定上升，油料作物呈上升趋势（图8-7），特别是改革开放以来，蔬菜、水果种植面积成倍增长。这种变化在一定程度上使农业用水资源更加紧张。

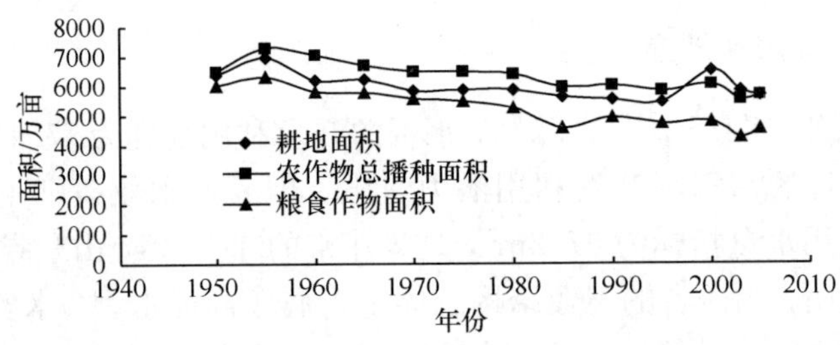

图8-5　农作物种植面积变化

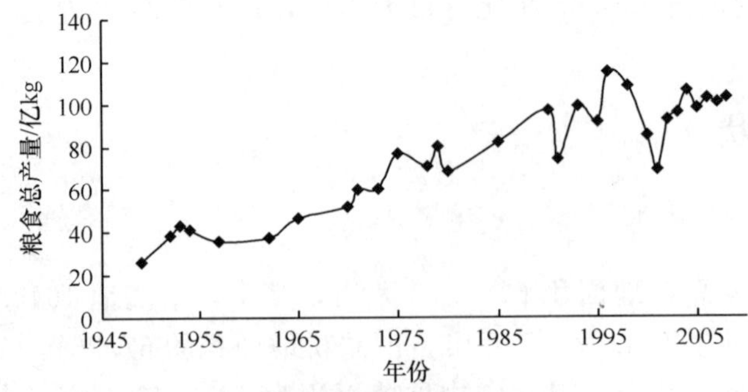

图8-6　山西省粮食总产量变化图

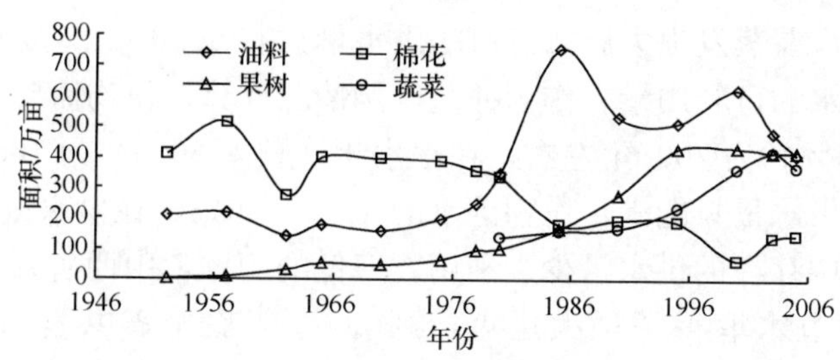

图 8-7　经济作物种植面积变化

（二）农业用水状况

1. 农业灌溉用水量

2000 年山西省农业用水（灌溉用水）量为 42.89 亿 m^3，占全省国民经济各部门总用水量的 64.4%，是第一用水大户。尽管农业用水量比重最大，但实际又是受水资源紧缺和经济发展影响最大、缺水最多的行业。农业用水量占国民经济各部门总用水量的比例，已由 1979 年的 78.6%下降到 2000 年的 64%。新中国成立以来，全省的农田灌溉面积有了长足的发展（图 8-8）。全省现有灌溉面积 1925.2 万亩，有效灌溉面积 1880.3 万亩，占耕地面积的 29%左右。在全省有效灌溉面积中，万亩以上的自流灌区 669.4 万亩，机电灌区站 497.9 万亩，纯井灌区 569.2 万亩，小型水利灌区 143.5 万亩。但实际灌溉面积仅达有效灌溉面积的 85%左右。

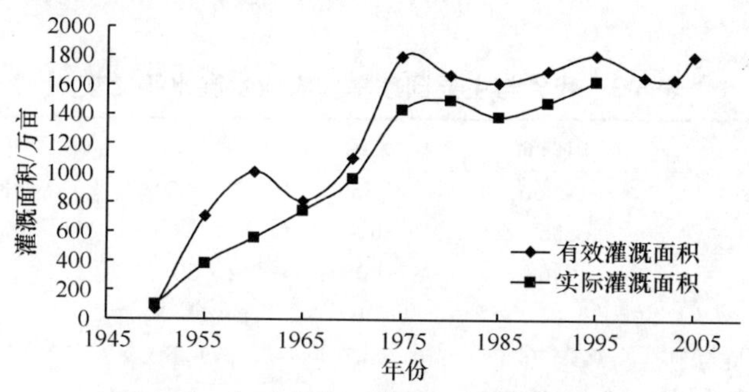

图 8-8　山西省农田灌溉面积发展变化图

在此情况下，近几年来全省水浇地有效面积的亩均毛供水量不足 200 m^3，其供水量之少，在我国西北、华北干旱、半干旱地区的 11 个省市中，居于最末位。1999 年、2000 年西北、华北 11 个省市的有效灌溉面积亩均供水量的排序情况见表 8-2。

表 8-2　我国西北、华北 11 个省市有效灌溉面积亩均供水量排序

［单位：m^3/(亩 · a)］

年份	全国	宁夏	青海	甘肃	内蒙古	北京	陕西	天津	河北	山东	河南	山西
1999 年	484	1352	647	628	455	365	305	292	286	275	234	201
2000 年	420	1192	535	534	390	286	257	225	232	229	177	192
两年平均	452	1272	591	581	422	326	281	259	259	252	206	197

资料来源：表中数据由中华人民共和国水利部《中国水资源公报 1999》、《水利统计年鉴 2000》及《2000 年中国水资源公报（附件）》三份材料数据计算得出。

扣除渠系田间渗漏蒸发损失后，每亩净供水量只有 90.6 m³。按照多年灌溉试验及不同频率情况下降水的可利用量、作物种植比例情况计算，作物需要亩净灌溉水量在中等干旱年（频率 75%）为 200 m³左右，在平水年（频率 50%）为 160 m³。以此标准衡量，目前亩净灌溉供水量只能满足作物需水的 45%～56%，在供水量上有很大的缺口。

针对农田灌溉中存在的供水量少、利用效率低的问题，山西省开展了大批的节水灌溉工程建设。农业节水取得了很大进展，到 2000 年底全省共有节水灌溉工程面积 1080.7 万亩，其中喷灌 193.8 万亩，滴灌 28.2 万亩，低压管灌 592.4 万亩，渠道防渗控制面积 266.3 万亩。节水灌溉工程面积已占到全省有效灌溉面积 1880 万亩的 57%。通过节水农业建设，全省渠系水利用系数由 20 世纪 90 年代初的 0.59 提高到现在的 0.66，灌溉水利用系数由 0.404 提高到现在的 0.46，年减少灌溉用水损失 2.4 亿 m³。

2. 农业用水效率

山西省农田灌溉水利用系数为 0.464，其中渠系水利用系数约为 0.66，田间水利用系数约为 0.70。这也就是说，大约有 54%左右的灌溉引水量损失于渠系或田间的渗漏（包括部分蒸发），而未用于农作物的蒸散消耗上。与全国水平相比处于上中游，但和节水灌溉规范要求的 0.68 相比，还有很大差距，与世界先进国家相比差距更大。在农田的水分生产率上，目前全省每立方米水量生产的粮食作物产量为 0.75～0.95 kg，只相当于世界先进水平的 1/2 左右，和国家规范要求的 1.2 kg 相比，在用水效率上也有相当的差距，见表 8-3。

表 8-3　我省与主要国家旱作农业发展水平比较

内容	山西省	美国	澳大利亚	印度	以色列
旱作区降水/mm	＞350	＞350	＞350	＞350	＞400
降水利用率/%	35	60	60	55	70
灌溉水利用率/%	46	60	55		85
耕地灌溉率/%	26	＜10	15		50
每毫米降水生产粮食/(kg/亩)	0.2～0.5	0.67	0.6	0.47	
每立方米灌水生产粮食/kg	0.75～0.95	1	0.9	0.7	2.8

山西省年降水量为 400～650 mm，降水少是旱地农业生产的限制因素，但降水保蓄率低、作物的水分利用效率低是问题的关键。在有限的降水中，因水土流失径流损失的水分约占降水量的 20%，休闲期和作物生长初期的土壤水分无效蒸发占降水的 45%，真正用于作物生产利用的降水仅占总量的 35%。每毫米降水生产粮食仅 0.2～0.5 kg/亩，和发达国家相比，还有 20%～25%的降水利用空间没有充分发挥作用。

三、干旱缺水状况

（一）降水呈明显减少趋势

1950～2003 年，全省 54 年累计年平均降水为 488.6 mm，降水年际变化较大，最大降水年为 1964 年，降水量为 705 mm，最小降水年为 1955 年，降水量为 252.5 mm。

南北分布不均，从东南向西北雨量递减。南部年平均降水量为 441.2～626.8 mm，中部为 420.5～524.0 mm，北部为 367.2～427.2 mm。从每 10 年平均情况来看，20 世纪 50 年代、60 年代、70 年代、80 年代、90 年代全省平均降水量分别为 525.4 mm、520.5 mm、485.4 mm、483.6 mm、455.3 mm，呈明显减少趋势，从 50 年代到 90 年代减少了 70.1 mm。从降水量分等级看，年降水量小于 400 mm 出现的年数由 60 年代的 10%上升到 90 年代的 20%；年降水量在 400～500 mm 出现的年数由 60 年代的 20%上升到 90 年代的 70%；而年降水量在 500～600 mm 出现的年数由 60 年代的 60%降到 90 年代的 10%；年降水量大于 600 mm 的年数由 60 年代的 10%降到 90 年代的 0。特别是进入 90 年代以来，年降水量多在 450 mm 左右，而且对作物有效降水的次数愈来愈少。

（二）干旱发生频繁，旱情加重

1. 干旱发生概率上升

“十年九旱”是山西旱情发生频率的基本规律。据记载，山西省历史上发生的 624 个旱灾年中，近代（1840 年）以前共发生 518 年次，平均 4.8 年一遇；近代（1840～1912 年）共发生 51 年次，平均 1.4 年一遇；现代（1912～1949 年）共发生 27 年次，平均 1.3 年一遇；当代（1949～1990 年）共发生 31 年次，平均 1.3 年一遇。从 1949～2003 年的 54 年中，全省出现干旱的年份共有 48 次，除 1954 年、1956 年、1964 年、2003 年基本无旱情外，其余年都有大小不等的旱情。平均 1.1 年即有一次，这符合山西“十年九旱”之规律。从全省性、跨区性的旱灾频率看，20 世纪 60 年代、70 年代、80 年代基本上是十年一遇，而进入 90 年代就发生了两次（1991 年、1997 年），且出现了 1997 年夏季、1998 秋季、1999 年冬季、2000 年春季全省性重旱年。可见无论是季还是年，进入 90 年代以后，重旱发生频率明显增加。如果按区域划分，晋南、晋中、晋北和晋东南的干旱频率分别为 31.3%、28.4%、26.7%和 13.6%。从干旱类型看，春旱频率最多，占 26%，其次为春夏连旱占 21.7%，夏秋连旱占 12.6%，春夏秋连旱占 11.7%，秋旱（冬麦播种时旱）占 7.0%，全年旱占 5.4%，跨年旱占 2.7%。事实上，在山西这样的气候条件下，干旱年年发生，唯有干旱程度轻重和区域分布大小之别。

2. 受旱面积及成灾率上升

旱灾指在旱情发生后由于水源、水利基础条件或经济条件的限制，而造成农田减产或城镇工业生产受到损失的现象。农田减产 3 成以上面积称为成灾面积，其中减产 8 成以上叫绝收。干旱一般是长期气候现象，而旱灾却不同，它只是属于偶发性的自然灾害。干旱与其他气象灾害比较，成灾率最高，是制约山西农业经济发展的主要威胁。新中国成立以来，因气象灾害平均每年受灾与成灾面积各占全省总耕地面积的 36.9%和 23.4%，其中干旱受灾面积达 25%，干旱成灾面积达 16.7%。不同年代受旱面积和成灾面积见表 8-4。受旱面积由 20 世纪 50 年代的平均 85.2 万 hm^2 上升到 90 年代的 177.4

万 hm²，成灾率由 60 年代的 68%上升到 90 年代的 75.3%。90 年代旱情加剧，平均每年受灾面积达 177.4 万 hm²，成灾面积达 133.6 万 hm²，成灾率为 75.3 %。其中，1991 年大旱，受旱面积 270 万 hm²，1997 年受旱面积 285.1 万 hm²，成灾面积 218.3 万 hm²，成灾率 76.6%。

表 8-4 旱灾面积及成灾率统计表

时期	受旱灾面积/万 hm²	成灾面积/万 hm²	成灾率/%
20 世纪 50 年代	85.2	67.9	79.7
20 世纪 60 年代	147.3	100.2	68
20 世纪 70 年代	197.5	79.1	40.1
20 世纪 80 年代	124.9	62.8	50.2
20 世纪 90 年代	177.4	133.6	75.3

（三）农田灌水严重不足，供需矛盾突出

山西省现有 1800 余万亩水浇地，但实际供水保证率差别很大，对作物产量影响也很大。根据单位面积可灌水次数，可将全省灌区分为 5 类：第一类年灌水次数 4 次以上，为保证水地，以清泉自流灌区为主，产量水平为 7.5 t/hm²，其面积占总水地面积的 5.9%；第二类年灌水次数 2.5～4 次，为基本保证水地，以清泉水和井灌区为主，产量水平为 6.67 t/hm²，占 14.8%；第三类年灌水次数 1.5～2.5 次，为一般水地，产量水平 5.47 t/hm²，占 25.8%；第四类年灌水次数 0.9～1.5 次，为保播种水地，产量水平 4.68 t/hm²，占 32.5%；第五类年灌水次数 0.9 次以下，为不稳定保播种水地，主要是一些泵站灌区，产量水平为 4.38 t/hm²，其面积占全省水地总面积的 21%。

现有水浇地有效灌溉面积亩均实供毛水量不足 200 m³，如扣除渠系田间渗漏蒸发损失后（灌溉水利用系数，即供田间作物蒸腾蒸发的水量与灌区渠首毛引水量之比，现状约为 0.46)，每亩净供水量只有 91 m³。按照多年灌溉试验及不同频率情况下的降水的可利用量、作物种植比例情况计算，作物需要亩净灌溉水量在中等干旱年（频率 75%）为 200 m³左右，在中等年（频率 50%）为 160 m³。以此标准衡量，目前亩净灌溉供水量只能满足作物需水的 45%～56%，在供水量上有很大的缺口。山西省主要作物需水与供水需求状况见表 8-5。

表 8-5 山西省主要作物需水与供水需求分析

作物	生育期需水量/m³	生育期内降水量/mm	生育期内需灌水量/m³
小麦	260～400	150～250	150～200
玉米	200～360	200～350	120～200
棉花	300～420	200～350	200～300
白菜	230～460	50～100	200～320
番茄	400～420	180～230	320～400
黄瓜	420～533	180～210	320～400

续表

作物	生育期需水量/m³	生育期内降水量/mm	生育期内需灌水量/m³
茄子	310～420	180～210	310～643
青椒	180～300	150～250	120～180
苹果	250～350	350～550	80～200
葡萄	300～400	350～550	120～240
梨	350～450	350～550	150～260

(四) 旱作农田"靠天吃饭"，产量波动性大

从全省115个县（市、区）中选择了具有代表性的32个县（市、区），利用各县1955～1990年逐月的降水资料，模拟计算分析了只依靠天然降水满足作物生长的需水程度及因水分不足抑制农作物产量的程度。若以*KE*值代表只依靠天然降水能满足作物需水量的程度，以*K*值代表只依靠天然降水的产量达到潜在产量（水分充足条件下的产量）的比值，对于冬小麦、春小麦、玉米、棉花等几种主要农作物的分析结果见表8-6。

表8-6 山西省几种主要农作物只依靠天然降水满足农作物需水程度的分析结果

作物	依靠天然降水满足作物需水程度及达到潜在产量的程度/%							
	多年平均值		降雨频率（10%）（丰水）		降雨频率（50%）（平水）		降雨频率（75%）（中等干旱）	
	KE	*K*	*KE*	*K*	*KE*	*K*	*KE*	*K*
冬小麦	0.526	0.333	0.720	0.551	0.498	0.293	0.416	0.225
春小麦	0.381	0.183	0.506	0.290	0.375	0.174	0.311	0.121
玉米	0.569	0.471	0.755	0.680	0.752	0.456	0.467	0.366
棉花	0.576	0.564	0.805	0.806	0.586	0.558	0.459	0.436

从表8-6可知，中等干旱年（降雨频率75%）依靠天然降水，只能满足冬小麦需水的41.6%，产量只能达到潜在产量的22.5%，只能满足玉米需水的46.7%，产量只能达到潜在产量的36.6%。对于中等年份（频率50%），利用天然降水，也只能满足冬小麦需水的49.8%，达到潜在产量的29.3%，受阻产量占到潜在产量的70.7%；玉米只能满足需水的57.2%，达到潜在产量的45.6%，受阻产量占到潜在产量的54.4%。丰水年与干旱年份粮食产量可相差2.12倍。全省旱年与丰水年粮食产量相差20亿～40亿kg。

旱作农田基本处于"靠天吃饭"的境地。据吴永利等（2009）对近45年来山西省气候资料研究，山西省气候生产潜力为645.2～972.6 g/(m²·a)，年际间变化波动较大。山西省2001～2005年粮食平均产量为3143.6 kg/hm²，同期气候生产潜力为846.76 g/(m²·a)，粮食产量仅达到气候生产潜力的37.1%。同时，降水与同期气候生产潜力关系密切，相关系数在0.9以上，年降水增减1 mm，导致区域气候生产潜力

增减变化为0.474～1.138 g/(m^2 · a)。山西省年降水相对变率一般为20%～25%，在“十年九旱”的自然气候条件下，不同降水频率年的农作物产量起伏波动幅度很大。粮食总产量从丰水年1996年的114.8亿kg在干旱的2001年锐减到69.2亿kg，减产幅度达40%。干旱成灾造成上百万人返贫，几百万人饮水困难，全省农村种植业产值呈连续下降趋势，农民收入减少、缺粮、贫困问题直接影响到社会的稳定。

四、农业高效用水技术及存在问题

（一）农业高效用水技术发展现状

1. 发展历程

坐落在缺水干旱的黄土高原上的山西省，自古以来就同旱魔斗争，推行“区田法”和“保墒农法”，在旱区挖掘“旱井”、“涝池”，在泉水区设置“瓦管渗灌”，具有了农业高效用水的雏形。新中国成立以来，全省人民艰苦奋斗，改造穷山恶水，农田水利工作取得显著成效。在第一个至第四个五年计划期间，全省相继开展了全民大办水利、平川地区挖潜改造、打井配套，丘陵地区建设“大寨式”农田等一系列治山治水、改天换地的群众运动，有效地扩大了水田水浇地面积。1975年，全省有效灌溉面积104.273万hm^2，比1949年增长了3.1倍。但真正明确提出山西是一个严重缺水的省份，是自1982年召开全省第一次水资源评价会议以后。高度重视节水，将节约用水作为解决水资源短缺的重要对策。在城市生活、工业、农业用水等方面开展了深入持久的节水工作。20年来在总用水量没有增长的情况下，通过节约用水、高效用水和合理配置基本保障了国民经济发展对水的需求。

进入21世纪后，针对全省面临水资源日趋短缺、水供给日趋紧张、水环境日趋恶化的严峻局面，水的问题已经成为制约经济社会发展的“软肋”和“短板”，成为危及子孙后代、危及长远发展的最大隐患。为了有效缓解山西水资源短缺状况，促进水资源合理开发利用和有效保护，保障国民经济和社会持续健康快速发展，山西省委、省政府2007年按照“西引黄河、东抓拦蓄、腹部盆地突出水资源节约和保护，两翼边山全方位实施生态恢复与建设”的总体布局，提出实施“兴水战略”，包括全面启动应急水源工程、农田水利灌溉、水土保持淤地坝、农村饮水安全、城乡节水、地下水及水源地保护六大水利建设工程。这些工程的实施，将使全省供水能力从目前的65亿m^3增加到75亿m^3，用水总量增长速度控制在10%以内，万元生产总值用水量要从155 m^3降到100 m^3，工业用水重复利用率达到85%，农业灌溉水利用系数要从现在的0.47提高到0.56，保证每年节约出4亿m^3的农业用水。

2. 灌溉农业高效用水技术

山西省农田灌溉面积约占总耕地面积的30%，灌溉农田生产粮食占全省粮食总产量的50%～60%，受气候条件的影响较小，产量比较稳定，在山西省种植业生产中发挥着重要作用。到2008年年底全省共有节水灌溉工程面积1080.7万亩，其中喷灌193.8万亩，滴灌28.2万亩，低压管灌592.4万亩，渠道防渗控制面积266.3万亩。

节水灌溉工程面积已占到全省有效灌溉面积1880万亩的57%。通过节水农业建设，全省渠系水利用系数由20世纪90年代初的0.59提高到现在的0.67，灌溉水利用系数由0.404提高到现在的0.47，年减少灌溉用水损失2.4亿 m^3。正由于农业节水所发挥的重要作用，山西农业在灌溉水量减少近10亿 m^3 的情况下粮食产量和灌溉面积都保持了增长。

支撑着节水灌溉事业的发展，山西省水利研究部门对全省主要粮菜作物先后进行了充分供水灌溉制度、非充分灌溉制度、限额供水灌溉制度和储水灌溉、覆盖节水灌溉技术研究。基本明确了主要作物的需水量、耗水量、水分生产函数和生育阶段水分敏感系数。

3. 旱作农业高效用水技术

山西省是以旱地农业为主的省份，旱作农田占总耕地面积的2/3以上，勤劳智慧的山西人民在长期的生产实践中，创造和积累了丰富的旱作农业经验，全省涌现出一批以“三庄一寨”为代表的旱作农业高产典型，即壶关县晋庄“秋耕壮垡、三墒整地”旱地谷子高产经验，闻喜县东官庄“纳雨蓄墒、伏雨春用”旱地小麦高产经验，屯留县王公庄“机械深耕、秸秆还田”机械化旱作农业技术，昔阳县大寨根治“三跑田”建设“海绵田”高产经验。党的十一届三中全会以来，广大农业科技工作者将传统旱作技术精华和现代科技相结合，使旱作农业技术更加完善和成熟，由传统的、单项的技术向现代的、系统综合配套的旱作农业技术体系发展。优良品种、地膜覆盖、秸秆覆盖、测土施肥、集雨补灌和保护性耕作技术使旱地农业生产力得到大幅度提升。

2007年山西省实施“2000万亩耕地综合生产能力建设工程”，其中包括推广以蓄水、保水、调水、集水、节水为主要内容的旱作农业技术，配套秸秆还田、增施农家肥、测土配方施肥、粮肥轮作、合理耕作等培肥措施，建设高标准旱作农田1500万亩。目标是：农田基础设施明显改善，土壤有机质在现有基础上提高10%左右；耕层厚度增加5～10 cm，耕地基础地力提高0.5～1个等级；土壤保水保肥能力增强，水分利用率提高10～20个百分点，肥料利用率提高8～10个百分点，耕地综合生产能力明显提高。

（二）农业高效用水技术潜力分析

1. 节水灌溉工程技术的节水潜力

灌溉工程的输水损失量是灌溉用水损失的主要部分。20世纪80年代末，山西省农业灌溉渠系利用系数为0.595，即大约40%的灌溉引水量损失于渠系输水过程。经过近年来渠道防渗、低压管灌等节水工程建设，到2000年，全省渠系利用系数为0.67。按照国家SL207—98《节水灌溉技术规范》要求，计算各类灌区渠系利用系数目标值为0.76，考虑到山西省为严重缺水省份，节水灌溉尤为重要，在规范要求基础上增加0.05为目标值，则山西省在年灌溉引水量36.1亿 m^3 情况下，达到上述目标值，节水潜力分别为3.2亿 m^3 和4.7亿 m^3。

田间水利用系数是灌溉水利用系数的重要组成部分，是评价田间灌溉管理和节水的一项重要指标。据测算，山西省田间水利用系数现状值为0.697。按照国家规范要求，田间水利用系数不宜低于0.9。山西省农田灌溉80%以上面积为地面灌溉方式，考虑到灌水方法的发展趋势，国民经济的发展和节水技术的不断推广，近期田间水利用系数可达到0.8，可节水1.14亿m^3。随着节水灌溉资金的大量投入，节水技术的不断发展和成熟，2030年田间水利用系数可望达到0.9，可节水1.99亿m^3。

2. 提高降水资源利用率技术的潜力

山西省多年平均降水量795亿m^3，其中，120多亿立方米的水量形成地表水和地下水，尚有670多亿立方米的水量消耗于蒸发、蒸腾等过程。根据钱林清等（1991）对山西水分平衡收支量的估算，全省农田实际蒸散量为216.4亿m^3，尽管在干旱缺水环境下，此值与满足作物生长需求的可能蒸散量还有较大的亏缺，但这216.4亿m^3蒸散量中至少有50%是以休闲期无效蒸发和地表径流的形式而损失。目前山西的农作物对降水的利用率为35%，据我国北方旱农试验区研究结果显示，采用综合旱作节水技术，可以使自然降水利用率达到60%～65%。就当前的技术水平和实践，通过修建水平梯田、加深耕层扩蓄增容、覆盖保墒等技术措施，使降水利用率在大面积上提高10～20个百分点是可行的。

雨水资源作为一种非传统水源，在严重缺水地区已引起高度重视并逐步加大了开发利用力度。充分利用雨水资源是改善山西省水资源短缺局面的重要途径，也是山区农业、农村发展的战略措施。目前全省累计建成各类雨水集蓄利用工程16万个，实际蓄水量537.1万m^3，发展集雨灌溉面积13.97万亩，对山西省山区农业生产发展和人民生活水平提高起到了积极作用。规划在东西两翼山区建设200万处旱井、水窖等集雨工程，蓄水2.0亿m^3，发展节水扩浇面积400万亩，从根本上改变山区农业生产条件。

3. 提高水分生产力的农艺技术潜力

大量研究表明，北方旱区300～600 mm的常年降水量，基本上可以供给主要旱地作物一季生长发育对水分的需求。但问题是有限的水资源并未被作物充分利用，径流、渗漏和土壤蒸发使65%的降水无谓耗损。旱区各地的作物降水生产潜力值、田间获得的高产纪录值与大田现实产量存在的悬殊差异，说明了提高水分生产力的潜力所在。高产纪录表明，旱地玉米的水分生产力达到1.78 kg/(mm·亩)，旱地小麦达到1.56 kg/(mm·亩)，旱地谷子达到1.05 kg/（mm·亩），是整个旱农区平均值的3倍左右，充分显示出作物高效用水的潜力。选用抗旱节水作物品种、优化种植结构、覆盖保墒、关键期补灌、水肥耦合、保护性耕作等农艺技术就是提高作物水分生产力的有效措施。如果将这些技术针对特定区域进行有机地集成组合，并配套以相应的实施技术，则可真正使作物实现高效用水。

（三）农业高效用水中存在的主要问题

1. 缺乏长期系统的科学数据积累与规律性认识

农业高效用水的核心问题是提高水分利用率和作物的水分利用效率。涉及土壤学、农业水文学、农业气象学、作物栽培生理学以及管理学等多种学科，是一项复杂的系统工程。其科学基础是对土壤-植物-大气连续体中能量转移和物质传输机制与过程以及作物-水分环境关系的不断认知和应用。农业高效用水科学基础的认知越深厚，技术手段会越来越丰富，作用效果会越来越理想。

山西在农业高效用水技术领域研究的基础条件还比较落后，全省性和区域性的农业节水试验与监测网络还未形成，缺乏农业节水发展的基础数据积累和对农业用水状况的有效监测与控制。即便近年来有关部门在一定范围内建立了土壤墒情、作物旱情监测网络，但方法的科学性，数据的代表性、准确性和可比性都存在一些问题，数据共享机制还未形成。长期定位观测试验寥寥无几，参数、指标、模型研究薄弱。对作物抗旱种质资源发掘与利用不够，缺乏快速、高效的抗旱性鉴定评价方法与指标，制约了对优异抗旱种质资源的发掘与利用，提高植物自身的用水效率、生物节水是未来农业高效用水技术的中心环节。这些问题和现象都严重制约着农业高效用水科学研究工作的深入开展和技术创新。

2. 缺乏适合不同地区应用的标准化、定量化、集成化的高效用水技术体系和模式

农业高效用水是一个系统工程，水从水源到作物利用的整个过程需要经过若干环节，在诸环节中均存在提高水的利用率或利用效率问题。灌溉水从水源到田间的输水环节，存在提高输水效率问题；灌溉水在田间通过各种灌溉方式进入作物根系层形成土壤水，存在提高灌溉水利用率问题；土壤水被作物生长蒸散消耗，存在提高作物对水分的利用效率问题。一个系统过程的整体效率是各个环节效率的乘积。固然，开辟水源和输水工程建设，对提高农作物抵御干旱的作用是基础性甚至是决定性的，但真正提高作物的水分生产力，仅有工程措施是远远不够的，同样的水资源量，采取不同的灌溉方式，产量差别很大；同样的灌溉水量，采用不同的作物品种及农艺管理措施，其产量差异也会非常大。因此，农业高效用水目标的最终有效实现，更需要一套集成技术体系，而不仅仅是单个的节水技术。

我们过去注重工程性节水技术较多，关注非工程性的农艺和管理节水技术较少；研究单项节水技术较多，对技术体系的组装集成较少；在具体地点的研究节水技术较多，进行尺度转换应用于不同区域的节水技术体系较少。因此，如何在此基础上开发出适合于不同地区采用的标准化、规范化、模式化、定量化、集成化的农业高效用水综合技术体系和应用模式，仍然是制约山西半干旱区农业高效用水技术大规模应用的关键问题。

3. 缺乏技术的物化产品、农艺-农机配套设备和信息化手段

农业高效用水技术只有为广大农村农民接受应用，才能有效实现农业的高效用水。

如何使技术人员的行为转变为农户的行为，如何将试验田的节水成果向大田推进，如何促进特定地区的节水技术向不同区域扩散，这些问题虽与管理的许多方面有关，但实质上也存在着大量的技术问题。其中，技术的物化、技术实施的机械化和技术体系的模型信息化应该是解决这些问题的有效途径。

节水灌溉设备与产品功能单一、性能不稳定和耐久性差，严重影响其大面积的应用；材料与工艺研究水平的滞后，是影响农业节水重大产品与关键设备研发与产业化水平提高的重要因素。农业节水技术中种子、地膜和肥料是最基本的农业生产资料，但真正的抗旱节水品种、地膜的最大保墒功能和肥料的“以肥调水”作用还有待发挥；集雨的“固土产流”制剂、土壤“扩蓄增容”制剂、作物“抑蒸节水”制剂等物化产品严重缺乏。

尽管山西半干旱区农业还属于劳动密集型产业，但随着劳动力转移、土地流转规模化经营和城乡一体化发展，实施农业高效用水技术对机械化的依赖程度越来越大。机械化不仅能提高作业效率、减轻劳动强度，并可增强技术的到位性，保证技术效果。农业高效用水技术迫切需要农业机械化技术的推动促进。目前，适合当前农业经营体制和生产力发展水平的农艺-农机结合节水技术，如坐水式播种机、覆盖作业机具、田间补灌机械和移苗栽植机械等艺-机一体化技术开发薄弱，一定程度上限制了农业高效用水技术的推广应用。

信息技术已成为提高农业水土资源利用效率的有效手段。但目前山西的农业用水管理信息技术应用水平低，信息采集、传输的可靠性差，基于遥感监测或者单株作物检测水分信息的手段缺乏，模型和软件更少，这些问题已成为利用信息技术提升常规节水技术水平的重大技术障碍。国际上流行的一些模型，如 CERES 作物生长模拟模型、CROPWAT 作物灌溉模型和 AQUACROP 作物高效用水模型，仅局限于科研教学单位的学习和应用，在实际生产应用中还缺乏各种本土化参数和数据的支撑。今后应在专家系统、模拟模型、作物水分信息采集、资源数据库、控制技术、计算机网络等单项技术上有所突破，并有机结合起来，形成适合不同水资源状况下水资源开发调配、农田输水与灌溉方式的水资源管理系统，适合不同节水种植结构和主要作物的高效用水决策支持系统和应对不同等级旱情的抗旱决策支持系统。

第二节　总体发展思路、目标和主要技术内容

一、农业高效用水总体发展思路

根据上节对农业高效用水技术存在问题和潜力的分析，我们知道，农业高效用水是一个复杂的系统工程，山西省目前无论在“开源”，即多种水源的开发方面，还是在“节流”，如作物用水的多个环节上，都存在一定的开发潜力。同时，农业高效用水的水平既受制于理论认知和相关技术水平发展的限制，也受制于经济发展阶段的限制。王玉宝等（2010）分析了我国农业用水发展历史和未来方向，将我国农业用水水平大致划分为初级利用、低效利用、合理利用及高效利用 4 个阶段。在当前的合理利用阶段（2001～2030 年），发展思路是增加水资源循环利用，强化农业节水综合措施，提高用

水效率和效益，适度增加灌溉面积。我们在面对一个区域的农业高效用水问题时，应该立足区域自然资源条件，在研究农业用水特点和区域水资源状况基础上，寻求水资源与农业各生产要素之间的最优耦合，以获取最佳经济、社会及生态环境等综合效益；致力于农业高效用水技术措施的综合集成，充分发挥技术规模效应。本项目在半干旱地区的旱地农业区实施，所以仅就旱地农业高效用水的发展思路加以讨论。

（一）降雨地表径流时空调节

在旱农地区，绝大多数没有引水灌溉条件和可供利用的地下水资源，降水是农业生产主要的甚至是唯一的水资源。因此，在旱地上雨水不应视为非常规水资源，用活用好降水资源是旱地农业增产的根本出路。在传统旱地农业中，只靠土壤耕作措施蓄住天上水、保住地中墒，一亩地对一亩天，其降水利用率和水分利用效率远不能算作农业高效用水，仍处于“靠天吃饭”的境地。降水在时间上的分布是不连续的脉冲变量，而作物对水分的需求却是连续性的变量；径流作为一种实体水资源具有明显的时空可调节性，而作物被固定于农田不可能像动物那样适水而居。因此，对降雨地表径流实施有效时空调节的集雨补灌农业是旱地农业高效用水的重要基础。

降水资源的可叠加、富集和移动性是地表径流调节的理论基础。集雨补灌农业不但收集农田中的降水，还要收集荒山荒坡、沟道、路面、庭院等空间的降水；不只靠农田土壤蓄水，还包括区域内各种集雨面附近修建的旱井、水窖，村庄的涝池、沟道的堤坝等储水设施。地表径流的存储与利用是降水资源人工经营的核心问题，人工控制一定量的有形水，在作物生长关键需水期或土壤水分亏缺期进行补充灌溉是径流调控的基本目标。调控降雨径流的技术措施有“渗、截、汇、蓄、用”。入渗是通过生物措施、农艺措施，增加土壤入渗，提高土壤水库蓄水能力；拦截是采用工程措施、生物措施有效阻滞降雨径流，减缓、消除水土流失地力，达到保持水土目的；径流汇集是通过各种工程措施、化学措施和生物措施修建径流场，抑渗产流，流而不失；蓄存是指通过各种蓄水设施，对降雨径流进行蓄存，时空调节，以便高效利用；利用技术是通过各种先进的节水灌溉措施，对有限的雨水资源进行高效利用。

（二）生物-农艺措施双向增益

旱地农业高效用水的核心是提高降水利用率和作物的水分利用效率。旱地作物产量（Y）可以表示为作物品种（C）、雨水投入（P）和土壤条件（S，养分及前期储水量等）以及其他栽培措施及大气条件等因素的函数，即

$$Y = f(C, P, S, \cdots) \tag{8-1}$$

作物的降水生产效率是指产量与投入雨量之比，即

$$\mathrm{PUE} = Y/P \tag{8-2}$$

当给定雨水投入，即 P 为一定时，作物产量则随土壤条件、作物品种等因子变化而变化，降水生产效率 PUE 亦随之而变。提高 PUE 的过程，就是对除 P 以外的其他因子加以调节，使各因子间达到优化组合，最终提高作物产量的过程。在集雨补灌条件下，对 P 的调节也是可行的。

分析作物利用雨水的过程，可给出一定时段（一个生长季，一个轮作周期或多年平均）内 PUE 的表达式（刘文兆，1997，Hsiao et al.,2007）

$$PUE = \frac{SW}{P} \cdot \frac{ET_c}{SW} \cdot \frac{T}{ET_c} \cdot \frac{Y}{T} \tag{8-3}$$

式中，SW 为时段内作物根系影响层的土壤累积有效储水量；ET_c为农田作物蒸散量；T 为作物蒸腾量。上述方程揭示了作物利用雨水过程中，从雨水的入渗、储存，进而到消耗、转化诸环节间的内在联系，这是一个作物生产的水分效率链。SW/P 为入渗效率，它的提高在于通过土壤深松、扩蓄增容措施，强化降雨入渗，增加根系层土壤储水量；ET_c/SW 为蒸散效率，可通过增大农田养分投入，优化栽培措施，以及采用覆盖措施抑制休闲期土壤蒸发等措施，提高蒸散效率；T/ET_c 为蒸腾效率，它的提高在于减弱生长季的棵间蒸发，增加种植密度；Y/T 为同化效率，这则主要依赖于抗旱、高水效、高收获指数的作物品种选育与选择。由此分析可以看出，旱地农业高效用水的实现，需通过多种农艺措施和生物措施的配合，生物、农艺措施的双向增益才能提高降水利用率和水分利用效率。

作物生产的水分效率链理论（Hsiao et al.,2007）指出，作物生产是从水源开始，经历一系列水分消耗环节，最终获得产品的过程；每一环节有其自己的输入产出效率；一个完整过程的整体效率是每个环节效率的乘积，即单个环节的效率决定着整体效率；任一环节效率的改善对整体效率的改善是等效的，整体效率改善大于单个效率改善之和。由此可知，稀缺水资源的有效管理需要一种系统而综合的方法；要想改善用水效率，首先须知低效率环节之所在；几个环节乃至各个环节效率的改善，才会使整体效率得到实质性提高。这一理论既是诊断农业高效用水存在问题的思路，也指导我们应该采取哪些针对性技术措施。

（三）生产、生活、生态用水多方平衡

水是维持生态系统正常运转所必需的基本要素，在生产、生活与生态环境改善以及区域可持续发展中起着决定性的作用，是其他任何物质无法替代的。水的重要作用在干旱半干旱环境中尤为突出，区域的土地、光热资源的利用程度主要受到水资源的制约。在评价农业（作物）用水的供需矛盾时，应考虑两方面的因素：一是不同作物生产、居民生活和生态维护对水分的需求程度；二是区域水资源环境容量，其中后者是制约前者规模数量的决定因子。所谓水资源环境容量是指干旱半干旱地区水资源是有一定数量的，只能容纳一定数量的用水主体存在，不可能随人的意志无限地扩大。具体在农业生产中，要求我们应遵循“量水种植”的原则，使降水资源的承载力合理化，从而形成稳定、高效、持续发展的农业生产系统。

按照降水资源环境容量的原则，在无地表流失、降水得到充分利用的条件下，在一定区域和一定时段内（生长季或全年），降水资源的消耗量应小于或等于降水总量：

$$CR + DR + ER \leqslant PA \tag{8-4}$$

式中，C 为作物生产规模；D 为生活需水规模；E 为生态需水规模；R 为单位需水量；P 为降水量；A 为区域面积。

在干旱半干旱地区，整个生态系统受水资源环境容量的制约，同理，农业产业内部、种植业内部等都受到一定水资源量的制约。要做到农业高效用水，要提高农业用水综合效益，必须大力改善农业用水结构，协调农、林、牧、渔用水比例，协调粮、经、饲作物用水比例；将农业水资源向耗水低、效益高的部门配置，发展节水、优质、高效的作物。

二、试验区基本情况

本项目为“十一五”国家科技支撑计划项目“节水农业综合技术研究与示范”的课题“山西半干旱区旱作粮经作物综合节水技术研究与示范”（编号：2007BAD88B03）。根据项目要求、山西半干旱区旱作农业特点和旱地农业高效用水发展思路，选择太原市阳曲县凌井店乡河村为试验区，基本情况如下。

（一）自然气候

1. 地理位置

阳曲县地处忻定盆地与晋中盆地的脊梁处，位于山西省会太原市东北隅，距离太原市仅 20 km，37°56′～38°25′N，112°12′～113°09′E。北接忻州市、定襄县，东连盂县、寿阳县，西与静乐县和古交市接壤，南靠草坪区、万柏林区、杏花岭区。总面积为 2060 km^2，占太原市总面积的 1/3。境内山多川少，沟壑纵横，东西两端为石山区和土石山区，中部为盆地，土石山区占总面积的 54%，半坡丘陵占 35%，平川盆地占 11%，海拔位于 800～2000 m，全境东、西、北三面较高。示范区河村位于县城东部 20 km 处，四面环山，中部低平，海拔 1275 m。阳盂省级公路东西横贯示范区，交通便利。

2. 气候

阳曲县位于北半球中纬度暖温带，属大陆性气候。年平均降雨量 441.2 mm。阳曲县地形差异较大，年平均气温也因地而异，中部平川地区平均气温为 8～9℃，东、西两山区为 5～7℃，全县年平均气温为 8.9℃。境内无霜期平均为 164 天，最长为 214 天左右，最短为 127 天，初霜冻出现在 9 月 14 日至 11 月 2 日，终霜冻一般出现在 2 月 15 日至 5 月 20 日。试验区位于该县东部丘陵山区，无霜期 130 天，年均降水量 430.4 mm，年均蒸发量 1995 mm，年均气温 6～7℃，积温 2600℃。

3. 水文地质条件

凌井店乡河村为阳曲构造盆地与盂县盆地之间的小型构造盆地，四周为寒武奥陶系石灰岩裸露区。盆地基底呈 U 形（盆状）。盆地中下部沉积物为古近纪和新近纪红黏土，中心最大沉积厚度为 100～150 m，盆地边缘逐渐变薄，盆地上部地层为第四纪离石红土（02）夹砂砾石及马兰黄土（Q3），总厚度为 30～50 m。

河村盆地主要含有两种地下水类型：上部为第四纪与古近纪和新近纪孔隙水缺水、

贫水区，埋深为50～100 m；下部为奥陶系石灰岩岩溶裂隙水缺水区，埋深为300～600 m，属于棋子山基岩裂隙水分布区。两种地下水均为大气降水入渗补给，盆地周围裸露的石灰岩接收大气降水垂直渗漏补给。河村民用井（20～30 m）及东凌井深井（80 m）即为第三系地下水露头。深层岩溶水埋藏较深，一般为300～600 m。

4. 土壤

试验区土壤为黄土质褐土性土，是暖温带半干旱半湿润季风气候半旱生灌丛草原下形成的地带性土壤，为当地的主要耕作土壤。母质为第四纪黄土，分布于海拔1000～1600 m的黄土丘陵地区，自然植被稀疏，存在着不同程度的水土流失。热量条件较差，土壤发育较微弱，发育层次过渡不明显；母质特征明显，富含碳酸钙；土层深厚，质地均匀，土体以轻壤为主，耕性良好；但土壤肥力较低，有机质一般在0.7%左右，全氮含量0.036%～0.098%，有效磷5 mg/kg，速效钾100 mg/kg左右。

（二）农业生产

阳曲县耕地面积52.38万亩，其中99%为旱地。主要农作物有谷子、玉米、葵花、高粱、薯类、油料等，是以旱地农业为主的典型农业县。河村试验区地貌多样，有低山、旱坡地和小流域山间盆地，在黄土高原东部的山西境内具有良好的代表性和典型性。总面积9000亩，耕地5300亩，全部为旱作农业。主要作物有玉米、架豆、甘蓝、谷子、杂豆和马铃薯等，粮菜种植比例约2∶1。2004～2006年，年人均纯收入1718元。由于该村发展旱作节水农业具有较强的区域代表性，且十分符合项目要求的核心区、示范区连片种植基本条件，可与周边寿阳、盂县等县、乡、村形成辐射区，故确立为“山西半干旱区旱作粮经作物综合节水技术研究与示范”的试验研究基地。

三、课题研究内容与目标

（一）总体目标

在山西半干旱农业主产区，以旱地杂粮和蔬菜作物为研究对象，以水分高效利用为驱动力，形成具有明显区域特色的粮经作物高效生产综合节水技术体系，达到降低生产成本和提高水资源效益10%的目标。探索节水技术大面积应用的管理体制与运行机制，建立山西半干旱区旱地粮经作物高效生产综合节水技术试验示范区。

（二）技术路线

要实现本课题研究的旱地粮经高效用水节本增效总目标，使旱作农田稳定生产能力和旱地农业生态系统可持续发展能力明显增强，必须在对气候、土壤及其生态环境的性状特点、变化规律深刻认识和认真实践的基础上，通过因素诊断，找出技术难点；通过难点突破，创新关键技术；通过条件分析和区域适应性评价，组装集成适合半干旱类型区的综合节水技术模式和操作规程。

因此，组织多学科联合攻关，包括农民技术员参与式研究，分析诊断整个示范区

（类型区）存在的主要问题与制约因素，采取示范区建设、关键技术研究、技术集成和大面积示范推广相结合是本课题采取的技术路线（图 8-9）。

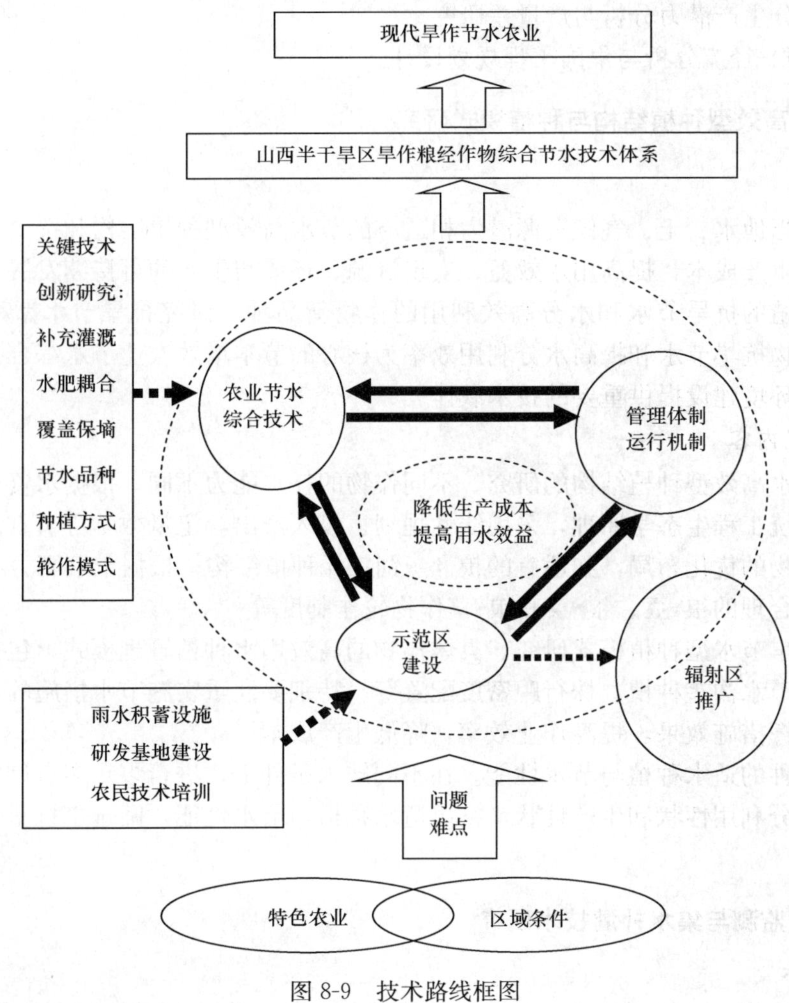

图 8-9　技术路线框图

（三）研究内容与目标

1. 水资源高效利用基础设施建设

1）目标

利用工程措施控制、调节地表径流，开发地下水源补充灌溉。

根据示范区地形地貌及农业生产特点，首先进行科学规划和专题调查，在示范区山地雨洪产流区建集流引水渠；在侵蚀沟口建简易拦蓄坝，基本控制雨洪及水土流失；并在水土流失地带实施水土保持生物治理措施。在示范区水保工程措施基本控制基础上，修建集水池及高位水池；开发地下水源，铺设补充灌溉供水管道，为设施农业——日光温室和大田微灌提供水源条件。

2）研究内容

（1）数字化试验区的图形测绘与平台建设。

（2）水分生产潜力分析与产量差研究。

（3）降雨-径流分析与集雨工程规划设计。

2. 旱地节水高效型种植结构与种植模式研究

1）目标

建立与当地水、土、气候资源潜力相适应的节水高效型种植结构和抗旱节水型种植模式，降低生产成本，提高用水效益，实现资源、环境与生产的可持续发展。筛选出适合示范区种植的抗旱节水和水分高效利用的作物新品种，研究抗旱节水型种植关键技术，为以生物抗旱节水和提高水分利用效率为核心的节本增效农业节水综合技术体系的构建和生态环境建设提供重要的技术载体。

2）研究内容

（1）节水高效型种植结构的研究。不同作物的耗水能力不同，根据水资源的承载能力，应用系统工程生态学原理，采用线性规划、投入产出等定量数学分析方法，研究确定区域内作物的优化布局，如适宜的粮-经-饲三元种植结构；根据土壤肥力和用地养地原则，确定合理的粮-豆、粮-菜和粮-草作物轮作制度等。

（2）抗旱节水型种植模式研究。具体作物的高效用水种植管理模式，包括抗旱坐水播种、田间节水沟垄种植、株行距密度配置等。特别要注重实施节水措施的农机具的开发研制，发挥措施效果，提高作业效率，降低生产成本。

（3）品种的适水种植与节水性能。在不同缺水条件下，进行多年多点试验，评价作物品种的水分利用性状和生产性状，突出适水种植与节水性能，筛选出抗旱节水新品种（组合）。

3. 作物旱情监测与集水补灌技术研究

1）目标

利用现代信息与测试技术，及时了解作物的旱情，为生产管理提供监测指标与信息，明确作物受旱缺水的适应-伤害过程及水分胁迫对各关键生育期的影响序列，明确少量水补灌对产量和水分利用效率的影响，形成旱地作物关键期补灌高效利用技术体系，为半干旱区旱地农业技术体系的建立和发展提供科学依据。

2）研究内容

（1）作物旱情监测预报体系的建立。在示范区不同作物类型上建立作物水分和生长信息监测网络，分析区域降雨规律与作物生长发育规律的吻合性，为补充灌溉管理决策做出预测预报。

（2）作物需水关键期及产量、品质对水分亏缺响应的定量关系。通过系统研究不同降雨年型主要作物各关键生育时期在水分胁迫条件下的阶段性反应、水分利用效率及最终产量的响应，明确作物干旱缺水的适应-伤害过程及水分胁迫对各关键生育期的影响序列确定作物的需水临界期。

(3) 作物有限补水技术体系。以作物-水分关系为基础，开展系列补灌技术试验研究，研究示范区不同降水年型作物有限补水的关键时期、补水量，以及提高作物水分高效利用机制，建立作物有限补水技术体系。

4. 水肥耦合与优化品质技术研究

1) 目标

掌握试验区土壤养分状况，通过作物的水分、养分利用规律的研究，揭示旱地主要杂粮和蔬菜作物水肥耦合效应的基本规律；研究不同降雨年型以肥调水、不同补灌条件下以水调肥技术，构建示范区的水肥高效利用的调控模型。

2) 研究内容

(1) 土壤养分状况调查与评价。对示范区农田分地块取根层土壤测定土壤有机质、有效氮、有效磷和速效钾等项目，掌握土壤养分状况，提出合理施肥指导意见。

(2) 作物水肥耦合效应试验研究。旱作农田水、肥之间的耦合作用及其对产量形成的影响，即对作物水肥耦合效应的基本规律的认识是研究以肥调水、以水调肥技术的关键。通过作物的水肥耦合试验研究，揭示旱地主要杂粮和蔬菜作物水肥耦合效应的基本规律。

(3) 作物水肥高效利用技术调控模型。研究不同降雨年型以肥调水、不同补灌条件下以水调肥技术，结合作物其他栽培技术要素，构建示范区水肥高效利用的调控模型。

5. 土壤墒情与蓄水保墒技术研究

1) 目标

掌握示范区土壤墒情变化规律；研究生物覆盖、液膜覆盖等新型环保覆盖保墒改进技术；研究渗水地膜、微孔地膜生产和覆盖方式创新技术。研究提出示范区和辐射区的复合保墒综合技术体系。

2) 研究内容

(1) 土壤墒情变化规律与监测。通过研究示范区土壤墒情变化，为覆盖保墒技术的研究应用提供科学的理论支撑。

(2) 环保型覆盖材料土壤生态与作物增产效应。主要通过不同环保型覆盖材料（秸秆、液膜、可降解膜）的土壤生态效应和作物增产效应的研究，提出改进的覆盖保墒技术；根据旱地杂粮和蔬菜的生育及栽培特点，明确增温覆盖与保墒覆盖区域，结合不同材料的覆盖效应，形成覆盖保墒栽培技术体系。

(3) 微孔地膜生产和覆盖方式创新技术。深入开展“宽膜-平铺- VVV 型种植-一次性施肥”机械化栽培模式研究，研发专用铺膜、播种施肥机具，创新渗水地膜、微孔地膜生产和覆盖方式，研究提出示范区和辐射区主要作物的覆盖技术规程。

6. 旱作粮经作物综合节水技术体系集成研究

1) 目标

结合关键技术研究成果和生产上行之有效的成熟技术，组装集成主要作物高效用水节本增效技术体系（模式）。

（1）旱地谷子高效用水节本增效技术体系；

（2）旱地杂豆高效用水节本增效技术体系；

（3）旱地玉米高效用水节本增效技术体系；

（4）旱地甘蓝高效用水节本增效技术体系；

（5）旱地菜豆高效用水节本增效技术体系；

（6）旱地番茄高效用水节本增效技术体系。

2）研究内容

（1）单项技术之间的关系研究。围绕作物高效用水的目标，分析研究单项技术之间的依赖、互补、相容、排斥和减效等关系，筛选集成技术体系的单项技术。

（2）单项技术的集成整合研究。为了使各单项技术更好配合，使技术体系（模式）产生预期实施效果，对选定的单项技术还需进行适应性调整与整合，包括各项技术的使用时间、空间和量的调整与整合。

（3）集成技术体系的验证与修正。根据辐射推广区域的气候、土壤及管理等特点，进行技术体系的多点示范验证与修正，将技术体系进一步规范化和标准化，以便进行大面积示范与辐射。

7. 综合节水技术大面积应用的管理与运行机制研究

1）目标

围绕旱地杂粮蔬菜综合节水技术大面积应用，建立有效的管理体制，建立合理的技术示范辐射机制，建立农民技术培训体系，充分发挥管理节水的作用。

2）研究内容

（1）建立长期的品种引进与筛选以及技术集成示范的管理运行机制。组织乡、村干部和重点农户参加形成技术示范、辐射实施网络，开展现场观摩、集中培训和利用远程教育网络等多种形式的技术培训，建立农民技术培训体系。

（2）农村节水抗旱合作经济组织的建立与完善。抗旱节水技术的推广应用，不同作物品种、肥料、农药等成熟物化技术的推广应用，既存在对技术的认识、掌握问题，也有购置机具、设备的经济承受能力问题。由于缺乏有效的组织以及我国农业经营的小农户自给自足的生产方式，进行综合技术的推广迫切需要农村节水抗旱合作经济组织的建立与完善。

第三节　农业高效用水关键技术研究

一、水资源利用技术

山西半干旱区旱作粮经作物综合节水技术试验示范区位于阳曲县东部黄土丘陵地带的河村小盆地，四面环山，中部低平，四周间有沟壑出口。盆地内无地表水源，地下水资源为古近纪和新近纪、第四纪红黏土孔隙水贫水区，仅能供饮水之用。对农业生产真正有意义的就是降水径流和降水入渗转化形成的土壤水。

(一) 降水径流资源利用技术

1. 存在问题与思路

虽然集雨农业的研究与实践已取得很大进展，但河村试验区的降水径流资源利用基本为零，甚至存在负效应。因为数年前的盲目建设和缺乏管理，几乎全部旱井实际成为农田中的“陷阱”。除人为原因外，雨水集蓄利用工程对区域径流汇集能力不强，缺乏科学的规划设计和集蓄、利用环节脱钩是存在的主要技术问题。因此本课题首先对试验区的雨水径流资源进行了分析，在此基础上，进行了沟道拦蓄工程规划设计和日光温室棚面集雨工程设计与施工。

2. 试验区雨水资源分析

根据阳曲县 1960～2005 年 46 年的日降雨资料分析，该区多年平均降雨量为 430.4 mm，因此该区虽缺乏生活用水和灌溉用水，但存在具有一定强度的可集蓄降水过程，充分具备发展集雨农业的必要性和可行性，发展集雨农业不仅解决当地的基本生存问题，而且为开展保持水土、恢复林草植被的生态环境建设提供了基本条件。

1) 降水量的年际和季节性变化

试验区年降水量的年际变化如图 8-10 所示。由图 8-10 可知，年平均降水量最大值出现在 1964 年，为 751.1 mm，最小值出现在 1972 年，为 211.7 mm。保证率 50%条件下的年降水量为 420 mm，保证率 75%条件下的年降水量为 348 mm，保证率 20%条件下的年降水量为 524 mm。丰水年如降雨在作物生长季节分布适当，则可以充分满足作物生长需要，平水年降雨也可基本满足短季耐旱作物生长，但枯水年降雨一般不足 300 mm，不能满足作物需水。

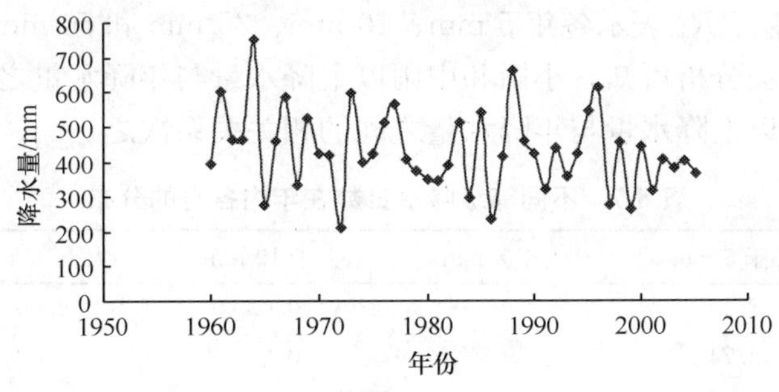

图 8-10　区域年降水量的年际变化

区域多年平均降水量的年内变化如图 8-11 所示。由图 8-11 可知，年降水量主要分布在 6～9 月，占全年平均降水量的 75.7%，春季 3～5 月占 14.2%，秋季 10～11 月占 8.2%，冬季 12～翌年 2 月占 1.9%，仅 7～8 月两个月的降雨量就占到全年降水量的 48%。

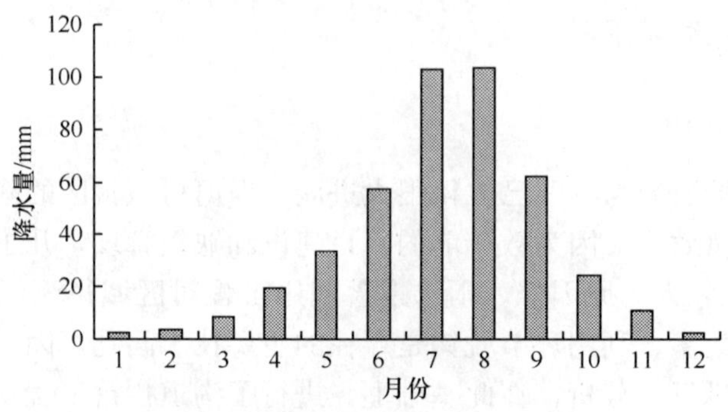

图 8-11 区域多年平均月降水量

2）不同等级降水强度的降雨量与降水日数分布

降水强度直接影响径流和集流量。区域平均年降水 101.9 天，日降水 5 mm 以上产流雨日为 24.5 天，占总雨日的 24%，但降水量占到 82.5%。日降水 10 mm 以上（中雨）产流雨日为 14 天，占总雨日的 13.5%，但降水量占到 64.6%。日降水 25 mm 以上（大雨）产流雨日仅 3 天，占总雨日的 3.1%，降水量占到 27.2%。日降水 50 mm 以上（暴雨）产流雨日仅 0.6 天，降水量占到 7.4%。

从表 8-7 可知，98.1%的暴雨、90.4%的大雨和 80.1%的中雨发生在 6～9 月，是集雨的最佳时期。各级降水量与年总降水量年际间波动呈一定的正相关，其相关关系表达式为

$$R_5 = 0.9412R - 49.986 \quad (r^2 = 0.9806, n = 46) \tag{8-5}$$

$$R_{10} = 0.8817R - 101.54 \quad (r^2 = 0.9139, n = 46) \tag{8-6}$$

$$R_{25} = 0.5607R - 124.35 \quad (r^2 = 0.5959, n = 46) \tag{8-7}$$

$$R_{50} = 0.319R - 105.35 \quad (r^2 = 0.6099, n = 46) \tag{8-8}$$

式中，R_5、R_{10}、R_{25}、R_{50}表示各年 5 mm、10 mm、25 mm 和 50 mm 以上的降水量，R 为年降水量。由相关分析可知，小雨和中雨以上降水量与年降水量之间有较好的相关关系，而大雨和暴雨以上降水量与年降水量之间的相关关系次之。

表 8-7 不同等级降水日数在年内各月的分布 （单位：%）

月份	小于 5 mm	大于 5 mm	大于 10 mm	大于 25 mm	大于 50 mm
1	2.13	0.04	0.00	0.00	0.00
2	2.74	0.15	0.00	0.00	0.00
3	4.13	0.33	0.15	0.00	0.00
4	5.11	1.15	0.63	0.04	0.00
5	6.65	2.04	1.13	0.20	0.02
6	10.39	2.93	1.70	0.48	0.09
7	13.67	6.04	3.70	0.87	0.13
8	12.70	5.74	3.54	1.00	0.22
9	8.91	3.50	2.07	0.48	0.09

续表

月份	小于 5 mm	大于 5 mm	大于 10 mm	大于 25 mm	大于 50 mm
10	5.80	1.80	0.65	0.07	0.00
11	3.52	0.67	0.17	0.00	0.00
12	1.61	0.07	0.00	0.00	0.00
合计	77.36	24.46	13.74	3.14	0.55

一般降水达到 5 mm 以上，集雨才有意义。大雨和暴雨是集雨的最佳时机，但次数有限。由图 8-12 可知，一年出现 5 次大雨的保证率只有 17%，出现 4 次以上的有 32%，暴雨则平均 2～3 年一遇。中雨以上降水次数较多，95%的年份有 7 次，50%的年份有 14 次以上，最多达 23 天，最少 3 天。

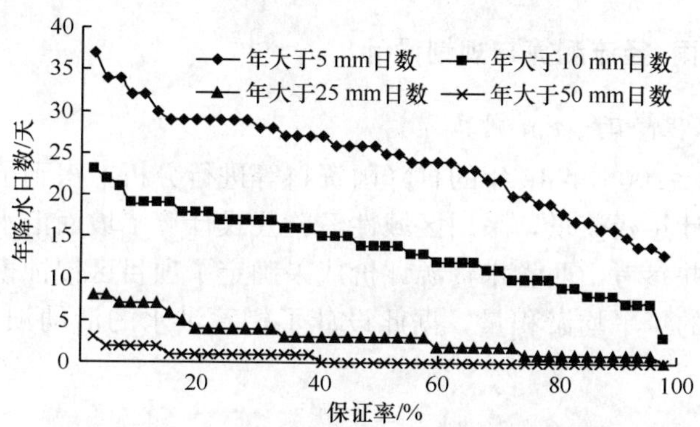

图 8-12　不同降水等级年降水日数的保证率

3）区域可收集雨水资源潜力分析

通过调查区域下垫面各类型面积以及径流系数，计算得到不同年型的雨水收集利用潜力。区域各类下垫面的面积见表 8-8。

表 8-8　区域各类下垫面面积

项目	下垫面类型					区域总面积
	农田	道路	草坡	居民点	裸岩	
面积/km²	5.6	0.16	1.41	0.03	0.8	8
占总面积 /%	70	2	17.6	0.4	10	100

根据前人对各种下垫面径流系数的试验观测，确定不同下垫面类型的径流系数分别为：居民 0.7，道路 0.6，农田 0.1，草坡 0.15，裸岩 0.75。

通过对区域降水量进行频率分析，25%、50%和 75%保证率的降水量分别为 524 mm、420 mm 和 348 mm。

对不同下垫面类型分别计算出不同年型的径流量＝面积×降雨量×径流系数，不同下垫面类型相加，即为区域不同年型的可收集雨水资源潜力，计算结果见表 8-9。由表 8-9 可知，区域枯水年、平水年和丰水年的可收集雨水资源潜力分别约为 51.8 万 m^3、62.5 万 m^3 和 78 万 m^3。但较易实施工程集雨的道路和居民点在三种年型时的潜力分别为 4.1 万 m^3、4.9 万 m^3 和 6.1 万 m^3，因此大面积的农田灌溉需要依靠降水资源就地利用以及利用其他资源，如地下水资源等。简单的雨水资源收集只能满足小面积高效经济作物的补水灌溉。要建设大面积节水补灌基本农田，需较多投资利用其他下垫面，如裸岩，修建集雨面工程。

表 8-9　区域不同年型可收集雨水资源潜力　（单位：m^3）

项目	下垫面类型					区域总潜力
	农田	道路	草坡	居民点	裸岩	
枯水年	194 880	33 408	73 602	7 308	208 800	517 998
平水年	235 200	40 320	88 830	8 820	252 000	625 170
丰水年	293 440	50 304	110 826	11 004	314 400	779 974

3. 沟道拦蓄工程降雨-径流测算与规划设计

1）沟道拦蓄工程降雨-径流测算

对阳曲县 1960～2005 年 46 年的日降雨资料等进行分析，得到了阳曲县不同频率的设计年暴雨量和设计年径流量，采用区域性经验公式计算了坡面汇水面积的设计洪峰流量；通过现场勘查并参考山西省水资源评价成果确定了项目区侵蚀模数，计算得到项目区西北部山坡径流的年平均淤积量，据此设计了拦蓄洪水的活动坝和 75%保证率条件下的蓄水池。

a. 降雨

对降雨资料进行频率分析，线型采用 P-III 型频率曲线，成果见表 8-10。

表 8-10　设计年暴雨量计算成果表

项目	均值	Cv	Cs/Cv	频率/%			
				20	50	75	95
设计年降雨量/mm	430.4	0.27	2.0	524	420	348	259

注：Cv 为变差系数，Cs 为偏态系数，后同。

b. 径流

查山西省 1956～2000 年平均径流深等值线图，得到阳曲县多年平均年径流深为 27 mm。经实地勘察，项目区西北部现有 6 条冲沟，对冲沟按自北向西进行编号，其中沟道 3 与沟道 4 位于小西山与官翅山的鞍部下方，小西山与官翅山的坡面雨水主要汇集在第 3 条和第 4 条冲沟内，两沟汇流面积没有明显的分界线，其集雨流域面积为 0.08 km^2，设计年径流量计算结果见表 8-11。

表 8-11　设计年径流量计算成果

项目	均值	Cv	Cs/Cv	频率/%			
				20	50	75	95
设计年径流量/m^3	27	0.7	2.5	3142	1748	1067.5	588

c. 设计洪水

坡面小汇水面积的设计洪峰流量的计算，采用区域性经验公式

$$Q_p = C_p H_{1,p} F^N \tag{8-9}$$

式中，Q_p 为设计频率暴雨产生的洪峰流量（m^3/s）；F 为小流域面积或坡面汇水块面积，其值为 0.08 km^2；$H_{1,p}$ 为计算流域形心处设计频率 1 h 点雨量（mm），计算成果见表 8-12。按十年一遇 1 h 点雨量计算，取其值为 44.28 mm。

表 8-12　$H_{1,p}$ 计算成果表

项目	均值	Cv	Cs/Cv	频率/%			
				1	2	5	10
1 h 点雨量/mm	27	0.48	3.5	71.55	63.45	52.65	44.28

N 为综合面积指数，由下式求得

$$N = \alpha_p F^{-n_p} \tag{8-10}$$

C_p、α_p、n_p 为与流域自然地理、下垫面因素及设计频率有关的经验性系数或指数。集雨的坡面汇流面积 0.08 km^2，查山西省暴雨洪水计算实用手册，其取值见表 8-13。

表 8-13　设计洪水成果表

参数	设计频率 P/%			
	1	2	5	10
C_p	0.44	0.42	0.40	0.37
α_p	0.95	0.94	0.93	0.92
n_p	0.062	0.062	0.062	0.062
N	1.11	1.10	1.09	1.08
Q_p/(m^3/s)	2.16	1.88	1.52	1.22

d. 泥沙

阳曲县属于汾河流域上游，根据山西省水资源评价的数据可知该项目区多年平均悬移质输沙模数为 500～1000 t/km^2，据现场勘查可知，项目区侵蚀模数取 500 t/km^2。

则悬移质输沙量为

$$R_0 = \gamma_0 F = 500 \times 0.08 = 40 \text{ t} \tag{8-11}$$

式中，R_0 为本流域多年平均年悬移质输沙量（t）；γ_0 为本流域多年平均年悬移质输沙模数，其值为 500 t/km^2；F 为流域面积，其值为 0.08 km^2。

推移质多年平均输沙量按下式计算

$$S_0 = \beta R_0 \tag{8-12}$$

式中，S_0 为多年平均推移质输沙量（t）；β 为推移质输沙量和悬移质输沙量的比值，取 0.1。

计算得到推移质多年平均输沙量为 4.0 t。若拦水建筑物为固定工程时，泥沙沉积率按照 80%计算，则工程的平均年淤积量为

$$w_m = 0.8R_0 + S_0 = 36 \text{ t} \tag{8-13}$$

泥沙容重按 $\gamma=1.5\ t/m^3$，所以年平均淤积量为 24 m^3。

2）沟道拦蓄工程规划

为了有效提高当地雨水利用率，缓解农田灌溉用水紧缺的问题，为补水灌溉提供水源，改善农业生产条件，拦蓄径流是必然的选择。为此，本项目结合当地气象、水文、地形等条件，选取修建拦蓄水工程（在沟道中）、管道输水工程（从沟道到蓄水池）及蓄水池工程等，起到调节当地径流的作用，为水资源的高效利用打下坚实的基础。

a. 坝址选择

坝址选择的目的是充分利用山区降雨，集小水为大水，为发展当地水利灌溉提供可靠水源。原则是充分考虑水文地质、地形条件，尽可能选择在基岩或质地均匀密实、压缩性小的地基上；坝址附近具有较好的施工条件，便于运行管理；尽可能不占或少占耕地，与当地经济发展的远、中、近期目标相结合，因地制宜，综合开发。因此考虑尽可能少占耕地的原则和实际径流量情况，确定坝址的位置在第 3 条沟出口沟底高程 1294.48 m 处和第 4 条沟沟底高程 1293.08 m 处。

b. 坝型选择

通常沟道拦蓄工程的坝型主要有滚水坝、重力坝、人字闸等。考虑当地经济比较落后，水土流失较严重，因此不宜选择投资较高的坝型，本着投资小、见效快、施工简单、管理方便的原则，本规划拟定为人字闸活动坝。这种闸坝的首要特点是人字架固定，闸板为活动式，可装可卸。它具有以下明显优点：一是蓄水期装板蓄水灌溉，汛期卸板泄洪冲淤；二是与固定式蓄水坝相比可以利用洪水冲淤来扩大蓄水容积，从而延长使用寿命；三是适宜山区小泉小水的拦蓄，与水渠、提灌站、流动泵配套使用十分方便；四是造价适中，由于克服了淤积问题，延长了使用寿命，故而相对降低了工程造价；五是运行管理方便，不蓄水时可以将面板拆装运走，而人字架为固定式，不需设专人看管；六是可以梯级开发，有利于水资源的充分利用。

c. 沟道工程

拟在沟 3 和沟 4 中修建人字闸活动坝。由于两沟汇流面积没有明显的分界线，所以每条沟的汇流面积分别按 0.04 km^2 计算（两沟坡面汇流面积为 0.08 km^2）。根据实测地形图，两沟道的水位-库容曲线如图 8-13 和图 8-14 所示。

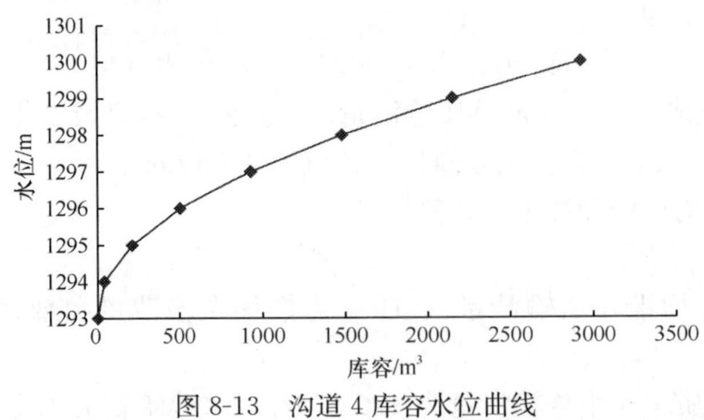

图 8-13　沟道 4 库容水位曲线

人字闸活动坝按照 20 年一遇洪水设计，因此设计流量为 0.8 m^3/s。根据绘出库容

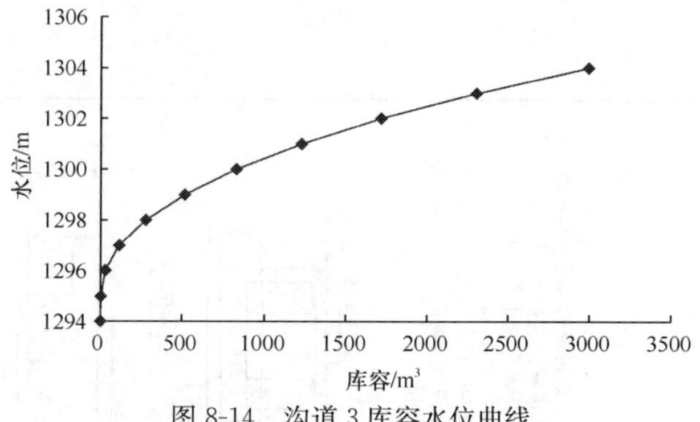

图 8-14　沟道 3 库容水位曲线

频率曲线，从图中找出与设计保证率（75%）相当，且来水偏于不利的年份作为典型年进行调节计算。根据典型年年内来水情况及用水情况进行水量平衡计算，灌溉期总用水量与来水量的差值即为兴利库容，根据水深-库容曲线即可得出坝前水深。根据前面的计算结果，可知每条沟道的库容为 267 m^3（保证率 75%）时，沟道 3 沟底高程为 1294.0 m，相应的沟岸顶高程为 1304.1661 m，对应的沟道 3 活动坝前设计水位为 1297.95 m；沟道 4 的沟底高程为 1293.0 m，沟岸顶高程为 1300.603 m，相应的沟道 4 活动坝前设计水位为 1295.19 m。

d. 坡面集雨蓄水池容积

坡面蓄水池的集水容积用简化公式来计算

$$V_{蓄} = \frac{W_0}{\beta} \tag{8-14}$$

式中，W_0 为多年平均年径流量；β 为复蓄系数，取值为 2。按照 75%保证率计算，集水容积为 534 m^3；按照 30%的损失计算，则蓄水池容积为 374 m^3。蓄水池设计在最南端大棚的东南角，从集雨沟引管线到达蓄水池，管线距离大约长 2 km。

4. 棚面集雨工程降水-径流测算与规划设计

1）棚面集雨测算与规划

频率为 75%的设计年降雨量为 348 mm，单个棚面集雨面积为 850 m^2，按照 30%的损失计算，则单棚集雨量为 207 m^3，四个大棚的集雨量总计为 828 m^3，所以拟修建蓄水池，复蓄系数按照 2 计算，蓄水池容积确定为 414 m^3。

棚面集雨流量按照 10 年一遇设计，由表 8-12 可知 10 年一遇 1 h 设计降雨量为 44.28 mm，则单棚棚面设计流量经计算为 0.01 m^3/s。棚面集雨渠道断面按照公式 $Q=AC\sqrt{Ri}$，（Q 为设计流量，m^3/s；A 为过水面积，m^2；C 为谢才系数，$m^{\frac{1}{2}}/s$；R 为水力半径，m；i 为水力坡度，无量纲）计算，经计算，取底宽 10 cm、顶宽 30 cm、高 20 cm 的梯形断面。排水沟壁内侧面抹 1∶2.5，水泥砂浆 20 mm 厚。底坡坡降为 1/500，西高东低。四个大棚的集雨从各自的集雨渠道中汇集进入大棚东侧的总排水渠道，总排水渠道为底宽 30 cm、高 30 cm 的矩形断面。排水渠通过进水孔进入蓄水池（图 8-15）。

2）蓄水池总容积及结构

由上述可知，复蓄系数均按照 2 计算，坡面集雨的蓄水容积为 374 m^3，棚面集雨的

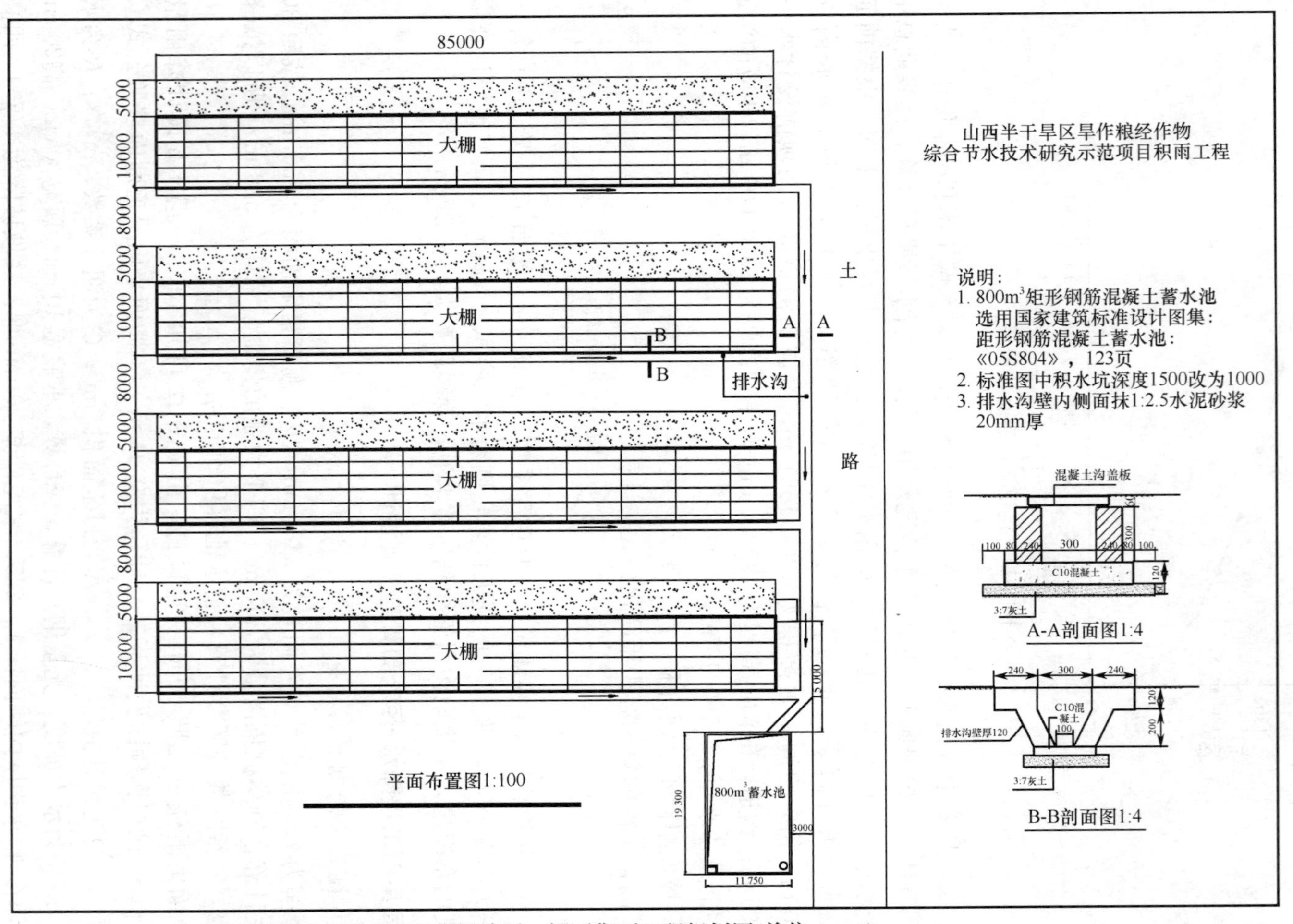

图8-15　项目区西北部坡面、棚面集雨工程规划图(单位：mm)

蓄水容积为 414 m³。规划坡面集雨与棚面集雨最终均汇入蓄水池，则蓄水池总容积为 788 m³，则设计蓄水池总容积为 800 m³。根据设计原则和当地地形条件，确定蓄水池为箱形，分上下两层，上层为径流沉淀池，下层为蓄水池。其尺寸为宽 11.75 m、长 19.3 m、高 4.43 m。蓄水池建在最南端大棚的东南角（图 8-15，图 8-16）。

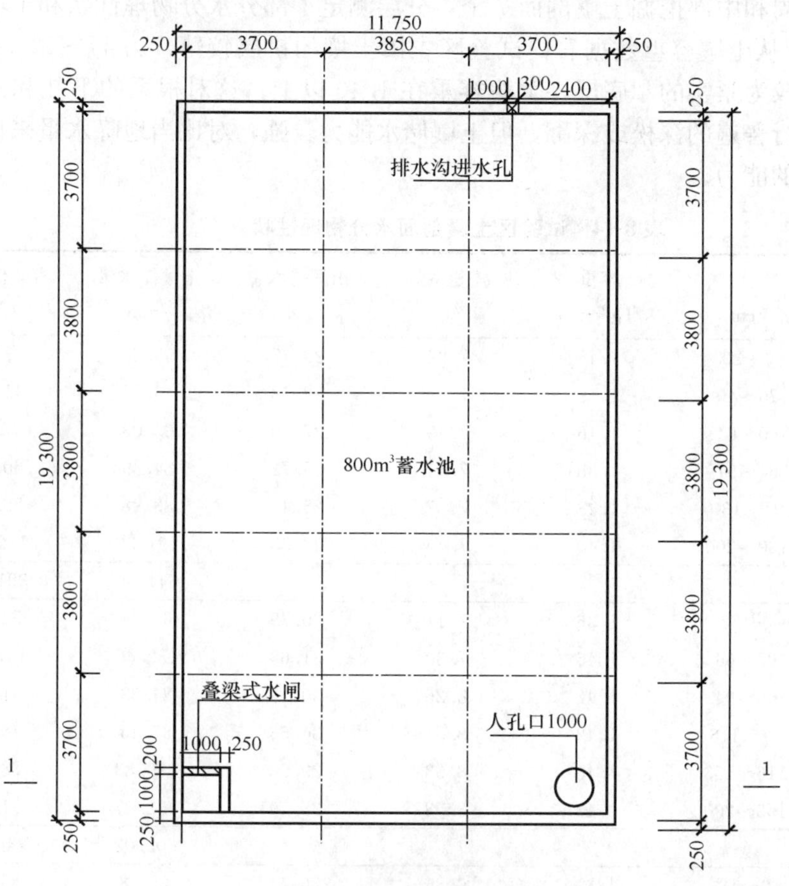

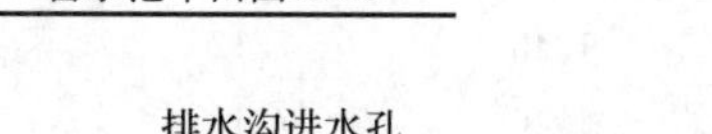
蓄水池平面图1:100

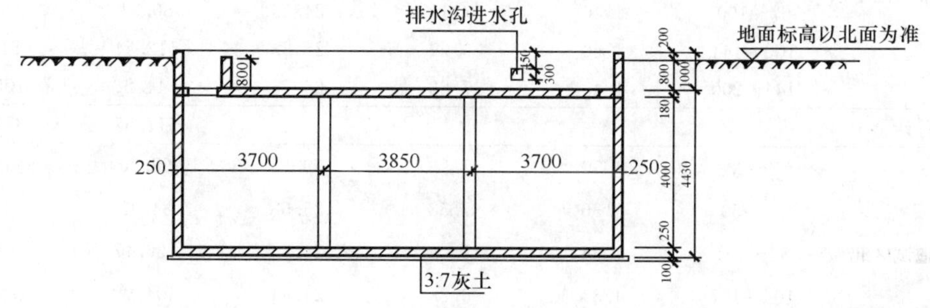

1-1剖面图1:100

图 8-16　蓄水池结构设计图（单位：mm）

(二) 土壤水资源利用技术

1. 试验区土壤水分物理性状与土壤储水能力

在试验区四周和中部挖掘土壤剖面 7 个，分层测定了部分水分物理性状和土壤储水能力（表 8-14）。从土壤容重数据看，试验区农田土壤的耕层较薄，为 17～22 cm，且耕层下都存在着较为紧实的犁底层，土壤容重在 1.40 以上，这对根系的下扎和降水入渗不利，应该进行普遍的深松或深翻。但土壤储水能力较强，对比当地降水量来说，具有容纳降水入渗的能力。

表 8-14　试验区土壤剖面水分物理性状

地块名	土层 /cm	容重 /(g/cm³)	凋萎系数 /%	田间持水量 /%	土壤储水量 /mm	有效储水量 /mm
齐家围试区中	0～20	1.45	7.99	29.67	59.33	43.36
	20～40	1.49	7.69	28.38	56.77	41.39
	40～64	1.46	7.49	27.10	65.03	47.06
	64～97	1.38	7.41	25.72	84.89	60.43
	97～130	1.38	7.37	25.45	83.98	59.66
	130～200	1.40	7.45	27.33	191.30	139.16
总计					541.30	391.06
北洼里试区中南	0～22	1.36	7.11	30.79	67.74	52.09
	22～66	1.46	7.30	31.68	139.40	107.28
	66～94	1.42	8.26	30.19	84.53	61.39
	94～116	1.42	8.51	30.66	67.45	48.73
	116～153	1.48	8.63	29.96	110.83	78.91
	153～200	1.43	8.58	28.10	132.07	91.74
总计					602.02	440.14
下吴家泉试区中东	0～18	1.31	6.86	26.44	47.58	35.23
	18～39	1.50	7.55	29.18	61.27	45.42
	39～67	1.43	7.12	25.58	71.63	51.69
	67～100	1.40	7.13	24.35	80.34	56.83
	100～144	1.40	6.99	25.58	112.54	81.80
	144～200	1.45	7.83	25.75	144.21	100.36
总计					517.57	371.33
阳坡堰试区北	0～20	1.50	7.98	29.13	58.26	42.30
	20～53	1.36	7.58	25.58	84.42	59.42
	53～104	1.36	7.02	24.74	126.17	90.38
	104～147	1.34	6.86	24.41	104.98	75.48
	147～200	1.37	6.69	23.26	123.29	87.86
总计					497.12	355.44

续表

地块名	土层/cm	容重/(g/cm³)	凋萎系数/%	田间持水量/%	土壤储水量/mm	有效储水量/mm
羊儿里试区南	0～19	1.46	7.94	30.35	57.67	42.58
	19～59	1.45	6.61	29.62	118.49	92.05
	59～97	1.30	8.24	26.48	100.63	69.31
	97～139	1.34	8.15	26.84	112.73	78.51
	139～200	1.34	8.79	28.23	172.23	118.60
总计					561.75	401.05
西神婆试区东	0～17	1.36	8.27	29.14	49.55	35.49
	17～34	1.42	7.70	25.94	44.10	31.02
	34～70	1.38	7.82	26.69	96.08	67.91
	70～94	1.33	7.58	25.80	61.92	43.73
	94～130	1.37	6.86	24.18	87.05	62.34
	130～200	1.39	7.67	26.92	188.47	134.76
总计					527.17	375.25
小学校试区中西	0～17	1.30	7.27	27.20	46.23	33.88
	17～32	1.45	7.69	27.06	40.59	29.06
	32～56	1.38	7.81	25.47	61.14	42.39
	56～80	1.42	7.34	25.94	62.26	44.64
	80～120	1.26	7.43	25.59	102.36	72.63
	120～200	1.30	7.24	25.05	200.41	142.48
总计					512.99	365.08

2. 试验区降水状况与作物需水量分析

试验区2008～2009年和多年平均降水分布如图8-17所示，2008年为少雨干旱年，全年降水量331.4 mm，比多年平均降水少100 mm。但因为2007年秋季降雨多，2008年前期降水正常偏多（6月降水是常年的1.8倍），试验区作物种植普遍采用地膜覆盖技术，尽管后期雨水少，仍表现出“天旱地不旱”的效果。而2009年全年降水量486.8 mm，比多年平均降水多出50 mm以上。但因为2008年后期降水少，2009年前期极度少雨，致使4月下旬播种季节干土层达12～14 cm，不得不采用座水播种方式。6月严重缺雨，更抑制了作物的正常生长。

近年试验研究表明，河村试验区主要作物玉米的耗水量为330～370 mm，谷子的耗水量330 mm，菜豆耗水量稍高，为380～390 mm，甘蓝（栽植后）耗水量为290 mm左右。这些作物都是随雨热同步生长的单季作物，对比该区域多年平均降水量430 mm来讲，水分基本不存在亏缺问题，即使是5～9月生育期多年平均降雨量为350 mm，水分亏缺量也不大。但我们还不可能完全抑制占降水量近1/3的休闲期和作

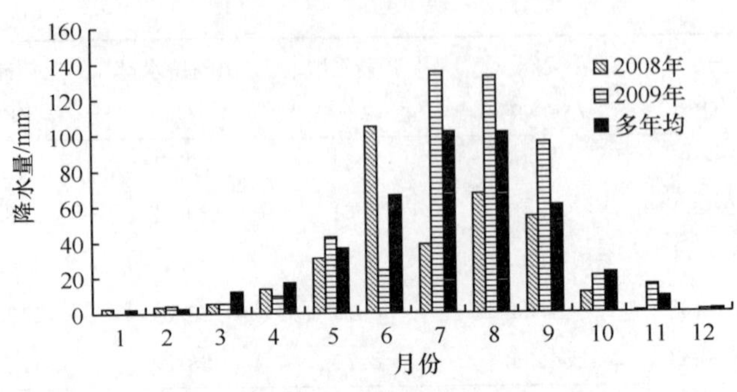

图 8-17　河村试验区降水量

物苗期的土壤蒸发，更不可能掌控低水多变的气候环境。多年的实践表明，半干旱区缺水对作物生长的影响，不仅仅是水量少的问题，最大的问题在于降水与作物生长需水的错位，春旱产生的播种问题，伏旱引起的灌浆问题，是农业高效用水必须应对的最关键问题。因此，进行降水径流的集蓄和补灌利用十分必要，采取适宜的扩蓄增容、覆盖保墒等土壤管理措施更为重要。

3. 不同土壤管理措施对土壤水分的保蓄利用

北方旱农地区，因降水分布不均，水分蒸发损失浪费严重，尤其是农田休闲期的土壤水分管理尤为重要。北方旱地农业研究表明，半湿润偏旱地区夏季农田休闲期土壤水分蒸发量可达 188.5～243.8 mm，占同期降雨量的 57.3%～68.2%；春玉米、春谷子冬季休闲期间，土壤水分蒸发为 148.6～190.1 mm，占同期降水量的 97%～244%，说明半湿润偏旱地区，冬季农田休闲期不仅没有蓄墒作用，还存在一定的失墒问题。在半干旱和半干旱偏旱区，主要作物农田冬季休闲期土壤蒸发量为 50.3～172.6 mm，占同期降水量的 72%～98%，说明该休闲期的降水绝大部分消耗于土壤物理蒸发，对土壤储水的补充作用不大。由此看来，做好农田休闲期的蓄水保墒工作，对恢复土壤储水和保证下茬作物用水具有重要意义。

1）秋冬休闲期覆盖对土壤水分保蓄作用

河村试验区由于降水不足、积温偏低，农作物种植制度为一年一熟。春播作物粮食如玉米、谷子和旱地蔬菜作物如菜豆和甘蓝为主栽作物。秋季收获后农田处于较长时间的休闲期，特别是甘蓝一般于 8 月下旬收获上市，休闲期更长；且甘蓝田收获后地面无残茬覆盖，土壤水分蒸发损失会更强。为了减少秋冬休闲期的土壤蒸发，进行了休闲期覆盖试验。结果表明，秋冬休闲期覆盖土壤水分保蓄作用明显（表 8-15）。秋施肥整地覆膜处理在春天播种时，0～200 cm 土壤储水的增加量可较对照增加 44.4 mm，秋秸秆覆盖可较对照增加 36.8 mm。其中 0～20 cm 土壤含水量秋施肥整地覆膜可较对照增加 5.2%，秸秆覆盖可较对照增加 7.9%，为春季播种保苗奠定了良好的水分条件。同时，由数据可以看出，露地（对照）在休闲期为土壤水分散失阶段，失水 30.5 mm，而休闲期覆盖处理后则转变为蓄墒阶段，秋整地覆膜和秸秆覆盖处理分别增墒 13.9 mm 和 6.3 mm。这些增加的土壤水分既是有效水分，又是表层水分，对下年作物春播具有重要意义。

表 8-15　休闲期覆盖对土壤水分的影响　(单位:%)

层次	秋整地覆膜		秋秸秆覆盖		对照	
	2009-10-24	2010-5-1	2009-10-24	2010-5-1	2009-10-24	2010-5-1
0～20 cm	15.4	21.7	18.2	24.6	18.1	19.0
20～40 cm	23.6	27.3	19.8	24.3	20.8	21.1
40～60 cm	21.9	23.6	19.2	21.7	19.1	19.2
60～80 cm	19.9	21.0	18.8	19.6	18.6	18.5
80～100 cm	18.6	18.5	18.8	18.6	17.9	16.7
100～120 cm	18.0	17.4	18.1	16.5	18.5	15.9
120～140 cm	16.6	16.1	18.3	16.4	18.8	15.7
140～160 cm	17.8	15.8	20.5	17.9	19.6	16.4
160～180 cm	17.4	16.5	19.7	17.6	20.4	17.4
180～200 cm	20.6	18.7	23.2	20.4	24.4	21.1
0～200 cm 储水量	379.4	393.3	389.0	395.3	392.4	361.9
增加量	13.9 mm		6.3 mm		−30.5 mm	

2）顶凌覆膜对土壤水分的保蓄作用

早春土壤昼消夜冻时，在秋施肥秋整地的基础上及早覆膜，此时覆膜保墒效果虽然较秋季覆膜差，但较播前覆膜效果好，而且可利用春节刚过劳动力充足的农闲时间进行。2010 年在玉米播种期土壤水分测定结果表明，秋耕地春顶凌覆膜后，0～20 cm 土壤含水量平均增加 4.3%，0～200 cm 土壤储水量平均增加 14.5 mm（图 8-18，图 8-19）。

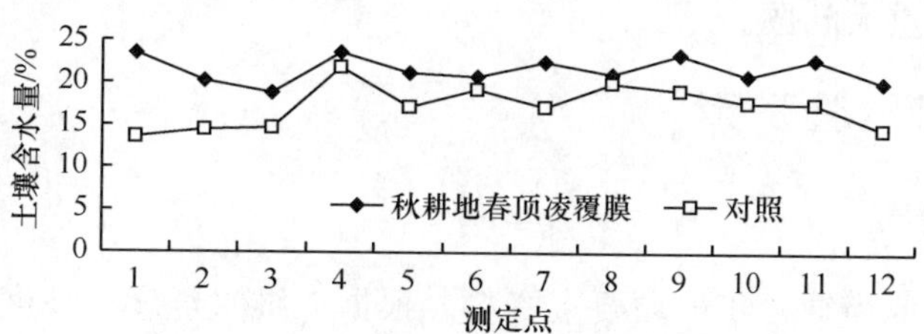

图 8-18　顶凌覆膜对表层土壤水分的影响

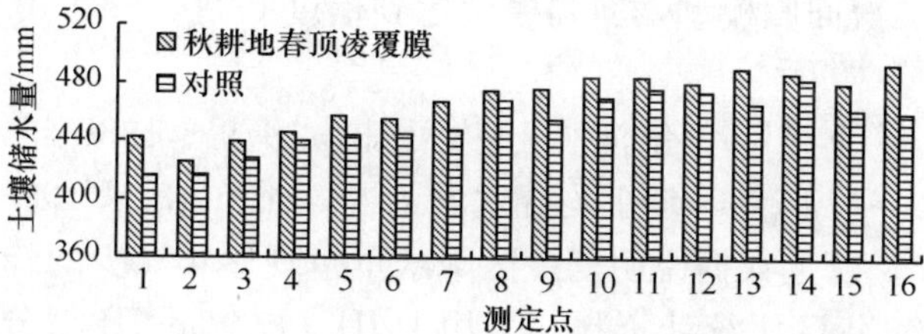

图 8-19　顶凌覆膜对 2 m 土体储水量的影响

3）免耕探墒播种对苗床土壤水分的影响

2009 年春播遭遇严重的气候干旱和土壤干旱，表现为耕多深干多深，干土层达 12～14 cm，0～10 cm 土壤重量含水量仅 4%～6%，无法正常播种。但免耕地块土壤水分状况稍好。采取不同播种方法表明，免耕探墒播种的 0～10 cm 苗床土壤水分为 10%，免耕直播的土壤水分为 7.9%，而翻耕播种的土壤水分仅 6.1%，不得不坐水播种。经调查测定，几种作物的出苗情况如表 8-16 所示。由此说明，免耕是减少土壤蒸发失水的良好管理措施，免耕探墒播种结合地膜覆盖是利用有限土壤水分，适期播种保苗的可行技术。

表 8-16　免耕条件下不同作物播种出苗情况

作物	免耕探墒播种出苗/%	免耕直播出苗/%
玉米	97.3	86.1
架豆	65	45
谷子	73	70
向日葵	85	10

二、作物节水型种植结构优化调整

水资源紧缺是一个全球性问题，我国北方半干旱地区尤为严重。气候增暖，使得我国北方半干旱地区干旱化的形势更加严峻。半干旱区水资源短缺问题日益加剧，尤其是农业水资源短缺将成为 21 世纪制约农业和农村经济持续稳定发展的重要因素之一。

降水是旱地农业唯一的水分补给源，而土壤水作为降水入渗后所形成的动态水资源，是作物赖以生存的直接水资源。如何科学调整种植业结构，节约用水，提高水分利用效率，使有限的水资源发挥最大经济效益和生态效益，实现水资源的可持续利用是当前需要解决的一个重大问题。

（一）主要作物需水量分析

1. 试验区降水及分布

河村试验区目前尚缺常年气象要素资料。根据三维（经度、纬度及海拔）与气象要素的内在相关关系，利用河村周边 11 个气象站点 1979～2008 年的气象资料，采用多项式逐步回归方法，建立了气温、降水等气象要素（Y）与经度（X_1—经度；X_2—纬度；X_3—海拔）的三元二次回归模型，回归模型达到信度 0.0001～0.01 极显著水平，相关系数在 0.9000 以上。

由图 8-20 降水量的年际变化演变趋势可知，1979～1988 年，年平均降水量为 439.8 mm；从 1989～1998 年，年平均降水量为 436.4 mm；从 1999～2008 年，年平均降水量为 419.1 mm。以上数据说明，该区降水量呈现逐年减少的趋势。

根据 1979～2008 年降水统计资料，采用 P-III（皮尔逊 III 型分布）法划分丰水年（25%）、平水年（50%）和干旱年（75%）三种降水年型，不同降水年型的各月降水量见表 8-17。河村多年平均降水量为 431.8 mm，丰水年降水量为 555.1 mm，平水年为

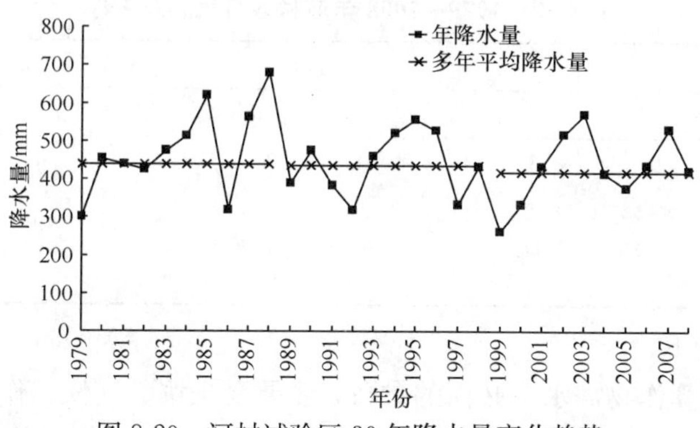

图 8-20　河村试验区 30 年降水量变化趋势

437.9 mm，干旱年为 318.5 mm，各年间降水量变化幅度大，属半干旱地区。历年降水主要集中在每年的 5～9 月，期间多年平均占全年降水量的 84.7%；尤其以 6 月、7 月、8 月为最多，达 62.2%，此期间降水比例与降水年型相关性较高。以上分析说明河村年降水量相当集中，年内分配不均。

表 8-17　不同年型各月平均降水量及其比例

典型年型		1月	2月	3月	4月	5月	6月	7月	8月	9月	10月	11月	12月	全年
丰水年	降水/mm	2.6	3.4	5.3	13.5	55.5	69.5	143.9	159.8	80.5	11.4	8.5	1.2	555.1
(1995 年)	比例/%	0.5	0.6	1.0	2.4	10.0	12.5	25.9	28.8	14.5	2.1	1.5	0.2	100
平水年	降水/mm	0.8	6.8	2.8	21.6	42.9	73.3	110.2	92.5	61.9	15.6	7.2	2.3	437.9
(1981 年)	比例/%	0.2	1.6	0.6	4.9	9.8	16.7	25.2	21.1	14.1	3.6	1.6	0.5	100
干旱年	降水/mm	6.8	11.9	4.5	14.2	36.6	52.2	55.2	74.7	39.8	15.3	5.7	1.6	318.5
(1986 年)	比例/%	2.1	3.7	1.4	4.5	11.5	16.4	17.3	23.5	12.5	4.8	1.8	0.5	100
多年	降水/mm	2.2	2.5	12.1	17.2	36.5	66.2	101.3	101.1	60.4	22.3	8.7	1.4	431.8
平均	比例/%	0.5	0.6	2.8	4.0	8.5	15.3	23.5	23.4	14.0	5.2	2.1	0.3	100

2. 主要作物需水量分析

作物需水量是指生长在大面积上的、无病虫危害的作物，土壤水分和肥力条件适宜时，在给定的生长环境中能取得高产潜力的情况下，满足植株蒸腾、棵间蒸发和组成植株体的水量之和。组成植株体的水量一般小于总需水量的 0.2%，通常将其忽略，只考虑作物蒸腾和棵间蒸发。

1）作物蒸发蒸腾量（ET_0）

根据我国各学者的研究，联合国粮农组织推荐的 Penman 公式在我国各地有较好的适用性，根据河村 1979～2008 年的相关气象资料，采用 Penman 公式计算河村各月各作物的最大蒸发蒸腾量。表 8-18 为 1979～2008 年河村各月气温平均值及应用 Penman 公式得出的每月各日 ET_0 平均值（mm）。

表 8-18 1979～2008 年河村各月气温及 ET_0

	月份											
	1	2	3	4	5	6	7	8	9	10	11	12
T/℃	−10.3	−5.5	0.5	8.3	15.2	18.9	20.2	18.5	13.6	7.1	−1.3	−8.4
日 ET_0 平均值 /mm	0.59	1.01	2.26	3.47	5.85	6.27	4.26	3.70	2.52	1.76	1.04	0.71

2）作物系数（K_c）

作物系数是计算作物需水量必要的参数，主要受土壤、气候、作物生长状况和栽培管理方式等诸多因素影响，根据 FAO 灌溉与排水分册-56 推荐的单值分段平均作物系数法，结合河村实际情况，不同作物的 K_c 值见表 8-19。

表 8-19 河村不同作物生育期内 K_c 值

作物	4 月	5 月	6 月	7 月	8 月	9 月
玉米		0.42	0.60	0.80	0.86	0.75
谷子		0.32	0.50	0.68	0.72	0.50
马铃薯	0.32	0.43	0.55	0.75	0.83	0.76
红芸豆		0.41	0.5	0.58	0.75	0.32
红小豆		0.39	0.52	0.60	0.68	0.35
甘蓝	0.23	0.35	0.75	0.96	0.92	0.23
菜豆		0.37	0.65	0.91	0.94	0.37

3）作物需水量（ET_m）

根据公式 $ET_m = K_c \cdot ET_0$ 计算河村各种作物多年平均逐月需水量，即最大蒸散量（表 8-20）。

表 8-20 作物生育期内多年平均需水量 （单位：mm）

作物	4 月	5 月	6 月	7 月	8 月	9 月	合计
玉米		76.2	112.9	105.6	98.6	56.7	450.0
谷子		33.7	94.1	89.8	82.6	37.8	337.9
马铃薯	11.1	78.0	103.5	99.0	95.2	57.5	444.2
红芸豆		74.4	94.1	76.6	86.0	24.2	355.2
红小豆		70.7	97.8	79.2	78.0	26.5	352.2
甘蓝	12.0	63.5	141.1	126.8	105.5	17.4	466.2
菜豆		67.1	122.3	120.2	107.8	28.0	445.3

4）主要作物水分生态适应性评价

作物需水与自然降水的耦合度，是指单位时间（一个月或一个生育期）内，自然降水对作物需水的满足程度，它是从时间维度上衡量自然降水对作物需水的满足率的指标。

由表8-21可知，由于试验区作物生育期内气温较低，蒸发不强，丰水年和平水年降水基本能满足作物需要。谷子的适应性最好；其次为红芸豆、红小豆和玉米；适应性较差的为甘蓝、菜豆和马铃薯。春玉米生育期较长，因而其需水量相对较大。春玉米整个生育期间雨热同季，不同降水年型下需水与自然降水耦合度分别为0.86、0.82和0.57，降水量基本能满足其需水要求，水分生态适应性除干旱年外较好。但由于不同降水年型下降水时间并不均匀，因此，存在个别月份自然降水与作物需水耦合度较差，但整体看在降水较多的月份所补注的地下水基本可以满足春玉米的需水要求。马铃薯由于春季降水少，适应性较差，需要采取措施储好地里墒才能保证马铃薯前期需水。甘蓝和菜豆等蔬菜需水量较大，平水年和干旱年需要补灌才能保证其需要。

表8-21　作物需水与自然降水耦合度分析

年型	作物	4月	5月	6月	7月	8月	9月	全生育期
丰水年	玉米		0.73	0.62	1.00	1.00	1.00	0.86
	谷子		1.00	0.74	1.00	1.00	1.00	0.93
	马铃薯	1.00	0.71	0.67	1.00	1.00	1.00	0.87
	红芸豆		0.75	0.74	1.00	1.00	1.00	0.88
	红小豆		0.78	0.71	1.00	1.00	1.00	0.88
	甘蓝	1.00	0.87	0.49	1.00	1.00	1.00	0.83
	菜豆		0.83	0.57	1.00	1.00	1.00	0.86
平水年	玉米		0.56	0.65	1.00	0.94	1.00	0.82
	谷子		1.00	0.78	1.00	1.00	1.00	0.94
	马铃薯	1.00	0.55	0.71	1.00	0.97	1.00	0.85
	红芸豆		0.58	0.78	1.00	1.00	1.00	0.85
	红小豆		0.61	0.75	1.00	1.00	1.00	0.85
	甘蓝	1.00	0.68	0.52	0.87	0.88	1.00	0.75
	菜豆		0.64	0.60	0.92	0.86	1.00	0.78
干旱年	玉米		0.48	0.46	0.52	0.76	0.70	0.57
	谷子		1.00	0.56	0.61	0.90	1.00	0.75
	马铃薯	1.00	0.47	0.50	0.56	0.78	0.69	0.61
	红芸豆		0.49	0.56	0.72	0.87	1.00	0.68
	红小豆		0.52	0.53	0.70	0.96	1.00	0.70
	甘蓝	1.00	0.58	0.37	0.44	0.71	1.00	0.53
	菜豆		0.55	0.43	0.46	0.69	1.00	0.55

（二）作物节水种植结构优化

1. 试验区基本情况

阳曲县凌井店乡河村是全县重点以旱作农业为主产业的行政村，地处38.0°N，

112.9°E，海拔 1275.5 m，无霜期 130 天左右，昼夜温差大。多年平均降雨约430 mm，年平均气温 6.8℃，日蒸发量小。2008 年全村总户数 110 户，总人口 995 人，劳动力 482 人（男 330 人，女 152 人），其中从事种植业劳动力 417 人；总耕地面积587 hm^2，人均耕地近 0.6 hm^2，其中粮食作物面积 346 hm^2，油料作物面积 9.1 hm^2，药材 2.6 hm^2，蔬菜 229 hm^2，完全依靠自然降水从事农业生产；全村饲养牛 20 头（肉牛 15，役用牛 5），驴 66 头，马 2 头，骡 12 头，猪 350 头，羊 360 只，养鸡 974 只（蛋鸡 604 只）；全村总收入 641 万元，净收入 277 万元，人均 2872 元。种植作物中主要有玉米、大豆、马铃薯、谷子、葵花、红芸豆等，甜玉米种植面积居多，达 67 hm^2；旱地蔬菜作为全村的主导农业产业发展态势良好，种植面积 229 hm^2，比 2007 年(180 hm^2)增加 49 hm^2，主要种植有甘蓝、菜豆、萝卜、番茄等，其中甘蓝 147 hm^2，单产 52 500 kg/hm^2，菜豆 65 hm^2，单产 22 500 kg/hm^2。良好市场价格情况下，每公顷收入基本能保持在 15 000 余元。

2. 节水型种植结构优化调整

应用 DPS 软件，遵循“市场导向、资源依托、环境友好、生态保育、科技支撑、动态优化”等原则，以培育“节水型、高效益”的新型种植业体系为目标，进行多目标线性规划，对河村的种植业结构在不同降水年型下进行优化调整。

1）目标变量的确定

以河村近年来主要农作物的年种植面积为决策变量，共设 7 个变量，分别为玉米（X_1）、谷子（X_2）、马铃薯（X_3）、红芸豆（X_4）、红小豆（X_5）、甘蓝（X_6）和菜豆（X_7）。

2）目标函数

（1）总产值目标：

$$f_1 = \sum_{j=1}^{7} v_j x_j \tag{8-15}$$

式中，v_j为第 j 种作物单位面积产值，x_j为第 j 种作物最优种植面积。

（2）水分利用效益：指单位面积单位耗水量的产值［元/(hm^2 · mm)］。

$$f_2 = \sum_{j=1}^{7} \frac{t_j}{ET_{aj}} \frac{x_j}{x} \tag{8-16}$$

式中，t_j为第 j 种作物单位面积产值；ET_{aj}为第 j 种作物全生育期耗水量。分别计算作物各自的水分利用效益，再以种植面积为权重，加权平均计算全部作物的水分利用效益。

3）约束条件的确定

根据规划原理，原始数学模型是一组决策变量 x_j 的约束条件，节水型种植结构优化方案是在满足一定约束条件下实现的。根据河村资源禀赋和种植业生产现状，建立以下约束条件。

a. 耕地资源约束

（1）耕地总面积约束：保持耕地总量动态平衡，扣除面积较小的药材、荞麦等，耕地面积控制在现在水平 550 hm^2。该地为一年一熟制，所以约束为

$$\sum_{j=1}^{7} x_j \leqslant 550 \tag{8-17}$$

（2）每种作物面积约束：为保证生态环境的良性发展和轮作的要求，玉米的轮作周期应不少于 2 年，谷子、马铃薯、红芸豆、红小豆、甘蓝、菜豆的轮作周期应不少于 3 年；根据当地饮食习惯及耕地现状，谷子、马铃薯、红芸豆、红小豆的种植应保证一定的种植面积，即

$$x_1 \leqslant 225; x_2 \leqslant 183; x_3 \leqslant 183; x_4 \leqslant 183; x_5 \leqslant 183; x_2 + x_3 + x_4 + x_5 \geqslant 110;$$
$$x_6 + x_7 \leqslant 225 \tag{8-18}$$

b. 作物需水与降水协调程度约束

在区域种植业发展中，首要的目标是农业的可持续发展，在水资源短缺的地区，水资源是主要的约束条件之一。一是建立与当地水资源相匹配的种植结构；二是增加低耗水作物、降低高耗水作物种植面积。

$$b \leqslant \frac{\sum_{j=1}^{7} O_j x_j}{\sum_{j=1}^{7} x_j} \leqslant b' \tag{8-19}$$

式中，O_j 为不同降水年型第 j 种作物的水分耦合度；b、b' 为不同降水年型水分耦合度约束下限、上限。

c. 种植业总产值约束

$$\sum_{j=1}^{7} v_j x_j \geqslant b'' \tag{8-20}$$

式中，v_j 为第 j 种作物单位面积产值；x_j 为第 j 种作物最优种植面积；b'' 为规划期末种植业总产值目标。

d. 各决策变量的非负约束

$$X_j \geqslant 0 \quad j = 1,2,\cdots,7 \tag{8-21}$$

4）优化结果与分析

多目标规划数学模型可经过标准化转化为向量极小值问题，并通过改进型单纯形法求解。但这种算法产生的有效点常常很多，使决策者应用起来不便，比较简单实用的处理方法是加权求和算法，即把多目标函数以固定权数求和转变成单目标函数求解。在此采用加权求和算法来求解以上的多目标规划模型。设第一、第二个目标函数的权重分别为 50%、50%，则多目标规划模型的目标函数转化为

$$\max 50\% f_1(x) + 50\% f_2(x) \tag{8-22}$$

依据多目标规划模型得到的优化结果如表 8-22 所示。丰水年，大力发展甘蓝、菜豆等蔬菜作物和玉米，其比例大幅度加大，经济效益和水分利用效益最高，但耐旱作物谷子面积较小；平水年，几种作物平衡发展，且经济效益和水分利用效益都较高；干旱年，谷子、小杂豆大面积发展，玉米也有一定面积，即在现有的基础上增加粮豆作物种植面积，压减蔬菜种植面积，但经济效益和水分利用效益最低。

表 8-22　河村种植业结构优化结果

项目	作物							总产值/万元	水分利用效益/[元/(hm²·mm)]
	玉米/hm²	谷子/hm²	马铃薯/hm²	红芸豆/hm²	红小豆/hm²	甘蓝/hm²	菜豆/hm²		
丰水年	225.0	6.3	37.5	26.8	29.3	87.5	137.6	843.7	38.1
平水年	188.8	56.4	29.9	40.2	39.3	83.1	112.3	764.4	34.7
干旱年	119.9	118.6	25.3	86.4	98.3	51.4	50.1	559.9	25.5

综合分析，作为一个村级单位的河村，受市场影响较大，在农业生产的社会效益、经济效益、生态效益三者的重要性方面，可以首先考虑经济效益而弱化社会效益。但从农牧结合、农业的可持续发展方面考虑，应在节水的同时稳定玉米的播种面积，所以应以平水年方案为基础（经济效益和水分利用效益都较高），在种植业内部适当调整不同作物种植比例，适量增加低耗水作物（谷子、小杂豆）面积，并采取选用耐旱作物品种、增施有机肥、合理轮作倒茬等农业技术措施，提高有限水资源的利用率。

（三）作物节水高效轮作组合

水资源的日渐匮乏成为农业可持续发展的主要限制因子，从水资源角度出发，开展节水农业生产，进行合理的种植业结构调整是农业可持续发展的重要保障之一。许多研究表明，与单一的种植模式相比，作物轮作倒茬技术优势明显，它利用作物对环境水分养分等生态因素需要差异，进行作物间时序配制，不仅能改善土壤结构，平衡土壤养分，减少病虫草害，使作物稳定、高产，降低农业投入，更重要的是能在未增加投入的基础上通过有规则的轮作倒茬起到水资源高效转化和持续利用的作用。

目前，有关轮作增产增收效果的评价及半干旱地区水分平衡现状的报道较多，而对不同作物模式耗水特性及不同轮作模式水分利用效率的研究尚不明确，本试验根据不同作物耗水特性的差异，重点研究不同轮作模式下产量、产值及水分利用效率，以期得出（一定周期内）既能保证产量、产值又能够节约水资源的旱作高效用水轮作模式。

按国家支撑计划课题“山西半干旱区旱作粮经作物综合节水技术研究与示范”目的要求及河村试验区主要农作物，确定玉米、谷子、红芸豆、红小豆、甘蓝、菜豆及马铃薯共 7 种作物作为供试作物，其中有粮食作物 2 种、小杂豆 2 种、旱地蔬菜 2 种、薯类 1 种。2008～2009 年轮作试验，设 17 种处理组合，对不同种类作物轮作方式组合进行比较。以节水、高效用水和节本增效为核心目标，在田间试验基础上，分析不同轮作方式的水分利用效率、农产品产量、经济效益等，建立河村示范区节水高效型轮作模式。

1. 不同轮（连）作组合农产品产量和水分利用效率分析

从 2008～2009 年 2 年试验结果看（表 8-23），不同组合以莔子白-莔子白产量及水分利用效率最高，其次是玉米-莔子白，两者 WUE 均在 5 以上；谷子-莔子白、菜豆-菜豆、马铃薯-马铃薯组合 WUE 为 3.0～4.0；玉米-马铃薯、玉米-菜豆及谷子-马铃薯组合 WUE 为 2.0～3.0；谷子-菜豆、玉米-玉米、玉米-红芸豆及玉米-红小豆组合

WUE 处于 1.0～2.0；其余组合 WUE 低于 1.0。在供试的山西旱作地区 7 种主要粮食、豆类、马铃薯及蔬菜作物中，一般认为玉米是耐连作作物，马铃薯是短期耐连作作物，而谷子、豆类及蔬菜均为忌连作作物。从 2 年结果看，尽管 2 种蔬菜作物各自连作、马铃薯连作的产量及 WUE 均较高，但从这 3 种作物的耐连作特性来看显然不是较佳选择，没有长期连作的可能性；玉米-茴子白、谷子-茴子白、玉米-菜豆 3 种粮食-蔬菜轮作表现较好，它们均比各自的连作表现优越，既符合轮作倒茬的一般原则，也能在一定程度上达到旱作高效用水及高产高效的目标。

表 8-23 2008～2009 年不同轮（连）作组合农产品产量和水分利用效率

轮（连）作组合	耗水量/mm			产量/(kg/亩)			WUE/[kg/(mm·亩)]		
	2008 年	2009 年	合计	2008 年	2009 年	合计	2008 年	2009 年	均值
玉米-玉米	451.5	372.0	823.5	877.1	539.6	1416.7	1.94	1.45	1.72
谷子-谷子	408.4	356.5	764.9	356.3	85.4	441.7	0.87	0.24	0.58
马铃薯-马铃薯	422.7	392.0	814.7	1350.1	1273.0	2623.1	3.19	3.25	3.22
红小豆-红小豆	404.5	385.2	789.7	222.9	208.3	431.2	0.55	0.54	0.55
红芸豆-红芸豆	403.7	396.1	799.8	204.2	189.6	393.8	0.51	0.48	0.49
菜豆-菜豆	416.7	371.4	788.1	1450.1	1281.3	2731.4	3.48	3.45	3.47
茴子白-茴子白	439.0	389.1	828.1	4514.8	2548.0	7062.8	10.28	6.55	8.53
玉米-马铃薯	451.5	365.1	816.6	939.6	1429.2	2368.8	2.08	3.91	2.90
玉米-红小豆	451.5	377.8	829.3	852.1	208.3	1060.4	1.89	0.55	1.28
玉米-红芸豆	451.5	372.9	824.4	925.0	195.8	1120.8	2.05	0.43	1.36
玉米-菜豆	451.5	362.2	813.7	850.0	1037.6	1887.6	1.88	2.86	2.32
玉米-茴子白	451.5	366.1	817.6	843.8	3275.2	4119.0	1.87	8.95	5.04
谷子-马铃薯	408.4	381.3	789.7	377.1	1331.3	1708.4	0.92	3.49	2.16

续表

轮（连）作组合	耗水量/mm			产量/(kg/亩)			WUE/[kg/(mm·亩)]		
	2008年	2009年	合计	2008年	2009年	合计	2008年	2009年	均值
谷子-红小豆	408.4	381.2	789.6	354.2	202.1	556.3	0.87	0.53	0.70
谷子-红芸豆	408.4	383.4	791.8	335.4	168.8	504.2	0.82	0.41	0.63
谷子-菜豆	408.4	366.7	775.1	352.1	1050.1	1402.2	0.86	2.86	1.81
谷子-茴子白	408.4	389.2	797.6	383.4	2556.4	2939.8	0.94	6.57	3.69

值得指出的是，谷子及2种小杂豆（红芸豆、红小豆）与其他作物轮作尽管绝对产量及WUE较低，但除了不宜连作外，它们本身对何种前茬并无特殊要求，所以从轮作换茬体系整体考虑，它们在轮作体系中的地位不可忽视。试验结果也显示，玉米在7种作物中是唯一的耐旱连作作物，它的特点：一是本身经济产量高；二是对前茬无特殊要求；三是对后茬也无明显不良影响。可看出玉米在旱作高产和高效用水轮作制中有不可替代的特殊地位。从以上分析可以认为，粮食（玉米或谷子）-旱地蔬菜（茴子白或菜豆）-小杂豆（红芸豆或红小豆）3年轮作是较为可行的轮作模式选择，但注意菜豆的后茬不宜种小杂豆，宜选马铃薯。

2. 不同轮（连）作组合农产品产值和单位水分产值效率分析

表8-24列出了2008～2009年河村试验区不同轮（连）作组合试验的单位面积农产品产值及单位水分产值效率（简称产值WUE）。与上文所示产量及WUE表现比较相似，即2种旱作蔬菜连作组合居前，其产值WUE高达5以上；其次是玉米-旱作蔬菜（菜豆、茴子白）、玉米-马铃薯、谷子-菜豆、红小豆连作、玉米-小杂豆（红小豆、红芸豆）等组合，产值WUE在3以上；其余组合在2以下。再次从另一个角度支持了上文得出的“粮食（玉米或谷子）-旱地蔬菜（茴子白或菜豆）-小杂豆（红芸豆或红小豆，菜豆后茬选马铃薯）3年轮作”是当地较为可行的旱作高产高效用水轮作模式的推论。

表8-24 2008～2009年不同轮（连）作组合产值及单位水分产值效率

轮（连）作组合	耗水量/mm			产值/(元/亩)			产值WUE/(元/亩)		
	2008年	2009年	合计	2008年	2009年	合计	2008年	2009年	均值
玉米-玉米	451.5	372.0	823.5	1315.7	809.4	2125.1	2.91	2.18	2.58
谷子-谷子	408.4	356.5	764.9	783.9	187.9	971.8	1.91	0.53	1.27

续表

轮（连）作组合	耗水量/mm			产值/(元/亩)			产值 WUE/(元/亩)		
	2008 年	2009 年	合计	2008 年	2009 年	合计	2008 年	2009 年	均值
马铃薯-马铃薯	422.7	392.0	814.7	1350.1	1273.0	2623.1	3.19	3.25	3.22
红小豆-红小豆	404.5	385.2	789.7	1337.4	1249.8	2587.2	3.31	3.24	3.28
红芸豆-红芸豆	403.7	396.1	799.8	1225.2	1137.6	2362.8	3.03	2.87	2.95
菜豆-菜豆	416.7	371.4	788.1	2610.2	2306.3	4916.5	6.26	6.21	6.23
茴子白-茴子白	439.0	389.1	828.1	2708.9	1528.8	4237.7	6.17	3.93	5.12
玉米-马铃薯	451.5	365.1	816.6	1409.4	1429.2	2838.6	3.12	3.9	3.48
玉米-红小豆	451.5	377.8	829.3	1278.2	1249.8	2528.0	2.83	3.31	3.05
玉米-红芸豆	451.5	372.9	824.4	1387.5	1174.8	2562.3	3.07	3.15	3.11
玉米-菜豆	451.5	362.2	813.7	1275.0	1867.7	3142.7	2.82	5.16	3.86
玉米-茴子白	451.5	366.1	817.6	1265.7	1965.1	3230.8	2.80	5.37	3.95
谷子-马铃薯	408.4	381.3	789.7	829.6	1331.3	2160.9	2.03	3.49	2.74
谷子-红小豆	408.4	381.2	789.6	779.2	1212.6	1991.8	1.91	3.18	2.52
谷子-红芸豆	408.4	383.4	791.8	737.9	1012.8	1750.7	1.81	2.64	2.21
谷子-菜豆	408.4	366.7	775.1	774.6	1890.2	2664.8	1.90	5.15	3.44
谷子-茴子白	408.4	389.2	797.6	843.5	1533.8	2377.3	2.07	3.94	2.98

注：农产品计算单价（元/kg，按 2008 年、2009 年当地市场平均价格）：玉米 1.5、谷子 2.2、马铃薯 1.0、红芸豆 6.0、红小豆 6.0、茴子白 0.6、菜豆 1.8。

三、主要作物高效用水关键技术

(一) 玉米高效用水技术

1. 不同玉米品种的抗旱性与水分利用效率

1) 不同玉米品种对产量构成的影响

为选择适宜早熟区栽培的高产高效玉米品种，结合当地自然和气候状况，引进了9个适宜的玉米品种，其中紧凑耐密型品种6个：kws2564、迪卡m9、郑单958、晋单56、强盛16和先玉335，试验密度为72 000株/hm^2；稀植大穗型玉米品种3个：咏丰1号、晋单32和四单19，试验密度为48 000株/hm^2。不同玉米品种穗部性状和产量构成如表8-25所示。从表8-25中可以看出，大穗型品种咏丰1号、晋单32和四单19穗长明显大于紧凑耐密品种，较紧凑耐密品种穗长平均长3.9 cm。秃尖长以先玉335最长，为2.1 cm，郑单958和咏丰1号最短，为0.2 cm。大穗型品种的穗行数较高产耐密品种平均低2行，但行粒数较高产耐密品种平均高8.9粒。

试验年份由于受早霜的不利影响，除晋单32和四单19基本成熟外，其余各品种都明显成熟不足，所以百粒重以晋单32和四单19最高，为29.1 g和31.4 g。但由于其属稀植大穗型品种，公顷粒数不高，所以最终的理论产量明显低于耐密高产品种。耐密高产品种百粒重较低，但其公顷粒数较大，所以理论产量较稀植大穗型品种平均高13.8%。紧凑耐密品种中先玉335由于其有较大的百粒重和公顷粒数，所以其理论产量最高，为10 529.7 kg/hm^2，较稀植大穗型品种平均增产21%。

表8-25 不同玉米品种穗部性状和产量构成

品种	穗长/cm	秃尖/cm	穗粗/cm	穗行数	行粒数	百粒重/g	公顷穗数	公顷粒数/万粒	理论产量/(kg/hm^2)
kws 2564	16.3	1.4	4.9	17.3	34.3	23.6	70 869	4 205	9 924.5
迪卡m9	14.3	1.1	4.6	16.2	32.2	22.8	75 871	3 958	9 023.6
郑单958	16.5	0.2	4.9	15.2	36.9	24.5	72 536	4 068	9 967.6
晋单56	16.2	0.7	5.0	15.3	31.7	28.0	71 703	3 478	9 737.5
强盛16	16.8	1.2	4.8	16.1	34.4	25.3	72 953	4 040	10 222.3
先玉335	17.7	2.1	4.7	15.4	35.3	26.4	73 370	3 989	10 529.7
咏丰1号	20.7	0.2	5.1	14.3	44.3	26.3	51 067	3 235	8 508.2
晋单32	19.9	1.4	4.9	13.9	43.2	29.1	50 442	3 029	8 814.2
四单19	20.0	1.3	4.8	13.4	41.4	31.4	50 442	2 798	8 786.7

2) 不同玉米品种对产量及水分利用效率的影响

不同玉米品种对产量及水分利用率的影响见表8-26。紧凑耐密型品种实测产量平均为10 388.3 kg/hm^2，显著大于稀植大穗型品种，较其增产26.5%，和理论产量比较的趋势相同。紧凑耐密型品种中先玉335实测产量最高，为11 160.0 kg/hm^2。不同品种耗水量为318.2～341.8 mm，稀植大穗品种和紧凑耐密品种耗水量间没有显著差异，所以紧凑耐密型品种的水分利用率在1%水平上显著大于稀植大穗型品种，较稀植大穗型品种高25.5%。

表 8-26　不同玉米品种的产量及水分利用率

项目	品种	实测产量/(kg/hm²)	生育期降水量/mm	生育期耗水量/mm	水分利用率/[kg/(hm²·mm)]	实测产量/(kg/hm²)	水分利用率/[kg/(hm²·mm)]
紧凑耐密型品种	先玉 335	11 160.0aA	442.8	341.8	33.0aA	10 388.3	31.5
	郑单 958	10 263.0abA	442.8	334.0	32.0aA		
	kws 2546	10 255.5abA	442.8	327.7	32.6aA		
	晋单 56	10 212.0abA	442.8	328.5	30.7aA		
	迪卡 m9	9 975.0abA	442.8	318.2	31.1aA		
	强盛 16	9 748.5bAB	442.8	325.4	30.0aA		
稀植大穗型品种	咏丰 1 号	8 368.5cBC	442.8	332.1	25.2bB	8 208.9	25.1
	四单 19	8 350.5cBC	442.8	329.4	25.3bB		
	晋单 32	7 908.0cC	442.8	318.6	24.8bB		

虽然试验年份前期干旱、后期多雨、低温寡照，紧凑耐密型品种成熟度不好，但产量和水分利用率仍然显著高于稀植大穗型品种。而紧凑耐密品种产量之所以高是由于其公顷粒数也就是公顷穗数高的原因，所以生产应首选适宜耐密的高产品种，通过扩大其群体达到高产目的。由于当地气候较冷凉，故品种生育期尤为人们所重视，因此生产上还应选择耐密性能较好，且生育期与气候条件及配套栽培技术措施相适应的品种。

2. 不同耕作方式对玉米生长、产量和水分利用效率的影响

保护性耕作是近年来的研究热点，少免耕是保护性耕作的核心技术，它不仅能改善土壤的理化性质，提高农田蓄水保墒能力，改善土壤的供肥、保肥能力，而且由于其扰动土壤较少，表层土壤水分状况较好，又可以起到抗旱播种的目的，同时省工、省时、节本增效。2009年春旱特别严重，为此进行了免耕探墒直播、少耕（条带耕作）和旋耕对玉米生长及产量影响的研究，试验采用随机区组设计，设3个处理，都为覆膜播种，品种采用中晚熟品种先玉335，种植密度为4000株/亩，其中少耕和旋耕由于耕作后失墒较快，为点水播种。

1）不同耕作方式对土壤温度的影响

玉米在拔节之前，其生长点一直处在地表以下，在这之前的土壤温度对生长点起着非常重要的作用，5 cm土壤温度相差1℃，就会对玉米幼苗的早起生长引起大的变化。5月16日至6月17日每隔1 h的温度测定表明（图8-21、图8-22），不同耕作方式对5 cm的地温影响明显大于10 cm的地温，且5 cm免耕探墒日平均地温分别较旋耕和少耕降低2.5℃和1.9℃，10 cm日平均地温分别降低1.8℃和1.8℃。地温的明显降低，在一定程度上影响了玉米的生长发育。

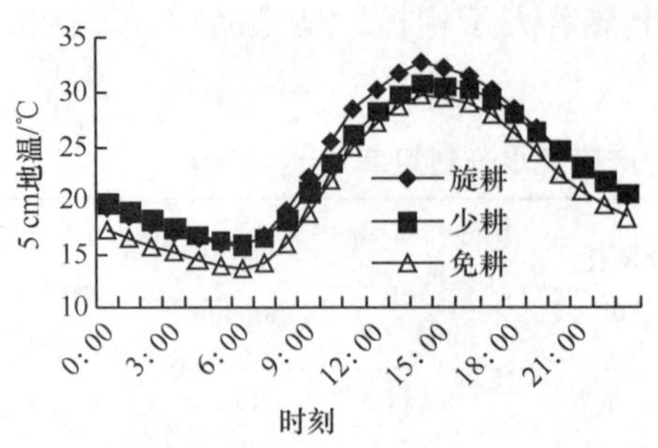

图 8-21　不同耕作方式 5 月 16 日～6 月 17 日平均地温比较（5 cm）

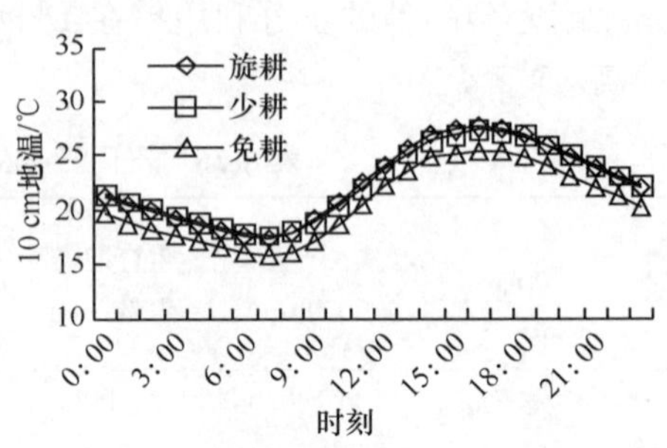

图 8-22　不同耕作方式 5 月 16 日～6 月 17 日平均地温比较（10 cm）

2）不同耕作方式对土壤水分含量的影响

不同时期的测定结果（表 8-27）表明，免耕探墒明显提高了 0～20 cm 的土壤含水量，较少耕平均提高 2.0%，较旋耕高 1.6%，在一定程度上缓解了免耕探墒导致的低地温对玉米生长发育的影响。

表 8-27　不同时期不同耕作方式土壤 0～20 cm 土壤水分含量　　（单位：%）

耕作方式	5 月 21 日	6 月 13 日	6 月 23 日	7 月 14 日	7 月 29 日	平均值
免耕探墒	17.0	11.0	11.2	16.1	13.6	13.8
少耕	14.2	8.4	8.6	14.4	13.3	11.8
旋耕	15.5	10.2	8.3	14.7	12.4	12.2
免耕探墒-少耕	2.8	2.6	2.6	1.7	0.3	2.0
免耕探墒-旋耕	1.5	0.8	2.9	1.4	1.2	1.6

3）不同耕作方式对玉米株高的影响

不同耕作方式由于其改变了土壤温度与土壤含水量的状况，所以对玉米株高有一定的影响，由表 8-28 可以看出，在玉米生育前期，免耕探墒处理由于地温较低，玉米株高显著低于少耕与旋耕，分别较少耕和旋耕平均低 4.5 cm 和 6.7 cm。随着生育期的进程，地温不是玉米生长的限制因子，在 7 月 14 日各处理间已没有差异，至玉米抽雄后，免耕探墒株高反而高于少耕。所以说，免耕播种由于其地温较低对玉米前期生长的抑制作用比较明显。

表 8-28　不同耕作方式对玉米株高的影响　　（单位：cm）

耕作方式	6 月 11 日	6 月 26 日	7 月 14 日	8 月 27 日
免耕探墒	28.9b	52.0b	98.0a	285.1b
少耕	33.3a	56.6a	100.9a	275.0c
旋耕	35.6a	57.3a	98.9a	294.3a

4）不同耕作方式对玉米产量及水分利用效率的影响

由表 8-29 可以看出，各个处理间所有指标间都没有显著差异，其中免耕探墒（A）和少耕处理（B）玉米产量较旋耕（C）分别降低了 553.4 kg/hm^2 和 589.8 kg/hm^2。也就是说，实行免耕探墒播种，在无补水条件下充分利用了土壤中蓄积的水分，保证及时播种，在干旱年份不仅可以起到抗旱播种的目的，同时还可起到不显著减产的作用，不失为旱地农业生产中有效的抗旱播种方法。

表 8-29　不同耕作方式对玉米产量及水分利用效率的影响

方式	穗长/cm	穗粗/cm	秃尖长/cm	穗粒数	百粒重/g	经济产量/(kg/hm²)	耗水量/mm	水分利用效率/[kg/(mm·hm²)]
A	18.15a	4.40a	1.37a	525.29a	23.02a	6591.8a	299.76	21.99a
B	17.95a	4.27a	1.42a	514.19a	22.08a	6555.4a	292.00	22.45a
C	18.00a	4.20a	0.85a	509.52a	24.04a	7145.2a	292.72	24.41a

3. 施肥与密度对玉米植株生长、产量和水分利用效率的影响

玉米是否能够高产，既受品种基因型的制约，又受栽培技术措施的影响。在栽培措施中施肥量和密度是最主要的两个栽培因子，也是高产栽培技术的主要人为控制因子。近年来玉米高产创建活动的结果表明，增加密度已经成为玉米创高产的一个主要发展趋势。而合理的施肥量既提高了肥料利用率达到高产目的，又能做到环境友好。但是密度与施肥量同时对产量及产量构成因素的影响随品种不同差异很大。为此进行了施肥、品种和密度三因素的玉米关键栽培因子试验。

1）试验设计

试验采用裂区设计，主区为施肥量处理，分三个水平，分别是低肥、中肥、高肥，都作为基肥，在翻耕前施入。

低肥：N 150 kg/hm^2；P_2O_5 120 kg/hm^2；K_2O 75 kg/hm^2。

中肥：N 300 kg/hm^2；P_2O_5 240 kg/hm^2；K_2O 150 kg/hm^2。

高肥：N 450 kg/hm^2；P_2O_5 360 kg/hm^2；K_2O 225 kg/hm^2。

裂区为品种处理，有 2 个品种，为郑单 958 和咏丰 1 号。

再裂区为密度处理，咏丰 1 号为 4 个密度：分别 3.6 万株/hm^2、4.8 万株/hm^2、6.0 万株/hm^2、7.2 万株/hm^2；紧凑耐密品种郑单 958 密度为 5 个，分别为 4.8 万株/hm^2、6 万株/hm^2、7.2 万株/hm^2、8.4 万株/hm^2、9.6 万株/hm^2；共 27 个处理，3 次重复。

2）三因素对产量的影响

方差分析结果表明，不同施肥量间玉米产量没有显著差异，品种间和密度间产量差异显著。各栽培因子对玉米产量影响的大小顺序依次为密度、品种和施肥量。

3）施肥量对株高、完全展开叶数和穗位高的影响

施肥量处理间产量没有显著差异主要是由于玉米拔节以前遭遇了多年不遇的严重干旱，肥力效应没有发挥。玉米拔节以后随着降水的不断增加，肥力效应虽然得到一定的体现，补偿了玉米生长前期受旱的负面效应，但由于降水多而造成的低温寡照也在一定程度上抑制了肥力效应的体现（表 8-30），以致收获时不同施肥量处

理经济产量之间都没有显著差异。因此在玉米播种季节干旱时底肥施用量切不可过高，而追肥量的多少可视降雨量的情况以及玉米生长期的需肥规律适时适量施用。

表 8-30　施肥量对玉米株高、完全展开叶数和穗位高的影响

项目	6/13（苗期）		6/26（拔节期）		7/14（穗期）		7/28（抽雄期）		
	株高/cm	展开叶/片	株高/cm	展开叶/片	株高/cm	展开叶/片	株高/cm	展开叶/片	穗位高/cm
低肥	48.4aA	6.1aA	83.6aA	8.0aAB	144.0aA	13.1aA	230.5aA	20.0aA	87.5aA
中肥	46.3aAB	6.0aA	82.6abA	8.0aA	146.9aA	12.9aA	230.7aA	19.9aA	87.9aA
高肥	42.3bB	5.7bB	79.9bA	7.7bB	146.0aA	12.7aA	229.1aA	19.9aA	87.0aA

4）密度和品种对冠层叶面积指数和透光率的影响

从拔节至抽雄期，不论是郑单 958 还是咏丰 1 号，随着密度的增大，叶面积指数显著增加，透光率（CI-110 植物冠层图像分析仪测定）显著减小（图 8-23，图 8-24）。相同密度条件下，在玉米封垄前（拔节期），郑单 958 叶面积指数较咏丰 1 号平均增加 24.3%，此时玉米没有封垄，透光率不是限制因素，所以较大的叶面积指数为获得更大的光合同化产物提供了基础。玉米封垄后叶面积指数迅速增加，穗期测定的叶面积指数较拔节期平均增加了 283%，此时透光率成了限制因子，而郑单 958 在穗期和抽雄期的透光率较咏丰 1 号平均增加了 12.7%和 11.5%，玉米封垄前较高的叶面积指数和封垄后较高的透光率为郑单 958 最后的高产奠定了基础，同时说明郑单 958 较咏丰 1 号适宜于密植。

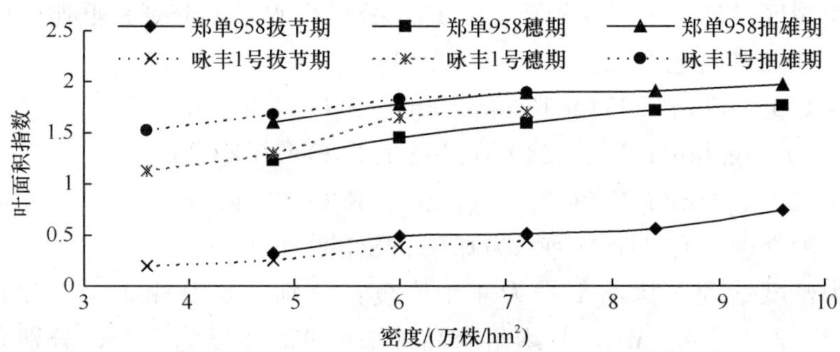

图 8-23　不同密度对玉米叶面积指数的影响

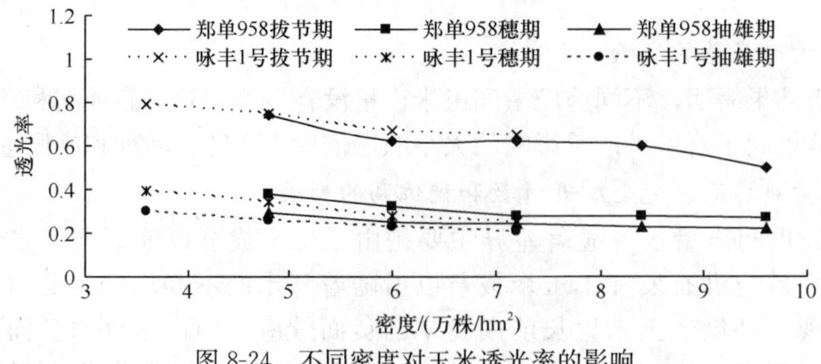

图 8-24　不同密度对玉米透光率的影响

5）密度和品种对玉米产量相关性状的影响

郑单 958 和咏丰 1 号随着各自密度增加，穗长、穗粗、穗行数、行粒数、穗粒数和百粒重显著减小，突尖长却明显增加（表 8-31）。相同密度条件下郑单 958 秃尖长小于咏丰 1 号，但随密度的增加，郑单 958 突尖长的变异系数为 48.8%，而咏丰 1 号仅为 16.8%。通过各指标随密度变化的变异系数分析，随着密度增加影响较大的性状为空秆率和秃尖长，影响较小的为行粒数和穗粗。

表 8-31　密度和品种对玉米产量相关性状的影响

品种	密度 万株/hm^2	穗长 /cm	穗粗 /cm	秃尖 /cm	穗行数 /行	行粒数 /粒	百粒重 /g
郑单 958	4.8	17.7aA	5.0aA	0.44bB	15.38aAB	38.1aA	26.2aA
	6.0	17.3aA	4.9aA	0.38bB	15.71aA	38.2aA	24.6bB
	7.2	16.1bB	4.6aA	1.01abAB	15.01bABC	34.7bAB	22.1cC
	8.4	15.6bcBC	4.5bB	1.13aAB	14.60bBC	33.2bcB	21.8cdC
	9.6	14.9cC	4.5bB	1.31aA	14.30bC	31.0cB	20.7dC
	变异系数 Cv/%	7.2	5.0	48.8	3.8	8.9	9.8
咏丰 1 号	3.6	22.3aA	5.3aA	0.71	14.49	46.0aA	28.1aA
	4.8	21.6aA	5.0bAB	0.95	14.49	45.8aA	25.4bB
	6.0	19.7bB	4.8bcB	1.03	14.09	42.3bB	23.1cC
	7.2	19.1bB	4.7cB	1.05	13.91	40.3cB	21.7dD
	变异系数 Cv/%	7.3	5.4	16.8	2.1	6.4	11.4

通过对产量三因素进行通径分析，可知公顷穗数的直接系数最大为 1.5324；其次为穗粒数和百粒重，分别为 0.5167 和 0.0705，由此可知产量三因素对产量影响的大小依次为公顷穗数、穗粒数和百粒重。这说明通过合理增密来增加公顷穗数是旱地玉米高产高效的有效途径。

6）密度和品种对产量及水分利用率的影响

随着密度的增加，产量都显著增加。相同密度条件下，郑单 958 产量也大于咏丰 1 号，在密度为 4.8 万株/hm^2、6.0 万株/hm^2 和 7.2 万株/hm^2 时，郑单 958 经济产量较咏丰 1 号平均增加 7.8%，且咏丰 1 号密度从 3.6 万株/hm^2 增加到 4.8 万株/hm^2 时产量就不再显著增加，而郑单 958 密度从 4.8 万株/hm^2 增加到 8.4 万株/hm^2 产量都显著增加。水分利用效率随密度变化的趋势和产量是一致的，随着密度的增大而增加。郑单 958 的经济产量、生物产量、和水分利用效率显著大于咏丰 1 号，分别较咏丰 1 号增加 15.1%、7.8%和 14.1%（表 8-32）。

表 8-32 品种和密度对玉米产量、耗水量及水分利用效率的影响

处理	密度/(万株/hm²)	经济产量/(kg/hm²)	生物产量/(kg/hm²)	生育期耗水量/mm	水分利用效率/[kg/(hm²·mm)]
郑单 958	4.8	8 780.2cC	18 450.3bB	357.8aA	24.5cB
	6.0	9 310.2bcBC	19 324.1abAB	360.3aA	25.8bcAB
	7.2	9 450.3bBC	19 629.4abAB	363.7aa	26.0bcAB
	8.4	9 640.7abAB	21 164.1aAB	365.4aA	26.4abAB
	9.6	10 206.2aA	21 632.7aA	369.8aA	27.6aA
	平均值	9 477.5aA′	20 040.2aA′	363.4aA′	26.1aA′
咏丰 1 号	3.6	7 406.5bB	16 062.0bB	353.3aA	21.0bB
	4.8	8 349.7aA	18 650.8abAB	357.6aA	23.3aA
	6.0	8 359.5aA	18 925.5aAB	365.2aA	22.9aA
	7.2	8 832.5aA	20 691.8aA	365.7aA	24.2aA
	平均值	8 237.0bB′	18 582.6bA′	360.4aA′	22.9bB′
郑单 958 较咏丰 1 号增加/%		15.1	7.8	0.9	14.1

7）小结

施肥量、品种和密度对玉米产量影响的大小顺序依次为密度、品种和施肥量，合理增密从而增加公顷穗数是旱地玉米高产高效的有效途径。

在干旱条件下，基肥量过大，不仅不能发挥肥效，反而会抑制玉米的生长，因此在玉米播种季节干旱时底肥施用量切不可过高，而追肥量的多少可视降雨量的情况以及玉米生长期的需肥规律适时适量施用。郑单 958 前期较高的叶面积指数和后期较低的透光率，为最终获得高产提供了较好的群体结构。郑单 958 的经济产量、生物产量、经济系数、出籽率和水分利用效率都显著大于咏丰 1 号，分别较咏丰 1 号增加 15.1%、7.8%、6.8%、1.6%和 14.1%；咏丰 1 号密度从 3.6 万株/hm² 增加到 4.8 万株/hm² 时产量就不再显著增加，而郑单 958 密度从 4.8 万株/hm² 一直增加到 8.4 万株/hm² 时经济产量都显著增加。郑单 958 密度为 7.2 万株/hm²、咏丰 1 号密度为 4.8 万株/hm² 条件下，源库关系较协调，生物产量和经济产量都较高，是较适宜密度。

4. 早覆早播对玉米生长、产量及水分利用效率的影响

1）播期对玉米生育期的影响

不同处理地温结果（表 8-33）表明，早覆膜早播种可明显增加有效积温，为玉米提早生长发育争取到更多的热量，整个生育期提前。提早覆膜 10 天提早播种 10 天可累计增加≥10℃活动积温 150.1℃，而覆膜和播种提早 10 天可累计增加≥10℃活动积温 144.2℃，且至 4 月 20 日播种时，日地温已恒定通过 10℃。因此 4 月 20 日播种较 5 月 1 日播种出苗期提前 7～8 天，抽雄提前了 5～6 天，成熟度明显好。但是 4 月 10 日覆膜 4 月 20 日播种和 4 月 20 日覆膜播种两个处理间播种后 10 天内的平均地温差别不大，

所以玉米生育期没有差别。

表 8-33　不同处理 4 月 21 日至 4 月 30 日平均地温　（单位：℃）

测定层次	4 月 10 日覆膜 4 月 20 日播种	4 月 20 日覆膜 4 月 20 日播种	裸地
5 cm	15.5	14.6	12.2
10 cm	14.5	14.2	11.9
平均值	15.0	14.4	12.1

2）不同处理对玉米产量及水分利用效率的影响

不同处理对玉米产量及水分利用效率的影响见表 8-34，4 月 20 日播种产量较 5 月 1 日播种的产量平均增加 806.3 kg/hm^2，增产 8.3%。这主要是由于播种生育期提前，灌浆时期较长，所以百粒重较 5 月 1 日播种处理增加 2.25 g。同样不同处理水分利用率以 4 月 20 日播种的处理高。因此，冷凉地区玉米要充分挖掘玉米高产潜力，可以采用提早覆膜提早播种措施，充分利用冷凉地区早春水热资源，为后期高产玉米的成熟争取宝贵的热量资源。

表 8-34　不同处理对玉米产量及水分利用效率的影响

覆膜日期	播种日期	穗粒数/粒	百粒重/g	理论产量/(kg/hm^2)	播前储水量/mm	收获后储水量/mm	生育期降水/mm	耗水量/mm	实测经济产量/(kg/hm^2)	水分利用效率/[kg/(hm^2 · mm)]
5 月 1 日	5 月 1 日	609.4	28.7	10 402.5	329.0	431.0	442.8	340.9	9 844.5	28.9
4 月 20 日	4 月 20 日	590.0	31.1	11 018.3	333.1	429.7	442.8	346.3	10 704.0	30.9
4 月 10 日	4 月 20 日	611.4	30.8	11 289.0	336.1	426.0	442.8	352.9	10 597.5	30.0

早覆膜早播种在冷凉地区具有特别重要的现实意义。试验年度提早覆膜播种增产的效果不是特别显著，主要是由于该试验结果是在多年不遇的春旱、玉米生育后期又遭遇低温寡照、早霜提前的特殊年份获得的，在正常年景，早覆膜早播种的效果会更显著。

5. 玉米水分-产量关系

1）试验条件

2009 年 6～9 月在防雨棚池栽条件下进行。防雨池大小为 3 m×2 m，播前 0～25 cm 的土壤有机质为15.6 g/kg、全氮 0.8%、全磷 11%、速效钾 103.25 mg/kg、速效磷 34.25 mg/kg。

试验选用 2 个耗水和产量特性不相同的玉米品种，即鲁单 981（LD981）和郑单 958（ZD958）。在 3 个生育阶段即拔节期、开花期和灌浆期，分别进行不同程度的水分胁迫处理。试验共设 10 个处理，3 个重复。每个处理的灌水量见表 8-35。

表 8-35 防雨池玉米不同灌溉处理的灌水量 （单位：mm）

处理	生育阶段		
	拔节期	开花期	灌浆期
T_0	75	150	75
T_1	60	150	75
T_2	45	150	75
T_3	30	150	75
T_4	75	120	75
T_5	75	90	75
T_6	75	60	75
T_7	75	150	60
T_8	75	150	45
T_9	75	150	30

在每个池的中间，各安装 1 根水分测定管，采用 TRIME-FM 水分仪监测各层土壤含水率，每 20 cm 测定一次，时间间隔为 10 天，灌溉前后加测。灌、排水量由水表测定。气象参数由试验站内自动气象站监测。对每个小区每个品种实收测产，同时观测穗粒数、穗行数、行粒数、穗长、秃尖长、百粒重等指标。

2）不同基因型玉米水分-产量关系

如图 8-25 所示，对试验获得的产量和耗水量的实测资料，点绘二者的关系曲线，回归分析得

$$Y_{LD981} = -1.62ET_a^2 + 1246.98ET_a - 225\ 871.08 \tag{8-23}$$

$$Y_{ZD958} = -0.96ET_a^2 + 703.46ET_a - 116\ 648.87 \tag{8-24}$$

式中，Y_{LD981}为鲁单 981 产量，kg/hm^2；Y_{ZD958}为郑单 958 产量，kg/hm^2；ET_a 为耗水量，mm。

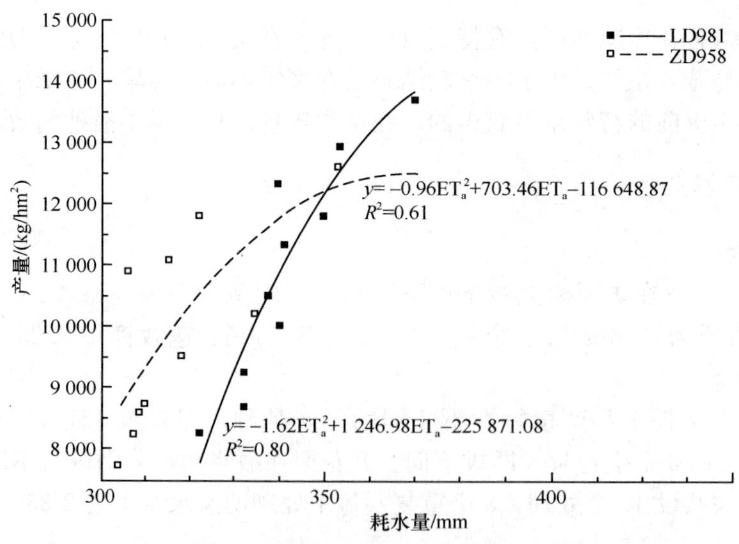

图 8-25 不同品种夏玉米水分-产量关系曲线

两品种玉米产量随着耗水量的增加而增加，当产量达到极值时，不再随耗水量的增加而明显增加。两品种玉米产量随耗水增加的幅度也不同，鲁单 981 的增产幅度要大于郑单 958，表明鲁单 981 适合具有灌溉条件的种植，而郑单 958 适合旱作种植。

3）不同基因型玉米的 K_y

不同作物、同一作物的不同品种、同一品种的不同生育期的需水量以及对水分的敏感性不同，同一时期水分亏缺程度对产量形成的影响也不同。图 8-26 可知，各个生育阶段 LD981 的 K_y 值分别为 0.40、1.40、0.45；ZD958 的 K_y 值分别为 0.34、1.20 和 0.64。由此可见，水分对产量的影响最强烈的阶段是开花期；其次是灌浆期；再次是拔节期。品种间的 K_y 值在拔节期并无显著差异，但在开花期和灌浆期，LD981 K_y 的要显著高于 ZD958。这表明在后两个生育阶段，ZD958 在相同的亏水程度下造成的减产会比 LD981 更大。

（二）谷子高效用水技术

谷子耐旱耐瘠，是旱地的优势作物，近年来谷子研究领域几项关键适用技术的突破，特别是杂交谷子在生产上的应用，可大幅度提高谷子高效用水的能力。深入研究杂交谷子的栽培技术对挖掘杂交谷子的用水潜力及对旱地农业的持续发展具有重要意义。

1. 不同谷子品种的抗旱性和水分利用效率

1）不同谷子品种的产量与水分利用效率

谷子杂交优势的成功应用，大幅度提高了谷子的用水有效性。经 2009 年试验研究，谷子杂交种较常规种增产达到 42.3%～59.1%，但耗水量并未明显增加，说明杂交种的抗旱节水性能显著优于常规种。产量结果经方差分析表明（表 8-36），杂交种与常规种之间差异达到极显著水平，说明种植杂交种有极其显著的增产潜力。

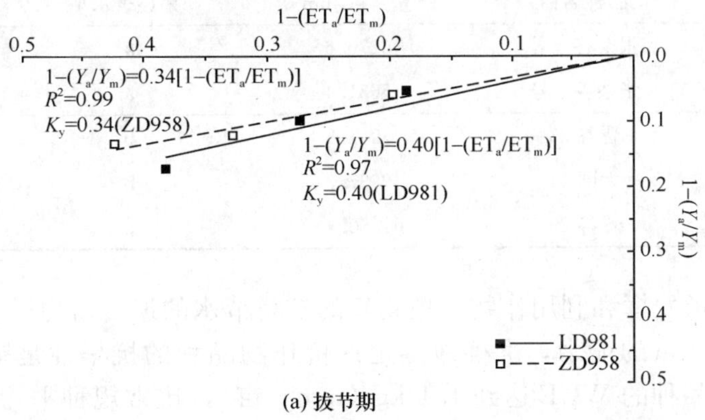

(a) 拔节期

图 8-26　不同生育阶段两玉米品种的水分-产量响应系数（K_y）

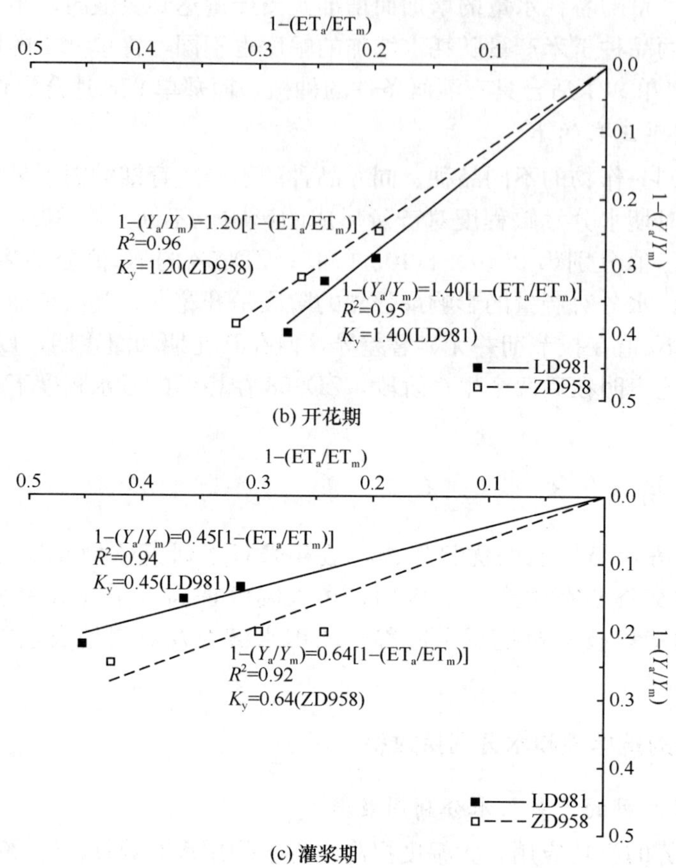

图 8-26（续） 不同生育阶段两玉米品种的水分-产量响应系数（K_y）

表 8-36 谷子不同品种结果方差分析多重比较表

品种类型	品种名称	产量/(kg/hm²)	5%显著水平	1%显著水平
杂交种	张杂谷 3 号	6270.6	a	A
	张杂谷 6 号	5631.4	a	A
常规种	晋谷 33	3941.2	b	B
	大同 14	2937.3	b	BC
	晋谷 29	1580.4	c	C

生物节水是指发挥和利用作物（植物）的抗旱节水的遗传潜力，在消耗相同水分条件下获得较高产量的能力，准确地鉴定评价作物品种的抗旱性是筛选节水品种的基础。杂交谷子品种的 WUE 达到 1.1 kg/(mm·亩)，比常规种平均高出 0.595 kg/(mm·亩)，增加 1 倍以上（表 8-37）。这说明应用杂交种是提高谷子 WUE 十分有效的途径。

表 8-37 谷子不同品种水分利用效率

项目	耗水量/mm	产量/(kg/亩)	水分利用效率（WUE）/[kg/(mm·亩)]
张杂谷 3 号	362.83	418.04	1.15
张杂谷 6 号	342.38	375.42	1.10
晋谷 33	349.86	262.75	0.75
大同 14	353.01	195.82	0.55
晋谷 29	361.92	105.36	0.29

2）不同品种产量构成因子分析

杂交种增产的原因是单位面积上亩穗数较常规种高出 30%左右，实质是杂交种具有分蘖成穗率高的特性所致。据测算一个主茎可成穗 2.78 个。杂交种较常规种经济系数增加 18 个百分点（表 8-38）。

表 8-38 谷子不同品种产量构成因子

品种名称	亩产/kg	亩穗数/万	单穗重/g	出籽率/%	经济系数/%	千粒重/g
大同 14	195.8	1.76	17.04	76.4	29.6	3.31
晋谷 29	105.4	2.34	7.19	56.3	24.5	2.04
晋谷 33	262.7	2.01	16.26	81.4	29.8	3.55
张杂谷 3 号	418.0	3.35	13.25	78.0	48.2	2.77
张杂谷 6 号	375.4	2.99	13.94	77.2	47.5	3.21

上述研究结果说明杂交谷子的应用是谷子高效用水的首选技术措施之一。

2. 谷子侧膜种植对产量的影响

谷子侧膜栽培种植是谷子种植史上的一项重大突破，它将地膜覆盖高效用水（覆盖保墒）技术引入谷子节水种植生产中，有效地解决了旱地谷子生产中的“三难”问题，即抓苗难、抽穗难、成熟难。在旱地区应用前景十分广阔。

经 2009 年试验研究产量结果表明（表 8-39），谷子侧膜种植增产效果明显，尤其是在积温不足地区种植所需积温相对较高的高产杂交谷子品种，在不能保证正常成熟的情况下，更能显示出它的不可替代性。试验中，正常播种需要 2800℃积温的张杂谷 3 号通过侧膜种植后，在积温只有 2600℃的地区不仅可以正常成熟，产量还较露地种植张杂谷 6 号增产 17.9%。由此认为，在年≥10℃活动积温为 2600℃的地区，张杂谷 3 号是侧膜种植的首选品种。

杂交谷子采用侧膜种植，早出苗一周左右，早成熟 8～10 天。保证了生长期较长品种的安全成熟，大幅度提高了产量，同时顶凌覆膜减少了早春土壤水分的无效蒸发和生育期间的棵间土壤蒸发，使谷子对水分的利用效率明显提高，据 2009 年实测结果计算，侧膜种植较未覆盖处理 WUE 增加 0.11 kg/(mm·亩)。谷子侧膜种植又是一项高效用水技术。

表 8-39　谷子侧膜种植产量结果表

处理	产量/(kg/hm²)	增产/(kg/hm²)	增产率/%	生育所需活动积温/℃
侧膜张杂谷 3 号	6279.3	949.7	17.9	2800
侧膜张杂谷 6 号	5631.3	301.7	5.66	2600
露地张杂谷 6 号	5329.7	—	—	2600

3. 谷子除草剂简化栽培技术试验

据联合国粮农组织统计，在温带地区采用传统的农作物管理体系中，约有 70%的劳动力用于除草。据我国农田杂草考察组调查资料显示，由于杂草危害产量损失 175.5 亿 kg，平均减产 13.4%，除草工作量占农田用工量的 1/3～1/2。除杂草不仅耗工费力，同时，杂草对水分的消耗也是巨大的。谷田化学除草首先要使用含有抗除草剂基因的谷子杂交种，这是谷田化学除草应用的前提。

处理设置：①天津南开大学化学院研制的单嘧磺酯（谷友）；②拿捕净；③对照。随机区组，3 次重复。

据 6 月 3 日调查“谷友”除草效果十分明显，对双子叶杂草除草效果为 100%，对单子叶杂草除草效果为 93%；“拿捕净”只能除去单子叶杂草，效果达 97%，对双子叶杂草基本无效。另外在其他谷子试验田中均喷施“谷友”除草剂，实践证明除草效果十分明显。

化学除草剂除草与人工除草不同处理的产量结果显示，“谷友”除草剂处理者产量为 355.3 kg/亩，经人工两次除草者产量为 181.2 kg/亩相比，增产 174.1 kg/亩，增产率达到 96.1%。难怪谷子生产中群众谚语中有“犁三耙四，锄耧八遍”之说，人工锄草两次根本不能控制杂草的危害，从中可折射出小米价格一涨再涨，但谷子生产面积一路下滑的原因所在，同时也说明谷田再生杂草的危害不能忽视，加强再生杂草防除是人工除草中不可省略的环节。但化学除草剂除草就大大减少了再生杂草的危害，特别是双子叶杂草在整个谷子生长期间未曾见到发生。

化学除草剂“谷友”处理者耗水量为 342.38 mm，水分利用效率为 1.04 kg/(mm·亩)，较人工除草两次者耗水量为 361.2 mm，水分利用效率为 0.5 kg/(mm·亩)，水分利用效率相差一倍以上，说明杂草与谷子争水的严重性。由此证明化学除草又是一项谷子高效用水的关键技术措施之一。

4. 杂交谷子水分和密度对产量和水分利用效率的影响

在水资源日趋匮乏的未来，谷子将是干旱地区“持续农业”发展的支柱作物。如何增强谷子的生产潜力，大幅度提高谷子产量，杂交优势利用是有效途径之一。然而对谷子杂交种在不同水分梯度和不同留苗密度下的耦合效应研究未见报道，为充分发挥谷子杂交种的增产潜力，探索不同水分梯度和留苗密度下对谷子杂交种的产量及 WUE 的研究，有着现实生产意义和实现水资源高效利用的长远影响。为此 2009 年进行了谷子杂交种不同水分梯度和不同留苗密度的二因素裂区设计试验研究，试验结果分析如下。

1）不同处理产量结果比较

产量结果经统计分析表明：

（1）补水与不补水之间产量结果差异达到极显著水平，但不同补水量之间产量结果未达到显著水平，说明谷子杂交种在拔节期补灌 30 mm 即可达到显著增产的作用，补水量增加不利于提高水分利用效率（表 8-40）。

表 8-40　不同补水量处理间多重比较

处理	产量均值/(kg/hm²)	5%显著水平	1%极显著水平
补灌 60 mm	5456.1	A	A
补灌 30 mm	5353.6	A	A
自然降水	4992.7	B	B

（2）4 个不同留苗密度处理间差异达到极显著水平，说明谷子杂交种在本试验补灌情况下，随着留苗密度增加产量可随之增加（表 8-41），但在自然降水情况下，公顷留苗 18 万、24 万、30 万三个密度处理间差异不显著，只与 12 万株/hm^2 留苗密度间存在极显著差异，说明谷子杂交种在前期水分胁迫条件下，增加密度不能达到增产的目的（表 8-42）。

表 8-41　不同留苗密度间多重比较

留苗密度	产量均值/(kg/hm²)	5%显著水平	1%极显著水平
30 万/hm²	5664.4	a	A
24 万/hm²	5473.9	b	A
18 万/hm²	5214.0	c	B
12 万/hm²	4717.6	d	C

表 8-42　未补灌条件下不同留苗密度产量结果多重比较

留苗密度	产量均值/(kg/hm²)	5%显著水平	1%极显著水平
30 万/hm²	5250.9	a	A
24 万/hm²	5153.9	a	A
18 万/hm²	5066.7	a	A
12 万/hm²	4499.1	b	B

（3）在补灌 30 mm 处理之间，公顷留苗 30 万株与公顷留苗 18 万株、24 万株之间差异达到极显著水平，与公顷留苗 12 万株之间亦达到极显著水平，说明谷子杂交种在拔节期干旱时（关键期）少量补灌并通过增加留苗密度同样可达到提高产量的目的（表 8-43）。

表 8-43　补灌 30 mm 条件下不同留苗密度产量结果多重比较

留苗密度	产量均值/(kg/hm²)	5%显著水平	1%极显著水平
30 万/hm²	5869.6	a	A
24 万/hm²	5431.4	b	B
18 万/hm²	5325.5	b	B
12 万/hm²	4788.2	c	C

(4) 在补灌 60 mm 条件下，除公顷留苗 30 万株与 24 万株之间不存在差异外，其余三个留苗密度间差异均达到极显著水平（表 8-44），说明谷子杂交种在生长前期干旱条件下，通过补水和适当增加留苗密度可达到提高产量的目的，但在水分充足和公顷留苗 30 万株的情况下，由于个体生长繁茂，光照条件恶化，导致后期提前倒伏而减产。这说明拔节期补灌水量不宜过多，亦说明在拔节期土壤水分充足条件下，留苗密度不应超过 24 万株/hm^2，对于张杂谷 6 号品种而言，留苗公顷密度以 24 万株为宜。

表 8-44　补灌 60 mm 条件下不同留苗密度产量结果多重比较

留苗密度	产量均值/(kg/hm²)	5%显著水平	1%极显著水平
30 万/hm²	5872.6	a	A
24 万/hm²	5836.2	a	A
18 万/hm²	5250.0	b	B
12 万/hm²	4865.6	c	C

2) 产量构成因子分析

(1) 从产量构成因子相关分析（表 8-45）可知：留苗密度和穗数与产量呈正相关关系，相关系数经统计分析达到极显著水平，说明在本试区生态环境下，产量有随着留苗密度和穗数的增加而增加的趋势（表 8-46）。

表 8-45　产量构成因子相关分析

相关系数	x_1	x_2	x_3	x_4	x_5	x_6	x_7	x_8
x_1 留苗密度	1	0.88**	−0.78**	−0.81**	0.19	0.09	0.01	0.73**
x_2 穗数	0.88**	1	−0.42**	−0.86**	0.06	0.01	−0.05	0.77**
x_3 分蘖成穗	−0.78**	−0.42**	1		−0.30*	−0.19	−0.07	−0.48**
x_4 单穗重	−0.81**	−0.86**	0.47**	1	−0.13	0.02	0.2	−0.57**
x_5 千粒重	0.19	0.06	−0.30*	−0.13	1	0.11	0.17	−0.08
x_6 经济系数	0.09	0.01	−0.19	0.02	0.11	1	0.02	0.31*
x_7 出籽率	0.01	−0.05	−0.07	0.2	0.17	0.02	1	−0.19
x_8 产量	0.73**	0.77**	−0.48**	−0.57**	−0.08	0.31*	−0.19	1

* $P<0.05$，** $P<0.01$。

表 8-46　谷子产量及产量构成因子表（不同密度）

留苗密度	穗数/（万/hm^2）	分蘖成穗	单穗重/g	千粒重/g	经济系数/%	出籽率/%	产量/（kg/hm^2）
12 万/hm^2	33.5	2.78	15	3.11	44.83	0.76	4718.0
18 万/hm^2	36.6	2.04	13.82	3.13	46.37	0.77	5214.3
24 万/hm^2	46.5	1.94	11.79	3.14	45.44	0.75	5474.1
30 万/hm^2	52.7	1.75	11.23	3.18	45.72	0.77	5664.6

（2）从产量与经济系数关系看，二者呈现正相关关系，相关系数达到显著水平，说明有利于提高经济系数的技术措施也有提高产量的可能性。

（3）单位面积上留苗密度与穗数呈正相关关系，相关系数达到极显著水平。提高穗数的主要手段是增加留苗密度，但以不造成倒伏减产为限。

（4）分蘖成穗与留苗密度呈负相关关系，相关系数达到极显著水平，说明随着留苗的减少，分蘖成穗有增加的趋势，这种特性在旱地上显得尤为重要，在旱地上春旱发生频率很高，给春播经常构成威胁。但这种分蘖成穗率高的特性有利于在缺苗情况下提高和稳定产量，当然提高了产量也就提高了 WUE。这是节水高效所需的特性，同时也是谷子杂交种自身调节能力强的体现。

（5）补灌对谷子产量及产量构成因子的影响，如表 8-47 所示，谷子产量随着补灌量的增加而增加，补灌处理与自然降水处理相比，产量增加明显。这与补灌处理下穗数和分蘖成穗因子的增加有关。而补灌处理对其他因子的影响比较复杂。单穗重、千粒重及经济系数随补灌量增加先减小后增加，而出籽率则随补灌量增加而降低。

表 8-47　谷子产量及产量构成因子表（不同补水量）

项目处理	留苗密度/（万/hm^2）	穗数/（万/hm^2）	分蘖成穗	单穗重/g	千粒重/g	经济系数/%	出籽率/%	产量/（kg/hm^2）
自然降水	21	39.75	2.00	12.93	3.17	45.53	76.60	4992.9
补灌 30 mm	21	45.00	2.27	12.33	3.11	44.89	76.50	5354.0
补灌 60 mm	21	42.00	2.11	13.63	3.14	46.34	75.90	5456.4

3）水分利用效率分析

作物水分利用效率（WUE）反映了作物耗水与干物质生产之间的关系；一方面可反映作物的抗旱性，特别是蒸腾速率（量）等生理性状；另一方面也可反映丰产性。因此，WUE 是一个可以定量化研究抗旱性和丰产性的指标，受到国内外作物抗旱节水研究者的高度重视。

表 8-48 为不同水分梯度不同留苗密度下各个组合的 WUE。从表中可知如下信息。

表 8-48　不同水分梯度、不同密度下的水分利用效率

［单位：kg/(mm · 亩)］

项目	12 万/hm^2	18 万/hm^2	24 万/hm^2	30 万/hm^2	水分梯度平均
补灌 60 mm	0.81	1.04	1.2	1.1	
	0.94	0.96	1.05	1.12	
	0.87	0.93	1.08	1.01	
	0.84	0.93	1	1.04	
平均数	0.87	1.00	1.08	1.07	0.9925
补灌 30 mm	1	1.08	1.11	1.17	
	0.97	1.1	1.07	1.15	
	0.94	0.98	0.74	1.12	
	0.88	1.05	1.18	1.17	
平均数	0.95	1.05	1.03	1.15	1.045
自然降水	1.08	1.12	1.13	1.19	
	0.97	1.07	0.93	1.08	
	0.82	1.01	1.03	1.05	
	0.97	1.09	1.13	0.95	
平均数	0.96	1.07	1.05	1.07	1.0375
密度平均数	0.92	1.03	1.05	1.1	

(1) WUE 最高者为 1.19 kg/(mm · 亩)，最低者为 0.81 kg/(mm · 亩)，相差 0.38 kg/(mm · 亩)，说明不同栽培因子不同水平组合间 WUE 存在明显差异。

(2) 从不同补水量对 WUE 效应看，补水 60 mm，耗水 366 mm 情况下，WUE 为 0.99 kg/(mm · 亩)。补水 30 mm，耗水 344 mm 情况下，WUE 为 1.045 kg/(mm · 亩)。自然降水条件下，耗水 320 mm，WUE 为 1.038 kg/(mm · 亩)，说明补水对于谷子杂交种张杂谷 6 号来说不能提高其 WUE，甚至补水量加大有可能会降低其用水能力。这可能与其耐旱特性有关。由此证明谷子是旱地的更适生作物。

(3) 从不同留苗密度对 WUE 效应看，在本试验条件下随着单位面积留苗密度增加，WUE 亦在增加，说明适当增加单位面积上留苗密度可提高杂交谷子（张杂谷 6 号）的 WUE，当然以不导致倒伏减产为限。

(4) WUE 最佳组合是 1.19 kg/(mm · 亩)，具体组合为：在自然降水条件下，留苗密度 24 万～30 万株/hm^2，此栽培组合有可能达到高效用水的目的。

4) 收获指数分析

收获指数（HI）反映了作物群体光合同化物转化为经济产品的能力，是评价作物品种和栽培成效的重要指标。随着作物新品种的定向选育和栽培措施的不断改善，谷类作物的收获指数已由过去的 0.3 左右提高到现在的 0.4～0.5，有的甚至达到了 0.6。HI 有着较高的遗传力，同时也受到环境条件的制约，如表 8-49 所示。

表 8-49　不同水分梯度、不同密度下的收获指数　（单位：%）

项目	留苗密度				补灌平均
	12 万/hm^2	18 万/hm^2	24 万/hm^2	30 万/hm^2	
补灌 60 mm	45.68	46.25	46.45	46.23	
	46.54	45.32	47.87	45.34	
	46.58	46.1	47.21	45.74	
	43.85	45.74	49.36	47.2	
平均	45.66	45.85	47.72	46.13	46.34
补灌 30 mm	46.92	47.28	45.26	45.87	
	45.54	47.35	42.58	45.48	
	41.64	45.8	43.52	43.91	
	42.34	45.21	44.72	47.51	
平均	44.11	46.41	44.02	45.69	45.06
自然降水	44.87	50.91	45.51	46.43	
	43.02	44.45	42.53	45.02	
	47.22	48.05	45.17	43.36	
	43.79	46.58	45.06	46.51	
平均	44.73	47.5	44.57	45.33	45.53
密度平均数	44.83	46.59	45.44	45.72	

（1）不同水分梯度下收获指数以补灌 60 mm 者最高，达到 0.4634，较补灌 30 mm 的收获指数 0.4506 和自然降水的收获指数 0.455 3 分别增加 2.93% 和 1.7%，说明谷子杂交种在拔节期通过加大补水量对提高收获指数效应不明显。这可能与谷子耐旱特性有关。

（2）不同留苗密度下收获指数在各种水分梯度下表现不尽相同，补水 60 mm 条件下每公顷留苗 24 万株处理者收获指数达到 0.4772，较其他三种留苗密度平均值 0.4588 高出 4.01%，说明在补灌条件 60 mm 条件下，张杂谷 6 号品种每公顷留苗 24 万株有利于提高收获指数。在补灌 30 mm 和自然降水条件下，均以每公顷留苗 18 万株收获指数最高。这说明在少量补水和自然降水条件下，增加留苗密度不利于提高张杂谷 6 号的收获指数。

5）小结

谷子杂交种在拔节期干旱的情况下，补水与未补水之间产量差异达到显著水平，但不同补水量（60 mm 和 30 mm）之间未达到显著水平，这可能与补水 10 天后就遇到有效降水有关，按日耗水量平均为 3 mm 计，补灌 30 mm 正好够 10 天的水分消耗，降水后干旱胁迫解除，补灌 60 mm 成为一种奢侈。由此说明推行节水有限灌溉的必要性。

不同水分梯度条件下，留苗密度对产量的效应各不相同。为此认为谷子杂交种在制定留苗密度时要充分考虑当地的水分条件。

通过补水不能提高谷子杂交种 WUE，因为补水虽能显著提高产量，但补水后总耗水量也在增加，这可能与谷子的耐旱特性有关，亦证明了谷子是旱地的适生作物。

虽然本研究有随留苗密度增加 WUE 提高的趋势，但谷子杂交种有分蘖成穗率高的特性，这就给倒伏减产造成很大的隐患，何况在自然降水处理中并未见高密度下 WUE 有明显提高。由此认为留苗密度不宜超过 24 万株/hm^2。

谷子杂交种在产量构成因子中最大的特点是分蘖成穗率高。在留苗密度稀时，一个主茎可成穗 2.78 个，这种特性在旱地农业中的补偿效应非常有效，因为旱地农业的“十年九春旱”谷子生产中捉全苗十分困难，这种分蘖成穗率高的特性恰能给予补偿。

适宜的补水量（补 30 mm）和留苗密度（24 万/hm^2）是谷子杂交种高效用水有效技术之一。

（三）菜豆高效用水技术

菜豆（*Phaseolus vulgaris*）是豆科菜豆属一年生草本植物，又名四季豆、刀豆、春分豆等，起源于美洲中部和南部，16 世纪传入中国。菜豆是我国广泛种植的一种蔬菜作物，它以营养价值高、肉质脆嫩、味道鲜美而深受消费者的喜爱，近年在我国的栽培面积逐年扩大。试验区山西省阳曲县菜豆栽培面积较大。菜豆栽培经济效益好，是发展高效益农业、增加农民收入的首选旱地蔬菜品种之一。

1. 不同菜豆品种的产量与水分利用效率

试验选择了目前山西省有较大栽培面积的 7 个蔓生型菜豆品种：爱丰、新欣一尺青圆龙、特优特架豆、超长四季豆、天马 95-33 架豆王、超级无筋和精选架豆王进行了品种比较试验。采用 12 cm 高 M 垄覆膜栽培，带宽（宽窄行）为 90 cm×50 cm，株距40 cm。

1）旱作菜豆品种间茎粗和株高生长动态比较

从图 8-27 看出，特优特架豆在 30 天苗龄时茎粗为最小，但后期生长速度较快，在 90 天苗龄时已成为最粗壮品种。除特优特架豆以外其余六个品种茎粗增长速度较为平缓，在 90 天苗龄时茎粗由高到低依次为：超级无筋、新欣一尺青圆龙、天马 95-33 架豆王、爱丰、超长四季豆和精选架豆王。从图 8-28 看出，爱丰生长最快，天马 95-33 架豆王生长最慢。到 60 天苗龄时株高由高到低依次为：爱丰、精选架豆王、超长四季豆、新欣一尺青圆龙、超级无筋、特优特架豆和天马 95-33 架豆王；75 天苗龄时各品种株高均已超出 180 cm，进行了打顶管理。

2）旱作菜豆品种间产量比较

供试菜豆各品种产量如图 8-29 所示。天马 95-33 架豆王产量显著高于其他品种，为 36 330 kg/hm^2，较其他品种平均产量高 62.4%；爱丰产量在其余品种中产量最高，为 26 070 kg/hm^2，显著高于超长四季豆、精选架豆王和新欣一尺青圆龙；新欣一尺青圆龙产量最低为 19 080 kg/hm^2。天马 95-33 架豆王亩产量是新欣一尺青圆龙的 1.9 倍，爱丰亩产量是新欣一尺青圆龙的 1.37 倍。

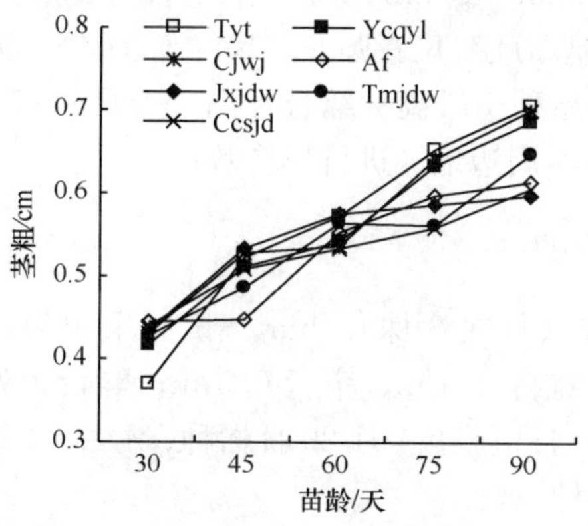

图 8-27　旱作菜豆品种间茎粗生长动态比较

图中 Tyt 为特优特架豆，Ycqyl 为新欣一尺青圆龙，Cjwj 为超级无筋，Af 为爱丰，Jxjdw 为精选架豆王，Tmjdw 为天马 95-33 架豆王，Ccsjd 为超长四季豆，以下同

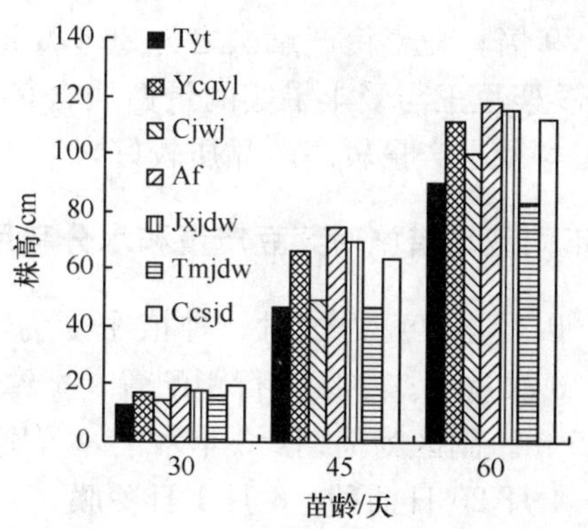

图 8-28　旱作菜豆品种间株高生长动态比较

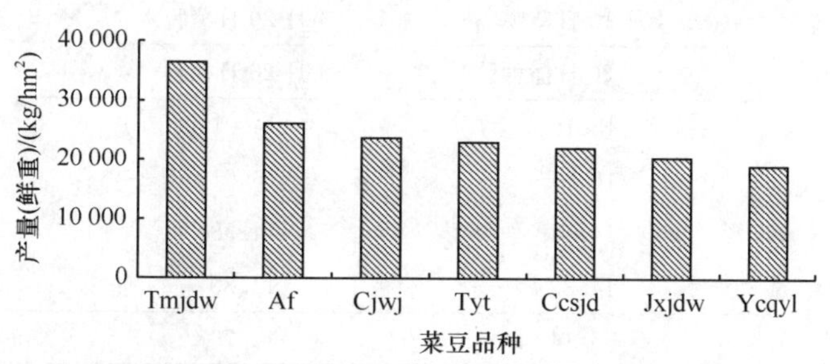

图 8-29　旱作菜豆品种间产量比较

3）旱作菜豆品种间果实蛋白质含量比较

供试菜豆各品种果实蛋白质含量见表 8-50。超长四季豆、超级无筋与天马 95-33 架豆王果实蛋白质含量显著高于特优特架豆，爱丰果实蛋白质含量与其他品种无显著差异。

表 8-50　旱作菜豆品种间蛋白质含量比较

品种	天马 95-33 架豆王	爱丰	超级无筋	特优特架豆	超长四季豆	精选架豆王	新欣一尺青龙圆
蛋白质含量/(μg/g)	13.3455	13.2008	14.1416	11.3193	14.7205	12.3324	12.6219
显著性	ab	abc	ab	c	A	bc	bc

4）小结

供试各菜豆品种生长势、产量和果实蛋白质含量均有差异。特优特架豆、超级无筋与新欣一尺青圆龙植株较为粗壮；爱丰、精选架豆王、超长四季豆生长速度较快；天马

95-33 架豆王产量显著高于其他品种，产量达 36 330 kg/hm^2，是新欣一尺青圆龙产量的 1.9 倍；爱丰亩产量次之为 26 070 kg/hm^2，是新欣一尺青圆龙产量的 1.37 倍。天马 95-33 架豆王与爱丰果实的蛋白质含量在供试各品种中较高。综合考虑，天马 95-33 架豆王与爱丰产量较高，品质较好，适于在试验区及周边地区进行旱作栽培。

2. 不同栽培措施对菜豆产量和水分利用效率的影响

以爱丰菜豆为试材，种植密度为 3.75 万穴（每穴 2 株）/hm^2。试验采用裂区设计，3 次重复。主区为行距配置，宽窄行处理：宽行 0.8 m，窄行 0.5 m；等行距处理 0.65 m。副区为播期：3 个水平，分别为 4 月 10 日覆膜、4 月 20 日播种；4 月 20 日覆膜、4 月 20 日播种；5 月 1 日覆膜、5 月 1 日播种。

1）提早覆膜播种对地温的影响

4 月 10 日覆膜、4 月 20 日覆膜处理与 5 月 1 日覆播同期相比，5～10 cm 平均地温分别提高了 2.88℃和 2.44℃（表 8-51），提早播种 10 天累计增加≥10℃活动积温 144.2℃，为菜豆延长结荚期，最终提高产量争取到更多的热量资源。

表 8-51　不同处理 4 月 21 日至 4 月 30 日平均地温　（单位：℃）

测定层次	4 月 10 日覆膜	4 月 20 日覆膜	5 月 1 日覆膜播种
	4 月 20 日播种	4 月 20 日播种	
5 cm	15.18	14.01	12.50
	16.05	15.61	
10 cm	14.48	14.38	12.01
	14.83	14.80	
平均值	15.14	14.70	12.26

2）早覆膜早播种对菜豆产量的影响

4 月 10 日起垄覆膜 4 月 20 日播种与 4 月 20 日覆播同期之间产量差异不显著，但均与 5 月 1 日覆播同期处理的前期、中期产量差异达显著水平。宽窄行早覆早播和均匀行早覆早播处理单产分别比正常播种提高 6.7%和 6.3%，宽窄行处理产量较均匀行处理平均增产 6.5%（表 8-52）。不同处理的产量以宽窄早覆早播最高，为 33 612.8 kg/hm^2，较均匀行正常播种产量 29 575.6 kg/hm^2，增加 13.7%。

表 8-52　不同处理对菜豆产量的影响

处理			小区阶段产量/kg			小区产量/kg	折合产量/(kg/hm^2)
种植方式	覆膜时间	播种时间	初期	中期	后期		
宽窄行	4.10	4.20	32.4a	64.0a	85.1a	181.5a	33 612.8a
	4.20	4.20	32.0a	63.6a	84.4a	180.0a	33 350.0a
	5.01	5.01	28.2b	59.0b	82.2a	169.4b	31 371.9b
平均值			30.9a′	62.2a′	83.9a′	177.0a′	32 778.2a′

续表

处理			小区阶段产量/kg			小区产量 /kg	折合产量 /(kg/hm²)
种植方式	覆膜时间	播种时间	初期	中期	后期		
均匀行	4.10	4.20	30.3a	59.4a	80.5a	170.2a	31 520.1a
	4.20	4.20	30.1a	58.7a	79.8a	168.6a	31 223.8a
	5.01	5.01	28.8b	54.3b	76.6a	159.7b	29 575.6b
平均值			29.7b′	57.5b′	79.0b′	166.2b′	30 773.17b′

注：同列 a′和 b′表示两种种植方式平均值在 $P=0.05$ 水平上差异显著。

3）提早覆膜提早播种对水分利用效率和经济效益的影响

提早覆膜播种比正常播种耗水量增加 6.8～12.2 mm，水分利用效率平均增加 3.1 kg/(mm · hm²)，提高了 6.5%。早覆早播可以提早 3～4 天采收上市；宽窄行早覆早播和均匀行早覆早播处理分别比正常播种经济效益增加 2109.5 元/hm² 和 1796.4 元/hm²，宽窄行处理较均匀行处理经济效益平均增加 2015.4 元/hm²（表 8-53）。所有处理中，宽窄行早覆早播水分利用效率和经济效益最高，分别较均匀行正常播种高 10.0%和 13.7%。

表 8-53　不同处理对莱豆水分利用效率和经济效益的影响

种植方式	覆膜时间	播种时间	耗水量/mm	产量 /(kg/hm²)	水分利用效率 /[kg/(mm · hm²)]	经济效益 /(元/hm²)
宽窄行	4.10	4.20	402.2	33 612.8	83.6	33 612
	4.20	4.20	401.3	33 350.0	83.1	33 350
	5.01	5.01	390.0	31 371.9	80.4	31371
平均值			397.8	32 778.2	82.4	32 778
均匀行	4.10	4.20	398.0	31 520.1	79.2	31 520
	4.20	4.20	395.9	31 223.8	78.9	31 223
	5.01	5.01	389.1	29 575.6	76.0	29 575
平均值			394.3	30 773.17	78.0	30 773

4）小结

早覆膜早播种可大幅提高有效积温，提早播种 10 天累计增加≥10℃活动积温 144.2℃，在保证莱豆提早上市的前提下，增加了莱豆的开花结荚时期，为莱豆的高产奠定了基础。所有处理中，宽窄早覆早播产量、水分利用效率和经济效益最高，分别较均匀行正常播种产量增加 13.7%、10.0%和 13.7%。冷凉地区应提倡早覆早播，充分发挥当地光热水资源，从而达到高产高效的目的。

3. 有机肥不同用量和施肥方式对莱豆生长和产量的影响

有机肥料是传统农业中的重要肥源，不仅能为作物提供全面的营养，促进作物生长，而且肥效较长，可以增加和更新土壤有机质，促进微生物繁殖，增强土壤保水保肥能力，作为一种环保的施肥方式在现代农业生产中被更多人采用。目前对有机肥在菜豆上的应用研究较少，本试验进行了不同有机肥施肥水平及方式对菜豆生长和产量影响的研究，为筛选适宜试验区旱作露地栽培菜豆的最佳施肥方案提供参考。

1）试验设计

采用二因素随机区组排列设计。施肥量设 3 m^3/亩、5 m^3/亩和 7 m^3/亩，采用充分腐熟的优质农家肥，施肥方式为沟施和撒施，3 次重复。整地前施入氮、磷、钾复合肥(50 kg/亩)，作为基肥。采用 12 cm 高 M 垄栽培，供试菜豆品种为爱丰，密度为 2380 株/亩。

2）有机肥不同施肥量及方式下菜豆茎粗和株高生长动态比较

从图 8-30 看出，菜豆在 90 天苗龄内茎粗一直呈增长状态且生长各阶段增长速率不等。在各测定时期，高肥水平处理植株茎粗普遍高于低肥水平处理；同施肥量水平中，沟施处理植株茎粗要高于撒施处理；部分低肥沟施处理植株茎粗要高于高肥撒施处理。在 90 天苗龄时各处理植株茎粗由高到低依次为：沟施 7 m^3/亩、撒施 7 m^3/亩、沟施 5 m^3/亩、沟施 3 m^3/亩、撒施 5 m^3/亩和撒施 3 m^3/亩。

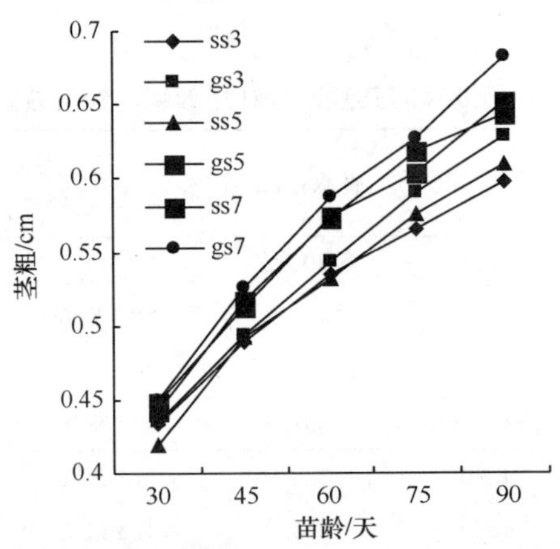

图 8-30　有机肥不同施肥量及方式下菜豆茎粗生长动态比较

图中 ss3 为撒施 3 m^3/亩，gs3 为沟施 3 m^3/亩，ss5 为撒施 5 m^3/亩，gs5 为沟施 5 m^3/亩，ss7 为撒施 7 m^3/亩，gs7 为沟施 7 m^3/亩，以下同

从图 8-31 看出，菜豆在 60 天苗龄内株高一直呈快速增长状态。在各测定时期，高肥水平处理植株株高普遍高于低肥水平处理；同施肥量水平中，沟施处理植株株高要高于撒施处理，部分低肥沟施处理植株株高要高于高肥撒施处理。在 60 天苗龄时各处理植株株高由高到低依次为：沟施 7 m^3/亩、撒施 7 m^3/亩、沟施 5 m^3/亩、沟施 3 m^3/亩、撒施 5 m^3/亩和撒施 3 m^3/亩。

3）有机肥不同施肥量及方式下菜豆功能叶光合速率比较

有机肥不同施肥量及方式下菜豆功能叶光合速率如图 8-32 所示。施肥量 7 m^3/亩沟施处理光合速率显著高于有机肥施肥量 3 m^3/亩撒施处理。其他处理之间菜豆功能叶光合速率差异不显著。

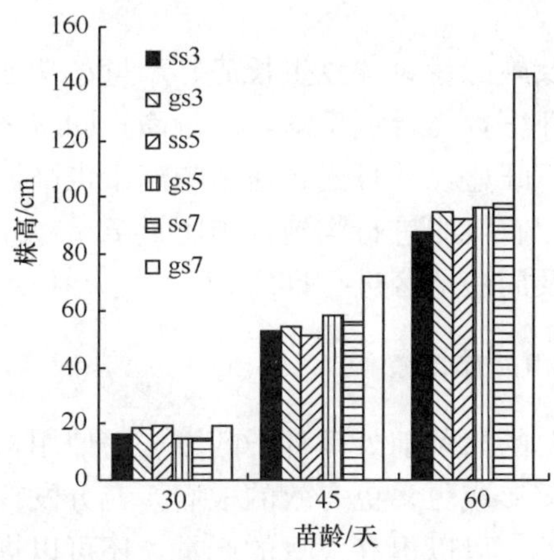

图 8-31　有机肥不同施肥量及方式下菜豆株高生长动态比较

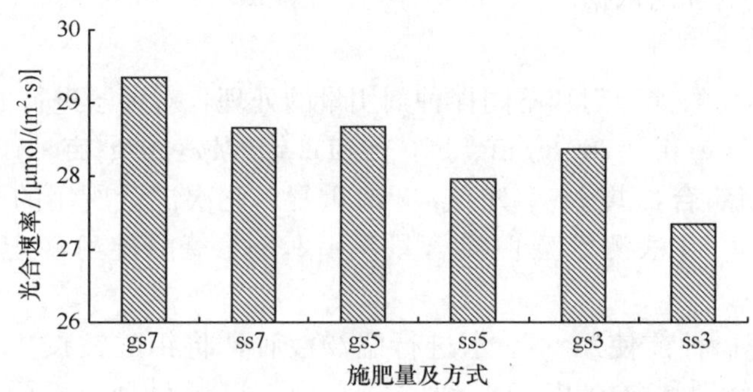

图 8-32　有机肥不同施肥量及方式下菜豆功能叶光合速率

4）有机肥不同施肥量及方式下菜豆产量比较

有机肥不同施肥量及方式下菜豆小区产量与亩产量见表 8-54。施肥量 7 m^3/亩处理产量为 34 950.0 kg/hm^2，显著高于施肥量 3 m^3/亩处理，增产达 25.6%。各水平有机肥施肥量沟施方式下小区产量高于撒施方式，但差异不显著。有机肥沟施 7 m^3/亩处理产量为 36 315 kg/hm^2，为有机肥撒施 3 m^3/亩处理产量 26 400 kg/hm^2的 1.38 倍。

表 8-54　有机肥不同施肥量及方式下菜豆产量比较

施肥量	施肥方式	产量/(kg/hm^2)	产量/(kg/hm^2)
7 m^3/亩	沟施	36 315a	34 950.0a
	撒施	33 585ab	
5 m^3/亩	沟施	32 460bc	30 990.0ab
	撒施	29 520cd	
3 m^3/亩	沟施	29 235cd	27 817.5b
	撒施	26 400cd	

5）小结

有机肥不同施肥方式及施肥量对菜豆生长势、产量、功能叶光合速率均有影响。高肥水平处理下菜豆生长势旺盛，光合速率高，产量高；同水平有机肥施肥量沟施处理下菜豆的生长势较撒施处理下旺盛，并且光合速率与产量也高。通过有机肥不同施肥方式及施肥量的栽培试验可知，有机肥进行沟施，施肥量 7 m^3/亩的栽培模式可大幅提高菜豆的产量，适于在试验区及周边地区进行推广。

4. 拌种剂对旱作菜豆产量和品质的影响

拌种是农业生产中重要的播种前处理种子的方法。使用根瘤菌拌种，能够提高大豆的固氮能力，促进大豆根部形成更多更有效的根瘤，充分发挥大豆与根瘤菌的共生固氮作用；使用钼酸铵进行拌种，可以提高大豆的产量，还可以提高大豆的品质。本试验采用根瘤菌和钼酸铵两种拌种剂混用，研究对旱作菜豆产量和品质的影响，为拌种剂的开发和利用提供一定的理论依据。

1）试验设计

本试验使用不同的拌种剂和不同拌种剂用量的处理，对种子进行处理，拌种剂和实际用量：根瘤菌：0 g/亩、250 g/亩、500 g/亩；钼酸铵：0 g/亩、10 g/亩、20 g/亩、30 g/亩。进行随机组合，共 12 个处理，3 次重复。此次试验所用的菜豆品种为爱丰。采用考马斯亮蓝 G-250 法测定蛋白质含量，用2,6-二氯酚靛酚滴定法测定维生素 C 含量。

具体做法是：播种前使用 55℃水进行温汤浸种，将钼酸铵按 10 g/亩、20 g/亩、30 g/亩的比例，分别稀释在用于浸种的清水中，浸湿豆种，于阴凉处晾干。浸种 30 min后，将根瘤菌置于容器内，加入 2%浓度的羧甲基纤维素钠（CMC）搅成糊状，将豆种倒入容器中搅拌，使根瘤菌剂充分均匀黏附在种子上，将种子平摊在报纸上，置于阴凉处晾至不粘手便于操作时下种。

2）拌种剂对旱作菜豆的产量影响

表 8-55 统计分析可以看出，处理根瘤菌 500 g/亩、钼酸铵 30 g/亩和处理根瘤菌 250 g/亩、钼酸铵 30 g/亩的产量较高，且差异性不显著；处理根瘤菌 0 g/亩、钼酸铵 30 g/亩和处理根瘤菌 250 g/亩、钼酸铵 20 g/亩的产量之间差异性不显著，产量处于中等水平；其他处理产量都较低，处理根瘤菌 0 g/亩、钼酸铵 0 g/亩的产量最低，只有产量最高处理的 20.03%。

表 8-55　菜豆产量分析表

拌种剂/(g/亩)	总产量/(kg/亩)	多重分析结果（5%显著水平）	比例/%
根 0 钼 0	556.453	f	20.03
根 0 钼 10	1504.037	d	54.14
根 0 钼 20	1827.596	c	65.8
根 0 钼 30	2181.209	b	78.52
根 250 钼 0	1058.077	e	38.09

续表

拌种剂/(g/亩)	总产量/(kg/亩)	多重分析结果（5%显著水平）	比例/%
根 250 钼 10	1703.613	cd	61.33
根 250 钼 20	2223.119	b	80.03
根 250 钼 30	2777.800	a	100
根 500 钼 0	1653.453	cd	59.52
根 500 钼 10	1805.156	cd	64.99
根 500 钼 20	1898.131	c	68.33
根 500 钼 30	2607.216	a	93.86

3）菜豆品质的分析

从表 8-56 可以看出，根瘤菌 500 g/亩＋钼酸铵 10 g/亩处理的维生素 C 含量最高，为 8.0 mg/100 g，与其他处理呈显著性差异，同时蛋白质含量较高，为 13.1 g/100 g；根瘤菌 250 g/亩＋钼酸铵 30 g/亩处理和根瘤菌 250 g/亩＋钼酸铵 20 g/亩处理的维生素 C 含量次之，都为 6.6 mg/100 g，同样其蛋白质含量较高，分别为 13.3 g/100 g 和 12.0 g/100 g。以上三个处理组合为理想的拌种剂用量组合。根瘤菌 0 g/亩＋钼酸铵 0 g/亩处理与根瘤菌 0 g/亩＋钼酸铵 10 g/亩处理蛋白质含量最高，显著大于其他处理，但其维生素 C 含量较低。

表 8-56　不同处理维生素 C 和蛋白质含量分析表

拌种剂/(g/亩)	维生素 C 含量/(mg/100g)	蛋白质含量/(g/100g)
根 0 钼 0	4.4c	16.2a
根 0 钼 10	2.2d	16.5a
根 0 钼 20	2.2d	10.3fg
根 0 钼 30	1.1e	13.5c
根 250 钼 0	2.2d	9.3g
根 250 钼 10	4.4c	10.8ef
根 250 钼 20	6.6b	12.0d
根 250 钼 30	6.6b	13.3c
根 500 钼 0	2.2d	11.8de
根 500 钼 10	8.0a	13.1c
根 500 钼 20	4.4c	13.3c
根 500 钼 30	4.4c	14.7b

根瘤菌为 250 g/亩和钼酸铵为 30 g/亩时同时拌种，产量最高，且维生素 C 含量、蛋白质含量都较高，品质优良，适宜在该试验区域推广。

5. 菜豆水分-产量关系

1）试验条件

2009 年 5～9 月在防雨池栽的方式，其规格和土壤养分情况同本节玉米-产量关系。

试验选用架豆品种为龙泉张塘王。在3个生育阶段即开花初期、开花盛期和开花后期，分别进行不同程度的水分胁迫处理。试验共设6个处理（HC表示花初期，HH表示花后期，SH表示盛花期；−1表示中度亏水，−2表示重度亏水，CK为各生育阶段充分供水），3个重复。每个处理的灌水量见表8-57。每个栽培池东西向种6行，平均行距为50 cm，株距为45 cm，播种密度约为44 000 株/hm²。各小区施肥、病虫防治和除草措施相同。

表8-57　不同处理架豆灌溉量　（单位：m³）

处理	生育阶段					全生育期
	苗期	抽蔓期	花初期	盛花期	花后期	
CK	0.4	0.3	0.4	0.4	0.4	1.9
HC-1-HH-1	0.4	0.3	0.2	0.4	0.2	1.5
HC-2	0.4	0.3	0	0.4	0.4	1.5
SH-1	0.4	0.3	0.4	0.2	0.4	1.7
SH-2-HH-1	0.4	0.3	0.4	0	0.2	1.3
HH-2	0.4	0.3	0.4	0.4	0	1.5

2）确立了架豆水分-产量函数关系及参数

见表8-58，处理HC-1-HH-1即开花初期与后期中度亏水，与对照相比，架豆耗水量降低21.7%，产量减少25%左右，水分利用效率降低0.4 kg/m³；开花初期重度亏水，产量减产幅度最大，达到63%左右，水分利用效率降到最低，为2.6 kg/m³；开花盛期中度亏水，与开花后期重度亏水处理和开花初期后期中度亏水处理的产量和水分消耗相近；开花盛期重度亏水，产量减产幅度较大，为55%左右，水分利用效率降到3.3 kg/m³。

表8-58　不同处理生育阶段架豆耗水量、产量和水分利用效率

处理	生育阶段/mm					全生育期耗水量/mm	鲜食产量/(kg/hm²)	水分利用效率/(kg/m³)
	苗期	抽蔓期	花初期	盛花期	花后期			
CK	54.9	58.1	83.2	88.3	75.1	359.6	20 258.6	5.6
HC-1-HH-1	53.6	60.4	49.5	85.9	33.5	282.9	14 780.4	5.2
HC-2	51.7	63.8	30.5	67.3	67.0	280.3	7 394.2	2.6
SH-1	53.5	60.1	84.5	54.3	57.6	310	13 674.5	4.4
SH-2-HH-1	57.4	62.6	86.8	34.3	31.3	272.4	9 032.7	3.3
HH-2	57.6	64.5	78.8	84.3	31.2	316.4	14 870.3	4.7

如图8-33所示，对试验获得的架豆产量和耗水量的实测资料，点绘二者的关系曲线，回归分析得到

$$Y = -0.1078X^2 + 191.43X - 34\,750 \quad (R^2 = 0.7583, n = 6) \tag{8-25}$$

架豆产量随着耗水量的增加而增加，当产量达到极值时，不再随耗水量的增加而明显增加。

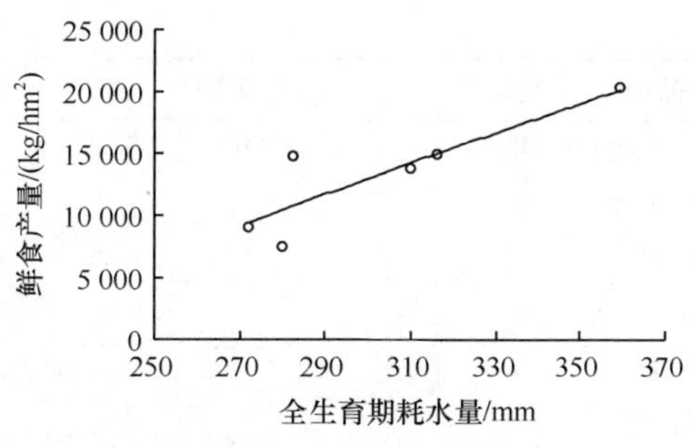

图 8-33 架豆水分-产量关系

（四）甘蓝高效用水技术

我国北方十年九旱，充分利用当地光、热、降雨等自然资源，大力开发旱地蔬菜生产已经成为解决旱区蔬菜供需矛盾的重要途径。随着农业产业结构的调整，旱地蔬菜的种植面积不断扩大，一些地区旱地蔬菜已经成为当地农民增收的主导产业。旱地生产的甘蓝由于其有病虫害少、品质上乘、耐储运等特点，深受各地消费者欢迎。但是有关旱地甘蓝的研究较少，尤其是针对旱区甘蓝如何获得高产高效的研究更少，本研究针对目前旱区甘蓝生产中存在的品种混杂、降水利用率较低、种植密度范围较大及施肥不合理等问题进行旱地甘蓝关键栽培技术的研究，以期达到高产高效的目的。

1. 甘蓝品种鉴选研究

2008 年供试品种 10 个：盖地、百惠、铁将军、美冠 106、小黑北早、上将 306、精选 8398、莱康、托福、捷圣。试验采用单因素随机区组排列设计，3 次重复。其中铁将军为当地主栽品种，密度为 75 000 株/hm^2。

从甘蓝各品种植株性状表现看出（表 8-59），盖地和美冠 106 的球高最高、球径适中、单株球体和单株地上部都较重，且耐运输性和抗病性好。其中，盖地株幅和外叶数都显著小于美冠 106，其高产潜力较大。从不同甘蓝品种产量结果（表 8-60）可以看出，甘蓝单球重和产量大小依次为小黑北早、盖地、美冠 106、托福、上将 306、莱康、捷圣、铁将军、百惠和精选 8398。其中小黑北早、盖地和美冠 106 产量显著大于当地主栽品种铁将军，分别较对照增产 35.4%、25.5%和 22.2%。但由于小黑北生育期较短，属早熟品种，与当地的市场采收时期不符，且耐运输性和抗病性较差，所以不宜在当地推广种植。所有品种中盖地综合表现性状最好；其次为美冠 106；同时上将 306 由于期生育期适中，耐运输性和抗病性好，且产量较对照高 4.0%。所以在该类型生态区，综合考虑经济产量、生育期、紧实度、耐运输性和发病率等因素，生产上应首选盖地和美冠 106 作为当地的主栽品种；其次为上将 306。

表 8-59 不同甘蓝品种植株性状表现

品种	小黑北早	盖地	美冠 106	托福	上将 306	莱康	捷圣	铁将军	百惠	精选 8398
球高/cm	12.4	15.5	15.4	13.8	13.1	13.2	13.2	14.7	13.6	13.6
球径/cm	18.2	14.4	14.5	15.2	14.0	14.1	13.6	13.4	13.9	14.1
株幅/cm	44.2	43.2	46.3	41.8	43.0	47.2	40.8	40.8	46.6	39.1
外叶数	16.0	12.3	15.2	10.7	13.2	13.3	14.2	16.1	16.7	9.7
紧实度	较紧	紧	紧	较紧	紧	较紧	紧	紧	较紧	紧
球形	扁圆	球形	高圆	球形	扁圆	球形	球形	高圆	球形	球形
叶色	浅黄绿	青绿	绿色	黄绿	绿色	浅绿	浅绿	绿色	淡浅绿	淡黄绿

续表

品种	小黑北早	盖地	美冠 106	托福	上将 306	莱康	捷圣	铁将军	百惠	精选 8398
生育期	短	中	中	短	中	中	中	中	中	短
耐运输性	差	好	好	差	好	一般	好	好	一般	差
抗病性	差	好	好	差	好	差	好	好	一般	差
单株球体重/kg	1.39	1.29	1.25	1.2	1.06	1.06	1.06	1.02	0.98	0.96
单株地上部重/kg	1.85	1.72	1.69	1.43	1.32	1.32	1.34	1.44	1.5	1.13
净菜率/%	74.7	74.1	73.8	83.2	79.7	80.2	78.1	71.1	65.5	84.7

表 8-60　不同甘蓝品种产量结果

处理	单球重/kg	产量/(kg/hm²)	5%显著水平	1%极显著水平	较对照增产/%
小黑北早	1.39	93 590	a	A	35.4
盖地	1.29	86 772	a	AB	25.5
美冠 106	1.25	84 477	ab	ABC	22.2
托福	1.20	80 697	abc	ABCD	16.7
上将 306	1.06	71 855	bcd	BCD	4.0
莱康	1.06	71 550	bcd	BCD	3.5
捷圣	1.06	71 348	bcd	BCD	3.2
百惠	0.98	65 880	d	CD	−4.7
精选 8398	0.96	64 976	d	D	−6.0
铁将军 (ck)	1.02	69 120	cd	BCD	0.0

2. 不同种植方式与密度对土壤环境及甘蓝产量的影响试验

供试甘蓝品种为世农铁将军，试验采用二因素裂区设计，主区为耕作种植方式处理，沿等高线起小高垄后，2008 年分垄种和沟种 2 种模式，2009 年分小高垄垄种和平作（不起垄）2 种种植方式，垄高 10～15 cm，垄距 35 cm。副区为密度处理，设 3 个水平，为 67 500 株/hm²、82 500 株/hm² 和 97 500 株/hm²。6 个处理，3 次重复。

1）对土壤温度的影响

2008 年莲座期（7 月 7 日～7 月 9 日）垄种和沟种 5 cm、10 cm、20 cm 土壤温度动态变化如图 8-34。垄种和沟种由于改变了地表形状，垄种 5 cm、10 cm、20 cm 分别较同一层次沟种日平均温度增加 2.08℃、1.61℃、0.5℃。且垄种由于土壤容重降低，孔隙度增加，所以早晚土壤温差较大，垄 5 cm、10 cm 早晚温差分别为 22.4℃、15.3℃，而沟种 5 cm、10 cm 早晚温差分别仅为 11.1℃、6.8℃。2009 年莲座期（7 月 3 日～7 月 5 日）小高垄和平垄 5 cm、10 cm、20 cm 土壤温度动态变化如图 8-35 所示。小高垄 5 cm、10 cm 分别较同一层次平垄日平均温度增加 0.8℃、0.7℃。垄 5 cm、10 cm早晚温差分别为 21.4℃、15.1℃，而平垄 5 cm、10 cm 早晚温差分别仅为

13.8℃、7.1℃。早晚温差大有益于甘蓝养分积累和叶球充实，对甘蓝最终的高产奠定了基础，但甘蓝生长又要受到土壤含水量及其他因素的影响，如果土壤水分是限制因子的话，最终也会造成产量的降低（见2009年生物产量结果）。

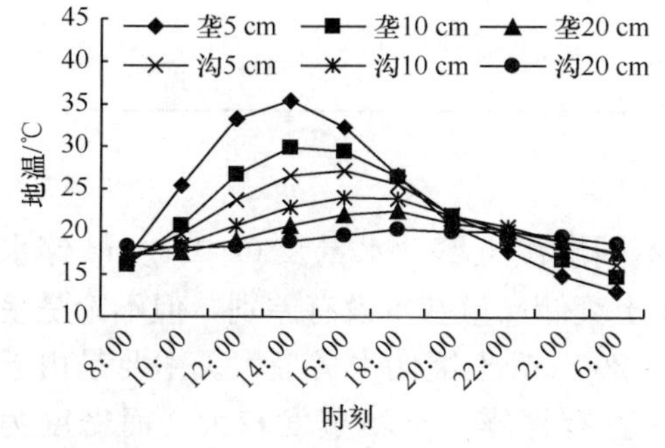

图8-34　垄种和沟种对不同层次地温的影响

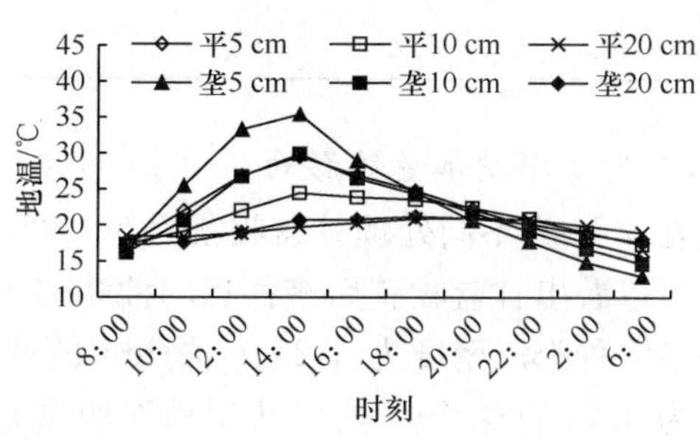

图8-35　小高垄和平垄对不同层次地温的影响

2）对土壤水分的影响

图8-36为2008年甘蓝生长期降雨量及垄种和沟种0～20 cm土壤含水量动态变化。从图中可以看出不论是沟种还是垄种土壤含水量都随降水量的变化而变化。垄种0～20 cm土壤含水量始终低于沟种，并且前期和沟种差别较大，后期由于甘蓝已封垄，所以沟种和垄种0～20 cm土壤含水量差别变小。整个生长期沟种较垄种0～20 cm土壤含水量平均高1.9%。该试验年份属降水偏少的年型，虽然6月降雨较多年平均偏多，但7月、8月较多年平均降水共减少100.8 mm，且7月下旬至8月中旬几乎没有有效降水，所以0～20 cm土壤含水量降到了整个生育期的最低值，对甘蓝吸收水分和养分造成了很大的困难，以至甘蓝结球期由于吸钙困难造成了“干烧心”，对最终产量的形成造成一定的影响。

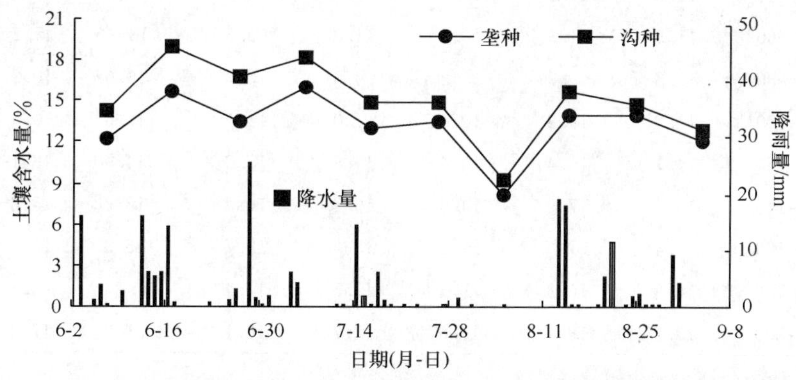

图8-36　甘蓝生长期降雨量及垄种和沟种0～20 cm土壤含水量变化

2009年遭遇多年不遇的春夏连旱，且是在2008年秋旱、冬旱基础上的旱上加旱。由于小高垄改变了微地形，蒸发面较大，所以旱情影响了小高垄种植的土壤水分状况（表8-61）。6月25日小高垄和平垄0～20 cm土壤含水量的多点测定结果表明，小高垄0～

20 cm土壤含水量为 8.6%，而平垄种植为 10.5%，统计分析在 1%水平上成显著差异。

表 8-61　2009 年甘蓝生育前期严重旱情对土壤 0～20 cm 土壤含水量的影响

处理	均值	5%显著水平	1%极显著水平
平作	10.5%	a	A
小高垄	8.6%	b	B

3）对土壤储水量的影响

表 8-62 为不同处理甘蓝收获后 0～200 cm 不同层次土壤含水量及 0～200 cm 储水量。可以看出甘蓝收获后垄种和沟种 0～200 cm 土壤储水量基本没有差别，但不论是垄种还是沟种都以密度为 8.25 万株/hm^{2}的处理 0～200 cm 土壤储水量最大。主要是由于密度为 6.75 万株/hm^{2}处理从定植至收获地面一直有裸露，土壤蒸发较大，而密度为 8.25 万株/hm^{2}和9.75 万株/hm^{2}的处理在进入包球期后，甘蓝已经封垄，地面蒸发较少，但 9.75 万株/hm^{2}由于密度较大，耗水较大，所以土壤储水量在 3 个密度中是最小的。不同处理收获后 0～200 cm 土壤储水量以沟种 8.75 万株/hm^{2}最大，垄种 9.75 万株/hm^{2}最小。由于甘蓝在包球期，也就是需水量最大时期遭受了近一个月没有有效降水的干旱，所以不同处理土壤耗水深度都较大，达到了 100 cm 以上，以处理 9.75 万株/hm^{2}土壤的耗水深度最大，达到了 140 cm 左右。

表 8-62　不同处理甘蓝收获后土壤含水量　（单位：%）

处理	种植方式	垄种				沟种			
	密度/(万株/hm^2)	6.75	8.25	9.75	平均	6.75	8.25	9.75	平均
层次/cm	0～20	11.2	12.8	10.9	11.6	11.6	13	11.9	12.2
	20～40	12.8	14.2	13.1	13.4	12.9	15.2	14.4	14.2
	40～60	11.5	11.3	10.2	11.0	10.9	13	11.2	11.7
	60～80	9.8	9.7	9.2	9.6	10.7	10.6	10.2	10.5
	80～100	11.2	11.3	10.4	11.0	11.1	11.6	10.5	11.1
	100～120	14.7	15.4	13.4	14.5	15.2	14.9	13.1	14.4
	120～140	16.2	17.9	14.9	16.3	16.3	18.2	15.2	16.6
	140～160	15.4	16	15	15.5	15.7	15.3	15.1	15.3
	160～180	17.9	16.3	18.3	17.5	17.4	17	16.8	17.1
	180～200	18.8	18.7	18.6	18.7	18.1	18.3	17.2	17.9
储水量/mm	0～200 cm	279	287.2	268.2	278.1	279.8	294	271	281.6

4）对甘蓝植株性状的影响

从 2008 年不同处理甘蓝收获时的植株性状表现（表 8-63）可以看出，不同处理由于改变了土壤水分和土壤温度状况，所以对甘蓝植株性状的影响也明显不同。从种植方式来看，垄种 0～20 cm 土壤含水量虽然低于沟种，但试验年度土壤水分不是主要限制因素，并且由于垄种较沟种地温明显增加，且早晚温差较大，所以垄种的球径、单株地上部产量、单株球体产量都显著大于沟种；另外不论是沟种还是垄种，单株的球高、球径、株幅、株高以及产量都随着密度的增大显著减小。

表 8-63　不同处理甘蓝收获时植株性状表现

种植方式	密度/(株/hm²)	球高/cm	球径/cm	株幅/cm	株高/cm	单株地上部重/kg	单株球体重/kg
垄种	67 500	16.48aA	15.06aA	45.58aA	23.98aA	1.76aA	1.41aA
	82 500	16.26aA	14.57bA	39.05bB	23.76aA	1.72aA	1.30bA
	97 500	15.45bB	13.33cB	35.42cC	22.95bB	1.38bB	1.04cB
	平均	16.06aA	14.32aA	40.02aA	23.56aA	1.62aA	1.25aA
沟种	67 500	16.22aA	14.51aA	46.22aA	23.72aA	1.68aA	1.28aA
	82 500	15.9abA	13.9bAB	38.53bB	23.5abA	1.62aA	1.23aA
	97 500	15.72bA	13.48bB	35.12cC	23.22bA	1.39bB	1.02bB
	平均	15.95aA	13.96bA	39.96aA	23.48aA	1.56bA	1.18bA

5）对甘蓝产量和水分利用效率的影响

2008 年不同处理土壤水分和土壤温度的不同，最终对甘蓝产量和水分利用效率的影响也明显不同（表 8-64）。垄种由于改善了甘蓝生长的环境，地温增加，早晚温差加大，更适宜甘蓝营养物质的积累，所以不论是单株植株表现还是最终的产量垄种都显著大于沟种，垄种产量较沟种平均增加 4526.2 kg/hm²。不同密度处理中都以密度为 8.25 万株/hm²的耗水量最小，并且该密度处理的产量都较大，水分利用效率都显著大于其他密度处理。所有处理组合中以种植方式为垄种、密度为 8.25 万株/hm²的处理产量最大、水分利用效率最高。

表 8-64　不同处理对甘蓝产量和水分利用效率的影响

处理		定植前储水量/mm	生育期降水/mm	收获后储水量/mm	总耗水/mm	经济产量/(kg/hm²)	水分利用效率/[kg/(hm²·mm)]
种植方式	密度/(株/hm²)						
垄种	67 500	408.8	194.8	279.0	324.6	86 676.7aA	267.1bB
	82 500	408.8	194.8	287.2	316.4	93 251.2aA	294.7aA
	97 500	408.8	194.8	268.2	335.4	90 306.0aA	269.2bB
	平均	408.8	194.8	278.1	325.5	90 078.0aA′	277.0aA′
沟种	67 500	408.8	194.8	279.8	323.8	78 303.1bB	241.8bB
	82 500	408.8	194.8	294.0	309.6	88 709.3aA	286.5aA
	97 500	408.8	194.8	271.0	332.6	89 642.8aA	269.5aAB
	平均	408.8	194.8	281.6	322.0	85 551.7bA′	265.9bA′

2009 年由于前期的严重干旱，小高垄土壤水分状况明显差于平作，这时土壤水分成为限制因子，最终导致平作生物产量大于小高垄，但在甘蓝生育后期，由于多雨寡照，小高垄发病率明显低于平作，所以经济产量小高垄反而较平作高 6112.8 kg/hm^2，由于小高垄耗水量较平作高 14.3 mm，所以其水分利用效率和平作没有差别，稍大于平作。随着密度增加，产量和水分利用效率逐渐增加，但是当密度增加到 8.25 万株/hm^{2}时，产量和水分利用效率不再显著增加。综合两年的试验结果，该地适宜的甘蓝种植方式为起小高垄种，适宜密度为 82 500 株/hm^2。

3. 不同施肥量对甘蓝产量及品质的影响试验

供试甘蓝品种为世农铁将军，采用单因素完全随机区组排列设计，施肥量为低、中、高 3 个水平，根据试验地基础肥力状况和甘蓝需肥规律（每生产 1000 kg 产品需要吸收氮 5.3 kg、磷 0.7 kg 和钾 5.7 kg）设氮为 300 kg/hm^2、240 kg/hm^2、180 kg/hm^2 3 个水平，磷和钾配比按氮：磷：钾为 1：0.13：1.08。

1）施肥量对产量的影响

不同施肥量处理的单株球体重和单株地上部产量见表 8-65，从表中可以看出，随着施肥量的增加，单株球体重和地上部重以及最后的经济产量和生物产量都随着施肥量的增加不断增加，但是低肥和中肥之间没有显著差别，而高肥处理和中肥、低肥处理的各个产量指标间都在 1%水平上有显著差别。其中高肥的经济产量分别较中肥和低肥增加 18.3%和 20.0%，而高肥的生物产量也较中肥和低肥都增加 22.8%。再次证明结球甘蓝属需肥量较大、钾氮比例高的蔬菜种类。随着施肥量的增加，耗水量不断增加，但是它们之间没有显著差别，高肥水分利用效率显著高于中肥和低肥，分别较中肥和低肥增加 17.9%和 18.6%。

表 8-65 施肥量处理的甘蓝产量结果

处理	单株球重/kg	经济产量/(kg/hm^2)	生物产量/(kg/hm^2)	定植前储水量/mm	生育期降水/mm	收获后储水量/mm	总耗水/mm	水分利用效率/[kg/(hm^2·mm)]
高肥	1.20aA	93 600.0aA	138 169.2aA	287.5	194.8	199.4	282.9	330.9aA
中肥	1.01bB	79 115.4bB	112 546.2bB	290.3	194.8	203.2	281.9	280.6bB
低肥	1.00bB	78 000.0bB	112 546.2bB	300.6	194.8	215.8	279.7	278.9bB

2）施肥量对甘蓝品质的影响

大量试验已经证明，甘蓝硝酸盐含量和施氮水平呈正相关关系，增加氮肥施用量可明显提高产量，但氮肥过多会引起硝酸盐积累等问题，使蔬菜品质变劣，同时影响到甘蓝的其他品种指标。从甘蓝不同施肥量对甘蓝品质的影响（表 8-66）可以看出，随着施肥量的增加，硝酸盐含量在逐步增加，但是明显低于国家蔬菜产品硝酸盐含量标准（1500 mg/kg），一方面可能是根据基础肥力和甘蓝需肥规律平衡施肥的结果；另一方面可能是由于旱地种植甘蓝的缘故。可溶性糖的含量直接影响口感，一般可溶性糖含量越高越好，高肥和中肥的可溶性糖含量明显大于低肥水平，分别较低肥增加 11.9%和

8.1%。高肥处理的甘蓝粗纤维含量明显高于中肥和低肥，而粗蛋白含量不同施肥量处理间没有差异。中肥和高肥处理的干物质含量明显高于低肥处理，分别较低肥处理高7.4%和7.7%，鲜食结球甘蓝对干物质含量无特殊要求，干物质含量相对较低的材料，口感风味较好。

表 8-66　不同施肥量处理对甘蓝品质的影响

处理	硝酸盐含量/(mg/kg)	可溶性糖/%	粗纤维/%	粗蛋白/%	干物质/%
高肥	700	4.99	0.86	1.26	8.39
中肥	603	4.82	0.67	1.28	8.41
低肥	534	4.46	0.64	1.28	7.81

高肥的经济产量显著大于中肥和低肥，分别较中肥和低肥增加18.3%和20.0%，同时高肥水分利用效率显著高于中肥和低肥，分别较中肥和低肥增加17.9%和18.6%。综合不同施肥量处理对甘蓝产量及品质的影响结果，适宜施肥量为N：300 kg/hm^2、P_2O_5：105 kg/hm^2、K_2O：375 kg/hm^2，生产上可根据土壤基础肥力状况适当增施肥料。

第四节　作物高效用水技术体系集成

一、作物高效用水技术体系集成目标

以提高水分利用效率为中心，适应山西半干旱区年降水量分布不均、年季降水量变幅较大的特点，以蓄水保墒措施为基础，立足抗旱播种与种植技术，选择节水抗旱品种，建立合理的水肥关系，采取补充灌溉等应对干旱的措施，确保作物稳健生长，最大限度利用和发挥光、热、水、土资源潜力，实现旱地作物高产稳产优质的总目标。

二、作物高效用水技术体系集成原则

作物高效用水、高产稳产优质目标的实现，仅靠某一种措施是远远不够的。至少应该从作物自身和作物生长所需环境条件双方来考虑，需要一个以保障作物生长需水为核心的多种技术组合来完成，即需要一个完整的技术体系。所谓体系，泛指一定范围内或同类的事物按照一定的秩序和内部联系组合而成的整体。因此，技术体系应该是由一系列个体相对独立、功能不相重复、彼此相互关联呼应的多个单项技术构成的一个有机整体（吴普特和高建恩，2006）。单一措施的规模化构不成技术体系，诸多措施的简单套用和堆积也不会是一个有机整体，某方面关键技术的缺失更不是一个完整的技术体系。将多种单项和分散的相关专业技术成果组装集成为一个技术群，是一个组织创新过程。骆世明（2010）在《论生态农业的技术体系》一文中对技术体系的集成进行了较详尽的论述，在集成作物高效用水技术体系过程中，应该借鉴他的思考。

（一）单项技术选择的互补、相容性

作物高效用水技术体系是由多种单项技术组合而成的，但是如何选择和组合这些单

项技术，是形成完整有效的技术体系、实现体系集成目标的关键。单项技术之间的关系可分为依赖、互补、相容、排斥、减效和增效等多种类型。

一种技术的使用必须同时使用另一种技术，这两种技术之间的关系为依赖关系。例如，高海拔、高纬度冷凉地区希望使用较大生育期的作物品种，则有赖于地膜覆盖增温技术的应用；作物的免耕技术通常应与田间化学除草技术相配套，否则免耕技术难以推行；免耕与残茬覆盖更是不可分割的一体化技术。一种技术的使用会补充另外一种技术的不足，从而产生更好的整体效益，这两种技术间存在互补关系。作物膜下滴灌技术的地膜覆盖可减少水分散失，会使滴灌的水分利用效率提高；通常讲的水肥耦合效应更是互补关系。一种技术的使用不会影响另一种技术的效果发挥时，技术之间的关系是相容的，如除草剂使用与施肥、覆盖、滴灌等技术是相容的，它们对目标是平行的，相互之间无明显冲突关系。使用一种技术必然导致另外一种技术不能使用时，它们之间是排斥关系，如翻耕技术与免耕技术。使用一种技术会导致另一种技术失效或效果下降时，这些技术之间存在减效关系，如大量使用氮肥，特别是铵态氮肥会使根瘤菌的固氮能力下降。当然，技术之间有着增效关系，农艺技术与农机技术结合就会促进技术的规模化，农艺节水与工程节水技术的结合也会增大效益。

显而易见，构建体系选定关键技术后，其他配套的单项技术要与其具有依赖、互补、增效和相容的关系，减效技术慎用，排斥技术不用。

（二）多项技术集成的适应性调整

为了使各单项技术更好配合，使技术体系运作产生预期效果，在组合单项技术过程中，还需对其进行适应性调整和整合，这包括对各项技术的使用时间、空间和量的调整与整合。

技术使用时间的整合：在农田作物轮作制度中，作物的先后次序安排非常重要；在体系的运转过程中，作物播种时间、覆盖时间、施肥用水时间等都会根据整体目标的需要和条件变化而做出适当的调整，最明显的是播种时间应随土壤墒情和气候状况在一定范围改变；补灌用水时间要据作物旱情而变；地膜覆盖使用时间也要看增温保墒的效应而变。使用空间的整合是因为各项技术有其各自的效应位置：保水剂是一种含有羧基、羟基等亲水基团的高分子有机物，但遇上电解质盐类化肥则会失去吸水功能；肥料和种子在一起，也会引起烧种现象。使用量的整合在组装技术体系时也很重要，施肥量视土壤肥力和作物需肥而定，灌水量视土壤墒情而定，播种量视作物密度和种子质量而定。

三、旱地春播作物高效用水技术体系

（一）技术体系框架构建

“山西半干旱区旱作粮经作物综合节水技术研究与示范”课题主要针对旱地粮食作物玉米和谷子，旱地大田蔬菜菜豆和甘蓝进行了高效用水关键技术的研究。根据上节研究结果，参考前人研究成果和相关配套技术，按照作物栽培学、旱地水文学和系统工程学等原理，将 8 项有关作物高效用水单项技术进行了组装配套、优化互补，进而形成了旱地作物高效用水技术体系。技术体系框架结构如图 8-37 所示。

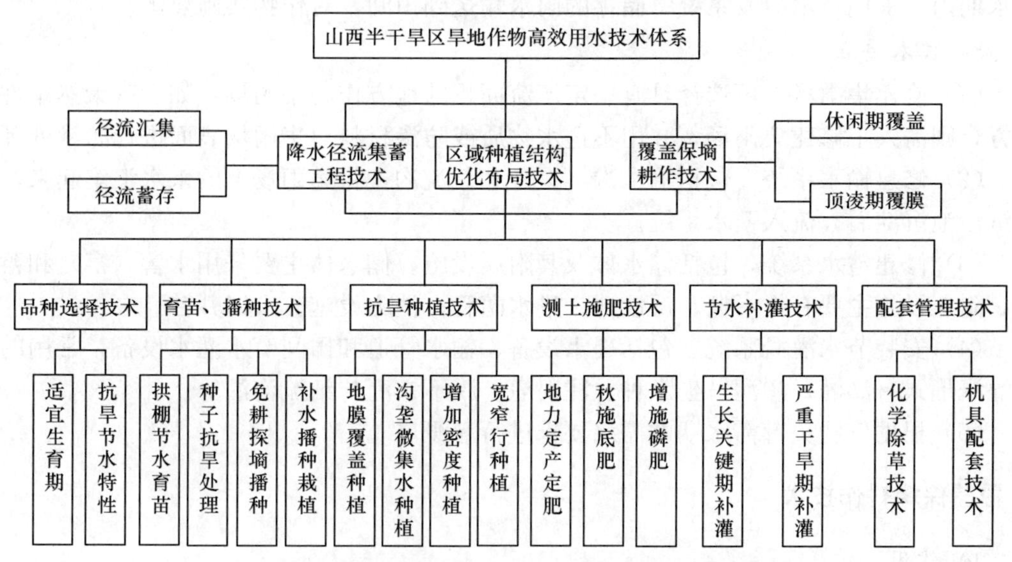

图 8-37　旱地作物高效用水技术体系框架图

原则上并不存在“单项”的作物高效用水技术，因为体系所包括的每项技术都是一个复合体，只是相对于作物种植业这个产业而言，这些技术更具有行业化和专业化特点。

实际上以旱地春播作物冠名此技术体系，感觉未免太笼统和泛泛。然而，如果按作物集成各自的高效用水技术体系，就会明显地表现出技术应用的重叠性太强，而掩盖了各作物所用技术的差异性。因此，抽象为山西半干旱区旱地作物高效用水技术体系。

（二）技术体系内涵简述

此项技术体系包括使用对象、理念、层次技术和方法。降水径流集蓄工程技术、覆盖保墒耕作技术和区域种植结构优化调整技术是上层技术，通过工程和农艺技术为作物高效用水提供可用水源，为发挥作物生产潜力和用水技术潜力奠定基础，结构优化技术为区域水资源合理利用和可持续发展起着宏观控制作用。下层的品种选择技术、育苗播种技术、抗旱种植技术、测土施肥技术和节水补灌技术是作物高效用水的关键技术，发挥关键技术的功能才能实现作物高效用水技术体系的目标。

1. 降水径流集蓄工程技术

1）作用

提高雨水资源利用率，为各项现代农业生产技术的配套实施提供了一定的水利条件，有效控制了水土流失，在生态建设中发挥了重要作用。

2）技术原理

利用降水径流的可汇集、可移动和可存储性，利用荒山荒坡、屋顶路面等资源条件修建雨水集蓄节水灌溉工程，将降雨通过汇流面汇集到蓄水设施进行储存，在作物关键需水期内，采用节水灌溉系统将储存的雨水输送到田间，对作物实施灌溉。

3）技术要点

（1）修建集雨场。可选择具有一定产流面积的地方作为集雨场，如没有天然条件的地方，则需人工修建集雨场，并用不透水物质或防渗材料对集雨场表面进行防渗处理。

（2）修建输水系统。包括输水沟（渠）和截流沟，将集雨场上的来水汇集起来，引入沉沙池沉淀后，流入蓄水系统。

（3）修建蓄水系统，包括储水体及其附属设施。储水体主要采用水窖（窑）和蓄水池，附属设施主要有拦污栅、沉沙池、进水暗管、消力设施、窖口井台。

（4）安装节水灌溉系统。包括提水设备、输水管道和田间节水灌水设备，常用的节水灌溉形式有滴灌、渗灌、坐水种、注射灌、膜下穴灌与细流沟灌等。

（5）根据作物关键需水期的需水要求进行灌溉。

2. 覆盖保墒耕作技术

1）作用

保墒、增温，保护土壤表层结构，为播种保苗和作物苗期提供土壤水分。

2）技术原理

在土壤表面均匀设置一层覆盖物，利用物理阻隔作用，切断土壤水分与近地层大气的交换过程，抑制土壤蒸发，从而保蓄耕层土壤水分。覆盖保墒技术根据覆盖材料的不同分地膜覆盖和秸秆覆盖等形式。

3）技术要点

（1）覆盖时间。可以随作物播种时进行生育期覆盖，抑制棵间蒸发；也可在作物收获后，及时浅耕灭茬，进行休闲期覆盖；还可结合前两者，进行休闲期与生育期连续的全年覆盖。秸秆覆盖在作物生长前期具有降温效应，在年平均气温 8℃以下地区，多采用休闲期秸秆覆盖。

（2）覆盖量。按照地面覆盖度，可进行种植行窄膜覆盖，也可采用宽膜覆盖，甚至进行全地面覆盖。秸秆覆盖量一般为 5000 kg/hm^2。

3. 种植结构优化技术

1）作用

种植结构优化技术是依据当地的水、土、光、热资源特征以及不同作物需水特性和耗水规律，以高效、节水为原则，以水定植，合理安排作物的种植结构及灌溉规模，限制和压缩高耗水、低产出作物的种植面积，从而建立与当地自然条件相适应的节水高效型作物种植结构，以缓解用水矛盾，提高降水和灌溉水的利用效率。该技术可在较大范围内产生节水效果。

2）技术原理

不同作物对水分亏缺的反应不同，这集中表现在抗旱节水特性和水分利用效率的差异。作物抗旱性是指在缺水条件下作物能获得足够产量的能力。作物的节水性是指作物以较低的水分消耗，维持正常生长发育并获得一定经济产量的特性。在相同干旱条件下，不同作物种间的水分利用效率存在很大差异，通常可达到2～5倍。由于不同作物种间的抗旱节水特性与水分利用效率差异以及雨水资源的时空分布不均，这就为作物选择与合理布局而建立节水型种植结构提供了理论依据。

3）技术要点

（1）选择需水与降水耦合性好、耐旱、水分利用率高的作物品种。适当扩大水分利用效率较高的作物（春玉米、马铃薯等）种植面积，压缩水分利用较低的作物（春小麦、亚麻等）种植面积，以充分利用当地水资源。增加传统的耐旱节水优质高效的作物种植，如春播或者夏播的谷子、高粱等小杂粮，豆类，特种玉米和其他特色作物。种植耗水较少但经济效益较高的旱地蔬菜作物，如甘蓝、菜豆和番茄等。

（2）调整作物播期（栽植）。使作物生育期耗水与降水相耦合，可以提高作物对降水的有效利用。对于灌区，要根据来水的季节变化特点，合理安排作物种植比例，缓解用水矛盾。

（3）优化协调粮、经、饲三者比例。在满足粮食生产基本需求的情况下，调整农业结构，压缩粮食种植面积并提高其品质，增加饲料作物、经济作物、名优特产作物的种植比例。把目前以粮食作物为主兼顾经济作物的二元结构，逐步发展为“粮、经、饲”的三元结构。

4. 抗旱节水品种选择技术

抗旱节水品种是指抗旱性强、水分利用效率高、综合性状优良的作物品种。培育或引进适合当地条件的节水高产型品种是降低作物耗水量、提高水分利用效率的一项重要措施。

1）技术原理

同一作物不同品种之间在抗旱性和水分利用效率方面差异很大，这种差异除了环境条件的影响外，更主要的是植物本身遗传基础的差异。上文作物结构调整中强调的是不同作物间的用水差异，这里利用的是同一作物不同品种间的差异。充分挖掘并利用作物品种的抗旱、节水、增产潜力，是农业高效用水技术体系的重要组分。

2）技术要点

（1）严格遵照用种程序。进行严格的、规范的试验。试验中，对品种的特征特性、抗逆性、产量性状和产量、品质性状和品质、生态适应性、利用价值和前景等方面进行全面考查。

（2）选用适宜的品种类型。掌握具体作物品种的特征和特性，结合每种作物的种植区划，计算用种地区的积温，综合其他生态条件，选用适宜的品种类型，是种植成功的保证。

5. 抗旱播种技术

“十年九春旱”是该区域的基本气候特征，春旱缺墒造成的播种难、出苗难、保苗难是旱地农业生产遇到的最频繁而严重的问题。解决这一问题，除旱春作物采取顶凌播种、一般干旱采用探墒播种技术外，应该应用人为增墒的机械化坐水播种技术。

1）坐水播种技术原理

坐水播种就是在播种过程中通过在种穴部位补水，人为创造适合种子萌发出苗的水分小环境，达到抗旱保苗的一种新型播种技术。坐水播种技术将传统的播种期漫灌、沟灌造墒，改变为播种穴局部造墒，从机理和实践上实现了节水与高效用水的目的。

2）技术要点

种子萌发和出苗期的最佳土壤水分状况为含水量占田间持水量的70%左右。具体在壤土上为19%～22%，黏土为26%～29%，沙土为13%～17%。坐水量应以能够维持苗床适宜含水量25天为宜。在壤质土壤中，0～20 cm土壤含水量8%～10%时，玉米播种的补水量为45～75 m^3/hm^2，当土壤含水量为10%～12%时，补水量为30～45 m^3/hm^2。不同作物种子要分别对待。

6. 抗旱种植技术

大面积的旱地缺乏径流源或远离产流区，即使少量水补灌的条件也不可能具备。在此情况下，沟植垄盖的农田微集水种植技术是提高旱地作物产量的有效措施。

1）技术原理

农田微集水种植技术是应用径流农业原理，将自然降雨通过农田微地形的改变与覆盖保墒措施有效结合，通过在田间修筑沟垄，垄面覆膜，作物种在沟内，使降水由垄面向沟内汇集，改善作物水分供应状况，从而提高作物产量。

2）技术要点

微集水种植技术的带型（垄沟的宽度比例和数值）设计是影响集雨、蓄水、保墒和增产效果的关键因子。据试验研究，垄沟比以1∶1或1∶1.5，带宽100～120 cm，垄高10～15 cm为宜。玉米等作物采用1∶1带型，小麦等密植作物采用1∶1.5带型。

7. 水肥耦合技术

水肥耦合技术就是根据不同水分条件，提倡补灌与施肥在时间、数量和方式上合理配合，促进作物根系深扎，扩大根系在土壤中的吸水范围，多利用土壤深层储水，以提高降雨和灌溉水的利用效率，达到以水促肥，以肥调水，增加作物产量和改善品质的目的。

1）技术原理

在水分胁迫较轻时，养分能显著促进作物的根系和冠层生长发育，增强根系对水分和养分的吸收能力，改善植株的水分状况，最终表现为产量和WUE的提高。随着水分胁迫的加剧，养分的作用机理和效果发生了不同的变化。氮素的促进作用随水分胁迫的加剧慢慢减弱，在土壤严重缺水时甚至表现为负作用。但磷肥能促进作物的生长并抵御干旱胁迫的伤害。氮、磷有很强的时效互补性和功能互补性，合理搭配能显著增产，达到高产、稳产和提高水分利用效率的目的。

2）技术要点

（1）平衡施肥。平衡施肥是指作物必需的各种营养元素之间的均衡供应和调节，以满足作物生长发育的需要，从而充分发挥作物生产潜力及肥料的利用效率，避免使用某一元素过量所造成的毒害或污染。

（2）有机肥、无机肥结合施用。能提高土壤调水能力，而且增产效果较好。但施用时应根据有机肥料和无机肥料种类的特点，适时、适量运用。

四、主要作物高效用水技术模式

在上述技术体系的支撑下，经试验示范与修正，形成了适合示范区推广应用的 4 种作物高效用水技术模式。

（一）旱地玉米“一增二早三改”技术模式

1. 适用范围

适用于种植区域海拔 1200 m 以上，年平均气温 6℃以上，≥10℃积温 2500℃以上，无霜期 120 天左右，80%保证率的年降雨达到 450 mm，全生育期降雨量 300 mm 左右的区域。

2. 技术要点

冷凉早熟区旱地玉米“一增二早三改”高产栽培技术，是采用行之有效的综合农艺节水技术措施：机械化秸秆还田，增施优质有机肥；深耕，深施肥；地膜覆盖；选用中熟耐密型玉米品种，适当增加密度；顶凌耙耱，早覆盖，早播种；微集水种植等技术措施，提高降水利用率，提高产量，节本增效。

1）一增

采用地膜覆盖，在旱地肥水条件改善的前提下，适当增加玉米种植密度，采用中熟耐密型玉米单交种，留苗密度由常规种植密度 4.2～4.5 万株/hm²，增密 50%～70%，提高到 6.75 万～7.5 万株/hm²。

2）二早

提早覆膜，提早播种。

针对该地区秋雨较多、春季风大及春季地温回升慢的特点，采用规格为宽 90～110 cm、厚度 0.007～0.008 mm 的地膜，宽膜起垄覆盖。地膜覆盖日期由常规 4 月下旬提早到 4 月上旬，早盖膜可早保墒、早提温，为提早播种创造适宜的温度条件；当膜内土壤耕层 5～10 cm 地温稳定通过 8℃时，适时提早进行播种。由 5 月初提早到 4 月中下旬，霜前播种，霜后出苗；充分利用积温，保证秋季正常成熟。

3）三改

（1）改换品种。改早熟大穗稀植品种为紧凑型耐密中早熟或中熟抗旱品种，即选择株型紧凑、叶片上冲、增产潜力大、抗逆性强、适应密植的品种。

（2）改变种植方式。将通常采用的 50 cm 等行距种植改用为宽窄行种植，宽行起垄覆膜窄行种植即垄膜沟种方式，改善玉米生长的田间热水微环境，宽行 80 cm，窄行 50 cm，穴距 36～38 cm，每穴留苗 2 株。

(3) 改用精确定量施肥。改用常规“一炮轰”盲目施肥为精确定量施肥，即在测土施肥的基础上根据品种需肥特性与目标产量需肥指标定量施用基肥和追肥。参考施肥方案见表 8-67。

表 8-67　参考施肥方案

土壤肥力	产量指标/(kg/亩)	基础肥力指标/(mg/kg)			配肥指标/(kg/亩)				
		碱解氮	有效磷	速效钾	N	P_2O_5	K_2O	微肥	有机肥
高肥	≥1000	>50	>15	>120	22～26	12	12	Zn、Mn	5000
中肥	≥800	35～50	8～15	90～120	18～22	10	10	Zn、Mn	4000
低肥	≥600	<35	<8	<90	16～18	8	8	Zn、Mn	3000

在施用有机肥基础上，按照供肥数额施用氮、磷、钾肥和锌、锰肥。全部用量的磷肥及 2/3 用量的氮与钾和用量 22.5 kg/hm^2，锌与锰肥以基肥形式在整地前一次性施入土壤（也可预留一少部分作种肥用），1/3 用量的氮与钾留作追肥。

（二）旱地谷子“一优一膜二简化”技术模式

1. 适用范围

山西半干旱区谷子种植区域均可应用。

2. 技术要点

在旱地谷子关键技术研究和春播作物高效用水技术体系的支撑下，旱地谷子“一优一膜二简化”技术模式的技术要点如下。

(1) 一优：根据当地积温条件，选用杂交谷子优良品种张杂谷 6 号、3 号和 5 号。

(2) 一膜：为增温保墒，保证在冷凉地区能正常成熟，采用膜侧种植技术。

(3) 二简化：简化间苗，简化除草。使用含有抗除草剂基因的谷子杂交种，在播前用专用除草剂处理种子，出苗后自交苗受除草剂影响而死亡，这样大幅度减轻了谷子人工间苗的劳作。同时，在谷田应用“谷友”化学除草剂对单双子叶的杂草具有显著的除草效果。

（三）旱地甘蓝“一优三保”技术模式

1. 适用范围

适宜种植区域为气候冷凉，海拔 1200 m 以上，甘蓝生育期（4～9 月）降雨量在 300 mm 以上的地区，土质为壤土或黏壤土，地块为 3 年之内非种植十字花科植物的土层深厚且肥力中等以上的土地。

2. 技术要点及内容

冷凉区旱地甘蓝“一优三保”高产综合栽培技术以小高垄种植为核心技术，配套利用优种、适期育苗培育壮苗，合理施肥，利用穴灌穴植等措施，肥料集中施用、定植期缓苗快、包球期腐烂少，节水节本增产增效。

1）一优

选用优种：即选用适应性、丰产性、商品性好的抗旱耐逆硬质小球型品种盖地、铁将军、美冠106等。

2）三保

(1) 保培育壮苗：3月底～4月初，采用小拱棚育苗，控制温度与水分，培育壮苗。

(2) 保肥保密：有机肥与无机肥配合施用，密度7.5万～9.0万株/hm^2，确保产量，兼顾品质。甘蓝种植参考施肥方案见表8-68。

(3) 保垄种穴植：利用甘蓝起垄机起35 cm、宽15 cm高的小高垄，穴灌穴植于垄上，穴（株）距35 cm。

表8-68　甘蓝种植参考施肥方案

土壤肥力	产量指标/(kg/亩)	配肥指标/(kg/亩)						
		N	尿素	P_2O_5	过磷酸钙	K_2O	硫酸钾	有机肥
高肥	≥6000	20	43.5	7.0	58.3	25	50.0	5000
中肥	≥5000	16	34.8	5.6	46.7	20	40.0	4000
低肥	≥4000	12	26.1	4.2	35.0	15	30.0	3000

(四) 旱地莱豆“三早三优”技术模式

1. 适用范围

种植区域海拔1200 m以上，年平均气温6℃以上，≥0℃积温2500℃以上，无霜期120天，80%保证率的年降雨达到450 mm，全生育期降雨量300 mm。地势缓平，土层深厚，土质疏松，肥力中等以上，保水保肥能力较强。

2. 技术内容

(1) 早整地：秋冬休闲期深松浅旋灭茬，以便接纳雨雪蓄足底墒；春后日消夜冻时耙糖保墒；播种前2～3天浅耕或旋耕耙耱整地，拣拾残茬残膜杂草，使土壤细碎无坷垃；结合整地施足底肥。

(2) 早覆膜：利用起垄施肥覆膜机提前5～10天施肥覆膜；待膜内5 mm地温稳定通过10℃时，利用手提式自动点播器顺着覆膜行埋压地膜的覆土垄进行播种。

(3) 早播种：播种期确定以出苗避开当地晚霜期为宜，一般比常规莱豆早播7～10天。当露地5 cm地温稳定通过7℃时即可播种。海拔1200～1300 m地区，4月20～25

号播种为宜，海拔 1300 m 以上高寒地区 4 月 27 号～5 月 5 号播种为宜。

（4）优良品种：选用荚形细长早熟或中早熟菜豆新品种。海拔 1200～1400 m 地区选用中早熟品种，如爱丰嫩龙王、一尺青圆龙、天马 9533 等；海拔 1400 m 以上地区选用早熟品种，如特优特架豆、超长架豆等。

（5）优化施肥：利用钼肥（钼酸铵）拌好种肥；有机无机配合（有机肥为主）施足底肥；腐熟圈肥 3000～5000 kg、碳酸氢铵 50 kg、颗粒磷肥 50 kg（或二铵 15～20 kg）。结荚期追施花肥（少氮多磷钾）。

（6）优化种植：按所选用品种确定种植密度，一般亩株数早熟种 2800 株为宜，中早熟种 2500～3000 株为宜。每覆膜垄播两行，窄行距 45～50 cm，宽行距 80～85 cm，穴（窝）距 38～42 cm。

第五节　农业高效用水技术模式应用与评价

一、农业高效用水技术模式示范应用方式

干旱缺水是山西省农业的根本问题，高效用水是山西省农业的唯一出路。在所有改造农业生产条件的技术中，人们最易于理解，也是历史上获得成就最大、涉及面最广的，首推对水分条件的改善与调节。万物生长靠太阳，但也不能没有水，干旱只能靠补给一定的水分来解决，水是其他任何物质所不能替代的。旱地农田不进行高效用水是不可能解决低产波动问题的。然而，干旱既是一种自然气候现象，也是一种人类活动对自然环境过度或不合理干预，造成水方供需失衡的社会现象。农业高效用水不仅仅是一个技术问题，也是一个社会和经济问题，是一个复杂而特殊的系统问题。如何抓住突破口进行关键性技术研究、如何集成可行的作物高效用水技术体系在前几节已有讨论，如何有效地开展技术模式的示范应用，“山西半干旱区旱作粮经作物综合节水技术研究与示范”课题是从以下几方面开展工作的。

（一）综合节水示范区基础设施建设——农业生产基本条件改善

针对山西半干旱区旱作农业高效用水中存在的问题，由山西省农业科学院旱地农业研究中心牵头组织了本科学院作物科学研究所、蔬菜研究所、农作物品种资源研究所、土壤肥料所，中国农业科学院农业环境与可持续发展研究所，山西农业大学农学院、园艺学院、资源环境学院，太原理工大学水利科学与工程学院以及当地农业部门的有关科技人员在阳曲县河村建立了旱作粮经作物综合节水技术研究与示范基地。深入农业第一线，走进农民群众中了解问题，开展技术研究与示范解决问题。不但为示范区引入新的理念、知识和技术，进行了农业资源调查与利用规划，同时在硬件设施上，为当地修建了示范微灌技术高效用水的日光温室 4 栋；示范棚面、路面、坡面、屋顶、院落集蓄雨水的工程设施 3 处 900 m^3；探索利用少量地下水资源，新打 100 m 深机井 1 眼；布设管道输水 2000 m；修建 150 m^3 高位蓄水池 1 处。实现了地下水、地面集水与高位水池的联网和日光温室的自压滴灌；还设立自动气象站，研制、引进了多种农业机械。使示范区的农业生产基本条件和农事作业手段发生了显著变化，带动了农民群众使用新技

术、购置新机具、建设新设施的热情。从整体上推进了示范区由传统旱作农业向现代旱作农业转变的步伐。

（二）建立农民专业合作社——探索农民参与式管理体制

我国农业科技推广长期存在“最后一公里”的现象，科技人员与农民之间没有建立起稳定有效的联系，农业科技与农业生产、农民需求脱节，农技推广手段单一、方式落后、人员队伍不稳，科技推广能力不强是造成这一局面的主要原因之一。当然还有技术本身的缺陷以及农民文化素质、信息闭塞和规避风险特性等多方面阻碍了农业技术的扩散。如果使农民以平等甚至优惠的身份参与技术研究和示范的过程，在技术推广中更多地从农民用户需求着手，农民在技术应用和推广中必将发挥积极的作用。农村合作经济组织是在家庭联产承包责任制基础上，由农民自己或以农民为主体兼有一些农业的企业或组织自愿组建的，围绕产前、产中、产后各过程合作和服务的合作经济组织。本课题在技术研究和示范过程中，借助合作社这种形式，组建起了“阳曲县河村旱丰农业技术专业合作社”，试验示范都在农民科技户地里，让农民参与，并注意培育农民的主体地位，取得了较好的示范效果。特别是在旱地蔬菜、设施农业等效益较高的产业上，技术的示范带动作用更好。

（三）开展技术培训和技术嫁接——让农民成为技术应用的主体

技术培训是一种传统有效的农业技术推广方式，流于形式的培训当然起不到扩散技术的作用，但认真的、形式多样、切合实际的培训仍然是十分有效的。课题组每年在产前、产中都组织多次培训活动，既有大学教授给农民授课，也有录像、图片、明白纸等资料，还包括在农村开展“农民科技日”活动和田间现场观摩演示等方式。特别是把节水与增收联系起来，才能使农民成为技术应用的主体。如集蓄雨水种植蔬菜大棚，就是一户农民获得显著收益后，才带动其他农民主动行动的。

（四）加强“农艺农机结合”配套机具研制——促进技术规模化应用

长期以来，农业科技人员关注更多的是对技术本身的研究，其实技术实现手段的创新也是技术研究不可分割的一部分，如沟垄种植是高效利用降雨资源的重要技术，但用人工方式终究是推广不开的。课题组在技术的研发过程中，针对农村机械化水平低、劳动力转移和土地流转带来的问题，注意到了农艺农机结合在技术到位性和技术规模化的重要性，将农业机械（具）作为一个重要元素，整合于作物栽培技术研究领域，先后研制出“玉米起垄、施肥、覆膜、播种多功能一体机”、“种下条状补水多功能播种机”、“甘蓝起垄施肥机”、“表土板结破解器”、“探墒施肥播种机”、“多功能中耕保墒追肥机”、“农田轻便土壤悬虚镇压器”等多种机械，并引进了多种机械，为技术的大面积示范推广发挥了重要作用。

二、技术模式应用与效果评价

（一）核心示范区成果应用情况及效益评价

1. 旱地玉米“一增二早三改”高效用水技术模式

旱地玉米“一增二早三改”高产技术模式，有效解决了密度低、积温不足、品种局限、株行距配置不合理等问题，连续两年（2008 年、2009 年）连片示范 350 亩，经省高产创建专家组测产，平均单产较生产田增加 1853.4 kg/hm^2，增幅 35.7%，增收 3150.7 元/hm^2，水分利用效率提高 7.1 kg/(mm · hm^2)。

同时项目针对旱地玉米因春旱严重不能正常播种，以及降水利用效率低等问题，研究出集补水、起垄、施肥、覆膜、播种为一体的多功能玉米播种机。种下条状补水，每亩补水量 2～3 m^3，解决播种问题。2009 年在示范基地应用 300 余亩示范田，出苗率达 95%以上。该机械已通过“国家场上作业机械及机制效农具质量监督检验中心”检验，各项指标符合相关标准。

2. 旱地谷子“一优一膜二简化”高效用水技术模式

旱地谷子“一优一膜二简化”高效用水技术模式，解决了当地谷子低产、生育期积温不足、间苗、除草劳动强度大等问题。2009 年连片示范 50 亩，平均亩产 352.6 kg，比对照晋谷 33 号增产 34.2%，亩增收 305 元；水分利用效率 17.3 kg/(mm · hm^2)，比对照提高 5.95 kg/(mm · hm^2)。

3. 旱地甘蓝“一优三保”高效用水技术模式

旱地甘蓝“一优三保”高产高效技术模式，解决了以往“稀植平作”造成的前期缓苗慢、后期病害重影响品质等问题，2009 年连片示范 200 亩，较生产田增产 15 015.0 kg/hm^2，增幅 24.9%，增收 5250.0 元/hm^2，水分利用效率提高 76.5 kg/(mm · hm^2)。

4. 旱地菜豆“三早三优”高效用水技术模式

旱地菜豆“三早三优”高产高效技术模式，重点解决了前期温度低、生长慢、上市晚、效益不高等问题，2009 年连片示范 420 亩，较生产田增产 9 045.0 kg/hm^2，增幅 33.4%，增收 7875.0 元/hm^2，水分利用效率提高 24.6 kg/(mm · hm^2)。

（二）辐射区成果应用情况及效益评价

1. 旱地玉米“一增二早三改”高效用水技术模式

旱地玉米“一增二早三改”高效用水技术模式被确定为 2009 年山西省丰产增粮计划的主推技术。2008 年、2009 年连续两年在太原市、晋中市、忻州市共辐射面积 4.3 万亩，亩增产 69.7 kg，共增产玉米 299.7 万 kg，增值 479.5 万元，节约成本 215 万元，节本增效共 694.5 万元。

2. 旱地谷子“一优一膜二简化”高效用水技术模式

旱地谷子“一优一膜二简化”高效用水技术模式 2009 年在太原市、忻州市共辐射面积 0.8 万亩，每亩增产 41 kg，共增产 32.8 万 kg，增值 111.52 万元，节约成本 32 万元，节本增效共 143.52 万元。

3. 旱地甘蓝“一优三保”高效用水技术模式

旱地甘蓝“一优三保”高效用水技术模式 2009 年在太原市共辐射面积 2.8 万亩，每亩增产 960 kg，共增产 2688 万 kg，增值 806.4 万元，节约成本 120 万元，节本增效共 926.4 万元。

4. 旱地菜豆“三早三优”高效用水技术模式

旱地菜豆“三早三优”高效用水技术模式 2009 年在太原市共辐射面积 2.4 万亩，每亩增产 313 kg，共增产 751.2 万 kg，增值 751.2 万元，节约成本 72 万元，节本增效共 823.2 万元。

项目累计辐射推广 10.3 万亩，增产粮菜 3772 万 kg，增加效益 2148.6 万元，节约成本 439 万元，节本增效共计 2587.6 万元。

参 考 文 献

陈奇恩. 2002. 旱地农业实用技术. 北京：金盾出版社：13-28，38-57

范堆相. 2005. 山西省水资源评价. 北京：中国水利水电出版社：136-138，254-255，348-355

高赛珍，王晓宇，安学军. 2001. 山西省可利用雨水资源量化分析. 山西水土保持科技，4：17-18

郭尚，田如霞. 2009. 阳曲县旱垣甘蓝标准化生产技术规程. 山西农业科学，37（11）：85-87

郭裕怀，刘贯文. 1992. 山西农书. 太原：山西经济出版社：26-36，405-417

科学技术部中国农村技术开发中心. 2006. 节水农业在中国. 北京：中国农业科学技术出版社

刘文兆. 1997. 旱地作物雨水利用效率统一性表达式构建及其意义. 土壤侵蚀与水土保持学报，3（2）：62-66

骆世明. 2010. 论生态农业的技术体系. 中国生态农业学报，18（3）：453-457

聂亮，赵新生，戴振华. 2008. 日光温室早春茬菜豆高产栽培技术. 现代农业，（3）：15

钱林清，郑炎谋，胡慧敏，等. 1991. 山西气候. 北京：气象出版社：155-166

山仑，邓西平，康绍忠. 2002. 我国半干旱地区农业用水现状及发展方向. 水利学报，33（9）：27-31

山仑，康绍忠，吴普特. 2004. 中国节水农业. 北京：中国农业出版社：631-645

山西省土壤普查办公室. 1992. 山西土壤. 北京：科学出版社：106-108

唐登银，罗毅，于强. 2000. 农业节水的科学基础. 灌溉排水，19（2）：1-9

陶毓汾，王立祥，韩仕峰，等. 1993. 中国北方旱农地区水分生产潜力及开发. 北京：气象出版社：95-100

王斌瑞，王百田. 1996. 黄土高原径流农业. 北京：中国林业出版社，18-19

王浩，杨贵羽，贾仰文，等. 2006. 土壤水资源的内涵及评价指标体系. 水利学报，37（4）：389-394

王娟玲. 2010. 旱作节水农业研究新进展. 北京：中国农业出版社：22-31，107-114，301-308

王玉宝，吴普特，赵西宁，等. 2010. 我国农业用水结构演变态势. 中国生态农业学报，18（2）：399-404

吴普特，高建恩. 2006. 黄土高原水土保持新论. 郑州：黄河水利出版社：16-17，33-35

吴永利，卢淑贤，王云峰，等. 2009. 近 45 年山西省气候生产潜力时空变化特征分析. 生态环境学报，18（2）：

567-571

徐毅. 2006. 菜豆四季高效栽培技术. 当代蔬菜.（3）：45-46

张藕珠. 2001. 旱作节水农业技术模式集锦. 北京：中国农业科学技术出版社：82-84

张忠学，曾赛星. 2005. 东北半干旱抗旱灌溉区节水农业理论与实践. 北京：中国农业出版社：449-468

Hsiao T C，Steduto P，Fereres E. 2007. A quantitative framework for systematic analysis of potential water savings in agriculture. *In*：Lamaddalena N，Bogliotti C，Todorovic M，et al. Water Saving in Mediterranean Agriculture & Future Research Needs. Bari：Ideaprint：37-47

第九章　内蒙古粮食作物高效用水技术

第一节　区域农业用水现状

一、区域水资源现状

内蒙古河套灌区是我国特大型灌区之一，近年引水量为 47 亿 m^3 左右，灌溉面积 57.4 万 hm^2，粮油年产量 15 亿 kg，是内蒙古自治区商品粮基地和油料、甜菜等经济作物的主要产区。现有总干渠、干渠、分干渠、支渠、斗渠、农渠共 8365 条，总长 14 544 km。渠系水利用系数只有 0.42 左右，即有 50%以上的灌溉水在渠道输水过程中损失掉，造成灌区年用水量过大。灌区平均毛灌溉定额为 8890.5 m^3/hm^2，平均毛灌水定额 2451 m^3/hm^2，渠道渗漏严重，致使渠道两侧地下水位抬高，土壤盐碱化程度加重。同时由于灌区灌排工程不配套，排水出路不畅及落后的灌溉和管理技术等原因，造成了大量的水资源浪费。另外由于田间工程标准低、土地不平整、灌溉畦块大、灌水技术落后、灌溉管理粗放，造成灌溉定额偏大，对灌溉用水也是较严重浪费。近几年灌区灌溉水量供需矛盾日益突出，尤其在用水高峰期更为严重。

二、农业用水现状

（一）水利建设现状

据《巴彦淖尔水利发展十五计划和 2006～2010 规划纲要》统计，截至 2000 年底，河套灌区共建成各类水利工程 183 546 处。其中：中型水库 8 座，小（一）、小（二）型水库 25 座，总库容约 2.75 亿 m^3。供水基本取自深层承压水，生产井数量为 3027 眼，其中配套机电井 2996 眼，年供水能力 19 143 万 m^3。河套灌区建成七级灌水渠道 85 923 条，七级排水沟 17 691 条，灌排沟总长 64 353 km，各类水工建筑物 13.97 万座，机电排灌站 155 处。全市已开展治理小流域 25 条，已完成水土流失治理面积 1396.04 km^2，占水土流失面积的 2.6%。

（二）农业用水现状

河套灌区多年地表水平均利用量占总用水量的 91.7%左右，多年地下水平均利用量占 8.3%左右。农业是河套灌区最主要的用水大户。河套灌区多年平均农业用水量占总用水量的 98%左右。

河套灌区地表水开发利用程度高达 98.94%，地表水基本都为灌溉所利用，由于河套灌区主要是以黄河引水量作为该地区可利用水源，因而地表水开发利用程度高是必然的。浅层地下水开采率为 17.49%，仍有一定的开采潜力。用水消耗量为 40.439 亿 m^3，水资源利用消耗率为 76.68%。

内蒙古河套灌区可供农业灌溉利用的水源主要为黄河水，也是唯一可供引水灌溉的地表水，其次是地下水。目前引黄灌区灌溉制度分为夏灌（4 月底～6 月底）、秋灌（7 月初～9 月中旬）和秋浇（9 月下旬～10 月底）。据内蒙古河套灌区管理总局统计资料显示，灌溉面积 861.53 万亩，其中农田灌溉面积 787.1 万亩，林地灌溉面积 30.08 万亩，牧草地灌溉面积 44.35 万亩。主要作物为小麦、玉米、甜菜、油料、向日葵、夏杂、秋杂等。按照目前灌溉水平（灌溉保证率 50%）与灌溉制度进行计算，河套灌区目前农业用水量 574 150.29 万 m^3，其中，临河 135 011.64 万 m^3，五原 130 803.08 万 m^3，磴口 48 560.85 万 m^3，乌拉特前旗 132 292.73 万 m^3，乌拉特中旗 41 515.61 万 m^3，乌拉特后旗 1295.04 万 m^3，杭锦后旗 84 671.34 万 m^3。

三、存在的主要问题

1999 年 10 月内蒙古自治区政府主席办公会议根据内蒙古河套灌区节水项目规划，初步确定河套灌区待节水工程实施水平年后，引黄水量指标为 40 亿 m^3。由于历史原因及河套灌区农业用水现状的实际情况，多年平均实际用水量为 52 亿 m^3，按照国家和自治区批准的分水方案，河套灌区平均每年超计划多引黄河水量 12 亿 m^3。巴彦淖尔市水资源的利用以农业为中心，其中农业用水占全市总用水量的 96%以上，因此，水资源利用存在的问题主要表现在农田用水方面，即灌区的建设和管理运行方面。

（一）灌区建设与管理运行存在的问题

（1）工程配套（特别是田间灌排工程）不完善，灌溉水的利用效率低。灌区各级供水渠道仍为土渠，渗漏损失严重，渠系输配水损失大，渠系水的利用系数仅有 0.42～0.46，工程老化失修，效益衰减；灌区内目前采用的主要渠道衬砌方式仍是混凝土板或预制 U 形槽，材料单一，成本高，同时给环境带来隐患；由于灌区冻胀问题突出，衬砌新材料的选择也是亟待解决的技术关键；田间工程配套不完善，土壤盐碱化总体没有得到彻底根治，工程管理设施简陋，手段落后，管理水平需要进一步提高。

（2）田间灌水技术落后，主要以大畦（2 亩左右）灌溉为主，土地平整程度较差，田间灌水损失大。科学用水管理的程度低：对像河套灌区这样特大型的一首制灌区如何实行科学用水调度运行管理尚无成熟的技术；秋浇灌溉技术和秋浇用水量的控制、灌区次生盐碱化的控制以及生态环境的监测与保护等都处于较低的技术水平。

（3）田间渠道无量水设施。由于河套灌区渠道具有坡度缓、流量大、水头小、泥沙含量大的特点，目前尚无适合本地区的经济适用的量水设备。

（4）地下水开发缺乏统一的规划。区内地下水资源既有未充分利用的情况，又有过量开采的情况（阴山南麓、三湖河灌区）。

（5）多种水资源的开发利用尚没有提上议事日程，除地下水资源的开发（渠灌区内）没有统一规划外，其他的水资源，如劣质水（微咸水、污水）利用、排水再利用还有待进一步研究。

（二）水资源开发利用的主要问题

1. 季节性缺水

受气候条件和地理位置、地形条件影响，从河套灌区全年的降水量来看，自主水资源量非常缺少。境内降水时空分布不均，丰枯交替。气象总特点表现为冬春干旱、汛期（7～9月）多暴雨，极易发生洪涝灾害。汛期集中了全年降水的78.9%，降水量由东南向西北递减。

2. 工程性缺水

内蒙古河套灌区自1980年以来，城市规模扩大了近5倍，城市人口增长3倍，经济GDP增长19倍，但水利基础设施建设相对滞后。已建水利工程大多数设计标准偏低，建设质量不理想，输配水渠系工程不配套，输水损失达60%。一些主要工程建筑物老化失修，约有50%的中小水库存在不同程度的病险隐患，造成地表水径流不能充分拦蓄，旱区得不到水的现象出现。

3. 河流水体及地下水受到不同程度污染

水体污染严重影响了水资源的开发利用，致使一些地区缺水。灌区2000～2005年每年引黄水量在47.89亿m^3左右。随着黄河流域社会经济的发展、西北地区的开发、需水量的增长，而黄河上游来水日趋减少，造成灌区引水日趋困难。尤其在灌区用水高峰（4月下旬至5月下旬，6月、10月中下旬）灌区引水严重不足，近年来每年4月下旬、5月初总干渠进水量只及正常年份进水量的一半，有时不到1/3，再加上灌区的灌溉水利用系数仅0.3，给灌区灌溉带来严重困难。因此，实施黄河流域全面节水刻不容缓。通过渠系配套、渠道衬砌和科学管理，渠系水利用系数将从目前的0.43提高到0.61左右，可以部分提高水分的有效利用率。随着工程节水的实施，节水农业的迫切性愈加强烈。同时，随着河套灌区引水量的大幅度减少也可能出现一些新的问题需要解决。例如，河套灌区盐渍化土壤占耕地面积的70%左右，引水量大幅降低后必将涉及灌区内盐渍化的防治、水资源的优化利用和农业生产可持续发展问题。

盐渍化土壤的传统灌溉方法，一直局限在较大定额的冲洗脱盐或加大灌溉定额的淋洗理论，任务比较单一，很少从提高灌溉生产效率的角度出发全面研究多目标的灌溉原理。而含盐土壤的节水灌溉具有许多不同于传统灌溉工程学的独特之处，具有较强的学科交叉和学科综合特点，涉及植物生理、作物栽培、土壤改良、灌溉理论和灌溉管理体制等方面。这一领域过去较多的停留在单项研究上，很少从多学科综合的角度进行联合研究，至今有许多方面还缺乏深入了解，如作物的耐盐性与缺水抗逆性、含盐土壤的水盐耦合生产函数、如何提高水分利用率等。实行盐渍土节水灌溉的科学理论依据和机制仍有待进一步揭示，并使之与盐渍土节水灌溉紧密结合。这一问题的探索将有助于缓解西北干旱半干旱地区水资源紧缺的矛盾，并对在节水的前提下改造西北地区大面积盐渍化土地具有直接的指导意义。

虽然河套灌区在工程建设方面取得了较大的成就，但是，目前田间灌溉水平仍比较落后，灌溉水利用效率较低，节水农业综合技术与模式还没有彻底解决。灌区用水管理水平不高、体制和运行机制不健全，严重影响灌区灌溉水利用率的提高及灌溉成本的降低，迫切需要开展主要粮食作物综合节水技术的研究与示范。

内蒙古自治区沿黄地区是区内西部经济快速发展的地区，特别是"十五"以来，该地区经济社会发展迅速，用水矛盾日益突出，工农业用水比例很不协调。内蒙古河套半干旱区粮食作物综合节水技术的示范对河套灌区本身及缓减黄河流域用水紧张矛盾都具有积极的意义。

搞好内蒙古河套半干旱区粮食作物节水综合技术与示范，合理调整当地的农业种植结构，优化配置当地水资源，帮助当地群众脱贫致富，符合党中央和国务院提出的建设社会主义新农村的思路和构建和谐社会的要求，同时也是北方其他类似平原区节水农业工程的需要。本项成果可为北方类似地区的节水农业提供技术支撑与示范样板。内蒙古河套半干旱区节水农业综合技术研究与示范课题的实施，可为我国北方地区节水农业提供科技示范与技术支撑。

第二节 总体发展思路、目标和主要技术内容

一、总体发展思路

研究拟针对内蒙古河套半干旱区多年生产实践中存在的问题，进行节水农业综合技术与示范区建设，达到辐射周边地区的目的，示范区设计以现有节水农业技术在北方地区的适应性和可操作性研究为基础，通过试验、技术筛选、技术集成及示范，形成规范化技术标准。在综合分析节水示范区自然和社会因素的基础上，对国内外先进节水技术进行组装凝炼，使之建设成先进的综合节水示范区。以提高灌溉水利用率和农田水分利用效率为核心，将工程节水、农艺节水和管理节水三者有机地结合起来研究与示范，将应用技术和理论相结合形成完整的技术体系。探索北方盐渍化地区节水农业综合示范区管理体制和运行机制，形成一套相对完整的北方平原区节水农业技术和模式，形成与市场经济接轨的示范区建设、运行与管理机制。

二、预期目标

在分析评价内蒙古河套灌区灌溉水利用现状和节水潜力基础上，提出北方半干旱区节水农业综合技术研究与示范的相关技术规程，在灌区田间节水灌溉技术集成、灌区高效输配水技术集成、灌区用水管理模式、渠道防渗新材料、新技术、新工艺和田间末级渠道量水设备等方面有所创新；工程建设、技术服务与管理及运行机制方面有所创新；建立主要粮食作物高效生产综合节水技术示范区5000亩，其中核心区1000亩，示范区单位农业产出成本降低10%以上，灌溉水利用率提高15%以上，作物水分利用效率提高0.3 kg/m^3；技术辐射面积5万亩，灌溉水利用率提高10%以上，作物水分利用效率提高0.2 kg/m^3；提出区域小麦、玉米、向日葵高效生产综合节水技术体系。

三、主要技术内容

（一）节水高效与环境友好型地面灌溉技术研究与示范

（1）小麦畦田灌溉技术研究与示范；

（2）玉米隔沟交替沟灌技术研究与示范；

（3）激光平地与畦田改造技术研究与示范；

（4）节水高效地面灌溉模式集成与示范。

（二）抗旱节水作物新品种鉴选与应用

（1）抗旱节水型粮食作物（小麦、玉米）新品种鉴选与应用；

（2）主要作物（小麦、玉米、向日葵）需水量研究；

（3）作物水分高效利用与农田环境保护。

（三）田间高效输配水综合技术与示范

（1）新型渠道防渗材料技术与示范；

（2）田间渠道量水技术研究与示范；

（3）低压管道输水技术研究与示范；

（4）田间输配水综合节水模式集成与示范。

（四）田间综合节水技术研究与示范

（1）覆盖栽培技术与示范；

（2）化学节水技术与示范；

（3）主要作物水-肥耦合技术研究与示范；

（4）立体种植（套种）结构优化模式研究与示范；

（5）盐渍化土壤田间综合节水模式集成与示范。

第三节　农业高效用水技术体系与模式

一、节水高效与环境友好型地面灌溉技术研究

（一）小麦畦田灌溉技术

1. 试验设计

1）试验材料

采用目前河套灌区农民常规选用的小麦品种永良 4 号，播种到收获生育期为 110～120 天。播种时间 3 月 20 日左右，7 月 20 日左右收割。全生育期一般灌 4 次水，灌水定额为第 1 水 60 m^3/亩、第 2 水 50 m^3/亩、第 3 水 60 m^3/亩、第 4 水 50 m^3/亩（王伦平，1993）。种子用量 22 kg/亩，播种时需要施底肥 30 kg/亩（二铵），第 1 水施化肥

30 kg/亩（尿素），第 2 水、第 3 水、第 4 水不施肥。小麦行距 13.33 cm。

田块畦长按试验区毛渠下的现状确定，为 50.0 m，畦宽为 15 m，畦面积约为 1.12 亩，设 3 个重复。

2）试验方法

对各试验处理小区，在畦田长度方向中部 12.5 m 和尾部 50 m 各设一个观测点（标杆），沿畦宽方向在 3 分点处设两列。灌第 1 水和第 3 水时在标杆处观测水流推进时间。在田口处观测入畦流量和历时，采用梯形堰测流。采用水准仪量测田面坡度。

2. 土壤入渗参数及田面糙率推求

利用田间试验得到的田面水流推进过程采用 SRFR 模型（ALARC，2009）的 Elliot-Walker 两点法经模拟优化，推求 Kostiakov 公式土壤水分入渗系数 K 和入渗指数 α 以及曼宁糙率系数 n。具体做法为：首先假定若干曼宁糙率，以实测试验田块两点水流推进时间和距离为基础，利用 SRFR 模型反复进行模拟，求解土壤水分入渗系数 K 和入渗指数 α，直至模拟和实测田面水流推进过程吻合程度达到满意为止，并以得到的相应土壤水分入渗系数、入渗指数和曼宁糙率为求解结果（李益农等，2001；张新民等，2005；章少辉等，2006；王成志等，2008；郑和祥，2009）。

经测量小麦畦田的田面坡度为 0.0014 m/m。第 1 水实测田块灌水量 66.2 m^3，平均流量 0.0165 m^3/s，水流推进到田块中部 12.5 m 处的时间为 8.5 min，推进到尾部 50 m处的时间为 53.5 min。第 3 水田间试验实测灌水量 70.4 m^3，平均流量 0.017 5 m^3/s，水流推进到田块中部 12.5 m 处的时间为 18.5 min，推进到畦尾 50 m 处的时间为 44.2 min。

采用 SRFR 模型的 Elliot-Walker 两点法经模拟优化得 Kostiakov 公式土壤入渗系数 K、入渗指数 α、相应曼宁糙率系数 n 见表 9-1。

表 9-1 小麦畦田灌溉 Kostiakov 公式土壤入渗参数及田面糙率

灌水轮次	K/(mm/h)	α	n=0.10
第 1 水	76.6	0.27	0.10
第 3 水	61.4	0.41	0.15

对于表 9-1 土壤入渗参数和田面糙率，第 1 水田块末端水流推进时间实测值为 53.5 min，模拟值为 56.7 min，标准差为 2.3 min；第 3 水田块末端水流推进时间实测值为 44.2 min，模拟值为 46.5 min，标准差为 1.9 min，误差均较小。因此，通过模拟计算得到土壤入渗参数和曼宁糙率系数有较高精度，较好地表达了小麦畦田土壤的水分入渗特性和田面水流阻力特性。

3. 畦田宽度对灌水质量影响分析

采用表 9-1 的 Kostiakov 公式土壤水分入渗参数和曼宁糙率、实测田面坡度、河套灌区通常入畦流量和灌水定额，针对不同田块规格、灌水轮次采用 SRFR 模型进行地面灌溉水力模拟，依据灌水质量指标分析地面灌溉要素对灌水质量的影响。

畦长均为 50 m，畦宽设 10 m、15 m、20 m、25 m 4 种规格（相应田块面积分别为 0.75 亩、1.12 亩、1.50 亩和 1.88 亩），田面坡度取 0.0014 m/m，入畦流量按一般情况取 0.015 m^3/s，第 1 水和第 3 水的灌水定额均为 60 m^3/亩。

由 SRFR 模型模拟得到的小麦畦田灌水均匀度（DU）、灌水效率（AE）和深层渗漏（DP）三个灌水质量指标见表 9-2。

表 9-2　小麦畦田灌溉灌水质量指标

灌水轮次	畦田规格/m	DU	AE/%	DP/mm
第 1 水	50×10	0.86	94.0	5
	50×15	0.93	96.5	3
	50×20	0.94	98.4	1
	50×25	0.92	97.6	2
第 3 水	50×10	0.81	92.8	5
	50×15	0.91	95.9	3
	50×20	0.94	98.4	1
	50×25	0.88	96.1	3

4. 结果分析

由表 9-2 不同小麦畦田规格的灌水质量指标可以看出，在河套灌区通常的畦田长度和入畦流量下，无论第 1 水还是第 3 水灌溉，畦宽 20 m 田块灌水指标与其他畦宽田块相比较高，且深层渗漏较小。对常见的小麦畦田长度 50 m，畦田宽度宜采用 20 m，田块大小约为 1.5 亩。

（二）玉米隔沟交替沟灌技术

1. 试验设计

1）试验材料

采用目前河套灌区农民常规选用的玉米品种巴单 3 号，生育期为 150～160 天。播种时间 4 月 29 日左右，9 月 20 日左右收割。种子用量 3 kg/亩，播种时需要施底肥 30 kg/亩（二铵）。玉米全生育期一般灌水 4 次，在玉米畦田灌溉灌水定额为第 1 水 65 m^3/亩、第 2 水 45 m^3/亩、第 3 水 55 m^3/亩、第 4 水 35 m^3/亩（王伦平，1993）的基础上，考虑隔沟交替沟灌 15%的节水效果（史文娟，2001），改为第 1 水 55 m^3/亩、第 2 水40 m^3/亩、第 3 水 50 m^3/亩、第 4 水 30 m^3/亩。灌第 1 水时施肥 5 kg/亩（尿素），灌第 3 水时施肥 30 kg/亩（尿素）。

沟灌采用梯形断面形式，沟长按毛渠下的现状确定为 50 m，沟间距 0.65 m。沟为梯形断面，沟深 300 mm，底宽 150 mm，边坡系数 0.5（H/V），顶宽 450 mm。种植深度 25 mm，行距 650 mm，株距 350 mm。设 3 个重复。

2）试验方法

对各试验处理小区，在沟长度方向中部 12.5 m 处和尾部 50 m 处各设一个观测点（标杆），观测水流推进时间。在沟口处观测入畦流量和历时，采用梯形堰测流。采用水准仪量测沟底坡度。

2. 土壤入渗参数及田面糙率推求

实测沟底坡度为 0.0014 m/m，灌水量 2.22 m^3，平均流量 0.001 m^3/s。水流推进到 12.5 m 处的时间为 13 min；推进到 50 m 处的时间为 33 min。

采用与小麦畦田相同方法推求玉米隔沟灌溉土壤入渗参数和田面糙率，结果见表 9-3。

表 9-3　玉米交替隔沟沟灌 Kostiakov 公式土壤入渗参数及田面糙率

灌水轮次	K/(mm/h)	α	n=0.10
第 1 水	75.04	0.30	0.04

在表 9-3 土壤入渗参数和田面糙率下，沟末端水流推进时间实测值为 33.0 min，模拟值为 33.7 min，标准差为 0.5 min，误差较小。因此，通过模拟计算得到土壤入渗参数和曼宁糙率系数有较高精度，较好表达了玉米隔沟交替沟灌土壤水分入渗特性和田面水流阻力特性。

3. 入沟流量对玉米隔沟交替沟灌灌水质量的影响

沟坡度 0.0014 m/m，沟长 50 m，沟间距 0.65 m，梯形断面，沟深 300 mm，底宽 150 mm，边坡系数 0.5（H/V），顶宽 450 mm。灌水定额 50 m^3/亩。入沟流量取 0.001 m^3/s、0.002 m^3/s 和 0.003 m^3/s。采用表 9-3 的 Kostiakov 公式土壤水分入渗参数，由 SRFR 模型地面灌溉水力模拟得到的玉米隔沟交替沟灌 DU、AE 和 DP 灌水质量指标见表 9-4。

表 9-4　玉米沟灌灌水质量指标

入沟流量/(m^3/s)	DU	AE/%	DP/mm
0.001	0.97	99.7	0
0.002	0.92	97.6	2
0.003	0.91	97.1	2

4. 结果分析

由不同入沟流量的灌水质量指标可以看出，玉米隔沟交替沟灌当入沟流量为 0.001 m^3/s 时，灌水指标与其他入沟流量相比较高，深层渗漏较小，因此入沟流量宜采用 0.001 m^3/s。

（三）激光平地与畦田改造技术

1. 激光平地精度

1）试验设计

（1）试验材料：在试验区选择不同平整度和规格的地块 5 块，面积分别为 0.1 hm^2、0.15 hm^2、0.15 hm^2、0.3 hm^2、0.3 hm^2。采用美国 SPECTRA PRECISION LASER LAND LEVELING SYSTEMS 激光平地机系统，动力拖拉机 904。测量网格间距 5 m×5 m。

（2）试验方法：采用水准仪和标杆对场地进行普通测量，测定各网格点标高。将所有读数汇总绘制出场地地形图，然后计算场地平均标高。以平均标高为准实施激光平地作业。激光平地完毕后，再进行一次地形测量，评价平地效果（狄美良，1995；李益农等，1999；朱家健，2009）。

2）激光平地精度分析

土地平整精度通常采用田块内所有测点处地面相对高程的标准偏差值 S_d 予以定量描述，见式（9-1）。

$$S_d = \sqrt{\sum_{i=1}^{n}(h_i - \bar{h})^2/(n-1)} \tag{9-1}$$

式中，h_i为田块内第 i 个测点的相对高程（cm）；$\bar{h}$ 为第 i 个测点的相对期望高程（cm），一般指该点的平地设计高程；n 为田块内所有测点的数量。按土地平整前后各桩的实测高程，由式（9-1）计算平整精度，结果见表 9-5。

表 9-5　激光土地平整精度

地块	面积 /hm^2	平地前 S_d/cm	平地后 S_d/cm	绝对改善度 δ/cm	相对改善度 /%	平地耗时 /(h/hm^2)
地块 1	0.1	2.93	1.57	1.36	46.4	6.3
地块 2	0.15	4.13	1.85	2.28	55.2	8.3
地块 3	0.15	3.73	1.50	2.23	59.8	5.0
地块 4	0.3	6.17	1.76	4.41	71.5	6.7
地块 5	0.3	6.92	1.83	5.09	73.6	8.8

表 9-5 给出了激光平地实施后田块平整状况的变化及改善程度，其中绝对改善度是平地前后地块 S_d的差值，用以衡量地面平整状况改善的绝对幅度；相对改善度则是绝对改善度与平地前地块 S_d 的比值，来反映地面平整状况改善的相对程度。平地结束后，5 个田块的 S_d 值从平整前的 2.93～6.92 cm 下降到 1.57～1.83 cm，绝对改善度为 1.36～5.09 cm，相对改善度为 46.4%～73.6%。激光平地可大幅度提高土地平整度，实现了常规土地平整无法达到的土地平整精度，其平地精度高。平地耗时为 5.0～8.8 h/hm^2，这主要与平地前的土地平整度有关，土地越不平整平地耗时越多。另外，田块越大、土地平整度偏态分布状况越严重，由于移土量大，平地耗时较多。

2. 激光平地节水效果

1）试验设计

（1）试验材料：在试验区选择两个农户现状畦田地块，第一个畦田畦长 50 m，畦宽 21 m；第二个畦田畦长 50 m，畦宽 37 m。对第二个畦田进行激光平地，第一个畦田不进行激光平地，作为对照。

（2）试验方法：在畦田长度方向每 12.5 m 设一个观测点（标杆），沿畦宽方向在 1/3 点处设两列。秋浇时在各标杆处观测水流推进时间、消退时间，在田口处观测入畦流量和历时，采用梯形堰测流。采用水准仪量测田面坡度。

2）土壤入渗参数及田面糙率推求

未平地畦田实测田面坡度 0.0014 m/m，畦田规格畦长 50 m、畦宽 21 m，灌水量 263.58 m^3，平均流量 0.0523 m^3/s。激光平地畦田田面坡度 0.0002 m/m，畦长 50 m、畦宽 37 m，灌水量 436.5 m^3，平均流量 0.117 m^3/s。采用 SRFR 模型的 Merriam-Keller 法由实测田面水流推进过程和消退过程经模拟优化得 Kostiakov 公式土壤水分入渗系数 K、入渗指数 α 和曼宁糙率 n 见表 9-6。

表 9-6 秋浇畦田灌溉 Kostiakov 公式土壤入渗参数及田面糙率

土地状况	K/(mm/h)	α	n=0.10
未平地	183.77	0.20	0.30
平地	84.89	0.51	0.15

图 9-1 和图 9-2 表明未平地地块和已平地地块的田面水流推进过程、消退过程和入渗时间实测值与模拟值比较，两者接近。因此，通过模拟计算得到的未平地地块和已平地地块土壤入渗参数和曼宁糙率系数均有较高精度，较好表达了秋浇畦田土壤的水分入渗特性和田面水流阻力特性。

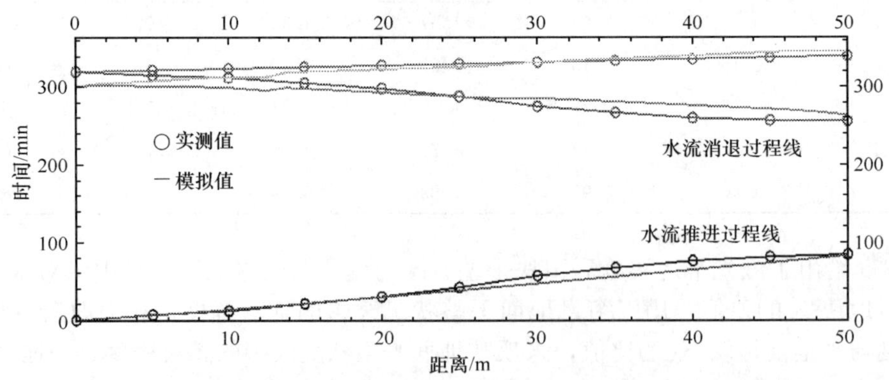

图 9-1 未平地地块田面水流推进和消退过程实测值与模拟值比较图

3）激光平地节水效果分析

a. 激光平地对灌水质量的影响

畦长 50 m、畦宽 21 m，灌水定额 120 m^3/亩，一般秋浇水量充足，且灌水定额较

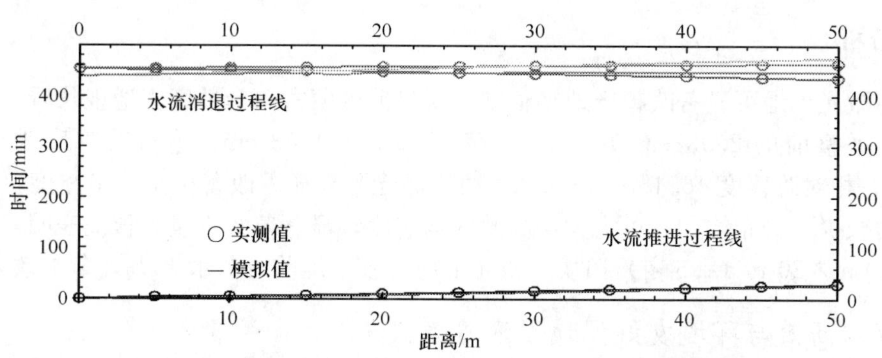

图 9-2　已平地地块田面水流推进和消退过程实测值与模拟值比较图

大，农户在毛渠同时灌溉的田块较少，入畦流量一般比作物生长季灌溉大，取0.05 m³/s。

利用表 9-6 土壤入渗参数和田面糙率，由 SRFR 模型地面灌溉水力模拟得到的秋浇 DU、AE 和平均 DP 灌水质量指标见表 9-7。

表 9-7　秋浇灌水质量指标

田块状况	DU	AE/%	DP/mm
未平地	0	90.2	18
激光平地	0.993	99.9	0

模拟结果表明，对畦田 50 m×21 m（1.5 亩）田块，在灌水定额 120 m³/亩和入畦流量 0.05 m³/s 下，由于田块不平整，水流阻力大，未平地田块水流将达不到畦尾，留有较大范围的未浇地，灌水均匀度 DU 为 0；而激光平地后，田块平整，田块灌水均匀，且灌水效率极高。对于未平地地块，在实际秋浇灌溉中，为达到秋浇目的，农户则只有加大灌水定额憋灌，待水流到达畦尾后还要持续一段时间再关口，实际灌水量增大，常造成水量严重浪费。

b. 激光平地节水效果分析

对于未平地地块，设畦田下游达到需水深度，由 SRFR 模型模拟计算的实际灌水量 137.7 m³/亩，深层渗漏显著，如图 9-3 所示，比秋浇灌水定额 120 m³/亩多灌水 17.7 m³/亩，水量浪费约 15%，浪费严重。

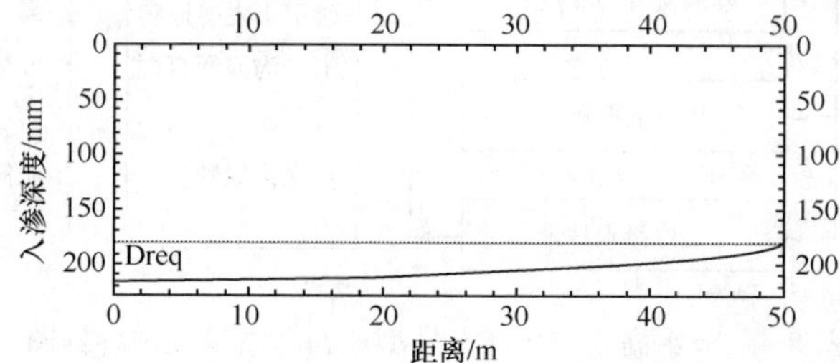

图 9-3　秋浇未平地畦田畦尾达需水深度下灌溉水入渗分布图

3. 结果分析

实施激光平地可显著改善土地平整度，从目前内蒙古河套灌区土地现状看，土地平整度可从平整前的 2.93～6.92 cm，下降到 1.57～1.83 cm，绝对改善度为 1.36～5.09 cm，相对改善度 46.4%～73.6%。由于激光平地显著改善了土地平整度，灌溉时水流阻力减少、分布均匀，可大大提高灌水均匀度，显著节约水量。秋浇表明，对河套灌区的 50 m×20 m（1.5 亩）田块，激光平地后较平地前可节水 15%，节水效果显著。

（四）节水高效与环境友好型地面灌溉模式

1. 适用范围

内蒙古河套灌区主要粮食作物有春小麦、玉米，一年一作。灌区田间灌水方式采用地面灌溉，主要为畦灌。畦田田块多以农户责任田格局和大小由农户自行划分，大多为 2～3 亩。为保证作物产量，当地农户除施用农家肥外，大量施用尿素、二铵化肥，包括底肥和田间追肥。由于田块大小不一，土地平整度不高，乱灌、串灌、憋灌现象严重，灌溉管理水平较低，导致灌水定额偏大、田块灌水不均、灌水效率偏低、灌溉水浪费问题突出，并造成化肥淋失较多，引起地下水污染。本节水高效与环境友好型地面灌溉模式适用于河套灌区农户。

2. 技术模式内容

根据河套灌区农户的农业生产现状、经济能力、技术水平，利用现代农业实用技术装备、节水灌溉理论和技术成果，构建技术经济性、适用性和可操作性强的节水高效地面灌溉模式，可以提高灌溉质量，实现灌区农田合理用水、节约用水、改善地下水环境。节水高效与环境友好型地面灌溉模式内容框图如图 9-4 所示。

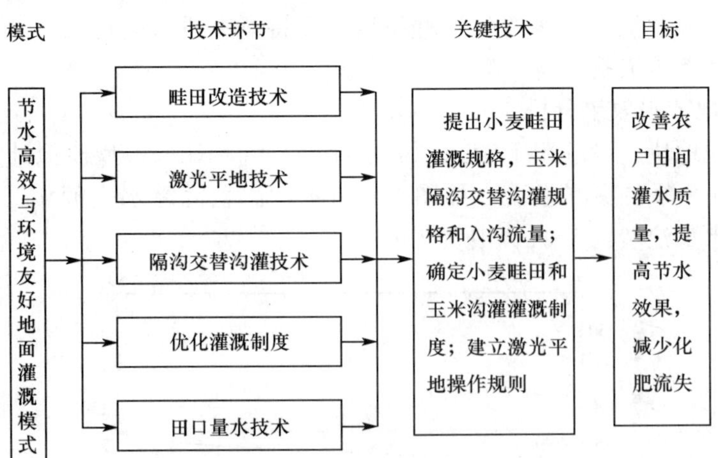

图 9-4　节水高效与环境友好型地面灌溉模式内容框图

3. 技术模式

节水高效与环境友好型地面灌溉模式如图 9-5 所示。

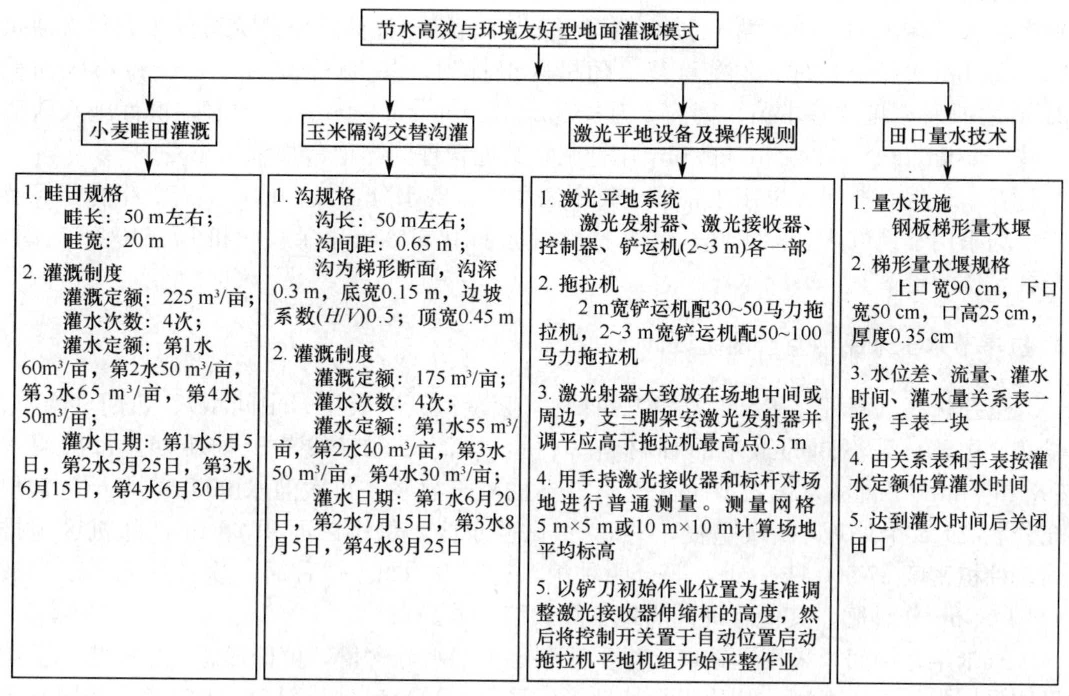

图 9-5　节水高效与环境友好型地面灌溉模式

二、抗旱节水作物新品种鉴选与应用

（一）抗旱节水型粮食作物（小麦、玉米）新品种鉴选

在内蒙古粮食主产区，干旱频繁发生，作物生长发育进程时常受到胁迫，严重影响粮食安全生产。发展节水农业，培育和选择抗旱节水品种是解决干旱地区水资源不足和干旱频繁发生的主要途径之一。多年来，国内外学者在作物抗旱性鉴定方面做了大量工作，并从不同角度提出了许多鉴定方法和筛选指标，如抗旱系数、干旱敏感指数、抗旱指数及其修订式等抗旱鉴定产量指标（Fischer，1978；胡荣海，1986；兰巨生等，1990；路贵和，1999）。但是长期以来，针对不同类型品种的科学、准确、简便和可操作强的抗旱品种鉴选指标仍然缺乏，完善的鉴选指标体系一直是限制作物抗旱节水品种选育的瓶颈。

本研究以抗旱节水为出发点，以高产为目标，在广泛收集北方粮食主产区目前生产中主要种植的春小麦和玉米不同品种材料的基础上，在田间不同灌水条件下，比较测试不同小麦、玉米品种的水分利用特征、抗旱生理指标及产量形成差异，筛选适宜内蒙古河套平原栽培的小麦和玉米抗旱节水新品种，为河套灌区作物节水高产灌溉制度的建立奠定基础。

1. 抗旱节水春小麦品种鉴选试验设计

选择穗型、秆型和叶型等不同的春小麦品种 20 个，设灌 2 水（拔节期＋开花期，每次灌水 900 m^3/hm^2）、灌 4 水（分蘖＋拔节＋开花＋灌浆，常规充分灌溉，每次灌水 900 m^3/hm^2）2 个处理，2 次重复，随机区组排列，共 80 个试验小区。每小区面积 21 m^2，播种密度（基本苗）为 675 万株/hm^2，行距 13.3 cm。播种时一次性施入磷酸二铵 435 kg/hm^2，尿素 87 kg/hm^2 作种肥，其他管理同当地常规栽培小麦。

春小麦生育期间，采用土钻取土烘干法测定土壤水分含量，植株形态、生育指标及产量均采用常规方法观测，叶片光合特性指标采用 SPAD 叶绿素计和 LI-6400（美国）光合系统测定。

2. 抗旱节水玉米品种鉴选试验设计

选择株高（高秆、中秆、矮秆）、株型（紧凑型、平展型、中间型）、熟期（晚熟、早熟、中熟）等不同的玉米品种材料 20 份，设灌 2 水（拔节＋抽雄期，每次灌水 900 m^3/hm^2）、灌 4 水（拔节＋大喇叭口＋抽雄＋灌浆，每次灌水 900 m^3/hm^2，常规充分灌溉）2 个处理，2 次重复，共 80 个试验小区，每小区面积 28 m^2，随机区组排列。种植密度 67 500 株/hm^2，等行距种植，行距 50 cm。播种时一次性施入磷酸二铵 444 kg/hm^2 作种肥，其他管理同当地常规栽培玉米。

玉米生育期间，采用土钻取土烘干法测定土壤水分含量，植株形态、生育指标及产量均采用常规方法观测，叶片光合特性指标采用 SPAD 叶绿素计和 LI-6400（美国）光合系统测定。

3. 抗旱节水春小麦新品种鉴选结果与分析

1）两种灌溉模式下春小麦品种产量及其构成因素的差异

在不同灌水（2 水和 4 水）条件下，不同类型小麦品种的经济产量及其构成因素存在明显差异（表 9-8）。按产量排序，充分灌溉下，农鉴 2 号的产量最高为9596.4 kg/hm^2；然后依次为巴丰 5 号、宁春 38、农鉴 1 号、内麦 19 等；产量最低的是辽春 10 号，只有 6331.5 kg/hm^2。各产量构成因素品种间的变异系数比较，以穗部性状穗长、小穗数、亩穗数的变异程度较大，尤其是不孕小穗数的变异系数达 38.6%。相对而言，株高、茎粗和千粒重相对较稳定。由此说明，品种间产量性状的差异主要是穗部性状的变异造成的。与 4 水处理相比，灌 2 水条件下株高、茎粗、穗长、有效小穗数、千粒重和产量都有所降低，而不孕小穗数和亩穗数却明显增加，各性状变化幅度因品种而异。单从 2 水与 4 水经济产量比值来看，比值越高的品种相对抗旱性越强，本试验结果显示，龙麦 32、辽春 10 号、巴优 2 号、农鉴 1 号和农鉴 7 号等表现较好。

表 9-8 两种灌溉模式下春小麦不同品种的产量及其构成因素

处理	品种	株高/cm	茎粗/cm	穗长/cm	有效小穗/个	不孕小穗/个	穗数/(万/hm²)	千粒重/g	经济产量/(kg/hm²)
4水	农鉴2号	78.98	0.34	8.62	14.7	1.6	657.2	50.01	9596.4
	农鉴7号	87.81	0.45	10.95	17.5	0.9	532.2	44.76	9110.1
	农鉴1号	69.75	0.32	8.50	13.9	0.9	567.0	49.64	9196.4
	宁春38	64.89	0.30	7.44	11.7	2.0	732.3	44.04	9361.1
	宁春39	68.93	0.34	8.33	12.4	2.0	760.7	47.80	9077.0
	宁春41	77.48	0.31	8.85	13.7	2.2	521.0	46.97	8869.2
	巴优1号	81.86	0.31	7.52	11.1	1.3	640.5	54.13	8701.2
	巴优2号	68.50	0.33	9.07	13.8	1.4	680.1	47.38	8518.4
	巴丰5号	70.70	0.32	8.19	12.0	3.4	864.2	39.07	9519.3
	巴丰6号	85.43	0.35	7.98	12.6	1.3	730.1	42.85	8241.8
	巴丰1号	67.90	0.27	6.52	10.1	1.5	777.2	43.35	8341.8
	内麦17	92.43	0.29	7.03	12.4	2.1	700.1	41.92	7714.7
	内麦19	71.63	0.30	7.92	11.9	1.6	689.6	47.25	8879.3
	农麦2号	70.82	0.29	7.59	12.4	0.7	737.4	44.08	7989.2
	农麦201	76.91	0.32	6.89	13.4	1.5	655.7	41.62	7059.9
	永良4号	72.57	0.33	7.74	11.0	2.7	740.6	46.28	8740.7
	郑麦9023	57.46	0.32	5.72	10.5	2.0	845.7	46.34	8187.5
	辽春10	82.94	0.32	7.42	13.0	1.1	728.9	42.80	6331.5
	辽春18	82.97	0.31	6.29	11.6	1.6	849.5	42.09	6469.2
	龙麦32	91.11	0.32	6.87	9.4	1.7	650.6	42.34	8094.2
	平均值	76.05	0.32	7.77	12.46	1.67	703.1	45.24	8399.9
	Cv/%	12.2	10.8	14.8	14.5	38.6	13.6	7.9	11.1
2水	农鉴2号	69.01	0.29	7.14	11.3	3.0	650.6	50.39	5244.3
	农鉴7号	70.49	0.33	8.02	13.5	2.0	642.0	48.75	6312.5
	农鉴1号	60.75	0.26	6.70	10.8	3.0	544.2	52.06	6341.0
	宁春38	57.27	0.24	5.97	9.7	3.4	782.1	41.91	4619.9
	宁春39	62.95	0.31	7.62	12.3	3.2	833.0	49.54	5667.0
	宁春41	65.48	0.31	7.20	11.7	3.2	579.3	48.30	4831.5
	巴优1号	64.72	0.33	7.96	11.9	1.9	903.8	45.94	5037.3
	巴优2号	54.88	0.31	7.11	10.3	1.7	682.7	47.28	6393.8
	巴丰5号	66.88	0.26	7.13	11.0	3.9	783.2	37.18	5260.5
	巴丰6号	69.92	0.31	7.13	11.7	3.1	979.1	42.36	5564.4
	巴丰1号	65.22	0.25	6.99	9.5	3.7	777.2	47.28	5514.2
	内麦17	63.74	0.22	5.37	8.8	3.5	1044.0	43.06	4439.6

续表

处理	品种	株高/cm	茎粗/cm	穗长/cm	有效小穗/个	不孕小穗/个	穗数/(万/hm²)	千粒重/g	经济产量/(kg/hm²)
2水	内麦 19	61.32	0.30	6.89	10.9	2.6	758.7	44.04	5174.6
	农麦 2 号	60.14	0.29	6.11	10.6	1.7	713.4	41.21	4840.1
	农麦 201	54.83	0.24	4.96	9.1	4.0	886.7	39.38	3138.9
	永良 4 号	65.14	0.24	6.64	9.6	3.8	771.6	45.00	5518.4
	郑麦 9023	50.43	0.29	5.22	9.7	1.7	1016.0	39.65	4073.7
	辽春 10	66.34	0.23	5.56	8.9	2.1	791.9	37.40	4790.4
	辽春 18	80.13	0.27	6.80	10.6	1.5	799.7	41.11	4327.7
	龙麦 32	65.45	0.25	5.70	9.2	2.5	733.4	41.46	7231.8
	平均值	63.75	0.28	6.61	10.56	2.78	783.6	44.17	5216.1
	Cv/%	10.3	12.0	13.6	12.0	30.0	17.1	9.9	17.8
R		0.4914*	0.5855**	0.6538**	0.5637**	−0.5058*	−0.4741*	0.3431	

注：* 和 ** 分别表示 5%和 1%水平显著。Cv 为各指标品种间变异系数；R 为各指标与产量简单相关系数。

相关分析表明，不同灌水条件下，不同品种的株高、茎粗、穗长和有效小穗数与产量均呈显著正相关，不孕小穗数、穗数与产量表现为显著负相关关系，而千粒重与产量不相关。这说明当前北方春小麦主产区生产中的高产品种均具有植株较高、茎秆粗壮、大穗、结实率高等基本特征。

2）两种灌溉模式下小麦品种植株形态及生理指标变化

20 个供试小麦品种开花期植株形态指标存在明显差异。从各指标品种间变异系数来看，两种灌水处理下均以上三叶叶面积、叶长和叶宽的变异幅度较大，尤其是叶面积的变异系数，接近 50%。由此说明，在节水高产栽培和育种实践中，小麦植株上部叶片面积可作为株型选择和栽培调控的重要参考指标之一。相关分析表明，两种灌水处理下不同品种的株高、茎粗、穗下节间长度、旗叶和倒二叶的长、宽、面积都与经济产量呈显著或极显著正相关。这证明开花期植株上部叶片面积大小以及穗下节间长短是决定小麦产量高低的重要因素。

由于不同品种对干旱胁迫抗性的差异，导致光合生理指标在 2 种灌水处理下表现不尽一致。总体来看，2 水条件下各指标值明显低于 4 水处理。光合生理指标在不同品种间的变异以光合速率、气孔导度、蒸腾速率和水分利用效率（WUE）的较大，而 SPAD 值在不同品种间的变异系数最小。而且，与灌 4 水相比，2 水条件下各指标的变异系数有明显增大的趋势，但 SPAD 值保持相对稳定。对 2 种灌水处理下，不同光合生理指标与产量及群体水分利用效率分别做相关分析，结果表明：灌 4 水条件下，旗叶 WUE 与光合速率呈显著正相关，与气孔导度、蒸腾速率、经济产量及群体水分利用效率呈显著或极显著负相关；灌 2 水条件下，旗叶 WUE 与光合速率亦呈显著正相关，与气孔导度、蒸腾速率、经济产量及群体水分利用效率相关不显著。由此表明，在不同水分条件下，开花期旗叶光合速率高低均是决定单叶水分利用效率高低的重要因素。

3）两种灌溉模式下不同小麦品种的水分利用

小麦的耗水由植株的蒸腾消耗和棵间土壤蒸发消耗两部分组成。由于灌水及小麦生长状况的不同，不同小麦品种耗水量差异明显。由表9-9可见，灌4水条件下小麦品种生育期总耗水量都显著增加，经济产量亦显著高于2水处理，但水分利用效率并未同步增大。进一步分析发现，总耗水量的增加主要是增加了灌溉水的消耗，而土壤水的消耗则随灌水量增加呈明显下降趋势。

表9-9　两种灌溉模式下不同春小麦品种的耗水组成和水分利用效率

处理	品种名称	耗水组成			生育期总耗水量/(m³/hm²)	WUE/[kg/(m³·hm²)]	经济产量/(kg/hm²)
		降水/(m³/hm²)	灌水/(m³/hm²)	土壤水/(m³/hm²)			
4水	农鉴2号	250.1	3600.0	832.1	4682.1	30.8	9596.4
	农鉴7号	250.1	3600.0	824.3	4674.2	29.3	9110.1
	农鉴1号	250.1	3600.0	1068.5	4918.5	28.1	9196.4
	宁春38	250.1	3600.0	1381.2	5231.1	26.9	9361.1
	宁春39	250.1	3600.0	583.7	4433.7	30.8	9077.0
	宁春41	250.1	3600.0	1232.1	5082.2	26.3	8869.2
	巴优1号	250.1	3600.0	695.7	4545.8	28.7	8701.2
	巴优2号	250.1	3600.0	1135.4	4985.4	25.7	8518.4
	巴丰5号	250.1	3600.0	725.9	4575.9	31.2	9519.3
	巴丰6号	250.1	3600.0	668.4	4518.5	27.3	8241.8
	巴丰1号	250.1	3600.0	813.8	4663.8	26.9	8341.8
	内麦17	250.1	3600.0	1484.1	5334.2	21.8	7714.7
	内麦19	250.1	3600.0	657.2	4507.1	29.6	8879.3
	农麦2号	250.1	3600.0	1860.5	5710.5	21.0	7989.2
	农麦201	250.1	3600.0	474.5	4324.5	24.5	7059.9
	永良4号	250.1	3600.0	611.6	4461.6	29.4	8740.7
	郑麦9023	250.1	3600.0	135.6	3985.7	30.8	8187.5
	辽春10号	250.1	3600.0	881.0	4731.0	20.1	6331.5
	辽春18	250.1	3600.0	575.4	4425.5	21.9	6469.2
	龙麦32	250.1	3600.0	803.0	4653.0	26.1	8094.2
	平均值	250.1	3600.0	872.3	4722.2	26.9	8399.9
	Cv/%			45.10	8.33	12.93	11.09
2水	农鉴2号	250.1	1800.0	1358.7	3408.6	23.1	5244.3
	农鉴7号	250.1	1800.0	1863.9	3913.8	24.2	6312.5
	农鉴1号	250.1	1800.0	1862.4	3912.5	24.3	6341.0
	宁春38	250.1	1800.0	1618.5	3668.6	18.9	4619.9
	宁春39	250.1	1800.0	1467.2	3517.1	24.2	5667.0

续表

处理	品种名称	耗水组成			生育期总耗水量/(m^3/hm^2)	WUE/[$kg/(m^3 \cdot hm^2)$]	经济产量/(kg/hm^2)
		降水/(m^3/hm^2)	灌水/(m^3/hm^2)	土壤水/(m^3/hm^2)			
2水	宁春41	250.1	1800.0	2091.0	4141.1	17.6	4831.5
	巴优1号	250.1	1800.0	2189.3	4239.3	17.9	5037.3
	巴优2号	250.1	1800.0	1765.7	3815.7	25.2	6393.8
	巴丰5号	250.1	1800.0	2004.0	4053.9	19.5	5260.5
	巴丰6号	250.1	1800.0	1704.3	3754.2	22.2	5564.4
	巴丰1号	250.1	1800.0	1955.0	4005.0	20.7	5514.2
	内麦17	250.1	1800.0	2193.6	4243.5	15.8	4439.6
	内麦19	250.1	1800.0	1572.8	3622.8	21.5	5174.6
	农麦2号	250.1	1800.0	1735.1	3785.1	19.2	4840.1
	农麦201	250.1	1800.0	1815.3	3865.4	12.2	3138.9
	永良4号	250.1	1800.0	2273.6	4323.6	19.2	5518.4
	郑麦9023	250.1	1800.0	2327.7	4377.6	14.0	4073.7
	辽春10号	250.1	1800.0	1656.5	3706.5	19.4	4790.4
	辽春18	250.1	1800.0	2024.6	4074.6	15.9	4327.7
	龙麦32	250.1	1800.0	1875.2	3925.2	27.6	7231.8
	平均值	250.1	1800.0	1867.7	3917.7	20.1	5216.1
	Cv/%			14.31	6.82	19.83	17.76

注：* 和 ** 分别表示5%和1%水平显著。

Cv为各指标品种间的变异系数；R为各指标与产量的简单相关系数。

相关分析表明，灌水量与总耗水量呈极显著正相关（相关系数0.7752**），而与土壤水消耗量呈极显著负相关（相关系数−0.8352**）。生育期总耗水量与经济产量呈极显著正相关（相关系数0.6679**），而与水分利用效率相关不显著。两种灌水处理下，不同小麦品种的经济产量与水分利用效率呈极显著正相关。由此表明，对于抗旱节水春小麦品种，高水分利用效率与高经济产量是统一的。

4）不同春小麦品种相关性状的聚类分析

利用前述分析得出的与经济产量及WUE密切相关的指标株高、茎粗、穗下节间长度，旗叶长、宽、面积，穗长、有效小穗数、不孕小穗数、亩穗数、经济产量及WUE共12项指标，对20个春小麦品种进行系统聚类分析，以明确抗旱节水高产品种的基本特征。

聚类结果显示，20个品种可分为5个类群。Ⅰ类为植株较高、茎秆较粗、麦穗较长、节间长度中等、旗叶较短、面积较小，产量和水分利用效率表现一般，包括农鉴2号、宁春38、宁春39、巴优1号、巴丰5号、巴丰6号、巴丰1号、内麦19、农麦2号、永良4号、辽春10号11个品种，占供试材料的55%；Ⅱ类为植株较高、茎秆最粗、麦穗最长、节间长度中等、旗叶最长、面积最大，产量和水分利用效率表现最高，包括农鉴 7 号、宁春 41、巴优 2 号、龙麦 32、农鉴 1 号 5 个品种，占供试材料的 25%；Ⅲ类和Ⅳ类为植株矮小、茎秆细、麦穗短小、穗下节间短、旗叶短小，产量和水分利用效率均较低；Ⅴ类虽株高最高、穗下节间最长，但产量和 WUE 表现一般。由此看出，第Ⅱ类品种类型是进行小麦抗旱节水栽培的较好材料。

比较各性状的变异系数，以旗叶长度、面积、穗长的变异系数较高。因此，相比较而言，旗叶和穗大小更适于作为节水高产品种的选择指标。

5）小结

田间试验选择穗型、秆型、叶型等不同的春小麦基因型材料 20 份，在限水和充分灌溉条件下，比较研究不同基因型春小麦的形态指标、光合性状指标、单叶和群体 WUE 及其产量表现，基本明确了节水高产春小麦品种的主要特征。

研究表明，春小麦群体 WUE 存在明显的基因型差异。获得高 WUE 的首要条件是高产，高 WUE 来自低耗水和高产量两个因素的优化组合。经济产量与群体水分利用效率呈显著正相关，生育期总耗水量与群体水分利用效率呈极显著负相关。从基因型角度考虑，高产和节水是统一的。

限水灌溉下，开花期不同小麦品种的主茎高度，上部叶片长、宽、面积均有不同程度的降低，而降低幅度较小的品种其叶片水分利用效率较高。相关分析表明，开花期单叶 WUE 与叶片面积、光合速率均呈显著正相关，而开花期不同品种上部叶片形态指标、光合及水分特征指标与群体产量、总耗水量及产量均无直接相关关系。这说明灌溉条件改变了小麦器官和植株个体的形态或结构特征，通过调节群体结构和功能，进而间接影响到群体产量及水分利用效率。

综合本试验和前人研究结果认为，高水分利用效率和高产春小麦品种应具有如下特征：①株高较高（75～85 cm）；②根系发达（单株根条数>10）；③叶型中等（旗叶长度 10～15 cm）；④叶片高光效［干旱条件下，光合速率>10 μmol CO_2/(m^2 · s)］；⑤储藏物质高转运（茎鞘开花前储藏物质转移率>40%）。按照上述特征指标，筛选确定适宜河套灌区栽培的节水高产春小麦品种为：巴优 2 号、宁春 41 号、农鉴 7 号、农鉴 1 号和龙麦 32，上述 5 个春小麦品种可用于该地区节水高产栽培试验及示范推广。

4. 抗旱节水玉米新品种鉴选试验结果与分析

1）不同灌水处理下玉米品种产量及其构成因素

在不同灌水条件下，不同类型玉米品种的经济产量及其构成因素存在明显差异（表 9-10）。充分灌溉（4 水）处理下，按产量排序，科河 13 的产量最高，然后依次为巴单 3 号、巴单 25、郑单 518、大民 338 等。节水灌溉（2 水）处理下，产量由高到低依次为科河 10 号>哲单 7 号>禾玉 1 号>真金 8 号>巴单 3 号。2 水处理下产量居前的品种与 4 水处理不尽一致，说明不同品种对水分亏缺的适应能力存在明显差异。

表 9-10 两种灌溉模式下不同玉米品种的产量及其构成因素

处理	品种	穗长/cm	穗粗/cm	穗行数	行粒数	穗粒数	百粒重/g	双穗率/%	穗数/(穗/hm²)	实测产量/(kg/hm²)
2 水	郑单 518	18.7	5.1	13.6	39.4	534.2	32.4	0.0	62 121.0	10 702.5
	真金 8 号	23.5	5.1	15.6	38.7	599.0	34.8	1.6	64 590.0	12 859.5
	郑单 958	18.2	5.2	15.4	37.1	572.2	32.6	0.0	64 333.5	11 767.5
	大民 338	19.3	5.2	14.0	39.8	558.6	35.5	1.6	64 651.5	12 390.0
	四单 19	21.4	5.0	12.8	42.3	543.0	38.5	0.0	65 241.0	12 531.0
	巴单 25	19.4	5.3	16.0	30.7	490.8	36.4	0.0	65 460.0	10 479.0
	科河 8 号	20.7	5.6	17.2	35.2	597.4	34.6	0.0	65 491.5	7 071.0
	益丰 29	18.4	5.4	17.0	37.0	630.6	29.8	1.7	65 355.0	11 727.0
	哲单 7 号	21.5	5.0	14.0	41.7	584.6	36.1	0.0	65 316.0	13 330.5
	浚单 20	18.8	5.4	15.6	37.2	581.2	33.7	0.0	64 335.0	12 708.0
	禾玉 1 号	18.4	5.5	16.6	34.9	577.0	34.0	0.0	65 316.0	13 084.5
	金山 27	19.1	5.2	14.2	39.0	555.2	34.4	0.0	64 264.5	12 244.5
	潞玉 13	23.1	5.4	18.0	40.3	720.0	34.0	1.6	66 514.5	10 326.0
	内单 402	17.5	5.1	15.6	35.4	553.2	29.2	1.5	66 481.5	10 311.0
	科河 13	19.5	5.6	17.6	36.2	636.4	32.5	0.0	64 150.5	11 808.0
	丰田 6 号	19.6	5.1	17.0	42.9	727.2	28.1	0.0	64 333.5	11 382.0
	东单 5 号	19.5	5.4	15.8	39.4	622.4	30.5	1.6	66 481.5	11 719.5
	内单 314	22.5	5.2	15.4	37.6	579.4	34.2	0.0	65 425.5	12 501.0
	巴单 3 号	22.9	5.0	15.4	41.2	638.6	33.1	1.5	65 460.0	12 795.0
	科河 10	21.9	5.4	15.6	38.3	600.6	34.6	1.7	68 697.0	13 831.5
	平均值	20.2	5.3	15.6	38.2	595.1	33.5	0.6	65 200.5	11 778.0
	Cv/%	9.1	3.3	8.9	7.7	9.6	7.6	125.8	2.0	12.7
4 水	郑单 518	19.0	5.2	14.0	41.3	579.4	36.5	1.6	68 661.0	13 771.5
	真金 8 号	22.2	5.5	15.6	41.3	644.6	35.9	0.0	67 570.5	13 243.5
	郑单 958	17.3	5.3	15.4	37.1	572.6	30.9	0.0	66 445.5	11 508.0
	大民 338	19.3	5.4	15.4	40.3	515.8	34.2	0.0	65 391.0	13 755.0
	四单 19	20.5	4.9	13.2	37.3	490.8	37.5	1.5	67 570.5	11 251.5
	巴单 25	22.1	5.4	16.0	37.4	596.2	40.4	0.0	62 224.5	14 109.0
	科河 8 号	21.4	5.7	18.2	37.0	670.6	32.9	0.0	66 481.5	13 746.0
	益丰 29	18.4	5.3	14.0	40.0	556.6	34.9	0.0	66 547.5	12 396.0
	哲单 7 号	22.1	5.0	14.2	40.8	580.0	36.1	3.2	64 404.0	12 289.5
	浚单 20	18.7	9.8	16.4	39.2	643.6	29.1	0.0	66 514.5	12 064.5
	禾玉 1	17.8	5.6	18.2	31.8	577.0	36.2	3.1	68 595.0	13 453.5
	金山 27	19.9	5.3	14.0	40.2	561.2	35.5	0.0	66 547.5	12 922.5

续表

处理	品种	穗长/cm	穗粗/cm	穗行数	行粒数	穗粒数	百粒重/g	双穗率/%	穗数/(穗/hm²)	实测产量/(kg/hm²)
4 水	潞玉 13	21.6	5.5	18.0	36.5	658.4	33.8	1.6	66 445.5	13 102.5
	内单 402	17.4	5.4	14.4	38.3	551.0	33.5	0.0	66 547.5	11 553.0
	科河 13	21.6	6.2	19.6	38.6	755.4	36.0	0.0	66 445.5	16 483.5
	丰田 6 号	20.3	5.2	17.8	42.9	764.2	29.5	1.5	66 577.5	13 593.0
	东单 5 号	19.1	5.4	16.4	40.2	660.2	29.9	1.6	66 577.5	12 748.5
	内单 314	22.3	5.1	14.8	40.1	590.8	32.6	0.0	66 445.5	12 607.5
	巴单 3 号	23.8	5.1	15.4	43.7	670.8	34.1	4.9	69 823.5	14 637.0
	科河 10	21.7	5.1	14.8	37.8	560.0	35.0	0.0	66 481.5	12 699.0
	平均值	20.3	5.6	15.8	39.1	610.0	34.2	0.9	66 615.0	13 096.5
	Cv/%	9.3	18.6	11.2	6.7	11.8	8.3	148.7	2.3	9.2

注：Cv 为各指标品种间的变异系数。

各产量性状品种间的变异系数比较，以双穗率和产量的变异程度最大，而且灌水减少产量变异系数有增大的趋势，这也是不同品种抗旱性能差异的具体表现。相关分析表明，穗长、行粒数、穗粒数与经济产量呈显著正相关，这说明当前生产中的大穗、结实率高的玉米品种产量相对较高。

2）不同灌水处理下玉米品种耗水组成及水分利用效率

不同灌溉条件下不同玉米品种的耗水量及水分利用效率存在明显差异（表 9-11）。2 水条件下，全生育期总耗水量表现为金山 27＜科河 10 号＜四单 19＜禾玉 1＜哲单 7 号，WUE 由高到低表现为科河 10 号＞金山 27＞哲单 7 号＞禾玉 1＞四单 19，由此说明，全生育期总耗水量少的品种其 WUE 相应较高，反之亦然。灌 4 水处理，总耗水量由低到高依次为巴单 3 号、四单 19、金山 27、哲单 7 号和东单 5 号，而 WUE 排名居前的品种有科河 13、巴单 3 号、金山 27、大民 338、郑单 518 等，说明充分灌溉下不同品种对水分利用的表现不尽一致。

表 9-11　两种灌溉模式下不同玉米品种的耗水组成及水分利用效率

处理	品种	耗水组成/(m³/hm²) 降水	灌水	土壤水	总耗水量/(m³/hm²)	经济产量/(kg/hm²)	WUE/[kg/(m³·hm²)]
2 水	郑单 518	1 000.2	1 800.0	637.5	3 438.0	10 702.5	46.7
	真金 8	1 000.2	1 800.0	169.5	2 970.0	12 859.5	65.0
	郑单 958	1 000.2	1 800.0	421.5	3 222.0	11 767.5	54.8
	大民 338	1 000.2	1 800.0	36.0	2 836.5	12 390.0	65.6
	四单 19	1 000.2	1 800.0	−175.5	2 623.5	12 531.0	71.7
	巴单 25	1 000.2	1 800.0	277.5	3 078.0	10 479.0	51.0
	科河 8 号	1 000.2	1 800.0	556.5	3 357.0	7 071.0	31.7

续表

处理	品种	耗水组成/(m³/hm²)			总耗水量/(m³/hm²)	经济产量/(kg/hm²)	WUE/[kg/(m³·hm²)]
		降水	灌水	土壤水			
2水	益丰 29	1 000.2	1 800.0	445.5	3 246.0	11 727.0	54.2
	哲单 7 号	1 000.2	1 800.0	−88.5	2 712.0	13 330.5	73.8
	浚单 20	1 000.2	1 800.0	361.5	3 162.0	12 708.0	60.3
	禾玉 1	1 000.2	1 800.0	−124.5	2 676.0	13 084.5	73.4
	金山 27	1 000.2	1 800.0	−472.5	2 328.0	12 244.5	78.9
	潞玉 13	1 000.2	1 800.0	300.0	3 100.5	10 326.0	50.0
	内单 402	1 000.2	1 800.0	654.0	3 454.5	10 311.0	44.7
	科河 13	1 000.2	1 800.0	397.5	3 198.0	11 808.0	55.4
	丰田 6 号	1 000.2	1 800.0	10.5	2 809.5	11 382.0	60.8
	东单 5 号	1 000.2	1 800.0	133.5	2 934.0	11 719.5	59.9
	内单 314	1 000.2	1 800.0	354.0	3 154.5	12 501.0	59.4
	巴单 3 号	1 000.2	1 800.0	552.0	3 352.5	12 795.0	57.3
	科河 10 号	1 000.2	1 800.0	−223.5	2 575.5	13 831.5	80.6
	平均值	1 000.5	1 800.0	211.5	3 012.0	11 778.0	60.0
	Cv/%	0.0	0.0	149.3	10.5	12.7	20.4
4水	郑单 518	1 000.2	3 600.0	234.0	4 834.5	13 771.5	42.8
	真金 8	1 000.2	3 600.0	268.5	4 867.5	13 243.5	40.8
	郑单 958	1 000.2	3 600.0	192.0	4 792.5	11 508.0	36.0
	大民 338	1 000.2	3 600.0	217.5	4 818.0	13 755.0	42.8
	四单 19	1 000.2	3 600.0	−121.5	4 477.5	11 251.5	37.7
	巴单 25	1 000.2	3 600.0	390.0	4 990.5	14 109.0	42.5
	科河 8 号	1 000.2	3 600.0	694.5	5 295.0	13 746.0	39.0
	益丰 29	1 000.2	3 600.0	655.5	5 256.0	12 396.0	35.4
	哲单 7 号	1 000.2	3 600.0	49.5	4 650.0	12 289.5	39.6
	浚单 20	1 000.2	3 600.0	412.5	5 013.0	12 064.5	36.2
	禾玉 1	1 000.2	3 600.0	468.0	5 068.5	13 453.5	39.8
	金山 27	1 000.2	3 600.0	−76.5	4 524.0	12 922.5	42.9
	潞玉 13	1 000.2	3 600.0	79.5	4 680.0	13 102.5	42.0
	内单 402	1 000.2	3 600.0	202.5	4 801.5	11 553.0	36.2
	科河 13	1 000.2	3 600.0	295.5	4 896.0	16 483.5	50.6
	丰田 6 号	1 000.2	3 600.0	328.5	4 927.5	13 593.0	41.4
	东单 5 号	1 000.2	3 600.0	67.5	4 668.0	12 748.5	41.0
	内单 314	1 000.2	3 600.0	630.0	5 230.5	12 607.5	36.2
	巴单 3 号	1 000.2	3 600.0	−190.5	4 410.0	14 637.0	49.8
	科河 10	1 000.2	3 600.0	466.5	5 067.0	12 699.0	37.7
	平均值	1 000.5	3 600.0	262.5	4 863.0	13 096.5	40.5
	Cv/%	0.0	0.0	95.5	5.2	9.2	10.3

注：Cv 为各指标品种间的变异系数。

各指标品种间变异系数比较，以土壤水消耗量的变异最大，表明不同玉米品种水分利用效率的差异主要是对土壤水利用程度不同所致。相关分析表明，灌水量与总耗水量、经济产量呈显著正相关，而与WUE呈极显著负相关。

3）两种灌溉模式下不同玉米品种形态及生理指标比较

抽雄期测定了两种灌水处理不同品种的植株形态特征指标。两种灌水处理下株高、茎粗、单株叶面积等形态指标居前的品种并不一致，说明不同品种对水分亏缺的适应能力存在明显差异。各形态指标品种间的变异系数比较，以穗位高、单株叶面积和茎粗的变异程度最大，而且灌水减少茎粗变异系数显著增大。相关分析表明，在2水条件下，玉米产量、群体水分利用效率与茎粗均呈显著正相关。由此判断，玉米茎秆粗度是衡量不同品种抗旱性能差异的重要指标，可作为节水玉米高产品种选择的重要指标之一。

节水灌溉使大喇叭口期玉米叶片光合特性指标均有不同程度的降低。在浇2水条件下，单叶WUE居前的品种郑单958、真金8号、大民338、禾玉1号和内单314等，相应的叶片光合速率、气孔导度、蒸腾速率均较低。相关分析表明，单叶WUE、叶片SPAD值与经济产量及群体水分利用效率均无明显相关关系。各光合特征指标品种间的变异系数比较，以气孔导度和蒸腾速率的变异程度最大，而且灌水减少不同光合特性指标的变异系数明显增大，有利于从形态或生理角度进行节水高产品种筛选。

4）两种灌溉模式下不同玉米品种节水高产潜力的评价

不同基因型玉米品种的节水高产性能采用隶属函数法进行分析。首先计算各品种的产量及水分利用性状指标隶属函数值，然后把每个品种各个性状的抗旱隶属函数值求平均值，平均值越大，节水高产潜力越强。一般根据隶属函数平均值的大小分为4级，分别为1级0.8＜X≤1、2级0.6＜X≤0.8、3级0.3＜X≤0.6、4级0＜X≤0.3。

由表9-12可见，20个玉米品种可分为3级。现有供试材料中没有进入1级的品种；2级分类中有郑单958、四单19、益丰29、哲单7号、潞玉13、内单314和科河10共7个品种，是目前玉米生产中具有较高节水高产潜力的品种；3级分类中有郑单518、真金8号、大民338、巴单25、科河8号、浚单20、禾玉1、金山27、内单402、丰田6号、东单5号、巴单3号共12个品种，节水潜力表现一般；4级分类中只有科河13号一个品种，不适于节水栽培。

表9-12 不同品种玉米各性状隶属函数值及节水高产潜力评价

品种名称	穗长	穗粗	穗行数	行粒数	穗粒数	百粒重	亩穗数	实测产量	WUE	平均值	分级
郑单518	0.56	0.84	0.23	0.43	0.32	0.11	0.00	0.44	0.21	0.35	3
真金8号	0.95	0.77	0.32	0.37	0.34	0.38	0.35	0.76	0.59	0.54	3
郑单958	0.91	0.89	0.32	0.57	0.57	0.67	0.43	0.85	0.53	0.64	2
大民338	0.66	0.83	0.04	0.53	0.84	0.61	0.57	0.64	0.54	0.58	3
四单19	0.87	0.95	0.23	1.00	0.91	0.57	0.41	1.00	0.82	0.75	2
巴单25	0.00	0.84	0.32	0.00	0.00	0.16	1.00	0.38	0.30	0.33	3
科河8号	0.47	0.84	0.15	0.42	0.22	0.66	0.55	0.00	0.00	0.37	3
益丰29	0.64	0.96	1.00	0.33	1.00	0.00	0.53	0.72	0.54	0.64	2

续表

品种名称	穗长	穗粗	穗行数	行粒数	穗粒数	百粒重	亩穗数	实测产量	WUE	平均值	分级
哲单 7 号	0.52	0.90	0.28	0.64	0.60	0.49	0.74	0.95	0.79	0.66	2
浚单 20	0.69	0.00	0.17	0.41	0.26	1.00	0.42	0.90	0.64	0.50	3
禾玉 1	0.83	0.85	0.04	0.88	0.57	0.28	0.32	0.76	0.77	0.59	3
金山 27	0.44	0.87	0.37	0.48	0.54	0.38	0.41	0.72	0.77	0.55	3
潞玉 13	1.00	0.84	0.32	0.90	0.87	0.50	0.65	0.46	0.28	0.65	2
内单 402	0.69	0.80	0.59	0.33	0.58	0.05	0.64	0.63	0.32	0.51	3
科河 13	0.14	0.71	0.00	0.37	0.06	0.16	0.41	0.34	0.21	0.27	4
丰田 6 号	0.47	0.85	0.18	0.57	0.41	0.33	0.42	0.54	0.49	0.47	3
东单 5 号	0.75	0.91	0.21	0.51	0.39	0.56	0.64	0.68	0.49	0.57	3
内单 314	0.68	0.94	0.45	0.37	0.51	0.64	0.54	0.80	0.63	0.62	2
巴单 3 号	0.45	0.86	0.32	0.39	0.42	0.40	0.22	0.60	0.25	0.44	3
科河 10	0.70	1.00	0.49	0.61	0.80	0.45	0.87	0.96	1.00	0.77	2

综上所述，第 2 级中 7 个品种具有较高的节水高产潜力，生产中若能辅之以合理的栽培调控措施，可实现玉米节水与高产的统一。

（二）主要作物（小麦、玉米、向日葵）需水量研究

目前，灌区单一种植结构已不多见，套种、复种指数不断增加。因此，在本项目中，主要研究套种状况下作物的需水量。分析、探索不同种植结构在综合环境影响下的作物需水规律。选择河套灌区抗旱能力较强的品种进行试验，小麦：永良 4 号，玉米：巴单 3 号，油葵：562 号。主要研究小麦套玉米、小麦套葵花两种主要套种模式下作物的需水量。

1. Irmark-Allen 拟合法适宜替代 Penman-Monteith 法计算河套灌区上游 ET_0

根据田间自动气象站实测数据，分别用经典方法即联合国粮农组织（Food and Agriculture Organization，FAO-56）推荐的 Penman-Monteith 方法与 Penman 法、Priestley-Taylor 法、Irmark-Allen 拟合法、Hargreaves-Samani 法计算的参考作物腾发量如图 9-6 所示。

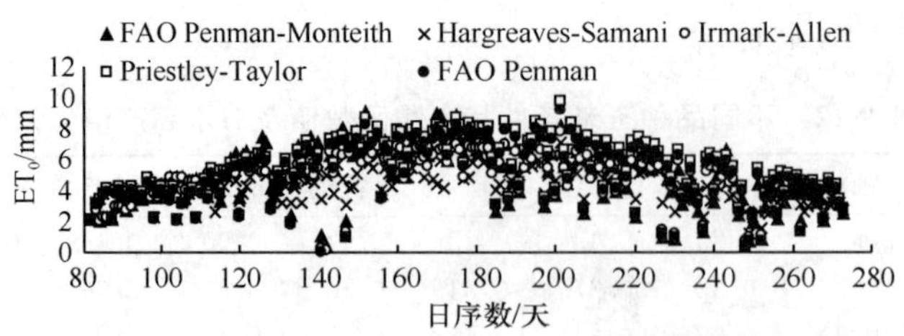

图 9-6　基于多种计算方法的日 ET_0 比较（河套灌区磴口试验站）

从图 9-6 可以看出，各种方法计算内蒙古河套灌区磴口试验站参考作物日 ET_0 值的趋势基本相同，但是不同时期亦存在一定差异。从总体上看，除个别时段外，大部分时段 Irmark-Allen 拟合法与 FAO-56 Penman-Monteith 法计算的结果最为接近，但是结果偏小，逐日偏差值为 0.98；FAO Penman 法的计算结果均表现为偏大，偏差值为 2.11；

Hargreaves-Samani 法计算的 ET_0 较 Penman-Monteith 计算值总体偏大，偏差值为 2.90。Priestley-Taylor 法计算值总体偏大，在 5 月中旬之后计算值较 Penman-Monteith 计算值偏小，偏差为 2.62，3 月下旬至 5 月中旬与 9 月的计算值接近 Penman-Monteith 计算值。因此，在气象数据采集有限制或者缺失的条件下，建议河套灌区上游地区参考作物腾发量 ET_0 的计算方法可采用 Irmark-Allen 拟合法，该方法只需要太阳辐射和平均温度即可，不仅操作简单，并且经过验证结果合理。

2. 基于 FAO-56 计算河套灌区上游主要作物系数

1）单值作物系数

采用 FAO-56 推荐的分段单值平均法求单值作物系数。FAO-56 推荐的春小麦在不同生育阶段的作物系数为：$K_{c\,ini}=0.30$，$K_{c\,mid}=1.15$，$K_{c\,end}=0.40$。夏玉米不同生育阶段的典型作物系数为：$K_{c\,ini}=0.30$，$K_{c\,mid}=1.20$，$K_{c\,end}=0.35$。油葵不同生育阶段的典型作物系数为：$K_{c\,ini}=0.35$，$K_{c\,mid}=1.0$，$K_{c\,end}=0.35$。根据田间微型气象站实测气象资料、土壤条件及湿润频率修正各作物各生育阶段的作物系数。根据 2009 年该站实测资料，蒸发层（100 mm）土壤为砂质黏壤土，田间持水量为 34.38%，凋萎系数为 16.38%，计算得到三种作物的作物系数 K_c 见表 9-13。

表 9-13　小麦、玉米、油葵的作物系数 K_c（河套灌区磴口试验站）

作物	生长初期	快速生长期	生长中期	成熟期
小麦	0.605	0.946	1.286	0.250
玉米	0.743	0.931	1.118	0.542
油葵	0.697	0.751	0.804	0.350

2）双值作物系数

FAO-56 推荐的双值作物系数由两部分组成，分别为反映土面蒸发的系数 K_e 和植株蒸腾的基础作物系数 K_{cb}。指南给出标准条件下春小麦、夏玉米、油葵三种作物的 K_{cb} 值分别如下：春小麦 $K_{cb\,ini}=0.15$，$K_{cb\,mid}=1.10$，$K_{cb\,end}=0.15$；夏玉米 $K_{cb\,ini}=0.15$，$K_{cb\,mid}=1.15$，$K_{cb\,end}=0.50$；油葵 $K_{cb\,ini}=0.15$，$K_{cb\,mid}=0.95$，$K_{cb\,end}=0.25$，由 FAO-56 文件提供的方法修正三种作物的基础作物系数 K_{cb} 见表 9-14。

表 9-14　修正后小麦、玉米、油葵的基础作物系数 K_{cb}（河套灌区磴口试验站）

作物	生长初期	生长旺盛期	生长中期	成熟期
小麦	0.233	0.735	1.237	0.214
玉米	0.244	0.656	1.068	0.456
油葵	0.192	0.473	0.754	0.278

3. 套种模式下小麦、玉米、油葵需水量

由水量平衡方程计算三种作物全生育期内日需水量计算结果综合表示，如图 9-7 所示。从图中可以看出，套种模式下，作物综合需水强度的范围较单一作物有所扩展，并且不同作物间分配相对均衡。从 5 月中旬到 8 月中旬，套种模式下的作物群体即展开了

相对较强、较长的需水渴求。最高小麦日需水达 10.36 mm/d，玉米 10.69 mm/d，油葵 6.52 mm/d。套种模式下的两种作物共生期内较高的需水强度时间有所错开，避免了水分竞争，对土壤水资源有效合理配置具有一定贡献，因此，套种模式是一种有代表性的节水种植模式。

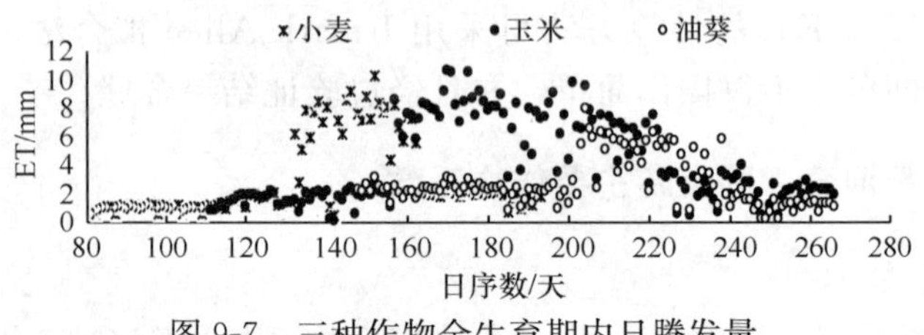

图 9-7　三种作物全生育期内日腾发量

不同套种模式下小麦、玉米、油葵在整个生育期的平均日耗水量表现各异，如图 9-8、图 9-9 所示。

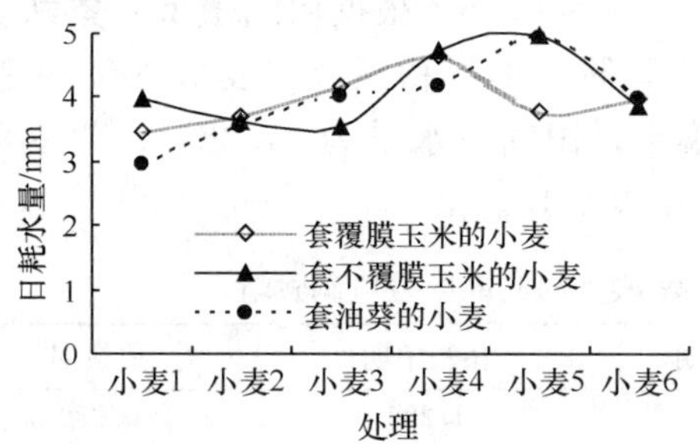

图 9-8　不同套种模式下小麦日耗水量

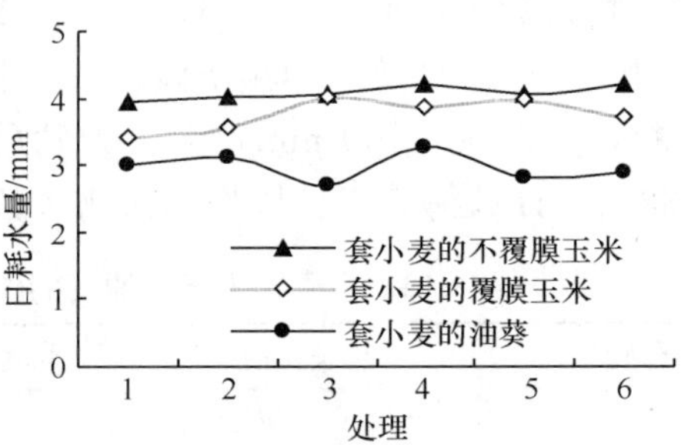

图 9-9　不同套种模式下玉米、油葵日耗水量

同样的套种比例，套种油葵的小麦与套种玉米的小麦的日耗水量并不相同。处理 1 即受到严重水分胁迫时，日均耗水量从低到高分别为：套油葵的小麦、套覆膜玉米的小麦、套不覆膜玉米的小麦。这与另外一种作物的日耗水（图 9-9）表现一致：套小麦的油葵＜套小麦的覆膜玉米＜套小麦的不覆膜玉米。当水分达到中等胁迫时，三种模式下的小麦的日耗水基本达到同一水平，分别为 3.63 mm、3.69 mm、3.54 mm。在轻度水分胁迫情况下，日均耗水量从低到高分别为：套不覆膜玉米的小麦、套油葵的小麦、套覆膜玉米的小麦。当充分灌溉时，三种模式下的小麦的日耗水又一次达到同一水平（3.98 mm 左右）。可见套种模式下，套种不同作物的同一作物的日耗水量也会受到一定程度的影响，但随灌溉水平的变化而变化，且中旱和充分灌溉条件下变化不大。

（三）作物水分高效利用与农田生态环境保护技术研究

本研究以内蒙古河套灌区磴口县粮食作物综合节水技术试验示范区为研究背景，采用田间试验及理论研究相结合的方法开展河套灌区作物水分高效利用的研究，预测评估高效综合节水农业模式下农田环境的变化。农田环境的评估预测对高效综合节水农业模式的推广、工农业生产、地区经济的可持续发展将具有重要的现实意义。

1. 试验设计

本研究田间试验在河套灌区磴口县的坝楞试验区进行，室内试验在内蒙古农业大学水利与土木建筑工程学院实验室进行。

1）田间试验

a. 空间结构性取样

空间结构性取样用于研究区土壤水盐空间结构性研究，为考虑区域变异的垂向一维水、盐运移模型系统的构建提供依据。沿试验区东西—南北两条中心线方向布置两条导线，每隔 100 m 布点，取样深度为 1 m，共分 5 层（0～15 cm，15～30 cm，30～50 cm，50～70 cm，70～100 cm）进行土壤取样，测定土壤的水分及盐分。导线位置及采样布点具体如图 9-10所示。

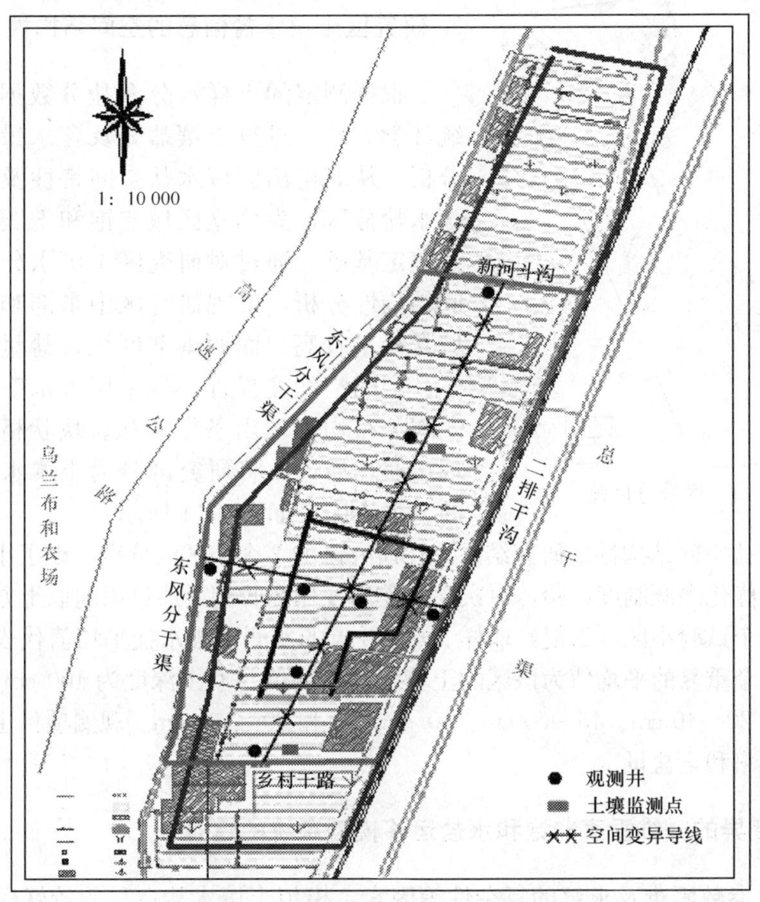

图 9-10　示范区农田环境监测布置图

b. 农田土壤环境试验研究

在南北方向上布设两个土壤监测点（常观点南 1、南 2），进行土壤取样，测定土壤含水量及含盐量。取样深度为 1 m，分 5 层取样，10 天取样一次，灌水前后及降雨后加测。

试验观测项目如下。

（1）土壤水盐观测：每次灌水前后及作物收割后通过田间取土方法进行水盐测定，取土深度为 100 cm，共分 5 层，即 0～20 cm、20～40 cm、40～60 cm、60～80 cm 和 80～100 cm。观测项目主要包括土壤含水量、电导率（EC）和全盐量。

(2) 小区气象观测：试验区内设有小型气象站，观测内容包括日最高和最低温度、每天的水面蒸发量和降水量等。

2) 室内实验

室内实验包括土壤水分、盐分测定、土壤水及溶质运移参数测定。

3) 区域动态观测

研究区内布设 8 眼地下水观测孔，孔深 5 m。地下水动态每 5 天观测一次（冬季则改为 10 天一次），雨后和灌水后加测一次。

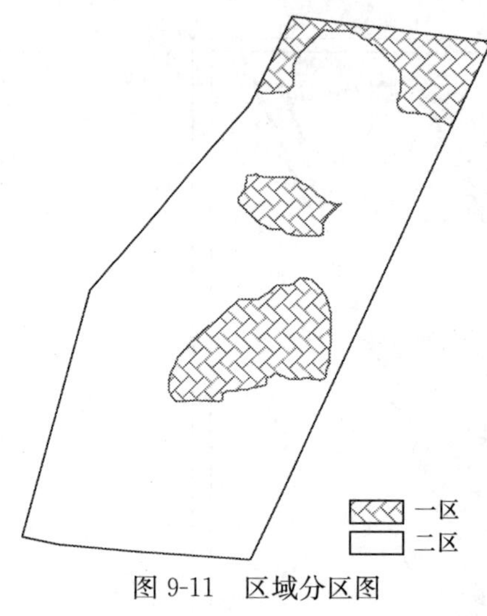

图 9-11　区域分区图

2. 研究区土壤水盐信息的空间结构性

根据测定的土样水分和盐分数据，利用地质统计学方法，进行土壤盐分及含水量空间变异性分析，从而得出区域水盐空间特性及研究区的土壤水盐分区，为建立区域非饱和土壤水盐运移模型奠定基础。通过对研究区土壤水分及盐分的空间结构性分析，发现研究区中东部和北部边界区域含盐量较高，而西南部区域含盐量较低，呈现了一定的空间变异性。各土层含水率及含盐量的空间分布均表现出条带状和斑块状格局，整体表现出非均质性。将研究区分为土壤水盐相对均一的 2 个小区，如图 9-11 所示。

据土壤水盐空间结构性的研究结果，在研究区的 2 个小区内分别布设了小麦套油葵及小麦套玉米的优化灌溉制度试验，每次灌水前后及作物收割后通过田间取土方法进行水盐测定，每次每个试验小区（重复）取样 3 点，3 点的实测土壤水盐平均值代表该试验小区的值，每区 3 个重复的平均值为该区的土壤水盐实测值。取土深度为 100 cm，共分 5 层，即 0～20 cm、20～40 cm、40～60 cm、60～80 cm 和 80～100 cm。观测项目主要包括土壤含水量、电导率和全盐量。

3. 考虑区域变异的一维垂直非饱和水盐运移模型系统的建立

由于获得参数困难及求解的复杂性等因素，模拟土壤水盐运移的较好模型大多是一维模型。如何运用一维模型模拟区域的土壤水盐动态，将是预测预报高效综合节水农业模式下区域环境效应的重要内容。所以，构建考虑区域变异的一维垂直非饱和水盐运移模型系统是解决此问题的关键。

构建此模型系统的思路为：在土壤水盐结构性分区的基础上，识别代表每一区的一维土壤水盐运移模型，然后将它们联立求解，即可得到整个区域的土壤水盐动态，联立后的各区一维模型一起构成能够表达区域水盐变异的模型系统——考虑区域变异的一维垂直非饱和水盐运移模型系统。

数学模型为

$$
\begin{cases}
\dfrac{\partial\theta}{\partial t}=C(h)\,\dfrac{\partial h}{\partial t}=\dfrac{\partial}{\partial z}\Big[K(h)\Big(\dfrac{\partial h}{\partial z}+1\Big)\Big]-S_{\mathrm{a}}(h)\\
\dfrac{\partial(\theta c)}{\partial t}=\dfrac{\partial}{\partial z}\Big(D_{\mathrm{sh}}\,\dfrac{\partial c}{\partial z}\Big)-\dfrac{\partial qc}{\partial z}\\
h(z,t)=h_0(z)\quad z>0,t=0\\
K(h)\,\dfrac{\partial h}{\partial z}+K(h)=R(t),\quad z=0,t>0\\
h(z,t)=h_0(t),\quad z=H,t>0
\end{cases}
\tag{9-2}
$$

其中：

$$\theta=\theta_{\mathrm{res}}+\frac{\theta_{\mathrm{sat}}-\theta_{\mathrm{res}}}{(1+|\alpha h|^{n})^{1-\frac{1}{n}}}$$

$$K=K_{\mathrm{sat}}S_{\mathrm{e}}^{\lambda}\left[1-(1-S_{\mathrm{e}}^{\frac{n-1}{n}})\right]^2$$

$$S_{\mathrm{e}}=\frac{\theta-\theta_{\mathrm{res}}}{\theta_{\mathrm{sat}}-\theta_{\mathrm{res}}}$$

式中，θ 为体积含水率（$\mathrm{cm^3/cm^3}$）；K 为土壤水力传导度（cm/d）；h 为土壤水头（cm）；z 为垂向坐标（cm），向上为正；t 为时间（d）；S_{a} 为作物根系吸水项［$\mathrm{cm^3/(cm^3\cdot d)}$］；$C$ 为容水度（/cm）；$R(t)$ 为降雨、灌溉；蒸发时 $R(t)=-E(t)$，其中 $E(t)$ 为蒸发；H 为地下水埋深；D_{sh} 为水动力弥散系数/($\mathrm{cm^2\cdot d}$)；c 为土壤水中的溶质浓度（$\mathrm{g/cm^3}$）；q 为对流通量。

模型率定检验结果如图 9-12 所示，均方误见表 9-15。

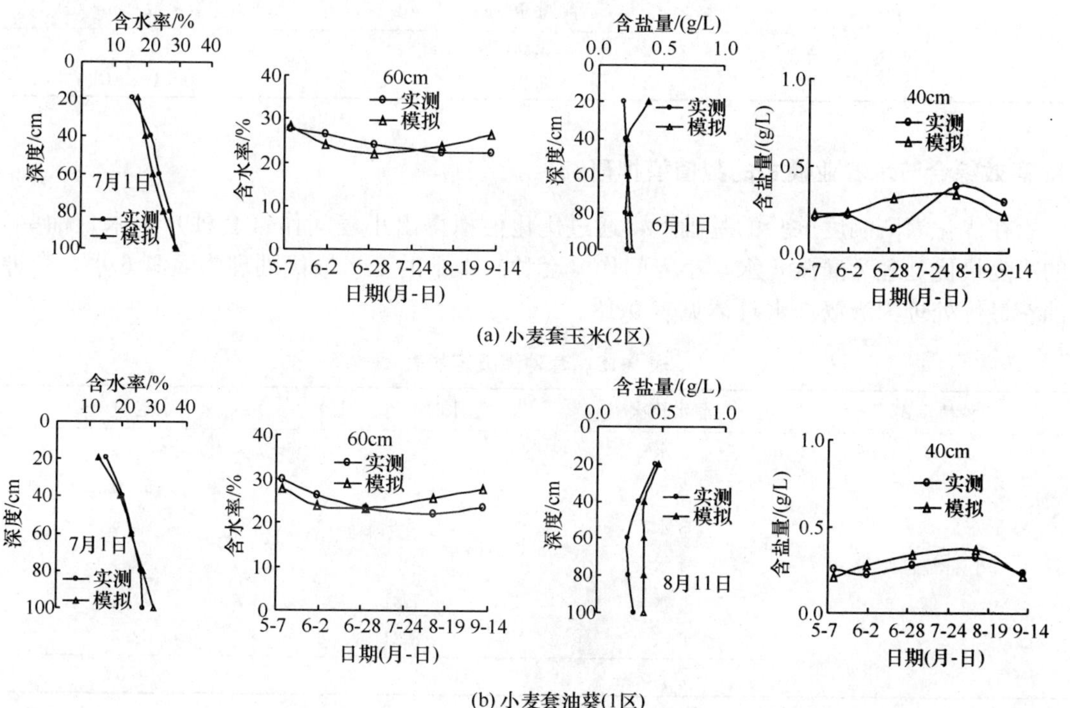

(a) 小麦套玉米(2区)

(b) 小麦套油葵(1区)

图 9-12　土壤水流（溶质运移）模型率定

表 9-15 土壤水分（盐分）观测及模拟值的均方误差（RMSE）

土层深度/cm	水分					盐分				
	20	40	60	80	100	20	40	60	80	100
均方误差（1 区）	2.54	2.18	1.12	1.20	1.87	0.16	0.09	0.10	0.13	0.17
均方误差（2 区）	2.47	1.45	1.33	1.14	3.11	0.13	0.05	0.12	0.15	0.15

从图中可看出，模拟值与实测值拟合较好，表 9-15 的均方误均在 5 以内，表明二者吻合较好。从以上率定结果看，率定参数后的 SWAP 模型可用于模拟该研究区的土壤水流和溶质动态。率定后的土壤水力、溶质运移参数见表 9-16 及表 9-17。

表 9-16 率定后的土壤水力参数

分区	土层深度/cm	土壤质地	θ_{res}/(cm/cm)	θ_{sat}/(cm/cm)	K_{sat}/(cm/d)	α/cm	n	λ
1 区	0～40	轻壤土	0.01	0.401	71.42	0.048	1.388	−0.496
	40～100	重砂壤土	0.01	0.418	54.198	0.046	1.437	0.458
	100～300	重粉质砂壤土	0.01	0.458	78.422	0.039	1.451	0.847
2 区	0～40	轻壤土	0.02	0.411	70.15	0.041	1.237	−0.351
	40～100	重砂壤土	0.02	0.423	53.793	0.035	1.358	0.450
	100～300	重粉质砂壤土	0.02	0.435	76.691	0.033	1.440	0.838

表 9-17 率定后的溶质运移参数

分区	弥散长度/cm	水动力弥散系数/(cm^2/d)
1 区	6.00	0.12
2 区	6.95	0.21

4. 高效综合节水农业模式的数值模拟研究

在优化灌溉制度试验的基础上，通过优化模拟得出小麦间作（套种）玉米（油葵）的小麦最优处理为灌溉 4 水，小麦间作（套种）玉米的玉米最优处理为灌溉 6 水，套种油葵最优处理为灌溉 3 水具体见表 9-18。

表 9-18 套种灌溉定额表

种植模式	灌水轮次	灌水时间（月-日）	灌水定额/mm
小麦套玉米	1 水	5-2	97.5
	2 水	5-17	52.5
	3 水	6-9	97.5
	4 水	6-24	52.5
	5 水	7-31	97.5
	6 水	8-31	52.5
	合计		450

续表

种植模式	灌水轮次	灌水时间（月-日）	灌水定额/mm
小麦套油葵	1 水	5-2	97.5
	2 水	5-17	52.5
	3 水	6-9	97.5
	4 水	6-24	52.5
	5 水	7-31	60.0
	合计		360

利用可靠性检验后的区域土壤水流及溶质运移模型系统，模拟各种植模式下的作物根层水分、盐分环境，来研究高效综合节水种植模式下土壤环境的变化。

1）根层土壤水分及盐分动态

a. 小麦套玉米种植模式

图 9-13 为小麦套种玉米种植模式下，作物生育期根层土壤的水分及盐分动态。从图中可以看出，在作物生育期内土壤含水率整体呈下降趋势，灌溉或降雨之后土壤含水率出现峰值。1 区表层土壤含盐量变化较大，深层土壤含盐量较小变化较平缓。2 区表层土壤含盐量在整个生育期内表现为先上升后下降的趋势，深层土壤含盐量处于上升趋势，深层土壤积盐。

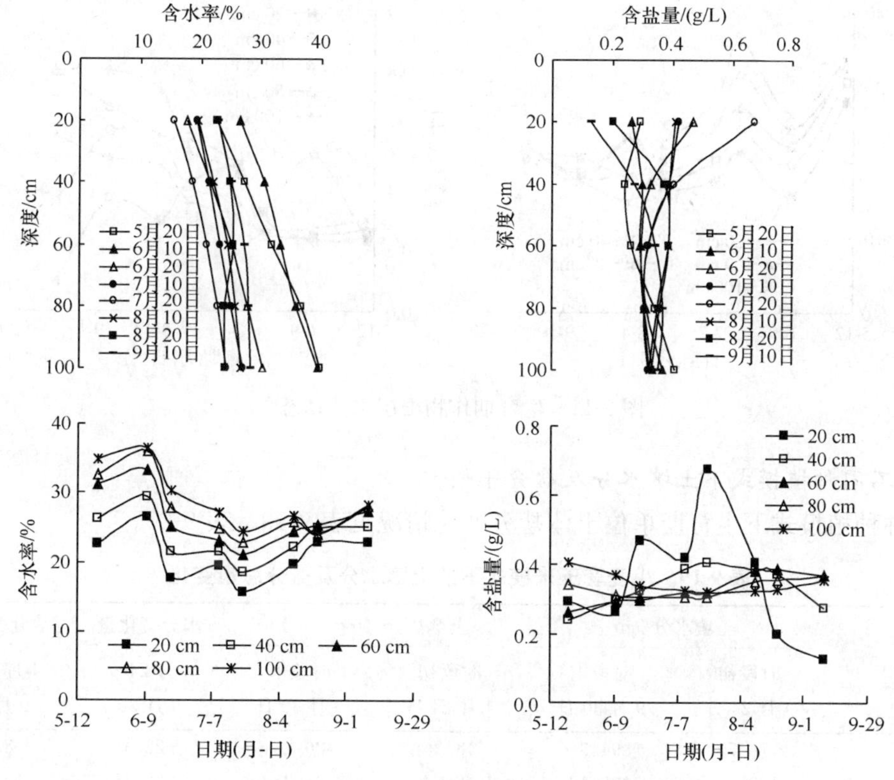

图 9-13　生育期作物根层水盐动态

b. 小麦套油葵种植模式

小麦套油葵种植模式下，在作物生育期内根层土壤水盐动态变化如图 9-14 所示。土壤含水率在整个生育期内处于下降趋势，降雨或灌溉后土壤含水率上升。表层 0～20 cm土壤含盐量呈下降趋势波动较大，20 cm 以下各土层在 5～6 月中旬变化较平缓，除 20～40 cm 土层在 8 月下旬到 9 月上旬有所下降之外，6 月下旬到 9 月各土层含盐量均增大，深层土壤积盐较为明显。

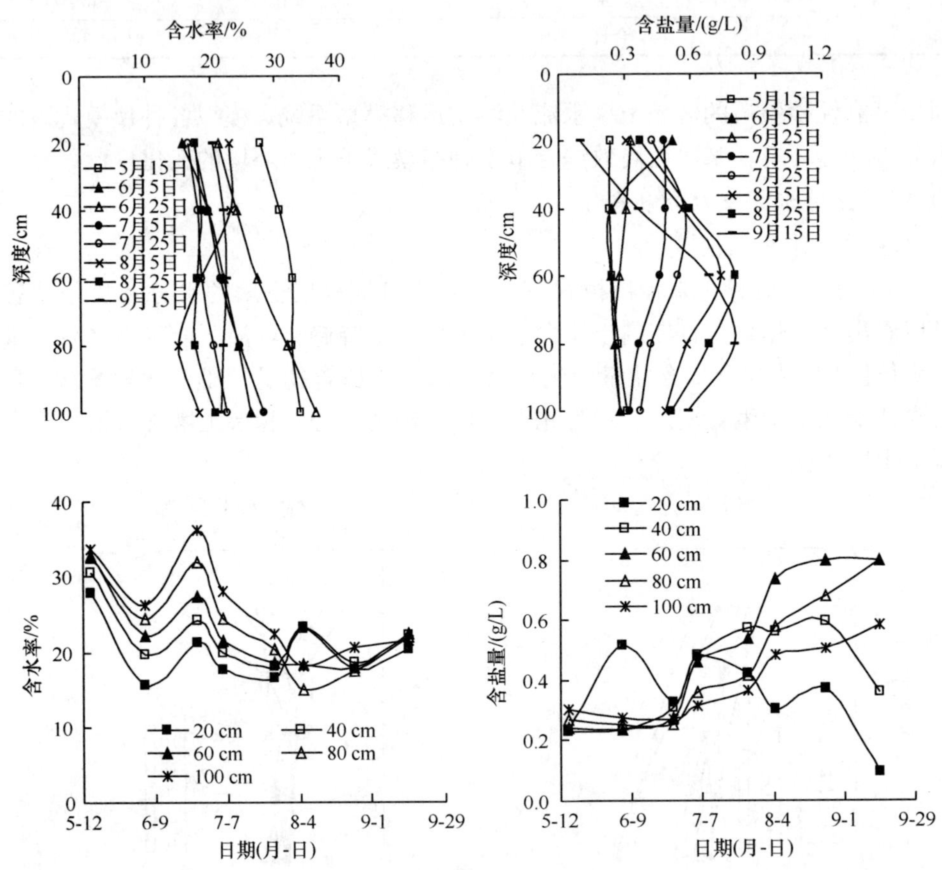

图 9-14 生育期作物根层水盐动态

2）不同种植模式下土壤水分及盐分平衡

两种种植模式下生育期单位土体盐分变化情况见表 9-19、表 9-20。

表 9-19 小麦套玉米模式下的土壤水分及盐分总量变化

分区	土壤水分/cm		土壤盐分/(mg/cm²)		水分变化量	盐分变化量
	时段初 4 月 24 日	时段末 9 月 30 日	时段初 4 月 24 日	时段末 9 月 30 日	4 月 24～9 月 30	4 月 24～9 月 30
1 区	116.79	94.3	18.36	26.76	−22.49	8.4
2 区	120.9	98.13	16.44	35.38	−22.77	18.94
总计	237.69	192.43	34.8	62.14	−45.26	27.34

表 9-20　小麦套油葵模式下的土壤水分及盐分总量变化

分区	土壤水分/cm		土壤盐分/(mg/cm²)		水分变化量	盐分变化量
	时段初 4月24日	时段末 9月30日	时段初 4月24日	时段末 9月30日	4月24～9月30	4月24～9月30
1区	116.79	93.34	18.36	27.9	－23.45	9.55
2区	120.9	95.98	16.44	41.33	－24.92	24.89
总计	237.69	189.32	34.8	69.23	－48.37	34.44

从表 9-20 的模拟结果可知，作物生育期内两种种植模式下的土壤水分变化相差不大，灌溉后土层都有积盐，小麦套玉米的积盐较小（27.34 mg/cm²），小麦套油葵的积盐较大（34.44 mg/cm²）。

5. 作物水分利用效率评价

在田间试验基础上，针对小麦套玉米、小麦套油葵采用土壤水动力学方法，运用上述检验后的土壤水盐运移模型系统，进行了作物水分利用效率评价。

1）有效降雨量

有效降雨量是指降雨通过入渗后保存于土壤湿润层中能被作物直接利用的那部分降雨量，其值为降雨量减去地面径流量、降雨期间的蒸发损失量和植株截留量。作物冠层降雨截留量的计算用式（9-3）。

$$P_i = a\mathrm{LAI}\left(1 - \frac{1}{1 + \dfrac{bP_{\mathrm{gross}}}{a\,\mathrm{LAI}}}\right) \tag{9-3}$$

式中，P_i 为降雨截留量（cm）；LAI 为叶面积指数（m²/m²）；P_{gross} 为毛降雨量（cm）；a 为经验系数（cm）；b 为土壤覆盖度，b=LAI/3。随着降雨量的增加，降雨截留量逐渐接近其饱和值 aLAI。一般来说，a 应通过试验确定。对常见大田作物 a 可取 2.5。从毛降雨量中扣除作物冠层降雨截留量可得有效降雨量为

$$P_{\mathrm{net}} = P_{\mathrm{gross}} - P_i \tag{9-4}$$

推荐灌溉制度下各种作物的有效降雨量计算结果分别见表 9-21、表 9-22。

表 9-21　小麦套油葵各时段根层水分平衡分量和灌溉水利用率

灌水轮次	ET_a/mm	I_g/mm	P_e/mm	$(D-G)$/mm	I_e/mm		E_f/%	
					单次	累计	单次	累计
第1水	24.69	127.80	0	24.70	103.10	103.10	80.67	80.67
第2水	160.23	36.70	10.7	7.95	28.75	131.85	78.34	80.15
第3水	84.97	195.30	0	12.85	182.45	314.30	93.42	87.35
第4水	177.82	145.30	13.08	19.21	126.09	440.39	86.78	87.19
第5水	105.79	120.30	36.03	30.95	89.35	529.74	74.27	84.70
第6水	74.77	50.50	35.27	29.50	21.00	550.74	41.58	81.48
平均								83.59

表 9-22 小麦套玉米各时段根层水分平衡分量和灌溉水利用率

灌水轮次	ET_a/mm	I_g/mm	P_e/mm	$(D-G)$/mm	I_e/mm		E_f/%	
					单次	累计	单次	累计
第 1 水	42.60	167.00	0.00	16.73	150.27	150.27	89.98	89.98
第 2 水	131.20	94.80	4.20	15.87	78.93	229.20	83.26	87.55
第 3 水	261.40	164.40	7.40	20.34	144.06	373.26	87.63	87.58
第 4 水	419.40	178.30	14.00	25.19	153.11	526.37	85.87	87.08
第 5 水	561.80	234.10	37.00	21.65	212.45	738.82	90.75	88.10
第 6 水	639.90	122.50	36.40	22.01	100.49	839.31	82.03	87.33
平均								87.93

2）有效灌水量的计算方法

有效灌水量是指作物在生长发育过程中实际利用的灌溉水量，应从灌溉水对作物的有效性方面确定。根据农田水分循环与转化的动态平衡，可分别从两个方面入手加以考虑：一是灌水后灌溉水的流向方面，有效灌水量应为毛灌水定额扣除灌水量损失；二是作物对灌溉水的消耗方面，从作物实际需水量中扣除灌溉水以外其他水分来源对作物耗水的贡献量。

在农田水分循环与转化过程中，如果考察时段的深层渗漏量大于地下水补给量，则表明深层渗漏量仅部分返回到根系层被作物再次利用，净深层渗漏量（$D-G$）应视为灌溉水量损失。反之，如果深层渗漏量小于地下水补给量，则表明深层渗漏量全部返回到根系层被作物再次利用，无灌溉水量损失。如果根系层时段末储水量大于时段初储水量，则表明灌溉后储存在根系层的灌溉水仅部分被作物利用，所剩（W_f-W_i）仍储存在根系层，应视为灌溉水量损失。而如果根系层时段末储水量小于等于时段初储水量，则表明灌溉后储存在根系层的灌溉水全部为作物利用。

从目前灌溉技术来看，田面泄水和田间排水一般总属于灌溉水量损失。在干旱区，由于降雨稀少，且降雨强度较小，有效降雨可近似按全部为作物利用考虑。在农田灌溉实际中，深层渗漏与地下水补给，播种前与收割时的土壤储水量的关系有 4 种组合，与之对应可导出 4 种有效灌水量的计算公式。

当 $D>G$，$W_f<W_i$时，从灌溉水量损失考虑可导出有效灌水量的计算式为

$$I_e = I_g - (D - G) - R - L \tag{9-5}$$

从作物水分消耗考虑可导出有效灌水量的计算式为

$$I_e = ET_a - P_e - (W_i - W_f) \tag{9-6}$$

类似地导出其他条件下的有效水量计算式：

当 $D<G$，$W_f<W_i$时，从灌溉水量损失考虑有效灌水量的计算式为

$$I_e = I_g - R - L \tag{9-7}$$

从作物水分消耗考虑有效灌水量的计算式：

$$I_e = ET_a - P_e - (G - D) - (W_i - W_f) \tag{9-8}$$

当 $D>G$，$W_f>W_i$时，从灌溉水量损失考虑有效灌水量的计算式为

$$I_e = I_g - (D - G) - (W_f - W_i) - R - L \tag{9-9}$$

从作物水分消耗考虑有效灌水量的计算式为

$$I_e = ET_a - P_e \tag{9-10}$$

当 $D<G$，$W_f>W_i$ 时，从灌溉水量损失考虑有效灌水量的计算式为

$$I_e = I_g - (W_f - W_i) - R - L \tag{9-11}$$

从作物水分消耗考虑有效灌水量的计算式为

$$I_e = ET_a - P_e - (G - D) \tag{9-12}$$

将以上各式分别联立可以导出根系层水量平衡方程，反映了各水分分量的相互制约与转化，因此在上述 4 种条件下得到的计算有效灌水量的各个计算公式能够全面地反映灌溉水的运移与转化规律。这些公式概念清楚，具有明确的物理意义和量化基础，能够合理表达灌溉水对作物生长的有效性。

3）作物腾发量

农田水分消耗的主要途径有植株蒸腾、株间蒸发和深层渗漏。其中，株间蒸发指植株间土壤或田面的水分蒸发。在这几项水分蒸发中，植株蒸腾和株间蒸发合称为腾发，二者消耗的水量称之为腾发量。由于计算原理不同，SWAP 模型分别计算了作物生育期内每日的潜在植株蒸腾量、株间蒸发量和实际植株蒸腾量、株间蒸发量。由此计算出推荐灌溉制度下各种作物的潜在腾发量和实际腾发量，见表 9-21、表 9-22。

4）灌溉期根系层水量平衡分量和灌水效率

由模拟结果计算作物实际蒸腾量(ET_a)、有效降雨量(P_e)、深层渗漏(D) 及地下水补给量(G)，采用式（9-5）～（9-12）计算得到各种作物在推荐灌溉制度下有效灌水量（I_e）和灌水效率（E_f），见表 9-21、表 9-22。

由表 9-21、表 9-22 可以看出，当地下水补给量大于灌溉水渗漏量时，说明深层渗漏量全部返回土壤得到再利用，此时的灌水效率为 100%；当深层渗漏量大于地下水补给量时，说明深层渗漏没有全部返回土壤，此时灌水效率小于 100%，通过式（9-5）计算得到作物实际灌水效率。小麦套油葵的平均灌溉水利用效率为 83.59%，小麦套玉米的平均灌溉水利用效率为 87.93%。在以上的灌溉水量下，可以看出小麦套油葵各时段灌溉水利用效率较小麦套玉米的灌溉水利用效率低。

（四）抗旱节水作物新品种鉴选与应用集成模式

依据以上研究成果，提出抗旱节水作物新品种鉴选与应用集成模式，如图 9-15 所示。

三、田间高效输配水综合技术

河套灌区是我国仅有的三个特大型灌区之一，引黄水资源的有效利用成为灌区社会经济发展和生态环境保护的重要问题。大型自流灌区输配水过程的节水技术主要有：渠道防渗、量水以及井渠双灌、灌溉自动化管理。随着科学技术水平的提高和环保意识的增强，研究新型节水技术十分必要。

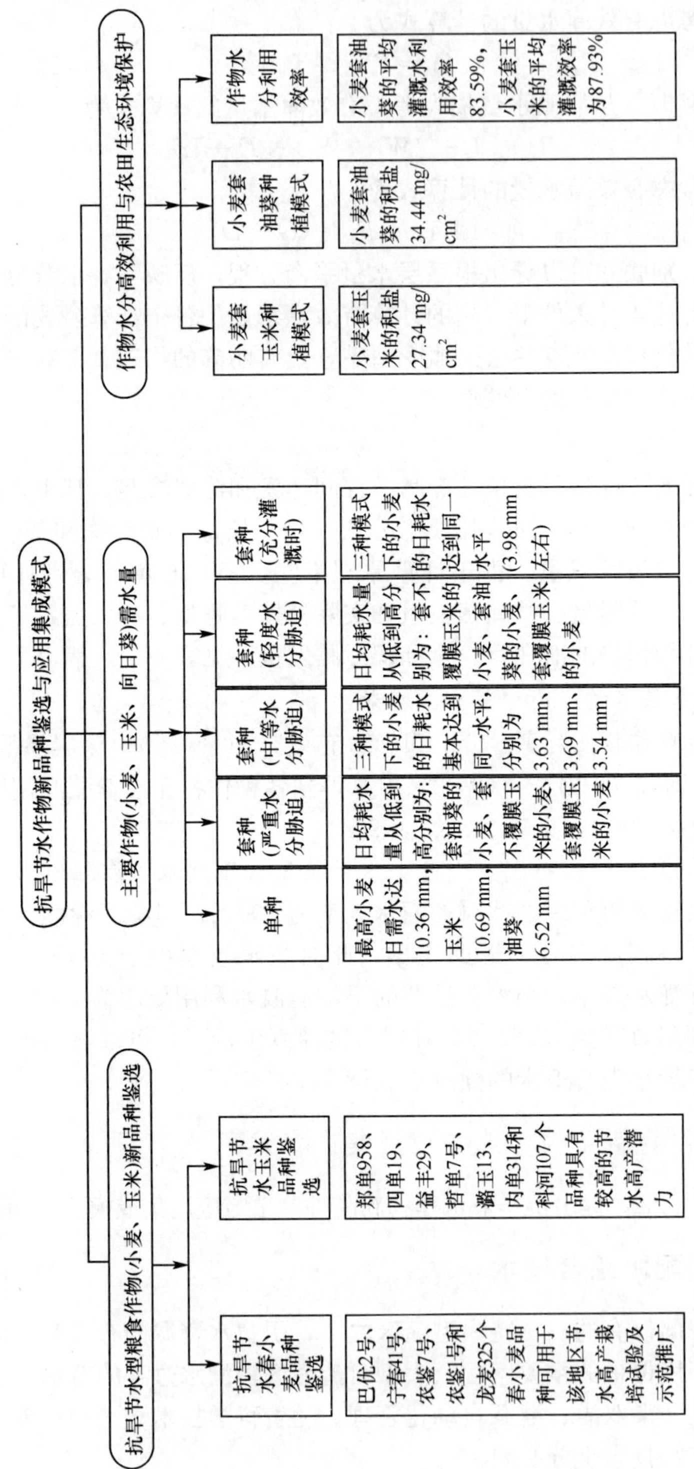

图9-15　抗旱节水作物新品种鉴选与应用集成模式

（一）渠道衬砌防渗新技术

1. 膨润土防水毯的主要技术性能

膨润土复合防水材料具有柔韧性好、自我愈合、抗胀变能力与干湿循环能力强、施工机械化程度高等优点。

1）水质对膨润土防水毯的防渗性能的影响

通过不同水质对膨润土防水毯影响试验发现：水质对渗透系数的影响取决于浓度、离子与平衡时间，高价阳离子影响比低价阳离子影响大，虽然黄河水矿化度比较低，但 Ca^{2+} 与 Mg^{2+} 含量达到阳离子总量的 41.2%，因此，黄河水会增加膨润土防水毯的渗透系数。其原因是黄河水中高价钙离子与镁离子置换了膨润土中的钠离子，使膨润土中的钠离子减少，从而降低了膨胀量，导致了渗透系数增加。

6 个膨润土样品滤失量的水质影响测试结果表明，不同水质状况下（蒸馏水、不同浓度的单一离子水溶液和复合离子水溶液）膨润土防水毯 20 天的滤失量变化情况客观地反映了阳离子种类（Na^{+}、Mg^{2+} 和 Ca^{2+}）、水溶液浓度和放置时间对滤失量的影响具有以下规律。

（1）在蒸馏水中，不同的膨润土防水毯样品，其滤失量存在较大差异，这与膨润土防水毯尤其是膨润土自身的性质有很大的关系；

（2）在同一时间，膨润土防水毯在含离子水溶液中的滤失量比在蒸馏水中的要大，说明 Na^{+}、Mg^{2+} 和 Ca^{2+} 在抑制膨润土防水毯膨胀的同时也增加了膨润土防水毯的滤失量；

（3）在 20 天的观测期内，膨润土防水毯在蒸馏水、单一离子水溶液和复合离子水溶液中的滤失量变化不是很大，表明膨润土防水毯防水性能具有较好的稳定性；

（4）水溶液中离子浓度对膨润土的滤失量影响显著，对同一种溶液，随着离子浓度的增加，膨润土防水毯的滤失量增大，且随着离子浓度的增大，膨润土防水毯各样品滤失量增大的趋势明显；

（5）不同阳离子水溶液对膨润土滤失量影响是不同的。Na^{+} 对膨润土的滤失量影响最小；Mg^{2+}、Ca^{2+} 比 Na^{+} 更能增加膨润土的滤失量，且随着离子浓度的增大，这种增加的能力更加明显；在相同质量浓度下，Mg^{2+} 对膨润土滤失量的影响显著大于 Ca^{2+}。

研究认为：在黄河水质条件下，Na^{+} 代换主要发生在使用第一年内，使用一年后，下降幅度明显减少，使用两年后，Na^{+} 交换量趋于稳定。从河套灌区已有的试验段运行情况看，经过三年运行，水质与膨润土反应及膨润土毯渗透系数达到 1.1×10^{-6} cm/s，表明膨润土防水毯的渗透系数基本达到稳定。

2）膨润土防水毯抗老化性能

项目选三种防水毯材料进行抗老化试验，设计高温处理为 60℃，低温处理为 −40℃，分别保持 24 h、48 h 和 72 h，每种 GCL 3 个处理，共 9 个处理。此外还进行了紫外线照射下的老化性能试验，紫外线发射功率为 20 W，光源离样本距离约 20 cm，照射时间分别为 600 h、900 h 和 1200 h，每种 GCL 3 个处理，共 9 个处理。试验观测结果见表 9-23、图 9-16。

表 9-23　高、低温度老化处理 3 种材料力学性能变化状况表

条件		最大荷载/N	延伸率/%
常温	1#	421.167	200.32
	2#	288.440	164.14
	3#	167.589	139.91
60℃老化 72 h	1#	276.824	200.31
	2#	185.328	135.77
	3#	91.095	171.82
−40℃老化 72 h	1#	339.899	199.12
	2#	197.235	112.45
	3#	136.284	128.32

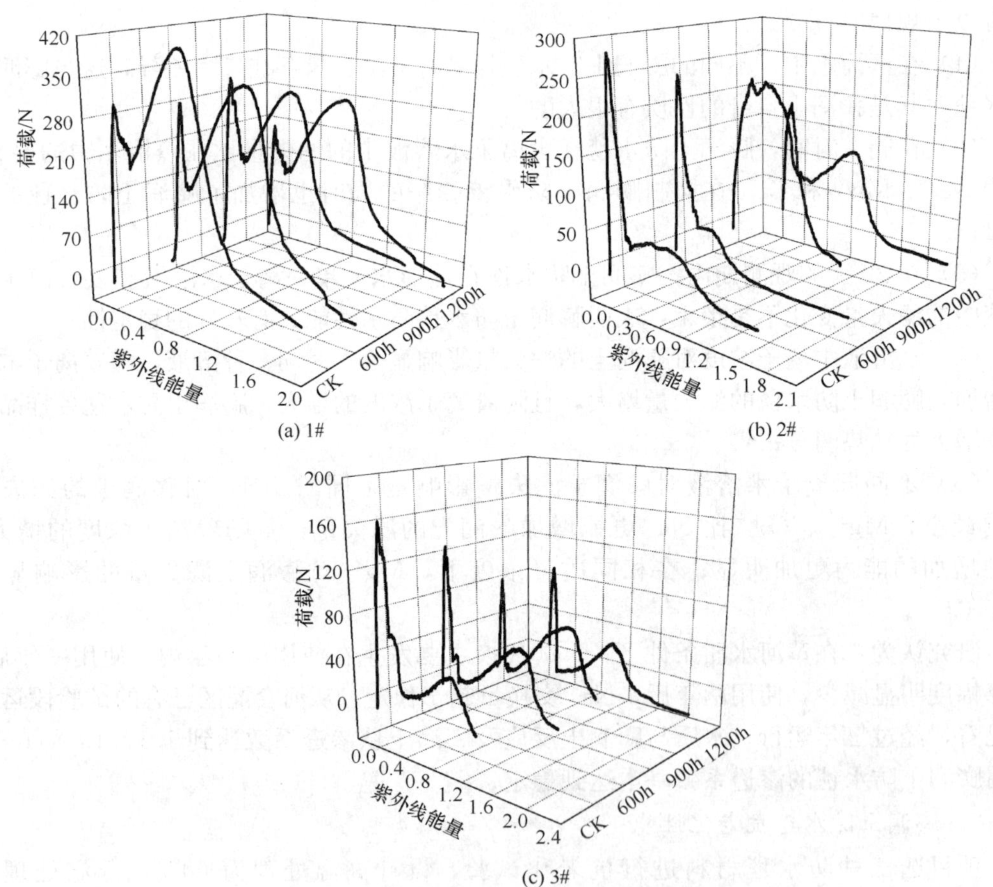

图 9-16　紫外线照射下 GCL 老化性能变化

试验表明，高温与低温、紫外光照射老化都对 GCL 的力学性能产生影响。高温老化对力学性能影响较大，而低温对其老化速度影响较小；老化的主要因素是织物发生氧化反应，高温促进这一反应过程，因此，应避免在夏季高温、干燥条件下较长时间的施工与存放。紫外线辐射老化对 GCL 的力学性能产生的影响也比较大，紫外照射对 GCL 老化有累积效应，因此 GCL 在应用过程中应该采取上部覆盖或填埋措施，以降低辐射强度的影响。

试验示范段经过 1 年的使用，上部形成覆盖层后，老化影响明显减弱。按外护材料老化力学性能下限值为原状材料力学性能值的 10%的要求，3 种膨润土防水毯试材的使用年限都能够达到或超过 20 年，可满足水利行业标准《SL 18—24 渠道防渗工程技术规范》的规定年限。

2. 膨润土防水毯衬砌的边坡稳定性

通过对膨润土防渗毯与混凝土防渗处理的边坡稳定性对比观测（图 9-17）发现，在各种处理中，在膨润土防水毯上覆盖混凝土，渠道边坡的稳定性最好，而渠道表面直接铺设膨润土防渗毯，渠道边坡也较稳定；在防渗毯上覆盖 60 cm 素土保护层的处理，受行水期间水流的浸润冲刷，边坡出现了滑塌现象。

图 9-17　边坡稳定性对比观测

（二）末级渠系自动量水技术

1. 文丘里自动化量水系统组成

文丘里自动化量水系统是在文丘里量水堰的基础上，增配自动测流装置所组成的具有自动测流能力的系统。文丘里量水堰采用钢筋混凝土现浇，建筑在渠道进水端水流平稳、顺直段。文丘里量水堰为平底、圆弧进口、矩形断面，长、宽各为 b，尾部为“八”字形，长为 $2b$，尾部开口也为 $2b$，整个槽底为水平（详见图 9-18）。

1）系统组成

自动测流仪安装在文丘里水槽观测室内，由单片计算机自动控制两套水位传感器定

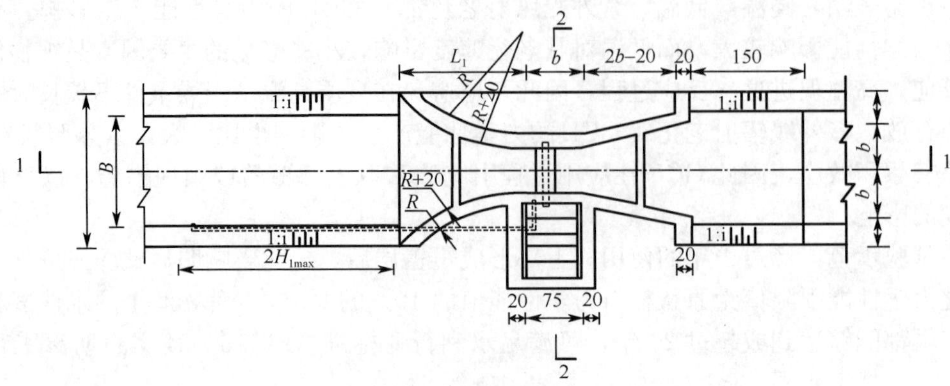

(a) 文丘里量水槽平面图

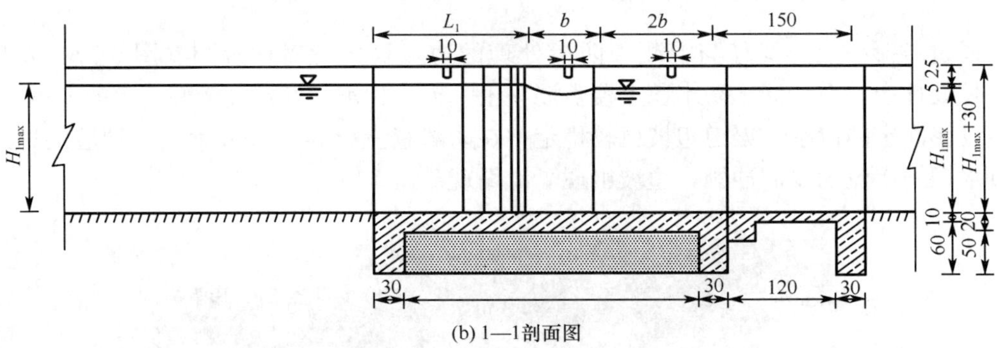

(b) 1—1剖面图

图 9-18 文丘里自动化量水系统结构简图（单位：cm）

时采集水槽上游及喉口水深，在计算机软件的支持下实现流量的自动存储、自动计算、随时输出水量，且采数的时间间隔可随意调整，减少了大量人为因素导致的不确定性。

2）结构特点

（1）建筑物结构简单，不易淤积，适宜于高含沙水流的测流。可以与闸门、桥梁组合建设，桥墩（或闸墩）位于喉口两侧，跨度大大缩小，可有效减少建筑物造价。

（2）在流速测定的同时测定上游水深 H_1 与喉口水深 H_2，便可测算流量，不必区分流态，适用性强、操作简单、易于实现自动化测流。量水误差小于±5%，满足农业灌溉量水的精度要求。

（3）在超高淹没的（$H_3/H_1<0.99$）条件下，仍可准确测流，所以在设计文丘里量水槽时，可以使最大水头损失（壅水）控制得很小（可以≤5 cm），这样可避免加高上游渠堤，减少工程量。

（4）自动化程度较高、性能稳定、操作简单。自动测流系统采用单片计算机控制水位传感器，自动定时采集上游及喉口水深，并计算瞬时流量及累计水量，测量及计算结果自动存储，可直接显示或利用读卡器输出测流结果，操作简单方便。

2. 测试精度比较

“文丘里自动化量水系统”建成后经过长系列试验观测，并采用便携式直读流速仪进行同步校核。便携式直读流速仪主要技术参数为，测量范围：0.1～6 m/s；温度范围：－20～＋70℃；标称精度：± 0.03 m/s。

经对35组测试数据比较（图9-19）可知，无论是小流量还是大流量误差均很小，最大误差为＋5.63％和－4.97％，平均误差在±1.19％之间，满足规范要求。

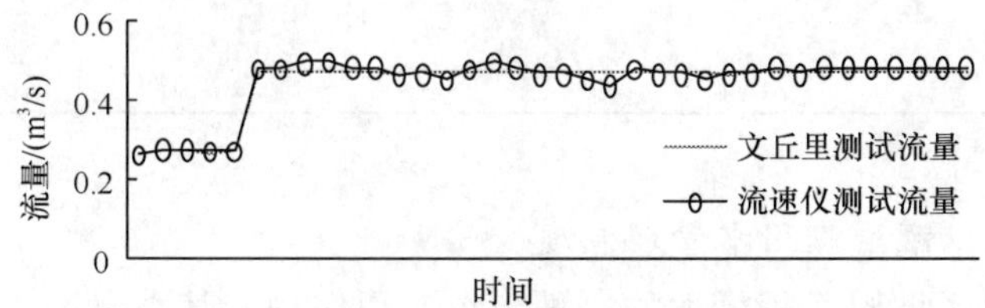

图9-19　文丘里自动化测流系统与流速仪测流对比分析图

（三）井-渠双灌灌溉用水管理优化决策研究

发展井-渠双灌，不仅能够有效缓减河套灌区水资源供需矛盾，而且能够降低地下水位，减少蒸发排泄，改善地下水环境。

1. 井-渠双灌条件下的作物灌溉用水管理制度

1）小麦井-渠双灌灌溉用水管理制度

小麦是河套灌区的重要粮食作物，小麦的需水及灌溉用水高峰与黄河来水存在较大的矛盾，故当地小麦种植面积呈逐年减少的趋势。对小麦进行井-渠双灌可有效地减小灌区供需水矛盾。小麦井-渠双灌试验处理测试结果如图9-20所示。

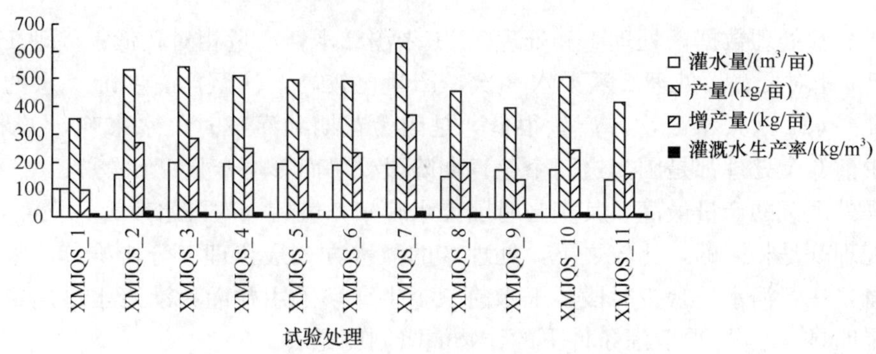

图9-20　小麦井-渠双灌试验结果对比分析图

分析试验处理数据，小麦灌溉2水产量偏低；处理2灌渠水3次、处理8灌渠水2次、井水1次和处理11灌井水3次比较，渠水比井水效果好；处理2灌渠水3次和灌4水的处理相比，产量较高；处理6和7均灌4水，都是两次渠水两次井水，可是产量差别很大，在小麦开花和灌浆时段灌渠水增产效果明显。分析推荐：采用井-渠结合灌溉，在黄河水量缺少时段，小麦的分蘖和拔节用水可采用井灌，在小麦花期和灌浆期采用渠水灌溉，达到增产效果。其井-渠双灌条件下的作物灌溉制度见表9-24。

表 9-24 小麦井-渠双灌灌溉用水管理制度

灌水方式	第1水			第2水			第3水			第4水			灌溉定额/(m³/亩)
	时间		定额	时间		定额	时间		定额	时间		定额	
	月	旬	/(m³/亩)	月	旬	/(m³/亩)	月	旬	/(m³/亩)	月	旬	/(m³/亩)	
渠灌	5	上	38				6	上	44	7	上	44	170
井灌				5	下	44							

注：秋浇定额未包括在内。

2）玉米井-渠双灌灌溉用水管理制度

玉米是河套灌区种植面积最大的一种粮料兼用作物，其灌溉用水占引黄灌溉用水近50%。由于玉米为高耗水作物，对玉米进行井-渠双灌可有效地平衡灌区需用水矛盾。玉米井-渠双灌试验处理测试结果如图 9-21 所示。

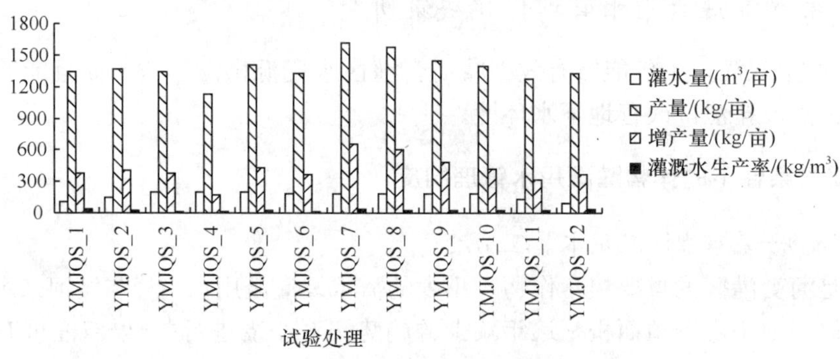

图 9-21 玉米井-渠双灌试验结果对比分析图

分析试验处理数据，处理 1 和处理 12 玉米灌 2 水，产量相对较低；处理 11 灌井水 3 次，产量相对低；而处理 2 灌渠水 3 次，产量比较高，甚至比有些灌 4 水的处理高；处理 4 灌井水 1 次渠水 3 次，产量很低，是因为花期和灌浆时渠水来晚，玉米受旱所致，其中前 6 个处理都是因为这两个生育期阶段受旱而影响产量；比较 7、8、9 3 个处理，发现处理 7 的产量最高，其实当时因渠水晚来，最后一次渠水改为井水灌溉，灌水方式和处理 9 是相同的，比较之下，处理 8 的灌水方式最合理。分析推荐：采用井-渠结合灌溉，在黄河水量缺少时段，玉米前三个生育期采用井灌，灌浆水采用渠水灌溉，增产效果明显。其井-渠双灌条件下的作物灌溉制度见表 9-25。

表 9-25 玉米井-渠双灌灌溉用水管理制度

灌水方式	第1水			第2水			第3水			第4水			灌溉定额/(m³/亩)
	时间		定额	时间		定额	时间		定额	时间		定额	
	月	旬	/(m³/亩)	月	旬	/(m³/亩)	月	旬	/(m³/亩)	月	旬	/(m³/亩)	
渠灌				6	下	50				8	上	50	190
井灌	6	上	40				7	中	50				

3）油葵井-渠双灌灌溉用水管理制度

油葵是河套灌区一种重要的经济作物，其种植面积仅次于玉米、小麦，油葵灌溉用水虽然较少，但是，为保证其产量的相对稳定，开展井-渠双灌，对减少灌溉用水，平衡灌区需用水矛盾具有重要意义。油葵井-渠双灌试验处理测试结果如图 9-22 所示。

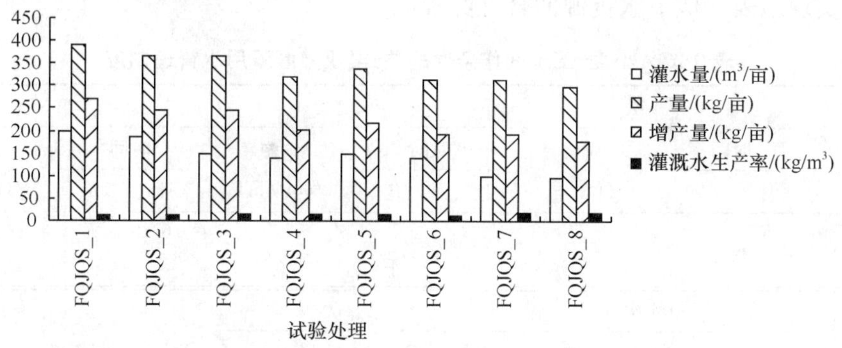

图 9-22 油葵井-渠双灌试验结果对比分析图

分析试验处理数据可知，在河套灌区采用井-渠双灌可较好地保证油葵灌溉用水，并获得相对较高的产量。其井-渠双灌条件下的作物灌溉制度见表 9-26。

表 9-26 油葵井-渠双灌灌溉用水管理制度

灌水方式	第1水（播前灌）			第2水			第3水			第4水			灌溉定额/(m³/亩)
	时间		定额	时间		定额	时间		定额	时间		定额	
	月	旬	/(m³/亩)	月	旬	/(m³/亩)	月	旬	/(m³/亩)	月	旬	/(m³/亩)	
渠灌	5	上	40				7	上	53	8	上	53	186
井灌				6	上	40							

4）小麦-玉米间作井-渠双灌灌溉用水管理制度

小麦-玉米间作条件下的井-渠双灌灌溉试验结果如图 9-23 所示。

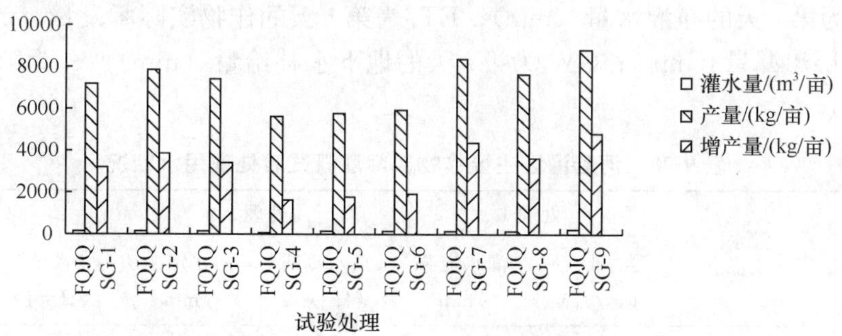

图 9-23 小麦-玉米间作条件下的井-渠双灌试验结果对比分析图

结合小麦-玉米间作条件下的农田需水量研究结果与小区灌溉试验观测结果可知：在整个生长季节应灌 5 次以上，其拔节、灌浆水尤其重要。结合 2009 年天然降水及黄河来水情况分析，为保证两种作物均能获得理想的产量，推荐采用全生育期灌水 5 次（表 9-27），在第一年冬灌的基础上，小麦的分蘖-拔节水（也是玉米的播前灌水）采用渠灌，小麦的抽穗-开花水（也是玉米的拔节水）采用井灌，在小麦的灌浆水（也是玉米的抽穗水）以及此后的玉米扬花水和灌浆水采用渠灌，总的灌溉定额为250 m^3/亩，可较好地实现地表、地下水资源的合理配置。

表 9-27 小麦-玉米间作条件的井-渠双灌灌溉用水管理制度

灌水方式	第 1 次			第 2 次			第 3 次		
	时间		定额	时间		定额	时间		定额
	月	旬	/(m^3/亩)	月	旬	/(m^3/亩)	月	旬	/(m^3/亩)
渠灌	5	上	37				6	下	50
井灌				6	上	40			

灌水方式	第 4 次			第 5 次			灌溉定额/(m^3/亩)
	时间		定额	时间		定额	
	月	旬	/(m^3/亩)	月	旬	/(m^3/亩)	
渠灌	7	上	50	8	上	48	225
井灌							

2. 井-渠双灌作物灌溉用水管理优化决策

研究引入当前被国内外广泛认可的模拟灌溉制度的 ISAREG 模型，结合田间灌溉试验（表 9-28）和当地水源条件，在模型验证和参数率定的基础上，模拟多种灌水方案，优选适合当地条件的井-渠双灌灌溉用水管理制度。

ISAREG 模型以水量平衡原理为基础，采用的水量平衡方程为

$$\theta_i = \theta_{i-1} + \frac{P_i + I_{ni} - \mathrm{ET}_{ai} - \mathrm{DP}_i + \mathrm{GW}_i}{1000 z_{ri}}$$

式中，θ_i、θ_{i-1}为第 i、第 $i-1$ 天根系层的土壤含水率（%）；P_i为第 i 天的有效降雨量(mm)；I_{ni}为第 i 天的净灌水量（mm）；ET_{ai}为第 i 天的作物实际腾发量（mm）；DP_i为第 i 天的深层渗漏量（mm）；GW_i为第 i 天的地下水补给量（mm）；z_{ri}为第 i 天的根系层深度（m）。

表 9-28 河套灌区主要作物实际灌溉试验处理用水状况

作物名称	灌水次数	处理 1		处理 2		处理 3	
		灌水日期（日/月）	灌水定额/mm	灌水日期（日/月）	灌水定额/mm	灌水日期（日/月）	灌水定额/mm
小麦	1	3/5	75	3/5	70	3/5	70
	2	10/6	70	3/6（井）	65	3/6（井）	60
	3	25/6	75	10/6	75	10/6（井）	60
	4			25/6	75	25/6	75
	合计		220		285		265

续表

作物名称	灌水次数	处理 1		处理 2		处理 3	
		灌水日期（日/月）	灌水定额/mm	灌水日期（日/月）	灌水定额/mm	灌水日期（日/月）	灌水定额/mm
玉米	1	10/6	60	10/6	60	10/6（井）	60
	2	25/6	70	25/6	70	25/6（井）	70
	3	12/6	75	12/7	75	12/7	60
	4			26/7	70	26/7	70
	合计		205		275		260
油葵	1	29/5	65	29/5	65	29/5	70
	2	8/7	70	21/6	70	21/6（井）	65
	3	27/7	75	8/7	75	8/7	75
	4			27/7	75	27/7	75
	合计		210		285		285

根据作物灌水处理的实际灌溉用水和产量情况，采用 ISAREG 模型模拟作物的灌溉用水方案，对各方案的灌水量、灌水次数、渗漏量、地下水补给量、水分利用效率、实际腾发量和作物产量下降比率等参数进行分析。在保证产量下降率＜10.0%的情况下，选定典型方案进行具体分析。综合考虑产量（减产率小于 5%）和水分利用率（大于 95%），以及当地的渠道来水配水时间和作物生育期及农事习惯，进行灌溉制度优化。对比分析上述灌溉制度，小麦灌溉定额 248 mm，玉米、油葵灌溉定额为 269～290 mm，受灌区分水及轮灌制度的决定，3 种作物的灌水次数均以 4 次为宜，灌水定额 50～80 mm，有可能的情况下，应适当提前灌水时间，以满足作物生长需水要求。详见表 9-29。

表 9-29　小麦、玉米、油葵灌溉用水管理制度优化结果

作物名称	灌水次数	方案 i（井-渠双灌）			方案 ii（渠灌）		
		灌水日期（日/月）	灌水定额/mm	灌溉定额/mm	灌水日期（日/月）	灌水定额/mm	灌溉定额/mm
小麦	1	2/5	51.31	248	2/5	55.04	251
	2	2/5	63.24		28/5	67.27	
	3	5/6	69.17		15/6	68.42	
	4	1/7	64.53		5/7	60.56	
玉米	1	7/6	63.48	290	28/5	50.00	281
	2	28/6	75.14		15/6	77.74	
	3	16/7	76.05		5/7	81.92	
	4	12/8	75.36		16/8	71.18	

续表

作物名称	灌水次数	方案 i（井-渠双灌）			方案 ii（渠灌）		
		灌水日期（日/月）	灌水定额/mm	灌溉定额/mm	灌水日期（日/月）	灌水定额/mm	灌溉定额/mm
油葵	1	2/5	57.57	269	28/5	64.94	290
	2	27/6	69.64		15/6	70.97	
	3	21/7	71.35		15/6	78.82	
	4	19/8	70.41		16/8	75.54	

（四）灌溉自动控制与番茄滴灌技术

随着黄河来水减少，灌区中低产田改造，以及内蒙古中西部工业和社会发展对需水的快速增加，灌区地表水资源配置日渐艰难，供需情势日益尖锐。开发利用地下水发展井灌，对保障水资源可持续利用具有重要意义。研究解决井灌系统的自动控制技术，对强化地下水灌溉管理具有重要保障作用。

1. 灌溉自动控制技术

本项目以机电井为水源，以“低压管道输水＋滴灌”的灌溉形式进行灌溉自动控制技术研究，网络结构如图 9-24 所示。系统由主控中心、水源井及供水系统和滴灌、土壤湿度测控系统组成，系统主要功能如下。

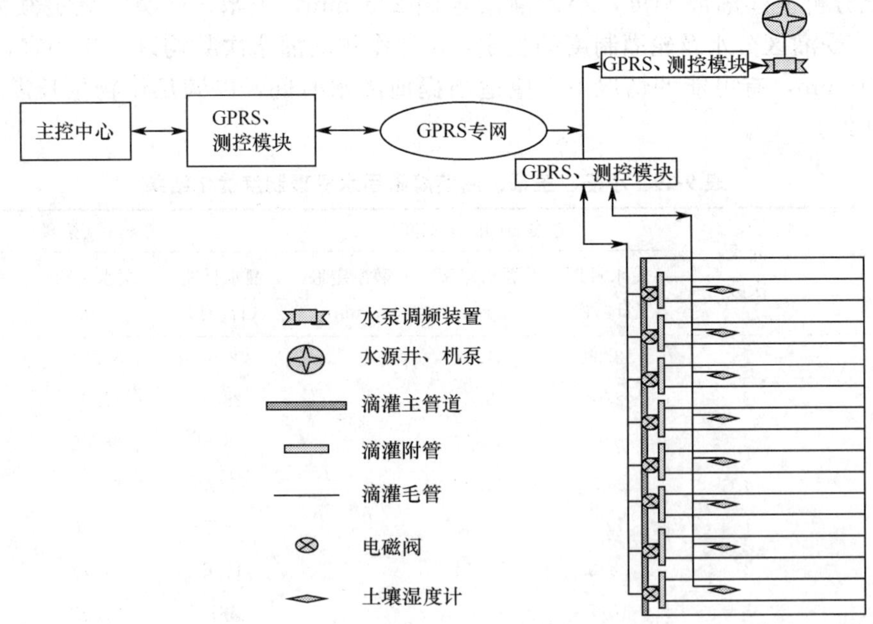

图 9-24　自动控制膜下滴灌系统结构图

（1）水源井参数显示。在监控器画面中，通过水源井参数画面可对系统运行状态（运行、停止）、故障信号（故障、正常）、电压参数（A、B、C、相电压值）、电流参数（A、B、C、相电流值）、累计流量、压力值进行实时监测。

（2）水分传感器参数及电磁阀启动。①通过水分传感器参数及电磁阀启闭画面，能够设定查询间隔时间（通常 10～60 s）、水分传感器的上限值、下限值，以及番茄不同生育阶段的适宜水分，当容积水分值小于等于下限设定值时，水源井的变频柜自动启动，其相应的电磁阀打开，当容积水分值大于等于上限设定值时，其电磁阀关闭；②用所测的土壤水分下限值的集合“或”来启动变频柜，土壤水分所测的上限值的集合“与”来停止变频柜。

（3）水泵压力曲线与水分传感器历史曲线显示。①在主控器上点击历史曲线，弹出历史曲线浏览；②点击水泵压力历史曲线按钮，弹出水泵压力历史曲线画面；③点击水分传感器历史曲线按钮，弹出水分传感器历史曲线画面；④分别点击水泵压力曲线画面和水分传感器历史曲线画面打印页面按钮，可打印出相应页面图表。

（4）报警记录。通过点击报警记录按钮，可查阅详细记录的通信中断、水泵故障、上限、下限报警等。

（5）历史数据显示。①点击水源井设备历史数据按钮，弹出水源井设备历史数据画面；②点击水分传感器历史数据按钮，弹出水分传感器历史数据画面。

（6）数据输出。设置相应的时间点击查询按钮，点击打印页面按钮，可打印出相应内容。

2. 番茄覆膜滴灌技术

1）*番茄覆膜滴灌土壤水分指标*

（1）小区试验结果分析。为获得番茄需水规律与需水量，适宜土壤水分指标，以及滴灌灌溉制度，开展了番茄膜下滴灌小区试验研究，试验观测结果如图 9-25 所示。

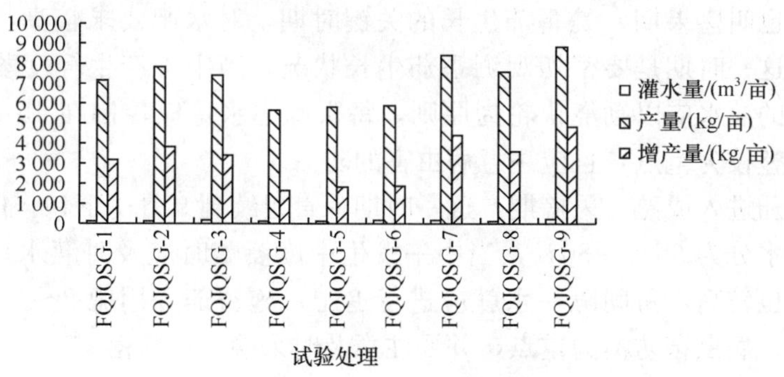

图 9-25　番茄井-渠双灌试验结果对比分析图

（2）番茄滴灌土壤水分指标。根据各试验处理的产量情况研究确定了番茄滴灌条件下的适宜土壤水分，见表 9-30。

表 9-30　番茄滴灌土壤水分指标表

适宜土壤水分指标	生育期				
	定植期	缓苗期	蹲苗—抽蔓期	青果期	成熟—采摘期
θ_{min}	60	70	60	70	65
θ_{max}	75	80	75	80	75

2）番茄覆膜滴灌及配套技术

番茄移苗定植，需在定植前先起垄、铺管、覆膜，起垄前应施好底肥，农家肥3000～5000 kg/亩、磷酸二铵 20～30 kg/亩，定植前应先滴灌底墒水，滴灌水量 20～27 m^3/亩，充分湿润耕作层土壤，为秧苗成活奠定必要的水分基础。河套灌区具有井-渠双灌的有利条件，可利用黄河水在进行定植前进行地面灌水 1 次，灌水定额 50～60 m^3/亩，待地表土壤适宜整地时再进行整地起垄、铺管、覆膜、定植。生育期滴灌技术措施如下。

（1）出苗（直播）、定植水。直播栽培，播种后在膜下 5 cm 地温达到 14℃时开始滴出苗水，滴水量 15 m^3/亩，播后 5 天内必须滴完。移栽定植，应在霜期过后滴灌底墒水后进行，膜上行距 30 cm，结合部 60 cm，株距 30～35 cm（视土壤肥力状况）。栽苗后再滴灌 1 次缓苗水。

（2）生育期滴灌。从出苗后第 25～30 天开始滴第 1 次水，以后每隔 10～15 天滴灌 1 次，每次滴水量 12～15 m^3/亩，全生育期以滴灌 10～12 次为宜，总灌水量150 m^3/亩左右。

（3）配套技术。蹲苗-抽蔓期番茄的适宜土壤水分为 60%～70%。这一时期主要是控水蹲苗，促进生殖生长为重点，其田间管理的重点是中耕除草整枝。当土壤水分接近番茄蹲苗期的适宜水分下限值应进行首次滴灌给水，灌水量 15 m^3/亩左右，随水施番茄专用肥 3 kg/亩。

青果期（也叫盛果期）是番茄生长的关键时期，对水肥要求较高，其适宜水分为75%～90%。这一时期是要密切观测番茄生长状况，当中午产生轻度萎蔫时应及时灌水，这一时期的灌水应以勤浇快轮为原则，每次滴灌水量应控制在 15 m^3/亩左右。田间管理以除草整枝为重点，且应注意病虫害的防治。

之后，番茄进入成熟—采摘期，这一时期一直延续到 9 月中下旬。成熟—采摘期的番茄适宜土壤水分为 65%～80%，当中午发生中度萎蔫时应及时灌水。这一时期番茄对肥效的要求也较高，每间隔一水就应进行追肥，施番茄专用肥 3～5 kg/亩。田间管理以除草整枝、病虫害防治为重点，并要注意及时采摘，以防落果。

（五）基于环境友好的田间输配水系统建设模式

1. 单纯渠灌区输配水系统高效用水技术集成

支、斗、农、毛渠 4 级渠道全部衬砌，结合采用定额管理、非充分灌溉的节水灌溉技术。地下水补给量将大幅度减少，因作物蒸腾和土壤蒸发以及侧向排泄将导致地下水位下降。据有关研究资料，引黄水量降至 40 亿 m^3，地下水位将较现状年下降 0.6 m，虽可以有效地抑制土壤盐渍化，但地下水位的持续下降会导致土壤干旱化。地下水水质也呈恶化趋势，将严重影响灌区生态环境，故建议对支、斗、农渠进行适度衬砌，以保证地下水动态平衡。

支、斗渠采用混凝土、沥青混凝土衬砌，衬砌断面宜采用梯形断面、弧形底梯形断面等形式，并配合采用抗冻胀措施；对于农渠和一些较大断面的毛渠则宜采用“U”形或梯形断面（图 9-26），衬砌材料宜采用混凝土、水泥土、土工膜料以及膨润土防渗毯等新材料，视情况采用必要的防冻胀措施（保温防冻或换土），结合“内蒙古灌区节水改造综合技术试验研究”成果和河套灌区节水改造工程实践，确定混凝土衬砌结构如图 9-27～图 9-29 所示。结合渠道衬砌等工程节水技术的实施，进一步强化管理节水技术应用，尤其需加强配套完善量水设施，加强非充分灌溉技术示范推广，形成成套技术体系。

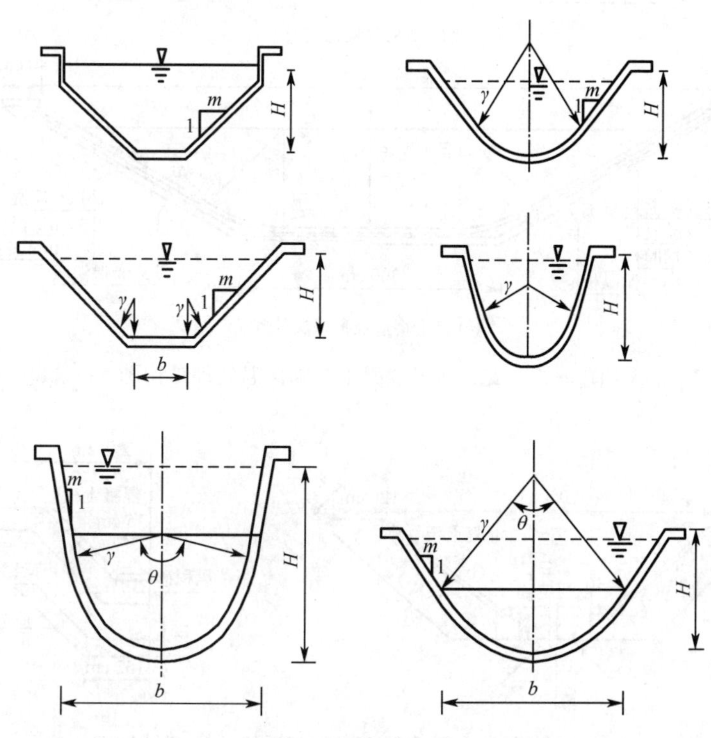

图 9-26 渠道主要衬砌断面图形式（U 形、弧形）

2. 渠灌为主，井渠结合灌区输配水系统高效用水技术集成

河套灌区地处干旱、半荒漠地区，多年平均降水量 130～215 mm，多年平均蒸发量达 2100～2300 mm。灌区现有灌溉面积 57.4 万 hm^2。2006 年，灌区用水指标 36.4 亿 m^3，水资源供需矛盾更加突出。

河套灌区有着丰富的地下水资源，地下水的补给来源广，补给量大，且地下水埋藏浅，灌区内地下水平均埋深 1.7 m，开采容易，实行井-渠双灌切实可行。据分析，河

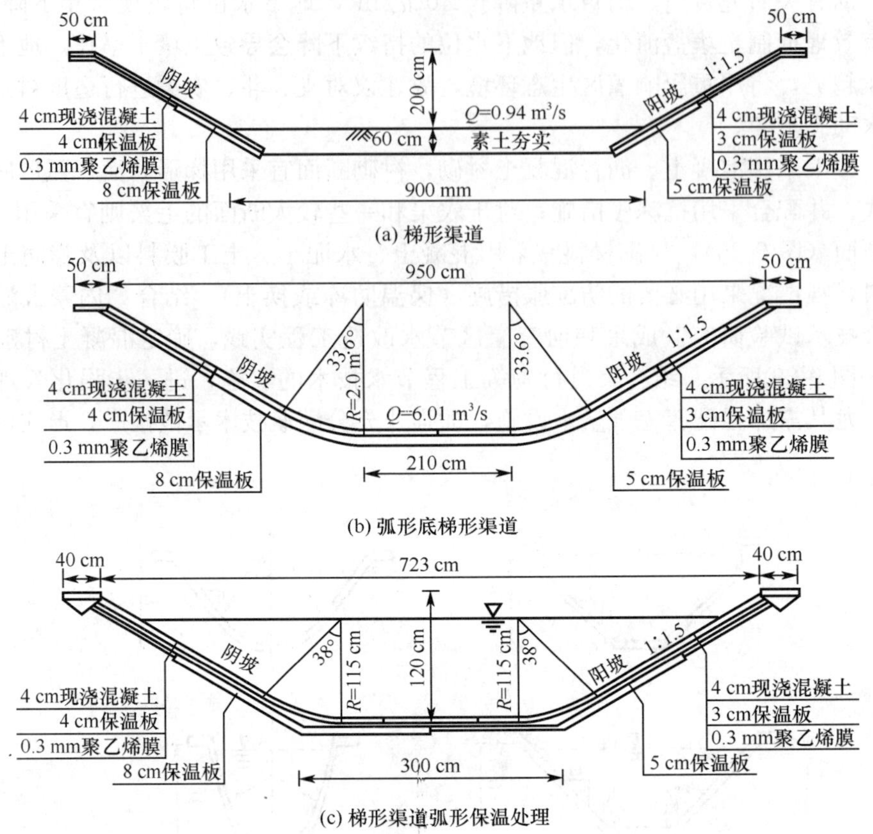

图 9-27　支、斗渠混凝土衬砌保温处理结构图

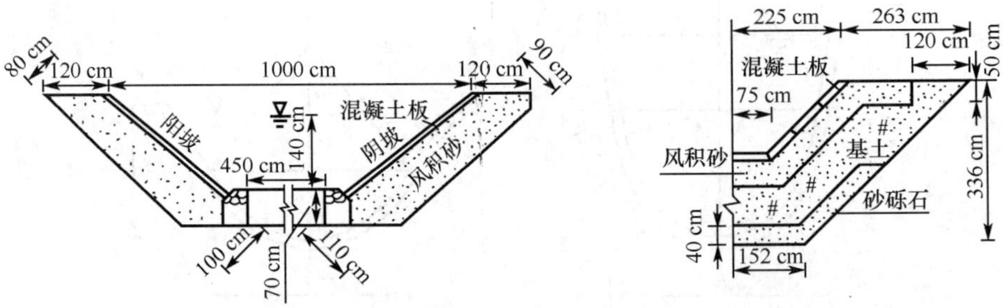

图 9-28　支、斗渠混凝土衬砌基质换土处理结构图

套灌区引黄河水量减少到 39.39 亿 m^3时，地下水可供水量为 6.61 m^3，其中矿化度小于 2 g/L 的水量为 4.38 亿 m^3。随着地下水的开发，蒸发排泄量逐步减小，侧向径流量逐步增加，水环境将会逐步向好的方向发展，可利用地下水开发范围将逐步扩大。可见，开发利用地下水对缓减日益紧张的水资源供需矛盾具有重要意义。

根据河套灌区的实际情况，发展井-渠双灌，地表水与地下水联合调度，尤其在黄河枯水期或用水紧张期采用井灌，既可做到适时适量灌溉，合理利用水资源，缓解供水量不足的矛盾，又有利于实现地下水环境的良性循环和生态环境的逐步改善，集成模式

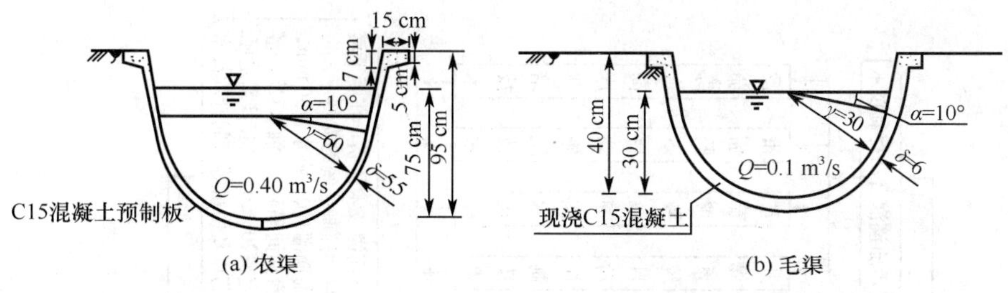

图 9-29　农、毛渠混凝土衬砌结构图

如图 9-30 所示。

其工程措施应以渠道衬砌为基础（各级渠道宜采用的断面形式同前），井灌系统在地下水富采区（单井出水量大于 40 m^3/s 以上）应直接利用衬砌渠道进行灌溉，对于单井储水量介于 20～40 m^3/s 的地区或对土壤水分需求较为严格的作物，则应配套建设低压管道灌溉系统或滴灌系统。在灌溉用水管理中应完善量水设施，积极推广应用非充分灌溉技术，以充分提高灌溉水生产率。

四、田间综合节水技术研究与示范

内蒙古河套灌区田间用水效率低的主要原因：一为土壤结构稳定性差，使土壤表层容易结皮，降低土壤水入渗量；二为土壤保水性比较差，灌水后深层渗漏与蒸发量都比较大。由于作物灌溉主要受轮灌制度控制，一般灌水时间间隔较长，土壤储水与保水能力比较低，从而影响到给作物供水。针对上述问题，实现灌区田间高效用水，要重点提高土壤储水与保水能力，减少土壤蒸发，调控作物蒸腾，降低作物耗水量，要采用地膜覆盖、作物套种、化学控制以及水、肥耦合等综合技术，实现多环节节水，形成多种作物集成技术。

（一）覆盖栽培技术

以玉米为例，试验共设 6 个处理，处理 1 为对照（CK）；处理 2 为玉米秸秆覆盖（STRAW）；处理 3 为行间覆膜加保水剂（SPF＋SAP）；处理 4 为行间覆膜（SPF）；处理 5 为行上覆膜加保水剂（UPF＋SAP）；处理 6 为行上覆膜（UPF）。试验采用随机区组排列。玉米品种为内单 314，每小区 11 行，宽行距 60 cm，窄行距 40 cm，株距 22 cm，密度为 6000 株/亩，保水剂（BJ2101-M，36 321，3-2）45.0 kg/hm^2，行施，二铵（N：P：K：18％：46％：0％）600.0 kg/hm^2，钾肥 24 022.5 kg/hm^2（硫酸钾），作底肥行施。

地膜覆盖栽培显著提高土壤温度（图 9-31），4 种处理在整个生育期 10 cm 土层地温明显高于对照，尤以行上覆膜温度最高；秸秆覆盖在整个生育期内地下 10 cm 地温都低于对照，前期地温低于对照 4.4℃，明显影响了玉米的出苗。保水剂的施用具有一定降温的作用。

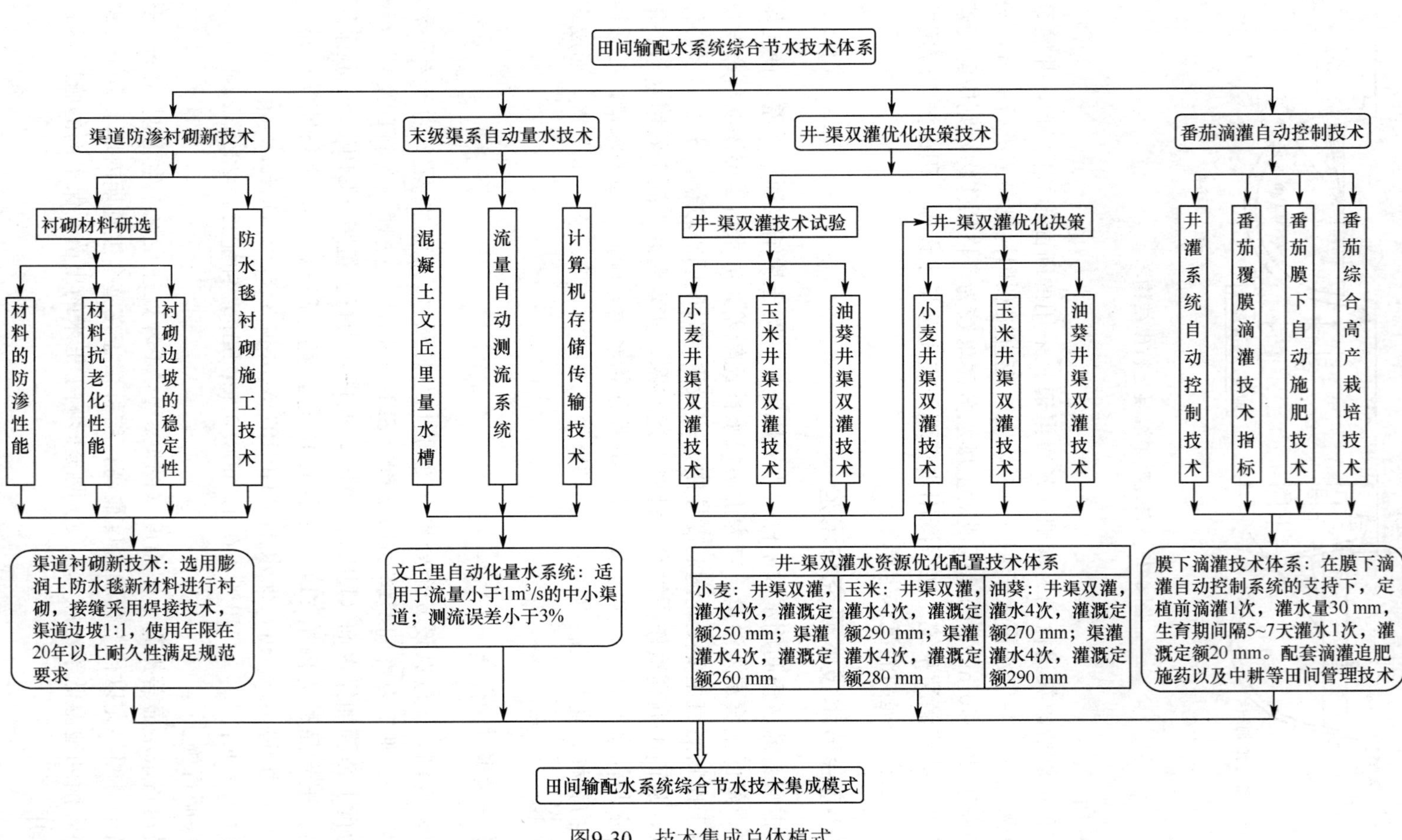

图9-30　技术集成总体模式

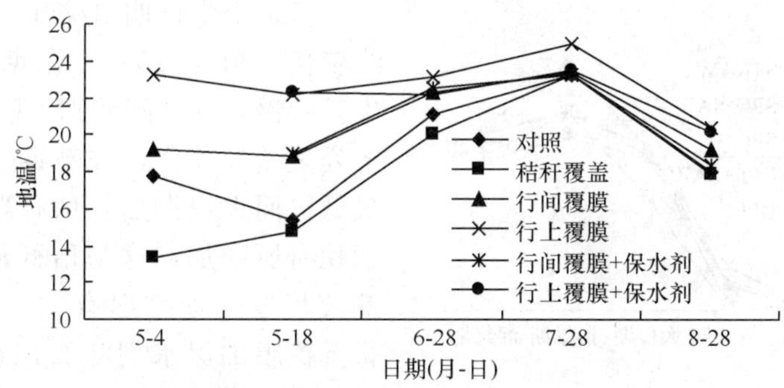

图 9-31 不同覆盖对地下 10 cm 地温的影响

不同覆盖处理下玉米株高全生育期呈"S"形曲线变化（表 9-31），拔节期至大口期株高增加迅速，大口期至成熟期变化缓慢；就不同覆盖处理而言，全生育期株高大小基本表现为 UPF＋SAP＞SPF＋SAP＞SPF＞UPF＞CK＞STRAW；就加保水剂与否而言，加保水剂处理高于不加保水剂处理。秸秆覆盖处理由于玉米苗期地面温度低，使得玉米株高明显低于其他处理，大口期后逐渐增高。

表 9-31 不同覆盖处理下玉米全生育期株高 （单位：cm）

处理	苗期	拔节期	大口期	抽雄期	灌浆期	成熟期
CK	15.73	33.83	147.25	187.00	190.00	193.00
STRAW	11.33	18.83	136.40	204.20	196.00	191.50
SPF＋SAP	24.67	68.67	189.55	223.50	230.50	199.50
SPF	24.75	65.17	187.50	204.00	234.50	200.00
UPF＋SAP	29.83	82.33	199.50	207.50	221.50	213.50
UPF	28.92	68.33	167.00	190.50	198.50	185.00

玉米茎粗从苗期至大口期增加迅速（表 9-32），大口期至成熟期变化缓慢，整个生育期玉米茎粗大小为 UPF＋SAP＞SPF＋SAP＞SPF＞UPF＞CK＞STRAW，前期各处理差异明显，而后期差值减小。秸秆覆盖处理玉米茎粗最小，其次是对照；前期秸秆覆盖处理茎粗明显低于其他处理，而后期各差值减小。行间覆膜加保水剂处理茎粗低于行间覆膜处理；行上覆膜加保水剂处理茎粗高于行上覆膜处理。

表 9-32 不同覆盖处理下玉米全生育期茎粗 （单位：cm）

处理	苗期	拔节期	大口期	抽雄期	灌浆期	成熟期
CK	5.50	12.67	28.45	27.35	28.15	27.50
STRAW	4.40	8.67	26.37	26.40	26.55	26.17
SPF＋SAP	8.67	25.33	27.73	30.20	26.75	27.30
SPF	8.33	22.67	37.17	34.10	30.60	26.35
UPF＋SAP	10.83	33.67	36.28	33.25	34.90	31.75
UPF	12.50	27.00	29.56	29.95	28.85	26.25

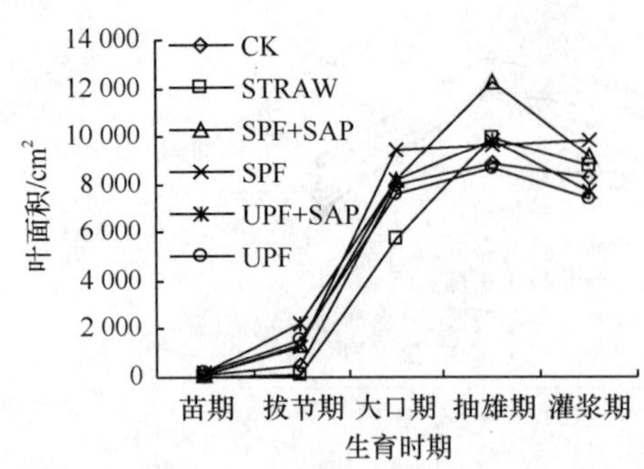

图 9-32 不同覆盖处理下玉米单株叶面积变化

玉米全生育期单株叶面积呈“S”形曲线变化（图 9-32）。在苗期玉米植株较小，生长缓慢，处理间差别不明显；从苗期后，各处理差异变大，拔节期秸秆覆盖叶面积最低，而大口期后，秸秆覆盖处理单株叶面积有所增加，这与秸秆覆盖处理生育时期较其他处理推迟有关。在整个生育期，行上覆膜加保水剂叶面积系数均最高，其次是行上覆膜。总体上，行间覆膜加保水剂处理促进玉米生长效果较好。

在几种覆盖处理中，行上覆膜＋保水剂增产最高，与对照相比，增产幅度为25.66％。比单纯行上覆膜增产明显，行间覆膜施保水剂较行间覆膜产量略有降低。虽然行上覆膜对地温增加效果最明显，但由于生育期提前，导致红蜘蛛病发生，使得产量反而降低（表 9-33）。秸秆覆盖前期地温低于对照，使得生育期推后，但后期的降温保水作用有助于玉米生长，因此，秸秆覆盖时间推后将可能有助于产量的提高。

表 9-33 不同覆盖方式对玉米水分利用效率及产量的影响

处理	CK	STRAW	SPF＋SAP	SPF	UPF＋SAP	UPF
耗水量/mm	476.24	494.62	472.13	471.7	461.85	448.58
产量/kg	10 120.5	10 261.19	11 966.58	12 065.97	12 333.44	10 125.76
水分生产率/(kg/m³)	2.12	2.07	2.53	2.56	2.67	2.26
增幅/％	—	－2.38	19.27	20.37	25.66	6.22

不同覆盖方式下玉米水分生产率大小表现为行上覆膜＋保水剂＞行间覆膜＞行间覆膜＋保水剂＞行上覆膜＞对照＞秸秆覆盖，见表 9-33。与对照相比，行上覆膜加保水剂（UPF＋SAP）提高水分生产率 25.66％，行间覆膜（SPF）与行间覆膜加保水剂（SPF＋SAP）没有产生很大差异，而行上覆膜（UPF）与行上覆膜加保水剂（SPF＋SAP）产生较大差异。

（二）化学节控技术

1. 保水剂（super absorbent polymer）应用技术

1）小麦套种玉米

考虑机械种植，小麦种植带幅为 2.4 m，玉米种植带幅为 1.8 m，玉米与小麦都为裸种，两种作物采用不同施用方法，保水剂都采用北京汉力森公司生产 BJ-L（粒径1.6～4.0 mm)。

春小麦：供试小麦品种为永良 4 号，保水剂采用沟施，在小麦播种前开 5～8 cm 深、10 cm 宽的小沟，将保水剂均匀撒施在沟内，与土壤拌匀，耱平小沟，然后再用播种机开沟施肥、播种，保水剂施用量为 45 kg/hm²。

玉米：玉米品种为巴单 3 号，采用沟施、混施、穴施、撒施。沟施是在玉米播种前开 10 cm 深、15 cm 宽的小沟，将保水剂与土壤拌匀，撒施在沟内，耱平小沟，然后用点播器点播玉米。混施为保水剂均匀撒施在玉米种植行上（宽 15 cm），用施肥器开沟施肥，同时将保水剂与土壤搅拌均匀，施入深度为 0～8 cm，最后点播玉米。穴施为保水剂施入深 10 cm、直径 15 cm 的种植穴，耱平种植穴，用施肥器开沟施肥，最后点播玉米。撒施是先用施肥器开沟施肥，然后点播玉米，最后将保水剂撒施在种植行上（宽 15 cm），2 种作物分别设对照处理（不施保水剂）。

在春小麦分蘖期，施用保水剂处理可提高 0～60 cm 土层土壤水分含量，促进小麦分蘖和根系向深层土壤分布，提高了单位面积的穗数和生物量，提高了根冠比，增强了小麦的抗逆性（表 9-34）。保水剂提高了小麦的穗长、小穗数、穗粒数、千粒重，提高了单位面积的穗数以及籽粒产量（表 9-35）。

表 9-34　施用保水剂春小麦分蘖期的生长状况

处理	分蘖期		灌浆期（单行 10 cm）				
	分蘖数	根系深度/cm	穗数	地上部生物量/g	根系生物量/g	根系分布深度/cm	根冠比
CK	1.34	26.7	12	25.25	1.74	61.5	0.069
BJ-L	1.67	45.6	15	35.24	2.46	72.4	0.070

表 9-35　春小麦成熟期的生长状况

处理	穗数/(10^6/hm^2)	株高/cm	穗长/cm	小穗数	穗粒数	千粒重/g	生物量/(10^3 kg/hm^2)				
							茎	叶	颖	籽粒	小计
CK	4.53	81.3	8.5	15.3	32.3	40.67	3.42	0.87	1.54	5.33	11.16
BJ-L	5.87	81.5	9.3	16.2	34.9	42.56	4.23	1.05	1.94	6.98	14.20

施用保水剂提高了小麦水分利用效率、水分生产率以及灌溉水分产出率（表 9-36），与对照相比，水分利用效率提高了 20.5%，水分生产率提高了 24%。沟施保水剂提高了土壤水分，促进了春小麦分蘖和根系向深层土壤生长，提高了小麦生物量、籽粒产量，从而提高了小麦的水分利用效率。

表 9-36　春小麦的耗水量及水分利用效率

处理	耗水量/mm	水分利用效率/[kg/(mg · hm^2)]	水分生产率/[kg/(mg · hm^2)]	灌溉水产出率/[kg/(mg · hm^2)]
CK	529.08	21.09	10.07	11.84
BJ-L	558.30	25.43	12.50	15.51

2）*番茄*

选用新疆石河子亚新种业公司品种石番 97-10 号，共设 8 个处理：1 为对照；处理 2～6 为采用保水剂 BJ2101-L（粒径为 1.6～4 mm），施用量分别为 30.0 kg/hm^2、37.5 kg/hm^2、45.0 kg/hm^2、52.5 kg/hm^{2}与 75.0 kg/hm^2；处理 7 与处理 8 均采用保水剂

BJ2101-M（粒径为0.3～1 mm），施用量分别为4 kg/hm²与75 kg/hm²。采用随机区组排列，每小区12行，宽行距90 cm，窄行距60 cm，株距40 cm；二铵450 kg/hm²，钾肥150 kg/hm²，作底肥行施，施用方法采用与土壤混施，保水剂沟施深度为10 cm，探讨不同施用量对番茄生长的影响。

结果表明不同施用量均可提高0～40 cm土层土壤水分，且随施用量的增加而增加（图9-33），但施用量达到45.0 kg/hm²，增加施用量对土壤水分增加效果变得不明显。施用量加大，使保水剂吸水倍率减小，因此，保水剂施用量对土壤含水率影响并不为线性关系，当施用量超过一定值后，增加施用量，土壤含水率并不增加。

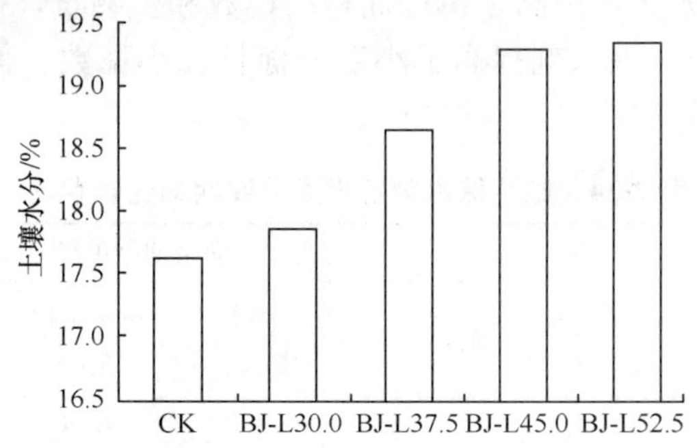

图9-33 施用保水剂番茄幼苗期0～40 cm土层土壤水分

与CK相比，采用保水剂使番茄产量增加，增幅为3.33%～13.16%（表9-37），总体上看，不论大颗粒还是小颗粒，施用量75.0 kg/hm²比45.0 kg/hm²增产幅度大，大颗粒BJ2101-L增产幅度为7.67%～13.16%，而采用小颗粒BJ2101-M增产幅度为3.33%～6.69%。同样，施用保水剂有明显提高水分生产效率的作用，各种处理提高水分利用效率幅度为9.24%～21.33%，保水剂颗粒与施用量对水分生产率影响与产量相同，大颗粒比小颗粒效果明显。

表9-37 保水剂应用技术对番茄产量、水分利用效率及产量的影响

处理	CK	BJ2101-L 45.0 kg/hm²	BJ2101-L 75.0 kg/hm²	BJ2101-M 45.0 kg/hm²	BJ2101-M 75.0 kg/hm²
耗水量/mm	357.58	338.89	333.39	337.46	349.02
产量/(kg/hm²)	63 855	68 754	72 260	65 980	68 124
增幅/%	—	7.67	13.16	3.33	6.69
水分生产率/(kg/m³)	11.91	13.53	14.45	13.03	13.01
增幅/%	—	13.60	21.33	9.40	9.24

试验小区盐渍化较为严重，常规种植方式下番茄成活率比较低，采用保水剂后改善了土壤结构，提高了番茄出苗率。番茄整个生育期内只灌水2次，在生育后期出现干旱胁迫现象，采用保水剂减少了土壤水分蒸发，提高了土壤对番茄水分供给，从而提高番茄产量与作物水分利用率。

3）甜瓜

甜瓜种子选用新疆生产建设兵团品种新密 19 号，共设 7 个处理：1 为对照；2、3、4 均为采用保水剂 BJ2101-M（粒径为 0.3～1 mm），施用量分别为 30.0 kg/hm²、45.0 kg/hm²与 75.0 kg/hm²；5、6、7 为采用保水剂 BJ2101-L（粒径为 1.6～4 mm），施用量分别为 30.0 kg/hm²、45.0 kg/hm²与 75.0 kg/hm²。采用随机区组排列。甜瓜种植行距为 0.5 m 与 1.3 m，株距为 0.5 m，二铵（N∶P∶K：18%∶46%∶0%）450.0 kg/hm²，钾肥（农用硝酸钾型，N∶P∶K：13.5%∶0%∶44.5%）225.0 kg/hm²，作底肥行施。保水剂施用采用与土壤混施方法。

试验结果表明采用保水剂可提高甜瓜产量与水分生产率（表 9-38），产量增加幅度为 5.22%～13.36%，水分生产率增加 6.73%～15.21%。总体上，随着施用量增加，产量有所增加，但是增加幅度比较小。对于小颗粒，施用量从 30.0 kg/hm²增加到 75.0 kg/hm²，增产幅度提高了 2.99%；对于大颗粒，增加幅度为 3.37%，大颗粒效果要优于小粒径作用。保水剂适宜施用量为 45.0 kg/hm²，大颗粒保水剂效果较好。

表 9-38　施用保水剂处理甜瓜产量与水分生产率

处理	CK	BJ2101-M 30 kg/hm²	BJ2101-M 45 kg/hm²	BJ2101-M 75 kg/hm²	BJ2101-L 30 kg/hm²	BJ2101-L 45 kg/hm²	BJ2101-L 75 kg/hm²
耗水量/mm	392.99	387.19	398.13	388.50	378.66	385.72	386.67
产量/(kg/hm²)	47 265	49 731.4	51 985	52 082.4	51 737.4	53 300	53 579.4
增幅/%	—	5.22	9.99	10.19	9.46	12.77	13.36
水分生产率/(kg/m³)	8.02	8.56	8.70	8.94	9.11	9.21	9.24
增幅/%	—	6.73	8.48	11.47	13.59	14.84	15.21

2. 土壤结构调理剂（PAM）应用技术

1）小麦套种玉米

采用由北京汉力淼有限责任公司提供的两种 PAM，相对分子质量分别为 500 万与 1200 万，两种 PAM 的水解度在 20%左右，均采用干撒施用方法。

施用作物为小麦套种玉米，小麦为宁夏泽丰种业有限公司生产永良 4 号，玉米选用巴彦淖尔市农业科学院新品种巴单 3 号。

设 7 个处理：处理 1 为对照；2、3、4 处理分别为 PAM 用量均为 22.5 kg/hm²，但相对分子质量不同，依次为 500 万、1200 万与两种分子质量按 1∶1 比例混合；处理 5、6、7 为 PAM 用量为 30.0 kg/hm²，相对分子质量依次为 500 万、1200 万与相对两种分子质量按 1∶1 的混合。每个处理重复 3 次，小区面积 9.6 m×10 m=96 m²，小麦行距0.1 m，小麦带幅 2.4 m，行数 22 行。玉米带幅 1.8 m，行数 4 行，采用宽窄行种植，宽行距 60 cm，窄行距 40 cm，株距 18 cm。小麦施肥二铵 375 kg/hm²，氯化钾 37.5 kg/hm²，底肥一次施入，播种量为 375 kg/hm²。玉米底肥为二铵 375 kg/hm²，农用硝酸钾型 150 kg/hm²。

小麦各处理耗水量、产量以及水分生产率见表 9-39，PAM 各处理都可提高套种小麦产量，产量提高幅度为 5.30%～27.23%。总体上，施用 PAM 30.0 kg/hm² 比施用 22.5 kg/hm² 增加幅度大一些，低分子质量效果比高分子好，与高、低分子质量混合效果接近。（高+低）分子质量 PAM 施用量为 22.5 kg/hm² 与低分子质量 PAM，施用量为 30.0 kg/hm² 增产幅度分别为 27.23%、26.37%。各处理水分生产率为1.04 kg/m³～1.21 kg/m³，比 CK（0.98 kg/m³）提高了 6.12%～23.47%。低分子质量 PAM 施用量为 22.5 kg，提高效果最显著，采用低分子质量 PAM 较高分子质量或高、低分子质量混合对提高小麦水分生产率效果较明显，PAM 施用量 22.5 kg/hm² 比较好。

表 9-39　PAM 应用技术对套种小麦产量与水分生产率的影响

处理	CK	PAM 22.5 kg/hm²（低分子质量）	PAM 22.5 kg/hm²（高分子质量）	PAM 22.5 kg/hm²（高+低）	PAM 30.0 kg/hm²（低分子质量）	PAM 30.0 kg/hm²（高分子质量）	PAM 30.0 kg/hm²（高+低）
耗水量/mm	444.90	445.71	442.57	491.91	488.33	472.06	472.00
产量/(kg/hm²)	6558.6	8070.0	6906.7	8344.2	8288.6	7754.2	8120.1
增幅/%	23.04	23.04	5.30	27.23	26.37	18.23	23.80
水分生产率/(kg/m³)	0.98	1.21	1.04	1.13	1.13	1.10	1.15
增幅/%	—	23.47	6.12	15.31	15.31	12.24	17.35

玉米各处理耗水量、产量以及水分生产率见表 9-40，PAM 各处理都可提高套种玉米产量，与对照相比，增产幅度在 10.45%～34.83%。高与低分子质量混合，增产幅度最高，分别为 34.83%与 27.37%，单独低分子质量处理与单独高分子质量处理增产幅度相近，分别为 10.45%～21.37%、16.91%～25.86%。PAM 施用量 22.5 kg/hm² 与 30.0 kg/hm² 对产量影响基本相同。对套种玉米水分生产效率均有明显提高，增加幅度为 9.15%～30.72%。总体上，高与低分子质量 PAM 混合提高水分生产效率幅度大于单独低或高分子质量处理，两种施用量产生的效果差别不大。这一结果同 PAM 对套种小麦的影响有所差异，在小麦上，低分子质量效果最好。低分子质量 PAM 容易溶解，但耐久性较差。分子质量高，溶解慢，但效用时间长，造成小麦与玉米这种差异可能由于小麦套种玉米时小麦灌水次数较少，低分子质量足以起到固土作用，而玉米灌水次数多，高分子质量 PAM 耐久性作用显现出来。

表 9-40　PAM 应用技术对套种玉米产量与水分生产率的影响

处理	CK	PAM22.5 kg/hm²（低分子质量）	PAM22.5 kg/hm²（高分子质量）	PAM22.5 kg/hm²（高+低）	PAM30.0 kg/hm²（低分子质量）	PAM30.0 kg/hm²（高分子质量）	PAM30.0 kg/hm²（高+低）
耗水量/mm	510.15	514.94	520.02	525.18	514.77	503.61	523.82
产量/(kg/hm²)	11 682.26	12 902.80	14 702.89	15 751.76	14 178.51	13 657.19	14 879.25

续表

处理	CK	PAM22.5 kg/hm²（低分子质量）	PAM22.5 kg/hm²（高分子质量）	PAM22.5 kg/hm²（高+低）	PAM30.0 kg/hm²（低分子质量）	PAM30.0 kg/hm²（高分子质量）	PAM30.0 kg/hm²（高+低）
增幅/%	—	10.45	25.86	34.83	21.37	16.91	27.37
水分生产率/(kg/m^3)	1.53	1.67	1.88	2.00	1.84	1.81	1.89
增幅/%	—	9.15	22.88	30.72	20.26	18.30	23.53

2）番茄

a. 试验设计与方法

实验选用由新疆石河子亚新种业有限公司提供的品种石番 97-10 号，设 7 个处理：处理 1 为对照；2、3、4 处理分别为 PAM 用量均为 22.5 kg/hm²，但相对分子质量不同，依次为 500 万、1200 万与两种相对分子量按 1∶1 比例混合；处理 5、6、7 为 PAM 用量为 30.0 kg/hm²，相对分子质量依次为 500 万、1200 万与两种分子质量按 1∶1的混合。每个处理重复 3 次，小区面积 9.6 m×10 m=96 m²，PAM 采用干撒施用方法。

试验小区采用随机排列，每小区 12 行，宽行距 90 cm，窄行距 60 cm，株距40 cm；二铵 450 kg/hm²，钾肥 150 kg/hm²，作底肥行施，施用方法采用与土壤混施，保水剂沟施深度为 10 cm。

b. PAM 应用技术对番茄产量及水分生产率的影响

各处理耗水量、产量以及水分生产率见表 9-41，PAM 各处理都可提高番茄产量，与对照相比，增产幅度为 1.95%～13.23%。高与低分子混合，两种施用量增产幅度分别为 5.66%与 8.82%，单独低分子质量处理与单独高分子质量处理增产幅度分别为 1.95%～3.51%和 6.37%～13.23%。PAM 处理对番茄水分利用效率均有提高，增加幅度在 8.40%～21.83%。总体上，低分子质量提高幅度较低，高分子质量与高低分子质量混合提高幅度较大，施用量 30.0 kg/hm²比 22.5 kg/hm²效果好。选用番茄的试验中，低分子质量效果较差进一步反映出高分子质量耐久性作用，虽然番茄灌水次数较少，但与玉米一样，生育期较长，因此，高分子 PAM 效果较好。

表 9-41　PAM 应用技术对番茄产量及水分利用效率的影响

处理	CK	PAM22.5 kg/hm²（低分子质量）	PAM22.5 kg/hm²（高分子质量）	PAM22.5 kg/hm²（高+低）	PAM230.0 kg/hm²（低分子质量）	PAM30.0 kg/hm²（高分子质量）	PAM30.0 kg/hm²（高+低）
耗水量/mm	357.58	334.45	340.64	331.75	341.38	332.12	324.29
产量/(kg/hm²)	63 855	65 098.36	67 922.75	67 470.70	66 095.21	72 303.81	69 488.09
增幅/%	—	1.95	6.37	5.66	3.51	13.23	8.82

续表

处理	CK	PAM22.5 kg/hm^2（低分子质量）	PAM22.5 kg/hm^2（高分子质量）	PAM22.5 kg/hm^2（高＋低）	PAM230.0 kg/hm^2（低分子质量）	PAM30.0 kg/hm^2（高分子质量）	PAM30.0 kg/hm^2（高＋低）
水分生产率/(kg/m^3)	11.91	12.98	13.29	13.56	12.91	14.51	14.29
增幅/%	—	8.98	11.59	13.85	8.40	21.83	19.98

（三）主要作物水-肥耦合技术

1. 小麦

1）不同的氮肥处理对小麦产量的影响

本试验共设置5个处理，1个不施氮处理（N0）和4个施氮处理（N1、N2、N3和N4）。肥料是普通的无机化肥，底肥为磷酸二铵与尿素，按5∶1的比例配比，追肥为尿素（N，46%）。尿素分为基肥和追肥（拔节期灌溉时地表撒施）两次施入，基肥占总施氮量的40%，耕前撒施。不同处理的施肥量、施肥时期见表9-43。每个处理重复3次，小区面积为5 m×5 m＝25 m^2，采用随机区组排列。灌水量、灌水频次与农民正常的管理习惯相同，不做特别要求，均使试验研究能模拟当地农民的实际田间管理状况。具体灌水量、次数见表9-42。

表9-42　试验期间灌水量

灌水次数	第1次	第2次	第3次	第4次
灌水量/mm	88	68	78	88

表9-43　各处理的施氮量　（单位：kg N/hm^2）

处理	播前	拔节期	开花期	合计
N0	0	0	0	0
N1	55	0	0	55
N2	55	50	35	140
N3	55	100	70	225
N4	225	0	0	225

由表9-44可以看出，其他的处理（N1、N2、N3、N4）的产量明显高于N0，各施肥处理与N0之间差异达到了极显著的水平。增产幅度为27.9%～58.9%。这证明施肥量为55～225 kg/hm^{2}时，产量随着施氮量的增加而增加。N3与N4的差异达到极显著水平，说明肥料一次性作为底肥施入的效果没有分次施用的效果好。

表 9-44　不同氮处理对小麦产量的影响

处理	籽粒产量 /(kg/hm²)	增产率 /%	产量差异显著性	
			5%	1%
N0	4 390.2	—	d	D
N1	5 618.9	27.9	c	C
N2	6 162.5	40.4	b	B
N3	6 976.2	58.9	a	A
N4	6 324.9	44.1	b	B

对表 9-44 的数据进行分析整理后，对数据进行二次回归分析，可以计算出亩产 y（kg/hm²）与亩施氮量 x（kg/hm²）之间的二元一次方程：

$$y = -0.0428\ x^2 + 19.146\ x + 44\ 862 \quad R = 0.9221^{**}$$

据此式可以求得产量最高时的氮肥用量：$\frac{dy}{dx} = 19.146 - 0.085\ 6\ x$，$x = 223.7$ kg/hm²。即取得小麦最高产量时，应施的氮肥量为 223.7 kg/hm²。

2）不同的氮肥处理对耗水量及水分利用效率影响

采用土壤水分平衡法计算耗水状况。由表 9-45 可以看出，在相同的灌水条件和降雨条件下，整个生育期内，随着氮素的增加各处理的 ΔSWS 随之增加，各处理的 ΔSWS 的差异十分显著。从图 9-34 可以看出，各处理的土壤含水量随着氮肥用量的增加而减少，证明在生育期内，氮肥的增加明显增加了根系对土壤水分的吸收能力，增大了小麦对土壤水分的利用程度。

表 9-45　不同氮处理小麦水分利用系数

处理	耗水组成			生育期总耗水量 (ET) /(m³/亩)	经济产量 /(kg/亩)	WUE /(kg/亩)
	降水（P）/(m³/亩)	灌水（I）/(m³/亩)	土壤水（ΔSWS）/(m³/亩)			
N0	16.675	214.77	16.83	248.28	292.68	1.18
N1	16.675	214.77	19.55	250.99	374.59	1.49
N2	16.675	214.77	20.32	251.76	410.83	1.63
N3	16.675	214.77	50.45	281.9	465.08	1.65
N4	16.675	214.77	49.72	281.17	421.66	1.50

虽然施氮增加了小麦的耗水，不利于小麦水分利用效率的提高，但各处理的水分利用效率仍随着施氮的增加而增加。N3 与 N0 相比 WUE 增加了 39.8%，是所有处理中增加幅度最大的，N3 与 N0 相比产量增加了 58.9%；N2 与 N0 相比 WUE 增加了 38.1%，N2 与 N0 相比产量增加了 40.4%；N1 与 N0 相比 WUE 增加了 26.3%，N1 与 N0 相比产量增加了 28.0%。

研究表明，施氮对提高小麦水分利用效率有利，进一步说明施用氮肥对小麦的同化

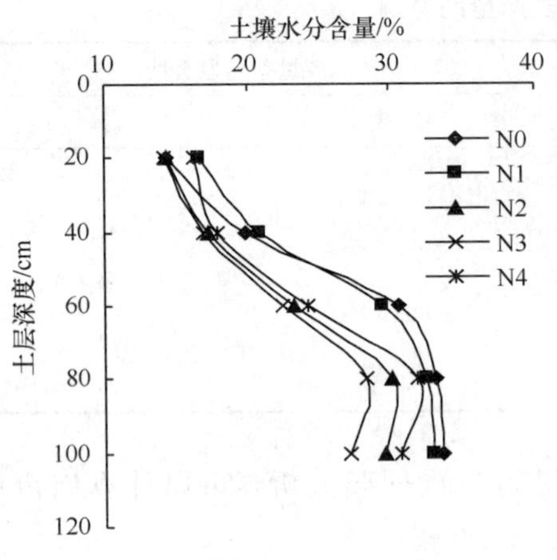

图 9-34　不同氮处理小麦土壤水分分布

作用和生长的促进作用要大于耗水的促进作用。N3 与 N4 相比 WUE 增加了 10%，产量增加了 10.3%。由于 N4 处理一次性投入所有的肥料，而大量的肥料不能被及时吸收，导致大量的肥料沉积在土壤中，在一段时间内造成了土壤的次生盐碱化，从而导致根部吸水受到了盐分的胁迫，试验结果证明分期施肥也可以提高水分利用效率。

3）不同氮肥处理对小麦光合日变化的影响

由图 9-35、图 9-36 可知，小麦在灌浆期净光合速率日变化总趋势呈双峰型，早上 8：00～10：00，光照逐渐增强，净光合速率攀升；10：00～14：00，叶温随着光照的增强而升高，使部分植株进入午休状态，净光合速率下降；14：00～16：00，光强减弱，叶温降低，光合午休现象逐渐解除，净光合速率渐渐提高；16：00～19：00，光照减弱，净光合速率降低。PAR（光合有效辐射）和 TL（叶温）都是在 12：00 左右达到最大值，随后缓慢下降。在 8：00～14：00，N3 光合速率最大，N4 的光合速率低于 N3，由于 N4 处理没有追肥，一次性将肥料施入，由于氮肥发挥肥效需要一定的时间，而一次性施入过多的肥料，一部分肥料的作用还未发挥就已经挥发或者被淋洗到深层，导致在灌浆期需要养分时不能充足地提供养分，导致叶片内进行光合的酶没有充足地合成，导致 N4 的光合速率低于 N3 的。其他处理净光合速率随着施氮的增加而增加。14：00～19：00，各处理的变化无明显的差异。总体而言，在小麦灌浆期 N3 的光合速率最大，所以要提高小麦这一时期的净光合速率，施氮量应保持在 225 kg/hm^2，并且应该分期施肥。

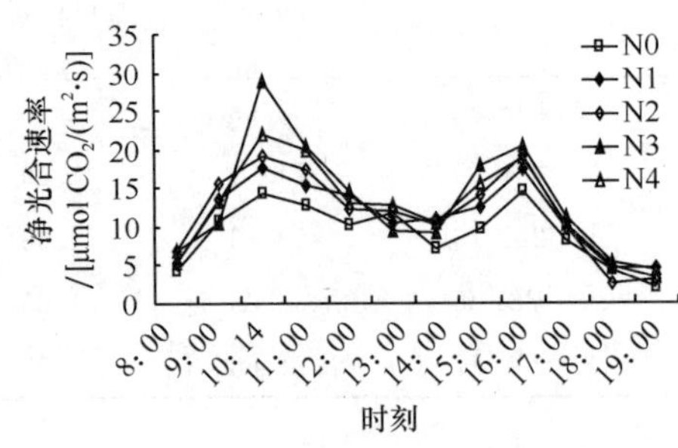

图 9-35　不同氮肥处理小麦光合日变化

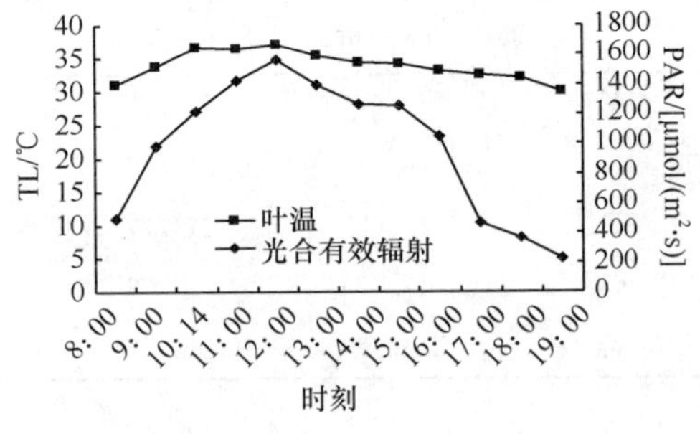

图 9-36　小麦 PAR 日变化

2. 玉米

1）不同处理的对比

表 9-46 中列出不灌水，灌水 120 m^3/亩、200 m^3/亩、260 m^3/亩（各 3 组）共 10

个处理的玉米水分利用效率试验结果。同一灌水量条件下，水分的利用率随着施肥量水平的增加而增高，灌水量为 200 m^3/亩的各处理下，随施肥量的增大分别提高了 16%、21%。处理 10 与处理 9 相比较提高了 4%。可见在高灌水量的情况下，不施肥水平的差异性显著，在高肥量（325 kg/hm^2）与丰富肥量（225 kg/hm^2）相比较水肥利用率提高了 4%，而产量提高了 3.8%，提高幅度不很明显，增产效应并不显著。可知在盐渍化土壤上玉米施肥量 225 kg/hm^2 最为合适。

表 9-46　不同处理水分利用效率

处理	耗水组成			生育期总耗水量/(m^3/亩)	WUE/(kg/亩)	经济产量/(kg/亩)
	降水/(m^3/亩)	灌水/(m^3/亩)	土壤水/(m^3/亩)			
B-1	66.7	—	−10.25	56.45	12.46	703.35
B-2	66.7	120.00	3.08	189.78	3.80	720.44
B-3	66.7	120.00	3.08	189.78	3.78	718.00
B-4	66.7	120.00	3.08	189.78	3.92	743.22
B-5	66.7	200.00	11.03	277.73	2.79	775.76
B-6	66.7	200.00	11.03	277.73	2.87	796.10
B-7	66.7	200.00	11.03	277.73	2.94	817.66
B-8	66.7	260.00	0.34	327.04	2.52	825.39
B-9	66.7	260.00	−31.09	295.61	2.93	866.07
B-10	66.7	260.00	−31.09	295.61	3.04	899.43

2）对叶片光合特性和水分利用效率的影响

通过表 9-47 可以看出随着玉米生育期的进行，在不同的水肥处理下，整个生育期内净光合速率、水分利用效率、叶片气孔导度、蒸腾速率的变化基本一致。在 35 m^3/亩情况下，玉米叶片净光合速率（Pn）、水分利用效率（WUE）在灌浆期达到最大，低肥、中肥分别是高肥的 1.08 倍、1.13 倍；灌浆前期适度的中度亏缺灌溉可以增加灌浆期的补偿增长，提高水分的利用效率。在 50 m^3/亩情况下，水分利用效率收获期最高，中肥是低肥、高肥的 1.23 倍、1.20 倍，收获前期适当的轻度亏缺灌溉可以提高收获的水肥利用效率，增加籽粒的重量。在 61.67 m^3/亩情况下，水分利用效率吐丝期最高，中肥是底肥、高肥的 1.27 倍、1.01 倍，到后期水分利用效率降低，所以高肥高水不但没有使水分利用效率提高，反而降低。灌区玉米节水灌溉潜力非常大。整个生育期下来节水量为 900～1800 m^3/hm^2。Pn 和 Tr 二者都是影响玉米叶片 WUE 的主要因素，但在干旱胁迫时，作物主要是通过降低其蒸腾速率来提高其水分利用效率；Gs 及 Ci 通过调控作物光合作用和蒸腾作用来间接地影响水分利用效率。

表 9-47 不同处理下玉米叶片光合特性和水分利用效率的变化

生育期	Pn /[mmolH_2O /(m^2 · s)]	Gs /[mmolH_2O /(m^2 · s)]	Ci /(μmolCO_2 /mol air)	Tr /[mmolH_2O /(m^2 · s)]	WUE
抽雄	21.54	0.14	76.28	5.43	3.97
	20.42	0.13	82.95	5.19	3.93
	28.16	0.29	170.49	7.20	3.91
	18.86	0.09	14.50	3.57	5.28
	24.36	0.16	75.66	5.95	4.09
	22.49	0.14	77.46	5.39	4.17
	17.77	0.11	57.92	4.19	4.24
	21.45	0.26	150.12	6.34	3.38
	34.07	0.26	90.52	7.86	4.34
	23.16	0.14	57.60	5.67	4.09
吐丝	14.12	0.09	63.08	3.80	3.72
	15.95	0.09	53.54	3.82	4.18
	19.59	0.10	53.75	4.39	4.46
	16.60	0.07	27.08	3.35	4.96
	15.27	0.08	59.42	3.88	3.94
	9.71	0.05	32.06	2.33	4.16
	22.00	0.11	20.44	4.90	4.49
	12.82	0.07	57.10	3.02	4.25
	30.64	0.15	18.70	5.64	5.43
	23.57	0.10	68.28	4.38	5.38
灌浆	19.62	0.13	83.01	3.17	6.19
	19.29	0.13	70.37	2.98	6.48
	25.81	0.13	10.97	3.83	6.74
	31.52	0.17	17.60	5.30	5.95
	17.17	0.12	87.17	5.17	3.32
	12.02	0.08	82.55	3.36	3.57
	18.93	0.10	17.80	4.16	4.55
	23.88	0.17	87.97	6.74	3.54
	18.95	0.12	70.76	4.70	4.03
	11.45	0.06	37.66	2.85	4.01

续表

生育期	Pn /[mmolH_2O /(m^2 · s)]	Gs /[mmolH_2O /(m^2 · s)]	Ci /(μmolCO_2 /mol air)	Tr /[mmolH_2O /(m^2 · s)]	WUE
收获	10.01	0.07	134.92	1.45	6.92
	6.71	0.06	197.56	1.65	4.08
	10.54	0.07	135.87	1.94	5.44
	5.01	0.04	174.80	1.30	3.86
	3.97	0.03	160.49	0.95	4.19
	14.94	0.09	82.24	2.88	5.19
	4.54	0.03	106.00	1.06	4.29
	2.35	0.02	178.23	0.91	2.58
	8.21	0.05	82.14	1.69	4.86
	5.34	0.04	92.77	1.27	4.21

3. 油葵

油葵是内蒙古河套灌区主要的油料作物，是调节粮、蔬作物之间种植结构最重要的经济作物。

1）模型的建立

以籽粒产量为目标函数，以二次最优设计回归数学模型进行回归模拟，得到产量 Y 与 X_1（N）、X_2（P_2O_5）、X_3（W）三因子的数学模型。见表 9-48。

表 9-48　函数模型

土壤类型	函数模型
轻度含盐	$Y=4153.93+2.54X_1-3.09X_2+4.35X_3-0.0099X_1^2-0.0060X_2^2-0.015X_3^2+0.016X_1X_2+0.013X_1X_3+0.027X_2X_3$ （$R=0.99$）(1)
中度含盐	$Y=2336.09+4.37X_1+0.51X_2+9.66X_3-0.01595X_1^2-0.01587X_2^2-0.037X_3^2+0.030X_1X_2+0.0197X_1X_3+0.022X_2X_3$ （$R=0.99$）(2)

统计检验轻度含盐土壤与中度含盐土壤数学模型的 F 值分别为 151.3 和 723.7，均达到极显著水平（$F_{0.01}=7.59$），模型与实际情况模拟较好。回归系数显著性结果表明，除中度含盐土壤处理的一次项系数 X_2（磷）外，两个数学模型中其他系数均达到极显著水平，说明各因素以及各因素间的交互作用对油葵产量有显著性影响。模型中二次项系数均为负值，说明在田间试验设计内，灌水量和施肥量两个因素均有极值，过量投入会引起产量的下降，造成水分和肥料的浪费，增加环境的污染并且导致土壤盐渍化程度加重。过多的氮能促使植株营养生长过盛，生殖生长受阻，从而导致减产，过多的氮肥还增加了土壤中盐分离子的浓度，导致盐渍化的加重从而抑制了作物对养分的吸收。

2）主因子效应

回归系数标准化后，可根据其数值大小、符号正负关系判断各试验因素对籽粒产量的影响，可以判断在盐渍化地区水分对油葵的产量起主导地位，影响大小的顺序为：轻度含盐土壤 W＞P＞N，中度含盐土壤 W＞N＞P。从一次项和交互项系数来分析，除轻度含盐土壤处理中一次项 P 系数外，式中所有系数均为正值，说明 N、W 在轻度盐中有增产效果，而过量的 P 会产生负效应，这是由于土壤中初始速效磷含量高所致，过多的磷肥不仅提高了盐土溶液的渗透压，造成对植物的水分胁迫，而且呼吸作用加强，消耗大量糖分和能量，油葵花茎叶生长受阻，植株早熟，导致产量下降。在中度含盐土壤中 N、P、W 都有增产效果；N、P 之间，N、W 之间和 P、W 之间具有正交互效应，各因素之间能够起到相互促进的作用。

3）单因素效应分析

进一步讨论单个因素效应，可对表 9-48 中式（1），式（2）进行降维处理，将三因素中的任意两个固定为零水平，则可得到如下一元回归子模型。

轻度含盐土壤

$$
\begin{aligned}
&\text{氮}\quad Y = 4153.93 + 2.54\,X_1 - 0.00988\,X_1^2 \\
&\text{磷}\quad Y = 4153.93 - 3.094\,X_2 - 0.00597\,X_2^2 \\
&\text{水}\quad Y = 4153.93 + 4.35\,X_3 - 0.0151\,X_3^2
\end{aligned}
\tag{9-13}
$$

中度含盐土壤

$$
\begin{aligned}
&\text{氮}\quad Y = 2336.09 + 4.37\,X_1 - 0.0159\,X_1^2 \\
&\text{磷}\quad Y = 2336.09 + 0.508\,X_2 - 0.0158\,X_2^2 \\
&\text{水}\quad Y = 2336.09 + 9.66\,X_3 - 0.037\,X_3^2
\end{aligned}
\tag{9-14}
$$

在试验设计的各因素水平范围内，各因子的产量效应如图 9-37、图 9-38 所示，从图中可以看出，N、P、W 三因素的产量效应均为抛物线，表明各因素都有明显的增产效果。各抛物线的顶点就是单因素对应的最高产量值，与其对应的便是各因素的最适投入量。当投入量超过此最适量时，产量随投入量的增加而减小，符合报酬递减规律。通过图 9-37、图 9-38 可知在此试验中两种不同盐渍化程度水肥耦合增产效应显著因素水平范围为－1～1，各因素最适用量范围为：N 为 225 kg/hm^2 左右，P 为 150 kg/hm^2 左右，轻度含盐土壤灌水量为 1581～2116 m^3/hm^2，中度含盐土壤中的灌水量为 1088～1549 m^3/hm^2。低于该范围水平氮、磷投入量的增加没有明显的增产效果，水分的利用效率很低；高于该范围投入量的时候水肥之间的交互作用增产效应呈下降趋势。过量氮肥投入量还会增加氮的淋失，污染农田生态环境，加重土壤盐渍化程度。

4）双因素效应分析

由轻度和中度含盐处理产量函数模型可知，各自有三因素相交的双因素组合。对模型进行降维处理分析，可得到两两因素交互作用回归子模型。水、氮和水、磷交互项系数为正值，这说明交互作用为正效应，在一定范围内相互配施可促进油葵的增产。由图 9-39（a）、（b）可知，在轻度含盐土壤中氮、水交互效应与磷、水交互效应对油葵产量的影响几乎一致。当氮、磷处于中低水平时，其产量随灌水量的增大而增大，但当

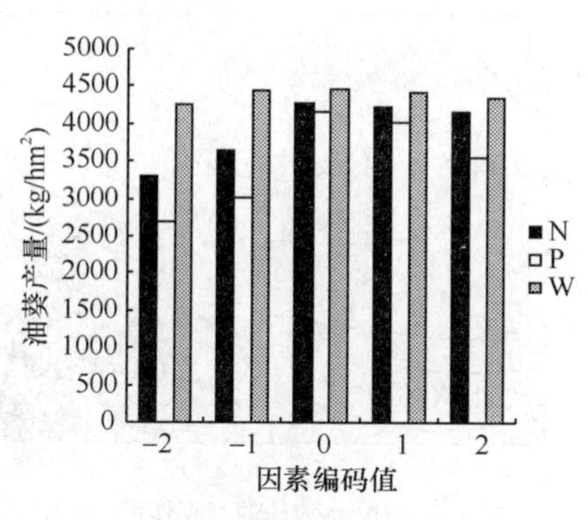

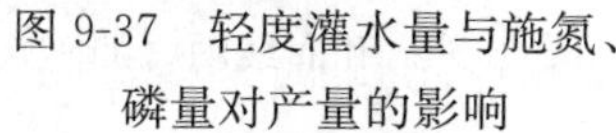
图 9-37　轻度灌水量与施氮、磷量对产量的影响

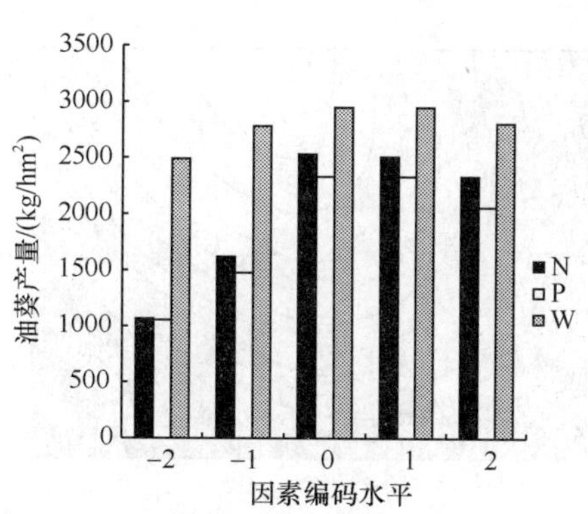

图 9-38　中度灌水量与施氮、磷量对油葵产量的影响

灌水超过一定水平（编码 1）时，产量出现下降趋势；当氮、磷处于高水平（编码分别为 1.414，2）时，产量随灌水量的增大而增加，但当超过一定水平（编码 1）时，增产效果减弱，增产幅度降低。当灌水水平低于 1（编码）时，随灌水量的增加，高施肥水平较中低施肥水平增产幅度要大，如灌水水平从－2（编码）增大到－1（编码）时，在轻度含盐土壤施氮中低水平（编码分别为－1.414，0）增产 6.2%和 8.7%，施氮水平（编码分别为 1.414，2）增产 12.9%和 15.6%；在中度含盐土壤施氮中低水平（编码分别为－1.414，0）增产 12.4%和 17%，施氮水平（编码分别为 1.414，2）增产 29.3%和 42.7%，可知在中度含盐土壤上水肥各因素对油葵产量的影响较轻度处理要大。灌水水平在－2～0（编码）时，施氮磷水平大于 0（N 225 kg/hm²，P 150 kg/hm²）时，产量随施肥量的增加而降低，施肥量对产量的影响的不同差异性显著。由图 9-40（a）、（b）可知与轻度含盐土壤相比较，中度水肥对油葵产量的影响效应要大，在盐渍化土壤中因子交互影响大小顺序为：轻度盐分为氮和磷＞磷和水＞氮和水，中度盐分为氮和磷＞氮和水＞磷和水。氮肥和磷肥配合使用可以相互提高各自的利用率，增加产量。

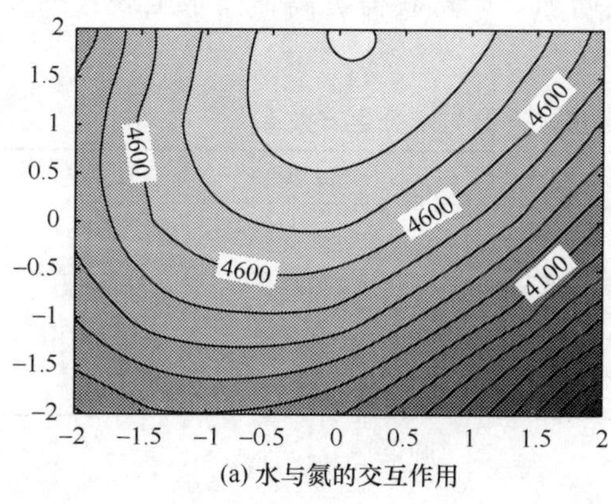

(a) 水与氮的交互作用

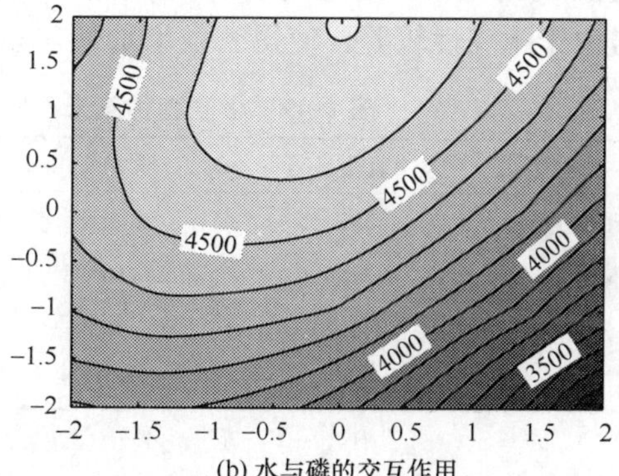

(b) 水与磷的交互作用

图 9-39　轻度含盐土壤因素间交互效应等值线（kg/hm²）和曲线图（编码）

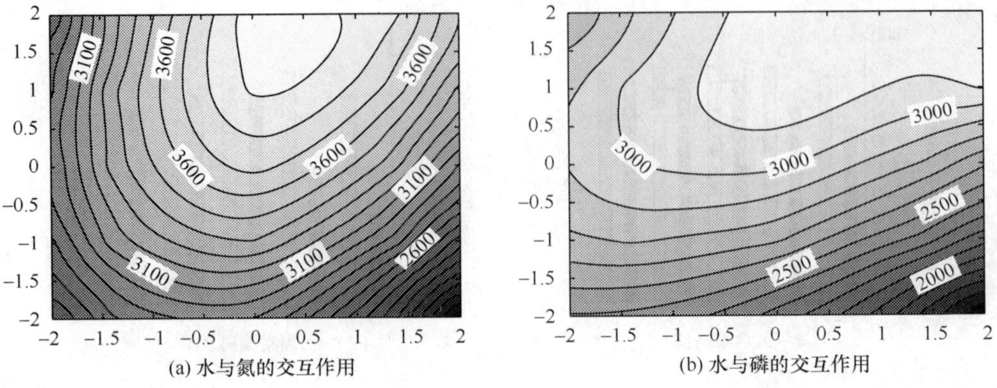

图 9-40　中度含盐土壤因素间交互效应等值线（kg/hm²）和曲线图（编码）

（四）优化立体种植技术

1. 小麦套种玉米

套种小麦选用永良 4 号，共设 5 个处理，玉米选用五个品种：巴单 3 号（生产常规品种，密度 4500 株/亩）为对照，其余 4 个品种选择内单 314、永玉 3 号、真金 8 号和浚单 20，密度为 6000 株/亩，每个处理重复 3 次，小区面积 9.6 m×10 m=96 m^2（其中：小麦行距 0.1 m，玉米宽窄行种植，小麦带幅 2.4 m，行数 22 行，玉米带幅 1.8 m，行数 4 行）。小麦采用机播，其中二铵 375 kg/hm^2（64%），氯化钾 37.5 kg/hm^2，底肥一次施入。播种量为 375 kg/hm^2。玉米采用宽窄行种植，宽行距 60 cm，窄行距40 cm，底肥为二铵（64%）375 kg/hm^2，农用硝酸钾型 150 kg/hm^2，行施。

在小麦套种玉米下，不同玉米品种对产量以及水分生产率影响较大（表 9-49），与传统品种巴单 3 号（对照）相比，浚单 20 与内单 314 增加产量分别为 17%与 10%，永玉 3 号与真金 8 号产量下降，对水分生产效率影响与对产量影响一致，浚单 20 和内单 314 水分生产率分别比对照提高 20.08%和 15.33%（表 9-49）。浚单 20 和内单 314 具有很好的耐密性，通过密度的增加使得亩穗数增加，产量获得提高，而永玉 3 号和真金 8 号由于耐密性较差，使得密度增加后产量有所下降。

表 9-49　小麦套种玉米不同品种玉米产量与水分生产效率

处理	真金 8 号	内单 314	永玉 3 号	浚单 20	巴单 3 号
耗水量/mm	589.68	568.85	597.14	581.28	596.67
产量/(kg/hm^2)	3460.0	4133.1	3546.6	4397.5	3751.5
水分生产率/kg	1.37	1.70	1.39	1.77	1.47
增幅/%	−6.86	15.33	−5.73	20.08	—

2. 小麦套种向日葵

套种小麦选用永良 4 号，设 5 个处理，向日葵共选择了五个品种：以 KWS204 为对照，同 T562、先瑞 1 号、高油五号以及先瑞 2 号进行比较试验，每个处理重复 3 次，小区面积 9.6 m×10 m＝96 m^2（其中：小麦行距 0.1 m，玉米宽窄行种植，小麦带幅 2.4 m，行数 22 行，向日葵带幅 1.8 m，行数 4 行），各品种都采用统一种植密度，每亩 4000 株。底肥为二铵（N∶P∶K：18%∶46%∶0%）189 kg/hm^2，钾肥（农用硝酸钾型 N∶P∶K：13.5%∶0%∶44.5%）225 kg/hm^2，尿素 225 kg/hm^2。

不同品种向日葵产量见表 9-50，向日葵品种对产量影响显著，产量为 2053.17～3994.15 kg/hm^2，相差 94.5%。其中 T562 产量最高，为 3994.15 kg/hm^2，先瑞 1 号产量最低，为 2053.17 kg/hm^2。不同品种向日葵水分生产率大小顺序与产量一致，为 T562＞高油五号＞KWS204＞先瑞 2 号＞先瑞 1 号。与对照品种 KWS204 相比，T562 和高油五号水分利用效率分别提高 20.89%和 6.44%（表 9-50）。初步研究结果表明 T562 和高油五号比较适宜同小麦套种。

表 9-50　小麦套种向日葵品种产量与水分生产效率

处理	先瑞 1 号	T562	高油五号	KWS204	先瑞 2 号
耗水量/mm	541.06	517.85	513.11	504.00	514.42
产量/(kg/hm^2)	2 053.17	3 994.15	3 484.50	3 215.52	2 602.16
水分生产率/kg	0.38	0.77	0.68	0.64	0.51
增幅/%	−40.52	20.89	6.44	—	−20.71

（五）田间集成技术

1. SAP、PAM 与地膜覆盖集成技术

玉米：PAM 与 SAP 分别选用由北京汉力淼公司提供的相对分子质量为 1200 万的阴离子 PAM 与粒径为 1.6～4 mm 的 BJ2101-L 保水剂。以巴丹 3 号玉米为试验作物，集成处理为 PAM 与 SAP（PAM＋BJ-L），SAP 与覆膜处理（BJ-L＋Film），PAM 与覆膜处理（PAM＋Film），PAM、SAP 与覆膜处理（PAM＋BJ-L＋Film）。以不施和单施 PAM、SAP 为对照，玉米播种前开深 10 cm、宽 15 cm 的小沟，将 PAM、BJ-L 和 PAM＋BJ-L 均匀撒入沟内，耱平小沟，然后用施肥器开沟施入化肥，再用点播器点播玉米（种植深度为 3～5 cm），最后覆盖地膜。PAM、BJ-L 施用量为 45 kg/hm^2，PAM＋BJ-L 处理的 PAM、BJ-L 施用量为 22.5 kg/hm^2。

集成技术处理对作物生长的影响：与 CK 相比，采用各种处理均可明显提高土壤含水率（表 9-51）。但总体上，地膜覆盖处理效果更明显一些，在集成技术处理中，PAM＋地膜覆盖、SAP＋地膜覆盖与 PAM＋SAP＋地膜覆盖相近。因此，从提高土壤水分方面，集成技术中有地膜覆盖效果好一些。SAP＋地膜覆盖以及 PAM＋地膜覆盖，与三者之间集成没有显著差异。

表 9-51 玉米生长不同时期 0～30 cm 土层土壤水分 (单位：mm)

项目	苗期	三叶期	拔节期	大喇叭口期	灌浆期	蜡熟期	成熟期
CK	87.55	61.86	73.24	35.69	75.93	78.71	48.88
PAM	94.22	65.47	77.59	35.19	70.90	81.79	53.23
BJ-L	93.52	64.82	77.96	36.31	69.40	81.60	53.76
PAM＋BJ-L	93.33	64.97	77.75	36.00	71.45	82.70	55.30
Film	95.33	69.33	74.60	36.23	80.40	69.95	56.50
BJ-L＋Film	96.51	73.46	77.25	39.06	80.89	72.60	58.54
PAM＋Film	97.61	74.67	76.95	38.09	79.83	71.70	58.30
PAM＋BJ-L＋Film	96.94	73.86	77.47	37.47	80.30	72.09	58.30

各集成处理对生长指标影响见表 9-52。总体上，地膜覆盖＋SAP 与地膜覆盖＋PAM 处理玉米生长指标要高于其他处理，纯覆盖地膜处理有些指标与前两处理接近，但每穗籽粒重明显低于前两处理，PAM＋SAP＋地膜覆盖三项集成处理并没有表现出优越性，相反与地膜覆盖＋SAP 与地膜覆盖＋PAM 处理各项指标相比反而下降，单用保水剂、PAM 可使玉米增产，沟施 PAM＋保水剂无明显增产作用，单纯地膜覆盖增产 18.13%，保水剂＋地膜覆盖较单纯地膜覆盖增产 14.29%。采用地膜处理可明显提高玉米水分生产率以及玉米水分利用率（图 9-41）。SAP＋地膜与 PAM＋地膜比单纯用地膜效果好一些，SAP＋地膜对提高玉米水分利用效率最明显（图 9-42）。三种技术集成效果与前面两种集成效果反而降低。上述说明，对于玉米，采用保水剂与地膜覆盖可有效提高玉米产量与水分利用效率。

表 9-52 成熟期不同处理的生长状况

项目	株高 /cm	茎粗 /cm	茎重 /g	叶片 /g	叶鞘 /g	根重 /g	穗位 /cm	雄穗 /g	穗轴 /g	籽粒 /g	百粒重 /g
CK	219.0	2.74	58.43	39.12	20.46	37.64	126.5	5.29	28.58	167.53	26.51
PAM	238.5	2.67	63.21	40.27	21.68	33.67	120.0	4.68	29.91	188.60	26.04
BJ-L	220.5	2.86	56.44	38.04	21.93	37.02	118.0	4.43	27.38	170.26	26.84
PAM＋BJ-L	221.0	2.55	54.44	40.11	21.82	36.95	117.0	5.16	25.26	169.59	26.90
Film	236.2	2.85	78.14	40.42	22.71	42.60	122.5	5.48	30.31	197.90	29.71
BJ-L＋Film	238.2	2.88	78.33	42.33	26.43	45.11	124.8	5.38	33.08	226.17	29.07
PAM＋Film	232.5	3.06	80.54	39.27	24.42	40.48	120.8	5.27	29.82	210.93	30.35
PAM＋BJ-L＋Film	230.0	2.93	68.75	42.58	25.50	38.81	120.7	5.31	28.72	191.91	28.36

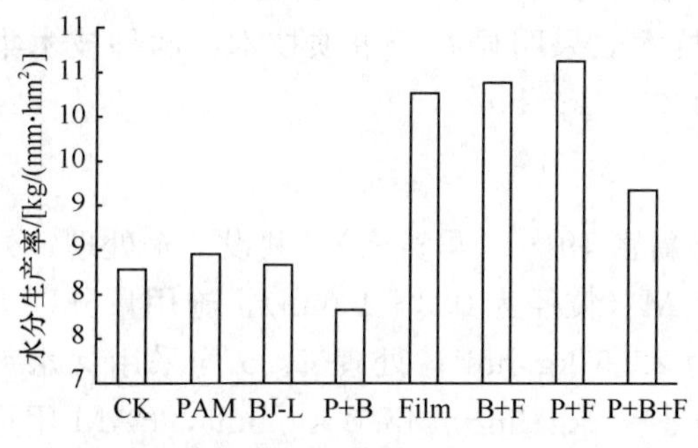

图 9-41　不同处理的水分生产率

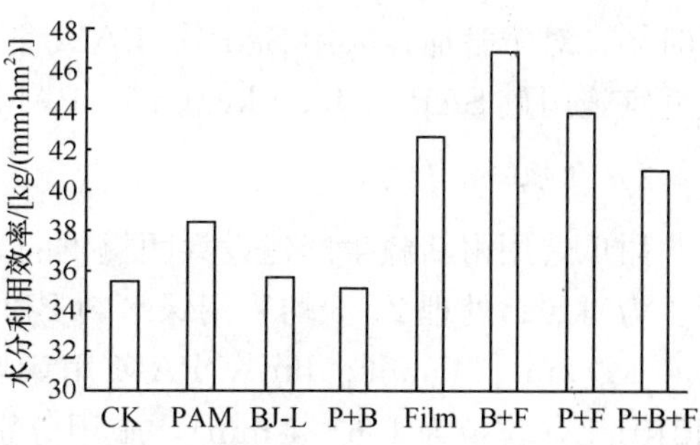

图 9-42　不同处理水分利用效率

河套灌区地处我国北方，春季气温普遍比较低，而玉米是喜温作物，覆盖地膜有显著增温作用，因此，对玉米生长影响明显；在玉米生长初期，土壤含水量较大，并且需水量小，施用保水剂显现不出作用，但玉米生长到中后期，随着需水量不断加大，保水剂提高土壤保水特性作用显著，因此，保水剂与地膜覆盖集成，即提高了地温，又提高了土壤保水能力，满足玉米需水要求，显著提高了玉米水分利用效率。

2. PAM 干撒和保水剂与土壤混施集成技术

1）*番茄*

选用新疆石河子亚新种业有限公司生产品种石番 97-10 号，设 3 个处理：处理 1 为对照，处理 2、3 PAM 用量为 225.0 kg/hm²，保水剂用量分别为 45.0 kg/hm² 与75.0 kg/hm²。PAM 采用在灌溉前地面干撒施用，保水剂采用与土壤混合施用方法。

试验小区采用随机区组排列。每小区 12 行，宽行距 90 cm，窄行距 60 cm，株距 40 cm；二铵（N∶P∶K：18%∶46%∶0%）450.0 kg/hm²，钾肥（农用硝酸钾型，N∶P∶K：13.5%∶0∶44.5%）150 kg/hm²，作底肥行施。

2 个 SAP 与 PAM 集成处理都可明显提高产量（表 9-53），与对照相比，产量分别提高 16.49%和 18.03%；水分生产率分别提高 22.84%和 22.59%。两种用量下，耗水量没有产生明显差异。

表 9-53　复合配用技术对番茄产量及水分利用效率的影响

处理	CK	保水剂 45 kg/hm²，PAM 22.5 kg/hm²	保水剂 75 kg/hm²，PAM 22.5 kg/hm²
耗水量/mm	357.58	338.95	344.03
产量/(kg/hm²)	63 855	74 385.36	75 365.75
增幅/%	—	16.49	18.03
水分生产率/kg	11.91	14.63	14.60
增幅/%	—	22.84	22.59

采用集成技术和单独保水剂与 PAM 相比水分利用效率分别提高了 9.32%与 8.61%，对于番茄，采用 SAP 与 PAM 集成技术效果明显好于单项技术，两种技术集成适宜施用量 SAP 为 45.0 kg/hm^2，PAM 为 22.5 kg/hm^2。

2）甜瓜

甜瓜选用由新疆生产建设兵团提供的品种新密 19 号（早黄密），共设 5 个处理，处理 1 为对照；处理 2、3 均采用保水剂 BJ2101-M（粒径为 0.3～1 mm），施用量分别为 30.0 kg/hm^2、45.0 kg/hm^2，PAM 用量均为 22.5 kg/hm^2；处理 4、5 均采用保水剂 BJ2101-L（粒径为 1.6～4 mm），施用分别为 30.0 kg/hm^2、45.0 kg/hm^2，PAM 用量均为 30.0 kg/hm^2，施用 PAM 相对分子质量为 1200 万。PAM 采用地面干撒施用，保水剂采用与土壤混合的方法施入。

试验小区采用随机区组排列。甜瓜种植采用行距为 0.5 m 与 1.3 m，株距为0.5 m，二铵（N：P：K：18%：46%：0%）450 kg/hm^2，钾肥（农用硝酸钾型，N：P：K：13.5%：0%：44.5%）150 kg/hm^2，作底肥行施。

采用 SAP 与 PAM 集成技术可显著提高甜瓜产量与水分利用效率（表 9-54），与对照相比，产量增加 7.87%～16.54%，水分利用效率增加为 11.13%～21.63%。总体上，保水剂 45.0 kg/hm^2 比 30.0 kg/hm^{2}效果要好，大颗粒效果比小颗粒明显要好，小颗粒 BJ2101-M 单独处理与集成配用施用没有明显差异，但大颗粒 BJ2101-L 与 PAM 集成比单独保水剂水分利用效率提高了 4.60%。

表 9-54　保水剂与 PAM 集成技术对甜瓜产量及水分利用效率的影响

处理	CK	PAM 22.5 kg/hm^2 BJ2102-M 30.0 kg/hm^2	PAM 22.5 kg/hm^2 BJ2102-M 45.0 kg/hm^2	PAM 30.0 kg/hm^2 BJ2102-L 30.0 kg/hm^2	PAM 30.0 kg/hm^2 BJ2102-L 45.0 kg/hm^2
耗水量/mm	393.76	382.47	388.02	363.87	390.99
产量/(kg/hm^2)	47 265	50 987	53 627.4	53 123.4	55 084.5
产量增幅/%	—	7.87	13.46	12.39	16.54
水分生产率/kg	8.00	8.89	9.21	9.73	9.39
水分生产率增幅/%	—	11.13	15.13	21.63	17.38

在盐渍化地区采用 SAP 与 PAM 集成技术，可以明显提高经济作物甜瓜产量与水分利用效率，PAM 可采用干粉撒施，保水剂与土壤混合。保水剂采用大颗粒效果更好一些，适宜施用量保水剂 45.0 kg/hm^2，干粉 PAM 采用 22.5 kg/hm^2。

3. 小结

通过在河套地区玉米和番茄不同覆盖栽培技术的研究，行间覆膜能明显提高产量和水分生产率。玉米行间覆膜相比对照产量提高 19.2%，水分生产率提高

20.65%；番茄行间覆膜相比对照产量提高38.7%，水分生产率提高44.78%。秸秆覆盖生育前期显著降低地温，比对照平均低了4.4℃，影响了作物出苗，使得作物的生育期后延，影响了产量提高。但秸秆覆盖在整个生育期具有很好的保水性，在生育后期还具有一定的降温作用，同时秸秆覆盖是环保材料，对减少河套地区的土壤结皮、培肥地力等方面具有一定作用，推迟秸秆覆盖时间将可能充分发挥其增产作用。

施用保水剂促进了小麦分蘖和根系向深层土壤分布，提高了单位面积的穗数和生物量，提高了根冠比，增强了小麦的抗逆性，提高了单位面积的穗数、籽粒产量、生物量。提高经济作物番茄、甜瓜产量与水分利用效率，随着施用量增加，产量也增加，但增加幅度不大，适宜施用量为45.0 kg/hm^2。大颗粒保水剂抗盐性能好，同时也便于与播种作物结合。

采用撒施干粉PAM，可显著提高小麦、玉米以及番茄产量，对于小麦低相对分子质量PAM（500万）效果更明显，30.0 kg/hm^{2}施用量为宜。对于玉米，高与低相对分子质量PAM混合效果较好，两种施用量没有产生明显不同。造成在小麦与玉米PAM功效上的差异可能为小麦套种玉米，小麦灌水次数较少，低相对分子质量可足以起到固土作用，而玉米灌水次数多，高相对分子质量PAM耐久性作用显现出来。

增加密度、选用良种能很好地提高套种玉米的产量和水分利用率。适宜套种的玉米品种分别为浚单20和内单314。玉米密度为6000株/亩，采用宽窄行种植，宽行距60 cm，窄行距40 cm，株距18 cm，底肥为二铵（64%）375 kg/hm^2，农用硝酸钾型150 kg/hm^2，行施。适宜套种的向日葵品种分别为T562和高油五号。密度为4000株/亩，底肥为二铵（N∶P∶K：18%∶46%∶0%）189 kg/hm^2，钾肥（农用硝酸钾型N∶P∶K：13.5%∶0%∶44.5%）225 kg/hm^2，尿素225 kg/hm^2。

采用SAP与地膜覆盖或PAM与地膜覆盖集成可有效提高玉米产量与水分利用效率，SAP用量以45.0 kg/hm^{2}为宜，PAM施用量以22.5 kg/hm^2。覆盖地膜有显著增温作用，对玉米生长影响明显，玉米生长到中后期，随着需水量不断加大，SAP与PAM提高土壤保水性作用显著，因此，保水剂与地膜覆盖集成，既提高了地温，又提高了土壤保水能力，满足玉米需水要求，提高了玉米水分利用效率。

采用SAP与PAM集成技术与单独保水剂与PAM相比，番茄水分利用效率分别提高了9.32%与8.61%，对于番茄，综合经济因素，适宜施用量SAP为45.0 kg/hm^2，PAM为22.5 kg/hm^2。采用SAP与PAM集成技术可显著提高甜瓜产量与水分利用效率，与对照相比，产量增加7.87%～16.54%，水分利用效率增加11.13%～21.63%。PAM可采用干粉撒施，保水剂与土壤混合，适宜施用量保水剂45.0 kg/hm^2，干粉PAM采用22.5 kg/hm^2。

依据以上研究成果，提出了田间综合节水技术集成模式，如图9-43所示。

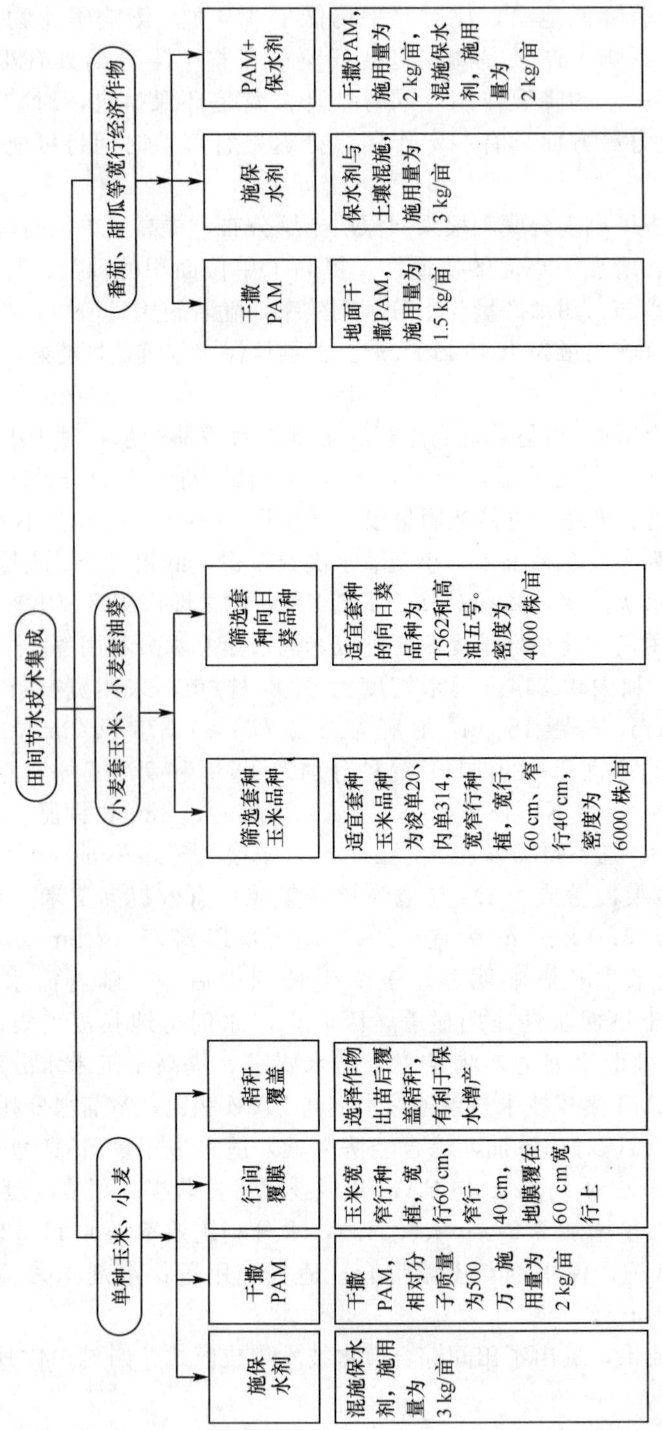

图9-43 田间综合节水技术集成模式

第四节　农业高效用水技术模式应用与评价

一、节水高效与环境友好型地面灌溉技术示范区建设与技术应用效果评价

（一）示范区建设

对示范区内坝楞村举办了针对本项目建立的节水高效与环境友好型地面灌溉模式的农民技术培训班，对广大农户详细介绍了节水高效与环境友好型地面灌溉模式的内容、技术指标、操作方法以及技术经济效果，并在示范区的核心区进行了一定规模的示范，其中小麦畦田灌溉技术 10 亩，玉米隔沟交替沟灌技术 5 亩，激光平地技术 100 亩。在示范过程中，邀请示范区部分农民到现场观摩。

（二）技术应用效果评价

1. 小麦畦田灌溉技术

河套灌区小麦一直采用畦田灌溉。畦田田块多以农户责任田格局且大小由农户自行划分，为节省劳力，田块规格划分较大，一般为 2～3 亩。在实际灌水过程中，农民一般待水流到达畦尾后再持续一段时间才关田口，灌溉管理粗放，导致灌水定额偏大，示范区内实际灌溉定额大致为 260 m^3/亩。灌水不均，灌水效率偏低，灌溉水浪费问题突出。示范监测结果表明，按现状畦长 50 m 左右，采用 20 m 畦宽，并在田口采用梯形量水堰测流量水、控制关口时间，灌溉定额可减少到 220～230 m^3/亩，节水 12%～15%，效果显著。灌水均匀度可达 95%，深层渗漏较小，灌水质量较高。小麦产量为 400 kg/亩左右，与传统灌溉大体持平。由于灌水质量提高，可降低化肥流失，减少地下水化肥污染。

2. 玉米隔沟交替沟灌技术

河套灌区玉米传统上采用畦田灌溉，而不采用沟灌。畦田规格和实际灌水控制与小麦畦田相同。实际灌溉定额大致为 230 m^3/亩，灌水定额偏大，且灌水质量偏低。玉米隔沟交替沟灌技术是本项目引进的一项高效用水灌溉技术，有报道比常规灌溉可节水 30%以上。田间试验与示范表明，采用本项目的玉米隔沟交替沟灌模式，灌溉定额可减少到 175 m^3/亩，节水 20%，节水效果显著。灌水均匀度可达 96%，深层渗漏甚小，灌水质量高。玉米产量可达 550 kg/亩。玉米隔沟交替沟灌是河套灌区的一项新的灌溉方式。研究表明，沟灌起垄后，由于当地气候干旱，垄部土壤易失墒，可能会影响玉米出苗。实际应用中宜配合使用垄部覆膜，同时应引进配套的开沟农机设备，减少农民劳动强度。

3. 激光平地技术

平整土地可以起到提高田间地面灌溉效率和灌水均匀度的作用，是改进地面灌溉方法的重要技术要素之一。常规土地平整方法受机具设备缺陷和人工操作精度等因素制

约，平整精度达到一定程度后将无法继续提高，而精细土地平整目前主要是借助于激光控制技术和与之配套的平地机械设备完成。据有关资料显示，激光控制技术能够大幅度地提高田间土地平整精度，其感应系统的灵敏性至少比人工视觉判断和拖拉机上操作人员的手动液压系统准确10～50倍。自20世纪70年代中期开始，农田土地激光平地技术在国外已得到广泛应用，取得了较好效果，但在我国则刚步入应用研究阶段。河套灌区目前多采用人工平地，农户按其责任田田块状况不定期自行平地，田块平整度不高，参差不齐。示范表明，采用本项目的激光平地技术模式，实施激光平地可显著改善土地平整度，土地平整度可从平整前的2.93～6.92 cm，下降到1.57～1.83 cm，绝对改善度为1.36～5.09 cm，相对改善度为46.4%～73.6%。

由于激光平地显著改善了土地平整度，灌溉时水流阻力减少、分布均匀，可大大提高灌水均匀度，显著节约水量。秋浇表明，对河套灌区的50 m×20 m（1.5亩）田块，激光平地后较平地前可节水15%，节水效果显著。

二、春小麦节水高产栽培技术模式应用与评价

黄河流域水资源日趋紧缺，而粮食产量仍需不断提高，迫使小麦生产必须走节水高产、超高产之路。笔者在严重缺水的河套平原灌区开展了“春小麦抗旱节水品种鉴选及其配套节水高产栽培技术模式的研究”，本研究的主要技术创新有以下三个方面。

（1）明确了节水抗旱春小麦品种的主要特征，提出了相应的节水高产品种的筛选原则，并筛选出5个高水分利用效率品种用于节水高产实践。

（2）阐明了春小麦水分与产量和水分利用效率关系的差异，深入揭示了春小麦节水高产的个体生长发育、群体结构、储藏物质积累转运和籽粒灌浆等生理基础，确定春小麦节水高产统一的灌溉制度，即在秋季浇足底墒水基础上，生育期灌两次水（正常年份：拔节＋抽穗；干旱年份：分蘖＋抽穗；灌水量1500～2100 m^3/hm^2）产量达到6000 kg/hm^2以上，实现了节水与高产的统一。

（3）在春小麦节水高产生理研究基础上，进一步研究限水灌溉下密度和施肥对产量形成及水分利用的补偿作用；利用所选择的节水高产品种，组装集成以减少灌水次数、控制灌水时期、增大种植密度、适量施用氮肥为前提，以提高水分利用效率为中心的春小麦节水高产栽培技术模式。该模式的主要技术要点如下：①土壤选择。适宜土壤类型为壤土。要求中上等地力（有机质含量>1%），无盐碱危害，地面平整，利于排灌，整地质量高的地块。结合秋翻施腐熟优质农家肥（30～45 m^3/hm^2）。②足墒播种。足墒播种是春小麦节水高产的基础条件。秋季充分汇地，覆膜保墒，春季“顶凌耙耱”收墒。播种前把土壤储水调整到田间持水量值。③品种选择。选用早熟、耐旱、株高中等、根系发达、灌浆早而快的品种，如经试验筛选出的抗旱节水品种永良4号、巴优2号、龙麦32、宁春41、农鉴7号、农鉴1号等。④增大密度。节水栽培应适当增加基本苗，以补偿前期控水对穗数的不利影响，确保穗数，同时可增加种子根数目和光合面积。河套灌区小麦正常播期内，适宜的公顷基本苗为600万～675万株。⑤控制灌水。春小麦出苗后，视土壤墒情变化及降雨情况，把浇第1水时间推迟在分蘖至拔节之间，第2水控制在抽穗至开花期间，全生育期灌2次水，每次灌水750～1050 m^3/hm^2。一

般年份，可灌拔节和开花 2 水，春旱严重年份，可灌分蘖和抽穗 2 水，均可实现 6000 kg/hm^2 的产量目标；⑥提高肥效。在稳定种肥磷量基础上，限制追肥氮施入量，减少氮肥损失，提高肥料利用率。一般来讲，在中、上等土壤肥力条件下，实现亩产 6000 kg/hm^2 产量目标，每公顷需施用种肥磷二铵 225～300 kg、结合浇第 1 水追施尿素 150 kg。

为进一步验证和完善春小麦节水高产栽培技术模式，2009 年在内蒙古巴彦淖尔市磴口县节水农业核心示范区进行了技术示范，示范面积 6.67 hm^2。结果表明（表 9-55），节水栽培模式下，春小麦的亩穗数、每穗粒数有所降低，千粒重略高于常规栽培，最终经济产量两种栽培模式间无明显差异，均达到了 6000 kg/hm^2 以上水平；但节水栽培模式下小麦耗水量显著减少，水分利用效率（WUE）较常规栽培提高 58.1%，节水效果显著。

表 9-55　两种栽培模式下春小麦的产量构成及水分利用效率比较

栽培模式	基本苗/(万/hm^2)	亩穗数/(万/hm^2)	穗粒数/(粒/穗)	千粒重/g	理论量/(kg/hm^2)	实际量/(kg/hm^2)	耗水量/(m^3/hm^2)	WUE/[kg/(m^3·hm^2)]
节水栽培	679.5	50.7	27.0	40.14	8 242.2	6 147.9	3 316.5	27.8
常规栽培	679.5	52.8	28.2	39.79	8 883.5	6 204.6	5 319.0	17.6

本研究所推荐的春小麦节水高产栽培技术模式，以抗旱节水品种选用为前提，通过采用前期控水、增加基本苗、适量施用氮肥等措施，促进根系发育和向深层土壤扩展，提高了植株利用土壤储水、特别是深层土壤水分及地下水的能力；同时，通过塑造合理春小麦株型和群体结构，改善群体中下层光照状况，增加开花后群体光合物质生产，促进茎鞘等非叶器官储藏物质向籽粒转运，增加产量和提高水分利用效率，这是春小麦实现节水与高产统一的基本技术原理。

由于整个河套灌区各地的小气候、土壤条件不同，可耗水资源多少各异，以及年际间降水、蒸发量、地下水变化及其分布的差异，因此，对于灌区内小麦节水高产技术的研究还需因地制宜、酌情而论。本研究组建的春小麦节水高产技术模式的适应性和持续性尚需进一步示范、验证。

三、套种模式下作物需水量与灌溉制度示范区增产与效益汇总

在非充分灌溉制度试验中，小麦间作（套种）玉米（油葵）的小麦最优处理为灌溉 4 水，灌水定额为：1 水（分蘖水）975 m^3/hm^2、2 水（拔节水）525 m^3/hm^2、3 水（灌浆水）975 m^3/hm^2、4 水（麦黄水）525 m^3/hm^2；灌溉定额为 3000 m^3/hm^2，单产为 4983.01 kg/hm^2。与传统间作（套种）小麦处理相比，产量提高了 15.12 %，节约了灌溉用水 900 m^3/hm^2，灌溉水利用率提了 23%。小麦间作（套种）玉米的玉米最优处理为灌溉 6 水，灌水定额为：1 水 975 m^3/hm^2、2 水 525 m^3/hm^2、3 水975 m^3/hm^2、4 水 525 m^3/hm^2、5 水 975 m^3/hm^2、6 水 525 m^3/hm^2；灌溉定额4500 m^3/hm^2，单产为 7 124.41 kg/hm^2，与传统间作（套种）玉米相比，产量提高了 10.82 %，节约了灌

溉水 1350 m^3/hm^2，灌溉水利用率提了 23%。套种油葵最优处理为灌溉 3 水，灌水定额为：1 水 975 m^3/hm^2、2 水 525 m^3/hm^2、3 水 975 m^3/hm^2；灌溉定额 2100 m^3/hm^2，产量为 4 983.01 kg/hm^2，与常规间作（套种）油葵处理相比，产量提高了 31.77%，并且节约了灌溉用水 525 m^3/hm^2，灌溉水利用率提了 20%。套种模式下作物需水量与灌溉制度研究核心区试验田增产与效益汇总见表 9-56，实现了 5000 亩主要粮食作物高效生产综合节水技术示范区单位农业产出成本降低 10%以上，灌溉水利用率提了 15%以上，作物水分利用效率提高了 0.3 kg/m^3 的目标。

表 9-56　套种模式下作物需水量与灌溉制度在研究课题核心区、示范区与辐射区增产与效益汇总

项目区	名称	面积/万亩	亩产/kg	总产/t	前三年亩产/kg	增产/%	增产量/t
核心区	小麦间作玉米灌溉制度的研究（小麦）	$1.588\,24\times10^{-5}$	332.20	0.528	289	15.12	0.069
	小麦间作玉米灌溉制度的研究（玉米）	$7.058\,82\times10^{-5}$	474.96	0.335	429	10.82	0.033
	小麦间作油葵灌溉制度的研究（油葵）	$7.058\,82\times10^{-5}$	129.88	0.092	100	29.88	0.021
示范区	小麦间作玉米灌溉制度的研究（小麦）	0.096 9	303.33	204.350	289	11.6	21.35
	小麦间作玉米灌溉制度的研究（玉米）	0.043 1	441.47	387.350	471	5.8	21.35
	小麦间作油葵灌溉制度的研究（油葵）	0.043 1	117.05	129.869	90	6.45	7.869
辐射区	小麦间作玉米灌溉制度的研究（小麦）	0.8	301.23	2 640.000	289	10	240
	小麦间作玉米灌溉制度的研究（玉米）	0.35	431.04	2 187.500	471	4.2	87.5
	小麦间作油葵灌溉制度的研究（油葵）	0.35	108.71	738.150	90	5.45	38.15

四、渠道衬砌防渗节水技术与新材料的应用

项目完成支、农、毛渠 16 条渠道衬砌防渗技术示范工程施工，衬砌渠道总长 8.30 km，控制面积 6500 亩。其中支渠采用梯形断面，农、毛渠衬砌渠道断面采用“U”形断面。衬砌材料主要采用混凝土。结合工程设计进行了渠道断面的优化分析，减少混凝土用量 6%。为减轻因混凝土渠道衬砌更新产生的混凝土废弃物引发的农田环境损坏，本项目进行了渠道衬砌新材料的研究与技术示范，完成 870 m 的膨润土防渗毯、130 m 的凡士通新型渠道衬砌材料的技术示范工程施工，控制面积 200 亩。

各级渠道衬砌工程量详见表 9-57。渠道衬砌后灌溉水利用率由衬砌前不足 0.42 提高到 0.68，提高 62%。各级渠道衬砌后的渠道水利用率及其节水效益见表 9-58。

表 9-57　渠道衬砌工程量完成表

衬砌材料	渠道名称	条数	长度/km	备注
混凝土衬砌	支渠	1	0.50	梯形断面
	农渠	3	1.80	“U”形断面
		10	5.00	“U”形断面
膨润土	毛渠	1.5	0.87	梯形断面
凡士通		0.5	0.13	梯形断面

表 9-58　渠道衬砌节水效益表

衬砌材料	渠道名称	渠道水利用率/%		提高/%
		衬砌前	衬砌后	
混凝土衬砌	支渠	0.84	0.96	12
	斗渠	0.86	0.95	9
	农渠	0.86	0.98	12
	毛渠	0.85	0.96	11
膨润土	毛渠	0.85	0.97	12
凡士通	毛渠	0.85	0.97	12

项目区由支、农、毛 3 级渠道控制，节水灌溉项目实施前，渠系水利用系数＝0.84×0.86×0.85＝0.61，节水灌溉项目实施后，渠系水利用系数＝0.96×0.98×0.95＝0.89，提高 0.28。2009 年项目区灌水 7 轮次，总用水量 362.1 万 m^3，亩均灌溉用水量 557 m^3（表 9-59），年节约灌溉用水 140 万 m^3。

表 9-59　2009 年项目区灌溉用水统计表

轮次	渠道名称									合计
	坝楞一社农渠	坝楞二社毛渠	坝楞三社农渠	坝楞四社一农渠	坝楞四社二毛渠	新河一社农渠	新河二社毛渠	新河三社一毛渠	新河三社二毛渠	
一	5.18	3.46	4.84	5.96	0.26	8.9	7.52	3.37	4.92	44.41
二	2.94	2.07	3.72	3.89	0.17	2.25	2.16	2.94	1.64	21.78
三	5.1	3.54	2.59	7.6	0.26	10.2	11.49	7.86	6.22	54.86
四	5.53	2.85	3.72	7.95	0.26	14.17	8.55	6.05	4.41	53.49
五	7.26	3.97	7	7.08	0.26	9.76	7.08	6.31	4.92	53.64
六	3.8	1.99	3.28	4.92	0.17	—	—	—	—	14.16
七	16.85	8.04	14.52	21.6	1.12	20.65	16.85	9.59	10.54	119.76
总用水量/万 m^3										362.1
灌溉定额/(m^3/亩)										557

五、番茄膜下滴灌工程建设与技术示范

开展井-渠双灌技术示范，新打机电井 1 眼，井深 80 m。完成 50 亩滴灌工程以及与此相配套的井房、供电系统、自动控制系统、自动注肥系统等配套建设。

将滴灌与常规渠灌的节水增产效果进行对比，结果见表 9-60。虽然大田渠灌次数仅为 3 次，但灌溉定额为 260 m^3/亩，平均产量仅 4000～5400 kg/亩。番茄滴灌虽然灌水次数较多，但总灌溉定额较小，为 100～216 m^3/亩，平均为 158 m^3/亩。而番茄滴灌

产量平均为 7230 kg/亩，最高达到 8800 kg/亩，远高于附近大田渠灌产量。可见滴灌具有显著的节水增产作用。

表 9-60 番茄膜下滴灌节水增产效益比较

试验处理	节水效益 灌溉定额 /(m³/亩)	减少/%	增产效益 平均产量 /(kg/亩)	增产/%	综合效益 水分生产率（kg/m³）	提高/%
滴灌	158	65	7230	54	46	156
渠灌	260		4700		18	
节水、增产	102		2530			

六、膨润土渠道衬砌技术示范

该项技术在项目区内选择 2 条毛渠进行了应用，总控制面积 200 亩。采用膨润土防水毯较常规的土渠灌溉，渠道水利用率系数由 0.78 提高到 0.95，提高近 22%。此外，采用膨润土防水毯减少了防渗膜、保温板与过渡层（为平整度）等材料及工序，按照当时供货价格，膨润土防水毯的原材料价格为韩国毯 34 元/m² 、国产毯 22 元/m² 。采用膨润土防水毯与预制砼板衬砌相比，韩国毯每平方米降低投资 53%～67%、国产毯降低 63.5%～75%；采用外护用固化剂投资较高，降低投资幅度较小，裸露铺设降低投资幅度较大。

采用膨润土防水毯施工简单，如果是回填土，夯实后就可以直接铺膨润土防水毯；如果是原状土，表面平整后，即可铺防水毯。对于采用砼板与保温技术，工序多，工艺也比较复杂，总共有浇铸混凝土齿墙、铺保温板、塑料防渗膜、垫层、衬砌板及沟缝 6 道工序。在浇铸混凝土齿墙工序上，要挖深 1 m 左右，由于地下水位比较高，需要排水与破冻层，施工难度很大，而且质量难以保证。在河套地区每年的施工期只有 80 天左右，使用砼衬砌，往往因工期短，导致施工紧张；铺膨润土防水毯在完成地基平整后，施工工序少、速度快、工期短，可大量缩短施工时间。

七、文丘里自动化量水系统的应用

在项目区内的 5 斗、6 斗渠临近出口处的水流平顺段上装设 2 套文丘里自动化量水系统，并采用流速仪进行了长系列的校核，从观测结果可知，无论是小流量，还是大流量其误差均很小，平均误差在±1.19%之间，量水结果精确，深受农民喜爱。

文丘里自动化量水系统分为两部分，其中建筑物造价（以设计流量为 $Q=1\ m^3/s$ 斗渠为例）约为 3500 元，自动测流仪造价约为 4000 元，整套系统总造价约为 7500 元。与传统标准断面流速仪测流法比较，虽然一次性投资超出 3700 元，但以后的运行维护费用和测流劳务费却少得多，运行两年后，两种方法费用持平，第三年以后每个文丘里自动化量水系统每年比流速仪法节约费用 1200 元左右。且自动化程度高、测流精度高，可大大降低测流人员的劳动强度，特别适合定量供水、自动控制开关口的渠道，且水头损失小，亩均成本较低，农民易于接受。

本项目在5斗、6斗渠出口段设置文丘里自动化量水系统，总控制面积500亩，由于测流及时可视，有效地促进了民众节水意识的增强，从而强化了管理节水的效果和用水者参与用水管理的责任意识。

八、灌溉自动控制技术的应用

自动化滴灌系统的应用是实施现代农业的重要环节，应用自动化滴灌控制系统解决了作物需水、适时供水及对土壤含水量信息的实时监控问题，做到按需、按期、按量自动供水与供肥。应用表明，该系统功能完善、性能可靠、操作简便、实用性强、符合河套灌区现代井灌农业的发展需要，该灌溉模式较传统大田漫灌可节水40%以上，省工60%，增效20%以上，技术实施面积100亩，取得了较好的经济效益和社会效益。

应用中发现，土壤、气象监测数据与作物灌溉制度的有机结合是系统成败的关键，如何利用系统根据不同作物、不同生长阶段的需水规律做出及时、准确的灌溉决策尚待加强。

总之，在河套灌区推广低压管道井灌系统自动化控制系统有利于作物增产、增收，提高田间输配水效率，有效促进区域传统灌溉向节水高效灌溉的发展。

九、井-渠双灌作物灌溉制度的应用

该项技术在方案设计阶段应用已有资料进行了井-渠双灌灌溉制度的优化设计，在2010年的技术研究示范过程中，以初拟灌溉制度为依据，进行了技术的应用示范。总面积60亩，取得了小麦增产12%、玉米增产15%的良好效果。并可减少1或2次引黄用水，引黄水量减少25%～50%，如果在灌区内具有地下水开发利用条件的地区（约300万亩）进行井-渠双灌，仅减少1次灌溉用水，即可节约大量的灌溉用水量，可明显缓减引黄水量的供需紧张矛盾。

十、项目总效益

项目实施后，年节水效益约为160.50万m^3。该项目的实施可有效促进区域传统灌溉向节水高效灌溉的发展，明显缓减引黄水量的供需紧张矛盾，经济、社会效益显著。

参考文献

曹显春，林国庆. 2005. 李井灌区包气带水分运移的数值模拟. 水土保持研究，12（6）：113-116

陈启生，戚隆溪. 1996. 有植被覆盖条件下土壤水盐运动规律研究. 水利学报，(1)：38

陈亚新，屈忠义，魏占民，等. 2007. 大型灌区节水改造后农田水环境变化的预测研究. 北京：中国农业科学技术出版社

陈亚新，史海滨，魏占民，等. 2000. 农业节水灌溉的理论和学科前沿进展. 见：中国农业工程学，农业水土工程专业委员会. 农业高效用水与水土环境保护. 西安：陕西科学技术出版社，71-76

陈有清，杨明君. 1991. 保水剂的种类及用途. 内蒙古农业科技，1：17，18

程满金，申利刚. 2003. 大型灌区节水改造工程技术试验与实践. 北京：中国水利水电出版社

狄美良. 1995. 激光机械在土地平整中的应用与探讨. 排灌机械，(3)：31-33

窦宝松，鲍维猛，王长保. 2009. 土工合成材料在渠道防渗工程中的应用与存在问题探讨. 水利水电技术，(4)：27-29

杜社妮，白岗栓，赵世伟，等. 2007. 沃特和PAM保水剂对土壤水分及马铃薯生长的影响研究. 农业工程学报，23（8）：72-79

杜社妮，白岗栓，赵世伟，等. 2008a. 沃特和PALM施用方式对土壤水分及玉米生长的影响. 农业工程学报，24（11）：30-35

杜社妮，赵世伟，白岗栓. 2008b. 沃特和PAM对土壤水分及玉米生长的影响. 浙江大学学报（农业与生命科学版），34（1）：81-88

杜太生，康绍忠，魏华. 2000. 保水剂在农业节水中的应用研究现状与展望. 农业现代化研究，21（5）：317-320

杜尧东，王丽娟，刘作新. 2000. 保水剂及其在农业节水上的应用. 河南农业大学学报，24（3）：255-259

杜勇. 1992. 我国西南部山区玉米覆膜栽培的气候生态效益研究. 中国农业气象，13（5）：38-40

高国治，胡玲，彭世彰. 2005. 灌区实时灌溉预报模型研究. 节水灌溉，（3）：8-10

高占义，许迪. 2004. 农业节水可持续发展与农业高效用水. 中国水利水电出版社：11

葛敬区. 1996. 山地番茄栽培技术. 中国农学通报，12（04）：42

贵余，张金宏. 2003. 河套灌区灌溉制度研究. 灌溉排水学报，22（5）：72-76

韩艳初，田怀臣，马文良. 2005. 农作物高效间作套种及配套技术. 现代农业科技，（10）：9

侯景儒，黄竟先. 1982. 地质统计学及其在矿产储量计算中的应用. 北京：地质出版社

胡荣海. 1986. 农作物抗旱性鉴定方法和指标. 作物品种资源，（4）：36-38

黄占斌，辛小桂. 2003. 保水剂在农业生产中的应用与发展趋势. 干旱地区农业研究，21（3）：11-14

黄占斌，张国桢，李秧秧，等. 2002. 保水剂特性测定及其在农业中的应用. 农业工程学报，18（1）：22-26

霍再林，史海滨，陈亚新，等. 2004. 内蒙古地区 ET_0时空变化及相关分析. 农业工程学报，20（6）：60-63

蒋锦霞. 2000. 保水剂在农业上的应用进展. 甘肃农业科技，（12）：25-26

孔德胤，智海，张富强，等. 2008. 河套地区覆膜与裸地玉米随地积温变化的生长动态模型. 中国农业气象，29（1）：67-70

兰巨生，胡福顺，张景瑞，等. 1990. 作物抗旱指数的概念和统计方法. 华北农学报，5（2）：20-25

雷志栋，杨诗秀，谢森传. 1988. 土壤水动力学. 北京：清华大学出版社

李凤民，赵松岭. 1997. 黄土高原半干旱区作物水分利用研究新途径. 应用生态学报，8（1）：104-109

李瑞平，史海滨，赤江刚夫，等. 2007a. 冻融期气温与土壤水盐运移特征研究. 农业工程学报，23（4）：70-74

李瑞平，史海滨，赤江岗夫，等. 2007b. 季节性冻融土壤水盐动态预测BP网络模型研究. 农业工程学报，23（11）：125-128

李瑞平，史海滨，李彰俊，等. 2008. 连续小波变换在气温和降水变化分析中的应用. 灌溉排水学报，27（1）：86-89

李为萍，史海滨，霍再林，等. 2004. 向日葵株高和茎粗的空间结构性初步分析. 农业工程学报，20（4）：30-33

李兴，史海滨，程满金，等. 2007. 集雨补灌对玉米生长及产量的影响. 农业工程学报，23（4）：34-38

李益农，许迪，李福祥，等. 1999. 农田土地激光平整技术应用及初步评价. 农业工程学报，15（2）：79-84

李益农，许迪，李福祥. 2001. 田面平整精度对畦灌系统性能影响的模拟分析. 农业工程学报，17（4）：82-87

李云开，杨培岭，刘洪禄. 2002. 保水剂农业应用及其效应研究进展. 农业工程学报，2（2）：182-186

李韵珠，陆锦文，黄坚. 1985. 蒸发条件下粘土层与土壤水盐运移. 见：北京农业大学资源环境遥感研究所. 国际盐渍土改良学术讨论会论文集. 北京：北京农业大学出版社：176-190

李仲谨，杨连利，苏秀霞，等. 2003. 保水剂的发展现状及未来开发方向. 咸阳师范学院学报，6（18）：30-32

栗雨勤，张文英，谢俊良，等. 2006. 主要作物新品种抗旱性鉴定指标的研究与应用. 华北农学报，21（增刊）：29-33

刘殿红，黄占斌，董莉. 2007. 保水剂施用方式对马铃薯产量和水分利用效率的影响. 干旱地区农业研究，25（4）：105-108，129

刘慧敏. 2007. 设施栽培番茄耐土壤硝酸盐筛选及生理特性. 南京：南京农业大学硕士学位论文

刘玉涛，邱振英，王宇先，等. 2006. 春玉米抗旱性鉴定指标比较研究. 玉米科学，14（4）：117-120

刘钰. 2000. 对FAO推荐的作物系数计算方法的验证. 农业工程学报，16（5）：26-30

刘钰，Perire L S，Teixeira J L. 1997. 参照腾发量的新定义及计算方法对比. 水利学报，（6）：27-33

刘忠民，山仑，马国忠．1996．提高宁南山区旱地春小麦产量及水分利用的综合技术途径研究．水土保持研究，3（1）：91-98

路贵和．1999．作物抗旱性鉴定方法与指标研究进展．山西农业科学，(4)：39-43

吕岁菊，李春光．2005．土壤水-盐运移规律数值模拟研究综述．农业科学研究，26（1）：80-84

马德伟．1992．我国甜瓜科学研究的进展．中国西瓜甜瓜，(2)：11-13

马金慧．2010．内蒙古河套灌区不同引水水平对水环境变化的预测研究．呼和浩特：内蒙古农业大学硕士学位论文

孟赐福．1992．保水剂——化学抗旱栽培的新材料．福建农业科技，6：39-41

潘英华，康绍忠，杜太生，等．2002．交替隔沟灌溉土壤水分时空分布与灌水均匀性研究．中国农业科学，35（5）：531-535

潘英华，雷廷武，张晴雯，等．2003．土壤结构改良剂对土壤水动力学参数的影响．农业工程学报，19（4）：37-39

彭芳，史海滨，翟进，等．2007．非充分灌溉条件下春小麦三水利用效果研究．灌溉排水学报，26（3）：82-85

强学彩．2003．秸秆还田量的农田生态效应研究．北京：中国农业大学硕士学位论文

乔冬梅，史海滨，薛铸，等．2005．盐渍化地区油料向日葵叶水势影响因素及变化规律研究．灌溉排水学报，24（4）：15-18

山东农业大学．1988．蔬菜栽培学．北京：农业出版社：233-234

山仑，康绍忠，吴普特，等．2003．中国节水农业．北京：中国农业出版社：11

邵明安，王全九．2000．推求土壤水分运动参数的简单人渗法．土壤学报，37（1）：1-7

师宏魁．2003．玉米秸秆整株还田秸秆分解速率及还田效应．北京：中国农业大学硕士学位论文

石元春，李保国，李韵珠，等．1991．区域水盐运动监测预报．石家庄：河北科学技术出版社

史海滨，陈亚新．1996．吸附作用与不动水体对土壤溶质运移影响的模拟研究．土壤学报，33（3）：258-267

史海滨，陈亚新，魏占民．2004．浅析西北地区节水农业理论与技术创新．见：中国科学技术协会．中国科协青年科学家论坛论文集．北京：科学出版社

史海滨，何京丽，郭克贞，等．1997．参考作物腾发量计算方法及其适用性评价．灌溉排水学报，16（2）：50-54

史文娟，康绍忠．2001．分根区垂向交替供水对玉米生长影响的研究．中国生态农业学报，9（2）：44-46

孙文涛，孙占祥．2006．滴灌施肥条件下玉米水肥耦合效应的研究．中国农业科学，39（3）：563-568

唐泽军，雷廷武，张晴雯，等．2002．降雨及聚丙烯酰胺（PAM）作用下土壤的封闭过程和结皮的形成．生态学报，22（5）：674-681

唐泽军，左海萍，于健，等．2007．ESP 值和黏粒含量对土壤表面封闭作用的影响．农业工程学报，23（5）：51-55

王成志，杨培岭，陈龙，等．2008．沟灌过程中土壤水分入渗参数与糙率的推求和验证．农业工程学报，24（3）：43-47

王会肖，刘昌明．2003．作物光合、蒸腾与水分高效利用的试验研究．应用生态学报，14（10）：1632-1636

王康，沈荣开，周祖昊．2007．内蒙古河套灌区地下水开发利用模式的实例研究．灌溉排水学报，26（2）：29-32

王伦平，陈亚新，曾国芳．1993．内蒙古河套灌区灌溉排水与盐碱化防治．北京：水利电力出版社：98-102

王荣莲，于健，谭玉梅，等．2009a．滴灌施肥水肥耦合对温室无土栽培水果黄瓜产量的影响．节水灌溉．(3)：15-17

王荣莲，于健，张俊生，等．2009b．温室滴灌施肥水肥耦合对无土栽培樱桃番茄产量的影响．节水灌溉，(4)：87-89

王树森，邓根云．1989．地膜覆盖土壤能量平衡及其对土壤状况的影响．中国农业气象，10（2）：20-24

王小彬，蔡典雄．2000．土壤调理剂 PAM 的农用研究和应用．植物营养与肥料学报，6（4）：457-463

王晓凤，吴文良，潘志勇，等．2007．不同水氮处理对冬小麦生长及土壤水分利用效率的影响．农业环境科学学报，26（增刊）：741-745

王英等．2005．不同灌溉方式对土壤次生盐渍化的影响．中国农学通报，21（2）：178-180

王志玉，刘作新．2004．高吸水树脂的性能及其在农业上的应用．土壤通报，35（3）：352-356

武继承，郑惠玲，史福刚，等．2007．不同水分条件下保水剂对小麦产量和水分利用的影响．华北农学报，22（5）：40-42

徐力刚，杨劲松．2004．土壤水盐运移的简化数学模型在水盐动态预报上的应用研究．土壤通报，35（1）：9

徐力刚，杨劲松，张妙仙．2004．种植作物条件下粉砂壤质土壤水盐运移的数值模拟研究．土壤学报，41（1）：50

徐蕊，王启柏，王滨，等. 2009. 高产抗旱玉米品种选择评价方法研究. 干旱地区农业研究，27（2）：60-68
薛亮，周春菊，雷杨莉，等. 2008. 夏玉米交替灌溉施肥的施氮耦合效应研究. 农业工程学报，24（3）：91-94
薛铸，史海滨，郭云，等. 2007. 盐渍化土壤水肥耦合对向日葵苗期生长影响的试验. 农业工程学报，23（3）：91-94
闫浩芳，史海滨，薛铸，等. 2008. 内蒙古河套灌区 ET_0 不同计算方法的对比研究. 农业工程学报，24（4）：103-106
阎永利，于健，魏占民，等. 2007. 土壤特性对保水剂吸水性能的影响. 农业工程学报，（7）：76-79
杨国航，白琼岩，张春原，等. 2009. 玉米抗旱品种筛选鉴定研究. 种子，28（9）：86-88
杨路华，沈荣开，曹秀玲. 2003. 内蒙古河套灌区地下水合理利用的方案分析. 农业工程学报，（5）：56-59
杨诗秀，雷志栋，谢森传. 1985. 均质土壤一维非饱和流动通用程序. 土壤学报，（1）：24-34
杨树青，史海滨，李为萍. 2008a. 土壤水盐信息与容重在垂直方向的空间结构性研究. 灌溉排水学报，27（6）：41-44
杨树青，杨金忠，史海滨，等. 2008b. 干旱区微咸水灌溉的水土环境效应预测研究. 水利学报，39（7）：854-862
杨树青，史海滨，杨金忠，等. 2007. 干旱区微咸水灌溉对地下水环境影响的研究. 水利学报，38（5）：565-574
杨树青，杨金忠，史海滨. 2008c. 微咸水灌溉对作物生长及土壤盐分影响的试验研究. 中国农村水利水电，（7）：32-35
杨树青，杨金忠，史海滨. 2009. 微咸水灌溉对土壤环境效应的预测研究. 农业环境科学学报，28（5）：961-966
杨永辉，武继承，何方，等. 2009. 保水剂用量对冬小麦光合特性及水分利用的影响. 干旱地区农业研究，27（4）：131-135
杨玉建，杨劲松. 2004. 土壤水盐运动的时空模式化研究. 土壤，（36）：283-288
姚德良，朱进生. 2001. 土壤水盐运动模式研究及其在干旱区农田的应用. 中国沙漠，21（3）：287
尹建义，董全才，易杰忠，等. 2006. 氮肥运筹对小麦产量及品质的效应研究. 作物杂志，（3）：64-66
张仁和，马国胜，卜令铎，等. 2009. 不同基因型玉米品种抗旱性鉴定及综合评价. 种子，28（10）：91-94
张岁岐，山仑. 1995. 氮素营养对春小麦抗旱适应性及水分利用的研究. 水土保持研究，（3）：1-5
张新民，王根绪，胡想全，等. 2005. 用畦灌试验资料推求土壤入渗参数的非线性回归法. 水利学报，36（1）：28-34
张正斌. 2003. 作物抗旱节水的生理遗传育种基础. 北京：科学出版社
张志国，徐琪，Blevins R L. 1998. 长期秸秆覆盖免耕对土壤某些理化性质及玉米产量的影响. 土壤学报，（3）：385-391
章少辉，许迪，李益农，等. 2006. 基于 SGA 和 SRFR 的畦灌入渗参数与糙率系数优化反演模型（Ⅰ）. 水利学报，37（11）：1297-1302
赵红梅，郭程瑾，段巍巍，等. 2007. 小麦品种抗旱性评价指标研究. 植物遗传资源学报，8（1）：76-81
赵瑞龙，周明耀. 2005. 水肥耦合技术的生态效应和最佳模式研究. 水利与建筑工程学报，3（4）：18-21
赵万春，董剑，高翔，等. 2007. 施氮对杂交小麦不同器官氮素积累与转运及其杂种优势的影响. 作物学报，（01）：57-62
赵永贵. 2002. 保水剂的开发及应用进展. 中国水土保持，（5）：52-54
郑和祥. 2009. 河套灌区畦田节水改造关键技术和灌溉决策研究. 呼和浩特：内蒙古农大学硕士学位论文
郑和祥，史海滨，柴建华，等. 2007. 基于 RAGA-DP 的饲草料作物非充分灌溉制度优化模型. 农业工程学报，23（6）：53-58
周长久. 1995. 现代蔬菜育种学. 北京：中国农业出版社：175-187
周维博. 1991. 降雨入渗和蒸发条件下野外层状土壤水分运动的数值模拟. 水利学报，（9）：32-36
朱家健. 2009. 激光平地技术应用及其分析. 农机化研究，（6）：240-242
庄季屏. 1989. 四十年来的中国土壤水分研究. 土壤学报，26（3）：241-247
庄文化，吴普特，冯浩，等. 2008. 土壤中施用聚丙烯酸钠保水剂对冬小麦生长及产量影响. 农业工程学报，24（5）：37-41
邹新禧. 2002. 超强吸水剂. 北京：化学工业出版社：473-635
左强，李品芳. 2003. 农业水资源利用与管理. 北京：高等教育出版社
ALARC（Arid-Land Agricultural Research Center）. 2009. WinSRFR 3.1 User Manual（R）. Maricopa，USA：

Arid-Land Agricultural Research Center

Angel U, Imma F, Antonio M, et al. 2004. Comparing Penman-Monteith and Priestley-Taylor approaches as reference-evapotranspiration inputs for modeling maize water-use under Mediterranean conditions. Agricultural Water Management, 66 (2004): 205-219

Ben Hur M, Faris J, Malik M, et al. 1989. Polymers as soil conditioners under consecutive irrigation and rainfall. Soil Sci Soc Am J, 53: 1173-1177

Ben Hur M, Keren R. 1997. Polymer effects on water infiltration and soil aggregation. Soil Sci Soc Am J, 61: 565-570

Condon A G. 1992. Broad sense heritability and genotype environment interaction for carbon isotope discrimination in field-grown wheat marker for water use efficiency. Australian Journal of Agricultural Research, 43 (5): 921-934

De Costa W A. 2002. Physiology of yield determination of soybean under different irrigation regimes in the sub-humid zone of Sri Lanka. Field Crops Res, 75: 23-35

Fernando R M, Pereira L S, Liu Y. 2001. Simulation of capillary rise and deep percolation with ISAREG. *In*: International Conference on Agricultural Science and Technology, Vol. 6: Information Technology for Agriculture. Beijing ICAST, Ministry of Science and Technology: 421-426

Fischer R A. 1978. Drought resistance in Spring Wheat Cultivars. Aust J Agri Res, (29): 897

Hamdy A. et al, 1996. Effect of salinity on water stress, growth, and yield of maize and sunflower. Agricultural Water Management, 30: 237-249

Hiroki O, Toshiyuki T, Keiji T. 2005. Microneteorogical model for estimating evaporation from a bare field in the Hetao Irrigation District in the Yellow River Basin. J Agric Meteorol, 60 (5): 541-544

Levin J, Ben Hur M, Gal M, et al. 1991. Rain energy and soil amendment effects on infiltrtion and erosion of three different soil types. Aust J Soil Res, 29: 455-465

Li R P, Shi H B. 2007. BP network model research on water and salt transfer forecast in seasonal freezing and thawing soil. *In*: Zhang Z Y, Duo X P, Wang W M. Effective Utilization of Agricultural Soil and Water Resources and Protection of Environment. Nanjing: Hehai University Press: 129-133

Pereira L S, Teodoro P R, Rodrigues P N. 2001. Irrigation scheduling simulation: the model ISAREG. Dardrecht. The Nether lands: Kluwer Academic Publishers: 161-176

Rahman S M, Khalil M L, Ahmed M F. 1995. Yield-water relations and nitrogen utilization by wheat in salt-affected soils of Bangadesh. Agricultural Water Management, 28: 49-56

Shi H B Akae T, Kong D, et al. 2003. Sunflower response to soil water and salt stress in Hetao area, China. *In*: Kang S Z, Davies B, Shan L, et al. Water-saving agriculture and Sustainable use of water and land resources. Xian: Shanxi Science and Technology Press: 111-116

Shi H B, Akae T, Nagahori K, et al. 2002. Simulation of leaching requirement for hetao irrigation district considering salt redistribution after irrigation. Transactions of the CSAE, 18 (5): 67-72

Smith M. 2000. The application of climatic data for planning and management of sustainable rain fed and irrigated crop production. Agricultural and Forest Meteorology, 103: 99-108

Yang S Q, Yang J Z, Shi H B, et al. 2007. Prediction and research of salt movement law in soil under light-saline water irrigation. ICEUSWE, 8: 37-42

第十章　陕西山地特色果品高效用水技术

第一节　区域农业用水现状

榆林市位于陕西省北部，107°28′～111°15′E、36°57′～39°34′N。全市集水面积在 100 km^2 以上的河流共有 109 条，主要有无定河、秃尾河、窟野河、佳芦河及皇甫川、清水川、石马川、孤山川，即四河四川，其中水量较大的为无定河和秃尾河。除此之外，北部风沙区还分布有大小不等的海子 200 多个，水面达 120 km^2，最大的为红碱淖海子，水面面积 54 km^2，储水量 3.6 亿 m^3。

一、雨水资源

降水是水资源的主要补给来源，1956～2005 年榆林市各县年降水量见表 10-1，其中定边县降水最少，多年平均降水 322.9 mm；清涧县降水最多，年均降水 485.8 mm，其他各县平均每月降水差别不显著。

表 10-1　榆林市各县年降水量表（1956～2005 年）

地级行政区	计算面积/km^2	均值			不同频率年降水量/mm			
		年降水量/mm	年降水总量/mm	Cv	20%	50%	75%	95%
府谷县	3 212	430.2	138 180.24	0.29	502.0	395.1	321.2	232.4
神木县	7 635	423.8	323 571.30	0.27	491.0	395.7	328.7	243.5
榆阳区	7 053	398.3	280 920.99	0.28	452.3	360.6	294.2	219.4
横山县	4 084	376.3	153 680.92	0.24	445.2	366.6	310.5	239.4
米脂县	1 212	413.3	50 091.96	0.21	480.6	408.4	350.7	276.4
绥德县	1 878	447.6	84 059.28	0.20	522.0	441.2	384.8	308.4
佳县	2 144	389.2	83 444.48	0.24	483.4	396.7	335.8	258.9
吴堡县	428	439.8	18 823.44	0.23	545.4	453.2	387.2	333.9
清涧县	1 881	485.8	91 378.98	0.23	555.5	458.3	392.3	303.1
子洲县	2 043	427.8	87 399.54	0.23	528.2	438.8	375.0	294.8
靖边县	5 088	382.0	194 361.60	0.25	491.8	401.8	336.3	259.4
定边县	6 920	322.9	223 446.80	0.26	437.3	354.0	293.4	224.1
全市合计	43 578	411.4	1 733 097.06	0.24	494.6	405.1	342.5	266.1

根据榆林市多年气象资料统计分析，多年平均降水量为 411.4 mm，在 95%典型干旱年份中，全市各县降水量平均为 266.1 mm，在 20%的丰水年里，全市各县降水量平均为 494.6mm。从时间分布上来看，以榆阳、神木、定边三县（区）为例，降水最多的年份分别是 1964 年和 1967 年，降水量分别达到 690.8 mm、820.1 mm 和 544.4 mm；降水最少的年份分别是 1965 年和 1982 年，降水量分别为 157.1 mm、

107.9 mm 和 79.9 mm，说明区内降水年际变化很大。分析 1956～2005 年榆林市各县年每月降水量（图 10-1），结果表明：各县多年降水量在年内分配极不均匀，其中 12 月、1 月和 2 月三个月降水最少，2.6～4.1 mm；3 月、11 月两个月降水稍多，6.5～11.4 mm；8 月降水最多，约为 102.6 mm；7 月、8 月、9 月三个月的降水量，占全年降水量的 60%～70%（图 10-1）。从地理分布上来看，降水地域分布不均匀，域内降水量由西北向东南递增，如最西部的定边县降水最少，多年月平均降水 26.86 mm，其他各县平均每月降水差别不显著（图 10-2）。

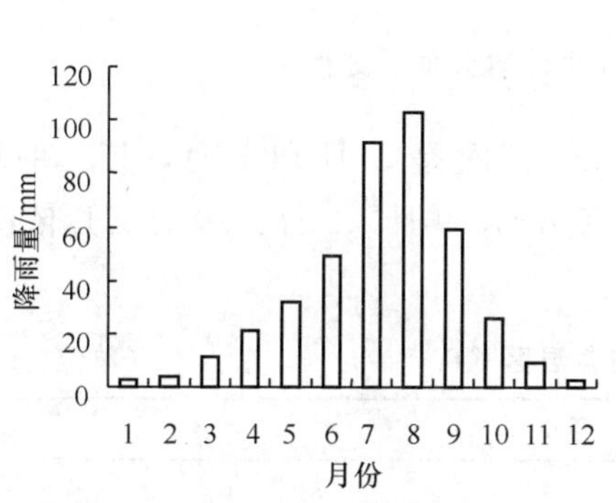

图 10-1　月平均降水量（0.1mm）

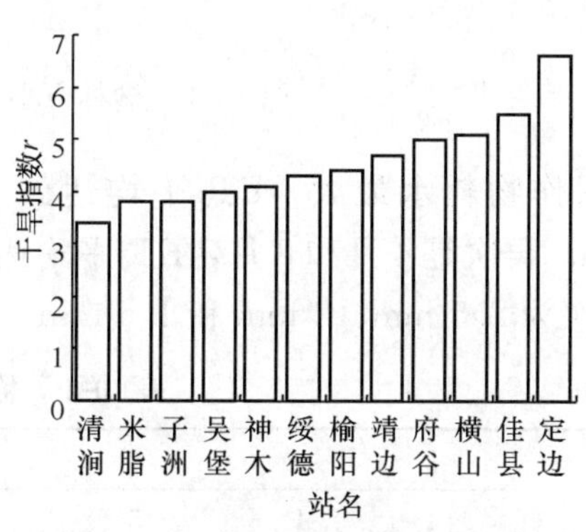

图 10-2　榆林各县市干旱指数

根据多年小型蒸发皿气象资料，市内蒸发强烈，多年平均水面蒸发量 1200～2000 mm，是降水量的 4～5 倍，陆面蒸发量 342.6 mm，相对湿度为 50%。榆林市各气象站干旱指数均大于 1，大都为 3.4～6.6，均值为 4.5，属干旱气候区，其分布趋势大体由南向北逐渐增大；年平均气温 10.7 ℃，极端高温 38.9 ℃，极端低温－24 ℃，气象灾害较多。

二、榆林各县参考作物蒸发蒸腾量

（一）水面蒸发量

大量的灌溉试验资料表明，气象是影响作物需水量的主要因素，而当地的水面蒸发又是各种气象因素综合影响的结果。对 1956～2005 年榆林各县气象站小型蒸发皿（20 cm口径蒸发皿）月均蒸发量进行计算（图 10-3），可以看出：5 月、6 月蒸发量最大，月累计水面蒸发量约为 293 mm；其余依次是 7 月＞4 月＞8 月＞9 月＞3 月＞10 月；2 月和 11 月水面蒸发较小，平均为 62.5 mm；1 月和 12 月水面蒸发最小为 35 mm。

（二）参考作物蒸发蒸腾量

作物的实际需水量计算中通常采用参考作物蒸发蒸腾量（ET_0）乘以作物系数。

利用彭曼-蒙蒂斯（Penman-Monteith）公式，结合各县 1956～2005 年的气象数据，分别计算出榆林市各县作物生长季节 3～10 月各月 ET_0，见表 10-2。从表中可以看

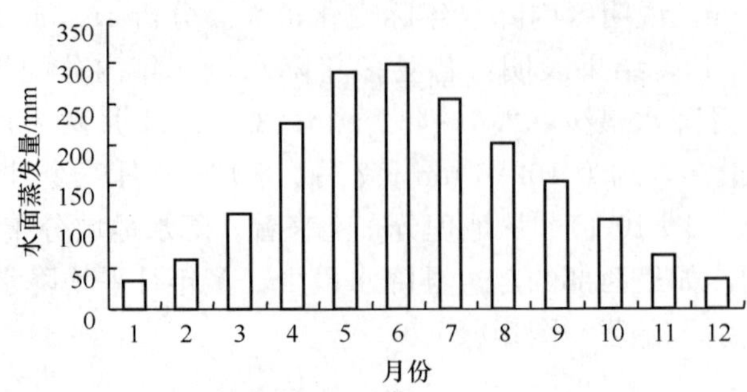

图 10-3　榆林市小型蒸发皿月均水面蒸发量

出：6月作物耗水最大，ET_0平均达到5 mm；其次是5月和7月，ET_0平均达到4.5 mm；再次是4月和8月，ET_0平均达到3.6 mm；9月、3月、10月ET_0依次递减，平均依次为2.5 mm、2 mm和1.5 mm。

表 10-2　榆林市各县区 ET_0　（单位：mm）

县市	月份							
	3	4	5	6	7	8	9	10
定边	2.19	3.84	4.84	5.38	4.62	3.77	2.68	1.69
府谷	3.24	3.72	4.95	5.22	4.57	3.74	2.69	1.61
横山	2.59	4.62	5.64	6.17	5.42	4.44	3.31	2.07
佳县	1.74	3.3	4.45	4.78	4.37	3.59	2.51	1.46
靖边	1.84	3.5	4.38	4.79	4.19	3.42	2.45	1.53
米脂	1.71	3.26	4.24	4.68	4.06	3.32	2.24	1.29
清涧	1.78	3.27	4.32	4.84	4.15	3.47	2.30	1.40
神木	1.84	3.58	4.63	5.01	4.34	3.49	2.48	1.45
绥德	1.96	3.53	4.61	5.05	4.30	3.60	2.49	1.53
吴堡	1.82	3.41	4.57	4.90	4.47	3.71	2.57	1.49
榆阳区	1.84	3.42	4.46	4.99	4.48	3.65	2.54	1.52
子洲	1.65	3.09	4.23	4.56	4.08	3.34	2.24	1.28

5月、6月、7月潜在蒸发量在全年较高，其中6月最高，这一时期也正是榆林各个县市所种植农作物的生育关键期，此期虽有一定量的降水，但蒸发量远大于降水量，因此根据此表需适时进行农业灌溉；4月和8月、3月和9月潜在蒸发量几乎相等。从地区区域来看，北边六县明显高于南边六县的潜在蒸发量，横山县（除1月、2月、3月、12月）处于最高，并显著高于其他县市。

（三）参考作物蒸发蒸腾量与水面蒸发的关系

以水面蒸发为参数的需水系数法（简称“α值法”或称蒸发皿法）可估算作物需水量，但α——各时段的需水系数，即同时期需水量与水面蒸发量之比值，没有作物系数常用，且由于缺乏气象资料，许多地方无法计算ET_0，而水面蒸发数据较易得到，因此通过对 20 cm 口径蒸发皿日均水面蒸发值和 ET_0 进行拟合（图 10-4），可以利用图中所示公式，用水面蒸发求出参考作物蒸发蒸腾量。

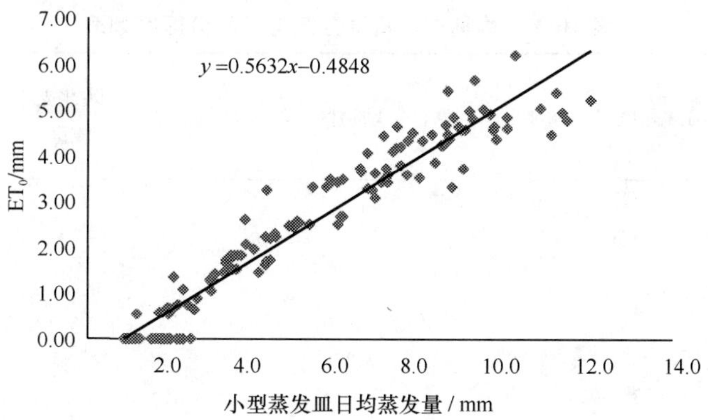

图 10-4　日平均水面蒸发量同 ET_0 关系

蒸发数据由小型蒸发皿测得。由图 10-4 可知：各月累计蒸发量（y）与蒸发蒸腾量 x 之间呈线性关系，其线性拟合关系为 $y=0.0185x-0.4921$，相关系数 $R^2=0.9384$。通过该公式，我们可进行作物月耗水量的预测，进而指导灌溉，这对于指导该地区农作物灌溉和抗旱节水有积极意义。

三、水资源特点

（一）概述

榆林市是陕西省水资源最贫乏地市之一。全市水资源总量 374 156 万 m^3，其中地表水资源量为 229 031 万 m^3，地下水资源量为 247 795 万 m^3，地表水与地下水重复量 102 670 万 m^3；人均占有水资源量 979 m^3，为全国平均水平的 43%。按联合国组织划定标准，该市属重度缺水地区，表现为资源性缺水，水资源严重短缺且分布不均，水体污染严重，可利用量有限。在时序上，区内降水主要集中在 7 月、8 月、9 月三个月，占全年降水量的 70%以上，且多以暴雨形式出现。在地理位置分布上北部风沙区占全市自产水资源总量的 80%以上，地下水埋藏浅，易开采；南部丘陵沟壑区的六县地形破碎，水资源占总量不足 20%。

近年来，随着国家级能源重化工基地建设步伐的加快，国民经济以前所未有的超常速度迅猛发展，水资源日趋紧缺，这已经成为制约榆林市经济可持续发展的主要因素，特别对农业的影响将更明显。因此，研究和解决榆林市农业水资源可持续开发利用问题，对于缓解全市水资源供需矛盾和保障经济社会可持续发展具有重要意义。

（二）水资源利用分区

根据榆林市自然地理、流域水系、历史沿革和城市、经济社会发展布局及其供水方向等，结合榆林市水资源综合规划分区手册的统一分区和编码，全市划分为 6 个四级分区和 10 个五级分区，区域总面积 43 578 km²，其中平原区面积 12 945 km²，山丘区面积 30 633 km²。榆林 12 个县市占五级分区的面积见表 10-3。

表 10-3　榆林市水资源分区与行政分区区划表　（单位：km²）

面积＼分区 县	窟野河	秃尾河	榆溪区	榆横区	靖边区	红碱淖	定边区	陕北支流区	北洛河	马蒲洪河	合计
榆阳区		987	3 661	2 405							7 053
神木县	4 235	2 934				466					7 635
府谷县	3 212										3 212
横山县				126	3 958						4 084
靖边县					4 228		68	137	655		5 088
定边县					316		3 977		1 239	1 388	6 920
绥德县		287	1 591								1 878
米脂县		172		1 040							1 212
佳县		1 836		308							2 144
吴堡县		428									428
清涧县		172		457				1 252			1 881
子洲县				1 854				189			2 043
合计	7 447	6 816	5 252	6 190	8 502	466	4 045	1 578	1 894	1 388	43 578

（三）地表水资源特性

榆林市多年平均地表水资源量（径流量）为 229 031 万 m³，平均径流深 53 mm。水资源分布很不平衡，位于风沙区的北六县水资源比较丰富，土地面积占全市总土地面积的 78.00％，地表水资源量为 18.56 亿 m³，占全市地表水资源量的 81.47％；位于黄土丘陵沟壑区的南六县，土地面积占全市总土地面积的 22.00％，地表水资源量为 4.22 亿 m³，仅占全市地表水资源量的 18.53％。各县市地表水资源量见表 10-4。

表 10-4　榆林市各行政区地表水资源量（1956～2005 年）

行政区划	计算面积/km²	多年平均天然径流量		不同保证率多年平均天然径流量			
		径流深/mm	径流量/万 m³	20％径流量/万 m³	50％径流量/万 m³	75％径流量/万 m³	95％径流量/万 m³
榆阳区	7 053	50	35 310	39 569	34 845	31 528	27 482
神木县	7 635	73	55 881	69 678	53 288	42 600	31 160
府谷县	3 212	61	19 504	24 816	18 402	14 362	10 232
横山县	4 084	43	17 445	18 875	17 357	16 222	14 739
靖边县	5 088	43	21 652	24 238	21 327	19 325	16 931
定边县	6 920	33	23 002	30 015	21 589	16 574	11 370
绥德县	1 878	51	9 513	10 689	9 382	8 467	7 356
米脂县	1 212	50	6 082	6 816	6 001	5 430	4 733

续表

行政区划	计算面积/km²	多年平均天然径流量		不同保证率多年平均天然径流量			
		径流深/mm	径流量/万 m³	20%径流量/万 m³	50%径流量/万 m³	75%径流量/万 m³	95%径流量/万 m³
佳县	2 144	87	18 756	22 825	18 126	15 010	11 483
吴堡县	428	95	4 079	5 007	3 933	3 224	2 424
清涧县	1 881	48	9 042	11 242	8 623	6 964	5 187
子洲县	2 043	43	8 765	9 667	8 672	7 966	7 096
榆林市	43 578	53	229 031	273 437	221 545	187 672	150 193

（四）地下水资源特性

榆林市多年平均地下水资源量为 247 795 万 m³，其中地下水与地表水不重复计算量为 145 125 万 m³。位于风沙区的北六县，地下水资源量较多，为 21.68 亿 m³，占全市地下水资源量的 87.49%。而位于黄土丘陵沟壑区的南六县，地下水资源量为 3.10 亿 m³，仅占全市地下水资源量的 12.51%。各县市地下水资源量见表 10-5。

表 10-5　榆林市 1956～2005 年平均水资源总量

行政区名称	计算面积/km²	地下水资源量/万 m³	地下水与地表水不重复量/万 m³
榆阳区	7 053	64 842	64 021
神木县	7 635	55 991	28 708
府谷县	3 212	16 274	
横山县	4 084	14 298	8 335
靖边县	5 088	27 924	17 045
定边县	6 920	37 476	27 016
绥德县	1 878	5 159	
米脂县	1 212	3 199	
佳县	2 144	11 761	
吴堡县	428	2 476	
清涧县	1 881	4 142	
子洲县	2 043	4 253	
榆林市	43 578	247 795	145 125

（五）水资源总量

水资源总量为地表水资源量和地下水与地表水不重复量，经计算全市多年平均水资源总量为 37.42 亿 m³，其中北六县水资源总量为 31.79 亿 m³，占 84.97%，南六县 5.62 亿 m³，占 15.93%。平均每平方千米年产水量 9 万 m³，平均产水系数 0.22，各行政分区平均水资源总量见表 10-6。

表 10-6 榆林市各行政分区 1956～2005 年平均水资源总量

行政区名称	水资源总量/万 m^3	产水模数/(万 m^3/km^2)	年降水量/万 m^3	产水系数/%
榆阳区	99 331	14	280 920.99	0.35
神木县	84 589	11	323 571.30	0.26
府谷县	19 504	6	138 180.24	0.14
横山县	25 780	6	153 680.92	0.17
靖边县	38 697	8	19 4361.60	0.20
定边县	50 018	7	22 3446.80	0.22
绥德县	9 513	5	84 059.28	0.11
米脂县	6 082	5	50 091.96	0.12
佳县	18 756	9	83 444.48	0.22
吴堡县	4 079	10	18 823.44	0.22
清涧县	9 042	5	91 378.98	0.10
子洲县	8 765	4	87 399.54	0.10
榆林市	374 156	9	1 733 097.10	0.22

（六）水资源可利用量

水资源可利用总量，指在可预见的时期内，在统筹考虑生活、生产和生态环境用水的基础上，通过经济合理、技术可行的措施在当地水资源中可一次性利用的最大水量。

榆林市主要水系的水资源可利用总量见表 10-7。

表 10-7 榆林市主要流域水系水资源可利用总量 （单位：万 m^3）

流域	水系	地表水可利用量	地下水与地表水不重复可利用量	水资源可利用总量
皇甫川	皇甫川	1 126	0	1 126
孤山川	孤山川	1 000	0	1 000
佳芦河	佳芦河	2 813	0	2 813
窟野河	窟野河	7 906	2 286	10 192
秃尾河	秃尾河	13 458	6 747	20 205
无定河	无定河	45 001	32 897	77 898
清涧河	清涧河	903	0	903
马、蒲、洪河	马、蒲、洪河	285	0	285
北洛河	北洛河	388	0	388
红碱淖	红碱淖	0	11 141	11 141
定边内流区	定边内流区	0	1 555	1 555
合计		72 880	54 626	127 506

全市水资源可利用量为 127 506 万 m^3，可利用率为 34.0%，其中地表水可利用量为 72 880 万 m^3，可利用率为 31.8%；地下水可利用量为 54 626 万 m^3，可利用率为 37.6%。

（七）水资源开发利用现状

新中国成立五十年来，榆林市水利建设取得了显著成绩。至 2001 年，全市已建成各类水库 94 座，总库容 7.82 亿 m^3，其中中型以上水库 18 座，总库容 61 752 万 m^3；各类池塘 796 口，总容积 2189 万 m^3；建成大小自流渠道 825 条；大小抽水站 2 020 处，总装机 8.634 万 kW；引水工程 825 处、提水工程 2120 处，现状供水能力为 3.9 亿 m^3。

2005 年全市共有生产井 18 754 眼，年供水能力合计 2.4 亿 m^3，平均单井年供水量 1.28 万 m^3；地下水供水工程主要以浅机井为主，供水量约占地下水工程总供水量的 70%，深机井及其他供水工程供水量仅占总供水量的 30%。

至 2005 年底，榆林市集雨工程年利用量 144 万 m^3，主要集中在定边县、靖边县、横山县及子洲县。由于榆林市还没有建成污水处理厂，所以没有污水回用量，其他水源工程在榆林市还不多，而且利用量很小，所以榆林市其他水源供水基础设施还有很大的发展空间。

榆林市 2005 年总供水量为 63 317 万 m^3，其中地表水水源工程供水量为 39 233 万 m^3，占全市总供水量的 62%；地下水水源供水量为 23 940 万 m^3，占全市总供水量的 38%，各县的供水情况见表 10-8。

表 10-8　2005 年榆林市各行政区供水量统计表

地级行政区	地表水/万 m^3					地下水/万 m^3	其他水源供水量/万 m^3	总供水量/万 m^3	总供水量占水资源量比/%
	蓄水	引水	提水	人工载运水量	小计				
榆阳区	3 977	8 046	3 324	2	15 349	5 444	0	20 793	20.9
神木县	824	5 751	1 014	0	7 589	2 843	0	10 432	12.3
府谷县	73	386	461	34	954	1 739	0	2 693	13.8
横山县	1 498	5 745	1 712	19	8 974	1 178	12	10 164	39.4
靖边县	85	130	454	3	672	6 214	20	6 906	17.8
定边县	0	147	0	0	147	4 793	95	5 035	10.1
绥德县	0	1 123	322	0	1 445	561	1	2 007	21.1
米脂县	0	1 361	121	0	1 482	286	0	1 768	29.1
佳县	130	467	288	17	902	233	6	1 141	6.1
吴堡县	15	128	140	28	311	1	0	312	7.6
清涧县	43	178	288	0	509	177	0	686	7.6
子洲县	142	583	174	0	899	471	10	1 380	15.7
榆林市	6 787	24 045	8 298	103	39 233	23 940	144	63 317	16.9

从图 10-5 及图 10-6 可以看出，2001 年全市国民经济各部门总用水量 5.84 亿 m^3，其中农业及农村生活用水量 5.19 亿 m^3，占 88.9%；工业用水量 0.52 亿 m^3，占 8.9%。到 2004 年各全市国民经济各部门总用水量 6.02 亿 m^3，其中农业用水量 4.55 亿 m^3，占 75.58%；工业用水量 0.57 亿 m^3，占 9.47%，表明农业用水有所下降，工业用水有所上升，但区内农业用水占主导地位。

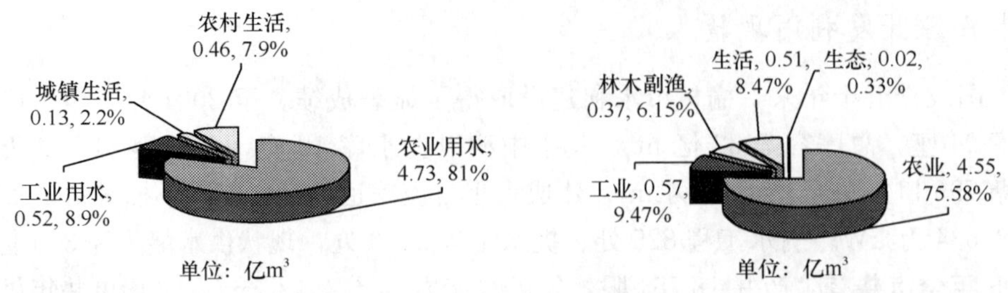

图 10-5　2001 年榆林市各部门用水统计图　　图 10-6　2004 年榆林市各部门用水统计图

按国际一般规律，一个国家用水量超过其水资源总量的 20%，就很可能发生水危机。2004 年榆林市的总用水量占到水资源总量的 16.1%，占水资源可利用量的 47.2%。但各县可开发利用水量较不平衡，榆阳区用水总量占当地水资源总量的 20%，基本接近国际公认的安全用水量；米脂县和绥德县用水量已经超过当地水资源总量的 20%；而衡山县目前的总用水量已经超过榆林市，平均水资源可利用率为 34%，用水危机较为严重；其余各县水资源开发利用虽仍有潜力。但总体来看，榆林市水资源可开发利用的余量已经不多，且由于榆林市南北水资源差异较大，因此必须规划好榆林市水资源的开发利用。

四、农业用水存在的问题

（一）农业种植分布

按 2006 年内部统计，榆林市主要作物面积及分布见表 10-9。从表中可以看出：定边县种植面积最大，占总种植面积的 20.77%；其次是横山县、靖边县、榆阳区，分别约占总种植面积的 10%。种植作物面积最大的为小杂粮，占总种植面积的 36.5%；其次是马铃薯和玉米种植面积，分别占总种植面积的 30%和 13.4%。

表 10-9　榆林各县种植结构表　　（单位：万亩）

单元	马铃薯面积	小杂粮面积	玉米面积	油料面积	蔬菜面积	水稻面积	其他	小计
榆阳区	14.7	18.9	29.8	0	0.62	3.1	14.88	82
神木	10.8	25.2	14	4.5	1.45	0	9.05	65
府谷	26.4	30.8	0	0	0	0	1.8	59
横山	26.4	49.9	0	1.8	0	5	7.9	91
靖边	31.9	19.7	29	0	8	0	0.4	89
定边	75.9	46.9	26.69	19.2	8	0	0.31	177
绥德	14.1	25.4	3.5	0	0	0	26	69
米脂	9.6	11.2	2	0.5	0	0	10.7	34
佳县	13.5	29.6	0	0	0	0	6.9	50
吴堡	2.6	4.9	1.52	0	0.55	0	2.43	12
清涧	14.6	23.4	3.5	0	0	0	20.5	62
子洲	14.9	25.4	4.12	0	0	0	17.58	62
合计	255.4	311.3	114.13	26	18.62	8.1	118.45	852

（二）农业灌溉基本状况

表10-10表示榆林各区县有效灌溉面积及灌溉用水状况。从表中可以看出：整个榆林市水浇地面积比例较小，仅占14%，同全国平均水平48%相比，耕地灌溉率低下。灌溉面积较大的主要有榆阳区、神木、靖边、横山、定边等经济较发达的北六县，分别占到当地耕地面积的47%、26%、14%和19%。从单位面积灌溉量来看，各地灌溉效率不尽相同，其中横山县灌溉效率最低，其次是府谷和定边县。从灌溉用水占当地总用水的比例来看，整个榆林市灌溉用水占总用水量的63%，农业灌溉仍然是用水的主要部门之一，其中定边、府谷、靖边三县灌溉用水超过当地总用水量的80%，已经严重影响到其他行业的发展。

表10-10　榆林市各县灌溉面积及用水状况

单元	有效灌溉面积/万亩	灌溉地占当地种植面积比例/%	灌溉用水量/万 m^3	单位面积灌溉量/（m^3/亩）	灌溉占当地总用水比例/%
榆阳区	38.30	47	12 755	333	61
神木	17.14	26	5 695	332	55
府谷	6.05	10	2 243	371	83
横山	13.10	14	5 747	439	57
靖边	17.14	19	5 643	329	82
定边	12.10	7	4 419	365	88
绥德	4.03	6	1 330	330	66
米脂	3.02	9	934	309	53
佳县	1.01	2	342	339	30
吴堡	0.14	1	48	340	15
清涧	1.01	2	320	317	47
子洲	2.02	3	621	308	45
合计	115.05	14	40 097	349	63

（三）实际需水量计算

根据各县实际灌溉地面积和种植业分布，以及相应的需水定额，分别计算榆林市各区县的（P=50%条件下）灌溉用水量。

表10-11是根据农业试验结合联合国粮农组织推荐而得出的作物系数表，表10-12是结合本章参考作物蒸腾蒸发量（表10-2）计算出的榆林市各主要作物耗水参数，表10-13表示在扣除有效降水量条件下各区县现有耕地和现有水浇地需水量。

表10-11　榆林市主要农作物 K_c（4～9月）

作物	4月	5月	6月	7月	8月	9月
马铃薯	0.50	0.50	1.15	1.15	0.75	0.75
小杂粮	0.50	0.50	1.05	1.05	0.90	0.90
玉米	0.70	0.70	1.20	0.60	0.60	0.35

续表

作物	4月	5月	6月	7月	8月	9月
油料	0.35	0.35	1.15	1.15	0.35	0.35
蔬菜	0.70	0.70	1.05	1.05	0.95	0.95
水稻	1.05	1.05	1.20	1.20	0.90	0.60
其他(谷作物)	0.30	0.30	1.15	1.15	0.40	0.40

表 10-12　榆林市各县主要农作物耗水参数（mm/全生育期）

单元	马铃薯	小杂粮	玉米	油料	蔬菜	水稻	其他
榆阳区	537	532	468	448	575	657	447
神木	532	526	467	444	570	655	443
府谷	562	556	493	467	603	691	466
横山	664	659	581	552	713	815	551
靖边	513	508	449	427	549	629	426
定边	568	563	498	474	609	697	473
绥德	534	529	469	445	572	656	443
米脂	495	490	434	413	530	608	412
佳县	524	519	456	435	561	642	435
吴堡	537	533	468	446	576	658	445
清涧	510	505	447	425	546	625	425
子洲	491	487	429	409	526	603	409

表 10-13　榆林市各县主要农作物需水量

单元	生育期降雨利用量/mm	现有耕地需水量/万 m^3	灌区需水量/万 m^3	灌溉水利用系数
榆阳区	295	11 192	5 228	0.41
神木	318	7 813	2 060	0.36
府谷	322	9 223	945	0.42
横山	280	22 904	3 298	0.57
靖边	281	12 657	2 437	0.43
定边	237	36 714	2 509	0.57
绥德	363	6 082	355	0.27
米脂	338	2 820	251	0.27
佳县	317	6 389	129	0.38
吴堡	353	1 250	15	0.31
清涧	392	3 497	57	0.18
子洲	351	4 582	149	0.24
平均/合计	321	125 123	17 433	0.37

从表 10-13 中可以看出灌溉地年需灌水量仅为 1.7 亿 m^3 水，而现有种植业用水约 4 亿 m^3，灌水效率只有 0.43。原因在于群众受地理环境、投入能力和传统观念的影响，在灌溉方法上以大水漫灌、畦灌为主，采用大引大排的粗放型灌溉方式，用水浪费严

重；其次农田灌溉设施配套不齐全、老化失修，输灌水过程中跑漏水现象严重，致使农业用水利用率普遍较低。可见农业节水发展前景广阔，如果整个榆林提高灌溉效率达到0.9左右，那可将现有灌溉农田面积扩大1倍。

（四）存在问题

随着榆林市工业迅速发展，工业用水将严重挤占农业用水。根据省、市有关计划和规划要求，预计到2020年，榆林市全部用水将达到17亿m^3，其中农业用水将达到6.6亿m^3，工业用水将达到7.9亿m^3，生态用水将达到1.5亿m^3。农业和工业用水比例到2020年将达到1∶1.06，工农业的争水矛盾将相当尖锐。因此，如果不进行科学的保护和高效地开发利用，水资源将不能满足工农业生产对水的需求。

第二节　总体发展思路、目标和主要技术内容

针对区域农业高效用水所存在的主要问题，提出实现区域经济林高效用水的总体发展思路、课题研究目标及主要技术内容。

一、总体发展思路

干旱缺水与水土流失并存是制约陕北黄土高原地区经济、社会可持续发展的两大瓶颈因子，也是导致该区域生态环境脆弱和农民收入较低的根本原因。如何将除害与兴利巧妙结合，不仅是国家、省、市多年来关注的重点，也是学术界研究的热点和难点问题。国家退耕还林（草）工程实施以来，区域生态建设取得了重大成效。但由于退耕还林（草）工程主要是依赖于国家政策补贴来推动，生态建设与农民增收没有得到同步协调发展，一旦国家补贴停止，农民积极性和自觉性将难以保持，退耕还林（草）工程也将难以持续发展。因此，如何依靠科学技术大力发展现代农业，同步解决生态建设与农民增收问题，促进社会主义新农村建设，是该区域目前迫切需要解决的重大战略问题。

项目实施区域的多年平均径流量为433.62亿m^3，人均占有水量为580 m^3/人，仅为全国平均水平的26.4%，属于重度缺水地区。随着经济发展与人口数量不断增大，人均水资源占有量正在迫近于联合国所规定的正常生存最低线300 m^3/人。

退耕还林工程生态效益显著，经济效益低微。陕西境内黄土高原面积达9.27万km^2，是我国也是世界上黄土高原发育最为典型的地区。自国家推行退耕还林政策以来，陕西省入黄泥沙由20世纪五六十年代的每年平均8亿t，减少到目前的6亿t以下，全省水土流失面积占全省面积比例由67%降为60%，生态效益显著提高。在退耕还林政策推行过程中，当地为了提高林业工程的效益建立水土保持经济林1293.5万亩，但由于干旱缺水导致效益普遍低微，果树的结果率约为30%。

陕西省榆林市北部风沙区是我国重要的能源重化工基地，总体经济水平已步入全省第一方阵。但榆林南北区域经济发展极不均衡，南部黄土丘陵沟壑区是典型的雨养农业区，水土流失与干旱缺水十分严重，社会经济发展相当困难，与北部能源重化工地区差距很大。2007年北部风沙区神木县财政收入高达47.57亿元，而南部丘陵沟壑区佳县

仅为0.10亿元，二者相差470多倍。但南部黄土高原山区土地资源十分丰富，在保护生态环境的前提下，发展特色农业，转变农业增长方式，提高农业综合效益，是缩小榆林南北经济差距、促进经济全面协调可持续发展的战略选择。

红枣是陕北黄土高原地区经济价值较高的传统特色果品。黄河沿岸土石山区是全国五大集中连片优质红枣产区之一，具有三千多年的栽培史。近年来在国家退耕还林（草）政策支持下，红枣产业发展势头迅猛，新增面积很大。但由于干旱缺水，红枣平均亩产仅为150～200 kg，只有其理论生产潜力的15%左右。如何在确保区域生态环境健康的前提下，解决山地红枣干旱缺水问题，是将山地红枣产业做强做大的关键所在，也是解决榆林南北区域经济发展平衡与建设社会主义新农村的重大科技问题。

针对上述问题，本课题以红枣等特色果品为重点，以降低特色果品生产用水综合成本、提高特色果品生产综合用水效益与品质、改善区域生态为目标，重点研究坡地降水资源高效利用技术、山地高效微灌技术，在鉴选与应用抗旱节水型特色果品新品种的基础上，集成果品优质高效生产水肥耦合高效利用技术、坡地蓄水保土栽培技术、节水生化制剂与新型节水覆盖材料，果品优质高效生产配套技术等，探索山地特色果品大面积农业节水高效技术的管理体制与运行机制，形成具有明显区域特色的优质特色果品高效生产综合节水技术体系，建立优质特色果品高效生产综合节水技术试验示范区。

二、目标

本课题将制定出山地特色果品经济型灌溉制度，提出山地特色果品高效用水综合技术体系，形成山地特色果品的微灌技术模式；建立优质特色果品高效生产综合节水技术示范区5000亩，核心区1000亩，技术辐射面积5万亩，为农民提供科学可靠、经济实用的示范样板，辐射带动黄土高原北部山地果园节水灌溉的发展，对提高山地水土保持经济林的效益产生积极影响。

(1) 以选用优良红枣品种为手段，采用合理的矮化密植及修剪管理技术，实现提高山地红枣产量和品质的目标，从而达到提高红枣水分生产效率的效果。从生产高产优质果品出发，收集、引进红枣品种，进行抗旱节水特性对比鉴选，建立山地优良红枣栽培、管理标准，并将筛选出的优良品种及栽培管理技术进行应用示范。

(2) 结合山地枣林地的特点，以提高雨水资源效率为核心，研究山地微集水工程技术，最大限度利用天然降雨改善枣园土壤水分状况，探索坡地降雨高效利用方式及植物相应的生理生态效应，形成高效用水技术模式，建立山地枣林雨水利用标准。

(3) 基于水资源承载力，以经济、安全为原则，根据山地地形多变及枣林布局特征提出山地果园微灌技术体系和微灌系统单元优化设计方法，得出单元最优工程建设模式，建立山地枣林微灌工程技术体系与标准。

(4) 通过研究提出不同降水水平年的枣树微灌经济型灌溉制度和灌溉技术规程，提高枣树灌溉水利用率和水分利用效率。

(5) 结合微灌技术的特点创立果品优质高效生产水、肥、密耦合穴式新技术，平茬等丰产节水的特色整形修剪技术，根域保墒增容技术，新型增容保墒材料应用技术，以及控水袋高效节水渗灌保苗技术等，结合其他子课题研究的技术成果提出特色优质果品高效生产综合配套技术与栽培标准。

三、主要技术内容

针对陕西省半干旱区山地干旱缺水和水土资源流失严重的区域环境特征、山地红枣的生物生态学特征、现有生产技术条件，本课题主要开展以下 8 个方面研究。

（一）山地红枣优良品种筛选与丰产矮化密植技术

主要筛选适合当地条件、品质优良、抗旱性能好，且水分利用效率高的品种；研究高产优质的红枣矮化树形及其修剪技术；研究不同红枣品种的高产优质密植技术，以及科学的管理技术等。

提出筛选的优良品种；确定合理的树形及其修剪技术；提出不同红枣品种合理的密植强度，以及相应的管理技术等。

（二）山地红枣降水资源高效利用技术

重点研究提高降水资源利用率与利用效率的综合技术，包括山地蓄水保土栽培技术、节水生化制剂与新型节水覆盖材料应用技术等，进一步研究示范区山地降水资源化利用潜力。

提出实现山地雨水资源化潜力的配套技术，为充分利用降水资源提供支撑；提出示范区山地红枣雨水资源化潜力，为确定山地红枣灌水量提供依据。

（三）山地红枣需水量与非充分灌溉制度

重点研究山地红枣优质高产的经济需水量；结合降水资源就地利用潜力分析研究，确定山地红枣非充分灌溉制度。

提出山地红枣优质高产经济需水量，以及需水周期；提出山地红枣非充分灌溉制度。

（四）山地红枣高效微灌工程技术

重点研究山地条件下微灌工程技术参数的计算理论依据，形成山地条件下微灌工程建设系列技术参数的计算方法；改进并完善传统微灌技术在山地应用的工程设计方法；研究山地红枣高效微灌工程新技术，并开发相应的技术产品；开发山地微灌工程规划与设计系统；建立山地微灌工程技术规范。

提出山地条件下微灌灌水均匀度与综合流量偏差计算方法；建立山地条件下微灌工程技术设计规范；开发并完善山地红枣涌泉根灌技术；完成山地微灌工程规划与设计系统。

（五）山地红枣优质高产水肥耦合技术

重点研究灌水量、施肥量与红枣产量、品质的互作关系；探讨节水节肥优质高效生产技术，充分提高有限水肥资源的综合利用率与利用效率，形成山地红枣优质高效生产水肥耦合技术。

提出山地红枣灌水量、施肥量与红枣产量、品质的互作关系；建立山地红枣优质高产水肥耦合技术。

（六）山地红枣优质高产综合节水技术体系与发展模式

集成上述单项技术，探讨示范区建设与运行管理机制，包括土地流转机制、规模化经营方式等，完成示范区与辐射区建设任务，分析示范区建设，以及技术辐射所产生的综合效益。探讨生态型现代农业发展理论与区域发展模式。

提出山地红枣优质高产综合节水技术体系；建立山地红枣优质高产综合节水技术示范的新机制；完成示范区与辐射区建设任务，提出示范区与辐射区综合效益分析报告；最后提出以山地红枣优质高产综合节水技术为支撑的区域生态型现代农业发展模式，并对其发展理论进行初步探讨。

（七）山地红枣优质高产综合节水技术体系应用推广可行性研究

以小流域为单元分析区域水资源（降水、地表径流等）联合调度利用的潜力及可行性，提出研究区域有限水资源高效利用的技术方案，以及大面积应用山地红枣优质高产综合节水技术的可行性，并对其效益进行评估（包括经济效益、生态效益、社会效益等）。

提出山地红枣优质高产综合节水技术大面积推广应用的可行性方案，并提出适宜推广的区域，以及应采取的对策。

举办对示范区和辐射区的农户特别是大户的技术培训和跟踪服务，探讨示范区建设与推广辐射的运行机制，进行科技推广体制和机制探索研究，为今后科技推广提供依据。

以山地红枣微灌技术和山地红枣矮化密植技术为主，推广山地生态型高效红枣产业技术体系，普及生态型现代农业知识，帮助示范点农户进行标准化山地红枣管理，进行科技推广机制创新，为规模化经济林产业发展提供技术依据。

第三节　经济林高效用水技术体系与模式

一、山地红枣微灌技术体系与模式

（一）山地微灌技术体系

山地枣树微灌技术体系包括山地提水技术、首部系统、灌水技术及其他配套技术。

1. 山地提水技术

利用就近河道或者水井为水源提水上山，它主要包括打井或河水拦截、加压提水、山顶蓄水三项工程技术。河水在输水前要注意过滤河水中的柴草等杂物，输水上山主要注意适合的水压和管道的承压强度，管道的沿程损失和局部损失。山顶蓄水池笔者选择在周边最高点以利给于周边产生自压供水。根据山顶的地势、计划灌溉面积、灌溉周期、灌水定额等要素，项目区蓄水池设计规格为 260 m^{3}和 130 m^3。

2. 首部系统

项目区山地微灌系统采用自压方式运行。首部自压灌溉系统主要有施肥系统和过滤系统，较平地微灌系统相比减少了加压装置。

3. 施肥系统

1）自制重力式和压力容器式施肥技术

根据山地微灌系统具有自压的特点，施肥装置采用自制重力式和压力容器式施肥罐。由于该施肥方式要求在进口压力超过 10 m 压力条件下保证正常施肥，因此首部安装不像平地安装在水源附近，首部位置离水池出水口落差应超过 12 m。施肥时，将肥料溶解在 40 L 的施肥罐中，通过进出口压力带出肥料进入灌溉系统。

2）文丘里式施肥技术

由于压力容器式要求工作压力 10 m，在水源附近压差不足 10 m 的范围内，该施肥技术无法实施，所以笔者在此地带利用文丘里施肥器和小型过滤器进行枣树施肥及灌溉。文丘里施肥器是通过流道管径变化形成的压力差产生的吸力，将溶解在开放式容器内的肥料吸入灌溉系统。

4. 过滤技术

1）网式过滤技术

对于水质条件较好，悬浮物较少的水源，采用网式过滤器。其过滤器规格为主管道管径的 1.5 倍，且过滤网目数不少于 120 目。

2）组合式过滤器

对于水质条件较差、悬浮物较多的水源，采用组合式过滤器，先通过离心过滤器，将水中沙粒、较大悬浮物排除，后经网式过滤器。

5. 微灌灌水技术

项目区微灌灌水技术系统包括涌泉灌溉技术、滴灌技术及悬挂式微喷灌技术。

1）山地涌泉根灌技术

涌泉灌溉技术，又叫小管出流。该技术利用直径为 4 mm 的小塑料管与不同流量稳流器连接，安装在毛管上作为灌水器，以细流（射流）状局部湿润作物附近土壤。对于高大果树通常围绕树干修一渗水小沟，均匀湿润果树周围土壤。涌泉根灌技术是在毛管上安装直径为 4 mm 的微管，然后将微管埋入地下 10 cm 层次中，再将其出水口一端插入一个内空的透气装置，该装置为水流过渡保护器。水流保护器通常为圆筒形，长度 20～30 cm，内径 5～7 cm，所用材料可以专门制作，也可以利用市场上常见的多种材料甚至废弃材料，安装时水流过渡保护器一端与地面持平或高于地面 1～2 cm，水流过渡保护器上方有透气孔，以防负压造成微管堵塞。水流过渡保护器竖直安放，其下端为出水口，出水口下方一般悬空 5～10 cm，悬空部分正处在树木毛细根发达的部位，以利于树木的吸收。

2）山地滴灌技术

管上式滴灌：是用安装在毛管上的滴头将压力水以水滴状湿润土壤。示范基地安装的可拆洗式压力补偿滴头，在 10～35 m 压力范围内，其出流量较为均匀，流量 3.4 L/h，每树布置 2 个。在滴头被堵住时，可以打开清洗。

管间式滴灌：即灌水器布设在毛管中或两段毛管之间，这类滴灌设备主要就是滴灌管和滴灌带，采用迷宫流道单体滴头，滴头间距在滴灌管生产过程中可根据要求组装。

管间式滴灌有普通及压力补偿式两种规格，本次工程在水源附近安装的是普通滴灌管，在落差较大地方安装的是压力补偿式滴灌管，滴灌滴头流量 2 L/h，间距 50 cm。

3）山地悬挂式微喷灌技术

悬挂式微喷灌是将毛管安装在果树上部，利用微喷头将水流以细小的水滴喷洒在作物附近进行灌溉。微喷灌类似细雨，灌溉时不会损伤作物，能够调节田间小气候。该技术在佳县、清涧的葡萄及土豆种植田得到运用，微喷头流量 50 L/h，间距 3 m。

（二）山地微灌技术模式

1. 地面滴灌模式

该模式主要是利用管上式、管间式滴灌管或涌泉灌（小管出流），沿等高线的树行铺设，灌溉水是首先通过湿润地表来给枣树供水。为了防止小管出流的毛管老化以及田间除草伤到毛管，建议将毛管埋在地表 20 cm 以下，将微灌出水口固定在枣树主干附近。根据用户的条件和需求，可以结合地面滴灌在枣林中每隔 10 m 左右安置一个高于 3 m 的微喷头，增加枣林的湿度，以起到保花保果和改善枣果品质的作用。

2. 地下涌泉根灌模式

该模式主要是运用小管出流的毛管和微管，在微管的出水口安装一个或几个水流转换器，水流转换器布设在树根附近，埋深 30 cm，使得灌溉水直接进入土壤，地表保持干燥，该模式的全部毛管和微管均在地下约 20 cm 的位置，具有很好地防止老化和节水效果。根据用户的条件和需求，也可以结合地面滴灌在枣林中每隔 10 m 左右安置一个高于 3 m 的微喷头，增加枣林的湿度，以起到保花保果和改善枣果品质的作用。

二、山地枣树密植矮化栽植技术体系与模式

（一）山地红枣矮化密植技术体系

山地红枣传统的种植习惯是每亩 30～50 株的稀植自然生长，当采用集雨微灌技术后，西北农林科技大学的科技人员实施了“早、密、丰”栽培技术，形成了适宜黄土高原山地的红枣矮化密植技术体系。

1. 栽植品种的选择

实施集雨微灌技术后，改变了过去山地的水分条件，所以根据土地环境和鲜食、制干等产品定位，选择适宜当地生长的枣树品种是一个基础性工作。枣树的优良品种受立地条件的影响很大，所以必须做引种筛选试验。选择的品种应该具有较好的抗旱、抗病能力，适于有灌溉旱地山坡栽培；当年抽生的枝条结果能力强，适宜密植和集约化栽培；丰产性好，品质口感上乘，商品性强的品种。

2. 栽植技术

品种选定后，我们还要选择优质苗木，最好选择一级苗木。在保证苗木起运过程中不要失水的前提下，山地红枣栽培主要采用以下技术。

1）“一剂两膜”栽植技术

在山地红枣造林时采用了“一剂两膜”技术。一剂是对刚挖出来的树苗马上在含有保水剂的泥浆中沾根；两膜中的一膜是指在枣树苗栽植并灌水后要用大约 1 m^2 的薄膜覆盖树苗栽植穴表面，以防止树穴中的土壤水分蒸发流失，另外一膜是指用薄膜自制一个口径 5 cm、长度 30 cm 的薄膜袋，袋上打 10～15 个直径 2 mm 的小孔，在每个栽植枣树地上部分套一个膜袋，以防止树干失水。

2）控水渗灌栽植技术

山地地形比较复杂，对一些滴灌无法覆盖的陡坡或陡壁生长的枣树，为了实现其丰产可以采用控水袋灌水技术。这是西北农林科技大学的技术人员自行设计的一种可在任何生长树木的地方实现灌水的塑料水袋，这种控水渗灌袋将灌溉水注入袋中，水通过滤管过滤后进入引水管，再通过引水管内渗灌头的控制将过滤水在一定时间（40～50 天）内缓释到枣树根部，使枣树根系穴内土壤长时间保持湿润环境。

3）激素浸根栽植技术

应用 ABT 生根粉及 GGR 生长调节剂系列产品可促进枣树造林快速生根，解决根系伤口易失水、腐烂及生根物质的持续补充等问题，提高枣树的生根能力。

3. 栽培密度与方式

传统的山地枣树栽植密度为 30～50 株/亩，在具有一定的补灌条件下科技人员成功地将栽植密度提高到 111 株/亩和 222 株/亩。栽植规格为 2 m×3 m 和 2 m×1.5 m，该密度可使产量由 150 kg/亩提高到 1000 kg/亩以上，丰产期提前 4～5 年。

4. 矮化密植枣园管理技术

矮化密植枣园由于单位面积栽植株数多，故应加强土、肥、水等综合管理，特别是当开花坐果的关键时期没有充足的降雨时，必须保证灌溉一次，这是山地红枣丰产的基本保障。

整形修剪是山地矮化密植枣林最重要的技术环节，枣树没有矮化品种而主要靠强化修剪来实现矮化丰产的目的。通常 111 株/亩的枣树其高度控制在 2 m 以内，222 株/亩的枣树高度控制在1.5 m即可。

5. 病虫防治

枣树病虫害种类多、分布广、危害重，是造成枣树产量低、质量差的重要原因。当前严重发生的病虫害，主要有枣步曲、枣黏虫、桃小食心虫、食芽象甲、枣疯病、枣锈病等。防治时要坚持贯彻预防为主的无公害综合防治措施，以有效地控制病虫害的发生与危害。防治措施包括农业措施、物理措施、生物措施和化学措施，其中化学措施要尽量减少和谨慎使用，首先要对症用药、准确用药，要针对作物发生的病虫害种类，选用对其防治效果优良的农药品种；同时还要注意所选农药对作物安全无药害，或基本无药害；对人畜禽毒性小或基本无毒；对生态环境无污染或基本无污染的高效、低毒、低残留的农药。

（二）山地红枣矮化密植栽培模式

在陕北黄土丘陵区山地红枣规模化栽植主要是国家实施退耕还林后形成的，栽植密度一般在30～50株/亩，人工栽植自然生长，很难见效益。西北农林科技大学的科技人员在陕北结合集雨微灌的条件，选择梨枣、赞皇枣、蛤蟆枣、灵宝枣等品种，采用株行距2 m×3 m和株行距2 m×1.5 m两种密度，栽植苗用当地根蘖苗成活后第二年嫁接或成品苗两种方式，30～50 cm定杆，树形有开心形、纺锤形、“V”字形、“一边倒”等形式，人工控制矮化整形修剪方式。矮化枣树的整形要求应充分利用幼年生长强旺的特点，从早开始选留和培养各级骨干枝，这就是说，矮化枣树骨干枝的培养更是宜早不宜迟、不可有“先结果、后整形”的错误想法。整形的原则应是“树冠要小、骨干枝要少、枝组要多、结构要牢”。对干性强、容易发生上强下弱的品种，中心干可采取弯曲延伸，主枝可采取邻接式排列的形式，并要注意下层主枝不宜过大、过平，延长头附近不宜留果。上层主枝不宜选留得过早、过急，应在下层主枝发展到一定程度后再开始培养。同时，要根据栽植株行距的大小，严格控制树冠的高度与宽度，以保证必要的光照条件和作业道。矮化枣树的修剪要点。

（1）幼树应同时处理好整形与结果的并举关系。原则是应在保证骨干枝生长优势的情况下，充分利用辅养枝结果。因而在修剪时，除骨干枝延长头必须进行中截外，其他非骨干枝均应尽量多留，并以轻剪缓放的方法缓和树势，增加结果部位。对姿势直立生长强旺的枝梢，应通过软化弯曲加造伤的方法先行控制，然后再做缓放。

（2）结果树应注意枝组的细致修剪。中庸的花芽枝应一部分结果，一部分重截，利用培养“三套枝”的方法使结果枝不断更新和轮替结果。对甩放多年已发生下垂的长弱大枝应及时回缩抬头，以保证枝条必要的生长量，防止枝组的继续老化与衰弱。

三、山地红枣耦合施肥技术体系与模式

（一）山地红枣耦合施肥技术体系

山地红枣耦合施肥技术体系包括在微灌条件下山地红枣生长发育过程中不同阶段的

最佳施肥时期、最佳施肥用量与氮磷钾配比以及施肥方式等系列施肥技术，同时配合叶面施肥技术和富硒红枣施肥技术等，形成了山地红枣耦合施肥技术体系。

1. 基肥

基肥是山地枣树全年施肥的主体，是供给枣树生长发育的基础肥料。基肥施用量要占到红枣施肥总量的 60%～70%。基肥包括畜禽粪肥、人粪尿、饼肥、沼肥等，这些都是含有氮磷钾和微量元素的完全肥料。基肥施用结合微灌，实现水肥耦合，肥效才能充分发挥，枣树才能高产优质。米脂县矮化密植枣园施肥试验表明，基肥施用结合微灌提高枣树的坐果率效果明显。基肥在枣果成熟至山地封冻前均可进行，最佳施肥期在10月上中旬。来年春季在 5 月上旬到下旬，也是较佳基肥施肥期。

山地红枣基肥施用位置与山地红枣滴灌出水口位置相同，以发挥山地水肥耦合效应的最大化，既可以提高滴灌水的水分利用效率，又可以促进肥料溶于水被根系充分吸收。滴灌水在土壤中的运动能促进肥料在土壤中的扩散和运移，使得红枣根系密度区与滴灌水分和养分富集区相同。

2. 追肥

追肥必须在枣树生长最需要养分时施用，占全年施肥量的 30%～40%。追肥时间不正确，达不到追肥目的，有时还起反作用，降低枣树产量和果实品质。根据枣树物候期特点，枣树追肥主要分 3 个时期，根据山地枣树生长养分吸收特性，开花之前以营养生长为主，以吸收氮肥为主；结果后以磷、钾肥为主；在秋季和春季基肥施用情况下，可以追施 3 次肥。

3. 施肥用量与配比

施肥用量与配比取决于树龄、土地肥力、栽植密度和树势状况等。盛果期大树、树势较弱的树、结果多的枣树以及土壤肥力较低的枣园，施肥量相对要多，并结合不同肥料种类特性进行合理搭配。结合施肥耦合试验，总结提出不同树龄的最佳施肥用量与元素配比。

（1）当年栽植适宜用量：有机肥 10～15 kg/棵、尿素 0.2～0.3 kg/棵、过磷酸钙 0.5～0.6 kg/棵、硫酸钾 0.1～0.2 kg/棵。

（2）树龄 2 年适宜用量：有机肥 15～25 kg/棵、尿素 0.4～0.5 kg/棵、过磷酸钙 0.7～0.8 kg/棵、硫酸钾 0.3～0.4 kg/棵。

（3）树龄 3～5 年适宜用量：有机肥 25～35 kg/棵、尿素 0.6～0.8 kg/棵、过磷酸钙 1.0～1.4 kg/棵、硫酸钾 0.4～0.6 kg/棵。

（4）树龄 6～7 年适宜用量：有机肥 35～45 kg/棵、尿素 1.0～2.0 kg/棵、过磷酸钙 2.0～3.0 kg/棵、硫酸钾 0.7～1.0 kg/棵。

（5）树龄 8 年以上适宜用量：有机肥 45～60 kg/棵、尿素 2.0～3.0 kg/棵、过磷酸钙 3.0～4.0 kg/棵、硫酸钾 1.2～2.0 kg/棵。

4. 施肥方法

山地红枣施肥方法包括基肥和追肥两种方法。基肥一般采用沟施，追肥一般采用穴施或沟施。

山地换向沟施：在树冠外围两侧（东西或南北，以当地坡向为准）1 m左右，各挖深与宽30 cm、长度50 cm的施肥沟，施入肥料要与土混合，然后覆土。东西、南北隔年轮换施肥。

山地环状沟施：地处川台地以及地势平坦的地坎，沿树冠外围投影处，挖深30～40 cm、宽30～40 cm的环状施肥沟，将肥料施入沟内，与土壤搅拌混合，及时用土填平。

幼龄枣树不宜用环状深沟施肥，因枣树水平骨干根分布浅，分枝少，长度常超过冠径2～3倍，切断后损失根量较多且伤口不易发生新根，会妨碍树体的发育。

追肥一般采用穴施，即在枣树下挖2或3个施肥坑，坑深20～30 cm，施用氮磷钾化肥或有机肥，都要进行覆土，防止氮素挥发损失。沟施，在树下不同方位，挖深15 cm、宽10 cm的施肥浅沟，施肥后及时覆土。追肥要结合微灌进行，以利于水肥耦合作用的发挥，促进肥效提高。

5. 叶面施肥方法

(1) 喷施浓度。叶面施肥浓度过低起不到施肥作用，过高易产生肥害。各种肥料按照有效浓度进行施用。尿素0.3%～0.5%、磷酸铵0.3%～0.5%、硝酸铵0.1%～0.3%、过磷酸钙1%～3%、硼砂0.2%～0.3%、硼酸0.1%～0.3%、硫酸亚铁0.3%～0.5%、硫酸锌0.2%～0.4%、有机钾肥800倍稀释溶液、ALA 800倍稀释溶液。喷后4 h内若遭遇降雨，需要补喷，补喷浓度减半。

(2) 喷施次数。山地枣树在一个生长时期内，一般要连续喷施2或3次，每次相距时间10天左右。

(3) 喷施时期。应在枣树生长最需要的时期，且成长枣树自身比较缺乏时喷施，如春季枝叶生长发育茂盛期施锌肥、铁肥、有机肥等，可预防小叶病、黄叶病；在5～6月开花期喷施硼肥、ALA可提高坐果率等。

6. 山地红枣富硒施肥技术

(1) 土壤施用Na_2SeO_3 2000倍溶液，施用时间在山地红枣开花期（5月15～25日）到幼果期（7月～8月15日）。

(2) 叶面喷施Na_2SeO_3 100～200倍溶液或有机硒肥（含氨基酸、腐殖酸、核酸等活性肽）300～350倍溶液，红枣进入果实迅速膨大期（7月5日～8月15日）时采用叶面喷施补充硒元素，每15天喷一次，连喷3次。要求土壤具有一定的水分和养分条件，选用适应当地的优良主导品种。

7. 山地红枣肥效生态调控技术

花期调节相对湿度为 70%～80%，保花保果，确保施肥效果。红枣生长与施肥关系密切，但肥效的发挥又与红枣生长的生态条件有关。调整红枣生长的外界生态条件，有利于红枣产量提高。枣树开花期对土壤水分非常敏感，花期要求较高的湿度，授粉受精的适宜相对湿度为 70%～80%，如果相对湿度小于 40%，则影响花粉发芽和花粉管的伸长，引起花粉受精不良，导致落花落果。此期如遇严重旱情，容易焦花、焦蕾，严重影响坐果。据观察，枣树主要根系分布深度不超过 1 m 的区域，如果花期 20～40 cm 土层含水量低于 12%时，红枣的坐果即受到阻碍，施用的化肥就难以发挥效果。因此，花期水分及湿度调控方法是提高枣树坐果率的一项重要措施。枣树花期温度高，采用微喷增加湿度，坐果数量明显提高。

实践证明，花期干旱时喷水或采用微喷方法增加相对湿度能明显提高开花坐果率。进一步研究表明，枣花粉在适宜的湿度和温度条件下，需半小时左右就能发芽。因此，花期喷水提高空气湿度的时间必须能够维持半小时以上才能奏效。小面积喷水，宜选择晴天无风的清晨或傍晚，气温低、湿度较高时进行，用雾喷方法向叶片上均匀地喷水。为提高喷水增进坐果的效果，可采取较大面积的雾喷，每亩每次喷水 1～3 m^3，增效时间能维持 10 多个小时，效果十分明显，一般花期雾喷 2 或 3 次，遇雨停喷。

（二）山地微灌红枣耦合施肥模式

依据山地红枣水肥耦合田间试验结果和室内土壤养分、红枣品质质量分析和综合评价，总结出黄土高原山地红枣施肥耦合模式。

1. 山地红枣滴灌＋施肥耦合模式

$$Y=11\,734.7-890.4X_1+2538.6X_2+5616.4X_3-3286.9X_1^2+3495.9X_2^2+7203.6X_3^2+7.43X_1X_2-1868.4X_1X_3-98.69X_2X_3 \tag{10-1}$$

式中，Y 代表可以达到的红枣产量（kg/hm^2）；X_1 代表施用氮肥（N）的量，X_2 代表施用磷肥（P_2O_5）的量；X_3 代表施用钾肥（K_2O）的量。

该模式提出了相应的山地红枣滴灌下的耦合施肥用量与氮、磷、钾配方：山地矮化密植红枣产量目标产量在 18 000～25 000 kg/hm^2 时的氮、磷、钾优化施肥方案，施氮肥用量为 424.65～678.15 kg/hm^2，施 P_2O_5 用量为 163.19～285.69 kg/hm^2，施 K_2O 用量为 310.47～407.20 kg/hm^2。N∶P_2O_5∶K_2O 为 1∶0.41∶0.65。

采用山地红枣滴灌＋施肥耦合模式，肥料的氮增产效率（红枣 kg/N kg）是旱作保墒氮增产效率的 198%，是鱼鳞坑氮增产效率的 160%；肥料磷的增产效率（红枣 kg/P_2O_5 kg）是旱作保墒磷的增产效率的 179%，是鱼鳞坑磷的增产效率的 171%；肥料钾的增产效率（红枣 kg/K_2O kg）是旱作保墒钾的增产效率的 131%，是鱼鳞坑钾增产效率的 179%。

2. 秸秆覆盖（旱作保墒）＋施肥耦合模式

$$Y=9614.617+625.083X_1+1088.526X_2+528.797X_3+6.575X_1^2+237.781X_2^2 +38.304X^{32}+261.546X_1X_2+85.619X_1X_3-107.244X_2X_3 \quad (10\text{-}2)$$

式中，Y代表可以达到的红枣产量（kg/hm²）；X_1代表施用氮肥（N）的量；X_2代表施用磷肥（P_2O_5）的量；X_3代表施用钾肥（K_2O）的量。

该模式提出了相应的秸秆覆盖的耦合施肥用量与氮、磷、钾配方：山地矮化密植红枣产量目标产量在10 000～12 000 kg/hm²时的氮、磷、钾优化施肥方案，施氮肥用量为448.88～668.72 kg/hm²，施P_2O_5用量为143.44～267.31 kg/hm²，施K_2O用量为150.18～331.66 kg/hm²。N∶P_2O_5∶K_2O为1∶0.38∶0.43。

3. 山地鱼鳞坑（旱作）＋施肥耦合模式

$$Y=8939.54+32.80X_1+173.86X_2+657.49X_3-400.24X_1^2+292.30X_2^2 +332.02X^{32}+136.69X_1X_2-517.97X_1X_3-61.47X_2X_3 \quad (10\text{-}3)$$

式中，Y代表可以达到的红枣产量（kg/hm²）；X_1代表施用氮肥（N）的量；X_2代表施用磷肥（P_2O_5）的量；X_3代表施用钾肥（K_2O）的量。

该模式提出了相应的山地鱼鳞坑下的耦合施肥用量与氮、磷、钾配方：山地矮化密植红枣产量目标产量为10 000～12 000 kg/hm²时的氮、磷、钾优化施肥方案，施氮肥用量为363.99～541.84 kg/hm²，施P_2O_5用量为172.39～318.89 kg/hm²，施K_2O用量为292.74～364.29 kg/hm²。N∶P_2O_5∶K_2O为1∶0.54∶0.72。

对山地枣树生长发育所产生的水肥耦合效应的研究不仅是果树营养学的重要范畴，同时又为果树营养学增加了不少的新内容。在黄土高原山地土壤-果树-大气系统中，研究红枣生长发育过程中的水肥有效供给、吸收及矿物营养元素的分解、转化、迁移和相互作用等对红枣生长发育的影响，以高产优质和环境保护为宗旨，建立山地红枣水肥耦合效应模式。在黄土高原丘陵区长期的红枣生产实践中，人们进行各种形式的保水措施研究、微灌技术研究、矮化密植和修建等枣园经营管理，其目的是要利用各个因素的耦合创建枣树和谐统一的关系，达到协同效应，创造高产优质的产品。因此在枣园土壤之中，水是溶剂，肥料等养分为溶质，养分物质多通过土壤矿化分解，转而发生耦合作用；在果树生物化学、生理学、生态学等方面，要研究系统内果树光合作用、呼吸作用、蒸腾作用和抗性生理，及生理过程对水肥耦合的效应；从园艺学和植物营养学方面来说，不同水肥（肥料不同组合与配比）条件对枣树生长发育过程产生不同的耦合效应；在农田水利学方面，要研究不同微灌方式、秸秆覆盖和水土保持措施下对枣树生长发育的影响，为枣树创造高产优质与持续发展的生态环境，以及适应水肥耦合效应的技术和管理方法。特别对于旱作农业要研究降水与土壤水分时空变化规律，建立区域“量水施肥”的决策模式，为黄土丘陵区山地红枣节水灌溉与农业持续发展提供科学根据和管理技术。

施肥和滴灌耦合模式提出的施肥技术体系能够促进红枣生长，明显改善山地红枣品质。在不同微灌用水量和耦合施肥条件下，施肥可提高枣树叶绿素含量，促进枣树新梢生长量，提高枣树的坐果率。施肥提高了山地红枣的品质，不同施肥措施都能显著提高红枣蛋白质、维生素 C、总糖等的含量，但在无灌水条件下施肥量达到一定水平后，肥料对红枣蛋白质、维生素 C、总糖等的含量的影响作用减小；相同施肥下，山地滴灌下红枣蛋白质、维生素 C、总糖等的含量高于秸秆覆盖保墒条件和山地鱼鳞坑覆盖保墒条件，红枣蛋白质、总糖的含量的水肥最优组合为山地滴灌条件下的 $N_1P_3K_3$，其含量分别达到了 0.131 mg/g 和 52.92%，维生素 C 含量最高为山地滴灌条件下 $N_3P_1K_3$ 处理，含量为 10.12 μg/g，比对照 4.72 μg/g 提高了 114.4%。

第四节　经济林高效用水技术模式应用与评价

一、山地微灌红枣孟岔示范区模式与效益

（一）生态型现代农业

生态脆弱地区发展现代农业的前提是必须确保区域生态健康与环境安全。如何在保障区域生态健康的前提下，实现区域现代农业的发展是生态脆弱地区农业发展的关键与重点。事实上，生态脆弱地区农业建设如果没有首先解决生态问题，则很难涉及现代农业的发展，只能走传统农业的发展道路，而且也不可能有较大的效益。即使有一定的效益也只是以过度消耗资源为代价而换来的短期和低水平效益。因此，在生态脆弱地区发展现代农业必须走生态型现代农业的发展道路。

所谓生态型现代农业，则是指生态效益与经济效益相统一的农业发展模式，是不以生态为代价而获得高效益的农业生产方式与生产过程。这就要求农业的发展必须以产业为目标，其发展与实施的关键在于农业的生产过程本身就是一个生态建设的过程，是生态脆弱地区现代农业发展的一个重要特征，也是生态脆弱地区现代农业发展的必由之路。

（二）孟岔生态型现代农业发展模式

红枣是当地的传统特色果品，也是亟待发展的新兴产业，过去当地人们一直认为红枣只适宜于在黄河滩地种植。国家实施退耕还林（草）工程后，要求大面积的坡耕地必须退耕实施生态建设，但没有效益的生态林很难持续发展。红枣成为人们首选的经济林果，山地红枣就成为人们渴望发展的农业产业。而现代农业的发展要求规模化与集约化经营，但现有土地联产承包责任制所形成的单户分散经营方式给现代农业的发展带来了一定困难。在这样一个水土流失与干旱缺水并存、生态极为脆弱的地区如何发展生态型现代农业就面临着两大问题：一是土地机制问题；二是科技问题。

为解决上述两大难题，以米脂县孟岔村为试点，在地方政府的大力支持下，将分属 70 多户村民承担的 3 个山头 400 亩退耕还林土地全部转包给本村种植大户孟浩海，集中连片栽植枣树，注册公司企业化经营，原土地承包户享受国家退耕还林（草）工程政策补贴。在国家、省、市科技计划的支持下，我们以种植大户孟浩海经营的山地红枣为研究对象与技术示范平台，面向区域红枣产业，长期驻点工作，开展定位试验研究、技

术创新与集成、技术示范与培训，构建生态型现代农业产业发展模式。重点解决了以下科技问题。

山地红枣矮化密植栽培技术：筛选出了适宜当地矮化密植栽培的梨枣、赞新 1 号枣、京昌 1 号枣、骏枣 4 个红枣优势品种。总结提出了山地矮化密植栽培技术，栽植密度由传统的 30～50 株/亩提高到 111 株/亩，株高降低为 2 m 以下，栽植第二年郁闭度达 40%，第五年达 75%以上，之后保持在 80%左右。制定了陕西省地方标准《陕北山地枣树栽培技术规范》(DB6101/T448—2008)。

该项技术解决了传统山地枣树密度低、郁闭度低、结果率低、采摘难度大、栽培技术不规范、经济效益差的问题，使红枣产量由原来的 150 kg/亩提高到 300～400 kg/亩。

山地红枣经济灌溉定额：确定出陕北山地红枣不同水文年灌水次数与灌水定额，为山地红枣高产节水栽培提供了科学依据。一次灌水量为 8.8 m^3/亩，丰水年生育期总灌水次数为 3 次，灌溉定额为 26.4 m^3/亩；平水年生育期灌水次数为 5 次，灌溉定额为 44 m^3/亩；偏旱年生育期灌水次数为 6 次，灌溉定额为 52.8 m^3/亩。而当地农民采用传统的沟灌技术每亩灌水高达 169 m^3。

山地红枣微灌节水技术：山地红枣微灌技术包括滴灌技术与地下涌泉根灌技术。建立了综合考虑田面微地形、滴头制造偏差、水力偏差的滴灌设计均匀度计算方法；确立了山地滴灌滴头设计工作压力取值依据；开发了基于管网优化的可视化滴灌系统通用设计软件，为山地滴灌技术工程设计与施工提供了新的依据与方法。发明了一种地下涌泉根灌技术，利用水流过渡器使水肥直接进入枣树根部，灌水损失减少 10%左右，肥效提高 28%，田间毛管寿命由原来的 6 年提高到 20 年，亩灌溉设备年折算成本由 74 元降到 35 元。

在上述工作基础上，形成了陕西省地方标准《陕北山地枣园微灌工程建设技术规程》(DB6101/T449—2008)。

该项技术同步实现了节水增产目标，在矮化密植栽培方式下，传统沟灌技术每亩灌水约 169 m^3，产量为 800～1 000 kg/亩；微灌节水技术每亩灌水量为 26～53 m^3，平均产量达到 1320 kg/亩，节水 70%，增产 30%以上。

以上述内容为核心，集成山地雨水就地集蓄利用、山地枣园土壤保墒和山地果园高效施肥等配套技术，形成了以山地红枣矮化密植栽培与山地红枣微灌节水为核心技术的陕北山地红枣集雨微灌工程技术体系。这一技术体系的实施与应用，特别是山地微灌技术的应用，还将村民孟浩海所承包的 180 亩非耕地变成了枣园，经营面积由 400 亩扩大到 580 亩，建成了目前我国面积最大的山地红枣微灌试验示范区（其中，核心区 580 亩，辐射区 3900 亩），形成了“孟岔生态型现代农业发展模式”，取得了显著的经济、生态和社会效益。

（三）孟岔生态型现代农业发展模式实施成效

承包大户村民孟浩海经营的 580 亩山地红枣通过实施山地集雨微灌工程技术，体现在每亩仅增加一次性投入 613 元（其中涌泉根灌技术年折算成本 35 元，山地滴灌技术年折算成本 74 元）下，灌溉水利用率提高到 95%以上，红枣亩产达到 1320 kg，水分利用效率达到 4.2 kg/m^3，红枣单产、水分利用效率以及经济效益均产生了 3 个跨越。

单产实现了 3 个跨越：一是矮化密植栽培技术的应用，实现了山地红枣亩产由 150 kg增加到 300～400 kg 的跨越；二是矮化密植栽培技术与传统管灌技术结合，实现了山地红枣亩产由 300～400 kg 到 800～1000 kg 的跨越；三是矮化密植栽培技术与微灌技术结合，实现了山地红枣亩产由 800～1000 kg 到 1320 kg 的跨越。

水分利用效率实现了 3 个跨越：一是矮化密植栽培技术的应用，实现了山地红枣水分利用效率由 0.50 kg/m^{3}增加到 1.2 kg/m^{3}的跨越；二是矮化密植栽培技术与传统管灌技术结合，实现了山地红枣水分利用效率由 1.2 kg/m^{3}增加到 1.8 kg/m^{3}的跨越；三是矮化密植栽培技术与微灌技术结合，实现了山地红枣水分利用效率由 1.8 kg/m^{3}增加到 4.2 kg/m^{3}的跨越。

经济效益实现了 3 个跨越：一是矮化密植栽培技术的应用，实现了山地红枣亩经济效益由 500 元增加到 1000 元的跨越；二是矮化密植栽培技术与传统管灌技术结合，实现了山地红枣亩经济效益由 1000 元增加到 3000 元的跨越；三是矮化密植栽培技术与微灌技术结合，实现了山地红枣亩经济效益由 3000 元增加到 5280 元的跨越。

该项成果探索出的“孟岔生态型现代农业发展模式”实现了黄土高原生态建设与经济发展的统一，为解决黄土高原水土流失与干旱缺水两大瓶颈问题提供了新的途径，也为黄土高原退耕还林（草）工程持续发展提供了一种新的思路。该项目成果在黄土高原及其同类地区推广应用后，将会产生巨大的经济、生态与社会效益。以榆林市为例，若榆林市目前 100 万亩山地枣园达到试验示范区生产水平，红枣单价按照市场每千克 4 元计算，红枣产业每年增加收入可达 46.8 亿元，与 2007 年榆林市农林总产值相当（2007 年榆林市农林总产值为 46.05 亿元），全市 301.16 万农民人均每年可增收 1554 元。

孟岔生态型现代农业发展模式的意义如下。

（1）模式所建立的两个“三结合”具有一定的推广与借鉴意义。高校、地方科技部门、种植大户的三结合运行机制，以及节水技术、生态建设、区域产业发展的三结合研究思路，为我国现代农业的发展，特别是对生态脆弱地区现代农业产业的建设与发展具有一定的推广与借鉴意义。

（2）模式的建立在技术上实现了两个重要突破：一是现代微灌工程上山，从技术上突破了现代微灌工程上山的障碍，为充分就地利用有限水资源，发展山地生态农业产业提供了技术支撑；二是红枣栽植西移上山，打破了红枣产业只能在黄河滩地栽植的传统禁锢，解决了成活难、成林难、成效难的问题，证明了红枣是黄土高原丘陵沟壑区理想的生态经济林产业。

（3）模式为生态脆弱地区现代农业的发展探索了一条新路。模式的建立不仅提出了“生态型现代农业”的科学概念，并以此为指导在米脂孟岔成功建立了新型发展模式，丰富和发展了现代农业理念，也为生态脆弱地区现代农业的发展，特别是为黄土高原丘陵沟壑区如何发展现代农业探索出了一条新路。

（4）为解决六大区域经济发展重大战略问题提供了新的思路与示范样板。孟岔生态型现代农业发展模式的创建与实施，成功地实现了科技要素与土地经营权流转的有机结合，提高了山地流转后的综合效益，促进了农村土地统分结合、适度规模与双层经营，为支撑我国现代农业发展的土地经营权流转改革提供了新的思路与示范样板；同时，对黄土高原生态建设与区域经济同步发展、榆林北部能源化工基地与南部丘陵沟壑区经济协调发展、国家退耕还林工程持续实施、同步解决黄土高原干旱缺水与水土流失，以及农业用水与生态用水协调统一等问题，也提供了一定的思路与示范样板。

(5) 调动了四个方面的积极性。模式的创建与实施解决了生态问题、区域协调发展问题，得到了国家支持；解决了地方主导产业发展，促进了地方经济建设，地方政府支持；增加了农民收入，钱袋子鼓了，视科技人员是财神，农民欢迎，积极性高；科技成果落地生根、开花结果，科技人员有成绩、有成果，积极性高。实现了国家生态安全、地方经济发展、农民增收，以及科研人员价值体现的四统一。

二、孟岔村红枣经济林效益评价

（一）孟岔村退耕经济林效益评价指标与评价方法

1. 构建孟岔村退耕经济林工程效益评价指标体系的依据

效益评价可以为国家制定有关政策提供理论支撑，因此效益评价的指标应该与当地的实际情况相结合，以使之既能客观地评价退耕还林成果又能服务于社会（赖亚飞，2006）。近年来退耕还林工程的实施对陕北黄土区生态环境的改善起到巨大作用，所以影响退耕经济林长期发挥的因素是迫切需要研究和深刻认识的问题。但到目前为止，针对退耕经济林还没有较为规范的评价指标和方法。为此，本研究在结合相关林业生态系统效益评价指标的基础上，选取退耕经济林工程效益评价指标，以力求能充分分析退耕经济林工程对案例村的各方面产生的影响，明确退耕经济林工程在当地所展现的确切效益。

2. 指标筛选的原则与方法

退耕经济林工程所展现出来的效益不是单方面的，评价指标和标准不仅要反映经济林的发生发展规律，而且要反映陕北黄土高原退耕经济林工程的地域功能、经济林与所处的社会经济环境系统的整体性和协调性。在众多指标中要筛选出一套科学、合理并具有可操作性的陕北黄土区退耕经济林工程效益评价标体系，必须遵循以下原则。

(1) 确保科学性：评价指标体系需保证在精确、科学的基础上，选取最能反映陕北黄土区退耕经济林综合效益主要方面、变化特点的要素和因子并考虑指标间客观的内在联系及完整性。

(2) 保证独立性：每个评价指标与相应标准应避免重复和覆盖，力求做到相对的独立。只有在清楚明了的指标下，才能对陕北黄土区退耕经济林工程综合效益进行客观全面的评价。

（3）避免复杂性：选择的指标尽可能地少，评价方法尽可能地简单明确，表达的意义要尽可能通俗易懂，指标的具体数据保证易获取，以方便于进行综合效益的预测与评价。

对于陕北黄土高原退耕经济林综合效益的评价不可能将影响环境的所有因素都加以分析综合，而是要选择出主要的影响因素。本节首先采取频度分析法，从大量国内外研究文献中，对各种指标进行统计分析，选取那些使用频度较高的指标，结合陕北黄土区退耕经济林的实际特征进行分析与选择，以便筛选有说明性的指标。然后在咨询相关学者的基础上对指标进行修正得出孟岔村退耕经济林工程效益评价指标体系。

3. 孟岔村退耕经济林工程效益评价指标体系

在充分考虑已有研究结论并且严格按照前面所述的指标体系的选取方法基础上，构建出孟岔村退耕经济林工程效益评价指标体系，如图 10-7 所示。

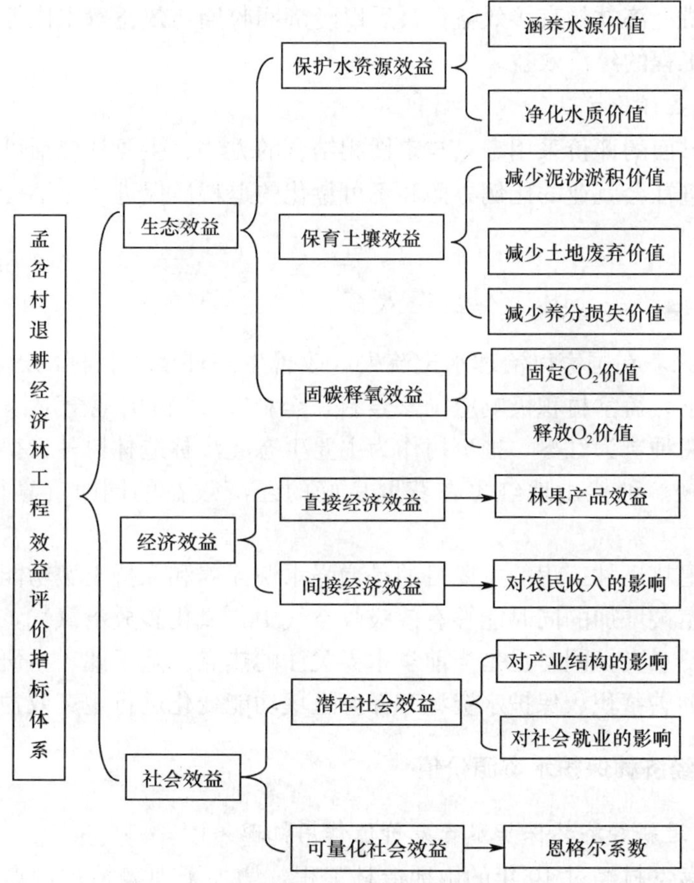

图 10-7　孟岔村退耕经济林工程效益评价指标体系

4. 孟岔村退耕经济林工程效益评价指标和评价方法

1）生态效益评价方法

结合由联合国、欧洲委员会、国际货币基金组织和世界银行编写的《综合环境经济核算（SEEA）》中推荐的环境价值量评价方法中基于成本估价和基于损害/受益估价两类评价方法，并根据陕北黄土高原退耕经济林复合生态系统的能量物质循环特点，对退耕前后（以1998年代表退耕前，2008年代表退耕后）孟岔村生态系统中的保护水资源价值、保育土壤价值、固碳释氧价值进行评估，用以分析陕北退耕经济林工程对生态环境的影响。

2）经济效益评价方法

对经济效益的评价采用成本收益法与市场价值法相结合，首先分析孟岔村退耕经济林后对农民人均收入影响方面的间接经济效益；其次借助调查中获取的孟岔邻村未退耕山地农作物的纯收入数据，作为假设孟岔村山地未退耕继续种养农作物的效益，以此来获得孟岔村退耕经济林的直接效益；最后以经济回收期与效益费用比等指标客观评价孟岔村山地滴灌工程的经济效益。

3）社会效益评价方法

社会效益方面的评价采用定量与定性相结合的方法。主要从包括可量化的恩格尔系数和退耕后促进社会就业的比例方面和不可量化的退耕后促进产业结构的调整两方面进行分析。

（二）孟岔村退耕经济林工程生态效益

1999年以来，在国家以治理水土流失、改善生态环境为目标的退耕还林（草）工程大背景引导下，孟岔村积极响应国家号召，全村2142亩山地全部退耕，结合当地实际情况，栽种树种皆为红枣，把枣树作为主要生态经济林造林树种，得到群众的普遍认同和政府的重视。种植山地红枣在获取良好的经济效益的同时，赢得了显著的生态效益。

我国启动退耕还林工程的主要目的是增强水源涵养和保持土壤功能，随着退耕工程的不断发展，植被增加的同时能够有效吸收空气中二氧化碳放出氧气，这不仅对延缓全球变暖具有重要意义，同时也是当前学术界关注的热点。基于此，本研究选取孟岔村退耕经济林导致的碳蓄积、保护水资源和保育土壤功能变化进行生态效益的评估。

1. 孟岔村退耕经济林保护水资源价值

1）孟岔村退耕经济林保护水资源价值作用机理

据调查，孟岔村经过10年的山地造林工程，增加了地表植被，森林覆盖率由退耕前1998年的37%提高到2008年的72%。林地的水源涵养效益是其生态系统的重要功能，水源涵养的功能可以表现为对土壤物理结构的改善以及对降水的再分配等。评价涵养水源价值的关键在于能够有效准确地确定林地涵养水源的物质量。吴钦孝等（1998）

研究发现，在黄土高原常见坡度25°条件下，1 cm厚的枯落物覆盖使径流流速降到相当于无覆盖坡面的1/15～1/10，从而有利于降水渗入土壤。所以随着地表径流的减少，山地造林的保护水资源价值还需包括净化水质的效益。

2）孟岔村退耕经济林保护水资源实物量计量方法

退耕还林的水源涵养功能物质量评价变化可采用降水储存量法、年径流量法等。考虑研究区实际情况，本节采用现在国内外计算林地水源涵养量的最佳方法——水量平衡法来计算（陈应发，1996）。即

$$Y_w = S \times (P - E - C) \times L \times 10^{-3} \tag{10-4}$$

式中，Y_w 为米脂县退耕还林地涵养水源量（m^3）；P 为年平均降水量（mm/a）；E 为林地年平均蒸散量（mm/a）；C 为林地地表径流量（mm/a）；S 为退耕经济林效益核算面积（hm^2）；L 为水容重，取值为1 t/m^3；10^{-3} 为换算系数（mm换算为m，hm^2换算为m^2，元换算为万元）。

根据公式可知，只要测量出蒸散量，就能合理地算清林地的水源涵养量。据观测资料统计显示米脂县多年平均降水量为392.9 mm，由于没有监测孟岔村径流和蒸散的相关数据，而黄土丘陵区土层常表现为干燥状态且具有很好的透水性，林地的地表径流很小，且孟岔村退耕后主要以矮化密植的枣树为主，所以本研究在考虑有关学者在相近区域监测出的沙棘灌木林蒸散量和径流量分别占降水量的88%和0.004%（杨海军，1993）的基础上，对孟岔村退耕后保护水资源的物质量进行估算。2008年孟岔村退耕还林工程效益核算面积为143 hm^2，结合以上公式可得出年涵养水量为 $Y_w = 143 \times (392.9 - 392.9 \times 88\% - 392.9 \times 0.004\%) \times 1 \times 10^{-3} = 6.72$(万 m^3)。

3）孟岔村退耕经济林价值计量方法

当前对于森林涵养水源的定价多用影子价格法，因为森林涵养水源与水库蓄水的原理类似。因此可以利用一个蓄水工程存储水的效益来量化退耕经济林拦截降水的效益，同时经济林涵养水源的价格可以等同于修筑这个工程的成本费用。即

$$V_{v1} = Y_w \times \mathrm{Cr} \times 10^{-4} \tag{10-5}$$

式中，V_{v1} 为森林涵养水源的价值（万元）；Y_w 为孟岔村退耕还林地涵养水源量（m^3）；Cr为水库单位库容的修建成本（元/m^3）；10^{-4} 为单位换算系数（元换算为万元）。

经计算，2008年孟岔村退耕还林实施林地涵养水源总量为6.72万 m^3。因此可用影子工程价格替代，相当于根据水库工程的蓄水成本来确定经济林拦截水的效益，即其蓄水价值可根据蓄积1 m^3 的建造水库费用的标准。据调查，单位库容造价确定为5.7元/m^3，则可得出孟岔村退耕经济林涵养水源价值为38.3万元。

由于森林具有净化水质的功能，可根据工业净化水成本来计算改善水质的效益。等同于利用涵养水源物质量与工业净化水质成本核算净化水质的价值。即

$$V_{v2} = Y_w \times P \times 10^{-4} \tag{10-6}$$

式中，V_{v2} 为净化水质价值（万元）；Y_w 为孟岔村退耕还林地涵养水源量（m^3）；P 为工业净化水质单位成本（元/m^3）；10^{-4} 为单位换算系数（元换算为万元）。

由于孟岔村没有专门的污水净化场。因此本研究采用周冰冰（2000）的研究成果，即每立方米的净化费用为0.9885元，由此可计算2008年孟岔村退耕经济林工程净化水

质价值为6.64万元，则孟岔村2008年2142亩退耕经济林保护水资源总价值为涵养水源价值和净化水质价值，总计44.94万元。

2. 孟岔村退耕经济林保育土壤价值

1）孟岔村退耕经济林保育土壤价值作用机理

水土流失可减少可耕地面积，淤塞河流与水利工程设施，严重时可直接影响农业生产。孟岔村实施的退耕经济林工程增加了植被覆盖度，削减了降雨侵蚀，减少了水土及养分流失，有效地固持了土壤，在场内发挥了减少肥力损失功能，在场外发挥了减少泥沙淤积和废弃土地的功能。通过在原有山地上栽种经济型林果，使得原来单一的农田生态系统转变成退耕后的林草复合生态系统。同时随林草覆盖度的增加，减流减沙效应增强，土壤侵蚀模数、土壤容重、土壤肥力都有了很大变化。因此本研究把孟岔村退耕经济林保持土壤的价值归纳为减少养分损失的价值、减少泥沙淤积的价值和减少废弃土地的价值。即

$$V_{s_{总}} = V_{s_1} + V_{s_2} + V_{s_3} \tag{10-7}$$

式中，$V_{s_{总}}$为孟岔村退耕经济林保育土壤价值（万元）；V_{s_1}为孟岔村退耕经济林减少养分损失价值（万元）；V_{s_2}为孟岔村退耕经济林减少泥沙淤积价值（万元）；V_{s_3}为孟岔村退耕经济林减少废弃土地价值（万元）。

2）孟岔村退耕经济林保育土壤实物计量方法

a. 减少土壤侵蚀量的估算方法

米脂县退耕还林前，由于强烈的土壤侵蚀使大量的泥沙注入黄河，严重威胁了下游的安全并造成下游的经济损失。退耕还林工程的实施从一定程度上阻止了土地资源的退化，从源头上使得水土流失得到了有效的控制，大范围内减少了土壤侵蚀。

对于土壤保持物质量的估算，本研究采用退耕前后土壤侵蚀的差异来计算，即退耕前与退耕后的土壤侵蚀模数之差与相对应退耕的面积可算出保护土壤量，即

$$M = S(T_1 - T_2) \tag{10-8}$$

式中，M为退耕经济林减少土壤侵蚀量（万 t/a）；T_1为退耕还林前土壤侵蚀模数 t/(km^2 · a)；T_2为退耕还林后土壤侵蚀模数 t/(km^2 · a)；S为退耕还林发挥生态效益面积（hm^2）。

据文献记载，米脂县退耕前的土壤侵蚀模数为13 364 t/(km^2 · a)(郗静和曹明明2008)，由于缺乏米脂县2008年的土壤侵蚀模数数据，根据实地调查发现孟岔村退耕经济林水土保持工程措施如大型鱼鳞坑修建的相对完善，从一定程度有利遏制了水土流失，经过咨询相关专家，且根据部分学者对安塞县实验资料加以修正，初步估算出2008年孟岔村土壤侵蚀模为2200 t/(km^2 · a)。则由式（10-8）可以得出孟岔村143hm^{2}枣树的保持土壤的量为1.60万t。

b. 减少土壤养分损失物质量的计量模型

土壤侵蚀使土壤中大量的氮、磷、钾等营养物质流失，退耕经济林工程通过造林种草减轻了土壤侵蚀，减少了因土壤侵蚀而造成的土壤中氮、磷、钾等主要营养物质的流失，相当于同步减少了化肥的使用量，因此林地减少土壤氮、磷、钾及有机质损失的

量，可通过退耕还林每年减少土壤流失的量与流失土壤中氮、磷、钾和有机质的含量来表示。即

$$E_1 = M \times C_i \times M_i \tag{10-9}$$

式中，M 为退耕经济林减少土壤侵蚀量（万 t/a）；C_i 为土壤中的养分（氮、磷、钾）含量；M_i 为土壤中碱解氮、速效磷和速效钾折算为磷酸二铵和氯化钾的系数。

孟岔村退耕经济林减少土壤侵蚀模数量为 11 164 t/(km^2 · a)。土壤有效氮、磷、钾含量分别为 34.73 mg/kg、2.90 mg/kg、101.9 mg/kg，且氮、磷、钾折算成磷酸二铵和氯化钾比例分别为 132/28、132/31、75/39。

则孟岔村 2008 年退耕经济林减少土壤养分损失的量为

$$1.60 \times (0.347 \times 132/28 + 0.029 \times 132/31 + 1.019 \times 75/39) = 5.95 \text{ t}$$

c. 减少泥沙淤积的物质量计量模型

如果破坏林草，土壤侵蚀所流失的泥沙相当一部分淤积于江河、湖泊中。而储水量的下降相当于降低了工程的使用年限，从某种意义上可以理解为增加了某些灾害发生的程度。所以本研究中关于退耕后经济林使泥沙淤积变少的物质量近似等同于减少土壤侵蚀量和泥沙滞留量在江河等中的比例。且结合相关学者（殷兴军，1999）的结论即土壤流失的泥沙有 24%滞留于江河等中，即

$$E_2 = M \times 24\% \tag{10-10}$$

根据公式可以得出 2008 年孟岔村 143hm^2枣树减少泥沙淤积的物质量为 0.38 万 t。

d. 减少土地废弃面积的物质量计量模型

孟岔村退耕经济林，符合生态系统减少泥沙流失量的标准，通过土壤容重计算保持土壤的体积，再结合土壤耕作层的平均厚度来推算出因土壤侵蚀而造成的废弃土地面积（杜英等，2008），即

$$E_3 = \frac{M}{\rho \times h} \tag{10-11}$$

式中，E_3 为减少土地废弃面积的物质量（hm^2）；M 为退耕经济林减少土壤侵蚀量（万 t）；ρ 为土壤的容重 1.21（t/m^3）；h 为土壤表土平均厚度按 0.5 m（杜英等，2008）计算。根据公式可以得出孟岔村 143 hm^2枣树减少土地废弃面积的物质量 2.6 hm^2。

3）孟岔村退耕经济林保育土壤价值计量方法

a. 减少土壤养分损失价值的计量方法

运用恢复费用法和经济效益替代法，通过使用化肥费用的增加来代替氮、磷、钾损失的价值计算孟岔村退耕经济林工程实施后减少的土壤养分的损失价值，即

$$V_1 = E_1 \times P_i \tag{10-12}$$

式中，E_1 为减少土壤养分损失的物质量；P_i 为含 N、P、K 化肥的销售价格（据调查磷酸二铵目前市价为 2600 元/t，氯化钾 2700 元/t）。

则孟岔村 2008 年退耕经济林减少土壤养分损失的价值可量化为

$$1.60 \times (0.347 \times 132/28 \times 2600 + 0.029 \times 132/31 \times 2600 + 1.019 \times 75/39 \times 2700) = 15\,784.4(\text{元})$$

b. 减少泥沙淤积价值

林地防止泥沙淤积效益的价值可以用恢复费用法进行估算，即用修建水库的蓄水成本作为退耕还林工程林木减少泥沙淤积效益物质量的货币化途径。若泥沙容重为 1.28 t/m^3，计算出泥沙淤积的数量相当于减少库容损失量，再根据水库 1 m^{3}库容需投入成本费为 5.714 元，以此价格计算，其价值计量公式可以表示为

$$V_2 = \frac{E_2 \times T_2}{\beta} \tag{10-13}$$

式中，E_2为减少泥沙淤积的物质量；T_2为泥沙人工清除费用；β为泥沙的容重。由此可获得减少泥沙淤积价值为 1.70 万元。

c. 减少土地废弃价值

运用机会成本法，根据耕地的平均收益，计算因耕地面积减少而造成的损失，由此作为减少表土损失的价值。其价值计量公式可以表示为

$$V_3 = E_3 \times T_3 \tag{10-14}$$

式中，E_3 为减少土地废弃的物质量（hm^2）；T_3为坡耕地年均效益（万元/hm^2），可获得减少泥沙淤积价值为 7.8 万元，由此可得孟岔村 2008 年 3.213 hm^2 退耕经济林保育土壤的总价值为 25.06 万元。

3. 孟岔村退耕经济林碳蓄积价值

1）孟岔村退耕经济林碳蓄积价值作用机理

林地是地球陆地生态系统的主体，是陆地碳的主要储存库，森林对现在及未来的气候变化和碳平衡都具有重要影响。据计算，每年全球植物吸收 CO_2约为 9.36×10^{10} t。据研究，植物放入大气的 O_2占全部绿色植物 O_2产量的 60%以上。根据光合作用方程式，植物在光合作用时吸收 264 g CO_2和 108 g H_2O，产生 180 g 葡萄糖和 192 g O_2。然后 180 g 葡萄糖再转变为 162 g 多糖（纤维素或淀粉）。其化学反应方程式为

$$CO_2(264\ g) + H_2O(108\ g) \longrightarrow \text{葡萄糖}(180\ g) + O_2(192\ g) \longrightarrow \text{多糖}(162\ g) \tag{10-15}$$

从上式中可以看出森林对维持地球大气中的 CO_2和 O_2的动态平衡、减少温室效应和提供生物赖以生存的物质基础方面有不可替代的巨大作用和重要意义。

2）孟岔村退耕经济林碳蓄积实物计量方法

森林通过光合作用吸收 CO_2，产生 O_2的碳汇功能已被国内外普遍认可，在干物质量研究方面有学者（周广胜和张新时，1996）得出我国针阔混交林的净第一性生产力（NPP）为 6.3～8.2 tDM/(hm^2 · a)，落叶阔叶林为 7.3～9.0 tDM/(hm^2 · a)。米脂县地处我国针阔混交林分布地带的西北内陆地区，孟岔村退耕还林主要以种植枣树为主。因此，净第一性生产力值取 6.3 tDM/(hm^2 · a)；退耕前的土地利用方式主要为耕地，必须用林地减去耕地的 CO_2固定量和 O_2释放量才能真实地反映退耕还林工程效益量。有学者研究表明，安塞地区播种农作物耕地的净第一性生产力平均为 3.57 tDM/(hm^2 · a)（许红梅等，2005）。米脂县不论是气候还是农产品产量方面都类似于安塞县，所以本研究对于农作物的净第一性生产力采用安塞县已有的数据。根据以上所述的光合反应方程

可以看出，植物在吸收（固定）264 g CO_2的同时产生了 162 g 干物质并且释放出192 g O_2，则相当于植物每形成 1 t 干物质都能吸收 1.63 t CO_2并且释放 1.19 t O_2，即可以理解为以下公式

$$M_{CO_2 f} = (NPP_f - NPP_c) \times S_f \times 1.63 \tag{10-16}$$

$$M_{O_2 f} = (NPP_f - NPP_c) \times S_f \times 1.19 \tag{10-17}$$

式中，$M_{CO_2 f}$为 CO_2固定量；$M_{O_2 f}$为 O_2释放量；NPP_f为森林净第一性生产力（干物质量）；NPP_c为耕地净第一性生产力（干物质量）；S_f为退耕还林面积。

根据以上计算式可以得出孟岔村退耕经济林固定 CO_2的量为 636.3 t，释放 O_2的量为 464.6 t。

3）孟岔村退耕经济林固定二氧化碳效益的价值计量方法

目前，森林固定二氧化碳效益的经济计量方法有代表性的主要有以下两种。

（1）造林成本法。既然植树造林是为了固定大气中的 CO_2，那么森林固定 CO_2 的经济价值就可以根据造林的费用进行计量。

（2）碳税法。根据单位面积森林蓄积的固定 CO_2及碳氧分配系数，求出纯碳量，再借用碳税的影子价格，可计算森林的固碳价值。很显然碳税是在各种生产活动过程中，向大气排放的 CO_2 量超过的量要缴纳税金，是控制碳排放的一种手段，它应该小于 CO_2 本身温室效益危害。

考虑实际情况且为了计算精确，本节采用碳税法与造林成本法的平均值来作为孟岔村退耕经济林固定 CO_2效益的价值计量方法。其计量模型为

$$V_{CO_2} = \frac{M_{CO_2 f} \times (C_1 + rC_2)}{2} \tag{10-18}$$

式中，V_{CO_2}为退耕经济林固定 CO_2的价值（元）；C_1 为森林固定 CO_2的造林成本（元/t）；C_2 为瑞典碳税（美元/t）；r 为美元对人民币汇率（元/美元）；$M_{CO_2 f}$为孟岔村退耕经济林固定 CO_2量（t）。

采用我国的造林成本 250 元/t（侯兆元，1995）和国际碳税标准 150 美元/t（Myrick，2002），r 取 8.0 来计算，可以得出孟岔村 2008 年 2142 亩退耕经济林固定 CO_2的价值量为［636.3×(250＋8×150)］/2＝46.1万元。

4）孟岔村退耕经济林释氧效益的价值计量方法

本文采用造林成本法与工业制氧法的平均值来作为孟岔村退耕经济林释放 O_2效益的价值计量方法，其计量模型为

$$V_{O_2} = \frac{M_{O_2 f} \times (C_3 + C_4)}{2} \tag{10-19}$$

式中，V_{O_2}为森林放氧效益的价值（元）；$M_{O_2 f}$为森林年放出氧气的量（t）；C_3 为根据我国造林成本固定 1 t O_2的成本（元/t）；C_4 为工业制氧成本（元/t）。

有资料显示释放 1 t O_2的造林成本为 369.7 元/t，工业制氧成本为 0.4 元/t。可得孟岔村 2008 年 2142 亩退耕经济林固定 O_2的价值量为

$$[(369.7 + 0.4) \times 464.6]/2 = 8.60\text{ 万元}$$

由此可得孟岔村退耕经济林碳蓄积效益总共 54.7 万元。

综上所述，2008 年孟岔村 2 142 亩退耕经济林获取包括保护水资源价值、保育土壤价值和固碳制氧价值在内的生态效益合计 124.7 万元。

（三）孟岔村退耕经济林工程经济效益

本研究主要采用参与性调查对退耕经济林的社会经济效益进行评价。参与性调查一般只适用于一个小的农村或社区的调查分析，调查对象特指农户，本次调查首先采取与村干部进行座谈，他们是孟岔村成功实施土地流转政策的领军人物，同时对孟岔村发展与改革有比较深的独到见解，因此可将这些座谈视同关键人物访谈。此次调查将这些座谈与普通农户调查有机结合起来，成功地将多个随机小农户调查分析放大至一个尺度调查分析。本次调查对象均为年龄大于 18 岁的永久性居民，共走访了孟岔村 72 户农户，获得了基层比较翔实的数据资料。问卷内容主要包括年龄、家庭人口、家庭主要劳动力人数、退耕前后的家庭经济收支情况、收入结构变化情况、畜禽养殖情况、农户生活能源建设与结构变化情况、农户土地结构变化情况、膳食结构变化、农户家庭就业结构的变化、农户对土地流转政策的认知态度以及退耕还林（草）政策与生态环境态度等。根据农户的经济收入来源的差异，可以将被调查的农户分为Ⅰ类和Ⅱ类，见表 10-14。其中Ⅰ类是以非农业收入为主的农户，Ⅱ类是以农业收入为主的农户。

表 10-14　样本农户基本特征

特征名称	Ⅰ类	Ⅱ类	合计
农户/户	29	43	72
户主平均年龄	49	49	49
平均人口/户	4.5	4.2	4.35
户主文化程度			
初中以下	17	17	34
初中毕业	10	17	27
高中毕业	2	9	11
家庭劳力			
≤2	13	20	33
＞2	16	23	39
平均收入/户	10 241.4	15 302.3	12 771.9

由表 10-14 可以看出，被调查的农户户均 5 人，户主年龄平均为 49 岁，且文化程度普遍不高，初中文化程度的户主所占比例最高，户劳力数＞2 的农户占调查户数的 54%，户均纯收入约 12 771 元。由此可以得出，留守在孟岔村的农户多是户主在 50 岁左右、且具有初中文化程度的农民。退耕还林工程的成功实施不仅要受到自然因素的影响，同时还受到人为因素的制约，通过前文可知孟岔村退耕经济林工程取得了一定的生态效益。作为经济林而言，其经济效益更不容忽视，特别是对于退耕还林政策实施的主体——农民而言，其最主要考虑的方面仍是经济效益的实现。从这一方面来讲，对孟岔村退耕经济林后的经济效益进行分析，对于制定相应的政策增加农民退耕的积极性，保持退耕还林（草）工程的可持续发展有促进作用。

1. 间接效益——对农民人均收入的影响

退耕经济林在保护了生态环境的同时，带动了人与社会的和谐发展。经济林能够间接地增加农民收入，这是退耕经济林能长久发展必不可少的保障。孟岔村实施退耕经济林工程后，农民人均收入和结构均发生了变化，通过 72 户退耕样本农户调查显示，2008 年样本农户人均纯收入为 5368.3 元，人均总收入为 7989.8 元，人均支出为 2621.5 元（表 10-15），表明孟岔村农户收入渠道已开始向着多样化发展。

表 10-15　2008 年孟岔村农户人均收入、支出情况

人均收入/元	种植业	畜牧业	退耕补偿	打工经商	其他	总计	人均纯收入/元
	813.2	712.5	589.6	5693.8	180.7	7989.8	
人均支出/元	种植业	生活开支	退耕自支	学费	医疗费用	总计	5368.3
	316.4	687.5	40.8	1002.5	574.3	2621.5	

注：种植业、畜牧业收入均未考虑农民为其支出的劳力成本。

1）政策性补偿

国家通过以粮代赈的补偿机制为绝大多数退耕户增收提供了保障。被调查农户 2008 年退耕补偿金占家庭收入的 4.2%（表 10-16），可以看出孟岔村退耕补助占家庭总收入的比重很低，从另一方面反映了随着其他产业的发展，收入结构的变化，补偿年限到期后停止发放补偿金时，农民基本能够维持正常的生活开支。

表 10-16　2008 年孟岔村退耕补偿金占农户家庭收入的比例

退耕所占比例范围/%	户数	户平均人数	户退耕补助收入/元	户平均收入/元	退耕补助占户平均收入比例/%
0～20	5	4.31	608	13 200	4.6
20～30	7	4.65	712	12 500	5.7
40～50	21	4.34	869	26 700	3.3
50～100	39	4.03	918	26 400	3.4
总平均值	72	4.33	777	19 700	4.2

2）劳动力转移增加的收入

孟岔村通过实施退耕经济林工程解放了农村劳动力，推动了第二、三产业的发展。根据农户调查数据显示，在 2008 年农民年均收入总体呈上升态势的贡献因子中，打工、经商收入占户均收入的 32.2%（表 10-17）。据调查结果显示，2008 年 66.67%的农户家庭劳动力转移收入在 8000 元以上，其值占家庭总收入的 40%；27.78%的家庭户劳动力转移收入为 3000～8000 元，其值占家庭总收入的 34%；约 5.56%的家庭户均收入小于 3000 元，其打工、经商收入约占家庭总收入的 23.7%。

表 10-17　被调查农户家庭收入分配情况

户劳动力转移收入/元	户数	户均人数	户均打工经商收入/元	户均总收入/元	人均打工经商收入/元	户均劳动力转移收入/户均总收入/%
>8000	48	4.36	9 421.4	23 576.4	2 160.9	40.0
8000～5000	14	4.57	6 973.6	20 759.2	1 526.0	34.0
5000～3000	6	4.21	4 782.4	15 072.4	1 140.0	31.7
<3000	4	4.23	2 479.6	10 473.2	586.2	23.7
平均	18	4.34	5 914.2	17 470.3	1 353.3	32.4

3）调整种植业结构增加农民收入

孟岔村在实施退耕后，及时调整种植业比例，着重发展了以西瓜、莲花白为主的高产设施农业，稳定了经济。再加上退耕后多项措施的实施，提高了单位面积粮食产量。调查表明，孟岔村在实施退耕经济林工程后在人均收入中种植业收入的比例为 10.2%（表 10-15）。种植收入超过 5000 元的农户占 6.4%；低于 3000 元的占 45%，可见种植业在农户收入中依然占有主要地位。

由此可以得出在被调查农户收入结构构成形式中，打工经商的收入占农户人均收入的主体，其所占份额为 71.3%；其次依次为种植业收入、养殖业收入、退耕补助收入分别占份额为 10.2%、9.0%、7.4%。说明退耕后孟岔村的收入来源已经由退耕前的种植业为主逐步转向打工经商为主，且收入结构日趋多元化。

2. 直接效益——林果产品的收入

孟岔村退耕后栽植的鲜食型枣树带动了地区经济的发展，通过对孟岔邻村部分未退耕山地种养作物的效益对比（表 10-18），能够得出在经济效益方面山地退耕经济林地要明显好于未退耕地，单纯靠在山地种马铃薯、谷子等作物获得的经济收入只能维持家用，而山地退耕经济林不仅保护了生态环境，同时经济效益非常可观。孟岔村 2142 亩山地在退耕还林实施后全部栽种矮化密植优良品种的枣树，调查中发现这些矮化密植的枣树绝大部分都已进入成熟期，通过几年的统计 580 亩实施滴灌工程的枣树经济效益非常显著，其纯收入可达 3605 元/亩；另有 230 亩实施管灌的枣树地，纯收入为 2082 元/亩；其余 1332 亩无灌溉的枣树的纯收入也能达到 1840 元/亩，即孟岔村 2008 年 2142 亩山地共获利润 502 万元。

表 10-18　退耕经济林与农作物在山地的经济效益对比

不同作物	产量/(kg/亩)	单价/(元/kg)	毛收入/(元/亩)	亩投入/(元/亩)	纯收入/(元/亩)
马铃薯	1500	0.8	1200	800	400
谷子	320	2.4	768	558	210
大豆	220	3.2	704	382	322
无灌、矮化密植枣树	780	3	2340	460	1840
管灌、矮化密植枣树	1010	3	3030	948	2082
滴灌、矮化密植枣树	1500	3	4500	895	3605

本研究认为对山地退耕经济林的直接经济效益可以表示为：在山地经济林所获取的效益中扣除掉假设继续在山地种农作物的效益，由于孟岔村 2142 亩山地全部退耕，所以对于山地农作物的效益参照在孟岔村邻村调查结果的均值，那么如果这 2142 亩山地没有退耕，2008 年能够获得 66.4 万元的经济效益，则可以得出孟岔村 2008 年退耕经济林的直接经济效益为 435.6 万元。

3. 孟岔村退耕经济林滴灌工程分析

在孟岔村建立的山地红枣林微灌示范区，取得了明显的经济效益和生态效益，形成了山地红枣林节水灌溉的“孟岔模式”（汪有科等，2008）。此节拟从投资回收期和益本比等几个方面对滴灌工程在山地的实施做一些初步的经济分析。

1）孟岔山地红枣滴灌工程成本分析

以孟岔 6 年生梨枣实施微灌为例，年费用包括折旧费和运行费两部分。年运行费包括枣树的肥料、用工、管理费等。在实施了节水灌溉方式的孟岔村枣园，根据实地调查，管灌山地红枣每亩年投入 938 元，而滴灌山地红枣每亩年仅投入 775 元（表 10-19），且滴灌工程的年折旧费为 141.65 元/亩（表 10-20），即孟岔山地微灌工程的年费用为 1036.65 元/亩。

表 10-19 孟岔村红枣不同灌溉方式年运行成本

项目	年投入/(元/亩)	
	传统灌溉	微灌
水电	97	45
肥料	200	200
锄地、修剪等	400	400
灌溉人工费	121	10
采摘	120	120
合计	938	775

表 10-20 孟岔村生态型红枣微灌折旧费计算

栽培灌溉方式	名称	投资/(元/亩)	折旧年限/年	折旧费/(元/亩)
矮化密植＋微灌	首部水源	200	10	20
	干管	153	20	7.65
	支管	146	5	29.2
	控制管件	24	5	4.8
	滴灌带	160	2	80
	合计	683		141.65

2）孟岔村山地红枣滴灌经济效益指标分析

a. 静态分析法计算

投资回收期就是使累计的经济效益等于最初的投资费用所需的时间。效益费用比是项目在计算期内效益流量现值与费用流量现值的比率，是经济分析的辅助评价指标。在本研究中投资回收年限的长短受滴灌运行及维修、增产效果等诸因素的影响，其值可以反映全面滴灌工程的效益。

静态分析就是不考虑资金的时间价值。投资回收期 T 常采用下式（蒋海云等，2006）：

$$T = K/(M - S) \tag{10-20}$$

式中，T 代表回收年限（年）；K 代表滴灌系统投资（元/亩）；M 代表滴灌年效益（元/亩）；S 代表滴灌工程年运行及折旧费用（元/亩）；（$M-S$）代表滴灌净效益（元/亩）。

根据实地调查，孟岔山地红枣滴灌系统投资平均每亩地为 600 元，则

$$T = 600/(6000 - 1036.65) = 0.12\text{（年）}$$

效益费用比 R 一般采用下式（蒋海云等，2006）：

$$R = (M - S)/K \tag{10-21}$$

式中，K 代表滴灌系统投资（元/亩）；M 代表滴灌年效益（元/亩）；S 代表滴灌工程年运行及折旧费用（元/亩）；($M-S$) 代表滴灌净效益（元/亩），则

$$R = (6000 - 103.65)/600 = 8.27$$

b. 动态分析法

动态法比较关注资金的时间价值，而时间价值的计算分为两种方法，即单利和复利。单利法根据原始本金计算各期的利息，并不把利息加到本金中再生息，可以表示为 $F = P(1 + ni)$；复利法又称利滚利，相当于将各期末的利息加到最初的本金中，当作下一期开始的新本金计息，可以表示为 $F = P(1 + i)^n$。式中 F 为期末本金（元）；P 为原始本金（元）；i 为年利率（%）；n 为计算年限（年）（程冬玲，2002），本研究计算中采用复利法。

投资回收期常以年数表示，其意义为从工程最初投资起至工程投资结束以后所获取的净利润偿还全部投资需要的时间，其值被认做评价项目真实偿还能力的一个标准，计算式如下（孙仕军等，2000）：

$$T = [\lg(M - S) - \lg(M - S - Ki)]/\lg(1 + i) \tag{10-22}$$

式中，T 代表回收年限（年）；K 代表项目的总投资（元）；M 代表分析期内项目年平均效益（元/年）；S 代表分析期内项目年平均运行的费用（元/年）；i 为年利率（i 取 12%）。

效益费用比相当于折算到基准年的效益值除以费用的值，可以等同于折算到整个分析期的年效益除以年费用的值，可以用这个比值来度量工程投标的经济可行性。计算式如下（孙仕军等，2000）：

$$R = \frac{(M - S)}{K}\left[\frac{(1 + i)^n - 1}{i(1 + i)^n}\right] \tag{10-23}$$

式中，R 代表效益费用比；M、S 意义同前；n 代表使用年限（滴灌 $n=6$）。

孟岔村节水灌溉工程建设是一次性投资，工程可以多年使用并受益，其投资和收益等都具有动态关系（刘静等，2006）。故经济分析采用动态分析法，考虑时间因素，从

投资回收年限、效益费用比两项指标来分析。以 6 年计算，据调查工程总投资需要 51.48 万元，工程平均年效益为 85.80 万元，工程平均年运行费为 14.82 万元，按照公式计算得出孟岔村滴灌的投资回收期为 2.16，效益费用比为 5.7。

投资回收年限的长短是全面反映滴灌系统和管理经济效益的综合指标，它受滴灌运行及维修、产量等相关因素的影响。资金利用率与投资风险成反比，项目投资的回收期越短表明项目利用率越高风险越小。相反效益费用比越大越能体现纯收入占总投资的比越大，相当于投资效果越好。本研究结合以上两种方法算出的投资回收期和效益费用比均符合国家相关评价中的要求。

c. 不确定性分析

不确定性分析重点是根据各种外部条件的改变或者预测数据的误差，分析其对项目经营效果的影响程度，和工程自身对于不确定性因素浮动的接受能力。本研究采用最典型的不确定性分析方法——盈亏平衡分析与敏感性分析。

(1) 盈亏平衡分析。盈亏平衡分析是指工程以经营保本来考虑决策不确定性因素的变化对投资项目的影响程度。在对相关产品产量与成本以及其利润等之间的关系进行分析的基础上，从而找出盈亏平衡点，即投资项目盈利和亏损在产量与产品价格以及单位产品成本等方面的关系，计算工程能承担的极大投资风险，寻求出不发生亏损的临界点，以向相关部门提供可靠的投资根据。

收入和成本与产量可以认定为线性关系，在盈亏平衡点上总的收入等于总成本，工程没有获利。现以孟岔村滴灌工程为例，确定其盈亏平衡产量。横坐标为红枣的产量，纵坐标为滴灌工程的成本和红枣的收入，盈亏平衡分析图如图 10-8 所示。

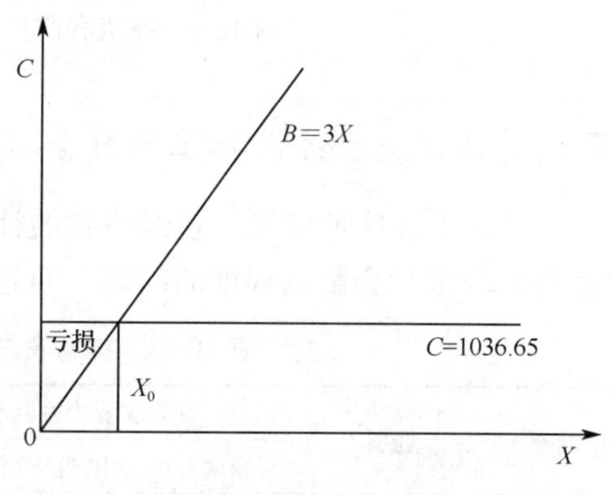

图 10-8 线性盈亏平衡图

直线 $B=3X$ 与 $C=1036.65$ 的交点即盈亏平衡点所对应的产量为盈亏平衡产量 X_0。由图可知，在小于 X_0 的产量下，成本线高于收入线，滴灌技术处于亏损状态，在大于 X_0 的产量下，收入线高于成本线，此时处于盈利状态。因此，只有在高于盈亏平衡产量的情况下，才能使滴灌技术处于盈利状态。经计算，滴灌方式下的盈亏平衡产量为 345.55 kg/亩。

(2) 敏感性分析。本研究只做单因素敏感性分析，单因素敏感性分析是假定只有一个不确定因素发生变化，其他因素都不变的情况下，分析该不确定因素对投资方案预期经济效果的影响。对于枣树滴灌的经济效益影响有很多因素，但其最重要的因素是枣树的产量和相关生产资料的成本投入。本研究假设了这两种因素变化的条件进行该项目的风险分析。分析结果见表 10-21。

表 10-21　投资和产量的变化对效益费用比的影响

不确定性因素	变化率						
	−30%	−20%	−10%	0%	10%	20%	30%
投资	5.3	5.4	5.5	5.7	5.8	5.9	6.0
产量	3.6	4.3	5.0	5.7	6.4	7.0	7.7

根据表 10-21 数据可绘出图 10-9。由图 10-9 可知，当两个不确定因素以同样变动幅度变化时，产量的变动对效益费用比的影响较大，投资变动对效益费用比的影响较小，所以可认为产量是敏感性因素，投资是较为敏感的因素。

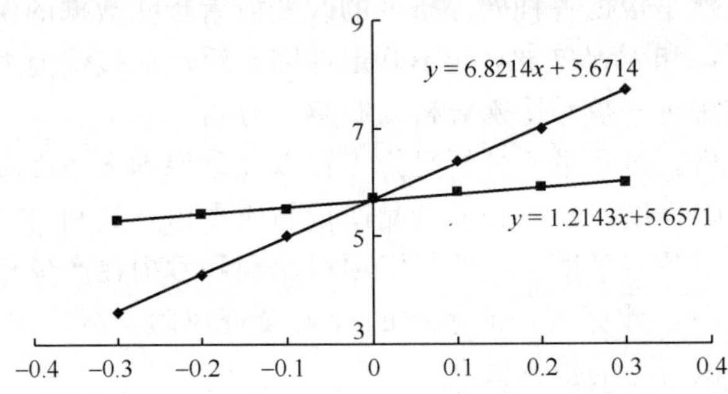

图 10-9　投资和产量的变动对效益费用比的影响

（四）孟岔村退耕经济林工程社会效益

为了能够详实地掌握退耕经济林的社会效益，在调查过程中特别设立了 3 个涉及退耕经济林政策社会影响程度的问题，问卷结果见表 10-22。

表 10-22　样本农户对退耕经济林政策的响应

问题	选项	Ⅰ类(以非农业为主)		Ⅱ类(以农业为主)		合计	
		频度	比例/%	频度	比例/%	频度	比例/%
X_1	是	17	58.62	30	69.77	47	65.28
	否	12	41.38	13	30.23	25	34.72
X_2	植树造林	18	62.07	27	62.80	45	62.50
	开荒种地	11	37.93	16	37.20	27	37.5
X_3	是	15	51.72	33	76.74	48	66.67
	否	14	48.23	10	23.26	24	33.33
X_4	是	11	37.93	24	55.81	36	58.33
	否	18	62.07	19	44.19	37	41.67

注：X_1为是否明确退耕经济林的目的；X_2为对山地利用情况的选择；X_3为在生产和生活中是否注重环境；X_4为国家停止补贴后是否考虑返耕。

由表 10-22 可以看出，Ⅰ类和Ⅱ类的农户均对退耕经济林的目的比较了解，表明政府对于退耕政策的观念已深入到基层农户；对于山地的利用情况这一问题，两类农户的态度比例基本相似，他们对于山地的利用情况都更倾向于植树造林；对于以农业为主的农户日常生活中更加注重生活的环境，而依靠外出打工为主要收入的农民对周围环境的保护意识偏弱；而两类农户在面对是否有考虑返耕这一问题时，一半以上的农户表示停止补贴后，如果没有其他的稳定收入来源，城市就业压力加大，他们会考虑返耕。

1. 对社会就业的影响

退耕还林（草）是一场土地利用方式的变革。由种粮食到植树种草，土地的利用性质发生了变化，这一转变减少了耕地，使大量劳动力从农业生产中解脱出来投向其他行业，在一定程度上降低了劳动强度，使劳动力得到合理分配（表 10-23）。

表 10-23　孟岔村退耕前后样本农户用工量投向及总量变化表

时间	种植业	养殖业	林业	家庭副业
退耕前 1	2690	1345	265	0
退耕后 2	1060	975	325	105
增减量①	—1630	—370	60	105
时间	商饮业	打工	其他	合计
退耕前 1	0	575	0	4875
退耕后 2	285	3250	175	6175
增减量①	285	2675	175	1300

①是指退耕后 2—退耕前 1 的值，负号为减少。

样本农户调查资料显示，退耕后种植业劳动力投入大大减少，投入到其他行业的劳动力比退耕前有所增加。农户通过流转出自家以前收入微薄的山地，让更多农民从土地上“抽身”出来，实现外出打工和在家务农双赢的良好局面。在“孟岔模式”的创新和带动下，当地村民有 20 多户从事汽车运输业，50 多户通过转包其他村坝地发展蔬菜拱棚，还有一部分农户通过外出打工，发展多种经营，使得当地农民有增收的保证。根据在孟岔村的实地调查，从事种植业的农民较退耕前减低了 65.5%，据表 10-23 中的数据显示，退耕还林后用工量增加最多的是打工，其次是商业、家庭副业。由此可见退耕还林工程的实施调整了孟岔村劳动力的结构，促进了就业方式的转变。

通过对典型农户的研究发现，全职务农农民的家庭收入较从事非农行业的农户显著偏低，表 10-24 显示了孟岔村一位代表农户在退耕前后的收入差异情况，可以看出退耕后随着耕地面积的减少不仅解放了部分农业劳动生产力，并且改变了农民的就业观念。可以说孟岔村退耕还林工程通过对农村劳动力就业结构的改变，对农村经济产生了巨大的推动作用。

表 10-24 典型农户退耕前后收入对照表

收入来源		项目	1998 年		2008 年	
			实物量/(kg/头)	纯收入/元	实物量/kg	纯收入/元
农业收入	农田收入	马铃薯	15 000	4 000	7 000	2 500
		谷子	3 200	2 100	800	600
		大豆	2 200	3 220	800	1 500
	养殖收入	羊	40	3 000	5	300
		猪	2	600	2	700
		骡子	2	1 000	1	800
务工收入		0			25 000	
总收入		13 920			31 400	

2. 对产业结构的影响

在调查走访中深入体会到，孟岔村 2142 亩退耕地（坡耕地）得到合理利用，成功实现了从退耕前的单纯经济到退耕后生态经济的产业模式转变；从产业结构上看，退耕后与退耕前相比有了较大改变，退耕前坡耕地种植主要作物为马铃薯、大豆，经济效益很低，退耕后山地栽种的红枣生态效益与经济效益都很客观，使人力资源、土地资源得到优化配置。退耕后由于耕地减少，对农村产业结构产生影响，包括种植结构、家庭养殖结构以及部分剩余劳动力的再次分配等，可以说孟岔村通过退耕还林工程从根本上转变了农牧业的生产方式。根据调查孟岔村农林牧业占地比由 1998 年的 63∶23∶14 转变成 2008 年的 12∶64∶24（表 10-25）。退耕后土地利用结构已相对合理，2008 年陡坡耕地完全退耕还林，林地草地分别较退耕前增加了 180.0%与 68.4%。此外精耕细作的集约化经营生产方式已经逐步替代广种薄收的落后生产方式，加快了农村产业结构的调整。

表 10-25 孟岔村退耕前后土地利用结构变化

土地类型	1998 年		2008 年		增加率/%
	面积/hm²	比例/%	面积/hm²	比例/%	
耕地	88.2	63.0	17.1	12.2	−80.6
陡坡耕地(25°以上)	56.7	40.5	0	0	100.0
林地	32.3	23.0	90.0	64.1	180.0
草地	19.6	14.0	33.0	23.7	68.4
合计	140.1	100.0	140.1	100.0	

3. 对农民生活质量（恩格尔系数）的影响

此外孟岔村退耕还林工程的实施，改善了退耕农户的生活环境，增强了退耕农户生活消费的能力，提高了退耕农户的生活水平。在对 71 个样本农户生活环境状况调查分析中，认为生活环境状况得到改善的有 63 户，占样本农户总数的 88.7%；认为生活环境状况没有变化的有 3 户，占样本农户总数的 4.2%；还未感觉到变化的有 5 户，占样本农户总数的 7.1%；没有农户认为生活环境状况变差。综上分析，农民的生活环境状况得到改善，同时也反映了农民对实施退耕还林工程持满意态度。

本研究对孟岔村居民的消费，认定为个人和家庭用于生活消费的支出以及享受文化服务和生活服务等非商品支出。恩格尔系数是国际上通用的衡量居民生活水平高低的一项重要指标，恩格尔系数可以表示为“家庭食品消费支出/家庭消费总支出×100%”，其数值越大，说明生活水平越低，反之则反。孟岔村被调查的样本农户退耕后家庭生活水平与退耕前相比有不同程度的提高。从图 10-10 可以看出被调查农户在 1998 年的食品消费占了总消费支出的 58.11%。图 10-11 表明被调查农户 2008 年食品消费占总消费支出的 26.40%，恩格尔系数比退耕前有明显下降。以此可以得出退耕还林工程的实施，加快了农民小康生活的步伐，提高了农民生活的质量。

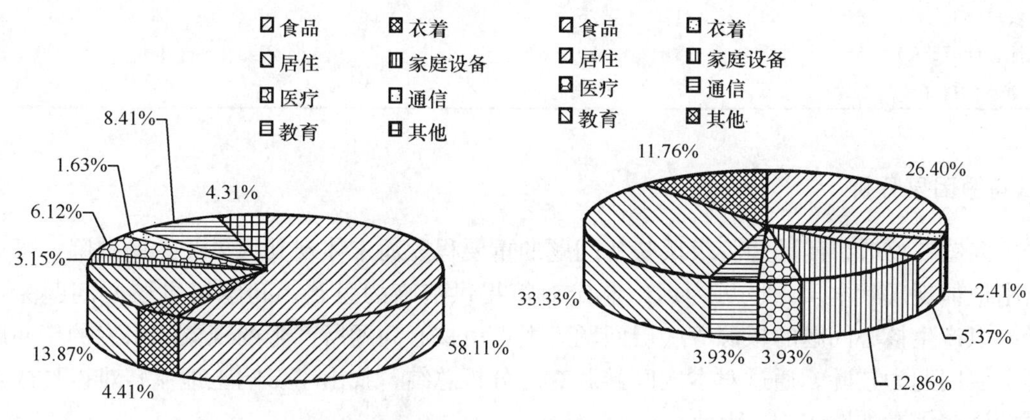

图 10-10　样本农户 1998 年消费支出结构　　图 10-11　样本农户 2008 年消费支出结构

（五）孟岔退耕经济林土地流转机制探究

改革开放以来，特别是农村家庭联产承包责任制的实施使黄土高原的农业和农村经济发生了翻天覆地的变化，地处黄土高原水土流失严重地区的农民切实感受到了生活质量的提高。但随着社会主义市场经济体制深入发展，尤其是在国家退耕还林（草）工程实施以来，现行土地分散的、单家独户的经营模式已难以适应当地经济的发展，其症结也日益凸显。传统农业向现代农业的过渡以及现代农业高技术的应用对目前的土地经营方式也提出了更高要求。因此，有必要在分析现行土地经营机制基础上，探索新的流转土地承包经营权机制。

诸多学者对黄土高原的土地流转模式进行了探索，如退耕还林（草）模式、有偿转包模式、农地互换模式、农地托管模式等，也取得了一定的进展，但研究多是宏观尺度或者战略尺度进行探索，难以反映基层农户的态度（吴普特等，2008）。本节以孟岔村为例，采用参与调查方法进行土地流转机制的探索性分析，为从下而上问题的解决提供了一个有效手段，克服了以往研究中忽略农民利益的问题，可以更全面客观地反映基层群众的心声。

1. 问题矩阵排序

通过矩阵排序（表 10-26）可清楚地看出，在所拟订的主要因素中，观念束缚排在了首位，在调查中发现认为影响孟岔村土地流转的主要限制因素为观念束缚的占到了 90.2%，其次是流转过程中缺少严格的流转程序的问题，占到了 83.3%，缺少规范的流转市场等问题也很突出。

表 10-26　孟岔村土地流转问题矩阵排序

调查对象	因素								
	恋地情结高	土地租金低	就业门路少	缺少科学发展规划	缺少严格流转程序	缺乏流转市场	担心自身利益侵犯	缺乏风险保护机制	缺乏有效的法律保障
村干部(4 人)	4	4	4	3	3	4	4	4	4
农户(68 人)	61	39	34	26	57	53	47	29	41
选择总计(72 人)	65	43	38	29	60	57	51	33	46
重要性排序	1	6	7	9	2	3	4	8	5

2. 问题因果分析

问题树可改善问题矩阵仅反映各问题的重要程度而未体现其因果关系的缺陷，可更清晰地体现现状本质，也可为后续制定对策提供清晰的思路。问题树以核心问题为主干，以产生核心问题的根源等底层问题为根，由核心问题所产生的现象和引发的新问题等上层问题为枝叶。通过对本次问卷调查的分析总结，找出了影响土地流转难以形成规模的诸多因素如图 10-12 所示。

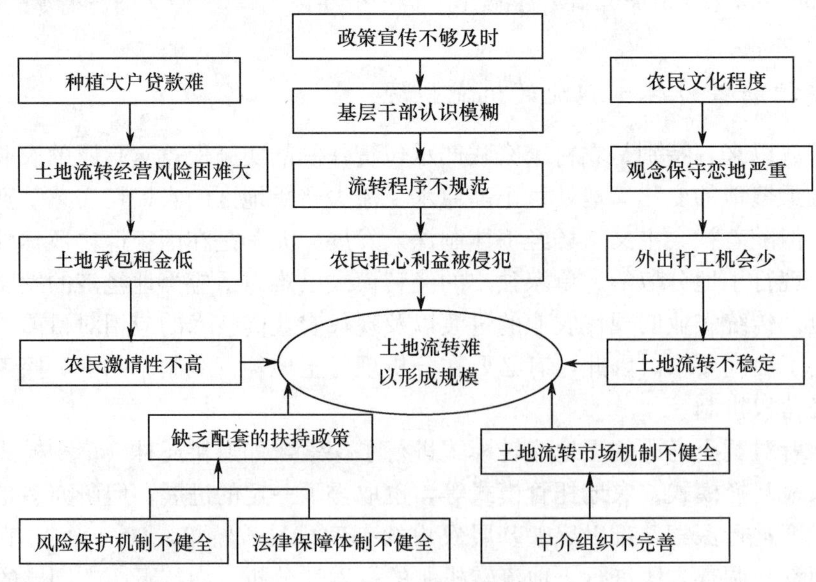

图 10-12　土地流转问题树

3. 关键问题分析

根据问题矩阵排序结果以及问题树工具进行的因果分析，可以看出导致陕北农村土地流转难以形成规模的关键性问题包括以下三个方面。

1）农民观念落后，恋地情结严重

农民是农村土地承包和流转的主体，被调查农民文化程度普遍不高，小学和初中文化程度占大部分，高中以上文化程度较少，大学文化程度仅有5.8%。他们受传统意识影响较大，土地作为他们最重要的生产资料得来不易，难以割舍，恋地情结浓厚。他们由于缺乏科技知识，缺少劳动技能，外出打工的就业形势也十分严峻，剩余劳动力的安置难度加大，农民把土地看成“保命田”，由于长期以来形成的对土地的依附性，决定了农民不愿轻易离开土地，即使没有扩大土地经营规模的实力，也宁愿选择粗放经营，甚至荒芜弃耕，也不愿轻易转包。调查中发现部分农民存在小农意识，安于自给自足的生活，只要土地能产出粮食和牲畜饲料，便别无所求，农民认为有了土地生活就有退路，即使外出打工赚不到钱还可以回来种田，心里踏实，很少有流转土地的意愿。因此，从长远看，提高农民的科学知识，是通过土地流转促进农地规模经营的根本措施。随着农民文化水平的提高，非农就业机会相应增加，可能引起土地转出增加；同时为了提高农民再就业的能力，增加农民收入，稳定进行农村土地流转，必须及时建立农民培训机构，提高农民的就业技能，以确保农地流转效率的提高。

2）缺乏严格的流转程序

据本次调查，普通农民和村干部比较关注的是土地流转过程中流转程序是否公正这一问题，土地流转是否能形成规模在某些程度上取决于流转程序是否完善，如有些单独流转土地的双方常为此发生矛盾影响了土地质量的保护和农田的管护。有些地方罗圈式的流转不仅使有关政府部门在处理土地问题时难度增大，同时容易使农民与村委会、乡镇政府、干群之间出现矛盾，引发社会问题。孟岔村土地流转能取得成功正是在借鉴了以往土地流转过程中出现的诸多问题的基础上，村委两班子多次开会，利用身边和周围的典型，把土地流转的好处向农民群众讲深讲透，提高了本村农民群众对土地流转重要性和必要性的认识，使当地农民充分认识到实行土地流转，有利于提高土地资源利用率，是实现农业增效、农民增收的必然选择，从根本上保护农民的利益，解除了农民内心顾虑，进而促使农民群众主动流转耕地。

3）缺乏有效的法律保障

我国农地流转已成农村经济发展的必然趋势，但是缺乏与之相配套的法律保障体系。被调查的承包大户都表示贷款难，土地流转经营风险较大，特别随着市场经济的全面发展，市场化的风险也越来越高，同时我国农业自然风险防范机制很不健全，农民缺乏对土地承包的安全感。调查中部分农民表示土地流转的补助少、周期长，担心今后长期利益难保障。他们表示补偿标准只是按当时的土地产出效益为基数确立的，但他们不能分享土地增值收益，这样就容易产生纠纷，甚至引发社会问题。针对上述问题，能否在确保农民获得一定数额土地租金的基础上，探索一条农民以土地作为股份的土地股份合作机制，将承包土地折成股份，与土地承包者签订入股合同，制定章程，参与土地开发和股份分红，使农民长期获得收益。此外在被调查的农户中，有两户对土地流转表示反对且都是年迈的老人。一方面他们固守着土地是根的思想，表示钱粮补助过少，土地流转后子女多出外打工，害怕土地被流转出去后不再属于自己，生活没有保障；另一方面表示近年国家取消农业税，且实行多种强农惠农政策，在没有更好门路情况下，老人有想在山地复耕的想法。针对这样的现象，可以结合建立新型农村社会保障体系，对流转后无地农民实行社保制度，或把无地老年人优先列为最低生活保障对象，解除他们的后顾之忧，尝试探索建立农民脱离土地束缚的保障机制。这是确保农民权益不受侵害不可缺少的环节。

4. “孟岔模式”的分析

1）“孟岔模式”的由来

孟岔村是陕西省米脂县银州镇的一个行政村，境内沟壑纵横，梁峁起伏，干旱少雨，植被稀疏，是我国典型的生态脆弱地带。1998 年，本村一个叫孟浩海的包工头，受陕西渭北旱塬苹果高效开发的启示，毅然返乡回村，联合了几位村民，把部分农户的 412 亩山坡地转包到手，全部栽上了红枣，通过精心抚育，长势喜人，丰收在望。在其影响下，村党支部萌发了“整合土地资源，规模发展红枣”的思路，借助退耕还林政策机遇，村上拿出了“花户退耕、大户承包”的方案即国家给的退耕补助全部由退耕散户按政策享受，退耕补助 8 年期满后由新的承包农户按每亩每年 25 元的转包费付给原土地承包户，村集体在枣树见利后，适当收取一点管理费，方案出台后受到本村农民的广泛赞同，当年就把 1600 多亩山地流转到了 8 户农民手中。这种土地流转模式极大地调动了承包者积极性，使广大农民在自身经济利益的驱动下，自觉将国家加强黄土高原生态建设的政策真正落在实处，并长期坚持下去。

与此同时，孟浩海积极邀请科技人员在他的枣园里开展科学实验，在科技人员全程指导和承包户自主管理下，通过以水果型梨枣矮化密植栽培为对象，发展坡地现代微灌技术，为黄土高原丘陵沟壑区现代农业产业发展、协调和统筹农村经济和生态环境建设，提供了新的思路与模式，形成了一个规模化经营红枣产业的现代农业模式。为了提高其科技含量并形成规模化产业，组建了红枣科技合作社，为孟岔村规模发展红枣产业注入了新的活力，孟岔村的退耕经济林不仅创造了该地区山地种植业的“黄金”产值，而且枣树百年以上的寿命能保持一个世纪的绿色生态环境。可以说在贯穿整个综合治理和系统开发的一条主线，就是自始至终把科学技术这个现代化生产力中必不可少的要素，凝结于整个红枣基地建设过程之中。“孟岔模式”实现了生态建设与经济发展的统一，是新时期土地流转的标杆和旗帜。为解决黄土高原水土流失与干旱缺水两大瓶颈问题提供了新的途径，也为黄土高原退耕还林（草）工程持续发展提供了一种新的思路，受到了多方关注和好评。

2）孟岔土地流转模式的启示

要想富裕农民，必须减少农民人口数量，这是世界各国农业现代化进程中的普遍规律和成功经验，也是我国在农民增收方面，通过农业增产、农产品提价等经验性途径失效后的必然选择。当前减少农民人口数量的有效途径和基本措施是积极利用第二、第三产业转移农村人口，同时意味着农村土地流转和适度规模经营的趋势不可逆转。流转必然导致规模经营，土地规模经营有利于农业结构调整和农产品基地建设。因此，完善土地流转机制，加快土地流转，对于富裕农民和推进农业现代化建设社会主义新农村都具有重要意义。

“孟岔模式”是规范有序进行土地流转的典范，在如何合理引导运作农村土地流转面临的诸多问题方面带给我们很多深层启示。首先，土地流转要充分考虑尊重个体农户的意愿，流转土地需坚持依法自愿原则，本次被调查的孟岔村农户对土地流转政策表示高度支持的占 65%，只有得到农民的高度拥护，土地流转政策才能真正地落实开展。其次，要规范土地流转涉及的利益问题。调查中发现孟岔村流转土地，是在村委会组织协调下，在司法部门公证下，没有行政命令，充分协调了流转过程中每位群众的切身利益。一方面小户利益有保障，村集体有收入，同时又提高了个体承包户的积极性，保证了退耕成果。以前的年年种草不见草、岁岁造林不见林，是因为重栽植，轻管理。孟岔村“花户退耕，大户承包”规模发展红枣产业的路子，很好地解决了这一问题。另一方面，承包期限为 20 年，在时间上断了承包户毁林的后路，实现了退得下、还得上、不反弹、稳得住的问题，实现了生态与经济效益双赢；最后，土地流转后只有走规模化经营，产业化发展的路子，才能保证农民稳定增收和长期增收。被调查的农户反映原来是土地不集中，生产无规模，经营无效益，土地集中后，管理很方便，科技好推广，产品上档次。从承包土地到科学技术管理，每亩 1 万元投资，盛产期 2 年就收回全部投入，另外也说明土地流转规模化发展后只有依靠科技引领，不断提高科技含量，才能不断地挖掘土地的生产潜力，实现农业增产、增效和农民增收的目标。

（六）退耕经济林前后农户成本收益分析

通过在孟岔村实地调研发现对于普通农户，他们在做出参与退耕经济林工程的决策之前，总是要首先自身衡量净收益变化情况，在保证自身利益不受损的前提下，才会积极配合各项决策。而农户参与退耕经济林的意愿是能否持续开展退耕经济林的关键因素，本章尝试从农户参与退耕经济林意愿的经济根源进行研究，分析并建立陕北农户参与退耕经济林工程意愿的模型，以为陕北退耕经济林持续稳步发展提供理论依据。

1. 农户不参与退耕还林的利润分析

如果农户不参与退耕还林，那么农户的收益（Ig）为农户在原土地上种植作物的机会成本（C_{t1}），可以利用农户种植作物的收入（Eg）减去农户经营该土地发生的各项成本（Cg）来计算。随着社会经济的发展，各项投入的综合价格会呈不断上升的趋势，同时种植业的净收益也会随粮价和单产的不断上涨而提高，对于微观的农户来说，他们会根据当前自身发展种植业的净收益情况预测未来收益，所以认为农户继续种植作物的净收益是随时间变化的函数，可以量化为下式：

$$\mathrm{Ig}(t) = \mathrm{Eg}(t) - \mathrm{Cg}(t) \tag{10-24}$$

2. 农户参与退耕经济林的利润分析

调查中发现农户参与退耕经济林的收益（I_t）可以认定为直接（I_{t1}）和间接收益

（I_{t2}）两部分。直接收益为参与退耕经济林后获得的政府钱粮补助、林果产品的收入，以及从种植业中脱离出来的劳动力转移而获得的工资等；间接收益为退耕后生态环境变化而带来的生活条件改善等。对于农户参与退耕经济林的成本（C_t），可以认作农户参与退耕经济林工程的机会成本（C_{t1}）以及栽植管护经济林所需的各种生产资料费用（C_{t2}）。对于退耕农户来讲，退耕经济林工程的各项成本、收益都会随着社会经济的发展而不断变化，所以农户参与退耕经济林工程的净收益也被认作是随时间变化的函数，可以量化为以下公式：

$$I_t(t) = [I_{t1}(t) + I_{t2}(t)] - [C_{t1}(t) + C_{t2}(t)] \tag{10-25}$$

为了更好地分析农户的行为，通过引用贴现率（r）将农户未来特定时期内的收益折算成现在的价值。那么农户参与退耕经济林的净收益 I_t就可以表示为

$$I_t(t) = \frac{\{[I_{t1}(t) + I_{t2}(t)] - [C_{t1}(t) + C_{t2}(t)]\}}{(1+r)^r} \tag{10-26}$$

式（10-26）中的$(1+r)^r$为现值系数。贴现率的引入不仅可以直观对农户的决策行为进行分析，而且对退耕后一段时期内的总净利润 TI_t的分析具有帮助作用。

3. 农户参与退耕经济林意愿的决定模型

通过以上分析，可以认为对于陕北个体农户而言，参与退耕经济林的意愿取决于参与退耕经济林工程的时期内，每年所获得的净总收益之和，即参与退耕经济林所获得的总净收益（TI_t）。由此可得农户参与退耕经济林条件为

$$\mathrm{TI}_t = \sum_{i=1}^{n} I_t(t) = \sum_{i=1}^{n} \frac{\{[I_{t1}(t) + I_{t2}(t)] - [C_{t1}(t) + C_{t2}(t)]\}}{(1+r)^r} > 0 \tag{10-27}$$

以此可以建立陕北退耕经济林意愿的决定模型：

$$Y = f(I_t) = f[I_{t1}(t), I_{t2}(t), C_{t1}(t), C_{t2}(t)] \tag{10-28}$$

并且可以推算得

$$\frac{\partial f}{\partial I_t} > 0, \frac{\partial f}{\partial I_{t1}(t)} > 0, \frac{\partial f}{\partial I_{t2}(t)} > 0, \frac{\partial f}{\partial C_{t1}(t)} < 0, \frac{\partial f}{\partial C_{t2}(t)} < 0 \tag{10-29}$$

通过式（10-29）可以看出陕北农户参与退耕经济林的意愿是退耕经济林后的直接和间接收入的增函数，是退耕经济林后的机会成本、栽植管护经济林所需的各种生产资料费用的减函数。也就是说，对于陕北农户参与退耕经济林的意愿是政府钱粮补助、林果产品的收入，以及从种植业中脱离出来的劳动力转移而获得的工资等以及退耕经济林后生态环境变化而带来的生活条件改善等收入的增函数，是退耕经济林工程的机会成本和退耕后栽植管护经济林所需的各种生产资料费用的减函数。

4. 基于农户意愿的陕北退耕经济林可持续性探讨

陕北退耕经济林工程的目的是改善区域生态环境，以期实现人与自然的和谐发展，最终是为了人类社会的可持续发展。退耕经济林工程的可持续性分析也就是为其推广过程能否有效地结合当地的地理、气候、生态及人类环境等区域特点，转变传统农业对自然资源的掠夺式经营方式，进而进行农业产业机构调整，从而使该地区农业成功地走向

市场化、专业化和产业化，参与国内国际市场分工，从市场交易中获取效益，提高农户的收入与生活质量。可以说孟岔村退耕经济林工程正是在结合陕北山地地形、气候、生态等一系列因素下实施的。国内外经验都已证实市场经济条件下退耕还林工程必须是保证在农户自愿的前提下才能得以顺利开展，而非政府的行政手段可以达到。通过以上分析可以看出对于陕北农户来说，参与退耕经济林后的总收益决定了农户的意愿，农户意愿将通过影响农户在退耕经济林工程实施中的积极性和行为，对退耕经济林的实施效果产生影响，而实施效果是政策实施可持续性的前提。

也就是说，对于陕北微观个体农户来说，要保证退耕经济林工程的可持续发展，需从增加农户退耕经济林后的收益和减少退耕经济林的成本两方面出发。由于农户在原有地块上种植作物的机会成本是一种前定变量，对它的控制没有意义。所以需从以下几个方面进行政策地适度调整，以期保证陕北地区退耕经济林的可持续发展。

5. 通过有效途径增加退耕经济林后农户的收入

1）*加强退耕后农村劳动力转移的合理安置*

陕北退耕经济林的实施，使一部分人脱离了土地，导致部分农民可能失业，从而引起一定的社会问题。结合农户实际情况，愿意出去就业的有关部门可以加大农村劳动力的人力资本投资，通过开展各种技能和知识培训提高农村劳动力的综合素质；或者通过鼓励退耕经济林的农户走股份合作制和产业化经营的道路，以退耕地入股的方式将退耕地集中起来，统一规模效益，增加农户收入。

2）*延长补助期限、增加补助标准*

对于陕北退耕经济林来说，2007 年国家发布新的退耕补助标准要求退耕经济林再补 5 年。黄河流域和北方每亩退耕地每年补助现金 70 元，且原每亩补助生活费 20 块继续直接补给农民，并与管护挂钩。通过调查发现，农户对目前的补助满意度不是很高，应该意识到陕北地区退耕经济林的主体是广大农户，在现如今市场经济条件下，农户是按照市场法则经营决策的，而不是一味按照政府计划来经营。所以若想在陕北大面积地继续推广退耕经济林政策必须实施长期的财政补贴政策以提高农户退耕所需要的收益，这也成为决策部分的必然选择。除了国家预算之外，可以考虑发行特种生态国债，建立生态补偿基金，即向下游享受到退耕经济林生态环境改善后所取得的生态效益的有关企业和个人征收生态税，以及通过各种方式招商引资来陕北山区进行投资补偿等方式筹措资金，以减轻国家的财政负担。

为全面推进陕北退耕经济林工程，必须全面抓好经济林的栽培、产品加工、市场营销等工作，同时需要注意优化树种和品种结构，通过在孟岔村的实地调查发现，合理密植有利于经济林在结果期内长期保持良好的群体结构，充分利用光能，获得高产，得到最大效益。积极推广普及新技术、新成果，认真解决好科技问题，把先进的实用生产技术大面积应用。此外政府需加大力度稳步引导退耕后林果产品的价格，结合陕北当地情况可以积极培育林果产品加工业，开展经济林产品的初加工，不断开发新产品、优质名牌产品及绿色产品，提高林果产品的经济价值，以此通过退耕经济林带动相关产业的发展，将林业的产前、产中、产后服务有机结合，做到栽培、加工、储藏、营销一体化。

（七）基于前景理论的陕北山地退耕经济林补助期满后农户决策的分析

对于陕北山地的个体农户来讲，在增加生态效益的同时可以从山地上得到比粮食收入更好的经济收益，是该区域退耕经济林能够持续发展的支撑。国家为了保持退耕还林的成效，继续延长了退耕还林的补助周期，但对于补助期满结束后陕北山地的稳定持续发展问题仍然需要研究。

根据在孟岔村的调查，虽然大多数的农户表示补助期满后会保持退耕还林的成效，但还有部分农户因为打工收入不稳定以及部分退耕经济林产量效益低等问题表示曾考虑过在补助期满后返耕。因此对农户在补助期满后的经济活动进行预期和研究意义重大。

1. 影响退耕经济林决策因素的前景理论分析

前景理论是由 Kahneman 和 Tversky（1996）在有限理论的基础上提出的，他们认为投资者在面对决策时相当于是对“前景”的抉择。前景是基于不确定因素的表述，也即对于一个事件（x，p；y，q），个体获得 x 的概率是 p，获得 y 的概率为 q，此外 $1-p-q$ 的概率得不到任何东西。可以说前景理论是用来描述不确定性条件下的决策事件。

陕北退耕经济林补助期满后农户的行为是一个典型的不确定性因素问题。因为个体农户的行事标准不同，他们会根据各自的环境做出不同的判断和估计，这种决策不仅是在当前的情况下对各自所处环境的分析，而且要对所在环境未来的状态进行预估，力求达到自身寻求目标的最优化。由于每个农户的决策是无法准确预测的，因此可以说陕北山地退耕经济林的持续状态是不确定的。也就是说用“前景理论”来对陕北山地退耕经济林补助期满后农户的选择行为进行分析有一定的适用性。

1）风险感知影响陕北退耕农户的决策

前景理论以主观价值概念为中心。在决策概念中，对于退耕经济林的个体农户来讲，即使损失数量与收益数量相等，损失也要稍大于收益。收益和损失价值函数的这种不相等表明，退耕农户在面临收益前景时通常表现为风险厌恶，在面临损失前景时更倾向于风险偏好，可以理解为退耕农民在注重收益时习惯于避免风险，而注重损失时则习惯于寻求风险。但这种收益和损失是根据不确定的参照点来衡量的，不仅与农户参照点有差别，而且其参照点也会随时间变化。

2）损失厌恶程度影响陕北退耕农户的决策

研究表明人们对损失比对收益更敏感，等量财富增加产生的喜悦会小于财富损失产生的悲伤，而且不同人感受等量损失的程度是不一样的，这便导致决策者在面对不确定性损失的情况下，做出的决策也是有差异的。如果对于陕北山地退耕个别人从内心放大损失的绝对量，就会直接误导其退耕的决策。根据在陕北山地的实地调查，只有极少数的退耕户对损失的敏感程度是递减的，即当损失较大时，退耕农户对增加的损失相对不敏感了，但绝大多数退耕农户对损失表现地比对收益都更敏感。

3）预期回报影响陕北退耕农户的决策

参与陕北山地还经济林的每位农户在承担风险、付出努力的同时，势必会要求从退耕经济林中获取相应的回报，以此来弥补退耕农户在时间和个人金钱方面的投入。对孟岔村退耕农户的调查中发现，有93%以上的农户认为退耕经济林可以增加农户的收入，当然政府钱粮方面的补助对于不同的人其重要性也不一样，对于生活比较困难的农户主要是为了物质上的补给，以此来完善家庭开支。当然还有一些农户他们认为靠山地种粮的收入是有限的，退耕经济林恰为他们提供了致富的好机会。

2. 基于前景理论的退耕经济林决策过程

根据前景理论可得，退耕农户在做决策的时候会经历两个阶段：第一个阶段是编辑过程，即通过建立一个合理的“参照点”来编辑需要进行决策的问题。陕北退耕经济林的微观农户在面对收益和损失时表现的不同风险态度将直接影响他们退耕的不同决策。第二个阶段是评价过程。即对已编辑过的退耕经济林和毁林复耕的前景进行评价，选择前景良好的完成决策。

3. 前景理论对补助期满后农户的经济活动的启示

我国开展的退耕还林工程，一方面为了改善治理生态环境，另一方面也是为了促进农民增收。根据孟岔村实地调查，在被问及到退耕期满后个人决策这一问题时，农户对于补助期满后的损失问题都格外关注，有些农户不排除在补助期满后返耕，很大程度上是为了回避损失。因此政府在补助期满后要采取相应的措施，尽量减少农民因退耕损失而带来的痛苦，必须注意到要保证农户不受到损失的同时增加他们的收入，以确保退耕经济林在陕北持续稳步的进行。

前景理论告诉我们损失和获得是相对于某个参照点而言的，并不是绝对的。退耕补助期满后有些村民可能会把参照点选取为钱粮补助的收益，相对于有补助而言，农户会认为自己的收益减少，容易产生复耕的行为。所以可以适当地的通过调节农户对退耕经济林收益的参照点，来引导农户对长期奉行退耕经济林这一风险认识的态度；也可以通过相关媒介宣传各种生态文明知识，增加农民保护环境的意识，推进人与自然和谐相处的良好局面。

参考文献

陈应发. 1996. 森林资源的环境价值及其评估. 云南林业调查规划，(4)：1-9

程冬玲. 2002. 水利工程经济学. 西北农林科技大学自编教材

杜英，杨改河，刘志超，等. 2008. 黄土丘陵区退耕还林（草）生态经济系统的能值分析——以安塞县为例. 干旱地区农业研究，26 (5)：189-196

侯兆元. 1995. 中国森林资源核算研究. 北京：中国林业出版社：67-83

蒋海云，许模，魏云杰. 2006. 新疆某竖井排灌工程经济效益分析. 水土保持研究，13 (2)：32-33，114

赖亚飞，朱清科，张宇清，等. 2006. 吴旗县退耕还林生态效益价值评估. 水土保持学报，20 (3)：83-87

刘静，江行久，熊悦丁. 2006. 阜新转型期水利工程经济效益分析. 农业与技术，26 (5)：78-80

孙仕军，邱振存，刘作新. 2000. 卷盘式喷灌机技术经济实例分析. 沈阳农业大学学报，31 (4)：357-360

汪有科，徐福利，辛小桂. 2008. 微灌技术在陕北山地红枣生产中的应用示范研究. 水土保持通报，28 (4)：198-200

吴普特，汪有科，辛小桂，等. 2008. 陕北山地红枣集雨微灌技术集成与示范. 干旱地区农业研究，28 (4)：1-6，12

吴钦孝，赵鸿雁，汪友科. 1998. 黄土高原油松林地产流产沙及其过程研究. 生态学报，18（2）：151-157
郗静，曹明明. 2008. 陕北黄土丘陵沟壑区退耕还林对粮食安全的影响——以榆林市米脂县为例. 干旱区资源与环境，22（8）：165-169
许红梅，贾海坤，黄永梅. 2005. 黄土高原丘陵沟壑区小流域植被净第一性生产力模型. 生态学报，25（5）：1064-1074
杨海军. 1993. 沙棘的水土保持作用及在植被恢复中的地位. 东北水利水电，(1)：40-43
殷兴军. 1999. 试论江河泥沙灾害的生态环境评估. 环境科学进展，(3)：78-83
周广胜，张新时. 1996. 全球气候变化的中国植被净第一性生产力研究. 植物生态学报，20（1）：11-19

第十一章 宁夏设施蔬菜高效用水技术

第一节 区域农业用水现状及存在问题

宁夏回族自治区（以下简称宁夏）气候干燥，多年平均降水量 289 mm，不足全国平均值的一半，年降水量 400 mm 以下的干旱地区占全区面积的 80%，干旱指数大于 3 的干旱半干旱区占 77%，其中经济和人口集中的北部灌区降水量仅为 179 mm。当地水资源量少质差，地表水资源量 9.49 亿 m^3，不重复计算的地下水可利用资源量 1.42 亿 m^3，多年平均水资源总量为 10.91 亿 m^3，是黄河流域平均值的 1/5，是全国平均值的 1/15（陈红翔，2006）。

宁夏供用水主要依靠过境黄河水。根据 1987 年国务院批准的黄河水分配方案，正常年份允许宁夏耗用黄河水 40 亿 m^3，指标中包括泾河、葫芦河、清水河等支流用水量，且根据黄河来水情况进行同比例丰增枯减原则调度。宁夏水资源可利用总量只有 41.4 亿 m^3，人均占有量 687 m^3，耕地亩均占有量 251 m^3，约为全国平均水平的 1/3，是全国最缺水的省区之一（包淑萍和李海霞，2008）。

近年来，随着一大批关系到国计民生、关系到自治区社会经济跨越式发展的重大项目的建设，如宁东能源化工基地建设，太阳山工业园区建设，中部干旱带特色农业、设施农业的规模建设，城市生态水利建设等，宁夏经济社会进入了快速发展时期，全区农业、生态、工业和城市用水的矛盾更加尖锐。水资源总量与发展需求之间、生产用水和生态用水之间、排污总量与纳污能力之间矛盾突出，水资源短缺已严重影响了经济发展和社会稳定，水安全保障面临新的挑战，形势十分严峻（杨淑静等，2009；熊伟和肖云清，2005）。

宁夏水资源利用效率与国内平均水平和西北同类型地区相比，存在一定差距，有一定的节水和优化配置空间。产业用水结构不合理，农业用水量占总用水量 92.9%（含生态用水），用水比例大、效益低，单方水效益仅为 0.97 元/m^3，工业用水量占 5.4%，单方水效益为 57.9 元（赵勇等，2006）；农业用水内部结构不合理，正常年份水稻种植面积 134 万亩，占灌溉面积的 18.8%，其用水量占农业总用水量的 32.2%，小麦套玉米面积占 26.5%，用水量占 33%，45%的夏粮作物占用了 65%的水量（王琴，2007；罗纨等，2006）；水资源利用结构不合理，利用黄河水占总量的 93.3%，利用地下水仅占 6.7%，造成自流灌区地下水位埋深浅，大量地下水无效蒸发损失，既加重了灌区土壤盐渍化，又造成了水资源浪费（张源沛等，2009）；由于长期形成的灌溉方式和群众灌水习惯，加之水价等原因，大水漫灌现象比较普遍，水资源的利用效率较低（张源沛等，2002）。

一、自然地理概况

（一）地理位置

宁夏是我国五个少数民族自治区之一，位于西北地区东部内陆，在35°14′30″～39°23′20″N，104°17′30″～107°38′50″E处，居内陆西北高原，处在黄河流域的中上游地区，地势南高北低，呈阶梯状下降，跨越西北干旱区域和东部季风区域，处于腾格里、乌兰布和毛乌素沙漠包围之中，与甘肃、内蒙古和陕西毗邻。区域内南北狭长，相距450 km，东西相距约250 km，土地面积5.18万km^2，占国土总面积的0.7%。现辖银川、石嘴山、吴忠、中卫、固原五个地级市，灵武、青铜峡两个县级市，14个县和8个县级市辖区，首府银川市，如图11-1所示。

（二）地形地貌

宁夏地形结构比较复杂，境内山峦迭起，平原错落，丘陵连绵，沙丘、沙地散布，加之水蚀、风蚀作用强烈，地貌类型多样，自然条件有明显的水平和垂直交错变化的特点，地势自西南向东北倾斜，地势南高北低。南部为六盘山土石山区和黄土丘陵沟壑区，涉及黄土丘陵沟壑区丘2、丘3、丘5三个副区，沟谷发育，河谷、川台地、盆淌、梁峁、残塬相间分布。该区域为水土流失重点综合治理区，中部为山间盆地、缓坡丘陵和干旱草原区，北部为黄河冲积平原。

全区山地面积0.82万km^2，丘陵面积1.97万km^2，台地面积0.91万km^2，平原面积1.39万km^2，沙漠面积0.09万km^2。地面坡度组成为：≤5°的面积占41.9%，5°～15°的面积占36.0%，15°～25°的面积占13.6%，≥25°的面积占8.5%，地面坡度组成复杂相间，地面起伏变化大，成为风蚀、水蚀的主要地理地貌因素。

（三）水文地质

宁夏地处内陆，跨越三个气候类型区，自南向北由暖温带半湿润区向中温带半干旱、干旱区过渡，为典型大陆性气候。受太阳辐射、大气环流和地理环境等因素影响，气象要素在垂直和水平地带的分布差异较大，寒暑变化剧烈，自南向北日照、气温、光热、蒸发递增，降水递减。年均气温4～9℃，年平均降水量148～685 mm，平均风速1.8～3.0 m/s，年日照时数2322～3073 h，无霜期100～175天，≥10℃的积温2000～3300℃。具有冬寒长，春暖快，夏热短，秋凉早；干旱少雨，日照充足，蒸发强烈，风大沙多；南凉北暖，南湿北干和气象灾害较多等特点。

降水特点：一是降水总量小，地区变化大。年降水量小于400 mm的干旱区占全区总面积的80%；二是年内分配不均，7月、8月和9月的降水量占年降水量的59%～66%，且多以暴雨形式出现；三是年际变化大。7～9月3个月丰水年降水量是枯水年的3～7倍，且干旱发生频率高，素有“十年九旱”之说。水面蒸发有年际变化小、年内分配差异大的特点，干燥度（蒸降比）自南向北递增，六盘山区为1～2，黄土丘陵

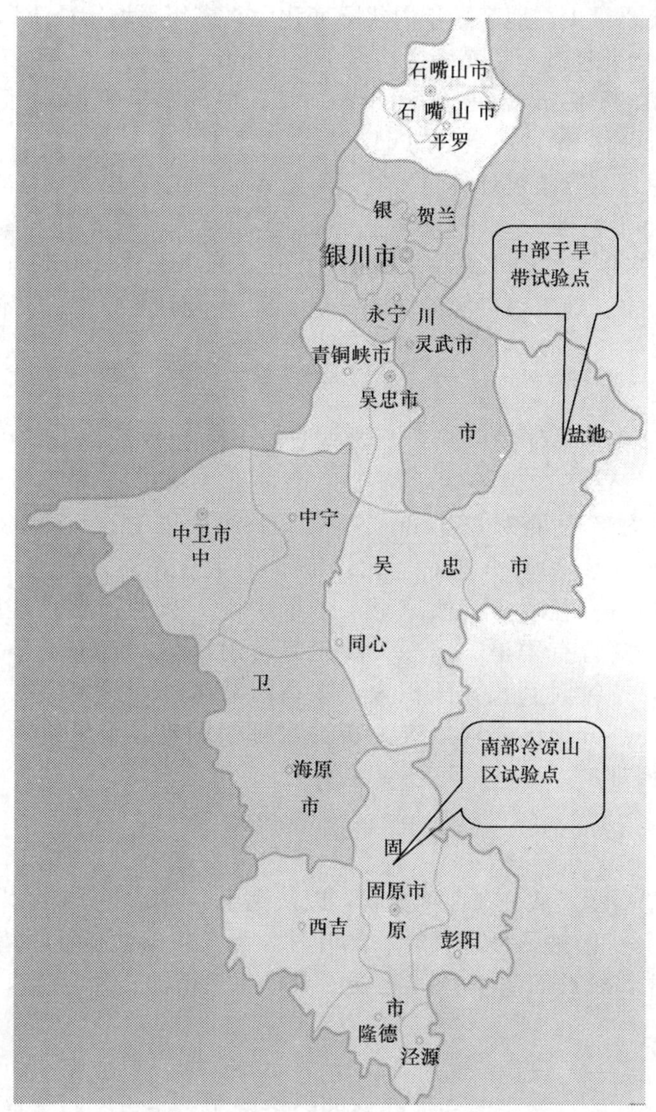

图 11-1　宁夏回族自治区行政区域示意图

区及贺兰山区为 2～3，干旱草原区及黄河冲积平原区为 3～6。干旱、洪涝、冰雹、霜冻、大风、沙尘暴、低温冷害、热干风等是宁夏主要的灾害性天气，以干旱灾害最为严重。

当地水资源贫乏，生态环境脆弱，多年平均年降水量 289 mm，年平均水面蒸发量 1250 mm；地表水资源量 9.49 亿 m^3，河流水质矿化度高、含沙量大，可利用量少，开发难度大；全区人均占有水资源量 190 m^3，仅占全国平均值的 1/12，为全国地表水资源最贫乏的省区之一，生产和生活用水主要依靠黄河水资源，是典型的没有灌溉就没有农业生产的地区。

宁夏河川径流总量少，地区、年内年际变化大，多年平均年径流深由南部六盘山东南侧的 300 mm，向北递减至引黄灌区边缘不足 3 mm。全区平均年径流量 9.49 亿 m^3，其中，引黄灌区 1.98 亿 m^3，占全区的 20.9%；中部干旱带 1.71 亿 m^3，占全区的 18%；南部山区 5.8 亿 m^3，占全区的 61.1%。

宁夏地下水总量（含重复计算量）30.73 亿 m^3，其中，引黄灌区 20.58 亿 m^3，占全区的 67%；中部干旱带 7.25 亿 m^3，占全区的 23.6%；南部山区 2.91 亿 m^3，占全区的 9.4%。宁夏多年平均降水总量 149.49 亿 m^3，水资源总量为 11.63 亿 m^3，其中地表水资源 9.49 亿 m^3，地下水资源量 30.73 亿 m^3，重复计算量 28.59 亿 m^3。

（四）气候

宁夏属半干旱和干旱气候过渡带，为典型的大陆性气候，干旱少雨，蒸发强烈；年平均气温 5～8℃，昼夜温差大，降雨由南向北递减，年降水量从北到南 200～500 mm，多年平均降雨量为 290 mm 左右，且 60%集中在 7～9 月，年蒸发量达 1800 mm，年日照时数 3000 h 左右，无霜期 5 个半月左右，为典型大陆性气候区，气候冬寒长、夏热短、春暖快、秋凉早；干旱少雨、蒸发强烈；日照充足、昼夜温差大；主要的气象灾害有干旱、霜冻、沙尘暴、山洪等，其中干旱危害最重，次数多，间隔时间短，持续时间长，面积大，除黄河灌区外，其余广大地区深受干旱的严重威胁，相当一部分地区一遇旱灾人畜饮水都很困难，干旱给当地人民的生活和生产带来极大的困难。

（五）植被土壤

宁夏土壤类型多样，从分布面积上看，以灰钙土、黄绵土分布最广，两者之和占土地总面积的 48.7%。植被类型以针叶、阔叶林，灌丛，山地疏林，草甸，草原，草原带沙生植被等为主，植被面积 4372.7 万亩，其中自然植被 3480 万亩，占 79.6%。

二、水资源概况

水资源是基础性的自然资源和战略性的经济资源，是生态与环境的重要控制性因素。宁夏全境处于黄河流域，其生存与发展唯黄河是依赖。干旱缺水是宁夏基本区情，水资源是宁夏经济社会发展的第一要素，是推进跨越式发展和全面建设小康社会的重要支撑。随着黄河流域经济社会的发展对水的需求快速增长以及黄河来水量的逐年减少，黄河水资源供需矛盾日益尖锐，该区耗用黄河水受到严格限制，水资源已经成为制约宁夏经济社会发展的最大瓶颈。根据自治区党委、政府关于全面、协调、可持续发展的战略部署，实现宁夏经济社会跨越式发展，满足经济社会发展对水资源的进一步需求，解决水资源总量不足与发展需求之间的突出矛盾，优化配置水资源，已经成为宁夏水利的中心工作（马秀丽，2005）。

宁夏水资源十分贫乏，水资源总量排在全国最末，当地水资源总量 10.91 亿 m^3，人均占有量 197 m^3，为全国平均值的 1/12 和黄河流域的 1/3；亩均占有量 48 m^3，为全国平均值的 1/28 和黄河流域的 1/6。计入国家分配该区可用的 40 亿 m^3 黄河水量，人均占有量只有 690 m³，亩均占有量 210 m³，不足全国平均值的 1/3 和黄河流域的 1/8。受季风的影响，天然降水年内分布不均，年际变率大，全区绝大部分地区 70%的降水集中于 7～9 月 3 个月，4～6 月降水量仅占 15%，难以保障作物苗期对水分的基本需求。降水量最高和最低年份相差达 3.8 倍，地表径流量相差 5.7 倍。部分地区天然水矿化度高、质量差，含盐量大于 2 g/L 的苦咸水分布面积占全区总面积的 58.1%，水量占全区水资源总量的 25%，开发利用难度大。

（一）降水资源

宁夏降水稀少，多年平均降雨量 289 mm，不足黄河流域平均值的 2/3 和全国平均值的一半，且分布极不均匀，由南向北递减。南部六盘山东南多年平均降水量800 mm，到北部黄河两岸引黄灌区仅 179 mm。全区平均年水面蒸发量 1250 mm，变幅为 800～1600 mm，是全国水面蒸发量较大的省区之一。

全区多年平均降水量为 149.7 亿 m³，折合降水深 290 mm。2006 年宁夏全区降水总量 128.742 亿 m³，折合降水深 249 mm，较多年均值偏少 14%，较上年增加 25%，属于 3 年一遇枯水年。与多年均值比，各流域分区降水量，除引黄灌区比多年平均增加 8%、黄左区间与多年平均持平外，其他各河、各流域减少 8%～28%。各行政分区降水量银川市较多年均值增加 5%，石嘴山市较多年均值增加 10%，其他各市均减少 13%～24%。

（二）地表水资源

全区多年平均年径流量为 9.493 亿 m³，平均年径流深 18.3 mm，是黄河流域平均值的 1/3，全国均值的 1/15。年径流量地区分布很不均匀，山地大，台地小；南部大，北部小。年径流深由南部六盘山区东南侧的 300 mm，向北递减至引黄灌区边缘的不足 3 mm，相差近百倍，且 70%～80%的径流集中在汛期。2006 年全区天然地表水资源量为 8.231 亿 m³，折合径流深 15.9 mm，比上年增加 20%，比多年平均偏小 13%。

地区分布表现为 2006 年径流深分布极不均匀，全区年径流深变化为 2～200 mm，分布趋势与降水量相对应。高值区主要有两个，即贺兰山中心径流深达 100 mm 以上，六盘山中心径流深 200 mm 以上。总的趋势是由南部 200 mm 以上减少至黄河以南不足 5 mm。引黄灌区径流深为 24.4 mm，较 2005 年明显偏大，较多年平均偏大 8%。各流域分区地表水资源量见表 11-1 和表 11-2，年径流深地区分布见图 11-2。

表 11-1　三大分区水资源量统计表

分区	分区面积/万 hm²	降雨量/mm	地表水资源量/亿 m³	地下水资源量/亿 m³	重复计算量/亿 m³	水资源总量/亿 m³
北部引黄区	1.31	178	2.18	26.89	24.90	4.17
中部干旱区	2.74	266	1.51	0.94	0.79	1.66
南部山区	1.13	472	5.80	2.91	2.91	5.80
全区	5.18	289	9.49	30.74	28.60	11.63

资料来源：张锋，2009。

表 11-2　宁夏 2006 年行政分区水资源总量

行政分区	计算面积 /km^2	年降水量 /亿 m^3	地表水资源量 /亿 m^3	地下水资源量 /亿 m^3	重复计算量 /亿 m^3	水资源总量 /亿 m^3
银川市	7 542	14.818	1.093	8.415	7.503	2.005
石嘴山市	4 092	9.257	1.127	4.335	3.660	1.802
吴忠市	15 670	31.594	0.694	5.275	5.084	0.885
固原市	11 293	46.361	4.706	2.163	1.779	5.090
中卫市	13 203	26.712	0.611	4.672	4.460	0.823
宁夏全区	51 800	128.742	8.231	24.860	22.486	10.605

各流域地表水资源量除黄左区间、引黄灌区比多年均值偏大 51%、8%外，其他偏小 11%～45%。泾河径流深最大 54.5 mm，径流量 2.698 亿 m^3；葫芦河次之，为 41.4 mm，径流量为 1.358 亿 m^3，与多年均值相比分别偏小 17%、11%；祖厉河、红柳沟、黄河右岸区间、盐池内流区、苦水河、清水河依次比多年平均偏小 13%、17%、22%、25%、29%和 45%。各行政分区地表水资源量：银川市 1.093 亿 m^3，石嘴山市 1.127 亿 m^3，比多年均值分别增加 23%、37%；吴忠市 0.694 亿 m^3，固原市 4.706 亿 m^3，中卫市 0.611 亿 m^3，比多年均值分别偏小 28%、19%、40%。固原市面积占全区面积的 21.8%，而地表水资源量占全区的 57.2%。

（三）地下水资源

2006 年全区地下水资源量为 24.860 亿 m^3，与多年均值 25.507 亿 m^3（矿化度≤2.0 g/L）相比，偏小 2.5%，比 2005 年增加 0.688 亿 m^3。宁夏地表水资源主要集中在固原市，而地下水资源主要集中在引黄灌区，主要是接受引黄河水量的补给。2006 年引黄河水量 70.839 亿 m^3，灌区渠系和田间渗漏补给量达 20.004 亿 m^3，降水补给量 0.983 亿 m^3。各流域分区中，引黄灌区地下水资源量最多，为 20.987 亿 m^3，占全区地下水总量的 84.4%；泾河流域 1.331 亿 m^3，占 5.4%；黄左区间 1.274 亿 m^3，占 5.1%；葫芦河 0.538 亿 m^3，占 2.2%；其他流域所占比例较小。各行政分区：银川市 8.415 亿 m^3，占总量的 33.8%；石嘴山市 4.335 亿 m^3，占总量的 17.4%；吴忠市 5.275 亿 m^3，占总量的 21.2%；固原市 2.163 亿 m^3，占总量的 8.7%；中卫市 4.672 亿 m^3，占总量的 18.8%。

（四）宁夏水资源总量

宁夏自然地理存在明显的地带分区，按降水等值线结合区域地貌单元，分为三大地理单元，即北部引黄灌区（降水量小于 200 mm）、中部干旱带（降水量为 200～400 mm）和南部黄土丘陵区（降水量大于 400 mm，亦称南部山区）。三大分区地形地貌、水热条件及自然资源差异性较大，决定了区域社会经济发展和生态环境保护模式特色各异，也决定了各区域节水的侧重点和水资源的配置模式（图 11-2，图 11-3，表 11-1）。

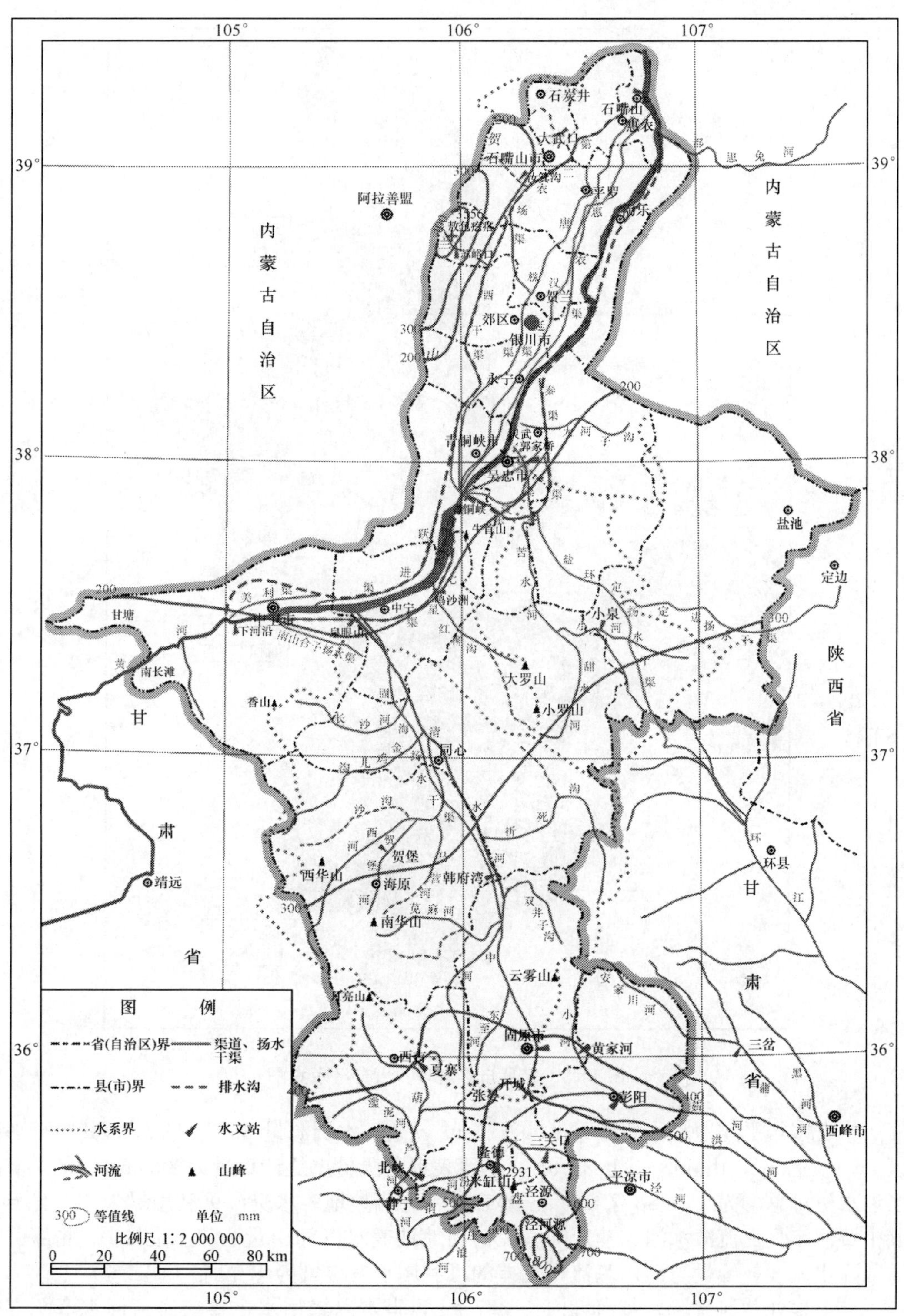

图 11-2　宁夏多年平均降水量等值线分布示意图（1956～2000 年）

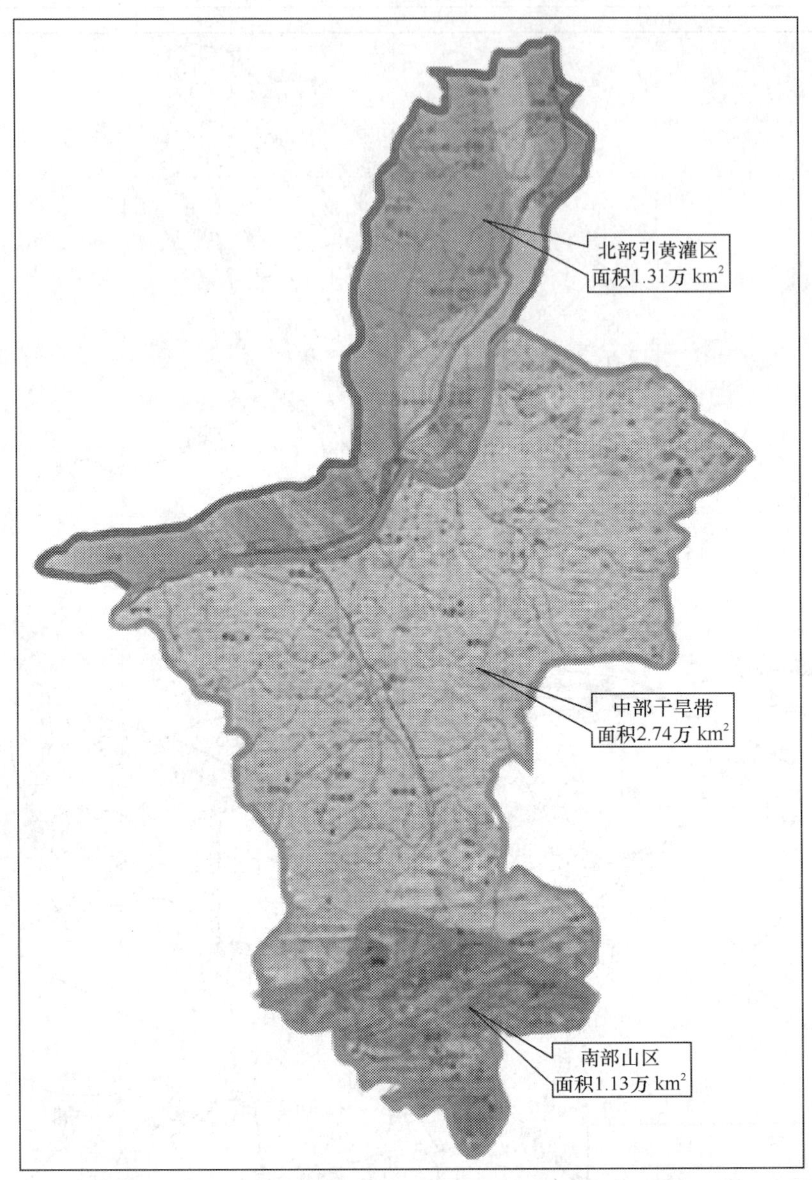

图 11-3　宁夏自然地理三大分区示意图

宁夏多年平均地表水资源量 9.493 亿 m^3，地下水资源量 30.74 亿 m^3。其中，平原区 26.63 亿 m^3，山丘区 4.10 亿 m^3，与地表水资源量重复计算量为 28.60 亿 m^3，全区当地水资源总量为 11.633 亿 m^3。宁夏多年平均当地地表水资源可利用量为 4.5 亿 m^3，其中黄河宁夏支流清水河、葫芦河、泾河当地地表水可利用量为 3.0 亿 m^3。北部引黄灌区降水入渗补给量与河川基流量之差的可利用水资源量为 1.50 亿 m^3。

宁夏地处黄河流域，黄河境内长 397 km，自古以来用水主要依靠黄河水资源。根据 1987 年国务院黄河水量分配方案，在南水北调工程生效前，宁夏可耗用黄河水资源量 40 亿 m^3，其中黄河干流 37 亿 m^3，黄河支流 3.0 亿 m^3。加上当地地下水利用量 1.5

亿 m^3，宁夏可利用水资源量为 41.50 亿 m^3。黄河在宁夏境内天然总落差为 197 m，多年平均径流量按 317 亿 m^3 计，计算理论水力蕴藏量为 202.9 万 kW，黄河各支流祖厉河、苦水河年径流少，水力资源贫乏。2006 年宁夏水资源总量 10.605 亿 m^3，其中天然地表水资源量为 8.231 亿 m^3，地下水资源量 24.860 亿 m^3，地下水资源量与地表水资源量间重复计算量为 22.486 亿 m^3。流域分区水资源总量泾河最多为 2.775 亿 m^3，其次引黄灌区为 2.590 亿 m^3，黄左区间、葫芦河、清水河分别为 1.886 亿 m^3、1.489 亿 m^3、1.312 亿 m^3。行政区中水资源总量固原市最多，为 5.090 亿 m^3，占全区水资源总量的 48%，银川市次之，为 2.005 亿 m^3。

三、农业用水现状

（一）农业生产基本情况

宁夏总土地面积为 5.18 万 km^2，耕地面积为 1935.5 万亩，其中非灌溉面积为 1335.7 万亩，占总耕地面积的 70.1%，分布地区涉及两个地（市）12 个县市，但主要集中在固原地区和吴忠市的同心和盐池八县，涉及农业人口 212 万，占全区总人口的 40%。近十年，旱作区粮食产量为 40～62 万 t，年度变幅较大。占全区 70%的旱地，粮食产量只占 20%～29%。其主要作物有冬（春）小麦、油料、马铃薯、豆类及糜谷等杂粮，有补灌条件和雨水较多的地区种植玉米等。其粮食单产一般为 45～80 kg，产量极低，人均占有粮食为 180～250 kg，且分布不均，所在县市尚未解决温饱的还有 26 万人口。

宁夏耕地质量差异明显。耕地中旱涝保收的水浇地为 595.6 万亩，仅占耕地面积的 30.7%，集中分布于宁夏北部黄河冲积平原和周边扬黄灌区，而靠天吃饭的旱耕地有 1339.9 万亩，占耕地面积的 69.2%，分布在自然条件严酷、十年九旱、生态环境脆弱的南部山区八县。旱作区农作物产量长期低而不稳，平均亩产 50 kg 左右，大部分为中低产田。固原地区的耕地面积占全区耕地总面积的 50%，而粮食产量只占全区的 20%。土地利用结构不尽科学合理，林、草地面积偏小。因气候干旱少雨，造林立地条件差，造林成活率低，林地覆盖率只有 6.37%，不及全国平均数的一半。山区土地垦殖率偏高，尤其是南部黄土丘陵区，植被破坏与水土流失，土地退化严重。宁夏南部黄土丘陵区水土流失面积 178 万 hm^2，占全区土地总面积的 34.4%；中部干旱风沙区土地沙化严重，沙化面积达 126 万 hm^2，占全区土地总面积的 24.3%；北部平原老灌区耕地盐渍化仍然存在，新灌区耕地又存在潜在的盐渍化威胁。宁夏栽培的农作物有 80 多种，以粮食作物、经济作物、蔬菜、瓜果作物为主。糜、谷、荞、豆等小杂粮主要种植在南部山区（张晶等，2007）。

林产品除少量的木材及核桃、花椒等外，处于优势地位的是果品。果品树种达到 12 种以上，主要以苹果、梨、红枣、酿酒葡萄、枸杞、桃、李、杏、仁用杏为主。其中苹果以金冠、红富士为主；梨以酥梨、锦丰为主；葡萄以大青为主；枣以中宁园枣、灵武长枣为主。

（二）农业高效用水技术进展

为应对自治区水资源短缺状况，经过多年探索，总结多种高效用水技术和方法归纳为雨水集流技术：在干旱缺水地区，充分利用当地雨洪水资源，采取各种措施把有限的降雨集存起来，供农村饮水和农作物灌溉用水。灌溉回归水利用技术，一些灌区渠系和田间渗漏水、退水、跑水产生的回归水可收集起来作为下游的灌溉水源。

井渠结合，地表水、地下水互补技术，有些自流灌区在干旱季节地表来水少，轮灌周期长，供水不足，常常采用井渠结合，打一部分机电井，提取地下水补充地表水的不足。而抽取地下水，地下水位降低，还能起到“腾空”地库容、增加雨季降水及灌溉水入渗补给地下水的作用。这样地表水、地下水两者互为补充，提高了水资源的有效利用率。节水灌溉工程技术的应用包括喷灌技术、微灌和滴灌技术、渠道防渗技术、低压管道输水技术、膜上灌水技术、抗旱点浇技术、改进沟畦灌水技术等。

农业耕作栽培节水技术的应用包括耕作保墒技术、覆盖保墒技术，施用化学制剂节水，优选抗旱品种，调整种植结构等。此外，在极度干旱的条件下，探索高效节水灌溉种植。采取压砂蓄水、保墒增温、坐水点种、节灌保苗等种植模式，发展特色压砂瓜，每亩用水 5～20 m^3，产值 1000 元左右，使“石头缝里长出致富瓜”，采取穴播点灌、一膜两用、补充“卡脖子”水，发展马铃薯等高效特色种植，成为农民致富增收的“金豆子”。

（三）农业高效用水技术潜力分析

宁夏农业高效用水技术潜力巨大，首先表现在有着丰富的土地资源，旱作农业重点区包括固原市、中卫市海原县及吴忠市盐池、同心两县，土地总面积 3.01 万 km^2，占全区总面积的 58%，而人口总数为 232.3 万，占全区总人口的 44%。每个农业人口占有耕地 6.8 亩，其中非灌溉耕地占有 6.3 亩。除此以外，还有较大的宜农待开发荒地。

以前的各项工程措施效益还未完全发挥出来，十多年来，国家投入巨资兴建的扬黄灌溉工程、水库、井窖，初步形成了一个多种水源的灌溉体系，现在正在建设中的扶贫扬黄工程，盐环定扬黄专用工程，还有即将施工的彭阳长城塬扬水工程和筹建中的固原东山坡扬水工程，所有这些将为解决旱作农业区节水农业的水源问题发挥更大的作用。十多年兴修基本农田 314 万亩，现在每年还将以 20 万～30 万亩速度改造坡耕地，兴修水平梯田，这可以使产量增加 50%到 1 倍。

具备了一批适宜旱作节水农业的实用现代化技术。这些技术以水为中心，采取以深耕、修梯田增墒，地膜覆盖保墒聚水和沟垄拦水等保水措施，与先进的栽培措施相结合，在生产中发挥重大作用。地膜覆盖可以提温、保墒、聚水，可以采用生长期长、产量高的玉米新品种，发展多种经济作物，玉米地膜覆盖可以提高单产 50%，小麦可提高 30%，地膜瓜菜亩产值可达千元。利用地膜覆盖聚水，推行聚垄地膜覆盖聚水膜际播种小麦和双垄覆盖垄间种植玉米，在宁夏旱作农业区试验示范获得成功，也将进一步推广。在山坡地推行水平沟和垄沟栽培技术，以垄沟拦水，0～100 cm 增加土壤储水量 10～25 mm，比同坡度坡地增产 20%～40%。有机和无机肥相结合，在氮素基础上增施磷肥，改变施肥方法，春作物秋施、沟施、带种肥、实施以肥调水，其增产效果十分明显。在旱作农业区，利用管灌技术，能充分利用水资源，既能做到节约用水，又能达到抗旱增产的目的。在党和政府大力支持下，近几年，宁夏在旱作农业区打水窖 18 万余眼，每眼容积为 45～60 m^3。根据试验，在 400 mm 降水条件下，地膜玉米全生育期补灌 20～24 mm 可产 450～550 kg，利用窖水滴灌和微喷，用水量还可减少。打窖蓄水补灌，对土地平整要求不严格，便于推广。打水窖、修梯田、种地膜玉米三项措施相结合可以做到优势互补，总效应将超过单项措施，是扬水不能达到又无库井水源的山区实现抗旱脱贫的最有效措施。采用优良品种，可以显著提高产量。近几年，马铃薯采用脱毒种薯，在有灌溉或补灌条件下的地区，采用生长期较长的紧凑型高产玉米，都显示了较大的增产潜力。实行麦薯（马铃薯）和豆薯等立体复合种植栽培，既能充分利用当地光、热和土地资源，也能较好地利用降雨，同时也使耕地地表绿色覆盖期延长，减少土壤水分蒸发和水土流失，其产值超过单一种植，有旱作推广前途。进入 20 世纪 90 年代，一些化控技术在旱作农业区也得到应用，如抗旱剂、各种新型肥料、植物生长调节剂、种子包衣剂等，其增产效果达到 5％～10％。

（四）干旱风沙区旱地农业的战略地位

发展节水农业是应对水资源短缺和解决水分利用率低的重要手段，是实现粮食安全的有效保障，是农业结构调整和农民增收的重要途径，是生态环境建设的有效举措。

（五）宁夏实现农业高效用水所存在的主要问题

宁夏在水资源开发利用方面，取得了一些成绩，这为自治区的社会经济发展作出了很大贡献。但由于当地水资源量少质差、水利基础薄弱、管理体制不健全等原因，水资源开发利用仍存在很多问题，已成为制约宁夏社会经济发展的重要因素之一。

1. 水资源严重短缺，供需矛盾十分突出

宁夏是我国干旱缺水状况最严重的地区之一，降水稀少、水资源缺乏、旱灾发生频繁等多种因素加剧了水资源的短缺。水资源供需矛盾十分突出，其主要表现在：①农村人畜饮水严重缺乏已影响到当地老百姓的生存问题；②雨养农业受灾严重无法保证当地老百姓的温饱问题；③灌区农业灌溉存在的季节性缺水问题已对粮食安全构成一定的威胁；④缺乏生态环境修复用水致使立地条件进一步恶化；⑤无法保证新增工业和城镇化发展用水致使经济社会发展受阻。

2. 水利基础设施薄弱，水资源调控能力不足

工程老化严重，运行管理举步维艰。一些大中型扬水工程，担负着农田灌溉和安全饮水、生态保护、移民安置、社会稳定等艰巨任务。由于供水任务重、长期超负荷运行，且缺乏维修改造资金，工程及设备老化失修严重，而且配套设施不完善；同时管理设施、控制手段落后，缺少自动化监控和基本的信息化设施，已严重影响了工程效益的正常发挥。

3. 行业用水结构失衡，水资源利用效率及效益有待进一步提高

区域用水结构不尽合理，农业灌溉用水占总用水量的比重很大，农业内部用水结构也不合理，扬黄灌区由于所处特殊的地理环境，为解决中部干旱带给群众的生活问题，高耗水作物种植所占比例很大，全区亩均灌溉用水量 518 m^3，高于全国平均水平。此外，扬黄灌区是在干旱荒漠草原上建立的灌溉农业区，农业用水兼有农田灌溉、生活和生态用水三重功效。同时，因老灌区建设标准较低、水利设施老化，影响用水效益的提高。用水水平与水资源紧张形势很不匹配，致使工业化和城市化建设缺少相应的水资源支撑，传统的用水结构、用水效率难以适应现代化建设的需要。

第二节　研究内容目标及试验点基本情况

一、盐池县基本情况

（一）自然条件

1. 地理位置及地形地貌

盐池县位于宁夏回族自治区东部、毛乌素沙漠南缘，属陕西、甘肃、宁夏、内蒙古四省（自治区）交界地带，东邻陕西定边县，南接甘肃环县，北靠内蒙古鄂托克前旗，西连该区灵武、同心两市县，属鄂尔多斯台地向黄土高原过渡地带。地理位置为37°04′30″～38°10′20″N，106°30′30″～107°47′20″E，南北长 110 km，东西宽近 66 km，辖区总面积 8557.7 km^2，是宁夏面积最大的县，占全区总面积的 13%。境内地势南高北低，南部为黄土丘陵区，海拔 1600～1951 m，地势起伏，沟壑纵横，水土流失严重，约占全县总面积的 20%；北部为鄂尔多斯缓坡丘陵区，海拔 1295～1600 m，地势平缓，约占全县总面积的 80%。

2. 气象条件

盐池县属典型的中温带大陆性季风气候，少雨多风，气候干燥，蒸发强烈，水资源奇缺，生态脆弱。境内多年平均降水量 296.4 mm，且多集中在 7 月、8 月、9 月，3 个月的降水量占全年降水量的 62%左右；降水年内年际变化很大，有的年份只有 160 mm；降水分布自东南向西北减少。多年平均蒸发量高达 2095.0～2179.8 mm，为降雨量的 6～7 倍。多年平均气温为 8.5℃，7 月平均气温在 24℃以上，多年最高气温 38.1℃，最低气温－29.6℃，≥10℃积温 3500℃以上。太阳辐射资源丰富，日照时数长，全年日照时数 2867.9 h。主要风向冬春多为西北风，夏季主要为南风和东南风，月平均风速 3.2～3.5 m/s，年平均风速度 2.9 m/s，多年平均最大风速 18.6 m/s，大风以春季为多，3～5 月的大风日数占全年大风日数的 40%左右。无霜期较短，多年平均为 128 天，一般在 9 月 15 日左右出现初霜，翌年 6 月 1 日左右终霜，每年 11 月中旬进入冻结期，翌年 3 月底开始解冻，冻土深度一般为 1.6 m，冻结期近 5 个月。

3. 土壤植被

盐池县的土壤类型主要有黑垆土、灰钙土、风沙土三大类，还有少量的盐土、草甸土、白僵土。南部黄土丘陵地区以黑垆土为主，面积 157.2 万亩，其次为灰钙土，面积 20 万亩；北部鄂尔多斯丘陵地区以灰钙土、风沙土为主，灰钙土面积 378.2 万亩，风沙土面积 387.2 万亩。土壤质地以沙土、沙壤土为多，其次是壤土。南部地区多为壤土、轻壤土，其母质为黄土，土层深厚；北部地区多为沙土、沙壤土，结构松散。

盐池县植被低矮、稀少，没有天然森林，广大的土地多年生长着野生草本植物，其间有半灌木、乔木，植被覆盖度 50%左右。造林保存面积 261.5 万亩，森林覆盖率为 20.4%，人工种草 23 万亩，有天然草场 714 万亩，占全县总面积的 56%。草原分干草原和荒漠草原两个亚型。干草原包括南部黄土丘陵区和中部滩地，约占全县总面积的 2/3。主要植被自南向北分布为大针茅群系、百里香群系、沙芦草群系和赖草群系，都有较高的饲用价值。在南部地区，由于土壤、水分条件较好，生长旺盛，覆盖度达 50%～75%，向北到中部缓坡丘陵区，生长逐渐下降，覆盖度 30%～50%。荒漠草原分布于北部地区，主要有短花针茅和白草群系，饲用价值较好，但受水分条件限制，生长较差，覆盖度 30%左右。

4. 水文地质

1）地表水

全县除惠安堡镇属苦水河水系外，其余属内流区水系，由于广阔的缓坡丘陵地表大部分为平沙、沙丘、半固定沙或流动沙，一般的降水迅速入渗，基本不产生地表径流，偶遇大暴雨产流也不多，只形成短小的地表径流，很快汇入洼地。在惠安堡镇境内贯穿两条苦水河支流，根据小泉水文站 1956～2000 年的资料，多年平均径流量 122.8 万 m^3，水质差，矿化度高达 16.4 g/L，含氟量也较高，不能用于灌溉和饮用。

西南部地区属于苦水河水系，控制流域面积 587 km^2，其他地区均为内流区。根据水文资料计算，有水文测站的苦水河多年平均天然径流量为 122.8 万 m^3，无观测资料的缓坡或滩区多年平均地表水资源为 1329.2 万 m^3，多年平均地表水总量为 1452 万 m^3。这些地表水资源主要补给地下水，而不能形成径流，在地表水资源总量评价中无实际意义。这些微弱的地表水，在年际和年内的变化较大，丰水年则丰，枯水年则枯，没有固定的水量，对人畜饮水无保障。根据宁夏水文水资源勘测局的调查资料，该区域地表水矿化度高，含氟量也相对较高，其他主要物质 Cl^-、SO_4^{2-} 等均超标，地表水水质不符合灌溉用水、人畜饮用标准，不能利用。

2）地下水

盐池地区上部第四系堆积物广泛分布，厚度较小，多为透水不含水的岩层，在坳谷洼地区域，是聚集和储存地下水的主要场所。含水层主要为第四系洪积沙砾石层及黏砂土层，潜水主要来源为大气降水，富水性受含水层的厚度、汇水面积控制，多为弱富水地段，矿化度 2～5 g/L。白垩系在该地区广泛分布，为一套陆相碎屑岩沉积，大致沿盐池南北分水岭构成宽缓向斜，即布伦庙至镇原向斜。岩层沿轴线及其两侧形成了较丰富的裂隙孔隙水和承压水，含水层主要岩性为砂岩、砾岩、泥质砂岩。在 500 m 深度内大部分钻孔的单井涌水量为 100～500 m^3/d，矿化度 2～5 g/L。大致以王乐井黄土梁和盐池县南北分水岭为界，分为盐池、古西天河、马家滩—大水坑、王乐井黄土梁 4 个地段。

a. 盐池地段

位于南北分水岭以东地区，面积 1165.2 km^2，地下水天然补给资源量 0.237 亿 m^3/a。地下水多为东西向发育的冲沟切割，以下降泉的形式出露地表，泉流量 0.14～200 m^3/d，含水层埋深为 30～60 m，厚度约 40 m，单井涌水量 200～600 m^3/d。下部细砂岩含水层分布较稳定，以承压水和弱承压水为主，含水层埋深 30～60 m，厚度约40 m，单井涌水量 100～600 m^3/d。

b. 古西天河地段

位于马家滩—王乐井北部一带，面积 1164.7 km^2，地下水天然补给资源量 0.045 亿 m^3/a。其中，以苏步井、英雄堡、砖井等几个小型洼地地下水较丰富，单井涌水量4.3～259 m^3/d，水位埋深 2～3 m，矿化度小于 2 g/L；其次为安定堡至天池、苏步井至察汉墩及马场以西下游地段，单井涌水量 25～100 m^3/d，水位埋深一般 1～5 m，局部可达 10 m；水量最小的地区为察汉墩—余庄子一带，单井涌水量小于 20 m^3/d。钻探资料表明，在 500 m 深度内，大部分单井涌水量为 100～500 m^3/d。

c. 马家滩—大水坑地段

位于马家滩—大水坑一带，面积 2321.3 km^2，地下水天然补给资源量 0.103 亿 m^3/a。例如，陈家台—铁柱泉坳谷，含水层岩性以冲洪积砾石为主，厚度一般小于 10 m，水位埋深 1～5 m，矿化度 2～5 g/L，其富水性受汇水面积和含水层厚度控制，多数坳谷洼地的富水性差，民井涌水量一般小于 10 m^3/d，个别洼地富水性较好，单井涌水量可达 100～300 m^3/d。此外，还有新近系、古近系覆盖，但厚度较小、富水性弱，仅局部地段分布由砂岩组成的层间承压含水层，单井涌水量 150～200 m^3/d。下伏含水层为白垩系下统，岩性为砂砾岩、砾岩、砾状砂岩或砾岩、砂质泥岩、泥岩。据钻孔资料，在 500 m 深度内，大部分单井涌水量为 100～500 m^3/d，该区北部矿化度 2～5 g/L。

d. 王乐井黄土梁地段

位于王乐井一带，为一条东西向的黄土梁地，是盐池内陆流域的分水岭，面积 366.7 km^2，地下水天然补给资源量 40 万 m^3/a。两侧冲沟发育，沟深约 20～40 m。岩性为第四系黄土及黄土状黏砂土，垂直节理发育，有利于降水入渗，透水而不含水。下伏基岩地下水，口感苦涩，矿化度大于 5 g/L。

盐池县地下水资源量计算包括排泄项和补给项。排泄项包括潜水蒸发量、地下水开采量和泉水溢出量；补给项包括降水入渗补给量、引水灌溉入渗、井灌等回归入渗补给量。各补给量之和为总补给量，总补给量扣除地下水补给量中的重复量（井灌回归补给量、灌溉入渗量）后为盐池县地下水资源量。经计算，盐池县多年平均地下水资源量 3412.4 万 m^3/a，地下水总补给量 3412.4 万 m^3/a，地下水可利用总量为 1892.6 万 m^3/a。

（二）农业生产现状

盐池县土地总面积8557.7 km^2（折1283.66万亩），耕地133.5万亩，其中旱地106.19万亩、水地27.38万亩、有林面积261.5万亩、草原面积714万亩。2008年末全县拥有农业机械总动力33.6万kW，同比增长10.5%；农用运输车8095台，同比增长8.6%；化肥施用实物量11 995t，同比增长28.4%；农用塑料薄膜使用量210 t，同比增长13.3%；农村用电量达2446万（kW·h），同比下降1.1%；有效灌溉面积24.6万亩；旱涝保收面积18.62万亩；机电排灌面积5.1万亩。

二、原州区基本情况

（一）自然条件

1. 基本情况

固原市原州区位于宁夏南部山区黄土高原西部的黄河上中游，清水河上游的六盘山东北部，属清水河、葫芦河和泾河三大河系的发源地。距自治区首府银川市325 km。地理位置为105°58′30″～106°32′20″E，35°50′24″～36°20′30″N，属典型的黄土丘陵山区，土地总面积2748.3 km^2。辖区11个乡镇193个行政村1152个自然村。

2. 气象

由于六盘山的抬升作用，该区垂直地带特征明显，地势南高北低，西南为六盘山土石山丘陵区，东北为黄土丘陵区，中部为清水河河谷平原。经过长期的自然侵蚀，形成了复杂多样的地貌特征和土壤类型。地形复杂且高差悬殊，海拔为1552～2800 m。农业气象属干旱气温，区内年均温度6.8℃，≥0℃的积温为2750℃，年均日照时数2518 h，气候干燥。依据区水文局提供水文资料，多年平均降水量430 mm，主要集中在7月、8月、9月3个月，约占年降水量57.7%，多年平均陆面蒸发量1361 mm，多年径流深25 mm，无霜期135天。灌区植被稀疏，林带覆盖率低，水土流失严重，春季沙尘暴等自然灾害频繁。由于地处内陆，地势高，又受欧亚大陆及青藏高原气团控制，形成冬季漫长寒冷，春季气温多变，夏季短暂凉爽，秋季降温迅速，春、夏季降水量偏少，灾害性天气多，区域降水差异大等气候特点。

辖区内共有清水河、葫芦河、茹河3个流域，其中清水河流域总面积2049 km^2，涉及开城镇、清河镇、中河乡、彭堡镇、头营镇、三营镇5个乡镇。葫芦河流域总面积204 km^2，主要分布在张易镇，主河在西吉县境内，河长97.3 km，向西南流入甘肃静宁县境内。西吉县基本是葫芦河的源头，流域面积204 km^2，由两条支流组成，一条由红庄流出，经张易水库到张易村，一条由张易上滩流出至张易村（经张易镇政府），汇合后至西吉马莲水库，主线长约10 km。由于近年来降水量逐年减少，沟道基本断流，除源头能看到水流外，其余为干河床。茹河流域总面积507 km^2，茹河流域主河道主要分布在河川乡，源头在河川乡店子河，沿途经过康沟、寨洼、明川（河川乡政府）、骆驼河后流入彭阳县境，河道全长 20 km。流域面积 507 km^2，包括河川乡全部及清河镇、官厅乡和寨科等乡镇的部分。由于近年来降水量逐年减少，沟道长流水已基本不存在，主要承担雨季行洪。

3. 水文地质

该区的地质概况为原州区各类灌区主要位于清水河两岸，其地形地貌属于清水河上游河谷地貌（包括苋麻河、中河等支流河谷），河谷当中发育有河床、漫滩及一、二、三级冲积阶地，主要灌溉面积位于清水河二、三级阶地当中。两岸的黄土丘陵地区，出露的主要地层有第四系上更新统马兰组（Q3m）黄土，阶地上分布的第四系全新统冲积（Q42al）壤土。原州区境内的含水层主要有第四系黄土类含水层和第四系的砂砾含水层。

第四系黄土类含水层主要分布在黄土丘陵区的梁洼地、沟脑掌型地、沟侧台地、梁的鞍部（腰岘）和黄土原的顶部，呈不连续的块状分布，单块面积的大小受当地大气降水多少和地形坡度大小等因素控制，一般降水量大、地形坡度小的地区，含沙层分布面积较大，反之则较小。含水层主要是具水平层理和大孔隙的上更新统下部黄灰、灰黑色黄土状黏砂土，上部覆盖的风成黄土层仅在赋水区后缘可能形成含水层，一般为透水不含水层。该含水层的潜水位一般稍高于近代冲沟沟底，水位浸润线大致和地平线平行，洼地周边和台地后缘水位埋藏较深，含水层较薄，洼地中心和台地中部水位埋藏较浅，含水层较厚，含水层（水位）埋深一般小于 25 m，厚度小于 5 m，最大不超过 10 m。该含水层中的潜水，主要是受当地大气降水入渗补给，地下水分水岭和地表水分水岭基本一致，以每条沟谷、每个洼地、每个黄土原自成独立的水文地质单元，大气降水沿黄土的垂直孔隙入渗，到相对隔水的第三系泥质岩受阻，迫使其沿黄土类土与第三系红层的接触面向古地形低洼处汇集，便形成地下水，地下水自地势较高的洼地周边向洼地中心或台地前缘运移，水力坡度与当地的地形坡度相近，到冲沟沟壁以下以降泉的形式排出成泉，转化为地表水。在本含水层中打井，一般一个土井涌水量为 1 t/d 以下，少数可达 3 t/d，该含水层主要存在于固原县云雾山以东。

第四系砂砾石含水层主要包括清水河平原第四系砂砾含水层、葫芦河平原第四系砂砾石含水层和原州区南部各山间河谷地带第四系砾石含水层。清水河平原第四系砂砾含水层的分布范围和清水河平原与山地、丘陵的分界线基本一致，岩性为第四系上更新统、全新统沙砾石层。沿河两侧（二级阶地），水位埋深上游一般小于 5 m，下游（李旺以北）一般 20 m 左右，在上游的南、西两侧洪积扇上、及下游西侧的三级、四级阶地上，水位埋深大于 40 m，最深达 127 m，上游含水层厚度小于 20 m，向北至三营增加到 82 m。该类潜水主要补给来源是上游南、西两侧各出山支流地表水入渗和当地大气降水及灌溉入渗，潜水在山前得到补给，沿河谷向下游运动，部分消耗于开采和蒸发，部分转化为地表水，部分以地下径流的形式排出区外。以河谷二级阶地富水性最强，单井涌水量大于 2400 t/d，三级阶地一般为 500～2400 t/d，四级阶地及三级阶地后缘部位，一般 100～500 t/d，局部地段小于 100 t/d。上游的杨郎心南和以西地段，水质较好，矿化度一般小于 1 g/L；杨郎至黑城河段矿化度一般为 1～3 g/L，在同一地段内，一般上部的潜水水质较差，下部承压水水质较好。

葫芦河平原第四系沙砾石含水层主要分布在葫芦河平原及其支流，岩性为褐黄色、灰红色砂、沙砾石层。潜水位与河水位相当，水位埋深主要取决于地势的高低，三级阶地一般水位埋深 20～30 m、二级阶地 10～15 m、一级阶地小于 5 m，含水层厚度 5～15 m，局部达 20 m，潜水主要靠上游各山口地表水入渗和当地降水入渗及灌溉入渗补给，沿河谷向下运动，逐渐排入河床转化为地表径流，单井涌水量一般 500～1000 t/d，矿化度一般小于 1.5 g/L。

南部各山间河谷地带第四系砾石含水层，这些地区的河谷地处六盘山区，第四系堆积不厚，基底主要是下白垩统泥质岩系和第三系红色岩系，含水层厚度一般小于 10 m，水位与河水相当，地下水与地表水为互相转化关系，两者成为一个不可分割的整体，单井涌水量一般小于 300 t/d，矿化度一般小于 1 g/L。

（二）农业生产

近年来，原州区大力推广旱作农业技术，建立了马园、三营、庙湾等高产、高效、优质、生态农业示范基地，为构建和谐新原州，不断提高农业效益，增加农民收入，取得了一定成效。该区农业生产现状及特点表现为以下几点。

1. 人口耕地状况

辖区 11 个乡镇、193 个行政村、1152 个自然村。土地总面积 2748.3 km^2。其中，耕地面积 155.47 万亩，水浇地 19.05 万亩，占 12.25%，旱耕地面积 136.42 万亩，占 87.75%，全区农村户口 7.2 万户，农村人口 32.49 万人。

2. 农业生产情况

主要种植农作物是小麦、马铃薯、玉米、谷子、蚕豆、豌豆等，经济作物是油菜、胡麻、枸杞等。2008 全年共完成农作物播种面积 209.79 万亩。粮食作物 91.22 万亩：夏粮 30.02 万亩，其中，小麦 24.85 万亩、大麦 0.83 万亩、夏杂 4.34 万亩；秋粮 61.2 万亩，其中，玉米 11.1 万亩、马铃薯 47.76 万亩、秋杂 2.34 万亩；经济作物 118.57 万亩，有胡麻 86.88 万亩、葵花 10.05 万亩、蔬菜 10.64 万亩、药材 7.5 万亩、枸杞 3.5 万亩。粮食作物夏秋粮播种比例达到 1∶2.04，其中马铃薯 47.76 万亩，占农作物播种面积的 25.4%，成为原州区山区最主要的支柱产业。

三、研究内容与目标

1. 总体目标

针对宁夏半干旱风沙区和黄土高原区水资源匮乏、水质差、水分利用生产潜力大等特征，突破以水肥高效利用为核心的设施蔬菜生产关键技术，进一步通过适于区域气候、土壤、种植模式、节水灌溉制度、节水灌溉技术集成创新，建立半干旱风沙区和黄土高原区有限水资源高效利用的设施蔬菜节水高效安全生产技术体系，为该地区以及西北半干旱区设施蔬菜节水高效安全生产提供技术支撑和示范样板。

2. 研究内容

1）扬黄水安全净化与储蓄技术研究与示范

（1）扬黄水安全净化处理方法、设施与装置筛选研究；

（2）低成本过滤设备筛选与研究；

（3）经济合理蓄水工程研究与设计。

2）主要设施蔬菜节水高效灌溉制度研究与示范

（1）开展不同区域设施蔬菜需水规律研究；

（2）开展不同区域主要设施蔬菜节水技术研究；

（3）建立干旱风沙区和黄土高原区不同设施蔬菜的灌溉制度。

3）主要设施蔬菜水肥一体化技术研究与示范

（1）主要设施蔬菜水肥一体化调控技术研究；

（2）水肥一体化设备选型配套研究；

（3）主要设施蔬菜滴灌的专用混配适用技术研究。

4）宁夏设施蔬菜节水高效综合生产技术集成与示范

（1）工程节水技术集成与示范；

（2）生物与农艺节水技术集成与示范；

（3）管理节水技术集成与示范。

第三节　设施农业高效用水的节水技术及灌溉制度

中国作为农业大国，农业用水约占世界水资源总量的70%，占国内水资源总量的88%，其中灌溉用水占农业用水的90% 以上。占我国1/3面积的西北地区由于缺水，粮食总产量仅为全国的7.4%，农业用水的有效利用率仅为30%～40%。水是绿色植物进行光合作用最主要的原料，同时又是植物体内原生质的主要成分。蔬菜是需水量高的作物，其体内60%～95%的成分是水分，水分对蔬菜正常的生理生化活动、产量、品质都具有重要的影响。在日光温室蔬菜生产中，灌溉不仅对于蔬菜本身提供足够的水分，还对温室环境产生直接的关系，对土壤理化性质、环境因子、病虫害的发生与演变、水分利用率等都有重要的影响。

首先，灌溉对设施蔬菜产量、水分利用及生理指标有一定影响。

当前蔬菜生产中灌水量普遍偏高，导致水资源的大量浪费，增加日光温室空间湿度，诱发病虫害。在日光温室蔬菜生产灌水量的研究方面，诸多专家学者进行了大量的研究工作，当土壤水分过多时，造成土壤缺氧，引起植物的气孔关闭，气孔导度减少严重时生长点和根系生长受到抑制（李百凤等，2007a，2007b；Nunez-Elisea et al.，1999）。试验研究还表明，水分胁迫促进了根系生长，降低了干物质分配到叶冠的比例（Shao et al.，2009）。而且任何程度的限水供应都会限制穴盘幼苗的生长，但一定程度的限水可以明显增强幼苗的后期抗性，定植前的限水锻炼可以使叶片产生渗透调节能力，以适应复杂多变的逆境（崔秀敏等，2002）。过量灌水降低了水分利用率，而且还使番茄的产量、品质和经济效益下降。但过分降低灌水量同样降低番茄的水分利用率。因此有试验结果表明，适宜的灌溉水水质和水量的选择，应该从番茄的产量、品质、成熟上市时间、水分利用率等因素综合考虑。寻求合宜的平衡点，以获得节水、高产、优质良好的经济和社会效益（方志刚，2007）。

近年比较流行的一种灌溉技术是亏缺灌溉，也称非充分灌溉、调控灌溉，就是通过适度控制土壤水分给作物一个适中的干旱逆境来提高果实的品质（李百凤等，2007a，2007b，2008）。在蔬菜生产灌溉方面，亏缺灌溉提高了番茄叶片中葡萄糖和果糖的含量，同时提高了果实中的可溶性糖、有机酸的含量及糖酸比，增加了植株的干物质积累，但严重亏缺灌溉可明显影响植株上部果实的生长和干物质积累（齐红岩等，2004a，2004b）。另外不同时期开始亏缺灌溉果实的营养品质明显不同，亏缺灌溉开始的越早，果实的硬度和密度越大，可溶性固形物含量（Brix）、滴定酸度、维生素C的含量越高，但糖酸比变化不大。随着亏缺灌溉开始时间的提前，单果重逐步减少，结果数变化不大，产量降低的幅度也越大，膨大期和坐果期开始亏缺灌溉水分利用率提高，开花期开始亏缺灌溉水分利用率下降。生产中应选择膨大期开始亏缺灌溉，既可以提高品质，又可以减少产量降低带来的负面影响（刘明池等，2005）。随着土壤水分的降低，樱桃、番茄单果质量和产量逐步减少，但亏缺灌溉对结果数的影响不大，亏缺灌溉提高了果实可溶性物含量、滴定酸度、糖酸比、维生素C含量，并明显提高了水分的生产率（刘明池和陈殿奎，2002）。对草莓的亏缺灌溉研究也有类似的结果（刘明池和小岛孝，2001）。已有的研究表明（山仑和徐萌，1991），植株在轻度缺水条件下光合作用没有受到影响，甚而高于供水充足的植株。因此，从水分利用来看，适当降低土壤含水量不仅不会降低蔬菜产量，反而会减少无效水分的消耗，从而提高了水分利用率（胡梦芸等，2007）。

其次，设施蔬菜生产过程中主要的灌溉方式及其评价。

在节水灌溉技术研究方面，有关科研单位对喷灌、微灌、管道输水灌溉、渠道防渗以及地面灌水技术的改进方面作了较为深入的研究（蔺海明和张志山，2003；许志方和董文楚，2004；韩建会和徐淑贞，2003），并取得了一批重要成果，且已在较大面积上推广应用（谭增英，2005）。为了尽可能提高农业用水的利用率，有的科研单位已注意到向综合节水技术方面发展，根据不同类型区的自然特点，从工程节水、农艺节水两方面，将管道输水、膜下滴灌、调亏灌溉、水资源优化调度、水价改革、抗旱保水剂、培育高水分利用效率的作物品种等行之有效的措施，组装配套形成综合节水技术体系用于农业生产，并获得显著的节水增产效益（山仑，2003；陈克强等，2005）。

传统的沟畦灌溉方式由于灌溉简便，除水费外几乎没有其他投入，仍然是目前蔬菜生产中的主要灌水方式，但存在着浇水量大，地表几乎全部被浇湿，水资源浪费严重，蔬菜水分管理不合理，加之棚内温度高，表层土壤空气相对湿度比棚外高3～4倍，一般为80%～90%。夜间棚内地温下降，表层土壤不断散发热量，棚内外温差增大，遇冷时棚膜上，蔬菜叶片上凝结大量水珠，棚内空气相对湿度有时呈饱和状态，易导致病害发生（许贵民和姜俊业，1994），不仅影响蔬菜产量，也影响蔬菜产品的品质（汤丽玲等，2002）。另外，许多调查研究表明，地下水硝酸盐含量超标的现象与氮肥的过量使用（杨丽娟等，2000）和频繁的大量灌水密切相关（须晖，2000）。

膜下灌溉是沟畦灌溉的改良方式，是将地膜覆盖在灌水沟上，灌溉水流在膜下灌水沟中流动，以减少土壤水分蒸发。其入沟流量、灌水技术要素、田间水分有效利用率和灌水均匀度与传统的沟灌相同。采用地膜覆盖是抑制地面蒸发、降低保护地环境温度的有效措施，但比较费工，而且水量不易合理控制（毛学森和李登顺，2000）。

滴灌是一种先进的灌水方法，它是通过输水管内的有压水流经过消能滴头将灌溉水以水滴的形式一滴一滴地滴入蔬菜作物根部附近土壤进行灌溉，膜下滴灌法是将滴灌管覆盖在膜下进行灌溉，为了减少保护地作物棵间蒸发，降低环境湿度和尽量减少由于排湿和灌溉带来的降温作用，使保护地环境具有适宜的温、湿度条件和土壤具有良好的通透性（李毅和王文焰，2001）。设施黄瓜滴灌节水灌溉模式试验研究表明黄瓜滴灌比沟灌节水、增产省工，滴灌较沟灌节水 41.4%，增产 23.8%。滴灌不破坏土壤结构，防止和减轻土壤板结，表土疏松，能保持良好的团粒结构，能调节土壤水、气、热，有利于作物的生长发育，使作物缓苗快，上市早、品质高（张西平等，2005）。滴灌能改变农田生态环境，使黄瓜病毒危害减轻，是增产、增值、防止病害的有效途径，其经济效益明显（赵淑银和郭克贞，1994）。

膜下微灌多孔单壁软管带法灌溉模式成本投入少、成本低、节水效果好（郭文忠等，2005）。于凤颖和张胜利（1996）通过对大棚内番茄栽培采用 3 种灌水方法（沟灌、微喷灌、膜下多孔管喷灌）试验比较，大棚畦作番茄最佳的灌水方法是膜下多孔管喷灌，可比沟灌节水 40%以上，可提高地温 1℃左右，增产 10%以上。因此，在温室大棚蔬菜生产中应用膜下软管滴灌技术，能为作物生长发育创造良好的水、肥、气、热等生态环境，使温室大棚内 5～15cm 土壤层平均温度提高 1.5～2℃，气温平均提高 0.5℃，空气相对湿度降低 10%～15%，改善土壤理化性质，减轻病害，省水、省肥、省农药，促进蔬菜早熟，增产增收（乔立文和陈友，1996）。常采用膜下滴灌对作物进行灌溉，在一定程度上减少了保护地空间湿度的增加，抑制了病害的发展，但成本较高，限制了在日光温室蔬菜生产中的应用。

地下灌溉技术包括渗灌技术和地埋式滴灌，前者是利用埋在地下的透水管道，后者是用埋在土层中的滴灌管线，将灌溉水直接送入作物根层土壤，由于克服了漫灌、喷灌、滴灌等地表灌溉造成的地表蒸发和水土流失，能使土壤疏松，肥力提高，增加地表温度，大大减少日光温室的空气湿度，从而能够减少病虫害的发生，使农药的施用量大大减少，从而促进蔬菜作物的生长发育，提高蔬菜的产量和品质（陈新明等，2006）。地下灌溉比沟畦灌节水 71%，有效地控制了温室湿度、减轻病害、提高地温，使前期产量增加 8%，总产量提高 13%，结果期延长 10～15 天，是干旱地区发展节水农业、提高温室生产效益的有效途径（鱼宏刚和周兴有，2001）。可以说，地下灌溉技术是目前所有灌溉技术中节水效果最好的灌溉方式。尽管全壁型渗水管有抗堵塞性能差，投资较大，使用寿命不确定，检查、维修不方便等问题，但随着科学技术的发展和新材料的应用，地下灌溉技术在日光温室蔬菜生产中仍具有诱人的前景。

最后，设施蔬菜生产中灌溉制度的制定与优化。

在蔬菜的灌溉管理中，蔬菜各生育阶段的需水量和作物系数是指导灌溉的重要参数。齐述华等（2002）应用农田水量平衡原理计算三种蔬菜的需水量和作物系数，取得了满意的结果。从水分利用率来看，适当降低土壤含水量不仅不会降低蔬菜产量，反而会减少无效水分的消耗，从而提高了水分利用率。大田优化灌溉制度要根据气象部门的年度供水计划（灌溉可用水量）、苗期土壤墒情。对照非充分灌溉提供的优化灌溉制度试验成果资料，确定作物生育期的灌水次数、灌水时间、灌水定额，以使作物取得相对的最高产量（付强等，2003；吕金印和山仑，2002）。而日光温室蔬菜生产由于薄膜覆盖，在一定程度上隔断了降雨量的影响，可以不考虑灌水量时受到的气象因子影响。因此，进行节水灌溉时主要考虑水分利用率以及不同灌水量对蔬菜生长发育的影响，以确定在不生长季节的各项灌水参数（郭文忠等，2005）。水分对蔬菜生长发育的影响往往与栽培条件有关，如灌水与施肥之间、灌水量与灌水方法之间、灌水与品种之间都有交互作用（郭文忠等，2007）。

一个良好的灌溉系统应具有以下特点：实现灌水、施肥一体化，达到灌溉和施肥完美结合；能精确地为蔬菜作物提供最佳生长所需的水、肥量，限制不必要的过量灌溉，减少由于过多水分进入保护地而造成保护地内湿度增加所带来的不利因素；具有高度的灌溉施肥均匀性，确保保护地内每株作物都能均衡吸收到所需的水分和营养物质。灌溉和施肥系统是保护地特别是现代温室的关键组成部分。其现代化水平与质量的高低直接影响到温室内作物的生长、环境的控制及温室经营管理者的经济效益。确定灌水频度和灌水量的灌溉计划是最佳用水所必需的，同时也是获得最高产量和保护地收益所必需的（栗岩峰等，2006）。

灌溉自动化始于20世纪30年代，法国开了自动化灌溉的先河。50年代以来，随着电子学和计算机技术的应用和发展，利用电子设备、计算机设备和程序控制的灌溉工程自动化技术也得到了同步发展，并在法国、美国、日本等发达国家得到了日益广泛的应用和发展（钟诗恩，2003）。我国自50年代以来就开始致力于灌溉自动化的研究与应用。杨元明和张学军（2004）研究了互联网技术在旱作农业土壤灌溉研究中的应用，根据不同季节、不同地区长期积累的有关土壤、水分、气象方面的实测数据，采用计算机模拟技术进行分析，提出切实可行的灌溉方案和制度，认为互联网系统是旱地水资源可持续利用的重要辅助决策工具。白薇等（2006）应用动态优化和线性规划方法分别建立了灌区单一作物的基于Jensen和Blank水分生产函数的非充分灌溉制度优化模型。在模型求解过程中，根据网络技术的原理，选择TCP/IP协议组建网络，采用传统的C/S（Client/Server）层架构，运用ASP技术，使用VBScript、Visual Basic 6.0等语言编程，实现了网上灌区单一作物灌溉制度的实时优化计算。其计算方法为网上通用的应用程序，不受地域和时间等的限制，可节约人力、物力资源科学技术的发展，为蔬菜的优化灌溉质地提供了良好的便利条件。

对于光热资源丰富、干旱缺水的宁夏干旱地区，建造温室并发展节水灌溉，是协调土壤“水、肥、气、热”矛盾，获取设施作物栽培节水、增产、高效的理想途径。应该明确的是，节水灌溉的目的是为了节约用水和提高水的利用率，盲目的节水灌溉会导致作物严重减产，而使其失去意义。研究节水灌溉条件下作物的需水规律、节水机理及需水量分析计算，协调水、肥、气、热、光等多种因素，建立适时、适量、合理的蔬菜生产灌溉制度，在计算机灌溉软件的分析下，根据气候环境、灌溉时间、蔬菜作物的生长状态，提供合理的灌水次数和灌水量，对蔬菜优质、高效、高产、可持续发展具有重要的意义。

一、扬黄水安全净化与储蓄

宁夏半干旱风沙区和黄土高原区区域干旱少雨，水资源匮乏，生态环境脆弱，自然灾害严重，农业生产条件差是制约当地经济社会协调发展的主要因素，而其丰富的光热、土地资源及充裕的劳动力又为该区农业生产提供了有利条件。因此，为了加快区域经济发展，推动农业产业结构调整，转变发展农业观念，变被动抗旱为主动调整发展，以市场为导向，以增加农民收入为核心，以科技为支撑，围绕水资源开发利用，因地制宜，分类指导，加快农业结构调整，强化基础设施建设，大力发展节水、高产、高效、优质的科技型、集约型设施农业，努力实现设施农业品种优质化、生产专业化、基地规模化、设施现代化和效益最大化，推动中部干旱带和南部山区传统农业向现代化农业转变。同时，将发展设施农业作为重新构建新的农业生产体系，支撑当地农村社会经济发展、建设社会主义新农村、构建和谐宁夏的重大举措。2007 年，宁夏党委、政府决定在中部干旱带和南部山区发展 50 万亩的设施农业和 200 万亩的节水高效旱作农业，并将盐池县和原州区设为宁夏干旱带和南部山区两个重点支持发展设施蔬菜的地区。截至目前，这两个地区累计发展设施蔬菜种植面积为 2.4 万亩，计划到 2011 年发展到 13 万亩。此外，由于该区水资源量少质差，发展设施蔬菜的灌溉用水主要依靠高扬程黄河水，而扬黄水含沙量高且多为粉粒、黏粒，滴灌利用困难。因此，必须研究和推广以扬黄水微灌技术为核心的节水灌溉综合配套技术，而扬黄水安全净化与储蓄技术是干旱风沙区充分利用有限水资源、实施节水灌溉的瓶颈，也是促进设施农业发展亟待解决的重要课题。为了充分利用高成本稀缺水资源，保证规划确定的发展目标，需降低农业综合成本、提高农业综合节水效益，为设施农业可持续发展提供安全可靠保障。

（一）宁夏设施蔬菜高效节水技术和灌溉制度研究的必要性和可行性

1. 建设的必要性

1）*由传统农业向现代农业发展的需要*

发展设施农业是改变传统农业“受制于天”的状况和提升农业综合生产能力的根本性措施，也是建设现代农业的内在要求和发展方向。项目区的农业生产因受自然环境和资源条件等因素的制约，还处在“看天种地、靠天吃饭”的较低层次，农技部门虽然推广了旱作农业技术，配套了旱作技术体系，国家给予了一定的财力、物力支持，但仍未改变干旱对农业的困扰，农民增收缓慢，严重地影响了农业农村经济的发展。按照中央提出发展现代农业的要求，必须变革传统的农业生产经营方式，以现代的发展理念谋划农业，以现代的物质装备武装农业，以现代的科学技术提升农业，因此，以设施农业发展为突破口，以设施、高效产业为抓手，推动现代农业建设，提升全区农业生产水平，达到农业增效、农民增收的目的。

2）发展抗旱避灾增收农业的需要

南部山区“十年九旱”，水资源不足是制约中部干旱带农业发展的瓶颈，如何转变传统抗旱的惯性思维定式，顺应自然与经济发展规律，化问题为机遇，变被动抗旱为主动调整，是摆在我们面前的一项重大课题。大力发展节水效率高、生产效益好、技术密集型的设施农业，对于解决宁南山区农业发展瓶颈问题意义重大，也是根本出路。

3）增加农民收入的需要

温饱问题基本解决之后，增加农民经济收入成为解决“三农”问题的关键环节。传统的耕作方式和栽培管理技术已很难提高单位土地面积产量和水生产效益。转变耕作方式，进一步调整产业结构，大力发展设施农业，是拓宽农民增收渠道、增加农民收入的必然选择。设施农业效益是大田作物的20～30倍，是露地蔬菜的10～15倍，所以，被喻为灌区农民发财致富奔小康的富民产业和山区农民“拔穷根”工程，是农村区域经济发展的支柱产业，是种植业中效益最高的产业。同时，设施农产品的生产、储藏、加工、运输、销售等为农村和城市居民提供了大量的就业岗位，并带动了建材、信息、运输、加工、包装等行业的发展，创造了新的经济增长点。

2. 建设的可行性

1）自然条件

示范区光照资源充足、热量丰富、昼夜温差大，十分有利于作物光合作用，农产品糖分高、品质优、市场竞争力强，特别是环境污染源少，是发展绿色设施特色作物的优越区域。同时，示范区渠系配套完善，水质符合灌溉标准，为示范区实施提供了水源保障。

2）技术成熟有保障

示范区农业科技部门经过几年的试验、示范和研究，参照我国《无公害农产品规范化管理与生产标准》，结合当地的生产条件，总结出设施农业主要作物栽培技术规程，并且根据区内外市场需要，筛选出区域优势明显、市场前景看好的设施农业新品种，运用穴盘育苗、节水灌溉、生物有机肥施用等技术，试验成功了西芹、绿菜花、甜椒等设施农业无公害化栽培技术。集设施蔬菜、果树、花卉栽培、土壤与肥料、节水灌溉、病虫害防治、农产品储运保鲜与物流等方面的专家组成的专家组入驻园区，以科技示范基地为平台，开展科学研究与新技术集成示范，并长年指导生产，为示范区顺利实施提供了技术保证。示范区组织技术人员进行参观、学习，并成立了农业科技服务站，为示范区的科学合理用水和种植提供指导。

3）市场前景广阔

城乡人民生活水平不断提高，给城市发展注入了新的活力，城市建设步伐加快，规模不断扩大，城市人口总量将不断增加。依托城市，服务市民，主动抢占本地市场，满足市民对各种新鲜蔬菜的需求，就可销售我区蔬菜产量的70%以上。同时，随着国家对农业产业政策的调整，鼓励大部分产粮省市和粮食基地加大粮食种植，为设施农业发展提供了良好的机遇。加之项目区气候相对冷凉，大部分蔬菜在本地能越夏种植，并于7月、8月成熟上市，此时正值华北、华南高温、高湿季节，即蔬菜生产的休闲季。外地菜商在这个季节纷纷来宁夏调运蔬菜，加速了本地蔬菜产品的流通和外销。只要进一步提高蔬菜产品的品质，做好产地包装和预冷处理，利用市场空当，打蔬菜销售时间差，组织营销人员和农产品经纪人，就能以高品位优质蔬菜占领外地市场。

（二）扬黄水净化处理技术流程与模式

由于两个示范区的水源为扬黄水或机井水和扬黄水相结合，通过蓄水池调节，采用管道集中供水，棚内实行滴灌。而黄河水滴灌成功与失败的关键问题之一是如何解决好水质的净化处理，直接引用黄河水滴灌，灌水器易被黄河水中的泥沙、生物、细菌团等悬移质堵塞，造成灌水不均匀，甚至使滴灌系统无法运行。通过不同净化设施的泥沙处理效果试验研究，探索出技术可靠、实用性强、投资适当的黄河水净化处理模式与技术。根据各示范区的水源特点、自然条件和社会经济情况，因地制宜地开展了不同形式滴灌黄河水净化处理试验研究。扬黄河水净化处理试验主要在固原市原州区三营镇和盐池县城西滩两个示范区开展。原州区三营镇水源为扬黄水，盐池县城西滩机水源为井水和扬黄水相结合。

1. 扬黄河水净化处理试验研究

据有关资料表明，黄河水宁夏段多年平均泥沙含量为2.19 kg/m^3，汛期为3.82 kg/m^3。颗粒组成为中值粒径0.0249 mm，最大粒径0.5 mm。颗粒级配为0.1～0.5 mm的占7%，0.035～0.1 mm的占34%，小于0.035 mm的占59%。由于示范区干旱少雨、蒸发强烈、植被稀疏，每年汛期大量泥沙随降雨流入扬黄渠道，加大了示范区水源的含沙量，渠水含沙量最高达12.86 kg/m^3。化学成分主要以SiO_2、Al_2O_3、$Fe_2O_3$3种化合物为主，其具有较强的吸附作用，易附着于输水管道与灌水器内壁，引起灌水器堵塞。本研究的主要目的是降低黄河水中的泥沙含量，其次是过滤水中生物杂质、细菌团等污物，最大限度地减少灌水器堵塞，使系统正常运行。

此外，扬黄渠水泥沙含量较高且粒径极小，若采用过滤设备净化造成过滤介质频繁冲洗，会使滴灌系统无法正常工作而失去使用价值。针对此问题，既要解决扬黄河水有效净化，又要经济、实用。因此，笔者提出扬黄河水净化指导思想是降低泥沙含量，拦粗输细，使细颗粒泥通过滴灌输水系统进入田间，其具体净化方式为泥沙分级处理、串联净化、工程措施与过滤设备相结合的处理模式。

2. 扬黄河水净化试验设计

鉴于黄河水泥沙以黏粒、粉砂为主的特点，在分析高含沙水中颗粒分布及运动规律的基础上，采用“前堵中输后排”的办法，即在水进入滴灌田间管网之前，对水中较大的固体颗粒采用工程措施（大型沉沙蓄水池）结合过滤设备进行拦堵，防止其进入管网引起堵塞。对于进入管网内小于 80 目的悬浮固体颗粒，通过对各级输水管道合理设计，使之进入温棚内建小型蓄水池，水经过二次沉淀后固体悬浮颗粒进一步减少。通过微灌首部枢纽装置的进一步过滤后，进入田间管网中的悬浮固体颗粒已经基本消除，而对于沉淀在毛管尾端的胶状物等污物，则通过冲洗毛管排除，并采取防堵运行维护措施。根据示范区的实际情况，开展了四种扬黄河水净化方式的试验，试验设计见扬黄河水净化试验设计模式和净化流程图（图 11-4）。

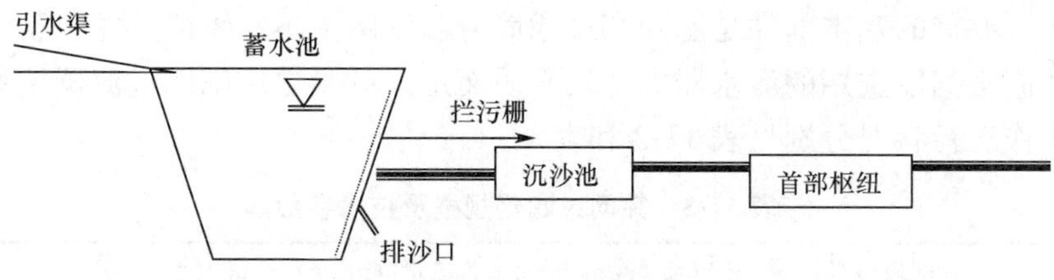

图 11-4 扬黄水沉淀净化流程图

根据示范区的实际情况，开展了四种扬黄河水净化方式的试验，试验设计见净化流程图。

扬黄河水净化试验设计模式：

代号	工程过滤	加压方式	过滤设备	施肥设备	输水方式
A	沉沙池	小型离心泵	筛网式过滤器	文丘里施肥器	输水至田间灌水器
B	沉沙池	小型离心泵	叠片式过滤器	文丘里施肥器	输水至田间灌水器
C	沉沙池	小型潜水泵	筛网式过滤器	文丘里施肥器	输水至田间灌水器
D	沉沙池	小型潜水泵	叠片式过滤器	文丘里施肥器	输水至田间灌水器

3. 工程设施建设

1）净化设施和选择

根据国内微灌常采用的过滤设备及水利工程防沙措施，结合示范区水源特点，滴灌采用净化设施如下。

（1）工程设施：沉沙渠、蓄水池、沉沙池。

（2）过滤设备：叠片式过滤器、筛网过滤器。

（3）首部枢纽集成：首部枢纽。

2）沉沙池

利用示范区大型蓄水池作为初级沉淀、调蓄池，经输水管道进入温室内的小型沉沙池进行二次沉淀，沉淀后的扬黄水再经设备过滤后加压滴灌。扬黄水沉淀净化流程如图 11-4 所示。

4. 过滤设备性能及工作运行效果测定

微灌技术要求干管水中不含造成灌水器堵塞的污物和杂质，而实际上任何水源，如库塘、河流等水中，都不同程度地含有杂质和污物。因此，对干管水进行严格的过滤是微灌工程中首要的步骤，是保证微灌系统正常运行、延长灌水器使用寿命和保证灌水质量的关键措施。微灌系统中常用的过滤设备有砂石过滤器、离心过滤器、筛网式过滤器、叠片式过滤器等。根据项目区灌溉水源的类型，水中污物种类、杂质含量等，考虑所采用的灌水器的种类、型号及流道断面等，本次选择实验的过滤设备主要为筛网式过滤器和叠片式过滤器。

1）筛网式过滤器

筛网式过滤器的基本部件是滤网和过滤筒身，滤网由不锈钢或尼龙网制成，滤网的孔径和目数应根据所选用的灌水器类型及水质而定。试验选用筛网过滤器技术规格和筛网过滤器工作运行状况分别见表 11-3 和表 11-4。

表 11-3　筛网过滤器规格及技术参数

过滤材料	筛网规格/目	孔口尺寸/μm	最大过流量/(m^3/h)	最大承压/kPa	过滤类别
尼龙网	120	32	10	800	细沙
不锈钢网	200	32	10	800	极细沙

表 11-4　筛网过滤器运行状况表

类型	运行时间/h	流量/(m^3/h)	网前压力/MPa	网后压力/MPa	水头损失/MPa
尼龙网（120 目）	8	8	0.25	0.24	0.01
	24	7.9	0.26	0.23	0.03
	72	7.6	0.27	0.22	0.05
	120	7.4	0.29	0.20	0.09
不锈钢网（200 目）	8	8	0.25	0.24	0.01
	24	7.6	0.28	0.22	0.06
	72	6.8	0.30	0.20	0.09
	120	5.5	0.36	0.14	0.22

滤网由尼龙网制成，过滤器运行初期水头损失 0.01 MPa，损失主要取决于阀门、过滤器尺寸、网孔面积总和。运行 72 h 后水头损失约 0.05 MPa，120 h 后水头损失急增到 0.09 MPa。在实际应用中，考虑到滴灌系统的运行效果，水头损失控制在 0.05 MPa 左右较为合适，即水头损失达到此值后清洗过滤器。而选滤网由不锈钢网制成过滤器，由于筛网规格较大，运行 24 h 后水头损失 0.06 MPa，72 h 后水头损失急增到 0.09 MPa。

2）叠片式过滤器

叠片式过滤器的外形与筛网式过滤器基本相同，主要不同在于过滤芯不同，叠片式过滤器由数量众多的片状滤片叠在一起组成，每片滤片上有流道，水从两个滤片之间的缝隙穿过。在过滤时，过滤叠片通过弹簧和流体压力压紧，压差越大，压紧力越强，保证了自锁性高效过滤。液体由叠片外缘通过沟槽流向叠片内缘，经过 18～32 个过滤点，从而形成独特的深层过滤。过滤结束后通过手工或液压使叠片之间松开进行手工清洗或自动反冲洗。叠片式过滤器规格及技术参数和叠片式过滤运行状况见表 11-5 和表 11-6。

表 11-5　叠片式过滤器规格及技术参数

规格	最大过流量/(m^3/h)	最大承压/kPa	过滤类别
32 mm(11′4″)	10	800	细沙

表 11-6　叠片式过滤运行状况表

序号	历时/h	流量/(m^3/h)	过滤器压力/MPa		水头损失/MPa
			进口	出口	
1	8	8	0.25	0.24	0.01
2	24	8	0.25	0.24	0.01
3	72	7.9	0.26	0.23	0.03
4	120	7.6	0.27	0.22	0.05
5	168	7.2	0.29	0.20	0.09
6	240	6.8	0.31	0.19	0.12

叠片式过滤器工作流量 8 m^3/h 左右，初始水头损失 0.01 MPa，运行 72 h 水头损失增至 0.03 MPa，运行 120 h 水头损失增至 0.05 MPa，运行 168 h 水头损失增至 0.09 MPa，相应流量减 10%。这说明随着滤层截污量的增加，滤层堵塞越来越严重，孔隙度减小，出现上述情况后，应停止过滤运行，进行反冲洗，排除滤层中所截留的泥沙及其他污物，消除堵塞，使滤层恢复正常过滤功能。根据滴灌系统的实际工作运行情况，采取定时冲洗，即运行 120 h 进行冲洗。

5. 扬黄河水净化处理效果与模式

1）扬黄河水不同净化处理效果的测定

通过 2008～2009 年两年的试验，黄河水泥沙含量高峰值主要集中在 6～8 月，对扬黄河水净化主要是将黄河水泥沙含量降至滴灌允许的范围内。试验采用两种净化流程模式，详见表 11-7 和表 11-8。

表 11-7　扬黄河水净化处理效果表（模式 A）

测定时间（年-月）	渠水含沙量/(kg/m^3)	工程净化		过滤设备净化净化后含沙量/(kg/m^3)
		大型蓄水池净化后含沙量/(kg/m^3)	温棚净化后含沙量/(kg/m^3)	
2008-10	0.9～1.9	0.08～0.16	0.06～0.09	0.04～0.06
2009-6	1.3～2.1	0.08～0.15	0.05～0.09	0.04～0.06
2009-8	1.6～3.1	0.10～0.19	0.07～0.10	0.04～0.07
2009-10	0.7～1.7	0.07～0.16	0.05～0.08	0.03～0.07

注：净化流程：渠水→蓄水池→沉沙池→筛网过滤器→输水管网。

表 11-8 扬黄河水净化处理效果表（模式 B）

测定时间（年-月）	渠水含沙量/(kg/m³)	工程净化		过滤设备净化
		大型蓄水池净化后含沙量/(kg/m³)	温棚净化后含沙量/(kg/m³)	净化后含沙量/(kg/m³)
2008-10	0.9～1.9	0.08～0.16	0.06～0.09	0.03～0.05
2009-6	1.3～2.1	0.08～0.15	0.05～0.09	0.03～0.07
2009-8	1.6～3.1	0.10～0.19	0.07～0.10	0.04～0.07
2009-10	0.7～1.7	0.07～0.16	0.05～0.08	0.03～0.07

注：净化流程：渠水→蓄水池→沉沙池→叠片式过滤器→输水管网。

2）不同净化设施处理泥沙效果分析

（1）工程设施净化泥沙效果分析。经过沉沙池的两次沉淀，沉沙池的除沙率达90％以上，泥沙含量可降至0.07～0.19 kg/m³，达到了滴灌水质标准。

（2）过滤设备净化泥沙效果分析。筛网过滤器在水中泥沙量为0.03～0.07 kg/m³时，除沙率约为9％，其过滤效果差，原因为水中泥沙粒径小于0.075 mm者占95％以上，筛网孔径小于200目以下的滤网，对细颗粒泥沙不起作用。叠片式过滤器在水中泥沙量为0.03～0.07 kg/m³时，除沙率约为9％，过滤效果明显，且工作稳定，反冲次数适当，可作为主过滤设备。叠片式过滤器除过滤泥沙外，还过滤水中的生物、杂质、细菌团等其他悬移物。

（3）扬黄河水净化模式的确定。由试验结果看出，蓄水池＋沉淀池＋筛网过滤器（称模式 A）；蓄水池＋沉淀池＋叠片式过滤器（称模式 B）；两种净化模式均能将泥沙沉淀澄清，净化效果好。采用净化模式 A，净化设施简单、投资低，操作简单，基本能满足灌水器对水质的要求。模式 B 虽然净化效果好，但过滤器投资高，不经济。

3）泥沙在输水管网中的测试

扬黄河水泥沙由首部过滤系统净化后，经输水管网、灌水器送入田间。为了进行分析，分别在两个示范区选择了两个温棚内支管进行测试，在管道首部、中部、尾部取水样进行了含沙量测试，测试结果见表 11-9。

表 11-9 毛管各部位出水含沙量变化表

取样位置	首部含沙量/(kg/m³)	中部含沙量/(kg/m³)	尾部含沙量/(kg/m³)	末端冲沙量含沙量/(kg/m³)
1 号棚支管	0.07	0.06	0.05	0.95
1 号棚支管	0.06	0.06	0.04	0.63
3 号棚支管	0.06	0.06	0.05	0.45
3 号棚支管	0.07	0.05	0.04	0.41
8 号棚支管	0.07	0.06	0.04	0.40
8 号棚支管	0.04	0.04	0.03	0.36
10 号棚支管	0.04	0.04	0.03	0.31
10 号棚支管	0.05	0.05	0.04	0.32

注：原州区三营为 8 号棚和 10 号棚；盐池城西滩为 1 号棚和 3 号棚。

在输水管网中，干、支两级固定输水管道，水流流速大，流态为紊流，泥沙很难沉滞于管道内。而毛管属多孔出流（移动支管出水口 10 个、毛管出水口 103 个），从进口到末端，管内流量逐渐减少，水流流速不断降低，水流流态从紊流过渡到层流，水沙混合体紊动程度减弱，水沙分离趋势加大。由表 11-9 可见，毛管中部 1/3 处平均含沙量比首部平均含沙量减少 19.35%，2/3 处平均含沙量比首部平均含沙量减少 32.21%，尾部平均含沙量比首部平均含沙量减少 49.31%。在滴灌系统运行 1.9～3.1 h 后，毛管末端冲洗水含沙量是首部平均含沙量的 12.6～55.5 倍。

在毛管首部，充分混合的水沙混合体，容易进入滴头流出，而在毛管尾部，随着水沙分离，泥沙发生沉滞，灌水器流出的泥沙减少。一般说来，进入管网含沙量增大，则进入滴头的泥沙数量也增大，从各位置水沙含沙量测试结果上均能说明这一点。从理论上分析，如果毛管内首尾流态均能保证在紊流状态，水沙均能充分混合且具有足够的翻动强度，则对于一定浓度下，泥沙颗粒径小于流道某一范围的泥沙将全部随灌水器滴出，但在实际中这是很难做到的。在滴灌系统实际运行中，发生堵塞有四方面原因：一是毛管内泥沙含量达到一定程度，产生淤泥时，堵塞是毋庸置疑的；二是较大粒径的泥沙进入灌水器，由于灌水器的制造偏差和安装等原因，在流道狭小处被“卡住”，其他细颗粒泥沙受阻与粗颗粒挤紧，导致滴头堵塞；三是黄河水中极细黏粒呈胶体状，团聚性很强，进入灌水器后，吸附在流道内壁，使过水断面减少，逐步堵塞滴头；四是在灌溉间歇期，积存于灌水器流道内的泥沙干枯，使灌水器流道减小或完全被淤塞，在下一次灌水时发生堵塞。因此，必须采取适当的操作运行措施，以保证黄河水滴灌系统的正常运行。设备安装包括首部枢纽设备安装、管道安装、阀门安装、旁道安装、毛管与灌水器安装五部分。具体安装、操作方法均按《微灌工程技术规范》中设备安装要求进行。

二、主要设施蔬菜节水高效灌溉制度

对于干旱缺水且光热资源丰富的宁夏地区，通过温室建造，并发展节水灌溉，既是协调土壤“水、肥、气、热”矛盾，也是获取设施作物栽培节水、增产、高效的理想途径。水分不足是限制旱地作物高产栽培的主要制约因素，对有限的灌溉水进行节约分配，能满足作物一定的产量，无疑是冷凉干旱区设施蔬菜栽培的主攻方向。膜下滴灌施化肥是将养分溶解以水肥一体的形式直接施入作物根系周围，加快作物吸收速度，减少因挥发淋失而造成的养分损失，并减少蒸发损失，明显提高水、肥利用率的有效灌溉方式。

蔬菜是一类耗水量较大的作物，灌溉对蔬菜的整个生育期至关重要，生长过程中水分亏缺、水分过剩以及土壤水分波动太大都会影响蔬菜的产量和质量（郭文忠等，2005）。最早针对蔬菜灌溉的研究是为了实现其高产、优质，研究内容主要涉及蔬菜适宜灌溉指标（魏恒文和杨培岭，2008）、灌溉方式、土壤湿润层深度、灌水次数及耗水量特征、需水临界期（裴芸和别之龙，2008）、水分生产函数等（梁媛媛等，2009）。随着资源型缺水的日益加剧，实现高效、节水型蔬菜灌溉已迫在眉睫（吴普特和冯浩，2005）。日光温室是适合我国国情的一种新兴高效节能蔬菜保护地栽培设施，而对番茄、辣椒、茄子、黄瓜等主要设施蔬菜的精确灌溉制度和模式的制定也显得尤为重要。

（一）设施番茄需水规律和水分利用效率研究

番茄（*Solanum lycopersicum*）别名西红柿，茄科（Solanaceae）茄属（*Solanum*）。原产中美洲和南美洲，现作为食蔬成为全世界最为普遍的果菜之一，果实营养丰富，具有特殊风味，可生食、煮食、加工制成番茄酱、汁或罐藏。美国、意大利和中国为主要生产国，在欧美国家、中国、日本有大面积的温室、塑料大棚及其他保护地设施栽培。

番茄是保护地栽培中一种主要的果菜类蔬菜，产量高、采收和供应期长。宁夏设施番茄的栽培占有较大面积，但栽培管理方式沿用当地传统的大田经验，粗放的水肥管理导致温室番茄灌水量大、肥料流失严重，造成地下水的污染（王翰霖和李建设，2009；邵克信，2008）。灌溉是设施番茄生产过程中重要的一项农艺措施，但在实际生产过程中，蔬菜生产者往往对灌溉没有足够的重视，水分管理比较粗糙，仅凭经验对蔬菜进行灌溉，特别是设施大棚蔬菜生产过程中，不仅造成水分浪费，而且由于灌水过大，引起保护地土壤和空间湿度加大，蔬菜的生长发育受到影响，诱发病害的发生，一方面会造成减产，另一方面为了防治病虫害，加大了农药的使用量，蔬菜产品的质量级别下降（郭文忠等，2005）。因此，加强对蔬菜生产过程中水分的管理对于蔬菜产品的优质高产具有重要的意义。

膜下滴灌是将先进的覆膜种植技术与滴灌技术相结合的产物，初步的研究和示范推广显示膜下滴灌技术具有明显的节水增产效果（Harmanto et al.，2004）。试验研究表明番茄膜下滴灌比沟灌节水，增产省工，膜下滴灌仅为沟灌用水量的75%，增产可达36.8%。膜下滴灌可使作物根系层的水分条件始终处在最优状态下，同时能够保持土壤具有良好的透气性，能调节土壤水、气、热，有利于作物生长发育，使作物缓苗快、上市早、品质高。膜下滴灌能改变农田生态环境，使番茄病毒危害减轻，是增产、增值、防止病害的有效途径，其经济效益显著（常英祖和赵元忠，2006）。常英祖等（2007）对日光温室膜下滴灌和沟灌方式下种植番茄的耗水量、产量和收入等进行了研究。结果表明，番茄盛果期日光温室膜下滴灌比沟灌室内空气相对湿度降低了18%；在全生育期膜下滴灌比沟灌耗水量减少了13.6%，可节约灌溉水25%；而且滴灌条件下番茄可提早上市8天，比沟灌增产30.7%，增加产值4.5万元/hm^2，年产投比增高0.31。然而关于日光温室膜下滴灌灌溉制度的研究报道鲜见，生产中仍依据传统的灌水模式或未覆膜时的滴灌灌溉制度。但膜下滴灌减少了棵间蒸发损失，增强了有效蒸腾作用，使作物需水规律发生了变化，所以日光温室膜下滴灌不能完全套用传统的灌溉模式。基于上述原因，本试验对日光温室膜下滴灌番茄需水规律进行了研究。

1. 材料与方法

1）试验材料

试验于2009年1月在宁夏盐池设施农业示范园日光温室中进行，盐池县位于宁夏回族自治区东部，37°04′～38°10′N，106°30′～107°41′E。该县属于典型中温带大陆性气候，年均气温为 8.1℃，极端最高均温为 34.9℃，极端最低温为－24.2℃，年均无霜期为 165 天；年降水仅 250～350 mm。温室东西长 90 m，南北宽 7 m，钢架无柱结构，供试土壤为沙壤土，前茬蔬菜作物为花菜。

2）供试作物与灌溉方式

供试作物为番茄，品种为科瑞斯，移栽时间为 2009 年 1 月 10 日。采用田间试验，小区面积 2.8 m×6 m＝16.8 m^2。每小区之间用油毡隔断，深 100 cm，以防止水分侧渗，其他管理措施与其他大田生产温室相同。

采用不同的灌水定额试验，共设 6 个处理，3 次重复，各处理每次灌水定额：处理 1，7.5 mm；处理 2，15 mm；处理 3，22.5 mm；处理 4，37.5 mm；处理 5，45 mm；处理 6，52.5 mm。灌水时间：2009 年 2 月 3 日、2 月 19 日、3 月 5 日、3 月 19 日、4 月 1 日、4 月 16 日、5 月 7 日、5 月 21 日、6 月 4 日、6 月 20 日。水源是经过沉淀净化处理的黄河水，利用微型潜水泵加压，通过滴管灌溉番茄根部，用水表记录各小区灌水量。

3）测试内容与分析方法

（1）形态指标测定。每 20 天左右用钢尺和游标卡尺测定株高、茎粗，每小区选 10 株定点观测。

（2）产量的测定。番茄采收期，选 10 株进行单株定点测定，累计番茄产量和番茄个数，并实测小区产量。

（3）品质的测量。在结果盛期，选代表性强的果实，测定果实中的还原糖含量、维生素 C 含量及硝酸盐含量。

（4）土壤含水量测定：自然条件下大田中的土壤含水量采用利用时域反射仪（TDR）对不同灌溉条件下的土壤含水量进行监测。每个处理的 3 个重复都装有 TDR 管，采用平均值确定土壤含水量。测定时每 20 cm 为一个测定段，即 0～20 cm、20～40 cm、40～60 cm、60～80 cm、80～100 cm、100～120 cm、120～140 cm、140～160 cm、160～180 cm，最后用加权平均法计算整个土体的含水量。土壤含水量的测定每旬测定一次，分别在各旬的第一天，即 1 号、11 号和 21 号测定。这样可以计算确定各旬的实际耗水量，设施番茄实际耗水量通过前后两次测定的土体含水量的差值，并考虑灌水、降水、渗漏等过程造成的水量变化，用水量平衡法计算确定。

作物需水量（ET_c）指作物在适宜的土壤水分和肥力水平下，经过正常发育，获得高产时作物蒸腾量和棵间蒸发量之和。根据农田土壤水量平衡方程，农田蒸散量可由下式计算

$$\mathrm{ET} = I + P - \Delta W - R - S \tag{11-1}$$

式中，ET 为农田蒸散量；I 为灌水量；P 为降雨量；ΔW 为土壤储水量的变化；R 为径流量；S 为土体下边界净通量（向下为正，向上为负），所有变量的单位均为 mm。在设施农业滴灌情况下，径流量 R 和降雨量 P 可以忽略不计，灌溉量可以用水表控制，ΔW 可通过土壤含水量的测定值计算获得，在地下水足够深的宁夏中东部干旱带地区，当下边界远大于计划灌溉量水层时，下边界净通量 S 可假设为零。

在充分满足作物对水肥需要以及上述对各变量的假设情况下，利用农田水量的平衡

原理计算的农田蒸散量（ET）即为作物需水量，则上面的公式可转化为

$$ET_c = ET = I - \Delta W \tag{11-2}$$

$$\Delta W = 10\sum dV_i \times h_i \times \Delta(W_{1i} - W_{0i}) \tag{11-3}$$

式中，ΔW 为土壤水蓄变量（mm）；dV_i 为某一层土壤容重（g/cm^3）；h_i 为某一层土层厚度（cm），$h_1+h_2+\cdots+h_i=180$ cm；W_{1i} 为收获后某一土层含水量（%）；W_{0i} 为播种前某一土层含水量（%）。

（5）水分利用效率的计算公式。在土壤肥力、农艺措施、管理水平最适宜时，如果灌水能实现最高产量，则作物水分利用效率最高，此时的水分利用效率即可视为表示灌水生产潜力的指标值。水分利用效率是指某作物单位面积的经济学产量与该作物生育期耗水量的比值，其表达式见式（11-4）：

$$WUE = \frac{G}{W_1 + P - W_2} \tag{11-4}$$

式中，WUE 为作物水分利用效率［kg/(mm・亩)］；W_1 为设施番茄移栽前 2 m 土层水分储存量（mm）；W_2 为番茄拉秧后 2 m 土层水分储存量（mm）；P 为作物生育期内的灌水量（mm）；G 为番茄产量（kg/ 亩）。

2. 不同灌水次数和不同灌水定额对番茄生理生长的影响

1）不同灌溉定额对设施番茄高度的影响

株高是反映植株长势强弱的重要指标之一，由图 11-5 可知，随着番茄植株的生长，各处理番茄株高都在增加，不同灌水定额处理对株高影响不显著。然而，随着灌水量的增加，株高呈现先增加再减少的趋势，在灌水量为 225～375 mm 处理时，番茄的株高最高。

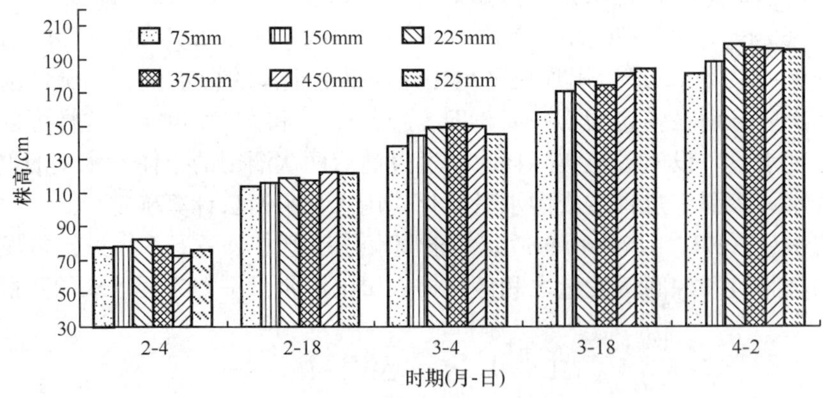

图 11-5　不同灌水条件下设施番茄不同时期株高

2）不同灌水次数和不同灌溉定额对番茄生长性状的影响

由表 11-10 可以看出，不同灌水次数对番茄株高影响不显著，但是也是随着灌水次数的增加表现为先增加后减少，在灌 9 次水时，番茄的株高最高、茎粗最粗。从番茄的

茎叶、根生物量来看，在灌 15 次水时，茎叶生物量最大，鲜重和干重分别达到 1269.6 g/株和 188.8 g/株，当灌 12 次时水时，根的鲜重、干重达最大。

表 11-10　不同灌溉次数对番茄生长的影响

处理	株高/cm	茎粗/mm	茎叶/(g/株)		根/(g/株)	
			鲜重	干重	鲜重	干重
6 次	172.26	15.34	1113.4	163.3	43. 3	12.3
9 次	183.7	15.67	1114.5	214.5	48.0	14.4
12 次	182.25	14.91	1120.6	174.7	55.8	16.3
15 次	172.01	14.77	1269.6	188.8	51.4	14.6

由表 11-11 可以看出，设施番茄地上部分的茎叶鲜重、干重都随着灌溉定额的增加而增加的趋势，灌溉定额 525 mm 的处理茎叶鲜重显著高于灌溉 75 mm 处理的。根的鲜重、干重随着灌溉定额的增加而呈减少的趋势，灌溉 75 mm 处理时根的鲜重、干重最大，地上部分与地下部分干物质的比值总体上有随着灌水定额增加而逐渐上升的趋势。造成该现象的原因是灌溉 75 mm 处理时番茄一直处于水分亏缺状态中，水分亏缺导致株高、茎粗和地上部分生物量生长发育受阻。由于灌溉水量不能满足番茄生长发育的需要，为吸收更多的土壤水，番茄根系就向深处和远处伸长，所以灌水定额少的处理根的长度和条数都比灌水定额较大处理的发达。灌水定额大的处理灌水基本能满足设施番茄生长需要，对土壤水吸收的比较少，而根的生物量相对灌溉定额 75 mm 处的根生物量就少，而地上部分生长旺盛，所以地上部分的茎叶干物质量与地下干物质量比值随着灌水定额的增加而增加。

表 11-11　不同灌溉定额对番茄生长性状的影响

处理/mm	茎粗/mm	茎叶/(g/株)		根/(g/株)	
		鲜重	干重	鲜重	干重
75	13.63	813.2±76.1bA	168.5±17.9abA	58.0±4.2aA	18.5±3.2aA
150	14.36	940.3±46.1abA	203.5±12.2aA	55.5±3.7abA	16.8±2.1abAB
225	15.86	1011.1±152.9abA	177.8±19.3abA	50.6±7.7abA	13.1±0.5abcAB
375	14.56	1064.1±127.2abA	178.1±20.8abA	48.1±9.3abA	15.2±4.5abcAB
450	14.02	1080.5±155.7abA	156.4±19.3bA	39.7±17.8bA	10.4±4.5cB
525	14.36	1120.5±274.1aA	201.0±31.7aA	41.2±9.2abA	12.8±1.5bcAB

注：LSD 方差分析法（LSD analysis）：含有相同字母表示差异不显著，不含相同字母表示差异显著，小写字母表示在 0.05 水平上的显著，大写字母表示在 0.01 水平上的显著。下表同。

3. 不同灌溉定额下设施番茄需水规律的研究

通过田间试验，由图 11-6 可知，在设施番茄生长的各个阶段及整个生育期期间，随着灌溉定额的增加，日耗水量也随着增加，表现在结果前期（开花坐果期）日耗水量最大，其中灌溉定额为 450 mm 处理最高，达到 7.31 mm/d。各处理在营养生长阶段、结果前期、结果盛期、结果末期、总生育期平均日耗水量分别为 1.62～3.10 mm/d、

0.93～7.31 mm/d、1.44～4.06 mm/d、0.74～3.50 mm/d、1.31～3.73 mm/d。

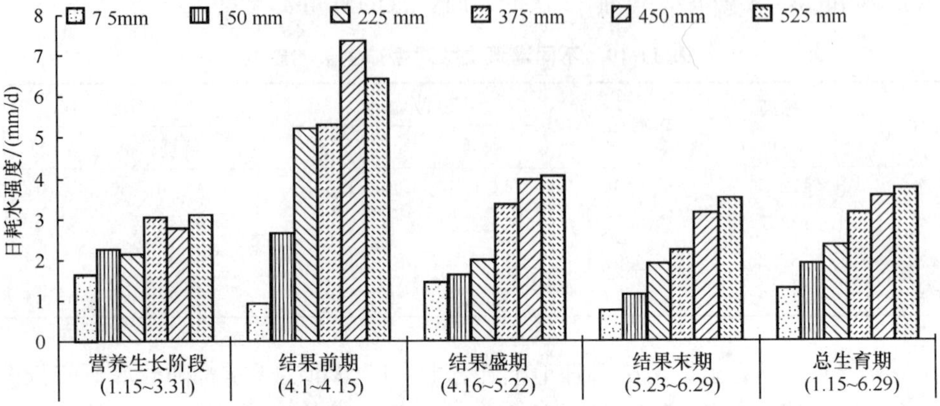

图 11-6 设施番茄不同灌溉定额条件下日耗水强度

由图 11-7 可以看出，不同灌溉定额处理下设施番茄各阶段，耗水量也随着灌溉定额的增加而增加，其中营养生长阶段的耗水量最大。各处理在营养生长阶段、结果前期、结果盛期、结果末期耗水量分别为 121.5～232.7 mm、14.9～117.9 mm、51.9～146.0 mm 和 28.3～133.1 mm。

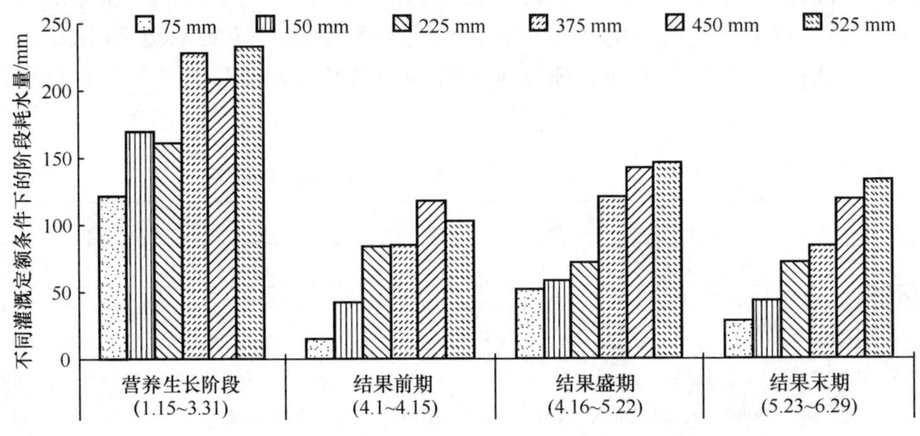

图 11-7 设施番茄不同灌溉定额条件下阶段耗水量

图 11-8 表明，各阶段耗水量占总生育期耗水量的比例在营养生长阶段、结果前期、结果盛期、结果末期阶段耗水量占生育期总耗水量的比例分别为 35.5%～56.1%、6.9%～21.6%、18.4%～24.2%和 13.1%～21.7%，其中营养生长阶段所占的比例最大。低水处理（75 mm）营养生长阶段耗水占总耗水量的比例最高，而其他处理营养生长阶段耗水比例相对较低，生殖生长阶段耗水比例相对较高。

4. 不同灌水次数和灌水定额对设施番茄产量和水分利用效率的影响

不同灌水次数对土壤水分消耗的影响不同。随着灌水次数的增多，土壤水分的消耗

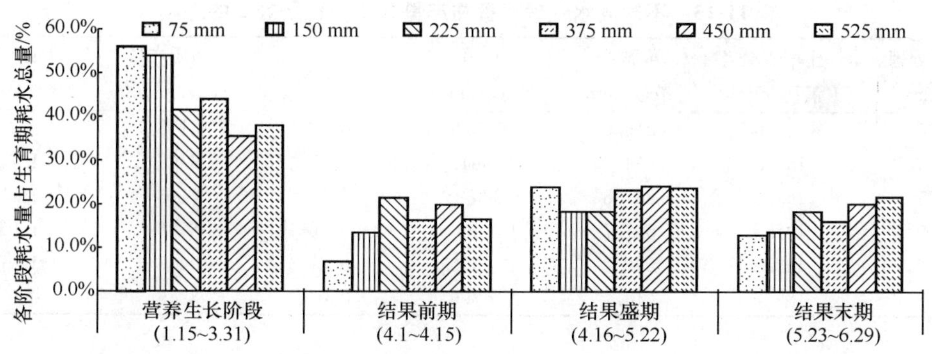

图 11-8 设施番茄不同灌溉定额条件下各阶段耗水所占生育期总耗水量比例

逐渐减少。设施番茄的蒸腾蒸发量也是呈逐渐减少的趋势。不同灌水次数间产量存在显著性差异，当灌水次数达到 9 次时，番茄产量达到 123 719 kg/hm^2，且水分利用效率达到 1.88 kg/m^3。因此，每个生育期开始灌水后，间隔 12～15 天灌水一次，每次的灌水定额控制在 25～28 m^3/亩（表 11-12）。

表 11-12 不同灌水次数对设施番茄产量和水分利用效率的影响

灌水处理/mm	土壤水分消耗/mm	蒸腾蒸散量/mm	产量/(kg/hm^2)	干鲜比	干物质产量/(kg/hm^2)	水分利用效率/(kg/m^3)
6 次	114.1	564.1	106 558b	0.07	7 279	1.29
9 次	97.4	547.4	123 719a	0.08	10 239	1.88
12 次	77.9	527.9	111 846ab	0.09	9 559	1.81
15 次	87.7	537.7	110 594b	0.08	8 823	1.64

不同灌水量情况下，番茄对土壤水分消耗量不同。如表 11-13 所示，随着灌水量增加，土壤水分消耗量有着先增加后减少的趋势。75 mm 灌水量处理，水分亏缺严重抑制了番茄根系的生长和吸水能力，因此耗水量较少；150～225 mm 灌水处理的土壤水分消耗最大，是因为适宜的水分亏缺可以促进根系的生长，根系的长度和密度增加；375～525 mm 处理时，随着灌水量增加土壤水分消耗减少，原因一是灌水量满足了番茄生长发育对水分的需求，二是灌水量充足抑制了根系向深处和远处发展，导致了土壤水分消耗减少。番茄生长期间的蒸腾蒸散量变化随灌水定额的增加而增加。不同灌水定额处理间产量存在显著性差异，随着灌水定额的增加，番茄产量有先增加后减少的趋势，当灌水量达到 375 mm 时，番茄产量达到最高 138 108 kg/hm^2，且水分利用效率达到 1.08 kg/m^3。灌水量 225 mm、375 mm、450 mm、525 mm 的各处理番茄的产量显著地高于灌水 75 mm 的处理。而在灌水 150mm 处理下，水分利用效率最高，达到 1.44 kg/m^3，并且随着灌水定额的增加，水分利用效率逐渐减少。

表 11-13 不同灌水处理对番茄产量和水分利用效率的影响

灌水处理/mm	土壤水分消耗/mm	蒸腾蒸散量/mm	产量/(kg/hm²)	干鲜比	干物质产量/(kg/hm²)	水分利用效率/(kg/m³)
75	141.6	216.6	78 937c	0.04	3158	0.97
150	164.2	314.2	96 684bc	0.07	6768	1.44
225	162.8	387.8	119 559ab	0.06	7173	1.23
375	142.7	517.7	138 108a	0.06	8286	1.08
450	138.2	588.2	134 376a	0.07	9407	1.07
525	89.7	614.7	127 796a	0.07	8946	0.97

5. 不同灌水次数和灌水定额对设施番茄品质的影响

由表 11-14 可以看出，不同的灌水量处理对番茄的品质影响不同。其中总糖、维生素 C 和粗蛋白含量在 225 mm 处理达到峰值，分别比对照 75 mm 高出 7.8%、17.2%和 12.7%。随着灌水量的增加，总糖、维生素 C 和粗蛋白含量开始下降，灌水量降低，同样总糖、维生素 C 和粗蛋白含量也降低，但灌水量低的处理总糖和维生素 C 含量高于灌水量高的处理，而粗蛋白的含量灌水量高的处理高于灌水量低的处理。总酸含量 375 mm处理最高，比对照 75 mm 高出 9.9%。随着灌水量增加总酸含量下降，硝酸盐含量 450 mm 处理达到峰值，比对照高出 44.1%，随着灌水量的增加硝酸盐含量开始下降。因此，适宜的灌水量是提高番茄品质的重要因素，综合各方面因素，灌水量达到 225 mm 时，番茄品质达到最佳。

表 11-14 不同灌溉定额对番茄品质影响

处理/mm	总酸/(g/100 g)	总糖/(g/100 g)	维生素 C/(mg/100 g)	硝酸盐/(mg/kg)	粗蛋白/(g/100 g)
75	0.71	5.15	32.6	34	1.10
150	0.71	5.04	33.8	32	1.02
225	0.71	5.55	38.2	38	1.24
375	0.78	4.62	27.9	45	1.04
450	0.71	4.20	26.8	47	1.18
525	0.71	4.50	26.0	42	1.18

由表 11-15 可以看出：随着灌水次数的增加，单次灌水量的减少，番茄的品质均有不同程度的增加，总酸含量先增加后减少的趋势，总糖、维生素 C、粗蛋白含量含量以灌水 9 次最多，其中处理 9 次于其他处理相比，较对照 6 次增加幅度最大，番茄品质最佳。因此，灌水 9 次，单次灌水量为最优处理。

表 11-15 不同灌溉次数对番茄品质影响

处理	总酸/(g/100 g)	总糖/(g/100 g)	维生素 C/(mg/100 g)	硝酸盐/(mg/kg)	粗蛋白/(g/100 g)
6 次	0.68	3.75	26.0	24	0.93
9 次	0.85	5.25	30.4	61	1.34
12 次	0.85	5.30	25.0	40	1.23
15 次	0.75	4.48	29.9	45	1.22

6. 不同灌水定额和灌水次数对设施番茄土壤水分含量变化的影响

1）不同灌水定额条件下设施番茄土壤储水量变化情况

由图 11-9～图 11-14 可以看出不同灌水定额条件下设施番茄土壤水分含量变化情况不一样，在番茄生育期内，灌水量少的处理对土壤水分的消耗相对多一些。随着灌水量的增加，对土壤水分的消耗逐渐减少，并且土壤储水量变化的深度一般在 0～120 cm 内，不同灌水处理间变化明显。120～180 cm 范围内各处理土壤水分变化不明显。设施番茄生长的不同时期对土壤水分的消耗也不一样，0～80 天内，土壤储水量变化不明显，这是因为营养生长期由于植株小，蒸腾蒸发量相对较少，灌溉水能基本满足植株生长需要，植株从土壤中吸收的水分较少。随着生育期的后移，番茄植株变大，蒸腾蒸发量也跟着变大，灌水较少的处理不能满足植株的需水要求，因此从土壤中吸收的水分也增大。

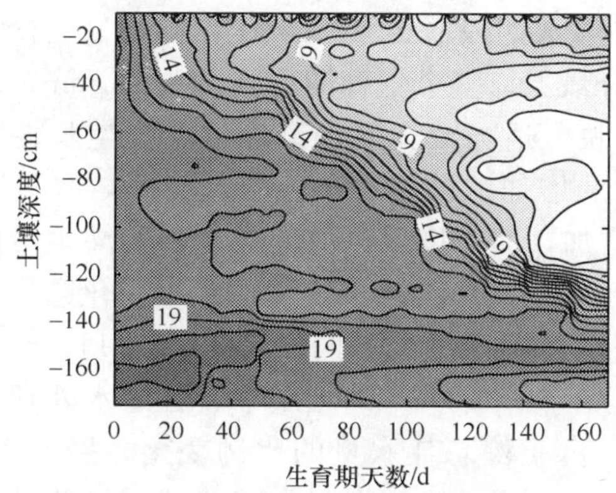

图 11-9　灌溉量 75 mm 处理下设施番茄生育期内土壤水分动态变化

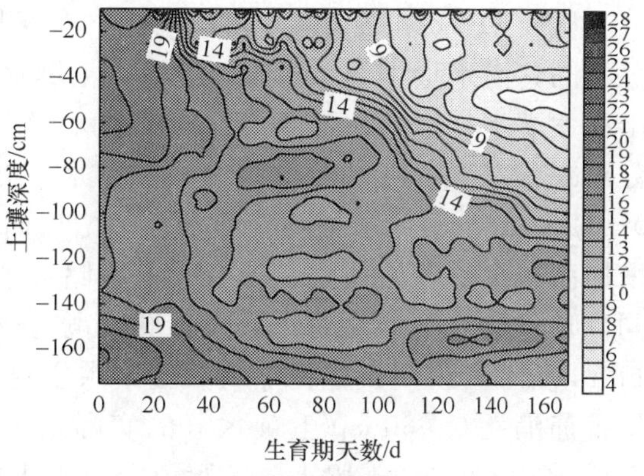

图 11-10　灌溉量 150 mm 处理下设施番茄生育期内土壤水分动态变化

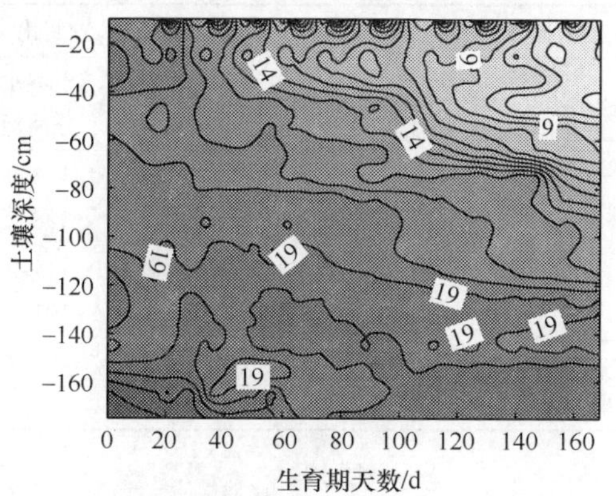

图 11-11　灌溉量 225 mm 处理下设施番茄生育期内土壤水分动态变化

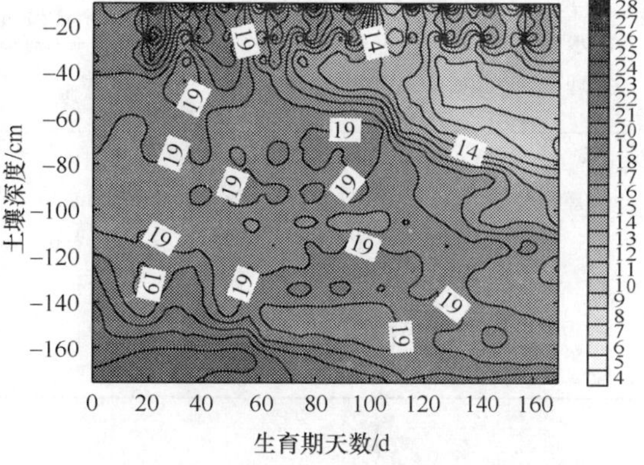

图 11-12　灌溉量 325 mm 处理下设施番茄生育期内土壤水分动态变化

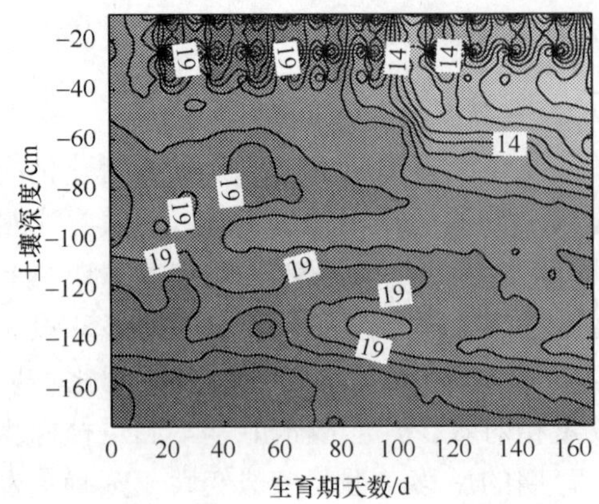

图 11-13　灌溉量 450 mm 处理下设施番茄生育期内土壤水分动态变化

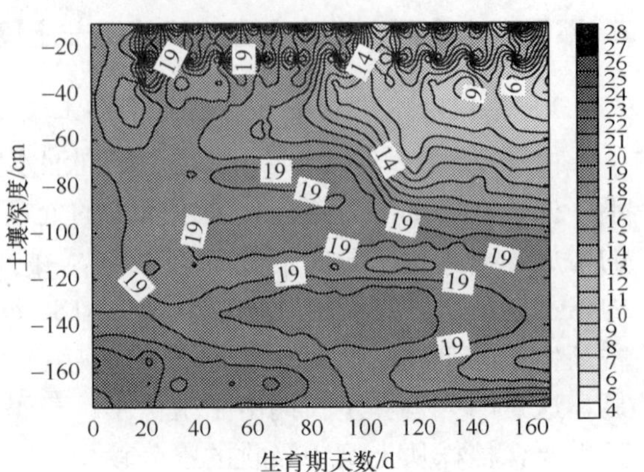

图 11-14　灌溉量 525 mm 处理下设施番茄生育期内土壤水分动态变化

从表 11-16 和表 11-17 可以看出：各不同灌水处理下 0～60 cm 土壤储水量变化情况不同，灌水量 150 mm 处理消耗的土壤水分最大，整个生育期达到了 81.5 mm，高于最大灌水处理的和最小灌水处理的。这反映了适当减少灌水量导致番茄生长在水分亏缺状态下，可以促进番茄根条数和长度的增加。设施番茄收获结束时，各处理 0～120 cm 土壤储水量随着灌水量的增加而增加，而土壤水分的消耗则随着灌水量的增加而减少。各处理 0～180 cm 土壤储水量变化与 0～120 cm 土壤储水量变化趋势相同，且各层土壤消耗的水分及所占土壤总耗水量的比例也不同，具体如图 11-9～图 11-14 所示，说明设施番茄吸收土壤水主要是在 0～120 cm 的土层中。各灌水处理设施番茄消耗 0～60 cm 土壤水分的实际值及所占土壤总耗水量的比例变化差别不大，消耗 60～120 cm 土壤水分实际值及所占土壤总耗水量的比例变化随着灌水量的增加逐渐减少。

表 11-16　不同灌水定额条件下各层土壤储水量变化情况　（单位：mm）

灌水处理	0～60 cm 土壤储水量变化			0～120 cm 土壤储水量变化			0～180 cm 土壤储水量变化		
	开始	结束	土壤水分消耗	开始	结束	土壤水分消耗	开始	结束	土壤水分消耗
75	107.5	39.8	67.7	213.7	69.1	144.6	329.9	155.9	174.0
150	118.5	37.0	81.5	230.1	95.7	134.4	347.6	189.3	158.3
225	109.8	37.0	72.8	222.6	117.7	104.9	350.1	235.6	114.5
375	121.1	74.6	46.5	234.3	157.4	76.9	368.1	266.8	101.3
450	107.8	50.2	57.6	224.1	143.7	80.4	355.4	252.7	102.7
525	110.7	52.5	58.2	227.8	148.1	79.7	355.4	260.1	95.3

表 11-17　不同灌水定额条件下各层土壤水分消耗变化

灌水处理/mm	0～60 cm 土壤水分消耗变化		60～120 cm 土壤水分消耗变化		120～180 cm 土壤水分消耗变化	
	土壤水分消耗/mm	所占土壤总水量的比例/%	土壤水分消耗/mm	所占土壤总耗水量的比例/%	土壤水分消耗/mm	所占土壤总耗水量的比例/%
75	67.7	38.9	76.9	44.2	29.4	16.9
150	81.5	51.5	52.9	33.4	23.9	15.1
225	72.8	63.6	32.1	28.0	9.6	8.4
375	46.5	45.9	30.4	30.0	24.5	24.1
450	57.6	56.1	22.8	22.2	22.3	21.7
525	58.2	61.1	21.5	22.5	15.6	16.4

2）不同灌水次数条件下设施番茄土壤水分动态变化情况

从图 11-15～图 11-18 可以看出，在统一灌溉定额，不同灌溉次数处理下，设施番茄生育期里耗水量不同，对土壤储水量的影响也存在很大差别。前期 0～80 天土壤储水量变化不大，在设施番茄生长后期，随着植株个体增大，蒸腾蒸发量也随之有很大变化，灌水次数不同，导致灌水间隔也不同，灌水次数少的，灌水间隔时间长，就需要从土壤里吸收水分，以满足番茄植株生长的需要。

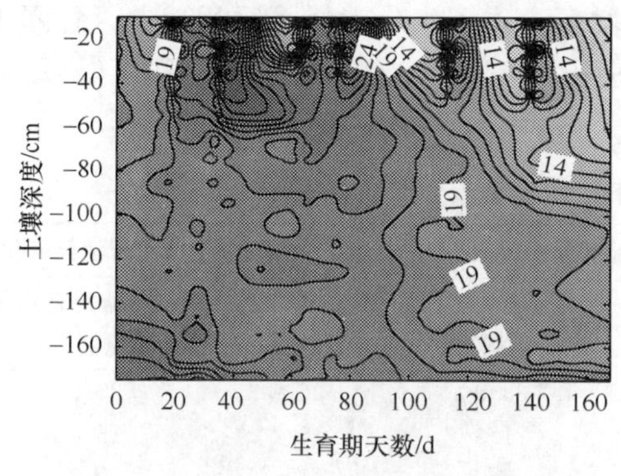

图 11-15　灌水 6 次处理下设施番茄生育期内土壤水分动态变化

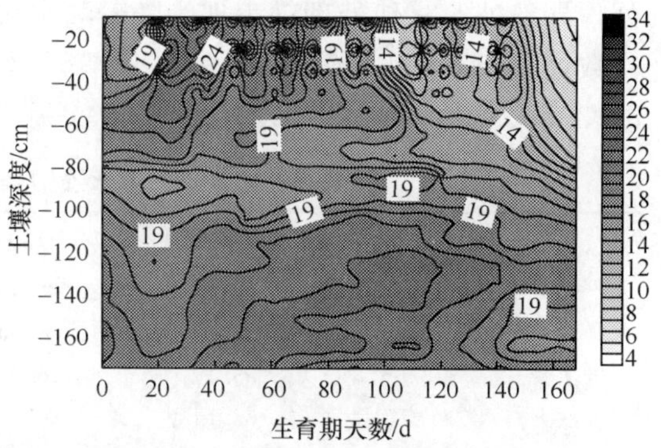

图 11-16　灌水 9 次处理下设施番茄生育期内土壤水分动态变化

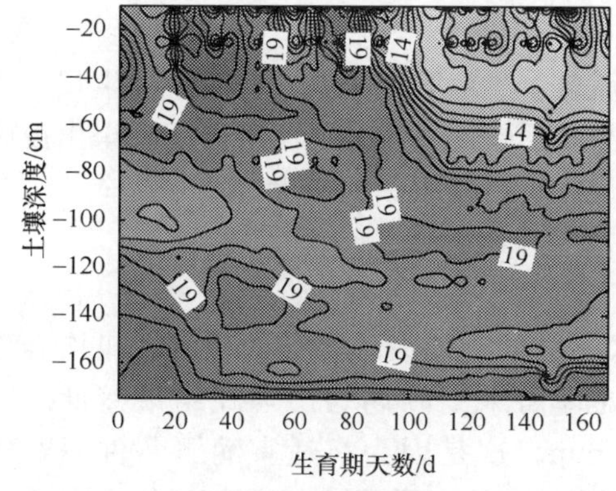

图 11-17　灌水 12 次处理下设施番茄生育期内土壤水分动态变化

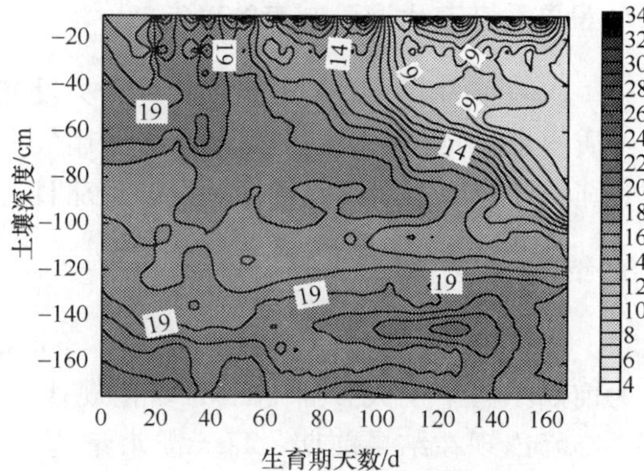

图 11-18　灌水 15 次处理下设施番茄生育期内土壤水分动态变化

表 11-18 表明，从不同灌水次数处理下，0～60 cm 土壤储水量变化差别不大，并且随着灌水次数增多，土壤水分消耗逐渐增加。0～120 cm、0～180 cm 土壤储水量变化差别相近，以灌水 6 次的土壤水分消耗量最大，除了灌水 12 次的处理异常外，其他处理都表现为随着灌水次数的增多，土壤水分消耗而逐渐减少。

表 11-18 不同灌水次数条件下各层土壤储水量变化情况 （单位：mm）

灌水处理	0～60 cm 土壤储水量变化			0～120 cm 土壤储水量变化			0～180 cm 土壤储水量变化		
	开始	结束	土壤水分消耗	开始	结束	土壤水分消耗	开始	结束	土壤水分消耗
6 次	116.2	55.3	60.9	233.1	146.0	87.2	368.2	254.1	114.1
9 次	118.4	56.9	61.5	234.6	152.4	82.2	365.2	267.8	97.4
12 次	118.8	55.7	63.1	223.2	160.3	62.9	351.4	273.4	77.9
15 次	111.2	45.8	65.3	220.6	134.9	85.7	346.4	258.7	87.7

由表 11-19 可知，在不同的灌水次数处理下，0～60 cm 土壤水分消耗量最大，占 0～180cm 土壤水分消耗总量的 53.4%～81.0%，并且随着灌水次数的增多，土壤水分消耗量逐渐增加。0～120 cm、0～180 cm 土壤储水量变化差别相近，除了灌水 12 次的处理异常外，其他处理都表现为随着灌水次数增多，土壤水分消耗而逐渐减少。各灌水次数处理下，0～120 cm 土壤水分消耗量分别占 0～180 cm 土壤消耗量的 76.42%、84.39%、80.74%、97.72%。

表 11-19 不同灌水次数条件下各层土壤水分消耗变化

灌水处理	0～60 cm 土壤水分消耗变化		60～120 cm 土壤水分消耗变化		120～180 cm 土壤水分消耗变化	
	土壤水分消耗/mm	所占土壤总耗水量的比例/%	土壤水分消耗/mm	所占土壤总耗水量的比例/%	土壤水分消耗/mm	所占土壤总耗水量的比例/%
6 次	60.9	53.4	26.3	23.0	26.9	23.6
9 次	61.5	63.1	20.7	21.3	15.2	15.6
12 次	63.1	81.0	−0.2	−0.3	15	19.3
15 次	65.3	74.5	20.4	23.3	2	2.3

7. 设施番茄节水灌溉制度的确定

从两年的设施番茄田间试验，有关设施番茄各个生育阶段土壤水分对植株生长、干物质积累、光合作用、产量及水分利用效率和品质影响的系统分析，可以明确得出设施番茄的开花坐果期和盛果期是设施番茄日耗水量、阶段需水量的最大时期。

8. 结论

通过田间试验，不同灌水定额、不同灌水次数处理的设施番茄的耗水规律均表现为前期小、中期大、后期小的变化规律，各处理需水高峰期均出现在结果盛期。需水高峰出现在结果前期，每天需水量为 5～7 mm。这是因为在适宜灌溉条件下，需水强度主要随气温的升高、植株体的增大和蒸腾力的增强而加大。因为在适宜灌溉条件下，蒸腾蒸发量主要随气温的升高、植株体的增大和蒸腾力的增强而加大。在结果盛期，正值4月下旬～5月中旬，温室气温为17～30℃，植株迅速长大，耗水强度也随之增大，植株的生长状况逐渐由营养生长、生殖生长并进转变为生殖生长为主的生长趋势。大量的果实在此期趋向成熟，故需水量也最大。到结果末期，随着果实的不断采摘，植株体逐渐转向衰老，内部生理活动亦在减缓，需水强度开始下降，日需水量也随之降低。

根据本试验的研究结果，在宁夏中东部设施番茄栽培过程中，最佳的灌溉制度应该为每10天左右灌一次，在营养生长阶段每次灌水15～22 mm；开花坐果期每次灌水37～42 mm；结果盛期每次灌水42～45 mm；结果末期每次灌水15～25 mm（表11-20）。随着灌水量的增加，蒸腾蒸发量增加，株高、茎粗、生物量和产量均呈先增加后降低的趋势；其中以375 m^3/亩的灌水量增幅最大，增产效果最明显，虽然水分利用率仅为1.08 kg/m^3，较对照降低，但其经济效益明显高于其他处理。

表 11-20　宁夏干旱区设施番茄高效节水灌溉制度

茬口	灌水时期	灌溉定额/(m^3/亩)	灌水定额/(m^3/亩)	灌水次数	灌溉周期/天
保护地（长茬）	苗期	22～35	10～15	2	15
	开花坐果期	50～60	10～15	4	10
	结果初期	83～90	15～18	5	8
	结果盛期	112～120	18～20	6	7
	结果末期	50～90	15～30	3	10
	合计	307～395		20	
保护地（秋冬茬、冬春茬）	苗期	12～15	12～15	1	10
	开花坐果期	20～22	20～22	2	10
	结果初期	40～44	20～22	2	10
	结果盛期	88～100	22～25	4	8
	结果末期	40～60	15～20	3	10
	合计	200～241		12	

（二）设施辣椒需水规律和水分利用效率研究

辣椒属茄科辣椒属一年生或多年生草本植物，栽培面积大，为我国主要蔬菜之一。在设施辣椒生产中，灌溉不仅对辣椒本身提供足够的水分，还对温室环境产生直接的关系，对土壤理化性质、环境因子、病虫害的发生与演变、水分利用率等都有重要的影响（郭文忠等，2005；刘学敏等，2004；马文敏等，2004）。前人在不同灌水量和灌水方式对设施辣椒产量、生理生化和水分利用效率的影响方面进行了很多相关研究（马甜等，2007），其中交替灌溉对设施辣椒有显著的增产作用（谢冬梅等，2006）。水分胁迫下，辣椒植株干物质量较正常灌水减少21%左右，但是根系长度和密度较水分充足时有明显的提高（Kulkarni Phallke，2009）。适宜的亏缺灌溉能显著抑制叶片蒸腾速率（邵光成等，2008a，2008b；吕金印和山仑，2002）。灌水间隔 5 天、7 天、9 天、11 天对辣椒产量和植株生物量没有明显的影响（Gercek et al.，2009）。施用保水剂对辣椒生长及水分利用效率有明显促进作用，辣椒叶面积、叶数、株高、生物量和水分利用效率均优于未施保水剂处理（方锋等，2004）。

1. 材料与方法

试验材料为辣椒（品种为洋大帅），2008 年 1 月 5 日移栽，采用田间试验，水源是引黄水经过 20 万 m^3 大蓄水池首次沉淀，经渠道从大蓄水池引水至大棚里小蓄水池，利用微型潜水泵加压，通过滴管灌溉辣椒根部。灌溉定额试验共设 5 个处理，3 次重复，灌溉次数试验共设 4 个处理，3 次重复。小区面积 $2.4\ m\times 6\ m=14.4\ m^2$，每小区之间用油毡隔断，深 1 m，以防止水分侧渗，其他管理措施同大田。

2. 试验设计

（1）固定灌水次数和每次灌水时期，采用不同的灌水定额。

灌水次数：设施辣椒 10 次。

灌水时期：2 月 3 日、2 月 19 日、3 月 5 日、3 月 19 日、4 月 1 日、4 月 16 日、5 月 7 日、5 月 21 日、6 月 4 日、6 月 20 日。

灌水定额：处理 1，7.5 mm；处理 2，15 mm；处理 3，22.5 mm；处理 4，37.5 mm；处理 5，52.5 mm。

（2）固定每次灌水时期和灌水定额，采用不同的灌水次数。

灌水时期：苗期、花期、盛果期。

灌溉定额：300 m^3/亩。

灌水次数：

处理 1：6 次（幼苗期 15 天/次、开花坐果期 8 天/次、结果期 12 天/次）

处理 2：9 次（幼苗期 15 天/次、开花坐果期 8 天/次、结果期 10 天/次）

处理 3：12 次（幼苗期 10 天/次、开花坐果期 8 天/次、结果期 8 天/次）

处理 4：15 次（幼苗期 10 天/次、开花坐果期 8 天/次、结果期 7 天/次）

3. 结果与分析

1）不同灌水次数和不同灌水定额对设施辣椒生理生长的影响

由表 11-21 可以看出，利用土壤水分平衡公式得出：各不同灌水处理间的蒸腾蒸发量不同，总体上有随着灌水量的增加，蒸腾蒸发量也随之增加；不同灌水量对辣椒株高影响不显著，但也是随着灌水量的增加有先增加再减少的趋势。灌水量在 375 mm 时，辣椒的株高最高。茎粗最粗的处理灌水量也是 375 mm。从辣椒的茎叶、根生物量来看，在灌水量为 375 mm 时，生物量最大，分别达到 261.07 kg/亩和 21.77 kg/亩。

表 11-21　不同灌溉定额对辣椒生长影响

处理/mm	蒸腾蒸发量 ET/mm	株高/cm	茎粗/mm	生物量/(kg/亩)	
				茎叶	根
75	236.8	66.92	11.65	109.75	9.65
150	271.6	76.02	13.84	166.35	12.93
225	297.9	83.1	14.65	239.69	18.07
375	428.7	88.31	16.97	261.07	21.77
525	578.9	87.69	15.65	142.67	10.89

由表 11-22 可以看出，利用土壤水分平衡公式得出：灌水次数的各处理间的蒸腾蒸发量不同，总体上随着灌水次数的增加，蒸腾蒸发量也随着增加；不同灌水次数对辣椒株高影响不显著，但是也呈随着灌水次数的增加而增加的趋势，在灌 15 次水时，辣椒的株高最高、茎粗最粗。从辣椒的茎叶、根的生物量来看，在灌 12 次水时，生物量最大，分别达到 233.58 kg/亩和 15.37 kg/亩。

表 11-22　不同灌溉次数对辣椒生长影响

处理	蒸腾蒸发量 ET/mm	株高/cm	茎粗/mm	生物量/(kg/亩)	
				茎叶	根
6 次	372.3	85.98	14.64	148.45	13.10
9 次	383.2	86.41	15.64	198.12	15.11
12 次	376.0	88.62	15.07	233.58	15.37
15 次	377.5	88.84	16.66	215.12	14.63

2）不同灌水条件下设施辣椒需水规律研究

通过田间试验，研究设施辣椒不同生育阶段的需水规律、节水灌溉对设施辣椒产量的影响，探求设施辣椒的需水规律。由图 11-19 可以看出，在不同灌溉定额条件下，日光温室辣椒的需水规律与番茄基本相同，均表现为前期小、中期大、后期小的变化规律。在不同时期，耗水强度随着灌水量的增加而增加，随生育阶段延续，植株生长和外界气温增加，蒸腾蒸发量呈现增加的趋势，且前期增长速度缓慢后期增长速度快。苗期植株叶面积较小，同时该生育期时间最短，生育期的需水量比较小；开花结果期需水量有所增加，在时间最长、需水强度最高的结果盛期，需水量达到最大值，这是因为需水强度主要随气温的升高、植株体的增大和蒸腾力的增强而加大；在结果盛期，正值 4 月下旬至 5 月中旬，温室气温为 17～30℃，植株迅速长大，需水强度也随之增大，植株的生长状况逐渐由营养生长、生殖生长并进转变为生殖生长为主的生长趋势，大量的果实在此期趋向成熟，故需水量也最大；到结果末期，随着果实的不断采摘，植株体逐渐转向衰老，内部生理活动亦在减缓，需水强度开始下降，日需水量也随之降低。

3）不同灌水定额对设施辣椒单株产量和单果重的影响

单株产量是设施辣椒整体产量的重要组成，单果重是设施辣椒商品性好坏的重要指标。不同灌水定额对设施辣椒单株产量和单果重的影响不一样。由图 11-20、图 11-21

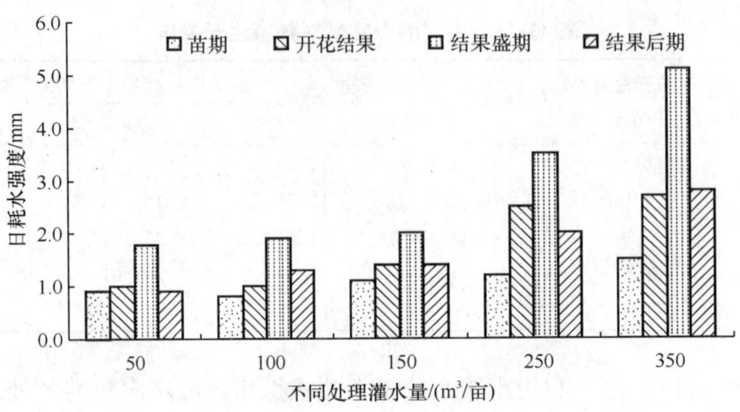

图 11-19 设施蔬菜不同灌溉定额条件下耗水强度

可以看出，设施辣椒单株产量和单果重都随着灌溉量的增加而增加，在灌溉量为 75～375 mm 的处理下，单株产量和单果重增加趋势明显，在 375 mm 以后随着灌溉量的增加，单株产量和单果重增加的趋势变缓。灌溉量为 375 mm 和 525 mm 的处理单株产量和单果重极显著地高于 75 mm 和 150 mm 的处理。从图中还可看出，灌溉量低于 375 mm的处理抑制阻碍设施辣椒单株产量和单果重的提高，高于 375 mm 的灌水处理对设施辣椒单株产量和单果重提高程度不明显。因此，可以得出结论即宁夏设施辣椒的最佳灌溉量在 375 mm 左右。

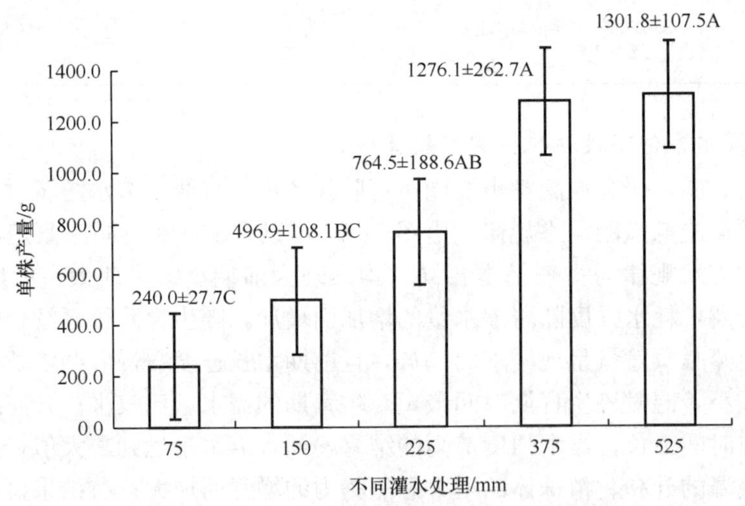

图 11-20 不同灌水定额处理对设施辣椒单株产量的影响

LSD 分析（LSD analysis）：含有相同字母表示差异不显著，不含相同字母表示差异显著，小写字母表示 0.05 水平上的显著，大写字母表示 0.01 水平的显著。后图同

4）不同灌水次数和灌水定额对设施辣椒产量和水分利用效率的影响

从表 11-23、表 11-24 可以看出，不同灌水处理对设施辣椒不同生育时期的土壤水分消耗量、阶段耗水量、日耗水强度、产量及水分利用效率影响不同。在营养生长阶段，随着灌水量增加，土壤水分消耗逐渐减少，当灌水量为 375 mm 和 525 mm 时，反

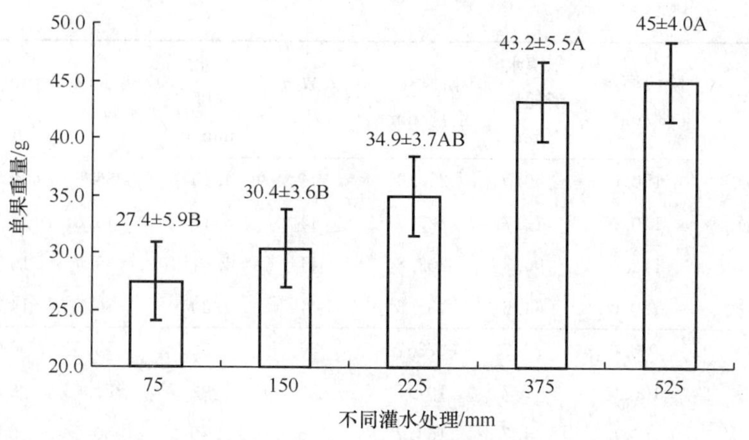

图 11-21　不同灌水处理对设施辣椒单果重的影响

而要向土壤中补充水分。阶段耗水量和日耗水强调逐渐增加的趋势，特别是灌水 150 mm处理的阶段耗水量和日耗水强度，较 75 mm、225 mm 和 375 mm 有明显的增大，其原因是在营养生长阶段，灌水 150 mm 处理非常适宜辣椒的生长，使得该处理植株较大，蒸腾蒸发量也较大。在结果前期随着灌水量增加，土壤水分的消耗有逐渐减少的趋势，阶段耗水量和日耗水强度也逐渐增加，产量和水分利用效率有先增加后减少的过程，在 375 mm 处理时达到最大；在结果盛期，随着灌水量增加，土壤水分消耗量、阶段耗水量、日耗水强度有逐渐增加的趋势，产量随着灌水量增加显著增加，而水分利用效率在 150 mm 处理时最大；结果末期产量和水分利用效率随着灌水量的增加而逐渐增大。在整个生育期随着灌水量的增加，土壤水分消耗逐渐减少，蒸腾蒸发量逐渐增大，日耗水强度、总产量也随着灌水量的增加而逐渐增加，水分利用效率有先增加后减少的趋势，在 375 mm 处理时达最大。

表 11-23　不同灌水次数处理对设施辣椒耗水规律及水分利用效率的影响

生育期(月-日)	处理	阶段灌水量/mm	土壤水消耗量/mm	阶段耗水量/mm	天数/天	耗水强度/(mm/d)	需水模系数/%	产量/(kg/hm²)	水分利用效率/(kg/m³)
营养生长阶段(1-14～3-12)	6 次	225	−46.4	178.6	58	3.08	32.8	—	—
	9 次	150	−59.3	90.7	58	1.56	18.2	—	—
	12 次	112.5	−27.7	84.8	58	1.46	16.5	—	—
	15 次	150	−44.5	105.5	58	1.82	20.7	—	—
结果前期(3-13～3-25)	6 次	75.0	16.9	91.9	13	7.07	16.9	5015.4	5.46
	9 次	50.0	21.6	71.6	13	5.51	14.4	4313.6	6.03
	12 次	75.0	−2.3	72.7	13	5.59	14.1	5262.8	7.24
	15 次	60.0	−5.1	54.9	13	4.22	10.8	4422.6	8.05

续表

生育期（月-日）	处理	阶段灌水量/mm	土壤水消耗量/mm	阶段耗水量/mm	天数/天	耗水强度/(mm/d)	需水模系数/%	产量/(kg/hm²)	水分利用效率/(kg/m³)
结果盛期（3-26～5-8）	6次	150.0	50.0	200.0	44	4.55	36.8	18 683.1	9.34
	9次	150.0	77.7	227.7	44	5.17	45.8	17 091.8	7.51
	12次	112.5	90.3	202.8	44	4.61	39.4	16 409.9	8.09
	15次	120.0	64.6	184.6	44	4.20	36.2	14 723.9	7.98
结果末期（5-9～7-3）	6次	0.0	73.7	73.7	56	1.32	13.5	6 065.1	8.23
	9次	100.0	7.7	107.7	56	1.92	21.6	6 369.9	5.91
	12次	150.0	4.7	154.7	56	2.76	30.0	6 872.7	4.44
	15次	120.0	44.9	164.9	56	2.94	32.3	6 183.0	3.75
总生育期（1-14～7-3）	6次	450.0	94.22	544.2	172	3.16	100.0	29 763.8	5.47
	9次	450.0	47.64	497.6	172	2.89	100.0	27 775.2	5.58
	12次	450.0	65.05	515.1	172	2.99	100.0	28 545.2	5.54
	15次	450.0	59.9	509.9	172	2.96	100.0	25 329.3	4.97

表 11-24　不同灌水定额处理对设施辣椒耗水规律及水分利用效率的影响

生育期（月-日）	灌水处理/mm	阶段灌水量/mm	土壤水消耗量/mm	阶段耗水量/mm	天数/天	耗水强度/(mm/d)	需水模系数/%	产量/(kg/hm²)	水分利用效率/(kg/m³)
营养生长阶段（1-14～3-12）	75	22.5	31.3	53.8	58	0.93	22.7	—	—
	150	45	44.4	89.4	58	1.54	32.9	—	—
	225	67.5	9.6	77.1	58	1.33	25.9	—	—
	375	112.5	−29.4	83.1	58	1.43	19.4	—	—
	525	157.5	−42.1	115.4	58	1.99	19.9	—	—
结果前期（3-13～3-25）	75	7.5	15.4	22.9	13	1.76	9.7	1442	6.28
	150	15	7.2	22.2	13	1.71	8.2	1887	8.49
	225	22.5	13.5	36.0	13	2.77	12.1	3198	8.88
	375	37.5	5.3	42.8	13	3.29	10.0	4071	9.52
	525	52.5	2.3	54.8	13	4.22	9.5	4065	7.42
结果盛期（3-26～5-8）	75	15	45.7	60.7	44	1.38	25.6	7194	11.85
	150	30	31.6	61.6	44	1.40	22.7	11 352	18.42
	225	45	47.0	92.0	44	2.09	30.9	13 760	14.96
	375	75	61.6	136.6	44	3.11	31.9	19 778	14.47
	525	105	78.2	183.2	44	4.16	31.7	20 352	11.11

续表

生育期（月-日）	灌水处理/mm	阶段灌水量/mm	土壤水消耗量/mm	阶段耗水量/mm	天数/天	耗水强度/(mm/d)	需水模系数/%	产量/(kg/hm²)	水分利用效率/(kg/m³)
结果末期（5-9～7-3）	75	30	69.4	99.4	56	1.78	42.0	1 395	1.40
	150	60	38.3	98.3	56	1.76	36.2	2 490	2.53
	225	90	2.8	92.8	56	1.66	31.1	3 063	3.30
	375	150	16.1	166.1	56	2.97	38.8	5 417	3.26
	525	210	15.4	225.4	56	4.03	38.9	7 509	3.33
总生育期（1-14～7-3）	75	75	161.8	236.8	166	1.43	100	10 031	4.24
	150	150	121.6	271.6	166	1.64	100	15 729	5.79
	225	225	72.9	297.9	166	1.79	100	20 021	6.72
	375	375	53.7	428.7	166	2.58	100	29 264	6.83
	525	525	53.85	578.9	166	3.49	100	31 926	5.52

5）不同灌水次数和灌水定额对设施辣椒品质的影响

维生素C和可溶性糖含量是衡量辣椒营养品质的重要指标。从表11-25的测定结果可以看出，与对照75 mm比较，随着灌水量的增加，维生素C含量持续降低，且525 mm灌水处理维生素C的降幅为−11.2%，与其他处理比较，降幅最大。可溶性糖含量随着灌水量的增加呈现先增加后降低的趋势，灌水150 mm处理的增幅40.7%，灌水225 mm处理的增幅3.11%，灌水375 mm和525 mm的处理，可溶性糖含量低于对照。这说明了适宜的灌水可以提高辣椒的可溶性糖，但灌水量越大，维生素C含量越低。

表11-25　不同灌溉定额对辣椒品质的影响

灌水处理/mm	可溶性糖/(g/100 g)	维生素C/(mg/100 g)	亚硝酸盐
75	3.54	179	未检出
150	4.98	156	未检出
225	3.65	159	未检出
375	3.30	139	未检出
525	2.78	118	未检出

从表11-26的测定结果可以看出，灌水6次的可溶性糖和维生素C含量明显高于其他处理。这可能是在辣椒生长的结果期没有得到及时的水分补偿，造成了辣椒结果期的水分亏缺，使得辣椒可溶性糖和维生素C含量大大提高。由于灌溉定额一样，随着灌水次数的增加，单次灌水量的减少，辣椒可溶性糖含量增加，维生素C含量减少。结合不同处理辣椒产量分析，灌水12次，灌水量225mm可得到较好的辣椒品质。

表 11-26 不同灌溉次数对辣椒品质的影响

处理	可溶性糖/(g/100 g)	维生素 C/(mg/100 g)	亚硝酸盐
6 次	6.55	229	未检出
9 次	2.38	143	未检出
12 次	2.66	137	未检出
15 次	3.45	125	未检出

6）不同灌水定额和不同灌水次数对设施辣椒土壤水分动态变化情况

不同灌水定额条件下设施辣椒土壤水分含量变化情况不一样。在辣椒生育期内，灌水量少的处理对土壤水分消耗的相对多一些，随着灌水量的增加，对土壤水分的消耗逐渐减少，并且土壤储水量变化的深度一般为 0～120 cm，不同灌水处理间变化明显。120～180 cm各处理土壤水分变化不明显。在设施辣椒生长的不同时期，对土壤水分的消耗也不一样，0～80 天内，土壤储水量变化不明显，因为营养生长期植株小，蒸腾蒸发量相对较少，灌溉水能基本满足植株生长需要，植株从土壤中吸收的水分较少。随着生育期的后移，辣椒植株变大，蒸腾蒸发量也随之变大，灌水较少的处理不能满足植株的需水要求，因此从土壤中吸收的水分也增大（图 11-22～图 11-26）。

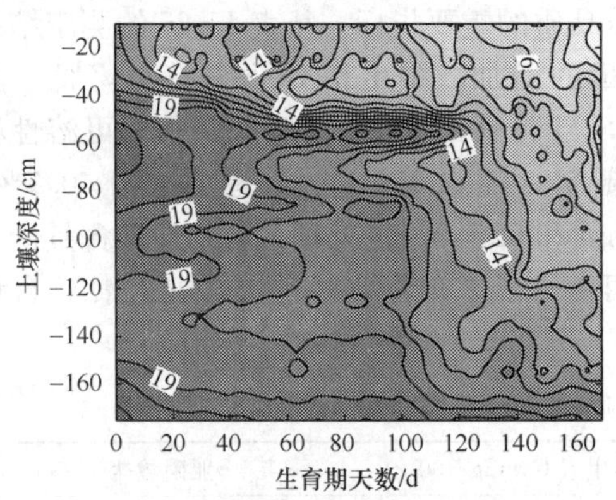

图 11-22 灌溉量 75 mm 处理下设施辣椒生育期内土壤水分动态变化

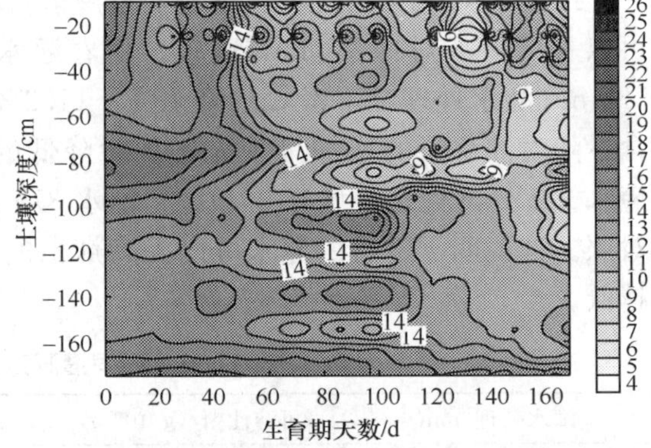

图 11-23 灌溉量 150 mm 处理下设施辣椒生育期内土壤水分动态变化

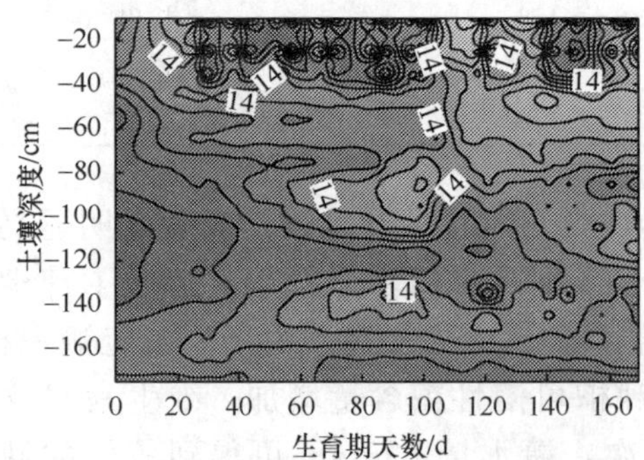

图 11-24 灌溉量 225 mm 处理下设施辣椒生育期内土壤水分动态变化

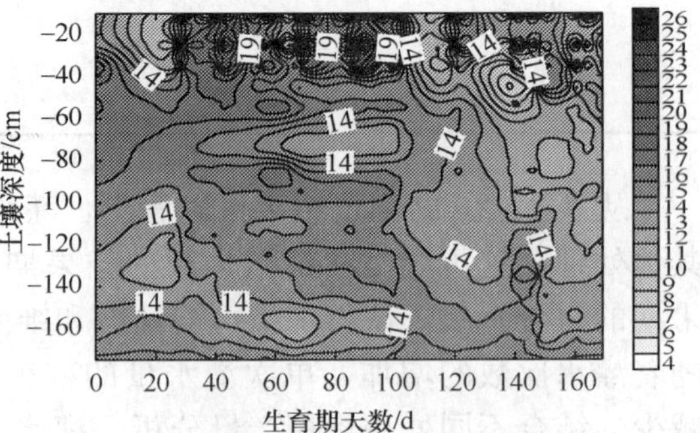

图 11-25 灌溉量 325 mm 处理下设施辣椒生育期内土壤水分动态变化

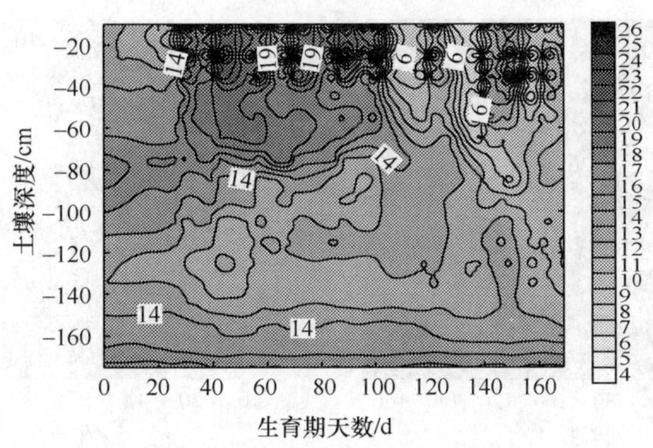

图 11-26　灌溉量 525 mm 处理下设施辣椒生育期内土壤水分动态变化

从表 11-27 可以看出，各不同灌水处理下 0～60 cm 土壤储水量变化情况不同，灌水量 75 mm 处理消耗的土壤水分最大，整个生育期达到了 71.1 mm，高于其他灌水处理，并且随着灌水量的增加，0～60 cm 土壤水分消耗逐渐减少。这反映了适当减少灌水量，使辣椒生长在水分亏缺状态下，可以促进辣椒根条数和长度增加，吸收更多的土壤水。设施辣椒收获结束时，各处理 0～120 cm 土壤储水量随着灌水量的增加而增加，而土壤水分的消耗则随着灌水量的增加而明显减少，各处理 0～120 cm 土壤的水分消耗量分别占 0～180 cm 土壤水分消耗量的 81.1%、86.1%、88.8%、96.1%和 85.0%。各处理 0～180 cm 土壤储水量变化与 0～120 cm 土壤储水量变化趋势相同，灌水量 75 mm的处理生育期消耗土壤水最多，达到 161.8 mm。

表 11-27　不同灌水定额条件下各层土壤储水量变化情况　　(单位：mm)

灌水处理	0～60 cm 土壤储水量变化			0～120 cm 土壤储水量变化			0～180 cm 土壤储水量变化		
	开始	结束	土壤水分消耗	开始	结束	土壤水分消耗	开始	结束	土壤水分消耗
75	108.2	37.1	71.1	228.7	97.3	131.4	345.6	183.8	161.8
150	106.6	56.7	49.9	209.7	105.1	104.6	306.5	184.9	121.6
225	100.7	63.4	37.3	211.3	146.6	64.7	321.2	248.3	72.9
375	97.4	69.8	27.6	192.4	140.8	51.6	278.5	224.8	53.7
525	83.7	59.5	24.2	175.3	129.5	45.8	260.8	206.9	53.9

此外，不同灌水次数条件下，不同时期的设施辣椒对土壤水分存在显著的差别。从图 11-27 至图 11-30 可以看出，在统一灌溉定额、不同灌溉次数处理下，设施辣椒生育期里耗水量不同，对土壤储水量的影响也存在很大的差别。前期 0～80 天土壤储水量变化不大，在设施辣椒生长后期，随着植株个体增大，蒸腾蒸发量也随着有很大的变化，灌水次数不同，导致灌水间隔也不同，灌水次数少的，灌水间隔时间长，就需要从土壤里吸收水分，以满足辣椒植株生长的需要。

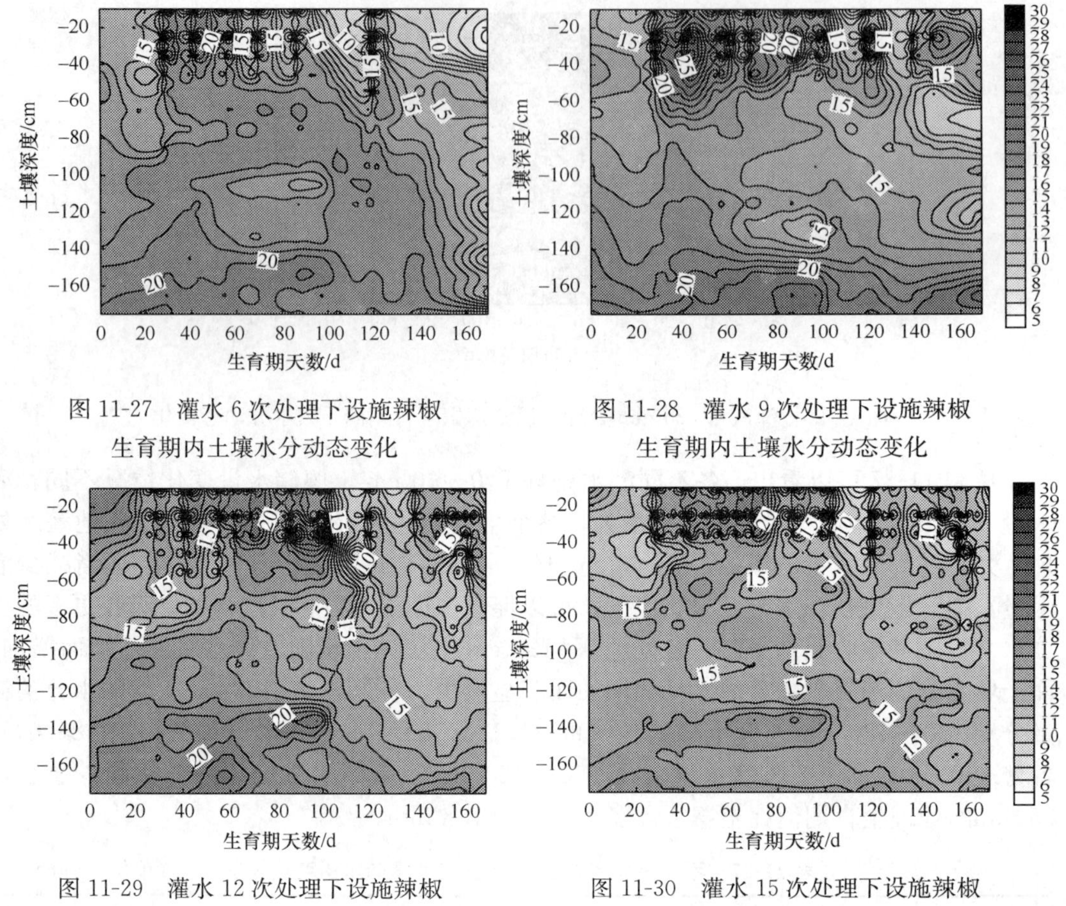

图 11-27　灌水 6 次处理下设施辣椒生育期内土壤水分动态变化

图 11-28　灌水 9 次处理下设施辣椒生育期内土壤水分动态变化

图 11-29　灌水 12 次处理下设施辣椒生育期内土壤水分动态变化

图 11-30　灌水 15 次处理下设施辣椒生育期内土壤水分动态变化

试验结果表明（表 11-28），不同灌水次数处理下，0～60 cm 土壤储水量变化差别不大，并且随着灌水次数的增多，土壤水分的消耗逐渐增加。0～120 cm、0～180 cm 土壤储水量变化差别相近，以灌水 6 次的土壤水分消耗量最大，除了灌水 12 次的异常外，其他处理都表现为随着灌水次数的增多，土壤水分消耗而逐渐减少。

表 11-28　不同灌水次数条件下各层土壤储水量变化情况　　(单位：mm)

灌水处理	0～60 cm 土壤储水量变化			0～120 cm 土壤储水量变化			0～180 cm 土壤储水量变化		
	开始	结束	土壤水分消耗	开始	结束	土壤水分消耗	开始	结束	土壤水分消耗
6 次	98.2	53.6	44.7	201.5	133.7	67.8	314.7	220.4	94.2
9 次	97.9	100.7	−2.8	197.2	178.2	19.0	314.4	282.9	31.5
12 次	113.9	90.6	23.3	208.7	168.3	40.4	320.1	263.6	56.5
15 次	87.7	70.3	17.4	177.3	147.4	29.9	278.5	244.6	33.9

7）设施辣椒节水灌溉制度的确定

从两年的设施辣椒田间试验，有关设施辣椒各个生育阶段土壤水分对植株生长、干物质积累、光合作用、产量及水分利用效率和品质影响的系统分析，可以明确得出设施辣椒的开花坐果期和盛果期是设施辣椒日耗水量、阶段需水量最大时期（表11-29）。

表 11-29　宁夏干旱区设施辣椒高效节水灌溉制度

茬口	灌水时期	灌溉定额/(m^3/亩)	灌水定额/(m^3/亩)	灌水次数	灌溉周期/天
保护地（长茬）	苗期	12～15	12～15	1	15
	开花坐果期	22～25	10～15	2	12
	结果初期	75～84	25～28	3	10
	结果盛期	125～140	25～28	5	8
	结果末期	75～84	25～28	3	12
	合计	309～348		14	
保护地（秋冬茬、冬春茬）	苗期	12～15	12～15	1	15
	开花坐果期	22～30	10～15	2	12
	结果初期	50～60	15～20	3	10
	结果盛期	100～120	25～30	4	8
	结果末期	50～60	25～30	2	10
	合计	234～280		12	

4. 结论

对于干旱缺水宁夏干旱带，通过温室建造，并发展节水灌溉，是协调土壤“水、肥、气、热”矛盾，获取设施作物栽培节水、增产、高效的理想途径。

通过田间试验，不同灌水定额、不同灌水次数处理的设施辣椒的耗水规律均表现为前期小、中期大、末期小的变化规律，各处理需水高峰期均出现在结果盛期。每天需水量为 4～6 mm。这是因为在适宜灌溉条件下，需水强度主要随气温的升高、植株体的增大和蒸腾力的增强而加大。由于在适宜的灌溉条件下，蒸腾蒸发量主要随气温的升高、植株体的增大和蒸腾力的增强而加大。在结果盛期，正值 4 月下旬至 5 月中旬，温室气温为 17～30℃，植株迅速长大，耗水强度也随之增大，植株的生长状况逐渐由营养生长、生殖生长并进转变为生殖生长为主的生长趋势。大量的果实在此期趋向成熟，故需水量也最大，到结果末期，随着果实的不断采摘，植株体逐渐转向衰老，内部生理活动亦在减缓，需水强度开始下降，日需水量也随之降低。

随着灌水量的增加，蒸腾蒸发量增加，株高、茎粗、生物量和产量均呈先增加后降低的趋势。其中以 375 mm 的灌水量增幅最大，增产效果最明显，虽然水分利用率仅为 6.83kg/m^3，较对照降低，但其经济效益明显高于其他处理。因此，灌水量达到 375 mm时，灌水次数为 9～12 次，即可达到增产节水的目的。

（三）设施茄子耗水规律与水分利用效率的研究

在对不同灌溉模式对茄子生长和水分利用效率的影响方面，前人进行了很多相关的研究，杜社妮等（2005）对生长在日光温室的茄子进行了常规灌溉、固定灌溉和交替隔沟灌溉 3 种灌溉处理，研究了不同灌溉对茄子的生长和水分利用效率的影响。结果表明，交替隔沟灌溉的叶面积、叶片数、叶绿素含量、光合速率、产量、水分利用率最高，产量比常规灌溉和固定灌溉分别增高 19.52%和 25.35%。水分利用率为 21.98%，比常规灌溉和固定灌溉分别提高 139.17%和 25.39%。交替隔沟灌溉使根系不同区域干湿交替出现，使茄子部分根系处于暂时轻度水分胁迫时产生的根源信号物质 ABA，运输到地上部叶片调节气孔开度，减少蒸腾耗水（Aujla et al.，2007；Kirnak et al.，2001）。另外，通过干湿交替，有利于促进根系的均匀生长分布，增加根与土壤的接触面积，有利于根系对土壤中营养元素和水分的吸收，从而提高了水分和肥料的利用效率和茄子产量。固定灌溉由于不灌沟的土壤长期处于水分亏缺状态，在一定程度上影响了根系在土壤中的均匀分布，不利于不灌沟土壤中养分的吸收和利用。常规灌溉的灌水量大，定植行和操作行经常处于湿润状态，使土壤的通透性变差，降低了根系的吸收能力，从而影响了土壤中养分的吸收和利用（刘贤赵等，2005；Res，2002）。李波等（2009）研究表明，渗灌条件下当土壤水分控制范围在田间持水量的 55%～65%（开花着果期）和田间持水量的 65%～75%（结果期）时，茄子长势良好，其产量较相同水分处理下沟灌增产 17%，且水分利用效率最高，分别为其他优选灌溉处理组合的 1.12 倍、1.38 倍和 1.37 倍。膜下灌水和施肥结合在一起，以水促肥，以肥调水，能明显地提高产量和水分、肥料的利用率（Aujla et al.，2007；Chartzoulakis and Drosos，1995）。

温室中影响茄子叶片光合特性的因素很多，在水分对茄子叶片光合特性方面前人也进行了很多相关研究，不同基因型的茄子水分利用效率和光合速率不同（王益奎等，2009）。有机生态型无土栽培茄子幼苗的生长量、光合特性和荧光系数均高于土壤栽培（聂书明等，2008）。

在晴好的天气里，茄子茎直径都是白天收缩，傍晚、夜间复原或膨胀，而且这种微变化动态与植株体内的水分状况密切相关，不同土壤含水量条件下植株茎胀缩的幅度存在明显差异。高水分条件下，植株茎收缩幅度小，复原能力强；低水分条件下，植株茎收缩幅度大，恢复能力差。茎直径变化对环境因子水汽压差的响应比较敏感，二者呈正相关关系，与叶水势、叶片相对含水量呈极显著正相关关系（孟兆江等，2006）。

在对茄子灌溉水源方面，生活污水经过处理后以黄河水对照进行茄子灌溉试验。试验结果表明，生活污水灌溉可改善土壤结构，提高土壤肥力（齐广平，2001），使茄子总根数增加 12%，根长增长 13%，增产 60%，商品性也明显提高（缪绅裕和陈桂珠，1997）。低浓度的盐水（NaCl）对茄子产量和品质影响不显著，浓度超过 1%会降低茄子的产量和品质（Savvas and Lenz，2000；Shalhevet et al.，1983）。

然而，关于日光温室膜下滴灌灌溉制度的研究报道所见不多，生产中仍依据传统的灌水模式或未覆膜时的滴灌灌溉制度。但膜下滴灌减少了棵间蒸发损失，增强了有效蒸腾作用，使作物需水规律发生了变化，所以日光温室膜下滴灌不能完全套用传统的灌溉模式。基于上述原因，本试验对日光温室膜下滴灌茄子需水规律进行了研究。

1. 材料与方法

试材材料为茄子（品种为快圆），2009 年 9 月 20 日移栽，采用田间试验，水源是引黄水经过 20 万 m^3 大蓄水池首次沉淀，经渠道从大蓄水池引水至大棚里小蓄水池，利用微型潜水泵加压，通过滴管灌溉茄子根部。灌溉定额试验共设 6 个处理，3 次重复；灌溉次数试验共设 4 个处理，3 次重复。小区面积 2.8 m×6 m=16.8 m^2，每小区之间用油毡隔断，深 1 m，以防止水分侧渗。其他管理措施同大田。

2. 试验设计

（1）固定灌水次数和每次灌水时期，采用不同的灌水定额。

灌水次数：设施茄子 10 次；

灌水时期（月-日）：10-28、11-15、12-2、12-28、1-18、2-3、2-19、3-5、3-19、4-1、4-16、5-7、5-21、6-4、6-20。

每次灌水定额：处理 1，7.5 mm；处理 2，15 mm；处理 3，30 mm；处理 4，45 mm；处理 5，60 mm。

（2）固定每次灌水时期和灌水定额，采用不同的灌水次数。

灌水时期：苗期、花期、盛果期。

灌溉定额：675 mm。

灌水次数：处理 1，10 次（结果前期 10 天/次、结果期 10 天/次）；处理 2，13 次（结果前期 10 天/次、结果期 8 天/次）；处理 3，15 次（结果前期 10 天/次、结果期 7 天/次）；处理 4，17 次（结果前期 10 天/次、结果期 6 天/次）；处理 5，20 次（结果前期 10 天/次、结果期 5 天/次）。

3. 测试内容与方法

（1）样品数据采集。在中间代表性较强的小区中间选 10 株，进行设施茄子生理和产量等指标数据的收集分析。

（2）测量内容。设施茄子主要测产量、生理、形态指标和品质指标、单株产量、单果重、单果径、小区产量、植株干鲜重。叶绿素含量（每株三片叶片），每小区测量 5 株。叶绿素荧光每小区测量五株。株高和茎粗：施肥后的 10 天、20 天、30 天开始测。在茄子的生长期间分别于 2009 年 12 月 16 日和 2010 年 4 月 7 日 2 次测量不同处理的株高、叶数、叶绿素含量、光合速率、气孔导度、蒸腾速率等指标。叶绿素含量用日本叶绿素计 SPAD-502 测定，光合速率、气孔导度、蒸腾速率用美国产 LI-640 便携式光合仪测定，其余的采用常规方法测定。

4. 结果与分析

1）不同灌水定额和不同灌水次数对茄子耗水规律的影响

a. 不同灌溉定额对茄子耗水规律的影响

从图 11-31 可以看出在设施茄子生长发育的各个时期，耗水量也不同，并且在各个时期随着灌水定额的增加，茄子的耗水量也在增加，特别是在结果初期、结果盛期，各处理间的茄子耗水量存在显著性的差异。

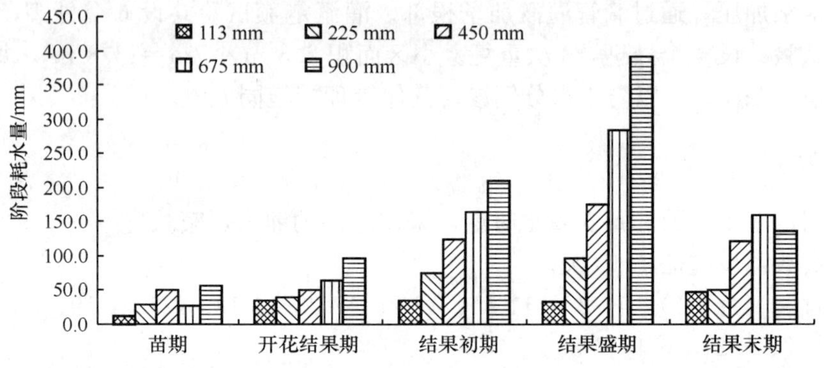

图 11-31　不同灌水定额条件下设施茄子不同生育时期的耗水量

由图 11-32 可以看出：不同灌水定额条件下设施茄子不同生育期的日耗水量不同，总体上在茄子的生长发育的各个时期，日耗水量都随着灌溉定额增加而增加，并且各个处理最大日耗水量时期也不尽相同，灌溉量 113 mm 的处理最大日耗水量在开花结果期，随着各处理灌水量的增加最大日耗水量的时期逐渐后延。灌水量 900 mm 的处理日耗水最大量在结果盛期。其原因是灌溉量 113 mm 的处理，茄子一直处于水分亏缺状态中，在开始阶段由于有土壤水的利用，茄子的生长发育受到的影响不大，而在开花结果期，茄子开始进入营养生长和生殖生长齐头并进的状态，加上茄子的植株个体的逐渐变

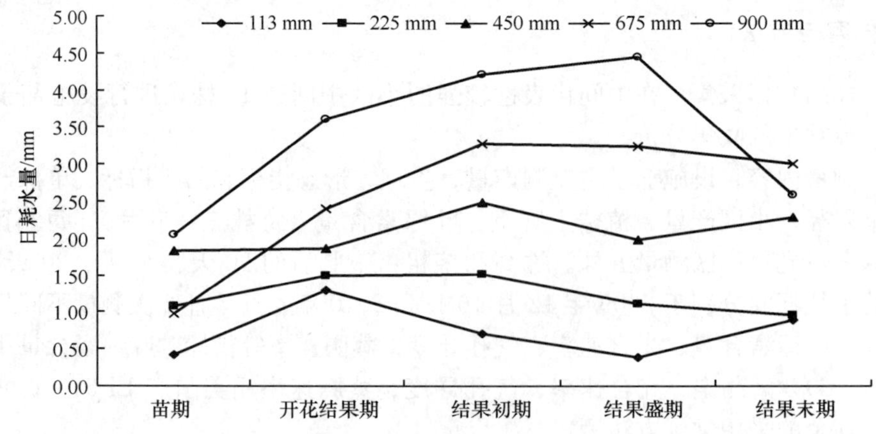

图 11-32　不同灌水定额条件下设施茄子不同生育时期的日耗水强度

大，耗水量也逐渐增大。在灌溉量为 900 mm 的处理下，茄子生长一直处于水分盈余状态，从苗期至结果盛期，水分日耗水量为逐渐增加的趋势，充足的水分供应导致该处理的根系量、根长、根条数相对其他灌水量小的处理要少得多，加上在结果末期根系的老化，所以900 mm处理的日耗水量反而低于灌溉量为 675 mm 处理的日耗水量。

由图 11-33 可知，在苗期、开花结果期随着灌水定额的增加，各处理该阶段耗水量占生育期总耗水量比例有逐渐减少的趋势，结果初期各灌水定额处理阶段耗水量占生育期总耗水量的比例基本持平。在结果盛期随着灌水定额的增加耗水比例也逐渐呈现升高的趋势，在结果末期，各处理耗水比例又有逐渐下降的趋势。

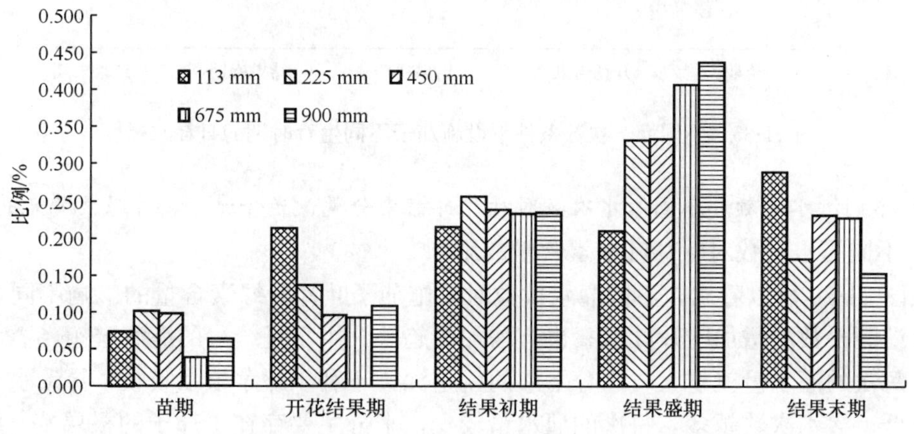

图 11-33　不同灌水定额处理下阶段耗水量占总生育期耗水量的比例

b. 不同灌溉次数对茄子耗水规律的影响

从图 11-34 和图 11-35 可以看出，在设施茄子生长发育的各个时期，在统一的灌水量下，不同灌溉次数对茄子阶段耗水量、日耗水强度的影响不显著。在苗期、结果盛期随着灌溉次数的增多，阶段耗水量有逐渐减少的趋势。日耗水强度从苗期、开花结果期、结果初期一直到结果盛期都是逐渐增多的。

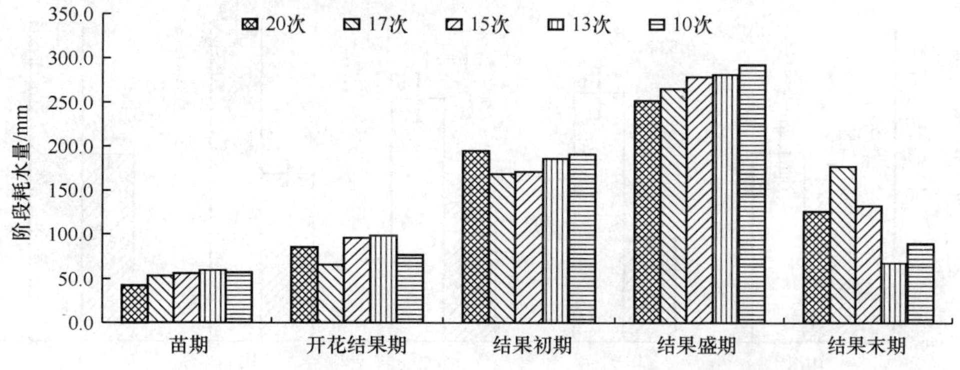

图 11-34　不同灌水次数条件下设施茄子不同生育时期的耗水量

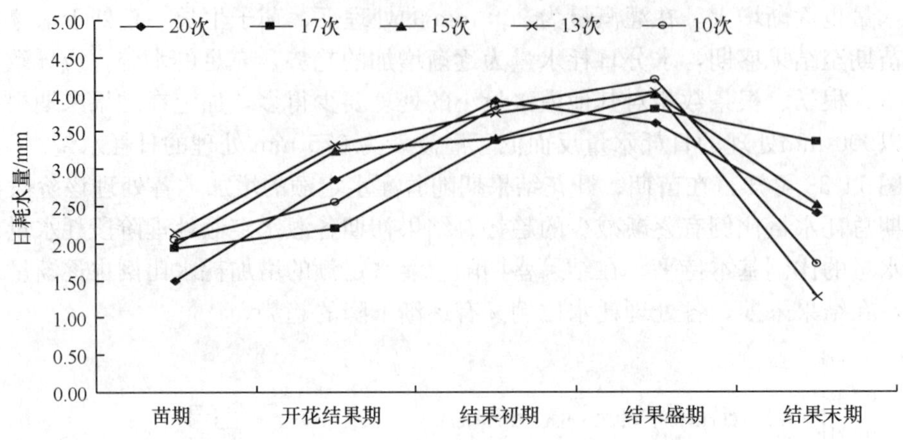

图 11-35　不同灌水次数条件下设施茄子不同生育时期的日耗水强度

2）不同灌水定额和不同灌水次数对叶片叶绿素含量、光合速率、叶绿素荧光的影响

a. 不同灌水次数对叶片叶绿素含量的影响

从图 11-36 可以看出，不同灌水次数对设施茄子叶片叶绿素含量的影响不同，表现为随着灌溉次数的增加叶片叶绿素也有增加的趋势。由于是统一的灌溉定额，灌水次数越少，每次的灌水量就越大，水分下渗的就越深，不利于蔬菜根系吸收，导致水分利用效率变低。灌水次数越多，每次的灌水量较少，水分主要存在于茄子的根层 0～40 cm，易被作物吸收，水分利用效率较高。在 2009-12-16 苗期测量中，灌水次数对叶片叶绿素含量的影响不显著，原因是茄子苗期需水量不多，灌水时间间隔在土壤中的水分能够满足茄子的生长需要。2010-4-7 测量结果表明，随着生育期的延后，灌溉 17 次和 20 次的处理叶绿素含量极显著地高于 10 次处理的，灌溉 15 次和 13 次的叶绿素含量高于灌溉 10 次的，但是影响不显著。此时，茄子已进入盛果期，需水量大，灌水次数少的处理，由于灌水间隔时间长，根层土壤水分已制约了茄子的生长，加上本来灌水次数较

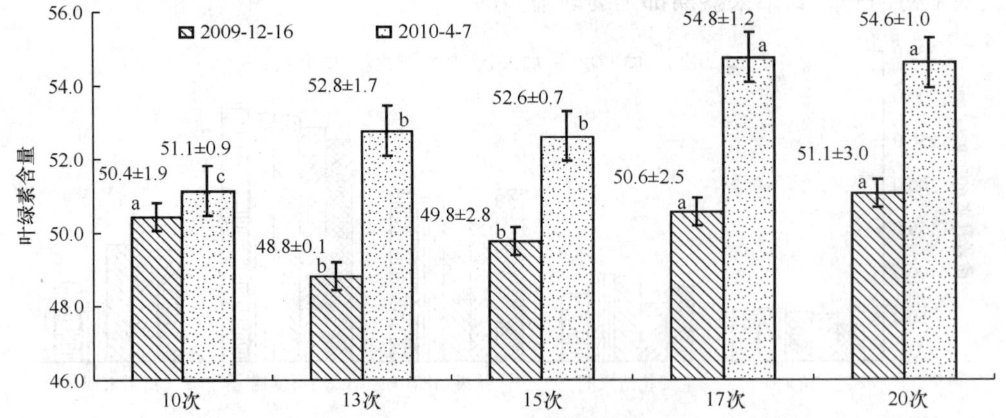

图 11-36　不同灌水次数对设施茄子叶绿素含量的影响

图中不同小写字母表示同一年份内叶绿素含量在 5%水平达差异显著，后同

少，水分利用效率就不高。

b. 不同灌水定额对茄子叶片叶绿素含量的影响

从图 11-37 可以看出，不同灌水定额对设施茄子叶绿素含量的影响不同，随着灌水定额的增加，茄子叶绿素含量总体上有先增加后减少的趋势。2009-12-16 测量结果可以看出，不同灌水处理对茄子叶绿素含量的影响不显著。2010-4-7 测量结果表明，当灌溉定额为 675 mm 和 900 mm 时，其叶绿素含量显著高于灌溉定额为 113 mm 和225 mm时的对应值，这是由于茄子苗期需水量不多，灌水量较少的处理加上土壤中的水分能够满足茄子的生长需要。在 2010-4-7 时茄子已经进入盛果期，茄子的植株变得很大，茄子需水量增大，灌水次数少的处理，由于灌水间隔时间长，根层土壤水分已经制约了茄子的生长，加上本来灌水次数较少，它的水分利用效率就不高。

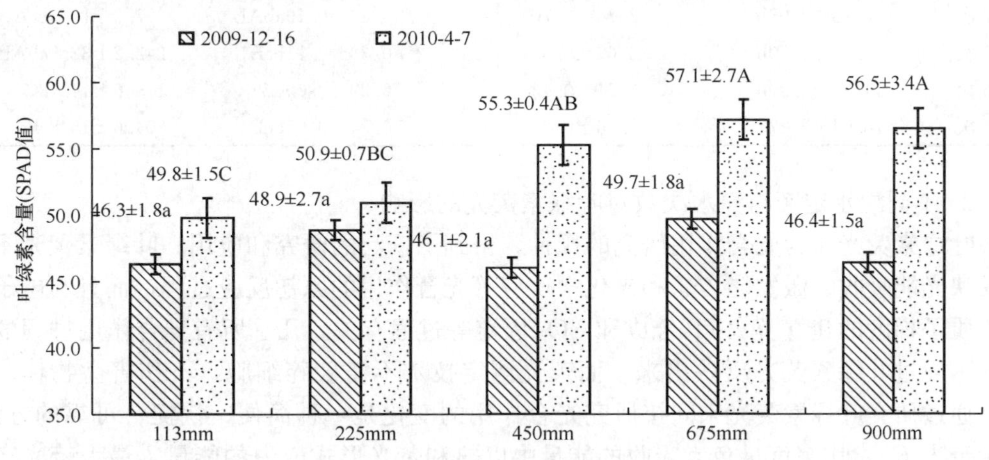

图 11-37　不同灌水定额对设施茄子叶绿素含量的影响

c. 不同灌水定额和不同灌水次数对叶片光合作用的影响

水为光合作用的原料，水分多少影响着作物光合速率的变化，水分亏缺使光合速率下降，水分过多使土壤通气不良，妨碍根系活动，从而间接影响作物的光合作用。通过分析灌水定额对光合作用的影响（表 11-30）表明，不同灌水对设施茄子叶片光合速率有极显著的影响，随着灌水定额的增加光合速率有逐渐减少的趋势，蒸腾速率与气孔导度的变化趋势相近，并不和光合速率的变化一致，这表明在设施大棚栽培模式下气孔导度、蒸腾速率与光合速率之间不存在显著的正相关关系，气孔导度在一定范围内的变化，不会对茄子的光合速率造成很大影响。细胞间 CO_2 浓度与光合速率呈负相关关系，相关系数为－0.93。

表 11-30　不同灌水定额对茄子光合速率、蒸腾速率、气孔导度、细胞间 CO_2 浓度的影响

处理 /mm	光合速率 Pn /[μmolCO_2/(m^2·s)]	蒸腾速率 Tr /[mmolCO_2/(m^2·s)]	气孔导度 Gs /[molCO_2/(m^2·s)]	细胞间 CO_2 浓度 Ci/(μmol/mol)
113	14.18±2.88A	2.08±0.07b	0.21±0.08a	211.0±6.2bcB
225	12.50±1.83AB	2.37±0.20ab	0.23±0.16a	203.7±13.8cB
450	10.01±1.31BC	2.40±0.56ab	0.24±0.14a	251.3±36.2abAB
675	9.54±1.51BC	2.10±0.13b	0.21±0.02a	243.7±26.7abcAB
900	8.19±0.80C	2.68±0.14a	0.26±0.04a	271.0±15.7aA

灌水次数对光合作用的影响（表 11-31）表明，不同灌水次数对设施茄子叶片光合速率存在极显著影响。随着灌水次数增加光合速率有逐渐减少的趋势，不同灌溉次数对茄子的蒸腾速率影响不显著，但随着灌溉次数的增加，蒸腾速率也逐渐增强。气孔导度与细胞间 CO_2浓度的变化趋势相近，并不和光合速率的变化一致，表明在设施大棚栽培模式下蒸腾速率、细胞间 CO_2浓度与光合速率之间不存在显著的正相关关系，气孔导度在一定范围内的变化，不会对茄子的光合速率造成很大影响。

表 11-31　不同灌水次数对茄子光合速率、蒸腾速率、气孔导度、细胞间 CO_2浓度的影响

处理	光合速率 Pn /[μmolCO_2/(m^2 · s)]	蒸腾速率 Tr /[mmolCO_2/(m^2 · s)]	气孔导度 Gs /[molCO_2/(m^2 · s)]	细胞间 CO_2 浓度 Ci/(μmol/mol)
20 次	11.48±0.58b	3.80±0.60a	0.60±0.19a A	261.0±20.7a A
17 次	14.23±3.98b	3.76±0.70a	0.43±0.19abAB	227.6±19.6bcAB
15 次	12.18±1.50b	3.61±0.55a	0.33±0.11bcB	242.2±32.6abAB
13 次	14.25±2.20b	3.51±0.42a	0.22±0.09cB	175.6±14.4dC
10 次	18.04±2.27a	3.46±0.28a	0.34±0.05bcB	204.6±15.8cBC

d. 不同灌水定额与灌水次数对叶绿素荧光的影响

叶绿素荧光作为光合作用研究的探针，得到了广泛的研究和应用。叶绿素荧光不仅能反映光能吸收、激发能传递和光化学反应等光合作用的原初反应过程，而且与电子传递、质子梯度的建立及 ATP 合成和 CO_2 固定等过程有关。几乎所有光合作用过程的变化均可通过叶绿素荧光反映出来，而荧光测定技术不需破碎细胞，不伤害生物体。因此，通过研究叶绿素荧光来间接研究光合作用的变化是一种简便、快捷、可靠的方法。初始荧光 F_o常用来度量色素吸收的能量中以热和荧光形式散失的能量，最大荧光产量 F_m 反映的是通过 PSⅡ的电子传递情况。可变荧光 F_v 的大小及其变化过程与 PSⅡ的原初反应过程，特别是其电子受体 Q_A的氧化还原状态密切相关，代表可参与 PSⅡ光化学反应的光能辐射部分。

由表 11-32 可以看出，随着灌水量的增加，F_o有着先减少后增加的趋势，即在 113～450 mm 处理间 F_o有减少的趋势，表明色素吸收的能量中以热和荧光形式散失的能量逐渐减少，更多的能量用于叶片的光合作用。反之，在 450～900 mm 处理时 F_o有增加的趋势，表明色素吸收的能量中以热和荧光形式散失的能量逐渐增加，用于叶片光合作用的能量减少；F_m 随着灌水定额的增加有先增加后减少的趋势，即在 113～450 mm处理间 F_m 有增加的趋势，表明在此灌溉区间里，灌水量的增加，促进了 PSⅡ的电子传递。反之，在 450～900 mm 处理时，F_m 有减少的趋势，表明 PSⅡ受到损伤或部分失活，通过 PSⅡ的电子传递受到抑制，甚至电子流被中断；F_v 随着灌水量的增加，变化趋势与 F_m 的变化趋势相似，即在 113～450 mm 处理间 F_v 有增加的趋势，表明在此灌溉区间里，灌水量的增加，促进了 PSⅡ反应中心 Q_A 氧化态数量增加，使 $Q_A \rightarrow Q_B$传递电子的能力增强。在 450～900 mm 处理下研究结果则相反。F_v/F_m、F_v/F_o和 F_m/F_o分别代表 PSⅡ原初光能转化效率、潜在活性和捕获激发能的效率，是研究植物胁迫的重要参数。这表明不同灌水定额处理下设施茄子叶片 PSⅡ原初光能转化效率（F_v/F_m）、PSⅡ的潜在活性（F_v/F_o）和开放的PSⅡ捕获激发能的效率（F_m/F_o）有着先增加后减少的趋势。F_v/F_m 是PSⅡ最大光化学量子产量，反映PSⅡ反应中心内光能转换效率或称最大PSⅡ的光能转换效率，其变化代表PSⅡ光化学效率的变化，是光合作用是否抑制程度的重要指标之一。不同灌水定额处理下设施茄子叶片叶绿素荧光参数 F_v/F_m、F_v/F_o 和 F_m/F_o 的变化分析表明，适宜的增加灌水量能提高PSⅡ原初光能转换效率，提高光合速率。反之，如果灌水过多，PSⅡ原初光能转换效率降低，潜在活性中心受损，从而抑制了设施茄子叶片光合作用的原初反应。

表 11-32 不同灌水定额对茄子叶片叶绿素荧光参数的影响

处理	F_o	F_m	F_v	F_v/F_m	F_v/F_o	F_m/F_o
113 mm	113.0±11.8aA	320.4±27.1a	220.4±26.3a	0.686±0.032a	2.21±0.29a	3.21±0.29a
225 mm	117.4±28.7aA	311.8±47.3a	227.8±55.7a	0.722±0.072a	2.81±0.99a	3.81±0.99a
450 mm	100.6±5.1aA	341.6±32.4a	247.0±38.8a	0.719±0.048a	2.66±0.62a	3.66±0.62a
675 mm	112.0±7.3aA	306.8±42.2a	226.6±38.6a	0.735±0.030a	2.82±0.42a	3.82±0.42a
900 mm	107.0±7.6aA	331.3±31.4a	231.8±35.9a	0.697±0.059a	2.42±0.81a	3.42±0.81a

由表 11-33 可以看出，随着灌水次数的增加，F_o 总体上有着先减少后增加的趋势，即在10～15次处理间 F_o 有减少的趋势，表明色素吸收的能量中以热和荧光形式散失的能量逐渐减少，更多的能量用于叶片的光合作用。反之，在15～20次处理下，F_o 有先增加后减少的趋势，表明色素吸收的能量中以热和荧光形式散失的能量逐渐增加，用于叶片光合作用的能量减少；F_m 随着灌水次数的增加有先减少后增加的趋势，即在10～15次处理间 F_m 有减少的趋势，表明PSⅡ受到损伤或部分失活，通过PSⅡ的电子传递受到抑制，甚至电子流被中断。反之在15～20次处理，F_m 有增加的趋势，表明在此灌溉区间里，灌水量的增加促进了PSⅡ的电子传递；F_v 随着灌水次数的增加，变化趋势与 F_m 的变化趋势相似，即在10～15次处理间 F_v 有减少的趋势，表明在此灌溉区间里，灌水次数的增加，反映了PSⅡ反应中心 Q_A 氧化态数量减少，使 $Q_A \rightarrow Q_B$ 传递电子的能力下降。在15～20次处理下各对应值的变化则相反。不同灌水次数处理下设施茄子叶片叶绿素荧光参数 F_v/F_m、F_v/F_o 和 F_m/F_o 的变化分析表明，适宜的增加灌水次数能提高PSⅡ原初光能转换效率，提高光合速率（表 11-33）。

表 11-33 不同灌水次数对茄子叶片叶绿素荧光参数的影响

灌水次数	F_o	F_m	F_v	F_v/F_m	F_v/F_o	F_m/F_o
10次	99.5±14.9aA	444.0±22.7a	337.0±23.8a	0.758±0.021a	3.17±0.35a	4.17±0.35a
13次	80.2±5.6cB	424.0±35.1a	312.0±35.2a	0.734±0.026a	2.80±0.36a	3.80±0.36a
15次	94.6±9.6abAB	404.2±23.5a	303.6±25.8a	0.750±0.022a	3.03±0.36a	4.03±0.36a
17次	84.0±12.0bcAB	431.8±25.4a	314.4±29.7a	0.728±0.059a	2.82±0.79a	3.82±0.79a
20次	100.0±6.0aA	441.4±57.3a	382.4±51.2a	0.742±0.028a	2.91±0.39a	3.91±0.39a

3）*不同灌水定额和不同灌水次数对设施茄子产量和水分利用效率的影响*

从表 11-34 可知，不同灌水定额处理下，设施茄子的蒸腾蒸发量不同，随着灌水定额的增加蒸腾蒸发量逐渐升高，并且对土壤水的消耗有着先增加后减少的趋势；不同灌水量处理对设施茄子产量的影响不同，灌溉量 900 mm 处理的产量比 113 mm 处理的有显著的提高，增产达到 16 985 kg/hm²，增幅 31.5%；不同灌溉定额下设施茄子水分的利用率也不同，随着灌水量的增加水分利用效率逐渐减少，灌溉 113 mm 的处理水分利用率最高为 22.1 kg/m³，比灌溉量 900 mm 的高出 3.17 倍。根据效益最大原则，设施茄子最佳的灌溉定额应为 450～675 mm。

表 11-34　不同灌水定额对设施茄子产量和水分利用效率的影响

处理/mm	移栽前土壤蓄水量/mm	收获后土壤蓄水量/mm	土壤水分变化/mm	灌水量/mm	蒸腾蒸发量 ET/mm	产量			WUE/(kg/m³)
						实产/(kg/hm²)	增产/(kg/hm²)	增幅/%	
113	312.9	262.6	−50.3	113	162.85	53 948c	—	—	22.1
225	295.5	227.5	−68	225	292.98	65 189ab	11 241.1	20.8	14.8
450	337.2	240.4	−96.8	450	546.8	70 313ab	16 365.6	30.3	8.6
675	276.3	251.7	−24.6	675	699.6	69 675ab	15 727.3	29.2	6.6
900	326.3	333.6	7.3	900	892.71	70 933a	16 985.0	31.5	5.3

从表 11-35 可知，不同灌水次数处理下，设施茄子的蒸腾蒸发量不同，随着灌水次数的增加蒸腾蒸发量逐渐减少，并且对土壤水的消耗总体有着增加的趋势。不同灌水次数处理对设施茄子产量的影响不同，灌溉 20 次处理的产量比 10 次处理的有明显的提高，增产不显著，增产达到 11 499.84 kg/hm²，增幅 17.3%，不同灌溉次数下设施茄子水分的利用率也不同，随着灌水次数的增多水分利用效率逐渐增加，灌溉次数 20 次的处理水分利用效率最高为 7.4 kg/m³，比灌溉次数 10 次的处理高出 23.3%。

表 11-35　不同灌水定额对设施茄子产量和水分利用效率的影响

处理	移栽前土壤蓄水量/mm	收获后土壤蓄水量/mm	土壤水分变化/mm	灌水量/mm	蒸腾蒸发量 ET/mm	产量			WUE/(kg/m³)
						实产/(kg/hm²)	增产/(kg/hm²)	增幅/%	
10 次	322.9	265.7	−57.2	675	732.18	66 244ab	—	—	6.0
13 次	319.8	298.4	−21.4	675	696.43	70 451ab	4 207.68	6.35	6.7
15 次	341.0	279.7	−61.3	675	736.26	69 485ab	3 241.2	4.89	6.3
17 次	345.9	290.2	−55.7	675	730.67	73 404ab	7 159.92	10.81	6.7
20 次	346.1	319.5	−26.6	675	701.62	77 744a	11 499.84	17.36	7.4

4）*不同灌水定额和不同灌水次数对设施茄子土壤水分动态变化情况*

各层土壤消耗的水分及所占土壤总耗水量的比例也不同，具体如图 11-38 至图 11-42所示，说明设施茄子吸收土壤水主要在 0～120 cm 土层中。各灌水处理设施茄子消耗 0～60 cm 土壤水分的实际值及所占土壤总耗水量的比例变化差别不大，消耗 60～120 cm 的土壤水分实际值及所占土壤总耗水量的比例变化随着灌水量的增加逐渐减少。

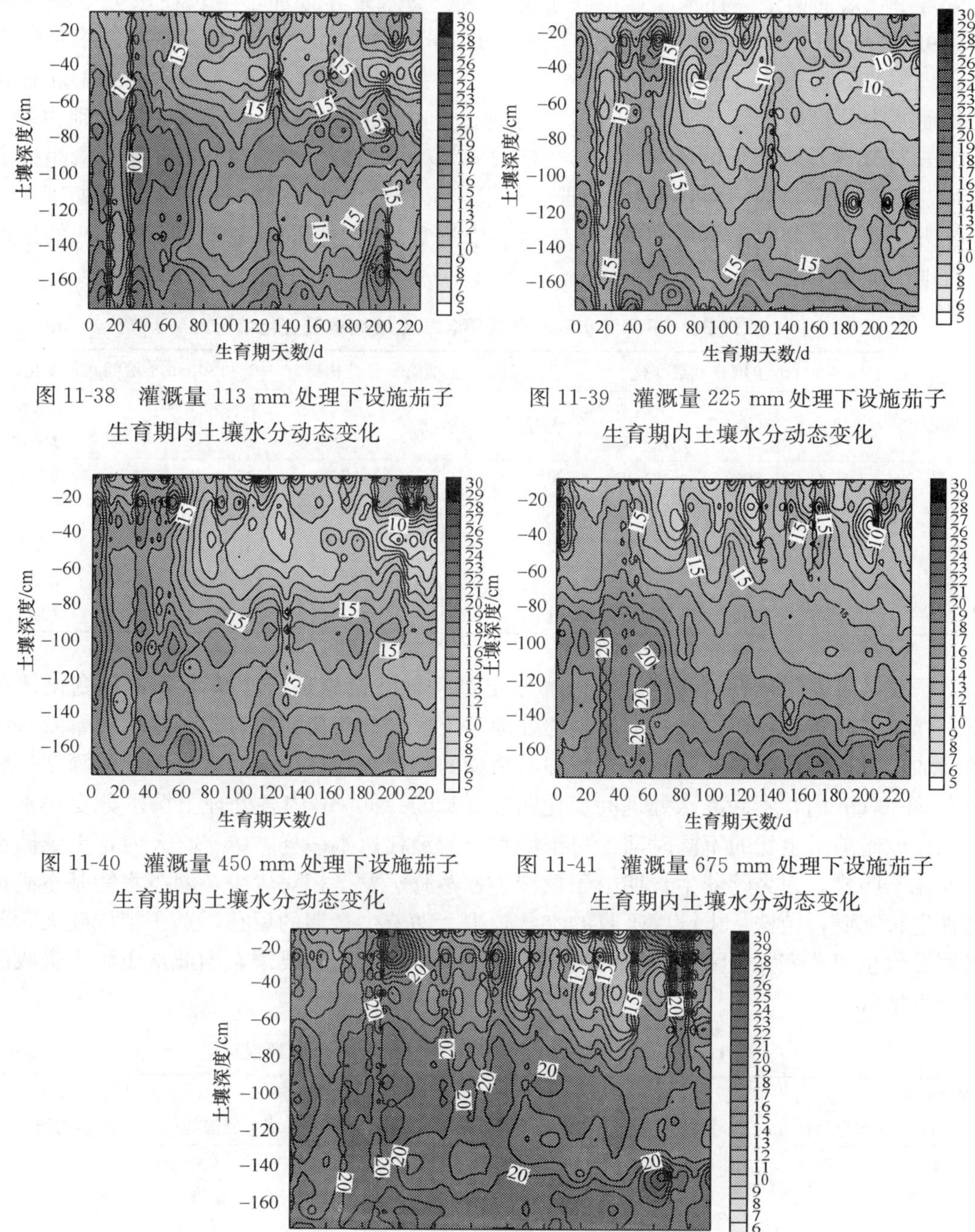

图 11-38　灌溉量 113 mm 处理下设施茄子生育期内土壤水分动态变化

图 11-39　灌溉量 225 mm 处理下设施茄子生育期内土壤水分动态变化

图 11-40　灌溉量 450 mm 处理下设施茄子生育期内土壤水分动态变化

图 11-41　灌溉量 675 mm 处理下设施茄子生育期内土壤水分动态变化

图 11-42　灌溉量 900 mm 处理下设施茄子生育期内土壤水分动态变化

从表 11-36 可以看出各不同灌水处理下 0～60 cm 土壤储水量变化情况不同。灌水量450 mm处理消耗的土壤水分最大，整个生育期达到了 41.3 mm，高于其他灌水处理，并且随着灌水量的增加，0～60 cm 土壤水消耗有着先增加后减少的趋势，在900 mm灌水处理下，反而向土壤补水。这反映了适当减少灌水量导致茄子生长在水分亏缺状态下，可以促进茄子根条数和长度增加，吸收更多的土壤水，严重水分亏缺抑制根系的生长。设施茄子收获结束时，各处理 0～120 cm 土壤水分的消耗则随着灌水量的增加有先增加后减少的趋势，113～675 mm 的各处理 0～120 cm 土壤的水分消耗量分别占 0～180 cm 土壤水分消耗量的 78.3%、68.4%、75.7%和 112.3%。900 mm 灌水量超过了设施茄子蒸腾蒸发量，并且超过的部分有限，只补充 0～60 cm 的深度。各处理 0～180 cm土壤储水量变化与 0～120 cm 土壤储水量变化趋势相同，灌水量 450 mm 的处理生育期消耗土壤水最多，达到 96.8 mm。

表 11-36 不同灌水定额条件下各层土壤储水量变化情况 (单位：mm)

灌水处理	0～60 cm 土壤储水量变化			0～120 cm 土壤储水量变化			0～180 cm 土壤储水量变化		
	开始	结束	土壤水分消耗	开始	结束	土壤水分消耗	开始	结束	土壤水分消耗
113	111.4	89.5	21.9	200.1	160.7	39.4	312.9	262.6	50.3
225	109.0	76.6	32.4	188.0	141.5	46.5	295.5	227.5	68.0
450	121.8	80.5	41.3	222.3	149.0	73.3	337.2	240.4	96.8
675	81.1	73.5	7.6	169.4	144.9	24.5	273.5	251.7	21.8
900	121.0	129.0	−8.0	218.8	215.4	3.4	326.3	333.6	−7.3

研究结果表明（表 11-37），不同灌水定额条件下设施茄子土壤水分含量变化情况不一样。在茄子生育期内，灌水量少的处理对土壤水分消耗的相对多一些，随着灌水量的增加，对土壤水分的消耗有着先增加后减少的趋势，并且土壤储水量变化的深度一般在 0～120 cm 内，不同灌水处理间变化明显。120～180 cm 内各处理土壤水分变化不明显。在设施茄子生长的不同时期，对土壤水分的消耗也不一样，0～80 天内，土壤储水量变化不明显，因为营养生长期由于植株小，蒸腾蒸发量相对较少，灌溉水能基本满足植株生长需要，植株从土壤中吸收的水分较少。随着生育期的后移，茄子植株变大，蒸腾蒸发量也跟着变大，灌水较少的处理不能满足植株的需水要求，因此从土壤中吸收的水分也增大。

表 11-37 不同灌水定额条件下各层土壤水分消耗变化

灌水处理/mm	0～60 cm 土壤水分消耗/mm	所占土壤总耗水量的比例/%	60～120 cm 土壤水分消耗/mm	所占土壤总耗水量的比例/%	120～180 cm 土壤水分消耗/mm	所占土壤总耗水量的比例/%
113	21.9	43.5	17.5	34.7	11.0	21.8
225	32.4	47.7	14.0	20.6	21.5	31.7
450	41.3	42.6	32.1	33.1	23.5	24.3
675	7.6	35.0	16.9	77.3	−2.7	
900	−8.0		11.4		−10.7	

此外，不同灌水次数条件下，不同时期的设施茄子对土壤水分存在显著的差别。从图 11-43～图 11-47 可以看出，在统一灌溉定额和不同灌溉次数处理下，在设施茄子生育期里耗水量不同，对土壤储水量的影响也存在很大差别。前期0～80 天土壤储水量变

化不大，在设施茄子生长后期，随着植株个体增大，蒸腾蒸发量也随着有很大的变化，灌水次数不同，导致灌水间隔也不同，灌水次数少的，灌水间隔时间长，就需要从土壤里吸收水分，以满足茄子植株生长的需要。

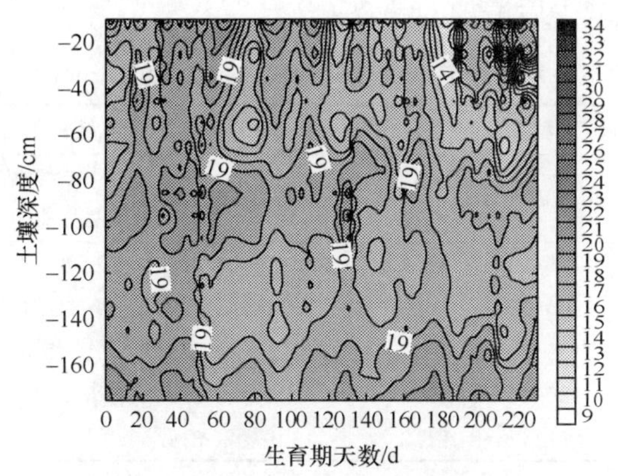

图 11-43　灌水 11 次处理下设施茄子生育期内土壤水分动态变化

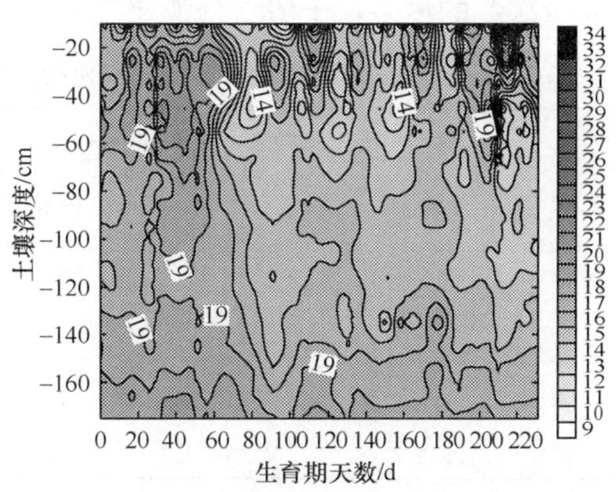

图 11-44　灌水 13 次处理下设施茄子生育期内土壤水分动态变化

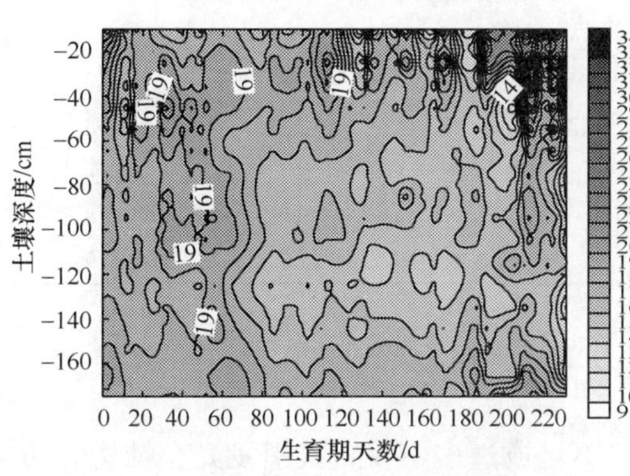

图 11-45　灌水 15 次处理下设施茄子生育期内土壤水分动态变化

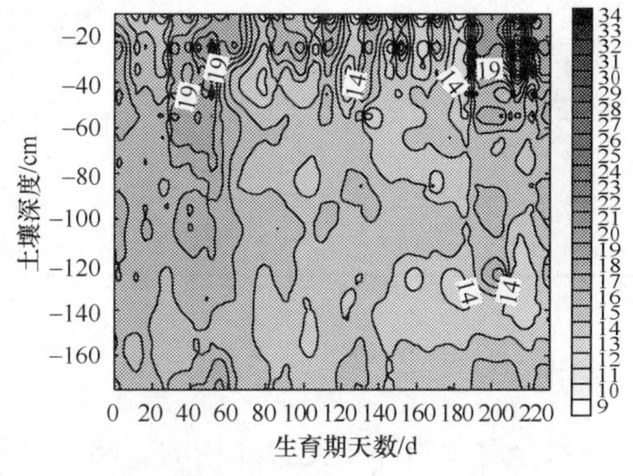

图 11-46　灌水 17 次处理下设施茄子生育期内土壤水分动态变化

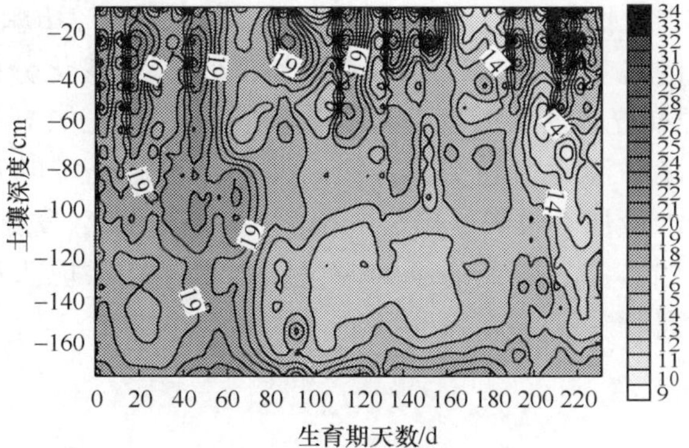

图 11-47　灌水 20 次处理下设施茄子生育期内土壤水分动态变化

在不同灌水次数处理下（表 11-38，表 11-39），0～60 cm 土壤储水量变化差别大，并且随着灌水次数的增多，土壤水分的消耗有先减少后增加的趋势。0～120 cm、0～180 cm 土壤储水量变化差别相近，以灌水 10 次处理的土壤水分消耗量最大，表现为随着灌水次数的增多，土壤水分消耗表现为先减少后增加的趋势。

表 11-38　不同灌水次数条件下各层土壤储水量变化情况　（单位：mm）

灌水次数	0～60 cm 土壤储水量变化			0～120 cm 土壤储水量变化			0～180 cm 土壤储水量变化		
	开始	结束	土壤水分消耗	开始	结束	土壤水分消耗	开始	结束	土壤水分消耗
10 次	109.7	91.6	18.1	210.0	170.3	39.7	322.9	265.7	57.2
13 次	106.6	111.9	−5.3	213.9	206.0	7.9	319.8	298.4	21.4
15 次	103.1	109.8	−6.7	208.7	195.3	13.4	321.2	279.7	41.5
17 次	115.9	99.1	16.8	226.0	186.2	39.8	345.9	290.2	55.7
20 次	109.2	94.1	15.1	222.7	201.4	21.3	346.1	319.5	26.6

表 11-39　不同灌水次数条件下各层土壤水分消耗变化

灌水处理	0～60 cm 土壤水分消耗/mm	所占土壤总耗水量的比例/%	60～120 cm 土壤水分消耗/mm	所占土壤总耗水量的比例/%	120～180 cm 土壤水分消耗/mm	所占土壤总耗水量的比例/%
10 次	18.1	31.6	21.6	37.8	17.5	30.5
13 次	−5.3	−24.6	13.2	61.4	13.6	63.2
15 次	−6.7	−16.1	20.2	48.6	28.0	67.6
17 次	16.8	30.2	22.9	41.2	15.9	28.5
20 次	15.1	56.7	6.3	23.5	5.3	19.8

5. 结论

水分对设施茄子光合作用的影响，水分的不足或过多不仅直接引发光合结构和功能的异常，同时也影响光合电子的传递。不同灌水量对叶绿素含量的影响，在苗期影响不显著，在结果期灌水量为 675 mm 和 900 mm 的处理叶绿素含量比 113 mm 处理的有其显著的提高。随着灌水量增加，F_o 有着先减少后增加的趋势。F_m、F_v 随着灌水定额的增加有先减少后增加的趋势。 F_v/F_m、F_v/F_o 和 F_m/F_o 的变化分析表明，适宜的增加灌水量能提高 PSⅡ原初光能转换效率，提高光合速率。反之如果灌水过多，PSⅡ原初光能转换效率降低，潜在活性中心受损，从而抑制了设施茄子叶片光合作用的原初反应。因此，最佳的灌水量应为 450～675 mm。根据灌溉水对设施茄子叶片光合特性、产量及水分利用效率的影响，以及茄子的阶段耗水量、耗水规律和不同阶段日耗水强度，制定设施茄子的灌溉制度（表 11-40）。

表 11-40　宁夏干旱区设施茄子高效节水灌溉制度

茬口	灌水时期	灌溉定额/(m^3/亩)	灌水定额/(m^3/亩)	灌水次数	灌溉周期/天
保护地（长茬）	苗期—开花期	72～80	18～20	4	10
	结果初期	80～88	20～22	4	7
	结果盛期	132～150	22～25	7	6
	结果末期	112～130	20～22	5	6
	合计	396～448		20	
保护地（秋冬茬、冬春茬）	苗期—开花期	72～80	18～20	3	10
	结果初期	80～88	20～22	4	8
	结果盛期	110～135	22～25	5	7
	结果末期	100～115	22～25	4	8
	合计	362～418		16	

（四）设施黄瓜耗水规律与水分利用效率的研究

黄瓜是设施温室栽培中一种主要的果菜类蔬菜，产量高、采收和供应期长，宁夏设施黄瓜的栽培占有较大面积。灌溉是设施黄瓜生产过程中重要的一项农艺措施，但在实际生产过程中，蔬菜生产者往往对灌溉没有足够的重视，水分管理比较粗糙，仅凭经验对蔬菜进行灌溉、施肥，粗放的水肥管理导致温室黄瓜灌水量大、肥料流失严重，造成地下水的污染（王柳等，2007）。特别是设施大棚蔬菜生产过程中，不仅造成水分浪费，而且由于灌水过大，引起保护地土壤和空间湿度加大，蔬菜的生长发育受到影响，诱发病害的发生，一方面可造成减产，另一方面为了防治病虫害，加大了农药的使用量，蔬菜产品的质量级别下降（郭文忠等，2005）。因此，加强对蔬菜生产过程中水分的管理对于蔬菜产品的优质高产具有重要的意义。

日光温室黄瓜交替隔沟灌溉可以减少土壤水分的深层渗漏、土壤表面水分蒸发，植株蒸腾速率也略有下降，而植株光合作用没有受到明显影响，使同化产物有利于向果实分配，产量与对照持平，果实商品性和营养品质也有所提高。交替隔沟灌溉可节水37%～48%，作物水分利用效率提高47%～82%（曹琦等，2010）。高频率灌水显著增加了黄瓜株高、单株果实产量、平均单瓜重以及产量，但减少了的茎粗、干物质积累和水分利用率。适宜的灌溉频率即是在滴灌条件下灌溉频率为6天对于增加叶片的叶绿素含量、干物质积累和水分利用率是有利的（郭文忠等，2007）。日光温室膜下滴灌和沟灌方式下种植黄瓜的耗水量、产量相差很大，灌溉方式对温室环境有较大影响，灌溉后的差异更明显。与畦灌相比，渗灌处理白天地温可提高3.73℃，滴灌处理可提高2.27℃；白天气温滴灌处理提高4.35℃，渗灌处理提高2.36℃，夜间渗灌处理的气温平均比畦灌处理提高0.5℃左右，相对湿度滴灌降低5%，渗灌降低9%；根长和根长密度，渗灌和滴灌处理明显优于畦灌处理，盛瓜期0～15 cm的根长以滴灌的最长，达440.17 cm，畦灌的最短，只有269.28 cm；15～30 cm根长，渗灌处理最长，畦灌处理最短。黄瓜植株生长状况和产量，渗灌和滴灌处理都极显著地高于畦灌处理，提高了水分生产率（韦彦等，2007）。

滴灌作为一种灌水方式在日光温室中被广泛应用，其优越性已被大量研究结果所证明。滴灌可使作物根系层的水分条件始终处在最优状态下，而避免了其他灌水方式产生的周期性水分过多和水分亏缺的情况，同时能够保持土壤具有良好的透气性，能调节土壤水、气、热，有利于作物生长发育，使作物缓苗快，为作物根系的生长发育提供了良好的生长条件，从而能够协调作物地上和地下部分的生长，为提高作物产量奠定了基础（常英祖和赵元忠，2006）。常莉飞和邹志荣（2007）试验结果表明，日光温室黄瓜采取膜下滴灌的灌溉方式，比传统的沟灌具有节水、省工、增温和控制棚内湿度的特点。地膜覆盖栽培在我国已有十多年的历史，地膜覆盖对作物的有益效应包括提早成熟期、保墒、增温、抑盐、增产和减少病虫害等功效（赵淑银和郭克贞，1994）。

膜下滴灌是将先进的覆膜种植技术与滴灌技术相结合的产物，初步的研究和示范推广显示膜下滴灌技术具有明显的节水增产效果。试验研究表明黄瓜膜下滴灌比沟灌节水，增产省工，膜下滴灌仅为沟灌用水量的 75%，增产可达 36.8%（贺忠群等，2003）。膜下滴灌能改变农田生态环境，使黄瓜病毒危害减轻，是增产、增值、防止病害的有效途径，其经济效益显著。日光温室夏黄瓜在膜下滴灌条件下，生长发育过程中的耗水量为 120 mm 左右，日耗水强度为 3.04～4.68 mm。每隔 4～5 天灌 1 次水，灌水定额为 15 mm（张西平等，2005）。灌水量对黄瓜生长、黄瓜果实产量和果实品质均有极显著影响，而灌水周期的影响不显著，灌水周期和灌水量二者的交互作用也没有显著影响。随灌水量的增加，黄瓜的产量和品质均呈现先升后降的趋势，黄瓜产量与灌水量、作物耗水量均存在二维抛物线关系（张自坤等，2008）。然而关于日光温室膜下滴灌灌溉制度的研究报道所见不多，生产中仍依据传统的灌水模式或未覆膜时的滴灌灌溉制度。但膜下滴灌减少了棵间蒸发损失，增强了有效蒸腾作用，使作物需水规律发生了变化，所以日光温室膜下滴灌不能完全套用传统的灌溉模式。基于上述原因，本试验对日光温室膜下滴灌黄瓜需水规律进行了研究。

1. 材料与方法

1）试验设计

试材为黄瓜（品种为博耐 33），2008 年 1 月 5 日移栽，采用田间试验，水源是引黄水经过 20 万 m^3 大蓄水池首次沉淀，经渠道从大蓄水池引水至大棚里小蓄水池，利用微型潜水泵加压，通过滴管灌溉黄瓜根部。灌溉定额试验共设 6 个处理，3 次重复；灌溉次数试验共设 4 个处理，3 次重复。小区面积 2.8 m×6 m＝16.8 m^2；每小区之间用油毡隔断，深 1 m，以防止水分侧渗。其他管理措施同大田。

2）试验处理

（1）固定灌水次数和每次灌水时期，采用不同的灌水定额。

灌水次数：设施黄瓜 15 次。

灌水时期（月－日）：2-3、2-19、3-5、3-12、3-19、3-26、4-1、4-8、4-16、4-23、5-7、5-14、5-21、6-4、6-20。

灌水定额：处理 1，7.5 mm；处理 2，22.5 mm；处理 3，37.5 mm；处理 4，52.5 mm；处理 5，67.5 mm。

(2) 固定每次灌水时期和灌水定额，采用不同的灌水次数。

灌水时期：苗期、花期、盛果期。

灌溉定额：400 m^3/亩。

灌水次数：处理 1，11 次（幼苗期 15 天/次、开花坐果期 8 天/次、结果期 12 天/次）；处理 2，13 次（幼苗期 15 天/次、开花坐果期 8 天/次、结果期 10 天/次）；处理 3，15 次（幼苗期 10 天/次、开花坐果期 8 天/次、结果期 8 天/次）；处理 4，18 次（幼苗期 10 天/次、开花坐果期 8 天/次、结果期 7 天/次）；处理 5，21 次（幼苗期 10 天/次，开花坐果期 7 天/次，结果期 5 天/次）。

2. 结果与分析

1）不同灌水次数和不同灌水定额对黄瓜株高、茎粗的影响

由图 11-48 可以看出，不同灌水量对设施黄瓜株高影响不同，不同处理间差异性不显著，但随着灌水量的增加呈现先增加再减少的趋势。在黄瓜的不同时期灌水量 562.5 mm的处理的株高最高。不同灌水量对茎粗有显著的影响，在 3 月 21 日时，562.5 mm 的处理的茎粗最粗，显著好于灌溉量为 112.5 mm 处理的。在 5 月 6 日测量时，787.5 mm 处理的茎粗最粗，显著好于灌溉量 112.5 mm 和 1012.5 mm 处理。这说明灌水不足和过量灌水都会影响黄瓜株高和茎粗。综合而言，562.5～787.5 mm 的灌水量较适合黄瓜的株高和茎粗。

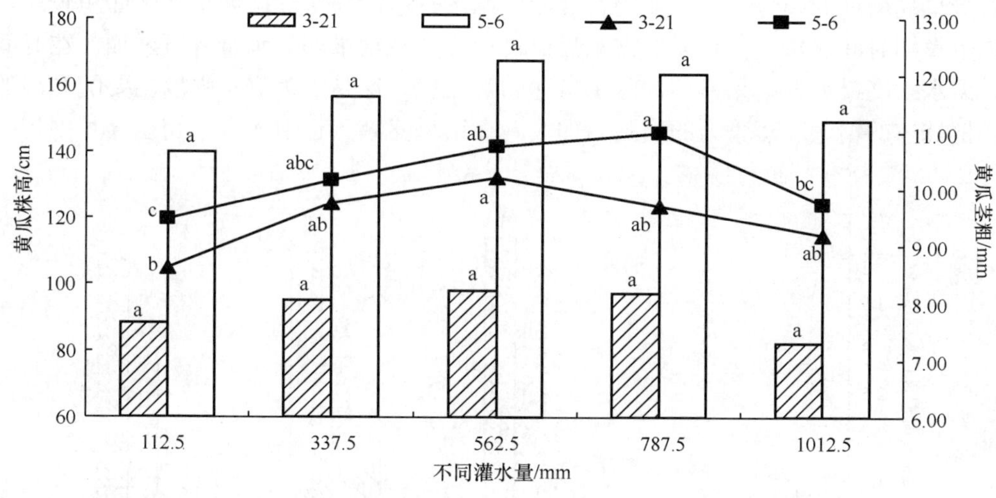

图 11-48　不同灌溉定额对黄瓜株高、茎粗的影响

由图 11-49 可以看出，不同灌水次数对设施黄瓜株高影响不同，不同处理间差异性不显著，但随着灌水次数的增加而株高表现为逐渐减少的趋势。在黄瓜的不同时期灌水 11 次处理的株高最高，不同灌水次数对茎粗有显著的影响。在 3 月 21 日时，13 次和 15 次处理的茎粗最粗，显著高于灌溉 21 次处理的。在 5 月 6 日测量时，各不同灌水次

数处理对茎粗影响不显著，但是随着灌水次数的增加茎粗逐渐减少。

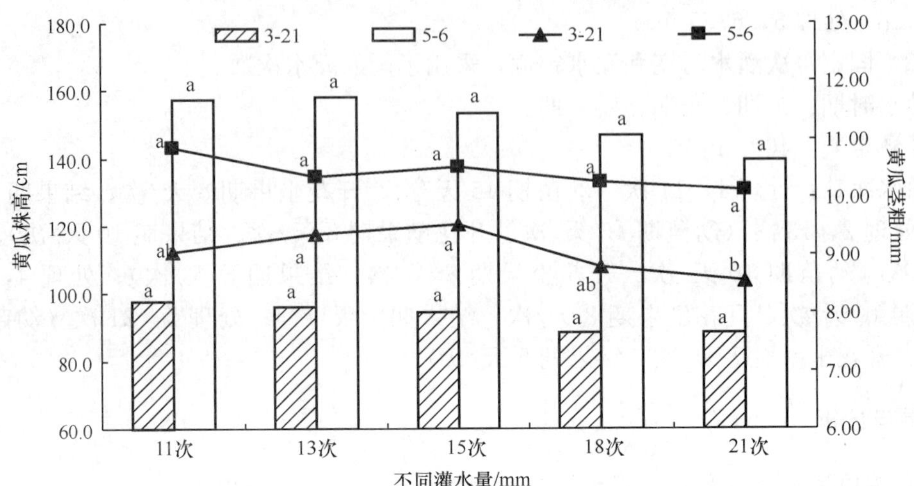

图 11-49　不同灌溉次数对黄瓜株高、茎粗的影响

2）不同灌溉定额下设施黄瓜需水规律的研究

通过田间试验，研究设施蔬菜不同生育阶段的需水规律，节水灌溉对设施黄瓜产量的影响，探求不同区域设施黄瓜需水规律。由图 11-50 得知，在不同灌溉定额条件下，日光温室黄瓜的需水规律均表现为前期小、中期大、后期小的变化规律。在不同时期，耗水强度随着灌水量的增加而增加，随生育阶段延续，植株生长和外界气温增加，蒸腾蒸发量呈现增加的趋势，且前期增长缓慢后期增长速度加快。苗期植株叶面积较小，同时该生育期时间最短，生育期的需水量比较小，开花结果期需水量有所增加，在时间最长、需水强度最高的结果盛期，需水量达到最大值。这是因为需水强度主要随气温的升高、植株体的增大和蒸腾力的增强而加大。在结果盛期，正值 4 月下旬至 5 月中旬，温

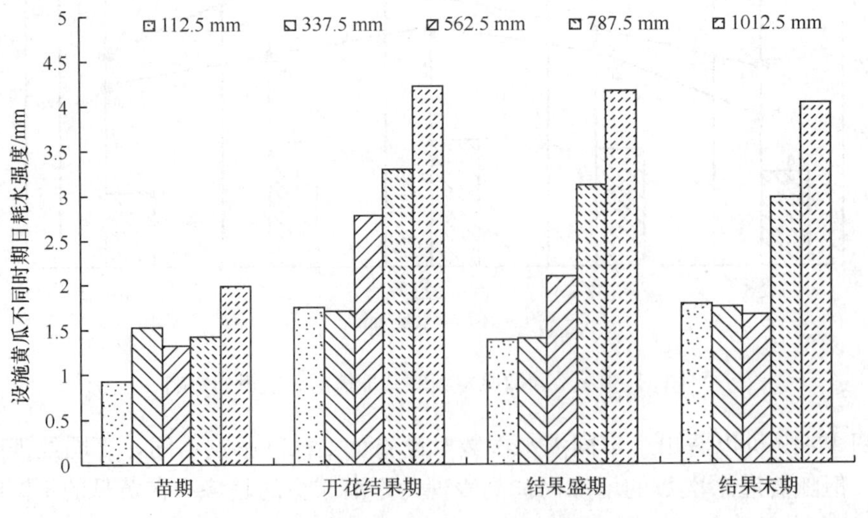

图 11-50　设施黄瓜不同灌溉定额条件下耗水强度

室气温为17～30℃，植株迅速长大，需水强度也随之增大，植株的生长状况逐渐由营养生长、生殖生长并进转变为生殖生长为主的生长趋势。大量的果实在此期趋向成熟，故需水量也最大，到结果末期，随着果实的不断采摘，植株体逐渐转向衰老，内部生理活动亦在减缓，需水强度开始下降，日需水量也随之降低。

3）不同灌水定额和不同灌水次数对设施黄瓜叶片叶绿素含量的影响

从图11-51和图11-52可知，不同灌水定额对设施黄瓜的叶绿素相对含量的影响不显著。不同灌水次数对设施黄瓜的叶绿素相对含量的影响不显著，但是随着灌水次数的增加，2009年12月16和2010年4月7日测量结果，随着灌水次数的增加，黄瓜叶绿素含量表现为先增加后减少的趋势。

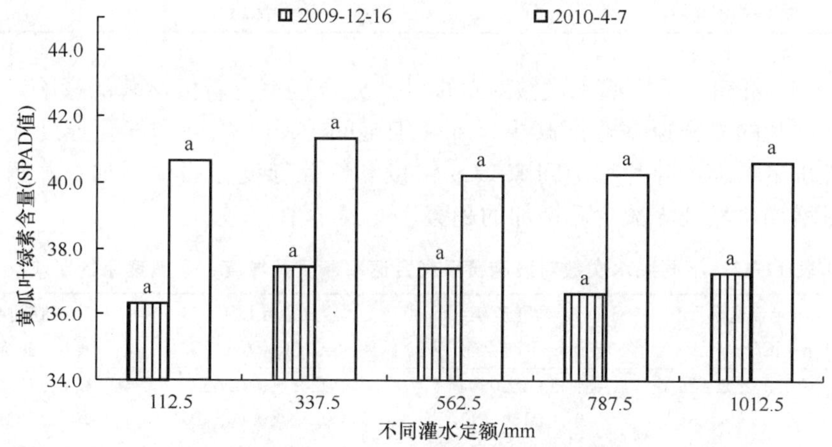

图11-51　不同灌水处理下黄瓜叶片叶绿素含量

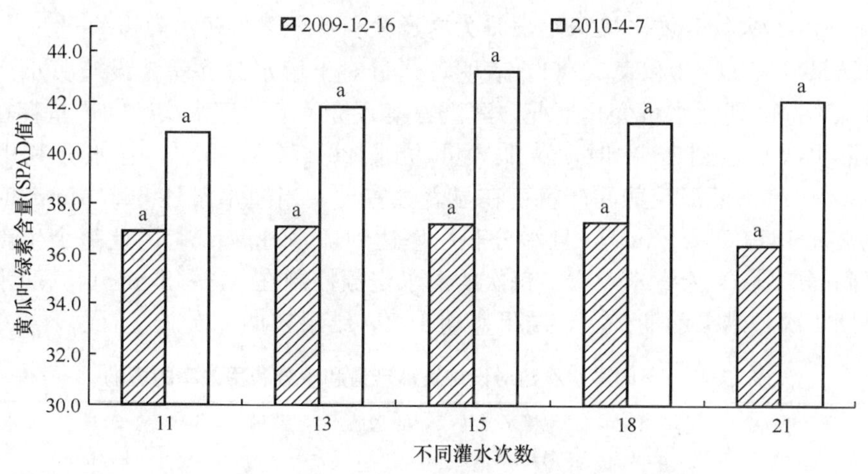

图11-52　不同灌水频率下黄瓜叶片叶绿素含量

4）不同灌水定额和不同灌水次数对设施黄瓜叶片光合特性的影响

由表11-41可知，不同灌水量对黄瓜叶片光合速率有极显著的影响，随灌水量的增加，叶片的光合速率逐渐减少；蒸腾速率和气孔导度变化趋势相同，随着灌水量增加，叶片的蒸腾速率和气孔导度极显著地减少；叶片细胞间隙CO_2浓度随着灌水量增加，表现为先减少后增加的趋势。

表 11-41　不同灌水定额对设施黄瓜光合速率、气孔导度、蒸腾速率的影响

处理 /mm	光合速率 Pn [μmolCO_2/(m^2·s)]	蒸腾速率 Tr /[mmolCO_2/(m^2·s)]	气孔导度 Gs /[molCO_2/(m^2·s)]	叶片细胞间 CO_2 浓度 Ci/(μmol/mol)
112.5	14.26±3.10aA	2.96±0.12aA	0.31±0.025aA	212.6±22.3aA
337.5	13.21±3.12aAB	2.59±0.21bB	0.25±0.029bB	184.8±51.2abA
562.5	11.76±1.76abAB	2.07±0.18cC	0.19±0.026cC	172.6±35.6bA
787.5	11.68±2.53abAB	1.93±0.09cC	0.17±0.013cC	172.6±52.8bA
1012.5	8.18±1.09bB	2.04±0.08cC	0.19±0.015cC	234.5±7.5aA

由表 11-42 可知，不同灌水次数对黄瓜叶片光合速率有着极显著的影响，随着灌水次数增加，叶片的光合速率逐渐减少；叶片细胞间隙CO_2浓度和气孔导度变化趋势相同，随着灌水量增加，叶片细胞间隙CO_2浓度和气孔导度显著地增加；蒸腾速率浓度随着灌水量增加，呈现先减少后增加的趋势。

表 11-42　不同灌水次数对设施黄瓜光合速率、气孔导度、蒸腾速率的影响

处理	光合速率 Pn [μmolCO_2/(m^2·s)]	蒸腾速率 Tr /[mmolCO_2/(m^2·s)]	气孔导度 Gs /[molCO_2/(m^2·s)]	叶片细胞间 CO_2 浓度 Ci/(μmol/mol)
11 次	10.96±2.11aA	3.03±0.08aA	0.28±0.015cB	242±17.6aA
13 次	9.64±3.68aA	3.01±0.15aA	0.31±0.018aAB	247±5.4aA
15 次	9.42±4.24aA	2.69±0.18bB	0.29±0.010bcB	255±29.7aA
18 次	8.59±0.67aA	2.90±0.17aAB	0.31±0.030abAB	265±9.3aA
21 次	8.40±2.44aA	3.05±0.06aA	0.33±0.014aA	265±21.1aA

5）*不同灌水次数和灌水定额对设施黄瓜产量和水分利用效率的影响*

研究结果（表 11-43 和表 11-44）表明，通过对土壤水分含量、设施黄瓜产量、耗水量、黄瓜不同时期耗水量变化情况，灌溉方案评价，不同灌水次数间产量存在显著性差异。当灌水次数达到 18 次时，黄瓜产量达到 126 174 kg/hm^2，且水分利用率达到 20.02 kg/m^3。不同灌溉定额间产量存在显著性差异，当灌水量达 562.5 mm 时，黄瓜产量达到最高 181 009 kg/hm^2，且水分利用率达到 33.4 kg/m^3。因此每个生育期开始灌水后，间隔 12～15 天灌水一次，每次的灌水定额控制在 35～45 m^3/亩，灌水时间为开花结果期 1 次，结果前期 2 次，结果盛期 4 次，结果末期 2 次。

表 11-43　不同灌水次数对设施黄瓜产量和水分利用效率的影响

处理	开始 /mm	结束 /mm	土壤水分消耗/mm	灌水量 /mm	蒸散量 ET /mm	产量 /(kg/hm^2)	水分利用率 /(kg/m^3)
11 次	413.4	355.3	58.1	600	658.1	118 200aA	17.96
13 次	418.5	374.2	44.3	600	644.3	122 711aA	19.05
15 次	437.4	409.7	27.7	600	627.7	121 916aA	19.42
18 次	413.8	383.5	30.2	600	630.2	126 174aA	20.02
21 次	403.1	386.4	16.7	600	616.7	124 186aA	20.14

表 11-44　黄瓜不同灌水定额处理产量和水分利用率比较分析

处理/mm	开始/mm	结束/mm	土壤水分消耗/mm	蒸散量 ET/mm	产量/(kg/hm²)	水分利用率/(kg/m³)
112.5	424.6	255.0	169.5	282	163 907aA	58.1
337.5	422.3	365.3	57.0	394.5	170 042aA	43.1
562.5	428.1	448.7	−20.5	542	181 009aA	33.4
787.5	432.6	477.6	−45.0	742.5	179 791aA	24.2
1012.5	459.1	456.0	3.2	1015.7	177 781aA	17.5

6）不同灌水定额和不同灌水次数对设施黄瓜土壤水分动态变化情况

不同灌水定额条件下设施黄瓜土壤水分含量变化情况不一样，在黄瓜生育期内，灌水量少的处理对土壤水分消耗的相对多一些。随着灌水量的增加，对土壤水分的消耗逐渐减少，并且土壤储水量变化的深度一般在 0～100 cm 内，不同灌水处理间变化明显。在 100～180 cm 内各处理土壤水分变化不明显。在设施黄瓜生长的不同时期，对土壤水分的消耗也不一样，0～80 天内，土壤储水量变化不明显，因为营养生长期由于植株小，蒸腾蒸发量相对较少，灌溉水能基本满足植株生长需要，植株从土壤中吸收的水分较少。随着生育期的后移，黄瓜植株变大，蒸腾蒸发量也跟着变大，灌水较少的处理不能满足植株的需水要求，因此从土壤中吸收的水分也增大（图 11-53～图 11-57）。

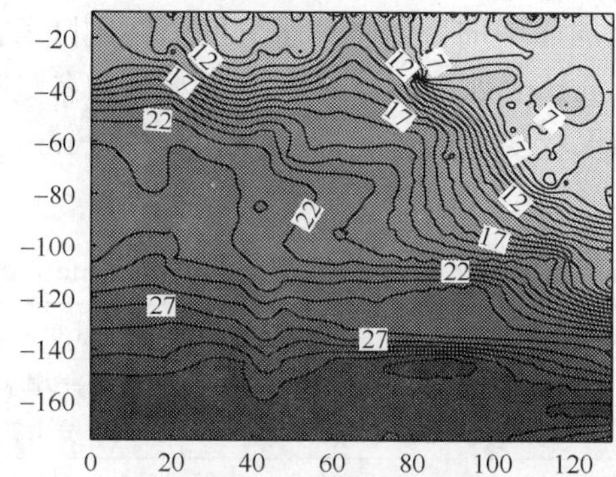

图 11-53　灌溉量 112.5 mm 处理下设施黄瓜生育期内土壤水分动态变化

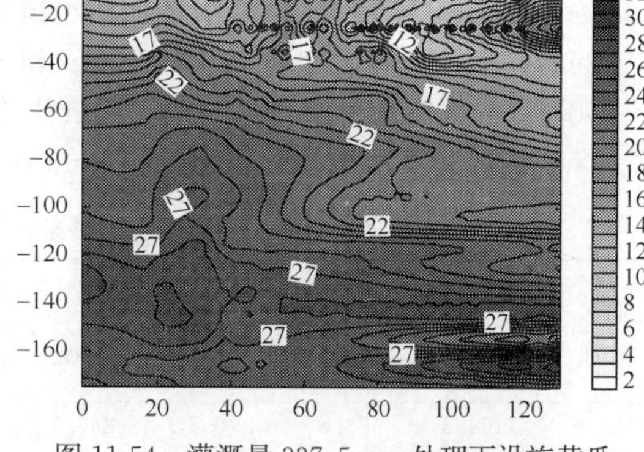

图 11-54　灌溉量 337.5 mm 处理下设施黄瓜生育期内土壤水分动态变化

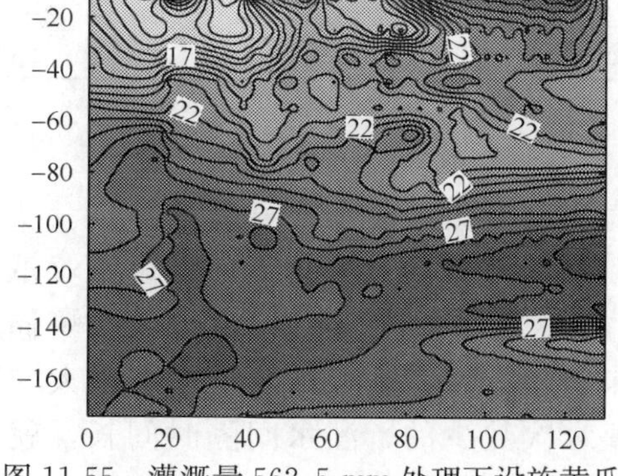

图 11-55　灌溉量 562.5 mm 处理下设施黄瓜生育期内土壤水分动态变化

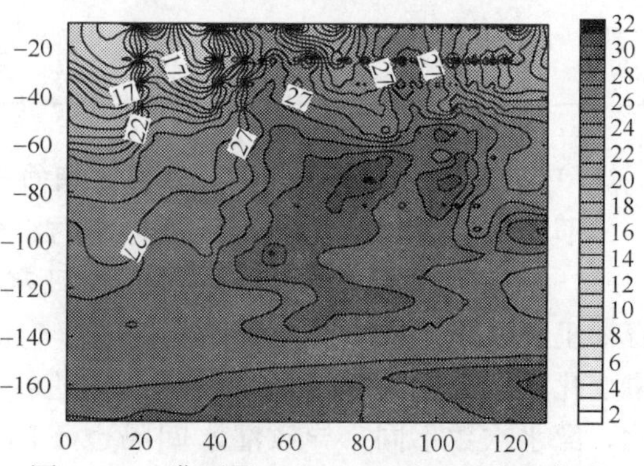

图 11-56　灌溉量 787.5 mm 处理下设施黄瓜生育期内土壤水分动态变化

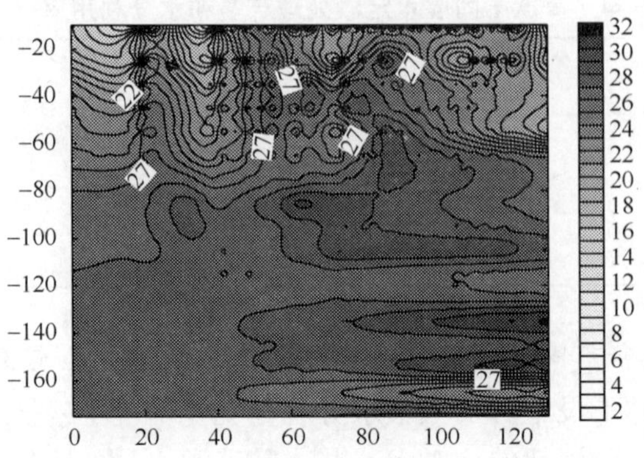

图 11-57　灌溉量 1012.5 mm 处理下设施黄瓜生育期内土壤水分动态变化

从表 11-45 可知，各不同灌水处理下 0～60 cm 土壤储水量变化情况不同，灌水量 112.5 mm 处理消耗的土壤水分最大，整个生育期达到了 70.5 mm，高于其他灌水处理，并且随着灌水量的增加，0～60 cm 土壤水消耗逐渐减少，灌水 562.5 mm 和 787.5 mm处理灌水过多，补充了土壤水，反映了适当减少灌水量导致黄瓜生长在水分亏缺状态下，可以促进黄瓜根条数和长度增加，吸收更多的土壤水。设施黄瓜收获结束时，各处理 0～120 cm 土壤储水量随灌水量的增加而增加，而土壤水分的消耗则随着灌水量的增加而明显减少，灌水 562.5 mm 和 787.5 mm 处理还补充了土壤水分。各处理 0～180 cm 土壤储水量变化与 0～120 cm 土壤储水量变化趋势相同，灌水量 113 mm 处理生育期消耗土壤水最多，达到 169.5 mm。

表 11-45　不同灌水定额条件下各层土壤储水量变化情况　　（单位：mm）

灌水处理	0～60 cm 土壤储水量变化			0～120 cm 土壤储水量变化			0～180 cm 土壤储水量变化		
	开始	结束	土壤水分消耗	开始	结束	土壤水分消耗	开始	结束	土壤水分消耗
112.5	104.3	33.8	70.5	247.9	95.4	152.5	424.6	255.0	169.5
337.5	100.6	91.3	9.3	253.5	207.9	45.6	422.3	365.3	57.0
562.5	107.4	132.2	−24.8	258.9	288.5	−29.6	428.1	448.7	−20.5
787.5	102.2	132.9	−30.7	259.9	301.5	−41.6	432.6	477.6	−45.0
1012.5	124.5	113.4	11.1	287.0	281.0	6.0	459.1	456.0	3.2

7）不同灌水次数条件下，不同时期的设施黄瓜对土壤水分存在显著的差别。

不同灌水次数条件下，不同时期的设施黄瓜对土壤水分存在显著的差别。从图 11-58～图 11-62 可以看出，在统一灌溉定额和不同灌溉次数处理下，在设施黄瓜生育期里耗水量不同，对土壤储水量的影响也存在很大的差别。前期0～80 天土壤储水量变化不大，在设施黄瓜生长后期，随着植株个体增大，蒸腾蒸发量也有很大的变化，灌水次数不同，导致灌水间隔也不同，灌水次数少的，灌水间隔时间长，就需要从土壤里吸收水分，以满足黄瓜植株生长的需要。

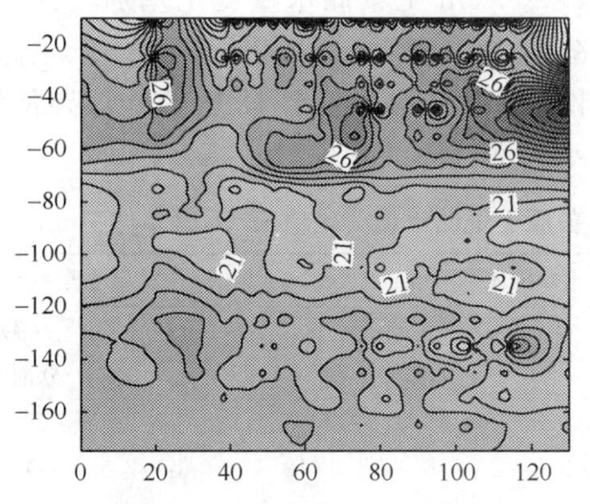

图 11-58　灌水 11 次处理下设施黄瓜生育期内土壤水分动态变化

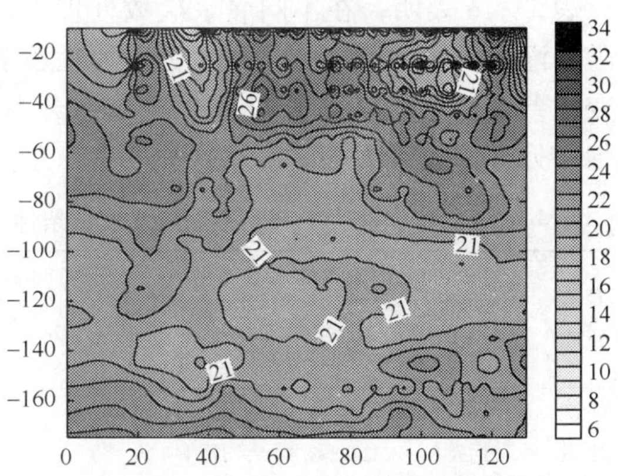

图 11-59　灌水 13 次处理下设施黄瓜生育期内土壤水分动态变化

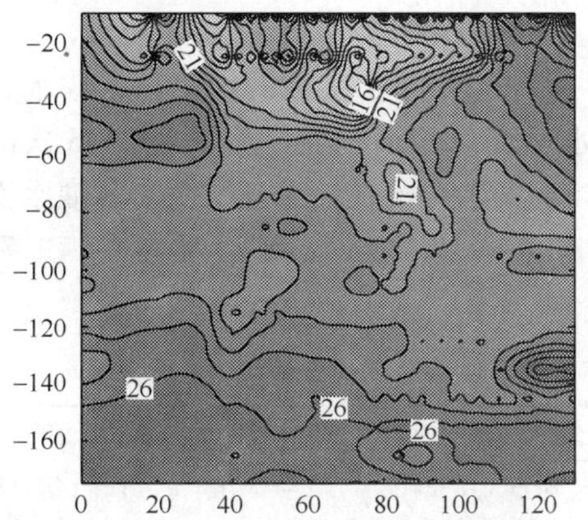

图 11-60　灌水 15 次处理下设施黄瓜生育期内土壤水分动态变化

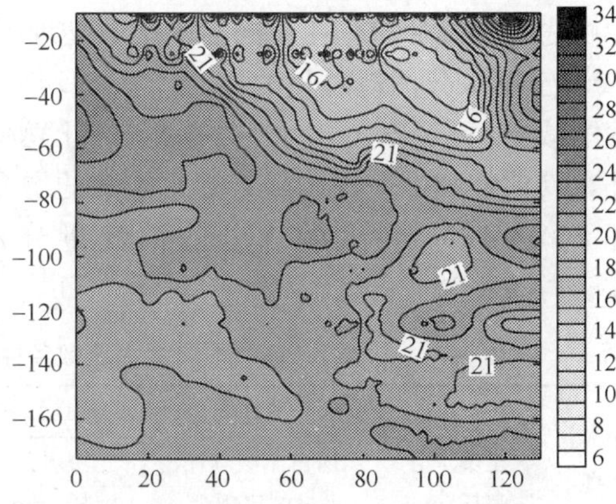

图 11-61　灌水 18 次处理下设施黄瓜生育期内土壤水分动态变化

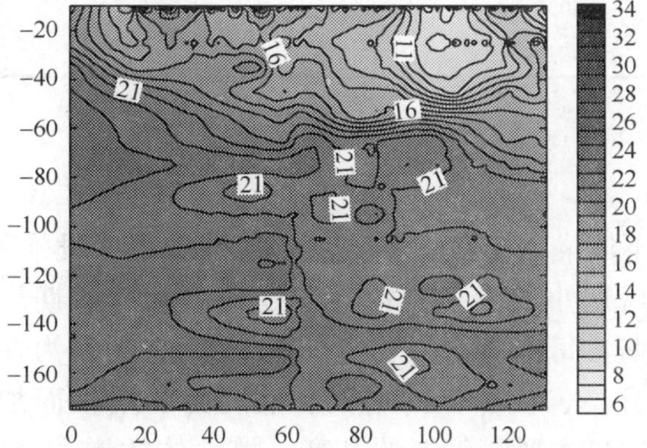

图 11-62　灌水 21 次处理下设施黄瓜生育期内土壤水分动态变化

表 11-46 表明，在不同灌水次数处理下，0～60 cm 土壤储水量变化差别较大，并且随着灌水次数的增多，土壤水分的消耗逐渐减少。0～120 cm 和 0～180 cm 土壤储水量变化差别相近，以灌水 11 次的土壤水分消耗量最大，除了灌水 18 次的处理异常外，其他各处理都表现为随着灌水次数增多，土壤水分消耗逐渐减少。

表 11-46　不同灌水次数条件下各层土壤储水量变化情况　（单位：mm）

灌水处理	0～60 cm 土壤储水量变化			0～120 cm 土壤储水量变化			0～180 cm 土壤储水量变化		
	开始	结束	土壤水分消耗	开始	结束	土壤水分消耗	开始	结束	土壤水分消耗
11 次	130.6	96.1	34.5	270.8	224.5	46.3	413.4	355.3	58.1
13 次	147.8	110.4	37.4	287.2	240.9	46.3	418.5	374.2	44.3
15 次	140.5	121.1	19.3	281.9	261.7	20.2	437.4	409.7	27.7
18 次	139.7	115.3	24.4	275.6	251.6	24.0	413.8	383.5	30.2
21 次	136.9	128.5	8.4	263.2	255.1	8.1	403.1	386.4	16.7

由表 11-47 可知，在不同灌水次数处理下，0～60 cm 土壤水分消耗量最大，占 0～180 cm 土壤水分消耗总量的 50.3%～84.4%，并且随着灌水次数的增多，土壤水分消耗逐渐减少。0～120 cm 和 0～180 cm 土壤储水量变化差别相近，除了灌水 15 次的异常外，其他处理都表现为随着灌水次数的增多，土壤水分消耗而逐渐减少。各灌水次数处理下 0～120 cm 土壤水分的消耗量分别占 0～180 cm 土壤消耗量的 79.7%、104.5%、72.9%、79.5%和 48.5%。

表 11-47　不同灌水次数条件下各层土壤水分消耗变化

灌水处理	0～60 cm 土壤水分消耗变化		60～120 cm 土壤水分消耗变化		120～180 cm 土壤水分消耗变化	
	土壤水分消耗/mm	所占土壤总耗水量的比例/%	土壤水分消耗/mm	所占土壤总耗水量的比例/%	土壤水分消耗/mm	所占土壤总耗水量的比例/%
11 次	34.5	59.4	11.8	20.3	11.8	20.3
13 次	37.4	84.4	8.9	20.1	−2	−4.5
15 次	19.3	69.7	0.9	3.2	7.5	27.1
18 次	24.4	80.8	−0.4	−1.3	6.2	20.5
21 次	8.4	50.3	−0.3	−1.8	8.6	51.5

3. 结论

通过田间试验，不同灌水定额、不同灌水次数处理的设施黄瓜的耗水规律均表现为前期小、中期大、后期小的变化规律，各处理需水高峰期均出现在结果盛期。需水高峰出现在结果盛期，每天需水量为 4～6 mm。这是因为在适宜灌溉条件下，需水强度主要随气温的升高、植株体的增大和蒸腾力的增强而加大。这是由于在适宜灌溉条件下，蒸腾蒸发量主要随气温的升高、植株体的增大和蒸腾力的增强而加大。在结果盛期，正值 4 月下旬至 5 月中旬，温室气温为 17～30℃，植株迅速长大，耗水强度也随之增大，植株的生长状况逐渐由营养生长、生殖生长并进转变为生殖生长为主的生长趋势。大量的果实在此期趋向成熟，故需水量也最大；到结果末期，随着果实的不断采摘，植株体逐渐转向衰老，内部生理活动亦在减缓，需水强度开始下降，日需水量也随之降低。

随着灌水量的增加，蒸腾蒸发量增加，株高、茎粗、生物量和产量均呈先增加后降低的趋势。

根据宁夏设施蔬菜栽培的习惯，并结合试验实测设施黄瓜耗水规律，以省水、省工、高产为原则，通过对各处理的各项生理指标对灌水定额和灌水频率响应的比较，以及土壤水分的可利用原则，据此提出宁夏中部干旱带黄瓜适宜的灌溉制度（表11-48）。

表11-48 宁夏设施黄瓜灌溉制度

茬口	灌水时期	灌溉定额/(m^3/亩)	灌水定额/(m^3/亩)	灌水次数	灌溉周期/天
保护地（长茬）	苗期-开花期	60～84	20～22	3	10
	结果初期	86～125	22～25	5	7
	结果盛期	146～160	18～22	7	6
	结果末期	128～140	20～22	6	6
	合计	420～509		21	
保护地（秋冬茬、冬春茬）	苗期-开花期	40～44	20～22	2	10
	结果初期	66～75	22～25	3	6
	结果盛期	120～132	18～20	5	5
	结果末期	90～110	18～20	5	5
	合计	316～361		15	

三、水肥一体化技术在设施蔬菜上的应用

（一）水肥一体化技术国内外研究进展和发展趋势

水肥一体化高效节水技术是指将施肥与有压水源灌溉有效结合起来的一项农业新技术，是按照作物需水、需肥规律，根据土壤墒情和养分状况，通过低压管道系统将可溶性固体肥料或液体肥料配兑而成的肥液与灌溉水一起以较小的流量均匀、准确、定时、定量地直接输送到作物根部附近的土壤表面或土层中浸润作物根系发育生长区域，使主要根系土壤始终保持疏松和适宜的含水量的综合技术。同时根据不同作物的需肥特点，土壤环境和养分含量状况，作物不同生长期需水、需肥规律情况进行不同生育期的需求设计，把水分、养分定时定量，按比例直接提供给作物，这是水、肥同步控制的一项技术，作物在吸收水分的同时吸收养分，又称为“水肥耦合”、“随水施肥”、“灌溉施肥”等。这项技术是以微灌施肥系统为载体，结合地膜覆盖技术，具有水肥同步、集中供给、一次投资、多年受益的特点，集合了微灌技术与平衡施肥技术的优势，将浇地变为浇作物，将盲目施肥转为科学施肥。

水肥一体化技术的优点在于：灌溉施肥的肥效快，养分利用率提高（闫湘等，

2008)，既节约氮肥又有利于保护环境（臧小平等，2009）；小范围局部控制，水肥渗漏较少，节省化肥施用量，减轻污染（孙文涛等，2007）；提高灌溉用水效率，土壤水深层渗漏很少，减少了无效的田间水量损失（赵义涛等，2007）；节省施肥用工，容易控制温度和湿度（宋君柳，2009），明显减少病虫害的发生，进而又可减少农药的用量；滴灌施肥保持土壤结构，并形成适宜的土壤水、肥、热环境（Chartzoulakis and Drosos，1995），减少土壤养分淋失，减少地下水的污染（程冬玲等，2005），并且可以改善品质、增产增效（Aujla et al.，2007）；可方便、灵活、准确地控制施肥数量和时间，有利于应用微量元素，降低了生产成本（曹云娥，2005）。

近年来，氮肥的不合理利用造成的土壤氮损失、恶化环境等问题越发突出，其中农田生态系统因不合理施用氮肥造成的不良后果越来越严重。众所周知，以水促肥、以肥调水，两者相辅相成，水肥耦合是获得作物高产、高效的必由之路。水分和养分是影响农业生产的两个主要因子，它们既有自己特殊的作用，又互相牵制、互相作用。水分对作物养分吸收和利用有一定的影响，同时养分对作物吸收水分也产生一定的影响，这就是水分和养分的相互作用。李生秀和李世清（1994）认为水分既影响着作物对养分的吸收，也影响着养分在作物体内的转移及分配，最终影响作物产量和养分利用率。土壤供水情况好，作物的伤流量多，伤流液中铵、硝态氮含量亦高，反之则低。大量试验资料表明，在适度范围内，增施一定数量的氮肥，特别是氮、磷配合施用，作物的总耗水量虽相差不多，但产量却明显增长，从而耗水系数大幅度下降，促使水分利用率提高。水分或养分过多，特别是氮素过多，都对作物生长不利（刘坤等，2003）。只有在一定范围内，肥料效应随土壤含水量的增加而提高。同时，合理施肥又可提高水分的利用效率，即二者之间存在明显的交互作用。

近些年来学者们对膜下滴灌水肥运移问题研究的不断深入，使得膜下滴灌施肥不断地趋于精准化。付琳（1983）与 Goldberg 和 Shmueli（1970）等指出，滴灌条件下滴头浸润范围主要受土壤特性、滴头流量和灌水量的影响，相同土壤质地，灌水量也相同时，垂直方向湿润距离随着滴头流量的增加而减小，而水平方向湿润距离则随之增加。滴头流量和灌水量相同，偏砂性土壤水平方向湿润距离小于垂直方向湿润距离。同时，根系的分布也直接影响土壤水分养分的空间有效性。根系对水分和养分的吸收，取决于与其接触的土壤空间及根系的生理活性和吸收能力（费良军和贾丽华，2007）。

滴灌技术可以根据作物的需要灵活地控制灌水时间、灌水量，既能保证作物根系的水分需求，又可以避免养分淋失。近年来国内外学者对滴灌条件下土壤水分和养分运移进行了深入系统的研究，Papadopmoulos（1988）、张学军等（2007a，2007b）研究表明，滴灌施肥技术不仅达到了良好的节水节肥效果，也适合控制根层土壤中的无机氮含量，对减轻土壤和地下水硝酸盐污染也十分有效。同时有研究表明在滴灌施肥中滴灌量较高时，硝态氮淋失量也会增加，同时氮肥利用率也降低（郭金强等，2008；张学军等，2007a，b）。

尽管近年以来，以滴灌为主的节水灌溉技术在生产蔬菜的日光温室中广泛使用，但由于缺乏对温室内蔬菜需水特性的研究，从而缺少相应的理论和技术指导，绝大多数日光温室仍靠经验进行灌水管理，滴灌的节水、增产功能未能充分发挥，甚至由于管理不善，一些设备遭到废弃，较为可惜。因此，研究在日光温室内滴灌条件下，土壤湿润程度对蔬菜的生长发育、品质、产量以及对作物耗水量的影响，可以为制定适合于日光温室蔬菜栽培的灌溉制度、缓解农业用水压力、节能降耗、节水技术推广等方面提供参考依据。

（二）宁夏主要设施蔬菜高效用水灌溉制度与生产技术集成

蔬菜是我国的主要园艺作物，也是一种高耗水的作物。随着蔬菜种植规模逐年增加（每年递增速度在10%以上），发展蔬菜产业已成为许多地区农民增收、农业增效的主要途径。蔬菜生产上，多年来主要采用传统的明水沟灌和漫灌方式，不仅造成了水资源的大量浪费，还因湿度过大增加了病虫害发生的概率。改变传统灌溉方式，推广先进高效节水灌溉模式是解决水资源短缺最直接、最有效的途径，是实现节本增效、提质增收的有效举措，同时，也是建设节水型农业、促进农业可持续发展、推进现代农业的重要内容。现代灌溉技术与农艺技术进行有机结合，开发适宜在蔬菜产区大面积推广的膜下滴灌等多项蔬菜节水技术，实现节水、节肥、省工、省力、高产高效的目标。宁夏大棚蔬菜的研究与推广应用已有20多年的历史，目前已取得了明显的经济效益和社会效益，在沟灌、滴灌等节水灌溉方式及水肥一体化方面已有较多研究，目前正在向数字智能化设施农业方向努力。但在由于受经济利益和经验灌水与施肥作用的驱动，灌水量和施肥量远远超过了蔬菜需求量，灌水时期和施肥结构不合理，施肥中重氮肥，轻磷、钾肥，施肥方式混乱，施肥不能更有效地满足蔬菜生长等问题依然存在。目前宁夏推广应用的设施蔬菜高效用水灌溉制度主要集中在以下几种类型：水肥一体化滴灌技术、膜下沟灌技术、膜上沟灌技术、膜下滴灌技术、膜下微灌技术、喷灌技术和高垄滴灌栽培技术等以上述核心技术为主体，结合区域特点与种植作物等，集成相关配套技术，形成区域主要设施蔬菜高效用水技术体系。

（三）宁夏设施蔬菜高效用水模式应用与评价

在上述基础上，形成区域主要设施蔬菜高效用水技术发展模式。

布置A传统沟灌、B膜上沟灌、C膜下沟灌、D毛管滴灌和E滴头滴灌5种灌溉方式。试验设计毛管滴灌和滴头滴灌平均每7天灌溉一次，每亩单次灌水量6 m^3和8 m^3，膜上和膜下沟灌平均每10天灌溉一次，每亩单次灌水量15 m^3，传统沟灌平均每15天灌溉一次，每亩单次灌水量30 m^3。传统沟灌、毛管滴灌和滴头滴灌采用高平垄，膜上沟灌和膜下沟灌采用“V”形垄。每种灌溉方式设4垄为一个小区，单个小区面积39.2 m^2，重复2次。各灌溉方式之间用塑料膜埋入地下80 cm处隔开，其余管理方式相同。

1. 不同灌溉方式下土壤的水分含量

通过研究不同深度和距主根不同距离处土壤水分发现，滴灌和膜上沟灌方式下土壤湿润层为40 cm左右，膜下沟灌湿润层为50 cm左右，沟灌湿润层能达到1 m以下。通过水洗单株辣椒整体根部测量发现，设施辣椒毛根分布长度约为40 cm，故不同灌溉方式均能满足设施辣椒水分正常吸收。不同灌溉方式灌水量不同，土壤中含水量差异也很明显。毛管滴灌为 30 cm 一个滴孔，出水后慢慢向四周渗透，渗透范围窄，横向能达到 30 cm，纵向只能达到 40 cm，故毛管滴灌下土壤水分高含水量主要集中在 0～40 cm，滴头滴灌为一滴头对应一棵辣椒，水分主要集中在辣椒主根周围。膜上沟灌水分主要顺着种植孔往下渗透，膜下沟灌水分下渗和侧渗同时进行，二者相对滴灌来说水分渗透深度更深，传统沟灌则完全靠沟中大量灌水后侧渗和水分再分布到垄上维持土壤湿度。

由于根系的分布及水分吸收特点不同，每次灌水前 2 天测定不同灌溉方式下的土壤含水量，由表 11-49 可以看出，传统沟灌含水量在距离辣椒根部 5 cm 和 15 cm 处均高于其他灌溉方式，滴头滴灌距主根 5 cm 处含水量与传统滴灌相同，说明滴头滴灌处理下土壤水分完全能满足设施辣椒的生长。距主根 10 cm 处水分含量最高达到 19.89%，毛管滴灌和膜下沟灌土壤水分含量除 15 cm 处外，其他差异不显著，膜上沟灌土壤水分在任何距离内均为最小。总体而言，距主根 5 cm 处水分均小于 10 cm 和 15 cm 处（除膜下沟灌），主要是辣椒须根主要集中在半径为 5 cm 的圆柱中，辣椒生长主要从该区域吸收水分。

表 11-49　设施辣椒不同灌溉方式下土壤水分空间分布

灌溉方式	距主根 5 cm	距主根 10 cm	距主根 15 cm
传统沟灌	17.91a	18.85a	20.42a
膜上沟灌	11.31b	13.23b	13.33c
膜下沟灌	18.43a	17.27a	16.37bc
毛管滴灌	15.33a	18.51a	18.33ab
滴头滴灌	17.90a	19.89a	19.20ab

2. 不同灌溉方式对设施辣椒生长发育及产量的影响

在干旱缺水且冷凉的宁南山区，通过温室建造，发展节水灌溉，是协调土壤水、肥、气、热矛盾，获取设施作物栽培节水、增产、高效的理想途径。水分不足是限制旱地作物高产栽培的主要制约因素，对有限的灌溉水进行节约分配，又能满足作物一定的产量，无疑是冷凉干旱区设施蔬菜栽培的主攻方向。

蔬菜作物通过光合作用合成碳水化合物，积累干物质，积累量的大小直接反映在株高、茎粗等形态指标变化上。由表 11-50 可以看出，滴头滴灌下，辣椒营养生长旺盛，株高相对最高，反映出营养供应状态良好。膜上沟灌和膜下沟灌的株高较低，但茎较粗壮，毛管滴灌下生长旺盛，株高和茎粗明显高于其他灌溉方式。各处理叶片叶绿素 SPAD 值差异明显，传统沟灌叶绿素 SPAD 值最低约为 63，膜上沟灌、膜下沟灌和滴头滴灌叶绿素 SPAD 值维持在 70 左右，毛管滴灌叶绿素 SPAD 值达到了 79.14，与传统沟灌比差异极显著。

表 11-50　不同灌溉方式对设施辣椒生长的影响

处理	株高/cm	茎粗/cm	叶绿素(SPAD值)
传统沟灌	124c	14.99d	63.25c
膜上沟灌	114d	19.13b	70.00b
膜下沟灌	115d	19.76a	71.58b
毛管滴灌	141a	18.90b	79.14a
滴头滴灌	136b	17.87c	70.01b

表 11-51 表明，滴头滴灌根干鲜比最小，和其他方式比差异极显著，表明滴头滴灌下辣椒根系辣椒干物质积累较少，水分含量高，吸水吸肥能力强，能很好地供应植株和辣椒的生长；传统沟灌根干鲜比最大，主要是由于该灌溉方式下土壤干湿交替过程中，由于受长期干旱或大水浸泡等原因导致根系木质化程度高、死根现象严重引起的；膜上沟灌茎干鲜比最小，从生长状况来看，该处理下辣椒植株木质化程度低，生长旺盛，植株嫩枝粗壮，但是产量较低；膜下沟灌茎干鲜比最大，其主干粗壮，分枝数量多、木质化程度高，营养和水分集中供应到辣椒果实上，与其高产的结论一致。

表 11-51　不同灌溉方式对设施辣椒产量的影响

处理	根干鲜比	茎干鲜比	叶干鲜比	单果重/g	产量/(g/亩)	水生产效率/(kg/m³)
传统沟灌	0.34a	0.24c	0.36a	49.55	3 449.88ab	6.33
膜上沟灌	0.31c	0.23d	0.27c	70.06	3 151.04ab	12.06
膜下沟灌	0.33ab	0.26a	0.19d	48.85	3 886.62a	15.19
毛管滴灌	0.32bc	0.25ab	0.34a	43.28	2 869.39b	21.17
滴头滴灌	0.25d	0.24bc	0.30b	56.68	3 443.51ab	20.69

叶干鲜比差异明显，膜上沟灌和膜下沟灌最小，从叶片上反映出来就是叶片肥厚，水分充足，说明对光合作用和养分吸收效果好，与辣椒的高产相对应；滴头滴灌下，辣椒不仅营养生长旺盛，而且产量维持在相对较高的水平，达到每亩 3443.51 kg；膜下沟灌的产量最高，且节水效率达到 50.3%，比传统沟灌具有显著的应用优势，膜上沟灌的产量较低，但单果重最大；毛管滴灌单果重和产量均为最低，造成这一差异的原因，可能是由于毛管滴灌处理下水分的运移状况及土壤微环境较适宜作物生长，使植株体生长较快，同化产物在营养器官与生殖器官间相互竞争时较适宜辣椒的植株生长。水生产效率最高的为毛管滴灌和滴头滴灌，均超过了 20 kg/m³；膜上沟灌和膜下沟灌效率适中，为 12～15 kg/m³，传统沟灌生产效率最低，只有 6.33 kg/m³。

3. 不同灌溉方式的需水量

维持设施辣椒正常生长发育，不同生育期需水量大小随不同灌溉方式不同有较大差异。依据设施辣椒不同生理生育期的需水规律，结合天气情况及辣椒生长状况采取需水补灌的方式进行灌溉。表 11-52 表明，辣椒毛管滴灌每亩单次用水量平均维持在 5 m³，盛果期每亩单次灌水量在 6.2 m³，就能保持设施辣椒的正常生理需水；滴头滴灌每亩单次用水量平均维持在 6.5 m³，盛果期每亩单次灌水量 7.4 m³，也能维持辣椒生长发育对水分的需求；膜上沟灌和膜下沟灌平均单次用水量变化不大，每亩基本维持在15 m^3，而传统沟灌由于大部分水都以下渗的方式消耗，所以每次供水量需维持在每亩31 m^{3}才能满足辣椒生长发育对水分的需求。

表 11-52　宁南黄土丘陵区设施辣椒全生育期需水量　（单位：m^3/亩）

处理	时间	传统沟灌	膜上沟灌	膜下沟灌	毛管滴灌	滴头滴灌
	2月21日	32.26	14.54	8.50	4.25	5.70
营养生长期（门椒前）	2月28日	25.73	12.76	16.68	6.41	7.65
	3月7日	29.21	14.05	12.33	5.44	7.23
	3月22日	26.32	14.15	15.27	4.25	5.78
	3月29日	29.76	12.76	14.46	4.25	5.95
	4月15日	30.78	14.83	16.16	5.87	7.19
营养生长与生殖生长期并进期（盛果期）	4月20日	31.97	16.16	16.33	5.10	6.29
	4月23日	0.00	0.00	0.00	4.76	5.95
	4月26日	25.51	12.76	11.05	4.25	6.80
	4月29日	31.46	15.90	13.10	6.80	7.65
	5月13日	25.51	13.61	14.46	5.95	7.14
	5月19日	32.31	14.63	10.20	6.72	6.80
	5月22日	0.00	0.00	0.00	6.80	8.08
	5月25日	32.31	14.46	15.31	6.80	8.08
	5月28日	0.00	0.00	0.00	5.10	6.80
	5月30日	30.61	14.01	14.46	6.46	7.08
	6月2日	0.00	0.00	0.00	6.31	8.08
	6月5日	31.87	14.71	15.82	6.38	7.65
	6月12日	29.76	15.14	12.76	6.38	6.80
	6月17日	32.31	15.73	16.16	6.80	8.50
	6月19日	0.00	0.00	0.00	8.16	8.50
末期	6月24日	34.02	16.16	16.58	6.80	8.16
	6月29日	33.16	14.88	16.16	5.44	8.50

4. 不同灌溉方式的节水效率

由表 11-53 可以看出，当地的气候条件在维持设施辣椒正常发育的情况下，采用毛管滴灌和滴头滴灌技术，比传统沟灌节水率分别能达到 71.2%和 65.8%，节水效应十分显著。由于膜下沟灌沟上覆膜能抑制水分蒸发及膜上沟灌在土壤湿润区覆膜的原因，二者均可节水 50%左右。以上仅节水措施一项，每亩就可节约成本 56.7～81.8 元人民币，对贫穷的山区农民而言，效益十分显著。

表 11-53　宁南黄土丘陵区设施辣椒不同灌溉方式灌水量及节水效益

处理	总灌水量/(m^3/亩)	节水率/%	节水效益/(元/亩)
传统沟灌	574.9	0	0
膜上沟灌	291.2	49.3	56.7
膜下沟灌	285.7	50.3	57.8
毛管滴灌	165.5	71.2	81.8
滴头滴灌	196.4	65.8	75.7

注：农业用水价格以 0.2 元/m^3计算。

日光温室属于高投入高产出的设施农业，节水灌溉必须在提高效益的基础上注重“节”字。谢冬梅等（2006）通过 3 年试验得出，在其他灌溉设施不具备的条件下，垄上开小沟，人为控制根系双侧大小沟交替进行灌溉最为合理，既减少病虫危害，也明显提高产量产值，并采取在辣椒生殖生长关键需水期少量多次进行灌溉，使灌溉量为根系生长范围内田间最大持水量。本试验表明，不同灌溉方式对辣椒株高、茎粗、产量均有影响。产量为膜下沟灌＞传统沟灌＞滴头滴灌＞膜上沟灌＞毛管滴灌；节水率为毛管滴灌＞滴头滴灌＞膜下沟灌 ＞膜上沟灌＞传统沟灌。综合考虑得出宁南山区日光温室栽培辣椒比较适合采用平垄滴头滴灌和“V”形垄膜下沟灌两种方式。传统沟灌虽然设备折旧费低于滴灌和膜下沟灌，然而农药肥料、用工费却明显高于下滴灌和膜下沟灌。刘明池等（2005）认为传统的沟畦灌溉方式由于灌溉简便，除水费外几乎没有其他投入，仍然是目前蔬菜生产中的主要灌水方式，水资源浪费严重，蔬菜水分管理不合理，尤其是近地面空气层相对湿度比棚室外高 3～4 倍，一般为 80%～90%。本研究采用的滴灌虽然在设备上一次性投资大，但使用方便且使用年限长，其他投入少，从定植到拉秧滴灌温室比沟灌温室少用工 41%，农药投入仅为传统沟灌温室的 50%，膜下沟灌比传统沟灌温室少用工 20%，农药投资减少 24%。

传统沟灌不仅不能解决灌溉水的浪费，还会导致温室内湿度大引发的病虫害等问题，而且，冬季传统沟灌水温过低不利于作物的正常生长，膜下沟灌较传统沟灌温室内空气相对湿度低，病虫害的发生程度小，节水、增产、增效、提高品质效果明显。此外，使用膜下沟灌的一次性投入也少，根据宁南丘陵地区农民现有的经济条件和文化素质，膜下沟灌是一种易被广大农户所接受的灌溉技术。滴头滴灌虽一次性投资较大，并且还需要根据蔬菜需水规律调节灌溉时间和灌溉水量，技术较难掌握，但滴头滴灌节水效果好，产出投入比高，设备投资还本率也高，可以做到当年投入，当年收回成本。从目前的发展趋势看，膜下沟灌是经济情况和农民文化素质相对落后地区的首选，在规模园区内则是滴头滴灌方式应用前景更加广阔。

5. 不同施肥量对设施辣椒生长发育的影响

1）不同施磷量对设施辣椒生长发育的影响

辣椒是一种高产喜肥作物，它的产量的形成是通过吸收矿物质、水分和二氧化碳的营养过程，促进植株生长发育和其他一切生命活动而实现的。合理的增施肥料是提高产量的有效措施之一，其中氮、磷、钾三要素对辣椒生长发育和产量、品质的形成有着直接的影响。磷是核酸、蛋白质和磷脂的主要成分，它与蛋白质合成、细胞分裂、细胞生长有密切关系，能加速细胞分裂，并且参与多种酶的组成；磷移动性较强，能帮助幼芽和根生长，促使根系和地上部加快生长，促进幼苗发育和植物体内各种代谢作用，使作物早开花，促进花芽分化；磷元素首先向生长中心运输，在能量转移、传递和光合作用中起着重要的作用。此外，它还参与碳水化合物的代谢与运输，对辣椒果实的生长有利。

a. 不同施磷量对辣椒苗期生长的影响

辣椒在整个生育期中都吸收磷素，且随着生育期的延长植株内的磷含量累积增加。辣椒从生育初期到采收期不断吸收磷肥，其产量与磷肥吸收量之间有直接联系。随着植株不断生长，磷的吸收量不断增加。但是吸收量的变化幅度很窄，总吸收量约为氮的1/5。磷不足会引起落蕾、落花。磷是花芽发育良好与否的重要因素。

b. 不同施磷量对设施辣椒株高的影响

合理的株高能把叶片拉开层次，使冠、茎、叶片空间分布均衡间隙，光得到有效利用，利于建立合适的库、源、流系统，为作物高产奠定了良好的基础。不同施磷量对设施辣椒关键生育期株高的影响如图 11-63 所示。

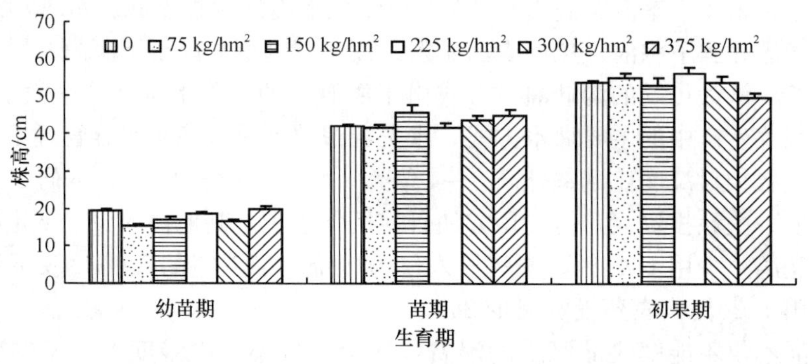

图 11-63 不同施磷量对辣椒株高的影响

由图 11-63 知，幼苗期辣椒难以利用土壤养分，不同施磷量辣椒的株高与对照比差异不显著；进入苗期以后，辣椒幼根萌发，对磷肥反应明显，辣椒株高迅速增加，但不同施肥量下株高差异并不显著；随着辣椒营养生长向生殖生长的转移，磷的吸收量不断增加，辣椒株高随施磷量增加而增加。在 75～225 kg/hm^2 内不同施磷量对辣椒的株高促长作用显著，但过量的磷肥投入（300～375 kg/hm^2）抑制了辣椒的营养生长，与对照相比，株高间存在明显差异。

c. 不同施磷量对设施辣椒茎粗的影响

根、茎是植物的输导器官，它能够把根吸收的水分及各种营养元素输送给植物的各个器官，供给植物进行营养生长和生殖生长。而根、茎的粗细体现出传导能力的强弱，反映了植物抗倒伏能力及植物的生长状况。不同施磷量对设施辣椒关键生育期茎粗的影响如图 11-64 所示。

由图 11-64 可以看出，不同磷肥处理在生育期内对辣椒茎粗影响较大。磷对改善作

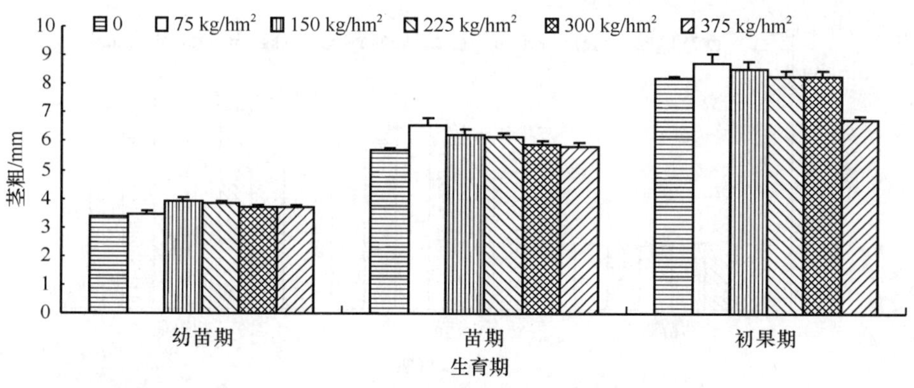

图 11-64　不同施磷量对辣椒茎粗的影响

物品质有促进作用，幼苗期，除低磷量（75 kg/hm^2）外，辣椒茎粗随施磷量的增加而显著增加；苗期各处理与对照茎粗均有增加，且均达 1%极显著差异水平，而处理间低磷量（75kg/hm^2）辣椒茎粗最大，与其他处理比达 5%显著差异水平，说明适宜的低磷投入才能促使辣椒植株健壮，有利于形成高产；辣椒初果期的茎粗，不同磷肥处理与对照比差异显著，辣椒茎粗随施磷量增加而增加。但 375 kg/hm^2 的高磷肥施用量茎粗下降，与其他磷肥处理间比达 5%显著差异水平。这表明磷肥不同用量均能不同程度的促进植株茎粗生长，随着施磷量的增加，辣椒茎粗相应增加，高磷肥处理茎粗增长慢，但在生长过程中，75 kg/hm^2 时处理的辣椒根茎与其他处理相比显示出一定的优势。

d. 不同施磷量对设施辣椒冠幅的影响

冠幅是辣椒由营养生长进入生殖生长后的一个重要指标，在辣椒开始分叉时，冠幅开始形成，是构成产量的重要因素之一。协调的冠幅可以使辣椒增加光合利用率，为辣椒果实提供适宜的附着位点。

由图 11-65 可知，冠幅大小与施磷量高低有密切关系。幼苗期根系吸收弱，各处理变化不明显；苗期磷肥处理对辣椒冠幅影响较大，75～225 kg/hm^2 磷促进冠幅显著增加，更高的磷则产生反作用；初果期各磷肥处理与对照处理间差异极显著，处理间达到 5%显著水平。冠幅随着施磷量增加而增加，当施磷量达到 225 kg/hm^2 时冠幅最大，施磷量大于 225 kg/hm^2 时，冠幅随施磷量增加而逐渐减小，这可能是由于初果期辣椒生长旺盛，当冠幅增大到一定程度时，由于群体效应使辣椒在高施磷量条件下延长了营养生长。

e. 不同施磷量对设施辣椒叶绿素的影响

叶绿素是蔬菜有机营养的基础，是叶绿体的重要组分，能够吸收、传递与转换光能，在光合作用中起着重要的作用，叶绿素含量反映了蔬菜营养情况和健康状况，是植物生理研究中的一项重要指标。

由图 11-66 可以看出，在辣椒生长过程中，不同施磷量处理对叶绿素相对含量（SPAD 值）有很大的影响，从苗期到初果期叶绿素含量逐渐增加，各施磷处理叶绿素含量均显著高于对照。苗期随着磷肥量的增加，叶绿素含量也逐渐增加，当施磷量超过

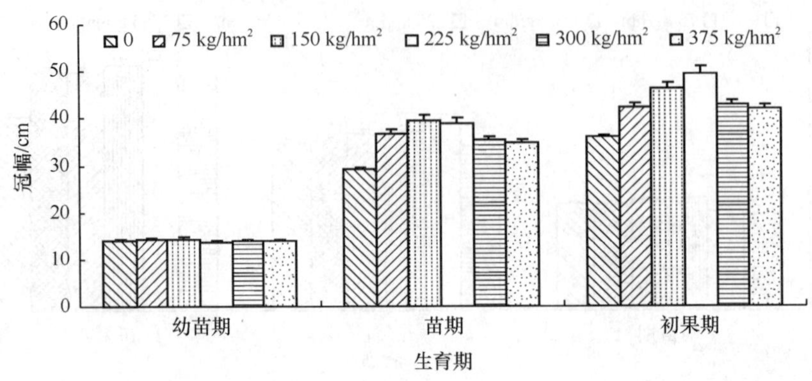

图 11-65　不同施磷量对辣椒冠幅的影响

150 kg/hm^{2}时叶绿素含量极显著增加，而处理间差异不显著。进入生殖生长阶段，辣椒叶片叶绿素含量同样随施磷量的增加而显著增加，但不同施磷量之间叶绿素含量差异不显著。

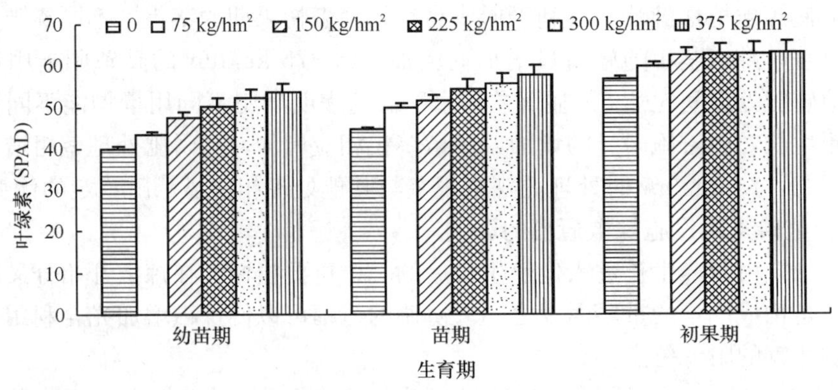

图 11-66　不同施磷量对辣椒叶绿素含量的影响

2）不同施磷量对设施辣椒产量的影响

磷是形成细胞核蛋白、卵磷脂等不可缺少的元素。辣椒进入生殖生长时期后，在施入氮、钾肥水平一致时，随着磷肥施用的增加辣椒的株高、冠幅、茎粗均呈上升趋势，并随着进入生殖生长旺期，磷肥的作用越明显。在辣椒始花期后，辣椒对磷的需求加速，随着磷肥施入的增加，开花数增多，单株果数也相应增多。但不施磷肥或施磷肥不足时，其落花、落果情况较为严重，直接影响产量。

a. 不同施磷量对辣椒总产量的影响

由于供试土壤含磷量相对较低，增施磷肥对促进辣椒产量的增加有显著作用。图 11-67 表明，施磷量与辣椒产量表现为典型的抛物线式，即施磷量低于 225 kg/hm^{2}时，随施磷量的增加，辣椒产量增加，但进一步增加的施磷量导致产量下降。施磷量为 75 kg/hm^2、150 kg/hm^2、225 kg/hm^{2}和 300 kg/hm^{2}辣椒产量比不施磷肥的对照处理分别增产 30.3%、47.3%、66.9%和 43.2%。施磷量为 375 kg/hm^{2}产量比 75kg/hm^2、

150kg/hm^2、225 kg/hm^2、300 kg/hm^2分别减产 4.6%、15.6%、25.6%、13.2%。这说明设施辣椒生产中合理的磷肥用量是获得高产的关键因素之一。

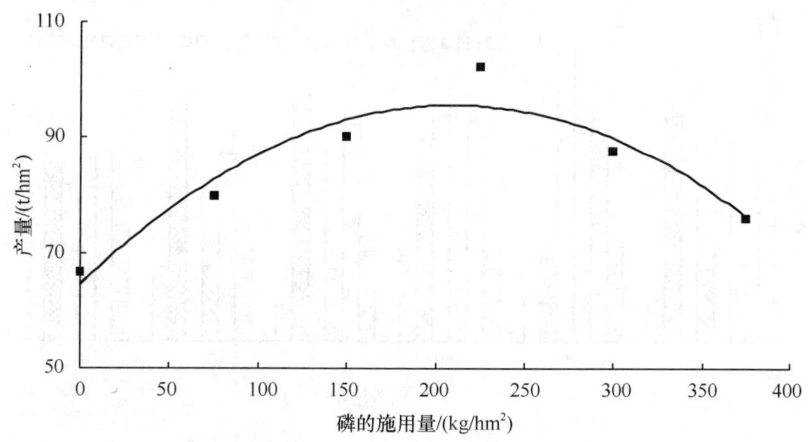

图 11-67　不同施磷量对设施辣椒产量的影响

b. 设施辣椒磷肥合理施用量

增施磷肥常常能促进作物产量的提高，而过量施磷肥常导致作物产量的下降。国内外较多的磷肥试验结果表明磷肥用量（x）与产量（y）之间的关系可以用一元二次方程表示 $y=c+bx+ax^2$（$a>0$）。对试验条件下施磷量与辣椒产量之间的关系进行了模拟，得到二者之间的相关关系为

$$y=667.579+0.2963x-0.0007x^2,\quad R^2=0.9043 \tag{11-5}$$

式（11-5）表明，磷肥的一次项系数为正，而二次项系数为负，表明了典型的抛物线性关系，符合肥料效应的报酬递减规律，而决定系数则表明，辣椒产量的高低 90%依存于施磷量。

合理的养分管理是以作物的生长和元素吸收规律为中心，保证作物生长必要的耕层土壤磷素水平，实现土壤-作物体系磷素的输出输入过程的平衡，让农民在减少投入的情况下，保证作物的产量和品质不受到影响，而经济效益和环境效益增加。已有的研究说明，施磷量最高时，经济效益和产投比均大幅度下降。从经济效益与成本投入角度来考虑，在单位面积上取得相同净产值的情况下（仅以肥料为唯一成本核算），低投入的肥料组合为较理想方案。根据边际分析原理，$\partial y/\partial x=0$ 时，辣椒产量最高，并可计算最高产量施磷量 $P_2O_{5max}=211.64$ kg/hm^2；而 $\partial y/\partial x=P_x/P_y$ 时，经济效益最大，并可以计算最大经济效益施磷量。当季磷素单价为 $P_x=6200$ 元/t，而辣椒单价仅 $P_y=2000$ 元/t，从而得到最大经济效益施磷量 $P_2O_{5_{opt}}=187.14$ kg/hm^2。

c. 不同施磷量对辣椒生育期内产量的影响

由图 11-68 可以看出，在采摘期内相同处理条件下辣椒最高产量出现在 8 月 7 日，当磷用量小于 75 kg/hm^2时产量随施磷量增加而增加；当施磷量大于 75 kg/hm^2时产量下降。每次采摘产量的最大值出现在不同的磷肥用量，首次采摘（4 月 21 日）辣椒产量随施磷量增加而增加，各施磷处理均高于对照处理，但不同处理间差异不显著。当施

磷量超过 225 kg/hm^2时产量下降，表明了典型的抛物线性关系，符合肥料效应的报酬递减规律。

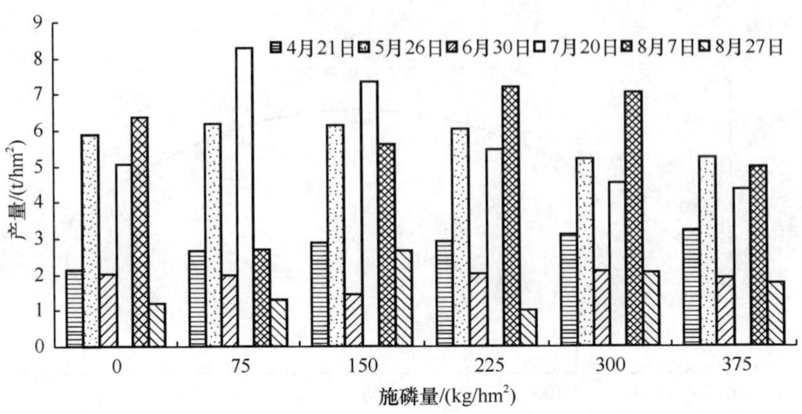

图 11-68　不同施磷量对辣椒生育期内产量的影响

从中等施磷水平（150 kg/hm^2）设施辣椒不同采果阶段产量表现（图 11-69）可以看出，辣椒从 2 月 8 日定植开始生长，随着气温的升高，辣椒产量增加，辣椒产量在第三次采摘（5 月 26 日）达到第一次高峰。6 月 7 日～6 月 30 日采摘产量下降，原因是此时段气温升高，受灌水和病害的影响。经过一段时间施药治疗，辣椒病情缓解，开始正常生长，产量开始增加。在 8 月 7 日达到最高产量，此时段辣椒适应了夏季温度，水肥的合理灌溉，使得辣椒的产量达最高。

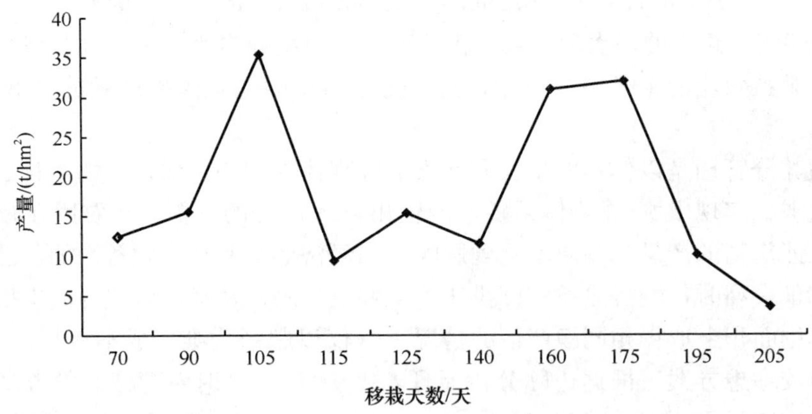

图 11-69　中等施磷量对辣椒生育期内产量的影响

d. 不同施磷量设施辣椒经济效益分析

施肥是促进作物增产的主要手段，而施肥成本占农业生产成本的 50%左右，提高肥料的经济效益就能够提高种植业的经济效益。本试验中每千克肥料成本为氮 3.9 元，P_2O_5 6.2 元，K_2O 8.4 元，辣椒平均售价 2.0 元/kg。不同施磷量下设施辣椒的经济效益见表 11-54。

表 11-54　不同施磷量对设施辣椒经济效益的影响

施磷量/(kg/hm²)	平均产量/(t/hm²)	增产率/%	肥料成本/(元/hm²)	产值/(元/hm²)	经济效益/(元/hm²)	产投比
0	61.16	0	12 765	122 317	109 552	9.58
75	79.70	30.31	13 230	159 400	146 170	12.05
150	90.10	47.32	13 695	180 200	166 505	13.16
225	102.10	66.94	14 160	204 200	190 040	14.42
300	87.60	43.23	14 625	175 200	160 575	11.98
375	76.00	24.26	15 090	152 000	136 910	10.07

表 11-53 已经说明，施磷量最高时，经济效益和产投比均大幅度下降。从经济效益与成本投入角度来考虑，在单位面积上取得相同净产值的情况下（仅以肥料为唯一成本核算）低投入的肥料组合为较理想方案。由于供试土壤理化性质优良，单施有机肥及氮钾低肥时，设施辣椒当季的产投比也很高，但总收益最低。而且，由于磷素对辣椒产量具有决定性影响，随着施磷量的增加，产投比呈现先增加后下降的趋势，总收益最高为施磷225 kg/hm^2，进一步增加施磷量，总收益开始降低，至 375 kg/hm^2 的高量施磷，导致辣椒减产，经济效益和产投比都急剧下降。

6. 不同施钾量对设施辣椒生长发育的影响

辣椒是主要的蔬菜和调味品之一，也是喜钾作物，在整个生育期中对钾的需求都很大。作物施用钾肥可促进光合产物运转和经济用水，促进根系发育，增强作物抗倒伏、抗旱和抗病能力。

1）不同施钾量对辣椒苗期生长的影响

钾与氮、磷不同，它不是植物体内有机化合物的成分。迄今为止，尚未在植物体内发现含钾的有机化合物，钾呈离子状态溶于植物汁液之中，其主要功能与植物的新陈代谢有关。由于钾离子能较多地累积在作物细胞之中，因此使细胞渗透压增加并使水分从低浓度的土壤溶液中向高浓度的根细胞中移动。在钾供应充足时，作物能有效地利用水分，并保持在体内，减少水分的蒸腾作用。

a. 不同施钾量对设施辣椒株高的影响

钾素是活跃的阳离子，向新生部位运输较快，而且是光合作用及蛋白质等物质运输的促进剂，随同化物质从营养器官向生殖器官运输。不同施钾量对设施辣椒关键生育期株高的影响如图 11-70 所示。

由图 11-70 可知，幼苗期辣椒很难利用土壤养分，不同施钾量辣椒的株高与对照间的差异不显著；进入苗期以后，辣椒幼根萌发，对钾肥反应明显，辣椒株高迅速增加，随着钾肥施用量的增加，辣椒株高比对照显著增加。然而，高浓度的钾处理对辣椒株高增加的影响不大；随着辣椒营养生长向生殖生长的转移，钾吸收量不断增加，辣椒株高迅速增加，随施钾量增加株高差异显著。

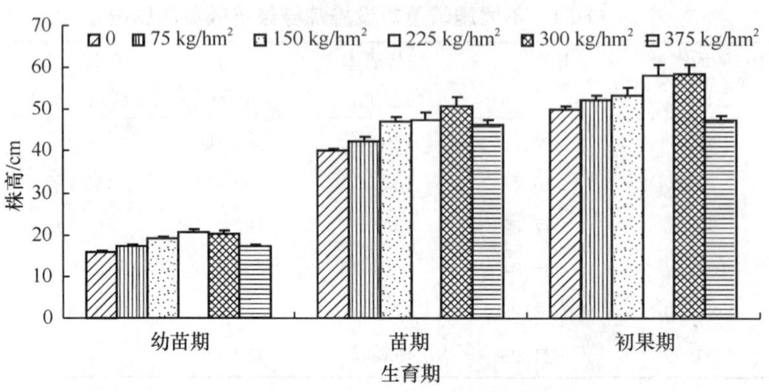

图 11-70　不同施钾量对辣椒株高的影响

b. 不同施钾量对设施辣椒茎粗的影响

根茎是植物的输导器官，它能够把根吸收的水分及各种营养元素输送给植物的各个器官，供给植物进行营养生长和生殖生长。而根茎的粗细体现出传导能力的强弱，反映了植物抗倒伏能力及植物的生长状况。不同施钾量对设施辣椒关键生育期茎粗的影响如图 11-71 所示。由图可知，不同施钾量对辣椒茎粗增加影响不显著，而高量施钾（$>$ 300 kg/hm^2）时茎粗受抑制且有下降趋势。

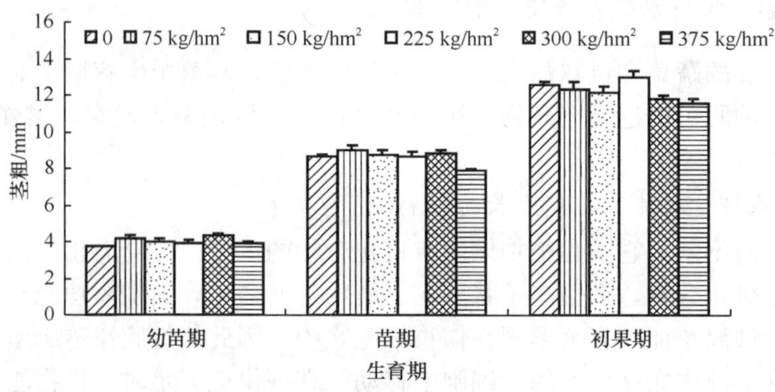

图 11-71　不同施钾量对辣椒茎粗的影响

c. 不同施钾量对设施辣椒冠幅的影响

冠幅是辣椒由营养生长进入生殖生长后的一个重要指标。在辣椒开始分叉时，冠幅开始形成，这是构成产量的重要因素之一。协调的冠幅可以使辣椒光合利用率增加，为辣椒果实提供适宜的附着位点。图 11-72 表明，冠幅大小与施钾量高低有密切关系。从幼苗期开始辣椒吸收钾对冠幅表现明显，随施钾量增加辣椒冠幅增大。75～300 kg/hm^2 钾浓度显著促进冠幅增加，更高的钾则产生反作用。初果期各钾肥处理与对照处理间差异极显著，冠幅随着施钾量的增加而增加，处理间达到 5％显著水平。当施钾量达到 300 kg/hm^2 时冠幅最大，施钾量大于 300 kg/hm^2 时，冠幅显著减小。这可能是由于初果期辣椒生长旺盛，当冠幅增大到一定程度时，由于群体效应使辣椒在高施钾量条件下延长了其营养生长期。

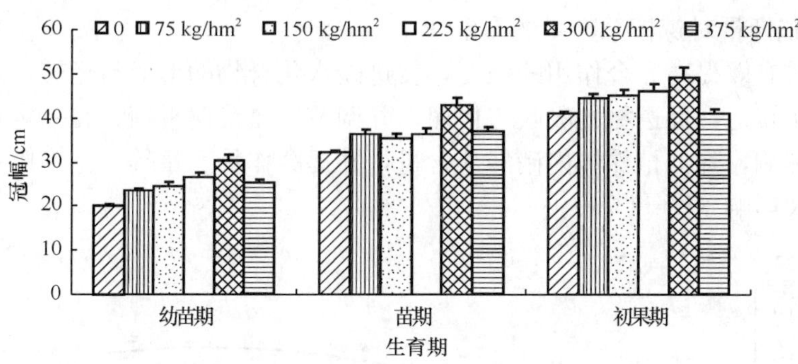

图 11-72　不同施钾量对辣椒冠幅的影响

d. 不同施钾量对设施辣椒叶绿素的影响

叶绿素是蔬菜有机营养的基础，是叶绿体的重要组分，能够吸收、传递与转换光能，在光合作用中起着重要的作用。大量研究表明钾素是植物叶片中叶绿素含量的重要影响因素，叶片缺钾影响叶绿素的生物合成，造成叶片发黄。叶绿素含量反映了蔬菜营养情况和健康状况，是植物生理研究中的一项重要指标。钾多存在于作物幼嫩的富有原生质的组织和细胞里面，是多种酶的活化剂，能有效提高光合作用的强度，调节气孔的开闭，还能提高作物对氮磷的吸收利用，并很快转化为蛋白质。

由图 11-73 可以看出，在辣椒生长过程中，不同施钾量处理对叶绿素 SPAD 含量有很大的影响。从幼苗期到初果期叶绿素含量逐渐增加，低施钾处理叶绿素含量均显著高于对照；高钾量 375 kg/hm^{2}的叶绿素 SPAD 显著减小，苗期随着钾肥量的增加，叶绿素含量也逐渐增加。当施钾量为 75～300 kg/hm^2，叶绿素含量极显著增加，但施钾量超过 300 kg/hm^{2}时叶绿素含量下降，而且处理间差异不显著。

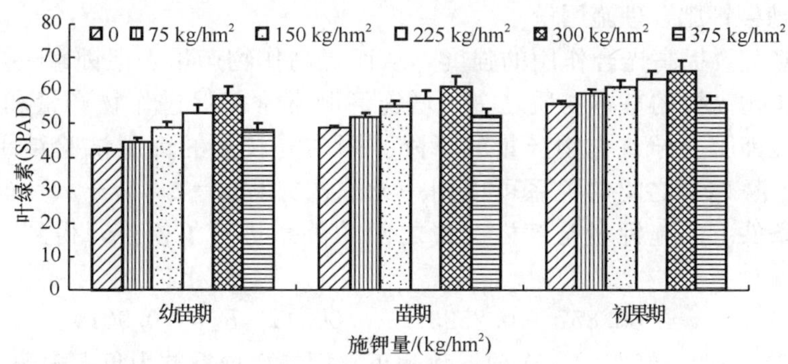

图 11-73　不同施钾量对辣椒叶绿素含量的影响

2）不同施钾量对设施辣椒产量的影响

钾是植物的主要营养元素，同时也是土壤中常因供应不足而影响作物产量的三要素之一。农作物含钾与含氮量相近而比含磷量高。在许多高产作物中，含钾量超过含氮量。钾能促进辣椒株高、冠幅和叶绿素相对含量的增长，对增加辣椒茎粗影响不显著，高量施钾（>300 kg/hm^2）茎粗受抑制表现为下降趋势。

a. 不同施钾量对辣椒总产量的影响

钾素能够有效提高光合作用的强度，促进碳水化合物的形成与运转，还能促进叶片中的糖向果实转运，促进氮的吸收与代谢，并调节碳氮代谢平衡，在一定程度上消除氮过剩的不良影响，降低植株体内硝酸盐含量，并提高作物产量等。施钾肥水平不同对辣椒产量有较大影响（图 11-74）。

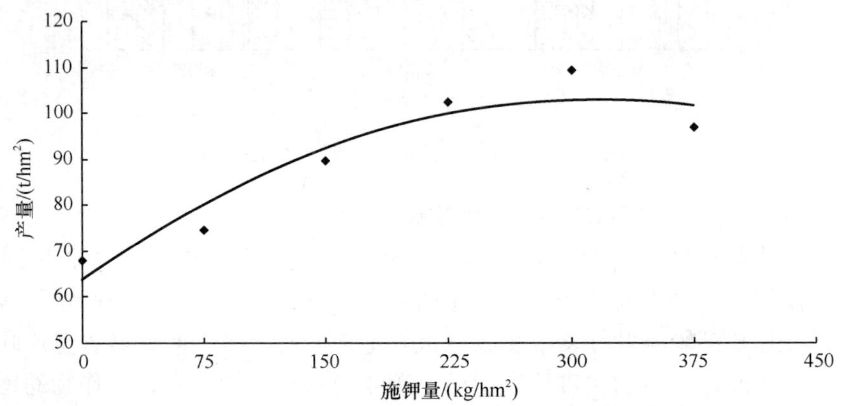

图 11-74　不同施钾量对设施辣椒产量的影响

由图 11-74 可以看出，施钾量与辣椒产量表现为近似的抛物线式，即当施钾量低于 300 kg/hm^{2}时，随施钾量的增加，辣椒产量增加，但施钾量再增加会导致产量下降。当施钾量为 75 kg/hm^2、150 kg/hm^2、225 kg/hm^{2}和 300 kg/hm^{2}时，辣椒产量比不施钾肥的对照处理分别增产 22.0%、46.7%、67.4%和 78.9%。这说明设施辣椒生产中合理的钾肥用量是获得高产的关键因素之一。

b. 设施辣椒钾肥合理施用量

钾素能够有效提高光合作用的强度，从而提高作物产量。但钾素更多的被称为品质元素，是作物需要的基本物质之一，增施钾肥常常能促进作物产量和品质的提高。然而，过量施钾肥会导致作物产量的下降。国内外较多的钾肥试验结果表明钾肥用量（x）与产量（y）之间的关系可以用一元二次方程 $y=c+bx+ax^2$（$a>0$）表示。对不同试验条件下的施钾量与辣椒产量之间的关系进行了模拟，得到二者之间的相关关系为

$$y = 63.857 + 0.2523x - 0.0004x^2, R^2 = 0.9019 \qquad (11\text{-}6)$$

式（11-6）表明，钾肥的一次项系数为正，而二次项系数为负，表明了典型的抛物线性关系，符合肥料效应的报酬递减规律，而决定系数则表明，辣椒产量 90%依存于施钾量。

已有的研究表明，当施钾量最高时，经济效益和产投比均大幅度下降。从经济效益与成本投入角度来考虑，在单位面积上取得相同净产值的情况下（仅以肥料为唯一成本核算），低投入的肥料组合为较理想方案。根据边际分析原理，当 $\partial y/\partial x=0$ 时，辣椒产量最高，并可计算最高产量施钾量 $K_2O_{max}=315.375$ kg/hm^2；而当 $\partial y/$

$\partial x = P_x / P_y$时，经济效益最大，并可以计算最大经济效益施钾量。当季钾素单价为P_x=8400 元/t，而辣椒单价仅 P_y=2000 元/t，从而得到最大经济效益施钾量 K_2O的opt=177.5 kg/hm^2。

c. 不同施钾量对辣椒生育期内产量的影响

由图 11-75 可以看出，在采摘期内，相同处理条件下辣椒最高产量出现在 8 月 7 日，当钾用量小于 300 kg/hm^{2}时产量随施钾量增加而增加，当施钾量大于 300 kg/hm^{2}时产量下降。首次采摘（4 月 21 日）的辣椒产量随钾肥的增加而增加，各施钾处理均高于对照处理，但不同处理间差异不显著。当施钾量超过 300 kg/hm^{2}时产量下降，表明了典型的抛物线性关系，符合肥料效应的报酬递减规律。

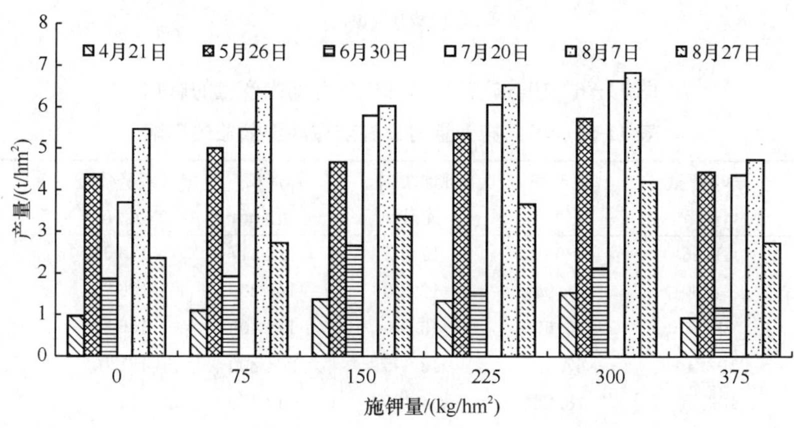

图 11-75　不同施钾量对辣椒生育期内产量的影响

以中等施钾水平（150 kg/hm^2）设施辣椒不同采果阶段产量表现如图 11-76 所示。结果表明，辣椒从 2 月 8 日定植开始生长，随着气温的升高，辣椒产量增加，辣椒产量在第三次采摘（5 月 26 日）时达到第一次高峰，6 月 7 日～6 月 30 日采摘时产量下降，其原因是此时段气温升高，受灌水和病害的影响。经过一段时间施药治疗，辣椒病情缓解，开始正常生长，产量开始增加。在 8 月 7 日达到最高产量，此时段辣椒适应了夏季温度，水肥的合理灌溉，使得辣椒的产量达最高。

d. 不同施钾量设施辣椒经济效益分析

施肥是促进作物增产的主要手段，而施肥成本占农业生产成本的 50%左右，提高肥料的经济效益就能够提高种植业的经济效益。本试验中每千克肥料的成本为，氮 3.9 元，P_2O_5 6.2 元，K_2O 8.4 元，辣椒平均售价 2.0 元/kg。不同施钾量下设施辣椒的经济效益见表 11-55。由表可以看出，单施有机肥及氮磷低肥时，设施辣椒当季的产投比也较高，但总收益最低。产投比大于对照的施钾量为 75～375 kg/hm^2，总收益最高为施钾 300 kg/hm^2，此时进一步增加施钾量，总收益会降低，至 375 kg/hm^{2}高量施钾，辣椒开始减产，经济效益和产投比均呈下降趋势。

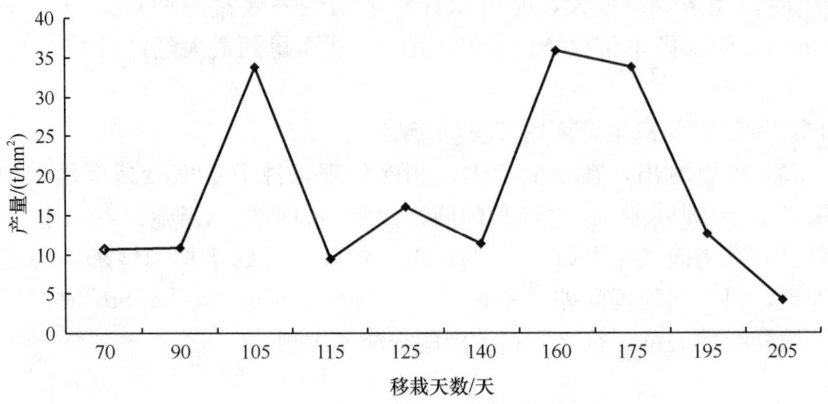

图 11-76　中等施钾量对辣椒生育期内产量的影响

表 11-55　不同施钾量对设施辣椒经济效益的影响

施钾量 /(kg/hm²)	平均产量 /(t/hm²)	增产率 /%	肥料成本 /(元/hm²)	产值 /(元/hm²)	经济效益 /(元/hm²)	产投比
0	61.16	0	11 805	122 317	110 512	10.36
75	74.60	21.98	12 435	149 200	136 765	12.00
150	89.70	46.67	13 065	179 400	166 335	13.73
225	102.40	67.43	13 695	204 800	191 105	14.95
300	109.40	78.88	14 325	218 800	204 475	15.27
375	96.80	58.28	14 955	193 600	178 645	12.95

7. 不同有机肥用量对设施辣椒生长发育的影响

辣椒生长过程中除土壤正常供应养分外，施肥是供给辣椒生长所需养分的重要手段。施肥可以使辣椒高产并保持或改善品质，当施肥量超过最佳养分范围时，不但会使辣椒的生理生长受到影响，甚至会产生毒害作用。辣椒产量的高低和品质的好坏是受多因素综合作用的结果。氮、磷、钾三大营养元素的平衡供给固然重要，但对有机肥料调节养分的作用也不可忽视。第一，有机肥作为完全肥料，对三要素及中微量元素的平衡起着调剂作用。施用有机肥后，由于它的稀释作用，使进入植株的氮素相对稳定，而且磷钾养分增加，从而可以改善不平衡施肥所产生的高氮低磷低钾状况。第二，优良的品质需要碳水化合物和氮化合物代谢的平衡，氮素供应不足或过量，都会导致碳氮代谢的紊乱，降低产量和品质。然而，有机肥具有协调供氮性能与作物碳氮代谢的作用，更有利于辣椒品质的改善。第三，有机肥中的生物活性物质（酶类、氨基酸类及腐殖酸类物质）对植物生长的促进作用已在许多试验中得到了证实。

有机肥对温室蔬菜生长发育的作用已有一些报道，但有机肥在冷凉干旱环境及低肥力土壤条件下养分释放机理及肥效还鲜见报道。本节以高品质生物有机肥为肥源，设计了单因素多水平田间试验，以阐明有机肥对设施辣椒生长发育及产量的影响，从而为干旱冷凉区设施辣椒高产优质栽培提供理论依据。

1）不同有机肥用量对设施辣椒苗期生长的影响

有机肥作为长效肥在设施蔬菜栽培中运用较为广泛，以获得高产、优质为目标的设施栽培对土壤养分状况要求较高，有机肥活化土壤营养元素为蔬菜生长持续提供养分发挥重要作用。施用有机肥料是绿色蔬菜生产的重要技术措施。在不同有机肥量下，日光温室设施辣椒幼苗期（3月6日）、苗期（4月1日）和初果期（4月11日）生长指标测定及多重比较结果见表11-56。

表 11-56　不同有机肥对辣椒苗期生长指标的影响

处理/(t/hm²)	株高/cm	茎粗/mm	叶绿素SPAD	冠幅/cm
		幼苗期		
有机肥 22.5	21.50 ±0.71a	4.18±0.26b	47.50±3.40a	22.30±1.84a
有机肥 45.0	20.50±0.71a	4.47±0.16ab	55.10±4.24a	18.75±1.77ab
有机肥 67.5	16.50±2.12a	67.57±0.12a	56.90±7.07a	22.30±1.84a
		苗期		
有机肥 22.5	47.75±1.07a	8.27±0.25a	52.40±4.10a	36.50±4.95a
有机肥 45.0	39.50±3.54a	8.76±0.09a	56.85±1.34a	27.50±0.71ab
有机肥 67.5	30.50±4.95b	8.82±0.13a	57.55±1.63a	20.65±5.17b
		初果期		
有机肥 22.5	57.50±2.12a	12.05±0.09c	65.55±0.78a	42.00±8.49a
有机肥 45.0	46.50±0.71ab	12.28±0.06b	68.85±2.76a	29.00±7.07a
有机肥 67.5	37.50±9.19b	12.38±0.06a	70.35±1.34a	25.00±8.49a

注：表中同列中不同字母表示5%水平差异显著性，下同。

从表中可以看出，有机肥的施用对辣椒的生长发育产生了明显影响。不同有机肥施用量下，辣椒株高在幼苗期差异不显著，在苗期和初果期5%的水平下差异显著，而且随着有机肥施入量的增多，辣椒株高迅速增长。有机肥对辣椒茎粗的影响差异比较显著。有机肥对叶绿素影响不大，辣椒生育期内差异均不显著。有机肥对辣椒冠幅作用表现为少施促进，多施抑制，在幼苗期和苗期差异均比较显著，对初果期影响不大。有机肥对辣椒营养生长的促进作用表现在促宽和促高方面，而植株的健壮程度没有同步增加。

2）不同有机肥用量对设施辣椒产量的影响

大部分土壤养分供应水平有限，施肥是获取作物高产的前提。本试验条件下，设施辣椒产量因施用有机肥量的不同而明显变化，有机肥中除含有作物生长所必需的营养成分外，还含有多种生物活性物质，如有机酸、激素、维生素、酶、生长素等物质。有机肥可使设施辣椒增产显著。

a. 不同有机肥用量对辣椒总产量的影响

施用生物有机肥不仅可提高土壤肥力，而且还有利于作物营养的均衡吸收，从而有效调节植株生长，增加产量，提高品质。由图11-77可以看出，施有机肥量与辣椒产量关系表现为典型的抛物线式，即当有机肥量低于22.5 t/hm²时，随施有机肥量的增加，辣椒产量增加；但高有机肥量由于彻底改变了土壤环境，抑制辣椒生长，导致辣椒产量下降。

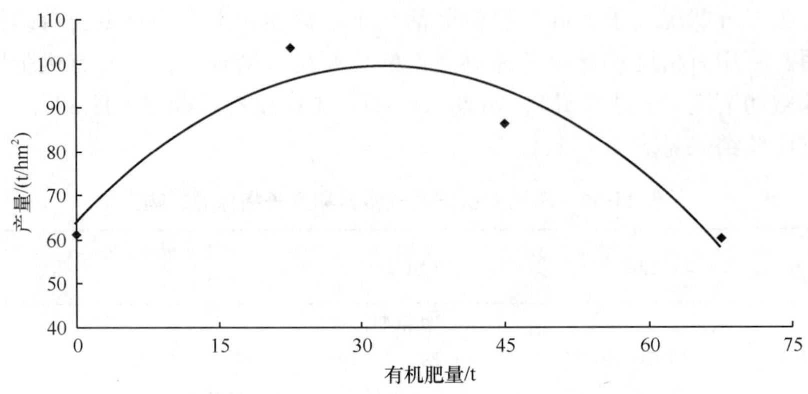

图 11-77　不同有机肥量对设施辣椒产量的影响

b. 设施辣椒有机肥合理施用量

有机肥能够有效改善土壤质量，从而提高作物产量。适量的有机肥对辣椒产量有明显的增产作用，而过量施有机肥会导致作物产量的下降。国内外较多的有机肥试验结果表明，有机肥用量（x）与产量（y）之间的关系可以用一元二次方程 $y=c+bx+ax^2$（$a>0$）表示。对试验条件下有机肥量与辣椒产量之间的关系进行了模拟，得到二者之间的相关关系为

$$y=63.681+32.805x-7.581x^2, R^2=0.9029 \tag{11-7}$$

式（11-7）表明，有机肥的一次项系数为正，而二次项系数为负，表明了典型的抛物线性关系，符合肥料效应的报酬递减规律；而决定系数则表明，辣椒产量 90%依存于有机肥施用量。由公式计算得到辣椒最高产量的有机肥施用量为 32.45 t/hm^2，在有机肥单价为 800 元/t 的条件下，其最大利润施用量为 26.52 t/hm^2。

c. 不同有机肥用量对辣椒生育期内产量的影响

由图 11-78 看出，有机肥施用量为 22.5 t/hm^{2}的设施辣椒的产量明显大于有机肥施用量为 45.0 t/hm^{2}和有机肥施用量为 67.5 t/hm^{2}的产量。当有机肥用量超过 22.5 t/hm^{2}时产量下降，表明了典型的抛物线性关系，符合肥料效应的报酬递减规律。采摘期内随着气温的升高，辣椒产量增加，追肥后在第三次采摘（5 月 26 日）时达到第一次高峰，6 月 7 日～6 月 30 日采摘产量下降，原因是此时段气温升高，灌水和病害使辣椒生长受到影响，在 8 月 7 日达到最高产量。

3）不同有机肥用量设施辣椒经济效益分析

不同有机肥用量下设施辣椒的经济效益见表 11-57。表中数据表明，当有机肥施用量为 22.5 t/hm^{2}时，辣椒产投比最大，有机肥施用量大于 22.5 t/hm^{2}时，辣椒开始减产，经济效益和产投比都呈下降趋势。

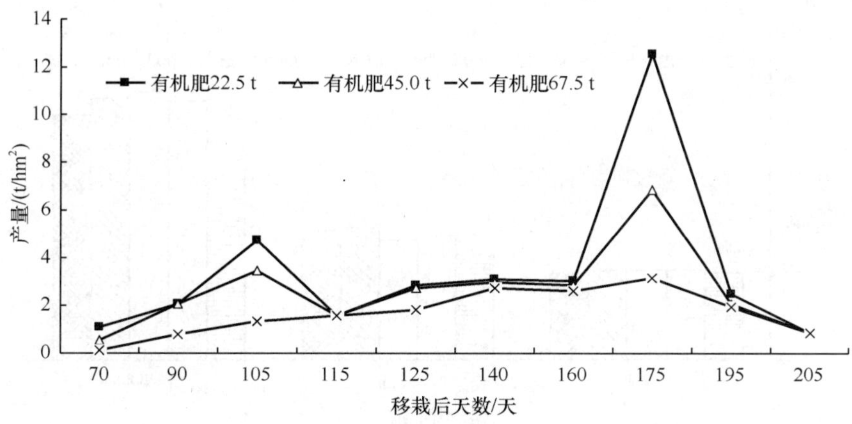

图 11-78　不同施有机肥量对辣椒生育期内产量的影响

表 11-57　不同有机肥量对设施辣椒经济效益的影响

有机肥量 /(t/hm²)	平均产量 /(t/hm²)	增产率 /%	肥料成本 /(元/hm²)	产值 /(元/hm²)	经济效益 /(元/hm²)	产投比
CK	61.16	0	8 535	122 317	113 782	14.33
有机肥 22.5	103.40	69.07	12 803	206 800	193 998	16.15
有机肥 45.0	86.30	41.11	25 605	172 600	146 995	6.74
有机肥 67.5	60.31	−1.38	38 408	120 625	82 218	3.14

8. 不同施氮量对设施辣椒生长发育的影响

氮素是植物生长发育的重要因素之一，在一定范围内氮素对蔬菜作物生长发育是有利的。缺氮往往使植物生长速度缓慢、植株瘦弱、茎干细小、叶片小且黄、叶片及早脱落，超出蔬菜正常生长所需氮素量时，导致发育不良，容易造成落花落果。因此，合理施用氮肥可以促进辣椒生长，为高产、稳产打下基础。

a. 不同施氮量对设施辣椒株高的影响

由图 11-79 可知，适宜的氮肥用量使辣椒株高在快速生长过程中均高于对照，差异达到 5%显著水平。在幼苗期，辣椒很难利用土壤养分，不同施氮量辣椒的株高与对照相比差异不大；进入苗期以后，辣椒幼根萌发，对氮肥反应明显，随施氮量增加株高明显增加；随着辣椒营养生长向生殖生长的转移，辣椒株高迅速增加。在 300～900 kg/hm²施氮范围内，不同施氮量对株高的促长作用显著，不同施肥量下株高差异不显著。然而，过量的氮肥投入（1200 kg/hm²）对辣椒的营养生长有抑制作用，与对照的株高相比差异不明显。

b. 不同施氮量对设施辣椒茎粗的影响

不同施氮量对设施辣椒关键生育期茎粗的影响如图 11-80 所示。由图可以看出，不同氮肥处理在生育期内对辣椒茎粗影响较大。幼苗期根系发育弱，各处理茎粗无明显变化，处理间差异不显著；苗期各处理与对照茎粗均有增加，且均达 1%极显著差异水

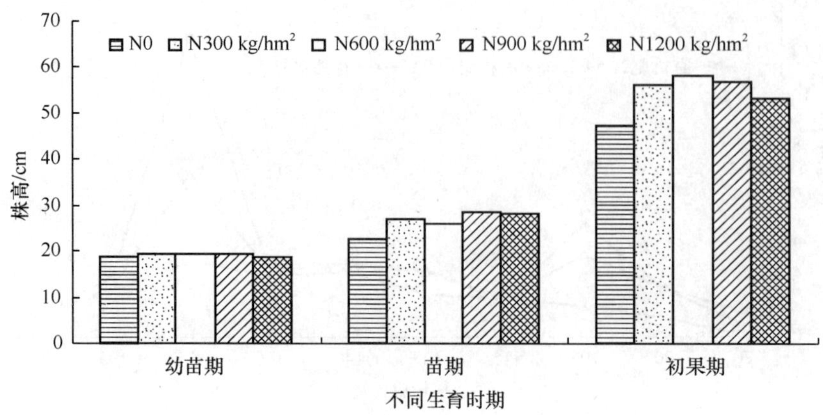

图 11-79　不同施氮量对辣椒株高的影响

平，而处理间低氮量（300 kg/hm²）辣椒茎粗最大，与其他处理相比达5%显著差异水平。这说明适宜的低氮投入能促使辣椒植株健壮，有利于形成高产；辣椒初果期茎粗不同，氮肥处理与对照相比差异显著，辣椒茎粗随施氮量增加而增加。但1200 kg/hm²的高氮肥施用量使辣椒植株的茎粗下降，与其他氮肥处理相比达5%显著差异水平。这说明不同的氮肥用量均能不同程度地促进植株茎粗生长，而且随着施氮量的增加，辣椒茎粗相应增加，高氮肥处理茎粗增长缓慢，但在生长过程中，300 kg/hm²时处理的辣椒根茎与其他处理相比显示出一定的优势。

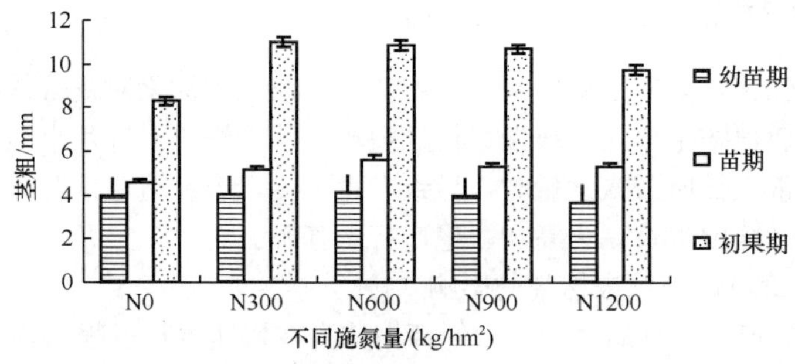

图 11-80　不同施氮量对辣椒茎粗的影响

c. 不同施氮量对设施辣椒叶绿素的影响

由图 11-81 可以看出，在辣椒生长过程中，不同施氮量处理对叶绿素相对含量值SPAD有很大的影响，从幼苗期到初果期叶绿素含量逐渐增加，各施氮处理叶绿素含量均显著高于对照。幼苗期随着氮肥量的增加，叶绿素含量也逐渐增加，当施氮量超过600 kg/hm²时，叶绿素含量极显著增加，而处理间差异不显著。进入生殖生长阶段后，辣椒叶片叶绿素含量同样随施氮量的增加而显著增加，而不同施氮量之间叶绿素含量差异不显著。

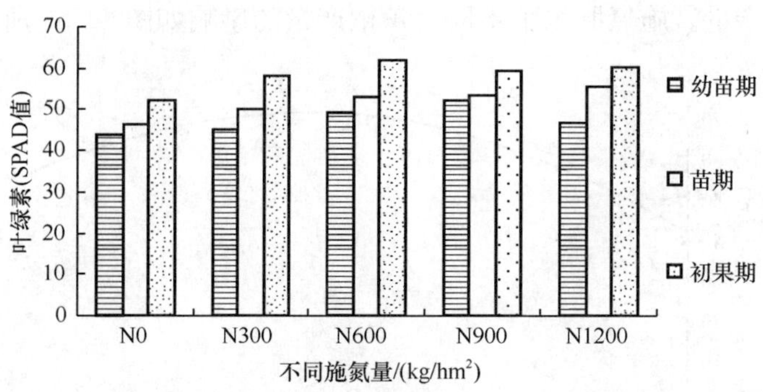

图 11-81　不同施氮量对辣椒叶绿素含量的影响

d. 不同施氮量对设施辣椒冠幅的影响

由图 11-82 可知，冠幅大小与施氮量高低有密切关系。幼苗期根系吸收弱，各处理间变化不明显；苗期氮肥处理对辣椒冠幅影响较大，300～600 kg/hm^{2}氮促进冠幅显著增加，而更高的氮肥量则产生反作用；初果期各氮肥处理与对照处理间差异极显著，处理间达到5%显著水平，冠幅随着施氮量增加而增加，当施氮量达到600 kg/hm^{2}时冠幅最大；当施氮量大于 600 kg/hm^{2}时，冠幅随施氮量增加而逐渐减小，这可能由于初果期辣椒生长旺盛，当冠幅增大到一定程度时，由于群体效应使辣椒在高施氮量条件下延长了其营养生长。

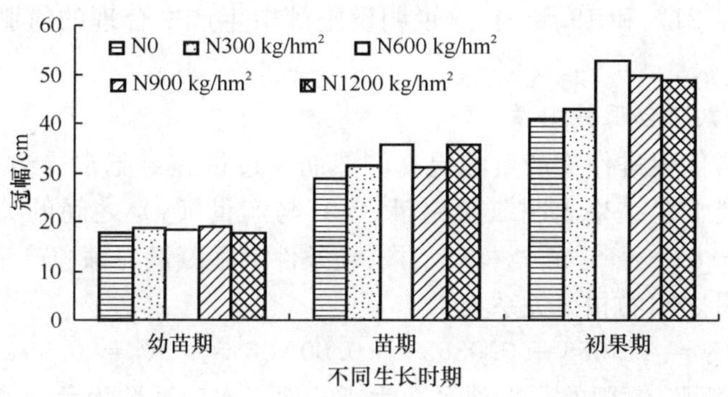

图 11-82　不同施氮量对辣椒冠幅的影响

9. 不同施氮量对设施辣椒产量的影响

1）不同施氮量对辣椒产量的影响

氮素是蛋白质、核酸、叶绿体、酶和某些维生素的重要组成成分，但植物体内的氮素主要存在于蛋白质和叶绿素中。其中蛋白态氮通常占植株全氮的 80%～85%，而蛋白质中平均含氮也达到 16%～18%。因此，氮是辣椒生长发育的关键因子。产量的形成和提高是以植株生长和旺盛生理代谢为基础的，增施氮肥可提高根系脱氢酶活性，增强其吸收能力，使叶片叶绿素含量增加，加强光合作用无机营养源，并使有机养分迅速输向果实，促进果实发育，调节植物生殖生长和营养生长，花器官形成好，结果数增加，从而提高了产量。施氮肥水平不同对辣椒产量的影响如图 11-83 所示。

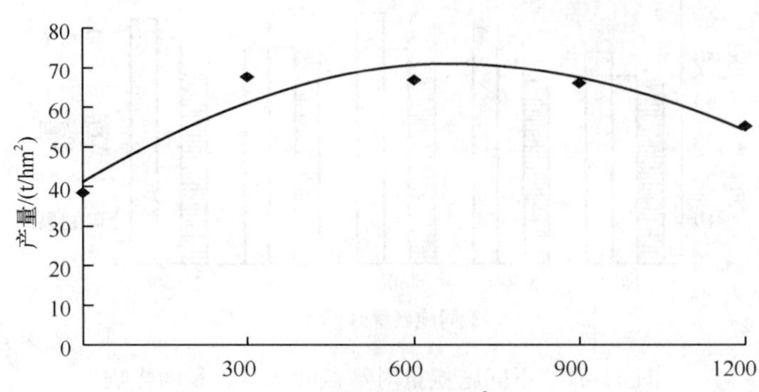

图 11-83　不同施氮量对设施辣椒产量的影响

研究结果表明，由于供试土壤速效氮含量相对较低，增施氮肥对促进辣椒产量的增加有显著作用。图 11-83 表明，施氮量与辣椒产量表现为典型的抛物线式，即当施氮量低于 600 kg/hm^2时，随施氮量的增加，辣椒产量表现为增加，但施氮量再增加会导致产量下降。当施氮量为 300 kg/hm^2、600 kg/hm^2、900 kg/hm^2和 1200 kg/hm^2时辣椒产量比不施氮肥的对照处理分别增产 75.1%、73.6%、70.9%和 43.5%。施氮量为 1200 kg/hm^2的辣椒产量比施氮量为 300 kg/hm^2、600 kg/hm^2和 900 kg/hm^2的各处理分别减产 22.1%、21%和 19.1%。这说明设施辣椒生产中合理的氮肥用量是获得高产的关键因素之一。

2）设施辣椒氮肥合理施用量

增施氮肥常常能促进作物产量的提高。然而，过量施氮肥常导致作物产量的下降。国内外较多的氮肥试验结果表明氮肥用量（x）与产量（y）之间的关系可以用一元二次方程表示 $y=c+bx+ax^2$（$a>0$）。对试验条件下施氮量与辣椒产量之间的关系进行了模拟，得到二者之间的相关关系为

$$y = 41.056 + 0.0863x - 0.00006x^2,\quad R^2 = 0.901 \tag{11-8}$$

式（11-8）表明，氮肥的一次项系数为正，而二次项系数为负，表明了典型的抛物线性关系，符合肥料效应的报酬递减规律；而决定系数则表明，辣椒产量的高低 90%依存于施氮量。

对产量与施氮量的关系进行方差分析，结果表明（表 11-56），辣椒产量区组间差异不显著，而处理间差异达到 5%的显著差异水平。这说明辣椒产量的变化主要因施氮量不同而引起，并可运用式（11-8）计算氮肥的合理施用量。根据上述肥料效应函数计算出辣椒最高产量的氮用量为 719.17 kg，辣椒的最高产量为 72.09 t/hm^2。式(11-8)的计算结果还表明，氮肥对辣椒的产量效应更偏向于线性-平台模型，即低施氮（<300 kg/hm^2）能迅速增加辣椒产量，但在 300～900 kg/hm^2很宽的施氮肥范围内，产量不再随施氮量的增加而增加，而当氮肥施用量达到 1200 kg/hm^2时，产量明显下降。

表 11-58　不同施氮量下辣椒产量变异方差分析表

变异来源	平方和	自由度	均方	F 值	P 值
区组间	3 299 753	1	3 299 753	0.225	0.659 9
处理间	771 080 344.7	4	192 770 086.2	13.151	0.014 3
误差	58 632 543.7	4	14 658 135.92		
总变异	833 012 641.4	9			

（四）不同配方肥及不同灌溉方式对设施辣椒生长发育的影响

1. 不同配方肥对设施辣椒生长发育的影响

有机、无机肥料配合施用是我国土壤肥力能够长期维持并不断提高的重要措施。有机、无机肥料配合施用可使土壤有机质含量不断提高。有机肥缓慢释放的优良特性基本上与作物的需肥规律相吻合，所以有机肥在作物整个生育期内均具有供肥能力。但有机肥肥效慢，需要与化肥配合施用才能满足产量与品质同步提高，从而使土壤肥力得以保持并继续提高。有机、无机复合肥集有机肥和无机复合肥的优点于一体，能更好地协调植物生长环境，改善植物营养结构组成，从而有效改善作物品质。配方肥是笔者根据辣椒对各种大量及微量元素的生理需求配置的营养液，并设计了一套配套的灌水设备，实现了随水施肥，使辣椒更容易吸收肥料中的元素，提高辣椒产量和品质的施肥方式。

1）不同配方肥对设施辣椒苗期生长的影响

配方肥针对作物需求元素，为作物生长提供部分微量元素，以获得高产、优质为目标。不同配方肥下，日光温室设施辣椒幼苗期（3 月 6 日）、苗期（4 月 1 日）和初果期（4 月 11 日）生长指标测定及多重比较结果见表 11-59。

表 11-59　不同配方肥对辣椒苗期生长指标的影响

处理/(t/hm²)	株高/cm	茎粗/mm	叶绿素 SPAD	冠幅/cm
		幼苗期		
CK	20.50±0.71b	3.61±0.04b	50.70±9.05a	13.50±2.12a
配方 1	21.00±1.41b	3.87±0.27ab	48.55±0.64a	21.00±7.07a
配方 2	24.00±1.41a	4.25±0.06a	53.85±6.58a	22.00±1.41a
配方 3	22.00±0.00ab	3.76±0.22b	56.40±67.53a	15.00±4.24a
配方 4	20.00±0.00b	4.28±0.07a	55.00±67.53a	20.50±2.12a
		苗期		
CK	38.50±0.71b	10.84±0.16b	55.20±2.69a	24.00±2.83b
配方 1	50.00±5.66a	12.43±0.29a	53.65±6.58a	38.50±7.78a
配方 2	50.50±2.12a	12.99±0.36a	60.60±1.27a	39.00±1.41a
配方 3	42.50±2.12ab	12.91±0.50a	56.65±0.21a	32.00±4.24ab
配方 4	48.50±3.54a	13.36±0.18a	50.45±1.91a	37.50±2.12a

续表

处理/(t/hm²)	株高/cm	茎粗/mm	叶绿素 SPAD	冠幅/cm
		初果期		
CK	42.00±1.41d	7.60±0.71a	65.70±3.96a	31.70±0.99d
配方 1	54.00±2.83b	8.58±1.27a	64.40±6.43a	37.50±0.71b
配方 2	56.00±1.41ab	9.03±0.62a	67.39±8.72a	38.00±1.41b
配方 3	50.50±0.71c	7.82±0.57a	65.90±1.98a	35.95±1.34c
配方 4	58.00±1.41a	9.46±1.10a	63.92±5.60a	40.45±2.05a

注：表中同列中不同字母表示 5%水平差异显著性，下表同。

由表 11-59 可以看出，在辣椒生长的幼苗期，配方肥对辣椒株高和茎粗的影响在 5%水平下差异比较显著，由于辣椒在幼苗期很难利用土壤养分，所以对叶绿素和冠幅影响不大。苗期随着植株的不断生长，辣椒开始吸收各种营养元素，配方肥对辣椒株高、茎粗和冠幅影响差异均达显著水平，而对叶绿素影响不大。在初果期，配方肥对辣椒株高和冠幅影响差异显著，对茎粗和叶绿素影响不大。与对照相比，4 种配方肥中配方 2 对辣椒的生长发育具有显著影响。

2）不同配方肥对设施辣椒产量的影响

大部分土壤养分供应水平有限，施肥是获取作物高产的前提。本试验条件下，设施辣椒产量因施用不同配方肥而变化明显（图 11-84），配方肥中除含有作物生长所必需的营养成分外，还含有多种微量元素，可促使设施辣椒显著增产。

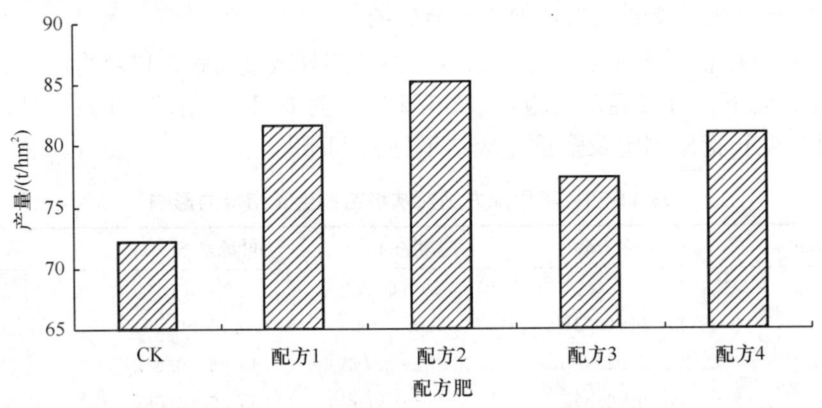

图 11-84　不同配方肥对设施辣椒产量的影响

图中的结果表明，不同配方肥对辣椒产量有明显的提高作用，其中配方 2 的增产作用最显著，说明配方 2 中的营养元素适应银川设施辣椒的生长需要。具体对辣椒品质的影响将作为后续试验进行进一步研究，同时结合氮、磷、钾试验调整配方，深入研究配方 2 对设施辣椒生长发育及产量品质的影响。

2. 不同灌溉方式对设施辣椒生长发育的影响

干旱区有限的补充灌溉能显著提高肥料利用效率，水肥之间存在以肥调水、以水促肥的交互效应。合理的灌水量和适合的灌溉方式可显著提高作物的生长发育状况。节水灌溉不仅能节约灌溉用水，而且能够科学有效地控制灌水的质量、灌水时间、灌水量、灌水均匀程度等，大大促进了农田水利科学技术的进步，提高了灌溉的科技含量，是农业现代化的主要标志之一。传统的沟畦灌（大水漫灌）对水资源的浪费很大，导致水分利用率低，随着农业科学技术的发展和我国干旱地区水资源紧缺的现状，微灌节水技术已成为今后的发展趋势。

1）不同灌溉方式对辣椒苗期生长的影响

辣椒是茄果类蔬菜中最耐旱的一种作物，在生长发育过程中所需水分相对较少，且各生长发育阶段的需水量也不相同，一般小果型品种较大果型品种耐旱。辣椒发芽期与开花结果期是需水量最大的生育阶段。

a. 不同灌溉方式对设施辣椒株高的影响

由图 11-85 看出，整体上辣椒株高随灌水量增加而增加。在幼苗期，由于辣椒幼苗需水较少，所以不同灌溉方式对辣椒株高影响不明显；苗期辣椒的生长量开始加大，需水量增多，要适当浇水以满足植株生长发育的需要，但仍然要控制水分，以利于地下根系生长，控制植株徒长，这个时期不同灌溉方式对辣椒株高的影响差异不显著；初果期需水量增加，要增大供水量，以满足开花、分枝的需要，此时充足的水分会促进辣椒的营养生长，由于辣椒水分对辣椒营养生长和生殖生长的划分影响比较大，这个时期较大的灌水量促进了辣椒的营养生长，灌水量小的营养生长和生殖生长并进，所以不同处理辣椒株高相差最大，且随着灌水量增加，株高也相应增加。同时，传统沟灌对辣椒株高存在显著影响。

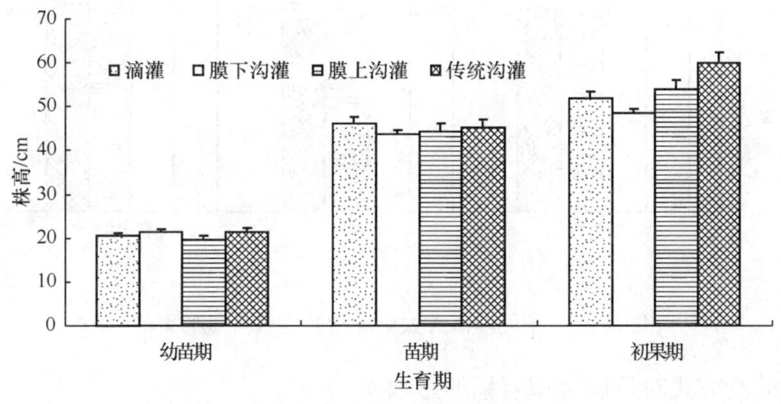

图 11-85　不同灌溉方式对辣椒株高的影响

b. 不同灌溉方式对设施辣椒茎粗的影响

图 11-86 的研究结果表明，整体上辣椒茎粗随灌水量增加而增加。在幼苗期，由于辣椒幼苗需水较少，所以不同灌溉方式对辣椒茎粗影响不大；苗期不同灌溉方式对辣椒茎粗的影响差异不显著；初果期需水量增加，要增大供水量，以满足开花、分枝的需要，此时充足的水分促进辣椒的营养生长，灌水量低的营养生长和生殖生长并进，所以不同处理辣椒茎粗相差最大，且随着灌水量增加，茎粗也相应增加，传统沟灌对辣椒茎

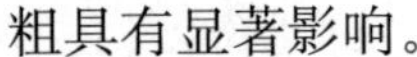
粗具有显著影响。

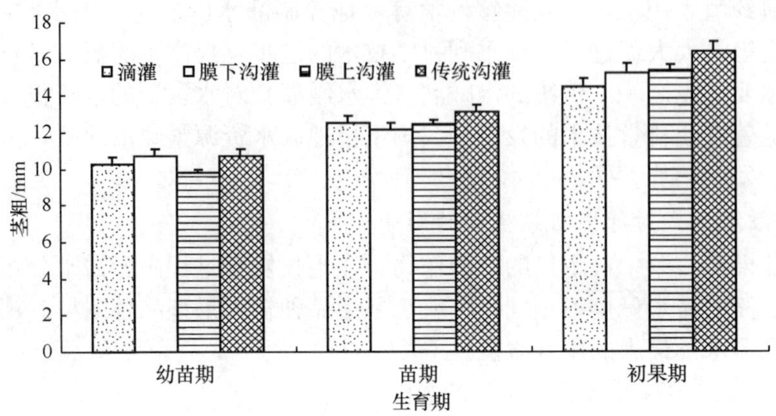

图 11-86　不同灌溉方式对辣椒茎粗的影响

c. 不同灌溉方式对设施辣椒叶绿素的影响

由图 11-87 看出，整体上不同灌溉方式对不同生育期辣椒叶绿素影响不显著，但是滴灌灌溉方式在四种灌溉方式中对辣椒叶绿素的影响差异显著。说明滴灌模式对提高辣椒叶绿素含量具有明显作用。

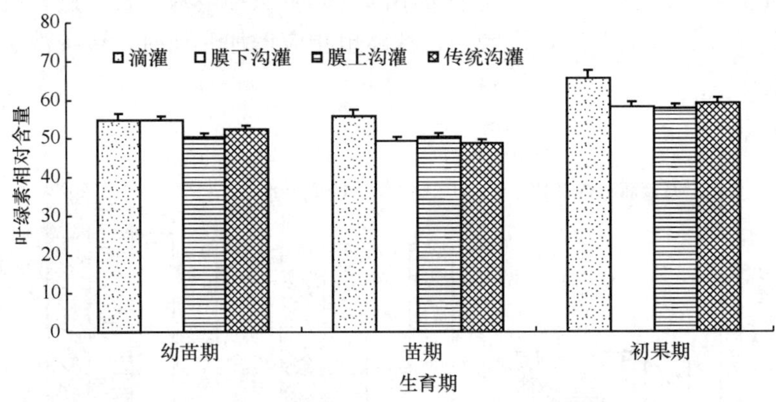

图 11-87　不同灌溉方式对辣椒叶绿素含量的影响

d. 不同灌溉方式对设施辣椒冠幅的影响

图 11-88 表明，随着灌水量的增加辣椒冠幅呈现增加趋势，幼苗期不同灌溉方式对辣椒冠幅影响不大，随苗期需水量加大，辣椒冠幅呈增长趋势，但处理间差异不显著。在初果期，由于水分对辣椒营养生长和生殖生长的划分影响比较大，这个时期灌水量增大有助于促进辣椒的营养生长，灌水量小的营养生长和生殖生长并进，所以此时传统沟灌对辣椒冠幅影响差异显著。

2）不同灌溉方式对设施辣椒产量的影响

由图 11-89 可以看出，采用不同灌水方式对辣椒产量影响较大，对平均产量的影响

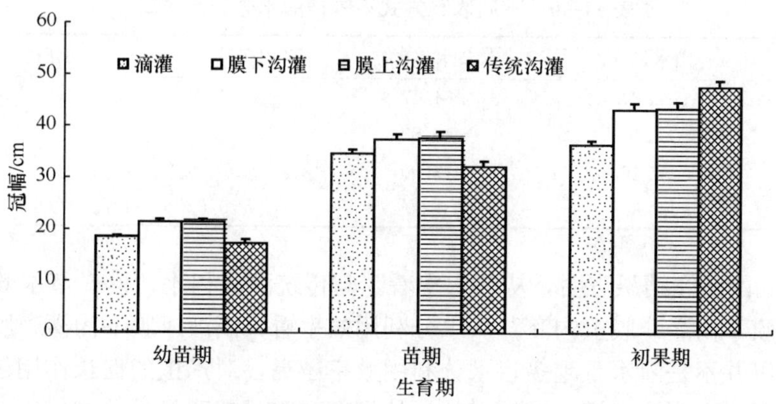

图 11-88　不同灌溉方式对辣椒冠幅的影响

顺序由大到小表现为：膜上沟灌≈膜下沟灌＞滴灌＞传统沟灌＞CK。与传统沟灌相比，滴灌的产量提高了 11.46%，膜下沟灌和膜上沟灌的产量提高了 19.7%。在充分灌溉的条件下，辣椒的生理形态指标明显增加，但并不利于产量的增加，因此，合适的灌水方式和灌水量有利于辣椒产量的提高。

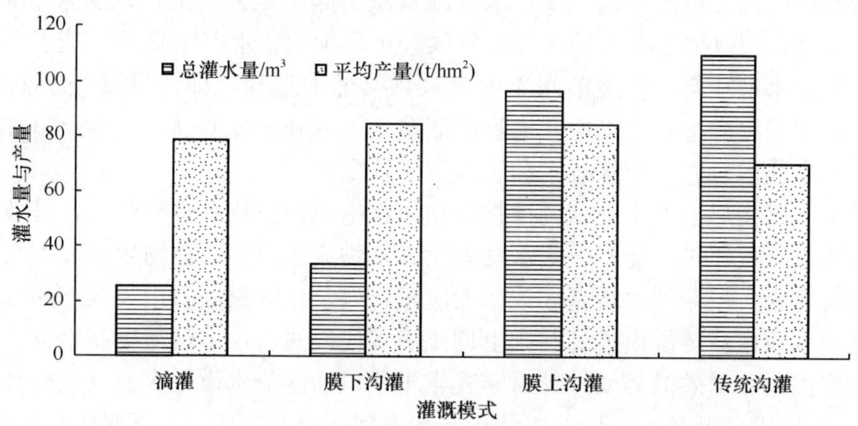

图 11-89　不同灌溉方式对设施辣椒产量的影响

3）不同灌溉方式下辣椒的水分利用效率

对于大部分温室蔬菜栽培来说，传统的沟畦灌普遍存在着用水量大、灌溉水利用率低等缺陷，这已经成为制约设施栽培作物节水、优质、高产栽培技术的关键。水分是植物生长发育和产量形成的重要因子，水分过多与不足均对作物生长发育及有关生理、生化指标造成一定的影响，从而影响作物的最终产量和品质。因此，在现有的沟畦灌条件下，探索先进的灌水方式，从而提高灌溉水的利用效率将是设施栽培作物生产的重要内容。对于蔬菜作物来说，水分利用效率指的是每消耗 1 m^3 水所能生产的果实产量。不同灌溉处理条件下，温室小区辣椒水分利用效率见表 11-60。

表 11-60 不同灌溉方式下辣椒的水分利用效率

处理	灌水量/m^3	节水率/%	平均产量/(t/hm^2)	水分利用效率/(kg/m^3)
滴灌	2.79	64.47	78.72	28.18
膜下沟灌	4.18	46.82	84.49	20.20
膜上沟灌	6.46	17.90	867.58	13.10
传统沟灌	7.86	0.00	70.63	8.98

表 11-60 的研究结果表明，从节水率看，与传统灌溉相比，模式节水效果显著，表现为滴灌＞膜下沟灌＞膜上沟灌；从水分利用效率看，滴灌＞膜下沟灌＞膜上沟灌＞传统沟灌，所以并不是灌水量越多，水分利用效率越高，对辣椒的促长作用越好。从这两项数据我们可以得到滴灌模式对辣椒的生长发育和产量有明显的促进作用，在节水灌溉上效果比较明显，膜下沟灌和膜上沟灌对辣椒也有明显的促长作用。节水率和水分利用效率比滴灌低，传统沟灌的水分利用效率最低，对辣椒生长发育和产量的影响也不大，所以采用合理的灌溉方式既可以节省水资源又可以提高辣椒的产量和品质。

四、宁夏设施蔬菜节水高效综合生产技术集成

随着我国国民经济的快速发展，水资源紧缺引起了全社会的广泛关注和高度重视，宁夏也不例外，宁夏属于典型的大陆性气候，干旱少雨、水资源匮乏，基于宁夏特殊的区情，建立节水型社会、发展节水农业是一种必然的选择，即发展高经济效益节水农业，以节水促进增产增收，以增产增收激活节水。农业节水作为一个完整的技术体系，包括工程节水技术、农艺节水技术和管理节水技术。

农艺节水是指通过农田土壤调控技术和作物生理调控技术节约用水，是节水农业发展的潜力所在。近年来，随着土壤水动力学、植物流体力学、植物生理和生物化学等理论不断取得可喜进展，加之转基因技术的应用，以及化学领域农用膜剂产品降解性的实现，农艺节水技术在传统模式的基础上增添了现代模式，这不仅是提高水分生产率的需要，也是农民增收增效的需要。针对宁夏半干旱风沙区节水设施农业高效持续发展的主要因素，自 2008 年开始，经历 3 年的创新与发展，研究集成了宁夏半干旱区条件下，4 种行之有效农艺节水技术措施。

（一）设施蔬菜耐旱节水高产优质抗病品种引进筛选

通过对宁夏半干旱风沙区设施蔬菜在节水生产条件下生长发育规律的研究，开展番茄以及有代表性的叶菜油菜等主要设施蔬菜为主进行了抗旱品种引进、筛选和研究。根据植株抗旱性、抗病性等指标分析筛选出适宜干旱风沙区设施蔬菜栽培的 15 个高耐旱蔬菜优势品种，其中，油菜品种有品冠；黄瓜有博耐 13 和博耐 33；番茄有倍盈、保罗塔等。

（二）通过蔬菜嫁接技术培育抗旱节水种苗研究

通过蔬菜嫁接技术，培育抗旱种苗，对干旱风沙区黄瓜、辣椒等主要设施蔬菜品

种，并进行不同嫁接砧木对接穗的选择适应性研究，通过不同砧木、不同接穗、不同嫁接方法的比较，筛选出适合本地区的抗旱、高产、优质、抗病的主要蔬菜种苗。

试验结果表明（图 11-90），接穗以国产品种洋大帅，砧木以日本品种威壮贝尔嫁接的辣椒；接穗以国产品种倍盈和 446，砧木均是砧木 2 号嫁接的番茄，其接口愈合和选择适应性均较好。在同种滴灌方式下，嫁接辣椒与普通辣椒的产量差异不大，嫁接辣椒灌水利用效率 21.11 kg/m^3，普通辣椒灌水利用效率 18.12 kg/m^3，与常规土壤灌溉技术相比，嫁接辣椒不仅节水 12.7%左右，而且抗白粉病的能力较强；嫁接番茄与普通番茄的产量有一定差异，嫁接番茄灌水利用效率 42.49 kg/m^3，普通番茄灌水利用效率仅为 26.93 kg/m^3，与常规土壤灌溉技术相比，嫁接番茄不仅节水 17.1%左右，而且对晚疫病和灰霉病的抵抗能力也较强，二者抗叶霉病能力均强（表 11-61）。

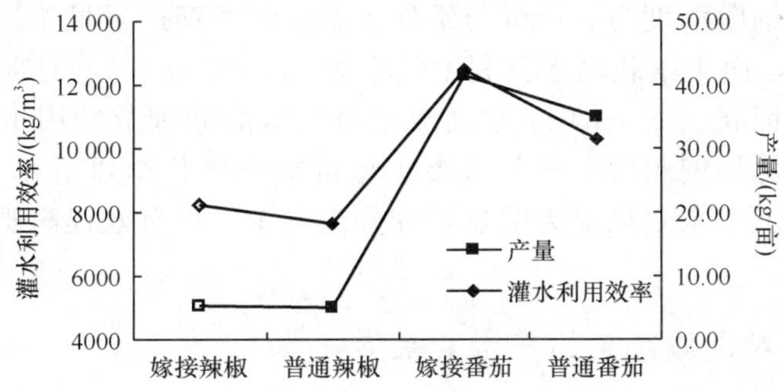

图 11-90　辣椒、番茄产量与灌水利用效率

表 11-61　辣椒、番茄产量及抗病性情况

处理	灌水量/(m^3/亩)	产量/(kg/亩)	抗白粉病	抗晚疫病	抗灰霉病	抗叶霉病	节水率/%
嫁接辣椒	240	5 065.23	强	—	—	—	12.7
普通辣椒	275	4 983.20	中	—	—	—	—
嫁接番茄	290	12 320.82	—	强	强	强	17.1
普通番茄	350	9 424.25	—	中	中	强	—

（三）不同滴灌方式节水试验研究

干旱风沙区采取膜下滴灌、膜下沟灌、地埋式渗灌等节水灌溉技术，形成集成配套的节水技术，该技术是对减少水分损失和提高灌溉水的利用率都有意义的节水方式。设施蔬菜通过采取膜下滴灌、膜下沟灌和地埋式渗灌 3 种不同滴灌方式在辣椒上进行了节水性试验研究。结果（图 11-91）表明，3 种滴灌方式以地埋式渗灌最节水，用水量为 245 m^3/生长期，膜下滴灌用水量为 275 m^3/生长期，膜下沟灌用水量为 325 m^3/生长期，地埋式渗灌比膜下滴灌节水 11.5%，比膜下沟灌节水 25%。通过不同深度垄底铺膜对日光温室番茄生长发育、土壤理化性质和蔬菜水分利用率的影响进行了进一步试验，集成垄底铺膜节水技术。

试验结果表明（图 11-91），在同种滴灌方式下，不同深度垄底铺膜对番茄产

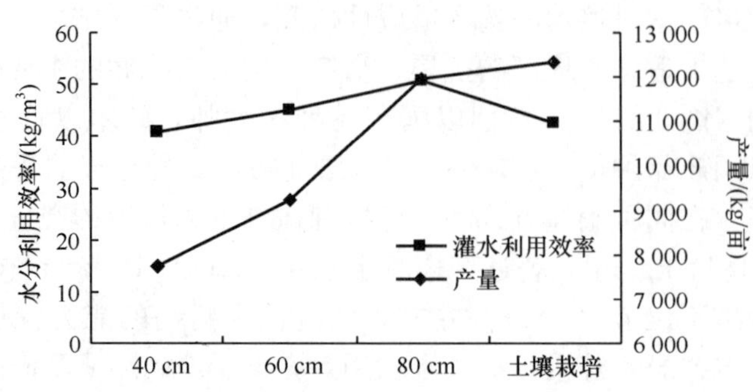

图 11-91 不同铺膜深度对番茄产量及灌水利用效率的影响

量影响很大，以铺膜深度为 80 cm 与常规土壤灌溉番茄产量最相近，水分利用效率达 50.61 kg/m³，而土壤栽培水分利用效率为 42.49 kg/m³，与常规土壤灌溉技术相比，采用深层铺膜（80 cm）节水高效栽培技术的处理节约用水和保肥节肥效果明显，这是由于深层铺膜后，水分微渗，每亩每一生长季可节水 25%左右，在漏水田和砂性土壤上节水效果更为明显，养分流失少，可有效提高肥料利用率，节约用肥 18.3%。

（四）无土栽培对设施蔬菜的节水效果

无土栽培是农业节水的一种好方法，而基质栽培作为无土栽培的一种方式在设施农业生产中发挥着重要作用。目前世界上 90%的无土栽培都采用基质栽培，基质栽培的水肥消耗只有土壤的 1/10～1/5，而产量可增加 0.4～20 倍，经济效益可提高 1～2.5 倍，并可克服土壤连作障碍。通过对设施蔬菜栽培环境和灌溉设备配套农艺技术的研究，集成以基质栽培微滴灌节水技术，其节水效果显著，节水近 38%，该技术还有提早成熟的特性，即提早上市 5～7 天，对品质的提升也不容置疑，即维生素 C 含量提高 10 个百分点，可溶性糖含量提高近 0.7 个百分点。

1. 基质栽培对番茄产量及产量性状的影响

试验结果见表 11-62，基质栽培单穗结果数为 8.5 个/穗，而土壤栽培为 5.5 个/穗，比基质栽培少了 35.3%；基质栽培平均单果重为 175.03 g/个，土壤栽培则达到 221.98 g/个。但在单株产量上，基质栽培为 6.36 kg/株，土壤栽培为 4.71 kg/株，相当于基质栽培的 74%，折合亩产后，基质栽培为 12 722.73 kg/亩，而土壤栽培为 9424.25 kg/亩，与常规土壤灌溉相比，基质栽培增产 35%。

表 11-62 基质栽培对番茄产量的影响

栽培方式	单穗结果数/(个/穗)	平均单果重/(g/个)	单株产量/(kg/株)	产量/(kg/亩)	增产率/%
基质栽培	8.5	175.03	6.36	12 722.73	35
土壤栽培	5.5	221.98	4.71	9 424.25	—

2. 基质栽培对番茄品质的影响

从图 11-92 可以看出，两种不同的栽培方式下，番茄可滴定酸含量差异不大，与常规土壤灌溉相比，基质栽培番茄维生素 C 含量提高了 10.2 mg/100g，可溶性糖含量提高近 0.7 个百分点，粗蛋白提高了 0.45 个百分点。说明基质栽培更有利于番茄品质的改善。

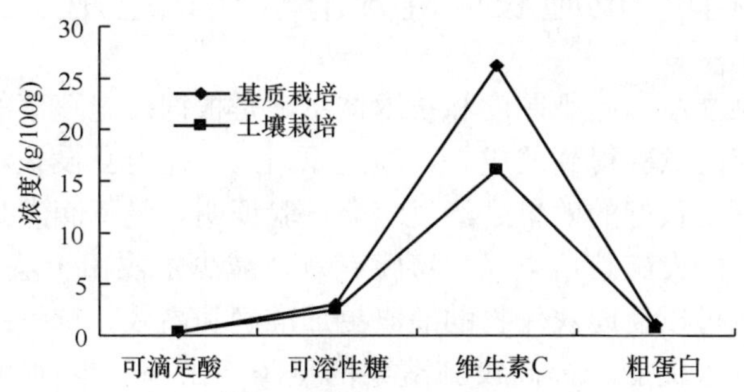

图 11-92 不同栽培基质对番茄品质的影响

3. 基质栽培对施肥量的影响

根据各处理每天实际滴液量的多少，统计出全生育期各营养液处理的滴液量，根据各个处理营养液配方中各元素含量，计算出全生育期各营养元素的总施用量。由表 11-63可以看出，全生育期内基质栽培施肥总氮量较对照少 12.5%，基质栽培施肥总磷量较对照少 34.8%，基质栽培施肥总钾量较对照少 19.6%，即基质栽培处理较对照处理总体节肥 18.7%。

表 11-63 不同栽培方式施肥量比较 （单位：kg）

栽培方式	N		P_2O_5		K_2O	
	小区肥量	亩肥量	小区肥量	亩肥量	小区肥量	亩肥量
基质栽培	0.49	43.32	0.15	13.68	0.41	36.48
土壤栽培	0.56	50.00	0.23	20.00	0.51	45.00

4. 基质栽培对水分利用情况的影响

由表 11-64 可以看出，全生育期内基质栽培灌水量为 215 m^3/亩，土壤栽培灌水量为 350 m^3/亩，基质栽培灌水量较对照少 135 m^3/亩，即基质栽培处理较对照处理总体节水 38%。因此，将先进的农艺技术与优良的滴灌设备有机结合起来的农艺节水技术，在多个方面进行了创新发展，具有较强的实用性，符合高效节水灌溉技术发展的总趋势，对该区发展设施蔬菜具有广阔的推广应用前景。

表 11-64 不同栽培方式灌水量的比较

栽培方式	灌水量/(m^3/亩)	经济产量/(kg/亩)	灌水利用效率/(kg/m^3)	节水/%
基质栽培	215	12 722.73	59.18	38
土壤栽培	350	9 424.25	26.93	—

第四节 设施农业高效节水模式应用及评价

优化的设施蔬菜灌溉、施肥制度和技术体系，是根据设施蔬菜的需水、需肥规律和需水、肥量经过周密的试验得到的成果，经过原州区、盐池县设施示范园的较大面积的校正、推广试验取得了很好的效果。经过综合试验证明，膜下滴灌是一种很好、适宜宁夏中东部干旱带推广的设施栽培方式，覆膜有效地减少了农田土壤表面的水分蒸发量；管道输水、根部滴灌可以使向农作物的灌溉更加准确和高效；抗旱品种、水肥一体化灌溉可以以肥控水、以水促肥，提高设施蔬菜的蒸腾产出率。本项目主要从水分利用效率、水分利用效益、单位面积节水量、项目总节水量等几个指标来表述设施蔬菜节水高效灌溉制度等项目科研成果的应用情况，本项目的科研成果将对在宁夏大面积推广应用提供科学依据和技术支撑。

一、不同灌溉方式成果的应用

（一）不同灌溉方式下水分利用效率的提高

对于干旱缺水且冷凉的宁南山区，通过温室建造和发展节水灌溉以协调土壤“水、肥、气、热”的矛盾，这是获取设施作物栽培节水、增产、高效的理想途径。由于水分不足是限制旱地作物高产栽培的主要制约因素，对有限的灌溉水进行节约分配，又能满足作物一定的产量，无疑是冷凉干旱区设施蔬菜栽培的主攻方向。膜下滴灌施化肥是将养分溶解以水肥一体的形式直接施入作物根系周围，加快作物吸收速度，减少因挥发淋失而造成的养分损失，并减少蒸发损失，明显提高水、肥利用效率。在当地气候条件下，采用滴灌技术比传统沟灌节水率分别能达到 76.13%和 69.46%，节水效应十分显著，膜下沟灌和膜上沟灌因在土壤湿润区覆膜，也可节水 50%以上（表 11-65）。

表 11-65 设施辣椒不同灌溉方式灌水量及水分生产效率

处理	灌水量/(m^3/亩)	蒸腾蒸发量 ET/mm	产量/(kg/亩)	经济效益/元	节水率/%	水分生产效率/(kg/m^3)	水分生产效益/(元/m^3)	水分利用效率/(kg/m^3)
传统沟灌	545	820	2869.39	3417.54	0.00	2.33	2.78	0.19
膜上沟灌	261	423	3443.51	5102.22	52.06	5.43	8.04	0.43
膜下沟灌	255	425	3886.62	6256.89	53.06	6.10	9.81	0.49
膜下滴灌	166	317	3449.88	5026.51	69.46	7.26	10.57	0.58

膜下滴灌灌溉下，辣椒营养生长旺盛，株高相对最高，但产量仅与传统沟灌持平，这表明辣椒的营养供应受到了限制，膜上沟灌和膜下沟灌的株高最低，但茎最粗壮，尤

其是膜下沟灌的产量最高，而节水效率达到 52%，比传统沟灌相比具有显著的应用优势。毛孔滴灌水分利用效率最高，但是蔬菜产量最低，农民收益少，不易在农民中推广。

（二）不同灌溉方式下水分生产效益的提高

一般认为水分利用效率是节水项目追求的目标，即单位水量能得到的产量。但是，高产量不一定会带来高收益，甚至是收益的减少或者负收益，尤其当增加的产量需要付出高成本时。如果经济回报很小，甚至为负值时，则无论水分利用效率有多高，节水效果有多好，农户是不会主动采用的。在当地气候条件下，设施辣椒在不同的灌溉方式下可节水 284～410 m^3/亩，采用滴灌技术比传统沟灌节水率分别能达到 75.13%和 69.46%，节水效应十分显著；膜下沟灌和膜上沟灌因在土壤湿润区覆膜，也可以节水 50%以上。上述仅节水措施一项，就可节约成本 56～81 元/亩，对贫穷的山区农民而言，效益十分显著（表 11-66）。

表 11-66 不同灌溉方式灌水量及节水效益

处理	总灌水量/(m^3/亩)	节水率/%	节水效益/(元/亩)
传统沟灌	544.9082	0	0
膜上沟灌	261.220 5	52.061 56	56.737 5
膜下沟灌	255.769 6	53.061 89	57.827 7
滴头滴灌	166.402 9	69.462 21	75.701
毛孔滴灌	135.517	75.130 31	81.878 2

注：农业用水价格以 0.2 元/m^3计算。

（三）不同灌溉方式下单位面积的节水量

在当地气候条件下，通过对设施辣椒在不同的灌溉方式耗水量影响的研究，发现不同的灌溉方式可以节水 284～410 m^3/亩，采用滴灌技术比传统沟灌节水率分别能达到 76.13%和 69.46%，节水效应十分显著。在宁夏盐池对不同滴灌方式进行了节水试验研究，主要设施蔬菜采取膜下滴灌、膜下沟灌、地埋式渗灌等节水灌溉技术，形成集成配套的节水技术，减少水分损失，提高灌溉水利用率。在辣椒节水试验中，地埋式渗灌用水量为 245 m^3/亩（生长期），膜下滴灌用水量为 275 m^3/亩（生长期），膜下沟灌用水量为 325m^3/亩（生长期），地埋式渗灌比膜下滴灌节水 11.5%，比膜下沟灌节水 25%。

（四）不同灌溉方式下项目示范区总节水量

原州区设施蔬菜示范区 2000 亩，盐池县设施蔬菜示范区 1000 亩，采用膜下滴灌方式后，单位面积节水 284～410 m^3/亩，项目示范区总节水量为 $8.52\times10^5\sim1.23\times10^6$ m^3。采用滴灌技术比传统沟灌节水率分别能达到 76.13%和 69.46%，节约水费 $1.7\times10^5\sim2.46\times10^5$元，节水效应十分显著。

二、滴灌灌溉定额成果的应用

(一) 不同灌溉定额的水分利用效率的提高

由表 11-67 可知，随着灌水量的增加蒸腾蒸发量增加，与对照（50 m³/亩）相比，番茄株高增幅为 1.37%～3.66%，最大为 300 m³/亩，其次为 350 m³/亩。番茄茎粗增幅为 2.86%～16.3%，最大为 150 m³/亩，其次为 250 m³/亩。生物量中茎叶产量处理 300 m³/亩最低，最高为 250 m³/亩，其次为 150 m³/亩。产量增幅为 22.4%～74.9%，最大为 250 m³/亩，其次为 300 m³/亩。综合以上因素，250 m³/亩的灌水量虽然水分利用率不是最大，但产量增幅最大，经济效益最高。因此，灌水量应控制在 250 m³/亩，即可达到节水，又可以达到增产的目的。

表 11-67 不同灌溉定额对番茄生长和水分利用效率影响

处理/(m³/亩)	蒸腾蒸发量 ET/mm	株高/cm	茎粗/mm	生物量/(kg/亩)		产量/(kg/亩)	干鲜比	水分利用效率/(kg/m³)
				茎叶	根			
50	216.6	189.37	13.63	296.63	20.15	5262.46	0.04	3.74
100	314.2	191.98	14.36	305.36	25.1	6445.58	0.07	6.57
150	387.8	193.89	15.86	312.93	23.1	7970.61	0.06	4.44
250	517.8	192.25	14.56	313.41	26.77	9207.22	0.06	3.74
300	588.2	196.31	14.02	290.09	20.86	8958.38	0.07	3.44
350	614.2	195.37	14.36	302.27	27.48	8519.76	0.08	2.6

由表 11-68 可知以灌水 50 m³/亩为对照，随着灌水量的增加蒸腾蒸发量增加，株高、茎粗、生物量和产量均呈先增加后降低的趋势，其中以 250 m³/亩的灌水量增幅最大，增幅分别为 31.96%、45.66%、137.8%和 252.05%，增产效果明显。虽然其水分利用效率仅为 0.92 kg/m³，较对照降低，但其经济效益明显高于其他处理。因此，当灌水量达到 250 m³/亩时，即可达到节水增产的目的。

表 11-68 盐池示范区不同灌溉定额对辣椒生长和水分利用效率影响

处理/(m³/亩)	蒸腾蒸发量 ET/mm	株高/cm	茎粗/mm	生物量(kg/亩)		产量/(kg/亩)	干鲜比	水分利用效率/(g/m³)
				茎叶	根			
50	236.8	66.92	11.65	109.75	9.65	631.45	0.13	1.24
100	271.6	76.02	13.84	166.35	12.93	1 109.48	0.11	2.26
150	297.9	83.1	14.65	239.69	18.07	1 248.02	0.10	1.43
250	428.7	88.31	16.97	261.07	21.77	2 223.08	0.09	0.92
350	578.9	87.69	15.65	142.67	10.89	1 809.46	0.08	0.48

(二) 滴灌不同灌溉制度下水分生产效益

由表 11-69 可知随着灌水量的增加，设施番茄的产量有先增加后减少的趋势，在 250 m³/亩处理时产量最高，总产值最大。水分生产效益有先增加后减少的趋势，在

100 m³/亩处理时最大，达到 439.1 元/m³。

表 11-69　不同灌溉定额下的设施番茄水分生产效益

处理/(m³/亩)	产量/(kg/亩)	总产值/元	总成本/元	水分生产效益/(元/m³)
50	5 262.46	21 049.8	5020	290.4
100	6 445.58	25 782.3	5040	439.1
150	7 970.61	31 882.4	5060	251.5
250	9 207.22	36 828.8	5100	211.5
300	8 958.38	35 833.5	5120	172.5
350	8 519.76	34 079.1	5140	115.9

注：总产值按照当时番茄价格每千克 4 元，总成本包括其他相同成本和水肥及灌水电费。下表同。

由表 11-70 可知随着灌水量的增加，设施辣椒的产量有先增加后减少的趋势，在 250 m³/亩处理时，产量最高，总产值最大。水分生产效益有先增加后减少的趋势，在 100 m³/亩处理时最大，达到 116.1 元/m³。

表 11-70　不同灌溉定额下的设施辣椒水分生产效益

处理/(m³/亩)	产量/(kg/亩)	总产值/元	总成本/元	水分生产效益/(元/m³)
50	631.45	5 051.6	3 020	35.6
100	1 109.48	8 875.84	3 040	116.1
150	1 248.02	9 984.16	3 060	78.5
250	2 223.08	17 784.64	3 100	68.3
350	1 809.46	14 475.68	3 120	35.2

(三) 滴灌不同灌溉制度下单位面积节水量

根据设施蔬菜的需水量和需肥规律，以及不同灌溉定额下的最大产量和效益最优灌水量，结果发现 250 m³/亩时的效益、产量等都最高，比经验、常规灌水量能节水 100～150 m²/亩。

(四) 滴灌不同灌溉制度下的水分利用效率、水分生产效益及项目示范园总节水量

原州区设施蔬菜示范区 2000 亩，盐池县设施蔬菜示范区 1000 亩，采用膜下滴灌方式后，每亩灌水量 250 m³时，每亩节水 100～150 m³，项目示范区总节水量为 3×10^5～4.5×10^5 m³。虽然单位水分效益略有下降，但是亩生产效益较其他灌水处理增值明显，每亩收益增加达 15 699 元，示范园区采取该措施后增加产值为 3100 多万元。

三、高效节水栽培技术成果的应用

在蔬菜嫁接技术培育抗旱种苗研究方面，对干旱风沙区设施蔬菜主要品种进行嫁接砧木的选择试验，通过不同嫁接砧木对接穗的选择适应性研究，确定适合该地区的主要蔬菜嫁接砧木，主要包括辣椒、番茄、黄瓜、西瓜、甜瓜等品种的砧木选择。通过不同

砧木、不同接穗、不同嫁接方法的比较研究，试验得出适合不同种类蔬菜的嫁接方法，以培育出抗旱高产优质抗病的蔬菜种苗。目前已经栽培的辣椒就是嫁接辣椒，接穗为国产品种洋大帅，砧木为日本品种威壮贝尔。通过现阶段数据分析得出，嫁接辣椒用水量为 240 m^3/生长期，普通辣椒用水量为 275 m^3/生长期，在同种滴灌方式下嫁接辣椒比普通辣椒节水 12.5%左右。

在基质栽培条件下，对微滴灌节水进行了研究，在不同栽培方式下进行的微滴灌灌水研究表明，通过控制微滴灌阀门来调控最佳灌水量，主要包括砖槽栽培、箱式栽培、袋式栽培、地下式栽培和半地下式栽培 5 种栽培模式。在 5 种栽培方式下辣椒、番茄等蔬菜品种不同灌水量的确定可通过微滴灌技术的应用来达到节水灌溉的目的，砖槽栽培、箱式栽培、袋式栽培、地下式栽培和半地下式栽培 5 种栽培模式之间同一蔬菜品种灌水量差异不明显，以番茄为试材的微滴灌用水量为 215 m^3/生长期，膜下滴灌用水量为 270 m^3/生长期，微滴灌灌水量比膜下滴灌节水 20.37%。目前嫁接苗技术应用面积原州区示范园 1200 亩左右，盐池设施农业示范园嫁接苗应用面积 400 亩左右，示范园区每年应用嫁接苗节水可达 7 万 m^3。

四、低成本过滤设备筛选应用

通过对国内外过滤设备的对比、引进和适应性筛选，结合设施蔬菜滴灌对水质的要求，开展适用于滴灌的高含沙水过滤设备筛选与研究。针对两个示范区温棚供水形式和蔬菜种植情况，课题组充分调查国内外滴灌设备应用情况，组装和集成了几套不同模式的首部枢纽装置，经过在两个示范区试验研究，最终形成了一套含加压、过滤、施肥和自动调压等为一体的适用于温棚滴灌首部枢纽装置。

通过对几种组合模式试验研究对比分析（表 11-71），模式 3 较经济合理，每亩温室可以节省 470 元，比较适用于宁夏中东部的设施农业建设，并且该滴灌系统首部枢纽装置申报了专利。在原州区和盐池县设施农业示范园共配套了 1000 栋温室的滴灌设备，采用模式 3 的黄河净化模式设备安装就节省了 4.7×10^5元。

表 11-71　黄河水净化试验设计模式

代号	工程过滤	加压方式	过滤设备	施肥设备	输水方式	造价/元	使用年限/年
模式 1	蓄水池沉沙	小型离心泵	筛网式过滤器	文丘里施肥器	输水至田间灌水器	2570	10
模式 2	蓄水池沉沙	小型离心泵	叠片式过滤器	文丘里施肥器	输水至田间灌水器	2640	10
模式 3	蓄水池沉沙	小型潜水泵	筛网式过滤器	文丘里施肥器	输水至田间灌水器	2170	10
模式 4	蓄水池沉沙	小型潜水泵	叠片式过滤器	文丘里施肥器	输水至田间灌水器	2240	10

注：其中蓄水池工本费 1200 元/座，小型离心泵＋电机 800 元/套，小型潜水泵 400 元/个，筛网过滤器 40 元/个，叠片过滤器 110 元/个，文丘里施肥器 80/个，水管及滴灌设备 450 元/亩。

五、宁夏中东部风沙干旱带设施蔬菜的产业现代化生产组织模式与应用

宁夏中东部风沙干旱带设施蔬菜产业现代化生产组织模式有利于设施蔬菜生产的集约化、专业化、规模化、产业化经营，可以提高蔬菜产量，改善蔬菜品质，降低生产成本，增加菜农收入，并且蔬菜产业化种植能稳定蔬菜种植面积，提高蔬菜抵抗市场风险的能力，促进蔬菜品种、肥料、节水等科技成果的推广和转化。现代化规模生产由于统一供种，科学施肥，标准化管理，加上专业的技术指导，所以生产出来的蔬菜品质基本一样，商品性好，有利于蔬菜品牌形成和品牌维护，增强蔬菜在国内外市场上的竞争力。现代化规模生产组织管理模式主要靠先进的管理方式和引进高效的生产、管理设备，以提高菜农劳动生产效率、解决蔬菜生产用工瓶颈突破口，增加菜农种菜效益的问题，为蔬菜产业的可持续发展与农业的协调发展探索出了一条新的、可行的生产组织管理方式变革路线。

在我国国民经济和社会发展的大好形势下，改革开放几十年以来，人民生活水平也发生翻天覆地的变化，随着社会经济的发展和农业科学技术的提高，宁夏回族自治区目前已经具备发展蔬菜规模化种植的条件已经具备，具体如下。

第一，资金的充足。随着国家政策的倾斜，人民生活水平的日益提高，人民手中的闲置资金越来越多，以及农业融资渠道的日益合理和规范畅通，方便更多资金投入到农业生产当中，再加上自治区政府对设施蔬菜种植生产资料的补助也提高到前所未有的水平，蔬菜规模化种植化生产的资金问题也迎刃而解。

第二，土地丰裕。土地是蔬菜规模化种植生产中最基本的生产要素，也是农民最基本的生活保障。随着经济的发展和社会的进步，大量的农村青壮年劳动力不满足农村的效益低，而转向城市，使以前农民乃以生存的土地资源向少数人手中集中成为了可能，特别是宁夏中东部的一些农村经济不太发达的地区，土地资源更为丰富，温度、光照等生态环境又适宜设施蔬菜的生长，为蔬菜规模化种植生产提供了土地保障。

第三，个体经营制约了蔬菜产业化的发展。改革开放以来，农村集体承包责任制在促进我国国民经济发展和提供人民生活水平方面确实是作出了很大的贡献，但是目前这种体制在土地面积宽广的地区显得不适应，主要体现在劳动力短缺、管理粗放、技术掌握不扎实，导致种菜的效益下降，而蔬菜规模化的种植管理模式恰恰能解决以上的难题。

第四，农业生产现代化雏形已基本形成。农业在现代化过程中采用的主要技术，一是机械技术；二是生物和化学技术。农场先进生产技术措施和先进技术设备的引进，机械化的推广应用，大大降低了劳动强度，提高了劳动生产率，并且农业劳动生产率是随着种植规模的扩大而提高。随着种植规模的扩大，农业耕作的机械化程度提高，蔬菜生产中所需的劳动力减少，单位劳动力耕作的土地面积增加，单位劳动力所收获的产值提高。卷帘机、全自动灌溉设备、机动喷雾器等机械化、半机械化农机具的使用，土壤配方施肥技术，病虫草害无公害科学防治等先进生产技术的普遍应用和全面推广，再加上科学的管理、专业的技术分工，大大降低了菜农的劳动强度，减少劳动用工，为设施蔬菜规模化种植生产创造了有利条件和提供了技术保障。

经过调查发现（表 11-72），在不同的设施蔬菜现代化生产组织模式中，由于经营绩效和利润有着明显的差异，种植小户规模较小、生产技术不高、蔬菜商品性差，销路不旺，导致产投比较低，所以利润也就较低。种植大户、蔬菜种植合作社、公司＋基地，有着丰富的设施蔬菜种植经验，甚至公司里就有专业的技术员，种植规模相对较大，商品性较好，产投比较高，获利也较多。但是据我们调查得知，该区设施产业刚刚兴起的时候，盐池城西滩农村的家家都种有温棚，种植温棚有经验、勤劳的赚钱，没有经验、懒散就不赚钱，不赚钱就不种了，温棚逐渐向设施蔬菜种植能手里集中，这些种植经验丰富的能手种植规模逐渐变大，变成设施蔬菜种植大户，没有经验的农民只能当临时工等着被人雇佣。

表 11-72　设施蔬菜产业不同生产组织模式效益比较

组织模式	规模	用工	技术水平	效益
种植小户	一家一棚	自家干	较低	较低
种植大户	一家多棚	不忙时自家干，忙时雇人	较高	较高
合作社	多家多棚	互帮互助	较高	较高
公司＋基地	一公司多棚	全部雇工	很高	较高

通过综合考虑，公司＋基地这种模式需要具有雄厚的资金基础，有着良好的公司管理经验，种植设施蔬菜才能获利。但是设施蔬菜的生长需要时间较长，中间存在不可预计的灾害、问题较多，投入的资金相对其他行业回收较慢、周期长、利润较低，所以这种模式不适宜在农村中推广。相反，种植大户的适应性较好，雇 1 或 2 个技术工人，加上自家劳动力，生产的蔬菜亩产量、亩产值都较好，并且蔬菜种植种类、茬口灵活，销路稳当，也能获得较高的利润，建议这种种植模式应该在宁夏的中东部风沙干旱带推广。

参考文献

白薇，冯绍元，康绍忠．2006．网络技术在非充分灌溉制度优化中的应用．农业工程学报，22（12）：56-59

包淑萍，李海霞．2008．宁夏回族自治区耗水计算分析．水资源与水工程学报，19（3）：98-101

曹琦，王树忠，高丽红，等．2010．交替隔沟灌溉对温室黄瓜生长及水分利用效率的影响．农业工程学报，（1）：47-53

曹云娥．2005．日光温室番茄滴灌营养液土壤栽培试验研究．银川：宁夏大学硕士学位论文

常莉飞，邹志荣．2007．调亏灌溉对温室黄瓜生长发育·产量及品质的影响．安徽农业科学，35（23）：7142-7144

常英祖，赵元忠．2006．日光温室膜下滴灌番茄节水灌溉模式试验研究．水利科技与经济，12（8）：513-514

常英祖，赵元忠，孔令峰，等．2007．日光温室番茄膜下滴灌节水试验研究．甘肃农业大学学报，42（3）：119-121

陈红翔．2006．宁夏水资源存在问题及对策研究．水资源研究，27（1）：1-2

陈克强，张建丰，白丹，等．2005．北方灌区非工程节水措施综议．干旱地区农业研究，23（3）：146-149

陈新明，蔡焕杰，单志杰，等．2006．根区局部控水无压地下灌溉技术对黄瓜和番茄产量及其品质影响的研究．土壤学报，43（3）：486-492

程冬玲，林性粹，蔡焕杰．2005．膜下滴灌技术对新疆绿洲农业持续发展的效应．干旱地区农业研究．23（2）：59-62

崔秀敏，王秀峰，魏珉．2002．供水下限对甜椒穴盘苗干物质积累的影响及炼苗过程中渗调物质变化．见：雷建

军. 中国园艺学会第五届青年学术讨论会论文集
杜社妮，梁银丽，翟胜，等. 2005. 不同灌溉方式对茄子生长发育的影响. 中国农学通报，21（6）：430-432
方锋，黄占斌，俞满源. 2004. 保水剂与水分控制对辣椒生长及水分利用效率的影响研究. 中国生态农业学报，12（2）：73-76
方志刚. 2007. 土壤含水量对加工番茄根系性状及植株地上部分调控效应的研究. 石河子：石河子大学硕士学位论文
费良军，贾丽华. 2007. 膜孔灌肥液入渗氮素运移特性研究进展. 沈阳农业大学学报，38（4）：451-456
付琳. 1983. 滴灌时的土壤浸润状况. 灌溉排水，2（3）：36-45
付强，王立坤，门宝辉，等. 2003. 推求水稻非充分灌溉下优化灌溉制度的新方法. 水利学报，13（1）：21-26
郭金强，危常州，侯振安，等. 2008. 施氮量对膜下滴灌棉花氮素吸收、积累及其产量的影响. 新疆农业科学，45（4）：691-694
郭文忠，陈青云，高丽红，等. 2005. 设施蔬菜生产节水灌溉制度研究现状及发展趋势. 农业工程学报，21（S）：24-27
郭文忠，曲梅，韦彦，等. 2007. 灌溉频率对日光温室黄瓜生长发育及干物质积累的响应. 中国农学通报，23（5）：467-470
韩建会，徐淑贞. 2003. 日光温室番茄滴灌节水效果及灌溉制度的评价. 西南农业大学学报，25（1）：77-79
贺忠群，邹志荣，陈小红，等. 2003. 温室黄瓜节水灌溉指标的研究. 西北农林科技大学学报（自然科学版），31（3）：77-80
胡梦芸，张正斌，徐萍，等. 2007. 亏缺灌溉下小麦水分利用效率与光合产物积累运转的相关研究. 作物学报，33（10）：1711-1719
李百凤，冯浩，吴普特，等. 2007a. 土壤水分下限对番茄光合速率、品质及产量的影响. 中国农学通报，23（5）：471-476
李百凤，冯浩，吴普特. 2007b. 作物非充分灌溉适宜土壤水分下限指标研究进展. 干旱地区农业研究，25（3）：227-231
李百凤，冯浩，吴普特. 2008. 苗期干旱胁迫及复水对番茄形态发育及产量的影响. 灌溉排水学报，27（2）：63-65
李波，王铁良，张玉龙，等. 2009. 日光温室茄子合理灌溉方法初探. 干旱地区农业研究，27（6）：78-82
李生秀，李世清. 1994. 施用氮肥对提高旱地作物利用土壤水分的作用机理和效果. 干旱地区农业研究，12（1）：38-46
李毅，王文焰. 2001. 论膜下滴灌技术在干旱-半干旱地区节水抑盐灌溉中的应用. 灌溉排水，20（2）：42-46
栗岩峰，李久生，饶敏杰. 2006. 滴灌系统运行方式施肥频率对番茄产量与根系分布的影响. 中国农业科学，39（7）：1419-1427
梁媛媛，孙景生，郭凤台，等. 2009. 日光温室芹菜适宜灌溉指标研究. 灌溉排水学报，28（2）：48-50
蔺海明，张志山. 2003. 黄土高原西北部春小麦集雨微灌的产量及水分效应. 生态学报，23（3）：620-626
刘坤，陈新平，张福锁. 2003. 不同灌溉策略下冬小麦根系的分布与水分养分的空间有效性. 土壤学报，40（5）：697-703
刘明池，陈殿奎. 2002. 亏缺灌溉对樱桃番茄产量和品质的影响. 中国蔬菜，（6）：4-6
刘明池，小岛孝之. 2001. 亏缺灌溉对草莓生长和果实品质的影响. 园艺学报，28（4）：307-311
刘明池，张慎好，刘向莉. 2005. 亏缺灌溉时期对番茄果实品质和产量的影响. 农业工程学报，21（2）：92-95
刘贤赵，宿庆，衣华鹏，等. 2005. 模拟根系分区交替滴灌对茄子生长与水分利用的影响研究. 科技通报，21（2）：147-152，165
刘学敏，周艳玲，李立军，等. 2004. 接种体密度、土壤水分基质势和土壤温度对辣椒疫病死苗率的影响. 植物病理学报，34（3）：254-260
吕金印，山仑. 2002. 非充分灌溉及其生理基础. 西北植物学报，22（6）：1512-1517
罗纨，贾忠华，方树星，等. 2006. 灌区稻田控制排水对排水量及盐分影响的试验研究. 水利学报，37（5）：

608-612
马甜，范兴科，吴普特，等. 2007. 花期线辣椒适宜土壤水分上下限指标研究. 灌溉排水学报，26（3）：31-34
马文敏，王静，康金虎. 2004. 地下水灌溉对土壤盐分分布影响. 沈阳农业大学学报，（6）：471，472
马秀丽. 2005. 加强宁夏水资源管理的对策建议. 中共银川市委党校学报，（6）：40，41
毛学森，李登顺. 2000. 日光温室黄瓜节水灌溉研究. 灌溉排水. 19（2）：45-47
孟兆江，段爱旺，刘祖贵，等. 2006. 温室茄子茎直径微变化与作物水分状况的关系. 生态学报，26（8）：2516-2522
缪绅裕，陈桂珠. 1997. 人工污水对温室中秋茄苗光合速率的影响. 环境科学研究，10（3）：41-45
聂书明，郁继华，颉建明，等. 2008. 有机生态型无土栽培对茄子幼苗生长及光合特性的影响. 甘肃农业大学学报，43（5）：76-79
裴芸，别之龙. 2008. 塑料大棚中不同灌水量下限对生菜生长和生理特性的影响. 农业工程学报，24（9）：207-211
齐广平. 2001. 生活污水灌溉对茄子生长效应的影响. 甘肃农业大学学报，36（3）：329-332
齐红岩，李天来，曲春秋，等. 2004a. 亏缺灌溉对设施栽培番茄物质分配及果实品质的影响. 中国蔬菜，（2）：10-12
齐红岩，李天来，张洁，等. 2004b. 亏缺灌溉对番茄蔗糖代谢和干物质分配及果实品质的影响. 中国农业科学，37（7）：1045-1049
齐述华，李子忠，龚元石. 2002. 应用农田水量平衡原理计算三种蔬菜的需水量和作物系数. 中国农业大学学报，7（1）：71-76
乔立文，陈友. 1996. 温室大棚蔬菜生产中滴灌带灌溉应用效果分析. 农业工程学报，12（2）：34-39
山仑. 2003. 我国节水农业发展中的科技问题. 干旱地区农业研究，21（9）：1-5
山仑，徐萌. 1991. 节水农业及其生理生态基础. 应用生态学报，2（1）：70-76
邵光成，刘娜，陈磊. 2008a. 温室辣椒时空亏缺灌溉需水特性与产量的试验. 农业机械学报，39（4）：117-121
邵光成，张娟，陈磊，等. 2008b. 时空亏缺灌溉对温室盆栽辣椒生理生态指标的影响. 农业机械学报，39（3）：96-100
邵克信. 2008. 日光温室番茄节水灌溉施肥试验研究. 甘肃农业，（8）：81，82
宋君柳. 2009. 肥水一体化膜下滴灌在日光温室越冬茄子上的应用. 北方园艺，（3）：149-150
孙文涛，张玉龙，娄春荣，等. 2007. 灌溉方法对温室番茄栽培尿素氮利用影响的研究. 核农学报，21（3）：295-298
谭增英. 2005. 滴灌系统在日光温室蔬菜栽培中的应用. 西北园艺：蔬菜，（5）：4，5
汤丽玲，陈清，张宏彦，等. 2002. 不同灌溉与施氮措施对露地菜田土壤无机氮残留的影响. 植物营养与肥料学报，8（3）：282-287
王翰霖，李建设. 2009. 平衡施肥对宁夏银川日光温室番茄产量的影响. 长江蔬菜，（4）：62-66
王柳，张福墁，魏秀菊. 2007. 不同氮肥水平对日光温室黄瓜品质和产量的影响. 农业工程学报，23（12）：225-229
王琴. 2007. 浅议农业水资源的高效利用与可持续发展. 宁夏农林科技，（5）：159
王益奎，黎炎，李文嘉. 2009. 不同基因型茄子叶片光响应和水分利用效率研究. 西南农业学报，22（4）：916-921
韦彦，赵景文，张正伟，等. 2007. 灌溉方式对温室内主要环境因子及黄瓜生长发育的影响. 内蒙古农业大学学报（自然科学版），28（3）：204-208
魏恒文，杨培岭. 2008. 日光温室黄瓜智能灌溉控制指标研究. 灌溉排水学报，27（3）：63-65
吴普特，冯浩. 2005. 中国节水农业发展战略初探. 农业工程学报，21（6）：152-157
谢冬梅，李宗平，张淑贞，等. 2006. 山旱地日光温室辣椒集水节灌试验研究. 干旱地区农业研究，24（1）：113-116
熊伟，肖云清. 2005. 宁夏水资源的分布与污染. 西部探矿工程，17（10）：232，233

杨丽娟，张玉龙，李晓安，等．2000．灌水方法对塑料大棚土壤-植株硝酸盐分配影响．土壤通报，31（2）：63-65
许贵民，姜俊业．1994．大棚春番茄节水灌溉的研究．吉林农业大学学报，16（1）：26-29
许志方，董文楚．2004．论我国喷微灌发展前景和实施建议．节水灌溉，（3）：1-4
闫湘，金继运，何萍，等．2008．提高肥料利用率技术研究进展．中国农业科学，41（2）：450-459
杨丽娟，张玉龙，李晓安，等．2000．灌水方法对塑料大棚土壤-植株硝酸盐分配影响．土壤通报，31（2）：63-65
杨淑静，张爱平，杨正礼，等．2009．宁夏灌区农业非点源污染负荷估算方法初探．中国农业科学，42（11）：3947-3955
杨元明，张学军．2004．基于 Internet 的农业灌溉远程工程分析及管理决策系统设计．水利与建筑工程学报，2（004）：4-7
于凤颖，张胜利．1996．塑料大棚中番茄节水灌溉的研究．吉林农业科学，（4）：82-84
鱼宏刚，周兴有．2001．蔬菜温室的渗灌节水试验．吉林蔬菜，（1）：40，41
臧小平，马蔚红，张承林，等．2009．芒果滴灌施肥效果研究初报．广东农业科学，（3）：75-77
张锋，苏笑曦．2009．宁夏中部干旱带节水的现状与对策．（4）：46-48，51
张晶，封志明，杨艳昭．2007．宁夏平原县域农业水土资源平衡研究．干旱区资源与环境，21（2）：60-65
张西平，蔡焕杰，王健，等．2005．日光温室膜下滴灌黄瓜需水量与灌溉制度的试验研究．灌溉排水学报，24（1）：41-44
张霞，程献国，姜丙洲．2009．宁夏引黄灌区适宜节水潜力分析．节水灌溉，（3）：25-28
张学军，赵营，陈晓群，等．2007a．氮肥施用量对设施番茄氮素利用及土壤 NO_3-N 累积的影响．生态学报，27（9）：3761-3768
张学军，赵营，陈晓群，等．2007b．滴灌施肥中施氮量对两年蔬菜产量，氮素平衡及土壤硝态氮累积的影响．中国农业科学，40（11）：2535-2545
张源沛，胡克林，李保国，等．2009．银川平原土壤盐分及盐渍土的空间分布格局．农业工程学报，（7）：19-24
张源沛，张益明，周会成．2002．利用雨水对半干旱地区覆膜春小麦有限灌溉的研究．农业工程学报，18（6）：68-70
张自坤，刘作新，张颖，等．2008．日光温室黄瓜地下滴灌灌溉制度的试验研究．干旱地区农业研究，26（6）：76-81
赵淑银，郭克贞．1994．膜下滴灌对保护对黄瓜产量及病害的影响．内蒙古农牧学院学报，15（3）：95-98
赵义涛，梁运江，许广波．2007．水肥耦合对保护地辣椒水分利用效率的影响．吉林农业大学学报，29（5）：523-527，546
赵勇，裴源生，张金萍．2006．宁夏平原区耗水量研究．资源科学，28（4）：177-183
钟诗恩．2003．智能灌溉施肥控制系统在温室中的应用．广东农机，1（1）：9-10
Aujla M S，Thind H S，Buttar G S．2007．Fruit yield and water use efficiency of eggplant（*Solanum melongema* L.）as influenced by different quantities of nitrogen and water applied through drip and furrow irrigation．Scientia Horticulturae，112（2）：142-148
Chartzoulakis K，Drosos N．1995．Water use and yield of greenhouse grown eggplant under drip irrigation．Agricultural Water Management，28（2）：113-120
Gercek S，Comlekcioglu N，Dikilitas M．2009．Effectiveness of water pillow irrigation method on yield and water use efficiency on hot pepper（*Capsicum annuum* L.）．Scientia Horticulturae，120（3）：325-329
Kirnak H，Kaya C，Ismail T A S，et al．2001．The influence of water deficit on vegetative growth，physiology，fruit yield and quality in eggplants．Bull J Plant Physiol，27：34-46
Kulkarni M，Phalke S．2009．Evaluating variability of root size system and its constitutive traits in hot pepper（*Capsicum annum* L.）under water stress．Scientia Horticulturae，120（2）：159-166
Nunez-elisea R，Schaffer B，Fisher J B，et al．1999．Influence of flooding on net CO_2 assimilation，growth and stem anatomy of annona species．Annals of Botany，84（6）：771
Papadopoulos I．1988．Nitrogen fertigation of trickle-irrigated potato．Nutrient Cycling in Agroecosystems，16（2）：

157-167

Res A J A. 2002. Effects of deficit irrigation on growth, yield, and fruit quality of eggplant under semi-arid conditions. Aust J Agric Res, 53: 1367-1373

Savvas D, Lenz F. 2000. Effects of NaCl or nutrient-induced salinity on growth, yield, and composition of eggplants grown in rockwool. Scientia Horticulturae, 84 (1-2): 37-47

Shalhevet J, Heuer B, Meiri A. 1983. Irrigation interval as a factor in the salt tolerance of eggplant. Irrigation Science, 4 (2): 83-93

Shao H B, Chu L Y, Jaleel C A, et al. 2009. Understanding water deficit stress-induced changes in the basic metabolism of higher plants-Cbiotechnologically and sustainably improving agriculture and the ecoenvironment in arid regions of the globe. Critical reviews in biotechnology, 29, (2): 131-151

第十二章　甘肃特色经济作物高效用水技术

石羊河流域是甘肃省河西走廊三大内陆河流域之一，位于甘肃省河西走廊东部，乌鞘岭以西，祁连山北麓，101°41′～104°16′E，36°29′～39°27′N。流域东南与甘肃省白银、兰州两市相连，西北与甘肃省张掖市毗邻，西南紧靠青海省，东北与内蒙古自治区接壤，总面积4.16万km^2。流域行政区划包括武威市的古浪县、凉州区、民勤县全部及天祝县部分，金昌市的永昌县及金川区全部，以及张掖市肃南裕固族自治县和山丹县的部分地区、白银市景泰县的少部分地区，共涉及4市9县（图12-1）。流域内年均降水量不到200 mm，蒸发量高达2600 mm，该流域的生存和发展主要依靠石羊河水维系。

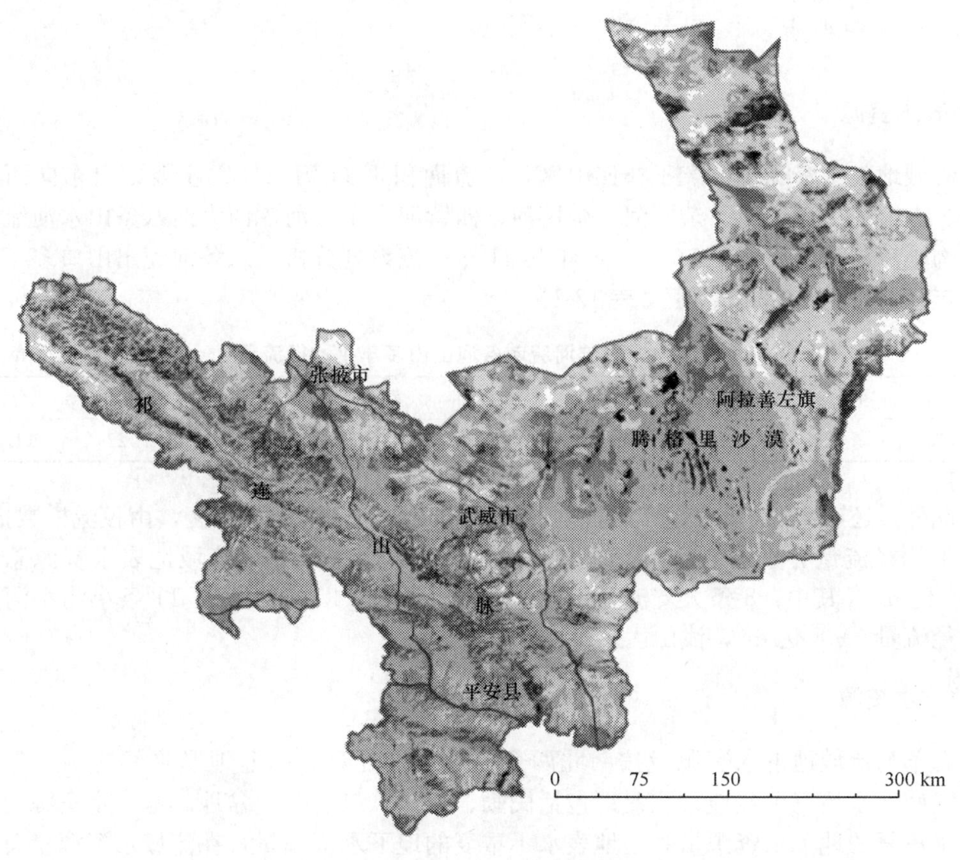

图12-1　石羊河流域景观图

全流域总人口227万人，农业人口165.63万人（含引黄灌区9.63万人）；耕地面积42万hm^2，人口密度为55人/km^2；农田灌溉面积23.53万hm^2，基本生态林地灌溉面积 1.76 万 hm^2，农业人口人均农田灌溉面积 38.7hm^2；绿洲承载人口已达 300 人/km^2以上。其中从事种植业生产的人口约占总人口的 77%，产业负担人口所占比大。

石羊河流域是我国内陆河流域中人口最密集、水资源开发利用程度最高、用水矛盾最突出、生态环境问题最严重的流域之一。现状流域水资源开发利用已严重超过其承载能力，致使流域生态环境日趋恶化，危害程度和范围日益扩大。位于石羊河下游的民勤盆地，东北被腾格里沙漠包围，西北有巴丹吉林沙漠环绕，目前民勤绿洲地下水位下降，矿化度上升，天然植被大面积枯萎死亡，土地沙漠化、盐渍化进程加快，面临消亡威胁。部分民勤绿洲北部的群众无法生存，只好撂荒土地，背井离乡，沦为“生态难民”。该区域“罗布泊”现象已经局部显现。

第一节 区域农业用水现状

一、石羊河流域水资源现状

（一）水资源概况

1. 地表水资源

流域地表水资源主要产于祁连山区，产流面积 1.11 万 km^2。主要由自东向西的大靖河、古浪河、黄羊河、杂木河、金塔河、西营河、东大河、西大河八条山水河流及多条小沟小河组成。采用 1956～2006 年共 51 年径流系列分析，八条河流出山口多年平均天然年径流量为 14.54 亿 m^3（表 12-1）。

表 12-1 石羊河流域各河出山多年平均径流量 （单位：亿 m^3）

西大河	东大河	西营河	金塔河	杂木河	黄羊河	古浪河	大靖河	合计
1.577	3.232	3.702	1.368	2.38	1.428	0.728	0.127	14.54

此外，还有 11 条没有水文站控制的独立小沟小河和浅山产水区，由径流模数推求，多年平均径流量分别为 0.48 亿 m^3 和 0.58 亿 m^3。综上所述，流域地表水资源总量为 15.60 亿 m^3，其中，8 条大支流多年平均天然径流量 14.54 亿 m^3；11 条小沟小河多年平均径流量 0.48 亿 m^3，浅山区水量 0.58 亿 m^3。

2. 地下水资源

石羊河流域地下水资源量按南北两个盆地分别计算。南盆地紧临祁连山，包括大靖、武威、永昌三个盆地；北盆地包括民勤、金川—昌宁两个盆地。地下水资源包括与地表水重复的地下水资源量和与地表水不重复的地下水资源量，在流域水资源量总量计算中，仅计入与地表水不重复的地下水资源量，包括降水、凝结水补给量和侧向流入量。石羊河流域降水、凝结水补给量为 0.43 亿 m^3，沙漠地区侧向流入量 0.49 亿 m^3，祁连山区侧向补给量为 0.07 亿 m^3，三项合计石羊河流域地下水资源量为 0.99 亿 m^3（表 12-2）。

表 12-2　石羊河流域与地表不重复的地下水资源成果表　（单位：万 m^3）

项目		大靖盆地	武威盆地	永昌盆地	民勤盆地	金川—昌宁盆地	合计
降水入渗量		0	1446.48	10	221.71	312.43	1990.62
凝结水入渗量		0	1076.11	30	509.63	704.42	2320.16
测向补给量（不含盆地之间补给量）	祁连山区补给量	20	681.65				701.65
	沙漠补给量		2500		2390.83		4890.83
合计		20	5704.24	40	3122.17	1016.85	9903.26

3. 水资源总量

石羊河流域多年平均水资源总量为 16.59 亿 m^3，包括地表天然水资源量和与地表水不重复的地下水资源量。其中地表天然水资源量为 15.60 亿 m^3，与地表水不重复的地下水资源量 0.99 亿 m^3。加上景电二期延伸向民勤可调入水量 6100 万 m^3 和“引硫济金”调水 4000 万 m^3，流域内现状可利用水资源量为 17.6 亿 m^3。

按水系分，西大河水系水资源总量 2.02 亿 m^3，其中地表水资源量为 1.91 亿 m^3，与地表水不重复的地下水资源量 0.11 亿 m^3；六河水系水资源总量 14.45 亿 m^3，其中地表水资源量为 13.57 亿 m^3，与地表水不重复的地下水资源量 0.88 亿 m^3；大靖河水系水资源总量 0.13 亿 m^3，其中地表水资源量为 0.13 亿 m^3，与地表水不重复的地下水资源量 20 万 m^3。

（二）水资源质量

全流域水资源质量：①出山口以上河段水质：西大河、东大河、西营河、金塔河、杂木河、黄羊河和古浪河为Ⅰ类水质，大靖河为Ⅱ类水质，总体属优良水质；②平原区河段，石羊河干流和红崖山水库水质差，基本为劣Ⅴ类水质，金川峡水库水质为Ⅲ类；③平原区地下水，武威南盆地地下水水质尚好，北盆地地下水水质明显恶化，矿化度升高，各种有害离子含量增大，民勤湖区地下水矿化度普遍在 3 g/L 以上，局部地区高达 10 g/L，不但不能饮用，而且灌溉也受很大程度的影响。

（三）水资源特点

1. 流域出山口水资源总量基本稳定，径流年内分配具大陆性气候特点明显

石羊河流域径流补给以冰雪融水与山区降水为主，来源较为稳定，各支流年际变化不大。石羊河流域西大河、东大河、西营河、金塔河、杂木河、黄羊河六河的 Cv 值为 0.16～0.27，数值相对较小，径流年际变化不大，古浪河和大靖河 Cv 值分别为 0.38 和 0.472，年际变化稍大。年代际上，流域出山地表径流在 20 世纪 50 年代末期处于丰水期，80 年代稍高于多年平均径流量，60 年代、70 年代和 90 年代低于多年平均径流量，尤其是 90 年代，较多年平均径流量减少了近 6%，2000～2005 年基本与多年平均径流量持平（图 12-2）。根据坎德尔（Kandell）秩次相关法并结合 R/S 法进行分析，结果表明，未来流域出山口径流量的减少具有持续性，未来流域出山口径流量变化将以偏枯为主（张晓伟等，2008）。

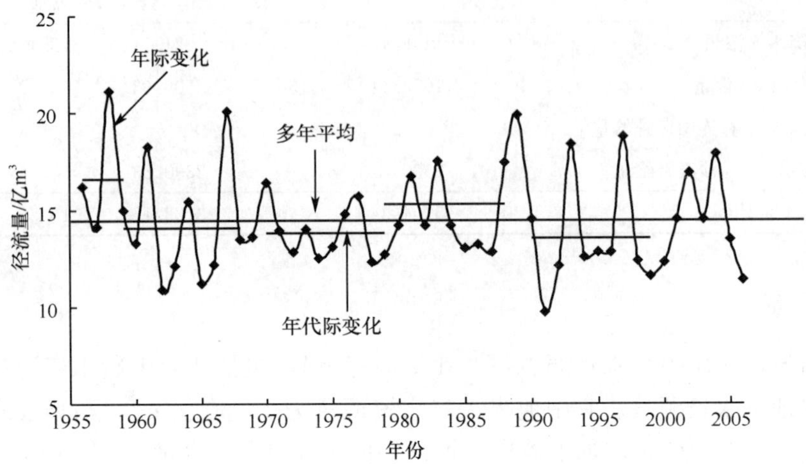

图 12-2 石羊河流域八条大河 1956～2006 年出山径流量变化

石羊河流域地表水资源源于南部祁连山区，径流补给主要是降雨，因此径流的年内分配与降水年内分配基本一致，呈现出明显的大陆性气候特点。主汛期 7～9 月占总径流量的 65%以上，5～10 月占 75%以上（图 12-3）。

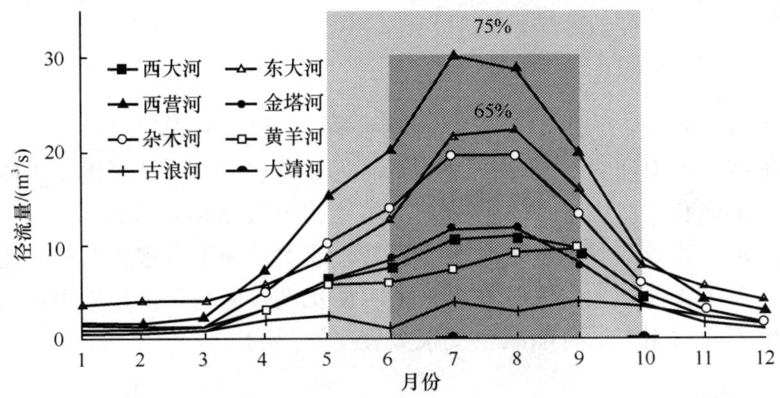

图 12-3 石羊河流域八条大河多年径流年内分配特征

2. 下游民勤盆地来水逐年锐减

下游民勤盆地地表水源主要来自于中游的退水、余水和上游的洪水。红崖山断面，20 世纪 50 年代平均年径流为 4.6 亿 m³，目前锐减为不足 1.0 亿 m³（图 12-4）。

3. 地下水超采严重，地下水位逐年下降

根据 1980～2005 年流域内的地下水年开采总量系列资料进行分析得出，地下水不

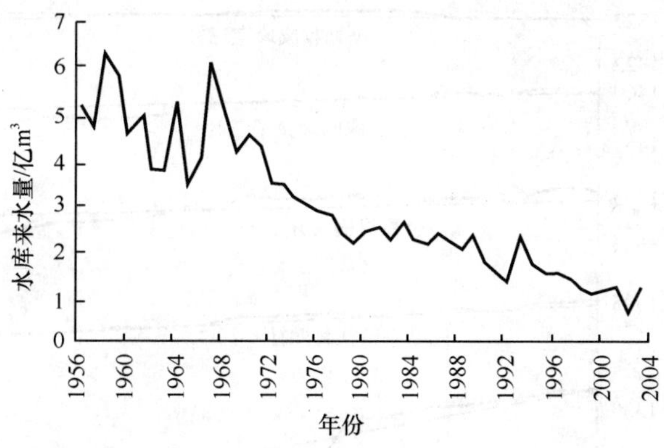

图 12-4　红崖山水库 1956～2003 年来水量变化（李海涛等，2007）

但严重超采，而且增幅也较大（图 12-5）。目前，全流域现状地下水超采 5.59 亿 m³，其中金川—昌宁盆地超采 0.49 亿 m³，六河系统中游超采 0.96 亿 m³，下游民勤县年超采 4.14 亿 m³（朱小燕，2008）。

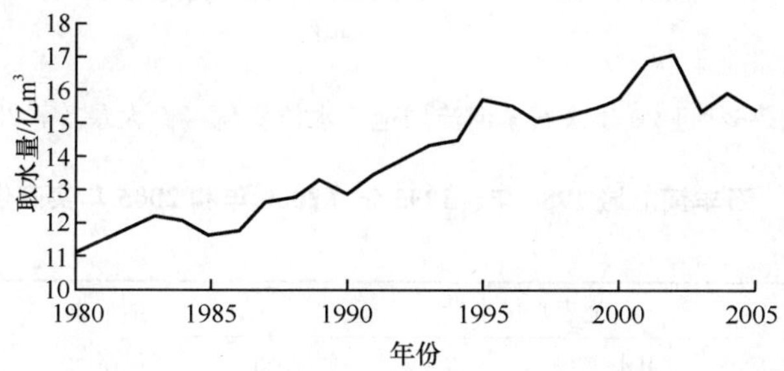

图 12-5　石羊河流域 1980～2005 年地下水开采情况（胡建勋和甄计国，2009）

石羊河流域地下水多年动态总体特征是地下水位持续性下降。近 20 年实测资料对比表明：武威南盆地地下水位平均下降 6～7 m，下降速率 0.31 m/a；民勤盆地地下水位平均下降 10～12 m，下降速率 0.57 m/a，最大下降幅度 15～16 m（图 12-6）。

二、农业用水现状

（一）初步形成了以蓄、引、提为主的供水体系

流域内供水工程较多，供水能力 31.00 亿 m³，工程类型主要有蓄水工程、引水工程、提水工程。2005 年实际供用水量 28.77 亿 m³，比 1980 年、1995 年和 2000 年分别增长了 11.8%、11.2%和 0.8%，主要是地下水开采量增加较多，地下水开采量递增率为 1.5%（表 12-3）。

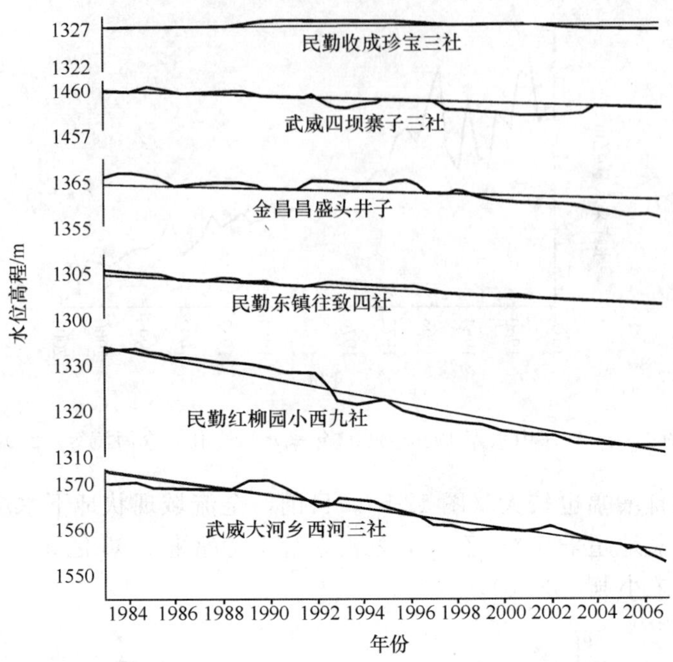

图 12-6　近 20 年来石羊河流域地下水位变化（徐大录等，2009）

表 12-3　石羊河流域 1980 年、1995 年、2000 年和 2005 年实际供水情况

（单位：亿 m^3）

年份	项目	地表水供水量				地下水供水量	其他供水	合计
		蓄水工程	引水工程	提水工程	小计			
1980	水量	10.32	5.62		15.94	9.8		25.74
	比例	40.0	21.8		62.0	38.0		100
1995	水量	9.2	4.32	0.24	13.76	12.1	0.007	25.87
	比例	35.6	16.7	0.9	53.2	46.8	0.002	100
2000	水量	9.95	3.94	0.01	13.9	14.47	0.17	28.54
	比例	34.9	13.8	0.05	48.75	50.7	0.6	100
2005	水量	10.89	3.24		14.13	14.47	0.17	28.77
	比例	38.0	11.3		49.30	50.3	0.6	100

对流域平原区 2005 年地下水均衡计算表明，平原区地下水总补给量 11.93 亿 m^3，如果扣除井泉水回归量 2.51 亿 m^3，则地下水补给量 9.42 亿 m^3。总排泄量 16.67 亿 m^3，如果减去井泉水灌溉回归量，实际消耗地下水 14.16 亿 m^3，地下水超采量 4.74 亿 m^3（许文海等，2007）。

（二）农业用水占水资源的比例大，但利用效率偏低

全流域社会经济各部门现状实际总用水量为 28.77 亿 m^3，其中地表水 14.13

亿 m^3，地下水 14.47 亿 m^3。现有水地面积 30 万 hm^2，农业总用水量 24.34 亿 m^3，占总用水量的 85.7%。流域内耗水总量已超过水资源总量，水资源消耗率达 109%，水资源开发利用程度高达 172%，远远超过水资源的承载能力。按现有人口计算，人均用水量 1273 m^3，远高于全省人均 478 m^3 和全国人均 430 m^3 的水平；流域内单方水 GDP 为 3.33 元/m^3，远低于全省 8.03 元/m^3 和全国 16.39 元/m^3，水资源利用效率偏低。

（三）关井压田，控制地下水开采量

近年来，水资源供需矛盾进一步加剧，地下水资源超采严重，地下水位已呈持续下降趋势，武威盆地下水水位下降速率 0.31 m/a，民勤盆地地下水水位平均下降速率 1.345 m/a，大部分地区已累计下降 10～40 m。地下水超采、地下水位不断下降、下游水质不断恶化，土地沙化加剧造成的石羊河流域生态环境严重恶化问题，已引起党中央、国务院的高度重视以及社会各界的广泛关注。采取断然措施，关闭部分农业灌溉机井，控制地下水开采量势在必行，这也是实现石羊河流域综合治理目标的必然要求。

按省发展和改革委员会、省水利厅的安排以及武威市委、市政府有关石羊河流域综合治理工作的精神要求，2007～2010 年，武威市石羊河流域属区关闭灌溉机井 3300 眼，其中，民勤县 3000 眼，凉州区 250 眼（不含城区关闭的 50 眼自备水源井），古浪县 50 眼。通过有计划地限制地下水的开采量，缓解了地下水位下降的趋势。

三、提高流域农业高效用水存在的主要问题

西北干旱区的内陆河流域，水资源供需矛盾普遍十分突出。过去几十年来，内陆河流域区冰川后退、雪线上升、冻土退化、河流断流、湖泊干涸，这些水环境的退化导致了严重的环境问题和生态灾难，使水资源供给与发展的矛盾日益激化。这一现状虽然是不合理的人类活动与全球变化在该流域的反映，但其深层次的原因是缺乏内陆河流域尺度的水-经济-生态-环境的综合管理技术体系，从而严重制约了区域经济的发展，影响了流域的可持续发展。

（一）人口密度大，流域水资源已严重超载

石羊河流域是甘肃省河西内陆河流域中人口最多、经济较发达、水资源开发利用程度最高、用水矛盾最突出、生态环境问题最严重、水资源对经济社会发展制约性最强的地区。现状流域水资源已严重超载，致使流域的生态环境日趋恶化，其危害程度和范围日益扩大。下游民勤的生态恶化形势已极其严峻，其北部湖区的部分地区已显现“罗布泊”景象，部分居民因无法生存而沦为生态难民，远走他乡。如果不采取紧急抢救措施，民勤将有可能在不远的将来变成第二个“罗布泊”。石羊河流域已成为人与自然不和谐相处的典型区域，经济社会发展已呈不可持续之势。

祁连山东段是石羊河发源地，水源涵养系统是维持石羊河流域生态平衡的主体，起着涵养水源、保持水土、保护生物多样性、净化空气等多种生态作用，特别是其涵养水源、调节河川径流、消洪补枯作用十分显著，是石羊河中下游地区工农业生产和经济社会发展的命脉。但是由于恶劣的自然条件和区内各类复杂的矛盾交织存在，石羊河上游

山区植被系统破坏严重，生态环境十分脆弱。目前，石羊河流域有近 1500 km^2 林草地被垦殖，水源涵养林仅存 550 km^2，灌草面积仅存 3100 km^2，祁连山灌木林线比 20 世纪 50 年代上移 40 m，30％的灌木林出现草原化和荒漠化。森林覆盖率由 50 年代初的 22.4％下降到 90 年代初的 14.0％。近年来，尽管在各级党和政府以及祁连山自然保护区管理局的不懈努力下，山区林业建设取得了一定的成绩，生态环境局部好转，但整体恶化的趋势并没有得到有效遏制。因此，恢复重建上游水源涵养系统是石羊河流域综合治理进程中亟待解决的问题。

水资源是石羊河流域经济社会和生态环境协调发展的关键资源，要从战略角度认识石羊河生态与环境问题，把生态建设和环境保护作为流域综合治理的根本，必须立足于流域水资源的合理开发、优化配置及高效利用，强化流域水资源统一管理和调度，集成高效用水、生态修复和水环境保育的整体技术，开展流域综合治理，实现流域人口、资源、环境与经济社会的协调发展。综合整治与恢复已退化的生态系统以及重建可持续的人工生态系统，已成为摆在我们面前亟待解决的重要课题。

（二）用水结构不合理，水资源利用效率偏低

石羊河流域是甘肃的商品粮基地。从水资源的约束看，石羊河流域的产业结构存在的问题是：第三产业结构不尽合理。石羊河流域第一、第二、第三产业的现状比例为 24∶46∶30，第一产业比例较大，第一产业内粮食作物比例过高。从事种植业生产的人口约占总人口的 77％，第一产业负担人口所占比例大。

全流域总用水量 28 亿 m^3/a，其中，农田灌溉用水量 24.85 亿 m^3，占总用水量的 86.4％；工业用水量 1.56 亿 m^3，占 5.4％；林草用水量 1.30 亿 m^3，占 4.5％；城市生活用水量 0.46 亿 m^3，占 1.6％；农村生活用水量 0.60 亿 m^3，占 2.1％。石羊河流域农田灌溉用水比例明显偏高，以六河系统中游及民勤县尤甚，流域工业及生活用水比例明显偏低。

现状工业万元产值取水定额为 100～160 m^3，工业万元取水定额偏高，重复利用率 40％。现状万元 GDP 用水量 2078 m^3，约是全国平均水平的 4 倍。全流域单方水 GDP 仅为 4.81 元，约为全国平均水平的 1/5。

（三）种植结构不合理，高耗水作物种植比例偏高

现状中游各灌区中，种植结构也不尽合理，粮食面积比例偏大，高耗水作物种植比例偏高，复（套）种面积比例达 22％，个别灌区高达 60％。单方水生产粮食为 0.41 kg/ m^3，其中，西大河系统为 0.26 kg/ m^3，六河中游为 0.46 kg/ m^3，六河下游 0.23 kg/ m^3。与全国 0.6～1.0 kg/ m^3的平均水平相比，还有不小差距。

石羊河流域目前粮、经作物的现有种植比例为 76∶24。由于水资源短缺，粮食作物的种植比例将进一步压缩，根据《石羊河流域重点治理规划》（2006 年），全流域粮、经种植结构 2010 年将调整到 65∶35，2020 年将调整到 50∶50。目前流域特色瓜果如酿酒葡萄的种植与加工已成为当地的支柱产业之一，已建成酿酒葡萄基地 0.89 万 hm^2，栽培面积占全国的近 15％。迅猛发展的特色瓜果种植，也带动了当地果品贮藏保鲜和

深加工业的发展，逐渐成为西北内陆区农民增收的重要渠道。

按流域多年平均自产水资源总量和目前实际总用水量统计分析，石羊河流域水资源开发利用程度为172%。按多年平均自产水资源总量和目前实际生活生产耗水量统计分析，流域水资源利用消耗率为109%。全流域水资源消耗量远大于水资源总量，完全依靠超采地下水维持。现状地下水年超采量4.32亿m^3，其中民勤盆地年超采地下水2.96亿m^3。石羊河流域水资源开发利用程度远高于全球平均（6.92%）和全国平均水平（18.5%），而且超过了国际公认的水资源开发利用40%的警戒线，大大超过了水资源承载力极限，严重影响水资源系统的再生循环和水资源系统的更新能力。

（四）灌溉规模过大，灌水定额偏高

石羊河流域现状灌溉耕地面积占耕地面积的80%以上。灌溉水利用系数为0.40～0.60，田间斗农渠衬砌率不足50%，灌溉用水效率偏低；灌溉方式比较落后，定额偏高，六河中游河灌区为5500m^3/hm^2，下游民勤地区为5775m^3/hm^2。农业灌溉节水潜力很大，是节水的核心所在。

（五）现代节水技术未能有效改变农户传统灌水观念

低压管道等输水工程的建设，有效地降低了输水过程中水分的损耗，同时为农民田间灌水提供了方便，深受农户的欢迎。但是，在农田灌水方式上，仍然以大田漫灌或沟灌为主。这种传统的灌水方式，虽然水分利用率低，但有利于提高作物产量。每次灌水量越大，农户心里越踏实，而对滴灌等微灌节水技术，由于每次灌水量小，用农户的话讲，这种灌水“跟洗脸一样”，与传统灌水量差异太大，总认为不能满足作物对水分的要求，首先从心理上对这种方式不太接受。

另外，目前国内许多节水设备生产厂家，滴灌带等节水设备质量较差，容易堵塞，有些在田间容易爆管破裂，影响农户对微灌节水技术的接受。

（六）管理部门的“以电计水”方式，严重制约农民节水生产的积极性

石羊河流域，政府部门在大力提倡建立节水型社会，在一定程度上，营造了良好的节水氛围和社会条件。但是在地下水源为主的“井灌区”，水利部门在收取水费时，是按照实际用电量核算水费。采用滴灌后，虽然灌水量大幅度降低了，但是由于滴灌增压设备、毛管压力损耗等因素，用电量并没有明显减少，导致单位灌溉面积用水量减少幅度大、用电量减少幅度小的结果，由于管理部门采用“以电计水”方式，农民采用滴灌后，交的水费跟传统灌溉方式相差不多，出现了“节水不节钱”的现象。在这种管理方式下，农民更喜欢传统灌溉方式，严重制约了农民节水生产的积极性。

第二节　总体发展思路、目标和主要技术内容

一、总体发展思路

根据自然资源特点和农业生产水平，合理调整农业产业结构和种植结构，实现由资

源消耗型绿洲农业向生态节水型绿洲农业方向发展。通过工程节水技术、农艺节水技术、生物节水技术、管理节水技术的集成，有效提高水资源利用效率和效益，大幅度减少地下水的开采量，保障生活用水，减少农业生产用水，增加生态用水，加强用水的总量控制和定额管理，不断优化产业结构和用水结构，全面推进节水型社会建设，最终实现生态好转、经济发展、农民增收和区域可持续发展的目标。

二、课题研究目标

针对西北内陆干旱区石羊河流域水资源严重短缺、地下水严重超采、生态与生产用水严重失衡、农业用水效率不高、管理节水与技术节水严重脱节等突出问题，以有限农业水资源高效利用为目标，以特色优势经济作物节水为重点，进行特色经济作物集中区微灌高效技术、面向农户的特色经济作物低成本高效节水技术、灌区水资源优化配置与管理节水技术、特色作物控水调质关键技术研究，组装集成工程节水、农艺节水、化学节水、生物节水和管理节水技术，建立西北内陆干旱区特色瓜果菜种植区生态健康、经济可持续发展、产品优质的节水高效技术体系，形成特色瓜果菜节水农业技术集成模式。

三、主要技术内容

（一）重点研究内容

（1）特色经济作物规模种植区微灌高效节水技术；

（2）面向农户的特色经济作物低成本高效节水技术；

（3）灌区水资源优化配置与管理节水技术；

（4）特色经济作物控水调质关键技术；

（5）特色优势经济作物节水综合技术集成模式研究与示范等。

（二）关键技术

（1）微灌节水综合系统的智能化、精准化；

（2）水资源各级输水过程精量监测与集中显示技术；

（3）特色经济作物控水调质技术；

（4）基于生态安全、经济发展的灌区水资源优化配置技术。

（三）重点示范内容

（1）规模种植特色经济作物智能化、标准化微灌节水技术模式；

（2）适宜小规模种植农户的低成本高效节水综合技术模式；

（3）水资源各级输水过程精量监测与集中显示技术；

（4）适合西北内陆河灌区以节水、优质、高效为目标的控水调质灌溉模式。

第三节 农业高效用水技术体系与模式

一、不同沟灌方式下甜瓜最优灌水模式和相应的技术指标

（一）试验处理

甜瓜供试品种为黄河蜜3号（*Cucumis melo* L.），灌水方式为膜上沟灌，设常规沟灌和隔沟灌两种形式。2008年，常规沟灌条件下，膨果期（7月10日～8月5日）根区0～50cm土壤含水率灌水下限分别设为田间持水量（FC）的60%（高水）和50%（低水），苗期（5月28日～6月10日）、开花坐果期（6月11日～7月9日）、成熟期（8月6日～8月25日）的灌水下限分别为55%FC、60%FC和55%FC，灌水上限为田间持水量；全生育期施氮量分别为160 kg/hm^2（高肥）、120 kg/hm^2（中肥）和80 kg/hm^2（低肥），另设一个与低水中肥相对应的隔沟灌（AF）处理T18和一个与低水相对应的常规沟灌无肥（0 kg/hm^2）对照处理T17。在2008年试验结论的基础上，2009年共设置9个水分处理，甜瓜全生育期施氮量为120 kg/hm^2。开花坐果期、膨果期和成熟期分别设置3个水分处理，试验处理设置见表12-4。

表12-4 2008年、2009年试验处理

年度	处理	施肥量/(kg/hm^2)	灌溉方式	灌水下限/% FC			
				苗期	开花坐果期	膨果期	成熟期
2008	T11	160	EF	55	60	60	55
	T12	120	EF	55	60	60	55
	T13	80	EF	55	60	60	55
	T14	160	EF	55	60	50	55
	T15	120	EF	55	60	50	55
	T16	80	EF	55	60	50	55
	T17	0	EF	55	60	50	55
	T18	120	AF	55	60	50(AF)	55
2009	T21	120	EF	55	60	70	55
	T22	120	EF	55	60	70	55
	T23	120	EF	55	60	50	55
	T24	120	EF	55	60	60	55
	T25	120	EF	55	60	70	45
	T26	120	EF	55	60	70	65
	T27(CK)	120	EF	55	60	70	55
	T28	120	AF	55	60	70(AF)	55
	T29	120	AF	55	65(AF)	70(AF)	55(AF)

注：表中EF和AF分别表示常规沟灌和隔沟灌处理。

土壤水分采用土壤水分测定仪和取土烘干法相结合进行测定。土壤水分观测点分别位于沟底、边坡和垄中，试验期间利用土壤水分测定仪每 2 天测定 1 次和通过田间取土每 10 天测定一次，并利用取土法测定得到的数据校核土壤水分测定仪的数据。根据三个观测点土壤含水量的平均值确定各处理灌水时间与灌水量，见表 12-5、表 12-6。

表 12-5 2008 年各处理灌水时间和灌水量 （单位：mm）

处理	灌水量				总灌水量	总耗水量
	5 月 28 日	7 月 8 日	7 月 18 日	7 月 26 日		
T11	30.00	53.80	52.37	62.31	198.48	470.86
T12	32.50	51.23	45.33	60.90	189.96	440.03
T13	30.00	52.91	46.93	66.87	196.71	431.85
T14	32.50	62.64	0	78.65	173.79	389.20
T15	32.50	51.92	0	67.03	151.45	356.85
T16	30.00	64.20	0	64.41	158.62	358.61
T17	30.00	26.21	0	32.74	88.95	313.12
T18	32.5	57.31	0	63.09	152.90	354.77

表 12-6 2009 年各处理灌水时间和灌水量 （单位：mm）

处理	灌水量						总灌水量	总耗水量
	6 月 9 日	6 月 24 日	7 月 6 日	7 月 17 日	7 月 24 日	8 月 6 日		
T21	44.77	0	0	51.26	51.97	0	148.00	296.0±27.10
T22	38.53	0	0	52.73	38.70	0	129.96	304.6±23.01
T23	48.07	43.17	44.03	0	0	52.52	187.79	351.9±21.48
T24	38.57	41.00	42.85	0	0	55.96	178.37	330.2±20.30
T25	45.60	44.6	38.23	33.87	39.94	0	202.24	322.59±3.27
T26	53.27	50.63	50.51	39.15	38.32	41.35	273.24	397.6±17.10
T27	43.90	45.67	47.57	39.55	41.40	0	218.08	324.8±12.88
T28	21.62	25.55	25.75	21.20	20.85	0	114.96	288.7±44.09
T29	44.33	42.60	39.93	0	0	27.50	154.37	320.5±36.45

（二）不同灌水施肥条件下对甜瓜产量、水分利用效率和品质的影响

2008 年和 2009 年不同灌水施肥条件下甜瓜产量、水分利用效率（WUE）分别见表 12-7、表 12-8。

表 12-7 2008 年不同灌水施肥条件下甜瓜产量、水分利用效率

处理	耗水量/mm	产量/(t/hm^2)	WUE/(kg/m^3)
T11	470.86	55.45±5.49 ab	11.78±1.17 c
T12	440.03	59.20±1.34 a	13.45±0.30 abc
T13	431.85	50.63±4.60 bc	11.72±1.06 c
T14	389.20	50.63±1.32 bc	13.01±0.34 bc

续表

处理	耗水量/mm	产量/(t/hm²)	WUE/(kg/m³)
T15	356.85	51.77±1.31bc	14.51±0.37a
T16	358.61	48.57±2.63cd	13.54±0.73ab
T17	313.12	47.51±5.11cd	15.17±1.63a
T18	354.77	43.88±5.10d	12.37±1.44bc
显著性检验(*F* 值)			
灌水		9.70**	14.98**
施肥		4.96*	7.82**
灌水×施肥		1.03	0.43

*，**分别表示在 $P<0.01$ 和 $P<0.05$ 水平差异显著。

表 12-8 2009 年不同灌水下甜瓜产量、水分利用效率（WUE）

处理	耗水量/mm	产量/(t/hm²)	WUE/(kg/m³)
T21	304.6±23.01	36.01 b	12.54ab
T22	296.0±27.10	43.28a	14.70a
T23	330.2±20.30	40.62ab	12.31ab
T24	351.9±21.48	44.27a	12.60ab
T25	322.59± 3.27	41.81a	12.96a
T26	397.6±17.10	41.06ab	10.32b
T27	324.8±12.88	43.50a	13.39a
T28	288.7±44.09	40.47ab	14.02a
T29	320.5±36.45	44.18a	13.78a

由表 12-7 可看出，水肥交互作用对甜瓜产量和 WUE 无显著影响。2008 年相同施肥量不同水分处理之间产量差异并不显著，但 T12 处理和 T15 处理的产量差异显著。其中 T12 处理的产量最大，达到 59.2 t/hm²。低水处理的产量比高水处理的平均产量低 8.7%。相同水分条件下，中肥处理的产量最高（表 12-4），T12 处理的产量分别比 T11 处理和 T13 处理的产量高 6.8%和 16.9%，T15 处理的产量分别比 T14 产量和 T16 处理的产量高 2.3%和 6.6%；而无肥对照处理 T17 的产量比相应的低肥处理 T16 的产量低 2.2%，二者差异显著。此外，相同灌水施肥条件下，常规沟灌处理 T15 的产量比隔沟灌处理 T18 的产量高 17.98%，T18 处理的 WUE 比 T15 处理的 WUE 低 17.3%。

由表 12-8 可看出，不同生育阶段不同灌水下限对甜瓜产量和 WUE 的影响显著。T21 处理的产量比 T22、T27 分别低 16.8%和 17.2%，这说明开花坐果期适合甜瓜生长的土壤含水率为 55%～65%FC；T24 处理的产量最高，其产量达到 44.3 t/hm²，且其产量比 T27 处理、T23 处理产量分别高 1.8%、8.99%；T26 处理的产量分别比 T25 处理和 T27 处理低 1.8%和 5.6%，这说明成熟期过高的土壤含水率会造成减产。T22 处理获得的 WUE 值最高，达到 14.70 kg/m³，其 WUE 比 T21 处理和 T27 处理分别高 17.2%和 9.8%；这说明开花坐果期适度水分亏缺（55% FC）能够提高甜瓜的水分利用效率。T27 处理的 WUE 比 T23、T24 处理分别高 8.7%和 6.2%。T26 处理获得的 WUE 最小，且其比 T25 和 T27 处理的 WUE 分别低 20.4%和 22.9%。这说明成熟期过高的土壤含水率会降低甜瓜的水分生产效率。T28 处理的产量与 T24 处理的产量无显著差异，但 T28 处理的 WUE 比 T24 处理的 WUE 高 11.3%。

由表 12-9 可看出，水肥交互作用对甜瓜品质各指标无显著影响。相同施肥量条件下，低水处理 T15、T16 的总可溶性固形物（TSS）含量分别比高水处理 T12 和 T13 高 10.1%和 2.9%；低水处理 T14、T16 的维生素 C 含量比高水处理 T11 和 T13 分别高 17.2%和 23.1%。除 T16 与 T13 还原性糖含量差异显著外，两年中相同施肥量，不同水分处理甜瓜果实中还原糖和有机酸含量无显著差异。这说明膨果期适度水分亏缺（灌水下限为的 55%～60%FC）有利于提高甜瓜果实中 TSS 和维生素 C 含量。相同水分条件下，中肥处理甜瓜果实中 TSS 平均含量比高肥和低肥处理的 TSS 含量分别高 15.1%和 16.9%，维生素 C 平均含量比高肥和低肥处理的维生素 C 含量分别高 58.9%和 55.8%。除 T16 与 T13 处理还原性糖含量差异显著外，两年中相同水分条件下，不同施肥量处理甜瓜果实中还原糖和有机酸含量无显著差异。这说明中肥处理（氮肥 120 kg/hm^2）在一定程度上可改善甜瓜品质。对照处理 T17 的各品质指标含量与 T16 处理无显著差异，这可能与土壤初始有机质和全氮含量较高有关。隔沟灌处理 T18 的 TSS 含量与常规沟灌处理 T15 的 TSS 含量无显著差异，但 T18 处理的维生素 C 含量比 T15 处理的维生素 C 含量低 37.4%。

表 12-9　2008 年不同灌水施肥条件对甜瓜品质指标的影响

处理	总可溶性固形物/%	维生素 C/(mg/100g FW)	还原糖含量/%	有机酸含量/%
T11	10.85±1.03bc	9.72±3.24cd	0.42±0.25b	0.22±0.03a
T12	11.38±0.98abc	17.22±2.00a	0.43±0.20b	0.22±0.06a
T13	10.08±0.43c	9.65±3.13cd	0.47±0.11b	0.22±0.05a
T14	9.92±0.52c	11.39±0.84bc	0.38±0.14b	0.23±0.05a
T15	12.53±0.49a	16.32±4.27ab	0.51±0.22ab	0.26±0.05a
T16	10.37±1.44c	11.88±2.11abc	0.93±0.49a	0.22±0.04a
T17	12.05±0.17ab	5.76±0.64d	0.59±0.14ab	0.25±0.08a
T18	11.08±1.02abc	10.21±5.59cd	0.77±0.18ab	0.19±0.02a
显著性检验(*F* 值)				
灌水	0.16	0.56	0.81	1.65
施肥	6.93**	9.40**	0.32	2.10
灌水×施肥	2.07	0.52	0.32	1.40

** 表示在 $P<0.05$ 水平差异显著。

由表 12-10 可看出，开花坐果期的中度水分亏缺处理 T22 的 TSS 含量最高，达到 10.5%，比充分灌处理 T27 和轻度亏缺处理 T21 分别高 8.0%、13.4%；膨果期轻度亏缺处理 T24 的 TSS 含量达到 10.5%，比充分灌处理 T27 和中度亏缺处理 T23 分别高 7.7%、2.7%。经试验发现成熟期轻度亏缺的 TSS 含量分别比充分灌处理和中度亏缺处理高 17.1%、2.3%；不同生育阶段不同灌水下限对甜瓜单果重的影响不显著，开花坐果期的中度亏缺处理的甜瓜单果重比充分灌处理和轻度亏缺处理分别高 4.4%、4.9%；膨果期的充分灌处理的甜瓜单果重比轻度亏缺处理和中度亏缺处理均高 7.6%；成熟期的中度亏缺处理甜瓜单果重分别比充分灌处理和轻度亏缺处理高 7.2%、1%；不同生育阶段不同灌水下限对甜瓜维生素 C 含量的影响显著，开花坐果期的充分灌处理的维生素 C 含量最低，分别比轻度亏缺处理和中度亏缺处理低 53.1%、64.9%；膨果期充分灌处理的维生素 C 含量分别比轻度亏缺处理和中度亏缺处理低 28.2%、3.2%；成熟期中度亏缺处理的维生素 C 含量分别比充分灌处理和轻度亏缺处理高 30.7%、120.8%。T28 处理的 TSS 和还原性糖含量分别比 T24 处理的 TSS 和还原性糖含量高 1.7%和 46.3%，而 T28 处理的维生素 C 含量比 T24 处理的维生素 C 含量低 28.2%。

表 12-10 2009 年不同灌水条件对甜瓜品质指标的影响

处理	总可溶性固形物/%	维生素 C/(mg/100g FW)	还原糖含量/%	酸比
T21	9.28ab	13.08b	0.36a	29.73ab
T22	10.52a	17.48a	0.32ab	30.04ab
T23	10.21a	14.00b	0.34ab	30.82ab
T24	10.49a	18.87a	0.30ab	33.94a
T25	9.52ab	13.54b	0.29ab	32.83a
T26	8.32b	10.36b	0.35ab	24.01b
T27	9.74ab	6.13c	0.31ab	32.26ab
T28	10.67a	13.54b	0.29ab	36.95a
T29	9.85a	5.90c	0.28b	34.94a

（三）甜瓜水肥最优灌溉施肥模式和相应的技术指标

通过 2008 年试验研究了不同沟灌水肥处理对甜瓜产量、WUE、品质的影响，得到以下结论：施氮量为 120 kg/hm² 处理（中肥处理）的产量、WUE、TSS 和维生素 C 含量均高于高肥和低肥处理；膨果期适度的水分亏缺（灌水下限为 55%～60%FC）能够提高甜瓜的 WUE，并能一定程度上改善甜瓜品质；而且隔沟灌处理能够提高甜瓜 WUE。基于水分-氮肥施用量对产量、水分利用效率和品质的影响，得到适合于研究区的甜瓜水肥组合为膨果期灌水下限为 55%～60%FC 和全生育期施氮量为 120 kg/hm²。

通过 2009 年的试验可以初步得到常规沟灌条件下，膨果期适度亏水不仅能够保障不减产，而且在减少灌水量的同时提高其 WUE；在关键生育阶段和全生育期采用隔沟灌处理的甜瓜产量相对于常规沟灌处理基本不减产，但是灌溉水量降低了 50%左右。全生育期灌水量为 200 mm 左右时，甜瓜的产量较高。关键生育阶段采用隔沟灌能够在一定程度上改善甜瓜果实品质，全生育期采用隔沟灌虽然能够达到基本不减产，但对果实品质无明显改善。全生育期灌水量为 200 mm 左右时，甜瓜的产量较高、品质较好。

经过两年的田间试验优选出基于产量-品质最优的灌溉模式见表 12-11。

表 12-11　沟灌最优灌溉施肥模式

处理	2008 年最优技术模式 T15		2009 年最优技术模式 T24	
沟灌方式	常规沟灌		常规沟灌	
灌水次数	3		4	
施肥量	120 kg/hm^2		120 kg/hm^2	
灌水日期及灌水量/mm	2008/5/1(播前水)	40	2008/5/1(播前水)	40
	2008/5/28	32.5	2009/6/9	38.6
	2008/7/08	51.9	2009/6/24	41.0
	2008/7/26	67.0	2009/7/6	42.9
			2009/8/6	56.0
灌溉定额/mm	191.4		218.5	
总耗水量/mm	356.9		330.2	
产量/(t/hm^2)	51.77		44.27	

二、不同滴灌方式下甜瓜最优灌水模式和相应的技术指标

(一) 试验处理

试验中采用膜下滴灌、地表滴灌、地下滴灌等三种滴灌模式，该三种模式下小区甜瓜种植方式和滴灌带、地膜等的布置形式如图 12-7 所示。

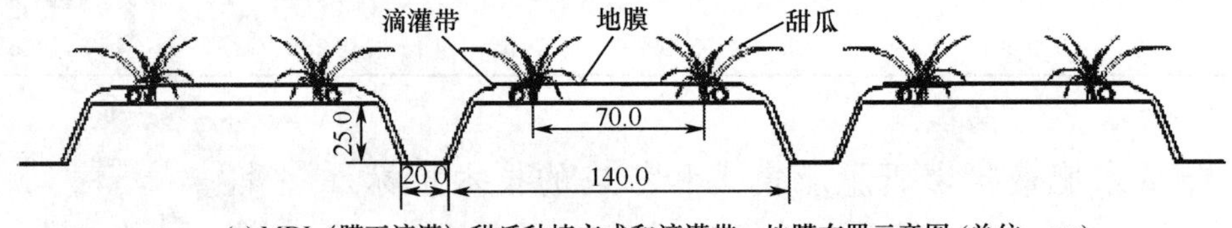

(a) MDI（膜下滴灌）甜瓜种植方式和滴灌带、地膜布置示意图 (单位：cm)

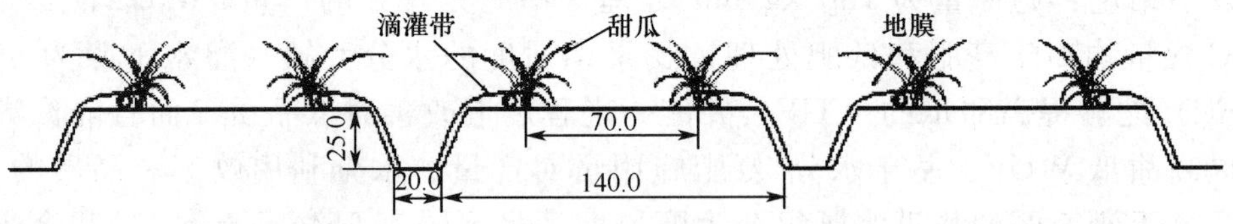

(b) DI（地表滴灌）小区甜瓜种植方式和滴灌带、地膜布置示意图 (单位：cm)

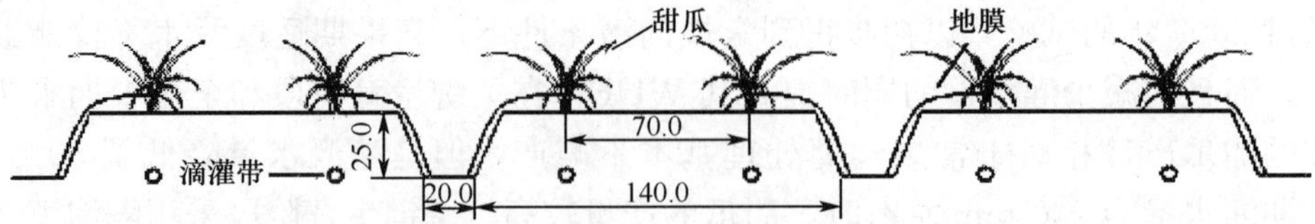

(c) SDI（地下滴灌）小区甜瓜种植方式和滴灌带、地膜布置示意图 (单位：cm)

图 12-7　三种滴灌模式下甜瓜种植方式与滴灌带、地膜布置示意图

2008 年伸蔓期—开花坐果期、果实膨大期土壤灌水下限见表 12-12，苗期和成熟期的灌水下限分别为 60%～70%FC 和 50%～60%FC。

表 12-12　2008 年试验处理　（单位:%）

灌水模式	处理号	灌水下限(占田间持水量的百分数)			
		苗期	伸蔓期—开花坐果期	果实膨大期	成熟期
膜下滴灌(MDI)	MDI-40-70	60	40	70	50
	MDI-40-80	60	40	80	50
	MDI-60-70	60	60	70	50
	MDI-60-80	60	60	80	50
地表滴灌(DI)	DI-40-70	60	40	70	50
	DI-40-80	60	40	80	50
	DI-60-70	60	60	70	50
	DI-60-80	60	60	80	50
地下滴灌(SDI)	SDI-40-70	60	40	70	50
	SDI-40-80	60	40	80	50
	SDI-60-70	60	60	70	50
	SDI-60-80	60	60	80	50

根据 2008 年的初步实验结果，2009 年增加了充分灌溉处理，并将伸蔓期—开花坐果期细分为伸蔓期和开花坐果期，并规定了灌水上限，见表 12-13。

表 12-13　2009 年灌水处理　（单位:%）

灌水模式	处理号	灌水下限(占田间持水量的百分数)					灌水上限(占田间持水量的百分数)				
		苗期	伸蔓期	开花坐果期	果实膨大期	成熟期	苗期	伸蔓期	开花坐果期	果实膨大期	成熟期
地下滴灌	FSDI(充分灌溉)	60	80	80	80	50	80	100	100	100	70
	SDI-40-70	60	40	40	70	50	80	60	60	90	70
	SDI-40-80	60	40	40	80	50	80	60	60	100	70
	SDI-60-70	60	60	60	70	50	80	80	80	90	70
	SDI-60-80	60	60	60	80	50	80	80	80	100	70
膜下滴灌	FMDI(充分灌溉)	60	80	80	80	50	80	100	100	100	70
	MDI-40-70	60	40	40	70	50	80	60	60	90	70
	MDI-40-80	60	40	40	80	50	80	60	60	100	70
	MDI-60-70	60	60	60	70	50	80	80	80	90	70
	MDI-60-80	60	60	60	80	50	80	80	80	100	70

续表

灌水模式	处理号	灌水下限(占田间持水量的百分数)					灌水上限(占田间持水量的百分数)				
		苗期	伸蔓期	开花坐果期	果实膨大期	成熟期	苗期	伸蔓期	开花坐果期	果实膨大期	成熟期
地下滴灌	FDI(充分灌溉)	60	80	80	80	50	80	100	100	100	70
	DI-40-70	60	40	40	70	50	80	60	60	90	70
	DI-40-80	60	40	40	80	50	80	60	60	100	70
	DI-60-70	60	60	60	70	50	80	80	80	90	70
	DI-60-80	60	60	60	80	50	80	80	80	100	70

(二) 不同滴灌灌水模式下对甜瓜日耗水和产量的影响

2008年及2009年不同滴灌模式下不同水分处理日耗水量的变化趋势分别如图12-8和12-9所示。2008年甜瓜日均耗水量：苗期0.79 mm，伸蔓期和开花坐果期4.11 mm，果实膨大期3.35 mm，成熟期1.98 mm。两个日耗水高峰期在6月20日～7月15日和7月16日～8月5日。这两个时间段正是甜瓜的伸蔓、开花坐果期和果实膨大期，是甜瓜营养生长和生殖生长的重要时期。同一生育阶段内，灌水下限较高处理的耗水速率较快。在伸蔓期和开花坐果期：MDI-60-70和MDI-60-80处理的平均耗水速率分别4.01 mm/d，MDI-40-70和MDI-40-80处理的平均耗水速率仅为3.31mm/d，前者较后者高21.1%。果

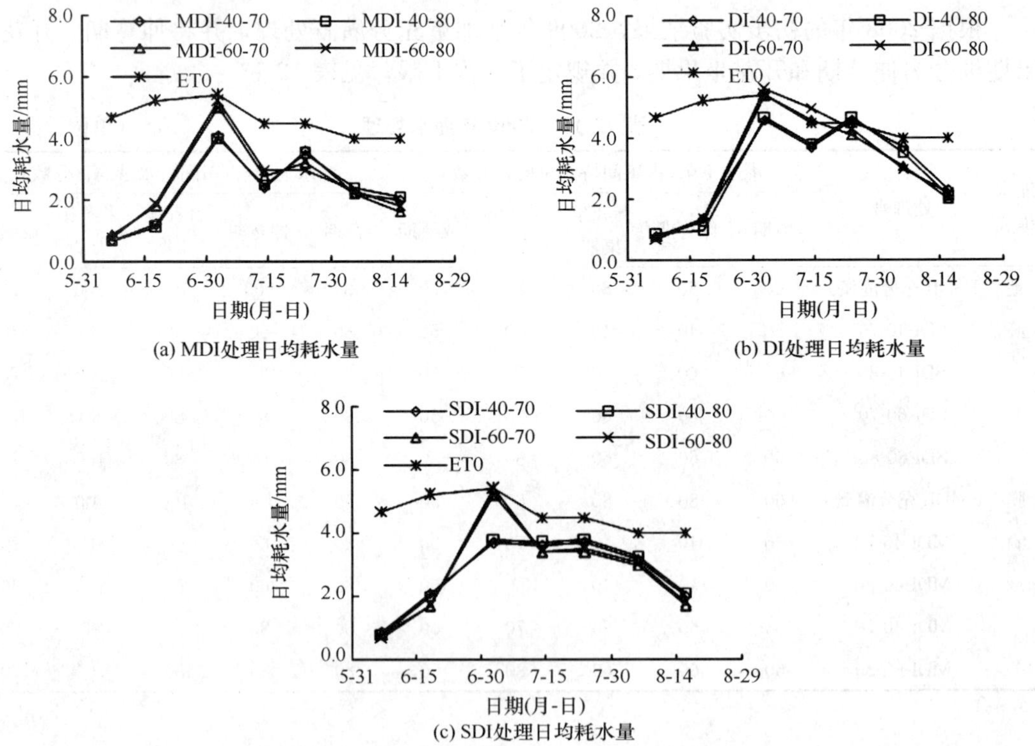

图12-8　2008不同滴灌模式不同灌水下限处理日均耗水量变化

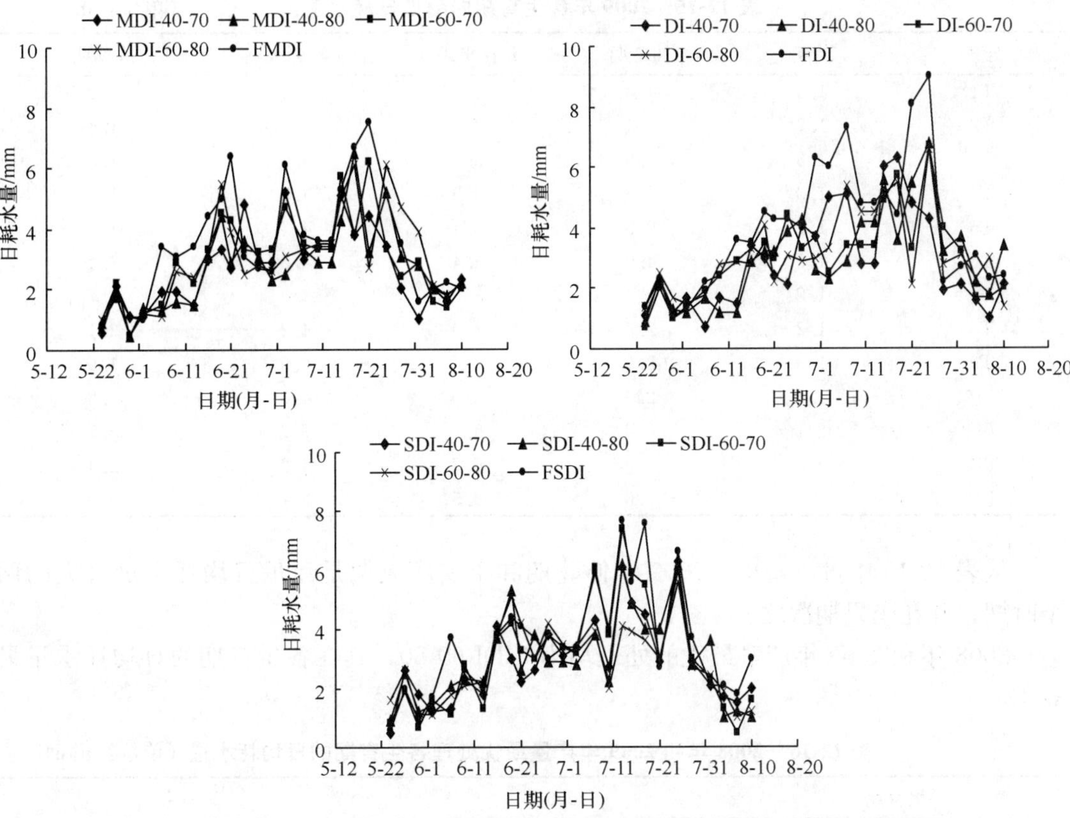

图 12-9　2009 年不同滴灌模式下不同水分处理日耗水量变化

实膨大期：MDI-40-80 和 MDI-60-80 处理的平均耗水速率分别为 2.6 mm/d 及 2.3 mm/d，MDI-40-70 和 MDI-60-70 处理的平均耗水速率为 2.75mm/d，前者较后者高 5.5%。2008、2009 年甜瓜日均耗水量分别见表 12-14 和表 12-15。

表 12-14　2008 年各个生育阶段甜瓜日均耗水量　（单位：mm）

处理	苗期	伸蔓期	开花坐果期	果实膨大期	成熟期
MDI-40-70	1.2	4.5	2.9	3.3	2.2
MDI-40-80	0.7	0.9	3.3	2.6	2.0
MDI-60-70	0.9	2.7	3.3	2.1	1.5
MDI-60-80	1.2	2.0	4.4	2.3	1.8
DI-40-70	0.8	1.3	4.2	3.8	2.1
DI-40-80	0.9	0.9	4.9	3.9	2.4
DI-60-70	0.5	3.2	4.6	2.5	2.4
DI-60-80	0.8	3.4	4.3	2.5	2.1
SDI-40-70	0.9	1.5	2.6	1.9	1.5
SDI-40-80	0.5	1.1	3.7	3.8	2.8
SDI-60-70	0.5	1.9	4.1	2.6	1.8
SDI-60-80	0.7	1.9	4.2	3.9	1.9

表 12-15　2009 年各生育期内甜瓜日耗水量　（单位：mm）

处理	苗期	伸蔓期	开花坐果期	果实膨大期	成熟期
T1	1.6	4.0	4.4	5.2	2.2
T2	1.7	2.4	3.2	4.4	1.4
T3	1.6	2.9	3.1	4.6	1.7
T4	1.3	2.5	3.9	4.8	1.5
T5	1.7	2.9	3.4	4.7	1.7
T6	1.5	4.0	4.4	5.5	2.2
T7	1.2	2.4	3.3	3.8	1.7
T8	1.2	2.3	3.0	4.2	2.1
T9	1.3	2.9	3.6	4.0	1.9
T10	1.3	2.6	3.0	4.0	2.8
T11	2.1	3.2	5.1	7.7	2.7
T12	2.0	1.9	6.2	4.2	2.4
T13	1.6	1.6	3.5	3.7	2.6

从表 12-15 中可以看出，2009 年伸蔓期和果实膨大期是甜瓜日均耗水量最大的两个时期，开花坐果期次之。

2008 年和 2009 年产量最优的处理均为 MDI-60-80，其在各生育期的日均耗水量见表 12-16。

表 12-16　2008 年和 2009 年产量最优处理各生育期的日均耗水量（单位：mm）

生育期	2008 年	2009 年
苗期	1.2	1.3
伸蔓期	2.0	2.6
开花坐果期	4.4	3.0
果实膨大期	2.3	4.0
成熟期	1.8	2.8

2008 年及 2009 年各处理生育期累积耗水量见表 12-17、表 12-18，不同滴灌模式下产量、单果重及果实个数统计分析见表 12-19、表 12-20。2008 年所有处理中 MDI-60-80 的产量最高，为 70.13 t/hm²，DI-40-70 的产量最低，为 45.27 t/hm²。MDI、DI 和 SDI 处理的平均产量分别为 60.62 t/hm²、52.27 t/hm² 和 56.39 t/hm²（表 12-19）。

表 12-17　2008 年各处理生育期累计耗水量　（单位：mm）

MDI 处理	耗水量	DI 处理	耗水量	SDI 处理	耗水量
MDI-40-70	181.2	DI-40-70	224.1	SDI-40-70	192.3
MDI-40-80	185.3	DI-40-80	241.7	SDI-40-80	218.6
MDI-60-70	193.2	DI-60-70	242.2	SDI-60-70	224.3
MDI-60-80	212.3	DI-60-80	249.2	SDI-60-80	234.1

表 12-18　2009 年各处理生育期累计耗水量　（单位：mm）

MDI 处理	耗水量	DI 处理	耗水量	SDI 处理	耗水量
MDI-40-70	216.3	DI-40-70	239.7	SDI-40-70	233.6
MDI-40-80	220.1	DI-40-80	244.5	SDI-40-80	239.8
MDI-60-70	237.1	DI-60-70	247.9	SDI-60-70	249.6
MDI-60-80	242.6	DI-60-80	260.6	SDI-60-80	252.0
FMDI	293.7	FDI	325.8	FSDI	312.8

表 12-19　2008 年不同滴灌模式下产量、单果重及果实个数统计分析

处理	产量/(t/hm²)	单果重/kg	果实数/(万/hm²)
MDI-40-70	54.71c	1.751a	3.23c
MDI-40-80	56.97bc	1.688b	3.37c
MDI-60-70	60.66b	1.601bc	3.97b
MDI-60-80	70.13a	1.550c	4.24a
DI-40-70	45.27d	1.780a	2.82c
DI-40-80	49.05c	1.759a	2.84c
DI-60-70	53.73b	1.582b	3.41b
DI-60-80	61.03a	1.485c	4.11a
SDI-40-70	49.34c	1.360c	3.62d
SDI-40-80	51.24c	1.386c	3.87c
SDI-60-70	59.81b	1.436b	4.16b
SDI-60-80	65.18a	1.506a	4.33a

表 12-20　2009 年不同滴灌模式下产量、单果重及果实个数统计

处理	产量/(t/hm²)	单果重/kg	果实数/(万/hm²)
FSDI	60.85	1.601	38.01
SDI-40-70	65.81	1.727	38.11
SDI-40-80	73.95	1.701	43.47
SDI-60-70	77.53	1.683	46.07
SDI-60-80	83.62	1.655	50.53
FMDI	77.30	1.611	47.98
MDI-40-70	79.63	1.765	45.12
MDI-40-80	89.26	1.720	51.90
MDI-60-70	92.15	1.696	54.33
MDI-60-80	07.12	1.674	58.02
FDI	59.32	1.624	36.53
DI-40-70	63.25	1.834	34.49
DI-40-80	72.89	1.801	40.47
DI-60-70	74.35	1.796	41.40
DI-60-80	79.62	1.753	45.42

2009 年所有处理中 MDI-60-80 的产量最高，为 97.12 t/hm²，FDI 的产量最低，为 59.32 t/hm²。MDI、DI、和 SDI 处理的平均产量分别为 89.54 t/hm²、72.53 t/hm² 和 75.23 t/hm²（表 12-20）。

2007 年甘肃甜瓜播种面积为 0.31 万 hm²，总产量 12.7 万 t，平均产量为 40.97 t/hm²，2008 年所采用的 3 种滴灌模式均高于当地传统灌溉条件的产量，平均增幅为 27.6%～47.9%；2009 年所采用的 3 种灌溉模式不仅高于甘肃当地传统灌溉条件的产量，且较 2008 年有所增加，2009 年 3 种滴灌模式较当地传统灌溉条件下产量平均增幅为 44.8%～88.7%，较 2009 年产量平均增幅为 13.5%～27.5%。

（三）适合于西北内陆旱区滴灌甜瓜最优灌水模式和相应的技术指标

1. 灌水技术模式

从 2008 年和 2009 年两年的实验结果，可以得出，从提高产量的角度出发，膜下滴灌是最适宜的灌水技术模式。

2. 土壤含水量上下限

在膜下滴灌产量最高的条件下，各生育阶段适宜的土壤含水量下限见表 12-21。

表 12-21 甜瓜各生育阶段适宜的土壤含水量下限 （单位：%）

生育期	苗期	伸蔓期	开花坐果期	果实膨大期	成熟期
适宜的土壤含水量下限（占田间持水量的百分数）	60～80	60～80	60～80	80～100	50～70

3. 甜瓜耗水量

2008 年和 2009 年产量最优的处理均为 MDI-60-80，其在各生育期的日均耗水量见表 12-22。

表 12-22 2008 年和 2009 年产量最优处理的各生育期的日均耗水量与总全生育期耗水量 （单位：mm）

生育期	2008 年	2009 年
苗期	1.2	1.3
伸蔓期	2.0	2.6
开花坐果期	4.4	3.0
果实膨大期	2.3	4.0
成熟期	1.8	2.8
全生育期	212.3	242.6

4. 作物系数

在膜下滴灌产量最高的条件下，不同生育阶段的作物系数见表 12-23。

表 12-23　2008 年和 2009 年最优滴灌模式下的作物系数

2008 年试验结果		2009 年试验结果	
生育期(5-22～8-20)	MDI-60-80	生育期(5-15～8-10)	MDI-60-80
苗期(5-22～6-10)	0.29	苗期(5-15～6-04)	0.28
伸蔓期(6-11～6-27)	0.39	伸蔓期(6-05～6-20)	0.58
开花坐果期(6-28～7-19)	0.88	开花坐果期(6-21～7-11)	0.69
果实膨大期(7-20～8-10)	0.56	果实膨大期(7-12～7-31)	0.83
成熟期(8-11～8-20)	0.46	成熟期(8-01～8-11)	0.53

在膜下滴灌产量最高的条件下，灌溉制度见表 12-24。

表 12-24　2009 年甜瓜膜下滴灌灌溉制度

灌水序号		灌水日期	灌水量/mm
播种前(沟灌)		5 月 4 日	40～60
生育期	1	6 月 20 日	30.6
	2	7 月 09 日	30.0
	3	7 月 12 日	20.0
	4	7 月 17 日	29.8
	5	7 月 23 日	26.8
	6	7 月 27 日	40.4
	7	7 月 30 日	28.6
生育期总灌水			206.2

5. 施肥制度

基肥：所有试验小区播种前施厩肥 37 500 kg/hm^2、尿素 230 kg/hm^2，磷酸二铵 255 kg/hm^2，硫酸钾 480 kg/hm^2。

追肥：果实膨大初期一次性施用瓜类专用液体肥 225 kg/hm^2。

6. 产量目标范围：70～97t/hm^2

说明：①从实验结果分析，灌水模式和土壤含水量上下限还影响甜瓜的品质，品质最优条件下或品质和产量兼顾条件下的最优灌水模式及其相应的灌水技术指标的结果还在整理分析中。②不同水平年的灌溉制度还在整理中。

三、苹果树节水调质高效灌溉技术最优灌水模式和相应的技术指标

(一) 试验处理

2007～2010 年在中国农业大学石羊河流域农业与生态节水试验站（甘肃武威）进行了苹果树耗水规律与节水调质技术试验研究。试验站位于 37°52′N、102°51′E，海拔 1581m，属武威市平川灌区。多年平均有效降水量仅 67.42 mm，年均蒸发量1508 mm，

日照时数 1300 h，昼夜温差大，为典型温带干旱大陆性气候。苹果树试验对象为元帅系列红香蕉品种，果园田间持水量为 28%。2008 年树龄为 22 年。苹果树分布呈东西走向，行距为 6 m，株距为 4 m。依据多年平均 ET_c（作物蒸发蒸腾量）计算灌溉需水量；依据当地果园实际管理情况和气象条件确定灌水时间，试验苹果树生育期划分为发芽开花期、展叶幼果期、果实膨大期、成熟采收期。灌溉方式为畦灌，用水表控制水量，灌溉水源为地下水。三年的生育期划分见表 12-25。

表 12-25　甘肃武威苹果树不同年份生育期划分（2007～2009 年）

生育期划分	2007 年		2008 年		2009 年	
	起始日期	天数	起始日期	天数	起始日期	天数
发芽-开花期	4-5～5-10	36	4-5～5-10	36	4-5～5-7	33
展叶-幼果期	5-11～6-15	35	5-11～6-15	35	5-8～6-13	36
果实膨大期	6-16～9-19	97	6-16～9-1	78	6-14～8-22	70
成熟采收期	9-20～10-6	16	9-2～10-1	30	8-23～9-27	36
全生育期	4-5～10-6	184	4-5～10-1	179	4-5～9-27	175

充分灌溉对照试验灌水定额见表 12-26。2007～2008 年灌水量处理设 75%ET（ET 为充分供水时作物需水量）和 50% ET 两个水平；控水时段参照当地果园实际管理情况和气象条件，初步设定在开花—坐果期（4 月下旬～6 月）、幼果生长期（6～7 月）、果实膨大期（7 月～9 月中旬）、成熟采收期（9 月中旬～10 月）四个阶段缺水，另外设置一个在成熟采收期重度亏水的处理。共 9 个处理，1 个对照，见表 12-27。每个处理 3 次重复。

表 12-26　充分灌溉对照（CK）试验灌水定额的确定

生育期	ET_0			K_c	ET_i/mm
	2005 年	2006 年	2007 年		
开花坐果期 ET1	208.19	191.54	135.04	0.85	151.52
幼果生长期 ET2	159.47	152.26	144.07	1.00	151.94
果实膨大期 ET3	186.5	138.59	132.19	1.00	148.97
成熟采收期 ET4	78.74	88.74	46.98	0.75	58.61

表 12-27　苹果树节水调质高效灌溉试验方案（2008 年）

处理	生育阶段/mm				全生育期/mm (4-5～10-1)
	开花-坐果期(4-23)	幼果生长期 (6-9)	果实膨大期 (7-22)	成熟采收期 (9-5)	
T1	70.61	151.67	149.17	62.50	433.94
T2	105.91	151.67	149.17	62.50	469.25
T3	141.22	75.83	149.17	62.50	428.72
T4	141.22	114.17	149.17	62.50	467.05
T5	141.22	151.67	74.58	62.50	429.97
T6	141.22	151.67	111.67	62.50	467.05

续表

处理	生育阶段/mm				全生育期/mm (4-5～10-1)
	开花-坐果期(4-23)	幼果生长期 (6-9)	果实膨大期 (7-22)	成熟采收期 (9-5)	
T7	141.22	151.67	149.17	31.25	473.30
T8	141.22	151.67	149.17	47.08	489.13
T9	141.22	151.67	149.17	0.00	442.05
CK	141.22	151.67	149.17	62.50	504.55

2009年灌水量处理设（2/3）*W* 和（1/3）*W*（*W* 为依据多年ETc计算的充分供水时果树灌溉水量）两个水平；控水时段在当地果园实际管理情况和气象条件基础上适当延迟或者提前，另外设置一个在成熟采收期重度亏水的处理。每个处理3次重复，3次重复中有两棵果树的灌水时间随灌水量不同延后或提前，即前三个生育期（1/3）*W* 采用两棵树比正常灌水时间延后15天灌水，（2/3）*W* 采用两棵树延后7天灌水；最后一个生育期（1/3）*W* 采用两棵树比正常灌水时间提前15天灌水，（2/3）*W* 采用两棵树提前7天灌水。2010年灌水定额设（1/2）*W*，（2/3）*W* 两个水平；选择果实膨大期进行生育期时段延后处理。试验共设6个处理，每个处理设计为4个重复，灌水时间分别在对照水平基础上设延后7天、15天两种处理。目前试验正在进行之中。

试验期间的主要测试指标有：用热脉冲原理的茎流计测定植株液流量，用微型蒸渗仪监测果园棵间蒸发，用植物生理环境监测系统测定田间气象因子和果树茎干及果实直径微变化，用冠层分析仪测定不同生育期苹果树的叶面积指数，用植物压力室测定不同生育期的叶水势变化，用LI-6400型光合作用分析系统测定不同处理苹果树叶片的光合速率与蒸腾速率及其气孔响应，采用管式TDR水分测定仪测定不同处理土壤含水量的变化。果实成熟期采用斐林试剂法测定不同处理苹果中还原性糖、可滴定有机酸、维生素C等品质指标累积情况和可溶性固形物含量。

（二）苹果树节水调质高效灌溉技术指标与灌溉模式

1. 果园土壤含水率控制指标与含水率时空变化规律

武威当地苹果树在常规畦灌条件下一般灌水四次。由于该区干旱少雨，在两次灌水期间含水量变化剧烈。2008年全生育期土壤平均体积含水量为19.3%，最高、最低土壤含水量为25%和18%，分别出现于生育初期和末期。2009年全生育期土壤平均体积含水量与2008年接近（图12-10）。即全生育期土壤含水率控制在18%～25%，即土壤水分上下限控制指标为65%～90%田间持水量（FC）。

由不同根区土壤含水率空间变化趋势可见（图12-11），土壤表层至1 m深度内含水量变化幅度较大，而在1 m土层以下的土壤含水量变化不明显。本次灌水周期6月9日灌水，4天后（6月13日）可见土壤含水量的最大值出现在50 cm深处，土壤基本处于饱和状态，说明灌水量偏大。随着时间的推移，表层土壤平均含水量在不断减少，在距离果树越远的地方，减少的幅度越大，这是因为离果树越近，根系越多，果树遮阴越

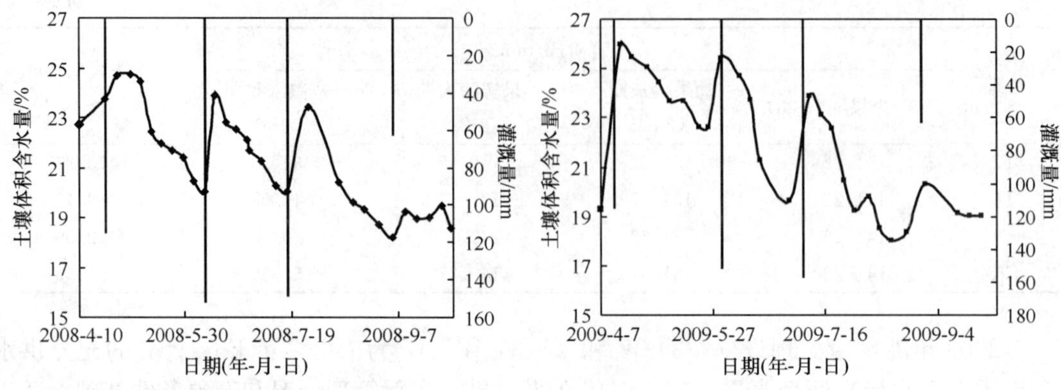

图 12-10 不同年份土壤平均含水量与灌水量的时间变化（2008～2009 年）

大，土壤表层蒸发也越小，从而说明表层土壤含水量变化与距离果树的距离密切相关。所以在研究计算冠幅较大、根系分布较广的果树耗水时，要合理计算土壤平均体积含水量。

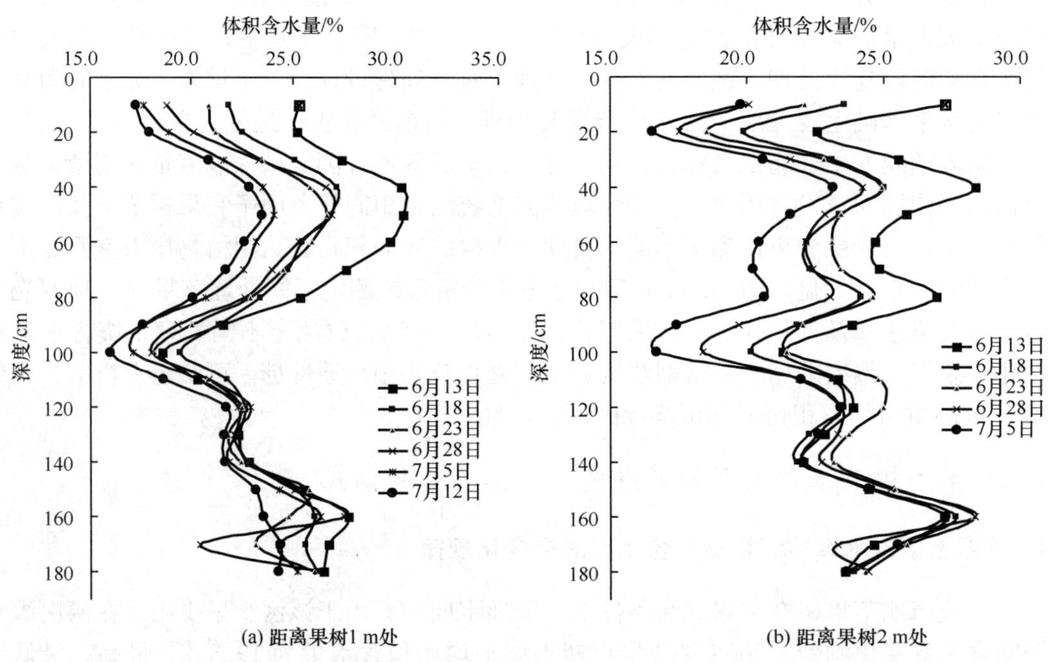

图 12-11 两次灌水间果树不同根区土壤体积含水量空间变化（2008 年）

2. 苹果树液流量指标

通过对瞬时液流量进行平均值计算，得到苹果树全生育期内的日均液流量变化曲线，如图 12-12 所示。苹果树生育期内的日液流量呈现出明显的季节变化特征。生育期从 4 月 5 日开始，随着果树叶片的生长，叶面积指数逐步增加，苹果树的日液流量也增加，其峰值约为 5 mm；在果实膨大期日液流量基本保持稳定，直到果树成熟前才有所降低。

典型天气状况下液流速率日变化趋势如图 12-13 所示。苹果树的生长期（4～9 月）

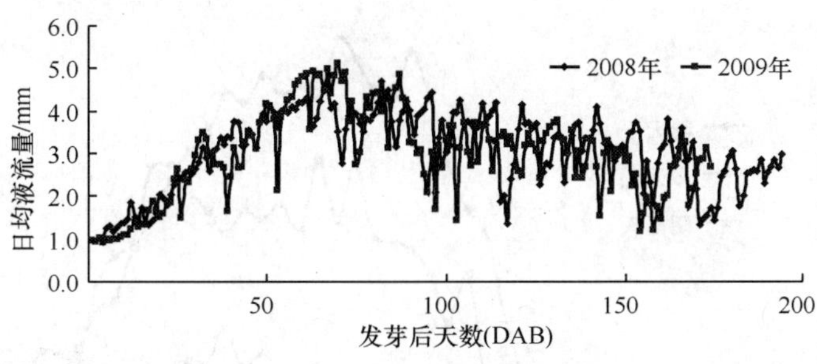

图 12-12　日均液流量季节变化

内不同天气条件下，液流速率日变化有明显的昼夜节律，表现为单峰曲线，在晴天条件下峰值最大，多云天气条件下次之，阴雨天条件下峰值最小，甚至没有峰值，2009 年液流速率的峰值约为 7 L/h。

3. 苹果树不同生育期耗水量 ET 与作物系数 K_c

各年份不同生育期液流量、棵间蒸发、总 ET 的平均值见表 12-28。2008 年和 2009 年全生育期的平均耗水量分别为 3. 99 mm/d 和 3. 85 mm/d。日均液流量均在展叶幼果期达到最大，分别为 3. 77 mm 和 3. 76 mm。在发芽开花及展叶幼果期，叶面积指数较小，土壤蒸发比较大，果实膨大期以后，叶面积指数比较大，果树遮阴导致相应的土壤蒸发较小。发芽开花期作物系数最小，而成熟采收期作物系数最大。西北旱区苹果园耗水量较大，2008 年、2009 年由液流法测定的整个生育期蒸发蒸腾量分别为714 mm和 673 mm，展叶幼果期和果实膨大期的蒸发蒸腾量占整个生育期比例分别为 21. 4%和 42. 7%。通过计算，得到两年的平均作物系数值平均为 1. 12。

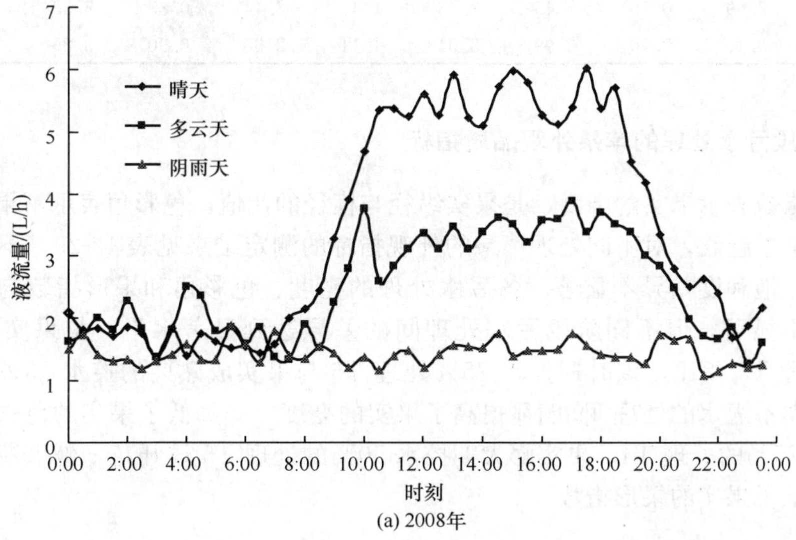

图 12-13　典型天气状况下液流量日变化

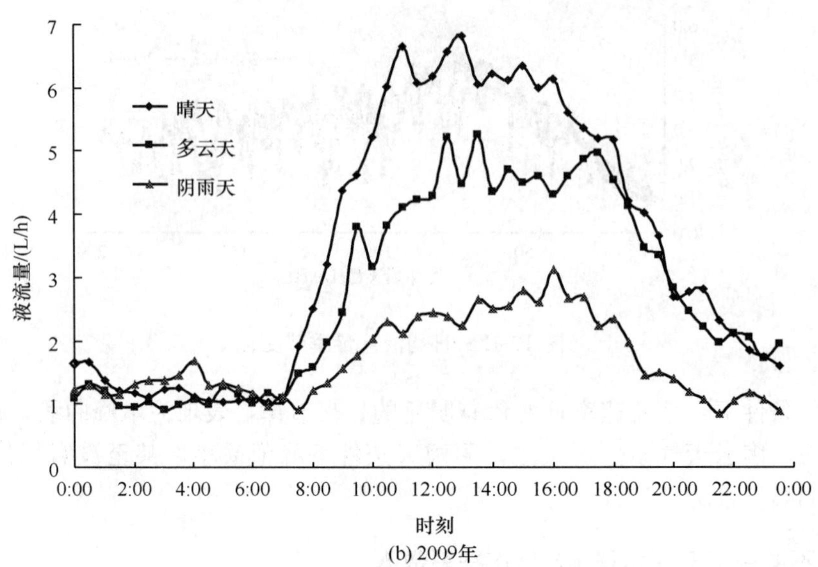

(b) 2009年

图 12-13（续） 典型天气状况下液流量日变化

表 12-28　平均液流、ET 及不同生育期作物系数 K_c

生育期	2008 年					2009 年				
	液流 T /(mm/d)	蒸发 E /(mm/d)	ET	ET_0	K_c	液流 T /(mm/d)	蒸发 E /(mm/d)	ET	ET_0	K_c
发芽开花期	1.89	1.23	3.12	3.26	0.96	1.71	0.93	2.64	3.37	0.78
展叶幼果期	3.77	0.67	4.44	3.90	1.14	3.76	1.08	4.84	3.91	1.24
果实膨大期	3.51	0.89	4.40	4.07	1.08	3.37	0.79	4.15	3.59	1.16
成熟采收期	2.69	0.76	3.45	2.43	1.42	2.44	0.89	3.33	2.53	1.32
全生育期	3.10	0.90	3.99	3.61	1.11	2.96	0.90	3.85	3.40	1.13

4. 不同阶段亏水处理的苹果外观品质指标

果形指数表示果实的圆度，是果实纵径与横径的比值，色彩角表示苹果的红度，色彩角越大苹果越红。对不同处理苹果的外观指标的测定结果见表 12-29。不同处理间的果实单重、饱和度差异不显著。各亏水处理的亮度、色彩角和果形指数与对照（CK）相比差异不显著，但不同阶段亏水处理间的差异达到显著水平。与果实膨大期控水 50%的处理 T5 相比，该时期控水 75%处理 T6 与果实成熟期的控水 75%的处理 T8、成熟采收期不灌水的处理 T9 明显提高了果实的亮度，却降低了果实的色彩角；幼果生长期控水 75%的处理 T4、果实膨大期控水 50%的处理 T5 较开花—坐果期的亏水处理均明显降低了果实的果形指数。

表 12-29　不同亏水处理对苹果外观品质的影响

处理	控水时期	控水程度/%	果实单重/g	亮度	色彩角	饱和度	果形指数
T1	开花—坐果期	50	149.75a	59.90ab	34.33abc	30.89a	0.89a
T2		75	157.14a	58.15ab	38.87ab	31.16a	0.89a
T3	幼果生长期	50	144.50a	57.09ab	38.23ab	29.60a	0.86ab
T4		75	149.81a	56.67ab	33.02abc	30.16a	0.81b
T5	果实膨大期	50	148.36a	53.54b	40.76a	30.51a	0.82b
T6		75	153.18a	62.39a	25.58bc	30.02a	0.85ab
T7	成熟采收期	50	162.51a	60.33ab	30.25bc	32.80a	0.84ab
T8		75	148.46a	60.80a	34.60bc	31.37a	0.85ab
T9	成熟采收期	0	153.64a	61.73a	24.4c	31.05a	0.83ab
CK	—	—	150.67a	57.72ab	32.69abc	30.23a	0.85ab

5. 不同阶段亏水处理的苹果内在品质指标

果实的内在品质决定着果实的商品性，本节对收获时果实的内在品质指标进行了分析，并且计算了果实的固酸比（果实的可溶性固形物含量与有机酸含量的比值），结果见表 12-30。从表可以看出，各亏水处理的维生素 C 含量、固酸比与对照（CK）相比无明显差异，但与对照（CK）相比，开花—坐果期的亏水处理 T1、T2 均显著提高了果实的还原性糖的含量，且控水 75%的处理 T2 明显提高了果实的可溶性总糖、可溶性固形物的含量；幼果生长期控水 50%的处理 T3 提高了果实可溶性固形物的含量，显著降低了淀粉的含量，该时期控水 75%的处理 T4 降低了果实可溶性总糖的含量；果实膨大期控水 50%的处理 T5 显著提高了可溶性固形物的含量；果实成熟期控水 50%的处理提高了果实的可溶性固形物的含量，成熟采收期不灌水的处理 T9 显著提高了淀粉与有机酸的含量。

表 12-30　不同亏水处理对苹果内在品质的影响

处理	可溶性总糖/%	还原性糖/%	淀粉/%	维生素 C/(μg/100gFW)	有机酸/%	可溶性固形物/%	固酸比
T1	2.83b	1.95a	1.57abc	0.38ab	2.56bcd	12.38abc	49.15a
T2	3.27a	1.80a	1.35cd	0.51ab	2.81ab	13.08a	44.15a
T3	2.80b	1.37b	1.14d	0.70a	2.49cd	12.91a	50.63a
T4	2.17e	1.29b	1.52bc	0.38ab	2.37d	11.72c	48.47a
T5	2.46cde	1.30b	1.67abc	0.32b	2.47cd	13.00a	51.56a
T6	2.30de	1.24b	1.72ab	0.45ab	2.76abc	12.62ab	47.61a
T7	2.52bcd	1.46b	1.69ab	0.68a	2.48cd	11.40c	47.42a
T8	2.34de	1.35b	1.41bcd	0.64ab	2.74abc	12.90a	41.10a
T9	2.75bc	1.18b	1.86a	0.57ab	3.04a	12.73ab	43.24a
CK	2.53bcd	1.36b	1.49bc	0.51ab	2.52bcd	12.13bc	49.17a

由以上分析可知，果实的亮度、色彩角对果实膨大期与成熟采收期的水分亏缺程度

比较敏感；果形指数对开花—坐果期与果实膨大期的水分亏缺比较敏感；其他指标对各生育阶段的亏分亏缺都不敏感。苹果的内在品质指标可溶性糖、还原性糖、有机酸与可溶性固形物对水分亏缺比较敏感，但不同的指标对水分的敏感期不同：可溶性糖对开花坐果期、幼果生长期进行的水分亏缺比较敏感；还原性糖对开花坐果期的水分亏缺比较敏感，淀粉、有机酸对幼果生长期、成熟采收期的水分亏缺比较敏感；可溶性固形物对每个生育阶段的水分亏缺都比较敏感（表 12-31）。8 月 12 日到 8 月 24 日期间基本为可溶性总糖含量的迅速积累期；8 月 24 日到 9 月 9 日期间基本为苹果还原性糖含量的迅速累积期；8 月 24 日到收获期间，果实的可溶性固形物含量一直在增加，但除果实成熟期处理 T7、T8、T9 之外，到 9 月 9 日期间，其他处理的可溶性固形物的含量均呈迅速增加的状况。由此可见，在果实成熟之前任何生育阶段进行的控水处理均可促进苹果的早熟，果实膨大期控水 50%尤为明显。

表 12-31　苹果不同生育期水分敏感指标初步分析

生育期	外观品质	营养品质
开花坐果期	果形指数	可溶性固形物、可溶性糖、还原性糖
幼果生长期		可溶性固形物、可溶性糖、淀粉、有机酸
果实膨大期	果形指数、亮度、色彩角	可溶性固形物
成熟采收期	亮度、色彩角	可溶性固形物、可溶性糖、淀粉、有机酸

（三）苹果节水调质最优灌水模式和相应的技术指标

开花展叶期或幼果生长期减少灌水 1/3 有利于产量和 WUE 提高。幼果生长期减少灌水 1/3 可显著降低苹果可滴定酸含量，提高糖酸比，改善口感；而果实膨大期减少灌水 1/2 可显著提高可溶性固性物含量，提高维生素 C 含量。果实膨大期减少灌水 1/4、成熟采收期减少灌水 1/2 均有利于可溶性固形物的提高，而成熟采收期不灌水果酸含量提高显著。

在石羊河流域当地传统畦灌条件下，苹果树较适宜的节水调质高效灌溉模式是：开花坐果期减少灌水 1/4，幼果生长期减少灌水 1/3，果实膨大期减少灌水 1/4～1/3，土壤水分控制在 65%～90%田间持水量，果实可用性固形物含量可提高 7.2%，WUE 提高 10.8%，可以达到节水、丰产、优质、高效的调控目标。

四、酿酒葡萄节水调质高效灌水模式和相应的技术指标

（一）沟灌条件下葡萄茎液流和 ET 控制指标

在葡萄全生育期内，晴天条件下，葡萄各个生育期茎液流日变化均呈现明显的昼夜节律，总体上表现为单峰曲线的变化趋势（图 12-14）。阴天条件下，葡萄树液流量同样表现出昼夜变化的节律特征，但趋势不如晴天条件下明显（图 12-15），液流在白天和夜间都比较平缓。同晴天条件相比，阴天条件下白天的太阳辐射较弱，气温相对偏低，葡萄树茎液流量较小。无论是晴天还是阴天，葡萄茎液流和蒸发蒸腾量的日变化都

表现出较为明显的昼夜变化节律，但阴天条件下的液流量和蒸发蒸腾量都明显低于同期晴天条件下的实测值。

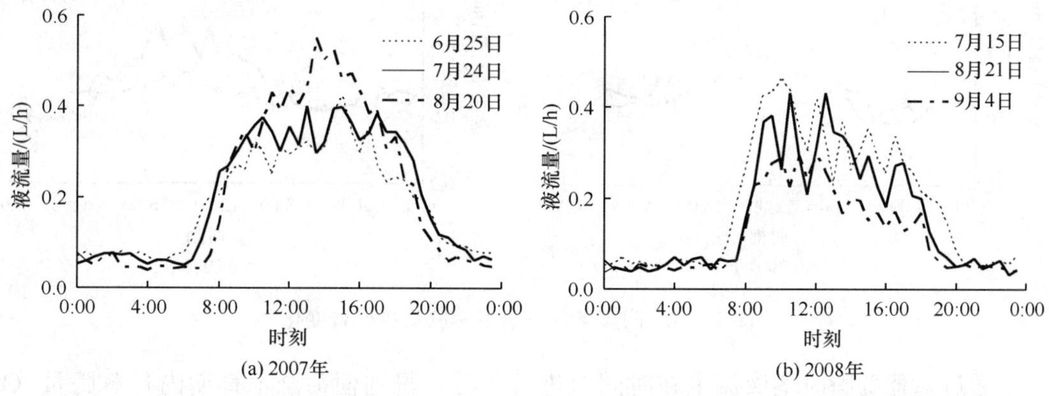

图 12-14　晴天条件下葡萄茎液流指标日变化

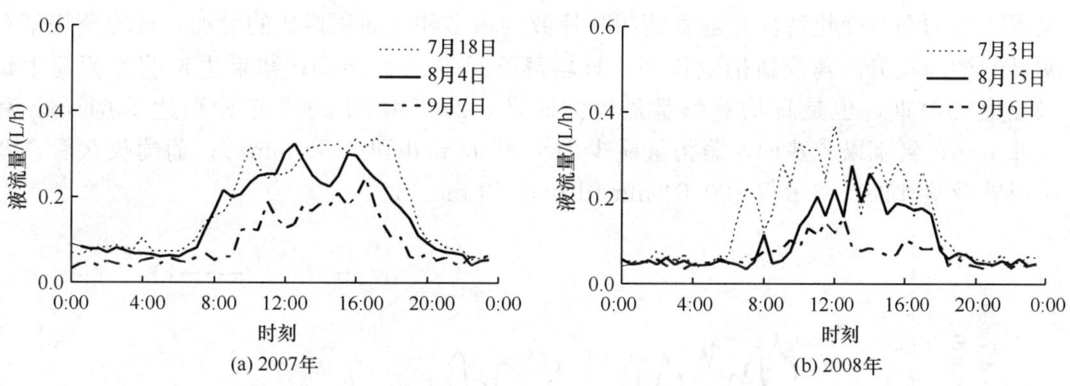

图 12-15　阴天条件下葡萄茎液流指标日变化

在晴天条件下，葡萄各个生育期蒸发蒸腾量日变化均呈现明显的昼夜变化节律，总体上表现为单峰曲线（图 12-16）。阴天条件下，葡萄蒸发蒸腾量同样也表现出昼夜变化的节律特征，但趋势不如晴天条件下明显（图 12-17），在白天和夜间都比较平缓。

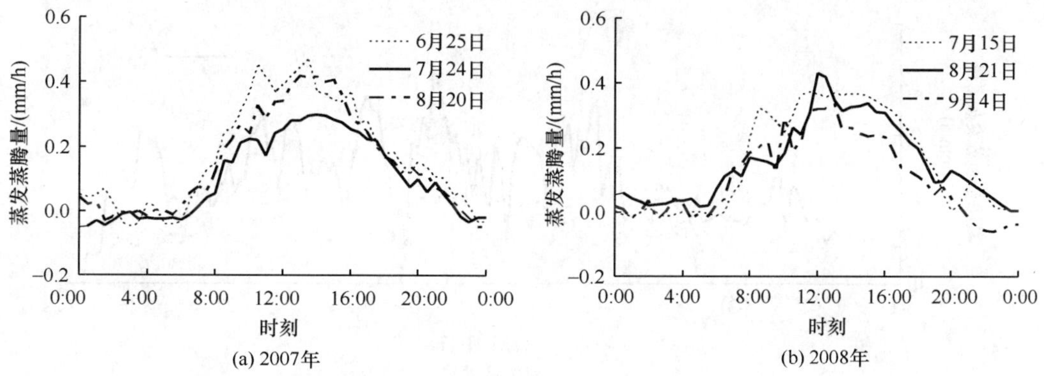

图 12-16　晴天条件下蒸发蒸腾量指标日变化

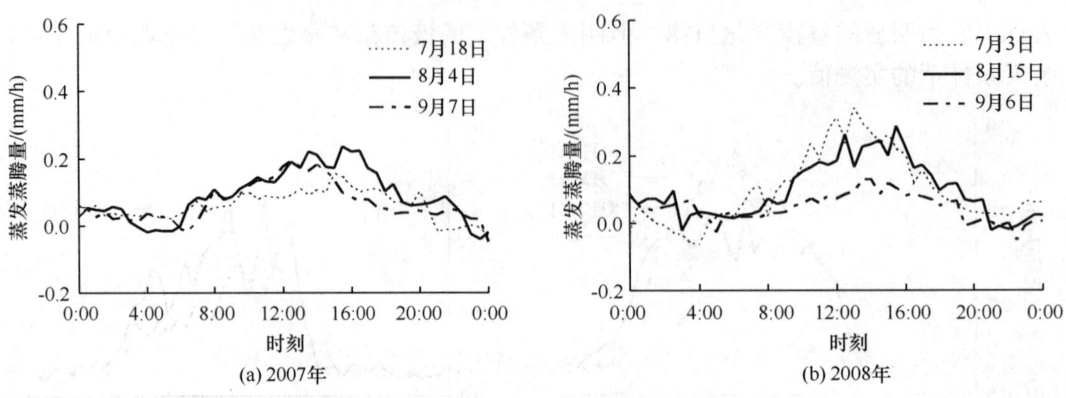

图 12-17　阴天条件下蒸发蒸腾量指标日变化

通过对葡萄瞬时茎液流量在时间上进行积分，得到葡萄全生育期内日蒸腾量（图 12-18）和不同生育期的蒸腾总量（表 12-32）。可以看出，葡萄树全生育期内日蒸腾量呈现明显的季节变化特征，随着葡萄叶片数的增多和叶面积指数的增加，日均蒸腾量有明显的增加趋势。葡萄新梢生长期，日均蒸腾量为 0.99 mm；浆果生长期是葡萄生长最旺盛的时期，也是日均蒸腾量最大的时期，2007 年和 2008 年分别达 1.61 mm 和 1.92 mm；到浆果成熟期，蒸腾量减少为 1.26 mm/d 和 1.50 mm/d；葡萄收获后，新梢成熟及落叶期蒸腾量仅为 0.64 mm/d 和 0.79 mm/d。

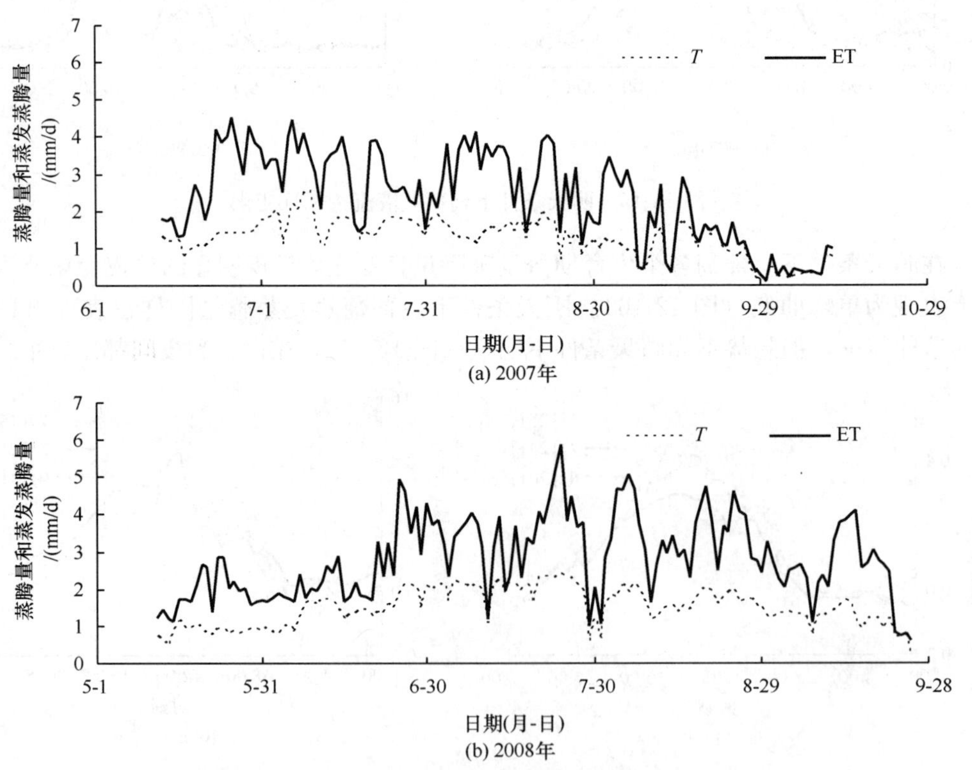

图 12-18　葡萄全生育期蒸腾量和蒸发蒸腾量指标变化

表 12-32　葡萄不同生育期植株蒸腾和蒸发蒸腾量指标（2007～2008 年）

年份	生育期	时段	天数	日均蒸腾量/mm	蒸腾总量/mm	日均蒸发蒸腾量/mm	蒸发蒸腾总量/mm	(T/ET)/%
2007	萌芽期	—	—	—	—	—	—	—
	新梢生长期	—	—	—	—	—	—	—
	开花期	6-8～7-3	26	1.28	33.19	3.01	78.27	42.40
	浆果生长期	7-4～8-10	38	1.61	61.32	3.06	116.29	52.73
	浆果成熟期	8-11～9-15	36	1.26	45.22	2.42	87.04	51.95
	新梢成熟及落叶期	9-16～10-11	26	0.64	16.60	0.81	20.95	79.25
	全生育期	6-8～10-11	126	1.24	156.33	2.40	302.55	51.67
2008	萌芽期	—	—	—	—	—	—	—
	新梢生长期	5-11～6-10	31	0.99	30.70	1.89	58.69	52.31
	开花期	6-11～6-23	13	1.21	15.75	2.33	30.25	52.07
	浆果生长期	6-24～8-10	48	1.92	91.94	3.49	167.46	54.90
	浆果成熟期	8-11～9-15	36	1.50	54.13	3.10	111.42	48.58
	新梢成熟及落叶期	9-16～ 9-27	12	0.79	9.49	1.62	19.41	48.89
	全生育期	5-11～9-27	140	1.44	202.00	2.77	387.23	52.17

（二）滴灌条件下酿酒葡萄 ET 控制指标

2009 年度葡萄自 4 月 21 日出土，至 10 月 5 日开始大面积落叶，全生育期共计 168 天。由试验站气象场全自动记录气象站记录数据，根据 P-M 公式计算得到葡萄全生育期的 ET_0。由水量平衡法计算得到各处理不同生育期及全生育期的 ET 值（表 12-33）。研究结果表明，西北旱区滴灌条件下酿酒葡萄的耗水量为 222.5～295.3 mm，为沟灌条件下耗水量的 60%～75%。相同控水时期和控水程度条件下，根系分区交替灌溉的耗水量均大于调亏灌溉模式，说明在根系分区交替灌溉条件下，交替控制部分根区湿润和干燥明显刺激了根系吸收的补偿效应。

表 12-33　不同时空亏缺灌溉方式下酿酒葡萄的 ET 指标（2009 年）

控水时期	控水程度/%CK	灌溉方式	萌芽期①	新梢生长期②	开花期③	浆果生长期④	新梢成熟及落叶期⑤	总耗水量
—	100	APRI	19.3	38.1	26.3	202.7	8.8	295.3
—	100	RDI	18.2	33.9	23.1	199.5	8.1	282.8
②	75	APRI	37.7	28.0	24.6	195.8	6.7	292.6
②	75	RDI	18.8	25.7	17.3	199.4	8.6	269.9
②	50	RDI	21.5	31.1	22.3	177.4	12.7	264.9
④	85	APRI	33.7	25.7	20.6	188.2	6.9	275.1
④	75	APRI	34.9	34.7	16.4	179.1	7.5	272.6
④	75	RDI	26.9	33.0	20.7	185.2	8.3	274.0
④	65	APRI	22.3	36.4	7.0	176.2	10.3	252.2

续表

控水时期	控水程度/%CK	灌溉方式	萌芽期①	新梢生长期②	开花期③	浆果生长期④	新梢成熟及落叶期⑤	总耗水量
④	50	APRI	20.5	37.2	14.7	172.6	8.3	253.3
④	50	RDI	23.0	24.7	12.7	161.8	9.1	231.3
②+④	75+85	APRI	27.6	28.4	19.4	185.0	8.0	268.3
②+④	75+75	APRI	23.9	33.8	15.6	176.3	10.5	260.2
②+④	75+75	RDI	18.1	27.8	15.2	176.9	7.2	245.1
②+④	75+65	APRI	28.9	32.6	18.8	169.6	8.1	258.0
②+④	75+50	APRI	31.7	30.6	7.0	162.1	8.6	240.0
②+④	75+50	RDI	25.9	28.8	12.4	155.4	9.0	231.4
②+④	50+75	RDI	26.3	24.5	6.0	198.6	10.3	265.8
②+④	50+50	RDI	29.3	22.1	11.8	150.5	8.9	222.5

（三）滴灌条件下酿酒葡萄品质指标

不同灌水方式下，果实百粒重、百粒体积和果实含水率等果实形成指标均与生育期耗水量呈正相关关系，RDI 较 APRI 的相关关系更显著（表 12-34），说明在 APRI 条件下由于更为复杂的生理调控机制，控水对果实形成的过程调控更为复杂。全生育期充分灌水和新梢生长期 75%ET 结合浆果生长期 50%ET 灌水处理的果径显著大于 APRI 处理；而新梢生长期和浆果生长期灌水量均为 75%ET 时，APRI 处理的果径显著大于 RDI 处理。

表 12-34　不同灌水方式下酿酒葡萄果实形成指标与生育期耗水的关系

灌溉方式	APRI	RDI
果实百粒重 HFW/g	HFW=0.2566ET+14.744，R^2=0.2276	HFW=0.4839ET−43.161，R^2=0.5099
果实百粒体积 HFV/cm³	HFV=0.1811ET+26.023，R^2=0.1327	HFW=0.4702ET−48.757，R^2=0.5808
果实含水率 FWC/%	FWC=0.0249ET+67.327，R^2=0.1732	FWC=0.0259ET+67.023，R^2=0.3655

（四）酿酒葡萄节水调质高效灌溉模式

葡萄根系分区交替灌溉试验结果表明，相同灌水定额条件下，当在灌水定额为 75%ET 时，根系分区交替滴灌相比常规滴灌能提高可溶性固形物含量和糖酸比，并能够显著提前浆果的成熟时间。除后期 75%的灌水量以外，在任何灌水方式的前期亏水都能小幅提高浆果可溶性固形物含量。而后期 75%ET 的灌水量处理则对前期的水分处理比较敏感，前期的亏水处理会显著降低浆果可溶性固形物的含量。各处理可溶性固形物含量均可达到 18%的市场要求。在根系分区交替灌溉条件下，前期的亏水处理有提高果实糖分积累的趋势；在调亏灌溉条件下，前期的严重亏水严重影响了后期糖分的积累，而前期适度的亏水配合后期严重亏水则能有效地提高果实的含糖量，全生育期充分灌水对最终果实含糖量也不利。葡萄交替滴灌的节水优质高效灌溉模式是：对于树龄 8

年左右的葡萄树，一般平水年萌芽期—新梢成熟期及落叶期共灌水 7 次，灌溉定额 95 mm；干旱年份在开花期和浆果生长期各再补充一次灌水，即全生育期灌水 9 次，灌溉定额 125 mm；特旱年份在浆果成熟期以及新梢成熟期补灌一次，全生育期灌水 11 次，灌溉定额 155 mm，树龄 15 年左右的葡萄树灌溉定额应在此基础上增加 1/2，滴灌条件下酿酒葡萄节水调质高效灌溉模式见表 12-35。

表 12-35　滴灌条件下酿酒葡萄节水调质高效灌溉模式

年型	灌溉定额/mm	灌水时间及灌溉定额/mm				
		萌芽期	新梢生长期	开花期	浆果生长期	新梢成熟期
干旱年	155	10	20	30	60	35
平水年	125	10	20	30	45	20
丰水年	95	10	20	15	30	20

注：未包括冬灌保墒及春灌蒙头水的灌水定额。

五、酿酒葡萄不同灌溉方式比较及其最优灌水模式和相应的技术指标

(一) 实验处理

试验采用双排滴灌（DT）、单排滴灌（DO）、微喷灌（MS）、沟灌（F）四种灌水处理方式，如图 12-19 所示。

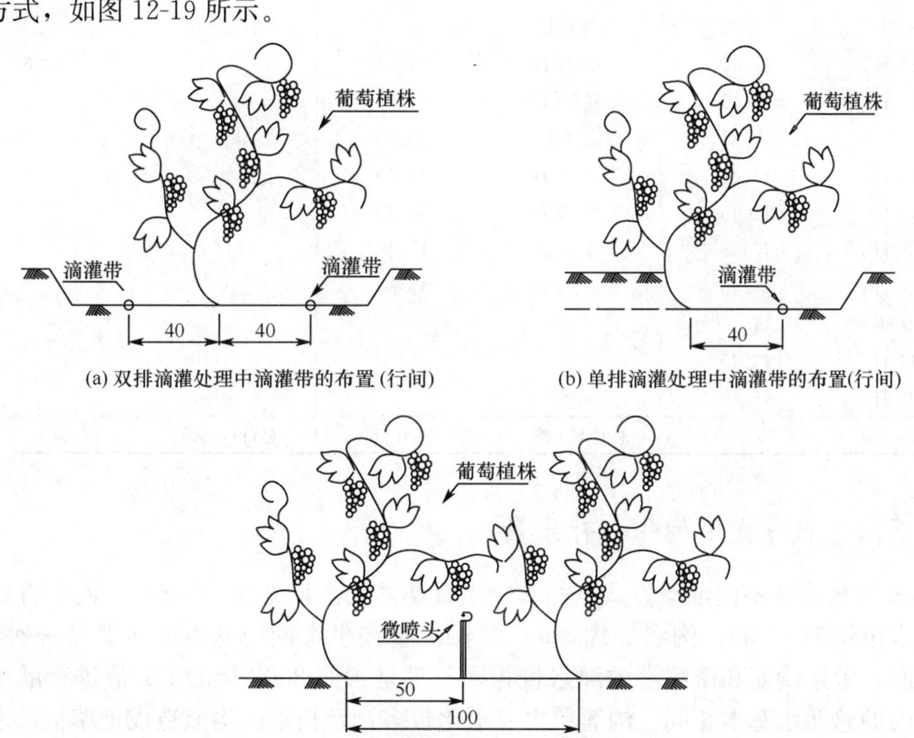

(a) 双排滴灌处理中滴灌带的布置(行间)

(b) 单排滴灌处理中滴灌带的布置(行间)

(c) 微喷灌处理中微喷头的布置(株间)

图 12-19　三种灌溉方式中灌水器的布置（单位：cm）

灌水量参照皇台葡萄园区波文比系统监测的葡萄各生育期的ET值（表12-36），沟灌处理按照当地的传统地面灌溉进行。

表 12-36　2008 酿酒葡萄各生育期的 ET 值

生育期	天数/天	日均 ET 值/mm	总 ET 值/mm
萌芽期	7	1.67	11.68
新梢生长期	31	1.89	58.69
开花期	13	2.33	30.25
浆果生长期	48	3.49	167.46
浆果成熟及落叶期	48	2.73	130.83
全生育期	147	2.71	398.91

各种处理的灌水量和灌水时间见表12-37（三种微灌处理的萌芽水按照当地沟灌进行灌溉）；整个生育期内降雨量119 mm，其中有效降雨83.2 mm。

表 12-37　酿酒葡萄各种处理的灌水量和灌水时间

滴灌灌水时间	灌水量/mm	微喷灌灌水时间	灌水量/mm	沟灌灌水时间	灌水量/mm
4月21日	65.87	4月21日	65.87	4月21日	65.87
5月18日	13.23	5月18日	13.23	5月12日	77.62
5月28日	13.23	5月28日	13.23	6月24日	104.30
6月8日	16.31	6月8日	16.31	7月22日	76.47
6月21日	17.45	6月21日	24.43	8月20日	63.86
6月29日	17.45	6月29日	24.43		
7月5日	17.45	7月8日	24.43		
7月12日	17.45	7月18日	34.90		
7月18日	17.45	7月29日	34.90		
7月23日	17.45	8月11日	17.45		
7月29日	17.45	8月24日	15.50		
8月5日	17.45				
8月11日	17.45				
8月24日	15.50				
总计(14次)	281.19	总计(11次)	284.68	总计(5次)	388.12

（二）不同灌溉方式下的作物耗水量

2009年葡萄在不同灌溉方式下的作物生育期总耗水量见表12-38，不同生育阶段的日均耗水量见表12-39。沟灌处理（F）的耗水量在生育期内基本大于其他三种处理。双排滴灌、单排滴灌和微喷灌的灌水量相同，都是参照2008年的ET值进行灌溉，其生育期内的总耗水基本相同。沟灌单次灌水比较多，且长期的沟灌造成土壤板结现象严重，水分不能很好地入渗，总体蒸发比较大，造成总体的耗水较大。

表 12-38　2009 年生育期的 ET 值

处理	天数	生育总 ET/mm
DT(双排滴灌)	162	329.18
DO(单排滴灌)	162	328.74
MS(微喷灌)	162	336.60
F(沟灌)	162	445.61

表 12-39　各个生育期的 ET 值

生育期	天数	ET 值/mm			
		DT	DO	MS	F
萌芽期	—	—	—	—	—
新梢生长期	24	1.63	1.80	2.22	
开花期	13	1.34	1.32	1.30	2.10
浆果生长期	52	3.06	3.25	3.41	4.11
浆果成熟及落叶期	60	1.91	1.78	1.82	2.78
全生育期	162	329.18	328.74	336.6	445.61

(三) 不同节水灌溉方式下单果粒重和单果穗重的变化

单果粒重和单果穗重沟灌最高，分别为 2.04 g 和 185.6 g，均高于各处理。单滴最低，分别为 1.75 g 和 170.30 g（图 12-20，图 12-21），但对照与处理或处理之间差异都不显著。由此看出，采用滴灌和覆盖措施都不能有效地改变葡萄的产量，对产量变化没有明显的影响。

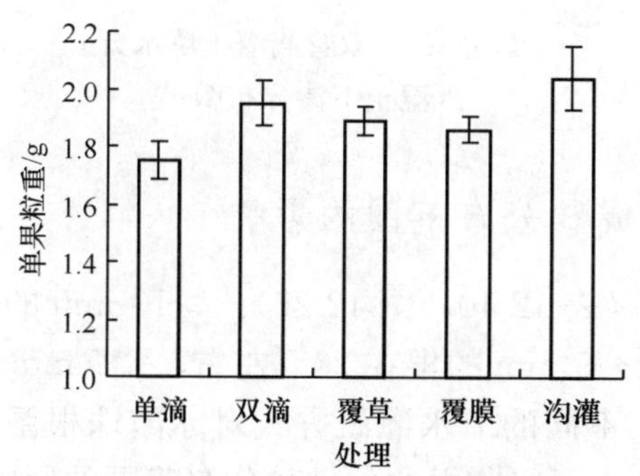

图 12-20　不同灌溉方式对单果粒重的影响

图 12-21　不同灌溉方式对单果穗重的影响

(四) 单双管滴灌条件下土壤水分分布与运移规律

单管滴灌条件下干土和湿土土壤湿润体形状大体相似，单管滴灌土壤湿润体在干土和湿土中下渗分布图都呈坛状，湿润体面部湿润面积较小，而下部湿润面积较大。如图 12-22 和图 12-23 所示，试验观察发现，滴灌的水分进入土壤后，其移动过程呈倒扇形扩散，开始阶段土壤湿润体很小，随着灌水量增大湿润体越来越大。

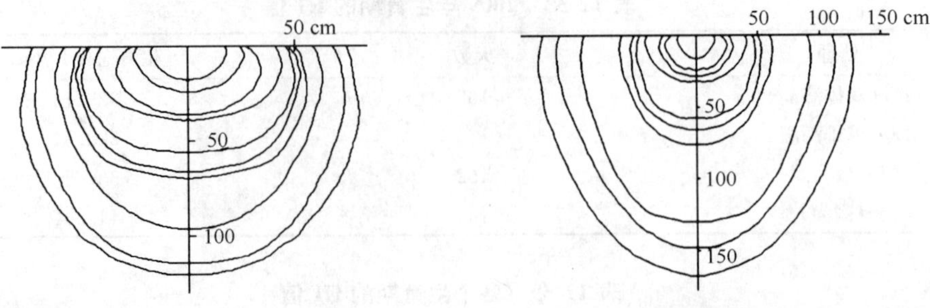

图 12-22　单管滴灌土壤水分干土下渗分布图　　图 12-23　单管滴灌土壤水分湿土下渗分布图

双管滴灌条件下干土和湿土土壤湿润体形状大体相似，双管滴灌土壤湿润体在干土和湿土中下渗分布图在灌水量较小时呈现并扣的双碗状，干土中滴灌水分分布在灌水量达 40m³/亩后呈坛状，而湿土土壤水分分布图在灌水量达 20m³/亩时呈坛状。如图 12-24和图 12-25 所示，坛状湿润体面部湿润面积较小，而下部湿润面积较大，随着灌水量增大湿润体越来越大。

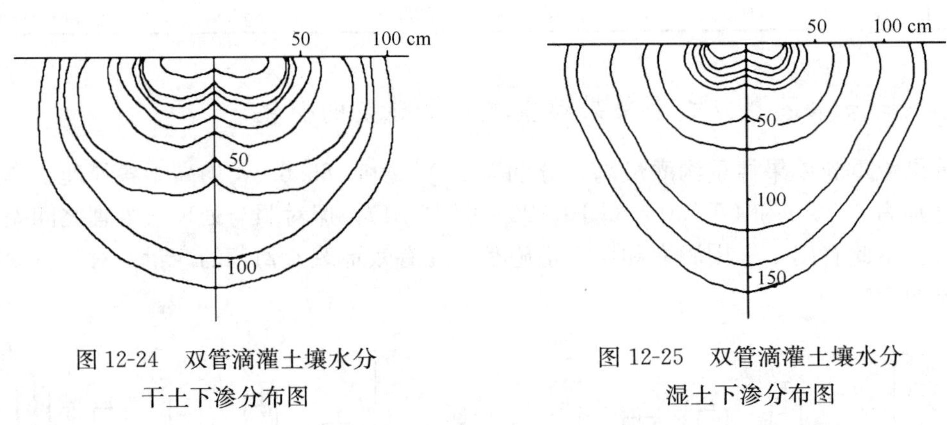

图 12-24　双管滴灌土壤水分干土下渗分布图

图 12-25　双管滴灌土壤水分湿土下渗分布图

（五）不同节水灌溉方式对赤霞珠根类组成和分布范围的影响

赤霞珠葡萄的根系的比例保持在以下范围（表 12-40，图 12-26）：＞10 mm 的大根为 5%～10%，5～10 mm 的根在 10%左右，2～5 mm 的根在 20%左右，＜2 mm 的吸收根所占比例最大，占所有根系的 60%以上。不同的节水灌溉方式对赤霞珠根系的影响主要表现在对粗度为 2～5 mm 根系和 2 mm 以下吸收根的数量和分布范围的影响上，从表 12-40 可知，各处理中这两类根的数量与对照相比都有所增加，且变化幅度较大，但所占比例基本保持在一定的范围内。采用滴灌后，植物吸收根的数量大量增加是为了更有效地吸收和利用水分。

表 12-40　不同节水灌溉方式对赤霞珠根系数量及比例的影响

处理 根类	覆草		覆膜		双滴		单滴		沟灌	
	数量	比例/%	数量	比例/%	数量	比例/%	数量	比例/%	数量	比例/%
>10mm	10	8	9	8	9	7	4	4	5	5
5～10mm	18	14	7	7	16	12	10	9	12	13
2～5mm	22	17	26	24	22	16	26	24	15	16
<2mm	77	61	65	61	87	65	68	63	62	66
总计	127		107		134		108		94	

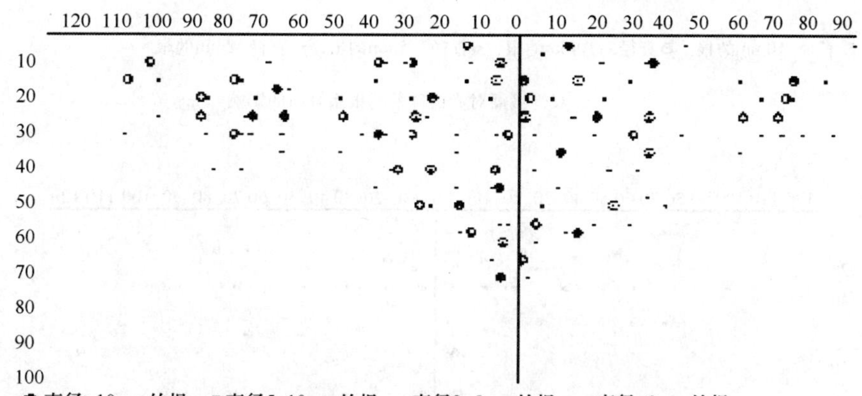

(a) 覆草滴灌对赤霞珠葡萄根系分布的影响

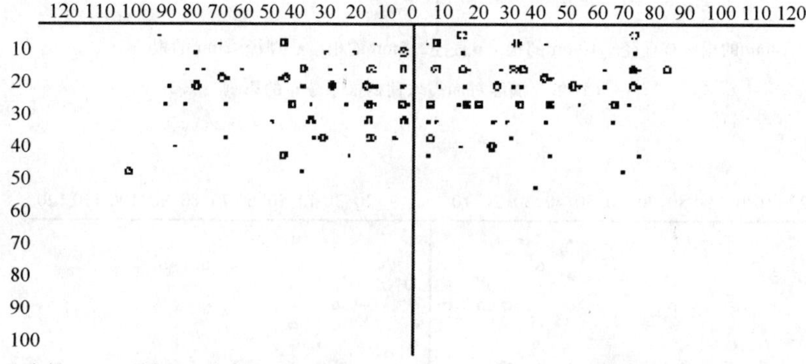

(b) 膜下滴灌对赤霞珠葡萄根系分布的影响

图 12-26　不同滴灌方式下葡萄根系分布图（单位：cm）

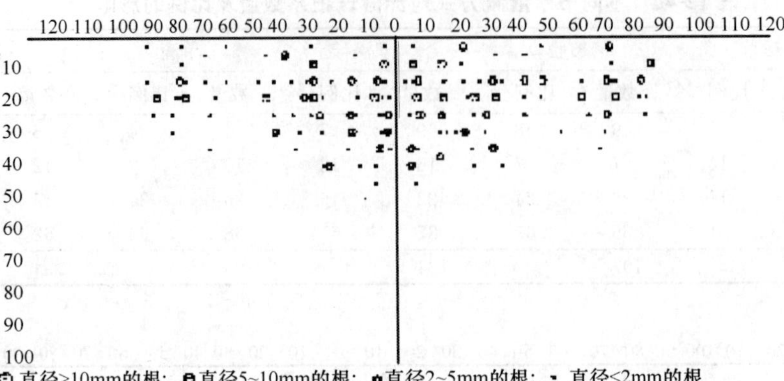

(c) 双管滴灌对赤霞珠葡萄根系分布的影响

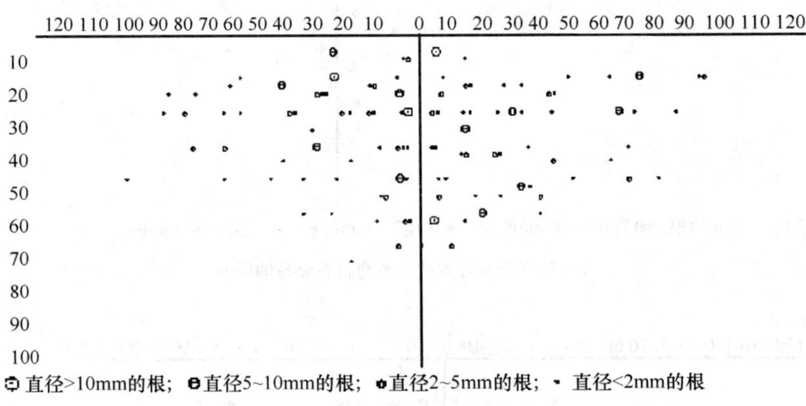

(d) 单管滴灌对赤霞珠葡萄根系分布的影响

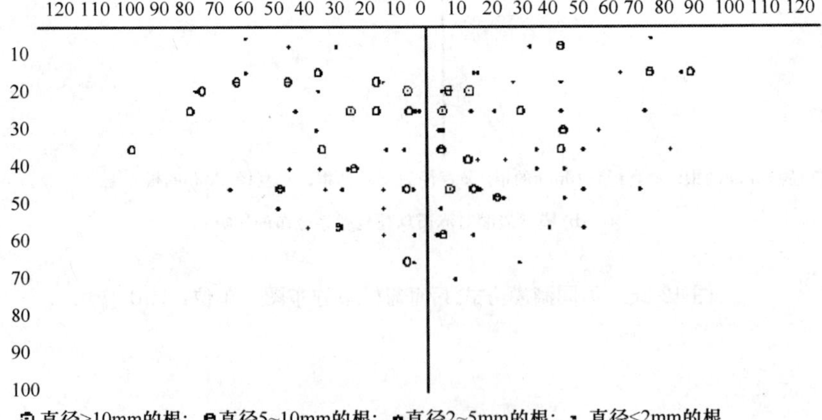

(e) 沟灌对赤霞珠葡萄根系分布的影响

图 12-26 （续）不同滴灌方式下葡萄根系分布图（单位：cm）

1. 不同节水灌溉方式对赤霞珠根系垂直分布的影响

在采用各种不同节水灌溉方式以后，赤霞珠葡萄的根系也随着发生了相应的变化（表 12-41），在垂直分布上与对照相比，分布范围较沟灌较为集中，沟灌的根系分布表现为分散而均匀，各层都有分布。各处理葡萄的根系主要分布在 10～40 cm，<2 mm 的吸收根的分布尤为明显，且有上移的趋势，以覆膜和双滴的分布变化最为典型，在垂直 50 cm 以下没有根系的分布。

表 12-41　不同节水灌溉方式对赤霞珠根系垂直分布的影响

处理深度 /mm	覆草		覆膜		双滴		单滴		沟灌	
	数量	比例/%	数量	比例/%	数量	比例/%	数量	比例/%	数量	比例/%
0～10	16	13	16	15	23	17	5	5	6	6
10～20	32	25	43	40	53	40	26	24	21	22
20～30	37	29	29	27	36	27	25	23	18	19
30～40	15	12	15	14	19	14	19	18	18	19
40～50	12	9	4	4	3	2	20	18	18	19
50～60	11	9					9	8	9	10
60～70	4	3					4	4	4	5
总计	127		107		134		108		94	

2. 不同节水灌溉方式对赤霞珠根系水平分布的影响

葡萄根系大致可分为两种：吸收根和粗根，直径在 0～2 mm 为吸收根，大于 2 mm 的为粗根。采用滴灌和各种节水方式以后，葡萄的根系在水平方向上也发生了很大的改变。由表 12-42 可知，根系在水平方向上随着距离的增加逐渐减少，各径级根在 0～50 cm分布最多，从量上来看，各处理的根系数目较对照明显增多，特别是较小的吸收根的比例明显增大。从分布位置来看覆膜和双滴的根系与对照相比区域呈收缩和集中分布的趋势，覆草处理的根系在水平方向上则向更宽的范围延伸，在 100～120 cm 的范围也有少量根系的分布，但主要是 2～5 mm 较小的粗根和 2 mm 以内的小根，没有过大根系的出现。

表 12-42　不同节水灌溉方式对赤霞珠根系水平分布的影响

处理宽度 /mm	覆草		覆膜		双滴		单滴		沟灌	
	数量	比例/%	数量	比例/%	数量	比例/%	数量	比例/%	数量	比例/%
0～10	25	20	16	15	30	22	26	24	21	22
10～20	16	13	17	16	16	12	19	18	16	17
20～30	16	13	11	10	22	16	14	13	11	12
30～40	18	14	17	16	15	12	13	12	12	13
40～50	7	5	13	12	10	7	11	10	14	16
50～60	0	0	4	4	6	4	4	4	6	6

续表

处理宽度/mm	覆草		覆膜		双滴		单滴		沟灌	
	数量	比例/%	数量	比例/%	数量	比例/%	数量	比例/%	数量	比例/%
60～70	11	9	9	8	8	6	7	6	3	3
70～80	15	11	14	13	18	14	7	6	7	7
80～90	7	5	5	5	9	7	4	4	3	3
90～100	5	4	1	1			3	3	1	1
100～110	5	4								
110～120	2	2								
总计	127		107		134		108		94	

（六）赤霞珠葡萄滴灌灌水定额

酿造葡萄赤霞珠在武威莫高园区滴灌灌水定额为每年5400 m^3/hm^2（表12-43），沟灌灌水定额为9000 m^3/hm^2。滴灌较沟灌节水40%。

表12-43　滴灌模式下赤霞珠灌水定额表

灌水时期	总灌水量/(m^3/hm^2)	灌水日期	灌水量/(m^3/hm^2)
萌芽水	900	4月15日	300
		4月22日	200
		4月29日	200
		5月7日	200
花前水	900	5月14日	300
		5月21日	300
		5月27日	300
膨大水	1050	6月12日	300
		6月19日	300
		6月26日	300
		7月3日	150
催果水	600	7月10日	150
		7月20日	150
		7月30日	300
增产水	750	8月10日	300
		8月20日	150
		8月30日	150
		9月10日	150
越冬水	1200	冬剪后	1200
合计	5400		5400

六、洋葱最优灌水模式和相应的技术指标

(一) 试验处理

试验供试品种为长日照白皮洋葱白碧龙，采用当地覆膜种植方式。洋葱整个生育期可划分为立苗期（5 月 1 日～5 月 24 日）、发叶期（5 月 25 日～6 月 29 日）、鳞茎膨大期（6 月 30 日～8 月 14 日）和成熟期（8 月 15 日～8 月 24 日）共 4 个生育阶段。以需水量 ET 控制灌水量，分别在全生育期进行 3 个水平的调亏处理和 1 个不调亏处理，并在 4 个生育阶段分别进行相同程度的调亏处理。试验共设 8 个处理（表 12-44），每个处理 3 个重复，小区随机布置，小区面积为 5 m×1.2 m，小区间设置 30 cm 隔离带。各小区种植 8 行洋葱，株、行距均为 15 cm，底肥施用量为氮肥 200 kg/hm^2、P_2O_5 240 kg/hm^2、K_2O 75 kg/hm^2。试验采用膜下滴灌方式每 5 天灌水一次，每两行洋葱间布置一条滴灌带，滴头间距为 30 cm，滴头流量为 2.7 L/h，采用统一的施肥、除草等农作管理。

表 12-44　洋葱调亏灌溉灌水方案

生育期	全生育期部分胁迫			充分灌	不同生育期胁迫			
	T1	T2	T3	T4	T5	T6	T7	T8
立苗期	0.4	0.6	0.8	1.0	0.4	1.0	1.0	1.0
发叶期	0.4	0.6	0.8	1.0	1.0	0.4	1.0	1.0
鳞茎膨大期	0.4	0.6	0.8	1.0	1.0	1.0	0.4	1.0
成熟期	0.4	0.6	0.8	1.0	1.0	1.0	1.0	0.4

移苗后为保证幼苗成活灌水 3 次，每次灌水量为 20 mm，移苗成活后（5 月 15 日）开始依据试验设计进行水分调亏处理。各处理灌水量计算方法如下：

$$I_n = \mathrm{ET} - P_e(\mathrm{ET} < P_e \text{时}, I_n = 0)$$

式中，I_n为净灌水量；P_e为有效降雨量；ET 为各处理预设作物需水量，由下式计算：

$$\mathrm{ET} = C \cdot \mathrm{ET_c}$$

式中，C 为各处理控水系数，其取值见表 12-44；$\mathrm{ET_c}$为作物需水量，由 FAO-56 号灌溉与排水文件给出的公式计算如下：

$$\mathrm{ET_c} = K_c \cdot \mathrm{ET_0}$$

式中，K_c为作物系数，根据 FAO-56 取值为立苗期 0.7，发叶期 0.7～1.05，鳞茎膨大期 1.05，成熟期 0.75；$\mathrm{ET_0}$为参考作物需水量，由 Penman-Monteith 公式计算。计算公式中所需的气象数据，如空气相对湿度、风速、风向、最高气温、最低气温、露点温度以及降雨量等由试验区内自动气象站观测，每 5 天下载一次并通过 Excel 编辑公式计算以上各参数。

(二) 不同滴灌灌水模式对洋葱产量及其组成和水分利用效率的影响

各处理不同生育期灌水量见表 12-45，8 个处理灌水总量呈较好的逐渐上升的二次

抛物线关系，处理 T1 灌水最少，为 108.2 mm，T4 灌水最多，为 330.7 mm。处理 T5 和 T8 的灌水总量分别比处理 T4 低 4.6%和 3.7%，这可能是由于立苗期和成熟期调亏时长较短，因此控水量较少而灌水较多。处理 T6 和 T7 因分别在生育期较长的发叶期和鳞茎膨大期进行调亏，其灌水量分别比处理 T4 低 25.3%和 33.7%。洋葱成熟期发生较强降水，日降雨量达 27.8 mm，对该期控水产生较大影响。

表 12-45 洋葱生育期内各处理的灌水量 (单位：mm)

生育期（控水时长，天）	处理							
	T1	T2	T3	T4	T5	T6	T7	T8
立苗期(10)	5.5	10.6	15.6	20.7	5.5	20.7	20.7	20.7
发叶期(35)	43.2	70.4	98.6	126.8	126.8	43.2	126.8	126.8
鳞茎膨大期(45)	51.4	88.5	125.7	162.9	162.9	162.9	51.4	162.9
成熟期(10)	8.1	12.2	16.2	20.3	20.3	20.3	20.3	8.1
全生育期(100)	108.2	181.7	256.1	330.7	315.5	247.1	219.2	318.5

耗水量根据水量平衡计算，结果见表 12-46。洋葱的耗水量随灌水量的增加而增加，处理 T1 耗水最少，为 163.0 mm，处理 T4 耗水最多，为 395.7 mm。处理 T5 和 T8 的耗水量分别为 377.5 mm 和 389.6 mm，分别比处理 T4 低 4.6%和 1.5%，但差异不显著。处理 T6 耗水量为 313.3 mm，与处理 T3 的耗水量无显著差异，但与其他处理差异显著。处理 T7、T2 和 T1 耗水量与各处理耗水量之间的差异均显著。全生育期调亏处理（T1～T3）在鳞茎膨大期和发叶期的耗水量与不调亏处理 T4 的耗水量差异显著；在需水较少的立苗期和成熟期部分处理间差异不显著。不同生育阶段调亏处理（T5～T8）在调亏阶段的耗水量与不调亏处理耗水差异显著。

表 12-46 洋葱生育期内各处理的耗水量 (单位：mm)

生育期	处理							
	T1	T2	T3	T4	T5	T6	T7	T8
立苗期	16.1b	22.1b	39.5a	44.3a	18.9b	6.3a	45.6a	47.9a
发叶期	58.9d	86.9c	117.0b	145.3a	144.6a	60.9d	144.1a	141.4a
鳞茎膨大期	66.4e	99.8d	138.1c	165.2b	171.1ab	165.5ab	68.9e	176.3a
成熟期	21.6c	30.3bc	28.8c	40.9ab	42.9a	40.6a	28.4c	24.0c
总耗水量	163.0e	239.1d	323.4b	395.7a	377.5a	313.3b	287.0c	389.6a

由表 12-47 可知，洋葱产量随灌水量的增加而增加，处理 T1 产量最低，为 31.03 t/hm^2，而只在成熟期亏水的处理 T8 产量最高，为 63.42 t/hm^2，而全生育期不调亏处理 T4 产量为 58.00 t/hm^2。立苗期和成熟期亏水处理 T5 和 T8 的产量分别比不调亏处理 T4 产量高 4.8%和 9.3%，但其产量差异不显著，这表明在洋葱立苗期和成熟期进行适度的水分亏缺不但没有导致减产，反而在一定程度上提高了产量。在发叶期和鳞茎膨大期分别进行调亏的处理 T6 和 T7 的产量分别为 47.42 t/hm^{2}和 46.67 t/hm^2，比全生育期不调亏处理 T4 的产量分别低 18.2%和 19.5%，处理 T6 和 T7 产量差异不

显著，但与处理T4的产量差异显著。这表明在发叶期和鳞茎膨大期对洋葱进行调亏灌溉，会显著降低洋葱产量，尤其在鳞茎膨大期亏水减产最严重。

表 12-47　各处理洋葱产量、产量组成及水分利用效率

处理	产量/(t/hm²)	单鳞茎重/g	鳞茎大小/mm	水分利用效率/(kg/m³)	灌溉水利用效率/(kg/m³)
T1	31.03e	55.4e	49.5d	18.24a	28.67a
T2	38.03de	67.9de	52.6d	15.90ab	20.94b
T3	51.32bc	91.6bc	58.0bc	15.87ab	20.03b
T4	58.00ab	103.5ab	60.1abc	14.66b	17.54b
T5	60.81ab	108.5ab	61.4ab	15.53ab	19.28b
T6	47.42cd	84.6cd	56.4c	15.13b	19.20b
T7	46.67cd	83.3cd	57.6bc	16.26ab	21.30b
T8	63.42a	113.2a	62.7a	16.28ab	19.91b

图12-27为各处理不同等级鳞茎在所测鳞茎总数中所占的百分数。从图12-27中可看出，各处理A类和B类鳞茎约占90%，而C类和D类鳞茎均较少。其中，各处理A类鳞茎的百分数随灌水量的增加而增加，T8处理最高，其次为T5和T4处理，三个处理间无显著性差异。各处理B类鳞茎的百分数随灌水量的增加而减小，全生育期严重亏水的处理T1中B类鳞茎最多，而产量较高的处理T8、T5和T4中B类鳞茎均较少。C类鳞茎在亏水最严重的处理T1中最多，为14.6%，其次是处理T2，为8.0%，其他各处理C类鳞茎均在5%以内。D类鳞茎在各处理中均较少，处理T2中最多，为2%，处理T4和T8中无D类鳞茎。

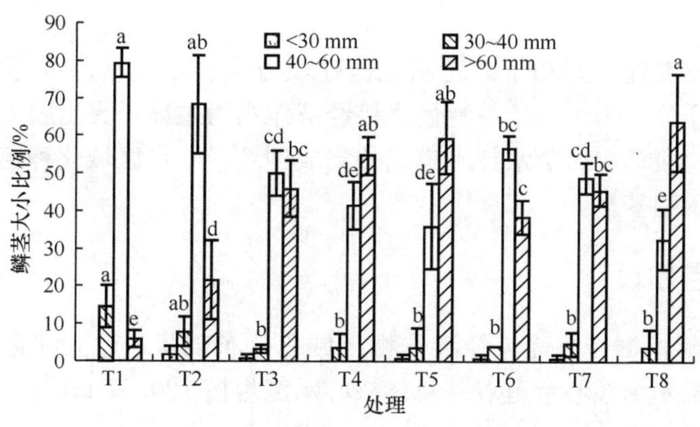

图 12-27　各处理不同鳞茎大小百分数（图中不同字母表示同一类鳞茎各处理的差异显著性）

由表12-47看出，产量较高的处理T8、T5和T4，平均鳞茎大小和平均单鳞茎重均较大。平均鳞茎大小和平均单鳞茎重随灌溉水平的增加而增大。在立苗期和成熟期亏水不但没有减小鳞茎大小和鳞茎重，反而在一定程度上有所增加。而在发叶期和鳞茎膨大期调亏均使得洋葱鳞茎大小和鳞茎重减小。对鳞茎大小和鳞茎重进行线性回归分析表明，二者呈较好的线性关系，鳞茎越大重量越大。

洋葱各处理的水分利用效率和灌溉水利用效率见表 12-47。从表中可看出，洋葱的水分利用效率随灌水量的增加而减小，处理 T1 最大，为 18.24 kg/m³，处理 T4 最小，为 14.66 kg/m³。不同生育阶段调亏的处理 T5～T8 中，水分利用效率均比处理 T4 高，其中以成熟期调亏的处理 T8 最大，为 16.28 kg/m³，发叶期调亏的处理 T6 最小，为 15.13 kg /m³，说明在发叶期不适宜进行较重的水分亏缺，而在成熟期调亏是可行的。处理 T1 和 T4、T6 间差异显著，其他处理间差异均不显著。

洋葱的灌溉水利用效率随灌水量的增加而降低，处理 T1 最大，为 28.67 kg/m³，处理 T4 最小，为 17.54 kg/m³。但显著性分析表明，除处理 T1 外，其他处理间灌溉水利用效率差异均不显著。与不调亏处理 T4 相比，调亏处理均提高了洋葱的水分利用效率和灌溉水利用效率。水分利用效率提高 3.2%～24.4%，灌溉水利用效率提高 9.5%～63.5%。

（三）最优灌水模式和相应的技术指标

通过膜下滴灌条件下洋葱的调亏灌溉试验，研究了其对洋葱耗水量、产量及其组成和水分利用效率的影响。综合洋葱不同生育阶段调亏处理对需水量、耗水量与产量水分利用效率的影响，初步确定滴灌条件下洋葱节水、高产和高效的调亏灌溉制度为：每 5 天灌水一次，立苗期适度水分亏缺，每次灌水量为 0.4ET；发叶期和鳞茎膨大期充分灌溉，每次灌水量为 1.0ET；成熟期应控制水分，每次灌水量为 0.4ET。

第四节　农业高效用水技术模式应用与评价

根据课题总体实施方案和子课题示范区建设方案要求，示范区建设以区以酿造葡萄、厚皮甜瓜、洋葱、制干辣椒等特色优势经济作物为主体，突出膜下滴灌、小畦膜上速灌、全膜垄作沟灌等农田节水技术模式的集成创新，立足区域化种植特点，分区域建立核心示范点和示范基地。

一、核心示范点建设

2009～2010 年根据特色优势经济作物区域化分布现状，建立酿造葡萄、洋葱、厚皮甜瓜、制干辣椒 4 个核心示范点，总体核心示范规模 120.67 hm²。

（一）酿造葡萄核心示范区

示范区地点：武威市黄羊镇莫高葡萄园区

示范规模：66.67 hm²。

品种：赤霞珠、蛇龙珠。

示范内容：

（1）酿造葡萄规模化种植滴灌节水技术。

(2) 酿造葡萄精准灌溉及自动化控制技术。

(3) 酿造葡萄控水调质栽培技术。

(4) 酿造葡萄膜下滴灌、覆草滴灌技术。

(5) 酿造葡萄滴灌施肥技术。

(6) 酿造葡萄滴灌条件下植株调整及花果管理技术。

节水效果：滴灌灌溉较沟灌节水 40%以上，减少人工投入 20 人以上。

(二) 洋葱核心示范区

示范区地点：民勤县三雷镇中陶村。

示范规模：15.33 hm^2。

品种：红葱为红福、红剑，黄葱为牧童、牧童王。

灌溉方式：膜下滴灌。

种植方式：采用“一膜二管八行（2-4-2)”平畦覆膜种植模式，地膜选用幅宽 140 cm、厚度 0.008 mm 的黑色除草膜，株距 15 cm，每公顷保苗 375 000 株左右。

灌水方案：灌定植水一次，灌溉水量为 1800 m^3/hm^2，缓苗后，每隔 8～10 天灌溉一次，生育期总灌溉次数为 12 次，每次灌溉水量为 375～450 m^3/hm^2，总计灌水量 6300～7200 m^3/hm^2。

节水目标：较大田漫灌（灌定植水一次，灌溉水量为 1800 m^3/hm^2，缓苗后每隔 10～12 天灌水一次，全生育期总共灌水 9 次，每次灌水量为 1050～1200 m^3/hm^2，总计灌水量 11 250～12 600 m^3/hm^2）。

节水效果：节水 4950～5400 m^3/hm^2，节水率达 42.8%～44.0%。

(三) 制干辣椒核心示范区

示范区地点：武威市凉州区高坝村、民勤县大滩乡下泉村。

示范规模：18.67 hm^2。

品种：美国红。

灌溉方式：膜下滴灌。

种植方式：“一膜二管四行（1-2-1)”平畦覆膜种植模式，140 cm 幅宽地膜每膜铺 2 条毛管，种 4 行辣椒，行距 50 cm、穴距 20 cm，每穴双株，每公顷保苗 22.5 万～27 万株穴。

灌水方案：春灌安种水 1800 m^3/hm^2，生育期灌水 9 或 10 次，分别于 6 月 5 日、6 月 15 日、6 月 25 日、7 月 5 日、7 月 13 日、7 月 22 日、7 月 30 日、8 月 10 日、8 月 20 日、8 月 30 日滴灌，灌水量分别为 300 m^3/hm^2、375 m^3/hm^2、375 m^3/hm^2、450 m^3/hm^2、450 m^3/hm^2、450 m^3/hm^2、450 m^3/hm^2、375 m^3/hm^2、200 m^3/hm^2、300 m^3/hm^2，总灌水量为 5325～5625 m^3/hm^2。施肥分别于第二至第七次灌水时随滴灌施尿素 45～60 kg/hm^2，磷酸二氢钾 15～30 kg/hm^2。

节水目标：较大田漫灌（春灌安种水 1800～1950 m^3/hm^2，生育期灌水 6 或 7 次，每次灌水 1050～1200 m^3/hm^2，总灌水量为 8100～9300 m^3/hm^2）。

节水效果：每公顷节水 2775～3675 m^3，节水率为 34.3%～39.5%。

（四）厚皮甜瓜核心示范区

示范区地点：民勤县收城镇洲湖村。

示范规模：20 hm^2。

品种：银帝、黄河蜜。

灌溉方式：膜下滴灌。

种植方式：采用垄作单行单管膜下滴灌模式，垄（旱塘）宽 1.4～1.5 m，沟宽 50～60 cm，沟深 30 cm，株距 50 cm，每公顷保苗 19 500 株。

灌水方案：春灌安种水 1200 m^3/hm^2，6 月 1 日第一次滴灌，生育期灌水 8 次，平均轮期 8～10 天，每次 375～450 m^3/hm^2，总灌水量为 4200～4800 m^3/hm^2。在扯蔓期、坐瓜初期结合滴灌每次追施尿素 75 kg/hm^2，磷酸二氢钾 30～45 kg/hm^2。

节水目标：较常规垄（旱塘）作沟灌（春灌安种水 1200 m^3/hm^2，生育期灌水 6 或 7 次，每次 975 m^3/hm^2，总灌水量为 7050～8025 m^3/hm^2）。

节水效果：每公顷节水 2850～3225 m^3，节水率为 40.1%。

二、示范区建设

大田示范在总结近年农田节水技术试验示范资料的基础上，以洋葱、厚皮甜瓜、制干辣椒膜下滴灌节水技术、棉花膜下滴灌“干播湿出”集成节水技术、全膜垄畦（畦）作沟灌节水技术、水平小畦膜上速灌节水技术、茴香地膜连年利用免耕种植技术等为主推技术，分区域建立大田示范区 5 个，总示范规模 666.67 hm^2，完成任务量的 2 倍。带动周边乡镇技术辐射规模 4600 hm^2。

（1）在洋葱主产区，以三雷、薛百两乡镇为中心，以膜下滴灌、小畦膜上速灌为主推技术，示范品种红葱为红福、红剑，黄葱为牧童、牧童王，建立面向农户的高效节水模式示范区，示范规模 100 hm^2，其中洋葱膜下滴灌节水技术示范 30 hm^2、小畦膜上速灌综合节水技术示范 70 hm^2。带动周边乡镇技术辐射规模达到 1000 hm^2。

膜下滴灌种植方式、灌水方案及节水目标同核心示范。

水平小畦膜上速灌种植方式是在平整耕地的基础上，用临时修筑的土埂把大块田分隔成长方形小畦，畦长 50～70 m，畦宽 6～8 m，畦田比降 1/200～1/500，改大水漫灌为小畦膜上速灌，便于定额灌水，均匀灌溉，提高灌溉速率，降低灌溉成本，并能减少深层渗漏和土壤结构的破坏，有利于改良土壤、节水增产。栽培上用幅宽 140 cm、厚度 0.008 mm 的黑色除草膜覆盖栽培，一膜九行，株距 15 cm，每公顷保苗 420 000 株左右。灌水方案：定植后，要立即浇 1 次定植水，促进根系恢复生长，迅速缓苗。随着气温的逐渐升高，植株进入叶部旺盛生长期每隔 10～12 天浇 1 次水，使土壤经常保持湿润。幼苗长到一定高度后，鳞茎膨大前 10 天蹲苗 7～8 天，促进根系下扎。蹲苗后，洋葱进入鳞茎膨大期，植株营养物质向叶基部输送，对水分的要求日益增多，浇水次数逐渐增加，收获前 8～10 天停止浇水。一般全生育期灌水 7～8 次，每次灌水量为 1050 m^3/hm^2，总计灌水量 9900～10 950 m^3/hm^2。较大田漫灌（灌定植水一次，灌溉水量为 1800 m^3/hm^2，缓苗后每隔 10～12 天灌水一次，全生育期总共灌水 9 次，每次灌水量为 1050～1200 m^3/hm^2，总计灌水量 11 250 ～12 600 m^3/hm^2）节水 1350～1650 m^3/hm^2，节水率为 12.0%～13.1%。

(2) 在厚皮甜瓜主产区，以收城镇为中心，以水旱塘节水栽培为主推技术，示范品种为银帝、黄河蜜，建立面向农户的厚皮甜瓜高效节水模式示范区，示范规模 133.33 hm^2，带动周边乡镇技术辐射规模达到 1333.33 hm^2。

种植方式：播前开沟施基肥，然后起垄灌水，沟宽 50～60 cm，沟深 30 cm，垄(旱塘）宽 1.4～1.5 m，沟长 30～40 m。播前浇透底水，等水渗后在距瓜沟沿 6～8 cm 处开穴点播，每穴 2～3 粒种子，播种深度 2～3 cm。播后立即覆盖地膜。株距 50 cm，每公顷种植 19 500 株。

灌水方案：苗期要控，做到少灌或不灌；主蔓打顶后浇第 1 水；坐瓜期至果实膨大期需大量灌水，此期每 5～7 天灌一次水，切忌大水漫灌。采收前 7～10 天不再灌水，以确保产品质量，全生育期灌水 6 或 7 次，灌水灌至垄面 2/3 处为宜，每次灌水 825 m^3/hm^2，总灌水量 6150～6900 m^3/hm^2，较常规满沟灌水（春灌安种水 1200 m^3/hm^2，生育期灌水 6 或 7 次，每次 975 m^3/hm^2，总灌水量为 6600～7500 m^3/hm^2）每公顷节水 900～1050 m^3，节水率为 13.6%～14.0%。在甜瓜伸蔓至开花期和坐瓜前期分两次进行追肥。第一次结合灌水每次追施氮 60～75 kg/hm^2，K_2O 75 kg/hm^2；第二次结合灌水追施氮 90～120 kg/hm^2，K_2O 75 kg/hm^2。

(3) 在制干辣椒主产区，以大滩、泉山、双茨科三乡镇为中心，膜下滴灌、垄作沟灌、小畦膜上速灌为主推技术，示范品种为美国红，建立面向农户的制干辣椒高效节水模式示范基地，示范规模 100 hm^2，其中膜下滴灌 21.33 hm^2，垄作沟灌 12 hm^2，小畦膜上速灌 66.67 hm^2。带动周边乡镇技术辐射规模达到 1000 hm^2，其中膜下滴灌 200 hm^2，小畦膜上速灌 800 hm^2。

膜下滴灌种植方式、灌水方案及节水目标同核心示范。

水平小畦膜上速灌畦田规格同洋葱畦田，栽培上用幅宽 140 cm、厚度 0.008 mm 的地膜覆盖直播栽培，一膜四行，行距 40 cm、穴距 25 cm，每穴播种 4 或 5 粒，双株定苗，每公顷保苗 975 000 穴。灌水方案：播种后及时浇安种水，待第一穗果坐稳后结束蹲苗开始灌水，全生育期灌水 5～6 次，每次灌水 1050 hm^2 左右，总灌水量 7125～7500 m^3/hm^2，较大田漫灌（春灌安种水 1800～1950 m^3/hm^2，生育期灌水 5 或 6 次，每次灌水 1200 m^3/hm^2，总灌水量为 7950～9000 m^3/hm^2）每公顷节水 825～1500 m^3，节水率为 10.4%～16.7%。

垄作沟灌采用育苗移栽高垄覆膜定植种植方式，起垄规格：垄宽 50 cm、高 20 cm、沟宽 50 cm。每垄定植 2 行，行距 50 cm，穴距 25 cm，每穴双株，每公顷定植 79 500 穴。灌水方案：定植后及时浇水（1200 m^3/hm^2），3～5 天后浇缓苗水（900 m^3/hm^2），然后进行蹲苗，待第一穗果坐稳后结束蹲苗开始浇水，全生育期追肥 5 或 6 次，灌水灌至垄面 2/3 出为宜，每次灌水 750～900 m^3 左右，总灌水量 6150～7500 m^3/hm^2，较大田漫灌（春灌安种水 1950～2250 m^3/hm^2，生育期灌水 5 或 6 次，每次灌水 1050～1200 m^3/hm^2，总灌水量为 7950～8550 m^3/hm^2）每公顷节水 1050～1800 m^3，节水率为 14.0%～22.6%。

（4）在棉花主产区，以红沙梁乡为中心，以膜下滴灌为主推技术，示范品种硕丰 2 号，酒棉 8 号，新路早 8 号、10 号等，建立面向农户的棉花高效节水模式示范区，示范规模 186.67 hm^2，其中膜下滴灌干播湿出集成技术示范 48.33 hm^2。带动周边乡镇技术辐射规模达到 566.67 hm^2。

种植方式采用一膜两管四行节水种植模式，宽行 50 cm，窄行 25 cm，穴距 18 cm，每穴双株，每公顷保苗 27 万～30 万株。灌水方案：一是漫灌安种水，灌水量 1800 m^3/hm^2，头水从 6 月中旬现蕾初期开始滴灌，每隔 12～15 天滴灌一次，生育期滴灌 6～8 次，每次 300～375 m^3/hm^2，总灌水量为 3600～42 000 m^3/hm^2。节水目标：较大田漫灌（春灌安种水 1800 m^3/hm^2，生育期灌水 4 次，每次 1050～1200 m^3/hm^2，总灌水量 6000～6600 m^3/hm^2）每公顷节水 2400 m^3，节水率 36.6%。二是采用干播湿出（播后滴灌），灌水量 525 m^3/hm^2，生育期滴灌 5 次，每次 375 m^3/hm^2，总灌水量为2400～3000 m^3/hm^2。节水目标：较大田漫灌每公顷节水 3600 m^3，节水率 54.5%。

（5）在茴香棉花主产区，以西渠、东镇二乡镇为中心，以地膜连年利用免耕种植为主推技术，建立面向农户的茴香地膜连年利用免耕种植综合节水模式示范区，示范规模 146.67 hm^2。带动周边乡镇技术辐射规模达到 700 hm^2。

种植方式是在当年作物棉花收获后不拔除秸秆，免耕、免冬灌，在保护好地膜的前提下将棉花秸秆从近地面铲除，并灌足安种水，播种时在原棉花茬口行间用穴播机破膜种植茴香，种植规格一般在幅宽 140 cm 的地膜上一膜种五行，行距 30 cm，株距 12～15cm，苗高 10cm 定苗，每穴留单株，每公顷保苗 22.5 万～27 万株。灌水方案：茴香应尽量推迟浇头水，以促根系下扎，6 月中下旬开始浇头水，分别在抽薹、分枝、初花、籽粒灌浆期各浇水一次，生育期灌水 4 次，每次灌水 1050～1200 m^3/hm^2，加安种水 1500 m^3/hm^2，总灌水量 5700～6300 m^3/hm^2。节水目标：较露地栽培，安种水少灌 600 m^3/hm^2，生育期减少灌水 1 次，节水 1800 m^3/hm^2左右，节水率 24%。

三、示范效益评价

（一）节水效益评价

据实际观测和定点农户调查，核心示范总体节水 2175～3375 m^3/hm^2，节水率 30%～32.1%。其中，洋葱膜下滴灌由于第一年滴灌设备安装及运行调试未能及时到位，在实际灌溉中定植水、前 3 次及后期 2 次灌水采用漫灌，只有 4 次灌水采用膜下滴灌，实际节水效果未达到预期效果，节水 3375 m^3/hm^2，节水率 30%；辣椒、厚皮甜瓜按照设计方案进行膜下滴灌，分别节水 2250 m^3/hm^2、2175 m^3/hm^2，节水率分别为 32.1%、32.2%。

大田示范总体节水 750～3675 m^3，节水率 10%～55.7%。其中，膜下滴灌洋葱、制干辣椒、厚皮甜瓜节水效果同核心示范。

棉花膜下滴灌，漫灌安种水一次，生育期实际滴灌 7 次，实际灌水量 4125 m^3/hm^2，较大田漫灌（6600 m^3/hm^2）节水 2475 m^3/hm^2，节水率 37.5%；采用干播湿出

（播后滴灌）综合节水技术示范田，仅改漫灌安种水为滴灌，节约灌水 1200 m^3/hm^2，总体灌水量 2925 m^3/hm^2，较大田漫灌（6600 m^3/hm^2）节水 3675 m^3/hm^2，节水率 55.7%。

水平小畦膜上速灌节水技术，洋葱灌定植水一次，灌溉水量为 1500 m^3/hm^2，生育期实际灌水 8 次，每次灌水量为 1050 m^3/hm^2，总计灌水量 9900 m^3/hm^2，较大田漫灌的 11 250 m^3/hm^2 节水 1350 m^3/hm^2，节水率为 12.0%。制干辣椒每次灌水节水 150 m^3，节水 900 m^3/hm^2，节水率 11.3%。

制干辣椒垄作沟灌节水技术，每次灌水可节水 225～300 m^3/hm^2，生育期灌水 6 次，总灌水量 6825 m^3/hm^2，较大田平作漫灌的 8550 m^3/hm^2 节水 1725 m^3/hm^2，节水率为 20.1%。

厚皮甜瓜水旱塘节水栽培技术，灌水量 6750 m^3/hm^2，节水 750 m^3，节水率 10%。

茴香地膜连年利用免耕种植综合节水技术，灌水量 4700 m^3/hm^2，节水 1800 m^3/hm^2 左右，节水率 24%。

（二）产量效益评价

据测产和实产结果调查统计，核心示范膜下滴灌洋葱平均产红葱 88 425 kg/hm^2，黄葱 105 975 kg/hm^2，分别较常规种植增产 5400 kg/hm^2、6075 kg/hm^2，增产率分别为 6.51%、6.08%。按市场收购均价（红葱 1.2 元/ kg、黄葱 0.9 元/ kg）计算，产值分别为 106 029 元/hm^2、95 377.5 元/hm^2，增产值 6480 元/hm^2、5467.5 元/hm^2。厚皮甜瓜平均产 38 625 kg/hm^2，较常规种植增产 2775 kg/hm^2，增产率 7.74%，按市场销售价格（1.2 元/ kg）计算，平均产值 46 350 元/hm^2，增产值 3330 元/hm^2。制干辣椒由于受风沙、高温的影响，整体产量低于往年，核心示范平均鲜椒产 28 050kg/hm^2，较常规种植增产 525kg/hm^2，增产率 1.91%，按市场销售价格（1.2 元/ kg）计算，平均产值 33 660 元/hm^2，增产值 630 元/hm^2。

大田示范区膜下滴灌洋葱、制干辣椒、厚皮甜瓜产量效益同核心示范。棉花膜下滴灌平均籽棉产 4732.5 kg/hm^2，较常规种植增产 427.5 kg/hm^2，增产率 9.93%，按市场价格（5.8 元/kg）计算，平均产值 27 448.5 元/hm^2，增产值 2479.5 元。垄作沟灌制干辣椒平均鲜椒产 32 175 kg/hm^2，较常规种植增产 4725 kg/hm^2，增产率 17.2%，按市场价（1.2 元/kg）计算，平均产值 38 610 元/hm^2，增产值 5670 元/hm^2。地膜连年利用免耕种植茴香平均产 3720 kg/hm^2，较常规种植增产 501 kg/hm^2，增产率 15.6%，按市场销售价格（5.5 元/kg）计算，平均产值 20 460 元/hm^2，增产值 2755.5 元/hm^2。水平小畦膜上速灌洋葱、制干辣椒和水旱塘节水栽培厚皮甜瓜产量结果与常规种植接近。

四、验证试验进展情况

为进一步验证示范技术节水增产效果，在核心示范点分作物布设开展了不同节水灌溉模式验证试验 5 项（次）。

（一）洋葱不同节水灌溉模式对比验证试验

试验地点：民勤三雷中涛核心示范点。设膜下滴灌、小畦膜上速灌、大田漫灌三个处理，大区验证，不设重复。指示品种为红福，试验各处理种植方式、灌水方案同核心示范。试验结果表明，三个种植模式以洋葱膜下滴灌节水增产效果最为显著，定植灌水1次，生育期灌水12次，总灌水量450 m^3/hm^2，较大田漫灌节水4500 m^3/hm^2，节水率90.9%。产量90 420 kg/hm^2，较大田漫灌增产5370 kg/hm^2，增产率6.31%。小畦膜上速灌，总灌水量9900 m^3/hm^2，较大田漫灌节水1350 m^3/hm^2，节水率12.0%。产量持平。

（二）制干辣椒不同膜节水灌溉模式对比验证试验

试验地点：民勤三雷中涛核心示范点。设膜下滴灌、全膜垄作沟灌、小畦膜上速灌、大田漫灌四个处理，大区验证，不设重复。指示品种为美国红，试验各处理种植方式、灌水方案同核心示范。试验结果表明，四个种植模式以膜下滴灌节水效果最好，灌水量5400 m^3/hm^2，较大田漫灌节水3300 m^3/hm^2，节水率37.9%。产量29 745kg/hm^2，较大田漫灌增产990 kg/hm^2，增产率3.44%。全膜垄作沟灌由于通风光照条件的改善，增产效果显著，产量34 755 kg/hm^2，较大田漫灌增产5520 kg/hm^2，增产率18.9%。灌水量6900 m^3/hm^2，较大田漫灌节水1800 m^3/hm^2，节水率20.6%。小畦膜上速灌，总灌水量7800 m^3/hm^2，较大田漫灌节水1200 m^3，节水率13.3%。产量与大田漫灌基本持平。

（三）甜瓜不同节水灌溉模式对比验证试验

试验地点：民勤农技中心农试场。设垄作膜下滴灌、平作膜下滴灌、垄作沟灌三个处理，大区验证，不设重复。指示品种为银帝，种植方式平作膜下滴灌采用一膜（140 cm）下铺设两根毛管，种两行甜瓜，其他处理及灌水方案同核心示范。试验结果表明，三个种植模式中垄作膜下滴灌、平作膜下滴灌两种模式节水增产效果趋于一致，灌水量4500 m^3/hm^2，较常规垄作沟灌节水7650 m^3/hm^2，节水率62.96%。产量表现为三个种植模式无明显差异。

（四）棉花不同节水灌溉模式对比验证试验

试验地点：民勤红沙梁示范区。设膜下滴灌、膜下滴灌干播湿出、大田漫灌三个处理，大区验证，不设重复。指示品种为硕丰2号，试验各处理种植方式、灌水方案同核心示范。试验结果表明，三个种植模式以棉花膜下滴灌干播湿出节水效果最为显著，灌水量为2400 m^3/hm^2，较膜下滴灌（安种水漫灌）节水1275 m^3/hm^2，节水率36.7%；较大田漫灌节水3600 m^3/hm^2，节水率60.0%。产量结果两个滴灌处理基本持平，均在4800 kg/hm^2左右，较大田漫灌增产450 kg/hm^2，增产率10.3%。

（五）茴香地膜连年利用免耕种植效益对比验证试验

试验地点：在西渠镇板湖村二社和东湖镇洪圣村六社，前茬均为棉花，采用简单对比设计，设旧膜免耕穴播、新膜穴播、常规露地种植三个处理，小区面积200 m^2，不设重复。试验结果表明，旧膜免耕穴播和新膜穴播两处理茴香的苗期发育和分枝开花及籽粒成熟期基本一致，均较常规露地种植保苗全，苗期发育快，分枝开花期较习惯种植早 12 天左右。产量结果两处理稍有差异，旧膜免耕穴播产 4050 kg/hm^2，新膜穴播产 4335 kg/hm^2，新膜较旧膜增产 285 kg/hm^2，增产率 7.03%，但分别较常规露地种植（3465 kg/hm^2）增产 585 kg/hm^2、870 kg/hm^2，增产率 16.8%、25.1%。从成本效益核算，与新膜穴播比较，旧膜免耕穴播节约成本费用 1950 元/hm^2，产值降低 1567.5 元/hm^2，总体节本增收 382.5 元/hm^2。与常规露地种植比较，节本增收 5167.5 元/hm^2。从节水效益分析，与新膜穴播比较，旧膜免耕穴播泡地水减少 600 m^3/hm^2；与常规露地种植比较，旧膜免耕穴播泡地水减少 600 m^3/hm^2，生育期减少灌水次数 1 次，约 1200 m^3/hm^2，总节水 1800 m^3/hm^2。

五、技术研究成果

在充分调查总结现有农作物设施节水模式、农田节水模式和单项节水技术措施基础上，通过研究创新和多项技术组装配套，研究提出了酿造葡萄、洋葱、制干辣椒、厚皮甜瓜、棉花及免耕种植茴香等特色优势经济作物低成本高效节水技术模式，并结合验证试验、示范结果，初步制定了不同节水模式栽培技术规程 7 项和地方标准 1 项：制干辣椒膜下滴灌栽培技术规程，棉花膜下滴灌栽培技术规程，洋葱平畦覆膜种植技术规程，制干辣椒平畦覆膜种植技术规程，制干辣椒垄作沟灌栽培技术规程，厚皮甜瓜水旱塘栽培技术规程，茴香地膜连年利用免耕种植技术规程和酿造葡萄滴灌技术标准。

参 考 文 献

程国栋，肖洪浪，李彩芝，等. 2008. 黑河流域节水生态农业与流域水资源集成管理研究领域. 地球科学进展，23（7）：661-665

程国栋，肖洪浪，徐中民，等. 2006. 中国西北内陆河水问题及其应对策略——以黑河流域为例. 冰川冻土，28（3）：406-413

胡建勋，甄计国. 2009. 石羊河流域地下水水位下降原因及对策研究. 人民长江，40（1）：31-33，41

李海涛，许学工，肖笃宁. 2007. 民勤绿洲水资源利用分析. 干旱区研究，24（3）：287-295

肖洪浪，程国栋，李彩芝，等. 2008. 黑河流域生态-水文观测试验与水-生态集成管理研究. 地球科学进展，23（7）：666-670

徐大录，丁宏伟，杨建军，等. 2009. 石羊河流域中下游地区地下水位动态特征及变化趋势. 甘肃地质，18（2）：63-68

许文海，张永明，陈刚. 2007. 石羊河流域水资源利用现状及其持续利用对策研究. 冰川冻土，29（2）：265-271

张晓伟，沈冰，莫淑红，等. 2008. 石羊河流域出山口径流演变特征. 干旱区地理，31（6）：836-842

张志强，程国栋. 2004. 虚拟水、虚拟水贸易与水资源安全新战略. 科技导报，（3）：7-10

张志强，姬贵林，李延梅. 2005. 河西地区农业发展战略重构—论河西“阳光绿色高水效农业基地”建设. 中国科学院院刊，20（2）：117-121

朱小燕. 2008. 石羊河流域地下水时空动态研究. 兰州：兰州大学硕士学位论文

第十三章　四川季节性干旱区粮食作物高效用水技术

四川由于受地质构造的制约和影响，分东西两部，东部为盆地，西部是高原，地貌迥异，差异十分明显。四川是一个农业大省，以占全国4.1%的耕地面积，生产出全国6.5%的粮食，养活了全国6.7%的人口。近年人口以8.0‰的速率递增，耕地却以4.6‰的速率递减，年均新增人口60万人以上，耕地年均净减少30万亩左右，目前人均耕地仅0.7亩，人地矛盾突出，粮食安全问题凸现。四川省大部分地区年均降雨量为800～1000 mm，时空分布不均匀，7～10月的降雨量占全年降雨量的70%以上，作物需水过程时期与降雨过程时期不匹配。加之坡耕地占耕地面积的75%以上，工程和土壤水库蓄水严重不足，季节性干旱成为影响粮食生产的第一性制约因素。受季节性干旱影响最大的区域是四川盆地紫色土丘陵农业区和川西高山高原旱作农业区。这些地区受自然和社会双重因素的制约，经济落后，农业现代化程度低，生产水平远不及成都平原，更不及东北、黄淮海、西北等农业发达地区。此外，该区域是革命老区，居住着藏族、彝族、土家族等少数民族，经济发展程度也远不及我国东南部地区。因此，认识四川季节性旱区的自然特征，分析节水农业发展存在的问题，建立以粮食作物为重点的高效用水技术模式，挖掘旱区资源和区位优势，有助于四川现代农业和社会经济可持续发展。

第一节　区域自然特点、农业发展状况及农业用水现状

一、自然特点与农业发展状况

四川横跨青藏高原东缘及四川盆地两个地貌区，境内地势西高东低，由西北向东南倾斜，相对高差达7300 m，地貌以山地为主，丘陵次之，平原和高原较少，各种地貌分别占全省面积的77.1%、12.9%、5.3%、4.7%。根据地貌条件，全省可分为四个区，即四川盆地、盆周山地、川西南山地和川西高山高原。四川盆地区是以广元—雅安—叙永—开江四点的连线构成，是四川盆地的主体部分。盆地西部有成都平原，西北高，东南低，面积9000 km^2。盆中丘陵起伏，纵横千里，内江、遂宁和南充一带多为孤立的中丘。盆周山地区是指环绕四川盆地外围北面、西面和南面的山脉所在地区，主要有大巴山、米仓山、龙门山、大娄山、乌蒙山、峨眉山等。川西南山地区包括大渡河以南至金沙江畔，山脉呈南北走向，自东向西主要有小凉山、大凉山、小相岭、螺吉山、牦牛山、锦屏山、白林山等，海拔2300～4000 m。金沙江和雅砻江流经该区，河谷多为深切峡谷。川西高山高原区的大致范围在岷山—松潘—大渡河—锦屏山—泸沽湖一线以西。高原上山脉连绵，下切河谷纵横。典型的平坦高原在若尔盖、红原一带；四川境内最高的高原在石渠、色达一带，平均海拔4500 m左右，山顶浑圆，河谷宽展。该区内多断陷盆地，如甘孜、炉霍、道孚一带的断陷盆地。高原上的高山有岷山、巴颜

喀拉山、牟尼茫起山、大雪山、雀儿山、沙鲁里山等，海拔一般为 5000～6000 m，其中大雪山主峰贡嘎山海拔高达 7556 m，为四川境内的最高峰。

四川位于我国东部季风区与青藏高原的交接地带。冬半年受西风环流控制，气温较低，降水很少；夏半年主要受副热带高压系统控制，湿热多雨，由于东南季风和西南季风盛行，全省形成多雨、高温天气。全省气候特点是地域分异明显，垂直变化显著，季节性变化独特，气候类型多样。其中，东部四川盆地属亚热带气候，年平均气温 16～18℃，最冷月（1 月）均温 4～8℃，最热月（7 月）气温 24～28℃，≥10℃积温达 5000～6000℃，无霜期 240～300 天，全年降水量除盆地西缘达 1600 mm 外，盆地内多为 900～1200 mm。川西南山地基带属亚热带，冬暖夏凉，四季不分明。其年均气温 12～24℃，≥10℃积温持续期 240～270 天，积温 4500～6000℃，无霜期 220～330 天，年降水量多为 700～1100 mm。川西高山高原地区气候垂直变化显著，河谷干暖，高山冷湿，冬寒夏凉，水热不足，具有温带、寒温带、亚寒带气候特点。其最冷月均温一般 2～12℃，最热月均温一般＜14℃，日均温≥10℃持续期一般只有 30～120 天，积温 2000℃以下，石渠、色达基本无日均温稳定在 10℃以上时段，实属长冬无夏；该区河谷地带日均温≥0℃持续日数最多可达 330 ～360 天，积温可达 3000～4500℃，但垂直方向上冷热变化很大，无霜期 60～200 天，该区年降水量多为 600～800 mm。

四川作为农业大省，可以说，是我国的一个缩影，高原、山区、丘陵、平原各具特色，而且发展不平衡，其人口 8800 万，土地资源 48.5 万 km^2，境内平坝（平原）占 7.8%，丘陵占 10.1%（四川农村人口 60%以上集中在丘陵地区），高原（高山）占 32.1%，山地占 49.4%；山地面积多，而人均可耕地少，仅 0.7 亩，中低产田土占耕地总面积的 40%左右。整个农业以种植业为主，种植业以粮食为主，且总体水平相对低下，传统的农业生产方式占主导地位。目前，在平坝地区，耕作及灌溉条件好，依靠大量施用化肥以及大水漫灌，粮食年产量较高，但普遍存在品种单一且陈旧、价格低廉、质量品质较差等问题。

四川地处我国亚热带季风气候区，降水规律基本上受纬度地带性气候所控制，表现为冬春少雨而夏秋多雨，季节分配极不均匀，这是造成四川不同性质干旱的主要原因。由于四川地处青藏高原东侧，地形地貌复杂多样，因此地形是影响四川干旱的主要非地带性因素。四川地形破碎，相对高差大，山高坡陡的地貌形态导致四川多坡地和旱地，山地面积广大，坡地多加剧了四川干旱的发展。总体来看，该区节水农业发展受到自然、经济、社会等多方面的影响。

（一）农田生态条件差，抗御自然灾害的能力弱

四川季节性干旱区降水多，山坡地多，人均耕地少，滥垦、乱伐、粗放经营耕作方式使农业生态环境系统更加脆弱。该区域水资源充沛但季节性干旱严重，多高山峡谷，少平坝；多旱薄耕地，少高稳农田。且农田多为坡地、山地，连年开垦，跑水、跑土、跑肥的“三跑”现象严重，农田土层变薄，土壤贫瘠，耕地质量退化，抗御自然灾害的能力弱。

（二）季节性、区域性干旱日益频繁

近几十年来，由于世界工业化的发展，大量燃烧煤、石油等矿物燃料使大气中CO_2等温室气体迅速增加，气候朝着干暖化趋势发展，从20世纪90年代中期开始，年均温度都在多年平均值之上波动，有些年份偏高达1℃以上。温度升高增加了热量资源，延长了农业有效生长期，特别是对高海拔地区和高纬度地区，具有一定的积极作用。但是，随着气温的升高，地面蒸发能力增强，引起大气环流和水循环过程异常，使干旱更容易发生，极端气候事件发生的频率、强度都有增加的趋势（张文忠等，2007；王义祥等，2006；崔读昌，1992；高素华等，1992）。2006年川渝特大伏旱、2009～2010年冬春特大干旱都与气候异常密切相关。

据四川省1951～2008年统计资料，除1954年、1956年、2008年三年基本无干旱外，其余年份均有不同程度的干旱发生。全省春旱、夏旱、伏旱频率分别为58%、76%、67%，四川盆地农区的发生频率则分别高达89%、92%、62%。每年粮食作物因旱受灾面积173～180万hm^2（次），产量年均损失10亿kg以上。据四川旱区气候统计资料，春旱发生站次的年际变化不是很大，每年在50站次左右；夏旱波动较大，20世纪60年代最多，接近每年90站次，70年代和进入21世纪后，相对较少，平均每年在70站次左右；伏旱则有明显的年际变化特征，60年代平均每年47站次，70年代平均67站次，80年代平均36站次，90年代平均45站次，进入21世纪后，伏旱发生站次明显的增加，每年平均达到71站次。伏旱发生站次增加表明伏旱的范围在扩大，一些非伏旱区，如盆地西部的名山在1961～2007年的47年间，仅发生伏旱5次，但其中3次都是在2001年以后发生的。其次，伏旱强度在增强，以武胜为例，1961～2007年，发生伏旱的有31年，频率为66%，干旱平均持续天数为31天，2001年后的7年间发生伏旱5年次，平均持续天数达37天，旱期平均降水量不到0.9 mm。2004年和2006年的旱期天数都在50天以上。尤其是2006年，旱期之长，旱期日均降水量之少都是有气象记录以来之最。更为严重的是在2006年的特大旱之后，2007年接着又是大旱。

（三）农业投入严重不足，水利设施基础薄弱

四川旱区国民经济相对欠发达，对农业的投入严重不足。目前，投资的主要来源为国家投资、政府的税收优惠及有限的扶贫投入。农民收入普遍不高，大多只能满足日常生活，有些地方的农民甚至连基本生活都无法保证，对农业生产的投入更无从谈起。基础设施建设是农业发展的基本保障，是保证粮食高产稳产的前提条件。目前在四川多数农区，“靠天吃饭”还是主旋律，农业生产仍处在较为落后的传统耕作方式。总体来看，该区地形复杂，农业基础建设薄弱，水利灌溉工程等基础设施亟须改善。如何加大投入，加强农田基础设施建设，是实现该区农业从传统耕作方式向现代农业转变的关键。

（四）工农业发展加剧干旱缺水

毋庸置疑，气候变化和地形等自然要素是造成四川干旱发生、发展的主导因子。但

在分析区域干旱影响因素时，不应该忽视人类活动。事实上，人类活动也在一定程度上加剧了区内干旱的发生和发展。人类对森林植被的破坏，大大削弱了森林调节气候、涵养水源和保持水土的功能。就四川盆地来说，目前许多地方土层瘠薄，森林覆盖率低，蓄水能力差，抗旱能力处于较低水准。虽然近年来水利设施建设有较大发展，但工农业用水依然紧张。如盆中地区，水资源本来就不宽裕，随着农业复种指数提高，人口和牲畜逐渐增多，用水供需矛盾更突出，这反过来又成为加剧旱情的一个新的因素。人口的过快增长和无节制的索取资源，加速了生态环境的恶化，破坏了生态平衡，使水资源紧缺进一步加剧。因此，人类的不当行为也是形成干旱的重要原因之一。

（五）科技支撑能力弱

经过多年的科技攻关，已形成了一批适应季节性干旱的重大科技成果，干旱防控的研究水平和节水农业科技成果转化能力得到全面提升。但是，从现代农业和国民经济快速发展需求来看，“十二五”乃至中长期实现旱区粮食安全和生态安全双重目标，农业抗旱节水工作还缺乏科学、系统指导。农业节水技术由于缺乏相应的配套设施，以及技术的简易性和实用性较差，大面积推广难度大，效益也远不如研究初始阶段突出。加之节水农业技术推广体系不健全，原有推广体系无法较好地适应市场经济形势，导致节水农业技术成果转化率低、覆盖面小。

二、水资源及农业用水现状

四川江河众多，共有大小河流 1100 余条。流域面积在 10 万 km^2 以上的有长江干流、金沙江、嘉陵江、岷江、雅砻江 5 条，流域面积为 1 万～10 万 km^2 的有 16 条。湖泊主要分布在甘孜、阿坝两州。据初步统计，水面大于 400 m^2 的湖泊 1043 个，其中面积大于 1 km^2 的 49 个。水面以泸沽湖最大，跨四川、云南两省，四川境内面积 51 km^2；次为邛海，面积约 31 km^2；再次是马湖和小南海等。四川省冰川主要分布在西部高山高原地区，如贡嘎山、雀儿山等海拔 5000 m 以上的高山上，冰川覆盖面积 510 km^2，总储量约 210 亿 m^3。沼泽主要分布在川西高原的东北部，以若尔盖面积最大，达 26.7 万 hm^2。

四川河川径流量是 2547.6 亿 m^3，分布情况为金沙江 847.0 亿 m^3、岷（沱）江 1002.6 亿 m^3、嘉陵江 427.0 亿 m^3、长江上游干流 223.0 亿 m^3 和黄河 48.0 亿 m^3。全境自产水资源量为 4330.6 亿 m^3，加上境外来水 1377 亿 m^3，二者共为 5707.6 亿 m^3。人均 6918 m^3，远高全国平均水平，但仅为世界人均占有量的 64.0%。

四川农业水资源总量为 4113.9 亿 m^3，占四川省境内自产水资源量的 95.0%，占全省水资源总量的 72.1%。四川盆地、盆周山地、川西南山地和川西高山高原四个区域的农业水资源量分别为 966.2 亿 m^3、1000.3 亿 m^3、577.9 亿 m^3 和 1569.5 亿 m^3，依次占全省农业水资源量的 23.5%、24.3%、14.1% 和 38.1%。四川盆地、盆周山地、川西南山地和川西高山高原四个区域的耕地年蒸发量分别为 562.9 mm、708.2 mm、610.4 mm 和 426.4 mm，林地年蒸发量分别为 340.9 mm、379.6 mm、310.9 mm 和 300.0 mm，牧草地年蒸发量分别为 426.1 mm、474.6 mm、388.6 mm 和 257.6 mm。

全省耕地、林地和牧草地的土壤水资源量分别是 506.8 亿 m^3、636.1 亿 m^3 和 423.4 亿 m^3，土壤水资源量为 1566.3 亿 m^3，占全省农业水资源的 38.07%。

四川水资源开发利用历史悠久，早在公元前 3 世纪，蜀郡太守李冰兴建都江堰水利工程，引岷江水进行灌溉，从而使成都平原成为“水旱从人”的天府之国。新中国成立后，都江堰水利工程经过大规模的改建、扩建后，灌区范围从新中国成立初期的 14 个县扩大到 2008 年的 37 个县（市、区），农田灌溉面积也由 18.8 万 hm^2 扩大到 68.7 万 hm^2。此外，新中国成立后四川还兴建了黑龙滩、鲁班、三岔、升钟 4 座大型水库和大批中、小型水库，1980 年以后动工兴建了被称为“第二个都江堰”的武都引水工程。

近年来，四川更加重视农业水资源的开发利用，除防洪、灌溉外，还加大了抗旱方面的开发利用力度。为了提高农业水资源的利用率，减少各种旱灾对农业生产的影响，至 2008 年年底，全省共建成水利工程 63.3 万处。其中，大、中、小型水库 6723 处，渠堰 41 854 处，江河堤防 3817 km。全省农田有效灌溉面积由 1949 年的 57.9 万 hm^2 发展到 250.6 万 hm^2，保灌面积达到 173.3 万 hm^2，分别占全省耕地的 63.3%和 43.8%，水利工程年实际向农业供水约 173.9 亿 m^3。江河堤防和大量水库的兴建，对应对洪水威胁，减轻洪涝灾害的损失，保证稳粮增产及国民经济的发展发挥了积极的作用。

四川农业水资源的开发利用在取得很大成绩的同时，也存在以下诸多问题。

（一）生态环境恶化，农业水资源遭受破坏

由于生态环境遭受破坏，造成林草地涵养水源、保持水土和调节气候功能降低，加重了水、旱灾危害程度，提高了其发生频率（表 13-1）。以农业生产集中的川中丘陵区为例，21 世纪初期较 20 世纪 50 年代夏旱、伏旱的发生频率分别提高了 40%和 25%，加之春旱和冬干也常发生，几乎年年都有旱灾。1952～2008（2007）年，全省耕地水、旱灾的受灾面积和成灾面积的总趋势都在增加。其中，水灾的受灾、成灾面积分别增加了 10.7 倍和 11.7 倍；旱灾的受灾、成灾面积分别增加了 2.0 倍和 1.0 倍。

表 13-1 历年耕地遭受水灾和旱灾统计 （单位：hm^2）

年份	水灾		旱灾	
	受灾面积	成灾面积	受灾面积	成灾面积
1952	7.6	4.2	46.2	25.9
1962	11.1	6.3	55.9	37.9
1970	13.8	7.5	92.7	51.4
1980	51.8	26.9	83.0	42.3
1990	63.7	33.0	181.5	93.2
1998	141.6	81.9	141.6	71.2
2008	89.0	49.1	138.7	52.4

注：资料来源于《四川统计年鉴》。

局部河道任意引水、设障，导致许多水利工程淤积现象日渐严重，拦蓄能力降低；而另一些河道，则被挖沙取石，造成洪枯期水情变化剧烈，危及水利工程堤坝安全。长此以往，生态环境会遭到严重破坏，危及人民生命安全。虽然四川从 1998 年开始大规

模退耕还林还牧，但未来几年还很难从根本上扭转生态环境恶化的趋势。此外，四川过去开发利用水资源片面强调工程措施，单纯追求工程经济效益，对工程的环境效益没有给予足够的重视，水源区生态环境也缺乏相应的保护措施，导致农业水资源遭受了进一步的破坏。

（二）水环境污染日趋严重，水质性缺水加剧

不合理的工矿企业发展，工厂排污超标，破坏了长江上游水源地区的生态环境，致使水土流失加剧，水体污染严重，水质状况恶化。总体来看，四川省废水处理达标排放率低于全国平均水平，腹部地区绝大多数河流受到不同程度的污染，特别是城市附近水体污染更为严重。工业废水、生活污水、未经处理的以有机物为主的污染水，大量排入江河，水资源污染严重，全省建制市污水年排放量为 12.7 亿 m^3，污水处理率仅为 15.9%。六大水系中污染最重的是沱江，流域内的德阳、内江、自贡、泸州等市急需开辟第二水源。成都市全年排放 5 亿 m^3 废污水，但经过一、二级处理的只占 18.9%；市郊受污染面积已由 600 km^2 增加到 800 km^2。2004 年 2 月，四川沱江中下游发生了近年来长江流域乃至全国最大的人为水污染事故，彻底暴露了枯水期沱江中下游水质严重恶化的问题。据不完全调查，目前四川 80%以上的集雨灌区不同程度地存在面源污染；每年有 10 亿 t 以上的工业废水和城市生活污水未经处理倾入江河，有 52%的河段遭受污染，尤以沱江、涪江、岷江中下游最为严重。因此，水体污染日趋加重，加剧了四川水资源的紧缺状况。

（三）水分仍是四川粮食生产最主要的限制因素

四川省农业水资源较为丰富，但水资源与土地资源组合结构不协调。四川盆地农业水资源占全省农业水资源的 24.0%，但耕地面积却占全省的 69.3%，特别是川中丘陵区水分不足，热量有余，各种旱灾高频发生，农业生产潜力不能充分发挥；其余三个区域仅有全省 30.66%的耕地，却拥有全省 76.0%的农业水资源量，但除川西南山地区外其余地区热量不足，致使大量农业水资源不能有效利用。

从表 13-2 可知，四川盆地区的综合耕地粮食光温潜力为 31.5 t/hm^2，气候潜力为 25.3 t/hm^2，平均水分衰减率是 19.8%。其中，成都平原区水资源条件好，灌溉保证率高，耕地的综合粮食气候潜力在全省最高，水分衰减率仅 17.0%。盆地丘陵区耕地

表 13-2　四川各区域耕地粮食生产气候潜力

区域	耕地生产潜力/(t/hm^2)		水分衰减率/%
	光温潜力	气候潜力	
全省	30.9	23.6	23.5
四川盆地区	31.5	25.3	19.8
盆周山地区	31.2	23.6	24.2
川西南山地区	26.2	17.2	34.2
川西高山高原区	14.9	6.5	56.6

的粮食综合气候生产潜力位居全省第二位，旱地比例增加，灌溉条件不如成都平原，水资源的限制作用增大，水分衰减率为 22.6%。盆周山地区耕地综合粮食气候潜力 23.6 t/hm²，水资源的限制作用进一步增大，其原因大致与盆地丘陵区相似。

川西南山地区耕地虽有全省最高的综合粮食光温潜力，但其综合粮食气候潜力却处于全省的中偏下水平，水分因素的限制作用突出，水分衰减率达 34.2%。究其原因是降水量相对较小、季节分配极不均衡、蒸散强烈。该区域粮食作物的种植结构中玉米所占比重大，这也是需水量多的原因之一。川西高山高原区耕地的综合粮食光温水潜力在全省最低，由于其热量不足，综合粮食光温潜力本来就低，加之降水径流损失大，水分有效系数低，水分衰减率高达 50%以上。

（四）地表水和地下水的利用缺乏统筹安排，利用不协调，引起局部环境恶化

四川省地下水资源丰富，约占全国地下水总储量的 1/10。目前利用量较少，且多用于工业和生活用水方面；居于用水量首位的农业用水，全部依靠地表水供给，特别在川中丘陵区等地表水资源紧张而地下水资源相对丰富且具备开采利用条件的地区，地下水仍未能得到合理的开发利用。

（五）水利工程设施老化，农业水资源开发投入不足

新中国成立以来，四川兴建了大量水利工程，目前已建成各类水库 6657 座，总库容 87.6 亿 m³，有效库容 44.3 亿 m³，年供水能力 107 亿 m³。但是，对于日渐频繁的季节性干旱，水利基础设施建设仍相对滞后，骨干工程太少。现有水库对江河水量的调蓄能力有限，枯水期供水不足，全省蓄引提水能力仅占水资源总量的 10%，具有调控能力的大中型水库的数量和总库容都低于全国平均水平，况且已有工程大多建于 20 世纪 50～70 年代，普遍存在标准偏低、病害严重、配套不全等问题，其中有约 2000 座各类病害水库亟待整治，加之农田灌溉设施年久失修，田间渠系配套程度较差，导致盆中丘陵区和盆北地区的缺水较为严重。据统计，2008 年全省有效灌溉面积 249.98 万 hm²，仅占耕地总面积的 63.3%；旱涝保收面积 173.26 万 hm²，仅占耕地面积的 43.7%；机电排灌面积 35.4 万 hm²，仅占耕地面积的 9.0%。因此，水利工程设施的不足是限制四川农业水资源利用的重要因素，农业靠天吃饭的局面没有得到根本的改变。

（六）农业水资源利用效率偏低

与农业水资源利用率较高的北方干旱、半干旱地区相比，四川农业水资源的利用效率明显偏低，仅达其 30%～60%的水平。这是由于四川农业水资源贫乏，长期不注意节水技术的改进导致的。四川农田采用的灌溉方式多为漫灌、串灌、淹水灌溉或人工担水灌溉，利用效率自然偏低。此外，大气降水的时空分布不均，也影响农业水资源的利用效率。不过，纵观 50 多年来四川农业水资源利用效率还是有较大的提高，特别是降水资源的利用效率，提高速率很大（表 13-3）。

表 13-3　四川耕地及主要粮食作物大气降水的水分利用效率

［单位：kg/(hm^2 · mm)］

年份	耕地综合粮食	小麦	水稻	玉米	薯类
1952	2.5	4.6	4.4	1.4	1.4
1962	2.4	4.6	3.8	1.6	1.9
1970	4.0	9.8	5.4	2.9	2.7
1980	5.9	12.6	7.2	5.2	3.4
1990	8.4	19.0	9.9	5.7	2.5
1998	10.2	20.3	10.7	6.8	3.9
2008	11.6	24.4	12.2	8.1	4.1

从表 13-3 中可知，1950 年以来，四川主要粮食作物大气降水的水分利用效率成倍增长。其中，耕地综合粮食水分利用效率从 1952 年的 2.5 kg/（hm^2 · mm）提高到 2008 年的 11.6 kg/（hm^2 · mm），增加了 3.7 倍；小麦、水稻、玉米和薯类的水分利用效率分别从 1952 年的 4.6 kg/（hm^2 · mm）、4.4 kg/（hm^2 · mm）、1.4 kg/（hm^2 · mm）和 1.4 kg/（hm^2 · mm）提高到 2008 年的 24.4 kg/（hm^2 · mm）、12.2 kg/（hm^2 · mm）、8.1 kg/（hm^2 · mm）和 4.1 kg/（hm^2 · mm），分别增加了 4.3 倍、1.8 倍、4.8 倍和 2.0 倍。因此，四川主要粮食作物中，小麦和玉米的水分利用效率提高较快，而水稻和薯类的水分利用效率提高较慢。

第二节　总体发展思路、目标和主要技术内容

一、总体发展思路与目标

四川从“六五”开始就干旱对主要粮食作物的影响开展了深入研究（刘银峰等，2009；李跃清和李崇银，1999；李国平和贺文彬，1994），提出了“三沟整治、三池配套”为核心的坡面集雨技术体系、格网式垄作法以及水稻旱育秧等多项节水农业关键技术。“十五”以来主持承担了多项“863”计划、国家科技支撑计划等节水农业专项课题。2004 年组织四川省农业科学院、四川大学、四川省水利科学研究院、西南大学等科研院校 50 余名科技人员，建立“南方丘区节水农业研究四川省重点实验室”和野外台站，重点开展区域节水模式和主要农作物高效用水技术研究，取得了适合西南生态特点的工程节水、农艺节水、生物节水、化学节水及信息管理节水等方面的多项关键技术成果。

“十一五”期间，针对四川季节性干旱区人多地少、耕地质量下降且区域性干旱日益严重，特别是广大的丘陵地区，坡耕地比例大，灌溉条件差，水土流失严重，降雨非生产性损失大，农业产出不高不稳等现状，选择季节性干旱频繁、粮食作物比重大、水资源十分贫乏的川中简阳市建立核心试验示范区，以玉米、小麦、水稻等主要粮食作物为重点，以降低用水综合成本和提高综合用水效益为目标，重点研究降水资源高效利用技术、保护性节水高产种植模式、保墒培肥耕作技术及节水型轻简栽培技术。在鉴选与应用抗旱节水作物新品种的基础上，集成主要粮食作物水肥运筹、群体调控、抗旱保水

等节水丰产配套技术，探索农业节水技术大面积应用的管理体制与运行机制，建立主要粮食作物高效生产综合节水技术试验示范区，形成具有四川季节性干旱区特色的粮食作物综合节水技术体系与模式（图 13-1）。

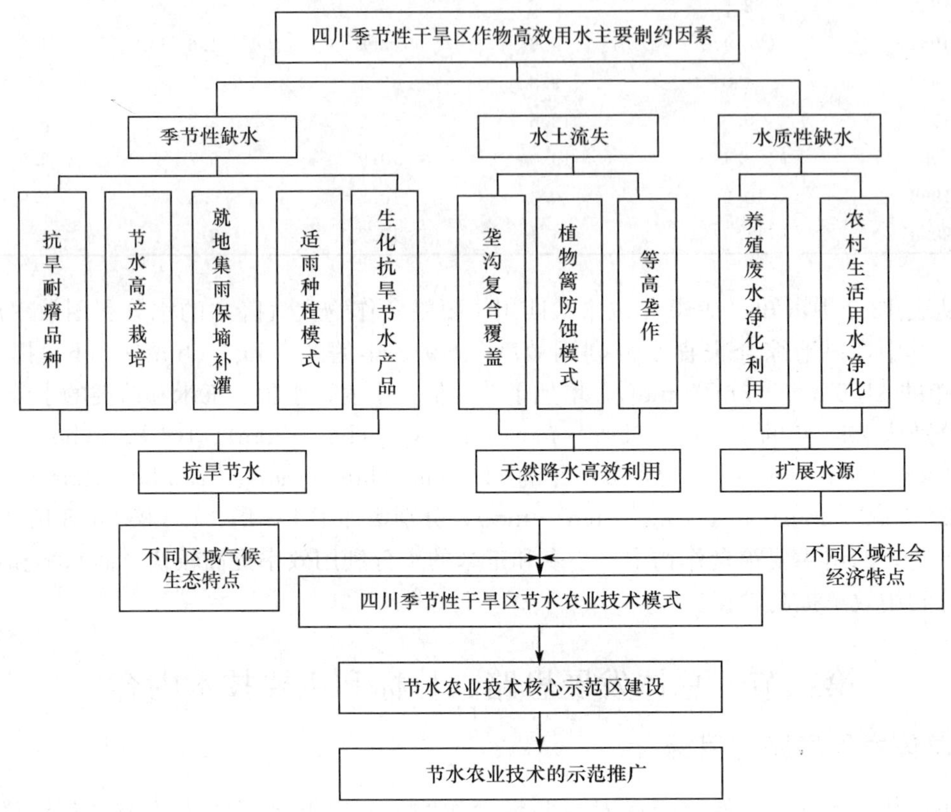

图 13-1　四川季节性干旱区节水农业发展的总体思路

二、主要技术内容

根据总体发展思路，“十一五”期间重点研究了旱地垄播沟覆保墒培肥耕作技术、旱地麦-玉-豆节水新模式、水稻覆盖节水栽培技术、果园地布覆盖保水增效关键技术、坡地等高经济植物篱技术山丘区集雨节灌技术和生物诱导化控抗旱技术等主要技术内容。

（一）旱地垄播沟覆保墒培肥耕作新技术

四川地区农业生态环境脆弱，水土流失严重。对于占耕地面积 70%以上的坡耕地而言，土层浅薄、保水保土能力差是高效利用水资源的重要制约因素。对此，推行保护性耕作措施，控制农田土壤、水分和养分的无谓流失，是发展节水型农业的重要内容。对该区而言，推行横坡耕作、植物篱护边、垄作、秸秆覆盖、地膜覆盖等技术，均有良好的保土保水效果。朱钟麟和赵燮京（2001）在横坡垄作耕作的基础上，提出的适合于该地区以及各丘陵山地坡耕地的聚土免耕垄作法、格网式垄作法和“目”字形垄作法等耕作技术，其共同特点是尽可能多地拦截降水使其就地入渗，提高土壤的含水量。试验表明，格网式垄作、横坡垄作覆盖与传统顺坡平作相比，每年可分别减少地表径流61%和50%，节水抗旱效果十分显著。

在农田覆盖技术方面，地膜和秸秆覆盖是改善农田小气候的重要措施，不仅具有明显的保墒蓄水、防止蒸发、减少径流、保持水土的功能，还有保护土壤结构、调节地温、抑制杂草生长等多种作用，是节水农业中一项行之有效的耕作栽培技术措施。对于"麦-玉-薯"三熟制，利用小麦秸秆对玉米苗期覆盖、玉米秸秆对甘薯全田覆盖，从技术、成本和实用的角度讲，这两种覆盖是最为有效和最易推广的覆盖方式。姜心禄等(2007)对多熟条件下的周年覆盖技术进行了研究，结果发现，无论是"小麦-水稻-秋菜"模式或"马铃薯-油菜-水稻"模式，采用周年免耕、作物秸秆全部还田技术，平均周年节水2600 m^3/hm^2以上，增加经济效益15 000～21 000元/hm^2，实现了节水高产高效。在季节性干旱严重的丘陵地区进行的稻田麦秸覆盖节水效应研究发现，等面积的小麦秸秆全量覆盖宽行的技术模式，可节水30.4%，增产5.9%，水分生产率提高0.5 kg/m^3，灌溉水的水分生产率提高1.2 kg/m^3，全程节本增效1129.7元/hm^2。

近年来，四川丘陵区旱地沟垄种植方式较多，但起垄方向的不同，土壤水分及降水利用效率存在明显差异。赵燮京等在2008年及2009年对垄作模式下不同起垄方向的降水利用率进行了检测，结果表明：土壤表层0～20 cm土壤水分总体差异明显。2008年11月30日至2009年5月17日，顺坡种植平均土壤水分含量为29.2%；横坡种植平均土壤水分含量为31.3%，横坡种植比顺坡种植高7.2%。2009年5月31日至2009年10月18日，顺坡种植平均土壤水分含量为14.5%，横坡种植平均土壤水分含量为16.2%，横坡种植比顺坡种植高12.2%。2009年2月底至4月中旬横坡垄作的土壤水分含量比顺坡高2%～6%，此段时间降水仅19.6 mm，又正值小麦拔节扬花期，土壤墒情对小麦的产量十分重要。产量结果也表明，横坡垄作比顺坡垄作增产180 kg/hm^2，增幅4%左右。从上述研究结果可以看出，横坡种植可以显著提高降水利用率，特别是在少雨干旱期，横坡种植方式下土壤有效水储量明显优于顺坡种植方式，这对作物抵御干旱、提高产量是非常重要的。

为了系统研究垄作方向、覆盖方式及耕作方法的效果，针对传统耕作麦/玉/薯模式秸秆还田后受坡耕地干旱影响，土壤湿度小，秸秆难以腐熟，以及甘薯栽前作垄，正与雨季相遇，容易加剧水土流失的问题，研究人员设计了相关试验。通过定位监测（表13-4)，在四川丘陵区采用等高垄作、秸秆覆盖等方式能有效减少地表径流量。其中顺

表13-4　不同耕作方式水土保持效果调查表

处理	地表径流量/(m^3/hm^2)	径流占降雨总量/%	泥沙流失减少量/(kg/hm^2)	减少幅度/%
A (CK)	1107.8	25.3	4710.8	0.00
B	877.9	20.0	2375.2	49.6
C	606.3	14.3	944.3	80.0
D	880.2	19.8	2598.8	44.8

注：A. 麦/玉/薯　顺坡传统翻耕；B. 麦/玉/薯　顺坡垄作秸秆覆盖；C. 麦/玉/薯　横坡垄作秸秆覆盖；D. 麦/玉/豆　周年免耕秸秆覆盖。

坡垄作秸秆覆盖处理较对照径流减少 20.8%，横坡垄作秸秆覆盖处理较对照减少 45.3%，免耕秸秆覆盖处理减少 20.5%。同时试验结果还表明，在四川丘陵区坡耕地垄作和秸秆覆盖处理能减少土壤流失，各处理减少幅度分别为 49.6%、80.0%和 44.8%。由此可认为，在四川丘陵区坡耕地采用垄作和秸秆覆盖处理能有效减少水土流失，提高土壤对降水的蓄积，尤以横坡垄作效果最为明显。

通过以上基础试验研究，“十一五”期间提出了旱地垄播沟覆保墒培肥耕作技术，主要技术规程如下：

(1) 小麦垄作：在规范开厢（双三〇[①]、双二五等）基础上，将预留空行的土传到小麦种植带，做 20 cm 高的垄，在垄面点播 4 或 5 行小麦。增厚土层提高小麦对冬干春旱的忍耐能力，还能改善小麦品质；

(2) 玉米沟底栽种：冬季对沟底土壤深翻或增种绿肥（蚕豆青等），玉米播种前收割绿肥并就地还田，同时在沟底播栽 2 行玉米，利用垄沟汇集春、夏季降水，提高降水利用率；

(3) 红薯免耕栽插：在小麦收后的垄上免耕栽插 2 行红薯，改变传统栽培在栽前作垄与大雨开始期同步，加剧水土流失的问题；

(4) 秸秆覆盖：将小麦秸秆和玉米秸秆整秆覆盖于沟内，抑制土壤蒸发。同时，由于垄沟内湿度较大，加速秸秆腐熟；

(5) 定向移垄：在冬季收挖红薯时，定向移垄，填埋秸秆，促进秸秆腐熟，同时实现轮耕。

经过几年的试验，垄播沟覆保墒培肥耕作技术具有明显的增加产量、提高降水利用率的作用。据不同土层监测结果表明（表 13-5），垄播沟覆耕作方式显著高于免耕覆盖，而传统翻耕与免耕覆盖差异不明显。主要原因是垄播沟覆处理增厚小麦土层，提高了小麦产量；玉米植于沟内，有利于雨水蓄积从而提高了玉米产量；甘薯产量增加则与小麦原因相同。试验结果表明，土层厚度 40～70 cm 增产抗旱效果最为明显。

表 13-5　不同土层不同保墒耕作技术对周年产量的影响结果

土层 A	模式 B	耕作方式 C	小麦 /(kg/hm²)	玉米 /(kg/hm²)	甘薯/大豆 /(kg/hm²)	周年产量 /(kg/hm²)	降水利用率 /[kg/(mm² · hm²)]
40 cm	麦/玉/薯	传统翻耕	1 818.7	3 959.9	3 895.7	9 674.3	11.7
		垄播沟覆	1 737.0	4 386.7	4 091.0	10 214.6	12.30
		免耕覆盖	1 820.4	4 370.4	3 204.0	9 394.7	11.3
	麦/玉/豆	传统翻耕	1 950.5	4 223.4	1 454.0	7 627.9	9.2
		垄播沟覆	1 790.4	4 217.5	1 578.1	7 585.9	9.1
		免耕覆盖	1 712.0	4 385.2	1 222.6	7 319.8	8.8

① 双三〇指六尺开厢，带距 3 尺（1 尺≈0.33 m，后同）。

续表

土层 A	模式 B	耕作方式 C	小麦 /(kg/hm²)	玉米 /(kg/hm²)	甘薯/大豆 /(kg/hm²)	周年产量 /(kg/hm²)	降水利用率 /[kg/(mm² · hm²)]
70 cm	麦/玉/薯	传统翻耕	2 233.8	5 112.3	3 773.1	11 119.3	13.4
		垄播沟覆	2 252.2	5 493.5	4 215.9	11 961.6	14.4
		免耕覆盖	2 316.4	5 280.3	3 026.3	10 622.9	12.8
	麦/玉/豆	传统翻耕	21 888	5 206.8	1 474.8	8 870.4	10.7
		垄播沟覆	2 422.2	5 059.6	1 601.9	9 083.7	10.9
		免耕覆盖	2 250.5	5 557.0	1 326.2	9 133.7	11.0
100 cm	麦/玉/薯	传统翻耕	2 535.6	6 463.5	3 256.48	12 255.5	14.8
		垄播沟覆	2 532.2	6 563.7	4 494.35	13 590.3	16.4
		免耕覆盖	2 646.5	6 235.6	3 087.43	11 969.5	14.4
	麦/玉/豆	传统翻耕	2 714.0	6 422.7	1 598.38	10 735.1	12.9
		垄播沟覆	2 478.9	6 505.2	1 976.05	10 960.2	13.2
		免耕覆盖	2 654.0	6 910.1	1 564.58	11 128.6	13.4

为了进一步研究垄播沟覆耕作技术在不同种植制度下的节水增产机理，利用径流场长期定位，研究其水土养分流失规律、土壤质量演变过程与机理、水土保持及环境效应、周年粮食产量及生产力变化（表 13-6）。

表 13-6　旱地保墒培肥耕作技术与模式试验处理因素

处理	轮作模式	耕作方式	秸秆还田	备注
1	小麦/春玉米-甘薯	顺坡，翻耕	不还田	CK
2	小麦/春玉米-甘薯	顺坡，轮翻，沟覆垄播换带轮作	前茬作物残茬翻埋还田	
3	小麦/春玉米-甘薯	横坡，轮翻，沟覆垄播换带轮作	前茬作物残茬翻埋还田	
4	小麦/春玉米-大豆	横坡，周年免耕	前茬作物残茬覆盖还田	
5	小麦/绿肥/玉米-甘薯	横坡，小麦免耕撬窝点播、甘薯与玉米翻耕，绿肥选用胡豆	前茬作物残茬覆盖还田	
6	小麦-夏玉米-秋马铃薯	横坡，小麦免耕撬窝点播；秋马铃薯免耕覆盖；夏玉米翻耕	前茬作物残茬覆盖还田	净作，适应机械化
7	小麦/春玉米-夏玉米/大豆	横坡，小麦、大豆免耕撬窝点播；玉米、马铃薯翻耕	前茬作物残茬覆盖还田	
8	小麦/春玉米-甘薯；不施肥	顺坡，翻耕	不还田	土壤养分耗竭研究

1. 对地表径流量的影响

从 2008 年 6 月 15 日到 2009 年 10 月 4 日对试验小区径流量进行测定。分析得知，改变丘陵地区旱坡地种植模式和耕作方式可有效降低地表径流量，水土保持效应显著

(图 13-2)。丘陵地区旱坡地实行横坡种植，结合垄播沟覆或免耕以及增种夏玉米增加覆盖度，2009 年玉米生育期内地表径流量可比传统种植方式降低 30%～60%。

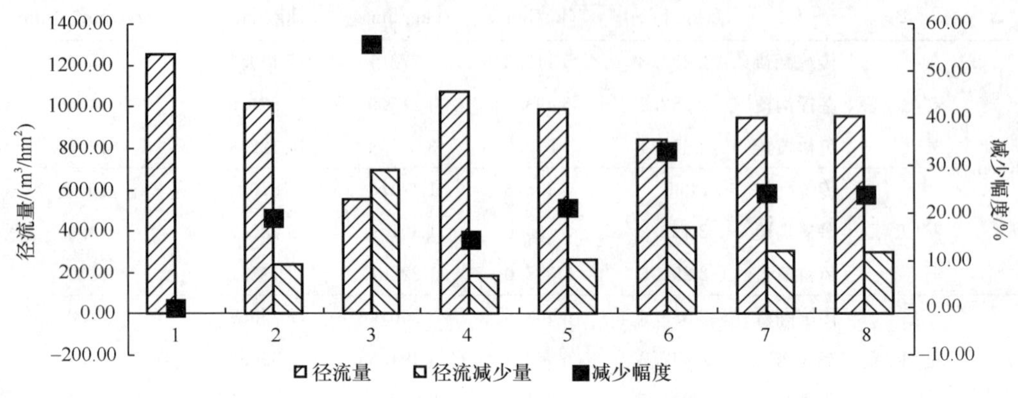

图 13-2　2009 年不同种植模式与耕作方式下地表径流量

2. 对地表泥沙输移的影响

通过监测不同种植模式与耕作方式下地表泥沙输移变化得出（表 13-7）：采用横坡种植可以明显降低地表泥沙流失量，减少幅度达到 50%以上，其中，横坡种植并配合沟覆垄播技术使地表泥沙流失量减少幅度达 80%左右。在坡耕地上，采用横坡种植技术结合行沟垄耕作技术及秸秆覆盖还田也具有较好的保水保土效果。

表 13-7　不同种植模式与耕作方式对地表泥沙流失的影响　　（单位：kg/hm²）

处理	日期（年-月-日）							合计	泥沙流失减少量	减少幅度/%
	2009-6-29	2009-7-10	2009-7-18	2009-7-23	2009-8-1	2009-8-17	2009-8-19			
1,CK	893.3	9.3	112.8	28.9	903.1	545.6	2217.7	4710.8	0.00	0.00
2	522.1	1.7	23.0	17.3	648.1	127.3	1035.6	2375.2	2335.6	49.6
3	287.9	0.8	3.6	2.7	245.1	59.8	344.5	944.4	3766.4	80.0
4	533.5	1.3	20.5	5.3	559.7	106.0	1372.5	2598.8	2112.0	44.8
5	402.3	21.0	26.1	4.7	548.4	64.7	899.4	1966.6	2744.1	58.3
6	436.4	1.5	21.9	5.4	421.9	63.3	670.6	1621.1	3089.6	65.6
7	341.6	0.9	21.8	4.1	549.3	54.7	864.2	1836.5	2874.3	61.0
8	363.8	11.3	15.9	4.7	705.8	99.4	786.7	1987.5	2723.3	57.8

3. 对作物产量及经济价值的影响

在受季节性干旱影响严重的丘陵农区，通过调整种植模式并配套相应的耕作方式以及旱坡地培肥措施使小麦和玉米单产增加，2008 年和 2009 年小麦最高增产幅度达到 10%以上（表 13-8），玉米最高增产幅度达到 42.6%（表 13-9），全年效益最高增幅达到 20.4%（表 13-10）。调整种植模式以及实行旱坡地培肥措施还增加了土壤的抗旱保墒能力，提高了土壤肥力，促进旱坡地粮食作物稳产增产。因此，调整种植模式并配套相应的耕作方式以及培肥措施是实现丘陵农区农业可持续发展的重要途径。

表 13-8　不同种植模式与耕作方式对小麦产量的影响

处理	平均产量 /(kg/亩)	比对照增加 /(kg/亩)	比对照增加 /%	经济价值 /(元/亩)	比对照增加 /(元/亩)	比对照增加 /%
1	213.0	0.00	0.00	340.8	0.00	0.00
2	201.9	−11.1	−5.2	323.0	−17.8	−5.2
3	244.5	31.5	14.8	391.1	50.4	14.8
4	254.6	41.7	19.6	407.4	66.7	19.6
5	247.2	34.3	16.1	395.6	54.8	16.1
6	251.9	38.9	18.3	403.0	62.2	18.3
7	222.2	9.3	4.4	355.6	14.8	4.4
8	240.8	27.8	13.1	385.2	44.4	13.0

表 13-9　不同种植模式与耕作方式对玉米产量的影响

处理	产量 /(kg/亩)	比对照增加 /(kg/亩)	比对照增加 /%	经济价值 /(元/亩)	比对照增加 /(元/亩)	比对照增加 /%
1，CK	439.8	0.00	0.00	703.74		
2	530.6	90.7	42.6	848.9	145.2	20.6
3	530.6	90.7	42.6	848.9	145.2	20.6
4	496.3	56.5	26.5	794.1	90.4	12.8
5	527.8	88.0	41.3	844.5	140.7	20.0
6	488.9	49.1	23.1	782.3	78.5	11.2
7	453.7	13.9	6.5	726.0	22.2	3.2
8	392.6	−47.2	−22.2	628.2	−75.6	−10.7

表 13-10　不同种植模式与耕作方式对旱坡地周年经济价值的影响　（单位：元/亩）

处理	小麦	春玉米	夏玉米	红薯	大豆	秋马铃薯	合计	比对照增加 /（元/亩）	比对照增加/%
1	340.9	704.1	0.0	516.9	0.0	0.0	1561.9	0.0	0.0
2	323.1	849.3	0.0	528.0	0.0	0.0	1700.4	138.6	8.9
3	391.3	849.3	0.0	639.2	0.0	0.0	1879.8	317.9	20.4
4	407.6	794.5	0.0	0.0	407.6	0.0	1609.7	47.8	3.1
5	395.8	0.0	844.9	0.0	0.0	291.8	1532.5	−29.5	−1.9
6	403.2	782.6	0.0	439.1	0.0	0.0	1624.9	63.0	4.0
7	355.7	726.3	326.1	0.0	18.5	0.0	1426.6	−135.3	−8.7
8	385.4	628.5	0.0	314.1	0.0	0.0	1328.0	−234.0	−15.0

注：小麦 1.60 元/kg，玉米 1.60 元/kg，红薯 0.30 元/kg，大豆 4.00 元/kg，秋马铃薯 1.50 元/kg。

垄播沟覆耕作技术具有减少无效径流、增加土壤水分、提高粮食产量的作用，其原因是该技术集成了横坡垄作与秸秆还田的双重优势：一是通过垄作增厚了小麦和红薯种植区的土层，提高了抗旱能力；二是增大了垄沟容积，能最大限度地把自然降水集蓄于玉米种植垄沟内；三是秸秆覆盖减少了水土流失，抑制了土壤蒸发，保住土壤水分；四是通过填埋促进了旱坡地秸秆还田后的腐熟过程，利于培肥土壤。

垄播沟覆耕作技术的节水增产优势明显，“十一五”期间该技术在四川进行了大面积示范，示范农田每公顷垄沟新增蓄积降水 150 m^3 以上，全年增收粮食 930 kg。由于该技术模式所采取的起垄栽培增加了丘陵区农业用工，而当地劳动力又相对短缺，针对该实际情况还研制出双轮微耕机用玉米小麦多功能播种施肥机和微耕机整地起垄机，基本实现了丘区播种和起垄的机械化。

（二）旱地麦-玉-豆节水新模式

西南地区热量资源相对优越，≥10℃年积温 5000～8000℃，无霜期 300～365 天，其中四川盆地和重庆是西南的热量高值区，有利于多熟种植模式的发展。在充分利用土地资源的前提下，要发挥该区光、温、水同步协调的农业资源优势，积极发展高效多熟种植模式，以提高复种指数，实现该区光、温、水高效利用。近年来，四川省农业科学院、四川农业大学等农业科研单位在四川丘陵地区研究提出了“小麦/玉米/大豆”新三熟模式。该模式提倡少耕免耕，发展轻型简化栽培，在改良培肥土壤方面优势明显，并具有省工省时等特点（王小春等，2009），在四川资阳、内江、遂宁、眉山等地推广面积已超过 0.7 万 hm^2 以上，特别是在 2006 年遭遇严重干旱的情况下，套作冬大豆喜获丰收，凸显了该模式良好的抗旱减灾效果。

加速新模式的推广，进一步提高模式的节水效率，有以下几个问题亟待解决：①在新模式下，三大作物抗旱节水新品种的筛选；②高效利用自然降水问题，包括以播期调节为主的适水种植技术、作物需水规律如何与降水规律匹配问题、适合不同降水规律三大作物群体调节技术；③模式新增作物——大豆的耐旱能力和耐旱机制问题。针对新模式亟待解决的问题，四川节水农业课题组在“十一五”期间主要开展了新模式的节水机制、水土保持效应、大豆节水生理机制、作物需水规律与降水规律匹配、干旱胁迫下氮素水平对新模式核心作物——大豆生长发育的影响等基础理论研究，同时开展了以播期调节为主的适水种植技术、耐旱品种选择、套作条件下作物病虫害发生与降水规律的关系及防治技术等生产应用技术研发工作。为优化新模式，解决劳力供需矛盾，课题组还探索了该模式下小麦、玉米、大豆的免耕机播技术，多功能播种施肥机的研制也取得了初步成功。

1. 不同种植模式对坡地水土保持及作物产值的影响

在径流场设置不同种植模式的单因素试验，四个水平，分别为 NTM：“小麦/玉米/大豆”全程免耕全程秸秆覆盖（小麦、大豆、玉米均为免耕秸秆覆盖）；PTM：“小麦/玉米/大豆”半程免耕半程秸秆覆盖（小麦、玉米翻耕不覆盖秸秆，大豆免耕麦秆覆盖）；TWM：“小麦/玉米/大豆”全程翻耕不覆盖秸秆；TWMS：“小麦/玉米/甘薯”

全程翻耕不覆盖秸秆。三个区组，区组Ⅰ坡度为5°、区组Ⅱ坡度为15°、区组Ⅲ坡度为25°。采用农民习惯的顺坡种植，套种作物带宽1.6 m，每种作物幅宽均为0.8 m。试验小区实际面积为10 m×3.2 m。通过三年定位监测试验研究了不同种植模式对坡地水土保持、土壤肥力及作物产值的影响（表13-11）。

表13-11 不同种植模式条件下连续三年平均土壤侵蚀量、地表径流量结果

	处理	5°	15°	25°	平均
土壤侵蚀量/(kg/hm²)	NTM	892Ab	1196Bb	1478Aa	1189Cc
	PTM	902Ab	1256ABa	1560Aa	1240BCb
	TWM	992Aa	1275ABa	1565Aa	1277ABab
	TWMS	1016Aa	1307Aa	1622Aa	1315Aa
地表径流量/(m³/hm²)	NTM	212Dd	214Dd	218Dd	215Dd
	PTM	239Cc	241Cc	241Cc	240Cc
	TWM	276Bb	277Bb	288Bb	280Bb
	TWMS	396Aa	397Aa	399Aa	397Aa

在水土保持方面，“小麦/玉米/大豆”全程免耕全程秸秆覆盖模式的三年平均土壤侵蚀量和地表径流量最低，显著低于其他处理，分别为1189 kg/hm²、215 m³/hm²，比“小麦/玉米/甘薯”全程翻耕不覆盖秸秆模式分别低10.6%和84.7%。

土壤肥力方面，三种“小麦/玉米/大豆”模式都能增加土壤有机质、全氮、速效钾和碱解氮含量，以“小麦/玉米/大豆”全程免耕全程秸秆覆盖模式增加幅度最大，分别为15.7%、18.2%、55.2%和25.9%，“小麦/玉米/大豆”半程免耕半程秸秆覆盖模式次之，“小麦/玉米/甘薯”全程翻耕不覆盖秸秆模式最低。

作物产量、产值方面，以“小麦/玉米/大豆”全程免耕秸秆覆盖模式三年平均总产量、总产值和纯收入最高，分别为12 192 kg/hm²、24 168元/hm²、18 809元/hm²，较其他几个处理增幅分别为2.2%～20.6%、4.0%～49.1%，总体效益最好（表13-12）。总之，“小麦/玉米/大豆”新模式与“小麦/玉米/甘薯”模式相比，在保持水土、减少土壤侵蚀量和地表径流量、增加作物产值等方面具有明显优势。

表13-12 不同种植模式下的三年平均产量、产值及效益

处理	产量/(kg/hm²)			年总产量/(kg/hm²)	年产值/(元/hm²)			年总产值	总成本	纯收入/(元/hm²)
	小麦	玉米	大豆（甘薯）		小麦	玉米	大豆（甘薯）			
NTM	3 254	6 843	2 096	12 193	5 259	10 321	8 589	24 169Aa	5360	18 809Aa
PTM	3 200	6 594	2 063	11 857	5 163	9 923	8 546	23 632Aa	5 542	18 090Aa
TWM	3 148	5 978	1 881	11 007	5 089	8 996	7 634	21 719ABb	5 725	15 994Ab
TWMS	3 062	5 543	3 325	11 930	4 965	8 347	5 877	19 189Bc	6 570	12 619Bc

2. 新模式下抗旱高产品种的筛选

选用耐旱节水品种是提高作物节水抗旱能力的重要途径。研究人员就新模式下普遍种植的玉米与大豆品种的耐旱性进行了试验研究。玉米：选用新近育成的突破性新品种17个，通过苗期干旱和正常水分控制下产量和经济性状指标的测定，鉴选出川单418、正红311、成单30等3个品种，具有较好的丰产抗旱性。大豆：针对当前生产上大豆播种期掌握不当，播下后常遇干旱天气等问题，筛选出芽期抗旱品种，保证在干旱胁迫下种子有较高的出苗率，选用贡选1号、南豆12、西豆3号等11个品系开展了芽期干旱对种子发芽特性影响的研究，鉴选出贡选1号、南豆14、南豆02—4、东选1号四个芽期抗旱性较强的品种。

3. 新模式下作物需水特性与降水规律匹配研究

1）不同降水条件下作物适播期研究

为了开发不同生态区新模式下玉米、大豆适水种植技术，研究人员开展了新模式下作物需水特性与各生态区降水规律匹配的分析试验，根据气象台提供的四川省严重干旱风险区划图，选择不同降水量和季节性干旱发生特性不一致的四个生态区（干旱高发区：乐至；干旱易发区：雁江；干旱少发区：仁寿；干旱偶发区：乐山）开展套作群体的核心作物——玉米、大豆适宜播种期试验。玉米采用单因素随机区组设计，供试品种为川单418，处理为不同播期，设置5个水平：A1：3月5日；A2：3月15日；A3：3月25日，A4：4月4日，A5：4月14日；三次重复，大豆采用二因素裂区设计，A因素为玉米播期，A1：3月5日；A2：3月15日；A3：3月25日，A4：4月4日，A5：4月14日；B因素为大豆播期，B1：5月20日，B2：5月30日，B3：6月9日，B4：6月19日。

玉米：播期对各生态区玉米产量影响结果不一致，在常年干旱高发区和干旱偶发区均表现为4月4日播种产量最高，显著高于其他播期处理，干旱易发区——雁江和干旱少发区——仁寿产量以早播较高（表13-13）。2009年在玉米生长期，四个生态点春旱均较严重，3月总降水量乐至为11.4 mm，雁江22 mm，仁寿8.7 mm，乐山仅为7.6 mm，5月下旬，各地又遭受了不同程度的夏旱，乐至降水量为1.3 mm，雁江57 mm，仁寿5.3 mm，乐山仅为1.9 mm，乐至和乐山两个生态点播期较早的处理由于播种—出苗降水不够，出苗不整齐，再加上5月底较早播期的玉米正处于开花授粉阶段，需水较多，降水不足，导致授粉结实受到影响，因此，产量较低，雁江和仁寿春旱和夏旱不太严重，对早播玉米影响不大，并且早播生育期延长，产量较高。

表13-13 玉米产量结果

处理	乐至	雁江	仁寿	乐山
3月5日	428.2Dc	549.3Aa	579.7Aa	233.3Cc
3月15日	459.6CDbc	533.3ABab	558.7Bb	289.3Bb
3月25日	465.2 CDb	464.7Cc	556.3Bb	274.2Bb
4月4日	535.2Aa	516.3Bb	428.7Cc	396.9Aa
4月14日	484.6BCb	533.3 ABab	388.3Dd	205.5Cc

大豆：在四个生态区各因子对大豆产量的影响均达显著水平（$\alpha=0.05$），其影响大小顺序均为大豆播期＞玉米播期＞大豆播期×玉米播期（表 13-14）。乐至、雁江、仁寿三个生态区均以玉米适期播种（3 月 25 日）大豆产量较高，但大豆播期对产量的影响不尽相同，乐至点各玉米播期下大豆均以 6 月 9 日播种产量最高，早播（5 月 20 日）由于降水量少（5 月下旬仅降 1.3 mm）出苗不整齐，缺株严重，产量极低，而常年干旱易发区——雁江和干旱少发区——仁寿以 5 月 30 日种产量较高，常年干旱偶发区——乐山，以玉米、大豆均早播，大豆产量较高，大豆播种期以 5 月 20 日处理产量最高，5 月底该区的降雨量少，出苗不整齐，缺株较严重，而单株荚数和每株粒数增多，具有一定的补偿作用，播期推迟产量下降的主要原因是后期雨水增多，植株生长旺盛，但结荚数少，每荚平均粒数减少，产量下降。

表 13-14　大豆产量结果

玉米播期	大豆播期	乐至	雁江	仁寿	乐山
3 月 5 日	5 月 20 日	70.4	77.6	136.8	112.0
	5 月 30 日	105.0	68.0	163.3	90.0
	6 月 9 日	108.8	67.4	172.3	82.5
	6 月 19 日	79.8	71.6	161.6	92.4
3 月 15 日	5 月 20 日	40.9	39.0	176.8	87.1
	5 月 30 日	74.6	72.0	163.3	62.5
	6 月 9 日	113.6	69.0	163.3	89.0
	6 月 19 日	105.6	73.8	147.2	103.2
3 月 25 日	5 月 20 日	50.4	73.0	182.6	93.5
	5 月 30 日	90.1	78.5	187.7	87.3
	6 月 9 日	127.8	76.5	178.6	94.9
	6 月 19 日	105.0	70.1	169.0	92.1
4 月 4 日	5 月 20 日	29.6	69.3	176.7	96.3
	5 月 30 日	54.7	68.4	165.0	80.2
	6 月 9 日	98.4	73.1	167.3	89.3
	6 月 19 日	75.0	68.0	154.0	92.3
4 月 14 日	5 月 20 日	54.5	74.2	184.0	98.7
	5 月 30 日	68.6	73.4	171.4	79.6
	6 月 9 日	94.4	65.0	158.9	88.3
	6 月 19 日	67.6	67.8	154.9	99.4
玉米播期	3 月 5 日	91.0Aa	71.2ABa	158.5Cc	94.2Aa
	3 月 15 日	83.7ABa	73.5Aa	162.7Bb	88.0Bb
	3 月 25 日	93.3Aa	74.5Aa	179.5Aa	81.1BCb
	4 月 4 日	64.4Cb	69.7Bb	165.8Bb	82.7BCb
	4 月 14 日	71.3BCb	70.1ABa	167.3Bb	85.4Bb

续表

玉米播期	大豆播期	乐至	雁江	仁寿	乐山
大豆播期	5月20日	49.2Cd	66.6Bc	171.4Aa	97.5Aa
	5月30日	79.2Bc	72.1Aa	173.1Aa	89.9ABa
	6月9日	108.0Aa	70.2Bb	168.1Aa	88.8ABa
	6月19日	86.6Bb	70.3Bb	157.3Bb	75.9Bb

2）大豆不同品种类型的适播期研究

供试品种为A1：浙春3号（早熟）、A2：乐豆1号（中熟）、A3：贡选1号（晚熟），两因素裂区设计，播期设5个水平，早播（5月25日）、中早播（6月15日）、中晚播（6月22日）、晚播（6月29日）、超晚播（6月7日），结果表明（表13-15）：早熟品种随播期的推迟增产明显，而中熟品种在后四个播种期下的产量差异不显著，都显著高于第一播期，其中以第二播期产量最高，晚熟品种在第二播期和第三播期产量差异不显著，但都明显高于其他播期。结合四川多年气候特征，该时期四川各区大多有较大规模降水，能够确保大豆的正常出苗与生长，因此确定6月10日前后为最适播种期。

表13-15　播期对不同品种大豆产量的影响

处理	单株荚数	每荚粒数	百粒重/g	实际产量/(kg/hm²)
A1B1	2.175Hh	1.331	13.731	97.67Hh
A1B2	7.928GHg	1.326	14.303	344.66Gg
A1B3	11.483 FGfg	1.455	16.290	679.23Ff
A1B4	12.263FGfg	1.603	16.160	741.29Ff
A1B5	14.417EFGf	1.639	17.257	957.48Ee
A2B1	15.375EFef	1.482	9.460	425.84Gg
A2B2	32.382Bc	1.542	12.031	1275.72CDd
A2B3	24.779CDd	1.639	14.306	1219.89Dd
A2B4	20.883DEde	1.628	14.673	1180.95Dd
A2B5	19.960DEde	1.561	15.253	1128.67DEd
A3B1	37.336ABbc	1.485	15.661	1829.3Ab
A3B2	42.266Aab	1.496	14.672	1971.72Aab
A3B3	44.065Aa	1.699	14.637	2004.77Aa
A3B4	33.226Bc	1.432	14.464	1570.57Bc
A3B5	31.953BCc	1.329	14.055	1439.36BCc

4. 新模式下大豆节水生理机制研究

以贡选1号为材料，采用盆栽控制性试验模拟四川伏旱发生，研究了不同干旱胁迫时间及复水后对大豆各生理指标及产量的影响，初步探索了套作大豆的耐旱能力及节水机制。试验分为正常灌溉组和干旱处理组，正常灌溉组在处理期间正常灌水，并使其土壤含水量保持在田间持水量的70%～80%；干旱胁迫组在统一灌水后不再灌水，让其逐渐自然干旱。干旱胁迫的开始时间为7月14日，分为五个水平：B0：干旱胁迫0天；B1：干旱胁迫7天后复水；B2：干旱胁迫14天后复水；B3：干旱胁迫21天后复水；B4：干旱胁迫28天后复水。试验结果如下（表13-16）。

表13-16　不同处理下大豆产量及相关性状分析结果

处理	分枝数	节数	主茎节荚数	分枝节荚数	单株结荚数	主茎粒数	分枝粒数	单株粒数	百粒重/g	每荚粒数	单株粒重/g
B0	7.00	18.70	12.93	24.73	37.67	16.20	33.83	50.03	22.21	1.35	10.65
B1	5.48	19.18	15.35	29.55	44.90	19.38	39.95	59.33	23.63	1.32	13.99
B2	5.42	18.78	17.07	28.57	48.63	24.55	43.93	68.48	21.43	1.51	14.63
B3	5.50	15.83	12.03	26.28	45.31	19.81	52.53	62.33	19.96	1.70	13.25

（1）形态指标。对大豆主茎高的影响：B1处理下，大豆的主茎高降低到25.7 cm，比B0的29.9 cm低4.2 cm，干旱结束后复水，迅速恢复到B0水平，并超过B0；在B2、B3处理下，主茎没有增长，复水后，恢复生长；B4处理的大豆其主茎高在干旱胁迫期间基本保持不变，但由于受旱时间较长，植株已经死亡。对茎粗的影响：B4处理期间，茎粗都呈下降趋势；B1、B2、B3处理结束后复水，茎粗迅速增加，干旱胁迫时间越长，其茎粗就越难恢复到B0水平。对主茎节数的影响：B3、B4处理对大豆的主茎节数影响较大，在B4处理下，大豆主茎节数基本保持不变，大约为9节，在B3处理下，大豆主茎节数缓慢生长，之后也不能恢复到B0水平。对分枝数的影响：不同的干旱胁迫时间对分枝数的影响比较明显，在B4处理下，受干旱的影响，分枝数先是保持不变，随胁迫时间的增加其分枝数有明显的减少趋势；B1、B2、B3干旱处理后复水，其分枝数开始增加，受胁迫程度越严重，恢复到正常水平就越难。对绿叶数的影响：在B1处理下，大豆绿叶数与B0水平相差不大，复水后，绿叶数迅速增加，接近B0水平；B4处理下，大豆的绿叶数先下降，之后保持不变，继续干旱，绿叶数进一步下降；胁迫较轻的如B1、B2处理复水后，绿叶数能恢复到B0水平。

（2）生理指标。对叶片相对含水量的影响：除B0外各处理在胁迫期间叶片相对含水量均低于B0，而胁迫期满后复水，其叶片相对含水量均能迅速恢复到B0。对丙二醛的影响：干旱胁迫对大豆叶片丙二醛的影响较大，各干旱处理之间的差异也比较显著，正常水平下大豆叶片MDA含量均在0.02 μmol/g左右，经过B3处理后，MDA含量达到最高值0.1 μmol/g，比B0水平高出5倍；经过B4处理后，MDA含量开始逐渐降低，各处理干旱胁迫后复水，其MDA含量都能恢复到B0水平。对脯氨酸（Pro）的影响：在B0水平下，Pro的含量在0.4 mg/g左右变化，受不同干旱胁迫时间的影响，叶片Pro的含量不断增加，在B2处理下时，其值最高达到12.87 mg/g，继续干旱后Pro含量逐渐下降；B4处理下叶片Pro与B1处理下含量基本相同；而各处理干旱胁迫后复水，叶片Pro含量均能恢复到B0水平。对可溶性蛋白的影响：在B0水平上，整体呈增长趋势，从最低的16.7 mg/g增加到32.5 mg/g，从B4处理看，随着干旱胁迫时间的增加，叶片可溶性蛋白含量增加，胁迫21天时，增加到最大值37.7 mg/g，继续干旱，其值逐渐降低到 28.1 mg/g；其余 B1、B2、B3 处理在干旱胁迫结束后复水，其可溶性蛋白含量降低，并恢复到 B0 水平。对可溶性糖的影响：在 B0 处理下，叶片可溶性糖含量逐渐平缓增加，经过 B2 处理后，可溶性糖含量达到最大值，而后继续干旱，可溶性糖含量不断降低，而复水后，可溶性糖含量又逐渐增加到 B0 水平。

（3）产量。不同程度的干旱使大豆分枝数降低，但结荚数、单株粒数显著增加，轻度干旱的百粒重也有所增加，导致在干旱胁迫后 14 天复水处理产量最高，胁迫 7 天复水处理次之，干旱胁迫后 21 天复水处理，分枝数较低，但后期鼓粒效果好，粒数增加，产量也相对较高。

综上，在干旱胁迫的影响下，植物生长过程会受到抑制。从以上的试验结果可以得出短时间的干旱胁迫（7～14 天）有利于大豆产量的形成，并且对大豆主茎高、茎粗、主茎节数、分枝数以及绿叶数的影响不大，在干旱胁迫结束后及时复水，其生长状态均能恢复到正常水平。长时间的重度干旱胁迫会对大豆造成一定影响，严重干旱条件下，大豆主茎高、主茎节数保持不变，没有生长，而茎粗、绿叶数有下降的趋势，严重阻碍了大豆正常生长。一般来说，干旱时间越长，干旱程度越严重，复水后大豆越难恢复到正常生长水平，最终造成大豆植株矮小，主茎节数减少，分枝数减少，影响大豆的结荚，最终影响产量。随着干旱时间的增加，叶片丙二醛、脯氨酸含量增大，复水后又降低，叶片可溶性蛋白均随着干旱时间增加而增大，复水后能恢复到正常水平，叶片可溶性糖含量变化则表现为在短期的轻度干旱胁迫内增加，而长期的严重干旱下又降低。

5. 不同干旱胁迫程度与氮素水平对新模式核心作物——大豆生长发育的影响

为了研究新模式下大豆的耐旱能力及土壤氮素对大豆耐旱能力的影响，研究人员设置不同土壤水分及氮素施用水平的试验，通过监测大豆茎叶形态、光合性能、干物质积累及籽粒产量等指标，明确了干旱胁迫与氮素水平对大豆生长发育的影响。试验采用两因素随机区组设计，B 因素为不同土壤含水量，设 4 个水平，重度干旱 W1：土壤含水量控制在田间持水量的 30%±2%；中度干旱 W2：土壤含水量控制在田间持水量的 45%±2%；轻度干旱 W3：土壤含水量控制在田间持水量的 60%±2%；正常水分 W4：土壤含水量控制在田间持水量的 75%±2%。氮因素为氮肥施用量 0 kg/hm^2（N1）、45 kg/hm^2（N2）、90 kg/hm^2（N3）、180 kg/hm^2（N4），氮肥用尿素，全作基肥，兑水后灌施。结果见表 13-17。

表 13-17　大豆产量结果　　（单位：g/盆）

项目	N1	N2	N3	N4	平均
W1	16.69	15.95	15.42	12.02	15.02
W2	14.58	16.96	15.39	13.89	15.21
W3	17.96	17.35	18.87	17.76	17.99
W4	16.33	17.30	17.99	15.08	16.68
平均	16.39	16.89	16.92	14.69	

（1）茎叶形态：干旱胁迫降低了主茎高、第一结荚高度、第一节长度，增加了茎

粗，减少了分枝数、叶片数、降低了 SPAD 值。氮素增加了主茎高、第一结荚高度、第一节长度，提高了 SPAD 值，对茎粗、分枝数、叶片数的影响不显著。

（2）光合性能：与对照相比，干旱处理显著降低了净光合速率、气孔导度、胞间 CO_2浓度、蒸腾速率。干旱胁迫下净光合速率、气孔导度、胞间 CO_2浓度、蒸腾速率大致均以 N3 处理水平最高。气孔作为水分和 CO_2进出叶片的通道，对光合作用具有重要的调节作用，干旱条件下，大豆气孔有不同程度的关闭。

（3）干物质积累：氮素处理增加了根、茎＋叶柄、叶、全株的干物质积累量，其随氮肥施用的增加而增加。根的干物质积累量以 N3 处理的最高，N1 处理的最低；而茎＋叶柄、叶、全株的干物质积累量均以 N4 处理的最高。

（4）籽粒产量：干旱胁迫对主茎荚数、主茎粒数有显著影响，随胁迫程度的加剧有降低的趋势，空瘪粒荚数则随胁迫程度的加剧显著增加。施用氮肥显著增加了主茎荚数、主茎粒数、分枝粒数。干旱处理与氮素处理对百粒重均无显著影响。各因素对产量影响顺序表现为干旱程度（$F=11.259^{**}$）＞氮素水平×干旱程度（$F=3.925^{**}$）＞氮素水平（$F=2.889^{*}$）。由表 13-17 所示，产量随干旱胁迫的加剧显著下降，轻度干旱（田间持水量的 60%±2%）有利于产量形成，在轻度干旱和正常水分条件下，以 N3（90 kg/hm^2）处理对产量的提高有显著作用；中度干旱条件对产量有显著影响，这时施氮对大豆产量的提高作用不明显；重度干旱条件下，大豆产量显著降低，而且施氮更加不利于产量形成。

综上，干旱胁迫对大豆生理生态的影响是多方面的，干旱胁迫下大豆地上部生长受到抑制，株高降低，随干旱胁迫越重降低幅度越大。此为植物适应逆境的一个自我调控的反应，在水分缺失的条件下，植物要尽可能减少表面积以减少蒸腾蒸发，维持自身生长所需水分。株高、叶面积减少直接导致总生物量的减少，同时干旱胁迫又促使了干物质向根部的运移。根部相对于对照的干物质分配率的增加则说明了干旱胁迫促进了根系的生长，轻度干旱胁迫条件对根部的生长起到更好的促进作用，为产量形成奠定的基础。

6. 新模式三大作物免耕机播技术探索

针对丘陵地区坡度大、地块小、多熟种植费工费时而劳动力又相对短缺的问题，引进改装出适合丘陵套作条件的 2BTF-2 多功能播种施肥机，由微耕机带动，通过对播种器的调试，能实现小麦、玉米、大豆一同播种，即一机多用，播种施肥一体化。为考察机播效果，分别开展了小麦、玉米、大豆与传统播种方式的对比试验。

小麦：试验设置机播、砍沟点播、撬窝点播三种播种方式，进行同田对比。试验结果表明，机播落子均匀，播种密度容易控制，田间布局规范，省工省时。在播深 1～2 cm、窝播 8～11 粒、播后覆土 1～2 cm 的条件下，机播后的出苗率、基本苗、有效穗均显著高于砍沟点播，增产 14.9%。

玉米：设置机播与传统点播同田对比，考察其产量效益。结果表明：点播优于机播，产量高出 6.62%，分析产量构成因素，千粒重各处理间差异不大，有效穗和穗粒数在两种播种方式上差异较大。机播的有效穗较点播每亩低 400～500 株，虽然穗粒数较点播高，但从协调产量各构成因素的关系来看，有效穗少是导致机播产量低的直接原因。造成机播有效穗低的原因很多，如播种量、出苗率、空秆率等，从本试验观察，播种量是关键。如果玉米种子大小差异大，给播种孔的调节带来一定难度，要根据需要来调节播种量就不准确，因此，播种前精选种子，去除小、杂粒，也是机播玉米的重要环节。经济效益方面，在其他管理投入一致的情况下，尽管翻耕产量较高，但所需劳动力多，经济效益较低，而机播的劳动力投入较少，成本低，平均经济效益优于点播。如果进一步加强提高产量方面的研究，经济效益将会有明显提高。

大豆：采用同田对比试验研究了挖窝点播、条播、免耕机播、免耕丢播秸秆覆盖、免耕机播秸秆覆盖五种播种方式对大豆产量的影响。结果表明：播种方式对大豆产量有一定影响，但各处理间差异不显著，以免耕机播处理产量最高，达 129.2 kg/亩，比常规播种方式高 6.9%，免耕机播秸秆覆盖方式产量最低，比常规播种方式低 6.9%。

三大作物机播效果表明，机械播种深度一致，出苗整齐，省工节本增效，2009 年示范区小麦机播地验收套作亩产达 248.2 kg，较非示范区增产 46%，套作机播玉米验收产量达 433.6 kg，较非示范区增产 26.3%，套作机播大豆的产量为 115 kg。机播技术的研究推广，突破了四川丘陵旱地套作机械化生产的瓶颈，播种功效 3 亩/h，每亩播一茬作物可节约用工 4 个以上，亩节约工钱 160 元/亩，周年可节约 500 元左右，减少了劳动力投入，可有效解决劳动力短缺的矛盾。

（三）水稻覆膜节水栽培新技术

干旱是四川盆地丘陵和盆周山区水稻生产中发生最为普遍的自然灾害之一。近年来受全球气候变暖的影响，季节性干旱愈演愈烈，稻田抛荒而被迫改种旱作，常导致粮食减产甚至绝收，不仅影响水稻栽插面积和单产水平，更影响农民收入。针对这一问题，四川省农业科学院提出了以节水抗旱为主要功能的水稻覆膜节水综合高产技术，从根本上解决了困扰四川广大地区水稻生产的关键问题。该技术的节水抗旱效果经受住了 2006～2007 年四川盆地特大旱灾的考验，其增产增收效果在风调雨顺的 2008 年得到了广泛的验证。

1. 增产增效情况

水稻覆膜节水综合高产技术具有节水、节肥、省种、省工、高产稳产等优点。该技术将水稻旱育秧、厢式免耕、地膜覆盖和节水灌溉等几项节水技术有机结合，具有显著的节水抗旱效果。由于覆膜条件下土壤养分活性较高和根系吸收能力较强，肥料利用率明显提高，覆膜栽培比传统栽培节省 10%～15%的氮肥投入。采用三角形稀植栽培（俗称大三围栽培），每亩用种量不足 0.5 kg，省种量在 50%左右。采用该技术能错开农忙季节，提前栽秧，且每亩生产用工减少 10 个左右，让稻农有更多的时间从事其他生产或外出打工。该技术由于地膜的作用抑制了杂草生长，也避免了施用除草剂带来的污染。同时，肥料利用率的提高，可有效减轻氮磷等化肥对环境的面源污染。试验发现运用该技术还可降低稻曲病、纹枯病等病害发病率。由于地膜覆盖具有显著的增温效应，采用这项技术可从根本上解决四川盆地水稻生产中长期存在的移栽后低温坐蔸问题，促进秧苗早发、多发。基于以上原因，该项技术无论在干旱年份还是正常年份都有明显的增产增收效果。据统计，采用该技术在正常年份一般亩增产 100～150 kg，在干旱年份普遍亩增产大于 150 kg，使四川丘陵山区水稻产量从传统的亩产 450～550 kg 增加到 600～700 kg，种植效益提高到亩盈利 500～800 元，增产增收效应十分显著。因此，该项技术已被省内不少地方农民自发采用。

2. 技术要点

水稻覆膜节水综合高产技术是以地膜覆盖为核心技术，以节水抗旱为主要手段实现大面积水稻丰产的综合集成创新技术，将旱育秧、厢式免耕、精量推荐施肥、地膜覆盖、“大三围”栽培、节水灌溉、病虫害综合防治等先进技术有机整合。其技术要点如下。

(1) 推行旱育秧。改水育秧和两段育秧为旱育秧，不仅可以大量减少育秧环节用水、育秧和栽秧用工，而且能确保秧苗早发高产。在钙质土区推行旱育秧应注意选择 pH 相对较低的苗床土，并重视调整床土 pH，防止秧苗缺铁黄化。

(2) 倡导免耕规范开厢。通过改传统翻耕为规范性的开厢免耕，既节省整地用工，又能减少水分的渗漏损失，促进水分在全田面的均匀分布，提高水分利用效率。

(3) 实施精量推荐施肥。根据区域土壤养分供应特点和覆膜条件下水稻高产的需肥规律，在肥料施用上注重控制氮肥用量，科学施用磷钾肥和锌肥，实行一次性精量推荐施肥，满足水稻全生育期的养分需求。

(4) 采用地膜覆盖。通过地膜覆盖可以大大抑制土壤水分的蒸发，减少氮素的氨挥发损失，提高土壤温度，促进秧苗早发，抑制田间杂草生长。

(5)“大三围”栽培。“大三围”栽培是三角形稀植栽培的俗称，大面积生产上提倡每亩栽 4000 窝左右，每窝以苗间距 12 cm 左右栽 3 株。通过“大三围”栽培可以减小用种量和栽秧用工，减少苗间竞争，促进田间通风透光，协调水稻个体与群体矛盾。

(6) 贯彻节水灌溉。水稻虽然是需水耗水量最大的农作物之一，但只要能满足其生理用水甚至可以旱作。以满足不同生育阶段水稻生理用水为原则，贯彻实行节水灌溉，杜绝生产上普遍存在的用水浪费现象。

(7) 重视病虫害综合防治。选择抗病性强的水稻品种，选用高效低毒低残留农药进行病虫害综合防治，控制和减少病虫害对产量的影响。

3. 适宜区域

多年多点示范推广的实践证明，水稻覆膜节水综合高产技术适合在丘陵和山区无水源保证和灌溉成本高的地区和稻田类型，也特别适用于冷浸田、烂泥田、荫蔽田等稻田类型。

4. 注意事项

(1) 选择全新材料超微膜，并在水稻收获后及时回收，既确保节水抗旱效果又确保水稻收获后农膜能够得到较好的回收，避免白色污染。

(2) 平整厢面，紧贴地膜避免杂草在膜下生长。

(3) 沟中灌溉水不到厢面，确保地膜覆盖的增温效果，促进稻苗早发。

(四) 果园地布覆盖保水增效关键技术

1. 果树树盘覆盖材料优选

果树树盘覆盖材料常用地膜和植物体。地膜覆盖由于阻隔了降水入渗通道，易造成根系周围土壤过度干旱且膜下易长草，不利于果树生长；同时地膜使用时间短、残存于土壤及其周围环境中，很难自然降解，容易造成白色污染。植物体覆盖保墒效果不是很理想，且易发生火灾。两种覆盖材料在生产中均存在难以克服的问题。LS 地布是由聚丙烯窄条编织而成，具有足够的渗水性，露地使用年限可达 8 年以上，年使用成本低，保墒效果与地膜相当。使用 LS 地布覆盖果园树盘，可以同时解决上述两种材料存在的问题。为了进一步验证 LS 地布覆盖效果，在简阳市玉成乡开展了桃园树盘覆盖 LS 地布试验，以不覆盖为对照。试验结果表明（表 13-18，图 13-3，图 13-4）：果园树盘 LS 覆盖能抑制杂草的生长，每亩每年节约锄草用工 240 元，土壤相对含水量比对照提高 25%～40%，旱季基本不灌水就能够满足果树生产需要。此外，LS 覆盖对果实成熟期基本无影响，并且能提高果实的品质。

表 13-18　无覆盖试验生草量

重复	鲜重/kg	面积/m^2	单位面积鲜草重量/(kg/m^2)	备注
1	1.0	0.90	1.1	梨园生草量调查：从 5 月上旬到 6 月上旬，近 1 个月时间。割草用工：每亩 3～4 个工，每个工 20～30 元，每年割草 4 次，240 元/（年·亩）
2	1.2	0.85	1.4	
3	2.0	1.00	2.0	
平均			1.5	

2. 精确定量水肥一体化局部施用技术

果树树盘土壤是果树根系的主要分布区，季节性干旱发生时对果园进行局部灌溉（树盘灌溉）是最经济的灌水方法。“十一五”期间，研究开发了果园高压水肥一体化灌水机，标定了高压灌水机的配型，形成了果园精确定量水肥一体化局部施用技术。经多年验证，高压灌水比地面灌溉节水 33%，且操作简单，效率较高，40 min 即可完成 1 亩地的施肥灌水工作。该技术还可方便、灵活、准确地控制施肥数量和时间，根据作物营养需求规律进行针对性施肥，做到缺什么补什么，缺多少补多少的精准施肥。精确定量树盘深层土壤高压灌水和施肥新方法，不但提高了灌溉水利用率，也提高了肥料利用率，大幅度降低了劳动强度，易被广大果农接受。

1) 技术特点

根据果树需水和营养生理、目标产量和土壤条件，确定施肥制度（施肥时间、次数、数量、配方比例），合理实施水肥耦合，是营养诊断与管理、精确施肥、定量灌溉三大技术的集成。该技术由高压装置（汽油机、三缸泵）和注射设备（耐高压的不锈钢

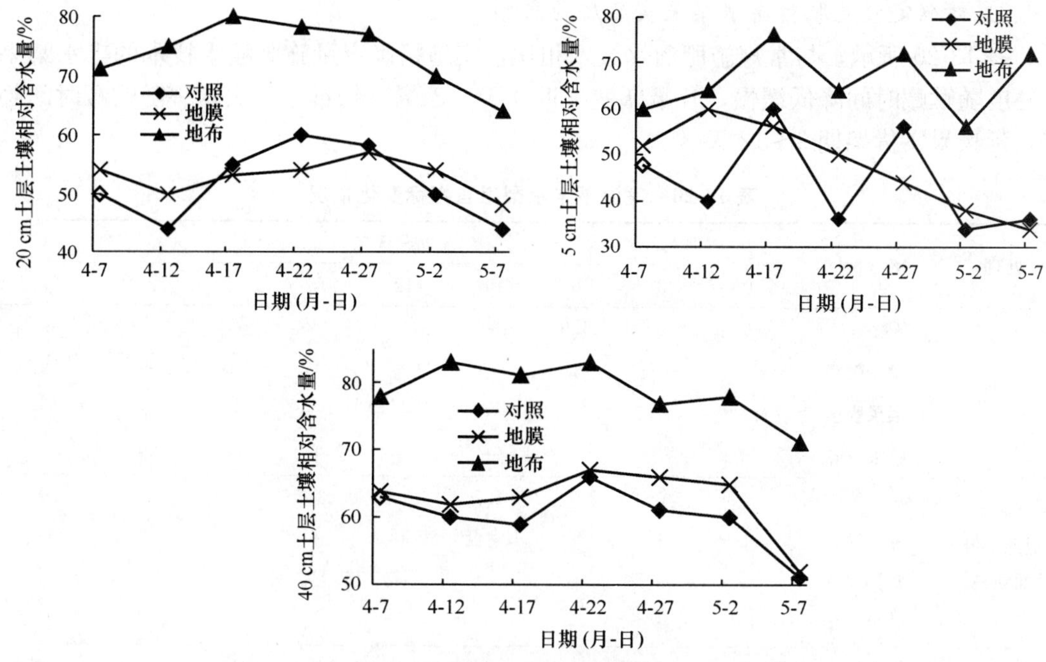

图 13-3　不同覆盖对桃树树盘各层土壤水分含量的影响

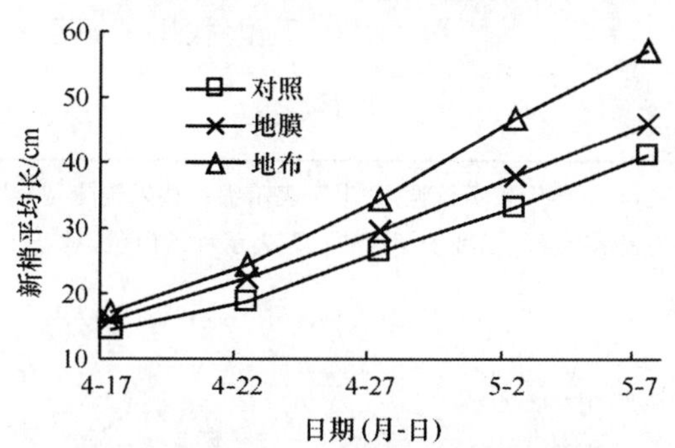

图 13-4　不同覆盖对桃树新梢生长量的影响

注射枪）组成，可实现施肥、灌溉的机械化、自动化。在果树生长发育不同时期将生长发育必需的氮、磷、钾、钙、镁等营养物质溶解在水中并高压注射到果树吸收根的集中分布区，可方便、灵活、准确地控制施肥灌水量及时间。每次施肥灌水量的多少，要根据果树种类和生育期的需求来配制（表 13-19）。

表 13-19　梨果实发育期施肥标准

施用时期	浓缩肥/(L/亩)	尿素/(kg/亩)	硫酸钾/(kg/亩)	提高果实硬度专用肥/(kg/亩)	水/(L/亩)
1月中旬	6	5	6	0	400～500
4月上中旬	6	5	6	0	400～500
5月上中旬	6	4	7	0	400～500
6月上中旬	6	4	8	1.5～2.0	400～500

2）精确定量施肥对丰水梨果实品质的影响

表 13-20 所示，与常规施肥灌水技术相比，实施精确定量施肥灌水技术的丰水梨果实硬度随贮藏时间降低缓慢，呼吸跃变推迟 9 天，乙烯高峰推迟，失水率随贮藏时间趋缓，延长果实货架期 9～12 天。

表 13-20　室温下丰水梨感官指标变化情况

处理	感官指标	储藏天数								
		0	3	6	9	12	15	19	23	27
对照	腐烂率/%	0	0	5.6	23.7					
	种子颜色	—＋	—＋	＋	＋	＋	＋	＋	＋	＋
	梨果脆度	—	—	—	—＋	＋	＋	＋	＋	＋
	整果气味	—	—	—	—	—＋	＋	＋	＋	＋
对照＋叶面喷钙	腐烂率/%	0	0	0	1.2	10.5	23.8			
	种子颜色	＋	＋	＋	＋	＋	＋	＋	＋	＋
	梨果脆度	—	—	—	—	—	—＋	＋	＋	＋
	整果气味	—	—	—	—	—	—＋	＋	＋	＋
精确定量施肥	腐烂率/%	0	0	0	0	1.3	14.7	21.7		
	种子颜色	—＋	＋	＋	＋	＋	＋	＋	＋	＋
	梨果脆度	—	—	—	—	—	—＋	＋	＋	＋
	整果气味	—	—	—	—	—	—	＋	＋	＋

注：梨果脆度“—”表示脆，“—＋”表示较脆，“＋”表示绵；整果气味“—”表示无异味，“— ＋”表示 1/2 数量的整果略有异味，“＋”表示有异味；种子颜色“—”表示种子白色，“—＋”表示种子半黑，“＋”表示种子全黑。

（五）坡地等高经济植物篱技术

等高植物篱（contour hedgerow）又叫生物篱，是农林复合经营的一种重要形式，是近几十年来在生产实践中不断发展起来的一种坡地农业新技术。其主要形式是在坡面沿等高线布设密植的灌木或灌化乔木，灌草结合的植物篱带，带间布置农作物。合理而科学的植物篱结构，能有效地拦截泥沙，有利于水流入渗而不对植物篱形成的土坎造成破坏，使坡面利用空间最大化。

20 世纪 50 年代，国际农村重建机构在东南亚、非洲、拉丁美洲等地区和国家对此项技术进行了系统的试验研究。1990 年以来，中国科学院成都生物研究所在金沙江干热河谷区的四川宁南、普格县对植物篱技术进行了定位试验（郑元红等，2009；石培礼等，1996；孙辉等，2001）。中国科学院地理科学与资源研究所在三峡库区秭归县紫色砂岩母质上对此项技术进行了比较系统的研究（许峰等，1999）。研究结果表明，植物篱技术能取得较好的生态、经济和社会效益。具体归纳如下。

（1）改善土壤理化性质，提高土壤肥力。篱笆上修剪的枝叶覆盖于篱间土壤，篱笆枝叶的不断积累和分解，与土体中动物不断由底层通过体腔排泄到地表的排泄物混合，既在表层形成良好的水稳性团粒，提高土壤抗蚀能力；又在土体中形成大通道，提高土壤通透性。布设植物篱后，由于篱笆树冠遮阴，枝叶覆盖地表，减少了地表蒸发，土坡表层含水量增加。构成篱笆的植物大多是绿肥固氮植物，通过生物固氮作用，可以源源不断地向土壤提供氮素，通过循环可将深层土壤中作物不能直接利用的磷、钾及其他营养元素，供给作物生长；植物篱的新鲜枝叶作为绿肥还田，使土壤有机质含量增加。

（2）减缓径流，提高天然降水利用率。坡面布设等高植物篱后，有效拦截了地表径流。强降雨情况下形成的地表径流在近地面茎枝带形成回水带，使土壤颗粒沉积下来，在篱前淤积，并且随着篱前淤积泥沙的不断加高加宽，形成连续的淤积带，回水带宽度增加，篱前坡度不断减少，篱坎淤高形成淤积层，逐步淤积，最终形成生物梯田。由于有效阻缓了地表径流，农业面源污染也能得到缓减。

（3）改善农田生态系统环境，提高自身抵抗能力。从生态学角度考虑，解决害虫问题的根本途径是改变土地利用方式，而绿篱-农作物复合经营方式可以增加农田生态系统内植物的多样性，由单一农作物变为几种植物的共生群落。由于植物的多样性，导致了昆虫的多样性，不同植物为不同昆虫提供食物和栖息场所，伴随着这些植食性昆虫会产生多种天敌昆虫，昆虫群落食物链网络结构趋于复杂，生态系统内能量流动途径增多，昆虫间相互制约能力增强。

由于植物篱技术不存在普遍适用的模式，传统植物篱生态经济效益协调困难，影响推广覆盖。研究提出了经济植物篱配套技术模式，其核心是利用强大的篱笆植物根系网来护坡（埂），达到增强土埂的抗蚀强度和拦蓄降水就地入渗的目的。该模式的核心内容为选择多年生、根系发达、适应性强、萌生性好、低耗水、高经济价值的植物作篱建埂、逐年坡改梯或保护坎埂、防止冲塌，减少坡面径流。筛选出多个适应南方缓坡耕地的多年生、低耗水植物，并根据不同立地条件，建立了防蚀防渗能力强、且有一定经济价值的植物篱模式。

1. 高坡度耕地植物篱模式

根据不同的坡度，沿等高线每隔 4～8 m 呈带状种植木本、草本植物或混合植物，主要选择耐旱耐贫瘠的植物如香根草、紫穗槐、多变小冠花、紫花苜蓿、蓑草等作为建设植物篱的材料。据监测（表 13-21），该模式与传统模式比较，水土流失减少 60%以上，每公顷平均增加产值 1711.5～2541.0 元。

表 13-21 高坡地不同处理水土流失监测

处理	年径流		年土壤侵蚀		年经济效益
	m^3/hm^2	减少/%	t/hm^2	减少/%	/(元/hm^2)
多变小冠花	637.1	62.9	13.1	70.5	2541.0
紫花苜蓿	601.1	65.0	12.8	71.2	1711.5
对照	1717.1	—	44.4	—	0

2. 中低坡度耕地植物篱模式

主要选择经济效益好的植物如“果树＋黄花”、香椿、矮化密植花椒、牛鞭草等作为建设植物篱的材料，其特点是在植物篱占地15%～20%的情况下，保证粮食稳产。据研究（表13-22），该模式使水土流失减少50%以上，经济效益每公顷平均增加1350～22 500元。

表13-22　低坡地不同处理水土流失监测

处理	年径流		年土壤侵蚀		年经济效益/(元/hm²)
	m³/hm²	减少/%	t/hm²	减少/%	
香椿	57.5	61.9	13.1	58.1	1 350
黄花梨＋黄花	55.8	63.0	12.3	60.4	22 500
枇杷＋黄花	56.4	62.6	12.8	59.1	18 750
对照	151.1	—	31.4	—	0

3. 梯田植物篱模式

主要是选择经济效益高的多年生植物如椪柑、密植桑树等作为建设植物篱的材料，种植在田埂的外侧，稳固田埂避免垮塌，增强稻田的蓄水功能。据监测（表13-23），该模式使水分流失平均减少64.6%，土壤流失平均减少70.7%。据径流场监测与典型调查，植物篱减少径流技术模式在较大面积的示范应用中，使地表径流平均减少63.0%，每公顷平均增收4050元。

表13-23　梯田田埂不同处理水土流失监测

处理	水分		土壤	
	流失量/(m³/亩)	减少/%	流失量/(t/亩)	减少/%
椪柑	97.8	57.3	1.5	65.5
椪柑＋枸杞	75.6	67.0	1.4	71.2
椪柑＋野菜	70.2	69.4	1.1	75.4
对照	229.4	—	4.5	—

（六）山丘区集雨节灌技术

四川季节性干旱区若能将丰水期以径流形式流失的降水资源叠加集蓄，存蓄到枯水期补灌抗旱，不仅在干旱时能减少旱灾影响，实现粮食作物高产稳产，还能有效调控丰水期的地表径流，减少水土流失，减少泥沙与养分溶质运移，利于农田水土资源和区域生态环境的保护。

通过多年试验和探索，初步形成了山丘区集雨节水灌溉技术。该技术是由微型集雨工程、田间输水配套设备及灌溉设施组成，其核心是集雨工程，而集雨工程一般都是蓄水池、水窖等微型水利工程。微型集雨工程充分利用旱坡地集雨体系，就地积蓄天然降水，在枯水期满足作物生长需求，实现“小工程、大规模、高效益”。四川山丘区集雨技术在丘陵区坡耕地上集中连片规模治理，在“坡改梯”基础上建设以“三沟”（截洪沟、边背沟、拦山堰）、“三池”（蓄水池、积肥池、沉沙池）为重点的坡面水系治理配套工程，使之达到集雨节水、补灌抗旱的目的。

沿山沟（截洪沟、背沟、边沟）：通常布建在陡坎与台土背坎之间，沟深 30～40 cm，沟宽 40～70 cm。其目的在于将紊乱的、势头较强的地表径流拦截至排水沟之中，以截断径流的连续传递，使洪水按人为要求归路进入下级主排水沟，减弱径流对土壤的侵蚀。

沉沙池：通常建在沿山沟上或蓄水池入水口前，其作用是将伴随流水的泥沙在固定的地段（低洼处）沉积下来，不连续向下冲刷而减少排水沟和农田淤塞。在秋冬季节将沉沙池的泥沙清理到农田，是增厚土层的重要措施，通常一年清淤 3～5 次。据监测，每个沉沙池平均每年可拦截泥沙 3～5 m^3，可防止泥沙下山，减缓河道淤塞。

蓄水池：通常建于各台地排水沟的末端或微地形较低处，达到“高水高蓄高用，低水低蓄低用”。一般在入水口的前端须设置一个较大的沉沙池。蓄水容积根据汇水面积、作物需水量和灌溉面积来确定，其结构形式采用圆柱形，平均直径为 8.0 m，高为 3.0 m，平均容积 150 m^3左右，采用条石或砖块浆砌、水泥砂浆抹面而成。

蓄水池管理好坏直接关系到其利用效率和使用年限。蓄水池主要使用时间是 5～11 月，在使用期内，应随时注意疏理沟渠，清除杂物，保障其蓄水功能，将降雨及时引水入池。冬闲时，蓄水池中水已不多，应及时做好清池和维修工作，特别是蓄水池的上半部，长期处于干湿冷热交替的环境中，容易产生裂缝，应及时予以修补，以防抹面形成龟纹剥落。

集雨节灌工程是充分、有效地利用小型工程设施集蓄天然降雨，最大限度利用天然降雨，并通过水利、农业、管理等措施，最大限度地减少输水、配水、灌溉直至作物耗水形成产量过程中的损失，最大限度地提高作物水分利用效率的一项系统工程。该系统围绕雨水收集、自动提水、净化、工程输水、田间配水和作物蒸腾等关键技术环节，形成了雨水收集、集水存蓄、工程节水、农艺节水和管理节水集成配套。“十五”以来，研究人员对山丘区集雨节灌技术进行了较为深入的研究，以优势作物水稻、玉米和果树为研究对象，应用 SPAC 理论，对土壤-植物-大气中的水分变化规律进行了研究，探讨了玉米、果树茎流的日变化规律以及与太阳辐射能的相关关系，通过田间试验确定了季节性干旱对水稻、玉米、果树的影响程度及其水分生产函数，对主要农作物的非充分灌溉制度进行了优化，同时提出了主要农作物的集雨节灌技术。

1. 主要农作物的需水规律研究

水稻：受旱敏感期试验研究结果表明，分蘖盛期持续 15 天土壤水势－30 kPa 以下的干旱胁迫可减少无效分蘖，控制田间群体，使水稻增产，但超过－30 kPa 则会减少有效穗，造成减产。在幼穗分化Ⅲ期，只要持续 15 天土壤水势－30 kPa 的干旱胁迫就会减产 11.2％，受旱程度愈重，减产幅度愈大。－50 kPa 时减产 21.9％，－70 kPa 时减产43.3%，直至禾苗枯死、绝收。这一时期受旱，会影响穗数、结实率和千粒重，造成减产。因此，有效分蘖终止期至齐穗期是水稻生产上干旱的第一敏感时期，缺水受旱会导致绝收；齐穗期至蜡熟期是第二敏感时期，受旱导致严重减产。也就是说，从水稻孕穗开始至齐穗灌浆阶段，必须保证稻田的水分供应，移栽期至分蘖盛期适度受旱对产量的影响不显著，可适当减少灌水量，特别是在分蘖盛期后断水，不但不影响水稻的生长发育，还有利于产量的提高。

玉米：晴天时，玉米茎流呈“单峰”抛物线形式，大约在13：00时达到一日内的最大值；多云天气时，茎流呈“双峰”抛物线形式。最大茎流出现时间比最大太阳辐射的出现时间滞后大约1 h，说明作物在环境因素变化时，需要一段时间调整来适应环境的变化。由于气象因子之间存在多重相关性，如气温和相对湿度之间相关系数为−0.9814，太阳辐射和紫外线辐射能之间的相关系数为0.9463，太阳辐射和蒸发量之间的相关系数为0.9904，紫外线辐射能和蒸发量之间的相关系数为0.9672，因此，传统的多元回归方法无法用于建立作物叶水势多元回归预报模型。于是，引入偏最小二乘回归分析方法，利用平均气温、相对湿度、风速、大气压、太阳辐射（日照）、紫外线辐射能、蒸发量、土壤温度、叶面温度等气象因子建立了预测作物叶水势的偏最小二乘回归模型，并取得了较好的效果。模型如下：

$$\begin{aligned}\hat{y} &= r_1t_1 + r_2t_2 + r_3t_3 + r_4t_4 \\ &= 0.3470t_1 + 0.4402t_2 + 0.2874t_3 + 0.1435t_4 \\ &= -0.0247x_1 + 0.1636x_2 + 0.1099x_3 + 0.3429x_4 \\ &\quad - 0.0674x_5 - 0.2603x_6 - 0.0991x_7 - 0.2963x_8 + 0.3007x_9\end{aligned}$$

式中，x_1 为平均气温（℃）；x_2 为相对湿度（%）；x_3 为风速（m/s）；x_4 为大气压（hPa）；x_5 为太阳辐射（日照）（W/m^2）；x_6 为紫外线辐射能（W/m^2）；x_7 为蒸发量（mm）；x_8 为土壤温度（℃）；x_9 为叶面温度（℃）。

玉米的耗水系数（KC值）试验研究（图13-5）表明：玉米播种至拔节（5月）需水较少；拔节至抽雄（5月底至6月底）需水较多；抽雄至成熟（6月底至7月初）为玉米一生需水最多阶段，耗水1335～1440 m^3/hm^2；玉米成熟阶段（8月中旬）耗水较少。因此，玉米花期的高耗水与夏季干旱缺水的矛盾最突出。夏旱对玉米的旱害机理的

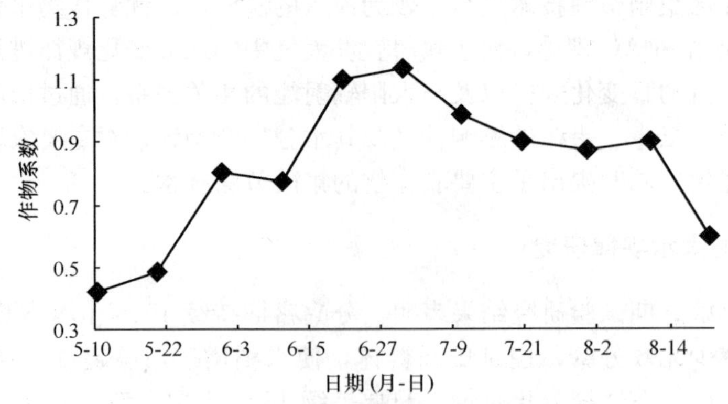

图13-5　玉米耗水系数随时间的变化

研究表明：夏旱影响春玉米正常灌浆，导致减产 62%，通过灌溉和增厚土层可显著提高玉米的产量和水分利用效率。

果树：据监测，南方丘陵区柑橘年需水 6750 m^3/hm^2，梨树年需水 5745 m^3/hm^2，桃树需水 4500 m^3/hm^2。同时，收集了示范区 1999～2003 年 5 年逐旬降雨量，并与蒸发量比较可知示范区的主要果树品种——柑橘、梨、桃的关键生长期 2 月至 6 月上旬、7 月上中旬土壤水分亏缺严重，必须灌溉。

2. 主要农作物的节水灌溉制度

结合主要农作物受旱敏感期和需水规律的研究成果，对主要农作物节水灌溉制度进行了优化。

水稻：针对水稻缺水主要表现在灌浆期的问题，采用“厢沟浸灌＋间歇灌溉”的节水灌溉制度。据试验研究，移栽——有效分蘖终止期采用厢沟浸灌方式节水 22.0%，稻谷水分利用效率为 1.1 kg/m^3，灌溉水的生产效率为 1.5 kg/m^3，较对照提高 0.1 kg/m^3；有效分蘖终止期——齐穗期采用间歇灌溉方式平均节水 15.4%，稻谷的水分利用效率为 1.1 kg/m^3，灌溉水的生产效率为 1.6 kg/m^3，较对照处理提高 0.3 kg/m^3，同时，有利于秧苗的生长。

玉米：针对玉米播种成苗阶段受春旱影响，主要营养生长和生殖生长期受夏旱影响的问题，采用“雨养＋1 底 2 水关键期补灌”的节水灌溉制度，增加夏季用水。即播种时浇灌底水 180 m^3/hm^2，拔节期和孕穗期结合速效氮肥施用浇 2 次水，分别浇水 195 m^3/hm^2 和 300 m^3/hm^2。这既提高了水分利用效率，又提高了肥料利用率。

果树：针对果园 2～6 月土壤水分亏缺严重的问题，采用“雨养＋关键期灌溉 3 水”的节水灌溉制度。2 月浇灌一次春季萌芽水，以满足果树冬眠初醒、饥渴待补，新根、新梢的生长以及萌芽需水，并与中耕除草压青、施萌芽肥等相结合。据研究，此期灌水量分别为：柑橘类浇水 300 m^3/hm^2，梨树浇水 240 m^3/hm^2，桃树浇水 195 m^3/hm^2；4～5 月浇灌新梢旺盛生长和幼果膨大水，以满足叶片蒸腾量增加，新梢旺盛生长和幼果膨大的需求，此期灌水量分别为：柑橘类浇水 225 m^3/hm^2，梨树浇水 150 m^3/hm^2，桃树浇水 75 m^3/hm^2；6 月中旬补浇果实迅速膨大水或在采收前 35～60 天补灌，灌水量分别为：柑橘类浇水 225 m^3/hm^2，梨树浇水 150 m^3/hm^2，桃树浇水 150 m^3/hm^2。

3. 适合主要农作物的田间灌溉技术

水稻：改深水灌溉为浅水灌溉，改全田跑水为厢沟灌溉。通过“提灌或就地蓄水＋渠道输水”实现田间厢沟灌溉。同时建立了“浅水抽穗、蜡熟断水”的湿润灌溉、中期晒田和厢沟过水浅灌技术。

玉米：主要采用微水工程就地补灌技术，一是通过“三沟、三池配套”就地蓄水，结合关键期肥料的追施，进行人工浇灌。二是针对丘陵区土块种植规模小、多熟间套种植、动力条件不一致、地块分散的问题，研制出汽油、柴油、电力三种动力条件的小型移动式喷灌，可在玉米生长期中的拔节和孕穗两个水分敏感关键时期，结合微型水利工程，就地喷灌。有条件的地区也可应用低压管道输水灌溉技术或喷水带灌溉技术。

果树：果树根系生长的最适土壤含水量为土壤田间持水量的60%～80%。为减少灌溉次数，矮化密植果园以树盘土壤40 cm处含水量达到田间大持水量的80%时停止补灌，稀植果园以树盘土壤60 cm处土壤相对含水量达到80%时停止补灌。补灌前需对土壤的含水量、容重、枝叶覆盖率进行测定，单次补灌定额（t）计算公式为：单次补灌定额（t）＝果园面积（m^2）×枝叶覆盖率×土壤浸湿深度（m）×土壤容重×（田间最大持水量×80%－补灌前树盘土壤含水量）。节水高效的灌溉方式有以下几种。

（1）喷灌、微灌：果树是效益型作物，因此采用节水灌溉技术是果树节水的重要手段。可根据果树的栽培方式及密度选用不同的设施节灌技术，如稀植果园可采用微灌以节本节水，矮化密植果园可选用喷灌方式以方便管理。选用节灌方式时应充分考虑当地气候条件，蒸发量和风大的地区应以微灌为主；蒸发量和风小的地区应以喷灌为主，节水可达40%左右。根据动力大小一次可配5～10个喷头，每小时单喷头可喷水1～3 m^3，采用分片喷灌方式，平均每公顷投资7500～12 000元，节水省工效果十分显著。

（2）滴灌：是利用专门的设备，有压水（可由水泵加压或利用地形落差所产生的压力）经过滤后，通过各级输水管网到滴头，水自滴头以点滴方式直接缓慢地滴入作物根际耕层土壤，水滴入土后，借助重力入渗，在滴头下方形成很小的饱和区，并向四周逐渐扩散至作物根系发达区的一种灌水方法。它可避免输水过程中的损失，以及减少棵间水分蒸发，防止土壤表面结壳。配套使用施肥装置，使施肥和灌水同步进行，即追施的化肥可随灌水一同滴入作物根系活动层附近的土壤，这样就可避免沟灌方式所施入的化肥被水淋溶到深层土壤造成的渗漏流失，从而大大提高了水肥利用率。

（3）低压管道输水浇灌：低压管道输水灌溉技术是一种成本低省水效果好的节灌技术，特别适合于周年雨量充沛而季节性干旱突出的地区，一般以半移动式为好，即主要管道和动力（或水源）固定，由水栓接软管进行移动浇灌。主要采用树盘浇灌（在树冠投影地）和穴灌（在树冠投影的外缘挖穴1或2个穴/1.0 m冠径）两种方式。穴灌方式还可以与肥料施用、地膜覆盖相结合，形成“储养穴”。由于只浇树不浇土，节水可达30%以上。

其中，低压管道输水系统由水源与取水工程、输水系统、给配水装置、安全保护设备、田间灌水设施等组成。低压输水主要用聚氯乙烯（PVC）和聚乙烯（PE）等塑料管材，通过螺杆活阀式给水栓或螺杆压盖型给水栓，与轻便柔软易于盘卷的轻质管，如LLDPE塑料软管、涂塑料管等联结进行灌溉，并配套有进（排）气阀、安全阀、调压装置、止回阀和泄水阀等安全保护装置，具有排除管内空气、减少输水压力、防止管道回水、冬季可排空管道内存水、防止管道系统因冻胀而损坏等作用。

丘体联合灌溉：针对丘陵区落差较大、地形复杂、节水灌溉建设成本高等问题，组装集成了丘体联合灌溉技术，其核心内容是：以灌溉区的需水量为依据，在丘顶（一般在小流域的最高坡）修建蓄水池，将坡底库、塘、堰蓄水提至丘顶蓄水池，利用自然落差、倒虹管组成田间供水和灌溉系统，通过重力将灌溉用水输送到各丘体蓄水池和田间地头，是适合丘陵区的一种雨水蓄积与提引输水相结合的技术模式。还可以与沼气池或养殖场结合，充分利用畜禽粪便发酵后的清液，进入节灌系统，达到培肥土壤、综合利用的目的。再与丘陵农作物立体布局相结合，建立相应的喷灌方式，该技术模式成本低

(据分析，平均亩投资仅 400 元)、能耗少、方便、快捷、节灌效果好。主要的组合模式有：高坡地果园采用“坡顶池＋低压管道输水＋点穴灌或滴灌”；中低坡地果园采用“坡顶池＋低压管道输水＋喷灌或滴灌”；粮经旱地作物可采用“坡顶池＋低压管道输水＋喷水带灌溉”。

4. 应用效果

(1) 集雨节灌技术有效利用了天然降水，提高了天然降水的资源化率，既减少了水土流失，又起到抵御季节性干旱的作用。

(2) 从水源到田间，灌溉水的运行均在封闭的管道中进行，减少了水分的渗漏和蒸发，同时灌溉方式均为高效节水灌溉，渠系水利用系数可达 0.95 以上，节水效率大幅提高。

(3) 取消了大部分的地表渠道，将输水管道埋在地下，不影响地表种植作物，有效提高了土地利用率。

(4) 管道灌溉便于控制，因此可按作物对水分的需求调节灌溉水量和时间，甚至可通过自动水位控制器和自动量水控制仪进行智能化控制，在节约用水的同时减少用工，省时省力。

(5) 集雨节水灌溉与传统灌溉方式相比，利用节水灌溉的作物一般可增产 12%～20%，增收 20%～60%。同时由于集雨节灌用的是天然降水，避免了使用附近河流污水灌溉而造成的农田土壤盐碱化和土壤污染，提高了农产品的品质。

(七) 生物诱导化控抗旱技术

脱落酸 (abscisic acid，ABA) 是一种植物体内存在的具有倍半萜结构的植物内源激素，于 20 世纪 60 年代被发现和鉴定出来。最初认为它是一种生长抑制剂，对种子(果实) 的发育、成熟，植物和种子休眠，器官脱落等起重要作用。随着研究的不断深入，发现 ABA 在植物干旱、高盐、低温和病虫害等逆境胁迫反应中起重要作用。逆境下，植物启动脱落酸合成系统，合成大量的脱落酸，促进气孔关闭，抑制气孔开放。促进水分吸收，并减少水分运输的途径，增加共质体途径水流。降低叶片伸展率，诱导抗旱特异性蛋白质合成，调整保卫细胞离子通道，诱导 ABA 反应基因改变相关基因的表达，增强植株抵抗逆境的能力。ABA 是通过激活植物自身抗性提高植物抗逆能力的，是植物体内抗逆基因表达的“第一信使”。逆境胁迫时，ABA 在细胞间传递逆境信息，激活植物体内抗逆免疫系统，诱导植物机体产生抵抗不良环境的能力，增强植物综合抗性 (抗旱、抗热、抗寒、抗病虫、抗盐碱等)。如在土壤干旱胁迫下，ABA 诱导叶片细胞质膜上的信号转导，导致叶片气孔不均匀关闭，减少水分蒸腾散失。在盐渍胁迫下，ABA 诱导植物增强细胞膜渗透调节能力，减少由质流所造成的被动吸收的盐分积累和降低体内汁液中的盐分浓度，因而盐分积累速率减缓，同时促进植株大量吸收 Ca^{2+} 和 K^{+}，拮抗盐离子的毒害，从而增强植株的耐盐能力。

虽然 ABA 是一种植物内源激素，但许多实验证明，通过人工途径对植物外源施用 ABA 也能够增强植物的抗逆能力。例如，喷施 ABA 可使棉苗减少水灌溉量，可提高烟草抗旱、抗病能力，可使玉米苗、小麦苗度过短时干旱（10～20 天）而保持苗株鲜活；可使小麦、大麦、玉米、高粱幼苗在高盐土壤环境中提高存活率等。ABA 浸稻种棉种后，能提高幼苗的抗旱和抗病能力，并提高幼苗的生长素质；外施 ABA，可使20℃生长的冬小麦、黑麦和雀麦细胞抵抗－30℃的低温，施用 ABA，可以提高棉花、水稻、果树、烟草等幼苗的抗冷性，使之能够耐受 0～10℃的低温而存活。众多的试验证明，可以将 ABA 应用为作物的生物诱导抗旱剂、耐盐剂和耐寒剂。

虽然 ABA 对提高植物抗性有显著效果，但其来源曾是限制其在农业中大面积应用的瓶颈。通过提取的方式生产成本极高，售价高达 230.9 美元/mg。通过人工合成方式也价格不菲，而且得到的是天然型与非天然型的混合体，活性很低，生产上难以应用。

中国科学院成都生物研究所通过对产生天然脱落酸的微生物菌株进行基因改良，获得了脱落酸高产菌株，并创造性地建立了该菌株的发酵生产工艺。通过与四川有关企业合作建立了工业化生产系统，成为目前世界上唯一能工业化生产的天然脱落酸[(＋)-*cis*, *trans*-ABA] 原药及制剂的供应商，生产的 ABA 制剂命名为 S-诱抗素。S-诱抗素系列产品已通过了国家农业部农药检定所组织的严格的毒理学试验，其对生物和环境无任何毒副作用，获得了农药产品正式登记。在生产前期，S-诱抗素主要用在蔬菜水果等经济价值较高的作物上，在主要粮食作物上的研究与应用均不多，而对其促进主要粮食作物抗旱性方面的研究就更少了。

“十一五”期间，S-诱抗素作为一种新型高科技技术资源纳入了国家科技支撑计划课题——“四川季节性干旱区粮食作物综合节水技术研究与示范”，研究人员研究了“S-诱抗素制剂产品”在四川大宗粮食作物上的应用，包括水稻、玉米、小麦等抗旱减灾应用方面的技术规程，并进行了示范推广。

1. S-诱抗素主要作物应用效果

（1）水稻　育秧对水稻高产栽培的起到决定性的作用。研究人员选择川中丘陵春旱高发地区，研究 S-诱抗素在水稻抗旱栽培中的应用，与水稻旱育秧技术结合，提高水稻在旱育秧阶段的抗旱、抗寒能力，促进秧苗根系发达、秧苗粗壮、分蘖早多状，同时在育秧阶段的节约用水 10%以上。与其他水稻栽培技术配合，能够提高产量 10%以上。

（2）玉米　在春旱地区，利用 S-诱抗素，处理玉米种子，并在苗期移栽前与移栽后各喷施一次，可以降低玉米苗期的需水量，增强抗旱与抗寒能力，能促进玉米提早育苗，培育壮苗大苗，能有效解决茬口矛盾，增加玉米的生育期。这些技术都能够有效地增加丘陵山地玉米产量。结合旱地玉米栽培其他技术，在育苗阶段节约用水 10%以上，综合增产 10%以上。

（3）小麦　在四川春旱发生频率较高的丘陵地区，利用 S-诱抗素进行种子处理，在小麦分蘖其与春旱发生初期，各喷施一次。充分发挥品种与 S-诱抗素互作的节水抗旱作用。实现在春旱的条件下，节水 20%，增产 10%以上，为四川省解决春旱地区小麦栽培提供了新模式。

2. S-诱抗素节水农业应用示范

2007 年以来，在 24 个示范县进行了多点同田对比试验和大面积示范，水稻示范田平均每亩增产 35 kg，水稻同田对比试验，浸种处理平均增产 7.1%，叶面喷施处理平均增产 7.9%；小麦示范田每亩平均增产 26 kg，同田对比试验中小麦拌种（或浸种）处理平均增产 10.0%，叶面喷施处理平均增产 9.1%；玉米示范田每亩平均增产 36kg，同田对比试验中拌种（或浸种）处理平均增产 7.0%，叶面喷施平均增产 7.2%。至 2009 年，应用示范辐射面积达 9.21 万亩。示范区通过生物化控诱导抗旱节水技术，实现了在正常年景节水丰产，干旱年景减灾增产。

第三节 节水农业区域技术集成模式

在水稻覆盖保水栽培技术、玉米集雨节水膜侧栽培技术、旱地新“三熟麦/玉/豆”模式、旱地垄播沟覆节水耕作技术、山丘区集雨节灌技术等多项低成本抗旱节水关键技术研究基础上，根据不同区域气候特点、农业生产习惯、种植模式与农田水利设施等具体情况，组装集成丘陵引蓄灌区、大型灌区、山丘雨养旱作区、川西南山地四大区域节水农业技术模式：

一、丘陵引蓄灌区“节水农作模式＋山丘区集雨节灌＋综合节水栽培”模式

（一）干旱特征

该区域内年平均温度 15.2～17.6℃，年日照时数 1075～1530 h，区域平均为 1240 h。其中春季 355 h，占全年的 28.5%，夏季 490 h，占全年的 39%，秋季 240 h，占全年的 19%，冬季 165 h，占全年的 13%。区域内年日照时数在 1300 h 以上的有江油、苍溪、蓬溪等县，多数县在 1100 h 左右。年降水量 1060～1200 mm，其中春季 195 mm，占全年的 19.5%，夏季 535 mm，占全年的 53.5%，秋季 230 mm，占全年的 23.2%，冬季 38 mm，占全年的 3.8%。夏秋季约占全年的 80%。虽然降水量比较多，但降水分配严重不均，春夏伏旱均较重。以 1961～2008 年气象资料统计，春旱发生频率为 51.6%，其中绵阳、中江、简阳、金堂都在 70%以上，资阳、资中、剑阁、苍溪、梓潼、三台为 60%～70%。整个区域夏旱发生频率达 71%，高的达到 80%～90%，偏东区域略轻，在 50%以下。伏旱发生频率为 54.8%。

（二）水资源特征

区域内耕地面积 2630 万亩，旱坡地 1371.5 万亩，旱坡地占耕地比例为 52.2%。区域内总水量能力 80.6 亿 m^3，实际供水量 42.5 亿 m^3，有效灌溉面积 1510 万亩，其中水库工程灌溉 552.5 万亩，占 36.6%，引水工程灌溉 349.1 万亩，占 23.1%，山坪塘灌溉 268.85 万亩，占 17.8%，固定提灌站灌溉 177 万亩，占 11.7%，石河堰灌溉 128.6 万亩，占 8.5%，水轮泵 2.0 万亩，机电井 5.9 万亩，其他工程 26.3 万亩。水

库、引水工程、山坪塘和固定提灌站是有效灌溉的主要水源。

（三）区域节水农业模式

针对丘陵区自然地理特点集成“节水农作模式＋山丘区集雨节灌＋综合节水栽培”的节水农业技术模式，整合应用节水型种植结构调整、微型工程就地蓄水与引水提水联合运行管理技术以及秸秆还田、覆盖保墒、生物抗旱剂等关键栽培节水技术。

（四）示范应用实证——简阳示范区

简阳市位于四川盆地西部，龙泉山东麓，以丘陵地貌为主，地势平缓。全市辖区面积 2210.3 km^2，其中丘陵区面积 1930.4 km^2，占总面积的 88.1%；沱江河坝坝区面积 89.9 km^2，占总面积的 4.1%。全市总人口 145 万人，总耕地 10.5 万 hm^2，复种指数为 261.9%。属亚热带湿润气候区，年平均气温 17℃，多年平均降雨量为 882.9 mm，径流深约为 300 mm。季节性干旱特征明显，主要干旱类型有冬旱、春旱（频率 66%）、夏旱（频率 61%）、伏旱（频率 54%），尤以春夏（3～6 月）连旱最重。

1990 年以来，该市总耕地面积总体呈下降趋势，由 1990 年的 102 360 hm^2 下降至 2009 年的 86 932.2 hm^2。由于农田基本建设和水利工程配套设施的逐步完善，水田占总耕地面积的比重由 1990 年的 28.1%增加到 2009 年的 29.2%；旱地占总耕地面积的比重由 1990 年的 71.9%减少到 2009 年的 70.8%；有效灌溉面积由 2000 年的 64 413 hm^2 增加到 2009 年的 68 570 hm^2（表 13-24）。

表 13-24 耕地面积及有效灌溉面积年度变化 （单位：hm^2）

项目	1990 年	1995 年	2000 年	2005 年	2006 年	2007 年	2008 年	2009 年
总耕地面积	102 360.0	101 252.4	98 077.1	87 413.8	87 197.0	87 332.9	87 099.6	86 932.2
水田面积	28 740.0	28 465.7	27 852.7	25 485.5	25 376.9	25 509.5	25 397.0	25 356.5
旱地面积	73 620.0	72 786.7	70 224.3	61 928.3	61 820.1	61 823.4	61 702.6	61 575.7
有效灌溉面积	—	—	64 413.0	66 533.0	67 000.0	67 400.0	67 790.0	68 570.0

“十一五”期间，由于该地区大面积实施节水型种植结构、集雨节灌、节水栽培等节水农业技术，农田降水利用效率由 4.2 kg/(hm^2 · mm) 增加到 4.6 kg/(hm^2 · mm)，灌溉水利用效率由 0.9 kg/m^3 增加到 1.1 kg/m^3。农林牧渔业现价总产值和农业总产值大幅度提高，2009 年全市实现农林牧渔现价总产值 594 240 万元，是 2006 年的 1.3 倍，其中农业总产值 221 798 万元，比 2006 年增长 53.1%。农民人均纯收入显著增加，2009 年达到 5000 元，是 2006 年的 1.5 倍。人均粮食基本保持稳定，人均油料稳中有升。总体而言，该市的农村经济状况不断改善，农民生活水平在稳步提高（表 13-25）。

表 13-25　农村社会经济情况年度变化

项目	2006 年	2007 年	2008 年	2009 年
总人口/人	1 420 930	1 431 107	1 451 298	1 456 899
农业人口/人	1 217 828	1 220 763	1 230 849	1 224 903
农业人口占总人口比例/%	85.7	85.3	84.8	84.1
农林牧渔现价总产值/万元	447 810	561 328	598 127	594 240
农业总产值/万元	144 912	170 540	209 210	221 798
人均粮食/kg	443.6	435.7	493.4	495
人均油料/kg	37.6	38.1	49.7	47.6
农民人均纯收入/元	3 405	4 015	4 621	5 000

二、大型灌区“节水改造＋农艺节水＋管理节水”模式

（一）干旱特征

区域内年平均温度 15.5～17.0℃，年日照时数 900～1200 h，区域平均为 1060 h。其中春季 310 h，占全年的 29.5%，夏季 412 h，占全年的 38.8%，秋季 190 h，占全年的 17.5%，冬季 150 h，占全年的 14.2%。年降水量 900～1700 mm，其中春季 190 mm，占全年的 16.8%，夏季 660 mm，占全年的 58.9%，秋季 230 mm，占全年的 20.6%，冬季 41 mm，占全年的 3.7%。夏秋季约占全年的 80%。年降水量最多的雅安、峨眉、名山在 1400 mm 以上。夏季大雨、暴雨次数较多，每年大于 50 mm 的暴雨日数为 3～5 日，常常出现旱涝灾害。总体而言，由于夏季降水较多，干旱则以春夏旱为主。以 1961～2008 年气象资料统计，春旱频率 45%，多数地方在 50%左右，夏旱频率为 69%，多数地方为 60%～70%，伏旱频率多在 40%以下。

（二）水资源特征

区域内耕地面积 1270 万亩，旱坡地 417.6 万亩，旱坡地占耕地比例为 32.9%。区域内总水量能力 103.0 亿 m^3，实际供水量 65.2 亿 m^3，有效灌溉面积 1074.8 万亩，其中水库工程灌溉 303.35 万亩，占 28.2%，引水工程灌溉 631.7 万亩，占 58.8%，山坪塘灌溉 57.0 万亩，占 5.3%，石河堰灌溉 21.5 万亩，占 2.0%，固定提灌站灌溉 58.6 万亩，占 5.5%，水轮泵 0.5 万亩，机电井 0.4 万亩，其他工程 1.7 万亩。该区域内的大部分地区属于都江堰灌区，引水灌溉占了一半以上，其次是水库灌溉接近 1/3，是所有区域中农业水资源条件最好的。

（三）区域节水农业模式

该区农业生产受灌水供给的影响，存在季节性缺水，农业节水措施开展了以渠道防渗输水为重点的灌区节水改造技术，以改大水漫灌为厢作沟灌与水稻覆盖保水栽培相结合的节水丰产型农艺技术，优化配置灌区调度运行系统，形成大型灌区“节水改造＋农

艺节水＋管理节水”模式，在减少灌溉用水的基础上提高粮食产量，提高灌溉水利用效率。

（四）示范应用实证——崇州示范区

崇州市位于成都平原西部。全市面积 1090 km²，耕地面积 5.077 万 hm²，其中平原区 52%，山区 43%，丘陵区 5%。该市多年平均降雨量 1025 mm，蒸发量 1051.5 mm，年均相对湿度 84%。虽然降雨充沛，但在季节上分配不均，冬春从当年的 12 月至翌年 5 月降雨量占全年平均降雨的 20.1%，夏秋 6～11 月占年平均降雨量的 79.9%。每年降雨都集中在 6～9 月，四个月降雨量一般可达 723.7 mm，占全年降雨量的 70.6%，其中 7 月、8 月两月为降雨高峰期。崇州市年降水量的最大值是最小值的 2 倍，最长连续不降雨天数可达 30 天。

崇州地处都江堰灌区和成都市近郊，其农业生产有干旱危害小，用水浪费大，农民对土地依赖性低，种粮用工成本高，粮食生产比较效益低等特点。在选择节水技术时，既需节水效果显著，又要省工省力，才能符合当地实际情况。

“十一五”期间，崇州市对平原水田田间渠系做了大量的防渗改造，水源调度引入了智能管理系统，山区旱地修建了大量的集雨节灌设施，农田灌溉系统有了很大改观。

主要大田作物——水稻节水以旱育秧、秸秆覆盖为主体，有机集成了旱育保姆包衣、秸秆立茬覆盖、免耕、抛秧和“湿、晒、浅、间”灌溉等省工省力、节水效果良好的先进技术，形成了成都平原秸秆立体覆盖免耕抛秧节水技术体系，结合高产优质节水品种川香 9838、冈优 527 和旱育保姆等产品，形成了一整套水稻节水栽培技术体系，通过示范应用，受到农民朋友广泛欢迎。

由于节水技术及相关高产配套技术的应用，崇州市水稻产量逐年提高，大面积节水高产技术水稻 2007 年、2008 年、2009 年亩产分别为 622.6 kg、665.0 kg、722.6 kg，比未应用节水高产技术的水稻平均增产 10%，亩均节水 120 m³。旱育秧、免耕技术亩节约人工 3 个，节省投入 100 元以上，减少水费 20 元，增收 100 元，增收节支共计 230 元以上。应用节水技术能够明显降低灌溉费用，因此对提升农民节水意识具有显著推动作用。

三、山丘雨养旱作区“适水农作模式＋覆盖保水耕作＋丰产栽培”模式

（一）干旱特征

区域内由于海拔差异较大，温度变化幅度也大，年平均温度 12.0～17.0℃，年日照时数差异也特别大，东北部盆周山区 1300～1600 h，西南部盆周山区在 1000 h 以下，区域平均为 1120 h，其中春季 310 h，占全年的 28.0%，夏季 430 h，占全年的 38.3%，秋季 210 h，占全年的 18.7%，冬季 170 h，占全年的 15.0%。年降水量 1100 mm 左右，其中春季 210 mm，占全年的 19.1%；夏季 600 mm，占全年的 55.1%；秋季 240 mm，占全年的 21.9%；冬季 44 mm，占全年的 4.0%。夏秋季约降水量占全年的 77%，冬季很少降水，冬干是气候性干旱，春旱频率也相对较高，多数在 40%以上，

东北山区和西南部山区在60%以上。夏旱频率较高。伏旱一般较轻。

（二）水资源特征

区域内耕地面积794.4万亩，旱坡地458.9万亩，旱坡耕地所占比例为57.3%。区域内总供水能力47.5亿m^3，实际供水量31.0亿m^3，有效灌溉面积779.3万亩。有效灌溉面积中，水库工程灌溉270.5万亩，占34.7%；引水工程灌溉215.9万亩，占27.7%；山坪塘灌溉170.0万亩，占21.8%；石河堰灌溉36.1万亩，占4.6%；固定提灌站灌溉60.7万亩，占7.8%；水轮泵2.1万亩、机电井0.5万亩，其他工程23.5万亩。水库、工程引水和山坪塘是农业灌溉的主要水源。

（三）区域节水农业模式

针对雨养区特征，集成“适水农作模式＋覆盖保水耕作＋经济植物篱＋丰产栽培”节水农业模式，整合应用适雨种植技术、垄播沟覆微地形集雨及秸秆还田技术、生物抗旱剂节水技术及主要作物丰产栽培技术等多项技术。

（四）示范应用实证——宣汉示范区

宣汉县位于四川盆地东北，大巴山南麓，四川、重庆、湖北、陕西结合部，幅员面积4271 km^2。全县地势东北高西南低，平均海拔780 m，最高海拔2349 m、最低海拔277 m，地貌特征是“七山一水两分田”。耕地面积85.9万亩，其中田50.7万亩，旱地35.2万亩。大于25°的坡地178.5万亩，丘陵面33万亩，平坝62.3万亩。平均坡度23°，平均气温17.6℃，无霜期317天，年降雨量1250 mm，年日照时数1400 h。全县境河流属嘉陵江水系。前、中、后河纵横全境于城东汇为州河，年均流量34～160 m^3/s，县内流域面积占全县面积的88%。

“十一五”期间，全县大面积开展了节水农业技术示范。水稻以旱育秧和“湿晒浅间”节水灌溉技术为核心，前期采用旱育秧技术节水育秧，本田采用“湿晒浅间”节水灌溉技术减少本田用水。同时选用优质耐旱高产水稻品种“中优177”，配合使用宽行窄株的“合理密植”和测土配方“平衡施肥”技术实现节水增产。针对陡坡旱地水土流失严重、土壤浅薄的问题，采用以马铃薯垄播、玉米沟植、甘薯垄上免耕栽插、秸秆覆沟、收挖甘薯移垄填埋秸秆，实现以“轮作”为主的旱地垄播沟覆节水耕作技术。部分旱地则改麦-玉-薯模式为麦-玉-豆节水种植模式，同时采用适雨农作模式、边坡植物篱模式。

节水农业项目的实施，从根本上改善了该县农业生产条件，极大地增强了抗御旱灾的能力，促进农民增收，减轻劳动强度，解放农村劳动力，改变了生产陋习，取得了较好的成效。水稻平均亩产643.9 kg，比项目实施前的554.5 kg增产16.1%，增收143元（按均价1.6元/kg计），亩节支30元，则亩增收节支173元，亩节水21.3%，达60 m^3。同时农药使用量下降13.5%，氮肥利用率提高16.4%。玉米平均亩产727.7 kg，比项目实施前的634.5kg增产14.7%，亩增收149.1元（按均价1.6元/kg计），节支54元，增收节支共计203.2元。马铃薯平均亩产仍达2300 kg，折原粮460 kg。

四、川西南山地“高效用水种植结构＋集雨节灌＋覆盖保水耕作栽培”模式

（一）干旱特征

区域内年平均温度10.0～21.0℃，区域差异非常明显，南部的攀枝花市年平均温度在20℃左右，而凉山州北部的布托、昭觉仅10～11℃。年日照时数1100～2700 h，区域平均为2080 h。其中春季651.2 h，占全年的31.2%，夏季465 h，占全年的22.3%，秋季410 h，占全年的19.5%，冬季563 h，占全年的27.0%。年降水量780～1170 mm，区域平均1000 mm，其中春季138 mm，占全年的13.9%，夏季580 mm，占全年的58.9%，秋季250 mm，占全年的25.2%，冬季20 mm，占全年的2.0%。夏秋季占全年的84.1%，冬季几乎不下雨，干湿季节十分分明。以川西南干旱标准（春旱：连续30天，累计降水量小于15 mm，夏旱：连续20天累计降水量小于35 mm，伏旱：连续20天累计降水量小于30 mm，秋旱：连续30天累计降水量小于15 mm）统计，春、夏、伏、秋旱的频率分别为79.5%、69.0%、19.3%和60.3%，春、夏、秋旱发生频率都在60%以上。

（二）水资源特征

区域内耕地面积614.4万亩，旱坡地459.9万亩，旱坡地占耕地比例为74.9%。区域内水资源总量32.6亿m^3，实际供水量25.2亿m^3，有效灌溉面积263.6万亩。其中水库工程灌溉66.1万亩，占25.1%，引水工程灌溉168.7万亩，占64.0%，山坪塘灌溉15.8万亩，占6.0%，石河堰灌溉0.4万亩，占0.2%，固定提灌站灌溉9.4万亩，占3.6%，其他工程3.2万亩。工程引水和水库是农业灌溉的主要水源。

（三）区域节水农业模式

针对本区特征，集成“高效用水种植结构＋集雨节灌＋覆盖保水”节水农业模式，整合应用节水型种植结构、集雨节灌、覆盖保水技术等多项技术。

（四）示范应用实证——西区示范片

攀枝花市西区面积153.6 km^2，总人口约17万人，其中农业人口1万人。梅子箐芒果基地位于西区西部，金沙江北岸，梅子箐水库东侧，海拔1010～1400 m，面积约为5.66 km^2，现有8000亩晚熟优质芒果。目前芒果生长已进入第六年，将进入盛果期，但水资源的紧缺和运行成本过高严重制约晚熟优质芒果的产业化发展。

“十一五”期间，西区针对季节性干旱缺水制约当地农业发展这一根本性、全局性重大问题，在芒果基地大力示范推广山丘区集雨节水灌溉技术、S-诱抗素生物抗旱技术、果树树盘覆盖技术等节水农业技术，取得了显著成效。

山丘区集雨节灌溉技术：利用山丘区自然高差，通过“三沟”（截流沟、边背沟、排洪沟）、“三池”（蓄水池、积肥池、沉沙池）等微、小型水利工程对雨水进行蓄积，增加灌溉水源；通过低压管道对灌溉水进行调配和补充；根据水压情况，配置不同类型

的现代节水灌溉设施（滴灌、微喷灌设施）。

S-诱导素抗旱技术：在芒果生长关键期，根据长势和气候条件，进行S-诱导素抗旱技术试验，为化控抗旱技术的示范推广打下基础。

果树树盘覆盖技术：为减少灌溉水的无效蒸发，结合清园，对滴灌的树盘采用秸（草）秆或地膜覆盖，减少土壤水分蒸发，提高灌溉水利用效率。

项目按照集雨蓄水—抑蒸保水—节水补灌技术路线，因地制宜地将现代工程技术、农田水利技术和生物农艺技术相结合，实现集雨节水综合技术组装配套与旱作农业高效优质和持续快速发展的统一，实现山区节水农业基础设施建设与节水技术运用和区域生态环境的改善相统一，取得了明显的经济、生态和社会效益。

经济效益方面，项目有关技术推广覆盖了西区农业种植企业和30%的农户，在芒果产业中推广 8300 亩，芒果新增产量 37.4 万 kg，新增产值 149.6 万元，节水 23.4 万 m^3，增收节支 295.0 万元，经济效益显著。

生态效益方面，项目区实施集雨节水综合技术，开展渠道管网节水农业基础设施建设，配套结合抑蒸保水技术，相应地减少了地表径流，减轻了项目区及辐射区域地表径流对土壤的侵蚀，对于保护生态环境、建设秀美山川具有重要的作用。

社会效益方面，一是改善了农业生产条件，增强了抵御季节性干旱能力；二是带动了优势产业和特色农产品基地的快速发展，有利于二半山区农业产业化建设；三是方便广大农民群众根据市场形势自主调整农业种植结构，丰富活跃市场，增加手头现金收入；四是提高了农业技术人员科技水平；五是提高了广大农民的科技文化素质，为进一步推广和实施农业新技术打下了基础。

实践证明，在西区推广节水农业技术，是防灾减灾、增强抗旱保收的需要；是增加农民收入，全面建设小康社会的需要；是促进农业可持续发展的需要；是农业结构战略性调整的需要；是改变生产陋习，普及农业高新技术的需要。

第四节　示范推广效果与评价

一、示范推广效果及典型事例

（一）总体示范推广情况

2007 年以来，四川省依托国家科技支撑计划课题“四川季节性干旱区粮食作物综合节水技术研究与示范”开展了较大范围的节水农业技术示范推广，主要有麦玉豆节水高效种植模式、玉米膜侧集雨节水栽培技术、垄播沟覆保墒培肥耕作技术、山丘区集雨节灌技术、生物诱导抗旱技术、水稻旱育秧技术、水稻覆盖节水栽培技术等。至 2009 年，已在全省 30 个县市不同季节性干旱区（高温伏旱区、川中春夏伏旱交错区、盆西旱涝交错区、盆周冬干春旱区、川西南干热河谷区）示范集成 5.26 万亩，亩均节水 74.3 m^3，增产 98.8kg，增收节支 247.6 元，收到良好的效果。由于在节能减排、增收节支等方面具有突出优势，节水农业技术受到地方政府与农民的一致欢迎，大部分县市表示将继续扩大示范面积，扩大节水农业技术覆盖面，为本地区农业增产、农民增收及经济条件与生态环境改善提供帮助。未纳入示范计划的县市也正积极学习，逐渐自行应用节水农业技术。

（二）在2009～2010年冬春干旱中节水抗旱效果

自“六五”以来四川就对季节性干旱防控、抵御展开研究，2006年特大干旱后，进一步加大了这方面的工作力度。2009年冬到2010年春，四川部分地区出现了严重的冬干暖连春旱气候，极端干暖天气严重影响了四川农业生产，川西南攀西地区、盆地中部龙泉山脉及川南赤水河一带灾情非常严重，小春作物大面积受损，大春作物播种困难，严重影响大春生产。干旱发生以来，全省节水农业科研人员联合攻关，根据不同旱区自然特征和种植习惯，迅速研究制订科学抗旱方案，从抗旱品种选择、简化高效节水灌溉工程设计、节水耕作栽培技术、抗旱施肥技术、生化保水技术、抗旱减损技术等各个方面展开应急抗旱技术组装，最大程度的集成节水抗旱技术。

国家科技支撑计划“四川季节性干旱区粮食作物综合节水技术研究与示范”课题组，发挥优势，大力宣传推广“玉米育苗避旱技术”、“集雨节水膜侧栽培技术”、“水稻地膜覆盖技术”等应急抗旱节水技术，在抗旱救灾中发挥了关键作用。例如，玉米育苗避旱技术避开3月上中旬适播期内干旱，利用3月下旬降水抢墒移栽，为玉米抗灾夺丰收打下了坚实基础。膜侧栽培与地膜覆盖结合补水抗旱点播，既保障了玉米抗旱节水播种，又能确保积温偏紧地区增温抗旱保收。四川灾害中心区示范县——攀枝花西区、凉山州西昌，川中简阳、射洪，川北梓潼等都通过示范推广抗旱节水农业关键技术取得了良好的效益。

如四川省农业科学院简阳试验示范基地作为四川节水农业研究的核心示范基地，针对本次特大干旱，综合农艺、工程、生物三大措施，科学抗旱，效果显著。农艺措施：①垄播沟覆耕作技术。对于土层较薄的坡耕地，起垄可以起到增厚土层的效果，显著增加土壤蓄水量，沟内秸秆覆盖有效的抑制土壤蒸发，为植于垄上作物提供了更多的水分。②马铃薯-双季玉米模式[①]。马铃薯植于垄上，上覆薄膜，有效降低了土壤蒸发，垄沟内则栽种玉米，垄上薄膜汇集的雨水顺膜流下直抵玉米根部，有效提高了降水利用率；③玉米育苗移栽技术。采用容器集中育苗，点灌节水移栽的方式，解决了因农田土壤干旱下种难的问题。而这项技术本身用水较少，操作难度小，省工省力。工程措施：基地建设有20多口容量共900 m^3的蓄水池。这些蓄水池中存蓄的雨水为玉米育苗、坐水移栽及点灌播种提供必要的水源。生物措施：在选用成单30、正红505等玉米抗旱高产品种的基础上，配合使用生物抗旱剂、生根剂等生物产品，通过调节作物水分生理过程进行节水抗旱。

攀枝花是这次大旱中四川受害最重的地区，而其依托国家科技支撑计划开展的“山丘区集雨节灌”技术通过雨水积蓄储存、山地果园滴灌技术、树盘覆盖抑蒸技术、树体生理调控抑蒸技术等节水抗旱技术使示范区果树几乎未受干旱影响，不出意外产量将稳

---

① 12月中旬种马铃薯，4月上旬在马铃薯行间种玉米，5月中旬收马铃薯，7月底在收过马铃薯的地上再种玉米。

中有增。

二、四川季节性干旱区节水农业技术实施效果评价

（一）雨水利用效果评价

1. 区域雨水利用的理论潜力和现实潜力计算模型

雨水的开发利用，就是指在一定的技术和经济条件下，将雨水转化为可利用水资源的过程。而对区域雨水开发潜力的计算，是进行雨水开发利用的前提和基础。从理论上讲，雨水是一定区域内水资源的总补给源，区域内的地表水、土壤水和地下水都是经过雨水转化而来。因此，区域内雨水开发利用的理论潜力应为规划区域内的降水总量，其计算式为

$$W_t = 10^3 P \cdot A \tag{13-1}$$

式中，W_t 为规划区内的雨水资源的理论开发潜力（m^3）；P 为区域降水量（mm）；A 为区域面积（km^2）。

在实际雨水开发利用过程当中，由于受区域自然条件和经济技术条件的限制，并不能完全按照理论潜力进行开发，只能部分开发利用，因此按照联合国粮农组织关于有效降水量的定义，区域雨水实际开发利用潜力可按下式计算：

$$W_a = 10^3 \cdot \eta \cdot P \cdot A \tag{13-2}$$

式中，W_a 为区域雨水实际开发潜力/m^3；η 为降水调控系数；P 为区域降水量/mm；A 为区域面积/km^2；$\eta \cdot A$ 为可调控雨水资源量。其中，η 的取值与雨水利用工程标准和性能以及降水特性有关，可通过收集降水径流资料及人工降水实验来确定。

2. 基于 IEA-PPC 耦合模型的区域雨水资源开发综合评价模型

1）评价指标的选取及评价标准的建立

影响和反映区域域雨水资源开发利用水平的因素较多，因此其评价指标的选取也要从多方面来进行，同时指标的选取还要依据评价目的，符合当地的自然条件，能够反映区域雨水资源供需关系以及开发利用状况。也就是说，一个地区的与水资源开发利用水平，可从区雨水利用构成比例来反映，按照这一选取原则，结合川中丘陵区实际情况，选取区域雨水资源控制利用率 I_1（年人工集蓄雨水总量与多年平均区域降雨量之比,%）、农业灌溉用水中雨水所占比例 I_2（区域雨水灌溉的耕地面积与区域内耕地总面积之比,%）、农村生活用水中雨水所占比例 I_3（区域生活用水中雨水应用量与区域生活用水总量之比,%）、工业用水中雨水所占比例 I_4（工业用水中雨水用量与工业用水总量之比,%）、生态环境用水中雨水所占比例 I_5（区域生态环境用水中雨水用量与区域内生态环境总用水量之比,%）等作为评价指标。

雨水资源的开发利用不仅受区域降水规律的制约，也受社会经济发展对雨水资源需求程度限制，同时受雨水资源的开发技术水平制约。雨水的开发潜力是有限的，开发利用过程将显示出阶段性特征，各地的雨水资源开发水平也会处于不同的阶段。依据当前

我国区域雨水开发利用的实际情况，可将雨水资源开发利用分为 V_1、V_2、V_3 三个阶段。

（1）雨水资源开发初级阶段（V_1 阶段）：雨水资源处于自然利用阶段，没有专门的集雨工程，雨水资源的开发利用程度很低，开发潜力巨大。

（2）雨水资源开发发展阶段（V_2 阶段）：在该阶段内已经有了一定的雨水集蓄利用工程设施，也积累了一定的开发利用的经验和方法，雨水资源的实际控制程度高，雨水资源具备进一步开发利用的潜力。

（3）开发成熟阶段（V_3 阶段）：该阶段雨水资源开发利用技术已经相当成熟，雨水资源的综合管理水平也达到相当高水平，雨水资源的实际开发控制率很高，未来开发潜力较小，开发程度接近极限。

按雨水资源开发利用的阶段特征，结合雨水资源开发阶段综合评价指标，建立与发展阶段特征相适应的雨水资源开发程度综合评价标准，如表 13-26 所示。

表 13-26　评价指标的分阶段标准值

评价因素	V_1/%	V_2/%	V_3/%
雨水资源控制率 I_1	0～5	5～25	25～50
农业灌溉用水中雨水所占比例 I_2	0～20	20～50	50～80
生活用水中雨水所占比例 I_3	0～7	7～23	23～85
工业用水中雨水所占比例 I_4	0～3	3～10	10～25
生态环境用水中雨水所占比例 I_5	0～3	3～6	6～10

2）评价模型的建立

目前用于雨水资源开发水平评价的方法很多，如集对分析法、物元分析法、基于熵权的灰色关联分析法等，都取得了一定的评价效果，但也各有其不足。为此本节采用目前应用较广的投影寻踪法来进行评价，并应用具有全优化功能的免疫进化算法来寻找投影寻踪方法中最优投影方向，克服了上述方法中存在的诸多缺陷。建模步骤如下：

评价指标值的无量纲化处理：设评价样本第 i 个样本第 j 个指标值为 $x_{ij}(i=1,2,\cdots,n;j=1,2,\cdots,p)$。为消除各指标量纲和数量级差异对评价结果的影响，对各指标值进行无量纲化处理。无量纲化处理的方法很多，可采用以下两式进行无量纲化处理：

越大越优型指标采用

$$x_{ij}=\frac{x_{xj}^{0}-x_{\min}(j)}{x_{\max}(j)-x_{\min}(j)} \tag{13-3}$$

越小越优型指标采用

$$x_{ij}=\frac{x_{\max}(j)-x_{xj}^{0}}{x_{\max}(j)-x_{\min}(j)} \tag{13-4}$$

构造投影指标函数：投影寻踪方法的应用，首先就是要将高维的数据信息通过投影的方式转换到低维空间，便于用常规方法进行分析处理。这里选用线性投影，将 P 维数据（$x_{ij},j=1,2,\cdots,p$）综合成以 $a=(a_1,a_2,\cdots,a_m)$ 为投影方向的一维投影值：

$$z_i = \sum_{j=1}^{p} a_j x_{ij} \tag{13-5}$$

聚类分析的实质是将带评价样本进行合理分类，因此要求投影值 z_i 的散布符合：局部投影点尽可能密集，最好凝聚成若干个点团，而整体上投影点团之间尽可能散开，即多元数据在一维空间散布的类间距 $s(a)$ 和类内密度 $d(a)$ 同时取得最大值。因此可将投影指标函数 $Q(a)$ 定义为类间距离与类内密度的乘积：

$$Q(a) = s(a) \cdot d(a) \tag{13-6}$$

类间距离用样本序列的投影特征值标准差计算：

$$s(a) = \left[\sum_{i=1}^{n} (z_i - \bar{z}_a)^2/(n-1)\right]^{1/2} \tag{13-7}$$

式中，$\bar{z}_a$ 为在 a 方向的投影特征值的均值，$s(a)$ 愈大，散布愈开。

类内密度则通过投影特征值的两两距离来计算：

$$r_{ik} = |z_i - z_k| (k = 1,2,\cdots,n) \tag{13-8}$$

定义：

$$d(a) = \sum_{i=1}^{k} \sum_{k=1}^{n} (R - r_{ik}) f(R - r_{ik}) \tag{13-9}$$

式中，$f(R-r_{ik})$ 为单位阶跃函数，当 $R>r_{ik}$ 时，$f(R-r_{ik})=1$，反之为零；R 为密度窗宽，其合理取值范围为 $r_{\max}+m/2 \leqslant R \leqslant 2m$，$d(a)$ 愈大，聚类愈显著。

优化投影指标函数：当各指标的样本集给定时，投影指标函数 $Q(a)$ 只随投影方向 a 的变化而变化，不同的投影方向反映不同的数据结构特征，最佳投影方向就是最可能暴露高维数据某类结构特征的投影方向，当 $Q(a)$ 取得最大值时所对应的 a 就是最优投影方向向量。因此，寻找最优投影方向的问题就转为下面的优化问题：

$$\max Q(a) \tag{13-10}$$

$$\|a\| = 1 (\text{约束条件})$$

应用免疫进化算法求解上述优化问题：免疫进化算法是将进化建立在最优个体基础上，并通过动态标准差的调整将局域搜索和全局搜索相结合的新进化算法。其中最优个体即为每代适应度最高的可行解，也是求解问题特征信息的直接体现。其进化计算步骤是：

（1）求解式（13-10）所表述的优化问题，式中 $Q(a)$ 由式（13-6）～式（13-9）确定。

（2）解空间内随机生成初始群体，并计算 $Q(a)$ 值，确定最优的 a_{best}^0，给出对应于初始群体的标准差 σ^0（可根据被研究问题来确定）。

（3）根据式（13-10）进行进化操作，在解空间内生成子代群体，令其规模为 S。

$$\left.\begin{aligned} a^{t+1} &= a_{\text{best}}^t + \sigma^t N(0,1) \\ \sigma^{t+1} &= \sigma^t \exp\left(\frac{At}{T}\right) \end{aligned}\right\} \tag{13-11}$$

式中，a^{t+1} 为子代个体的可行解；a_{best}^t 为父代最优个体；σ^{t+1} 为子代群体的标准差；σ^t 为父代群体的标准差；A 为标准差动态调整系数，$A \in [1, 10]$；T 为总的进化代数；

$N(0, 1)$为随机产生的服从正态分布的随机数；t 为进化的代数；σ^0 对应初始群体的标准差，($\sigma^0 \in [1, 3]$)。

(4) 计算子代群体的 $Q(a)$ 值，以确定最优个体 a_{best}^{t+1}。若 $Q(a_{best}^{t+1}) > Q(a_{best}^{t})$，则选定最优个体 a_{best}^{t+1}，否则取 a_{best}^{t} 为最优个体。

(5) 反复执行步骤③和④，达到终止条件为止，选择最后一代的最优个体作为最后寻优的结果。

约束条件处理及参数选取：从式（13-10）可以看出，在求解优化投影指标函数 $Q(a)$ 时，需要处理约束条件式 $\|a\| = 1$。由于该约束式为严格非线性齐次等式约束，这对于随机产生可行解的免疫进化算法来说，求解比较困难，而各种阀函数法也很难解决此类问题，为此，采用权重比例法将随机产生的变量全部变为满足约束条件的可行解，其原理是：随机生成 n 个 1～100 的随机数 x_i，计算 $s = \sum_{i=1}^{p} x_i^2$，然后用式 $y_i = \sqrt{x_i^2/s}$ 将 x_i 作单位化变换，而经过变换后的每一变量都能满足约束条件。此举既可增加可行解的多样性，又可保持各变量权重不变。

此外，应用免疫进化算法计算时，涉及一些参数的取值，可进行如下参数值选取。

初始规模取为 200，进化规模取为 50，方差 $\sigma^0 = 1$，动态调整系数 A 取为 9，进化总代数 $T = 150$。使用 Box-Muller 算法产生正态分布随机数，在 Linux 环境下编译算法程序，这样即可应用免疫进化算法进行寻优了。

模型计算及综合分析评价：把应用免疫进化算法求得的最优投影方向 $\vec{a}$ 代入式 (13-5)，计算反映各评价指标综合信息的投影特征值 z_i，以 z_i 的差异水平对样本进行综合分类评价。

3）典型示范区雨水潜力开发综合评价

选取 4 个典型节水示范区（以县域为单位）为评价对象，进行雨水潜力开发综合评价，其原始数据参见表 13-27。按照所选评价指标的含义，进行评价指标值的计算，各区域评价指标值参见表 13-28。评价指标的定量化标准值参见表 13-29。

表 13-27　研究区域相关资料数据表

项目	区域 1	区域 2	区域 3	区域 4
多年平均降雨量/mm	600	450	800	350
年人工集蓄雨水总量/mm	42	18	16	28
生态环境用水量/亿 m^3	0.65	0.71	0.66	0.76
生态环境用水中雨水利用量/万 m^3	390	355	13.2	304
工业用水量/亿 m^3	6.5	5.2	4.8	5.7
工业用水量中雨水利用量/亿 m^3	0.325	0.416	0.0048	0.969
耕地总面积/km^2	321.6	99.7	309.6	257.4
利用雨水灌溉的耕地面积/km^2	28.944	27.916	3.096	205.92
生活用水量/亿 m^3	9.7	8.5	7.4	8.3
生活用水量中雨水利用量/亿 m^3	0.582	1.785	0	6.64

表 13-28　区域评价因素的指标值　（单位：%）

区域	I_1	I_2	I_3	I_4	I_5
区域 1	7	9	6	5	6
区域 2	4	28	21	8	5
区域 3	2	1	0	0.1	0.2
区域 4	8	75	80	17	4

表 13-29　评价指标的分级值　（单位：%）

评价因素	等级		
	V_1	V_2	V_3
雨水资源控制利用率 I_1	0～5	5～25	25～50
农业灌溉用水中雨水所占比例 I_2	0～20	20～50	50～80
生活用水中雨水所占比例 I_3	0～7	7～23	23～85
工业用水中雨水所占比例 I_4	0～3	3～10	10～25
生态环境用水中雨水所占比例 I_5	0～3	3～6	6～10

应用上面所述评价模型，按照模型步骤中所给参数进行计算，当程序演化到第 21 代，投影方向值就不再变化，这时程序寻找到最优的投影值，$\vec{a}=$（0.129，0.069，0.0301，0.624，0.767），将最优投影方向带入 z_i 的计算公式，得出评价标准中指标的一维投影特征范围（$0<z_i\leqslant 6.4237$，$6.4237<z_i\leqslant 18.253$，$18.2531<z_i\leqslant 37.9112$）和各评价区域评价指标的 z_i（$z_1=9.4355$，$z_2=11.9382$，$z_i=0.5433$，$z_i=22.3952$）。

将各典型示范区评价指标的综合投影值与各阶段评价标准指标的综合投影范围值进行比较，得出各典型示范区的评价结果，见表 13-30。

表 13-30　不同评价方法所的评价结果对照

模型方法	典型示范区 1	典型示范区 2	典型示范区 3	典型示范区 4
物元分析	V_1	V_2	V_1	V_3
集对分析	V_1	V_2	V_1	V_3
本节方法	V_2	V_2	V_1	V_3

3. 评价结果分析

从计算和评价结果来看，各典型示范区的雨水开发水平处于不同的开发阶段，其中典型示范区 3 处于初级开发阶段，其开发潜力最大，应大力发展雨水集蓄利用技术，提高雨水开发利用水平；典型示范区 4 的开发处于成熟和饱和阶段，其开发潜力最小，未来重点应提高雨水利用效率和效益；典型示范区 2 和 1 处于中间阶段，雨水开发已有一定水平，但仍有一定开发潜力，应加大开发力度，提高技术应用水平。

从各评价方法的对比来看，本课题所建评价模型是符合实际应用要求的，基本可用于不同典型示范区雨水集蓄利用水平的综合评价。

在模型应用过程中，首先应根据各地不同的客观实际来考虑所选指标的合理性，结合实际进行评价结果的综合判定；其次要注意在寻找投影方向时，选择合理的 R 值。因为目前还没有精确选定 R 值的理论和方法，因此参照相关文献，按 $(r_{max}+m/2)<R<2m$ 原理，在实际计算时通过多个取值进行试算后确定。

（二）农业水资源高效利用评价

1. 评价原则

从广义上讲，水资源高效利用应遵循有效性、公平性和可持续性原则。有效性，即水资源的分配和使用必须获得相应的经济、社会和生态效益；公平性则主要体现在社会各阶层和地区各部门之间保障都享有使用水资源的权利，保障流域不同区域之间的用水权，保障各部门内部用水的权利；可持续性则是保障水资源的可再生能力，保证经济持续稳定增长、经济社会和农业生态系统健康有序发展。

农业水资源高效利用也应遵循这三个基本原则，即①有效性，农业水资源的使用必须能够获得相应的农业经济、农村社会和农业生态效益，杜绝无效利用和消耗；②公平性，农业水资源的配置必须贯彻生态效益第一、效率和效益兼顾、区域综合效益最大的原则，合理配置和使用农业水资源；③可持续性，农业水资源高效利用是以可持续利用为目标的，因此农业水资源的配置和使用必须充分考虑农业水资源的可再生能力，以及区域农业经济、农村社会和农业生态的可持续发展。

基于以上考虑，农业水资源高效利用评价须坚持以下原则：①从用水效率、用水效益和可持续发展三方面来设置评价指标；②在评价指标权重方面，坚持生态效益优先，兼顾效率和效益，以区域综合效益最大为目标的原则；③坚持“两性”同评原则，既要充分考虑拟评价区域农业生态系统的自然演替规律，又要考虑人们的生产方式、种植特色、相关经济活动等人为因素对水循环、农业水资源供需所产生的影响；④结合评价区域实际情况来构建评价指标。在实际评价过程中，评价区域的自然地理、经济发展水平、水资源开发利用水平和社会经济活动方式都存在较大差异，因此不能完全按照相同的一套评价指标对不同区域进行评价。拟评价区域实际情况有较大差异时，则必须增加或舍弃部分指标，以使评价结果更符合拟评价区域的客观实际；⑤坚持“两维”评价原则，即从可持续性要求出发，对农业用水的时空分异特征进行同步评价，从空间维和时间维两个角度来构建可持续性评价指标。

2. 农业水资源高效利用评价指标体系的建立

1）评价指标体系的构建

水资源开发利用评价，能够阐明农业用水系统的复杂机制，揭示区域农业用水的主要障碍因素，进而选择水资源的最佳开发利用技术手段和方案，指导区域用水管理和决策。因而，开展水资源开发利用评价工作具有重大意义。

长期以来，我国农业水资源开发利用评价的重点仅仅局限于对工程节水的节水效率和经济效益评价，虽然后来也开展了节水灌溉的综合效益评价和节水农业综合效益评价，其评价重点也由灌溉效率、经济效益评价以及节水灌溉系统模式优化选择转变为对节水灌溉工程和节水农业的经济、社会和生态综合效益的评价，但其评价核心仍然没有脱离工程节水。随着农业水资源危机的加剧和农业生态问题的凸显，以及新节水技术的综合集成与应用，构建以高产、节水和可持续发展为目标的新评价体系势在必行。农业水资源高效利用评价体系应以可持续发展为目标，以宏观、微观效率和效益评价为依据，以水对农业生态系统稳定的驱动力作用为保障，以更大区域的农业水资源的优化配置为手段。

开展农业水资源开发利用评价，就是通过一定的理论和方法，评价农业水资源高效利用模式对区域农业生产及未来可持续发展所产生的社会、经济、生态及其综合效益的影响程度。它是一个多目标综合评价问题，评价目标不仅包括用水效率，还包括用水效益。合理的农业水资源高效利用评价，不仅能够客观反映农业水资源高效利用所产生的综合效益，而且能够对农业水资源高效利用模式的推广和应用进行动态检测和诊断，指引生态型高效节水农业未来的发展方向，为农业的可持续发展提供科学决策依据。

现代农业水资源开发利用评价与传统不同的是评价重点已由工程节水评价转向水资源高效率利用和高效益利用评价。评价区域已由单株或农田水平转向区域水平，评价对象已由单纯的人工可控地表水转向综合考虑广义水资源（包括由大气降水产生的土壤水），评价部门由单一部门转为多部门，更加重视水资源在区域行业和部门之间的循环转化，以及水资源利用全过程的效率和效益的考察计算。同时，现代评价方法充分结合当地的实际生产条件，具有鲜明的区域特征，其结果更具实用性和可参考性。基于上述水资源高效利用评价的概念内涵，遵循科学性、全面性、协调性、可获得性、生态效益优先的原则，构建如下的农业水资源高效利用综合评价指标体系，如图 13-6 所示。

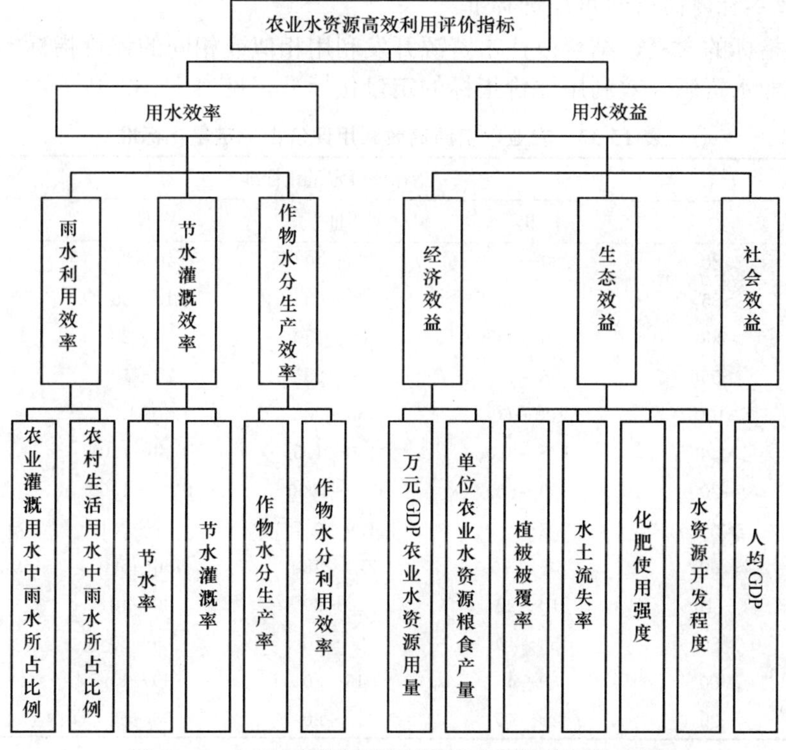

图 13-6　农业水资源高效利用综合评价指标体系图

2）评价指标的计算

依据农业水资源高效利用评价的概念内涵以及四川地区的生产实际情况，农业水资源高效利用评价包括用水效率评价、用水效益和可持续性评价三方面，具体包括 13 个评价指标。根据各指标的含义，其计算式见表 13-31。

表 13-31　农业水资源高效利用评价指标计算表

指标名称	指标含义表达	指标单位
农业灌溉用水中雨水所占比例（x_1）	区域农业灌溉用水中的雨水应用量/区域灌溉用水总量	%
农村生活用水雨水所占比例（x_2）	区域农村生活用水中雨水应用量/农村生活用水总量	%
主要粮食作物水分利用效率（x_3）	作物产量与渗入并保存在土壤中的水量比值	kg/mm
节水灌溉率（x_4）	节水灌溉面积与总灌溉面积比值	%
人均 GDP（x_5）	年地区 GDP/地区总人口	10^3 元
作物水分生产率（x_6）	作物产量与作物蒸发蒸腾量之比值	kg/mm
化肥使用强度（x_7）	单位面积上的化肥施用量	kg/hm^2
单位农业水资源粮食产量（x_8）	区域农业粮食产量与区域农业水资源应用总量比值	万元/m^3
万元 GDP 的农业水资源用水量（x_9）	区域 GDP 与农业水资源消耗量之比值	m^3
水土流失率（x_{10}）	水土流失面积与土地面积之比值	%
节水率（x_{11}）	区域节约水量与应用水量之比值	%
森林覆盖率（x_{12}）	区域林地面积与区域面积之比值	%
水资源开发程度（x_{13}）	区域水资源年实际开发量和区域水资源年拥有量比值	%

3）农业水资源高效利用评价标准

依据各指标的含义，结合以往水资源开发利用相似或相同的评价指标的定量化标准值，建立农业水资源高效利用评价指标的定量化标准，见表 13-32。

表 13-32　农业水资源高效利用评价指标定量化标准

指标	指标评价定量化标准				
	Ⅰ	Ⅱ	Ⅲ	Ⅳ	Ⅴ
x_1	>80	80～60	60～40	40～20	<20
x_2	>85	60～85	35～60	10～35	<10
x_3	>200	150～200	100～150	50～20	<20
x_4	>55	55～40	40～25	25～10	≤10
x_5	≥100	100～60	60～20	20～1.5	≤1.5
x_6	>2.0	1.5～2.0	1.0～1.5	0.8～1.0	≤0.8
x_7	0～300	300～600	600～1000	1000～1500	≥1500
x_8	≥2.8	2.8～1.9	1.9～0.7	0.7～0.1	≤0.1
x_9	≤60	60～270	270～480	480～690	≥690
x_{10}	0～10	10～20	20～30	30～40	≥40
x_{11}	>50	50～40	30～40	25～30	≤25
x_{12}	≥60	60～45	45～30	30～15	15～0
x_{13}	≤20	20～40	40～60	60～80	≥80

4）评价方法

目前国内外水资源开发利用评价工具很多，主要包括模型和决策支持系统。其中决策支持系统的开发涉及了一些指标，其侧重于为水评价和水管理决策提供综合的、系统的、方便可行的工具，但对指标的科学性、通用性、可操作性等方面并未做深入的探讨和严密的论证，因而限制了其应用。相反，模型及综合集成模型已成为当前国内外广泛应用的水资源评价工具。例如，国内的水资源综合评价通常采用 IS（indicators system）法，即指标构建法。其通常做法是：通过对拟评价区域水资源开发利用的综合分析选取一定的评价指标，然后对所选指标进行筛选和关联分析，确定指标权重，采用相应的技术理论和方法建立数学模型，利用数学模型对水资源与社会经济发展协调情况进行综合评判。其中，能与 IS 法结合的水资源评价方法较多，如灰色聚类法、模糊综合法和因子分析法等。这些方法在水资源评价中得到了很好的应用，但在涉及多目标、多层次、综合比较和排序的不同区域水资源利用水平评价方面，由于评价对象的复杂性，此类模型并不具有较显著的优势。因此，本节采用近年来才出现的主成分投影法和客观赋权法对农业水资源高效利用进行综合评价。评价模型的建立如下。

a. 指标的无量纲化处理

设有 n 个被评价对象，由 p 个指标来描述，样本矩阵则表示为 $X=(x_{ij})_{n\times p}$。为了消除各指标值量纲和数量级的差异对评价结果造成的影响，首先就要对各评价指标值进行无量纲化处理。对于正向指标，令

$$y_{ij}=\frac{x_{ij}-\min x_{ij}}{\max x_{ij}-\min x_{ij}},\quad i=1,2,\cdots,n;\quad j=1,2,\cdots,p \tag{13-12}$$

对于负向指标，则令

$$y_{ij}=\frac{\max x_{ij}-x_{ij}}{\max x_{ij}-\min x_{ij}},\quad i=1,2,\cdots,n;\quad j=1,2,\cdots,p \tag{13-13}$$

其中，$\max x_{ij}$、$\min x_{ij}$ 分别表示第 j 个指标下各评价样本属性值的最大值和最小值。经过无量纲化处理后，样本矩阵 X 转化为矩阵 $Y=(y_{ij})_{n\times p}, y_{ij}\in[0,1]$。

b. 指标权重的确定

指标赋权的确定方法很多，有主观赋权法、客观赋权法和综合赋权法。其中，熵权法是根据各评价对象的指标值来确定各指标权重的一种方法，它反映的是指标间的相互比较关系，是比较客观的指标赋权方法。因此，本节采用熵权法来确定各指标的权重。

计算权重：定义 f_{ij} 为矩阵 X 的第 j 项指标下第 i 个被评价对象的指标值的比重，则有：

$$f_{ij}=x_{ij}\Big/\sum_{i=1}^{n}x_{ij} \tag{13-14}$$

令 e_j 为第 j 项指标的熵值，则有：

$$e_j=-k\sum_{i=1}^{n}f_{ij}\cdot\ln f_{ij}\quad(\text{其中},k=1/\ln n) \tag{13-15}$$

依据下式计算各指标的权重：

$$w_j=(1-e_j)\Big/\sum_{j=1}^{p}(1-e_j) \tag{13-16}$$

指标赋权：使用上述权重计算方法求得各指标的权重后，对样本矩阵 Y 进行加权处理，令 $z_{ij}=w_{ij}y_{ij}$，可得加权后的样本矩阵 $Z=(z_{ij})_{n\times p}$，评价向量为 $\overline{d}_i=(z_{i1},z_{i2},\cdots,z_{ip}),i=1,2,\cdots,n.$

c. 指标的正交变换

由于多个评价指标之间存在一定的关联关系，并会造成评价信息之间的相互重叠和干扰，因而难以进行客观分类和评价。为了过滤掉指标间相互联系所造成的重复信息，对原指标值进行正交变换，降低数据噪声。

设 $Z'Z$ 的特征值为 $\lambda_1,\lambda_2,\cdots,\lambda_p(\lambda_1\geqslant\lambda_2\geqslant\cdots\lambda_p\geqslant0)$，对应的单位特征向量分别为 $\alpha_1,\alpha_2,\cdots,\alpha_p$。令 $A=(\alpha_1,\alpha_3,\cdots,\alpha_p)$，对样本矩阵 Z 作正交变换，即令 $U=ZA$，则得到新的样本评价矩阵 $U=(u_{ij})_{n\times p}$，新的决策向量记为 $d_i=(u_{i1},u_{i2},\cdots,u_{ip}),i=1,2,\cdots,n$。

d. 构造理想决策向量，求出各决策向量在理想决策向量上的投影

构造理想决策向量，就是将每个样本看作一个 p 维向量，则理想决策向量记为 $d^*=(d_1,d_2,\cdots,d_p)$，其中，$d_i=\max(\underset{1\leqslant i\leqslant n}{u_{ij}}),j=1,2,\cdots,p$，将 d^* 单位化得

$$d_0^*=\frac{1}{\|d^*\|}d^*=\frac{1}{\sqrt{d_1^2+d_2^2+\cdots+d_p^2}}d^* \tag{13-17}$$

各决策向量在理想决策向量上的投影值由下式计算获得：

$$D_i=d_i\cdot d_0^*=\frac{1}{\sqrt{d_1^2+d_2^2+\cdots+d_p^2}}\sum_{j=1}^{p}d_ju_{ij} \tag{13-18}$$

$$i=1,2,\cdots,n$$

e. 综合评价

以各决策向量在理想决策向量上的投影值作为各被评价对象的评价值进行农业水资源高效利用水平比较，同时将各投影值绘制成散点图，观察聚类分布情况，根据排序结果和聚类分布情况，分析各地区的高效用水水平和区内高效用水的主要影响因素。

3. 四川省季节性干旱区 2002～2008 年水资源高效利用评价

依据四川省农业、水利、经济等实际统计资料，并参考相应指标的统计数据，得到 2002～2008 年农业水资源高效利用指标原始数据值，见表 13-33。

表 13-33　水资源高效利用情况指标表

指标	2002 年	2003 年	2004 年	2005 年	2006 年	2007 年	2008 年
x_1	19.3	24.5	27.6	30.2	32.8	38.2	40.6
x_2	5.6	7.9	13.6	14.2	12.6	15.8	20.9
x_3	11.25	16.28	18.46	24.33	26.12	25.24	28.94
x_4	8.64	10.49	12.08	18.46	20.6	23.92	30.2
x_5	4.256	4.675	5.189	5.923	7.195	8.395	9.154
x_6	0.82	0.86	0.95	0. 92	0.98	1.26	1.39
x_7	429	438	453	465	462	472	483
x_8	1.26	1.34	1.25	1.16	1.36	1.37	1.43
x_9	485	427	389	346	309	286	247
x_{10}	40.21	34.12	33.49	33.28	32.68	32.68	31.26

续表

指标	2002 年	2003 年	2004 年	2005 年	2006 年	2007 年	2008 年
x_{11}	5.8	6.4	7.2	6.9	8.3	8.6	7.9
x_{12}	26.82	27.23	27.84	28.78	30.15	30.16	29.89
x_{13}	1.49	1.54	4.39	4.18	4.72	4.08	6.16

按照评价步骤，首先对指标值进行无量纲化处理，处理的后的矩阵 Y_{ij} 为

$$
\left[\begin{array}{ccccccc}
0 & 0 & 0 & 0 & 0 & 0 & 1 \\
0.244\,131 & 0.150\,327 & 0.284\,341 & 0.085\,807 & 0.085\,545 & 0.070\,175 & 0.833\,333 \\
0.389\,671 & 0.522\,876 & 0.407\,575 & 0.159\,555 & 0.190\,486 & 0.228\,070 & 0.555\,556 \\
0.511\,737 & 0.562\,092 & 0.739\,401 & 0.455\,473 & 0.340\,343 & 0.175\,439 & 0.333\,333 \\
0.633\,803 & 0.457\,516 & 0.840\,588 & 0.554\,731 & 0.600\,041 & 0.280\,702 & 0.388\,889 \\
0.887\,324 & 0.666\,667 & 0.790\,842 & 0.708\,720 & 0.845\,039 & 0.771\,930 & 0.203\,704 \\
1 & 1 & 1 & 1 & 1 & 1 & 0
\end{array}\right.
$$

$$
\left.\begin{array}{cccccc}
0.370\,370 & 0 & 0 & 0 & 0 & 1 \\
0.666\,667 & 0.243\,698 & 0.680\,447 & 0.214\,286 & 0.122\,755 & 0.122\,754 \\
0.333\,333 & 0.403\,361 & 0.750\,838 & 0.5 & 0.305\,389 & 0.305\,389 \\
0 & 0.584\,034 & 0.774\,302 & 0.392\,857 & 0.586\,826 & 0.586\,826 \\
0.740\,741 & 0.739\,496 & 0.841\,341 & 0.892\,857 & 0.99\,700\,599 & 0.997\,006 \\
0.777\,778 & 0.836\,134 & 0.841\,341 & 1 & 1 & 1 \\
1 & 1 & 1 & 0.75 & 0.919\,162 & 0.919\,162
\end{array}\right]
$$

利用熵权法所求权重 w_j 为（0.064，0.167，0.097，0.205，0.090，0.043，0.002，0.005，0.057，0.007，0.021，0.003，0.236）。

经过加权和正交变换后的新样本矩阵为

$$
\left[\begin{array}{ccccc}
0.124\,323 & -0.200\,537 & 0.011\,335 & 0.011\,351 & -0.005\,441 \\
0.160\,645 & -0.176\,685 & 0.000\,940 & -0.002\,42 & 0.001\,215 \\
0.131\,859 & -0.026\,525 & -0.043\,691 & 0.003\,127 & 0.007\,654 \\
0.188\,559 & -0.002\,785 & -0.015\,502 & -0.014\,031 & -0.011\,465 \\
0.189\,788 & 0.031\,004 & 0.014\,794 & -0.023\,287 & 0.004\,128 \\
0.249\,499 & 0.031\,325 & 0.015\,398 & 0.003\,227 & 0.010\,969 \\
0.264\,456 & 0.165\,010 & 0.001\,793 & 0.014\,473 & -0.007\,133
\end{array}\right.
$$

$$
\begin{array}{cccc}
0.002\,894 & 1.556\,1\times10^{-5} & -2.945\times10^{-16} & 1.344\times10^{-17} \\
-0.003\,623 & 0.000\,977 & 2.829\times10^{-10} & -5.823\times10^{-10} \\
0.001\,260 & 0.000\,434 & 1.613\times10^{-10} & 2.120\times10^{-11} \\
-0.000\,384 & -0.001\,673 & -4.006\times10^{-10} & 1.056\times10^{-10} \\
0.001\,798 & 0.001\,177 & 1.188\times10^{-11} & 2.323\times10^{-10} \\
-0.000\,398 & -0.001\,797 & -2.410\times10^{-11} & -2.471\times10^{-11} \\
-0.000\,428 & 0.001\,227 & 2.381\times10^{-10} & -4.597\times10^{-11}
\end{array}
$$

$$
\begin{array}{cccc}
9.975\times10^{-18} & -6.7112\times10^{-17} & -9.812\times10^{-17} & -3.2109\times10^{-16} \\
3.461\times10^{-10} & 2.42422\times10^{-10} & -2.6096\times10^{-10} & 1.3489\times10^{-11} \\
4.357\times10^{-10} & -1.7413\times10^{-11} & 5.0143\times10^{-10} & -2.7616\times10^{-10} \\
-2.920\times10^{-10} & -3.9996\times10^{-11} & 5.7206\times10^{-10} & 3.0368\times10^{-10} \\
1.026\times10^{-10} & 1.1646\times10^{-10} & 2.144\times10^{-10} & 6.1559\times10^{-10} \\
-3.453\times10^{-10} & 3.4977\times10^{-10} & -5.7006\times10^{-11} & -5.7006\times10^{-11} \\
5.009\times10^{-10} & 2.7174\times10^{-11} & -2.9243\times10^{-12} & 2.4475\times10^{-10}
\end{array}\right]
$$

新决策向量 d_i 为：(0.264，0.165，0.015，0.014，0.011，0.003，0.001，2.8×10^{-10}，2.3×10^{-10}，4×10^{-10}，3.4×10^{-10}，5.7×10^{-10}，6.17×10^{-10})。

各决策向量在理想决策向量上的投影值 D_i 为：(0.000，0.042，0.095，0.156，0，176，0.229，0.311)。

依据分类指标定量化标准，将各评价指标值符号化，结果见表 13-34。

表 13-34　农业水资源高效利用统计指标值符号化

年份	x_1	x_2	x_3	x_4	x_5	x_6	x_7	x_8	x_9	x_{10}	x_{11}	x_{12}	x_{13}
2002	Ⅴ	Ⅴ	Ⅴ	Ⅴ	Ⅳ	Ⅳ	Ⅱ	Ⅲ	Ⅳ	Ⅴ	Ⅴ	Ⅳ	Ⅰ
2003	Ⅳ	Ⅴ	Ⅴ	Ⅳ	Ⅳ	Ⅳ	Ⅱ	Ⅲ	Ⅲ	Ⅳ	Ⅴ	Ⅳ	Ⅰ
2004	Ⅳ	Ⅳ	Ⅴ	Ⅳ	Ⅳ	Ⅳ	Ⅱ	Ⅲ	Ⅲ	Ⅳ	Ⅴ	Ⅳ	Ⅰ
2005	Ⅳ	Ⅳ	Ⅳ	Ⅳ	Ⅳ	Ⅳ	Ⅱ	Ⅲ	Ⅲ	Ⅳ	Ⅴ	Ⅳ	Ⅰ
2006	Ⅳ	Ⅳ	Ⅳ	Ⅳ	Ⅳ	Ⅳ	Ⅱ	Ⅲ	Ⅲ	Ⅳ	Ⅴ	Ⅲ	Ⅰ
2007	Ⅳ	Ⅳ	Ⅳ	Ⅳ	Ⅳ	Ⅲ	Ⅱ	Ⅲ	Ⅲ	Ⅳ	Ⅴ	Ⅲ	Ⅰ
2008	Ⅲ	Ⅳ	Ⅳ	Ⅲ	Ⅳ	Ⅲ	Ⅱ	Ⅲ	Ⅱ	Ⅳ	Ⅴ	Ⅳ	Ⅰ

注：Ⅰ～Ⅳ级表示农业水资源高效利用水平从高到低。

2002～2008 年农业水资源高效利用的评价结果来看，自 2002 年以来，每年的农业水资源高效利用水平在不断提高，这也是四川省积极采取各种节水技术和水土保持措施，努力改善农业生态环境的结果。其中从 2002～2004 年为一个水平阶段，2006～2008 年为另一水平阶段，2005 年为一个转折点，而且第二个阶段利用水平的提高速度较第一个阶段大。这一评价结果基本上是符合实际情况的。

从指标值符号化的结果来分析，纵向来看，2002～2008 年各项具体指标值都是由农业水资源低效向高效应用的趋势发展，其中农业灌溉用水中雨水所占比例、作物水分利用效率和节水灌溉率三项指标变化显著；而人均 GDP、单位农业水资源粮食产量、水资源开发程度、化肥使用强度四项指标变化不大。从指标符号的横向变化来看，农业灌溉用水中雨水所占比例（x_1）、农村生活用水雨水所占比例（x_2）、作物水分利用效率（主要粮食作物）（x_3）、节水灌溉率（x_4）、水土流失率（x_{10}）、节水率（x_{11}）几项指标都处于较低水平阶段，具有一定的提高潜力；人均 GDP、作物水分生产率、万元 GDP 的农业水资源用量、森林覆盖率等几项指标也有较大发展空间。其中有两个显著性指标——化肥使用强度和水资源开发程度没有较大变化，应分析其原因，并采取措施进行改善。

4. 评价结果

（1）自 2002 年以来，农业水资源高效利用水平逐年提高，而且在近几年里，随着高效集雨节水技术的推广应用，农业水资源高效利用提高的速度越来越快。但同时也必须清醒地看到，农业水资源高效利用总体水平还比较低。不同地区、不同时间内的水资源利用水平还有很大差异的，这也与各地自然地理条件、气候条件、水资源分布特征、经济发展水平、水资源利用水平和方式相关，而且个别地区的农业水资源利用效率和效益还相差比较大。这可以从各地农业水资源高效利用评价指标的差异上反映出来。区内农业水资源的利用效率仅为其 30%～60%，与农业水资源利用较好的北方旱区相比还有一定差距。其原因为区内农业水资源高效利用技术应用还不够普及，现有技术模式可推广性不强。尤其是缺乏集雨、节灌和水土保持于一体的耦合技术模式。此外，水资源时空分布的不均匀也影响了水资源的高效利用。今后需加强高效集雨节水和水土保持技术的推广力度，提高四川季节性干旱区水资源高效利用的整体水平。

（2）区内的水利工程设施建设还比较薄弱，整体布局也不够合理。虽然微小水利工程比较有利于川中丘陵区的实际情况，但微小水利工程毕竟规模较小，工程效益较低，其科学性还有待加强。以集雨工程为例，虽然各地利用当地的自然降雨和地形地貌条件，修建了沟、堰、塘、坝、池、窖等集雨设施，充分发挥了小而精、实施方便、成本低等特点，但毕竟集雨量小，未能从供需平衡的角度进行科学计算，退水、弃水现象时常发生，工程的综合效益未能发挥。集雨设施未能从集蓄、储存和优化补灌等系统角度去布局，不能做到对雨水的最充分利用。因此，应积极实施大、中、小水利工程相结合、蓄引提相结合的水利配套工程，提高工程利用效率，发挥工程的最优效益，减小干旱对农业生产造成的危害。

（3）四川省水利统计公报的资料显示，四川省农业水资源量为 4113.9 亿 m^3，占全省水资源总量的 72.1%。根据水资源分布情况，以农业水资源综合应用效率和效益最大为目标，多水源联合调度，对不同用水单位和不同时段的供水，不同区域、不同作物、不同作物生长期的灌溉供水进行全局优化。此外，采用多手段、多技术开发，提高水资源的开发利用程度，尤其是提高雨水资源的利用率。

（4）从各地雨水利用效率、作物水分利用效率来看，区内农业水资源的利用效率和效益，整体上还处于偏低水平，还需大力推高效集雨和节水技术。目前，以国家科技支撑课题为依托，各地积极开展了高效农业节水技术的研究和示范应用工作，探索出了许多切合当地实际情况、示范应用效果显著的高效集雨和节水技术。同时还形成了一些集雨、节灌和水土保持耦合技术，但这些技术大多缺乏应用支撑，技术模式提炼不成体系，综合集成度不高，影响了这些综合技术模式的推广应用。因此，今后应在积极探索各种高效集雨节灌技术的同时，大力提高技术的综合集成度，并建立适宜的评价体系，提高技术模式的实际应用效果和可推广性。在研究和推广高效节水技术的同时，加强基层科技队伍建设，以此推动高效节水生态型农业的构建。

（5）注重改善农业生态环境，发展生态型农业，促进农业经济的可持续发展。从节水率、森林覆盖率、水土流失率等生态性指标来看，区内农业生态环境还处在较差水平，生态环境改善潜力巨大。在大力推广集雨、节灌和水土保持耦合技术的同时，构建区域径流综合调控体系，通过植物聚流分流、工程聚流分流和农艺聚流分流、耕作聚流分流等综合举措，变害为利。同时加强对荒山、荒沟、荒坡的综合治理，坚决贯彻执行退耕还林（草）工程，改善植被覆盖状况，涵养水源，减少水土流失，保护生态环境。此外，还应大力发展水肥耦合技术，减少化肥使用量，大力推广秸秆还田、覆盖技术，提高土壤腐殖质含量。

（6）优化种植结构，提高作物水分生产率和作物经济转化效率。从各地作物水分生产率、作物水分利用效率等指标来看，作物的水分利用效率和效益还比较低，其原因与不合理的种植结构有关。传统的种植结构高耗水低产出，作物水分生产率和作物水分利用效率以及作物经济转化效率都比较低，对农业水资源浪费严重。应从水资源高效利用的角度出发，综合利用优良育种、高效栽培模式和种植比例优选等措施，选种低耗水高产出的作物，因地制宜，宜粮则粮、宜果则果、宜草则草、宜种植经济作物则种植经济作物，将农业经济效益、社会效益和生态效益最大化。

参考文献

崔读昌. 1992. 气候变暖对我国农业生产的影响与对策. 中国农业气象，13（2）：16-201

高素华，陈隆勋，潘亚茹，等. 1992. 大气中CO_2上升后的温室效应对我国主要粮食作物产量的可能影响. 中国环境科学，12（6）：427-431

姜心禄，袁勇，郑家国，等. 2007. 季节性干旱丘区稻田麦秸覆盖的节水效应研究. 西南农业学报，20（6）：1188-1193

李国平，贺文彬. 1994. 四川50年来气候变化分析及未来趋势预测. 成都气象学院学报，9（3）：72-78

李跃清，李崇银. 1999. 近40多年四川盆地降温与热带西太平洋海温异常的关系. 气候与环境研究，4（4）：388-395

刘银峰，徐海明，雷正翠. 2009. 2006年川渝地区夏季干旱的成因分析. 大气科学学报，32（5）：686-694

石培礼，唐亚，陈克明. 1996. 山地农业生态系统持续发展的有效途径——坡地农业技术（SALT）. 生态农业研究，4（2）：44-49

孙辉，唐亚，王春明，等. 2001. 等高固氮植物篱技术——山区坡耕地保护开发利用的有效途径. 山地学报，19（2）：125-129

王小春，杨文钰，陈岩，等. 2009. 不同种植方式对玉米苗期素质、产量和效益的影响. 农机化研究，8：130-133

王义祥，翁伯琦，黄毅斌. 2006. 全球气候变化对农业生态系统的影响及研究对策. 亚热带农业研究，2（3）：203-208

许峰，蔡强国，吴淑安. 1999. 等高植物篱在南方湿润山区坡地的应用——以三峡库区紫色土坡地为例. 山地学报，17（3）：193-199

张文忠，宋殿珍，栗红生，等. 2007. 全球气候变暖与中国传统农业. 现代农业，11（122）：167-168

郑元红，潘国元，毛国军，等. 2009. 不同绿肥间套作方式对培肥地力的影响. 贵州农业科学，37（1）：79-81

朱钟麟，赵燮京，王昌桃，等. 2006. 西南地区干旱规律与节水农业发展问题. 生态环境，15（4）：876-880

朱钟麟，赵燮京. 2001. 西南地区节水农业的特点和技术模式. 西南农业学报，14（增）：108-112

第十四章　北京绿地高效用水技术

第一节　区域农业用水与绿地用水现状

一、北京农业用水现状与趋势

（一）北京市农业节水发展历程

新中国成立后，北京农田灌溉与节水灌溉事业得到空前发展，如图 14-1 所示，从农业用水量与灌溉面积变化特征来看，北京市农业节水事业的发展可以分为三个阶段（刘洪禄等，2006a）。第一阶段：（1949～1956 年），这一阶段一定程度上延续了新中国成立前农田灌溉的建设模式，灌溉面积从 1949 年的 1.421 万 hm^2 增加到 1957 年的 3.872 万 hm^2，该阶段主要通过大量开凿砖井与土井来增加灌溉面积，灌溉面积增长缓慢，灌溉面积与用水量增幅较小，1957 年农业用水约为 2.3 亿 m^3。由于此期间农业灌溉面积较小，水资源供大于求，故农业节水问题并不突出。第二阶段（1958～1980 年），官厅水库、密云水库等大中型水利工程的建成极大地促进地表水灌区的建设，1980 年灌溉面积增加到 34.59 万 hm^2。渠系长度由几乎为零迅速增加到 3079.36 km，随着渠系建设长度的增加，部分渠系严重渗漏的现象日益突出，渠道防渗成为研究与推广的重点，这一时期还结合土地平整与畦灌，提高了田间水利用率，同时还开展了大量滴灌、喷灌、管灌等形式的节水灌溉试验，1980 年农业用水量达到 31.72 亿 m^3。第三阶段（1981 年至今），官厅、密云水库由于水量不足，不再向农业供水，农业用水紧张，农业节水开始逐步受到重视。除渠道防渗以外，低压管灌、喷灌、微灌等节水灌溉技术得到广泛应用，节水效果显著。这一时期，灌溉面积增幅不大，但是节水灌溉面积占灌溉面积的比例由 1980 年的 9％增加到 2008 年的 86％，农业用水量由 1980 年的 31.72 亿 m^3 下降到 2009 年的 12 亿 m^3。农业用水占社会总用水的比例从 1980 年的 65％下降到 2009 年的 34％。特别是 2002 年以后，北京市加大了对再生水开发利用的力度，2010 年，再生水灌溉面积达到 60 万亩，用水量达到 3 亿 m^3，再生水灌溉量占农业用水的 25％。

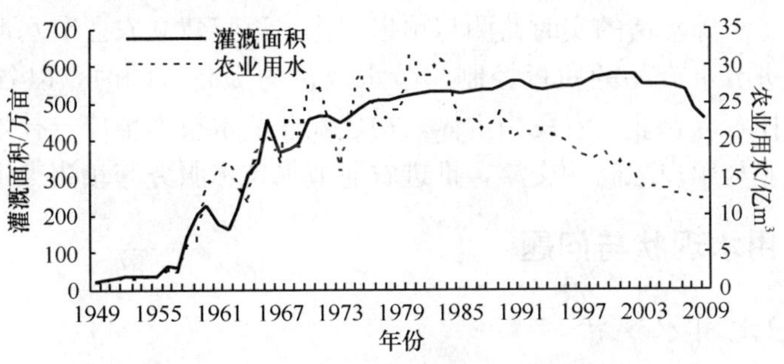

图 14-1　北京市农业用水量与灌溉面积发展

（二）北京市农业节水发展趋势

1. 农业节水管理将更加严格

北京市建立了100个流域水务站（所），用以承担节水、供水、治污、防洪、水源保护等管理职能，实现管理信息系统联网，形成完善的水务管理体系，将会有力地促进农业节水工作。同时，配备了近万名农村水管员，开发了农业节水管理信息系统，面对严峻的水资源形势，北京市将建立严格的水资源管理制度。通过提高管理水平，打通制度、体制、方式的障碍，实现有效节水。目前北京市已经有96%农用机井完成水表安装，为全面实现农业用水定额管理奠定了良好的基础。

2. 微灌将成为农业节水的发展方向

随着农业产业化水平的提高和农业种植结构的调整，北京市将逐步淘汰高耗水、低产出的农作物，增加耗水少、经济附加值高的农作物种植面积。蔬菜、林果、瓜类、牧草等经、饲料作物的比重将不断增加，用水量比重也会不断增加，标准化与工厂化生产将对农业灌溉提出更高的要求，节水灌溉与随水施肥技术的经济可行性将不断提高，生产成本的节约效益将更加显著。目前北京市微灌面积占总灌溉面积的比重不足2%，到2010年，北京市农业用水将达12亿m^3，其中，蔬菜、林果、瓜类、牧草、经济作物等耗水量将达70%以上，与其他灌溉形式相比，微灌具有显著的节水增产效果与适应性，其将成为农业节水发展的重点。

3. 再生水灌溉成为农业节水的重点

农业节水包括水量、水质两个层面，再生水灌溉是利用劣质水源替代优质地下水，是农业节水概念的延伸，充分体现了“优水优用、劣水低用”的水资源优化配置原则。到2015年，北京市再生水灌溉利用量将达到4亿m^3，是当年农业用水的33%，控制灌溉面积将达70万亩，主要分布在通州、大兴等再生水适宜灌溉区。再生水灌溉利用的标准、规范及监测、评价体系将逐步建立，推进再生水的安全利用。

4. 农业节水的服务体系将趋于完善

随着农业节水技术的普及，农业节水技术服务体系将不断完善。全市将不断完善土壤墒情、作物旱情、水源水情的实时监测与预报工作；逐步建立农业节水产品认证体系与市场准入制度，促进节水产品的质量控制与节水效益的提高；同时，以各级农业节水推广站、水务站为依托，以企业、农民为主体，构建农业节水技术推广、技术咨询、技术服务的平台，促进企业与用户之间的交流，推进农业节水技术服务与销售渠道的通畅。

二、北京绿地用水现状与问题

（一）北京市绿地用水现状

目前北京市城市绿地灌溉基本上采用自来水，占绿地灌溉用水的80%～90%，再生水利用量仅为0.2亿m^3，再生水、雨洪水等非常规水源未得到充分利用的同时造成大量优质水源的浪费；当前城市绿地灌溉大部分采用管灌或大水漫灌，用水效率较低；城市绿地建植不合理，大量种植高耗水植被。城市绿地节水灌溉制度研究不深入，目前，北京市制定的城市绿地养护规定中有灌水次数的规定，但没有具体规定灌水定额。因此，迫切要求制定完善的灌溉制度以指导城市绿地节水灌溉。北京市水利科学研究所吴文勇等计算出平水年、枯水年不同降水年份下各植被类型的净灌溉需水量，平水年、枯水年低方案条件下降水量基本能够满足植被需水量，平水年、枯水年中方案条件下净灌溉定额分别为207.6～398 mm和271.6～478.6 mm，乔灌草复合体植被的净灌溉定额最大。北京市园林科学研究所调查得出北京市10个公园年灌溉水量为152.9～1133.3 m^3/亩（表14-1），平均约为974 mm。可见城市绿地的节水潜力非常巨大，与现状灌溉用水相比，采用节水措施至少可以实现节水30%以上。高速公路绿化隔离带灌溉系统研究表明（吴文勇等，2005），目前高速公路隔离带水车灌溉的水分利用率仅为20%～30%，采用滴灌系统可以节水70%左右，节省运行费68%。城市节水潜力巨大。

表14-1　北京市园林局10大公园目前绿地浇灌用水情况

公园名称	绿地面积/hm^2	年绿地用水量/万m^3	年绿地用水量/(m^3/hm^2)	年绿地用水量/(m^3/亩)
玉渊潭公园	63.0	36.0	5 714	380.9
陶然亭公园	33.0	33.6	10 182	678.8
北海公园	18.3	28.8	15 738	1 049.2
景山公园	14.6	7.1	4 863	324.2
天坛公园	165.0	47.3	2 867	191.1
中山公园	6.0	10.2	17 000	1 133.3
北京动物园	41.5	21.5	5 181	345.4
颐和园	50.0	20	4 000	266.7
香山公园	14.5	20	13 793	919.5
北京植物园	400.0	91.7	2 293	152.9
紫竹院公园	26.0	32.0	12 308	820.5
合计	831.9	348.2		

（二）城市绿地用水存在的主要问题

1. 城市绿地用水结构不合理，节能减排效果不显著

北京市城市绿地灌溉水源以地下水、饮用水为主，用水结构不合理导致城市水资源综合保障能力降低，能耗增大，污染物排放增加，再生水、雨水资源等非常规水源没有得到充分利用。利用再生水灌溉绿地可以100%替代清洁水源，实现节电1～2（kW·h)/m^3；雨水资源对清洁水源的替代率可以达到80%以上，实现节电3～5（kW·h)/m^3。城市绿地雨水利用有利于减轻城市防洪压力，五年一遇地表径流一般可减少90%

以上，从而降低对城市排水管网系统的投资；再生水、雨水利用还有利于减少污染物的迁移，减少污染物向河流湖泊水体的排放量，实现节能减排的目标。

2. 城市绿地发展迅速，灌溉水利用率低

城市绿化继续保持健康发展。2005 年末，城市建成区绿化覆盖面积 106.0 万 hm^2，比上年增长 10.16%，建成区绿化覆盖率由上年的 31.66%上升至 32.64%。全国拥有城市公共绿地面积 28.4 万 hm^2，比上年增加 3.1 万 hm^2；城市人均拥有公共绿地 7.91 m^2，比上年增加 0.52 m^2。我国北京、深圳、南京等城市的人均公共绿地面积规划指标为 15～18 m^2，比新加坡、华盛顿、堪培拉、斯德哥尔摩等城市的现状水平要低，城市绿地的发展潜力巨大。预计到 2010 年、2030 年与 2050 年，全国绿地总需水量分别为 45 亿 m^3、70.8 亿 m^3 和 102.6 亿 m^3，约占各规划年城市总需水量的 6%。当前北京市绿地节水灌溉面积的比率不足 60%，大水漫灌、管道输水灌溉是主要灌水形式。城市绿地灌溉水利用率低下，调查表明，北京市公园绿地灌溉水利用率不足 50%，节水潜力巨大。

3. 城市绿地建管模式不合理，用水效率不高

目前，我国城市绿地节水技术方面还缺乏系统的标准、规范体系，城市绿地建设对水分高效利用方面的考虑不充分，导致建设模式不合理，用水效率低下。①大量建设凸出地面的绿地，不利于雨水资源的收集以及灌溉水的高效利用；②城市绿地节水灌溉系统建设模式不合理，绿地灌溉的自动控制水平低，水资源浪费严重；③绿地建植模式不合理。大量种植高耗水、不耐旱乔灌草品种，同时城市绿地乔灌草的配置不合理，植株的腾发量大，灌溉需水量随之增加；④城市绿地灌水不科学。耗水规律研究不充分，节水灌溉制度没有得到实施。

第二节 总体发展思路、目标和主要技术内容

一、北京绿地高效用水的总体思路

城市绿地综合节水技术是在城市绿地达到目标观赏品质前提下减少绿地耗水量的综合集成技术。城市绿地节水技术是涉及城市水文、自动控制、节水灌溉、园林、农学、生物等多个门类的综合性技术。要想减少绿地灌溉需水量，可以采取减少绿地腾发量、避免深层渗漏、提高调蓄能力、利用非常规水源等措施见图 14-2。

二、研究目标与技术内容

（一）研究目标

提出城市绿地高效用水综合技术体系，建立技术模式与规程 4～6 套；示范区雨水利用率达到 80%，再生水利用率达到 90%以上，灌溉水利用率达到 85%；实现节能 25%以上，降低绿地养护成本 20%以上。

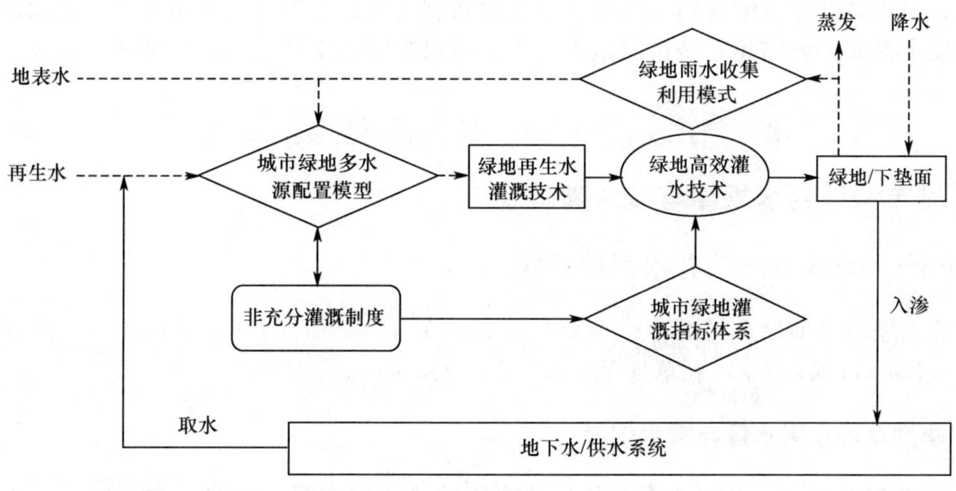

图 14-2　城市绿地节水技术路线

（二）主要技术内容

1. 城市绿地节水灌溉关键设备研制与开发

研制喷洒扇形角度可调并具有记忆功能的升降式喷头；开发城市绿地地下滴灌系统抗根系入侵专用灌水器；研发高、中、低档绿地节水灌溉控制器系列产品及绿地精准灌溉软件系统；制订区域绿地灌溉监测与预报方案，开发城市绿地节水管理地理信息系统。

2. 城市绿地非常规水高效利用技术研究

研究再生水灌溉对城市绿地 6～10 种主栽乔灌草植株生长、观赏品质及土壤理化性质的影响规律，研究不同再生水灌溉方式条件下气溶胶组分时空变化特征及安全防护措施，研究再生水灌溉灌水器生物和化学堵塞的发生规律及防治措施，提出城市绿地再生水安全灌水技术模式；研究城市典型下垫面雨水产汇流变化规律，建立典型城市绿地雨水收集、蓄渗、处理及灌溉利用工程标准化设计模式。

3. 城市绿地非充分灌溉技术研究

以北方半干旱区绿地主要绿化乔灌草品种为研究对象，研究阶段水分亏缺对植株冠层蒸腾、植株发育、观赏品质、光合特征等生理生态指标的影响规律，建立主要乔灌草观赏品质-植株蒸腾量的响应关系模型，制定城市绿地主要绿化品种水分亏缺评价指标，提出城市绿地主要乔灌草品种的非充分灌溉制度。

4. 城市绿地综合节水技术集成与示范

建设公园绿地、居民区绿地及办公区绿地等不同类型城市绿地综合节水示范区，集成示范城市绿地非常规水灌溉技术、多水源联合调度利用技术、节水灌溉系统组装配套模式、节水型乔灌草配置模式以及非充分灌溉制度等技术模式，提出典型城市绿地综合节水技术模式；研究建立城市绿地再生水、雨水和清洁水源联合调度技术模式。

第三节　绿地高效用水技术体系与模式

一、城市绿地耗水规律与节水灌溉制度

（一）城市绿地草坪草耗水规律

北京城市绿地最常见的冷季型草坪草有高羊茅（*Festuca arundinacea*）、多年生黑麦草（*Lolium perenne*）和草地早熟禾（*Poa pratensis*）。

1. 冷季型草坪草需水量与需水强度

如表 14-2 所示，北京市水利科学研究所试验研究表明，高羊茅与早熟禾年需水量分别为 884.19 mm 和 857.56 mm，年均日耗水强度分别为 3.22 mm 和 3.12 mm。就耗水总量而言，高羊茅高出早熟禾 27 mm 左右。如图 14-3 所示，两种草坪草耗水规律基本一致，6 月耗水量最大，日耗水强度分别为 4.73 mm 和 4.98 mm，并且有两个明显的耗水高峰期，分别为 6 月和 9 月。7 月与 8 月是北京地区的雨季，大量降水、空气湿度增大的影响会降低大气干燥力，所以此阶段耗水量略有下降。两种草坪草 6 月的需水模系数分别为 0.16 和 0.17，而最小的 3 月仅为 0.04。如图 14-3 所示，不同冷季型草夏季耗水强度随时间变化具有类似的特征，但是不同阶段耗水强度存在一定差异。

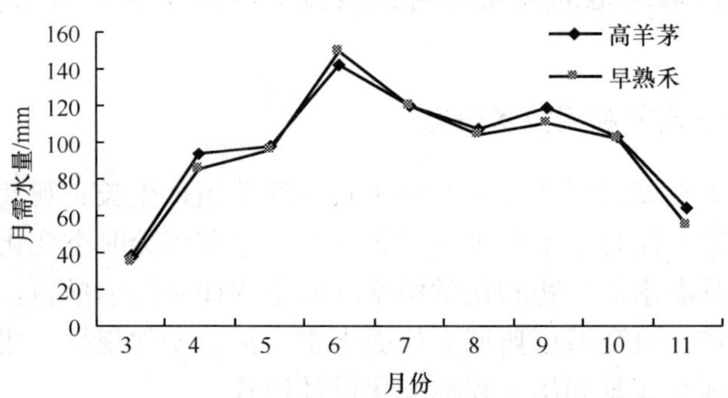

图 14-3　高羊茅与早熟禾耗水变化图

表 14-2　高羊茅与早熟禾月耗水量与模系数

品种	项目	3月	4月	5月	6月	7月	8月	9月	10月	11月	合计
高羊茅	需水量/mm	38.06	93.53	97.91	141.86	119.70	107.09	118.55	103.01	42.80	862.52
	需水强度/(mm/d)	1.23	3.12	3.16	4.73	3.86	3.45	3.95	3.32	1.43	3.14
	模系数	0.04	0.11	0.11	0.16	0.14	0.12	0.14	0.12	0.05	1.00
早熟禾	需水量/mm	34.58	85.68	96.27	149.49	119.93	104.25	110.64	101.87	45.40	848.11
	需水强度/(mm/d)	1.12	2.86	3.11	4.98	3.87	3.36	3.69	3.29	1.51	3.08
	模系数	0.04	0.10	0.11	0.18	0.14	0.12	0.13	0.12	0.05	1.00

表 14-3　高羊茅与早熟禾蒸发皿系数与作物系数

项目		3月	4月	5月	6月	7月	8月	9月	10月	11月	合计
参考蒸腾量/mm		59.0	103.7	113.0	121.5	105.6	108.8	72.2	63.9	29.6	777.1
水面蒸发/mm		72.8	153.3	160.3	190.7	147.3	145.3	85.0	91.7	67.1	1113.5
高羊茅	耗水量/mm	38.1	93.5	97.9	141.9	119.7	107.1	118.5	103.0	42.8	862.5
	作物系数	0.6	0.9	0.9	1.2	1.1	1.0	1.6	1.6	1.4	1.14
	蒸发皿系数	0.5	0.6	0.6	0.7	0.8	0.7	1.4	1.1	0.6	0.79
早熟禾	耗水水量/mm	34.6	85.7	96.3	149.5	119.9	104.2	110.6	101.9	45.4	848.1
	作物系数	0.6	0.8	0.9	1.2	1.1	1.0	1.5	1.6	1.9	1.09
	蒸发皿系数	0.5	0.6	0.6	0.8	0.8	0.7	1.3	1.1	0.8	0.76

如表 14-3 所示，利用彭曼公式计算试验区参考作物腾发量 ET_0，2003 年 3～11 月，ET_0 为 777.1 mm，20 cm 中式蒸发皿水面蒸发量为 1113.5 mm，高羊茅与早熟禾的作物系数分别为 1.14 和 1.09，蒸发皿系数分别为 0.79 和 0.76，9 月、10 月是蒸发皿系数与作物系数比较大的月份。

如表 14-4 所示，不同研究人员对北京地区充分供水条件下高羊茅、多年生黑麦草、草地早熟禾等冷季型草坪草耗水量进行了研究，高羊茅的耗水量为 849.33～899 mm，平均值为 868 mm，草地早熟禾的耗水量为 764.37～857.9 mm，平均值为 821.9 mm，多年生黑麦草的耗水量为 794.06～850.9 mm，平均值为 808.9 mm，这 3 种草坪草耗水量总的趋势是：$ET_{高羊茅} > ET_{草地早熟禾} > ET_{多年生黑麦草}$。高羊茅与多年生黑麦草的耗水量差异达到 50 mm 左右。

表 14-4　高羊茅、草地早熟禾、多年生黑麦草年蒸散量表　（单位：mm）

序号	测定时间（年-月）	高羊茅	草地早熟禾	多年生黑麦草	资料来源
1	2003-3～2003-11	884.19	857.56		
2	2001-4～2001-12	903.6	857.9	850.9	赵炳祥等，2003
3	2001-4～2001-12	838.4	802.3	781.6	张新民等，2004
4	2001-4～2001-11	849.33	764.37		孙强等，2004
5	2004-3～2002-11	864.43	827.36	794.06	张俊民等，2004
平均值		868	821.9	808.9	

2. 暖季型草坪草需水量与需水强度

赵炳祥等（2003）、张新民等（2004）对狗牙根（*Cynodon dactylon*）、野牛草（*Buckloe dactvloides*）和结缕草（*Zoysia japonica*）等北京地区常见的暖季型草坪草的需水规律与作物系数进行深入研究，见表 14-5，各草种需水量之间存在显著差异（$P<0.05$），8 月需水量较大，作物系数最大，全生育期，三种暖季型草坪作物系数范围分别为 0.62～1.48、0.59～1.56 与 0.45～1.34。

表 14-5　狗牙根、野牛草和结缕草需水月变化与作物系数

草种	分项	4月	5月	6月	7月	8月	9月	10月	11月	合计
狗牙根	耗水强度/(mm/d)	5.8	4.7	3.9	5.2	5.7	3.2	1.2	1.9	825
	作物系数	0.68	0.90	0.93	1.14	1.48	1.20	0.78	0.62	0.62～1.48
野牛草	耗水强度/(mm/d)	5.2	4.2	3.7	4.5	5.6	2.8	1.2	1.8	757
	作物系数	0.61	0.80	0.87	0.99	1.46	1.05	0.77	0.59	0.59～1.56
结缕草	耗水强度/(mm/d)	3.8	3.2	2.9	4.7	5.2	3.1	1.3	2.5	702
	作物系数	0.45	0.61	0.69	1.05	1.34	1.15	0.87	0.82	0.45～1.34

表 14-6　狗牙根、野牛草、结缕草蒸散量表　　(单位：mm)

序号	测定时间	狗牙根	野牛草	结缕草	资料来源
2	2001-4～2001-12	825.6	758.7	701.5	赵炳祥等，2003
3	2003-5～2003-10	610.5	527.7	597.3	高 凯等，2004
4	2001-4～2001-12	768.4	706.8	654.3	张新民等，2004
5	2001-4～2001-11	—	609.8	612.1	孙 强等，2004
6	2003-3～2003-11	746.18	624.28	548.22	张俊民等，2004
	平均值	737.7	706.8	654.3	

如表 14-6 所示，研究人员对北京地区充分供水条件下狗牙根、野牛草、结缕草等暖季型草坪草耗水量进行研究，狗牙根的耗水量为 610.5～825.6 mm，平均值为 737.7 mm，野牛草的耗水量为 527.7～758.7 mm，平均值为 706.8 mm，结缕草的耗水量为548.22～702 mm，平均值为 654.3 mm，狗牙根与结缕草耗水量的平均值相差 80 mm 左右，这 3 种草坪草耗水量大小关系为：$ET_{狗牙根}>ET_{野牛草}>ET_{结缕草}$。

3. 节水抗旱观赏草耗水规律

狼尾草、大油芒、须芒草和拂子茅整个生长季的耗水量分别为 432.3 mm、487.8 mm、445.9 mm、449.9 mm，相互之间差异不显著，4～11 月各月需水量如下表(表 14-7)，月份间的蒸散量差异比较大。北京地区 2004 年的降雨量为 450 mm，基本

表 14-7　整个生长季 4 种观赏草的耗水量　　(单位：mm)

观赏草种类	各月耗水量									总耗水量
	4	5	6	7	8	9	10	11	12	
狼尾草	30.2	88.3	75.9	70.0	71.8	79.6	13.4	3.1	—	432.3a
大油芒	25.8	90.2	89.1	82.8	84.4	95.6	16.0	3.9	—	487.8a
须芒草	27.0	85.2	84.9	74.6	70.9	83.1	16.8	3.4	—	445.9a
拂子茅	23.1	86.4	88.4	72.5	73.0	87.3	15.5	3.7	—	449.9a

注：表中 4 月蒸散量为 4 月 20 日～4 月 30 日的蒸散量，12 月植物已经停止生长，故蒸散量未测，总蒸散量一列相同字母表示邓氏方差分析差异不显著（$\alpha=0.05$）。

可以满足观赏草生长对水分的需求。而北京地区多年平均降雨量为 585 mm，因此，观赏草在北京地区依赖自然降雨可以正常生长。国内相关研究表明，冷季型草坪的耗水量为 808.9～868 mm，而目前冷季型草坪的年灌水量为 600～1000 mm。无论对冷季型草坪的需水量而言，还是对当前冷季型草坪的灌溉量而言，这四种观赏草至少可以节约用水 36.8%。

这四种观赏草在整个生长季的需水动态比较一致，都有两个明显的高峰期，即 5 月和 9 月。7～8 月需水量较低，这可能主要是由于这两个月降雨量较大，空气湿度较大，在一定程度上减少了观赏草的耗水量。

对拂子茅与早熟禾耗水规律开展对比试验研究，从 2005 年 9 月 5 日开始，到 11 月 3 日各试验地水势均在－30 kPa 左右，作为试验结束点。在本试验设定的土壤水势范围内，观赏草拂子茅所需灌溉量远远低于草地早熟禾，不同土壤水势条件下拂子茅比早熟禾节水 26.3%～41.7%。

（二）城市绿地乔灌木耗水规律

1. 典型落叶阔叶树木耗水特征

如表 14-8 所示，欧李、美国红栌、紫叶黄栌和黄栌的年耗水量分别为 563.3 mm、529.1 mm、499.6 mm 和 400.4 mm，都比桃和苹果低得多。在一个完整的生长季节内，测试树种的耗水量呈现明显的季节动态，均表现为在生长初期（5 月）最低，随后各树种的耗水量逐渐增加，在 8 月到达最大值，随后又逐渐下降。植物蒸腾耗水量的动态变化与其生长状况密切相关，5～6 月是植物的快速生长阶段，植物萌发新枝的生长速度较快，相应的蒸散耗水量也逐步递增。随着植物的生长发育，7～8 月，植物进入旺盛生长阶段，叶面积和覆盖度逐渐达到最大，与之相应，植物蒸散耗水量也逐渐达到高峰。9～10 月，植物生长停止，生理活动减弱，根系吸水减少，植物的蒸散耗水量也随之降低。从耗水总量来看，美国红栌、黄栌、紫叶黄栌和欧李的耗水量基本与这几年的自然降雨量接近，因此完全可以作为城市抗旱树种应用。根据实际经验，在城市栽植时，除新栽植的苗木需要连续灌 3 次定根水以外，如不遇特殊的大旱年份，每年只在 5 月、10 月和 11 月（冻水）灌三次水，连续灌溉 5 年（欧李 3 年）即可。

表 14-8 典型落叶乔木耗水特征 （单位：mm）

树种	月份						全生长期
	5	6	7	8	9	10	
美国红栌	74.3	86.2	98.7	111.4	100.2	92.5	563.3
紫叶黄栌	60.9	89.7	101.2	115.9	85.6	75.8	529.1
黄栌	79.1	98.5	107.2	119.7	90.5	83.7	499.6
欧李	58.2	85.3	95.7	61.6	55.2	44.4	400.4

2. 典型常绿针叶树木耗水特征

见表 14-9，油松的蒸腾速率均大于侧柏，尤其是在干旱胁迫条件下，说明油松对水分的消耗较大，但油松的水分利用效率在旺盛生长的6～7月明显地高于侧柏，因此在高温下，油松的光合生产力要比侧柏高。魏天兴等（1998）用水量平衡计算公式，计算出油松生长季节的耗水情况。根据已有的研究（余新晓和陈丽华，1996），土壤水分达到15%～16%之后，再增高则造成蒸腾的无效消耗，对植物体有机物的形成影响较小，因而补充水分时，应将土壤含水量处于15%～16%（田间持水量的72%～77%）作为适宜的土壤湿度。关于灌水时间和灌水定额，原则上应根据土壤的墒情确定。

表 14-9 油松侧柏生长时期耗水量 （单位：mm）

树种	月份							全生育期	来源
	4	5	6	7	8	9	10		
油松	17.3	43.5	70.5	69.3	54.7	35.2	27.7	318.2	魏天兴等，1998
沙地柏		28.2	35.3	55.7	66.6	50.2	34.4	270.4	

3. 典型常绿阔叶树木耗水特征

如表14-10所示，北海道黄杨树、地毯常春藤和普通大叶黄杨等常绿阔叶树木的耗水量分别为418.7 mm、359.2 mm和371.6 mm。在一个完整的生长季节内，北海道黄杨树、地毯常春藤及普通的大叶黄杨耗水量呈现明显的季节动态，均表现为在生长初期（5月）最低，随后逐渐增加，在8月到达最大值，而后又逐渐下降。植物耗水量的动态变化规律与其生长状况密切相关，5～6月是植物的快速生长阶段，植物萌发新枝的生长速度较快，蒸散耗水量也逐步增大。随着植物的生长发育，7～8月，植物进入旺盛生长阶段，叶面积和覆盖度逐渐达到最大，与之相应，植物蒸散耗水量也逐渐达到高峰。9～10月，植物生长停止，生理活动减弱，根系吸水减少，植物的蒸散耗水量也随之降低。

表 14-10 几种常绿阔叶树木耗水量及同期北京地区降雨量 （单位：mm）

树种	月份						全生长期
	5	6	7	8	9	10	
北海道黄杨树	48.3	55.4	83.6	92.5	74.1	64.8	418.7
地毯常春藤	39.5	50.1	71.2	87.7	69.5	41.2	359.2
普通大叶黄杨	41.3	50.6	76.2	89.5	64.3	49.7	371.6

（三）城市绿地高效节水灌溉制度

1. 不同景观模式下植物耗水量

表14-11列出了树木、灌木和地被植物、乔灌草复合体、草坪等不同绿化方案条件下园林系数（K_L）和不同水平年需水量。

表 14-11　典型植被类型园林系数（K_L）、不同水平年耗水量计算表

植被类型	情景模式	不同水平年需水量/mm				
		园林系数（K_L）	1994 年（P=25%）	1992 年（P=50%）	1989 年（P=75%）	1999 年（P=95%）
树木	高方案	1.11	1329.9	1246.6	1234.6	1260.3
	中方案	0.75	895.9	839.8	831.7	849.0
	低方案	0.23	258.7	264.1	310.3	290.9
灌木	高方案	0.80	953.6	893.9	885.3	903.7
	中方案	0.63	756.5	709.1	702.3	716.9
	低方案	0.23	258.7	264.1	222.5	208.6
地被植物	高方案	0.76	903.8	847.2	839.1	856.5
	中方案	0.62	736.6	690.5	683.8	698.1
	低方案	0.23	258.7	264.1	210.9	197.7
乔灌草复合体	高方案	1.16	1380.0	1293.6	1281.1	1307.8
	中方案	0.80	959.6	899.5	890.8	909.4
	低方案	0.27	293.9	300.0	365.7	342.8
草坪	高方案	0.87	1035.2	970.4	961.0	981.1
	中方案	0.78	931.7	873.4	864.9	883.0
	低方案	0.39	436.2	445.3	407.2	381.7

2. 不同水平年有效降雨量

表 14-12 列出了不同水平年条件下月度降水量，4 个不同水平年的年降水量分别为 813.2 mm、541.5 mm、442.2 mm、266.9 mm。不同水平年有效降水量分别为 679.5 mm、501.5 mm、412.2 mm、261.1 mm。

表 14-12　不同水平年月度降水量与有效降水量　（单位：mm）

水平年	月降水量												合计	有效降水
	1	2	3	4	5	6	7	8	9	10	11	12		
1994 年（P=25%）	0	5	0	1.9	66	23.6	459.2	214.2	15.2	10.3	12.7	5.1	813.2	679.5
1992 年（P=50%）	0.7	0	3.4	10.5	52.8	69.4	153.9	141.4	54.5	38.1	16.7	0.1	541.5	501.5
1989 年（P=75%）	7.9	0	0	35.5	33.1	39	124.8	104.2	88.8	4.6	2.5	1.8	442.2	412.2
1999 年（P=95%）	0	0	5.2	33.7	32.4	24	59.6	57	33.1	11.7	9.5	0.7	266.9	261.1

3. 不同景观模式净灌溉定额

表 14-13 与表 14-14 列出了不同水平年条件下典型植被类型的净灌溉定额。相同水平年、相同方案条件下，以乔灌草复合体耗水最多，树木耗水次之（以乔灌草复合体耗

水最多，树木次之）。特枯年条件下（$P=95\%$）高方案乔灌草复合体灌溉需水量为1046.7 mm。平水年条件下乔灌草复合体高、中方案草坪的净灌溉定额分别为792.1 mm、398 mm。

表 14-13　典型植被类型丰水年、平水年净灌溉定额　（单位：mm）

植被类型	情景模式	1994 年（$P=25\%$）			1992 年（$P=50\%$）		
		需水量	有效降水	净灌溉定额	需水量	有效降水	净灌溉定额
树木	高方案	1329.9	679.5	650.4	1246.6	501.5	745.1
	中方案	895.9	679.5	216.4	839.8	501.5	338.3
	低方案	258.7	679.5	0	264.1	501.5	0
灌木	高方案	953.6	679.5	274.1	893.9	501.5	392.4
	中方案	756.5	679.5	77	709.1	501.5	207.6
	低方案	258.7	679.5	0	264.1	501.5	0
地被植物	高方案	903.8	679.5	224.3	847.2	501.5	345.7
	中方案	736.6	679.5	57.1	690.5	501.5	189
	低方案	258.7	679.5	0	264.1	501.5	0
乔灌草复合体	高方案	1380	679.5	700.5	1293.6	501.5	792.1
	中方案	959.6	679.5	280.1	899.5	501.5	398
	低方案	293.9	679.5	0	300	501.5	0
草坪	高方案	1035.2	679.5	355.7	970.4	501.5	468.9
	中方案	931.7	679.5	252.2	873.4	501.5	371.9
	低方案	436.2	679.5	0	445.3	501.5	0

表 14-14　典型植被类型枯水年、特枯年净灌溉定额　（单位：mm）

植被类型	情景模式	1989 年（$P=75\%$）			1999 年（$P=95\%$）		
		需水量	有效降水	净灌溉定额	需水量	有效降水	净灌溉定额
树木	高方案	1234.6	412.2	822.4	1260.3	261.1	999.2
	中方案	831.7	412.2	419.5	849	261.1	587.9
	低方案	310.3	412.2	0	290.9	261.1	29.8
灌木	高方案	885.3	412.2	473.1	903.7	261.1	642.6
	中方案	702.3	412.2	290.1	716.9	261.1	455.8
	低方案	222.5	412.2	0	208.6	261.1	0
地被植物	高方案	839.1	412.2	426.9	856.5	261.1	595.4
	中方案	683.8	412.2	271.6	698.1	261.1	437
	低方案	210.9	412.2	0	197.7	261.1	0
乔灌草复合体	高方案	1281.1	412.2	868.9	1307.8	261.1	1046.7
	中方案	890.8	412.2	478.6	909.4	261.1	648.3
	低方案	365.7	412.2	0	342.8	261.1	81.7

续表

植被类型	情景模式	1989 年（$P=75\%$）			1999 年（$P=95\%$）		
		需水量	有效降水	净灌溉定额	需水量	有效降水	净灌溉定额
草坪	高方案	961	412.2	548.8	981.1	261.1	720
	中方案	864.9	412.2	452.7	883	261.1	621.9
	低方案	407.2	412.2	0	381.7	261.1	120.6

如表 14-15 所示，3 种典型植被的灌水定额分别为 102 mm、51 mm 和 26 mm。对于同一植被类型而言，植于壤土条件下的灌水周期较长，便于轮灌与管理。表 14-16 列出了 4 个水平年条件下不同绿地植被类型的灌水次数。

表 14-15　典型绿地植被类型灌水定额　（单位：mm）

植被类型	根系活动层深度	黏土	壤土	砂土
乔木	1200	41	102	43
灌木	600	20	51	22
冷季型草坪草	300	10	26	11

表 14-16　典型水平年条件下不同绿地植被类型的灌水次数

植被类型	1994 年（$P=25\%$）			1992 年（$P=50\%$）			1989 年（$P=75\%$）			1999 年（$P=95\%$）		
	黏土	壤土	砂土	黏土	壤土	砂土	黏土	壤土	砂土	黏土	壤土	砂土
乔木	5～7	2～3	5～7	8～10	3～4	8～10	10～12	4～5	10～12	12～14	5～7	12～14
灌木	4～5	2～3	4～5	10～14	4～6	10～14	15～18	6～8	15～18	22～26	8～12	22～26
冷季型草坪草	25～30	10～12	25～30	35～40	15～18	35～40	40～50	18～21	40～50	60～70	22～26	60～70

二、城市绿地节水乔灌草筛选与配置技术

（一）抗旱绿化草品种筛选研究

在种质资源圃中对所收集 190 个绿化草资源，依据《NY/T 1091—2006 草品种审定技术规范》中抗旱性打分评价方法，在自然干旱季节进行目测评价，筛选出适于北京地区应用的抗旱性较强的绿化草 34 种（品种），见表 14-17。

表 14-17　34 种抗旱性较强绿化草

中文名	学名	来源	评分	抗旱性
远东芨芨草	*Achnatherum extremiorientale*	北京延庆	6	较强
须芒草	*Andropogon virginicus*	比利时	9	强
银边草	*Arrhenatherum elatius* var. *tuberosun* f. *variegatum*	英国	7	较强
野古草	*Arundinella hirta*	北京温泉	9	强
芦竹	*Arundo donax*	山东	7	较强
花叶芦竹	*Arundo donax* var. *versicolor*	江苏	7	较强
宽叶拂子茅	*Calamagrostis brachytricha*	德国	7	较强

续表

中文名	学名	来源	评分	抗旱性
花叶拂子茅	*Calamagrostis×acutiflora* 'Overdam'	澳大利亚	7	较强
青绿薹草	*Carex breviculmis*	北京房山	8	强
矮丛薹草	*Carex callitrichos*	北京温泉	8	强
崂峪薹草	*Carex giraldiana*	北京延庆	8	强
披针叶薹草	*Carex lanceolata*	北京温泉	8	强
中亚薹草	*Carex stenophylloides*	北京黄草梁	9	强
白颖薹草	*Carex rigescens*	北京密云	9	强
发草	*Deschampsia caespitosa*	澳大利亚	7	较强
弯叶画眉草	*Eragrostis curvula*	美国	9	强
丽色画眉	*Eragrostis spectabilis*	美国	8	强
黄金茅	*Eulalia speciosa*	北京延庆	9	强
蓝羊茅	*Festuca glauca*	日本	6	较强
落草	*Koeleria glauca*	新西兰	6	较强
奇岗	*Miscanthus × giganteus*	德国	8	强
荻	*Miscanthus sacchariflorus*	山西	8	强
细叶芒	*Miscanthus sinensis* 'Gracillimus'	美国	8	强
花叶芒	*Miscanthus sinensis* 'Variegatus'	比利时	8	强
斑叶芒	*Miscanthus sinensis* '*Strictus*'	美国	8	强
悍芒	*Miscanthus sinensis* 'Malepartus'	加拿大	8	强
乱子草	*Muhlenbergia japonica*	北京延庆	9	强
柳枝稷	*Panicum virgatum*	美国	9	强
狼尾草	*Pennisetum alopecuroides*	北京房山	9	强
小兔子狼尾草	*Pennisetum alopecuroides* 'Little Bunny'	加拿大	9	强
东方狼尾草	*Pennisetum orientale*	山东	9	强
大油芒	*Spodiopogon sibiricus*	北京延庆	9	强
长芒草	*Stipa bungeana*	内蒙古	9	强
细茎针茅	*Stipa tenuissima*	加拿大	8	强

1. 土壤水分胁迫对绿化草种生长的影响

自然失水胁迫条件下 9 种绿化草植株生长速度如图 14-4 所示，土壤水分条件对绿化草耗水量的影响如图 14-5 所示，丽色画眉草、细茎针茅、画眉草和狼尾草均表现为前期土壤水分较高对植株生长产生一定的抑制作用，中期生长速度最快，后期随着胁迫程度的加强，植株生长趋于缓慢，并逐渐停止生长，其中丽色画眉草在 5 月 5～8 日生长迅速，细茎针茅表现为 5 月 2～5 日生长迅速，画眉草和狼尾草均表现为 5 月 5～14 日生长迅速。其他 5 种绿化草则均表现为初期生长速度最快，之后随着土壤水分降低而生长减缓并最终停止生长。

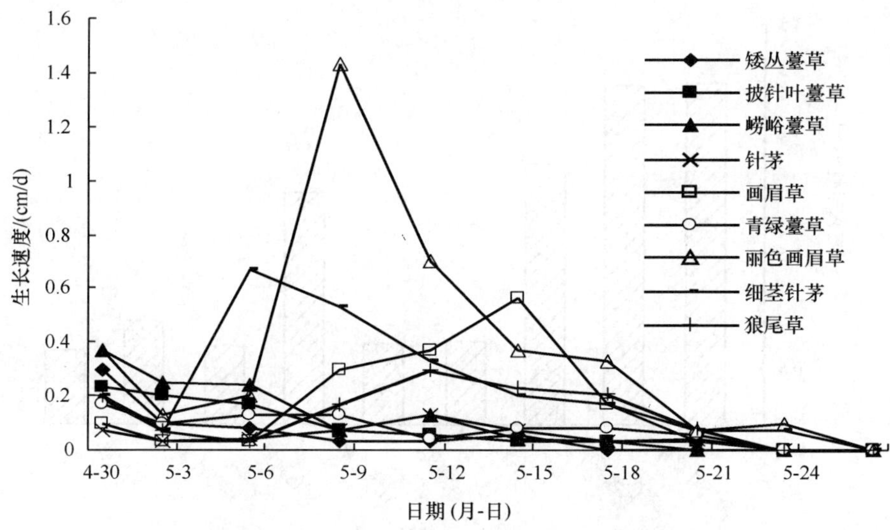

图 14-4 土壤水分胁迫对绿化草生长的影响

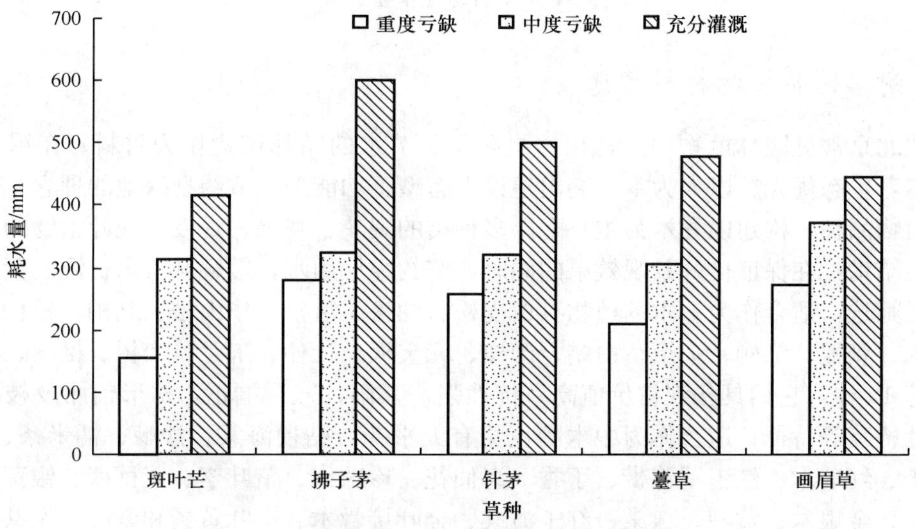

图 14-5 土壤水分条件对绿化草耗水量的影响

2. 土壤水分胁迫下绿化草种的凋萎系数

当植物进入永久萎蔫时，以干土重量或容积的百分数来表示的土壤的含水量称萎蔫系数，是植物对土壤水分的最低要求。图 14-6 为 9 种绿化草在第二生长季中，泥炭与园土 1∶1 配比的土质下的萎蔫系数。从图中可以看出，在相同的气候条件下，四种薹草属的绿化草萎蔫系数均比其他五种绿化草高，在四种薹草属的绿化草中，矮薹草萎蔫系数最高，青绿薹草最低。在所选 9 种绿化草中，狼尾草的萎蔫系数最小，仅为 0.64%。这一结果显示不同绿化草品种间自我抗逆能力的差异。就萎蔫系数分析，9 种绿化草抗旱能力大小次序为：狼尾草＞丽色画眉＞画眉草＞针茅＞细茎针茅＞青绿薹草＞涝峪薹草＞披针叶薹草＞矮薹草。

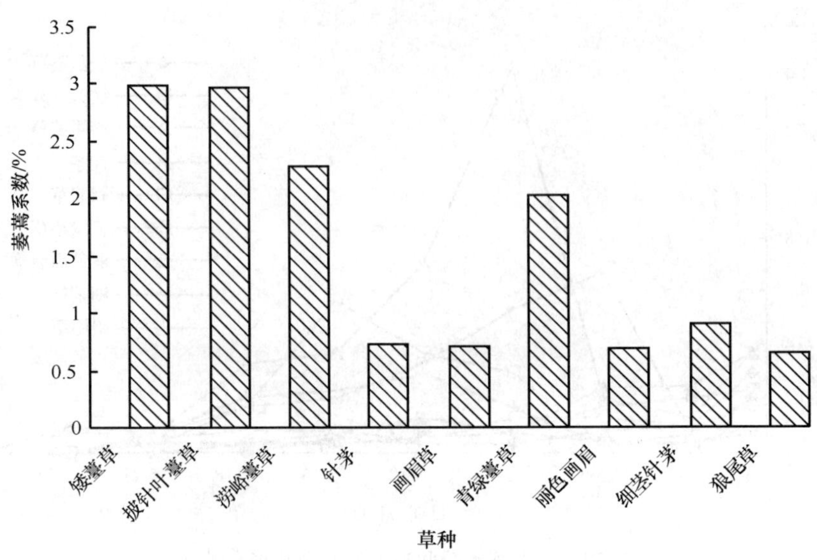

图 14-6 9 种绿化草萎蔫系数

(二）耐旱园林植物材料筛选

从北京常见园林植物中筛选出一批耐旱、节水的园林植物作为材料。在绿地建设中，本着生态优先、以人为本，突出建设生态型、功能型、节约型绿地的理念。选用抗旱型植物品种，构建以乔木为主，配以多种类的观花、观果、观枝、观叶植物的复层植物种植结构，在保证良好景观效果的同时，节约绿地用水，缓解城市水资源的紧张。

经筛选，适合作为上木的植物有白皮松、油松、雪松、华山松、刺柏、桧柏、杂种马褂木、刺槐、绦柳、火炬、白蜡、国槐、元宝枫、杜仲、玉兰、栾树、楸树、柿树和椴树等 19 种，它们具备观赏价值高，抗性强，喜阳，冠形端正，株形俏丽及枝下较高或枝叶稀疏等特征；适合作为中木的植物有太平花、贴梗海棠、沙棘、糯米条、荆条、胡颓子、红瑞木、红王子锦带、丁香、海仙花、珍珠梅、紫叶李、紫穗槐、银芽柳、天目琼花、金银木、黄栌、棣棠、红玉海棠、金叶接骨木、小叶黄杨和紫叶小檗共 22 种，它们有一定耐阴性，以灌木为主；适合作为下木的植物多为耐阴地被（包括低矮灌木及草本植物），包括涝峪薹草、紫花地丁、金银花、扶芳藤、鸢尾、玉簪、砂地柏、金鸡菊、月季、平枝荀子、萱草、婆婆纳、麦冬、八宝景天、金叶莸、金叶女贞 16 种。

(三）节水型绿地种植结构模式

充分利用植物生理、生化指标及园林美学原理，种植模式设计强调科学性与艺术性结合、生态效益与景观效益并举，以适地适树及群落植物合理共生为原则，兼顾各种功能要求，切实考虑绿地造价及养护管理，并试种部分新优植物材料及边缘树种以发挥不同树种的杀菌、滞尘、保健等方面的作用。

根据《北京市城市绿地建设和管理等级质量标准》中规定的不同级别绿地的规模、植物配置比例、绿地环境和养护质量条件，以耐旱园林植物材料为主推荐共 15 种节水型绿化种植复层结构模式。

1. 特级绿地和一级绿地节水配置模式

特级绿地和一级绿地主要有6种典型节水配置模式，具体情况如下：

（1）银杏＋合欢＋白皮松＋栾树-金银木＋天目琼花＋忍冬＋紫叶小檗-金银花＋金叶女贞

（2）华山松＋馒头柳＋绒毛白蜡-黄栌＋连翘＋西府海棠-玉簪＋大花萱草＋崂峪薹草

（3）槐树-元宝枫＋碧桃＋山楂-榆叶梅＋金银花＋紫枝忍冬-玉簪＋大花萱草

（4）银杏＋合欢＋雪松＋元宝枫＋油松-连翘＋红王子锦带＋平枝栒子-月季花＋紫叶小檗（镶边种植）＋金叶女贞（镶边种植）＋冷季型草

（5）柿树＋栾树＋山楂＋油松-西府海棠＋天目琼花＋紫珠＋平枝栒子-蛇莓麦冬

（6）臭椿＋紫叶李＋华山松-海州常山＋棣棠＋沙地柏＋平枝栒子-地锦＋美国凌霄＋麦冬

2. 二级绿地节水配置模式

二级绿地主要有5种典型节水配置模式，具体情况如下：

（1）银杏＋元宝枫＋小叶白蜡＋白皮松-金银木＋红王子锦带＋小花溲疏-沙地柏＋月季（林缘栽植）＋崂峪薹草

（2）毛白杨＋槐树-紫丁香＋天目琼花-沙地柏＋五叶地锦＋崂峪薹草

（3）槐树＋云杉-天目琼花＋金银木＋糯米条-月季＋京8号常春藤＋早熟禾

（4）槐树＋毛白杨＋桧柏-天目琼花＋猬实＋锦带花-五叶地锦＋崂峪薹草

（5）银杏＋杂交马褂木＋白玉兰＋樱花＋高接大叶黄杨＋雪松-红王子锦带＋海仙花＋倭海棠（＋矮紫杉-崂峪薹草＋麦冬）

3. 三级绿地节水配置模式

三级绿地主要有4种典型节水配置模式，具体情况如下：

（1）毛白杨＋火炬树-珍珠梅-砂地柏＋崂峪薹草

（2）国槐＋桧柏-丁香＋天目琼花-崂峪薹草

（3）毛白杨＋桧柏-天目琼花＋金银木-紫花地丁＋麦冬

（4）侧柏-太平花＋金银木-紫花地丁＋二月兰

三、城市绿地雨洪利用技术

（一）城市绿地消纳雨洪的试验研究

1. 下凹式绿地雨水利用试验研究

雨水进入绿地一方面使得进入排水系统的水量减少，另一方面增加了绿地土壤含水量从而可有效地减少灌溉用水量。对绿化植物而言，其耗水包括两部分，一是叶面蒸腾，一是株间土壤蒸发，两者之和为植物耗水量。无论叶面蒸腾还是株间蒸发，都消耗了土壤水分，消耗的部分应得到及时的补充，否则会影响植物的正常生长。植物需水来源一般包括天然降水、灌溉和地下水补给。在地下水埋深小于 3～4 m 的地区，地下水通过土壤毛管补给植物根系活动层，埋深大于 4 m 则无此项补给。一般以草坪为主的绿地水量平衡式为

$$W_t - W_0 = W_T + P_0 + K + M - E \tag{14-1}$$

式中，W_t、W_0为分别为任一时间 t 时和时段初的土壤计划湿润层内的储水量（mm）；W_T为计划湿润层增加而增加的水量（mm），如计划湿润层在时段内无变化则无此项；P_0为保存在土壤计划湿润层内的有效雨量（mm）；K 为时段 t 内的地下水补给量，（mm）；M 为时段 t 内的灌溉水量（mm）；E 为时段 t 内的作物田间需水量（mm）。

雨水利用的主要目的是提高降雨渗入绿地的比率，措施之一是采用下凹绿地，减少绿地降雨径流量，另外一个措施是引屋顶或道路雨水进入绿地，增加进入绿地的降雨量。为能够深入了解雨水对绿地耗水和土壤水分的影响，采用试验小区和实际住宅小区对应研究的方式，阐述雨水汇入绿地对绿地灌溉等的影响机理。为测试双紫示范小区绿地渗透能力，在双紫 A、B 两点进行双环入渗实验。A 点为有灌溉有屋顶雨水进入，B 点为有灌溉没有屋顶雨水进入。实验设备包括直径 30.8 cm 钢环、直径 12 cm 马氏瓶及秒表等。

试验测得 A 点的稳定入渗率为 $4.3\times10^{-6}\sim4.6\times10^{-6}$ m/s，B 为 $4.5\times10^{-6}\sim5.1\times10^{-6}$ m/s（图 14-7，图 14-8）。试验期间观测，在前 1 h 内，实验内环积水 20 mm，通过马氏瓶水位换算得初期 1 h 绿地蓄渗水分 31 mm。双紫小区 29 号周围有屋顶雨水进入的绿地为例计算。

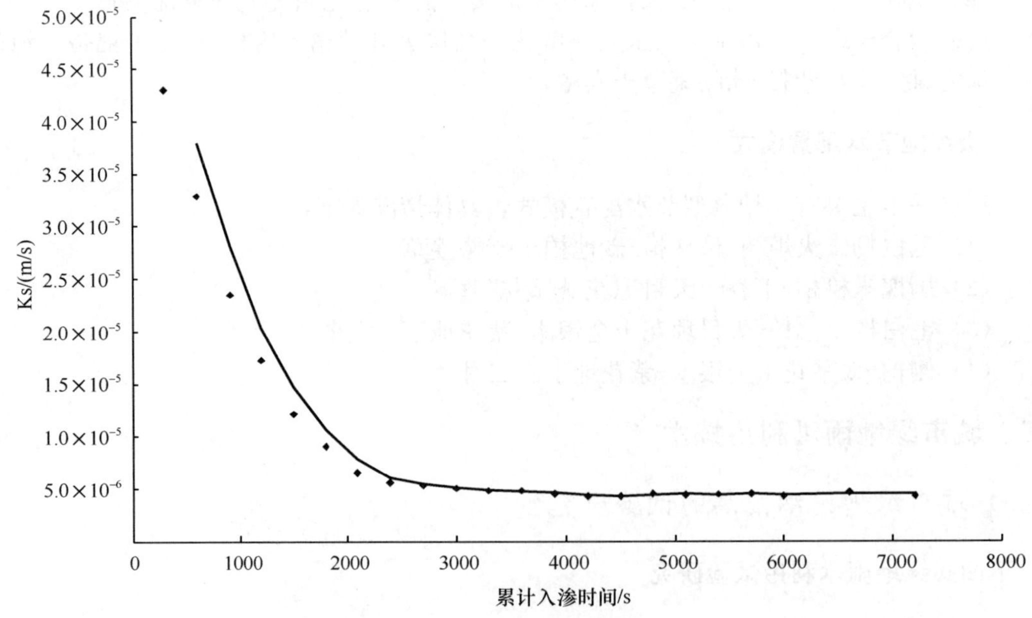

图 14-7　A 点土壤入渗曲线

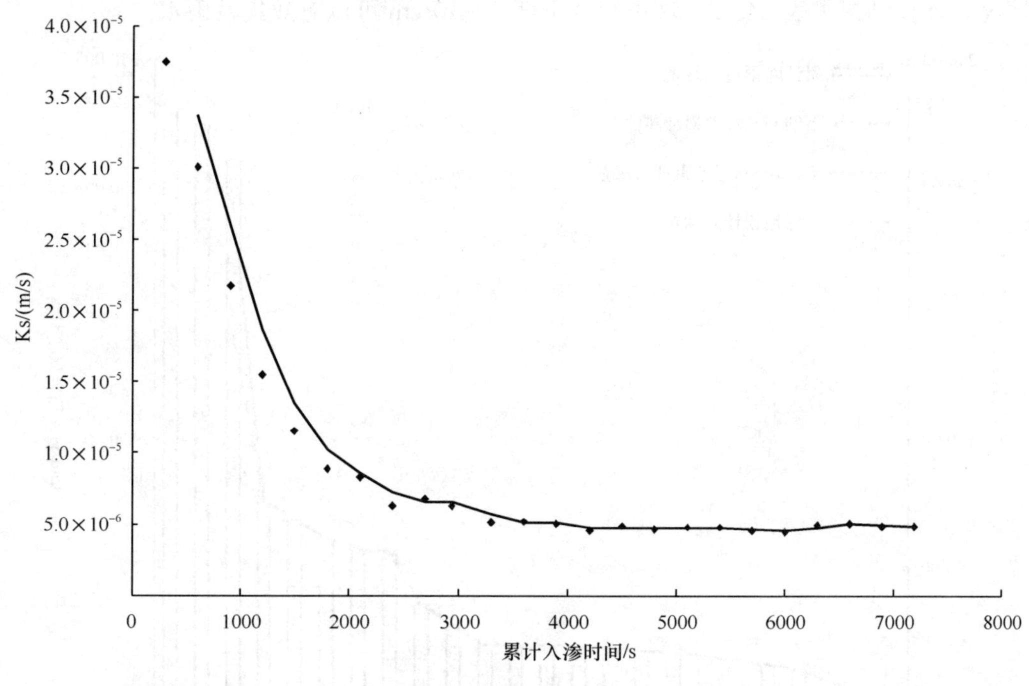

图 14-8　B 点土壤入渗曲线

(1) 选取降雨量。选用 5 年一遇 24 h 降雨 144 mm，雨型采用二阵雨，雨型时程分配见表 14-18。依据降雨雨型分配表生成降雨过程线。

(2) 形成绿地入渗的 f-F 曲线。依据绿地实测入渗过程生成 f-F 曲线。

(3) 演算降雨入渗过程。依据这两条曲线演算降雨、入渗、积水和产流过程。

根据《北京市水文手册》，查与双紫小区相近雨量站点最大暴雨资料。

表 14-18　5 年一遇不同降雨量表　（单位：mm）

历时	最大 60 min	最大 360 min	最大 24 h
降雨量	57.7	104	144

29 号楼范围包括屋顶与周边绿地，雨水直接进入绿地，因此计算降雨时将屋顶进入绿地雨水折算为绿地降雨，按照（绿地面积＋屋顶面积）/绿地面积的比例折算，绿地面积 1500 m^2，楼顶面积 725 m^2，折算系数为 1.483。

按照最大 24 h 降雨时程分布表分配 5 年一遇 24 h 降雨 144 mm 计算绿地蓄渗雨水能力，通过屋顶汇集接入绿地，进入绿地总雨量为 213.6 mm，具体过程如图 14-9 所示。不同处理绿地对雨水的蓄渗能力差异较大，平绿地可蓄渗进入绿地总降雨 213.6 mm 中的 136.0 mm，占总量的 63.7%；下凹 5 cm 绿地可蓄渗 186.0 mm，占总量的 87.1%，下凹 10 cm 绿地可蓄渗 213.6 mm，占总量的 100%。绿地产流主要由于 1 h 暴雨形成，其他时间产流量较小，甚至不产流，因此对于绿地蓄渗，研究 1h 暴雨绿地径流系数对计算绿地蓄渗能力具有指导意义。通过对 1h 降雨和双紫土壤入渗曲线分析，同时考虑土壤干旱（暴雨前没有降雨）和土壤饱和无积水（暴雨前降雨使土壤饱和）两种情况，计算结果见表 14-19。城市绿地下凹 5～10 cm 可以有效集蓄雨水。

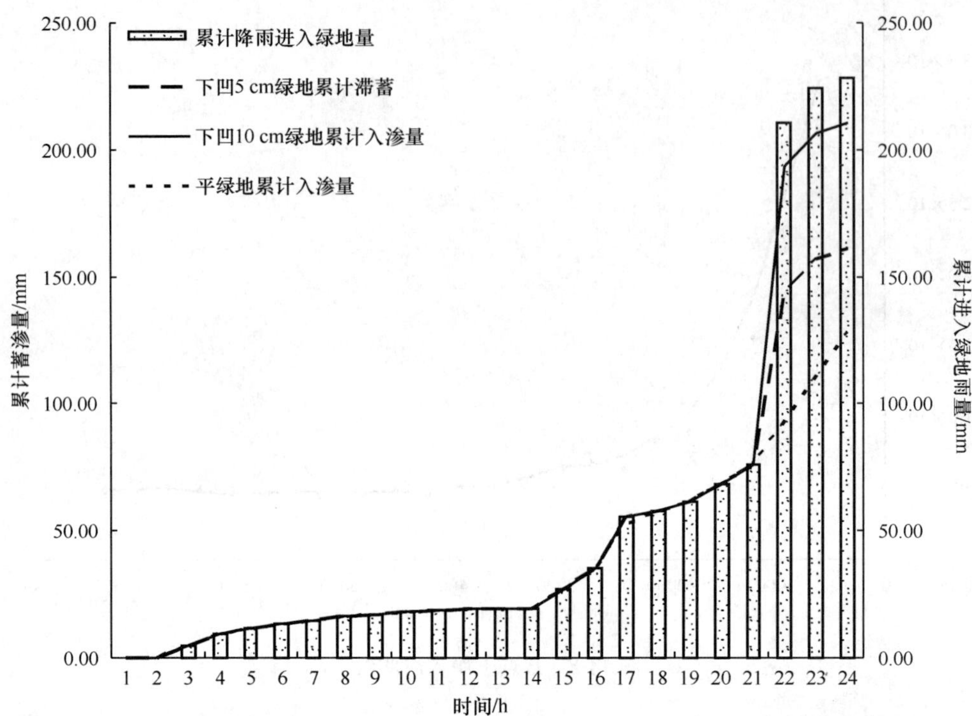

图 14-9　绿地 5 年一遇 24 h 暴雨条件下不同绿地雨水蓄渗能力对比

表 14-19　不同重现期暴雨绿地径流系数

重现期	降雨量/mm	土壤干旱			土壤饱和地表无积水		
		平绿地	下凹 5 cm	下凹 10 cm	平绿地	下凹 5 cm	下凹 10 cm
5 年	63	0.51	0.00	0.00	0.73	0.00	0.00
10 年	80	0.61	0.00	0.00	0.78	0.16	0.00
20 年	93	0.67	0.13	0.00	0.81	0.28	0.00
50 年	119	0.74	0.32	0.00	0.85	0.43	0.01
100 年	132	0.77	0.39	0.00	0.87	0.49	0.11

由于观测的双紫园小区绿地已经将屋顶雨水接入绿地，因此，进入绿地的雨水多于实际降雨量。在没有外来雨水条件下，为研究下凹绿地比通常的平绿地是否具有优势，设计了在没有外来雨水进入条件下，比较平绿地和下凹绿地的试验。为能够排除人对绿地的干扰，试验采用了试验小区对比研究的方式，研究分为两个阶段：第一阶段，研究不同下凹深度绿地在天然降雨条件下土壤水分变化规律；第二阶段，研究不同集雨面和下凹深度绿地在天然降雨条件下土壤水分变化规律。表 14-20 列出了平绿地条件下不同水平年月度降水径流系数表，由于北京市降水主要集中在 6～9 月，这 4 个月是形成径流的主要月份，其他月份由于降水较少，所以基本不产流。4 个水平年径流系数分别为 0.164、0.074、0.068 和 0.022。

表 14-20　北京地区平绿地不同水平年月径流系数

水平年	月份	1	2	3	4	5	6	7	8	9	10	11	12	全年
1994	降雨量	0.0	4.2	0.0	2.7	60.6	26.7	414.3	208.3	14.9	28.7	10.6	4.2	775.2
$P=25\%$	径流系数	0	0	0	0	0.05	0	0.25	0.13	0	0	0	0	0.43
1992	降雨量	0.7	0	3.4	10.5	52.8	69.4	153.9	141.4	54.5	38.1	16.7	0.1	541.5
$P=50\%$	径流系数	0	0	0	0	0	0.05	0.12	0.12	0.02	0	0	0	0.31
1989	降雨量	7.9	0	0	35.5	33.1	39	124.8	104.2	88.8	4.6	2.5	1.8	442.2
$P=75\%$	径流系数	0	0	0	0	0	0	0.1	0.1	0.08	0	0	0	0.28
1999	降雨量	0	0	5.2	33.7	32.4	24	59.6	57	33.1	11.7	9.5	0.7	266.9
$P=95\%$	径流系数	0	0	0	0	0	0	0.05	0.05	0	0	0	0	0.1

注：平绿地指绿地不高于周边，所对应径流系数为绿地不汇集绿地范围以外雨水，下凹 5 cm 与下凹 10 cm 均为 0。

2. 下凹式绿地对土壤水分特征影响的试验研究

下凹绿地是指低于周边地面的绿地，其特点是周边地面径流流入绿地，利用绿地良好的入渗性能增加入渗，减少排水，涵养水分。草坪建成后，用中子仪观测土壤水分，由于建试验小区灌水量较大，用于松土沉降，土壤含水率高，2004 年 10 月 10 日～11 月 25 日土壤水分一直较高，同时，有 6 次降雨，因此没有灌溉，草坪生长状况良好。

通过中子仪测量深度为 20 cm、30 cm、40 cm、50 cm、70 cm、90 cm、120 cm 和 150 cm 土壤含水率，研究试验小区土壤水分变化，16 个不同小区初期土壤含水量相近，变化趋势也基本相同。土壤水分减少主要集中在 0～70 cm 土层，土壤水分减少量由上向下逐渐减少，而 70 cm 以下土壤水分变化较小。为对比不同下凹深度绿地水分变化是否有差异，采用 t 检验：成对双样本均值分析，取置信度为 95%（$\alpha=0.05$）进行统计分析。结果见表 14-21。

表 14-21　小区不同处理土壤水分变化

小区	处理	10 月 10 日 0～150 cm/mm	11 月 25 日 0～150 cm/mm	0～150 cm 土壤水分减少/mm	0～70 cm 土壤水分减少/mm
1	地面与出水口相平	597.47	574.23	−23.24	−28.42
2	地面与出水口相平	620.31	569.04	−51.26	−45.89
3	地面与出水口相平	607.25	551.36	−55.89	−51.25
4	地面与出水口相平	610.57	572.41	−38.16	−41.60
5	地面与出水口相平	576.54	532.14	−44.40	−36.33
6	地面与出水口相平	582.98	535.51	−47.47	−43.67
7	地面与出水口相平	581.79	540.42	−41.37	−40.53
8	地面与出水口相平	563.47	528.07	−35.40	−31.92
9	低于出水口 5 cm	568.74	516.36	−52.38	−42.04

续表

小区	处理	10月10日 0～150 cm/mm	11月25日 0～150 cm/mm	0～150 cm土壤水分 减少/mm	0～70 cm 土壤水分减少/mm
10	低于出水口 5 cm	583.40	521.49	－61.91	－42.86
11	低于出水口 5 cm	568.79	500.45	－68.34	－52.49
12	低于出水口 5 cm	532.00	472.16	－59.84	－43.92
13	低于出水口 10 cm	554.10	510.86	－43.24	－45.78
14	低于出水口 10 cm	590.38	552.43	－37.94	－43.24
15	低于出水口 10 cm	584.02	533.91	－50.12	－41.04
16	低于出水口 10 cm	591.89	532.91	－58.98	－40.46

如表 14-22 所示，除了 0～150 cm 平地与下凹 5 cm 土壤水分变化明显外，其他处理对比均不明显。分析认为，由于汛期降雨量较往年大，且降雨时间分布较为合理，土壤水分含量较大，基本没有灌溉。进入 10 月后，蒸发量减少，并有几次降雨过程，降雨强度分别为 0.6 mm、0.2 mm、10.3 mm、0.3 mm、6.7 mm 和 4.2 mm，从对双紫园绿地蓄渗能力的分析可知，在降雨强度小于绿地入渗能力的条件下，绿地没有径流产生。周玉文（1995）在北京百万庄小区进行的实验表明，绿地在 5 年一遇 1 h 降雨条件下，通过截留、入渗、滞蓄等综合作用，能够蓄渗 46.2 mm 的降雨，双紫双环试验数据为 31 mm，即小于 30 mm 的降雨在不同下凹深度绿地中均能被有效蓄渗。因此，在试验过程中 6 场降雨没有达到绿地产生径流的降雨量，不同下凹深度对绿地蓄水没有影响。因为小于 20 mm 的降雨对不同处理绿地影响不明显，在后面研究中主要研究30 mm左右的降雨。

表 14-22　不同下凹深度处理绿地土壤水分变化差异分析

项目	平-下凹 5 cm	平-下凹 10 cm	下凹 5 cm-下凹 10 cm
t（0～150 cm）	6.086	0.602	－2.066
t 双尾临界	2.447	2.447	4.303
判断	差异明显	差异不明显	差异不明显
t（0～70 cm）	1.866	0.230	－1.390
t 双尾临界	2.447	2.447	4.303
判断	差异不明显	差异不明显	差异不明显

如图 14-10 所示，开展不同集雨面条件下绿地雨水消纳能力试验，通过 1∶1 和 2∶1集雨面处理的绿地能够满足灌溉水量要求，但是由于降雨分配不均匀，在春季需要补充灌溉；根据前面研究，下凹绿地对于蓄积雨水具有重要意义，尤其是在有集雨面的条件下，汇流面增加了进入绿地的雨水，其来水强度在一段时间内可能超过绿地入渗能力，因而下凹绿地的 50～100 mm 下凹空间足以调节降雨与土壤入渗能力不足之间的矛盾，可有效蓄渗更多雨水，提高雨水的利用效率。

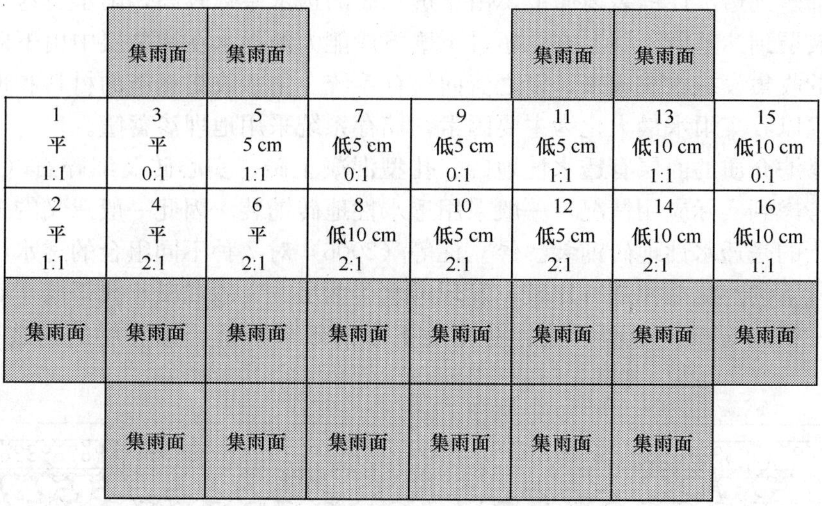

集雨面
集雨面
集雨面
集雨面
1 平 1:1
3 平 0:1
5 5 cm 1:1
7 低5 cm 0:1
9 低5 cm 0:1
11 低5 cm 1:1
13 低10 cm 1:1
15 低10 cm 0:1
2 平 1:1
4 平 2:1
6 平 2:1
8 低10 cm 2:1
10 低5 cm 2:1
12 低5 cm 2:1
14 低10 cm 2:1
16 低10 cm 1:1
集雨面
集雨面
集雨面
集雨面
集雨面
集雨面
集雨面
集雨面
集雨面
集雨面
集雨面
集雨面
集雨面
集雨面

图 14-10　绿地集雨灌溉试验图

在如图 14-11 所示的降雨蒸发条件下，在保证植物返青灌溉用水的前提下，通过集雨面收集雨水进入绿地，土壤含水率增大，有效减少了灌溉次数，2 倍集雨面接入处理绿地减少灌溉用水量 195 mm，较无集雨面接入绿地灌溉用水量减少 72%；1 倍集雨面接入处理绿地减少灌溉用水量 165 mm，较无集雨面接入绿地灌溉用水量减少 61%。

蒸发量/mm
14.0
12.0
10.0
8.0
6.0
4.0
2.0
0.0
降雨量
蒸发量
降雨量/mm
0.0
10.0
20.0
30.0
40.0
50.0
60.0
70.0
80.0
90.0
100.0
3-28
4-17
5-7
5-27
6-16
7-6
7-26
8-15
9-4
9-24
10-14
日期(月-日)

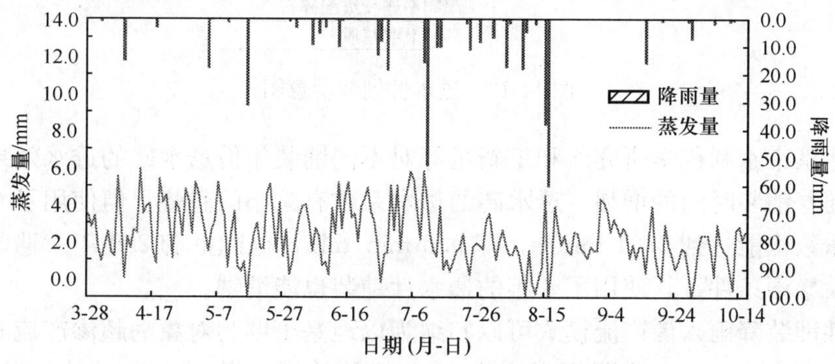

图 14-11　试验研究时段内的降雨与蒸发量图

（二）树阵雨水渗蓄自灌技术

1. 树阵雨水渗蓄自灌系统结构

树阵雨水渗蓄自灌系统由三个部分组成：雨水收集系统、雨水储存系统与灌溉系统。

雨水入渗集蓄系统包括雨水收集系统和雨水储存系统。其中雨水收集系统由透水性铺装路面、雨水收集管道（收集装置）组成，其目的是最大限度地收集雨水。透水性铺装是雨水下落后接触的第一个表面，作用是接纳雨水，使雨水不会以地表径流形式流走。雨水降落到透水性铺装地面上，由于透水砖的透水系数较高，雨水迅速穿过透水性铺装的铺装层到达基质土壤上方。超过土壤下渗能力的雨水在铺装层中由下向上蓄积并由铺装层的收集设施收集起来，使之流向储存系统。雨水收集设施的材料和形式多种多样，本研究以收集雨水最大化为主要因素，储存系统采用地埋渗蓄筐。

多层渗滤介质的面层有透水性地砖、孔型混凝土砖、实心砖及细碎石（或鹅卵石）等几种，考虑到实际应用情况，一般采用透水性地砖铺装。因此一般意义的多层渗滤介质系统所指的是透水性地砖铺装。侯立柱等（2006）对 7 种不同组合的透水性铺装在人工降雨条件下的产流规律进行比较，发现透水砖面层＋无砂混凝土找平层＋碎石垫层组合的透水性铺装对减少地面径流、补充地下水的效果最好。铺装层的构造如图 14-12 所示。

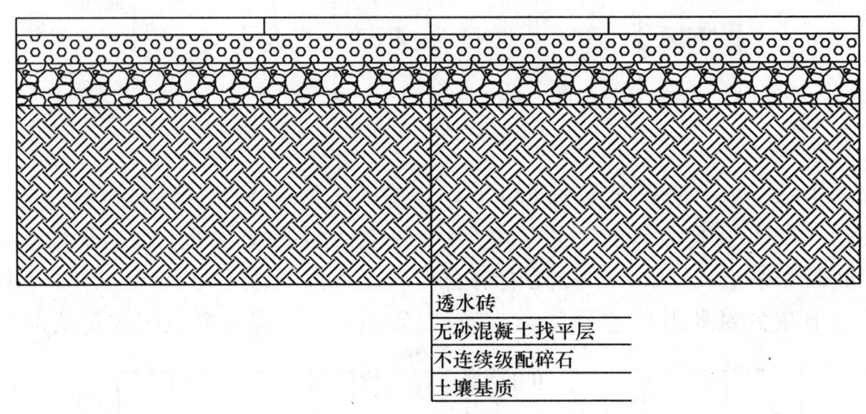

图 14-12　透水性铺装示意图

根据北京市水利科学研究所和王新星等对不同铺装年份透水砖的透水效果的试验研究发现，随着铺装时间的增加，透水砖的透水系数有减小的趋势。但使用了 6 年的透水砖的透水系数也能达到 0.01 mm/s，即 0.6 mm/min，也能抵御 200 年一遇 5 min 的暴雨。在最大暴雨条件下，使用了 6 年的透水性铺装也能消纳。

透水性铺装降雨入渗产流模式可以归纳为以地基土壤为对象的超渗产流和以铺装层为对象的蓄满产流两种。当降雨强度 fp 大于土壤渗透系数时，降雨在土壤上层累聚，属于以土壤为对象的超渗产流；超过土壤入渗能力的降雨在垫层内累聚，直到垫层蓄满才会产生径流，属于以铺装层为对象的蓄满产流。多数透水性地面砖的渗透系数都能达到 1 mm/s，远远高于建材行业标准规定的 0.1 mm/s。如北京亚泰雨洪利用有限公司生产的透水砖实测透水系数为 3.5 mm/s。一般强度的降雨不会产生以铺装层为对象的超渗产流的现象。

2. 透水性铺装理论上容水量的计算

多层渗滤介质储存的水量取决于下垫面结构的有效孔隙度和垫层的厚度。透水性铺装层的容水量可以用下式计算：

$$H_{容} = h_{垫} \cdot \delta_{垫} + h_{找} \cdot \delta_{找} + h_{面} \cdot \delta_{面} \tag{14-2}$$

式中，$H_{容}$为透水性铺装的容水量（mm）；$h_{垫}$、$\delta_{垫}$分别为垫层的厚度（mm）和垫层的有效孔隙率；$h_{找}$、$\delta_{找}$分别为找平层的厚度（mm）和找平层的有效孔隙率；$h_{面}$、$\delta_{面}$分别为面层的厚度（mm）和面层的有效孔隙率。

一般的透水性铺地面都比较平整，只要产生地面径流就会排掉，不可能聚集在铺装面层上慢慢下渗，因此理论上来说，只要降雨在铺装层的累聚水量小于其容水量，降水就可以被透水性铺装吸纳，不产生地表径流。可以依据此原理计算不同降雨状况下透水性铺装的径流量和下渗量。

3. 透水性铺装下地埋渗蓄筐的雨水收集效果

1）地埋渗蓄筐径流消减系统设计

在奥运场区内建立了地埋渗蓄筐的透水性铺装下的雨水收集渗灌系统。对 6 场自然降雨过程中该系统的降雨径流量和土壤水分变化情况进行了监测，并对地埋蓄水设施条件下透水性铺装对消减径流的效果进行了研究分析。地埋渗蓄筐及透水性铺装结构如图 14-13 所示，其中透水性铺装包括 80 mm 透水面层、240 mm 无砂混凝土垫层和200 mm 碎石垫层。在地基土壤上方的树池外满铺土工膜，减少地基土壤的入渗量，从而达到最大限度地拦蓄雨水的目的。树阵的行距和株距为 6 m×6 m。

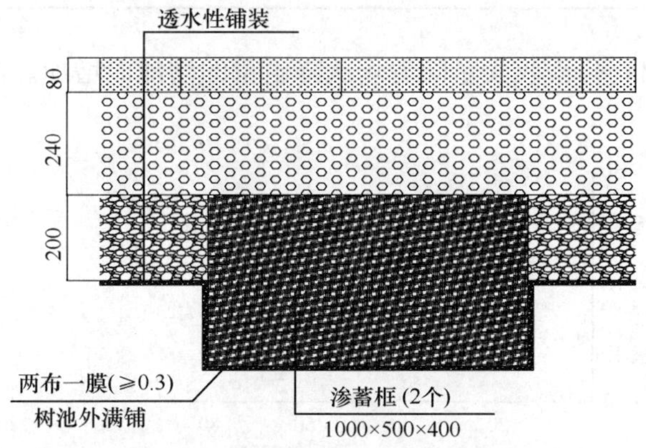

图 14-13　地埋渗蓄筐透水性铺装示意图（单位：mm）

2）降雨收集过程的计算原理

根据水量平衡原理：总降雨量＝径流量＋透水性铺装的持水量＋收集水量＋入渗量。由于在地基土壤和透水性铺装之间铺设了土工膜，因此在一场降雨中，比起渗蓄筐的雨水汇流量，土壤入渗量很小，可以忽略。总降雨量扣除径流量、透水性铺装的持水量就是渗蓄筐能接纳到的收集水量。

考虑到自然状态下垫层中都会含有一定的水分，一般情况下透水砖持水率为 4%、无砂混凝土为 3%、沙砾料垫层为 7.5%，因此透水性铺装的持水量为

$$H_{持} = 4\% \times 80\ \text{mm} + 3\% \times 240\ \text{mm} + 7.5\% \times 200\ \text{mm} = 25.4\ \text{mm} \quad (14\text{-}3)$$

收集水量的计算方法：根据现场试验测得降雨强度的径流系数，结合透水性铺装的理论持水量，可以根据水量平衡原理得出降雨收集量。

3）渗蓄筐雨水汇集流量计算

因地基土壤垫层上方的透水性铺装不具有持水性，而地基土壤的入渗率一般在入渗 30 min 后就能够达到稳定（试验地基土壤的稳定入渗率约为 0.1 mm/min），在降雨结束后累聚在铺装层中的雨水会在短时间内汇集进入渗蓄筐中。因此可以认为渗蓄筐雨水的收集过程随着降雨的结束而终止，并利用北京市水利科学研究所关于地埋渗蓄筐消减径流的试验结果，可推算出试验降雨条件下渗蓄筐在整个降雨过程中的所收集到的降雨量。计算结果见表 14-23。

表 14-23　地埋渗蓄筐透水性铺装系统的集雨和径流情况表

降雨日期（年-月-日）	降雨历时/h	降雨量/mm	平均雨强/(mm/h)	径流系数	收集效率/%	收集雨量/mm
2008-06-13	15	100.8	0.112	0.3	44.8	45.16
2008-06-16	10.5	44.9	0.071	0.1	33.4	15.01
2008-07-14	22	57.9	0.044	0.1	46.1	26.71
2008-08-10	23	54.2	0.039	0.1	43.1	23.38
2008-08-14	3.83	60.6	0.264	0.1	48.1	29.14
2008-08-21	15	53.2	0.059	0.1	42.3	22.48

从表中可以看出，降雨收集量随着场次降雨量的增加而增加。两者的相关关系如图 14-14 所示。

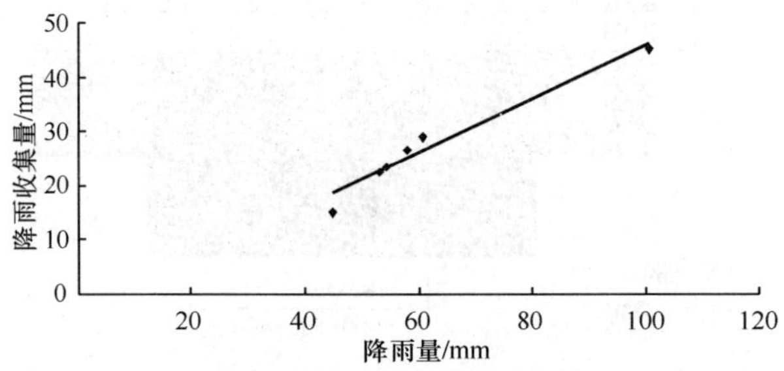

图 14-14　降雨收集量和降雨量的关系

场次降雨收集量 y 和场次降雨量 x 的函数关系为

$$y = 0.4992x - 3.9359 \quad R^2 = 0.95 \tag{14-4}$$

降雨量和收集水量的线性拟合相关系数达到了 0.95，这说明虽然雨型比较复杂，包括众多因素，有降雨量、降雨时间、平均降雨强度、最大降雨强度等，但从图中几乎成直线的降雨量-收集量关系曲线可以很明确地得出，场次降雨量是决定降雨收集量的主要因素。且拟合公式中 x 值的系数小于 1，收集水量总是比降雨量小得多，拟合直线的斜率表达了降雨收集量和降雨量的关系，可见，降雨的平均收集率为 50%。降雨量和降雨收集量的拟合直线在 x 轴上的截距为 7.81 mm，这说明只有次降雨量达到 7.81 mm，降雨才有收集的可能性。这是因为，在降雨达到渗蓄筐的过程中，必须首先损失一部分降雨以湿润透水性铺装，使透水性铺装中的降雨能够自由下落，还有一部分会渗入土壤，只有在渗蓄筐周围形成一定的水量才能被收集，并且当降雨强度小于某一定值时，雨水会入渗到土壤中，不能在垫层中累聚，难以形成进入渗蓄筐的汇流。根据前文所选的降雨实际典型年，平水年（海淀 1982 年）次降雨量大于 7.81 mm 的降雨有 25 场，共 477.6 mm。将每场降雨按照式（14-4）计算所收集雨量，全年可收集降雨量为 170.4 mm。

4）地埋渗蓄筐蓄水容积的确定

在一个水文年的不同时段，雨水的集蓄量和利用量总是不一致的，这样就产生了来水和用水的盈缺矛盾。当某时段来水量大于用水量时，将剩余的来水储存在蓄水池中，以供下一时段使用；当用水量大于来水量时，就要用到上一个时段蓄存的雨水。也就是根据水量平衡原理在一个水文年中进行推算，其具体的实现方法为

$$V(t) = V(t-1) + P_1(t) - E(t) - S(t) \tag{14-5}$$

$$E(t) = \mathrm{ET}(t) - P(t) \tag{14-6}$$

$$V = \max[V(t)] \tag{14-7}$$

式中，$V(t-1)$ 为上一时段蓄水池蓄水量；$V(t)$ 为此时段蓄水池蓄水量；$P_1(t)$ 为此时段降雨收集量；$E(t)$ 为此时段灌溉需水量；$S(t)$ 为此时段的渗漏量；依照前文的分析，只要将灌水的负压作用水头控制在合理的范围内，是能够避免深层渗漏的；$\mathrm{ET}(t)$ 为树木耗水量；$P(t)$ 为此时段降雨量。

虽然北京市降雨年内分布不均匀，但如果选择了合适的雨水利用模式，也可以利用降雨的年内分布特征变害为利、提高雨水利用效率。根据吴丽萍（2003）用热脉冲仪对樟子松全年的耗水规律的监测结果，樟子松各月耗水量和平均各月降雨量如图 14-15 所示。树木的耗水量峰期比降雨量峰期早一个月。以樟子松为代表的园林树木的年内耗水分布和北京市的降雨分布特征极为相似，树木全年耗水量约为 4290 L，汛期（6～9 月）的耗水总量为 3660 L，占全年耗水量的 85.3%。汛期的树木需水量大，但汛期的降雨量也在增大；非汛期虽然降雨量少，但与此同时树木的需水量也在逐渐减少。利用北京降雨的这种季节性与一般树木的需水规律具有一致性的特点，如果将雨水收集用于树木的灌溉，需要调节的雨量较少，小规模的蓄水设施就能够满足树木的需水，反而能够因势利导地利用北京降雨的季节性特征，“变劣势为优势”，提高雨水利用效率。降雨量和

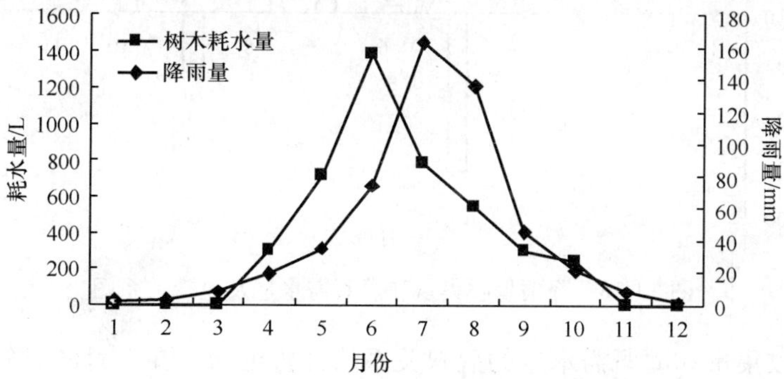

图 14-15　樟子松耗水规律和降雨量年内分布比较

树木耗水量在年内变化规律的一致性为降低雨水利用工程的投资、充分有效节约灌溉用水提供了良好的条件。

雨水的集蓄过程同时也是雨水的利用过程，边蓄边用，雨水的集蓄和利用同步进行。若只考虑蓄水池蓄纳全年的可收集雨量，或只考虑树木的用水情况，则必然造成蓄水容积的过大。虽然能够保证充分拦蓄降水或全部满足树木的需水，但同时也会造成人力财力的浪费，使得蓄水池的大部分容积闲置，利用率低下。因此本章将对蓄水池的来水量、用水量进行水量平衡分析，目的是确定蓄水池容积的适宜范围。

根据之前对雨水收集量的分析，可以看出在保证率为 50％的降雨实际典型年条件下，可供收集的降雨量为 477.6 mm，均能够收集到的降雨量为 170.4 mm 。对比樟子松全年的耗水量的 4290 L，灌溉需水量为 2694 L，可以初步判断 16 m^2的集雨面积能够满足树木的灌溉需水要求。

保证率为 50％（两年一遇）的降雨实际典型年为海淀区 1982 年。结合次降雨量和次降雨收集量的关系，分析在保证率为 50％的情况下，蓄水池来水和用水的盈缺关系，分析结果如图 14-16 所示。从面积为 16 m^2的集雨面的月降雨收集量和树木的月灌溉需水量的盈缺关系可以看出，除 5 月、9 月两个月所收集的降雨量不够灌溉需水的要求，需要利用上一时段蓄水池的蓄存水量外，在树木生育期的其他 5 个月所收集的降雨量均能够满足灌溉需水的要求，并且有盈余的雨水存储在蓄水池中，供下一时段的使用。即使是在不同的月份，降雨的收集量对于树木的灌溉需水量来说有盈有缺，但是盈缺量不大，从图中可以看出，降雨收集量的最大亏缺量为 5 月的 622 L，而最大的盈余量为 7 月的 501 L。在其他月份，一方面树木进入休眠阶段，耗水停止；另一方面，北京也进入非汛期，基本没有降雨，降雨量和树木的需水量之间没有盈缺。

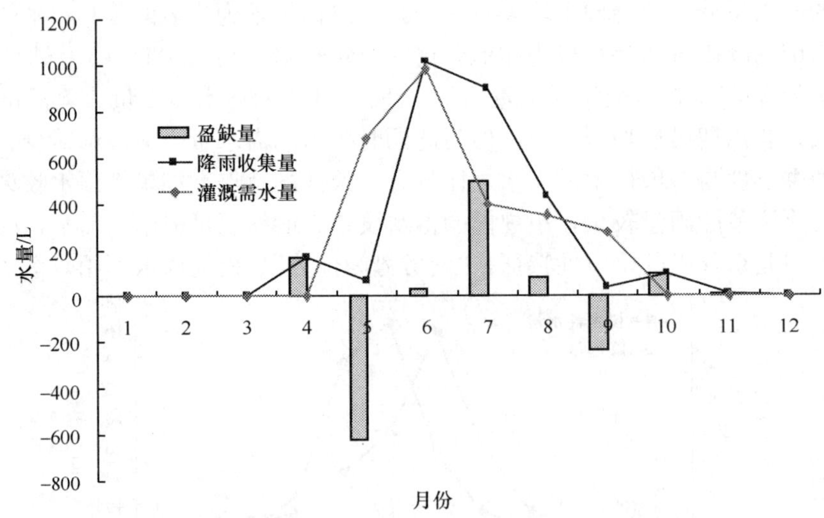

图 14-16 降雨量收集量和灌溉需水量及盈缺关系图

从对降雨收集量和灌溉需水量的盈缺关系的分析可知，在 7 月的时候降雨收集量的盈余量最大，因此以 7 月为作为初始月份对蓄水池来水量和用水量进行水量平衡分析。

分析结果见表 14-24。

表 14-24　蓄水池容积计算

月份	月降雨量/mm	月降雨收集量/mm	树木耗水量/L	月灌溉需水量/L	月盈缺量/L	储存水量/L
1	169.0	0.0	0	0.0	0.0	455
2	84.6	0.0	0	0.0	0.0	455
3	11.3	0.0	0	0.0	0.0	455
4	19.3	10.4	300	0.0	167.1	622
5	5.3	3.9	720	685.4	−622.2	0
6	0.0	63.7	1380	984.5	34.0	34
7	1.9	56.3	780	399.8	501.6	502
8	2.0	26.8	540	349.7	79.1	581
9	0.1	2.4	300	274.6	−236.1	345
10	36.1	6.0	240	0.0	96.5	441
11	15.4	0.9	0	0.0	13.8	455
12	175.8	0.0	0	0.0	0.0	455
合计	520.8	170.4	4290	2694	33.8	

对表 14-24 和图 14-17 表征的蓄水池时段蓄水量的分析可以看出，蓄水池的蓄水量在来年的 4 月达到了最大值，在来年的 5 月达到了最小值。贮存水量为 622 L，即 0.62 m^3。根据前文关于蓄水池容积确定方法，可以将 0.62 m^3 作为蓄水池的适宜容积。蓄水池在 5 月末蓄水全部用完，6 月末的蓄水量仅为 34 L，这说明蓄水池的蓄水量在整个水文年得到了循环，有利于提高雨水利用效率。可以用复蓄次数来衡量蓄水池的雨水调蓄情况，在理论上，复蓄次数等于由蓄水池提供的用水总量和蓄水池容积的比值：

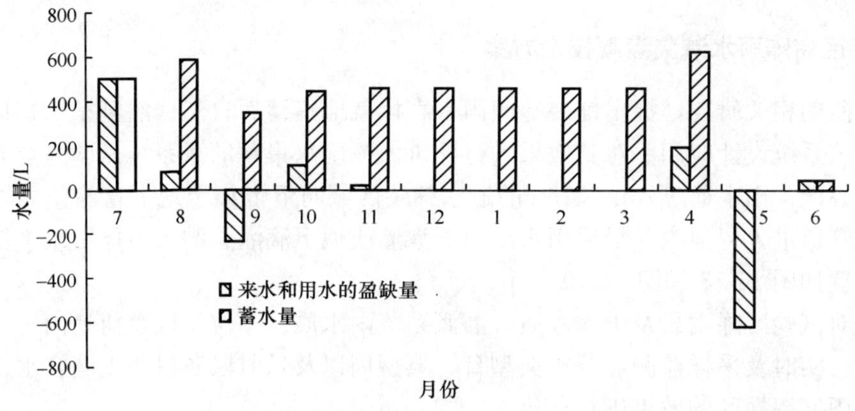

图 14-17　雨水月盈缺量与蓄水池时段蓄水量

$$n = \frac{W_T}{V} \tag{14-8}$$

式中，W_T 为蓄水设施提供的用水总量，系统中为由灌水器提供的灌溉总水量（L）；V 为蓄水池的容积（L）。

经计算，在本系统中，容积为 0.6 m^3 的蓄水池复蓄次数为 4.3，复蓄次数越高表明蓄水池的雨水利用率越高。由前文所确定的不同重现期的降雨实际典型年，根据水量平衡原理可确定不同保证率条件下合理的集流面积和蓄水池容积，计算结果见表 14-25。

表 14-25　不同重现期最小集流面积和蓄水池容积

保证率	50%	75%
降雨典型年	海淀 1982 年	海淀 2001 年
最小集流面积/m^2	16	40
所需蓄水池容积/m^3	0.62	1.5
复蓄次数	4.3	1.8

对表 14-25 的分析可以得出，在不同重现期的干旱年条件下，随着重现期的增大，即降雨量的减少，树木的灌溉需水量随之增加，为满足树木的需水要求，所需的集流面积也较大。对于两年一遇的平水年，只需 16 m^2 的集流面就能满足，保证率为 75%的设计降雨条件下，需要 40 m^2 的集流面积，才能收集到能够满足树木生长的降雨。在实际的设计中，应根据设计干旱年的重现期确定集流面积。设计保证率增加，所需的蓄水池容积也会随之增加，这说明，随着设计重现期的增大，蓄水池来水和用水的盈缺差别变大，所需蓄水池调节的容积也较大。与此同时，蓄水池的复蓄次数会随着设计重现期的增大而减小，说明随着设计重现期的增大，蓄水池的设计容积的增加，蓄水池的雨水利用率会随之降低。

对于蓄水池的容积，应根据所选取的设计降雨量，结合系统集水设施、灌水设施和灌水设施的总体预算，依据当地的经济情况进行合理规划。

4. 奥运场区树阵雨水渗集灌溉技术方案

根据前期相关研究，提出铺装地面雨水直接就地集蓄后自然回灌到植物根区的灌溉系统，将该系统设计应用并对其效果进行评价。该雨水集蓄灌溉系统试验地点布置在北京奥运中心区，雨水通过 6 m×6 m 的透水铺装区域向下汇集至地下蓄渗筐内，再经过地下导水管道进入树池内，最后雨水由地下渗灌或地下滴灌管灌入树体根系土壤内，整体系统布置如图 14-18 和图 14-19 所示。

通过对试验区降雨量及雨水水质、灌溉系统内水质（水位）以及树池内土壤水分变化情况进行实时及采样监测，分析典型日、典型周以及长时段各树池土壤含水率的差异性，对集雨回灌根区的效果进行评价。

如图 14-20 所示，在树池一侧布置 D50 水分监测管，定期取树池内灌溉系统中水样

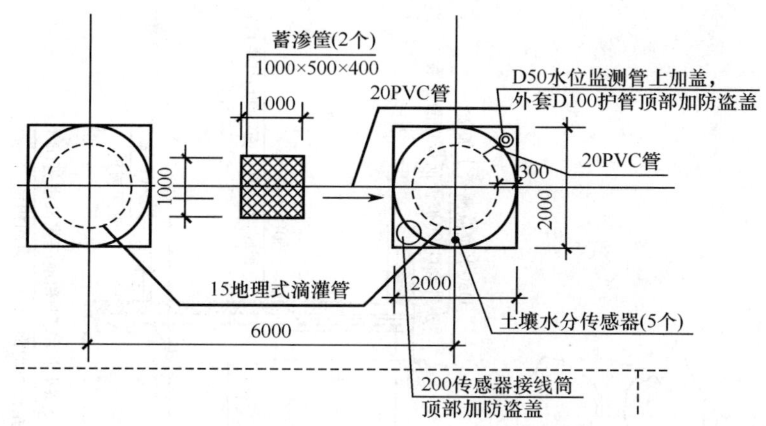

图 14-18　奥体中心区试验平面布置图（单位：mm）

进行观测。对奥运试验区入渗前雨水水质和雨水经不同级配碎石、土壤基质进入灌溉系统中的水质进行对比分析，结果见表 14-26，各重点监测指标在入渗前后的去除率除 TN 外（51.22%）都达到 97%以上，去除效果显著，可以认为达到持续灌溉不会产生滴灌系统的堵塞，试验区降雨情况如图 14-21 所示。

表 14-26　入渗收集前后水质对比

采样地点	悬浮物	COD_{Cr}	BOD_5	NH_4^+-N	TN	TP
	/(mg/L)					
入渗前雨水水质	302	1878	865	38.7	57.6	6.04
灌溉系统中水质	11	46.6	7.9	0.355	28.1	0.172
去除率/%	96.36	97.52	99.09	99.08	51.22	97.15

在树池垂直方向分层布设土壤水分传感器对土壤水分进行实时观测（平均 1 h 采集一次），如图 14-22 所示，土壤水分传感器进行土壤水分数据采集，分别选取 6～8 月中典型日、典型周（图 14-23）及典型月内对集雨回灌树池内土壤水分变化与无雨水收集灌溉进行对比分析，分析雨水渗集自灌技术措施的效果。

如图 14-24 所示，有集雨回灌措施（地下滴灌/地下渗灌）的树池表层 0～30 cm 土壤水分与无回灌措施树池之间差异不明显，而有埋设地下滴灌管或渗灌管的树池各深层土壤中 40 cm 以下土壤含水量要显著高于未做处理的树池，尤其在地下滴灌灌溉方式下差异更为明显。由室内试验分析可知，微压条件下地下滴灌管出流量很小，同时由逐日降雨情况可知，10 月 9 日降雨过后该地区已基本无降水，因此雨水经过收集后能够持续缓慢回灌入渗到根区满足植株耗水需要，不易产生深层渗漏，从而表明该技术方案在实践中能够对雨水进行合理的就地再回收和有效利用，达到预期效果，对节约水资源和削减城市雨洪径流、减轻城市污水处理负荷等方面将发挥重要的作用，并具有很高的实践价值。

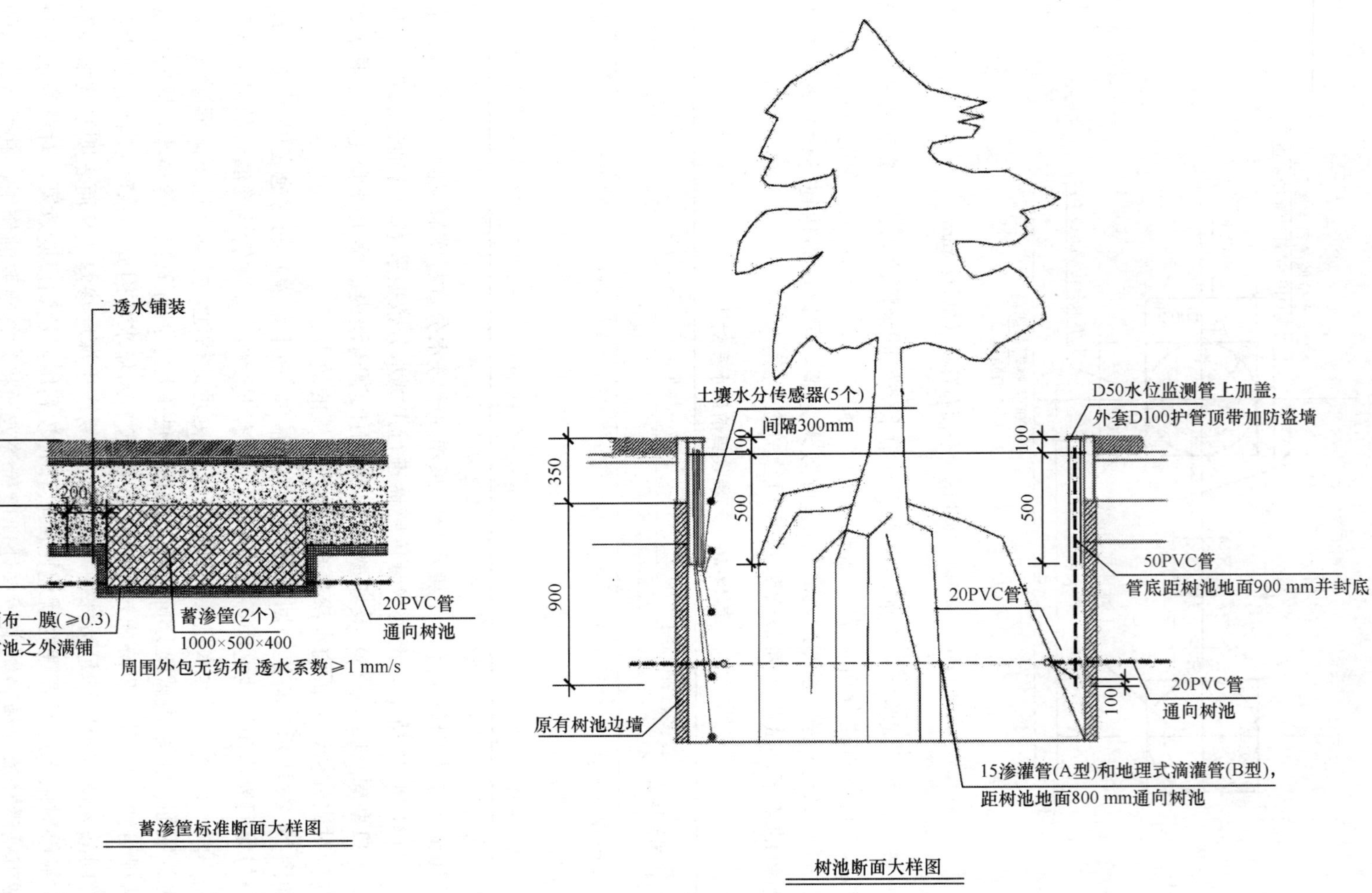

图14-19　奥体中心区试验剖面图(单位：mm)

图 14-20　奥体中心试验区调研与采样分析

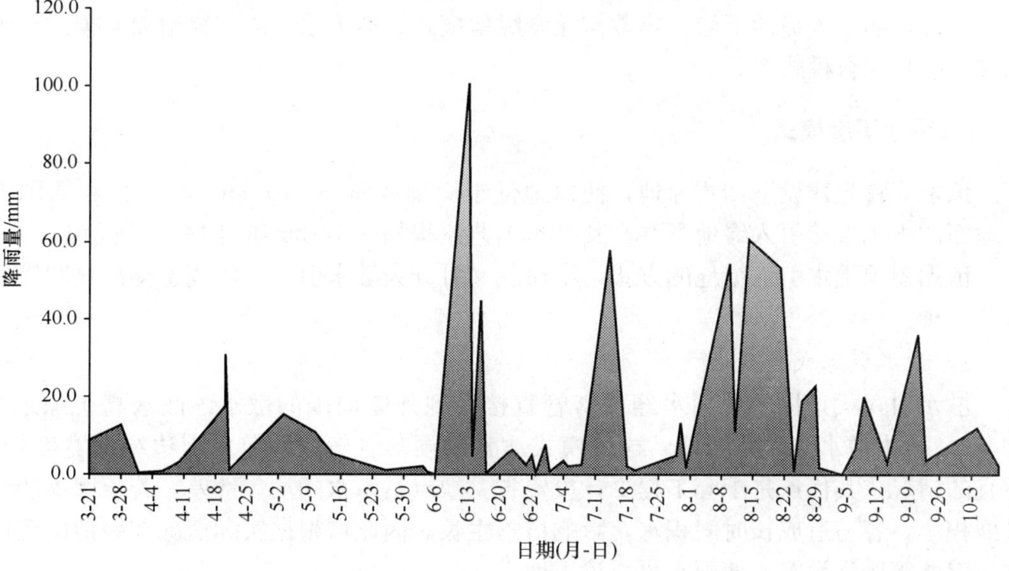

图 14-21　奥体中心区降雨情况

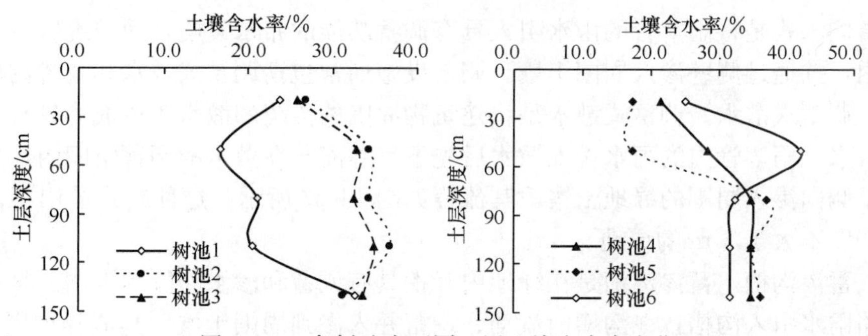

图 14-22　各树池内不同土层土壤含水率变化

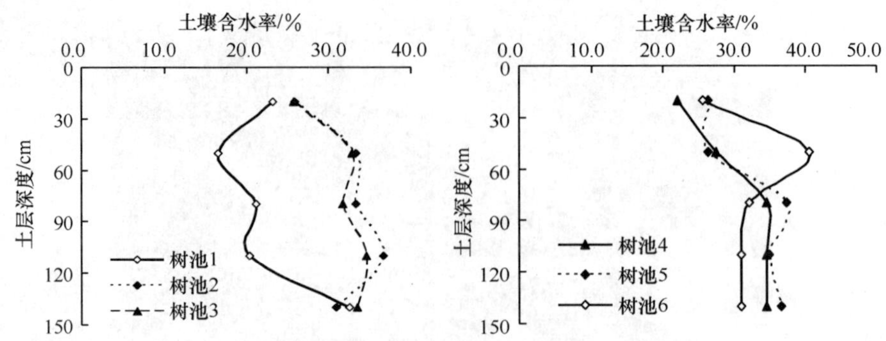

图 14-23　不同土层一周平均土壤含水率变化

树池 2、3 埋设地下滴灌管，树池 4、5 埋设地下渗灌管，树池 1、6 未做任何处理

（三）城市绿地雨洪集蓄利用技术模式

通过试验研究和示范工程建设，经综合分析，认为目前利用雨水灌溉绿地的基本模式有 4 种，即引入绿地下渗、集蓄与灌溉绿地模式、地下水回灌与绿地灌溉模式、雨水入渗与收集综合模式等。

1. 引入绿地下渗模式

该模式首先建设下凹式绿地，使绿地低于周围地面 5～10 cm，将屋顶和周围不透水地面的雨水直接引入绿地下渗，其基本工艺流程如图 14-25 和图 14-26 所示。

依据屋顶雨水引入绿地的方式，本模式又可分为散水引入式、调蓄侧渗式和管道布水式 3 种。

1）散水引入式

散水引入式是将屋顶雨水经雨落管直接排到外墙周围的散水，散水高于绿地 5～10 cm，再由散水分散到绿地。这种模式适宜于雨落管较密，散水周边绿地宽度均匀、适宜的情况。其优点是配套工程少，投资省。缺点是灌水的均匀性差，若土壤渗透性差且面积小，容易造成长时间积水，影响植物生长。因此可根据实际情况在绿地内建造渗坑、渗井等增渗设施，使雨水尽快渗入地下。

2）调蓄侧渗式

调蓄侧渗式是将雨落管的雨水引入具有调蓄功能的布水设施，使雨水暂时滞蓄在布水设施内，并通过侧壁渗入周围土壤。调蓄设施通常包括调蓄式散水和蓄渗沟槽。

（1）调蓄式散水。调蓄式散水是将建筑物周围的传统的散水改造成为具有调蓄雨水功能的散水，雨落管内的雨水排入散水后先下渗并滞蓄在散水的调蓄空间内，然后经渗透性侧壁侧向渗入周围的绿地土壤，其流程如图 14-27 所示。这种模式适用于位于房屋周边且宽度不大于 3 m 的绿地。

（2）蓄渗沟槽。蓄渗沟槽是在绿地内开挖具有调蓄和渗水功能的沟槽。将雨落管雨水或道路雨水引入沟槽，在沟槽内流动、调蓄并入渗到周围土壤，其流程如图 14-28 所示。这种模式适用于房屋和道路周边宽度较大（大于 3 m）的绿地。这种调蓄设施可将

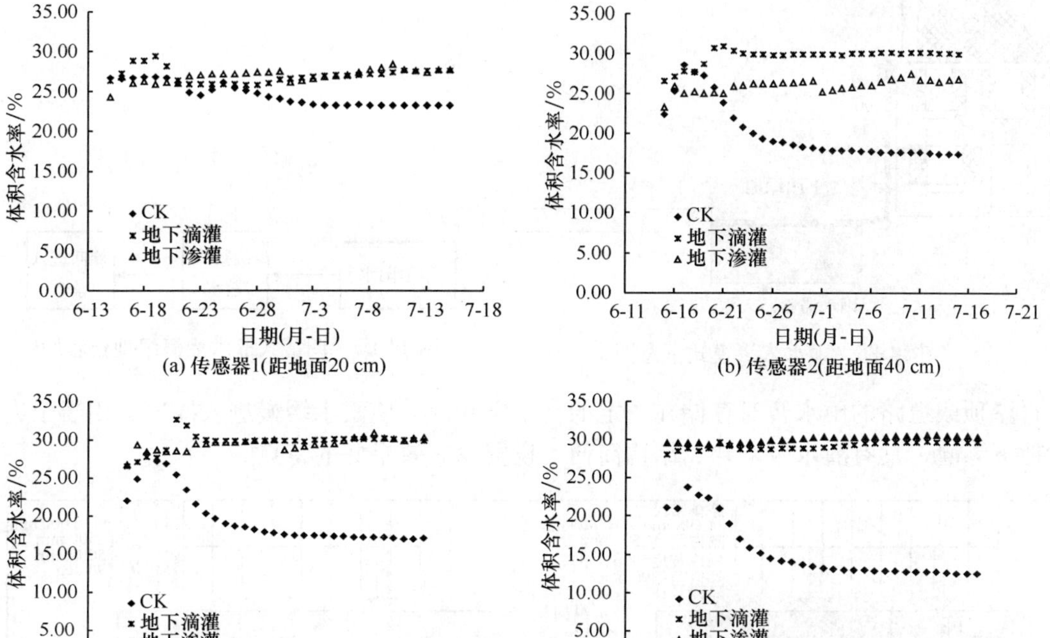

体积含水率/%
日期(月-日)
CK
地下滴灌
地下渗灌
(a) 传感器1(距地面20 cm)
(b) 传感器2(距地面40 cm)
(c) 传感器3(距地面60 cm)
(d) 传感器4(距地面80 cm)
(e) 传感器5(距地面100 cm)
土层深度/%
(f) 土壤深度与含水率关系

图 14-24　典型月各处理下不同土层深度水分持续变化

屋顶及不透水路面雨水
进入绿地
入渗

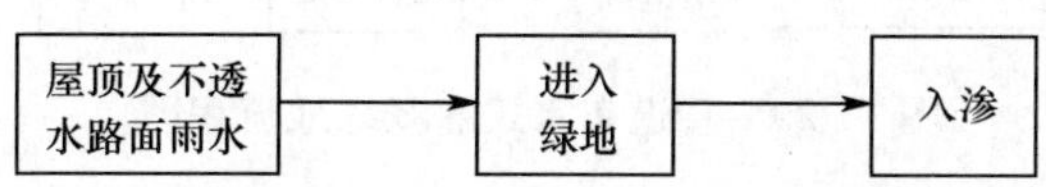

图 14-25　雨水绿地入渗模式流程图

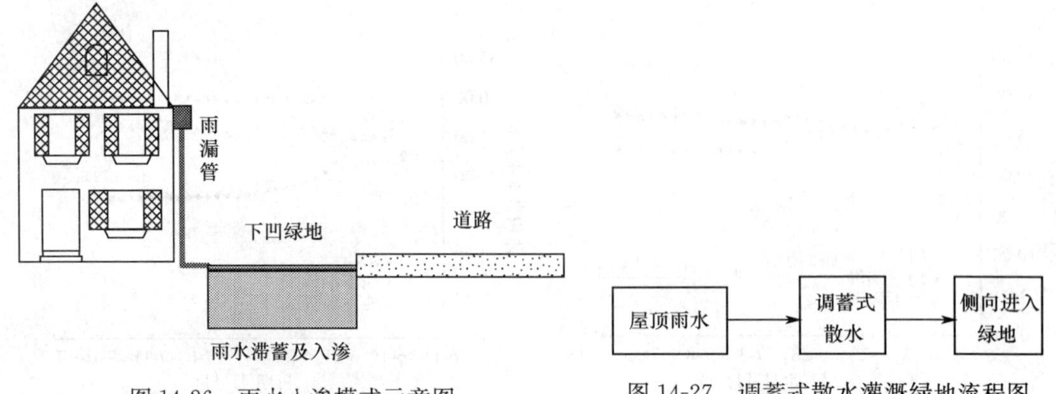

图 14-26　雨水入渗模式示意图　　　　图 14-27　调蓄式散水灌溉绿地流程图

来自屋顶或道路的雨水暂时存储在一定的蓄水空间内，使雨水缓慢进入绿地，相当于进行地下渗灌，具有灌水较均匀、结构简便、投资少、效果好的特点。

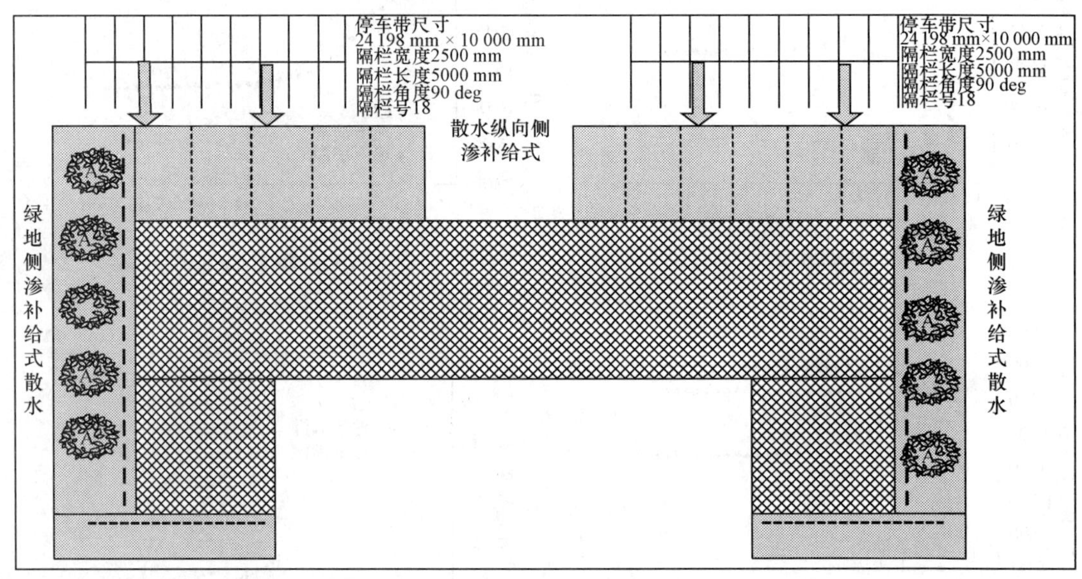

图 14-28　渗蓄槽灌溉绿地示意图

3）管道布水式

管道布水式是将雨落管与埋入绿地的布水管道相连接，通过布水管道上的出水口均匀地将雨水灌到绿地，如图 14-29 所示。

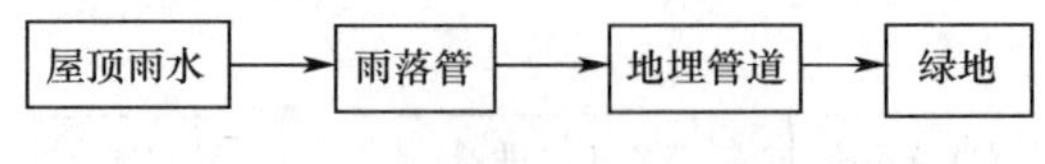

图 14-29　管道布水式灌溉绿地流程图

2. 集蓄与灌溉绿地模式

集蓄与灌溉绿地模式（收集存储灌溉绿地模式）是将屋顶和不透水地面的雨水经收集系统收集，经适当处理和滞蓄后由专门的灌溉系统送到绿地进行灌溉，其工艺流程如图 14-30 和图 14-31 所示。

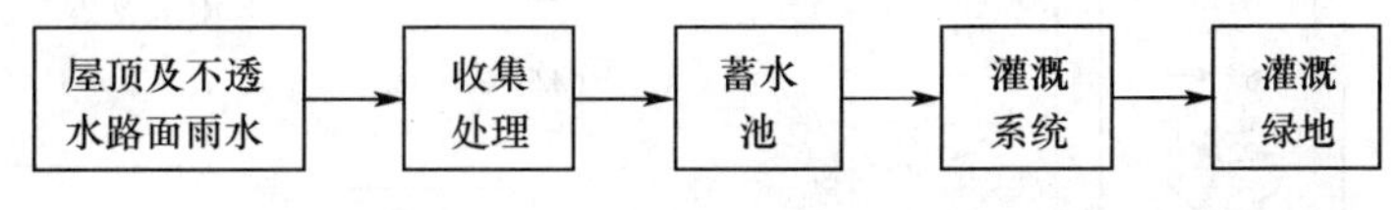

图 14-30　收集存储灌溉流程图

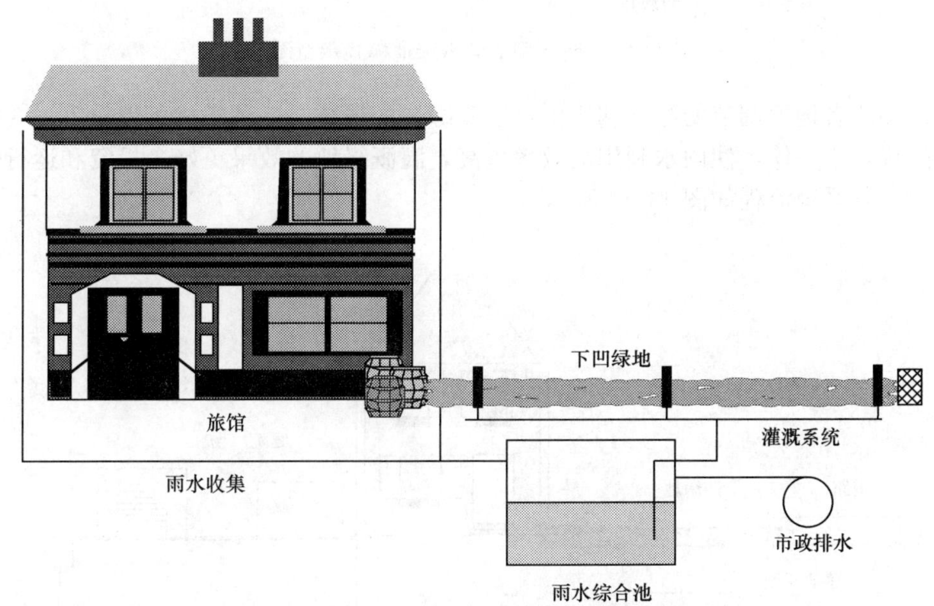

图 14-31　收集灌溉模式示意图

此种模式适合于小区规模大、绿地面积大且相对集中的情况，这样便于布置灌溉系统的设备。其优点是收集到的雨水量较多，有利于实现年际调节、提高灌溉保障率，从而节省较多的自来水，其缺点是投资较高。

3. 地下水回灌与绿地灌溉模式

地下水回灌与绿地灌溉模式是将收集雨水回灌进入地下，利用良好的地质结构将水储存在地下储水空间，用水时抽出进行灌溉，其系统流程如图 14-32 所示。这种模式的优点是省去造价较高的蓄水池，同时，多余雨水直接补充了地下水，并且可以实现年际间的调节。但这种方法对回灌水水质要求较高，以免污染地下水。

4. 雨水入渗与收集综合模式

雨水入渗与收集综合模式是因地制宜地将上述 3 种模式进行组合，形成既有绿地入

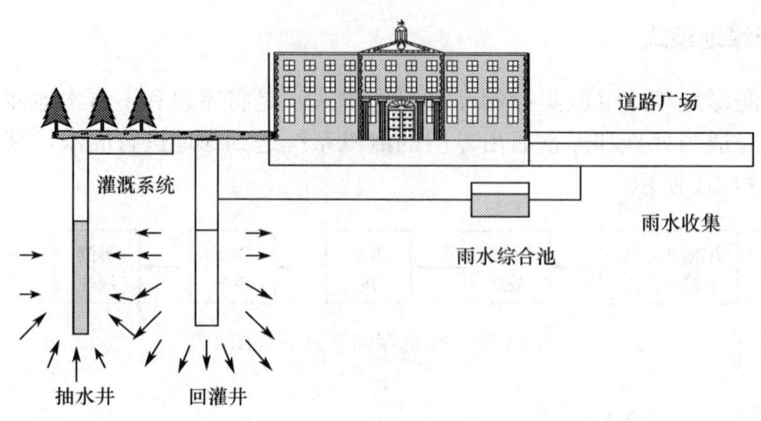

图 14-32　地下调节灌溉绿地模式示意图

渗又有存储或者地下调节的综合利用雨水灌溉绿地的系统。这种模式可以集上述 3 种单一模式的优点于一体，使雨水利用的效率更高，灌溉绿地的效果更好，投资和运行管理费用更少。其系统流程如图 14-33 所示。

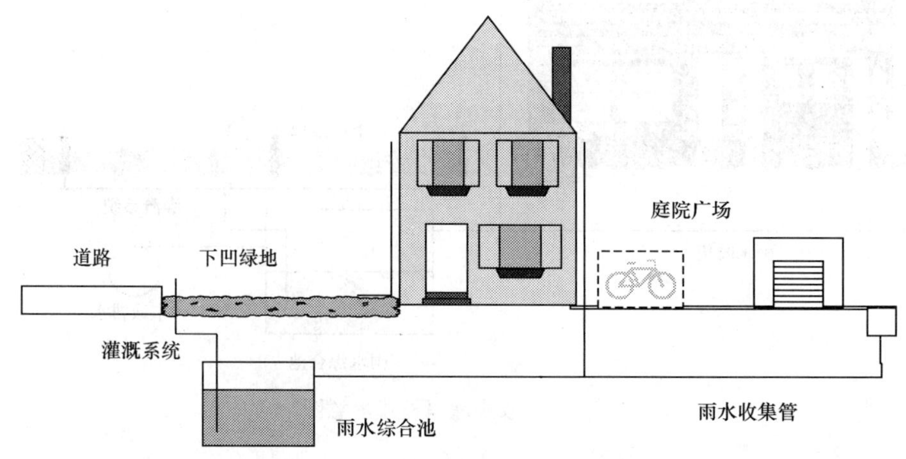

图 14-33　雨水入渗与收集综合模式示意图

5. 不同模式的雨水利用与灌溉效果

利用已经建立的作物水分评价指标，对上述 4 种不同模式下绿地灌溉需水量进行预测与评价。降雨量采用多年平均降雨量 584.7 mm，蒸发量采用 1120 mm，作物初始土壤水分 15%，适宜土壤水分 20%，屋顶、路面 85%雨水进入绿地，平绿地地表径流系数取 0.15（根据室外排水规范取值），下凹 5 cm、10 cm 绿地地表径流系数分别取 0.05 和 0.02，取以上值作为通用值进行计算。为了能够更好地确定屋顶收集雨水与屋顶直接接入绿地的比例关系，以试验小区为例，对不同处理绿地进行月调节计算，调节计算以丰水期 7 月为起点，以下一年 6 月为终点，通过计算分析各种不同模式灌溉需水及节水效果（表 14-27），对不同模式雨水利用和灌溉进行分析评价。

表 14-27　试验小区不同处理绿地灌溉需水计算表

月份	项目	0∶1			1∶1			2∶1		
		平	低 5 cm	低 10 cm	平	低 5 cm	低 10 cm	平	低 5 cm	低 10 cm
全年	作物水分状况	0.5447	0.5796	0.59	0.672	0.742	0.763	0.799	0.904	0.9351
	深层土壤水补给	85	85	85	85	85	85	130	130	130
	灌溉需水量	420	410	400	190	190	190	95	95	95
	多余水量	0	0	0	287	287	287	623.9	633.9	643.92
10 月至翌年 6 月灌溉需水		280	280	280	190	190	190	95	95	95

（1）若既不将雨水接入绿地，也不采用下凹绿地模式，全年灌溉需水量为 420 mm。

（2）雨水绿地入渗模式：按主要参照集雨面比例为 1∶1 和 2∶1 处理绿地计算结果并进行分析，由于集雨面有效地增加了进入绿地的雨水量，因此绿地土壤水分保持较高水平，所需灌溉量得到减少，从全年来看，两种处理下渗入绿地的水分多于作物需水要求，但由于降雨量分布的不均匀，实际上只在 6 月、7 月、8 月水量超过需水要求，而其他月份仅能满足或需增加灌溉。若按照 1∶1 比例接入绿地，则年需灌溉量为 190 mm，若按照 2∶1 比例接入绿地，则年需灌溉量为 95 mm，灌溉用水由外来水源提供。推荐模式为集雨面与绿地比例为（1∶1）～（2∶1），绿地下凹深度为 5～10 cm，以确保更有效地蓄水。

（3）集蓄与灌溉绿地模式和地下水回灌与绿地灌溉模式。这两种模式主要区别为存储雨水的形式不同，但收集水量和雨水回用基本方式完全相同，由于没有额外的雨水接入绿地，因此灌溉量与一般绿地没有区别，但由于 7 月、8 月雨水较多，通过与绿地等面积的屋顶、广场等可收集的水量完全能够满足 400 mm 灌溉要求，因此通过下凹绿地和蓄水池的合理调蓄，可以储存 280 mm（每 100 m^2 绿地需 28 m^3 储水空间）降水，则能够很好地满足绿地灌溉需求。推荐模式：绿地面积不大、需较高养护水平的地区，采用蓄水池储水模式；绿地面积较大、地质条件较好、存在良好储水层结构的地区，采用地下调节灌溉模式。

（4）入渗与收集综合模式。在没有雨水接入的绿地的情况下，年需灌溉水量不少于 400 mm，而按照 1∶1 处理绿地年灌溉水量为 190 mm，2∶1 处理绿地年灌溉水量仅为 95 mm。从总水量平衡上来看，没有雨水接入的绿地全年处于亏水状况；而 1∶1 处理绿地达到平衡，在 7～8 月可多余雨水 287 mm，若采用调蓄措施，则可在干旱时利用 190 mm 作为灌溉用水；2∶1 处理绿地由于集雨面较大，因而能够收集更多雨水，从作物需水角度看，每年有多余水分 620～640 mm，而需要灌溉水量为 95 mm，这段时间用水为主要集中在 3 月返青水及 4 月、5 月的生长关键期灌溉用水及 11 月的越冬水。每年 3 月间没有足够降水，因而必须进行灌溉，既可以采用外来水源，也可以收集 6～8 月存储调节至 11 月和下年 3 月、4 月、5 月，若以 100 m^2 绿地计，1.5 倍屋顶直接接入绿地，0.5 倍屋顶雨水收集，则对应绿地需蓄水容积为 6.8 m^3。

四、城市绿地再生水灌溉技术

（一）再生水灌溉对草坪草影响的试验研究

1. 再生水灌溉草坪对土壤质量的影响

图 14-34 表征了再生水灌溉草坪对土壤毛管孔隙度和容重的影响，从图中可以看出，与自来水灌溉相比，除结缕草外，其他五种草坪草再生水灌溉条件下土壤毛管孔隙度均有所降低，但降低幅度并不明显；容重的变化情况为：除麦冬外，其他五种草坪草再生水灌溉条件下土壤容重均高于自来水灌溉条件下的情况。

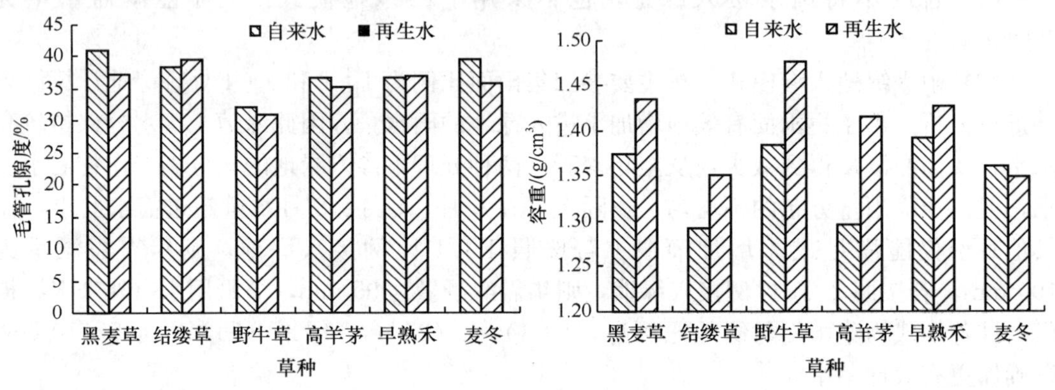

图 14-34　再生水灌溉草坪对土壤结构的影响

2. 再生水灌溉草坪对土壤化学性质的影响

1）再生水灌溉草坪对土壤有机质的影响

再生水灌溉不同草坪草对土壤有机质影响不同，从表 14-28 可以看出，与自来水灌溉相比，再生水灌溉增加了黑麦草、结缕草、麦冬 10～60 cm 土壤有机质含量，对 0～10 cm表层土壤有机质含量的影响则相反；再生水灌溉条件下早熟禾与高羊茅整个土层有机质含量均小于自来水灌溉条件；与自来水灌溉相比，再生水灌溉对野牛草整个土层有机质含量的影响均表现为增加。

2）再生水灌溉草坪对土壤氮素、磷的影响

如表 14-28 所示，再生水灌溉条件下黑麦草、结缕草、野牛草、麦冬、高羊茅各土层土壤全氮含量均有明显增加，而早熟禾则呈相反趋势；自来水灌溉条件下，所有草坪草均表现为表层土壤全氮含量最高，30～60 cm 土壤最低；再生水灌溉条件下除了结缕草与野牛草，其他草坪草均表现为表层土壤全氮含量为最高。再生水灌溉条件下，结缕草和黑麦草各层土壤速效磷含量均高于自来水灌溉，高羊茅和麦冬表现为 0～30 cm 土壤速效磷含量高于自来水灌溉，野牛草和早熟禾则表现为表层土壤速效磷含量高于自来水灌溉。

表 14-28　再生水灌溉草坪对土壤有机质和全氮含量的影响

处理	土层深度/cm	有机质含量/%		全氮含量/%		速效磷/(mg/kg)	
		自来水	再生水	自来水	再生水	自来水	再生水
野牛草	0～10	1.12	1.15	0.0546	0.0563	5.98	6.89
	10～30	1.06	1.18	0.0519	0.0544	7.66	6.82
	30～60	1.02	1.20	0.0376	0.0593	6.58	6.07
结缕草	0～10	1.01	0.99	0.0513	0.0563	8.18	8.74
	10～30	0.78	1.29	0.0476	0.0576	6.50	8.51
	30～60	0.88	1.40	0.0415	0.0518	7.58	7.63
高羊茅	0～10	1.17	1.31	0.0571	0.0590	6.43	6.93
	10～30	1.24	0.88	0.0463	0.0541	5.80	6.89
	30～60	1.17	0.88	0.0439	0.0432	7.43	6.57
早熟禾	0～10	1.42	0.92	0.0575	0.0553	6.89	7.41
	10～30	1.04	0.90	0.0510	0.0458	8.48	6.67
	30～60	0.87	0.81	0.0430	0.0454	5.73	7.00
黑麦草	0～10	1.14	0.90	0.0537	0.0554	7.57	9.18
	10～30	0.62	1.04	0.0453	0.0550	7.42	7.78
	30～60	0.81	0.97	0.0404	0.0490	6.13	7.93
麦冬	0～10	1.02	1.02	0.0537	0.0582	7.96	8.84
	10～30	1.00	1.25	0.0478	0.0457	7.07	7.77
	30～60	0.74	1.03	0.0405	0.0498	8.49	8.13

如图 14-35 所示，再生水灌溉条件下所有草坪各层土壤硝态氮含量均高于自来水灌溉；但相同灌溉水质条件下，不同草坪草各层土壤硝态氮含量不同，野牛草和结缕草在两种灌溉水质下均表现为表层土壤硝态氮含量最高，并随土壤深度增加而不同程度地减小；高羊茅、早熟禾和麦冬在自来水灌溉条件下表现为 10～30 cm 土层土壤硝态氮含量最高，在再生水灌溉条件下表现则相反；黑麦草在两种灌溉条件下 10～30 cm 土层土壤硝态氮含量最低。除野牛草和高羊茅以外，再生水灌溉条件下其他四种草坪草各层土壤铵态氮含量均高于自来水灌溉。

3）再生水灌溉草坪对土壤盐分的影响

再生水灌溉草坪对土壤盐分的影响见表 14-29，土层深度相同时，与自来水灌溉相比，再生水灌溉对所有草坪土壤 pH 均无显著影响；同一灌溉水质、草坪草种条件下，不同土层间土壤 pH 亦无显著差异；同一灌溉水质条件下，不同草坪草土壤 pH 差异不显著。在再生水灌溉条件下，野牛草、早熟禾和麦冬三种草坪草不同深度土层土壤电导率均显著高于自来水灌溉，黑麦草和高羊茅不同深度土层土壤的电导率与自来水灌溉相比无显著差异，结缕草表层和深层土壤电导率显著高于自来水灌溉，但 10～30 cm 的中层土壤电导率与自来水灌溉相比无显著差异。土壤水溶性钠离子的关系特征与电导率表现相同，不同土层间均表现为随着土层深度增大而有不同程度的增加，这可能与采集土

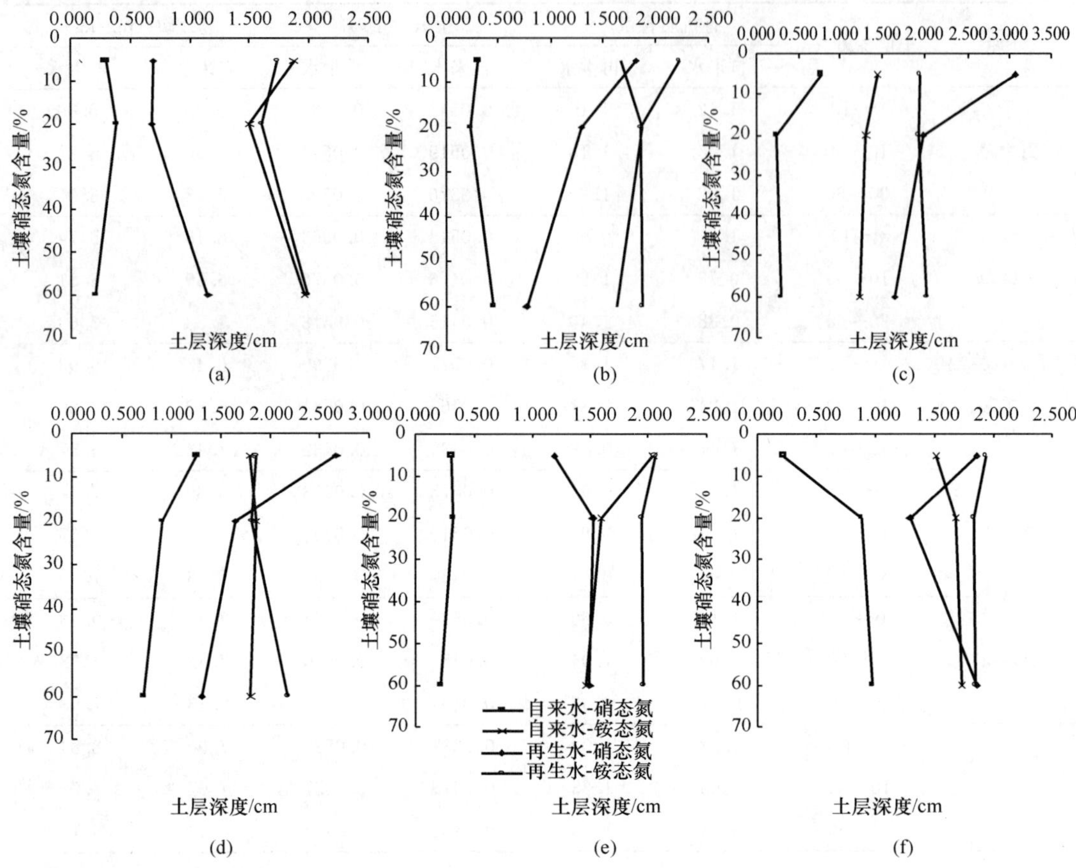

图 14-35 再生水灌溉草坪对土壤硝态氮、铵态氮的影响

(a) 高羊茅；(b) 黑麦草；(c) 结缕草；(d) 野牛草；(e) 麦冬；(f) 早熟禾

壤样品之前存在降雨有关。在再生水灌溉条件下，六种草坪草不同深度土层土壤水溶性钾含量均高于自来水灌溉。

表 14-29 再生水灌溉草坪对土壤盐分的影响

处理	土层深度/cm	pH		EC/(μs/cm)		水溶性钠/(mg/kg)		水溶性钾/(mg/kg)	
		自来水	再生水	自来水	再生水	自来水	再生水	自来水	再生水
黑麦草	0～10	7.98a	8.03a	225.10a	222.20a	93.30a	93.77a	21.83b	42.97a
	10～30	8.05a	8.03a	230.07a	249.50a	115.63a	129.00a	19.73b	33.90a
	30～60	8.00a	8.05a	263.17a	271.67a	183.83a	159.67a	14.57b	37.67a
结缕草	0～10	8.00a	8.06a	238.90b	263.80a	153.33a	134.33a	14.70b	70.47a
	10～30	7.95a	8.03a	269.00a	260.90a	153.00a	161.00a	16.50b	33.72a
	30～60	7.93a	8.05a	263.40b	314.00a	161.00b	199.17a	15.37b	65.93a

续表

处理	土层深度/cm	pH		EC/(μs/cm)		水溶性钠/(mg/kg)		水溶性钾/(mg/kg)	
		自来水	再生水	自来水	再生水	自来水	再生水	自来水	再生水
野牛草	0～10	8.00a	8.03a	211.13b	253.70a	84.73b	126.67a	25.03b	63.03a
	10～30	8.00a	7.98a	199.23b	263.93a	98.83b	156.17a	27.03b	43.07a
	30～60	8.00a	8.08a	230.70b	321.00a	129.00b	213.50a	12.34b	67.37a
高羊茅	0～10	7.85a	7.99a	207.83a	201.40a	70.03a	85.97a	23.80a	31.97a
	10～30	7.98a	8.05a	255.03a	216.53b	137.60a	163.33a	20.53b	69.87a
	30～60	7.98a	8.01a	322.67a	278.33b	227.83	170.33	18.87b	36.07a
早熟禾	0～10	7.94a	8.02a	238.47b	274.87a	109.80b	142.37a	28.77b	47.87a
	10～30	7.98a	8.03a	214.00b	260.10a	106.27b	153.00a	12.37b	30.03a
	30～60	8.01a	8.00a	217.47b	277.03a	122.33b	189.00a	18.13b	25.50a
麦冬	0～10	8.00a	8.03a	194.80b	223.90a	85.63b	132.33a	15.77b	26.77a
	10～30	7.99a	8.06a	212.50b	224.43a	105.93b	136.67a	17.32b	18.43a
	30～60	7.98a	7.98a	232.77b	300.00a	143.67b	192.85a	10.37b	49.13a

3. 再生水灌溉对草坪观赏品质影响的试验研究

从图 14-36、图 14-37 可看出，随着草坪草生长季的延长，各处理草坪草颜色分值也表现一定差异，2004 年秋季草坪颜色分值普遍高于同年冬季和 2005 年春季草坪草颜色分值。在不同水质处理之间，2004 年度各处理结果之间颜色分值差异不显著，在试验初期清水适宜灌的草坪颜色分值稍大于其他处理，随后混合灌溉草坪草颜色分值处于较高水平；至 2005 年再生水适宜灌处理的草坪草颜色分值极显著地大于清水适宜灌处理情况，其中清水灌溉和混合灌溉因养分元素的缺乏导致草坪草颜色成明显的淡绿色（图 14-36）。由图 14-37 可看出，再生水充分灌、再生水适宜灌及再生水轻微干旱胁迫（RLWS）三个水分处理在 2004 年秋季颜色分值差异不大，草坪颜色皆在可接受的范围内；而再生水中度干旱胁迫（RMWS）及再生水重度干旱胁迫（RSWS）处理草坪草萎蔫发黄，颜色分值低于 3 分。2004 年冬季再生水充分灌（RFI）和再生水适宜灌（RPI）两种处理中草坪草颜色分值比其他处理草坪草颜色分值要低，其原因在于冬季气温较低，草坪草蒸腾减弱，致使草坪草外部环境湿度较大，加上高水分处理的分蘖密度较大不利于草坪通风，造成草坪草黄叶较多，导致草坪草视觉效果较差。2005 年春季，随着气温的回升、大气蒸发力的增强，水分又成为草坪草生长的主要限制因素，故低水分处理草坪草颜色分值较低。

从图 14-38 可看出，对 2004 年度内不同水质处理间的草坪盖度进行比较发现，混合适宜灌溉（FRPI）处理的草坪草盖度要高于清水适宜灌溉（FPI）及再生水适宜灌溉草坪草的盖度，但水质处理间盖度差异不显著。然而，在 2005 年草坪盖度测定的结果表明，再生水适宜灌溉和混合适宜灌溉处理草坪盖度大于清水适宜灌溉处理草坪盖度，显著性检验表明水质处理间盖度差异达极显著水平。可见，在不施肥的情况下，与清水

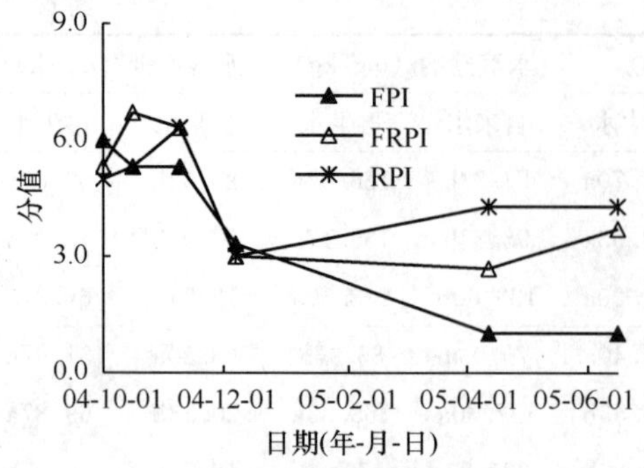

图 14-36　不同灌溉水质下草地早熟禾颜色分值（1～9）

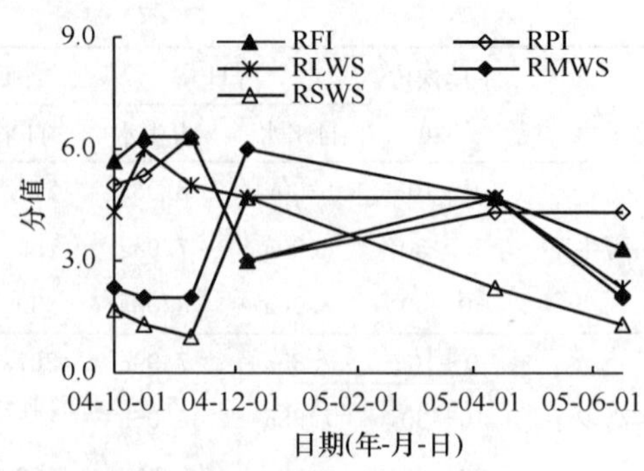

图 14-37　不同水分处理下草地早熟禾颜色分值（1～9）

灌溉相比，采用再生水浇灌有利于草坪生态的可持续性，更利于形成致密的优质草坪。从图 14-39 可看出，在整个生育期内草坪盖度大小与土壤水分含量的高低呈正相关，表明土壤水分对草坪草盖度有重要影响。再生水充分灌和再生水适宜灌溉都能建植致密的草坪，且两处理间盖度差异不显著；再生水轻微干旱胁迫处理能建植满足人们盖度要求的草坪，但草坪盖度与再生水适宜灌溉和再生水充分灌处理相比稍薄；再生水中度干旱胁迫处理和再生水重度干旱胁迫处理草坪草盖度满足不了人们的视觉要求，其分值小甚至低于 3。可见，建植致密的草坪土壤水分应保持在 50%FC 以上。

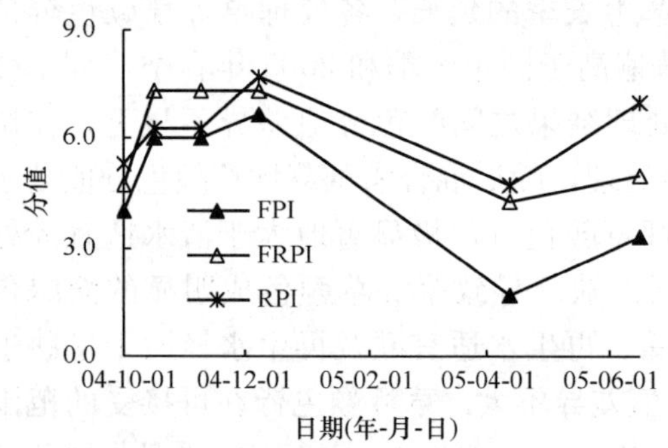

图 14-38　不同灌溉水质下草地早熟禾盖度分值（1～9）

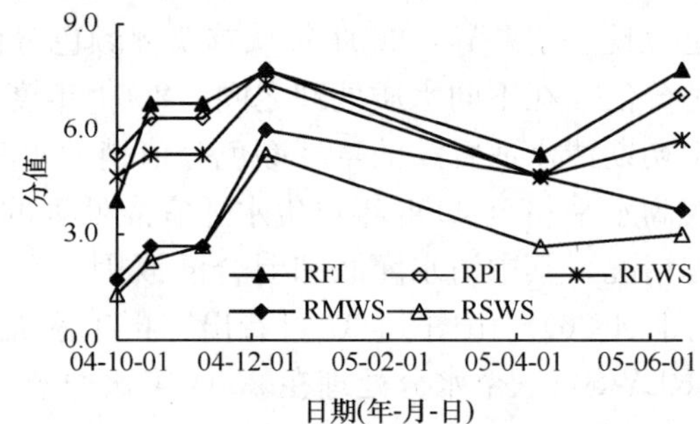

图 14-39　不同水分处理下草地早熟禾盖度分值（1～9）

4. 再生水灌溉条件下叶片病原微生物变化特征

全日照草坪的三个灌水处理试验在 2005 年 9～11 月完成，测定灌水后 2 h 内不同时间点草坪草叶片残留细菌总数和大肠菌群数，得到相应的变化曲线如图 14-40 所示。残留细菌总数方面，通过对两种水质各个采样时间点草坪草叶片残留细菌菌落计数结果的配对样本 t 检验，二级水灌溉和自来水灌溉之间并没有显著差异。通过对不同灌溉时间各个采样点草坪草叶片残留细菌菌落计数结果进行 F 检验发现，再生水在晴天早上 6 时、晴天中午 12 时、阴天中午 12 时三种灌溉时间的结果之间差异不显著（$P=0.062$）。

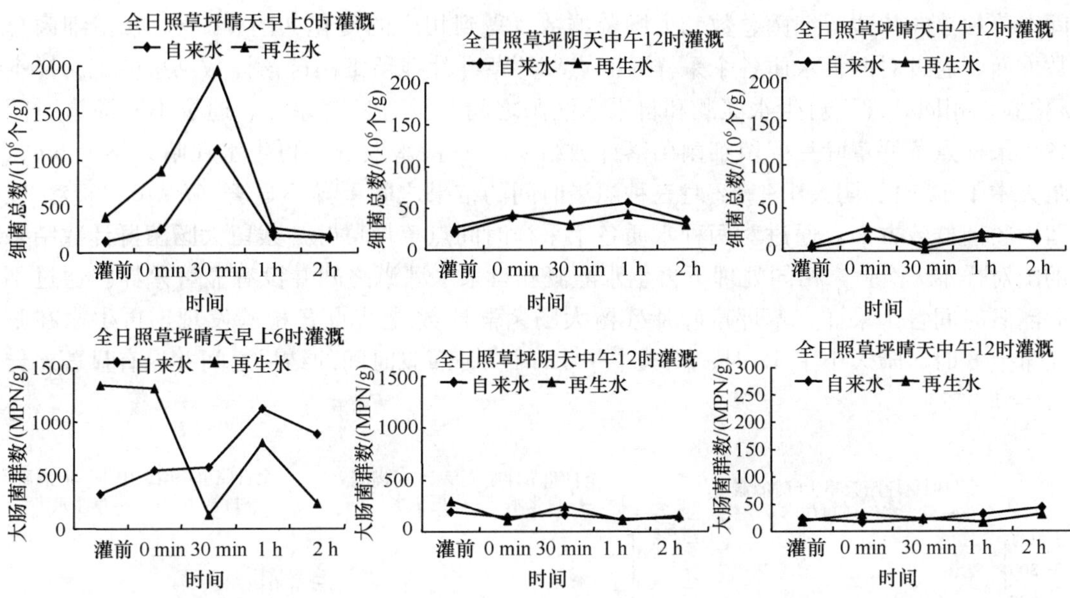

图 14-40　不同灌溉时间全日照草坪叶片上 2 h 内残留细菌总数和大肠菌群数变化图

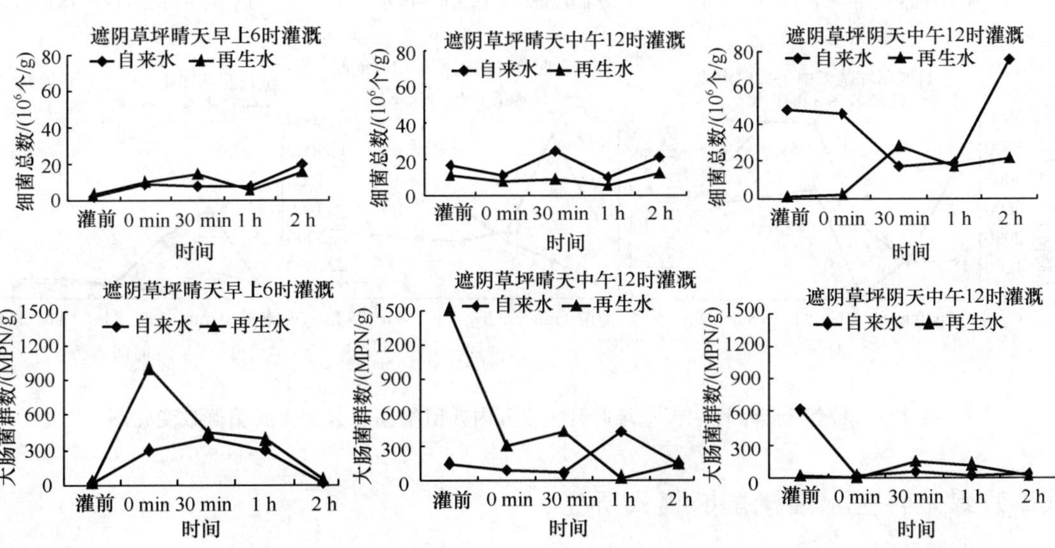

图 14-41　不同灌溉时间遮阴草坪叶片上 2 h 内残留细菌总数和大肠菌群数变化图

残留大肠菌群数方面，通过对两种水质各个采样时间点草坪草叶片残留大肠菌群计数结果配对样本 t 检验，二级水灌溉和自来水灌溉之间并没有显著差异。如图 14-41 所示，通过不同灌溉时间各个采样点草坪草叶片残留大肠菌群计数结果的 F 检验发现，再生水在晴天早上 6 时、晴天中午 12 时、阴天中午 12 时三种灌溉时间的结果之间并没有显著差异（$P=0.061$）。

遮阴草坪的三个灌水处理试验在 2005 年 9～10 月完成，测定灌水后 2 h 内不同时间点草坪草叶片残留细菌总数和大肠菌群数，得到相应的变化如图 14-42。残留细菌总数方面，通过对两种水质各个采样时间点草坪草叶片残留细菌菌落计数结果的配对样本 t 检验，相同处理下再生水灌溉和自来水灌溉之间并没有显著差异。通过不同灌溉时间各个采样点草坪草叶片残留细菌菌落计数结果的 F 检验发现，再生水在晴天早上 6 时、晴天中午 12 时、阴天中午 12 时三种灌溉时间的结果之间差异不显著（$P=0.265$）。残留大肠菌群数方面，通过对两种水质各个采样时间点草坪草叶片残留大肠菌群计数结果的配对样本 t 检验，相同处理下再生水灌溉和自来水灌溉之间并没有显著差异。通过不同灌溉时间各个采样点草坪草叶片残留大肠菌群计数结果的 F 检验发现，再生水在晴天早上 6 时、晴天中午 12 时、阴天中午 12 时三种灌溉时间的结果之间并没有显著差异（$P=0.072$）。

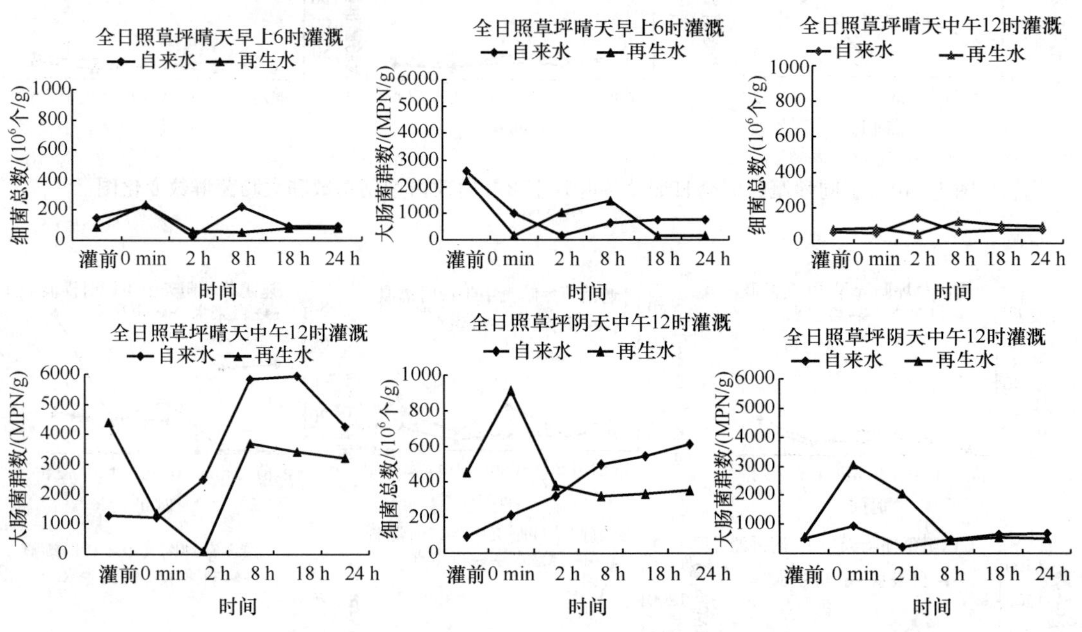

图 14-42 全日照草坪阴天草坪叶片上 2 h 内残留细菌总数和大肠菌群数变化图

（二）绿地再生水灌溉配套模式研究

1. 再生水滴灌过滤系统选型与配套研究

研究了不同砂石过滤器级配处理对悬浮总固体（TSS）的影响（表 14-30），提出最优的砂石过滤器级配模式；研究了砂石过滤器和筛网过滤器二级过滤条件下滴头流量变化特征，提出再生水二级过滤组合模式。

表 14-30　石英砂筛分级配百分数　(单位:%)

级配	5.0～2.5 mm	2.5～1.25 mm	1.25～0.63 mm	0.63～0.315 mm	0.315～0.16 mm
级配处理 1	81.63	17.67	0.59	0.11	0
级配处理 2	23.80	68.43	1.50	0.27	0
级配处理 3	0	0.03	63.44	36.36	0.17
级配处理 4	19.87	45.63	22.14	12.30	0.06
级配处理 5	14.90	34.23	32.47	18.32	0.09
级配处理 6	9.93	22.83	42.79	24.33	0.12

1) 二级过滤对悬浮性总固体的影响

如图 14-43、图 14-44，采集水样时不同级配处理 ΔH 分别为 4 m、5 m、12 m、12 m、13 m、13 m。此时级配处理 1、2 的单级过滤效果较差，滤除率 η 分别为 12.41%和 24.83%。经叠片过滤器的二级过滤后，η 均有所提高，分别增加到 22.76%和 41.38%，过滤效果有一定程度的改善。级配处理 3 的单级滤除率 η 达到 57.93%，经叠片二级过滤后，η 进一步提高到 81.38%。级配处理 4 和级配处理 5 的单级过滤效果逐渐变差，单级滤除率 η 分别只有 16.92%和 18.08%。经过叠片过滤器的二级过滤，滤除率 η 分别提高到 39.62%和 55%，使得 TSS 滤除率 η 依然能保持在 40%以上。级配处理 6 在水头损失较大的情况下，单级滤除率 η 也只有 23.08%。经过二级过滤，η 提高到 62.31%。综上所述，单级砂石过滤器和二级叠片过滤器的过滤效果较为稳定，可以保障滴灌系统稳定运行。

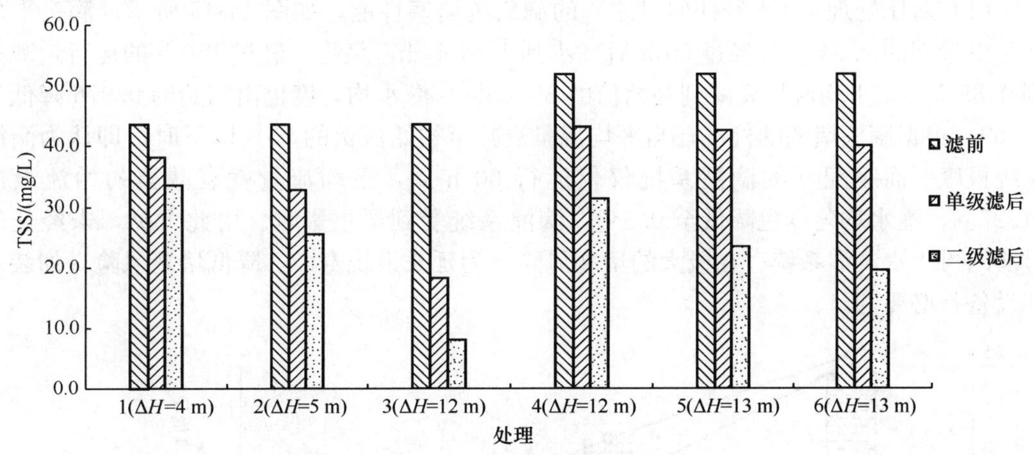

图 14-43　级配处理 1～6 对 TSS 的组合过滤效果

2) 不同过滤系统对滴灌系统均匀度影响的试验研究

不同过滤系统对滴灌系统均匀度影响的试验共设计 8 个处理，前 6 个处理在 6 个砂石过滤器不同级配处理加 120 目碟片过滤器，处理 7 为不做任何处理，处理 8 为 120 目碟片单级过滤。每个滴灌系统运行 300 h（无滤 0 运行 150 h），共测试三次滴头流量：初始，150 h，300 h（对比处理 7 是“初始，60 h，150 h”）。每个系统共测试 25 个滴

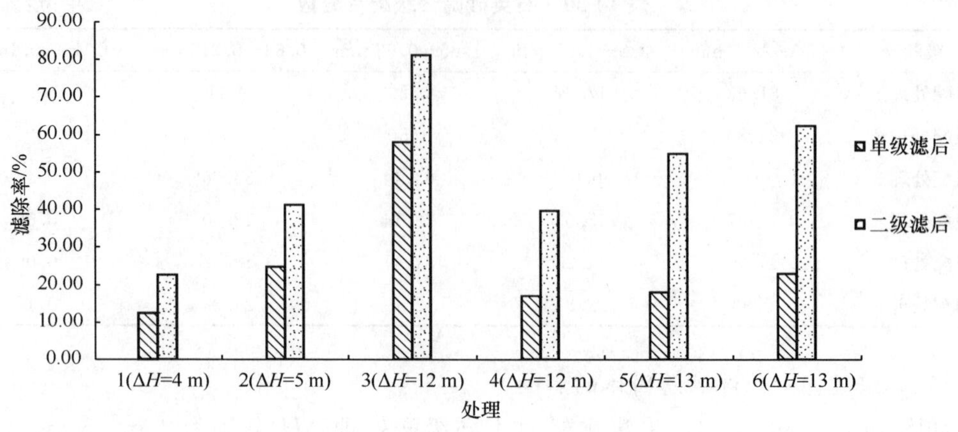

图 14-44 级配处理 1～6 对滤除率图

头。将量取的数据进行整理，分别计算滴头平均流量、流量百分数和灌水均匀度。滴头平均流量是指 1 h 内 25 个滴头滴水量的平均值；流量百分数指平均流量与初始平均流量的比值；灌水均匀度采用克里斯琴森（Christiansen）均匀系数 C_u 表示，其式为

$$C_u = 1 - \frac{\frac{1}{n}\sum_{i=1}^{n}|q_i - \bar{q}|}{\bar{q}} \tag{14-9}$$

式中，$\bar{q}$ 为 25 个的滴头平均流量（L/h）；q_i 为第 i 个滴头的流量（L/h）；n 为滴头的个数。

（1）对比处理 7（不经任何过滤）的滴头抗堵塞性能，如图 14-45 所示。滴头平均流量由最初的 2.34 L/h 经过 60 h 后减小到 1.67 L/h，最终，经过 150 h 的运行，减小到 0.85 L/h，平均流量衰减到初始值的 36.40％。灌水均匀度也由初始的 0.976 降低为 0.109。根据滴头堵塞的标准，当平均流量衰减至初始流量的 75％以下时，即认为滴灌系统报废。而级配 0 的滴灌系统仅仅运行 60 h 后，平均流量就衰减至初始流量的 71.27％，灌水均匀度也降低至 0.549，滴灌系统受到严重影响。由此可见，未经任何过滤的再生水滴灌系统存在极大的堵塞风险。为延长系统寿命，降低堵塞风险，加装过滤设备是必要的。

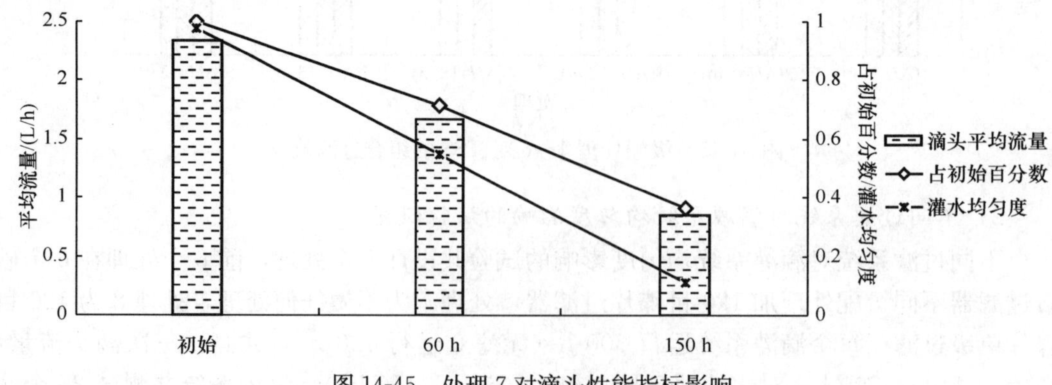

图 14-45 处理 7 对滴头性能指标影响

(2) 对比处理 8（叠片单级过滤）的滴头抗堵塞性能，如图 14-46 所示。滴头平均流量由最初的 2.36 L/h，运行 300 h 后减小到 2.14 L/h，平均流量衰减为初始的 90.78%。与处理 7 相比，灌水均匀度也得到极大提高，300 h 后降低为 0.836。由此可见，与无任何过滤的情况相比较，单级过滤处理后的滴灌性能有了很大改善。但经过 300 h 的运行，平均流量与灌水均匀度仍降低不少。如果延长运行时间，系统潜在的堵塞风险加大。因此，必须采用二级过滤。

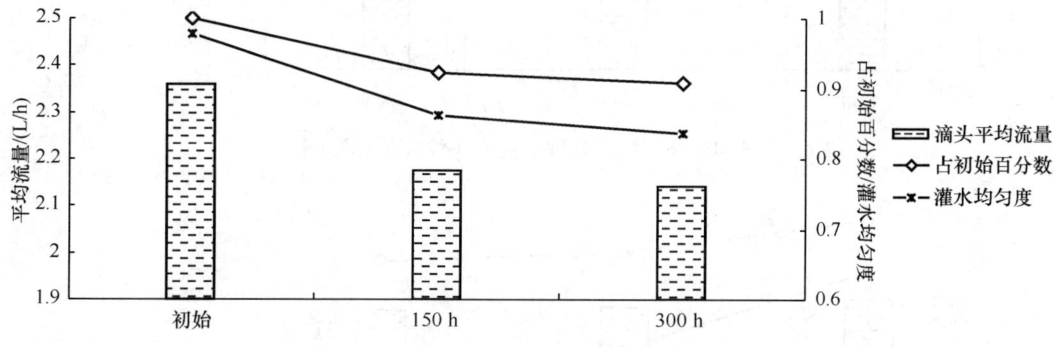

图 14-46　处理 8 对滴头性能指标影响

(3) 级配处理 1～3 的滴头抗堵塞性能，如图 14-47～图 14-49 所示。系统经过二级过滤，滴头抗堵塞性能较之单级过滤又有所提高。级配处理 1 和级配处理 3 经过 300 h 的运行，平均流量都保持在初始流量的 94%以上。级配处理 1 的灌水均匀度 300 h 后仍保持在 0.921。

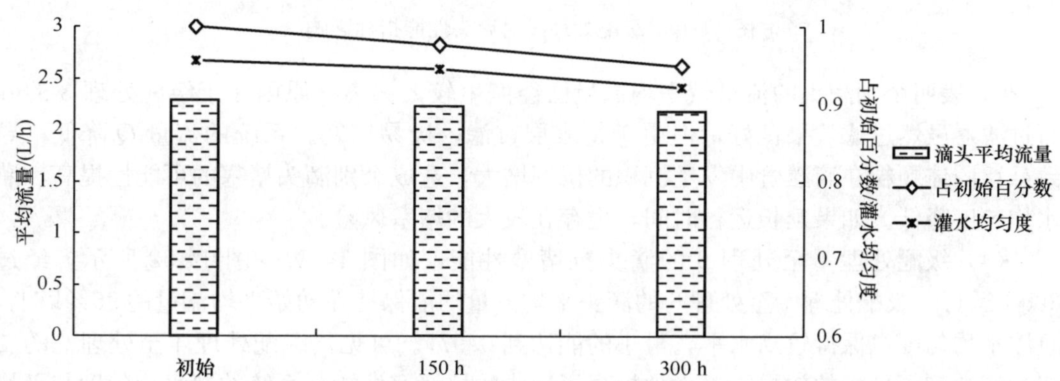

图 14-47　级配处理 1 对滴头性能指标影响

级配处理 1 能保持较高的平均流量和灌水均匀度，是因为其二级叠片过滤器发挥了主要作用。但由于其砂石过滤器过滤效果较差，对二级叠片造成较大过滤压力，如果长时间运行，会出现类似于单级叠片过滤的情形。

级配处理 2 由于砂石过滤器过滤效果较差，导致其滴头抗堵塞性能与单级叠片过滤时相似，300 h 后的平均流量衰减为初始值的 90.8%，灌水均匀度降为 0.833。如果延长运行时间，系统潜在堵塞风险很大。

级配处理 3 的平均流量虽然达到了初始流量的 94.66%，但灌水均匀度却降低到

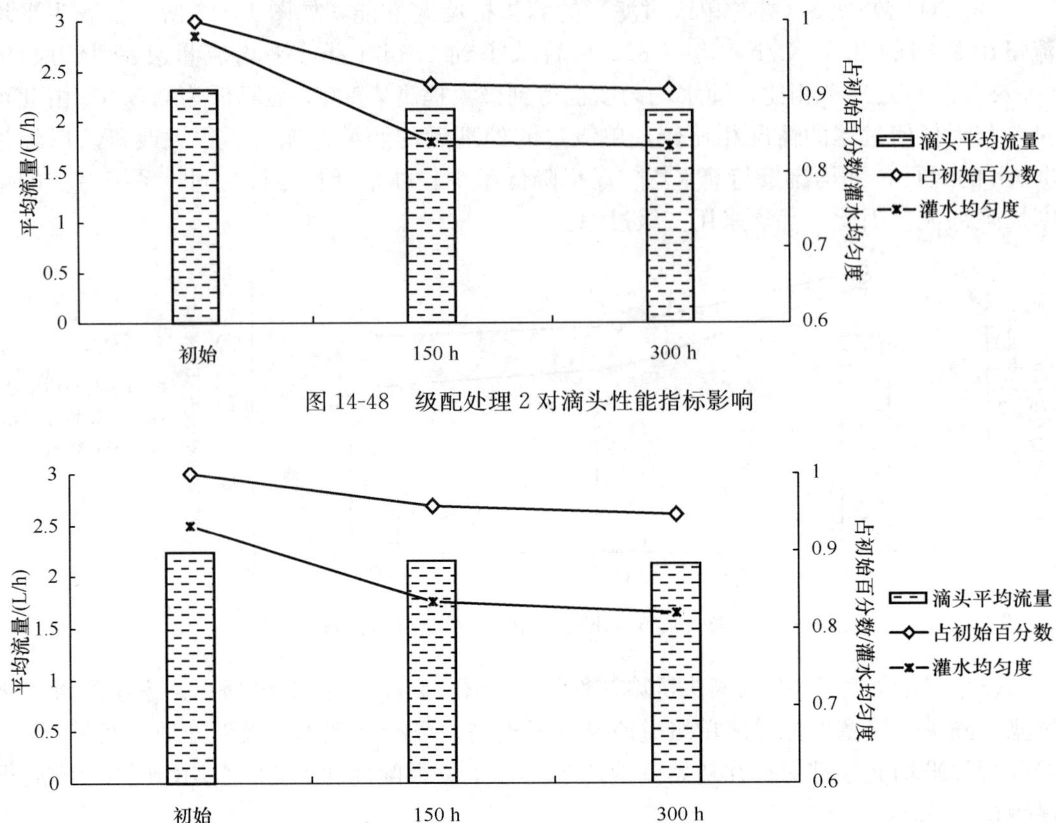

图 14-48　级配处理 2 对滴头性能指标影响

图 14-49　级配处理 3 对滴头性能指标影响

0.820，表明个别滴头的流量较平均流量已经产生较大偏离。原因在于级配处理 3 的砂石过滤器虽然过滤效果良好，但由于是表层过滤，极易堵塞，系统的流量 Q 降低，导致悬浮固体颗粒在滴灌管中发生沉积的概率增大，造成个别滴头堵塞的可能性提高，灌水均匀度降低。如果延长运行时间，也存在较大的堵塞风险。

(4) 级配处理 4 至处理 6 的滴头抗堵塞性能，如图 14-50～图 14-52 所示，经过 300 h运行，级配处理 4 至处理 6 的滴头平均流量均能保持在初始平均流量的 96%以上，且灌水均匀度也保持较高水平，最小的能达到 0.977。可见，级配处理 4 至处理 6 的二级过滤达到了良好的效果，极大地提高了滴头的抗堵塞性能，系统的灌水均匀度与平均流量较初始值基本上没有明显变化。如果延长系统运行时间，级配处理 4 至处理 6 的二级过滤能满足再生水滴灌系统抗堵塞的需要。

综合以上分析可知，再生水滴灌系统要保证正常运行，必须安装过滤设备。二级过滤下的滴头抗堵塞性能要优于单级过滤的情况，级配处理 1 到处理 3 的滴头抗堵塞性能得到提高，但长时间运行时系统存在较大的堵塞风险。级配处理 4 到处理 6 的滴头抗堵塞性能良好，可以满足再生水滴灌系统过滤系统建设的过滤要求。

将每个滴头在运行结束时的流量除以初始流量，得到每个滴头的流量百分数。将 25 个滴头的百分数按照滴头在滴灌系统的布设位置绘于坐标轴上，25 个滴头的布设位

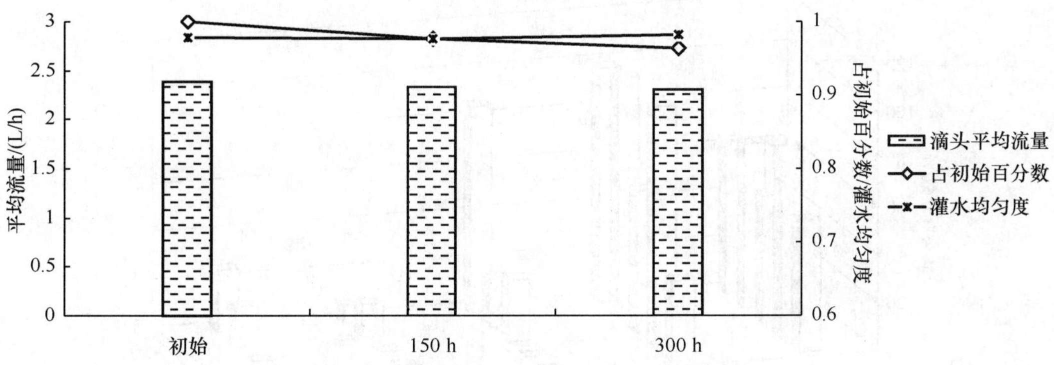

图 14-50　级配处理 4 对滴头性能指标影响

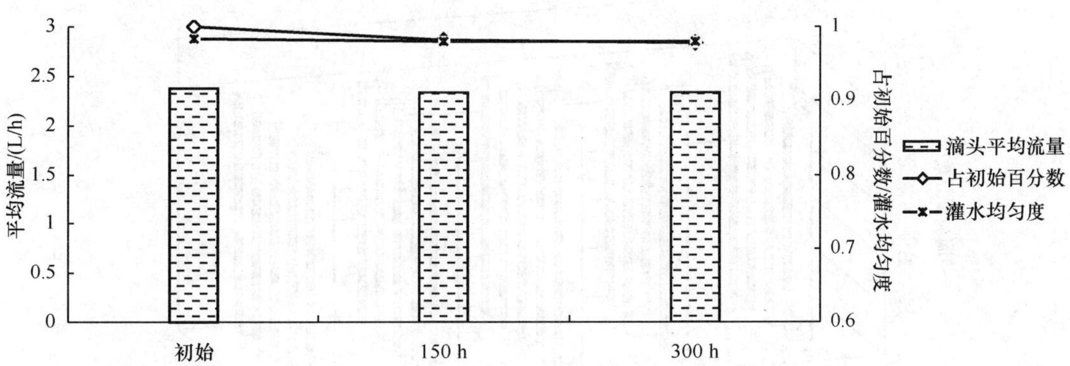

图 14-51　级配处理 5 对滴头性能指标影响

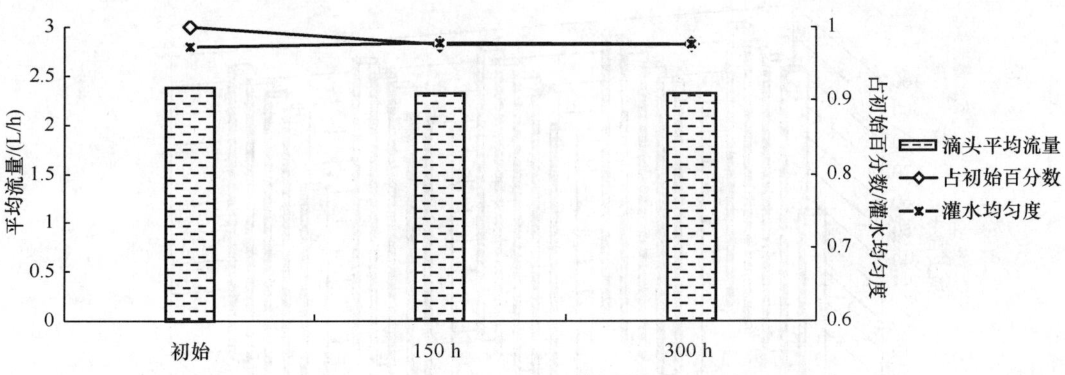

图 14-52　级配处理 6 对滴头性能指标影响

置如图 14-53 所示。

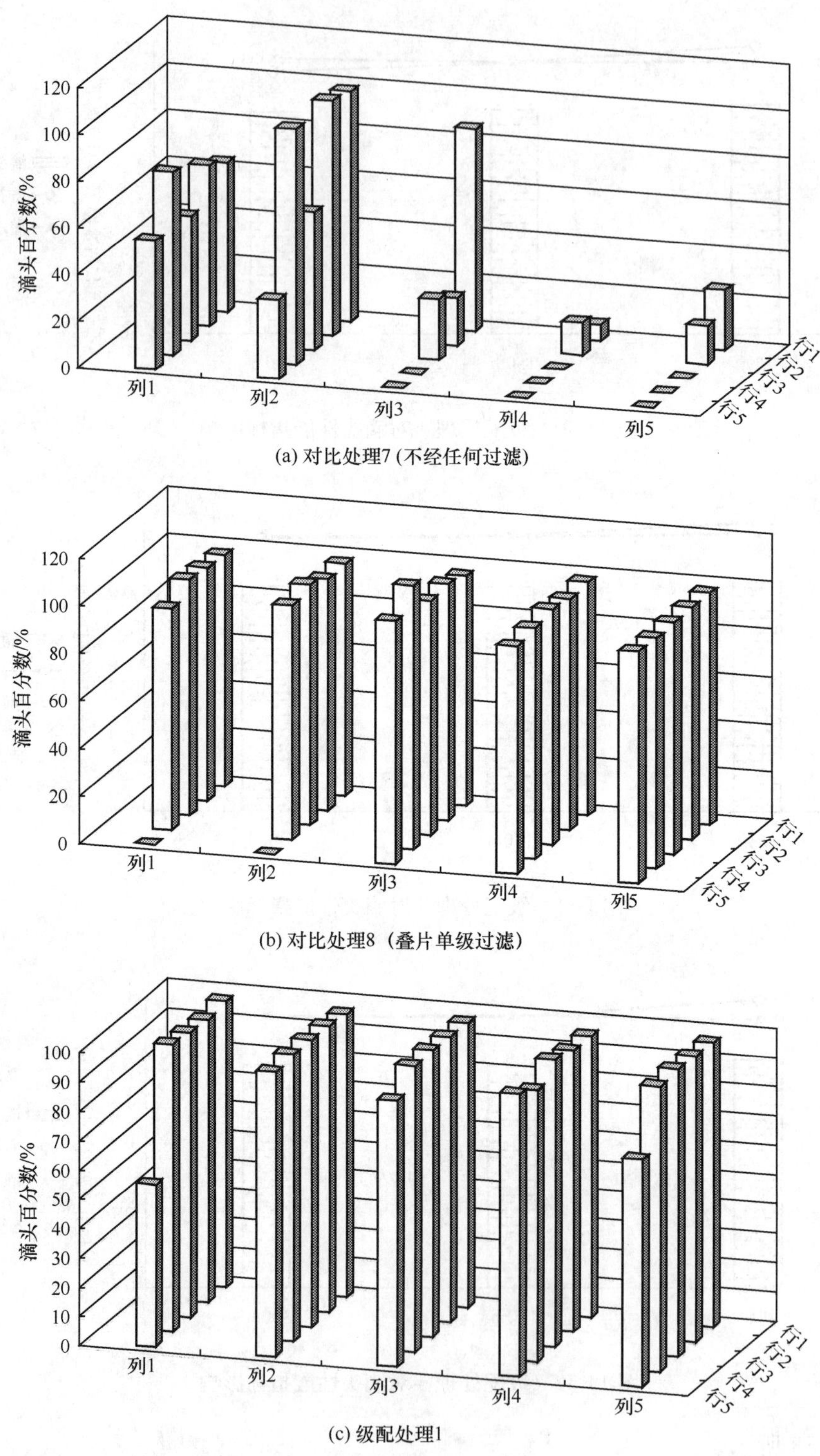

(a) 对比处理7 (不经任何过滤)

(b) 对比处理8（叠片单级过滤）

(c) 级配处理1

图 14-53　滴头流量变化与布设位置关系图

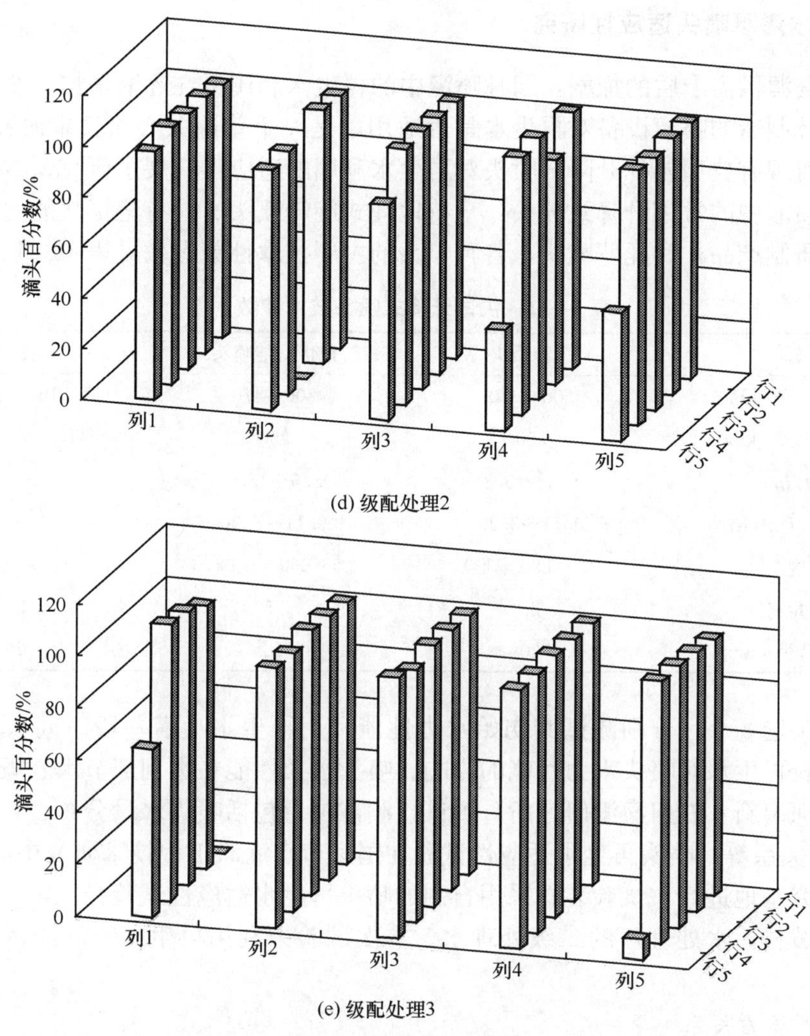

(d) 级配处理2

(e) 级配处理3

图 14-53（续）　滴头流量变化与布设位置关系图

如图 14-53（a），第 3、4、5 列的最后两个滴头（行 4、行 5）已经完全堵塞，第 2 列的最后一个滴头（行 5）是本列中流量百分数最小、堵塞最严重的；图 14-53（b）中第 1、2 列的最后一个滴头已经完全堵塞；图 14-53（c）中第 1、5 列的最后一个滴头都是当列中流量百分数最小、堵塞最严重的；图 14-53（d）中第 4、5 列的最后一个滴头流量分别只有初始流量的 40.1%、50.8%，是当列中堵塞最严重的；图 14-53（e）第 5 列最后一个滴头流量只有初始流量的 7.8%，基本上已完全堵塞。每一列的最后一个滴头，即每条滴灌管尾端的滴头最容易堵塞。这是因为在滴灌管的尾端，流速 v 减小，悬浮固体颗粒最容易在此处沉淀。因此，在滴灌系统运行一段时间后，应当打开滴灌管带末端让水流冲出，使污物清洗排出。

2. 绿地再生水灌溉喷头适应性研究

随着水资源供需矛盾的加剧，园林喷灌中的再生水利用量在逐渐增加。然而以常规水为介质设计制造的喷灌设备对再生水是否适用，是一个普遍关心而又未研究的问题，因此本课题对现有典型园林升降式喷头对再生水利用的适应性开展了研究。本研究选择了 3 种园林喷灌中的常用升降式喷头：亨特地埋式旋转喷头、具有记忆功能的升降式喷头（本课题研制产品）和托罗喷头，各种喷头的主要技术性能参数见表 14-31。

表 14-31 供试升降式喷头技术参数

分项	亨特喷头	记忆功能喷头	托罗
工作压力范围/kPa	206～470	206～470	167～470
最佳工作压力/kPa	350	350	343
射程/m	8.5～15.8	8.5～15.8	5.8～16.8
工作流量/(m^3/h)	0.11～3.20	0.11～3.20	0.19～2.64
旋转角度/(°)	0～330（扇形）	0～360（全圆）	0～360（全圆）
喷射仰角/(°)	25	25	25
进水口尺寸/mm	20	20	20

每种喷头选 3 个，分别测试其初始水力性能和用再生水喷灌一段时间后的水力性能，分析比较再生水对喷头水力性能的影响。喷头水力性能在水利部节水灌溉设备质量检测中心（河南新乡农田灌溉研究所）测试，测试项目包括喷头水量分布、转动均匀性和流量-压力关系等。喷头再生水适应性试验在国家节水灌溉工程技术研究中心（北京）大兴试验研究基地进行，试验装置采用自制的喷头再生水适应性试验台。再生水选用北京市大兴区黄村污水处理厂的二级处理水。本次试验中利用再生水喷灌的运行时间为 447 h。

1）*流量-压力关系*

图 14-54 给出了用清水和再生水运行 447 h 后，三种喷头的平均压力-流量关系。结果显示，在运行相同的时间后，使用清水运行的喷头其流量无明显变化，其中亨特喷头平均降低 0.03%，记忆功能喷头平均降低 0.09%，托罗喷头平均提高 0.06%。使用再生水运行的喷头流量明显降低，其中亨特喷头平均降低 3.39%，记忆功能喷头平均降低 3.63%，托罗喷头平均降低 4.72%。可见，托罗 V-1550 喷头的流量对水质变化最为敏感。

再生水运行 447 h 后，3 种喷头的流量系数都有明显降低（表 14-32），其中托罗喷头降低最多，达 23.6%。流态指数反映了喷头流量对压力变化的敏感性，较小的流态指数有利于提高喷灌系统的灌水均匀度和降低系统造价。利用再生水运行 447 h 后，3 种喷头的流态指数都明显升高，其中托罗喷头增幅最大，达 7.2%。利用清水运行对 3 种喷头的流量系数和流态指数的影响都不大，变化都不超过 5%。

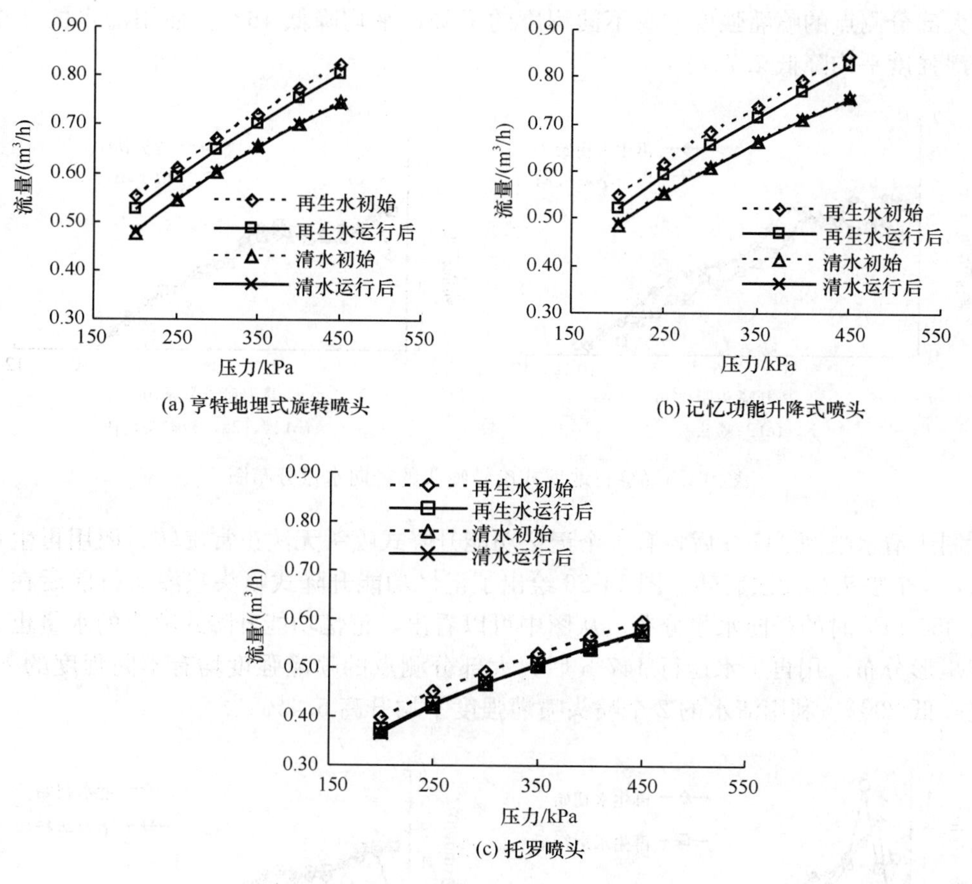

(a) 亨特地埋式旋转喷头　(b) 记忆功能升降式喷头　(c) 托罗喷头

图 14-54　流量与压力关系曲线

表 14-32　流量 Q 与压力 H 关系

分项		亨特喷头	记忆功能喷头	托罗喷头
清水	初始	$Q=0.0261H^{0.5497}$ ($R^2=0.9996$)	$Q=0.0271H^{0.5455}$ ($R^2=0.9999$)	$Q=0.0211H^{0.5414}$ ($R^2=0.9981$)
	运行后	$Q=0.0271H^{0.5426}$ ($R^2=0.9997$)	$Q=0.0279H^{0.5405}$ ($R^2=0.9999$)	$Q=0.0201H^{0.5499}$ ($R^2=0.9977$)
再生水	初始	$Q=0.0392H^{0.4978}$ ($R^2=0.9993$)	$Q=0.0321H^{0.5356}$ ($R^2=0.9996$)	$Q=0.0288H^{0.4971}$ ($R^2=0.9983$)
	运行后	$Q=0.0329H^{0.5226}$ ($R^2=0.9998$)	$Q=0.0259H^{0.5665}$ ($R^2=1$)	$Q=0.0220H^{0.5358}$ ($R^2=0.9986$)

2）喷头水量分布

清水喷灌 447 h 后，3 个亨特喷头都能正常旋转，而当利用再生水喷灌时，2 个喷头都无法旋转。图 14-55 绘出了亨特喷头喷灌运行前后在工作压力 350 kPa 时的径向水量分布。从图中可以看出，单喷头水量大致呈矩形分布。用再生水运行 447 h 后，3 个喷头大部分测点的喷灌强度均有不同程度的下降，平均降低 16%。使用清水的 3 个喷头喷灌强度平均降低 2.7%。

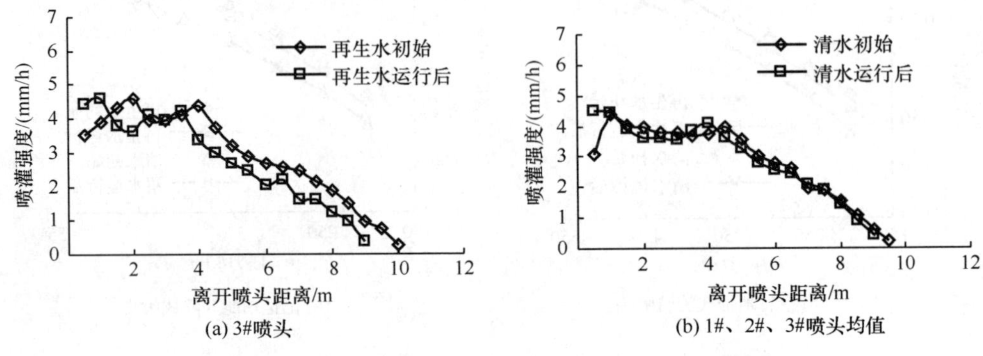

图 14-55　亨特地埋式旋转喷头的径向水量分布图

利用清水喷灌 447 h 后，有 1 个记忆功能升降式喷头无法正常旋转，而用再生水运行后，2 个喷头都无法旋转。图 14-56 绘出了记忆功能升降式喷头喷灌运行前后在工作压力 350 kPa 时的径向水量分布。从图中可以看出，记忆功能升降式喷头的水量也大致呈现矩形分布。用再生水运行 447 h 后，大部分测点的喷灌强度均有不同程度的下降，平均降低 23%。利用清水的 2 个喷头喷灌强度平均升高 5.4%。

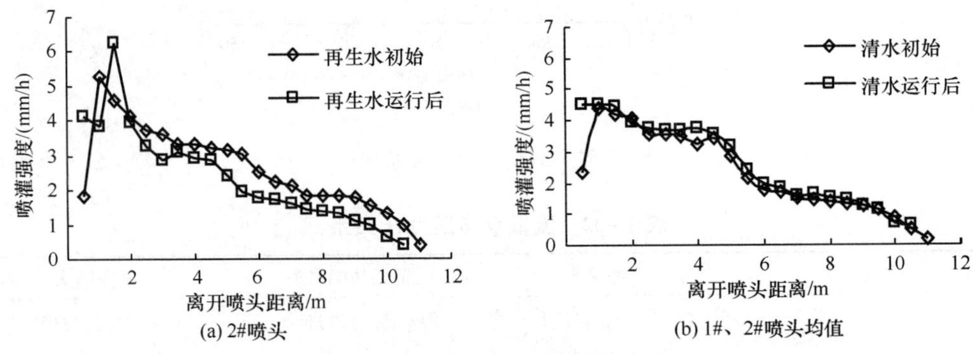

图 14-56　记忆功能升降式喷头的径向水量分布图

图 14-57 为托罗喷头在工作压力 350 kPa 时的径向水量分布图。结果显示，用清水和再生水喷灌 447 h 后，每个托罗喷头都能保持正常旋转。使用再生水的喷头，喷灌强度平均降低 18%；使用清水的喷头，喷灌强度平均降低 5.3%。总的来看，再生水使 3 种喷头的喷灌强度都有不同程度的降低，而对喷头的水量分布特征无显著影响。

3）转动均匀性

亨特地埋式旋转喷头最大旋转角度为 330°～350°，无法测试其转动均匀性。记忆功能升降式喷头在利用再生水和清水运行 447 h 后，都有 2 个喷头不能转动，表 14-33 只列出了 1 个喷头的转动均匀性测试结果。可以看出，利用再生水运行 447 h 后，记忆功能喷头的平均转动时间略有增加，平均每象限转动时间增加了 0.46 s；最大偏差值有明显上升趋势，增加了 4.4%。而利用清水运行后，平均每象限转动时间增加了 0.48 s；

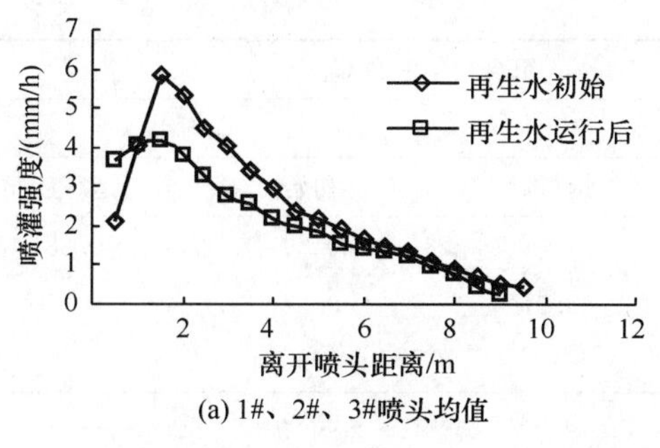

(a) 1#、2#、3#喷头均值

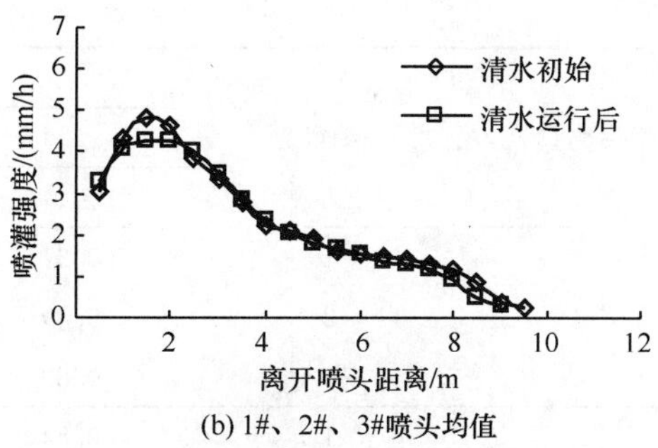

(b) 1#、2#、3#喷头均值

图 14-57　托罗喷头的径向水量分布图

最大偏差值平均增加 2.6%。利用清水运行 447 h 后，托罗喷头的每象限平均转动时间增加了 0.8 s。最大偏差值平均增加 3%。用再生水运行后，托罗喷头的每象限平均转动时间增长了 1.32 s，最大偏差值平均增加 3.3%。可见利用再生水运行会引起使喷头转动均匀性下降、转速降低。

表 14-33　喷头初始转动均匀性

分项		记忆功能喷头		托罗喷头	
		各象限转动平均时间/s	最大偏差/%	各象限转动平均时间/s	最大偏差/%
清水	初始	36.97	1.2	15.72	4.7
	运行后	37.45	3.8	16.52	7.7
再生水	初始	35.28	2.1	15.77	7.2
	运行后	35.74	6.5	17.09	10.5

4）喷灌均匀系数

利用“圆形或异形喷洒域喷头组合均匀度分析系统 V1.0”（著作权号：2007SR18122）计算喷头和支管间距均为 12 m 时的组合均匀系数 C_u，结果见表 14-34。可以看出，利用再生水和地下水运行 447 h 后，3 种喷头的均匀系数出现不同程度的变化，但变化幅度较小，最大变幅不超过 6%。说明地下水和再生水的使用都不会对喷头的均匀系数产生明显影响。利用再生水运行 447 h 后，各种喷头的均匀系数都保持在 0.75 以上，说明使用再生水的升降式喷头能满足高灌水均匀度的要求。

表 14-34　喷灌前后组合喷灌均匀系数 C_u 比较

喷头类型	编号	组合均匀系数 C_u			
		再生水		地下水	
		初始	运行后	初始	运行后
亨特	1	0.85	—	0.86	0.87
	2	0.88	—	0.90	0.89
	3	0.91	0.91	0.88	0.90

续表

喷头类型	编号	组合均匀系数 C_u			
		再生水		地下水	
		初始	运行后	初始	运行后
记忆	1	0.87	—	0.89	0.88
	2	0.89	0.91	0.87	0.91
	3	0.89	—	0.90	
托罗	1	0.84	0.88	0.89	0.87
	2	0.8	0.75	0.87	0.90
	3	0.8	0.83	0.87	0.88

3. 再生水滴灌灌水器堵塞规律研究

再生水灌溉条件下不同灌水器抗堵塞性能试验：试验在北京市大兴区水务局南红门水务所院内进行，试验装置如图 14-58 所示。滴灌系统采用二级过滤，一级为 80 目叠片过滤器，二级为 120 目筛网过滤器，本装置共有 11 根支管。本试验共设置 11 个处理，每个处理有 16 个滴头，分别选取国内外 5 家公司生产的 11 种滴灌灌水器产品，技术参数见表 14-35，实验中所用再生水为郊区污水处理厂 A 的二级处理出水。试验周期为 30 天，灌水器每天工作 9 h，累积 270 h，270 h 累计灌水量相当于北京地区日光温室 3 年的灌溉水量。滴头流量测定：每周测定一次灌水器的流量，每次测定时间为 20

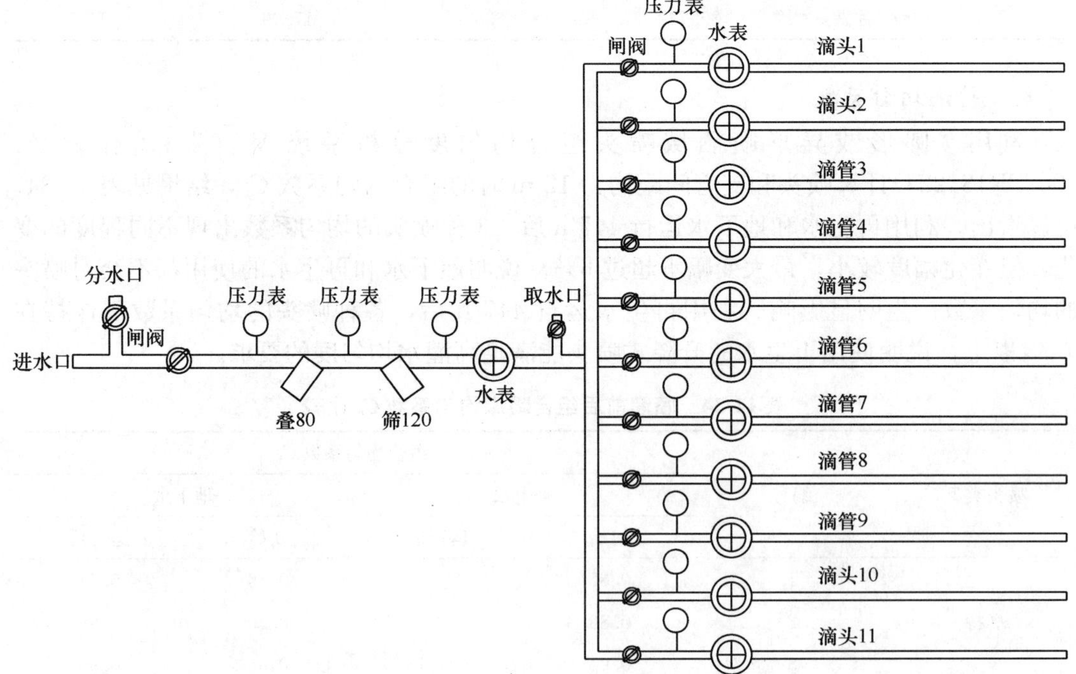

图 14-58 滴灌试验装置图

min，利用容器采集滴头水量，通过量筒测定体积并换算成滴头流量，试验期间共测定各处理滴头流量 4 次，时间分别为 2005 年 9 月 7 日、9 月 14 日、9 月 21 日和 10 月 4 日。

表 14-35　滴灌灌水器相关参数表

序号	额定流/(L/h)	工作压力/MPa	连接方式	流道结构	流道长度/mm	流道截面积/m^2
1	1.9	0.1～0.35	管上式滴头	压力补偿式		
2	3.8	0.1	管上式滴头	压力补偿式		
3	2.7	0.05～0.1	滴灌带	迷宫式滴头	30	0.25
4	1.4	0.05～0.1	滴灌带	迷宫式滴头	30	0.4
5	4.0	0.05～0.1	滴灌带	迷宫式滴头	84	可变
6	1.1	0.06～0.11	滴灌带	迷宫式滴头	542	0.79
7	2.3	0.06～0.41	滴灌管	压力补偿式	107.0	0.5
8	2.0	0.1	滴灌管	迷宫式滴头	254.5	1.0
9	2.2	0.1	滴灌管	迷宫式滴头	390.4	1.5
10	3.8	0.1～0.35	管上式滴头	压力补偿式		
11	3.8	0.1～0.35	管上式滴头	压力补偿式		

不同灌溉水质对滴灌灌水器抗堵塞性能影响的田间试验。该试验在北京市水利科学研究所通州区永乐店试验站日光温室内完成。温室内共有 9 个蔬菜滴灌试验小区，设 3 个再生水灌溉处理小区、3 个地下水灌溉处理小区和 3 个（地下水、再生水）间隔灌溉区。每个小区铺有 7 根滴灌管，每根滴灌管上有 15 个滴头，灌水器流道为圆柱式迷宫流道，额定流量为 2 L/h，再生水为污水处理厂 B 的二级处理出水，水质见表 14-36。选取 3 个再生水灌溉小区和 1 个地下水灌溉小区的灌水器作为研究对象，滴灌安装使用时间为 2 a。滴灌系统采用二级过滤，一级为 80 目筛网过滤器，二级为 120 目筛网过滤器。滴灌管水流采用玻璃容器收集，收集时间为 10 min，用量筒测量水量并换算为流量。分离滴灌管管壁与圆柱状灌水器（3 根再生水处理滴灌管，1 根地下水处理滴灌管），分析沉积物在进口、迷宫流道、宽流道区、出口等 4 个部位的富集情况。

表 14-36　再生水主要水质指标测定值

指标	全盐/(mg/L)	悬浮物/(mg/L)	BOD/(mg/L)	COD/(mg/L)	总大肠菌群/(个/100mL)
污水处理厂 A	821	36.0	38.7	71.5	920
污水处理厂 B	623	27.4	19.7	39.9	100

1）*滴头流道结构对滴头抗堵塞性能的影响*

如表 14-37 所示，滴头流道结构差异对滴头的抗堵塞性能有显著影响，5 种压力补偿滴头中，1 号、2 号、10 号、11 号 4 种压力补偿滴头发生了全堵塞的情况，完全堵塞的比例分别为 37.5％、25％、25％和 43.8％，4 种滴头流量的平均降幅为 48.3％。7

号为压力补偿式滴灌管滴头，未发生堵塞情况，7号滴头具有反冲洗功能是其不易发生堵塞的主要原因之一，流道反冲洗情况下杂质不易沉积。管上压力式补偿滴头不具有反冲洗功能，易发生堵塞。如图14-59所示，管上式滴头在无反冲洗功能的条件下，压力补偿片更易沉积堵塞物，使其丧失压力补偿功能，导致流量显著降低。

表 14-37 滴灌灌水器流量变化统计表

产品编号	初次测定平均流量/(L/h)	末次测定平均流量/(L/h)	完全堵塞率/%	流量变幅/%
1	1.6	0.48	37.5	70.0
2	3.88	2.78	25	28.4
3	2.84	2.66	0	6.3
4	1.6	1.45	0	9.4
5	3.11	2.07	0	33.4
6	1.07	0.55	18.8	48.6
7	1.65	1.32	0	20.0
8	1.92	1.55	0	19.3
9	2.39	1.43	0	40.2
10	3.8	0.79	25	52.9
11	3.26	1.89	43.8	42.0

注：流量变幅是指各处理末次测定的滴头平均流量相对于初次测定的滴头平均流量的变化幅度。完全堵塞率是指末次测定时流量为零的滴头数占各处理总滴头数的比例。初值测定时间为9月7日，末次测定时间为10月4日。

图 14-59 管上式滴头流道压力补偿片上沉积物

如表4.10，3号、4号、5号、6号4种内镶式片状滴头中只有6号发生堵塞，堵塞率为18.8%，流量降幅为48.6%。7号、8号、9号3种圆柱式迷宫式滴头均未发生堵塞情况，流量降幅分别为20%、19.3%和40.2%，滴灌管（带）的滴头堵塞情况的差异与滴头结构有关，图14-60为滴头流量降幅与流道长度的关系图，滴头流量降幅随着流道长度增加而增大，两者呈正相关关系（R=0.846），图14-61为滴头流量降幅与流道截面积的关系，滴头流量降幅随着流道截面积的增加呈增大趋势，因为随着流道截面积的增加，流道流速降低，水流的冲刷力下降，杂质与微生物更易于在流道内壁附着，导致流道截面积减小，流量下降。可见，再生水灌溉条件下滴头的抗堵塞性能与流道的结构参数密切相关。再生水滴灌系统选型时，应当选择具有反冲洗功能的滴头或者流道较短、流道截面积较小的滴头，以有效降低堵塞发生的可能性。再生水灌溉条件下流道的抗堵塞性能与工作压力、结构参数之间的量化关系需要进一步深入研究。

2）再生水灌溉对滴头流量影响

如表14-38所示，3个再生水灌溉处理小区中流量降幅在20%以内（$\alpha\leqslant20\%$）的

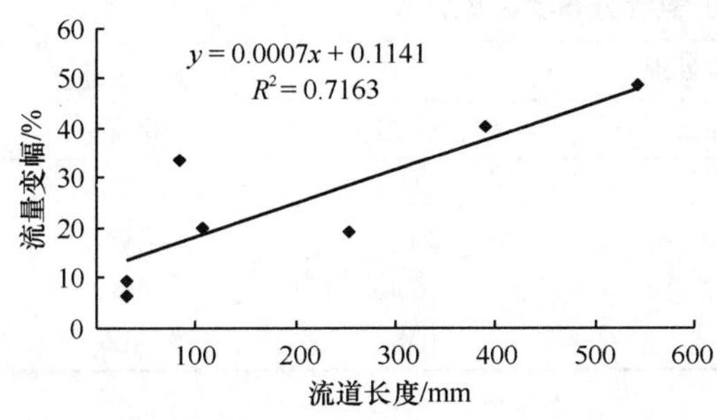

图 14-60　滴头流量降幅与流道长度的关系

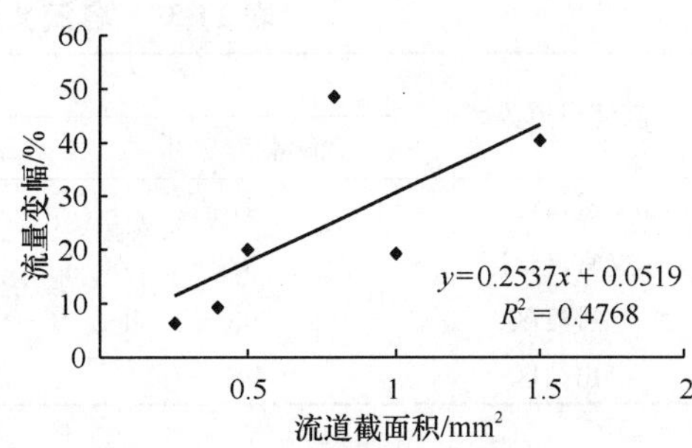

图 14-61　滴头流量降幅与流道截面积的关系

滴头所占比例分别为 72.1%、68.6%和 66.3%，地下水处理时为 95.2%；再生水处理流量降幅 80%以上（80%<α≤100%）的滴头所占比例为 12.5%、6.9%和 8.2%，地下水处理流量降幅 80%以上（80%<α≤100%）的滴头仅为 2.9%。这说明在现有二级网式过滤处理条件下，再生水灌溉会导致灌水器流量的明显下降，再生水灌溉处理堵塞的主要原因是有机质堵塞与悬浮物在流道内和压力补偿片沉积。因此，再生水过滤系统应当增加砂石过滤系统，以减少再生水中有机质含量。

表 14-38　不同灌溉处理滴头流量变化情况统计表

流量降幅 α	再生水处理			地下水处理
	小区 1	小区 2	小区 3	
α≤5%	44.2	7.8	2.0	50.8
5%<α≤20%	27.9	60.8	64.3	44.4
20%<α≤50%	13.5	24.5	20.4	1.9
50%<α≤80%	1.9	0	5.1	0
80%<α≤100%	12.5	6.9	8.2	2.9

本研究对再生水处理（每个小区随机选取 1 根滴灌管，每根滴灌管 15 个滴头）和地下水处理（随机选取 1 根滴灌管）圆柱式流道堵塞成因进行分析，将整个流道分成进口、迷宫流道、过渡区以及出口 4 个部分，过渡区流道宽度和迷宫流道宽度分别为 2.0 mm和 1.0 mm。见表 14-39，滴头流道 4 个分区中，过渡区和出口的沉积物出现比例较高，这两个部分的流道较宽，水流速度低，水流冲刷力下降，因此造成沉积物富集较多。出口部分沉积物分布比例均为 100%，甚至形成完全堵塞（图 14-62），这种现象进一步证实了图 14-62 所示的滴头流量降幅与流道截面积的相关关系，过渡区再生水处理沉积物分布量比地下水处理略大。再生水水质对迷宫流道区的影响要显著，再生水 3 条滴灌带迷宫流道的分布比例的平均值为 33.3%，地下水处理仅为 13%，而仵峰等（2004）对地下滴灌系统滴头的堵塞情况进行了调查，发现在滴头的进水口处最易堵塞。

图 14-62　流道出水处杂质沉积图

表 14-39 各滴头流道沉积物分布状况统计表

滴灌流道分区	再生水处理			地下水处理比例/%
	滴灌管 1/%	滴灌管 2/%	滴灌管 3/%	
进口区	47	53	53	40
迷宫流道区	33	40	27	13
过渡区	93	87	100	87
出口区	100	100	100	100

穆乃君等（2007）研究表明，滴头不堵塞的条件为灌溉水中固体颗粒群的特征直径与迷宫流道最小断面水力直径之比不大于 1/7～1/3，但是在再生水为灌溉水源条件下，生物堵塞的发生规律还需要进一步研究。因此，适宜再生水水质的灌水器流道形式的选型尤为重要，选择滴头流道较短、流道截面积较小的滴头有助于防治滴头堵塞。

五、城市绿地节水自动控制技术

（一）低功耗土壤水分传感器的开发

土壤水分的实时测量在高效节水和精确灌溉的自动灌溉控制系统中占据着重要的地位，因此，开发能够实时测量土壤水分的传感器显得十分重要。在研究高频电磁波和阻抗变换原理的基础上，开发了基于高频电容原理的土壤水分传感器。其技术参数为：①供电电压：9～12 V 直流电；②工作电流：18 mA；③输出电压：0～2.5 V；④测量范围：0%～100% VWS（土壤体积含水量）；⑤响应时间：小于 2 s。其外形图如图 14-63 所示。

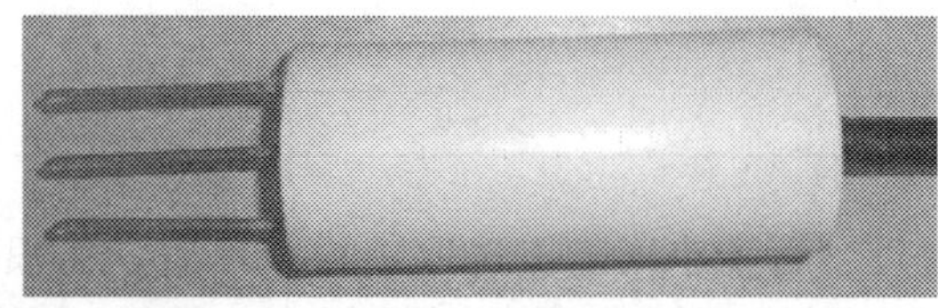

图 14-63 土壤水分传感器外形图

1. 总体结构

土壤水分传感器由高频信号部分、信号处理部分、传感器探头和电源部分组成，如图 14-64 所示。高频振荡电路产生的高频电磁波通过阻抗变换电路到达传感器探头，会有部分电磁波被反射回来，与输入高频电磁波产生叠加。变换电路 1 和 2 会把高频信号转换成直流电压信号，然后通过差分放大电路输出标准的电压信号。电源为高频振荡电路、变换电路和差分放大电路提供的工作电源。

2. 关键技术

1） 变换电路设计

变换电路采用低漂移峰值检波电路，它的作用是把高频电磁波信号转变成直流信

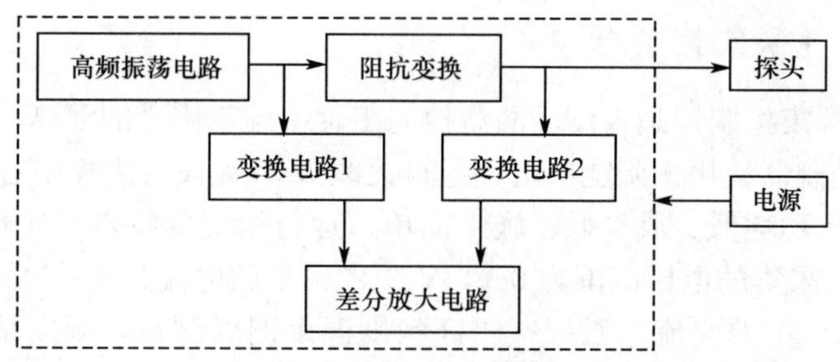

图 14-64　土壤水分传感器总体结构图

号，以便于后续电路对其进行放大和差分处理。由于信号的频率比较高，一般集成放大器的性能满足不了要求，所以，采用 TI 公司生产的高速集成运算放大器，其工作频率达到 400 MHz。为了提高转换精度，本电路采用了正、负双电源供电。如图 14-65 所示，低漂移峰值检波电路中采用的二极管是高频二极管 2AP30E，可以通过对电容 C2 的充放电达到峰值检波的目的。

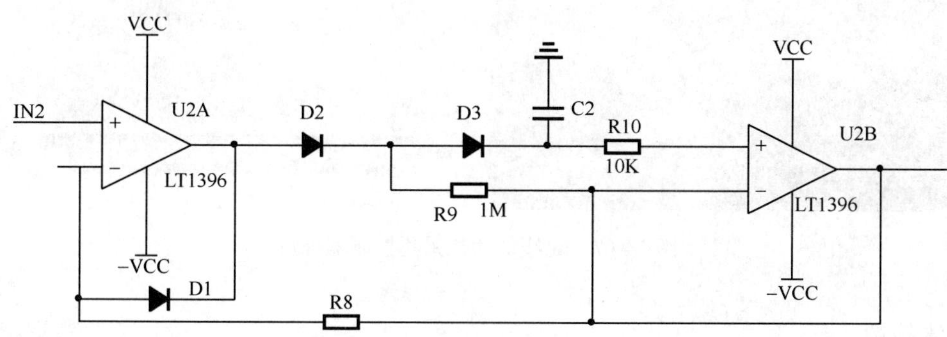

图 14-65　低漂移峰值检波原理图

2）响应曲线

为了能够准确测量土壤水分含量，必须对土壤水分传感器进行标定。采用实验室土壤烘干法对传感器标定，得到的标定曲线如图 14-66 所示。从图 14-66 中的曲线可以看出，土壤的含水量与传感器输出电压并不呈线性关系。但是在土壤体积含水量低于 60%时，随着土壤含水量的增加，传感器的输出电压值缓慢增加；当土壤水分含量大于 60%时，此时土壤已经达到饱和，土壤含水量的值对传感器的输出电压影响不大。因此，传感器适用的测量对象为低含水量的土壤。

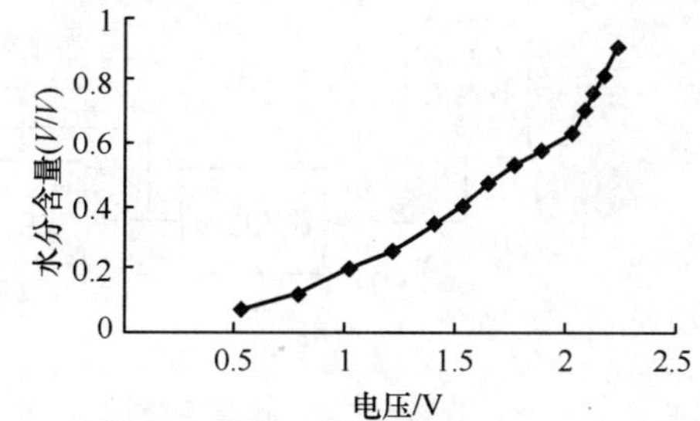

图 14-66　土壤水分含量与输出电压的关系曲线

（二）无线低功耗采集控制器

无线低功耗采集控制器是为满足灌溉控制工程中施工困难的灌溉系统设计的，如图 14-67 所示。该控制器使用太阳能供电，通过无线 ISM 频段与主控中心通信。无线低功耗采集控制器具有功耗低、成本低、施工简单、运行稳定等特点。实现的主要功能有：①4 路模拟采集，采集的电压范围为 0～5 V 或者采集的电流为 4～20 mA；②控制 2 路直流闭锁电磁阀；③4路交流电磁阀；④高精度温度湿度测量，湿度精度为 3%，温度精度为 0.4%；⑤RS485/433 M 无线通信接口，遵循 MODBUS 协议，集成了 RS485 隔离和保护电路；⑥快速响应时间；⑦可以向外提供电压为 9 V、5 V、3.6 V 和 2.5 V 的电源。

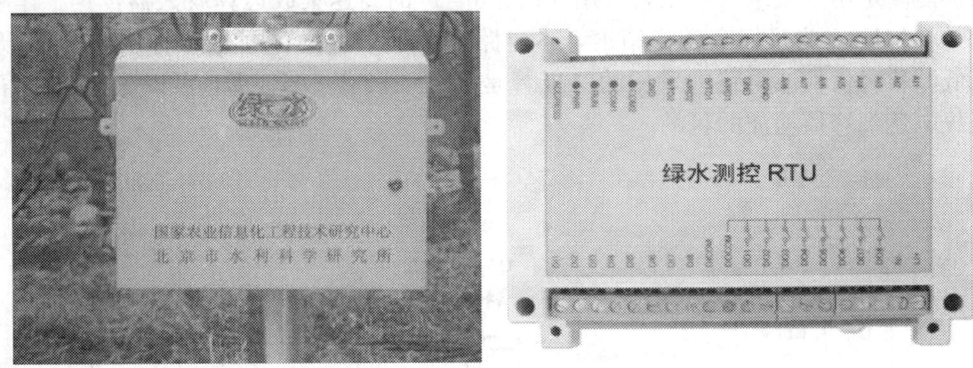

图 14-67　无线低功耗采集控制器外形

1. 总体结构

采集控制器以 ATmega8-16AI 单片机为核心，外部配置直流电磁阀驱动电路、继电器驱动电路、采集变换电路及 RS485 和无线通信电路，如图 14-68 所示。

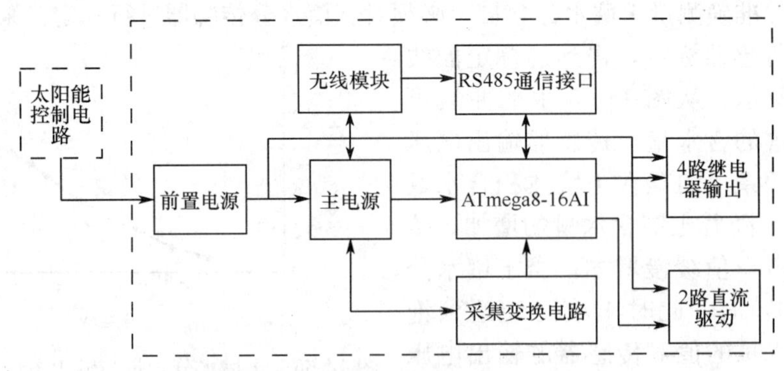

图 14-68　无线低功耗采集控制器硬件结构图

2. 关键技术

控制器使用串并转换电路来扩展 MCU 的控制引脚，其核心电路如图 14-69 所示。当微控制器接收到需要对直流闭锁电磁阀或者继电器进行操作的命令，微控制器产生串行的控制信号，并通过微控制器的引脚 MOSI、SCK 和 RCLK 将该控制信号传输到图中的 U2，通过 U2 将所述串行的控制信号转换为 8 位的并行信号，该并行信号通过引脚连接到直流闭锁电磁阀驱动芯片上，实现对直流闭锁电磁阀的控制驱动；该并行信号还可以通过 R1O、R2O、R3O 和 R4O 引脚连接到 U408 的相应管脚，然后通过 U408 进行驱动放大，进而控制驱动 4 个继电器 K400、K401、K404 和 K405。

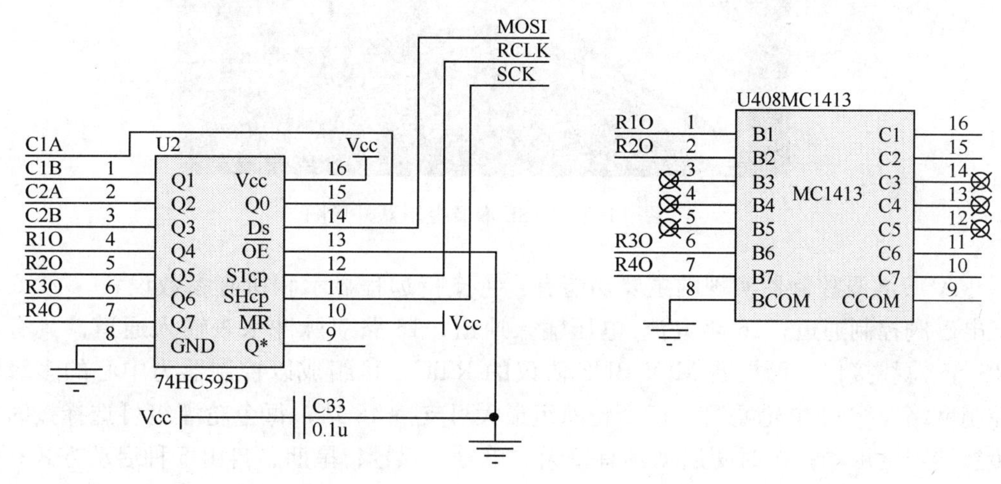

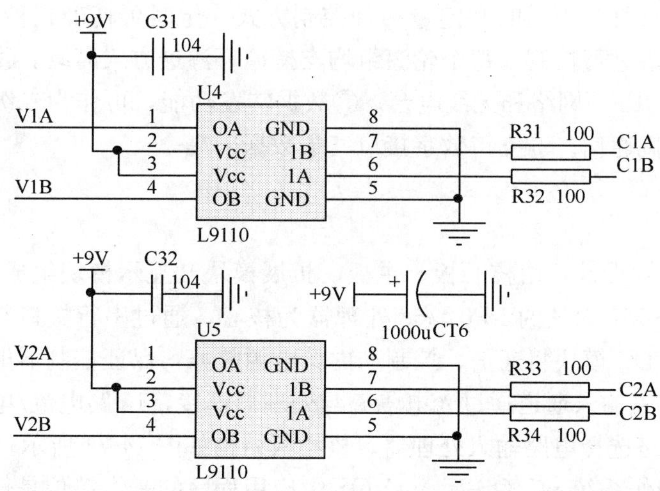

图 14-69　无线低功耗采集控制器阀门驱动电路

（三）ASE 灌溉控制器

ASE 中央灌溉控制器是一台由高速 ARM 处理器驱动的建立在实时操作系统上的

可扩展的高性能灌溉控制器，如图 14-70 所示。配备的具有触摸功能的高亮度 7 英寸① TFT 真彩显示屏使灌溉控制和参数监测变得简单明了；可扩展 RTU 功能则最大限度地满足了大型灌溉系统的需求；丰富的灌溉策略可实现多种灌溉方式。

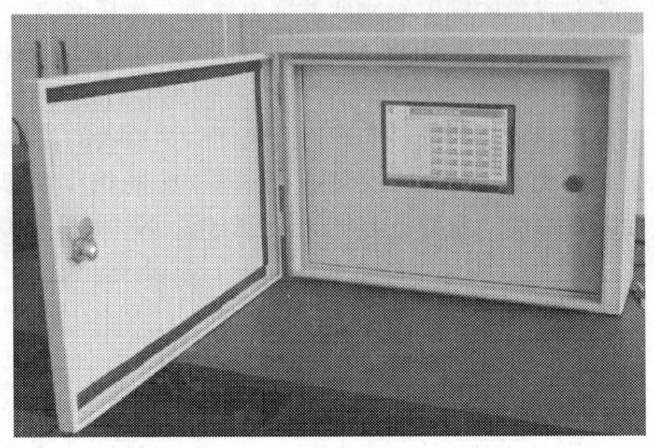

图 14-70 ASE 灌溉控制器外形图

ASE 灌溉控制器实现的主要功能有：①支持远程显示和所有参数设置。②48 路交流电磁阀控制通道；16 路电流/电压输入通道；16 路双脉冲水表输入通道；具有扩展 RS485 总线接口，可扩展 MODBUS 协议的 RTU，可组成以控制器为中心的多级灌溉控制网络。③48 个轮灌组，每个轮灌组最大可支持 48 站；每个轮灌组可选择按时间和传感器限度启动；按时间启动具有每天、单号、双号、星期、自由 5 种启动方式；每个轮灌组每天可设置 7 个启动时间，并可选择定时和周期两种启动方式；按传感器启动可设置启停的上下限；轮灌组灌溉时可使用定时和定量两种控制方式。定时可精确到秒，定量灌溉使用水表输入通道采集值进行控制。每个轮灌组均支持循环渗透方式灌溉。④支持远程控制功能，包括短信、GPRS 网络和无线电台。⑤数据转发功能，可作为二级网络的现场控制设备与中央计算机通信。⑥支持数字接口气象数据采集。

1. 总体结构

ASE 灌溉控制器采用分体结构设计，由核心板、主板、扩展模块和显示模块组成，总体结构如图 14-71 所示。以 ARM7 内核的 LPC2368 处理器为核心，通过串行接口与 LCD 和通信模块连接，两个 DC/DC 模块将通信、控制与内核电源隔离，保证控制器电源的稳定性。48 路控制及 8 路开关输入通道通过光电隔离与处理器连接，16 路电流/电压输入量则通过带过压保护的多路选择电路输入处理器。核心板结构如图 14-71 所示。

ASE 灌溉控制器采用实时操作系统 uC/OS-II，uC/OS 中应用程序的基本单位是任务，任何一个应用都必须至少有一个任务，如图 14-72 所示。在 ASE 灌溉控制器中，创建了显示任务、串行通信任务、采集任务、控制逻辑任务等，分别实现控制器的不同

① 1英寸=0.0254 m，后同。

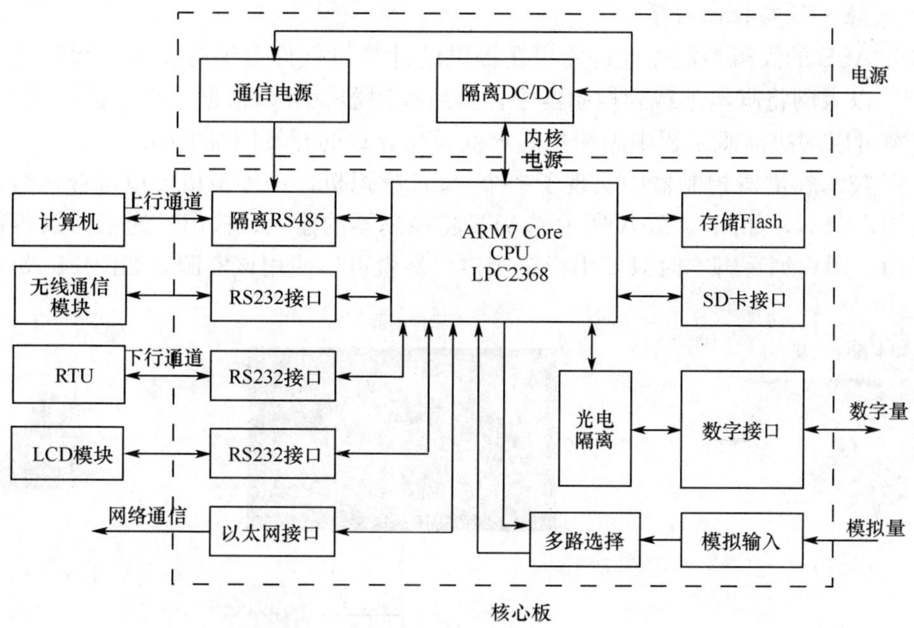

图 14-71　ASE 灌溉控制器核心板结构图

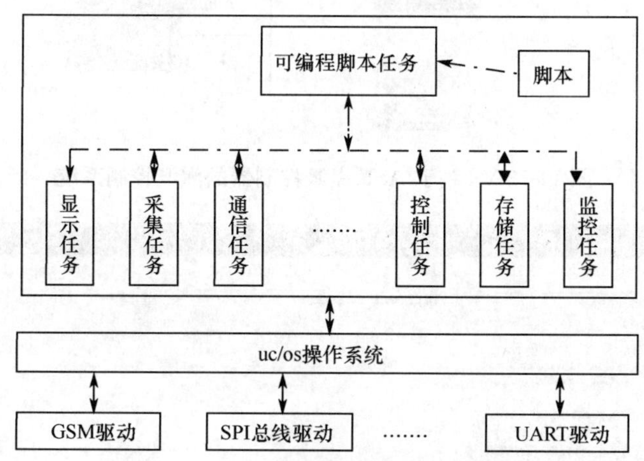

图 14-72　ASE 灌溉控制器软件结构

功能。

2. 关键技术

ASE 灌溉控制器采用可适应策略控制引擎（adaptive strategy engine，ASE)，该技术以虚拟解码器为核心，通过用户编写脚本，实现灌溉控制器的控制策略在线更新，完成各种用户自定义灌溉控制逻辑。此外，ASE 灌溉控制器的寄存器映射技术通过 RS485 总线管理多达 32 个分布式设备，从而取代对中央控制计算机的需求，可以满足多种灌溉系统的需求。

1）可适应策略控制引擎

支持 ASE 的灌溉控制器允许用户在提供的计算机软件上编写脚本，然后通过串口或 USB、以太网将脚本下载到控制器中，其后控制器就可以根据该脚本进行灌溉控制。这一方案可以解决灌溉工程中因用户需求差异而导致的开发困难的问题。

ASE 技术在灌溉控制器中实现了一个 ASE 虚拟机，该虚拟机可以解释执行经过编译后的用户脚本，如图 14-73A 所示。ASE 将控制器的输入、输出、通信协议等都作为可用资源，用户编写脚本时只要用指定接口名称就可以使用该资源，如图 14-73B 所示。

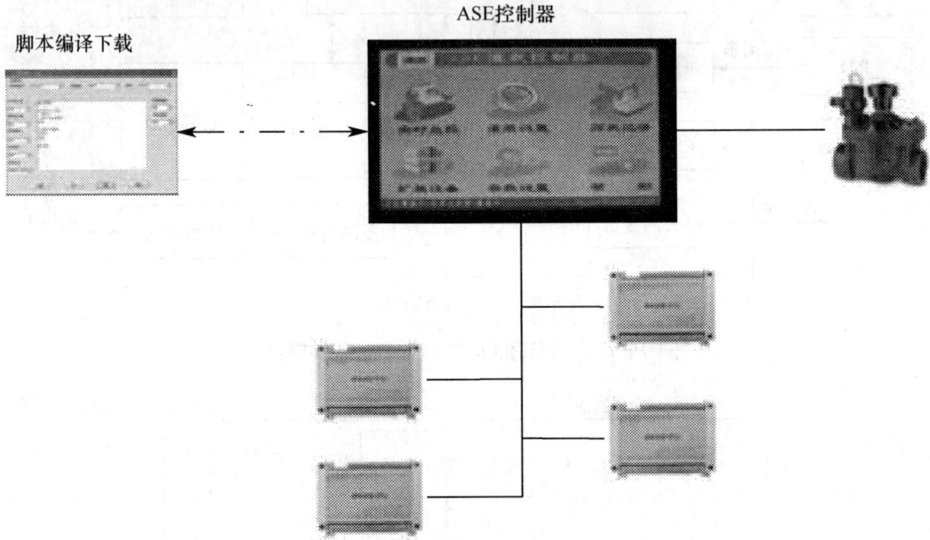

图 14-73A　基于 ASE 灌溉控制器的灌溉控制系统

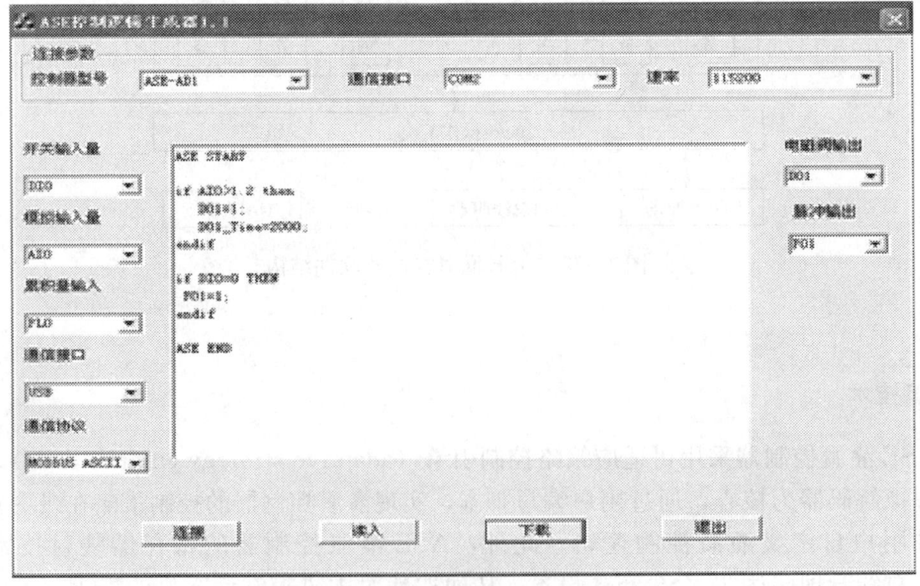

图 14-73B　ASE 脚本编辑和下载软件界面

2）可扩展功能

为减小 ASE 灌溉控制器的主板尺寸，在主板上设计了 8 路输出、8 路电流输入及 4 路水表输入信号，如图 14-74 所示。但是，在一些较大的灌溉控制工程中可能就无法满足灌溉要求，因此，主板上设计了 6 个总线扩展接口，其中包括 3 个 16 路输出控制接口、1 个 8 路模拟量输入接口、1 个开关量输入接口和 1 个数字总线接口。通过这些接口，控制器可以根据工程需要灵活地配置扩展板，满足不同的需要。

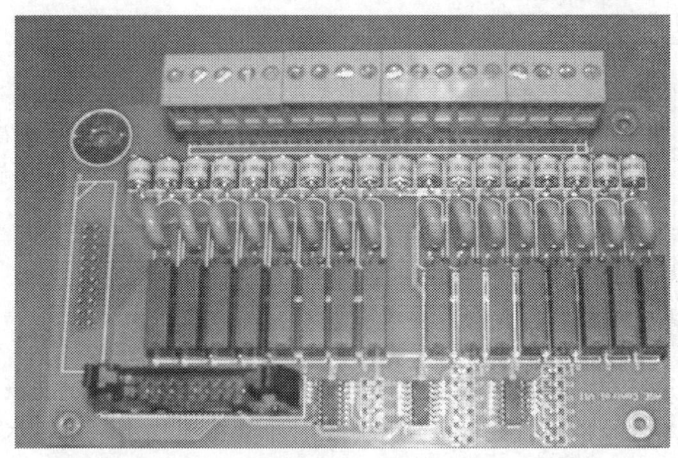

图 14-74　控制扩展板

（四）绿地自动化灌溉控制软件系统

绿地自动化灌溉控制软件系统是基于作物 ET 需水模型，采用组态化原理设计的，结合外围的硬件电路，通过软件配置，可广泛运用于园林、绿地及农业灌溉的管理中，见图 14-75 所示。系统软件一方面发挥了管理节水的功能，另一方面，组态化设计使得

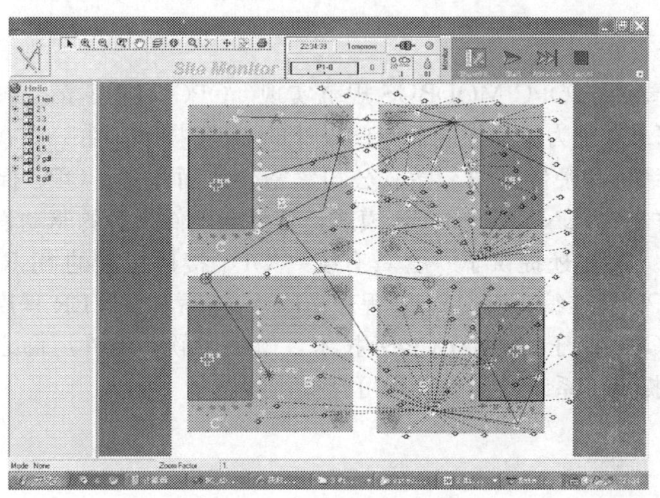

图 14-75　组态软件界面图

系统更有利于推广应用。其主要功能有：①通过作物 ET 模型科学地指导灌溉，同时融合了灌溉预报方法；②通过配置，动态生成界面交互与设备硬件通信方案，使得系统根据应用要求做到量体裁衣；③能完成灌溉水源的综合调度，通过流量管理，可完成灌溉计划的调度；④软件为用户提供了多种灌溉计划的制定接口，用户可根据实际情况进行操作；⑤软件支持因特网访问及手机远程操作。

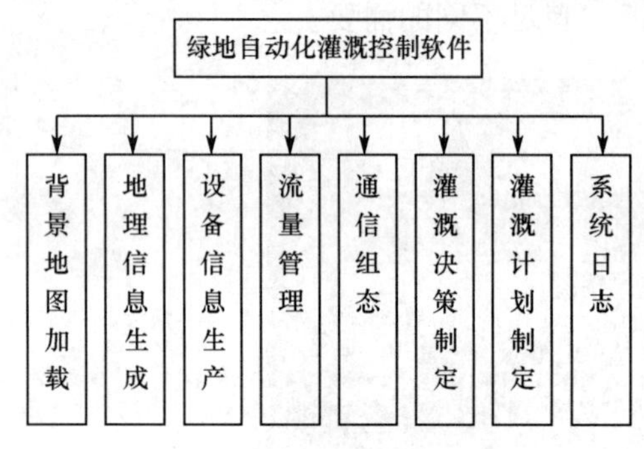

图 14-76　系统总体结构（箭头）

1. 总体结构

软件总体结构如图 14-76 所示，包括背景地图加载、地理信息生成、设备信息生成、流量管理、通信组态、灌溉决策制定、灌溉计划制定及系统日志等模块。

2. 关键技术

1）系统架构

如图 14-77 所示，总体上分为交互层、任务调度层及硬件通信层。用户可在交互层构建灌溉应用系统，制定灌溉计划，同时通过界面动画实时查看灌溉信息；在任务调度层完成作物灌溉用水决策，水源调度，灌溉计划用水调度及控制；硬件通信层通过协议与现场控制设备交互，完成命令发送及数据状态的反馈。

2）界面组态

界面组态技术主要通过地理信息技术与数据库技术实现。软件提出把界面组成要求符号化，并把符号按功能进行层管理显示，因此，软件采用 Map Object 编程实现。MAP 图层包括背景层、图像层及动态层。在背景层加载现场图片，在图像层根据设备符号的相互关系，生成图层，并保存矢量数据，便于下次操作；在动态层完成状态显示及动画功能。

3）通信组态

通信组态主要通过 OPC MODBUS 规范实现。OPC（OLE for process control，用于过程控制的 OLE）是为过程控制而专门设计的 OLE 技术，由一些在世界上技术占领先地位的自动化系统和硬件公司与微软公司紧密合作而建立。OPC 提出了一套统一的标准，采用典型的 CLIENT/SERVER 模式，其针对硬件设备的驱动程序由硬件厂商或专门的公司完成。OPC 还提供了一套具有统一 OPC 接口标准的 SERVER 程序，软件厂商只需按照 OPC 标准编写 CLIENT 程序访问（读/写）SEVER 程序，即可实现与硬件设备的通信。OPC 基于 COM/DCOM 技术，解决了软、硬件厂商之间的矛盾，完成了系统的集成，提高了系统的开放性和可互操作性。

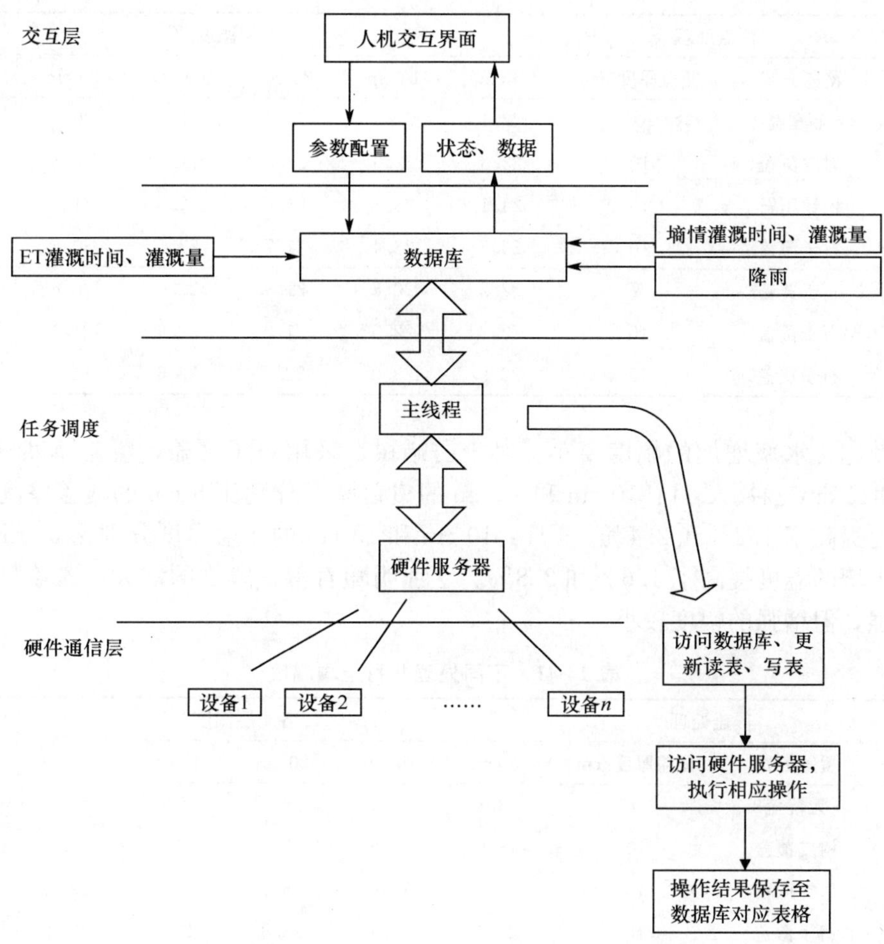

图 14-77　灌溉自动化组态软件系统架

六、城市绿地非工程节水技术

（一）绿地覆盖保墒技术研究

1. 不同覆盖形式对土壤温度的影响

如表 14-40、图 14-41 所示，对于毛白杨树，三种覆盖方式下的土壤温度比无覆盖时的土壤温度都有所提高。8 月：树皮覆盖、松针压石覆盖和石子覆盖下的土壤温度比无覆盖条件下分别提高了 1.5%、5.5%和 3.7%。9 月：树皮覆盖、松针压石覆盖和石子覆盖的土壤的温度分别比无覆盖时提高了 2.3%、5.1%和 4.6%。这证明三种覆盖方式均可以有效地提高土壤温度，三种覆盖方式的保温能力由大到小排序为：松针压石、石子覆盖、树皮覆盖。保温能力大小次序与土壤水分数据有对应关系，但是覆盖材料增

表 14-40　不同处理 8 月土壤温度

树种	覆盖处理		各土层温度/℃					
	覆盖方式	覆盖厚度/cm	5 cm	10 cm	20 cm	40 cm	80 cm	平均
毛白杨	无覆盖	0	22.1	22.4	20.5	21.7	20.4	21.4
	树皮覆盖	10	22.3	22.6	21.3	21.9	20.6	21.7
	松针压石	10	24.1	23.8	21.8	22.3	21.1	22.6
	石子覆盖	10	23.5	23.4	21.7	22.1	20.4	22.2
白蜡	石子覆盖	5	22.2	22.8	21.8	22.0	20.6	21.9
	石子覆盖	10	22.2	22.9	21.9	22.6	21.1	22.1
	石子覆盖	15	22.8	23.0	22.2	22.6	21.5	22.4

温的幅度比含水率增加的幅度要小。对于白蜡树，采用石子覆盖，覆盖厚度分 5 cm、10 cm 和15 cm三种。8 月：10 cm 和 15 cm 的覆盖厚度分别比 5 cm 的覆盖厚度下的土壤的温度提高了 1.2%和 2.4%。9 月：10 cm 和 15 cm 的覆盖厚度分别比 5 cm 覆盖厚度下的土壤的温度提高了 1.6%和 2.8%。这证明随着覆盖厚度的增大，覆盖材料保温能力增强，但增强的幅度较小。

表 14-41　不同处理 9 月土壤温度

树种	覆盖处理		各土层温度/℃					
	覆盖方式	覆盖厚度/cm	5 cm	10 cm	20 cm	40 cm	80 cm	平均
毛白杨	无覆盖	0	18.3	18.1	17.7	19.0	19.1	18.4
	树皮覆盖	10	18.6	18.6	18.6	19.3	19.3	18.9
	松针压石	10	20.7	19.4	18.1	19.2	19.5	19.4
	石子覆盖	10	20.3	19.3	18.3	19.3	19.2	19.3
白蜡	石子覆盖	5	18.3	18.3	17.7	18.9	19.1	18.5
	石子覆盖	10	18.5	18.4	18.2	19.3	19.6	18.8
	石子覆盖	15	18.8	18.8	18.4	19.3	19.8	19.0

2. 不同覆盖形式对土壤水分含量的影响

如表 14-42、表 14-43 所示，对于毛白杨树，三种覆盖方式下的土壤含水率比无覆盖条件下的土壤含水率有所提高。8 月：树皮覆盖、松针压石覆盖和石子覆盖的土壤的含水率分别比无覆盖条件下提高了 9.1%、10.3%和 10.2%。9 月：树皮覆盖、松针压石覆盖和石子覆盖的土壤的含水率分别比无覆盖条件下提高了 9.5%、10.8%和 10.2%。这证明三种覆盖方式均可以有效地增加土壤水分，三种覆盖方式的保水能力由大到小排序为：松针压石、石子覆盖、树皮覆盖。

表 14-42　8 月不同覆盖形式对土壤含水率的影响

树种	覆盖处理		各土层含水率/%								
	覆盖方式	覆盖厚度/cm	0～20 cm	20～40 cm	40～60 cm	60～80 cm	80～100 cm	100～120 cm	120～140 cm	140～150 cm	平均
毛白杨	无覆盖	0	7.55	9.53	8.69	5.84	7.05	7.70	9.91	11.25	8.44
	树皮覆盖	10	7.92	9.50	9.24	8.34	9.18	9.12	9.97	10.37	9.21
	松针压石	10	7.90	10.32	10.67	8.39	7.63	7.72	10.04	11.84	9.31
	石子覆盖	10	8.95	10.93	10.55	8.11	9.47	8.84	7.88	9.70	9.30
白蜡	石子覆盖	5	7.83	9.14	8.19	8.34	7.61	7.08	9.11	8.98	8.29
	石子覆盖	10	7.90	8.15	9.16	7.74	8.29	8.77	9.05	9.12	8.52
	石子覆盖	15	8.14	8.55	9.61	7.90	8.66	9.81	8.76	8.56	8.75
草	无覆盖	0	7.53	8.67	8.33	8.00	7.59	7.04	8.09	8.60	7.98

表 14-43　9 月不同覆盖形式对土壤含水率的影响

树种	覆盖处理		各土层含水率/%								
	覆盖方式	覆盖厚度/cm	0～20 mm	20～40 mm	40～60 mm	60～80 mm	80～100 mm	100～120 mm	120～140 mm	140～150 mm	平均
毛白杨	无覆盖	0	8.34	9.41	8.02	8.31	8.09	7.29	7.87	7.53	8.11
	树皮覆盖	10	8.94	9.22	9.94	8.83	8.65	8.52	8.23	8.73	8.88
	松针压石	10	8.47	9.95	10.01	8.56	8.19	9.22	8.33	9.11	8.98
	石子覆盖	10	8.80	8.40	9.72	9.22	8.99	8.51	8.90	8.97	8.94
白蜡	石子覆盖	5	7.81	8.67	8.91	9.47	7.05	9.39	8.01	7.79	8.39
	石子覆盖	10	8.09	9.15	8.79	10.02	7.79	8.97	8.61	8.15	8.70
	石子覆盖	15	8.47	9.68	8.53	10.41	8.64	8.56	7.40	8.96	8.83
草	无覆盖	0	7.29	7.70	8.29	8.82	7.32	8.04	7.40	6.73	7.70

对于白蜡树，采用石子覆盖，覆盖厚度为上述三种。8 月：10 cm 和 15 cm 的覆盖厚度分别比 5 cm 的覆盖厚度下的含水率提高了 2.9%和 5.6%。9 月：10 cm 和 15 cm 的覆盖厚度分别比 5 cm 的覆盖厚度下的含水率提高了 3.7%和 5.3%。这证明随着覆盖厚度的增大，覆盖材料对土壤水分的保蓄能力增强。

试验对树林中的草坪进行水分观测发现，草坪的含水率低于树坑中的含水率，8 月低 5.7%，9 月低 5.3%，与覆盖后的树坑的含水率差距更大。这证明草坪的耗水能力很强，树下适合采用覆盖材料来减少水分流失。

（二）绿地节水管理信息系统

1. 系统结构

选用 TitanGIS 为地理信息平台，oracle9i 为基础数据库平台，采用 B/S（数据库显示浏览模块)(图 14-78) 与 C/S (数据库入库管理模块)(图 14-79) 结合的方法，在北京城市公共绿地数据库的基础上，初步开发并建立了绿地节水管理系统，为实现绿地节水管理工作的科学化、规范化和自动化打下良好的基础。

图 14-78　B/S 系统登录界面

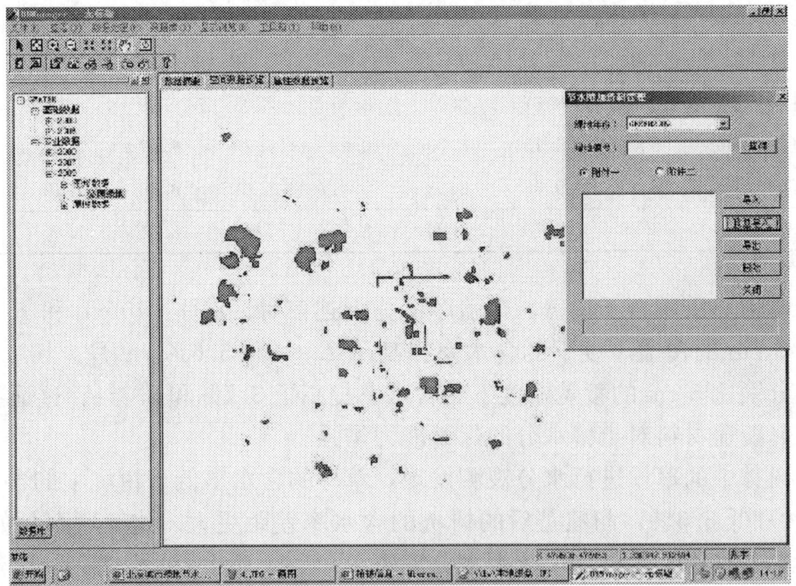

图 14-79　C/S 系统登录界面

2. 系统功能

绿地节水管理系统集浏览、查询、统计、输出等多项功能于一身，整个界面由地图操作工具栏、查询窗口、地图显示栏、图层显示栏和属性显示栏等五个栏目组成（图 14-80）。

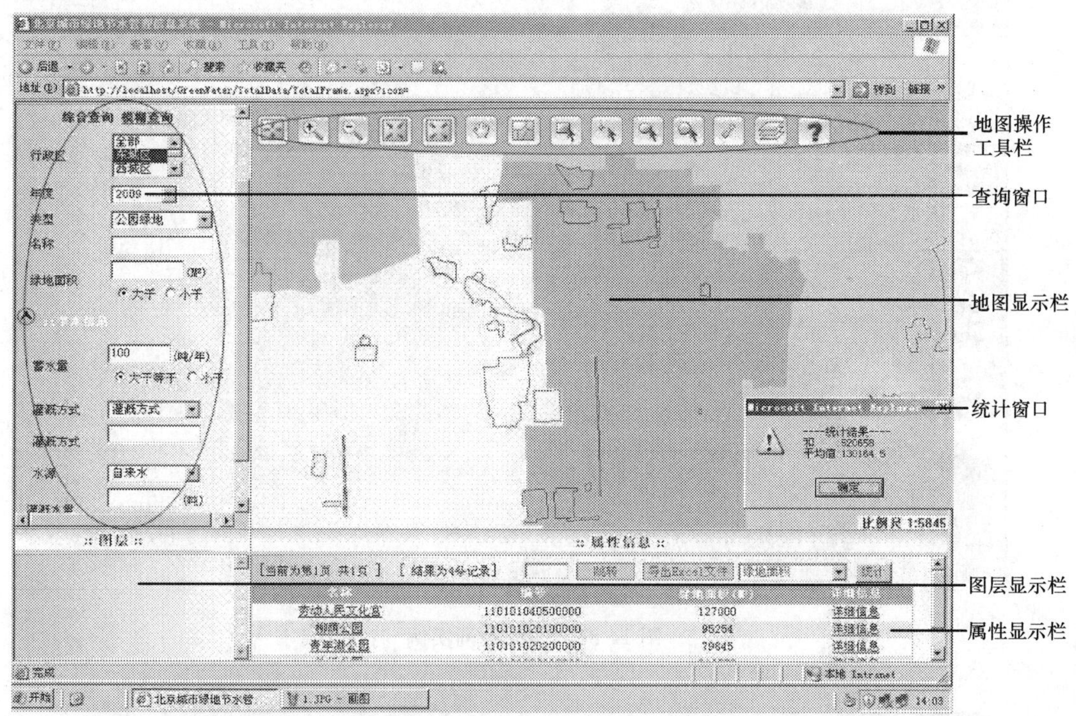

图 14-80　综合查询实例

地图操作工具栏包括全图显示、放大、缩小、中心放大、中心缩小、漫游、清空选择集、框选、点选、圆选、多边形选择、测距、图层控制、帮助等工具。

查询包括综合查询和模糊查询两种，综合查询通过绿地查询可得到行政区、年度、类型、名称、绿地面积；并集节水查询可对蓄水量、灌溉方式、水源、灌溉量条件进行查询。图 14-80 为用综合查询的实例，条件为东城区，2009 年度，公园绿地，绿地为每年蓄水在 100 m^{3}以上、水源为自来水的绿地，符合条件的结果包括劳动人民文化宫、柳荫公园、青年湖公园及地坛公园 4 块绿地。模糊查询通过绿地查询，行政区、年度、类型、树种、株数；并集节水查询的各项条件进行查询。图 14-81 用模糊查询的实例为，条件为东城区，2009 年度，公园绿地，常绿乔木大于等于 1000 株，绿地为每年蓄水量在 30 m^{3}以上、水源为自来水的绿地，符合条件的结果包括劳动人民文化宫、东单公园、柳荫公园、青年湖公园与地坛公园 5 块绿地。地图显示栏对查询的结果高亮显示并准确定位。

属性显示栏可准确显示符合查询条件的记录条数及每一条的基本信息，并可以通过点选绿地名称准确定位、放大选中绿地，通过点选详细信息查看该绿地的其他属性信息（图 14-82），包括乔灌草树种数据（图 14-83）。统计功能，对劳动人民文化宫、柳荫公园、青年湖公园、地坛公园 4 个公园的绿地面积统计结果：和为 520 658 m^2，平均值为 130 164.5 m^2。

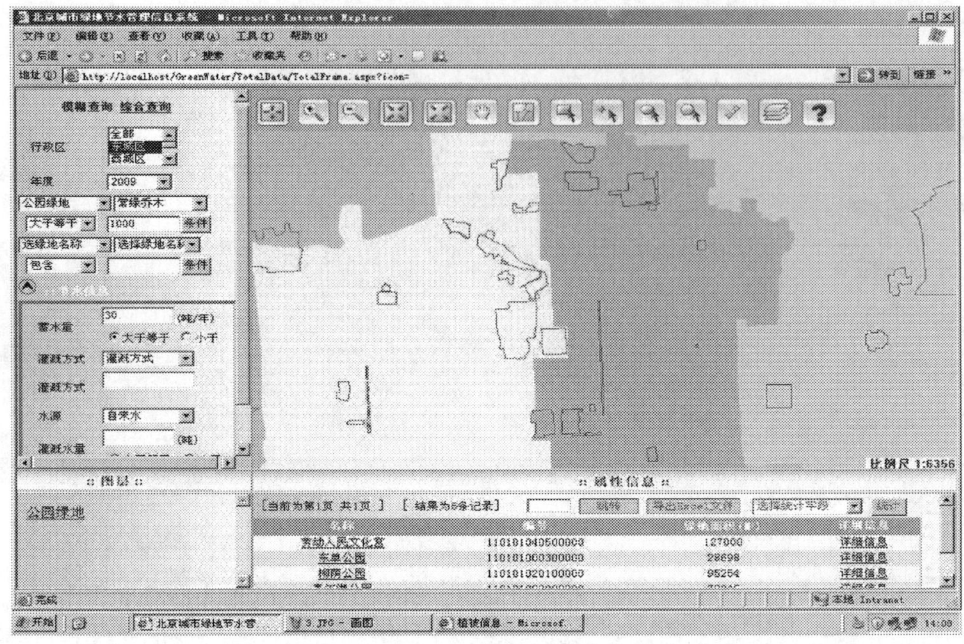

图 14-81　模糊查询实例

北京城市绿地节水管理信息系统(详细) -- 网页对话

劳动人民文化宫

标题	内容
编号	110101040500000
名称	劳动人民文化宫
水面积(M²)	22354
陆地面积(M²)	
绿地面积(M²)	127000
建筑占地面积(M²)	26298
建筑占地面积(M²)	26744
古建面积(M²)	10340
建筑占地面积(M²)	18434
其他面积(M²)	2273
绿地占陆地率(%)	73
绿地覆盖面积(M²)	139860
绿化覆盖率(%)	71
实有树木(株)	3442
乔木(株)	1391

图 14-82　绿地详细信息显示窗口

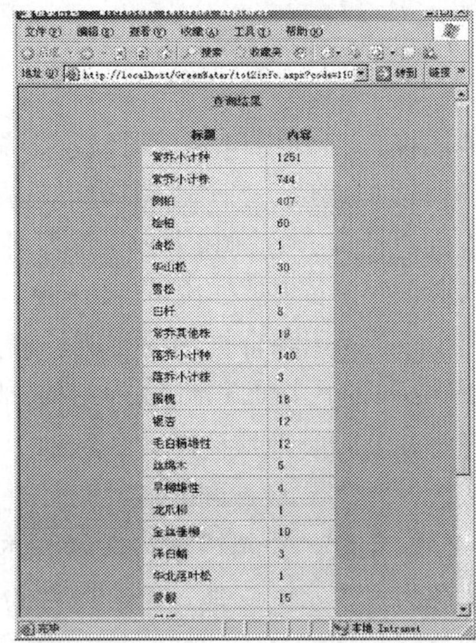

查询结果

标题	内容
常乔小计种	1251
常乔小计株	744
侧柏	407
桧柏	60
油松	1
华山松	30
雪松	1
白杆	8
常乔其他株	18
落乔小计种	140
落乔小计株	3
国槐	18
银杏	12
毛白杨雄性	12
丝绵木	5
旱柳雄性	4
龙爪柳	1
金丝垂柳	10
洋白蜡	3
华北落叶松	1
栾树	15

图 14-83　绿地乔木明细显示窗口

七、城市绿地节水关键设备研发

（一）具有记忆功能的园林升降式喷头

1. 喷头旋转角度控制装置和自动换向装置设计

为了满足对景观的观赏要求，园林灌溉方式通常采用喷灌，而且使用最多的喷头是升降式喷头。为了使喷头喷洒范围的几何形状与园林景观形状一致，通常需要对喷头的旋转角度进行调整，因此现有的升降式喷头在升降柱内设有一体式的旋转角度控制和换向装置，包括随喷头旋转的换向臂和换向套环。使用时通过专用工具调节换向套环上一对限制换向臂转动范围的限位臂来设定旋转角度。喷头旋转至设定角度后，通过换向臂拨动换向套环使之产生位置偏移，从而改变换向套环中齿轮组与喷头连接件上套接的环形齿轮的啮合位置，实现喷头反向旋转。换向臂和限位臂是转向过程中的主要受力部件，这些部件通常是由压注的塑料零件组成，使用过程中磨损严重。由于换向臂始终随喷头旋转，当有意外外力转动升降柱时，喷头的旋转角度就会改变，导致喷洒范围偏离景观，而且下次喷灌时旋转角度也不能自动复位。如果反向转动，就会造成升降柱的扭矩过大，引起换向套环上的弹片错位，使换向装置无法工作，还可能损坏换向臂和限位臂，甚至损坏传动轮及环形齿轮的齿或其他驱动部件。因此，现有旋转角度控制和换向装置缺少抗干扰的角度记忆功能和可实现自我保护的离合器功能，需要专人看护并及时调整旋转角度，否则不当操作或意外干扰会影响景观并造成水的浪费，还将影响喷头的工作状态和寿命。

本课题针对上述园林升降式喷头存在的缺陷，研制了具有换向旋转装置和角度控制记忆功能的升降式喷头。喷头内设有可分离的换向旋转装置和旋转角度控制装置，使得在有外力扭动喷头升降柱时，喷头不受换向装置中限位部件的阻挡而做自由旋转，使相应的喷头部件免受损坏，并且在下次启动喷头时，不需要重新调整，喷头自动回复到原来设定的旋转角度，可以确保喷头的喷洒范围满足要求，具有抗干扰和自我保护功能强、有效地节省人力、合理利用水资源的优点。

图 14-84 是喷头旋转角度控制装置和自动换向装置装配图。旋转角度控制装置包括分体式插接的喷头连接件（1，图 14-84）和角度分度连接件（4，图 14-84）。角度分度连接件外依次套接了含 U 形弹片（2，图 14-84）的弹片导轨（3，图 14-84）和换向旋转装置。换向旋转装置包括齿轮定位圈（5，图 14-84）、换向器（6，图 14-84）和偏移弹片（7，图 14-84）。换向器置于齿轮定位圈的上下两层之间。三个偏移弹片分别置于换向器两侧弧底和齿轮定位圈下凸柱上的弹片触点及其对应的喷头内桶壁上的三个弹片触点之间。喷头运行时 U 形弹片位于导轨中环限位槽口内。喷头旋转至设定角度后，U 形弹片受喷头连接件上限位凸台阻挡，在换向器的带动下齿轮定位圈随弹片导轨转动，引起位置偏移，此时齿轮定位圈一端的传动轮脱离喷头连接件上套接的环形齿轮，另一端的传动轮和环形齿轮啮合，喷头开始反向旋转（图 14-85）。喷灌停止后，若遇外力转动升降柱，U 形弹片从导轨中环限位槽口内脱出，喷头失去旋转角度控制功能，喷头做自由旋转，不受换向装置中限位部件的阻挡［图 14-86（a）］。喷头再次开始运行时，U 形弹片在限位凸台作用下复位进入导轨中环限位槽口，旋转角度恢复为原设计

值，喷头开始正常工作［图 14-86（b）］。

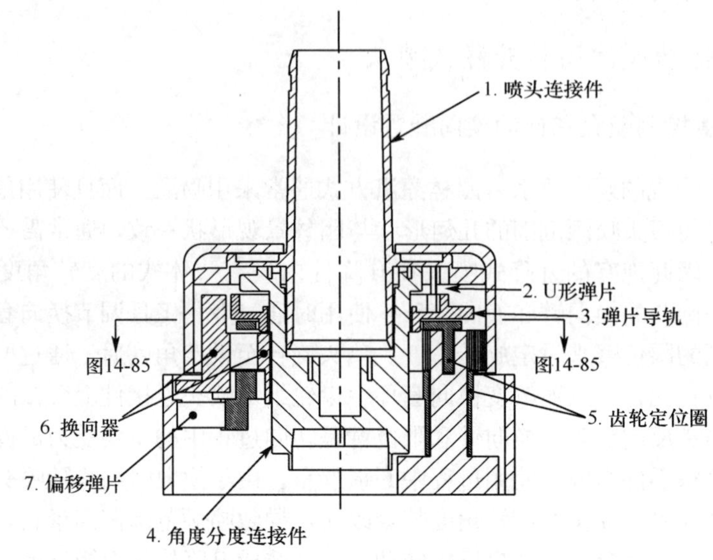

图 14-84　喷头旋转角度控制装置和自动换向装置装配图

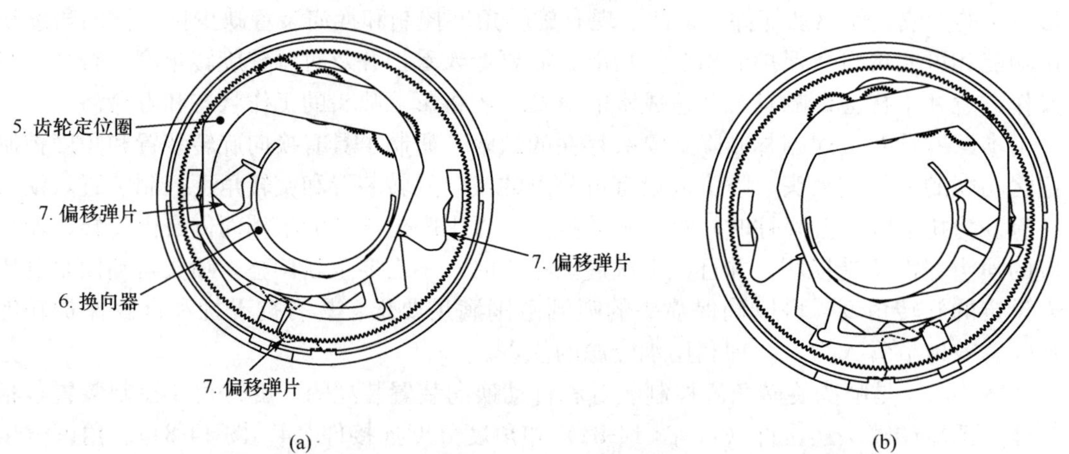

图 14-85　喷头沿不同方向旋转时齿轮定位圈稳态位置的结构剖视图

经反复试验，对记忆功能控制装置和自动转向装置的设计进行了完善，实现了喷头喷洒角度调节的记忆功能。对喷头样机的测试结果表明，装置对喷洒角度的调节准确，下一步需要对其可靠性进行进一步改善。

2. 喷头水力性能

1）压力-流量关系

喷头的压力-流量关系在水利部灌排设备检测中心实验大厅测试。喷头压力用 0.4 级精密压力表控制，流量用涡轮流量计测定。每个喷头（喷嘴）同一压力下的流量在升压和降压过程中各测一次，当两次测得流量的相对误差小于 3%时，取两次测试的平均

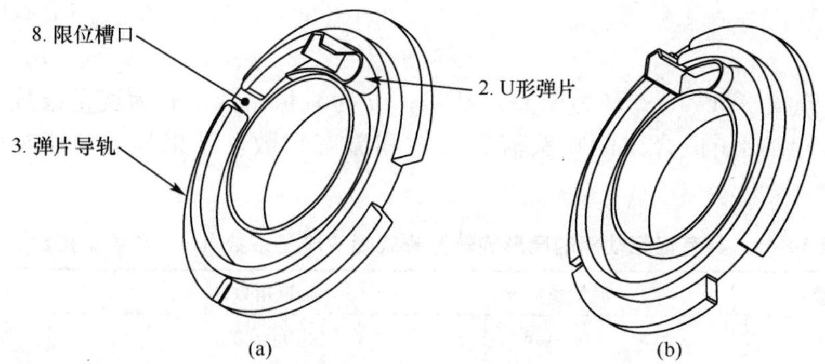

图 14-86　U 形弹片在弹片导轨内运动立体示意图

值作为该压力下的流量。对随机选取的 3 个喷头样机的压力-流量关系进行了测试，不同压力时的喷头流量测试结果及 3 个喷头样机之间的流量偏差率列于表 14-44。可以看出，流量偏差率绝对值的最大值为 0.8%，满足规范规定的小于 5%的要求。

表 14-44　具有记忆功能的扇形旋转升降式喷头水力学参数

压力/kPa	流量/(m^3/h)				偏差率/%		
	1#喷头	2#喷头	3#喷头	平均	1#喷头	2#喷头	3#喷头
200	0.313	0.311	0.315	0.313	0.0	−0.6	0.6
250	0.366	0.371	0.364	0.366	−0.3	1.1	−0.8
300	0.404	0.403	0.403	0.404	0.2	−0.1	−0.1
350	0.437	0.444	0.436	0.437	−0.5	1.1	−0.7
400	0.471	0.475	0.470	0.471	−0.2	0.6	−0.4
450	0.500	0.504	0.502	0.500	−0.4	0.4	0.0
|最大值|					0.5	0.6	0.8

对压力-流量测试数据按式（14-10）进行回归分析，并将回归得到的流量系数（m）和流量指数（x）列于表 7.2，3 个喷头样机的平均压力-流量关系如图 14-87

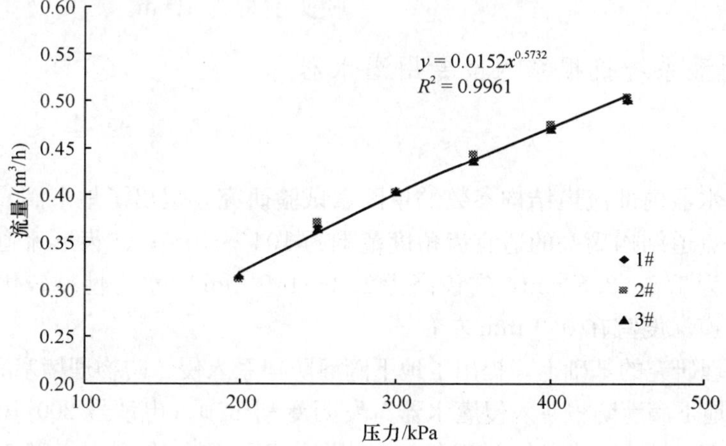

图 14-87　具有记忆功能的扇形旋转升降式喷头样机的压力-流量关系

所示。

$$Q = mP^x \tag{14-10}$$

式中，Q 为流量（m^3/h）；P 为压力（kPa）；m 为流量系数；x 为流量指数。

表 14-45 给出了拟合出的喷头流量系数和流态指数，结果显示，喷头的流量指数为 0.573。

表 14-45 具有记忆功能的扇形旋转升降式喷头流量系数（m）和流量指数（x）

喷头编号	流量系数 m	流量指数 x	相关系数 r
1＃喷头	0.0156	0.569	0.996
2＃喷头	0.0144	0.584	0.992
3＃喷头	0.0157	0.567	0.998
平均	0.0152	0.573	0.996

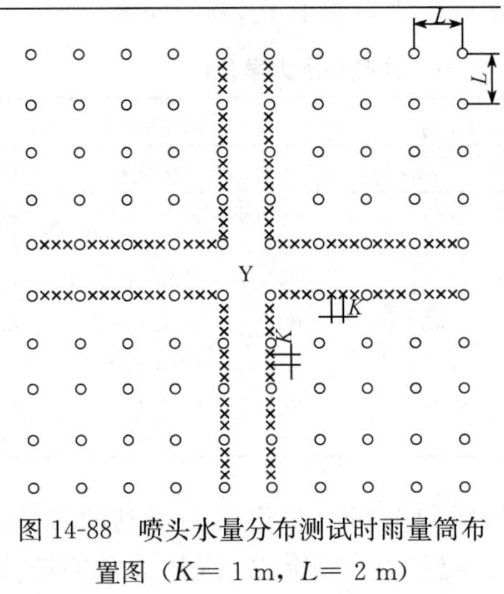

图 14-88 喷头水量分布测试时雨量筒布置图（$K=1$ m，$L=2$ m）

2）喷头水量分布

单喷头水量分布在水利部灌排设备检测中心实验大厅内无风情况下进行测试。对喷头的启动压力的测试结果表明，所有喷头的启动压力均小于 50 kPa。雨量筒按《旋转式喷头技术条件》的要求布设（图 14-88）。试验中雨量筒开口面积为 200 cm^2，每次水量分布测试历时为 1 h。

喷头在工作压力为 350 kPa 时的喷灌水量等值线绘于图 14-89，典型径向水量分布绘于图 14-90。从图中可以看出，经过多轮修改的喷头样机的单喷头水量分布形势得到了改善，获得了理想的矩形水量分布，喷头射程为 10 m。

（二）地下滴灌系统抗根系入侵专用灌水器

1. 结构设计

通过对灌水器内部流道结构参数的单因素试验研究，提出了地下滴灌初步设计参考指标：①齿形流道结构滴头的适宜齿角度范围为 104°～108°；②齿形流道结构滴头的适宜齿间距范围为 1.8～2.5 mm；③齿高为 1.3～1.9 mm 时水力性能较优；④齿形流道结构滴头的流道深度宜在 0.9 mm 左右。

在设计机理研究的基础上，提出了地下滴灌防根系入侵、防物理堵塞灌水器的设计思路，并申请“地下滴灌防根系入侵灌水器”发明专利 1 项（申请号 200710163886.1）。灌水器（图 14-91）主要的特点与创新在于：分别设于两侧的含有锯齿型流道的进水腔和含有出水口的出水腔。本研究从灌水器本身的物理结构着手，采用了窄缝式出水口及出

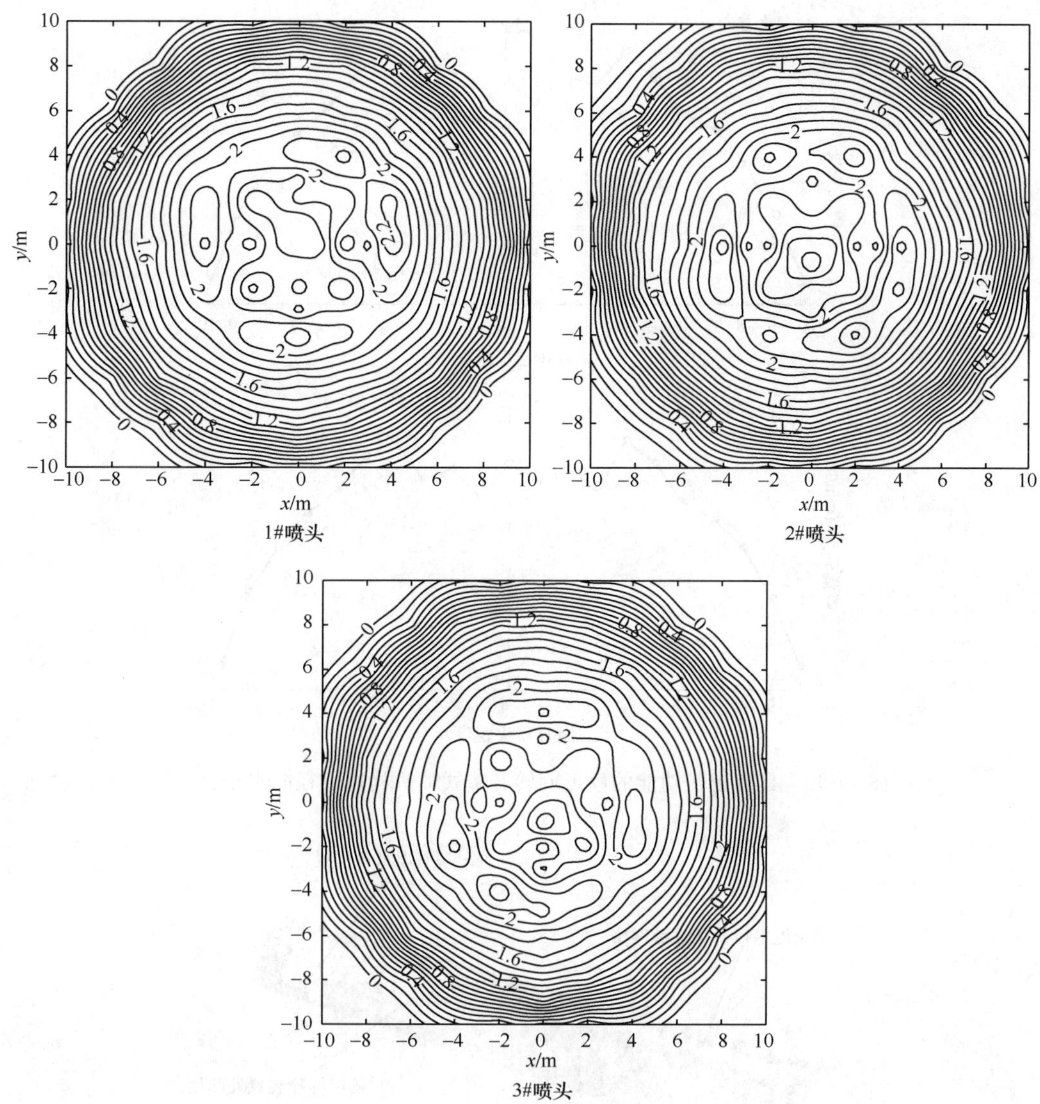

图 14-89　升降式喷头水量分布等值线图

水腔内部设有物理式屏障的结构，它们不仅有效地解决根系入侵问题，而且还具有价格便宜、不会污染环境的优点。另外，在进水腔设置了筛状过滤网格并优化了锯齿状流道的尺寸，从而改善了灌水器抗堵塞性能并保证了其内部流量的均匀性。

2. 产品测试

研发的地下滴灌防根系入侵灌水器的内镶片式滴灌管由北京绿源塑料公司生产，对其水力性能进行了测试（图 14-92），图 14-93 给出了测试结果，可以看出，该地下滴灌灌水器 10 m 工作水头下的流量为 3.11 L/h，考虑到埋入地下时，其实际流量为 1.5～3.0 L/h，符合目前主流灌溉的习惯，因此具有潜在的应用价值。此外，该地下滴灌灌

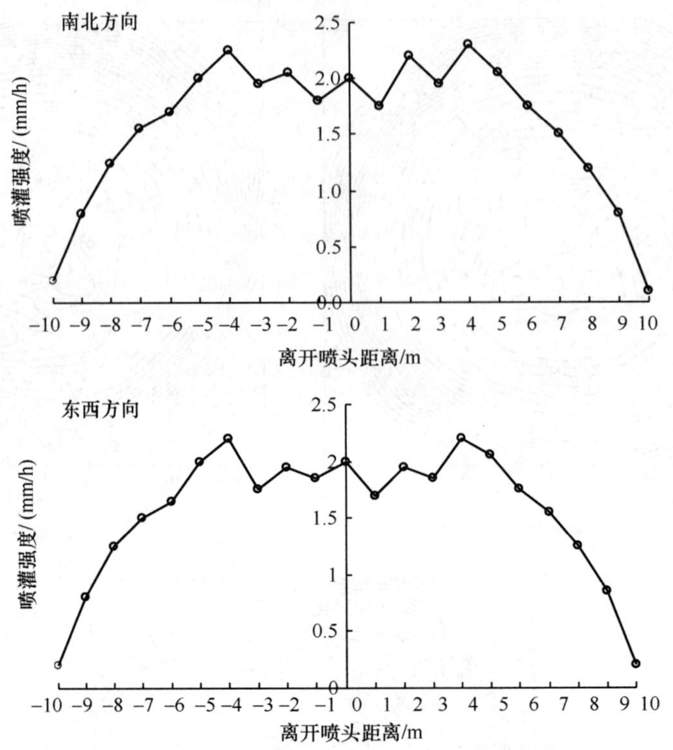

图 14-90　具有记忆功能的扇形旋转升降式喷头样机的径向水量分布图

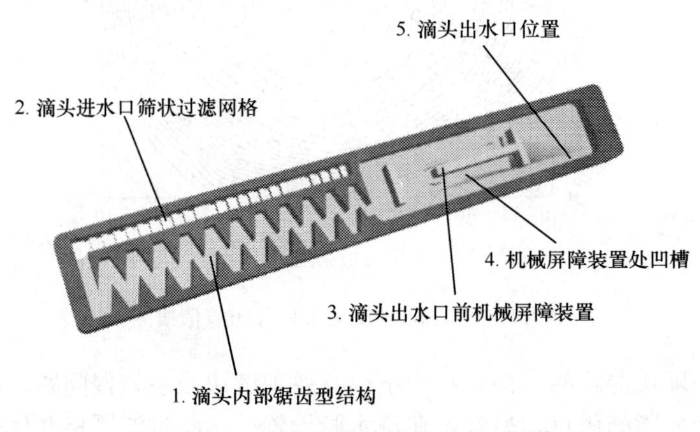

图 14-91　滴头内部结构及出水口形式

水器的流态指数为 0.486，流量偏差系数 Cv 为 2.5%，完全达到相关产品的技术指标，具有较优的水力性能。

为了对灌水器防根系入侵性能的效果做进一步的评估，在国家节水灌溉北京工程技术研究中心大兴试验基地对所研发的地下滴灌灌水器进行田间应用效果评估试验（图 14-94）。在试验布置中地下滴灌管按两种常见的埋深（20～25 cm 和 35～40 cm）设置，分别设为东小区（20～25 cm）和西小区（35～40 cm），种植作物主要为冬小麦，试验

图 14-92　地下滴灌防根系入侵灌水器水力性能测试过程

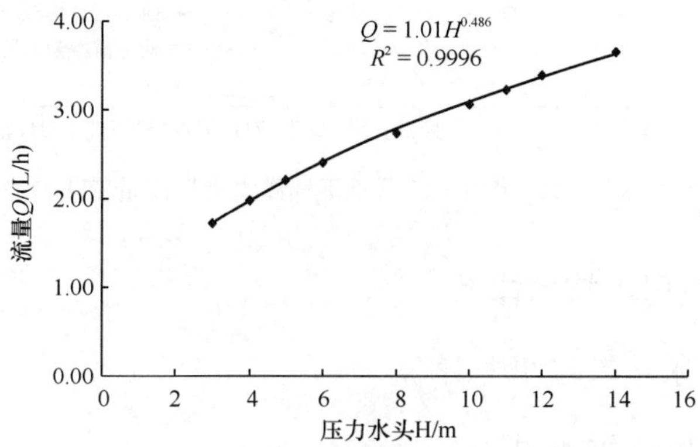

图 14-93　地下滴灌防根系入侵灌水器水力性能

图 14-94　田间应用考核评估试验小区

小区的土壤经过检测为砂壤土。田间考核试验从 2009 年 3 月开始，主要分别在东小区和西小区安装典型的地下滴灌系统，通过水表计量一定时间内各小区地下滴灌灌水器平均流量随时间的变化规律，分析该地下滴灌灌水器抗根系入侵的效果及适宜于园林地下滴灌的前景。2009 年 3～10 月的试验数据显示（图 14-95），地下滴灌灌水器的平均流量与额定流量相比只减少了6%～10%，且两种埋深下流量差异不大。鉴于滴灌灌水器埋入地下后的水力性能与土壤质地、土壤初始含水量、灌水器额定流量有很大关系，因此存在这种现象是合理的，也需要进一步开展相关研究，找出相关原因。

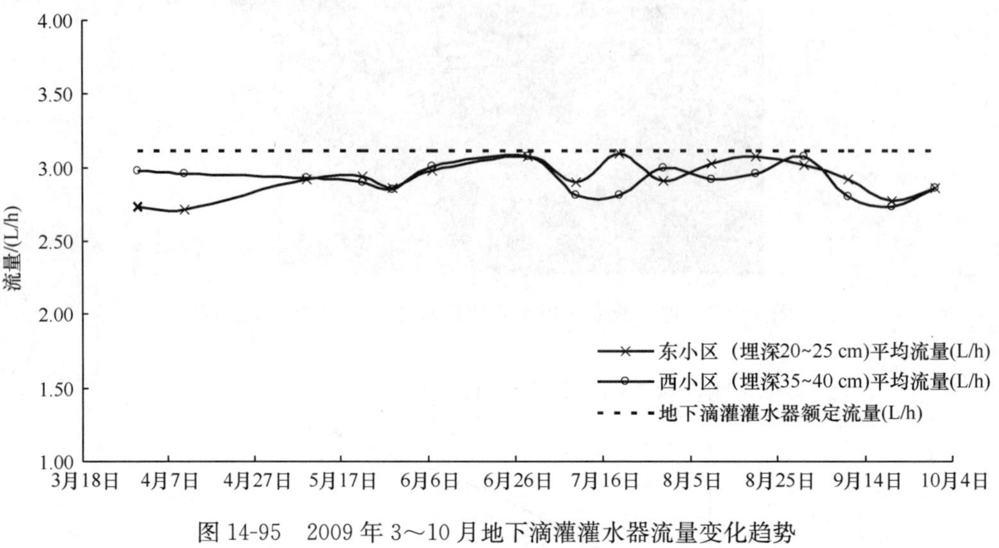

图 14-95 2009 年 3～10 月地下滴灌灌水器流量变化趋势

八、北京绿地高效用水技术体系

（一）城市绿地节水技术应用与评价

1. 城市绿地综合节水示范区概况

如图 14-96 所示，北小河公园东至望京外环规划路，西至京承高速路，南至南湖渠路，北至东湖规划路，总面积 24.8 hm^2。北小河公园由北京朝阳区区政府投资，是区委区政府为市民办实事的项目之一。它的建设改变了望京地区缺乏公园绿地的现状，成为望京地区唯一一座大型公园。2006 年 5 月 1 日公园正式面向市民开放。

从景观角度看，公园分为滨河休闲区、儿童活动区、森林剧场、雕塑广场、体育健身区及山林活动区等几大功能区，丰富视觉景观效果，波浪石墙间种植绣线菊等地被植物，非常具有现代园林景观气息。绿化主要运用钻天杨、馒头柳、绒毛白蜡、银杏、油松、地被花卉、芦苇、千屈菜、水葱、芒草、花菖蒲、鸢尾、菖蒲等植物进行配植，营造绿色、郊野、生态的入口景观环境。

城市绿地综合节水示范区建设突出“森林景观、时尚文化、人水和谐、休闲健身”的设计理念，公园建设以水为载体，目标是建设零耗水生态公园。

北小河公园在绿地节水建设中采用了节水灌溉技术、雨水收集利用与灌溉技术、蓄水保墒技术、精准灌溉技术、再生水灌溉技术、渗灌技术、节水抗旱型绿地建植技术、土壤墒情监测与预报技术、抗旱乔灌草优化配置技术等。目前示范区的绿化工程建设已经完成，为节水工程建设奠定了良好的基础。

图 14-96　北京市北小河公园绿化设计图

2. 城市绿地乔灌草节水配置模式示范应用

针对不同地形特点和景观功能要求，建设 5 块典型乔灌草配置模式，监测表明，节水乔灌草配置可以实现节水 30%～40%。

1) 节水抗旱乔灌草植物配置示范区

植物配置模式：油松＋海棠-红王子锦带-铺地柏（镶边种植）＋蛇莓，如图 14-97 所示。该区域乔木栽植以油松、海棠为主，油松耐旱性能出众，为东门附近区域营造了大气、庄严的氛围。为了丰富色彩，在前景点缀两棵紫薇，地被植物铺以蛇莓。蛇莓春季返青早，耐阴，绿色期长，花朵直径可达 1 cm，繁密可观，在半阴处开花良好，花后可观果，管理粗放，具一定耐旱性。但蛇莓不耐践踏，故在绿地边缘配植铺地柏，防止游人进入。

2) 森林剧场区背景坡体节水植被配置

植物配置模式：景天属地被-薹草-小菊，如图 14-98 所示。该区域是由地被植物和宿根花卉形成的长为 16 m 的扇形下沉坡地花坛，原栽植有大花剪秋罗、吊钟柳、薹草和草花，因草花撤换、大花剪秋罗花后景观差而进行绿化改造。由于竖向采取下沉的递进关系，使人和植物的距离被适当拉开。足够的视距，使游人对植物的质感感受也就退居次位，取而代之的是能够对观赏产生影响的要素主要是植物的轮廓、色彩等，所以设计以带状花纹为主，花坛的抽象变形被游人尽收眼底，让人联想起翩翩彩带，营造了明朗的开阔空间，突出了公园的主景。

图 14-97　节水抗旱乔灌草植物配置

图 14-98　森林剧场背景坡体节水植被配置

3）湖边步道展示区节水植被配置

植物配置模式：白蜡＋圆柏＋悬铃木－红王子锦带－铺地柏＋鸢尾，如图 14-99 所示。沿道路栽植白蜡作为背景营造了沿路的线性空间，并把湖边步道北侧围成一个相对封闭的空间，使游人的视觉主要集中在步道南侧湖区开阔的空间，突出了前景几棵孤植的圆柏。修剪得当的红王子锦带和铺地柏灌丛作为近景划定了道路的轮廓，铺地柏也与同为常绿植物的圆柏做了呼应，成为冬季景观的焦点。路边点缀的鸢尾和几块置石生动了整个景观，增强了趣味性。

4）抗旱地被用以覆盖林下空地

节水配套模式：丁香（金枝国槐）－八宝景天（毛茛、委陵菜），如图 14-100 所示。在北门入园两侧绿地内，用八宝景天、毛茛、委陵菜等耐旱地被植物代替草坪用于林下空间，使地面黄土不裸露，植株形态色彩各异，消除了草坪的单调性，也避免了草

图 14-99　湖边步道展示区节水配置

坪容易在树木的遮阴下生长不良的问题。抗旱植物有八宝景天（*Sedum spectabile*）、毛茛（*Ranunculus japonicus*）及委陵菜（*Potentillae chinensis*）。

图 14-100　林下抗旱地被

5）节水抗旱草筛选与示范

筛选出的狼尾草、斑叶芒（图 14-101）、拂子茅、丽色画眉草、细茎针茅（图 14-102）的抗旱性较强，在北小河公园示范区成功种植，在奥运公园以及北京、河北等地区城市绿化中得到应用，抗旱草耗水量为 400～500 mm，比冷季型草耗水减少 50%，北京地区多年平均降雨量为 585 mm，故可以实现雨养，同比节水 60%以上。

2. 绿地节水自动监控系统示范应用

朝阳区北小河公园示范区灌溉系统主要由监控中心、ASE 灌溉控制器、无线低功

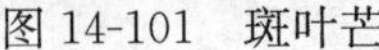

图 14-101　斑叶芒

图 14-102　细茎针茅

耗采集控制器、手持遥控器、各类传感器以及交直流电磁阀组成，如图 14-103 所示。监控中心采用 C/S 架构，可实现远程灌溉实时监控、远程传感器信息采集、用水信息统计等功能；ASE 灌溉控制器具备远程遥控功能，具有多路采集信号和控制信号，控制器系统的扩展和兼容能力较强。无线低功耗采集控制器可灵活满足公园现场无市电供

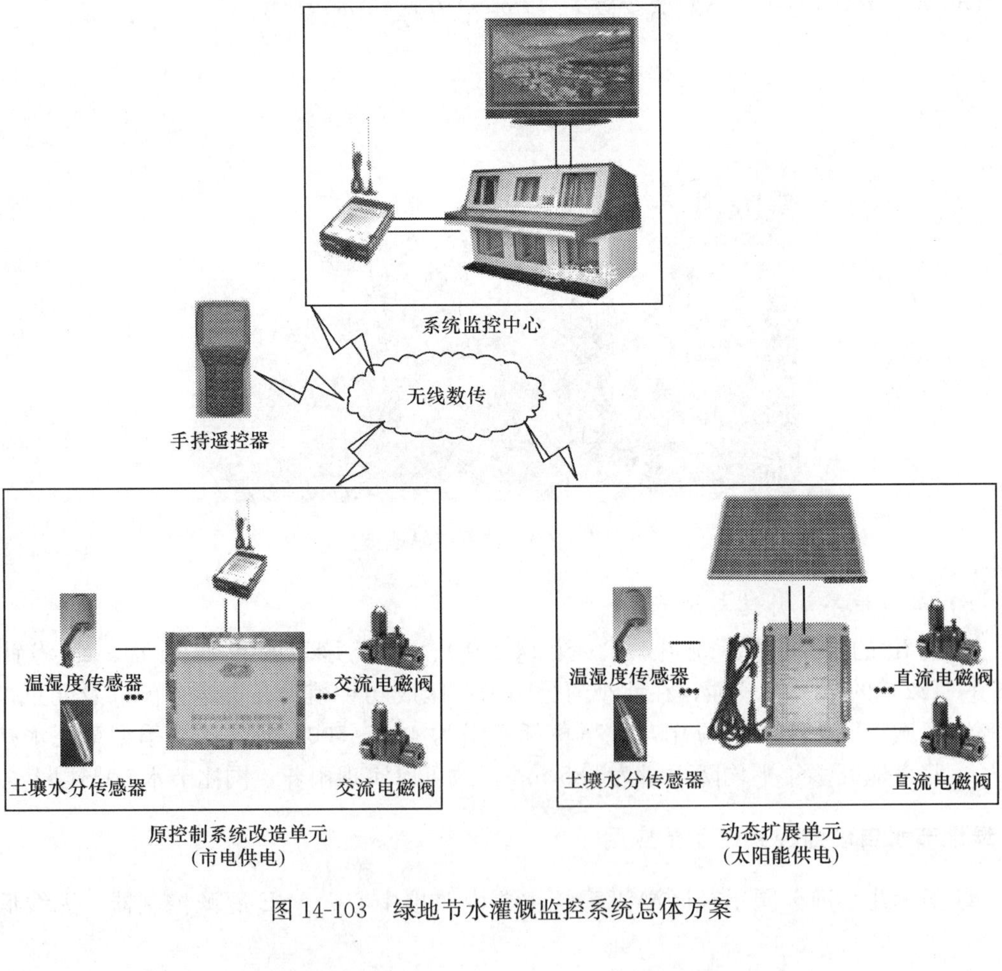

系统监控中心

无线数传

手持遥控器

温湿度传感器

土壤水分传感器

交流电磁阀

交流电磁阀

原控制系统改造单元
(市电供电)

温湿度传感器

土壤水分传感器

直流电磁阀

直流电磁阀

动态扩展单元
(太阳能供电)

图 14-103　绿地节水灌溉监控系统总体方案

电，且需增加灌溉控制点及传感器信号采集点时的使用需求，不受空间及供电条件的限制。采用无线通信和太阳能供电，大大减少了通信线缆，节约了大量的线缆成本，安装和维护也极为方便。系统具有全自动控制、策略控制、手持遥控器控制、手动控制等多种灌溉控制模式，结合土壤墒情监测形成科学、高效的节水灌溉系统。全自动控制：根据用户预先设定的灌溉时间和土壤墒情状态智能决策，实现全自动轮灌。策略控制：根据用户需要任意设定灌溉区域、顺序和时间，形成不同的灌溉策略。手持遥控器控制：根据用户指定的区域及时进行灌溉。手动控制：在供电系统故障情况下可以手动控制阀门进行灌溉。

绿地灌溉控制系统软件运行在系统监控中心的上位机系统上（图 14-104），该软件主要包括系统概况、监控中心、用水管理、气象监测、墒情监测和用户管理等部分。该软件把北小河公园绿地灌溉分成 3 部分，工作人员可以根据实际的灌溉需要，点击相应的灌溉区域，通过参数设置和轮灌组设置进行相应区域的灌溉。

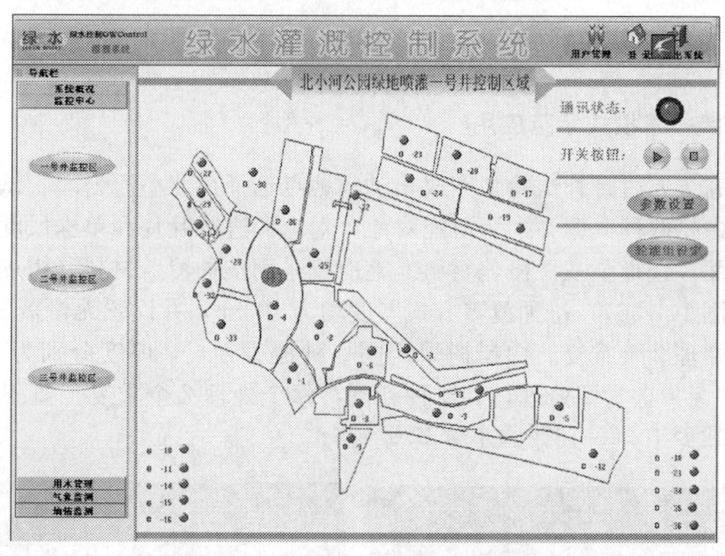

图 14-104　一号井监控区软件界面图

3. 绿地再生水、雨水、湖水和地下水联合调度模式示范应用

北小河公园绿地节水灌溉组装配套模式包括四水联调泵房首部系统、地下滴灌、喷灌等关键设计的示范应用，如图 14-105 所示。四水联调包含的四个水源分别是湖水、河水、再生水和地下水。公园本身地形是四周高、中间低，中间位置上有小型湖泊提供湖水，由于缺少流动、湖水中动植物的生长以及降雨量较少而水质较差；绕公园南侧而行的北小河提供河水，河水主要由日常的自然降水及附近再生水厂处理的再生水组成，水质接近于再生水；清河再生水处理厂提供再生水水源，水质达到国家要求的标准；公园内有三口水井提供地下水，水质较好。将河水、湖水、再生水及地下水四水对其补充，而湖水则可用于公园本身草地乔灌木等的灌溉。由于湖水、河水及再生水中包含大量的有机物质，容易造成灌溉系统的堵塞，因此必须采用砂石介质过滤器，根据试验研

究结果，罐内装有 0.4 m 深的质量比为 1∶1 的 10～20 目和 20～40 目的石英砂，过滤器前端链接的三根灰色管道即为湖水、河水及再生水的供水管道，地下水比较珍贵，只有在前面三种水源都缺少时才使用。

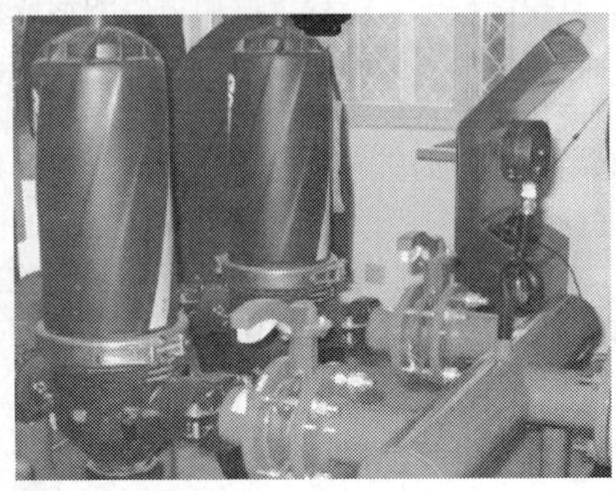

图 14-105　四水联调泵房首部实物图

4. 绿地覆盖保墒技术模式示范应用

乔木的研究主要由野外试验来完成，试验地点选择在北小河公园。试验将北京市常见的毛白杨和白蜡两种典型乔木为研究对象，对它们进行叶片和单株尺度的耗水进行研究。在保墒方面，选择了三种覆盖材料。毛白杨采用三种覆盖材料（树皮、砾石和松针压石）处理（图 14-106），每种覆盖方式厚度均为 10 cm，并设置无覆盖对照处理，共 4 种处理，每个处理 2 个重复。白蜡树采用同一种覆盖方式，厚度分别为 5 cm、10 cm、15 cm，并设置无覆盖对照处理，共 4 种处理，每个处理 2 个重复。监测结果表明采用树皮覆盖可以减少 10%～15%的土壤蒸发。

图 14-106　典型覆盖形式

（二）北京绿地高效用水技术发展模式

通过本课题的研究，形成了十项单项核心技术，通过单项核心技术的组装配套形成北京绿地高效用水技术发展模式，如图 14-107 所示。示范区的应用表明，采用绿地再生水安全利用技术、绿地雨洪集蓄与灌溉技术、绿地“四水”联调利用技术等核心技术后可以实现非常规水源的安全利用，同比实现节水30%～90%；采用节水抗旱乔灌草筛选配置、绿地非充分灌溉技术、绿地覆盖保墒技术等核心技术可以实现节水10%～60%；采用绿地高效灌水技术、灌溉自动控制技术、绿地墒情监测与预报技术、科学灌溉制度等避免深层渗漏等核心技术可以实现节水10%～40%。采用上述综合节水措施可以实现节水40%以上。

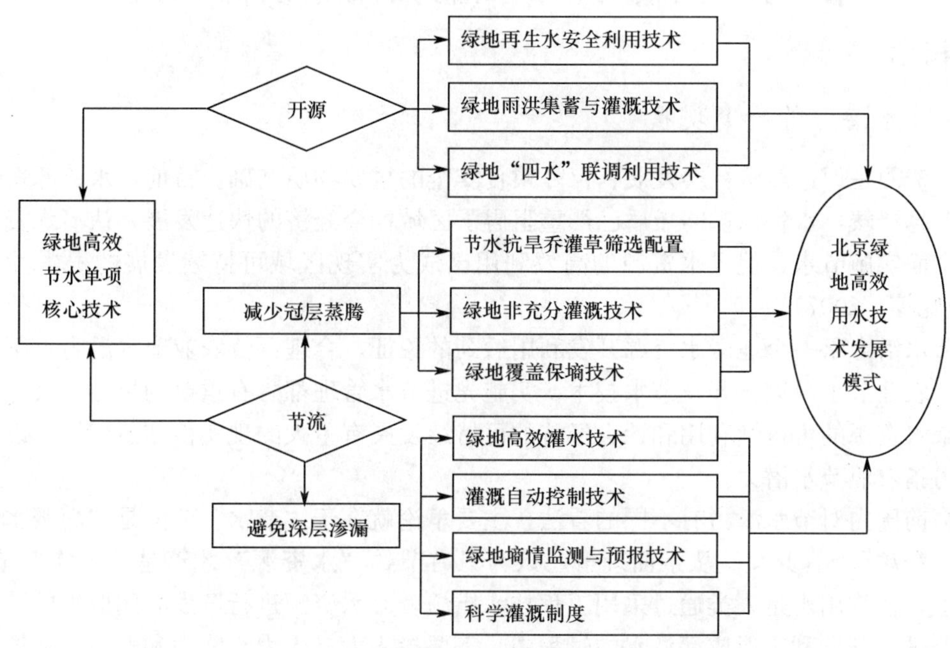

图 14-107　北京绿地高效用水技术发展模式

参考文献

高凯，刘自学，胡自治，等. 2004. 不同草种单播草坪蒸散量的研究.（2）：43-46

侯立柱，冯绍元，韩志文，等. 2006. 透水砖铺装地面垫层结构对城市雨水入渗过程的影响. 中国农业大学学报，11（4）：83-88

刘洪禄，丁跃元，郝仲勇，等. 2006a. 现代化农业高效用水技术研究. 北京：中国水利水电出版社：1-10

刘洪禄，吴文勇，郝仲勇，等. 2006b. 城市绿地节水技术. 北京：中国水利水电出版社：1-61

穆乃君，张昕，李光永，等. 2007. 内镶片式齿型迷宫滴头抗堵塞试验研究. 农业工程学报，23（8）：34-39

孙强，韩建国，姜丽，等. 2004. 草坪蒸散量及水分管理的研究草地学报，12（1）：51-56

魏天兴，朱金兆，张学培，等. 1998. 晋西南黄土区刺槐油松林地耗水规律的研究. 北京林业大学学报，20（4）：36-40

吴丽萍，王学东，尉全恩，等. 2003. 樟子松树干液流的时空变异性研究. 水土保护研究，10（4）：66-68

吴文勇，郝仲勇，刘洪禄，等. 2005. 高速公路绿化带灌溉系统建设工艺与效益分析.（3）：18-20

仵峰，范永申，李辉，等. 2004. 地下滴灌灌水器堵塞研究. 农业工程学报，20（1）：80-83

余新晓，陈丽华. 1996. 黄土地区防护林生态系统水量平衡研究. 生态学报，16（3）：238-245

张俊民，张莉楠，李芳. 2004. 北京市不同类型绿地单位面积年灌溉需水量的估算. 北京园林，（4）：42-47

张新民，胡林，边秀举，等. 2004. 北方常用草坪草的蒸散量差异及耗水性评价. 草业学报，13（1）：9-83

赵炳祥，胡林，陈佐忠，等. 2003. 草坪蒸散研究进展. 北京林业大学学报，25（6）：39-44

周玉文，孟昭鲁. 1995. 瞬时单位线法推求雨水管网入流流量过程线的研究. 给水排水，（3）：5-9

第十五章　区域农业节水潜力评价

第一节　区域农业节水潜力的概念及科学内涵

一、概念

（一）节水潜力的研究现状

水资源是促进经济社会发展、保障粮食安全的重要物质基础。目前，水资源短缺形势越来越严峻，水资源供需矛盾已严重阻碍了区域社会经济的快速发展，认清水资源形势，全面实施节水，促进水资源的高效利用已成为实现区域可持续发展的根本性措施（张艳妮等，2007）。

节水潜力是一个地区水资源开发利用后劲的象征，合理评价农业节水潜力，不仅对于制定农业节水政策、开发节水技术、实施先进节水管理都具有重要的指导意义，而且对未来水资源的可持续利用和社会经济的可持续发展有重大的现实性和迫切性。以下节水潜力指农业节水潜力。

当前国内对节水潜力有不同的看法，主要争论就在于"节水"节的是"灌溉水"还是"水资源"。不少人仅从字面理解，认为只有节约"水资源"才算是"真实"节水。事实上，作物用水是人类通过采用工程技术措施，对水资源进行开发利用取得的。在对水资源进行开发利用形成灌溉水的过程中，需要投入大量人力、物力和财力，从这一层面来说，减少农田灌溉输配水过程中的输配水损失尽管没有节约"水资源"，但却提高了农业用水效率，甚至在拥有相同灌溉水的情况下可以获取更大的产量，因此这里我们把节水潜力定义为：在保持农作物产量不降低的前提下，通过采用工程技术措施使从水源取用的灌溉水通过输水、配水和灌水供给作物利用的过程中，可能减少的损失水量。节水潜力是在分析期内，采用可能的工程技术措施，从水源少取用灌溉水的能力。这种能力虽然是用数值来计量，但节约出来的水能否直接利用或转移到别的部门利用，取决的因素很多，不能一概而论。而现阶段对于节水潜力的研究，还没有一个统一公认的定义和概念，对于不同灌区、不同灌水方式的节水潜力分析也有不同的看法，在理论方面缺乏指导。

大多关于节水潜力估算方法的基本原理都是综合考虑各种影响因素后，确定出不同区域、不同时期灌溉水利用系数等指标，进而对区域节水潜力进行估算（傅国斌等，2001a，2003b；刘群昌等，2003；吴月英等，2001），但是不少研究表明：灌溉水利用系数等节水潜力评价指标在时空上具有相对概念，不同历史时期和不同区域，灌溉水利用系数值都存在变化，如茆智（2005）对大型灌区节水效应研究指出，灌溉水利用系数等节水评价指标存在尺度效应，大尺度的节水潜力并不是小区域值的简单叠加。另外过去多侧重于单项节水技术的节水效果研究，如渠道衬砌节水多少，喷、滴灌节水多少，农艺措施节水多少，管理水平提高能节水多少等，综合考虑各种节水技术相互影响的并不多。而采取的工程、管理、农艺等节水措施往往是相互制约、相互影响的，并且与地区的社会经济、节水技术水平等有密切关系，因此，正确地认识节水潜力的内涵，并充分考虑各种节水技术间的相互关系和效应传递，从整个区域的水资源综合利用出发，分析区域的农业节水潜力显得尤为重要。

（二）区域农业节水潜力的概念

近年来随着节水工作的深入，关于节水潜力的概念，国内外许多学者进行了深入研究。David 和 Robert（1982）在 1982 年的 *Agriculture Water Conservation in California, with Emphasis on the San Joaquin Valley* 技术报告中，对灌溉取水节水量中的可回收水与不可回收水的概念作了比较系统的说明，并对加利福尼亚州整个区域的灌溉节水潜力进行了系统分析。中国水利水电科学研究院水资源所完成的国际合作项目《真实节水量研究》中提出了“真实节水”的概念（沈振荣等，2000），认为真实节水是节约水量中所消耗的不可回收水量，包括蒸发蒸腾量、无效流失量以及作物增产部分所增加的净耗水量。裴源生等（2007）从水资源角度出发，站在宏观区域角度上，定量研究水资源所能节约下来的损耗量即耗水节水量。耗水节水表示在考虑各种可能节水措施的情景下，节水措施下的耗水与不采取节水措施下的耗水差值，它体现了区域真正的节水潜力。段爱旺等（2002a）把节水潜力分为狭义节水潜力和广义节水潜力，在定义两者基础上，指出农业节水潜力是在保证现有生产面积上产出农产品总量不变的基础上，通过各类节水技术措施的实施，可以使现有农田用水总量减少的数量。龚华等（2000）认为灌区节水潜力分析实际上是对潜力实现量的分析，它包括两个方面：一是现有灌溉面积全部达到现行灌溉技术标准的节水潜力；二是节水灌溉技术标准适当提高和灌溉面积增加后进行新一轮节水的潜力。张霞等（2006）指出田间节水潜力是指灌区农渠以下田间采取工程措施与非工程措施节水，田间水利用系数达到《节水灌溉技术规范》的要求后，在同等规模条件下，田间灌溉水量与基准年相比节约的水量。欧建锋等（2005）认为节水潜力是以现状为基准，在充分考虑节水的条件下，分析至各水平年各项用水指标的最大差距，对于灌溉农业，即为农田灌溉净定额可能的最小值与灌溉水利用系数可能的最大值，以此来分析一个时期内的用水量可能达到的最大差值。田玉青等（2006）认为灌区节水潜力是指在可预知的技术水平条件下，通过采取一系列的工程和非工程节水技术措施，同等规模下灌区预期需要的灌溉用水量与基准年相比节约的水量。其中最大可能节水量一般称为可能节水潜力或理论节水潜力。李玉义等（2007）从开源、节流潜力两个方面对农业水资源可利用潜力进行分析，引入两个概念：①极限潜力，指理论测算的最大潜力，或在相当长的一段时期内技术条件无法达到的潜力；②可挖掘潜力，指通过一定的技术手段，可以开发利用的水资源开源和节流潜力。对于节水潜力的认识不能采取静止的观念，应该根据地区的实际情况，考虑到社会经济的发展、未来可能的变化和区域生态环境的改变。

目前对于节水潜力研究的分歧主要在于传统的解决现实问题的节水观念与广义理论上的节约水资源量之间，另外，由于研究尺度不同，对农业节水潜力的认识也不同。我们认为，区域农业节水潜力是指某区域范围内，在一定技术措施、经济、管理手段条件下，能够保障农业生产前提所需的理论水资源与某水平年实际可用于农业灌溉的水资源之间的差值。水资源的概念不同，可将区域农业节水潜力分为狭义区域农业节水潜力和广义区域农业节水潜力。本章所指的区域农业节水潜力主要是狭义区域农业节水潜力，这种潜力是在现有技术、经济、管理条件下，能够实现的潜力。

二、内涵

从区域农业节水潜力的概念分析，区域节水潜力是一个动态的概念，水平年不同，区域节水潜力也不同。

（一）农业节水潜力的内涵

节水潜力在节约水量方面，传统的节水潜力主要是提高农业用水从水源到作物吸收利用转化为有效水过程中的一次利用率和重复利用率，来减少各环节的水量损失和需水量，它可缓解水资源需求的紧张形势，来解决现实中存在的问题，其包括可回收水量和不可回收水量（蒸发蒸腾量、无效流失量以及作物增产部分所增加的净耗水量），而理论上的节水潜力是站在宏观水资源角度来整体分析区域内减少的不可回收损耗水量，它只包括不可回收水量，二者在根本上是统一的。只是所研究的尺度不同产生了不同节水潜力的解释。

节水灌溉尺度效应是指节水灌溉措施在各个尺度上的节水效果的差异以及一种尺度上的节水效果与其他尺度节水效果的关系，也即灌区水循环尺度效应（茆智，2003）。在农业节水活动中，必须考虑尺度转换，因为田间尺度获得的效果并不等于较大尺度（如流域尺度）的效果。正如 Seckler 等（1998）指出，灌溉系统上游提高水利用效率后，可能负面影响下游灌溉行为。对于这种上下游的相互协调，必须研究新方法来量化不同尺度上水分的相互依赖关系，从而对节水灌溉效果进行全面评价（Tuong and Bhuiyan，1999）。因此对于农业节水的研究一方面要侧重研究不同尺度农业采用节水灌溉措施后本身的节水效果，另一方面要侧重研究不同尺度间农业节水的相互沟通、联系，前者是后者的基础（李远华等，2005）。

因此，对于农业节水潜力的认识需根据不同的尺度认识其节约的水资源量，不同尺度的节水潜力主要通过以下几个方面来实现（段爱旺，2003；赵竞成，1999；郭相平和张展羽，2001）：根据地区的实际情况，合理调整作物布局直接减少灌溉需水；充分利用天然降水满足作物对水的需求，尽量少用或不用人工灌溉补水；优化调配开发利用各种可利用于灌溉的水资源；减少输配水过程及田间灌水过程中的深层渗漏、地表、地下水的无效损失量及蒸腾蒸发量；提高作物吸收水分后通过光合作用转化为产量的效率，节水的目标不仅仅为了“节水”，而是在保持或提高作物产量的前提下，尽可能减少灌溉水的用量。在研究中需要根据其研究对象的不同，区别认识其节水潜力。

本章所研究的是区域的农业节水潜力，是指立足区域社会经济条件及科技背景，在水资源合理配置及不破坏生态环境情况下，在可预知的技术水平条件下，采取可能节水措施后与现状相比，所节约下来的可以开发利用的潜在水资源量，包括可回收水量及不可回收水量。在本章中所指的农业节水潜力是综合考虑地区的地表水、地下水利用、生态平衡和社会经济发展水平等，实施适宜的节水措施后可以实现的农业节约水量。

区域农业节水潜力是根据流域本身的社会经济状况，其水资源遵循有效性、公平性和可持续性的原则，通过合理抑制需求、保障有效供给、维护和改善生态环境质量等手段和措施，对多种可利用水源在区域间和各用水部门间进行配置后，在所配置的农业水资源基础上根据自身的实际情况，通过合理可行的综合节水措施来实现。图 15-1 为流域农业节水潜力的实现图。

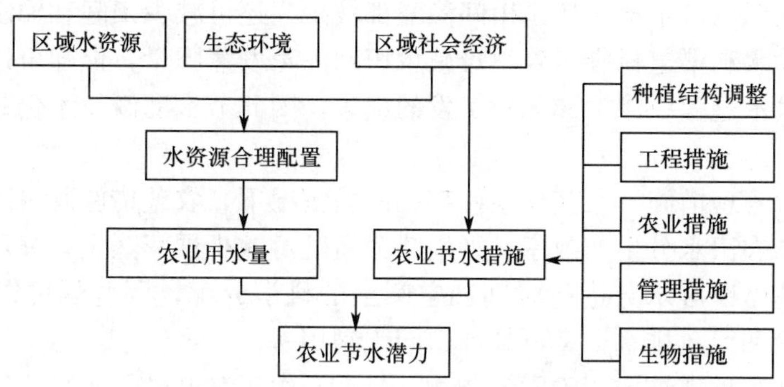

图 15-1　区域农业节水潜力实现流程图

(二) 农业节水潜力的主要特征

农业节水潜力的主要特征（郭长城，2004；赵西宁等，2004；周维博和李佩成，2000）如下。

(1) 投入特征。农业节水潜力的实现以节水措施的实施为前提，所以一个地区没有国家的资助或本地区经济的快速发展，没有一定的经济基础，就不可能借助节水措施缓解农业水资源的紧张局面。

(2) 整体特征。区域内水资源相互转化和循环，节水措施的实施改变了原有的水资源系统，这个新的系统有有利的一面也有不利的一面，区域水资源在不同地段是相互联系的，节水措施的实施要考虑全面性。

(3) 有限性特征。一个地区水资源本身具有一定的自然限度，而且还受到社会经济和生态环境方面的影响，决定了农业可用水量的有限性，另外，在一定的时段和技术水平条件下，农作物产量是有限性，这就决定了农业节水潜力是有限的。

(4) 动态性。节水潜力不是一个定值，随社会发展、技术进步、先进设施投入，农业的节水潜力是变化的，以现在为基点，应用的节水技术和措施越先进，一般来说节水潜力越大。如果基点也是变化的，随着节水技术应用，水资源利用效率越高，节水潜力将越小，因为任何影响因素都不可能完全消除，只能无限接近极限值。

(5) 时空性。节水潜力只有在一定的时间和空间范围内进行研究才有意义。

(6) 可变性。主要表现在自然条件的改变和社会的发展两个方面，前者主要指气候条件的变化，不同水文年可供水资源量不同，引起作物产量的不同，直接导致节水潜力变化，后者指资金的投入受到社会经济发展和市场调节影响，进而影响节水潜力的实现。

三、影响因子

节水潜力通常可通过三类途径实现：提高渠系和田间水利用系数，减少输水损失、田间渗漏损失和地表流失的水量；减少田间和输水过程中的蒸发蒸腾量；提高灌溉质量和农田水分生产效率，在同等水分的情况下获得更高的产量。

从节水潜力实现的三个途径可知，影响节水潜力的主要因素如下。

（1）灌水技术。采用不同的灌水技术，输水损失、田间渗漏和地表流失的水量不同。如喷、滴灌无论输水损失还是田间渗漏都较少，还可减少田间和输水过程中的蒸发蒸腾量；管道输水和渠道衬砌尽管很难减少田间的蒸发蒸腾量，但却可以大幅度提高输水效率，减少输水过程中渗漏和无效蒸发的损失，因此节水灌溉技术仍是目前实现节水的主要途径。

（2）农艺和管理措施。在其他条件都相同的情况下，农艺措施既可减少田间蒸发蒸腾量，也可提高农田水分生产效率，如地膜覆盖既可减少棵间蒸发，又可提高降雨利用效率。管理措施可以对水分进行时间和空间上的科学分配，因此既可以提高降水利用率，减少径流量和无效排水，又可提高田间水利用率。

（3）作物及其种植结构。不同的作物（品系）由于其基础需水量不同，其水分利用效率也不同，因此在区域范围内，不同的作物种植结构所需的基础灌溉水量也就不相同，这也是节水潜力出现差异的原因之一。

（4）尺度效应。在灌溉过程中，输水、配水和灌水的每个环节都会存在水量损失。对于田间尺度，农田的渗漏量、地表排水和径流均为损失水量，但其中可能有部分水量直接被相邻田块的作物利用，尺度放大后，这部分水量则不被计入损失量。对于一个灌区，从灌溉水利用系数的概念出发，各级渠道的渗漏、灌溉所产生的地面径流和深层渗漏等均为损失水量，但若有一部分渗漏水或地面径流通过地表或地下进入渠道或田间，这部分水量不算损失，此外，灌区的排水、灌溉渠道泄（弃）水，若部分或全部被其他灌区利用，尺度放大后，这部分水量也不算损失。这也是灌溉系统及流域尺度的节水量不能是田间尺度节水量的简单累加的原因。

第二节　区域农业节水潜力评价体系

区域农业节水潜力的挖掘是在地区根据自身实际情况出发，通过合理可行的节水措施实施来实现地区可持续发展，任何盲目的追求其潜力挖掘都不是节水的根本目的。为了准确地评价区域农业的节水潜力，就需要合理界定和建立符合该区域实际情况的评价指标，然后利用一定的评价方法对其进行区域农业节水潜力的评价。节水潜力作为区域水资源开发利用的后劲象征，正确评价农业节水潜力，对有效引导区域内节水农业发展方向、促进节水高效农业生产方式的推广以及水资源的有效配置均具有重要的理论和实践意义。

一、评价指标体系构建原则

构建合理的农业节水潜力评价指标体系应该遵守以下的原则（周维博和李佩成，2003；雷波和姜文来，2006；刘恒等，2003；朱钟麟等，2007）。

（1）科学性原则。指标概念必须明确，具有一定的科学内涵，能够较客观地反映影响节水潜力实现的各因素的结构关系，并能较好地度量区域的节水潜力及发展趋势，指标选择和计算尽量客观合理，避免人为因素的干预，以保证结果的公正、合理。

（2）可操作性原则。即指标的选择、计算和评价具有实际操作性。选择指标必须立足于实际情况，指标具有可测性和可比性，易于量化，同时避免指标体系过于繁杂。

（3）针对性原则。评价指标体系中的各个指标应该具有一定的内在逻辑关系，是相互关联的。指标体系不是许多指标的堆砌，而是由一组相互间具有有机联系的个体指标所构成，因此指标之间应有一定的内在逻辑关系。既然是衡量区域农业节水潜力，指标的选择必须与地区的节水农业相关，即所选指标的变化会对节水潜力产生一定影响，与农业节水潜力无关的指标不应选择。

（4）一致性原则。评价的结果是以数值形式表现，必然要求存在一个评价标准，即数值的大或小能够反映节水潜力的大小。因此指标必须具有一致性。即指标数值的相同趋势的变化能够反映节水潜力。对于变化趋势相反的指标，应该对其进行一致性处理，使其变化趋势与评价结果变化趋势相同。

（5）层次性原则。农业节水潜力评价涵盖地区社会、经济、环境、水资源等各方面，每个因素的衡量指标不同。各个系统不同层次指标的综合评价最终形成一个指标反映农业的节水潜力。因此指标体系的设立必须紧紧围绕着农业节水潜力评价目的层层展开，使最后的评价结论正确反映评价意图。

（6）尺度性原则。对于节水潜力不同尺度的评价，也要根据研究尺度的不同而选择不同的合理评价指标，不能简单将小尺度的评价指标作为大尺度的评价指标来对其评价。

二、区域农业节水潜力评价指标体系建立

依据上述六项基本原则，区域农业节水潜力的综合评价指标体系的构建一般可遵循以下几个步骤：

（1）分析农业节水潜力的层次体系。为准确评价区域农业节水潜力实现水平，需合理界定和建立符合区域实际情况的评价指标。区域农业节水潜力的实现水平受到其社会经济发展水平、水资源状况、农业水资源开发利用状况、农业节水水平及流域生态环境等因素的影响，这些影响因素决定了地区农业用水的规模大小、节水水平发展高低状况及农业节水措施的合理性等。遵循层次分析法原理，将农业节水潜力评价指标体系分为3个层次（图15-2），第一层为目标层，即农业节水潜力的实现水平（A），第二层为准则层，包括社会经济B1、水资源B2、农业水资源开发利用B3、农业节水水平B4和区域的生态环境B5。第三层为指标层 C_i（i＝1，2，3，…，m）。

（2）对不同层次的指标进行选择。这里的评价指标的选择，就是不受条件的限制，

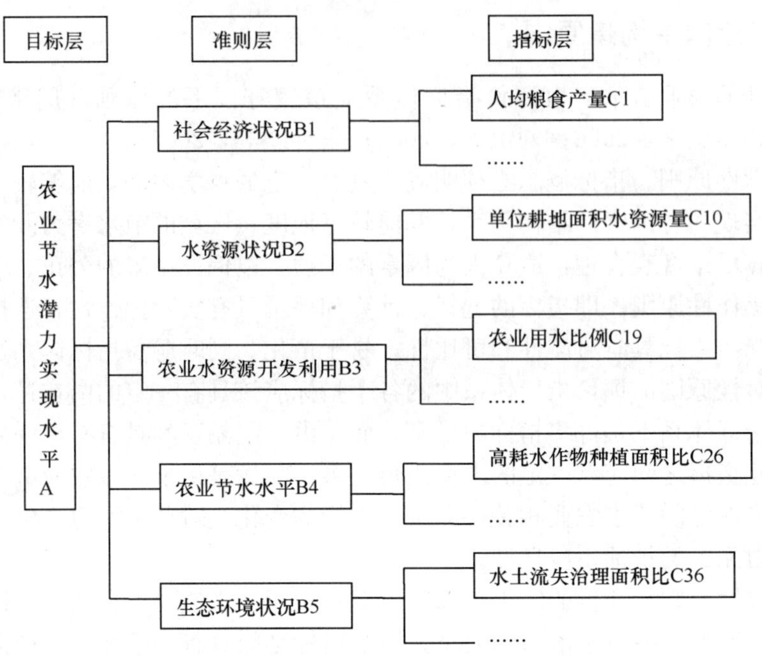

图 15-2 区域农业节水潜力评价层次结构图

尽可能全面地列出区域社会经济、生态环境、水资源状况、节水措施实施状况等能够描述该层次状态的所有指标，其目的是全方位综合考虑影响该目标的因素，防止重要指标的遗漏。

(3) 确立指标体系。首先初步确定指标体系，就是对所选择的评价指标体系进行初步的筛选，借助作者和专家的经验和专业知识，分析判断除去明显不合适的指标。再通过理论分析和频率统计，选择符合理论并且频率较高的指标。最后对各指标进行独立性检验，其目的是对指标间有交叉重复的指标再次选择和重组，以获得科学合理的评价指标体系。

三、农业节水潜力评价指标体系

在综合分析相关研究成果基础上，遵循系统性、科学性、可操作性、针对性、动态性的原则，通过理论分析和频率统计，提出若干项具体评价指标（何淑媛和方国华，2007；朱钟麟等，2007；来海亮等，2006；王友贞等，2005；杨晓华等，2004；刘恒等，2003；宋松柏等，2003；郭宗楼，2000；姚治君等，2000；郭宗楼等，1999；Loucks，1999；Faures，1998；罗金耀等，1998）。由于各区域社会经济、资源条件、生态环境等方面存在较大差异，尚难建立起各个区域都适用、统一的节水潜力评价指标体系。表 15-1 仅是一个相对完整的包括与水有关的社会经济、水资源状况、农业水资源开发利用状况、农业节水水平及生态环境等各个方面的农业节水潜力发展指标体系，在评价某个地区或流域时，可根据各地区的具体情况在这些指标中选取，组成具体区域农业节水潜力评价指标体系。

表 15-1 区域农业节水潜力综合评价指标体系

目标层	准则层	指标层	
区域农业节水综合潜力实现水平A	社会经济B1	人均粮食生产量 C1	粮食总产量/区域总人口
		农村居民纯收入 C2	农民年均纯收入
		农业人均产值 C3	农业总产值/区域总人口
		人均 GDP C4	GDP/区域总人口
		恩格尔系数 C5	
		耕地率 C6	耕地面积/区域土地面积
		非农业经济比例 C7	二、三产业 GDP/总 GDP
		亩均农业机械拥有量 C8	农业机械总量/耕地面积
		水利总投入占 GDP 比例 C9	水利总投资/地区 GDP
		……	
	水资源B2	水资源开发利用率 C10	实际供水量/当地年均水资源量
		地表水开发利用程度 C11	当地地表供水量/当地地表年均水资源量
		地下水开发利用程度 C12	当地地下水量开采量/当地地下水允许开采量
		单位耕地面积水资源量 C13	水资源总量/地区总面积
		灌溉水质综合达标率 C14	符合要求的水体总量/当地水资源总量
		人均供用水量 C15	总供（用）水量/总人口
		工业用水重复利用率 C16	工业取水量/（工业取水量+ 重复水量）
		河流下游径流量占总径流量百分比 C17	下游径流量/总径流量
		地下水矿化度 C18	
		……	
	农业水资源开发利用B3	农业用水比例 C19	农业供水/总供水量
		耕地灌溉率 C20	农田灌溉面积/耕地总面积
		农田毛灌溉用水定额 C21	农田灌溉用水总量/灌溉面积
		单方水农业产值 C22	农业总产值/农业总供水量
		单方水粮食产量 C23	1 m^3 水生产粮食的能力
		灌溉水利用系数 C24	
		灌溉配套率 C25	有效灌溉面积/农田灌溉总面积
		……	
	农业节水水平B4	高耗水作物种植面积比 C26	（粮食作物+棉花）面积/种植总面积
		农民用水者协会数 C27	
		抗旱节水优良品种种植面积比 C28	优良品种种植面积/播种总面积
		器械保墒面积比 C29	（深松+早耕）面积/耕地面积
		覆盖保墒面积比 C30	（秸秆+薄膜）面积/灌溉总面积
		化学保墒面积比 C31	各种化学保墒措施实施面积/灌溉总面积

续表

目标层	准则层	指标层	
区域农业节水综合潜力实现水平A	农业节水水平B4	渠道防渗衬砌面积比 C32	渠道防渗面积/灌溉总面积
		管道输水面积比 C33	管道输水面积/灌溉总面积
		喷、微灌溉面积比 C34	（喷灌＋微灌）面积/灌溉总面积
		集雨补灌面积比 C35	集雨灌溉面积/灌溉总面积
		……	
	生态环境B5	水土流失治理面积比 C36	水土流失治理面积/水土流失总面积
		盐碱化耕地治理面积 C37	盐碱耕地治理面积/盐碱耕地总面积
		荒漠化率 C38	荒漠化土地面积/总土地面积
		草场退化率 C39	草场退化面积/草场总面积
		植被覆盖率 C40	植被面积/土地面积
		河流断流概率 C41	年发生断流天数/全年天数
		载畜量变化率 C42	现状年或规划年载畜量与基准年载畜量之差/基准年载畜量
		……	

四、各层次指标的阐释

（1）关于社会经济方面的评价指标：一个地区的社会经济发展状况决定了地区对于农业发展的需要及可能的投入。所选指标要不仅能反映该地区对于农业发展的需要及节水农业的投入能力大小，还要侧面反映地区农户对于发展节水农业的积极性及地区水资源配置的合理性。

（2）关于水资源方面的评价指标：一个地区水资源状况包括水资源总量及质量、雨水资源状况等，地区的水资源多少及其开发利用程度对于农业发展尤其对于灌溉农业来说有着至关重要的作用。它决定了地区农业用水的多少和农业发展规模的大小。

（3）关于农业水资源开发利用方面的评价指标：区域农业用水水平达到了什么程度、节水措施的实施效果如何及其节水技术的节水水平高低决定了地区节水潜力的可挖掘程度，通过单方水粮食产量、农田灌溉用水定额、灌溉水利用系数、单方水农业产值等指标来对其评价，不仅能反映地区农业节水可挖掘潜力的大小，还可从侧面反映节水技术发展水平及节水措施的实施效果。

（4）关于农业节水水平的评价指标：农业节水是通过节水措施的实施来实现，节水措施包括工程节水、农艺节水、生物节水、管理节水及结构性节水等措施。地区节水措施的实施状况反映了地区对于不同节水措施的投入水平和重视程度，以及不同地区根据其实际情况，所选择的节水措施适合该地区的节水措施来挖掘农业用水中任何一个环节的水量损失，提高水资源利用效率。

（5）生态环境方面的评价指标：考虑到地区社会稳定及可持续发展，地区水资源必须要合理配置，不能盲目地以牺牲环境为代价。同时不同的自然环境决定了地区的特殊性，必须根据实际情况来挖掘其潜力。所选指标要能够反映地区的生态环境状况，良好的生态环境为节水潜力的挖掘创造良好的条件。

在农业节水潜力内涵及其特征讨论的基础上，采用层次分析法原理，遵循评价指标体系构建原则，综合考虑流域社会经济、水资源状况、农业水资源开发利用、农业节水水平及其生态环境对农业节水潜力的影响，以农业节水潜力实现水平为目标，以社会经济、水资源、农业水资源开发利用、农业节水水平及其生态环境五个方面为准则层，每个准则层选择相应的指标层，共选择了42个指标，构成了农业节水潜力的综合评价指标体系，并对各层次指标的内涵进行了阐释，为区域农业节水潜力的评价提供依据和基础。

第三节　基于模糊综合评判法的西北地区区域农业节水潜力评价

一、西北地区概况

西北地区主要包括陕西省、甘肃省、宁夏回族自治区、青海省、新疆维吾尔自治区五个省（自治区）。陕西省包括西安市、宝鸡市、咸阳市、铜川市、渭南市、延安市、榆林市、汉中市、安康市、商洛市和杨凌示范区。甘肃省包括兰州市、嘉峪关市、金昌市、白银市、天水市、武威市、张掖市、平凉市、酒泉市、庆阳市、定西市、陇南市、临夏回族自治州、甘南藏族自治州；宁夏回族自治区包括银川市、石嘴山市、吴忠市、固原市、中卫市。青海省包括西宁市、海南藏族自治州、玉树藏族自治州、果洛藏族自治州、黄南藏族自治州、海北藏族自治州、海西蒙古族藏族自治州。新疆维吾尔自治区包括乌鲁木齐市、克拉玛依市、石河子市、阿拉尔市、图木舒克市、五家渠市、吐鲁番地区、哈密地区、和田地区、阿克苏地区、喀什地区、克孜勒苏柯尔克孜自治州、巴音郭楞蒙古自治州、昌吉回族自治州、博尔塔拉蒙古自治州、伊犁哈萨克自治州、塔城地区、阿勒泰地区。

西北地区是我国最干旱的地区，除陕西中南部、甘肃东部和南部以及青海的部分地区外，区域内的大部分土地都属于干旱和半干旱地区。年降水量少，蒸发量大，使得该区域的农业生产对灌溉的依赖性非常强，特别是在新疆、河西的一些内陆河农业区，降水量不足200 mm，许多地区只有50 mm左右，属于没有灌溉就没有农业的完全灌溉区。西北地区2005年基本情况见表15-2。

表15-2　西北地区基本情况（2005年）

项目	陕西	甘肃	宁夏	青海	新疆
总人口/万人	3705.2	2594.35	596.2029	538.6	1963.11
农村人口/万人	2790.78	1986.9	414.9620	320	1273
面积/万 km^2	20.58	45.5	6.64	72.4	166.5
农民人均收入/元	1867	2018.653	2578.329	2165	2482

续表

项目	陕西	甘肃	宁夏	青海	新疆
水资源总量/亿 m^3	307.0	304.437	8.531	876.1	855.4
人均水资源量/m^3	828.57	1173.46	143.09	16 266.24	4390
GDP/亿元	3175.6	1937.32	606	543.20	2680
人均 GDP/万元	0.8571	0.7467	1.0164	1.0085	1.3652
耕地总面积/亿 hm^2	3097.7	3376.074	1114	542	4692.97
粮食总产量/万 t	1238.97	836.9	299.8	93.3	876.6
人均粮食产量/kg	334.39	322.59	502.85	173.23	688.61
农业灌溉面积/千 hm^2	1953.3	1560	406	254.93	4290.39
节水灌溉面积/千 hm^2	748.67	826.67	194.67	57.76	2150.26
实际农业用水量/亿 m^3	51.30	87.9362	72.774	19.13	377.29

注：1. 陕西省的数据为 2004 年，根据《2004 年陕西省水利统计资料》及 2004 年陕西省国民经济和社会发展统计公报；2. 其他省的数据根据 2006 年的统计年鉴（实际是 2005 年的数据）、2005 年的《水资源公报》及 2005 年统计资料汇编。

二、西北地区区域农业节水潜力模糊综合评判模型

（一）模糊综合评判法原理

设给定 2 个有限论域：

$$U = \{U_1, U_2, \cdots, U_m\} \tag{15-1}$$

$$V = \{V_1, V_2, \cdots, V_n\} \tag{15-2}$$

式中，U 表示参评要素组成的集合，V 表示评语组成的集合。模糊综合评判可表示为如下模糊变换：

$$B = A * R \tag{15-3}$$

式中，A 为 U 上的模糊子集，可表示为

$$A = (a_1, a_2, \cdots, a_m) \quad 0 \leqslant a_i \leqslant 1 \tag{15-4}$$

式中，a_i 为隶属度，表示单要素在总评要素中所起的作用大小的变量，也在一定程度上代表单要素评定等级的能力。

B 为评判结果，是 V 上的模糊子集，可表示为

$$B = (b_1, b_2, \cdots, b_m) \quad 0 \leqslant b_j \leqslant 1 \tag{15-5}$$

式中，b_i 为等级对综合评定所得模糊子集 B 的隶属度，它们表示综合评判的结果。

对于评判矩阵 R，有

$$R = \begin{bmatrix} r_{11} & r_{12} & \cdots & r_{1n} \\ r_{21} & r_{22} & \cdots & r_{2n} \\ \vdots & \vdots & & \vdots \\ r_{m1} & r_{m2} & \cdots & r_{mn} \end{bmatrix} = (r_{ij})_{m\times n} \tag{15-6}$$

式中，$i = 1,2,\cdots,n; j = 1,2,\cdots,m; r_{ij}$ 表示要素的评价对等级的隶属度，因而矩阵 R 中

第 i 行 $R=(r_{i1},r_{i2},\cdots,r_{in})$ 即为第 i 个因素 U_i 的单要素评价结果。

在此评价计算中，$A=(a_1,a_2,\cdots,a_m)$ 代表各要素对综合评判重要性的权系数，因此满足 $\sum_{i=1}^{m}a_i=1$。同时模糊变换 $A*R$ 也变为普通矩阵计算，即

$$b_j=\min\left\{1,\sum_{i=1}^{m}a_ir_{ij}\right\} \tag{15-7}$$

（二）模糊综合评判模型指标的分析

区域农业节水潜力选用 16 个评价要素：①人均粮食占有量（kg/人）U_1；②农民年均收入（元）U_2；③人均 GDP（万元）U_3；④水利总投入占 GDP 比例（%）U_4；⑤人均水资源拥有量（m^3/人）U_5；⑥供水量模数（万 m^3/km^2）U_6；⑦农业用水比例（%）U_7；⑧灌溉配套率（%）U_8；⑨农田灌溉用水定额（m^3/hm^2）U_9；⑩单方水粮食产量（kg/m^3）U_{10}；⑪灌溉水利用系数（%）U_{11}；⑫渠道防渗衬砌面积比（%）U_{12}；⑬管道输水面积比（%）U_{13}；⑭喷、微灌面积比（%）U_{14}；⑮生态用水比例（%）U_{15}；⑯盐碱化耕地治理面积率（%）U_{16}。结合我国的实际情况，对省（区）域的综合评价指标的分级值进行调整，使之符合我国的国情。综合评价指标的分级值见表 15-3。

表 15-3　综合评价指标的分级值

评价因素	V_1	V_2	V_3
人均粮食占有量/kg U_1	>800	200～800	<200
农民年均收入/元 U_2	>10 000	2 500～10 000	<2 500
人均 GDP/万元 U_3	>6.5	2.0～6.5	<2.0
水利总投入占 GDP 比例/% U_4	>10	5～10	<5
人均水资源拥有量/m^3 U_5	>3 000	1 050～3 000	<1 050
供水量模数/(万 m^3/km^2) U_6	>15	10～15	<10
农业用水比例/% U_7	>90	40～90	<40
灌溉配套率/% U_8	<20	20～90	>90
农田灌溉用水定额/(m^3/hm^2) U_9	<3 000	3 000～11 100	>11 100
单方水粮食产量/(kg/m^3) U_{10}	>3	0.6～3	<0.6
灌溉水利用系数/% U_{11}	>0.73	0.55～0.73	<0.55
渠道防渗衬砌面积比/% U_{12}	>70	30～70	<30
管道输水面积比/% U_{13}	>50	10～50	<10
喷、微灌面积比/% U_{14}	>20	5～20	<5
生态用水比例/% U_{15}	>5	2～5	<2
盐碱化耕地治理面积率/% U_{16}	>30	5～30	<5

表中各因素反映了影响区域农业节水潜力的主要方面的情况，按照这 16 个评价因素对区域农业节水潜力的影响程度，并参考其他一些水资源评价标准，将上述因素对区域农业节水潜力影响程度划分为 3 个等级 V_1、V_2、V_3，并确定出每个因素各等级的数

量指标。

在区域农业节水潜力的三个等级中，V_1 具有经济实力较强，但相应的农业设施不到位，灌溉水利用率低，表示有较大的区域农业节水潜力；V_2 经济实力一般，相应的农业设施部分到位，灌溉水利用率一般，表示本区农业节水发展已有相当规模，但仍有一定的区域农业节水潜力；V_3 经济实力较差，区域农业节水设施齐全，进一步节水潜力较小，区域农业节水潜力小。

为了更好地反应各等级农业节水潜力情况，对 3 个等级进行 0～1 的评分：$\alpha_1 = 0.95$，$\alpha_2 = 0.5$，$\alpha_3 = 0.05$。数值越高，表明区域农业节水潜力也就越大。综合评定时，按上述 α_j 的值和 B 矩阵中各等级隶属度 b_j 值，按下式计算农业节水潜力分级的综合评分值：

$$\alpha = \sum_{j=1}^{3} b_j^k \alpha_j \Big/ \sum_{j=1}^{3} b_j^k \tag{15-8}$$

式中，α 值即为基于综合评判结果矩阵 B 的农业节水潜力的综合评分值，其值越大，表明区域农业节水的潜力越大。为了突出占优势等级的作用，而利用各等级隶属度 b_j 的 k 次幂为权重加权平均来推求的，k 值取 1。

综合西北五省区的统计资料，将各评价因素有关的资料统计见表 15-4。

表 15-4　西北地区农业节水潜力综合评价指标特征值（2005 年）

评价指标	陕西	甘肃	宁夏	青海	新疆
人均粮食占有量/kg U_1	334.39	322.59	502.85	173.23	688.61
农民年均收入/元 U_2	1 867	2 018.653	2 578.329	2 165	2 482
人均 GDP/万元 U_3	0.8571	0.7467	1.0164	1.0085	1.3652
水利总投入占 GDP 比例/% U_4	0.99	1.07	1.65	0.56	2.05
人均水资源拥有量/m^3 U_5	828.57	1173.46	143.09	16 266.24	4 390
供水量模数/（万 m^3/km^2） U_6	3.67	2.70	11.76	0.42	2.99
农业用水比例/% U_7	67.92	79.27	93.21	62.21	75.9
灌溉配套率/% U_8	90.87	52.99	50.01	81.25	95.42
农田灌溉用水定额/（m^3/hm^2） U_9	2 626.32	5 636.94	17 924.63	7 504.02	8 793.84
单方水粮食产量/（kg/m^3） U_{10}	2.42	0.95	0.41	0.49	0.23
灌溉水利用系数/% U_{11}	0.466	0.45	0.418	0.454	0.533
渠道防渗衬砌面积比/% U_{12}	21.81	35.85	3.06	21.74	55.97
管道输水面积比/% U_{13}	8.78	5.13	0.35	0	27.96
喷、微灌面积比/% U_{14}	1.96	3.55	0.82	0.92	30.77
生态用水比例/% U_{15}	0.33	2.50	0	0.5	3.97
盐碱化耕地治理面积率/% U_{16}	67.14	50.71	40.56	50.41	33.69

注：①陕西省的数据为 2004 年；陕西省灌溉水利用系数＝干渠水利用系数×支渠水利用系数×分散利用系数×田间灌溉效率＝0.823×0.792×0.832×0.86＝0.466；②甘肃省灌溉水利用系数＝渠系水利用系数×田间灌溉效率＝（0.5～0.6）×0.82＝0.41～0.49，取平均值 0.45；③宁夏区灌溉水利用系数＝渠系水利用系数×田间灌溉效率＝（0.5～0.6）×0.76＝0.38～0.456，取平均值 0.418。宁夏渠道防渗面积 18.64 万亩，管道输水面积 2.16 万亩，喷、微灌面积 5 万亩（骈玉明，2005）；生态用水比例根据《宁夏 2005 水资源公报》，盐碱化耕地 221.9 万亩，占 33.54%（王海银和李钰，2009）；④青海省灌溉水利用系数＝干渠水利用系数×支渠水利用系数×斗渠水利用系数×农渠水利用系数×田间灌溉效率＝0.8308×0.8718×0.8985×0.9307×0.75＝0.454；⑤新疆区数据为新疆维吾尔自治区＋兵团。盐碱化耕地治理面积 47.622 万 hm^2。受不同程度盐化危害的面积占总耕地的 30.12%（罗廷彬等，2001）。

（三）指标权重确定

分量指标权重的确定方法很多，根据计算权重时原始数据的来源不同，将权重的确定方法大体上分为两大类：主观赋权法和客观赋权法。主观赋权法主要是由专家根据经验判断而得到，如古林法、Delphi 法及层次分析法（AHP），这种方法研究较早，也较为成熟，但客观性较差。客观赋权法的原始数据是由各指标在评价单位中的实际数据形成，它不依赖于人的主观判断，因而此类方法客观性较强，如主成分分析法、均方差方法等。在此运用层次分析法来计算各指标的相对权重，基本步骤如下。

对所选的 16 个区域农业节水潜力指标，两两进行比较，得到两两比较判断矩阵 A：

$$A=(a_{ij})_{8\times 8}=\begin{bmatrix} a_{11} & a_{12} & \cdots & a_{116} \\ a_{21} & a_{22} & \cdots & a_{216} \\ \vdots & \vdots & & \vdots \\ a_{161} & a_{162} & \cdots & a_{1616} \end{bmatrix} \tag{15-9}$$

其中 $a_{ij}>0$；$a_{ij}=1/a_{ji}$；$a_{ii}=1$

利用此标度方法比较因素 U_i 与因素 U_j 得 a_{ij}，比较因素 U_j 与因素 U_i 则得到 $1/a_{ij}$，标度的具体含义见表 15-5。

表 15-5　标度含义表

标度	含义
1	具有相同的重要性
3	稍微重要
5	明显重要
7	强烈重要
9	极端重要
2，4，6，8	相比，重要程度位于相邻的中值
上述数值的倒数	在相应意义下没有重要的程度

指标权重问题可归结为求判断矩阵的特征值和特征向量问题：

$$A\times\omega=\lambda_{\max}\omega \tag{15-10}$$

式中，$\lambda_{\max}$ 为矩阵 A 的最大特征根；ω 为对应 $\lambda_{\max}$ 的正规化的特征向量；ω 的分量 ω_i 是相应元素的单排序的权值。

为了保持思维的一致性，还要对矩阵进行一致检验：

$$\lambda_{\max}\geqslant n \tag{15-11}$$

若满足上式的检验值时，则认为判断矩阵的一致性是可以接受的，否则要对矩阵进行调整。

根据层次分析法确定权重的步骤，经计算，得出判断矩阵 A 的最大特征根 $\lambda_{\max}=20.0126$，对应的特征向量即权向量 ω 的分向量 ω_i 的值见表 15-6。

表 15-6　各指标权重结果表

指标	U_1	U_2	U_3	U_4	U_5	U_6	U_7	U_8	U_9	U_{10}	U_{11}	U_{12}	U_{13}	U_{14}	U_{15}	U_{16}	权重
U_1	1	1/3	3	1/4	1/6	1/5	1/8	1/7	1/7	1/4	1/9	1/6	1/8	1/7	3	5	0.0191
U_2	3	1	4	1/4	1/3	1/5	1/7	1/8	1/7	2	1/8	1/7	1/7	1/5	4	6	0.0282
U_3	1/3	1/4	1	1/3	1/4	1/4	1/8	1/7	1/8	1/3	1/9	1/7	1/8	1/8	2	3	0.0151
U_4	4	4	3	1	1/3	1/4	1/6	1/5	1/5	4	1/8	1/6	1/5	1/5	5	6	0.0400
U_5	6	3	4	3	1	3	1/5	1/6	1/7	4	1/8	1/5	1/6	1/7	5	7	0.0532
U_6	5	5	4	4	1/3	1	1/4	1/5	1/6	3	1/7	1/6	1/5	1/7	6	6	0.0496
U_7	8	7	8	6	5	4	1	1/3	1/4	4	1/6	1/3	1/4	1/4	7	6	0.0933
U_8	7	8	7	5	6	5	3	1	3	5	1/4	1/3	1/3	1/4	6	6	0.0012
U_9	7	7	8	5	7	6	4	1/3	1	4	1/5	1/2	1/2	1/3	6	6	0.0001
U_{10}	4	1/2	3	1/4	1/4	1/3	1/4	1/5	1/4	1	1/8	1/4	1/4	1/5	7	7	0.0327
U_{11}	9	8	9	8	8	7	6	4	5	8	1	1/6	1/6	1/6	9	9	0.2276
U_{12}	6	7	7	6	5	6	3	3	2	4	6	1	1/2	1/3	7	7	0.2049
U_{13}	8	7	8	5	6	5	4	3	2	4	6	2	1	1/2	8	8	0.2094
U_{14}	7	5	8	5	7	7	4	4	3	5	6	3	2	1	7	7	0.0002
U_{15}	1/3	1/4	1/2	1/5	1/5	1/6	1/7	1/6	1/6	1/7	1/9	1/7	1/8	1/7	1	2	0.0133
U_{16}	1/5	1/6	1/3	1/6	1/7	1/6	1/6	1/6	1/6	1/7	1/9	1/7	1/8	1/7	1/2	1	0.0119

注：$\lambda_{max}>16$，经一致性检验，知判断矩阵 A 的一致性可以接受。

（四）评价矩阵 R 的计算

根据上述的分析可知，评价因素集 $U=\{U_1,U_2,U_3,\cdots,U_{16}\}$ 对应着评语集 $V=\{V_1,V_2,V_3\}$ 评价矩阵 R 中即 r_{ij} 为某因素 U_i 对应等级 V_i 的隶属函数，其值的推求可根据各评价因素的实际数值对照各因素的分级指标来分析推求。为了清除各等级之间数值相差不大，而评价等级相差一级的跳跃指标，使隶属函数在各等级之间平滑过渡，对其进行模糊化处理；对于 V_2 级即中间区间，令其落在区间中点隶属度为 1，而侧边缘点的隶属度为 0.5，中间点向两侧按线性递减处理。对于 V_1 和 V_3 两侧区间，则令距临界值越远属两侧区间的隶属度越大。在临界值上则属于两侧等级的隶属度为 0.5，按上述设想，根据相对隶属函数的定义，构造了如下各评价等级相对隶属函数的计算式。现令各评价因素的 V_1 和 V_2 登记的临界值为 K_1，V_2 和 V_3 的临界值为 K_3，V_2 等级区间中点值为 K_2，$K_2=(K_1+K_3)/2$。例如对于 U_1 来说，$K_1=800$，$K_3=200$，则 $K_2=500$。

对于 U_8U_9 评语级相对隶属函数的计算式：

$$\mu_{V_1}(U_i)=\begin{cases}0.5\left(1+\dfrac{K_1-U_i}{K_2-U_i}\right), & U_i<K_1\\ 0.5\left(1-\dfrac{U_i-K_1}{K_2-K_i}\right), & K_1\leqslant U_i<K_2\\ 0,U_i\geqslant K_2\end{cases}\tag{15-12}$$

$$\mu_{V_2}(U_i)=\begin{cases}0.5\left(1-\dfrac{K_1-U_i}{K_2-U_i}\right), & U_i<K_1\\ 0.5\left(1+\dfrac{U_i-K_1}{K_2-K_1}\right), & K_1\leqslant U_i<K_2\\ 0.5\left(1+\dfrac{K_3-U_i}{K_3-K_2}\right), & K_2\leqslant U_i<K_3\\ 0.5\left(1-\dfrac{U_i-K_3}{U_i-K_2}\right), & U_i\geqslant K_3\end{cases} \tag{15-13}$$

$$\mu_{V_3}(U_i)=\begin{cases}0.5\left(1+\dfrac{U_i-K_3}{U_i-K_2}\right), & U_i\geqslant K_3\\ 0.5\left(1-\dfrac{K_3-U_i}{K_3-K_2}\right), & K_2\leqslant U_i<K_3\\ 0, U_i<K_2\end{cases} \tag{15-14}$$

对于其他各评语级相对隶属函数的计算式：

$$\mu_{V_1}(U_i)=\begin{cases}0.5\left(1+\dfrac{K_1-U_i}{K_2-U_i}\right), & U_i\geqslant K_1\\ 0.5\left(1-\dfrac{U_i-K_1}{K_2-K_1}\right), & K_2\leqslant U_i<K_1\\ 0, U_i<K_2\end{cases} \tag{15-15}$$

$$\mu_{V_2}(U_i)=\begin{cases}0.5\left(1-\dfrac{K_1-U_i}{K_2-U_i}\right), & U_i\geqslant K_1\\ 0.5\left(1+\dfrac{U_i-K_1}{K_2-K_1}\right), & K_2\leqslant U_i<K_1\\ 0.5\left(1+\dfrac{K_3-U_i}{K_3-K_2}\right), & K_3\leqslant U_i<K_2\\ 0.5\left(1-\dfrac{U_i-K_3}{U_i-K_2}\right), & U_i<K_3\end{cases} \tag{15-16}$$

$$\mu_{V_3}(U_i)=\begin{cases}0.5\left(1+\dfrac{U_i-K_3}{U_i-K_2}\right), & U_i<K_3\\ 0.5\left(1-\dfrac{K_3-U_i}{K_3-K_2}\right), & K_3\leqslant U_i<K_2\\ 0, U_i\geqslant K_2\end{cases} \tag{15-17}$$

通过上述公式可以求出各评判因素对于各个等级的隶属度 r_{ij}，其中 $r_{i1}=\mu_{V_1}$ (U_i)，$r_{i2}=\mu_{V_2}$ (U_i)，$r_{i3}=\mu_{V_3}$ (U_i)　（i=1，2，…，16）

按上述各指标的隶属函数公式，计算得各评判因素不同年份关于各个等级 V_1，V_2，V_3 的隶属矩阵 R。2005 年：

$$R_{\text{陕西}}=\begin{bmatrix}0 & 0.7240 & 0.2760\\ 0 & 0.4278 & 0.5722\\ 0 & 0.3307 & 0.6667\\ 0 & 0.1920 & 0.8080\\ 0 & 0.4075 & 0.5925\\ 0 & 0.1416 & 0.8584\\ 0.0584 & 0.9416 & 0\\ 0 & 0.4879 & 0.5121\\ 0.5422 & 0.4578 & 0\\ 0.2583 & 0.7417 & 0\\ 0 & 0.2586 & 0.7414\\ 0 & 0.3547 & 0.6453\\ 0 & 0.4713 & 0.5287\\ 0 & 0.3558 & 0.6442\\ 0 & 0.2366 & 0.7634\\ 0.8741 & 0.1259 & 0\end{bmatrix}\qquad R_{\text{甘肃}}=\begin{bmatrix}0 & 0.7043 & 0.2957\\ 0 & 0.4431 & 0.5569\\ 0 & 0.3211 & 0.6789\\ 0 & 0.1944 & 0.8056\\ 0 & 0.5633 & 0.4367\\ 0 & 0.1276 & 0.8724\\ 0.2854 & 0.7146 & 0\\ 0.0287 & 0.9713 & 0\\ 0.1745 & 0.8255 & 0\\ 0 & 0.6458 & 0.3542\\ 0 & 0.2368 & 0.7632\\ 0 & 0.6463 & 0.3538\\ 0 & 0.4021 & 0.5979\\ 0 & 0.4190 & 0.5810\\ 0 & 0.6667 & 0.3333\\ 0.8118 & 0.1882 & 0\end{bmatrix}$$

$$R_{\text{宁夏}}=\begin{bmatrix}0.0048 & 0.9953 & 0\\ 0 & 0.5104 & 0.4896\\ 0 & 0.3479 & 0.6521\\ 0 & 0.2137 & 0.7863\\ 0 & 0.2590 & 0.7410\\ 0 & 0.8520 & 0.1480\\ 0.4358 & 0.5642 & 0\\ 0.0713 & 0.9287 & 0\\ 0 & 0.1862 & 0.8138\\ 0 & 0.4317 & 0.5683\\ 0 & 0.2027 & 0.7973\\ 0 & 0.2130 & 0.7870\\ 0 & 0.3373 & 0.6627\\ 0 & 0.3211 & 0.6789\\ 0 & 0.2143 & 0.7857\\ 0.7290 & 0.2710 & 0\end{bmatrix}\qquad R_{\text{青海}}=\begin{bmatrix}0 & 0.5446 & 0.4554\\ 0 & 0.4590 & 0.5410\\ 0 & 0.3471 & 0.6529\\ 0 & 0.1801 & 0.8119\\ 0.9658 & 0.0342 & 0\\ 0 & 0.1035 & 0.8965\\ 0 & 0.9442 & 0.0558\\ 0 & 0.6250 & 0.3750\\ 0 & 0.9439 & 0.0561\\ 0 & 0.4580 & 0.5420\\ 0 & 0.2980 & 0.7020\\ 0 & 0.3539 & 0.6461\\ 0 & 0.3333 & 0.6667\\ 0 & 0.3238 & 0.6762\\ 0 & 0.2500 & 0.7500\\ 0.8101 & 0.1899 & 0\end{bmatrix}$$

$$R_{新疆}=\begin{bmatrix}0.3144 & 0.6857 & 0\\ 0 & 0.4976 & 0.5024\\ 0 & 0.3900 & 0.6100\\ 0 & 0.2294 & 0.7706\\ 0.7939 & 0.2061 & 0\\ 0 & 0.1314 & 0.8686\\ 0.2180 & 0.7820 & 0\\ 0.4330 & 0.5670 & 0\\ 0 & 0.7847 & 0.2153\\ 0 & 0.3822 & 0.6178\\ 0 & 0.4206 & 0.5794\\ 0.1493 & 0.8508 & 0\\ 0 & 0.9490 & 0.0510\\ 0.7947 & 0.2053 & 0\\ 0.1567 & 0.8433 & 0\\ 0.6140 & 0.3860 & 0\end{bmatrix}$$

依照层次分析法分析的结果，将各评判因素对水资源承载力的影响赋予不同的权重，权重矩阵 $A=[0.0191, 0.0282, 0.0151, 0.0400, 0.0532, 0.0496, 0.0933, 0.0012, 0.0001, 0.0327, 0.2276, 0.2049, 0.2094, 0.0002, 0.0133, 0.0119]$，根据上述 A 和 R 矩阵，将 $B=A\cdot R$ 按普通矩阵计算规则即可求得水资源的最终评判结果矩阵，然后根据 V_1、V_2、V_3 分级指标对应的评分值 α_1、α_2、α_3 即可求得区域水资源承载力综合评价值，最后进行区域水资源承载力的综合力的评价与分析。

三、评价结果

在 2005 年：

陕西 $B=A\cdot R_{陕西}=[0.0244 \quad 0.4149 \quad 0.5605]$；

甘肃 $B=A\cdot R_{甘肃}=[0.0363 \quad 0.4456 \quad 0.5179]$；

宁夏 $B=A\cdot R_{宁夏}=[0.0495 \quad 0.3377 \quad 0.6126]$；

青海 $B=A\cdot R_{青海}=[0.0610 \quad 0.3624 \quad 0.5763]$；

新疆 $B=A\cdot R_{新疆}=[0.1092 \quad 0.6305 \quad 0.2601]$。

根据式 $\alpha=\dfrac{\sum_{j=1}^{3} b_j^k\alpha_j}{\sum_{j=1}^{3} b_j^k}$，计算结果见表 15-7。

表 15-7 2005 年西北地区农业节水潜力综合评分结果表

陕西	甘肃	宁夏	青海	新疆
0.2587	0.2832	0.2466	0.2680	0.4321

将区域农业节水潜力与当年的农业用水量相乘，即可得到西北地区农业节水潜力，见表 15-8。

表 15-8 2005 年西北地区农业节水潜力结果表 （单位：亿 m^3）

陕西	甘肃	宁夏	青海	新疆
13.27	24.91	17.94	5.13	163.02

同理，可求得 2000 年和 2003 年的西北地区农业节水潜力，见表 15-9。

表 15-9 西北地区农业节水潜力结果表

项目	年份	陕西	甘肃	宁夏	青海	新疆
综合评分结果	2000	0.2581	0.2633	0.2592	0.2696	0.3614
	2003	0.2598	0.2699	0.2453	0.3126	0.3156
农业节水潜力/亿 m^3	2000	11.77	25.12	20.94	5.72	163.80
	2003	12.93	26.32	14.42	6.14	144.45

四、结果对比

段爱旺等（2002b）、任继周和唐华俊（2004）研究西北灌溉农业节水潜力，他们研究的西北地区为：新疆、宁夏的全部、内蒙古、青海、甘肃、陕西的黄河流域及内陆河流域地区。段爱旺等研究的是实际节水潜力和计算节水潜力，任继周等研究的是理论节水潜力。虽然笔者的研究区域与他们有所不同，但仍有相似之处，具体比较见表 15-10。

表 15-10 2000 年结果比较 （单位：亿 m^3）

项目		陕西	甘肃	宁夏	青海	新疆
本节		11.77	25.12	20.94	5.72	163.80
段爱旺等	计算节水潜力	6.7	47.1	49.1	12.8	195.8
	实际节水潜力	5.2	12.7	4.1	7.3	39.1
任继周等	理论节水潜力	29.0	51.8	22.2	11.6	161.7

本节的计算结果与任继周等的计算结果相比，差别最大的是陕西省，差别最小的是新疆维吾尔自治区；与段爱旺等的计算结果相比，甘肃省、宁夏回族自治区及新疆维吾尔自治区的结果在计算节水潜力和实际节水潜力之间，陕西省的结果均大于计算节水潜力和实际节水潜力，而青海省的结果均小于计算节水潜力和实际节水潜力。而本节陕西省、甘肃省、宁夏回族自治区及新疆维吾尔自治区的结果均在二人结果的最大值和最小值之间，青海省的结果均小于二人结果的最小值。

参考文献

段爱旺，信乃诠，王立祥. 2002a. 节水潜力的定义和确定方法. 灌溉排水，21（6）：22-25

段爱旺，信乃诠，王立祥. 2002b. 西北地区灌溉农业的节水潜力及其开发. 中国农业科技导报，4 (4)：50-55
段爱旺. 2003. 浅谈节水农业的内涵与技术体系构成. 灌溉排水学报，22 (1)：36-40
傅国斌，李丽娟，于静洁，等. 2003. 内蒙古河套灌区节水潜力的估算. 农业工程学报，19 (1)：54-58
傅国斌，于静洁，刘昌明，等. 2001. 黄福贵灌区节水潜力估算的方法及应用. 灌溉排水，20 (2)：24-28
龚华，侯传河，刘争胜. 2000. 黄河灌区节水潜力分析. 人民黄河，22 (7)：44-45
郭长城. 2004. 农田节水潜力研究与分析——以太行山前平原栾城为例. 石家庄：中国科学院石家庄农业现代化研究所硕士学位论文
郭相平，张展羽. 2001. 节水农业的潜力在哪里？中国农村水利水电，(10)：13-14
郭宗楼，雷声隆，刘肇祎. 1999. 灌排工程项目环境影响评价. 中国农村水利水电，(5)：7-10
郭宗楼. 2000. 农业水利工程项目环境影响评价方法研究. 农业工程学报，16 (5)：16-19
何淑媛，方国华. 2007. 农业节水综合效益评价指标体系构建. 中国农村水利水电，(7)：44-50
来海亮，汪党献，吴涤非. 2006. 水资源及其开发利用综合评价指标体系. 水科学进展，17 (1)：96-101
雷波，姜文来. 2006. 旱作节水农业综合效益评价体系研究. 干旱地区农业研究，24 (5)：99-104
李玉义，张海林，张凤华，等. 2007. 新疆玛纳斯河流域农业水资源可利用潜力分析. 自然资源学报，22 (1)：44-50
李远华，董斌，崔远来. 2005. 尺度效应及其节水灌溉策略. 世界科技研究与发展，27 (6)：31-35
刘恒，耿雷华，陈晓燕. 2003. 区域水资源可持续利用评价指标体系的建立. 水科学进展，14 (3)：265-270
刘群昌，杨永振，刘文朝，等. 2003. 非工程措施的节水潜力分析. 中国农村水利水电，(2)：16-19
罗金耀，陈大雕，郭元裕，1998. 节水灌溉综合评价理论及模型应用研究. 节水灌溉，(5)：1-6
罗廷彬，任崴，谢春虹. 2001. 新疆盐碱地生物改良的必要性与可行性. 干旱区研究，18 (1)：46-48
茆智. 2003. 发展节水灌溉应注意的几个原则性技术问题. 中国农村水利水电，(3)：19-23
茆智. 2005. 节水潜力要考虑尺度效应. 中国水利，(15)：14-15
欧建锋，杨树滩，仇锦先. 2005. 江苏省灌溉农业节水潜力研究. 灌溉排水学报，24 (6)：22-25
裴源生，张金萍，赵勇. 2007. 宁夏灌区节水潜力研究. 水利学报，38 (2)：239-243
骈玉明. 2005. 宁夏农垦节水忙. 中国农垦，(11)：16-17
任继周，唐华俊. 2004. 西北地区水资源配置生态环境建设和可持续发展战略研究（农牧业卷）. 北京：科学出版社：1-60
沈振荣，汪林，于福亮，等. 2000. 节水新概念——真实节水的研究与应用. 北京：中国水利水电出版社
宋松柏，蔡焕杰，徐良芳. 2003. 水资源可持续利用指标体系及评价方法研究. 水科学进展，14 (5)：647-652
田玉青，胡亚伟，张会敏，等. 2006. 黄河干流大型自流灌区节水潜力分析. 灌溉排水学报，25 (6)：40-43
王海银，李钰. 2009. 浅谈宁夏引黄滢区盐碱地改良研究. 科技信息，(4)：632
王友贞，施国庆，王德胜. 2005. 区域水资源承载力评价指标体系的研究. 自然资源报，20 (4)：597-604
吴月英，王云辉，刘丽丽. 2001. 簸箕李引黄灌区节水潜力分析. 中国农村水利水电，(10)：15-16
杨晓华，杨志峰，沈珍瑶，等. 2004. 水资源可再生能力评价的遗传投影寻踪方法. 水科学进展，15 (1)：73-76
姚治君，林耀明，高迎春，等. 2000. 华北平原分区适宜性农业节水技术与潜力. 自然资源学报，15 (3)：259-264
张霞，程献国，张会敏，等. 2006. 宁蒙引黄灌区田间节水潜力计算方法分析. 节水灌溉. (2)：20-23
张艳妮，白清俊，马金宝，等. 2007. 山东省灌溉农业节水潜力计算分析. 山东农业大学学报（自然科学版），38 (3)：427-431
赵竞成. 1999. 关于节水灌溉的再认识——兼论广义的节水灌溉. 中国农村水利水电，(7)：4-8
赵西宁，吴普特，王万忠，等. 2004. 水资源承载力研究现状与发展趋势分析. 干旱地区农业研究，22 (4)：173-176
周维博，李佩成. 2000. 农田灌溉中节水与养水的哲理思考. 节水灌溉，(1)：4-5
周维博，李佩成. 2003. 干旱半干旱地域灌区水资源综合效益评价体系研究. 自然资源学报，18 (2)：289-293
朱钟麟，陈建康，刘晓军，等. 2007. 四川丘陵区节水农业效益综合评价指标体系与评价模型. 山地学报，25 (4)：483-489
David C D，Robert M H. 1982. Agricultural water conservation in California，with emphasis on the San Joaquin valley. Technical report，Department of Land，Air and Water Resources University of California，Davis

Faures J M. 1998. Indicators for sustainable water resources development. Land and Water Development Division, FAO, Rome, Italy: 1-10

Loucks D P. 1999. Sustainability criteria for water resources system. Cambridge: Cambridge University Press: 33-90

Seckler D, Amerasinghe U, Molden D, et al. 1998. World water demand and supply, 1990 to 2025: scenarios and issues. Research Report 19, International Water Management Institute, Colombo, SriLanka

Tuong T P, Bhuiyan S I. 1999. Increasing water2use efficiency in rice production: farm level perspectives. Agricultural Water Management, 40: 117-122

第十六章　农业高效用水健康性评价

第一节　农业高效用水健康性的科学内涵

“健康”一词最早用来形容人体的一种良好状态。在近几十年人们将“健康”一词应用于其他领域，并成为一个指导性观念的象征。美国著名土地学家、生态学家Leopold（1941）定义了土地健康的概念，并使用“土地疾病”描绘土地的功能紊乱；Rapport（1989）则开始对生态系统健康进行研究，详细论述了生态系统健康的内涵。伴随着土地健康、生态系统健康概念的产生，Simpson等（1998）提出河流健康的概念，并把河流受外界扰动前的原始状态当作健康状态。现将健康这一概念引入到农业用水方面，作为一个新兴的词汇，农业用水健康是在与生态、河流健康相类比的基础上提出的，其涵义还处于探讨阶段。

一、农业用水健康的概念

（一）农业用水健康构成要素

农业用水健康性概念的构成要素为农业、资源利用和健康性。农业有广义和狭义之分，广义的农业是指包括农、林、牧、渔的大农业；狭义的农业单指种植业。本节提到的农业系指广义的农业，农业用水主要指农、林、牧、渔各业用水。资源利用是指可利用的自然资源、科技资源和社会经济资源等。自然资源包括水资源、土地资源、气候资源等；科技资源主要包括节水技术运用、节水水平等；社会经济资源指地区经济投入、劳动力投入及机械动力投入等。健康性是对农业用水系统内部结构的评判及系统功能发挥的判断。

（二）农业用水健康的特性

水是农业的根本，是自然界的不可缺少的组成部分，是环境中最活跃的重要因素。水因参与了自然界一系列的物理、化学和生物过程，从而形成了独特特征和功能，并按照一定的规律运移变换。因此只有充分的认识水资源的特点和功能，才能有效开发和合理利用水资源，使其发挥最大的社会、经济和生态效益。

1. 社会特性

水对人类社会发展有着极其重要的影响。水决定着人类文明的兴衰，人类祖先逐水而居，在水的哺育下，创造了灿烂的人类文明，如我国的黄河、埃及的尼罗河、美索布达米亚的幼发拉底河等。相反，一些城市由于水资源的枯竭而成为废墟，我国楼兰古城的消失就是最好的印证。在世界范围内，由于水是人类生存和发展的必要资源，由洪涝灾害和干旱缺水引起的动乱也屡见不鲜，当代中东战争主要就是为水而战。联合国也曾预言，未来的战争必将会是争夺水资源的战争。因此，水资源作为一种基础性战略资源，不仅影响到一个国家的发展和稳定，还关系到世界的和平与进步。

2. 经济特性

粮食是人类社会存在的基础，而水是农业的命脉，水几乎参与了农作物成长的每一个过程，因此水对农作物的重要性是不言而喻的。农业用水从某种程度上讲是维持生命存在的必备资源。近年来，由于人口不断膨胀、经济社会快速发展，水资源已经逐渐成为一种稀缺资源，其经济价值将随社会的发展变得越来越大。

3. 生态特性

农业用水健康不仅具有社会和经济特性，同样具有生态特性。水是各种生命的源泉，几乎是所有生物有机体中所占比例最大部分，一般情况下植物的含水率为60%～80%，人体内的水分可占到体重70%。水的生态功能，形成了生物的多样化，维持了自然生态环境的平衡。农业用水不仅仅灌溉了粮食、经济作物，而且还使得周围环境中其他植物受益。一旦水资源出现短缺，其生态功能就会减弱甚至消失，生物多样性也会受到影响，自然植被的生态功能丧失，环境不断恶化。

（三）农业用水健康的科学内涵

农业用水健康内涵的界定是进行健康配置农业水资源的基础。诺贝尔奖获得者G. Thompson认为："所有科学都依赖于它所涵盖着的概念。有些观点被定义成各种概念，概念决定了问题的提出和问题的答案，它们比由它们所产生的理论更为基础。"农业用水健康系指充分利用区域的经济技术优势，合理配置外部自然资源、人力资源、资金投入，优化农业用水结构，改善农业水利工程及农业用水管理水平，提高农业用水效率，使有限水资源达到综合效益的最大化，实现社会、经济和生态系统的可持续发展。农业用水健康的科学内涵包括：合理配置外部资源、优化农业用水结构、提高农业用水效率和综合效益最大化。

农业用水健康的概念可以从两个方面来理解。首先，从时间角度来理解，如相同区域不同时间，其社会、经济、科技发展水平及人口素质的差异使得评判农业用水健康的标准有所不同，以前认为合理健康的农业用水在新的条件下不一定是健康的。而目前被评定为健康的农业用水同样不适应以前的评判标准。从这个意义上来讲，农业用水健康性评价也是随着时间的推移和科技的进步在不断发展和完善。其次，从地域角度来理解，不同区域由于其经济技术优势和资源状况的不同，应当制定不同发展策略，充分发挥地域性优势。对于经济技术较发达地区应当优先发展高投入的节水技术和设施，因为高投入往往意味着高产出。而发展相对落后的地区应当充分考虑区域自然、人力资源优势，调整农业用水结构，合理配置外部资源，优先发展资源型和人力密集型农业，扩大区域人力和自然资源的优势，扬长避短，最终达到综合效益最大化。

二、农业用水健康性评价理论与技术基础

（一）农业用水健康性评价理论基础

目前没有专门针对农业用水健康性评价的理论，在分析农业用水健康科学内涵的基础上，认为基于可持续发展的区域水资源配置理论、综合效益最大理论及系统理论对于农业用水健康性评价理论具有重要指导意义。

一是基于可持续发展的区域水资源配置理论。该理论由冯耀龙等（2003）提出，以追求水资源配置的社会、经济以及生态环境的整体效益最高为目标，是未来水资源配置研究的发展方向（王顺久等，2002；姚治君等，2002；李令跃和甘泓，2000；许新宜等，1997）。由于水资源的有限性，可持续发展必然是农业用水的必由之路，农业用水健康遵循人口、资源、环境和经济协调发展的原则，在保护生态环境（包括水环境）的同时，促进经济增长和社会繁荣。同时，区域的可持续发展是综合效益理论在时间线上的表现。二是综合效益最大理论，即生态-经济-社会耦合发展理论。农业用水健康性评价应当充分考虑区域社会发展目标、经济发展目标和生态环境保护目标等多个方面，做到能够准确地评价区域农业用水健康的综合效益，保证粮食安全和生态安全。三是系统理论。农业用水健康系统是具有层次结构和整体功能的复合系统，是承载各个功能的主体，由资源利用效率、农业用水结构、农业用水效率和效益组成，它们之间既相互联系，又相互制约。应从它们的耦合机理上，综合考虑农业用水健康对地区人口、资源、环境和经济协调发展的影响（耿雷华等，2004）。因此，系统理论也是农业用水健康研究的基本理论之一。

综上，基于可持续发展的区域水资源配置理论是农业用水健康的基础；综合效益最大理论是实现农业用水健康的根本目标；系统理论是实现系统各组成部分功能正常发挥的途径。综合效益和可持续发展这两个功能通过农业用水健康系统得以发挥，这两者相辅相成互相促进，谈综合效益的同时绝不能忽略持续发展。如果综合效益最大化的代价是丢弃持续发展，这就不符合系统的整体发展观念；如果只强调持续发展忽略效益，是不符合事物发展规律的，失去了系统发展的动力。两种情况均不能真正实现农业水资源利用的健康发展。

（二）农业用水健康性评价技术基础

农业用水健康性评价目前尚未建立起完整的评价指标体系和统一的评价方法。合理性配置理论是农业用水健康性理论的基础，因此农业用水健康性评价在指标选取和评价方法上，可借鉴水资源合理配置评价的研究成果。

我国的水资源合理配置研究历史有 40 年左右，从最初的“以需定供的水资源配置模式”到“以供定需的水资源配置模式”，再到“基于宏观经济的水资源配置模式”发展到目前的“可持续发展的水资源配置模式”（王浩和游进军，2008）。不仅重视地区对水资源的需求和供给，还强调了水资源配置与地区宏观经济的协调发展，同时保证人

口、资源、环境、经济的可持续发展。上述研究成果体现在农业用水健康性的农业资源利用上，水资源作为农业资源的关键因子，必须遵循可持续发展的水资源配置模式，确定合理的农业用水量，实现社会、经济、生态的协调持续发展。在水资源合理配置评价指标选取上，王建生等（1998）为分析我国各地区水资源的紧缺程度，选择水资源量、社会经济、供水、需水、缺水和水环境 6 个方面共 24 项指标，建立了水资源紧缺程度综合评价指标体系，对 80 个流域二级区分 3 个水平年进行了评价。耿雷华等（2004）以全国水资源综合规划对水资源合理配置评价指标为要求，考虑了水资源合理配置评价的复杂性和特殊性，提出了水资源合理配置的评价指标体系及构建评价指标的 6 条原则，并认为水资源配置的评价准则包括社会合理性、经济合理性、生态环境合理性、效率合理性和开发合理性准则 5 个方面。

随着现代计算机技术的进步，一些先进的优化算法应运而生，人工神经网络、遗传算法、粒子群算法、投影寻踪等为农业用水健康性评价计算提供了便捷工具。王顺久等（2003）提出水资源承载能力综合评价的投影寻踪新方法，它是根据数据群自身的特征、结构和信息进行评价分析，将多元数据的信息压缩为一个能反映原问题特征的综合信息指标，并依据此特征信息指标对水资源承载能力进行综合分析。吴泽宁等（2004）将多属性效用理论与 BP 神经网络理论相结合，建立了水资源利用效果评价的效用模拟 BP 网络综合评价模型，并以 2010 水平年黄河流域水资源调控方案为例进行效果评价。罗利民等（2007）以区域经济发展与水环境保护相协调为目标，建立了水资源多目标配置模型，同时采用了协同进化算法，取得了较好的计算结果。上述水资源评价指标选取和评价方法运用的相关研究成果，都较好地为农业用水健康性评价提供了有利的技术支持。

三、农业用水健康评价标准

农业用水健康的标准应该是特定的时期人类与生态环境利益的平衡点，因此要确定现阶段研究区域农业用水健康的标准，需要从经济、社会和生态方面对水资源的需求来分析着手。

黑河流域农业用水健康有以下两个标准：一是从协调性来讲，指确定合理的农业用水量，优化配置水资源，协调地区之间和地区内部农业用水与其他用水之间的关系，使得农业水资源利用这一复杂系统和谐、可持续发展。以上将研究区域视作一个整体来分析，目的在于维持整个流域尤其是下游地区的生态安全，通过控制中游地区水资源的过度开发，来实现下游地区生态环境安全，具体表现为人民生活用水充足，绿洲面积不萎缩，荒漠化土地面积不增加，尾闾湖不干涸。二是从效率效益来讲，指提高农业用水效率及效益，通过充分发挥区域的自然、社会及经济资源优势，提高农业用水效率及其管理水平，使农业综合效益最大化。具体表现在研究区域内部实现农业种植结构优化、农业节水技术广泛应用、单方水农业产值提高、农业用水综合效益最大。

四、农业健康用水评价指标选取原则

评价指标是综合评价的基础，指标确定的是否合理，对于后续的评价工作有决定性的影响。因此评价指标体系的建立必须遵循一定的指导思想和原则。评价指标选定的指导思想是农业高效用水健康的科学内涵，即选择的指标群应能反映其内涵所包括的几个主要方面：水资源利用的可持续性，各区域、各部门用水的公平性，水资源利用的高效率，社会经济、生态环境的良性发展，人口、资源、环境和经济的相互协调。建立农业高效用水健康性评价指标体系应遵循以下原则（刘恒等，2003；李利锋和郑度，2002；沈珍瑶和杨志峰，2002；惠泱河，2001；陈利顶等，2001；朱一中等，2001；左启东等，1996）。

（1）完整性。为了使综合评价的结果可靠，评价指标应尽量包括对所评价问题产生影响的各个影响因素。从理论上讲，所选指标应具有足够的涵盖面。

（2）可操作性。可操作性有三层含义。一层是指指标体系不能过于庞大、结构过于复杂，找不到适合的数学方法对其进行评价。第二层含义是指实际应用中往往受到资料来源和数据支持的制约，所选指标应能从已有的资料中查找到，或者能间接地计算得到。第三层指的是对于一些定性指标，如果不能将其量化，就不要将其留在指标体系内，否则将使评价计算变得不可能。

（3）独立性。为使评价时充分利用指标提供的信息，不因信息的冗余造成对评价工作的负面影响，选定指标时，应对指标的特性进行分析，在那些存在着强相关的指标群中，选定那些有代表性的指标。

（4）可比性。选取的指标值可能分布在不同的区域或者不同的时间，指标的选取应当能够使区域之间、不同时段之间能够有可比性，否则不管评价方法多么完善，得出的评价结果都有可能是错误的。

（5）特殊性。由于区域之间在自然环境、社会经济等各方面的相异性，一个研究区与另一个研究区的评价指标不可能完全相同。不能将评价指标体系生搬硬套，应针对具体的区域设计不同的评价指标体系。

（6）离散性。当指标选定后，如果各方案在某一指标上的值都近似相等，它提供的信息接近于零，这类指标作为评价指标意义不大。

五、农业用水健康性评价指标体系的建立

根据农业用水与生态环境、经济社会发展密切相关的特点，农业健康用水指标选取应当遵循选取原则，在农业资源利用、农业用水协调性、农业用水效率和用水效益之间进行权衡，实现各行业和总用水综合效益最大化，保证水资源的可持续利用。因此，以农业用水健康为目标层，以农业资源利用等 4 个方面为准则并参照前人的研究成果，在此基础上共选取了 18 项基础指标建立农业用水健康性评价体系，见表 16-1。

表 16-1 流域农业用水方案健康评价体系

目标层	准则层	准则子层	指标层	
黑河流域农业用水健康性综合指数	资源利用指数	气候资源利用	热量利用率/[kg/(℃·hm²)]	作物经济产量/作物生育期内积温
			降水利用率/%	年降水利用量/年降水总量
		土地资源利用	土地生产效率/(元/hm²)	耕地净产值/耕地面积
			复种指数/%	农作物播种面积/总耕地面积
		人工投入资源	资金生产率/%	农作物总产值/总农业投入
	协调性指数	宏观	农业用水比例/%	农业总用水量/社会总用水量
		中观	林牧渔业用水比例/%	林牧渔业用水量/农业总用水量
		微观	粮食作物用水比例/%	粮食作物用水量/种植业用水量
	效率指数	水资源开发	地表水开发利用率/%	地表供水量/地表水资源量
			地下水开发利用率/%	地下供水量/地下水资源量
		农业水资源转化效率	水资源重复利用率/%	重复利用水量总和/计算时段内取水量
			灌溉水有效利用系数	渠系水利用系数×田间水利用系数
	效益指数	经济效益	单方水农业净产值/(元/m³)	种植业总净产值/农田灌溉用水总量
		社会效益	人均粮食产量/(kg/a)	粮食总产量/地区总人口
			农村人均年收入/元	农村人口年总收入/农业人口
			缺水率/%	地区缺水量/地区总供水量
		生态效益	单位面积化肥施用量/(kg/hm²)	总化肥施用量/总耕地面积
			盐渍化耕地面积治理比率/%	盐碱化耕地面积/总耕地面积

第二节 农业健康用水量计算模型及其应用

水资源作为社会经济发展的必备资源条件，对产业布局和经济发展模式起决定性作用，对社会经济发展具有深远的影响。尤其对于西北干旱缺水地区，一个内陆河流域就是一个完整的生态系统的功能单元，因此合理的水资源配置是内陆河流域制定国民经济发展规划和社会建设的中心环节（潘启民等，2001）。

我国西北干旱地区位于 35°N 以北、106°E 以西的内陆干旱区，包括新疆全境、甘肃河西走廊及内蒙古贺兰山以西的地区，是世界最严重的干旱区之一（Tao et al., 2001）。黑河作为西北地区第二大内陆河，发源于祁连山中段地区，先后流经青海、甘肃、内蒙古三省（自治区），跨越 11 个县（区、旗）。流域战略地位非常重要，上游的祁连山区是黑河的发源地，源头流域土地总面积 9248 km^2，草地面积计 7476 km^2。黑河径流在出山口径流量约占黑河天然水量的 88%，可知径流汇集区的重要地位；中游为径流利用区，其中张掖地区为欧亚大陆桥和古丝绸之路要地，农牧业历史开展悠久，享有“金张掖”的美誉；下游为径流消耗区，其中居延三角洲地带的额济纳绿洲不仅是阻挡风沙侵袭、保护生态的天然屏障，同时也是当地人民生息繁衍、国防科研和边防建设的重要依托，区内有我国重要的国防科研基地，额济纳旗边境线长达507 km。随着人口的增长和国民经济的发展，灌溉面积不断扩大，农业和其他部门用水量迅速增加，水资源供需矛盾日益突出，生态环境持续恶化（张凯等，2006a，2006b）。集中表现在尾闾湖泊消失、众多天然河道废弃并形成绿洲内部沙源、天然绿洲萎缩、土地沙漠化发展迅速（代锋刚等，2004）。农业用水是黑河流域的用水大户，约占经济用水总量的95%，但由于农业用水水平低、管理相对粗放，且缺乏科学的评定标准，农业用水问题已经成为制约黑河流域水资源合理利用和经济发展的关键因素。因此，黑河流域农业用水问题越来越受到人们的关注。

一、农业健康用水量计算模型

农业健康用水量计算模型的建立是基于满足水资源生态和社会功能的前提下，实现综合效益的最大化。农业健康用水量计算应依据协调性和效率性标准来实现农业用水健康。目的是通过协调农业与社会、经济、生态之间用水关系，实现经济社会和生态环境的和谐发展。农业健康用水量计算问题的核心内容可以概括为：首先，确定合理的区域农业用水量问题，主要指区域水资源分配实现社会公平、经济发展和生态保护三者之间的协调；其次，在一定农业用水量下，以农业水资源支持的，实现区域农业用水效益各主要指标所能达到的发展程度和区域农业资源的最佳配置方式。农业健康用水量的计算过程就是在此二维向量空间中寻优的过程（裴源生等，2007；赵勇等，2007）。

（一）农业健康用水量的确定方法

农业健康用水的实现途径是在水资源、社会经济和生态环境评价及各行业用水预测的基础上，提出合理的配水资源次序，确定合理的农业用水量。通过对水资源配置产生的社会经济发展、经济效益和生态效益的分析，掌握不同配水情况下社会经济发展情况和生态环境演化的状况，为农业用水方案的选择提供科学依据，修正并确定农业用水的合理方案，实现水资源在经济和生态环境之间的合理分配，以满足区域各部门的用水需求，支撑社会经济的持续发展和生态环境的稳定。农业健康用水过程是通过水资源对区域的宏观经济进行调控，以天然-人工复合水循环系统模拟为依据，以经济与生态响应评价为评判标准。

农业健康用水量基本计算方法是通过对可利用水资源量、经济发展目标、农业生产水平和生态环境状况等的预测，来分别计算不同频率年研究区域的不同层次用水；在分析社会、经济和生态用水综合效益的基础上，采用“多目标分层优化”方法（Cheng et al.，1995；范金等，2001）实现各业用水及总用水综合效益最大时的农业用水量。多目标分层优化法即按照每个目标函数在总目标函数当中的优先次序不同，确定各个目标函数实现的先后顺序，然后对模型在可行域内逐层进行求解，直到求解完最后一层，所得解即为模型的非劣解。

（二）目标函数建立

用水部门可概括为生活、工业、农业和生态4个部门。生活用水指包括居民基本生活用水和第三产业用水；工业用水包括一般工业和高耗水工业（包括造纸、冶金、纺织、石化等）用水；生态用水包括维持生态植被生命用水和其他生态用水（其他生态用水指生态植被达到充分生长状态与维持生命状态的用水量之差）；农业用水包括粮食安全用水和其他农业（指农业用水总量与粮食安全用水量之差）用水，即

$$W_{生活}=W_{基本生活}+W_{第三产业} \tag{16-1}$$

$$W_{工业}=W_{一般工业}+W_{高耗水工业} \tag{16-2}$$

$$W_{生态}=W_{维持生态生命}+W_{其他生态} \tag{16-3}$$

$$W_{农业}=W_{粮食安全}+W_{其他农业} \tag{16-4}$$

目标函数为

$\mathrm{Max}\{P_1[X_1(W_{基本生活})], P_2[X_2(W_{第三产业})], P_3[X_3(W_{一般工业})], P_4[X_4(W_{高耗水工业}), P_5[X_5(W_{维持生态})], P_6[X_6(W_{其他生态})], P_7[X_7(W_{粮食安全})], P_8[X_8(W_{其他农业})], P_9[X_1(W_{基本生活})+X_2(W_{第三产业})+X_3(W_{一般工业})+X_4(W_{高耗水工业})+X_5(W_{维持生态})+X_6(W_{其他生态})+X_7(W_{粮食安全})+X_8(W_{其他农业})]\}$

式中，$X_i(w)$ 为以 w 为变量的函数，代表各层次用水效益；$P_i(x)$ 为以 x 为变量的函数，如 $P_1[X_1(W_{基本生活})]$ 是以基本生活用水效益为变量的函数。这里以 P_1 代表 $P_1[X_1(W_{基本生活})]$，以此类推，目标函数可简化为

$$\max\{P_1,P_2,P_3,P_4,P_5,P_6,P_7,P_8,P_9\} \tag{16-5}$$

农业健康用水量计算模型在原有用水层次的基础上，根据用水目的划分用水子层，优化用水层次序，依次满足各目标函数。目标函数间优先层次如下。

（1）模型第一个优先层次：优先保证水资源利用的社会、经济和生态环境效益三者总和最大。

$$\max\{P_9,(P_2+P_3+P_4+P_7+P_8),(P_5+P_6)\} \tag{16-6}$$

（2）模型第二个优先层次：基本生活用水是以满足人民基本生活保障为目的，因此必须得到满足。

$$\max\{P_1\} \tag{16-7}$$

（3）模型第三个优先层次：保障一般工业用水效益、维持生态用水效益和粮食安全用水效益最大。

$$\max\{P_3,P_7,P_5\} \tag{16-8}$$

（4）模型第四个优先层次：满足第三产业用水效益和其他生态用水效益最大。

$$\max\{P_2,P_6\} \tag{16-9}$$

（5）模型第五个优先层次：满足高耗水工业用水效益和其他农业用水效益最大。

$$\max\{P_4,P_8\} \tag{16-10}$$

（三）模型约束条件的确定

由模型实现目标确定用水约束条件如下（陈兴茹和刘树坤，2006；王浩等，2004）。

1. 生活用水量约束

$$W_{生活}=W_{基本生活}+W_{第三产业} \tag{16-11}$$

$$W_{\text{基本生活}} \geqslant A_{\text{基本生活用水定额}} \times N_{\text{人口数}} \tag{16-12}$$

$$W_{\text{第三产业}} \geqslant A_{\text{综合生活用水定额}} \times N_{\text{人口数}} - A_{\text{基本生活用水定额}} \times N_{\text{人口数}} \tag{16-13}$$

式中，$A_{\text{基本生活用水定额}}$为研究区域的人均基本用水定额；$A_{\text{综合生活用水定额}}$为研究区域人均综合用水定额；$N_{\text{人口数}}$为研究区域的人口数。

2. 工业用水量约束

应结合经济发展规划和水资源规划，在保证生活、生产和经济正常运行用水的基础上，确定工业用水量的范围：

$$W_{\text{工业}} = W_{\text{一般工业}} + W_{\text{高耗水工业}} \tag{16-14}$$

$$W_{\text{一般工业}} \geqslant I_{\text{一般工业产值}} \times A_{\text{一般工业用水定额}} \tag{16-15}$$

$$W_{\text{高耗水工业}} \geqslant I_{\text{高耗水工业产值}} \times A_{\text{高耗水工业用水定额}} \tag{16-16}$$

式中，$A_{\text{一般工业用水定额}}$、$A_{\text{高耗水工业用水定额}}$为研究区域的一般工业用水定额和高耗水工业用水定额；$I_{\text{一般工业产值}}$、$I_{\text{高耗水工业产值}}$为一般工业产值和高耗水工业产值。

3. 生态用水量约束

根据当地水资源规划和生态环境发展目标确定生态用水量的范围（Carins，1997；Holling，2001）。

$$W_{\text{生态}} = W_{\text{维持生态生命}} + W_{\text{其他生态}} \tag{16-17}$$

$$W_{\text{维持生态生命}} \geqslant S_{\text{植被面积}} \times A_{\text{维持生命用水定额}} \tag{16-18}$$

$$W_{\text{其他生态}} \geqslant S_{\text{植被面积}} \times A_{\text{充分生长用水定额}} - S_{\text{植被面积}} \times A_{\text{维持生命用水定额}} \tag{16-19}$$

式中，$S_{\text{植被面积}}$、$A_{\text{维持生命用水定额}}$分别为区域需人工灌溉的植被面积、维持单位面积植被生命的用水量。

4. 农业用水量约束

结合经济发展规划和水资源规划，在保证生活、生产和维持生态用水的基础上确定农业用水范围。

$$W_{\text{农业}} \geqslant W_{\text{粮食安全}} \tag{16-20}$$

$$W_{\text{农业}} = W_{\text{粮食安全}} + W_{\text{其他农业}} \tag{16-21}$$

$$W_{\text{粮食安全}} \geqslant I_{\text{人均粮食}} \times N_{\text{人口数}} \times A_{\text{单位产量用水定额}} \tag{16-22}$$

式中，$W_{\text{农业}}$为农、林、牧、渔用水总量；$W_{\text{粮食安全}}$为满足粮食生产安全的用水量；$I_{\text{人均粮食}}$、$A_{\text{单位产量用水定额}}$分别为人均粮食定额、单位面积粮食的用水定额。

5. 供需平衡约束

按照研究区域地表水和地下水资源状况和水资源利用规划来确定地区水资源可利用总量（王浩等，2003）。

$$W_{\text{总用水量}} = W_{\text{生活}} + W_{\text{工业}} + W_{\text{生态}} + W_{\text{农业}} \tag{16-23}$$

$$W_{\text{总可利用水量}} = W_{\text{地表}} + W_{\text{地下}} \tag{16-24}$$

$$W_{\text{总用水量}} \leqslant W_{\text{总可利用水量}} \tag{16-25}$$

式中，$W_{总可利用水量}$、$W_{地表}$、$W_{地下}$分别为研究区域内可利用的水资源量、地表水水资源量、地下水水资源量；$W_{总用水量}$为生活、工业、生态和农业用水总和。

6. 非负约束

$$W_i \geqslant 0 \tag{16-26}$$

上述所有变量均为非负值。各参数在具体应用时，应根据不同地区时段、研究区域的个性特征如经济发展水平、水资源紧张程度、生态环境基础条件、节水空间等予以确定。

（四）模型中各个参数的确定方法

1. 生活用水效益计算

生活用水包括城镇生活用水、农村生活用水和牲畜饮水三部分。以研究区域居民基本生活用水量为划分生活用水与经济用水的界限，若生活用水量在基本生活用水量以内，则按照生活用水计算用水效益；若超出基本生活用水量，多出的部分按照经济用水计算用水效益。

$$B_{生活} = A_{人均用水定额} \times N_{人口} \times V_{生活用水} \tag{16-27}$$

式中，$B_{生活}$为生活用水效益；$A_{人均用水定额}$为研究区域人均用水定额；$N_{人口}$为研究区域人口数量；$V_{生活用水}$为研究区域生活用水量。

2. 工业用水效益计算

工业用水分为一般工业用水和高耗水工业用水两部分。

$$B_{工业} = \sum_{i=1}^{n} W_i A_i \tag{16-28}$$

式中，W_i表示各用水户用水量；A_i表示各用水户的单方水效益；i表示各工业用水户；n表示用水户的个数。

3. 生态用水效益计算

生态用水效益参照生态经济学观点，引自张志强等（2001）的研究成果，对黑河流域生态系统服务的价值予以估算（表 16-2），根据不同区域立地类型植被面积来分别计算研究区域的生态经济价值。

表 16-2　黑河流域生态系统服务价值

生态系统类型	单位价值 /［元/（hm^2·a)］
林草地	5673.6
耕地	783.4

$$B_{生态} = \sum_{i=1}^{n} M_i A_i \tag{16-29}$$

式中，M_i为每年单位面积生态系统价值；A_i为各生态系统面积；i为用水的各个生态系统类型；n为生态系统类型个数。

4. 农业用水效益计算方法

$$B_{农业}=W_{农业}\times A_{农业} \tag{16-30}$$

式中，$W_{农业}$为农业用水量；$A_{农业}$为农业单方用水价值。

另外，农业生态系统是人工生态系统，农业用水不仅发挥经济效益，还可发挥生态效益，因此还应当对农田的生态系统效益进行价值核算。

二、黑河流域农业健康用水方案设置

（一）方案设置的原则

以农业用水健康概念为依据，以配置流域农业用水为核心，以满足生态环境与社会经济协调发展为目的，来实现各行业用水效益和综合用水效益最大化的目标。为从水资源利用的效率效益与区域发展的协调性两方面检验流域水资源分配的健康性，从模拟出的黑河流域农业用水配置方案集中选出满意方案，要求选出的方案在流域实施后，满足流域社会经济的持续发展，同时保持生态与经济的双赢。农业健康水量配置的原则包括以下几个方面。

（1）可持续原则：农业用水分配过程中必须坚持持续利用原则。区域水资源在开发过程中，要统筹安排水资源的开发利用，要尊重上、中及下游间的协定，重点调配中游农业用水与下游生态用水的矛盾，提高用水效率，既要保证经济社会发展，又要保持生态环境稳定，真正实现当地水资源的可持续利用。

（2）公平性原则：公平性是水资源社会属性的首要特征，黑河流域也不例外。公平性原则要在地区之间、近期和远期之间、用水目标之间、用水人群间得以体现。不仅要重视各行政区域间的水资源分配，更要关注行政区内部水资源分配。要在优先保证生活用水和最为必要的生态用水前提下，协调经济用水和一般生态用水以及不同经济部门间的用水关系。

（3）有效性原则：有效性原则是指要在水资源分配过程中保持经济和社会发展的效率，通过各种措施提高各用水行业利用效率。考虑供水保证率的稳定性和高效性，对于中等干旱年和干旱年份，首先保障居民基本生活用水，然后再考虑其他行业用水。

（二）水平年和水文频率的选择

黑河流域农业健康用水量计算采用典型年的计算方法，以反映黑河流域水资源的供需规律和特点。一是由于黑河流域实行水资源统一调度，对整个区域的水资源利用影响较大，因此选择统一调水前的1999年为过去年，统一调水后的2006年为现状年，2020年为未来年3个水平年。二是黑河来水考虑平水年50％、中等干旱年75％和干旱年90％三个来水频率，在50％、75％和90％频率各行业存在用水矛盾时，对农业健康用水量进行计算。

（三）方案设置

在国务院审批的分水方案中规定：在相当于莺落峡 50%保证率来水量 15.8 亿 m^3 情况下，正义峡下泄水量 9.5 亿 m^3；在莺落峡 75%保证率来水 14.2 亿 m^3 时，正义峡下泄水量 7.6 亿 m^3；在莺落峡 90%保证率来水 12.9 亿 m^3 时，正义峡下泄水量 6.3 亿 m^3。同时按照国家发展和改革委员会“关于《黑河干流（含梨园河）水利规划报告》的批复”，多年平均来水情况下，严格控制鼎新片毛引水量不超过 0.9 亿 m^3，东风场毛引水量不超过 0.6 亿 m^3，保证下游生态系统用水，并参考水利部《黑河流域近期治理规划》，在此基础上设置黑河流域农业用水方案，即流域实际用水方案和农业健康用水方案，方案结果即为评价模型的输入值。

黑河流域实际农业水资源分配主要按照生活、农业、工业和生态的实际用水次序进行依次分配，研究数据来自各省（自治区）的水利统计年鉴及调查走访相关水利单位的调研数据。农业健康用水方案的拟订是立足流域水资源紧缺与生态环境脆弱的实际，通过对可利用水资源量、经济发展目标、农业生产水平和生态环境状况等的预测，运用农业健康用水量计算模型来分别计算不同年份研究区域的不同层次用水。将原有生活、农业、工业、生态 4 个用水层划分为：基本生活、第三产业、一般工业、高耗水工业、维持生态、其他生态、粮食安全和其他农业 8 个用水层次，通过黑河流域农业健康用水量计算模型计算，运用多目标优化各行业用水层次，以实现各行业和总用水的综合效益最大的目标。经计算得到的各部门分配水量组成的用水方案为农业健康用水方案，区域各部门实际分配水量组成的用水方案为农业实际用水方案。方案的设置将考虑水资源配置对象、配置目标、工程措施、产业结构调整等不同方面。此次拟订 1999 年（过去年）、2006 年（现状年）和 2020 年（未来年）中黑河流域水资源配置的十个方案，其中 1999 年和 2006 年计算水资源频率是按照当年黑河实际来水频率（50%）计算，莺落峡水文站统计 1999 年和 2006 年为多年平均来水频率 50%，因此 10 个农业用水配置方案具体设置见表 16-3。

表 16-3　黑河流域农业用水方案设置

水平年	来水频率/%	农业实际用水方案	农业健康用水方案
1999	50	方案 1	方案 2
2006	50	方案 3	方案 4
2020	90	方案 5	方案 6
	75	方案 7	方案 8
	50	方案 9	方案 10

三、模型参数设定

（一）可利用水资源计算

在流域可利用水资源量核算中，以国务院批准的《黑河干流水量分配方案》（以下简称《方案》）为基本依据，并参照《黑河流域水资源》、《黑河流域近期治理规划》和相关文献的研究成果，分别确定不同频率年各县可利用水资源量，计算结果见表 16-4。其中 1999 年流域尚未实行统一调水，实际莺落峡下泄量 16.02 亿 m^3，比多年平均值稍微偏高，但正义峡下泄 7.01 亿 m^3，明显低于分配方案规定的应达到的下泄量，中游用水量所占比例较大，下游生态用水紧缺。因此在 1999 年可利用水资源核算中，按照流域实际分配水量分配水资源。

表 16-4　分县可利用水资源量　　（单位：亿 m^3）

地区	可利用地表水资源			可利用地下水资源	可利用水资源量		
	50%	75%	90%		50%	75%	95%
祁连县	0.20	0.2	0.2	0.02	0.22	0.22	0.22
肃南县	0.20	0.2	0.2	0.13	0.33	0.33	0.33
山丹县	1.13	1.13	1.13	0.18	1.31	1.31	1.31
民乐县	3.78	3.78	3.78	0.18	3.96	3.96	3.96
甘州区	6.05	6.25	6.25	1.78	7.83	8.03	8.03
临泽县	3.50	3.61	3.61	0.70	4.2	4.31	4.31
高台县	2.52	2.48	2.48	0.95	3.47	3.43	3.43
肃州区	5.25	4.62	4.03	2.48	7.73	7.1	6.51
嘉峪关	1.05	0.92	0.81	0.25	1.3	1.17	1.06
金塔县	3.47	3.05	2.66	0.91	4.38	3.96	3.57
额济纳旗	5.34	4.27	3.54	0.56	5.9	4.83	4.1
合计	32.49	30.51	28.69	8.14	40.63	38.65	36.83

（二）各业用水需求

生活用水定额：生活用水包括城镇生活用水和农村生活用水。1999 年和 2006 年生活用水以流域实际人口计算，1999 年流域城镇居民生活综合用水标准为 110～140 L/（人·d），农村居民生活综合用水标准为 40～60 L/（人·d），2006 年流域城镇居民生活综合用水标准为 130～160 L/（人·d），农村居民生活综合用水标准为 50～80 L/（人·d）。2020 年生活用水以 2006 年人口规模为基数，分别按农村和城镇人口平均配置，并考虑城市规模、城镇化率和人民生活水平持续提高的需求，依据相关研究成果，结合各县社会、经济和环境的差异来具体确定各个县市 2020 年城镇居民生活用水标准为 150～200 L/（人·d），农村生活用水标准为 100～120 L/（人·d）。

工业用水定额：工业用水包括一般工业和高耗水工业两部分用水。具体按 1999 年和 2006 年工业规模和水平，参照国内同行业用水定额和本流域具体情况配置水量，1999 年黑河流域工业用水标准为 175～200 m^3/万元，现状黑河流域工业用水标准为95～160 m^3/万元，结合青海、甘肃、内蒙古三省（自治区）工业强省战略的实施，为确保工业用水，在考虑节约用水的前提下，根据现状流域工业用水水平，预测 2020 年流域工业用水标准 100～120 m^3/万元，考虑嘉峪关用水水平较高，用水标准定为 50 m^3/万元。

生态用水定额：生态用水包括维持植被生命用水和其他生态用水两部分。由于植被生长所用水量基本不随时间发生改变，因此1999年、2006年、2020年植被净用水标准一致。黑河流域上游地区，天然降水完全能够满足生态良性循环的需要，也就不需要对生态环境给予专门的人工配水，所以本次不计入生态用水量；中游地区生态耗水主要考虑人工防护林，按照河西走廊地区人工绿洲防护林体系占农田灌溉面积的合理比例为8%～12%配置计入生态耗水，充分生长用水标准为3450～4800 m^3/hm^2，维持生命用水标准为2550～3900 m^3/hm^2；下游地区生态用水主要用于沿河三角洲区需灌溉的荒漠绿洲生态系统和少部分的农田防护林，多年平均和中等干旱水文年份，生态耗水按保证植被正常生长的用水量计算；干旱年份的生态耗水按生命的用水量计算，参照王根绪和程国栋（2002）相关研究成果，确定下游不同频率年生态用水量分别为4.66亿 m^3、3.79亿 m^3、3.45亿 m^3。

农业用水定额：农业用水包括种植业和林牧渔业用水。种植业用水包括粮食、经济、饲料作物用水，根据各区域种植面积、用水标准预测用水量。现状黑河流域农业灌溉用水水平十分不均衡，由于自然条件、土壤质地、种植结构、节水水平等的差异，各县区的用水定额差距较大。上游地区农业属于旱地农业此次不计入用水；中游地区属于精耕细作，单位面积灌水量相对较小，常规节水水平下每年净灌水定额为5220～5310 m^3/hm^2；下游地区地处沙漠边缘且干旱少雨，因此净灌水定额为5530～5810 m^3/hm^2。林牧业用水主要包括经济林果用水，用水参照种植业用水定额确定，为2120～4410 m^3/hm^2。由于流域渔业发展，多在水库或者河边，水量可直接获取且发展规模、用水量都较小，故此次不计入用水范畴。

粮食安全用水定额：依据国务院于2001年颁布实施的《中国食物与营养发展纲要》预测，1999年、2006年、2020年，人均粮食需求定额分别为400 kg、410 kg、420 kg。根据预测的人均粮食需求量、各行政单元单位面积粮食产量及灌溉定额，最终确定各县市的粮食安全用水量。

四、模型计算结果及分析

依据模型对全流域1999年、2006年、2020年各县域用水情况进行逐层计算，结果见表16-5～表16-7。

表16-5 1999年黑河流域农业实际用水与健康用水结果对照

地区	实际用水				农业健康用水				农业用水比重降低比率/%	生态用水比重增加比率/%	综合用水效益增加比率/%	经济用水效益增加比率/%	生态用水效益增加比率/%
	农业用水量/亿 m^3	综合用水效益/亿元	经济用水效益/亿元	生态用水效益/亿元	农业健康用水量/亿 m^3	综合用水效益/亿元	经济用水效益/亿元	生态用水效益/亿元					
祁连县	0.0	0.2	0.1	0.1	0.0	0.4	0.0	0.26	31.4	38.9	67.3	0.0	250.0
肃南县	0.2	0.5	0.4	0.1	0.2	0.6	0.4	0.19	17.5	10.8	23.8	−1.2	100.0
山丹县	1.9	2.0	1.8	0.1	1.5	1.8	1.4	0.10	5.3	1.9	−3.5	−8.3	68.8
民乐县	4.1	4.2	3.8	0.1	3.6	3.8	3.4	0.18	1.2	0.7	−3.2	−4.7	21.2

续表

地区	实际用水				农业健康用水				农业用水比重降低比率/%	生态用水比重增加比率/%	综合用水效益增加比率/%	经济用水效益增加比率/%	生态用水效益增加比率/%
	农业用水量/亿 m^3	综合用水效益/亿元	经济用水效益/亿元	生态用水效益/亿元	农业健康用水量/亿 m^3	综合用水效益/亿元	经济用水效益/亿元	生态用水效益/亿元					
甘州区	9.2	11.2	9.2	0.1	7.3	11.4	9.1	0.19	5.1	0.7	1.5	−0.9	34.1
临泽县	4.6	4.4	4.2	0.1	4.4	4.5	4.1	0.11	2.6	0.9	2.5	−1.4	77.6
高台县	3.9	4.0	3.8	0.0	3.1	3.5	3.2	0.08	4.7	1.8	−4.2	−4.9	79.3
肃州区	7.2	7.0	5.9	0.1	6.5	9.5	8.3	0.21	7.0	0.9	36.4	39.2	64.2
嘉峪关市	0.8	2.5	2.2	0.0	0.6	2.9	2.5	0.02	11.8	0.5	17.4	15.5	45.6
金塔县	4.7	3.2	2.8	0.1	4.2	3.0	2.6	0.13	1.4	0.6	−2.4	−9.6	17.7
额济纳旗	1.0	4.6	0.3	4.3	0.9	5.5	0.3	5.05	3.6	3.2	17.8	6.2	18.3
合计	37.6	43.7	34.5	5.1	32.8	46.8	35.4	6.52	3.4	3.3	7.1	2.5	27.6

表 16-6　2006 年黑河流域农业实际用水与健康用水结果对照

地区	实际用水				农业健康用水				农业用水比重降低比率/%	生态用水比重增加比率/%	综合用水效益增加比率/%	经济用水效益增加比率/%	生态用水效益增加比率/%
	农业用水量/亿 m^3	综合用水效益/亿元	经济用水效益/亿元	生态用水效益/亿元	农业健康用水量/亿 m^3	综合用水效益/亿元	经济用水效益/亿元	生态用水效益/亿元					
祁连县	0.0	0.1	0.0	0.1	0.0	0.5	0.0	0.25	22.2	15.3	268.1	−25.8	136.8
肃南县	0.1	0.4	0.2	0.1	0.1	0.7	0.3	0.30	21.1	19.5	99.6	45.5	240.3
山丹县	1.4	3.0	2.7	0.0	1.3	3.1	2.7	0.08	1.9	1.4	6.0	2.8	84.3
民乐县	3.4	3.9	3.7	0.1	3.6	4.4	4.0	0.20	2.7	1.4	11.9	8.6	94.1
甘州区	8.3	12.1	10.6	0.1	5.9	11.4	8.8	0.20	3.7	1.2	−6.1	−7.1	44.2
临泽县	4.9	4.0	3.9	0.1	3.6	3.7	3.2	0.12	1.5	0.9	−8.1	−8.1	22.5
高台县	3.2	3.7	3.4	0.0	2.6	3.2	2.8	0.08	4.2	1.5	−11.5	−7.8	103.2
肃州区	6.6	12.5	10.9	0.4	6.6	13.1	11.1	1.18	7.3	8.2	5.1	1.2	216.4
嘉峪关市	0.7	11.4	10.7	0.0	0.3	14.0	13.6	0.01	0.6	0.3	22.9	16.2	48.1
金塔县	4.4	5.2	4.7	0.1	4.1	4.9	4.4	0.14	1.3	1.6	−5.1	−7.1	103.5
额济纳旗	0.3	6.8	0.7	4.5	0.9	7.7	2.6	5.08	0.3	−4.1	14.0	6.2	12.3
合计	33.3	63.1	51.7	5.6	28.9	66.8	53.6	7.64	2.0	3.1	16.6	3.5	37.4

表 16-7　2020 年黑河流域农业实际需水与健康用水结果对照

	指标	频率	上游		中游							下游		合计
			祁连县	肃南裕固族自治县	山丹县	民乐县	甘州区	临泽县	高台县	肃州区	嘉峪关市	金塔县	额济纳旗	
按农业实际需水计算	农业需水量/亿 m³	50%	0	0.1	1.0	3.2	5.5	3.3	2.5	6.1	0.5	4.2	1.4	27.5
		75%	0	0.1	1.1	3.2	5.8	3.5	2.5	6.0	0.3	3.6	1.4	27.5
		95%	0	0.1	1.3	3.2	5.8	3.5	2.5	5.5	0.2	3.7	1.4	27.2
	综合用水效益/%	50%	0.7	0.8	3.8	5.6	16.7	5.0	4.2	18.4	27.3	6.6	10.7	99.8
		75%	0.7	0.8	3.9	5.2	16.9	5.1	4.3	17.5	27.0	5.9	9.3	96.5
		95%	0.7	0.8	4.4	5.1	16.9	5.1	4.3	15.8	24.2	5.9	9.3	92.4
	经济用水效益/亿元	50%	0.2	0.6	3.1	4.6	12.0	4.1	3.5	15.3	26.7	5.7	5.6	81.3
		75%	0.2	0.6	3.2	4.6	12.4	4.3	3.6	15.1	26.3	5.0	5.6	80.8
		95%	0.2	0.6	3.6	4.6	12.4	4.3	3.6	14.2	23.6	5.1	5.6	77.3
	生态用水效益/亿元	50%	0.1	0	0.1	0.6	0.4	0.1	0.1	1.7	0.0	0.1	5.1	8.3
		75%	0.1	0	0.1	0.2	0.2	0.0	0.0	1.0	0.0	0.1	3.7	5.5
		95%	0.1	0	0.1	0.1	0.2	0.0	0.0	0.1	0.0	0.1	3.7	4.6
	缺水率/%	50%	0	0	0	0.0	16.1	8.5	17.1	0.0	48.6	8.4	22.6	10.6
		75%	0	0	0	5.8	11.9	4.8	13.8	1.3	56.8	19.9	31.6	13.8
		95%	0	0	102	41.7	64.6	40.6	58.7	48.8	165.1	72.0	54.5	25.9
按农业健康用水计算	农业健康用水/亿 m³	50%	0	0.02	0.8	3.2	4.7	3.1	2.2	6.6	0.5	3.8	0.1	25.1
		75%	0	0.1	0.8	3.0	5.0	3.3	2.3	6.1	0.2	3.4	0.5	24.7
		95%	0	0.1	0.9	3.1	5.1	3.4	2.4	5.7	0.0	3.1	0.5	24.2
	综合用水效益/%	50%	0.7	0.7	3.8	5.6	22.9	5.2	4.6	21.3	33.4	6.6	8.4	113.2
		75%	0.7	0.8	3.7	5.3	23.1	5.3	4.6	20.2	32.8	6.0	8.1	110.9
		95%	0.7	0.8	3.6	5.2	20.0	5.0	4.4	17.7	32.0	5.4	7.8	102.6
	经济用水效益/亿元	50%	0.2	0.5	3.0	4.7	18.1	4.2	3.7	19.4	32.8	5.6	1.5	93.5
		75%	0.2	0.6	3.0	4.5	18.4	4.3	3.8	18.4	32.2	5.0	2.8	93.3
		95%	0.2	0.6	2.9	4.4	16.2	4.2	3.7	16.2	31.6	4.5	2.5	87.0
	生态用水效益/亿元	50%	0.1	0.2	0.2	0.5	0.5	0.3	0.2	0.4	0.0	0.3	6.8	9.4
		75%	0.2	0.2	0.1	0.3	0.4	0.2	0.2	0.3	0.0	0.2	5.2	7.4
		95%	0.2	0.2	0.1	0.3	0.4	0.2	0.2	0.3	0.0	0.2	5.2	7.4
	缺水率/%	50%	0	0	11	0	0	0	0	0	4.8	0	0	0
		75%	0	0	13	0	0	0	1.3	0	7.4	0	1.1	0
		95%	0	0	13.3	5	2	5.2	3.8	4.6	10.7	15.3	18.2	3.6

1. 1999 年、2006 年和 2020 年农业用水健康性分析

分析流域在 1999 年、2006 年的农业健康用水状况，1999 年（表 16-5）经模型调整后的流域用水与实际用水相比，通过减少区域农业用水（比例下降 3.4%），增加生态用水，实现了在综合用水效益增长 7.1%的基础上，保证目前经济（工业和农业）用水效益（增长率 2.5%）未减少，而生态用水效益大幅度增加（27.6%）。2006 年（表 16-6）经模型计算调整后，在保证流域综合用水效益提高 16.6%的基础上，实现经济用水效益（增长率 3.5%）基本维持现状，而生态用水效益提高 37.44%。2020 年（表 16-7）按照以往各业用水次序分配水资源，流域在 2020 年 50%、75%、95%频率下，缺水率将分别达到 10.6%、13.8%、25.9%，水资源紧缺程度加深，其中在 95%来水频率下，嘉峪关市、下游金塔县和额济纳旗缺水率分别达到 165.1%、72%、54.5%，缺水最为严重。通过模型计算后，基本实现了流域水资源供需平衡，嘉峪关等三地区缺水率分别下降到 10.7%，15.3%，18.2%，极大地缓解了缺水矛盾，具体表现为农业用水比例分别下降 6.6%、8.3%、12.3%，流域综合用水效益分别提高 13.4%、15.0%、12.9%，其中生态用水效益显著增加，分别为 13.6%、35.3%、61.9%。综上说明，流域 1999 年、2006 年、2020 年的农业用水很不合理，通过模型优化各行业用水次序，使得流域在综合用水效益增加的基础上，减少经济（主要为农业）用水量，增加生态用水，实现了区域生态效益大幅度增加，综合用水效益最大，使得农业用水趋于健康，保证了生态和经济的“双赢”。

2. 农业用水健康性发展趋势分析

依据表 16-5～表 16-7，综合分析 1999 年、2006 年和 2020 年农业用水健康性。2006 年与 1999 年实际用水相比，农业用水比例下降 4%，综合用水效益提高 44%，生态用水效益增加 8.9%，表明 2006 年实际用水合理性较 1999 年相比有一定程度上的提高。主要因为 2000 年以后，为防止下游生态持续恶化，国务院批复《黑河流域近期治理计划》，开始对黑河流域水资源统一调度，控制中游粮食主产区的用水量，增加对下游的调水，使得下游地区水资源紧缺矛盾得到缓解，用水合理性增加。而 2006 年的实际农业用水与同年健康用水相比仍存在不足，说明 2006 年实际农业用水尚未达到农业健康用水标准，而其占用的生态用水量所牺牲的生态效益远大于所获得的农业生产经济效益。其次，对比 2020 年（50%）与 2006 年实际农业用水状况，可知流域用水效率大幅度提高，表现在农业用水比例下降 17.3%，综合用水效益提高 58%，经济用水效益提高 58%，生态效益提高 51%，但农业用水仍需优化。

3. 农业用水健康性发展对策

2020 年与 2006 年相比，农业用水减少 5.8 亿 m^3，综合用水效益提高 58%，其中经济用水效益提高 58%，生态效益提高 69%，说明黑河流域未来农业节出的水量，除应转移到生态安全用水外，尚应转移到工业等经济用水，以提高区域综合用水效益。主要可采取的措施包括：①协调中、下游用水关系，在上、中游控制性工程建设的基础上，稳定中游灌溉绿洲农业与下游灌溉草原绿洲，必要时进行跨流域调水；②修建与完善水利设施，合理利用地下水资源；③调整作物种植结构和控制灌溉面积发展，对不适宜的耕地实施退耕还林还草措施；④优化调整用水结构，实现农业用水向生态用水和其他行业用水转移，以实现社会、经济和生态的综合效益最大。

第三节 农业高效用水健康性评价

一、农业用水方案健康性评价的投影寻踪模型

近20年来，国际统计界兴起的PP技术是一种直接由样本数据驱动的探索性数据分析方法，特别适用于分析和处理非线性、非正态高维数据（Hall，1989；Fu，2004；Fu et al.，2003）。它的基本思路是：把高维数据通过某种组合投影到低维子空间上，对于投影到的构形，采用投影指标函数来衡量投影暴露某种结构的可能性大小，寻找出使投影指标函数达到最优（能反映高维数据结构或特征）的投影值，然后根据该投影值来分析高维数据的结构特征。其中，投影指标函数的构造及其优化问题是应用PP方法能否成功的关键。该问题一般很复杂，传统的PP实现方法的计算量相当大（Friedman and Turkey，1974；Zhang and Dong，2009），在一定程度上限制了PP方法的深入研究和广泛应用。为此，本节使用RAGA处理该优化问题，并提出投影寻踪方案优选模型（简称PP模型）。

二、实证研究

（一）评价方案指标计算

以黑河流域11个县域为单元，对1999年、2006年和2020年（50%、75%、95%）的农业实际用水和农业健康用水，共计10个方案进行评价，限于篇幅，仅选择方案1即1999年流域农业实际用水方案为例，来说明各评价指标值的计算（赵小勇等，2007；吴泽宁等，2005；吴泽宁等，2001；金菊良等，2004；郑海霞等，2006）。表16-8、表16-9分别列出1999年农业实际用水方案的各评价指标的原始值和归一化值。

表16-8 1999年农业实际用水方案评价指标原始值

指标	祁连县	肃南县	山丹县	民乐县	甘州区	临泽县	高台县	肃州区	嘉峪关市	金塔县	额济纳旗
热量利用率/[kg/(℃·hm²)]	1.8	2.1	2.3	2.2	3.6	3.9	4.2	3.4	3.4	4.0	3.3
降水利用率/%	35	31	27	28	24	22	23	20	21	18	15
土地生产效率/(元/hm²)	4 809	5 252	7 340	9 081	10 893	9 876	9 737	19 078	30 104	9 088	20 752
复种指数	0.91	1.35	1.19	1.36	1.89	1.69	1.53	1.75	1.93	1.79	0.74
资金生产率/%	81	92	102	96	94	96	89	152	196	86	103

续表

指标	祁连县	肃南县	山丹县	民乐县	甘州区	临泽县	高台县	肃州区	嘉峪关市	金塔县	额济纳旗
农业用水比例/%	61	78	93	95	96	97	98	95	69	97	20
林牧渔用水比例/%	3.1	2.2	3.4	7.2	2.1	1.4	2.3	4.1	14.3	5.3	18.1
粮食用水比例/%	83	81	69	77	66	65	72	67	58	44	21
地表水开发利用率/%	26	53	132	109	140	131	84	117	116	126	151
地下水开发利用率/%	65	98	172	153	174	44	142	49	24	57	184
水资源重复利用率/%	95	98	114	98	87	86	84	96	102	92	94
灌溉水有效利用系数	0.32	0.32	0.32	0.32	0.39	0.39	0.39	0.36	0.36	0.32	0.32
单方水农业净产值/(元/m^3)	1.02	1.60	1.54	0.82	0.65	0.65	0.62	0.62	0.78	0.53	1.37
人均粮食占有量/(kg/a)	92	336	545	931	696	993	1055	728	98	686	119
农村人均年净收入/(元/a)	3068	3319	1951	1990	2436	2550	3084	2681	3055	2851	2915
缺水率/%	0	0	37	11	20	3	19	7	2	11	48
单位面积化肥施用量/(kg/hm^2)	188	200	216	260	557	513	449	512	411	586	523
盐渍化耕地面积比率/%	14	45	3	14	45	62	40	14	23	53	23

表 16-9　1999 年黑河流域农业实际用水方案评价指标归一化值

指标	祁连县	肃南县	山丹县	民乐县	甘州区	临泽县	高台县	肃州区	嘉峪关市	金塔县	额济纳旗
I_1	0.01	0.02	0.04	0.03	0.14	0.16	0.18	0.12	0.12	0.17	0.11
I_2	0.54	0.50	0.29	0.32	0.43	0.36	0.39	0.36	0.32	0.25	0.16
I_3	0.03	0.01	0.07	0.12	0.17	0.14	0.14	0.41	0.72	0.12	0.06
I_4	0.23	0.62	0.46	0.62	1.00	0.85	0.69	0.85	0.92	0.92	0.08
I_5	0.11	0.17	0.23	0.19	0.18	0.19	0.16	0.44	0.57	0.14	0.15
I_6	0.43	0.23	0.06	0.03	0.02	0.01	0.00	0.03	0.34	0.01	0.73
I_7	0.08	0.04	0.10	0.14	0.03	0.02	0.04	0.13	0.19	0.19	0.48
I_8	0.02	0.02	0.17	0.07	0.20	0.22	0.13	0.19	0.30	0.47	0.75
I_9	0.22	0.20	0.79	0.62	0.85	0.78	0.43	0.68	0.67	0.75	0.93
I_{10}	0.75	0.62	0.33	0.40	0.32	0.83	0.45	0.81	0.91	0.78	0.28
I_{11}	0.31	0.34	0.55	0.35	0.21	0.20	0.18	0.33	0.40	0.27	0.42
I_{12}	0.23	0.23	0.23	0.23	0.47	0.47	0.47	0.37	0.37	0.23	0.17
I_{13}	0.29	0.64	0.60	0.17	0.07	0.07	0.05	0.05	0.15	0.00	0.29
I_{14}	0.06	0.30	0.50	0.88	0.65	0.94	1.00	0.68	0.06	0.64	0.08
I_{15}	0.24	0.30	0.00	0.01	0.11	0.13	0.25	0.16	0.24	0.20	0.10
I_{16}	1.00	1.00	0.46	0.84	0.71	0.96	0.72	0.90	0.97	0.84	0.29
I_{17}	0.71	0.67	0.13	0.13	0.13	0.22	0.14	0.26	0.27	0.24	0.16
I_{18}	0.77	0.27	0.95	0.77	0.27	0.28	0.35	0.77	0.63	0.15	0.63

（二）指标评价标准

在选取农业用水方案健康评价指标的基础上，建立其评价标准，本节将农业用水健康划分为病态、不健康、亚健康、较健康、很健康 5 个等级。指标标准值确定时，以理论或目前现实所能达到的最高（低）极限值为健康的级别标准，以本区及类似地区最低值为病态的限定值，在很健康和病态之间平均划分 3 个等级，作为较健康、亚健康、不健康的标准，指标具体的分级标准和各标准的区间范围详见表 16-10。

表 16-10 农业用水健康指标评价标准值

指标	S_1	S_2	S_3	S_4	S_5
I_1	<3	3～6	6～9	9～12	>12
I_2	<20	20～25	25～30	30～35	>35
I_3	<8 000	8 000～10 000	10 000～12 000	12 000～15 000	>15 000
I_4	<1	1～1.05	1.05～1.1	1.1～1.15	>1.15
I_5	<60	60～90	90～120	120～160	>160
I_6	>95	95～90	90～85	85～70	<70
I_7	<3	3～5	5～7	7～9	>9
I_8	>80	80～60	60～40	40～20	<20
I_9	<60	60～90	90～118	118～140	>140
I_{10}	>200	200～150	150～100	100～50	<50
I_{11}	<90	90～103	103～116	116～130	>130
I_{12}	<0.3	0.3～0.35	0.35～0.41	0.41～0.46	>0.46
I_{13}	<0.7	0.7～0.9	0.9～1.2	1.2～1.4	>1.4
I_{14}	<200	200～320	320～440	440～560	>600
I_{15}	<2 000	2 000～3 000	3 000～4 000	4 000～5 000	>5 000
I_{16}	>30	30～21	21～12	12～3	<3
I_{17}	>1 800	1 800～1 600	1 600～1 300	1 300～1 000	<1 000
I_{18}	>20	20～15	15～10	10～5	<5

对各项评价指标的各级评价标准区间取右端点值，生成 5 个评价标准样本，同时为保证计算精度，各自等级区间内随机产生 45 个指标样本，总共构成 50 个指标样本。采用 Matlab 语言，编制相应的目标函数和约束条件函数（Chipperfield and Fleming，1995）。应用 RAGA 进行综合投影，得出的最佳向量为 $a=[0.2867, 0.1295, 0.3769, 0.0365, 0.4480, 0.3297, 0.2150, 0.2730, 0.1660, 0.1419, 0.2437, 0.2366, 0.1100, 0.032, 0.3192, 0.0916, 0.0397, 0.1986]$；对应的投影值为：0.6238、1.1845、1.7534、2.3810 及 3.2220。将病态、不健康、亚健康、较健康和很健康 5 个状态分别对应 1、2、3、4 和 5 级，则得到标准样本的投影值散点图，如图 16-1 所示。根据各状态划分值及其对应的投影值 $z^*(i)$ 建立投影寻踪等级评价模型 $y=f(z)$。

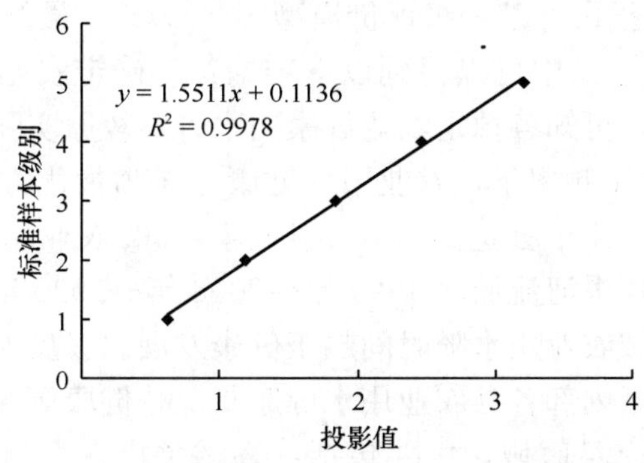

图 16-1　投影值与等级值关系图

（三）评价结果分析

利用上述遗传投影寻踪方法，对黑河流域 11 个县的 18 个农业用水健康性评价指标进行综合投影，得到最佳投影方向 a，计算得 a= [0.3268，0.1296，0.3067，0.0697，0.4737，0.3301，0.2241，0.1672，0.1532，0.1221，0.3020，0.1868，0.1798，0.0558，0.2418，0.2116，0.1127，0.2244]，从最佳投影向量可以看出，对农业用水健康方案优劣贡献较大的指标（a_j>0.3）依次是：资金生产率、农业用水比例、热量利用率、土地生产效率和地下水开发利用率。认为资金生产率和农业用水比例对农业用水健康的贡献最大，资金生产率排在指标权重的第一位，表明高产出农业是黑河流域未来农业发展方向；农业用水比例排在第二位，表明农业用水比例是影响农业用水健康性的关键因子，应当适当调整用水结构来降低农业用水比例。根据投影方向 a 可分别得到不同水平年不同县域的投影值 $z(i)$，详见表 16-11 所示。投影值 $z(i)$ 可以表征黑河流域各县域农业用水健康性，是 18 个评价指标的标准化值在最佳投影方向上的综合投影值，反映了不同县域农业用水健康性（表 16-11）。

表 16-11　各农业用水方案投影值

方案	祁连县	肃南县	山丹县	民乐县	甘州区	临泽县	高台县	肃州区	嘉峪关市	金塔县	额济纳旗
1	1.1	1.1	1.1	1.0	1.0	1.0	0.9	1.4	1.7	1.0	1.1
2	1.3	1.3	1.3	1.3	1.4	1.3	1.4	1.7	2.0	1.3	1.3
3	1.5	1.4	1.4	1.3	1.4	1.3	1.3	1.8	2.2	1.4	2.1
4	1.7	1.8	1.8	1.8	1.9	1.8	1.9	2.3	2.7	1.8	2.3
5	1.8	1.9	1.7	1.6	1.8	1.7	1.7	2.1	2.3	1.6	1.8
6	2.0	2.1	2.1	2.0	2.3	2.1	2.1	2.5	2.8	2.0	2.4
7	1.9	2.0	1.8	1.7	1.9	1.8	1.8	2.3	2.5	1.7	2.4
8	2.1	2.2	2.2	2.1	2.4	2.2	2.3	2.6	3.0	2.1	2.7
9	1.9	2.0	1.9	1.8	2.0	1.9	1.9	2.3	2.6	1.8	2.5
10	2.2	2.3	2.4	2.3	2.5	2.3	2.4	2.7	3.1	2.3	2.9

注：方案 1 和 2 分别表示 1999 年流域各县实际农业用水方案与农业健康用水方案，以此类推 3 和 4 为 2006 年，5 和 6 为 2020 年（95%），7 和 8 为 2020 年（75%），9 和 10 为 2020 年（50%）。

将投影值 $z(i)$ 代入投影寻踪等级评价模型 $y=f(z)$，最终计算各个方案的健康指数（图 16-2 至图 16-11）。从中可以得到以下结论：①确定农业用水最优方案。通过同年同频率评价结果对比，可知各拟定农业健康用水方案较原实际农业用水方案的健康等级增加。2020 年 50％来水频率下，农业用水健康方案为最优方案，流域各县域健康指数均达到 3.0（较健康），4 个县达到 4.0（很健康）。②农业用水发展态势预测。纵向比较流域农业用水状况，黑河流域自 1999 年～2006 年～2020 年，实际农业用水方案的健康指数增加，表明流域农业用水随时间趋于健康发展。③反映了不同县域农业用水相对健康性。横向比较流域内部各县农业用水健康状况，健康等级较高区域主要集中于相对科技发达、资金投入充足区域，主要包括：嘉峪关市、肃州区、甘州区、额济纳旗等，这些县市光热资源丰富、经济作物种植面积比例相对较大、水肥资源相对协调一致，属于整个流域农业用水水平较高区域。

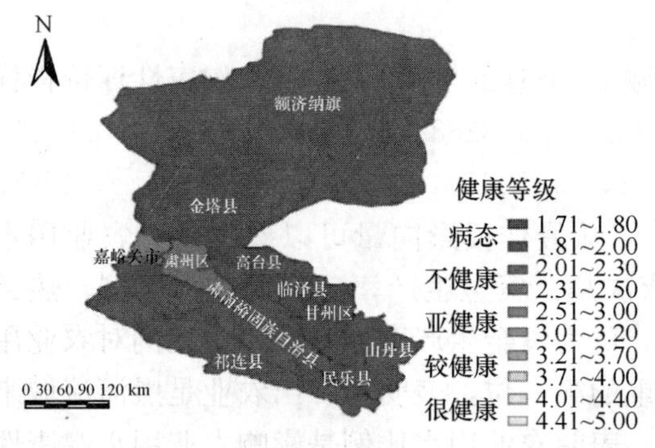

图 16-2　1999 年实际农业用水方案等级

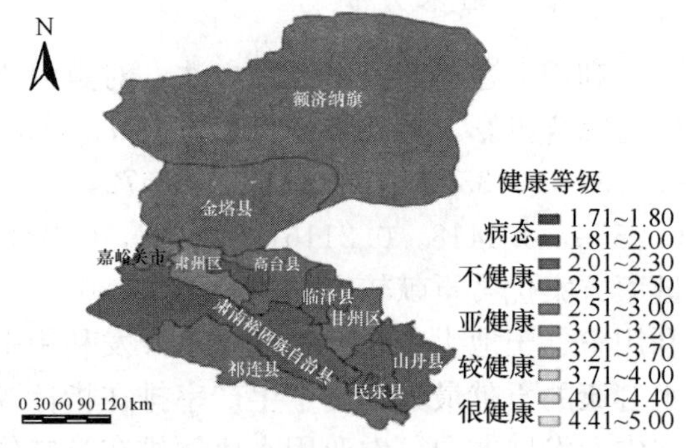

图 16-3　1999 年农业健康用水方案等级

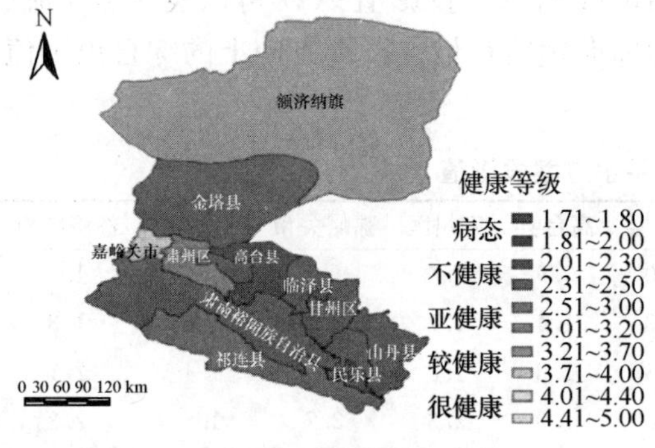

图 16-4　2006 年实际农业用水方案等级

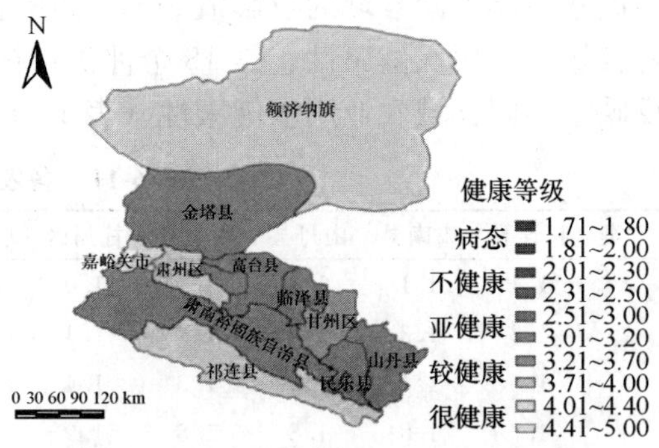

图 16-5　2006 年农业健康用水方案等级

从农业资源利用、农业用水协调性、农业用水效率及效益 4 个方面入手，针对如何选择西北干旱区黑河流域农业用水健康方案做了较为系统的研究，建立了农业用水方案健康性评价遗传投影寻踪模型，对黑河流域 11 个县域不同水平年农业用水方案健康性进行了评价，并按农业用水方案健康性高低划分为 5 个等级。结论如下。

（1）该模型很好地反映了黑河流域农业用水状况和区域差异，整体上光热资源丰富、水肥协调一致区域用水方案较为健康，符合客观实际。评价结果显示拟订的农业健

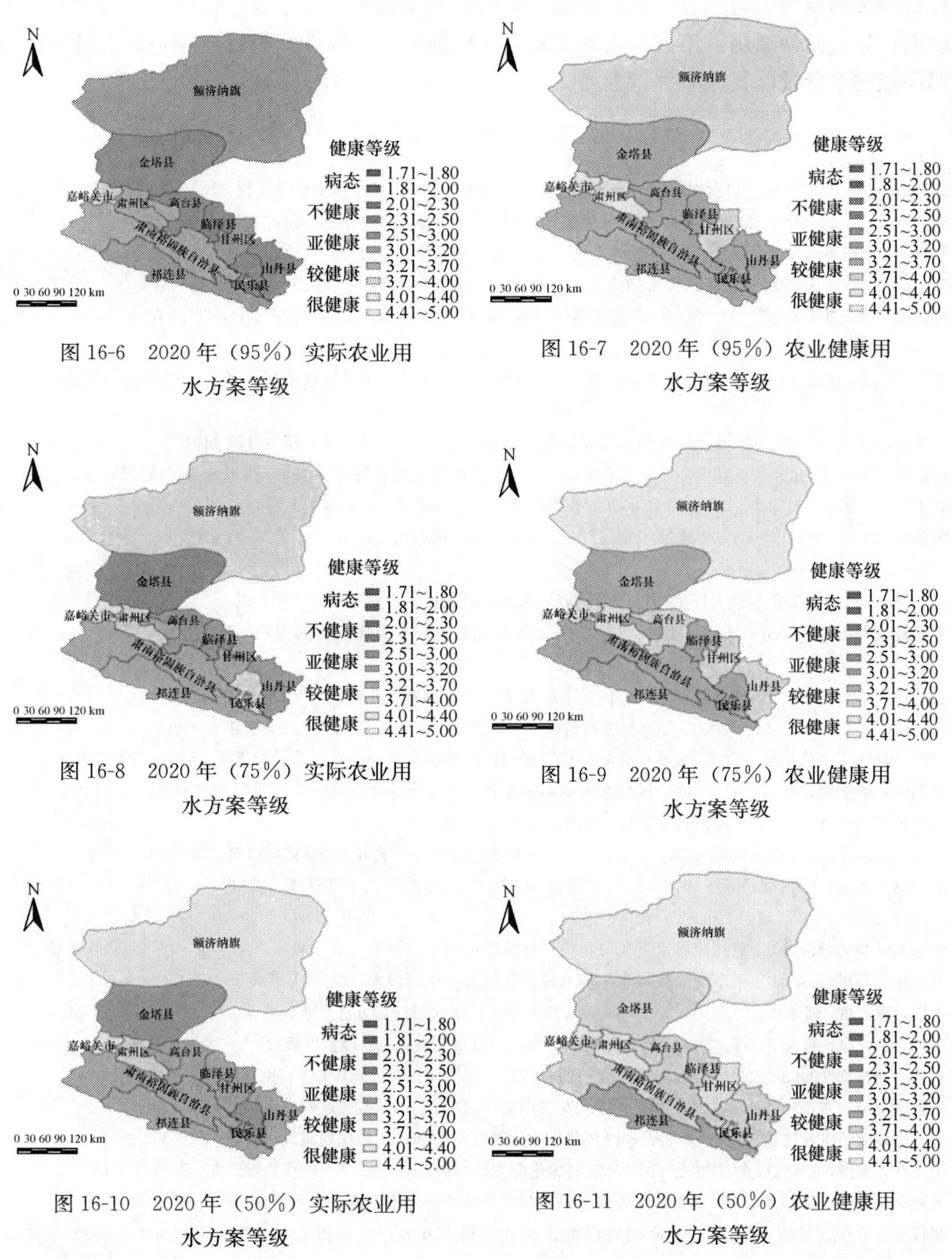

图 16-6　2020 年（95%）实际农业用水方案等级

图 16-7　2020 年（95%）农业健康用水方案等级

图 16-8　2020 年（75%）实际农业用水方案等级

图 16-9　2020 年（75%）农业健康用水方案等级

图 16-10　2020 年（50%）实际农业用水方案等级

图 16-11　2020 年（50%）农业健康用水方案等级

康用水方案较实际农业用水方案健康等级提高，表明农业健康用水方案效果较优，有利于促进黑河流域社会经济的可持续发展。

（2）研究利用 RAGA-PPE 模型克服了传统投影寻踪方法计算复杂、编程实现困难的缺点，可把由多维评价指标值组成的方案集综合成一维投影指标值，再依据投影值与评价等级的模型确定出等级值。根据等级值的大小就可对方案集进行优选。该模型易于决策、方法简便通用，不需人为确定评价指标的权重，优选结果较客观，并可供其他类似区域的水资源配置方案评价参考。

参考文献

曹利军，王华东. 1998. 可持续发展评价指标体系建立原理与方法研究. 环境科学学报，18（5）：526-532

陈利顶，李俊然，傅伯杰. 2001. 三峡库区生态环境综合评价与聚类分析. 地理科学，11（3）：35-38

陈兴茹，刘树坤. 2006a. 论经济合理的生态用水量及其计算模型（Ⅰ）——理论. 水利水电科技进展，26（5）：1-6

陈兴茹，刘树坤. 2006b. 论经济合理的生态用水量及其计算模型（Ⅱ）——应用. 水利水电科技进展，26（6）：1-6

代锋刚，蔡焕杰，张鑫，等. 2004. 西北干旱内陆河流域生态需水量理论初探. 干旱地区农业研究，22（3）：148-153

范金，沈洁，包振强，等. 2001. 生态经济投入占用产出的多目标优化模型及求解. 系统工程理论与实践，（5）：75-81

方创琳，毛汉英. 1999. 区域发展规划指标体系建立方法探讨. 地理学报，54（5）：410-419

冯耀龙，韩文秀，王宏江，等. 面向可持续发展的区域水资源优化配置研究. 系统工程理论与实践（2）：133-138

耿雷华，王建生，刘翠善. 2004. 浅谈水资源合理配置评价指标体系. 水利规划与设计，（3）：57-59

国务院. 2001. 中国食物与营养发展纲要（2001—2010 年）. 国办发［2001］86 号. 中国食品报，2001-12-07（第 1 版）.

惠泱河. 2001. 水资源承载力评价指标体系研究. 水土保持通报，（2）：85-89

金菊良，刘永芳，丁晶，等. 2004. 投影寻踪模型在水资源工程方案优选中的应用. 系统工程理论方法应用，13（1）：81-84

李利锋，郑度. 2002. 区域可持续发展评价：进展与展望. 地理科学进展，21（3）：237-248

李令跃，甘泓. 2000. 试论水资源合理配置和承载能力概念与可持续发展之间的关系. 水科学进展，11（3）：307-313

刘恒，耿雷华，陈小燕. 2003. 区域水资源可持续利用评价指标体系的建立. 水科学进展，14（3）：265-270

罗利民，谢能刚，仲越，等. 2007. 区域水资源合理配置的多目标博弈决策研究. 河海大学学报，35（1）：72-76

潘启民，田水利. 2001. 黑河流域水资源. 郑州：黄河水利出版社：1-50

裴源生，赵勇，张金萍. 2007. 广义水资源合理配置研究（Ⅰ）——理论. 水利学报，38（1）：1-7

秦大庸，鲁欣，张占庞，等. 2006. 黑河流域近期治理对生态环境与粮食安全的影响. 水利学报，37（10）：1278-1282

沈珍瑶，杨志峰. 2002. 黄河流域水资源可再生性评价指标体系与评价方法. 自然资源学报，17（2）：188-197

王根绪，程国栋. 2002. 干旱内陆流域生态需水量及其估算. 中国沙漠，22（2）：130-134

王浩，秦大庸，郭孟卓，等. 2004. 干旱区水资源合理配置模式与计算方法. 水科学进展，15（6）：689-694

王浩，秦大庸，王建华，等. 2003. 黄淮海流域水资源合理配置. 北京：科学出版社：23-24

王浩，游进军. 2008. 水资源合理配置研究历程与进展. 水利学报，39（10）：1168-1175

王慧敏，刘新仁. 1999. 流域复合系统可持续发展测度. 河海大学学报，27（3）：45-48

王建生，徐子凯，姚建文，等. 1998. 我国现状用水主要指标分析. 水利规划与设计，（3）：19-25

王顺久，侯玉，张欣莉，等. 2002. 中国水资源优化配置研究的进展与展望. 水利发展研究，2（9）：9-11

王顺久，侯玉，张欣莉，等. 2003. 流域水资源承载能力的综合评价方法. 水利学报，1（1）：88-92

吴泽宁，崔萌，曹茜，等. 2004. BP 网络模型在水资源利用方案评价中的应用. 南水北调与水利科技，2（3）：25-28

吴泽宁，索丽生，左其亭. 2001. 水利水电人工神经网络综合优选模型. 水利水电技术，32（7）：6-9

吴泽宁，左其亭，丁大发，等. 2005. 黄河流域水资源调控方案评价与优选模型. 水科学进展，16（5）：735-740

许新宜，王浩，甘泓，等. 1997. 华北地区宏观经济水资源规划理论方法. 郑州：黄河水利出版社：42-48

姚治君，王建华，张东，等. 2002. 区域水资源承载力的研究进展及其理论探析. 水科学进展，13（1）：111-115

张凯，韩永翔，张勃，等. 2006a. 基于水资源和气候系统影响下的黑河流域生态环境变迁研究. 干旱地区农业研究，24 (2)：159-173

张凯，宋连春，韩永翔，等. 2006b. 黑河中游地区水资源供需状况分析及对策探讨. 中国沙漠，26 (5)：842-848

张志强，徐中民，王建，等. 2001. 黑河流域生态系统服务的价值. 冰川冻土，23 (4)：360-366

赵小勇，付强，邢贞相. 2007. 投影寻踪等级评价模型在土壤质量变化综合评价中的应用. 土壤学报，44 (1)：164-168

赵勇，陆垂裕，肖伟华. 2007. 广义水资源合理配置研究（Ⅱ）——模型. 水利学报，38 (2)：163-170

郑海霞，封志明，张陆彪，等. 2006. 甘肃省县域农业资源利用效率综合评价. 经济地理，26 (4)：632-635

周海林. 1999. 可持续发展评价指标（体系）及其确定方法的探讨. 中国环境科学，19 (4)：360-364

朱一中，夏军，谈戈. 2002. 关于水资源承载力理论与方法的研究. 地理科学进展，(2)：180-188

左启东，戴树声，袁汝华，等. 1996. 水资源评价指标体系研究. 水科学进展，7 (4)：368-373

Carins J. 1997. Protecting the delivery of ecosystem services. Ecosystem Health，3 (3)：185-194

Cheng W，Fuh J Y H，Nee A Y C，et al. 1995. Multi-objective optimization of part-building orientation in stereolithography. Rapid Prototyping Journal，1 (4)：12-23

Chipperfield A，Fleming P J. 1995. The MATLAB genetic algorithm toolbox//applied control techniques using MATLAB. London：IEE Colloquium，221-228

Friedman J H，Turkey J W. 1974. A projection pursuit algorithm for exploratory data analysis. IEEET Rans on Computer，23 (9)：881-890

Fu Q，Xie Y G，Wei Z M. 2003. Application of projection pursuit evaluation model based on real-coded accelerating genetic algorithm in evaluating wetland soil quality variations in the Sanjiang Plain，China. Pedosphere，13 (3)：249-256

Fu Q. 2004. Study on the PPE model based on RAGA to classify the county energy. Journal Systems Science and Information，2 (1)：73-82

Gutrich J J，Hitzhusen F J. 2004. Assessing the substitutability of mitigation wetlands for natural sites：Estimating restoration lag costs of wetland mitigation. Ecological Economics，48：409-424

Hall P. 1989. On polynomial-based projection indices for exploratory projection pursuit. The Annals of Statistics，17 (2)：589-605

Hein L，Koppen K V，Rudolf S，et al. 2006. Spatial scales，stakeholders and the valuation of ecosystem services. Ecological Economics，57：209-228

Holling C S. 2001. Understanding the Complexity of Economic，Ecological，and Social Systems. Ecosystems，4 (5)：223-228

Leopole A. 1941. Wilderness as a land laboratory. Living Wilderness，6 (2)：3

Rapport D J. 1989. What constitutes ecosystem health. Perspectives in Biology and Meedicine，(33)：120-132

Singh M G，Titli A. 1978. System：decomposition，optimization and control. New York：Peramon Press：162-232

Simpson J，Norris R，Barmuta L，et al. 1998. Australian River Assessment System-National river health program predictive model manual (draft). http：//ausrivas. canberra. edu. au/ausrivas/. [1998-10-18]

Tao X L，Shi P J，Ling M Y. 2001. Study on ecological environment rebuilding and utilization of water resources in arid area of Northwest China. Arid Zone Research，18 (1)：18-22

Zhang C，Dong S H. 2009. A new water quality assessment model based on projection pursuit technique. Environmental Science，154-157

第十七章　旱区农业高效用水管理体制与节水灌溉水价形成机制探索

北方地区农业灌溉用水越来越紧张，在与工业和城市发展用水竞争中，灌溉用水常常处在不利位置，不少地方靠超采地下水、挤占生态环境用水来维持用水现状，对农业可持续发展和水资源的可持续利用非常不利。由于国家对水资源开发、利用、节约、保护工作的重视和加强，在农业节水方面采取了一系列政策和措施，使我国灌溉用水效率和效益逐步提高。全国灌溉用水效率从 20 世纪 80 年代的 30%～40%，提高到 2008 年的 48%左右。

改革开放以来，我国灌溉用水管理和灌区运行机制改革方面取得了显著成效，最主要的标志是灌溉用水总量没有增加，而灌溉面积、灌区用水效率和粮食产量以及农产品产量呈稳步增加和提高的趋势，这为农业、农村经济持续稳定发展提供了保障。但是农业用水与农业节水，与党中央、国务院的要求相比，与严峻的缺水形势相比仍不是很令人满意，如灌溉用水管理实行总量控制和定额管理已经提出十年，但在多数地区远远没有落到实处。

虽然影响我国农田灌溉高效用水快速发展的原因很多：有历史根源，也有现实原因；有技术、设备、原材料、生产工艺等问题，也有政策、法规、管理体制、资金投入等社会因素。但从新中国成立 60 多年来农田灌溉用水的发展进程分析，科学技术与资金投入在我国农田灌溉高效用水的发展中占有极为重要的位置，发挥了不可替代的作用，但并非唯一因素。从 20 世纪 50 年代至今，国家、地方政府部门等投入建设的灌溉样板田、节水示范区、农业高产高效田等，技术设备先进、资金投入比较充分、技术力量较强，应该说各方面的条件是好的，是优越的，但为什么先进的技术不能落地生根，不能推广与普及？究其原因是对抓好灌溉管理是灌区持续高效发展的基本内涵的认识不到位，没有把其摆在首要位置。也就是说，在现代市场经济条件下，农田灌溉管理从某种意义上讲，就是生产力，灌区灌溉管理是实现农田灌溉高效用水的基础与关键。

农业节水、农田灌溉高效用水单靠抓技术远远不够，还应包括健全的工程管理体系，完善的管理设施和管理方法，有力的节水法规、政策等的密切配合，同时还必须解决农田灌溉高效用水的运行机制等相关问题，建立适应我国市场经济发展规律的农田灌溉管理体制与运行机制，才能推动我国农田灌溉高效用水的发展，稳定农业基础。

面对 21 世纪我国经济社会发展的战略目标，我国的水资源能否保障将来 16 亿人口的粮食安全，能否支撑经济社会的可持续发展，一直是党和政府，乃至全国人民非常关心的大事。农业是用水大户，提高农业用水利用率、实现农业高效用水是确保我国水资源安全的战略性措施。

我国农田灌溉用水管理体制与运行机制的改革相当复杂，涉及不同的领域和部门。为了使农田灌溉用水管理体制与运行机制的改革科学、合理、有效、稳定地进行，各水利管理部门，应提高认识，综合考虑所在地区的自然环境、经济发展水平、农业结构、生态环境、节水灌溉工程的适用形式、农民的综合素质等因素，全面规划，统筹安排，长远结合，上下兼顾，充分论证，使所确定的管理体制和运行机制符合当地的实际，把水利进入市场竞争机制的各个环节纳入科学管理的轨道，真正促进农田灌溉高效用水的持续发展。

一些发达国家在这方面的一些观念和做法对我们很有启发，值得借鉴。如一个流域、一条河的用水量要有所控制，不能影响自然生态环境用水。据资料介绍，德国的主要河流取水量一般不超过可用水量的20%，还有政府在履行推动农业节水职责上更多地发挥服务引导职能，而不是一味强调“管理”，自上而下地提出要求。还有要特别重视用水户参与管理，让用水户自主管理，如美国的水管理区等管理方式，在用水和节水的许多做法上都体现出先进的理念和方法。我们在贯彻落实党中央提出的科学发展观中，在推动农业节水的一些做法上已经学习和借鉴了国外的一些先进的理念和做法，如用水户参与管理等。

第一节　我国旱区灌区管理体制与运行机制现状与存在问题

一、我国旱区灌区管理体制与运行机制现状

2002年，《国办转发国家体改委关于水利工程管理体制改革实施意见》（国办[2002] 45号，以下简称实施意见）对水利工程管理体制改革进行了全面部署，水利部也提出2008年全面完成水利工程管理体制改革任务，各地都在全面推进，抓紧落实“两定”（定岗、定维修养护定额）、“两费”（公益性人员基本支出经费、工程维修养护经费），但从了解的情况看，存在一个突出问题：实施意见中一个原则是按管理主体的财政隶属关系进行工程管理体制改革，通俗说就是“谁的孩子谁抱着”，粮食主产区水利工程相对也多，但市县财政又困难，落实“两费”困难也大，所以其水利工程管理体制改革有的还只是落实在“文件”中，难见“真金白银”。由于“两费”不落实，公益性得不到补偿、工程维修跟不上，水费的缺口无法弥补，服务能力难以增强，内部改革一定程度上也受到影响。

目前大中型灌区仍多采用“专业管理与群众管理相结合”的管理体制，即由上级人民政府成立灌区专管机构，如灌区管理局等，负责支渠（含支渠）以上的骨干工程管理和用水管理，支渠以下由受益户推选出来的支、斗渠管理委员会或支、斗渠长负责进行管理，支、斗渠管理委员会或支、斗渠长受灌区专管机构的领导和业务指导；小型灌区基本上采取农民集体管理，即由受益户直接推选管理委员会或专人进行管理。灌区专管机构在上级人民政府和水行政主管部门的统一领导下，实行民主管理。经过民主协商选举代表，成立灌区代表大会，代表中一般包括用水户代表、管理单位代表、地方政府代表和有关部门的代表，一般任期3～5年，灌区代表大会是灌区的最高权力组织，每年至少召开一次，听取专管机构工作汇报，审查灌区的长远规划、年度计划、经费预、决算等重大事项；灌区代表大会通过协商产生灌区管理委员会，是灌区代表大会闭会期间

的权力机构，代行灌区代表大会的一切职权。支渠以下至田间的灌溉工程管理由灌溉管理站、斗渠斗长及灌溉委员会负责。乡、村集体管理的小型灌区则由受益户直接推选委员会进行管理，农户自建自用或几户农民合作兴建和使用的小塘、池、井等工程，由农户自己管理。应该说我国原有的灌区管理体制就是充分考虑了用水户参与的民主制度，与国际上受到重视的用水户参与灌溉管理有很多相似之处。但由于过去我国长期受计划经济影响，造成灌区管理权力过多地集中在专管机构，灌区管理委员会作用没有得到充分发挥，农民参与程度较低。随着改革开放，农村联产承包责任制的推行实施，原有的灌区基层管理体制与农民土地分散经营的现状越来越不相适应，产生了各种各样的矛盾和问题。

近些年来用水户参与灌溉管理更加引起重视，正逐步推广，国家鼓励多种形式的农民用水合作组织。到 2008 年年底，全国大型灌区参与灌溉管理用水户协会数量已达 1.68 万个，其中在民政部门注册的约 7050 个，管理灌溉面积 1.02 亿亩，它们在改进支、斗渠以下工程设施维护和灌溉服务、水费计收等方面，取得了初步的效果。与此同时，全国已有 26 个省（自治区、直辖市）出台了小型水利工程产权制度改革实施办法，有 700 多万处小型水利工程实行承包、租赁、拍卖、股份制等形式的改革。

二、灌区管理体制存在的问题

灌区管理体制中存在着体制不顺、机制不活、工程维修养护经费不足、供水价格形成机制不健全、国有资产管理运营监管制度不完善等问题，导致灌区效益不能正常发挥，甚至衰减，严重制约了灌区经济的发展。如果不尽快从根本上解决这些问题，国家近年来相继投入巨资新建的大量水利设施也将面临老化失修、积病成险、难出效益的局面。灌区管理中存在的主要问题可归纳为以下几点。

(1) 水管单位性质不清。水管单位缺乏科学定性，既不像事业单位，又不像企业，内部管理长期事、企不分。水利工程大部分为综合利用工程，既有社会公益性功能，又有经营开发性功能，两类资产混在一起，界线不清。这既影响了工程的管理，又阻碍了单位自身的发展。

(2) 管理体制不顺，机制不活。政府有关部门、水行政主管部门、水管单位之间的管理关系不顺，权责不明。有的地方管人的不管事，管事的不管人，相互推诿、“扯皮”的现象时有发生。水管单位内部运行机制不活，缺乏有效的激励、约束机制。人事、分配制度上还沿用传统的计划经济体制下平均分配的不合理做法，不能充分调动职工的积极性。

(3) 经费来源不畅，大量公益性支出财政没有承担。纯公益性水管单位本应为各级财政全额拨款的事业单位，但大多数被定性为差额补助事业单位，有的甚至被定性为自收自支事业单位。差额补助事业单位即使有财政拨款，也远远不能满足正常的工程运行费用和人员工资的需要；自收自支事业单位不仅工程运行和维护管理费用没有补偿渠道和来源，而且连职工的工资发放也缺乏保证。另外，水管单位的造血功能不足，主要表现在两个方面：一是现行水价偏低，供水不能收回成本，加之水费收取困难，因此更谈不上形成供水产业，实现自我维持、良性循环的目标；二是大多数水管单位没有依托行业和自身优势，充分利用水土资源，大力开展多种经营，来增加自身的财务收入。

(4) 机构臃肿，人员总量过剩。水管单位内设机构不科学，机构臃肿，非工程管理岗位多，因人设事，因人设岗，导致冗员过多，效率低下，人浮于事。

(5) 人员结构失衡。在人员总量过剩的同时，水管单位真正急需的工程技术人员严重短缺，技术力量薄弱，无法满足规范的技术管理需要。

(6) 工程管理粗放。工程管理粗放，管理手段落后，技术含量不高，管理规章制度不健全，难以做到程序化、规范化管理，更谈不上现代化管理。低水平的管理，导致管理成本提高，影响了工程的维护管理。

(7) 社会保障程度低，负担沉重。由于国家事业单位社会保障制度还欠成熟，水管单位现有职工医疗支出和离退休人员养老负担已相当沉重。即使将来全面推行事业单位社会保险，按目前水管单位的经济状况，也难以按时足额交纳社会保险费。这已成为改革中安置分流人员和保障离退休人员生活的一大难点。

(8) 农民对灌溉管理缺乏主人翁责任感。大中型灌区骨干工程的建设是纳入各级政府基本建设计划，是由政府直接组织、采取群众运动的方式实施建设的。斗渠以下的田间工程和量大面广的小型灌溉工程建设，是由政府组织群众性的农田水利基本建设运动来完成的。政府主导下的大规模群众运动对灌溉事业发展起到了积极推动作用。但是，长期以来，自上而下、行政命令、强制性的工作方法和模式，使本来应当是农民用水户自主兴办的小型农田水利建设事业，在农民意识中却变成了被动的“上面要我干”。

以上这些问题，导致灌区管理单位办事效率低，职工队伍不稳；大量水利工程得不到正常的维修养护，灌区效益严重衰减，对国民经济和人民生命财产安全也带来了极大的隐患，制约了灌区的可持续发展。如果不尽快从根本上解决这些问题，国家近年来相继投入巨资新建的大量水利设施也将老化失修、积病成险。

三、灌区基层管理体制存在问题

基层群众管水组织是否健全，管理能力的高低，是能否发挥灌区效益、实现节约用水的关键环节之一。大中型国有灌区的灌溉服务和农业增产增效目标，需要通过支渠或斗渠以下群众管水组织去实现，更需要用水户代表广泛地参与灌溉用水管理。传统的群众管水组织存在以下主要问题：

(1) 缺乏法律地位。无论是什么形式的群众管水组织，它们都不具有法人地位，缺乏稳定性和连续性，与灌区专管机构、乡（镇）政府、村委会的“责、权、利”关系缺乏法律界定，特别是跨乡村受益的小型水库、渠系等工程，现有法规政策文件上常说的由“农村集体组织”负责管理，实际上是“虚”的，没有真正的“业主”。

(2) 互助合作、自我服务宗旨不明确。群众管水组织本来属非营利性服务组织，但是一些地方改革中常常当作赢利性企业对待，农村小型公共灌排工程本应依靠所有用水户互助合作、集体兴办，但是一些地方过分强调私人兴办、个人负责，弱化了用水户共同承担责任和义务的意识。

(3) 民主管理制度不健全。由村委会代行集体管水组织职责的，由于村委会常常贯彻政府指令性任务，不少地方村民对自己的主人翁地位认同感低，不认为自己是水利工程设施的主人，理应交纳水费，承担维护管理责任和义务，潜意识上认为是政府布置的“差事”，不得不做；“人治”色彩浓厚，缺乏有效的监督制约机制。在运行机制上缺乏活力，管护责任不落实，不能激发广大用水户热心参与的积极性。

（4）缺乏财务独立性。水费收缴与使用缺乏公开透明的制度保障，普遍存在搭车收费、截留挪用等现象。

第二节　旱区灌区基层管理体制改革及主要经营方式

随着我国社会主义市场经济体制改革的发展，灌区基层管理体制改革也已进行了较长时期的探索，特别是在加强民主管理、调动集体和农民参与灌溉用水管理的积极性、提高灌区管理水平和管理效率方面进行了大量的尝试与实践。目前，灌区基层管理体制改革主要有农民用水者协会，以及承包、租赁、拍卖和股份合作供水社等不同运行方式。这些改革模式在不同地区因地制宜的推广应用均取得了较好的成效，共同之处是引入了激励机制、竞争机制、补偿机制等市场经济活动的基本原则，而且在拥有者或参与者取得经营管理权或使用权后，除了在经济上享有受益权、在用水上享有一定的优先权以外，还要承担相应的管理、维修、养护义务。并要遵守相应的约束机制，保证用水和收费的公开公平。

一般情况下，选择改制模式时需要考虑灌溉面积的大小，工程设施的完好程度，渠系边界状况等。具体遵循以下原则。

（1）因地制宜、尊重群众意愿的原则。不能采用不切合实际的改制形式，或生搬硬套别的灌区或外国的改制模式。如果广大用水户不愿采用的改制形式，不要强制推行。

（2）符合党和国家关于水利方针政策精神的原则。改制必须在政策上有所依据，符合法律程序。这样才能得到政府的支持和帮助，获得广大用水户的理解。

（3）公开、公正、公平的原则。改制工作必须广泛吸收受益区广大用水户的意见，不能由少数人搞“一言堂”或背着广大用水户搞暗箱操作，要提高改制工作的透明度，做到公开、公正、公平。

（4）有利于用水户参与监督的原则。农田灌溉事业是关系着农村千家万户利益的事业，不论选择哪种改制模式都要有利于用水户参与管理，充分体现民主、用水户能够实施有效的监督。

（5）有利于灌区工程改造的实施，有利于工程效益的有效发挥，使改造与改制能够有机地结合，相互促进。

一、农民用水者协会

（一）农民用水者协会的特点

农民用水者协会是按渠系边界（一般以支渠或斗渠为单元），由同一渠道或几条相关渠道控制区内的用水户，按一定程序自愿组织起来共同参与用水管理，非营利的有独立法人地位的社团组织。通过当地政府或水管单位授权，将工程设施的产权与管护权全部交给用水户协会，实现民主管理的一种农村小型水利工程灌溉管理新模式。它是参与式灌溉管理的组织形式，其实质是用水户民主管理、广泛监督。

用水户参与灌溉管理是按照市场经济的要求，对现有管理体制与运行机制进行改革，从目前的行政事业型转变为经营管理型。把支渠及支渠以下工程设施交给农民用水者协会负责管理，让受益农民参与灌溉管理，使灌溉工程的运行维护对于政府的依赖程度逐步减弱，灌溉管理机构自我维持的能力逐步增强，最终达到良性运行的目的。

让灌区农民更多地参与灌溉管理，是世界上许多发达国家和发展中国家的成功经验，也符合我国社会主义市场经济体制要求。农民参与灌溉管理，有利于水资源的合理配置和利用，是提高灌溉效益、提高农作物产量、减轻国家财政负担的重要改革举措。

农民用水者协会有如下特点。

（1）用水户参与更直接、更广泛，民主化程度更高。农民用水者协会所辖范围内的每个受益农户经自愿申请，都将成为协会的会员。协会会员代表大会、执委会、监委会等组织领导机构及其成员，都由会员（或会员代表）民主选举产生，并且每一位会员均有选举权和被选举权；同时，协会运行中的一切重大事项均由会员大会民主协商、民主决策。因此协会是各种改制形式中用水户参与程度和民主化程度最高的一种。

（2）实行用水自治，坚持服务为本。用水自治是协会最显著的特点。随着我国农村民主制度建设和村民自治工作的进一步发展，通过政府或水管单位授权将协会所辖的工程设施产权、维护与管理权交用水户自己来管理，即将农民自己的事交给农民自己来管理，实行用水自治是当前大势所趋，而组建农民用水者协会则是实现用水自治的最佳载体和途径。另外，协会作为群众性集体管水的非营利组织，决定了它的宗旨是服务，除满足办公费用和其他正常开支外，无任何利润可言。

（3）具有法人资格，经济自立，权责明确。协会在当地民政部门注册后取得法人地位，协会主席成为法人代表，将独立承担协会范围内的一切法律责任。从体制上讲明确了工程管护的主体，协会成为“自我投资、自行收费、自行建设、自行管理”的实体，独立性强，权限较大，可以充分调动用水户管水、修渠的积极性，经济自立且内部管理规范，权责明确。

（二）农民用水者协会在国外的发展

目前，世界上许多国家都在积极推行用水户参与灌溉管理。早在19世纪末20世纪初，随着现代管理的逐步形成，为保障灌溉工程在经济上可持续发展，以美国为代表的西方国家开始建立一种由农民拥有并且运行的灌区管理模式。从20世纪80年代中期开始，世界上许多国家将灌溉系统的部分或全部管理权移交给农民组织，成立农民用水自治组织（许志方和张泽良，2002）。

1. 荷兰

早在800多年前荷兰就已成立水理事会组织，在圩垸区内的移民都要参与排水系统的修建和管理，特别是参加防洪斗争。当时，水理事会的权力很大，甚至允许对破坏防洪者处以死刑。目前，水理事会作为一个独立于政府的组织，在水管理中起着重要作用，特别是在改进排水条件和控制水位方面十分成功。水理事会的执行委员会委员都由农民担任，人们认为他们不关心生态环境和水质，因此，被批评为“农民共和国”。目前，水理事会的代表大会，是由农民、土地所有者、房东以及在其范围内的居民代表组成，每 4 年选举一次代表。水理事会有自己的财政预算和征税制度，税收包括防洪管理税、废水处理和水质税。代表大会的主要任务是：讨论一般政策、预算、税率和投资。关于排水系统的运行管理，主要任务是维持合理的排水流量和满足排水系统的排水条件，骨干排水渠由水理事会负责；二级以下的排水渠由土地所有者或租赁单位管理，包括清除杂草和淤泥等。水理事会每年要派出人员巡视检查，督促其履行应尽的义务。

2. 美国

用水者参与灌排系统的运行和管理，是美国的历史传统，已长达 100 多年。用水者参与的组织形式一般可以划分为 2 类，成立灌区和渠道公司。根据法律，各个州都成立了灌区，类似一个小型城市或乡村的地方政府。在各个州都制定了适合本州条件和运行特点的灌区法律。渠道公司则是典型的非营利合作社，它是根据合作社法规而组织的。它们的渠道通常是由合作社用贷款修建，政府没有资助。有一系列的地方法规说明合作社如何管理运行。灌区和渠道公司一般都有理事会，通常每月召开一次会议讨论有关事宜。理事的人数约为 5 人，由灌区代表选举产生。理事会聘用一名经理，管理灌溉系统的日常工作，经理或理事会雇有渠道管理员、设备操作员、文书工作人员等。选举权问题一般采用三种方式：一种是每个成员一票；第二种方式是按所持公司的股份，每股一票，这通常用于渠道公司；第三种方式是按占有的灌溉面积的比例确定票数，这种方式通常在灌区采用。美国俄勒冈州的灌区的投票方法是：农民占有 1～16 hm^2 土地则有 1 票；16～65 hm^2 土地者则有 2 票；大于 66 hm^2 土地的农民可以有 3 票。一般情况当选理事者要取得简单的多数票，如果涉及贷款或修改法规则要 2/3 的多数通过。选举通常由外部单位来组织，或派观察员，以防选举舞弊。问题之一是如果参选者是有权的影响人物，试图取得特权，这是很危险的，所以选举通常是秘密投票，特别是选举理事会。美国用水组织主要靠征收水费来运行，多数用水者组织是根据单位灌溉面积或按股份收费。有 1/4～1/3 的用水者组织还要按用水量增收附加费用；水费与种植作物的种类无关，农民可以种植他们喜欢的作物。美国灌区的水费是由税务系统统一征收，征收率近 100%，如果土地所有者不交水费，则有失去土地的危险。灌区和渠道公司一定要待付清水费后才放水。用水者组织经常要单独保留一部分资金，用于不可预计的支出，其数目约是年收入的一半。配水一般按灌溉者的需要进行。在缺水条件下，典型情况是按所有者灌溉面积的比例配水、按占有股份配水或按购买的水量配水。在美国大约有一半用水者组织是量水到最后一级渠道，而不是计量到每个个体农场，在田间一级渠道不量水。灌溉用水时经常采用控制用水时间，要求渠道管理人员做好配水量记录，并由督察人员定期检查其精确程度，以防配水不公平。维修和养护在美国与世界其他地区一样，灌溉系统的维修养护有被忽视的一种倾向。改进这一问题，一是要有一部分职工负责全日制的养护工作；二是从配水资金中单独保留一部分维修养护费用；三是每年确定一个特别的维修项目，如维修或重建一定数量的建筑物。在美国，大约需要安排与配水一样的资金用来支付维修费用，美国灌区的财政和配水记录都公开，会议记录也公布于众。为了提高用水者组织的管理和技术水平，美国水务局每年举办为期一周的水管理研讨班，或利用电视广播举办培训，也有组织赴外地参观、学习。

3. 印度尼西亚

从1998年起印度尼西亚政府开始实施一个宏大的改革计划，在水资源部门制定了一个改革框架，加强灌溉用水管理和水质法规建设等。过去3年的灌溉管理经验教训表明，农民在整个灌溉发展过程、改建和运行管理中的作用有待改进。1987年印度尼西亚政府制定了灌溉运行和管理政策，目的是改进灌溉系统的用水效率和整个河流流域的水管理，主要包括以下内容：引进合适的运行和管理经验，定名为高效运行和管理；通过收取灌溉服务费改善成本的回收，加强用水者协会，动员农民参与运行和管理；将小型灌溉系统（小于5006 hm^2）从政府部门转交给农民负责运行管理，一般都先进行一些简单的维修后再转交给农民，每公顷最多花费300美元；制订流域水管理计划，目标是保证水资源能在长时期内为用水者提供公平的服务。这个计划已在爪哇地区进行试点，通过体制改革创建了自立的流域水机构和水资源管理中心。在1997年改革以前，印度尼西亚的总灌溉面积为820万 hm^2，在510万 hm^2 国家灌溉系统中，有210万 hm^2 是高效运行和管理，50万 hm^2 已转交给农民。在210万 hm^2 高效运行和管理的灌区内，有1/3的面积收取灌溉服务费（水费），但由于种种原因，水费很低，不到国家规定目标的10%，主要原因是改进服务和需要付费之间的关系尚不协调。农民一般认为灌溉服务费是额外税收，因此建议采取一种更简单的征收制度，由用水者协会收费并保证主要是用于灌溉系统，地方政府参与监督协助。这种制度已普遍推行，缴费率正在增加中。除少数例外，在全部小型灌溉系统中已成立了用水者协会，但转交以后是否能使灌溉系统得到持续改进，仍被怀疑；转让后评估表明，几年以后东、西爪哇地区的灌溉系统已经损坏。因为发生紧急情况时，用水者协会无力进行大修，一般仍需要政府帮助。由于印度尼西亚灌溉系统的自然条件差异很大，因此，至今已经建立的用水者协会取得的成就也随地区而异，基本上可以分成三种类型：一类是已经发展的用水者协会，有合法的管辖范围，或是正在办理手续的，共有5217个，总灌溉面积56.14万 hm^2；第二类是仍在发展的用水者协会，在技术和法律上正在完善中的，共有17 266个，总灌溉面积177.22万 hm^2；第三类是欠发展的用水者协会，尚无足够能力承担运行管理的，共有11 621个，总灌溉面积约107.2万 hm^2。上述三类用水者协会在全国总计34 104个，控制灌排面积340.56万 hm^2，占全国现有总灌排面积的36.8%。

4. 墨西哥

墨西哥有国家灌区82个，面积340万 hm^2，占全国总灌溉面积640万 hm^2 的53%。此外，有小型灌溉单元39 492个，灌溉面积300万 hm^2，占全国灌溉面积的43%。灌溉农业在墨西哥占有重要经济地位，据1998年资料统计，全国产业总产值155 885万美元，其中灌溉农业的总产值为83 530万美元，占54%，雨养农业的产值仅为4 579美元/ hm^2，而灌溉农业的产值达17 047美元/ hm^2，为雨养农业的3.7倍。

1989年墨西哥建立了国家水委员会，开始与用水户协商转让协议、酝酿组织用水者协会，并培训提高农民的管理能力，然后分阶段将国家修建的82个灌区转让给农民用水者组织。到2001年年底，已将340万 hm^2 灌溉面积中的330万 hm^2（约98%）转让给530 738个用水受益者，他们共成立了447个用水者协会和10个有限责任协会。转让以后的灌区，由用水者组织征收水服务费，主持行政、营运和维修工作。在转让以前，1989年灌区财务自给率已达标的仅为43%，2000年为72%，计划至2006年达标80%。1989年全国灌溉用水量为370亿 m^3，2000年已下降至280亿 m^3。在转让以前，灌区的基础设施损坏严重，闸门失修，或缺少控制和量水建筑物，重盐碱化土地面积有47万 hm^2。现在墨西哥政府制定了灌区改建和现代化计划，开展干支渠道的衬砌，修建控制建筑物，平整土地，采用管道灌溉代替明渠灌溉，安装排水装置以及对管理人员、技术员、操作员、用水者进行培训等，国家仍然给予大量的投资。

（三）我国农民用水者协会的发展

在世界银行贷款长江水资源项目区地方政府的大力支持下，1995年6月16日，全国第一个农民用水协会——湖北省漳河灌区三干渠红庙支渠农民用水协会成立；同年9～11月，先后又组建了仓库、九龙、老山等4个农民用水者协会。1995年12月19日，湖南铁山灌区长塘农民用水者协会成立，随后在长江水资源项目区稳步发展。湖北自主管理灌排区的建设和发展，经历了探索阶段（1990～1992年）、研究阶段（1993～1994年）、试点阶段（1995～1997年）和发展推广阶段（1998年至今）。截至2002年8月，湖北省共组建农民用水者协会126个，涉及17个县（市、区），46个乡镇，覆盖灌溉面积达8万多公顷。

改革开放以来，陕西省在灌区管理体制改革方面进行了卓有成效的尝试和探索，从严重影响灌区效益的支、斗渠入手，进行了管理体制改革与创新，在学习借鉴外部经验的基础上，因地制宜，创造了多种具有陕西灌区特点的改制模式。自1997年，陕西省水利厅本着“先实践、再规范”的灌区基层管理体制改革指导思想，掀起了全省各灌区改革的高潮。1997年底，交口抽渭灌区东六支三、四斗成立第一个农民用水者协会。随着1999年陕西关中九大灌区世界银行贷款项目的启动和实施，陕西省灌区基层管理体制改革逐步深入、全面持续开展起来。2003年共组建实体型协会22个（涵盖斗渠259条），比2002年增加44.9%，是2001年组建协会数的10倍；2004年又组建实体型协会34个（涵盖斗渠451条），占全年改制斗渠数的96%。截至2005年底，陕西省关中九大灌区组建实体型农民用水户协会已累计达132个，控制斗渠数达1 306条；在承包、租赁、拍卖这三种改制模式下嫁接监督型农民用水户协会也累计达267个，控制斗渠数达1004条。这两种类型的协会共涵盖斗渠2310条，占改制斗渠总数4124条的54.8%。陕西省民政厅与省水利厅于2004年10月联合发文《关于加强农民用水者协会审查登记工作的通知［陕民发2004（65）号］》，其文件精神要为农民用水户协会的登记注册大开绿灯，并免交公示费及其他费用。该文件的下发及落实，进一步地促进了陕西省农民用水者协会组建及登记注册工作。如冯家山灌区在改制初期主要是承包，农民用水协会在2001年只有8条斗渠，仅占改制斗的2.8%。从2002年以后，灌区积极推广农民用水者协会这种模式，使其占应改制斗的比例提高到目前的 64.3%，而承包模式从 2001 年的 282 条减少到 238 条。

近年来，全国其他灌区如河南鸭河口灌区等都进行了以农民用水者协会为主的灌区基层管理体制改革，取得了明显的成效。

（四）农民用水者协会的运作程序

农民用水者协会组建和运作程序如下（汪志农等，2006）。

1. 组建程序

（1）成立体改领导机构。其成员由所在地管理站、乡（镇）水管站及受益区村委会有关人员组成。

（2）组织动员，确定方案。在拟进行改制的地区，广泛宣传、动员受益农户积极参与，认真研究确定实施方案。

（3）选举代表，健全机构。登记会员，通过会员大会或分组召开会员大会，每组选出 1～2 名代表，再由会员代表组成会员代表大会选举协会执行委员会。会员代表大会是协会最高权力机构；执委会的人数一般应是单数，它是会员代表大会执行机构，一般设主席一名，副主席两名，执委若干名；监事组成员主要从协会内部产生，起内部监督作用；协调组成员从乡镇水管站和灌区管理站产生，起外部协调、监督作用。

（4）通过章程。协会章程由执委会起草，并由会员大会讨论通过。

（5）登记。协会组建后，必须到当地民政部门登记。

（6）签订供水管理协议书（合同书）。站与协会签订的供水管理协议书，是界定站与协会权、责、利的法律文本，实施中双方依章管理，各负其责。

2. 协会的运作与管理

（1）民主决策。在协会的运作中，这是最重要的一条。会员代表大会是协会最高权力机构，其职权包括选举和罢免执委会成员；审查、通过执委会的各项工作计划、用水计划和大的工程维修改造、集资投劳计划；审查执委会的年度财务预、决算等。要充分发挥会员代表大会的职能，尊重全体会员的权利，坚持一事一议。

（2）执委会负责协会日常工作，包括编拟各类计划、组织用水、调解纠纷等，水费由执委会收齐后统一上缴管理站。

（3）在执委会统一领导下，以执委会成员和会员代表为主体，组建专业护渠浇地队，落实“四到户一公布”（送水、建账、收费、开票到户，公布用水花名册）制度，管理站负责开票到协会，协会负责开票到户。

（4）执委会成员及会员代表，必须参加具体的管水服务工作（如护渠、送水、收费等），才能获得报酬。这是由协会的性质所决定的，协会是不以营利为目的的群众性自我服务组织。

（5）实行水务、财务公开，接受会员监督。协会要设立专账，加收的浇地费、工程管理费等费用标准，由执委会测算，会员大会通过，每一笔收支都须记账，并定期公布，接受会员监督。

3. 协会运作中须注意处理好的几个关系

（1）村委会和协会的关系。村委会要支持、协助协会工作，但不能干预协会的具体事务，更不能替代协会，协会要保持独立运作，同时要主动与村委会沟通，取得村上的支持与协作。

（2）执委会与会员（或会员代表）大会的关系。前者是执行机构，后者是决策机构，前者服从后者，并对后者负责。执委会开展每一项工作，都要时刻奉行“民主、民意、廉洁为民”的宗旨，防止自作主张、自行其是、损民利己的现象发生。

（3）管理站与协会的关系。双方是供、用水合同关系，指导与被指导、监管与被监管的关系，协会在运作中必须服从站上的统一水量调度、业务指导及监督、管理，出现违规现象，站上有权查处，并会同执委会或会员代表大会采取相应处罚措施。

（五）农民用水者协会适用条件分析

1. 农民用水者协会的优点

（1）组建用水者协会加强了支、斗渠以下工程的管理。成立用水者协会后，增强了广大农户的责任心，把发展灌溉当成自己的事业，增强了对工程的维修、管护程度，保证了工程持续有效运营。同时，为了降低成本，协会可以充分发挥组织优势，组织会员对工程集资投劳，改造现有工程，提高水的利用率，并可依渠堤栽植多种林木搞综合开发，使工程面貌大为改观。

（2）减少了灌溉用水纠纷，有利于维护用水秩序，确保计划用水、科学用水的顺利实施。由于农民用水者协会是农民自己的组织，通过协商可以解决一些用水矛盾。依据章程和各项制度，召开会员大会广泛宣传、耐心协调，形成了服从指挥、统一管水、灵活调配的良好局面。灌溉用水不但保证了均衡受益，还缩短了灌水周期，提高了灌溉效率，农民比较满意。

（3）减轻了用水户负担。农民用水者协会作为独立的管水组织，实行民主管理，从体制上减少了行政干预和中间环节，水费征收通过协会直接开票收费到户，推行水价公开，按量收费，用多少水，交多少钱，杜绝了收费的“搭车”、“加码”现象，减轻了农民浇地负担。

（4）组建农民用水者协会是灌区支、斗渠改制的一种好模式。目前，我国多数国有灌区工程老化失修，管理体制不顺，机制不活。组建农民用水者协会是国家“抓大放小”改革方针的具体体现，它既保证了支、斗渠以下工程的管护和良性运转，又反作用于灌溉管理单位，促使其迅速转变职能，逐步形成“水管理单位—用水者协会—农户”的管理模式，使水管单位从具体的工程维护、送水浇地、开票结算、水费征收等繁杂的水事活动中解脱出来，将更多的精力用于宏观管理和服务基层上，最终实现灌区良性运转和可持续发展。

2. 农民用水者协会的适用条件

(1) 凡村民自治程度高，群众基础较好的地方优先组建协会，这是由协会本身的特点所决定的。

(2) 凡列入国家扶持或群众经济基础好的中低产田改造区也应积极组建用水者协会，这是为了充分贯彻“以改造促改制，以改制促改造”的“双改”原则，以加快工程改造，确保工程资产的保值、增值和良性运转。

(3) 组建协会必须按照渠系的水文边界，一般以2～5个行政村的范围为宜，以便灵活调度和相互协调。

(4) 单元不宜过小，规模适度扩大。协会改制单元过小，若有的仅一条斗渠，会造成因灌溉面积少，协会财务收入少，运转困难等问题。尤其是改制初期，协会改制单元不宜太小。条件成熟后，还可逐渐扩大改制单元。

3. 农民用水者协会的局限性

(1) 在村民自治工作薄弱的地区，或跨行政乡镇的渠系组建协会，困难较多，组建后的协调工作难度较大。

(2) 若群众经济基础薄弱且工程状况破烂不堪，组建协会前，必须通过国家小型农业水利基金的投入对工程进行更新改造，因为协会自身没有经济实力，无法从根本上改变工程面貌。

(3) 由于农民相对缺乏水利技术知识，组建协会后，水管单位必须加强对协会中协委会成员的专业技术培训，以不断提高协会的管理水平。

(4) 由于传统行政命令的束缚，新建协会容易出现村、组行政干预，甚至出现替代协会的现象。地方县、乡镇政府应加强对协会的扶持和对村组干部的教育，携手共进，将群众的事情办好。

(六) 建立中国特色的农民用水者协会

世界银行官员和专家积极倡导利用农民用水者协会改造支斗渠管理体制，不可否认，从国外很多成功的实践中可以看到，这种模式确实符合现代民主管理要求，能够解决现有管理体制中存在的很多矛盾和问题，但我国在推广应用中应因地制宜分析国情，采用符合发展阶段的形式，才有利于改革的健康发展。

陕西省农村现状与农民用水者协会的要求分析如下：

(1) 农民用水者协会需要有充分的参与主体。目前，我国农村土地实行联产承包责任制，分散经营，对解放土地生产力、调动农民的劳动积极性起到了重要作用。但在这样的情况下，灌区支斗渠管理体制改革明显受到影响。粮价偏低、土地面积过小，灌溉产生的总体收益在一个家庭的总收入中贡献率无法提升，农民对灌溉管理事务关心较少，无法形成灌区参与式管理的主体。另外，由于经营土地的个体过于分散，灌溉工程及设施服务对象过多，要把所有用水户组织起来参与灌溉用水管理难度很大。

(2) 参与改革的主体应具有一定的素质。目前，我国农民的素质不高、民主意识不强，旧的习惯势力仍一定程度左右着农民的行为。在自主管理中，如何形成民主决策，如何对管理人员实施民主监督还缺乏实践经验，尚需进一步探索。

(3) 任何一个层面的改革都不是一个孤立的事物，它涉及方方面面利益的调整，它需要更高层面的政策支持。为此，如果没有各级地方政府的组织、引导和协调以及水管单位的积极组织、发动与培训工作，仅仅依靠用水户根据水利边界自发来组建农民用水者协会，以推动灌溉用水和田间工程的管护，在目前还是难以实现的。

以上这些客观因素决定了我国各灌区农民完全参与用水管理是一项长期的任务和目标。目前陕西省关中灌区采用两种农民用水者协会形式：一是经营性协会，是在原有段、斗行水干部的基础上，通过用水户代表酝酿，民主选举而组建成的协会。协会受用水户监督，但业务上仍接受专管机构指导，一方面体现了用水户参与管理，另一方面又克服了经营过程中的短期行为。如陕西省冯家山灌区 4 个段一级的农民用水者协会组建以后，都组织了专业浇地队，实现了送水、开票、收费到农户，减少了中间环节，由于协会执委会工作人员服务意识增强，工作积极性提高，在 2002 年春灌和夏灌中，全灌区在仅完成任务 70％的情况下，而农民用水者协会基本上全部完成用水任务，如北干十一支下段的农民用水者协会完成任务 120％，增加了灌区、协会和农户的收入；二是承包、租赁、拍卖、嫁接监督型用水者协会，即在原承包、租赁、拍卖经营基础上，由用水户组建农民用水者协会，对经营人进行民主监督，经营人一方面受专管机构业务指导，另一方面受协会监督，既有利于调动工作积极性，又有利于规范经营人的经营活动，促进民主管理。这种过渡模式是从当前农村土地分散经营、用水户多的客观现实出发，推行对经营者民主监督的有效形式，也是有中国特色的一种用水者协会的新形式。目前，陕西省关中灌区承包、租赁、拍卖这三种改制模式下嫁接监督型农民用水户协会累计达 267 个。

二、承包、租赁、拍卖

承包、租赁、拍卖是我国改革开放初期对乡镇企业进行运作机制改革的主要经营模式。自 20 世纪 90 年代初开始被应用于农村小型水利工程的改革。党的十四大提出了建立社会主义市场经济体制的目标，为农村水利改革指明了方向。黑龙江、山东、河南、陕西、河北、山西、四川等省在小型水利工程产权制度改革方面进行了积极的探索和有益的尝试。通过拍卖、租赁、承包、股份合作制等方式，明确所有权、拍卖使用权、放开建设权、搞活经营权，盘活了存量资产，调动了工程所有者的积极性。采取户办、联户办、个人承包、股份合作制等形式兴办与管理小型水利工程，改变了计划经济体制下单纯依靠国家投资办水利的模式，调动了农民群众投资管护水利工程的积极性，实现了小型水利工程建、管、用和责、权、利的统一。通过小型水利工程运作机制改革，使广大干部群众解放了思想，更新了观念，增强了市场经济意识，拓宽了投资渠道，强化了工程管理，加快了水利建设步伐，初步建立起符合社会主义市场经济要求的小型水利工程的运作机制，多元化的水利投入和滚动发展机制，出现了“水利为社会，社会办水利”的良好局面。党的十五届三中全会明确指出：“鼓励农村集体、农户以多种方式建设和经营小型水利设施。”对小型水利工程运作机制进行改革，探索多种运作形式，调整和完善所有制结构，是贯彻落实党的十五大和十五届三中全会精神的重大举措，是对农村生产经营机制的改革。

对灌区支斗渠管理体制与运作机制的改革，陕西省于20世纪90年代末期在关中九大灌区的改革实践中采用了不同的改制模式，除农民用水者协会外，还包括承包、租赁、拍卖和股份合作制等，并结合每个灌区自身情况，拓展了原有模式的内涵，形成了新的特点，在一定范围和时期内促进了灌区支斗渠改革的向前发展，取得了明显的成效。

(一) 承包经营

承包经营是在产权不变的前提下，按照所有权与经营权分离的原则，以承包经营的合同形式，确定灌区、承包人、农户三者之间的经济关系。承包人可在灌区核定的最高水价限度内浮动，实行自主经营，自负盈亏。根据承包人出资的大小及今后推广的适用条件，承包经营还可细分为承包修复经营这一种特殊的形式。

1. 特点

承包经营的特点是在产权不变的前提下，由管理局（站）将支、斗渠修复、改造、管理、经营权承包给个人或集体，以合同的形式确定完成一定的灌溉管理目标任务，实行自主经营，自负盈亏。

2. 优点

(1) 承包经营人可投入，也可不投入，以完成目标任务情况取得相应报酬。这种模式专管机构容易监控。一般有两种承包经营形式：一是不需要经营者投入较大资金进行大规模修复改造，经营水价不得超过规定水价，承包年限一般为3～5年。这种形式便于操作和推广，一般适用于灌区的中上游，工程条件较好，有机井竞争的支、斗渠。二是对需修复改造工程的支、斗渠，由管理局（站）制订修复改造方案，承包人投资，承包修复改造和灌溉管理目标任务。工程改造后，按民营水利工程核定民营水价，经营者逐年收回投资，承包年限一般为15～20年。这种形式一次性投资大，修复改造快，一般适用于灌区下游及边缘地区失灌的支、斗渠，且承包经营者必须有一定的经济实力。

(2) 承包经营由于经营者注入一定的风险资金或改造资金，因而可促使经营者管好工程，抓好用水，并为农户提供良好服务，以达到避免风险损失，尽早收回资金，增加收益的目的。

(二) 拍卖（又称竞价承包）

拍卖是针对“五小”水利工程，通过资产评估后，采用公开竞价，出让移交给另一方经营管理的一种产权转让手段。而在陕西关中灌区，特别是泾惠渠灌区，主要是借用拍卖这种形式，实质是出让支斗渠的经营权、使用权。所以更确切地讲，应当叫做竞价承包。截至2005年12月，陕西省泾惠渠灌区“拍卖”斗渠378条，占全灌区斗渠总数的70.3%。

1. 特点

（1）工程所有权不变，仅将使用权与管理权公开拍卖，发挥民办水利工程的优势；

（2）引入了多元化投入机制，吸纳了社会资金，减轻了水管单位负担，加快了工程修复和建设。

2. 优点

（1）工程管理经营机制明显转换，形成了自主经营、自负盈亏、自我约束和自我发展的新机制。

（2）解决了工程管理责任落不实，工程效益衰减的问题，达到了权、责、利相结合，建、管、用相统一。

（3）取消了水费征收“搭车”、“加码”等中间环节，减轻了农民负担。

（4）职工参与竞价购买，为管理单位人员分流、增加效益创出了一条有效途径，又为深化灌区主系统改革找到了突破口，同时还为职工提供了施展才华的机会。

（三）租赁经营

将支、斗渠工程设施进行资产评估后，出租给个人或合伙人。由他们自行负责渠道工程改造的资金投入，经营管理。而且承租者须预交一定的租金，其款项用于该承租的支、斗渠设施的改造。租赁经营是在市场经济条件下，实现水利资产优化组合配置的又一种尝试形式，是公有共营和公有民营的典型。其特点是支、斗渠所有权不变，仅将使用权、管理权、开发权出租。而且租期相对灵活，一般为5～15年。承租权只能继承，不得转让。而且经营中，出租方（甲方）不负连带责任。

1. 特点

（1）促使两权分离，即在工程设施所有权不变的前提下，仅将使用权（包括经营、管理、开发权）出租。

（2）租金相对较少，有利于承租方投资改造。

（3）经营期限较为灵活，一般视经营人的投资大小可确定为5～15年。

（4）可合理、合法地享有民办水利的优惠政策。

（5）承租方（经营人）只能是个人或合伙人。

2. 优点

（1）租金少而又能享有民办水利的优惠政策，有利于吸收社会个人资金，加快工程改造。

（2）所有权不变，可减少产权纠纷，易于取得村、组及广大农产的理解与支持。

（3）出租后由个人经营，适合当前农民的思维特点，更有利于落实管理责任。

（4）租期灵活，投资可大可小，易于因地制宜地推广。

（四）组建与运作

1. 承包经营

承包可单斗承包或联斗承包，具体按以下程序组建和运作。

（1）成立领导机构。由灌区管理站牵头，吸收乡（镇）水管站、受益区村委会负责人和用水户代表组成改制领导小组。

（2）摸底调查，确定方案。由改制领导小组，摸清工程设施状况，造册登记，界定产权，制订承包经营总体方案。

（3）公布方案，接受承包人申请。公布承包方案及承包条件，由改制领导小组对所有申请人进行资质审查，并造册登记。

（4）确定人员，签订合同。在广泛征求用水户意见的基础上，由改制领导小组对承包申请人进行审查，民主评议，择优确定承包人，然后上报灌区管理局。经批准，由承包人与产权所有者或灌区管理站签订《承包经营合同书》，并由监证部门依法予以监证。

（5）制订工程计划，落实投入资金。按照合同规定，由管理站做出改制渠道工程修复改造计划及经费预算，并由改制领导小组督促承包人落实投入资金，在管理站的监管下完成修复（含维修）改造计划，确保按时灌溉受益。

（6）签订目标考评责任书，严格考核。承包人要和管理站签订目标考评责任书。内容包括工程设施完好率、年度灌溉用水量、到户水价的执行、水费的上缴入库率、“四到户一公布”的执行情况及农民的满意程度等操作性较强的考评指标。每年度灌溉结束后，由管理站牵头和斗委会（或监事会）联合组织考评，检查考核指标完成情况及合同执行情况，并按考核结果予以奖惩，付给合同规定的劳动报酬。

（7）核定到户水价，严格执行。由改制领导小组与承包人共同测算确定到户水价，在斗委会（或监事会）的监管下予以执行，并定期公布，接受群众监督。对农民的意见和合理要求，要虚心接受，改进工作。

（8）制定各项管理制度，确保规范运作。管理站要指导承包人的业务工作，帮助其制定工程管护、灌溉管理、财务管理等规章制度，提高管理水平，向管理要效益。

（9）由斗委会或监事会（由用水户代表组成）对承包经营者实施民主监督。

2. 拍卖（竞价承包）

拍卖和运作程序如下。

（1）组织领导机构。由灌区管理站牵头，吸收乡（镇）水管站、村委会负责人和用水户代表组成改制领导小组，制订拍卖方案。

（2）评估资产，确定底价。在改制领导小组组织下，调查摸底，评估资产，确定底价。

（3）管理站向灌区管理局体改领导小组提出拍卖使用权请示报告，申明拍卖原因、拍卖的组织机构、准备工作等情况。

（4）灌区管理局体制改革领导小组在调查核实的基础上，予以批复。

(5) 拍卖改制领导小组接到批复后发布拍卖公告。主要内容：说明拍卖的对象，购买的条件要求，阐明候选人推荐产生的程序，包括政治素质是否热爱水利事业，经营能力和经济状况等。

(6) 拍卖前欲购者经资质审查通过后，递交个人购买申请，并按规定交纳一定数额的押金。各项准备工作就绪后，报请改制领导小组主持召开拍卖大会。未竞购的竞价人如数退还押金；竞购者一次性交清拍卖金后，押金如数退还。弃权者押金一律不退。

(7) 中标购买者和产权所有者或灌区管理站签订经营合同，并按规定到公证部门公证后即成为新的经营者。

(8) 经营者在管理站的帮助指导下，制定工程管护、灌溉管理、资产管理和财务管理等规章制度，实现规范运作。

(9) 为实现广大用水户的参与监督，改制领导小组组织受益区用水户，经过广泛宣传、充分酝酿、民主讨论，组建成立拍卖形式下的农民用水者协会，以对新的经营人实施监督，帮助经营人改善服务，改进工作。

(10) 拍卖程序完成、经营者产生、监督型农民用水者协会成立后，拍卖改制领导小组向管理局体改领导小组写出工作总结，然后由管理局体制改革领导小组派员对拍卖工作进行验收，对不完善部分予以补充，经营者即可开始营运。

3. 租赁经营

租赁形式的组建和运作程序如下。

(1) 成立领导机构。由灌区管理站牵头，吸收乡（镇）水管站、受益区村委会负责人和用水户代表组成改制领导小组。

(2) 调查摸底，制订方案。在改制领导小组的领导下摸清斗渠工程状况，评估资产，界定产权，确定租赁方案及租赁标底。

(3) 公布方案，征求意见。公布租赁方案，公开出租，承租者报名，广泛征求受益用水户对改制方案及对承租人意见，进一步完善承租方案。

(4) 选定人员，签订合同。在征求受益区用水户意见的基础上，通过评议、筛选、择优确定承租人及承租方案，上报灌区管理局审批后，由工程产权所有者或灌区管理站与承租人签订改制渠道租赁合同，由公证机关依法公证。由管理站与承租人签订供水、收费管理合同。

(5) 制定工程规划，落实工程资金。由管理站做出斗渠工程更新改造、续建配套规划及预算，按照“斗有站管”的原则，由承租人将租赁费及预算工程费一并交灌溉管理站代管，租赁费由斗委会确定使用计划，工程费由管理站监督、指导承租人按工程计划使用，组织施工。

(6) 核定到户水价。在管理站的监管指导下，吸收斗委会成员（乡镇水管站和受益区用水户代表），按照省水利厅和省物价局联合下发的“改制渠道群管费核定办法”，认真核定承租人经营到户水价，并张榜公布，使之家喻户晓。

(7) 完善管理制度，实现规范运作。承租人要在管理站的指导帮助下，制定并不断完善工程管理、用水管理、财务管理、资产管理、人员培训和奖惩等规章制度，建立一整套监督约束体系，实现规范运作。

(8) 每个灌溉年度结束后的一个月内，承租人要将年度的工程维修账目、经营账目、财务收支状况向斗委会（由乡镇水管站、灌区管理站和受益区用水户代表组成）报告，接受审计。审计结束后，要将结论及财务及时归档，以便备查。

(9) 由斗委会或监事会（由用水户代表组成），对经营人实施监督。

（五）发展前景分析

1. 承包经营

承包经营是指交付一定的风险抵押金，承诺完成一定的任务指标，并获得相应报酬的一种管理形式，是计划经济向市场经济过渡的一种有效实现形式。它是我国农村联产承包责任制的一种延伸，是灌区管理体制改革中容易操作，便于推广的改制模式。

1）适用条件

(1) 田间工程基础条件较好，参与改制农户的经济条件较差，渠井难以协调统管的地区。

(2) 灌区下游或边缘地区已失灌的面积较大，田间工程条件较差，需注入一定的资金予以改造的支、斗渠。

2）局限性

承包经营的局限性在于经营者一般不直接投入资金，因而容易产生短期行为，造成工程维护投入不足，原有工程资产难以保值和增值。

2. 拍卖（竞价承包）

拍卖经营是指在斗渠产权不变的前提下，按照“两权”（所有权和使用权）分离的原则，由灌区管理单位面向全灌区对支、斗渠的使用权进行公开拍卖，使之成为民营工程，灌区用水户或水管单位职工通过公开竞价购买支、斗渠使用权并签订拍卖合同，从而成为新的经营者。

1）适用条件

(1) 破坏严重，失灌面积大，管护责任长期落不实的下游渠道工程。

(2) 受益区群众参与意识不强，修复改造资金筹集难度大。

(3) 多种水源灌区。

2）局限性

(1) 新建的水利工程，因其一次性拍卖金较大，竞价者难以接受。

(2) 单一水源灌区由于水资源保证率差，效益低，拍卖金回收困难。

3. 租赁经营

租赁是在所有权不变的前提下将使用权出租给个人或合伙人，由承租人自行负责渠道改造、开发和经营管理的一种经营形式。

1）适用条件

（1）具备一定的工程条件，尚能使用但效益较差的自流斗及抽水泵站。

（2）村、组自治能力差，集体经济相对落后，一次性投资较大的支、斗渠工程。

2）局限性

（1）难以吸收更多资金用于修复、配套高标准的工程设施。

（2）不利于吸收更多的农户参与建设和管理。

承包、租赁和拍卖三种改制模式在陕西关中灌区的改革实践都取得了一定的成效，但也都暴露出一些问题，如修复承包方式出现了承包人为收回成本提高水费的问题；拍卖本身属于竞价承包，从开始实行就存在争议；租赁的形式和修复承包的形式类似。这三种改制模式都具有承包的特点，而承包方式管理、经营公共设施具有一定局限性，如民主参与不够，因此承包方式是与我国现阶段农村生产力相适应的改制模式，在一定时期容易被农民接受，易于推广，可以部分解决并满足支斗渠管护责任中存在的问题。如何加强对承包经营的监管是灌区管理局需要进一步做的主要工作。在陕西省桃曲坡灌区采用管理站的职工参与共同承包经营的方式，对社会自然经营人（一般为灌区当地受益的农民）的经营活动和对斗渠的管护状况进行监督，职工 70％的工资由管理局支付，其余 30％和奖金则取决于斗渠经营、管理的情况。这种直接将管理站职工部分利益与经营人捆在一起的做法解决了管理站对非职工经营人的监管不力和职工单独承包斗渠经营困难的问题，落实了对经营人的管理责任，一方面可以发挥管理站职工素质较高的优势，有利于尽快促进改制的规范化，另一方面可以利用当地经营人在本地的威望和经验促进用水。这种方式也是克服由单一职工承包所产生问题的途径之一，值得进行进一步探索。

三、股份合作供水社

（一）股份合作供水社是一种符合社会主义市场经济的合作用水组织

股份合作制具有独特的运行机制和社会经济功能。它既有股份制和合作制两种经济形式的特点，又不是两者简单的总和。股份合作制起源于我国广大农村，1992 年农业部颁发的《关于推行和完善乡镇企业股份合作制的通知》中，对股份合作制企业作了如下描述："股份合作企业是指 1 个以上劳动者或投资者，按照章程或协议，以资金、实物、技术、土地使用权等作为股份，自愿组织起来，依法从事各种生产经营服务活动，实行民主管理，按劳分配和按股分配相结合，并留有公共积累的企业法人或经济实体。"1997 年国家发展和改革委员会颁发的《关于发展城市股份合作制企业的指导意见》，股份合作企业表述为："股份合作制是采取了股份制一些做法的合作经济，是社会主义市场经济中集体经济的一种新组织形式。"

从目前实践看，股份合作制企业，是由企业职工共同入股，吸收一定比例的社会投资来组建，以合作制为基础的企业法人。股份合作制企业入股的职工既是劳动者，又是投资者，这是股份合作制的最基本特征。企业实行权责分明、管理科学、激励与约束机制相结合的内部管理体制，有利于调动企业职工的积极性。企业的分配方式，实行按劳分配与按股分红相结合。企业的股东坚持同股同利。股东以出资额为限对企业承担责任，企业依法则以其全部资产对企业债务承担责任。企业依法享有法人财产权，享有民事权利，承担民事责任。

股份合作制在我国乡镇企业集体经济发展中曾起到了重要作用：一是实现了投资多元化，二是调动了劳动者积极性，三是优化了分配体制。它是社会主义市场经济发展的产物，是现代股份制企业的雏形，适合在社会主义市场经济发展初期有效组织资本和转换经营方式，促进集体经济的发展。股份合作制在水利工程中的应用开始于“五小”水利工程的改革，适合我国广大农村的特点，即个体资本小、涉及利益群体众多。1998年陕西省宝鸡峡灌区组建了一条支渠的烽火股份供水公司，是陕西省第一个以股份合作制为特征的灌区支渠改制模式。由于在以后的操作中，涉及公司上缴税收及工商登记等问题，又改名为股份合作供水社。随后在宝鸡峡灌区又陆续成立了多个股份合作供水社，丰富了灌区支、斗渠管理体制与运作机制的改革模式，为改革进行了有益的探索。

1. 特点

（1）劳动联合与资本联合并重。在股份合作制中，既不是劳动控制资本，也不是资本控制劳动，全体员工既是劳动者又是相对均衡持股的资本所有者，收益在弥补上年度亏损，提取法定公积金、公益金以后，应分别按出资比例分红和按劳分红，以调动劳动和资本两种积极性。

（2）全员相对均衡持股。股份合作制资金来源是由劳动者全体入股聚集或形成运行所需的大部分资本。投资入股是成为员工的重要前提，这样就使员工具备双重身份，既是劳动者，又是所有者，共同占有生产资料，共同劳动，从而实现了资本与劳动的直接结合。而且为了体现员工的平等地位，避免两极分化，股份合作制在主张全员入股的同时还坚持相对均衡持股。这是因为股份合作制和股份制有不同之处，前者是在劳动合作的基础上综合了股份有限公司的特点，在持股份额差别不太悬殊的条件下实行按股分红和按劳分红，这种劳动合作与资本合作相结合，既适应了入股成员原来占有生产资料数量不等的状况而在分配上有所区别，又不背离共同劳动、共同占有、利益共享和民主管理的基本原则。但在实际操作中，对这种全员相对均衡持股的安排要充分考虑具体情况，在成员是否必须入股和入股数量多少等问题上，应充分尊重入股成员的意愿。在不违背国家有关规定的前提下，进行灵活安排。

（3）实行民主决策和管理。股份合作制内部员工拥有参与决策和管理的权利。在实际操作中，民主决策与管理通过股东大会或职工大会来实施。员工的权利表现为参与重大决策的表决权。表决权的分配有三种形式：一是一股一票制，员工拥有的表决权数量取决于其拥有股份的多少；二是一人一票制，员工不论拥有多少股份，一人只拥有一份表决权；三是一股一票和一人一票结合起来，即先考虑把一人一票作为前提，然后再按股份加权分配一些表决权给拥有较大股份的员工。

2. 优点

股份合作制具有现代企业的特色，虽不易操作，但比较规范。有以下七个方面的优点：

(1) 有利于多方面筹集资金，对工程进行更新改造，提高工程效益。过去单一的行政管理变为股东管理，把社会各界人士和农民办水利的迫切要求通过科学灵活的机制纳入良性循环之中。

(2) 使专业管理和群众管理的积极性有机地结合起来，解决了双方不易衔接的弊端，接纳了原水利管理人员，巩固了基层管理队伍。

(3) 部分国家职工稳妥地转入民营水利单位，为其提供了很好的就业的岗位，专管机构分流了人员，减轻了国家负担。

(4) 实行股份合作制后，便于专业化、规范化管理，减少了供水收费中间环节，也减少了管理费用，达到降低群众浇地费用、节约水量、提高灌溉管理水平的目的。

(5) 使水价可以适应市场经济需要，充分体现水的商品性，促进生产发展。

(6) 股份合作制改革，覆盖面大、涉及人员广，消除了一斗一制和一段一制的管理弊端，整体性好。

(7) 农民持股人越多，参与监督效果越好。

（二）组建与运作

股份合作制目前分为两种形式：一种是以整条支渠或整段为单元的股份合作制，另一种是以整站为单元的股份合作制。其组建和运作程序如下：

(1) 成立机构，落实责任。首先成立改制领导小组，其成员由主管和相关部门的负责同志组成。小组下设办公室，一般设在体改办或灌溉科，主要职责是负责改制的规划、实施、监评及协调工作。

(2) 拟订方案，宣传动员。改制方案由办公室在调查和征得各方意见后，经领导小组认真研究确定，并对受益区广大用水户及灌区职工进行宣传动员，使他们积极投身于改制之中。

(3) 评估资产，量化股份。在改制领导小组的组织下，由国家专门的资产评估机构对全站或整条支渠（段）所有工程设施、房屋设备、交通工具、测量仪器等固定资产进行评估折资，报有关部门认定批复，初步拟订一次性需募集的工程改造投资，确定总股本，同时量化法人股、员工股及优先股的份额。

(4) 草拟章程，申报批准。由改制领导小组依照有关规定草拟章程，并在管理站职工、管水人员中进行充分的讨论，继续完善。在此基础上，连同资产评估报告及改制方案予以上报，属支渠（段）和斗渠改制的，上报管理站，由管理局审批；属整站改制的，上报管理局，由上级水行政主管部门审批。审批后，可持相关证件到当地民政部门登记。

(5) 募股发证，正式成立。组织动员员工、广大受益区用水户以及社会自然人购股，颁发股权证书；组织召开股东大会和股东代表大会，审议通过章程，选举成立董事会、监事会，聘请总经理，由总经理聘任各部经理，由经理组建护渠浇地专业队，面向千家万户，搞好服务。

(6) 建章立制，规范运作。供水股份合作社成立后由供水社负责制定工程规划及内部各项规章制度。

(7) 成立协会，民主监督。为体现广大受益区用水户参与管理，进行有效监督，供水社范围内，以渠系边界为主在受益区成立若干监督型农民用水者协会，对供水社实行外部监督，反映用水户的意见和要求，帮助供水社改进工作。

(三) 发展前景

股份合作制这种改制模式适用于整条支渠或整个管理站的改制。在陕西省关中灌区对股份合作供水社的应用实践证明，股份合作制是灌区基层管理体制改革的一种新模式，但也存在一定局限性。一是灌区农民认识难以到位时，募集资金困难，自愿参与受到影响；二是农田灌溉实行股份合作制改造后，专管部门对其经营行为监控较难；三是股份合作制是一种企业组织形式，但农田灌溉毕竟只是对自然降雨不足的一种补充。因此，在股份合作供水社未发展成为以水为主、多业并举的实体前，经营者投资风险较大，丰水年或经营不善时，股民的利益将会受到影响。

我国农业虽然是基础产业，但也是弱势产业，随着加入世贸组织以后受到相关条款的制约和进口农产品的压力，扶持农业生产、提高农民收入、改善农村条件将是我国政府日益关注的问题。近年来随着我国经济的快速发展，市场经济的日益完善，国家税收的增加，农业政策在发生变化，如取消农业税、增加种植粮食作物的补贴等，向农业进行补贴的做法逐步与世界发达国家趋同。灌区是国家粮食主产区，兴修水利为农业生产创造良好的条件是国家保证粮食安全的重要举措，也是对农业进行扶持的重要手段。以股份合作供水社进行灌区基层管理方式的转变虽然在一定时期促进了灌区的发展，但由于它过于重视经济效益，而较低的收益率将影响参股者的积极性，必将影响管理民主科学化的效果，因此将股份合作供水社与农民用水者协会结合，可能是今后我国灌区支斗渠管理体制改革的方向之一。

四、灌区基层管理体制改革建议

(1) 调查研究摸清现状。总结不同地区群众管水体制的经验教训，肯定其成功适用的条件，找出存在问题及其原因，调查研究中要倾听农民意见，让农民自己总结经验，分析存在问题，提出改进措施，以增强广大农民群众主人翁地位的认同感。

(2) 制定改革实施方案，分类指导。对尚能发挥作用的现有农村群众管水组织，在巩固、健全的基础上，进一步发动、组织全体用水户，通过民主选举，组建成为具有法律地位和自主管理能力的农民用水者协会；对早已瘫痪，或根本就不存在的所谓集体管水组织，通过宣传培训、组织发动等形式，启发、帮助、提高用水户参与管理的积极性，增强他们对自己是灌排工程和灌排事业“主人”的认同感，帮助用水户重新组织起来，通过民主选举建立农民用水者协会。让广大用水户充分认识到，必须依靠用水户集体的力量，采用互助合作的方式，坚持合作办水利，在享受服务的同时必须承担相应的责任和义务。

(3) 向农民用水者协会“赋权”。通过法律和制度把与用水户切身利益密切相关的用水权、工程设施所有权、经营管理自主权，收取水费权力、用“一事一议”方法决定协会内部工程维修改造出工筹资方式的决策权，以及对所在地区涉水事务的知情权、参与权、监督权等赋予农民用水者协会，让用水户真正拥有自主管理权。

(4) 加强政府在推动农村群众管水组织改革中的领导和扶持作用，既不能“越俎代庖”、也不能“甩包袱”。离开了政府的领导、扶持和宏观管理，改革就难以深入进行，已建立的农民用水者协会也将难以长久维持。政府要从资金、技术、培训、宣传等方面给予扶持，特别是农民用水者协会所管辖工程设施的完善配套和改造，必须纳入政府公共财政扶持计划，加大投入。

(5) 采用灵活多样经营管理方式，增强农民用水者协会运行机制活力。协会的工程设施和灌溉服务，可以自己直接经营管理，也可以引入竞争机制，奖罚激励机制，采用承包等方式，委托给有能力的人负责。不管是承包，还是“租赁”、“拍卖”经营管理权(竞价承包)，都只是为了增强经营管理活力，把维护管理责任落实到具体人身上。作为发包方的农民用水者协会仍然握有重大事务的决策权，当工程出现承包人承担不了的问题时，全体用水户还要担负起“主人”的责任和义务。

第三节　旱区灌区管理体制与运行机制的发展方向及主要模式

党的十七届三中全会《中共中央关于推进农村改革发展若干重大问题的决定》中，已经明确指出我国总体上已进入以工促农、以城带乡的发展阶段，进入加快改造传统农业、走中国特色农业现代化道路的关键时刻，进入着力破除城乡二元结构、形成城乡经济社会发展一体化新格局的重要时期。灌区管理单位目前的尴尬局面已不适应经济社会发展对农村水利的要求，而国家也有能力采取经济、技术、文化等综合措施，逐步建立适合农村特点、保障有力、良性运行的灌区管理体制和运行机制。

一、灌区管理体制改革的有利条件

为了解决灌区管理体制中存在的问题，保证水利工程的安全运行，充分发挥水利工程及已有灌区的效益，实现节约用水，促进水资源的可持续利用，保障经济社会的可持续发展，2002 年 9 月，国务院办公厅转发了国务院体改办关于《水利工程管理体制改革实施意见》，旨在通过深化改革，初步建立起符合我国国情、水情和社会主义市场经济体制要求的水利工程管理体制和运行机制。

当前灌区专管机构管理体制改革的有利因素很多，主要表现在以下几个方面：

(1) 国务院办公厅转发了《水利工程管理体制改革实施意见》，作为水利工程管理单位改革的总体政策框架，它为灌区管理体制改革指明了方向，明确了改革的指导思想，规定了改革的基本原则和主要政策措施，使灌区管理体制改革有了法律保障，解决了长期以来基本政策不明的问题。

(2) 党的十六届四中全会提出了以人为本的科学发展观，把加强经济结构调整，深化改革，创新机制放在了突出位置，为灌区专管机构体制改革营造了良好的社会大环境。

(3) 党中央、国务院高度重视水利工作，连续多年以一号文件的形式，将解决“三农”问题摆到了十分突出的位置，表明了中央对“三农”问题的高度重视，显示了中央加强农业基础设施建设，提高农业综合生产能力的信心和决心。2005 年中央一号文件进一步明确了水利建设的重点，是要在继续搞好大中型农田水利基础设施建设的同时，加大对小型农田水利基础设施建设的投入力度，以及建立稳定的水利投入机制等。

(4) 各级政府正在制定适合本地区的《水利工程管理体制改革实施方案》，在大量深入调研的基础上，针对灌区专管机构改革中的难点和关键问题，提出了切合实际的解决办法和措施，具有很强的针对性和可操作性，将推动灌区管理体制改革健康有序地向前发展。

(5) 各地灌区专管机构要求改革的呼声很高，踊跃报名参加改革试点，认识到解决灌区存在的问题已到了刻不容缓的地步，早改则主动，晚改则被动，不改就没有出路。组织职工学习文件，领会精神，发动群众，讨论单位定性、定岗、定编和经费测算工作，为灌区专管机构改革奠定了群众基础。

(6) 国家实施大型灌区续建配套节水改造，农业综合开发中型灌区配套改造也在推进，渠道防渗衬砌、老化破损建筑物更新改造，量水设施完善、信息化技术应用，所有这些硬件设施的改造完善，为管理体制软件改革创造了物质基础条件。一批专管机构改革试点的灌区，在单位定性、定岗、定编、管养分离、水费计收、人员分流等方面进行了大胆的探索，取得了许多可以参考借鉴经验。

二、灌区管理体制改革的基本经验

(一) 政府支持、各级领导高度重视是搞好灌区管理体制改革的先决条件

这条基本经验是由我国的基本特色所决定的。因灌区的管理体制改革不仅涉及人事、劳动、工资等内部制度改革以及划分单位类别与性质、实行定编定岗、管养分离、人员分流、落实社会保障政策等，而且还涉及政府的投资政策，对资产、资金的管理，财政支付以及灌区末级渠系的管理体制改革等各个方面，牵扯到政府的许多相关部门。为此，只有得到了各级领导的高度重视，加强协调，才能加快与促进灌区管理体制改革的步伐与进程。同时，用水户参与灌溉管理是农村末级渠系管理体制的重大变革，如果没有地方各级政府的重视、支持和相关部门的参与、扶持，仅靠灌区专管单位独家运作，改革是很难顺利进行下去的。面对我国的基本国情，全国各地的实践经验也已充分证明：政府的大力支持是推动和巩固灌区管理体制改革的关键。

(二) 宣传培训、样板示范是搞好灌区管理体制改革的基本环节

由于灌区管理体制管理涉及的面广，所需学习与掌握的相关政策文件多，而且作为一项新生事物，从上级水行政主管部门、灌区领导到各级基本群众，均无现存的经验可言，必须在改制实践中不断地学习。各地的成功改制实践证明，只有宣传、培训到位，典型样板示范引路，特别是从上到下、各个阶层的思想认识得到提高，灌区改制才会有一个良好的开局。

（三）广大群众的积极参与是搞好灌区管理体制改革的基本原则

必须发动广大群众积极参与灌区的管理体制改革，这是一项基本的原则。因灌区管理体制改革是一项新生事物，任何人都有一个重新学习和提高思想认识的过程。为此，政府和相关部门的引导、扶持、协助是完全必要的，但切忌政府或主管部门包办代替。尤其在广大群众没有认识、不自愿的情况下，不按程序强行推进，用长官意志或单纯的行政手段，是得不到群众认可的，也很难巩固与发展。实践表明，广大用水户自愿接受，按程序组建、自主选择、民主选举、自主参与决策重大事项，农民用水者协会才有生命力。

（四）田间工程配套是搞好灌区基层管理体制改革的基础

由于历史欠账及管理主体不明等原因，多数灌区斗渠以下工程不配套，老化破损严重，把这样的工程移交给用水户管理，让其达到良性运行，既不合理，也不现实。而且，根据目前农民的经济承受能力，要通过组建农民用水者协会的形式来对支斗渠以下的水利工程进行更新改造是很难做到的。工程配套完好是保证农民用水者协会自我维持的物质基础，各级政府及相关部门有责任、有义务帮助其配套。

（五）农民用水者协会有稳定可靠的经费来源是基本保障

农民用水者协会要想持久运行，必须要有一个较为稳定的经费来源作保障。如陕西关中九大灌区，现已基本全部落实了终端水价政策即农业供水水价由三部分组成，即国营水电费、基础管理费与群管费。组建农民用水者协会以后，部分的基础管理费及全部的群管费理应全部返还给协会自主进行管理。而全国其他地区，一般都依靠灌区专管机构从所收水费中返还一定比例给协会，如甘肃省兴电灌区从国管水费中每立方米水返还协会 5 厘钱。内蒙古河套灌区按水费总额的 4.5%返还用水户组织；河北石津灌区从基本水费中提取 20%，计量水费提取 10%作为协会的运行经费。这些经费为协会的生存提供了最基本的保障。

（六）选好协会的班子并建立高效的监督体系是巩固发展的重要保证

目前我国农民普遍受教育程度不高，加之传统观念和旧体制的长期影响，一些已组建协会的地区，常常出现思想反弹或中途夭折的情况。其主要原因是协会领导人员的素质不高，工作不力，不按规定程序运作，各项制度落实不力，又没有有效完备的监督手段，群众有意见。各地经验表明，要想保证用水户组织的巩固和可持续发展：第一，要注重协会人员的思想教育、业务技能培训，提高其素质和管理能力。如湖南省铁山灌区对协会领导骨干每年进行一到两次的业务培训；内蒙古河套灌区由旗（县）市水务局牵头，利用冬闲时间，每年对农民骨干组织一次全面培训。第二，要有规范科学的运作程序，各项制度必须要符合实际，便于操作。第三，必须要有一套完备有效的监督体系。如内蒙古河套灌区对用水户组织建立了四项监督机制：一是用水户代表的监督；二是地方基层组织的监督；三是乡镇水管站的监督；四是旗县水务局和供水单位的监督，较好地堵塞了各种可能的漏洞。

三、国内灌区管理体制改革动态

我国的灌溉事业和灌溉管理工作历史悠久，依赖于有效的管理和维护，有些灌溉工程自秦汉一直沿用至今。新中国成立伊始，我国就对原有灌区管理机构进行整顿和改革，建立了民主管理体制，20 世纪 50～70 年代国家进行了大规模的基础设施建设，灌溉技术和管理手段得到提高，80 年代以后灌溉管理逐步加强。1981 年全国水利管理工作会议提出了“把水利工作的重点转移到管理上来”；1983 年确立了“加强经营管理，讲究经济效益”的工作指导方针；1985 年国务院颁发了《水利工程水费核定计收和管理办法》，批准了《关于改革水利工程管理体制和管理办法》、《关于加强农田水利设施管理工作报告》等文件，对灌区管理与体制改革做出了一系列相应的规定，使灌区管理工作进入了一个有法可依、依法治水、讲求效益、改革发展的新阶段。

作为农业基础设施的灌区和其他行业不同，既非纯公益型，又非纯经营型，而是具有公益性和经营性的双重性。灌区具有一定公益性，灌区服务的对象是受政府保护的弱质产业——农业。我国农业生产力低下决定了灌区的公益性。灌溉用水是特殊商品，具有经营性。我国长期计划经济体制下的灌区的管理体制，随着社会主义市场经济改革的逐渐深入，已不能适应时代的发展。因此，有些灌区开始探索管理体制改革。如山西省运城市夹马口灌区，在管理体制的改革方面，主要特点是在人事制度与分配制度的改革力度较大，成效明显。先由管理局依据水利部有关文件精神，制定出《各科站人员定编及职责》，实行按需设岗、定编定员、竞争上岗、择优聘用及下岗待聘制。在分配制度上，打破档案工资，实行绩效工资制，并引入企业化经营管理办法，各级水经营实体按“独立法人”或“模拟法人”，实行层层独立财务结算，有效地推进了灌区内部主系统的改革进程，调动大多数干部与职工经营管理的责任心与积极性。

在灌区末级渠系和农村小型水利工程改革中探索建立农民用水者协会的管理体制，因地制宜地采用承包、租赁、拍卖、股份合作等多种形式的经营方式和运行机制。结合大中型灌区更新改造和续建配套工作，在全国已有 19 个省 80 多个灌区开展了用水户参与灌溉管理的试点工作。试点经验表明，用水户参与灌溉管理不仅大大激发了农民的积极性，改善了田间用水管理状况，有效地解决了征收水费难的问题，而且十分明显地减少了水量浪费，节约了灌溉用水量。同时用水户参与管理引起了水利界的广泛关注，水利部农水司与中国灌区协会先后在都江堰管理局、湖北漳河管理局及江苏皂河灌区、湖南铁山灌区召开专题会议，研究探讨在我国实施的必要性及进展情况。

中国灌区管理体制改革工作中取得了一些成果和经验。这些经验可以概括为：

(1) 持续开展水价改革，促进灌区财务状况好转。近几年来，各灌区通过持续的水价改革，即逐步实施按供水成本来核定农业水价、分类计价和二部制水价，开展了“定斗口水量任务和水费指标”各级承包责任制，大大强化与促进了灌区的财务管理。

(2) 灌区主系统的管理体制改革已取得阶段性成果。切实贯彻落实定编、定岗，人事与分配制度的改革，充分调动起全体职工参与改革和搞好本职工作的积极性。并通过管养分离、组建专门的水利工程建设与管护机构，使水管单位重新焕发活力，充满生机。同时，积极依据各灌区的特点与水、土、人力、技术、资金等方面的优势，因地制宜，大力发展多种经营，努力增加灌区的财务收入。

（3）组建农民用水者协会已成为灌区基层管理体制改革的方向。灌区基层支斗渠管理体制的改革，通过组建农民用水者协会，有效地解决了农村实行家庭承包责任制后支斗渠工程管理主体缺位的问题。通过农民用水者协会的组织形式，落实了支斗渠工程的管护责任，真正实现了农民的事由农民自己来管理。

四、改革灌区水权，促进节约用水

目前发达国家灌区运行机制的理念有水权转移论、水效益论和经济手段抑制论等：采用鼓励拥有水资源使用权的灌区通过节约用水，出让部分水使用权，获取利益，调动灌区高效用水的积极性。为提高灌区水资源的利用效益，把灌溉水主要分配给高效农业使用，如以色列在调整灌区作物种植结构上下工夫，农业用水强调单位灌溉水的边际产出效益，浇水只浇高效作物，这样逐步减少了对水土资源要求高、产出较低的大田作物，而改种菜、果、花等园艺作物，尤其是创汇农业，粮食则全靠进口。对农户用水实行阶梯价格，超定额用水大幅度加价，用经济杠杆抑制农户用水需求。美国大面积发展喷灌，以色列大规模发展滴灌。美国许多大型灌区都有调度中心，实行自动化管理。许多灌区还采用卫星遥感技术，将从卫星接收站获得的信息图片输入计算机，进行灌溉用水量估算。采用以微机利用为中心的现代化信息技术和优化方法，及时、准确地采集、传输、存取和加工处理水资源信息，为管理部门提供用水决策和选择最佳运行方案。

九三学社中央参政议政部2010年提交的关于推进节水农业发展的建议中提出：一是以深化管理体制改革推进农业节水。建议成立专门的农业节水办公室，统筹协调各涉农用水管理部门，形成合力。现阶段，要进一步加强部门间沟通和协调机制建设，明确任务、落实责任、各负其责、密切配合、共同推进节水农业的发展；二是以水权市场建设促进农业节水。首先，在农村建立水权市场，促进农民增收，调动农民节水积极性。其次，在地方建立水权市场，促进城乡统筹，优化水资源在农业、工业和服务业之间的合理配置。最后，建立全国性水权与耕地占补交易联动的市场机制，促进东中西合作、南北互动，实现水资源和耕地在区域间的优化配置。我国东部地区经济发达，随着经济社会快速发展和城镇化、工业化进程的加快，东部地区对土地的需求更为迫切；而西部地区节水农业发展潜力很大，但往往遇到投入的瓶颈。如果把东部地区占用一定耕地发展经济实现的经济收益，通过水权市场，转用于中西部地区农业节水建设，从而增加新的有效灌溉耕地面积，实现粮食产量的“占补平衡”，这无疑对推进区域统筹具有重要的作用。因此，应探索建立全国统一的水权和耕地占补交易联动的市场体系，以市场机制来优化水资源和耕地配置。最后，即使全国性的、或者大规模的水权市场还不能马上建立，至少应将国家农业用水的暗补变为明补，采用“以奖代补”的方式，提高农民节约用水的积极性。

五、旱区灌区管理体制发展方向

（一）稳定国家投入机制，建立灌区多元投资体系

原来的灌区骨干工程及田间工程的建设投资均由国家或地方政府出资，农民投工投劳抵顶灌区投资方式，随着国家税务体制改革的进行和农民“义务工”、“积累工”的取消及减免农村税费，已不能适应灌区改造和项目建设的需要，必须进行改革。根据灌区管理体制与运行机制改革的目标、方向与职责范围，在明确灌区水利工程类型与性质的基础上，修订完善各级水利建设基金筹集办法，增加其他财政投资渠道，建立各级财政预算内水利投入稳定增长的机制。按照党和政府支持保护农业、农民的方针政策和“谁受益、谁负担”的原则，建立多元化、多渠道、多层次的灌区工程建设和改造投入机制，在符合农村税费改革政策的前提下，坚持政府、管理单位、集体和农民群众个人共同投入。原则上，灌区骨干工程的建设、改造和运行维护主要由政府和灌区管理单位（或供水实体）投入；灌区小型工程的建设、改造和运行维护则主要由受益集体和农户投入。引入激励机制，强化责、权、利关系，优先安排政府重视、筹资积极、群众支持的项目，调动用水户兴建、维修灌区工程的积极性。充分发挥农田水利规划特别是县级农田水利规划的规范引导作用，综合运用大中型灌区节水改造、小型农田水利工程建设、国土整治复垦开发、农业综合开发等资金，发挥整体效益，全面推进以大中型灌区节水改造为主的灌溉排水工程建设，坚持骨干工程和田间工程同步推进，完善量水设施，为加强工程运行管理和维护创造条件。

国家应建立保障灌区能持续稳定发展的长效投入机制。国家应在定位灌区为公益属性基础设施的基础上，建立包括骨干和田间工程建设改造、运行管理和维护在内的稳定投入机制，这是提高灌区的用水效率和效益的首要保证。

（二）明确灌区定位，建立高效管理运行机制

根据灌区管理单位为准公益性单位的性质和特点，参考水利部、财政部《水利工程管理单位定岗标准（试点）》，本着精干高效、因事设岗、以岗定人、按量定员、最优结构、最佳组合的原则，科学核定灌区管理人员编制，建立完善的财政补贴支付政策；对于不具备自收自支条件的灌区水管单位，实行事业单位企业化管理；对于具备自收自支条件的灌区水管单位，定性为企业，建立产权清晰、权责明确、管理科学、运行高效的企业化管理制度（韩振忠，2006）。在各大型灌区积极推进管理单位人事、劳动、工资等内部管理体制改革。在合理定岗定编的基础上，按照单位自主用人，职工自主择岗，以及公开、公平、公正、竞争、择优的原则，对所设定的各个岗位，实行双向选择。通过公布条件、自荐报名、资格审查、考核评议、组织决定等程序，竞争上岗，全面实行岗位聘用制，由灌区管理单位与每个职工签订劳动聘用合同和目标管理责任书，明确合同期限、岗位纪律、工资待遇及双方的责、权、利，全面建立竞争、激励和约束相结合的用人机制。

加快实施“两定”标准、落实“两费”，搞好水利工程确权划界，充分利用渠系周

边水土资源，探索实行管养分离的有效途径。加强灌区管理单位以减员增效为主要内容的内部改革，财政承担人员分流安置、机构能力建设等必要的改革成本，实质性地推进灌区管理体制改革。对于一些灌区实行分级管理，灌区管理单位管理干渠、县或乡镇再次设立机构管理支渠斗渠的管理体制，值得深入研究，既要减少管理层次也要减少综合管理人员。

新建灌区可以根据“谁投资，谁所有”的原则明确产权，拥有产权的政府部门可将灌区改造成国家控股公司，聘请企业法人，用企业管理方式经营管理大中型灌区。

明确了灌区管理机构的公益事业性质，有利于灌区管理单位包括用水者协会集中精力搞好灌区的用水管理和工程管理。改革和完善灌区的管理和考核制度，灌区管理的任务和考核目标定位在实施“总量控制、定额管理”的执行效果上，对灌区实行以节水为主的多指标考核。如考核完成灌溉面积、灌水定额、节水指标、工程维修管理等，并将考核结果作为奖惩的主要依据。探索对灌区投资及经济管理的新方法，以解决目前灌区靠多卖水增加收入的问题。灌区运转经费既可采取“收支两条线”或由国家在农产品流通中增值部分用财政转移支付来解决。

灌区应实行有计划供水、按合同供水。由灌区管理单位（或供水实体）与用水者协会签订供水合同，明确双方的权利和义务。灌区管理单位（或供水实体）应做到适时、适量、科学合理供水，用水者协会和用水农户应做到及时足额缴纳灌溉水费。

根据国务院办公厅转发的《水利工程管理体制改革实施意见》，在部分水价到位率较高、灌区基础设施条件较好、财政支付能力较强的大型灌区试行水利工程的管理与维修养护分离，以进一步精简灌区管理机构，提高养护水平，降低运行成本，将维修养护部门从水管单位分离出来，独立或联合组建专业化维修养护企业，通过招标方式择优确定维修养护企业，使水利工程维修养护走上社会化、市场化和专业化的道路。

（三）推进农民用水户参与灌溉管理，建立民主管理体制

当前，受农业比较效益持续走低、农民就业途径增多、种植收入占农民收入比重大幅度下降等多种因素影响，农民农业生产积极性下降。这种情况下，更要发挥组织和动员农民坚持不懈大搞农田水利基本建设的光荣传统，借鉴国外农民用水户参与灌溉管理的经验，完善灌区长期实行的“专管与群管结合”的管理方式，组建农民用水合作组织加强田间灌排工程的民主管理，财政补助田间工程建设和管理形成的固定资产归农民用水合作组织所有，积极推行终端水价和水费收支公示。财政和灌区管理单位要对农民用水合作组织的能力建设给予补助，并加强技术指导和资金监管，使其发挥最大作用。

大力提倡用水户参与灌溉管理，尤其体现在支、斗渠的管理体制改革上，可在组建农民用水者协会的管理体制下，采用承包、租赁、拍卖和股份合作等灵活多样的经营方式和运行机制。在总结经验的基础上，明晰产权，明确责任，充分调动起各方面投资建设和管好农村小型基础设施的积极性。对受益户较多的水利灌溉工程，可通过组建合作管理组织即农民用水者协会，将国家补助形成的固定资产划归农民用水者协会所有，以增强全体用水户的“拥有权”与管护田间渠道工程的积极性。建立起“供水机构＋农民用水者协会＋用水户”的新型管理体制。

可以借鉴世界银行推荐的灌溉公司管理模式，灌区作为农业供水批发商负责支渠以上建筑物的管理和维护，经民主选举成立的用水者协会可作为灌区用水的零售商，按政府定价把水售给用户，收取水费，并承担斗、农渠及田间工程的管理、维修，对节水大户给予奖励。

（四）灌区水资源统一管理，优化水资源配置

为提高灌区的用水效率和效益，灌区管理机构必须对灌区内的水资源进行优化配置和利用，如地表水和地下水联合运用与优化调度。因此，要赋予灌区管理单位对灌区内所有农用水资源的管辖权、政府指导下的核价权，使灌区能根据自身的特点，科学优化利用各种水资源，达到最大限度提高灌区用水效率和效益的目标。

井灌区实行县级统一管理，建立健全县、乡、村三级服务组织或成立灌溉公司。由县水务局统一管理全县地下水资源的开发利用，统一发放地下水开采许可证，总体控制机井布局和开采量。乡镇负责具体实施和技术服务，并建立行之有效的村级管理组织。也可成立县、乡、村灌溉服务公司，在县统一管理下实行有偿灌溉服务，协商定价，政府规定最高限价。

（五）合理确定节水灌溉水价，发挥经济杠杆作用

综合运用工程、技术、经济、法律手段推进灌区节水，促进节约用水。建立以总量控制、定额管理为核心的水权制度。即使在对农业生产的相关环节进行补贴的现实环境下，也要坚持推进水价改革的方向，要探索超定额加价、两部制水价等，发挥经济杠杆作用的水价制度，结合工程改造、农业种植结构调整，完善灌排服务，公开水费计收与使用，提高农民的合作程度和节水意识。要积极推行末级渠道终端水价制，规范末级渠道水价。要逐步完善供水计量设施，积极推行按量收费。要实行“水量、水价、水费”三公开，并向用水户开具由政府有关部门监制的票据。

（六）积极探索财政对灌排工程运行费用补助的有效途径

灌溉排水工程是重要的农业基础设施，灌排工程建设与管理具有较强的公益性。灌排工程对农业增产农民增收有很大的促进作用，但工程运行收取的是低于成本的水费，并与土地收益脱节，工程的直接经济效益较差，难以维持正常运行，影响服务功能。面对这种农业比较效益低、农民增收困难、灌区运转艰难的现实情况，财政应加大对粮食主产区、运行成本较高灌区的扶持力度，加快完善工程，降低运行成本，并通过财政补助、电价优惠、水土资源补偿等方式探索对工程运行的补助，间接实现对粮食生产的补贴。考虑到地方财力的实际情况，中央财政对西部和粮食主产区的灌区工程运行适当给予补助。

六、现代旱区灌区管理模式探讨

参与式灌溉管理根据灌区“骨干工程管理专业化、科学化，田间工程管理社会化、民主化”的原则，以“灌区专业管理机构＋群众管理机构”的管理模式为主，进一步深

化以用水户参与灌溉管理为中心的灌区管理体制改革，积极组建农民用水者协会，推进灌区参与式、民主化管理进程是现代旱区灌区管理体制的重要内容。灌区现代管理模式主要有以下几种（刘凤丽和彭世彰，2004）。

（一）“供水公司＋用水户协会＋用水户”模式

完全自主管理灌排区模式主要是通过组建供水公司和用水户协会，建立符合市场机制的供、用水管理制度，实现用水户自主管理灌排区水利设施和有偿用水，保证灌区的良性运行，即“供水公司＋用水户协会＋用水户”的模式。供水公司一般按水文边界确定，属非政府灌溉管理经济实体，按《中华人民共和国公司法》成立并有相应的章程，具有法人地位，自主经营，自负盈亏，主要负责灌区范围内骨干工程和建筑物的维修养护和管理，以及向用水户供水。供水公司和用水户协会之间签订合同，把水视为商品，从而建立起一种新型的买卖水关系。国内的几个大型灌区如湖南铁山灌区、河北石津灌区、江苏皂河灌区皆属此例。

（二）“用水户协会＋用水户”模式

建立供水公司比组建用水户协会相对要困难些，因为建立供水公司会涉及裁员、交税等问题，而目前水费按成本价收取还存在一定困难，故有的灌区采取“自下而上”的改革方式，先组建用水户协会，搭起用水户和灌区管理单位之间的桥梁。用水户协会具有法人资格，具有本灌区灌溉设施的使用权和管理权，用水户协会会员为本灌区的用水户，由农民自愿参加，以民主方式选出会长，负责用水户协会的管理工作。协会代表广大用水户的利益，主要负责田间灌溉工程的运行管理和维护，以及向用水户收取水费。这种改革体制在我国较为常见，如山西运城夹马口灌区的“斗管会”即为这种形式。

（三）完全转让给用水户协会模式

这种模式在国外较为多见。我国的大多数灌区还不具备完全转让的条件，但在一些中小型灌区可以实现这种转变。首先在灌区内组建用水户协会，将整个工程体系的经营管理权全部移交给用水户协会。协会对授权的资产拥有法人财产权，对资产有保值增值义务。由此建立的农民用水户协会代表大会为协会的最高权力机构。用水户协会可以改革水价制度，实行科学管理，有充分的自主权。这种方式在我国灌区中虽然应用不多，但其改革彻底，一步到位，如能在符合条件的灌区推广这一经验，必能大大促进参与式管理模式的发展。

（四）承包、租赁等模式

对于水利工程设施配套比较齐全，工程管理进行得比较好，且有很好群众基础的灌区，可以采用建立用水户协会的方式来进行管理体制改革。但有的灌区水利设施老化失修严重，用水户就没有积极性参与用水户协会。这种情况下，可以通过拍卖、承包、租赁和股份合作制等形式，有偿出让斗、支渠的所有权、使用权和经营权，使其由国家集体所有制经营转变为个人或法人所有制经营。这种形式可以充分调动起参与者的积极性，主动对渠道工程进行维修改造，确保灌溉顺利进行。目前，许多灌区的灌溉管理采用了这种模式，在我国有广泛的实践和应用前景。

第四节　农业节水灌溉水价形成机制与农户承载力分析

发展节水农业已成为我国保障粮食安全、水安全和生态安全的重要战略措施。“十一五”科技部启动的节水农业综合技术研究与示范项目，在陕西、甘肃、宁夏、山西、黑龙江、河南、内蒙古、北京及四川等9个省（直辖市、自治区）建立示范区，以期推动节水农业技术水平提高与推广应用。水价是调控节水农业技术推广应用的重要手段之一，合理制订农业灌溉水价对于发挥示范区效应、推动节水农业的发展具有重要意义。水对于人类生存、农业和农村持续发展是至关重要的。2004年国家颁布的《水利工程供水价格管理办法》规定农业用水价格按补偿供水生产成本、费用的原则核定，不计利润和税金。改革农业水价是政府、学术界、农民、水利及相关部门比较关注的话题，但是农业水价改革成效却远远没有达到理想的程度，整体上农业水价偏低的格局没有改变。2006年，水利部组织对全国26个省、区、市551处大中型灌区水价改革与水费计收情况进行调查，结果表明，2005年全国农业水价平均为0.065元/m^3，仅占实际供水成本的38%，平均水费实收率为57.37%，如果进行综合考虑，2005年供水单位实收水费仅占农业供水成本的22%。根据水利部有关调查，同税费改革前相比，2005年全国31个省级行政区（含新疆生产建设兵团）国有水利工程供水收入与水费改革前的2002年相比有19个省区下降，水费减收总额达12.3亿元，其中四川下降了15%，河南下降了20%～30%，吉林下降25%，广东下降了40%（姜文来，2008）。现行水价太低，节水意识低下，导致珍贵的水资源巨大浪费，现行水价标准不到供水成本价的一半，水资源本身的价值被抛弃；目前难以形成有效的节水管理机制，甚至放纵浪费水资源；灌区难以维修更新改造；现行水价太低，甚至不包括固定资产折旧，灌区工程更新改造由于没有资金来源而受到威胁（贾大林和姜文来，1999）。显然，建设节水型农业是摆脱水危机的必然选择，通过价格杠杆调节农户的需水行为，是节水技术实现空间扩散和节水农业持续发展的重要制度保障（罗其友，1998），而制订合理的水价要考虑农户的承受能力。

一、农业灌溉水价形成机制

（一）国外定价机制

西方的水资源价格研究20世纪70年代兴起于西方资本主义国家，其水资源的定价方式主要有边际成本法、边际效益法（如影子价格法和剩余法）、平均成本法和补贴法，水资源按照水价和用水量的关系，可分为配额水价、累进水价；按部门分为工业水价、农业水价和居民生活水价；按计价方法分为政策性水价、成本水价和效益水价。

美国东部农业浇灌用水采用“服务成本＋用户承受能力”定价模式，而在西部地区，服务成本定价模式和完全市场定价模式较常见，联邦农业水价是还本不付利息水价。英国的农业水价采用全成本定价模式。加拿大灌溉供水全部实行政府补贴的政策性水价。法国农业灌溉用水水费采用“服务成本＋承受能力”定价模式，但因以水税的方式收取了水资源费和污染费，实际上也是采用了“全成本＋用户承受能力”定价模式。澳大利亚采用用户承受能力定价模式。印度、菲律宾、泰国、印度尼西亚等国灌溉水价通常采用用水户承受能力定价模式，其中菲律宾完全采取用户承受能力定价模式。

由于受农户承受能力的影响，各国灌溉水价标准普遍较低。灌溉水价是一个牵涉社会发展多方面的重要问题，合理的灌溉水价体系不仅仅从经济学的角度出发或仅考虑市场经济规律的调节作用，还必须从政治经济学的角度出发，结合不同国家或地区的自然、历史、文化、社会等因素来综合考虑。

（二）国内定价机制

1. 资源水价定价机制

在已有的文献中，水资源的定价方法主要有：服务成本定价法、机会成本定价法、边际定价法、支付能力定价法、市场定价法。冯耀龙和王宏江（2003）认为，资源水价的内涵主要体现在3个方面：产权、有用性和稀缺性，并且资源水价是以产权所体现的价值为核心。崔夷修（2009）提出了循环经济理念下水资源定价模型，即 $P=P_1+P_2+P_3$，式中，P_1 为水资源开发利用过程中投入的供水成本和适当利润、税收；P_2 为水资源多用途及稀缺性决定的机会成本；P_3 为水资源外部引起的外部成本。刘成刚（2004）提出水资源定价的影子价格模型。武亚军（1999）指出，近年来自其他发展中国家的数据表明，水需求的价格弹性为0.3～0.5，这意味着提高1倍水价可减少30%～50%的用水量，因此他提出可持续发展型的水资源定价即边际机会成本方法和动态定价模型，并且认为基于边际机会成本的水资源动态定价机制对于缓解中国的水资源危机具有良好的应用前景。

2. 灌溉用水定价机制

目前普遍认为农业灌溉用水水价低于供水成本。姜文来（2008）指出，2005年全国农业水价平均为0.065元/m^3，仅占实际供水成本的38%，平均水费实收率为57.37%，如果进行综合考虑，2005年供水单位实收水费仅占农业供水成本的22%，全国31个省级行政区（含新疆生产建设兵团）国有水利工程供水收入与税费改革前的2002年相比有19个省区下降，水费减收总额达12.3亿元。姜文来（2003）还指出，中南五省农业水价远低于供水成本，只占供水成本的35%左右，且水费的收取率仍为10.3%～86%。他认为农业水价偏低主要是利益补偿机制未建立起来。为此他提出两组水价定价机制，水价＝水资源本身价值＋水生产成本＋正常利润＋污水处理费，此式适用于水资源丰富、供需矛盾不尖锐的地区，此式的缺陷在于没有把水资源的供需情况充分的考虑进去；我国水资源时空分布存在很大的差异，供水差异大，大部分地区供需矛盾严峻，为此他又提出下式，称为承载力水价法：$P=(A\cdot K)/Q$，式中，P 为承载力水价；A 为承载力水价计量因素；K 为系数；Q 代表农业用水量。此式的优势就是考虑了用水者承受能力，而水价只有在用户承受力范围之内，用户才能接受，如果水价超过承受力，就会引起各种问题。此外，不同学者对灌溉水价定价的理论方法也进行了探讨。罗其友（1998）指出制订灌溉水价的原则为：水本底价原则、水成本价原则、供求制约原则、时空差异原则。提出三个节水水价结构模型，模型一：灌溉水价＝级差水租/投资效果系数；模型二：灌溉水价＝“平均水价＋平均利润”；模型三：理论灌溉水价＝本底价＋供水成本＋利润。李永根（2004）提出了制订节水水价应该考虑的五种要素为：供水生产成本、供水生产利润、供水税金、节水调控金以及用户承受力。汪志农等（2006）提出农业水价现在仍是政府定价，其性质属于个别成本，这种成本定价法最大的缺陷是将消费者置于完全被动的地位，其调节作用具有盲目性、滞后性。马孝义和赵文举（2006）基于帕累托优化提出农业用水定价机制与模型。喻玉清和罗金耀（2005）提出可持续条件下的农业水价的制订方法，即水价＝基本水价＋计量水价（元/m^3），这种制订方法主要是以促进节约用水为核心内容。郭巧玲等（2007）提出以补偿供水成本为目的的水价模型 $P=P_w+(P_P+P_e)/w$，式中，P 为可持续发展水价；P_w 为资源水价；P_P 为工程水价；P_e 为环境水价；w 为多年平均供水量。

3. 农业节水水价定价机制

所谓节水水价是在水资源紧缺的特定条件下，为实现水资源的节约，缓解水资源供需矛盾而制订的水价，是商品水价格在特定条件下一种表现形式。李永根（2004）提出节水水价的计算方法，具体表达式为：$P_J=\mathrm{Min}(P_L, P_C)$；$P_L=C+T_L+T_S+T_T$。其中，$P_J$ 为节水水价；P_L 为理论水价；P_C 为农户承受水价；C 为节水生产成本；T_L 为供水生产利润；T_S 为供水税金；T_T 为节水调控金。雷波（2004）指出政府干预与市场行为的结合是节水农业实现的有效途径，即通过政府财政补贴消除农民的节水农业准入门槛，设立累进水价，通过市场行为自动调节农民对水资源的使用。雷波和杨爽（2008）提出农业水价改革和农业节水实现之间的关系为：农业水价的变动能够有效地改变农户用水行为，但是要全面实现节水还需要公共投资的干预，大力发展各类农业节水技术，消除农户的农业节水准入门槛，在此基础上再利用价格的调节作用促进农户全面节水。龚宇等（2006）分析了目前农业节水中的水价问题，提出季节性梯度农用水价，即为根据不同地区不同作物的生长阶段，制订合适该作物的该阶段生长所需水分条件下与灌溉定额相一致的灌溉用水价格，在灌溉定额之内的水价最低或者免费，一旦超过灌溉定额用水或超过次数用水，则加价甚至加倍收取水费。实现了节水省肥、节水增效、高产低耗与环境有好的有机统一，能够普遍节水 75～150 mm，并且初步估计，如在华北推广 400 万 hm^2，将可节水 30 亿～60 亿 m^3。张掖市节水办提出了以节约用水为目的的水价模型为 $P=C/w+P_U$，式中，C 为供水生产成本；w 为多年平均供水量；P_U 为节水水价奖罚项，参照张掖市水价管理办法作以下规定，灌溉用水定额在农业用水定额指标 50%～80%的减价 50%，在 80%～100%的减价 30%，超定额 30%以内的加价 50%，超 31%～50%加价 100%，超 51%以上的加价 200%。

4. 考虑农民承载力水价定价机制

国内外在制订灌溉水价时，普遍要考虑农民的承受能力。对于灌溉水价承受能力有不同的理解，有些学者定义为考虑用水户承受能力的水价，还有部分学者将其定义为用水户支付水费之后其生存与发展不至于受到太大的影响。廖永松等（2004）选择四川省武都灌区、陕西省泾惠渠灌区、河北省石津灌区，调查了这些灌区的亩均纯收益、亩均成本、亩均灌溉费用、人均收入及收入的来源，认为农民家庭总收入会影响到农民的投入，但与农民灌溉水价承受能力并不是简单的线性关系。卓汉文等（2005）对人民胜利渠灌区农民对农业水价承受能力的调查发现：当农业水费占到年收入的4%～6%（支出的6%～8%），占到农业投入的10%～12%和产出的8%～10%时，农民普遍认为水价合理或者基本合理；当水费占到年均收入的比例大于6%，会有部分农民认为水价偏高；若超过8%，大部分受调查的农民认为水价过高，难以承受。傅琳（2005）通过分析玛纳斯河灌区水价，认为灌溉水价起到了调节作用，促进了节约用水，截止到2004年玛河灌区节水灌溉面积已达到16万hm^2，1995年玛河灌区的平均灌溉定额为6000 m^3/hm^2，水价改革后2003年平均净灌溉定额降到了4950 m^3/hm^2。

二、农户对水价承载能力分析

农户对水价承载力是科学制订水价的基础，但不同地区并没有统一的标准。为总体把握我国农户对灌溉水价的承载能力，本节根据文献中的调查资料对此进行分析。汪志农等（1999）对位于陕西省关中地区的九大灌区选择800户农户进行定点监测，主要调查内容包括农户家庭基本情况，农业投入、产出、及其他收入，其中对关中水费支出做了较为详细的调查，发现2000～2005年关中九大灌区亩均农业投资不包括农业税为306.22元/亩，亩均效益为329.62～754.49元，亩均水费平均为56.83元/亩，占亩均效益在8.26%～17.46%，占农业投资的18.56%；年际间水费投资平均值为47.44～64.73元/亩。

内蒙古世行三期灌溉项目“内蒙古农民用水者协会运行于管理问题”课题组在巴彦淖尔市临河区、呼和浩特市土默特左旗和托克托县三个旗县区的进行调查，选择具有代表性的玉米作物作为研究对象，发现种植玉米的农户亩均效益为382.45元/亩，水费为60.75元，水费占净效益的比值为15.88%。

杜杰（2008）分析了新疆开都河上游灌区团场、乡镇主要种植的辣椒、番茄水费占亩均年效益的比例，种植辣椒农户亩均效益为988元/亩，水费为62～80元，水费占净效益的比值为6.3%～8.1%，种植番茄的农户亩均效益为497元/亩，水费为66～78元，水费占净效益的比值为13.3%～15.7%，该数据基本反映了开都河上游灌区主要农产品成本效益情况。

从上述不同地区的调查情况可以看出，水费占净效益的比重为6.3%～17.46%，与国内“农业水费占净收益的比重以10%～20%较合理”的研究成果（赵立娟等，2009）相比，略偏低，因此这些地方水价有待提高。

三、科学制定节水灌溉水价的建议

（1）加强宣传和教育，使得广大农民能够充分认识到水资源短缺的严重性。水价作为节水灌溉技术仅仅是手段，目的是为了节约水资源，保护生态环境，促进农民增收。

农民的思想转变是推行节水灌溉技术的关键，所以要加强宣传教育，使节水意识深入人心。

（2）制订合理的农业水价必须要考虑农民承载能力，要准确估算农民的可承受能力。所谓的承受能力，它有一个最高限，超过这个最高限，人们的心理和行为将会出现异常的变化，节水灌溉水价改革的幅度也应该在可承受能力范围之内进行。要通过调整农业种植结构，提高农业种植效益，不断提高农民对水价的承载力，并不至引起灌溉面积萎缩。

（3）研究确定科学的节水灌溉制度。国内外在节水灌溉水价方面的成功做法均是基于定额灌溉，超额加价的模式。如何确定不同地区不同作物科学的节水灌溉定额，对于节水水价的制订至关重要。节水灌溉定额一方面要能够节约用水，不产生浪费，另一方面还要在水资源有限时减产不大，而在水资源丰富时，获得高产。我国科研工作者长期的节水灌溉研究为制定节水灌溉制度提供了良好的理论基础，但对于不同地区大田应用效果，仍需要进一步开展研究。

（4）对农业灌溉水价实施动态补偿。有效的节水管理机制是节水的关键，国际上普遍公认，通过有效的水资源管理，可以节约50%的用水（罗其友，1998）。龚宁等对节水灌溉水价的动态机制进行了研究，张掖市则已经开始实施定额管理，超额加价的节水灌溉水价。灌溉是粮食增产和稳产的重要手段，我国人口众多，保证粮食安全要依赖灌溉。节水灌溉水价的制定目的是在节约用水的基础上，增加粮食产量。农业是弱质产业，需要国家的投入和扶持，这也是国际上通行的对农业补贴的一贯做法。通过制订灌溉水价动态补偿机制，实现节水定额管理，进行水价免费或补助，超过规定的灌溉定额，进行水价加价，一方面提高农民灌溉用水积极性，另一方面激励农民积极采用节水灌溉技术，实现节约用水。

参考文献

崔夷修. 2009. 循环经济理念下水资源定价模型的构建. 消费导刊·经济研究，(3)：59

杜杰. 2008. 开都河上游灌区农业水价改革与农民承受能力分析. 水系民生，(12)：33-42

冯耀龙，王宏江. 2003. 资源水价的研究. 水利学报，(8)：111-116

傅琳. 2005 浅谈玛河灌区运用价格杠杆促进节水改善生态环境. 水土保持研究，12 (4)：268-270

龚宇，单成钢，王聪玲，等. 2006. 实行季节性梯度农用水价对农业节水的有效性研究. 节水灌溉，(1)：5-8

郭巧玲，冯起，杨云松，等. 2007. 黑河中游灌区可持续发展水价研究. 人民黄河，(12)：65-68

韩振忠. 2006. 甘肃省大型灌区管理体制与运行机制改革探索. 甘肃科技，22 (9)：7-9

贾大林，姜文来. 1999. 农业水价改革是促进节水农业发展的动力. 农业技术经济，(5)：4-6

姜文来. 2003. 农业水价承载力研究. 中国水利，(6) A 刊：41-43

姜文来. 2008. 农业水价政策及建议. 中国农业信息，(9)：8-10

雷波，杨爽. 2008. 农业节水对农业水价变动反映的理论探讨. 中国农村水利水电，(2)：17-19

雷波. 2004. 政府干预与市场行为对实现节水农业的作用. 节水灌溉，(2)：36-38

李永根. 2004. 节水水价制定理论与方法初探. 南水北调与水利科技，(5)：40-42

廖永松，鲍子云，黄庆文，等. 2004. 灌溉水价改革与农民承受能力. 研究与探讨，(09)：29-34

刘成刚. 2004. 水资源定价的影子价格模型. 研究与探讨，7 (16)：20-25

刘凤丽，彭世彰. 2004. 灌区参与试管理模式探讨. 水利水电科技进展，24 (2)：63-65

罗其友. 1998. 节水农业水价控制. 干旱区资源与环境，12（2）：1-6

马孝义，赵文举. 2006. 基于帕累托优化的农业用水定价机制与模型研究. 科技导报，（10）：50-52

汪志农，雷雁斌，周安良，等. 2006. 灌溉管理体制改革与监测评价. 郑州：黄河水利出版社

汪志农，熊运章，王密侠，等. 1999. 适应市场经济的灌区管理体制改革与农业水价体系. 中国农村水利水电，（11）：10-12

武亚军. 1999. 可持续发展型水资源定价：边际机会成本方法与一个动态定价模型. 经济科学，（1）：75-79

许志方，张泽良. 2002. 各国用水户参与灌溉管理经验述评. 中国农村水利水电，（6）：10-13

喻玉清，罗金耀. 2005. 在可持续发展条件下的农业水价制定研究. 灌溉排水学报，（4）：77-80

赵立娟，乔光华，韩树青，等. 2009. 农业用水与农户水费承受能力的实证分析-基于参与式灌溉管理模式的分析. 价格理论与实践思考篇，（7）：37-38

卓汉文，王卫民，宋实，等. 2005. 农民对农业水价承受能力研究. 中国农村水利水电，（11）：1-5

第十八章　旱区农业高效用水技术发展方向与探索

旱区农业作为现代农业的重要组成部分，其在我国分布范围广泛，生产潜力巨大，在整个农业生产中占有相当大的份额。旱区光、热、温、土地资源丰富，干旱缺水是限制其农业发展的关键因子。北方的干旱缺水不言而喻，南方的季节性干旱也常常对农业和国民经济造成重大损失，尤其是近年来气候变化的影响，使旱区范围扩大，旱情势头加剧。因此，大力发展农业高效用水即旱区节水农业技术，走资源节约型道路，不断提高科技对旱区农业增长的贡献率，已经成为我国旱区农业发展的必然战略选择。本章主要从战略高度思考我国旱区农业高效用水技术发展的方向、研发重点、技术发展战略等。

第一节　旱区农业高效用水发展战略

近 50 多年来，我国旱区农业高效用水技术得到了快速发展，尤其是 20 世纪 80 年代以来，对旱区农业高效用水技术研究和开发倍加重视。在生物节水与水分生理调控技术、旱区农田降水资源利用技术、节水灌溉工程技术等方面取得了一系列突破，极大地推进了旱区农业高效用水技术的进步。我国旱区农业高效用水技术虽具备一定的基础积累，取得了一些在生产实际中发挥重要作用的创新科技成果，但仍存在诸多重要的技术瓶颈，尚不具备为旱区现代农业提供强有力的技术支撑的条件。我国旱区农业发展处在一个传统技术升级与高技术发展相互交织的关键时期，如何在这一关键时期，确定旱区农业高效用水技术发展战略，对于我国旱区农业发展，以及确保粮食安全、生态安全与战略水安全均具有十分重要的意义。

一、旱区农业高效用水技术战略思考

从国家水安全战略角度考虑，未来 30 年我国农业用水只能维持零增长或负增长，水利部已将此作为一项重要工作目标。也就是说我国农业用水量在未来 30 年将不能超过现状用水量。根据《国家粮食安全中长期规划纲要》，到 2020 年我国粮食需在现状基础上增加 500 亿 kg，按照目前农业用水技术水平，尚需增加农业用水约 500 亿 m^3。这两个现实需求形成了一对难以调和的矛盾，即满足国家战略水安全必须确保农业用水量零增长或负增长，但要满足国家粮食安全需求须增加农业用水约 500 亿 m^3。在水资源极为有限且气候干旱化趋势更加明显前提下，解决这一矛盾唯一出路只能是依靠科学技术，大力发展现代农业高效用水技术，走扩大资源内涵式的发展道路。

如何解决上述这对难以调和的矛盾，是我们必须面对的客观现实，也是保证我国经济可持续发展的重要课题，欲解决矛盾，须先从战略高度论证总体思路。从战略高度对这一问题进行分析探讨，并提出解决这一矛盾的初步方案（吴普特等，2003，2006）。

从战略层面考虑，解决上述矛盾，应遵循以下几个基本原则。

（1）保证农业用水量不增加或者适当减少，即在国家总供水量中农田灌溉用水量不能超过现状用水量。

（2）开源与节流并举，但开源不能挤占国家正常供水量，即开源主要以增加非常规水资源为主。

（3）走扩大资源内涵式的发展道路，重点在于提高有限水资源的利用率与利用效率，尤其是旱区有限水资源的利用率和利用效率。

（4）充分考虑国情及技术的区域适应性。

（5）遵循可持续发展的基本原则，既要解决眼前矛盾，又要考虑长远利益。

基于上述原则，从战略角度思考，既要重视战略技术储备，又要开源与节流并举。考虑到我国现阶段灌溉水利用率仅为45%左右，旱区雨水利用率较低，有效利用率仅为30%的现实，未来10年应首先解决农业用水过程中的水浪费现象，即首先提高现有灌溉水的利用率和利用效率，其次提高雨水资源的利用效率，并大力开发污水和劣质水，在此基础上，还应做好技术储备研究，即生物节水与水分调控技术的研究与开发，这主要由于生物节水与水分调控技术处于实验室阶段，未来10年直接大规模应用于大田和生产实际还存在一定的困难。据此，提出以下战略思考方案。

1. 将灌溉水利用率提高10%，灌溉节水400亿 m^3

2008年我国农田灌溉水平均利用率约为0.48，根据水利部《中国水资源公报》，按现状农田灌溉用水3300亿 m^3 计算，实际灌溉有效用水约为1584亿 m^3，通过节水灌溉技术研发和工程示范，使农田灌溉水利用率每年提高1个百分点，到2020年时，我国农田灌溉水利用率达到0.60，这样可节水约400亿 m^3，即增加农业用水约400亿 m^3。

从农业高效用水技术发展现状来看，通过“九五”国家科技攻关、“十五”“863”计划重大节水农业重大科技专项、“十一五”“863”计划节水农业重点项目和国家科技支撑计划项目以及大型灌区节水改造建设和商品粮基地县等一系列项目的实施，我国农业高效用水技术已经得到了较大的发展，农田灌溉水利用率已由“九五”中后期的0.40左右提高到2008年的0.48，大约平均每年提高将近1个百分点（石玉林和卢良恕，2001a，2001b；龚时宏等，2003；水利部农村水利司，2001）。同时从我国历年的粮食总产量与有效灌溉面积的分布曲线（图18-1）也可看出，1980～2000年，在有效灌溉面积基本不增加情况下，粮食总产量仍保持一定的增长幅度，说明采取相应农业高效用水技术，在保持有效灌溉面积不增加前提下，仍可增加粮食总产。另外，国外大量实践已证明（如以色列农业水利用率为0.75以上），通过节水灌溉，大幅度提高农业水利用率，节约大量水资源是可行的（刘江，2000；钱蕴壁等，2002；山仑等，2004）。

2. 将旱区有限雨水资源利用率提高15%，增加雨水利用量450亿 m^3

我国现有耕地面积约19亿亩，其中旱作耕地面积约为11亿亩，分布在我国半干旱和半湿润偏旱地区，主要依靠天然降水供给作物用水需求。国家科技攻关等项目研究结果表明，我国北方旱农区降水资源的利用率不高，有限的降水资源不能充分利用。在有

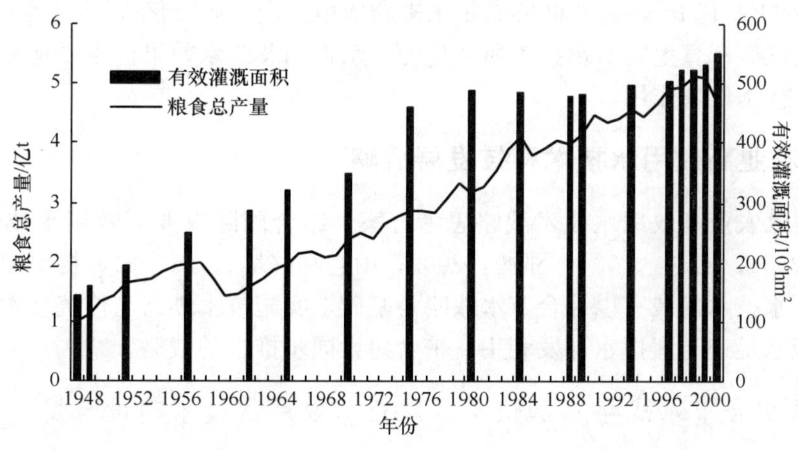

图 18-1　我国历年粮食总产量和有效灌溉面积（1948～2000 年）

限的降水资源中，因径流损失的水分占总降水的 20%，而休闲期无效水分蒸发则占降水的 24%，可被农业生产利用的降水只有总量的 56%；即使在利用的 56%中，也有 26%由于田间蒸发而散失，作物真正利用的降水只有总量的 30%，即我国旱作农业区雨水资源的利用率平均仅为 30%左右，大部分以径流和无效蒸发的形式浪费掉了。如果采取有效的措施，通过集雨工程、覆盖技术、使用保水剂、对土壤水库进行增蓄扩容等措施，减少休闲期和生育期蒸发失水 15%，即雨水利用率将达到 45%。按平均 400 mm降水计算，我国旱作地区 11 亿亩耕地就可多利用降水 60 mm，折水量 450 亿 m^3，即相当于新增 450 亿 m^3农业水资源。

3. 开发劣质水资源，新增农业用水 300 亿 m^3

我国目前年污水排放量达到 631 亿 m^3（不包括发电厂电直流冷却水），其中工业废水占 61.5%，生活污水占 38.5%，排放的废污水主要集中在大中城市和工业区，然而我国目前的城市污水集中处理率为 43.6%，与欧美国家 80%～90%和以色列 95%以上的城市污水处理率相去甚远，而且处理后的污水也未能全部得到合理利用（中华人民共和国水利部，2003；国家统计局，2005）。如果仅将其中的生活污水全部用于农业灌溉，则每年将可新增 243 亿 m^3左右的农业水资源。

另外，我国北方沿海地区和西北内陆地区有相当数量的微咸水资源（2～5 g/L）。有关实验资料表明，如果合理交替和混合利用微咸水和淡水资源，不仅不会降低作物产量，而且可以在一定程度上提高作物的品质，因此进一步开发利用这部分水资源，提高其利用率，对促进缺水地区的农业发展具有一定的重要作用（姜文来等，2005）。我国可利用的微咸水资源约 200 亿 m^3，如果利用率从目前的 20%提高到 50%，就相当于可新增农业水资源 60 亿 m^3。加上生活污水可利用量 243 亿 m^3，通过开发劣质水资源，可实现新增农业用水 300 亿 m^3的目标。

按照上述战略方案，在总水资源分配方案不变情况下，通过节水灌溉技术、雨水利用技术、非常规水资源（污水、劣质水）利用技术，以及技术集成和综合应用可以新增农业用水量 1150 亿 m^3，完全能够满足未来新增粮食生产 500 亿 m^3 农业水资源的需求。这一方案还没有计算生物节水技术所产生的节水作用及节水效果，主要是考虑到其技术的成熟度和技术储备作用。

二、旱区农业高效用水技术科技发展战略

根据旱区农业高效用水技术战略思考方案，结合国际农业高效用水技术发展趋势（李生秀，2004；山仑，2004；邓楠，2002；山仑和陈培元，1998），提出中国目前旱区农业高效用水技术发展宜以综合节水战略为基础，实施技术创新与传统技术升级、产业提升、区域水足迹与虚拟水开发利用、平台建设同步推进的战略。

（一）实施综合节水战略，加快旱区农业高效用水技术建设与发展步伐

综合节水战略包含两层含义，一是强调重视农业高效用水综合技术研究与技术体系集成，实施工程、农艺、生物与管理用水的有机结合，强调灌溉节水与旱作节水并重，注重现有农业用水单项技术与高新技术的结合与凝练、集成，加快现代农业高效用水技术的应用推广步伐，从而推动中国旱区农业高效用水工程建设与快速发展（徐乾清，2003）；二是通过工业节水、生活节水所取得的效益来进一步支持农业高效用水，同时，进一步缓解中国水资源压力，全面推进节水型社会建设。农业高效用水属于战略性节水，是社会公益型事业；工业节水、生活节水属强制型节水，是经济效益型事业。实施强制性节水是为了更好地发展战略性节水，强制性节水所取得的经济效益应该进一步支持公益性节水的发展。

在旱区农业高效用水科技工作布局中，应继续坚持旱区农业高效用水前沿与关键技术研究、农业高效用水重大产品及关键设备研制与产业化开发，以及旱区农业高效用水技术体系集成与示范等几个层次，并在近期将旱区作物高效用水技术研究与示范作为研发重点，进一步凝练出不同层次的核心技术与研发重点。

在上述几个层次内，应将生物节水与用水调控技术、非常规水资源开发利用技术、作物水分信息采集技术、精量控水与产品快速开发技术等作为研发重点；应按照输配水技术、灌溉技术、耕作保墒技术、节水生化制剂等产品研制与产业化开发开展工作，并始终把优质低价、环保节能与多功能化作为产品研发方向；集成与示范应将不同区域农业高效用水技术的发展模式，以及模式建立的政策机制作为工作重点。

（二）技术创新与传统技术水平升级战略

实施技术创新与传统技术水平升级同步发展的战略，在注重原始技术创新的同时，推动传统技术的升级，建立和完善旱区农业高效用水技术体系。原始性技术创新代表着一个国家的科技水平和创新生命力，在为实用技术提供理论基础的同时，作为高新技术储备的重要源泉。为此，首先应加强对旱区农业高效用水技术的应用基础理论研究，如缺水地区主要农作物水分利用效率分子遗传改良、不同生态区域节水型种植结构与农作制度定量化研究、区域水分胁迫条件下立体种植的作物需水规律研究、旱区节水状况下区域水土环境效应评估与调控研究、旱作节水条件下农田水分与养分的转化理论及尺度

效应研究等，另外，应加强对高新技术，尤其是生物技术、信息技术和先进制造技术的应用研究，如植物抗旱节水潜力与新品种选育、不同生态区域主要农作物高效用水与生理调控、基于3S空间信息技术和作物生产管理决策支持系统的精细农作技术、灌溉用水管理与决策支持系统及区域多水源优化配置技术、农田水肥精量调控与作物精量控制灌溉技术等。在传统技术升级方面，应加强对传统的田间灌溉技术、农艺耕作技术和开源技术的研究，使之升级为精细地面灌溉技术、高效精量喷微灌技术、高效节水生化制剂与新材料等。

（三）产业支撑战略

国外发达国家特别注重旱区保护性耕作技术、喷微灌设备与新产品、高效输配水设备与新产品、节水保水机具和节水制剂与新材料的产业化开发，不断利用高新技术对农业用水技术产业进行改造，促使产业的技术提升，推动行业的可持续发展。中国的节水灌溉生产企业由于起步较晚，企业规模普遍较小，且多数企业的生产经历较短，缺乏高水平的专业技术人员、熟练的技术工人及高效率的生产设备。建立节水型农业要在推广应用各种节水技术的同时，推动节水农业关键设备与重大产品产业的技术提示与发展。为此，应培育节水农业“两大支柱产业”：一是节水灌溉产品与设备产业，包括：喷微灌设备、抗旱机具、激光控制平地设备、渠道衬砌机械、渠道及管道量水仪表与设备、作物精量控制灌溉设备等；二是节水制剂与材料产业，包括农用制剂、农用液态地膜、渠道防渗材料、农用输配水管材等。

（四）虚拟水贸易战略

1996年英格兰伦敦大学Tony Allan教授提出虚拟水的定义：生产商品或服务所需要的水资源量。虚拟水也被称为“嵌入水”和“外生水”，它不是真实意义上的水，而是以“虚拟”的形式包含在产品中的“看不见”的水（Allan，1994，1993；Hoekstra，2003；Hoekstra and Hung，2005）。虚拟水战略（程国栋，2003）是指贫水国（地区）以贸易的方式从富水国（地区）购买水资源密集型产品，实现粮食与水的安全。为了准确描述一定人口在消费产品时对水资源的真实占有，荷兰学者Hoekstra于2002年又提出了水足迹的概念，水足迹可定义为：任何已知人口（一个人、一个地区、或一个国家）的水足迹是生产这些人口所消费的所有产品所需要的水资源数量。所有产品既包括人类生活所必需食物、各种日用品、生活直接消费水资源，又包括为人类提供生态系统服务和功能的生态环境资源。显然，因消费农产品而需要的相应水资源数量就是农业水足迹。对于一定的区域，水足迹分为外部水足迹和内部水足迹，因消费非本地水资源生产的产品而产生的水足迹称为外部水足迹（王克强等，2007；刘宝勤等，2006）。

虚拟水战略是指缺水国家或地区通过贸易的方式从富水国家或地区购买水密集型农产品——尤其是粮食，来获得水和粮食的安全。国家和地区之间的农产品贸易，实际上是以虚拟水的形式在进口或出口水资源。中东地区每年靠粮食补贴购买的虚拟水数量相当于整个尼罗河的年径流量。虚拟水以“无形”形式寄存在其他商品中，相对于实体水资源而言，其便于运输的特点使贸易变成了一种缓解水资源短缺的有用工具。

农业水足迹与虚拟水贸易战略研究已经成为国际上的一个前沿研究领域。对于经济发展内部不平衡、水资源分配模式与经济发展模式不一致的国家或地区，实施虚拟水贸易战略非常有效。虚拟水贸易战略对于那些水资源紧缺的地区来说，本身提供了水资源的一种替代供应途径，并且不会产生恶劣的环境后果，能较好减轻局部地区水资源紧缺的压力。因此，农业水足迹与虚拟水贸易战略日益引起缺水国家和地区政府和水资源管理部门的重视，并开始在水资源战略管理中应用。

中国旱区特别是北方旱区水资源短缺，科研人员从水资源承载力的角度开展了较多的研究，但从生态经济学的角度开展的系统研究尚不多见。采用虚拟水贸易战略，从系统分析的角度研究缓解区域水资源的措施，研究虚拟水战略与区域社会经济发展、产业结构战略性调整、粮食安全、生态环境建设与生态环境安全等之间的关系，并且提出相应的战略对策和政策建议，无疑突破了以往的传统观念，对国家和区域的水资源管理制度和水资源短缺解决机制都是一场革命。

（五）科技创新平台建设战略

现代农业高效用水技术的发展，使得中国现有农业用水基础设施条件已远远不能满足创新的需求。为此，应强化农业高效用水技术的平台建设战略，加大对用水信息监测与科学实验基地（包括国家工程实验室、国家重点实验室、国家工程技术研究中心、国家野外实验台站、服务推广体系）的投入，通过建立农业高效用水示范工程和产业化工程，推广应用先进技术与产品，优选和建设一批农业高效用水技术创新基地和重点野外科学实验台（站），建立以农业水资源和农业高效用水技术为主要内容的信息共享与网络科研环境平台。

第二节　旱区农业高效用水技术发展方向

我国农业高效用水技术已取得了一些在生产实际中发挥重要作用的创新科技成果，发展现代农业高效用水技术已经得到普遍重视，但到底如何发展相应技术，从科学与技术角度考虑，应该研究什么来支撑和引领旱区农业高效用水技术的发展，仍是目前众多学者普遍关注与探索的重要话题，特别是在高技术发展异常迅速的今天，农业高效用水的相关理念也受到一定的冲击，农业高效用水理论的核心与实质是什么？应该包括那些技术？其未来发展方向如何？它与传统的旱作农业、灌溉农业，以及节水农业与农业高效用水有什么区别？这些方面已经成为我们必须关注的重要问题（吴普特等，2006，2007；吴普特和冯浩，2005；康绍忠等，2004a，2004b；山仑等，2004；许迪等，2003；茆智，2003；梅旭荣和王锁庆，2001；孙景生和康绍忠，2000）。

一、旱作农业、灌溉农业与节水农业

人类农业生产方式经历了原始旱作雨养农业，灌溉农业与旱作农业，节水农业与现代节水农业几个发展阶段。农业生产方式的转变与人类社会的进步相一致，每一次大的农业生产方式的转变都与社会的发展、生产力的提高相关联。

当地球上出现人类之后，首先面临的第一个生存问题就是吃饭，在这种人类的本能需求下，产生了最初级的农业生产方式，即我们今天所讲的原始雨养农业。这种农业生产方式的主要特点就是“靠天吃饭”，完全依靠天然降水来满足作物的水分需求。属于一种人类无法控制的粗放式农业生产，农业生产完全处于一种被动状态（邓楠，2002）。

随着社会的发展与进步，人类对自然界的认识与利用能力逐渐增强，随之，出现了灌溉农业，并使传统的旱作农业生产方式得以进一步提升与改造。之后，在相当长一段时间内，旱作农业与灌溉农业就成为人类农业生产的主要方式，并为人类发展起到了重要的作用，农业科学家也在旱作农业与灌溉农业的发展过程中，开展了大量的科学与技术研究，为支撑旱作农业与灌溉农业的发展起到了重要作用。

所谓灌溉农业是指主要以灌溉方式提供作物用水的农业生产方式，在干旱及半干旱地区以及湿润地区都有这种农业生产方式。在干旱地区素有“没有灌溉就没有农业”之说，对于半干旱及湿润地区，灌溉则主要是为了把天然降水所不能满足的需水量提供给作物的控制性供水。关于旱作农业的定义常常与旱地农业相混，过去人们也常常把旱地农业定义为干旱和半湿润易旱地区没有灌溉条件的农业生产（李生秀，2004）。笔者认为所谓旱作农业就是雨养农业（rainfed agriculture，国外也称雨育农业），是指没有灌溉条件的农业，作物用水主要依靠天然降水来供给。旱地农业则包括旱作农业的全部和部分灌溉农业，旱地农业是相对于湿地农业而言，它与灌溉农业的内涵是有交叉的；旱地农业与湿地农业的区别主要在于耕地下垫面条件的干、湿状况。而旱作农业与灌溉农业是两个相互对应的概念，其区别在于前者是无灌溉条件的农业生产方式，而后者是有灌溉条件的农业生产方式。

旱作农业强调如何有效利用自然降水，提高雨水利用率。为实现上述目标，农业科学家进行了大量的研究与实践，主要研究成果多集中在如何提高降水利用效率的农艺技术方面，标志性贡献在于提出了旱作农业发展由低产到中产关键因素在于“肥”，由中产到高产关键因素在于“水”的科学理念，并建立了基于上述理念的旱作高效用水综合技术体系（王晓方和申茂向，1998）。

灌溉农业强调如何减少灌溉用水损失，提高灌溉水利用率。科学家在此方面做了大量研究与实践工作，从水源工程、灌溉技术、作物需水量，以及灌溉设备与产品等。纵观其发展历程经历了由充分灌溉到非充分灌溉的理念转变，由传统灌溉到节水灌溉的技术转变（蔡焕杰，2006）。非充分灌溉科学理念的建立、节水灌溉技术的研发与应用使得灌溉农业发生了一场革命性的变化，大大促进了灌溉农业的发展与生产水平的提高。

虽然旱作农业与灌溉农业有着明显的区别，但仔细分析，二者之间也有共同之处，其共同之处在于二者均是充分利用自然降水，灌溉需水量的确定也是指天然降水所不能满足作物需求的那部分水量。据此，我国学者提出了节水农业概念（water-saving agriculture，而国外一般叫做高效用水农业，water-efficiency agriculture）。关于节水农业的概念在国内学术界也众说不一，大致有两种观点，一是认为节水农业就是节水灌溉农业，另一种观点则强调节水农业重视降水和灌溉水利用率的同步提高，尽管大部分学者文字表述方法不尽相同，但均反映了一个共同的观点，即节水农业强调在充分利用降水的前提下，节约灌溉用水量（山仑等，2004）。山仑院士认为节水农业就是指在充分利用自然降水的前提下，尽量减少灌溉用水量的农业生产方式。笔者认为这一概念是客观的。依照这一概念，节水农业应该包括旱作农业与灌溉农业两种类型，是二者的统一。节水农业强调在充分利用自然降水的基础上高效利用灌溉水，同步提高灌溉水和降水利用率（山仑等，2004；山仑和陈培元，1998）。我国在“九五”期间设立了“节水农业技术研究与示范”科技攻关项目，随后，又设立了“农业高效用水科技产业化示范工程”项目。这两大项目的实施，标志着我国节水农业技术研究进入了一个快速发展阶段。节水农业的提出与节水农业技术的研究，不仅建立了工程节水与农艺节水结合的科学理念，而且初步构建了将节水灌溉技术与旱作高效用水技术集于一体的节水农业综合技术体系。

至此，可以明确看出，旱作农业是以自然降水满足作物用水需求的农业生产方式，旱作农业技术以提高降水利用率为核心；灌溉农业则是主要以灌溉水满足作物用水需求的农业生产方式，灌溉农业技术（包括节水灌溉技术）则以提高灌溉水利用率为核心；节水农业则是在充分利用自然降水的前提下，尽量减少灌溉用水量的一种农业生产方式，节水农业技术以同步提高自然降水与灌溉水利用率为目标。

二、现代节水农业理念

在节水农业及节水农业技术研究的基础上，我国在“十五”期间又提出了“现代节水农业”与“现代节水农业技术”两个新概念。那么，现代节水农业的理念是什么，支撑其发展的技术又是什么，就成为人们关注的重要问题。在此就这一问题做一粗浅探索。

现代节水农业的产生基于当今高技术的发展，特别是生物技术、信息技术、新材料技术和先进制造技术，尤其是现代生命科学的发展。现代科学与技术的发展，不仅拓宽了节水农业研究的范畴和领域，而且为现代节水农业的发展提供了先进手段，也使得发展现代节水农业成为可能。

基于研究手段与主观认识的限制，过去我们在研究节水农业时，往往将水（降水与灌溉水的利用率 η）与水的生产效果（水分利用效率 WUE）作为研究重点，这是正确的，但我们对“水”如何形成产出的过程研究较少，对水在植物生命过程中的转化过程重视不够。事实上，植物（本节所讨论的现代节水农业，其农业系指大农业概念，故在此用植物一词，而不用作物，下同）的生长是水（water)-植（plant，植物)-境（environment，环境，包括大气、光、热、土壤）系统（WPES）综合作用的结果，在这一系统中，水是载体，环境是外因，植物是主体，植物的生命过程实质上是其他形式的水不断转化为植物水，促进植物新陈代谢和生长发育的过程，这是节水农业研究的重点与基础。

据研究报道（山仑等，2004），目前旱作农业的植物蒸腾量仅为降水量的30%左右，休闲期失水与土壤蒸发高达50%以上；灌溉农业灌溉水用于植物蒸腾约占33%（主要指渠灌区），渗漏损失占50%左右，土壤蒸发占17%左右。很显然节水农业研究以同步提高 η 与 WUE 为目标抓住了问题的实质和要害，但如果我们从植物生命过程考虑问题，就不难看出这还有一定的缺陷，还有节水潜力可以挖掘。

能否从植物本身考虑，挖掘自身节水潜力，如选用抗旱节水型的植物品种，提高作物自身抗旱能力，提高作物自身水分利用效率，事实上，在今天利用现代生物技术实现这一目标已经成为可能。

能否从植物生命需水过程考虑，研究植物不同生长阶段对水的需求，以及水的转化效率，并以水的综合转化效率最佳为目标，提出植物不同生育期的需水量，实施精量给水，减少给水过程损失，达到高效用水的目的。

能否采取科学的方法与手段，尽量减少田间土壤无效蒸发，将这部分水量保存在可供利用的土壤水库之中，作为植物利用水量，增加用于植物蒸腾的水量，实现植物高效用水，达到节水增产的目标。

能否采取开源的方法，增加农业用水量，如雨水、污水、微咸水，甚至海水等非常规水资源（也可称之为异源水），研究如何利用这部分水源的利用技术，缓解农业用水危机。

陆生植物从土壤中吸收的水分，只有极少部分（为1%～5%）用于自身的组成和参与代谢活动，而绝大部分即95%～99%的水分排出体外（潘瑞炽，2004）。一是以液体方式即通过吐水和伤流散失水分，二是通过气体状态即通过蒸腾作用散失水分。那么，这部分水量又可否利用呢？

在上述基础上，如能采取现代信息技术，在确保生态健康与环境安全的前提下，以农业用水综合效益最佳为目标，对区域农业用水进行智能化配置，即可实现区域高效用水目标。

事实上，当孕育植物生命的种子（植物品种）植入土壤之中后，生命的过程就已开始。种子从萌发开始即需要水分供应，植物品种的自身生理特性决定着植物需水的多少，植物水分的来源无外乎是土壤水、降水及灌溉水，降水与灌溉水亦是主要补充土壤水，植物从其根系吸收周围的土壤水分来提供其生命需水，并供应其各个组织与器官。植物在其不同生育阶段对水分的需求是不一致的，当天然降水对土壤水分的补充不能满足作物生长需水要求时，就必须灌溉，补充作物用水，否则，则对植物生命健康有害，直接影响植物籽粒产出。当植物获得供水后，我们追求的目标则是如何实现高效用水，即单位用水量所产生的最终产物量最大。这就是要考察用于植物的有效蒸腾水量，在植物生长过程中，影响植物高效用水有两个重要界面，即土壤-植物界面（简称土植界面）、植物-大气界面（简称气植界面）。如图18-2所示，土植界面的存在，使得50%左右的供水在土壤表面无效蒸发，而气植界面的存在使得95%～99%的植物蒸腾水量排出植物体外，未形成植物产出物即籽粒的水量，亦造成了浪费。通过上述分析，由图18-2可以明显看出，真正实现农业节水目标，即农业高效用水，有以下几个重要环节。一是植物自身节水，包括节水品种，植物生命健康需水过程；二是如何提高降水的利用效率；三是减少灌溉水的浪费（包括输水过程），依据植物生命健康需水实施精量给水；四是控制好土植与气植两个界面，减少植物生长过程中的无效用水，提高植物用水效率；五是尽量开发异源水即非常规水资源，增加农业用水量；六是从区域角度考虑，实现智能化配水，提高区域农业用水效率。当然，上述环节的改进与完善，不能对区域生态健康与环境安全带来负作用，否则无法体现可持续发展观，亦就失去了发展现代节水农业的意义。

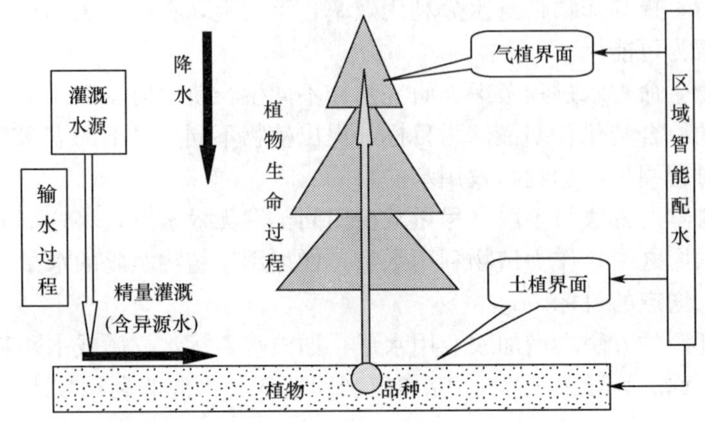

图 18-2　现代节水农业理念简图

由此看来，现代节水农业所倡导的是以科学发展观为前提，从植物自身性能改善、充分提高植物用水效率，尽量减少水资源无效消耗，实现区域农业高效用水的一种综合节水理念，它所涵盖的技术是基于植物生命健康需水与供水过程的全程节水技术。

笔者认为，这种思路与理念是在节水农业的基础上所形成的，是对节水农业的继承与发展。它与节水农业的区别就在于，现代节水农业强调从源头节水，从植物生命需水过程入手，依据植物生命健康实施精量给水，重视植物生长过程中的每一个环节，尽量减少植物生命过程和给水过程中的无效水量，在确保生态健康与环境安全的前提下，以农业用水综合效益最佳为目标，实施区域智能化配水。

依据上述分析，所谓现代节水农业就是指在确保区域生态健康与环境安全的前提下，以维持植物生命健康实施精量给水与智能化配水，尽量减少植物生命过程和给水过程中的无效水量，提高农业综合用水效益的一种农业生产方式。

三、现代节水农业技术探索

依据上述发展思路与科学理念，认为现代节水农业技术应包括以下 7 项技术。即节水植物品种基因型鉴选技术、植物生命健康需水过程调控技术、植物精量给水技术、土植界面聚墒抑蒸技术、气植界面水循环技术、异源水植物利用技术及区域智能化用水管理技术（吴普特和范兴科，2002；吴普特等，2003，2006）。

节水植物品种的鉴选是为充分挖掘植物自身节水潜力，但强调的是品种鉴选技术与方法，目标是建立方法，从现有品种中选项出节水型抗旱品种，至于育种则是育种科学家的事了，如何鉴选则要利用现代生物技术，从基因角度出发，建立鉴选的技术与方法。植物生命健康过程调控主要是从植物生理角度出发，对其生命健康进行全程调控，其目的在于为实施植物精量给水提供理论依据与技术参数。植物精量给水则是实现植物生命健康过程调控的技术与方法，它的基础仍是精细地面灌水技术、喷灌技术与微灌技术等。土植界面聚墒抑蒸主要是为了减少农田水分无效蒸发，为植物蒸腾提供充足水源，主要包括生物质保墒、土壤水库扩蓄增容，保水制剂，机械仿生耕作技术等。气植界面水循环利用技术主要在于减少植物无效蒸腾用水，提高植物蒸腾水的利用效率，这是一项非常前沿的技术，目前可考虑在温室中开展试验研究，但它确是现代节水农业发展的一个重要方向。异源水植物利用技术属于现代节水农业开源技术，特别是雨水利用更是现代节水农业技术实施的基础，无论是植物生命健康过程调控，还是精量给水，都要首先研究植物对自然降水的利用情况，然后才可确定如何调控，如何精量给水，当然，土植界面的聚墒抑蒸也与雨水利用有非常密切的关系。污水、微咸水、甚至海水的利用，一方面增加了农业水源，另一方面，与人类生存的生态与环境有重要关系。区域智能化配水技术则主要在于实现区域现代节水农业用水优化调度与有效配置，主要包括农业水足迹与虚拟水贸易、农业用水动态管理信息智能化采集、传输和分析技术、数字节水技术，区域节水型农作制度与种植结构，区域智能化配水决策系统，实现区域现代节水农业的智能化管理。

四、旱区农业高效用水技术发展方向

旱区农业高效用水技术发展趋势主要体现在以下三个方面：一是其发展目标更加趋于综合性；二是研究技术手段与研究方法趋于多元性和系统性；三是研究趋于技术升级与系统集成。从“系统、高效、安全、生态、可持续发展”理念入手，开展生物节水技术、非常规水资源利用技术、节水灌溉技术、智能控制灌溉技术、区域农业用水管理技术研究，重点方向主要有以下几个方面。

（一）生物节水技术

现代生物与农艺节水技术的发展趋势主要表现为：更加重视改良利用作物的抗旱耐旱性及水分高效利用性，特别是通过认识作物抗旱、耐旱机理，筛选高 WUE 作物品种，提高作物本身的节水潜力；注重由丰水高产型种植结构转向于节水优产型种植结构，由作物常态（顺境）灌溉试验研究转向于劣态（逆境）灌溉试验研究，由单纯地考虑作物产量问题转变为考虑产量和品质为双重目标。

1. 提高植物自身水分利用效率和耐旱性，达到抗旱、节水、增产的目的，是生物节水技术重要的发展方向

农业高效用水是一项集多学科理论和技术于一体的系统工程，要解决的中心问题是提高有限水的利用率和利用效率，从而实现“既节水，又增产”的双重目标。目前农业高效用水一般以有效管理措施为基础，以工程措施为手段，同时重视耕作栽培技术的运用以及种植结构的改进，而严格意义上生物节水技术，则还处于较次要的地位。但可以预见的是，当水分流失、渗漏、蒸发得到有效控制，水分时空调节得到最大限度利用之后，生物节水技术必将越来越重要，成为进一步节水增产的关键环节和最终潜力所在。

目前在作物抗旱节水分子遗传和基因工程方面还相对落后，生物节水技术，有很大的潜力可控，是未来农业研究中一个前景广阔的领域。1997 年在荷兰研究者出版的《高等植物耐旱生理遗传分子生物学分析》一书反映了 20 世纪后半叶植物抗旱的研究成果和进展，国外在作物抗旱节水性状的分子标记和基因克隆及转基因等方面开展了全方

位的研究。到目前为止国外已在烟草、拟南芥、苜蓿、番茄、玉米、大麦、大豆、小麦、水稻等植物上开展了抗旱节水机理及分子生物学研究和抗旱节水相关性状的基因定位、分子标记、基因克隆和转基因研究。例如，在脱落酸（ABA）的生理遗传方面，ABA 被研究认为是干旱信号，与气孔调节关系密切，直接影响植物叶片水分利用效率和间接影响大田水分利用效率。作物水分利用效率基因工程改良方面，美国 2000 年报道将来自大麦的 *HAV*1 基因转入小麦，使这种转基因小麦后代的水分利用效率得到了改良提高，其水分利用效率为 0.66～0.68 g/kg，未转基因的对照小麦品种的水分利用效率为 0.53～0.57 g/kg、同时研究表明。两个纯合转基因小麦比对照品种显著地增加了生物产量干重、根鲜重和干重，以及茎叶干重，说明通过转基因途径可以改良小麦的抗旱和高效利用水分特性。但总体上以耐旱为目标的育种工作进展迟缓，而以高水分利用效率为目标的育种则更少开展，虽然近年来通过基因工程进行抗旱基因重组，以创造耐旱、节水新类型的研究工作十分活跃，但由于植物耐旱、节水机制复杂，增强了某一耐旱机制的转基因植株已有若干，当前可应用于生产的作物品种却尚难出现。虽然为实现定向培育高水分利用效率或高耐旱新品种的目标还必须付出长期艰巨的努力，但作为一项既具有现实作用更存在巨大潜力的应用技术，生物节水技术兼具生产上的带动性、科学上前瞻性特点，攻关难点也很明确，在这一领域加强研究，对提高我国现代农业科技的整体水平具有重要意义。

生物节水主要通过提高从单叶到群体不同层次上的植物水分利用效率得以实现。作物的耐旱性，即作物忍受低水势和耐脱水的能力，往往与其节水能力有关，也即耐旱性强的作物或品种同时具有相对高的水分利用效率，但这往往以牺牲其绝对产量为代价。只有同时提高作物的水分利用效率和耐旱性能，才能真正实现作物的高效用水（康绍忠等，2004a，2004b）。遗传改良、生理调控和群体适应，是实现生物节水的三个主要技术途径，而培育抗旱节水的高产新品种和新类型，则是这一研究的核心目标和方向。现有研究证实，干旱缺水并不总是降低作物产量，一定生育阶段适度的水分亏缺，往往可以同时促进节水与增产。种间和品种间的水分利用效率存在显著差异，同时有实验显示，作物进化过程中伴有水分利用效率的提高，说明培育高水分利用效率的品种，符合进化的方向。研究生物节水技术，既应积极推动当前的应用研究，更应重视未来潜力探索（景蕊莲和黎裕，2006）。对于研究中的一项重点内容——挖掘耐旱节水种质资源和培育耐旱节水新品种，要充分估计到取得突破的难度，制订切合实际的研究目标和实施方案。由于节水耐旱性状的复杂性，应确立从分子到群体不同层次上开展研究的必要性，强调常规育种、细胞工程育种与基因工程育种的紧密结合。

2. 将作物水分生理调控机制与作物高效用水技术紧密结合，实现作物高效用水调控是生物节水技术重要的研究方向和实现途径

在了解作物高效用水机制基础上，国内外开发诸如调亏灌溉（RDI）、分根区交替灌溉（ARDI）和部分根区干燥（PRD）等新的作物高效用水技术，以便明显地提高作物和果树水分生产效率。这些技术受到国内外广泛关注，已在澳大利亚、以色列、葡萄牙、土耳其、摩洛哥等国及我国部分地区进行研究和推广应用。与传统灌水方法追求田间作物根系活动层的充分供水和均匀湿润有所不同，ARDI 和 PRD 技术强调在土壤垂直剖面或水平面的某个区域内保持土壤干燥，交替控制部分根系区域干燥、部分根系区域湿润，使不同区域的根系交替经受一定程度的水分胁迫锻炼，刺激根系吸收补偿功能以及根源信号 ABA 向上传输至叶片，进而调节气孔保持最适宜的开度，达到不牺牲作物光合产物积累而又减少其奢侈的蒸腾耗水的目的。同时还可减少作物棵间的土壤湿润面积，降低棵间蒸发损失和深层渗漏损失。控制性作物根系分区交替灌溉在田间可通过水平和垂直方向交替局部根区供水来实现，主要适用于果树和宽行作物及蔬菜。RDI 是基于作物的生理生化过程受遗传特性或生长激素的影响，在作物生长发育的某些阶段主动施加一定的水分胁迫（人为地让作物经受适度的缺水锻炼），从而影响其光合产物向不同组织器官的分配，达到提高其经济产量而舍弃营养器官的生长量及有机合成物的总量，同时因营养生长减少还可提高作物的种植密度，提高总产量，减少棉花、果树等作物的剪枝工作量，改善产品品质。国际上有关调亏灌溉的研究主要是针对果树和番茄等蔬菜作物，对大田作物的研究较少。这些技术与传统的灌溉方式相比，可大量减少灌溉水量，降低蒸腾，但作物产量却没有降低（康绍忠等，2004a，2004b）。这些都说明将作物水分生理调控机制与作物高效用水技术的研究紧密结合，研究作物高效用水调控技术是生物节水技术研究方面的一个重要方向和现实途径。

3. 非充分灌溉是提高水分利用效率，解决旱区水资源短缺的重要途径，深入研究非充分灌溉的机理和技术是生物节水研究的重要内容

国内外虽然对非充分灌溉条件下的作物水分生产模型进行了大量的研究，并相继提出了加法模型、乘法模型及加乘混合模型等，但其多是缺乏物理意义的统计回归分析模型，且水分敏感系数或指数在不同地区和同一地区不同水文年间的变化较大，因此需要通过对非充分灌溉条件下作物产量与水分关系的研究，建立参数变化比较稳定且具有较强物理意义的水分生产模型，还需要考虑不同土壤肥力和盐分水平对作物缺水敏感指数的调节作用，以实现水肥盐联合调控的目的；同时，需要由研究单点的作物水分生产函数，转向研究区域范围内的作物水分生产函数及其分布特征；从传统地研究小麦、玉米、棉花等大田作物的水分生产函数，转向研究经济作物水分生产函数；而且对于不同作物和不同地区适用的非充分灌溉模式亦需进一步的深入研究（山仑等，2004；彭世彰和李远华，2006）。关于有限灌溉水在作物间和作物生育期不同生育时段间的优化分配问题，国外在编制不同亏水度作物生长模拟模型的基础上，将作物水分生产模型广泛地应用于灌溉系统的模拟，提出了各种不同配水计划的预测效果，制定了相应的作物非充分灌溉模式与实施操作技术；国内在这方面虽然也做了大量的研究工作，但大多数的优化配水结果多是针对某一具体作物或某一具体灌区的，到现在还没有完全形成比较通用的非充分灌溉设计软件和基于网络、便于基层水管人员或农户使用的非充分灌溉设计软件。

4. 从广义上讲农艺节水技术是生物节水重要的实现途径，农艺节水与工程节水技术耦合是高效用水技术体系研究的热点

农艺节水技术是从广义上实现生物节水的一个重要的现实途径，国外发达国家在节水农业发展的过程中，十分重视研究农艺节水措施，重视农艺节水技术的应用，并将农艺节水技术和工程节水技术相结合，形成高度集成的综合节水技术体系则是当前节水农业技术发展的方向，也是目前许多水资源匮乏的国家正在开展研究的热点。

农艺节水技术的研究十分广泛，国外的研究和应用主要集中在以下三个方面：一是采取适应水土资源特点的作物区域化种植结构的研究，如美国在中西部形成了以充分利用自然海水为特点的小麦带、玉米带，以较低的生产成本获得了较高的经济产量，澳大利亚以自然生态保护为特点的农牧结构等。二是充分利用土壤水库的调蓄功能，通过土壤地力和生物技术的结合，充分利用自然降水，保证水资源的可持续利用，降低农业生产成本。三是通过合理施用肥料，调节水分-营养-产量之间的关系，提高缺水地区作物水分利用率和利用效率。农艺节水技术与工程节水技术措施相比，具有投资少、见效快、易实施等优点，有许多技术农民完全可以掌握，并能以家庭为单位组织实施，具有大范围、大面积推广应用的基础（王龙昌等，2004）。农艺节水技术具体到农田、农作物布局及农作物自身的节水问题，这方面节水问题最多、难度最大、潜力也最大。由于灌溉用水大约有 50%消耗在田间，因此，如何做好田间节水、抑制土壤蒸发和作物奢侈蒸腾、提高作物水分利用效率，既是农业高效用水技术研究的重要课题，也是其发展潜力所在。其主要技术包括区域节水型作物种植结构调整、水肥耦合和高效培肥技术、化学调控技术等。

（二）非常规水资源开发利用技术

1. 劣质水开发利用技术

该项技术主要是通过污水、微咸水等的开发和处理回用，增加水资源可利用量。劣质水开发是水资源综合利用和节水的重要措施，关键是可以有效地缓解我国水资源紧缺的状况，增加农业一部分用水量，减少水污染对水环境的破坏，改善生态环境质量，提高水资源的利用率，促进水资源的可持续利用。

将劣质水（主要是城镇生活污水和微咸水）资源化后用于农（林）业灌溉，已成为减轻环境污染、开源节流、缓解水资源供需矛盾的一种有效方法。2000 年美国城市污水再利用量为 60 多亿立方米。20 世纪 80 年代以来，印度每年用于农田灌溉的污水占城市污水量的 50%以上。日本的城市污水再利用率也很高，主要用于工业、市政、灌溉以及补充地下水。以色列制定了“国家污水再利用工程”计划，开始大规模地利用污水，利用率已高达 70%以上，居世界首位，其中 1/3 用于灌溉，约占其总灌溉水量的 1/5。利用微咸水对作物实施灌溉的方法在世界上一些国家也已取得较好的结果。在作物对盐分的非敏感期内，利用微咸水灌溉，而在作物对盐分的敏感期间，则采用淡水灌溉。

以城市生活、工业污水处理回用为例：目前全国工业和城镇生活用水 1500 亿 m^3/a 左右，污水排放量约 631 亿 m^3（工业和生活污水之比为 6∶3），占全国总用水量的 14%左右，但 2000 年全社会污水处理回用率 34%，其中市政系统内集中处理只有 17%。未来 15～20 年工业和城镇生活用水总量如果分别达到 2000 亿 m^3 和 2500 亿 m^3，污水处理回用率分别达到 45%～60%，就可增加可利用的水资源量为 164 亿～252 亿 m^3，相当于未来工业和城镇用水总量的 8%和 10%，相当于新增用水总量的 32.8%和 25.2%（吴普特和高建恩，2008）。因此，劣质水的替代和污水处理回用具有很大的潜力，尤其是通过处理回用替代一部分自来水供应的新增加量，不仅是节约资源的重要途径，而且减少了未来供水的需求量，进而减少开源量和开源的投资，并且能够减轻对生态环境的破坏，有利于人居环境和生态环境的改善，这对解决中国水资源短缺，减少资源的消耗和水环境的恶化无疑是一条捷径。

目前污水灌溉对农产品品质影响研究是国际上污水灌溉领域更加关注的重点之一，随着对微咸水灌溉研究的深入和社会对水资源与环境问题的关注，安全、高效与可持续发展是微咸水灌溉技术研究的重点。国际上普遍关注的是适宜于主要作物的咸水灌溉技术规程、咸水灌溉利用对环境的影响以及浅层地下咸水可开采量的评价技术。

2. 雨水资源化技术

在我国北方旱区，仅靠开发常规地表水和地下水资源解决干旱缺水问题，不仅技术上难以实现，而且经济上也难以承受，唯一有潜力的水资源就是雨水。雨水利用作为一项亟待开发的非常规水资源高效利用技术，已普遍受到关注与重视，但限于过去经济和技术条件，传统雨水利用效率极其低下，蓄水存储工程渗漏大，存储雨水连人畜饮用都难以满足，更谈不上解决农业用水。近年来，随着现代生物技术、信息技术、新材料技术发展，尤其是新型集雨材料、蓄水存贮设施以及现代灌溉工程技术的应用，使具有工程化、科技化、规模化内涵的现代雨水利用技术发展迅速（吴普特和高建恩，2008）。

集雨材料是雨水利用技术实施的关键。研究和开发集流效率高、成本低且对环境无污染的绿色环保新型集雨材料是现代雨水利用技术追求的主要研究目标，新材料技术和现代生物技术发展也为新型集雨材料的研发提供了重要技术支撑。研究热点主要集中在土壤固化剂集雨材料、高分子面喷涂材料和新型生物集雨材料方面。土壤固化剂集雨材料主要是对现有土壤固化剂集雨材料进行筛选和对新型土壤固化剂集雨材料进行开发两个方面。以研究现有土壤固化剂材料技术经济性能为基础，筛选出适合于用作集雨材料的新型土壤固化剂，通过试验研究与野外田间考核，着重研究土壤固化剂集雨新材料的施工工艺和使用技术，以及集流效率与技术经济指标等。

研究并开发可明显改变土壤入渗性能，对环境无污染绿色环保，价格相对低廉的高分子化学材料是集雨材料研究的又一个主要方向。在生物集雨材料方面，以筛选和培育适宜干旱山地生长，且具有固土、低入渗性能的地表附着植被（苔藓、地衣等）为基础，通过试验研究与野外田间考核应用，着重研究有利于植被快速生长的工艺和以其为主要内容的新型生物集流面建造技术，形成以生物植被为主要形式的生物集流面。

雨水集蓄形式是实现雨水资源化的一个重要环节，按照雨水利用时间差异，可分为雨水即时利用形式和异时利用形式。即时利用形式强调雨水当时利用，仅具有空间调节能力，时间调节能力差，代表形式有水平梯田等；异时利用形式，不仅具有空间调节能力，更具有时间调节能力，其解决了降雨与作物需水关键时期供需错位矛盾，常见集蓄形式有水窖和蓄水池，异时雨水利用形式是目前雨水集蓄形式研究的核心。针对目前生产中存在的工程造价较高、施工工艺落后，利用形式目标单一等主要问题，以降雨径流调控与利用为技术手段，以高效集蓄雨水利用与生态环境恢复重建的有机结合为目标，研究开发新型实用的雨水集蓄利用形式是目前研究的热点问题。研究重点主要集中在坡地分段局部集蓄雨水新形式和雨水存储设施结构两个方面。在坡地分段局部集蓄雨水新形式方面，以坡地降雨径流运行规律研究成果为支撑，研究不同下垫面坡地径流纵向运移变化与坡长的动态关系，坡面径流横向运移变化规律，以此确定坡地径流纵向集中地段的位置以及坡地径流横向集中分布状况，并采取在纵向集中地段位置横向拦截，坡地横向集中点就地聚集的方法，分散集蓄雨水。

在雨水利用存储设施方面，常见形式有水窖、蓄水池等，且多为黏土、混凝土防渗。近年来，现代橡塑技术和现代信息技术的发展，使雨水存储设施结构优化与新型窖体开发成为可能。以德国、美国为代表的发达国家，高密度塑料快速成窖技术发展迅速，特别是德国的快速成窖技术，可通过串并联形式，随意扩大容积，但造价平均高达3000～4000 元/m^3。在我国各种橡塑储水容器种类繁多，最大容积可达 40 m^3，但由于运输不便和价格高昂，主要应用于交通便利地区的农村生活用水，应用于农业生产用水甚少。因此重点研究、改进与提高现有雨水存储设施结构形式，开发新型可一次性拼接完成施工的窖体，降低现有水窖施工成本是现代雨水利用技术研究的一个主要内容。

（三）节水灌溉技术

提高渠（管）系高效输配水与田间节水灌溉技术水平，是提高灌溉水利用率的最为有效的手段，渠（管）系高效输配水与田间节水灌溉技术和产品研究是发展农业高效用水技术的关键科技问题和主要方向之一。

1. 地面灌溉技术

目前地面灌溉仍然是灌水技术的主体，提高地面灌溉技术水平，对旱区农业高效用水技术的发展至关重要。在地面灌溉技术方面，美国、以色列、澳大利亚等发达国家已大面积采用水平畦田灌、波涌灌等先进的精细地面灌溉方法，其中激光控制平地技术与大流量供水技术的结合，使得传统的地面畦（沟）灌性能得到明显改进，田间灌溉水的利用率最大可达到 90%左右，具有技术适用范围广、节水增产效益显著的特点（许迪等，2003）。

世界各国都把改进地面灌溉技术重点放在对地面灌溉全过程控制上。国内外十分重视研究地面灌溉条件下水流在田间推进的过程与定量模拟模型；土壤气阻对灌溉水流入渗的影响机理与模型；浑水入渗特征与模拟；膜孔灌点源入渗特性及膜孔灌田面水流运动特性；灌水均匀度计算新方法以及提高不同灌水方法灌水均匀性途径等问题，在此基础上，利用数学模型分析研究地面灌溉全过程，对地面灌溉条件下水流运动过程模拟模型进行完善，重点是对考虑田间地面平整状况的二维入渗模型开展充分的田间验证研究工作，实现对地面灌溉水流运动过程更准确地模拟，为评价与改进地面灌溉技术的效果、确定合理高效的地面灌溉实施方案提供有效的方法。其次是开发地面灌溉条件下水流运动过程监测专用设备，对水流运动过程实现定点监测，为实施精细控制提供依据；第三是将实时反馈控制技术与目前应用的不同地面灌溉技术结合起来，探讨不同的控制方式，使其成为实用技术，建立起高效的地面灌溉系统，但目前相关的研究工作在国外也仅处于起步阶段，实现地面灌溉实时反馈控制功能的专用设备开发较少，已有的成果比较单一，尚没有形成成熟的、系列化的技术体系和设备，真正在田间进行实际应用的更少。

激光控制平地技术是目前世界上最先进的土地平整技术。它利用旋转的激光束形成平整土地的控制基准面，代替常规机械平地作业中操作人员的目测判断，自动、敏捷地控制平地铲运机具刀口的升降，挖高填低，完成土地的精细平整工作。该项技术自 20 世纪 80 年代开始已在美国大面积推广应用，随后在其他国家也得到广泛应用。国内外的应用结果表明，激光控制平地技术可实现高精度的农田土地平整，使灌溉均匀度达到 80%以上，田间灌水效率达到 70%～80%，是改进地面灌溉的有效技术措施之一。激光控制平地技术的发展趋势是降低设备成本。

2. 喷微灌技术

除地面灌溉外，发达国家还十分重视对喷微灌技术的研究和应用。1981～2000 年 19 年间，世界微灌面积增加了 633%。微灌面积超过 10 万 hm^2 国家有美国、西班牙、印度、澳大利亚、南非、以色列、法国、墨西哥、埃及和日本。微灌面积占灌溉面积比例超过 5%的国家有以色列（69.7%）、约旦（54.7%）、塞浦路斯（45.45%）、南非（16.92%）、西班牙（16.8%）、澳大利亚（12.9%）、法国（8.69%）等国。美国微灌面积已经达到 1 050 000hm^2，占世界总微灌面积的 27.9%，占美国总灌溉面积的比例已从 1991 年的 2.83%提高到 2000 年的 4.91%。发展中国家的微灌发展速度也非常惊人，如印度的微灌面积 1991～2000 年增加了 372%，已达 260 000 hm^2，占世界总微灌面积的 8%，排序上升到第四位；南非 1986～2000 年的 14 年间微灌面积也增加了 114%。

从喷灌的作物来看，主要用于蔬菜、果树、葡萄、经济作物、牧草、玉米和小麦等。当前，国外喷灌的发展表现出以下趋势：不断提高机械化与自动化的水平，喷灌面积持续增长，表现在机械化程度高的喷灌机使用面积日益扩大和计算机技术在喷灌系统的应用；日益广泛地应用新技术（如激光、遥感等），重视提高喷灌的质量；喷灌、微灌设备向低压、节能型方向发展；喷灌、微灌技术间相互借鉴、同步发展；积极开展多目标利用，有效地降低单一用途的造价；改进设备，提高性能，开发和研制新型喷头；产品日趋标准化与系统化。

目前国内外在多孔管道水力学模拟、喷微灌灌水器出流过程和水流运动模拟研究的基础上，研发喷微灌设备，其研究的方向正朝着多目标利用及运行管理自动化的方向发展。以提高抗堵能力和提高压力补偿能力以及降低成本的新型灌水器、注肥均匀且注肥浓度可调和操作简单的注肥器、低压和高性能的自洁高效过滤系统是微灌设备开发的新趋势和国内技术研发的重点。高精度快速成型专用设备是目前快速成型领域研究的发展方向之一，快速成型技术经过近 20 年的发展，在原型制作方面已经达到比较成熟的阶段，目前主要向高精度、快速化以及制作金属功能件方向发展，高精度快速成型机是目前国际发展的趋势。

3. 渠（管）输配水技术

渠道防渗材料：国内外普遍将高分子材料应用在渠道防渗中，尤其是在高分子膜料的应用上已取得不少实用的成果。如宽幅高分子膜料的规模化生产、齐全的规格品种都能满足目前市场的需求，但薄膜易刺破和在冻胀地区易受冻融破坏的问题还没有很好地解决。因此各国都正在不断研究开发技术可靠、经济合理的高分子合成新材料，如德国和美国开始研究应用一种新型复合土工合成防渗材料 GCLS，该材料利用膨润土遇水膨胀防渗的性能，利用土工织物承载和护面结构，具有防渗性能好、抗刺穿性能强的特点。我国利用的渠道防渗防冻材料多以保温、整体刚性的防渗防冻胀措施为主，适应性较差、易损坏且成本较高。近年来正在应用高分子材料研制结构简单、经济合理的刚柔混合结构或纯柔性结构的防渗防冻胀措施。其中刚柔结构具有适应冻融变形、胀而不裂和防渗、减轻冻胀的特性，同时可有效地解决渠道渗漏和冻胀的问题。

渠道防渗机械设备得到一定程度的开发应用，特别是小型 U 形渠道衬砌机得到较广泛的应用。但中、大型渠道衬砌机械相对缺乏。目前，国际上大型渠道防渗（包括开挖渠床、铺设塑料薄膜到填土或浇筑混凝土保护层）工程的施工广泛采用机械化和自动化，渠道衬砌中削坡、衬砌、修整、养护成套机组联合作业，基面平整、混凝土摊铺、振捣、抹面、切缝、修整、喷膜养护等一次完成。渠道衬砌机是为进行长距离、大断面的渠道衬砌的施工机械。它既可完成平面、又可完成斜面的衬砌施工，是一种多功能的机械化、智能化、自动化连续作业的施工机械。具有施工速度快、施工质量高，降低工程成本等特点。

渠道防渗材料和渠道衬砌设备产业化发展的重点：①土壤固化剂；②复合土工膜料；③保温复合材料和环保型混凝土补强新材料、填缝材料；④盐渍土和膨胀土等特殊土类渠道的专用防渗材料；⑤可一次性完成作业过程的大型渠道刚性砌体衬砌机械；⑥适用于膜料防渗的衬砌机械；⑦适用中小渠道衬砌的预制件加工及现场连续衬砌施工机械。

管道输水灌溉设备与产品：国外正在开发的适用于农田管道输水的高分子管材主要有硬聚氯乙烯管（最大口径可达 800 mm）和聚乙烯管（最大口径可达 3000 mm）以及玻璃钢复合管（最大口径可达 3000 mm）等产品，其对大口径管材和管件的生产具备统一的标准，在相应管网规划设计、配套建筑物结构的型式、施工安装和运行管理上都有着较为成熟的经验。我国研制开发的直径为 300～600 mm 的 PVC 和 PE 塑料管材已开展试点应用，但其生产工艺仍为挤出方式，无法生产更大口径的产品，还不能满足农用管道输水的要求，生产工艺和设备有待改进。农用输配水管材产品产业化发展的重点主要集中在以下四个方面，即高分子复合材料大口径管材及管件；大口径 PE 管材及管件；适合大口径管材的控制与调节设施和安全设施；大口径管道的现场施工设备。

4. 抗旱节水生化制剂与材料研发

成本低、防渗性能较好的塑料薄膜、沥青玻璃布油毡及各种聚乙烯土工膜得到了广泛应用。提出的刚柔相济、适应冻胀变形性能好的新型渠道连锁板衬砌结构形式，通过试验表明具有较强的适应冻胀变形能力。研制的氯化聚乙烯（CPE）止水管（带），在－40～80℃性能良好，具有抗拉、抗撕裂强度高，延伸率大，抗渗透性、抗穿孔性强等特性，可冷施工操作。新型保温复合材料和环保型混凝土补强新材料、防冻抗裂剂等，微灌专用纳米材料及产品，高强度、轻型金属管材，高分子复合材料的大口径管材、管件及配套设备，新型土壤固化剂，新型复合土工膜料和添缝材料，新型长效保水剂与节水抗旱种衣剂、植物蒸腾抑制剂、土壤结构改良制剂，控制农田灌水水流入渗的化学制剂适合旱区雨水集蓄的新型低成本、高效率的坡面集雨固化土材料、绿色环保型集雨面喷涂材料、生物集雨材料得方面进展较大。节水工程的建设新材料开发已为节水农业技术发展的关键技术和主攻方向之一，具有很大的发展潜力。

在节水、抗旱、保墒生化制剂开发利用方面，法国、美国、日本、英国等国家已开发出一系列产品，并在经济作物上广泛使用。法国和美国等将聚丙烯酰胺（PAM）施用在土壤表面，用以抑制农田土壤水分蒸发，改善土壤结构，防止水土流失。我国在农用制剂开发与应用开始于20世纪80年代初期，但发展速度较快，目前已有40多个单位进行研制和开发，但产品生产还比较落后，总产量不过1000t。固体塑料薄膜以其特有的作用，在农业生产中被广泛应用。但由于塑料薄膜分解周期长，降解困难，给后续农业生产带来极大的不便，并破坏和污染了土壤生态环境。而液体生态地膜，既能固结表土，又能改良土壤结构，可广泛用于农业生产、固沙造林、植树种草、保持水土、盐碱地治理改良、道路护坡等方面。液体生态地膜发展看好，生物全降解膜制造材料和工艺，低成本聚乳酸共聚物材料；田间生物材料成膜技术与设备；具有增温、保墒、增产、无残留的多功能液体覆盖材料，乳化剂原材料及配方技术、各类添加剂的复配技术、生产工艺及设备等也取得了重要进展。节水生化制剂和农膜开发已成为节水农业技术发展的关键技术和主攻方向之一，具有很大的发展潜力。

（四）智能控制灌溉技术

利用现代信息技术，对灌溉系统的水情和作物需水进行监测和预报，是提高灌溉用水管理水平的重要手段。目前灌溉系统用水管理正在朝着信息化、自动化、智能化的方向发展。力求在减少灌溉输水调蓄工程数量、降低工程造价费用的同时，既满足用户的需求，又有效地减少弃水，提高灌溉系统的运行性能与效率。

在作物水分监测与精量控制灌溉方面，国外已大量使用红外枪技术，并采用热脉冲技术测定作物茎秆的液流和蒸腾，用于指导精量灌溉。20世纪70年代后期以来，美国、澳大利亚等国先后提出一些土壤和作物水分监测与预报的理论和方法，并在田间试验应用。近年来国外在研究建立能在不同湿度环境、不同天气条件下使用的基于作物冠层温度的作物水分胁迫诊断指标，并随着精准农业技术的发展，基于作物冠层温度的作物水分胁迫诊断技术的应用将与精准农业其他技术融合，设备从手持式的方式发展到与其他设备有机结合的机载式发展。在作物水分与土壤墒情监测预报方面，美国和以色列等国大量利用空间信息技术和计算机模拟技术，取得较大进展，并已进入生产应用阶段。随着作物和土壤水分监测和预报技术的发展，灌溉预报研究进展也很快，美国、英国、澳大利亚等已提出几种具有代表性的节水灌溉预报程序，并进行了多年实践。近几年国内还研发了新型电阻式土壤水分传感器、新型膨压式土壤水分传感器、开关式土壤水分传感器、水位自动记录仪、农田测墒灌溉控制器、灌溉控制器等节水用仪表等，区域旱情信息的遥感测量方向也取得重要进展，作物蒸腾监测和茎秆变差作物水分诊断方面也取得了一定进展，研究作物水分监测与精量控制灌溉技术和新产品已成为信息节水的重要方向。而通过系统研究，提高其技术成熟度，大幅度降低产品的造价是该方向的研发重点。

灌区现代化管理是获得灌区系统的最优运行、充分发挥工程效益的良好手段。在灌区灌溉用水管理中，综合各种预测技术、优化技术的灌溉用水计算机管理系统已开始在我国灌区大面积应用，使灌区的灌溉用水实现了由静态用水向动态用水的转变。为实现渠系优化配水的要求，应用计算机技术的渠道水量、流量实时调控的研究也在国内外逐步兴起。灌区用水管理系统方面，已逐步转向研究将数据库、模型库、知识库和地理信息系统有机结合的灌区节水灌溉综合决策支持系统。特别是近年来利用“3S”技术的数字渠道、数字灌区等方面的研究发展迅速，支持灌溉用水信息实时采集的各种传感技术和传输技术将得到更快发展，建立数字河流、数字灌区，以实现河流和灌区信息资源在区域定位基础上的高度共享，对区域可持续发展带来积极而深远的影响。随着 GIS 空间信息处理技术及相应计算机软件、高性能微机工作站及数字地形高程（DEM）等技术的出现，使得与水文水环境、灌溉水管理等有关的地理空间资料的获取、管理、分析、模拟和显示变为可能，为实现灌区管理现代化提供了技术支持。因此研究基于“3S”技术的灌区灌溉用水管理网络化决策支持系统和通用化软件会更加引起广泛关注，成为该方面研究的重要方向，该方向要主攻硬件产品模块化、标准化，软件产品的通用化。

近年来发达国家已开展了基于田间水肥等生产要素的巨大差异性，利用全球卫星定位系统（GPS）、地理信息系统（GIS）、遥感技术（RS）和计算机控制系统，精细准确调整灌水施肥的精准灌溉技术研究，为最大限度地优化各项农业投入，充分挖掘田间水肥差异性所隐含的增产潜力创造了条件。精确农业灌溉技术是以大田耕作为基础，按照作物生长过程的要求，通过现代化的监测手段，对作物的每一个生长发育状态过程以及环境要素的现状实现数字化、网络化、智能化监控，同时运用“3S”技术以及计算机等先进技术实现对农作物、土壤墒情、气候等从宏观到微观的监测预报，根据监控结果，采用最精确的灌溉设施对作物进行严格有效地施肥灌水，以确保作物在生长过程中的需要，从而实现高产、优质、高效和节水的农业灌溉设施。基于“3S”技术的精量灌溉适用平台和数据管理软件以及作物生长决策模拟模型开发会更加引起广泛关注，成为信息节水的一个重要方向。

（五）区域农业用水管理技术

可持续水资源管理已成为当今世界水问题研究的热点问题之一。气候变化影响水文循环继而影响农业水资源，造成农业生产的时间性和地域性用水来水矛盾增加。如何有效应对气候变化也已成为旱区农业高效用水技术研究中所必须考虑的重要问题。在气候变化的影响下，旱涝等农业自然灾害的发生频率增加，农业水资源的时空分布不稳定性加大，对农业生产造成极大的影响。将适应气候变化影响对策纳入我国农业与水利发展规划，有计划进行农业结构调整，优化水资源配置，增强农业适应气候变化能力；加强气候变化对农业生产和水资源影响监测预警，建立温室气体和农业、水资源等重要环境影响观测网，客观及时掌握气候变化动态，发展与气候变化相关的科学研究基础数据平台，实现数据资源共享已成为目前的主要研究内容（吴普特和赵西宁，2010）。

水资源优化调配是解决局部地区缺水问题，发展农业高效用水技术的重要手段。在此方面，由于现代决策理论与方法，已从单纯追求一个目标最优的择优准则，向着有复杂系统的多目标优化的最满意准则转变；从单一整体、功能有限的优化模型结构，向分散的、多层次的且又能协调和聚合的多功能模型系统发展；由“策略导向型”的个人决策模式，向“决策过程导向型”的群体决策模式发展。地表水和地下水的相互作用是科学家们所关注的热门话题，目前多从野外试验、示踪剂、模型模拟和仪器测量等方面研究地下水与地表水交错带上发生的各个过程及地下水在质和量上的相互作用。研究基于现代决策理论与方法的区域水资源调配技术和地表水、地下水联合运用技术是发展节水农业的重要方向。长距离调水是我国解决水资源南北分布不均、北方城市严重缺水问题的重要手段，由此而来的如何合理建立水市场便成为急待解决的问题之一，有关水权、水价的形成机制以及效益补偿机制的建立成为该领域理论与实践研究的前沿课题，这一领域也体现了水资源学与管理学、经济学、社会学、法学等多学科交叉的特色，也是节水农业研究的重点。

（六）农业高效用水技术标准化

世界各国，特别是发达国家都非常重视高新技术和新材料与传统农业用水技术的有机结合，大力提高技术产品中的科技含量，使农业高效用水技术日益走向精准化和可控化，并形成集成化、专业化技术体系和发育较为完善的节水技术和产品市场机制，使原有的技术粗放型农业逐步转变为现代的技术集约型农业。随着节水灌溉研究的不断深入，节水灌溉工程措施与农艺节水措施相结合的重要性愈来愈被人们接受，农艺节水措施与灌溉工程措施的结合，往往可达到事半功倍的效果。我国不同地区的气候特点、作物布局、水源条件、农村经营体制和经济发展水平间的差异较大，使得节水农业技术研究与产品研发、节水农业技术体系集成模式的建立较为复杂。如一些经济发达地区，特别是东南沿海地区与都市城郊地区现代设施农业发展较快，对节水农业技术的需求与发达国家相类似；而一些经济相对落后的地区，特别是西部地区对技术的需求又与经济欠发达国家相类似。因此，应根据不同地区的具体条件和经济发展水平，探索适合各地区特点的农业高效用水技术发展模式。建立不同类型区的农业高效用水技术集成模式与示范基地。以农业高效用水高新技术和产品应用为载体，将节水灌溉技术、农艺节水技术和用水管理技术进行组装配套，形成各具特色的现代农业高效用水技术综合体系是发展的重要方向。

世界各国，为了保证农业水土工程事业的发展，使科技和推广工作有法可依，制定了一系列新的技术法规。我国先后制定的农业水土工程标准与规范主要有：《节水灌溉技术规范》、《喷灌工程技术规范》、《微灌工程技术规范》、《喷灌与微灌工程技术管理规程》、《低压管道输水灌溉工程技术规范（井灌区部分）》、《灌溉试验规范》、《渠道防渗工程技术规范》、《渠道工程抗冻胀设计规范》、《雨水集蓄利用工程技术规范》、《泵站技术规范》、《泵站技术改造通则》、《泵站现场测试规程》、《农用机井技术规范》等。这些规程、规范、通则、要点等技术法规的颁布实施，体现了节水农业发展转向了依靠科学技术发展的轨道上来，提高了其技术水平。但从总体上看，目前的节水灌溉工程建设的相关规范从全国宏观层次上考虑较多，缺乏适合全国不同区域特点和经济发展水平的节水农业技术标准体系和标准化参数，还不能完全满足节水农业快速发展的要求。因此建立不同类型区的现代农业节水技术集成模式与示范基地，探索适合各地区特点的节水农业发展模式的，形成适合国不同区域特点和经济发展水平，各具特色的现代农业节水技术地方规范至关重要。

第三节　旱区农业高效用水未来研发重点探索

根据旱区农业高效用水技术的战略思考，以及所提出的战略方案和重要发展方向，建议未来我国旱区农业高效用水技术的研究与开发主要集中在生物节水技术、非常规水资源开发利用技术、节水灌溉技术、智能控制灌溉技术、区域农业用水管理技术以及旱区作物高效用水技术研究与示范等几个方面。

一、生物节水技术

生物节水技术研究的重点是培育与筛选高水分利用效率品种、研究植物高效用水调控与非充分灌溉技术、区域节水型种植结构优化决策与水肥高效利用技术。

高水分利用效率作物品种培育与筛选：水分利用效率（WUE）是一个可遗传性状，高 WUE 是植物适应干旱环境，同时利于形成高生产力的重要机制之一。作物抗旱性同样是一个复杂性状，而且抗旱性与丰产性之间往往存在矛盾，但由于抗旱育种工作开展较早，尽管进展迟缓，目前已克隆出若干与抗旱性有关的基因，并获得了抗旱转基因植株。如矮秆品种的培育成功，不仅获得了高产，而且在蒸腾量无明显变化的情况下，显著提高了收获物的 WUE。从长远观点看，通过遗传改良培育抗旱节水新品种、新类型，应作为生物节水的一个核心目标和最为重要目标。针对我国高产、优质植物品种均以高水肥为支撑的现状，基于目前已发现和利用了部分具有抗旱和节水性能植物遗传资源的工作基础，在农业水资源日趋短缺、干旱缺水状况日益恶化的状况下，通过抗旱节水新品种筛选和利用，达到提高植物自身生理抗旱能力，实现植物水分高效利用的目的。以粮食作物、生态环境与城市绿地建设中的主要林草为重点，研究抗旱节水型和水分高效利用型植物品种筛选、鉴定的指标体系，发掘和鉴定优异种质资源、育种材料及品种，筛选抗旱节水型和水分高效利用型的植物新品种，研究其在不同缺水条件下的遗传稳定性、水分利用性状和生产性状，提出适宜缺水地区的植物新品种（组合）及其水分高效利用的配套技术。通过研究提出抗旱节水型和水分高效利用型植物品种筛选、鉴定的指标体系，发掘和鉴定一批抗旱节水优异作物（包括林草）育种新材料，筛选和选育一批抗旱节水作物、节水林草新品种，使作物水分利用效率提高20%～40%。

植物高效用水调控与非充分灌溉理论和技术：针对目前普遍采用的丰水高产型灌溉技术中灌溉用水量大和作物水分利用效率低，灌溉用水效益不高，生产实际中迫切需要采用节水优产型非充分灌溉技术，而大面积应用该项技术还缺少相应的作物需水量指标、技术操作规程及配套施灌控制设备的状况。重点研究主要农作物节水条件下的需水量指标体系及作物高效用水调控技术与相应的作物根区控制用水设备；主要农作物在不同节水灌溉方式下的非充分灌溉技术以及基于网络技术的非充分灌溉技术设计软件与智能式预报器；与非充分灌溉制度相应的先进灌水方式。在试验研究的基础上获得多套适合不同缺水地区不同水文年份、主要农作物在现代喷微灌与新型节水地面灌溉条件下，实施非充分灌溉的作物全生育期和不同生育阶段需水量指标体系；开发出降低作物耗水系数、提高作物水分利用效率的主要农作物与果树调亏灌溉技术体系和实施作物调亏灌溉的根区局部控水灌溉系统及新产品，并开发出多套基于网络技术的非充分灌溉技术设计软件和多种智能化非充分灌溉预报器，开发非充分灌溉制度相应的实施低定额灌溉的先进灌水方式。

区域节水型种植结构优化决策和水肥高效利用技术：针对我国农业产业结构布局与水资源分布状况不均，从而导致结构性缺水的现状，结合现阶段农业调整结构，以建立节水高效型农业种植结构产业布局为目标，开展区域节水型农作制度与优化种植技术研究。重点研究节水高效型种植结构调整的技术方案和主要种植制度周期内农田水肥高效利用技术控制要素和集成化参数；研制和创新与节水农作制度配套的抗旱节水种子处理技术与农田集雨保水栽培的作业工艺；研制与开发提高水肥利用效率的集成化、模块化、普适性的水肥电子平衡秤及环保型覆盖材料；建立区域节水高效型农作制度与优化种植技术规程，以及与技术规程相配套的、且可操作性强的智能决策支持系统。研究节水灌溉条件下土壤水、肥、盐迁移模型和作物水盐生产函数模型；研究灌水方法和灌溉制度、灌水定额和灌水次数及灌水技术参数改变对土壤水分和养分运移及作物水分养分利用效率的影响；在试验研究基础上，建立多套适合不同区域的节水高效型农作制度、优化种植技术规程、节水高产栽培技术体系，节水灌溉条件下水肥一体化管理技术。并开发出与上述技术规程相配套的智能决策软件；开发出支撑技术规程有效实施的抗旱节水种子处理技术，集成化、模块化、普适性的水肥电子平衡秤及多种环保型覆盖材料等新型技术产品。

二、非常规水资源开发利用技术

雨水资源化利用技术：针对我国干旱山区干旱缺水与水土流失并存，且水土流失动力主要来自降雨径流的现状，提出通过地表径流调控，同步实现雨水资源高效利用与水土流失有效治理双重目标的工作思路。在现有雨水利用技术研究的基础上，重点研究、开发与筛选新型低成本、高效率的坡面集雨固化土材料，绿色环保型集雨面喷涂材料，生物集雨材料和田间集雨材料等；研究与创新适合旱区应用的新型、高效集雨工程和生物雨水集蓄形式，以及相应的集雨设施工程结构和现场成型技术工艺；研究与建立区域雨水资源高效汇集、存储与利用的配套技术体系与技术实施规程，开发支撑上述技术体系有效实施的集雨工程系统设计软件及智能决策系统软件；研究雨水资源高效开发利用的系统工程模式，资源开发潜力，以及资源潜力开发对区域环境因子影响作用的评价技术与方法。在试验研究基础上，研发出一批低成本高效率的坡面和田间集雨材料，多种新型、高效工程和生物雨水集蓄形式，新型集雨设施结构的现场成型技术工艺；形成多套适合不同区域特点的雨水资源高效汇集、存储与利用的配套技术体系，并开发出支撑上述技术体系有效实施的集雨工程系统设计软件及智能决策系统软件。

在农田雨水高效利用技术方面，在农田降水-土壤水高效转化利用和土壤有效库容研究基础上，针对我国北方干旱缺水主要区域的农田土壤特点，以提高不同农田自然降水-土壤水之间的转化效率为目标，通过改变土壤结构参数、土壤剖面结结层次和田间土壤微地形条件，增加土壤的有效库容，重点研究土壤剖面非均质结构优化增容技术、农田蜂窝状入渗孔径流调控技术、根域微集水优化配置技术以及生物造腔扩蓄增渗等技术，并研究上述不同技术的土壤扩蓄增容和径流调控效应，建立相应的田间应用技术参数。以有效改善土壤团粒结构，减少土壤容重，增加总空隙度和土壤有效水分储存能力为目标，研发新型绿色高效低成本的土壤水库扩蓄增容制剂。重点利用微生物对促进土壤团粒结构形成和对土壤有效孔隙改善的作用，以微生物菌株、秸秆、腐殖质酸等为主要原料，通过发酵、造粒，研制土壤生物增容剂；以高分子保水材料为基本原料，通过造粒、缓释材料涂层等工艺过程，研制人造土壤有机团粒增容剂；利用造纸废液中的主要成分木质素，进行交联接枝等改性反应，添加助剂，实施乳化和雾化技术改进，增加强度和黏结性，开发具有土壤水库扩蓄能力的安全可降解保水型土壤结构改良剂；以活性炭、秸秆等为主要原料，通过粉碎加工、机械混合，研制有机无机复合增渗材料。并研究上述土壤水库扩蓄增容制剂的农田扩蓄增容效果和农田相应应用技术（吴普特，2007）。

以提高有效土壤水-作物生理用水的转化效率为目标，重点研究土壤水分、养分对作物根系生长与水分吸收的影响，建立作物根系吸收水分和养分动态模型，提出基于作物根系动态耦合模型的最佳营养调控水分转化技术途径。采用仿生学原理，防生光叶植物反光减少水分损耗，从植物中提取成膜物质研制成膜反光抗旱剂，反射阳光、降低叶面温度，调控植物蒸腾。通过研究聚醚类化合物的高效活性和冠醚类化合物的毒性，采用固相催化技术，开发具有抗旱和刺激植物根系生长的高活性、低毒调节剂，开展其慢性毒理试验，田间残留试验及其土壤淋溶等环境行为研究，提出在不同气候、土壤和作物条件下的应用技术，并研究相应的植物抗旱节水制剂的节水增产效应。以构建具有区域特色的农田雨水高效转化利用与配套技术体系为目标，重点开展技术体系集成创新与雨水高效转化利用技术平台建设，在我国北方干旱缺水的不同类型区，以小麦和玉米等主要农作物为对象，根据自然降水、农田土壤和作物需水特点，结合现有农田灌溉和耕作技术，对上述土壤非均质结构优化增容技术、农田蜂窝状入渗孔径流调控技术、根域微集水优化配置技术、土壤生物增容剂、有机团粒增容剂、有机无机复合增渗材料与植物抗旱剂等单项技术与材料进行有机的集成与示范，建立适合不同区域和作物降水资源高效转化利用综合技术体系，不断提高技术综合效益。

微咸水与再生水高效安全利用技术：针对我国北方干旱半干旱地区农业用水紧张，需要开发利用地下微咸水和城镇生活污水，而生产实际中还缺乏相应的技术体系的状况，主要研究研究污灌下的不同灌水方式、污净水混灌或轮灌的应用技术、不同污灌方式下的作物灌溉制度；生活污水城镇绿化应用技术。提出咸水灌溉控制指标体系和作物灌溉制度，咸水灌溉后土壤水盐运动规律与调控理论，咸淡水轮灌模式，咸水开发利用与农业综合措施相结合的成套技术；咸水开发利用技术。低成本、节能型的微咸水开发利用技术体系（包括微咸水开发利用技术与设备，微咸水灌溉控制指标体系和灌溉制度，咸水与淡水混灌和轮灌的应用技术）；研究再生水作物安全高效利用技术体系（包括再生水作物安全高效利用指标量化体系，利用再生水灌溉的不同灌水方式、再生水与洁净水混灌或轮灌的应用技术及灌溉制度）等。通过研究后建立起利用微咸水灌溉的安全控制指标体系、主要作物微咸水灌溉制度及灌水技术规程，研究污水灌溉对土壤、地下水资源环境影响和土壤对污水调蓄自净能力，不同作物耐污度，污灌安全的量化指标体系。开发适用于城镇生活污水资源化的新型高效、价廉的持续性处理技术（利用土壤过滤与吸附、土壤微生物作用与农作物的吸收等生物处理技术）。通过研究，开发出一批新型低成本、节能型微咸水处理设备，使微咸水处理的单位成本降低并保持土壤盐分平衡，不导致土壤质量退化。建立一套利用再生水灌溉的安全控制指标体系及多套主要作物的再生水灌溉制度。

三、节水灌溉技术

在高效低投入微灌设备研发与微灌系统产业化方面：研发具有高效低投入特点的微灌设备与新产品，开发集成配套系列化微灌系统，形成温室滴灌系统、经济作物微灌系统、大田作物滴灌系统等各具特色微灌系统批量生产能力，实现产业化。在温室滴灌系统中，研制小管径微灌管（带）和全自动反冲洗砂过滤器和网式过滤器，开发连续精量供肥的水动式施肥泵和大口径压力调节器，对温室滴灌系统开展系列成套的产业化开发。在经济作物微灌系统中，研发精量控制阀和集水泵、过滤器、输（配）水阀门、施肥（药）阀门等控制装置为一体的自动控制系统，开发大射程旋转式微喷头和内镶补偿式滴灌管，对经济作物微喷灌系统开展系列成套的产业化开发。在大田作物滴灌系统中，研发低压压力调节器和具备压力补偿功能的滴灌管（带），对大田滴灌系统开展系列成套的产业化开发。

在低能耗多用途喷灌设备研发与喷灌系统产业化方面：针对我国部分喷灌关键设备质量不稳、耐久性差、能耗大的现状和在喷灌系统系列化生产中存在的产品集约化程度低、成套系统的组合性差等问题，研发具有低能耗、多用途特点的喷灌设备与新产品，开发集成配套的系列化喷灌系统，形成城市园林固定式喷灌系统、半固定式喷灌系统、小型喷灌机组、大型自走式喷灌机组等各具特色的喷灌系统批量生产能力，实现规模产业化；在城市园林固定式喷灌系统中，研发适宜于园林喷灌的新型短流道系列喷头和升降式喷灌装置，对城市园林固定式喷灌系统开展系列成套的产业化开发。在半固定式喷灌系统中，研发节能异形喷嘴喷头和仰角及雾化程度可调的多功能喷头，开发新型移动式管道和管件，对半固定式喷灌系统开展系列成套的产业化开发；在小型喷灌机组中，研发机动灵活的低压轻小型移动式喷灌机组和适用于低压管道灌溉系统的轻小型喷灌机组，开发低压行走式精量施灌设备，对小型喷灌机组开展系列成套的产业化开发；在大型自走式喷灌机组中，研发智能同步控制型的圆形和平移式喷灌机，开发圆形和平移式喷灌机设计软件，对大型自走式喷灌机组开展产业化开发。通过研究，研制出能量转化率 90%以上，耐久性大于 1500 h 的短流道系列喷头（ϕ15～32 mm），一批射程覆盖范围不小于 9 m 的地埋升降式喷灌装置，填补国内空白，组装配套的低成本城市园林固定式喷灌系统；研制多种规格的低成本的轻型高强度金属管材及管件，异型喷头、多功能喷头等。研制在雾化状况相近时的工作压力比圆形喷嘴喷头降低 10%～20%的异型喷头，研制仰角在 7°～30°连续可调，射程和雾化状况可调的多功能喷头。研制整机装置效率高的低压轻小型移动式喷灌机组；研制首部供水压力低于 0.3 MPa 的适用于低压管道灌溉系统的轻小型喷灌机组，与小型拖拉机配套的首部工作压力控制在 0.4 MPa 以下的低压行走式精量施灌设备的系统，研制低蒸发漂移损失的智能同步控制型的圆形和平移式喷灌机，形成产业化的生产能力。

在田间精细平地及精量控制灌溉设备研发方面：我国目前以普遍采用地面灌溉技术为主，而地面灌溉应用中还缺乏合理的灌溉技术控制参数和设备、土地平整质量差、灌水均匀度不高、田间灌溉用水浪费大，研究不同地区和土壤作物的地面灌溉技术控制参数和设备。激光控制土地精细平整技术是改进地面灌溉的有效技术措施之一，我国对激光控制平地设备主要依赖进口，高的设备价格制约了该技术在我国农田平整作业中的广泛应用。研制开发国产激光平地铲运设备和相应的液压升降控制系统（包括精细平地铲运机具、液压控制系统等设备；激光发射与接受控制设备；与国产拖拉机相配套的控制设备等）；研究新型低成本的田间波涌灌溉技术的波涌控制阀，田间多孔闸管系统，田间灌溉自动控制设备；实现分根交替灌溉技术的配套设备；研究利用小水源的新型微型提水机具，适合集雨水源和非管网化水源的新型微型局部灌溉系统及田间配套设备；适合家庭规模的可调式小型免耕坐水播种技术与设备，集灌水、播种、施肥于一体的新型多功能行走式局部施灌机。

在旱区农田保水节水中小型机具研发及产业化方面：针对我国农田保水节水中小型机具总体功能目标单一，配套性差，性能不稳定，难以满足生产实际需求的现状，提出研制与开发农田保水节水中小型系统机具与配套设备产品，并实现产业化的工作思路。重点研究多功能行走式抗旱播种灌溉机具的结构形式、主要部件性能参数、提高抗旱保苗效果技术与工艺参数，多功能、高效率的起垄、覆膜、播种、蓄水的多功能耕作机具技术和作业参数，适合于旱区小水源条件下应用的微型提水机具结构、工艺及技术参数；研制与开发具有明显区域特征集灌水、播种、施肥、覆土（覆膜）为一体的新型多功能行走式抗旱灌溉系统，集秸秆覆盖还田、起垄、覆膜、播种、蓄水于一体的田间多功能蓄水保墒耕作系统，适合旱区小水源条件下应用的集提水与灌溉于一体的微型灌溉系统；并对上述三个系统机具与设备进行产业化开发。

通过研究，研制出多套适合于不同地区主要农作物的制造成本和综合作业成本低、出苗和抗旱保苗率高，一次作业可完成灌水、播种、施肥、覆土（覆膜）等多种功能的抗旱灌溉系列化产品；研制出适合于不同地区主要农作物的作业效率高，能耗低，一次作业可完成秸秆覆盖还田、起垄、覆膜、播种、蓄水保墒等多种功能的蓄水保墒耕作系列化产品；研制出适合旱区小水源条件应用的集提水与灌溉于一体的微型灌溉系统，形成多种系列化产品，并开发流量范围 1.5～4 m^3/h，提水扬程 10～20 m 的多种微型提水机具，集成研发多功能抗旱灌溉系统生产线、多功能蓄水保墒耕作系统生产线和微型提水灌溉系统生产线。

在新型多功能保水剂研发及产业化方面：针对我国保水剂产品大多以高吸水树脂为主要材料，产品材料成本高，聚合不完全，产品 pH 难以控制，产品种类和功能单一，生产企业规模小，难以满足生产需要等现状，开发多功能保水剂、抗旱剂与种衣剂、可降解地膜、多功能液体地膜；主要研制以生物材料（藻类、纤维、沙漠植物等）或化学材料为基质的吸水倍率适中、水分有效性较高、有效期长的新型保水剂，重点解决低成本的新型保水材料筛选、复配和合成工艺、pH 控制等技术难点，开发融保水、保土和保肥等功能于一体的多功能保水剂，形成不同性状和功能的保水剂系列化产品，完成新产品登记，并进行产业化开发。通过研究，研制出多种吸水倍率 300 的新型低成本长效保水剂，多种吸水倍率大于 150 的多功能保水剂，研制的保水剂要求植物可利用的有效水分达到 90%，有效期 5 年以上，总体水平达到国际先进，获一批专利，并建成多条保水剂生产线，完成产品中试和登记，并得到大面示范应用。

在节水灌溉新产品快速开发技术方面：针对目前微灌器材品种规格单一、产品设计能力和生产工艺水平低、精度差、制造偏差系数大，特别是自主开发能力薄弱，绝大部分微灌产品和生产线仍停留在对国外的低级仿制，尚没有形成拥有自主知识产权产品的现状，提出以先进的激光制造技术为支撑，以微灌系统中的关键设备—灌水器为突破口，开展微灌灌水器激光快速成型技术研究，构建我国拥有自主知识产权的微灌灌水器快速研发平台，实现我国微灌领域由“跟踪”到“自主创新”历史性跨越的工作思路。重点研究与开发基于激光快速成型工艺的高精度微灌灌水器快速开发专用设备，灌水器的装配一体化结构及其快速成型工艺，在批量生产条件下的微灌灌水器的注塑模具设计、制造工艺，开发基于流量-压力-结构-抗堵能力之间动态变化的灌水器参数化计算机辅助设计软件。形成集微灌器材研究、设计、样品成型与模具制造一次性作业的研发平台，并以此平台为依托开发出多种结构较为复杂的新型微灌灌水器。通过研究，完成集微灌灌水器研究、设计、样品成型与模具制造一次性作业的研发平台，大幅度提高快速开发平台制作原型的精度。提出微灌灌水器装配一体化结构及其快速成型工艺，在此平台上，完成多种较复杂结构灌水器的快速开发，加快产品的研发速度和降低成本。

四、智能控制灌溉技术

在作物水分信息采集技术方面：针对我国现代化节水农业发展过程中水分信息采集与精量控制用水设备的市场需求，以及需要利用作物水分信息采集与精量控制用水提高水分利用效率的迫切要求，研究作物水分信息快速监测诊断技术及设备（包括作物蒸腾速率快速监测、土壤作物苗情的多光谱识别、视觉图像处理、离子选择场应晶体管土壤氮素测量传感器与产品等），新型土壤水分动态快速测定技术及相应的设备与新产品，区域作物水分分布监测技术。研发以土壤墒情预报、作物水分动态监测信息与作物生长信息结合为基础，通过测定土壤水分、肥力、病虫害、作物苗情，具有监测、传输、诊断、决策功能的作物精量控制用水系统。通过建立作物水分信息快速监测诊断技术及区域作物水分监测技术体系，开发多种作物需水信息采集新产品，研发的产品其性能达到国际先进水平，产品价格长幅度降低，为发展节水农业提供关键技术手段。

在灌溉系统高效配水技术方面：灌区现代化管理是获得灌区系统的最优运行、充分发挥工程效益的良好手段。研究数字渠道系统（应用 GIS 技术，对灌溉系统进行编码，实现精确定位，建立数字渠道系统，动态显示各级灌溉渠系及各配水点的特征参量）；灌溉渠系非恒定流仿真技术与模拟模型及灌溉系统水量流量实时调控技术与方法；灌溉水源模糊人工网络预报模型和灌溉预报，灌区多水源联合调配模式与智能决策支持系统。灌区中央控制系统自动控制技术、水力自动控制技术、配水系统控制设施、当地及远端控制技术与设备；开发灌溉配水系统的闸门控制模式及基于模糊控制方法的灵活方便的控制器；灌区水情自动测报、需水信息实时采集的各种传感技术和传输技术。重点基于现代信息技术的灌溉渠系非恒定水流的仿真模拟，渠系动态优化配水模型与实时调控理论，灌区水情自动测报、需水信息实时采集的各种传感技术和传输技术，为实现灌区管理现代化提供了技术支持。

在精确灌溉技术方面：重点研究以下内容，主要包括：设施农业中基于自动化、智能化基础上的精确灌溉技术（通过检测、测量土壤墒情、肥力、病虫害、作物苗情等，用精确的灌溉设施及技术实现全自动化控制供水及供肥）；大田基于 GIS 的精确灌溉技术［利用地理信息系统（GIS）的数据存储、分析、处理和表达地理空间属性数据功能，通过对土壤成分、土层厚度、土壤中氮磷钾及有机质含量、当地历年来的气温、降雨、雷雨大风，以及作物苗情、病虫害的信息的监测和预报，建立作物灌溉管理的辅助决策支持系统及投入产出分析模拟模型和智能化专家系统，指导大田水肥调控］；基于 GPS 的精确灌溉技术（利用 GPS 与智能化的移动式灌溉车等实现于农田土壤墒情、苗情、病虫害的信息采集，通过电子传感器和安装在田间及移动式灌溉机械上的 GPS 系统，指导水肥调控）。研究实施精确灌溉的监测设备决策软件及控制设备。

五、区域农业用水管理技术

在基于气候变化的农业水足迹控制与虚拟水贸易方面：根据我国旱区粮食空间分布格局差异显著的实际，建议以各个粮食主产区为单元，分析气候变化、农业用水、粮食生产时空变化特征，建立气候变化对农业用水和粮食生产影响的预测模型，对未来气候变化情景下的农业用水和粮食生产进行分析；探讨气候变化与农田蒸腾时空演变规律，揭示气候变化条件下作物灌溉需水变化。重视作物生境过程控制和农业水足迹与虚拟水贸易的研究。研究作物生境变化与响应，不同生境作物抗逆性及生境因子综合调控与耦合效应，构建良性高产高效植物生境。探讨区域农业水足迹科学内涵，确定影响区域农业水足迹主要因子，构建区域农业水足迹计算模型，分析区域农业水足迹时空分布与演变，制定区域农业水足迹相关技术标准，开展虚拟水资源贸易研究，主要研究实行虚拟水贸易战略理论和方法、虚拟水战略的运用与区域农业产业结构调整的关系、基于虚拟水战略新型水资源管理体制、机制及区域政策体系研究，为水资源科学配置提供借鉴（吴普特和赵西宁，2010）。

在区域农业高效用水的宏观配置理论与技术方面：研究区域农业水资源供需平衡与农业节水潜力；探讨农业高效用水对区域水循环的影响及其生态环境效应，不同农业用水条件下农田生态环境效应机制及特征，如不同灌水量与不同灌溉技术（喷、滴、膜上、地面等）条件下农田水文过程与土壤质量（物理、化学、生物）变化特征，不同节水灌溉技术引起的土壤近地面大气层水热条件的变化及其对作物蒸发蒸腾的影响，节水灌溉对地下水量和水质，及其对农作物生长的影响机理；农业高效用水-农田生态环境-区域水土环境的响应过程与规律；节水灌溉条件下区域水盐分布规律与调控方法；基于可持续发展理念，综合节水灌溉对农田生态环境影响的评价、预测与决策方法，环境效益、生态效益以及经济效益统筹的区域水土最优管理方法与技术和通用化软件。

在农业高效用水技术发展战略及其效益评估方面：重点进行我国不同类型区节水农业发展状况及节水农业技术现状的调查，并进行中外对比研究与分析；研究我国节水农业发展的技术与产品需求及市场前景；研究影响节水农业技术进步和制约节水农业发展的经济、体制、机制、政策问题；研究我国不同阶段与不同经济发展水平下的农业节水潜力，我国节水农业发展的区域宏观布局和不同类型地区的发展模式；研究不同类型区农业节水的综合效益评估指标体系及相应的监测方法，开发区域农业节水综合效益智能化评估系统，并对农业节水综合效益进行定期评估；在上述研究内容的基础上提出我国节水农业的宏观发展战略。提出我国节水农业技术与产品发展状况评价和短期预测研究报告，中外节水农业技术与产品发展状况对比研究报告，我国节水农业技术与产品市场需求预测报告；提出促进我国节水农业技术进步和节水农业发展的机制、政策及相应的服务保障体系，我国节水农业发展的区域宏观布局和不同类型地区的发展模式；建立农业节水综合效益监测与评估指标体系及智能化评估系统，定期发布我国节水农业技术需求、发展与应用状况，提交我国现代节水农业发展宏观战略研究报告。

六、旱区作物高效用水技术集成与示范

我国水资源区域分布特征、资源短缺程度、经济发展水平的超度非平衡现实，以及自然状况的复杂性，决定了我国农业高效用水技术的发展不可能直接引用国外任何一个国家的发展模式，也不可能有一种技术可在全国范围内推广应用。因此，必须建立先进、实用、且符合中国特色的现代农业高效用水技术体系与发展模式。根据我国不同区域的缺水状况和地区的经济发展目标，以北方旱区主要产粮区为重点，兼顾生态改善目标，建立并完善先进、实用、且具有中国特色的区域现代农业高效用水技术体系与发展模式，建立多种类型的现代农业高效用水技术集成示范区。以现代农业高新技术和产品应用为载体，针对不同类型示范区存在的具体问题，研究不同技术在示范区的适宜性和应用推广中的问题，筛选与不同类型区相适应的技术，并将节水灌溉技术、农艺节水技

术、生物节水技术、管理节水技术和旱地农业技术进行优化组装与集成，在示范区形成各具特色的技术体系与应用模式，加大农业高效用水科技成果的显示度。示范区的建设不仅为同类地区的技术体系的发展提供样板和典型经验，还将成为技术成果伞形辐射推广的中心，起到提高我国农业高效用水技术整体水平、推动农业高效用水发展的重要作用。建立具有创新性的示范区管理机制与模式，在地方政府领导与主管下，充分发挥企业和农户的积极性，形成国家、地方政府、企业及农户共同投入的机制。

参考文献

蔡焕杰. 2006. 作物非充分灌溉技术的研究进展与问题. 见：中华人民共和国科学技术部农村与社会发展司中国农村技术开发中心. 中国节水农业发展战略研究与实践——2004年中国节水农业科技论坛论文集. 北京：中国农业科学技术出版社，143-147

程国栋. 2003. 虚拟水——水资源安全战略的新思路. 中国科学院院刊，(4)：260-265

邓楠. 2002. 世界农业科技革命创新跨越. 北京：京华出版社

高红莉，张海亮. 2004. 我国干旱区农业发展可持续性探讨. 地域研究与开发，23 (6)：115-117

龚时宏，高占义，王晓玲. 2003. 全国300个节水重点县节水灌溉技术推广应用. 中国水利水电科学研究院学报，1 (4)：270-274

国家统计局. 2005. 中国统计摘要. 北京：中国统计出版社

姜文来，唐曲，雷波. 2005. 水资源管理学导论. 北京：化学工业出版社

景蕊莲，黎裕. 2006. 中国生物节水发展战略. 见：中华人民共和国科学技术部农村与社会发展司中国农村技术开发中心. 中国节水农业发展战略研究与实践——2004年中国节水农业科技论坛论文集. 北京：中国农业科学技术出版社，56-60

康绍忠，蔡焕杰，冯绍元. 2004a. 现代农业与生态节水的技术创新与未来研究重点. 农业工程学报，20 (1)：1-6

康绍忠，胡笑涛，蔡焕杰. 2004b. 现代农业与生态节水的理论创新及研究重点. 水利学报，(12)：1-7

李生秀. 2004. 中国旱地农业. 北京：中国农业出版社

刘宝勤，封志明，姚治君. 2006. 虚拟水研究的理论、方法及其主要进展. 资源科学，(1)：120-127

刘江. 2000. 21世纪初中国农业发展战略. 北京：中国农业出版社

茆智. 2003. 发展节水灌溉应注意的几个原则性技术问题. 中国农村水利水电，(3)：19-22

梅旭荣，王锁庆. 2001. 论我国西部地区生态农业的发展战略. 中国农业科技导报，3 (5)：29-32

潘瑞炽. 2004. 植物生理学. 北京：高等教育出版社

彭世彰，李远华. 2006. 我国节水农业理论创新与发展趋势. 见：中华人民共和国科学技术部农村与社会发展司中国农村技术开发中心. 中国节水农业发展战略研究与实践——2004年中国节水农业科技论坛论文集. 北京：中国农业科学技术出版社，52-55

钱蕴壁，李英能，杨刚. 2002. 节水农业新技术研究. 郑州：黄河水利出版社

山仑，陈培元. 1998. 旱地农业生理生态基础. 北京：科学出版社

山仑，邓西平，康绍忠. 2004. 我国半干旱地区农业用水现状及发展方向. 水利学报，(9)：27-31

山仑，康绍忠，吴普特. 2004. 中国节水农业. 北京：中国农业出版社

石玉林，卢良恕. 2001a. 中国可持续发展水资源战略研究综合报告（第4卷）. 北京：中国水利水电出版社

石玉林，卢良恕. 2001b. 中国农业需水与节水高效农业建设. 北京：中国水利水电出版社

水利部农村水利司. 2001. 节水灌溉—“九五”回顾. 北京：中国水利水电出版社

孙景生，康绍忠. 2000. 我国水资源利用现状与节水灌溉发展对策. 农业工程学报，16 (2)：1-5

王克强，刘红梅，刘静. 2007. 虚拟水研究文献综述. 软科学，21 (6)：11-14

王立祥，王明洁，李军. 2005. 略论我国粮食生产与安全保障. 干旱地区农业研究，23 (4)：1-6

王龙昌，马林，赵惠青. 2004. 国内外旱区农作制度研究进展与趋势. 干旱地区农业研究，22 (2)：188-199

王晓方，申茂向. 1998. 中低产田治理与区域农业发展. 北京：科学出版社

吴普特，范兴科. 2002. 渠灌类型区农业高效用水模式与产业化研究目标及方案. 水土保持研究，9 (2)：4-8
吴普特，冯浩，牛文全，等. 2003. 我国北方地区节水农业技术水平及评价. 灌溉排水学报，22 (1)：26-30，34
吴普特，冯浩，牛文全. 2003. 我国北方地区节水农业技术水平及评价. 灌溉排水学报，22 (1)：1-6
吴普特，冯浩，牛文全. 2006. 中国节水农业战略思考与研发重点. 科技导报，24 (5)：86-88
吴普特，冯浩，牛文全. 2007. 现代节水农业技术发展趋势及其未来研发重点. 中国工程科学，9 (2)：12-18
吴普特，冯浩，赵西宁，等. 2006. 现代节水农业理念与技术探索. 灌溉排水学报，25 (4)：1-6
吴普特，冯浩. 2003. 中国用水结构发展态势与节水对策分析. 农业工程学报，19 (1)：1-5
吴普特，冯浩. 2005. 中国节水农业发展战略初探. 农业工程学报，21 (6)：152-157
吴普特，高建恩. 2008. 黄土高原水土保持与雨水资源化. 中国水土保持科学，6 (1)：107-111
吴普特，赵西宁，操信春，等. 2010. 中国“农业北水南调虚拟工程”现状及思考. 农业工程学报，26 (6)：1-6
吴普特，赵西宁. 2007. 农业经济用水量与我国农业战略节水潜力. 中国农业科技导报，9 (6)：13-17
吴普特，赵西宁. 2010. 气候变化对中国农业用水和粮食生产的影响. 农业工程学报，26 (2)：1-6
吴普特. 2001. 中国西北地区水资源开发战略与利用技术 . 北京：中国水利水电出版社
吴普特. 2006. 中国节水农业科技战略与区域发展模式. 见：中华人民共和国科学技术部农村与社会发展司中国农村技术开发中心. 中国节水农业发展战略研究与实践——2004 年中国节水农业科技论坛论文集. 北京：中国农业科学技术出版社，18-23
吴普特. 2007. 雨水资源化与现代节水农业. 中国农业科技导报，9 (1)：15-20
徐乾清. 2003. 关于淮河治理的一点思考. 21 世纪治淮和流域可持续发展战略研讨会论文集. 合肥：中国科技大学出版社：253-254
许迪，吴普特，梅旭荣. 2003. 我国节水农业科技创新成效与进展. 农业工程学报，19 (3)：5-9
中华人民共和国水利部. 2003. 中国水资源公报. http：//www. mwr. gov. cn/xygb/szygb/qgszygb/index. aspx. [2007-05-25]
Allan J A. 1993. Fortunately there are substitutes for water otherwise our hydro-political futures would be impossible. *In*：Allan J A. Priorities for Water Resources Allocation and Management. London：Overeas Development Administration：13-26
Allan J A. 1994. Overall perspectives on countries and regions. *In*：Rogers P，Lydon P. Water in the Arab World：Perspectives and Prognoses. Massachusetts：Harvard University Press：65-100
Hoekstra A Y，Hung P Q. 2005. Globalisation of water resources：international virtual water flows in relation to crop trade. Global Environmental Change，(15)：45-56
Hoekstra A Y. 2003. Virtual water trade：an introduction. *In*：Hoekstra A Y. Virtual Water Trade，Value of Water Research Report Series. Delft：International Institute for Infrastructural，Hydraulic and Environmental Engineering：13-23

图　　版

1. 黑龙江粮食作物高效用水技术

免耕注水播种作业

玉米膜下滴灌作业现场

玉米膜下滴灌

坡耕地中耕开沟筑垱

2. 河南粮食作物高效用水技术

小麦沟灌

小麦小畦灌与保护性耕作

夏玉米大豆间作模式

玉米保护性耕作

3. 山西粮经作物高效用水技术

上层沉淀、下层贮水的双层集雨池

玉米生长中期补灌与对照

大面积覆膜种植技术示范

旱地玉米探墒施肥播种机

4. 内蒙古粮食作物高效用水技术

小麦与玉米套种模式

小麦与油葵套种模式

PAM与秸秆覆盖技术

激光平地示范

5. 陕西山地特色果品高效用水技术

修建鱼鳞坑种枣树

覆膜＋套袋提高造林成活率

山地红枣高效栽培示范基地——孟岔

雾喷加湿提高红枣品质

6. 宁夏设施蔬菜高效用水技术

番茄节水灌溉与平衡施肥

日光温室茄子膜下滴管

日光温室生产的有机蔬菜

设施蔬菜基质栽培番茄

7. 甘肃特色经济作物高效用水技术

茴香(一膜二年利用)免耕种植节水技术——民勤

棉花膜下滴灌干播湿出布设管道和铺膜——民勤

免冬灌地百号膜下滴灌（花期）——武威（黄羊镇）

免冬灌地百号膜下滴灌示范——民勤

8. 四川季节性干旱区粮食作物高效用水技术

水稻旱育秧技术——资阳

水稻覆膜节水高产栽培技术——宜宾

麦/玉/豆节水种植模式——仁寿

玉米集雨节水膜侧栽培技术——三台

9. 北京绿地高效用水技术

北小河公园绿地综合节水示范工程

四水联调泵房首部实物图

具有记忆功能的园林升降式喷头

绿地乔灌草配置效果